AF325421

ICONOGRAPHIE

DES

ORCHIDÉES D'EUROPE

ET DU

BASSIN MÉDITERRANÉEN

PAR

E.-G. CAMUS

Lauréat de l'Institut (Académie des Sciences)

Avec la collaboration, pour l'Anatomie et la Biologie, de

A. CAMUS

Lauréate de l'Institut (Académie des Sciences)

TEXTE

Tome I

PAUL LECHEVALIER

ÉDITEUR

12, Rue de Tournon, 12

PARIS (VIe)

1929

ICONOGRAPHIE DES ORCHIDÉES D'EUROPE

ET DU BASSIN MÉDITERRANÉEN

ICONOGRAPHIE

DES

ORCHIDÉES D'EUROPE

ET DU

BASSIN MÉDITERRANÉEN

PAR

E.-G. CAMUS

Lauréat de l'Institut (Académie des Sciences)

Avec la collaboration, pour l'Anatomie et la Biologie, de

A CAMUS

Lauréate de l'Institut (Académie des Sciences)

TEXTE

**237 Figures, les Planches supplémentaires 123 à 133
et le Portrait de l'Auteur**

PAUL LECHEVALIER

ÉDITEUR

12, Rue de Tournon, 12

PARIS (VIe)

—

1928

Notice biographique sur Edmond-Gustave CAMUS

(1852-1915)

GUSTAVE CAMUS, que la mort nous enlevait le 22 août 1915, au cours d'une guerre cruelle dont les phases l'avaient profondément affecté, était Botaniste dans toute l'acception du mot. Non seulement il s'occupait activement de tout ce qui concerne la connaissance de la flore locale, mais ses préoccupations allaient plus loin et il consacra plusieurs années à l'étude des flores exotiques ; les problèmes de l'hybridation lui suggérèrent des études monographiques particulièrement remarquées sur les Orchidées, les Saules, les Bambous ; enfin les applications des plantes ne le laissèrent pas indifférent : son œuvre fut donc à la fois importante et variée.

Etudiant à l'Ecole de Pharmacie de Paris, il ne tardait pas, dès 1874, à devenir l'élève assidu et préféré du maître entraînant et incomparable qu'était le professeur CHATIN. Les excursions à la campagne dirigées par cet éminent botaniste n'avaient pas d'auditeur plus attentif que lui et, si CHATIN avait su apprécier très vite son nouvel élève, de son côté GUSTAVE CAMUS avait conçu pour son maître une admiration et un respect qui ne s'éteignirent jamais. Rapidement il se familiarisait avec la flore parisienne, et à ses jours de congé, dans cette région de l'Isle-Adam dont la flore est particulièrement riche et où sa famille habitait alors, il parcourait la campagne avec ardeur, récoltait des plantes, les étudiait, et, à chaque trouvaille heureuse, éprouvait ses premières et pures joies de botaniste.

Tout en préparant avec succès ses examens de Pharmacie et le concours d'Internat des Hôpitaux de Paris, il devenait peu à peu un botaniste expérimenté. Les collections de l'Ecole de Pharmacie ne lui suffisaient plus et il ne tardait pas à devenir un visiteur assidu des galeries de Botanique du Muséum d'Histoire naturelle, où il venait poursuivre, sous la direction des spécialistes de l'établissement, l'examen des plantes critiques rencontrées dans ses excursions. Il devenait ainsi, de bonne heure, un des travailleurs du Muséum où il devait plus tard, passer les dernières années de sa vie, dans l'étude des flores exotiques.

Pourvu de son diplôme de Pharmacien de Ire classe et établi à Paris, il continuait ses études de Botanique, malgré le travail absorbant que comportait le scrupuleux exercice de sa profession. Pendant la belle saison, il ne manquait jamais de consacrer une journée par semaine à des excursions, soit dans les environs immédiats de Paris, soit en des points plus éloignés. Et, dans le cours de la semaine, chaque fois qu'il le pouvait, entre deux ordonnances à exécuter, il disséquait, analysait et dessinait les plantes rapportées de la précédente excursion. Le modeste herbier de l'étudiant s'enrichissait peu à peu et devenait une collection importante.

Tout en exerçant sa profession, Gustave Camus put ainsi devenir un botaniste consommé et acquérir une notoriété que justifiaient amplement la continuité et la valeur de ses travaux.

Fidèle disciple de son maître Chatin, qui l'avait initié aux études botaniques, Gustave Camus pensait avec raison que le Botaniste doit surtout étudier les plantes sur place, dans la campagne. Aussi s'efforça-t-il d'apporter sa contribution personnelle à l'étude de la Flore française et à l'établissement d'ouvrages servant aux herborisations.

Dès 1884, il écrivait une importante Flore du Nord de la France qui fut couronnée par l'Académie des Sciences (Prix de Lafons Mélicocq) et, peu après, il publiait un Guide de Botanique rurale contenant de nombreuses planches se rapportant principalement aux familles suivantes : Ombellifères, Composées, Cypéracées et Graminées.

C'est dans le même esprit, et pour se rendre directement utile aux botanistes herborisants, qu'en 1891, il ajoutait un Supplément au Vade-mecum bien connu de Lefébure de Fourcy et que deux ou trois ans auparavant, il avait publié un Catalogue des plantes de France, de Suisse et de Belgique qui a rendu de très grands services.

Sa connaissance approfondie de la flore française lui fournit l'occasion de collaborer à la préparation et à la rédaction des volumes VI et VII de la Flore de France de G. Rouy (Rosacées, Saxifragacées, Crassulacées, Onagrariacées).

Gustave Camus, fervent des herborisations à la campagne, avait non seulement parcouru en compagnie des Botanistes les plus réputés, toute la région parisienne dont les localités célèbres par leur flore n'avaient plus de secrets pour lui : mais il avait encore herborisé sur les côtes de la Manche, en Auvergne, dans le Jura, dans les Alpes, en Suisse, en Provence, recueillant partout des matériaux qui venaient enrichir considérablement son herbier personnel et lui fournir des sujets d'étude.

Il avait fondé, en 1891, la Société pour l'étude de la Flore française, qui fut, trois ans plus tard, transformée en Société pour l'étude de la Flore franco-helvétique. Pendant vingt-deux ans, il fut le directeur de cette Société qui ne comptait d'ailleurs qu'un nombre restreint de membres (15) dont plusieurs peuvent être considérés comme les plus réputés parmi les botanistes herborisants : Burnat, Foucaud, Gillot, Coste, Buser, H. Schinz, Magnin, Wolf, etc. Il assuma la rédaction du Bulletin dans lequel il publia un grand nombre de notes. Enfin, c'est à lui que revint la tâche ingrate d'assurer aux membres de la Société la distribution des plantes recueillies, en particulier les plantes rares ou critiques.

Ses confrères en Botanique ne tardèrent pas à reconnaître la haute compétence de Gustave Camus et il eut sa place marquée dans les Conseils des Sociétés diverses s'occupant de l'étude des plantes. Successivement Vice-Président de la Société Botanique de France, Membre du Conseil d'organisation du Congrès de Botanique en 1900, Membre du Conseil de la Société dendrologique de France, il apportait, dans tous les Conseils où l'appelaient la confiance et l'estime de ses confrères, l'autorité d'un Botaniste n'ignorant rien de la Flore de notre pays.

Mais si tous les travaux de Floristique dont il était l'auteur assuraient à E.-G. Camus une légitime et incontestable notoriété, il faut reconnaître que son originalité eut davantage encore l'occasion de se manifester dans l'étude longuement et patiemment poursuivie des plantes hybrides.

Dans ses herborisations aux environs de l'Isle-Adam, localité de la région parisienne justement célèbre par le nombre et la variété des Orchidées qu'on y rencontre, E.-G. Camus put se familiariser de bonne heure avec les représentants de cette famille de plantes dont les fleurs possèdent à un si haut degré une organisation favorable à la fécondation croisée. Et c'est ainsi qu'il porta plus spécialement son attention sur les plantes issues de croisements, en particulier chez les Orchidées et chez les Saules.

On peut dire que depuis le début de sa carrière de Botaniste, E.-G. Camus manifesta une prédilection marquée pour l'étude des Orchidées de France et ensuite d'Europe ; il consacra à cette famille de multiples notes et mémoires dont la présente Iconographie peut, à bon droit, être considérée comme le couronnement.

Dès 1885, il publiait une Iconographie des Orchidées des environs de Paris, dont il dessinait lui-même les 40 planches. Bientôt il publiait des notes successives sur les hybrides des Orchidées de la flore française. En 1891-1982, il donnait, dans le Journal de Botanique de Morot, une Monographie des Orchidées de France qui était ensuite publiée séparément, en 1894, avec planches coloriées. En 1908, il étendait considérablement le cadre de son étude et, avec la collaboration de Mlle A. Camus pour la partie anatomique, et de P. Bergon pour la récolte des matériaux, il rédigeait un nouveau travail intitulé : Monographie des Orchidées de l'Europe, de l'Afrique septentrionale, de l'Asie-Mineure et des Provinces Russes Transcaspiennes.

Le présent travail est la reproduction revue et augmentée de cette Monographie de 1908. Gustave Camus a eu l'occasion, en plusieurs séjours successifs, dans le Midi de la France, de compléter son travail et de nouveaux documents ont encore été recueillis, dans ces dernières années, par Mlle A. Camus, qui a pris à tâche de mener à bien la publication entreprise par son père, dont elle était déjà, pour la Monographie de 1908, la collaboratrice.

L'ouvrage présenté aux Botanistes par Gustave Camus et Mlle A. Camus constitue non seulement une Iconographie de la famille des Orchidées pour les espèces d'Europe, d'Asie Mineure et de l'Afrique du Nord ; mais on y trouve encore figurées toutes les plantes intermédiaires ou hybrides dont un assez grand nombre ont été distinguées par G. Camus lui-même.

La nomenclature des hybrides a été fixée par le Congrès de Vienne, en 1905, et les auteurs, tout en respectant le plus possible les décisions de ce Congrès, ont cependant adopté la méthode de Maxwell et de Allen Rolfe qui présente l'avantage, dans le cas des hybrides intergénériques, par exemple, de rappeler le nom des genres générateurs, sans cependant créer de réels genres nouveaux.

L'utilité de l'étude de ces nombreuses formes intermédiaires est incontestable et il faut savoir gré à E.-G. Camus d'avoir adopté une méthode de présentation qui, en plaçant les plantes entre les espèces dont elles se rapprochent le plus et dont elles peuvent être issues, présente le mérite d'en fixer à la fois les caractères et les affinités.

La Monographie des Saules est conçue dans le même esprit que celle des Orchidées et comprend deux parties : Classification des Saules d'Europe et Monographie des Saules de France ; 2° Classification et Monographie des Saules d'Europe. Ces deux très importantes Monographies comprennent de nombreuses planches. E.-G. Camus s'est spécialement réservé la partie systématique des deux ouvrages et Mlle A. Camus a fourni les caractères de structure. Les auteurs ont eu, en effet, comme pour les Orchidées, l'heureuse idée d'utiliser concurremment les caractères tirés de la morphologie externe et ceux que peut fournir la structure des organes et on trouvera, par exemple, à la suite des tableaux dichotomiques ordinaires permettant d'arriver à la distinction des espèces, d'autres tableaux permettant d'obtenir le même résultat par l'emploi des caractères de structure et enfin un tableau spécialement original destiné à mettre en relief la concordance des résultats obtenus par les deux méthodes. On ne saurait trop louer cette introduction des caractères anatomiques dans une catégorie de travaux que les Botanistes ont trop longtemps voulu contenir dans les limites restreintes de la morphologie externe.

Dans l'étude des Saules, comme dans celle des Orchidées, E.-G. CAMUS s'est attaché à faire connaître les hybrides et a adopté les mêmes règles de nomenclature pour les deux groupes.

E.-G. CAMUS ne s'est d'ailleurs pas borné, dans cet ordre d'idées, à l'étude des Saules et des Orchidées. Il avait entrepris l'étude d'ensemble des hybrides connus de la flore européenne et avait recueilli une bibliographie extrêmement importante sur ce sujet. Il n'a pu malheureusement fournir qu'un résumé statistique, qui était comme la préface du travail plus complet qu'il avait rédigé et qu'il se proposait de publier.

Il ne peut entrer dans mon intention de signaler, dans cette courte notice, tous les travaux de E.-G. CAMUS. On en trouvera d'ailleurs l'indication dans la liste chronologique insérée plus loin et la continuité de ces travaux est à elle seule la preuve d'une inlassable passion pour la Botanique.

Après une carrière d'environ trente années, G. CAMUS abandonnait, en 1908, sa pharmacie pour consacrer dorénavant toute son activité et tout son temps à la Botanique. C'est surtout dès cette époque que j'eus l'occasion de le connaître et d'apprécier la solidité de ses connaissances, car il devint à ce moment, de même que sa dévouée collaboratrice, M\ :superscript{lle} AIMÉE CAMUS, sa fille, un travailleur assidu de l'herbier du Muséum d'Histoire naturelle, où, trente ans auparavant, il venait discuter et contrôler ses premières déterminations de plantes.

Se consacrant désormais exclusivement à la Botanique, E.-G. CAMUS accepta alors, à ma très grande satisfaction, d'entreprendre, pour la Flore générale de l'Indo-Chine, l'étude d'importantes familles, les Cypéracées et surtout les Graminées d'Extrême-Orient. Pour cette œuvre de très longue haleine, il eut pour collaboratrice sa fille, M\ :superscript{lle} AIMÉE CAMUS, animée du même amour pour la Botanique que lui et qu'il avait déjà auparavant, comme nous l'avons dit, associée à ses travaux monographiques. Il avait donné les Cypéracées (Fl. générale de l'Indo-Chine, VII) et entreprenait, avec M\ :superscript{lle} A. CAMUS, l'étude des Graminées, quand la mort vint interrompre le travail commencé. Sa dévouée et distinguée collaboratrice n'a pas abandonné la tâche dont elle poursuit en ce moment la continuation avec une haute conscience et une expérience consommée à laquelle je tiens à rendre hommage.

Au cours de cette étude des Graminées d'Extrême-Orient, G. CAMUS avait eu l'occasion d'examiner avec grand intérêt les Bambous si communs dans ces régions, et dès 1913, il écrivait un travail d'ensemble intitulé : les Bambusées. Cette très importante Monographie, accompagnée de nombreuses planches dessinées par l'auteur, est appelée à rendre des services considérables, non seulement aux Botanistes, qui y trouveront la description des espèces connues à ce jour, mais encore à toutes les personnes qui s'intéressent soit à l'acclimatation, soit à l'exploitation de ces végétaux, car l'ouvrage se termine par un chapitre consacré à la culture et aux diverses utilisations des Bambous.

E.-G. CAMUS, nous avons déjà eu l'occasion de le dire, n'était pas seulement un Botaniste descripteur de marque, il savait bien que le meilleur moyen de choisir, de conserver et de propager les plantes utiles est d'apprendre d'abord à les connaître. En 1901, il publiait dans le Bulletin des Sciences pharmacologiques un travail intitulé : Les plantes médicinales indigènes, et dans ce travail, il faisait connaître certaines espèces officinales du Codex et leurs succédanés commerciaux.

Reconnaissant les services rendus par E.-G. Camus en mettant en mesure les agriculteurs de connaître exactement les Saules qu'ils cultivent, le Syndicat des Osiéristes français l'avait choisi comme Vice-Président. Il s'efforça d'uniformiser les noms vulgaires donnés par les osiéristes à chaque espèce. Il avait publié un petit travail intitulé : Des matières premières employées dans la Vannerie, la Sparterie et la Tonnellerie. En collaboration avec M. Leroux, directeur de l'Ecole d'Osiériculture de Fayl-Billot (Haute-Marne), il avait imaginé et fait construire deux appareils destinés à mesurer l'élasticité de torsion et l'élasticité de flexion des osiers, dans le but de permettre aux agriculteurs, par des essais raisonnés, d'adapter leurs procédés de culture aux résultats à atteindre et en même temps d'apprécier aussi rigoureusement que possible les qualités physiques et par conséquent la valeur commerciale de leurs osiers.

En même temps, et avec la collaboration de Mlle A. Camus pour la partie histologique, il donnait dans le Bulletin scientifique de la Maison Roure-Bertrand, de Grasse, une série de notices fort intéressantes sur divers végétaux susceptibles de produire des parfums (Basilics, Menthes, *Mespilodaphne*, *Popowia*, etc.). Ces diverses notices sont accompagnées de planches consacrées les unes à la morphologie externe et les autres à la structure des organes.

Mais, il faut bien le reconnaître, dans le cours de sa vie si bien remplie, au milieu des travaux variés que son zèle de botaniste et son extraordinaire activité lui firent entreprendre, E.-G. Camus conserva toujours, pour les Orchidées, une prédilection marquée ; il accorda aux plantes de cette famille une attention ininterrompue et il ne laissa passer aucune occasion de recueillir des matériaux lui permettant de compléter les monographies qu'il fit paraître successivement et qui reçurent un accueil particulièrement favorable. Il n'en sera pas autrement pour le présent travail qui est le couronnement de sa carrière. Cette édition a été l'objet de remaniements, d'additions et de révisions qui en font une œuvre réellement nouvelle.

Pour entreprendre, poursuivre et mener à bien tant de travaux, E.-G. Camus dut déployer une activité extraordinaire et fournir un labeur à la fois continu et acharné.

Si on veut bien se rappeler que ses mémoires sur les Bambusées, les Orchidées, les Saules et autres sont accompagnés de plus de 600 planches hors texte, dessinées et souvent peintes à la main, par lui-même, et que la plupart de ses travaux sont illustrés de nombreuses planches ou vignettes, on se demande ce qu'il faut le plus louer, de la sagacité et de l'étendue des connaissances du botaniste, de l'activité inlassable du travailleur, ou du talent consommé de l'artiste. Ces diverses qualités réunies assurent à la mémoire de E.-G. Camus une légitime et durable notoriété.

Paris, 2 janvier 1919.

H. LECOMTE,
Membre de l'Institut.
Professeur au Muséum National
d'Histoire Naturelle de Paris.

LISTE DES PUBLICATIONS DE GUSTAVE CAMUS

1884. **Flore du Nord de la France** (ouvrage couronné par l'Académie des Sciences, prix de La Fons Mélicocq).
— Ce travail comprenant un manuscrit et de nombreuses planches n'a pas été publié.
Guide pratique de Botanique rurale. 180 pages, 60 pl.
1885. **Iconographie des Orchidées des environs de Paris**. 40 planches ; texte 30 pages.
— Note sur les *Orchis militaris* L., *purpurea* Huds., *Simia* Lamk, leurs variétés et leurs hybrides dans la flore parisienne (Bull. Soc. bot. Fr. XXXII, p. 273).
— Nouvelle note sur les *Orchis* hybrides des groupes *purpurea*, *militaris* et *Simia* (Bull. Soc. bot. Fr. XXXII, p. 273).
— Quelques observations sur son ouvrage : Iconographie des Orchidées des environs de Paris (Bull Soc. bot. Fr. XXXII, p. 329).
— Sur une variété nouvelle de *Polygala calcarea* (Bull. Soc. bot. Fr. XXXII, p. 366).
— Sur une herborisation à Chambly (Oise) (Bull. Soc. bot. Fr. XXXII, p. 392).
1886. Florule du canton de l'Ile-Adam (Seine-et-Oise) (Bull. Soc. bot. Fr. XXXIII. p. 28).
— Herborisation à Marines (Seine-et-Oise) (Bull. Soc. bot. Fr. XXXIII, p. 76)
— Supplément à la florule de l'Ile-Adam (Bull. Soc. bot. Fr. XXXIII, p. 305).
— Sur un *Carex nouveau* : *C. Pseudo-Mairii* (Bull. Soc. bot. Fr. XXXIII, p. 479).
1887. Le *Teucrium Scordium* L. et ses variétés (Bull. Soc. bot. Fr. XXXIV, p. 54).
— Sur une station nouvelle du *Polygala Lensei* Bor. (*P. vulgaris v. parviflora* Coss. et Germ.) (Bull. Soc. bot. Fr. XXXIV, p. 84).
— Note sur l'*Orchis alatoides* Gadeceau (Bull. Soc. bot. Fr. XXXIV, p. 187).
— Herborisation à Champagne-Grainval (Seine-et-Oise) (Bull. Soc. bot. Fr. XXXIV, p. 240).
— Herborisation de la Société à Montigny-sur-le-Loing (Seine-et-Marne) (Bull. Soc. bot. Fr. XXXIV, p. 363).
— Sur quelques plantes des environs de Paris (Bull. Soc. bot. Fr. XXXIV, p. 432).
1888. Note sur le *Potentilla procumbens* (Bull. Soc. bot. Fr. XXXV, p. 130) (en collab. avec Cl. Duval).
— Herborisation à Saint-Lubin (Seine-et-Oise) (Bull. Soc. bot. Fr. XXXV, p. 289).
— Quelques localités nouvelles de plantes intéressantes des environs de Paris (Bull. Soc. bot. Fr. XXXV, p. 376).
— Une herborisation à Pourville, près de Dieppe (Seine-Inférieure) (Bull. Soc. bot. Fr. XXXV, p. 408).
— **Catalogue des plantes de France, de Suisse et de Belgique.** 1 volume, 325 pages.
— × *Orchis Timbaliana* (*O. Morio* × *maculata*) (Journ. de Bot. II, p. 348).
1889. Localités nouvelles de plantes plus ou moins rares des environs de Paris et du nord de la France (Bull. Soc. bot. Fr. XXXVI, p 341).
— Quelques faits nouveaux de la flore des environs de Paris (Bull. Soc. bot. Fr XXXVI, p. 401).
— Note sur les hybrides des Orchidées du Nord de la France (Bull. Soc. bot. Fr. XXXVI, p. CCXXVI).
— Note sur les Orchidées des environs de Paris : × *Orchis Luizetiana*, nov. hybr. (Journ. de Bot. III, p. 93).
1890. Formes de *Primula* observées dans les environs de Paris (Bull. Soc. bot. Fr. XXXVII, p. 154).
— Note sur les *Primula* des environs de Paris (Bull. Soc. bot. Fr. XXXVII, p. 171) (en collab. avec M. Legué).
— Plantes de Neuvy-sur-Barangeon (Cher) (Bull. Soc. bot. Fr. XXXVII, p. 215).
— Orchidées du Gers (Bull. Soc. bot. Fr. XXXVII, p. XCV).
— Orchidées hybrides (Journ. de Bot. IV, p. 1.)
1891. Le genre *Ophrys* dans les environs de Paris (Bull. Soc. bot. Fr. XXXVIII, p. 39).
— × *Orchis Arbostii* G. Camus (*O. Morio* × *O. incarnata*) (Bull. Soc. bot. Fr. XXXVIII, p. 53).
— × *Cirsium pulchrum* (*C. lanceolatum* × *C. arvense*) (Bull. Soc. bot. Fr. XXXVIII, p 81).
— Etude sur le genre *Cirsium* dans les limites de la flore des environs de Paris (Bull. Soc. bot. Fr. XXXVIII, p. 103).
— Hybrides d'Orchidées (Bull. Soc. bot. Fr. XXXVIII, p. 157).
— Note sur l'*Ophrys arachnitiformis* et sur des formes de *Salix undulata* (Bull. Soc. bot. Fr. XXXVIII, p. 201).
— Présentation de Cirses hybrides et description de l' × *Orchis Boudieri* (*O. Morio* × *latifolia*) (Bull. Soc. bot. Fr. XXXVIII, p. 284).
— Une forme nouvelle de l'*Antennaria dioica* ; Orchi-*Gymnadenia Lebrunii* (*Gymnadenia conopea* × *Orchis latifolia*) (Bull. Soc. bot. Fr. XXXVIII, p. 351).

—   × *Ophrys pseudofusca* Albert et G. Camus (*O. aranifera × fusca*) (Bull. Soc. bot. Fr. XXXVIII, p. 392).
—   × *Voila Desetangsii* G. Camus et Hariot (*V. mirabilis × silvatica*) (Bull. Soc. bot. Fr. XXXVIII, p. 422).
—   **Monographie des Orchidées de France** (Journ. de Bot. V, p. 429).
—   Note sur les *Drosera* observés dans les environs de Paris (Journ. de Bot., V, p. 196).
—   Supplément du Vade-mecum des herborisations de L. de Fourcy, ed. 6.
1892 Liste de plantes recueillies dans la vallée du Sausseron (Seine-et-Oise) (Bull. Soc. bot. Fr. XXXIX, p. 79)
—   Monographie des Orchidées de France (Suite) (Journ. de Bot. VI, p. 21 et suiv.).
1893 Localités nouvelles de plantes peu communes ou critiques des environs de Paris (Bull. Soc. bot. Fr. XL, p. 211).
—   Monographie des Orchidées de France (Suite) (Journ. de Bot. VII, p. 111 et suiv.).
—   × *Potentilla mixta* Nolte (Bull. Soc. ét. Fl. française, I, p. 15).
—   × *Mentha Malinvaldi* G. Camus (Bull. Soc. ét. Fl. franç. I, p. 19).
—   × *Cirsium Lamottei* Neyra et G. Camus, × *C. Jouffroyi* Neyra et G. Camus et × *C. Neyræ* G. Camus. (Bull. Soc. ét. Fl. franç. I, p. 40 et 41).
—   × *Linaria Heribaudi* G. Camus (Bull. Soc. ét. Fl. franç. I, p. 42).
—   × *Salix Smithiana*, × *S. affinis*, × *S. dichroa*, × *S. speciosa* G. Camus (Bull. Soc. ét. Fl. franç. I, p. 48).
1894. Une œuvre peu connue d'Hippolyte Rodin (en collab. avec E. Jeanpert) (Journ. de Bot. p. 234 et suiv.).
—   Plantes récoltées à Morcles et à la montagne de Fully (Bull. Soc. bot. Fr. XLI, p. CCCXI.)
—   **Monographie des Orchidées de France**, I volume 130 pages ; atlas 50 planches, photographies coloriées.
1895. × *Galium digeneum* G. Camus et Jeanp. et × *G. Bailleti* G. Camus (Bull. Soc. ét. Fl. Franco-Helvét. III, p. 20 et 21).
—   *Carex Schreberi* var. *ludibunda* G. Camus et Jeanp. (Bull. Soc. ét. Fl. Franco-Helvel. III, p. 31).
1896. *Ophrys litigiosa* G. Camus (Journ. de Bot. X, p. 1.).
—   Le × *Cirsium Gerhardi* Sch. (*C. lanceolatum × eriophorum*) dans les environs de Paris (Bull. Soc. bot. Fr. XLIII, p. 150).
—   Stations nouvelles de plantes rares ou critiques de la flore parisienne (Bull. Soc. bot. Fr. XLIII, p. 352).
—   × *Fumaria Chevallieri* G. Camus et × *F. Franchetii* G. Camus (Bull. Soc. ét. Fl. Franco-Helvét. V, p. 8 et pl. A).
—   Les Aconits à fleurs jaunes de la Flore de France (Bull. Soc. bot. Fr. XLIII, p. 516).
1897. Le genre *Lappa* dans la Flore française (Bull. Soc. bot. Fr. XLIV, p. 61).
—   Le × *Carex solstitialis* Figert (*C. paniculata × paradoxa* Figert) à Maisse (Seine-et-Oise) (Bull. Soc. bot. Fr. XLIV, p. 440).
—   Statistique sommaire des faits d'hybridité constatés dans l'étendue de la Flore européenne (Extr. de la Revue des trav. scientif. Congrès des Soc. savantes).
—   Note sur le *Dentaria digitata × pinnata* (Bull. Soc. ét. Fl. Franco-Helvét. VI, p. 10).
1898. Statistique ou Catalogue des plantes hybrides spontanées de la Flore européenne (Journ. de Bot. XII, p. 91 et suiv.).
—   Faits nouveaux concernant les Saules des environs de Paris (en collab. avec Jeanpert) (Bull. Soc. bot. Fr. XLV, p. 251).
—   Orchidées hybrides ou critiques du Gers (en collab. avec Duffort) (Bull. Soc. bot. Fr. XLV, p. 433).
—   Contribution à l'étude de la flore de la chaîne jurassique (Bull. Soc. bot. Fr. XLV, p. 447).
—   × *Salix rugosa* (Bull. Soc. ét. Fl. Franco-Helvét. VIII, p. 11).
1899. Fleurs faussement hermaphrodites et anomalies florales dans le genre *Salix* (Bull. Soc. bot. Fr. XLVI, p. 185).
—   Statistique ou Catalogue des plantes hybrides spontanées de la Flore européenne (Suite) (Journ. de Bot. XIII, p. 287 et suiv.).
—   × *Salix Kanderiana* Seringe (Bull. Soc. ét. Fl. Franco-Helvét. IX, p. 48).
—   *Ophrys litigiosa* G. Camus et *Cephalanthera grandiflora* (Bull. Soc. ét. Fl. Franco-Helvét. IX, p. 49).
1900. **Flore de France, VI**, 1 volume, 489 pages (en collab. avec G. Rouy).
—   Statistique ou Catalogue des plantes hybrides spontanées de la Flore européenne (Suite) (Journ. de Bot. XIV, p. 122).
—   Notes sur la synonymie et la bibliographie des hybrides de Gentianes (Bull. Soc. ét. Fl. Franco-Helvét. X, Bull. Herb. Boissier, p. 662).
—   Les Saules de la vallée de l'Oise ; localités nouvelles de plantes rares de la même région (Bull. Soc. bot. Fr. XLVII, p. 253).
—   Contribution à la connaissance de la Flore du Maroc (Actes du Congrès Internat. de Bot. tenu à Paris, p. 241).
1901. **Flore de France, VII**, 1 volume, 440 pages (en collab. avec G. Rouy).
—   Eloge de M. Chalin au nom de ses anciens élèves (Bull. Soc. bot. Fr. XLVIII, p. 37).
—   Quelques plantes nouvelles pour le département de l'Oise (Bull. Soc. bot. Fr. XLVIII, p. 46).
—   Note sur le *Ranunculus hybridus* Biria (Bull. Soc. bot. Fr. XLVIII, p. 423, pl. 11).
—   Les plantes médicinales indigènes. Etude comparative des espèces officinales du Codex et de leurs succédanés commerciaux (Bull. Sc. pharmacologiques. III, p. 49, 4 planches).
1902. Nouvelles observations sur les Saules (Bull. Soc. bot. Fr. XLIX, p. 155).
—   Note sur une monstruosité d'origine parasitaire du *Salix hippophæfolia* Thuill. (Bull. Soc. bot. Fr. XLIX, p. 70).
—   *Carduus nutans* s.-var. *albiflorus* et *Salix hippophæfolia*, monstruosité (Bull. Soc. ét. Fl. Franco-Helvét. XI, Bull. Herb. Boissier, p. 629 et 630).

1902. Trois Orchidées nouvelles pour le département de l'Oise (Bull. Soc. bot. Fr. XLIX, p. 171).
1903. Statistique ou Catalogue des plantes hybrides spontanées de la Flore européenne (Suite) (Journ de Bot. XVII, p. 141 et suiv.).
— Le genre *Helichrysum* dans la Flore française.
— Subdivisions des Synanthérées françaises.
— Documents nouveaux sur la Flore de France (Bull Soc. bot. Fr. L, p. 16).
— Notes floristiques sur la chaîne des Aravis et les environs de la Clusaz (Haute-Savoie).
— Une rectification nécessaire (Bull Soc. bot. Fr. L, p. 133).
— Renseignements bibliographiques sur les hybrides du genre *Rumex* (Bull. Soc. ét. Fl. Franco-Helvét., XIII, Bull. Herb. Boiss. p. 1232).
— Plantes nouvelles ou intéressantes des dunes situées entre Berck et Merlimont (Pas-de-Calais) (Bull. Soc. bot. Fr. L., p. 383).
— Le genre *Artemisia* dans la Flore française (Bull. Sc. pharmacologiques, VII, p. 56 et suiv., 5 pl.).
— Réponses à M. Rouy.
1904. **Classification des Saules d'Europe et Monographie des Saules de France.** 1 volume in-8º et atlas de 40 planches (en collab. avec A. Camus).
— Nouvelle note sur le *Salix hippophaefolia* Thuill. et sur le *S. undulata* Ehrh. (Bull. Soc. bot. Fr. LI, p. CXXXVII).
— Rapport sur l'excursion de la Société à Chantilly, le 2 août 1904 (Bull. Soc. bot. Fr. LI, p. CLXXXVIII)
1905. **Classification et Monographie des Saules d'Europe.** 1 volume in-8º, 287 pages et atlas de 20 planches (en collab. avec A. Camus). Cet ouvrage, qui fait suite à la Monographie des Saules de France, a été couronné par l'Académie des Sciences (prix de Coincy) et par la Société Nationale d'Agriculture.
1907. A contribution to the study of spontaneous hybrids in the European Flora (Report of the Conference on Genetics).
— L'utilisation des Saules (Bull. Soc. d'Acclimatation p. 353).
1908. Note sur une Orchidée à fleur régulière (Congrès de la Société Nationale d'Horticulture, Paris).
— **Monographie des Orchidées de l'Europe, de l'Afrique septentrionale, de l'Asie Mineure et des Provinces Russes transcaspiennes.** 1 volume 484 pages et atlas de 32 planches (en collab. avec Bergon et A. Camus).
1910. Etude sur le *Mespilodaphne pretiosa* (Bull. scient et industr. de la Maison Roure-Bertrand Fils, de Grasse sér. 3, nº 2 (en collab. avec A. Camus).
— Etude botanique des Basilics cultivés (Bull. scient. et industr. de la Maison Roure-Bertrand Fils, de Grasse, sér. 3, nº 2).
— Notes sur les Cypéracées d'Asie (II. Lecomte, Not. Syst. I, p. 238).— Description de plusieurs espèces : *Pycreus substellatus* G. Camus, n. sp.; *P. rubromarginatus* G. Camus, n. sp.; *Cyperus tonkinensis* Clarke, nom. nud. ; *C. Thorelii* G Camus, n. sp. ; *C. brevicaulis* Clarke, nom. nud. ; *C. Duclouxii* G. Camus, n. sp. ; *Fimbristylis alata* G. Camus, n. sp. ; *F. annamica* G. Camus n. sp. ; *F. Thorelii* G. Camus, n. sp. ; *F. Germainii* G. Camus, n. sp. ; *F. lepidota* G. Camus, n.sp. ; *F. erythradenia* G. Camus, n sp. ; *F. brunnea* Clarke, nom. nud. ; *F. subfusca* G. Camus, n. sp. ; *Eriophorum Fauriei* G. Camus, n. sp. ; *Rhynchospora Massieana* G. Camus, n. sp. ; *Mapania elegans* G. Camus, n. sp. ; *M. Thoreliana* G. Camus, n. sp. ; *Diplasia tonkinensis* G. Camus, n. sp. ; *Thoracostachyum Balansæ* G. Camus, n. sp.
— Notes sur les Cypéracées d'Asie, suite (H. Lecomte, Not. Syst. I, p. 290 — Descriptions de *Kyllinga Pierreana* G. Camus, n. sp.; *Fimbristylis Alleizettei* G. Camus, n. sp. ; *Bulbostylis subsphærocephala* G. Camus, n. sp. ; *Carex pandanophylla* Clarke.
— *Carex* nouveaux de l'Asie orientale et centrale (H. Lecomte, Not. Syst. I, p. 294). — Description des *Carex tchenkeouensis* G. Camus, n. sp. ; *C. Thorelii* G. Camus, n. sp. : *C. Jeanpertii* G. Camus, n. sp.
— Nouvelle classification générale du genre *Carex* (H. Lecomte, Not. Syst. I, p. 296).
— Notice sur F. Comar (Bull. Soc. ét. Fl. Franco-Helvét. XVIII).
1911. Etude botanique des Menthes cultivées (Bull. scient. et industr. de la Maison Roure-Bertrand Fils, de Grasse, sér. 3, nº 4) (en collab. avec A. Camus).
1912. Note sur la dispersion des espèces du genre *Eragrostis* dans l'Asie orientale (H. Lecomte, Not. Syst. II, p. 226).
— Sur une fécondation artificielle d'*Ophrys* (Revue horticole, LXXXIV, p. 226).
— Bambusées nouvelles (H. Lecomte, Not. Syst.,II, p. 243).Descriptions de : *Arundinaria rigidula* G. Camus, n. sp. ; *A. Fargesii* G. Camus, n. sp. ; *A. mucronata* Munro, inéd. ; *Bambusa Pierreana* G. Camus, n. sp. ; *B. Thorelii* G. Camus, n. sp. ; *Phyllostachys ? Pierreana* G. Camus, n. sp.
— Sur les inconvénients des *Eucalyptus* placés trop près des puits (Bull. Soc. Dendrol. France, p. 31).
— *Carex* de l'Asie orientale (H. Lecomte, Not Syst. II, p. 205). — Descriptions des *Carex Chaffanjonii* G. Camus, n. sp. ; *C. Manginii* G. Camus, n. sp. ; *C. juvenilis* Clarke, inéd.
— Etude botanique de deux Cyprès subspontanés ou plantés en France (Bull. scient. et industr. de la Maison Roure-Bertrand Fils, de Grasse, sér. 3, nº 5) (en collab. avec A. Camus).
— **Flore générale de l'Indo-Chine** publiée sous la direction de H. Lecomte, t. VII, fasc. I et 2, Cypéracées.
— Florule de Saint-Tropez et de ses environs immédiats. 1 brochure, 38 pages (en collab. avec A. Camus).
— Des matières premières d'origine végétale employées dans la vannerie, la sparterie et la tonnellerie. 1 brochure, 32 pages.
1913. **Les Bambusées.** Monographie, biologie, culture, principaux usages. 1 volume de texte de 225 pages in-4º et atlas de 103 planches. (Paul Lechevalier, éditeur. Paris).
— Le *Popowia Capea* (Bull. scient. et industr. de la Maison Roure Bertrand Fils, de Grasse, sér. 3, nº 8) (en collab. avec A. Camus). — Description d'une espèce nouvelle provenant de la Côte d'Ivoire,

—   Étude sur les recherches des coefficients de résistance à la torsion et à la flexion des Osiers (Société nat.
d'Agriculture de France) (en collab. avec M. Leroux). — Présentation d'une machine imaginée et
construite par MM. G. Camus et E. Leroux et servant à connaître l'une l'élasticité de torsion, l'autre
l'élasticité de flexion d'un osier. Ces appareils ont servi aux auteurs pour étudier les variétés d'osier
au double point de vue flexion et torsion, pour rechercher scientifiquement les influences pouvant
modifier la qualité des osiers : sol, engrais, altitude, systèmes de plantation, etc. Cette méthode permet non seulement de classer les osiers d'après leur valeur, mais aussi de faire une étude approfondie
des différentes phases de l'osiériculture et de la technique vannière.

1914. Les fleurs des prairies et des pâturages. 1 volume 125 pages, 100 planches coloriées et 100 figures. (Paul
Lechevalier, éditeur. Paris).

1915. Additions et corrections à la Florule de Saint-Tropez (Bull. Soc. ét. Fl. Franco-Helvét. XXII) (en collab.
avec A. Camus).

1921. **Iconographie des Orchidées d'Europe et du Bassin méditerranéen.** 1 atlas de 122 planches dont 100 en
couleur et 1 volume texte 72 pages (en collab. avec A. Camus). (Paul Lechevalier, éditeur. Paris).

1922. **Flore générale de l'Indo-Chine** publiée sous la direction de H. Lecomte, t. **VII**, fasc. 3, **Cypéracées**, fin
et **Graminées** (en collab. avec A. Camus).

—   **Flore générale de l'Indo-Chine**, t. **VII**, fasc. 4, **Graminées**, suite (en collab. avec A. Camus).

1923. **Flore générale de l'Indo-Chine**, t. **VII**, fasc. 5, **Graminées**, fin (en collab. avec A. Camus).

1927. **Iconographie des Orchidées d'Europe et du Bassin méditerranéen.** 1 volume, texte et planches supplémentaires (en collab. avec A. Camus).

PRÉFACE

En 1891, l'un de nous publiait une Monographie des Orchidées de France. Il y a quelques années, élargissant notre cadre, nous fîmes paraître une Monographie des Orchidées de l'Europe, de l'Afrique septentrionale, de l'Asie-Mineure et des Provinces Russes transcaspiennes. Le regretté Paul Bergon collabora avec nous, pour cet ouvrage, en nous fournissant de nombreux échantillons qu'il récolta en France, en Italie, en Suisse et en Grèce et qui nous permirent d'étudier sur nature un grand nombre d'Orchidées rares.

Le travail que nous présentons a, sur la précédente Monographie, des avantages très appréciables. Nous avons considérablement étendu la partie iconographique, si importante dans une famille dont presque tous les représentants sont très détériorés par la dessiccation. Beaucoup de variétés, d'hybrides, d'anomalies y sont figurés pour la première fois.

Nous avons consulté, autant qu'il nous a été possible, tous les travaux concernant les Orchidées d'Europe et nous avons donné à la bibliographie un développement nécessaire. C'est ainsi que la plupart des ouvrages traitant de la Flore d'Europe et de ses différentes contrées ont été cités et les publications d'intérêt moins général souvent mentionnées, soit parce qu'elles apportaient des vues particulières sur les plantes décrites, soit parce qu'elles donnaient des indications utiles de répartition géographique.

Dans nos citations bibliographiques, pour faciliter les recherches, nous avons groupé les ouvrages par contrées ou régions.

Nous avons généralement admis la règle de priorité tout en ne la reconnaissant que pour les binômes et non pour les qualifications spécifiques seules. Nous n'avons pas voulu créer de binômes nouveaux avec des noms spécifiques plus anciens que ceux déjà employés.

La synonymie, dont l'importance est si grande, a été l'objet de soins particuliers. Nous n'avons pas la prétention d'avoir résolu tous les problèmes qu'elle comporte, mais nous espérons cependant que, grâce à nos recherches, les erreurs et omissions sont peu nombreuses.

Dans les subdivisions de l'espèce nous avons adopté la hiérarchie suivante : espèce, sous-espèce, variété, sous-variété, forme.

Nous avons déjà fait connaître notre manière de voir dans plusieurs publications au sujet de la nomenclature des hybrides. Pour les hybrides entre espèces du même genre, nous respectons, autant que possible, les actes du Congrès de Vienne. Quant aux hybrides intergénériques, il nous semble peu logique de rattacher ces produits à celui des deux genres qui précède l'autre dans l'ordre alphabétique ainsi que les prescrivent les Règles de la Nomenclature. En suivant celles-ci, il faudrait rattacher au genre *Gymnadenia*, tous les individus issus du croisement d'un *Gymna-*

denia avec un *Orchis*, même ceux dont les rétinacles sont pourvus de bursicules et qui sont, par conséquent, bien plus proches des *Orchis* que des *Gymnadenia*. Il faudrait, de même, inclure dans le genre *Aceras*, les hybrides d'*Aceras* et d'*Orchis* dont les rétinacles sont tantôt libres, tantôt soudés. Les hybrides d'*Orchis* et de *Serapias* seraient classés dans le genre *Orchis* bien que dépourvus d'éperon. Dans les hybrides intergénériques, le même croisement peut donner naissance à des individus très instincts comme attribution générique. Nous ne pouvons cependant, ainsi que l'ont fait certains auteurs, séparer les produits issus d'un même croisement pour les rattacher à des genres différents. De plus, les caractères de genres ne se retrouvent presque jamais complètement dans les produits intergénériques. Les hybrides d'*Orchis* et de *Serapias*, par exemple, manquent d'éperon et se rattachent pourtant au genre *Orchis* par d'autres caractères. Les hybrides de genres ne peuvent, pour nous, être classés rationnellement dans aucun des deux genres auxquels appartiennent les ascendants. Nous continuerons donc à employer la méthode de MAXWELL MASTERS et de ROBERT ALLEN ROLFE. Cette nomenclature ingénieuse qui rapproche les individus issus des mêmes procréateurs est applicable quelle que soit la nature du produit et a en outre l'avantage de rappeler les noms des genres auxquels appartiennent les espèces génératrices.

Nous avons rédigé nos descriptions d'une manière aussi comparative que possible et avons dressé des conspectus et tableau dichotomiques des tribus, sous-tribus, genres et espèces. Nous avons ajouté aux descriptions, les planches et figures et les principaux *exsiccata*, à titre de complément utile, pour l'identification des plantes à déterminer.

Nous avons aussi donné à la biologie et à l'étude anatomique une extension nécessaire. De nombreuses figures originales et des schémas représentent les caractères tirés de la morphologie interne.

La géographie botanique a été aussi étendue, bien que, pour certaines espèces, nous estimions que la distribution soit encore très incomplètement connue. Pendant nos séjours dans le Midi de la France, nous avons observé des faits nouveaux concernant cette famille, des formes non décrites et de nombreuses localités nouvelles d'espèces ou de variétés rares et d'hybrides.

Enfin, nos documents personnels ont été considérablement augmentés par suite du concours de collaborateurs dévoués. Malheureusement, nous avons le regret d'avoir à déplorer la mort de quelques-uns d'entre eux : de notre regretté collaborateur P. BERGON, qui nous a donné beaucoup de ses documents et des photographies provenant de ses voyages, de M. ABEL ALBERT, de Mlle BELÈZE, de MM. COMAR, FOUCAUD, GILLOT, KLINGE, LE GRAND, MALINVAUD, MELLERIO.

MM. BERTRAND, de Roquebrune, BOUDIER, CORREVON, DUFFORT, GADECEAU, HÉMET, HOSCHEDÉ, JEANPERT, LAMBERT, LEGUÉ, LUIZET, OUGRINSKI, RAINE, TEODORESCU, DE VERGNE, nous ont communiqué des plantes critiques.

MM. CORTESI, OUGRINSKI et PANTU nous ont envoyé des documents bibliographiques.

M. le professeur LECOMTE, MM. GAGNEPAIN, DANGUY et ANFRAY ont facilité nos recherches dans l'herbier du Muséum.

Nous sommes très heureux de pouvoir exprimer nos remerciments à tous ceux qui nous on prêté leur concours.

E.-G. ET A. CAMUS.

Paris, 15 *avril* 1915.

Depuis la mort de mon père, survenue en août 1915, j'ai eu l'occasion d'observer un assez grand nombre d'Orchidées, surtout dans les Alpes-Maritimes, le Var, les Pyrénées. J'ai cru utile d'ajouter à la partie de l'ouvrage traitée par mon père, quelques notes au sujet de ces plantes. J'ai aussi inclus, dans le travail, les espèces, variétés et hybrides décrits depuis 1915.

Je tiens à remercier MM. BEAUVERD, le Professeur BRAUN-BLANQUET, C. DRUCE, FUCHS, HOUZEAU DE LEHAIE, le Révérend Mc DOWALL, le Professeur PENZIG, RODIÉ, Mlle RUDIO, de Genève, M. E. VAN DEN BROECK, de la grande obligeance qu'ils ont eue en me communiquant leurs publications et des échantillons et surtout M. le Colonel GODFERY qui m'a envoyé les tirages à part de ses nombreux travaux, M. le Dr GUÉTROT, des photographies et des indications de localités, M. RUPPERT, de Sarrebruck, des dessins et des notes sur les Orchidées de la Sarre, M. le Frère SENNEN, des documents inédits sur les Orchidées des Pyrénées et d'Espagne et M. WALTER, de Saverne, des plantes vivantes et des observations sur les Orchidées d'Alsace et de Lorraine.

A. CAMUS.

Paris, 1er juillet 1927.

Principaux ouvrages cités

❖

MORPHOLOGIE INTERNE – PHYSIOLOGIE ET BIOLOGIE

Amici, *Ueber die Befruchtung der Orchideen* (Bot. Zeit., 1847, p. 364-370 et 381-386).

Ballion, *La germination des Orchidées* (Cultivateur belge, I, 1923, p. 1). — *The non-symbiotic germin. of Orch. seeds in Belgium* (Orchid. Rev., 1924, p. 305).

Baranov, *Contribution à l'embryogénie des Orchidées. Herminium Monorchis* (Zeitschr. Russ. Bot. Ges. 1924, 1925, p. 5).

Bary (de), *Vergleichende Anatomie der Vegetat. d. Phan. u. Farne*, 1877, passim.

Beau, *Sur les rapports entre la tubérisation et l'infestation des racines par des champignons endophytes au cours du développement du Spiranthes autumnalis* (C. R. Ac. Sc., 29 sept. 1913). — *Sur la germination des Orchidées et Observ. sur la biologie des Orchidées* (Riviera scientif., 1914, p. 49). — *Sur la germination de quelques Orchidées indigènes* (Bull. Soc. Hist. nat. Afrique du Nord, 1920, p. 54). *Sur le rôle trophique des endophytes d'Orchidées* (C. R. Ac. Sc. 1920, p. 675).

Beer, *Beiträge zur Morph. Biologie d. Famil. der Orchideen, Wien*, 1863.

Bernard (N.), *Sur quelques germinat. difficiles* (Rev. gén. bot., 1900, p. 108). — *Et. sur la tubérisation* (Th. Fac. Sc. Paris, 1901 et Rev. gén. bot., XIV, 1920, p. 1). — *Conditions physiques sur la tubérisation chez les végétaux* (C. R. Ac. Sc. 1902, p. 706). — *La germination des Orchidées* (C. R. Ac. Sc. 1903, p. 483. — *Le champign. endophyte des Orchidées* (C. R. Ac. Sc., 1904, p. 828). — *Recherch. expériment. sur les Orchidées* (Rev. gén. bot., 1904, p. 405). — *Sur la germination du Neottia Nidus-avis* (C. R. Ac. Sc., 1904, p. 1253). — *Symbiose d'Orchidées et de divers Champignons endophytes* (C. R. Ac. Sc., 1906, p. 52). — *Fungus Cooperation in Orchid Roots* (The Orchid Review, London, XIV, 1906, p. 201). — *Les champignons des Orchidées, leur rôle et leur utilisation* (Orchis, 1906, p. 3, 12, 18). — *La culture des Orchidées dans ses rapports avec la symbiose.* Conifér. faite à l'occasion du centenaire de la Soc. royale d'Agric. et de bot. de Gand, 1908. — *L'évolution dans la symbiose* (Ann. Sc. nat., Bot., 9e série, t. IX, 1909, p. 1). — *Remarques sur l'immunité chez les plantes* (Bull. Inst. Pasteur, VII, 1909, p. 369). — *Sur la fonction fungicide des bulbes d'Ophrydées* (Ann. Sc. nat., Bot., 9e sér., t. XIV, 1911, p. 221). — *L'évolution des plantes* (1916).

Bernatzky (E.), *Virágos növények egyűttélése gombákkal* (Kertészeti Lapok. XX, 1905, p. 40).

Bonicke (L.), *Sur les mycorrhizes endotropes des Orchidées, Pirolacées et Ophioglossacées* (Trav. Soc. Nat. Univ. Imp. Kharkow, XLIII, 1910, p. 1).

Bonis (A. de), *Fecondazione occasionale della Platanthera bifolia Rich. per mezzo di vento* (Revist. sc. natur. e Bolletino del naturalista di Siena, 1893).

Bonnier et Mangin, *Respiration des tissus sans chlorophylle* (Ann.Sc. nat., Bot., sér. 6, XVIII, 1884, p. 293).

Bourquelot et Bridel, *Recherches biochimiques des glucosides hydrolysables par l'émulsine dans les Orchidées indigènes* (Journ. de Pharm. et de Chimie, X, 1914, p. 14 et 66). — *Applic. de la méthod. biochimique à l'ét. de plus. esp. d'Orchid. indigènes. Découv. d'un glucoside nouv. la loroglossine* (Journ. Pharm. et Chim. XX, 1919, p. 81).

Bridel et Delauney, *Sur les propriétés de la loroglossine et sur ses produits de dédoublement* (C. R. Ac. Sc., CLXXVII, p. 776, 1923). — *Applicat. de la méth. biochimique à l'étude de plusieurs esp. d'Orchidées indigènes* (Journ. Pharm. et Chim., 1914, p. 14 ; 1920, 1919, p. 81).

Broeck (E. van den), *Les disparitions régionales des Orchidées indigènes* (Jardin d'Agrément, 9 oct. 1924). — *Les organes souterrains des Orchidées terrestres* (Jardin d'Agrément, 11 déc. 1924). — *Un record cultural fourni par l'O. maculata dans le Jardin des Roches-Fleuries à Genval* (Jardin d'Agrément, févr. 1925).

Brongniart, *Observations sur la fécondation des Orchidées et des Cistinées* (Ann. Sc. nat., Bot. sér. I, XXIV, 1831, p. 113).

Brown, *Obs. on fecundat. in Orchidaceæ and Asclepiadeæ* (Trans. of Linn. Soc., 1827). — *On the sexual Organs and impr. in Orchid. and Asclepiad.*, Lond., 1831.

Brundin, *Ueber Wurzelsprosse der Listera cordata* (Bihang K. Sv. Vet. Akad. Handl. XXI, Stockholm, 1895).

Bultel, *Présentation de cultures pures d'Orchidées avec et sans champignon endophyte* (Journ. Soc. nat. Hort. Fr.,1920, p. 382 et 1921, p. 331).— *Note sur la germination des graines d'Orchidées à l'aide de champignon endophyte* (Journ. Soc. nat. Hort. Fr., 1920, p. 434 et 1921, p. 330).— *Germination aseptique d'Orchidées* (Rev. Hort., p. 318, 334, 359).

Bulter, *Fertil. of Cyprip.. Calceolus* (Pharmac. Journ. and Transact., ser 3, XX, 1889-90, p. 412).

Burgeff (H.), *Die Wurzelpilze der Orchideen*, Jena, 1909. — *Zur Biologie der Orchideen-Mycorrhiza*, *Dissert.* Jena, 1909. — *Die Pilzsymbiose der Orchideen* (Naturw. Wochensch. N. F., IX, 1910, p. 129.

Camus (A.) *Note sur les Orchid. de la vallée de Thorenc* (Riviera scientifique, 1918, p. 4). — *Note sur quelques Orchid. de Vence* (Riviera scientifique, 1919, p. 9). — *Quelques anomalies florales chez les Orchidées* (Bull. Soc. bot. Fr., 1924, p. 86).

Camus (G.), Bergon et Camus (A.), *Monographie des Orchidées d'Europe, d'Afrique septentrionale, d'Asie Mineure et des Provinces Russes Transcaspiennes* (1908).

Capeder, *Entwickl. d. Orchid. Blut.* (Flora, 1898, p. 368); *Beitrage zur Entwicklungsgeschichte einiger Orchideen* (Flora, 1898).

Capus, *Anatomie du tissu conducteur* (Ann. Sc. nat., Bot., ser. 6, t. VII, 1878).

Cavers, *Physiology of Orchid flowers* (Knoweldge VII, 12, 1910, p. 481).

Ceillier (R.), *Recherches sur les facteurs de la répartition et sur le rôle des mycorhizes* (Th. Fac. Sc. Paris, 1912).

Charaux et Delauney, *Sur la présence du loroglosside (loroglossine) dans le Listera ovata et l'Epipactis palustris, et sur quelques nouvelles réactions de ce glucoside* (C. R. Ac. Sc., 1925, p. 1770 et Journ. Ph. Ch., s. 8, III, p. 108, 1926).

Chatin (A), *Note sur la présence de matière verte dans l'épiderme des feuilles* (Bull. Soc. bot. Fr., 1855, p. 674). — *De l'anthère*, 1870, p. 25.

Chatin (J.), *Sur la présence de la chlorophylle dans le Limodorum* (Rev. Sc. Nat. de Montpellier, III, 1874, p. 236-240).

Chodat, *Le noyau cellul. dans quelques cas de parasitisme ou de symbiose intracellulaire* (Actes congr. internat. bot. Paris, 1900, p. 23).

Chodat et Lendner, *Sur les mycorhizes du Listera cordata* (Bull. Herb. Boiss., t. IV, p. 265, 1896, et Rev. mycol., XX, 1898).

Clarke, *Fertilization of Ophrys apifera* (Journ. of Bot., XX, p. 369, 1882).

Clément, *The non symbiotic Germin. of Orchid seeds* (Orchid Rev., 1924, p. 359). — *A resume of the non-symbiotic germination of Orchid seeds* (Orchid Rev., 1925, p. 199).

Coemans, *Obs. de quelques faits pour servir à l'hist. de la fécond. chez les Orchidées* (C. R. Soc. Roy. bot. Belg., 1884).

Correvon et Pouyanne, *Nouvelles observations sur le mimétisme et la fécondation des Ophrys Speculum et lutea* (Journ. Soc. nat. Hortic. France, 1923, p. 373).

Cortesi, *Studi critici sulle Orch. romane* (Ann. d. Bot. Roma, V, p. 547, 1907). — *Sulle micorrize endotrofiche con particolare riguardo a quelle delle Orchidee, Nota preliminare* (Att. Soc. ital. Progr. Sc. Roma, V, p. 860, 1912).

Costantin, *La vie des Orchidées* (Paris, 1917). — *Remarques sur les cultures asymbiotiques* (Rev. Path. veg., XII, p. 191, 1925).

Costantin et Dufour, *Sur la biologie du Goodyera repens* (Rev. gén. Bot. XXXII, p. 529, 1920).

Costantin et Magrou, *Applications industrielles d'une grande découverte française* (Ann. Sc. nat., Bot., 10e sér., t. IV, p. 1, 1922).

Coutagne, *Etude sur la fecondation du Spiranthes æstivalis* (Bull. Soc. Etudes scientif., Lyon, 1874-1876).

Dangeard et Armand, *Obs. de biologie cellulaire* (Rev. mycologique, 1898).

Darwin, *On the various contrivances by which British and foreign Orchids are fertilized by insects*, Lond.1862; 2e éd. 1877. — *Notes on the fertilizat. of Orchids* (Annals and Magaz. of nat. history, 1869). — *De la fécondation des Orchidées par les insectes et des bons résultats du croisement*. Trad. Rerolle, 1870.

Delauney, *Extraction des glucosides de deux Orchidées indigènes ; identification de ces glucosides avec la loroglossine* (C. R. Ac. Sc. Paris,1920, p. 435). — *Nouvelles recherches concernant l'extraction des glucosides chez quelques Orchidées indigènes : identification de ces glucosides avec la loroglossine* (C. R. Ac. Sc. Paris, 1921, p. 471). — *Sur les glucosides de plus. esp. d'Orchid. indig.* (Journ. Ph. Ch., s. 8, III, p. 104, 1926).

Delpino, *Fecondazione nelli piante*, Firenze, 1867.

Detto (K.), *Bluthenbiologische Untersuchungen* (Flora, XCIV, p. 287-329, 1905).

Dickie, *On the production of buds on the leaves* (Journ. Linn. Soc. Bot., XIV, p. 1).

Droog, *Contribution à l'étude de la localisation microchimique des alcaloïdes dans la famille des Orchidacées* (Rec. de l'Instit. bot. Leo Errera, II, p. 347 (1896).

Drude, *Die Biologie von Monotropa Hypopitys u. Neottia Nidus-Avis* (Gekrönte Preisschrift, Göttingen, 1873.

Dumée, *Note sur le sac embryonnaire des Orchidées* (Bull. Soc. bot. Fr., 1899, p. XXX). — *Quelques observations sur l'embryon des Orchidées* (Bull. Soc. bot. Fr., 1910, p. 83).

Eckstein, *Eigentümliche Befruchtung bei Ophrys arachnites Host.* (Mitt. des bot. Vereins f. d. Kreis Freiburg und das Land Baden, 1887, p. 367).

Engelmann, *Farbe und assimilation* (Bot. Zeit. 1883).

Faber (F. C. von), *Vergleichende Anatomie der Cypripedilinæ.* Inaug.-Dissert., Stuttg., 1904.

Fabre, *Recherches sur les tubercules de l'Himantoglossum hircinum* (Ann. Sc. nat., Bot., ser. 4, t. III, 1855, p. 253). — *De la germination des Ophrydées et de la nature de leur bulbe* (Ann. Sc. nat., Bot. sér. 4, t. V, 1856, p. 163).

Falkenberg, *Vergleichende Anatomie ub. d. Bau der Vegetationsorg. d. Monokotyledonen*, p. 31, Stuttgard, 1876.

Famintzine (A.), *Du rôle de la symbiose dans l'évolution des organismes* (Mémoires de l'Acad. Imp. des Sciences de Saint-Pétersb., XX, 1907, n° 3).

Fotting, *Die Beeinflussung der Orchideenblüten durch die Bestaubung* (Zeitschr. f. Bot., I, 1909). — *Weitere entwickelungsphysiologische Untersuchungen an Orchideenblüten* (Zeitschr. f. Bot., II, 1910, p. 225).

Francé, *Das Leben der Pflanze*, Stuttgard.

Frank, *Zur Kenntniss der Pflanzenschleime* (Erdemann, Journ. f. prakt. Chemie, 1865, Bd. 95, p. 479). — *Ueber die anatomische Bedeutung und die Entstehung der vegetabilischer Schleime* (Pringsh. Jahrb., t. V, 1866-1867, p. 161).

Frank (A. B.), *Ueber neue Mycorrhiza-Formen* (Berichte der deutschen Bot. Gesells., Bd. V, 8, 1887, p. 395). — *Ueber die physiologische Bedeutung der Mycorrhiza* (Berichte der deutschen Bot. Gesells., 1888, p. 248. — *Lehrbuch der Botanik*, 1892.

Freyhold (E. von), *Uber Bestäubung und das Auftreten mehreren Antheren bei Limodorum abortivum L.* (Verh. des Bot. Ver. der Provinz Brand., 1877, p. xxiii).

Fuchs, *Untersuchung. uber der Bau der Raphidenzelle* (Œsterr. bot. Zeitschr., XLVIII, p. 234 (1898).

Fuchs et Ziegenspeck, *Aus der Monographie der Orchis Traunsteineri* Saut. — V. *Die Pilzverdauung der Orchideen* (Bot. Archiv. XI, p. 193, 1924). *Entwicklungsgeschichte einiger deutsch. Orchid.* (Bot. Archiv., XI, 1924, p. 120). — *Bau und Form der Wurzeln der einheimischen Orchid. im Hinblick auf ihre Aufgaben* (Bot. Archiv., XII, 1925, p. 290).

Gallaud, *De la place systématique des endophytes d'Orchidées* (C. R. Ac. Sc., 1904, p. 513). — *Sur la nature des champignons des mycorhizes endotropes* (C. R. Soc. biol., LVI, 1904, p. 307). — *Etude sur les mycorhizes endotropes* (Rev. gén. bot., 1905, p. 80).

Gentner, *Ueber die Vorlauferspitzen der Monokotyl.* Inaug.-Diss. Munchen 1905 ; Flora Erganzungsband 1905, Heft 2.

Gerard, *La fleur et le diagramme des Orchidées*, Th. Ec. Ph. Paris, 1879. — *Sur l'homologie et le diagramme des Orchidées* (Ann. Sc. nat., Bot., 1879, p. 213).

Germain de Saint-Pierre, *Sur le mode de végétation du Corallorhiza innata* (Bull. Soc. bot. Fr., 1857, p. 766). — *Fécondation des Ophrydées* (Bull. Soc. bot. Fr., 1872, p. 235).

Gillot, *Contribution à l'étude des Orchidées* (Bull. Ass. fr. Bot., 1898, p. 30, 33, 35, 63, 67).

Godfery, *Notes on Orchis mascula and O. Morio* (Journ. of Bot., 1918, p. 193). — *Epipactis viridiflora* (Journ. of Bot., 1919, p. 37 . 1920, p. 34, pl. 553). — *The fertilisation of Serapias cordigera and S. longipetala* (Gard. Chron., 1920, p. 70). — *The fertilisation of Orchis apifera* (Journ. of Bot., 1921, p. 285). — *Notes on the fertilisation of Orchids* (Journ. of Bot., 1922, p. 359). — *The fertilisation of Cephalanthera* (Journ. of Linn. Soc., 1922, p. 511). — *The fertilisation of Ophrys Speculum, O. lutea and O. fusca* (Orchid Rev., 1925, p. 195). — *Spiranthes Romanzoffiana* (Orchid Rev., 1924, p. 357).

Goebel, *Morphologische und biologische Bemerkungen. Zur Biologie der Malaxideen* (Flora, 1901, p. 94).

Griffon, *L'assimilat. chlorophyll. chez les Orchid. terrestres et en particulier chez le Limodorum abortivum* (C. R. Ac. Sc., 1898, p. 973). — *L'assimilation chlorophyllienne* (Ann. Sc. nat., Bot., 18e s., t. X, 1899, p. 71).

Groom Percy, *Contributions to the knowledge of Monocotyledonous Saprophytes* (Journ. Linn. Soc. XXXI, p. 149).

GUEGUEN, *Sur le tissu collecteur et conducteur des Phanérogames* (Journ. de bot., 1900, p. 144). — *Anatomie du style et du stigmate des Phanérogames* (Journ. de bot., 1901, p. 296).

GUIGNARD, *Rech. sur le développem. de l'anthère et du pollen chez les Orchidées* (Ann. Sc. nat., Bot., s. 6, t. XIV, 1883, p. 26-46). *Sur la pollinisation et ses effets chez les Orchidées* (Ann. Sc. nat., Bot.., s. 7, t. IV, 1886, p. 202). — *Quelques faits relatifs à l'histoire de l'émulsine, existence générale de ce ferment chez les Orchidées* (C. R. Ac. Sc., 1905, p. 638 et Bull. Sciences pharmacol., XII, 1905, p. 251).

GUILLARD, *Note sur les deux termes, tige et racine et leur signification anatomique* (Bull. Soc. bot. Fr., 1869, p. 425). — *Anat. de la tige des Monocotylédones* (Ann. Sc. nat., Bot., s. 6, t. V, 1878, p. 44).

GYÖRFFY (G.), *A. magyarföldi Flora cij Gymnadenia faja* (Annales historico-natur., Musei Nationalis Hungarici, Bd. II, 1904, p. 237).

HENSLOW, *Sur les feuilles du Malaxis paludosa* (Ann. Sc. nat., XIX, p. 103 (1830). — *On a monstrous Development in Haben. chlorantha* (Journ. Linn. Soc., II, 1858, p. 104). — *Vascular syst. of floral organs* (Journ. of the Linn. Soc. 1890-91, p. 123).

HERISSEY, *Sur la digestion de la mannane des tubercules d'Orchidées* (C. R. Ac. Sc., 1902, p. 721).

HEUSSER *in Arbeit. bot. Lab. Eidg. techn. Hoch. Zurich. Diss. 1914.*

HILDEBRAND (F.), *On the impregnation in Orchids, as a proof of the two different effects of the pollen* (Ann. and Mag. of Nat. Hist., ser. III, XII, p. 169, 1863).

HILDEBRAND, *Die Befrucht. der Orchid.* (Bot. Zeit., 1863, p. 329-333, 337-345). — *Bastardirungsversuche an Orchideen* (Bot. Zeit.. 1865, p. 245-249). — *Bestäubung des Himantoglossum hircinum und der Asclepius tenuifolia durch Insekten* (Versamml. deutsch. Naturf. und Arzte. Rostock, 1876).

HOFMEISTER, *Die Entstehung d. Embryo der Phanerogamen*, 1849. — *Neue Beiträge zur Kenntniss der Embryobildung der Phanerogamen* (Abh. d. m. ph. Cl. d. K. S. Gesells. d. W., 1859, p. 535).

HOLM, *On the development of buds upon roots and leaves* (Annals of Botany, 1925, p. 873).

HOLMGREN, *Duft der Orchideen* (Bot. Centralbl., XIV, p. 320, 1883).

HOOKER, *On the functions and struct. of the rostellum of Listera ovata* (Philosoph. Transact., 1854, p. 259-263 ; trad. in An. Sc. nat., Bot. s. 4, III, 1855, p. 85-90).

HODOWITZ, *Ueber den anatomisch. Bau und das Aufspringen der Orchideenfrüchte* (Beihefte zum Bot. Centr. XI, 1902).

HOUZEAU DE LEHAIE, *Mimétisme et fécondation chez les Ophrys méditerranéens* (Bull. Natural. de Mons et du Borinage, IV, 1925, p. 69).

HUBER (Bruno), *Zur Biologie der Torfmoororchidee Liparis Loeselii* (Sitzb. Ak. Wiss. Wien. math.-naturw. Kl. Abt. I, Bd. 130, p. 307, 1921).

HUSEMANN (A.) *in* HILGER et HUSEMANN, *Pflanzenstoffe*, I, p. 424.

IRMISCH, *Beschreibung d. Rhizoms von Sturmia Loeselii* (Bot. Zeit., 1847, p 137) — *Knollen und Zwiebelgewächse* (Bot. Zeit., 1847, p. 156). — *Beiträge zur Biologie und Morphologie der Orchideen*, 1853, Leipzig. — *Einige Beobachtungen an einheimischen Orchid·en* (Flora, 1854, p. 513). — *Bemerkungen uber Malaxis paludosa* (Flora, 1854, p. 625). — *Ein kleiner Beitrag zur Naturgeschichte der Microstylis monophylla* (Flora, 1863, p. 1-8).

JENCIC (A.), *Untersuchungen des Pollens hybrid. Pflanzen* (OEst. bot. Zeitschr., L, 1, 1900, p. 28 et 144.

JOHOW (F.), *Die chlorophyllfreien Humuspflanzen nach ihren biologischen und anatomisch-entwickelungsgeschichtlichen Verhältnissen* (Pringsheim's Jahrb, XX, 1889, p. 781.

KERNER, *Pflanzenleben*, I, II, p. 246.

KEXEL (H.), *Nitrite Bakterien der Orchideen* (Gartenwelt. Jahr., VI, p. 340, 1903).

KIRCHNER, *Uber Selbstbestäubung bei den Orchideen* (Flora, 1922, p. 103).

KLINGE, *Dactylorchidis et Zwei neue bigenere Orchideen-Bast.* (Acta Horti Petropolitani, XVII, 1898 et 1899).

KNUDSON, *Non symbiotic germination of Orchid seeds* (Bot. Gazette, LXXIII, p. 1-25, 1922). — *Further observations on non symbiotic germination of Orchid seeds* (Bot. Gazette, LXXVII, p. 212, 1924). — *La germinacion no symbiotica de las semillas Orquideas* (Bol. R. Soc. Espan. Hist. Nat., 1921, p. 250). — *Physiological study of the symbiotic germination of Orchid seeds* (Bot. Gazette, LXXIX, p. 345, 1925).

KNUTH (H.), *Uber den Nachweis von Nectarien auf chemischen Wege* (Bot. Centr., 1898, p. 76. — *Handbuch den Blutenbiologie*, II, 2, p. 430 (1899).

KOHL, *Untersuchungen uber die Raphidenzellen* (Bot. Centr., LXXIX, 1899, p. 273).

KORIBA, *On the torsion of Spiranthes spike* (The Bot. Magazine, XXVI, 1912, n° 308).

KRUGER, *Die oberirdischen Vegetationsorg. der Orchideen in ihren Beziehungen zu Klima* (Flora, 1883).

KURR, *Bedeutung der Nektarien*, 1883.

Lami. — *La croissance des Orchidées* (C. R. Ac. Sc., 22 mars 1927).

Leclerc du Sablon, *Sur les tubercules d'Orchidées* (C. R. Ac. Sc., 1897, p. 134). — *Réserves hydrocarbonées des bulbes et des tubercules* (Rev. Gén. Bot. t. V, p. 162).

Lecomte (H.), *Etude du liber des Angiospermes* (An. Sc. nat., Bot., s. 7, t. X, 1889).

Leimbach, *Blutenbau und Blutenbefruchtung der Orchideen* (Deutsche bot. Mon., XXII, 1911, p. 114).

Lindman, *Die Variationen des Perigons bei Orchis maculata L.* (Bihang till k. Svenska Veterskaps-Akadem. Handlingar, XXIII, III, 1897).

Lindt, *Ueber die Umbildung der braunen Farbstoffkoerper in Neottia Nidus-Avis zu Chlorophyll.* (Bot. Zeit., 1885, p. 52).

Link, *Bemerk. ub. den Bau der Orchideen* (Bot. Zeit., 1849, p. 745 et Abhandl. der Ak. d. Wiss., t. XXXVI, 1849-51, p. 103).

Lundström, *Einige Beobachtungen uber Calypso borealis* (Bot. Centr., t. XXXVIII, 1889, p. 697).

Lutz (L.), *Sur l'accumulation des nitrates dans les plantes parasites et saprophytes* (Bull. Soc. bot. Fr., 1908, p. 104). — *Comparaison de l'azote nitrique et de l'azote total dans les plantes parasites et saprophytes* (Bull. Soc. bot. Fr., 1912, p. 370).

Macdougal (D.), *Symbiotic Saprophytism* (Annals of Botany, XIII, 1899, p. 1).— *Symbiosis and Saprophytism* (Contrib. from the New-York botanical Garden, 1899, n° 1, p. 511).

Magne (G.), *Des effets des microorganismes sur la végétation des Orchidées* (Journ. Soc.,Hort. Fr., 1905, p. 241).

Magnus (Werner), *Studien an der endotrophen Mycorrhiza von Neottia Nidus-Avis* (Pringsh. Jahrb., XXXV, 1900, p. 205-272).

Macrou, *Symbiose et tubérisation* (Ann. Sc. nat., Bot., 1921, p. 230). — *A propos du pouvoir fungicide des tubercules d'Ophrydées* (Ann. Sc. nat. Bot., s. X, t. VI, 1924, p. 265).

Maillard, *Réflexions biologiques sur la présence de la vanilline chez une Orchidée indigène, l'Epipactis atrorubens* Hoff. (Bull. Soc. Sciences et Réunion biolog. de Nancy, 1901, p. 140-146).

Mangin, *Origine et insertion des racines adventives* (Ann. Sc. nat., Bot., s. 6, t. XIV, p. 216, 1882). — *Sur la membrane du grain de pollen mûr* (Bull. Soc. bot. Fr., 1889, p. 281). — *Sur un essai de classification des mucilages* (Bull. Soc. bot. Fr., 1894, p. XLIII).

Marshall, *Fertilisation of British Orchids by insect agency* (Gard. Chron., 1861, p. 72). — *Fertilisation by Moths of Platanthera chlorantha* (Nature, VI, p. 303, 1872).

Masters Maxwell, *Vegetable teratology,* London, 1869. — *On the floral conformation of the Genus Cypripedium* (Journ. of Linn. Soc., XXII, p. 402, 1887).

Maury, *Observations sur la pollinisation des Orchidées indigènes* (C. R. Ac. Sc., 1886, p. 357).

Menière, *Note sur la fécondation des Orchidées* (Bull. Soc. bot. Fr., I, p. 367, 1854).

Meyer, *Uber der Knollen der einheimisch. Orchideen* (Archiv. der Pharm., 2 Bd, 1886).

Moggridge Traherne, *Obs. on some Orchids of the south of France* (Journ. of the Linn.Soc.VIII, 1865, p. 256). — *Uber Ophrys insectifera* (Verh. der Kaiserl. Leop. Carol. Akad., XXXV, 1869). — *Petalody of the sepals in Serapias* (Journ. Linn. Soc., XI, 1871, p. 490).

Moebius, *Untersuchungen über die Stammanatomie einiger einheimisch. Orchideen* (Berichte d. deutschen bot. Gesellsch., IV, 1886, p. 284). — *Ueber den anatomischen Bau der Orchidenblätter* (Pringsh. Jahrb., XVIII, 1887, p. 530).

Mohl, *Beiträge zur Anatomie und Phys. der Gewachse,* Berne, 1834.

Mohl (H. von), *Ueber die Entwickelung des Embryo von Orchis Morio* (Bot. Zeit., 1847, p. 465).

Mollberg, *Untersuchungen die Pilze in den Wurzeln der Orchideen* (Jena Zeitschr., XVII, 1884).

Montoverde, *Recherches embryolog. sur l'Orchis maculata,* 1880.

Morot (L.), *Note sur les prétendus faisceaux collatéraux de certaines racines et Obs. sur le tubercule des Ophrydées* (Bull. Soc. bot. Fr., 1882, p. 115 et 131).

Mousley, *Spiranthes Romanzoffiana* (Orchid Rev., 1924, p. 71). — *Further notes on the underground develop. of Sp. Romanz. et cernua* (Orchid Rev., 1924, p. 296).

Muller (F.), *Uber Befruchtungserscheinungen bei Orchideen* (Bot. Zeit., XXVI, p. 629, 1868).

Muller (H.), *Beobachtungen in westfalischen Orchideen* (Verh. des Naturh. Vereins der pr. Rheinl. und Westfalens, 1868, p. 1). — *Bericht uber Befruchtung westfalischen Orchideenarten mit eigenem Pollen und Pollen anderer Arten* (Verh. d. Nat. Ver. f. pr. Rheinl. u. Westf. 1868, p. 47). — *Uber Befruchtungserscheinungen bei Orchideen* (Bot. Zeit., XXVI, p. 629, 1868). — *Alpine Orchids adapted to cross-fertilisation by insects* (Nature, déc. 1874). — *Ophrys muscifera* (Nature, XVIII, p. 221, 1878). — *Die Befruchtung der Blumen durch Insekten.* Leipzig, 1873.

Muller (K.), *Beiträge zur Entwickelungsgeschichte des Pflanzen-Embryo.* (Bot. Zeit., 1847, p. 737).

Nestler (A.), *Das Secret der Drüsenhaare der Gattung Cypripedium mit besonderer Berücksichtigung seiner hautreizenden Wirzung* (Ber. D. Bot. Ges., XXV, 1907, p. 554).

Nicotra, *Dell' impollinazione in qualche specie di Serapias* (Malpighia, I, p. 460).

Noack, *Ueber Schleimranken in den Wurzelintercellularen einiger Orchideen* (Berichte d. deutschen Bot. Gesellsch., X, 1892, p. 645).

Nobécourt, *Sur la structure anatomique des tubercules des Ophrydées* (C. R. Ac. Sc., CLXX, 28 juin 1920). — *Les tubercules des Ophrydées* (Bull. Soc. bot. de France, LXVIII, p. 62, 1921). — *Sur la production d'anticorps par les tubercules d'Ophrydées* (C. R. Ac. Sc., CLVXXII, p. 1054, 1923).

Oesterberg, *Beitrage z. Kenntniss der Anatomie und d. Bundelverlaufs in Pericarpium der Orchideen* (Meddel. fra. Stockolms Hogok. in Oefvers of kongl. Vetensk. Akad. Forhandl. 1893, p. 16).

Pace Lula, *Fertilization in Cypripedium* (Bot. Gaz. XLIV, 1907, p. 35).

Paque, *Note sur les mouvements des pollinies chez les Orchidées* (C. R. Soc. Roy. bot. de Belgique, 1885, p. 6). — *Deuxième note sur les mouvements des pollinies chez les Orchidées* (C. R. Bull. Soc. Roy. bot. de Belgique 1885, p. 87).

Payne, *The fecundation of Orchids* (Gard. Chron., 1867, p. 682).

Pedicino, *Sul processo d'impollinazione e su qualche altro fatto nel Limodorum abortivum* (Rendic. dell' R. Acad. delle Sc. di Napoli, 1874).

Peklo, *Zur Lebensgeschichte von Neottia Nidus-Avis* (Flora, XCVI, 1906, p. 260-275).

Pfitzer, *Beob. ub. Bau und Entwick. der Orchid.* 15 *Zur Embryoentwick. und Keimung der Orchid.*, 1877. — *Zur Kenntniss der Bestaubungseinrichtungen der Orchid.* (Verhandl. d. naturhist. medicin. Ver. zu Heidelberg, 1879, p. 220-222). — *Untersuchungen uber Bau und Entwicklung der Orchideenblüthe* (Pringsh. Jahrb., XIX, 1888, p. 155). — *Pflanzenreich, Orchidaceæ-Pleonandræ*, IV, p. 50, 1903. — *In* Engler et Prantl, *Pflanzenfamilien*, II, 6, p. 74 (1889).

Plateau (F.), *La pollinisation d'une Orchidée à fleurs vertes, Listera ovata, par les insectes* (Bull. Soc. roy. Bot. Belgique, XLVI, 1909, p. 339).

Ponzo, *L'autogamia nelle piante fanerogame* (Nuovo Giorn. bot. Ital., XII, 1905, p. 590).

Porsch (O), *Beitr. zur histol. Blutenbiologie* (OEsterr. bot. Zeitschr. LVI, 1906, p. 142, 176, 371). — *Neuere Untersuchungen uber die Insektenanlockungsmittel der Orchideenblüte* (Mitt. nat. Ver. Steiermark, XLV, p. 346).

Pouyanne, *La fécondation chez les Orchidées* (Journ. de la Société d'Horticulture de France, févr. et mars 1916 et Bull. de la Société d'Histoire naturelle de l'Afrique du Nord, 1917, p. 6).

Prillieux, *De la structure anatomique et du mode de végétation du Neottia Nidus-avis* Ann. Sc. nat., Bot., s. 4, t. V, 1856, p. 267). — *Obs. à la communication de M. Germain de Saint-Pierre* (Bull. Soc. bot. Fr., 1857. p. 768). — *Observat. sur le mode de végétation du Neottia Nidus-Avis* (Bull. Soc. bot. Fr., 1857, p. 41). — *Obs. sur la déhiscence du fruit des Orchidées* (Bull. Soc. bot. Fr., 1857, p. 803). — *Obs. sur la structure de l'embryon et le mode de germinat. de quelques Orchidées* (Bull. Soc. bot. Fr. 1861, p. 19). — *Et. sur la nature, l'organisation et la struct. du bulbe des Ophrydées* (Ann. Sc. nat., Bot., s. 5, t. IV, 1865, p. 255 et Bull. Soc. bot. Fr., 1866, p. 71). — *Aperçu gén. de l'organisat. des racines des Orchidées* (Bull. Soc. bot. Fr., 1866, p. 257). — *Etude sur le mode de végétation des Orchidées* (Ann. Sc. nat., Bot., s. 5, t. VI, 1867, p. 1). — *Sur la coloration et le verdissement du Neottia Nidus-Avis* (Bull. Soc. bot. Fr. 1873, p. 182 et C. R. Ac. Sc., 1873, p. 1530).

Prillieux et Rivière, *Et. sur la germination d'une Orchidée* (Bull. Soc. bot. Fr., 1856, p. 28).

Rambsbottom. *Orchid mycorrhiza* (Gard. Chronicle, LXXI, p. 183, 1922).

Reichenbach, *De pollinis Orchidearum*, Lips., 1852.

Reinke, *Ueber einige biologische Verhalt. von Corallorhiza* (Verh. d. Naturhist. Ver.d. Preuss. Rheinl. u. Westf. 1873, p. 56). — *Zur Kenntniss d. Rhiz. von Corallorhiza u. Epipogon* (Flora, 1873).

Reissek, *Endophyten der Pflanzen-Zelle*, Wien, 1846.

Ridley, *On self fertilization and cleistogamy in Orchids* (Journ. Linn. Soc. XXIV, 1888, p. 392).

Rimbach, *Das Tiefenwachstum der Rhizome* (Beitr. z. Wiss. Bot., III, 1898, p. 177).

Rohrbach, *Ueber der Blüthenbau und die Befruchtung von Epipogon-Gmelini*, Goettingue, 1866.

Rosenberg, *Zur Kenntnis der Reduktionstheilung in Pflanzen* (Bot. Not., 1905).

Rossbach, *Ueber einige Formverschiedenheiten der Orchis fusca* (Verh. d. Nat. Ver. d. Preuss. Rheinl. u. Westf. 1857, p. 166, t. XII).

Rothmaler, *Beobacht. über Vermehrung und Verbreitung der Gatt. Ophrys in Thuringen* (Allg Bot. Zeitsch., XXVIII-XXIX, p. 96, 1926).

Rothschild, *The fertilisation of Ophrys Speculum, O. lutea and O. fusca* (Orch. Rev., 1925, p. 99).
Russow, *Betrachtungen über das Leitbundel und Grundgewebe* (Jubilaumschrift Dr Alexander von Bunge). Dorpat, 1875.
Rutherford, *Notes on the fertilization of Orchids* (Edinburg new philosophical Journal, 1864, p. 69-74). — *Notes on the fertilization of Orchids* (Trans. of the bot. Society, 1865, p. 15-19, Edimb.).
Saint-Lager, *Act. adjuv. des Champign. filament. sur la germ. des graines d'Orchidées* (Ann. Soc. bot. Lyon, XXVII, 1902).
Saunders, *A reversionary charact. in the stock and its significance in regard to the structure and evolution of the gynoecium in the Rhoeadales, the Orchidaceæ and other families* (Ann. bot., XXXVII, 1923, p. 451).
Schacht, *Physiologische Botanik*, 1852, p. 177, 284. — *Beitr. zur Kenntnis der Ophrys arachnites* (Bot. Zeit. X, p. 1, 1852). — *Beiträge zur Anat. u. Physiol. der Gewœchse*, 1854, p. 120. — *Entwickelungsgesch. d. Pflanzenembryon*, p. 60. — *Sur l'origine de l'embryon végétal* (Ann. Sc. nat., Bot., s. 4. t. III, 1855, p. 204).
Schilbersky, *Uber die Rolle des Pilzes d. Orchideen* (Termezet. Kozlem. XL, p. 477, 1908).
Schimper (A. F. W.), *Uber die Entwickelung der Chlorophyllkörner und Farbkörper* (Bot. Zeit., 1883, p. 105).
Schoenichen, *Biologie der Blütenpflanzen*, 1924, p. 198).
Senianinova, *Etude embryologique de l'Ophrys myodes* (Zeitschr. Russ. Bot. Ges., 1925, p. 10-14).
Simonet, *Les Champignons endophytes des Orchidées* (Rev. Path. vég. et Entom. agr., XII, p. 204-206, 1925).
Stahl, *Der Sinn der Mykorhizenbildung* (Pringsh. Jahrb., XXXIV Bd. 1900, p. 535).
Steinbreink, *Untersuchungen über die anatomischen Ursachen des Aufspringens der Frucht* (Inaug.-Dissert. Bonn. 1873).
Stojanow, *Ueber die vegetative Fortpflanzung der Ophrydineen* (Flora, 1916).
Strasburger, *Ueber Befrucht. und Zelltheilung* (Jen. Zeitschr. fur Med. u.-Nat., 1877, p. 461) et *Neue Untersuchungen über den Befruchtungsvorgang bei den Phanerogancm*, p. 58 — *Uber Polyembryonie* (Yen. Zeitschr. fur Med. u.-Nat., 1878, p. 647). — *Einige Bemerkungen zur Frage nach der doppelten Befruchtung bei den Angiospermen* (Bot. Zeit. LVIII, 1900, p. 293).
Thomas (M. B.), *The genus Corallorhiza* (The Botanical Gazette, XVIII, 1893, p. 166).
Tischler (G.), *Uber das Vorkommen von Statolithen bei wenig oder gar nicht geotropischen Wurzeln* (Flora, XCIV, 1905, p. 1 et Naturw. Wochenschrift N. F., IV, 1905, p. 183).
Trécul, *Observations sur la structure des feuilles des Orchidées* (Bull. Soc. bot. Fr., 1855, p. 455). — *Du mucilage chez les Malvacées, Til., Cact., Stercul. et Orchidées* (Adansonia, t. VII, 1866-1867).
Treub, *Embryogénie de quelques Orchidées* (Mém. Ac. roy. néerl. des Sc. 1878).
Treviranus, *Nachtraegl. Bemerkungen über die Befruchtung einiger Orchideen* (Bot. Zeit., 1863, p. 241-243).
Van Tieghem, *Symétrie de structure des plantes* (An. Sc. nat., Bot., s. 5, t. XIII, 1870-71, p. 146). — *Obs. à la communicat. de M. Prillieux* (Bull. Soc. bot. Fr., 1879, p. 281). — *Traité de Bot.*, 1884, 1891, 1898, passim. — *Nouvel exemple de tissu plissé* (Journ. de Bot., 1891, p. 166).
Van Tieghem et Douliot, *Rech. comparat. sur l'origine des membres endogènes dans les pl. vasculaires*, 1890, p. 333 et 520.
Vermoesen, *Contribution à l'étude de l'ovule, du sac embryonnaire et de la fécondation dans les Angiospermes* (La Cellule, XXVII, 1, 1911, p. 115).
Vesque, *Développem. du sac embryonn. des Orchidées* (An. Sc. nat., Bot., s. 6, t. V, 1878, p. 269-271).
Vochting, *Ueber die Bildung der Knollen*. Bibl. bot. 1887. — *Zur Physiol. der Knollengewachse* (Jahrb. f. wiss. Bot., XXXIV, 1900).
Wahrlich, *Beiträge zur Kenntniss der Orchideenwurzelpilze* (Bot. Zeit., XLIV, p. 481, 1886).
Ward (Marshall), *Embryology of Gymnadenia conopea* (Report of the British Assoc. for the advancem. of Sc., 1879, p. 375).
Warming, *Om Rödderne hos Neottia Nidus-Avis* (Vidensk. Medd. naturh. For. Copenhague, 1874-5, p. 26.
Warming, *De l'ovule* (Ann. Sc. nat., Bot., s. 6, t. V, 1878 ; passim).
Webster, *On the growth and fertility of Cyprip. Calceolus* (Transact. and Proceed. of the Bot. Soc. of. Edinburgh, XVI, III).
Weiss, *Untersuchungen über die Zahlen-und Grössenverhältnisse der Spaltöffnungen* (Pringsh. Jahrb., IV, 1865, p. 123).
Weiss (F. E.), *Seeds and seedlings of Orchids* (Proc. Manchester Microsc. Soc., 1917).
White, *On polystely in roots of Orchidaceæ* (Univ. of Toronto Studies, Biological series, n° 6, 1907).
Wiesner, *Vorlaufige Mittheilung uber das Auftreten von Chlorophylle in einigen für chlorophyll. gehalten Pflanzen* (Bot. Zeit., 1871).

Wildemann (de), *Présence et localisation d'un alcaloïde dans quelques Orchidées* (Bull. Soc. belge Microgr., XVIII, p. 101, 1892).
Wilson (G), *Fungus cooperation in Orch. roots* (Orch. Rev., XIV, 161, p. 154).
Wolf (Th.), *Beiträge zur Entwickelungsgeschichte der Orchideen-Blüthe* (Pringsh. Jahrb., IV, 1865, p. 261).
Wolff (J.), *Contribution à la connaissance des phénomènes de symbiose chez les Orchidées* (C. R. Ac. des Sc., CLXXVII, p. 554, 1923). — *Conditions favorables ou nuisibles à la germination des semences d'Orchidées et au développement des plantules* (C. R. Ac. Sc., 1923, p. 888). — *Observations sur les divers modes de culture des Orchidées* (Rev. Path. vég. et Entom. agr., XII, p. 185-190, 1925).
Wolff (H.), *Zur Physiologie des Wurzelpilzes von « Neottia Nidus-Avis » Rich. und einigen grünen Orchideen* (Jahrb. f. wiss. Bot., 1926, p. 1-34.
Zirkle, *Structure of chloroplast* (Amer. Journ. of Bot., 1926, p. 309).

Nous n'avons pas cru nécessaire de donner une liste des très nombreuses indications bibliographiques citées dans la partie systématique de l'ouvrage, ce qui nous eût entraînés très loin. Nous prions donc le lecteur de consulter les citations qui se trouvent dans le cours du texte.

Iconographie des Orchidées d'Europe
et du Bassin méditerranéen

❦

ORCHIDACEÆ

Orchidaceæ Lindl., *Nat. Syst.*, éd. 2, p. 336 (1836) ; Reichb., *Nomencl.* p. 50 (1841) ; Pfitzer, *Entw. Anordn. Orch.*, p. 96 (1887) ; Pfitzer ap. *Engl.* et Prantl, *Nat. Pfl.*, II, 6, p. 52 ; Dalla Torre et Harms, *Gen. Siph.*, p. 88 ; Aschers et Graebn., *Synops. Mittel. Fl.* III, p. 612 ; M. Schulze, *Die Orchid.* (1894) ; Richter, *Pl. eur.*, I, p. 261.

Orchideæ Haller, *Enum. stirp. Helv.*, I, Praef., p. 33 (1742) ; Juss., *Gen.*, p. 64 (1789) ; R. Br., *Prodr.*, p. 309 ; Bartl., *Ord. nat.*, p. 56 ; Lindl., *Gen. et spec. Orch.*, p. XIII ; Endl., *Gen.*, p. 185 ; Benth. in Benth. et Hook. f., *Gen.*, III, p. 460 (1883) ; Reichb. f., *Icon.*, XIII-XIV, p. VI ; Parlat., *Fl. ital.*, III, p. 333 ; Boiss., *Fl. orient.*, V, p. 51 ; Willk. et Lange, *Prodr. fl. Hisp.*, I, p. 161, et *auct. mult.* — **Orchides** Haller, *l. c.*, p. 262 ; Juss. in *Herb. Trianon* (1759) et in Juss., *Gen.*, p. LXIII (1789) ; Adanson, *Fam.*, II, p. 68 (1763). — **Orchaceæ** Aschers et Graebn., *l. c.*, I, p, 267 (1897). — **Orcheaceæ** Saint-Lager in Car. et Saint-Lager, *Fl. descr.*, éd. 8, p. 797. — **Thyridraceæ** Dulac, *Fl. dép. Hautes-Pyr.* (1867). — **Orchidinées** (Fam. **Orchidacées** et **Cypripédiacées**) Kirschl. *Fl. Alsace*, II, p. 121.

GÉNÉRALITÉS SUR LA MORPHOLOGIE EXTERNE

Les fleurs sont hermaphrodites, irrégulières, symétriques par rapport à un plan, très rarement régulières dans certains genres exotiques ; accidentellement certaines fleurs présentent une forme régulière et doivent être considérées comme des retours aux types ancestraux. De couleur variant beaucoup en intensité, mais ordinairement assez stable pour chaque espèce, les fleurs sont blanches, jaunes, verdâtres, rosées, d'un pourpre plus ou moins foncé, violacées ou brunâtres, souvent pâles et munies de taches ou de points plus foncés. Elles sont rarement inodores et exhalent une odeur particulière pour chaque espèce.

Le périanthe est supère, ordinairement résupiné, formé de 6 divisions, le plus souvent pétaloïdes, bisériées, les trois externes (sépales), presque de même forme et de même longueur, tantôt dressées ou étalées, tantôt réfléchies ou conniventes, libres ou plus ou moins soudées entre elles ; les trois internes (pétales) très dissemblables, deux latérales souvent petites, symétriques, alternant avec les divisions externes, la moyenne (labelle), dans la plupart des cas, bien plus développée, supérieure dans sa position normale, ordinairement inférieure par suite de la torsion de l'ovaire et du pédicelle. Le labelle diffère presque toujours beaucoup des autres divisions du périanthe par ses dimensions, sa forme, sa coloration, sa texture, son épaisseur plus grande. Ce sont surtout les formes très diverses du labelle qui donnent aux Orchidées leur aspect si curieux et parfois fantastique. Le labelle est souvent lobé et prolongé, à la base, en gibbosité ou éperon. L'éperon est une expansion subcylindrique ou conique, droite ou arquée, de longueur et de grosseur variables, souvent nectarifère.

Les filets des étamines sont soudés avec le style en une colonne qui porte le nom de gynostème. La forme du gynostème et la disposition de ses appendices sont d'une fixité remarquable et constituent des éléments très importants pour établir la diagnose des espèces. Le gynostème est de longueur variable, dirigé ou courbé en avant et souvent muni, au sommet, d'un appendice ayant la forme d'un petit bec.

L'androcée est normalement formé de deux verticilles de trois étamines. Dans les Orchidées monandres, les deux verticilles sont réduits à une étamine développée, appartenant au verticille externe et à deux étamines latérales appartenant au verticille interne, stériles et réduites à l'état de staminodes ou souvent nulles. L'étamine médiane, opposée à la division médiane externe du périanthe, est fertile, brièvement stipitée, ou sessile, ou continue par le dos avec le gynostème, libre ou soudée, biloculaire ou devenant uniloculaire par destruction de la cloison. Dans les Orchidées diandres, les deux verticilles sont réduits à une étamine médiane développée, mais stérile, représentant le verticille externe et à 2 étamines latérales fertiles appartenant au verticille interne. Les anthères sont introrses, à déhiscence ordinairement longitudinale, s'ouvrant souvent tôt, avant l'épanouissement de la fleur.

Le pollen est réuni en 2-4-8 masses polliniques allongées ou subclaviformes et renfermées dans les loges de l'anthère dont elles ont la forme. Il est blanc, grisâtre, jaune ou jaunâtre, vert, pourpre ou rougeâtre. Les masses polliniques sont tantôt composées de grains ténus, cohérents, et dites alors céracées, tantôt en granules assez facilement séparables et, dans ce cas, sessiles sur le stigmate. Souvent aussi les masses polliniques sont réunies par une substance visqueuse, reliées entre elles par des fils élastiques, ténus et atténuées à la base en un pédicelle (caudicule) terminé par une petite glande visqueuse (rétinacle), libre ou réunie à celle de la masse voisine, nue ou incluse dans un bursicule, d'abord fermé, puis ouvert, qui surmonte la surface du rostellum, partie du gynostème située au-dessus des deux stigmates soudés et correspondant au troisième stigmate (1). Le rostellum, qui joue un rôle spécial, a la forme d'un capuchon, d'un clapet ou d'une poche.

Les deux autres stigmates soudés servent à la réception du pollen. Ils forment un organe visqueux, oblique, concave, placé en avant du gynostème dont ils font partie intime. La forme de cet organe est constante dans chaque espèce.

L'ovaire est infère, sessile ou pédicellé, droit ou tordu, à six côtes dont trois plus proéminentes, uniloculaire (dans nos espèces), paraissant formé de trois carpelles fertiles et de trois carpelles stériles, contenant trois placentas pariétaux munis ordinairement chacun de deux rangées d'ovules anatropes, à funicule court.

Le fruit est capsulaire, plus ou moins allongé, à trois ou six angles, souvent surmonté par les divisions marcescentes du périanthe, de consistance ordinairement coriace ou membraneuse, s'ouvrant (dans les espèces européennes) par six fentes longitudinales et divisé alors en valves unies entre elles à la base et au sommet. Lindley, puis d'autres auteurs, ont admis que le fruit était composé de trois carpelles fertiles alternant avec trois carpelles stériles ; les premiers formés d'un limbe à nervure médiane portant le placenta, les seconds réduits à une nervure. Beaucoup d'auteurs ont regardé l'ovaire des Orchidées comme formé de trois feuilles carpellaires donnant une capsule septifrage à placentation pariétale.

Les graines très petites, scobiformes, très nombreuses, ont un embryon petit, rudimentaire, ovoïde ou sphérique et un testa ordinairement lâche, réticulé, strié, ou lisse, jaunâtre, d'un brun clair, ou rougeâtre.

L'inflorescence est rarement uniflore comme dans le *Calypso* et certains *Cypripedium*, assez souvent pauciflore, le plus souvent multiflore, en grappe ou en épi, souvent cylindrique, ovale ou conique, lâche ou dense, s'allongeant souvent après la floraison, quelquefois en spirale. Chaque fleur est accompagnée d'une bractée herbacée ou membraneuse de longueur variable.

La tige est cylindrique ou anguleuse, parfois renflée à la base, pleine ou fistuleuse, feuillée au moins à la base, rarement aphylle ou munie de feuilles très réduites.

Les feuilles sont très entières ou à bords très finement denticulés (caractère à peine visible à l'œil nu), alternes, engainantes à la base, les supérieures parfois complètement engainantes, ordinairement plus courtes et même bractéiformes, les inférieures ordinairement très réduites et blanchâtres ou brunâtres. Leurs nervures sont parallèles, rarement anastomosées. Dans certaines espèces saprophytes, la tige est entourée seulement de gaines brunâtres et toute la plante est plus ou moins brune.

Les Orchidées sont vivaces ou monocarpiennes, herbacées, très rarement sous-frutescentes, terrestres ou épiphytes, parasites ou saprophytes.

La racine principale manque toujours. Les racines adventives même manquent parfois, elles peuvent être très réduites ou nombreuses, épaisses, souvent charnues et très développées, formant souvent des renflements bulbiformes de nature spéciale (ophrydobulbes, tubercules), entiers ou palmés, constitués par une masse charnue et surmontés par un bourgeon.

Le rhizome peut être court et presque nul, se détruisant chaque année, ou épais et persistant, ligneux, portant de nombreuses racines persistantes. Quand les racines manquent, un rhizome charnu à rameaux courts et nombreux se développe (griffe coralloïde).

1. Voir, plus loin, à l'homologie des différentes parties de la fleur.

CONSIDÉRATIONS GÉNÉRALES SUR LA MORPHOLOGIE INTERNE

Nous avons fait connaître dans un travail précédent (1) le résultat de nos recherches sur la fixité relative des caractères dans cette famille. Afin de pouvoir juger la stabilité des caractères internes, nous avons analysé un grand nombre d'échantillons, provenant de localités éloignées et ayant parfois vécu dans des milieux différents. La structure de ces plantes nous a paru relativement peu variable, au moins dans ses lignes principales. Nous donnerons plus loin les conclusions de ces recherches.

Dans certains groupes, l'étude d'un seul organe, de la feuille par exemple, suffit pour distinguer tous les types spécifiques. D'après ce que nous avons pu observer, il n'en est pas de même pour les Orchidées européennes. Si les principales espèces sont le plus souvent caractérisées anatomiquement, les différences ne portent souvent entre deux espèces voisines que sur un seul organe et pour le même genre sur des organes différents. Aussi, avons-nous étudié la plante entière, dans la plupart des espèces.

Les caractères qui nous ont paru relativement stables sont d'une valeur assez grande, puisque les groupements auxquels ils nous amènent correspondent aux principales divisions résultant de l'étude externe. On verra que toutes les tribus et quelques sous-tribus adoptées dans cet ouvrage, sont parfaitement caractérisées par la morphologie interne. Dans les Cypripédiées, Arétusées, Neottiées, Malaxidées, Epipogonées européennes, tous les genres présentent des caractères distinctifs importants. Ces caractères viennent donc s'adjoindre à ceux de morphologie externe. Dans les tribus précédentes, la structure interne a dû se modifier dans toute la plante en même temps que la disposition des organes reproducteurs. Au contraire, les Ophrydées, bien caractérisées, en tant que tribu, montrent une structure assez homogène. Outre la disposition des organes reproducteurs, il n'y a guère de différences anatomiques permettant de distinguer les genres ou de les grouper. Les variations qui ont atteint la structure de la fleur n'ont pas été accompagnées de modifications dans les autres parties de la plante. Pourtant, dans ce groupe relativement si homogène des Ophrydées, les principales espèces se distinguent entre elles par leur morphologie interne, parfois même d'une façon plus précise que par la morphologie externe.

Germination.
Conditions nécessaires à la germination ; utilité de la présence des Champignons endophytes.

La germination des Orchidées n'a été observée que depuis un temps relativement court. En 1802, le D^r SA-LISBURY (2) figura quelques germinations d'Orchidées, les premières qui paraissent avoir été enregistrées. Pendant longtemps, les horticulteurs échouèrent dans la culture par semis n'obtenant de résultats que dans la culture des bulbes ou des rhizomes. Puis, certains horticulteurs firent germer des formes hybrides obtenues par fécondation artificielle en faisant leurs semis sur la terre dans laquelle se trouvaient les parents.

Les causes suffisant à provoquer la germination dans la plupart des plantes : humidité, chaleur, aération sont ici insuffisantes. NOEL BERNARD (3) a montré que les graines d'Orchidées, placées dans des milieux nutritifs analogues à ceux qu'elles rencontrent à l'état spontané, ne peuvent germer si elles sont semées purement en tubes de culture stérilisés. Pour que la germination puisse s'effectuer, il faut le concours de certains champignons rattachés, par Noël Bernard, au genre *Rhizoctonia* (4). Le *Rhizoctonia repens* N. Bern. est commun a beaucoup d'Orchidées, surtout d'Ophrydées. Burgeff (5) désigne tous ces champignons sous le nom générique d'*Orcheo-myces*, adoptant comme nom spécifique de chaque type isolé, le nom de l'espèce dont il est le commensal.

Il est nécessaire de faire le semis en sol envahi par ces champignons. Ceci explique pourquoi la germination est rendue possible par la présence dans le sol de fragments de plante (racines, rhizomes) de la même espèce ou d'une espèce voisine.

Les champignons contenus dans les organes souterrains envahissent les graines et provoquent la germination. Les horticulteurs, en cultivant pendant longtemps des Orchidées avec des racines et des rhizomes, ont intro-

1. G. CAM. BERG. A. CAM., *Monogr. Orch. Eur.*, p. 8.
2. SALISBURY (A.), *On the germinat. of the seeds of Orchideæ* (Trans. Linn. Soc. VII, 1802).
3. BERNARD (N.), *Études sur la tubérisation* (Th. Fac. Sc. Par., 1901).
4. BERNARD (N.), *L'évolution dans la symbiose* (Ann. Sc. nat. Bot. 9° sér., t. IX, 1909, p. 1).
5. BURGEFF (H.), *Die Wurzelpilze der Orchideen*, Jena, 1909. — Burgeff a nommé *Orcheomyces apiferæ* le champignon endophyte de l'*Ophrys apifera* : *Orch. araniferæ* celui de l'*Oph. aranifera* ; *Orch. chloranthæ* celui du *Platanthera chlorantha* ; *Orch. Linguæ* celui du *Serapias Lingua*, etc.

duit les champignons endophytes dans les sols de culture de leurs serres. C'est ainsi que la germination de ces plantes, qui au début était impossible, est devenue réalisable.

La germination s'opère donc en associant aux graines l'espèce convenable de *Rhizoctonia* à un degré suffisant d'activité. Cette activité est très variable. Il est à remarquer que les Orchidées, à l'état spontané ou cultivées dans des conditions paraissant favorables,restent rares, relativement au nombre considérable des graines. La germination est toujours difficile. Peu d'individus arrivent à l'état adulte et la plupart des embryons meurent même parmi ceux qui ont rencontré le champignon avec lequel ils vivent habituellement en symbiose. En culture, il ne se produit qu'un nombre assez restreint de germinations sur des milliers de graines semées dans une terre contenant des mycorhizes. La réussite des semis présente des difficultés inégales, suivant les genres. C'est chez les Orchidées dont la symbiose est la plus parfaite que la germination s'obtient le plus difficilement. Dans la nature, les individus qui arrivent à l'état adulte ont été sélectionnés par les champignons dans des conditions très particulières.

A l'état spontané et dans les conditions ordinaires de culture, la symbiose s'établit au début de la vie et se continue ordinairement ensuite.

CULTURE PURE DES ENDOPHYTES

N. Bernard après avoir semé, sur de la gélose au salep, des fragments de racines envahies ou des plantules provenant de semis de serres, obtint le développement d'endophytes et constata que ceux-ci, introduits dans des semis aseptiques de graines d'Orchidées, les faisaient germer. Les plantules provenant de la germination étaient attaquées par les endophytes.

Plus tard, N. Bernard perfectionna ses méthodes d'isolement. Il put extraire, sous le microscope, avec une aiguille de platine stérilisée, les pelotons intra-cellulaires qui envahissent les racines et embryons et il les transporta aseptiquement dans les milieux de culture appropriés. Les pelotons se développent ainsi et donnent une culture pure.

HISTORIQUE DES ENDOPHYTES

Reissek (1) a, le premier, reconnu la nature mycélienne des filaments contenus dans beaucoup de cellules et a tenté de cultiver les champignons provenant des racines d'Orchidées. Au cours de leurs travaux, Irmisch, Fabre, Prillieux observèrent les cellules contenant des champignons, chez un assez grand nombre d'espèces. Schacht (2) établit la véritable nature de ces champignons. Wahrlich (3) constata leur présence constante dans la famille.

Reinke (4) étudia les endophytes chez le *Corallorhiza* et l'*Epipogon*, Drude (5), chez le *Neottia*. Mollberg (6), Frank (7), Johow (8), Burgeff (9), Groom Percy (10), Chodat et Lendner (11), Dangeard et Armand (12), Magnus (13), Gallaud (14), Cortesi (15), Schilbersky (16), Bonicke (17), Beau (18),

1. Reissek, *Endophyten der Pflanzen-zelle*, Wien, 1846.
2. Schacht (*Monatsberichte der Berliner Akad. der Wiss.*, 1854).
3. Wahrlich, *Beitrage zur Kenntniss der Orchideenwurzelpilze* (Bot. Zeit., XLIV, 1886, p. 481).
4. Reinke, *Ueber einige biol. Verhalt. v. Corallorhiza* (Verh. d. nat. Ver. d. pr. Rheinl. u. West, 1873, p. 56). — *Zur Kenntniss d. Rhiz. von Corallorhiza u. Epipog.* (Flora, 1873).
5. Drude, *Die Biol. v. Monotropa Hypopitys u. Neottia Nidus-Avis* (Gekrönte Preisschrift., Göttingen, 1873).
6. Mollberg, *Untersuch. die Pilze in den Wurzeln der Orchideen* (Jena Zeitschr., XVII, 1884).
7. Frank, *Ueber neue Mykorrh.–Formen* (Berichte d. deutschen Bot. Gesell., V, 8, 1887, p. 395).
8. Johow, *Die chlorophyllfr. Humuspflanzen* (Pringsh. Jahrb., XX, 1889, p. 781).
9. Burgeff, *Zur Biologie der Orchid.–Mycorrh.*, Dissert., Jena 1909. — *Die Wurzelpilze der Orchid.*, Jena, 1909. — *Die Pilzsymbiose der Orchideen* (Naturw. Woch. N. F., IX, 1910, p. 129).
10. Groom Percy, *Contrib. to the knowledge of Monocotyl. Saprophytes* (Journ. Linn. Soc., XXXI, p. 149).
11. Chodat, *Le noyau cellul. dans quelques cas de parasit. ou de symb. intra-cellul.* (Actes Congr. int. bot. Paris, 1900, p. 23). — Chodat et Lendner, *Sur les mycorhizes du Listera ovata* (Bull. Herb. Boiss., IV, 1896, p. 265 et Rev. Mycol., XX, 1898).
12. Dangeard et Armand, *Obs. de biol. cellul.* (Rev. mycol., XX, 1898).
13. Magnus, *Stud. an der endotr. Mycorrh. v. « Neottia Nidus-Avis »* (Pringsh. Jahrb., XXXV, 1900, p. 205-272).
14. Gallaud, *De la place systémat. des endophytes d'Orchidées* (C. R. Ac. Sc., 1904, p. 513). — *Sur la nature des champignons des mycorhizes endotropes* (C. R. Soc. biol. LVI, 1904). — *Etude sur les mycorhizes endotropes* (Rev. gén. bot., 1905, p. 80).
15. Cortesi, *Sulle micorrize endotrofiche* (Att. Soc. ital. Progr. Sc. Roma, V, 1912, p. 860).
16. Schilberszky, *Ueber die Rolle des Pilzes d. Orchideen* (Termezet. Közlem, XL, 1908, p. 477).
17. Bonicke, *Sur les mycorh. endotr. des Orchid., Pirol. et Ophiogl.* (Trav. Soc. Nat. Univ. Imp. Kharkow, XLIII, 1910, p. 1).
18. Beau, *Sur les rapports entre la tubérisation et l'infestation des racines par des champignons endophytes au cours*

Nobécourt (1), Magrou (2) firent d'importantes recherches sur ce sujet, mais c'est surtout à Noel Bernard que l'on doit d'avoir fait connaître, en grande partie, le rôle de ces champignons.

Envahissement de l'embryon par les champignons.

L'envahissement de l'embryon paraît précéder le début de la germination. Au moment où apparaissent les premiers cloisonnements au pôle végétatif (3) l'embryon est déjà très fortement attaqué au pôle suspenseur. La pénétration se fait par les cellules du suspenseur ou, si celui-ci fait défaut, par les cellules du pôle suspenseur. Ces cellules sont très perméables puisqu'elles ont pour rôle l'absorption des aliments pendant le développement intraséminale et probablement un peu après. Lorsqu'il n'y a pas de suspenseur différencié, les cellules du pôle suspenseur ont des parois cellulosiques, tandis que les autres cellules épidermiques de l'embryon sont cutinisées extérieurement. L'envahissement, localisé au pôle suspenseur, est donc facile dans tous les cas (pl. 122, f. 500). Il est possible aussi que cette région de pénétration sécrète des substances solubles attactives pour les champignons. La plantule s'accroît au pôle végétatif et déchire le tégument.

Rôle des endophytes dans la germination.

Les graines d'Orchidées, très petites, rudimentaires, sans réserves, sans albumen, doivent trouver dans le milieu nutritif tous les éléments nécessaires à leur développement.

La pénétration d'endophytes dans les cellules de la graine dont la croissance est presque terminée a pour résultat le développement des cellules embryonnaires indemnes.

Le rôle des endophytes, dans la germination des Orchidées, n'est pas encore complètement élucidé. Se réduit-il à une action physico-chimique dont le résultat serait la concentration des solutions sucrées, comme le pensait N. Bernard, ou la concentration intérieure de la plante ou bien ce rôle serait-il surtout de servir à l'apport de substances alimentaires dans la graine.

L'action à distance exercée par le mycélium sur la graine a fait supposer à N. Bernard que la pénétration de l'endophyte dans une région limitée des plantules amène une importante modification dans la composition chimique de la sève, modification d'où résultent la germination et le développement.

N. Bernard appuyait cette hypothèse sur les expériences suivantes : Les endophytes étaient placés dans des tubes contenant une décoction de salep additionnée de saccharose et stérilisée. Ces tubes étaient mis à l'étuve. N. Bernard constata une notable concentration de la solution par rapport à des tubes ne contenant pas de champignons et placés dans les mêmes conditions. Il en conclut que l'action des champignons se ramène probablement à augmenter la concentration des solutions sucrées.

N. Bernard essaya ensuite d'obtenir des germinations de graines d'Orchidées semées purement en substituant aux milieux nutritifs pauvres des solutions plus concentrées (4). La germination et la croissance se produisirent, comme dans la nature, quand les graines sont pénétrées par les champignons.

Nous verrons, plus loin, que Knudson, Ballion, Bultel, Clément ont aussi obtenu des germinations en milieu nutritif riche.

Il résulte de ces expériences que la graine des Orchidées a besoin pour se développer de mycorhizes ou d'un milieu nutritif, très concentré.

Quant au rôle du mycelium, il paraît, en grande partie, être un rôle d'intermédiaire entre le milieu nutritif, l'humus et la graine. Les endophytes serviraient au transport rapide de la nourriture nécessaire et permettraient la germination qui expérimentalement pourrait être réalisée sans endophytes, mais en milieu très riche.

Les expériences de M. Beau montrent nettement le rôle des endophytes (5).

Si les embryons ne sont en relation avec le milieu nutritif que par l'intermédiaire du mycélium et s'ils se développent, on doit en conclure que les aliments nécessaires ont été amenés par ce mycélium.

du développement du Spiranthes autumnalis (C. R. Ac. Sc., 29 sept. 1913). — *Sur la germination des Orchidées et obs. sur la biologie des Orchidées* (Riviera scientif., 1914, p. 49). — *Sur la germination de quelques Orchidées indigènes* (Bull. Soc. Hist. nat. Afrique du Nord, 1920, p. 54).

1. Nobécourt, *Sur la production d'anticorps par les tubercules d'Ophrydées* (C. R. Ac. Sc., 1923, p. 1054).
2. Magrou, *Symbiose et tubérisation* (Ann. Sc. nat. Bot. 1921, p. 181).
3. Le nom de *pôle suspenseur* désigne la région de la graine où se trouve ordinairement le suspenseur, qui correspond au hile et au micropyle de l'ovule et le nom de *pôle végétatif* désigne la région diamétralement opposée.
4. Bernard (N.), *L'évolution dans la symbiose* (Ann. Sc. nat. Bot., 9e s., IX, 1909, p. 1).
5. Beau (Clovis), *Sur le rôle trophique des endophytes d'Orchidées* (C. R. Ac. Sc. 1920, p. 675).

M. Beau fit l'expérience suivante : Sur la gélose additionnée de salep d'une boîte de Pietri, il mit la face convexe d'un petit verre de montre bien flambé. Le mycélium étant déposé sur la gélose, rapidement ses filaments rampèrent sur le verre. Les graines furent ensuite semées sur le mycélium. Elles n'avaient ainsi aucun contact avec la gélose. Le mycélium pénétra dans les embryons qui se développèrent normalement. On humecta de temps en temps avec de l'eau distillée stérilisée et la croissance se poursuivit ainsi.

La destruction des filaments mycéliens unissant la gélose aux embryons amena l'arrêt de croissance des graines.

Le mycélium sert donc au transport des substances nutritives et, non seulement pour la graine, mais aussi pour la plante adulte.

On peut admettre ou que le champignon excrète les aliments dans l'eau qui humecte les graines et que ces aliments pénètrent dans les poils absorbants ou qu'il sert directement à leur transport.

Cette dernière hypothèse paraît plus vraisemblable, car M. Beau a répété l'expérience précédente sans humecter d'eau les embryons et ceux-ci se sont néanmoins développés bien qu'avec un peu de retard, dû à l'hydratation insuffisante.

Dans l'expérience précédente, les poils absorbants ne serviraient qu'au transport de l'eau, sans substances dissoutes. Il n'en est probablement pas toujours ainsi, comme nous le verrons plus loin. Les poils absorbants étant naturellement les organes d'absorption des éléments dissous.

Il paraît donc vraisemblable d'admettre que les substances dialysables (hydrates de carbone, sels) pénètrent dans l'embryon par osmose.

Les hydrates de carbone insolubles, tels que la cellulose des débris végétaux, sont digérés par les hyphes extérieurs du mycélium.

M. Beau a mis en évidence cette propriété que possède le champignon de digérer la cellulose en le cultivant sur du coton imbibé d'une substance minérale sans carbone. Le champignon se développe très bien. L'hydrate de carbone est solubilisé et absorbé par les hyphes. Il pénètre ainsi dans l'embryon par un phénomène d'osmose dépendant de l'hydratation du suc cellulaire assurée par les poils absorbants. Le peloton mycélien, par la ténuité de ses parois et sa grande surface, favorise ce phénomène.

Germination des Orchidées en dehors de toute symbiose.

La technique employée par N. Bernard dans ses expériences de germination, en culture pure, est seulement applicable grâce à l'emploi de méthodes de culture pasteurienne. Dans la culture ordinaire, en arrosant des graines d'Orchidées avec des solutions concentrées de salep et de sucre, sur un sol non stérilisé, on faciliterait le développement rapide des microorganismes, au détriment des graines dont la croissance est lente. Sans doute, il est possible de substituer à la symbiose d'autres conditions qui entraînent les mêmes résultats et amènent les Orchidées à mener une vie autonome.

Knudson (1) s'est attaché à obtenir la germination d'Orchidées en dehors de toute symbiose. Les cultures ont été faites en milieu stérilisé. Les graines étaient stérilisées par l'hypochlorite de calcium. Les germes adhérents aux graines sont tués après 15 minutes d'immersion dans une solution d'hypochlorite de calcium, alors que les graines résistent à ce lavage pendant plus de trois heures. Les graines ont ensuite été portées avec un fil de platine sur le milieu nutritif, solution saline de Pfeffer gélosée (2), stérilisée et à laquelle on a ajouté du sucre et des extraits végétaux (blé, pommes de terre, carottes, levure, etc). Les tubes fermés ont été mis en serre à une température de 15-35°. Les graines de *Lœlia* et de *Cattleya* ont ainsi germé. On peut remplacer les tubes par des vases d'Erlenmeyer, la croissance y est plus rapide, les échanges gazeux se faisant mieux.

Quand les extraits de plantes agissent seuls, il ne se produit qu'un léger gonflement des graines.

Knudson a constaté que le fructose réussissait mieux que le glucose.

Il conclut de ces expériences que l'association du Champignon et de l'Orchidée est accidentelle et qu'elle n'est pas nécessaire à la germination et à la vie des Orchidées. Les embryons obtenus par Knudson ne sont pas très normaux, ils sont bourrés d'amidon. Un des rôles des endophytes est de dissoudre ce corps (Magnus, Bernard, Magrou).

1. Knudson, *Non symbiotic germination of Orchids* (Bot. Gaz., LII, p. 1, 1922).
2. Azotate de calcium 4 gr. ; Phosphate bibasique de potassium 1 gr., Azotate de potassium 1 gr., Sulfate de magnésium 1 gr., Chlorure de sodium 0, 5 gr., Perchlorure de fer 0, 04 gr., Eau distillée 5 lit. On a aussi employé : Azotate de calcium 1 gr., Phosphate bibasique de potassium 0, 25 gr., Sulfate de magnésium 0, 25 gr., Phosphate terreux 0, 05 gr., Sulfate d'ammonium 0, 50 gr., Eau distillée 1 litre.

En cultivant, par boutures, le *Liparis* de manière à l'avoir sans endophytes, M. Huber a observé qu'il ne fleurissait plus, qu'il dégénérait et finissait par mourir. Dans ce cas, on trouve beaucoup d'amidon dans l'écorce du rhizome.

En solution purement organique, Burgeff n'obtint que des plantules ne dépassant pas 0,5 mm.

Ballion (1), pour obtenir des germinations en dehors de toute symbiose, choisit un milieu à base d'agar, en partie organique, en partie minéral. Il réussit à avoir des germinations et des plantules de *Cattleya*. Pour empêcher l'infection, il se servit de peroxyde d'hydrogène. Il apporta de grands soins au transport des plantules dans le compost et pour qu'il ne restât pas trace d'agar sur les protocornes et les racines, car des infections secondaires eussent été à craindre. La germination peut ainsi avoir lieu à toutes les époques de l'année.

Clément (2) a attiré l'attention sur l'importance de concentration du substratum en ions hydrogène. Dans la germination de l'*Odontoglossum*, par exemple, il trouva que la valeur Ph devait être 6. 5-6. 8, les autres facteurs étant satisfaisants. Il se peut que la solubilité des substances nutritives, dans le substratum, soit influencée fortement par la valeur Ph.

D'après Clément, l'addition de sucre au substratum n'est pas utile, alors que probablement, dans la nature, les sucres sont les premiers produits synthétiques formés dans la plante. Le contenu un peu huileux de la graine doit être converti en sucre, au début de la germination. Le milieu ne doit être ni trop solide, ni trop sec, mais capable de rester longtemps humide, les substances nutritives facilement diffusables. La lumière, la température, les conditions générales sont importantes.

Clément obtint des germinations de graines d'*Orchis Morio* et d'*O. maculata* stérilisées avec une solution d'hypochlorite de calcium.

M. Bultel a aussi obtenu, en milieu de culture convenable, des Orchidées capables de fleurir en dehors de toute symbiose (3).

Bien qu'il soit possible de substituer à la symbiose des conditions équivalentes, elle n'en reste pas moins, dans la nature, la vie normale des Orchidées, au moins au début de leur existence. Tous les observateurs, depuis Wahrlich, ont observé la présence d'endophytes chez toutes les Orchidées qu'ils ont observées. Si chez quelques espèces cultivées en serres, le retour à la vie autonome se produit parfois, les endophytes contenus dans les racines étant peu actifs, il faut que des soins horticoles viennent suppléer à ce défaut d'activité.

Mode de végétation des endophytes.

Les champignons dont l'action est nécessaire à la germination continuent dans bien des cas à vivre en symbiose avec la plante et on les retrouve dans les racines et parfois les rhizomes de la plante adulte. Nous avons même constaté leur présence dans la partie inférieure des feuilles réduites portées par le rhizome du *Limodorum* (pl. 114, f. 80).

Ces champignons ont un mode de végétation caractéristique. Ils ont une vie intracellulaire, malgré l'existence de méats dans les tissus. Ils pénètrent d'une cellule à l'autre, traversant les parois cellulaires (pl. 111, f. 4), formant dans chaque cellule corticale un peloton de filaments rameux et enchevêtrés plus ou moins dense, restant inclus dans le protoplasma vivant. Les champignons n'attaquent que les cellules à peu près complètement développées. Les cellules atteintes ne croissent plus notablement et ne se divisent plus, aussi n'y a-t-il pas de point végétatif dans les régions attaquées. Lorsque la pénétration se fait par l'assise pilifère, les filaments mycéliens ne se mettent pas en pelotons dans les cellules de cette assise. Cette région est impropre à la symbiose. Ce n'est que dans les assises corticales que le filament s'enroule en pelotes. Dans les rangs de l'écorce externe, les filaments font peu de tours, se ramifient à peine; en pénétrant plus profondément, ils forment des tours plus nombreux, des pelotes plus serrées (pl. 111, f. 4 et pl. 113, f. 70). Les pelotons mycéliens des cellules voisines sont unis entre eux, ils sont de grosseur variable et occupent parfois une grande partie du volume de la cellule.

Le mycélium est plus ténu dans les jeunes plantules que dans les individus adultes de la même espèce. Alors que le diamètre du mycélium est souvent de 1-2 μ dans les jeunes plantules, il est de 4-5 μ dans les racines des plantes adultes. Le diamètre ne décroît pas dans les dernières cellules atteintes, car les filaments se ramifient rarement et ne se terminent pas en extrémités ténues. Un peloton est ordinairement formé d'un ou de quelques filaments qui se répandent dans les cellules voisines.

1. Ballion, *The non symbiotic germination of Orchid seeds in Belgium* (Orchid Rev., 1924, p. 305).
2. Clément, *The non symbiotic Germination of Orchid seeds* (Orchid Rev., 1924, p. 359). — *A resume of the non symbiotic germination of Orchid seeds* (Orchid Rev., 1925, p. 199).
3. Bultel, *Germination aseptique d'Orchidées* (Rev. hortic. 1925, p. 318, 334, 359).

D'après Simonet (1), les Champignons des racines d'Orchidées peuvent se classer en deux groupes. Les uns, à développement lent, ont un mycélium ténu, formé de filaments moniliformes, non anastomosés, mélangés parfois à de petits sclérotes, ils répondent au type *repens* de N. Bernard. On les trouve dans le *Serapias Lingua*, l'*Ophrys aranifera*, l'*Orchis maculata*, l'*O. foliosa*, le *Platanthera montana*, le *Gymnadenia conopea*, le *Cypripedium macranthos*. Les autres Champignons à développement rapide, ont un mycélium gros, cotonneux, à filaments moniliformes anastomosés en gros sclérotes. Ils appartiennent au type *mucoroides* et se trouvent aussi dans le *Platanthera montana*. La même espèce peut donc héberger des endophytes des deux types.

La pénétration des endophytes se fait par certaines cellules superficielles nommées *cellules de passage*. Les régions de passage ne présentent que peu de résistance à la pénétration et exercent, d'après certains auteurs, une action attractive sur les champignons. Dans les parties qui ne sont pas régions de passage, les endophytes et les champignons contenus dans le sol sont souvent en communication. Les régions de passage sont peu nombreuses et se renouvellent au fur et à mesure du développement, la vulnérabilité des cellules ne durant que peu de temps.

Comme il a été dit plus haut, dans la graine, la pénétration se fait d'abord par les cellules du suspenseur voisines du point d'attache ou par les cellules du pôle suspenseur. Plus tard, la base des poils absorbants des plantules, puis une partie de la racine située un peu en arrière de la région de grande croissance sont les régions de passage. D'après Burgeff (2), la pénétration dans la plante adulte se ferait par les trichomes dans les Ophrydées, par les poils radicaux chez certaines Neottiées, les *Listera*, chez les *Cephalanthera*, les *Cypripedium*. Dans le *Neottia*, le *Corallorhiza*, l'*Epipogon*, la pénétration se ferait seulement par le jeune rhizome.

L'envahissement de certaines racines ne se produit parfois que lorsque ces racines sont déjà assez développées, c'est ce que nous avons observé dans le *Limodorum*.

Dans le *Listera ovata*, certains individus n'ont que peu de racines attaquées alors que d'autres pieds sont plus atteints.

Les filaments mycéliens traversent les parois des cellules, se propagent dans les cellules corticales des racines et parfois des rhizomes, mais sont toujours arrêtés par les parois épaisses de l'endoderme. Dans certains cas, toutes les autres cellules corticales, sauf les cellules à raphides, sont pénétrées par l'endophyte.

Modifications de structure entraînées dans les cellules par l'envahissement des Champignons.

L'amidon des cellules disparaît ordinairement avant l'envahissement.

Les cellules encore indemnes, mais voisines de cellules atteintes et probablement déjà pénétrées par la sécrétion du parasite, hypertrophient et ramifient leur noyau

Le noyau devient 2-4 fois plus gros, granuleux et difforme, il ressemble à un sac oblong, effilé en fuseau ou à un disque ; il est souvent courbé et peut émettre des prolongements en forme de doigt de gant. Dans quelques cas, le noyau se fragmente en 2 ou 3 parties également hyperchromatiques. Les nucléoles augmentent en nombre et grossissent beaucoup (3). La cyanophilie du noyau se prononce jusqu'au moment où la pelote de mycélium est digérée (4)

Activité des Rhizoctonia.

L'activité des *Rhizoctonia*, dans la vie en symbiose avec les Orchidées, est très variable. Elle s'atténue si le Champignon mène pendant quelque temps une vie autonome, en culture pure, et peu à peu disparaît. L'activité perdue peut être récupérée par passages successifs dans des embryons d'Orchidées (4). La vie en symbiose accroît cette aptitude.

L'activité du Champignon, son aptitude à produire la germination dépend de son âge et de son origine. Elle varie dans d'autres conditions que nous ne connaissons pas. Ces variations ne peuvent être révélées par aucun caractère morphologique.

1. Simonet, *Les Champignons endophytes des Orchidées* (Rev. Path. vég. et Entom. agr., XII, p. 204-206, 1925).
2. Burgeff, *Die Wurzelpilze der Orchideen*, Jena, 1909.
3. Chodat, *Le noyau cellul. dans quelques cas de parasitisme ou de symbiose intracellulaire* (Actes congr. internat. bot. Paris, 1900, p. 23).
4. Ces faits, découverts par N. Bernard, ont été rapprochés par Magrou, des phénomènes d'atténuation et d'exaltation de virulence observés chez les Bact ries, par Pasteur, Chamberland et Roux. Ce rapprochement complète l'analogie entre la symbiose et les infections animales (Magrou, *Symbiose et tubérisation* in Ann. Sc. nat. Bot. 1921, p. 223).

Coloration du mycélium.

Dans les assises externes des racines la membrane fixe tous les colorants des substances azotées jusqu'à devenir opaque. Dans les assises plus profondes, les colorants des matières azotées et surtout des noyaux se fixent encore sur la membrane, mais moins fortement. Il est plus facile d'étudier le champignon dans les pelotes récemment formées où la cuticule n'est pas encore développée. La membrane des endophytes ne renferme ordinairement pas de cellulose. GALLAUD (1) n'en a observé de traces que dans la partie centrale du corps de dégénérescence du *Limodorum*.

Virulence du Champignon et résistance de la plante. Immunité dans la symbiose.

Les mycorhizes peuvent donc se développer dans l'organisme de leurs hôtes. Les plantes attaquées réagissent et opposent une résistance à l'invasion des microorganismes. Ces moyens de résistance par lesquels l'organisme s'oppose à la pénétration des envahisseurs ou limite leurs progrès constituent les réactions d'immunité. Le sort de l'association des deux commensaux dépend du rapport entre la virulence et la résistance. Si cette dernière est la plus forte, le Champignon est détruit plus ou moins rapidement. Si, fait plus rare, la virulence l'emporte, c'est le Champignon qui envahit toute la plante, même dans ses organes essentiels, et la détruit finalement. Si résistance et virulence s'équilibrent, la plante tolère le Champignon, la symbiose s'établit. C'est le cas le plus fréquent.

La symbiose apparaît, par conséquent, comme un état d'équilibre entre la maladie curable, dont la plante guérit, après une réaction d'immunité, et la maladie mortelle, où elle succombe, sans avoir opposé au microorganisme envahisseur, une résistance suffisante.

RÉACTION DE LA PLANTE CONTRE LA PROGRESSION DE L'ENDOPHYTE. CORPS DE DÉGÉNÉRESCENCE. PHAGOCYTOSE

La progression des endophytes est enrayée par l'activité des cellules profondes capables de digérer les filaments envahisseurs en laissant comme résidu ce qu'on appelle les *corps de dégénérescence*. La propriété d'agglutiner les filaments en peloton semble, d'après les travaux de N. Bernard, avoir un rôle de première importance dans l'immunité (2). Le pelotonnement empêche le mycélium de progresser et l'oblige à rester longtemps dans chaque cellule envahie. La formation d'arbuscules retarde aussi la progression du champignon. Les pelotons et arbuscules, formations constantes chez les mycorhizes, ne se retrouvent que rarement dans les champignons ayant une vie autonome.

Le pouvoir digestif des cellules envahies empêche que le champignon ne cause des dommages importants à la plante. La formation de pelotons mycéliens paraît un phénomène d'agglutination dû à une propriété humorale d'origine phagocytaire (3). Grâce à cette propriété, l'atteinte se régularise et la plante se défend contre l'envahissement de ses tissus par le champignon. Presque toutes les cellules situées profondément dans le parenchyme des plantules, comme dans l'écorce des racines ou rhizomes, sont capables de digérer plus ou moins le endophytes. C'est la réaction ordinaire des cellules vivantes contre l'envahissement d'un organisme étranger qui ne les tue pas. La phagocytose n'a lieu qu'après l'agglutination. La plante reprend par la digestion deschampignons une partie des substances qu'ils lui avaient prises. Dans les cellules anciennement attaquées, il ne reste souvent du peloton qu'une petite masse amorphe. Dans de rares cas (*Neottia Nidus-avis*), les pelotons non digérés persistent jusqu'à la mort de la plante sans déformation.

Les endophytes se présentent donc sous deux formes de pelotons : les uns constitués par un mycélium en filaments distincts, souvent cloisonnés (pl. 113, f. 70, My ; pl 114, f. 78, My), les autres appelés *corps de dégénérescence* renfermant une masse indistincte plus ou moins digérée (pl. 113, f. 70, Pd ; pl. 114, f. 78, Pd.)

Le Champignon reste localisé dans des tissus bien déterminés des plantes, les méristèmes ne sont jamais atteints, le cylindre central des racines, les tubercules sont indemnes.

1. GALLAUD, *Sur la nature des champignons des mycorhizes endotropes* (C. R. Soc. biol., LVI, 1904). — *Étude sur les mycorhizes endotropes* (Rev. gén. bot. 1905, p. 80).
2. BERNARD (N.), *L'évolution dans la symbiose* (Ann. Sc. nat., Bot., 9ᵉ sér., t. IX, 1909, p. 1).
3. BERNARD (N.), *Remarques sur l'immunité chez les plantes* (Bull. Inst. Pasteur, 1909, VII, p. 369).

Il a été dit plus haut, que les cellules encore indemnes, mais voisines des cellules atteintes,prennent d'avancé le caractère des phagocytes, hypertrophiant et ramifiant leur noyau. Ces déformations, qui s'exagèrent lorsque le champignon pénètre dans les cellules, disparaissent souvent après la formation des corps de dégénérescence le noyau restant seulement plus gros. L'amidon réapparaît souvent après la formation des corps de dégénérescence.

Le processus de digestion intracellulaire des Orchidées a de grands rapports avec la phagocytose qui, chez les animaux, détruit les microbes tendant à envahir l'organisme. On ne peut observer, chez les végétaux, formés de cellules fixes, rigides, la capture des microorganismes par des éléments mobiles, qui dans les animaux, est le premier acte de la phagocytose. Mais la partie essentielle du phénomène de phagocytose, qui est la digestion des parasites par les cellules envahies, se retrouve ici avec netteté (1).

Il est d'ailleurs des cas, où les Orchidées au lieu de détruire leurs hôtes par phagocytose ou de les tolérer se laissent envahir en totalité et succombent à une maladie infectieuse mortelle, alors, le Champignon progresse en tous sens à travers les cellules ; le mycélium ne se pelotonne pas.Il y a une infection généralisée (1), Le parallélisme est frappant entre ces plantes adaptées à la symbiose et l'immunité des animaux acquise par vaccination.

Substance fungicide des tubercules.

N. Bernard a signalé un autre moyen de défense de la plante contre la progression des endophytes (2). Les tubercules entiers d'Orchidées ne renferment pas de Champignons. Ils sont préservés de leur atteinte par une substance fungicide très diffusible. L'action nocive de cette substance a été mise en évidence, par NOEL BERNARD, de la manière suivante : au fond d'un tube contenant de la gélose au salep solidifiée, il a placé un fragment aseptique d'un tubercule de *Loroglossum* ou d'*Ophrys*. Sur la partie supérieure de la gélose, il a semé le *Rhizoctonia repens*, endophyte des Ophrydées.Celui-ci s'est d'abord bien développé, puis s'est arrêté de croître. Les substances solubles renfermées dans le tubercule se sont diffusées dans la gélose et ont arrêté le développement du Champignon, bien avant que les filaments n'aient atteint le tubercule. Cette substance fungicide s'exerce bien sur le *Rhizoctonia repens*, endophyte des Ophrydées, mais est sans action sur le *R. mucoroides*, endophyte des *Vanda*.

Lorsqu'on chauffe les tubercules à 55°,pendant 35 minutes env., ils n'ont plus la propriété d'arrêter les Champignons. N. BERNARD en avait conclu que la substance fungicide était détruite. NOBÉCOURT pense que les tubercules sont tués et ne réagissent plus.

Cette substance fungicide prend naissance dans les tubercules vivants sous l'influence de toxines sécrétées par les Champignons et mérite, d'après NOBÉCOURT, le nom d'anticorps (3).

Phénomènes de la germination chez les Ophrydées.
Envahissement précoce. Développement monopodial de la jeune plantule.

Les phénomènes de la germination ont été étudiés surtout par IRMISCH (4), FABRE (5), PRILLIEUX (6). N. BERNARD (7), BEAU (8).

En 1913, M. BEAU obtint la germination expérimentale de quelques Orchidées indigènes (*Spiranthes*). D'après cet auteur, la germination du *S. autumnalis* se produit assez irrégulièrement par semis sur mycélium extrait de la même espèce, mais mieux, sur mycélium extrait des racines de l'*Oph. aranifera*. Le mycélium du *Neotinea intacta*, amélioré par passage dans des embryons successifs et réensemencé, a permis d'obtenir la germination de l'*Orchis fragrans* et du *Serapias Lingua*. Le mycélium de l'*Ophrys lutea*, peu distinct morphologiquement du précédent, a produit la germination de graines hybrides d'*O. bombyliflora* × *Speculum*.

Comme il a été dit plus haut, l'envahissement des Champignons paraît toujours précéder la germination. Après l'atteinte, l'amas cellulaire formant l'embryon se développe et rompt le tégument. Il est alors subglo-

1. MAGROU, *Symbiose et tubérisation* (Ann. Sc. nat. Bot., 1921, p. 230.)
2. BERNARD (N.), *Sur la fonction fungicide des bulbes d'Orchidées* (Ann. Sc. nat. Bot., 9e sér., XIV, 1911, p. 221).
3. NOBÉCOURT, *Sur la production d'anticorps par les tubercules des Ophrydées* (C. R. Ac. Sc. 1923, p. 1055).
4. IRMISCH, *Beiträge zur Biologie u. Morphologie d. Orch.*, 1853, Leipzig.
5. FABRE, *De la germination des Ophrydées et de la nature de leur bulbe* (Ann. Sc. nat. Bot., 4e série, V, 1856, p. 163).
6. PRILLIEUX, *Obs. sur la struct. de l'embryon et le mode de végétal. de quelques Orchidées* (Bull. Soc. bot. Fr., 1861, p. 19).
7. BERNARD, *Et. sur la tubérisation* (Th. Fac. Sc. Paris, 1901).
8. BEAU, *Sur la germination de quelques Orchidées indigènes* (Bull. Soc. Hist. nat. Afrique du Nord, 1920, p. 54).

buleux, luisant, presque transparent, long de moins de 1/3-1/4 de millimètre. L'axe embryonnaire, débarrassé du tégument et constituant la jeune plantule, prend ensuite la forme d'une toupie dont la pointe correspond à la région du suspenseur et la partie inférieure développe ordinairement des papilles allongées et soyeuses. Ces papilles ont pour rôle l'absorption de la nourriture, la plante étant dépourvue de radicule. Cette absence de racine terminale est due à l'envahissement précoce par le pôle suspenseur, point où devrait se développer la radicule. Un bourgeon se différencie à la partie élargie en forme de toupie. Le développement s'opère très lentement. Plusieurs mois après la germination, la plantule ne se présente ordinairement que sous la forme d'un axe embryonnaire renflé. Cet axe est formé, dans sa région corticale, de cellules à contenu jaunâtre, renfermant des champignons, et dans sa partie centrale, de cellules amylifères ; le cylindre central commence à se différencier (f. 1, 5, 5', 9).

Pendant la première année il ne se forme souvent qu'une seule feuille. KLEBS (1) admet la présence d'un petit cotylédon rudimentaire ; VELENOVSKY (2) repoussa cette interprétation.

Il ne se produit pas de plantules grêles, comme dans les graines germant sans le concours de champignon.

Sous le bourgeon apparaît le premier tubercule (f. 4 T,5'', 10'). *L'apparition précoce du tubercule, chez les Ophrydées, et du rhizome, chez les Néotiées, est caractéristique.* Ce premier renflement tubériforme n'est d'abord pas attaqué et ne renferme qu'une stèle (f. 4). A ce moment l'axe embryonnaire est seul envahi (f. 4, A). Dans les assises corticales internes les pelotons mycéliens sont réduits à une masse jaunâtre accolée au noyau. Dans la partie centrale non attaquée, l'amidon est devenu rare : les réserves sont à ce moment accumulées dans le tubercule.

A la fin de la première année, le tubercule s'isole, entraînant avec lui son bourgeon terminal. A cette époque, la jeune plantule ne dépasse pas quelques millimètres. Le bourgeon qui n'est plus sous l'action des endophytes donne, dans la deuxième année, un court rhizome charnu, écailleux, qui porte des racines et se rattache au tubercule par une large base d'insertion atteignant presque le diamètre du tubercule. Le rhizome et le tubercule sont munis de longs poils servant d'organes d'absorption. Le bourgeon terminal donne quelques feuilles.

Les plantules de deuxième année sont largement attaquées et c'est le bourgeon terminal qui donne un tubercule plus gros que celui de première année (fig. 13, T'), renfermant plusieurs stèles et indemne d'endophytes. A ce stade de développement le premier tubercule et presque tout le rhizome sont envahis. D'après N. BERNARD, la contamination de la plantule de deuxième année se fait par le sol, peu de temps après l'isolement du tubercule de première année. La région envahie contient des pelotons bien distincts qui se prolongent parfois dans les cellules épidermiques et même dans les poils. L'amidon du parenchyme central a presque disparu, sauf à la partie antérieure du rhizome où il est abondant.

Ainsi dans la deuxième année, la plante isolée, n'ayant que peu de réserves, donne des racines envahies. Le bourgeon se différencie lentement et produit un nouveau tubercule plus volumineux. Ce bourgeon et son tubercule se trouvent isolés et soustraits pour un certain temps à l'action des endophytes. Le développement se poursuit ensuite comme dans les plantes à l'état adulte (fig. 14, 15).

Le bourgeon isolé avec son tubercule a le temps de se différencier avant que ses racines ne se développent et ne soient attaquées. Dans la suite, ce sont les bourgeons axillaires qui dans les périodes d'envahissement donneront les nouveaux tubercules. *Au mode de végétation monopodiale des deux premières années succède le mode*

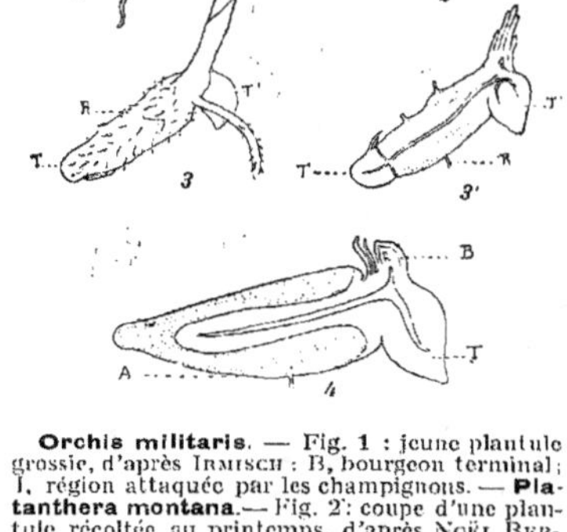

Orchis militaris. — Fig. 1 : jeune plantule grossie, d'après IRMISCH : B, bourgeon terminal ; I, région attaquée par les champignons. — **Platanthera montana.** — Fig. 2 : coupe d'une plantule récoltée au printemps, d'après NOËL BERNARD ; T, tubercule de 1re année ; T', tubercule de 2e année. — Fig. 3 : plantule dérivant d'un petit tubercule (t) détaché d'une plante adulte, récoltée en mai : R, rhizome portant des poils et des écailles : T', tubercule surmonté par le bourgeon terminal. — Fig. 3' : section de la même plantule passant par le bourgeon terminal. La zone attaquée par les endophytes est indiquée en pointillé. — Fig. 4 : jeune plantule de *Pl. montana* grossie, récoltée en mai, d'après NOËL BERNARD ; A, axe embryonnaire : B, bourgeon terminal : T, premier tubercule. La zone attaquée est indiquée en pointillé.

1. KLEBS, *Morphologie und Biologie der Keimung* (Unters. aus dem Inst. zu Tübingen, Leipzig, 1881-1885).
2. VELENOVSKY, *Vergleichende Morphologie d. Pflanzen* (II Teil, Fr. Rivnàc, Prague, 1907).

de végétation sympodiale. C'est la troisième année que s'établit le sympode par développement d'un bourgeon latéral de la pousse porté par le deuxième tubercule. Les jeunes plantules, à chaque stade de développement, ont été entraînées de plus en plus bas dans le sol. Au bout de quelques années, les tubercules sont ainsi à une profondeur suffisante pour être à l'abri des intempéries qu'ils peuvent avoir à subir à la surface.

Développement des Ophrydées adultes. Sympode.
Envahissement périodique. Multiplication

Vers le mois de juin, une Ophrydée âgée de plus de deux ans présente ordinairement, à la base de sa tige, deux tubercules (fig. 8, 18), l'un flétri, ridé, de consistance molle, dont les réserves ont été presque complètement digérées (T), l'autre ferme, gorgé d'amidon et de mucilages (T'). Ce dernier est surmonté d'un bourgeon renfermant déjà quelques feuilles enroulées. C'est ce bourgeon qui donnera, l'année suivante, une tige feuillée ou florifère. A l'aisselle d'une des feuilles inférieures il existe déjà un bourgeon (parfois 2) de second ordre, qui donnera un nouveau tubercule. L'origine endogène de ce dernier rappelle celle d'une racine. Le tubercule T et son bourgeon se trouvent bientôt isolés du tubercule ancien (f. 16) et vers août, ou un peu plus tard, suivant les espèces, commence une période de vie active. Les feuilles se développent, de nouvelles apparaissent. Cette période de différenciation est en même temps une période d'autonomie, le tubercule est indemne d'endophytes et les racines absorbantes n'ont pas encore fait leur apparition.

Vers septembre, les premières feuilles arrivent à la surface du sol et la jeune hampe se différencie dans les individus qui ont au moins trois ou quatre ans, âge auquel ils commencent à fleurir, après que leurs tubercules ont atteint une assez grande profondeur

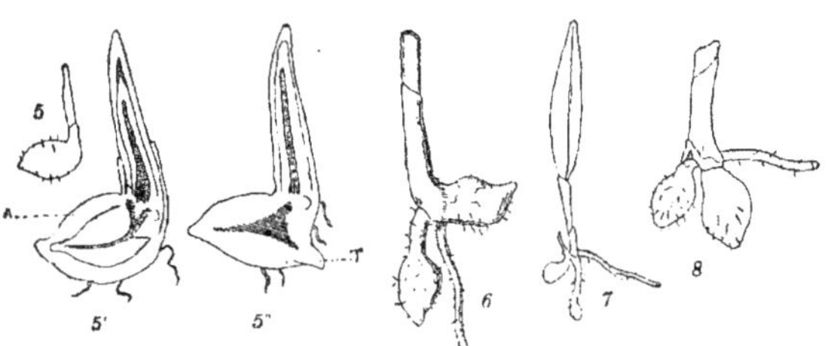

Orchis militaris. — Fig. 5 : jaune plantule, d'après Irmisch. — Fig. 5' : coupe longitudinale grossie de la même plantule. — Fig. 5'' : coupe longitudinale d'une plantule plus âgée ; le tubercule T apparaît. — Fig. 6 : plantule presque à la première période de végétation. — Fig. 7 : plantule un peu plus âgée. — Fig. 8 : tubercules d'une plante de 3° année.

dans le sol. Il est alors facile de distinguer les pieds qui fleuriront l'année suivante de ceux qui ne fleuriront pas. La floraison a rarement lieu deux années consécutives. Les tubercules récoltés vers la fin de l'été, au pied de hampes desséchées, n'ont ordinairement que des bourgeons à feuilles, alors que les individus n'ayant pas fleuri ont des bourgeons à hampe florale.

C'est aussi vers septembre que les premières racines sortent et, dès qu'elles ont atteint quelques centimètres elles sont pénétrées par les endophytes du sol. Dès lors, le mode de développement change brusquement. Les bourgeons axillaires cessent de produire des feuilles et, dès octobre ou novembre, l'un d'eux, au moins, se renfle en un tubercule T' qui grossit rapidement (fig. 17).

Dans le Midi, dès le début d'octobre, chez les espèces précoces (*Ophrys fusca, O. arachnitiformis,* etc.), les rosettes de feuilles sont ordinairement bien développées sur le sol.

C'est le plus souvent pendant les mois d'octobre ou de novembre que le bourgeon axillaire (1) se développe et qu'un autre mamelon se dessine, rudiment du nouveau tubercule T' (2).

1. Il se forme souvent plusieurs bourgeons axillaires, mais néanmoins la tige demeure toujours simple. Dans ce cas, les bourgeons inférieurs (1-2) meurent souvent quand la hampe se dessèche, sans s'être différenciés, un seul bourgeon produisant un gros tubercule. Les autres bourgeons peuvent pourtant s'isoler après s'être faiblement tubérisés, multipliant ainsi la plante. C'est ce qui se produit fréquemment dans le genre *Serapias.* En décembre ou janvier, il existe autour des pieds développés, de petits individus n'ayant qu'une feuille, un petit tubercule et une racine. Lorsque deux bourgeons se développent simultanément en tubercules, il existe 3 tubercules à l'époque de la floraison, l'un ancien et les deux autres nouveaux. Ce fait est normal ou très fréquent chez les *Serapias gregaria, Lingua* et *occultata,* l'*Ophrys bombyliflora,* l'*Orchis Champagneuxi* ; il est accidentel chez l'*Orchis maculata,* l'*O. Simia,* le *Loroglossum,* le *Platanthera montana* et plus rare encore dans le *Pl. bifolia* Les bourgeons donnent rapidement des rhizomes qui sont attaqués et se tubérisent. L'évolution est alors analogue à celle des plantules de deuxième année.

2. Chez l'*Herminium Monorchis,* ce nouveau tubercule apparaît seulement au moment de la floraison de la plante-mère. Le développement de ce tubercule est en retard de plusieurs mois par comparaison à ce qui se passe chez les autres

D'après N. Bernard, le tubercule ne se développe que lorsqu'il y a des racines attaquées.

Le nouveau tubercule renferme plusieurs stèles et dépasse à peine 2-3 mm. de longueur, au début de décembre. A cette époque, la rosette qui sort de terre est bien développée. Dans les genres *Serapias* et *Ophrys* (esp. précoces de la rég. méditerr.), la partie inférieure de la tige est allongée et les feuilles, déjà nombreuses, atteignent 10 cm. de longueur. En janvier, le jeune tubercule est encore réduit et situé à l'extrémité d'un rhizome allongé.

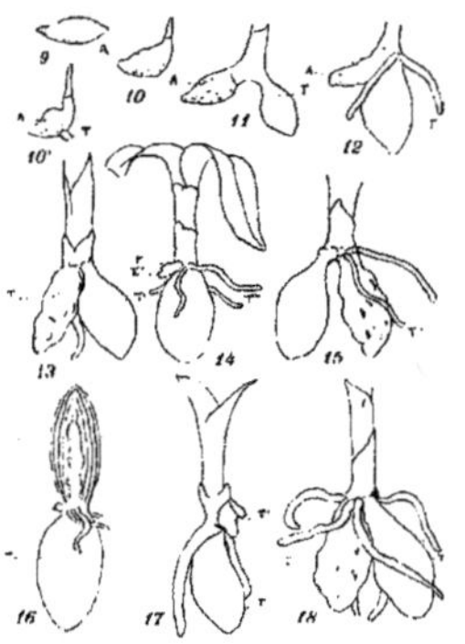

Le tubercule T' a acquis, au printemps (dès février pour certaines espèces méridionales des genres *Serapias* et *Ophrys*), la taille du tubercule T et contient des réserves.

A la première période de différenciation a donc succédé une seconde phase, durant de septembre ou octobre à mars ou avril, et pendant laquelle s'est développé le nouveau tubercule T', mais pendant laquelle ne s'est différencié aucune partie nouvelle, ce stade est la période de tubérisation. Pendant toute la durée de la tubérisation, les racines de la plante sont très envahies par le champignon. Le changement d'état qui s'observe entre les deux périodes de développement coïncide avec l'envahissement. La plante n'est pas attaquée pendant la période de différenciation et l'est pendant la période de tubérisation, jusqu'à la floraison. Au mois de mai ou juin, il existe donc, au bas de la tige, un tubercule T', bien développé, et un tubercule plus ancien T, ridé, dont les réserves ont été employées au développement de la tige et de la hampe florifère (fig. 18). La plante s'est bornée à développer, au printemps, les feuilles et les fleurs qu'elle avait formées à l'automne.

Il peut arriver, exceptionnellement, que l'un des bourgeons basilaires ou plusieurs d'entre eux se différencient en rameaux feuillés: la plante est alors ramifiée dès la base et ne donne pas de tubercules. Fabre a décrit un pied de *Loroglossum hircinum* dont trois bourgeons axillaires s'étaient ainsi développés en rameaux. N. Bernard a observé, chez l'*Orchis maculata*, un rameau provenant du développement d'un bourgeon axillaire qui, au lieu d'évoluer en tubercule, s'était différencié en tige feuillée aérienne. Ces Orchidées manquaient de racines absorbantes et par conséquent n'étaient pas attaquées.

Dans les Ophrydées, l'envahissement par les endophytes est donc *précoce* et *périodique*. Les tubercules sont bisannuels.

Les gros tubercules ne sont pas attaqués (pl. 111, f. 5-6), seules les extrémités libres des tubercules palmés contiennent souvent des champignons (pl. 111, fig. 8). Les racines grêles à une seule stèle sont ordinairement seules atteintes dans la plante adulte. Nous avons pourtant observé dans le *Nigritella angustifolia* des racines à 2-3 stèles dont l'écorce était envahie par les endophytes.

Fig. 9 : très jeune plantule d'*Orchis*. — Fig. 10 et 10' : plantules plus âgées : en T apparaît un tubercule — Fig. 11 : Plantule plus âgée : A, axe embryonnaire · T, tubercule. — Fig. 12 : plantule plus âgée, avec racines. — Fig. 13 : la plantule a donné un autre tubercule T'. — Fig. 14 : plante à la 1re période de la 3e année. Il se forme, à l'extrémité d'un petit rhizome (r), un nouveau tubercule T''. — Fig. 15 : le tubercule T'' s'est développé, le tubercule T' s'est flétri. — Fig. 16 : un *Orchis* adulte, vers septembre. La très jeune hampe florale existe déjà. — Fig. 17 : stade suivant, vers janvier (Midi de la France) : un jeune tubercule T' se développe. — Fig. 18 : vers mai ou juin, le tubercule ancien s'est flétri et le nouveau s'est développé.

DÉVELOPPEMENT DES SPIRANTHES

La germination se rapproche de celle des Ophrydées. La plantule est arrondie d'un côté, atténuée de l'autre, rappelant la forme d'une toupie plus ou moins allongée, à pointe recourbée. Le développement est lent et vers le 6e ou 7e mois il n'existe souvent que trois petites feuilles (1).

Chez le *S. autumnalis*, à l'époque de la floraison, et un peu après, on trouve un fascicule de 2-8 racines fortement tubérisées, un axe floral portant des feuilles très rudimentaires et une rosette de grandes feuilles d'où partira l'inflorescence de l'année suivante.

Dans le Midi de la France, on peut, dès octobre, observer la formation de mamelons qui sont de jeunes racines, en faisant une section longitudinale passant par la base du fascicule feuillé latéral à la tige florifère. Ces

Ophrydées. C'est pourquoi, alors que chez les Ophrydées, on trouve ordinairement, au moment de la floraison, deux tubercules à la base de la tige, chez l'*Herminium*, il n'en existe qu'un seul, d'où le nom de *Monorchis*. Au mois de septembre, on ne trouve souvent qu'un seul tubercule, chez les *Ophrys* et *Orchis*.

mamelons naissent au-dessus et entre deux tubercules développés, ils atteignent 5 mm. env. de longueur. Sur une section longitudinale de ces jeunes racines (f. 19), on distingue nettement les cellules de la coiffe (C), celles de l'assise pilifère (Ap), de l'écorce (E c) et de la stèle (S). L'endoderme n'est pas caractérisé. La stèle est développée et unique. La structure est presque entièrement méristématique.

Les cellules corticales sont petites, à section polygonale, à parois droites et laissant entre elles des méats. Les cellules à mucilage et raphides ne dépassent pas comme taille les cellules voisines. L'écorce ne nous a pas paru contenir d'endophytes. Les cellules de la stèle sont, à part les quelques assises périphériques, un peu plus grandes que celles de l'écorce, légèrement allongées longitudinalement, à parois très minces, laissant entre elles des méats. La moelle et l'écorce renferment des raphides.

Dans les premiers jours de novembre, souvent en décembre seulement, on aperçoit ordinairement 2-4 jeunes racines tubérisées oblongues, longues de 12-18 mm., jaunâtres à l'extrémité qui ont brisé la base des feuilles développées (f. 20), sont manifestement saillantes à l'extérieur entre les gros tubercules plus anciens et situées au-dessus d'eux. Sur une section longitudinale de l'une de ces racines (f. 19) on observe que la partie inférieure est toujours occupée par la coiffe, toute la région inférieure, encore méristématique, présente les caractères décrits ci-dessus, mais vers la partie supérieure, les tissus se caractérisent.

Un peu au-dessus du niveau où se détache la coiffe, l'assise pilifère (As.) subérisée se prolonge en poils absorbants assez longs et est munie des ornements qui la caractérisent à l'état adulte. L'écorce externe est assez distincte de l'écorce interne, ses cellules sont nettement plus petites, mais cependant les cellules de l'écorce interne ne sont pas encore allongées radialement comme dans les racines tubérisées adultes. Beaucoup de cellules de l'écorce interne contiennent de petits grains d'amidon. Les cellules à raphides sont à peine plus grandes que les cellules amylifères. L'écorce n'est pas encore attaquée par les endophytes. Les petites cellules de l'endoderme portent des cadres légèrement subérisés. Les cellules médullaires se sont à peine multipliées mais se sont accrues.

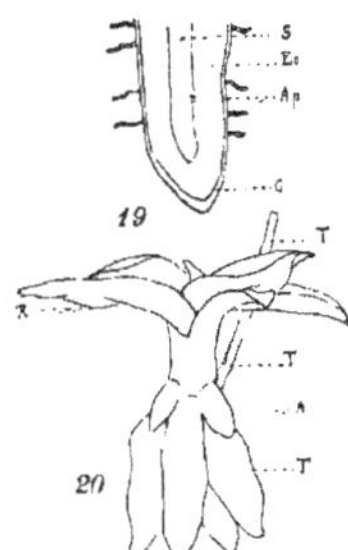

Spiranthes autumnalis. — Fig. 19 : section longitudinale d'une jeune racine : Ap, assise pilifère ; C, coiffe : S, stèle : E, écorce. — Fig. 20 : partie basilaire d'une plante, récoltée, dans le Midi, au début de novembre ; T, tige séchée ayant fleuri l'été précédent ; R, rosette de feuilles entourant la tige de l'année suivante : A, jeune racine tubérisée : R, racine tubérisée plus ancienne.

En mars, les jeunes racines tubérisées sont encore bien plus courtes que les anciennes. En avril, la jeune tige protégée par la rosette foliaire de l'année précédente n'atteint que 2-3 mm. de longueur. Cette rosette persiste jusque vers juin ou juillet, époque à laquelle la tige qu'elle protégeait apparaît. Peu de temps après, on aperçoit une jeune rosette latérale entourant le bourgeon qui donnera la tige de l'année suivante. Il existe un sympode.

L'envahissement des tubercules apparaît assez tard et se produit par les poils absorbants longs et développés. M. Beau (1) ayant isolé un jeune pied de *Spiranthes autumnalis* observa un développement normal des tubercules sans que l'envahissement se fût produit auparavant.

D'après ce que nous avons observé, les endophytes paraissent localisés du côté de la racine situé à l'extérieur par rapport au faisceau de tubercules (pl. 112, f. 47). Les tubercules des *Spiranthes* diffèrent nettement des tubercules des Ophrydées par la présence d'endophytes dans l'écorce comme par l'existence d'une seule stèle.

Alors que dans le *S. autumnalis*, la rosette de feuilles, c'est-à-dire l'axe secondaire, est déjà formée au moment où l'axe primaire porte des fleurs, dans le *S. aestivalis*, la rosette latérale de feuilles, portée par un axe d'un autre ordre que la hampe, n'existe pas au moment de la floraison. Par contre, chez cette dernière espèce, les feuilles de l'axe primaire ne sont pas encore détruites au moment de la floraison et forment une rosette à la base de la hampe fleurie.

Dans ces *Spiranthes*, la plante fleurit normalement chaque année. M. Beau (2) a signalé la formation, par bourgeonnement sur l'embryon, de petits tubercules arrondis, rattachés par de courts pédicelles et qui s'isolent. Ces tubercules longs de 0 mm. 05, sans poils absorbants, ni endophytes, peuvent être considérés comme embryons adventifs.

Les tubercules de *Spiranthes* qui ont un peu l'aspect des tubercules d'Ophrydées et, comme nous le verrons plus loin, une structure intermédiaire entre celle des tubercules d'Ophrydées et des racines de Néottiées, se

1. Beau, *Sur les rapports entre la tubérisation et l'infestation des racines* (C. R. Ac. Sc. 29 sept. 1913).
2. Beau, *l. c.*

— 41 —

rapprochent beaucoup plus, par leur développement, des racines faiblement tubérisées des Néottiées, Arétusées et Cypripédiées.

Nous avons vu qu'il existe chez les Ophrydées deux tubercules bien développés, très différenciés des autres racines, polystéliques, à écorce non attaquée par les endophytes. La plante ne peut fleurir avec les racines seules. Les tubercules riches en réserves doivent fournir les matériaux nécessaires à la floraison.

Dans les *Cephalanthera* et *Epipactis*, il n'y a pas de tubercules caractérisés, les racines sont souvent très nombreuses, à peine tubérisées, monostéliques et à écorce attaquée par les endophytes. Le bourgeon naît à la base de la tige et presque en même temps apparaissent deux ou plusieurs racines (une seule dans l'*Epipactis leptochila*).

Le système radiculaire des *Spiranthes* rappelle plus, comme conformation, celui des *Epipactis* que celui des Ophrydées ; les racines naissent aussi par verticilles de 2-7 (1), mais sont bien plus tubérisées que chez les Néottiées.

Développement du Goodyera repens.

Chez le *Goodyera repens* qui vit dans la mousse et les aiguilles de pins mélangées à un peu d'humus, l'atteinte des endophytes est permanente et la symbiose continue. Les champignons sont abondants dans la racine (pl. 112, f. 51) et le rhizome (pl. 114, f. 81, 82, 83). Les racines sont envahies quand elles ont 2 mm. de longueur. Les dimensions des pelotes sont en rapport avec le sens de la pénétration, elles sont bien plus grosses et plus nombreuses sur la face inférieure. L'hôte est le *Rhizoctonia Goodyeræ repentis* (2). Le mycélium, très abondant, traverse les poils absorbants des racines grêles et peu nombreuses et apporte à la plante des substances qu'elle produit peu. Les endophytes pénètrent parfois jusqu'aux faisceaux libéroligneux du rhizome. De nombreux rejets très envahis servent à marcotter la plante. Ces rameaux traçants portent, en divers points, des bouquets de papilles semblables à celles qui couvrent les racines.

Développement des Malaxidées.

Chez le *Liparis Loeselii*, le *Malaxis paludosa* et le *Microstylis monophyllos*, la base de la hampe florale est renflée, formant une sorte de pseudobulbe (pl. 100, f. 16).

Dans un *Liparis* qui vient de fleurir, on voit, à côté de la tige feuillée, renflée à la base en pseudobulbe et terminée par une inflorescence, la base de la pousse florale de l'année précédente renflée en pseudobulbe, persistante et enveloppée des débris de ses dernières feuilles différenciées, comme nous le verrons plus loin. La feuille externe est déchirée, l'interne fendue du côté de la tige de l'année suivante. Celle-ci est due au développement du bourgeon axillaire de cette feuille engainante ; le bourgeon qui en se développant a déchiré sa feuille-mère est sorti à travers la fente. La première feuille de la pousse qui vient de fleurir est adossée au vieux pseudobulbe, c'est une gaine ; la deuxième est tournée, soit vers la droite, soit vers la gauche, et toutes les autres se trouvent disposées dans l'ordre distique. La deuxième et la troisième feuille sont des gaines, viennent ensuite deux feuilles complètes. La cinquième et dernière feuille est différente, munie sur le côté interne, au niveau du pseudobulbe, d'un bourrelet épais enveloppant le jeune pseudobulbe. Le jeune bourgeon, après s'être renflé en pseudobulbe, donnera, en se développant, une pousse semblable aux autres.

Même quand la plante ne fleurit pas, elle donne, chaque année, un pseudobulbe, au sommet duquel on trouve le rudiment de la hampe.

Un pied de *Liparis* porte donc trois axes d'ordre différent enchaînés l'un à l'autre. Chaque axe comprend cinq entre-nœuds très courts et une hampe dont la base renflée constitue un pseudobulbe. L'axe le plus jeune n'est pas encore développé, ce n'est qu'un bourgeon, l'axe intermédiaire est celui de l'année, l'axe le plus ancien (celui qui a fleuri l'année précédente) est en partie décomposé, la partie supérieure de la hampe est détruite.

Le *Malaxis* a beaucoup d'analogies avec le *Liparis*, mais dans le premier, la partie traçante des axes successifs est très développée et les pseudobulbes sont séparés par un rhizome bien visible. De plus, dans le *Liparis*, le plan passant par le milieu des feuilles de l'axe fleurissant dans l'année croise le plan qui traverse de la même manière la feuille de l'axe de l'année précédente et celui qui partage celles de l'an prochain (sauf les préfeuilles de chaque axe). C'est pourquoi la plante s'avance en faisant des zigzags, comme chez le *Cypripedium Calceolus*.

1. Mousley. *Spiranthes Romanzoffiana* (Orchid Rev., 1921, p. 71). — Godfery, *Spiranthes Romanzoffiana* (Orchid Rev., 1924, p. 357).
2. Costantin et Dufour, *Sur la biologie du Goodyera repens* (Revue gén. bot. 1920, p. 529).

Dans le *Malaxis*, au contraire, tous les axes qui se succèdent ont leurs feuilles situées dans un même plan. Cette différence serait extrèmement sensible, si les axes des différentes années restaient longtemps vivants et feuillés.

Chez les *Liparis Loeselii*, *Malaxis paludosa*, *Microstylis monophyllos* les racines très réduites et les pseudobulbes sont très largement atteints.

Développement de l'Epipogon aphyllum.

Le développement de l'*Epipogon* a été étudié par IRMISCH. La plantule a la forme d'une corne recourbée à sa pointe, elle est symétrique par rapport à un plan.

Le bourgeon terminal de la plantule peut rester rudimentaire ou se développer en un stolon grêle. Des bourgeons latéraux situés à sa base se développent tôt en branches tubérisées, aplaties dans le plan de symétrie, se ramifiant et formant une griffe coralloïde. La griffe coralloïde de cette Orchidée holosaphrophyte, qui présente beaucoup d'analogies avec certaines formes juvéniles, dure toute la vie. Jamais il n'apparaît de racines adventives sur cette griffe et la structure de cette dernière est très caractéristique. La structure normale ne réapparaît que dans les stolons grêles servant à marcotter la plante et que dans l'inflorescence. Ce rhizome coralloïde est attaqué par les champignons, comme la jeune plantule, à l'exception de la région méristématique.Cette espèce à synthèse chlorophyllienne à peu près nulle est *largement et constamment envahie,sa symbiose est continue*.

La plante vit souvent pendant plusieurs années avant de donner une hampe florale rapidement flétrie.

L'*Epipogon* se multiplie par des rejets qui sortent de l'extrémité du rhizome et produisent un rhizome coralloïde, charnu, dont une des extrémités se développe et donne le pseudobulbe qui produira une hampe florale. Ce pseudobulbe donne à l'*Epipogon* une certaine ressemblance avec les Orchidées tropicales.

DÉVELOPPEMENT DU CORALLORHIZA

Le développement du *Corallorhiza* présente beaucoup d'analogie avec celui de l'*Epipogon*. Dans les deux espèces, l'envahissement paraît se faire par les parties jeunes du rhizome. Les individus fleuris portent encore souvent une partie de l'axe embryonnaire (1). *L'infection de cette plante*, pauvre en chlorophylle, *est permanente et très étendue ; la symbiose est continue*. Le *Corallorhiza* se multiplie à peu près comme l'*Epipogon*.

Le *Corallorhiza* a un rhizome charnu qui émet latéralement des rameaux charnus, comme lui, et qui, comme lui aussi, se ramifient à leur tour. Ces axes sont tous dans un même plan. Après avoir formé un nombre plus ou moins considérable d'entre-nœuds courts et charnus et produit des ramifications latérales, l'axe principal, ou l'un des rameaux, se dresse, et donne une tige aérienne se terminant en inflorescence. Au bas de cette tige, à l'aisselle de la feuille inférieure ou de la suivante, naît un bourgeon qui,l'année suivante,donnera une autre tige florifère. Quand le rhizome produit une pousse florale, il se forme aussitôt un sympode qui dure peu. Quelques années après, un autre rameau du rhizome se met à fleurir et celui qui précédemment a formé plusieurs inflorescences dépérit. La pourriture envahit peu à peu l'axe embryonnaire et les rameaux issus de celui-ci se trouvent isolés les uns des autres.

VÉGÉTATION MONOPODIALE DU NEOTTIA NIDUS-AVIS.
ENVAHISSEMENT PERMANENT, SYMBIOSE CONTINUE

Le mode de développement du *Neottia Nidus-Avis* a été l'objet de nombreuses recherches dues principalement à IRMISCH (1), PHILLIEUX (2), DRUDE (3), N. BERNARD (4).

Au début de la germination, l'embryon augmente de volume à son extrémité opposée ou pôle suspenseur. Il prend une forme conique, nettement recourbée à la pointe, il a donc un plan de symétrie. Après la déchirure du tégument, l'embryon est blanc, surtout vers le pôle végétatif, il est dépourvu de poils et de papilles. L'amidon à ce moment s'accumule dans ses cellules.

1. IRMISCH (Th.), *Beiträge zur Biologie und Morphologie der Orchideen*, Leipzig, 1853.
2. PHILLIEUX, *De la structure anatomique et du mode de végétation du « Neottia Nidus-Avis »* (Ann. Sc. nat. Bot., 4ᵉ s., V, 1856.
3. DRUDE, *Die Biologie von Monotropa Hypopitys und « Neottia Nidus-Avis »*, Göttingen, 1873,
4. BERNARD (N.), *Et, sur la tubérisation* (Th. Fac. Sc. Paris, 1901).

Dans un embryon plus âgé, on voit que la zone atteinte tout à fait continue, s'étend entre l'épiderme indemne et le parenchyme cortical amylifère (f. 21), elle comprend 3 assises de cellules environ. Cette zone ne touche à l'extérieur que vers la pointe inférieure; dans la région du pôle suspenseur, elle enveloppe l'embryon dans toute la partie atténuée, la partie élargie n'est pas atteinte. A la partie supérieure indemne, en v, l'axe est renflé latéralement et forme une sorte de tête globuleuse formée de petites cellules sur laquelle naissent des mamelons latéraux à point végétatif distinct et qui sont l'origine des premières racines. Ensuite le bourgeon terminal et sa première écaille se différencient.

Le bourgeon terminal se développe ensuite en rhizome horizontal un peu plus gros que l'axe, gorgé d'amidon, pourvu, aux nœuds, de feuilles rudimentaires et donnant naissance dans les entre-nœuds à des racines serrées gorgées d'amidon. Ces racines, qui dans un même entre-nœud, naissent presque simultanément, sont analogues aux tubercules des Ophrydées; elles sont serrées et monostéliques. Il paraît ne se former qu'un entre-nœud chaque année, les racines charnues et enchevêtrées forment une griffe ordinairement compacte rappelant la forme d'un nid d'oiseau.

Le développement est monopodial. Toute la plante procède d'un bourgeon qui a d'abord produit le rhizome portant des racines et s'est ensuite redressé en hampe florale. Le développement est lent, la plante est monocarpienne, et un individu issu de graines peut vivre 7-11 ans avant de fleurir. Il meurt ensuite. L'inflorescence a aussi un développement très lent. En mai, le bourgeon terminal peut contenir déjà une hampe qui ne fleurira que l'année suivante.

A l'aisselle des écailles du rhizome se développent des bourgeons de second ordre. Les écailles peuvent être toutes pourvues de bourgeons, à l'exception des écailles postérieures. Ces bourgeons de 2° ordre peuvent aussi se développer. Les bourgeons postérieurs donnent de nombreuses racines, le bourgeon antérieur peut donner un tubercule et une hampe florale. Cette hampe peut fleurir en même temps que la hampe terminale bien que provenant du plus jeune des bourgeons, développé plus rapidement parce qu'il a été plus longtemps protégé de l'infection que les autres. L'accélération de développement est encore plus manifeste pour les bourgeons axillaires de 3° ordre qui naissent parfois sur les bourgeons de 2° ordre.

Dans certains cas, il peut y avoir l'apparence d'un développement en sympode. Janisch et Drude, généralisant d'après quelques-uns de ces cas, ont cru à la réalité d'un sympode, chez le *Neottia*. On observe rarement ce mode de végétation en pseudo-sympode dans des individus qui, au printemps, portent, avec la hampe desséchée de l'année précédente, une hampe nouvelle due au développement d'un bourgeon axillaire de l'axe primaire, antérieur à celui qui a fleuri précédemment. Ce cas est rare, parceque, en général, il y a accélération dans le développement des 2-3 bourgeons disposés en sympode. Ces bourgeons, par suite de cette accélération de développement, fleurissent la même année que le bourgeon terminal dont l'évolution est plus lente. Ce qui se passe ici diffère de ce qui existe dans le mode typique de végétation en sympode, par la rapidité plus grande du développement des bourgeons.

Janisch et Drude ont, en effet, trouvé des bourgeons avancés à la partie antérieure du rhizome où s'attache la hampe. Mais, comme Prillieux l'a fait observer, la plupart de ces bourgeons antérieurs ne fleurissent pas, ils sont atteints pas les champignons et se dessèchent même après la différenciation de la hampe.

Chez le *Neottia*, la *symbiose est absolument continue*. La jeune plantule est largement atteinte. Les endophytes gagnent ensuite le rhizome, les racines et même jusqu'à la base de la tige. On observe les endophytes dans les racines et dans la zone moyenne de l'écorce du rhizome (1). La région atteinte est continue et sans contact avec la surface de la plante, rarement quelques champignons existent dans les cellules épidermiques. Les Champignons ont dû se propager de cellule en cellule depuis le bourgeon terminal, sans contamination par le sol, chez la plante adulte. La hampe aérienne n'est pas attaquée, mais pourtant nous avons observé quelques pelotons dans la partie inférieure de la tige, au-dessus du rhizome sur lequel naissent les racines.

Hampes souterraines. Parfois (2), les hampes n'ont pas la force de percer la couche d'humus qui les recouvre, elles s'enroulent, se contournent irrégulièrement dans le sol, les bractées s'élargissent et parfois, dans ce cas, le labelle occupe la partie supérieure de la fleur. La zone atteinte est étendue. Les champignons pénètrent par la cavité centrale de la tige jusqu'aux fruits et aux graines qu'ils attaquent et dont ils provoquent la germination. L'infection se continue d'une génération à l'autre.

Neottia Nidus-Avis. — Fig. 21 : section longitudinale schématique d'une jeune plantule ; S, stèle; E, écorce : Ep. épiderme indemne sauf à la pointe du pôle suspenseur ; S, pôle suspenseur ; V. pôle végétatif ; I, région infestée.

1. Magnus, *Studien an der endotrophen Mykorrhiza von Neottia Nidus-Avis* (Pringsh. Jahrb. XXXV, 1900, p. 205).
2. N. Bernard, *Et. sur la tubérisation* (Th. Fac. Sc. Paris, 1901) et A. Camus (Rivièra scientif. 1918, p. 4).

Multiplication du Neottia. — La multiplication par formation de bourgeons adventifs à la pointe de quelques racines a lieu, comme l'ont signalé Irmisch (1),Prillieux (2) et Drude (3).Vers l'époque de la floraison, on observe, à l'extrémité de certaines racines,un ou plusieurs petits mamelons gorgés d'amidon.A ce moment,les réserves de la racine ont été employées au développement de la pousse. Le petit mamelon déchire la coiffe de la racine et se développe. Un jeune rhizome s'organise, il se forme des racines, puis un bourgeon terminal. Comme dans les individus issus de graines, la racine est largement atteinte, le point végétatif est seul indemne. Le rhizome croît par son extrémité, de nouvelles racines se forment et la jeune plante prend peu à peu l'aspect d'un rhizome de *Neottia*. A ce moment, la pourriture a ordinairement envahi tout le rhizome de la plante-mère, les racines sont pourries par leur partie postérieure mais végètent encore souvent à l'autre extrémité produisant de nouveaux pieds qui se trouvent isolés par destruction de la plante-mère.

Développement du Listera ovata.

Le rhizome du *Listera* est un sympode dont chaque article est ordinairement formé de deux entre-nœuds.L'axe se termine par une inflorescence; de l'aisselle de la seconde gaine, naît un bourgeon qui en s'allongeant continue la direction du rhizome, puis se redresse et donne une hampe florale.

Il y a persistance des racines durant plusieurs années.

Le rhizome de la plante adulte ne renferme pas de champignons. Les racines doivent s'infecter, chaque année, indépendamment les unes des autres et au contact du sol. Dans cette espèce, l'envahissement est extrêmement variable. Nous avons observé des individus dont presque toutes les racines étaient dépourvues d'endophytes et d'autres dont l'écorce de beaucoup de racines contenait des pelotons jusqu'à l'endoderme (pl. 112, f. 52).

Développement dans le genre Epipactis.

On observe souvent, dans ce genre, la végétation sympodiale ordinaire du *Listera* et des Orchidées à rhizome, ainsi que l'établissement tardif de sympode analogue à celui qui se présente exceptionnellement chez le *Neottia Nidus-Avis*. Le rhizome de la plante adulte n'est pas atteint.

Dans l'*E. atrorubens*, le développement est en sympode. Le jeune plantule est très recourbée à sa pointe son bourgeon terminal donne une première pousse feuillée stérile. L'année suivante, il se développe une jeune pousse latérale dont la base horizontale forme le premier article d'un rhizome en sympode qui s'étendra, chaque année, jusqu'à l'apparition d'une hampe florale. Les racines allongées et assez grêles, nées de la plantule, puis du rhizome, persistent pendant plusieurs années.

D'une façon générale, l'axe primaire se termine par une inflorescence, puis un ou plusieurs des bourgeons axillaires se développent et propagent la plante.

Chez l'*E. latifolia*, la symbiose est assez rudimentaire. Les racines sont très irrégulièrement attaquées (pl. 112, f. 60-62). Les endophytes nous ont paru peu abondants dans les racines. Cette espèce à feuilles bien développées est moins saprophyte que les *E. sessilifolia, atrorubens* et surtout *microphylla*, elle se suffit à peu près à elle-même.

L'*E. microphylla* représente un état plus avancé de symbiose. Son développement est monopodial jusqu'à la floraison. Il ne paraît pas se produire, hors du sol, de pousses feuillées, mais seulement des inflorescences. Irmisch a signalé que le rhizome, jusqu'à la première hampe florale, résultait du développement du bourgeon de premier ordre formé sur la plantule. Ce mode de végétation rappelle celui du *Neottia*. Les racines, plus grosses que celles de l'*E. atrorubens*, contiennent des corps de dégénérescence et des filaments mycéliens plus abondants (pl. 112, f. 58). La grande réduction des feuilles indique une fonction chlorophyllienne plus faible que dans les espèces précédentes.

Dans l'*E. palustris*, les racines sont souvent à peine atteintes par l'endophyte (pl. 112, f. 59). Les feuilles bien développées de cette espèce indiquent d'ailleurs qu'elle se suffit en partie à elle-même.

Plusieurs bourgeons se développent sur l'axe primaire de cet *Epipactis*, s'allongent en sens différents, formant des pousses traçantes qui multiplient la plante et s'isolent, après putréfaction de l'axe primaire.

1. Irmisch. *Beitr. z. Biol. u. Morph. d. Orch.* Leipzig, 1853, p. 25.
2. Prillieux, *Obs. sur le mode de veg. du* « *Neottia Nidus-Avis* » (Ann. Sc. nat. Bot., s. 4, t. V, 1856, p. 279 et Bull, Soc. bot. Fr., 1857, p. 41).
3 Drude, *Die Biol. v, Monotr. u.* « *Neottia Nidus-Avis* », 1873.

Développement des Arétusées.

La végétation s'établit en sympode. Dans le genre *Cephalanthera* l'envahissement des racines est irrégulier. Sur le même individu, certaines racines âgées ne renferment parfois que de rares traces de pelotons, alors que d'autres contiennent des pelotons de dégénérescence ou même encore des filaments non digérés dans toute leur écorce externe, et même leur écorce moyenne, jusqu'à une assez grande profondeur.

Dans le *Limodorum*, dont l'assimilation chlorophyllienne est très faible, la symbiose est plus parfaite. Dans les racines adultes, l'écorce renferme des champignons en filaments vivants et à l'état de pelotes de dégénérescence (pl. 113, p. 63,70). Le rhizome, dans sa partie couchée, renferme lui-même des endophytes et nous en avons même observé dans la partie externe des feuilles qui l'entourent (pl. 114, f. 80). L'envahissement par les endophytes est donc très étendu.

Développement dans le genre Cypripedium.

IRMISCH (1) a suivi le développement du *C. Calceolus*. Au mois de décembre, les plantules ont 1,5 mm. de longueur. La plantule est dépourvue de poils et, à cause de sa pointe recourbée, tend à l'asymétrie. Elle est souvent verticale et la première tige continue alors sa direction. A la fin de la première année, la végétation en sympode s'établit, un bourgeon placé à l'aisselle d'une des feuilles inférieures de la première tige commençant à donner une seconde pousse feuillée. Les rhizomes sont formés par une série de pousses annuelles dirigées dans le même sens. Les axes successifs ont leur première feuille dirigée alternativement vers la droite et vers la gauche de leur feuille-mère. C'est de là que provient la disposition en zigzags des pousses successives.

La plante ne fleurit qu'au bout de plusieurs années. A l'état adulte, le rhizome est ordinairement indemne, les racines sont seules atteintes par l'endophyte (pl. 114, f. 74).

Les Cypripédiées présentent un type de développement imparfait par rapport aux Ophrydées. D'après leurs organes reproducteurs, nous verrons que les premières sont d'une origine plus ancienne que les secondes.

ROLE DE LA SYMBIOSE DANS L'ÉVOLUTION DES ORCHIDÉES

Il est à remarquer que l'existence, la forme et la structure des tubercules sont des caractères stables et héréditaires sous la dépendance de la symbiose. Leur fixité est liée à la permanence des conditions de vie, pendant de longues générations. Si l'on parvient à modifier ces conditions, les caractères varieront probablement.

L'Orchidée adulte présente certaines affinités avec les autres Monocotylédones, mais la parenté disparaît dans les formes juvéniles tubérisées. Ces formes répondent à des conditions de vie très particulières. Au degré inférieur, représenté par le *Bletilla hyacinthina*, espèce exotique, la symbiose est intermittente. C'est un état qui est plutôt celui d'une plante sujette à une maladie cryptogamique bénigne, capable de récidive, qu'une véritable symbiose. Chez les Orchidées plus évoluées, la symbiose est nécessaire pour la germination et la phase initiale du développement est une phase de tubérisation. Au degré supérieur, chez le *Neottia Nidus-Avis*, par exemple, la symbiose est continue pendant toute la vie de la plante. Dans ce cas, la notion de l'individualité a perdu son sens habituel.

Comme cela a déjà été dit, les Orchidées sont rares relativement au nombre de graines qu'elles produisent; celles qui parviennent à vivre ont dû être sélectionnées par les Rhizoctones dans des conditions très précises, les deux organismes antagonistes n'arrivant pas toujours à bien équilibrer leurs forces. Il est néanmoins curieux de voir que des milliers d'espèces vivent en symbiose avec des champignons depuis fort longtemps. Il reste à savoir comment s'est établi la symbiose et comment elle a évolué chez les ancêtres des Orchidées actuelles. Ce mode de vie se retrouvant chez les Orchidées à organisation simple, il doit être fort ancien, peut-être même antérieur à l'apparition de la famille (2). L'évolution de la famille a concordé avec l'adaptation de plus en plus parfaite à la symbiose. Le problème de l'adaptation mutuelle du champignon et de son hôte est lié intimement à celui de l'origine des espèces. La vie symbiotique a certainement dû jouer un rôle très grand dans l'évolution des espèces.

1. IRMISCH, *Beitr. z. Morph. u. Biol. d. Orchid.*, Leipzig (1853).
2. BERNARD (N.), *L'évolution des plantes*, p. 280.

Saprophytisme et fonction chlorophyllienne.

La vie saprophytique présente un parallélisme remarquable avec la mycorhization.

Le saprophytisme existe à tous les degrés dans la famille. Les endophytes, après avoir joué un rôle important dans la germination, apportent à la plante adulte, des substances azotées, des hydrates de carbone, puisés dans l'humus. Comme nous l'avons dit, à propos de la germination, les hyphes extérieurs au mycélium sont capables de digérer la cellulose (1).

Les Orchidées holosaprophytes et hémisaprophytes vivent dans un sol riche en matières organiques et dans les forêts où la lumière ne pénètre que faiblement. La fonction chlorophyllienne est ordinairement développée en raison inverse du saprophytisme.

Les espèces contenant peu de chlorophylle, comme le *Neottia Nidus-Avis*, le *Corallorhiza*, l'*Epipogon*, tirent à peu près toute leur nourriture, au moins les hydrates de carbone, de l'humus, grâce à l'intermédiaire du mycélium. Les travaux de WIESNER(2) et de PRILLIEUX (3) ont bien démontré la présence d'un peu de chlorophylle dans le *Neottia*, mais les expériences de MM. BONNIER et MANGIN (4) ont prouvé que la quantité d'oxygène dégagé à la lumière, par ces plantes, est si faible qu'elle ne peut compter.

Quant au *Limodorum*, qui vit souvent dans les endroits assez ensoleillés. il contient bien un peu de chlorophylle dans sa tige, ses feuilles et les parois de l'ovaire, mais il ne peut se suffire à lui-même. Dans l'écorce de la tige, les chloroleucites sont épars dans chaque cellule (pl. 115 f. 98) et non disposés près des parois radiales (5) et, dans les régions plus profondes, la chlorophylle ne peut servir à l'assimilation à cause de l'absorption de la lumière par les tissus externes. aussi la fonction chlorophyllienne de ces tissus est-elle à peu près nulle. D'après les expériences de GRIFFON, la lumière exerce une action retardatrice sur la respiration, mais celle-ci l'emporte néanmoins, de sorte que le *Limodorum*, malgré sa chlorophylle, est presque entièrement saprophyte et peut-être parasite. La chlorophylle du *Limodorum* serait, d'après Griffon, d'une nature spéciale.

Chaque fois que la fonction chlorophyllienne est faible, les mycorhizes sont plus abondantes, la symbiose suppléant à l'insuffisance de la fonction chlorophyllienne. C'est ainsi que certaines Orchidées, normalement vertes, peuvent parfois se développer et fleurir dans des conditions de grand étiolement.

Il a été observé, à Thorenc (Alpes-Maritimes), un cas d'albinisme complet, chez le *Cephalanthera pallens* (6). Toute la plante, entièrement cachée sous les feuilles, était d'un blanc de lait, sans trace de chlorophylle, le saprophytisme était complet, les feuilles notablement plus étroites que dans les individus normaux, les racines bien plus envahies par l'endophyte.

M. BEAU a signalé (7), dans une petite grotte des Alpes-Maritimes, profonde de 10 m. env., l'existence de *Cephalanthera* et d'*Epipactis* qui vivaient là, à l'exclusion de toute plante à chlorophylle. Les individus situés loin de l'issue étaient jaunâtres et portaient des fleurs stériles.

Certaines espèces vivant dans l'humus sont hémisaprophytes bien que contenant une assez grande quantité de chlorophylle, il en est ainsi du *Liparis*, du *Malaxis*, du *Microstylis*. Ces plantes à racine très réduite sont très attaquées et leur structure montre une adaptation évidente ou saprophytisme.

Le *Goodyera repens* bien que pouvant emprunter du carbone à l'air parait aussi hémisaprophyte, d'après son mode de vie à l'ombre et dans l'humus, la réduction de ses racines et l'abondance des endophytes vivant dans ses racines et ses rhizomes.

Les espèces riches en chlorophylle, croissant dans les terrains pauvres en humus, prennent beaucoup de carbone à l'air, bien que présentant les caractères d'un saprophytisme atténué.

Modifications de structure attribuables à la symbiose.

Les ancêtres des Orchidées vivant aujourd'hui n'étaient peut-être pas saprophytes. La plante a dû d'abord demander de l'eau à son hôte puis, elle a compté sur lui pour une partie de sa nourriture. La vie symbio-

---

1. BEAU, *Obs. sur la biol. des Orchidées* (Riviera scientif. 1914, p. 49). — *Sur le rôle trophique des endophytes d'Orchidées* (C. R. Ac. Sc. 1920, p. 675).
2. WIESNER, *Vorl. Mitth. Auftret. v. Chlorophylle in einigen für chlorophyll. geh. Pfl.* (Bot. Zeit., 1871).
3. PRILLIEUX, *Sur la color. et le verdis. du « Neottia Nidus-Avis »* (Bull. Soc. bot. Fr., 1873, p. 182).
4. BONNIER et MANGIN, *Respir. des tissus sans chlorophylle* (Ann. Sc. nat., Bot., s. 6, XVIII, 1884. p. 293).
5. GRIFFON, *L'assimilat. chlorophyll.* (Ann. Sc. nat., Bot., s. 8, X, 1899, p. 71 ; C. R. Ac. Sc., 1898, p. 973).
6. CAMUS (A.), *Note sur les Orchidées des env. de Thorenc* (Riviera scientif., 1918, p. 11).
7. BEAU (C.), *Sur la germination des Orchid. et observ. sur la biologie des Orchid.* (Riviera scientif., 1914, p. 49).

tique a entraîné l'apparition de caractères nouveaux : formation de tubercules, état coralloïde des racines et du rhizome, absence de racine terminale et parfois de racines adventives; chez quelques espèces, réduction des poils absorbants, dégénérescence du cylindre central des rhizomes coralloïdes, tendance de ces organes à se couvrir de poils et à prendre la structure des racines, disparition de la chlorophylle, réduction des feuilles, état rudimentaire des graines.

Pour N. Bernard les tubercules et les rhizomes seraient des caractères pathologiques arrivés à un haut degré de fixité, l'envahissement de la plantule ayant dû produire, comme réaction, l'établissement dans la plante d'un mode de croissance par épaississement (1).

Chez le *Calypso borealis*, on a observé, sur de vieux individus, la formation d'une griffe coralloïde, analogue à celle du *Corallorhiza* (2). L'apparition de cet organe montre l'effort de la plante en vue de suppléer à une assimilation insuffisante. La formation d'un organe à grande surface absorbante, fortement attaqué par les champignons, permet à la plante de trouver, grâce à l'intermédiaire de ceux-ci, un supplément important de nourriture.

Il existe des griffes coralloïdes chez des espèces appartenant à d'autres groupes et qui sont aussi attaquées par des champignons. Les prothalles des Lycopodes ou des Ophioglosses, envahis aussi dans la jeunesse, sont comparables à des plantules d'Orchidées. L'association intime avec des champignons paraît entraîner, suivant des lois constantes, certains types d'évolution (3).

Chez quelques Orchidées holosaprophytes (*Neottia, Epipogon*) la chlorophylle devenue inutile a presque disparu et les feuilles ont dégénéré en écailles. Les mycorhizes ont été, pour les espèces très envahies, une cause de dégénérescence.

RACINE

Comme nous l'avons vu, p. 37, dans la famille des Orchidées, le corps embryonnaire ne donne pas de racine terminale. Cette absence paraît due à l'envahissement du suspenseur par l'endophyte.

Des racines adventives se développent seules, sauf chez le *Corallorhiza* et l'*Epipogon aphyllum*, qui restent, durant toute leur vie, dépourvus de racines.

Van Tieghem et Douliot (4) ont étudié dans le rhizome ou dans la partie inférieure de la tige, la formation du réseau radicifère. Ce réseau est parfois localisé seulement aux nœuds où se développent les racines adventives. L'assise externe péricyclique donne l'arc rhizogène. Cet arc produit les trois régions de la racine et l'épistèle. Les cellules de l'endoderme situées en dehors de l'arc forment une poche digestive. Par l'accroissement des assises de l'écorce interne, la racine se trouve poussée vers le dehors tout en restant reliée, par son bois et son liber, au système conducteur de la tige ou du rhizome.

Van Tieghem et Douliot ont signalé la présence d'initiales distinctes pour l'épiderme, l'écorce et le cylindre central ; l'initiale de l'écorce étant souvent difficile à distinguer de celle de l'épiderme.

La racine présente deux types principaux de structure : l'un existe chez les *Cypripedium*, dans quelques genres d'Arétusées et de Néottiées ; l'autre dans toutes les Ophrydées. Ces types sont reliés par quelques intermédiaires.

Racine des Cypripédiées, Arétusées, Neottiées. — Dans les genres *Cypripedium, Cephalanthera, Epipactis*, la structure de la racine présente de grandes analogies.

L'assise pilifère développe des poils absorbants en quantité variable.

L'assise subéreuse a ses parois plus ou moins subérisées ou lignifiées et ses faces latérales et transverses plissées (5).

L'écorce est formée de cellules polygonales, laissant entre elles de petits méats. Les parois des cellules sont souvent munies d'épaississements en réseau étiré radialement surtout dans les couches ext. (6). L'écorce externe est formée de cellules assez petites, parfois allongées tangentiellement. L'écorce moyenne est constituée par des cellules assez grandes, souvent étirées radialement. Dans le cas le plus fréquent, ces deux régions, parfois peu distinctes, renferment des champignons à l'état de mycélium vivant dans les assises externes et de pelotons

1. Bernard (N.), *La culture des Orchidées dans ses rapports avec la symbiose*, Gand, 1908.
2. Lundstrom, *Einige Biol. über Calypso borealis* (Bot. Centr., XXXVIII, 1889, p. 697) ; Mac Dougal, *Symb. Supr.* (Annals of Bot., 1899, p. 1).
3. Bernard (N.), *L'évolution des plantes*, p. 281 (1916).
4. Van Tieghem et Douliot, *Rech. comp. sur l'origine des memb. endogènes dans les pl. vasc.*, 1889, p. 339.
5. Van Tieghem, *Un nouvel exemple de tissu plissé* (Journ. de Bot., 1891, p. 166).
6. Ces épaississements en réseaux nous ont paru plus développés dans les plantes des env. de Paris que dans celles du littoral méditerranéen.

de dégénérescence dans les assises sous-jacentes (pl. 113, f. 70). Çà et là se trouve une cellule renfermant un gros paquet de raphides. L'écorce interne est formée de 2-3 assises de petites cellules à section régulièrement polygonale. Elle est ordinairement riche en amidon. Dans certains cas, l'écorce entière, jusqu'à l'endoderme et sauf les cellules à raphides, renferme des mycorhizes. Dans les racines non attaquées, toute l'écorce contient de l'amidon. On observe souvent dans les méats de l'écorce des prolongements de la membrane en forme de filaments plus ou moins tortueux, dépourvus de cellulose, de nature pectique (1).

Chez le *Cephalanthera pallens*, nous avons observé la présence de cellules à parois épaisses et lignifiées dans l'assise sus-endodermique (pl. 113, f. 71 Sc.).

Les cellules endodermiques peuvent avoir leurs parois minces et un cadre de plissements subérisés ou s'épaissir et se lignifier sur toutes leurs faces ou, dans le cas le plus fréquent, s'épaissir et se lignifier vis-à-vis des pôles libériens en gardant des parois délicates et des cadres subérisés vis-à-vis des pôles ligneux (pl. 113, f. 71 ; pl. 114, f. 76).

Les pôles ligneux et libériens sont séparés de l'endoderme par une assise péricyclique continue ou interrompue. Les cellules de cette assise épaississent et lignifient parfois leurs parois, surtout près du liber.

Le nombre des pôles ligneux et libériens varie dans le même individu (pl. 112, f. 60-61). Les lames vasculaires forment, au centre de la racine, une sorte d'étoile. Les tubes criblés ont leurs cloisons transversales peu inclinées ou presque horizontales. Le liber est parfois totalement englobé dans les tissus lignifiés. Les fibres ont assez rarement des parois très épaisses.

Des genres *Cephalanthera* et *Epipactis* au stéréome très développé (pl. 113, f. 71-73, pl. 112, f. 56-62), on passe au genre *Listera* à peu près dépourvu de tissu de soutien. Du genre *Listera* à éléments vasculaires plus ou moins complètement fusionnés en étoile au centre de la racine (pl. 112, f. 52-54), on passe aux genres *Neottia* et *Goodyera*, (pl. 112, f. 51), dont les lames vasculaires ne se soudent plus ou se fusionnent deux à deux, autour de quelques cellules de parenchyme non différenciées.

Dans le genre *Limodorum* nous avons observé une structure très variable (pl. 113, f. 64-70). Les tissus de soutien sont extrêmement peu développés. Il existe souvent une moelle parenchymateuse (pl. 113, f. 67).

Tubercule des Spiranthes. — Les racines monostéliques, mais bien tubérisées des *Spiranthes*, presque dépourvues de tissu de soutien, avec leurs vaisseaux en petits groupes isolés (pl. 112, f. 48), et leur parenchyme médullaire très développé, rappellent un peu les racines des Ophrydées. Ces racines de *Spiranthes* ont une certaine ressemblance externe avec les tubercules des Ophrydées mais s'en distinguent en ce qu'elles sont monostéliques avec une très grande moelle et une écorce envahie par des mycorhizes (pl. 112, f. 47-49), comme les racines des Néottiées, mais à un degré moindre. Ces tubercules se rapprochent, quant à leur formation, des racines de Néottiées (voir p. 40). Leur assise pilifère, munie d'un réseau d'épaississements spiralés (pl. 112, f. 49 et 50) sert de réserve d'eau et ses cellules ont de grandes analogies avec celles du voile des Orchidées épiphytes. Les cellules à raphides et mucilages sont abondantes, surtout dans l'écorce. Ces bulbes peuvent ainsi mettre en réserve et conserver une grande quantité d'eau, ce qui permet à la plante de traverser de longues périodes de sécheresse.

Fibres radicales des Ophrydées. — L'assise pilifère porte des poils absorbants plus ou moins nombreux. L'assise subéreuse a souvent ses parois subérisées et ses faces latérales et transversales plissées. L'écorce est formée de cellules à parois minces. Elle renferme des endophytes, surtout dans les régions externe et moyenne (pl. 111, f. 4), de l'amidon et quelques cellules à raphides et à mucilages. Vers l'extérieur, les endophytes forment ordinairement des lacis de filaments vivants : les assises plus internes ne contiennent souvent que des pelotons de dégénérescence (pl. 112, f. 2). Au printemps, dans la partie supérieure des racines, souvent toutes les cellules de l'écorce, sauf les cellules à raphides, renferment un gros peloton de mycélium vivant (pl. 111, f. 4). Vers l'extrémité de la racine, les pelotons sont moins nombreux.

Les cellules à raphides sont souvent à peine plus grandes que les autres, le paquet de raphides est relativement gros. L'endoderme n'est pourvu que de cadres subérisés (pl. 111, f. 2, 3, 4). Le péricycle reste parenchymateux (pl. 111, f. 3) et est parfois interrompu (pl. 111, f. 10). Les lames vasculaires sont composées de vaisseaux souvent peu nombreux et sont en nombre assez variable. Il se forme fréquemment quelques vaisseaux de métaxylème alterne reliant les lames vasculaires ou sans contact avec le premier bois primaire (pl. 111, f. 9). Bien que certaines espèces paraissent toujours former du métaxylème, la présence de ces vaisseaux n'est pas absolument stable dans le même individu. Le parenchyme médullaire est abondant, formé de petites cellules à parois minces et laissant entre elles des méats. La structure de la racine est assez uniforme, dans les Ophrydées.

1. Naock, *Ueb. Schleimrank. in den Wurzelinerc. ein. Orch.* (Berichte d. deutsch. Bot. Gesells., X, 1892, p. 645.)

Tubercule des Ophrydées. — Le premier tubercule produit après la germination, par les Ophrydées indigènes, est une racine normale, à une seule stèle et légèrement renflée.

Chez certaines Ophrydées exotiques, comme dans les *Spiranthes*, cette structure se maintient monostélique, dans le tubercule, pendant toute la durée de la vie de la plante.

On donne toujours comme exemples d'Orchidées à tubercules monostéliques, les Ophrydées de l'Afrique méridionale, mais nous avons décrit,en 1908 (1), la structure des tubercules de *Spiranthes* comme ne contenant qu'un seul très grand cylindre central.

Les tubercules des Ophrydées indigènes sont formés d'une racine adventive polystélique, naissant sur un rameau ordinairement schizostélique.

La curieuse structure du tubercule des Ophrydées a donné lieu à diverses interprétations.

Irmisch (2) qui étudia cette structure l'un des premiers vit, dans les tubercules, plusieurs racines concrescentes.

Prillieux (3) pensa que chaque tubercule était formé d'une seule racine.

Pour De Bary (4), les tubercules sont des racines à faisceaux collatéraux munis chacun d'un endoderme propre.

Morot (5) montra que ces faisceaux étaient des stèles et en conclut qu'un bulbe était formé de la coalescence de plusieurs racines. Lorsque le bulbe est simple, la fusion serait complète, lorsqu'il est composé, la fusion serait incomplète.

Capeder (6) revient à l'interprétation de Prillieux. Le tubercule, pour lui, est formé d'une seule racine.

Holm (7), tout en admettant que la partie inférieure du tubercule des Ophrydées est formé de la soudure de plusieurs racines, constate que les racines adventives non tubérisées de certaines Ophrydées américaines contiennent plusieurs stèles.

White (8) admet, sans réserves, que les tubercules des Ophrydées sont des racines à structure polystélique.

Stojanow (9) et Nobécourt (10) se rattachèrent à l'opinion de White, généralement admise aujourd'hui.

Initiales. — D'après Nobécourt, les tissus des tubercules des Ophrydées proviennent du fonctionnement d'un point végétatif composé de trois initiales dont l'inférieure produit la coiffe,la médiane,un mince périblème, la plus interne, un épais plérome. Ce dernier, séparé du périblème par une assise de cellules très distincte,donne, par différenciation ultérieure, la masse parenchymateuse corticale, riche en amidon et mucilages et les stèles qui y sont plongées. Le périblème forme les quelques assises parenchymateuses périphériques non amylifères. C'est ainsi que les stèles, les endodermes qui les entourent et le parenchyme proviennent du fonctionnement du même groupe d'initiales.

Au début de la formation d'un tubercule, qu'il devienne par la suite entier ou palmé, il n'y a qu'un seul point végétatif, mais alors que dans les premiers cas, le point végétatif reste unique, dans le second, il arrive à se diviser, ce qui produit la formation des digitations. C'est ainsi qu'on a pu comparer les tubercules palmés des Ophrydées aux racines palmées des *Cycas* qui se forment par dichotomie ou trichotomie du méristème apical, sous l'influence d'algues symbiotiques. Les champignons endophytes des Ophrydées peuvent ne pas être étrangers à la division des tubercules.

Structure du tubercule. — Sous l'assise pilifère se trouve une autre assise de cellules à parois transversales et radiales munies de plissement subérisés.

Sous cette assise, on observe quelques rangs de cellules corticales peu grandes, non amylifères, contenant souvent de gros faisceaux de raphides qui remplissent presque la cavité cellulaire. De semblables cellules oxalifères se trouvent aussi au voisinage de l'endoderme (*Orchis Morio, Ophrys apifera, O. fuciflora,* etc.)

La partie centrale du tubercule est constituée par un parenchyme traversé par les stèles, parenchyme formé de petites cellules amylifères entourant d'énormes cellules à mucilage contenant un petit paquet de raphides, cellules dont nous étudierons plus loin la structure.

1. A. Camus in G. Cam. Berg. A. Cam. *Monogr. Orch. Eur.*, p. 42, 383 (1908).
2. Irmisch, *Beitrage sur Biol. u. Morph. der Orchideen.* 1853.
3. Prillieux, *Et. sur la nat. l'org. et la struct. du bulbe des Ophrydées* (Ann. Sc. nat. Bot. 1865, p. 265).
4. De Bary, *Vergleichende Anatomie* (1877).
5. Morot, *Note sur les prétendus faisceaux collatéraux de certaines racines et obs. sur le tubercule des Ophrydées* (Bull. Soc. bot. Fr., 1882, p. 155).
6. Capeder, *Beiträge zur Entwicklungsgeschichte einiger Orchideen* (Flora, 1898).
7. Holm, *Root-structure of North-Amer. terrestrial Orchideæ* (Amer. Journ. of Sc., XVIII, 1904).
8. White, *On polystely in roots of Orchidaceæ* (Univ. of Toronto Studies, Biological series, n° 6, 1907).
9. Stojanow, *Ueber die vegetative Fortpflanzung der Ophrydeen* (Flora, 1916).
10. Nobécourt (C. R. Ac. Sc., CLXX, 28 juin 1920, et Bull. Soc. bot. Fr., 1921, p. 63).

Dans les tubercules entiers montrant un début de flétrissure et à peu près vidés de leurs réserves, l'écorce commune a souvent tendance à se diviser en autant de parties qu'il y a de stèles (pl. 111, f. 6).

Les stèles sont ordinairement nombreuses dans les tubercules entiers et arrondis (*Orchis*, *Ophrys*, etc., pl. 111, f. 6).

Chaque stèle est entourée d'un endoderme différencié et présente la structure d'une fibre radicale isolée, mais avec des faisceaux moins nombreux et plus réduits.

Le nombre des faisceaux est d'autant plus réduit que le nombre des stèles est plus grand. D'ailleurs, ce nombre varie aux différents points du trajet de la stèle. Souvent une stèle est binaire à un niveau, puis un faisceau ligneux disparaît et les deux faisceaux libériens placés précédemment de part et d'autre se rapprochent et se fusionnent en un seul. La stèle un peu plus bas ne contient plus qu'un faisceau de chaque sorte.

Il n'existe parfois qu'un pôle libérien et qu'un pôle ligneux, d'où, ainsi que l'a fait observer Morot, l'attribution fausse de faisceaux collatéraux aux tubercules d'Ophrydées. Dans certains tubercules à stèles nombreuses (*Ophrys fuciflora*), nous n'avons observé qu'un seul vaisseau par stèle. Dans les tubercules oblongs (*Platanthera*) ou palmés (*Nigritella*), les stèles sont au contraire peu nombreuses et assez développées: elles ont alors 3-4, parfois 5-6 pôles ligneux ou libériens (pl. 111, f. 10).

Les stèles se bifurquent, s'anastomosent et se fusionnent dans la partie inférieure du tubercule.

Dans les tubercules palmés, il arrive parfois que les stèles se bifurquent, chaque rameau allant dans une digitation différente.

Dans les espèces à tubercules palmés, les tubercules produits pendant la première année de vie ne se divisent pas, gardant la forme d'une racine plus ou moins renflée (f. 3,3').Au bout de quelques années seulement apparaissent des tubercules à 2 ou 3 lobes.

Dans les divisions des tubercules palmés, il existe ordinairement, comme nous l'avons dit plus haut, un cercle de faisceaux à pôles ligneux plus nombreux que dans les tubercules simples. Les stèles se fusionnent de telle sorte que la partie basilaire de chaque digitation ne renferme qu'une stèle. Parfois, cette structure monostélique se retrouve dans une grande partie de la division, quand les lames vasculaires sont assez nombreuses (*Traunsteinera globosa*, f. 90). La structure rappelle alors beaucoup celle de la racine tubérisée des *Spiranthes*.

D'après Nobécourt, cette fusion s'opère avec réduction des faisceaux. Deux faisceaux ligneux appartenant à une stèle différente se confondent, deux des faisceaux libériens qui leur étaient adjacents dans ces stèles se confondent aussi. Dans la nouvelle stèle, le nombre des faisceaux, de chaque sorte, égale la somme, moins un, du nombre des faisceaux de la même sorte dans les deux anciennes stèles.

Les tubercules des Ophrydées ne sont pas envahis par les endophytes (voir p. 36). Il peut cependant exister des champignons dans les tubercules palmés, surtout dans la partie amincie des tubercules (*Platanthera*, *Coeloglossum*, etc).

Dans le *Coeloglossum viride*, par exemple, à l'extrémité des divisions du tubercule, les pelotons mycéliens sont abondants (pl. 111, f. 8), alors qu'ils sont rares plus haut. Nous avons observé la présence de mycorhizes, dans l'écorce, de grosses fibres radicales non divisées de *Nigritella* et renfermant 2 ou 3 stèles.

Une coiffe protège l'extrémité du jeune tubercule.

Cellules à raphides et à mucilages. — Les grosses cellules à mucilages et à raphides des tubercules d'Ophrydées atteignent 200-250 μ de diam. et le paquet de raphides ne dépasse pas 20-30 μ de longueur. Les cellules à mucilages et à raphides des racines de Néottiées et des racines simples des Ophrydées sont moins grandes et contiennent un paquet de raphides relativement plus gros.

Les grosses cellules à mucilages et à raphides ont été étudiées surtout par Mayer (1) et par Kohl (2). Dans leur jeunesse, les cellules ont ordinairement un noyau pariétal et contiennent un sac cytoplasmique interne renfermant les raphides et suspendu, non seulement par deux cordons protoplasmiques orientés suivant l'axe du faisceau de raphides, mais relié, de plus, au cytoplasme pariétal par des trabécules nombreuses de protoplasme (pl. 111, f. 13, 14). Les raphides sont pendant longtemps enveloppées d'une gaine de cytoplasme. Les vacuoles V sont toujours remplies de mucilage. Les cordons de protoplasme reliant la couche de protoplasme externe au sac de protoplasme renfermant les raphides sont d'abord relativement assez gros (pl. 111, f. 13). On voit, que par l'âge, la cellule se développe beaucoup, les vacuoles grandissent (pl. 111, f. 15), accroissant de plus en plus la distance entre le protoplasme pariétal et le sac interne, les trabécules s'amincissent, s'interrompant, ne se présentant plus bientôt que comme des rangées de points et disparaissant enfin plus ou moins. Le sac cytoplasmique interne semble flotter librement à l'intérieur d'une vacuole très développée et remplie de mucilages. Une mince couche de protoplasme pariétal revêt toujours la paroi cellulaire.

Les deux enveloppes protoplasmiques, celle qui forme le revêtement pariétal et celle qui entoure le paquet de raphides, ont une structure délicatement réticulée à leur surface de contact avec la vacuole (pl. 111, f. 16 et 17).

Par l'accroissement de la cellule, les mailles du réseau externe s'élargissent puis se rompent partiellement, les petites mailles se réunissent en plus grosses (pl. 111, f. 18). Le noyau déformé, plus ou moins aplati, est encore souvent accolé à ce réseau. Les deux réseaux sont reliés dans la masse mucilagineuse par de nombreux fils qui apparaissent à la surface du réseau en points brillants sur une préparation non colorée et en points plus foncés sur une préparation colorée. Par la croissance, ces trabécules se rompent, comme on l'a vu plus haut, et on ne les retrouve, dans la cellule âgée, qu'au voisinage des deux réseaux.

Le réseau du sac cytoplasmique renfermant les raphides est ordinairement à mailles bien plus petites que celles du protoplasme pariétal (pl. 111, f. 16, 17). On les aperçoit parfois, surtout dans la jeunesse, avec l'objectif d'immersion.

Les cellules à mucilages et à raphides contiennent de l'amidon dans leur jeunesse, cet amidon diminue au fur et à mesure que le mucilage augmente.

Les grains d'amidon, d'abord arrondis ou ellipsoïdes, changent de forme, ils deviennent souvent vermiculaires et se fusionnent plus ou moins ; ils ne se colorent alors plus en bleu par l'iode ou se teintent très faiblement et ne donnent pas non plus la réaction rouge-brun de l'amylo-dextrine. On observe parfois quelques grains déformés et plus ou moins transformés, libres dans la masse mucilagineuse (pl. 111, f. 19).

Les grosses cellules à mucilage sont rarement placées côte à côte mais elles sont fréquemment en files longitudinales.

Les mucilages cellulosiques des tubercules d'Orchidées ont été étudiées surtout par : FRANK (1), MAYER (2), MANGIN (3) et HUSEMANN (4).

Les propriétés caractéristiques de ces mucilages sont : gonflement lent dans l'eau, coagulation par un mélange d'acide chlorhydrique et d'alcool, insolubilité sans gonflement dans une solution d'oxalate d'ammoniaque. Ces mucilages ont les propriétés optiques de la cellulose et s'illuminent de teintes irisées sous les nicols croisés.

Les mucilages cellulosiques se colorent facilement par les colorants tetrazoïques de la cellulose, surtout après l'action de la potasse caustique, les uns agissant en bain acide : l'orseilline BB, le noir naphtol, etc.; les autres en bain alcalin : le rouge Congo, la benzopurpurine, la deltapurpurine, etc. La coralline colore le mucilage en rouge, la nigrosine en bleu ; ces colorations disparaissent lorsqu'on inclut les coupes dans la glycérine. Les réactifs iodés (acide phosphorique et iode, chlorure de calcium iodé, etc.) colorent le mucilage en jaune plus ou moins foncé. L'iodure de potassium iodé permet, d'après KOHL, d'étudier assez facilement les cellules à mucilage ; le réseau de plasma devient jaune, le noyau brun-jaune, les grains d'amidon normaux d'un bleu violet, le mucilage et la membrane restent à peu près incolores. Si, de plus, la coupe est colorée avec le violet d'Hoffmann, le noyau apparaît pourpre foncé, le réseau de plasma violet intense et les grains d'amidon d'un bleu violacé, le mucilage et la membrane restent incolores.

Rôle des mucilages. — Les mucilages paraissent jouer un rôle analogue à celui des matières amylacées, dans la nutrition de la plante. Vers le mois de mai, les vieux tubercules ne contiennent presque plus de mucilages et moins de raphides. Ces mucilages servent aussi comme réserves d'eau, ils aident à l'endosmose et facilitent beaucoup l'absorption.

Cellules amylifères. — Les petites cellules amylifères semblent combler les vides laissés par le réseau des grandes cellules à mucilage (pl. 111, f. 11-12). Les grains d'amidon arrondis ou plus ou moins allongés ont une stratification peu marquée et un hile rarement visible. Ils sont de taille variable mais, dans chaque espèce, paraissent ne pas dépasser une certaine longueur (pl. 112, f. 20-42). Ils sont parfois réunis en amas se désagrégeant facilement.

Formation et emploi des réserves des tubercules. — Comme nous l'avons dit plus haut, les tubercules nouveaux apparaissent, selon les espèces, de septembre à décembre. Ils croissent vite, accumulent des réserves et en mars-avril ont atteint leur taille définitive. En juin, les vieux tubercules sont flétris, les jeunes gorgés de réserves passent bientôt à l'état de vie ralentie et ne reprennent la vie active que vers l'automne pour produire

1. FRANK (A. B.), *Zur Kenntniss der Pflanzenschleime* (Erdemann, Journ. f. prakt. Chemie, 1865, Bd 95, p. 479).
2. MAYER, *l. c.*
3. MANGIN, *Sur un essai de classification des mucilages* (Bull. Soc. bot. Fr., 1894, p. XLIII).
4. HUSEMANN (A.) in Hilger und Husemann, *Pflanzenstoffe*, I, p. 424.

une rosette de feuilles. Durant l'hiver et le printemps suivant, la plante consomme le tubercule pour sa croissance. Il existe donc, pour un tubercule, deux périodes de vie active séparées par une période de vie ralentie. Par rapport au tubercule, la première phase de vie active est une période de formation et la deuxième une période de destruction. Pendant la formation du tubercule, les matières amylacées se constituent, les sucres, d'abord abondants, disparaissent. Pendant la phase de repos, le tubercule contient des amyloses. Au début de la dernière période active, il n'y a d'abord pas de changements importants dans la composition du tubercule, les sucres qui se forment étant immédiatement absorbés par les jeunes feuilles (1). Puis les substances amylacées diminuent, le sucre augmente, d'abord le saccharose, ensuite le glucose. La marche des transformations, dans cette période, est l'inverse de celle qui a lieu dans la période de formation. Durant la première phase, l'amidon se forme au détriment des sucres, à la période de repos les sucres manquent et, pendant la troisième phase, les matières amylacées sont digérées et amenées à l'état de saccharose, puis de glucose directement assimilé.

Les amyloses (amidon et mucilages) sont les substances de réserves hydrocarbonées du tubercule. Les sucres sont seulement des produits transitoires.

La proportion d'eau, d'abord considérable dans le jeune tubercule, diminue, passe par un minimum pendant la période de vie ralentie, puis augmente jusque vers la fin de la végétation. M. Leclerc du Sablon a noté un certain parallélisme entre les progrès de la digestion des réserves et la teneur en eau (2).

Rôle des tubercules. — Les tubercules contiennent d'abondantes réserves et de l'eau. Nous avons souvent vu des Orchidées sorties de terre, avec leurs tubercules, vivre sur leurs réserves pendant plusieurs semaines, développer même leurs fleurs et leurs fruits, pendant que leurs tubercules se flétrissaient. Des pieds de *Spiranthes autumnalis* vécurent ainsi deux mois. Dans cette espèce, on peut constater combien les tubercules servent à la plante pour résister à la sécheresse. En sol très sec, ils sont plus gros et plus nombreux qu'en sol humide. M. Mousley (3) a fait la même observation pour le *S. Romanzoffiana.*

Racine des Malaxidées. — Gœbel a montré qu'on avait attribué, à tort, l'existence d'un voile aux racines des *Microstylis, Liparis, Malaxis*. L'assise pilifère est simple, dépourvue d'ornements et prolongée en poils développés, mais l'écorce et les autres tissus ont une tendance marquée à prendre des épaississements réticulés et ponctués sur leurs parois longitudinales et transversales. La racine est très réduite mais très envahie et nous verrons plus loin que ces plantes possèdent un autre mode d'absorption très prompt et des rhizoïdes.

Émulsine. — Les racines d'Orchidées renferment de l'émulsine en plus grande quantité que les autres parties de la plante (4). L'émulsine existe presque toujours dans les tubercules, mais y est moins abondante que dans les fibres radicales.

Pédicule des Ophrydées.

Ce pédicule, parfois très court, parfois long de 6-8 cm. (quelques *Serapias, Orchis Champagneuxii*) a une origine assez complexe. Pour bien la comprendre, il est bon de rappeler que les tubercules naissent à la base d'un bourgeon placé à l'aisselle d'une des feuilles scarieuses de la base de la tige-mère. Dans les espèces à tubercules entiers, ce bourgeon est d'abord formé d'un rameau court portant deux feuilles emboîtées l'une dans l'autre. Le premier tubercule se forme dans les tissus du premier entre-nœud de ce rameau. Ensuite, il déchire les tissus qui le recouvrent, en formant une coléorhize, et la partie inférieure du premier entre-nœud, ainsi que la partie supérieure du deuxième, s'allongent en un pédicule creux reliant le tubercule à la tige-mère. Le bourgeon terminal est entraîné au fond de la cavité du pédicule.

Le pédicule résulte donc de la coalescence d'un rhizome avec une feuille et l'écorce de la racine. Il est recouvert par une assise pilifère qui fait suite à celle du tubercule et porte des poils souvent très longs. La partie externe, d'origine radiculaire, est formée de cellules à parois minces et renferme d'assez nombreuses cellules à mucilage et à raphides.

La structure du rameau est parfois monostélique, plus souvent schizostélique, chaque faisceau libéroligneux étant entouré d'un endoderme à plissements subérisés. Parfois, il y a tendance à la polystélie, deux ou plusieurs faisceaux se groupant dans le même endoderme. Le péricycle est à parois minces, les faisceaux libéroligneux à bois peu abondants, la moelle formée de petites cellules à parois minces.

Dans la partie supérieure du tubercule, à l'endroit où se détachent les stèles, les faisceaux libéroligneux se

1. Leclerc du Sablon, *Sur les tubercules des Orchidées* (C. R. Ac. Sc., 1897, p. 134).
2. Leclerc du Sablon, *Réserves hydrocarb. des bulbes et des tuberc.* (Rev. Gen. Bot., t. X, 1898, p. 353).
3. Mousley, *Further notes on the underground development of Spiranthes Romanzoffiana and S. cernua* (Orchid Rev., 1924, p. 296).
4. Guignard, *Quelques faits relatifs à l'hist. de l'émulsine* (C. R. Ac. Sc., 1905, p. 638).

groupent en un seul cercle, entouré d'un même endoderme. Il n'y a plus qu'une stèle unique autour de laquelle se trouve un tissu collenchymateux riche en amidon.

Dans le parenchyme de la feuille, il existe un faisceau libéroligneux, à bois interne, ordinairement entouré d'un endoderme bien caractérisé. Vers le point où les bords de la feuille se rattachent au rhizome, se trouve souvent, de chaque côté, un petit faisceau à endoderme très net dans la partie extra-libérienne. Le parenchyme de la feuille est souvent lacuneux près de la nervure médiane.

Dans les tubercules palmés, le pédicule très court est formé seulement par le premier entre-nœud du bourgeon. Sa structure est schizostélique (1).

RHIZOME

Rhizome des Ophrydées. — Dans les Ophrydées le rhizome paraît, au premier aspect, avoir une structure particulière. Cette apparence est due, ainsi qu'on vient de le voir, à la soudure très étendue des bords d'une feuille avec le rhizome.

L'épiderme est formé de petites cellules et porte souvent de longs poils.

Le rhizome a des cellules endodermiques à plissements subérisés, un péricycle non lignifié, des faisceaux libéroligneux à bois peu abondant et une moelle formée de petites cellules à parois minces.

Rhizome des Arétusées, Neottiées. — L'épiderme peut porter des poils.

L'écorce, bien plus développée que dans la tige, est formée de cellules très allongées longitudinalement, à parois un peu épaissies, surtout aux angles. Les parois transversales de ces cellules sont munies d'épaississement^s réticulés ou ponctués et sont parfois obliques. Ce tissu renferme beaucoup d'amidon, quelquefois des mucilages et rarement des endophytes (*Goodyera, Neottia, Limodorum*). L'endoderme est souvent caractérisé, il peut prendre un cadre de plissements subérisés ou épaissir ses parois et se lignifier.

Le péricycle peut-être parenchymateux ou lignifié. Le réseau radicifère est souvent localisé aux nœuds où naissent les racines adventives.

Les faisceaux libéroligneux sont souvent peu nombreux, plus rapprochés dans la partie située au-dessus des racines que dans toute la région où ces dernières prennent naissance. Le bois tend nettement à enclaver le liber, alors que dans la partie supérieure des mêmes faisceaux, la séparation entre ces deux régions est à peine incurvée. Parfois un peu de parenchyme ligneux sépare les vaisseaux annelés, rayés et ponctués.

Rhizome du Corallorhiza et de l'Epipogon. — L'épiderme porte des poils abondants. La tendance à la soudure du système conducteur qu'on observe dans les Néottiées, Arétusées, s'affirme dans les rhizomes de l'*Epipogon* et du *Corallorhiza.* La structure de ces rhizomes absorbants se rapproche de celle des racines. Les éléments du bois, dans l'*Epipogon*, ne comprennent guère que des cellules non lignifiées, à parois minces, à extrémités obliques. Dans le *Corallorhiza*, le bois est formé de trachéides à parois peu épaisses.

Présence de l'émulsine. — Le rhizome peut contenir de l'émulsine (*Goodyera repens, Epipactis latifolia, Listera ovata, Neottia Nidus-Avis*) (2).

POILS

Nous avons déjà montré dans un précédent travail (3) que la forme et la nature des poils, chez les Orchidées, pouvaient fournir des caractères extrêmement importants. L'étude de MOEBIUS (4) portant à peu près exclusivement sur les Orchidées exotiques, nous avons pu compléter les recherches de cet auteur par l'étude des groupes européens.

Les poils peuvent être unicellulaires, bien que très développés, ou pluricellulaires et alors tecteurs ou sécréteurs.

Les Cypripédiées européennes n'ont que des poils pluricellulaires sur la tige, les feuilles, la fleur (pl. 119, f. 274-284; pl. 121, f. 429-432). Ces poils sont les uns sécréteurs, à fonction sécrétrice faible, les autres tecteurs, à cellule terminale très atténuée à l'extrémité et robuste. On observe d'assez nombreux poils ramifiés sur le labelle. Il est à remarquer que presque toutes les formes de poils des Néottiées et des Arétusées se trouvent réunies dans le genre *Cypripedium*.

Les Néottiées et les Arétusées n'ont de poils pluricellulaires que sur les tiges, les feuilles, l'ovaire et les di-

1. NOBÉCOURT, *l. c.*
2. GUIGNARD, *l. c.*
3. G. CAMUS, BERGON, A. CAMUS, *Monogr. Orch. Eur.*, p. 13.
4. MOEBIUS, *U. d. anat. Bau d. Orchideenbl.* (Pringsh. Jahrb., XVIII, 1887, p. 530).

— 54 —

visions externes et latérales internes du périanthe (pl. 118, f. 191-220 ; pl. 119, f. 221-273), le labelle porte seulement des papilles ou des poils unicellulaires, parfois très développés (pl. 121, f. 423-428). Les poils pluricellulaires ont des formes très différentes et caractéristiques. Ils peuvent être simples (*Limodorum, Cephalanthera, Listera, Neottia, Goodyera, Spiranthes*) ou rameux (*Epipactis*). La cellule basilaire est ordinairement située au niveau des cellules épidermiques, elle est profondément enfoncée, dans le mésophylle du *Calypso*.

Dans toutes les Ophrydées que nous avons étudiées, les poils sont unicellulaires bien qu'atteignant parfois 1000-1500 μ. Les feuilles des plantes de cette tribu sont souvent, à tort, décrites comme glabres. Outre les protubérances épidermiques parfois très développées du bord des feuilles, l'épiderme supérieur d'un assez grand nombre d'Ophrydées porte vers la base du limbe, surtout près des nervures et dans les mêmes files longitudinales de cellules, de très longs poils unicellulaires, hyalins, assez rares, droits, courbés ou ascendants, à parois très minces (pl. 118, f. 182), ayant une certaine analagie avec les rhizoïdes des Malaxidées. Ces poils, d'abord remplis de sève et cylindriques, se dessèchent ensuite et se tortillent. Inmisch (1) avait signalé leur présence chez les *Orchis Simia, purpurea* et *militaris*. Non seulement nous avons constaté l'existence de ces poils dans les espèces précédentes, mais sur les feuilles d'un grand nombre d'autres Ophrydées (2). Dans le genre *Nigritella*, nous avons observé, sur les feuilles, des poils différents de ceux qui existent dans le genre *Orchis* (pl. 118, f. 183-186').

Nous avons noté avec soin, pour chaque espèce, la forme des papilles et des poils. Dans le genre *Serapias*, les poils à ramuscules du labelle sont caractéristiques et très propres à ce groupe. Nous avons observé ces poils dans les hybrides de *Serapias* et *d'Orchis*, mais moins développés, peu abondants et à gibbosités moins nombreuses.

Les poils pluricellulaires, très développés sur toute la plante dans le genre *Cypripedium*, font place, sur le labelle, à des poils unicellulaires, dans les Arétusées et les Néottiées. Les Ophrydées ne possèdent plus exclusivement que des poils unicellulaires.

TIGE

L'épiderme de la partie supérieure de la tige porte ordinairement des poils dans les Cypripédiées, Arétusées et Néottiées.

Vu de face, l'épiderme est formé de cellules allongées, atteignant 250-350 μ de longueur env., à paroi externe souvent striée (pl. 114, f. 84-91). Sur une section transversale, les cellules épidermiques sont petites et leur paroi externe souvent peu épaisse est plus ou moins cuticularisée.

Les stomates sont en nombre variable, souvent allongés et atteignant 60-80 μ de long. Ils sont moins hauts que l'épiderme et affleurent sa paroi externe.

Sous l'épiderme, se trouve une couche de parenchyme chlorophyllien formé de 2-8 assises de cellules ordinairement polygonales-arrondies sur une section transversale et plus ou moins allongées sur une section longitudinale, laissant entre elles des méats ou des canaux aérifères. Ce parenchyme contient parfois des cellules à raphides. A la décurrence de la nervure médiane et du bord des feuilles, cette zone parenchymateuse est souvent plus développée (f. 128, 167).

Sous ce parenchyme externe, on observe, vers le milieu de la tige, un anneau de tissu lignifié extra-fasciculaire plus ou moins développé. Cet anneau est assez rarement séparé du liber par quelques cellules demeurées parenchymateuses. Les cellules lignifiées, séparées par de petits méats, ont souvent leurs parois assez minces et ponctuées. Sur une section transversale, elles sont polygonales ou plus ou moins arrondies, ordinairement plus grandes dans les assises internes que dans les assises externes ; seules les cellules voisines du liber sont plus petites et parfois à parois plus épaisses. Rarement (*Epipactis, Neottia*) l'anneau lignifié est formé de fibres à parois très épaisses et nettement ponctuées.

Sur une section longitudinale les cellules lignifiées sont très allongées, à cloisons transversales plus ou moins obliques, parfois presque horizontales.

Faisceaux libéroligneux disposés en un cercle régulier à la partie moyenne de la tige. — La disposition des faisceaux est assez remarquable. Dans certains genres (*Serapias, Ophrys, Orchis,* etc.), à la base de la tige, les faisceaux libéroligneux sont disposés en cercles plus ou moins réguliers (f. 44, 127) et, au-dessus des feuilles principales, il ne subsiste plus qu'un cercle de faisceaux (f. 45, 128). Cette disposition, jointe à la présence d'un anneau lignifié extra-fasciculaire, rappelle un peu la structure d'une tige de Dicotylédone. Chez ces Orchidées

1. Inmisch, *Beobacht. an einheimisch. Orch.* (Fl., 1854, p. 513).
2. G. Cam. Berg. A. Cam., *l. c.*, p. 13,

à faisceaux non disséminés, lorsque les feuilles sont peu rapprochées, on observe immédiatement au-dessous d'un nœud, deux cercles de faisceaux libéroligneux. Les faisceaux du cercle externe pénètrent dans la feuille, les autres passent dans la partie supérieure de la tige (f. 200). De ce cercle partiront de nouveaux faisceaux qui se courberont à l'extérieur pour aller dans les feuilles supérieures. Les faisceaux se rendant aux feuilles demeurent parfois assez longtemps en dehors du cercle interne.

Faisceaux libéroligneux disséminés à la partie moyenne de la tige. — Dans les genres *Epipactis, Cephalanthera, Barlia, Loroglossum*, etc. les faisceaux sont disséminés, les extérieurs seuls paraissent quelquefois former un cercle plus ou moins régulier (f. 206, 210, 211, 217). FALKENBERG (1) a décrit la course oes faisceaux dans la tige du *Cephalanthera pallens* et de l'*Epipactis palustris*. Dans les genres précédents, les faisceaux suivent la même course que chez les Palmiers, pénétrant, à la base de la tige, jusque dans la partie centrale du conjonctif, puis se courbant vers la périphérie. Les faisceaux, très ressérrés à la base du rhizome, augmentent et deviennent disséminés dans la partie aérienne. Peu à peu les faisceaux récemment formés se dirigent simplement à l'extérieur, pour aller dans les feuilles, sans s'être recourbés vers l'extérieur dans la partie inférieure de leur trajet. Les faisceaux, dans la partie aérienne de la plante, pénètrent dans la tige à des profondeurs différentes (le médian vers le centre, les latéraux dans les parties moins profondes) et se soudent aux traces foliaires plus âgées, sans se recourber de nouveau vers l'extérieur. Sous l'insertion des feuilles il y a des anastomoses entre les faisceaux foliaires et ceux des feuilles voisines. Ces anastomoses existent parfois sur toute la longueur des entre-nœuds.

La section des faisceaux libéroligneux est triangulaire, ellipsoïde ou parfois arrondie. La limite entre les régions ligneuses et libériennes est souvent presque droite ou un peu incurvée. Dans la partie inférieure de la tige, le bois tend parfois à enclaver le liber. On observe souvent le commencement d'une activité cambiale (*Limodorum, Epipactis, Orchis*, etc.).

Le bois est surtout formé de vaisseaux rayés, annelés et spiralés séparés par du parenchyme ligneux non lignifié. Les éléments du bois sont peu différenciés dans le *Corallorhiza*. L'*Epipogon* est dépourvu de vaisseaux caractérisés, à parois lignifiées, sauf dans le pédoncule floral.

Les tubes criblés, souvent nombreux, sont à grande section (2). Leurs cloisons transversales sont à peu près horizontales (*Ophrys*) et rarement un peu obliques (*Limodorum*). Les cellules-compagnes ont un gros noyau, allongé, cylindrique, qui occupe parfois plus de la moitié de la longueur de la cellule. Les plaques calleuses sont assez développées. Le contenu des vacuoles libériennes est plus épais que dans beaucoup de Monocotylédones, l'alcool fait apparaître des amas de gelée au voisinage des cribles.

Lorsque les faisceaux sont disposés en un cercle vers le milieu de la tige, le liber est le plus souvent contigu à l'anneau lignifié, le parenchyme inter-fasciculaire ne se lignifiant ord. pas, les faisceaux libéroligneux sont assez rarement entourés de tissu sclérifié (pl. 115, f. 95,99).

Dans le cas de faisceaux disséminés, les faisceaux les plus externes sont bordés par l'anneau lignifié et les autres sont ord. munis d'une gaine plus ou moins complète de fibres et réunis par du parenchyme inter-fasciculaire. Les gaines peuvent arriver à se toucher, les faisceaux libéroligneux étant presque complètement immergés dans l'anneau sclérifié (f. 217).

Le parenchyme intra-fasciculaire est formé de cellules à parois minces laissant entre elles de petits méats, rarement des canaux aérifères. Il se résorbe souvent complètement. Certaines cellules renferment de l'amidon, d'autres des paquets de raphides. Ces cellules à raphides sont plus nombreuses à la base de la tige qu'à sa partie supérieure et souvent disposées en files longitudinales.

La différence entre la structure de la tige dans la partie inférieure et dans les parties moyenne ou supérieure est souvent assez grande (f. 198, 199, 200, 201). Chez les Ophrydées, dont les feuilles naissent en assez grand nombre vers la base de la tige, on observe, dans cette région, des cercles de faisceaux plus ou moins distincts. Parfois (*Serapias cordigera*), les faisceaux externes sortis de l'anneau lignifié sont entourés de fibres alors qu'ils en manquent plus haut, lorsque la feuille, dans laquelle ils vont, se détache de la tige (f. 44). A la base de la tige, le parenchyme contient parfois beaucoup d'amidon et de nombreuses cellules à raphides ord. assez grandes, surtout dans le cas où elles sont entourées de cellules amylifères. Cette disposition, que nous avons observée assez souvent, rappelle un peu ce qui existe dans les tubercules, mais le paquet de raphides est ordinairement plus gros (*Orchis Morio*).

L'anneau lignifié extra-fasciculaire qui existe toujours dans les parties moyenne et supérieure de la tige peut manquer complètement dans la partie inférieure (f. 199, 200).

1. FALKENBERG, *Vergl. An. u. d. Bau d. Veget. d. Monokot.*, 1876, p. 31.
2. LECOMTE, *Et. sur le liber des Angiosp.* (Ann. Sc. nat., Bot., s. 7, t. X, 1889, p.228).

Dans les espèces à rhizome développé (*Epipactis, Cephalanthera*), à l'extrême base de la tige, un peu au-dessus de la naissance des racines supérieures, les faisceaux libéroligneux, sont moins nombreux que dans le rhizome et vers la partie moyenne de la tige (f. 198, 216). Dans ces espèces, la base de la tige n'est pas feuillée.

Sphéro-cristaux de malophosphate de calcium. — Dans un travail précédent (1) nous avons fait connaître la formation d'abondants sphéro-cristaux de malophosphate de calcium, dans les tiges de *Limodorum* conservées dans l'alcool. Des fragments de tige à sections nombreuses (les plus belles cristallisations se trouvent surtout sur les surfaces de section) ayant été laissés dans l'alcool, contenaient, 6-8 semaines après, dans la parenchyme externe comme dans le parenchyme interne, d'abondants sphéro-cristaux aiguillés, atteignant environ 15-30 µ de diamètre et quelques sphéroïdes jaunâtres, amorphes, non encore recouverts d'une enveloppe cristalline (pl. 115, f. 94). On peut étudier plus facilement ces sphéro-cristaux dans le xylol que dans l'alcool. Le xylol les dissout lentement et laisse voir leur structure en les éclaircissant. Ils paraissent formés au centre d'une sphère amorphe, plus ou moins grosse, qui, contractée par le xylol, est assez distincte du manteau cristallin (pl. 115, f. 93). Le manteau cristallin est formé de très fines aiguilles. Ces sphéro-cristaux paraissent, au point de vue morphologique, semblables aux sphéro-cristaux de malophosphate de calcium et présentent aussi les mêmes réactions chimiques caractéristiques : solubilité très lente dans l'eau (au bout de 15 minutes seulement les aiguilles ont disparu), précipité abondant de fines aiguilles de gypse après l'action de l'acide sulfurique, gonflement et noircissement souvent médiocres dans la flamme, précipité jaune, abondant, de petits cristaux de phospho-molybdate d'ammonium, après l'action de la solution nitrique de molybdate d'ammonium. En plaçant une coupe de tige dans quelques gouttes de solution d'azotate d'argent et en chauffant, les sphéro-cristaux deviennent noirs à la surface. Une goutte d'acide azotique dissout complètement le manteau noir et il ne reste de chaque sphéro-cristal, qu'un sphéroïde amorphe qui finit par disparaître en laissant un résidu granuleux.

Emulsine. — La tige renferme souvent une petite quantité d'émulsine (2).

FEUILLE

La feuille atteint au plus 100-200 µ d'épaisseur dans les genres à feuilles coriaces (*Cypripedium, Cephalanthera, Epipactis* ; pl. 117, f. 174), tandis qu'elle dépasse 700-900 µ dans les genres à feuilles charnues (beaucoup d'Ophrydées.)

Epidermes. — Les cellules épidermiques, vues de face, sont très grandes, surtout dans les Ophrydées, où elles atteignent parfois 300-350 µ de long. Les cellules épidermiques des larges feuilles basilaires sont non ou peu allongées, celles des feuilles supérieures plus étroites, sont étirées parallèlement à la nervure médiane. Rarement (*Epipactis*), les cellules sont allongées perpendiculairement aux nervures principales et à l'ouverture stomatique (pl. 116, f. 156). Les parois des cellules de l'épiderme supérieur sont ordinairement rectilignes ou recticurvilignes, celles des cellules de l'épiderme inférieur recticurvilignes ou parfois ondulées.

Les cellules de l'épiderme supérieur sont rarement papilleuses. Les papilles sont alors souvent plus nettes vers les bords du limbe où les cellules sont plus petites (*Neotinæa intacta*, pl. 116, f. 147, 148).

Les épidermes des feuilles minces ne dépassent pas 15-30 µ de hauteur, ceux des feuilles charnues (Ophrydées) atteignent 100-150 µ, ils constituent de véritables tissus de réserve aquifère. Les cellules de l'épiderme supérieur sont ordinairement plus grandes et plus hautes que celles de l'épiderme inférieur.

La paroi externe est d'épaisseur variable, suivant les espèces, souvent striée perpendiculairement aux parois latérales (pl. 116, f. 146). La cuticule recouvre immédiatement une couche de cellulose pure. Les cellules épidermiques ont toujours de gros noyaux.

Les cellules épidermiques peuvent renfermer de la chlorophylle, soit à la face supérieure de la feuille (*Platanthera bifolia*), soit sur les deux faces (*Orchis maculata, Cephalanthera rubra*).

L'initiale devient directement la cellule-mère du stomate et les cellules voisines ne se segmentent pas, il y a absence de cellules annexes (pl. 116, f. 150, 152, 154). Dans les épidermes à cellules allongées, les stomates atteignent 50-60 µ de longueur ; dans les épidermes à cellules non ou peu allongées, ces organes sont ordinairement arrondis et de 20-40 µ de diam.

Sur une section transversale du limbe, les stomates sont bien moins hauts que les cellules épidermiques et affleurent la paroi externe de ces dernières (pl. 117, f. 163).

1. G. CAM., BERG., A. CAM., *l. c.,* p. 16.
2. GUIGNARD, *l. c.*

La répartition des stomates est à peu près stable dans chaque espèce, les feuilles considérées étant homologues. Le plus souvent les feuilles supérieures dressées et bractéiformes sont seules munies de stomates sur les deux faces. Ces organes existent parfois aussi sur la face supérieure des feuilles inférieures (*Orchis* de la sect. *Dactylorchis*). Dans ce cas, les stomates manquent fréquemment dans l'épiderme supérieur de la base des feuilles inférieures ou, s'ils y existent, ils sont plus rares dans cette région que vers la pointe.

Les épidermes foliaires peuvent porter des poils comme nous l'avons dit p. 53.

Les rhizoïdes des Malaxidées sont de longs poils unicellulaires, parfois un peu ramifiés, qui naissent en touffes à la partie inférieure des principales nervures des feuilles. Ces organes existent à la base des feuilles aériennes, comme sur le renflement bulbiforme de la tige, ils servent à l'absorption et contribuent à l'envahissement de la plante par les endophytes. Ces derniers pénètrent facilement par les rhizoïdes dans l'épiderme et de là dans les assises sous-jacentes.

Ainsi que nous l'avons fait connaître dans la précédente Monographie, les caractères donnés par la forme des cellules épidermiques du bord des feuilles sont stables et peuvent permettre de distinguer des espèces affines. La paroi externe des cellules du bord du limbe est parfois à peine bombée, parfois prolongée en dents de formes diverses (pl. 115, f. 100-117 ; pl. 116, f. 118-144).

Parenchyme. — Le parenchyme est homogène, ordinairement formé de cellules isodiamétriques ou ovales à grand axe horizontal, sans différenciation marquée de cellules palissadiques, les assises supérieures sont seulement de texture plus serrée et plus riches en chlorophylle que les inférieures. Lorsque les feuilles sont pliées, la face inférieure étant exposée à la lumière, son parenchyme est plus riche en chlorophylle et de texture plus serrée que celui de la face supérieure (*Serapias*). Dans les limbes minces, la différence est peu sensible entre les deux faces de la feuille.

Au bord des feuilles, le parenchyme est ordinairement chlorophyllien et les cellules ont leurs parois minces, rarement il se différencie du collenchyme.

De grandes cellules claires, ordinairement allongées parallèlement aux faces du limbe, et contenant un paquet de raphides entouré de mucilages, sont inégalement réparties dans le mésophylle, plus abondantes au voisinage des épidermes des bords et des tissus servant de réserve d'eau. Les mucilages existent non seulement dans les cellules spéciales mais aussi dans les cellules chlorophylliennes: Ils servent à emmagasiner l'eau dont la plante pourrait manquer pendant la sécheresse.

Les espèces européennes sont dépourvues d'hypoderme.

Dans les feuilles développées de la base de la tige, il existe de grandes différences de structure entre la partie basilaire blanche et les parties moyenne et supérieure vertes. Cette partie basilaire diffère par : la tendance à l'égalité d'épaisseur des épidermes supérieur et inférieur (pl. 118, f. 181), la rareté ou l'absence de stomates dans l'épiderme inférieur, l'absence de chlorophylle (f. 168), souvent, dans les feuilles âgées, la présence d'une grande lacune entre les nervures, la minceur des bords de la feuille, les deux épidermes arrivant parfois à se toucher, enfin, parfois, par la présence de nombreux grains d'amidon.

Dans les genres *Liparis, Microstylis, Malaxis* les feuilles inférieures entourant la base renflée des tiges présentent des caractères d'adaptation très curieux. Les cellules sont différenciées en cellules aquifères servant à mettre l'eau en réserve pendant la saison humide, pour alimenter la plante durant les périodes de sécheresse. Les feuilles, lorsqu'elles sont exondées depuis assez longtemps, sont sèches, blanches, d'aspect spongieux. Elles atteignent rapidement une grande épaisseur dès qu'elles sont mises en contact avec de l'eau. Leurs cellules affaissées, privées de liquide, se remplissent vite et conservent longtemps leur contenu. Des pieds de *Liparis*, de *Microstylis* et de *Malaxis* que nous avions retirés de l'eau depuis 10-15 jours avaient leurs feuilles inférieures et leurs bulbes remplis de liquide. Pour remplir le rôle de réservoirs d'eau, les cellules des épidermes et du parenchyme perdent tôt leur contenu vivant, les grains d'amidon disparaissent, les parois se munissent de nombreux épaississements lignifiés, réticulés ou spiralés, tout le limbe se trouve transformé en trachéides (pl. 117, f. 166, 167, 168, 170). Les parois sont ponctuées ou non et, d'après M. Goebel, le tapis végétal dans lequel poussent ces plantes ne serait pas sans relation avec la présence ou l'absence de ponctuations (1).

L'adaptation remarquable à la réception rapide et à la mise en réserve de l'eau que présentent les feuilles tégumentaires des bulbes de *Liparis, Microstylis* et *Malaxis* est parallèle à la formation du voile dans les Orchidées épiphytes. Il faut remarquer que, dans ces trois genres, la réduction extrême de la racine a été suppléée: 1° par la présence des feuilles tégumentaires du bulbe, de structure spéciale, dont il vient d'être question; 2° par

1. Gœbel, *Morphol. u. Biol. Bemerk. Zur Biol. d. Malaxideen* (Flora, 1901, p. 94).

la transformation en trachéides de beaucoup de cellules voisines des faisceaux libéroligneux du bulbe ; 3° à un degré moindre, par la présence de rhizoïdes sur les feuilles vertes et le renflement bulbiforme.

Nervures. — La structure des nervures nous a fourni des caractères systématiques très stables et concordant entièrement avec les autres affinités.

La nervure médiane des feuilles charnues a ordinairement une section concave-convexe, les nervures latérales ont une section à peu près plane. Les nervures des limbes minces sont presque toutes à section plan-convexe ou biconvexe.

Le faisceau libéroligneux est souvent situé à égale distance des deux épidermes, il peut être plus rapproché de l'épiderme supérieur ou de l'épiderme inférieur. Jamais nous n'avons observé de faisceaux superposés, comme il en existe dans certaines Orchidées exotiques. Entre les vaisseaux spiralés et ponctués se trouve parfois un peu de parenchyme ligneux. Les faisceaux libéroligneux peuvent être entourés de tissus chlorophylliens ou incolores, sans péridesme lignifié (Ophrydées sauf le genre *Aceras*). Même dans le cas où les nervures sont dépourvues de tissu de soutien, il peut exister quelques fibres lignifiées à l'extrême base de la feuille (*Platanthera*).

Le collenchyme apparaît assez rarement et à la partie inférieure de la nervure. Le sclérenchyme lignifié est parfois assez abondant (*Cypripedium, Epipactis, Cephalanthera* ; pl. 117, f. 175, pl. 118, f. 176, 179); il peut former une gaine complète au faisceau. Chez certaines espèces (*Cypripedium, Epipactis*) la partie supra-ligneuse de l'anneau sclérifié des grosses nervures est bien différente de la partie infra-libérienne (pl. 118, f. 177-178). Dans la première, les fibres sont à parois peu épaisses, alors que dans la seconde, elles sont jaunâtres et à parois très épaissies.

Il existe parfois de petits cylindres de silice dans les cellules très allongées parallèlement à la surface de la feuille, à parois plus ou moins épaisses, qui se trouvent entre les épidermes et le tissu fibreux. Ces cellules sont disposées en files, au-dessus et au-dessous du faisceau, parfois aussi latéralement (*Cypripedium Calceolus*),

Emulsine. — M. Guignard a signalé la présence d'émulsine dans les feuilles de quelques espèces (1). Ce ferment est assez abondant dans les *Epipactis*.

Loroglossine. — Comme nous l'avons déjà dit, Bourquelot et Bridel ayant appliqué la méthode biochimique de recherche des glucosides dédoublables par l'émulsine à 18 espèces d'Orchidées indigènes, conclurent que toutes contiennent un ou plusieurs de ces principes (2). En 1919, les mêmes auteurs isolèrent du *Loroglossum hircinum*, un glucoside cristallisé qu'ils appelèrent loroglossine (3).

M. Delauney, en 1920, en traitant l'*Orchis Simia* et l'*Ophrys aranifera* a obtenu un glucoside identifiable avec la loroglossine (4). En 1921, il reconnut l'existence du même glucoside dans le *Cephalanthera grandiflora*-l'*Ophrys apifera* et le *Platanthera bifolia* (5). Pendant l'hydrolyse du glucoside extrait de ces plantes, il y a séparation d'un produit rougeâtre, résinoïde.

Ecailles foliaires aériennes. — Nous avons pu étudier comparativement, sur le même individu, la structure des feuilles et celle des écailles aériennes de la base de la tige. Nos résultats sont en concordance avec ceux que M. Thomas (6) a obtenus dans d'autres familles. L'appareil vasculaire se réduit beaucoup (*Epipactis palustris, E. atrorubens* (pl. 118, f. 180). Le sclérenchyme lignifié manque autour des faisceaux, dans les *Epipactis*, il persiste ordinairement chez le *Cephalanthera rubra*. Les cellules du parenchyme sont bien plus grandes que dans les feuilles développées, à parois plus ou moins sinueuses ; elles laissent entre elles de très petits méats. Les cellules de l'épiderme sont grandes et ne se prolongent pas à l'extérieur vis-à-vis des nervures. Dans l'*Epipactis latifolia*, ces cellules forment pourtant une légère saillie, mais il est à remarquer que la feuille développée a des dents bien plus grandes que dans les autres espèces. L'épiderme inférieur a souvent sa paroi externe plus épaisse et plus cuticularisée que l'épiderme inférieur.

On peut conclure, par les caractères de l'appareil végétatif (formation de tubercules, développement des épidermes, formation de réservoirs d'eau), que la plupart des Orchidées sont des xérophytes ou sont au moins capables de supporter des périodes de sécheresse.

---

1. Guignard. *l. c.*
2. E. Bourquelot et Bridel, *Application de la méthode biochimique à l'étude de plusieurs espèces d'Orchidées indigènes* (Journ. Pharm. et Chim., 7ᵉ série, X, p. 14, 1914).
3. E. Bourquelot et Bridel, *Application de la méthode biochimique à l'étude de plusieurs espèces d'Orchidées indigènes, Découverte d'un glucoside nouveau, la Loroglossine* (Journ. Pharm. et Chim., 7ᵉ série, XX, 1919, p. 81).
4. Delauney, *Extraction des glucosides de deux Orchidées indigènes ; identification de ces glucosides avec la Loroglossine* (C. R. Ac. Sc. Paris, 1920, p. 435).
5. Delauney, *Nouvelles recherches concernant l'extraction des glucosides chez quelques Orchidées indigènes* (C. R. Ac. Sc. Paris, 1921, p. 471).
6. Thomas, *Anal. comp. et expérim. des feuilles souterr.* (Rev. gén. bot., 1900, p. 394).

HOMOLOGIE DES PIÈCES FLORALES. TRAJET DES FAISCEAUX DANS LA FLEUR

De toutes les Monocotylédones, les Orchidées ont les fleurs les plus complexes. La nature des diverses parties de la fleur a donné lieu à des interprétations très différentes. La réduction de l'androcée et sa coalescence avec le gynécée, le grand développement du labelle rendent le tracé d'un diagramme très difficile. Nous ne citerons ici que les principales hypothèses émises sur la valeur des pièces florales. Ces hypothèses ont été basées soit sur le développement de la fleur, soit sur le trajet des faisceaux libéroligneux, soit sur l'interprétation des cas tératologiques.

Brown (1) fit connaître les deux manières de voir différentes qu'il eut à ce sujet. Il attribua 6 pièces au périanthe. Dans la première hypothèse, il supposa l'existence de 2 verticilles de 3 étamines : une seule étamine du verticille externe étant fertile chez la plupart des Orchidées et 2 étamines du verticille interne étant seules fertiles chez les Cypripédiées, les autres étamines avortant. Dans la deuxième hypothèse, Brown n'admit l'existence que de 3 étamines plus ou moins développées.

Lestiboudois (2) admit l'existence de 6 sépales et de 6 étamines, une étamine du cycle externe et deux du cycle interne étant apparentes, les autres étant soudées au labelle.

Payer (3) conclut de l'étude du développement du *Calanthe veratrifolia* à la présence de 6 divisions au périanthe, de 6 étamines en 2 verticilles (5 étamines avortant) et de 3 mamelons carpellaires superposés aux divisions externes du périanthe (un seul mamelon s'allongeant en style).

Charles Darwin (4), s'appuyant sur l'étude du trajet des faisceaux dans la fleur, admit la présence de 2 verticilles de 3 divisions au périanthe, de 2 cercles de 3 étamines et de 3 styles. D'après l'hypothèse de ce savant, la fleur typique des Orchidées renferme 15 faisceaux disposés en 5 groupes alternes;

Fig. 22 : diagramme de la fleur des Ophrydées. — Fig. 23 : diagramme de la fleur des Cypripédiées.

a) 3 faisceaux allant aux divisions externes du périanthe ;

b) 3 faisceaux allant aux divisions internes du périanthe ;

c) 3 faisceaux dont l'inférieur parcourt le dos du gynostème (faisceau de l'étamine fertile des Ophrydées et du staminode des Cypripédiées) et les 2 latéraux forment les nervures latérales du labelle ;

d) 3 faisceaux représentant les étamines du verticille interne, les 2 inférieurs déviant souvent dans la division externe inférieure du périanthe et l'autre faisceau manquant dans toutes nos Orchidées européennes et dont la place est en avant du gynostème ;

e) 3 faisceaux allant aux stigmates.

Gérard (5) se basant aussi sur le trajet des faisceaux dans la fleur, mais rejetant les interprétations de Darwin, arriva à des conclusions différentes. Chez un grand nombre d'Orchidées (Ophrydées, Néottiées, etc.) il admit la présence d'un seul verticille d'étamines opposées aux pièces externes du périanthe, les 2 étamines latérales se rapprochant de la médiane fertile et s'atrophiant (staminodes) ; le labelle ne contenant pas les étamines, mais absorbant dans son développement la plus grande partie des substances nutritives destinées à ces staminodes. Pour le genre *Cypripedium*, Gérard admit la présence de 3 étamines dans la fleur typique ; l'étamine postérieure, stérile par excès de nutrition représentant seule le verticille externe, et les 2 étamines fertiles, le verticille interne.

M. Henslow (6) confirma l'opinion de Darwin après avoir étudié le trajet des faisceaux, dans la fleur de l'*Ophrys apifera*.

Masters Maxwell (7) se rattacha à l'opinion de Darwin. Puis (8), tout en admettant la présence de 2 verticilles d'étamines chez les *Cypripedium*, il fit observer que, dans ce genre, les faisceaux latéraux du labelle provenaient de la division tangentielle du faisceau médian.

Finet (9) décrivit 2 verticilles complets d'étamines dans le *Macodes petola* faisant observer que le dia-

1. Brown, *On the sexual org. in Orchideæ and Ascl.*, Lond. 1831.
2. Lestiboudois, *Obs. sur les Musacées, Scit. Cannées et les Orchid.* (An. Sc. nat. Bot., 2e s., t. XVII, p. 271).
3. Payer, *Organog. comp. de la fleur*. 1854-57, p. 665.
4. Ch. Darwin, *Notes on the fert. of Orchids* (Ann. and Mag. of nat. hist., 1869).
5. Gérard, *La fl. et le diagr. des Orchidées*, Th. Ec. Ph. Paris, 1879.
6. Henslow, *Vasc. syst. of fl. org.* (Journ. of the Linn. Soc., 1890-91, p. 193).
7. Masters Maxwell, *Vegetable teratology*, 1868, p. 380.
8. Masters Maxwell, *On the fl. conf. of Cypripedium* (Journ. of Linn. Soc., XXII, 1887, p. 402).
9. Finet, *Sur l'homol des org. et le mode prob. de fécond. de quelques fl. Orchid.* (Journ. de Bot., 1903, p. 205).

gramme de la fleur des Orchidées, tel que l'avait compris Darwin, se trouvait confirmé. L'existence d'une sixième étamine opposée au labelle était irréfutable.

Il restait à savoir si dans les Arétusées, Néottiées, Ophrydées, les staminodes appartenaient au verticille interne ou au même verticille que l'étamine fertile.

Dans un travail précédent (1) nous avons signalé un cas tératologique présenté par l'*Ophrys arachnitiformis* qui pouvait servir à l'interprétation de la fleur des Ophrydées. Cette plante portait 2 fleurs normales et 3 autres anomales. Ces dernières avaient 6 divisions périgonales en 2 verticilles, semblables à celles des autres fleurs et 3 étamines complètement développées. L'étamine médiane occupait la position qu'elle a toujours et les étamines latérales étaient opposées aux divisions latérales internes et non aux divisions périgonales externes. Les loges des anthères latérales, développées, renfermaient des masses polliniques à tétrades de taille normale, paraissant bien conformées, la surface de l'exine était seulement un peu plus lisse que dans les massules de l'étamine fertile.

Dans plusieurs cas tératologiques signalés antérieurement, la présence de plusieurs anthères n'était due qu'à la transformation d'une des pièces ou des deux pièces internes du périanthe en étamines et, ce qui rend le cas observé par nous particulièrement intéressant, c'est l'existence simultanée d'un périanthe normal et de 3 étamines parcourues par un faisceau libéroligneux. Si l'on admet que les 2 étamines avortées des Ophrydées font partie du même verticille que l'étamine développée et que leur position est due à une déviation vers la partie postérieure de la fleur, il est difficile de s'expliquer, dans le cas qui nous occupe, la situation des étamines latérales et leur développement complet alors que le labelle n'a pas varié. Si, typiquement, les 2 étamines latérales devaient être opposées aux divisions externes du périanthe, dans la plante de M. Raine où leur développement est complet, elles devraient avoir repris leur position et le labelle serait à peu près semblable, comme taille, aux autres divisions du périanthe. Les 2 étamines latérales bien conformées de cet *Ophrys* sont les homologues des 2 étamines fertiles des *Cypripedium* et appartiennent au verticille interne. D'autres cas ont d'ailleurs été signalés depuis dans lesquels les étamines latérales provenaient non de la transformation des pièces du périanthe qui étaient présentes mais du développement des staminodes.

Irmisch a signalé le cas d'une fleur d'*Epipogon ophyllum* à anthères latérales et faisceaux staminaux latéraux développés.

M. Maige (2) a observé une fleur d'*Ophrys tenthredinifera* présentant les 6 étamines typiques. Il résulte de ce qui précède que la fleur typique des Orchidées peut être considérée comme composée d'un périanthe à 6 divisions en 2 verticilles, de 6 étamines en 2 verticilles et d'un ovaire. Chez les Ophrydées, l'étamine médiane, toujours fertile, représente le verticille externe, et les 2 latérales (manquant normalement ou rudimentaires), le verticille interne. L'étude des faisceaux du gynostème du *Limodorum* nous amène à la même conclusion pour ce genre (3). Les 2 faisceaux libéroligneux, rudiments des étamines latérales, existent là parfaitement développés dans tout le long gynostène qui présente une saillie marquée vis-à-vis de ces faisceaux (pl. 122, f. 477-480). La présence très permanente de ces faisceaux, dans le *Limodorum*, explique les cas, relativement peu rares, dans lesquels les étamines se développent complètement.

Dans le genre *Cypripedium*, le verticille externe d'étamines est représenté par le gros staminode et, le verticille interne, par les 2 étamines fertiles.

Si le diagramme de Darwin nous paraît confirmé quant à la présence de 6 étamines dans la fleur typique, l'interprétation des faisceaux latéraux du labelle et des 2 faisceaux déviant des divisions internes postérieures dans la division externe postérieure, telle que l'a admise cet auteur, est erronée. Darwin n'a tenu aucun compte de la disposition radiale ou tangentielle des faisceaux, faits essentiels pour l'interprétation. Les faisceaux provenant des divisions antérieures latérales externes du périanthe et déviant dans le labelle peuvent être considérés comme représentant les 2 étamines du verticille externe, puisque ces faisceaux se sont disposés tangentiellement et non radialement par rapport au faisceau dont ils proviennent. D'autre part, ces faisceaux latéraux du labelle peuvent provenir de la trifurcation du faisceau médian du labelle, ainsi que l'a montré Masters pour les *Cypripedium*. Il en est de même du passage dans le casque des faisceaux opposés aux divisions latérales internes. Cette déviation d'une partie des faisceaux destinés à une pièce du périanthe dans une autre prenant un grand développement n'est pas un fait rare et propre aux Orchidées.

Dans une fleur normale d'Orchidée européenne on ne peut constater l'existence que des faisceaux suivants :

a) 3 faisceaux allant aux divisions externes du périanthe et provenant des valves non placentifères de l'ovaire ; les deux faisceaux situés près du labelle donnent souvent un rameau latéral qui dévie dans le labelle.

1. Camus, G., Bergon, Camus A., *Monographie des Orchidées d'Europe*, etc., p. 21.
2. Maige, *Note sur quelques cas térat. observés aux env. d'Alger* (Rev. Gén. Bot., 1909, p. 316).
3. G. Cam., Berg., A. Cam., *l. c.*, p. 22.

b) 3 faisceaux se rendant aux divisions internes du périanthe et provenant des valves placentifères de l'ovaire ; les deux sup. donnent parfois une ramification tangentielle qui va dans la division sup. externe.

c) 1 faisceau provenant de la valve non placentifère postérieure de l'ovaire et parcourant le dos du gynostème, c'est le faisceau de l'étamine fertile des Ophrydées et du staminode des *Cypripedium*.

d) 2 faisceaux existant seulement dans les genres *Limodorum* et *Cypripedium*. Dans le premier de ces genres, les faisceaux parcourent tout le long gynostème, mais les anthères ne se développent pas ; dans le second, les faisceaux et les anthères sont développés complètement.

e) 3 faisceaux provenant des valves placentifères et allant aux styles, les latéraux ayant parfois un trajet très court ou manquant chez les Ophrydées.

f) 3-6 faisceaux placentaires inverses, manquant souvent.

g) 3 faisceaux allant aux valves stériles.

Dans la partie inférieure de l'ovaire, on observe ordinairement un seul faisceau libéroligneux, dans chaque valve, accompagné souvent d'un ou de deux faisceaux placentaires, dans les valves fertiles. La disjonction des faisceaux n'a lieu que dans la partie supérieure de l'ovaire et suivant un plan incliné allant du casque au labelle. Les faisceaux stylaires se séparent un peu avant les faisceaux staminaux et parfois le faisceau de l'étamine fertile des Ophrydées et des Néottiées reste assez longtemps coalescent avec celui du rostellum. Les deux faisceaux des styles inférieurs disparaissent bien avant le faisceau du rostellum, surtout dans les Ophrydées dont l'ouverture du style est très oblique.

Faisceaux placentaires. — Quant aux faisceaux placentaires, leur présence, bien que n'étant pas générale, est moins rare qu'on ne l'a pensé. Ces faisceaux presque toujours rudimentaires, inverses, entièrement libériens ou à vaisseaux peu abondants (1-6 env.), sont méconnaissables dans les plantes sèches et ne peuvent être étudiés que sur des individus vivants ou conservés dans l'alcool. De plus, ces faisceaux ne sont pas toujours distincts dès la base de l'ovaire, ils manquent souvent vers le sommet et n'existent parfois que dans un ou deux placentas. Dans nos diagnoses, nous avons décrit les faisceaux au milieu de l'ovaire, niveau où les faisceaux placentaires sont à peu près à leur maximum de développement.

La présence des faisceaux placentaires est stable dans les espèces où ils sont ordinairement très développés, instable dans celles où ils ne sont jamais que rudimentaires. Il peut apparaître des faisceaux placentaires dans un individu très robuste, alors que les ovaires des plantes appartenant à la même espèce n'en possèdent ordinairement pas. Dans certains ovaires très développés d'hybrides, il peut y avoir des faisceaux placentaires, alors que l'ovaire des parents en est dépourvu, ce qui n'empêche ces hybrides d'avoir beaucoup d'ovules mal conformés.

Les faisceaux placentaires ne pénètrent pas jusqu'aux ovules, quelques cellules tendent pourtant parfois à s'allonger dans les masses placentaires. Nous avons même observé chez le *Serapias pseudocordigera* (f. 58, V) et l'*Ophrys apifera* des vaisseaux courts reliant les faisceaux placentaires assez développés à l'extrémité du placenta.

Faisceaux du gynostème. — Dans la plupart des Orchidées faisant l'objet de cette étude, presque toutes les Ophrydées, les genres *Listera, Epipactis, Cephalanthera*, etc., le gynostème renferme 4 faisceaux (pl. 122, f. 474-476) : 3 allant aux stigmates et le quatrième à l'étamine fertile. Dans les Ophrydées, comme il a été dit plus haut, les faisceaux allant aux styles latéraux disparaissent dès la partie inférieure du gynostème. Le gynostème ne renferme dans presque toute sa longueur que 2 faisceaux, l'un pour l'étamine fertile, l'autre pour le rostellum. Le faisceau staminal va se perdre dans le connectif (pl. 122, f. 450, 467, 470).

Nous avons observé 6 faisceaux dans le gynostème des genres *Calypso*, du *Malaxis*, du *Liparis*, du *Limodorum* (pl. 122, f. 477-478), et dans celui de certaines fleurs anomales ayant 3 étamines. Chez ces plantes, les faisceaux des deux étamines latérales sont très développés et occupent bien la place des faisceaux staminaux du cycle interne dont ils sont vraisemblablement le rudiment.

Dans le genre *Cypripedium*, le gynostème renferme aussi deux faisceaux staminaux latéraux fertiles allant aux étamines et un autre au staminode. Gérard a expliqué ainsi la formation de ce staminode : dans le genre *Cypripedium* la partie inférieure de la fleur reçoit un excès de nourriture, les étamines latérales sont assez nourries pour être fertiles et l'étamine inférieure fertile dans les autres tribus devient pétaloïde, stérile et très développée à cause de la surabondance d'alimentation. Dans les Ophrydées, Malaxidées, etc., les étamines latérales sont stériles par défaut d'alimentation, l'étamine fertile est seule suffisamment nourrie pour être fertile.

ANOMALIES FLORALES

Les anomalies florales sont fréquentes et varient souvent dans les fleurs de la même inflorescence. On peut grouper les cas principaux ainsi qu'il suit :

1° Il n'y a pas soudure entre plusieurs fleurs.

A. Trimérie apparente ou réelle.

a) Trimérie apparente. Il y a dédoublement d'une pièce du périanthe et soudure en une seule pièce (f. 24). Cas observé, par nous, dans l'*Oph. arachnitiformis* et figuré pl. 73, f. 7, et dans quelques *Orchis.*

b) Trimérie réelle.

α 3 pièces au périanthe. Cas observé, par nous, dans l'*Oph. Scolopax.* Les divisions ext. existent seules dans cette plante.

β 6 pièces au périanthe.

    × Tendance à l'actinomorphisme du périanthe.

        Ɛ Simplification des pièces (pélorie régulière) : les 3 divisions int. sont à peu près semblables, l'inf. moins large que dans les fleurs normales et sans éperon ou avec un éperon rudimentaire. Cas signalé dans le *Platanthera bifolia*, les *Orchis Morio, latifolia*, etc. (pl. 36, f. 9-10 ; pl. 131, fig. 2-4). La fleur peut alors ne pas être résupinée (1).

        Ɛ Ɛ Complication des pièces (pélorie régulière), la symétrie du périanthe par rapport à un axe est rétablie par le développement en pièces irrégulières des pièces ordt régulières ; les 3 divisions int. sont semblables au labelle (*Orchis Morio*) et même parfois munies d'un éperon (var. *tricalcarata* de plusieurs *Orchis* et *Platanthera* ; f. 25), ou lobées comme des labelles (*Ophrys fuciflora*) (2).

    × × Accentuation du zygomorphisme du périanthe, cas signalé dans les *Serap. Lingua* et *cordigera* (3). Les divisions lat. ext. du périanthe sont devenues semilabelliformes du côté voisin du labelle seulement. — Les divisions lat. ext. peuvent être complètement transformées en labelles (cas signalé chez l'*Ac. anthropoph.* par MASTERS et chez l'*Orchis Morio*, par PENZIG).

    × × × Tendance à l'actinomorphisme de l'androcée (peut s'ajouter à l'actinomorphisme du périanthe dans les cas précédents).

        Ɛ Développement plus ou moins complet du verticille ext. d'étamines, l'int. restant réduit aux staminodes, cas très rare (f. 26).

        Ɛ Ɛ Développement plus ou moins complet du verticille int. d'étamines, l'ext. étant ord. déjà développé (f. 27). Cas assez rare. La fleur peut alors avoir 6 étamines (cas signalé pour l'*Orch. militaris*, l'*Oph. tenthredinifera* (4)). Les étamines de la partie antérieure de la fleur sont ordt plus ou moins pétaloïdes et les autres sont soudées au gynostème.

    × × × × Développement d'étamines appartenant au verticille int., le verticille ext. étant réduit à l'étamine ordt. développée (f. 28). Il y a seulement développement des staminodes en étamines (pl. 73, f. 19). Cas signalé chez diverses Orchidées par MAGNUS (5) et par nous (6).

B. Modifications des cas précédents par absence, dédoublement ou soudure de pièces du périanthe (5 pièces, ou plus de 6 pièces).

a) Oligomérie (5 pièces au périanthe). Les cas de pentamérie, alors qu'il n'y a pas soudure entre 2 fleurs, sont dus à l'absence d'une pièce du périanthe ou à la soudure de 2 divisions. Ils pourront être rattachés aux cas de trimérie.

α Il y a soudure de 2 pièces du périanthe normal, des divisions latérales ext. par exemple (f. 29). Ces divisions sont alors placées sous le labelle. Cas relativement peu rare chez les *Ophrys* (pl. 82, f. 8-9). Cette soudure est analogue à celle qui existe dans le périanthe des *Cypripedium.*

β Une des pièces du verticille int. du périanthe manque, le labelle par exemple (f. 30). Cas relativement assez fréquent, signalé chez plusieurs *Ophrys*, chez les *Orchis*, etc.

Les deux cas précédents peuvent se trouver réunis dans la même fleur, le labelle manquant, par exemple,

---

1. Lorsque le labelle est semblable aux autres divisions lat. int. du périanthe ou manque, les étamines latérales apparaissent parfois. Ce fait ne prouve pas que les étamines soient dans les cas normaux fusionnées au labelle, il peut y avoir seulement là une corrélation dans le développement, une tendance à la régularité.

2. Cf. A. CAMUS, *Quelques anomalies florales chez les Orchidées* (Bull. Soc. bot. Fr., 1924, p. 90) et Godfery (Journ. of Bot., 1918, p. 95).

3. MOGGRIDGE, *Petalody of the sepals in Serapias* (Journ. Linn. Soc., XI, p. 490, 1871).

4. MAIGE, *Note sur quelques cas tératologiques observés aux env. d'Alger* (Rev. gén. Bot., 1909, p. 316).

5. MAGNUS (Sitzungber. d. Gesellsch. Nat. Freund. Berlin, 1878).

6. CAMUS G., BERGON, CAMUS A., *l. c.*

et les divisions lat. ext. se soudant et occupant sa place.

γ Le verticille int. du périanthe est encore plus rudimentaire (f. 31).

b) Pléiomerie (plus de 6 pièces au périanthe. Dédoublement d'une ou plusieurs pièces, du labelle par exemple

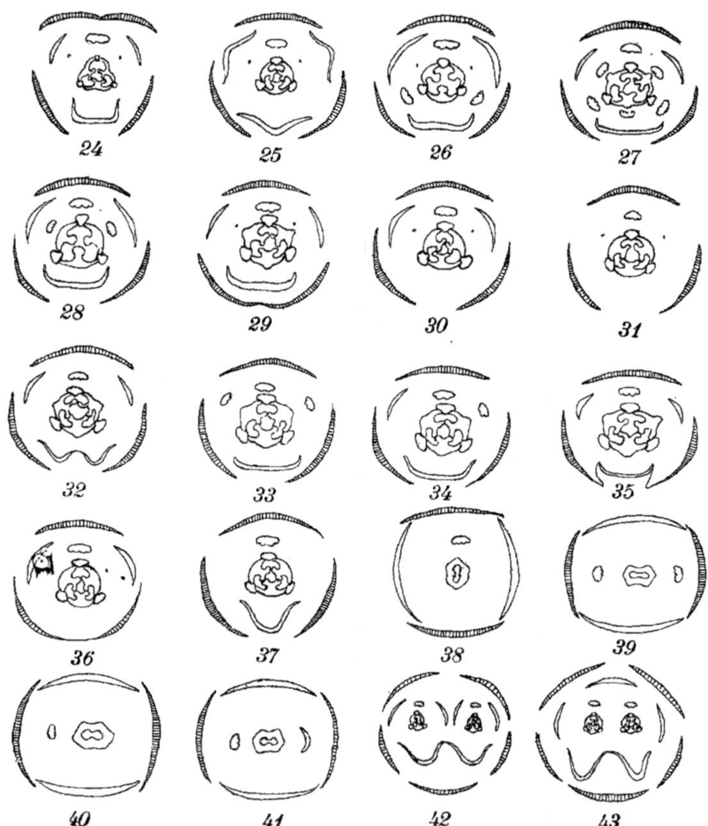

Fig. 24-43 : diagrammes de diverses anomalies florales.

(f. 32). Nous avons observé ce cas sur le *Limodorum*. Les fleurs présentaient chacune 2 éperons et 2 labelles développés.

C. Modifications des cas précédents par transformation d'organes. C'est le cas de certaines fleurs doubles.

a) Divisions ext. du périanthe transformées en divisions lat. int. Cas observé par nous dans l'*Ophrys Scolopax*.

b) Divisions lat. int. du périanthe transformées en étamines (f. 33, 34). Cas observé chez quelques Ophrydées. Nous avons figuré pl. 77, f. 14, une fleur d'*Ophrys atrata* présentant cette transformation.

c) Etamines et pistils transformés en organes pétaloïdes. Cas signalé chez l'*Orchis mascula* (1), l'*Ophrys tenthredinifera*, le *Cypripedium Calceolus* etc. Une anthère peut être ainsi substituée au rostellum (2) Les étamines peuvent les unes se développer en labelles, les autres être rudimentaires.

D. Dimérie (4 divisions au périanthe).

  a) Dimérie apparente.

    α Soudure de 3 des divisions du périanthe en une seule, des divisions lat. ext. et du labelle, par exemple. Cas observé par nous dans l'*Ophrys Scolopax* (f. 35).

    β Cas intermédiaire proche du cas B a α, dans lequel le labelle manquant, les divisions lat. ext. se soudent latéralement formant ainsi une sorte de labelle plus large que les autres divisions du périanthe, il y a ainsi, en apparence, 4 divisions du périanthe (f. 36). On reconnaît facilement l'origine de la pièce inf. à la nervation et à ce qu'elle est souvent munie de 2 pointes à l'extrémité. Il peut se dessiner à la base de ce faux labelle des sortes de dépressions en forme d'éperon. Cas observé chez l'*Orchis militaris*, l'*O. mascula*, l'*O. Morio*, le *Neottia Nidus-Avis* (3).

    γ Les divisions lat. int. ne se développent pas (f. 37). Cas observé chez l'*Orchis Morio*.

  b) Dimérie vraie.

    α Périanthe à 4 divisions semblables deux à deux, 1 étamine opposée aux divisions ext., 1 gynostème, ovaire à 2 valves placentifères et 2 valves non placentifères (f. 38). Cas observé, par nous, dans l'*Ophrys apifera* et figuré pl. 82 f. 4-7 ; signalé par Moggridge, dans l'*O. Bertolonii*.

    β Périanthe à 4 divisions, 2 étamines, 1-2 gynostèmes situés devant les divisions ext. du périanthe (f. 39). Cas signalé, par Ruppert, chez l'*Ophrys muscifera*, le *Cephalanthera pallens*.

  Les cas de dimérie, comme ceux de trimérie, peuvent présenter des réductions, des dédoublements (parfois une seule étamine se développe, f. 40) ou des transformations d'une étamine, par exemple, en une division pétaloïde (f. 41).

E. Tétramérie. Il a été signalé de rares cas où la fleur présentait 4 divisions ext. au périanthe, 4 divisions int. dont 2 en forme de labelle, 4 étamines plus ou moins développées et 1 ovaire à 4 placentas pariétaux (1). Comme dans les autres cas, certaines pièces du périanthe peuvent manquer, ou se dédoubler, ou se transformer.

2° Il y a soudure entre plusieurs fleurs (synanthie). La soudure de 2 fleurs est la plus fréquente, mais elle peut s'étendre à 3 ou 4 fleurs. Il se présente les cas suivants :

A. Toutes les pièces du périanthe existent.

B. Il y a réduction et coalescence des pièces du périanthe.

  a) Le verticille int. est hexamère, le verticille ext. pentamère (4) (f. 42). Cas observé par ZIMMERMANN, chez l'*Orchis purpurea* (5).

  b) Les verticilles int. et ext. sont pentamères (f. 43) (4). Cas signalé chez l'*Orchis mascula*, le *Platanthera chlorantha*, l'*Epipactis latifolia*, etc.

On observe accidentellement des épis floraux rameux. MASTERS (6) a signalé le cas d'une fleur d'*Anacamptis pyramidalis* dont tous les organes reproducteurs étaient remplacés par un petit épi.

TORSION DE LA FLEUR

Chez la plupart des Orchidées, la fleur est tordue sur elle-même. La torsion peut porter soit presque entièrement sur le pédicelle (*Epipactis, Neottia, Listera*), soit sur l'ovaire seul (beaucoup d'Ophrydées). Cette torsion est parfois très peu marquée (*Liparis, Goodyera, Ophrys*, etc.). La fleur fait un tour de 360° chez le *Microstylis*, le *Malaxis*, de sorte que tous les organes reprennent la position normale qu'ils occupent lorsque la fleur ne subit aucune torsion (*Epipogon*).

1. MASTERS MAXWELL, *On a Double-flowered Variety of Orchis mascula* (Journ. Linn. Soc. 1867, 9, p. 349 ; 8, p. 207).
2. MOGGRIDGE (Journal of Botany, IV, p. 168, t. 47, f. 1).
3. ZIMMERMANN, *Über minderzählige Endblüten und einige andere Abnormitäten bei Orchidaceenblüten* (Allg. Botan. Zeitschr., 1912).
4. Cf. LINNÆA, 1842, p. 389.
5. ZIMMERMANN, *Synanthische Pentamerien bei Orchidaceen* (Berichten über die Versammlungen des Bot. und des Zool. Ver. f. Rheinl.-Westfalen, 1911, p. 18).
6. MASTERS, *Vegetable teratology*, p. 380, 1868.

De nombreuses hypothèses ont été émises pour expliquer la torsion de la fleur. DARWIN l'a attribuée à une accommodation en vue de la fécondation. EICHLER a vu là un phénomène d'équilibre. Pour cet auteur, le labelle plus lourd que les autres divisions du périanthe, se dirigerait en bas, entraînant ainsi la torsion de l'ovaire ou du pédicelle, parfois des deux. Ces hypothèses ne paraissent guère satisfaisantes. Dans la seconde, il est difficile de concevoir que les fleurs sessiles, à ovaire tordu, des *Cephalanthera* aient le labelle dressé. Si le poids du labelle était la cause de la torsion, cette division du périanthe serait pendante. D'autre part, on ne peut admettre que, dans les genres *Herminium*, *Orchis*, *Neotinea*, le labelle, à peine plus lourd que les autres divisions du périanthe, puisse, à cause de cette différence de poids, entraîner la torsion de la fleur.

GÉRARD (1) a cherché à expliquer les faits d'une autre manière. Dans les fleurs résupinées, on observe que les régions externes de l'ovaire nourries par des faisceaux assez développés s'accroissent plus que les parties internes et pour que l'équilibre persiste, les tissus périphériques doivent se courber, la corde tendant leur arc égalera la longueur des régions internes. Si l'ovaire se développait également antérieurement et postérieurement il serait globuleux. Mais il n'en est pas ainsi. La région postérieure (avant le retournement) touchant au labelle, s'accroît moins longitudinalement et latéralement que la partie antérieure. Cette différence de croissance longitudinale se constate dans l'insertion des différentes pièces du périanthe. Les faisceaux destinés au labelle se séparent les premiers et le labelle lui-même s'insère plus bas que les autres divisions du périanthe. Les divisions externes latérales viennent ensuite, puis les deux divisions latérales internes et enfin le casque. Les valves antérieures de l'ovaire sont plus larges et plus fortes que les postérieures, à faisceaux plus développés. La tension est donc plus considérable antérieurement que postérieurement, la torsion a lieu, la partie antérieure, plus développée et plus tendue, s'avance vers la partie postérieure peu résistante. La torsion a lieu indifféremment vers la droite ou vers la gauche, suivant que la résistance est moindre d'un côté ou de l'autre.

Dans les espèces où la torsion de l'ovaire et le renversement de la fleur sont faibles ou nuls, les valves antérieures et postérieures sont à peu près également développées et les placentas ont un appareil vasculaire assez bien différencié (*Cypripedium*, *Serapias*, *Epipactis*, etc.). Après la fécondation, l'ovaire se développe beaucoup, les valves deviennent presque égales, la torsion disparaît peu à peu.

Lorsque l'ovaire est pédicellé, le pédicelle grêle se tordant plus facilement que l'ovaire, la torsion porte sur le pédicelle.

La torsion de l'ovaire est un caractère souvent employé pour la classification. Il varie un peu et paraît en rapport avec une fonction biologique, la position nécessaire de la fleur pour la fécondation par les insectes (2).

La disposition des fleurs est variable dans une même espèce. Les cycles les plus fréquents sont : 2/5, 3/8, 5/13.

PÉRIANTHE

Divisions externes. — Les deux épidermes sont formés de cellules à parois ondulées ou recticurvilignes (pl. 120, f. 316, 333). La cuticule est souvent munie de stries, rayonnant autour des stomates, perpendiculaires aux parois (pl. 120, f. 314), ou de stries paraissant s'anastomoser au centre de chaque cellule (pl. 120, f. 300). Les stomates peuvent exister sur les deux faces et y être abondants (*Platanthera*), ou sur une seule face, ou manquer complètement ; leur présence n'est pas absolument stable dans la même espèce. L'épiderme interne se prolonge rarement en papilles unicellulaires (quelques *Ophrys*, pl. 121, f. 403), parfois l'ext. porte des poils pluricellulaires (*Epipactis*, *Goodyera*, *Spiranthes*, etc.)

Le parenchyme souvent chlorophyllien renferme des paquets de raphides assez abondants.

Des cristalloïdes existent très fréquemment dans les divisions du périanthe.

Divisions latérales internes. — Les divisions latérales internes sont ordinairement minces. Elles sont cependant plus épaisses que les divisions externes dans beaucoup de *Serapias* et d'*Ophrys*.

La structure de ces divisions du périanthe ressemble, dans beaucoup d'espèces, à celle des divisions externes, mais les stomates y sont plus rares, ils manquent même le plus souvent sur la face interne. Les poils unicellulaires sont parfois très développés. Ils peuvent ressembler à ceux du labelle et atteindre 200-250 μ (*Ophrys*). La cuticule des épidermes est dépourvue de stries ou moins striée que celle des divisions externes.

Labelle. — L'épaisseur du labelle est très variable. Dans le genre *Ophrys*, elle atteint souvent 1000 μ (*O-fuciflora*). L'étude des épidermes, de leurs poils, de leurs papilles nous a fourni de bons caractères systématiques.

1. GÉRARD, *l. c.*
2. GODFERY, *Is the twisting of the ovary in Orchids a satisfactory character for systematic differentiation* (Orchid Rev. 1922, p. 3).

L'épiderme supérieur est ordinairement formé de cellules à parois recticurvilignes, très minces. Il nous a toujours paru dépourvu de stomates. Cet épiderme se prolonge ordinairement vers la partie médiane du labelle en poils ou papilles de formes caractéristiques, que nous décrirons pour chaque espèce.

L'épiderme inférieur, formé de cellules à parois recticurvilignes ou ondulées et très minces, est rarement papilleux, mais parfois muni de stomates.

Les épidermes des labelles, dépourvus de papilles, ont ordinairement leur paroi externe un peu plus épaisse.

Sur une section transversale, la plupart des labelles se montrent formés de deux épidermes à paroi externe très mince et d'un parenchyme un peu lâche constitué par des cellules de forme polygonale irrégulière. Çà et là se trouvent quelques cellules à raphides, ordinairement plus grandes que les cellules voisines. Le labelle contient souvent de la chlorophylle, surtout vers les bords et vers la face supérieure. Certaines cellules de parenchyme renferment souvent de l'anthocyane, comme les cellules épidermiques. Des faisceaux libéroligneux, peu développés, à bois extrêmement réduit, parcourent le labelle. Ces faisceaux sont souvent au nombre de 3. Les nervures peuvent ne pas être saillantes extérieurement ou, le parenchyme s'hypertrophiant vis-à-vis des faisceaux, elles peuvent former des crêtes plus ou moins marquées. Les faisceaux sont ordinairement plus rapprochés de la face externe que de la face interne du labelle.

Lorsque le labelle est muni d'une articulation, il s'amincit beaucoup à cet endroit, le parenchyme des nervures n'y est pas hypertrophié, les cellules, à parois extrêmement délicates, sont très lâchement unies. Cette flexible charnière peut se plier sous le poids du moindre insecte.

Lorsque le labelle est muni d'un appendice terminal, la structure de celui-ci est assez semblable à celle des autres parties du labelle, les cellules épidermiques sont à parois à peu près rectilignes, les papilles manquent et les cellules à raphides sont très abondantes, surtout vers la face inférieure (f. 152). Le parenchyme est formé de cellules plus ou moins arrondies contenant peu de chlorophylle.

Éperon. — Dans un grand nombre de genres, le labelle possède une expansion nectarifère en forme d'éperon.

L'épiderme interne de l'éperon est papilleux, alors que les cellules de l'épiderme externe se prolongent rarement en papilles. Dans certaines espèces, les deux épidermes sont dépourvus de papilles (*Orchis papilionacea*, *Limodorum abortivum*).

L'éperon présente deux types principaux. Dans l'un, les réserves sucrées sont souvent assez abondantes dans les deux épidermes, comme d'ailleurs dans toute la fleur, mais il n'y a pas émission de liquide sucré à l'intérieur de l'éperon, c'est le cas de la plupart des *Orchis*, de l'*Anacamptis pyramidalis*, etc.

SPRENGEL (1) fut, le premier, frappé par l'apparence de plante à nectar que présente l'*Orchis latifolia*, bien que les fleurs n'émettent pas de liquide sucré. Ch. DARWIN (2) émit l'hypothèse que les insectes percent la paroi de l'éperon des *Orchis*, pour absorber le nectar. Cet éperon serait un cas de dégénérescence organique, il aurait été autrefois mellifère et ne le serait plus que dans quelques espèces ; chez les autres, il n'y a jamais émission de nectar.

Dans l'autre type, il y a émission de nectar à l'intérieur de l'éperon. L'épiderme externe à une paroi ext. assez mince et très cuticularisée et l'épiderme int., une paroi ext. très mince, non ou peu cuticularisée. Ces épidermes se trouvent séparés par 3-7 assises de cellules polygonales, à petits méats et à parois délicates (pl. 121 f. 418-425). Ce parenchyme est traversé par des faisceaux assez développés, à bois réduit. Le parenchyme des nervures s'hypertrophie parfois beaucoup à l'intérieur de l'éperon. Dans le *Barlia*, ce parenchyme hypertrophié forme une espèce de nectaire, vers le sommet de l'éperon (f. 84). L'épaisseur des parois de l'éperon peut atteindre, dans ce type, 250-400 µ. L'émission de sucre est ord. abondante, surtout avant l'anthèse. Comme nous l'avons déjà fait remarquer, il y a dans le *Loroglossum*, une grande différence entre la quantité de liquide sucré contenu dans l'éperon avant et après l'anthèse (3).

DARWIN avait observé l'émission de nectar dans le *Gymnadenia conopea*, le *Bicchia albida*, les *Platanthera bifolia* et *chlorantha* et dans le *Coeloglossum viride*. Nous avons signalé le même phénomène dans plusieurs autres genres et espèces : *Orchis coriophora*, *Nigritella angustifolia*, *Limodorum abortivum*, *Loroglossum hircinum*, etc.

Huile essentielle. — Nous avons constaté la présence de globules d'huile essentielle dans la fleur d'un très grand nombre d'espèces, non seulement dans les épidermes de l'éperon et le parenchyme sous-jacent, mais dans les épidermes et cellules du parenchyme du labelle, et en quantité ordinairement moindre, dans les autres divisions du périanthe.

---

1. SPRENGEL, *Entdecktes Geheimnis.*, p. 3-4.
2. DARWIN (Ch.), *l. c.*
3. CAMUS, G., BERGON, CAMUS A., *Monographie des Orchidées d'Europe*, p. 26.

Dans les divisions externes et latérales internes, les globules d'essence existent surtout vers les bords, dans les cellules épidermiques, dans le parenchyme et souvent même à la partie externe de la nervure médiane, dans les individus dont les tissus sont gorgés de sucs.

Les fleurs sont odorantes chez beaucoup d'espèces, au moins à un certain moment. Nous avons constaté (1) qu'il existe de l'huile essentielle (pl. 121, f. 381, 398 et 403) et qu'il y a émission variable de parfums même dans certaines fleurs de *Serapias*, d'*Ophrys* à labelle brun (*O. arachnitiformis, atrata, Bertolonii*, etc.), ordinairement considérées comme inodores. Chez ces plantes, l'huile essentielle existe, à la floraison, en petite quantité dans le périanthe.

Les fleurs de plantes très voisines émettent parfois une odeur très différente (*O. coriophora, O. fragrans*). Il y a, chez presque toutes les Orchidées, une périodicité dans le dégagement des odeurs, certaines espèces sont cependant plus sensibles aux variations de la pression osmotique, quelques-unes n'émettent un parfum sensible que le soir ou le matin, parfois pendant la nuit.

La quantité d'huile essentielle contenue dans les tissus ne paraît pas toujours en proportion avec l'intensité du parfum. Les espèces les plus odorantes (*Nigritella, Gymnadenia, Platanthera, Loroglossum, Orchis coriophora, Spiranthes*) paraissent être celles chez lesquelles il y a émission de nectar. L'*Orchis tridentata* qui n'émet que peu de parfum renferme, à la floraison, une assez grande quantité d'huile essentielle dans sa fleur, bien qu'il n'y ait pas, dans cette espèce, émission de nectar dans l'éperon.

Amidon. — Il existe parfois de l'amidon en quantité assez grande dans le labelle (pl. 121, f. 419-419') et, à un degré moindre, dans les autres divisions du périanthe.

Sucres. — Toutes les divisions du périanthe, principalement le labelle et l'éperon, renferment des sucres. Il y a parfois émission de nectar à l'intérieur de l'éperon (voir plus haut) et vers la partie supérieure du labelle, (*Epipactis, Listera*, etc.). Dans le genre *Serapias*, la partie supérieure charnue du labelle est très riche en sucres. Les divisions latérales internes contiennent souvent plus de réserves sucrées que les divisions externes (*Serapias cordigera*). La base des divisions internes est aussi plus riche en sucres que le sommet. Ces différences sont surtout marquées dans les fleurs un peu jeunes. Le labelle des *Ophrys* est aussi riche en réserves sucrées.

ÉTAMINE

Dans beaucoup de nos Orchidées européennes, la partie supérieure de l'étamine se différencie tôt de la partie inférieure, la première donnant seule de nombreux grains de pollen, la seconde ne servant qu'à la fixation et au transport des pollinies.

Dans les travaux de MOHL (2), REICHENBACH (3), HOFMEISTER (4) et WOLF (5) se trouvent des observations intéressantes sur le pollen des Orchidées. M. GUIGNARD (6) a fait connaître la formation et le développement de ce pollen.

Dans les Ophrydées, chez les *Orchis maculata, mascula* ou *palustris*, par exemple, lorsque le connectif s'esquisse à peine dans le jeune bouton, on observe 2 assises sous-épidermiques paraissant provenir d'une même assise primordiale. A un stade plus avancé, les cellules de la deuxième assise se sont développées et on remarque, sur une section transversale, une couche de 5-6 cellules qui sont les cellules-mères primordiales du pollen.

L'assise sous-épidermique prend une cloison tangentielle et se cloisonne radialement au fur et à mesure du développement de l'anthère.

Les divisions des cellules-mères primordiales ont lieu suivant des plans rectangulaires et sont plus abondantes vers le milieu de l'anthère que vers les bords. L'ensemble des cellules provenant d'une même cellule-mère primordiale, toujours reconnaissable à la direction des cloisons, forme une massule. Les parois de chaque massule s'épaississent tôt et deviennent réfringentes. Les cellules issues de la division des cellules-mères primordiales constituent les cellules-mères secondaires. Ces dernières s'accroissent et possèdent un gros noyau.

La deuxième assise des parois de l'anthère prend une cloison tangentielle et se différencie peu.

A l'encontre de ce qui existe dans les autres Monocotylédones, à la division des cellules-mères secondaires, il ne se forme pas de plaque transitoire et, rarement une ligne granuleuse apparaît avant la formation des fuseaux

1. CAMUS A., *Sur le parfum dégagé par les fleurs de Serapias et d'Ophrys* (Bull. bi-mens. Soc. Linn. Lyon, 1926, p. 125.
2. MOHL, *Beitr. z. Anat. d. Gew.*, Berne, 1834.
3. REICHENBACH, *De pollinis Orchidearum*, 1852.
4. HOFMEISTER, *Neue Beitr. z. Kennt. d. Embry. d. Phan.*, 1866.
5. WOLF, *Beitr. z. Ent. Orchid. Blüthe* (Prings. Jahrb., IV, 1865, p. 261).
6. GUIGNARD, *Rech. sur le dévelop. de l'anthère et du pollen chez les Orch.* (Ann. Sc. nat., Bot., s. 6, t. XIV, 1881, p. 26).

secondaires et la nouvelle segmentation des noyaux. Les noyaux secondaires se divisent et, à l'équateur de chaque tonneau, se forment de nombreux filaments connectifs et un rudiment de plaque cellulaire. Les lignes granuleuses vont rejoindre les parois de la cellule-mère secondaire et délimitent les quatre grains de pollen. Les membranes séparant les quatre grains de pollen restent longtemps délicates. Tous ces stades de développement sont simultanés dans la même massule, mais varient dans les massules de la même loge d'anthère.

La partie externe de l'épaisse paroi des massules se gonfle et se dissout, la partie interne revêt les tétrades à la surface des massules. Cette partie interne se cutilarise extérieurement, prend parfois un réseau de bâtonnets très net (*Orchis purpurea, O. Simia, O. militaris*), elle constitue l'exine (pl. 122, f. 435). L'exine, bien développée à la surface des massules, s'amincit considérablement à la périphérie des tétrades internes et manque complètement dans certains cas. C'est pourquoi, dans beaucoup d'Ophrydées, les tétrades de la surface des massules sont rugueuses et celles de la région centrale, dépourvues d'exine, ont leur surface sans ornements. Les tétrades internes n'étant au contact de l'air qu'au moment de la germination sur le stigmate, le rôle de protection de l'exine devient inutile.

L'intine est formée de composés pectiques et possède une mince bordure de cellulose, dans sa partie interne, aussi la lamelle moyenne formant les cloisons de séparation des cellules d'une tétrade est-elle dépourvue de cellulose (1).

Dans les Ophrydées et le genre *Goodyera*, les pollinies se séparent en massules issues d'une même cellule-mère primordiale.

Si nous enlevons donc une pollinie de l'anthère d'une Ophrydée et que nous l'examinions à un médiocre grossissement, nous voyons qu'elle est formée d'un nombre variable de massules presque coupées à angle droit, souvent en forme de poire. Ces massules sont reliées entre elles par un réseau visqueux présentant des analogies avec la substance visqueuse du caudicule.

A un plus fort grossissement, on voit que les massules sont formées de cellules polliniques aplaties, polygonales, densément serrées les unes contre les autres, groupées en tétrades. A la surface des massules, l'exine est munie d'un réseau de bâtonnets assez net. Les tétrades internes des massules sont ordinairement sans ornements.

Lorsqu'on met une pollinie de *Gymnadenia*, par exemple, dans l'acide sulfurique concentré, chaque massule se colore en brun et l'exine montre .son réseau. Les filaments situés entre les massules disparaissent. Le caudicule se décolore et montre sa structure cellulaire. Le rétinacle se colore en rouge brun. Sous l'action plus prolongée de l'acide sulfurique, les caudicules deviennent rouge brun, le contenu des massules, rouge brique.

Les Malaxidées ont leurs grains de pollen réunis en une masse, les tétrades sont agglutinées par une substance liquide provenant de la gélification des parois des cellules-mères et qui en se desséchant donne aux pollinies l'aspect de masses translucides, fermes, presque homogènes.

Les cellules-mères des Néottiées (sauf le genre *Goodyera*), des Arétusées, des Cypripédiées forment une masse homogène.

Dans les Néottiées (sauf le genre *Goodyera*), le développement des grains de pollen suit les mêmes phases principales que chez les Ophrydées, mais les grains se séparent par tétrades. L'exine est ordinairement très épaisse à la surface de chaque tétrade, sa couche externe nettement réticulée ou alvéolée n'existe qu'à la périphérie de chaque tétrade, la couche interne délimite chaque grain à l'intérieur de la tétrade. Dans les tétrades bien sèches, chaque grain prend souvent un pli.

Dans les Arétusées et les Cypripédiées les grains de pollen s'isolent entièrement. Chaque grain est complètement entouré d'une exine plus ou moins alvéolée ou granuleuse (pl. 122, f. 437-439, 442-444), lorsqu'il est sec, il est muni d'un ou de deux plis (pl. 122, f. 436, 440-441).

La division des grains de pollen a lieu après la séparation des tétrades ou, dans les genres à pollen pulvérulent, après la séparation des grains. La segmentation est simultanée dans tous les grains de la tétrade ; les fuseaux sont courts. Dès que les moitiés de la plaque sont arrivées aux pôles, chacune se différencie. La plaque cellulaire, parfois une mince cloison sans réaction cellulosique, se montre, divisant le grain en deux cellules inégales. Cette cloison disparaît ordinairement tôt et les noyaux restent libres dans le protoplasma. Les deux cellules et leur noyau peuvent être de taille assez inégale.

Parois de l'anthère adulte. — L'épiderme des parois de l'anthère est formé de cellules assez hautes sur une section transversale, à paroi externe souvent bombée, et même prolongée en papilles. L'assise sous-épidermique peut ne différencier aucune bande épaissie (quelques *Orchis*, pl. 122, f. 447), ou quelques anneaux plus ou moins

---

1. Mangin, *Sur la membrane du grain de pollen mûr* (Bull. Soc. bot. Fr., 1889, p. 274).

disséminés (beaucoup d'Ophrydées ;pl. 122, f. 448, 452, 453), ou de très nombreuses cellules fibreuses (Malaxidées, Arétusées, Néottiées, Cypripédiées ; pl. 122, f. 454, 457, 460). Il existe, dans ce dernier cas, plusieurs assises mécaniques. Dans les genres *Cypripedium* et *Malaxis* les assises fibreuses sont très développées.

La présence ou l'absence d'ornements fibreux est un caractère assez stable.

Les assises internes des parois ont souvent disparu dans l'anthère adulte.

Caudicule. — L'anthère peut produire des grains de pollen dans toute la longueur de ses loges (Arétusées, Néottiées, Cypripédiées) ou seulement dans la partie supérieure, les cellules de la région inférieure constituant le caudicule. Même lorsqu'il doit se former un caudicule, dans l'extrême jeunesse de l'anthère, toutes les cellules sont à peu près semblables. Plus tard, les cellules du caudicule s'allongent, prennent un contenu granuleux, puis leurs parois se gonflent et se gélifient. Le viscine du caudicule est à ce moment à peine attaquée par les acides et par les bases, elle est seulement colorée en jaune. Les cellules du caudicule forment alors une masse à peu près homogène, élastique, gardant son élasticité, contenant de nombreuses petites granulations jaunes et conservant d'une façon plus ou moins complète les traces d'une origine cellulaire. Des grains de pollen se développent souvent dans la partie supérieure du caudicule et se trouvent englobés dans la substance visqueuse. La matière visqueuse du caudicule conserve son élasticité pendant un temps assez long.

Le filet visqueux adhère fortement à la masse pollinique située au-dessus de lui et, après gélification prématurée de la partie inférieure de la cloison des loges, il se fusionne avec la masse identique formée dans la loge voisine. Il n'y a plus qu'un caudicule par anthère.

Chez les Ophrydées, la cloison des loges de l'anthère ne se gélifie pas aussi vite que la cloison située dans le caudicule. Dans la jeunesse, la cloison est une lame à bords parallèles divisant l'anthère. Dans sa partie centrale, la paroi des cellules externes se gonfle, alors que les cellules de l'extrémité conservent leur structure primitive. Cette cloison devient donc en forme de fuseau. A un stade plus avancé, le gonflement des parois continue jusque vers le milieu de la cloison. Plus tard enfin, ces cellules se dissocient, gélifient leurs parois et se fusionnent plus ou moins complètement. La substance résultant de cette fusion adhère latéralement aux pollinies et inférieurement au caudicule, opérant ainsi leur union avec lui.

Bec du gynostème ou appendice du connectif. — Le connectif peut se prolonger en un bec qui est parcouru par le faisceau libéroligneux de l'étamine (*Ophrys, Serapias*). L'épiderme peut contenir un pigment dissous (*Serapias*) et être parfois papilleux (pl. 122, f. 473). Le parenchyme est chlorophyllien, formé de cellules laissant entre elles de grands méats. Le faisceau libéroligneux peut être rapproché de la face dorsale (*Serapias* pl. 122, f. 467), ou de la face ventrale ou à égale distance des deux faces (*Ophrys apifera, juciflora* ; pl. 122, f. 470). Le bec du gynostème renferme souvent un peu de sucre.

Staminodes. — Les staminodes sont ordinairement formés d'un tissu homogène, contenant des raphides en abondance (pl. 122, f. 464). Les cellules épidermiques sont légèrement papilleuses. Comme nous l'avons dit plus haut, les Ophrydées ont leurs staminodes normalement dépourvus de faisceaux.

ROSTELLUM

Le rostellum est le stigmate inférieur, très distinct des deux autres. La partie du rostellum regardant l'anthère produit une ou deux masses visqueuses, servant à la fixation du pollen (rétinacles).

Un rétinacle est toujours formé d'un amas de cellules dont les parois disparaissent et les contenus se réunissent en une masse à peu près homogène.

Dans le genre *Epipactis*, la masse visqueuse provient de la transformation de l'appendice du rostellum. Dans le bouton, cet appendice a la forme d'un bec replié sur la partie dorsale du stigmate, il est presque en contact avec l'anthère. Pendant la jeunesse, il est formé de cellules arrondies, dont les parois disparaissent. L'épiderme subsiste parfois un peu (*Epipactis*) et se brise au moindre choc, mettant en liberté une masse visqueuse et blanchâtre. Les masses polliniques, dépourvues de caudicule, s'attachent latéralement à cette masse.

La structure particulière du rostellum du *Listera ovata* a été surtout étudiée par Hooker (1), Hofmeister (2) et Wolf (3). Une section transversale de ce rostellum montre qu'il est formé, sur la face supérieure, de cellules allongées, parallèles, correspondant aux stries de la surface. Ces cellules sont séparées par des cloisons ténues, transparentes, mais fermes. Chaque ligne marquant la place des cloisons interloculaires est coupée de stries très fines, droites, obliques ou ondulées. Le rostellum est formé de 5-6 assises à la base, de 3-4 assises au

1. Hooker, *Sur la structure et les fonctions du rostellum dans le Listera ovata* (Ann. Sc. nat. 4e s., t. II, 1885, p. 85).
2. Hofmeister, *Beiträge zur Kennt. der Embryobildung der Phanerogamen.*
3. Wolf, *Beiträge zur Entwickel. der Orchid-Blüthe* (Pringsh. Jahrb., IV, 1865, p. 261).

sommet. Les cellules allongées de l'extrémité du rostellum sont papilleuses. Toutes les cellules allongées ont un contenu granuleux, réticulé et riche en raphides. Lorsque le pollen est développé, le rostellum se brise par le plus faible choc. L'expulsion est simultanée dans toutes les cellules allongées. Peu après l'émission, la masse visqueuse durcit, de blanchâtre devient rougeâtre et adhère au sommet du rostellum. Le rostellum s'affaisse au sommet et ses bords s'infléchissent. Le liquide émis par le rostellum s'attache à la base des pollinies plus ou moins visqueuse.

Dans les Ophrydées, la structure des rétinacles se complique. Dans le cas le plus simple, les rétinacles, au nombre de deux, sont externes, se développent chacun sous un caudicule et se soudent à lui (*Gymnadeninæ*). L'épiderme du rétinacle touchant au caudicule est nettement différencié, il est formé de cellules allongées radialement. Les cellules épidermiques latérales sont un peu obliquement disposées. Sous cet épiderme, se trouve un amas cellulaire dont les parois se détruisent et les contenus cellulaires se réunissent en une masse visqueuse. Cette transformation s'opère de l'extérieur vers l'intérieur. La masse visqueuse est parfois très large (*Platanthera*). Après cette transformation, chaque rétinacle peut très facilement se séparer de l'autre partie du rostellum et être emporté par les insectes avec le caudicule et la masse pollinique avec lequel il est soudé. La matière visqueuse des rétinacles des *Gymnadeninæ* ne sèche pas vite à l'air.

Dans les *Angiadeninæ*, le tissu du rostellum se relève et entoure, en avant de la fleur, l'extrémité inférieure des caudicules et des rétinacles, formant ainsi une sorte de cupule membraneuse et empêchant la matière visqueuse de sécher. Les rétinacles sont encore constitués par un épiderme à cellules très étirées radialement, par des cellules polygonales, à parois assez épaisses et à contenu ordinairement jaune clair, par des cellules occupant la périphérie, de forme arrondie, à contenu souvent jaune brillant, renfermant de grosses gouttes huileuses, réfringentes et à parois disparaissant tôt. La résorption des parois cellulaires débute le long de l'épiderme qui tapisse intérieurement la cavité et gagne peu à peu la face externe sans pourtant l'atteindre.

Après la transformation en une masse à peu près homogène et visqueuse des cellules périphériques, au moindre choc produit par la présence d'un insecte, le bursicule s'ouvre. D'après Wolf (1), l'ouverture du bursicule est la conséquence de déchirement, par suite de choc, de cellules à parois délicates. Le caudicule est fixé au rétinacle bien avant l'ouverture des loges de l'anthère. D'après Wolf, l'extrémité inférieure du caudicule se transforme en matière visqueuse qui adhère fortement au disque du rétinacle. Pfitzer (2) a fait connaître que la forte adhérence était surtout due à l'étirement des cellules épidermiques du rostellum. Cet étirement permet aussi le renvoi des pollinies vers le haut. L'appendice du rostellum sert à préserver du dessèchement la base du caudicule et les rétinacles. Il sert aussi à la direction des rétinacles et des caudicules.

Le rétinacle, devenu libre dans la cupule, peut s'attacher à un insecte et être emporté par lui. La masse visqueuse sortie du bursicule sèche rapidement, elle reste donc fixée fortement à l'insecte. En visitant une autre fleur, ce même insecte pourra opérer la fécondation. Le stigmate, ordinairement visqueux, retient quelques massules (voir à Fécondation).

Les deux amas cellulaires des rétinacles sont parfois séparés seulement par 2-3 rangs de cellules non transformées. Parfois ces deux amas se soudent et il n'y a qu'une masse visqueuse ordinairement plus ou moins bilobée (*Barlia*).

Le gynostème de l'*Epipogon* paraît bien différent de celui des Ophrydées. Les pollinies occupent ici un espace très restreint en comparaison de l'épaisseur du connectif qui s'arrondit et se courbe fortement. Les anthères sont placées comme dans une coupe formée par le rostellum et dont les côtés sont constitués par la dilatation des staminodes. Le connectif forme une apophyse en bec dirigé en avant. De cette apophyse, se forme dans les jeunes loges, et presque parallèlement à chaque pollinie, un cordon visqueux qui s'attache en avant à la pollinie. Ce filet visqueux est séparé de la pollinie par des cellules à parois épaisses qui semblent se résorber, de sorte que les pollinies reposent sur les caudicules à la maturité du pollen. Le caudicule vient en contact de la bordure visqueuse du rétinacle. Le rétinacle forme un amas visqueux en forme de cœur situé dans la partie supérieure du rostellum.

STYLE ET STIGMATES

La partie du rostellum touchant au caudicule a été étudiée plus haut. Sa partie inférieure est souvent formée d'un tissu assez semblable à celui des deux autres stigmates.

Dans la plupart des Orchidées, le canal stylaire a la forme d'une étoile à trois branches. Les surfaces des

1. Wolf, *Beitrage zur Entwickel. der Orchid-Bluthe* (Pringsh. Jahrb., IV, 1865, p. 261).
2. Pfitzer, *Unl. u. Bau a. Ent. d. Orch.* (Pringsh. Jahrb., 1888, p. 155).

styles libres d'abord, se réunissent plus bas, aussi l'ovaire n'est-il pas béant. Le style et les stigmates, comme les placentas, sont abondamment pourvus de tissu conducteur. Ce tissu, plus différencié que chez les autres Monocotylédonées, varie avec les espèces et même selon la hauteur de la partie considérée dans le gynostème. Dans le style, il forme parfois 9-10 assises de cellules allongées, plus ou moins obliquement insérées (*Cypripedium*, *Epipactis*) et provient fréquemment de la dégénérescence des cellules bordant le canal stylaire. Dans leur jeunesse, les cellules destinées à produire le tissu conducteur se distinguent par leur contenu plus dense, plus granuleux et par l'absence de méats entre elles. Puis, ordinairement les parois cellulaires s'épaississent aux angles, les méats se forment, le tissu se disloque, les cellules ne tiennent plus ensemble que par leurs extrémités souvent renflées. Lorsqu'il y a dégénérescence des cellules bordant le canal stylaire, dans les matériaux alcooliques, l'axe du stigmate est occupé par un bouchon de matière molle, blanchâtre, formé par des débris cellulaires et des gouttes d'huile (1).

Au centre du style de l'*Epipactis palustris* se trouve un parenchyme lâche, formé de cellules cylindriques, se continuant jusque dans l'ovaire et renfermant quelques cellules à raphides.

Les cellules du tissu conducteur peuvent être allongées longitudinalement et dissociées comme dans le long gynostème des *Cephalanthera* et du *Limodorum*. Dans ces genres, le canal stylaire et le tissu conducteur sont relativement développés.

On passe insensiblement du tissu conducteur aux tissus sous-jacents. Les cellules du tissu conducteur les plus éloignées du canal stylaire renferment souvent des cristaux d'oxalate de calcium en forme d'enveloppes de lettres.

Dans le stigmate, le tissu conducteur est plus dissocié que dans le style. Ce tissu est formé de cellules à contenu granuleux, gardant l'aspect de cellules vivantes et ayant des formes irrégulières. Les papilles de la surface des stigmates sont souvent allongées, à parois extrêmement minces, aiguës ou obtuses à l'extrémité, parfois renflées et conservant fréquemment leur noyau, lorsqu'elles sont dissociées (pl. 122, f. 482-485).

Chez l'*Epipactis palustris*, le gynostème forme un pseudo-style qui surplombe le canal stylaire. Cette région a ses cellules épidermiques allongées, inclinées, à très gros noyau central. L'autre côté du pseudo-style est muni d'un épiderme à cuticule épaisse et les cellules sont peu ou non étirées. Les cellules allongées constituent la partie réellement stigmatique du gynostème.

Le pseudo-style de l'*Orchis Simia* est réduit et vient en avant de l'ouverture stigmatique. La lèvre intérieure de l'ovaire est formée de grandes cellules gorgées de suc, avec noyau apparent et nombreuses gouttelettes grasses, colorables par l'orcanette acétique (2).

Le stigmate des *Cypripedium* a une structure particulière. M. Masters (3) a montré que ce stigmate était formé par la soudure des 2 stigmates latéraux, le stigmate inférieur faisant défaut. Le sommet de l'ovaire se recourbe en crosse, dont l'extrémité est munie d'un large plateau convexe. Le lobe stigmatique est formé de cellules polygonales à parois épaisses. A la surface du lobe stigmatique, le tissu conducteur, constitué par des cellules allongées, disposées en palissades, se dirigeant en rayonnant vers le centre, a son assise externe prolongée en papilles à parois souvent épaisses (*Cypripedium Calceolus*, *C. macranthos* ; pl. 122, f. 485).

Le tissu destiné à nourrir et à diriger les tubes polliniques se prolonge de chaque côté des placentas par des cellules épidermiques à parois minces et plus ou moins différenciées, simples ou dédoublées.

OVAIRE

Lindley a admis la présence de trois carpelles fertiles, alternant avec trois carpelles stériles ; les premiers formés d'un limbe, à nervure médiane portant les placentas ; les seconds réduits à une nervure. Beaucoup d'auteurs ont regardé l'ovaire des Orchidées comme formé de trois feuilles carpellaires donnant une capsule septifrage, à placentation pariétale.

Les caractères donnés par la forme de la section de l'ovaire sont stables dans chaque espèce. Nous avons déjà signalé l'importance de la forme des valves et des placentas au point de vue systématique (4). Il est indispensable de ne faire les observations que sur des capsules fraîches, la dessication étant une grande cause de déformation. Dans les capsules mûres, ouvertes et sèches, les nervures placentaires deviennent presque toujours

1. Gueguen, *Sur le tissu collecteur et conducteur des Phanér.* (Journ. de bot., 1900, p. 144).
2. Gueguen, *Anatomie du style et du stig. des Phanérog.*, Th. Doct. ès. sc. Par., 1901 (Journ. de bot., 1901. p. 296).
3. Masters Maxwell, *On the floral conformat. of the Genus Cypripedium* (Journ. of. Linn. Soc. XXII, 1887, p. 402).
4. G. Cam. Berg., A. Cam., l. c.

gaillantes à l'extérieur, alors même qu'elles ne le sont pas dans les ovaires vivants (*Orchis mascula, O. laxiflora, O. palustris*, etc.). Nous avons donné, à titre d'indication, la distribution des faisceaux, mais comme nous l'avons dit (p. 61), à propos du trajet des faisceaux dans la fleur, leur nombre n'est pas toujours stable. Assez souvent, chaque nervure ne contient qu'un faisceau au milieu de l'ovaire. Le faisceau des valves stériles est presque toujours peu développé.

La structure du limbe des valves placentifères, variant beaucoup avec l'âge et la vigueur de l'individu, ne peut donner de bons caractères systématiques.

L'épiderme externe du limbe est formé de cellules souvent allongées, à parois recticurvilignes ou presque rectilignes, à cuticule parfois striée (pl. 122, f. 486). Il porte des stomates bien moins nombreux, à surface égale, vers la maturité de l'ovaire que dans sa jeunesse. Lorsque les cellules épidermiques vues à plat, sont manifestement allongées, les stomates sont orientés suivant la longueur de l'ovaire, mais dans les épidermes à cellules non étirées, les stomates sont à peu près arrondis et souvent non orientés. Cet épiderme peut porter des poils (Néottiées, Arétusées). Il est assez haut sur une section transversale, sa paroi externe, mince dans la jeunesse, devient ensuite assez épaisse et plus ou moins bombée. Il contient souvent de l'anthocyane.

L'épiderme interne est ordinairement moins haut que l'épiderme externe, à paroi externe plus mince, non ou peu bombée (pl. 122, f. 488).

Entre ces épidermes se trouvent 3-9 assises d'un parenchyme plus ou moins chlorophyllien et des cellules à raphides parfois abondantes. Le parenchyme est à peu près dépourvu de chlorophylle vis-à-vis des nervures. Après le développement du boyau pollinique sur le style, le nombre d'assises augmente parfois et les cellules s'accroissent beaucoup tangentiellement.

A un certain moment, l'ovaire renferme une grande quantité d'amidon et de glucose dans ses parois et dans les placentas.

OVULE

L'ovule est anatrope et dépourvu de faisceaux. Nous avons d'ailleurs vu plus haut que les faisceaux placentaires étaient souvent très réduits ou manquaient. La distance entre les ovules et les faisceaux est parfois relativement grande. Nous avons pourtant observé la présence de vaisseaux courts rejoignant les faisceaux placentaires chez certaines espèces dont les faisceaux placentaires sont assez développés (*Serapias pseudocordigera, Ophrys apifera*).

La structure de l'ovule est très simple. Jeune, il se compose d'une file de cellules homogènes entourée d'un épiderme simple.

Le développement du sac embryonnaire des Orchidées a donné lieu à de nombreux travaux. Pour Strasburger (1), Warming (2) et Vesque (3) la cellule-mère du sac embryonnaire est sous-épidermique. Dumée (4) a confirmé l'opinion de Hofmeister (5) qui attribue au sac embryonnaire une origine épidermique. Il a montré que, si dans les ovules un peu âgés la cellule la plus développée, qui donnera le sac embryonnaire, paraît sous-épidermique, c'est seulement une apparence. En examinant avec soin, on trouve toujours des ovules dont la cellule supérieure de la série centrale est plus grande et renferme deux noyaux, indice de segmentation prochaine. La cloison apparaît ensuite et la cellule épidermique est constituée. Cette cellule se divisant perpendiculairement à la surface libre, il devient difficile de distinguer l'origine épidermique de la cellule sous-jacente et la cellule mère du sac semble d'origine sous-épidermique, bien que la cellule externe présente pendant quelque temps une relation de forme avec la cellule-mère.

L'ovule et ses téguments se développent surtout après la germination du boyau pollinique sur le stigmate. Après la pollinisation du stigmate, avant la fécondation, les ovules sont déjà assez gros, aussi a-t-on souvent décrit comme graines, des ovules non fécondés.

L'ovule adulte possède deux téguments. Dans le genre *Cypripedium*, le tégument paraît pourtant unique. Le tégument int. est d'abord unilatéral. Entre les deux téguments on trouve souvent une poche aérifère (1).

Le tissu conducteur chargé de nourrir et de guider les tubes polliniques dans l'ovaire se prolonge dans celui-ci, le long des placentas, par des cellules épidermiques différenciées. Ces cellules sont souvent papilleuses.

1. Strasburger, *Ueb. Befrucht. u. Zelltheilung* (Jenaisch. Zeitsch. f. Med. u. Nat., p. 461, 1877).— *Neue Untersuch. über Befrucht. bei den Phanerogamen*, v. 58.
2. Warming, *De l'ovule* (Ann. Sc. nat. Bot., s. 6, t. V, 1878).
3. Vesque, *Dévelop. du sac embr. des Orch.* (Ann. Sc. nat. Bot. s. 6, t. V, 1878. p. 269).
4. Dumée, *Note sur le sac emb. des Orch.* (Bull. Soc. Bot. Fr., 1899, p. XXX).
5. Hofmeister, *Entst. d. Embr.* p. 1 et 58. — *Neue Beitr.*, p. 653.

Pollinisation. Fécondation.

Les Orchidées sont des plantes entomophiles. L'autofécondation n'existe que rarement dans cette famille. La fécondation s'effectue, dans la plupart des espèces, par l'intermédiaire des insectes. D'où la fréquence des hybrides. Au point de vue évolutif, les Orchidées présentent un type élevé d'adaptation aux insectes.

Autofécondation. — Elle peut s'opérer dans les conditions suivantes :

1º Rupture des masses polliniques et chute du pollen directement sur le stigmate ou sur le labelle où il arrive en contact avec le stigmate (quelques Ophrydées et Neottiées).

2º Ouverture de l'anthère et chute des pollinies, les rétinacles demeurant fixés dans les bursicules (*Ophrys apifera*).

3º Masses polliniques restant dans l'anthère pendant que le stigmate produit un liquide qui gagne les masses polliniques. Les grains de pollen émettent souvent des tubes polliniques dans l'anthère et rencontrant le tissu stigmatique, ils peuvent féconder les ovules. Le rostellum, dans ce cas, peut manquer (*Limodorum, Cephalanthera*).

Accidentellement, il existe des cas de floraison hypogée avec formation de graines normales (*Neottia Nidus-Avis, Limodorum abortivum*).

Fécondation par l'intermédiaire des insectes. — Dans une même fleur, les masses polliniques sont souvent entièrement développées bien avant que les ovules soient aptes à être fécondés. C'est donc d'une fleur à l'autre et parfois d'un individu à l'autre que doit s'opérer la fécondation.

Les divisions du périanthe sont riches en sucre et le labelle émet souvent du nectar. Les insectes sont très attirés par les sucres et souvent guidés par le parfum.

Dans beaucoup d'espèces, le transport du pollen sur le stigmate s'opère de la façon suivante : l'insecte qui vient butiner dans une fleur se retient au labelle et cherche à pénétrer dans l'éperon rempli de nectar. Au-dessus de la gorge de l'éperon, la tête de l'insecte heurte les bursicules qui se rompent et les rétinacles mis à nu vont s'appliquer sur l'insecte en entraînant les caudicules et les pollinies. L'insecte, à son départ de la fleur, est donc muni de deux cornes polliniques. Les caudicules s'infléchissent rapidement par un phénomène hygroscopique amenant une contraction dans une partie de la base du caudicule, ils décrivent une courbe de 90º.

La position des pollinies est telle que, lorsque l'insecte va visiter une autre fleur, ces pollinies s'attachent aux stigmates gluants qui sont des deux côtés du gynostème. Les masses polliniques se fragmentent ordinairement, les fils élastiques reliant les paquets de tétrades se brisent et quelques-unes seulement adhèrent aux stigmates. Le reste de la pollinie étant toujours fixé sur l'insecte peut ainsi aller féconder une autre fleur.

Pour que la pollinisation et la fécondation puissent avoir lieu, il faut que l'insecte visite une fleur de la même espèce ou d'une espèce voisine. C'est pourquoi beaucoup de pollinies sont perdues et un assez grand nombre de fleurs restent non fécondées. Il existe fort probablement un rapport entre cette incertitude de la fécondation et la longue durée de la floraison de beaucoup d'Orchidées.

Si l'on essaie de croiser deux espèces appartenant à des genres éloignés, souvent après la germination du pollen, l'accroissement de l'ovule se produit normalement, mais les ovules ne sont ordinairement pas féconds.

Dans certaines Néottiées, le concours d'insectes est encore nécessaire, soit pour opérer la fécondation directe de la fleur (*Epipactis palustris*), soit pour le transport du pollen d'une fleur à l'autre (*E. latifolia, Spiranthes autumnalis, Listera ovata, Neottia Nidus-Avis*).

Rarement, les grains de pollen germent dans l'anthère ; les tubes polliniques rencontrant le tissu stigmatique, s'y enfoncent et vont féconder les ovules.

La masse pollinique apportée le plus souvent par un insecte sur le mucilage du stigmate, se divise en tétrades et les grains de chaque tétrade germent. Les tubes polliniques passent par l'orifice de l'ovaire et sont réunis en faisceaux par un mucilage provenant de la gélification des cellules superficielles des parois ovariennes. Cette transformation n'a pas lieu dans les ovaires non fécondés, elle se produit au fur et à mesure du trajet des tubes.

Le protoplasma passe avec les noyaux et se rend à l'extrémité antérieure du tube. En arrière, celui-ci se ferme par des bouchons réfringents. Ces bouchons sont très nombreux dans les espèces où les tubes ont une longue distance à parcourir. Les tubes polliniques, grâce aux ferments qu'ils renferment, peuvent saccharifier l'amidon des tissus et dissoudre la cellulose, comme le montrent les anastomoses avec fusion (1).

Les tubes polliniques, réunis par milliers en une masse unique, arrivent dans la cavité ovarienne, se séparant

1. GUIGNARD, *Sur les effets de la pollinisation chez les Orchidées* (C. R. A. Sc., 1886, p. 219).

en 6 faisceaux, formés de très nombreux tubes. Ces faisceaux descendent dans l'angle formé par l s placentas et la cavité de l'ovaire, puis isolément se détachent pour aller chacun au micropyle d'un ovule. Dans chaque cordon, les tubes polliniques ont une longueur très variable, les premiers développés sont les plus longs.

Bien que le nombre des tubes polliniques soit bien supérieur à celui des ovules, cette famille est une de celles dont les grains de pollen sont peu abondants en proportion des ovules.

La marche des tubes polliniques est loin d'être rectiligne, elle décrit des sinuosités.

Dans le genre *Cypripedium*, le stigmate étant dépourvu de liquide mucilagineux, c'est le pollen lui-même qui, entouré par une substance grasse, adhère au stigmate. Cette substance jaune, de consistance ferme, est assez soluble dans l'éther et le chloroforme et peu soluble dans l'alcool absolu.

La durée de la germination du pollen dépend de la nature et de la grosseur des pollinies, elle ne demande parfois que 2-3 jours (*Listera ovata*), elle est de 5-6 jours chez beaucoup d'*Orchis*, de 9 à 10 jours chez le *Loroglossum* et beaucoup d'*Ophrys* et peut même se prolonger davantage pour les pollinies céracées. Le temps nécessaire à la pénétration du tube pollinique jusqu'à l'ovule est long, souvent de 3 à 6 semaines, sauf pour les Orchidées alpines ou boréales qui n'ont qu'un temps très court pour se développer et se reproduire.

La germination du pollen et sa végétation dans le tissu conducteur provoquent un afflux de matières nutritives vers l'ovaire, afflux qui a pour conséquence le développement de ce dernier et des ovules. Les téguments ovulaires se forment ordinairement à ce moment.

Quand le tube pollinique arrive au nucelle, celui-ci est proéminent au dehors des téguments encore rudimentaires. Après le contact du tube pollinique avec l'ovule, ce dernier se développe et acquiert presque la taille de la graine mûre.

L'afflux de matières nutritives vers l'ovaire produit par les tubes polliniques peut, pour amener le développement de l'ovule, être remplacé par la présence de larves se nourrissant aux dépens de l'ovaire.

Strasburger (1) a étudié la fusion des noyaux polaires dans les espèces européennes. La double fécondation a lieu et il y a tendance à la formation d'un albumen, mais bientôt le noyau perd ses nucléoles, devient homogène et disparaît.

EMBRYON

Hofmeister (2), Pfitzer (3), Treub (4), Dumée (5), Heussen (6), Baranov (7), Senianinova (8), ont étudié le cloisonnement de l'embryon. L'embryon adulte forme une masse plus ou moins arrondie de cellules dans laquelle il est impossible de distinguer les différentes parties d'une plantule. Cet embryon adulte est analogue à l'embryon très jeune de certaines Monocotylédones.

D'après M. Dumée, l'ordre des premiers cloisonnements est assez constant. Après la fécondation, l'oosphère se divise presque également en deux cellules par une cloison horizontale. La cellule supérieure (en supposant le micropyle en haut) ne prend que des cloisons parallèles à la première formée et donne une file de cellules qui est le *suspenseur*. La cellule inférieure, provenant directement du cloisonnement de l'oosphère, est le *proembryon*. Elle prend d'abord une cloison parallèle à la première formée, se divisant ainsi en deux parties inégales, l'inférieure plus développée. Puis, apparaît une cloison verticale, perpendiculaire aux précédentes, tantôt d'abord dans la cellule supérieure, tantôt dans l'inférieure. L'embryon est alors constitué de deux parties : l'une, comprenant une file de cellules pour le suspenseur, l'autre, le proembryon, constitué par 4 cellules dont les cloisonnements sont verticaux et horizontaux. Ensuite se produisent d'autres cloisonnements assez nombreux dans le proembryon, qui forme une masse ovale. Dans le suspenseur, il ne se forme que peu de divisions.

Suspenseur. — Le suspenseur est parfois réduit à une seule cellule qui paraît peu distincte de l'embryon (*Limodorum, Epipactis, Neottia, Listera, Ophrys, Goodyera, Spiranthes*, d'ap. M. Dumée). Cet organe se développe au contraire dans les genres *Orchis, Anacamptis, Gymnadenia, Loroglossum, Barlia, Herminium, Chamæorchis Nigritella, Barlia*. Pour M. Dumée, la présence de suspenseur développé pourrait servir à la classification. D'après

1. Strasburger, *Einige Bemerkung. z. Frage nach d. doppelten Befrucht. b. d. Angiosp.* (Bot. Zeit., 1900, p. 293).
2. Hofmeister, *Die Entstehung d. Embryo der Phanerogamen*, 1849. — *Neue Beitrage zur Kenntniss der Embryobildung der Phanerogamen* (Abh. d. m.-p. Cl. d. k-s. Gesells. d. W., 1859, p. 535).
3. Pfitzer, *Beob. u. Bau und Ent. d. Orch.* (Zur Embryoent. u. Keim. d. Orch.), 1877.
4. Treub, *Embryog. de quelques Orch.* (Mém. Ac. roy. néerl. des Sc., 1878).
5. Dumée, *Quelques obs. sur l'embryon des Orchidées* (Bull. Soc. Bot. Fr., 1910, p. 83).
6. Heussen (Arbeit. bot. Lab. Eidgen tech. Hochsch. Zurich. Dissert. 1914).
7. Baranov, *Contrib. à l'embryogénie des Orchid. Hermin. Monorchis* (Zeitschr. Russ. Bot. Ges., 1924, 1925, p. 5).
8. Senianinova, *Et. embryolog. de l'Ophrys myodes* (Zeitschr. Russ. Bot. Ges., 1921, 1925, p. 10-14).

ce que nous avons observé, ce caractère présente une certaine stabilité, au moins dans chaque espèce. Le suspenseur se présente sous la forme d'un poil à gros diamètre. Dans beaucoup d'Ophrydées, il prend de nombreuses cloisons tranversales, puis passe par l'endostome, va vers l'exostome et sort par cette ouverture dans la cavité ovarienne. Rarement, il se ramifie. Les cellules se développent tout le long des funicules et entre eux, elles rampent contre les placentas, parfois même pénètrent à l'intérieur de ceux-ci. Un caractère très curieux du suspenseur est de donner naissance, dans certains cas, à des excroissances et de prendre des formes bizarres, après sa sortie de l'ovule. A un degré moindre, les cellules peuvent avoir des proéminences. Le développement de cet organe est fréquemment arrêté par des causes mécaniques, la compression exercée par les autres ovules, par exemple.

Les cellules du suspenseur contiennent un noyau assez visible et, comme les petites cellules placentaires, sont ordinairement très riches en matière amylacée ou en glucose. Elles peuvent renfermer des gouttelettes d'huile.

Parfois le suspenseur adhère plus fortement au funicule et aux cellules placentaires, auxquelles il est soudé, qu'à l'embryon, de sorte qu'en arrachant celui-ci, on brise le suspenseur qui reste attaché à l'ovaire.

Lorsque l'embryon est muni d'une cuticule encore mince, il se peut que l'absorption se fasse par toute sa surface, mais à un certain stade de développement, c'est par le suspenseur que l'embryon adulte reçoit des substances de réserves. Les cellules du suspenseur ne sont jamais fortement cuticularisées, aussi demeurent-elles très perméables, tandis que l'embryon est muni d'une cuticule épaisse. L'absorption par le suspenseur est d'ailleurs démontrée par l'expérience suivante : on plonge, pendant quelques minutes, des coupes d'ovaires, dans une solution d'acide osmique, puis on secoue les préparations dans l'eau et on les expose au soleil. On observe alors que les gouttelettes noircissent dans les placentas, les funicules, les suspenseurs et seulement dans les cellules de l'embryon voisines du suspenseur.

Dans les espèces à suspenseur nul ou très réduit la cuticule reste mince sur tout l'embryon.

Dans les embryons adultes, le suspenseur est brun ou desséché, parfois même il a disparu.

Pendant leur évolution, les embryons renferment beaucoup d'huile et souvent de l'amidon. L'embryon adulte contient de l'huile, l'amidon semble avoir disparu. L'embryon emplit la cavité du sac embryonnaire, il a comprimé le tégument interne.

Strasburger a signalé (1) le cas de deux embryons se développant dans le même sac embryonnaire, avec deux suspenseurs au micropyle, dans la graine adulte.

BOURGEONS ADVENTIFS

Il peut se former des bourgeons adventifs :

1° Sur la racine, soit latéralement (*Cephalanthera rubra*), soit à l'extrémité (*Neottia Nidus-Avis, Listera* (2) ;

2° Sur la tige où ils peuvent être hypogés (*Corallorhiza, Epipogon*) ou épigés (*Liparis Loeselii*) ;

3° Sur les feuilles (*Malaxis paludosa* (3) ;

4° Sur l'embryon (*Spiranthes autumnalis*).

Fruit.

En observant une capsule mûre, on constate que les tissus de l'ovaire ont subi des changements assez profonds.

L'épiderme des valves stériles est formé de grandes cellules à paroi ext. souvent très épaisse. Toute la partie int. de ces valves est constituée par une sorte de tissu fibreux entourant le faisceau. Ces cellules fibreuses, très allongées longitudinalement, ont une section plus ou moins polygonale. Leurs parois, souvent épaisses, lignifiées, sont munies de ponctuations transversales.

1. Strasburger (Jen. Zeitschr. f. Naturw., XII, p. 665 et Das Botanische praticum, p. 581).

2. Cf. Holm, *On the development of buds upon roots and leaves* (Annals of Bot., 1925, p. 873) ; Brundin (*Ueber Wurzelsprosse der Listera cordata* (Bihang K. Sv. Vet. Akad. Handl., XXI, Stockholm, 1895) ; Prillieux, *De la struct. anat. et du mode de vég. du Neottia Nidus-avis* (Ann. Sc. nat., s. r. 4, V, p. 267, 1856) ; Vaucher, *Hist. phys. des pl. d'Europe*, IV, p. 251 (1841) ; Warming, *Om Rodderne hos Neottia Nidus-avis* (Vidensk. Med. nat. For. Copenhague, 1874-75, p. 26).

3. Henslow, *Sur les feuilles du Malaxis paludosa* (Ann. Sc. nat., XIX, p. 103, 1830).

Les cellules de l'épiderme int. elles-mêmes ont une structure analogue. Leur section transversale est petite (pl. 122, f. 490), leur paroi ext. est peu épaisse, leur étirement vertical très fort (pl. 122, f. 491).

Les tissus de ces valves stériles se sont donc bien modifiées. La chlorophylle a disparu et les parois des cellules se sont lignifiées Les modifications ont eu lieu de l'intérieur à l'extérieur.

Les valves fertiles sont formées d'une forte nervure munie, de chaque côté, d'un limbe. Ce limbe est épais de 150-250 μ env.

Ces valves fertiles sont munies d'un épiderme externe à paroi ext. souvent très forte, pouvant atteindre 10-20 μ d'épaisseur, à parois transversales parfois épaisses et ponctuées.

L'épiderme int. du limbe de ces valves est formé de cellules ord. allongées tangentiellement (pl. 122, f. 488) et peu développées dans les autres directions (pl. 122, f. 489), à parois souvent ponctuées transversalement. Parfois, l'épiderme int. est formé de longues cellules fibreuses à ponctuations longitudinales, au voisinage du placenta à ponctuations obliques ou transversales.

Entre ces épidermes, se trouvent 3-7 assises de cellules plus ou moins serrées, très étirées dans le sens tangentiel, surtout vers les bords, et munies de ponctuations transversales au moins dans la région int. (pl. 122, f. 494-495). Vers le placenta, les cellules de parenchyme sont moins étirées transversalement, presque arrondies.

Tous les tissus sont assez plissés dans la capsule adulte.

Le faisceau libéroligneux est muni de quelques éléments lignifiés allongés longitudinalement, fusiformes, à parois plus ou moins épaisses, munies de ponctuations longitudinales ou transversales.

Par la sécheresse, les six lignes longitudinales de déhiscence séparant les valves fertiles des valves stériles s'ouvrent de haut en bas de la capsule, la divisant en six pièces : trois assez larges portant les placentas, trois plus étroites, alternes avec les premières, réduites à une nervure, rarement à une nervure et deux petites parties du limbe (f. 180). Ces pièces demeurent fixées ensemble à la base et au sommet du fruit.

Nous avons déjà insisté, dans un travail précédent, sur le caractère excellent, très stable, donné par la coupe du fruit frais, la forme des valves, leur disposition.

Quant à la structure des parois du fruit (présence de ponctuations, nombre d'assises, etc.) elle varie beaucoup avec l'âge et ne peut guère donner de bons caractères systématiques facilement comparables.

Graines.

Les graines des Orchidées sont munies d'une enveloppe très légère et relativement volumineuse leur permettant d'être très facilement disséminées par le vent, après l'ouverture de la capsule. Si l'on examine une graine, à un médiocre grossissement, on voit très bien le tégument volumineux, plus ou moins allongé, entourant un embryon petit et souvent arrondi ou ellipsoïde (pl. 122, p. 496).

Les graines ont une forme relativement assez stable. Elles sont plus ou moins allongées suivant les espèces, arrondies ou atténuées au sommet. La taille ne subit ordinairement pas de variations très sensibles dans la même espèce, aussi avons-nous donné, dans nos diagnoses, la taille moyenne de la graine adulte. Ces chiffres ne peuvent indiquer qu'une grandeur approximative, mais ils montrent les différences notables qu'il existe entre la taille moyenne des graines des différentes espèces.

Le tégument membraneux est formé de cellules à parois ondulées, recticurvilignes (pl. 122, f. 502) ou rectilignes (pl. 122, f. 501), souvent munies d'épaississements rayés (pl. 122, f. 496-498) ou réticulés (pl. 122, f. 497, 499). La présence ou l'absence d'ornements, la nature de ceux-ci, sont de bons caractères systématiques. Toutefois, ces caractères ne doivent être observés que sur des graines adultes, car les épaississements peuvent apparaître très tardivement. Pour avoir étudié des graines trop jeunes, plusieurs auteurs ont décrit des graines striées comme dépourvues d'ornements. Les ovules atteignent tôt la taille des graines adultes, d'où une cause fréquente d'erreurs.

La fleur des Orchidées, d'organisation si complexe, ne produit que des graines très rudimentaires et extrêmement petites. Dans la graine mûre, l'embryon n'est pas différencié et ne possède, même au moment de la germination, ni cotylédon, ni tigelle, ni radicule. il est comparable à un embryon monocotylédone dans les premiers stades de son développement. La dégradation de l'embryon est probablement due aux mycorhizes. On observe cette même dégradation dans d'autres groupes de plantes à mycorhizes. Il est probable que les ancêtres des Orchidées avaient des fleurs plus simples et des graines plus différenciées.

Il ne se développe pas d'albumen (voir p. 73). Dans la graine mûre, l'embryon renferme de l'huile. Les graines, mises en liberté par l'ouverture du fruit, sont, grâce à leur poids léger, très facilement dispersées par le vent.

CONSPECTUS DES SUBDIVISIONS (1)

SOUS-FAMILLE I

MONANDRÆ Swartz.

Une seule étamine, la médiane, fertile (1).

Tribu I. — OPHRYDEÆ Lindley.

Etamine centrale fertile. Anthère persistante, soudée au gynostème avec lequel elle forme corps. Masses polliniques compactes, composées de granules assez gros, agglutinés par des filaments visqueux et élastiques, atténuées en caudicules à la base. Tubercules charnus, entiers ou plus ou moins palmés (ophrydobulbes), surmontés de fibres radicales cylindriques.

Poils unicellulaires sur les organes végétatifs et sur les organes de protection de la fleur. Grains de pollen ne se développant pas dans la partie inférieure des loges d'anthère (sauf dans le genre *Gennaria*), cellules se différenciant dans cette région (caudicule). Masses polliniques se détachant en massules (issues d'une même cellule-mère) composées d'assez nombreuses tétrades. Cellules fibreuses des parois de l'anthère peu développées ou manquant. Racines les unes grêles, monostéliques, contenant des mycorhizes à lames vasculaires isolées autour d'un parenchyme abondant ; les autres tubérisées à plusieurs stèles, chacune présentant à peu près la structure du cylindre central des racines, mais dépourvues de mycorhizes.

Sous-tribu I. — Angiadeninæ (Angiadenieæ) Parlat.

Glandes soudées ou non, réunies dans une bursicule.

A. Masses polliniques à rétinacles soudés en un seul, renfermé dans une bursicule.

Serapias, Aceras, Loroglossum, Barlia, Anacamptis, Chamaeorchis.

B. Masses polliniques distinctes, à rétinacles terminés chacun par une glande distincte ; glandes renfermées dans une bursicule biloculaire.

Traunsteinera, Orchis, Steveniella, Neotinea.

C. Masses polliniques à caudicules terminés par des rétinacles distincts, renfermés dans deux bursicules distinctes.

Ophrys.

Sous-tribu 2. — Gymnadeninæ (Gymnadenieæ) Parlat.

Glandes distinctes, nues ou n'ayant à la base qu'un léger repli, rudiment de bursicule.

Herminium, Bicchia, Cœloglossum, Gymnadenia, Gennaria, Platanthera, Nigritella.

Tribu II. — EPIPOGONEÆ Parlat.

Etamine centrale fertile, Anthère libre, caduque. Masses polliniques compactes, céracées, atténuées en caudicules. Racine manquant. Rhizome absorbant, charnu coralliforme.

Papilles unicellulaires sur le périanthe. Masses polliniques ne se divisant pas en massules, attachées à une

---

1. Pour les caractères des subdivisions, nous n'avons envisagé que les caractères des genres représentés dans notre circonscription.

bandelette de cellules différenciées. Parois de l'anthère à ornements fibreux très développés Rhizome coralliforme, muni de poils ; faisceau axile à éléments ligneux à peine différenciés.
Epipogon.

Tribu III. — **MALAXIDEÆ** Lindley.

Etamine centrale fertile. Anthère libre, caduque. Masses polliniques céracées, agglutinées, compactes, composées de granules très cohérents, non atténuées en caudicules.

Papilles unicellulaires, souvent très réduites, sur le périanthe ; dans le genre *Calypso*, seul, poils pluricellulaires, à tête sécrétrice, sur les organes végétatifs. Masses polliniques ne se divisant pas en massules, restant en pollinies. Parois de l'anthère ayant ordinairement plusieurs assises de cellules fibreuses, profondément différenciées.

Sous-tribu 1. — **Eumalaxidinæ** G. Cam. Berg. A. Cam.

Racines grêles. Bulbes constitués par un renflement de la tige, entourés de plusieurs épaisses tuniques. Pas de rhizome charnu coralliforme. Feuilles vertes.

Pas de poils sécréteurs. Racine réduite. Racine, feuilles inférieures et renflement bulbiforme de la tige différenciant un grand nombre de leurs cellules en trachéides servant à l'absorption et à la mise en réserve de l'eau. Feuilles et renflement de la partie inférieure de la tige émettant des rhizoïdes. Groupe bien distinct par l'ensemble de ses caractères anatomiques.

Malaxis, Microstylis, Liparis.

Sous-tribu 2. — **Calypsoinæ** G. Cam. Berg. A. Cam.

Racines grêles. Bulbes constitués par un renflement de la tige, non pourvu d'épaisses tuniques. Rhizome coralliforme ne se développant que dans de rares cas (voir p. 47). Feuille verte.

Poils pluricellulaires, à tête sécrétrice, sur les organes végétatifs. Racine réduite. Racine et feuilles pellucides entourant le renflement bulbiforme de la tige non spécialement différenciées en trachéides. Base dilatée de la tige et feuilles émettant des rhizoïdes.

Calypso.

Sous-tribu 3. — **Corallorhizinæ** G. Cam. Berg. A. Cam.

Racine et bulbe tuniqué manquant. Rhizome rameux, coralliforme. Feuilles réduites à l'état d'écailles bractéiformes.

Pas de poils sécréteurs. Racine manquant. Rhizome muni de touffes de poils abondants multipliant la surface absorbante ; faisceau axile à éléments vasculaires peu différenciés. Feuilles bractéiformes ne servant pas spécialement de réserve aquifère.

Corallorhiza.

Tribu IV. — **NEOTTIEÆ** Lindley.

Etamine centrale fertile. Anthère terminale libre ou continue avec la base du gynostème. Masses polliniques pulvérulentes (sauf dans le genre *Goodyera*) non atténuées en caudicule. Pas de bulbe, souche à fibres radicales plus ou moins épaisses, parfois racines tubérisées.

Poils unicellulaires sur le labelle. Poils pluricellulaires, sur la tige, les feuilles, les ovaires, les divisions externes et latérales internes du périanthe. Grains de pollen se développant dans toute l'anthère, s'isolant par tétrades ou par massules (*Goodyera*). Cellules fibreuses des parois anthérales nombreuses. Racines non tubérisées, ne présentant jamais qu'un cylindre central, seulement chez les *Spiranthes*, tubérisées, et contenant des mycorhizes.

Sous-tribu 1. — **Spiranthinæ** G. Cam. Berg. A. Cam.

Inflorescence spiralée. Divisions du périanthe conniventes, plus ou moins soudées à la base. Labelle en sac à la base.

Spiranthes, Goodyera.

Sous-tribu 2. — **Listerinæ** G. Cam. Berg. A. Cam.

Inflorescence non spiralée. Divisions du périanthe étalées ou réfléchies. Labelle étalé.
Neottia, Listera, Epipactis.

Tribu V. — **ARETUSEÆ** Parlat.

Etamine centrale fertile. Anthère terminale, libre, operculée. Masses polliniques pulvérulentes ou granuleuses, non atténuées en caudicules. Pas de bulbe. Souche formée de fibres radicales plus ou moins épaisses.
Poils unicellulaires sur le labelle. Poils pluricellulaires sur la tige, les feuilles, les ovaires, les divisions externes et latérales internes du périanthe. Grains de pollen se développant dans toute l'anthère, s'isolant complètement les uns des autres. Cellules fibreuses abondantes dans les parois anthérales. Racines non tubérisées, contenant des mycorhizes n'ayant qu'un cylindre central, à lames vasculaires, s'ront confluentes.
Cephalanthera, Limodorum.

SOUS-FAMILLE II

PLEONANDRÆ Pfitz.

Deux étamines, les latérales fertiles, l'étamine centrale stérile.

Tribu VI. — **CYPRIPEDIEÆ** Lindley.

Les deux étamines latérales fertiles. Etamine centrale pétaloïde et stérile.
Poils pluricellulaires sur les organes végétatifs et le périanthe. Grains de pollen se développant dans toute l'anthère, s'isolant complètement les uns des autres. Assises fibreuses des parois de l'anthère à cellules mécaniques abondantes. Racines non tubérisées, contenant des mycorhizes, n'ayant qu'un cylindre central, à lames vasculaires confluentes.
Cypripedium.

MONANDRÆ

Monandræ Swartz, *Vet. Akad. Nya Handl. Stock.* XXI, p. 205 (1800) ; Pfitzer, *Entw. Anord. Orch.*, XIV, p. 95 (1887) ; in Engl. et Prantl, *Nat. Pfl.*, II, 6, p. 77, 84 ; Dalla Torre et Harms, *Gen. Siph.* 89. — **Euorchideæ** Reichb. f., *Icon.* XIII-XIV, p. VI (1851).

Etamine centrale seule fertile ; étamines latérales manquant ou plus ou moins avortées.

Tribu 1. — OPHRYDEÆ Lindl. (1).

Ophrydeæ Lindl., *Orch. scel.*, p. 12 (1826) ; *Gen. and spec.*, p. 257 ; Endl., *Gen.*, p. 208 ; Reichb. F., *Icon.*, XIII-XIV, p. 1 ; Benth. in Benth. et Hook., *Gen.*, III, p. 485 (1883) ; Aschers. et Graebn., *Fl. Nord. Flachl.*, p. 205 ; Syn., III, p. 619 ; G. Cam. Berg. A. Cam., *Monogr. Orch. Eur.*, p. 43 ; et auct. plur. — **Arachnitideæ** Todaro, *Orch. Sic.*, p. 7 (1842). — **Ophrydinæ** Pfitz., *Entw. Anord. Orch.*, p. 96 (1887); *Nat. Pfl.*, II, 6, p. 77, 84.

Etamine centrale seule normalement fertile. Anthère persistante, soudée à la colonne avec laquelle elle forme corps. Masses polliniques compactes, composées de granules assez gros, réunis par des filaments visqueux et élastiques et atténuées en caudicules. Tubercules palmés (ophrydobulbes) surmontés de fibres radicales cylindriques.

Poils unicellulaires sur les organes végétatifs et sur les organes de protection de la fleur. Grains de pollen ne se développant pas à la partie inférieure des loges d'anthère (sauf dans le genre *Gennaria*) ; cellules se différenciant dans cette région. Masses polliniques se détachant en massules, issues d'une même cellule-mère et composées de nombreuses tétrades. Cellules mécaniques des parois de l'anthère peu caractérisées ou manquant. Racines les unes grêles, monostéliques, contenant des endophytes, à lames vasculaires isolées autour d'un parenchyme abondant, les autres renflées et tubérisées, polystéliques, ne contenant ord. pas d'endophytes, chaque cylindre central présentant à peu près la structure du cylindre central des racines isolées. — Nervures des feuilles ord. dépourvues de tissu lignifié, rarement munies d'un peu de collenchyme. Staminodes manquant normalement d'éléments vasculaires. Cellules du rostellum se transformant et donnant 1-2 rétinacles.

Conspectus des sous-tribus et des genres.

A. Rétinacles soudés ou libres, réunies dans une bursicule . . . . (ANGIADENINÆ)
    a) Rétinacles soudés en un seul.
        α Gynostème allongé terminé en long bec par le prolongement du connectif. Loges de l'anthère séparées par un petit bec. Ovaire non tordu. Fleurs grandes, peu nombreuses. . . . . . **Serapias**
        β Gynostème court, non prolongé en bec. Ovaire tordu. Fleurs petites, nombreuses.
          × Eperon nul. Loges de l'anthère non séparées par un petit bec.
            * Labelle 3-fide, à lobe médian profondément 2-fide . . . . **Aceras**
            ** Labelle obscurément 3-lobé. . . . . **Chamæorchis**
          × × Eperon développé. Loges de l'anthère séparées par un petit bec.
            * Eperon très long, à parois minces. Labelle non enroulé-spiralé avant l'anthèse, plan, muni de
2 lames gibbeuses vers la base. Divisons lat. ext. du périanthe étalées. . . . . **Anacamptis**
            ** Eperon court, en sac, à parois épaisses. Labelle enroulé-spiralé avant l'anthèse à bords ondulés, sans lames charnues. Divisions lat. ext. du périanthe ± conniventes.
              I Caudicules longs. Anthères à loges contiguës. Labelle profondément 3-lobé, à lobe médian large, 2-lobé. . . . . **Barlia**

1. Les *Ophrydeæ* font partie des *Basitonæ* Pfitzer (Entw. Anord. Orch., 20, 95 (1887).

ϯϯ Caudicules courts. Anthères à loges séparées par un appendice charnu. Labelle 3-fide, à lobe
médian étroit, très allongé, linéaire, denté au sommet. . . . . **Loroglossum**
b) Rétinacles distincts.
α Bursicule développé.
× Rétinacles renfermés dans deux bursicules distinctes. Ovaire non tordu. . . . . **Ophrys**
× × Rétinacles renfermés dans une bursicule biloculaire Ovaire ± tordu. ·
* Divisions lat. ext. du périanthe en sac à la base. Appendices stigmatiques divergents. Caudicules
très courts. . . . . **Neotinea**
** Divisions lat. ext. du périanthe non en sac à la base. Appendices stigmatiques non divergents.
I Caudicules assez développés. Eperon assez long, non lobé. Rostellum non cucullé. . **Orchis**
II Caudicules courts. Eperon subdidyme, excisé. Rostellum cucullé . . . . **Steveniella**
β Bursicule rudimentaire ou nul . . . . **Trausteinera**
B. Rétinacles distincts, nus. . . . . **(GYMNADENINÆ)**
a) Bursicule extrêmement rudimentaire.
α Divisions du périanthe étalées. Fleurs à labelle dirigé en haut. Ovaire droit. . . . . **Nigritella**
β Divisions du périanthe conniventes. Fleurs à labelle dirigé en bas. Ovaire contourné.
× Rétinacles très gros et larges. Caudicules courts, presque nuls. Labelle 3-fide, un peu concave
à la base, dépourvu d'éperon. Tubercules subglobuleux, entiers, les lat. à l'extrémité d'un long
rhizome . . . . **Herminium**
× × Rétinacles petits, à peine plus larges que les caudicules. Caudicules à peine plus courts
que les masses polliniques. Labelle 3-lobé ; éperon manifeste, mais court, en sac. Tubercules
palmés. . . . . **Cœloglossum**
b) Bursicule manquant complètement.
α Staminodes égalant l'anthère ou à peine plus courts qu'elle. Caudicules nuls. Labelle en sac à la base,
mais dépourvu d'éperon . . . . **Gennaria**
β Staminodes nettement plus courts que l'anthère. Caudicules plus ou moins manifestes. Labelle muni d'un
éperon développé.
× Labelle ligulé, entier. . . . . **Platanthera**
× × Labelle ordinairement large, 3-lobé.
* Eperon ordinairement grêle, allongé filiforme. Caudicules souvent assez longs. Tubercules lobés
ou presque entiers. . . . . **Gymnadenia**
** Eperon court, cylindrique, obtus. Caudicules très courts. Tubercules longs, grêles. . . **Bicchia**

<h2 style="text-align:center">Sous-tribu I. — ANGIADENINÆ</h2>

Angiadeninæ G. CAM. BERG. A. CAM., *Monogr. Orch. Eur.*, p. 43 (1908). — **Bursiculatæ** (emend.) REICHB.
F., *Icon.*, XIII, XIV, p. 105 (1851). — **Angiadenieæ** PARLAT., *Fl. ital.*, III, p. 418 (1858). — **Serapiadinæ** (emend.)
ENGL. *Syllab.*, p. I, 90 (1892).
Rétinacles soudés ou non, réunis dans une bursicule.

A. — Masses polliniques à rétinacles soudés en un seul et renfermés dans une bursicule.

<h2 style="text-align:center">Gen. I. — SERAPIAS L.</h2>

Serapias **L.**, *Sp. Pl.*, ed. I, p. 949 (1753), p. p. ; (1) *Gen. Pl.*, ed. 5, p. 406 (1754), p. p. ; SWARTZ in *Vet.-
Akad. Handl. Stockholm*, XXI, p. 225 (1800) ; R. Br. in AIT. *Hort. Kew.* ed. 2, V, p. 194 (1813); C. L. RICHARD
in *Mém. Mus. Par.* IV, p. 41, 54 (1818) ; ENDL. *Gen.*, p. 211 (1837) ; BENTH. et HOOK., *Gen.* III, p. 620 (1883) ;
REICHB. F., *Icon.*, XIII, p. 8 ; PARLAT., *Fl. ital.*, III, p. 418 ; PFITZER in ENGL. et PRANTL, *Nat.Pfl.*, II,6, p. 89
(1889) ; DALLA TORRE et HARMS, *Gen. Siphon.*, p. 90 (1900) ; ASCHERS. et GRAEBN., *Syn.*, III, p. 773 (1907) ;
G. CAM. *Monogr. Orch. Fr.*, p. 6 ; G. CAM. BERG. A. CAM. *Monogr. Orch. Eur.*, p. 44 ; BRIQ. *Prodr. Fl. Corse*,
I, p. 373 (1910). — **Serapiastrum** KUNTZE, *Rev. Gen.*, III, II, I, p. 141 (1898) ; EATON in *Proc. Biol. Soc.*

1. Cf. BRIQUET, *Prodr. fl. Corse*, p. 373, et SPRAGUE in *Journ. of. Bol.*, 1926, p. 110.

Wash., XXI, p. 67 (1908) ; Schinz et Keller, *Fl. Schweiz*, éd. 4, I, p. 163 (1923). — **Lonchitis** Bub., *Fl. Pyren.*, IV, p. 50 (1901).

Périanthe à divisions ext. et lat. int. dressées, conniventes en casque, les ext. ovales ou ovales-lancéolées, aiguës ou acuminées, concaves, ord. 5-nervées, souvent à nerv. lat. anastomosées, soudées par leurs bords, libres seulement au sommet, les lat. int. ovales ou ovales-lancéolées, dilatées à la base, acuminées au sommet, à bords entiers ou crénelés, un peu plus courtes que les ext. et plus ou moins soudées à elles. Labelle dirigé en avant, subonguiculé à la base et muni d'un callus simple, lobé ou formé de deux lamelles, sans éperon et plus ou moins poilu à la face sup., trilobé, à lobes lat. dressés ou ascendants, arrondis, plus ou moins cachés par le casque ; lobe moyen allongé, grand, ord. réfléchi. Gynostème allongé, dressé, incliné en avant, terminé en bec comprimé, subulé ou lancéolé, à face antérieure excavée ou sillonnée. Anthère entièrement adnée, verticale, à loges parallèles ; masses polliniques claviformes, à caudicules distincts, insérés sur un seul rétinacle subbilobé, renfermé dans une bursicule. Staminodes nuls ou presque. Rostellum petit, dressé, latéralement comprimé, formant, avec la base des loges de l'anthère, une bursicule unique. Stigmate vertical, concave, ord. ovale, à bords élevés. Ovaire sessile, droit, glabre. Capsule non contournée, atténuée à la base, à 6 côtes saillantes. Graines très petites. Tubercules arrondis, les jeunes plus ou moins longuement stipités. Bractées souvent colorées. Fleurs parfois grandes.

Longs poils du labelle très caractéristiques, munis de ramuscules et de gibbosités. Faisceaux libéroligneux de la tige assez régulièrement disposés en cercle au-dessus des feuilles principales.

Tableau dichotomique des espéces.

1 — Labelle à lobe médian égalant environ la largeur des latéraux réunis dans le labelle étalé, longuement pubescent, 1 1/2-2 fois plus long que le casque 2
— Labelle à lobe médian égalant environ la 1/2 de la largeur des latéraux réunis dans le labelle étalé. 3

2 — Fleurs grandes ; labelle violacé sombre, à lobes latéraux presque complètement cachés par le casque, à callosités assez divergentes ; tige et base des feuilles maculées de pourpre. **S. cordigera**
— Fleurs très grandes ; labelle d'un rouge brique sur le pourtour et de couleur ocracée pâle au centre, à callosités un peu plus distantes et presque parallèles ; tige et feuilles dépourvues de macules ; plante plus robuste. . . . . **S. neglecta**

3 — Callosité du sommet du labelle unique, noirâtre, entière ou pourvue d'un sillon longitudinal très peu profond ; lobe médian du labelle ovale-lancéolé. . . . . **S. Lingua**
— Deux callosités ± distantes au sommet du labelle ; lobe médian du labelle lancéolé. 4

4 — Fleurs grandes ; divisions sup. du périanthe (casque) soudées jusque vers le sommet ; labelle fortement et longuement poilu, long ; bractées dépassant ord. beaucoup les fleurs. **S. pseudocordigera**
— Fleurs petites; divisions sup. du périanthe (casque) libres dans leur partie sup. à l'anthèse ; labelle brièvement poilu, court ; bractées égalant ord. les fleurs. . . . . **S. occultata**

I. — S. CORDIGERA

S. cordigera L. *Sp.*, éd. 2, p. 1315 (1763) ; Willd., *Sp.* IV, p. 71 ; Lindl., *Gen. et sp.* p. 377 ; Reichb. f., *Icon.*, XIII, p. 10 ; Kraenzl., *Gen. et sp.*, p. 274 ; Marsch. *Aufzahl* in *Fl. Bot. Zeit.* (1833), p. 492 ; Rieht., *Pl. Eur.*, I, p. 274, excl. v. b ; Poir., *Voy.*, II, p. 250 ; Desfont., *Fl. atl.*, II, p. 321 ; DC., *Fl. fr.*, III, p. 256 ; V, p. 33 ; Mut., *Fl. fr.*, III, p. 255 ; Duby, p. 448 ; Gr. et Godr., *Fl. Fr.*, III, p. 275 ; Boreau, *Fl. cent.*, éd. 3, p. 275 ; Ardoino, *Fl. A.* — *Mar.*, p. 358 ; Barla, *Icon. Orch.*, p. 32 ; Poir., *Cat. Vienne*, p. 95 ; Lloyd, *Fl. Ouest*, pl. éd. ; Lloyd et Fouc., *Fl. Ouest*, p. 340 ; G. Cam., *Monogr. Orch. Fr.*, p. 7 ; in *Journ. Bot.* VI, p. 22 ; G. Cam. Berg. A. Cam., *Monogr. Orch. Eur.*, p. 44 ; S.-Am., *Fl. agen.* p. 373 ; Deb., *Rév. fl. agen.*, p. 520 ; Guill., *Fl. Bord,*. p. 171 ; Coste, *Fl. Fr.* III, p. 385, *cum icone* ; Alb. et Jahand, *Cat. Var*, p. 478 ; Ucria, *H. r. pan.* p. 358 ; Biv., *Sic. cent.*, I, p. 74 ; Tod. *Orch. sic.*, p. 108 ; Parl., *Rar. pl. Sic.*, f. 1. p. 12 ; *Pl. nov.*, p. 22 ; *Fl. it.*, III, p. 427 ; Guss., *Fl. Sic. syn.*, 2, p. 552 ; Ten. *Fl. neap. syll.*, p. 458 ; Mor. et de Not., *Fl. capr.*, p. 24 ; de Not., *Rep. fl. lig,.* p. 390 ; Ces., Pass. Gib., *Comp.*, p. 185 ; Moris, *Stirp. Sard.*, f. 1. p. 44 ; Macch., in *N. g. bot. ital.*, p. 311 (1881) ; W. Barbey, *Fl. Sard. Comp.*, n° 1302 ; Arcang., *Comp.*, éd. 2, p. 165 ; Fiori et Paol., *Ic. fl. ital.*, n° 813 ; *Fl. ital.*, p. 239 ; Cortesi in *Ann. bot. Pirotta*, I, p. 7 ; Lojacono, *Fl. Sicula*, III, p. 30 ; Stef. Maj. et Barbey, *Samos*, p. 61 ; Willk et Lange, *Prodr. hisp.*, I, p. 162 ; Rodrig., *Cat. Men.*,

p. 86 ; Colm., *Pl. hisp.-lus.*, V, p. 18 ; Mar. et Vic., *Cat. Baléar.*, p. 278 ; Deb. et Daut., *Syn. Gibr.*, p. 199, Sib. et Sm., *Pr.*, 2, p. 218 ; *Fl. gr.*, X, p. 24 t. 932 ; Ch. et Bor., *Exp. Morée*, p. 266 ; *N. fl. Pélop.*, p. 62 ; Guimar. *Orch. port.*, p. 36 ; Raul., *Cret.*, p. 863 ; Gelmi in *Bull. Soc. bot. ital.* (1889) p. 452 ; Halac., *Consp. Gr.* III, p. 158 ; M. Schulze., *Die Orch.*, nº 35; Koch, *Syn.*, éd. 2, p. 798 ; ed. 3, p. 601 ; éd. Hall. et Wohlf., p. 2440 ; Asch. et Graebn., *Syn.*, III, p. 775,p. p.; Desf., *Fl. atl.*, II, p. 321; Ball.,*Spic. Mar.*, p. 674 ; Batt. et Trab., *Fl. Alg.* (1884), p. 189 ; (1904) p. 322 ; Bonn. et Barr., *Cat. Tunis.*, p. 400 ; Deb., *Fl. Kabyl. Djurdj.*, p. 342 ; Batt. et Jahand. *in Bull. Soc. hist. nat. Afrique du Nord* (1921), p. 168 ; Schlechter *in Rep. spec. nov* XIX, p. 43 (1923).—S. Lingua var βSavi, *Fl. Pis.*, II (1798), p. 304, p. p.—Helleborine cordigera Pers.*Syn.*, II, p. 512 (1807) ; Sebast. et Maur., *Fl. rom. prodr.*, p. 313 ; Sebast., *Pl.*, fasc. I, p. 13 ; Ten., *Fl. Neap.*, II, p. 315. — Serapias ovalis Rich. in *Mém. Mus. Paris*, IV, p. 54 (1817).— S. oxyglottis Cocc., *Fl. Bol.*, p. 480 ; non Willd. — S. Lingua β latilabia Bert., *Fl. ital.*, IX, p. 601 (1853). — Lonchitis cordigera Rubani, *Fl. pyren.*, p. 50 (1901). — Serapiastrum cordigerum A. Eaton in *Proc. Biol. Soc. Washington*, XXI, p. 67 (1908). — Serapias cordigera var. genuina Briquet, *Prodr. fl. Corse*, I, p. 379 (1910). — *Orchis montana, italica, lingua trifida* Rudb., *Elys.*, II,p. 204, f. 20. — *O. etruriæ lingua ferruginea pilosa* Petiv., *Gazioph.*, t. 128, f. 4. — *O. ferrugineo linguæformi ac cordato, maximo flore* Cup., *Pamph. sic.*, p. 157, t. 65 ; Bonan., t. 31. — *O montana italica, lingua, oblongua, retroflexa* Mich. in Till., *Cat. h. pis.*, p. 125.

Noms vulg. : Helleborine en cœur ; Serapias en cœur. Provenç. : Lebourino rousso— Allem.: Herztragende Stendelwurz , Rauhlippige Stendelwurz.

Icon. : Sibt. et Sm., *Fl. gr.*, t. 332 ; Sebast., *Rom.*, pl. 1, t. 4 ; Sebast. et Maur. *Fl. rom. prodr.*, t. X (optima) ; S.-Am. *Fl. agen.*, t. 9, f. 2 ; Reichb. f. *Icon.*, XIII-XIV, t. 88, CCCCXL sauf f. I et II qui représentent des hybrides ou des lusus ; M. Schulze, *l. c.*, ; Barla, *l. c.*, pl. 20, f. 1-11 ; G. Cam., *Monogr. Atl.*, pl. 1 ; G.Cam. Berg. A. Cam., *l. c.* pl. 11, f. 320-323 ; Guimaraes, *l. c.*, est. III, f. 25-27; Moggridge, *Cont. Ment.* t. 16; Bicknell, *Flow. p. a. f. Riviera*, t. 58, f. A; *Ic. n.* (1) pl. 1, f. 1-13.

Exsicc. : Tod., *Fl. Sic.*, nº 1384 ; Bourg., *Pl. Esp.*, nº 1853 ; *Pl. Alp.*-Marit. nº 349 ; *Pl. Corse*, nº 380; Reverchon (1878) nº 129 ; Burnat (1904) nº 571, *Corse* ; Dereaux (1869) *Pl. Corse* ; *Soc. Dauph.*, nº 2632 ; Durieu, *Pl. sel. hisp.-lusit.*, nº 224 ; de Noé, *Pl. Constantinople*, nº 207 (s. *parviflora*) exempl. Mus. Paris; Andress. (1831) ; *Soc. Rochel.*, nº 5113 ; Billot, nº 1548 ; *Reliq. M.*, nº 534 ; Dörfler, *Pl. Crète*, nº 118 ; Janin, *Pl. Alg.*, nº 9 ; *Soc. fl. fr.-helv.*, nº 1446.

Tubercules 2, ovoïdes ou subglobuleux, assez petits, sessiles ou l'un sessile et l'autre brièvement pédicellé. Fibres radicales assez grosses. *Tige* de 2-3 rarement 4 décim., dressée, cylindrique, vert pâle, d'un rouge violacé au sommet, *maculée à la base, ainsi que la partie inf. des feuilles, de taches pourprées nombreuses.* Feuilles largement lancéolées-linéaires, aiguës, canaliculées, arquées, nervées, d'un vert glaucescent, les sup. bractéiformes, les inf. réduites à l'état de gaines membraneuses brunes. Bractées un peu plus courtes que le casque, ou les inf. le dépassant un peu, ovales-lancéolées, aiguës, ayant souvent la coloration des divisions ext. du périanthe, marquées de nervures purpurines ou violacées, plus ou moins visibles et anastomosées par de petites nervures transversales. *Fleurs* odorantes (2), peu nombreuses, 3-8, rarement 10, *grandes*, disposées en épi court, dense, ovoïde. *Périanthe à divisions* conniventes en casque, les ext. soudées, *libres seulement au sommet*, ovales-lancéolées, aiguës, acuminées, concaves, un peu carénées, d'un violet rougeâtre ou rouge vineux, assez pâle en dehors, très foncé en dedans, marquées de nervures longitudinales anastomosées par de petites nervures transversales ; les lat. int. d'un pourpre foncé surtout à la base, à 3 nervures, la nervure médiane seule allant jusqu'au sommet, longuement et brusquement acuminées, subulées, à base dilatée, arrondie, à bords ondulés, presque aussi longues et bien plus étroites que les ext. et soudées à elles. *Labelle* dirigé en avant, 3-lobé, *environ 2 fois aussi long que les autres divisions du périanthe, muni à la base,* sur la face interne, *de 2 callosités noirâtres* luisantes, saillantes, dirigées en avant et *assez divergentes* ; lobes lat. d'une pourpre noirâtre, arrondis, dressés, rapprochés entre eux au sommet et *en partie recouverts par le casque* ; *lobe médian* beaucoup plus long que les lat., *aussi large que les deux lat. dans le labelle étalé*, ovale en cœur, acuminé, réfléchi, *hérissé, ainsi que la base du labelle, de poils nombreux et ord. violacés*, légèrement ondulé sur les bords, *d'un violet foncé ou d'un pourpre assez foncé*, marqué de veines ramifiées, anastomosées. Gynostème ord. pourpré, terminé par un bec presque droit, verdâtre, comprimé, dirigé en avant, égalant environ le reste du gynostème. Anthère rougeâtre. Masses polliniques d'un vert foncé. Caudicules jaunâtres. Rétinacle elliptique, blanchâtre (3). Ovaire sessile, subcylindrique, d'un vert pâle.

1. Ic. n., Abréviation concernant les planches de l'Iconographie.
2. Les fleurs du *S. cordigera* sont manifestement odorantes, surtout vers le soir (A. Camus, *Sur le parfum dégagé par les fleurs de Serapias et d'Ophrys* (Bull. bi-mens. Soc. Linn. Lyon, 1926, p. 125).
3. Dans le *S. cordigera*, les fleurs, très odorantes, sont fécondées par l'intermédiaire des insectes qui passent parfois la nuit dans le tube de la fleur. C'est ainsi que M. Godfery a observé l'*Osmia leiana* ♂ (cf. Godfery in *The Gardeners*

Capsule allongée, atténuée à la base, subtriquètre, à 6 côtes dont 3 plus développées.— En Algérie et en Tunisie, les individus sont très robustes, ils atteignent jusqu'à 5 décim. et ont parfois 10 à 15 fleurs.

Morphologie interne.

Tubercule (1). Grains d'amidon de forme très irrégulière, atteignant 25-40 µ de long. — *Fibres radicales*. Assise pilifère subérisée assez fortement. Endoderme à plissement délicatement subérisés. Vaisseaux de métaxylème ordinairement nombreux.

Tige (2) (fig. 45) Cuticule légèrement striée. Epiderme muni de plages de cellules à pigment dissous pourpré.

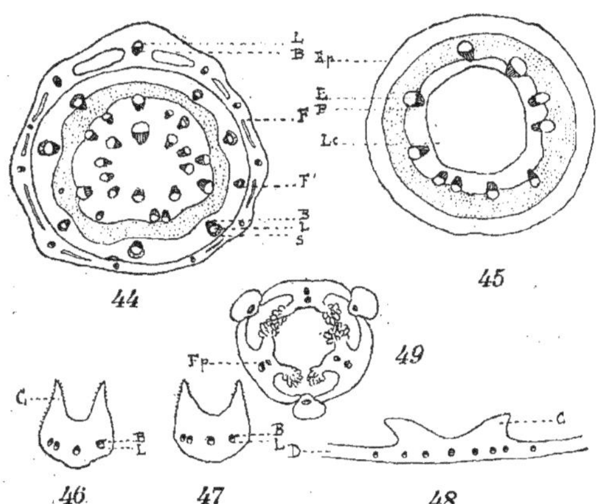

Serapias cordigera; — Fig. 44 : section schématique de la base de la tige ; F, feuille déjà distincte de la tige, les faisceaux libéroligneux ne sont pas munis d'arcs sclérifiés ; F", cercle des faisceaux de la feuille, munis d'arcs sclérifiés ; B, bois ; L, liber; S, sclérenchyme. — Fig. 45 : section schématique de la tige au dessus des feuilles principales ; Ep, épiderme ; Lc, lacune. — Fig. 46 : section transversale passant par les callosités de l'extrême base du labelle : C, callosité ; D, limbe du labelle. — Fig. 46 : section transversale de l'ovaire ; Fp, faisceau placentaire.

2-4 assises de parenchyme chlorophyllien entre l'épiderme et l'anneau lignifié. 6-9 assises lignifiées à parois peu épaisses bordant les faisceaux libéroligneux. Parenchyme ligneux non lignifié abondant. Parenchyme central renfermant quelques raphides ; — *Base de la tige.* A la base de la tige, la structure [diffère (fig. 44), les faisceaux foliaires situés dans la zone ext. de la tige sont ordinairement, dans leur trajet inférieur, munis de tissu lignifié, l'anneau lignifié est caractérisé, les faisceaux libéroligneux sont en cercles plus ou moins réguliers, le parenchyme contient beaucoup de raphides ; les feuilles basilaires réduites sont dépourvues de chlorophylle et leurs faisceaux libéroligneux n'ont plus de tissu mécanique.

Feuille (3). Ep. = 300-450 parfois 500 µ près de la nervure médiane. Epiderme sup. recticurviligne, haut de 70-100 µ, dépourvu de stomates, sauf dans les feuilles bractéiformes sup., à paroi ext. striée, épaisse de 6-8 µ et peu bombée. Epiderme inf. haut de 30-40 µ, muni de stomates très nombreux, et vers la base de la feuille, de plages de cellules à pigment pourpré, à paroi ext. bombée, striée, épaisse de 6-8 µ env. Paroi externe des cellules épidermiques des bords du limbe arrondie (pl. 115, f. 100). Parenchyme formé de 6-10 assises de cellules arrondies et

serrées, riches en chlorophylle, à peine interrompues vis-à-vis des stomates et contenant des paquets de raphides ; près de la nervure médiane les assises inf. contiennent plus de chlorophylle que les sup., disposition due à la pliure de la feuille. Bord du limbe assez brusquement aminci, parenchymateux. Nervures à faisceau libéroligneux entouré de parenchyme chlorophyllien, la médiane à section concave-convexe, les autres à section plane.

Chronicle, 1920, p. 70). Le casque et les lobes antérieurs du labelle forment un tube assez fermé, étroit et obscur entourant le gynostème. Les insectes, en venant butiner, entrent dans ce tube, frappent sur le bursicule et emportent sur leur tête, le rétinacle avec les caudicules et les masses polliniques. Nous avons observé les mouvements des masses polliniques. Lorsque le rétinacl visqueux sort du bursicule, à la suite d'un léger choc, il adhère à l'insecte. Les caudicules s'écartent à peine et s'infléchissent, en quelques secondes, de sorte que les masses polliniques,emportées par l'insecte sur une autre fleur, viennent ordinairement frapper sur le stigmate visqueux. La disposition lisse et canaliculée de la base du labelle assure le glissement des masses polliniques sur le stigmate (cf. Moggridge, *Obs. on some Orchids of the South of France* in Journ. Lin. Soc. XIII, p. 256, 1865).

Les massules des pollinies se séparent facilement, aussi peut-il arriver qu'une massule tombe sur la base en gouttière du labelle et féconde le stigmate de la même fleur.

1. Nous avons observé,de préférence, les tubercules dans lesquels l'amidon avait acquis son maximum de développement.

2. Sauf mention spéciale, nous avons décrit la tige au-dessus des feuilles principales.

3. Ep. = épaisseur de la feuille dans sa partie moyenne.

Fleur. — *Divisions externes du périanthe.* Epiderme ext. strié, ord, dépourvu de pigment, l'int. contenant du pigment rouge. Bords très légèrement papilleux. — *Divisions latérales internes.* Bords munis de papilles. — *Labelle.* Partie centrale à épiderme int. portant des poils de 900-1200 μ de long. et de 80-180 μ de diam. env. (pl. 120, f. 295-297), de diamètre égal dans toute leur longueur ou renflés sous le sommet, à gibbosités nombreuses, parfois bifides (f. 296-297) et à contenu rose violacé. Sur les parties latérales et vers l'extrémité du labelle, poils non gibbeux, atteignant 150-250 μ de long, aigus ou obtus au sommet (pl. 120, f. 298). Partie sup. brillante et charnue, voisine de l'ouverture du style, à section présentant la forme des fig. 46,47 ; papilles peu nombreuses, étroites et courtes ; parenchyme hypertrophié assez lâche, à contenu pourpré. Ce nectaire se prolonge sur le limbe du labelle (f. 48). Les divisions ext. du périanthe contiennent peu de sucres, les divisions latérales int. en renferment beaucoup,surtout vers la base, la différence est surtout sensible quand la floraison est peu avancée ; tout le labelle est riche en sucres surtout à l'endroit de la callosité. — *Gynostème.* Epiderme papilleux sur ses faces dorsale et latérale. Faisceaux des styles latéraux très réduits, à trajet court ; faisceau stylaire opposé au casque assez développé (pl. 122, f. 466-467). — *Anthère.* Papilles sur la partie dorsale. Cellules mécaniques peu abondantes. — *Pollen.* Exine finement granuleuse (1) L = 35-40 μ. — *Ovaire* (fig. 49). Epiderme à cuticule striée. Valves placentifères à nervure médiane non ou à peine saillante extérieurement (2), ayant 2 faisceaux libéroligneux, l'int. à bois ext. Placenta épais et court, à lobes divergents. Valves non placentifères très saillantes extérieurement, contenant un faisceau libéroligneux. — *Graines.* Atténuées légèrement au sommet, 2 f. 1/2-3 f. plus longues que larges. Cellules du tégument à parois ondulées, striées. L. (3) = 240-350 μ.

Sous-var. α **leucoglottis** Nobis. — Var. *leucoglottis* Welwitsch ap. Reichb. f., *Icon.* XIII-XIV, p. 181 (1851) ; Guimar., *l. c.* — Feuilles planes ou légèrement canaliculées ; labelle à lobe moyen d'un blanc jaunâtre, à lobes latéraux d'un rouge noirâtre. - - Portugal, France, Italie.

Sous-var. β **leucantha** Nobis. — Var. *leucantha* Guimar., *l. c.* — *Ic. n.*, pl. 1, f. 11-12. — Fleurs plus nombreuses, entièrement d'un blanc jaunâtre ou rosé. — Portugal, France (Var à Ramatuelle [G. et A. Cam.), Italie.

Sous-var. γ **curvifolia** Nobis. — Var. *curvifolia* Guimar., *l. c.*, pl. 82, est. II, f. 27 *b*. — Feuilles canaliculées, arquées, brusquement dilatées. — Portugal, France, Italie.

Var. β **orbicularis** Ruppt. in Fedde, *Repert.*, XXII (1926), p. 326. — Epichile plus ou moins orbiculaire, muni d'un appendice long de 2 mm. et large de 1,5 mm. — Corse : Bonifacio (Stefani), Bastia (Ruppert, 1926).

Monstruosités. — M. Raine nous a communiqué un individu ayant une fleur munie de 2 labelles soudés dans leur partie supérieure.

Moggridge in *Journ. Linn. Soc.*, II (1871), p. 490, t. 3, a signalé des transformations des divisions lat. ext. du périanthe. Ces divisions,dans la moitié voisine du labelle, étaient devenues semblables à lui et calleuses à la base.

V. v. — Mars-mai. — *Habitat* : prés humides ou marécageux, taillis, clairières, sables humides, lieux herbeux de la rég. méditerranéenne, sur les terrains siliceux,schisteux. - - *Répart. géogr.* : Portugal (disséminé et abondant), Espagne (assez répandu dans les parties basses), Baléares, France (rég. mérid., sud-ouest, ouest jusque dans le Finistère, le Morbihan, Corse), Italie (assez disséminé, rég. litt., rarement rég. submontagn. ; îles de Capri, d'Elbe, d'Ischia, de Pantellaria, Sicile, Sardaigne), Istrie, Malte, Autriche, Tyrol, Istrie et les îles, Dalmatie, Balkans, Grèce, Macédoine, Thrace, Crète, Smyrne, Tripolitaine, Tunisie sept., Algérie (assez rare), Maroc. — Açores.

2. — S. NEGLECTA

S. neglecta de Notar., *Prosp. fl. lig.*, p. 55 (1846) ; *Rep. fl. ligust.*, p. 389 (1848) ; Reichb.f., *Icon.*, XIII-XIV, p. 14 et 171 ; Ard., *Fl. Alp.-Mar.*, p. 360 ; Parlat., *Fl. ital.*, III, p. 430; Barla, *Icon. Orch.*, p. 33 ; W. Barbey, *Fl. Sard.*, Comp. Suppl., p. 238 ; Ces. Pass. Gib., *Comp.*, p. 185 ; Moggr., *Contr. Menton*, pl. XCIV ; Arcang., *Comp.*, ed. 2, p. 165 ; G. Cam., *Monogr. Orch. Fr.*, p. 8 ; in *Journ. de Bot.*, VI, p. 22 ; G. Cam. Berg. A. Cam. *Monogr. Orch. Eur.*, p. 47 ; G. et A. Cam., *Florule St.-Tropez*, p. 31 ; Alb. et Jahand., *Cat. Var*, p. 478 ; Coste

---

1. L = Longueur moyenne des tétrades observées dans l'eau.
2. Nous rappelons ici que nous avons toujours observé des ovaires non désséchés.
3. L = longueur moyenne des graines adultes.

Fl. Fr., III, p. 386, n° 3563, c. ic. ; Kraenz., *Gen. et spec.*, p. 157. — S. cordigera var b. neglecta Fiori et Paol., *Fl. ital.*, I, p. 239; Aschers. et Graebn., *Syn.*, III, p. 776 ; Briquet, *Prodr. Fl. Corse*, I, p. 380. — S. cordigera p. p., F. Cortesi in *Ann. bot. Pirotta*, I, p. 7 et auct. plur. — S. cordigera b. Bertol. *Pl. gen.*, p. 125 et *Amœn. it.* p. 203 ; *Fl. ital.*, IX, p. 603 (p. p. ?). — S. Lingua β Savi, *Fl. pis.* II, p. 304, p. p. — Serapiastrum neglectum A. Eaton in *Proc. Biol. Soc. Washington*, XXI, p. 67 (1908). — *O. montana italica, lingua, oblonga, fulva et crispa* Mich. in Till., *Cat. h. pis.*,p. 125.

Icon. : Reich. f. *Icon.*, XIII-XIV, t. 168, DXX ; Barla, *l. c.*, pl. 20 f. 12-13 ; pl. 21, f. 1-14 ; Bicknell, *Fl. p. a. f. Riviera*, t. 58, f. B ; G. Cam., *Atlas*, pl. II ; G. Cam. Berg. A. Cam., *l. c.*, pl. 11, f. 316-319 ; *Ic. n.* pl. 2, f. 1-14.

Exsicc. : Billot, n° 3239 ; *Soc. Dauph.*, n° 2633 ; *Soc. ét. fl. fr.-helv.*, n° 1646, 1991 et 1991 *bis* ; Savi, *Fl. etrusca*, n° 601 ; F. Schultz, *Herb. n.*, n° 948; Requien, *Corse.*

Tubercules ovoïdes ou subglobuleux, le plus souvent l'un sessile, l'autre pédonculé. Fibres radicales grosses. *Tige* de 1 à 3 décim. env., cylindrique, dressée, forte, d'un vert clair, *dépourvue de macules à la base.* Feuilles linéaires-lancéolées, aiguës, canaliculées, ordinairement arquées, d'un vert glaucescent, les inf. réduites à des gaines membraneuses brunes, non maculées de taches purpurines. Bractées égalant ou dépassant un peu le casque, embrassantes, ovales-aiguës, d'un vert clair, souvent lavées de violet ou complètement purpurines, munies de nervures longitudinales anastomosées par des nervures transversales. *Fleurs* odorantes, peu nombreuses, 2-6, rarement plus, *très grandes*, disposées en épi court et serré. *Périanthe à divisions* ext. et lat. int. conniventes en casque, *les ext. soudées à la base, libres au sommet*, ovales-lancéolées, aiguës, acuminées, concaves, un peu carénées en dehors, d'un violet rougeâtre pâle et ternes à l'extérieur, d'un violet rougeâtre plus foncé surtout vers les bords et brillantes à l'intérieur, marquées de nervures longitudinales purpurines anastomosées par de petites nervures transversales, les lat. int. ovales, à base dilatée et concave, longuement et brusquement acuminées, à bords non ondulés, presque aussi longues, beaucoup plus étroites que les ext., et soudées à elles, par le sommet, d'un violet rougeâtre, de même couleur que les ext. mais plus foncées à l'extérieur, subtrinervées. *Labelle* à 3 lobes, dirigé en avant, 3 fois env. aussi long que le casque, *muni à la base de 2 callosités en forme de lames saillantes*, linéaires-oblongues, *presque parallèles* et *un peu plus distantes l'une de l'autre que dans le S. cordigera*, d'un pourpre foncé ; lobes lat. divergents, ovales-arrondis, subanguleux, plus ou moins étalés, *peu cachés par le casque, plus visibles que dans le S. cordigera*, d'un pourpre très foncé dans leur partie sup. ; *lobe médian grand*, largement ovale, atténué, obtus iuscule,aussi large que la partie sup. du labelle avec ses deux lobes lat. dans le labelle étalé, parfois obscurément subtrilobulé vers l'extrémité, plus ou moins réfléchi, ou presque horizontal, hérissé, ainsi que la base du labelle, de poils nombreux et allongés, ondulé sur les bords, *d'un rouge brique sur le pourtour, de couleur ocracée et pâle au centre*, muni de nervures ramifiées pourpres ou ocracées. Gynostème d'un pourpre violacé, terminé par un bec aigu, presque droit, dirigé en avant et égalant presque sa longueur. Anthère violacée. Masses polliniques verdâtres. Caudicules d'un jaune pâle. Rétinacle violacé (1). Ovaire allongé, linéaire, subtriquètre. Capsule ovale-oblongue, à 6 côtes.   On rencontre assez souvent une forme robuste, à fleurs peu colorées, d'un jaune paille, rouillé, lavé de rose.

Morphologie interne.

Tubercule. Cylindres centraux nombreux, réduits souvent à 2 lames vasculaires réunies en une seule. Grains d'amidon de 15-20 μ. — *Fibres radicales.* Lames vasculaires nombreuses. Vaisseaux de métaxylème assez abondants.

Tige. Cuticule striée ; stomates ord. assez nombreux. 2-3 assises de parenchyme entourant les 6-9 assises de l'anneau lignifié. Faisceaux libéro ligneux à section transversale très large. Lacune occupant le centre de la tige.

---

1. Les fleurs du *S. neglecta* sont très odorantes et leur labelle laisse exsuder de très fines gouttelettes par son épiderme interne et par les nombreux poils allongés, gibbeux au sommet qui le revêtent. Ces fleurs sont fécondées par l'intermédiaire des insectes. Les lobes antérieurs du labelle dressés, mais assez divergents, le casque et le gynostème assez relevé forment un tube plus large que dans les esp. voisines et rendent plus facile aux insectes l'accès du stigmate. En venant chercher les gouttelettes, et peut-être un refuge pour la nuit, les insectes sont amenés jusque vers le gynostème et par un très léger choc produisent l'ouverture du bursicule. Le rétinacle s'attache à la tète de l'insecte. Les pollinies s'écartent un peu, s'infléchissent. L'insecte les transporte sur une autre fleur et féconde le stigmate,conduit vers celui ci par les deux saillies basilaires du labelle. Cette espèce est très bien adaptée à la fécondation croisée (Cf. A. Camus, *Sur le parfum dégagé par les fleurs de Serapias et d'Ophrys* (Bull. bi-mens. Soc. Linn. Lyon, 1926, p. 125).

Feuille. Ep. = 270-370 μ. Epiderme sup. muni de stomates seulement dans les feuilles bractéiformes sup., haut de 60-120 μ env., à paroi ext. épaisse de 6-9 μ et légèrement bombée. Epiderme inf. pourvu de nombreux stomates, haut de 20-40 μ, à paroi ext. épaisse de 4-6 μ env. et bombée. Cellules épidermiques des bords du limbe à paroi ext. bombée (pl. 115, f. 102). Parenchyme formé de 6-8 assises de tissu riche en chlorophylle. Bord du limbe insensiblement aminci, parenchymateux, contenant beaucoup de chlorophylle (f. 50). Nervures à faisceau libéroligneux entouré de parenchyme chlorophyllien, sauf quelques petites nervures reliées à l'épiderme sup., la médiane à section légèrement concave-convexe, les autres à section plane (f. 51).

Fleur. Divisions externes du périanthe. Epiderme ext. strié, à stries convergeant vers le milieu de la cellule. Absence de papilles sur les épidermes ext. et int. — *Divisions latérales internes.* Epiderme ext. strié, portant quelques papilles. Epiderme int. muni de papilles assez nombreuses, courtes, obtuses. — *Labelle.* Epiderme sup. de la partie centrale muni de poils longs, hyalins, atteignant 700-2000 μ de long, 150-200 μ de diam. à la base et 40-60 μ de diam. au sommet, très gibbeux, surtout vers l'extrémité (pl. 120, f. 302). Parties latérales à poils plus courts, non rugueux (pl. 120, f. 303-304). Partie sup. charnue du labelle à section présentant la forme de la fig. 52 ; épiderme à parois minces ; papilles vers la face sup. Un peu plus bas les deux lames de l'onglet de forme caractéristique se prolongent un peu sur le limbe du labelle (f. 53). Toute cette région est très riche en sucre. Epiderme inf. du labelle légèrement papilleux vers les bords. — *Anthère.* Cellules à bandes épaissies assez nombreuses, très imparfaites (pl. 122, f. 449). — *Pollen.* Légèrement ruguleux. L. = 30-40 μ. — *Ovaire* (f. 54). Cuticule délicatement striée ; stomates peu nombreux. Nervure des valves placentifères plane ou déprimée, à 2-3 faisceaux libéroligneux, l'ext. à bois int., l'int. ou les int. à bois ext. Masse placentaire très courte, à 2 longues divisions. Valves non placentifères très proéminentes à l'extérieur contenant un faisceau libéroligneux. — *Graines.* Striées, assez arrondies au sommet, 2 f. 1,2 -3 f. plus longues que larges.

V. v. — Mars, avril. — *Habitat* : prairies marécageuses, lieux herbeux ; ne s'éloigne pas de la mer. — *Répart. géogr.* : France, dans le Var (Hyères, Bormes, Cavalaire, le Lavandou, la Londe, Cavalière, Ramatuelle, Saint-Tropez, la Foux, Cogolin, la Garde-Freinet, Plan-de-la-Tour, Saint-Raphaël, Roquebrune, Forêt du Dom, le Cannet-du-Luc, les-Maures-du-Luc, etc.), les Alpes-Marit. (Cannes, Théoule, Menton, etc.) et la Corse (env. d'Ajaccio), Italie (assez répandu sur la côte occident. de la péninsule, Riviera italienne, Sestri, env. de Gênes, de Sarzana, de Vallechio, Monte San Quirico (Calandrini), Monte Pisano, Ronco, Crocicchio, Valle d'Asciano, etc. Sicile, Sardaigne), Dalmatie, Malfi.

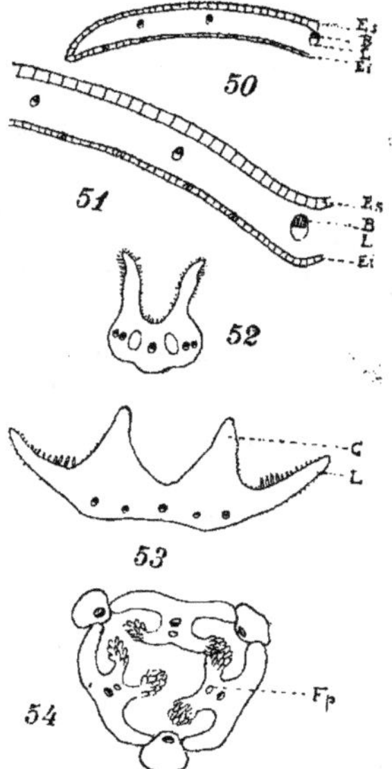

Serapias neglecta. — Fig. 50 : section schématique du bord d'une feuille ; B, bois ; Ei, épiderme inf. ; Es, épiderme sup. ; L, liber ; P, parenchyme chlorophyllien. — Fig. 51 : section schématique de la feuille passant par la nervure médiane et des nervures secondaires. — Fig. 52 : section schématique des callosités du labelle, près de l'ouverture du style. — Fig. 53 : section transversale schématique de ces callosités à l'endroit où le limbe du labelle apparaît ; C, callosité ; D, limbe du labelle. — Fig. 54 : section schématique de l'ovaire ; Fp, faisceau placentaire.

3. — S. PSEUDOCORDIGERA

S. peusedocordigera Moric., *Pl. venet.*, p. 374 (1820) ; Willk. et Lange, *Prodr. Fl. Hisp.*, I, p. 163 ; non Suppl. ; Reichb. F., *Icon.* XIII-XIV, p. 12 ; Kraenz. *Gen. et sp.*, p. 158; Koch, *Syn*, éd. 2, p. 799 ; éd. 3, p. 601 ; Lec. et Lam., *Cat. pl. centr.*, p. 352 ; Comoll., *Fl. comens.*, p. 3799 ; Boiss., *Fl. orient.*, V, p. 54 ; W. Barbey, Aschers. et Lev., *Fl. Sard. compend. et Suppl.* n° 1303 ; Arcang. *Comp.*, éd. 2, p. 163 ; Mar. et Vigin., *Cat. Baléar.*, p. 279 ; Guimar., *Orch. port.*, p. 38 ; Trautv., *Increm. fl. ross.*, p. 753, n° 5042 ; Aznav., *Mag. Nov. Lap.*, I, p. 196. **Orchis macrophylla** Colum., *Ecphr.*, II, p. 321. — **Orchis vomeracea** Burmann, *Fl. Corse*, p. 237

(1770)₄ — **O. Lingua** Scop., *Fl. carn.*, éd. 2, II, p. 187 (1772), non L. — **Serap. lancifera** (1) Saint-Amans, *Voy. agr. et bot. landes du Lot-et-Garonne*, p. 195 (1798) ; *Fl. agen.*, p. 378 (1821) ; Urville, *Enum*, p. 141 ; Trautv., *Increm. fl. ross.* p. 753, n° 5041. — **Serap. longifolia** Pourret, *It. St. Am., Bouq.*, t. 9, f. 1, sec. Bubani, *Fl. pyr.*, p. 52. — **Serap. cordigera** var. **longipetala** Bert., *Pl. gen.*, p. 126 (1804). — **S. cordigera** Mars. Bieb.,*Fl. Taur. — Cauc.*, II, p. 370 (1808) ; Halacsy in *Z. B. Ges.* (1899), p. 193 ; non L.— **Helleborine longipetala** Ten. *Fl. neap. prod.*, p. LIII (1811) ; Seb. et Maur.,*Fl. Rom. Prodr.*,p. 312 ; Ten., *Fl. nap.*, II, p. 317. — **H. pseudo-cordigera** Sebast., *Pl. Rom.* 1, p. 14 (1813).— **Serapias hirsuta** Lapeyr., *Hist. abr. Pyr.*, p. 551 (1813) ; Schinz et Kell., *Fl. d. Schweiz*, p. 124 ; M. Schulze, *Die Orchid.*, n° 96. — **S. Lingua** Halacsy, *Beitr. fl. Aetol.*, p. 10 ; Bertol., *Amoen. ital.*, p. 202 (1819) ; *Fl. ital.*, IX, t. 601-603 (excl. var. b.). — **S. longipetala** Poll., *Fl. veron.*, III, p. 30 (1824) ; Lindl., *Gen. et sp.*, p. 378; Richter, *Pl. Eur.*, I, p. 274; Mut., *Fl. fr.*, III, p. 254,n° 2 et p. 255,n° 3 ; G. et G., *Fl. Fr.*, III, p. 278 ; Moggr., *Contr. Ment*, pl. XCIV ; Ard., *Fl A.-Mar.*, p. 358 ; Barla, *Icon. Orch.*, p. 31 ; Dulac, *Fl. H.-Pyr.*, p. 122 ; G. Cam., *Monogr. Orch.Fr.*, p. 9 ; in *Journ. Bot.*, VI, p. 23 ; Guill., *Fl. Bord. et S.-O.*, p. 171 ; Coste,*Fl.Fr.*,III, p. 386,n° 3564,*cum ic.*; Alb. et Jahand., *Cat. Var*, p. 478 ; Nocc., *Fl. venet.*, IV, p. 144 ; Ten., *Syll.*, p. 458 ; Parlat., *Pl. sic.*, 1, p. 11 et *Pl. nov.*, p. 21 ; Guss., *Fl. Sic.*, II, p. 552 ; de Not., *Rep. fl. Lig.*, p. 390 ; Guss., *Enum. Pl. inar.*,p. 322 ; Parlat., *Fl. ital.*, III, p. 424 ; Ces., Pass., Gib., *Comp.*, p. 185 ; Fiori et Paol.,*Icon. fl. ital.*, n° 812 ; Fiori et Beguin., *Fl. ital.*, p. 238 ; Lojacono, *Fl. Sicula*, III, p. 29 ; Bouvier, *Fl. Alpes*, éd.2, p. 646 ; Gremli, *Fl. Suisse*, ed. Vetter, p. 485 ; Willk. et Lange, *Suppl.*, p. 41, n° 715 ; Chaub. et Bory, *Exp. Morée*, p.266 ; Marg. et R., *Fl. Zante*, p. 87 ; W. Barbey, *Herb. au Levant*, p. 157 ; Raul., *Cret.*, p. 863 ; Battand. et Trab. *Fl. Alg.*, éd. 1, p. 191 ; (1904) p. 322 ; Reichb., *Fl. excurs.*, 1, p. 130 ; Koch, *Syn.* éd. Hall. et Wohlf., p. 2440 ; Asch. et Graebn., *Syn.*, III, p. 777. — **S. oxyglottis** Reichb., *Fl. excurs.*, p. 130 (1830). — **Serapiastrum longipetalum** Eaton in *Proc. biol. soc. Washingt.*, XXI, p. 67 (1908) ; Schinz et Thell. in *Vierteljahrsschr. naturf. Gesellsch. Zurich*, LIII, p. 588. — **Lonchitis longipetala** Bubani, *Fl. pyr.*, p. 52 (1901). — **Serapias vomeracea** Briquet, *Prodr. fl. Corse*, I, p. 378 (1910) ; Schlechter in *Repert. spec. nov.*, XIX, p. 42 (1923) ; Fleischmann in *Oest. bot. Zeitschr.* (1925), p.189. —*O. montana italica, flore ferrugineo, lingua oblonga* Bauh., *Prodr.*, p. 29 ; Pinax, p. 84 ; Cup., *H. c. cath.*, p. 157 ; Mich. in Till., *Cat. H. pis.*, p. 125 ; Seg., *Bl. ver.*, 3, p. 248, t.VIII; Zannich., *Ist. d. p. venet.*, p. 197, t. 42, f. 1. — *O. etrusca lingua ferruginea pilosa* Petiv., *Gazoph.*, t. 128, f. 4.

Noms vulg. : Helleborine à longs pétales ; Allem. : Bartige Stendelwurz.

Icon : Seg., *Pl. veron. suppl.*, p. 48, t. 8, f. 4 ; Sebast., *Rom. pl., fasc.* 1, t. 4, f. 1 ; Sebast. et Maur., *l. c.*, t. 10, f. 1 (optima); Ten., *Fl. nap.*, 2, t. 98; Ces. Pass. Gib., *l. c.*, t, XXIII, 4 ; S.-Am., *Bouq.*, t. 9, f. 1 ; Reichb. f., *Ic.* XIII, t. CCCCXLI, t. CCCCXLII, f. I, t. CCCCXCIX, f. 1,; Barla, *l. c.*, pl. 18, f. 1-15 ; G. Cam., *Atlas*, pl. III ; M. Schulze, *l. c.*, t. 36 ; Fiori et Paol., *Ic. fl. it.*, f. 812 ; G. Cam. Berc. A. Cam., *l. c.*, pl. 11, f. 312-315 ; *Ic. n.*, pl. 3, f.1-16 ; pl. 4, f. 1-6.

Exsicc. : Billot, n° 1072 ; Schultz, n°s 947 et 1553 ; Reichb., n° 1624 ; Orph., *Fl. gr.*, n° 851 ; *Soc. Dauph.*, n° 3059 ; Hut. Porta et Rigo, *It. ital.*, III, n° 261 ; Tod., *Sic.*, n° 1385 ; Austr.-Hung., n° 1848 ; Bourgeau, *Corse*, n° 381 ; *Toulon*, n° 382 ; *Soc. ét. fl. fr.-hclv.*, n° 1447 ; *Soc. Rochel.*, n° 4966.

Tubercules ovoïdes ou subglobuleux, sessiles ou l'un à l'extrémité d'un rhizome un peu allongé. Fibres radicales assez grosses. Tige de 2-5 déc. env., ord. robuste, cylindrique-anguleuse, violacée au sommet, non maculée à la base ou rarement à macules légères, feuillée vers la partie inf. Feuilles lancéolées- linéaires, aiguës, d'un vert glauque, canaliculées, arquées en dehors, les 1-2 inf. réduites à l'état de gaines. *Bractées dépassant ord. beaucoup les fleurs*, allongées, lancéolées, longuement acuminées, parfois verdâtres, ord. d'un violet rougeâtre pâle, de même couleur que les divisions ext.du périanthe,marquées de nervures plus foncées longitudinales, anastomosées par des nervures transversales plus fines. *Fleurs* 4-10, rarement plus,*grandes*,odorantes (2), rapprochées, puis éloignées et disposées en épi allongé. *Divisions* ext. et lat. int. du périanthe conniventes en casque, les *ext. soudées dans presque toute leur longueur*, libres au sommet, un peu carénées en dehors, lancéolées-acuminées, d'un violet rougeâtre, pâle en dehors, plus foncé en dedans, munies de nervures longitudinales anastomosées par de petites nervures transversales, d'un violet foncé et semblables à celles des bractées; les deux lat. int. rougeâtres à bords ondulés crispés, brièvement ovales, à base dilatée d'un pourpre noirâtre, brusquement et longuement acuminées, 3-nervées, un peu plus courtes et beaucoup plus étroites que les externes, soudées à elles par leur sommet. *Labelle* à 3 lobes, 1 *fois 1/2-2 fois env. aussi long que les autres divisions du périanthe*,

---

1. Ce nom s'applique à un lusus.
2. Cf. A. Camus, *Sur le parfum dégagé par les fleurs de Serapias et d'Ophrys* (Bull. bi-mens. Soc. Linn. Lyon, 1926, p. 125).

dirigé en avant, *muni à la base de 2 callosités saillantes peu colorées, linéaires, un peu divergentes* ; lobes lat. d'un pourpre noirâtre dans leur partie sup., arrondis, dressés, rapprochés entre eux au sommet et en partie cachés par le casque ; *lobe médian* bien plus long que les lat., ovale-lancéolée, rarement longuement lancéolé, *moins large que les deux lobes lat. réunis dans le labelle étalé*, réfléchi, *hérissé, ainsi que la base du labelle, de poils nombreux, pâles et allongés*, ord. ondulé sur les bords, d'un rouge fauve, un peu jaunâtre au centre, jaune-pâle dans la partie sup., marqué de nervures ramifiées. Gynostème d'un violet rougeâtre à la base, dirigé en avant, terminé par un bec droit, allongé, verdâtre. Anthère jaunâtre. Masses polliniques vertes. Caudicules blanchâtres. Rétinacle elliptique. Capsule allongée, rétrécie à la base, subtriquètre, à 6 côtes (1).

Morphologie interne.

Fibres radicales. Endoderme peu différencié. Faisceaux entourant un parenchyme abondant ; vaisseaux de métaxylène manquant ordinairement.

Tige. Cuticule striée ; stomates peu rares. 2-4 assises de parenchyme externe. 8-9 assises de cellules lignifiées. Faisceaux libéroligneux entourés de tissu lignifié seulement à l'extérieur. Parenchyme central plus ou moins lacuneux.

Feuille. Ep. — 250-280 µ env., parfois 350-380 µ. Epiderme sup. légèrement strié, recticurviligne, haut de 60-110 µ, à paroi ext. épaisse de 7-9 µ et peu ou non bombée, muni de stomates seulement dans les feuilles bractéiformes sup. Epiderme inf. strié, recticurviligne, haut de 25-40 µ, à paroi ext. épaisse de 5-6 µ et peu bombée, pourvu de stomates abondants. Cellules épidermiques des bords du limbe prolongées en pointes très marquées, inclinées (pl. 115, f. 103). Parenchyme assez lacuneux, formé de 6-7 assises de grandes cellules ovales ou arrondies et de cellules à raphides assez nombreuses. Bords du limbe parenchymateux. Nervures à faisceau libéroligneux entouré de parenchyme chlorophyllien, la médiane plus saillante à la face int. dans les feuilles basilaires que dans les sup.

Fleur. — *Divisions externes du périanthe.* Epiderme ext. strié, à stries ondulées et semblant s'anastomoser au centre de chaque cellule (pl. 120, f. 300). Bords à peine papilleux. Traces d'huile essentielle dans les épidermes. — *Divisions latérales internes.* Epiderme ext. muni de quelques courtes papilles. Epiderme int. prolongé en papilles nombreuses, caractérisées, atteignant 20-30 µ. Parfois traces d'huile essentielle dans les épidermes. — *Labelle.* Partie centrale munie de poils gibbeux, hyalins, longs, de 700-1500 µ, et ayant 50-70 µ de diam. au sommet, 100-180 µ à la base (pl. 120, f. 301). Vers les bords, poils courts, gros, atteignant 80-250 µ de long, non gibbeux, coniques, plus ou moins atténués à l'extrémité (pl. 120, f. 299). Partie sup. charnue du labelle à section présentant la forme des fig. 55,56, munie de quelques papilles étroites. Les deux lames charnues se prolongent un peu sur le limbe du labelle (f. 57). Epiderme inf. du labelle muni de quelques papilles vers les bords. Tissus contenant des traces d'huile essentielle, surtout l'épiderme sup. de la partie sup. jaune pâle. — *Gynostème.* Faisceaux stylaires latéraux manquant ordinairement (pl. 122 f. 465). — *Anthère.* Cellules fibreuses assez nombreuses. Epiderme des loges et du dos du gynostème légèrement papilleux. — *Pollen.* Exine nettement rugueuse. L. = 22-30 µ env. — *Ovaire* (F. 58-58'). Epiderme ord. non strié ; stomates assez rares. Nervure médiane des valves placentifères déprimée, rarement un peu saillante, contenant un faisceau ext. libéroligneux à bois int.

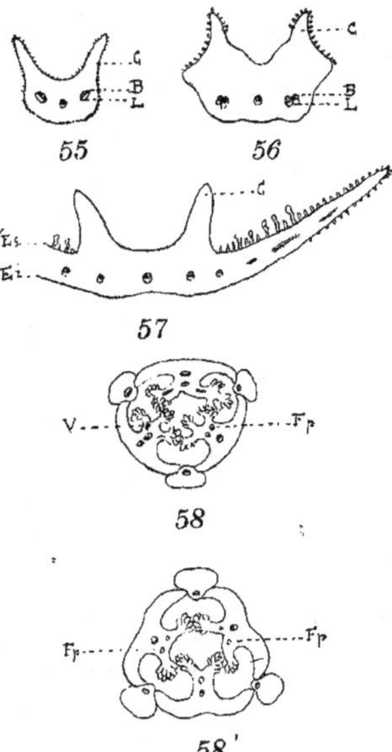

Serapias pseudocordigera. — Fig. 55 : section transversale schématique des callosités du labelle, près de l'ouverture du style ; B, bois ; C, callosité ; L, liber ; — Fig. 56 : section des mêmes callosités un peu plus bas. — Fig. 57 : section passant par les callosités et la partie sup. du labelle ; Ei, épiderme inf. ; Es, épiderme sup. — Fig. 58, 58' : sections transversales schématiques de l'ovaire ; Fp, faisceau placentaire ; V, vaisseau reliant plus ou moins complètement les placentas aux ovules.

1. Les fleurs de cette espèce sont très odorantes et les poils de l'épiderme inf. du labelle laissent exsuder, par moment,

et un ou deux faisceaux int. à bois ext. Placenta assez long, divisé. Vaisseaux courts reliant plus ou moins complètement les faisceaux placentaires à l'extrémité des placentas (v.). Valves non placentifères très proéminentes à l'extérieur, renfermant un faisceau libéroligneux. — *Graines.* Arrondies à l'extrémité, env. 2 f 1/2-4 f. plus longues que larges. Cellules du tégument très striées à parois ondulées. L. = 350-500 μ env

Var. β **pallescens** (*S. oxyglottis* var.) Mutel, *Fl. Fr.*, III, p. 255 (1836) G. Cam. Berg. A. Cam., *l. c.*, p. 51 ;A. Cam. in *Rio. scient.*,1919, p. 9 ; var *pallida* Reichb f., *Icon.*, XIII-XIV, p. 12 ; Arcang., *l. c.*, p. 165; var. *pallidiflora* Torado ; an var. *ochroleuca* Cocconi, *Fl. Bologn.*, p. 480 ? — *Ic. n.*, pl. 4, f. 4-5. — Fleurs et bractées blanc jaunâtre ; labelle pâle, souvent à oreillettes rosées. — Rare, France : Var, Alpes-Marit. ; Italie : Monte Testaccio (Cortesi) ; Afrique septentr.

Var. γ **maculata** Zodda ; Fiori et Beguin., *Fl. Ital.*, *App.* IV, p. 54. — Feuilles ponctuées de pourpre à la base. — Italie ; France mérid.

Var. δ **mauritanica** G. Cam. Berg. A. Cam., *l. c.*, p. 51. — *Ic. n.* pl., 4, f. 7-13. — Plante très robuste. Tige assez maculée de pourpre à la base. Fleurs assez foncées ; labelle à lobe moyen au moins 2 fois aussi long que les lat., mais bien moins large qu'eux dans le labelle étalé. Bien que la plante présente certains caractères du *S. cordigera*, elle n'est pas hybride. — Mars-mai. — Maroc : Casablanca (Mellerio).

V. v. — Avril, mai, parfois juin. — *Habitat* : prés humides ou frais ; lieux herbeux, collines et montagnes de l'Europe méridionale. — *Répart. géogr.* ; Portugal (Beira litt., Centro litt., Baixo Alemtejo litt.), Espagne (Galice, Sierra di Guadarrama, pr. Jeraz, Catalogne, etc., Minorque (race), France (S.-O., Midi, assez répandu, disséminé en Corse), Suisse mérid. (Tessin), Italie (abondant dans la rég. sept. de la Ligurie à l'Istrie, plus rare dans les rég. centr. et mérid., Sardaigne, Sicile, îles Ustica, Felicuri, Lipari, Vulcano, Pantellaria), Tyrol mérid., Istrie, Croatie, Dalmatie, Monténégro, Grèce, Corfou, Roumélie, Bulgarie, Turquie, Russie mérid., Caucase (Griseb.), Transcaucasie, Asie-Mineure, Syrie, Palestine, Crète (Heldreich), Algérie (R.), Maroc.

4. — S. LINGUA

S. Lingua L., *Spec.*, éd. 1, p. 950 (1753), p. p. ; Willd., *Spec.*, IV, p. 70 ; Lindl., *Gen. et sp.*, p. 377 ; Rich. in *Mém. Mus.* Paris, IV, p.54 ; Reichb. f., *Icon.*, XIII-XIV, p. 9 ; Kraenz. *Gen. et sp.*, I, p.156, p.p. ; Lamk., *Fl. fr.*, III, p. 521 ; DC., *Fl. fr.*, III, p. 256 ; V, p. 233 ; Duby, p. 448 ; Mut., *Fl. fr.*, III, p. 254, n° 4 ; Richt., *Pl. Eur.*, I, p. 275 ; Lec. et Lam., *Catal. pl. cent.*, p. 352 ; Gr. et God., *Fl. Fr.*, III, p. 280 ; Poir., *Cat. Vienne*, p. 95 ; S.-Amans, *Fl. agen.*, p. 378 ; *Bouq.*, t. 8, f. 2 ; Deb., *Rév. fl. agen.*, p. 519 ; Bor., *Fl. cent.*, éd. 3, p, 640 ; Ard., *Fl. A.-Mar.*, p. 358 ; Barla, *Icon. Orch.*, p. 30; Dulac, *Fl. H.-Pyr.*, p. 122 ; Gust. et Hérib., *Fl. Auv.*, p. 427 ; G. Cam., *Monogr. Orch. Fr.*, p. 10 ; in *Journ. de Bot.* VI, p. 24 ; G. Cam. Berg. A. Cam., *Monogr. Orch. Fr.*, p. 52 ; Coste, *Fl. Fr.*, III, n° 3565, *cum ic.* ; Alb. et Jahand., *Cat. Var*, p. 479 ; Rouy, *Fl. Fr.*, XIII, p. 189 ; Guill., *Fl. Bord. et S.-O.*, p. 171 ; Moggr., *Contr. Menton*, pl. XCV, f. A.-B ; Ruppert in *Nat. Ver. pr. Rh. u. W.* (1926), p. 305 ; Biv. *Orch. Sard.*, p. 8 ; *Sic. cent.*, I, p. 74 ; Savi, *Fl. Gorg.*, p. 34 ; Guss., *Fl. Sic. syn.* II, p. 553 ; de Not., *Repert. fl. lig.*, p. 390, Bert., *Pl. gen.*, p. 125 ; Biv., *Sic. pl. cent.*, I, p. 74 ; Poll., *Fl. veron.*, III,p .29 ; Parlat., *Rar. pl. Sic.*, I,p. 9 ; *Fl. ital.*, III, p. 422 ; Moris et de Not., *Fl. Capr.*, p. 124 ; Ces. Pass. Gib., *Comp.*, p. 185 ; W. Barbey, *Fl. Sard. comp.*, p. 57 et *Suppl. Asch. et Lev.*, p. 183 ; Arcang., *Comp.*, éd. 2, p. 165 ; Cortesi in *Ann. bot. Pirotta*, I, p 238 ; Fiori et Paol., *Fl. ital.*, I, p. 238 ; *Icon.*, n° 810 ; Martelli, *Mon. Sard.*, n° 26 ; Lojacono, *Fl. Sicula*, III, p. 34 ; Briquet, *Prodr. Fl. Corse*, I, p. 375 ; Desf., *Fl. atl.*, II, p. 322; Boiss, *Fl. orient.*, V, p. 54 ; *Voy. Esp* ,p. 598 ; W. Barbey, *Herb. au Levant*, p. 157 ; Willk. et Lange, *Prodr. hisp.*, I, p. 163 ; Cambes. *Enum. pl. Bal.*, n° 552 ; Rodrig., *Cat. Supp.*, p.55, n° 181 ; Mar. et Vig., *Cat. Bal.*,p. 279 ; Guimar., *Orch. port.*, p.40 ; Munby, *Cat.*p.101 ; Lacr., *Cat. Kabylie* ; Debeaux, *Kabyl. Djurdjura*,p. 342 ; Batt. et Trab. *Fl. Alg.* (1884), p.190 ; (1895) p. 32 ; (1904) p. 322; Poiret, *Voy. Barb.*, II, p. 250 ; Colm., *En. pl. hisp. lus.* ; M. Schulze, *Die Orchid.*, n° 34 ; Koch, *Syn.* éd. 2, p. 799 ; éd. 3, p. 601 ; éd. Hall. et Wohlf., p. 2440; Aschers. et Graebn., *Syn.* III, p. 774 ; Deb. et Daut., *Fl. Gibr.*, p. 199; Fraas, *Fl. clas.*, p. 280; Raul., *Cret.*, p. 863 ; Spreitz in *Zool. bot. Ges.* (1877) p. 730 ; Halacsy, *Consp. fl. gr.*, p. 159 ; Zerap., *Fl. Mel. thes.*, p. 70 ; Marg. et R., *Fl. Zante*, p. 82 ; Sibt. et Sm., *Fl. gr. pr..*, II, p. 218 ;

de fines gouttelettes, en quantité moindre que dans le *S. neglecta*. Delpino a vu des Abeilles transporter le pollen (Delpino, *Applic.*, p. 10). M. Godfery a signalé que l'*Osmia leiana* dormait souvent, pendant la nuit, dans le tube étroit formé par les lobes lat. du labelle repliés et le casque. Le matin, en cherchant à s'échapper, il touche aux pollinies qui s'attachent à sa tête et qu'il transporte ensuite sur une autre fleur (Godfery in *The Gardeners' Chronicle*, 1920, p.70). Nous avons observé les mêmes mouvements que dans les autres espèces A. Camus, *l. c.*

Fl gr. X p. 23, t. 931 ; CHAUB. et BORY, *Exp. Morée*, p. 266 ; *Fl. Pélop.*, p. 62 ; SIEB., *Avis*, p. 5 ; FRIEDR., *Reise*, p. 282 ; GELMI in *Bull. Soc. bot. it.*, p. 452 (1889) ; HAUSSKN., *Symb. fl. gr.*, p. 24 ; LEZOUX in *Bull Soc. bot. Fr.* (1913), p. XLIV. — **Helleborine Lingua** SEB. et MAUR. *Fl. rom. prodr.*, p. 313 (1818); TEN. *Fl. nap.*, II, p. 316 ; non PERS *Syn.*, II, p. 512 (1807). — **H. oxyglottis** PERS. *Syn.* II, p. 512 (1807). — **S. glabra** LAPEYR., *Hist. Pyr.*, p. 552 (1813). — **Orchis Lingua** ALL., *Fl. ped.*, II, p. 148 p. p. (1883). — **Serap. elongata** TODARO *Il. Bot. Pan.*, p. 25 ; LOJACONO, *Fl. Sicula*, III, p. 30. — **Serapiastrum Lingua** A. EATON in *Proc. Biol. Soc. Washington*, XXI, p. 67 (1908). — **Lonchitis oxyglottis** BUBANI, *Fl. pyr.*, p. 52 (1901). — *Orchis montana italica, lingua oblonga altera* BAUH., *Pinax*, 84. — *Orchis flore phœniceo, lingua oblonga, rhomboidea* MICH. in TILL. *Cat. h. pis.*, p. 125. — *Polyorchis Etruriæ. Lingua alba* PETIVER, *Gazop.*, p. 5. — *Polyorchis Etruriæ Lingua rubro-lutea* PETIVER, *l. c.*, t. 128, f. 6, ex Willd.

Noms vulg. : Helleborine à languette, Serapias Langue ; Provenç. : Lebourino. — Ital. : Bocca de gallina. — Allem. : Zungen-Stendelwurz.

Icon : MORIS, *Hist.* 3, f. 12, t. 14, f. 21 ; SEG., *Pl. ver.*, III, t. 8, f. 4 ; PAOL. et FIORI, *Fl. it.*, I, f. 810 ; MOGGRIDGE, *Fl. of Mentone*, pl. 95 ; SIBTH. et SM., *Fl. gr.* t. 331 ; REICHB. f., *Icon.*, XIII, t. 87, CCCCXXXIX excl. f. 5 ; BARLA, *l. c.*, pl. 17 ; GUIMARAES, *l. c.*, est. IV, f. 31 ; G. CAM., *Atl.*, pl. IV ; G. CAM. BERG. A. CAM., *l. c.* pl. 11, f. 304-309 ; *Ic. n.*, pl. 5, f. 1-14.

Exsicc. : *Reliq. Maill.*, n° 1733 ; *Endress.* (an. 1831) ; REICHB., n° 1623 ; *Soc. Dauph.*, n° 591 et *bis* ; BILLOT, n° 1070 ; MAGNIER, *Fl. sel.*, n° 3861 ; BOURGEAU, *Pl. Esp.* n°⁵ 460 et 460 *bis*(1863), n° 1697 (1864) ; REVERCH., *Pl. Corse.*, ann. 1878, n° 128 ; KRALIK, *Pl. Corse*, n° 744 ; SPREITZ, *Ic. con.* (1877 et 1878) ; SAVI, *Fl. etr.* ; DAVEAU, *Herb. lusit.*, n° 1351 (exempl. Mus. Paris) ; PORTA et RIGO, *It. ital.*, II, n° 327 ; *It.* III *hisp.* (1890) ; WILLK., *It hisp.*, n° 66 ; DÖRFLER, *Pl. cret.*, n° 119; JAMIN, *Pl. Alg.* ; BALANSA, *Pl. d'Alg.*, n° 244 ; REVERCHON (1878) n° 128.

Tubercules ovoïdes ou subglobuleux, 2-3-4 ou plus, dont un ou plusieurs ord. à l'extrémité d'un rhizome assez long. (1) Fibres radicales assez épaisses. Tige de 2-6 décim. env., assez grêle, droite, cylindrique, d'un vert clair, non maculée à la base. Feuilles lancéolées-linéaires, aiguës, canaliculées, arquées en dehors, d'un vert glaucescent, les inf. réduites à l'état de gaines. *Bractées égalant environ les fleurs ou les dépassant un peu*, concaves, ovales ou ovales-lancéolées, aiguës, acuminées, lavées de rouge violacé, munies de nervures longitudinales anastomosées par de petites nervures transversales. *Fleurs 2-6, moyennes*, disposées en épi allongé. *Divisions* sup. du périanthe conniventes en casque, les *ext. soudées dans presque toute leur longueur*, libres au sommet, ovales-lancéolées, aiguës, concaves, un peu carénées, d'un violet clair ou couleur chair, parfois marbrées de vert, munies de nervures longitudinales plus foncées, anastomosées par de petites nervures transversales, luisantes en dedans, les 2 lat. int. d'un violet clair, longuement acuminées-subulées, dilatées à la base, 5-nervées, un peu plus courtes et bien plus étroites que les ext. avec lesquelles elles sont soudées par leur sommet. *Labelle* trilobé, dirigé en avant, *presque 2 fois plus long que le casque, muni à la base d'une callosité allongée, brillante, noirâtre, entière ou pourvue d'un sillon longitudinal peu profond* ; lobes latéraux d'un pourpre noirâtre dans leur partie sup., arrondis, dressés, rapprochés entre eux au sommet et presque cachés par le casque ; *lobe médian* bien plus long que les latéraux, réfléchi, *ovale presque lancéolé*, aigu ou acuminé, rarement subobtus, entier dans les petits individus, un peu ondulé-crénelé sur les bords dans les individus robustes, *environ moitié moins large que les 2 lobes latéraux réunis dans le labelle étalé*, délicatement nervé, d'un violet clair, rougeâtre, quelquefois rose ou jaunâtre et toujours plus pâle au centre, *muni de quelques poils fins* (a été absolument à tort décrit comme glabre). Gynostème dirigé en avant, à bec droit, allongé, verdâtre, Stigmate subcordiforme. Anthère jaunâtre. Masses polliniques et caudicules d'un jaune pâle ou verdâtre. Rétinacle elliptique. Ovaire d'un vert clair, linéaire, subcylindrique, sessile. Capsule allongée, subtriquètre, à 6 côtes dont 3 plus larges (2).

Morphologie interne.

Tubercule. Cylindres centraux peu nombreux. Grains d'amidon ellipsoïdes, peu allongés, gros, atteignant 15-40 μ de long. env. (pl. 112, f. 34). Endoderme à plissements subérisés assez nets. Vaisseaux de métaxylème manquant souvent.

1. Cf. BARSALI, *Sulle formazioni tuberose nella Serap Lingua* (At. Soc. Tosc. Sc. nat., 1921, p. 34).
2. Les fleurs du *S. Lingua* sont assez odorantes et leur labelle laisse parfois exsuder de très fines gouttelettes par ses poils, mais à un degré moindre que chez le *S. neglecta*. Les lobes antérieurs du labelle et le casque forment une sorte de tube étroit entourant le gynostème et dans lequel pénètrent les insectes. La tache foncée et luisante de la base du labelle atti e aussi ces derniers vers le gynostème. Dans les fleurs qui viennent de s'ouvrir, le gynostème est très in-

Tige. Epiderme strié ; stomates nombreux. 2-4 assises chlorophylliennes entre l'épiderme et l'anneau ligniflé. 4-7 assises lignifiées extra-libériennes. Faisceaux libéroligneux à section aussi ou plus large que haute ; parenchyme non lignifié abondant. Lacune au centre de la tige.

Feuille. Ep. = 250-500 μ. Epiderme sup. strié, haut de 60-90 μ, à paroi ext. épaisse de 4-6 μ et à peine bombée, ordinairement dépourvu de stomates. Epiderme inf. recticurviligne, haut de 40-60 μ à paroi ext. épaisse de 4-6 μ et bombée, muni de nombreux stomates. Cellules épidermiques des bords du limbe à paroi ext. nettement bombée à l'extérieur (pl. 115, f. 101). Parenchyme formé de 5-8 assises plus ou moins arrondies, chlorophylliennes et de cellules à raphides assez rares. Bord aminci, parenchymateux. Nervure médiane à section concave-convexe, les autres à section plane ; parenchyme chlorophyllien non interrompu au-dessus et au-dessous des faisceaux libéroligneux.

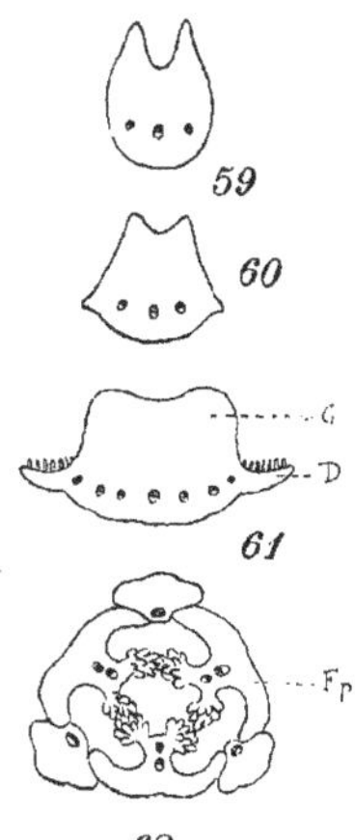

Serapias Lingua. — Fig. 59 : section transversale schématique passant par la base de la callosité du labelle : B, bois ; L, liber. — Fig. 60: section un peu plus éloignée de l'ouverture du style. — Fig. 61 : section transversale passant par la callosité et la partie sup. du limbe du labelle ; C, callosité ; D, limbe du labelle. — Fig. 62 : section transversale de l'ovaire. Fp, faisceau placentaire.

Fleur. Divisions externes du périanthe. Epiderme ext. délicatement strié, à stries convergentes, semblant s'anastomoser au centre de la cellule. Bords munis de quelques courtes papilles. — *Divisions latérales internes.* Epidermes ext. et int. pourvus de petites papilles, peu nombreuses. Epiderme int. contenant des traces d'huile essentielle. — *Labelle.* Partie centrale du labelle munie de longs poils très gibbeux à l'extrémité, atteignant 120-400 rarement 500 μ de long, et de 12-30 parfois 50 μ de diam. vers la base (pl. 120, f. 288-291). Sur les parties latérales, poils plus courts, sans gibbosités, terminés souvent en une courte pointe (pl. 120, f. 286-287). Callosité charnue, rouge et luisante à section présentant la forme des fig. 59, 60, 61 ; parenchyme formé de cellules assez grandes laissant entre elles des méats et contenant beaucoup de raphides et de sucre ; épiderme plus ou moins papilleux. A l'endroit où le limbe du labelle apparaît (f. 61) le parenchyme est encore fortement hypertrophié au-dessus des nervures peu développées et au milieu la dépression est très faible. Parfois, principalement dans les fleurs jaune pâle, globules d'essences dans l'épiderme sup. (pl. 120, f. 285) et les poils qu'il porte (f. 288). Epiderme inf. du labelle muni de papilles courtes. — *Anthère.* Epiderme prolongé en papilles au dos du gynostème. Cellules fibreuses peu nombreuses. — *Pollen.* Exine nettement rugueuse. L = 35-45 μ. — *Ovaire* (F. 62) Stomates ordinairement peu nombreux. Nervure des valves placentifères non saillante à l'extérieur, contenant un faisceau libéroligneux ext. à bois int. et un faisceau int. à bois ext. Masse placentaire divisée vers le sommet. Valves non placentifères extrêmement développées, très proéminentes à l'extérieur, ayant un faisceau libéroligneux. — *Graine* Suspenseur à processus nombreux, disparaissant dans la graine mûre. Graines adultes très striées, arrondies au sommet, env. 2 f. 1/2-3 f. plus longues que larges. L = 250-300 μ env.

Forma a *pallidiflora* G. Cam. Berg. A. Cam., *Monogr. Orch. Eur.*, p. 54 (1908). — *Ic. n.*, pl. 5, f. 5-6. — Fleurs pâles, à labelle jaunâtre et lobes lat. rouges. — Rép. dans le Midi de la France et en Italie.

Forma b *elongata* G. Cam. Berg. A. Cam., *l. c.* p. 54 ; var. *pallida* Todaro, *Hort. Panorm.*, p. 50 ? — *Ic. n.*, pl. 5, f. 2. — Labelle très allongé ; plante élancée.

— La pl. VII de l'*Hortus panormitanus* représente un individu à épi lâche, à fl. blanc jaunâtre lavé de brun clair. — Disséminé.

Forma c *nana* G. Cam. — Plante pauciflore, naine. Port rappelant un peu celui du *S. occultata*, mais callus très entier. — *Ic. n.*, pl. 5, f. 11-12. — Grèce : Potamos.

Les var. *longebracteata* Guimar., *l. c.*, p. 41 (1887) ; var. *longibracteata* Hoschedé in *Bull. Acad. internat. de Géogr. botan.* (1903), p. 201, à fl. longuement dépassées par les bractées ; var. *leucantha* Guimar., *l. c.*, à

cliné en avant, les loges de l'anthère sont ouvertes. Les insectes ont difficilement accès au stigmate, mais en touchant au bursicule, ils provoquent sa rupture, détachant le rétinacle et l'emportant avec les caudicules et les masses polliniques. Dans les fleurs plus âgées, le gynostème est plus relevé et l'accès du stigmate est plus facile pour les insectes. On observe bien les mouvements des masses polliniques en touchant le rétinacle avec une aiguille. Il adhère à elle et on voit les masses polliniques s'écarter un peu et s'infléchir en arrière. Les caudicules s'infléchissent rapidement. Cette espèce peut exceptionnellement se féconder elle-même, une masse pollinique ou quelques massules tombant sur la base lisse et très glissante du labelle.

fl. rosées ou blanches ; var. *leucoglottis* WELW., à fl. blanches dont les lobes lat. sont vermeils, ne sont que des formes à considérer, au plus, comme des sous-variétés.

Var. α **anomala** GODFERY in *Journ. of Bot.* (1921), p. 243 ; *S. occultata* var. *anomala* ALBERT in *Bull. Soc. Rochel.*, XXV, p. 43 (1903) ; ALBERT et JAHAND., *Cat. Var*, p. 479. — *Ic. n.*, p. 6, f. 3-6. Tubercules ord. 3, dont 2 plus ou moins longuement pédicellés ; labelle à callus jaune à la base et noirâtre de chaque côté du sillon. — Var : Hyères (Alb.), Carqueiranne (Jahandiez), Gassin à Cavalaire (Thompson), Roquebrune (Bertrand).

Var. β **Duriæi** REICHB. f., *Icon.*, XIII, p. 10, pl. ID, f. III ; BATT. et TRAB. *Fl. Alg.* (1884), p. 190 ; (1895), p. 33 ; *S. mauretanica* SCHLECHTER in *Repert. spec. nov.*, XIX, p. 565 (1923). — Labelle excavé en avant du callus ; lobe médian étroitement lancéolé ; callus un peu émarginé ou lobé. — Algérie.

Var. γ **oxyglottis** G. CAM. BERG. A. CAM., *l. c.* (1908). — *S. oxygloftis* WILLD., *Spec. Pl.*, IV, p. 71 (1805) ; SCHLECHTER, *Repert. sp. nov.*, XIX, p. 38 (1923) non Rchb. — Bractées égalant les fl. ou un peu plus courtes qu'elles. Fl. un peu plus grandes, casque acuminé ; labelle à partie sup. (hypochile) largement trapézoïde légèrement concave en avant du callus ; lobe médian lancéolé, acuminé, brièvement poilu. — Italie : env. de Naples (Kuntze) ; Sicile : Palerme (Todaro, *Fl. sic. exs.*, n° 491) ; Portugal : Coimbre, Arregaça (Moller) ; France : Alp.-Mar., Var ?

Le **S. excavata** SCHLECHTER in *Repert. sp. nov.*, XIX, p. 38 (1923), ne paraît pas spécifiquement distinct du *S. Lingua*, plante très polymorphe. Il est ainsi caractérisé : fl. un peu petites ; labelle un peu concave en avant du callus, callus légèrement sillonné au sommet ; partie sup. du labelle (hypochile) semiovale et partie inf. (épichile) poilue jusque sous le sommet. — Corse : Bastia (Debeaux, 1899, s. n. *S. Lingua* L.) ; Sardaigne : (Martelli, 1899, s. n. *S. pseudocordigera* Moric.).

Monstruosités. — MOGGRIDGE a signalé (*Journ. Linn. Soc.*, XI, p. 490 1871), le cas de div. lat. ext. du périanthe devenues semilabelliformes du côté voisin du labelle et CORTESI, *l.c.*, le cas de div. ext. libres jusqu'à la base (f. *abnormis* Cortesi).

V. v. — Mars-juin. — *Habitat* : coteaux arides ou herbeux, broussailles, clairières, lieux incultes souvent sablonneux, prairies maritimes, fréquent sous les oliviers, ord. en colonies. — *Répart. géogr.* : Portugal (abondant et disséminé), Espagne (disséminé, assez abondant), Baléares, France (rég. mérid. jusqu'au Plateau Central, sud-ouest, Corse), Italie (répandu de la rég. litt. à la base montagne, dans la péninsule et les îles, Sicile, Sardaigne),Malte, Istrie, Croatie, Dalmatie, Herzégovine, Balkans, Grèce, Corfou (Bergon), Turquie, Crète (Heldr.), Smyrne (Richt.), Asie-Mineure, Tunisie septentr., Algérie (C.), Maroc.

5. — S. OCCULTATA

S. occultata GAY in *Ann. Sc. nat.*, II, 6 (1836), p. 119 *nomen nudum* ; et in DUR., *Pl. Astur. exsic.* (1836) : CAVAL., *Note sur 2 pl. de Fr.* (1848) ; G. et G., *Fl. Fr.*, III, p. 260 ; G. CAM., *Monogr. Orch. Fr.*, p. 11 ; in *Journ. Bot.*, VI, p. 25 ; G. CAM. BERG. A. CAM., *Monogr. Orch. Eur.*, p. 55 ; G. et A. CAM., *Fl. Saint-Tropez*, p.31 ; ALB. et JAHAND., *Cat. Var*, p. 479; COSTE, *Fl. Fr.*, III, p. 386, n° 3566, *cum icone* ; CES. PASS. GIB., *Comp. Fl. it.*, p. 185 ; MACCH., *Orch. Sard. in N. g. bot., it.* (1881) p. 310 ; VACCARI, *Fl. ar. Madd.* in *Malpighia*, VIII, p. 266 ; MARTEL, *Mon. Sard.*, p. 29 ; FIORI et BÉGUIN., *Fl. ital.*, I, p. 238 ; WILLK. et LANGE, *Pr. hisp.*, p 163 ; *Suppl.*, p. 41 ; BARC., *Ap. pl. Bal.*, p. 45 ; MAR. et VIG., *Cat. Bal.*, p. 279 ; DEB. et DAUT., *Syn. Gibr.*, p. 199 ; GUIMAR., *Orch. Port.*, p. 38 ; BATT. et TRAB., *Fl. Alg.* (1884) p. 190 ; (1895) p. 33 ; (1904) p. 322 ; DEB., *Fl. Kab. Djurdj.*, p. 342, WOLLEY-DOD in *Journ. of Bot.* (1914) *Suppl.* p. 99.— **S. parviflora** PARLAT. in *Giorn. sc. let. e arti p. Sic.* (1837), p. 66 ; *Rar. pl. Sic.*, 1, t. 8 ; *Pl. nov.*, p. 17 ; in LINN., XII, p 347, t. 4, f. 1 (1838) ; *Fl. ital.*, III, p. 420 ; BERT., *Fl. ital.*, IX, p. 606 ; TOD., *Orch. sic.*, p.114 ; GUSS., *Syn., fl. sic.*, II, p. 553 ; ARCANG., *Comp.*, éd. 2, p. 164 ; FIORI et PAOL., *Icon. ital.*, f. 811 ; MUNBY, *Cat.* ; LOJACONO, *Fl. Sicula*, III, p. 31 ; MOGGR., *Contr. Ment.*, t. XCV, f. C ; BARLA, *Icon. Orch.*, p. 34 ; NYMAN, *Consp.*, p. 690 ; *Supp.*, p. 290 ; BRIQUET, *Prodr. fl. Corse*, I, p. 373 ; ASCHERS, et GRAEBN., *Syn.*, III, p. 779 ; ROUY, *Fl. Fr.*, XIII, p. 190 ; UNG. *Reise*, p. 120 ; SPREITZ in *Z. b. Ges.* (1887) p. 730 ; GELMI in *Bull. Soc. bot. it.* (1899), p. 452 ; HAB., in *Oester. bot. Zeit.* (1897) p. 98 ; HELDR. *Fl. Aegina*, p. 390 ; HAUSSKN., *Symb. fl. gr.*, p. 24 ; HALACSY, *Consp. fl. gr.*, p. 159 ; SCHLECHTER in *Repert. spec. nov.* XIX, p. 61 (1923). — **S. longipetala** CHAUB. et BORY, *Exp. Morée*, p. 266 (1832), *non* TENORE. — **S. longipetala** var. β **parviflora** LINDL., *Gen. et spec.*, p. 378 (1835). — **S. laxiflora** var. **parviflora** REICHB. f., *Icon.*, XIII-XIV, t. 90, CCCCXLII (1851). — **S. oculata** MARSILLY,

Cat. pl. Corse, p. 148 (1872). — **S. Linguâ** var. **parviflora** KRAENZL., *Gén. et sp.*, p. 156, (1897). — **Serapiastrum parviflorum** A. EATON, in *Proc. Biol. Soc. Washington*, XXI, p. 65 (1908).

Icon : BARLA, *l. c.*, pl. 22, f. 1-3 ; G. CAM. *Atlas*, pl. V ; REICHB. F.,*l. c.*, t. CCCCXLII, f. 2-13 ; PARLAT. *l. c.* et in *Linnæa* 12, t. 4 ; MOGGRIDGE, *Fl. of Ment.*, pl. 95 ; G. CAM. BERG. A. CAM., *l. c.*, pl. 11, f. 324-328 ; *lc n.*, pl. 6, f. 1-13.

Exsicc. : DURIEU, *Pl. sel. hisp. lus.*, n° 226 ; DAVEAU, *Herb. lus.*, n° 954 ; *Soc. Dauph.*, n⁰ˢ 2260, 2260 *bis* et *ter* ; BOURGEAU, *Toulon*, n° 384 ; *Soc. fl. fr.-helv.*, n⁰ˢ 1448 et 1448 *bis*.

Tubercules petits, ovoïdes-oblongs ou subarrondis, 2-3, sessiles ou l'un brièvement pédicellé. Fibres radicales grêles. Tige de 1-2, rarement 3-4 déc., dressée, cylindrique, un peu anguleuse au sommet, d'un vert pâle, non maculée à la base. Feuilles lancéolées-linéaires, aiguës, d'un vert glauque, canaliculées-carénées, légèrement ondulées sur les bords, les inf. réduites à des gaines. *Bractées égalant ou dépassant un peu les fleurs*, allongées, aiguës-acuminées, rougeâtres ou plus rarement d'un vert clair, nervées. *Fleurs 3-8, petites*, disposées en épi étroit, à la fin allongé. Divisions du périanthe conniventes en casque, les *ext. brièvement soudées dans leur partie inf.*, linéaires-lancéolées, aiguës, d'un violet rougeâtre pâle, munies de nervures longitudinales réunies en anastomoses par des nervures transversales peu visibles, les lat. int. verdâtres ou rougeâtres, ovales-lancéolées, subulées, élargies à la base, à bords plans, soudées brièvement avec les ext. *Labelle* assez petit, à 3 lobes, *égalant environ la longueur du casque* ou le dépassant peu, très réfléchi, *muni à la base de deux callosités parallèles* ; lobes latéraux noirâtres dans leur partie sup., arrondis, dressés et en partie cachés par le casque ; *lobe médian lancéolé*, aigu, *étalé*, tout à fait réfléchi, *bien plus étroit que les lobes lat. dans le labelle* étalé, d'un rouge ferrugineux, hérissé de poils courts brunâtres, muni de nervures ramifiées. Gynostème dirigé en avant, à bec courbé, allongé, acuminé. Anthère jaune. Masses polliniques pâles. Ovaire sessile, linéaire, allongé, subtriquètre, d'un vert pâle. Capsule allongée, obtuse, dressée, à 6 côtes (1).

Morphologie interne.

Tubercule. Grains d'amidon très irréguliers de forme, non arrondis, souvent allongés, gros, atteignant 25-40 µ de long (pl. 112, f. 33). — *Fibres radicales*. Assise pilifère très subérisée. Endoderme peu différencié. Quelques vaisseaux de métaxylème.

Tige. Stomates nombreux. 2-3 assises de parenchyme externe entre l'épiderme et le tissu lignifié extralibérien. 5-7 assises sclérifiées touchant ordinairement au liber des faisceaux, rarement séparées de lui par 1-3 assises de parenchyme. Faisceaux libéroligneux larges sur une section transversale, entourant un parenchyme central très développé, résorbé au centre, contenant des raphides assez rares.

Feuille. Ep. = 240-370 µ. Epiderme sup. recticurviligne, haut de 60-100 µ, à paroi externe bombée, épaisse de 7-9 µ, muni de stomates seulement dans les feuilles bractéiformes. Epiderme inf. recticurviligne, haut de 25-35 µ, à paroi externe épaisse de 7-9 µ, peu bombée, striée perpendiculairement aux parois latérales. Cellules à contenu rosé isolées ou en îlots dans l'épiderme inf. de la base des feuilles. Paroi externe des cellules épidermiques des bords du limbe bombée fortement à l'extérieur. Parenchyme formé de 6-7 assises de cellules plus ou moins arrondies ou peu allongées ; cellules à raphides nombreuses.

Fleur. — *Divisions externes du périanthe*. Epiderme ext. à cuticule striée ; stries convergeant vers le centre de la cellule. — *Divisions latérales internes*. Epiderme ext. strié. Epiderme int. prolongé en nombreuses petites papilles. — *Labelle*. Epiderme int. de la partie centrale muni de poils gibbeux, très gros à la base, hyalins, souvent recourbés, atteignant 250-600 µ de long. et 30-80 µ de diam. env. (pl. 120, f. 293-294) ; parties lat. munies de quelques poils courts, sans gibbosités, mais ayant encore 50-80 µ de diam. env. Callosités de la base du labelle bien plus larges que hautes, sur une sect. transv., se prolongeant sur la partie basilaire du limbe en deux lames divergentes (f: 63). Parenchyme formé de cellules laissant entre elles des méats, riches en raphides et en sucres. Epiderme int. des callosités pourvu de papilles courtes, longues de 10-40 µ env. Epi-

---

1. Ce *Serapias* se féconde lui-même (NICOTRA). Les pollinies sont très friables, formées de massules se séparant très facilement les unes des autres. Nous avons observé qu'avant l'ouverture de la fleur, les massules supérieures de chaque pollinie sont plus ou moins séparées, détachées et déjà déposées sur le stigmate. Dans la fleur ouverte, on voit que le rétinacle est encore dans la bursicule, les caudicules, sortis des loges, sont nettement courbés en avant et ce qu'il reste des masses polliniques pend au-dessus de la base glissante et oblique du labelle. Les insectes enlèvent peut-être parfois le rétinacle avec les caudicules et la base des pollinies, mais les mouvements des pollinies paraissent très faibles. La plante doit presque toujours se féconder elle-même. La fleur est d'ailleurs assez fermée aux insectes. Cf. A. CAMUS, *l. c.*

derme inf. sans papilles au milieu du labelle, à papilles très courtes dans les parties latérales (pl. 120, f. 292).
— *Anthère* Épiderme des loges et du gynostème légèrement papilleux. Parois de l'anthère à cellules fibreuses assez abondantes. — *Pollen.* Grains à exine non sensiblement granuleuse. L. = 24-32 μ. — *Ovaire* (F. 64). Cuticule striée. Valves placentifères à nervure médiane non ou à peine saillante extérieurement, souvent contenant un faisceau libéro ligneux, quelquefois deux, l'int. à bois ext., l'ext. à bois int. Masse placentaire large, divisée, presque dès la base, en deux parties assez longues, divergentes. Valves non placentifères saillantes extérieurement et intérieurement, contenant un faisceau libéroligneux. — *Graines.* Cellules du tégument à parois ondulées, très striées. Graines adultes légèrement atténuées, puis brusquement tronquées à l'extrémité, 2 f. 1/2-3 f. plus longues que larges. L = 240-350 μ env.

F. *albiflora* G. Cam. — Fleurs blanches. T. R. Portugal : Santo Andre (Welw).

F. *Knochei* A. Cam. — Bractées florales jaune pâle, nervées de vert. — Baléares (Knoche, *Fl. Balear.* I, p. 409).

La var. *parviflora* Parl. ap. Willk. et Lange, l. c., *Suppl.*, p. 41 ; *S. laxiflora* α *parviflora* Reichb. f., *Ic.*, XIII, p. 13 (1851), correspond à des individus petits, croissant en sol aride. Elle est reliée au type par des intermédiaires.

Var. β **Columnæ** (*S. parvifl.* var.) Aschers. et Graeb., *Syn.*, III, p. 779 (1907) ; G. Cam. Berg. A. Cam., *l. c.*, p. 57 ; *Serap. laxiflora* Chaub., *Fl. Pélop*, p. 62 (1838) ; Schlechter in *Rep. spec. nov.*, p. 565 (1923); ; *S. Columnæ* Aunier ap. Reichb., *Icon.*, XIII, t. CCCCXCIX, f. II, p. 13 (1851); Lojacono, *Fl. Sicula*, III, p. 32, Fleischmann in *Oesterr. bot. Zeitschr.* (1925), p. 190; *S. laxiflora b. Columnæ* Reichb. f., *l. c.* (1851) ; Boiss., *Fl. orient.*, V, p. 53. — *Ic. n.*, pl. 6, f. 9, 10. — Fleurs un peu plus petites, assez pâles, à div. ext. du périanthe plus aiguës, à labelle peu poilu, la div. médiane plus étroite et plus allongée. — Sardaigne, Italie mérid., Sicile, Istrie, Dalmatie, Grèce, Crète, Asie-Mineure.

V. v. — Avril-mai, parfois juin. — *Habitat* : lieux herbeux souvent sablonneux, collines pierreuses ou humides de la région maritime ou littorale méditerranéenne. — *Répart. géogr.* : Portugal (disséminé), Espagne (disséminé), Baléares, France (rég. mérid., R., Alpes-Marit., Var, répandu sur le litt. de la Corse), Italie (Ligurie, Toscane, Maremme, env. de Rome, Italie mérid., Elbe, Ischia, Capri, etc.), Sicile, Sardaigne (abondant); île Lussin, (Müllner ap. Fleischmann), Malte, Macédoine, Grèce, îles de l'Archipel, Corfou (Bergon), Turquie, Chypre, Asie-Mineure, Tunisie sept. orient., Algérie (C.).

Serapias occultata. — Fig. 63 : section transversale schématique de la callosité du labelle ; D, limbe. — Fig. 64 : section transversale schématique de l'ovaire.

Espèces insuffisamment connues.

S. TODARI

S. Todari Tineo, *Pl. rar. Sic.*, I, p. 12 (1864) ; Reichb. f. *Icon.*, XIII, p. 14 ; Ces. Pass. Gib., *Comp.* p. 185 ; Bert., *Fl. ital.*, IX, p. 432 ; Parlat., *Fl. ital.* III, p. 432 ; Arcang., *Comp.* ed. 2, p. 164 ; Richter, *Pl. Eur.*, I, p. 275. G. Cam. Berg. A. Cam., *Monogr. Orch. Eur.*, p. 57 ; Lojacono, *Fl. Sicula*, III, p. 333. — *Icon.* : Reichb. f., *l. c.*, t. 147, f. 3 ; Lojacono, *l. c.*

Tige peu élevée, haute de 1 décim., grêle. Feuilles étroites, linéaires-lancéolées. Bractées lavées de rose, nervées, aiguës, égalant presque les fleurs. Epi 2-3 fl., à fleurs d'un rose chair sale. Divisions ext. du périanthe soudées jusque vers le sommet. Labelle pubescent, court, égalant env. le casque, muni à la base d'une callosité à peine sillonnée ; lobes latéraux arrondis, dressés, connivents ; lobe moyen allongé, linéaire, subulé, réfléchi, mucroné au sommet. Gynostème terminé en bec filiforme, subulé, très long. — Sicile : entre San Fratello et Montesoro (Tineo). — Plante douteuse, hybride ou lusus ?

S. WETTSTEINII

S. Wettsteinii Fleischmann in *Oesterr. bot. Zeitschr.* (1925), p. 190, pl. II, f. 8. — **S. laxiflora** sous esp. laxiflora Soó f. Wettsteinii Soó in *Rep. spec. nov.* (1927), p. 33 — *Ic. n.*, pl. 130, f. 23.

Ne paraît différer du *S. occultata* var *Columnae* (Aschers et Graebn.) que par les div. lat. int. du périanthe un peu plus larges, 5-nervées et le labelle assez grand.

Crète : Distr. Hierapetra, près Michti (Leonis, n° 119).

× ? S. PALLIDIFLORA

× ? **S. pallidiflora** Lojacono, *Fl. Sicula*, III, p. 32.

Tige élevée, robuste. Feuilles étroitement linéaires, canaliculées. Fleurs 5-6, espacées, en épi allongé. Div. ext. du périanthe soudées étroitement et conniventes au sommet; div. lat. int. longuement aristées, élargies et 3-nervées à la base ; labelle ni pendant, ni apprimé, étalé et relevé au sommet, muni à la base d'une seule callosité oblongue-elliptique ; lobes lat. larges ; lobe médian largement ovale-aigu, jaunâtre, muni de fines nerv. rosées et de poils fauves. Gynostème subulé.

Sicile, localité inconnue ; cult. dans le Jard. Bot. de Palerme (Lojacono).

HYBRIDES

S. CORDIGERA × LINGUA

× **S. ambigua** Rouy, *Annot. Pl. eur. de Richter*, p. 20 ; in *Bull. Soc. bot. Fr.* (1891), p. 140 ; G. Cam., *Monogr. Orch. Fr.*, p. 12 ; in *Journ. de Bot.*, VI, p. 68 (1892) ; G. Cam. Berg. A. Cam., *Monogr. Orch. Eur.*, p. 57 ; Alb. et Jahand. *Cat. Var*, p. 480 ; Briquet, *Prodr. fl. Corse*, p. 376, p. p.; de Litardière in *Bull. géogr. bot.* (1914), p. 95. — **S. cordigera × Lingua** G. Cam., *Monogr. Orch. Fr.*, p. 12 ; in *Journ. de Bot.*, VI, p. 68 (1892). — **S. Lingua × cordigera** Aschers. et Graebn., *Syn.*, III, p. 780, p. p. (1907). — **S. cordigero + Lingua** de Laramb. et Timb.-Lagr. in *Mém. As. sc. Toulouse* (1860) ; Timb.-Lagr. *Mém. hybr. Orch.*, p. 33 (1887) ; Deb. in *Rev. Bot.* (1890), p. 280.

Icon.: Timb.-Lagr., *l. c.*, pl. 24, f. 9 ; G. Cam., *l. c.*, *Atl.*, pl. 6 ; G. Cam. Berg. G. Cam., *l. c.*, pl. 12, f. 338-340 ; *Ic. n.*, pl. 7, f. 1-4.

Tuberculeux globuleux, sessiles ou l'un brièvement pédonculé. Tige de 2-4 décim., dressée, cylindrique, verdâtre, lavée de pourpre violacé au sommet, non maculée à la base. Feuilles d'un vert glaucescent, lancéolées-linéaires, aiguës, canaliculées, arquées, en dehors. Bractées lancéolées, acuminées, égalant ou dépassant un peu les fleurs, ord. d'un pourpre violacé, munies de nervures longitudinales, anastomosées par de petites nervures transversales. Fleurs de grandeur moyenne, 2-6, disposées en épi court. Divisions du périanthe conniventes en casque ; les ext. d'un pourpre violacé, ovales-lancéolées, aiguës, soudées dans presque toute leur longueur, libres à leur sommet, pourvues de nervures longitudinales anastomosées par de petites nervures transversales ; les lat. int. d'un pourpre violacé, nervées, à base élargie, longuement acuminées et soudées aux ext. par le sommet. Labelle trilobé, d'un pourpre foncé, de même couleur que dans le *S. cordigera*, pourvu au centre de poils nombreux, muni à la base d'une callosité canaliculée ou non ; lobes lat. d'un pourpre noirâtre, arrondis, dressés et rapprochés entre eux au sommet ; lobe médian ovale-lancéolé, acuminé, plus long que les deux lat., réfléchi, moins large que les deux lat., dans le labelle étalé. Masses polliniques verdâtres.—Cette plante se rapproche du *S. cordigera* par ses fleurs en épi court et par la coloration foncée de son labelle qui est muni de poils foncés assez abondants. Elle se rapproche du *S. Lingua* par la forme étroite et allongé du labelle la callosité souvent entière de ce dernier.

V. v. — Mai-juin. — *France*: Tarn au Carlat et à la Laugerie, près de Castres (de Larambergue) ; Var à Bormes près Sollies-Toucas (Albert), aux env. d'Hyères (Raine), aux env. de Saint-Tropez (E. G. et A. Camus) ; Alpes-Marit. ? Corse entre Saint-Florent et Bastia, Solenzara et entre Sainte-Lucie et Sainte-Trinité (Briquet), Rogliano (de Litardière). — *Italie* : Toscane, env. de Pise à Castagnolo, à Ripalfratta (Bergon in Herb G. Camus). — *Maroc* : Casablanca (Mellerio in herb. G. Camus).

S. Laramberguei G. Cam., *Monogr. Orch. Fr.*, p. 13 ; in *Journ. Bot.*, VI, p. 27 (1892) ; G. Cam. Berg. A. Cam., *Monogr. Orch. Eur.*, p. 58 ; E. G. et A. Camus, *Florule Saint-Tropez*, p. 32 (1912); Alb. et Jahand., *Cat. Var*, p. 480, *Add.*, p. 33. — **S. cordigera × Lingua** G. Cam. *l. c.* — **S. Linguo + cordigera** de Laramb. et Timb.-Lagr. in *Mém. Acad. Toul.* (1860) ; Timb.-Lagr., *Mém. hybr. Orch.*, p. 35.

Icon : G. Cam., *Atl.* pl. VII ; G. Cam. Berg. A. Cam., pl. 12, f. 341-343 ; *Ic. n.*, pl. 7, f. 5-11.

Dans leur diagnose primitive, DE LARAMB. et TIMBAL-LAGRAVE caractérisent ainsi cette plante « ressemble beaucoup à un petit *S. cordigera*, mais son labelle est très étroit, très peu velu, pourpre clair, ce qui le rapproche du *S. Lingua*, sa tige n'est pas maculée de rouge, la gibbosité de la base du labellum est seulement empreinte d'un sillon profond mais n'est pas relevée en deux arêtes saillantes comme dans le *cordigera* ». — Diffère du *S. cordigero-Lingua* par la forme un peu différente de son labelle qui est plus velu et surtout par la gibbosité basilaire peu profondément sillonnée et par les divisions supér. du périanthe plus courtes. — Ayant observé plusieurs exemplaires de cette plante, nous ajoutons les caractères suivants notés sur le vif : certains individus ont la tige lavée de violet et maculée à la base de taches rouges ou violacées, les fleurs ne sont pas aussi réunies que dans le *S. cordigera*, les 2 ou 3 infér. sont parfois un peu espacées, la grandeur des fleurs est variable et le lobe médian du labelle notablement moins large que dans le *S. cordigera*, plus étroit que les lat. dans le labelle étalé.

F. *laxiflora* G. CAM. — Fleurs plus espacées, inflorescence allongée. — *Ic. n.* pl. 7, f. 9-11.

V. v. — Mai, juin. *France* : Tarn à la Laugerie, près Castres (DE LARAMBERGUE) ; Gers aux env. de Masseube (DUFFORT in herb. G. CAMUS) ; Var à Bormes (ALBERT), à Saint-Tropez, à Ramatuelle, au Plan-de-la-Tour, à Sainte-Maxime, à Saint-Aygulf (E. G. et A. CAMUS). — *Italie* : massif du Monte Argentario entre Orbetello et Santo Stefano, à Castagnolo et à Ripalfratta, près de Pise (BERGON in herb. G. CAMUS). — *Algérie* : env. d'Alger (HÉMET, avril 1909, in herb. G. CAMUS). — F. *laxiflora* : Var, aux env. de Saint-Tropez (E. G. et A. CAMUS).

S. NEGLECTA × PSEUDOCORDIGERA

× S. **Alberti** G. CAM., *Monogr. Orch. Fr.*, p. 13 ; in *Journ. de Bot.*, VI, p. 28 (1892) ; G. CAM. BERG. A. CAM., *Monogr. Orch. Eur.*, p. 59 ; E. G. CAM. et A. CAM., *Fl. Saint-Tropez*, p. 31 (1912) ; A. CAM. in *Riv. scientif.* (1926), p. 69 ; ALB. et JAHAND., *Cat. Var*, p. 480. — S. **longipetala** × **neglecta** G. CAM., *l. c.* — S. **hirsuta** × **neglecta** ROUY, *Fl. Fr.*, XIII, p. 191 (1912). — S. **cordigera** × **longipetala** ASCHERS. et GRAEBN., *Syn.*, III, p. 778 (1907).

Icon. : G. CAM., *Atl.* pl. VIII ; G. CAM. BERG. A. CAM., *l. c.*, pl. 12, f. 332 ; *Ic. n.*, pl. 8, f. 1-5.

Tuber ules ovoïdes ou subglobuleux, l'un sessile, l'autre brièvement pédicellé. Tige cylindrique, de 2-4 décim., assez ou très robuste, non maculée à la base. Feuilles lancéolées-linéaires, canaliculées, non maculées à la base. Bractées ovales-lancéolées, acuminées, concaves, dépassant assez longuement les fleurs, vert pâle un peu lavé de pourpre violacé, munies de nerv. longitudinales anastomosées par de petites nervures transversales. Fleurs 3-8, les sup. rapprochées, les inf. assez espacées, grandes, d'un rouge jaunâtre. Périanthe à div. ext. soudées dans presque toute leur longueur, libres au sommet, ovales-lancéolées, acuminées, un peu carénées en dehors, munies de nerv. anastomosées, violacées ; div. lat. int. violacées, dilatées à la base, longuement acuminées au sommet, nervées, un peu soudées aux div. ext. Labelle env. 1 f. 1/2 aussi long que les autres div. du périanthe, réfléchi, trilobé, muni, à la base, de 2 callosités saillantes assez colorées, linéaires, peu divergentes ; lobes lat. pourpre noirâtre, arrondis, dressés, rapprochés au sommet et presque cachés par le casque ; lobe médian lancéolé, acuminé, cordé à la base, bien plus long que les lat., muni de poils nombreux et pâles, ainsi que la base du labelle, égalant, en largeur, les deux lobes lat. dans le labelle étalé, d'un rouge pâle ferrugineux, muni de nerv. ramifiées. Gynostème violacé, dirigé en avant, terminé en bec allongé. Masses polliniques vertes. — Diffère surtout du *S. pseudocordigera* par son labelle plus large, à lobes lat. plus cachés par le casque et du *S. neglecta* par les lobes lat. du labelle moins divergents, formant un tube moins ouvert et aussi par les bractées plus longues.

Morph. int. : Caractères variant entre ceux des deux parents. Les callosités basilaires du labelle rappellent plutôt, dans leur section, le *S. neglecta*. Les poils gibbeux sont souvent intermédiaires.

Mai, juin. — *France* : Var à Bormes (ALBERT), à Ramatuelle, sur le bord de la baie de Pampelonne, à Saint-Tropez, au Château Saint-Amé (E. G. et A. CAMUS) ; Alpes-Marit. aux env. de Nice (BERGON in herb. G. CAMUS). — *Italie* : env. de Santa-Margherita, au-dessus de la route qui conduit à Portofino (BERGON in herb. G. CAMUS).

S. LINGUA × PSEUDOCORDIGERA

S. Lingua > pseudocordigera.

× S. **intermedia** DE FOREST. ap. SCHULTZ, *Arch. fl. Fr. et All.*, p. 265 (1853) ; G. CAM., *Monogr. Orch Fr.*, p. 16 ; *Atl.*, pl. XI ; G. CAM. et DUFFORT in *Bull. Soc. bot. Fr.*, (1898), p. 434 ; G. CAM. BERG. A. CAM.,

Monogr. Orch. Eur., p. 59 ; E. G. et A. Cam., *Fl. Saint-Tropez*, p. 32 (1912) ; Alb. et Jahand., *Cat. Var*, p. 480 ; Arcang., *Comp.*, ed. 2, p. 165 ; Kraenz., *Gen. et sp.*, p. 164 ; Lojacono, *Fl. Sicula*, III, p. 30. — **S. pseudocordigera brachyantha** Reichb. f. *Icon.* XIII (nom. nud) p. 13. — **S. longipetala** B. **intermedia** Aschers. et Graebn., *Syn.*, III, p. 778 (1907). — S. **Linguo-longipetala** Gren. in *Herb. Mus. Par.* ; Gren. et Phil. in *Ann. sc. nat. Bot.* s. 3, XIX, p. 154 (1853). — **S. Lingua** × **vomeracea** Briq., *Prodr. fl. Corse*, I, p. 376 (1910). — × **S. Philippi** Rouy, *Fl. Fr.*, XIII, p. 192 (1912).

Icon. : Reichb. f., *Ic.* XIII-XIV, t. 147, CCCXCIX, f. 5, t. 90, CCCXLII, f. 1 ; G. Cam., *l. c.* ; G. Cam. Berg. A. Cam., *Monogr. Orch. Eur.*, pl. 12, f. 347-348 ; *Ic. n.*, pl. 10, f. 1-5.

Exsicc. : Schultz.

Port d'un *S. Lingua* robuste. Tubercules 2, l'un sessile, l'autre à l'extrémité d'un rhizome plus ou moins allongé. Tige de 2-3 décim., souvent rougeâtre dans presque toute sa longueur, ord. maculée à la base, ainsi que les feuilles. Bractées plus courtes que dans le *S. pseudocordig.* Fleurs 2-4, en épi lâche et court. Divisions lat. int. du périanthe acuminées en une arête 2-3 fois aussi longue que le limbe, munies de 3-5 nerv. dont la moyenne seule atteint le sommet. Labelle plus ou moins ovale-aigu, à lobe médian moins large que les lat. dans le labelle étalé, à pubescence moins développée que dans le *S. pseudocord.* ; gorge fermée par les lobes lat. du labelle et le casque assez étroit de sorte que la callosité basilaire est peu visible ; callosité unique, mais légèrement canaliculée dans toute sa longueur, ce qui n'existe pas dans le *S. Lingua* dont la callosité, parfois légèrement canaliculée près de la base du gynostème, est lisse et sans sillon à l'autre extrémité. Gynostème terminé par un bec allongé.

Morph. int. — Présente tous les intermédiaires entre les caractères des parents. Callosité de la base du labelle presque comme dans le *S. Lingua*, mais lobée, à dépression médiane se prolongeant sur toute la longueur de la callosité. Poils de la partie centrale du labelle plus longs.

V. v. — Mai, juin. — *France* : Hautes-Pyr. à Escaladieu près Bagnères-de-Bigorre (Philippe, Boutigny) ; Gers à Masseube, à Seissan (Duffort) ; Var à Saint-Tropez, Ramatuelle, Gassin (E. G. et A. Camus), la Crau à la Moutonne (Albert), env. d'Hyères (Albert, Verguin) ; Alpes-Marit. à Vence (Godfery), Saint-Jeannet, la Gaude (A. Camus), Corse à Tizzano (Kralik), de Sainte-Lucie à Sainte-Trinité (Burnat et Briquet). — *Italie* : peu rare en Ligurie (Penzig) ; env. de Gênes, bords du chemin allant d'Apparizione au Monte Fasco (P. Bergon), Faentino (Caldesi) ; Sicile, aux env. de Palerme, à la Favorite (Caldar). — *Grèce* : Mamalos près de la ville de Corfou (Bergon) (1).

S. Lingua < pseudocordigera

S. Grenieri Richter, *Pl. Eur.*, I, p. 275 (1890), p. p. ; G. Cam., *Monogr. Orch. Fr.*, p. 15 (excl. syn.) ; Bonnet in *Journ. de Bot.*, XI, p. 250 (1897) ; G. Cam. Berg. A. Cam., *Monogr. Orch. Eur.*, p. 61 ; E. G. et A. Camus, *Florule de Saint-Tropez*, p. 32 (1912). — **S. Lingua** × **longipetala** Gren. et Phil. in *Ann. Sc. nat., Bot.*, s. 3, XIX, p. 154 (1853). — **S. longipetalo-Lingua** Gr. et Godr., *Fl. Fr.*, III, p. 279 (1856). — **S. Linguo-pseudocordigera** Kraenzl., *Gen. et spec.*, p. 164 ? — **S. Forestieri** Rouy, *Fl. Fr.*, XIII, p. 192 (1912).

Icon. : G. Cam., *Atlas*, pl. XI ; *Ic. n.*, pl. 9, f. 1-5.

Exsicc. : Billot, nº 1071 ; Kralik, nº 794.

Tubercules deux, subsessiles. Tige de 2-4 décim. Fleurs 2-4, épi en court, dense. Bractées lancéolées, longuement atténuées, acuminées, dépassant les fl. Divisions lat. int. du périanthe contractées en une arête 1-2 fois plus longue que le limbe, à base élargie, munies de 3-5 nervures. Labelle ovale, longuement lancéolé, légèrement pubescent ; lobe médian plus étroit que dans le *S. pseudocord.* ; callosité basilaire si profondément divisée qu'elle semble en former deux. Gynostème terminé en bec de moitié plus court que lui.

Morph. int. : Caractères rappelant plus le *S. pseudocord.* que dans l'hybride précédent ; sect. de la callosité du labelle bien différente de celle du *S. Lingua*, à lobes marqués, même dans la partie la plus éloignée du stigmate ; poils bien plus longs.

V. v. — Mai, juin. — *France* : Hautes-Pyrénées à Escaladieu (Philippe, Loret in herb. Mus. Par.), Basses-Pyr., Pyr.-Orient., Tarn aux env. de Castres (de Larambe. in herb. Mus. Par.), Gers aux env. de

---

1. « A Mamalos, près de la ville de Corfou, on trouve tous les intermédiaires entre le *Serapias pseudocordigera* et le *S. Lingua* » (Bergon, note manuscrite).

Masscube (Duffort), Var à Saint-Aygulf, Saint-Tropez, Grimaud (E. G. Camus et A. Camus), Corse à Tizzano (Kralik). — *Italie.* — *Grèce* : Mamalos près de la ville de Corfou (Bergon).

× **S. digenea** G. Cam., *l. c.* ; G. Cam. Berg. A. Cam., *l. c.* — **S. super-longipetalo-Lingua** Gren. et Phil. in *Ann. Sc. nat.*, s. 3, XIX (1853) p. 154 ; G. Cam. et Duffort in *Bull. Soc. bot. Fr.* (1898), p. 434 ; G. Cam. Berg. A. Cam., *l. c.* — *Ic. n.*, pl. 9, f. 6-10. — Ne diffère de la forme précédente que par les fleurs plus nombreuses, plus espacées et par le gynostème terminé par un bec aussi long que lui. — Pyrénées, Var ; mêmes localités que le *S. Grenieri.*

S. CORDIGERA × PSEUDOCORDIGERA

× **S. Kelleri** A. Camus in *Riv. scientif.*, 1926, p. 70. — **S. cordigera × pseudocordigera** A. Camus, *l. c.* (1).
Icon. : *Ic. n.*, pl. 123, f. 1-2.

Plante très allongée, souvent très robuste. Tige cylindrique, haute de 20-40 cm. Feuilles linéaires-lancéolées, les inf. arquées en dehors, pliées sur la nervure médiane, légèrement ponctuées de carmin à la base, la sup. verte. Bractées concaves, nervées, lancéolées-acuminées, verdâtres et violacées, pâles comme dans le *S. pseudocord.* dépassant très longuement les fl., atteignant parfois 6 cm., à nerv. longitudinales finement anastomosées par des nerv. transv. fines. Fleurs 4-12, rapprochées ou espacées, intermédiaires entre celles des parents. Div. ext. du périanthe ovales-lancéolées, acuminées, soudées, les lat. int. ovales, dilatées à la base, longuement acuminées au sommet, à bords ondulés-crispés. Labelle un peu moins allongé que dans le *S. pseudocord.* et relativement plus large, un peu plus foncé, moins large que dans le *S. cord.*, plus clair, plus jaunâtre, d'un ocre rouge un peu carminé, muni à la base de deux callosités atténuées non arrondies ; lobe médian ovale-lancéolé, un peu plus étroit que les lobes lat. dans le labelle étalé, hérissé, ainsi que le milieu du labelle, de poils nombreux, allongés, d'un violet pâle ; callosités moins étroites que dans le *S. pseudocord.* et moins épaisses que dans le *S. cord.*, luisantes, saillantes, noirâtres, divergentes ; lobes lat. pourpre foncé, arrondis, rapprochés, en partie cachés par le casque. Gynostème pourpré ; anthère rougeâtre. Ovaire à 6 nerv. marquées. — Diffère du *S. cord.* par ses fleurs à bractées bien plus longues, son labelle un peu plus clair, à lobe médian un peu moins large, à callosités basilaires intermédiaires entre celles des deux parents. — Se distingue du *S. pseudocord.* par ses fleurs plus foncées, à lobe médian du labelle un peu plus court, un peu moins étroit, à callosités basilaires plus épaisses.

France : Var, Saint-Tropez, château Saint-Amé (ancien Château-David, 10 mai 1926) ; Valescure (Evans). — *Italie* : Pise (Godfery).

M. Keller, de Aarau, a nommé × *Serapias Gersiana* un hybride de *S. cordigera × longipetala.* Comme cet hybride n'a pas été décrit, il est impossible de savoir s'il est identique au × *Serap. Kelleri.*

× ? S. OLBIA

× ? **S. Olbia** L. Verguin in *Bull. Soc. bot. Fr.*, LIV, p. 599, t. 13 (1907) ; G. Cam. Berg. A. Cam., *Monogr Orch. Eur.*, p. 60 ; Alb. et Jahand., *Cat. pl. Var*, p. 479. — **S. vomeracea** Briq. var. **Olbia** Schlechter in *Rep. spec. nov.*, XI, p. 571 (1923). — **S. hirsuta × parviflora** Rouy, *Fl. Fr.*, XIII, p. 193 (1912).

Icon. : G. Cam. Berg. A. Cam., *l. c.*, pl. 13, f. 351-358 ; *Ic. n.*, pl. 8, f. 6-12.

Tubercules ord. 3, arrondis ou ovoïdes, l'un sessile, les autres pédonculés. Tige de 1-3 déc., droite, un peu épaisse, parfois un peu maculée de pourpre, comme la base des feuilles. Feuilles linéaires, aiguës, arquées, les inf. réduites à l'état de gaines. Inflorescence en épi court, formé de 2-4 fleurs, assez rapprochées. Bractées lancéolées-aiguës, plus pâles que les fleurs, les égalant ou les dépassant peu. Divisions ext. du périanthe d'un violet cendré en dehors, d'un pourpre noirâtre en dedans, soudées, sauf au sommet, carénées, 3-5-nervées, à nerv. anastomosées ; div. lat. int. larges, arrondies à la base, puis brusquement contractées et terminées en pointe soudée au sommet des div. ext. Labelle 3-lobé, presque 2 fois plus long que les autres div. du périanthe, muni à la base de 2 callosités à arête aiguë, parallèles ou peu divergentes, séparées par un sillon longitudinal profond ; labelle étalé, obovale-aigu dans son pourtour, long de 20-25 mm. et large de 12-15 mm. à la hauteur du milieu des lobes lat. ; lobes lat. longs de 8-10 mm., d'un pourpre foncé, dres-

---

1. *Planta valida. Caulis erectus, foliosus, 20-40 cent. longus. Folia lineari-lanceolata, inferiora recurva, maculata. Bracteæ lanceolatæ, acuminatæ, pallidæ, elongatæ. Spica elongata, 4-12-flora. Sepala connata, ovato-lanceolata, acuminata. Labellum trilobum, lobis lateralibus rotundatis, medio reflexo pilis elongatis vestito.*

sés et rapprochés au sommet, presque entièrement cachés par les div. du périanthe ; lobe médian de 12-15 mm. de long, variable comme forme et grandeur, mais toujours moins large que les deux lobes lat. dans le labelle étalé. Gynostème à bec droit, long de 4-5 mm. Masses polliniques vert foncé. — Forme intermédiaire entre les *S. Lingua* et *pseudocord.* N'est pas hybride, d'après M. Verguin, qui a recherché en vain, ces espèces dans l'extrémité méridionale de l'isthme de Giens, près Hyères, où le *S. olbia* est abondant. Serait-ce une forme croisée fixée depuis longtemps et se multipliant surtout par les bulbes ?

Si le *S. Olbia* est d'origine hybride, rien ne justifie l'hypothèse de Rouy. L'examen de beaux exemplaires envoyés par M. Verguin nous permettrait, en cas d'hybridité, d'admettre le croisement *S. Lingua* × *pseudocord.* Nous avons trouvé, dans le Var, au milieu des parents, des *S. Lingua* × *pseudocord.* peu distincts du *S. Olbia.*

Habitat : sol siliceux, sables. — *Répart.géogr.* : *France* : Var : aux env. d'Hyères, isthme de Giens, Salins, Bormes au Lavandou, la Seyne à la presqu'île du Cap Cépet (Verguin), Vieux Salins (Albert).

D'après Schlechter, *l. c.*, le *S. longipetala* var *stenopetala* Vierh. in *Osterr. Bot. Zeitschr.* (1916), p. 158, de Crète, serait le *S. Olbia* Verguin.

Le *S. Lingua* + *dubius* Dulac, *Fl. II. Pyr.*, p. 122, est une plante douteuse, une forme monstrueuse dont voici la description, d'après l'auteur :

« Plante à 3 fleurs, la première à divisions externes très longues, plus longues que de coutume, non soudées, la latérale droite, teinte en bas de pourpre comme le haut du labelle, rien de pareil sur les deux autres. Dans la deuxième fleur, c'est la division latérale gauche qui présente ce phénomène de coloration».

S. OCCULTATA × PSEUDOCORDIGERA

× **S. Broeckii** (1) A. Camus., in *Riv. scientif.* (1926), p. 71. — S. occultata × pseudocordigera A. Camus *l. c.* (2).— **S. longipetala** × **parviflora** Aschers. et Graebn, *Syn.* III, p. 780 (1907) ?

Tubercules l'un subsessile, l'autre pédonculé. Tige cylindrique, assez élevée. Feuilles linéaires-lancéolées. Bractées ovales-lancéolées, concaves, violacées, dépassant un peu les fl. Fleurs 4-5, un peu espacées, intermédiaires entre celles des parents. Casque à div. libres au sommet, dépassant en longueur les lobes lat. du labelle ; div. ext. du périanthe ovales-lancéolées, aiguës, les lat. int. ovales, dilatées à la base, acuminées au sommet. Labelle bien plus grand que dans le *S. occultata*, plus long que dans ce dernier et moins long que dans le *S. pseudocord.*, réfléchi, d'un carmin foncé, plus clair au centre et jaunâtre, muni, au sommet, de deux callosités pâles rappelant celles du *S. pseucord.* ; lobe médian ovale-lancéolé, dépassant beaucoup la longueur du casque, bien moins large que les lobes lat. dans le labelle étalé, hérissé, ainsi que le milieu du labelle, de poils nombreux, blanchâtres, munis de ramuscules ; lobes lat. en grande partie cachés par le casque, comme dans le *S. occultata*, très foncés par rapport au milieu du labelle, comme dans le *S. pseudocord.* Gynostème violacé ; anthère rougeâtre. — Diffère nettement du *S. occultata* par son épi floral à bractées plus longues, ses fleurs plus grandes, son labelle plus grand, à lobe médian dépassant beaucoup le casque, bien plus pâle au centre que sur les lobes lat., à poils bien plus longs, à callosités pâles. — Se distingue du *S. pseudocord.* par ses bractées plus courtes, ses fleurs moins grandes, plus foncées, à labelle moins grand, muni de poils moins longs.

France : Var, Pampelonne, Ramatuelle, route de Saint-Tropez (11 mai 1926) ; Corse, escarpements au-dessus de Corté (Verguin). — Italie : Ligurie à Diano (Ardoino) ?

S. OCCULTATA var. COLUMNÆ × PSEUDOCORDIGERA

× **S. Bergoni** G. Cam. Berg. A. Cam., *Monogr. Orch. Eur.*, p. 61 (1908). — **S. longipetala** × **occultata** G. Cam. Berg. A. Cam., *l. c.*

Icon .: *Ic. n.*, pl. 9, f. 11.

Plante assez élevée ayant le port du *S. pseudocord.*, mais à fleurs bien plus petites, assez nombreuses.

1. Cet hybride est dédié à M. E. van den Broeck, botaniste belge, Conservateur honoraire du Musée Royal d'Histoire naturelle de Belgique qui s'occupe spécialement des Orchidées.

2. *Tubera ovoidea vel subglobosa. Caulis erectus, foliosus. Bracteæ ovato-lanceolatæ, violaceæ, elongatæ. Spica laxa, 4-5 flora. Sepala connata, apice libera, ovato-lanceolata, acuta. Petala late ovata, basi dilatata, subito longe angustissimeque acuminata. Labellum 3-lobum, in parte media pallescens, lobis lateralibus rotundatis, lobo intermedio reflexo pilis elongatis vestito, ad basim callo duplice pallido ornatum.*

Bractées violacées, dépassant nettement les fl. et plus amples que dans le *S. pseucord.* Div. ext. du périanthe un peu plus longuement soudées que dans le *S. occultata*, formant un casque cachant en partie les lobes lat. du labelle. Labelle moins grand que dans le *S. pseudocord.*, mais dépassant nettement le casque, bien moins longuement poilu, muni à la base, de deux callosités à peine divergentes.

Grèce : Corfou, saline de Potamos (P. Bergon, mai 1892, in herb. G. Camus).

S. LINGUA × NEGLECTA

× **S. meridionalis** G. Cam., *Monogr. Orch. Fr.*, p. 14 ; in *Journ. de Bot.*, VI, p. 29 (1892) ; G. Cam. Berg. A. Cam., *Monogr. Orch. Eur.*, p. 62 ; E. G. et A. Cam., *Florule de Saint-Tropez*, p. 32 (1912); Rouy, *Fl. Fr.*, XIII, p. 191 ; Alb. et Jahand., *Cat. Var*, p. 480. — **S. Lingua × neglecta** G. Cam., *l. c.* ; G. Cam. Berg. A. Cam., *l. c.* — **S. Linguo-neglecta** G. Cam., *l. c.* — **S. Lingua × cordigera B meridionalis** Aschers. et Graebn., *Syn.*, III, p. 780 (1907). — **S. neglecta × Lingua** Godfery in *Orch. Rev.*, (1926), p. 7.

Icon. : G. Cam., *Atlas*, pl. IX ; G. Cam. Berg. A. Cam., *l. c.* pl. 12, f. 344-346 ; pl. 14, f. 377-380 ; *Ic. n.*, pl. 10, f. 6-8 *bis*.

Tubercules ovoïdes ou subglobuleux, l'un sessile et l'autre brièvement pédicellé. Tige cylindrique, de 1-3 déc., non maculée à la base. Feuilles lancéolées-linéaires, canaliculées, non maculées à la base. Fleurs 3-8, en épi dense. Bractées, lancéolées, acuminées, égalant les fleurs, d'un violacé pâle, munies de nervures longitudinales anastomosées par de petites nervures transversales. Périanthe à divisions ext. soudées dans presque toute leur longueur, libres au sommet, ovales-lancéolées, acuminées, munies de nerv. longitudinale anastomosées ; div. lat. int. violacées, dilatées, à la base, longuement acuminées au sommet, nervées, réunies au sommet avec les div. ext. Labelle 1 f. 1/2 aussi long que les autres div. du périanthe, pendant, 3-lobé, muni à la base de deux callosités étroites, presque parallèles et foncées ; lobes lat. pourpre noirâtre au sommet, arrondis, dressés, rapprochés, presque entièrement cachés par le casque ; lobe médian lancéolé-acuminé, plus long que les lat., muni de poils, ainsi que la base du labelle, bien moins large que les lat. dans le labelle étalé, d'un rouge foncé, ocracé au centre, muni de nerv. ramifiées. Gynostème pourpre violacé, dirigé en avant, terminé par un bec l'égalant env. Masses polliniques verdâtres. — Diffère surtout du *S. neglecta* par les lobes lat. du labelle un peu moins divergents, le lobe médian moins large, plus aigu au sommet, un peu plus foncé, moins pubescent et par les fleurs moins espacées. Se distingue du *S. Lingua*, par ses fleurs notablement plus grandes, son labelle un peu plus large, moins acuminé, muni, à la base, de deux callosités basilaires

Morph. int. — La section des callosités basilaires du labelle montre nettement l'influence des deux parents. Les poils du labelle sont moins longs que dans le *S. neglecta* et plus longs que dans le *S. Lingua.*

Var. *lutescens* G. Cam. — *Ic. n.*, pl. 10, f. 9-10. — Fl. pâles, à labelle jaunâtre ou ocracé. — Var : env. de Saint-Tropez (E. G. Cam. et A. Cam.)

V. v. — Mai, juin. — *France* : Var : à Bormes (Albert), à Saint-Tropez, à Ramatuelle, à Saint-Pons, au Plan-de-la-Tour (E. G. Cam. et A. Cam.), à Cavalaire (A. Cam.). — *Italie :* Ligurie, env. de Santa-Margherita, au-dessus de la route de Portofino (Bergon, mai 1906), Castagnolo près Pise (Bergon, mai 1906, Godfery).

S. CORDIGERA × NEGLECTA

× **S. Godferyi** A. Camus in *Riv. scientif.* (1926) p. 68 (1), — **S. cordigera × neglecta** A. Camus *l. c.* (2). *Icon.* : *Ic. n.*, pl. 123, f. 3-4.

Plante plus courte et plus trapue que le *S. cord.* Tige cylindrique, haute de 16-20 cent, plus grosse que celle du *S. cord.* Feuilles linéaires-lancéolées, les inf. légèrement maculées à la base, parfois la sup. bractéiforme, un peu rougeâtre, mais moins colorée que dans le *S. cord.* Bractées lancéolées-acuminées, concaves, embrassantes, dépassant un peu les fl., nervées, violet pâle, de la couleur des divisions ext. du périanthe, plus foncées que dans le *S. negl.* Fleurs 5-6, rapprochés, rappelant plutôt la couleur des fl. du *S. cord.*, mais moins

---

1. Cet hybride est dédié à M. le colonel Godfery, botaniste anglais, bien connu pour ses importants travaux sur les Orchidées.
2. *Planta valida. Caulis 16-20 cm. altus. Folia lineari-lanceolata, inferiora maculata, recurva, superiora erecta, vaginantia. Bracteæ lanceolatæ acuminatæ, elongatæ. Inflorescentia densa, 3-6-flora. Sepala connata, ovato-lanceolata, acuta. Petala late ovata in acumen contracta. Labellum hirtum, profunde trilobum, lobis lateralibus rotundatis, medio luto, ad basim callo duplice nigrescente ornatum.*

foncée, plus jaune. Casque dépassant en longueur les lobes lat. du labelle et les cachant plus que dans le *S. negl.* Div. ext. du périanthe soudées dans presque toute leur longueur, ovales-lancéolées, acuminées, les lat. int. ovales, dilatées à la base, longuement acuminées au sommet, concaves, un peu plus courtes que les ext., soudées à elles, violet fonçé. Labelle à peine moins grand que dans le *S. negl.* et plus grand que dans le *S. cord.*, 2-3 fois aussi long que le casque, muni, à la base, de deux callosités noirâtres, lisses, un peu moins divergentes que dans le *S. cord.* ; lobes lat. d'un pourpre noirâtre, arrondis, un peu divergents, mais moins que dans le *S. negl.*, fermant bien moins l'entrée de la gorge que dans *S. cord.*, mais plus cachés par le casque, latéralement, que dans le *S. negl.* ; lobe médian ovale-lancéolé, aussi large que la partie sup. du labelle étalé, d'un rouge moins noirâtre, mais plus jaune que dans le *S. cord.*, hérissé, ainsi que la base du labelle, de poils nombreux, à nerv. ramifiées bien visibles. Gynostème violacé, terminé par un bec dirigé en avant, allongé, moins visible que dans le *S. negl.* et plus que dans le *S. cord.* Odeur des fl. du *S. negl.*

Morph. int. — Structure intermédiaire entre celle des deux espèces. Les poils du labelle sont plus nombreux et plus longs que chez le *S. cord.*, ils atteignent souvent 2000 μ.

France : Var, Saint-Tropez, au Pinet (2 avril 1926). — *Italie :* Pise (GODFERY).

S. CORDIGERA × OCCULTATA

× **S Rainei** G. CAM. in G. CAM. BERG. A. CAM., *Monogr. Orch. Eur.*, p. 62 (1908) ; ROUY, *Fl. Fr.*, XIII, p. 193. — **S.** cordigera + parviflora (occultata) G. CAM., *l. c.* — **S.** cordigera × **parviflora** BRIQUET, *Prodr. Fl. Corse*, p. 374 (1910) ; ROUY, *Fl. Fr.*, XIII, p. 193. — **S.** Alfredi BRIQUET, *Prodr. Fl. Corse*, p. 374 (1910) (1).

Port d'un *S. cordigera* peu élevé et grêle. Tige hautede 15-20 cent. Feuilles très étroites (3-4 mm. de large dans l'échant. récolté par M. RAINE), linéaires-lancéolées, acuminées. Bractées acuminées, dépassant peu les fleurs, nettement plus courtes que dans le *S. cordigera*. Fleurs presque de même couleur que dans le *S. cordigera*, mais un peu plus petites que dans cette espèce, peu nombreuses. Divisions du casque plus ou moins longuement soudées. Labelle peu exsert, d'un pourpre noir, à lobe médian un peu moins large que les lobes lat. étalés, mais plus largement ovale que dans le *S. occultata*, moins longuement et moins densément pubescent que dans le *S. cordigera* ; callosités de la base distinctes, assez écartées, noirâtres. Gynostème à bec allongé, un peu dressé, sinueux.

France : Var, aux env. d'Hyères (RAINE, mai 1903, in herb. G. CAM.) ; Corse à Solenzara (A. SAINT-YVES).

S. LINGUA × OCCULTATA

× **S. semilingua** G. CAM. BERG. A. CAM., *Monogr. Orch. Eur.*, p. 63 (1908) ; E. G. et A. CAM. *Florule de Saint-Tropez*, p. 32 (1912) ; A. CAM. in *Riv. scientif.* (1926), p. 70 ; JAHAND., *Add. Fl. Var*, p. 15 (1922). — **S.** Lingua × occultata (parviflora) G. CAM. BERG. A. CAM., *l. c.*

Port du *S. Lingua* ou du *S. occultata*, assez élevé, parfois robuste. Fleurs 4-6, petites ou moyennes. Divisions ext. du périanthe lancéolées-acuminées, libres vers la partie sup., parfois longuement libres. Labelle, presque intermédiaire entre celui des deux parents, plus long que dans le *S. occultata*, à lobe médian plus allongé, réfléchi, bien moins large que les lobes lat. dans le labelle étalé, à callosité elliptique-oblongue, un peu ou nettement lobée, foncée, brillante (2).

V. v. — Mai, juin. — *France* : Var, à Saint-Tropez et à Pampelonne (E. G. et A. CAMUS, 1911), route de Ramatuelle (A. CAMUS, mai 1926), env. d'Hyères (COMAR). — *Italie :* entre Orbetello et San Stefano (BERGON in herb. G. CAMUS), env. de Pise (BERGON, GODFERY), Castagnolo (BERGON in herb. G. CAMUS).

1. Le *S. Alfredi* Briquet est une plante ayant la même ancestralité que le *S. Rainei*, intermédiaire entre les deux parents présumés, présentant un labelle élargi à la base. La plante récoltée par M. Raine est assurément hybride des *S. cordigera* et *occultata* et les diagnoses latine et française que nous avons publiées, en 1908, ne laissent pas de doute à ce sujet.

2. Nous avons observé, dans cet hybride, un caractère qui ne paraît exister que dans le *S. occultata*. Avant l'ouverture de la fleur, les massules sup. des masses polliniques se détachent et glissent sur le stigmate. La plante peut parfaitement se féconder elle-même (cf. A. CAM., *l. c.*),

S. LINGUA × OCCULTATA var. COLUMNÆ

S. semicolumnæ G. et A. Camus. — **S. Lingua × occultata** var. **Columnæ.**
Se distingue surtout du *S. semilingua*, par son port assez grêle, son labelle peu poilu, à div. médiane etroite
(caractères du *S. occultata* var. *Columnæ* (*S. laxiflora* Chaub.)
   Grèce : salines de Potamos (Bergon).

   (× ?) **S. gregagia** Godfery in *The Journ. of Bot.* (1921), p. 241, pl. 560 ; Ruppert in *Verh. Nat. Ver.*
pr. Rh. u Westf. (1926), p. 305.
   Icon. : *Ic. n.*, pl. 123, f. 8-9.
   Tubercules 3, l'un sessile, les deux autres très longuement pédonculés. Tige rouge au sommet, haute
de 2-3 décim. Feuilles linéaires, acuminées, conduppliquées, récurvées, la sup. lancéolée, amplexicaule, dressée. Epi lâche souvent 2-flore. Fleurs un peu plus petites que dans le *S. Lingua.* Bractées ovales-lancéolées,
très aiguës. Divisions ext. du périanthe connées, les lat. étroitement lancéolées, acuminées, 3-5-nervées, la
sup. ovale-lancéolée, acuminée. Div. lat. int. ovales, brusquement et longuement acuminées, 3-nervées
à la base, à bords crispés, d'un pourpre noir. Labelle 3-lobé, dépassant le casque, à lobes lat. arrondis, enroulés, cachés en partie par le casque ; lobe médian lancéolé-acuminé, réfléchi, densément couvert de poils rougeâtres. Stigmate oblong. Rostellum rougeâtre. Pollinies verdâtres ; caudicules jaunes.
   France : Var, collines schisteuses des env. d'Hyères (Godfery) ; le Lavandou (Ruppert).
   D'après M. Godfery, ce *Serapias* forme une petite colonie qui ne peut être issue du croisement du
S. Lingua et du *S. occultata*, comme beaucoup de caractères pourraient le faire croire, ces espèces manquant
à cet endroit.

HYBRIDES INTERGÉNÉRIQUES
ORCHIS × SERAPIAS = ORCHISERAPIAS

   × × **Orchiserapias** G. Camus, *Monogr. Orch. France*, p. 16 ; in Morot, *Journ. de Bot.*, VI, p. 31 (1892). —
Isias De Not. in *Mém. Accad. Torino*, sér. 2, VI, p. 413 (1844).

ORCHIS PAPILIONACEA × SERAPIAS CORDIGERA

   × × **Orchiserapias Debauxii** G. Cam., *Monogr. Orch. Fr.*, p. 19 ; in *Journ. de Bot.*, VI, p. 34 (1892) ;
G. Cam. Berg. A. Camus., *Monogr. Orch. Eur.*, p. 63. — **Serapias Debeauxii** G. Cam. *l. c.* — **Serapias** (*Orch.*)
papilionaceo-cordigera Debeaux in *Rev. Bot.*, p. 278 (1891). — **Orchis papilionaceus × Serapias cordigera**
Aschers. et Graeb. *Syn.* III, p. 791 (1907). — **Serap. cordigera × Orch. papilionacea** Fiori et Paol., *Fl.*
Ital., I, p. 237 (1908). — **Orchis stupratoria** Briquet, *Prodr. Fl. Corse*, p. 372 (1910).
   Tige assez robuste, haute de 25-30 cent., feuillée seulement dans la partie inf. Feuilles inf. dressées.
Fleurs 8-10, d'un pourpre vif, en épi assez lâche. Périanthe à div. allongées, linéaires-lancéolées. Labelle presque
aussi large que long, de chaque côté, muni d'un sinus assez profond formant un angle aigu, sillonné de stries
anastomosées.
   Corse : entre Toga et Sainte-Lucie, près de Bastia (Debeaux, 1868-69). — *Italie* : Ligurie, env. de Pise,
de Bologne, Mongardino (d'après Fiori et Paoletti).

O. PAPILIONACEA × S. LINGUA

   × × **Orchiser. Barlæ** G. Cam., *Monogr. Orch. Fr.*, p. 19 ; in *Journ. Bot.*, VI, p. 33 (1892) ; A. Camus
in *Riviera scient.* (1924), p. 61 ; G. Cam. Berg. A. Cam., *Monogr. Orch. Eur.*, p. 65. — × × **Serapias**
Barlæ Richter, *Pl. Eur.*, 1, p. 276 (1890) ; Rouy, *Fl. Fr.*, XIII, p. 197. — **Orchis papilionacea × Serap.**
Lingua Nobis. — **S. Lingua × O. papilionacea** Richter, *l. c.* — **S. papilionaceo-Lingua** Barla, *Icon. Orch.*,
p. 34 (1868) ; an Koch, *Syn.* ed. Hall. et Wohlf., p. 2441 ? — **O. papilionaceus × S. Lingua** Aschers. et
Graebn., *Syn.*, III, p. 790 (1907).
   Icon. : Barla, *l. c.*, pl. 22, f. 4-8 ; G. Cam. *Atl.*, pl. XIV ; Reichb. f., *Icon.*, XIII-XIV, t. 438 ; G. Cam.
Berg. A. Cam., *l. c.*, pl. 12, f. 337 ; *Ic. n.*, pl. 12, f. 1-3 ; pl. 13, f. 4.

Tubercules ovoïdes, subglobuleux. Feuilles linéaires-lancéolées, canaliculées. Tige cylindrique, d'un beau vert, lavée de rose au sommet. Bractées égalant ou dépassant les fleurs, larges, lancéolées, acuminées, nervées et de même couleur que les divisions ext. du périanthe. Fleurs peu nombreuses, 5-6, disposées en épi court. Divisions du périanthe libres, les ext. conniventes en casque, allongées-lancéolées, obtusiuscules ou aiguës, d'un rouge violacé assez pâle, marquées de nervures longitudinales d'un pourpre foncé, les 2 lat. int. d'un rouge violacé, nervées, un peu plus courtes que les ext., mais presque de même forme. Labelle dépourvu d'éperon, ord. plus large que long, dépassant les autres divisions du périanthe, trilobé, canaliculé et muni, à la base, d'une callosité noirâtre peu marquée ; lobes lat. d'un pourpre foncé, arrondis, crénelés sur les bords, marqués de nervures purpurines disposées en éventail ; lobe médian court, subtrilobé, d'un pourpre rosé, à bords ondulés-crispés. Gynostème presque dressé, terminé par un bec assez court muni d'une pointe atténuée, aiguë. Masses polliniques verdâtres. Caudicules d'un blanc jaunâtre. Rétinacle nettement bilobé. Staminodes blanchâtres formant 2 lignes saillantes. Ovaire sessile, sublinéaire, un peu courbé, non contourné, verdâtre.

France : Alpes-Marit. à Berre, aux env. de Nice (BARLA). — *Italie* : Ligurie et Orbetello (BERGON in herb. G. CAM.).

O. PAPILIONACEA (RUBRA) × S. PSEUDOCORDIGERA

× × **Orchiser. ligustica** G. CAM. BERG. A. CAM., *Monogr. Orch. Eur.*, p. 65 (1908). — **Orchis papilionacea var. rubra × Serapias pseudocordigera** (*longipetala*) G. CAM. BERG. A. CAM. *l. c.*

Icon : *Ic. n.*, pl. 14, f. 1-3.

Port de l'*Orchiser. Debeauxii*, mais fleurs plus petites, bractées plus acuminées ; labelle obscurément triangulaire, un peu plus long que large, à lobes lat. peu marqués, muni à la base de deux callosités étroites, violettes, non noirâtres.

Morph. int. — Nous avons pu étudier anatomiquement une fleur et une feuille de cet hybride. Cet *Orchiser.* différait nettement du *S. pseudocord.* par les cellules épidermiques du bord des feuilles à paroi ext. arrondie, les div. ext. du périanthe à épiderme ext. moins strié, les div. int. à papilles très courtes, moins nettes, les poils du labelle peu gibbeux, les cellules mécaniques, en anneaux, peu nombreuses, des parois de l'anthère.

Il se distinguait surtout de l'*O. papil.* par la présence de quelques rares papilles sur les div. lat. int. du périanthe, de callosités à la base du labelle, une légère tendance des poils du labelle à être gibbeux vers le sommet, la présence de cellules en anneaux dans les parois de l'anthère, l'ovaire à faisceaux placentaires développés. Les grains de pollen étaient mal conformés.

Italie : env. de Gênes, le long du chemin reliant Apparizione au Monte Fasce, avant l'auberge du Monte Borriga (BERGON in herb. G. CAMUS).

O. PAPILIONACEA × S. NEGLECTA

× × **Orchiser. triloba** G. CAM., *Monogr. Orch. Fr.*, p. 17 ; *excl. syn.* ; in *Journ. de Bot.*, VI, p. 31 (1892) ; G. CAM. BERG. A. CAM. ; *Monogr. Orch. Eur.*, p. 63, *excl. syn.* — × **S. triloba** VIV. in *Ann. bot.*, 1, p. 186 (1804) ; *Fl. ital. Frag.*, I, p. 11, t. 12, f. I (1808) ; LINDL., *Gen. and spec.*, p. 378 ; PUCC., *Symb. fl. luc.*, p. 483, *cum icone* ; REICHB. F. *Icon.* XIII-XIV, p. 9 et 171, t. CCCCXXXVIII ; REICHB., *Fl. excurs.*, I, p. 130 ; *Repert.*, *Fl. ital.*, IX, p. 604 ; PARLAT., *Fl. ital.*, III, p. 433 ; CES. PASS. GIB., *Comp.*, p. 165, p. p. ? ; KRAENZL. *Gen. et sp.*, p. 160. — **Isias triloba** DE NOT. in *Mem. del. Ac. Tor.*, II, VI. p. 113, *cum icone* (1844) ; *Repert. fl. lig.*, p. 391 (1844). — **O. papilionacea × S. neglecta** RICHTER, *Pl. Eur.*, I, p. 275 (1890) ; GODFERY in *Orchid Review* (1925), p. 326. — **O. laxiflora × S. neglecta** ARCANG. *Comp.*, éd. 2, p. 165 ; G. CAM., *Monogr. Orch. Fr.*, p. 16 ; COCCONI, *Fl, Bol.*, p. 480 ; MAX SCHULZE, *Die Orchid.*, 5, 6. — **S. neglecta × O. laxiflora** LEVIER, *Pl. etr. exsicc.* (1876), in *Sched.* ; DEB. in *Rev. bot.* (1891), p. 277. — **O. laxiflorus** (**ensifolius**) × **S. cordigera B. triloba** ASCHERS. et GRAEB., *Syn.*, III, p. 795 (1907).

Icon. : DE NOTARIS, *l. c.* ; VIV., *l. c.* ; ROUY, *Illustr.*, t. CXCVIII, f. *sin.* ; REICHB., *l. c.* ; G. CAM. BERG. A. CAM., *l. c.* pl. 12, f. 336 ; *Ic. n.*, pl. 11, f. 1-3.

Tubercules petits, subsessiles ou l'un assez longuement pédonculé. Tige de 15-30 cent., assez robuste. Feuilles aiguës, canaliculées et étroites ou planes et plus larges, les inf. étalées, les autres dressées. Bractées lancéolées, ord. plus courtes que les fl., mais parfois les inf. un peu plus longues. Fleurs 4-6, rarement plus rapprochées en épi dense. Divisions ext. du périanthe plus ou moins conniventes, non ou peu soudées à la base, verdàtres, plus ou moins lavées de rose, allongées, lancéolées, les lat. int. presque égales aux ext., ovales-lancéolées, parfois un peu dilatées à la base, plus longuement acuminées que les ext., roses. Labelle un peu plus long que les divisions ext., dépourvu d'éperon, rose rouge, blanc vers la base, montrant parfois des rudiments de callosités, à circonscription obscurément suborbiculaire, cordé à la base, à 3 lobes plus ou moins marqués, larges, ondulés-sinueux, fortement nervés, à nerv. se terminant dans les petites dents, à lobe moyen subtriangulaire, aigu ou obtus, parfois presque cucullé, glabrescent, court, dépassant peu les lobes lat. Gynostème court, presque droit. Rétinacle unique, formé de la soudure des 2 rétinacles. Staminodes formant 2 lignes blanches saillantes., Ovaire un peu courbé, non tordu. — Comme tous les *Orchiserapias* décrits jusqu'ici, cet hybride a un labelle dépourvu d'éperon et muni de poils à gibbosités plus ou moins nombreuses et peu marquées visibles sous un fort grossissement.

V. v. — Mai. — *Italie* : coteaux de Granarola, près Gênes (d'apr. Viviani), Quinto près Gênes (Viv.), coteaux de Marossi et de Lagazzo, près Gênes, San Stefano, près Gênes, env. de Pise (Godfery, Bergon, etc.), Pegli (Bicknell, d'apr. Godfery); rare en Toscane (d'après Godfery).

O. LAXIFLORA × S. NEGLECTA

× × **Orchiser. pisanensis** Godfery in *Orchid Review* (1926), p. 4 et 326 ; *Natural Orch. hybr.*, p. 29, f. 8 (1927). — **Orchis laxiflora × Serapias neglecta** Godfery, *l. c.*

Tubercules ovoïdes. Tige de 20 cm. env. Feuilles ressemblant à celles du *S. neglecta*. Bractées lancéolées-aiguës, plus longues que l'ovaire, souvent rougeâtres. Divisions ext. et lat. int. du périanthe libres, lancéolées-aiguës, conniventes ou étalées, teintées de violet rouge, rarement blanc verdàtre. Labelle dépourvu d'éperon, muni à la base de deux callosités, cordé, 3-lobé, d'un rouge violacé ; lobes lat. larges, étalés ; lobe médian plutôt long, atténué, à bords un peu ondulés.

Italie : Monte Pisano, près Pise (Godfery) ; env. de Pise (Bergon) ; moins rare en Toscane que le précédent, d'àprès Godfery.

O. PALUSTRIS × S. NEGLECTA

× × **Orchiser. mutata** Berg. et G. Camus ap. G. Cam. Ber. A. Cam., *Monogr. Orch. Eur.*, p. 64 (1908). — **Serapias mutata** Berg. et A. Cam. *l. c.* — **S. neglecta** × **O. palustris** Berg. et A. Cam., *l. c.*

Icon. : *Ic. n.*, pl. 11, f. 5-7.

Très proche de l'× × *Orchiser. triloba*, mais fleurs moins nombreuses, plus rapprochées, plus pâles, à lobe médian du labelle plus nettement séparé, un peu étranglé à sa base. — A déterminer sur place.

V. v. — Mai, juin. — *Italie* : Castagnolo, près Pise (Bergon).

O. LAXIFLORA × S. PSEUDOCORDIGERA

O. laxiflora > S. pseudocordigera

× × **Orchiser. purpurea** G. Cam., *Monogr. Orch. Fr.*, p. 17 ; in *Journ. de Bot.*, VI, p. 32 (1892) ; G. Cam. et Duffort in *Bull. Soc. bot. Fr.* (1898), p. 434 ; G. Cam. Berg. A. Cam., *Monogr. Orch. Eur.*, p. 66. — × × **S. purpurea** Doumenj., *Suppl. Herb. Tarn*, p. 54 (1851). — **S. Roussii** Dupuy, *Mém. d'un botan.*, p. 256 (1858). — **S. triloba** Dupuy ap. Noulet, *Fl. bas. s.-pyr.* Suppl., p. 33, et *in Fl. du Gers*, p. 233 (1846) ; non Viviani. — **S. laxiflora-longipetala** Timb.-Lagr., *Mém. hybr. Orch.*, p. 17 (1854) ; Debeaux in *Rev. bot.*, p. 276 (1891) ; Kraenz. *Gen. et sp.*, I, p. 162. — **S. longipetala × laxiflora** Noulet in *Rapp. Ac. Toul.* (1854) ; Gr. et Godr., *Fl. Fr.*, III, p. 277 ; Ardoino, *Fl. Alp. Marit.*, éd. 2, p. 361.

Icon. : Barla, *Icon. Orch.*, pl. 22, f. 9-11 ; Timb.-Lagr., *l. c.*, pl. 22, f. 14 ; G. Cam., *Atl.*, pl. XIII; G. Cam. Berg. A. Cam., *l. c.*, pl. 12, f. 349-350 ; *Ic. n.*, pl. 12, f. 4-6, 7-7 *bis* ; pl. 13, f. 5-8.

Tubercules ovoïdes ou subglobuleux, sessiles ou subsessiles. Tige de 1-3 décim. Feuilles linéaires-lancéolées, ne noircissant pas par la dessiccation. Bractées ovales-lancéolées, bien intermédiaires entre celles des parents, plus larges et plus grandes que dans l'*O. laxifl.*, bien moins larges et moins grandes que dans le *S. pseudocord.* Fleurs 4-8, en épi lâche; périanthe à div. ext. oblonguës-lancéolées, rapprochées, un peu soudées à la base ou complètement libres et étalées; les deux lat. int. ovales, acuminées au sommet, mais bien moins longuement que dans le *S. pseudocord.* et munies de 3-5 nerv. allant jusqu'au sommet. Labelle sans éperon, 3-lobé, à lobes plus ou moins profonds, rose pourpre un peu clair, au centre un peu pâle et jaunâtre, tronqué ou en cœur à la base, muni de deux gibbosités séparées par un sillon ; lobes lat. étalés, non dressés, semicirculaires, à bord denticulé. Gynostème muni d'un appendice mais bien plus court que dans le *S. pseudocord.*

France : Gers, entre Auch et Mirande, côte de Vicnau (Dupuy et Roux), Salvetat, près Fleurance (Roux in Timb.-Lagr.), env. de Masseube, Nogaro (Duffort) ; Alpes-Marit. : Biot ? (cf. Bouchard in *Riviera scient.*, 1914, p. 33). — *Italie* : en Ligurie à Diano près d'Oneille (Arduino, 1843, 1862).

O. laxiflora > S. pseudocordigera

× × **Orchiser. adulterina** G. Cam., *Monogr. Orch. Fr.*, p. 18 ; in *Journ. de Bot.*, VI, p. 32 (1892) ; G. Cam. Berg. A. Cam., *Monogr. Orch. Eur.*, p. 66. - **S. adulterina** G. Cam., *l. c.* — **S. longipetalo-laxiflora** Timb.-Lagr., *Mém. hybr. Orch.* p. 38-39 (1887). — **O. laxiflorus (ensifolius)** × **S. longipetala** B. **adulterina** Aschers. et Graebn., *Syn.*, III, p. 796 (1907).

Icon. : Timb.-Lagr., *l. c.*, pl. 24, f. 8.

Tubercules ovoïdes ou subglobuleux. Tige de 3-5 décim. Feuilles lancéolées-linéaires, très aiguës, un peu arquées en dehors et canaliculées en-dessus. Bractées ovales-lancéolées, acuminées, nervées, égalant les fl. Fleurs grandes, 5-7, en épi lâche, d'un violet pourpre. Divisions du périanthe ovales-lancéolées, obtusiuscules, les ext. conniventes, mais libres, les lat. int. d'abord étalées, un peu redressées, à la fin toutes étalées. Labelle dépourvu d'éperon, pourpre violacé, plus pâle et blanchâtre au centre, glabre, à 3 lobes, tous trois sur le même plan, les 2 lat. très grands, ovales, très arrondis, le médian très petit, comme avorté, un peu chiffonné, lancéolé ; gibbosités basilaires manquant. — Cette plante a le port, l'inflorescence et la couleur de l'*O. laxifl.* Elle est remarquable par l'absence de callosités au labelle. — Se distingue de l'*Orchiser. purpurea* par l'absence de gibbosités au labelle et par la grande réduction du lobe médian.

V. s. — *France* : T. R., Tarn au Vallon des Épargnes, près de Roquecourbe (De Larambergue in herb. Mus. Paris).

O. LAXIFLORA × S. LINGUA

× × **Orchiser. complicata** G. Cam., *Monogr. Orch. Fr.*, p. 29 ; in *Journ. Bot.*, VI, p. 34 (1892) ; G. Cam. Berg. A. Cam., *Monogr. Orch. Eur.*, p. 67 ; H. Cox in *Nature*, LXXXIV, p. 104 et *Orch. Rev.* (1910), 329. — × × **Serapias complicata** G. Cam., *l. c.* — × × **S. Timbali** K. Richter, *Pl. Eur.*, I, p. 275 (1890) (1). — × × **S. splendens** Sudre in *Bull. Assoc. pyrén.* (1898-99), p. 13. — × × **Orchis complicata** G. Cam., *l. c.* (1892) ; (*O. complicatus*) Rouy, *Fl. Fr.*, XIII, p. 177. — **O. laxiflorus (ensifolius)** × **S. Lingua** Aschers. et Graebn., *Syn.*, III, p. 794 (1907) ; **O. linguo-laxiflora** Ed. Bonnet et J. A. Richter in *Bull. Soc. bot. Fr.*, XXIV, p. LXIV (1882) ; non *S. Linguo-laxiflora* Timb.- Lagr. in *Mém. Ac. Toul.* (1855), p. 299, pl. 23, f. 2-3.

Dans un mémoire publié en 1860, Timbal-Lagrave déclare que le *S. Lingua* + *laxiflora* décrit, par lui, en 1855, dans les *Mém. Acad. Toul.*, est une forme du *S. laxiflora* + *cordigera*.

Icon. : *Ic. n.*, pl. 15, f. 1-10.

Plante variable, ayant parfois le port de l'*O. laxiflora*. Tubercules ovoïdes, l'un sessile, l'autre à l'extrémité d'un rhizome assez long. Feuilles lancéolées-aiguës, canaliculées. Epi lâche, composé d'environ 5-9 fleurs, rarement 2, assez petites, d'un rouge foncé. Bractées lancéolées-aiguës, 7-9-nervées. Divisions ext. du périanthe subétalées, libres, lancéolées, subétalées. Labelle à direction horizontale ou descendante, rappelant le labelle du *S. Lingua*, glabrescent, trilobé, à lobe moyen dépassant plus ou moins les latéraux ou entier, lancéolé, tronqué, ou atténué légèrement à l'extrémité, muni de 3-7 nervures parallèles non anastomosées, dépourvu d'éperon et de gibbosités, ressemblant au lobe moyen du labelle du *S. Lingua*. Gynostème dépourvu d'appendice; 2 rétinacles distincts. Ovaire non contourné.

Var. **latiloba** G. Camus ; Jeanjean in *Act. Lin. Bord.* (1926), p. 111. — *Ic. n.*, pl. 15, f. 1, 3. — Labelle large, à lobe médian peu allongé.

Var. **angustiloba** G. Camus. — *Ic. n.*, pl. 15, f. 2, 4, 6, 7, 8. — Labelle à lobe médian acuminé, dépassant longuement les latéraux.

1. Nous ne pouvons comprendre comment K. Richter a pu ainsi identifier la plante du vallon des Épargnes, décrite par Timbal, en 1855, alors que l'auteur a depuis rectifié son erreur primitive et a dit que ce qu'il avait publié, sous le nom de *S. Linguo-laxiflora*, était un *S. laxifloro-cordigera*. De plus, Bonnet et A. Richter ont fait connaître leur *S. Linguo-laxiflora* et, dans une note claire et précise, ont déclaré que leur plante était distincte de celle de Timbal. Nous n'avons pu conserver le nom de *S. Timbali* qui, s'appliquant à plusieurs plantes, donne lieu à confusion.

Avril, mai. — *France* : Gironde, env. de Bordeaux aux 4 Pavillons et entre les 4 Pavillons et Cénon où les hybrides sont peu rares (Bergon, fin avril et mai 1909, in herb. E. G. Camus) ; Lignan à Mandet (Jean-Jean) ; Basses-Pyrénées à Uhart-Cize (E. Bonnet et J. Richter) ; Tarn à Fabas (Sudre). – *Italie* : Ligurie à Orbetello, env. de Pise (Bergon in herb. E. G. Camus) ; env. de Florence (H. Cox)?

O. LAXIFLORA × S. CORDIGERA

× × **Orchiser. Nouleti** G. Cam., *Monogr. Orch. Fr.*, p. 16 ; in *Journ. Bot.*, VI, p. 31 ; (1892) ; G. Cam. Berg. A. Cam., *Monogr. Orch. Eur.*, p. 69. — × × **Serapias Nouleti** Rouy in *Bull. Soc. bot. Fr.*, XXXVI, p. 343 (1889) ; *Illustr.*, p. 66 et t. CXCVIII : *Fl. Fr.*, XIII, p. 194. — **Serapias Lloydii** K. Richter, *Pl. Eur.*, 1, p. 275 (1890) ; Gadeceau in *Bull. Soc. sc. nat. Ouest* (1892). — **S. triloba** Lloyd, *Fl. Loire-Inf.*, éd. 1., p. 255, et pl. ed. ; Boreau, *Fl. Cent.*, éd. 3, p. 640 ; Reichb. f. *Ic.* XIII, t. 147, CCCXCIX, non Viv. nec Noulet. — **S. cordigera** + **O. laxiflora** G. Cam., *l. c.* ; Fiori et Paol., *Fl. Ital.*, I, p. 437. — S. **cordigera-laxiflora** Noulet *in. Rapp. Ac. sc. Toul.* (1854), p. 20 ; Gr. et Godr., *Fl. Fr.*, III, p. 276. — **S. laxifloro** + **cordigera** Timb.-Lagr. *in. Rapp. Acad. Sc. Toul.*, p. 20 (1854) ; Deb. in *Rev. Bot.* (1891), p. 276.

Icon. : Timb.-Lagr. *Mém. hybr.* pl. 22, f. 15 ; Reichb. f. *l. c.* ; G. Cam., *Atlas*, pl. XII ; G. Cam. Berg. A. Cam. *l. c.*, pl. 12, f. 333-335 ; *Ic. n.*, pl. 11, f. 8-8 *bis*.

Tubercules ovoïdes ou subglobuleux, sessiles. Feuilles linéaires-lancéolées, ord. dressées. Bractées lancéolées, égalant environ les fleurs, ord. pourpre foncé. Fleurs 4-12, disposées en épi lâche. Périanthe à divisions ext. lancéolées-ovales, rapprochées, contiguës ou un peu soudées à la base, souvent aussi libres et étalées, les deux lat. int. lancéolées, étroites, presque semblables aux divisions ext., munies de 3 nervures allant jusqu'au sommet. Labelle dépourvu d'éperon, plus ou moins profondément 3-lobé, d'un pourpre violacé assez foncé, tronqué ou en cœur à la base qui est munie de deux gibbosités séparées par un sillon ; lobes lat. étalés et non dressés, arrondis. sinués-dentés ; lobe moyen presque glabre, non réfléchi, triangulaire, aigu ou subobtus, un peu contourné au sommet, dépassant peu les latéraux. Gynostème terminé par un bec presque aussi long que lui. — Cet hybride se rapproche du *Serapias cordigera* par ses grandes bractées et son labelle cordiforme, de l'*Orchis laxiflora* par son facies, la couleur de l'épi, la disposition des fleurs, les divisions sup. du périanthe étalées, les feuilles lancéolées-linéaires, aiguës.

V. v. — Juin. — *France* : Morbihan au Plessix-en-Theix (Taslé) ; Loire-Inf. à la Matinais (Thomas), à la Roche-Bernard, à Saint-Gildas (Delalande), à la Limousinière (Bonnival), à la Chevrollière, à Saint-Jean-de-Corcorré (Cailleteau), à Geneston, Machecoul (Fortineau), Touvois (Bourgault), à la Sicaudais (Hautcœur), aux env. de Nantes (Llyod) ; Vendée à Challans (Hectot), à Vairé (Jousse), à Venansault, à la Genetouse, à Belleville, à Princey (Gadec.), à Grosbreuil, à Napoléon, à Commequiers (Pontarlier) ; Gironde à Saint-Brice (Lamère) ; Tarn aux Epargnes près de Roquecourbe (de Larambergue) ; à rechercher dans le Var, les Alp.-Marit. — *Italie* : Ligurie et env. de Pise, d'ap. Fiori et Paol.

O. MORIO × S. NEGLECTA

× × **Orchiser. Bevilacquæ** Penzig in *Atti Soc. Ligust.*, XX, p. 164 (1909) c. *ic.* — **Orchis Morio** × **Serapias neglecta** Penzig, *l. c.*

Icon. : *Ic. n.*, pl. 123, f. 5-7.

Tubercules ovoïdes ou subglobuleux. Tige dressée, haute de 3-4.5 décim., grêle, subflexueuse, à base rougeâtre, feuillée. Feuilles inf. squamiformes, rougeâtres au sommet, les suivantes courtes, lancéolées, subréfléchies, à peine canaliculées, les sup. bractéiformes, renflées-engainantes, livides, veinées-réticulées. Inflorescence pauciflore (3-6-flore). Bractées lancéolées, acuminées, renflées-canaliculées, veinées de rouge, dépassant l'ovaire. Fleurs médiocres ; div. ext. et lat. int. du périanthe libres à la base, conniventes, les ext. violacées ou rarement d'un rouge livide, la sup. lancéolée-spatulée, obtusiuscule, trinervée, les lat. obliquement ovales-lancéolées, 5-nervées, à sommet aigu et incurvé ; div. lat. int. rougeâtres, 3-nervées, d'une base obliquement ovale, contractées en acumen lancéolé, incurvé. Labelle assez grand, glabre, d'un violet intense, à peine plus pâle au milieu, sans macules, à nerv. à peine visibles, profondément 3-lobé, à lobes lat. arrondis, le médian plus long que les lat., triangulaire, acutiuscule, à bords ondulés-crénelés ; callosités basilaires brillantes, noirâtres. Gynostème dressé, à bec court, acutiuscule.

Italie : Ligurie, entre l'Acquasanta di Voltri et le Paese di Prà, près Case Penna, alt. 250 m. (G. Bevilacqua).

O. MORIO × S. PSEUDOCORDIGERA

× × **Orchiser. Fontanæ** G. Cam. in G. Cam. Berg. A. Cam., *Monogr. Orch. Eur.*, p. 69 (1908). — ×
S. Fontanæ Rigo et Goir. in *N. g. bot. ital.*, XV, p. 32 (1883). — **S. longipetala** × **O. Morio** Rigo et Goir.,
l. c. ; Arcang., *Comp.*, ed. 2, p. 165 ; Ed. Bonnet in *Journ. bot.*, IX, p. 251 (1897) — N'est aucunement
synonyme de *Ser. purpurea* Doum., comme Richter l'indique (*Pl. Eur.*, I, p. 275).

Icon. : *Ic. n.*, pl. 14, f. 12.

Fleurs en épi lâche, allongé. Div. ext. du périanthe ovales-oblongues, subobtuses, 2 fois env. plus longues
que les lat. int., celles-ci petites, étroites, non soudées. Labelle trilobé, à lobe médian un peu ovale, dépassant les lat., de texture assez mince, nervé.

Var. *trisecta* G. Cam. — *Ic. n.*, pl. 14, f. 10 et 11. — Diffère de l'*Orchiser. Fontanœ* par les div. du périanthe peu inégales, par le labelle à 3 lobes profonds, le moyen moins large que les lat. et les dépassant
un peu.

Italie : « Bettona nel Veronese (d'ap. Rigo et Goir.) » — Var. *trisecta* : Italie, au bord de la route reliant
la Spezia à Sestri-Levante, entre le col de la Foce et Poglisca (Bergon, mai 1906, in herb. G. Cam.).

O. PICTA × S. PSEUDOCORDIGERA

× × **Orchiser. Garbariorum** Aschers. et Graebn., *Syn.*, III, p. 792 (1907) ; G. Cam. Berg. A. Cam.,
Monogr. Orch. Eur., p. 70. — **Orchis picta (pictus)** × **Serap. longipetala** Aschers. et Graebn., *l. c.* (1907). —
O. picta × **S. hirsuta** Murr in *D. B. M.*, XIX, p. 117 (1901) ; M. Schulze in *Mitth. Thür. B. V. N. F.*
XVII, p. 40 (1902). — **Serap. Garbariorum** Murr, *l. c.*

Tige de 2 décim. env. Feuilles inf. étroitement lancéolées-linéaires, les sup. un peu plus larges, presque
engainantes. Epi lâche, 6-7-flore. Bractées largement lancéolées, vert brillant lavé de rougeâtre, dépassant les
fl. Fleurs longues de 2.8-3.3 cm. Divisions sup. du périanthe conniventes en casque, libres ou peu soudées
à la base, les ext. lancéolées, un peu obtuses au sommet, presque de la couleur du labelle; divisions lat. int. plus
petites et plus courtes, verdâtres, lavées de rose. Labelle dépourvu d'éperon, cordiforme, très peu profondément
trilobé, à bords dentelés, d'un carmin brillant, un peu plus long que le casque, plus long que large, muni
au centre de courtes papilles blanchâtres. Gynostème petit, semblable à celui du *Serapias* mais à appendice plus court et plus obtus. — Très proche de l'*Orchiser. Fontanæ* dont il ne peut être distingué que sur
place.

Mai. — *Tyrol* : Vigolo-Vattaro (Murr).

O. MORIO vel LAXIFLORA ? × S. LINGUA

× × **Orchiser. capitata** G. Cam., *Monogr. Orch. Fr.*, p. 18 ; in *Journ. de Bot.*, VI, p. 33 (1892) ;
G. Cam. Berg. A. Cam., *Monogr. Orch. Eur.*, p. 67. — × **Serapias capitata** Rouy, *Fl. Fr.*, XIII, p. 196 (1912).
— **S. Lingua** × **O. Morio vel O. laxiflora** ? G. Cam. Berg. A. Cam., *l. c.*, — **S. Morio + Lingua** de Laramberg. ap. Timb.-Lagr., *Mém. hybr. Orch.*, IV, p. 36, pl. 24, f. 7 (1860). — **O. Morio** × **S. Lingua** Aschers.
et Graebn., *Syn*, III, p. 791 (1907).

« Cet hybride a le port de l'*O. Morio* et le faciès du *S. Lingua.* Son labellum est glabre et a une seule
callosité à la base, ce qui le rapproche du *S. Lingua* L., tandis que les divisions supérieures du périanthe
sont réunies en casque avec des veines très prononcées. Les fleurs sont réunies ou mieux assemblées en tête
plutôt qu'allongées en épi, ce qui le ramène à l'*O. Morio.* Il se sépare de tous les hybrides que nous avons observés dans les environs de Castres par les divisions du périanthe, soudées comme dans les vrais *Serapias*, et par
la forme élégante et très régulière de son labelle, qui est en coin à la base, élargi dans sa partie moyenne, à
lobes latéraux égaux de forme et profondément séparés du lobe moyen, qui se détache sans contournure,
comme dans les autres ; il est, en outre, deux fois plus long, et présente une jolie couleur violette qui
change très peu par la dessiccation » (de Larambergue, *l. c.*).

Timbal-Lagrave fait remarquer que la plante a été trouvée au milieu des espèces suivantes : *O. Morio*, *O. laxiflora*, *S. Lingua*. La disposition des fleurs en tête la rapproche de l'*O. Morio*, mais la couleur,
la forme du labelle et des feuilles plaident en faveur de l'*O. laxiflora*.

France : Tarn, env. de Castres, entre Augmontel et Cancalière, calcaire (de Larambergue).

O. PICTA × S. LINGUA

× × **Orchiser. Correvonii** A. Camus in *Riviera scientifique* (1924), p. 61. — **Orchis picta (pictus)** × **Serap. Lingua** Aschers. et Graebn., *Syn.*, III, p. 791 (1907) ; G. Cam. Berg. A. Cam., *Monogr. Orch. Eur.*, p. 68.

Combinaison très proche de la précédente. A distinguer sur place. — Inflorescence assez lâche (1). Bractées plus courtes que les fleurs. Divisions sup. du périanthe libres, en casque, les ext. ovales-lancéolées, assez obtuses, les lat. int. plus petites et plus courtes ; labelle sans éperon, trilobé, obtus, à divisions lat. assez grandes, à division médiane dépassant un peu le casque, glabre, à callosité peu marquée et manquant souvent.

Italie : Castagnolo, près de Pise (P. Bergon). — *Istrie* : env. de Pola (Milfait). — A rechercher dans les Maures où les parents sont abondants et vivent ensemble.

O. PURPUREA × S. LINGUA

× × **Orchiser. Duffortii** G. Cam in G. Cam. Berg. A. Cam., *Monogr. Orch. Eur.*, p. 68 (1908). — × × **Serapias Duffortii** G. Cam., *l. c.* — **Serapias Lingua** × **Orchis purpurea** Duffort in litt.

Icon. : *Ic. n.*, pl. 14, f. 4-9.

Port du *S. Lingua* dont il a presque la hauteur de la tige et la grandeur des fleurs. Feuilles courtes, assez largement lancéolées, toutes ou presque toutes radicales. Epi court, pauciflore. Bractées lavées de rouge violacé, dépassant l'ovaire.Périanthe à divisions libres, dirigées en avant ; les ext. ovales-lancéolées, d'un violet rougeâtre ; les lat. à la fin divergentes dès la base ; les lat. int. purpurines, un peu adhérentes aux ext., uninervées, insensiblement rétrécies en un acumen qui égale la longueur de la partie infér. ovale. Labelle dépourvu d'éperon, dirigé en avant, 3-lobé vers sa partie moyenne,pourvu à sa base d'une callosité entourée par un liséré blanchâtre très étroit et formé en arrière de 2 lamelles verticales qui s'épaississent insensiblement en s'éloignant de la base pour se terminer en avant en deux bourrelets presque contigus ; lobes peu profonds, les latéraux d'un pourpre foncé, à bords arrondis, d'abord arqués en dedans, puis dégagés et étalés horizontalement ; lobe médian d'un pourpre vif, ovale, pendant ou arqué vers la base. Gynostème à bec court, droit.

Juin. — V. s. — *France* : Gers à Masseube, pelouses des coteaux argilo-calcaires (Duffort).

O. FRAGRANS × S. PSEUDOCORDIGERA

× × **Orchiser. Tommasinii** G. Cam. in G. Cam. Berg. A. Cam., *Monogr. Orch. Eur.*, p. 70 (1908). — **Serapias Tommasinii** A. Kern. in *Verh. Ab. K. K. Zool.-bot. Ges. Wien*, XV, p. 231 (1865) ; Arcang., *Comp.*, éd. 2, p. 165 ; Richter, *Pl. Eur.*, I, p. 276 ; Kraenz., *Gen. et spec.*, p. 162. — **S. Roselliniana** Rigo et Goir. in *N. G. bot. it.*, XV, p. 33 (1883). — S. triloba Koch, *Syn.*, éd. 2, p. 799 (1843), sec. Kern., non Viviani. — **S. longipetala** — **O. fragrans** Arcang., *Comp.*, éd. 2, p. 165 (1894). — **O. coriophoro + longipetala** Timb.-Lagr. in *Mém. Acad. Toulouse* (1860), p. 35. — **O. coriophora v. fragrans** × **S. hirsuta** M. Schulze, *Die Orchid.*, 5 b. — **S. pseudocordigera** × **O. coriophora v. Polliniana** Kraenz., *l. c.* — **S. longipetalo + militaris** Timb.-Lagr. in *Mém. Acad. Toulouse* (1855), p. 22. — **O. coriophorus** × **S. longipetala** Aschers. et Graebn., *Syn.*, III, p. 793 (1907). — **S. longip.** × **O. coriophora** Fiori et Paol., *Fl. ital.*, I, p. 238 (1908).

Icon. : A. Kern., *l. c.*, t. VII, f. I-VI ; M. Schulze, *l. c.*, t. 5 b, f. 1-5 ; G. Cam. Berg. A. Cam., *l. c.*, pl. 13, f. 362-366 ; *Ic. n.*, pl. 13, f. 1-3.

Tubercules presque sessiles. Tige de 3 déc. env., dressée, feuillée jusqu'à la moitié de sa hauteur. Feuilles basilaires 2 environ, réduites à l'état de gaines, les autres environ 7, linéaires-lancéolées, aiguës, lâchement engainantes à la base, les sup. aiguës, atténuées de la base au sommet. Epi lâche, pauciflore (7-9 fl.). Bractées ovales, longuement acuminées, dépassant le casque, 2 fois plus longues que les fleurs, d'un vert pâle lavé

---

1. L'inflorescence est plus lâche que dans l'hybride précédent. Il est à remarquer que la plante de de Larambergue et de Timbal-Lagrave paraît n'avoir été récoltée qu'une fois, et que la disposition rapprochée des fleurs ne constitue qu'un caractère peu important.

de pourpre, munies de nervures pourprées, anastomosées. Périanthe à divisions d'abord connivventes, puis étalées au sommet après l'anthèse, les ext. lancéolées, acuminées, d'un vert lavé de pourpre, munies de 3 nervures pourprées, les lat. int. ovales à la base, brusquement atténuées, acuminées, moins longues et moins larges, à 1 nervure, à bord ext. subdenticulé, arrondi. Labelle 3-lobé, dépourvu d'éperon, d'un pourpre foncé, pourvu de nervures divergentes plus foncées, cunéiforme à la base, muni de deux callosités basilaires à peine marquées; lobes lat. subrhomboïdaux, denticulés, aigus; lobe médian dirigé en avant, ovale-lancéolé, subacuminé, un peu velu à la base. Gynostème à bec court, triangulaire. Ovaire non tordu.

Mai. — *France* : Tarn au vallon des Epargnes (Timb.-Lagr. et de Larambergue). — *Italie* : Vigasio, Veronese (Argangeli, Bergon). — *Istrie* : env. de Trieste (Tommasini).

ANACAMPTIS × SERAPIAS = SERAPICAMPTIS.

× × **Serapicamptis** J. Godfery in *Journ. of Botany*, LIX, p. 57 (1921).

ANACAMPTIS PYRAMIDALIS × SERAPIAS LINGUA.

× × **Serapicamptis Forbesii** Godfery in *Journ. of Botany*, LIX, p. 57, pl. 557 (1921) ; *Nat. Orch. hybr.* in *Genet.*, IX. p. 28. f. 7 (1927). — **Anacamptis pyramidalis** × **Serapias Lingua** A. Camus. — **Serapias Lingua** × **Anacamptis pyramidalis** Godfery, *l. c.*

Icon. : Godfery, *l. c.* ; *Ic. n.*, pl. 123, f. 10.

Tiges pleines, cylindriques, de 22 cm. Feuilles non fasciculées. Epi lâche, 10-flores. Bractées membraneuses, étroites, lancéolées, acuminées, 3-nervées, teintées de violet rouge, égalant presque l'ovaire. Divisions ext. du périanthe libres, étalées, lancéolées, acuminées, d'un violet rougeâtre, plus pâles que le labelle, à nerv. méd. plus foncée,munies d'un seul côté d'une nervure latérale faible. Divisions lat. int. plus courtes, lancéolées, acuminées, d'un rouge violet plus foncé. Labelle plat, 3-lobé, à lobes latéraux semi-orbiculaires, entiers, à lobe médian étroit, lancéolé, aigu, mucroné, concolore, rouge foncé, brillant, presque velouté, couvert avec des papilles courtes, hyalines, microscopiques, muni au sommet de 2 rides distinctes un peu convergentes, de la couleur du labelle. Gynostème court, blanchâtre. Anthères courtes, pyriformes, apiculées, verdâtres. Rostellum violet. Rétinacle 1, ovale transversalement. Pollinies petites, brun foncé. Caudicules jaune brillant. Stigmate blanc.

Italie : Bordighera (Forbes, 5 mai 1920).

Gen. II. — ACERAS R. Br.

Aceras R. Br. in *Ait. Hort. Kew.*, éd. 2, V, p. 191 (1813) ; Lindl., *Gen. and spec.*, p. 282, p. p. ; Endl., *Gen.*, p. 208 ; Nees, *Gen. pl. f. germ.*, III, n° 26 ; Reichb. F., *Icon.*, XIII-XIV, p. 1 ; Benth. et Hook.,*Gen.*, III, p. 624 ; Pfitz. in Engl. et Prantl.,*Nat. Pfl.* II, 5, p. 89 ; Parlat., *Fl. ital.*, III, p. 438 ; Kraenz , *Gen. et spec.*, p. 164, p. p. ; Aschers. et Graebn., *Syn.*, III, p. 782 ; G. Cam. Berg. A. Cam., *Monogr. Orch. Eur.*, p. 71. — Ophrydis species L., *Spec.*, p. 948 (1753). — Orchidis species All., *Fl. pedem.*, II, p. 148 (1785). — Satyrii species Pers., *Syn.*, II, p. 507 (1807). — Loroglossi species Rich. in *Mém. Mus. Paris*, IV, p. 54 (1818). — Himantoglossi species Spreng., *Spec.*, III, p. 694 (1826).

Périanthe à div. ext. connivventes avec les lat. int., soudées à la base, les lat. int. dressées, plus petites. Labelle adné à la partie inf. du gynostème, dépourvu d'éperon, ne présentant à la base que deux petites gibbosités arrondies, pendant, allongé, à 3 div. linéaires, la méd. profondément bifide, à lobes étroits, presque semblables aux lobes sup., séparés par une petite dent. Anthère adnée, à loges parallèles, rapprochées à la base et non séparées par un petit bec. Masses polliniques à caudicules courts, à rétinacles soudés en un seul renfermé dans une bursicule uniloculaire (1). Gynostème très court, non rostré. Ovaire contourné, sessile. Graines très petites, courtes.

Papilles du labelle non verruqueuses. Faisceaux libéroligneux de la tige assez régulièrement disposés en cercle au-dessus des feuilles principales.

1. La fécondation a lieu par l'intermédiaire des insectes et par le même procédé que chez les *Orchis* (Cf. *Orch. Rev.* (1920), p. 34).

1. — A. ANTHROPOPHORA

A. anthropophora R. Br. in Ait., *Hort. Kew.*, éd. 2, V, p. 191 (1817) ; Lindl., *Gen. and spec.*, p. 282 ; Reichb. F., *Icon.*, XIII-XIV, p. 1 ; Kraenz., *Gen. et spec.*, p. 165 ; Correv., *Alb. Orch. Eur.*, pl. 1 ; Babingt., *Man. Brit. Bot.*, éd. 8, p. 346 ; Sweet, *Brit. Gard.*, II, p. 168 ; Oudemans, *Fl. Ned.*, III, p. 148 ; Crépin, *Manuel Fl. Belg.*, éd. 1, p. 176 ; éd. 2, p. 291 ; Löhr, *Fl. Tr.*, p. 250 ;Meyer, *Orch. G.-D. Luxemb.*, p. 14 ; Thielens, *Orch. Belg. et Luxemb.*, p. 60 ; Godr., *Fl. Lorr.*, éd. 2, p. 296 ; éd. 3, p. 37 ; Gr. et God., *Fl. Fr.*, III, p.281; Cast., *Cat. B.-d.-Rh.*, p. 156 ; Gren., *Fl. ch. jurass.*, p. 73 ; Coss. et Germ., *Fl. Par.*, éd. 2, p. 675 ; Michalet, *Hist. nat. Jura*, p. 297 ; Ardoino, *Fl. Alp.-Mar.*, p. 358 ; Barla, *Icon.*, p. 36 ; Poirault, *Cat. Vienne*, p. 95 ; G. Cam., *Monogr. Orch. Fr.*, p. 21 ; in *Journ. de Bot.*, VI, p. 106 ; G. Cam. Berg. A. Cam., *Monogr. Orch. Eur.*, p. 71 ; Briquet, *Prodr. Fl. Corse*, p. 380 ; Alb. et Jahand., *Cat. Var*, p. 484 ; Gentil, *Fl. manc.*, p. 175 ; Gautier, *Pyr.-Or.*, p. 401 ; Deb., *Rév. fl. agen.*, p. 519 ; Bubani, *Fl. pyr.*, p. 45 ; Coste, *Fl. Fr.*, III, p. 392, n° 3581, *cum ic.* ; Kirschl., *Prodr. fl. Als.*, p. 161 ; *Fl. Als.*, éd. 2, p. 124 ; Koch, *Syn.*, éd. 2, p. 798 ; éd.3, p. 600 ; éd. Hall. et Wohlf., p. 2439 ; Garcke, *Fl. Deutschl.*, éd. 14, p. 382 ; Foerster, *Fl. Aachen*, p. 348 ; Bach, *Rheinpr. Fl.*, p. 372 ; Cafl., *Excurs. Fl.*, p. 298 ; Seubert, *Exc. Baden*, p. 124 ; M. Schulze, *Die Orchid.*, n° 37 ; Aschers. et Graebn., *Syn.*, III, p. 782 ; Spenn., *Fl. frib.*, p.239; Gremli, *Fl. Suisse*, éd. Vetter,p. 485; Schinz et Keller, *Fl. d. Schweiz*, p. 121 ; Marès et Vigin., *Cat. Baléar.*, p. 279 ; H. Knoche, *Fl. baléar.*, I, p. 411 ; Willk. et Lange, *Pr. Hisp.*, I, p. 163 ; Colm., *Enum. pl. hisp.-lus.*, V, p. 21 ; Guimar., *Orch. port.*, p. 43 ; Tod., *Orch. sic.*, p. 102 ; Guss., *Fl. sic. syn.*, II, p. 543 ; Lojacono, *Fl. Sic.*, III, p. 8 ; de Not., *Repert. fl. ligust.*, p. 388 ; Bertol., *Fl. ital.*, IX, p. 576 ; Parlat., *Fl. ital.*, III, p. 439 ; W. Barbey, Aschers., Lev., *Fl. Sard. comp. et suppl.*, n° 1304 ; Ces. Pass. et Gib., *Comp.*, p. 186 ; Arcang., *Comp.*, éd. 2, p. 165 ; Binna, *Orch. sard.*, p. 8 ; Cocconi, *Fl. Bologn.*, n° 481 ; Mart., *Monoc. sard.*, p. 32 ; Fiori et Paol., *Fl. it.*, I, p. 239 ; App., IV, p. 54 ; Sibt. et Sm., *Prodr. Fl. gr.*, p. 215 ; Frass, *Fl. class.*, p. 279 ; Ung. *Reise*, p. 120 ; Raul., *Cret.*, p. 862 ; Boiss., *Fl. orient.*, V, p. 55 ; Gelmi in *Bull. Soc. bot. ital.* (1889) ; Hausskn., *Symb.*, p. 25 ; Munby, *Cat.* p. 33; Ball, *Spic. Mar.*, p. 672; Lacroix, *Cat. Kabylie*; Battand et Trab., *Fl. Alg.* (1884), p. 200 ; (1895), p. 25 ; (1904), p. 320 ; O. Deb., *Fl. Kabyl. Djurdjura*, p. 343 ; Bonnet et Barr., *Cat. Tunis*, p. 400 ; Faure in *Bull. hist. nat. Afr. du Nord* (1923), p. 299 ; Fleischm. in *Oest. bot. Zeitschr.* (1925), p. 192 ; Ruppert in *Verh. Nat. Ver. preuss. Rheinl. u. Westf.* (1924), p. 183. — **Ophrys anthropophora** L., *Spec.*, éd. 1, p. 948 (1753) ; Willd., *Sp.*, IV, p. 63 ; Lamk, *Dict.*, IV, p. 572 ; Lapeyr., *Abr. Pyr.*, p. 550 ; Smith, *Brit.*, p. 957 ; Sowerb., *Engl. Bot.*, VII ; Lej., *Rev. fl. Spa*, p. 188 ; Hocq, *Fl. Jemm.*, p. 236 ; Lej. et Court., *Comp.*, III, p. 187 ; Tin., *Fl. luxemb.*, p. 443 ; Dumoul., *Fl. Maestr.*, p. 103 ; DC., *Fl. fr.*, III, p. 254 ; Salis, *Mar. Aufz. Kors. in Bot. Zeit.* (1833), p. 492 ; Vill., *Hist. Dauph.*, II, p. 49 ; Duby, *Bot.*, p. 446 ; Loisel., *Fl. gall.*, II, p. 269 ; Lec. et Lamt., *Cat. pl. cent.*, p. 352 ; Reut., *Cat. Genève*, éd. 1, p. 100 ; Lor. et Barr., *Fl. Montp.*, p. 664 ; Lloyd et Fouc., *Fl. Ouest*, p. 338 ; Magn. et Hétier, *Obs. fl. Jura*, p. 1417 ; Gust. et Hérib., *Fl. Auv.*, p. 432 ; Car. et S.-Lag., *Fl. desc.*, éd. 8, p. 807 ; Bertol., *Amoen. it.*, p. 199 ; *Fl. Alp. ap.*,p. 417 ; Guill., *Fl. Bord. et S.-O.*, p. 171. — **Orchis anthropophora** All., *Fl. pedem.*, II, n° 1835, p. 148 (1785) ; Ten., *Syll.*, p. 457. — **Serapias anthropophora** Jundz., *Fl. lith.*, p. 267 (1791). — **Arachnites anthropophora** Schm. in May., *Phys. Aufs.*, p. 26 (1791). — **Satyrium anthropomorphum** Pers., *Syn.*, II, p. 507 (1807) ; Sébast. et Mauri, *Fl. rom. prodr.*, p. 307 ; Ten., *Fl. neap.*, II, p. 302. — **S. anthropophorum** Pers., *l. c.* — **Loroglossum anthropophorum** Rich. in *Mém. Mus.*, IV, p. 54 (1818) ; Dumort., *Prodr. fl. Belg.*, p. 132 ; Dulac, *Fl. H.-Pyr.*, p. 123. — **L. brachyglotte** Rich, *l. c.* (1818). — **Himantoglossum anthropophorum** Spreng., *Syst.*, III, p. 694 (1826) ; Moris, *Stirp. sard.*, I, p. 44. — **Aceras anthropomorpha** Steud., *Nomencl.*, éd. 2, I, p. 12 (1840) ; Sm. in Rees, *Cyclop.* — *Orchis anthropophora oreades* Colum., *Ecphr.*, I, p. 320, *cum icone.* — *Orchis, flore nudi hominis effigiem repræsentans, fœmina* Bauh., *Pinax*, p. 82. — *Orchis radicibus subrotundis, spica longa, flore inermi, labello perangusto quadrifido* Haller, *Ic. pl. Helv.*, tab. 23, n° 1264.

Noms vulg. : Homme pendu. — *Ital.* : Ballerino. — *Port.* : Herva do homen enforcado. — *Angl.* : Green man Orchis. — *Holl.* : Spoorloos. — *All.* : Ohnsporn, Menschentragendes Ohnhorn, Diebes-Knabenkraut.

Icon. : Vaill., *Bot. paris*, p. 147, t. 31, f. 19, 20; Garid., p. 340, t. 76, 77; Haller, *Helv.*, n° 1264, t. 23 ; Ducn., *Pl. ul. ven. alt.*, t. 29 ; Dietr., *Fl. bor.*, t. 228 ; Cur., *Fl. Lond.*, éd. Grav., II, t. 126 ; *Fl. Dan.*, t. CIII ; *Engl. Bot.*, t. 29 ; Fitch et Smith, *Illustr. Engl. Bot.*, n° 1006 ; Reichb. F., *Icon.*, XIII-XIV, t. CCCLVII, f. I-II, 1-32 ; Oudem., *l. c.*, pl. LXXI, f. 368 ; Barla, *l. c.*, pl. 23, f. 1-13 ; Guimar., *l. c.*, est.IV, f. 32 ; est. V, f. 43 ; Ces. Pass. Gib., *l. c.*, pl. XXIII ; G. Cam., *Icon. Orch. Paris*, pl. 1 ; M. Schulze, *l. c.* t. 37 ; G. Cam. Berg. A. Cam., *l. c.*, pl. 16, f. 435-441 ; *Ic. n.*, pl. 16, f. 1-10.

Exsicc. : *Un. it. W.* Schimper, n° 832 ; Reichb., n°^{os} 174 et 1622 ; Billot, n° 3240 ; Tod., *Fl. sic.*, n° 101 ;

Soc. Dauph., n°s 3060 et 3060 *bis* ; Schultz, *Herb. n.*, n° 353 ; Orphan., *Fl. gr.*, n° 849 ; Dörfler, *Pl cr.*, n° 2 ; Fiori, B. Pamp., *Fl. it.*, IV, n° 418 ; Baenitz, *H. E.* ; Choulette, *Fr. Alg.*, n° 386 ; Jamin, *Pl. Alg.*, n° 86 ; Willk., *It. hisp.*, n° 1076 ; Sennen, *Pl. Esp.*, n° 2145.

Tubercules 2, gros, entiers, ovoïdes, elliptiques ou subglobuleux. Fibres radicales, ténues. Tige de 2-5 décim., rarement de 0,8-1 décim. (f. *nana* Ruppert), lisse, cylindrique, d'un vert clair, entourée de gaines à la base, nue au sommet. Feuilles glaucescentes, oblongues ou oblongues-lancéolées, les inf. obtuses, dressées dans leur jeune âge, puis un peu étalées, les sup. aiguës ou subaiguës, la sup. engaînante (1). Bractées membraneuses, étroites, d'un vert jaunâtre, lancéolées-acuminées, 1-nervées, bien plus courtes que l'ovaire. Fleurs assez petites, d'un jaune verdâtre, bordées de rouge brunâtre, disposées en épi assez étroit, d'abord dense, puis plus lâche, allongé. Périanthe à divisions sup. conniventes, en casque subobtus, les ext. ovales ou ovales-lancéolées, obtusiuscules, rarement aiguës, concaves, légèrement soudées à la base, libres au sommet, 3-nervées, d'un vert clair à bords violacés ou rougeâtres ; les lat. int. égalant presque les ext., étroites, linéaires, obtusiuscules, d'un vert clair, 1-nervées. Labelle pendant, jaune verdâtre, à bords rougeâtres, presque 2 fois aussi long que les autres divisions du périanthe, plus court que le fruit, plan, muni à la base de deux gibbosités presque blanches, luisantes, arrondies et séparées par un petit canal, à trois divisions principales, les deux latérales linéaires subfiliformes, la médiane plus large et plus longue que les latérales, bifide, à divisions secondaires presque aussi longues que les latérales, filiformes et quelquefois, dans les formes méridionales, munies d'une petite dent à l'angle de bifidité. Gynostème très court. Ouverture du style très grande. Anthère obtuse, à loges assez rapprochées à la base. Masses polliniques d'un jaune clair. Caudicules très courts, blanchâtres. Rétinacle elliptique. Staminodes réduits. Ovaire sessile, linéaire, allongé, contourné. Capsule dressée, allongée, un peu rétrécie à la base, à 6 côtes saillantes. Graines très petites, brunâtres.

Morphologie interne.

Tubercule. — Grains d'amidon plus ou moins arrondis, ordt isolés, atteignant 10-16 μ de diam. (pl. 112, f. 32). Cylindres centraux très nombreux, souvent 2 faisceaux libériens et une bande ligneuse. — *Fibres radicales*. Quelques vaisseaux de métaxylème.

Tige (F. 65). 2-4 assises de parenchyme entre l'épiderme et le tissu lignifié extra-libérien. 6-9 assises lignifiées à parois relativement assez épaisses. Au-dessus des feuilles principales, faisceaux libéro-ligneux disposés en un cercle, les plus petits entourés de tissu lignifié, les plus développés pourvus de tissu sclérifié seulement en dehors du liber. Lacune occupant le centre de la tige après la floraison.

Feuille. Ep. = 250-370 μ env., parfois 500-600 μ près du milieu de la feuille. Epiderme sup. haut de 80-120 μ, à paroi ext. peu striée, épaisse de 8-9 μ env., plane ou peu bombée, dépourvu de stomates dans les feuilles inf. et moyennes. Epiderme inf. recticurviligne, haut de 40-80 μ, à paroi ext. épaisse de 7-8 μ env. et bombée, muni de très abondants stomates. Cellules épidermiques du bord des feuilles à paroi ext. épaissie, à peine bombée. Parenchyme formé de 5-7 assises de grandes cellules plus ou moins arrondies, contenant de rares paquets de raphides. Bord insensiblement aminci (f. 67). Nervure médiane à section concave-convexe, munie d'un peu de collenchyme et, à la partie, inf., de quelques fibres lignifiées (S) ; les autres nervures à section à peu près plane, dépourvues de fibres ; parenchyme chlorophyllien non interrompu vis-à-vis de ces nervures (f. 66).

Fleur. — *Divisions externes et latérales internes du périanthe* dépourvues de papilles caractérisées ; cellules des bords à pigment dissous violacé ; traces d'huile essentielle. — *Labelle* (f. 70). Epiderme sup. muni de papilles larges, arrondies, obtuses, les plus longues atteignant parfois 50-100 μ, peu nombreuses, les autres à peine plus longues que larges (pl. 120, f. 305). Epiderme inf. légèrement papilleux, surtout vers les bords, à papilles courtes semblables aux papilles courtes de l'épiderme sup. Cellules épidermiques contenant de l'anthocyane vers les bords. Partie sup. du labelle munie de deux gibbosités latérales (N, f. 68-69), riches en sucres, formées de petites cellules à parois minces, dépourvues de chlorophylle et de papilles. Huile essentielle dans les épidermes et parfois dans quelques cellules parenchymateuses du labelle, surtout dans la partie presque plane. — *Anthère.* Epiderme non prolongé en papilles caractérisées. Cellules fibreuses en anneaux plus ou moins complets, assez nombreuses. — *Pollen.* Exine à réseau de bâtonnets formant de grandes mailles assez net à la périphérie des massules, les tétrades int. à peu près sans ornements. L. = 30-35 env. — *Ovaire* (F. 71). Nervure des valves placentifères saillante extérieurement et insensiblement, contenant un faisceau libéroligneux ext. et un faisceau libérien int., très réduit. Placenta très allongé, se divisant à peine en deux

1. La plante sèche dégage une forte odeur de fève Tonka.

branches courtes. Valves non placentifères proéminentes à l'extérieur, contenant un faisceau libéroligneux. — *Graine*. Cellules du tégument à parois assez ondulées, légèrement striées. Graine adulte 2 f.-2 f. 1/2 plus longue que large env., arrondie au sommet. L. = 300-500 µ env.

F. a flavescens (Zimmerm. in Aschers. et Graebn., *l. c.*, p. 783 ; *Die Form. d. Orchid.*, p. 56 ; Ruppert in *Deutsche bot. Monatsschr.* (1912), n° 4-5. — *Ic. n.*, pl. 128, f. 31. — Bractées et div. du périanthe vert pâle, ces div. sans bordure. Labelle pâle, jaune soufre ou blanc jaunâtre. — Alsace dans le Ht-Rhin : Rouffach, Sonneköpfli près Soultzmatt (Ruppert), etc., Bade.

F. b. virescens (Ruppert, *l. c.*). — Labelle et div. du périanthe blanc verdâtre, le reste comme dans f. *flavescens*. — Allemagne.

F. c. praemorsa Ruppert in *Verh. Nat. Ver. d. preuss. Rheinl. u. Westf.* (1924), p. 184, pl. 5, f. 8. — *Ic. n.*, pl. 128, f. 33. — Segments lat. du labelle très courts, le terminal dentiforme ou nul. — Bade : Forbach (Ruppert).

F. d. nana Ruppert in *Deutsche bot. Monat.* (1912), n°s 4-5 ; in *Verh. Nat. Ver. d. preuss. Rheinl. u. Westf.* (1924), p. 184 ; in Fedde, *Rep. sp. nov.* (1926), p. 326 ; Zimmerm., *l. c.*, p. 56. — *Ic. n.*, pl. 128, f. 32. — Plante naine ; div. ext. du périanthe bordées de brun ; labelle brun. — Allemagne.

Les var. *angustata* et *latior* Rouy, *Fl. Fr.*, XIII, p. 184, reliées au type par de nombreux intermédiaires, ne peuvent être maintenues même à titre de sous-var.

Monstruosité. — Masters, *l. c.*, a signalé le cas de div. ext. du périanthe transformées en labelles.

Aceras anthropophora. — Fig. 65 : section transversale schématique de la tige ; B, bois ; Ep, épiderme ; L, liber. — Fig. 66 : section transversale schématique de la nervure principale et des nervures secondaires de la feuille ; Ei, épiderme inf. ; Es, épiderme sup. ; P, parenchyme chlorophyllien ; S, arc sclérifié ; St, stomate. - - Fig. 67 : section transversale du bord de la feuille. — Fig. 68 : section transversale schématique du sommet du labelle ; il n'y existe pas de papilles caractérisées : en N, petites cellules riches en sucres. — Fig. 69 : section transversale schématique du labelle un peu plus éloignée de l'ouverture du style. — Fig. 70 : section du labelle passant au-dessous des gibbosités nectarifères, mais encore par la partie sup. du labelle. — Fig. 71 : section transversale schématique de l'ovaire ; Fp, faisceau placentaire.

V. v. — Avril, juin. — *Habitat* : collines et lieux arides herbeux, secs, incultes ; buissons ensoleillés, surtout sur le calcaire. Ord. peu abondant. — *Répart. géogr.* : Portugal (répandu), Espagne, Baléares (Ivice), France (disséminé de la plaine à 1.250 m. d'alt., Corse), Angleterre, Belgique (très rare), Hollande (Limbourg ?), Allemagne (assez rare, Bade, Wurtemberg, Thuringe, bords du Rhin), Suisse (assez répandu, manque dans les Grisons, le Tessin, l'Oberland bernois, les cant. d'Uri, Schwyz, Unterwald, Appenzell, St-Gall, Glaris), Italie (rég. litt., plaines, plus rarement rég. montagn., du nord à la Calabre), Capri (Ten.), Sicile, Sardaigne (rég. montagn.), Crète, Istrie mérid., Dalmatie, Bosnie, péninsule des Balkans, Russie centr. et mérid. (d'apr. Boissier), Chypre, Tunisie, Algérie (rare, d'apr. Faure, dans le dép. d'Oran), Maroc.

HYBRIDES INTERGÉNÉRIQUES

ORCHIS × ACERAS = ORCHIACERAS

× × **Orchiaceras** G. Cam., *Monogr. Orch. Fr.*, p. 22 ; in *Journ. de Bot.*, VI, p. 108 (1892).

ACERAS ANTHROPOPHORA × ORCHIS MILITARIS

Aceras anthropophora > Orchis militaris

× × **Orchiaceras Weddellii** G. Cam., *Monogr. Orch. Fr.*, p. 23 ; in *Journ. de Bot.*, VI, p. 108 (1892) ; G. Cam. et Duffort in *Bull. Soc. bot. Fr.*, XLV, p. 434 (1898) ; G. Cam. Berg. A. Cam., *Monogr. Orch. Eur.*,

p. 74; Hariot et Guyot, *Contr. fl. Aube*, p. 113; Ruppert in *Oest. bot. Zeit.* (1912), 8/9. — **Aceras Weddellii** Gren., ap. Gr. et Godr., *Fl. Fr.*, III, p. 281 (1855) ; G. Cam. in de Fourcy, *Vade-mec. herb. paris.*, éd. 6, add., p. 326. — **Aceras anthrophora** × **Orch. militaris** Nobis. — **A. anthropophoro-militaris** Gr. et Godr., *Fl. Fr.*, III, p. 281 (1855). — **O. militaris** × **A. anthropophora** Aschers. et Graebn., *Syn.*, III, p. 797 (*sensu lat.*). — **O. Jamaini** Rouy, *Fl. Fr.*, XIII, p. 156 (1912). — *Orchidée hybride* Weddell in *Ann. Sc. nat.*, s. 3, XVIII, p. 5, pl. 1, f. 3-6.

Icon. — Weddell, *l. c.* ; G. Cam., *Icon. Orch. Par.*, pl. 2, d'ap. les éch. vivants cultivés au Muséum de Paris et rapportés par le capit. Parisot ; G. Cam. Berg. A. Cam., *l. c.*, pl. 16, f. 445, 447 ; Ruppert, *l. c.*, pl. 1, f. 2 ; 2, f. 2 ; Godfery, *Nat. Orch. hyb.* in *Gen.* IX, pl. I, f. 10-10 a (1927) ; *Ic. n.* pl. 17, f. 1-4, 8-9.

Tubercules ovoïdes ou subglobuleux. Tige de 2-4 déc., nue au sommet. Feuilles inf. oblongues ou oblongues-lancéolées, dressées dans leur jeune âge, puis un peu étalées. Bractées d'un blanc verdâtre, membraneuses, lancéolées, sublinéaires, acuminées, plus courtes que l'ovaire. Fleurs à peine plus grandes que dans l'*Aceras anthropophora*, disposées en épi allongé, un peu lâche, rarement assez dense. Périanthe à divisions sup. conniventes en casque presque de même forme que celui de l'*Aceras* ou un peu plus aigu, les ext. ovales, subobtuses, nervées, purpurines aux bords et au sommet, vertes à la base. Labelle bigibbeux à la base, jaunâtre ou blanchâtre à la base et au milieu, d'un pourpre clair dans tout son pourtour, muni vers la partie centrale de houppes purpurines, trilobé, plus long que l'ovaire ; lobes latéraux étroits, linéaires ; lobe moyen pourvu de houppes purpurines, plus large et plus long que les latéraux, bifide, à divisions secondaires un peu élargies et divergentes. Eperon ordt jaunâtre, long de 2 mm. env., égalant environ 1/6 de la longueur de l'ovaire. Rétinacles ordt soudés. — Cette plante a le port de l'A. *anthropophora*, dont elle diffère surtout par ses fleurs à casque plus acuminé, rosé au sommet, par la présence de papilles en houppes pourprées sur le labelle et par la réduction de l'éperon.

1° F. **eu-Weddellii** Ruppert, *l. c.* — Casque plus aigu que dans l'*Aceras* ; lobes du labelle presque semblables.

2° F. **badensis** Ruppert, *l. c.*, f. 2 ; *Ic. n.*, pl. 17, f. 8-9. — Casque obtus ; labelle couleur rose saumon, presque de même forme que dans l'*Aceras anthropophora*.

V. v. — Juin, juillet. — *France* ; Tr. Seine-et-Marne : forêt de Fontainebleau (Weddell) ; Loiret : Malesherbes (Parisot) ; Aube : Villechétif, près Troyes (Briard) ; Gers : env. de Masseube (Duffort) ; Meuse : Saint-Mihiel (Breton) ; Meurthe-et-Moselle : Maron (Godfrin et Petitmengin) ; Bas-Rhin : Obernai, mont National (Chermezon et Hée). — *Suisse* : Aarau (Keller). — F. *badensis* : Bade, Buggingen (Zimmermann et Ruppert).

Aceras anthropophora < Orchis militaris

× × **Orchiaceras spuria** G. Cam., *Monogr. Orch. Fr.*, p. 23 ; in *Journ. de Bot.*, VI, p. 108 (1892); G. Cam. et Duffort in *Bull. Soc. bot. Fr.*, XLV, p. 434 ; G. Cam. Berg. A. Cam., *Monogr. Orch. Eur.*, p. 74 ; Ruppert in *Osterreich. bot. Zeitschr.*, 1912, 8/9. — × × **Orchis spuria** Reichb. in *Flora* (1849), p. 891 ; Walp., *Ann. bot.*, III, p. 576 ; Pinz, *Krit. Vergl. d. in Gouv. Mosk. Wild.*, p. 19 ; Trautv., *Incr. fl. ross.*, p. 750, n° 5028 ; G. Cam. in de Fourcy, *Vade-mec. herb. par.*, éd. 6, add., p. 326 ; Rouy, *Fl. Fr.*, XIII, p. 157. — **O. macra** Koch, *Syn.*, éd. 2, p. 789, p. p. (1843). — **O. brachiolata** Lang, Koch. *Herb. ap. M. Schulze* in *Mitt. Th. B. V. N. F.*, XIX, p. 117 (1904). — **Ac. anthropoph.** × **O. militaris** Nobis. — **O. militaris** × **A. anthropophora** Reichb. ; G. Cam., *l. c.*, Fiori et Paol., *Fl. It.*, I, p. 242. — **O. Rivini** × **A. anthropophora** Kraenz., *Gen. et spec.*, I, p. 131. — *Orchidée hybride* Weddell in *Ann. Sc. nat.*, 3e s., XVIII, p. 5, pl. I, f. 3-6 (1852).

Icon. : M. Schulze, *Die Orchid.*, t. 37, b. f. 5 ; Reichb. F., *Icon.*, XIII-XIV, t. 24, CCCLXXIV. (Cette dernière planche, l'une des meilleures de cet auteur, correspond assez exactement à la plante récoltée par M. Luizet) ; G. Cam. Berg. A. Cam., *l. c.*, pl. 16, f. 443, 444 ; Ruppert, *l. c.* ; f. 1, 1, 3 ; f. 2, 1, 3 ; *Ic. n.*, pl. 17, f. 5-7, 10-12.

Tubercules ovoïdes ou subglobuleux. Tige élancée, de 3-4 décim., souvent rougeâtre et nue au sommet. Feuilles inf. oblongues ou oblongues-lancéolées, arrondies et brusquement acuminées au sommet, les caulinaires très engainantes. Fleurs plus grandes que dans l'*Aceras*, disposées en épi cylindrique assez lâche et souvent assez gros. Bractées d'un blanc verdâtre ou pourprées, courtes ou égalant presque l'ovaire. Divisions du périanthe conniventes en casque moins acuminé que dans l'*O. militaris* et souvent un peu recourbé à l'extrémité, les ext. ovales-lancéolées, 3-nervées, verdâtres, ou roses, ou d'un lilas grisâtre à l'extérieur, roses ou pourprées à l'intérieur, d'un pourpre foncé aux bords et au sommet ; les lat. int. linéaires, aiguës. Labelle ordt muni de 2 callosités à la base, d'un pourpre vif et foncé dans tout son pourtour, d'un blanc verdâtre au milieu, parfois tacheté de pourpre, 3-lobé, beaucoup plus long que l'ovaire ; lobes lat. d'un pourpre foncé, assez larges (1,5-

2 mm.); lobe moyen un peu plus large que les latéraux, bifide, à divisions secondaires conformes aux lobes lat., mais plus larges, divergentes, munies ou non d'une dent rudimentaire à l'angle de bifidité. Eperon conique, souvent violacé, long de 2 mm. env., égalant 1/5 de la longueur de l'ovaire. — Port de l'*A. anthropophora* ; couleur de l'ensemble des fleurs de l'*O. militaris*. — Cette plante diffère de l'*Orchiac. Weddellii* par sa coloration plus foncée, par la taille des fleurs, le casque plus aigu, par les lobes lat. du labelle plus larges (1). La planche de Reichb. est exacte, la bractée est pourtant un peu plus longue que dans les échantillons que nous avons vus, mais ce caractère est assez variable.

F. **anisiloba** G. Cam. — M. Schulze, *l. c.*, t. 37 b, f. 5 ; *Ic. n.*, pl. 17, f. 5. — Forme proche de l'*O.militaris*.

F. **Zimmermannii** Ruppert, *l. c.* — *Ic. n.*, pl. 126, f. 14. — Casque aussi grand que dans l'*O. militaris*, d'un pourpre violet ; labelle à lobes un peu larges, subspatulés.

F. **alsatica** Ruppert, *l. c.* — *Ic. n.*, pl. 128, f. 27-28. — Casque aussi grand que dans l'*O. militaris*, violet grisâtre, comme dans cette espèce.

V. v. — France : Seine-et-Marne, dans la forêt de Fontainebleau (Guignard et Luizet) ; Gers, aux env. de Masseube (Duffort) ; Alsace, à Colmar (Ruppert). — Allemagne : Bade, à Buggingen (Zimmerm., Lang), Fribourg (Ruppert). — Suisse : cant. d'Argovie près d'Aarau (Keller), cant. de Berne et de Vaud. — Italie : Castel d'Appio près Vintimille (Bicknell ex Penzig in litt.).

A. ANTHROPOPHORA × O. SIMIA

× × **Orchiaceras Bergoni** G. Cam., *Monogr. Orch. Fr.*, p. 22 ; in *Journ. de Bot.*, VI, p. 107 (1892); G. Cam. et Duff. in *Bull. Soc. bot. Fr.*, XLV, p. 434 ; G. Cam. Berg. A. Cam., *Monogr. Orch. Eur.*, p. 75 ; A. Camus in *Riv. scient.* (1924), p. 61. — × × **Orchis Bergoni** de Nanteuil in *Bull. Soc. bot. Fr.*, XXXIV, p. 422 (1887) ; Rouy, *Fl. Fr.*, XIII, p. 156 ; Despaty in *Bull. Soc. bot. Fr.*, LXIX, p. 28 (1922). — **O. Weberi** Chodat ap. M. Schulze, *Die Orchid.*, 37 b (1894) ; Koch, *Syn.*, éd. Hall. et Wohlf., p. 2439. — **Aceras densiflora** Vayreda y Vila, *Pl. not. Cat.*, p. 159 (1880). — **A. Vayræ** K. Richter, *Pl. Eur.*, I, p. 276 (1890). — **A. Vayredæ** Rouy, *Ann. Pl. Eur.* in *Bull. Soc. bot. Fr.* (1891), p. 141. — **Aceras anthropophora × Orchis Simia** de Nant., *l. c.* (1887) ; Koch, *Syn.*, éd. Hall. et Wohlf., *l. c.* ; M. Schulze, *l. c.*, n° 37, 5. — **Aceras anthropophora × Simia** Vayreda y Vila in *Ann. Soc. esp. hist. nat.*, XI, p. 137 (1881) ?. — **O. Simia × A. anthropophora** Aschers. et Graebn., *Syn.*, III, p. 796.

Icon. : M. Schulze, *l. c.*, t. 37 b, f. A, 1, 2, 3, 4 ; G. Cam. Berg. A. Cam., *l. c.*, pl. 16, f. 442 ; *Ic. n.*, pl. 17, f. 13-16 ; pl. 58, f. 7-9.

Tubercules 2, ovoïdes. Tige élancée, de 25 à 40 cent., nue dans sa partie sup. Feuilles ovales-oblongues, la sup. engainante. Epi oblong, plus allongé que dans l'*O. Simia* et plus gros que dans l'*A. anthropophora*, 15-30-flore. Bractées membraneuses, 1-3-nervées, lancéolées, atténuées, aiguës, dépassant la 1/2 de l'ovaire, mais ordt plus courtes que lui. Divisions du périanthe conniventes en casque ovoïde, lancéolé, acuminé, les ext. ovales-lancéolées, aiguës, soudées inférieurement, purpurines, ponctuées, les lat. 2-nervées, la sup. 1-nervée ; les lat. int. linéaires-aiguës, presque aussi longues que les ext. Labelle muni, à la base, de 2 gibbosités plus ou moins réduites, égalant à peu près l'ovaire, presque de même forme que dans l'*O. Simia*, mais un peu plus large, à 4 lobules purpurins ou roses à l'extrémité et un peu arqués en avant, pourvu d'une petite dent entre les lobules inf., à partie moyenne blanche, munie de houppes purpurines, comme dans l'*O. Simia*, parfois réduites à quelques papilles et pouvant même manquer. Eperon très court (2 mm. env.), bursiforme. Caudicules bien plus courts que dans l'*O. Simia*; 2 rétinacles. — Cet hybride a le port de l'*A. anthropophora*, mais par ses fleurs, il se rapproche de l'*O. Simia*. On le distingue de l' × *Orchiaceras spuria* ordt par ses longues bractées, son casque plus aigu et les lobes du labelle arqués en avant. L' × *Orchiaceras Weddellii* lui ressemble beaucoup aussi, mais il est caractérisé par la coloration plus pâle du casque et par les lobes lat. du labelle plus courts atteignant à peine l'angle de bifidité du lobe moyen.

Dans les individus récoltés à la Ferté-Alais, par M. de Vergnes (pl. 58, f. 5-7), les fleurs sup., à peine épanouies, étaient en grande partie d'un jaune verdâtre, lavé de rose pourpré à l'extrémité des divisions. Les fleurs étaient plus nombreuses et moins espacées que dans les échantillons provenant du Gers.

---

1. C'est à tort que K. Richter réunit l'*O. spuria* à l'*O. Weddellii*. Ces deux plantes sont manifestement distinctes et rien ne justifie une telle réunion. Nous avons vu la planche de Weddell dans les *Annales des Sciences nat.* et nous avons pu identifier la plante rapportée par Parisot à l'*O. Weddellii*. Les échantillons récoltés par M. Luizet, et que nous avons dans notre herbier, sont bien différents de l'*O. Weddellii*. Nous ne pouvons accepter la synonymie proposée par K. Richter et adoptée par Ascherson et Graebner.

Morphologie interne.

Tige. Section de forme un peu plus sinueuse que dans l'*A. anthropophora* et moins sinueuse que dans l'*O. Simia.* Faisceaux libéroligneux entourés de tissu lignifié, comme dans l'O. *Simia,* ou au moins munis de tissu lignifié en dedans du bois et touchant à l'anneau lignifié en dehors du liber. Lacune au centre.

Feuille. — Cellules du bord des feuilles à paroi externe bien plus bombée que dans l'*Aceras anthropophora.*

Fleur. — *Divisions externes du périanthe.* Bord très légèrement papilleux, moins papilleux que dans l'O. *Simia.* Epiderme int. muni de lignes légèrement papilleuses ; parenchyme chlorophyllien plus développé que dans l'O. *Simia* — *Divisions latérales internes.* Pas de parenchyme chlorophyllien ou à chlorophylle peu abondante. — *Labelle.* Base du labelle à section nettement intermédiaire entre celle des deux parents (f. 72) ; gibbosités latérales plus ou moins nettes. Poils du labelle bien plus courts que dans l'O. *Simia,* dépassant rarement 120 µ, quelques-uns à pigment pourpré, subcylindriques comme dans l'O. *Simia,* les autres plus courts, plus ou moins coniques. Au bord du labelle, papilles à contenu violet (pl. 120, f. 340). — *Pollen.* En partie mal conformé ; exine à gros réseau. — *Ovaire.* Intermédiaire entre celui des deux parents, à valves placentifères bien plus brusquement saillantes que dans l'*Aceras.*

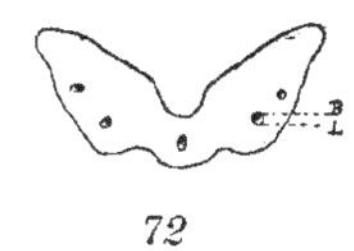

72

Aceras anthropophora × Orchis Simia. — Fig. 72 : section transversale schématique de la partie sup. du labelle ; les gibbosités nectarifères sont à peine sensibles.

Var. **Guetrotii** A. CAMUS, *Ic. n.,* pl. 130, f. 1. — Port de l'*Aceras,* avec lequel il doit être souvent confondu, mais épi un peu moins dense, fl. à éperon long de 1 mm. ; labelle tout entier légèrement rosâtre, de couleur bien différente de la couleur de miel du labelle de l'*Aceras*; lobules méd. séparés par une très petite dent. — Seine-et-Oise : Boutigny (Dr GUÉTROT).

Var. **Weberi** CHODAT ap. LENDNER in *Bull. Soc. bot. Genève,* 2e sér., XVII. p. 327 (1925), c. ic. — *Ic. n.,* pl. 128, f. 37. — Plante se rapprochant de l'*Aceras,* Inflorescence assez lâche, allongée comme dans l'*Aceras,* atteignant parfois 15 cm. (d'ap. M. le Dr GUÉTROT), bien plus allongée que celle de l'O. *Simia,* et un peu plus large que celle de l'*Aceras* ; bractées de longueur intermédiaire ; casque campanulé, verdâtre, rappelant plutôt, par sa couleur, celui de l'*Aceras* labelle à lobes pourprés. Eperon court.

Var. **Pagei** LENDNER, *l. c., c. ic.* — *Ic. n.,* pl. 128, f. 35 et 36. — Plante se rapprochant de l'O. *Simia,* plus développée que les parents et plus florifère. Epi court, ovoïde. Bractées plus grandes que dans l'*Aceras,* atteignant ou dépassant l'ovaire. Casque moins effilé que celui de l'O. *Simia,* plus long que celui de l'*Aceras* ; div. ext. sup. un peu pourprée en haut et en dehors, les lat. pourpres en dehors, ponctuées de brun en dedans ; div. lat. int. étroites, verdâtres ou un peu teintées de pourpre ; labelle rappelant celui de l'O. *Simia,* à lobules très arqués en avant, les lat. pourprés ; partie sup. du labelle d'un jaune pâle lavé et ponctué de pourpre ; éperon court. — Var. plus rare que la précédente.

V. v. — TR., ord. par pied unique, plus rarement en petits groupes. — Espagne (VAYREDA). — *France :* Seine-et-Oise à Champagne (BERGON et G. CAMUS), Bouray (de NANTEUIL), La Ferté-Alais (de VERGNES, 1915), Videlles, Moigny, Dannemois (DESPATY), dans les env. de Paris au sud, de la Butte du Mont Moyen, vers l'est, jusqu'à Boissy-le-Cuté et la Tour de Pocancy, vers l'ouest (d'ap. les indications de M. le Dr GUÉTROT), Gers à Masseube (DUFFORT) ; Haute-Savoie à Bellenice, près d'Ivoire (WEBER) (1) ; au Petit-Salève au-dessus de Monnetier (LENDNER) ; Savoie aux env. de Chambéry, vers le château de la Bâtie (DENARIÉ) (2). — *Suisse :* env. de Genève (LENDNER, BEAUVERD), Aarau (KELLER), cant. de Vaud à Rolle (PANIAN d'ap. M. SCHULZE). — *Italie :* Bordighera (BICKNELL), Ancône (PAOL. et CARD.).

A. ANTHROPOPHORA × O. PURPUREA

× × **Orchiac. macra** G. CAM. BERG. A. CAM., *Monogr. Orch. Eur.,* p. 76 (1908). — × × **Orchis macra** LINDL. in BABINGT., *Man. Brit. Bot.* (1843), p. 290; *Gen. and spec. Orch.,* p. 273 (1835)|; KOCH, *Syn.,* éd. Hall. et Wohlf., p. 2439. — × **O. Meilsheimeri** ROUY, *Fl. Fr.,* XIII, p. 157 (1912). — **Aceras anthropoph. × Orch. purpurea** MELSH. in *Ver. Preuss. Rh. Westf.,* XXXIX, p. 105 (1882) ; M. SCHULZE, *Die Orchid.,* n° 37. — **O. purpureus × A. anthropophora** ASCH. et GRAEBN., *Syn.,* III, p. 799 (1907).

1. Cf. *Bull. Soc. bot. Genève,* 1re sér., IV, p. 338 (1888).
2. Cf. *C. R. Soc. Hist. nat. Savoie,* Chambéry (1913, 1914, 1915, 1916).

Icon. : M. Schulze, *l. c.*, t. 37 b, f. 6 ; *Ic. n.*, pl. 17, f. 17 (d'ap. M. Schulze).

Port se rapprochant de celui de l'× *Orchiac. spuria.* Bractées assez courtes, aiguës. Périanthe à div. conniventes en casque assez gros, un peu acuminé, violet sombre ou brunâtre. Labelle ressemblant à celui de l' × *Orchiac. spuria*, à divisions lat. étalées, allongées, acuminées ou tronquées, à subdivisions du lobe moyen plus larges que les divisions lat., à gibbosités de la base manquant parfois. Eperon conique, rarement atténué, égalant 1/3-1/6 de la longueur de l'ovaire. Le reste comme dans l' × *Orchiac. spuria.*

M. K. Richter, *Pl. Eur.*, I, p. 267, indique *O. macra* Lindl., *Syn.*, éd. 2, p. 260 (1835) = *O. Simia* Lamk et encore, p. 273, *O. macra* Koch, *Syn.*, éd. 2, p. 789 (1845) = × *O. spuria* Reichb. L'*O. macra* ressemble, il est vrai, dans une certaine limite, à l'*O. Simia*, mais il en diffère par le labelle à lobes plus larges, non arqués, le casque sombre, plus court et maculé plus fortement, enfin par l'éperon très court et conique. On notera que Koch, *Syn.*, éd. 3, signale l'*O. macra* comme forme douteuse à rattacher, à titre de variété, à l'*O. Simia.*

V. s. — *France* : Gers à Masseube (Duffort). — *Allemagne* : Ziegenbusch à Linz sur le Rhin (Kaufmann ap. Meilsheimer) ; Bade à Fribourg-en-Brisgau (Neumann ap. M. Schulze).

A. ANTHROPOPHORA × O. LONGICRURIS.

A. anthropophora < O. longicruris.

×× **Orchiac. Welwitschii** G. Cam. Berg. A. Cam., *Monogr. Orch. Eur.*, p. 77 (1908). — **Aceras anthropophora × Orchis longicruris** G. Cam. — **Orchis Welwitschii** Reichb. F., *Icon.*, XIII, p. 183 (1851) ; Guimar., *Orch. port.*, p. 59 ; in *Ann. Soc. Brot.*, V (1887) ; Richter, *Pl. Eur.*, I, p. 268. — **O. Simia** var. **Welwitschii** Reichb. *l. c.* — **A. anthropophora × O. undulatifolia** Godfery, *Nat. Orch. hybr. in Gen.* IX, p. 35, pl. 1, f. 9 (1927). — Var. de l'*O. Simia* vel *O. longicruris* × *A. anthropophora* Reichb. F., *l. c.*

Icon. : Guimar., *l. c.*, pl. VI, f. 45 ; G. Cam. Berg. A. Cam., *l. c.*, pl. 14, f. 373-374 ; *Ic. n.*, pl. 27, f. 10-11.

Plante robuste. Tige de 30 cm. env., subarrondie. Feuilles ondulées, les inf. oblongues-aiguës, les sup. engainantes, celles voisines de l'inflorescence pellucides. Bractées assez grandes, lancéolées-aiguës, 1-3-nervées. Fleurs grandes, en épi dense, plus long que dans l'*O. longicr.* et moins long, plus gros que dans l'*Ac. anth.*, rappelant l'épi de l'*O. Simia.* Div. sup. du périanthe conniventes en casque acuminé, comme dans l'*O. longicr.* Labelle comme celui de ce dernier, mais à segments brun rougeâtre ou pourprés; denticule situé entre les deux div. du lobe moyen ord. plus court et éperon moins allongé (2 mm. env.).

V. v. — Tr. — *Portugal* : Centr. litt. à Canuças (Welw.), Tapada Real de Mafra (Guimaraes), Baixo Alemtejo litt. dans la Serra de S. Luiz, à Arrabida (Welw., n° 27). — *Italie* : Ligurie et Toscane à Orbetello (Bergon, Godfery, cf. *Orch. Rev.*, 1926, p. 5).

A. anthropophora > O. longicruris.

×× **Orchiac. Henriquesea** G. Cam. Berg. A. Cam., *Monogr. Orch. Eur.*, p. 77 (1908). — **Ac. anthropophora × Orchis longicruris** G. Cames. — **Ac. anthropophora × Orchis italica** G. Cam. Berg. A. Cam., *l. c.* — ×× **Orchis Henriquesea** Guimar., *Orch. port.*, p. 59 (1887). — **O. Toradi** Lojacono, *Fl. Sicula*, III, p. 18 (1).

Icon. : Guimar., *l. c.*, pl. VI, f. 44 ; G. Cam. Berg. A. Cam., *l. c.*, pl. 14, f. 371-372 ; *Ic. n.*, pl. 27, f. 8 et 9.

Plante ayant les mêmes parents que la précédente, mais plus proche de l'*Ac. anthr.* : feuilles peu ondulées, épi cylindrique plus grêle (12-15 mm. de diam. env.), fl. petites, lobes du labelle relativement courts, éperon plus réduit.

Portugal : Centr. litt. à Appellação (Gomes), Baixo Alemtejo litt. à Arrabida (Welw.). — *Italie* : Ligurie et Toscane à Orbetello (Bergon) ; Sicile, dans la montagne, au-dessus de Palerme (Lojacono).

---

1. D'après sa description, l'*O. Todari* Lojacono paraît devoir être rattaché à l'×× *Orchiac. Henriquesea.*
O. Todari Lojacono, *Fl. Sicula*, III, p. 18, t. I, f. 5, *a, b, c, d.* — Bulbes gros. Feuilles un peu ondulées, à nervures nombreuses, gaines basilaires grandes ; épi linéaire-allongé, dense. Bractées atteignant à peine la longueur de la moitié de l'ovaire, presque entièrement scarieuses. Fleurs d'un rose intense. Divisions ext. du périanthe linéaires-lancéolées, obliques à la base ; divisions lat. int. beaucoup plus courtes, conniventes ; labelle d'un rouge vineux livide, plan, pendant, étroitement rétréci à la base, 3-lobé presque jusque vers le milieu de sa longueur, les deux lobes lat. courts et dentiformes ; le lobe médian divisé en 2 lobules linéaires pourvus d'une dent très fine à l'angle de bifidité. Eperon très court, descendant, égalant environ la moitié de l'ovaire, assez épais, obtus ou subbilobé. Ovaire contourné. · Ressemblance marquée avec l'*Aceras anthropophora*, — *Sicile* [Tr., deux exemplaires seulement (Lojacono)].

A. ANTHROPOPHORA × O. MASCULA.

× × **Orchiac. Orphanidesii** G. Cam. Berg. A. Cam., *Monogr. Orch. Eur.*, p. 799 (1908). — **Aceras anthropophora** × **O. mascula** Orphanides ap. Boiss., *Fl. orient.*, V, p. 55. — An. **O. masculus** × **A. anthropophora** Gremli ap. Aschers. et Graebn., *Syn.*, III, p. 799 ? (1907).

Périanthe à divisions non conniventes, grandes, oblongues ; labelle à éperon court, conique comme dans l'*A. anthropophora*, lobé, mais à divisions latérales plus longues et plus éloignées de la médiane.

Grèce : mont Malevo, en Laconie (Orphanides). — *Suisse* : canton de Vaud, Bex (Gremli).

O. LATIFOLIA (LATIFOLIUS) × A. ANTHROPOPHORA (?).

O. latifolia (latifolius) + (×) **A. anthropophora** Asch. et Graeb., *Syn.*, III, p. 799. — **A. anthropophora.** × **O. latifolia** Harz in Schlecht Lang. et Schenk., *Fl. Deut.*, IV, p. 283 (1896). — *Suisse* (Gremli). — Cf. M. Schulze in *Mitth. Thur. B. V. N. F.*, p. 79 (1897).

Gen. III. — **LOROGLOSSUM** Rich.

Loroglossum Rich. in *Mém. Mus.*, IV, p. 47 (1818). — **Satyrii species** L., *Spec.*, p. 944 (1753). — **Orchidis species** Scop., *Fl. carn.*, éd. 2, p. 193 (1772) ; Ait., *Hort. Kew.*, éd. 2, V, p. 190 ; Benth. et Hook., *Gen.*, p. 620- — **Himantoglossi species** Spreng., *Syst. veg.*, 3, p. 675 et 694 (1826) ; Parlat., *Fl. ital.*, III, p. 442 ; Pfitzer in Engl. et Prantl., *Nat. Pfl.*, II, VI, p. 89 ; Aschers. et Graeb., *Syn.*, III, p. 785. — **Himantoglossum** sect. I **Euhimantoglossum** Schlechter in Fedde, Rep. nov. spec. (1918) p. 285. — **Aceratis species** Lindl., *Gen. and spec.*, p. 282 (1835) ; Endl., *Gen.*, n° 1512 ; Reichb. F., *Icon.*, XIII-XIV, p. 5.

Périanthe à divisions ext. soudées par leurs bords et plus ou moins conniventes en casque avec les lat. int. ces dernières toujours plus petites et soudées aux ext. par leur sommet. Labelle dirigé en bas, 3-partit, enroulé en spirale avant la floraison, puis étalé ; lobe médian très long, dépassant ordt beaucoup les latéraux, tronqué-denté ; éperon court, gros, conique, dirigé en bas, à carènes obtuses, papilleuses. Gynostème court, concave, dépourvu de bec. Anthère adnée, 2-loculaire, très obtuse, à loges subparallèles séparées, à la base, par un appendice charnu, court. Masses polliniques 2, lobulées ; caudicules courts, à rétinacles soudés en un seul qui est renfermé dans une bursicule uniloculaire. Ovaire contourné, subsessile. Capsule oblongue, à base étroite, très brièvement pédicellée.

Papilles du labelle dépourvues de ramuscules. Faisceaux libéroligneux de la tige très disséminés.

I. — L. HIRCINUM.

L. hircinum Rich. in *Mém. Mus.*, IV, p. 54 (1818) ; Mich., *Fl. Hain.*, p. 273 ; Bellynck, *Fl. Nam.*, p. 262 ; Crép., *Man. Fl. Belg.*, éd. I, p. 176 ; éd. 2, p. 291 ; Thiel., *Orch. Belg. et Luxemb.*; Cogn., *P. fl. Belg.*, n° 452, p. 429 ; Godr., *Fl. Lorr.*, II, p. 294 ; Desv., *Observ. fl. And.*, p. 90 ; Ardoino, *Fl. Alp.-Marit.*, p. 350 ; Poir., *Cat. Vienne*, p. 95 ; Briss., *Cat. Marne*, p. 116 ; de Vicq, *Fl. Somme*, p. 421 ; Masclef, *Cat. P.-d.-C.*, p. 153 ; G Cam., *Monogr. Orch. Fr.*, p. 25 ; in *Journ. bot.*, VI, p. 109 ; G. Cam. Berg. A. Cam., *Monogr. Orch. Eur.*, p. 78 ; Gallé in *Act. Congr. bot.* (1900), p. 111 ; Reut., *Catal. Genève*, éd. 2, p. 205 ; Bl. et Fing., *Comp.*, II, p. 412 ; Beck, *Fl. N.-Oest.*, p. 206 ; Bonnet et Barr., *Cat. Tun.*, p. 401 ; H. Vilm. in *Bull. Soc. bot. Fr.*, (1904), p. 255, *cum ic.* ; Rouy, *Fl. Fr.*, XIII, p. 182 ; Reut., *Catal. Genève*, éd. 2, p. 205 ; Bl. et Fing., *Comp.*, II, p. 412 ; Beck, *Fl. N.-Oest.*, p. 206 ; Fiori et Paol., *Fl. Ital.*, I, p. 239, n° 815 ; Bonnet et Barr., *Cat. Tun.*, p. 401 ; H. Vilm. in *Bull. Soc. bot. Fr.* (1904), p. 255, *cum ic.* ; Rouy, *Fl. Fr.* XIII, p. 182 : Maire in *Mém. Soc. Sc. nat. Maroc* (1924), p. 154. — **Satyrium hircinum** L., *Spec.*, éd. 1, p. 944 (1753) ; Poiret, *Encycl.*, VI, p. 576 ; Nyman, *Conspectus*, p. 696 ; *Suppl.*, p. 293 ; Lamk, *Fl. Fr.*, III, p. 510 ; Vill., *Hist. Dauph.*, p. 41 ; Smith, *Brit.*, p. 927 ; Le Turq. Del., *Fl. Rouen*, p. 461 ; Boisduval, *Fl. Fr.*, III, p. 47 ; Corbière, *N. fl. Norm.*, p. 56 ; Gaut., *Pyr.-Or.*, p. 401 ; Seb. et Mauri, *Fl. rom. pr.*, p. 308 ; Ten., *Fl. neap.*, II p. 300 ; Lej., *Fl. Spa*, p. 191 ; *Rev. fl. Spa*, p. 186 ; Kickx, *Fl. Brux.*, p. 59 ; Hocq., *Fl. Jemm.*, p. 234 ; Suffr. *Pl. Frioul*, p. 186 ; Gmel., *Fl. bad.*, III, p. 549 ; Deb., *Fl. Kabyl. Djurdjura*, p. 345. — **Orchis hircina** Crantz, *Stirp. austr.*, éd. 2, VI, p. 484 (1769) ; Swartz in *Act. Holm.* (1800), p. 207 ; Willd., *Spec.*, IV, p. 28 ; Benth., *Brit. Fl.*, p. 464 ; Lej. et Court., *Comp.*, III, p. 177 ; Tinant, *Fl. Luxemb.*, p. 439 ; DC., *Fl. fr.*, III, p. 250 ;

Duby, *Bot. Gall.* p. 446; Loisel., *Fl. gall.*, II, p. 266; Mutel, *Fl. fr.*, III, p. 246; *Fl. Dauph.*, éd. 2, p. 595; Gren., *Fl. ch. jurass.*, p. 753; Lor. et Barr., *Fl. Montp.*, p. 660; Gust. et Hérib., *Fl. Auv.*, p. 427; Franch., *Fl. Loir-et Ch.*, p. 568; Lloyd, *Fl. Ouest*, éd. 5, p. 337; Alb. et Jahand., *Cat. Var*, p. 485; Magn. et Hétier, *Obs. fl. Jura*, p. 140; Le Grand, *Fl. Berry*, p. 250; Guill., *Fl. Bord. et S.-O.*, p. 169; Coste, *Fl. Fr.*, III, p. 396, n° 3582, *cum ic.*; Gaud., *Fl. helv.*, V, p. 448, n° 2070; Morth., *Fl. Suisse*, III, p. 363; Scop., *Fl. carn.*, n° 1113; Reuter, *Cat. Genève*, éd. 1, p. 160; Seubert, *Exc. Fl. Bad.*, p. 120; Ces. Pass. Gib., *Comp.*, pl. XXIII, f. 7; Batt. et Trab., *Fl. Alg.*, éd. 1, p. 198. — **Himantoglossum hircinum** Spreng., *Syst.*, III, p. 694 (1826); Correv., *Alb. Orchid. Eur.*, pl. XXIII; Richter, *Pl. Eur.*, p. 276; Babingt., *Man. of Brit. Bot.*, éd. 8, p. 345; Barla, *Iconogr.*, p. 37; Bubani, *Fl. pyr.*, p. 44; Correvon, *Orch. rust.*, p. 100, f. 22; Kirschl., *Fl. Als.*, II, p. 1252; Koch, *Syn.*, éd. 2, p. 795; éd. 3, p. 598; éd. Hallier et Wohlf., p. 2433; Bach, *Rheinpr. Fl.*, p. 371; Cafl., *Excurs. Deuts.*, p. 297; Foerster, *Fl. Aach.*, p. 346; Garcke, *Fl. v. Deuts.*, p. 382; M. Schulze, *Die Orchid.*, n° 38; Aschers. et Graeb., *Syn.*, III, p. 786; W. Zimmerm., *Die Form. d. Orchid.*, p. 56; Gremli, *Fl. Suisse*, éd. Vet., p. 482; Schinz et Kel., *Fl. Schweiz*, p. 124; Guss., *Fl. sic.*, II, p. 542; de Not., *Repert. fl. lig.*, p. 388; Bertol., *Fl. ital.*, IX, p. 568; Parlat., *Fl. ital.*, III, p. 443; Lojacono, *Fl. Sic.*, III, p. 9; Pucc., *Fl. luc.*, p. 478; Cocconi, *Fl. Bologn.*, p. 481; Löhr, *Fl. Tr.*, p. 248; Ambr., *Fl. Tir. aust.*, I, p. 697; Haussm., *Fl. Tirol*, p. 840; Oborny, *Fl. Moeh. u. Oest. Schl.*, p. 250; Schur, *Enum. pl. Trans.*, p. 645, n° 3427; Simk., *Enum. fl. Trans.*, p. 502; Gr., *Syn. fl. Rum. et Rith.*, II, p. 364; Boiss., *Voy. Esp.*, p. 595; Bald., *Riv. Coll. bot. alb.* (1895), p. 71; (1896), p. 93; Halac., *Consp. fl. Graec.*, III, p. 160; Grecescu, *Consp. fl. Roman.*, p. 547; Brandza, *Fl. Dobrugei*, p. 403; Pantu, *Contrib. Fl. Bucarest.*, p. 86 *et Orch. d. Rom.*, p. 93; Schlechter in Fedde, *Repert. nov. spec.* (1918), p. 285; Berger in *Allg. bot. Zeitschr.* (1914), p. 20. — **Aceras hircina** Lindl., *Gen. and spec.*, p. 282 (1835); Reichb. F., *Icon.*, XIII-XIV, p. 5; Kraenzl., *Gen. et spec.*, p. 147; Muller-Kraenzl., *Abbil. Orchid.-Art.*, p. 12; Gr. et Godr., *Fl. Fr.*, III, p. 283; Boreau, *Fl. cent.*, éd. 3, p. 640; Castagne, *Cat. B.-d.-Rh.*, p. 156; Michal., *Hist. nat. Jura*, p. 297; Martin, *Cat. Romor.*, p. 264; Blanche et Malbr., *Cat. Seine-Inf.*, p. 94; Dulac, *Fl. H.-Pyr.*, p. 123; Gentil, *Fl. manc.*, p. 175; Deb., *Révis. fl. agen.*, p. 519; Willk. et Lange. *Prodr. Hisp.*, I, p. 164; Boiss., *Fl. orient.*, V, p. 56; Ledeb., *Fl. Ross.*, IV, p. 67; Lacroix, *Cat. Kabylie*; Kraenzl., *Orch.*, p. 12; Batt. et Trab., *Fl. Alg.* (1904), p. 321; Fagre in *Bull. Soc. hist. nat. Afr. du Nord* (1923), p. 299; Jahand. in *Mém. Soc. Sc. nat. Maroc* (1923), p. 108. — *Orchis radicibus subrotundis, labello longissimo tripartito-plicato* Hall., *Helv.*, n° 1268. — *Orchis barbata foetida* Bauh., *Hist.*, II, p. 756; Vaill., *Bot. paris.*, t. 30; *Riv. Hexap.*, t. 18. — *Orchis barbata, odore hirci, breviore latioreque folio* Bauh., *Pinax*, p. 82; Moris, *Hist.*, III, p. 491; f. 12, f. 9; Cup., *H. cath.*, p. 157; Seg., *Pl. ver.*, II, p. 121, t. 15, f. 1; Zannich., *Opusc. posth.*, p. 83. — *Orchis nebrodensis, per omnia maxima, Pilato flore purpureo albo micato* Cup., *Hort. cath.*, p. 157 *et Suppl. alt.*, p. 67.

Noms vulg. : Orchis bouc, Orchis barbe de bouc. — *Angl.* : Lizard Orchis. — *Ital.* : Barbone, Fior cappoccia. — *Holl.* : Riemtong. — *Allem.* : Bocks-Riemenzunge, Bocksgeil, Geilwurz, Bocksorche, Riemenstendel, Stinkender Stendel, Dreizackstendel, Hammelsschwanz, Bocks-Ragwurz, Riemenzunge.

Icon. : Moris, *Hist. Oxon.*, III, 12, p. 491, t. 12, f. 9; Seg., *l. c.*; Vaill., *Bot. paris.*, t. 30, f. 6; Hall., *l. c.*, t. 25; Lamk., Ill., t. 426, f. 1; Jacq., *Austr.*, IV, t. 367; Curt., *Fl. Lond.*, éd. Grav., IV, t. 97; Schl. Lang. Schenk., *Deuts.*, IV, t. 345; *Engl. Bot.*, I, t. 34; Hook., *Lond.*, III, t. 96; Fitch et Smith, Ill., *Brit. Fl.*, n° 1000; Nees Esenb., *l. c.*, V, t. 3; Reichb. F., *Icon.*, XIII-XIV, t. CCCLX, f. 1,1-18; Barla, *l. c.*, pl. 24, f. 1-23; G. Cam., *Icon. Orch. Par.*, pl. 3; M. Schulze, *l. c.*, t. 38; Hegi, *Fl. v. Mitt. Eur.*, t. 73; G. Cam. Berg. A. Cam., *l. c.*, pl. 15, f. 411-417; Bonnier, *Alb. N. Fl.*, p. 147; *Ic. n.*, pl. 18, f. 1-15.

Exsicc. : Billot, n° 2745; Reliq. Maill., n° 1735; Reichb., n° 1622; Bourg., *Pl. Algér.*; *Pl. Esp.*; Soc. Rochel., n° 5115; Fiori et Pamp., *Fl. ital.*, n° 419; *Soc. Dauph.*, n° 2634.

Tubercules ovoïdes, rarement subglobuleux, gros, surmontés de fibres radicales nombreuses et épaisses. Tige souvent robuste, de 3-6, rarement 8-9 décim., d'un vert pâle souvent lavé de violet près de l'inflorescence, subcylindrique, un peu anguleuse au sommet, le reste lisse. Feuilles oblongues-lancéolées ou ovales-lancéolées, obtusiuscules, nervées, charnues, d'abord vert bleu, puis jaunâtres et souvent fanées à l'époque de la floraison. Bractées linéaires-lancéolées, membraneuses, blanchâtres, vertes ou violacées au sommet, les inf. souvent plus longues que la fl., les autres dépassant l'ovaire, 3-5-nervées. Fl. vert pâle grisâtre, assez grandes, exhalant une forte odeur de bouc, disposées en épi ample, allongé-cylindrique, dense ou un peu lâche. Div. ext. du périanthe concaves, conniventes en casque subglobuleux, soudées à la base, nervées, d'un vert clair parfois lavé de violet au sommet, rayées et ponctuées de pourpre en dedans; div. lat. int. linéaires, un peu plus courtes que les ext., d'un vert clair, munies en dedans de petites macules pourpres, 1-nervées. Labelle très allongé, à 3 div. linéaires et roulées en spirale pendant la préfloraison, un peu concave, à bords ondulés-crispés; div. lat. plus étroites et bien plus courtes que la méd.,ondulées-crispées à leur base; div. méd. linéaire, très allongée (3-7 cent.), 2-3 fois plus longues que l'ovaire, env. 4 fois plus longues que les div. lat., contournée en spirale un peu étalée après l'anthèse, tronquée au sommet et 2-3-dentée ; ensemble du labelle, comme le reste de la fl., d'un vert pâle grisâtre, plus ou moins lavé de violet ou de pourpre vers les bords ; face sup. munie de houppes purpurines assez longues. Eperon très court, en forme de sac, dirigé en bas et un peu recourbé en avant, obtus, verdâtre. Gynostème court, obtus, concave, verdâtre. Anthère à loges assez distantes, rapprochées à la base et séparées par un petit bec. Masses polliniques jaune verdâtre. Caudicules assez courts, jaunâtres. Rétinacles renfermés dans une bursicule simple. Staminodes réduits, subarrondis (1). Ovaire vert clair, linéaire-allongé, tordu, très brièvement pédicellé. Capsule allongée, subtriquètre, atténuée à la base, à côtes marquées.

Morphologie interne.

Tubercule. Grains d'amidon arrondis ou allongés, longs de 5-10 μ, atteignant parfois 20-30 μ et alors allongés — *Fibres radicales.* Assise pilifère et parois latérales de l'endoderme nettement subérisées. Lames vasculaires assez nombreuses. Métaxylème manquant ou peu abondant.

Tige (f. 73). Epiderme à cuticule striée. 4-8 assises de cellules chlorophylliennes laissant entre elles des méats et des canaux aérifères. Anneau lignifié formé de 6-10 assises de cellules à parois minces, à parois transversales non ou peu obliques. Faisceaux libéroligneux très disséminés à tous les niveaux de la tige, les ext. entourés d'une gaine sclérifiée plus ou moins complète, les int. munis seulement de quelques fibres lignifiées extra-libériennes, ou dépourvus de fibres. Beaucoup de faisceaux se fusionnent vers le centre de la tige. Parenchyme central contenant quelques cellules à raphides, peu lacuneux, au centre, à la fin de la végétation. — *Base de la tige.* Anneau lignifié très développé. Faisceaux libéroligneux situés à l'extérieur de cet anneau (faisceaux des feuilles vertes inférieures), ordt munis de quelques fibres lignifiées en dehors du bois et du liber ; parenchyme ligneux non lignifié abondant. Quelques faisceaux sont immergés dans l'anneau lignifié, d'autres le touchent extérieurement. A l'intérieur de cet anneau, les faisceaux libéroligneux sont ordt dépourvus de tissu mécanique. Les arcs fibreux des faisceaux disparaissent à la base des feuilles vertes. Les feuilles réduites et sans chlorophylle entourant la base de la tige ont des épidermes peu épais et sont plus ou moins lacuneuses entre les nervures.

Feuille. Ep. = 350-500 μ. Epiderme sup. haut de 90-120 μ, à paroi ext. épaisse de 7-9 μ et peu bombée, à cuticule striée perpendiculairement aux parois latérales, dépourvu de stomates. Epiderme inf. recticurviligne, haut de 30-60 μ, à paroi ext. peu striée, épaisse de 6-8 μ et bombée, à stomates nombreux. Paroi ext. des cellules épidermiques marginales du limbe non sensiblement bombée. Parenchyme formé de 6-8 assises de cellules constituant un tissu assez lâche. — *Nervures* dépourvues de collenchyme et de tissu lignifié, la médiane à section concave-convexe, à faisceau libéroligneux entouré de parenchyme incolore et de cellules chlorophylliennes.

Fleur. — *Divisions externes du périanthe.* Epidermes ext. et int. striés, sans papilles caractérisées. Epiderme int. pourvu de cellules à contenu violet, isolées ou groupées en lignes. Epidermes et parenchyme renfermant de l'huile essentielle. — *Divisions latérales internes.* Bords seuls légèrement papilleux. Epiderme ext. souvent délicatement strié. Epiderme int. pourvu, surtout à la base des divisions int., de cellules à contenu violacé. Gouttelettes d'huile essentielle dans les épidermes et les cellules du parenchyme. — *Labelle* (pl. 120, f. 306). Epiderme int. de la partie sup. du labelle muni de poils hyalins ou à contenu violet, très nombreux, longs de 250-500 μ env., cylindriques, arrondis ou renflés à l'extrémité, à cuticule ordt striée (pl. 120, f. 307-313). Epiderme int. de l'extrémité du labelle dépourvu de papilles. Epiderme inf. du labelle sans papilles caractérisées. Base du labelle renfermant beaucoup de sucre ; partie allongée, en contenant bien moins. C'est surtout la partie verte, très allongée du labelle (f. 77), à un degré moindre les deux divisions latérales, qui renferment de l'huile essentielle, dans les épidermes avec l'anthocyane et dans les cellules du parenchyme, surtout vers les bords et au voisinage des épidermes. Vers les bords, presque toutes les cellules du parenchyme contiennent de l'huile essentielle. La base du labelle (f. 75) en renferme aussi, surtout vers les bords des petites ailes riches en chlorophylle (f. 76) et même à la partie inf. de la nervure médiane. *Eperon* (f. 74, 75). Epiderme int. légèrement cuticularisé, prolongé en papilles très nombreuses, obtuses à l'extrémité, striées, atteignant au plus 150 μ de long, 50 μ env. vers la gorge, parfois grosses de 50-55 μ de diam. Epiderme ext. très cuticu-

---

1. D'après HILDEBR., les fl. sont visitées par les Abeilles qui servent au transport du pollen (Cf. MOGGRIDGE, *Obs. on some Orch. of South of France* in *Journ. Linn. Soc.*, VIII, p. 265 (1865) et HILDEBRAND in *Bot. Zeit.* (1874), p. 748).

larisé, à peine papilleux. Entre les épidermes 4-5 assises de parenchyme, les ext. formées de cellules bien plus grandes que les assises int., contenant quelques cellules à raphides. Cellules des assises int. renfermant beaucoup de substances sucrées, celles des assises ext. surtout de la chlorophylle. Parenchyme s'hypertrophiant à l'intérieur de l'éperon, de chaque côté de la nervure médiane, formant une sorte de glande bilobée, renfermant parfois une ou deux lacunes. Antérieurement à l'épanouissement de la fleur, nous avons observé l'émission de nectar (1). Ce nectar a presque entièrement disparu au moment du déroulement du labelle. L'éperon renferme aussi un peu d'huile essentielle. — *Gynostème*. Epiderme contenant des globules d'essence en assez grande quantité. — *Anthère* (pl. 122, f. 450). Cellules munies de bandes épaisses assez nombreuses. — *Pollen*. Vert. Exine légèrement ruguleuse à la périphérie des massules. L = 35-40 μ. — *Staminodes*. Cellules épidermiques papilleuses. Raphides en abondance. — *Ovaire* (fig 78). Nervure médiane des valves placentifères légèrement déprimée à l'extérieur, contenant un faisceau libéroligneux à bois int. et souvent un faisceau libéroligneux int. à bois ext. Placenta divisé assez tôt en deux parties arquées. Valves non placentifères petites, en forme de coins, proéminentes extérieurement, à un faisceau libéroligneux. — *Graines*. Arrondies au sommet, 2-3 f. 1/3 plus longues que larges. Cellules du tégument très striées, à stries anastomosées. L = 300-400 μ env.

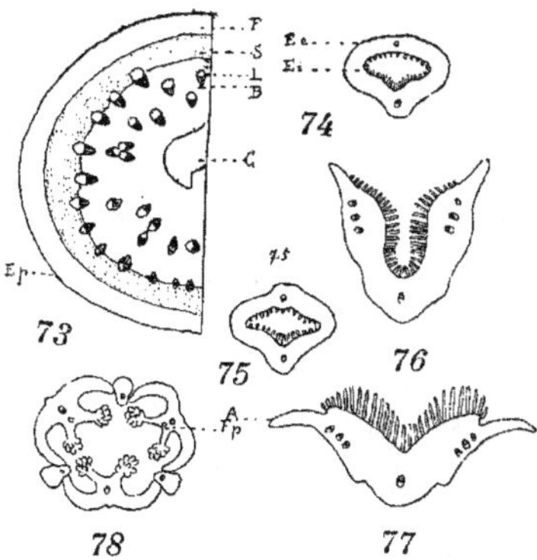

Loroglossum hircinum. — Fig. 73 : section transversale schématique de la tige au-dessus des feuilles principales ; B, bois ; C, lacune centrale ; Ep, épiderme ; L. liber ; P, parenchyme : S, sclérenchyme. — Fig. 74, 75 : sections transversales schématiques de l'éperon ; Ee, épiderme ext. : Ei, épiderme int. — Fig. 76 : section transversale de la partie supérieure du labelle. — Fig. 77 : section passant plus bas dans le labelle avant que celui-ci ait formé les deux divisions sup. : A, petites ailes à parenchyme riche en chlorophylle. — Fig. 78 : section transversale schématique de l'ovaire ; Fp, faisceau placentaire.

Presque toutes les formes suivantes peuvent être considérées comme des lusus ou des cas monstrueux.

F. anomalum. — *Aceras hircina* c. *anomala* M. Schulze, *Die Orchid.*, t. 38, f. 5 ; Gallé in *Act. Congr. int. Bot.* (1900), p. 112. — *Himant. hircinum* III *anomalum* Aschers. et Graebn., *l. c.*, p. 786. — *Ic. n.*, pl. 18, f. 10. — Labelle dépourvu de lobes lat., linéaire, crénelé-denté dans la partie sup., puis à bords entiers. — Alsace, Thuringe.

F. thuringiacum. — *Himantoglossum hircinum* b. THURINGIACA M. Sch., *l. c.*, t. 38, f. 4. — *Himant. hircinum* II *thuringiacum* Aschers. et Graebn., *l. c.* — *Aceras hircina* b. *thuringiaca* M. Schulze in *Verh. B. V. Ges. Thür.*, VII, p. 17 (1889) ; *Ic. n.*, pl. 18, f. 11. — Div. ext. du périanthe assez étroites, plus ou moins étalées-dressées ; labelle trilobé, les deux lobes lat. en lanières planes, linéaires, peu contournées, dépassant la moitié du lobe méd., celui-ci peu ou non contourné en hélice, relativement court, élargi et bifide au sommet. — Thuringe.

F. tipuloides G. Cam. Berg. A. Cam., *l. c.* — *Ac. hirc.* var. *tipuloides* Gallé, *l. c.*, p. 114, pl. 1, f. 3-6 ; pl. V, f. 49 ; *Ic. n.*, pl. 18, f. 12. — Div. ext. du périanthe plus ou moins étalées-dressées ; labelle à lobes lat. presque aussi longs que le lobe méd., celui-ci plus ou moins contourné. — Est, disséminé.

F. heteroglossum Nobis. — *Ac. hircina* var. *heteroglossa* Gallé, *l. c.*, pl. 1, f. 8, 13, 18, 26 ; 14 (tridenté), 19 *bis* et 33 (lacinié). — Labelle d'abord resserré, puis élargi plus fortement que dans le type ; lobes lat. faisant plus ou moins défaut et remplacés par des dents plus ou moins irrégulières.

F. latescens Ruppert in *Verh. Nat. Ver. d. preuss. Rheinl. u. Westf.* (1924) p. 185 ; in Fedde, *Rep. sp. nov.* (1926), p. 326. — *Icon.* : *Ic. n.*, pl. 124, f. 13. — Div. méd. du labelle presque deux fois aussi large à l'extrémité qu'à la base. — Bade : Thedingen et Eimersdorf (Ruppert).

F. forcipulum Nobis. — *Ac. hircina* var. *forcipula* Gallé, *l. c.*, f. 20-21. — Div. méd. du labelle étroitement contournée, à 6 tours de spire et sommet divisé en 2 lobules dirigés en dedans en forme de tenailles. — Disséminé.

F. divergens G. Cam. Berg. A. Cam., *l. c.* — *Ac. hircina* var. *divergens* Gallé, *l. c.*, f. 35, 36, 37. — Même forme que la précédente, mais lobules secondaires plus longs et plus divergents.

F. bifidum Nobis. — *Him. hircinum* v. *bifidum* Heusser in *Arbeit. bot. Eidgen techn. Hoch.*, Zürich, Diss.,

1 G. Cam. Berg. et Cam., *l. c.*

1914. — Lobe médian du labelle profondément divisé, à lobes entiers, longs de 15 mm. env. — Eglisau près Zurich.

F. calamistratum Nobis. — *Ac. hircina* var. *calamistra* Gallé, *l. c.* — Division moyenne denticulée au sommet et fortement contournée. — Disséminé.

F. platyglossum Nobis. — *Himant. hircinum* var. *platyglossum* Aschers. et Graebn., *l. c.* — *Ac. hircina* v. *platyglossa* Gallé, *l. c.*, p. 116, pl. III, f. 38-45; pl. IV, f. 47; pl. V, f. 48; pl. VI, f. 50, 51; Gillot in *Bull. Ass. fr. de Bot.* (1898), p. 67; *Ic. n.*, pl. 18, f. 13-13". — Labelle allongé, long de 7-17 mm., entier, épais, élargi, non enroulé pendant la préfloraison, terminé par une dent crêtelée, dressé à l'anthèse, à bords ondulés, plissés-crénelés et légèrement relevés en dessus, velouté, blanc, lavé de rose. Divisions du casque très grandes. — Meurthe-et-Moselle : entre Griscourt et Gézoncourt.

F. immaculatum Nobis. — *Ic. n.*, pl. 14-15. — Plante grêle, de coloration générale très pâle ; fleurs de forme normale d'un jaune verdâtre pâle et entièrement dépourvues de taches et de lignes rouges ou pourprées. — Seine-et-Oise : Frouville près de Nesles-la-Vallée (E. G. et A. Camus) ; Alp.-Marit. : Colomars (A. Camus).

F. Hohenzolleranum Nobis. — *Him. hircinum* d *Hohenzollerana* Harz in Schlechtend. Langeth. Schenk., *Fl. v. Deutschl.*, 5, IV, p. 286 (1896) ; M. Schulze in *Mitth. Thür. B. V. N. F.*, X, p. 81 (1897). — *Him. hircinum* d. *Hohenzolleranum* Aschers. et Graebn., *l. c.* — Divisions lat. int. du périanthe ovales-lancéolées, élargies à la base, à prolongements aigus. — Allemagne : Hohenzollern (Harz), Basel (Fischer) ; Thuringe à Iéna (M. Schulze), Bade (Zimmerm.). — Suisse.

F. comosum Waldb. in Zimmerm., *l. c.* — Bractées dépassant longuement les fleurs.

M. Lambert in *Bull. Deux-Sèvres* (1808-1809), p. 96, signale une monstruosité dont les fl. sont dépourvues d'éperon.

Fermond ap. Bellynck in *Bull. Soc. r. Belg.* (1867), décrit un exemplaire dont une fl. inf. est remplacée par un épi secondaire de 7 fl.

V. v. — Mai, juillet. — *Habitat* : prés secs, pentes ensoleillées, clairières, collines arides, pelouses des bois montueux, bords des chemins, rarement sables maritimes, ord. sur le calcaire. — *Répart. géogr.* : Europe centrale et méridionale, Espagne (disséminé, Burgos : plaine de Miranda, Gerone : Llers (Sennen), etc. ; dans la rég. mérid., seulement dans la partie montagn.), France (disséminé, assez rare dans le Nord et en Normandie ; a été signalé en Corse par Grenier et Godron, mais n'y a pas été retrouvé), Angleterre méridion. (extrèmement rare, Kent, Sussex, retrouvé dans le Surrey par Tabourdin). Belgique (très rare), Hollande (Katwijk, Limbourg), Allemagne centr. et méridion. (Bade, Prov. Rhénanes). Thuringe), Suisse (peu fréquent), Autriche, Bohème septentr. à Milleschauer, Moravie à Brunn et Nikolsburg, Tyrol, Istrie, Hongrie à Trencin et Erlau, très rare en Transylvanie, Italie (rég. litt. et submontagn. du Piémont aux Abruzzes, Capri, Sardaigne, Sicile), Herzégovine, Bosnie, Balkans, Grèce, Asie Mineure, Tunisie, Algérie (rare dans le Dép. d'Oran, d'apr. Faurel Maroc (rare, Azrou, ravin de Tioumliline, alt. 1.600 m., Grand Atlas, Reraïa, alt. 1.250 m.).

Sous-espèce L. caprinum

L. caprinum Beck in *Ann. Hofm. Wien.*, II, p. 576 (1890) ; G. Cam. Berg. A. Cam., *Monogr. Orch. Eur.*, p. 81 (1908) ; Rouy, *Fl. Fr.*, XIII, p. 183 (1912). — Orchis caprina Marsh. Bieb., *Fl. Taur. Cauc.*, III, p. 602 (1819). — Aceras caprina Lindl., *Gen. and spec.*, p. 282 (1825) ; Beck, *l. c.*, p. 54 (1887) ; Ledeb., *Fl. ross.*, IV, p. 68. — Himantoglossum caprinum Spreng., *Syst.*, III, p. 694 (1826), Schur, *Enum. pl. Trans.*, p. 645, n° 3428 ; Correv., *Orch. rust.*, p. 98 ; Schlechter in Fedde, *Repert. nov. spec.* (1918), p. 286. — Aceras hircina v. caprina Reichb. F., *Icon.*, XIII, p. 5, t. 7. CCCLIX, 461, DXIII, f. 10 ; Boiss., *Fl. orient.*, V, p. 56 ; Heldr., *Fl. cephal.*, p. 81 ; Fentschenko in *Bull. Herb. Boiss.* (1904), 4, p. 1190. — Himantoglossum hircinum b. caprinum Richter, *Pl. Eur.*, I, p. 276 (1890) ; M. Schulze, *Die Orch.*, n° 38 ; Aschers. et Graebn., *Syn.*, III, p. 787 ; Halacsy, *Consp. fl. Gr.*, III, p. 16 ; Zimmerm., *Form. d. Orchid.*, p. 57. — Lorogl. hircinum v. caprinum Gallé in *Act. Congrès Bot.* (1900), pl. III, p. 53.

Icon. : *Ic. n.*, pl. 124, f. 10-12.

Cette sous-espèce diffère du *L. hircinum* par l'épi laxiflore, le casque plus acuminé, les divisions lat. du labelle un peu plus larges et moins longues, le labelle moins densément, plus brièvement papilleux, l'éperon un peu plus développé, les pollinies plus longues et le rostellum plus haut.

Var β calcaratum Beck, *Glasnik*, XV, p. 225, t. I, f. 4 (1903), in *Wiss. Mitt.*, IX, p. 513 (107). — *Himantoglossum hircinum calcaratum* Aschers. et Graebn., *l. c.*, p. 787 (1907). — *Loroglossum caprinum* var ? *L. calcaratum* Beck in *Ann. Hofm. Wien.*, II, p. 576 (1890). — *Aceras caprina* var. *A. calcarata* Beck in *Ann. Hofm.*,

Wien., II, p. 55, t. II, f. 4 (1887). — Inflorescence lâche ; fleurs grandes, à odeur analogue à celle des fleurs de l'*O. coriophora*, divisions lat. du labelle allongées (12-20 mm.), falciformes, conniventes, violacées ; labelle long de 8-20 mm. ; éperon assez long (de 7-12 mm.), plus cylindrique, blanc ou peu verdâtre, égalant presque le fruit ; stigmate verdâtre, à bords rouges. — Bosnie.

La var. *Heldreichii* Schlechter, *l. c.* ; *Himant. hircinum* var. *Heldreichii* Soó in Fedde, *Repert. sp. nov.* (1927), p. 33, ne se distingue de la précédente que par son inflorescence plus dense, ses fl. plus nombreuses, son éperon plus long, cylindrique.

V. s. — Juin. — Europe austro-orientale : Balkans, Crimée, Caucase, Asie occident. — Signalé, par confusion, en Bade, à Durlach, ap. Maus in *Mitth. Bad. bot. Ver.* (1891), p. 287.

Sous-espèce L. **Bolleanum.**

Aceras Bolleana Siehe in *Gard. Chron.*, I, p. 265 (1868) ; **Himantoglossum Bolleanum** Schlechter in Fedde, *Repert. nov. spec.* (1918), p. 287.

Diffère du *L. hircinum* par les divisions lat. int. du périanthe linéaires-lancéolées, le labelle à lobes lat. triangulaires, la division médiane du labelle plus courte, oblongue, cunéiforme.

Asie Mineure (Cilicie).

Sous-espèce L. **formosum.**

L. formosum G. Cam. Berg. A. Cam., *Monogr. Orch. Eur.*, p. 82 (1908). — **Orchis mutabilis** Stev. in *Mém. Mosc.*, III, p. 244 (1812), *nom. nud.* ; Marsh. Bieb. in *Fl. Taur. Cauc.*, III, p. 603 (1812). — **O. formosa** Stev. in *Mém. Mosc.*, IV, p. 66 (1813) ; Reich. F., *Icon.*, XIII-XIV, p. 6, t. 6, CCCLVIII, f. 1-15 b. — **Aceras formosa** Lindl., *Gen. and spec.*, p. 282 (1835) ; Boiss., *Fl. orient.*, V, p. 56 ; Kraenz., *Gen. et spec.*, p. 167. — **Himantoglossum formosum** C. Koch in Linn., XXII, p. 287 (1849) ; Schlechter in Fedde, *Repert. nov. spec.* (1918), p. 287.

Icon. : Reichb. F., *l. c.* ; *Ic. n.* pl. 124, f. 8-9.

Tubercules gros, ovoïdes-oblongs. Tige élevée. Feuilles oblongues ou oblongues-lancéolées. Fleurs grandes, en épi allongé, laxiuscule. Bractées linéaires-lancéolées, membraneuses, les sup. dépassant l'ovaire, les inf. dépassant le fleurs. Périanthe vert, teinté de pourpre, à divisions ext. oblongues-obtuses, conniventes en casque obtus, les lat. int. linguiformes, subobtuses, munies, vers le milieu et au bord, d'une sorte de petite crête. Labelle rose à la base, puis verdâtre. 3-lobé, à lobes lat. subarrondis, ondulés sur les bords, lobe moyen moins allongé que dans *L. affine*, un peu dilaté, rétus, mais non bifide au sommet. Eperon bien plus long que dans les autres sous-esp., atteignant la moitié de la longueur de l'ovaire, cylindrique-obtus. Loges de l'anthère assez longues.

Juin. — Forêts montagneuses du Caucase oriental.

Sous-esp. L. **affine.**

L. affine G. Cam. Berg. A. Cam., *Monogr. Orch. Eur.*, p. 83 (1908). — **Aceras affinis** Boiss., *Fl. orient.*, V, p. 56 (1884) ; Kraenz., *Gen. et spec.*, p. 168. — **Himantoglossum affine** Schlechter in Fedde, *Repert. nov. spec.* (1918), p. 287.

Tubercules gros, ovoïdes-oblongs. Tige élevée. Feuilles oblongues, les sup. lancéolées, engainantes. Epi lâche, allongé. Bractées membraneuses, lancéolées, acuminées, dépassant l'ovaire. Fleurs grandes. Périanthe à divisions ext. pourpre sordide, ovales-oblongues, obtuses, conniventes en casque obtus, les lat. int. lancéolées. Labelle verdâtre, lavé de rouge, oblong, cunéiforme, 3-lobé, à lobes lat. subfalciformes, triangulaires, ondulés aux bords ; lobe moyen allongé, mais plus court que dans *L. hirc.*, *capr.* et *Boll.*, linguiforme, bifide au sommet. Eperon très court, conique, en sac.

Juin. — Asie Mineure : Carie, Phrygie, Cataonie ; Kurdistan. — Assyrie.

HYBRIDE INTERGÉNÉRIQUE

LOROGLOSSUM × ORCHIS = LOROGLORCHIS

× × **Loroglorchis** G. Cam., *Monogr. Orch. Fr.*, p. 25 ; in *Journ. Bot.*, VI (1892), p. 110. — **Orchis × Himantoglossum = Orchimantoglossum** Asch. et Graeb., *Syn.*, III, p. 799 (1907).

L. HIRCINUM × O. SIMIA

× × **Loroglorchis Lacazei** G. Cam., *Monogr. Orch. Fr.*, p. 25 ; in *Journ. de Bot.*, VI, p. 110 (1892) ; G. Cam. Berg. A. Cam., *Monogr. Orch. Eur.*, p. 83. — **Loroglossum hircinum** × **Orchis Simia** G. Cam., *l. c.* — **Orchis hircino-Simia** Timb.-Lagr. in *Mém. Acad. Toul.*, V (1861), tir. à part, p. 44. — **Orchis Simia × Himantoglossum hircinum** Aschers. et Graebn., *Syn.*, III, p. 799 (1907). — **Orchimantoglossum Lacazei** Aschers. et Graebn., *l. c.* (1907).

Icon. : Timb.-Lagr., *l. c.*, pl. 25.

Tige et feuilles rappelant l'*O. Simia*. Bractées intermédiaires entre celles des parents. Inflorescence et forme de l'épi de l'*O. Simia*. Emprunte au *L. hircinum* la forme et la couleur du casque et des divisions qui le composent, l'éperon court et sillonné en dessous. Labelle blanc jaunâtre au centre, à 3 divisions d'un rouge foncé rappelant, comme forme, celles de l'*O. Simia*, parfois à divisions supér. rétrécies, puis élargies et bidentées au sommet, comme chez le *L. hircinum*, à division terminale bilobée, à lobes plus étroits que les divisions sup. et les dépassant peu, séparés par un mucron. Un seul rétinacle renfermé dans une bursicule. Forme du gynostème de l'*O. Simia*.

Mai. — France : env. de Muret, Haute-Garonne (Lacaze ap. Timb.-Lagr.), dans une prairie où se trouvaient l'*Orch. Simia*, l'*O. Morio* et le *Lorogl. hircinum*.

Gen. IV. — **BARLIA** Parlat.

Barlia Parlat., *Due nuovi gen. de piante monoc.*, p. 5 (1858) ; *Fl. ital.*, III, p. 445 ; Barla, *Iconogr. Orch.*, p. 38 ; G. Cam. Berg. A. Cam., *Monogr. Orch. Eur.*, p. 83. — **Orchidis species** Reichb. F., *Icon.*, XIII-XIV, p. 3 (1851) ; Kraenzl., *Gen. et spec.*, p. 164. — **Himantoglossum § II Barlia** Schlechter in Fedde, *Repert. nov. sp.* (1908), p. 285.

Divisions du périanthe libres, les ext. lat. étalées, les lat. int. adnées au gynostème, conniventes avec la médiane sup. Labelle enroulé pendant la préfloraison, étalé ensuite en avant, trilobé, muni d'un éperon court. Gynostème court, obtus. Stigmate grand, vertical. Anthère biloculaire, à loges contiguës, subparallèles, un peu rapprochées à la base et séparées par un petit bec. Masses polliniques lobulées, à caudicules allongés, à rétinacles soudés en un seul qui est renfermé dans une bursicule uniloculaire. Ovaire sessile, contourné.

Papilles du labelle non verruqueuses, dépourvues de ramuscules. Faisceaux libéroligneux de la tige très disséminés.

1. — **B. LONGIBRACTEATA**

B. longibracteata Parlat., *Due nuovi gen. di piante Monoc.*, p. 6 (1854) ; *Fl. ital.*, III, p. 447 (1858) ; Barla, *Icon. Orch.*, p. 39 ; G. Cam., *Monogr. Orch. Fr.*, p. 26 ; in *Journ. de Bot.*, VI, p. 111 ; G. Cam. Berg. A. Cam., *Monogr. Orch. Eur.*, p. 84 ; Rouy, *Fl. Fr.*, XIII, p. 181 ; Lojacono, *Fl. Sic.*, p. 10 ; Ces. Pass. Gib., *Comp.*, p. 187 ; Binna, *Orch. sard.*, p. 9 ; Macchiati, *Orchid. in N. g. bot. ital.* (1881), p. 311 ; Bonnet et Barr., *Cat. Tunisie*, p. 401 ; Durand et Barratte, *Floræ Lybicæ*, p. 226. — **Orchis longibracteata** Biv., *Pl. Sic.*, cent., 1, p. 57, n° 6, t. 4 (1806) ; Lindl., *Gen. and spec. Orch.*, p. 272 ; DC., *Fl. fr.*, V, p. 330, n° 2013a ; Duby, *Bot. gal.*, p. 445 ; Mutel, *Fl. fr.*, p. 237 ; Loret et Barr., *Fl. Montpel.*, p. 659 ; Moggr., *Contrib. fl. Menton*, t. 17, p. 237 ; Coste, *Fl. Fr.*, III, p. 396, n° 3583, *cum icone* ; Alb. et Jahand., *Cat. Var*, p. 485 ; Bertol., *Rar. ital. pl.*, déc. 3, p. 39 ; *Amoen. ital.*, p. 48, et in *Lucub.*, p. 13, n° 57 ; *Fl. ital.*, IX, p. 543 ; Pollin., *Fl. veron.*, III, p. 22 ; Tin., *Syll.*, p. 456 ; Tod., *Orchid. sic.*, p. 17 ; Guss., *Syn. fl. sic.*, 2, p. 537 ; de Notar., *Repert. fl. ligust.*, p. 384 ; Fiori et Paol., *Iconogr. fl. ital.*, n° 816 ; Fiori et Béguin., *Fl. Ital.*, I, p. 240 ; Brongn. in Chaub. et Bory, *Expéd. sc. Morée*, p. 262 ; *Fl. Pélop.*, p. 61 ; Marc. et R., *Fl. Zante*, p. 86 ; Fried., *Reise*, p. 282 ; Raul., *Cret.*, p. 861 ; Halac., *Consp. fl. gr.*, III, p. 464 ; Reichb. in Webb et Berth., *Phyt. canar.*, III, p. 304. — **O. Robertiana** Loisel., *Fl. gall.*, éd. 1, II, p. 606 (1806) ; éd. 2, II, p. 266 et t. 21 ; Pers., *Ench.*, II, p. 504 ; de Notar., *Repert. fl. ligust.*, p. 182 ; Moris, *Stirp. sard.*, I, p. 44 ; Ten., *Fl. nap.*, II, p. 296 ; Sieb., *Ag. rem.*, p. 6, 266 ; Fried., *Reise*, p. 266. — **O. fragrans** Tenore in *Prodr. fl. neap.*, p. LIII (1811) ; non Pallas. — **Aceras longibracteata** Reichb. F., *Icon.*, XIII, p. 3 (1851) ; Richter, *Pl. Eur.*, I, p. 276 ; Correvon, *Orchid. rust.*, p. 45 ; Gr. et Godr., *Fl. Fr.*, III, p. 282 ; Castagne, *Cat. B.-d.-Rh.*, p. 156 ; Rodrig., *Catal. supp.*, p. 55 ; Barcelo, *Apuntes Fl. Balear.*, p. 456 ; H. Knoche, *Fl. balear.*, I, p. 412 ; Willk. et Lange, *Prodr. Hisp.*, I, p. 164 ; Guimar., *Orch. Port.*, p. 45 ; Boiss., *Fl. or.*, V, p. 55 ;

Heldr., *Fl. Cephal.*, p. 68 ; Halacsy in *Oest. bot. Zeit.* (1897), p. 325 ; Munby, *Cat.*, p. 33 ; Battand. et Trab., *Fl. Alg.*, II, p. 25 (1895) ; p. 321 (1904) ; Kraenz., *Gen. et spec.*, p. 166 ; Aschers. et Graeb., *Syn.*, III, p. 784 ; Faure in *Bull. Soc. hist. nat. Afr. du Nord* (1923), p. 299' ; de Litardière et Simon in *Bull. Soc. Bot.* (1921), p. 35. — **Loroglossum longibracteatum** Moris in *Sched.* ap. Ardoino, *Cat. pl. vasc. Ment. et Monaco,* p. 36 (1862) ; Ardoino, *Fl. Alp.-Mar.*, p. 351 ; Martelli, *Monoc. Sard.*, p. 34 ; Fleischmann in *Oesterr. bot. Zeitschr.* (1825),p. 193. — **Himantoglossum longibracteatum** Schlechter, *Die Orchid.* (1914), p. 52 ; in Fedde, *Repert. nov. spec.* (1918), p. 288. — *Orchis myodes, hyemalis, liliacea, hircina, fimbriato flore, magno, rubro, porphyragraphi, margine herbeo* Cup., *Hort. cath. suppl.*, p. 67 ; Box., t. 33. — *Monorchis Myodes, liliacea, hircina, flore magno rubro, porphyrographi* Cup., *Panph.*, I, t. 200 ; *Hort. cath.*, p. 157.

Noms vulg. : Barlia à longues bractées. — *Portug.* : Salopeiro grande. — *Angl.* : Geant Orchis. — *Allem.* Riesen Knabenkraut.

Icon. : Biv., *Bern. Sic.*, t. 4 ; Ten.,*Fl. neap.*, t. 91 ; *Bot. Reg.*, t. 357 ; Mutel, *Atl.*, t. 64, f. 487 ; Reichb. F., *Icon.*, XIII-XIV, t. 27, CCCLXXIX ; Loisel., *Fl. gall.*, t. 21 ; Moggridge, *Contr. fl. Ment.*, t. 17 ; Barla, *l. c.* pl. 25, f. 1-19 ; Ces. Pass., Gib., *l. c.*, t. XXIV, f. 1 ; Guimar., *l. c.*, est. IV, f. 34 ; Correv, *Alb. Orch.*, pl. XLVII ; G. Cam., *l. c.*, pl. XLVII ; G. Cam. Berg. A. Cam., *l. c.*, pl. 15, f. 404-410 ; *Ic. n.*, pl. 19, f. 1-12.

Exsicc. : Billot, n° 3241 ; Bourgeau, *Pl. Canaries*, n° 996 ; Jamin, *Pl. Algérie*, n° 83 ; *Soc. Dauph.*, n° 2635 et *bis* ; F. Schultz, *Herb. n.*, n° 755 ; Orphanid., *Fl. gr.*, n° 15 ; Todaro, *Fl. sic.*, n° 715 ; Heldreich, n° 2298 ; *Soc. fl. fr.-helv.*, n° 1090 ; Sennen, *Pl. Esp.*, n° 595, 3810 ; Durando, *Fl. Atlant. exsicc.*, 1852.

Tubercules ovoïdes, gros, surmontés de fibres radicales nombreuses assez épaisses. Tige souvent robuste, anguleuse à la partie sup., de 3-8 décim. et plus, d'un vert pâle, souvent lavée de violet au sommet. Feuilles largement ovales-obtuses ou largement ovales-elliptiques, grandes (4-10 centim. de largeur, 8-25 centim. de longueur), mucronées, d'un vert foncé, épaisses, fermes, rigides, luisantes surtout à la face sup., les sup. plus ou moins bractéiformes et violacées (1). Bractées lancéolées-aiguës ou linéaires-lancéolées, égalant ou dépassant les fleurs, d'un vert clair, souvent lavées de violet au sommet, munies de 3 nervures. Fleurs nombreuses, assez grandes, atteignant souvent 2 centim., exhalant une odeur rappelant celle de l'Iris, disposées en épi très ample, dense, d'abord ovoïde-oblong ou allongé, puis subcylindrique. Divisions ext. et lat. int. du périanthe conniventes, libres ; les ext. elliptiques, concaves, obtuses, d'un violet rougeâtre en dehors, de couleur plus claire et verdâtre en dedans, pourvues à la face int. de macules pourpre violacé et munies de 3-4 nervures vertes, les lat. ext. un peu plus longues que la médiane ; divisions lat. int. sublinéaires, obtuses, uninervées, assez rarement binervées, parfois sublobulées du côté ext., vertes et marquées en dedans de points purpurins, soudées à la base du gynostème. Labelle enroulé avant l'anthèse, dirigé en avant, étalé, 2-3 fois plus long que les divisions sup. du périanthe, muni à la base de 2 gibbosités lat. séparées par un sillon médian, d'un violet plus ou moins foncé, verdâtre sur les bords, blanc au centre et à la base,plus rarement verdâtre au centre (surtout dans les formes grêles), ponctué de pourpre violacé au centre, rarement entièrement blanc, trilobé, à lobes lat. linéaires, falciformes, concaves en dedans, finement crénelés, ondulés-crispés sur les bords, à lobe moyen plus allongé, plus large, obcordiforme, bilobé ou bifide, à lobes secondaires divergents, obtus, crénelés, et séparés souvent par une dent à l'angle de bifidité. Eperon court, de moitié env. plus court que l'ovaire, conique, dirigé en bas, d'un blanc violacé, taché de pourpre et pourvu en dedans, antérieurement et près du sommet,d'un nectaire développé, oblong, obtus. Gynostème court, obtus, un peu concave. Stigmate grand, oblong, cordiforme ou subtriangulaire, vertical, rougeâtre. Anthère à loges presque parallèles, rapprochées à leur base et séparées par un petit bec linéaire.Masses polliniques d'un vert foncé, lobulées. Caudicules allongés, jaunâtres, fixés à un rétinacle unique renfermé dans une bursicule dirigée en avant. Staminodes manifestes, blanchâtres (2). Ovaire linéaire-oblong, subcylindrique, sessile, contourné, vert lavé de pourpre. Capsule oblongue, membraneuse, subtriquètre, à 6 côtes. Graines roussâtres, très petites, courtes.

Morphologie interne.

Tubercule. — Grains d'amidon ordt arrondis, très petits, atteignant 8-10 μ de diam. (pl. 112, f. 31). — *Fibres radicales.* Paroi ext. de l'assise pilifère très subérisée. Cadres plissés de l'endoderme assez nets. Vaisseaux de métaxylème abondants.

---

1. Les feuilles sèches sentent la coumarine.
2. Le *Barlia* est visité par des Hyménoptères et des Diptères. Les insectes, très attirés par le nectar contenu à l'intérieur de l'éperon, plongent leur trompe dans le nectaire et la retirent assez rapidement. Les rétinacles s'attachent à elle. Les caudicules mettent 3 minutes env. pour faire leur mouvements (Cf. Moggridge .n *Journ. Linn. Soc.*, 1864, p. 256).

Tige. (F. 79) Stomates assez peu nombreux. 5-6 assises de grandes cellules entre l'épiderme et l'anneau lignifié, formant un tissu lâche, contenant de la chlorophylle. Anneau lignifié formé de 5-8 assises de cellules à parois très minces et renfermant quelques chloroleucites. Faisceaux libéroligneux à section très allongée radialement, très nombreux, disséminés, souvent entourés d'une gaine lignifiée complète. Parenchyme ligneux non lignifié, assez abondant entre les vaisseaux. Petite lacune au centre de la tige âgée.

Feuille. — Ep. = 450-800 µ et même, parfois, 900 et 1.200 µ près de la nervure médiane (f. 80). Epiderme sup. haut de 70-140 µ, à paroi ext. épaisse de 16-20 µ env. et bombée, sans stomates même dans les feuilles moyennes et inf., portant, vers la base des feuilles, quelques gros poils hyalins se desséchant vite. Epiderme inf. légèrement recticurviligne, haut de 30-60 µ, à paroi ext. épaisse de 12-16 µ env. et bombée, muni de stomates nombreux. Paroi ext. des cellules épidermiques du bord des feuilles non bombée. Parenchyme formé, à la partie sup., de 3-4 assises de cellules plus ou moins arrondies, allongées parallèlement à la surface du limbe et assez chlorophylliennes, dans les régions moyenne et inf., de 8-10 assises de grandes cellules plus ou moins ramifiées laissant entre elles des lacunes assez grandes, surtout vers la partie centrale du limbe. Bord aminci, peu chlorophyllien vers la face infér., parfois même un peu collenchymateux (f. 81). Nervures non saillantes, le limbe seulement plié vis-à-vis de la nervure médiane ; faisceau libéroligneux peu développé en proportion de l'épaisseur du limbe, entouré de parenchyme chlorophyllien, dans les principales nervures; parfois tissu incolore à la partie sup. du faisceau ; pas de sclérenchyme ni de collenchyme.

Fleur. — *Divisions externes du périanthe.* Epiderme ext. à cuticule fortement striée (pl. 120, f. 314). Epiderme int. à cellules ordinairement isolées contenant du pigment dissous violet (pl. 120, f. 315, 316). Traces d'huile essentielle vers les bords. — Divisions *latérales internes.* Epidermes dépourvus de papilles caractérisées, contenant des traces d'huile essentielle. — *Labelle.* A la base du labelle, près de l'éperon, les papilles sont localisées dans la dépression médiane (f. 82), les crêtes latérales en sont dépourvues. Plus loin de la base, les papilles sont encore nombreuses et assez développées entre

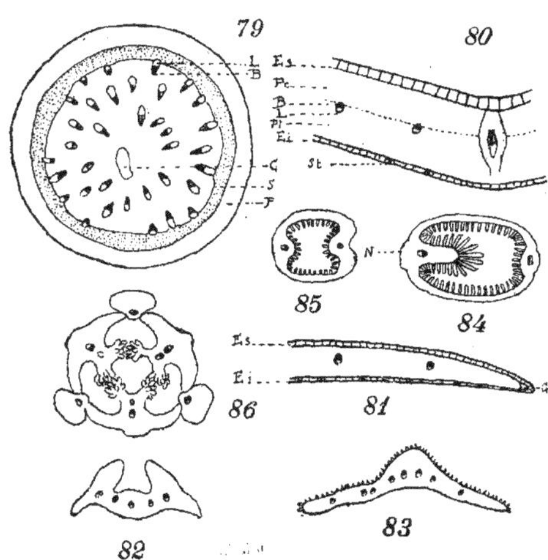

Barlia longibracteata. — Fig. 79 : section transversale schématique de la tige ; C, lacune centrale ; B, bois ; Ep, épiderme ; L., liber ; P, parenchyme. — Fig. 80 : section transversale schématique de la nervure médiane et de nervures secondaires ; Ei, épiderme inf. ; Es, épiderme sup. ; Pc, parenchyme chlorophyllien ; Pl, parenchyme lacuneux. — Fig. 81 : section transversale du bord du limbe ; C, collenchyme. — Fig. 82 : section schématique de la partie sup. du labelle. — Fig. 83 : section schématique du labelle, sous les deux grandes divisions. — Fig. 84 : section schématique de la gorge de l'éperon : N, nectaire. — Fig. 85 : section schématique de l'extrémité de l'éperon. — Fig. 86 : section transversale schématique de l'ovaire ; Fp, faisceau placentaire.

les deux crêtes ; sur ces dernières, les papilles sont courtes, coniques (pl. 120, f. 317) et vers les lames aplaties, il ne s'en forme pas. Dans la partie du labelle où le sillon médian est remplacé par une proéminence, les papilles existent sur toute la face supér. (f. 83). Epiderme ext. à peu près dépourvu de papilles, muni de stomates. Huile essentielle dans l'épiderme int., surtout vers les bords du labelle, et traces dans le parenchyme sous-jacent. Sucre abondant dans toutes les divisions du périanthe et surtout le labelle. — *Eperon* (f. 84-85). Epiderme int. à papilles très développées (pl. 120, f. 318-319), surtout vis-à-vis du nectaire où elles atteignent 150-200 µ env. (pl. 120, f. 320) et sont cylindriques. Epiderme ext. sans papilles caractérisées, à paroi ext., très bombée, assez épaisse ; épiderme int. à paroi ext. très mince ; entre ces épidermes se trouvent 2-4 assises de cellules à parois minces. Nectaire formé par l'hypertrophie du parenchyme de la nervure médiane à l'intérieur de l'éperon (f. 84) ; faisceau libéroligneux peu développé. Essence dans l'éperon et quantité considérable de sucre surtout dans la partie interne et dans le nectaire. — *Anthère.* Epiderme des parois et du connectif sans papilles caractérisées ou à papilles courtes. Assise mécanique formée de cellules à bandes épaissies peu nombreuses. — *Staminodes*.Raphides en abondance. — *Pollen* (pl. 122, f. 433-434). Vert foncé. Exine à peine ruguleuse à la surface des massules. L. = 28-35 µ env. — *Ovaire* (f. 86). Valves placentifères à nervure médiane non ou peu saillante à l'extérieur, contenant un faisceau libéroligneux ext. à bois int. et parfois, dans les ovaires très développés des individus robustes, un faisceau placentaire libérien ou ayant seulement quelques vaisseaux vers l'intérieur. Placenta long, à divisions développées. Valves non placentifères très saillantes extérieurement, à un faisceau libéroligneux. — *Graines*. Suspenseur assez développé. Cellules du tégument à parois recticurvilignes. Graines adultes arrondies au sommet 2 f. 1/2-3 f. 1/2 plus longues que larges, très striées. L. = 250-370 µ.

Var. **gallica** ROUY, *Fl. Fr.*, XIII, p. 182 (1912).— *Orchis longibracteata* var. *gallica* LINDLEY, *Orch.*, p. 272. — *Aceras longibr.* var. *gallica* REICHB. F., *Icon.*, XIII-XIV, p. 4 (1851). — *Himantoglossum longibr.* var. *gallic.* SCHLECHTER, *l. c.* — Labelle à lobe médian deux fois aussi long que les lat. — France mérid., Italie.

Var **sicula** ROUY, *l. c.* — *Orchis longibr.* var. *sicula* LINDLEY, *l. c.* — *Aceras longibr.* var. *sicula* REICHB. F., *l. c.* ; de LITARDIÈRE et SIMON in *Bull. Soc. bot. Fr.* (1921), p. 35. — *Himantoglossum longibr.* var. *siculum* SCHLECHTER, *l. c.* — Labelle à lobe médian un peu plus long que les lat. — Corse (de LITARD. et SIMON), Sicile. Italie mérid.

V. v. — Fin décembre-février (Afrique septentr.) ; février-mars (Europe mérid.). — *Habitat* : lieux herbeux et arides, collines de la rég. méditerranéenne. — *Répart. géogr.* : Portugal (disséminé) ; Espagne [Gerone : Vilarnadal, Llers, Figueras ; Barcelone : Sardanyola par le Tibidabo (SENNEN), etc., rég. de Grenade, rare, Serrania de Ronda (BOISS.)], Baléares [Minorque, très rare, côté exposé au nord (CASALL, ROD.)], France mérid. (des Alpes-Marit. à l'Aude, rare en Corse, env. de Bonifacio, d'Ajaccio), Italie (assez rare, Riviera et partie mérid. de la péninsule, Naples, Abruzzes, Otrante, Calabre), Sardaigne (MORIS), Sicile (assez abondant), Küstenland, Dalmatie (EBEL ap. MALY), Balkans, Grèce [Mt Hymette, env. d'Athènes (HELDREICH, SIEBER)], Crète, Chypre, Syrie, Lybie, Cyrénaïque, Tunisie, Algérie, Maroc. — Canaries.

HYBRIDE INTERGÉNÉRIQUE

ACERAS × BARLIA = BARLACERAS

× × **Barlaceras** G. CAMUS in *Riviera scientif.* (1924), p. 62.

ACERAS ANTHROPOPHORA × BARLIA LONGIBRACTEATA

× × **Barlaceras Terraccianoi** G. CAMUS in *Riviera scientif.* (1924), p. 62. — **Aceras anthropophora** × **Barlia longibracteata** G. CAMUS, *l. c.* — **Aceras longibracteata** × **anthropophora** TERRACCIANO in *Bull. Soc. Bot. Ital.* (1910), p. 29 ; FEDDE, *Repert.*, VIII, p. 493 (1910).

Tubercules ovales-arrondis ; fibres radicales filiformes allongées. Tige courte, haute de 20-25 cent., verte, lavée de rouge vers l'épi. Feuilles ressemblant à celles de l'*Ac. anthrop.*, oblongues-lancéolées, acutiuscules, un peu glaucescentes, munies de petites nerv. transversales. Fl. comme dans le *Barlia longibracteata*.

Sardaigne : Sassari, vers Mulata et Serra secca.

Gen. V. — **ANACAMPTIS** Rich.

Anacamptis C. L. RICH. in *Mém. Mus.*, IV, p. 47 (1818); NEES, *Gen.*, n° 34 ; LINDL., *Gen. and spec.*, p. 274 ; ENDL., *Gen.*, p. 208 ; MEISN., *Gen.*, p. 381 ; PFITZER in ENGL. et PRANTL, *Nat. Pfl.*, II, 6, p. 90 ; KRAENZ., *Gen. et spec.*, p. 168 ; G. CAM. BERG. A. CAM., *Monogr. Orch. Eur.*, p. 89. — **Orchidis species** L., *Spec.*, p. 940 (1753).— **Aceras** sect. **Anacamptis** REICHB. F., *Icon.*, XIII-XIV, p. 6 (1851). — **Orchis** sect. **Anacamptis** BENTH. et HOOK., *Gen.*, III, II, p. 620 (1883).

Périanthe à divisions libres, presque égales, les lat. ext. étalées ou dressées-étalées, la moyenne dressée, concave, un peu connivente avec les deux lat. int. dressées, libres, presque aussi longues que les ext. Labelle dirigé en avant, large, à 3 lobes courts, muni, vers la base, de deux petites lames saillantes, presque parallèles, prolongé en éperon filiforme, allongé. Gynostème court, obtus. Anthère à loges contiguës, parallèles et séparées par un petit bec. Masses polliniques à caudicules assez longs, à rétinacles soudés en un seul qui est renfermé dans une bursicule uniloculaire. Staminodes obtus, papilleux. Ovaire linéaire, contourné, subsessile.

Papilles du labelle non verruqueuses, dépourvues de ramuscules. Faisceaux libéroligneux de la tige disposés en cercle régulier au-dessus des feuilles principales.

1. — A. PYRAMIDALIS.

A. pyramidalis C. L. RICH. in *Mém. Mus.*, IV, p. 55 (1818) ; LINDL., *Gen. and sp.*, p. 274 ; C. KOCH in LINN., XII, p. 285 ; REICHB. F., *Icon.*, XIII-XIV, p. 6 ; KRAENZ., *Gen. et spec.*, p. 109 ; RICHTER, *Pl. Eur.*, I, p. 277 ; BABINGT., *Man. Brit. Bot.*, éd. 8, p. 345 ; BENTH., *Brit. Flora.* p. 465 ; OUDEMANS, *Fl. Nied.*, III, p. 145 ; DUMORT., *Prodr. fl. Belg.*, p. 157 ; J. MEYER, *Orch. G.-D. Luxemb.*, p. 15 ; THIELENS, *Orch. Belg. et Luxemb.*, p. 63 ; POIRAULT, *Cat. Vienne*, p. 95 ; GODET, *Fl. Jura*, p. 687 ; COSS. et GERM., *Fl. Paris*, éd. 2, p. 676 ; BONNET, *P. fl. paris.*, p. 383 ; ARDOINO, *Fl. Alp.-Marit.*, p. 351 ; BARLA, *Iconogr.*, p. 40 ; de VICQ, *Fl. Somme*, p. 421 ; G. CAM., *Monogr. Orch. Fr.*, p. 28 ; in *Journ. de Bot.*, VI, p. 112 ; MASCLEF, *Cat. P.-d.-C.*, p. 153 ; GAUT., *Pyr.-Or.*, p. 399 ; BRIQUET in *Arch. fl. jurass.*, n° 60, p. 165 (1905) ; G. CAM. BERG. A. CAM., *Monogr. Orch. Eur.*, p. 90 ; ROUY, *Fl. Fr.*, XIII, p. 184 ; KIRSCHL., *Fl. Als.*, II, p. 126 ; GMEL., *Fl. Bad.*, III, p. 529 ; BL. et FING., *Comp.*, II, p. 418 ; FOERSTER, *Fl. Aachen*, p. 348 ; BACH, *Rheinpreus. Fl.*, p. 370 ; CAFL., *Exc. Fl.*, p. 296 ; GARCKE, *Fl. Deuts.*, éd. 14, p. 382 ; KOCH, *Syn.*, éd. 2, p. 792 ; éd. 3, p. 597 ; éd. Hall. et Wohlf., p. 2430 ; OBORNY, *Fl. Mæhr. Œst. Schl.*, p. 250 ; M. SCHULZE, *Die Orch.*, n° 39 ; ASCHERS. et GRAEBN., *Syn.*, III, p. 788 ; ZIMMERM., *Die Form. d. Orchid.*, p. 58 ; KRÄNZL., *Orchid.*, p. 31 ; BERGER in *Allg. bot. Zeitschr.* (1914), p. 20 ; GREMLI, *Fl. Suis.*, éd. Vetter, p. 482 ; SCHINZ et KELLER, *Fl. Schweiz.*, p. 125 ; H. KNOCHE, *Fl. baléar.*, 1, p. 414 ; de NOT., *Rep. fl. lig.*, p. 387 ; PARLAT., *Fl. ital.*, III, p. 451 ; STEFANI, F. MAJOR, W. BARBEY, *Cat. Samos*, p. 61 ; W. BARBEY, *Fl. Sard. Comp.*, p. 57 ; *Herb. Levant*, p. 157 ; CES. PASS. GIB., *Comp. fl. it.*, p. 187 ; MACCHIATI in *N. g. bot. it* (1881), p. 186 ; MARTELLI, *Monoc. Sard.*, p. 36 ; ARCANG., *Comp.*, éd. 2, p. 166 ; LOJACONO, *Fl. Sic.*, p. 44 ; CORTESI, *Orch. Rom.* in *Ann. bot. Pirotta*, II, p. 132 ; COCCONI, *Fl. Bolog.*, p. 481 ; BOISS., *Voy. Esp.*, II, p. 595 ; SCHUR, *Enum. pl. Transs.*, p. 644, n° 3421 ; SIMK., *Enum. Trans.*, p. 501 ; BECK, *Fl. Nied.-Œst.*, p. 207 ; HINTERH. et PICHLM., *Fl. Salz.*, p. 193 ; BOISS., *Fl. orient.*, V, p. 57 ; SIBTH. et SM., *Fl. Gr.*, II, p. 211 ; PIER., *Del. fl. corc.*, p. 124 ; CHAUB. et BORY, *Exp. Morée*, p. 262 ; *Fl. Pélop.*, p. 61 ; STEF. MAJ. et BARBEY, *Samos*, p. 61 ; FRIED., *Reise*, p. 283 ; UNG., *Reise*, p. 120 ; WEISS. in *Z. B. Ges.* (1869), p. 754 ; LEDEB., *Fl. ross.*, IV, p. 64 ; GRECESCU, *Consp. fl. Roman.*, p. 547 ; *Suppl. Consp. Fl. Rom.*, p. 156 ; PANTU, *Contr. Fl. Bucur. et Orch. d. Rom.*, p. 97 ; KANITZ, *Fl. d. Rom.*, p. 118 ; MUNBY, *Cat.*, p. 34 ; LACROIX, *Cat. Kabylie* ; BONNET et BARR., *Cat. Tunisie*, p. 401.
- - **Orchis pyramidalis** L., *Spec.*, éd. 1, p. 940 (1753) ; WILLD., *Spec.*, IV, p. 14 ; VILL., *Hist. pl. Dauph.*, II, p. 25 ; POIRET, *Encycl.*, IV, p. 589 ; DC., *Fl. fr.*, III, p. 246 ; DUBY, *Bot.*, p. 446 ; LOISEL., *Fl. gall.*, II, p. 263 ; BOISDUVAL, *Fl. Fr.*, III, p. 42 ; MUTEL, *Fl. fr.*, III, p. 233 ; *Fl. Dauph.*, éd. 2, p. 589 ; LAPEYR., *Abr. Pyr.*, p. 546 ; LE TURQ. DEL., *Fl. Rouen*, p. 454 ; GREN., *Fl. ch. jurass.*, p. 753 ; GODR., *Fl. Lorr.*, II, p. 293 ; LLOYD et FOUC., *Fl. Ouest*, p. 334 ; CAR. et S.-LAG., *Fl. descr.*, éd. 8, p. 800 ; RENAULT, *Ap. H.-Saône*, p. 246 ; GUST. et HÉRIB., *Fl. Auv.*, p. 430 ; MAGN. et HÉTIER, *Obs. fl. Jura*, p. 140 ; DEB., *Rév. fl. agen.*, p. 517 ; GUILL., *Fl. Bordeaux*, p. 171 ; COSTE, *Fl. Fr.*, III, p. 403 ; ALB. et JAHAND., *Cat. Var*, p. 490 ; LEJ. et COURT., *Comp.*, III, p. 179 ; LEJ., *Rév. fl. Spa*, p. 184 ; TINANT, *Fl. Luxemb.*, p. 436 ; GORTER, *Fl. VII prov. Belg.*, p. 233 ; HALL, *Fl. Belg. sept.*, p. 622 ; de VOS, *Fl. Belg.*, p. 553 ; LÖHR, *Fl. Tr.*, p. 246 ; GAUD., *Fl. helv.*, V, p. 426, n° 2052 ; MORTHIER, *Fl. Suisse*, III, p. 362 ; BOUVIER, *Fl. Alpes*, éd. 2, p. 642 ; KOCH, *Syn.*, éd. 1, p. 688 ; SEUBERT, *Excurs. Bad.*, p. 121 ; HAUSSM., *Fl. Tirol*, p. 838 ; TEN., *Fl. nap.*, II, p. 283 ; SAVI, *D. cent. fl. etrusc.*, p. 193 ; *Bot. etrusc.*, III, p. 163 ; TOD., *Orch. sic.*, p. 36 ; SEB. et MAURI, *Fl. rom. pr.* p. 362 ; GUSS., *Fl. sic. syn.*, II, p. 293 ; SANG., *Fl. rom. pr. alt.*, p. 724 ; BERT., *Fl. ital.*, IX, p. 518 ; MARATTI, *Fl. rom.*, II, p. 293 ; FIORI et PAOL., *Fl. anal. ital.*, I, p. 243 ; *Iconogr.*, n° 828 ; CHAUB. et BORY, *Exp. Morée*, p. 262 ; GULDET, *It.*, I, p. 288, 423, 426 ; *It.*, II, p. 25 ; GEORGI, *Beschr. Russ.*, III, V, p. 1247 ; MARS. BIEB., *Fl. Taur.-Cauc.*, p. 365 ; PALL., *Ind. Taur.* ; LUC., *Fl. osil.*, p. 293 ; BATT. et TRAB., *Fl. Alg.* (1884), p. 199.
— **O. bicornis** GILIB., *Ex. phyt.*, II, p. 473 (1792). — **O. condensata** DESF., *Fl. atlant.*, II, p. 316 (1800) ; MORIS, *St. Sard.*, f. 1, p. 44. — **Orchis appendiculata** STOKES, *Bot. Mat. Med.*, IV, p. 291 (1812). — **Anacamptis condensata** C. KOCH in *Linnaea*, XXII, p. 285 (1849). — **Aceras pyramidalis** REICH. F., *Icon.*, XIII, p. 6 (1851) ; GR. et GOD., *Fl. Fr.*, III, p. 283 ; BOR., *Fl. cent.*, éd. 3, II, p. 641 ; MICHAL., *Hist. nat. Jura*, p. 297 ; DULAC, *Fl. H.-Pyr.*, p. 123 ; MAR. et VIG., *Cat. Baléar.*, p. 280 ; COLMEIRO, *En. pl. hisp.-lus.*, V, p. 23 ; WILLK. et LANGE, *Pr. hisp.*, I, p. 164 ; GUIMAR., *Orch. port.*, p. 46 ; BALL, *Spic. Maroc*, p. 673 ; BATT.

et Trabut, *Fl. Alg.* (1895), p. 26 ; (1904), p. 321 ; Jahand. in *Mém. Soc. Sc. nat. Maroc* (1923), p. 108. —
Anacamptis pyramidata Bubani, *Fl. pyr.*, p. 39 (1901).— *Orchis purpurea spica congesta pyramidali* Ray, *Ang Syn.*, éd. 3, p. 377, t. XVIII. — *Orchis purpurea, spica congesta pyramidali, flore roseo* Seg., *Pl. veron.*, II, p. 129. — *Orchis spica purpurea pyramidalis* Ray, *l. c.*, éd. 2, p. 243 ; Zannich., *Istor. delle piante venet.*, p. 196, t. 64 et t. 42, f. 3 ; Seg., *Pl. Ver.*, II, p. 129, t. 15, f. 11. — *Orchis flore conglomeratâ* Rivin., Hex., t. 14, — *Cynosorchis latifolia, hiante cucullo, altera et Cynosorchis latifolia spicâ compactâ* Bauh., *Pinax*, p. 81. — *Cynosorchis militaris montana spicâ rubente conglomeratâ* Bauh., *Pinax*, p. 81 ; *Prodr*, p. 28.

Noms vulg. : Orchis pyramidal, Anacamptis pyramidal. — Angl. : Pyramidal-Orchis. — Holl. : Hondswortel. — Dan. : Horndrager. — Allem. : Pyramiden-förmige Hundswurz, Pyramidalische Ragwurz, Pyramidenförmige Ragwurz. - Portug. : Orchidea pyramidal, Satyriao menor.

Icon. : Ray, *l. c.*,; Seg., *l. c.* ; Zannich., *l. c* ; Vaill., *Bot. par.*, t. 31, f. 38, 39 ; Hall., *Ic. Helv.*, t. 35 ; Jacq., *Austr.*, III, t. 266 ; *Fl. dan.*, t. 2113 ; *Engl. Bot.*, t. 110 ; Sw., *Bot.*, IX, t. 584 ; Curtis, *Fl. lond.*, éd. Grav., IV, t. 96 ; Fitch et Smith, *Illustr. Brit. Fl.*, nᵒ 1001 ; Dietr., *Fl. r. bor.*, t. 66 ; Hook., *Lond.*, III, t. 106 ; *Fl. Bat.*, t. 1058 ; Oudemans, *l. c.*, pl. LXX, nᵒ 36 ; Mutel, *Atl.*, t. LXIV, f. 477 ; Reichb. F., *Icon.*, XIII-XIV, t. CCCLXI, f. 1-II, 1-21 ; Reichb., *Crit.*, VI, t. 561 ; Schlech., Lang. *Deutsch.*, t. 344 ; Barla, *l. c.*, pl. 26, f. 1-39 ; G. Cam., *Ic. Orch. Par.*, pl. 4 ; Ces. Pass. Gib., *l. c.*, t. XXIII, f. 8 a-f ; M. Schulze, *l. c.*, t. 39 ; Fiori et Paol., f. 828 ; Correv., *Orch. rust.*, pl. 10 ; pl. 22, f. 7, 8 ; pl. 23, f. 9 ; *Alb.*, *Orch.*, *Eur.*, pl. 11 ; Guimar., *l. c.*, est. V, f. 35 ; Bonxier, *Alb. N. Fl.*, p. 146 ; Hegi, *Flora v. Mittel-Europa*, t. 70 ; *Rev. Hort. Belge*, p. 241, f. A ; G. Cam. Berg. A. Cam., *Monogr. Orch. Eur.*, pl. 15, f. 424-428 ; *Ic. n.*, pl. 20, f. 1-13 ; Schl. in Keller et Schl., *Ic.*, pl. 13, f. 50.

Exsicc. — Nordmann ; Wilhems ; *Rel. Maill.*, nᵒ 1741, nᵒ 1742 ; Reichb., nᵒ 554 ; Billot, nᵒ 3242 ; Halacsy, *It. gr.*, II (1893) ; Sint., *It. thessal.*, nᵒ 543 ; Lej. et Courtois, *Ch. pl.*, nᵒ 255 ; Callier, *It. Taur.*, III, (1900), nᵒ 737 ; W. Siehe's *Bot. Reise nach Cilic.* (1895), nᵒ 387 ; Bourgeau, *Pl. Espagne*, 1851, nᵒ 1490 (1869), nᵒ 2302 ; *Pl. Esp. et Port.* (1853), nᵒ 2037 ; *Austr.-Hung.*, nᵒ 1475 ; Balansa, *Pl. Or.* (1866), nᵒ 1528 ; Joh. Wagner, *It. orient.*, II, nᵒ 158 ; Krause, nᵒ 1257.

Tubercules entiers, ovoïdes ou subglobuleux. Fibres radicales assez grosses, peu abondantes. Tige assez grêle, élancée, cylindrique, un peu flexueuse, de 2-6 dm., d'un vert jaunâtre pâle. Feuilles d'un vert clair, linéaires-lancéolées, allongées, aiguës, les inf. réduites à l'état de gaines brunes, les sup. petites, courtes, presque bractéiformes. Bractées linéaires ou lancéolées-linéaires, acuminées, ord. uninervées, rarement celles de la base trinervées, vert pâle, parfois violacées au sommet, égalant ou dépassant l'ovaire. Fleurs assez petites, ord. rose violacé, rarement rose chair ou blanches, nombreuses, en épi dense, d'abord conique, puis oblong, atteignant 3 centim. dans les individus croissant en sols secs et arides et 12 centim. dans les individus provenant de terrains moins pauvres et un peu frais. Divisions du périanthe libres, les ext. lancéolées ou ovales-lancéolées, aiguës, subcarénées, la médiane dressée, les lat. étalées ; les lat. int. ovales ou linéaires-lancéolées, aiguës, un peu plus courtes, conniventes avec la médiane ext. Labelle muni, à la base, de 2 lames saillantes, obtuses, charnues, subparallèles, un peu divergentes, pâles et jaunâtres ou roses, à 3 lobes presque égaux, les lat. étalés presque à angle droit, oblongs ou obovés, allongés, arrondis en arrière, un peu plus larges que le médian et légèrement crénelés, le médian sublinéaire, parfois mucronulé. Eperon filiforme, grêle, égalant ou dépassant la longueur de l'ovaire, obtus, dirigé en bas, d'un rose violacé pâle. Gynostème très court, obtus, un peu concave, rose pâle. Anthère à loges parallèles, contiguës, séparées par un petit bec allongé, renflé et subarrondi au sommet. Masses polliniques d'un vert foncé. Caudicules assez longs. Rétinacle bilobé, renfermé dans une bursicule uniloculaire. Staminodes petits, obtus, papilleux (1). Ovaire linéaire, tordu, subsessile, vert lavé de teintes pourprées. Capsule subfusiforme, membraneuse, à côtes peu marquées.

1. Les fleurs de cette espèce sont extrêmement bien adaptées à la fécondation par es papillons diurnes et nocturnes, leur couleur brillante attire les premiers et leur odeur forte les seconds.
Les deux crêtes charnues, longitudinales et basilaires du labelle, dirigent les insectes vers la gorge étroite du long éperon en empêchant leur trompe d'aller obliquement, ce qui est de première importance. L'entrée de l'éperon est masquée par le rostellum qui s'avance beaucoup dans la gorge de l'éperon, grâce à la courbure du gynostème. Ce dernier est bien protégé par la div. ext. sup. et les div. lat. int. du périanthe. Le rétinacle commun, en forme de selle, porte, sur son côté presque plat, les deux caudicules des pollinies. De chaque côté du rostellum, se trouvent les deux stigmates obovoïdes bien distincts l'un de l'autre.
Quand la fleur s'ouvre et qu'à la suite d'un léger choc ou contact ou même que peut-être spontanément, la bursicule se rompt symétriquement, il suffit de toucher légèrement cette dernière pour qu'elle s'abaisse. La surface inférieure visqueuse du rétinacle est alors mise à nu et s'attache vite à tout objet (insecte, soie, aiguille, etc.) venant en contact avec elle.
Si cependant la trompe du papillon ne découvre pas complètement le rétinacle, la bursicule contenant le liquide visqueux se redresse et couvre de nouveau la masse visqueuse du rétinacle ce qui l'empêche de sécher au contact de l'air.
Lorsqu'un papillon plonge sa trompe entre les crêtes charnues du labelle, il touche ordinairement à la lèvre du

Morphologie interne.

Tubercule. Grains d'amidon de forme irrégulière, les plus gros légèrement allongés, les petits plus ou moins arrondis, atteignant 8-25 μ de diam. env. — *Fibres radicales.* Assise pilifère et parois latérales de l'endoderme subérisées. Vaisseaux de métaxylème manquant assez rarement.

Tige (fig. 87). Section presque arrondie, sans ailes. Stomates nombreux. 2-4 assises de parenchyme chlorophyllien. Anneau lignifié formé de 4-6 assises. Faisceaux libéroligneux disposés en un cercle assez régulier au-dessus des feuilles principales, parfois complètement entourés de cellules lignifiées. Parenchyme ligneux non lignifié abondant. Partie centrale de la tige occupée par une lacune dans les tiges âgées.

Feuille. Ep. = 250-350 μ. Epiderme sup. dépourvu de stomates dans les feuilles inf., haut de 90-120 μ, à paroi ext. épaisse de 8-12 μ env., non ou peu bombée. Epiderme inf. muni de stomates abondants, haut de 30-40 μ env., à paroi ext. épaisse de 8-10 μ, légèrement bombée. Cellules épidermiques marginales du limbe à paroi ext. épaisse, régulièrement et symétriquement bombée (pl. 116, f. 132). Parenchyme formé de 6-8 assises de cellules à peu près également riches en chlorophylle sur les deux faces, mais plus pauvres vers la nervure médiane et contenant quelques paquets de raphides. Bords sans collenchyme. — *Nervures* dépourvues de tissus lignifiés, la médiane à section concave-convexe, à faisceau libéroligneux entouré de tissu peu chlorophyllien à la face inf. , les autres à section plane, à faisceau entouré seulement de parenchyme chlorophyllien.

Fleur. — *Divisions externes et latérales internes du périanthe.* Epidermes dépourvus de papilles caractérisées. Nombreux globules d'huile dans l'épiderme ext., dans l'épiderme int. et les cellules du parenchyme. — *Labelle.* A sa base, la section du labelle a la forme représentée fig. 88. Un peu plus bas, les deux lames se dessinent et la section est celle de la fig. 88'. La lame n'est pas papilleuse et les cellules épidermiques sont très petites. L'huile essentielle est abondante à la face supér. de la lame, dans l'épiderme et le parenchyme sous-jacent, surtout vers les bords (f. 88). Dans les deux lames inférieures, les cellules à essence existent dans la partie supér. papilleuse et vers les bords. Elles sont peu nombreuses et éparses vers la face infér. Dans la partie du labelle située au-dessous des proéminences, l'épiderme int. muni de papilles nombreuses, non ou peu striées, coniques, atteignant 90-150 μ de long (pl. 120, f. 321), l'épiderme ext. dépourvu de papilles et certaines cellules du parenchyme sont riches en essence. Toutes les divisions du périanthe, mais surtout la partie sup. du labelle munie de crêtes, contiennent beaucoup

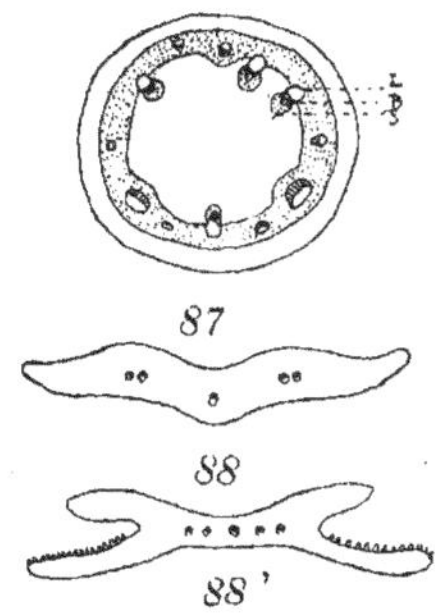

Anacamptis pyramidalis. — Fig. 87 : section transversale schématique de la tige. — Fig. 88 : section transversale schématique passant par la partie sup. du labelle. — Fig. 88' : section passant un peu plus bas, dans la crête blanche.

rostellum, qu'il abaisse, sa trompe arrive en contact avec la face inférieure du rétinacle qui s'enroule à elle. Dès que le disque visqueux est exposé à l'air, ses deux extrémités se recourbent en dedans et embrassent la trompe de l'insecte, comme elles peuvent embrasser une soie quelconque.

Lorsqu'on enlève les pollinies par leur caudicule, sans toucher au rétinacle, les deux extrémités de celui-ci se recourbent en dedans et il ressemble, au bout de quelques secondes, à une petite balle. Le disque visqueux durcit vite. Les pollinies sont dirigées d'abord vers le haut presque parallèlement, mais dès que le côté plat du disque s'enroule autour de la trompe fine d'un insecte, les deux pollinies divergent.

Après le mouvement d'enlacement qui amène la divergence, un deuxième mouvement se produit, comme lui, dû à la contraction du disque. Les deux pollinies qui étaient perpendiculaires à la soie ou à l'aiguille décrivent un arc de 90°.

L'insecte met un temps assez long pour aspirer le nectar de l'éperon, de sorte que la matière visqueuse du rostellum a le temps de sécher et d'adhérer. Les pollinies ne commencent à s'abaisser que lorsqu'elles sont complètement sorties de la loge de la bursicule.

Ces deux mouvements sont nécessaires. Ils permettent que les pollinies, emportées par les papillons, aillent frapper les deux stigmates assez visqueux. On peut s'en rendre compte en faisant glisser une soie portant des pollinies qui ont accompli les deux mouvements, entre les crêtes du labelle, jusque dans l'éperon. Les extrémités des masses polliniques occupent une position telle qu'elles s'appliquent exactement sur les stigmates. Ceux-ci, trop peu visqueux pour garder toutes les masses polliniques, le sont assez pour briser les fils élastiques et garder du pollen en quantité suffisante.

Darwin a observé les papillons suivants transportant des pollinies de l'*Anacamptis* : *Pieris brassicæ, Polyommatus alexis, Lycæna phlæas, Arge galatea, Hesperia sylvanus, H. linea, Syrichthus alveolus, Anthrocera filipendulæ, A. trifolii, Lithosia complana, Leucania lithargyria, Caradrina blanda, C. alsines, Agrotis catalenca, Eubolia mensuraria, Heliothis marginata, Euclidia glyphica, Xylophasia sublustris, Hadena dentina, Toxocampa pastinum, Melanippe rivata, Spilodes cinctalis, S. palealis, Acontia luctuosa* (Cf. Darwin, *De la fécondation des Orchidées par les insectes et des bons résultats du croisement,* trad. Lerolle, 1870, p. 19 ; Müller, *Befruchtung der Blumen,* p. 82 ; Pfitzer, *Nat. Pfl.,* II, 6, p. 90).

de sucre. — *Éperon*. Epiderme int. se prolongeant en courtes papilles, peu nombreuses. Epiderme ext. strié à peu près dépourvu de papilles. Réserves sucrées accumulées entre les épidermes; pas d'émission de nectar à l'intérieur de l'éperon. Epidermes renfermant un peu d'essence. — *Gynostème*. Epiderme et parenchyme de la partie dorsale du gynostème contenant de l'essence. — *Anthère*. Epiderme non papilleux. Assise fibreuse à cellules en anneaux peu nombreuses. — *Pollen*. Vert foncé. Exine nettement ponctuée, surtout à la périphérie des massules. L. = 35-45 μ env. — *Staminodes*. Cellules contenant presque toutes un paquet de raphides. — *Ovaire*. Nervure médiane des valves placentifères non ou peu saillante extérieurement, parcourue par un faisceau libéroligneux à bois int. Placenta court, profondément divisé. Valves non placentifères peu proéminentes à l'extérieur, contenant un faisceau libéroligneux à bois int. — *Graines*. Suspenseur développé, parfois 7-9 cell. Cellules du tégument striées, à parois ondulées (pl. 122, f. 498). Graines adultes arrondies ou peu déprimées vers la partie sup., environ 2 f. 1/2-3 f. plus longues que larges. L. = 450-500 μ.

S.-var. **angustiloba** G. Cam., *l. c.* ; G. Cam. Berg. A. Cam., *l. c.*, p. 92. — Var. *angustiloba* Brébiss., *Fl. Norm.*, éd. 5, p. 392 (1879). - Labelle à lobes profonds et étroits. — France : Calvados à St-Pierre-sur-Dives (de Brébisson) ; Eure aux Andelys (G. Camus) ; env. de Metz (Zimmerm.).

S.-var. **obovata** Nobis ; Barla, *Iconogr.*, pl. 26, f. 9 ; G. Cam. Berg. A. Cam., *l. c.*, pl. 15, f. 427. — Labelle à lobes obovales ; éperon long, renflé au sommet. — France : Alpes-Marit. aux env. de Nice (Barla), de Vence (A. Camus).

S.-var. **albiflora** F. Major ; W. Barbey, *Cat. Samos*, p. 61 (1891) ; Major, n° 576 ; G. Cam. Berg. A. Cam., *l. c.*, p. 92. — Var. *floribus albis* Parlat., *l. c.* ; Cortesi, *l. c.* — Var. *flore albo* DC., *Fl. fr.*, III, p. 246 ; Mapp., *Als.*, p. 215, n° 2. - - Var. *floribus candidis* Seb., *l. c.* — Fleurs à périanthe blanc. — Rare, avec le type.

Var. β **brachystachys** Boiss., *Fl. orient.*, V, p. 57 (1884) ; Richter, *Pl. Eur.*, I, p. 277 ; G. Cam. Berg. A. Cam., *l. c.*, p. 92 ; Aschers. et Graebn., *l. c.*, p. 789 ; Grintescu in *Bull. géogr. bot.* (1918), p. 64. — *Orchis brachystachys* Urv., *Enum.*, p. 121 (1822). — *Aceras pyramidalis* b. *brachystachys* Reichb. F., *Icon.*, XIII-XIV, p. 6, t. CCCLXI, f. II (1851) ; Guimar., *l. c.*, est. V, p. 35. — *Anac. brachystachys* Nyman, *Consp. Suppl.*, p. 292 (1890). — *A. pyramidalis* v. *albiflora* Raul., *Cret.*, p. 862. — *Exsicc.* : Heldr. et Hall., *Fl. sporad.*, (1896). — Plante plus grêle ; épi subglobuleux ; fl. plus petites, blanches ou carminées ; bractées très acuminées, cuspidées. — Portugal (Beira litt., Centro litt.), d'ap. Guim., Dalmatie (Bottéri), Balkans, Cyclades, Crète, Bithynie, Asie Mineure.

Var. γ **Urvilleana** Schl. in Keller et Schl., *Mon.*, p. 153 (1926). — *Anac. Urvilleana* Somm. et Gatto in *Boll. Ort. Bot. Palermo*, n. s. I (1915), App., p. 273. — Port grêle ; infl. brièvement ovale ; bractées plus courtes ; fleurs plus petites, rose pâle ; div. lat. int. plus obtuses que les ext. — Malte.

Monstruosités. — Forma *ecalcarata* Rupp. ap. Zimmerm., *l. c.* Eperon nul. — Bentham, *Handb. of the Brit. Fl.*, a signalé des individus à fl. dont le nectaire était nul ou imparfait. Ch. Darwin a observé le même fait, constaté ensuite par plusieurs botanistes.

Masters in *Vegetable teratol.*, p. 128, f. 63, fig. le cas d'une fl. à div. du périanthe presque régulières dans laquelle la partie centrale est remplacée par un épi rudimentaire.

Stephenson in *Orch. Rev.*, 1926, p. 51, décrit une fl. anomale, rose pâle, sans éperon, à labelle à peine trilobé et feuilles jaunâtres, récolté à Winchester, Angleterre.

V. v. — Avril-juillet. — *Habitat* : pelouses sèches, clairières des bois, coteaux incultes, herbeux, collines et montagnes, très rarement prairies fertiles ou dunes, surtout sur le calcaire ; de la plaine jusqu'à 1. 700 m. d'alt., dans le Valais. — *Répart. géogr.* : Europe moyenne et mérid. ; Portugal (disséminé), Espagne (plaines de la rég. septentr., montagnes des rég. mérid. et orient.), Baléares (Minorque, Ivice), France, (assez rare dans les dépar. du Nord, plus robuste et plus répandu dans le Midi), Corse (assez rare aux deux extrémités de l'île), Angleterre, Irlande, Ecosse (Lightf), Belgique (rare), Hollande, Danemark, péninsule scandinave (rég. mérid.), Allemagne (rare dans la rég. septentr.), Suisse (rég. montagn. et sous-alpine), Italie, Sicile, Sardaigne, Autriche, Hongrie, rare en Bohème, Bosnie, Herzégovine, Malte, Balkans, Grèce, Russie centr. et mérid., Caucase, Asie Mineure, Syrie, Palestine, Chypre, Afrique septentr. — Perse septentr.

× ? A. **pyramidalis** var. **tanayensis** Chenevard in *Bull. Soc. bot. Genève* (1897), p. 74 ; in *Bull. Herb. Boiss.*, VI (1898), p. 86 ; Zimmerm., *l. c.*, p. 59. — *Ic. n.*, pl. 20, f. 14.

Exsicc. : *Soc. ét. fl. fr. helv.*, n° 980.

Tige robuste, haute de 30 cm. Feuilles semblables à celles du type, les supér. pourprées, ainsi que le sommet de la tige. Inflorescence compacte, conique d'abord, puis oblongue. Fleurs petites, d'un pourpre foncé. Divisions du périanthe ovales-lancéolées, brièvement acuminées au sommet, longues de 5-6 mm. Labelle long de 5 mm., large de 7-8 mm., à lobes lat. ovales-arrondis, très courts, obtus ou subarrondis au sommet, séparés du lobe médian par un sinus très ouvert ; lobe moyen très large, ovale-triangulaire ou presque quadrangulaire et subémarginé, au sommet, plus large que les lobes lat., à veines latérales plus ou moins bifurquées ; lobes lat. atteignant une hauteur de 2 mm. ; lobe moyen à peine plus long qu'eux. Eperon linéaire, cylindrique, plus court que l'ovaire ou à peine aussi long que lui.

V. s. — Suisse : Valais ; Alpes de Tanay, alt. 1.900 m., Pency-sur-Mies, alt. 1.500 m. (Chenevard), Alpes-sur-Vouvry, mont Chabairy (Wolf) ; canton de Fribourg, Alpes de Charmey à Ouchannaz (Jacquet ap. M. Schulze in *Mitth. Thür. B. V. N. F.*, XVII, p. 67 (1902)|. — Hongrie : Breznóbánya et Zólyom (Kupcok ap. M. Schulze, *l. c.*).

<h3 style="text-align:center">× ? Orchis vallesiaca.</h3>

× ? **Orchis vallesiaca** Spiess in *Œst. bot. Zeit.*, XXVII, p. 352 (1877) ; Buser in *Bull. Herb. Boiss.*, V (1879), p. 1107 ; Gremli, *Fl. Suis.*, éd. Vetter, p. 482 ; Koch, *Syn.*, éd. Hall. et Wohlf., p. 2431. — **Orchis globosa × Gymnad. conopsea** Spiess, *l. c.* ; Koch, *Syn.*, éd. Hall. et Wohlf., *l. c.* — **Gymnad. conopea × Orchis globosa** M. Schulze in *Œst. bot. Zeit.* (1898), p. 112 ; *Die Orchid.*, n° 48, 8. — **Orchigymnadenia ? Vallesiaca** Aschers. et Graebn., *Syn.*, III, p. 849 (1907). — Cf. Gillot in *Bull. Ass. franç. bot.* (1898), p. 30.

M. Buser, dans sa note, identifie cette plante avec l'*Anacamptis pyramidalis* var. *tanayensis* Chenev. Il ne voit là qu'une forme stationnelle extrême, monticole, de l'*A. pyramidalis*, chez laquelle l'altitude donne aux fleurs une coloration foncée et dont le labelle est raccourci par un phénomène de variation déjà signalé chez plusieurs Orchidées. N'ayant pas vu la plante, dont nous citons la diagnose, d'après les auteurs, nous ne pouvons donner d'opinion personnelle.

Port du *Traunsteinera globosa*. Tubercules entiers. Tige de 40 cent. Feuilles lancéolées, allongées, le plus souvent longuement acuminées. Inflorescence en épi compact, capituliforme, peu allongé. Bractées pourvues de 3 nervures, 1/5 plus longues que l'ovaire. Fleurs odorantes, d'un pourpre foncé, les inf. de nuance plus claire, les sup. de nuance plus saturée. Divisions du périanthe ovales-acuminées, mais sans pointes effilées. Labelle 3-lobé (semitrifide), à lobe moyen un peu plus large que les lat. Eperon cylindrique, subulé, descendant, courbé légèrement au sommet, égalant l'ovaire ou le dépassant légèrement.

Suisse : Alpes de Vouvry, au mont Grammont, alt. 1.900 m. env. (Spiess).

<h2 style="text-align:center">HYBRIDES INTERGÉNÉRIQUES</h2>

<h3 style="text-align:center">ANACAMPTIS × ORCHIS = ANACAMPTORCHIS</h3>

×× **Anacamptorchis** G. Cam. in *Journ. de Bot.*, VI, p. 113 (1892) ; G. Cam. Berg. A. Cam., *Monogr. Orch. Eur.*, p. 94.

<h3 style="text-align:center">ANACAMPTIS PYRAMIDALIS × ORCHIS MACULATA</h3>

×× **Anacamptorchis Weberi** M. Schulze ap. Aschers. et Graebn., *Syn.*, III, p. 800 (1907) ; G. Cam. Berg. A. Cam., *Monogr. Orch. Eur.*, p. 94. — **Anacamptis pyramidalis × Orchis maculata** Nobis. — **Orchis maculatus × Anac. pyramidalis** Aschers. et Graebn., *l. c.*

Ressemble à l'*Orchis maculata* par ses feuilles. Bractées inf. plus longues que les fleurs, les sup. plus courtes. Labelle à division médiane portant, à la base, deux petites cannelures rappelant les écailles de l'*Anacamptis*. Eperon grêle, un peu plus court que l'ovaire.

Suisse : canton de Zurich (Weber et O. Naegeli).

<h3 style="text-align:center">ANACAMPTIS PYRAMIDALIS × ORCHIS MORIO</h3>

×× **Anacamtorch. Laniccæ** Braun-Blanquet in *Jahresb. d. Naturforsch. Gesells. Graubündens* (1921), p. 167. — **Anacamptis pyramidalis × Orchis Morio** Braun-Blanquet, *l. c.*

Port d'un *Anacamptis*. Tubercules 2, arrondis. Tige dressée, grêle, un peu cannelée, haute de 30 cm. env. Feuilles basilaires longues de 3, 5-6 cm., larges de 7-9 mm., obtusiuscules, les caulinaires longuement engainantes, entourant la tige, linéaires-lancéolées, aiguës, la sup. bractéiforme. Inflorescence lâche, subcylindrique, longue de 6 cm., formée de 16 fl. Bractées longues de 1 cm., verdâtres, pourprées, 1-nervées, atteignant les 2/3 ou les 3/4 de l'ovaire, linéaires-lancéolées, acuminées. Fl. assez petites, plus grandes que celles de l'*Anacamptis*, fleurissant au même moment, ponctuées, légèrement odorantes. Div. du périanthe contiguës à la base, les ext. conniventes, ovales-oblongues, obtuses, les lat. avec 1-3 nerv. vertes, la méd. sans nerv. visible et un peu plus étroite ; les lat. int. sans nerv. visible, plus courtes et plus étroites que les ext. Labelle plus large que long, de 8-9 mm. sur 6, trilobé; lobe méd. plus étroit et plus court que les lat., aigu, muni de 2-3 macules pourpre foncé et, à la base, de deux callosités pâles, longues de 2 mm., hautes de 1 mm. ; div. lat. obtuses, à bords entiers. Éperon grêle, délicatement renflé, obtus, env. 1/3 plus court que le fruit, long de 7-8 mm., dirigé un peu vers le bas. Gynostème court, obtus ; masses polliniques ovales, à rétinacles distincts. Fruit à trois côtes, d'un vert lavé de rouge. — Diffère surtout de l'*Anacamptis* par son éperon plus court, assez gros, obtus, les div. lat. ext. du périanthe ovales-obtuses, à nerv. vert foncé et par les rétinacles distincts. Se distingue de l'*Orchis Morio* par sa stature, ses feuilles inf. lancéolées-aiguës, ses fl. petites, de la forme et de la couleur de celles de l'*Anacamptis*, munies de deux lamelles calleuses caractéristiques.

Suisse : cant. des Grisons, Oldis près Haldenstein, alt. 570 m. (Dr R. La Nicca).

ANACAMPTIS PYRAMIDALIS × ORCHIS USTULATA

ANACAMPTIS PYRAMIDALIS > ORCHIS USTULATA

× × **Anacamptorch. fallax** G. Cam., *Monogr. Orch. Fr.*, p. 29 ; in *Journ. de Bot.*, VI, p. 113 (1892) ; G. Cam. Berg. A. Cam., *Monogr. Orch. Eur.*, p. 94 ; Fournier, *Brév. Bot.*, p. 511 (1927). — **Anacamptis fallax** G. Cam. in de Fourcy, *Vade-mecum herb. paris.*, éd. 6, Add., p. 325 (1891). — **A. pyramidalis + O. ustulata** G. Cam., *l. c.* — **O. ustulatus × A. pyramidalis** Asch. et Graebn., *Syn.*, III, p. 800 (1907).

Icon. : Ic. n., pl. 20, f. 22-25.

Plante ayant le port de l'*Anacampt*. Épi se rapprochant, comme forme, de celui de l'*Orch. ustul.*, peu gros ; fleurs petites, d'un rose vif, à casque foncé, comme dans l'*O. ustul.*, formé de divisions un peu moins étalées que dans l'*Anacampt.* ; labelle muni de deux gibbosités à la base, comme dans l'*Anacampt.*, trilobé ; éperon bien moins long que dans l'*Anacampt.*, plus allongé que dans l'*O. ustul.*

France : Seine-et-Oise, prairies montueuses à Champagne (G. Camus).

ANACAMPTIS PYRAMIDALIS < ORCHIS USTULATA

× × **Anacamptorch. Durandii** G. Camus. — **Anacampt. pyramidalis × Orch. ustulata.** — **Anacamptis Durandi** Brébiss., *Fl. Normand.*, éd. 2, p. 258 (1849) ; Gr. et Godr., *Fl. Fr.*, III, p. 283 ; G. Cam. in *Journ. de Bot.*, VI, p. 113 ; G. Cam. Berg. A. Cam., *Monogr. Orch. Eur.*, p. 95. — × ? **Aceras Durandi** Reichb. F., *Icon.*, XIII-XIV, p. 174, 514, t. CCCLXI, CXLVII. — **Orchis Duquesnii** Nym., *Syll.*, p. 358 (1855). — **A. pyramidalis c. Durandii** Richter, *Pl. Eur.*, I, p. 277 (1890). — **Anacampt. pyramidalis × Orchis palustris** Nyman, *Consp. fl. Eur.*, p. 694 (1882).

Bulbes ovoïdes ou subglobuleux. Tige grêle, haute de 3-5 dm. Feuilles lancéolées-linéaires. Fleurs petites, purpurines, en épi compact, court. Bractées purpurines, linéaires-subulées, un peu plus courtes que l'ovaire. Div. du périanthe dressées, pointues et rapprochées en casque. Labelle indivis, rhomboïdal, pointu, entier ou un peu lobé au-dessus des angles latéraux, portant, à la base, deux lamelles saillantes. Éperon très court, égalant env. 1/10 de l'ovaire, un peu courbé. — L' × × *Anacamptorch. fallax* se rapproche plus de l'*Anacamptis*, par ses div. du périanthe très étalées, son labelle bien trilobé et son éperon plus long. L' × × *Anacamptorch. Durandi* rappelle davantage l'*O. ustulata*, par ses div. du périanthe plus conniventes, son labelle entier ou moins trilobé et son éperon plus court.

France : Tr. Calvados : St-Laurent-du-Mont près de Cambremer (Durand-Duquesnay, juin 1843). — N'a pas été retrouvé depuis.

L' × *Orchis coccinea* Posp. ap. Fiori et Paol., *Fl. ital.*, IV, App., p. 54 (1907-1908) (*Orchis ustulata × pyramidalis* Posp., *l. c.*) paraît intermédiaire entre l'*Anacamptorch. fallax* et l'*Anacamptorch. Durandii*.

Port de l'*O. ustulata*. S'en distingue par la couleur carmin du labelle, l'éperon égalant env. la moitié de l'ovaire, le labelle muni de deux lames à la base.

Illyrie : extrémité mérid. de la Sabotina (Posp.).

A. PYRAMIDALIS × O. FRAGRANS

× × **Anacamptorch. simorrensis** G. Cam. Berg. A. Cam., *Monogr. Orch. Eur.*, p. 95 (1908). — **Anacamptis pyramidalis × Orchis fragrans** Duffort, *Orchid. du Gers*, p. 24 ; extr. *Bull. vulg. sc. nat. Soc. Bot. et Entomol. du Gers*, II (1902).

Icon. : *Ic. n.*, pl. 20, f. 15-21 ; Godfery in *Genet.* IX, f. 4 (1927).

Tubercule... Tige de 3-4 décim., assez grêle. Feuilles étroitement lancéolées, très aiguës, la sup. engainante, appliquée. Fleurs d'un pourpre violacé, à odeur agréable de vanille, 25 env., rapprochées en épi oblong, cylindrique. Bractées lavées de pourpre, membraneuses, égalant env. l'ovaire. Périanthe à div. conniventes en casque aigu ou acuminé, un peu ouvert au sommet. Labelle légèrement rejeté en arrière, trilobé, muni à la base de deux lamelles saillantes ; lobes lat. rhomboïdaux, repliés latéralement, un peu sinués-denticulés ; lobe méd. entier, largement linéaire, brusquement aigu, plus long que les lat. Eperon dirigé en arrière, allongé, grêle, aigu, égalant au moins l'ovaire. — En résumé, casque rappelant celui de l'*O fragrans* ; éperon et labelle de l'*Anacamptis*.

Juin. — *France* : Gers à Simorre (Saint-Martin in herb. G. Camus) ; Alpes-Marit. à Saint-Paul-du-Var (Godfery).

A. PYRAMIDALIS × O. LAXIFLORA

× × **Anacamptorch. Klingei** Fournier, *Brév. Bot.*, p. 511 (1927). — **Anacamptis pyramidalis × Orchis laxiflora** Fournier, *l. c.* — Orchis laxiflora + Anacamptis pyramidalis Klinge in *Acta hort. Petr.*, XVII, f. 2, n° 5, p. 35 (1899). — O. ensifolius × A. pyramidalis Aschers. et Graebn., *Syn.*, III, p. 800 (1907). — Seulement mentionné par Klinge, sans indications.

ANACAMPTIS × GYMNADENIA = × × GYMNANACAMPTIS

× × **Gymnanacamptis** Aschers. et Graebn., *Syn.*, III, p. 855 (1905-1907) ; G. Cam. Berg. A. Cam., *Monogr. Orch. Eur.*, p. 95.

ANACAMPTIS PYRAMIDALIS × GYMNADENIA CONOPEA

× × **Gymnanacamptis Aschersonii** G. Cam. Berg. A. Cam., *Monogr. Orch. Eur.*, p. 95 (1908) ; Rolfe in *Orch. Rev.* (1919), p. 170 ; Fournier, *Brév. Bot.*, p. 510. — **Anacamptis pyramidalis × Gymnadenia conopea** Aschers. et Graebn., *Syn.*, III, p. 854 (1905-1907). — **A. pyramidalis × G. conopsea** Wilms in *Verh. d. nat. Ver. d. preuss. Rheinlande u. Westfalens*, XXV, Korr. Bl. 80 (1868) ; Koch, *Syn.*, éd. Hall. et Wohlf., p. 2431. — × × Gymnanacamptis Anacamptis Aschers. et Graebn., *l. c.*, p. 855. — **Gymnadenia Anacamptis** Wilms, *l. c.* — **Anacamptis Gymnadenia** Rouy, *Fl. Fr.*, XIV, p. 517 (1913). — Orchis pyramidalis × Habenaria Anacamptis Ullman et Hall in *Winch. Coll. Nat. Hist. Soc.* (1913), p. 12. — **Gymn. conopsea × Anac. pyramidalis** Rolfe in *Orch. Rev.* (1919), p. 170 ; Stephenson in *Orch. Rev.* (1926), p. 51.

Tubercules gros, arrondis, digités, 6-8-partits. Tige de 40 cm. env., munie, à la base, de deux écailles brunes. Feuilles étroitement lancéolées, aiguës, en gouttière au sommet. Epi lâche, de 5,5 cent. env. de long. Bractées lancéolées, aussi longues que l'ovaire. Fleurs d'un lilas pâle ou violacé. Divisions du périanthe la médiane ext. largement ovale, connivente en casque avec les lat. int., les lat. ext. un peu étalées, étroitement lancéolées, arrondies ; les lat. int. triangulaires, obtuses. Labelle presque plan, subtriangulaire, à 3 lobes arrondis, à peu près semblables ou le moyen un peu plus court, muni, vers la base, de chaque côté, d'une petite protubérance charnue. Eperon filiforme, 1 f. 1/2 aussi long que l'ovaire. Loges de l'anthère presque pyriformes. Staminodes formant, de chaque côté, un appendice ovale, subarrondi, se terminant en arrière par une courte pointe. — Cette plante a été rapprochée de l'*A. pyramidalis* var. *tanayensis* et de l'*O. vallesiaca*.

France : Meurthe-et-Moselle à Bouxières-aux-Dames (Petitmengin), Meuse à St-Mihiel (Primat). — *Angleterre* : env. de Winchester (Quirk, Stephenson). — *Allemagne* : Westphalie à Nienberge près Munster (Wilms). — *Suisse* : Valais, Tanay dans les Alpes de Vouvry (Chenavard).

Gen. VI. — CHAMÆORCHIS Rich.

Chamæorchis (Chamorchis) Rich. in *Mém. Mus. Paris*, IV, p. 41 (1818) ; Parlat., *Fl. ital.*, III, p. 435 ; Pfitzer in Engl. et Prantl, *Nat. Pfl.*, II, 6, p. 91 ; Barla, *Iconogr. Orch.*, p. 35 ; G. Cam. Berg. A. Cam.,

Monogr. Orch. Eur., p. 96. — **Ophrydis species** L., *Species*, p. 1342 (1753). — **Orchidis species** All., *Fl. ped.*, II, p. 149 (1785). — **Epipactidis species** Schmidt in May., *Phys. Aufs.*, p. 247 (1791). — **Satyrii species** Pers., *Syn.*, II, p. 507 (1807). — **Chamærepes** Spreng., *Syst. veget.*, III, p. 702 (1826). — **Herminii species** Lindl., *Gen. and spec.*, p. 303 (1835) ; Reichb. F., *Icon.*, XIII-XIV, p. 107 ; Kraenz., *Gen. et spec.*, p. 532. — **Ctenorchis** Meisn., *Gen.*, p. 381 (1836-1843).

Périanthe à divisions libres, conniventes, les ext. presque égales entre elles, les int. lat. un peu plus courtes et plus étroites que les ext. Labelle plan, réfléchi, à 3 lobes peu profonds, dépourvu d'éperon. Masses polliniques 2, à caudicules courts, à rétinacles soudés ou contigus, renfermés dans une bursicule simple. Gynostème court. Anthère dressée, mutique, à loges parallèles,non séparées par un bec (1). Ovaire sessile,subtrigone, légèrement contourné. Capsule oblongue sessile. — Tubercules entiers, ovoïdes-subglobuleux.

Labelle à peine papilleux. Faisceaux libéroligneux de la tige disposés en un cercle à peu près régulier au-dessus des feuilles principales.

1. — C. ALPINA

C. alpina (*vel* **alpinus**) Rich. in *Mém.Mus.*, IV, p. 57 (1818) ; Blytt, *Hand. Norg. Fl.*, éd. O. Dahl., p. 229 (1906) ; Bl. et Fing., *Comp.*, II, p. 450 ; Koch, *Syn.*, éd. 2, p. 796 ; éd. 3, p. 600 ; éd. Hall. et Wohlf., p. 2438 ; Nyman, *Consp.*, p. 699 ; *Suppl.*, p. 294 ; Richter, *Pl. Eur.*, I, p. 277 ; M. Schulze, *Die Orchid.*, n° 40 ; Asch. et Graeb., *Syn.*, III, p. 802 ; Kraenzlin, *Orch.*, p. 6 ; Morthier, *Fl. Suisse*, p. 364 ; Bouv., *Fl. Alp.*, éd. 2, p. 646 ; Gremli, *Fl. Suisse*, éd. Vetter, p. 484 ; Schinz et Keller, *Fl. Schweiz*, p. 125 ; Rhiner, *Pr. Waldst.*, p. 128 ; Barla, *Iconogr.*, p. 35 ; G. Cam., *Monogr. Orch. Fr.*, p. 81 ; in *Journ. bot.*, VI, p. 481 ; G. Cam. Berg. A. Cam., *Monogr. Orch. Eur.*, p. 96 ; Correvon, *Orchid. rust.*, p. 58 ; Parlat., *Fl. ital.*, III, p. 436 ; Ces. Pass. Gib., *Comp.*, p. 191 ; Beck, *Fl. Nied.-Œst.*, p. 207 ; Haussm., *Fl. Tirol.*, p. 845 ; Ambr., *Fl. Tir. aust.*, I, p. 17 ; Hinterhuber et Pichl., *Fl. Salz.*, p. 194 ; Schur, *Enum. Transs.*, p. 647, n° 3440 ; Simk., *Enum. Transs.*, p. 504. — **Ophrys alpina** L., *Spec.*, éd. 1, p. 948 (1753) ; *Fl. suec.*, éd. 2, n° 817 ; Willd., *Spec.*, IV, p. 62 ; Lamk, *Dict.*, IV, p. 57 ; DC., *Fl. fr.*, III, p. 254 ; Vill., *Hist. Dauph.*, II, p. 48 ; Boisduv., *Fl. fr.*, III, p. 50 ; Mutel, *Fl. fr.*, III, p. 248 ; *Fl. Dauph.*, éd. 2, p. 596 ; Car. et S.-Lag., *Fl. descr.*, éd. 8, p. 807 ; Gaud., *Fl. helv.*, V, p. 455. — **Orchis graminea** Crantz, *Stirp. austr.*, VI, p. 480 (1769). — **O. alpina** Schrank, *Baier Fl.*, p. 227 (1789) ; All., *Fl. pedem.*, II, p. 149, n° 1857 ;Scop., *Fl. carn.*, n° 117. — **Epipactis alpina** Schmidt in May., *Phys. Aufs.*, p. 247 (1791). — **Arachnites alpina** Schmidt, *Fl. Boëm.*, p. 74 (1794). — **Satyrium alpinum** Pers., *Syn.*, II, p. 507 (1807). — **Chamærepes alpina** Spreng., *Syst.*, III, p. 702 (1826) ; Reichb., *Fl. excurs.*, I, p. 127 ; Fellmann, *Ind. Kola*, n° 331 ; Leueb., *Fl. Ross.*, IV, p. 74 ; Blytt, *Norg. Fl.* — **Herminium alpinum** Lindl., *Bot. reg.*, XVIII, add. t. 1499 (1832) ; *Gen. and spec.*, p. 305 (1835) ; Reichb. F., *Icon.*, XIII-XIV, p. 107 ; Kraenzl., *Gen. et spec.*, p. 532 ; Coste, *Fl. Fr.*, III, p. 405, n° 3617, *cum icone* ; Grecescu, *Consp. Roman.*, p. 547 ; Fiori et Paol., *Icon. fl. it.*, n° 850. — **Aceras alpina** Steudel, *Nomencl.*, éd. 2, I, p. 12 (1840). — *Orchis radicibus subrotundis, labello ovato, utrinque denticulo notato* Hall., *Hist.*, n° 1263 ; *Enum.*, 269, n° 19. — *Chamœorchis alpina, folio gramineo* Bauh. *Pinax*, p. 84 et *Pr.*, p. 29.

Noms vulg. : Chaméorchis des Alpes. — Allem. : Alpen-Zwergknabenkraut, Kurle, Alpenkurle, Hängi, Honigblümchen, Zwergorchis, Alpenzwerg Orche, Zwergstendel. — Angl. : False Orchis, Alpine false Orchis.

Icon. : Hall., *Ic. Helv.*, t. 22, f. 1 ; Jacq., *Vindob.*, 295, t. 9 ; *Fl. dan.*, t. 452 ; *Bot. reg.*, t. 1499 ; Schl. Lang., *l. c.*, IV, f. 3363 ; Reichb. F., *Icon.*, XIII-XIV, t. 107, CCCCXVI, f. i-IV, 1-11 ; Barla, *Icon.*, pl. 23, f. 14-20 ; Ces. Pass. Gib., *l. c.*, pl. XXIII, f. 5 a-e ; Correvon, *Orch. Eur.*, pl. VII ; *Orch. rust.*, p. 58, f. 13 ; M. Schulze, *l. c.*, t. 40 ; G. Cam. Berg. A. Cam., *l. c.*, pl. 15, f. 429-434 ; *Ic. n.*, pl. 83, f. 30-40.

Exsicc. : Fries, n° 65 ; Reichb., n° 210 ; F. Schultz, *H. n.*, n° 558 ; Schleicher ; Thomas ; Magnier, n° 2297 ; Soc. Dauph., nᵒˢ 980 et *bis* ; Tungstrom, *Fl. lapp.* ; Rostan, *Pedem.*, n° 33 ; Bourgeau, *Pl. Savoie*, n° 265 ; *Dauph.*, nᵒˢ 980 et *bis*.

Tubercules 2, entiers, ovoïdes ou subglobuleux, légèrement aplatis. Fibres radicales peu nombreuses. Tige haute de 5 — 12 cent., d'un vert pâle, blanchâtre à la base, un peu anguleuse au sommet, entourée de gaines brunâtres à la partie inf. Feuilles vertes, 6-7, partant presque toutes de la base de la tige, rarement la supér. rapprochée de l'inflorescence, presque aussi longues que l'épi, parfois le dépassant, étroitement linéaires, aiguës, canaliculées, un peu carénées, graminiformes. Bractées vertes, linéaires-lancéolées, acuminée,

---

1. L'autofécondation ne peut avoir lieu. Les fleurs petites, sans parfum, sont fécondées par de petits insectes, souvent par de petites mouches qui viennent boire le nectar sécrété à la base du labelle. Le plus léger mouvement de l'insecte provoque l'ouverture de la bursicule. Les pollinies sont emportées ensuite sur une fleur voisine (Cf. H. Müller, *Alpenbl. und ihre Befrucht.*, p. 73).

uninervées, les inf. dépassant les fleurs. Fleurs petites, penchées, peu nombreuses (5-12), sans parfum, mai nectarifères, disposées en épi court, ovale, et dense. Périanthe à divisions libres, vertes, lavées de pourpre brun ou de rouge brun, plus rarement entièrement purpurines, les ext. presque égales ou la médiane un peu plus courte et plus obtuse, elliptiques, allongées, obtuses, plurinervées, à nervure médiane marquée, conniventes en casque avec les lat. int. ; les lat. int. un peu plus courtes et plus étroites, allongées, linéaires, obtuses ou aiguës, légèrement concaves, uninervées. Labelle jaunâtre ou jaune verdâtre, dépourvu d'éperon, dirigé en avant, puis réfléchi, un peu plus long que le casque, marqué à la base de deux lamelles verticales parallèles, ordt subtrilobé, rarement ovale-lancéolé et entier ; lobes latéraux arrondis, obtus, peu marqués, presque dentiformes ; lobe médian allongé et obtus, très rarement aigu. Gynostème court, obtus. Anthère dressée, mutique, à loges parallèles, non séparées par un bec. Masses polliniques petites, lobulées, rosées. Caudicules courts. Rostellum trilobé, la partie méd. plus petite que les lat. Rétinacle unique ou très lobé et bursicule simple. Ouverture du style transversalement oblique ou réniforme. Ovaire sessile, fusiforme, subtriquètre, vert ou rougeâtre, contourné. Capsule allongée.

Morphologie interne

Fibres radicales. Endoderme à plissements subérisés assez marqués. Vaisseaux de métaxylème manquant ordinairement.

Tige (f. 89). Stomates nombreux. 5-6 assises de parenchyme entre l'épiderme et l'anneau lignifié, les cellules des assises ext. très chlorophylliennes. 6-8 assises de tissu lignifié extra-libérien, à parois peu épaisses et ponctuées. Faisceaux libéroligneux disposés en un cercle à peu près régulier au-dessus des feuilles principales, ordt entourés de fibres lignifiées, sauf à la partie int. du bois. Parenchyme central se résorbant, contenant quelques paquets de raphides.

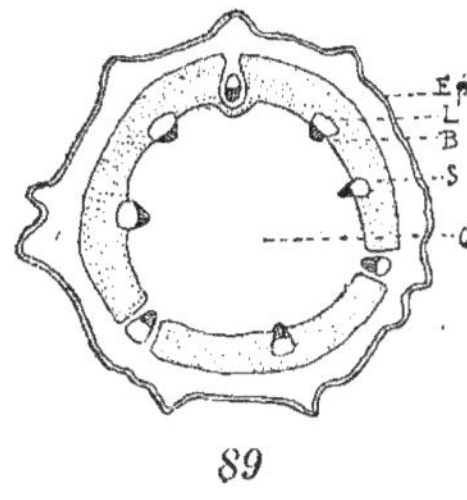

Chamæorchis alpina. — Fig. 89 : section transversale schématique de la tige ; B, bois ; C, lacune centrale ; Ep, épiderme ; L, liber ; P, parenchyme ; S, sclérenchyme.

Feuille. — Ep. = 250-300 μ. Epiderme sup. haut de 30-60 μ, à paroi ext. épaisse de 9-12 μ, et légèrement bombée, muni de stomates nombreux vers l'extrémité des limbes. Epiderme inf. haut de 30-45 μ, à paroi ext. épaisse de 9-12 μ env. et légèrement bombée, à stomates abondants. Paroi ext. des cellules épidermiques du bord du limbe à peine bombée extérieurement. Parenchyme formé de 13-18 assises de petites cellules. Nervures très nombreuses ; faisceau libéroligneux sans péridesme lignifié, entouré de parenchyme chlorophyllien.

Fleur. — *Divisions externes du périanthe.* Epidermes ext. et int. striés surtout sur les parois et perpendiculairement à elles (pl. 120, f. 322), à peine papilleux vers les bords. — *Divisions latérales internes.* Papilles courtes seulement vers les bords. — *Labelle.* Epidermes ext. et int. peu papilleux. A la base du labelle, il y a émission de nectar. — *Ovaire.* Epiderme à cuticule striée. Nervure des valves placentifères non saillante à l'extérieur, renfermant ordt un seul faisceau libéroligneux. Masse placentaire courte, divisée. Valves non placentifères proéminentes extérieurement, peu développées. — *Graines.* Cellules du tégument dépourvues d'ornements. Graines arrondies à l'extrémité, 1 f. 3/4-2 f. 1/4 env. plus longues que larges. L. = 200-300 μ env.

V. v. — Juin, août. — *Habitat* : pâturages de la région alpine et nivale de 2.000-2.700 m., descend rarement à 1. 600 m. ; rég. subarctique ; aime le calcaire. — *Répart. géogr.* : France (Haute-Savoie, Savoie, Hautes-Alpes, Basses-Alpes, Alpes-Maritimes (Risso)? Laponie, Suède, Norvège, Allemagne (Bavière), Suisse (Alpes), Italie (rare, rég. alpine), Autriche, Alpes de Salzbourg, R., Vorarlberg, Tyrol, Hongrie, Carpathes, Alpes de Transylvanie, nord de la péninsule des Balkans.

Gen. VII. — **TRAUNSTEINERA** Reichb.

Traunsteinera Reichb., *Fl. sax.*, p. 87 (1842) ; Parlat., *Fl. ital.*, III, p. 415 ; Barla, *Iconogr. Orch.*, p. 29 ; G. Cam. Berg. A. Cam., *Monogr. Orch. Eur.*, p. 86 (1908). — **Orchidis species** L., *Spec.*, I, p. 1332 (1753) ; Lindl., *Gen. and spec.*, p. 269 ; Reichb. F., *Icon.*, XIII-XIV, p. 35. — **Nigritellæ species** Reichb., *Fl. excurs.*, I, p. 121 (1830).

Divisions du périanthe libres, connivéntes ; les ext. ovales-lancéolées, prolongées en une pointe souvent dilatée au sommet, les lat. int. plus courtes que les ext. et acuminées. Labelle étalé, ascendant, étroit, trilobé ou trifide ; lobe médian plus grand que les lat., souvent tronqué-émarginé et mucroné à l'angle de bifidité ; éperon cylindrique. Gynostème très court, obtus. Anthère adnée, à loges parallèles, contiguës, séparées par un petit bec. Stigmate ovale. Masses polliniques lobulées, à caudicules peu allongés, à rétinacles distincts, presque nus ; bursicule bilobée. Staminodes papilleux. Ovaire contourné (1).

Labelle à peine papilleux ; papilles non verruqueuses. Faisceaux libéroligneux de la tige en cercle assez régulier au-dessus des feuilles principales.

I. — T. GLOBOSA

T. globosa Reichb., *Fl. sax.*, p. 87 (1842) ; Parlat., *Fl. ital.*, III, p. 416 ; Barla, *Icon. Orch.*, p. 29 ; G. Cam. Berg. A. Cam., *Monogr. Orch. Eur.*, p. 87. — **Orchis globosa** (*vel* **globosus**) L., *Syst. nat.*, éd. 10, p. 1242 (1759) ; Willd., *Spec.* IV, p. 14 ; Poiret, *Encycl.*, IV, p. 589 ; Rich. in *Mém.Mus.*, IV, p. 55 ; Lindl., *Gen. and spec. Orch.*, p. 269 ; Reichb. F., *Icon.*, XIII-XIV, p. 35 ; Correvon, *Alb. Orch. Eur.*, pl. XLIII ; Kraenz.,*Gen. et spec.*, p. 135 ; Richter, *Pl. Eur.*, p. 268, p. p. ; Kichx, *Fl. Brux.*, p. 58 ; Dumort., *Prodr. fl. Belg.*, p. 132 ; Lej. et Court., *Comp.*, III, p. 179 ; Thiel.,*Orch. Belg.*'et Lux., p. 74 ; Vill., *Hist. Dauph.*, III, p. 291 ; DC., *Fl. fr.*, III, p. 245 ; Dury, *Bot.*, p. 445 ; Loisel., *Fl. gall.*, II, p. 263 ; Mutel, *Fl. fr.*, III, p. 233; *Fl. Dauph.*, II, p. 26 ; Boisduval, *Fl. fr.*, III, p. 42 ; Lapeyr., *Abr. Pyr.*, p. 546 ; Lec. et Lamt., *Cat. pl. cent.*, p. 348 ; Gr. et Godr., *Fl. Fr.*, III, p. 291 ; Godet, *Fl. Jura*, p. 695 ; Gren., *Fl. ch. jurass.*, p. 748; Boreau, *Fl. cent.*, éd. 3, p. 642 ; Godr., *Fl. Lorr.*, III, p. 27 ; Gust. et Hérib., *Fl. Auv.*,p. 428 ; Car. et S.-Lag., *Fl. desc.*, éd. 8., p. 801 ; Godfrin et Petitmengin, *Fl. Lorraine*, p. 72 ; G. Cam., *Monogr. Orch. Fr.*, p. 39 ; in *Journ. de Bot.*, VI, p. 148 ; Coste, *Fl. Fr.*, III, p. 400, n° 3598, *cum icone* ; Rouy, *Fl. Fr.*, XIII, p. 140 ; G. Cam., *Monogr. Orch. Fr.*, p. 39 ; in *Journ. de Bot.*, VI, p. 148 ; Coste, *Fl. Fr.*, III, p. 400, n° 3598, *cum icone* ; Flah., *N. fl. Alp. et Pyr.*, p. 160, *cum icone* ; Gaud., *Fl. helv.*, V, p. 427 ; Morthier, *Fl. Suis.*, p. 361 ; Reuter, *Cat. Genève*, éd. 2, p. 202 ; Bouvier, *Fl. Alpes*, éd. 2, p. 640 ; Gremli, *Fl. Suisse*, éd. Vet., p. 479 ; Rhin., *Prodr. Waldst.*, p. 126 ; Schinz et Keller, *Fl. Schw.*, p. 120 ; Kirschl., *Prodr. fl. Als.*, p. 129 ; *Fl. Als.*, p. 161 ; *Fl. vog. rhen.*, p. 79 ; Gmel., *Fl. bad.*, p. 531 ; Spenner, *Fl. Frib.*, p. 228 ; Roth, *Tent. Germ.*, I, p. 376 ; Oborny, *Fl. v. Mochr. Oest. Schl.* ; Koch, *Syn.*, éd. 2, p. 790 ; éd. 3, p. 594 ; éd. Hallier et Wohlf., p. 2425 ; Seub., *Ex. Fl.*, p. 121 ; Cafl., *Ex. Fl.*, p. 294 ; M. Schulze, *Die Orch.*, n° 11 ; Garcke, *Fl. Deutschl.*, éd. 14, p. 377 ; Aschers. et Graeb., *Syn.*, III, p. 695 ; W. Zimmerm., *Die Form. d. Orchid.*, p. 22 ; Kraenzl.,*Orch.*, p. 19 ; Berger in *Allg. bot. Zeitschr.* (1914), p. 20 ; Allioni, *Fl. pedem.*, II, p. 146 ; Suffr., *Pl. Frioul*, p. 184 ; Nocc. et Balb., *Fl. tic.*, II, p. 147 ; Savi, *Bot. etrusc.*, III, p. 167 ; Pollin., *Fl. veron.*, III p. 50 ; Bertoloni, *Mant. fl. Alp. ap.*, p. 61 ; Puccin., *Syn. fl. luc.*, p. 474 ; Comoll., *Fl. comens.*, VI, p. 348 ; Bertoloni, *Fl. ital.*, III, p. 416 ; Fiori et Paol., *Icon. fl. ital.*, n° 829, *Fl. Ital.*, I, p. 243 ; Ambr., *Fl. Tirol. austr.*, p. 685 ; Haussm., *Fl. Tirol*, p. 834 ; Hinterhuber et Pichl., *Fl. Salzb.*, p. 191 ; Jacq., *Fl. austr.*, t. 265 ; *Vind.*, t. 292 ; Beck, *Fl. N.-Oest.*, p. 200 ; Willk. et Lange, *Prodr. hisp.*, I, p. 167 ; *Suppl.*, p. 42 ; Boiss., *Fl. orient.*, V, p. 66 ; Georgi, *Beschr. Russ.*, III, V, p. 1267 ; Besser, *Enum.*, p. 35, n° 1153 ; Lepech., *It.*, I, p. 29 ; Eichw., *Skisse*, p. 124 ; Leder., *Fl. ross.*, p. 60 ; Grecescu, *Consp. fl. Rom.*, p. 544; *Suppl. fl. Rom.*, p. 154 ; Pantu, *Contr. Fl. Bucegilor*, p. 5 et *Contr. Fl.Ceahlaului*, p. 20 (1902). — **Orchis Halleri** Crantz, *Stirp. austr.*, p. 488 (1769) ; Ces. Pass. Gib., *Comp.*, p. 184 ; Ardoino, *Fl. Alp. Mar.*, p. 355 ; Arcang., *Comp.*, éd. 2, p. 164. — **Nigritella globosa** Reichb., *Fl. Germ. excurs.*, p. 121 (1830). — *Orchis globoso flore* Bauhin, *Pinax*, p. 81.— *Orchis rotundus Dalechampii* Ray, *Lugd.*, p.1556, éd. fr. II, p. 427. — *Orchis radicibus subrotundis, spica densissima, petalis galeæ exterioribus aristatis* Haller, *Ic. Helv.*, n° 1272, t. 27 ; *Opusc.*, 226. — *Orchis carnea, spica congesta, brevi calcari* Seg., *Pl. veron.*, II, p. 129, t. 15, f. 12.

Noms vulg. : Orchis globuleux. — Allem. : Kugelförmiger Knabenkraut, Kugelblütige Orchis, Kugelähriges Knabenkraut. — Angl. : Globulose Orchis, Globular spiked Orchis.

Icon. : Haller, *l. c.*, t. 27, f. 1 ; J. Bauhin, *l. c.*, t. 765, f.3 ; Chabr., *Sciagr.*, 250, f. 6 ; Jacq., *Austr.*, III, t. 266 ; Seg., *Pl. ver., l. c.* ; Reichb. F., *Icon.*, XIII-XIV, t. 29, CCCLXXXI ; t. 155, DVII, f. VI ; Mutel, *Atlas*, pl. LXIV, f. 478 ; Barla, *l. c.*, pl. 16, f. 1-23 ; M. Schulze, t. 11 ; Pantu, *Orch. d. Rom.*, t. XIV ; G. Cam. Berg. A. Cam., *l. c.*, pl. 15, f. 418-423 ; *Ic. n.*, pl. 16, f. 11-21.

Exsicc. : Reichb., n° 169 ; F. Schultz, *Herb. n.*, n° 1551 ; *Austr.-Hung.*, n° 3086 ; Porta, *Pl. Tyrol* ;

---

1. H. Muller a observé 8 espèces de Papillons diurnes visitant les fleurs du *Traunsteinera*.

Fiori, Béguinot et Pamp., *Fl. It.*, n° 420 ; Thomas ; Schleich. ; Billot, n° 3245 ; Bourgeau, *Pl. Savoie*, n° 263 ; Magnier, n° 2847.

Tubercules ovoïdes, plus ou moins allongés, parfois lobés au sommet. Fibres radicales assez grêles. Tige haute de 2-6 décim., ordt flexueuse, cylindrique, presque lisse, d'un vert jaunâtre, munie à la base de 1-3 gaines brunâtres. Feuilles très glauques sur les deux faces, les inf. oblongues, subobtuses, mucronulées et cucullées au sommet, longuement engainantes, les caulinaires lancéolées, allongées, aiguës, les sup. bractéiformes. Bractées vertes, lavées de pourpre vers les bords, égalant ou dépassant l'ovaire, lancéolées, acuminées, les inf. trinervées, les sup. uninervées. Fleurs exhalant une odeur assez forte rappelant celle de la racine de Valériane, inclinées en suivant la spire sur laquelle elles sont disposées, petites, nombreuses, de couleur lilas ou d'un violet clair, très rarement blanches, formant un épi dense, brièvement pyramidal, subglobuleux, à la fin pyramidal ou subcylindrique. Divisions du périanthe libres, conniventes, les ext. ovales-lancéolées, longuement cuspidées au sommet à pointe nettement spatulée, les lat. int. un peu plus courtes, ovales-lancéolées, acuminées, épaissies ou spatulées au sommet. Labelle étalé, ascendant, étroit, trilobé ou trifide, d'un violet clair ou lilas, à base blanchâtre, marqué, vers le milieu, de petites taches d'un pourpre violacé ; lobes lat. petits, rhomboïdaux ou presque triangulaires, obtus ou émarginés ; lobe moyen plus allongé, oblong, tronqué-émarginé et ordt muni d'un mucron assez développé à l'angle de bifidité. Eperon un peu courbé, descendant, d'un violet-rose pâle, grêle, subcylindrique, un peu obtus au sommet, égalant environ la moitié de la longueur de l'ovaire. Gynostème blanchâtre, très court, obtus. Stigmate ovale, cordiforme. Anthère d'un blanc jaunâtre, à loges parallèles, contiguës, séparées par un petit bec. Masses polliniques jaune pâle. Caudicules courts. Rétinacles linéaires, presque nus, blanchâtres, très rapprochés. Staminodes papilleux. Ovaire peu contourné, linéaire-oblong, rétréci au sommet, à côtes peu saillantes. Capsule oblongue, atténuée au sommet, membraneuse, subtriquètre, à côtes peu marquées.

Morphologie interne.

Tubercule. Grains d'amidon atteignant le plus souvent 5-8 µ de diamètre, arrondis, rarement longs de 10-12 µ et de forme irrégulière. La partie atténuée et divisée du bulbe ne contient, dans sa plus grande longueur, qu'un cylindre central à faisceaux assez nombreux (8-9), à métaxylème très peu abondant et pouvant manquer, à moelle développée (f. 90). Par la structure de toute sa partie inférieure, chaque division du bulbe rappelle une racine tubérisée de *Spiranthes*. Plus haut, il y a 3-4 cylindres centraux moins développés. — *Fibres radicales.* Endoderme muni de cadres subérisés très nets. Lames vasculaires relativement nombreuses, (5-6), assez développées. Métaxylème manquant souvent.

Tige. Cuticule délicatement striée (pl. 114, f. 86). 3-4 assises de parenchyme chlorophyllien entre l'épiderme et l'anneau lignifié. Anneau lignifié formé de 4-8 assises de cellules, entourant plus ou moins les faisceaux vers l'extérieur. Faisceaux libéroligneux disposés en cercle assez régulier au-dessus des feuilles principales. Parenchyme ligneux abondant entre les vaisseaux. Lacune au centre de la tige.

Feuille. Ep.=350-450 ou 500 µ près de la nervure médiane, 200 µ vers les bords. Epiderme sup. portant de fines granulations de cire(pl. 116, f. 152),haut de 60-100 µ, 120 µ près de la nervure médiane, à paroi ext. épaisse de 10-14 µ et à peine bombée, pourvu de stomates,même dans les feuilles sup. (vers l'extrémité). Les stomates sont un peu moins externes que dans beaucoup d'espèces. Epiderme inf. portant un peu de cire, haut de 30-50 µ et à paroi ext. épaisse de 8-10 µ, bombée, à stomates très nombreux. Paroi ext. des cellules épidermiques marginales du limbe à peine bombée (pl. 116, f. 133). Parenchyme formé de 6-7 assises (12-14 près de la nervure médiane) de cellules assez riches en chlorophylle et de quelques cellules à raphides. Bord très aminci, muni de collenchyme (f. 93). — *Nervure* médiane à section concave-convexe, munie d'un peu de collenchyme sous l'épiderme inf., à faisceau libéroligneux entouré de tissu chlorophyllien (f. 91). Nervures latérales à section presque plane ou à peine biconvexe, à faisceau situé plutôt vers la face inf. et entouré seulement de parenchyme chlorophyllien.

Fleur. — *Divisions externes et latérales internes du périanthe.* — Epidermes dépourvus de papilles caractérisées, l'ext. contenant des traces d'essence, l'int. en renfermant davantage. — *Labelle.* Epiderme int. prolongé en papilles ne dépassant guère 40-100 µ, les unes courtes, obtuses, cylindriques, les autres atténuées au sommet, contenant un peu d'huile essentielle. Epiderme ext. légèrement papilleux vers les bords, renfermant de l'huile essentielle, ainsi que les cellules du parenchyme. — *Eperon.* Epidermes à peine papilleux, renfermant une quantité notable d'huile essentielle. Nous n'avons pas observé d'émission de nectar. — *Anthère.* Cellules à bandes épaissies assez nombreuses. — *Pollen.* Jaune pâle ; exine légèrement ruguleuse à la surface des massulcs. L. = 25-30 μ. — *Ovaire* (f. 94). Nervure des valves placentifères saillante à l'extérieur, contenant un faisceau libéroligneux, à bois réduit. Placenta se divisant tôt en deux lobes divergents. Valves non placentifères saillantes extérieurement, contenant un faisceau libéroligneux. — *Graines*. Arrondies ou légèrement atténuées au sommet, 2-2 f. 1/2 plus longues que larges. Cellules du tégument non rayées. L. = 350-500 μ env.

Espèce ne variant que par la grandeur et la largeur des fleurs, la forme de l'épi et la coloration des fleurs. Schur, *Enum. Trans.*, p. 639, énumère, à titre de variétés, les 3 formes suivantes :

F. *major*. — Forme robuste, à épi devenant cylindrique.

F. *gracilis* = var. *subalpina* Sert., n° 2688 v. b. Plante grêle.

F. *albiflora*. — Fleurs entièrement blanches.

Cette dernière forme a été signalée en Silésie par Uechtritz in Fiek, *Fl. Schles.*, p. 430.

Les f. *prutica* Soó in Fedde, *Rep. sp. nov.* (1927), p. 33 (var. *prutica* Zapal., *Fl. Gal.*, I, p.204) et f. *dentifera* Soó, l. c. (var. *dentifera* Zapal., l. c.) sont des variations peu importantes.

Var. β **sphærica** G. Cam. Berg. A. Cam., *Monogr. Orch. Eur.*, p. 89. — *O. sphærica* Marsch. Bier., *Fl. Taur.-Cauc.*, II, p. 362 (1808) ; III, p. 579 (1819) ; C. A. Meyer, *Index Cauc.*, p. 38 ; Lindl., *Gen. and spec., Orchid.*, p. 269 ; C. Koch in Linn., XXII, p. 279 ; Reichb. F., *Icon.*, XIII-XIV, p. 36, t. 28, CCCLXXX ; 155, DVII, f. VIII. — *O. globosa* Grecescu, *Consp. fl. Roman.*, p. 544 ; Schur, *Enum. pl. Transs.*, p. 639, n° 3402. — *Tr. globosa subsp. sphærica* Soó in Fedde, *Rep. sp. nov.* (1927), p. 33.

Icon. : Reichb. F., *l. c.* ; Lang., *Deutschl.*, IV, p. 332 ; *Ic. n.*, pl. 124, f. 5. — Diffère du type par les bractées ordt non lavées de rose, les fleurs blanches et les divisions du labelle toutes aiguës. — Prairies alpines du Caucase et de l'Ibérie.

V. v. — Fin mai à juin, même juillet et août dans les hautes montagnes. — *Habitat* : prairies humides des montagnes (900-2.400 m.). — *Répart. géogr.* : Espagne septentr. (R.), France (Pyrénées, Auvergne, Haute-Loire, hautes Vosges, Jura, Alpes), Belgique (T. R.), Suisse (Alpes, Jura), adc, Jura de Souabe, Allemagne (Forêt-Noire, Bavière), Italie (rég. montagn., rarement submontagn., Alpes, Apennins), Istrie (env. de Göritz ap. Buek), Autriche, Alpes de Salzbourg, Tyrol, Bohême dans les Monts-Sudètes, Carpathes de la Moravie au Banat, Pologne, Galicie (Knapp), Herzégovine, Bosnie, Monténégro, nord de la péninsule des Balkans.

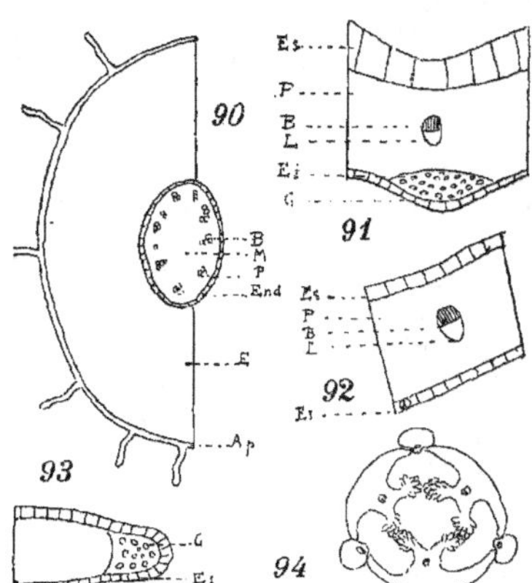

Traunsteinera globosa. — Fig. 90 : section transversale schématique passant dans une division du tubercule ; Ap, assise pilifère : B, bois ; E, écorce ; End, endoderme ; M, moelle ; P, péricycle. — Fig. 91 : section transversale schématique de la nervure médiane de la feuille ; C, collenchyme : Ei, épiderme inf. : Es, épiderme sup. ; P, parenchyme chlorophyllien. — Fig. 92 : section transversale d'une nervure secondaire de la même feuille. — Fig. 93 : section transversale du bord de la feuille ; C, collenchyme. — Fig. 94 : section transversale schématique de l'ovaire.

B. **Masses polliniques distinctes, à rétinacles terminés chacun par une glande distincte ; glandes renfermées dans une bursicule biloculaire.**

Gen. VIII. — **ORCHIS** L.

Orchis (Tournef., *Inst.* p. 431, t. 247, 248); L., *Gen.*, [éd. 1, p.270] ; éd. 5, p. 405; Jussieu, *Gen.*, p. 65; Rich. in *Mém. Mus.*, IV, p. 47, t. 5, n° 2 (1818) ; Lindl., *Gen. and spec.*, p. 258 ; Endl., *Gen.*, p. 208 ; Meisner, *Gen.* p. 381 ; Reichb. F., *Icon.*, XIII-XIV, p. 14 ; Benth. et Hook., *Gen.*, III, p. 620 ; Pfitzer in Engl. et Prantl, *Nat. Pfl.*, II, 6, p. 88 ; G. Cam. Berg. A. Cam., *Monogr. Orch. Eur.*, p. 98. — **Dactylorhiza** Neck., *Elem.*, III, p. 129 (1790). — **Abrochis** Neck., *l. c.*, p. 130 (1790). — **Zoophora** Bernh., *Syst. Verz. Erf.*, p. 308 (1800). — **Strateuma** Salisb. in *Trans. Hort. Soc.*, I, p. 230 (1812). — **Comperia** C. Koch in *Linn.*, XXII, p. 287 (1849). — **Orchites** Schur, *Enum. Pl. Transs.*, p. 942 (1866).

Périanthe à divisions libres ou soudées à la base ; les ext. conniventes en casque, ou dressées-étalées, ou encore réfléchies ; les deux lat. int. ordt plus courtes et conniventes. Labelle à 3 lobes plus ou moins profonds, rarement entier, prolongé en éperon. Loges de l'anthère séparées, s'ouvrant en avant par une fente longitudinale. Masses polliniques à caudicules allongés, à rétinacles libres, renfermés dans une bursicule biloculaire (1). Ovaire contourné.

Poils ou papilles du labelle non verruqueuses, sans ramuscules. Faisceaux libéroligneux de la tige disposés en un cercle à peu près régulier au-dessus des feuilles principales. Nervure médiane à section concave-convexe; nervures latérales à section à peu près plane. Faisceau libéroligneux des nervures à section allongée, dépourvu de péridesme lignifié, entouré le plus souvent de tissu chlorophyllien, parfois de tissu incolore, rarement d'un peu de collenchyme.

TABLEAU DES ESPÈCES

1
- Tubercules ovoïdes ou subglobuleux, non fusiformes, entiers (**Euorchis**). 2
- Tubercules plus ou moins palmés ou incisés, parfois entiers, mais atténués, fusiformes (**Dactylorchis**) 39

2
- Divisions ext. et lat. int. du périanthe conniventes en casque, libres ou plus ou moins soudées (*Herorchis*) 3
- Division médiane ext. et lat. int. du périanthe plus ou moins conniventes, les lat. ext. plus ou moins étalées ou réfléchies (*Androrchis*). 26

3
- Labelle entier ou presque entier (*Papilionaceæ*). 4
- Labelle lobé. 7

4
- Fleurs blanchâtres ou jaune verdâtre. 5
- Fleurs violacées. 6

5
- Fleurs jaune verdâtre ou blanchâtres ; éperon égalant à peine la moitié de l'ovaire. **O. chlorotica**
- Fleurs blanches ; éperon égalant l'ovaire ou presque . . . . **O. candida**

6
- Eperon égalant la moitié ou les 2/3 de l'ovaire ; labelle large. . . . . **O. papilionacea**
- Eperon égalant l'ovaire ou un peu plus court que lui ; labelle étroit. . . . . **O. schirwanica**

7
- Labelle plus large que long, souvent plié, à 3 lobes peu profonds, les lat. larges (*Moriones*) . . 8
- Labelle 3-partit ou 3-fide. 12

8
- Labelle obscurément trilobé ; périanthe blanc . . . . **O. syriaca**
- Labelle nettement trilobé ; périanthe normalement rose ou violacé 9

1. Dans le genre *Orchis*, le transport du pollen est ord. opéré par les insectes qui viennent butiner le nectar. Les fleurs anomales, dépourvues d'éperon, sont ordinairement stériles. Il en est de même des individus que l'on garde sous cloche.

Le périanthe est riche en sucres et l'éperon émet du nectar ou en contient dans ses tissus. Les insectes sont très attirés par les sucres et souvent guidés par l'odeur et la couleur brillante des fleurs.

Le labelle, élargi et bosselé, sert de plate-forme aux insectes qui viennent butiner le nectar contenu dans l'éperon, Ce labelle est bien plus visible que les autres divisions du périanthe. Celles-ci, plus ou moins rapprochées en casque, protègent les organes reproducteurs.

Le stigmate (formé de deux stigmates soudés) est situé sous le rostellum. L'extrémité du caudicule est solidement fixé au rétinacle. Celui ci est plan en dessus, convexe en dessous et baigne dans un liquide visqueux.

La membrane formant la bursicule est d'abord continue, mais dès que la fleur s'épanouit, au plus léger choc, elle se rompt transversalement suivant une ligne sinueuse passant en avant des loges de l'anthère et de la petite crête qui se trouve entre ces loges. La partie antérieure du rostellum s'abaisse alors très facilement. L'insecte, cherchant à puiser dans l'éperon, provoque facilement rupture et les bords de la bursicule s'abaissant, les rétinacles sont mis à nu. Ces rétinacles, formés en grande partie de matière visqueuse, surmontés d'un caudicule et d'une pollinie, adhèrent à la tête ou à la trompe de l'insecte. Cette matière visqueuse durcit rapidement, dès qu'elle est au contact de l'air, et se fixe ainsi très solidement à l'insecte. Les loges de l'anthère étant ouvertes longitudinalement en avant, quand l'insecte retire sa tête, il emporte les rétinacles surmontés des pollinies attachés à lui.

Grâce à l'élasticité de sa partie postérieure, les bords de la bursicule se relèvent vite, empêchant le rétinacle, qui peut ne pas avoir été enlevé, de se dessécher au contact de l'air. Les pollinies, lorsqu'elles sont fixées à un objet, divergent un peu.

Si la pollinie enlevée restait dans la même position, elle ne pourrait servir à la fécondation d'une autre fleur, car dans celle-ci, elle serait poussée contre les loges de l'anthère. Aussi, les rétinacles se contractant, les caudicules s'infléchissent-ils rapidement quand l'insecte a quitté la fleur, décrivant un arc de près de 90°. Ce mouvement met ordinairement 30 secondes pour se produire. Les pollinies, prenant une position horizontale, fertilisent le stigmate gluant, quand l'insecte va butiner sur une autre fleur. Les stigmates ne sont pas assez visqueux pour détacher toute la masse pollinique, mais celle-ci se fragmente avec facilité, les fils élastiques reliant les paquets de tétrades se brisent et quelques-unes seulement adhèrent au stigmate. Le reste de la pollinie, toujours fixé à l'insecte, pourra féconder d'autres fleurs (cf. Ch. DARWIN, *De la fécondation des Orchidées par les insectes et des bons résultats du croisement*. Trad. Rerolle, p. 6 et suiv.).

Les fleurs d'*Orchis* sont visitées par les Hyménoptères (*Apis, Bombus, Eucera, Halictus, Nomada, Osmia*), des Coléoptères (*Leptura*), des Diptères (*Empis, Lucilia, Eristalis, Volucella*).

Les fleurs de l'*O. Morio* et de l'*O. maculata* sont, d'ap. Martens, douées d'autogamie spontanée, par libération et abaissement des pollinies et courbure en avant des caudicules jusqu'au stigmate (cf. MARTENS in *Bull. Soc. Bot. Belg.*, LIX, p. 69 (1926).

9 { Eperon 2-3 fois plus long que le labelle ; labelle à lobes lat. d'un pourpre noirâtre, de couleur très différente de celle du lobe médian très pâle . . . . **O. longicornu**
Eperon au plus 2 fois plus long que le labelle ; labelle ord. violacé 10

10 { Plante robuste, à épi multiflore ; fleurs grandes, à éperon plus court que le fruit. . . . . **O. Morio**
Plante peu robuste, à épi souvent pauciflore ; fleurs petites ; éperon aussi long ou à peine plus court que le fruit 11

11 { Tubercules ord. 2, brièvement stipités ; épi assez long, atténué au sommet ; labelle plan ou presque, maculé ; éperon subcylindrique, souvent atténué au sommet . . . . **O. picta**
Tubercules ord. 3, l'un subsessile, les autres très longuement stipités ; épi court, large au sommet, lâche ; labelle très plié, non maculé ; éperon élargi au sommet, souvent rétus **O. Champagneuxii**

12 { Labelle 3-partit ou 3-fide, à lobes lat. étroits, à lobe médian grand, rarement presque entier, ord. émarginé ou bilobé. 13
Labelle 3-partit, à lobes lat. larges, à lobe médian ord. entier ; bractées égalant ou dépassant l'ovaire (*Coriophoræ*). 24

13 { Divisions lat. int. du périanthe 3-dentées au sommet ; labelle grand, divisé en 4 lanières étroites, enroulées avant l'épanouissement de la fleur (*Comperianæ*). . . . . **O. Comperiana**
Divisions lat. int. du périanthe non dentées (*Militares*). 14

14 { Divisions ext. du périanthe libres jusqu'à la base ; fleurs petites ; casque subglobuleux d'un pourpre noirâtre . . . . **O. ustulata**
Divisions ext. du périanthe soudées au moins à la base 15

15 { Casque subglobuleux. 16
Casque ovoïde-acuminé ou ovoïde-aigu 17

16 { Casque d'un pourpre foncé rompu extérieurement, à divisions brièvement aiguës ou obtuses ; labelle blanc ou rosé, muni de houppes purpurines, à lobe médian très large et divisé en 2 lobes secondaires bien plus larges que les lobes latéraux. . . . . **O. purpurea**
Mêmes caractères, mais divisions du casque plus aiguës ; fleurs d'un blanc jaunâtre . **O. moravica**

17 { Base du labelle munie de deux gibbosités dentiformes ; feuilles fortement ondulées. **O. longicruris**
Base du labelle dépourvue de gibbosités dentiformes ; feuilles non manifestement ondulées . . 18

18 { Bractées n'égalant pas la moitié de l'ovaire (excl. de l'*O. militaris* v. *perplexa* et *longibracteata*). 19
Bractées égalant l'ovaire ou les 2/3 de sa longueur (excl. rares formes de l'*O. tridentata* dont la bractée est courte) 23

19 { Lobe moyen du labelle peu divisé. . . . . **O. punctulata**
Lobe moyen du labelle divisé en 2 lobules très distincts 20

20 { Fleurs grandes, à casque jaune-verdâtre strié de pourpre intérieurement, à labelle brun ou brun rougeâtre ; lobes latéraux courbés à l'intérieur, le médian à lobes divergents oblongs-obtus ; plante développée, haute de 45-85 cent. . . . . **O. Schelkownikowii**
Fleurs à casque violacé, à labelle, blanc ou rosé, pourpré ou violacé vers les bords 21

21 { Lobules du lobe médian du labelle de même forme et de même grandeur que les lobes latéraux, étroitement linéaires, subfiliformes . . . . **O. Simia**
Lobules du lobe médian du labelle différant, comme forme et comme largeur, des lobes latéraux. 22

22 { Lobe moyen du labelle divisé en 2 lobules au moins 3 fois plus larges et plus courts que les lobes latéraux, ceux-ci linéaires. . . . . **O. militaris**
Lobe moyen du labelle divisé en 2 lobules un peu plus larges et plus courts que les lobes latéraux . . . . **O. Steveni**

23 { Fleurs assez grandes ; éperon égalant presque l'ovaire ; lobe médian du labelle ordinairement bilobé. . . . . **O. tridentata**
Fleurs plus petites ; éperon plus court ; lobe médian du labelle presque entier. Plante moins élevée que la précédente . . . . **O. lactea**

24 { Lobes latéraux du labelle munis de nervures prolongées en dents très manifestes ; fleurs assez grandes . . . . **O. sancta**
Lobes latéraux du labelle denticulés, sans nervures visibles ; fleurs assez petites 25

25 { Labelle à peine plus long que large, à lobe médian à peine plus long que les latéraux ; éperon plus court que le labelle ; casque ovoïde-aigu ; fleurs à odeur de punaise. . . . . . **O. coriophora**
Labelle bien plus long que large, à lobe médian bien plus long que les lat.; éperon égalant ou dépassant le labelle ; casque plus acuminé ; fleurs à odeur rappelant celle de la vanille . **O. fragrans**
Labelle un peu plus long que large, à lobe médian dépassant les lat.; éperon égalant ou dépassant longuement le labelle ; casque acuminé ; fleurs ord. inodores ; feuilles plus larges **O. Martrini**

26 { Labelle long ; suborbiculaire, entier ou crénelé ; fl. grandes, ovaire peu tordu (*Saccatæ*). **O. saccata**
Labelle large suborbiculaire échancré au sommet ; fl. petites . . . . **O. Fedtschenkoi**
Labelle plus ou moins trilobé ; ovaire nettement tordu (*Masculæ*). 27

27 { Feuilles linéaires-lancéolées, atténuées de la base au sommet ; bractées plurinervées, à nervures ord. réticulées. 28

27 | Feuilles oblongues ou obovales, atténuées à la base : bractées 1-3-nervées, à nervures ordt non réticulées. 29

28 | Fleurs ordt d'un pourpre violacé foncé ; labelle à lobes lat. fortement repliés en dessous et en arrière, à lobe moyen nettement plus court que les latéraux ; éperon un peu renflé au sommet, brusquement tronqué, un peu déprimé à l'extrémité et à la partie supér . . . . . . **O. laxiflora**

Fleurs ordt d'un pourpre clair ou lilas ; labelle à lobes lat. un peu rejetés en arrière seulement après la floraison, à lobe moyen égalant au moins les latéraux ; éperon cylindrique, obtus, un peu atténué au sommet . . . . **O. palustris**

29 | Eperon plus ou moins conique, égalant la 1/2 ou les 2/3 de l'ovaire 30

Eperon cylindrique, claviforme ou filiforme, rarement plus court que l'ovaire, le dépassant parfois. 31

30 | Fleurs 15-20 env. Divisions lat. ext. du périanthe conniventes, formant un casque subglobuleux, parfois devenant un peu étalées ; labelle très brusquement rétréci vers la gorge de l'éperon ; éperon gros, descendant, dépassant la moitié de l'ovaire, rarement aussi long que lui, formant un angle aigu avec l'axe du labelle ; feuilles obovales-oblongues, sans macules ; tige nue supérieurement. . . . . **O. Spitzelii**

Fleurs 30-40 env. Divisions lat. ext. du périanthe étalées ou réfléchies ; labelle non brusquement rétréci vers la gorge de l'éperon ; éperon gros, presque horizontal ou peu descendant, formant un angle droit ou obtus avec l'axe du labelle ; feuilles lancéolées ou linéaires-lancéolées, moins larges et plus longues que dans le précédent, souvent maculées ; tige munie de bractées au sommet . . . . **O. patens**

31 | Eperon assez gros, non filiforme, horizontal ou dirigé vers le haut. 32

Eperon filiforme, dirigé en bas ; inflorescence très allongée ; fleurs très petites ; port d'un *Gymnadenia*. 38

32 | Fleurs roses, violacées ou purpurines. 33

Fleurs jaunes ou d'un blanc jaunâtre, rarement roses. 36

33 | Plante robuste, à inflorescence dense ; bractées inf. égalant ou dépassant l'ovaire ; fleurs très colorées ; labelle à lobes marqués. . . . . **O. mascula**

Plante grêle, à inflorescence lâche ; bractées inf. plus courtes que l'ovaire 34

34 | Eperon égalant la moitié de l'ovaire. . . . . **O. pinetorum**

Eperon égalant ou dépassant l'ovaire. 35

35 | Labelle nettement lobé ; éperon non atténué au sommet, plus court que l'ovaire, fleurs carnées ou violettes . . . . **O. olbiensis**

Labelle légèrement lobé ; éperon atténué au sommet, très allongé ; fleurs purpurines. . **O. anatolica**

36 | Eperon arrondi à l'extrémité ; labelle à peine lobé, non maculé ; feuilles oblongues ou oblongues-obovales, non basilaires ; infl. dense . . . . **O. pallens**

Eperon un peu renflé, tronqué ou subbilobé à l'extrémité ; labelle profondément lobé, souvent maculé ; feuilles oblongues-lancéolées ou lancéolées basilaires ; infl. lâche. 37

37 | Feuilles aiguës, ordt maculées ; fleurs médiocres (8-14 env.) ; div. lat. int. un peu plus courtes que les ext. ; labelle égalant presque les autres divisions du périanthe ; éperon presque aussi long que l'ovaire . . . . **O. provincialis**

Feuilles obtuses, non maculées, plus larges, souvent 2-3 ; fleurs plus grandes, peu nombreuses (3-8) ; div. ext. grandes, les lat. int. env. 1/2 moins grandes ; labelle plus long que les autres divisions du périanthe ; éperon plus long que dans l'*O. provincialis* ; plante plus basse, plus trapue. . . . . **O. pauciflora**

38 | Fleurs violettes ou pourprées ; divisions lat. int. du périanthe un peu plus courtes que les ext. . . . . **O. quadripunctata**

Fleurs d'un rose clair ; divisions lat. int. du périanthe égalant la 1/2 des ext. . **O. Brancifortii**

39 | Tubercules entiers ou à peine lobés au sommet, brièvement dichotomes, palmatilobés. 40

Tubercules profondément divisés, palmatifides ou palmatipartits, comprimés 43

40 | Tubercules fusiformes, dauciformes ou napiformes, entiers, longuement atténués au sommet, rarement brièvement dichotomes ; épi grêle étroitement oblong ; divisions du périanthe conniventes en casque ; labelle plus long que large ; éperon grêle, subulé, long de 4-8 mm., plus court que l'ovaire ; pl. stolonifère. . . . . **O. iberica**

Tubercules ovales-oblongs, subcylindriques, presque entiers ou brièvement lobés au sommet et à lobes atténués en fibres arrondies ; épi gros, brièvement ovoïde, devenant ovoïde-cylindrique ; divisions lat. ext. du périanthe étalées ; labelle plus large que long ; éperon long de 8-25 mm., égalant ou dépassant l'ovaire ; pl. non stolonifère. 41

41 | Eperon dirigé en bas, gros, cylindro-conique, obtus ; feuilles inf. oblongues-lancéolées. **O. sambucina**

Eperon horizontal ou ascendant, cylindrique-obtus ; feuilles étroitement linéaires-lancéolées. . . 42

42 | Lobe médian du labelle subquadrangulaire ; éperon long de 13-25 mm. . . . . **O. romana**

Lobe médian du labelle étroit, petit ; éperon long de 8-12 mm. . . . . **O. georgica**

43 | Feuilles insensiblement atténuées de la base. 44

Feuilles ayant leur largeur maxima au-dessus de la base. 51

44 { Tige pleine ou peu fistuleuse. 45
{ Tige ordt très fistuleuse 47

45 { Feuilles maculées de points très fins ; fl. pourpre intense ; plante presque naine . . . **O. purpurella**
{ Feuilles sans macules ou munies de macules assez grosses 46

46 { Feuilles étroitement lancéolées ou linéaires, dressées-étalées ou récurvées, ord. maculées ; ovaire non
{ ailé, rarement à côtes légèrement membraneuses. . . . . **O. angustifolia**
{ Feuilles étroitement lancéolées-récurvées, non maculées ; ovaire à côtes membraneuses-blan-
{ châtres. . . . . **O. curvifolia**

47 { Bractée dressées-étalées ; feuilles maculées sur les deux faces ; tige grêle . . . . **O. cruenta**
{ Bractées assez dressées ; feuilles non maculées ; tige robuste. 48

48 { Eperon épais, en sac, égalant presque l'ovaire. 49
{ Eperon médiocre, plus court que l'ovaire. 50

49 { Labelle très grand, entier ou trilobé ; le lobe médian réduit, les latéraux souvent très réflé-
{ chis. . . . . **O. sesquipedalis**
{ Labelle trilobé, à lobe médian étroit, les lat. non réfléchis . . . . **O. elata**

50 { Tige plus ou moins fistuleuse, rarement pleine ; feuilles ord. plus larges vers le milieu, un peu étalées ;
{ fl. violet magenta ou pourpre pâle ou lilacées, rarement blanches ; labelle ord. plus large que
{ long, à lobes lat. non réfléchis. . . . . **O. prætermissa**
{ Tige peu fistuleuse ; fl. violet foncé ; labelle entier, plan . . . . **O. integrata**
{ Tige très fistuleuse ; feuilles plus dressées, cucullées ; fl. plus petites, plus jaunes et moins violettes,
{ carnées, jaunâtres, blanches, plus rarement violacées ; labelle plus long ou aussi long que large,
{ peu lobé, à lobes lat. réfléchis ; bractées plus dressées que dans l'*O. prætermissa*. **O. incarnata**

51 { Tige ferme, peu ou non compressible sur les échantillons frais, pleine ou peu fistuleuse. 52
{ Tige compressible sur le frais, fistuleuse. 57

52 { Feuilles toujours sans macules ; éperon assez gros. . . . . **O. prætermissa**
{ Feuilles ord. maculées. 53

53 { Feuilles munies de petits points ou de petites macules ; éperon grêle ou très gros ; div. lat. ext. du
{ périanthe dressées ; labelle souvent rhomboïdal. 54
{ Feuilles à macules non ponctiformes ; éperon médiocre ; div. lat. ext. du périanthe étalées-dressées,
{ rarement dressées ; labelle rhomboïdal. 55

54 { Feuilles maculées sur les deux faces ; bractées allongées, souvent étalées ; fl. pourpre violacé ou noir ;
{ div. lat. ext. du périanthe dressées ; labelle obcordé-arrondi ou rhomboïdal-arrondi ; éperon
{ gros. . . . . **O. cruenta**
{ Feuilles munies en dessus de petits points bruns ; bractées allongées ; fl. pourpre foncé ; div. lat. ext.
{ du périanthe très dressées ; labelle rhomboïdal ; éperon très gros . . . . **O. purpurella**

55 { Bractées visibles, assez longues, dressées-étalées ; tubercule à div. très divergentes . . . **O. baltica**
{ Bractées peu visibles, courtes, ord. dressées ; tubercule à div. peu ou non divergentes 56

56 { Feuilles non ou à peine carénées, maculées, l'inf. étroite, aiguë, ord. carénée ; div. lat. ext. du pé-
{ rianthe étalées, souvent pendantes ; labelle à lobe méd. souvent très réduit ; fl. souvent pâles,
{ presque blanches. . . . . **O. elodes**
{ Feuilles ord. maculées, l'inf. ovale, large, plane, brusquement obtuse au sommet ; div. lat. ext. du
{ périanthe dressées ou étalées obliquement ; labelle à lobe méd. ord. développé ; fl. d'un violet
{ pâle ou roses . . . . **O. maculata**

57 { Eperon court, égalant env. la moitié de l'ovaire ; labelle entier ou obscurément trilobé 58
{ Eperon dépassant la moitié de l'ovaire ; labelle trilobé 60

58 { Feuilles ord. maculées ; éperon de 5-8 mm., labelle presque glabre ; div. lat. int. obtuses. **O. cordigera**
{ Feuilles maculées ; labelle glabrescent ; div. lat. int. obtuses . . . . **O. bosniaca**
{ Feuilles maculées ; labelle très poilu ; div. lat. int. étroites, subaiguës. . . . . **O. caucasica**
{ Feuilles sans macules ; plantes plus élevées. 59

59 { Eperon de 7-10 mm. ; feuilles rapprochées à la base . . . . **O. foliosa**
{ Eperon de 6-8 mm. ; feuilles espacées à la base. . . . . **O osmanica**

60 { Labelle arrondi à la base 61
{ Labelle cunéiforme à la base 64

61 { Feuilles à macules en anneaux ; épi gros. . . . . **O. latifolia**
{ Feuilles non maculées ; épi cylindrique, souvent étroit et allongé 62

62 { Eperon un peu plus court que l'ovaire, gynostème arrondi . . . . **O. turcestanica**
{ Eperon égal à l'ovaire ou un peu plus long. 63

63 { Gynostème subaigu . . . . **O. pontica**
{ Gynostème arrondi . . . . **O. cataonica**

64 { Labelle nettement trilobé ; épi assez étroit. 65
{ Labelle presque entier ou plus ou moins trilobé ; épi plus large 66

65 { Lobes du labelle subégaux ou le médian plus long ; épi allongé, fusiforme, un peu dense. **O. saccifera**
{ Lobes lat. du labelle plus grands que le médian ; épi ovale ou ovale-cylindrique, assez lâche
{ . . . . **O. Cartaliniæ**

66 { Feuilles linéaires-lancéolées ; labelle à lobe médian réduit ou nul . . . . **O. angustifolia**
{ Feuilles ovales-lancéolées ou lancéolées, obtuses ou subaiguës 67

67 { Eperon égalant l'ovaire ou le dépassant. 68
{ Eperon un peu plus court que l'ovaire ; feuilles sup. atteignant ou dépassant la base de l'épi . . 69

68 { Feuilles sup. n'atteignant pas l'épi . . . . **O. pontica**
{ Feuilles sup. atteignant l'épi. . . . . **O. sanasunitensis**

69 { Tubercules longuem. allongés, filiformes aux extrémités. . . . . **O lapponica**
{ Tubercules brièvement atténués au sommet 70

70 { Tige grêle ; feuilles assez étroitement lancéolées, dressées-étalées, légèrement ponctuée s. . **O. baltica**
{ Tige robuste ; feuilles larges. 71

71 { Feuilles munies de macules en anneaux ; labelle orné de lignes brisées dessinant une double boucle
{   et de lignes et points situés en dedans et en dehors . . . . **O. latifolia**
{ Feuilles sans macules ; dessins du labelle formés de points et de raies disposés en éventail, ne formant
{   pas de lignes symétriques. 72

72 { Plante assez robuste ; tige assez épaisse. **O. praetermissa**
{ Plante très robuste ; tige très grosse . . . . **O. Munbyana**

Morphologie interne (1)

1 { Epiderme supérieur, des feuilles infér., dépourvu de stomates. 2
{ Epiderme supér., de toute les feuilles, pourvu de stomates (au moins vers l'extrémité). 10

2 { Cellules du tégument de la graine munies d'épaississements striés très marqués, à anastomoses manquant ou peu nombreuses. Nervure des valves placentifères non ou à peine saillante extérieurement, jamais ailée (f. 96, 98, 100). 3
{ Cellules du tégument de la graine munies d'épaississements réticulés. Nervure des valves placentifères non ou à peine saillante extérieurement (f. 119, 121), jamais ailée (ne formant une saillie qu'après dessication de l'ovaire) 4
{ Cellules du tégument de la graine munies d'épaississements striés ou réticulés. Nervure des valves placentifères saillante-ailée (f. 102, 113) 5
{ Cellules du tégument de la graine dépourvues d'ornements. Nervure des valves placentifères saillante-ailée (f. 107, 108, 112) 6
{ Cellules du tégument de la graine dépourvues d'ornements. Nervure des valves placentifères non ou à peine saillante extérieurement, jamais ailée (f. 124, 125), (ne formant une saillie qu'après dessication des ovaires) 7

3 { Placenta profondément divisé (f. 95). Eperon dépourvu de papilles caractérisées, à substances sucrées s'accumulant entre les épidermes ; pas d'émission de nectar. Cellules épidermiques formant le bord du limbe développées en dents arrondies (pl. 115, f. 104). Ord. pas d'épaississements dans les parois de l'anthère. . . . . **O. papilionacea**
{ Mêmes caractères, mais quelques épaississements en forme d'anneaux incomplets dans les parois de l'anthère . . . . **O. rubra**
{ Placenta profondément divisé. Eperon pourvu de papilles atteignant 50 μ de long. env., à substances sucrées accumulées entre les épidermes ; pas d'émission de nectar à l'intérieur de l'éperon. Paroi ext. des cellules épidermiques formant les bords du limbe non ou à peine bombée (pl. 115, f. 105). Paroi de l'anthère sans épaississements. . . . . **O. Morio, O. picta**
{ Mêmes caractères que l'O. *Morio*, mais paroi ext. des épidermes du limbe plus épaisse ; éperon à papilles un peu plus longues . . . . **O. longicornu**
{ Placenta profondément divisé. Eperon pourvu de papilles atteignant 150-170 μ de long. env., à épidermes ext. et int. séparés par plusieurs assises de cellules ; émission assez abondante de nectar. Cellules épidermiques des bords du limbe formant des dents allongées. Parois de l'anthère à épaississements en anneaux incomplets assez nombreux. **O. coriophora, O. fragrans, O. sancta**
{ Placenta divisé profondément. Eperon pourvu de papilles atteignant 250-500 μ de long. env. Cellules épidermiques des bords du limbe à paroi ext. bombée, arrondie. Parois de l'anthère à épaississements en anneaux incomplets . . . . **O. saccata**
{ Placenta non ou à peine divisé (f. 100). Eperon légèrement papilleux à la gorge, à substances sucrées accumulées entre les épidermes ; pas d'émission de nectar à l'intérieur de l'éperon. Cellules épidermiques des bords du limbe à paroi ext. formant de petites dents (pl. 115, f. 108-109). Paroi de l'anthère à bandes épaissies peu nombreuses. **O. ustulata**

4 { Cellules épidermiques des bords du limbe à paroi ext. nettement prolongée en pointes arrondies (pl. 115, f. 114). . . . . **O. laxiflora**
{ Cellules épidermiques des bords du limbe à paroi ext. non ou à peine bombée (pl. 115, f. 117)
{ . . . . **O. palustris**

1. Nous n'avons pu comprendre dans ce tableau que les espèces suffisamment étudiées par nous, d'après des plantes vivantes. Lorsque des espèces ou sous-espèces nous ont paru ne présenter que des différences internes très peu importantes, nous n'avons pas fait figurer ces différences dans ce tableau.

Cellules épidermiques des bords du limbe à paroi ext. prolongée en pointes droites (pl. 115, f. 110).
Cellules du tégument de la graine réticulées. Placenta à peine divisé ; nervure des valves placent-
tifères aussi ou moins saillante que les valves non placentifères (f. 102). **O. tridentata, O. lactea**
Cellules épidermiques des bords du limbe à paroi ext. à peine bombée à l'extérieur (pl. 115, f. 106).
Cellules du tégument de la graine striées. Placenta profondément divisé ; nervure des valves
placentifères bien plus saillante que les valves non placentifères (f. 113). . . . . **O. longicruris**

Cellules épidermiques des bords du limbe à paroi ext. à peine bombée (pl. 115, f. 112). Epiderme int.
des divisions ext. et lat. int. du périanthe à papilles caractérisées. Papilles du labelle atteignant
200-500 µ de long. env. (pl. 120, f. 343-350). . . . . **O. militaris**
Cellules épidermiques des bords du limbe à paroi ext. formant de grandes dents arrondies (pl. 115,
f. 113). Epiderme int. des divisions ext. et lat. int. du périanthe légèrement papilleux. Papilles
du labelle atteignant 200-250 µ de long. env. (pl. 120, f. 336-338). . . . . **O. Simia**
Cellules épidermiques formant le bord du limbe à paroi ext. non ou à peine bombée (pl. 115, f. 111).
Epiderme int. des divisions ext. et latér. int. du périanthe dépourvu de papilles caractérisées.
Papilles du labelle atteignant 200-500 µ de long. env. (pl. 121, f. 351-354). . . . . **O. purpurea**

Papilles de l'éperon atteignant 150-250 µ . . . . **O. patens**
Papilles de l'éperon atteignant 100-150 µ 8

Papilles du labelle dépassant rarement 80 µ . . . . **O. Spitzelii**
Papilles du labelle dépassant 80 µ. 9

Papilles du labelle atteignant 150-180 µ ; papilles de l'éperon atteignant 100-120 µ. Parois de l'an-
thère ord. dépourvues d'épaississements . . . . **O. mascula**
Papilles du labelle atteignant 80-100 µ ; papilles de l'éperon atteignant 50-80 µ. Parois de l'anthère
ayant quelques épaississements . . . . **O. olbiensis**
Papilles du labelle atteignant 100-120 µ ; papilles de l'éperon extrêmement courtes (pl. 121, f. 365).
Parois de l'anthère munie d'épaississements en anneaux incomplets. **O. provincialis, O. pauciflora**

Placenta à peine lobé (f. 124, 125). Cellules épidermiques formant le bord du limbe nettement prolongées en pointes. Nervure des valves placentifères très saillante à l'extérieur 11
Placenta nettement lobé (f. 126, 129) 12

Papilles de l'éperon atteignant 20-100 µ de long. env., très nombreuses. . . . . . **O. sambucina**
Papilles de l'éperon atteignant 15-50 µ de long., peu développées . . . . **O. romana**

Cellules du tégument de la graine dépourvues d'ornements. Partie centrale de la tige occupée par
une énorme lacune allant jusqu'aux faisceaux. Cellules épidermiques des bords du limbe à
contenu violacé, à paroi ext. légèrement bombée (pl. 116, f. 121) . . . . **O. latifolia**
Cellules du tégument de la graine à épaississements en forme de stries ou sans ornements. Partie
centrale de la tige occupée par une énorme lacune allant jusqu'aux faisceaux. Cellules épidermiques du bord du limbe dépourvues de contenu violet, à paroi ext. à peine bombée, ne formant
pas de dents (pl. 116, f. 120) . . . . **O. incarnata, O. Munbyana**
Mêmes caractères, mais partie centrale de la tige occupée par une lacune de taille variable
. . . . **O. prætermissa**
Cellules du tégument de la graine striées, à stries spiralées ayant des anastomoses. Partie centrale de
la tige non ou à peine lacuneuse. Cellules épidermiques du bord du limbe à contenu violet, à
paroi ext. formant assez régulièrement une dent inclinée (pl. 116, f. 123). . . . . . **O. maculata**

Sous-genre I. — Euorchis.

EUORCHIS J. Klinge, *Dactylorchis Orchidis subgeneris, Monogr. prodr.* (1898), p. 2 ; G. Cam. Berg. A. Cam.,
Monogr. Orch. Eur., p. 98 (1908).
Tubercules obovales ou subglobuleux, entiers, jamais fusiformes.
Section **HERORCHIS** Lindl., *Gen. and Spec. Orch.*, p. 259, 266 (1835) ; G. Cam. Berg. A. Cam., *l. c.*,
p. 99. — Divisions ext. et lat. int. du périanthe conniventes en casque, libres ou plus ou moins soudées.
Sous-sect. **A. PAPILIONACEÆ** Parlat., *l. c.*, p. 458 ; G. Cam. Berg. A. Cam., *l. c.*, p. 99. — **Papilionacei**
Aschers. et Graebn., *Syn.*, III, p. 663. — Divisions ext. et lat. int. du périanthe conniventes en casque, non
soudées. Labelle entier ou presque entier. Bractées égalant env. l'ovaire ou un peu plus longues que lui.

1. — O. PAPILIONACEA

O. papilionacea L., *Spec.*, éd. 10, p. 1242 (1759) ; Willd., *Spec.*, IV, p. 24 ; Poiret, *Encycl.*, IV, p. 594 ;
Lindl., *Gen. and spec.*, p. 268 ; Reichb. F., *Icon.*, XIII-XIV, p. 15, p. p. ; Kraenz., *Gen. et sp.*, p. 116, p. p. ;
Richter, *Pl. Eur.*, I, p. 265 ; DC., *Fl. fr.*, III, p. 249 ; Duby, *Bot.*, p. 444 ; Mutel, *Fl. fr.*, III, p. 238 ; *Fl.*

Dauph., éd. 2, p. 591 ; GR. et GODR., *Fl. Fr.*, III, p. 284 ; NOULET, *Fl. Bass. s.-pyr.*, p. 607 ; ARDOINO, *Fl. Alp.-Mar.*, p. 351 ; BARLA, *Iconogr.*, p. 43 ; G. CAM., *Monogr. Orch. Fr.*, p. 29 ; in *Journ. de Bot.*, VI, p. 132 ; G. CAM. BERG. A. CAM., *Monogr. Orch. Eur.*, p. 99 ; CAR. et S.-LAG., *Fl. descr.*, éd. 8, p. 804 ; GUILL., *Fl. Bord. S.-O.*, p. 160 ; COSTE, *Fl. Fr.*, III, p. 399, n° 3595, *cum icone* ; ROUY, *Fl. Fr.*, XIII, p. 128 ; ALB. et JAHAND., *Cat. Var*, p. 487 ; BUBANI, *Fl. pyr.*, p. 39 ; UCRIA, *Hist. pan.*, p. 382 ; BRIQUET, *Prodr. Fl. Corse*, p. 354 ; BIV., *Sic. cent.*, p. 59 ; TODARO, *Orch. sic.*, p. 11 ; GUSS., *Fl. sic. syn.*, II, p. 531 ; LOJA-CONO, *Fl. Sic.*, III, p. 12 ; BINNA, *Orch. sard.*, p. 9 ; BERTOL., *Pl. gen. in Amoenital. it.*, p. 196 ; SEB. et MAURI, *Fl. rom. pr.*, p. 306 ; BERTOL., *Fl. ital.*, IX, p. 518 ; TENORE, *Fl. nap.*, II, p. 297 ; PARLAT., *Fl. ital.*, III, p. 516, n° 904 ; MOR. et DE NOT., *Fl capr.*, p. 122 ; SALIS MARSCH., *Korsika* in *Fl. Bot. Zeit.* (1833), p. 492 ; VACCARI, *Fl. Arc. Maddal.* in *Malpighia*, VIII, p. 247 ; W. BARBEY, ASCH. et LEV., *Fl. Sard. comp.*, p. 57 et *Suppl.*, n° 1308 ; CES. PASS. et GIB., *Comp.* p. 188 ; FIORI et PAOL., *Fl. ital.*, p. 240 ; *Iconogr. ital.*, n° 817 ; ARCANG., *Comp.*, éd. 2, p. 166 ; HERM. KNOCHE, *Fl. balear.*, p. 399 ; COLMEIRO, *Enum pl. hisp.-lus.*, V, p. 24 ; GUIMAR., *Orch. port.*, p. 51 ; KOCH, *Syn.*, éd. 2, p. 792 ; éd. 3, p. 596 ; M. SCHULZE, *Die Orchid.*, n° 2 ; W. ZIMMERM., *Die Form. d. Orchid.*, p. 15 (1912) ; KRAENZL., *Orchid.*, p. 13 ; SCHUR, *Enum. Trans.*, p. 640, n° 3409 ; BOISS., *Fl. orient.*, V, p. 60 ; W. BARBEY, *Herb. au Levant*, p. 157 ; HAUSSKN., *Symb. fl. gr.*, p. 24 ; SIBTH. et SM., *Fl. gr.*, pr. II, p. 313 ; *Fl. gr.*, X, p. 21 ; URV., *En.*, p. 121 ; BRONGN. in CHAUB. et BORY, *Expéd. Morée*, p. 261 ; *N. fl. Pélopon.*, p. 61 ; FRIEDR. *Reise*, p. 277, 283 ; WEISS. in *Zool. bot. Ges.* (1869), p. 754 ; GRECESCU, *Consp. Roman..* p. 542 ; KRAUSE in FEDDE, *Rep. sp. nov.* (1926), p. 298 ; POIRET, *Voy. Barb.*, p. 248 ; DESF., *Fl. atl.*, II, p. 316 ; BATT. et TRAB., *Fl. Alg.* (1884), p. 191 ; (1895) p. 27 ; (1904) p. 321 ; DEBEAUX, *Fl. Kabylie Djurdjura*, p. 339 ; BALL, *Spic. Maroc*, p. 671 ; BON-NET et BARR., *Cat. Tunis.*, p. 401 ; WOLLEY-DOD in *Journ. of Bot.* (1914), p. 99 ; JAHAND. in. *Mém. Soc. Sc. nat. Maroc* (1923), p. 108. — O. **papilionacea** var. **grandiflora** BOISS., *Voy. Esp.*, p. 592 ; WILLK. et LANGE, *Prodr. hisp.*, I, p. 165 ; ASCHERS. et GRAEBN., *Syn.*, III, p. 664 ; FLEISCHM. in *Oesterr. bot. Zeitschr.* (1925), p. 192. — *Orchis speciosa, expanso cochleari flore purpureo elegantissime picturato fimbriato* CUP., *H. cath.*, p. 158.

Noms vulg. : Orchis Papillon, Orchis papilionacé. — Portugais : Herva borboleta. — Ital. : Cupressini. — Allem. : Schmetterling-Knabenkraut, Schmetterlingsblumige Ragwurz.— Roum. : Bujorci, Gemanarità, Sculatore.

Icon. : BROTERO, *Fl. lusit.*, II, t. 88 ; MOGGR., *Contr. Ment.*, t. 96, f. 21 (excl. f. lab. 3-lobé) ; MUTEL, *Atlas*, t. 6, f. 488 ; TENORE, *Fl. nap.*, t. 92 ; REICHB. F., *Icon.*, XIII-XIV, t. 10, CCCLXII, f. II, IV, 1-11, t. DVII, f. 1 ; SCHLECH. LANG. *Deutsch.*, IV, f. 339 ; SIBTH. et SM., *Fl. gr.*, X, t. 92 ; BARLA, *l. c.*, pl. 28, f. 1-15 ; TIMB.-LAGR., *Mém. hybr. Orch.*, pl. 2, f. 2, A, B ; PAOLI et FIORI, *l. c.* ; CORREVON, *Alb. Orch. Eur.*, pl. LIV ; G. CAM. BERG. A. CAM., pl. 17, f. 465-470 ; *Ic. n.*, pl. 21, f. 1-11.

Exsicc. : RELIQ. MAILL., n° 516, n° 1947 ; REICHB., n° 211 ; BILLOT, n°s 3243, 3243 *bis* ; *Soc. Rochel.*, n° 2244 ; BALANSA, *Pl. Alg.*, p. 253 ; *Soc. Dauph.*, n° 978 ; LANGE, *Pl. Eur. austr.*, n° 121 ; DEBEAUX, *Corse*, an. 1867 ; MABILLE, *Pl. Corse*, n° 280 ; BOURGEAU, *Corse*, n° 370 ; KRALIK, *Pl. Corse*, n° 791 ; F. SCHULTZ, *Herb. n.*, n° 352 ; TODARO, *Sic.*, n° 474 ; BAENITZ (1889) ; CHOULETTE, *Fragm. Fl. alg.*, n° 191 ; BOUR-GEAU, *Pl. Alg.* (1856) ; *It. hor.-afr.* E. G. PARIS, n° 288 ; *S. Dauph.*, n° 978 ; GUIMAR., *est.*, V, f. 36 ; KRAUSE, n° 1033.

Tubercules ovoïdes, surmontés de fibres radicales assez épaisses. Tige de 1,5-3 décim., rarement plus, cylindrique, anguleuse et lavée de rose au sommet. Feuilles glaucescentes, lancéolées-linéaires ou lancéolées, aiguës, canaliculées, nervées, les sup. bractéiformes, souvent lavées de pourpre. Bractées membraneuses, un peu plus longues que l'ovaire, ovales-lancéolées, aiguës ou subobtuses, les inf. 5-7-nervées ; les sup. 3-nervées, d'un rose violacé. Fleurs en épi ovoïde, pauciflore (6-10), d'abord dense, puis devenant assez lâche. Périanthe à divisions ext. libres, conniventes en casque allongé, un peu étalées au sommet, lancéolées ou ovales-lancéolées, subobtuses, presque égales, les lat. un peu plus longues et plus larges à la base que la médiane et asymétriques, toutes d'un pourpre plus foncé que le labelle, la médiane 3-nervée, les lat. ord. 4-nervées ; divisions lat. int. un peu plus courtes que la médiane ext. et presque de même couleur, linéaires-oblongues ou linéaires-lancéolées, obtusiuscules, 3-nervées. *Labelle* grand (15-18 mm. de large), de consistance délicate, pendant, *entier*, aussi long que les divisions lat. ext. ou parfois plus long, *d'un pourpre plus brillant et plus clair que le casque*, marqué de lignes purpurines plus ou moins foncées, disposées comme les plis d'un éventail, orbiculaire, rétréci à la base, arrondi ou émarginé au sommet, plan ou presque concave, à bords crispés, irrégulièrement crénelés. *Eperon* cylindro-conique, *d'un tiers ou de moitié plus court que l'ovaire, droit ou légèrement descendant*, violacé. Gynostème très court, plus court que le périanthe, obtusiuscule, d'un pourpre clair. Stigmate grand, oblique. Anthère rougeâtre, à loges parallèles, séparées par un petit bec. Masses polliniques d'un vert rompu. Caudicules d'un blanc jaunâtre. Rétinacles ovales. Ovaire sublinéaire, étroit, triquètre, sessile, vert lavé de teintes violacées.

Morphologie interne.

Tubercule. Grains d'amidon assez nombreux, de forme irrégulière, peu allongés ou inégalement arrondis, ordt isolés, petits, atteignant env. 10-12 µ de long. (pl. 112, f. 20). — *Fibres radicales.* Assise pilifère subérisée, Endoderme peu différencié. Vaisseaux de métaxylème souvent nombreux.

Tige. Stomates assez rares. 2-5 assises de parenchyme chlorophyllien entre l'épiderme et l'anneau lignifié. Anneau lignifié comprenant 7-8 assises et touchant au liber des faisceaux. Parenchyme ligneux non lignifié, séparant les vaisseaux, assez abondant. Parenchyme central se résorbant presque complètement.

Feuille. Ep. = 250-390 µ. Epiderme sup. recticurviligne, haut de 60-90 µ, à paroi ext. épaisse de 8-10 µ, bombée, dépourvu de stomates au moins dans les feuilles inf., muni de quelques granulations de cire. Epiderme inf. recticurviligne, haut de 40-60 µ, à paroi ext. bombée et épaisse de 8-10 µ env., muni de stomates nombreux et d'un peu de cire. Paroi ext. des cellules épidermiques du bord du limbe à proéminence très forte et très arrondie (pl. 115, f. 104). Parenchyme comprenant 6-9 assises env. de cellules arrondies ou ovales, sur une section transversale, contenant de la chlorophylle et quelques cellules à raphides.

Fleur. — *Divisions externes et latérales internes du périanthe.* Epiderme ext. finement strié. Papilles caractérisées manquant même vers les bords. Nervures contenant un peu de chlorophylle. Traces d'huile essentielle dans les divisions ext. et surtout dans les divisions lat. int. — *Labelle* (f. 95). Epiderme int. muni de papilles quelquefois très longues, atteignant 200-250 µ au milieu du labelle (pl. 120, f. 324-325), plus courtes latéralement, coniques, très grosses à la base, atténuées, mais encore obtuses au sommet. Epiderme ext. dépourvu de papilles. — *Eperon.* Epidermes ext. et int. à peu près complètement dépourvus de papilles (pl. 120, f. 323). Produits sucrés s'accumulant entre les épidermes. Pas d'émission de nectar à l'intérieur de l'éperon. Huile essentielle dans les épidermes, surtout dans l'épiderme int., et dans le parenchyme des nervures. — *Anthère.* Epiderme du gynostème à peu près dépourvu de papilles. Pas de cellules fibreuses dans la deuxième assise des parois. — *Pollen.* Jaune légèrement verdâtre. Exine à peine ruguleuse à la surface des massules. L = 30-38 µ. — *Ovaire* (f. 96). Epiderme strié, stomates assez rares. Nervure des valves placentifères non ou à peine saillante extérieurement, renfermant le plus souvent un seul faisceau libéroligneux à bois int., rarement en plus un faisceau placentaire libérien réduit. Placenta long, se divisant en deux lames développées. Valves non placentifères développées, proéminentes à l'extérieur, contenant un faisceau libéroligneux int. — *Graines.* Cellules du tégument à stries nombreuses. Graines arrondies au sommet, allongées, environ 2 f. 2/3-3 f. plus longues que larges. L = 320-400 µ env.

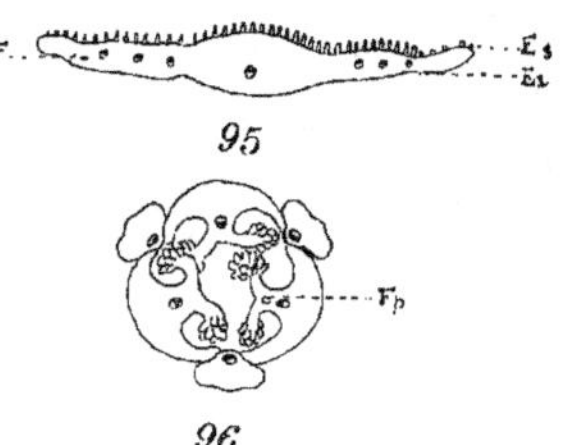

Orchis papilionacea. — Fig. 95 : section transv. schématique du labelle ; Ei, épiderme inf. : Es, épiderme sup. : F, faisceau libéroligneux. — Fig. 96 : section transv. schématique de l'ovaire.

Var. *b* **decipiens** Reichb. F., *Icon.*, XIII-XIV, p. 16 (1851); Parlat., *Fl. ital.*, III, p. 459 ; G. Cam. Berg. A. Cam., *l. c.*, p. 101. — *O. decipiens* Bianca, *Nov. pl. spec.*, p. 1 ; Tod., *Orch. sic.*, p. 16 ; Guss., *Syn. fl. sic.*, II, p. 530. — Labelle ovale, flabelliforme ; éperon ascendant, obtus. — Plante rarissime. Sicile, env. d'Avola, Lavinaro di Laurenza, etc.

Var. *c* **vexillifera** (A. Terracciano in *Boll. Soc. Bot. Ital.* (1910), p. 23). — Divisions lat. ext. du périanthe très allongées, la médiane en alène, les lat. int. petites ; labelle subtriangulaire-rhomboïdal, à base aiguë ; plante robuste. - Sardaigne : Sassari près Spartivento, collines volcaniques autour du Cacino di Bunnari.

Var. *d* **expansa** Lindl., *Gen. and spec.*, p. 267 (1835) ; Reichb. F., *l. c.*, pl. 10, CCCLXII, f. II, IV ; G. Cam. Berg. A. Cam., *l. c.* — *O. expansa* Ten., *Ind. sem. h. r. neap.* (1827) ; *Syll.*, p. 445 (1831) ; *Fl. nap.*, p. 240 ; Sanguin., *Fl. rom. prodr., alt.*, p. 72. — Labelle brusquement et largement étalé, arrondi au sommet. — V. v.

Var. *e* **major** G. Cam. in *Act. Congrès Bot.* (1900), p. 342 ; G. Cam. Berg. A. Cam., *l. c.* — *Ic. n.*, pl. 21, f. 4-7. — Tige robuste de 3-4 décim. ; fleurs très grandes, labelle de 20-25 mm., non compris l'éperon. — V. v. — Maroc : la Rache (Mellerio), entre Aït Lias et M'rirt, alt. 1.200-1.300 m. (Benoist).

Var. β **rubra** Lindl., *l. c.*, p. 266 (1835) ; G. Cam., *l. c.*, p. 30 ; G. Cam. Berg. A. Cam., *l. c.* ; Reichb. F.,

Icon., XIII-XIV, p. 16 (1851) ; Boiss., *Fl. orient.*, V, p. 60 ; Parlat., *Fl. ital.*, III, p. 459 ; Arcang., *Comp.*, éd. 2, p. 166. — *O. rubra* Jacq., *Icon. rar.*, I, p. 18, t. 183 (1781-1786) ; *Collect.*, 1, p. 60 ; Willd., *Spec.*, IV, p. 24 ; Barcelo, *Apunt.*, p. 45, n° 407 ; Mutel, *Fl. fr.*, III, p. 238 ; Marès et Virgin., *Cat. Baléares*, p. 280; Ces. Pass. Gib., *Comp.*, p. 188 ; Cocconi, *Fl. Bologn.*, p. 482 ; Barcelo, *Apunt. Baléar.*, p. 45, n° 407; Marès et Vigin., *Cat. Baléar.*, p. 210. — Var. *parviflora* Willk. in Willk. et Lange, *l. c.* (1870). — Var. b. *O. rubra* Barla, *l. c.*, p. 43 (1869). — Var. *parviflorus* Aschers. et Graebn., *l. c.*, p. 664 (1907).

Icon. : Sibth. et Sm., *Fl. gr.*, X, t. 928 ; Reichb. F., *Icon.*, XIII-XIV, t. CCCLXII, 10, f. I ; Moggr., *l. c.*, pl. XCVI, f. 1 ; Mutel, *Atlas*, pl. 65, f. 489 ; Barla, *l. c.*, pl. 28, f. 16-18 ; M. Schulze, *l. c.*, n° 2, a, b ; G. Cam. Berg. A. Cam., *l. c.*, pl. 17, f. 471-472 ; *Ic. n.* pl. 22, f. 1-14.

Exsicc. : Dörfler, n° 4086.

Plante plus grêle dans toutes ses parties. Fleurs plus petites et plus distantes entre elles. Labelle plus long que large (1,3-1,5 cm. de long), ovale et subrhomboïdal, concave, canaliculé, à bords peu crispés et ondulés-crénelés, d'un rose violacé peu intense, marqué de stries peu visibles. — Reliée au type par des formes inter-médiaires. — *Morph. int.* La var. *rubra* se distingue du type par les épidermes sup. et inf. du limbe foliaire à paroi ext. épaisse de 6-7 μ ; la présence de quelques cellules en anneaux plus ou moins complets dans les parois de l'anthère ; les masses placentaires plus courtes, à divisions profondes. - Espagne, Baléares, France (moins rare que le type, Corse), Italie (répandu du Piémont à la Sicile), Istrie, Dalmatie, Asie Mineure (Tchihat-chef).

Var. γ **minima** G. Cam., *Ic. n.*, pl. 22, f. 22. — Plante très grêle, extrêmement réduite, à port d'*O. picta*, haute de 20 cm. env. Feuilles assez brusquement arrondies au sommet. Labelle long de 5 mm. env. Rappelle beaucoup l'*O. picta* dont il est probablement hybride. — Syrie : collines du Liban près Saïda (Blanche).

Monstruosités. — Cortesi, *l. c.*, p. 6, signale une transformation de certaines divisions lat. ext. du pé-rianthe en labelle.

Moquin-Tandon, *Elém. térat. végét.*, p. 189, signale une péloric.

V. v. — Mars, mai. - *Habitat* : collines ensoleillées, arides, garigues, lieux herbeux. — *Répart. géogr.* : Europe mérid., Portugal (disséminé), Espagne (rég. mérid., rare dans le Nord), Majorque (rare), France (Haute-Garonne, Gard, Rhône, Ain, Var, Alpes-Marit., abondant en Corse), Italie (rég. litt., plus rarement submontagn., de la frontière du Tessin, entre Menaggio et Tremezzo (cf. Schinz et Keller, *Fl. Schw.*, 2, Aufl. II, p. 50), à la Sicile, principalement sur la côte occidentale de la péninsule, Capri, Sardaigne), Istrie, Carniole, Dalmatie, Hongrie (Banat), Roumanie, Monténégro, Chypre, Grèce, Crète, Turquie, Asie Mineure, Syrie, Palestine, Liban, Tunisie, Algérie, Maroc.

2. — O. SCHIRWANICA

O. schirwanica Woronow in *Mitt. Kauk. Mus.*, IV (1909), p. 263 ; Fedde, *Repertor.*, XI, p. 525. — *O. papilionaceus* ssp. *schirwanicus* Soó in Fedde, *Rep. sp. nov.* (1927), p. 29.

Port de l'*O. rubra* Jacq. Plante de 15-30 cent. Tubercules gros, oblongs ou ovales-oblongs. Feuilles 5-7, oblongues-lancéolées ou lancéolées, acutiuscules, rapprochées à la partie inf. de la tige, planiuscules ou pliées, les caulinaires longuement engainantes. Bractées membraneuses, lancéolées-aiguës, égalant presque l'ovaire, colorées, 5-7 —nervées. *Fleurs rouges ou pourpre-violacé*, en épi laxiuscule, oblong, souvent allongé ; casque obtus, long de 8-10 mm., un peu plus court que le labelle. Divisions ext. du périanthe les lat. oblongues-lancéolées ou oblongues-ovales, à côtés inégaux, obtuses ou acutiuscules, la sup. oblongue-obtuse ; divisions lat. int. oblongues-linéaires, un peu plus courtes que les ext., toutes nervées-striées. Labelle long de 10-12 mm., large de 7-8 mm., cunéiforme, obovale ou obovale-rhomboïdal, entier, rarement obscurément subtrilobé, rose, plus pâle au milieu, maculé de pourpre, à bords irrégulièrement denticulés ou crénelés. *Eperon plus pâle, conique-cylindrique, droit ou souvent courbé, égalant presque l'ovaire ou un peu plus court que lui*, long de 9-11 mm.

Avril-mai. — *Habitat* : collines, taillis, broussailles -- *Répart. geogr.* : Caucase oriental : distr. Kuba, Semacha et Geok-cai (typus in *Herb. Musei Caucasici* et *Horti Tiflisiensis*).

3. — O. CHLOROTICA

O. chlorotica Woronow in *Mitt. Kauk. Mus.*, IV (1909), p. 265 ; Fedde, *Repert.*, XI, p. 526. — *O. pa-pilionaceus* ssp. *chloroticus* Soó in Fedde, *Rep. sp. nov* (1927), p. 28.

Plante de 20-30 cent. Tubercules oblongs. Feuilles infér. 4-6, oblongues-obovales ou lancéolées, acutiuscules, les caulinaires engainantes, convolutées, aiguës. Bractées membraneuses, d'un jaune verdâtre, 3-nervées, lancéolées-aiguës, plus longues que l'ovaire. *Fleurs jaune-verdâtre*, en épi allongé et assez lâche, à casque de 7-10 mm. de long. Divisions ext. du périanthe obtusiuscules, oblongues-lancéolées, la sup. oblongue, les lat. int. linéaires ou oblongues-linéaires, toutes 3-nervées, à nervures latérales souvent peu distinctes. Labelle entier ou obscurément subtrilobé, blanchâtre au milieu, largement ovale ou ovale-arrondi, obtus ou rétus, long de 9-10 mm., large de 8-9 mm. *Eperon* pâle, un peu épais, cylindrique, en sac, *droit*, obtus ou acutiuscule, *égalant presque la moitié de l'ovaire*, long de 7-8 mm., atteignant 2 mm. de largeur (dans la partie la plus large). — Espèce très distincte par la couleur des fleurs, le labelle, l'éperon et le port.

Caucase : rive droite du fl. Aldzigân-cai près Geok-tapa, prov. Elisabethpol, distr. Arès (SCHELKOWNIKOW in *Herb. Musei Caucasici* et *Horti Tiflisiensis*).

4. — O. CANDIDA

O. candida TERRACCIANO in *Boll. Soc. Bot. Ital.* (1910), p. 19 ; FEDDE, *Repert.*, VIII, p. 492.

Tubercules obovales, atténués à l'extrémité. Feuilles nombreuses, carénées en dessous, canaliculées en dessus, diminuant graduellement de longueur vers le sommet. Bractées 3-5-nervées. *Fleurs blanches*, peu nombreuses, 3-6, en épi court. Div. du périanthe blanches, nervées de vert, la méd. 3-nervée, les lat. ext. 1-nervées, les lat. int. à 3 nerv. dont les lat. souvent indistinctes. Labelle très blanc, plus long que le casque, subdeltoïde ou obovale-flabelliforme, acutiuscule, à bords crispés. *Eperon égalant l'ovaire ou un peu plus court que lui.* Gynostème aigu. Anthère jaune.

Sardaigne : env. de Sassari, vers Cudinei (avril 1907, 1909).

Sous-sect. **B. Moriones** PARLAT., *l. c.*, p. 463 ; G. CAM. BERG. A. CAM., *Monogr. Orch. Eur.*, p. 102. — Divisions externes du périanthe libres jusqu'à la base. Labelle 3-lobé ; lobes latéraux arrondis ; lobe médian presque égal aux latéraux ou plus petit, tronqué, émarginé ou presque nul. Bractée égalant environ l'ovaire, à 1-3 nervures.

5. — O. MORIO

O. Morio L., *Spec.*, éd. 1, p. 940 (1753) ; WILLD., *Spec.*, IV, p. 18 ; RICH. in *Mém. Mus.*, IV, p. 268 REICHB., *Icon.*, XIII-XIV, p. 17 ; RICHT., *Pl. Eur.*, I, p. 269 ; CORREVON, *Alb. Orch. Eur.*, pl. LI ; KRAENZ., *Gen. et spec.*, p.118 ; BABINGT., *Man. Brit. Bot.*, éd. 8, p.343 ; BENTH., *Brit. Flora*, p. 452; SMITH, *Brit.*, p. 920 ; OUDEMANS, *Fl. Nederl.*, III, p. 143 ; LEJ., *Fl. Spa*, II, p. 187 ; *Rev. fl. Spa*, p. 185 ; LEJ. et COURT.,*Comp.*, III, p. 182 ; DUMORT., *Prodr. fl. Belg.*, p. 132 ; TINANT, *Fl. Luxemb.*, p. 437 ; MICHOT, *Fl. Hainaut*, p. 277 ; BELLYNCK, *Fl. Nam.*, p. 260 ; CRÉP., *Man. fl. Belg.*, éd. 1, p. 172 ; éd. 2, p. 293 ; LÖHR, *Fl. Tr.*, p. 246 ; GORTER, *Fl. VII, pr.* p. 234 ; J. MEY., *Orch. G.-D. Luxemb.*, p. 9 ; DUMOUL., *Fl. Maestr.*, p. 104 ; THIEL., *Orch. Belg. et Luxemb.*, p. 64 ; de VOS, *Fl. Belg.*. p. 254 ; VILL., *Hist. Dauph.*, II, p. 27 ; DC., *Fl. fr.*, III, p. 246, n° 2009 ; DUBY, *Bot.*, p. 444 ; LOISEL.,*Fl. gall.*, II, p. 363 ; MUTEL, *Fl. fr.*, III, p. 243 ; *Fl. Dauph.*, éd. 2, p. 543 ; BOISDUVAL, *Fl. fr.*, III, p. 42 ; LAPEYR., *Abr. Pyr.*, p. 546 ; LEC. et LAM., *Cat. pl. cent.*, p. 348 ; GR. et GODR., *Fl. Fr.*, III, p. 285 ; BOREAU, *Fl. cent.*, éd. 3, p. 641 ; GODET, *Fl. Jura*, p. 681 ; GREN., *Fl. ch. jurass.*, p. 745 ; COSS. et GERM., *Fl. Paris*, éd. 2, p. 681; MARTR. — DONOS, *Fl. Tarn*, p. 701 ; GODR., *Fl. Lorr.*, II, p. 287 ; ARDOINO, *Fl. Alp.-Mar.*, p. 351 ; BARLA, *Iconogr.*, p. 44 ; POIRAULT, *Cat. Vienne*, p. 96 ; GUST. et HÉRIB., *Fl. Auv.*, p. 429 ; RAVIN, *Fl. Yonne*, éd. 3, p. 360 ; FRANCHET, *Fl. L.-et-Ch.*, p. 568 ; DEBEAUX, *Rév. fl. agen.*, p. 518 ; G. CAM., *Monogr. Orch. Fr.*, p. 30 ; in *Journ. bot.*, VI, p. 133 ;G. CAM. BERG. A. CAM., *Monogr. Orch. Eur.*, p. 102 ; A. CAM. in *Riviera scientif.* (1918), p. 5 ; LLYOD et FOUC., *Fl. Ouest*, p. 335 ; DULAC, *Fl. H.-Pyr.*, p. 127; GAUTIER, *Pyr.-Orient.*, p. 398 ; BUBANI, *Fl. pyr.* p. 35; COSTE,*Fl. Fr.*,III, n° 3596, *cum icone* ; ROUY, *Fl. Fr.*, XIII, p. 128 ; BRIQUET, *Prodr. Fl. Corse*, p. 356 ; ALB. et JAHAND.,*Cat. Var*, p. 487 ; SAL. MARSCH., *Aufz. d. in Kors.*, p. 542 ; KIRSCHL., *Fl. Alsace*, p. 130 ; OBORNY, *Fl. Moehr. Oest. Schles.*, p. 246 ; BACH, *Rheinpreuss. Fl.*, p. 368 ; KOCH, *Syn.*, éd. 2, p. 790 ; éd. 3, p. 595 ; éd. Hall. et Wohlf., p. 2426 ; GARCKE, *Fl. von Deutschl.*, p. 580 ; HALLIER, *Fl. von Deutschl.*, IV, p. 120, t. 334 ; FIEK, *Fl. von Schles.*, p. 430; KIRCHNER, *Fl. v. Stuttgart*, p. 165 ; KRAENZL., *Orchid.*, p. 21 ; GMEL., *Fl. Bad.*, III, p. 532 ; SEUBERT, *Excurs. F. Bad.*, p. 121 ; CAFLISCH., *Exc. S. D.*, p. 295 ; FOERSTER, *Fl. Aachen*, p. 345 ; M. SCHULZE, *Die Orchid.*, n° 3 ; GAUDIN, *Fl. helv.*, V, n° 2055 ; MORTHIER, *Fl. Suisse*, p. 360 ; RHINER, *Pr. Waldst.*, p. 126 ; FISCHER, *Fl. Bern.*, p. 76 ; ASCH. et GRAEB., *Syn.*, III, p. 665 ; REUTER, *Cat. Genève*, éd. 2, p. 201 ; Bouvier, *Fl. Alp.*, éd. 2, p. 638 ; Gremli, *Fl. Suisse*, éd. Vetter, p. 480 ; Schinz et Keller, *Fl. Schw.*, p. 120; All.,*Fl. pedem.*, II, p. 142 ; Savi, *Fl. Pis.*, II, p. 298 ; Suffren, *Fl. Frioul*, p. 134 ; Nocc., *Fl. ven.*, IV, p. 139 ; Moris, *Stirp. sard.*, I, p. 44 ; Bertol., *Fl. ital.*, IX, p. 524 ; *Am. ital.*, p. 197 ; de Not., *Repert. fl. ligust.*, p. 385 ; Seb. et Mauri, *Prodr. fl. Rom.*, p. 304 ; Parlat., *Fl. ital.*, III, p. 463 ; Ces. Pass. Gib., *Comp.*, p. 188 ; Cortesi in Pirotta, *Ann. bot.*, I, p. 90, f. 1, 11, p. 10 ; W. Barbey, *Fl. Sard. Comp.*, n° 1309 ; Arcang., *Comp.* éd. 2, p. 167 ; Martel., *Monoc. Sard.*, p. 43 ; Fiori et Béguin., *Fl. Ital.*, p. 240; Cambes., *Enum. pl. Baléar.*, n° 545; Rodrig., *Cat. Menorca*, p. 87, n° 60 ; Marès et Vigin., *Cat. Baléares*, p. 280 ; Willk. et Lange, *Prodr. hisp.*, I, p. 165; Colmeiro, *Enum. pl. hisp.-lusit.*, V, p. 25 ; Guimar., *Orch. port.*, p. 52 ; Schur, *Enum. Transs.*, p. 640, n° 3403 ; Simk., *Enum. Transs.*, p. 498 ; Haussm., *Fl. Tirol*, p. 834 ; Ambros., *Fl. Tirol austr.*, p. 686 ; Hinterhuber et Pichlm., *Fl. Salzb.*, p. 191 ; Ledeb., *Fl. ross.*, IV, p. 60 ; Marsch. Bieb., *Fl. Taur.-Cauc.*, II, p. 364 ; Boiss., *Fl. orient.*, V, p. 60 ; Brandza, *Prodr. fl. romane*, p. 459 ; *Flora Dobrogei*, p. 401 ; Pantu, *Contrib. Flora Bucegilor*, p. 6 ; *Contrib. Flora Bucurest.*, p. 82 ; Grecescu, *Consp. Rom.*, p. 542 ; *Plant. Romania*, p. 11 ; Konitz, *Pl. Rom.*, p. 118 ; Grintescu in *Bull. geogr. bot.* (1918), p. 49. — **O. crenulata** Gilib., *Exerc. phyt.*, II, p. 474 (1792). — *Orchis radicibus subrotundis, galeac petalis lineatis, labello trifido, crenato, medio segmento emarginato* Hall., *Helv.*, n° 1282. — *O. morio femina* Bauh., *Pinax*, p. 82 ; Vaillant, *Bot. paris.*, t. 31 ; Zannich., *Venet.* t. 28, p. 195. — *O. radicibus subrotundis, nectarii labio quadrifido aequali crenulato : cornu obtuso* Ray, *Lugd.*, p. 15. — *Triorchis serapias mas* Fuchs, *Hist.* p. 559.

Noms vulg. : Orchis Bouffon, Satirion, Soupe à vin, Matagon (Est). — Angl. : Green-winged Meadow Orchis. — Ital. : Giglio caprino, Zonzella. — Portug. : Salepeira ordinaria, Fatua. — Holl. : Kulletjesbloem, Kulletjeskruid, Vol mij na, Harlekijns Orchis. — Allem. : Kuckuksblom (Mecklembourg), Pickelhering (Thuringe), Sprenglichter Kuckuk, Gemeines Knabenkraut. — Roum. : Bojorei, Poronici, Untu vacei.

Icon.: Lob., *Ic.*, t.176, f. 2 ; *Observ.*, p. 88, f. 1 ; Fuchs, *l. c.* ; Hall., *Ic.*, n° 1282, t. 33 ; Vaillant, *l. c.*, t. 31, f. 13, 14 ; Seg.,*Pl. ver.*, t. 15, f. 7; Riv.*Hex.* t. 19 ; *Fl. dan.*, t. 253 ; *Engl. bot.*, t. 2059; Fitch et Smith, *Illustr. Brit., Fl.*, n° 992 ; Timb.-Lagr., *Mém. hybr.* t., 1, f. 1 ; Dietr., *Fl. bor.*, I, t. 1 ; Schkuhr, *Handb.* t. 271 ; Schrank, *Fl. Mon.*, t. 116; Schlecht., Lang. *Deuts.*, IV, f. 334 ; Reichb. F. XIII-XIV, t. 11, CCCLXIII, f. I-IV,1-33, Barla, *l. c.*, pl. 30(ex. f. 6) ; G. Cam., *Icon. Par.*, pl. 10 ; Schinz et Keller, *l. c.*, f. 15 ; M. Schulze, *l. c.*, t. 3 ; Guimar., *l. c.*, est. V, f. 37 ; Bonnier, *Alb. N. Fl.*, p. 147 ; Pantu, *Orch. d. Rom.*, t. 6 ; G. Cam. Berg. A. Cam., *l. c.*, pl. 17, f. 474-482 ; *Ic. n.*, p. 23, f. 1-29.

Exsicc. : Bourgeau, *Corse*, n° 368 ; Billot, n° 172 ; Fries, *Herb. n.*, n° 66 ; *Soc. Dauph.*, n° 4679 ; *Soc. Rochel.*, n° 2720 ; Magnier, n° 2586 ; Bourgeau, *Pl. Arm.* (1862) ; Cesati, *Ital.*, n° 567 ; Dörfler, *H. n.*, n° 4957 ; Callier, *It. Taur.* (1900), n° 1736 ; Reverchon (1878), n° 297.

Tubercules entiers, subglobuleux. Fibres radicales assez épaisses. Tige de 1-4 décim., dressée, légèrement anguleuse, d'un vert pâle, souvent lavée de violet au sommet, entourée, à la base, de gaines blanchâtres. Feuilles ovales-lancéolées, linéaires-lancéolées ou oblongues-lancéolées, aiguës ou obtuses, d'un vert glaucescent, les inf. plus ou moins étalées ou arquées, rapprochées, les caulinaires engainantes, plus petites. *Bractées* membraneuses, *égalant ou dépassant l'ovaire*, ovales-lancéolées ou oblongues-lancéolées, obtusiuscules, les inf. 3 (parfois 5)-nervées, les sup. 1-nervées, vertes ou lavées de pourpre. Fleurs 6-12, rarement plus, ordt assez grandes, disposées en épi court, lâche, de couleur variable, d'un violet foncé, d'un pourpre vif, d'un rose violacé ou carné, parfois complètement blanches, sauf les nervures vertes du casque (var. *immaculata* Posr.), exhalant un parfum léger. Divisions sup. du périanthe conniventes en casque subglobuleux et obtus, marquées de nervures vertes, souvent lavées de vert à la base, les ext. complètement libres, la médiane ext. linéaire-oblongue, les lat. ext. un peu plus grandes, ovales-oblongues, obtuses, les lat. int. plus courtes et plus petites, lancéolées-linéaires. *Labelle* plus large que long, ou entièrement violet ou blanchâtre à la base et vers le milieu, ordt, marqué vers les bords, de taches pourpres, violet pourpré ou rose, plus ou moins *trilobé*, plié longitudinalement en arrière, à lobes larges, arrondis, obtus, le moyen émarginé, ordt plus long que les lat., rarement les égalant ou plus court qu'eux, les lat. plus ou moins crénelés. *Eperon* cylindrique, épais, claviforme, *tronqué à l'extrémité*, horizontal ou ascendant, un peu comprimé, presque aussi long ou un peu plus long que le labelle, un peu plus court que l'ovaire. Gynostème court, obtusiuscule. Stigmate oblique, subquadrangulaire. *Anthère violacée*, à loges contiguës séparées par un petit bec. Masses polliniques verdâtres. Caudicules jaune pâle. Rétinacles réniformes ou arrondis (1). Ovaire allongé, rétréci, courbé et contourné au sommet, vert lavé de pourpre. Capsule allongée, triquètre, à côtes saillantes marquées.

1. D'après Darwin et H. Muller, l'*O. Morio* est fécondé par l'intermédiaire d'Hyménoptères : *Apis mellifica* L., *Bombus agrorum* F., *B. confusus* Sch., *B. hortorum* L., *B. lapidarius* L., *B. pratorum* L., *B. silvarum* L., *Eucera longicornis* L., *Osmia rufa* L.

Morphologie interne.

Tubercule. Grains d'amidon irrégulièrement arrondis et de 10-15 μ de diam., parfois gros, allongés et atteignant alors 20-35 μ de long. (pl. 112, f. 23). Grandes cellules à mucilage atteignant 250 μ de longueur (pl. 111, f. 12). A la périphérie du bulbe, une zone peu développée renferme des cellules à paquets de raphides relativement gros (80-90 μ env.). — *Fibres radicales.* Assise pilifère très subérisée extérieurement. Ecorce contenant d'assez nombreux paquets de raphides. Endoderme à plissements subérisés marqués. Vaisseaux de métaxylème ordinairement assez nombreux.

Tige. Stomates nombreux. 2-4 assises de parenchyme chlorophyllien. 7-12 assises lignifiées. Section des cellules ext. à peu près de même grandeur que celle des cellules int. Faisceaux libéroligneux entourés de tissu lignifié, sauf à l'intérieur du bois. Parenchyme central se résorbant plus ou moins tardivement. — *Base de la tige.* Parenchyme ext. dépourvu de chlorophylle, très développé, très amylifère, contenant de gros paquets de raphides. Pas d'anneau lignifié. Faisceaux libéroligneux rapprochés, les ext. en cercle, dépourvus de fibres lignifiées. Parenchyme int. très amylifère, contenant de gros paquets de raphides. La base des feuilles vertes entourant cette partie de la tige, est aussi dépourvue de chlorophylle et riche en raphides et en amidon.

Feuille. Ep. = 250-300 μ, parfois 450 μ près de la nervure médiane. Epiderme sup. à peine recticurviligne, haut de 60-90 μ, parfois 120-150 μ, à paroi ext. épaisse de 4-8 μ env. et non ou peu bombée, dépourvu de stomates dans les feuilles inf. et moyennes. Epiderme inf. recticurviligne, haut de 30-45 μ, à paroi ext. épaisse de 4-8 μ et bombée, muni de stomates nombreux. Cellules épidermiques du bord du limbe à paroi externe presque plane (pl. 115, f. 105). Parenchyme formé de 6-8 assises de cellules chlorophylliennes arrondies sur une section transversale et d'abondantes cellules à raphides. Bord du limbe très aminci, chlorophyllien. Nervure médiane à section concave-convexe ; faisceau parfois muni d'un peu de collenchyme sur les deux faces.

Fleur. — *Divisions externes et latérales internes du périanthe.* Bords munis de papilles courtes. Nervures contenant beaucoup de chlorophylle. — *Labelle.* (F. 97) Epiderme sup. prolongé en papilles courtes, obtuses, très nombreuses, quelques-unes entièrement cylindriques, d'autres plus longues atteignant 50-120 μ. Huile essentielle parfois dans l'épiderme sup. de la partie médiane blanchâtre du labelle (pl. 120, f. 326). Epiderme inf. portant de rares papilles courtes et obtuses. — *Eperon.* Epiderme int. muni de grosses papilles, très courtes, n'atteignant guère que 20-50 μ à l'extrémité de l'éperon, contenant des traces d'huile essentielle. Epiderme ext. à peine papilleux. Nectar s'accumulant entre les épidermes ; pas d'émission à l'intérieur de l'éperon. — *Anthère.* Connectif et épiderme des loges sans papilles caractérisées. Pas de cellules fibreuses, la deuxième assise ne prend pas d'épaississements. — *Pollen.* Jaune verdâtre. Exine finement granuleuse. L = 35-45 μ env. — *Ovaire* (f. 98). Nervure des valves placentifères peu développée, non saillante à l'extérieur, pourvue d'un faisceau libéroligneux à bois int. Placenta à divisions divergentes. Valves non placentifères extrèmement développées, très proéminentes à l'extérieur, contenant un faisceau libéroligneux. — *Graines.* Cellules du tégument à parois ondulées, très striées. Graines allongées, arrondies au sommet, 2-3 fois plus longues que larges. L = 450-500 μ env. (1)

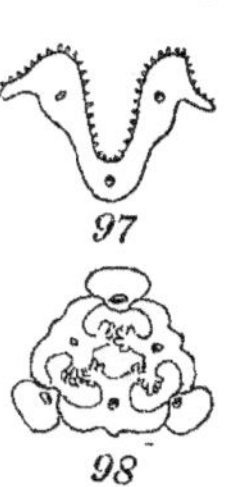

Orchis Morio. — Fig. 97 : section transv. schématique du labelle. — Fig. 98 : section de l'ovaire.

Nous considérons comme des formes extrêmes de l'espèce les var. *robustior* et *nana*.

Var. *robustior* Cheney. ap. M. Schulze in *O. B. Z.*, XLVIII, p. 50 (1898) ; var. *gigas* Podpera in *Zool. Bot. Wien*, LIV, p. 319 (1904).— Plante vigoureuse, atteignant 30 cm. de haut. Bractées inf. parfois 9-nervées, les sup. 5-nervées. Epi souvent 25-fl., à fleurs du double aussi grandes que dans le type.

Var. *nana* (*nanus*) Cheney. ap. M. Schulze in *O. B. Z.*, XLIX, p. 165 (1899). — Plante naine. Inflorescence pauciflore.

Var. β *crispa* (*crispus*) Ruppert in *Verh. Nat. Ver. pr. Rheinl. u. Westf.* (1924), p. 173, f. 1, et in Fedde, *Repert. sp. nov.* (1926), p. 325. — *Ic. n.*, p. 128, f. 22-23. — Labelle à bords fortement ondulés-crispés, à lobe médian grand. — Rég. de Sarrebruck (Freiberg).

Var. γ *brevicalcarata* (*brevicalcaratus*) Ruppert, *l. c.*, (1924) p. 173 et (1926), p. 325. — Eperon plus court que le labelle. — Bade (Ruppert).

1. Cf. Delaunay, *Nouv. rech. relatives à la présence de la loroglossine dans les Orchidées indig.* in *C. R.* (1923), 176, p. 598.

Var δ **bicornuta** (*bicornutus*) Ruppert, *l. c.*, (1924) p. 173, (1926), p. 325. — Eperon à extrémité un peu renflée et divisée. — Bade : Birnberg près Fechinger (Ruppert).

Var. ε **scutellata** (*scutellatus*) Zimmerm. in *Allg. Bot. Zeitschr.* (1914), p. 41. — Labelle dépourvu de houppes papilleuses violettes, mais à écusson ovale, entouré de blanc. — Allemagne: Schöpfheim (Zimmerm.).

La var. *subpictus* Sabransky in *Verh. Zool.-Bot. Ges. Wien.*, LVIII (1908), p. 71 est intermédiaire entre l'*O. Morio* et la sous-esp. *O. picta*. Fleurs de la couleur de celles du type, épi pauciflore (4-5), éperon mince, aussi long que le fruit. — Syrie : env. d'Aschbach près Söchau.

Cette espèce est extrêmement variable par la forme du labelle et surtout par la couleur des fleurs (Cf. A. Camus in *Riviera scientif.*, 1918, p. 5). Les *f. albicans, albiflorus, incarnatus* Lindinger in *Mitt. B. G.* (1902), p. 241, var. *carneus* Sabransky, *l. c.*, sont de simples variations individuelles à périanthe blanchâtre, blanc, rose ou rose chair. Il en est de même, croyons-nous, de la var. *mesomelana* Reichb. F., *Icon*, XIII, p. 182 (1851), signalée en Portugal, et regardée par certains auteurs comme issue d'un croisement avec l'*O. longicornu*.

D'après M. Godfery (cf. R. A. R. in *Orch. Rev.* (1918), p. 208) les fleurs roses d'*O. Morio* et surtout les fl. blanches, sont moins souvent visitées par les insectes et moins souvent fertiles que les fleurs pourpres.

La forme à bractées et fleurs verdâtres ou jaune-verdâtre var. (*flava flavus* Sabransky, *l. c.*) est rare (cf. Reichb. *Fl. Germ. excurs.*, II, p. 122 ; Fuss, *Fl. Transs. excurs.*, p. 620 et Sabransky, *l. c.*).

Monstruosités. — Beaucoup de monstruosités ont été constatées chez cette espèce. Brébisson, *l. c.*, a décrit une fleur à labelle divisé en 3 lobes munis chacun d'un éperon. M. Corbière in *Fl. Normand.*, p. 556, a signalé une var. ou f. *resupinata* dont les fleurs à ovaire non tordu avaient le labelle dirigé vers le haut (Manche, à Carolles). Cette anomalie a été retrouvée, près Fécamp.

Pélorie régulière. Mutel, § *Fl. fr.*, par Senay, III, p. 241 et *Fl. Dauph.*, p. 593, cite une forme *monstroso regularis* à fleurs dont le labelle, conforme aux autres divisions, n'a pas d'éperon et dont toutes les div. du périanthe sont conniventes. — Dauphiné : Balmes de Fontaine.

Pélorie irrégulière. Div. lat. int. du périanthe en forme de labelles dépourvus d'éperon (Godfery in *Journ. of Bot.*, LVI, p. 395 (1918) et *Orch. Rev.* (1918), p. 208) ou munis d'éperon (cf. Weber in *Zurich u· Umgeb. Heimat.*, 1883, p. 34 ; M. Schulze, *l. c.*; *Nachtr.*, 3, 3 ; A. Camus in *Riviera scientif.*, 1918, p. 5 ; Tabournin, *Native Orchids of Britain* in *Orch. Rev.* (1925), p. 230).

Div. lat. ext. du périanthe transformées en labelles (Penzig, *l. c.*).

Les anomalies florales suivantes ont été signalées : pélorie incomplète (cf. Zimmermann in *Allg. Bot. Zeitschr.*, 1910, 7/8, p. 74), absence de divisions lat. int. dans une fleur, absence du labelle avec soudure des 2 divisions lat. ext. en pseudo-labelle, dans une autre fleur, fleur à 2 anthères, cas de dimérie et de soudure de 2 fleurs (Zimmerm., in *Allg. Bot. Zeitschr.*, 1912, p. 41), une fleur à 3 étamines (cf. von Martius in *Flora*, VIII, p. 736 (1825), des dédoublements floraux (cf. Moquin-Tandon, *Elem. terat. végét.*, p. 211; Desportes, *Fl. Sarthe et Mayenne* (1838) qui a créé une var. *luxurians* pour des individus à fleurs doubles; Linton in *Journ. of Bot.*, XLVII, p. 228 (1909) et Morren, *Notice sur de vraies fleurs doubles chez les Orchidées* in *Bull. Ac. Roy. Belg.*, XIX, p. 63-72), des fleurs à divisions du périanthe très développées (cf. Schmidely in *Bull. Soc. bot. Genève*, III, p. 141 (1884)) des fleurs à éperon court et verruqueux (Pfeffer ap. Wirtgen, *Fl. Preuss. Rheinl.*, p. 441), une inflorescence rameuse et une monstruosité à éperon gros, claviforme.

Gillot, in *Bull. Soc. bot. Fr.* (1904) p. 218, signale un *O. Morio* récolté à Luçon (Vendée), présentant les anomalies suivantes : *a*) prolifération florale avec production de fleurs du deuxième et de troisième ordre en épi composé ; *b*) pélorisation des fleurs ; *c*) disjonction des étamines et du gynostème avec dédoublement et transformation en pétales de ces organes ; *d*) disparition totale de l'ovaire.

L'*Orch. Re·.* (1927), p. 69, signale une monstruosité curieuse de l'*O. Morio*, trouvée dans le Sussex, qui présente les 3 div. ext. du périanthe presque normales, l'éperon réduit, le stigmate absent du gynostème et remplacé par l'axe de la fl. qui porte 4 branches munies de petites feuilles pourpres, ponctuées, comme le labelle, et d'autres nervées, comme les div. ext.

V. v. — Mars, juin. — *Habitat* : prairies, pâturages, clairières des bois, coteaux arides et herbeux ; monte à 1.800 m. dans le Valais. — *Répart. géogr.* : presque toute l'Europe, Portugal, Espagne, France, Corse, Iles Britanniques, Belgique, Hollande, Danemark, Suède et Norvège méridion., Allemagne (R. dans le Schlewig-Holstein), Suisse, Italie (rég. montagneuse, plus répandu dans le Nord et le Centre que dans le Midi), Suisse, Autriche, Hongrie, Balkans, Grèce, Russie centr. et mérid., Crimée, Caucase, Chypre, Asie Mineure, Transcaucasie, Sibérie.

Sous-esp. **O. picta.**

O. picta (*vel* **pictus**) Loisel., *Fl. gall.*, éd. 2, II, p. 264 (1828) ; *Nouv. not.*, p. 39 ; Rob., *Cat.*, p. 79; Peyrem., *Cat.* p. 52 ; Castagne, *Cat. B.-d.-Rh.*, p. 156 ; Gautier, *Pyr.-Or.*, p. 398 ; Debeaux et Dauter, *Syn.*, *Gibr.* p. 199 ; G. Cam., *Monogr. Orch. Fr.*, p. 31 ; in *Journ. Bot.*, VI, p. 134 ; et in *Act. Cong. Bot.* (1900), p. 342 ; G. Cam. Berg. A. Cam., *Monogr. Orch. Eur.*, p. 105 ; Alb. et Jahand., *Cat. Var*, p. 487 ; Gelmi in *Boll. Soc. bot. ital.* (1889), p. 452 ; M. Schulze, *Die Orchid.*, nº 4 ; Schinz et Keller, *Fl. Schweiz*, p. 120 ; Aschers. et Graebn., *Syn.*, III, p. 667 ; Boiss., *Fl. orient.*, V, p. 60 ; Halacsy in *Oesterr. bot. Zeitschr.* (1897), p. 98 ; *Conspect. fl. gr.*, p. 167. — **O. longicornis** β **picta** Lindl., *Gen. and spec.*, p. 269 (1835). — **O. Morio** β **longicalcarata** Boiss., *Voy. Esp.*, II, p. 594 (1845). — **O. Morio** var. **picta** Reichb.F., *Icon.*, XIII-XIV, p. 17, t. 13, CCCLXV, I, f. 1-4 (1851) ; Guimar., *Orch. port.*, p. 52 ; W. Barbey, *Herb. au Levant*, p. 157 ; Richter, *Pl, Eur.*, I, p. 265 ; Briquet, *l. c.* — **O. Morio** Pieri, *Corc. fl.*, p. 125 ; Urv., *Enum.*, p. 120 ; Fraas, *Fl. class.*, p. 279 ; non L. — **O. Boryi** Spreitz in *Zool. bot. Ges.* (1877), p. 669 ; non Reichb.

Icon. : Reichb., *l. c.* (excl. *foliis maculatis*) ; Barla, *l. c.*, pl. 31, f. 1-7 ; M. Schulze, *l. c.*, t. 4 ; Guimar., *l. c.*, est. V, f. 37 c-h ; G. Cam. Berg. A. Cam., *l. c.*, pl. 17, f. 483-485 ; *Ic. n.*, pl. 23, f. 30-35.

Exsicc. : Schultz, nᵒˢ 348, 751 ; Kralik, *Pl. Corse*, nº 790 ; Bourgeau, *Pl. Alp.-Marit.*, nº 350 ; *Pl. Toulon*, nº 369 ; Orphan., *Fl. hell.*, nº 148 ; Willk., *It. hisp.*, nº 560 ; Daveau, *Herb. lusit.* (1879) ; *Fl. Austr.-Hung.*, nº 676 ; Sintenis et Rigo, *It. cypr.*, nº 154 (1880), p. p. ; Dörfler, *H. n.*, nº 4085 ; W. Siehe's, *Bot. Reise nach Cilicien* (1895) ; *Soc. ét. fl. fr. -helv.*, nº 1993.

Plante grêle. *Tubercules* ord. 2, brièvement stipités. Feuilles lancéolées, étroites, mucronulées. *Fleurs presque de moitié plus petites* que dans l'*O. Morio* (6-8 mm. de long. env.), rarement assez nombreuses, parfois odorantes, disposées en *épi allongé-pyramidal*, moins lâche et plus long que dans l'*O. Champagneuxi*. Labelle *plan, non plié*, plus large que long, à lobe médian très court, *muni de macules marquées* au centre et sur les lobes lat. ; lobe méd. émarginé ou presque nul. *Eperon cylindrique, ou un peu renflé, non bifide au sommet, tronqué ou atténué*, égalant presque l'ovaire, 1/2-1 fois *plus long que le labelle*.

Morph. int. — Diffère à peine de l'*O. Morio*.

Monstruosités. — 1º Pélorie régulière. F. *ecalcarata* (*ecalcaratus*) Murr in *A. B. Z.* (1905), p. 150. — Fl. sans éperon.

2º Pélorie irrégulière. F. *tricalcarata*. Div. lat. int. du périanthe transformées en labelles munis d'un éperon (cas observé par Leybold, à Bozen).

V. v. — Avril, mai. — *Habitat* : coteaux ensoleillés, clairières, bois et lieux herbeux, surtout de la rég. méditerranéenne. — *Répart. géogr.* : Europe méridionale, Portugal, Espagne, France (litt. des Alpes-Marit. aux Pyrénées-Orient., en Corse, plus rare ou moins observé que l'*O. Morio*), Allemagne (env. de Karlsruhe ap. Maus, Kleinsteinbach, Kienberg ap. Zimmerm. (1) ; la présence de cette plante en Allemagne paraît douteuse), Suisse (Tessin, Valais), Italie, Autriche, Istrie, Tyrol mérid., Hongrie, Herzégovine, Bosnie (cf. Beck in *Glasnik*, XV, p. 221), Balkans, Asie Mineure, Chypre, Maroc.

Sous-esp. ou var. **caucasica.**

O. Morio var. **caucasica** Koch in *Linn.*, XXII, p. 280 (1847) ; Reichb. F., *Icon.*, XIII-XIV, p. 18, t. DII, f IV ; M. Schulze in *O. B. Z.*, XLVIII, p. 50 (1898) ; G. Cam. Berg. A. Cam., *Monogr. Orch. Eur.*, p. 106. — **O. Morio** var. **caucasicus** Aschers. et Graebn., *Syn.*, III, p. 666 ; Zimmerm., *Die Form. d. Orchid. Deutschl.*, p. 16. — **O. Morio** subsp. **pictus** var. **caucasicus** Soó in Fedde, *Rep. sp. nov.* (1927), p. 28.

Plante plus grêle dans toutes ses parties que l'*O. Morio*, se rapprochant, comme port, de l'*O. picta*. Fl. plus petites, à éperon très grêle, long de 7 mm.

V. s. — Europe orientale, rég. du Caucase, Prusse orientale à Rositten (Suttkus, Abromeit ap. M. Schulze, *l. c.*).

Sous-esp. **O. Skorpili.**

O. Skorpili Velenovsky in *O. B.Z.*, XXXVI, p. 267 (1886), p.267 ; *Sitzb., Böhm. Ges. Wiss.* (1887) (*sp.*) ; Nyman, *Consp. Suppl.*, p. 291 (*sp.*) ; Velenovsky, *Fl. Bulg.*, p. 523 (1891) ; G. Cam. Berg. A. Cam., *Monogr. Orch. Eur.*, p. 106 (*subsp.*). — **O. Morio** subsp. **pictus** var. **Skorpilii** Soó in Fedde, *Rep. sp. nov.* (1927), p. 28.

Très proche de l'*O. picta*, mais feuilles inf. ord. un peu plus larges sous le sommet, labelle très insensiblement et plus rétréci à la base.

Roumélie orientale, Bulgarie.

1. La forme observée par Zimmerm. serait le F. *albiflora*.

Sous-esp. **O. tlemcenensis**.

O. tlemcenensis G. Cam. Berg. A. Cam., *Monogr. Orch. Eur.*, p. 102 (1908). — **O. longicornu** var. **tlemcenensis** Battandier in *Bull. Soc. bot. Fr.*, LI, p. 352 (1904) ; Trabut et Battandier, *Fl. Alg. et Tunis.* (1904), p. 321

Icon. : *Ic. n.*, pl. 124, f. 3.

Plante assez grêle, à fl. petites, comme dans l'*O. picta* et l'*O. Champagneuxii*. Bractées plus courtes que l'ovaire. Eperon plus petit, horizontal ou arqué-ascendant, renflé, claviforme, tronqué, subbilobé au sommet. Labelle ressemblant à celui de l'*O. picta*, à macules à peine marquées. — Très proche de l'*O. Champagneuxii*.

V. s. — Algérie : très répandu dans les forêts et broussailles de Tlemcen, El Afroun, Terni, Afir.

Sous-esp. **O. syriaca**.

O. syriaca Boiss. et Bl. ap. Boiss., *Fl. orient.*, V, p. 60 (1884) ; G. Cam. Berg. A. Cam., *Monogr. Orch. Eur.*, p. 106. — **O. Morio** var. **albiflora** Boiss., *l. c.*

Port de l'*O. picta*. Fl. blanches ou blanchâtres ; casque assez dressé ; labelle obscurément trilobé, à lobe méd. égalant les lat. ; éperon un peu renflé au sommet.

V. s. — Montagnes de Syrie.

Sous-esp. **O. Champagneuxii**

O. Champagneuxii Barnéoud in *Ann. Sc. nat.*, p. 280 (1843) ; Gr. et God., *Fl. Fr.*, III, p. 286 ; Grenier, *Rech. qq. Orchidées Toulon*, p. 12 ; G. Cam., *Monogr. Orch. Fr.*, p. 32 ; in *Journ. de Bot.*, VI, p. 134 ; G. Cam. Berg. A. Cam., *Monogr. Orch. Eur.*, p. 107 ; Alb. et Jahand., *Cat. Var*, p. 488 ; Willk., *Suppl. fl. hisp.*, p. 41 ; Lojacono, *Fl. Sic.*, III, p. 13 ; A. Cam. in *Riv. scientif.* (1926), p. 72 ; Sennen in *Bull. Soc. bot. Fr.* (1921), p. 407. — **O. Morio** var. **Champagneuxii** Guimar., *Orch. Port.*, p. 52 — **O. Morio** subsp. **pictus** var. **Champagn.** Aschers. et Graebn., *Syn.*, III, p. 668 — **O. Morio** var. **picta alba** Barla, *Iconogr.*, pl. 31 ; f. 20, 21, 22.

Icon. : Reichb. F., *Icon.*, XIII-XIV, t. 13, CCCLXV, II, III, f. 5-10, ; Guimar., *l. c.*, est. V, f. 38, a-i ; G. Cam. Berg. A. Cam., *l. c.*, pl. 17, f. 486 ; *Ic. n.*, pl. 24, f. 1-2, 7-8. ; pl. 125, f. 3.

Exsicc. : Magnier, *Fl. sel.*, n° 696 ; F. Schultz, *Herb. n.*, n° 556 ; Billot, n° 3244 ; *Soc. Rochel.*, n° 4163 ; Duffour, *Soc. franç.*, n° 3563.

Tubercules médiocres, ord. 3, *l'un subsessile, les autres à l'extrémité d'un pédoncule long et assez gros.* Tiges en touffes, hautes de 1,5-3 décim., souvent assez grêles. Feuilles étroitement lancéolées, aiguës, mucronées. Bractées membraneuses, aiguës, plus courtes que l'ovaire et l'enveloppant. Epi plus court que dans l'*O. picta*, tronqué au sommet. Divisions du périanthe pourprées ou violettes. pâles ; casque à peine ou non marqué de nerv. vertes. *Labelle plié dans le milieu*, les deux moitiés adossées l'une à l'autre, très blanc vers la pliure, ord. sans taches, rarement muni de petites macules, violet vers les lobes lat., à 3 lobes, le méd. souvent court, un peu émarginé ou bilobé, les lat. entiers ou un peu denticulés, se confondant souvent avec le lobe méd. Eperon presque aussi long que l'ovaire, 1-1 fois 1/2 plus long que le labelle, horizontal ou ascendant, élargi, tronqué ou émarginé au sommet.

L'*O. Champagneuxii*, qui n'est en rien hybride, diffère nettement de l'*O. picta*, par ses tubercules longuement et non brièvement pédonculés, les fl. en épi plus lâche, tronqué au sommet et non atténué, le casque à nerv. longitudinales moins visibles, le labelle plié brusquement au milieu et non plan, ord. sans macules, l'éperon un peu plus long, claviforme, souvent émarginé au sommet et non grêle, cylindrique ou tronqué et à peine renflé à l'extrémité. Cf. A. Camus in *Riv. scientif.* (1926), p. 72.

V. v. — Mars, avril. — *Habitat* : coteaux pierreux de la région méditerranéenne. — *Répart. géogr.* : Portugal (Serra de Montejuncto, Serra de S. Luiz, etc.), Espagne sept. [Catalogne : Gava, massif du Tibidabo Sennen)], centr. et orientale, France (T. R., Aude, Var aux env. de Toulon, à St-Mandrier (Philippe), coteaux schisteux des env. d'Hyères (Loret), la Seyne (Reynier), le Lavandou (Jahandiez), la Crau au Fenouillet, Gassin, entre Cavalaire et le Dattier (Albert), Port-Cros (Hérincq), le Luc à la Pardiguière (Bertrand), St.-Tropez (A. Camus) ; Alpes-Marit. : env. de Nice (Barla) ; Italie (Ligurie, Sicile ap. Lojacono). — A rechercher dans l'Afrique septentr. Deux échantillons provenant du Maroc, des env. de Casablanca, récoltés par Mellerio, paraissent être l'*O. Champagneuxii*, autant qu'on peut en juger sur des plantes sèches.

6. — O. LONGICORNU

O. longicornu (vel **longicornis**) Poiret, *Voy. en Barbar.*, II, p. 247 (1789) ; *Encycl.*, IV, p. 591 (1797) ; Desfont., *Fl. atl.*, II, p. 117, t. 246 ; Willd., *Spec.*, IV, p. 19 ; Lindl.,*Gen. and spec.*, p. 269, var. a. ; Pers., *Syn.*, II, p. 503 ; Reichb. F., *Icon.*, XIII, p. 18 ; Richter, *Pl. Eur.*, I, p. 266 ; G. Cam., *Monogr. Orch. Fr.*, p. 31 ; in *Journ. de Bot.*, VI, p. 134 ; G. Cam. Berg. A. Cam., *Monogr. Orch. Eur.*,p. 107 ; Coste, *Fl. Fr.*, III, p. 400, n° 3597, *cum icone* ; Rouy, *Fl. Fr.*, XIII, p. 131 ; Briquet, *Prodr. Fl. Corse*, p. 357 ; Alb. et Jahand., *Cat. Var*, p. 488 ; Ten., *Fl. neap.*, II, p. 286 ; Guss., *Fl. sic. syn.*, II, p. 534 (1842) ; Todaro, *Orch. sic.*, p. 40 ; Bertol., *Fl. ital.*, IX, p. 526, n° 7 ; Parlat., *Fl. ital.*, III, p. 466 ; Ces. Pass. Gib., *Comp.*, p. 188 ; W. Barbey, Asch. et Lev., *Fl. sard. Comp. et Suppl.*, n° 1310 ; Guimar., *Orch. port.*, p. 54 ; Aschers. et Graeb., *Syn.*, III, p. 669 ; Ross. in *Bull. Herb. Boiss.* (1899), p. 293 ; Vaccari, *Fl. arc. Maddal.* in *Malpighia*, VIII, p. 267 ; Arcangeli, *Comp.* éd. 2, p. 167 ; Macchiatti, *Orch. sard. in. N. g. bot. ital.* (1881), p. 312 ; *Monoc. Sard.*, p. 40 ; Fiori et Paoletti, *Iconogr. fl. ital.*, n° 819 ; *Fl. Ital.*, I, p. 241 ; App. IV, p. 54 ; Lojacono, *Fl. Sic.*, III, p. 14 ; Zerapha, *Fl. mel. thes.*, p. 5 ; Sibth. et Sm., *Fl. g. prodr.*, II, p. 212 (1842) ; Brongn. ap. Ch. et Bory, *Expéd. Morée*, p. 260 ; Ch. et Bory, *Fl. Pélopon.*, p. 61 ; Halacsy, *Conspect. fl. gr.*, III, p. 167 ; Deb. et Dauter, *Syn. Gibr.*, p. 200 ; Munby, *Cat.*, p. 34 ; Lacroix, *Cat. Kabylie* ; Bonnet et Barr., *Cat. Tunisie*, p. 402 ; Batt. et Trab., *Fl. Alg.* (1884), p. 190 ; (1895), p. 27 ; (1904), p. 321 ; Debeaux, *Fl. Kabylie Djurdj.*, p. 339 ; Faure in *Bull. Soc. hist. nat. Afr. du Nord* (1923), p. 299. — **O. Morio** var. **longicornu** Herman Knoche, *Flora balearica*, I, p. 400 (1921). — **O. Morio foemina** Cup., *Hort. cath. suppl. alt.*, p. 66.

Noms vulg. : Orchis à éperon allongé. — Allem. : Langspornige Ragwurz.

Icon. : Desfont , *l. c.* ; Cup., *Panph.*, II, t. 146 ; *Bot. Regens.*, 202 ; *Bot. Mag.*, t. 1944 ; Sweet, *Brit. Gard. fl.*, t. 249 ; Reichb. F., *l. c.*, t. 12, CCCLXIV, I, II, f. 1-11, t. 155, DVII, II ; Barla, *Iconogr.*, pl. 30, f. 6 ? W. Barbey, *Fl. Sardoa Compend.*, VII, f. 4 ; Moore, *Orch.*, t. V ; Guimar., *l. c.*, est. V, f. 39 ; G. Cam. Berg. A. Cam., *l. c.*, pl. 17, f. 473-473' ; *Ic. n.*, pl. 24, f. 3-6; Schl. in Kell. et Schl., *Ic.*, pl. 24, f. 93.

Exsicc. : *Reliq. Maill.*, n° 1739 ; Billot, n° 3681 ; Bové, *Herb. Maurit.* ; Balan., *Pl. Alg.*, n° 249 ; Tod., *Fl. sic.*, n° 160 ; *Soc. Dauph.*, n° 1857 ; Choulette, *Fragm. fl. Alg.*, n° 546 ; Jamin, *Pl. Alg.*, n° 94 ; *Un. it.* Schimper, n° 1833 ; Willk., Ball., n° 244 ; Sennen, *Pl. Esp.*, n° 1443.

Tubercules ovoïdes ou subglobuleux, l'un subsessile, l'autre brièvement pédicellé. Tige élancée, haute de 18-25 centim. Port se rapprochant de celui de l'*O. Morio*, mais un peu plus grêle. Feuilles inf. oblongues ou oblongues-lancéolées, subobtuses et mucronulées, assez rapprochées, les sup. longuement engaînantes et courtes. Bractées plus courtes que l'ovaire et l'enveloppant, oblongues-obtusiuscules. Fleurs peu nombreuses, disposées en épi court, lâche. Divisions du périanthe obtuses, conniventes en casque obtus, nervé de vert. Labelle trilobé, à lobe moyen plus court que les lat., rétus, blanc ou rose pâle, maculé de pourpre foncé ; lobes lat. rhomboïdaux-arrondis, d'un violet noirâtre. *Eperon environ 2-3 fois plus long que le labelle*, cylindrique, renflé au sommet, *subbilobé*, ascendant ou horizontal. Anthère rose. Masses polliniques jaunes.

Morphologie interne.

Tubercule. Grains d'amidon de forme irrégulière, souvent gros et isolés, de 25-36 μ de long. env. (pl. 112, f. 22). — *Fibres radicales.* Assise pilifère et parois latérales de l'endoderme nettement subérisées.

Tige. Stomates assez nombreux. 1-3 assises de parenchyme chlorophyllien entre l'épiderme et l'anneau lignifié. Faisceaux libéroligneux entourés vers l'extérieur du tissu lignifié. Parenchyme central plus ou moins résorbé.

Feuille. Ep. = 250-290 μ. Epiderme sup. à parois presque recticurvilignes, haut de 40-50 μ, dépourvu de stomates dans les feuilles inf. et moyennes, à paroi ext. striée assez délicatement, épaisse de 7-9 μ env. et peu bombée. Epiderme inf. haut de 30-45 μ, muni de nombreux stomates, à paroi ext. épaisse de 6-9 μ et légèrement bombée. Cellules épidermiques marginales du limbe à paroi ext. non sensiblement bombée. Parenchyme formé de 6-7 assises de cellules chlorophylliennes et de quelques cellules à raphides.

Fleur. — *Divisions externes du périanthe.* — Epidermes ext. et int. striés, légèrement papilleux vers les bords. — *Divisions latérales internes* munies de papilles courtes vers les bords. Nervures des divisions ext. et lat. int. du périanthe contenant de la chlorophylle en abondance. — *Labelle.* Epiderme sup. prolongé, dans les taches violettes, en papilles très nombreuses, développées, atténuées à l'extrémité, atteignant 100-120 μ de long. env. ; dans les parties lat. veloutées, papilles très courtes, cylindriques, non sensiblement atténuées à l'extrémité. Epiderme inf. muni de papilles assez développées. — *Eperon*. Epiderme int. pourvu de papilles striées, coniques, nombreuses, atteignant·30-100 μ env. (pl. 120, f. 328-329). Epiderme ext. strié, à papilles rares. Réserves sucrées s'accumulant entre les épidermes ; pas d'émission de nectar à l'intérieur de l'éperon. — *Anthère*. Pas de cellules fibreuses à bandes, deuxième assise persistante, non différenciée (pl. 122, f. 447). — *Pollen*. Exine non ou à peine granuleuse même à la périphérie des massules. — *Ovaire*. Nervure des valves placentifères non saillante à l'extérieur, renfermant un faisceau libéroligneux ext. à bois int. et souvent un faisceau placentaire libérien, très réduit. Placenta profondément divisé, à lobes divergents. Valves non placentifères très développées, très proéminentes extérieurement, à un faisceau libéroligneux. — *Graines*. Cellules du tégument à parois ondulées, à épaississements striés. Graines arrondies au sommet, 2 f. 1/2-3 f. 1/2 plus longues que larges env. L. = 450-600 μ env.

  F. albiflora Noris. — *F. floribus albis* Parlat., *l. c.* — Fleurs à périanthe blanc. — Rare, avec le type.
  F. labello impunctato Tin. ap. Guss., *Syn.*, p. 534. — Labelle non ponctué.
  F. foliis maculatis Parlat., *l. c.* — Feuilles maculées.

V. v. — Février, avril. — *Habitat* : broussailles, lieux incultes, lieux herbeux secs, clairières de la rég. méditerranéenne, souvent sur l'argile. — *Répart. géogr.* : Europe mérid. ; Portugal (Alemdouro littoral, Baixo, Alemtejo littoral, Algarve), Baléares (monte à 1.400 m. d'ap. F. Bianor), France (T. R., Var à Bandol (Auzende), Alpes-Marit. aux env. de Nice (Barla), Corse à Bonifacio (Requien, Stefani), à Ajaccio (Requien), Italie (rég. litt. et plus rarement submontagn., Ligurie, Spolito, Assise, rég. mérid., Abruzzes, Sicile, Sardaigne), Malte, Tunisie sept.-occid., Algérie (C.).

  Sous-sect. **C. MILITARES** Parlat., *l. c.*, p. 471 ; G. Cam. Berg. A. Cam., *l. c.*, p. 109. — Div. ext. du périanthe ord. soudées à la base et au milieu, libres au sommet, les lat. int. entières. Labelle trilobé ou trifide, à lobe méd. plus large et plus long que les lat., émarginé ou bilobé et muni souvent d'une dent à l'angle de bifidité. Bractées ord. courtes et membraneuses.

7. — O. USTULATA

  O. ustulata L., *Spec.*, éd. I, p. 941 (1753) ; Poiret, *Encycl.*, IV, p. 591 ; Willd., *Spec.*, IV, p. 20 ; Richard in *Mém. Mus.*, IV, p. 55 ; Lindl., *Gen. and spec.*, p. 274 ; Reichb. F., *Icon.*, XIII., p. 23 ; Kraenzl., *Gen. et spec.*, p. 125 ; Richter, *Pl. Eur.*, I, p. 226 ; Correv. *Alb. Orch. Eur.*, pl. LIX ; Babingt., *Man. Brit. Bot.* éd. 8, p. 343 ; Benth., *Brit. Fl.*, p. 463 ; Oudemans, *Fl. Nederl.*, III, p. 143 ; Lej., *Fl. Spa*, II, p. 188 ; *Revue fl. Spa*, p. 185 ; Lej. et Court., *Compend.*, p. 180 ; Dumort., *Prodr. fl. Belg.*, p. 188 ; Tinant, *Fl. Luxemb.*, p. 438 ; Michot, *Fl. Hain.*, p. 276 ; Bellynck, *Fl. Namur*, p. 261 ; Crépin, *Man. fl. Belg.*, éd. 1, p. 177 ; éd. 2, p. 292 ; Lohr, *Fl. Tr.*, p. 245 ; J. Mey., *Orch. G.-D. Luxemb.*, p. 8 ; Dumoul., *Fl. Maestr.*, p. 104 ; Thielens, *Orch. Belg. et Luxemb.*, p 66 ; de Vos, *Fl. Belg.*, p. 554 ; Villars, *Hist. Dauph.*, II, p. 31 ; DC., *Fl. fr.*, III, p. 247, n° 2012 ; Duby, *Bot.*, p. 445 ; Loisel., *Fl. gall.*, II, p. 265 ; Mutel, *Fl. fr.*, III, p. 235 ; *Fl. Dauph.*, éd. 2, p. 590 ; Boisduval, *Fl. fr.*, III, p. 43 ; Lapeyr., *Abr. Pyr.*, p. 547 ; Lec. et Lamt., *Cat. Pl. cent.*, p. 347 ; Gr. et Godr., *Fl. Fr.*, III, p. 286 ; Boreau, *Fl. Cent.*, éd. 3, p. 642 ; Coss. et Germ., *Fl. Paris*, éd. 2, p. 677 ; Castag., *Cat. B.-d.-Rh.*, p. 156 ; Godr., *Fl. Lorr.*, II, p. 284 ; Godet, *Fl. Jura*, p. 682 ; Gren., *Fl. ch. jurass.*, p. 746 ; Martr.-Donos, *Fl. Tarn*, p. 697 ; Ardoino, *Fl. Alp.-Mar.*, p. 352 ; Barla, *Iconogr.*, p. 48 ; Dulac, *Fl. H.-Pyr.*, p. 327 ; Franchet, *Fl. L.-et-Ch.*, p. 569 ; Gust. et Hérib., *Fl. Auv.*, p. 429 ; Lloyd et Foucaud, *Fl. Ouest*, p. 335 ; G. Cam., *Monogr. Orch. Fr.*, p. 32 ; in *Journ de Bot.*, VII, p. 135 ; G. Cam. Berg. A. Cam., *Monogr. Orch. Eur.*, p. 109 ; A. Cam. in *Riviera scientif.* (1918) p. 5 ; Martin, *Cat. Rom.*, p. 265 ; Car. et S.-Lag., *Fl. descript.*, éd. 8, p. 798 ; Gautier, *Pyr.-Orient.*, p. 397 ; Masclef, *Cat. P.-de-C.*, p. 153 ; Corbière, *N. fl. Norm.*, p. 555 ; Bubani, *Fl. pyr.*, p. 34 ; Meylan in *Arch. fl. jurass.*, n° 45-46, p. 50 ; Coste, *Fl. Fr.*, III, p. 397, n° 3587, *cum icone* ; Rouy, *Fl. Fr.*, XIII, p. 131 ; Alb. et Jahand., *Cat. Var*, p. 486 ; Guill., *Fl. Bord. et S.-O.*, p. 170 ; Kirschl., *Fl. Als.*, II, p. 129 ; Gmel., *Fl. bad.*, III, p. 536 ; Oborny, *Fl. Moehr. u. Oest. Schl.*, p. 245 ; Koch, *Syn.*, éd. 2, p. 790 ; éd. 3, p. 594 ; éd. Hallier et Wohlf., p. 2424 ; Foerster, *Fl. Aachen*, p. 345 ; Seubert, *Excurs. Fl. Bad.*, p. 121 ; Bach, *Rheinpreus. Fl.* p. 369 ; Garcke, *Fl. Deutschl.*, éd. 14, p. 376 ; M. Schulze, *Die Orchid.*, n° 6 ; (*O. ustulatus*) Aschers. et Graebn. *Syn.*, III, p. 673 ; W. Zimmerm., *Die Form. Orch.*, p. 17 ; *Neue Beobacht. Orch. Bad.*, p. 43 (*ustulata*) ; Kraenzl., *Orchid.*, p. 17 ; Gaudin, *Fl. helv.*, V, p. 432. n° 2058 (excl. var. *b*) ; Morthier, *Fl. Suisse*, p. 360 ; Rhiner, *Prodr. Waldst.* ; Caflisch, *Exc. Fl. S. D.*, p. 294 ; Fischer, *Fl. Bern.*, p. 76 ; Gremli, *Fl. anal. Suisse*, éd. Vetter, p. 479 ; Schinz et Keller, *Fl. Schweiz*, p. 120 ; All., *Fl. pedem.*, II, p 147 ; Balbis, *Fl. taur.*, p. 147 ; Nocca et Balbis, *Fl. tic.*, II, p. 148 ; Bertol., *Fl. gen.*, p. 119 ; *Amoenit. it*, p. 197 ; *Fl. ital.*,

IX, p. 531 ; *Mant. fl. Alp. ap.*, p. 61 ; Sanguin., *Prodr. fl. rom. add.*, p. 124 ; Pucc., *Fl. luc.*, p. 474 ; Comoll., *Fl. comens.*, VI, p. 345 ; Parlat., *Fl. ital.*, III, p. 471 ; Ces. Pass., Gib., *Comp.*, p. 188 ; W. Barbey, *Fl. Sard. Comp.*, n° 1312 ; Arcangeli, *Comp.*, éd. 2, p. 167 ; Cortesi in *Ann. botan.* Pirotta, I, p. 23 ; Fiori et Paol., *Fl. Ital.*, I, p. 241 ; n° 822 Cocconi, *Fl. Bologn.*, p. 482 ; Beck, *Fl. N. Oester.*, p. 201 ; Visiani, *Fl. Dalmat.*, I, p. 161 ; Ambr., *Fl. Tir. aust.*, I, p. 683 ; Hausmann, *Fl. Tirol.*, p. 832 ; Suffren, *Pl. Frioul*, I, p. 683 ; Hinterhuber et Pichlm., *Fl. Salz.*, p. 192 ; Schur, *Enum. Trans*, p. 639, n° 3400 ; Simk., *Enum. Trans.*, p. 498 ; Gilib., *Exerc. phyt.*, II, p. 476, *cum icone* ; Boiss., *Fl. orient.*, V, p. 61 ; Grecescu, *Consp. Roman.*, p. 543 ; Pantu, *Contrib. Fl. Bucegilor*, p. 5 ; Gmel., *Fl. sib.* I, p. 15, n° 12 ; Georgi, *Beschr. Russ. R.*, III, 5, p. 1268 ; Jundz., *Fl. lithuan.*, p. 264 ; Marsch. Bieb., *Fl. Taur.-Cauc.*, III, p. 601 ; Bess., *Enum.*, p. 35, n° 1157 ; Lucé, *Fl. osil.*, p. 294 ; Hofft, *Cat. Kursk.*, p. 54 ; Vienm., *Fl. petrop.*, p. 84 ; Wirzen, *Casan*, n° 519 ; Leder., *Fl. ross.*, IV, p. 63. - **O. amoena** Crantz, *St. austr.*, p. 490 (1769) ; *Fl. boem.* n° 58, p. 227. — **O. Columnæ** Schmidt in *May. Phys. Aufs.*, p. 227 (1791). — **O. parviflora** Willd., *Spec.*, IV, p. 27 (1805). — **O. imbricata** Vest., *Syll. Rat.*, I, p. 80 (1824). — **Himantoglossum parviflorum** Spreng., *Syst.*, III, p. 694 (1826). — **Orchis hyemalis** Rafin. ap. Lindley, *Gen. and spec.*, p. 274 (1835). — *Orchis minor, flore guttato, sanguineo* Camer., *Epit.*, p. 622. — *Orchis bulbis subrotundis, labello quadrifido, calcare brevissimo* Haller, *Enum.*, p. 263, n° 5 ; *Hist.*, n° 1273. — *O. militaris pratensis humilior* Tournef., *Inst.*, p. 432 ; Mapp., p. 215 ; Vaillant, *Bot. paris.*, p. 149. — *O. pannonica* IV Clus. *Rarior Pannon.*, p. 236, 238 ; *Hist.*, p. 268, f. 1. -- *Cynosorchis militaris pratensis humilior* Bauh., *Pinax*, p. 81.

Noms vulg. : Orchis brûlé. -- Angl. : Dwarf Orchis, Dwarf dark-winged Orchis. -- Allem. : Schwarz-köpflige Orchis, Angebranntes Knabenkraut, Kleinblütiges Knabenkraut. - Holl. : Aangebrande Orchis. — Suisse : Wild Chamblümli (St-Gall), Schafbrändli, Schwarze Tubekpöfli (*Oberl. bernois*).

Icon. : Hall., *Ic. pl. Helv.*, t. 27 ; Vaill., *l. c.*, t. 31, f. 35, 36 ; *Engl. Bot.*, t. 18 ; Curtis, *Fl. lond.*, éd. Gr., V, t. 94 ; Fitch et Smith, *Illustr. Brit. Fl.*, n° 994 ; Moris., *Oxon.*, t. 12, f. 4, n° 20 ; Clusius, *l. c.* ; Seg., *l. c.*, t. 15, f. 4 ; Sturm, *Deutschl.*, XII, t. 15 ; Schl. Lang. *D.*, f. 329 ; Schrank, *Fl. Monac.*, t. 204 ; Reichb. F., *Icon.*, XIII-XIV, t. 16, CCCLXVIII, f. I, II, 1-16 ; Mutel, *Atl.*, t. XLXIV, f. 480 ; Barla, *l. c.*, pl. 33, f. 1-15 ; G. Cam., *Icon. Orch. Paris*, pl. 5 ; M. Schulze, *l. c.*, t. 6 ; Fiori et Paol., *l. c.*, I, f. 822 ; Bonnier, *Alb. N. Fl.*, p. 147 ; G. Cam. Berg. A. Cam., *l. c.*, pl. 18, f. 536-541 ; *Ic. n.*, pl. 26, f. 13-29.

Exsicc. : Schultz, n° 528 ; Billot, n° 855 ; Bourgeau, *Fl. Pyr. esp.*, n° 442 ; *Soc. Rochel.*, n° 1794 ; Baenitz, *Herb. Eur.* ; *Kickxia Belg.*, II, n° 171 ; A. et V. Brotherus, *Pl. cauc.*, n° 863 ; Fries, 15, n° 65 ; *Soc. Dauph.*, n° 4291 ; *Fl. austr. hung.*, n° 671.

Tubercules ovoïdes ou subglobuleux, sessiles ou subsessiles. Fibres radicales assez épaisses. Tige de 1-5 décim., élancée, cylindrique, d'un vert clair, entourée, à la base, de gaines blanchâtres. Feuilles oblongues-lancéolées ou linéaires-lancéolées ou oblongues-linéaires, aiguës ou obtusiuscules, canaliculées, d'un vert foncé, glaucescentes, non maculées, les inf. rapprochées, plus grandes, les sup. entourant longuement la tige. Bractées ovales-lancéolées, rarement linéaires-lancéolées, aiguës, membraneuses, 1-nervées, rarement 3-nervées, colorées en rose ou en teintes pourprées, à nervures rougeâtres ou verdâtres, les inf. égalant ou dépassant peu la moitié de la longueur de l'ovaire. *Fleurs petites*, assez nombreuses, exhalant ord. un parfum de Narcisse, disposées en épi dense, ovoïde-conique avant l'anthèse, puis subcylindrique, allongé, assez lâche vers la base. *Perianthe à divisions conniventes en casque subglobuleux et court, libres jusqu'à la base, d'un pourpre violacé foncé en dehors*, violacé et verdâtre en dedans, les ext. ovales-obtuses, les lat. ext. souvent un peu plus grandes que la médiane, parfois moins foncées, parfois blanchâtres et pointillées de violet vers le bord externe ; les lat. int. un peu plus courtes et plus étroites que les ext., spatulées, linéaires, obtuses, subémarginées, carénées, rougeâtres ou violacées. *Labelle* dirigé en bas et en avant, légèrement concave, blanc, muni de ponctuations purpurines peu nombreuses (4-6), 3-lobé ou 3-partit, un peu plus long que les divisions ext. ; lobes latéraux linéaires-oblongs, obtus, tronqués au sommet et denticulés, quelquefois plus larges que le lobe médian ; *lobe médian* plus long que les lat., *plus ou moins profondément divisé* en 2 lobes secondaires presque parallèles, obtus, subcrénelés et souvent munis d'une dent à l'angle de bifidité. Eperon court, égalant le 1/3 ou le 1/4 de la longueur de l'ovaire, bien plus court que le labelle, dirigé en bas et en avant, arqué à la base, un peu renflé et tronqué au sommet, violacé. Gynostème court, obtus, blanchâtre. Stigmate oblique. Anthère jaune pâle, à loges contiguës, séparées par un petit bec. Masses polliniques jaunes. Caudicules et rétinacles blanchâtres (1). Ovaire sessile, allongé-linéaire, très contourné, verdâtre. Capsule ovale-allongée, petite, à 3 côtes peu marquées.

1. Les fleurs, très petites, odorantes, sont fécondées par des Papillons diurnes, à courte trompe. L'épi floral est assez visible, les boutons pourpre noir formant, au sommet de l'épi, une masse foncée.
Le labelle sert de petite plate-forme pour les insectes, la courbure de sa base dirige leur trompe. Les masses polliniques adhèrent à elle et le fléchissement en avant des caudicules est rapide (Cf. Kirchner, *Fl. v. Stuttgard*, p. 16, 1888).

Morphologie interne.

Tubercule. Grains d'amidon les plus petits arrondis, de 12-18 μ de diam., les autres un peu allongés et brusquement arrondis aux extrémités, atteignant rarement 30 μ de long. — *Fibres radicales*. Assise pilifère subérisée. Endoderme à plissements peu marqués. Quelques vaisseaux de métaxylème.

Tige Stomates assez nombreux. Epiderme formé de cellules allongées. 2-4 assises chlorophylliennes, à méats, séparant l'épiderme de l'anneau lignifié. Anneau lignifié comprenant 6-11 assises de cellules renfermant parfois un peu de chlorophylle. Faisceaux libéroligneux touchant à l'anneau lignifié. Parenchyme central plus ou moins résorbé vers l'axe de la tige.

Feuille. Ep. = 300-550 μ. Epiderme sup. recticurviligne, strié, haut de 100-150 μ, à paroi ext. épaisse de 10-12 μ et plane, peu bombée, au milieu du limbe, bombée vers les bords, dépourvu de stomates souvent même dans les feuilles sup., portant quelques rares poils hyalins, unicellulaires et parfois un peu de cire. Epiderme inf. recticurviligne, haut de 30-50 μ, à paroi ext. bombée et épaisse de 5-7 μ, muni de stomates très nombreux. Cellules épidermiques formant le bord du limbe à paroi ext. prolongée en petites pointes droites (pl. 115, f. 108-109). Parenchyme formé de 7-9 assises de cellules très serrées et riches en chlorophylle, contenant d'assez abondantes cellules à raphides. Nervure médiane peu développée, à faisceau entouré de tissu chlorophyllien comme celui des autres nervures.

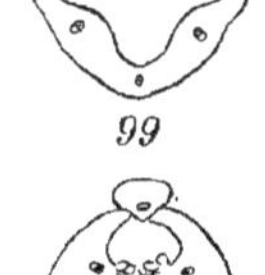

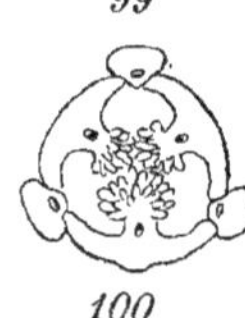

Orchis ustulata. — Fig. 99 : section transv. schématique de la base du labelle; pas de papilles caractérisées. — Fig. 100 : section transv. schématique de l'ovaire.

Fleur. — *Divisions externes du périanthe*. Epiderme ext. strié, dépourvu de papilles. Epiderme int. muni de petites papilles vers les bords. Nervures contenant de la chlorophylle. — *Divisions latérales internes*. Bords légèrement papilleux. Nervures renfermant de la chlorophylle. — *Labelle*. Base du labelle dépourvue de papilles (f. 99). Vers le milieu du labelle, épiderme int. à papilles courtes, nombreuses, quelques-unes cylindriques et obtuses, la plupart coniques, les plus longues atteignant 40-60 μ (pl. 120, f. 330-332). Epiderme ext. sans papilles ni stomates. Epidermes et parenchyme du labelle riches en huile essentielle. — *Eperon*. Epiderme int. papilleux seulement à la gorge. Epiderme ext. à peu près dépourvu de papilles. Pas d'émission de nectar à l'intérieur de l'éperon. — *Anthère*. Epiderme des parois et du gynostème dépourvu de papilles. Cellules mécaniques à bandes assez peu nombreuses. — *Pollen*. Jaune or. Exine sans ornements marqués. L = 25-32 μ env. — *Ovaire* (f. 100). Epiderme à cuticule striée. Nervure médiane des valves placentifères non ou peu saillante extérieurement, contenant un faisceau libéroligneux à bois interne. Placenta non ou à peine divisé. Valves non placentifères peu développées, légèrement proéminentes à l'extérieur, renfermant un faisceau libéroligneux. — *Graines*. Suspenseur assez court. Graines mûres légèrement atténuées à l'extrémité, 2 f. 1/2-3 f. 1/2 plus longues que larges. L. = 500-550 μ env. Cellules du tégument fortement rayées (1).

S.-var. *b* **albiflora** G. Cam. Berg. A. Cam., *l. c.*, p. 111 ; var. *albiflora* Thielens, *l. c.* ; Beck, *l. c.* ; M. Schulze, *l. c.* et *auct. mult.* — France, Belgique, Allemagne, Autriche, et probablement ailleurs, assez rare. Fleurs à périanthe blanc, bractées blanches.

S.-var. *c* **virescens** G. Cam. Berg. A. Cam., *l. c.* ; var. *virescens* Casp. *Schr. P. O. G. Königs.*, XXV, p. 72 (1884) ; Aschers. et Graebn., *Fl. Nord.Fl.*, p. 208 ; *Syn.*, III, p. 673. — Fleurs verdâtres. — Allemagne : Prusse occidentale : Kreis Kulm, Schlucht (Preuss).

Var. β **grandiflora** Gaud., *Fl. helv.*, V, p. 433 (1829) ; Mutel, *Fl. fr.*, III, p. 235 ; *Fl. Dauph.*, éd. 3, p. 590. — Plante plus robuste dans toutes ses parties. Fleurs disposées en épi un peu moins dense, mais long Ces fleurs sont presque une fois plus grandes que dans le type et n'en diffèrent que par la taille. — Marais tourbeux ; fleurit après le type. — Montagnes de la France et de la Suisse.

Var. γ **daphneolens** Beauverd in *Comp. rend. Soc. bot. Genève*, décembre 1905, p. 237 ; in *Bull. Herb. Boissier*, sér. 2, VI, p. 87, 88 (1906).—*Ic. n.*, pl. 128, f. 29. — Labelle dépourvu de taches, divisions sup. du périanthe verdâtres et non lavées de pourpre comme dans le type. Odeur très agréable et très forte de *Daphne*. — Suisse au bord de la Forêtelle près Chambéry.

Var. v. f. δ **integriloba** Sonnel ap. Zimmerm., *l. c.* — Division moyenne du labelle arrondie, divisions latérales courtes. — Une forme très proche est le *lusus* figuré (pl. 7, f. 5) par M. Schulze.

(1) Le loroglossoside a été extrait de l'*O. ustulata* (Cf. Delauney in *C. R.* (1925), 180, p. 224 et *Journal Pharm. Ch.*, s. 8, III, p. 3, p. 101 (1926).

La var. **angustiloba** A. Trotter, in *Malpighia*, XXII (1908), p. 69 et fig., paraît être un *lusus* ou un hybride. Port, éperon et bractées de l'*O. ustulata*, forme du labelle rappelant l'*O. Simia*. Labelle allongé, profondément tripartit, à lobe médian bifide, à lobules divariqués, plus courts que les lobes latéraux, émarginés et tronqués au sommet. — Italie : Monte Faggeto près d'Avellino.

F. **biflorens** Zimmerm. in *Allg. Bot. Zeitschr.* (1910) 7/8. — Individus fleurissant deux fois dans l'année, La première floraison d'avril à juin, la seconde de juillet à août. — Allemagne : Bade, Kaiserstühl (Zimmerm.) Schönberg et Kienberg (Neumann et Zimmerm.).

Les f. **emarginata, elongata, leopoliensis** Zapalow in *Conspectus Fl. Gal. crit.*, p. 201 (1906) sont presque des variations individuelles.

Monstruosités. — M. Bellynck in *Bull. Soc. bot. Belgique*, VI, p. 192, décrit un individu présentant 19 fleurs transformées en fleurs composées. « La transformation était déguisée par un raccourcissement des axes secondaires et chaque fleur simulait une fleur double ».

Zimmerm. a décrit (in *Bericht. ub. d. Versamml. d. Bot. u. d. Zool. Ver., f. Rheinland-Westf.*, 1911) un cas de soudure de trois fleurs en une seule. Cf. aussi Zimmerm. in *A. B. Z.* (1910) 7/8, p. 16. Fleischmann ap. M. Schulze (in *Thür. B. V. N. F.*, XVII, p. 41 (1902) a observé des fleurs dont les divisions ext. du périanthe étaient anormalement développées. Martens et Kemmler (*Fl. Würt. und Hohenzol.*, p. 117 (1882) ont signalé le cas d'une tige portant trois inflorescences.

V. v. — Mars, avril, dans les rég. mérid. ; mai, juin, dans l'Europe centrale; juin-août, dans les montagnes et les régions marécageuses. — *Habitat* : bosquets, clairières, lisière des bois, pâturages, prairies tourbeuses (var.*grandiflora*); des bords de la mer jusqu'à 2.000 m.d'alt.dans le Tyrol (Dalla Torre et Sarnth.).— *Répart. géogr.* : presque toute l'Europe, Espagne septentr. (rare), France (disséminé dans presque toutes les régions), Belgique (assez rare, Liége, Limbourg, Namur, etc.), Hollande (Limbourg), Iles Britanniques, Danemark, Suède, Allemagne (disséminé dans le Centre et le Midi, rare dans le Nord), Suisse (abondant), Italie (rég. submontagneuse et subalpine — Alpes, Apennins jusqu'en Calabre — plus rarement littorale, abondant dans la rég. septentr.) ; Istrie, Bohème, Tyrol, Carinthie, Haute-Autriche, Bosnie, Herzégovine ; nord de la péninsule des Balkans, Russie centrale et mérid. ; rég. du Caucase et de l'Oural.

8. — O. TRIDENTATA

O. tridentata Scop., *Fl. carn.*, éd. 2, II, p. 190 (1772) ; Reichb. F., *Icon.*, XIII, p. 23 (excl. var. *lactea*) ; Kraenz., *Gen. et. spec*, p. 126 ; Richt., *Pl. Eur.*, I, p. 266 ; Correvon, *Alb. Orch. eur.*, pl. LIII ; Gr. et Godr., *Fl. Fr.*, III, p. 288 ; Ardoino, *Fl. Alp.-Mar.*, p. 352 ; Barla, *Iconogr.*, p. 49 ; G. Cam., *Monogr. Orch. Fr.*, p. 34 ; in *Journ. bot.*, VI, p. 137 ; Gautier, *Pyr.-Orient.*, p. 397 ; Coste, *Fl. Fr.*, III, p. 398, n° 3591, *cum icone* ; G. Cam. Berg. A. Cam., *Monogr. Orch. Eur.*, p. 113 ; Alb. et Jahand., *Cat. Var*, p. 486 ; Oborny, *Fl. Moehr. Oest. Schles.*, p. 244 ; Koch, *Syn.*, éd. Hallier et Wohlf., p. 2424 ; Garcke, *Fl. Deuts.*, éd. 14, p. 376 ; Sturm, *Fl. v. Deutschl.*, IV, p. 44 ; Beck, *Fl. Nied.-Oest.*, p. 201 ; M. Schulze, *Die Orchid.*, n° 7 ; Gremli, *Fl. Suisse*, éd. Vetter, p. 480 ; Schinz et Keller, *Fl. Schweiz*, p. 120 ; Caruel, *Fl. Mont.*, p. 32 ; W. Barbey, *Fl. Sard. comp. Suppl.* Aschers. et Lev., p. 32 ; Ces. Pass., Gib., *Comp.*, p. 188 ; Arcang., *Comp.*, éd. 2, p. 168 ; Martelli, *Monoc. Sard.*, p. 47 ; et in *N. g. bot. it.* (1881), p. 313 ; Cortesi in *Ann. bot.* Pirotta, I, p. 31, p. p. ; Fiori et Paol., *Iconogr.*, n° 822 ; *Fl. It.*, I, p. 242 ; Bach, *Rheinpreuss. Fl.*, p. 370 ; Simk., *Enum. Transs.*, p. 498 ; Pantu, *Contrib. Fl. Bucurest*, p. 84 ; Rodrig., *Cat. Menor.*, p. 87, n° 601 ; Marès et Vigin., *Cat. Baléares*, p. 281 ; Guimar., *Orch. port.*, p. 56, p. p. ; Boissier, *Fl. orient.*, V, p. 62 ; W. Barbey, *Herb. au Levant*, p. 157 ; Krause in Fedde, *Repert. sp. nov.* (1926), p. 297 ; Herman Knoche, *Fl. balearica*, I, p. 400 (1921) ; Aschers et Graebn., *Nord. Fl.*, p. 208 ; *Syn.*, III, p. 674, p. p. — **O. variegata** All., *Fl. pedem.*, II, p. 147 (1785) ; Willd., *Spec.*, IV, p. 21 ; Poiret, *Encycl.*, IV, p. 592 ; Lindl., *Gen. and spec.*, p. 270 ; Lej., *Fl. Spa*, II, p. 189 ; *Revue fl. Spa*, p. 186 ; Lej. et Court., *Compend.*, III, p. 181 ; Dumort., *Prodr. fl. Belg.*, p. 132 ; Tinant, *Fl. Luxemb.*, p. 39 ; Löhr, *Fl. Tr.*, p. 245 ; J. Mey., *Orch. G.-D. Luxemb.*, p. 89 ; Thielens, *Orch. Belg. et Luxemb.*, p. 72,déclare avec raison que cette plante n'existe ni en Belg. ni dans le Luxemb. ; DC., *Fl. fr.*, III, p. 248, n° 2014 ; Duby, *Bot.*, p. 445 ; Loisel., *Fl. gall.*, II, p. 265 ; Mutel, *Fl. fr.*, III, p. 235 ; *Fl. Dauph.*, éd. 2, p. 591 ; Cariot et S.-Lag., *Fl. descr.*, éd. 8, p. 801 ; Bouvier, *Fl. Alpes*, éd. 2, p. 639 ; Reichb., *Fl. excurs.*, I, p. 124 ; Hoffm., *Germ.*, éd. 1, p. 313 ; Koch, *Syn.*, éd. 2, p 789 : éd. 3, p. 594 ; Spenner, *Fl. Friburg.*, p. 233 ; Gaud., *Fl. helv.*, V, p. 437, n° 2061 ; Bertol., *Fl. gen.*, p. 119 ; *Amoen. ital.*, p. 197 ; *Lucub.*, p. 13 ; *Fl. ital.*, IX, p. 534 ; Biv., *Sic. cent.*, II, p. 44 ; Nocc.

et Balb., *Fl. ticin.*, II, p. 149 ; Ser. et Mauri, *Fl. rom. prodr.*, p. 206 ; Sang., *Fl. rom. prodr. alt.*, p. 726 ; Tenore, *Syll.*, p. 454 ; *Fl. nap.*, II, p. 294 ; Moris, *Stirp. Sard.*, III, p. 11 ; de Not., *Repert. Fl. lig.*, p. 344 ; Puccin., *Syn. fl. luc.*, p. 474 ; Comoll., *Fl. comens.*, VI, p. 344 ; Ambros., *Fl. Tir. austr.*, I., p. 682 ; Gries, *Spic. fl. rum. et b.* I, p. 357 ; Brandza, *Prodr. fl. rom.*, p. 452 ; *Fl. Dobrogei*, p. 401 ; Marsch. Bieb., *Fl. Taur.-Cauc.*, II, p. 366 ; Ledeb., *Fl. ross.*, IV, p. 61 ; Hohenacker, *Enum. Talüsch*, p. 27. — **O. Simia** Vill., *Hist. pl. Dauph.*, II, p. 33 (1787) ; non Lamk. — **O. cercopitheca** Lamk, *Encycl.*, IV, p. 593 (1789) ; Boreau, *Fl. centre*, éd. 2, p. 526. — **O. Parlatoris** Tin., *Pl. rar. sic.*, II, p. 29 (1817) ? — **O. taurica** Lindl., *Gen. and spec.*, p. 278 (1835) ?— **O. Gussonei** Todaro, *Pl. rar. sic.*, p. 8 (1835). — **O. Scopolii** Timb.-Lagr., *Diagn.* (1850). — **O. tridentata** var. **variegata** Reichb. F., *Icon.*, XIII-XIV, p. 23 (1851); Briquet, *Prodr. fl. corse*, p. 359 ; Aschers. et Graebn., *Syn.*, III, p. 675. — **O. Mauri** Jord. ap. Cortesi in *Ann. Bot. Rom.*, p. 173. — **O. ætnensis** Tin. in Guss., *Syn. fl. sic.*, II, p. 876, in *Add. et emend.* — **O. conica** Guss., *Syn.*, II, *Add.*, p. 876 ; non Willd. — **O. brevilabris** Fisch. et Mey. in *Ann. Sc. nat.*, IV, I, p. 30, ap. Boiss., *Fl. orient.*, V, p. 62. — *Orchis seu Cynosorchis galeata purpurea, leucosticta, sponsam ornatam effigiens* Cup., *H. cath., suppl. alt.*, p. 68. — *Orchis militaris pratensis elatior, floribus variegatis* Seg., *Pl. ver.*, II, p. 123. — *Orchis radicibus subrotundis, spica brevissima, labello breviter quadrifido circumserrato punctato* Haller, *Helv.*, n° 1275. — *Orchis militaris minor* Rupp., *Iena*, p. 295, t. 6.

Noms vulg. : Orchis tridenté, Orchis panaché. — Allem. : Dreizähniges Knabenkraut.

Icon. : Haller, *l. c.*, t. 30 ; Jacq., *l. c.*, t. 599 ; Rar., t. 559 ; Seg., *Pl. ver.*, II, p. 123, n° 3, t. 15, f. 3 ; Rupp., *l. c.* ; Dietr., *Fl. borus.*, VII, t. 434 ; Reichb. F., *Icon.*, t. 23, CCCLXXI ; Barla, *l. c.*, f. 1-18 ; Hallier, *Fl. Deutschl.*, p. 115, t. 330 ; M. Schulze, *l. c.*, t. 7 ; Guimar., *l. c.*, est. V, f. 41 ; G. Cam. Berg. A. Cam., *l. c.*, pl. 18, f. 532-535 ; *Ic. n.*, pl. 25, f. 1-22. — Mutel, *Atlas*, donne une fig. 481 dont les lobules secondaires du labelle sont arrondis et non denticulés. Nous n'avons jamais vu cette forme.

Exsicc. : Norman ; Schultz, *H. n.*, n° 1150 ; Billot, n° 2935 et n° 2935 bis ; Reichb., n° 723 ; *Fl. Austr.-Hung.*, n° 673 ; Baenitz., *Herb. Eur.*, (1891) ; *Soc. Rochel.*, n° 2488 ; Choulette, *Fragm. fl. Alg.*, n° 190 ; Huter, Porta et Rigo, *Fl. ital.*, n° 285 ; Manissadjan, *Pl. orient.*, n° 1087 ; Krause, n° 1087.

Tubercules ovoïdes ou subglobuleux. Tige de 1.5-4 décim. env., d'un vert clair, cylindrique, flexueuse, souvent anguleuse au sommet, entourée à la base de gaines blanchâtres. Feuilles oblongues-lancéolées ou lancéolées, d'un vert glauque, nervées, les inf. obtuses, les sup. aiguës, les caulinaires supér. étroitement enveloppantes, ordt assez éloignées de l'inflorescence. *Bractées* membraneuses, lancéolées-aiguës, parfois longuement acuminées, uninervées, ou les inf. trinervées, ordt d'un vert jaunâtre à la base, rougeâtres au sommet, *égalant la longueur du fruit ou les 2/3 de cette longueur.* Fleurs odorantes, rosées,violacées, lilacées ou blanchâtres, disposées en épi court, subglobuleux, puis un peu allongé. Divisions du périanthe conniventes *en casque allongé, aigu,* les ext. ovales-lancéolées, atténuées-aiguës, soudées entre elles à la base, libres et divergentes au sommet, d'un violet plus ou moins clair, souvent verdâtres à la base, marquées de nervures purpurines, la médiane un peu plus longue que les lat. ext. ; les lat. int. linéaires ou linéaires-lancéolées, aiguës ou acuminées, égalant la 1/2 ou les 3/4 des lat. ext. et à peine plus courtes que la médiane ext., uninervées, libres ou soudées avec les ext. dans leur partie infér., de même couleur qu'elles. *Labelle* aussi long ou presque aussi long que le casque, trilobé, dirigé en avant, presque plan, blanchâtre ou violet clair avec des ponctuations purpurines formant çà et là des lignes ; lobes lat. oblongs ou linéaires, subspatulés, tronqués obliquement et denticulés au sommet, rarement à bords entiers ; *lobe médian* plus grand que les lat., obové-cunéiforme, *émarginé ou bilobé,* à lobes secondaires un peu arrondis, denticulés au sommet, munis à l'angle de bifidité d'une dent presque linéaire et un peu réfléchie. *Eperon* dirigé en bas, cylindrique ou brièvement conique, obtus, blanc ou violacé, *égalant au plus l'ovaire.* Gynostème court, obtus. Stigmate subcordiforme. Anthère d'un pourpre violacé, à loges parallèles, séparées par un petit bec. Masses polliniques verdâtres [1]. Caudicules et rétinacles jaunâtres. Ovaire sessile, linéaire-oblong, contourné, d'un vert pâle. Capsule ovale-oblongue.

Morphologie interne.

Tubercule. — Grains d'amidon de forme peu régulière, assez arrondis, atteignant ordt 8-12 μ de diam., rarement 14-28 μ. — *Fibres radicales.* Vaisseaux de métaxylème assez abondants et limitant, avec les vaisseaux de bois primaire, un parenchyme abondant, formé de cellules à parois minces.

Tige (f. 101). Stomates assez nombreux. (pl. 114, f. 85). 1-3 assises du parenchyme contenant un peu de

---

1. H. Muller a observé, près d'Iéna, le *Bombus hortorum* L. transportant des pollinies de cette espèce.

chlorophylle. Anneau lignifié formé de 4-11 assises de cellules à parois très minces. Faisceaux libéroligneux entourés de tissu lignifié dans les tiges un peu âgées, seulement munis de tissu lignifié à l'extérieur dans les tiges plus jeunes. Parenchyme non lignifié abondant entre les vaisseaux. Partie centrale de la tige occupée par une grande lacune.

Feuille. — Ep. = 350-500 μ. Epiderme sup. recticurviligne, haut de 80-140 μ env., à paroi ext. épaisse de 6-10 μ et légèrement bombée, sans stomates dans les feuilles inf. Epiderme inf. recticurviligne, haut de 30-70 μ, à paroi ext. épaisse de 6-7 μ env. et bombée, muni de stomates très nombreux. Paroi ext. des cellules épidermiques formant le bord du limbe prolongée en pointes droites (pl. 115, f. 110). Parenchyme formé de 6-9 assises de cellules plus ou moins arrondies ou allongées sur une section transversale et de nombreuses cellules à raphides. Quelques cellules de collenchyme sous-épidermique au bord du limbe. Nervure médiane à section concave-convexe, munie, à la partie inf., d'un tissu légèrement collenchymateux ne contenant que de rares grains de chlorophylle, les autres nervures à section plane et faisceau libéroligneux entouré de parenchyme chlorophyllien.

Fleur. — *Divisions externes du périanthe.* Epiderme ext. légèrement strié. Bords nettement papilleux. Epidermes ext. (pl. 120, f. 333) et surtout int. très riches en huile essentielle, principalement vers les bords ; cellules à huile paraissant ord. groupées. — *Divisions latérales internes.* Epidermes munis de papilles nettes vers les bords. Huile essentielle dans les épidermes, surtout l'épiderme int., et dans certaines cellules du parenchyme. — *Labelle.* Epiderme int. muni de quelques grandes papilles atténuées à l'extrémité, atteignant 100-120 μ de long. env. (pl. 120, f. 335). Epiderme ext. non sensiblement papilleux. Huile essentielle existant dans les tissus du labelle, surtout dans l'épiderme int. (pl. 120, f. 334), mais aussi dans le parenchyme et l'épiderme ext. — *Eperon.* Epidermes int. et ext. à peine papilleux, contenant souvent de l'huile essentielle. Réserves sucrées s'accumulant entre les épidermes. Pas d'émission de nectar à l'intérieur de l'éperon. — *Anthère.* Epiderme sans papilles caractérisées. Assise mécanique ayant des anneaux d'épaississement incomplets assez nombreux. — *Pollen.* Verdâtre, à peine ruguleux. L. = 30-40 μ. — *Ovaire* (f. 102,). Epiderme strié (pl. 122, f. 487). Nervure des valves placentifères saillante extérieurement, contenant le plus souvent un seul faisceau libéroligneux int., rarement un faisceau ext. à bois int. et un faisceau placentaire réduit. Placenta non divisé, mais ne développant des ovules qu'en deux régions seulement. Valves non placentifères saillantes à l'extérieur, renfermant un faisceau libéroligneux. — *Graines.* Cellules du tégument réticulées; réseau à petites mailles. Graines arrondies à l'extrémité, 2f. 1/4-3 f. 1/2 plus longues que larges. L = 250-450 μ env.

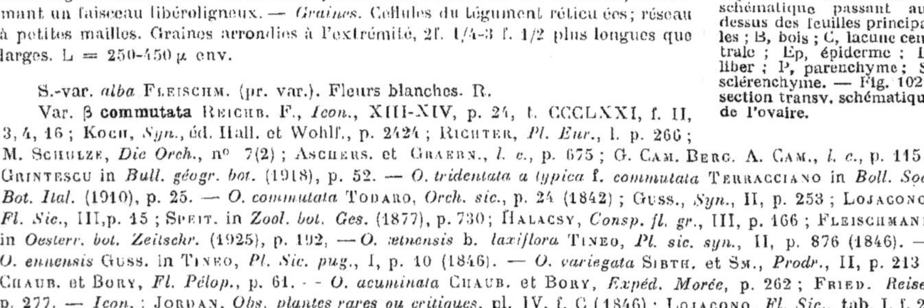

Orchis tridentata. — Fig. 101 : section transv. schématique passant au-dessus des feuilles principales ; B, bois ; C, lacune centrale ; Ep, épiderme ; L, liber ; P, parenchyme ; S, sclérenchyme. — Fig. 102 : section transv. schématique de l'ovaire.

S.-var. *alba* FLEISCHM. (pr. var.). Fleurs blanches. R.

Var. β **commutata** REICHB. F., *Icon.*, XIII-XIV, p. 24, t. CCCLXXI, f. II, 3, 4, 16 ; KOCH, *Syn.*, éd. Hall. et Wohlf., p. 2424 ; RICHTER, *Pl. Eur.*, I. p. 266 ; M. SCHULZE, *Die Orch.*, n° 7(2) ; ASCHERS. et GRAEBN., *l. c.*, p. 675 ; G. CAM. BERG. A. CAM., *l. c.*, p. 115 ; GRINTESCU in *Bull. géogr. bot.* (1918), p. 52. — *O. tridentata a typica* f. *commutata* TERRACCIANO in *Boll. Soc. Bot. Ital.* (1910), p. 25. — *O. commutata* TODARO, *Orch. sic.*, p. 24 (1842) ; GUSS., *Syn.*, II, p. 253 ; LOJACONO, *Fl. Sic.*, III, p. 15 ; SPEIT. in *Zool. bot. Ges.* (1877), p. 730; HALACSY, *Consp. fl. gr.*, III, p. 166 ; FLEISCHMANN in *Oesterr. bot. Zeitschr.* (1925), p. 192. — *O. ætnensis* b. *laxiflora* TINEO, *Pl. sic. syn.*, II, p. 876 (1846). — *O. ennensis* GUSS. in TINEO, *Pl. Sic. pug.*, I, p. 10 (1846). — *O. variegata* SIBTH. et SM., *Prodr.*, II, p. 213 ; CHAUB. et BORY, *Fl. Pélop.*, p. 61. - - *O. acuminata* CHAUB. et BORY, *Expéd. Morée*, p. 262 ; FRIED. *Reise*, p. 277. — *Icon.* : JORDAN, *Obs. plantes rares ou critiques*, pl. IV, f. C (1846) ; LOJACONO, *Fl. Sic.*, tab. I, f. 2, *a* et *b* (1) ; *Ic. n. pl.* 25, f. 23-24. — *Exsicc.* : *Fl. Austr.-Hung.*, n° 674 ; HELDREICH., *Fl. hell.* (1896). — Fleurs beaucoup plus grandes que dans le type, de texture délicate ; divisions ext. du périanthe presque une fois plus longues, longuement acuminées ; épi plus lâche. — Suisse : (Tessin [cf. M. SCHULZE in *Thür. B. V. N. F.*, XVII, p. 42 ; XIX, p. 103]) ; Autriche mérid. (Tyrol mérid., Küstenland [cf. FREYN in *Verh. Z. B. G.*

---

1. C'est avec beaucoup de doute que je rattache la plante de LOJACONO à la var. *commutata*. La figure de LOJACONO que je reproduis est tellement incomplète que, contrairement à ce qui existe d'habitude, après l'examen de la planche, on est moins sûr qu'avant de l'avoir consultée.

Wien, XXVII (1877), p. 432]), Istrie mérid., Dalmatie, Bosnie, Italie, Sicile, Crète (Distr. Hag. Vasilis, rég. alpine des Cèdres, d'ap. FLEISCHMANN, *l. c.*), Balkans, Asie Mineure, Maroc.

Var. γ **Burnati** ROUY, *Fl. Fr.*, XIII, p. 134. — *O. tridentata* var. *lactea* f. *Burnati* BRIQUET, *Prodr. fl. Corse*, I, p. 360. — Epi allongé ; fleurs relativement grandes, à casque long, de 8-10 mm., longuement acuminé ; labelle long de 8-10 mm. — Corse : Bastia, Ghisoni, etc.

La var. **brachyloba** WAISBECK. in *Magy. bot. Lap.*, II, p. 69, et 77 (1903), d'après sa description, nous a paru peu importante.

V. v. — Avril-mai. — *Habitat* : lieux herbeux et bosquets des collines et des montagnes, *surtout sur le calcaire*. — *Répart. géogr.* : Europe centr. et surtout mérid., Portugal, Espagne, Baléares (F. BIANOR, BARRANCO), France (rég. méditerr., remonte dans la Haute-Garonne, le Gers, le Rhône, la Loire, l'Ain, le bas Dauphiné ; R. en Corse de 1.050-1150 m. d'alt.), Allemagne (R. dans le N.), Suisse (Tessin), Italie (de la mer à la rég. subalpine, abonde dans les rég. septentr. et centr., plus rare dans la rég. mérid., Sicile, Sardaigne) ; Autriche Tyrol, Carinthie, Bohême, Banat, Hongrie, Bosnie, Balkans, Crimée, Caucase, Asie Mineure, Syrie, Palestine, Afrique septentr.

9. — O. LACTEA

O. lactea POIRET in LAMK, *Encycl.*, VI, p. 594 (1797) ; TOD., *Orch. sic.*, p. 27 (excl. syn. *Halleri*) ; PARLAT., *Fl. ital.*, III, p. 473 ; CES. PASS. GIB., *Comp.*, p. 188 ; W. BARBEY, ASCHERS et LEV., *Fl. Sard., Comp. et suppl.* n° 1313 ; ARCANG., *Comp.*, éd. 2, p. 167 ; MACCHIATI in *N. g. bot. ital.* (1881), p. 312 ; G. CAM., *Monogr. Orch. Fr.*, p. 35 ; in *Journ. de Bot.*, VI, p. 138 ; G. CAM. BERG. A. CAM., *Monogr. Orch. Eur.*, p. 115 ; COSTE, *Fl. Fr.*, III, p. 398, n° 3592 ; *cum ic.* ; ALB. et JAHAND., *Cat. Var*, p. 487 ; DEBEAUX et DAUTER, *Syn. Gibr.*, p. 20 ; LOJACONO, *Fl. Sic.*, III, p. 15 ; CAMBES., *En. Baléar.*, p. 546 ; BATTAND. et TRAB., *Fl. Alg.* (1884), p. 192 ; (1895), p. 28 ; (1904), p. 321 ; BONNET et BARR., *Cat. Tun.*, p. 403 ; DEBEAUX, *Fl. Kabyl. Djurdjura*, p. 339 ; FLEISCHMANN in *Oest. bot. Zeitschr.* (1925), p. 192. — **O. militaris** var. POIRET, *Voy. Barb.*, II, p. 247 (1789). — **O. acuminata (acuminatus)** DESF., *Fl. atl.*, II, p. 318 (1800) ; LINDL., *Gen. and spec.*, p. 268 ; C. KOCH, *Beitr. fl. or. in Linn.*, XXII, p. 279 ; MUTEL, *Fl. fr.*, III, p. 235 ; *Bot. Mag.*, t. 1932 ; MORIS, *Stirp. fl. Sard.*, I, p. 44 ; TEN., *Syll. fl. neap.*, p. 453 ; *Fl. nap.*, V, p. 239 ; BRONGN. in CH. et B., *Expéd. Morée*, p. 268 ; SIEB., *Apis.*, p. 5 ; WEISS. in *Zool. bot. Ges.* (1869), p. 754 ; MUNBY, *Cat.* p. 34. — **O. globosa** BROT., *Fl. lusit.*, I, p. 19 (1804) non L. — **O. conica** WILLD., *Spec.*, IV, p. 14 (1805) ; GUSS., *Fl. sic. syn.*, p. 538. — **O. parviflora** TEN., *Fl. nap.*, I, LII (1811) ; *Pl. Sic. pug.*, II (1817). — **O. corsica** VIVIANI, *Fl. cors.*, p. 16 (1824), *forma* LINDL., *l. c.*, p. 268, n° 29. — **O. Tenoreana** GUSS., ap. TOD., *Orchid. sic.*, p. 28 (1842) ; GUSS., *Fl. sic.*, II, p. 533 (1843) ; TIMB.-LAGR. in *Bull. Soc. bot. Fr.*, VII, p. 109 ; RAULIN, *Descr. Cret.*, p. 861. — **O. Ricasioliana** PARLAT. in *Diario V. Riunione degli Scienziati italiani it. Lucca*, n° 7, p. 4, p. 730 (1843). — **O. ætnensis v. densiflora** TINEO ap. GUSS., *Syn.*, p. 876 (1844). — **O. Hanri** JORD., *Obs. pl. crit.*, p. 27 (1846). — **C. Hanrici** HENON in *Ann. Soc. agr. Lyon*, IX, p. 721 (1846). — **O. Scopolii** TIMB.-LAGR., *Diagn.* (1850). — **O. variegata (variegatus)** BERTOL., *Fl. ital.*, IX, p. 534 (1851) ; GAUD., *Fl. helv.*, V, p. 437 ; BUBANI, *Fl. pyr.*, p. 34. — **O. tridentata** var. **lactea** REICHB. F., *Icon.*, XIII-XIV, p. 24 (1851) ; LACROIX, *Cat. Kabylie* ; M. SCHULZE, *Die Orchid.*, n° 7, 3. — **O. tridentata** b. **acuminata** GR. et GODR., *Fl. Fr.*, III, p. 288 (1856) ; BALL, *Spic. Mar.*, p. 671 ; MARÈS et VIGIN., *Cat. Baléar.*, p. 281, GAUTIER, *Pyr.-Or.*, p. 396. — **O. tridentata** WILLK. et LANGE, *Prodr. hisp.*, I, p. 166 (1870) ; COLM., *Enum. pl. hisp.-lusit.*, V, p. 270 ; non SCOPOLI. — **O. tridentatus C. lacteus** ASCHERS. et GRAEBN., *Syn.*, III, p. 676 (1907).

Icon. : DESFONT., *l. c.*, t. 247 ; BROTERO, *Phyt. lusit.*, t. 91 ; MUTEL, *Atl.*, t. LXIV, f. 482 ; JORDAN, *Obs.*, I, p. 27, t. 4 ; *Bot. Mag.*, t. 1932 ; TIMB.-LAGR., *l. c.*, p. 116, f. 1-6 ; REICHB., F. *Icon.*, XIII-XIV, t. CCCLXX, f. 1-10 ; t. CCCLXXI, f. I, 1, 2 ; t. DVII, f. III, 10 ; G. CAM. BERG. A. CAM., *l. c.*, pl. 18, f. 528-531 ; *Ic. n.*, pl. 25, f. 27-31.

Exsicc. : KRALIK, *Corse*, n° 790 *a* ; MABILLE, *Corse*, n° 281 ; REVERCH., *Corse* (1879) ; PORTA et RIGO ; CHOULETTE, *Fragm. fl. Alg.*, n° 290 ; DÖRFLER, *H. n.*, n° 5175.

Plante polymorphe ayant le port de l'*O. tridentata*. Diffère de cette espèce par : *sa taille moins élevée*, ses feuilles parfois maculées, ses *fleurs plus pâles, ord. plus petites*, en épi plus cylindrique, à éperon plus court, à labelle pendant, de forme assez variable, profondément trilobé, à divisions lat. assez larges, souvent presque en croix avec le *lobe moyen*, celui-ci flabelliforme, *souvent indivis* et plus long que les lat. (1) — Comprend les formes suivantes :

1. M. GODFERY (in *Journ. of Bot.* (1922), p. 360) a observé, à Bormes, près d'Hyères, que dans l'*O. lactea* le transport du pollen était fait par *Thomisus onustus*, *Apis mellifica*.

Var. β **Tenoreana** G. Cam. Berg. A. Cam., *l. c.* — *O. lactea* var. *Tenoreana* Lojacono, *Fl. Sic.*, III, p. 16 (1909). — *O. tridentata* var. *lactea* I *Tenoreana* Reichb. F., *Icon.*, XIII-XIV, p. 25 (1851). — *O. tridentatus C. lacteus* II *Tenoreanus* Aschers. et Graebn., *l. c.*, p. 676 (1907). — *O. Tenoreana* Guss. ap. Tod., *Orch. sic.*, p. 28 (1842). — *Ic. n.*, pl. 25, f. 25-26. — Epi laxiflore, court. Casque moins acuminé. Lobes lat. du labelle moins divergents, toujours arqués en avant sur le lobe méd., celui-ci ord. indivis, parfois échancré et apiculé au milieu de l'échancrure. — Rég. méditerranéenne.

Var. γ **Hanrii** G. Cam. Berg. A. Cam., *l. c.*, p. 116 ; A. Cam. in *Riviera scientif.* (1918), p. 5. — *O. tridentatus C. lacteus* b. *Hanrii* Aschers. et Graebn., *l. c.*, p. 676 (1907). — *O. Hanrii (Hanrici)* Hénon, *l. c.* ; Jordan, *l. c.*, p. 29, 34, pl. 4, f. 1-13 (1846) et auct. plur. — *Ic. n.*, pl. 25, f. 32-33. — Fleurs assez petites, d'un rose souvent pâle (1) ; casque à div. longuement divergentes ; div. lat. int. linéaires ; labelle à 3 lobes denticulés, les lat. tronqués, arqués en avant, moins écartés du méd., le méd. obcordé, muni d'une petite dent entre les lobules ; éperon dépassant un peu la moitié de l'ovaire. — France (Corse, Alpes-Marit., Var) Italie (Ligurie, Calabre (Jordan), etc.).

Var. δ **acuminata** G. Cam. Berg. A. Cam., *l. c.* — *O. tridentata.* α *lactea* 2 *acuminata* Reichb. F., *Icon.* XIII-XIV, p. 25 (1851). — *O. tridentatus C. lacteus* I *acuminatus* Aschers. et Graebn., *l. c.* — *O. variegata* α *acuminata* Boiss., *Voy. Esp.*, II, p. 593 (1845). — *O. acuminata* Desfont., *Fl. Atl.*, II, p. 318 (1800). — *Exsicc.* : Tod., *Fl. sic.* ; Balansa, *Pl. d'Alg.* ; Willk., *Iter. hisp.*, n° 530 ; Kotschy, *It. Cil.-Kurdic.* (1859) ; Sennen, *Fl. Esp.*, n°s 1445, 2850. — *Icon.* : Mutel, *Atl.*, t. LXIV, f. 482, a, b, c, d. — Epi dense. Fl. assez petites. Div. du périanthe étroitement conniventes en casque très acuminé. Labelle à lobes lat. linéaires, courts et presque perpendiculaires au lobe méd. ; lobe méd. rhomboïdal ; éperon un peu renflé au sommet. — France mérid., Espagne, Baléares, etc.

Var. ε **denticulata** Timb.-Lagr., *l. c.*, f. 2. Labelle à lobes tous denticulés au sommet, le méd. subdivisé en deux lobules séparés par un sinus profond et large, mucroné à l'angle de bifidité.

Var. ζ **peloritana** Lojacono, *Fl. Sicula*, III, p. 17 (1909). — Epi ovale ; fl. grandes ; périanthe à div. ext. de même grandeur, de même forme, longuement acuminées-sétacées, très finement denticulées ; labelle ample, étalé, 3-lobé, les deux lobes lat. obtus ou tronqués, légèrement denticulés ; lobe médian obovale, cunéiforme-obcordé, plus ou moins lobulé, muni dans le sinus d'un petit appendice ; éperon grêle, descendant. — Sicile : Mandacini, Borzi.

Var. η **corsica**. G. Cam. Berg. A. Cam., *l. c.*, p. 117. — *O. corsica* Viviani, *Fl. cors.*, p. 16 (1824) ; Mutel, *Fl. fr.*, III, p. 241 ; cf. Timb.-Lagr. in *Bull. Soc. bot. Fr.* (1860), p. 112. — Forme locale caractérisée par les divisions du périanthe conniventes, acuminées, le labelle à lobes lat. arqués en faux, le lobe médian arrondi, élargi, denté au sommet, l'éperon plus long que l'ovaire. — Corse.

D'après la description et la f. 7 du mémoire de Timb.-Lagr. la plante qu'il envisage correspondrait assez bien avec l'hypothèse d'un hybride d'*O. lactea* × *coriophora*.

Morphologie interne

Nous avons étudié plusieurs des formes précédentes et nous n'avons pu observer aucune différence importante avec l'*O. tridentata*. La paroi ext. de l'épiderme du bord des feuilles nous a paru un peu plus arrondie dans l'*O. lactea* que dans l'*O. tridentata*.

V. v. — Février, avril. — *Habitat* : coteaux secs, schisteux, arides, clairières, broussailles, lieux herbeux ; ne dépasse ordt pas 800-900 m. d'alt. ; f. *Hanrii* monte à 1.450 m. dans les Alpes-Marit. (A. Camus, *l. c*). — *Répart. géogr.* : Portugal, Espagne, France méridionale (rég. méditerr., Haute-Garonne, Tarn-et-Garonne), Corse (type et f. *corsica*), Istrie mérid. à Voloska (Janko), Italie, Sardaigne, Sicile, Malte, Balkans, Grèce, Crète, Russie mérid. (Crimée, rég. du Caucase), Asie Mineure, Chypre, Syrie, Palestine, Tunisie, Algérie (C.), Maroc.

10. — O. PUNCTULATA

O. punctulata Steven in Lindl., *Gen. and spec.*, p. 273 (1830-1840) ; Ledeb., *Fl. ross.*, IV, p. 62 ; Reichb. F., *Icon.*, XIII-XIV, p. 27, t. 369 (17) ; Boiss., *Fl. orient.*, V, p. 64 ; Kraenz., *Gen. et spec.*, p. 217 ;

1. Cette forme, que j'ai observée assez fréquemment à Thorenc (Alpes-Marit.), dans les prairies humides et sur les Monts de Bleine et de Thorenc, jusqu'à 1.450 m. d'alt. env., est de taille assez variable, à inflorescence ordt capitée, rarement allongée, à fleurs pâles ou parfois foncées, à labelle muni de ponctuations assez grosses. La forme obcordée du lobe médian du labelle paraît stable (A. Camus).

CORREVON, *Orch. rust.*, p. 155 ; RICHTER, *Pl. Eur.*, I, p. 266 ; G. CAM. BERG. A. CAM., *Monogr. Orch. Eur.*, p. 117. — **O. Steveniana** COMP. *Mss.* in *Herb.* FIELDING ap. REICHB. F. ; LÉVEILLÉ, *Enum. pl. in Dimid. Voy. dans la Russie méridionale*, II, p. 168 ; TRAUTV., *Incr. fl. ross.*, p. 751, n° 5030.

Tubercules entiers, oblongs. Tiges élevées. Feuilles oblongues ou ovales-oblongues, obtuses. *Bractées* membraneuses, *beaucoup plus courtes que l'ovaire.* Fleurs disposées en épi cylindrique et lâche, blanches, ou d'un blanc rosé. Périanthe à divisions conniventes en *casque acutiuscule*, les ext. brièvement acuminées. Labelle ponctué de rose, tripartit, à *divisions lat. largement linéaires ou oblongues*, incurvées ; *lobe moyen* cunéiforme, puis flabelliforme, rétus, *subbilobé* ; sinus séparant les deux lobules du lobe moyen muni d'une petite dent. Eperon obtus, subcylindrique, 2-3 fois plus court que le labelle.

Var. β **sepulchralis** REICHB. F., *Icon.*, XIII-XIV, p. 27 et t. 155, f. V (1851) ; BOISS., *l. c.* ; G. CAM. BERG. A. CAM., *l. c.*, p. 117. — *O. sepulchralis* BOISS. et HELDR., *Diagn.*, sér. 1, XIII, p. 10 (1853). — *O. punctulatus* ssp. *sepulchralis* SOÓ in FEDDE, *Rep. sp. nov.* (1927), p. 28. — Plante plus développée, à fl. plus nombreuses, labelle à lobes lat. bien plus larges ; éperon renflé. — Pamphylie, Bithynie, Balkans ?

Var. γ **galilaea** BORNM. et SCHULZE. — *O. galilaea* SCHLECHTER in *Repert. sp. nov.*, XIX, p. 575 (1923). — *O. punctulatus* ssp. *galilaea* SOÓ, *l. c.* (1927). — Port robuste ; fl. plus petites ; labelle atteignant 10 mm., lobules lat. oblongs-ligulés, obtus, de 5 mm., le lobe médian bilobulé jusque près du milieu, à lobules obliquement oblongs-ligulés, obtus, longs de 4 mm., séparés par un denticule. — Palestine.

Mars, avril. — Asie Mineure : Tauride, Cilicie, Bithynie, etc. ; Palestine.

11. — O. SIMIA

O. Simia LAMK, *Fl. fr.*, III, p. 507 (1778) ; POIRET, *Encycl.*, IV, p. 593 ; REICHB. F., *Icon.*, XIII-XIV, p. 483 ; CORREVON, *Alb. Orch. Eur.*, pl. 41 ; RICHTER, *Pl. Eur.*, I, p. 267 ; BABINGT., *Man. Brit. Bot.*, éd. 8, p. 344 ; DUMORT., *Prodr. fl. Belg.*, p. 132 ; MICHAUT, *Fl. Hainaut*, p. 276 ; THIELENS, *Orch. Belg. et Luxemb.*, p. 69 ; DE VOS, *Fl. Belg.*, p. 554 ; R. A. R., in *Orchid Rev.*, (1920), p. 122 ; DC., *Fl. fr.*, III, p. 249, n° 2016, excl. var. b. ; GR. et GODR., *Fl. Fr.*, III, p. 288 ; GODR., *Fj. Lorr.*, II, p. 286 ; III, p. 34 ; BOREAU, *Fl. cent.*, éd. 3, p. 642 ; DUPUY, *Fl. Gers*, p. 230 ; MARTR.-DONOS, *Fl. Tarn*, p. 700 ; COSS. et GERM., *Fl. Paris*, éd. 2, p. 680 ; DE FOURCY, *Vade-mecum herb. paris.*, éd. 6, p. 200 ; LORET et BARRAND., *Fl. Montpel.*, p. 657 ; BRÉBIS., *Fl. Norm.*, éd. V, p. 390 ; ARD., *Fl. Alp.-Mar.*, p. 353 ; BARLA, *Iconogr.*, p. 60 ; MARTIN, *Cat. Romor.*, éd. 1, p. 266 ; FRANCH., *Fl. L.-et-Ch.*, p. 572 ; TIMB.-LAGR., *Mém. hybr.*, t. 21, f. 6 ; GODET, *Fl. Jura*, p. 682 ; CHEN., *Fl. ch. juras*, p. 746 ; MICHALET, *Hist. nat. Jura*, p. 295 ; G. CAM., *Monogr. Orchid., Fr.*, p. 38 ; in *Journ. Bot.* VI, p. 147 ; G. CAM. BERG. A. CAM., *Monogr. Orch. Eur.*, p. 118 ; BONNET, *P. fl. par.*, p. 380 ; LEGUÉ, *Cat. Mondoubl.*, p. 79 ; CAR. et S.-LAG., *Fl. descr.*, éd. 8, p. 801 ; LLYOD et FOUC., *Fl. Ouest*, p. 33 ; DE VICQ, *Fl. Somme*, p. 424 ; LÉVEILLÉ, *Fl. Manc.*, p. 199 ; MAGN. et HÉT., *Observ. fl. Jura*, p. 140 ; CORDIÈRE, *N. fl. Normand.*, p. 555 ; COSTE, *Fl. Fr.*, III, p. 398, n° 3590 ; ROUY, *Fl France*, XIII, p. 135 ; ALB. et JAHAND., *Cat. Var*, p. 486 ; KIRSCHL., *Prodr. fl. Als.*, p. 160 ; *Fl. Als.*, II, p. 128 ; SPENNER, *Fl. Frib.*, p. 255 ; KOCH, *Syn.*, éd. 2, p. 789 ; éd. 3, p. 594 ; éd. Hall. et Wohlf., p. 2424 ; GARCKE, *Fl. Deutschl.*, éd. 14, p. 376 ; M. SCHULZE, *Die Orchid.*, n° 8 ; W. ZIMMERM., *Die Form. Orchid.*, p. 19 ; ASCHERS. et GRAEB., *Syn.*, III, p. 678 ; BOIVIER, *Fl. Alpes*, éd. 2, p. 639 ; MORTHIER, *Fl. Suisse*, p. 361 ; SCHINZ et KELLER, *Fl. Schweiz*, p. 112 ; HAUSM., *Fl. Tirol*, p. 832 ; AMBROS., *Fl. Tirol aust.*, 1, p. 681 ; COMOLL., *Fl. com.*, VI, p. 343 ; ARCANG., *Comp.*, éd. 2, p. 168 ; CORTESI in *Ann. bot.* PIROTTA, I, p. 25 ; WILLK. et LANGE, *Prodr. hisp.*, I, p. 166 ; GUIMAR., *Orch. port.*, p. 57 ; EICHW., *Casp. Cauc.*, p. 23 ; CZERNIAKOWSKA in *Not. syst. Herb. Petr.* (1922), p. 146 ; BOISS., *Fl. orient.*, V, p. 63 ; GRIES, *Spic. fl. rum. et bith.*, II p. 357 ; DURAND et BARR., *Flora Lybicæ Prodr.*, p. 226. — **O. militaris** ε L., *Spec.*, éd. 2, p. 1334 (1763). — **O. tephrosanthos** VILL., *Prosp. Hist. Dauph.*, p. 16 (1779) ; *Hist. Dauph.*, II, p. 32 (1787) ; WILLD., *Spec.*, IV, p. 21 ; LINDL., *Gen. and spec.*, p. 273 ; REICHB., *Fl. excurs.*, I, p. 124 ; BL. et FING., *Comp.*, II, p. 417 ; SEUBERT, *Ex. Bad.*, p. 120 ; MUTEL, *Fl. fr.*, III, p. 235 ; *Fl. Dauph.*, éd. 2, p. 590 ; LAPEYR., *Abr. Pyr.*, p. 547 ; BARLA, *Iconogr.*, p. 50 ; SEB. et MAURI, *Fl. rom. prodr.*, p. 305 ; SANG., *Fl. rom. prodr. alt.*, p. 726 ; TEN., *Fl. nap.*, p. 294 ; *Sylloge*, p. 454 ; PUCC., *Syn. fl. luc.*, p. 473 ; BERTOL., *Fl. ital.*, IX, p. 538 ; PARLAT., *Fl. ital.*, III, n° 913, p. 482 ; CES. PASS. GIB., *Comp.*, p. 188 ; FIORI et PAOL., *Icon. fl. ital.*, n° 826 ; *Fl. ital.* 1. p. 243 ; COCCONI, *Fl. Bologn.*, p. 84 ; C. KOCH in LINN., XII, p. 278 ; KRAENZLIN, *Orchid.*, p. 15 ; MARSH. BIEB., *Fl. Taur.-Cauc.*, II, p. 364 ; LEDEB., *Fl. ross.*, p. 62 ; DESFONT., *Fl. atl.*, II, p. 319. — **O ' zoophora** THUILLIER, *Fl. par.*, éd. 2, p. 459 (1790). —

O. **militaris** var. **Cercopithecus** Georgi, *Beschr. Russ.*, *R.*, III, 5, p. 169 (1800). — **O**. **militaris** *Engl. Bot.*, t. 1873 (1808) ; Ardoino, *Fl. Alp.-Mar.*, p. 352. — **O**. **militaris** β **Simia** Gaudin, *Fl. helv.*, V, p. 434 (1829). — *Orchis zoophora Cercopithecum referens Oreades* Column., *Ecphrasis*, 1, 319, t. 320. — *Orchis flore simiam referens* Bauh., *Pinax*, p. 82 ; Tournef., *Instit.* p. 433 ; Vaillant, *Bot. paris.*, t. 31.

Noms vulg. : Orchis Singe. — Angl. : Monkey Orchis. — Allem. : Affen-Knabenkraut.

Icon. : Vaill., *l. c.*, t. 31, f. 25, 26 ; Curtis, *Fl. Lond.* éd. Grav., V, t. 95 ; *Bot. Mag.*, t. 3426 ; Reichb., *Icon.*, XIII-XIV, t. 21, CCCLXXIII ; Mutel, *Atlas*, t. 74, f. 483 ; Schlecht., Lang., *Deuts.*, f. 328 ; Coss. et Germ., *Atlas*, pl. 32, f. K ; Timb.-Lagr., *l. c.*, pl. 21, f. 6 ; Barla, *l. c.*, pl. 35, f. 1, 2, 3, 4, 5(non f. 6, 7) ; G. Cam., *Icon. Orch. Paris.*, pl. 8 ; et *Bull. Soc. bot. Fr.*, XXXII, pl. 8 ; Fior. et Paol., *Icon.*, f. 826 ; Ces. Pass. Gib., *l. c.*, t. XXIV, f. 2, a, b ; Cortesi, *l. c.*, p. 25, f. 1, 2 ; lusus, f. 4 ; × f. 36 ; M. Schulze, *l. c.*, t. 8 ; Guimar., *l. c.* ; est. V, f. 42 ; Bonnier, *Alb. N. Fl.*, 80 ; G. Cam. Berg. A. Cam., *l. c.*, pl. 18, f. 511-515 ; *Ic. n.*, pl. 26, f. 1-12.

Exsicc. : Billot, n° 1331 ; Porta, *Pl. Lombardie* ; *Fl. Austr.-Hung.*, n° 1850 ; *Soc. ét. fl. fr.-helv.*, n° 554 ; Sennen, *Pl. Esp.*, n° 5550.

Tubercules subglobuleux ou légèrement ovoïdes. Fibres radicales épaisses. Tige de 2 à 4, parfois 6 décim. de haut, droite ou un peu sinueuse, cylindrique, d'un vert clair, entourée à la base de 2-3 gaines blanchâtres. Feuilles non maculées, grandes, luisantes, épaisses, d'un vert pâle glaucescent, les inf. oblongues ou brièvement obovales, la ou les sup. caulinaires engainantes, assez éloignées de l'inflorescence, oblongues, oblongues-lancéolées ou lancéolées-aiguës. *Bractées* pellucides, ovales, verdâtres ou blanc jaunâtre, souvent rosées, très courtes, *4-6 fois plus courtes que le fruit*, les sup. obtuses, quelquefois tronquées, les inf. lancéolées-acuminées. Fleurs assez nombreuses, disposées en épi assez dense, relativement court, subglobuleux ou ovale, rarement allongé. Périanthe à divisions conniventes, *en casque ovale-aigu*, d'un gris violacé légèrement cendré et uni en dehors, ponctué de rose ou de pourpre en dedans, à ponctuations rapprochées, formant des lignes plus ou moins interrompues, les ext. presque égales, ovales-lancéolées, aiguës, acuminées, soudées par les bords vers la base ; les lat. int. un peu plus courtes, linéaires, atténuées, aiguës, soudées dans la moitié inf. avec les ext. *Labelle* plus long que le casque, plan, *à face sup. blanche ou lavée de rose violacé*, parsemée de houppes violacées ou purpurines, profondément 3-partit ; *lobes lat. allongés, linéaires, très étroits*, se terminant en pointe, à section semi-cylindrique ou elliptique-oblongue ; bords entiers ; médiastin (1) plus court et 2 fois plus large que les lobes lat. ; *lobe moyen* plus long que les lanières lat., *divisé en 2 lobules allongés semblables aux deux lobes latéraux* et séparés par une dent parfois linéaire, allongée ; ces *quatre lobes arqués en avant et ordt purpurins*. Eperon cylindrique, légèrement comprimé, subobtus, tronqué ou subbilobé à l'extrémité, courbé, descendant, dirigé en avant, égalant 1/3-1/2 de l'ovaire. Gynostème tronqué. Stigmate cordiforme. Anthère purpurine, à loges contiguës et parallèles. Masses polliniques d'un vert foncé. Caudicules et rétinacles blanchâtres. Ovaire sessile, fusiforme, contourné, d'un vert clair. Capsule ovale-allongée (2).

Morphologie interne.

Tubercule. Grains d'amidon atteignant 20-30 μ de long., les plus petits arrondis ou trigones, les plus gros allongés (pl. 112, f. 26). — *Fibres radicales.* Assise pilifère entièrement subérisée. Assise subéreuse à parois ext. et lat. ordt subérisées. Endoderme à plissements subérisés marqués. Vaisseaux de métaxylème manquant souvent. Parenchyme médullaire très abondant, formé de cellules à parois un peu épaisses.

Tige (f. 103). Stomates assez nombreux. 2-4 assises de parenchyme chlorophyllien entre l'épiderme et l'anneau lignifié. Anneau lignifié formé de 5-8 assises de cellules. Faisceaux libéroligneux assez petits, disposés en un cercle peu régulier, complètement entourés de tissu lignifié ou bordés, à l'extérieur du bois, par l'anneau lignifié et munis à l'intérieur du liber de fibres lignifiées à parois minces. Parenchyme central résorbé vers l'axe de la tige.

Feuille. Ep. = 400-460 μ env. Epiderme sup. haut de 120-160 μ, à paroi ext. épaisse de 8-10 μ et non ou

---

1. Pour abréger, nous avons donné le nom de médiastin à la partie du lobe moyen du labelle non divisée, en d'autres termes à la partie de ce lobe comprise entre sa base et la naissance des lobes secondaires. Nous avons adopté ce terme non comme un néologisme mais comme une simple généralisation par analogie de position, d'un mot dont le sens est facilement saisissable. Cette application dans un sens différent, d'un mot déjà employé dans plusieurs branches des sciences naturelles peut être critiqué, mais la phytographie en compte bien d'autres exemples. Nous avons utilisé le mot médiastin, qui nous a paru commode pour éviter la création de toutes pièces d'un néologisme.
2. Par la dessication, la plante dégage une odeur de coumarine.

peu bombée, à parois latérales sinueuses, dépourvu de stomates, au moins dans les feuilles inf. et moyennes, portant, dans la partie inf. du limbe, des poils hyalins, peu nombreux, unicellulaires, atteignant 250-450 μ de long. Epiderme inf. haut de 50-70 μ, à paroi ext. épaisse de 6-8 μ et bombée, muni de stomates très nombreux. Cellules épidermiques formant le bord des feuilles à paroi ext. très bombée (pl. 115, f. 113). Parenchyme contenant quelques cellules à raphides et formé de 6-8 assises de cellules chlorophylliennes, légèrement allongées sur une section transversale et laissant entre elles des lacunes assez grandes.

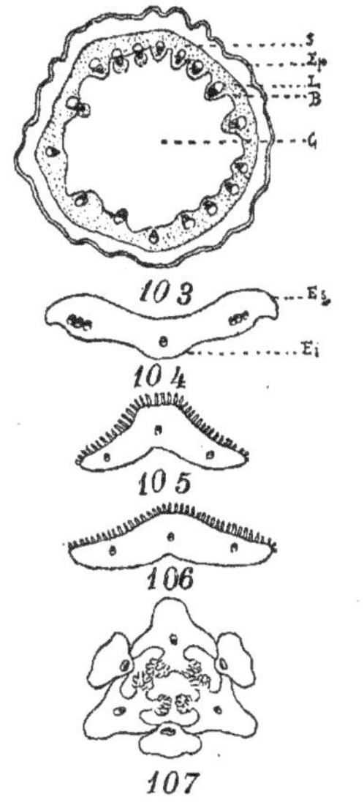

Fleur. — *Divisions externes et latérales internes du périanthe.* Epiderme ext. muni de quelques papilles très courtes vers les bords, souvent presque nulles dans les divisions ext. Epiderme int. légèrement papilleux dans les lignes violettes. — *Labelle.* Base du labelle munie d'un sillon au milieu de la face sup., dépourvue de papilles (f. 104). Vers le milieu du labelle la partie centrale forme une crête et l'épiderme int. est muni de papilles (f. 105-106). Papilles extrêmement développées, celles des taches violettes atteignant 200-250 μ de long, cylindriques, souvent renflées au milieu, à contenu violacé (pl. 120, f. 336-338) ; les autres de forme semblable, mais souvent bien plus courtes, parfois coniques. Epiderme ext. dépourvu de papilles ou muni de papilles très réduites. — *Eperon.* Epiderme int. muni, à la gorge, de papilles cylindriques, souvent un peu renflées à l'extrémité, atteignant 150-200 μ de long. env., seulement brièvement papilleux à l'extrémité. Epiderme ext. dépourvu de papilles caractérisées. Réserves sucrées s'accumulant entre les épidermes ; pas d'émission de nectar à l'intérieur de l'éperon. — *Anthère.* Anneaux d'épaississement incomplets peu nombreux dans les parois. — *Pollen* (pl. 122, f. 435). Vert. Réseau de bâtonnets très net surtout à la périphérie des massules. L. = 40-50 μ. — *Ovaire* (f. 107). Nervure médiane des valves placentifères aussi ou plus saillante que les valves non placentifères, ailée, contenant un faisceau libéroligneux à bois int., situé presque dans le placenta ; faisceau placentaire semblant manquer presque toujours. Placenta à 2 divisions longues et divergentes. Valves non placentifères extrêmement développées, saillantes à l'extérieur, contenant un faisceau libéroligneux. — *Graines.* Cellules du tégument à parois recticurvilignes, non striées. Graines adultes arrondies au sommet, 2 f. 1/2-2 f. 1/4 plus longues que larges. L. = 300-370 μ env. (1).

Orchis Simia. — Fig. 103 : section transv. schématique de la tige au-dessus des feuilles principales ; B, bois ; C, lacune centrale : Ep, épiderme : L, liber ; P, parenchyme ; S, sclérenchyme. — Fig. 104 : section transv. du labelle près de la gorge de l'éperon : Ei, épiderme inf. : Es, épiderme sup. ; pas de papilles. — Fig. 105 : section transv. du labelle, vers le milieu. — Fig. 106 : section transv. du labelle un peu au-dessous du milieu. — Fig. 107 : section transv. de l'ovaire.

Var. **laxiflora** Boiss., *Fl. orient.*, V, p. 63 (1884). — Inflorescence lâche, allongée (7-12 cm.) comme dans l'*O. Steveni*. Peut-être à rattacher à cette espèce. — Bade (ap. Aschers. et Graebn.), Istrie (Untchj), Cilicie (Ball), Perse septentr. (Bunge ap. Boiss).

W. Barbey in *Herb. au Levant* (1880) signale une var. *floribus minoribus et luteo-virescentibus.*

Variations. — En dehors des monstruosités, on pourra facilement constater que le labelle peut être entièrement blanc dans les individus croissant à l'ombre (f. *albiflora, alba, rosea* plur. auct.) ou le casque blanc et le labelle rose (f. *bicolor* Ruppert). Pour la dent qui se trouve à l'intersection des 2 divisions du lobe moyen, elle varie beaucoup et peut être réduite à un simple mucron. Ces variations ne peuvent être sérieusement envisagées comme variétés.

Monstruosités. M. Cortesi, *l. c.*, f. 4, représente une forme dont le labelle a le lobe moyen divisé en 2 longues lanières, sans médiastin.

Nous avons, plusieurs fois, dans les environs de Paris, rencontré des individus dont les fleurs avaient un labelle pourvu de 2 lobes latéraux et à lobe moyen plus ou moins avorté.

Nous avons recueilli une monstruosité dans laquelle le labelle était réduit à une simple languette acuminée au sommet et répondant assez exactement à la diagnose de l'*O. linearis* Tourlet, donnée dans le *Bulletin de la Société botanique de France* (1903), p. 312.

1. L'*O. Simia* contient de la loroglossine (cf. Delauney, C. R. (1920), p. 435 (1921), p. 471, (1923) p. 598,

Moquin-Tandon, *Elem. térat. végét.*, signale un cas de pélorie de l'*O. Simia.*
Zimmermann in *Allg. Bot. Zeitschr.* (1910), 7-8, p. 15, a signalé un cas de soudure de fl. par les ovaires.
V. v. — Avril, juin. — *Habitat* : collines arides et boisées, coteaux ensoleillés, prés secs, rég. montagneuse,
surtout sur le calcaire. — *Répart. géogr.* : presque toute l'Europe : Portugal ? (un seul exemplaire trouvé par
Link, « arredores de Liboa » : cf. Guimaraes, *l. c.*), Espagne (rég. montagn., Grenade, Catalogne, plaine de
Vich, d'apr. Gonzalo), France (assez répandu, non signalé en Corse), Angleterre (Berks, Oxfordshire, Kent),
Belgique (prov. du Brabant mérid., de Namur, du Luxembourg), Luxembourg ? Allemagne (peu répandu, Bade),
Suisse (surtout dans le bassin du Léman, cant. de Genève, de Vaud, de Glaris, de Fribourg ?), Italie (rég. septentr. et centr. de la péninsule, plus rare dans la rég. mérid.), Autriche, Tyrol mérid., Istrie, Kustenland, Dalmatie, Bosnie, Herzégovine, Monténégro (Rohlena in *Böhm. G. Wiss.* (1904), p. 87), Grèce, Balkans, Russie
mérid. (Tauride, Caucase, Géorgie, rég. transcaspienne), Asie Mineure, Chypre, Palestine, Syrie, Afrique septentr. — Perse.

Nota. — La var. *macrophylla* (*O. tephrosanthos* var.) Lindl., *Gen. and spec.*, p. 273, signalée dans la rég. du Caucase,
nous paraît être une forme de l'*O. Steveni*, caractérisée par les lobules du labelle courts et tronqués.

Sous-esp. O. Steveni

O. Steveni Reichb. F. in Mohl. et Schl. in *Bot. Zeit.* (1849), p. 892 ; et *Icon.*, XIII-XIV, p. 29, t. 20,
CCCLXIII, f. 1-11 ; Boiss., *Fl. orient.*, V, p. 63 ; Trautv., *Increm. fl. Ross.*, p. 750, n° 502 ; G. Cam. Berg.
A. Cam., *Monogr. Orch. Eur.*, p. 120.
Icon. : *Ic. n.*, pl. 128, f. 49-50.
Exsicc. : *Iter persicum Bunge* ; Manissadjan, *Plantæ orient.*, n° 1083.
Tubercules ovoïdes, entiers. Tige élevée, robuste. Feuilles très grandes, ovales ou largement oblongues-
linéaires. Fl. en épi allongé, un peu lâche. *Bractées* lancéolées, acuminées, *très courtes*. Div. du périanthe
oblongues, acuminées, conniventes en *casque allongé*. *Labelle rosé*, à lobes pourprés, tripartit, muni de petites
taches papilleuses sur son médiastin, jusqu'à l'angle de bifidité, *à div. lat. linéaires, courtes*, arrondies à l'extrémité, *à lobe méd. divisé en deux lobules secondaires souvent plus courts et plus larges que les lobes lat.*, séparés
par une dent manifeste. Eperon recourbé, rétus, 2 fois plus court que l'ovaire. — Espèce voisine de l'*O. Simia*,
mais plus robuste, à épi luxiflore, à div. du labelle plus larges, celles du lobe méd. plus courtes et plus larges
que les div. lat.
V. s. — Caucase, Perse.

12. — O. SCHELKOWNIKOWII

O. Schelkownikowii Woronow in *Mitt. Kauk. Mus.*, IV (1909), p. 266 ; Fedde, *Repert.*, XI, p. 526.
Icon. : *Ic. n.*, pl. 128, f. 30.
Plante haute de 45-85 cent. Tubercules gros (5-6 × 2,5 cent.). Feuilles 4-7, oblongues-obovales ou
oblongues, obtuses, situées au-dessous de la partie médiane de la tige, les caulinaires 1-4, embrassantes. *Bractées petites*, membraneuses, ovales-deltoïdes. *Fleurs grandes, d'un vert jaunâtre sordide*, disposées en épi densius-
cule (80-100 fl. et plus), long de 15-30 cent. *Casque acutiuscule*, long de 9-11 mm. *Divisions ext. du périanthe*
ovales-obtusiuscules ou aiguës, *marquées à la face int. de linéoles pourpres*, les lat. int. linéaires, à sommet aigu,
infléchi. *Labelle* profondément 3-lobé, *brun ou brun-rougeâtre*, à lobes lat. linéaires, obtusément arrondis au
sommet, *courbés en dedans, le lobe moyen profondément lobé, à lobules oblongs-obtus, divergents* en croix et
muni, entre les lobules, d'un denticule. Eperon cylindrique, subcomprimé au sommet, courbé, pâle, long de
5-5,5 mm., égalant le 1/3 de l'ovaire.

Habitat : collines et forêts. — *Répart. géogr.* : Transcaucasie (distr. de Semacha aux env. de Agh-su, entre
Agh-su et Sarodil (Schelkownikow), Geok-cai aux env. de Padar et Ares aux env. de Geok-tapa (ap. Woronow).

13. — O. MILITARIS

O. militaris L., *Spec.*, éd. 1, p. 941 (saltem p. p.) (1753) ; *Fl. suec.*, éd. 2, p. 310 (1755) ; Willd.,
Spec., IV, p. 22 ; Rich. in *Mém. Mus.*, IV, p. 55 ; Lindl., *Gen. and spec.*, p. 271 ; Kraenz., *Gen. et spec.*,
p. 129 ; Correvon, *Alb. Orch. Eur.*, pl. XLV ; Richt., *Pl. Eur.*, I, p. 267 ; Babingt., *Man., Brit. Bot.*,
éd. 8, p. 348 ; Oudem., *Fl. Nederl.*, III, p. 144 ; Lej., *Fl. Spa*, II, p. 188 ; *Revue fl. Spa*, p. 185 ; Hocq.,
Fl. Jemm., p. 235 ; Dumort., *Prodr. fl. Belg.*, p. 132 ; Lej. et Court., *Comp.*, III, p. 181 ; Tinant, *Fl.
Luxemb.*, p. 438 ; Mich., *Fl. Hain.*, p. 276 ; Crépin, *Man. fl. Belg.*, éd. 1, p. 177 ; Piré et Mull., *Fl.*

Belg., p. 192 ; Löhr, *Fl. Tr.*, p. 243 ; Gorter, *Fl. VII, Pr.*, p. 235 ; Hall, *Fl. Belg. sept.*, p. 624 ; Meyer, *Orch. Luxemb.*, p. 7 ; Dumoul., *Fl. Maestr.*, p. 104 ; Thielens, *Orch. Belg. et Luxemb.*, p. 70 ; Lapeyr., *Abr. Pyr.*, p. 547 ; Gr. et Godr., *Fl. Fr.*, III, p. 89 ; Boreau, *Fl. cent.*, éd. 3, p. 642 ; Coss. et Germ., *Fl. env. Par.*, éd. 2, p. 679 ; Castagne, *Cat. B.-d.-Rh.*, p. 156 ; Ardoino, *Fl. Alp.-Mar.*, p. 353 ; Barla, *Iconogr.*, p. 51 ; Dulac, *Fl. H.-Pyr.*, p. 126 ; Gren., *Fl. ch. jur.*, p. 747 ; Michal., *Hist. nat. Jura*, p. 295 ; Renault, *Aperc. H.-Saône*, p. 244 ; Contejean, *Rev. Montb.*, p. 221 ; Magn. et Hétier, *Obs. fl. Jura*, p. 140 ; Franch., *Fl. L.-et-Ch.*, p. 570 ; G. Cam., *Orch. Fr.*, p. 37 ; in *Journ. de Bot.*, III, p. 140 ; G. Cam. Berg. A. Cam., *Monogr. Orch. Eur.*, p. 121 ; A. Cam. in *Riviera scientif.* (1918), p. 6 ; Llyod et Fouc., *Fl. Ouest*, p. 336 ; Gust. et Hérib., *Fl. Auv.*, p. 428 ; Corbière, *N. fl. Norm.*, p. 554 ; Gand., *Fl. lyon.*, p. 222 ; Debeaux, *Révis. fl. agen.*, p. 518 ; Gautier, *Pyr.-Orient.*, p. 397 ; Coste, *Fl. Fr.*, III, p. 398, n° 3589, *cum icone* ; Rouy, *Fl. Fr.*, XIII, p. 136 ; Alb. et Jahand., *Cat. Var*, p. 486 ; Reichb., *Fl. excurs.*, I, p. 125 ; Döll, *Rhen.*, p. 220 ; Bach, *Rheinpr. Fl.*, p. 369 ; Oborny, *Fl. Möhr. Oest. Schl.*, p. 244 ; Schul., *Palat.*, p. 338 ; Gmel., *Bad.*, III. p. 539 ; Koch, *Syn.*, éd. 2, p. 789 ; éd. 3, p. 593 ; éd. Hall. et Wohlf., p. 2423, n° 2 ; Foerster, *Fl. Aachen*, p. 345 ; Caflisch., *Exc. Fl. S. D.*, p. 294 ; Seubert, *Et. Fl. Bad.*, p. 120 ; M. Schulze, *Die Orchid.*, n° 9 ; Aschers. et Graeb., *Syn.*, III, p. 679 ; Kraenzl., *Orchid.*, p. 14 ; Gaud., *Fl. helv.*, V, p. 434 (excl. var. b.) ; Fischer, *Fl. Bern.*, p. 75 ; Rhiner, *Prodr. Waldst.*, p. 125 ; Bouvier, *Fl. Alp.*, éd. 2, p. 639 ; Gremli, *Fl. Suisse*, éd. Vetter, p. 479 ; Schinz et Keller, *Fl. Schweiz*, p. 120 ; Balbis, *Fl. Taur.*, p. 147 ; Sebast. et Mauri, *Fl. rom. prodr.*, p. 305 ; Sang., *Fl. rom. prodr. alt.*, p. 727 ; Parlat., *Fl. ital.*, III, p. 484 ; Bertol., *Fl. ital.*, IX, p. 540 ; Ces. Pass. Gib., *Comp.*, p. 189 ; Arcang., *Comp.*, éd. 2, p. 189 ; Comoll., *Fl. com.*, VI, p. 642 ; Cocconi, *Fl. Bolog.*, p. 484 ; Cortesi in *Ann. bot. Pirotta*, 1, p. 26 ; Fiori et Paol., *Iconogr. ital.*, n° 825 ; *Flora Ital.*, I, p. 242 ; Pollin., *Fl. ver.*, II, p. 12, excl. syn. ; Ambros., *Fl. Tirol aust.*, I, p. 680, var. a. ; Hausm., *Fl. Tirol*, p. 831 ; Hinterhuber et Pichl., *Fl. Salz.*, p. 192 ; Beck, *Fl. Nied.-Oest.*, p. 200 ; Simk., *Enum. Transs.*, p. 498 ; Willk. et Lange, *Prodr. hisp.*, I, p. 166 ; C. Koch in *Linn.*, XII, p. 277 ; Marsch. Bieb., *Fl. Taur.-Cauc.*, II, p. 365 ; Boiss., *Fl. orient.*, V, p. 64 ; Grecescu, *Consp. fl. Roman.*, p. 543 ; Pantu, *Contr. Fl. Bucegilor*, p. 5 et *Orchid. d. Rom.*, p. 55 ; Gries, *Spic. fl. rum. et bith.*, II, p. 357 ; Georgi, *It.*, 1, p. 232 ; Bescher., *Russ. R.* III, V, p. 1268 ; Steph., *Fl. Mosq.*, n° 606 ; Pallas, *Ind. Taur.* ; Ledeb., *Fl. alt.*, IV, p. 168 ; *Fl. ross.*, IV, p. 62 ; Eichw., *Skizze*, p. 124 ; Turcz., *Cat. Baikal*, n° 1904. — **O. Rivini** Gouan, *Illustr.*, t. 74 (1773) ; Reichb. F., *Icon.*, XIII-XIV, p. 30 ; Timb.-Lagr., *Mém. hybr. Orch.*, p. 15, f. 5 ; Marth.-Don., *Fl. Tarn.*, p. 699 ; Masclef, *Cat. P.-d.-C.*, p. 153 ; de Vos, *Fl. Belg.*, p. 554 ; Garcke, *Fl. Deuts.*, éd. 14, p. 375 ; Trautv., *Inc. Fl. Ross.*, p. 750, n° 5026. — **O. cinerea** Schrank, *Baier Fl.*, p. 241 (1789) ; Kirschl., *Prodr. fl. Als.*, p. 161 ; *Fl. Als.*, II, p. 128 ; *Fl. vog. rhén.*, p. 78 ; Godr., *Fl. Lorr.*, éd. 2, p. 285. — **O. galeata (galeatus)** Poiret, *Encycl.*, IV, p. 593 (1789) ; Bubani, *Fl. pyr.*, IV, p. 33 ; C. Koch in *Linn.*, XII, p. 278 ; DC., *Fl. fr.*, III, p. 249, n° 2015 ; Mutel, *Fl. fr.*, III, p. 236 ; *Fl. Dauph.*, éd. 2, p. 591 ; Godr., *Fl. Lorr.*, III, p. 34 ; Godet, *Fl. Jura*, p. 682 ; Dupuy, *Fl. Gers*, p. 123 ; Graves, *Cat. Oise*, p. 121 ; Car. et S.-Lag., *Fl. descr.*, éd. 8, p. 801 ; Spenner, *Fl. Frib.*, II, p. 3 ; Reuter, *Cat. Genève*, éd. 2, p. 201 ; Ten., *Fl. nap.*, II, p. 292. — **O. brachiata** var. **minor** Gilib., *Exerc. phyt.*, II, p. 477 (1792). — **O. mimusops** Thuill., *Fl. par.*, éd. 2, p. 458 (1799) ; Boisduval, *Fl. fr.*, III, p. 45. — **O. tephrosanthos** b. Lois., *Fl. Gall.*, II, p. 265. — **O. signifera** Vest., *Syll. fl. ratisb.*, p. 79 (1824). — **O. nervata** March., in van Hall, *Bijdr. Nat. Wetensch.*, II, p. 436 (1827). — **Strateuma militaris** Salisb. in *Trans. Hort. Soc.*, 1, p. 290 (1812). — *Cynosorchis latifolia hiante cucullo minor* Vaill., *Bot. paris.*, p. 149, t. 31, f. 21, 23. — *Orchis galea et alis cineris* Bauh., *Hist.*, II, p. 755. — *Orchis mas latifolia* Fuchs, *Hist.*, 554. — *Cynosorchis latifolia, hiante cucullo major* Bauh. *Pinax*, p. 80. — *Cynosorchis major* II, Tabern. Kr. 1047. — *Satyrion mas* Brunf., I, 104, *cum icone*.

Noms vulg. : Orchis militaire, Fleur de Pentecôte. — Angl. : Military Orchis. — Allem. : Helm-Knabenkraut, Helmorchis, Dunkellippige Rag-Wurz. — Holl. : Soldaat Orchis.

Icon. : Fuchs, *Hist.*, 554 ; Hall., *Helv.*, t. 28 ; Jacq., *Rar.*, t. 578 ; Vaillant, *l. c.* ; Seg., *Pl. ver.*, II, p. 127, n° 11, t. 15, f. g. ; Schl. Lang. *Deuts.*, IV, f. 526 ; Sw., *Bot.*, V, t. 340 ; Mutel, *Fl. fr.*, t. 74, f. 484, a, b, d, e ; Coss. et Germ., *Atlas*, pl 32, f. II ; Timb.-Lagr., *Mém. hybr.*, pl. 21, f. 5 ; G. Cam., *Icon. Paris*, pl. 7, f. 4 ; et *Bull. Soc. bot. Fr.*, XXXII, pl. 8 ; Barla, *l. c.*, pl. 36, f. 1-22 ; Oudemans, *l. c.*, pl. LXIX, n° 362 ; Fiori et Paol., *Icon.*, n° 825 ; Reichb., *l. c.*, t. CCCLXXVI, f. I-II, 1-23 ; t. DXIII, f. 13 ; M. Schulze, *l. c.*, t. 9 ; Bonnier, *Atl. X. Fl.*, p. 146 ; G. Cam. Berg. A. Cam., pl. 18, f. 502-506 ; Pantu, *Orch. d. Rom.*, t. XIV ; *Ic. n.*, pl. 29, f. 1-15.

Exsicc. : Fries, *H. n.*, 10, n° 61, × ? p. p. ; Dauph., n° 5060 *bis* et *ter* ; Schultz. n° 527 ; Billot, n°s 527 et 3476 ; *Soc. Rochel.*, n° 2721 ; Dörfler, *H. n.*, n° 5336 ; Magnier, n° 1303 ; *Soc. ét. fl. fr.-helv.*, n° 555,

Tubercules ovoïdes, rarement subglobuleux. Tige droite ou sinueuse, robuste, haute de 2-4.5 dm., légèrement anguleuse, lavée de violet au sommet, entourée à la base de gaines jaunâtres. Feuilles non maculées, épaisses, presque charnues, luisantes, les inf. grandes, rapprochées, oblongues ou oblongues-lancéolées, aiguës, d'un beau vert, les sup. engaînantes. *Bractées* pellucides, 4-6 *fois plus courtes que l'ovaire*, ovales-lancéolées ou lancéolées, aiguës, obtuses ou presque tronquées, violacées ou roses, uninervées. Fl. nombreuses, dégageant une faible odeur de coumarine (1), disposées en épi dense, oblong ou presque conique, ensuite subcylindrique. Périanthe à divisions conniventes en *casque ovoïde-aigu ou ovoïde-lancéolé, d'un gris cendré violacé à l'extérieur*, veiné à l'intérieur de violet foncé, *les ext. soudées à la base par leurs bords*, elliptiques-lancéolées, les lat. ext. subobtuses, la médiane aiguë, les lat. int. linéaires-aiguës, un peu plus courtes et beaucoup moins larges que les ext. *Labelle* un peu plus long que le casque ou parfois l'égalant seulement, trilobé, *à face supér. blanche vers le milieu, violette vers les bords et dans les lobes*, parsemée de houppes purpurines ; *lobes latéraux étroits, linéaires,courts* ; *lobe moyen* plus long que les latéraux, largement linéaire, de largeur égale, puis dilaté et *divisé au sommet en deux lobules courts, 3 fois env. plus larges que les lobes latéraux et plus courts qu'eux*, ovales-obtus, à bords entiers, souvent réfléchis ou un peu arqués en avant, séparés par une dent linéaire, petite, très étroite ; médiastin aussi long que les lobes latéraux. Eperon cylindrique, en forme de sac, peu courbé, dirigé en bas, obtus, un peu renflé et tronqué au sommet, plus court que la moitié de la longueur de l'ovaire. Gynostème obtus. Stigmate cordiforme. Anthère d'un pourpre violacé, à loges parallèles et contiguës. Pollinies d'un vert bleuâtre foncé. Caudicules et rétinacles blanc jaunâtre. Ovaire sessile, linéaire, contourné, vert lavé de violet. Capsule ovale-allongée, un peu contournée, atténuée aux extrémités, à côtes saillantes.

Morphologie interne.

Tubercule. Grains d'amidon arrondis, quelquefois groupés, ayant ordt 6-15 µ de diam nombreux (pl. 111, f. 6). — *Fibres radicales.* Endoderme à cadres fortement subérisés. Métaxylème abondant autour d'un parenchyme non différencié développé.

Tige. Stomates assez nombreux. 3-5 assises chlorophylliennes entre l'épiderme et l'anneau lignifié formant un tissu assez lâche. Anneau lignifié comprenant 8-9 assises. Faisceaux libéroligneux touchant à l'anneau lignifié par leur liber, entourés de parenchyme latéralement et intérieurement. Partie centrale de la tige plus ou moins résorbée. — *Base de la tige.* Anneau lignifié manquant. Faisceaux libéroligneux très nombreux, petits. Feuilles nombreuses entourant la base de la tige, à nervures dépourvues de tissu lignifié ; épidermes sup. et inf. presque de même hauteur (50 µ env.) ; cellules à raphides et à mucilages abondantes.

Feuille. Ep. = 450-500 µ env., parfois 800-850 µ vers le milieu de la feuille. — Ep. sup. recticurviligne, haut de 150-300 µ, à paroi ext. épaisse de 6-10 µ env. et non ou peu bombée, à parois lat. sinueuses (ce tissu est ici un véritable réservoir aquifère), portant, dans la partie inf. de la feuille, des poils unicellulaires, très longs, très gros, hyalins, blanchâtres et assez nombreux, muni de stomates seulement dans les feuilles bractéiformes sup. Epiderme inf. recticurviligne, haut de 40-100 µ, muni de stomates nombreux, à paroi ext. épaisse de 3-7, rarement 10 µ,et légèrement bombée. Cellules épidermiques des bords du limbe à paroi ext. à peine bombée (pl. 115, f. 112). Parenchyme formé de 8-10 assises de cellules irrégulières constituant un tissu riche en chlorophylle, mais assez lâche, à la partie inf. de la feuille. Bords très amincis dépourvus de collenchyme. Nervure médiane à section concave-convexe, à faisceau libéro ligneux entouré de tissu chlorophyllien et de collenchyme à la partie inf., les autres nervures un peu déprimées à la face inf.

Fleur. — *Divisions externes et latérales internes du périanthe.* Epiderme ext. dépourvu de papilles, cellules à parois ondulées, cuticule plus ou moins striée. Epiderme int. prolongé en papilles sur les lignes violettes ; papilles plus ou moins cylindriques, atteignant 70-150 µ de long (pl. 120, f. 342). Traces d'huile essentielle dans l'épiderme int. des divisions ext. Globules d'huile dans les épidermes ext. et int. des divisions lat. int. (2). — *Labelle* (f. 109, 109'). Epiderme int. à papilles cylindriques, arrondies au sommet, souvent renflées vers la partie médiane, atteignant 200-500 µ au milieu du labelle

1. En séchant, toute la plante dégage une odeur de coumarine.
2. En épuisant l'*O. militaris* par l'éther ou par l'alcool, on a obtenu une petite quantité d'une essence jaunâtre, d'odeur forte et agréable. Cf. Crouzel (*Apotheke Zeitung*, XVI,1901, p. 6) et Gildmeister et Hoffmann, *Les huiles essentielles*, 2ᵉ édit., par Gildmeister, trad. Laloue, t. II, 1914, p. 333.

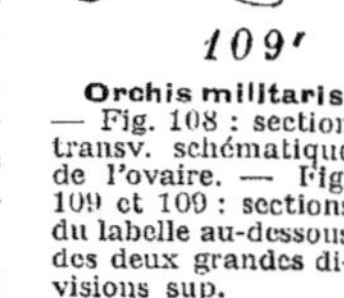
Cylindres centraux

108

109

109'

Orchis militaris. — Fig. 108 : section transv. schématique de l'ovaire. — Fig. 109 et 109' : sections du labelle au-dessous des deux grandes divisions sup.

(pl. 120, f. 343-350). Sur les parties lat. du labelle, papilles excessivement courtes ou nulles. Epiderme ext. dépourvu de papilles ou à papilles courtes vers les bords (pl. 120, f. 341). Au sommet du labelle, il existe des globules d'essence dans les épidermes int. et ext. et les cellules du parenchyme, surtout vers les bords et près des nervures. — *Eperon.* Epiderme int. à peine papilleux ; quelques papilles courtes seulement vers la gorge. Epiderme ext. manquant de papilles. Réserves sucrées s'accumulant entre les deux épidermes ; pas d'émission de nectar à l'intérieur de l'éperon. — *Gynostème.* Epiderme muni de quelques papilles ; rares globules d'essence dans l'épiderme et le parenchyme. — *Anthère.* Bandes peu nombreuses. — *Pollen.* Vert foncé. Réseau de bâtonnets assez net à la surface des tétrades. L = 30-40 μ env. — *Ovaire* (f. 108). Nervure des valves placentifères à peu près aussi saillante, à l'extérieur, que les valves non placentifères, renfermant ordt un seul faisceau libéro ligneux. Placenta assez long, divisé en 2 longues branches. Valves non placentifères un peu moins proéminentes à l'extérieur que dans l'*O. Simia*, contenant un faisceau libéroligneux. — *Graines.* Cellules du tégument dépourvues d'épaississements striés ou réticulés. Graines arrondies au sommet, env. 2-2 f. 1/2 plus longues que larges. L. = 280-350 μ env. (1).

Cette espèce, bien moins polymorphe que l'*O. purpurea*, comprend les var. suivantes :

Var. α tyica G. Cam., *Monogr. Orch. Fr.*, p. 38 et in *Bull. Soc. bot. Fr.*, XXXII, p. 215, pl. VIII f. 19 (1885) ; Beck, *Fl. Nied. Oester.*, p. 200 (1890) ; Cortesi in *Ann. Bot. Pirotta*, I, p. 27 ; A. Camus in *Riviera scientif.* (1918), p. 6. —Lobes secondaires du labelle tronqués ou arrondis.

S.-var. *a albiflora* G. Cam. in G. Cam. Berg. A. Cam., *l. c.* (1908). — Fl. et souvent bractées blanches. — Çà et là, surtout sur le calcaire.

Le *l. peralba* (Ruppert in *Verh. Nat. Ver. preuss. Rheinl. u. Westf.* (1924), p. 174 et in Fedde, *Rep. sp. nov.* (1926), p. 325), ne diffère pas de cette sous-var.

S.-var. *b immaculata* Auct. — Labelle dépourvu de macules plus foncées. — Peu rare.

S.-var. *c spathulata* G. Cam., *l. c.* ; Cortesi, *l. c.* ; A. Cam. in *Riviera scientif.* (1918), p. 6. — Labelle à lobes secondaires du lobe moyen spatulés. — Avec le type.

S.-var. *d acuminata* G. Cam. — Labelle à lobes second. du lobe moyen atténués, acuminés. -- Avec le type.

S.-var. *e revoluta* (Ruppert in *Verh. Nat. Ver. preuss. Rheinl. u. Westf.* (1924), p. 174 f. 2 et in Fedde, *Rep. sp. nov.* (1926), p. 325) ; *Ic. n.*, pl. 128, f. 19. -- Div. ext. et lat. int. du périanthe réfractées. -- Barre : env. de Sarrebruck (Ruppert).

Var. β **longibracteata** Schur, *Enum. pl. Transs.*, p. 368 ; G. Cam. Berg. A. Cam., *l. c.* — Bractées subfoliacées, égalant l'ovaire. — Transylvanie, France (cf. Lemée in *Bull. vulg. Sc. nat. Gers* (1923), p. 17).

Var. γ **arenaria** Schur, *l. c.* ; G. Cam. Berg. A. Cam., *l. c.* — Labelle à lobes lat. crénelés, acutiuscules, à lobe méd. obcordé. Eperon grêle, 3 fois plus court que l'ovaire.

Var. δ **intercedens** Beck, *l. c.* ; var. *intercedens* Ascuers. et Graebn., *l. c.*, p. 681. — Lobules du lobe méd. 3-4 fois plus larges que les lobes lat. — Assez répandu.

Var. ε **Raddeana** Boiss., *Fl. orient.*, V, p. 64. — *O. Raddeana* Regel in *Suppl. ad. Ind. sem. Hort. Petrop.*, XXI, p. 22 (1868) ; Trautv., *Incr. Fl. Ross.*, p. 750, n° 5024. — Lobe moyen du labelle atténué arrondi au sommet. — Caucase.

La var. *nervata* Marchand, *Orch. Luxemb.*, est une forme accidentelle à lobes du labelle dentés.

L. *Braschii* Ruppert in *Ber. d. Bot. u. Zool. Ver. f. Rheinl.-West.* (1925) p. 49. — Labelle à lobes lat. manquant plus ou moins ; lobe méd. entier terminé en pointe rétrécie, un peu recourbée en arrière. Forme paraissant parallèle au *l. Braschii* de l'*O. purpurea*. — Honingen-sur-Rhin (Brasch).

L. *singularis* Heidenreich ap. M. Schulze in *O. B. Z.*, XLVIII, p. 51 (1898) (= ? F. *unipartita* Martr.-Donos). — Fl. dont toutes les div. lat. du labelle manquent. — Prusse orient. (Heidenreich).

L. *hircinoides* von der Mark in Beckhaust, *Fl. Westf.*, p. 835 (1893) ; Zimmerm. in *Form. d. Orchid.*, p. 20 (1912). — Labelle long de 1 cm. ; div. lat. filiformes longues de 8-9 mm. ; div. du lobe méd. de 8 mm., larges de 2 mm. ; casque tordu au sommet. — Allemagne : Golsberg près Dolberg.

L. *tripartita* Ruppert et M. Schulze in *Thür. B. V. N. F.*, XVII, p. 43 (1902). — Labelle à div. lat. développées (6-7 mm.), la méd. entière, aiguë ou acuminée. — Thuringe : Mordthal et Katerberg (Ruppert).

Formes douteuses. — × ?Var. **subsimia** Hausm. ap. M. Schulze, *Die Orchid.*, 9, 3 (1894) ; in *Thür. B. V. N. F.*, XIX, p. 103 (1904).— Plante développée, à div. lat. du labelle allongées, arquées en dehors. Peut-être d'origine hybride. — Tyrol ; Bas-Rhin, abondant au Rippberg près Dorlisheim (Loyson, d'apr. Walter).

× ? Var. **perplexa** Beck, *Fl. Nied.-Oest.*, p. 200 (1890) ; M. Schulze, *l. c.*, 9, 3 ; (*perplexus*) Grintescu

1. L'*O. militaris* contient de la loroglossine (Delauney in *C. R.* (1923), 176, p. 598).

in *Bull. géogr. bot.* (1918), p. 54. — Bractées aiguës, égalant la moitié du fruit, les inf. atteignant 12 mm. — Allemagne, Autriche, Roumanie.

× ? Var **stenoloba** DÖLL, *Fl. Gross. Baden.*, p. 399 (1857) ; non Coss. et GERM. — Labelle à div. du lobe méd. étroitement linéaires. Peut-être hybride.

Monstruosité. — Pl. 130, f. 20, est représentée une fl. anomale d'*Orchis militaris* dont les div. lat. ext. du périanthe sont semilabelliformes et munies chacune d'un éperon, les div. lat. int. sont assez allongées ; les div. ext. et lat. int. ne sont pas conniventes en casque. Cette curieuse monstruosité a été recueillie par M. de Larminat, près de Soissons (Aisne), en 1927.

V. v. — Avril, mai, dans la rég. mérid.; mai et juin, dans le Nord et le Centre ; au moins 15 jours plus tard dans les tourbières. — *Habitat.* : collines herbeuses et arides, rég. montagn., clairières des bois, surtout sur le calcaire, la tourbe. Dans cette dernière station, les O. *Simia* et *purpurea* font ord. défaut, et l'*O. milit.* offre alors une remarquable fixité (f. *typica*). — *Répart. géogr.* : presque toute l'Europe, péninsule ibérique (1), France (disséminé, indiqué en Corse par erreur, d'ap. BRIQUET), Iles Britanniques, Belgique, Hollande (R.), Danemark ? Suède mérid., Oeland, Gottland, Norvège, mérid. (ap. PARLATORE), Allemagne (abondant dans les rég. mérid. et centr., plus rare dans le Nord),Suisse (principalement dans le bassin du Léman), Italie (répandu dans la rég. septentr., plus rare dans le Centre, descend au sud jusque dans les montagnes des Abruzzes), Autriche, Hongrie, rare en Bohême, en Bosnie et en Herzégovine, manque en Dalmatie, partie septentr. de la péninsule des Balkans, Russie centr. et mérid., Tauride, Caucase, Transcaucasie. — Sibérie.

14. — O. PURPUREA.

O. purpurea HUDS.,*Fl. angl.*, éd. 1, p. 334 (1762) ; REICHB., F., *Ic.* XIII-XIV (excl. var.), p.30 ; RICHTER, *Pl. Eur.*, I, p. 267 ; BABINGT., *Man. Brit. Bot.*, éd. 8, p. 343 ; CRÉPIN, *Man. Fl. Belg.*, éd. 1, p. 177 ; éd. 2, p. 262 ; LE TURQ. DELONCH., *Fl. Rouen.* p. 439 ; GR. et GODR., *Fl. Fr.*, III, p. 289 ; BOREAU, *Fl. cent.*, éd. 3, p. 643 ; COSS. et GERM., *Fl. Par.*, éd. 2, p. 678, excl. var. b. ; MARTR.-DONOS, *Fl. Tarn*, p. 698 ; ARDOINO, *Fl. Alp.-Mar.*, p. 352 ; BARLA, *Iconogr.*, p. 52 ; BONNET, *Fl. env. Paris*, p. 380 ; GREN., *Fl. ch. jurass.*, p. 289 ; RENAULT, *Ap. H.-Saône*, p. 244 ; DULAC, *Fl. H.-Pyr.*, p. 126 ; MARTIN, *Cat. Romorant.*, p. 266 ; FRANCH., *Fl. L.-et-Ch.*, p. 570 ; GUST. et HÉRIB., *Fl. Auv.*, p. 429 ; RAVIN, *Fl. Yonne*, éd. 3, p. 360 ; MAGNIN, *Observ. fl. Jura*, p. 140 ; G. CAM. in *Bull. Soc. bot. Fr.*, t. XXXII, p. 85 ; *Monogr. Orch. Fr.*, p. 35 ; in *Journ. de Bot.*, VI, p. 138 ; G. CAM. BERG. A. CAM., *Monogr. Orch. Eur.*, p. 125 ; A. CAMUS in *Riviera scientif.* (1918), p. 6 ; DEBEAUX, *Rév. fl. agen.*, p. 518 ; LLYOD et FOUC., *Fl. Ouest*, p. 336 ; MASCLEF, *Cat. P.-d.-C.*, p. 155 ; GAUTIER. *Pyr.-Orient.*, p. 397 ; CORBIÈRE, *N. fl. Normand.*, p. 554 ; COSTE, *Fl. Fr.*, III, p. 397, n° 3588, *cum icone* ; OBORNY, *Fl. Moehr. Oest. Schles.*, p. 243 ; GARCKE, *Fl. Deuts.*, éd. 14, p. 375 ; CAFLISCH, *Ex. Fl. S. D.*, p. 294 ; KOCH, *Syn.*, éd. Hall. et Wohlf., p. 2423, excl. var. b. et c. ; O. KUNTZE, *Tasch. Fl.*, p. 64 ; SEUBERT, *Ex. Bad.*, p. 120 ; M. SCHULZE, *Die Orchid.*, n° 10 (*purpureus*) ; ASCHERS. et GRÆBN., *Syn.*, *III*, p. 683 ; MUL-LER-KRÆNZL., *Abbil. Orch. Art.*, p. 16 ; MORTHIER, *Fl. Suisse*, p. 360 ; BOUVIER, *Fl. Alp.*, éd. 2, p. 639 ; GREMLI, *Fl. anal. Suisse*, éd. Vetter, p. 360 ; SCHINZ et KELLER, *Fl. Schweiz*, p. 160 : PARLAT., *Fl. ital.*, III, p. 487 ; CES. et GIB., *Comp.*, p. 189 ; COCCONI. *Fl. Bologn.*, p. 484 ; FIORI et PAOL.,*Fl. It.*, I, p. 242 ; GRECESCU, *Consp. Fl. Rom.*, p. 544 ; PANTU, *Contrib. Fl. Bucurest.*, p. 84 et *Orch. d. Rom.*, p. 58 ; TRAUTV., *Increm.*, *Fl. Ross.*, n° 5023, p. 749 ; DE LITARDIÈRE et SIMON in *Bull. Soc. bot. Fr.* (1921), p. 33 ; ALB. et JAHAND., *Cat. Var*, p. 486 ; WUNSTEDT in *Bot. Tidsskr. Kobenh.* (1924), p. 299. — **O. militaris** β L., *Spec.*, I, p. 943 (1753) ; SMITH, *Brit.*, p. 923 ; POLL., *Palat.*, n° 846 et auct. plur.— **O. fuscata** PALL., *Iter*,II, p. 124 (1773). — **O. fusca** JACQ., *Fl. austr.*, IV, p. 4, t. 307 (1776) ; WILLD., *Spec.*, IV, p. 23 ; POIRET, *Encycl.*, IV, p. 592 ; RICH. in *Mém. Mus.*, IV, p. 55 ; LINDL., *Gen. and spec.*,p. 272 ; CORREVON, *Alb. Orch. Eur.*, pl. XXXVIII ; LEJ., *Rev. fl. Spa*, p. 185 ; LEJ. et COURT., *Comp.*, III, p. 182 ; DUMORT., *Prodr. fl. Belg.*, p. 132 ; MARCH., *Orch. Belg. et Luxemb.*, VI ; DUMOUL., *Fl. Maestr.*, p. 165 ; BELLYNCK, *Fl. Namur*, p. 261 ; LÖHR, *Fl. Tr.*, p. 245 ; MAYER, *Orch. G.-D. Luxemb.*, p. 8 ; MUTEL, *Fl. Fr.*, III, p. 237 ; *Fl. Dauph.*, éd. 2, p. 591 ; DUPUY, *Fl. Gers*, p. 231 ; LA PEYR., *Fl. Pyr.*, p. 547 ; GANDG., *Fl. lyon.*, p. 228 ; CAR. et S.-LAG., *Fl. descr.*, éd. 8, p. 800 ; BUBANI, *Fl. pyr.*, p. 127 ; KIRSCHL., *Fl. Als.*, II, p. 127 ; REICHB., *Fl. vog. rhen.*, p. 78 ; REICHB., *Fl. excurs.*, p. 125 ; GMEL., *Fl. Bad.*, III, p. 540 ; KOCH, *Syn.*, éd. 2,p. 788 ; éd. III,p. 593 ; RUPPERT in *Verh. Nat. Ver. preuss. Rheinl. u. Westf.*, (1924), p. 174 ; GODET, *Fl. Jura*, p. 683 ; GAUD., *Fl. helv.*, VI, p. 435, n° 2060 ; FISCHER, *Fl. Bern.*, p. 76 ; ALL., *Fl. pedem.*, II,p. 148 ; SAVI, *Due cent.*,p. 195 et *Bot.etr.*, III, p. 164 ; NOCC. et BALB.,

---

1. A été cité, par erreur, aux Baléares.

Fl. tic., II, p. 159 ; Ser. et Mauri, *Fl. rom., pr.*, p. 301 ; Pollin., *Fl. ver.*, III, p. 13 ; de Not., *Rep. fl. lig.*, p. 384 ; Bertol., *Fl. ital.*, IX, p. 541 ; Hausm., *Fl. Tir.*, p. 831 ; Ambr., *Fl. Tir. austr.*, p. 679 ; Comoll., *Fl. com.*, VI, p. 340 ; Vis., *Fl. Dalm.*, I, p. 169 ; Suffren, *Pl. Frioul*, p. 185 ; Boiss., *Voy. Esp.*, p. 592 ; *Fl. orient.*, V, p. 65 ; Brandza, *Prodr. fl. rom.*, p. 452 ; *Fl. Dobrogei*, p. 400 ; Schur, *Enum. pl. Transs.*, n° 3395, p. 636 ; Marsch. Bieb., *Fl. Taur. Cauc.*, II, p. 365, n° 1840 et Suppl., III, p. 602 ; Pallas, *Ind. Taur.* ; Hohenack., *Elisabethpol*, p. 252 ; Lucé, *Fl. osil.*, p. 294 ? Fedtschenko in *Bull. herb.* Boissier (1904), 4, p. 1191. — O. militaris β purpurea Huds., *Fl. angl.*, éd. 2, II, p. 384 (1778) ; et auct. plur. — **O. brachiata** Gilib., *Exerc. phyt.*, II, p. 477 (1792) ; Jacq., *Fl. austr.*, IV, p. 307. — **O. fuscescens** Steph., *Fl. Mosq.*, n° 610 (1795). — **O. militaris**, *Fl. Dan.*, t. 1277 (1806) ; DC., *Fl. fr.*, III, p. 248, n° 2013 ; Vill., *Hist. Dauph.*, II, p. 34, n° 13 ; Spenn., *Fl. Frib.*, p. 232. — **O. maxima** K. Koch in Linn., XIX, p. 14 (1847). — *Orchis strateumica major* J. Bauh., *Hist.*, II, p. 759. — *Orchis militaris major* Tournef., *Inst.*, 432 ; Vaill., *Bot. par.* t. XXXI. — *Orchis magna, latis foliis, galea fusca vel nigricante* J. B. Ray, *Angl.*, III, p. 378, t. 19, f. 2 ; Bauh., *l. c.* — *Cynosorchis militaris major* Bauh., *Pinax*, p. 81.

Noms vulg. : Orchis pourpré, Fleur de Pentecôte. — Angl. : Great brown-winged Orchis. — Allem. : Purpurrotes Knabenkraut, Braunes Knabenkraut, Braune Ragwurz, Braunrotes-Knabenkraut. — Holl. : Bruine Orchis.

Icon. : Lob. *Observ.*, p. 92, f. 2 ; Haller, *Ic. H.*, t. 31 ; Vaill., *Bot. par.*, t. 31, f. 27, 28 ; Rivin, *Hex.* t. 16 ; Seg., *Pl. Ver.*, t. II, f. XV, 2 ; Jacq., *Austr.*, t. 1 ; *Fl. Dan.*, t. 1277 (s. *militaris*) ; Metel, *l. c.*, t. 64, f. 486 ; Schl. Lang. *Deutsch.*, IV, f. 327 ; Timb.-Lagr., *Mém. hybr. Orch.*, pl. 21, f. 4 ; Reichb. F., *Ic.*, XIII-XIV, t. CCCLXXVIII, f. I-II, 1-18 ; Barla, *Icon.*, pl. 37, f. 1-18 ; G. Cam., *Icon. Orch. Par.*, pl. 6 et *Bull. Soc. bot. Fr.*, XXXII, pl. 8 ; M. Schulze, *Die Orchid.*, t. 10, f. 1-8, f. 10 monstruosité ; Bonnier, *Alb. N. Fl.*, p. 146 ; Pantu, *Orch. d. Rom.*, t. 13 ; G. Cam. Berg. A. Cam., *l. c.*, pl. 18, f. 498-501 ; *Ic. n.*, pl. 28, f. 1-30.

Exsicc. : *Fl. Austr.-Hung.*, n° 1476 ; Mannisadjan, *Plantæ orient.*, n° 1084.

Tubercules entiers, subglobuleux ou ovoïdes. Fibres radicales nombreuses, épaisses. Tige haute de 3-8 décim., ord. robuste, un peu anguleuse, verte et lavée de pourpre au sommet. Feuilles épaisses, luisantes, d'un beau vert et vernissées en dessus, glaucescentes en dessous, non maculées, grandes, atteignant 8-10 cent. de long, allongées, à nerv. visibles, oblongues ou oblongues-lancéolées, les inf. obtuses, les sup. aiguës. Bractées pellucides, ovales, aiguës, roses ou violacées, plus foncées à la base, 1-nervées, n'atteignant pas la moitié de la longueur de l'ovaire. Fleurs assez grandes, nombreuses, disposées en épi d'abord assez court, conique, puis ovoïde-allongé, dense. Périanthe à div. ext. et lat. int. conniventes en *casque court, les ext. soudées par leurs bords vers la base*, ovales, *brièvement aiguës*, rarement obtuses, concaves, 3-nervées, d'un pourpre rompu avec taches et stries pourpre foncé en dehors, blanchâtres ou verdâtres et pointillées de violet foncé en dedans, les lat. int. linéaires-lancéolées, aiguës, parfois subspatulées, presque aussi longues, mais bien moins larges que les ext., d'un violet clair, verdâtres ou blanchâtres, marquées de petites macules ou de lignes courtes purpurines. Labelle grand, plus long que les autres div. du périanthe (1-2 cm. sans éperon), à face sup. blanche, lavée, surtout vers les bords, de violet, de rose clair ou de pourpre, parsemé de houppes purpurines, à face inf. blanche ou rosée vers les bords, sans macules, tripartit, à lobes lat. linéaires, aigus, rarement obtus, souvent obliquement tronqués au sommet ; le lobe méd. s'élargissant insensiblement depuis sa base, presque cordiforme, bilobé, à *lobules larges, cunéiformes*, à bords crénelés ou dentés et séparés par une dent de longueur variable[1]. Éperon courbé, dirigé en bas, un peu renflé au sommet, tronqué, émarginé ou bilobé, plus court que la moitié de l'ovaire, d'un rose moins violacé que le reste de la fl. Gynostème obtus, rosé. Stigmate oblique. Anthère purpurine, à loges parallèles séparées par un petit bec. Masses polliniques vertes. Caudicules et rétinacles blanc jaunâtre. Ovaire subcylindrique, vert clair, souvent lavé de violet. Capsule à côtes peu marquées.

Morphologie interne.

Tubercule. Grains d'amidon à peu près arrondis, atteignant 10-12 μ de diam. env., ordt non groupés. — *Fibres radicales.* Assise pilifère très subérisée. Parois lat. de l'endoderme à plissements peu marqués. Vaisseaux à très grande section, atteignant 40-60 μ de grand axe. Vaisseaux de métaxylème nombreux.

Tige. Stomates peu rares. 3-6 assises de cellules chlorophylliennes entre l'épiderme et l'anneau lignifié. Anneau lignifié formé de 5-11 assises. Faisceaux libéroligneux peu développés, bordés par l'anneau lignifié ou entourés de fibres lignifiées à parois minces. Parenchyme se résorbant parfois au centre de la tige. — *Base de la tige.* Faisceaux libéroligneux petits, très nombreux, dépourvus d'arcs scérifiés.

1. Nous n'avons jamais constaté l'absence de la dent au sinus du lobe méd. Elle est souvent peu apparente lorsqu'elle est très petite et hyaline.

Feuille. Ep. = 450-500 μ au milieu de la feuille. L'épaisseur décroît beaucoup vers les bords. Epiderme sup. à parois presque rectilignes, haut de 80-100 μ, parfois 130 μ, à paroi ext. épaisse de 5-8 μ et bombée, dépourvu de stomates, au moins dans les feuilles infér., portant, dans la partie infér. du limbe, quelques poils hyalins blanchâtres, unicellulaires, atteignant 270-500 μ env., gros, plus ou moins arrondis à l'extrémité, droits ou recourbés (pl. 118, f. 182). Epiderme inf. à parois latérales recticurvilignes ou ondulées, haut de 30-50 μ, à paroi ext. striée, épaisse de 4-8 μ, légèrement bombée, muni de nombreux stomates. Paroi ext. des cellules épidermiques formant le bord du limbe non manifestement bombée (pl. 115, f. 111). Parenchyme comprenant 6-7 assises de tissu assez lâche et d'abondantes cellules à raphides.

Fleur. — *Divisions externes du périanthe.* Epidermes ext. et int. à parois ondulées, dépourvus de papilles caractérisées, l'ext. à cuticule striée. — *Divisions latérales internes.* Epidermes ext. et int. dépourvus de papilles bien développées, même vers les bords et dans les cellules à pigment formant les taches violettes. — *Labelle.* A la partie sup. du labelle (f. 110), l'épiderme int. porte des papilles courtes (pl. 121, f. 356). Plus bas (f. 111), papilles grosses, peu allongées (pl. 121, f. 355), sauf celles des taches purpurines, cylindriques, à grand diamètre même vers l'extrémité, très longues, atteignant 200-500 μ (pl. 121, f. 351-354). Epiderme ext. dépourvu de papilles ou à papilles très courtes, arrondies. — *Eperon.* Epiderme int. prolongé en papilles assez nombreuses, cylindriques, allongées, atteignant 60-200 parfois 250 μ de long. env. Epiderme ext. à peu près dépourvu de papilles. Réserves sucrées s'accumulant entre les épidermes ; pas d'émission de nectar à l'intérieur de l'éperon. La fleur est très pauvre en essence dans les individus provenant des plaines (env. de Paris). Elle en contient plus dans les individus récoltés dans les basses montagnes de Provence (alt. 400 m.). Alors que, dans les premiers, il n'existe que de rares globules d'essence dans les épidermes du labelle et de l'éperon, dans les seconds, l'essence est assez abondante dans les cellules à papilles courtes et blanches de la face supér. (pl. 121, f. 356) et la fleur en bouton est aussi assez riche en essence. — *Anthère* (pl. 122, f. 446). Anneaux épaissis des parois peu nombreux. — *Pollen.* Jaune légèrement verdâtre. Tétrades de la surface des massules à exine portant un réseau de bâtonnets très nets. L = 30-40 μ. — *Ovaire* (F. 112). Nervure médiane des valves placentifères ailée, plus saillante que les valves non placentifères, contenant un faisceau libéroligneux à bois très réduit. Valves non placentifères petites, proéminentes à l'extérieur, renfermant un faisceau libéroligneux. — *Graines.* Cellules du tégument à parois presque rectilignes, sans stries marquées. Graines arrondies au sommet ou à peine atténuées, 3 f. 1/3-3 f. 3/4 plus longues que larges. L = 350-450 μ env. (1).

Orchis purpurea. — Fig. 110 : section transv. schématique de la base du labelle ; B, bois ; Ei, épiderme inférieur : Es, épiderme supérieur : L, liber :— Fig. 111 : section du labelle au dessous des deux divisions sup. — Fig. 112 : section transv. schématique de l'ovaire.

Espèce très polymorphe dont les variations portent surtout sur la forme du labelle. On peut distinguer les formes principales suivantes, reliées par des intermédiaires.

F. **convergens** G. Cam. in *Bull. Soc. bot. Fr.*, XXXII, pl. VIII et *Monogr.*, p. 36 ; G. Cam. Berg. A. Cam., *l. c.* ; *Ic. n.*, pl. 28, f. 11. — Lobes lat. du labelle rétrécis à la base ; médiastin petit, dent courte ; lignes lat. des lobes secondaires convergentes.

F. **spathulata** G. Cam., *l. c.* ; Cortesi, *l. c.*, f. 16 ; *Ic. n.*, pl. 28, f. 12. — Lobes lat. rétrécis à la base ; médiastin moyen ; lobes secondaires arrondis en spatule.

F. **Dianthus** (Keller et Rupp. ; Zimmerm., *Die Formen der Orchidaceen Deutschlands*, p. 22). — Div. médiane arrondie, comme les lat., élargies à l'extrémité et se recouvrant. — Suisse.

F. **obcordata** (Wirtgen, Zimmerm., *Die Formen Orchidaceen Deutschlands*, p. 22). — Division médiane du labelle ovale-obcordée. Avec le type, disséminé.

F. **amediastina** G. Cam., *l. c.* ; Cortesi, *l. c.* ; *Ic. n.*, pl. 28, f. 13. — Lobes lat. non rétrécis à la base, incomplètement marqués ; médiastin nul ; dent courte ; lobes secondaires spatulés. — Disséminé.

F. **incisiloba** G. Cam., *l. c.* (Coss. et Germ., *Atlas*, pl. XXXII, f. 2) ; *Ic. n.*, pl. 28, f. 14. — Lobes lat. à peine incisés. — Disséminé.

1. L'*O. purpurea* contient de la loroglossine (Delauney in *C. R.* (1923), 176, p. 598).

F. **laciniata** (Rupp. ; Zimmerm., *Die Formen der Orchidaceen Deutschlands*, p. 22). — Labelle à div. moyenne et lat. profondément découpées. — Disséminé.

F. **parallela** G. Cam., *l. c.* ; Cortesi, *l. c.*, p. 17 ; *Ic. n.*, pl. 28, f. 15. — Lobes lat. rétrécis à la base ; dent courte ; lignes latérales des lobes secondaires parallèles.

F. **minima** G. Cam., *l. c.* ; Cortesi, *l. c.*, p. 17 ; *Ic. n.*, pl. 28, f. 16. — Même labelle que dans la forme précédente, mais fl. très petites ; plante haute de 1-2 dm.

F. **latiloba** G. Cam., *l. c.* ; Cortesi, *l. c.*, p. 17 ; A. Camus, *l. c.* ; *Ic. n.*, pl. 28, f. 17. — Ressemble à f. *parallela*, mais lobes lat. presque une fois plus larges et moins longs.

F. **longidentata** G. Cam., *l. c.* ; Cortesi, *l. c.*, p. 17 ; *Ic. n.*, pl. 28, f. 18 et 30. -- Ressemble à f. *spathulata*, mais médiastin un peu plus court, dent atteignant presque le sommet de l'angle de bifidité du lobe médian.

F. **Eliasii** Sennen et Pau. — *Exsicc.* : Sennen, *Pl. Esp.*, n° 143. — Lobes lat. arrondis ; div. du lobe méd. arrondies, à dent très longue. — Espagne : Castille à Ameyugo, Miranda(Sennen et Elias).

F. **confusa** G. Cam., *l. c.* ; *Ic. n.*, pl. 28, f. 19. — Plante petite ; labelle obscurément lobé, à lobes dissemblables ; présentant souvent, à l'angle des lobes lat., une petite dent analogue à celle qui sépare les lobes secondaires ; médiastin nul. Dans cette forme il n'existe pas deux fl. absolument semblables.

F. **expansa** Cortesi, *l. c.*, f. 6, p. 16 ; *Ic. n.*, pl. 28, f. 21-22. -- Ressemble à f. *spathulata*, mais lobes secondaires élargis ou subquadrangulaires.

F. **longimediastina** Cortesi, *l. c.*, f. 7 ; *Ic. n.*, pl. 28, f. 26-27. — Médiastin allongé ($\times$?).

F. **rotundiloba** Cortesi, *l. c.*, pl. 16, f. 8 ; *Ic. n.*, pl. 28, f. 28. — Médiastin moyen ; lobes secondaires du lobe moyen arrondis, assez développés.

F. **Neoruppertiana** A. Camus. — F. *rotundilobus* Ruppert in *Verh. Naturh. Ver. preuss. Rhein. Westf.* (1924), p. 175, f. 4 ; non Cortesi, *Ic. n.*, pl. 128, f. 21. — Lobe méd. très arrondi, à bords crénelés ; lobes lat. peu marqués. — Allemagne.

F. **acutilobata** (*acutilobatus*) Ruppert, *l. c.*, p. 174 (1924), et in Fedde, *Rep. spec. nov.* (1926), p. 325 ; *Ic. n.*, pl. 128, f. 20. — Div. lat. du labelle allongées, lancéolées, plus ou moins aiguës ; div. méd. à lobes lancéolés-aigus. — Bade (Ruppert).

F. **breviloba** Cortesi, *l. c.*, p. 16, f. 10. -- Peu distinct de f. *minima*, mais lobes lat. bien plus courts.

F. **unipartita** Martr.-Donos, *Fl. Tarn.*, p. 698 ; Laramb. et Timb.-Lagr. in *Bull. Soc. bot. Fr.*, p. 115 f. 10 (1860). — F. *amputata* Duffort in litt. — Lobes lat. du labelle nuls ; lobe méd. échancré au milieu et muni d'un denticule.

F. **integra** A. Cam. — L. *integer* Keller et Rupp., (Zimmerm., *Die Formen der Orchidaceen Deutschl.*, p. 22). Forme à labelle entier, proche de f. *unipartita*. — Suisse, France.

F. **elegans** Duffort in herb. G. Camus ; G. Cam. Berg. A. Cam., *l. c.* — Labelle grand, subflabelliforme, fortement ponctué, à lobes lat. un peu élargis ; lobes tous munis de dents fortes, nombreuses.

F. **triquetra** Beck, *Fl. N.-Œst.*, I, p. 199 (1890) ; Aschers. et Graebn., *l. c.*, p. 685 ; M. Schulze, *l. c.*, n° 10 d. — Labelle à div. lat. réduites, la méd. obscurément trilobée.

F. **Braschii** Ruppert in litt. — Lobes lat. du labelle nuls ou réduits ; lobe méd. entier, atténué. — Rhénanie.

F. **Ruppertiana** (Soó in Fedde, *Rep. sp. nov.* (1927), p. 28). — Bractées égalant presque l'ovaire ou à peine plus courtes.

F. **albida** G. Cam., *l. c.* ; R. A. R. in *Orch. Rev.* (1918), p. 131 ; Hariot et Guyot et auct. pl. ; *Ic. n.*, pl. 28, f. 20. — Plante ord. peu robuste ; fl. moyennes ou petites ; labelle entièrement blanc. D'après R. A. R., beaucoup de fl. n'auraient pas l'ovaire tordu. On observe çà et là des individus frappés d'albinisme. Ces simples variations individuelles constituent les var. *pallens, alba, albiflora* des différents auteurs. — Çà et là, avec le type.

F. **chlorantha** Manceau, *Prem. note Phan. Maine* in *Bull. Agr. Sc. et Arts Sarthe*, XVI. — Casque d'un vert pâle ; labelle blanc verdâtre. — Çà et là, avec le type.

Nous avons trouvé, dans le dép. de Seine-et-Oise, une forme curieuse à identifier avec f. *borussicolor* Ruppert, ainsi caractérisée : labelle et bractée d'un blanc pur ; casque brunâtre comme les fl. de *Neottia Nidus-avis*.

Monstruosités. — Brébisson, *Fl. Norm.*, éd. 3, p. 295, a signalé une f. *monstruoso-regularis*, à div. lat. int. du périanthe formant 3 labelles munis chacun d'un éperon. Cf. Zimmerm. in *A. B. Z.* (1910), 7-8.

M. Schulze, *Die Orchid.*, n° 10, a décrit des cas de soudures de fl. et une fl. à 2 labelles et 4 div. du périanthe. Zimmermann in *A. B. Z.* (1910), 7-8, p. 15, et in *Berichten über die Versamml. d. Bot. u. Zool. Ver. f. Rh.-W.* (1911) a aussi signalé la soudure de deux fl. par les div. ext. du périanthe et a décrit une fl. avec 2 labelles normaux, 4 div. lat. int. au périanthe, 4 div. ext. lat., 2 div. sup. ext. et 2 gynostèmes.

Broyer, in *Bull. Soc. bot. Fr.* (1926), p. 433, décrit un épi dont les fl. ont un grand labelle, à lobes lat. développés et un casque réduit.

On a aussi observé des cas d'inflorescences dichotomes (cf. Irmischia (1889), p. 19), le développement d'étamines supplémentaires et la transformation des div. du périanthe en étamines (cf. Lendner in *Bull. Herb. Boiss.* (1904), p. 608). — Les lusus sont assez fréquents dans cette espèce.

V. v. — Mars-mai. — *Habitat* : coteaux arides, clairières et lisières des bois, taillis, lieux herbeux, montagnes, rarement sous les Conifères ou dans les prairies ; paraît préférer le calcaire, mais vit sur la silice ; isolé ou en colonies ; monte à 700 m. d'alt. dans le Tyrol, à 1.050 m. en Corse (Briquet), à 1.250 m. dans les Alpes-Marit. (A. Camus, *l. c.*). — *Répart. géogr.* : Espagne [R., Gerone : Ampourdan à Llers, Castille (Sennen), Grenade, pr. Alfacar (Bss.)], France (disséminé et répandu, T. R. en Corse, chapelle de S. Angelo, près Omessa (Briquet), coteaux de Pero, env. de Corte (de Litard. et Simon) ; Angleterre (R.), Belgique (TR.), Hollande (Limbourg, R.), Danemark, Allemagne (disséminé, surtout dans les rég. occid. et mérid., R. dans le nord), Suisse (peu abondant, manque dans les Grisons, le Tessin, le Valais, les cant. d'Uri, Schwytz, Unterwald), Italie (rég. submontagn., rarement méditerr., A. C. dans le Nord et le Centre, R. dans le Sud), Autriche, Hongrie, manque en Pologne, dans la Carinthie, la Galicie, etc., Dalmatie, Herzégovine, Bosnie, rég. septentr. de la péninsule des Balkans, Russie centr. et mérid., Crimée, Caucase, Asie Mineure, Bithynie.

Sous-esp. ou var. **moravica.**

Var. **moravica** (**O. purpurea**) Reichb. F., *Icon.*, XIII-XIV, p. 31, t. CCCLXXVIII, f. 18 (1851) ; Richter. *Pl. Eur.*, 1, p. 267 ; Koch, *Syn.*, éd. Hall. et Wohlf., p. 2423 ; (*moravicus*) Aschers. et Graebn., *l. c.* ,p. 685 , G. Cam. Berg. A. Cam., *l. c.*, p. 129 ; Grintescu in *Bull. géogr. bot.* (1918), p. 55 ; Fiori et Paol., *Fl. Ital.*; App. IV, p. 54. — *O. moravica* Jacq., *Icon. rar.*, t. 182 (1781-1786) ; *Coll.*, I, p. 61 ; Gmel., *Fl. Bad.*, III, p. 541 ; Kirschl., *Fl. Als.*, II, p. 128 ; Schur, *Enum. Transs.*, p. 638 ; Beck, *Fl. N.-Œst.*, p. 199. — *O. fusca* β *rotunda* Wirtg., *Fl. Preuss. Rh.*, p. 441 (1857). — *O. fusca* var. *pallidiflora* Schur, *Herb. Trans.* — *O. fusca* var. *albiflora* Schur, *Sert.*, n° 2682. — Tige grêle, peu élevée. *Fleurs pâles, d'un blanc jaunâtre.* Divisions du périanthe aiguës. Labelle à divisions lat. courtes, *à lobe médian* étroitement obcordé, *à lobules larges*, suborbiculaires, entiers, rarement allongés et peu écartés, pourvu d'une dent très rudimentaire ou sans dent entre les 2 lobules. — Allemagne (Thuringe, pr. rhénanes) Autriche, Moravie, Istrie, Illyrie (Posp.), Suisse (cant. de Vaud, Genève), Roumanie.

Sous-esp. ou var. **caucasica**

Var. **caucasica** (*O. purp.*) G. Cam. Berg. A. Cam., *l. c.*, p. 129 (1908). — *O. caucasica* Regel, *Ind. Hort. Petr.* (1869) ; W. Siehe's, *Bot. nach Cilicien* (1895), exsicc. n° 272. — Labelle entier ou subtrilobé. Cette var. est peut-être à rattacher, comme simple forme, au type de l'*O. purpurea*. — V. s. — Caucase.

15. — O. LONGICRURIS

O. longicruris Link in Schrad., *Journ. f. bot.*, II, p. 323 (1799) ; Willd., *Spec.*, IV, p. 22, n° 32 ; Lindl., *Gen. and spec.*, p. 273 ; Reichb. F., *Icon.*, XIII-XIV, p. 33 ; Kraenz., *Gen. et. spec.*, p. 133 ; Richter, *Pl. Eur.*, I, p. 267 ; Tenore, *Syll. fl. neap.*, p. 454 ; *Fl. nap.*, V, p. 240 ; Parlat., *Fl. ital.*, III, p. 480 ; Fiori et Paol., *Fl. ital.*, I, p. 243 ; *Icon. fl. ital.*, n° 827 ; Cortesi in *Ann. bot.* Pirotta, I, p. 22 ; Marès et Vigineix, *Cat. Baléares*, p. 281 ; Brotero, *Phyt.*, t. 87, p. 12 ; Willk. et Lange, *Prodr. hisp.*, I, p. 167 ; Guimar., *Orch. port.*, p. 57 ; Aschers. et Graebn., *Syn.*, III, p. 687 ; Boiss., *Fl. orient.*, V, p. 65 ; Brongn. ap. Chaub. et Bory, *Exp. Morée*, p. 261 ; Chaub. et Bory, *Fl. Pélop.*, p. 61 ; Weiss. in *Zool. bot. Ges.* (1869), p. 754 ; Spreitz in *Zool. bot. Ges.* (1877), p. 730 ; Gries, *Spic. fl. rum. bith.*, 2, p. 357 ; Hausskn., *Symb. ad fl. gr.*, p. 21 ; Halacsy, *Consp. fl. gr.*, III, p. 165 ; Battand. et Trabut, *Fl. Alg.* (1884), p. 199 ; (1904), p. 321 ; Durand et Baratte, *Floræ Libycæ Prodr.*, p. 226 ; Wolley-Dod in *Journ. of Bot.* (1914), p. 100 ; Faure in *Bull. Soc. hist. nat. Afr. du Nord* (1923), p. 299 ; Fleischmann in *Œst. bot. Zeitschr.* (1925), p. 192. — **O. militaris** Poiret, *Voy. Barb.*, II, p. 247 (1789). — **O. italica** Poiret, *Encycl.*, IV, p. 600 (1797) ? ; Ces. Pass. Gib., *Comp.*, p. 188 ; G. Cam. Berg. A. Cam., *Monogr. Orch. Eur.*, p. 129 ; Herman Knoche, *Fl. baléar.*, p. 401. — **O. tephrosanthos** Desfont., *Fl. atl.*, II, p. 319 (1800), non Vill. ; Fried. *Reise*, p. 279. — **O. undulatifolia** Biv., *Pl. sic. cent.*, II, p. 144 (1807) ; Guss., *Fl. sic. syn.*, II, p. 539, n° 22 ; Fior. in *Giorn.*

let. di Pisa, t. 17, p. 130 ; *App al. pr. fl. rom.*, p. 22 (1807) ; Saxg., *Fl. rom. prodr. alt.*, p. 726 ; Todaro, *Orch. sic.*, p. 21 ; Guss., *Fl. sic.*, II, p. 539 ; Lojacono, *Fl. Sicula*, III, p. 17 ; Bertol.; *Fl. ital.*, IX, p. 537 ; Fried. *Reise*, p. 277 ; Fraas, *Fl. class.*, p. 279 ; Raul. *Cret.*, p. 861 ; Gelmi in *Boll. Soc. bot. ital.* (1889) p. 452 ; Sibth. et Sm., *Prodr. fl. gr.*, II, p. 213 ; *Fl. gr.*, X, p. 20. — **O. tephrosanthos β undulatifolia** *Bot. Reg.*, t. 375 (1819). — **O. Simia β undulatifolia** Webb, *It. hisp.*, p. 9 (1838) ; Boiss., *Voy. Esp.* p. 594. — **Orchis anthropophora altera** Column., *Ecphr.*, II, p. 9. — *Aceras anthropophora oreades*, Column., *Ecphr.*, II, p. 9. — *O. flora nudi hominis effigiem representans mas* Cup., *Hort. cath.*, p. 158. — *Orchis anthropophora mas lusitanica odore Vanillæ* Tournef., *Herb. Mus. Par. ap.* Guss.

Noms vulg. : Orchis d'Italie, Orchis à feuilles ondulées. — Portug. : Flor dos rapazinhos ou dos macaquinhos dependurados. —- Allem. : Langschenkliche Ragwurz.

Icon : *Bot. Reg.*, t. 375 ; Sibth. et Sm., *Fl. gr.*, t. 927 ; Biv., *Cent. sic.*, II, t. 6 ; Brot., *Phyt.*, t. 87 ; Fiori et Paol., *l. c.* f. 827 ; Reichb. F., *Icon.*, XIII-XIV, t. 23, CCCLXXV ; Guimaraes, *l. c.*, est. VI, f. 46 ; G. Cam. Berg. A. Cam., *l. c.*, pl. 14, f. 375-376 ; *Ic. n.*, pl. 27, f. 1-7.

Exsicc. : Tod.. *Fl. sic.*, n° 158 ; Daveau, *Herb. lusit.*, n° 1120 ; Reverch., *Pl. Crète* (1883), n° 162 ; Dörfler, *Pl. cr.*, n° 123 ; Heldreich., *Herb. norm.*, n° 265 ; Orph., *Fl. gr.*, n° 144 ; Kotschy, *It. Cilic.-Kurd.*, n° 267 ; Willk., *It. hisp.*, n° 1073 ; Bornmull., *It. Syriac.*, n° 1486 ; Porta et Rigo, *It. ital.*, n° 291 ; Jamin, *Pl. Alg.*, n° 95 ; *Soc. Dauph.*, n° 3062 ; Lange, *Pl. Eur. aust.*, n° 120 ; Balansa, *Pl. Alp.*, n° 254 ; Sennen, *Pl. Esp.*, n° 3277.

Tubercules ovoïdes ou subglobuleux. Tige assez rigide, de 3 à 6 décim., rarement plus, munie, à la base, de gaines obtuses. *Feuilles* nombreuses, oblongues-lancéolées, allongées, aiguës ou subaiguës, parfois mucronées, *à bords fortement ondulés*, rarement presque planes dans les formes des endroits ombragés, les supér. lâchement engainantes, vertes, parfois maculées. Fleurs de grandeur variable, odorantes, roses, lilas ou blanc rosé, rarement blanches (f. *albiflora* Nicotra), nombreuses, disposées en épi dense, ovale-cylindrique ou cylindrique-conique, très rarement subsphérique. Bractées petites, ovales-acuminées ou largement lancéolées, 1-nervées, très courtes ou égalant jusqu'à la moitié de la longueur de l'ovaire. *Divisions du périanthe conniventes en casque ovoïde-aigu*, roses à nervures pourprées, les ext. lancéolées-aiguës ou acuminées, subégales, un peu réfléchies au sommet, les lat. int. linéaires ou oblongues-aiguës, égalant env. la moitié des ext. *Labelle* plus long que le casque, grand (atteignant parfois 25 mm.), rose lilas ou blanchâtre, sans macules ou blanc à la base et muni de petits points pâles, *pourvu à la base de 2 saillies en forme d'écailles* petites ou allongées, tripartit, à lobes lat. assez courts ou allongés, largement linéaires ou falciformes, aigus ou obtus, *à lobe médian* env. 2 fois plus long que les lat., *bipartit*, divisé en lobules 2-nervés, minces, étroitement linéaires, ressemblant aux lobes lat., muni, à l'angle de bifidité, d'une dent linéaire, acuminée, égalant environ la moitié de la longueur des lobules. Le médiastin est ordt d'un blanc rosé, les lobes lat. et les lobules d'un rose plus foncé. Eperon linéaire-cylindrique, un peu comprimé, obtus, court (long de 8 mm. env.), gros, dirigé en bas, un peu incurvé, souvent un peu émarginé au sommet, égalant environ la moitié de la longueur de l'ovaire. Gynostème court, rougeâtre ou pourpre noir, obtus. Masses polliniques verdâtres.

Morphologie interne.

Fibres radicales. Endoderme à cadres subérisés marqués. Lames vasculaires nombreuses. Métaxylème assez abondant.

Feuille. Ep. = 400-450 μ. Epiderme sup. haut de 80-110 μ env., à paroi ext. épaisse de 8-10 μ et bombée, dépourvu de stomates, au moins dans les feuilles inf., pourvu, vers la base du limbe, de quelques poils hyalins, atteignant 500-600 μ de long., plus ou moins recourbés, assez caducs. Epiderme inf. haut de 40-60 μ env., à paroi ext. épaisse de 6-8 μ et bombée, muni de stomates très nombreux. Paroi ext. des cellules épidermiques du bord du limbe non prolongée à l'extérieur (pl. 115, f. 106). Parenchyme formé de 7-8 assises de cellules plus ou moins arrondies sur une section transversale.

Fleur. — *Divisions externes et latérales internes du périanthe.* Epidermes ext. et int. à peine papilleux vers les bords et vis-à-vis des taches violettes. -- *Labelle.* Epiderme int. muni de papilles atteignant env. 180-200 μ ; dans les taches, papilles plus ou moins cylindriques, un peu atténuées à l'extrémité (pl. 121, f. 357-358) ; dans les régions blanches, papilles très atténuées à l'extrémité. Epiderme ext. du labelle à peine papilleux. — *Eperon.* Epiderme int. muni de papilles assez nombreuses, grosses et très courtes. Epiderme ext. à papilles très rares. Réserves sucrées accumulées entre les épidermes, pas d'émission de liquide sucré à l'intérieur de l'éperon. — *Anthère.* Cellules fibreuses relativement assez nombreuses dans les parois. — *Pollen.* Tétrades de la périphéric des massules à exine à peine ruguleuse, non fortement réticulée comme dans les *O. purpurea, Simia* et *militaris*. L. = 25-35 μ. — *Ovaire* (f. 113). Nervure des valves placentifères très saillante-ailée, contenant un faisceau libéroligneux ext. et parfois aussi un faisceau libérien placentaire, très réduit. Placenta long, divisé au sommet. Valves non placentifères très proéminentes à l'extérieur, renfermant un faisceau libéroligneux int. — *Graines*. Cellules du tégument légèrement striées. Graines arrondies à l'extrémité, 2 f. 1/2-3 f. plus longues que larges. L = 350-450 μ.

Var. β **breviloba** de Halacsy, *Suppl.*, p. 100. — Div. lat. et div. du lobe méd. du labelle bien plus courtes que dans le type. — Iles de Crète et de Corfou.

Var. γ **albiflora** Nicotra in Fiori et Paol., *l. c.* — Fleurs blanches. — Italie.

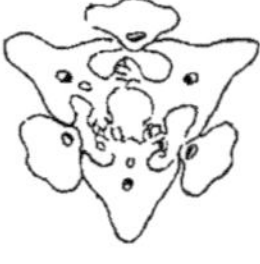

113

Orchis longicruris. — Fig. 113 : section transv. schématique de l'ovaire.

V. v. — Février à avril en Afrique ; avril à mai en Europe. — *Habitat* : lieux herbeux, collines sèches, surtout sur le calcaire, rég. méditerr. — *Repart. géogr.* : Portugal, Espagne (rare, Burgos, Sierra Obarênes (H. Elias) ; rég. montagn. de l'Espagne mérid., Gibraltar, Andalousie, Sierra Morena, etc.), Majorque, Italie (Centre et Midi, de la rég. litt. à la rég. submontagn. où il est plus rare, Elbe, Capri, Sicile où il est commun), Malte (Grech Delicata), Herzégovine (Trebinje ap. Pantocsek, *N. V. Presburg.*, *N. F.*), Balkans, Grèce, Zante, Crète, Asie Mineure, Syrie, Bithynie, Chypre, Cyrénaïque, Tunisie septentr., Algérie (C.), Maroc.

Sous-esp. **O. Bivonæ.**

O. Bivonæ Todaro, *Nell' Imp. giorn. di Scienz. Lit. Art.* (1840), p. 34 ; et *Orchid. sic.*, p. 20 ; Guss., *Syn. fl. sic.*, II, p. 538 ; Parlat., *Fl. ital.*, III, p. 482 ; Fiori et Paol., *Fl. ital.*, I, p. 243 ; Kraenz., *Gen. et spec.*, p. 133 ; G. Cam. Berg. A. Cam., *Monogr. Orch. Eur.*, p. 131 ; Lojacono, *Fl. Sicula*, III, p. 18. — *O. longicruris* b. **Bivonæ** Arcang., *Comp.*, éd. 2, p. 167 (1894) ; Richter, *Pl. Eur.*, I, p. 267 (1900).

Icon. : Lojacono, *l. c.*

Plante probablement hybride, peut-être très proche de l'× × *Orchiacer. Welwitschii.* — Port de l'*O. Simia*. Feuilles inf. oblongues, obtusiuscules, non ou peu ondulées. Bractées linéaires-lancéolées, blanches, pellucides, 1-nervées, égalant presque l'ovaire. Fl. en épi ovale, dense. Div. ext. du périanthe libres, conniventes, ovales-oblongues, aiguës, les lat. int. un peu plus courtes que les ext., linéaires, aiguës. Labelle un peu plus long que le casque, tripartit, non ponctué, à div. linéaires étroites, allongées ; div. méd. plus large et presque deux fois plus longue, bifide avec un denticule entre les lobules. Eperon très court, obtus, subbilobé.

Avril, mai. — Italie : Monte dell'Occhio, prés arides du M. Argentario (Sommier). — Sicile : près Palerme (Todaro).

Sous-sect. D. **COMPERIANÆ** A. Camus. — Divisions ext. du périanthe conniventes en casque, les lat. int. 3-dentées. Labelle terminé par quatre lanières allongées et étroites, enroulées avant l'ouverture de la fl. Bractées à peine plus longues que l'ovaire.

16. — O. COMPERIANA (1)

O. Comperiana Stev. in *Nouv. mém. Soc. Mosc.*, VII, p. 259 (1829), t. 12 ; Lindl., *Gen. and spec.*, p. 272 ; Reichb. F., *Icon.*, XIII, p. 20, t. 158, DX ; Boiss., *Fl. orient.*, V, p. 61 ; Kraenz., *Gen. et spec.*, p. 115 ; Correvon, *Orchid. rust.*, p. 62 ; G. Cam. Berg. A. Cam., *Monogr. Orch. Eur.*, p. 131 ; Kristofowic in *Bull. Jard. Bot. Petersb.*, VIII, p. 15 (1908) ; Fedtschenko in *Bull. herb. Boiss.* (1904), p. 1191. — **Comperia taurica** C. Koch in Linn., XXII, p. 288 (1849).

Icon. : G. Cam. Berg. A. Cam., *l. c.*, pl. 19, f. 585-587 ; *Ic. n.*, pl. 31, f. 14-17.

Tubercules subglobuleux ; racines épaisses. Tige robuste, élevée, haute de 3-4 décim. Feuilles inf. obovales ou oblongues-aiguës, grandes, les sup. plus étroites et plus petites, engainantes. Fleurs grandes (env. 9-10), disposées en épi oblong, lâche. Bractées membraneuses, lancéolées-aiguës, à 3-5 nerv., les inf. dépassant un peu l'ovaire, les sup. plus courtes que lui. *Divisions* ext. du périanthe conniventes en casque aigu, la méd. oblongue-subaiguë, les lat. ovales-oblongues, acutiuscules ; les *lat. int.* très étroites, *munies de deux dents laté-*

---

1. Le genre *Comperia*, créé par C. Koch in *Linn.*, XXII, p. 288 (1849), admis par Pfitzen in Engl. et Prantl, *Pfl.* II, 6, p. 88, est ainsi caractérisé : Périanthe à div. conniventes en casque, les lat. int. dentées. Labelle muni d'un éperon, à div. enroulées en tire-bouchon avant l'ouverture de la fl. Gynostème comme dans le genre *Orchis*. Anthère brièvement apiculée. Caudicules allongés, aplatis. Rétinacles libres. Bursicule biloculaire.

rales qui rendent 3-dentée (parfois 2-4 dentée) *la partie sup.*, 1-nervées ; dent méd. cuspidée, les lat. aiguës, courtes. Labelle enroulé avant l'ouverture de la fl., d'un blanc rosé, ponctué de rose vif, cunéiforme à la base, terminé en quatre lanières très étroites, d'abord enroulées, ensuite tombantes, bien plus longues que la partie indivise du labelle; lanières constituées par les deux lobes lat. et par le lobe méd. subdivisé en deux lobes secondaires semblables aux lat. Eperon obtus, cylindrique, un peu coudé, descendant, égalant env. les 2/3 de l'ovaire et presque la longueur du casque. Anthère brièvement apiculée. Masses polliniques assez petites : caudicules allongés, aplatis, striés. Bursicule réniforme. Rétinacles linéaires-oblongs.

Morphologie interne.

Tige. 2-4 assises parenchymateuses et chlorophylliennes entre l'épiderme et l'anneau lignifié, celui-ci formé de 6-10 assises. Faisceaux libéroligneux entourés de fibres lignifiées sauf à l'intérieur du bois, assez nombreux (le mauvais état des échantillons secs ne nous a pas permis de reconnaître si les faisceaux sont disséminés ou disposés en cercles réguliers). Parenchyme central résorbé vers l'axe de la tige.

Feuille. Epiderme sup. haut de 30-50 μ env., à paroi ext. striée, épaisse de 6-9 μ env. et non ou peu bombée, dépourvu de stomates dans les feuilles inf. Epiderme inf. recticurviligne, haut de 30-50 μ, à paroi ext. épaisse de 6-9 μ env. et à peine bombée, muni de nombreux stomates. Paroi ext. des cellules épidermiques des bords du limbe à peine bombée extérieurement. Parenchyme renfermant d'assez rares cellules à raphides.

Fleur. Labelle. Epiderme int. muni de papilles cylindriques. — *Pollen.* Tétrades de la périphérie des massules peu rugueuses. — *Graines.* Cellules du tégument à parois rectilignes ou à peine rectilignes, très nettement striées. Graines 3-3 f. 2/3 plus longues que larges, un peu atténuées au sommet. L = 450-550 μ (1).

V. s. — Juin. — *Habitat* : forêt des montagnes ; monte à 1.300 m., d'apr. Schlecht. — *Répart. géogr.* : Tauride mérid., Gilicie, Lydie, Smyrne.

Sous-sect. E. **CORIOPHORÆ** Parlat., *l. c.*, p. 468 ; G. Cam. Berg. A. Cam., *l. c.*, p. 133. — Divisions externes du périanthe longuement soudées, libres au sommet. Labelle 3-lobé, à lobes latéraux plus larges que le moyen, obliquement tronqués ; lobe moyen plus long. Bractées plus longues que l'ovaire.

17. — O. CORIOPHORA

O. coriophora L., *Spec.*, 1, p. 940 (1753) ; Willd., *Spec.*, IV, p. 16 ; Poiret, *Encycl.*, IV, p. 580 ; Rich. in *Mém. Mus.*, IV, p. 55 ; Lindl., *Gen. and spec.*, p. 267, n° 25 ; Reichb. F., *Icon.*, XIII-XIV, p. 20 ; Richter, *Pl. Eur.*, I, p. 268 ; Correvon, *Alb. Orch. Eur.*, pl. XXXVII ; Kraenz., *Gen. et spec.*, p. 112 ; Oudem., *Fl. Nederl.*, III, p. 143 ; Lej., *Fl. Spa*, II, p. 187 ; *Rev. fl. Spa*, p. 185 ; Dumort., *Prodr. fl. Belg.*, p. 152 ; Lej. et Court., *Compend.*, III, p. 615 ; Tinant, *Fl. Luxemb.* p. 438 ; Michot, *Fl. Hainaut*, p. 276 ; Bellynck, *Fl. Namur*, p. 261 ; Crépin, *Man. fl. Belg.*, éd. 1, p. 177 ; éd. 2, p. 292 ; Löhr, *Fl. Tr.*, p. 245 ; J. Meyer, *Orchid. Luxemb.*, p. 9 ; Dumoul., *Fl. Maestr.*, p. 103 ; Thielens, *Orch. Belg. et Luxemb.*, p. 67 ; de Vos, *Fl. Belg.*, p. 554 ; Vill., *Hist. Dauph.*, II, p. 26 (*O. coryophora*) ; DC., *Fl. fr.*, III, p. 246, n° 2008 ; Duby, *Bot.*, p. 465 ; Loisel., *Fl. gall.*, II, p. 263 ; Mutel, *Fl. fr.*, III, p. 254 ; Boisduval, *Fl. fr.*, III, p. 42 ; La Peyr., *Abr. Pyr.*, p. 546 ; Dupuy, *Fl. du Gers*, p. 229 ; Gr. et Godr., *Fl. Fr.*, III, p. 287 ; Boreau, *Fl. cent.*, éd. 3, p. 642 ; Godet, *Fl. Jura*, p. 681 ; Gren., *Fl. ch. jurass.*, p. 745 ; Ravin, *Fl. Yonne*, éd. 3, p. 360 ; Graves, *Cat. Oise*, p. 122 ; Coss. et Germ., *Fl. Par.*, éd. 2, p. 681 ; Godr., *Fl. Lorr.*, éd. 2, p. 286 ; Dulac, *Fl. H.-Pyr.*, p. 126 ; Ardoino, *Fl. Alp.-Mar.*, p. 351 ; Barla, *Iconogr.*, p. 46 ; Poirault, *Cat. Vienne*, p. 96 ; Franchet, *Fl. Loir-et-Ch.*, p. 569 ; Car. et S.-Lag., *Fl. descr.*, éd. 8, p. 802 ; Llyod et Forc., *Fl. Ouest*, p. 33 ; Bonnet, *Pet. fl. par.*, p. 381 ; G. Cam., *Monogr. Orch. Fr.*, p. 35 ; in *Journ. de Bot.*, VI, p. 136 ; G. Cam. Berg. A. Cam., *Monogr. Orch. Eur.*, p. 133 ; A. Cam. in *Riviera scientif.* (1918), p. 6 ; Alb. et Jahand., *Cat. Var*, p. 487 ; Gautier, *Pyr.-Or.*, p. 397 ; Debeaux, *Révis. fl. agen.*, p. 517 ; Gandog., *Fl. lyon.*, p. 222 ; Guill., *Fl. Bord. et S.-O.*, p. 170, p. p. ; Coste, *Fl. Fr.*, III, p. 399, n° 3793 *cum. ic* ; Kirsch., *Fl. Als.*, p. 130 ; *Fl. vog.-rhen.*, p. 79 ; Gmel., *Fl. Bad.*, III, p. 532 ; Poll., *Palat.*, n° 842 ; Seibert, Er. *Bad.*, p. 121 ; Oborny, *Fl. Moehr. Œst. Schles.*, p. 245 ; Koch, *Syn.*, éd. 2, p. 790 ; éd. 3, p. 594 ; éd. Hall. et Wohlf., p. 2425 ;. Aschers. et Græbn., *Syn.*, III, p. 670 (*coriophorus*) ; Zimmerm., *Die Form Orch.*, p. 17 ; Kirchner, *Fl. v. Stuttgart*, p. 165 ; Kraenzl., *Orchid.*, p. 20 ; Kuntze, *Tasch. Fl. Leipz.*, p. 65 ; Spenn., *Fl.*

1. L'*O. Comperiana* subsp. *Karduchorum* A. Camus (*Comperia Karduchorum* Bornm. et Kraenzl. in *Bull. Herb. Boiss.* (1895), p. 141 ; *Orchis Karduchorum* Schlecht., *Die Orch.* (1914), p. 61 ; *O. Comperianus* f. *Kard.* Sóo, *Rep. sp. nov.* (1927), p. 28, du Kourdistan, près de la Perse, vit un peu en dehors du bassin méditerranéen.

Frib., p. 229 ; Garcke, *Fl. Deuts.*, éd. 14, p. 377 ; M. Schulze, *Die Orchid.*, nº 5 ; Gaud., *Fl. helv.*, V, nº 2054 ; Bouvier, *Fl. Alpes*, éd. 2, p. 638 ; Gremli, *Fl. Suisse*, éd. Vetter, p. 480 ; Schinz et Keller, *Fl. Schweiz*, p. 120 ; All., *Fl. pedem.*, nº 1823 ; Bertol., *Amoenit. it.*, p. 415 ; *Fl. ital.*, IX, p. 522 ; Moric., *Fl. ven.*, I, p. 369 ; Ten., *Fl. nap.*, II, p. 283 ; *Syll.*, p. 452 ; de Not., *Rep. fl. lign.*, nº 1743 ; Parlat., *Fl. it.*, III, p. 468 ; W. Barbey, *Fl. Sard.*, comp. et Asch. et Lev., *Suppl.*, nº 1311 ; Arcang., *Comp.*, éd. 2, p. 167 ; Fiori et Paol., *Fl. it.*, I, p. 241 ; Cocconi, *Fl. Bolog*, p. 483 ; Brotero, *Phyt. lusit.*, II, p. 19 ; Willk. et Lange, *Pr. hisp.* I, p. 166 ; Guimar., *Orch. port.*, p. 55 ; Hausm., *Fl. Tirol*, p. 833 ; Hinterhuber et Pichlm., *Fl. Salzb.*, p. 191 ; Marsch. Bieb., *Fl. Taur.-Cauc.*, II, p. 363, nº 1835 ; Schur, *En. Trans.*, p. 639, nº 3401 ; Simk., *En. Trans.*, p. 498 ; Brandza, *Prodr. Fl. rom.*, p. 453 ; *Fl. Dobrogei*, p. 401 ; Pantu, *Contrib. Fl. Bucurest*, p. 83 ; et *Orch. d. Románia*, p. 43 (1915) ; Grecescu, *Consp., Roman.*, p. 543 ; *Suppl. Fl. Rom.*, p. 154 ; Boiss., *Fl. orient.*, V, p. 61 ; *Plantae Postianae* in *Bull. Herb. Boiss.* (1900), p. 100 ; Fraas, *Fl. class.*, p. 279 ; Haусskn., *Symb. fl. gr.*, p. 24 ; Halacsy, *Consp. fl. pr.*, III, p. 168 ; Desf., *Fl. atl.*, II, p. 318 ; Munby, *Cat.* p. 34 ; Lacroix, *Cat. Kabylie* ; Battand. et Trab., *Fl. Alg.* (1884), p. 192 ; (1904), p. 321 ; O. Debeaux, *Fl. Kabylie Djurdj.*, p. 339 ; Maire in *Mém. Soc. Sc. nat. Maroc* (1924), p. 153. — **O. coreosmus (Lobelii)** St-Lager ap. Bubani, *Fl. pyr.*, p. 36 (1901). — *Orchis radicibus subrotundis, galea connivente, labello trifido reflexo* Hall., *Hist.*, nº 1284 ; *Enum.*, 264, nº 7 ; *Opusc.*, p. 94. — *Orchis odore hirci minor spicâ purpurascente* Bauh., *Pin.*, p. 82. — *Orchis spica purpurea foetida* Seg., *Pl. veron.*, II, p. 128. — *Tragorchis minor, flore fuliginoso* Ray, *Hist.*, 1213. — *Tragorchis minor et verior gemmœ* Lob., *Stirp., Ic.*, 177.

Noms vulg. : Orchis punaise. — It. : Cimiciattola, Cipolla. — Portug. : Salepeira, Orchide fetida. — Allem. : Wanzen-Knabenkraut, Wanzenorchis, Wanzenduftendes Knabenkraut. — Holl. : Stinkende Orchis.

Icon. : Hall., *Ic. Helv.*, t. 34, f. 2 ; Vaill., *Bot. par.*, t. 31, f. 30, 31, 32 ; Loc., *Ic.* 177, f. 2 ; *Obs.*, 90, f. sup. dext. ; Jacq., *Aust.*, II, t. 122 ; Rivin., *Hex.*, t. 20 ; Schlecht., Lang. *Deuts.*, IV, f. 331 ; Moore, *Orch.*, pl. IV ; Reichb. F., *Icon.*, XIII-XIV, 21, t. CCCLXVII, f. 1-20 ; Barla, *Icon. Orch.*, pl. 32, f. 1-16 ; M. Schulze, *l. c.*, t. 5, f. 1-4 ; Guimar., *l. c.*, est. V, f. 40 ; Bonnier, *Alb. N. fl.*, p. 147 ; Pantu, *Orch. d. Rom.* pl. 8 ; G. Cam., *Icon. Orch. Paris*, pl. 9 ; G. Cam. Berg. A. Cam., *l. c.*, pl. 16, f. 462-464 ; *Ic. n.*, pl. 30, f. 1-14 ; Schl. in Kell. et Schl., *Icon.*, pl. 24, f. 94.

Exsicc. : Billot, nº 2934 ; Lej. et Court., *Choix de pl.*, nº 615 ; *Kickxia Belg.*, III, p. 1 145 ; *Soc. Dauph.* nº 5490 ; Magnier, nº 981.

Tubercules subglobuleux, rarement ovoïdes. Fibres radicales courtes, assez épaisses. Tige dressée, de 2-4 décim., assez grêle, arrondie ou légèrement cannelée, d'un vert pâle, feuillée presque jusqu'au sommet, entourée à la base de gaines courtes. Feuilles nombreuses, linéaires-lancéolées ou lancéolées-aiguës, légèrement canaliculées, nervées, vertes, non maculées, les inf. rapprochées, souvent dressées, les sup. plus courtes, dressées, embrassant la tige. Bractées linéaires ou linéaires-lancéolées, membraneuses, pâles, rarement rougeâtres, égalant environ l'ovaire ou un peu plus longues que lui, presque toutes uninervées. *Fleurs exhalant une forte odeur de punaise*, de moyenne grandeur ou petites, nombreuses, variant du grenat foncé au vert, disposées en épi dense, parfois lâche, cylindrique, assez long (atteignant 7-8 centim.). Périanthe à divisions conniventes en casque ovoïde-aigu, les ext. ovales-aiguës, soudées à la base par leurs bords, les lat. plus longues que la médiane, d'un pourpre vineux, munies de nervures vertes, rarement pâles et rosées lavées de verdâtre, les lat. int. plus courtes et plus étroites, linéaires-lancéolées, aiguës, uninervées, d'un pourpre vineux, violacées ou verdâtres. *Labelle* 3-lobé, un peu plus court ou un peu plus long que les divisions ext., charnu, épais, convexe, coudé, dirigé en bas, d'un pourpre vineux, ponctué de rouge pourpré et lavé de vert olivâtre dans les lobes, à la base plus pâle, blanchâtre ou rosé ; lobes lat. ordt presque rhomboïdaux, obliquement aigus, inégalement dentés ou crénelés ; *lobe médian* ovale ou lancéolé, entier, un peu moins large et *aussi long ou un peu plus long que les lat.*, recourbé en arrière au sommet. *Eperon* conique, assez aigu, légèrement arqué, pendant, *plus court que le labelle et que l'ovaire*, d'un rose violacé. Gynostème rougeâtre, apiculé, plus court que les divisions lat. int. du périanthe. Stigmate oblong. Anthère d'un pourpre violacé, à loges contiguës, séparées par un petit bec. Masses polliniques jaunes. Caudicules assez longs, jaunâtres. Rétinacles petits, blanchâtres. Ovaire sessile, allongé, contourné, un peu coudé vers le sommet, d'un vert pâle. Capsule ovale-allongée, subtriquètre.

Morphologie interne.

Tubercule. Grains d'amidon de forme très irrégulière, un peu allongés ou plus ou moins arrondis, les plus gros atteignant 20-40 μ de long. env. — *Fibres radicales.* Assise pilifère parfois entièrement subérisée. Endoderme à cadres peu marqués. Lames vasculaires assez nombreuses. Vaisseaux de métaxylème manquant rarement.

Tige. Epiderme à paroi ext. délicatement striée, à stomates assez rares. 3-5 assises chlorophylliennes entre l'épiderme et l'anneau lignifié, formées de cellules laissant entre elles des méats et des canaux aérifères. Anneau lignifié formé de 7-10 assises de cellules à parois peu épaisses. Petits faisceaux libéroligneux complètement immergés dans le tissu lignifié, les autres entourés de fibres à parois minces, seulement à l'extérieur et latéralement. Parenchyme ligneux non lignifié abondant. Parenchyme central contenant des raphides, à peine résorbé vers l'axe de la tige.

Feuille. Ep. = 300-500 µ env. Epiderme sup. recticurviligne, portant parfois un peu de cire, dépourvu de stomates, au moins dans les feuilles inf., haut de 90-130 µ, à paroi ext. légèrement striée, épaisse de 9-12 µ env. et bombée, formant, surtout à la partie sup. des nervures, une petite pointe ressemblant à celles du bord des feuilles. Epiderme inf. recticurviligne, haut de 35-60 µ, à paroi ext. épaisse de 9-12 µ et bombée, à stomates abondants. Paroi ext. des cellules épidermiques formant le bord du limbe prolongée en pointes développées (pl. 115, f. 107). Parenchyme formé de 5-8 assises de cellules chlorophylliennes, plus ou moins arrondies sur une section transversale, constituant un tissu lâche, et de cellules à raphides assez nombreuses. Bords du limbe minces dépourvus de collenchyme.

Fleur. — *Divisions externes et latérales internes du périanthe.* Epidermes ext. et parfois int. striés, à stries convergeant vers le centre de la cellule, à peine papilleux vers les bords. Nervures contenant beaucoup de chlorophylle. Epidermes et cellules du parenchyme renfermant un peu d'huile essentielle. — *Labelle* (f. 114-115). Epiderme int. prolongé en papilles très nombreuses, dans la partie médiane du labelle (pl. 121, f. 359-360) ; papilles atténuées ou arrondies à l'extrémité, parfois atténuées, puis renflées, atteignant 120-150 µ de long. env. dans les macules purpurines ; dans les parties latérales rouge foncé, papilles striées, plus courtes, coniques, arrondies à l'extrémité. Epiderme ext. prolongé, surtout vers les bords, en papilles courtes. Les cellules du parenchyme et des épidermes, surtout les papilles de l'épiderme int., renferment de l'huile essentielle. — *Eperon.* Epiderme int. à paroi ext. mince, muni de papilles nombreuses, courtes, atteignant, à la gorge de l'éperon, 150-170 µ, atténuées à l'extrémité. Epiderme ext. à paroi ext. mince, sans papilles caractérisées. Ordt 3 assises de cellules entre ces deux épidermes. Emission abondante de nectar à l'intérieur de l'éperon. Epiderme ext. et surtout int. renfermant de l'huile essentielle. — *Anthère.* Epidermes dépourvu de papilles. Epaississements en anneaux incomplets assez nombreux. — *Pollen.* Jaune doré. Exine légèrement ruguleuse à la périphérie des massules. L. = 40-50 µ env. — *Ovaire* (f. 116). Epiderme strié, à stomates rares. Nervure des valves placentifères située dans un sillon, non proéminente à l'extérieur, contenant un faisceau libéroligneux ext. à bois int. et parfois un faisceau placentaire libérien. Placenta peu épais, à deux divisions assez longues. Valves non placentifères saillantes à l'extérieur, renfermant un faisceau libéroligneux int. à bois int. — *Graines.* Cellules du tégument très striées, à paroi recticurvilignes. Graines arrondies au sommet, 1 f. 1/2-2 f. 1/2 plus longues que larges. L. = 280-330 µ env.

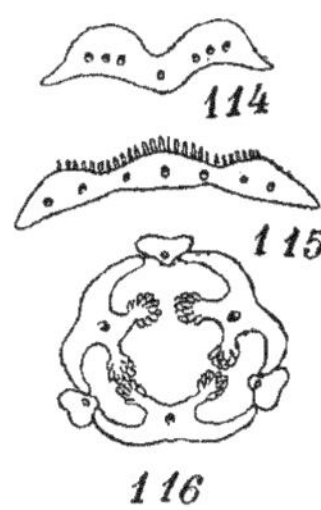

Orchis coriophora.
— Fig. 114 : section transv. schématique de la partie sup. du labelle. — Fig. 115 : section passant par le milieu du labelle, près des divisions. — Fig. 116 : section transv. schématique de l'ovaire.

Var. β **albiflora** MACCHIATI in *N. g. bot. ital.*, XIII, p. 310 (1881) ; G. CAM. BERG. A. CAM., *l. c.* — *Interdum variat. flore albo* MARTELLI, *Monoc. Sard.*, p. 46 (1896).— Fl. blanches. — Rare et disséminé, avec le type. Italie, France, Espagne, etc. (SENNEN).

Var. γ **latifolia** TINANT, *Fl. Luxemb.*, p. 4 ; G. CAM. BERG. A. CAM., *l. c.* — Feuilles ovales-oblongues, bien plus larges que dans le type.

Il serait peut-être préférable de considérer les var. précédentes comme des sous-var.

Var. δ **nana** (*O. coriophorus* L. f. *nanus* ZIMM. in *Allg. Bot. Zeitschr.*, n° 7-8 (1910) ; A. CAMUS in *Riv. scientif.* (1918), p. 6.— Forme naine, très distincte, rappelant, par son port, le *Chamæorchis alpina.* Tige de 8-15 cent. Feuilles très nombreuses, étroites (6-8 mm. env.), allongées, les sup. atteignant presque le sommet de l'épi. Epi court (2-3 cent.) ; fl. petites, assez nombreuses, de couleur foncée, à odeur de punaise très prononcée. — Allemagne : Bade à Wildtal (ZIMMERM). — France : Alpes-Marit. à la Trinité, près St-Martin-Vésubie (alt. 1400 m. (A. CAMUS).

L'*O. corioph.* f. *Borosiana* (Soó in FEDDE, *Rep. sp. nov.*, 1927, p. 28) paraît une forme extrême de la var. *nana.* Il a des feuilles encore plus étroites (2-3 mm.), des fl. très petites, à labelle long de 6 mm. — Hongrie, Transylvanie (Soó).

Var. ε **rakosiensis** (Soó, *l. c.*, 1927). — Labelle presque entier. — Hongrie : Rakos près Budapest (Borbás).

Monstruosités. — F. *trispicata* G. CAM. BERG. A. CAM., *l. c.* — Nous avons signalé le cas d'une tige trifurquée dont chaque branche était munie d'un épi normal. L'échantillon avait été récolté par M. BERGON, aux env. de Nice.

Un cas de tige bifurquée a été noté par HARZ ap. SCHLECHTD. LANG. et SCHENK., *Fl. Deutschl.*, 5, Aufl. IV, p. 183.

Plusieurs cas de fleurs dépourvues d'éperon ont été signalés.

DE TAVEL, in *Bull. Soc. Bot. Genève*, III (1884), p. 15, a décrit une fleur monstrueuse ayant 2 labelles munis d'éperon, 4 divisions ext. et 4 divisions int. au périanthe. Cf. aussi ABEL in *Abh. z. B. G. Wien*, XLVII 1897), p. 419.

V. v. — Mai, juin, en Europe ; avril, mai, en Algérie et en Tunisie. — *Habitat* : prairies, pâturages, lieux herbeux, parfois marécages. Monte jusqu'à 1.240 m. dans le Valais (JACCARD), 1.500 m. dans le Tyrol (HAUSSMANN), 1600-1.700 m. dans les Alpes-Maritimes, à la Palud près Saint-Martin-Vésubie (Aimée CAMUS), 1.800 m. dans les Pyrénées (Aimée CAMUS) ; 2.000 m. dans le Caucase (SCHLECHT.) ; 2.100-2.150 m. au Maroc, dans l'Ourika (MAIRE). — *Répart. géogr.* : Europe centr. et mérid., Portugal, Espagne, France (rare dans le Nord, manque en Corse ap. BRIQUET, *l. c.*), Belgique, Hollande, Allemagne (rare dans le Nord), Suisse (peu fréquent, manque dans les cant. d'Uri, Schwytz, Unterwald, Zurich, Argovie, Thurgovie), Autriche, Hongrie, Italie (rare, existe dans les montagnes, surtout dans la partie septentr.), Balkans, Grèce (Thessalie, rare), Crimée, Caucase, Chypre, Asie mineure, Arménie, Syrie, Mésopotamie, Perse, Tunisie, Algérie, Maroc.

Sous-esp. ? O. cimicina.

O. cimicina CRANTZ, *Stirp. aust.*, VI, p. 498 (1769) ; LINDL., *Gen. and spec.*, p. 267 ; LEDEB., *Fl. ross.*, IV, p. 59. — Var. **cimicina** ARCANG., *Comp.*, éd. 2, p. 167. — An var. **cibiniensis** SCHUR, *Enum. pl. Trans.*, p. 639 ? (1866). — Cette plante n'est assurément pas celle envisagée par BRÉBISSON.

Feuilles lancéolées-linéaires, aiguës, décroissant insensiblement en longueur. Epi oblong. Divisions du périanthe conniventes en casque, ovales-obtuses, fuligineuses après dessication. Labelle 3-lobé. Eperon arqué, 2 fois plus long que le labelle ; lobes latéraux défléchis, un peu plus courts que le moyen qui est entier. Cette plante que nous n'avons pas vue, nous paraît être, d'après sa description, une simple variété de l'*O. coriophora*. Autriche.

Sous-esp. O. Martrini.

O. Martrini TIMB.-LAGR. in *Bull. Soc. bot. Fr.*, III, p. 92 (1856) ; in *Annuaire An. sc. Toulouse* (1856), p. 22 ; JEANBERN. et TIMB.-LAGR., *Mass. Laurenti*, n° 21, p. 428 ; G. CAM., *Monogr. Orch. Fr.*, p. 34 ; in *Journ. de Bot.*, VIII, p. 137 (race). — **O. coriophora** var. **Martrini** GAUTIER, *Fl. Pyr. Orient.*, p. 398.

Feuilles assez larges. Bractées assez longues. Fl. nombreuses, ord. inodores ; éperon large vers le haut, brusquement coudé vers l'extrémité, souvent pâle.— France (Sud-ouest, rég. pyrénéenne), Espagne, Portugal, Maroc.

Var. α **typica** A. CAMUS. — *O. Martrini* TIMB.-LAGR., *l. c.* ; *s. str.* — *O. coriophora* var. *Martrini* GAUTIER, *l. c.* — *Icon.* : *Ic., n.* pl. 126, f. 10. — Feuilles lancéolées, larges, obtuses. Fl. assez grandes, nombreuses, en épi ovoïde, compact, rouge terne vineux, parfois mêlé de brun et de verdâtre. Bractées linéaires, les inf. égalant les fl., les sup. égalant l'ovaire ou le dépassant. Div. sup. du périanthe ovales-acuminées, libres au sommet ; labelle pourpre brun, à lobes lat. plus larges, égalant presque le méd. d'ap. la descript., plus court d'ap. les plantes d'herbier, lancéolé-obtus. Eperon obtus, large, blanc, pellucide, long de 8-10 mm., rétréci seulement vers l'extrémité et recourbé brusquement. — Diffère de l'*O. corioph.* par ses fl. plus grandes, de couleur différente, en épi ovale, très dense, ses bractées plus longues, son casque plus largement ovale, à div. aiguës, libres à l'extrémité, son éperon pâle, recourbé au sommet, ses feuilles souvent plus larges. — Distinct de l'*O. fragrans* par son épi plus compact, ses fl. de couleur différente, inodores, à casque plus large, ses div. du périanthe libres au sommet, son éperon blanc, pellucide, recourbé au sommet seulement, enfin par ses feuilles plus larges et plus obtuses. — Prairies alpines des Pyrénées ; Pyr.-Orient. : Urbania (MARTRIN-DONOS ap. TIMB.-LAGR.), Prat Laston, Grand Pla, Roc de Campbeil (JEANB. et TIMB.-LAGR.), Font-Romeu, alt. 1800 m. (A. CAMUS) ; abondant en Cerdagne, d'après SENNEN ; Basses-Pyrénées.

Var. β **apricorum** A. Cam. — *O. fragr.* var. *apricorum* Duffort in *Bull. Soc. bot.* (1898), p. 435. — Plante robuste ; fl. grandes, à odeur de Vanille ; périanthe à nerv. vertes marquées ; éperon gros, large, court. — France : Gers, Pyrénées.

Var. γ **Sennenii** A. Camus. — *Icon.* : *Ic. n.*, pl. 126, f. 8-9. — Plante assez développée. Feuilles assez larges, surtout dans les individus robustes et alors plus obtuses, les sup. bractéiformes. Fl. inodores, brun rouge violacé, très rarement un peu verdâtres, en épi ovoïde. Bractées lancéolées, acuminées, les inf. plus courtes que les fl. Div. du périanthe assez longuement libres au sommet, conniventes en casque relativement plus court que dans le type, assez embrassantes à la base, un peu moins foncées que le labelle, à nerv. non ou peu visibles. Labelle brun rouge violacé, sans macules ni taches vertes, à lobes lat. dentés aux bords, le méd. plus étroit et plus long. Eperon ord. rose pâle, 2 ou 2 f. 1/2 aussi long que le labelle, long de 12-15 mm., très renflé vers le haut (large de 4-5 mm.), courbé et très atténué à l'extrémité. — Pyrénées-Orient.: Estavar, Villeneuve-les-Escaldes, Llivia, entre 1.250-1.350 m. d'alt.(Sennen, juin et juillet 1926).

Var. δ **carpetana** (Willk. et ap. Willk. et Lange, *Prodr. Hisp.*, I, p. 166 (1870) ; Richter, *Pl. Eur.* I, p. 268 ; Guimar., *l. c.*) — Fl. grandes ; div. ext. du périanthe presque toutes pourprées, soudées presque jusqu'au sommet ; éperon largement conique, un peu arqué, égalant ou dépassant peu le labelle pâle. — Espagne, Portugal.

Var. ε **major** G. Cam. in *Actes Congr. Bot.*, 1900, p. 340 ; G. Cam. Berg. A. Cam., *l. c.* — *Ic. n.*, pl. 30, f. 7-12.— Tige robuste, haute de 30-45 cm. Feuilles très larges, atteignant 3-4 cm. de largeur, vers le milieu, très atténuées à la base, les inf. surtout obtuses, les sup. assez développées. Fleurs en épi dense,très nombreuses, assez petites. Casque d'un pourpre foncé, muni de nerv. d'un vert noirâtre. Labelle court, à lobes profonds, dépourvu de macules vertes : lobes lat. dentés sur le bord, plus larges et nettement plus courts que le médian. Eperon gros (large de 4 mm. env.), dépassant le labelle, long de 9 mm. env. — Var. extrêmement caractérisée par ses très larges feuilles rappelant un peu celles d'un *O. maculata* très robuste, son inflorescence très dense. — Maroc : env. de Casabianca (Mellerio, Benoist).

Sous-esp. O. fragrans.

O. fragrans Poll., *El. prov. Ver.*, 2, t. ult., f. 2 (1811) et *Pl. nov.*, p. 25 ; Reichb., *Fl. excurs.*, p. 124 ; Boreau, *Fl. centre*, éd. 3, p. 642 ; Car. et St.-Lag., *Fl. descr.*, éd. 8, p. 802 ; G. Cam., *Monogr. Orch. Fr.*, p. 34 ; in *Journ. de Bot.*, VI, p. 136 ; Lloyd et Foug., *Fl. Ouest*, p. 335 ; Coste, *Fl. Fr.*, III, p. 399, n° 3594, *cum icone*; G. Cam. Berg. A. Cam., *Monogr. Orch. Eur.*, p. 136 ; Guss., *Syn. sic.*, II, p. 533 ; *Enum. pl. inar.*, p. 317 ; Gries, *Spic. f. rum. et. bith.*, II, p. 358 ; Weiss. in *Zool. bot. Ges.*, p. 754 (1869) ; Raul., *Cret.*, p. 861 ; Haussknn., *Symb. ad. fl. gr.*, p. 24 ; Heldr., *Pr. chlor. Th.*, p. 4 ; Halacsy, *Consp. fl. gr.*, p. 168 ; Trautv., *Increm. fl. ross.*, p. 748, n° 5018. — O. **Polliniana** Sprengg., *Pug.*, II, p. 78 (1815) ; Pollin., *Hort. et pr. Ver. pl. nov.*, f. I, p. 25. — O. **cassidea** Marsch. Bieb., *Fl. Taur.-Cauc.*, III, p. 600 (1819) ; Stev. in *Mém. Soc. Nat. Mosc.*, VII, p. 266. — O. **coriophora** var. **Polliniana** Poll., *Fl. veron.*, III, p. 3 (1824) ; Reichb. F., *Icon.*, XIII-XIV, p. 21 ; Willk. et Lange, *Prodr. hisp.*, I, p. 166 ; Briquet, *Prodr. fl. corse*, p. 358 ; de Litardière in *Bull. géogr. bot.* (1914), p. 95. — O. **coriophora** var. **fragrans** Boiss., *Voyage en Esp.*, II,p. 593 (1845) ; Gr. et God., *Fl. Fr.*, III, p. 27 ; Castagne, *Cat. B.-d.-Rh.*, p. 156 ; Barla, *Iconogr.*, p. 47 ; Hariot et Guy., *Contr. fl. Aube*, p. 113 ; Guill., *Fl. Bord. et S.-O.*, p. 170 ; Koch., *Syn. éd. Hall. et Wohlf.*, p. 2425 ; M. Schulze, *Die Orchid.*, n° 5, 2 ; Battand. et Trab., *Fl. Alg.* (1884), p. 192 ; (1904), p. 321 ; Boiss., *Fl. orient.*, V, p. 61 ; Fleischmann in *Oest. bot. Zeitschr.* (1925), p. 191 ; Krause in Fedde, *Repert. sp. nov.* (1926), p. 297. — O. **coriophora** Sibth. et Sm., *Prodr. Gr.*, p. 212 ; Pieri, *Cor. fl.*, p. 125 ; Sieb., *Av. rem.*, p. 6 ; Urv., *Enum.*, p. 119 ; Raulin, *Cret.*, p. 861 ; Gelmi in *Bull. Soc. bot. ital.* (1880), p. 452 ; Marès et Vigin., *Cat. Baléar.*, p. 280 ; Barcelo, *Apunt. Baléar.*, p. 45.

Icon. : Reichb., *l. c.*, t. 14, CCCLXVI, f. I-III ; Barla, *l. c.*, pl. 28, f. 17-28 ; G. Cam., *Atl.*, pl. XV ; M. Schulze, *l. c.*, t. 5, f. 5 ; Guimar., est. V, f. 40 ; G. Cam. Berg. A. Cam., *l. c.*, pl. 16, f. 456-461 ; *Ic. n.*, pl. 30, f. 15-18.

Exsicc. : *Reliq Maill.*, n° 1736 ; *Soc. Rochel*, n° 1785 ; *Soc. Dauph.*, n° 4289 bis ; Bourg., *Pl. Esp.*, n° 188 ; Orphanid., *Fl. gr.*, n° 1108 ; Heldr., *Herb.*, n° 1074 ; Raul., *Pl. Crète*, n° 188 ; Kotschy, *Iter Cil.-Kurd.*, n° 38 ; Balansa, *Pl. d'Algérie*, n° 252 ; Porta et Rigo, n° 155 ; Sieue's *Bot. Reise nach Cilicien*, n° 832 ; Sint. et Bornm., *It. turc.*, n° 675 ; *It. orient.*, n° 2651 (1899) ; Sinten. et Rigo, *It. Cyr.*, n° 880 ; Torado, *Pl. Sic.*, n° 1150 ; Bourgeau, *Pl. Toulon*, n° 371 (appartient bien à l'*O. fragr.* et non à l'*O. coriophora*) ; Krause, n° 599.

Port de l'*O. coriophora*, mais plus grêle et plus élancé. Bractées un peu plus allongées. Fleurs petites, exhalant une odeur agréable rappelant celle de la Vanille, de couleur plus claire et moins rompue. Div. du casque plus longuement acuminées. Labelle plus long que dans le type, à lobes lat. manifestement dentés et à lobe méd. allongé. Eperon égalant ou dépassant un peu le labelle.

F. *a purpurata* G. Cam. Berg. A. Cam., *l. c.* — Fleurs d'un pourpre foncé ; plante assez robuste.

F. *b pallescens* G. Cam. Berg. A. Cam., *l. c.* — Casque pâle, lavé de pourpre au sommet ; labelle pâle, maculé de pourpre clair.

F. *c virescens* G. Cam. Berg. A. Cam., *l. c.* — Casque purpurin ; labelle vert pâle, non maculé.

F. *d alba* G. Cam. Berg. A. Cam., *l. c.* — Fleurs entièrement blanches ; plante souvent un peu grêle. — Rare : France, aux env. de Nice.

Morphologie int. — Ne se distingue de l'*O. corioph.* que par des caractères peu importants : sa tige à anneau lignifié formé d'assises un peu plus nombreuses (9-15 env.) et à parois plus épaisses, la présence de collenchyme au bord du limbe, le développement des papilles du labelle (120-150 μ de long), l'émission ord. plus considérable de nectar à l'intérieur de l'éperon, le développement plus grand des papilles de l'épiderme int. de ce dernier (pl. 121, f. 361-362), l'épiderme ext. de l'éperon prolongé en papilles manifestes, la présence d'assises plus nombreuses entre les épidermes. — L'huile essentielle est abondante dans les div. du périanthe, le labelle et l'éperon.

V. v. — Avril, juin. — Europe méridionale, Asie occid., Afrique septentr. — Monte jusqu'à 1.100 m. d'alt. dans le Tyrol.

18. — O. SANCTA

O. sancta L., *Spec.*, éd. 2, p. 1330 (1763); Willd., *Spec.*, IV, p. 41, n° 73 ; Lindl., *Gen. and spec.*, p. 268 ; Boiss., *Fl. orient.*, V, p. 62 ; Heldr., *Fl. Eginæ* in *Bull. Herb. Boiss.* (1898), p. 390 ; Halacsy, *Consp. fl. gr.*, III, p. 169 ; Stéf. Fors. Maj. et W. Barbey., *Cat. Samos*, p. 61 ; Boiss., *Herb. au Levant*, p. 157 ; Kos, in *Bull. Herb. Boiss.* (1894) p. 414 ; G. Cam. Berg. A. Cam., *Monogr. Orch. Eur.*, p. 138 ; Krause in Fedde, *Repert. sp. nov.* (1926), p. 297. — **O. coriophora** var. **sancta** Reichb., *Fl. exc.*, p. 173 (1830). — **O. Urvilleana** Steud., *Nomencl. bot.*, II, p. 225 (1840).

Icon. : G. Cam. Berg. A. Cam., *l. c.*, pl. 16, f. 453-455 ; Rouy, *Illustr. pl. Eur. rar.*, t. CCCXV ; *Ic. n.*, pl. 31, f. 9-13 ; Schl. in Kell. et Schl., *Icon*, pl. 24, f. 95.

Exsicc. : Orphanid., *Fl. gr.*, n° 855 ; Dörfler, *Fl. aeg.*, n° 21 ; Bourg., *Pl. Lyc.* ; *Pl. de Rhodes* ; Kotschy, *Iter Cilico-Kurd.* (1859), n° 37 ; Balansa, *Pl. d'Orient* (1854) n° 157 ; Krause, n° 1192.

Port de l'*O. coriophora*, mais plus élevé. Tubercules entiers, ovoïdes-subglobuleux. Tige de 15-45 centim., feuillée jusqu'au sommet. Feuilles oblancéolées-aiguës, arquées, les sup. plus étroites. Epi long, dense, multiflore. Bractées grandes, égalant l'ovaire ou le dépassant. *Fleurs ressemblant à celles de l'O. coriophora, mais deux fois plus grandes* et d'un rouge sordide. Divisions ext. du périanthe lancéolées-acuminées, soudées en casque longuement acuminé jusqu'au delà de leur partie moyenne, plus longues que le labelle. *Labelle pendant, trilobé*, cunéiforme à la base, puis élargi, à lobe moyen recourbé, oblong-lancéolé, 2 fois plus long que les latéraux, *ceux-ci* rhomboïdaux, aigus, *munis de 3-5 nervures prolongées en dents manifestes.* Eperon recourbé, plus court que l'ovaire et même que le labelle.

Morphologie interne.

Nous n'avons pu, étudier cette espèce que d'après des échantillons séchés dans des conditions défectueuses. Sa structure est très proche de celle de l'*O. coriophora.*

Mai. — *Habitat* : terrains sablonneux, rivages maritimes ; basses montagnes. — *Répart. géogr.* : Samos, mont. vers 500 m. d'alt., île de Chio, près de Mezarta (Orphanides, Aucher-Eloy), île de Kos (Dumont d'Urville), Rhodes (Bourgeau), Egine (Sprun.), Ténos (Sart.), Nascos (Léon) ; Asie Mineure (Anatolie, Cilicie, Pamphylie, Lydie (Krause)), Syrie littorale et Liban, Palestine (Ball, Boissier, Barbey).

Section **ANDRORCHIS** (Sous-genre) Reichb. F., *l. c.*, p. 3 ; G. Cam. Berg. A. Cam., *l. c.*, p. 139. — Divisions du périanthe libres, les lat. ext. plus ou moins étalées ou réfléchies, les lat. int. conniventes avec la médiane ext.

Sous-sect. **A. SACCATÆ** Parlat., *l. c.*, p. 489 ; G. Cam. Berg. A. Cam., *l. c.*, p. 139. — Labelle entier. Bractées plurinervées, Ovaire à peine tordu.

19. — O. SACCATA

O. saccata Ten., *Fl. neap. prodr*, p. LIII (1811) ; *Syll. fl. neap.*, p. 455 ; *Fl. nap.*, V, p. 240 ; Lindl., *Gen. and spec.*, p. 262 ; Reichb. F., *Icon.*, XIII-XIV, p. 37 ; Kraenzl., *Gen. et spec.*, p. 135 ; Nyman, *Consp.*, p. 694 ; *Suppl.*, p. 292 ; Richter, *Pl. Eur.*, I, p. 268 ; Moris, *Stirp. sard. el.*, f. 3, p. 11 ; Tod., *Orch. sic.*, p. 14 ; Guss., *Fl. sic. syn.*, II, p. 529 ; Bertol., *Fl. ital.*, III, p. 489; Ces. Pass. Gib., *Comp.*, p. 189 ; W. Barbey, *Fl. Sard., comp.*, n° 1315 ; Macchiati, *Orch. Sard.* in *N.G. bot. ital.* (1881), p. 313 ; Martelli, *Monoc. Sard.*, I, f. 3, 4. 5 ; Arcang., *Comp.*, éd. 2, p. 168 ; Lojac., *Fl. Sic.*, III, p. 22 ; Champagneux in *Ann. Sc. nat.* (1840), p. 380 ; Gr. et God., *Fl. Fr.*, III, p. 295 ; G. Cam., *Monogr. Orch. Fr.*, p. 45 ; in *Journ. de Bot.*, VI, p. 154 ; G. Cam. Berg. A. Cam., *Monogr. Orch. Eur.*, p. 139 ; Coste, *Fl. Fr.*, III, p. 400, n° 3.600, *cum. ic* ; Rouy, *Fl. Fr.*, XIII, p. 141 ; Aschers. et Graebn., *Syn.*, III, p. 695 ; Alb. et Jahand., *Cat. Var*, p. 488 ; Boiss. *Voy. Esp.*, p. 592 ; *Fl. orient.*, V, p. 67 ; Willk. et Lange, *Prodr. hisp.*, I, p. 169 ; Colmeiro, *Enum. hisp.-lusit.*, V, p. 32 ; Raul., *Cret.*, p. 861 ; Heldr., *Fl. Egin.* in *Bull. Herb. Boiss.* (1898), p. 390 ; Ross in *Bull. Herb. Boiss.* (1899), p. 293 ; Trautv., *Increm. fl. Ross.*, p. 750, n° 5027 ; Battand. et Trab., *Fl. Alg.* (1884), p. 194 ; (1895), p. 29 ; (1904), p. 322 ; Durand et Barr., *Fl. Libycae, Prodr.*, p. 227 ; Faure in *Bull. Soc. hist. nat. Afriq. du Nord* (1923), p. 299 ; Gandoger in *Bull. Soc. bot. Fr.* (1917), p. 118 ; Fleischmann in *Oest. bot. Zeitschr.* (1925), p. 190. —- **O**. collina Ban. ap. Lindl., *l. c.* (1835).— **O**. sparsiflora Ten. *Sched.* ap. Boiss., *Fl. orient.*, V, p. 67 (1884).—- *O. papilionem referens foliis maculatis* Cup., *H. cath. suppl.a It.*, p. 67.

Icon. : Ten., *Fl. nap.*, t. 248, f. 2 ; Reichb., F., *Icon.*, XIII-XIV, t. 30, CCCLXXXII, f. I-II, 1-15 ; t. 157, DIX, f. 1 ; Fiori et Paol., *Iconogr. ital.*, n° 830 ; Martelli, *l. c.* f. opt. ; Coste, *l. c.* ; G. Cam. Berg. A. Cam., pl. 19, f. 573-577 ; *Ic. n.*, pl. 31, f. 1-8 ; Schl. in Kell. et Schl., *Icon.*, pl. 22, f. 87.

Exsicc. : F. Schultz, *Herb. n.*, n° 557 ; Todaro, *Fl. sic.*, n° 161 ; Lange, *Pl. Eur. austr.*, 1851-52, n° 118 ; Balansa, *Pl. d'Algérie*, n° 250 ; *Fl. atl. Un agr. du Sig. pr. d'Oran* (1852) ; Billot, n° 3247 ; de Heldr., *Herb. n.* (1845).

Tubercules ovoïdes-subglobuleux. Tige robuste, souvent peu élevée, de 1 à 2 décim., cylindrique à la base, anguleuse au sommet, entourée, à la partie infér., de gaines courtes. Feuilles ovales ou ovales-oblongues, brièvement aiguës, d'un vert foncé, souvent maculées de brun, les supér. entourant étroitement la tige, l'ultime proche de l'épi. Bractées membraneuses, d'un pourpre violacé, grandes, oblongues-lancéolées, presque obtuses, cucullées, ordt 7-nervées, dépassant l'ovaire. Fleurs d'un pourpre violacé foncé, à labelle plus clair, 3-18, un peu rapprochées, disposées en épi subcylindrique un peu lâche. Divisions ext. du périanthe oblongues ou lancéolées, un peu verdâtres vers la partie sup., les lat. étalées ou réfléchies, la centrale courbée en avant, connivente avec les deux lat. int., celles-ci plus courtes et plus étroites que les ext., un peu courbées, falciformes, obtuses. *Labelle* grand, égalant les divisions ext. du périanthe, étalé, *indivis*, obovale, oblong ou suborbiculaire, à bords crénelés, un peu rétréci à la base, émarginé au sommet, muni de nervures disposées en éventail. Eperon blanchâtre, en sac cylindro-conique, 1-3 fois plus court que l'ovaire. *Ovaire peu contourné*, allongé, fusiforme

Morphologie interne.

Tige. 2-3 assises parenchymateuses entre l'épiderme et l'anneau lignifié. Anneau lignifié formé de 5-7 assises de cellules à parois minces, de forme très irrégulière sur une section transversale.

Feuille. Epiderme sup. à paroi ext. épaisse de 10-14 μ, légèrement bombée. Epiderme inf. à paroi ext. épaisse de 9-12 μ, bombée. Cellules épidermiques formant le bord du limbe à paroi ext. arrondie.

Fleur. — *Divisions externes et latérales internes du périanthe.* Epidermes à peine papilleux vers les bords et à l'extrémité des divisions. - *Labelle.* Epiderme int. prolongé en papilles coniques, très grosses à la base, très atténuées au sommet, longues de 50-90 μ env. vers le milieu du labelle, plus courtes et moins abondantes vers les bords. Epiderme ext. à peu près dépourvu de papilles. — *Eperon.* Epiderme int. muni de grosses papilles presque cylindriques, très allongées, atteignant 250-500 μ env. de long. (pl. 121, f. 368). — *Anthère.* Cellules en anneaux incomplets peu nombreuses dans les parois. — *Pollen.* Exine non ou peu rugueuse à la périphérie des massules. — *Graines.* Striées, atténuées au sommet, 2 f.-2 f. 3/4 env. plus longues que larges,

V. v. — Janvier-avril. — *Habitat* : lieux herbeux humides, bois et coteaux schisteux, collines, souvent près de la mer. — *Répart. géogr.* : région méditerranéenne, Espagne mérid., France (TR., Var aux env. d'Hyères (Champagneux, Huet, Jahandiez, Raine), Pierrefeu (Chambeiron, Saint-Lager), Italie (rég. mérid. de la péninsule), Sardaigne, Sicile (assez abondant), Malte, Grèce, Egine, Crète, Rhodes, Asie Mineure, Syrie, Palestine (Mésopotamie, Perse), Cyrenaïque, Tripolitaine, Lybie, Afrique septentr. (R. en Algérie),

20. — O. FEDTSCHENKOI

O. Fedtschenkoi Czerniakowska in *Not. syst. Herb. Petr.* (1922), p. 147 ; Komarov in *Bull. Jard. bot. Rép. russe* (1925), p. 120 ; Schl. in Kell. et Schl. *Icon.*, pl. 22. f. 88.

Tubercules oblongs, longs de 2.5 cm., non stipités. Tige haute de 30 cm., dressée, cylindrique, sillonnée, feuillée à la base. Feuilles inf. 5, ovales-aiguës, longues de 6-7 cm. sur 2-3 cm., les caulinaires, largement lancéolées, amplexicaules, acutiuscules, longues de 4-5 cm., vers la partie sup. bractéiformes. Epi allongé, long de 3 cm.,dense, 13-fl. env. Bractées herbacées, lancéolées, aiguës, longues de 1,5-2, 5 cm. sur 0,7 cm., 5-nervées, verdâtres comme les feuilles caulinaires, dépassant l'ovaire. Fl. longues de 1,7 cm., violacées, ponctuées. Div. lat. ext. du périanthe obliquement ovales, subacuminées, 3-nervées, longues de 0,8-1 cm., réfléchies, la méd. dressée, linéaire, cucullée, obtuse, longue de 0,8 cm. ; div. lat. int. symétriques, légèrement courbées, à base dilatée, atténuées au sommet, obtuses, 1-nervées, conniventes en casque avec la div. méd. *Labelle* suborbiculaire rhomboïdale de 0,8-1 cm. de diam., un peu cunéiforme, *subbilobé à l'extrémité*. Eperon court, épais, long de 0,5-0,6 cm., large de 0,3 cm., blanc, hyalin, à nerv. vertes, un peu plus court que l'ovaire. Gynostème très brièvement rostré. Cette esp., très peu connue, serait proche de l'*O. saccata*, mais ses tubercules sont plus gros, sessiles, ses feuilles nombreuses, ses bractées non colorées, non cucullées, son labelle bilobé au sommet, à bords presque entiers, non crénelés, ses fl. plus petites, violacées, non pourprées.

Habitat : déclivités des montagnes ; fissures des rochers.— *Répartition géogr.* : rég. transcaspienne, distr. Krasnovodsk près Karakala, promontoire Kopet-dagh, Mont Tulli-bil, Batyim Gjadygi.

Sous-sect. B. **MASCULÆ.** Parlat., *l. c.*,p. 500 (emend.) ; G. Cam. Berg. A. Cam., *l. c.*, p. 140.— Labelle trilobé, à lobe moyen égalant les latéraux ou les dépassant, rarement un peu plus court.

21. — O. PALUSTRIS

O. palustris Jacq., *Collect.* 1, p. 75 (1786) ; *Icon. Rar.*,1, t. 181 ; Willd.,*Spec.*,IV,p. 26 ; Rich in *Mém. Mus.*, IV, p. 55 ; Reichb. F., *Icon.*, XIII-XIV, p. 47 ; Correvon, *Alb. Orch. Eur.*, pl. XLVIII ; Nyman, *Consp* ,p. 693 ; *Suppl.*, p.292 ; Richter, *Pl. Eur.*,I,p. 269 ; Dumort.,*Prodr. fl. Belg.*,p. 132 ; Lej. et Court., *Comp.*, III, p. 183 ; Mich., *Fl. Hain.*, p. 277 ; Crépin, *Manuel Fl. Belg.*, éd. 2, p. 293 ; Thielens, *Acq. fl. belg.*, p. 748 ; *Orch. Belg. et Luxemb.*, p. 78 ; Oudemans, *Fl. Nederl.*, p. 144 ; Le Turq. Delon., *Fl. Rouen*, p. 456 ; Boisduval, *Fl. fr.*, III, p. 43 ; Gren. et Godr., *Fl. Fr.*, III, p. 294 ; Boreau, *Fl. cent.*, éd. 2, p. 524 ; éd. 3, p. 644 ; Godet, *Fl. Jura*, p. 684 ; Gren., *Fl. ch. jurass.*, p. 748 ; Ardoino, *Fl. Alp.-Mar.*, p. 354 ; Barla, *Iconogr.*, p. 55 ; Loret et Barrand.,*Fl. Montpell.*, p. 661 ; G. Cam.,*Monogr. Orch. Fr.*, p. 43 ; in *Journ. de Bot.* (1892), p. 153 ; G. Cam. Berg. A. Cam., *Monogr. Orch. Eur.*, p. 144 ; Brébiss., *Fl. Norm.*, éd. pl. ; Hérib., *Fl. Auv.*, p. 430 ; Gandg., *Fl. lyon.*, p. 222 ; Car. et S.-Lag., *Fl. descr.*, éd. 8, p. 804 ; Gautier,*Pyr.-Or.*, p. 398 ; Llyod et Foug., *Fl. Ouest*, p. 337 ; Charbonnel in *Bull. Soc. nat. Ain* (1902), p. 57 ; Coste, *Fl. Fr.*, III, p. 402 ; n° 3608, *cum icone* ; Alb. et Jahand., *Cat. Var*, p. 489 ; Kirschl., *Fl. Alsace*, p. 131, p. p. ; Seubert, *Exc. Fl. Bad.*, p. 122, p. p. ; Caflisch., *Exc. Fl. S. D.*, p. 295, p. p. ; M. Schulze, *Die Orchid.*, n° 17 ; Kraenzl.,*Orchid.*,p. 25 ; Morthier, *Fl. Suisse*, p. 362 ; Gremli, *Fl. Suisse*, éd. Vetter, p. 481 ; Schinz et Keller, *Fl. Schweiz*, p. 122 ; Ten., *Fl. nap.*, II,p. 288 ; *Syll.*, p. 455 ; Todaro,*Orchid. sic.*, p. 47 ; Sang., *Prodr. alt.*, p. 455 ; Bertol., *Fl. ital.*, IX, p. 279 ; Parlat., *Fl. ital.*, III, p. 498 ; Ces. Pass. Gib., *Comp.*, p. 189 ; W. Barbey, *Fl. Sard. Comp.*, n° 1318 ; Arcang., *Comp.*, éd. 2, p. 169 ; Cocconi, *Fl. Bologn.*, p. 485 ; Cortesi in *Ann.bot.Pirotta*,v., 1 f. 3,p. 39 ; Boissier,*Fl. orient.*,V,p. 70 ; Munby, *Cat.*,p. 34 ; Battand. et Trab., *Fl. Alg.* (1884), p. 195 ; (1904), p. 322 ; Wolley -Dod in *Journ. of Bot.* (1914), p. 100 ; Krause in *Fedde, Rep. sp. nov.* (1926), p. 298.— **O. mascula** Crantz, *Stirp. austr.*, p. 500 (1769) non L. — **O. laxiflora b. palustris** Marsch. Bieb., *Fl. Taur.-Caus.*, p. 600 (1819) ; Koch, *Syn.* éd. 1, p. 687, éd. 2, p. 792 ; éd. 3, p. 596 ; éd. Holl. et Wohlf., p. 2427 ; Mutel, *Fl. fr.*, III, p. 240 ; *Fl. Dauph.*, éd. 2, p. 593 ; Coss. et Germ., *Fl. Par.*, éd. 2, p. 683 ; Poirault, *Cat. Vienne*, p. 96 ; Franchet, *Fl. L.-et-Cher*, p. 573 ; Martin, *Cat. Romor.*, p. 268 ; Llyod, *Fl. Ouest*, éd. 5, p. 336 ; Masclef, *Cat. P.-d.-C.*, p. 154 (forma) ; Bouvier, *Fl. Alp.*, éd. 2, p. 461 ; Debeaux, *Rév. fl. agen.*, p. 519 ; Fior. et Paol., *Fl. ital.*, I, p. 244 ; Kraenz., *Gen. et spec.*,p. 443 ; Fraas, *Fl. class.*, p. 279 ; Halacsy, *Beitr. fl. Aetol.*, p. 10 ; Oborny, *Moehr. u. Oest. Schles.*, p. 248. — **O. laxiflora** d. Reichb., *Fl. exc.*, I, p. 122 (1830) ; Bach, *Rheinpr.*, p. 368, p. p. — **O. laxiflora** var. **longiloba** Döll, *Fl. Rhen.* ; Neilr., *Fl. Nied.-Oest.* — **O. Heuffeliana** Schur, *Sert.*, p. 71, n° 2694. — **O. germanorum** Moritzi, *Fl. Schweiz*, p. 509 (1832). — **O. laxiflorus** subsp. O. **paluster** Asch. et Graebn., *Syn.*, III, p. 712 (1907). — **O. laxiflora** subsp. **palustris** Briquet, *Prodr. fl. corse*, 367 (1910. — *Orchis* *bulbis indivisis, nectarii labio inverse triangulari apice trilobo, lobis rotundatis, medio emarginato, cornu obtuso, petalis obtusis, exterioribus patulis* Jacq., *Ic. rar.* I, t. 181.

Noms vulg. : Orchis des marais.— Allem.: Sumpf-Knabenkraut, Sumpf-Ragwurgz.—Holl. : Moeras Orchis.
Icon. : Vaillant, *Bot.*, t. 31, f. 34 ?; Seg., *Pl. ver.*, p. 125, t. 15, f. 8; Jacq., *Icon.*, t. 181 ; Dietr., *Fl. reg. Bor.*, 1, 2 ; Reichb., *Crit.*, t. DCCCXXXI ; Reichb. F., *Icon.*, XIII-XIV, t. 40, CCCXCII, f. I-III. 1-30 ; G. Cam., *Iconogr. Orch. Paris*, pl. 13 ; Barla, *l. c.*, pl. 40 ; pl. 41, f. 1-10 ; M. Schulze, *l. c.*, t. 17 ; G. Cam. Berg. A. Cam., *l. c.*, pl. 20, f. 598-601 ; *Ic. n.*, pl. 35, f. 1-13.

Exsicc. : Todaro, *Fl. sic.*, n° 1152 ; Billot, n°ˢ 1069 et 1069 *bis* ; Schultz, n° 76 ; Reichb., n° 1318 ; Fries, *Herb. n. f.* VI, n° 58 ; *Soc. Dauph.*, n° 3899 ; Dörfler, *H. n.*, n° 4958, Krause, n° 245.

Tubercules entiers, ovoïdes ou subglobuleux. Fibres radicales peu nombreuses. Tige dressée, haute de 3-6 décim., cylindrique, un peu anguleuse au sommet, vert clair, souvent lavée de pourpre ou de violet à la partie sup., entièrement feuillée et entourée, à la base, de gaines blanchâtres courtes. *Feuilles linéaires-lancéolées*, aiguës, allongées, *atténuées de la base au sommet*, carénées, pliées en gouttière, arquées, nervées, d'un vert assez clair, les sup. étroitement lancéolées, souvent bractéiformes. *Bractées* linéaires-lancéolées, aiguës, souvent élargies dans le milieu, aussi longues ou un peu plus longues que l'ovaire, d'un vert lavé de pourpre ou de violet ou tachées de rose ou de violet, *à 3-5 nerv. longit. plus ou moins anastomosées. Fl. grandes, d'un pourpre violace clair* (1),accidentellement carnées, rarement blanches et alors souvent plus petites, disposées en épi subcylindrique-allongé, lâche. Divisions du périanthe libres, les ext. oblongues-obtuses, dressées, 3-nervées, les lat. d'abord étalées, puis réfléchies en arrière, les lat. int. plus courtes que les ext., élargies vers la base, conniventes avec la méd. ext. Labelle plus large que dans l'*O. laxifl.*, un peu plus long que les autres div. du périanthe, dirigé en avant, puis en bas, largement obovale ou obcordiforme, à 3 lobes, rarement à 2 lobes, d'un pourpre clair un peu violacé ou lilacé, rarement carné, blanchâtre vers le sommet et le milieu, la teinte s'atténuant du pourtour au centre et au sommet, rarement blanc, marqué de petites taches ou linéoles purpurines ou violettes ; *lobes lat. assez grands, étalés pendant l'anthèse*, puis *un peu réfléchis*, repliés, à bords entiers ou un peu crénelés en avant ; *lobe méd. égalant au moins les lat.* (!), *les dépassant ord.*, plus étroit, entier, émarginé ou subbilobé. *Eperon* assez gros, *un peu plus court que l'ovaire*, presque horizontal ou dirigé en bas, subcylindrique, conique, un peu courbé, *atténué à la partie sup. vers l'extrémité*, obtus ou subaigu, blanchâtre ou violet très pâle. Gynostème court, apiculé, violacé. Stigmate oblong. Anthère violacée. Masses polliniques contiguës, verdâtres. Caudicules blanchâtres. Rétinacles arrondis. Ovaire sessile, subcylindrique, contourné, un peu courbé, vert lavé de violet. Capsule assez grosse, obscurément triquètre, verte ou violacée.

Morphologie interne

Tubercule. Grains d'amidon de forme peu régulière, plus ou moins arrondis, souvent isolés, atteignant 6-16 μ de long. env. (pl. 112, f. 27). — *Fibres radicales.* Assise pilifère parfois complètement subérisée. Endoderme à cadres plissés peu marqués. Quelques vaisseaux de métaxylème et lames de bois primaire entourant un abondant parenchyme non différencié.

Tige. Epiderme légèrement strié ; stomates assez nombreux. 3-5 assises de parenchyme chlorophyllien entre l'épiderme et l'anneau lignifié. Anneau lignifié formé de 4-6 assises à parois minces. Faisceaux libéroligneux entourés de tissus lignifiés à l'extérieur et parfois latéralement. Lacune plus ou moins grande occupant la partie centrale de la tige.

Feuille. Ep. = 300-400 μ. Epiderme sup. haut de 50-70 μ env., à paroi ext. délicatement striée, épaisse de 8-10 μ et bombée, muni de poils unicellulaires assez abondants,gros, hyalins et plus ou moins courbés,pourvu de stomates dans les bractées sup. seulement. Epiderme inf. haut de 35-45 μ, à paroi ext. épaisse de 16-18 μ et peu bombée, muni de stomates nombreux. Paroi ext. des cellules épidermiques formant le bord du limbe non prolongée extérieurement (pl. 115, f. 417). Parenchyme formé de 7-10 assises de tissu chlorophyllien assez lâche, à cellules de forme irrégulière et à raphides assez rares. Bords du limbe amincis, à parenchyme sous-épidermique chlorophyllien.

Fleur. — *Divisions externes et latérales internes du périanthe.* Epiderme ext. strié. Epidermes ext. et int. dépourvus de papilles caractérisées même vers les bords. — *Labelle.* Epiderme int. prolongé en papilles (pl. 121, f. 371-372), les unes atteignant 130-150 μ et atténuées à l'extrémité, les autres plus courtes, cylindriques et non atténuées. Epiderme ext. pourvu seulement de quelques rares papilles. — *Eperon.* Epiderme int. muni de papilles très courtes et assez nombreuses. Epiderme ext. non sensiblement papilleux. Pas d'émission de

1. Les fl. sont encore violettes après la dessiccation.

nectar à l'intérieur de l'éperon. — *Anthère*. Epiderme dépourvu de papilles. Parois de l'anthère dépourvues de bandes d'épaississement. — *Pollen*. Exine à peine rugueuse à la périphérie des massules. L. = 25-38 µ. — *Ovaire* (f. 117). Nervure des valves placentifères non saillante à l'extérieur, contenant un faisceau libéroligneux à bois int. Placenta à divisions écartées et divergentes. Valves non placentifères très développées, proéminentes extérieurement, renfermant un faisceau libéroligneux à bois int. — *Graines*. Cellules du tégument à parois recticurvilignes, légèrement striées-réticulées. Graines arrondies au sommet, 1 f. 1/2-2f. 1/2 plus longues que larges. L. = 400-500 µ.

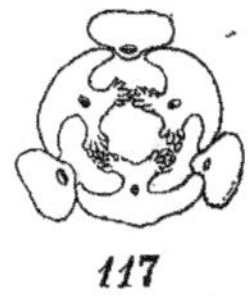

Sous-var. **minor** (Brébiss., *Fl. Norm.*, éd. 3, p. 295 (1859) ; G. Cam. Berg. A. Cam., *Monogr. Orch. Eur.*, p. 146). — Forme à fl. petites, labelle non taché ; lobes lat. à peine déjetés. — Normandie — L'*O. pal.* f. *micrantha* K. Domin, *Phaner. nov. Boh.* in *Ausz. Sitzunb. d. Kgl. Böhm. Akad. Wiss. Math. Prag.* (1904), p. 85, de Bohème, est peut-être peu distinct de la plante de Brébisson.

Sous-var. **quadrifida** (Brébiss., *l. c.* (1859) ; G. Cam. Berg. A. Cam., *l. c.*). — Forme à labelle muni de trois lobes profonds, les lat. étroits, un peu plus courts que le méd., le méd. profondément bilobé. — Normandie.

117

Orchis palustris. — Fig. 117 : section transversale schématique de l'ovaire.

Il existe des variations à bractées un peu plus longues que dans le type (f. *Zimmermanni* Soo in Fedde, *Rep. sp. nov.* (1927), p. 29. — *O. laxifl.* l. *longibracteatus* Zimmerm., *Form. d, Orchid.*, 1912, p. 28 ; *Zeitschr. f. Nat.*, 1911, p. 80) et d'autres à bractées plus courtes (f. *brevibracteata* A. Cam. ; *O. laxifl.* l. *brevibracteatus* Zimmerm., *l. c*).

Var. β **mediterranea** Schl. in Kell. et Schl. *Icon.*, p. 192 (1927). — *O. mediterranea* Guss., *Pl. rar.*, p. 365 (1826) et *Syn. fl. sic.*, II p. 536. — *Icon.* : Barla, *l. c.* (1). Plante assez élevée ; bractées plus allongées que dans le type ; fl. plus grandes, à labelle moins étalé, à lobes plus réfléchis, à peine plus colorés que le lobe méd. — Rég. mérid. de la France, Italie, Espagne.

Var. γ **elegans** Beck, *Glasnik*, XV, p. 223, 87 (1903) ; in *Wiss. Mitt.*, IX, p. 510 (1904) ; G. Cam. Berg. A. Cam., *l. c.* ; Neilreich, *Diagn. d. in Ungarn. u. Slav.*, p. 117. — *O. elegans* Heuffel in *Flora*, XVIII (1835), p. 250 ; *Enumer. pl. Banatu Tenes.*, p. 166 (1858) ; Borbas in *Bot. Centrabl.*, XII, p. 385 (1882) ; Schur, *En. Trans.*, p. 640, n° 3407 ; Simonkai, *Enum. Transs.*, p. 499 (1886) ; Grecescu, *Consp. fl. Romaniei*, p. 544 ; Pantu, *Contrib. Bucurest*, p. 85. — *O. platychila* C. Koch *Linnæa* (1846), p. 13. — *O. laxiflorus* (Lamk) β *paluster* (Jacq.) f. *elegans* Aschers. et Graebn., *Syn.*, III, p. 713 (1907). — *O. laxiflorus* ssp. *elegans* Soó in Fedde, *l. c.* (1927). *Icon.* : Ic. n., pl. 35, f. 9-13 ; pl. 128, f. 24. — *Exsicc.* : Dörfler, *H. norm.*, n° 5176. — Plante robuste ; feuilles larges de 2,5 cm. env. ; fl. de moyenne grandeur ; labelle souvent obcordiforme peu profondément lobé, à lobes lat. subétalés et lobe méd. blanc ou moins coloré que les lat. Varie à fl. blanches (l. *leucanthus* Soó, *l. c.*, à bractées dépassant l'ovaire (l. *Lengyelii* Soó, *l. c.*). — *Morph int.* Ne diffère pas sensiblement du type. — Transylvanie, Hongrie mérid., Croatie, Russie méridionale, Bosnie, Serbie, Balkans jusqu'à la Bithynie.

Var. δ **Dielsiana** A. Camus.— *O. laxiflorus* ssp. *Dielsianus* Soo, *l. c.* (1927).— Port de la var. *elegans ;* div. lat. ext. longues de 8 mm. ; labelle de 8-10 mm. sur 10-12, largement triangulaire-obovale, indivis et émarginé au sommet ou obscurément trilobé, à lobes lat. arrondis, petits; lobe méd. émarginé ou bilobé, les lat. plus courts ou l'égalant, parfois lobe méd. peu marqué ; éperon égalant env. l'ovaire, à peine atténué au sommet. — Chypre, Anatolie, Smyrne, Cilicie, Arménie, Pont.

L. *Bornmulleri* (Soó, *l. c.*; l. *albiflorus* Bornm., *BH. B. C.* (1911)p. 506 ; non Tenore. — Fleurs blanches.

Monstruosités. — Pélorie irrégulière. M. Lambert a récolté, à Bengy-sur-Craon (Cher), un individu dont chaque fleur avait trois éperons ; un seul de ces éperons était bien développé.

Tétramérie. — Seubert in *Linnæa*, XVI, p. 391 (1842), a décrit un cas de tétramérie d'une fl. ainsi constituée : 4 div. ext. du périanthe ; 4 div. int. dont 2 munies de labelle et d'éperon ; fruit tétragone, à 4 lignes placentaires alternes avec les div. ext. du périanthe.

Zimmerm. in *A. B. Z.* (1910), 7-8, p. 16,décrit une fl. munie de 2 éperons et de 5 div. au périanthe. Il a aussi observé un cas de dimérie et un cas de tétramérie.

V. v. — Mai-juin, avril, mai, dans la rég. mérid. ; juillet dans les montagnes froides.— *Habitat* : lieux humides, tourbeux, prairies marécageuses. Paraît rechercher le calcaire,monte à 520 m. dans le Valais (Jaccard).

1. Barla, *l. c.*, pl. 41 f. 8, a représenté une forme curieuse, hybride ou lusus, qui aurait mérité une étude sur le vif.

Répart. géogr. : Espagne, France (env. de Paris, Centre, Ouest, rég. mérid.,etc. Corse), Suède mérid., Gottland (la station la plus septentr.), Belgique, Hollande, Écosse (Schl.), Allemagne (disséminé dans les rég. centr. et mérid., R. dans le Nord), Suisse (assez rare) ; Italie (disséminé, surtout dans les rég. centr.,occid. et mérid. de la péninsule ; R. dans la partie orient., Sicile), Autriche, manque dans le Tyrol, Herzégovine, Hongrie, rare en Bohème, Balkans, Russie mérid., Transcaucasie, Asie Mineure, Syrie, Mésopotamie, Perse, Afrique septentrionale.

Nota. — C'est assurément pour avoir insuffisamment observé l'*O. palustris* et l'*O. laxiflora* que certains auteurs ont réuni ces deux espèces si distinctes.Dans l'*O. laxiflora*, les lobes lat. du labelle sont fortement repliés en arrière ; chez l'*O. palustris*, les lobes sont étalés pendant l'anthèse et ne sont que peu rejetés en arrière à la fin de la floraison. Dans l'*O. palustris*, le lobe méd. du labelle égale toujours au moins les lat. et les dépasse souvent ; dans l'*O. laxiflora*, le lobe méd. est nettement plus court que les lat. et parfois presque nul, donnant au labelle un aspect bilobé. L'*O. laxiflora* a un éperon un peu renflé au sommet, brusquement tronqué et déprimé à la partie sup. vers l'extrémité : l'*O. palustris* a un éperon cylindrique-conique, obtus, un peu atténué à l'extrémité. De plus,l'*O. laxiflora* fleurit env. 20 jours avant son congénère et recherche ord. la silice, alors que l'*O. palustris* croît dans les marais des terrains calcaires ou arrosés par un cours d'eau calcaire. Ces deux plantes vivent rarement ensemble ; aux env. de Paris, nous ne les avons jamais vues dans les mêmes stations. Les formes mal définies, toujours rares, d'*O. laxiflora*, à lobe méd. du labelle allongé, sont issues du croisement de cette espèce avec les *O. Morio, coriophora, incarnata,* et plus rarement *palustris*. Au point de vue anatomique, il y a, comme nous l'avons dit, une différence dans la forme des cellules épidermiques du bord du limbe entre ces deux espèces affines.

22. — O. LAXIFLORA

O. laxiflora Lamk, *Fl. fr.*, III, p. 504 (1778) ; Rich. in *Mém. Mus.*,IV, p. 55 ; Lindl., *Gen. and spec.* p. 265 ; Reichb. F., *Icon.*, XIII, p. 49 ; Kraenz., *Gen. et spec.*, p. 142 ; Correvon, *Alb. Orch. rust.*,pl. XLII ; Richter, *Pl. Eur.*, I, p. 270 ; Babingt., *Man. Brit. Bot.*, éd. 8, p. 344 ; Bexth., *Brit. Flora*, p. 463 ; Dumort., *Prodr. fl. Belg.*, p. 132 ; Tinant, *Fl. Luxemb.*, p. 439 ; Hocq.,*Fl. Jemm.*, p. 233 ; Mich., *Fl. Hain.*, p. 276 ; Crépin, *Man. Fl. Belg.*, éd. 1, p. 177 ; éd. 2, p. 293 ; Thielens, *Acq., fl. belg.*, p. 48 ; *Orch. Belg. Luxemb.* p. 76 ; Löhr, *Fl. Tr.*, p. 216 ; J. Mey., *Orch. G.-D. Luxemb.*, p. 10 ; DC., *Fl. fr.*, III, p. 247 ; n° 2011 ; Boisduv., *Fl. fr.*, III, p. 43 ; Mutel, *Fl. Fr.*, III, p. 240, excl. var. b. ; *Fl. Dauph.*, éd. 2, p. 593 ; Le Turq. Delon., *Fl. Rouen*, p. 645 ; Boreau, *Fl. cent.*, éd. 2, p. 513 ; éd. 3, p. 644 ; Gr. et Godr., *Fl. Fr.*, III, p. 293 ; Gren., *Fl. ch. jurass.*, p. 749 ; Coss. et Germ., *Fl. Par.*, éd. 2, p. 682, excl. var. b ; Martr.-Donos, *Fl. Tarn*, p. 703 ; Castagne, *Cat. B.-d.-Rh.*, p. 157 ; Ardoino, *Fl. Alp.-Marit.*, p. 354 ; Barla, *Iconogr.*, p. 54 ; Poirault, *Cat. Vienne*, p. 96, excl. var. b. ; G. Cam. *Monogr. Orch. Fr.*, p. 43 ; in *Journ. de Bot.*, VI, p. 152., G. Cam. Berg. A. Cam., *Monogr. Orch. Eur.*, p. 148 ; Hérib., *Fl. Auv.*, p. 430 ; Car. et S.-Lag., *Fl. descr.* éd. 8, p. 803 ; Gautier, *Pyr.-Or.*, p. 399 ; Bubani, *Fl. pyr.*,p. 37 ; Charbonnel in *Bull. soc. nat. Ain* (1902), II, p. 55 ; Rouy, *Fl. Fr.*, XIII, p. 141 ; Coste, *Fl. Fr.*, III, p. 402, n° 3607 ; Alb. et Jahand.,*Cat. Var*, p. 489 ; Sal. Marsch., *Aufz. Korsika* in *Fl. Bot. Zeit.*, p. 492 (1833) ; C. Koch in *Linn.* (1849), p. 283 ; Koch, *Syn.*, éd. 2, p. 792, var. a. ; éd. 3, p. 595, var. a. ; Hall. et Wohlf., p. 2427, var. a. ; Bach, *Rheinpr.*, p. 368, p. p. ; Kuntze, *Tasch. Leipz.*, p. 66 ; Garcke, *Fl. Deutschl.*, éd. 14, p. 378 ; M. Schulze, *Die Orchid.*, n° 18 ; W. Zimmerm., *Die Form. d. Orchid.*, p. 28, p. p. ; *Neue Beob. Orchid. Bad.* (1911),p.46, p. p. ; Kraenzl., *Orch.*, p. 24 ; Gaud., *Fl. helv.*, V, p. 431 ; Bouvier, *Fl. Alpes*, éd. 2, p. 640 ; Morthier, *Fl Suisse*, p. 362 ; Godet, *Fl. Jura*, p. 685 ; Gremli, *Fl. Suisse*,éd. Vetter, p. 481 ; Schinz et Keller, *Fl. Schweiz*, p. 122 ; Sang., *Fl. rom. prodr. alt.*, p. 728 ; Ser. et Mauri, *Fl. Rom. prodr.*, p. 304 ; Biv., *Sic. cent.* II, p. 43 ; Moris, *Stirp. Sard.*,f. 1, p. 44 ; Todaro, *Orch. sic.*, p. 44 ; Guss., *Syn.*,II, p. 535 ; Savi, *Bot. etrusc.* III, p. 163 ; de Notar.,*Repert. fl. ligust.*,p. 386 ; Arcang.,*Comp.*,éd. 2, p. 169 ; Bertol.,*Fl. ital.*,IX,p. 549 ; Parlat., *Fl. ital.*, III, p. 496 ; Pollin., *Fl. ver.*,III, p. 14 ; Ces. Pass. Gibel., *Comp.*, p. 189 ; W. Barbey, *Fl. Sard. Comp.*, n° 1317 ; Cocconi, *Fl. Bologn.*, p. 485 ; Fior. et Paol., *Fl. anal. ital.*, p. 244, excl. var. b. ; Macchiati in *N. giorn. bot. ital.* (1881), p. 313 ; Cortesi in *Ann. bot. Pirotta*, I, p. 36 ; Guimar., *Orch. port.*, p 62 ; Mars. Bieb., *Fl. Taur.-Caus.*, III, p. 600, excl. var. b. ; Ledeb., *Fl. Ross.*, IV, p. 57, p. p. ; Buiss. *Fl. orient.*, V, p. 71 ; Chaub. et Bory, *Expédit. Morée*, p. 261 ; Weiss in *Zool. bot. Ges.* (1869), p. 754 ; Raul. *Cret.*, 861 ; Spritz in *Zool. bot. Ges.* (1877), p. 730 ; Halacsy in *Œst. bot. Zeit.* (1896), p. 18 ; *Consp. fl. gr.* III, p. 173, p. p. ; Bull. *Herb. Boissier, Et. bot. Kos* (1894) p. 415 ; W. Barbey, *Herb. au Levant*, p. 157 ; Krause in Fedde, *Repert. sp. nov.* (1926), p. 297 ; Fleischmann in *Œsterr. bot. Zeitschr.* (1925), p.192 ; Colmeiro, *Enum. pl. hisp. lusit.*, V, p. 32 ; Debeaux et Dauter, *Syn. Gibralt.*, p. 200 ; Munby, *Cat.*, p. 34 ; Battand. et Trabut, *Fl. Alg.* (1884), p. 196 ; (1895) p. 30, p. p. — **O. ensifolia** Vill.,*Hist. Dauph.*, II, p. 29 (1787) ; All., *Auct. fl. pedem.*, p. 31 ; Willd., *Spec.*, IV, p. 25 ; Lapeyr., *Abr. Pyr.*, p. 548 ; Balbis, *Misc. bot.*, I, p. 39 ; Nocc. et Balb., *Fl. ticin.*, 2, p. 150 ; Ten., *Fl. nap.*, II, p. 289. — **O. Tabernæmontani** Gmel. *Fl. Bad.*, III, p. 535 (1808) ; Schur, *Enum. Trans.*, p. 640, n° 3408. — **O. laxiflora** var. **Tabernæmontani** Koch, *Syn.*, éd. 2, p. 792 (1843) ; éd. 3, p. 596. — **O. platychila** K. Koch in *Linn.*, XIX (1846), p. 13 ap.

Boiss. — **O. laxiflora** var. **laxiflora** Coss. et Germ., *Fl. Par.*, éd. 2, p. 683 (1861). — **O. palustris** b. **laxiflorá** Rom. in *Da Rio Giorn. del It. lett.*, XXIV, p. 302 ; Fiedr. *Reise*, p. 272. — **O. Morio** Ab. Ucr., *Hort. Panorm.*. p. 382. — **O. caspia** Trautv. in *Act. Hort. petr.*, II, p. 484 (1873) ; *Increm.*, *Fl. Ross.*, p. 748. — **O. laxiflora** var. **Lamarkii** Franchet, *Fl. L.-et-Cher*, p. 573 (1885). — **O. laxiflorus** A. **O. ensifolius** Aschers. et Graebn., *Syn.*, III, p. 711 (1907). — **O. laxiflora** subsp. **ensifolia** Briquet, *Prodr. fl. corse*, I, p. 367 (1910). — *Orchis latior, tota purpurans, majori flore hiante cucullo, longiorique spica ac folio.* Cup., *Hort. cath.*, p. 157. — *Orchis morio, fœmina, procerior, majori flore ex albo et purpureo variegato* Vaill., *Bot. paris.*, p. 150. — *Orchis morio femina, calcari extuberante bifariamque diviso* Seg., *Pl. ver.*, II, p. 126. — *Orchis palustris, lobato atropurpureo flore, angustiore folio* Cup., *Panph. Sic.*, p. 2.

Noms vulg. : Orchis laxiflore. — Allem. : Lockerblütiges Knabenkraut, Schwerdtblättrige Ragwurz. — Angl. : Lax-flowered Orchis.

Icon. : Vaillant, *Bot. paris.*, t. XXXI, f. 33, 34 ; Cup., *Panp. Bon. Gerv.*, t. 29, 32 ; Seg., *Pl. ver.*, II, t. 15, f. 8 ; Reichb. F., *Icon.*, XIII-XIV, t. 49, CCCXCIII, f. I, III ; Barla, *l. c.*, pl. 39 ; Ces. Pass. Gib., t. XXIV, f. c ; Fiori et Paol., *l. c.*, f. 831 ; G. Cam., *Icon. Orch. Par.*, pl. 12 ; M. Schulze, *l. c.*, t. 18 ; Guimar., *l. c.*, est. VII, f. 50 ; Fitch et Smith, *Illustr. Brit. Fl.*, n° 997 ; Bonnier, *Alb. N. Fl.*, p. 147 ; G. Cam. Berg. A. Cam., *l. c.*, pl. 19, f. 566 et 566' ; pl. 20, f. 589-597 ; *Ic. n.*, pl. 36, f. 1-12.

Exsicc. : Soleirol, n° 4007 ; Reichb., n° 170 ; *Soc. Dauph.*, n°s 3469 et *bis* ; *Soc. Rochel.*, n° 2246 ; Magnier, *Fl. sel.*, n° 2587 ; Orphan., *Fl. gr.*, n° 854 ; Sint., *Thess.*, n°s 347, 425 et 848 ; Sint. et Bornm., *It. tur.* (1891) ; Fors. Maj., *Ins. Arc.* (1887) ; *Austr.-Hung.*, n° 1026 ; Siehe's *Botan. Reise nach Cilic.*, n° 121 (1895) ; Todaro, *Fl. sic.*, n° 473 ; Bourgeau, *Pl. Pyr. Esp.*, n° 727 ; *Pl. Toulon*, n° 367 ; Reverchon (1878), n° 99 ; Burnat (1904), n° 569 ; Schultz, n° 2591 ; *Soc. fr.-helv.*, n° 1914 ; Krause, n° 1300.

Tubercules ovoïdes ou subglobuleux. Tige dressée, de 3-6 décim., parfois 1 m. (d'ap. Krause), cylindrique, un peu anguleuse et rugueuse-subverruqueuse au sommet, vert pâle souvent lavé de pourpre ou de violet, munie, à la base, de gaines brunâtres, allongées. *Feuilles* dressées-étalées, allongées, *linéaires, linéaires-lancéolées ou lancéolées*, aiguës, *atténuées de la base au sommet*, carénées, pliées en gouttière, assez visiblement nervées en dessous, à face sup. brillante, vert foncé, à face inf. vert bleu, les sup. bractéiformes. *Bractées* un peu plus longues que l'ovaire, lancéolées ou linéaires-lancéolées, aiguës, visiblement 3-7-nervées, les *inf. à nerv. réticulées*, d'un vert teinté de pourpre ou de violet. Fleurs assez grandes, d'un pourpre violacé foncé (1), rarement carnées (f. *rosea, carnea* Auct.) ou blanches et alors plus petites, en grappe spiciforme lâche, subcylindrique-allongée. Divisions du périanthe 3-nervées, ordt plus grandes que dans l'*O. palustris*, les ext. oblongues-obtuses, les lat. ext. obliques, étalées, puis réfléchies en arrière de manière à se toucher par les bords, les lat. int. égalant les 2/3 de la longueur des ext. et un peu plus étroites, allongées-elliptiques, conniventes avec la médiane. *Labelle* convexe, un peu plus long que les autres divisions du périanthe, rétréci, cunéiforme à la base, puis obcordiforme, blanc du milieu à la base, d'un pourpre violacé ordt foncé ou amarante, la teinte s'atténuant du pourtour au centre et au sommet, plus rarement carné ou blanc, parfois muni de quelques ponctuations purpurines, à 3 lobes ; *lobes lat.* grands, *repliés de manière à presque se toucher par le sommet*, arrondis, un peu crénelés en avant, un peu plus longs que le médian ; *lobe médian très court, tronqué*, légèrement crénelé, *parfois presque nul*, ce qui donne au labelle un aspect bilobé. *Éperon égalant* 1/2-2/3 *de la longueur de l'ovaire*, horizontal ou ascendant, un peu courbé ou presque droit, *un peu renflé au sommet*, obtus, *tronqué et un peu déprimé à l'extrémité et à la partie sup.*, d'un violet pourpré. Gynostème court, obtusiuscule. Anthère d'un violet pourpre, à loges contiguës, parallèles. Masses polliniques verdâtres. Caudicules et rétinacles blanchâtres. Stigmate allongé. Ovaire sessile étroitement linéaire, allongé, dressé, coudé au sommet, contourné, vert glauque, lavé de violet surtout sur les nervures. Capsule subfusiforme, violacée.

Morphologie interne.

Tubercule. — Grains d'amidon de forme irrégulière, ordt plus ou moins allongés, atteignant 15-30 μ de long. — *Fibres radicales.* Endoderme à cadres plissés marqués. Cylindre central relativement peu développé. Métaxylème manquant le plus souvent.

Tige (f. 118). Section munie de côtes. Stomates assez nombreux. 1-4 assises de parenchyme chlorophyllien entre l'épiderme et l'anneau lignifié. Anneau lignifié extra-fasciculaire formé de 5-7 assises de cellules à section transversale irrégulière et arrondie, plus grandes vers l'intérieur que vers l'extérieur. Faisceaux libéroligneux entourés de tissu lignifié seulement extérieurement et bordant ordt une grande lacune centrale.

Feuille. Ep. = 360-500 μ env. Epiderme sup. recticurviligne, très légèrement strié, haut de 80-120 μ, à

1. Les fleurs restent purpurines, après dessiccation.

— 190 —

paroi ext. épaisse de 6-10 μ, peu bombée, dépourvu de stomates, sauf parfois dans les feuilles sup., portant quelques gros poils hyalins, unicellulaires, à extrémité très obtuse, légèrement striés, atteignant 150-180 μ. Epiderme inf. recticurviligne, haut de 30-60 μ, à paroi ext. bombée et épaisse de 5-9 μ, muni de nombreux stomates. Paroi ext. des cellules épidermiques formant le bord du limbe prolongée extérieurement en pointes arrondies ordt asymétriques (pl. 115, f. 114). Parenchyme formé de 7-10 assises chlorophylliennes et contenant quelques cellules à raphides. Par suite de la disposition pliée de la feuille, la face inf. est ordt plus riche en chlorophylle que la face sup. Nervures à faisceau entouré de tissu chlorophyllien.

Fleur. — *Divisions externes du périanthe.* Epiderme ext. souvent strié. Epidermes ext. et int. dépourvus de papilles caractérisées. — *Divisions latérales internes.* Epidermes ext. et int. plus ou moins striés, légèrement papilleux vers les bords. — *Labelle.* Epiderme int. muni, dans les parties lat. foncées, de papilles très courtes, obtuses et, sur la partie centrale, de grosses papilles développées à la base, atténuées au sommet, mais encore assez obtuses, parfois quelques-unes presque cylindriques, atteignant 50-130 μ de long env. L'épiderme int. renferme un peu d'huile essentielle dans la partie blanche centrale du labelle. Epiderme ext. pourvu de quelques courtes papilles. — *Eperon.* Epiderme int. muni de papilles très courtes, caractérisées seulement vers l'extrémité de l'éperon. Epiderme ext. non sensiblement papilleux. Pas d'émission de nectar à l'intérieur de l'éperon ; liquide sucré s'accumulant entre les épidermes. — *Anthère.* Epiderme ext. du gynostème non prolongé en papilles, muni de quelques stomates. Parois ordt dépourvues de bandes et d'anneaux d'épaississement. — *Pollen.* Vert. Exine à peine granuleuse à la périphérie des massules. L. = 40-50 μ env. — *Ovaire* (f. 119). Epiderme strié, contenant de l'anthocyane, muni de nombreux stomates. Nervure des valves placentifères non saillante en dehors (comme dans beaucoup d'*Orchis*, dans les ovaires desséchés, la pression et la dessiccation produisent la saillie externe de la nerv.), contenant un faisceau libéroligneux à bois int. et paraissant ordt manquer de faisceau placentaire. Placenta allongé, à 2 div. divergentes, allongées. Valves non placentifères très développées, très saillantes en dehors, contenant un faisceau libéroligneux à bois int. — *Graines.* Cellules du tégument plus ou moins striées-réticulées. Graines arrondies au sommet, 2 f. 1/2-3 f. 1/2 env. plus longues que larges.

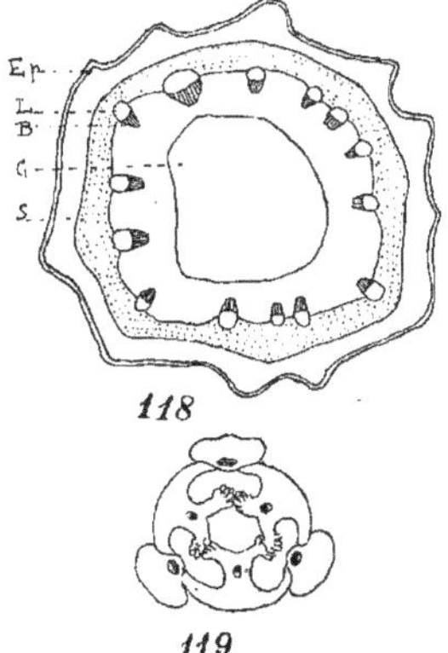

118

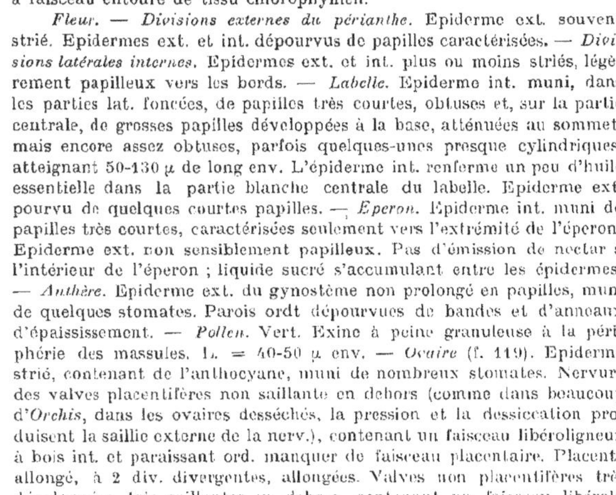

119

Orchis laxiflora. — Fig. 118 : section transv. schématique de la tige ; B, bois ; C, lacune centrale ; Ep, épiderme ; L, liber ; J', parenchyme ; S, sclérenchyme. — Fig. 119 : section transv. de l'ovaire.

F. a. **grandiflora** Terracciano in *Boll. Soc. Bot. Ital.* (1910), p. 26. — Forme extrême à grandes fl. nombreuses. — Sardaigne.

F. b. **albiflora** Guss., *l. c.* ; Terracciano, *l. c.*, p. 27 ; F. *alba* Ruppert, *l. c.* — Périanthe complètement blanc. — Rare, çà et là avec le type. — France (Cher à Neuvy-sur-Barangeon (G. Cam.), Sarthe (ap. Gentil), Gironde près de Lamothe (Bergon), Var à St-Tropez (G. et A. Camus), Italie, Sardaigne (Terracciano), Sicile (Lojacono).

La var. **candida** Ugrinsky, *Quelques plantes rares de la flore de Kharcoff* (1910), p. 10, diffère de la forme précédente par sa floraison un peu tardive. — Russie : Kharcoff.

F. c. **carnea** G. Cam. — Périanthe rose chair. — Disséminé.

Var. β **longebracteata** Willk. et Lange, *Prodr. hisp.*, I, p. 168 et *Suppl.*, n° 738, p. 42 ; Debeaux et Dauter, *Syn. Gibraltar, l. c.* ;Hausskn., *Symb. ad fl. gr.*, p. 24. — *Exsicc.*: Reiser, *Fl. gr.* (1897). — Fleurs en épi plus dense ; bractées dépassant l'ovaire, les inf. foliacées. — Espagne, Allemagne, Grèce.

La var. *paludosa* Martr.-Donos, *l. c.*, probablement hybride, est caractérisée par le lobe méd. du labelle égalant ou dépassant les latéraux.

Var. γ **Dinsmorei** Schlecht. ap. Soó, *Notizbl. Berlin*, p. 911 (1926) ; in Keller et Schlecht., *Icon.* p. 191 (1927). — Feuilles plus larges, rapprochées vers la moitié inf. de la tige ; bractées inf. dépassant les fl. ; infl. dense ; fl. petites ; div. ext. du périanthe de 4. 5-5 mm. env. ; labelle subonguiculé, cunéiforme-triangulaire ; éperon ascendant, grêle, cylindrique. — Palestine : Saron (Dinsmore, n° 1595).

Anomalies. — Duffort nous a envoyé, de Massoube (Gers), des échantillons à éperon très réduit. M. Arbost a récolté, aux env. de Thiers (Puy-de-Dôme), un exemplaire d'*O. laxiflora* à fleurs régulières munies d'un périanthe régulier. — *Icon.* : G. Cam., *Orch. Fr. Atl.*, pl. XVII ; G. Cam. Berg. A. Cam., *l. c.*, pl. 19, f. 566, 566' ; *Ic. n.*, pl. 36,f. 9, 10.

Le Dr Chassagne a récolté, dans le Puy-de-Dôme, un individu dont le labelle était dirigé vers le haut (Dr Chassagne in *Bull. Soc. bot. Fr.*, (1913) p. XLIV).

Nous avons observé, à Saint-Tropez (Var), quelques individus à éperon bilobé.

V. v. — Mars, dans l'Afrique du Nord, et l'Europe méridionale ; avril, juin, dans le reste de l'Europe. Fleurit 20 jours avant l'*O. palustris*. — *Habitat* : prairies humides, marais tourbeux, surtout sur les terrains siliceux. De la plaine jusqu'à 1.200 m. d'alt. — *Repart. géogr.* : Europe centrale et méridionale : Portugal, Espagne, France (env. de Paris, Centre, Ouest, rég. mérid., etc. Corse), Angleterre, Jersey, Guernesey, Belgique [Beaumont-en-Hennegau (Plon, d'ap. Crépin, *Notes*, V, p. 98)], Allemagne mérid.[Bavière à Edenstetten ? (Fischer, *Fl. Mett. in Ber. d. deutsch. bot. Ges.*, 1886, p. CXCII) Hanovre etc.], Suisse (surtout occident., rég. les plus chaudes, cant. de Genève,de Vaud, du Tessin), Italie (presque toute la péninsule, de la mer à la rég. submontagn., Sicile, Sardaigne (Moris), Autriche, Tyrol mérid. à Riva et Torbole, Croatie, Istrie, Hongrie, Transylvanie, Dalmatie, Herzégovine, Monténégro, péninsule balkanique, Russie mérid., Crète, Caucase, Asie Mineure, Palestine, Perse, Afrique septentrionale.

23. — O. SPITZELII

O. Spitzelii Sauter in Koch, *Syn.*, éd. I, p. 686 (1837) ; éd. 2, p. 790 ; éd. 3, p. 595 ; éd. Hall. et Wohlf. p. 2426 ; Reichb. F., *Icon.*, XIII-XIV, p. 40; Caflisch, *Exc.Fl. S.D.*, p. 295 ; Garcke, *Fl. Deutschl.*, éd. 14., p. 377 ; M. Schulze, *Die Orchid.*, no 12 ; Zimmerm., *Die Form. d'Orchid.*, p. 23 ; Aschers. et Graebn.,*Syn.*, III, p. 698 ; Nyman, *Consp.*, p. 694 ; *Suppl.*, p. 292 ; Richter, *Pl. Eur.*, I, p. 269 ; Ambrosi, *Fl. Tirol austr.*, I, p. 688 ; Hausm., *Fl. Tirol*, p. 835 ; Bertol., *Fl. ital.*, IX, p. 528 ; Parl., *Fl. Ital.*,III, p. 508 ; Ces. Pass. Gib., *Comp.*, p.190 ; Arcang., *Comp.*, éd.2, p. 169 ; Velen., *Fl. bulg.*, p. 525 ; de Nanteuil in *Bull. Soc. bot. Fr.*, 1887, p. 70 ; G. Cam., *Monogr. Orch. Fr.*, p. 51 ; in *Journ. Bot.*, VI, p. 160 ; G. Cam. Berg. A. Cam., *Monogr. Orch. Eur.*, p. 141 ; A. Cam. in *Riviera scientif.* (1918), p. 6 ; Coste, *Fl. Fr.*, III, p. 400, no 3599 ; Rouy, *Fl. Fr.*, XIII, p. 145 ; Fleischm. in *Annal. K. K. naturh. Hofmus.*, XXVII, p. 115 (1914) ; Kraenzl., *Orchid.*, p. 30. — **O. brevicornis** Marcilly in *Bull. Soc. bot. Fr.*, XVI (1869), p. 344 ; non Viv. — **O. maculata** × **mascula (speciosa)** Halacsy in *Oest. bot. Zeit.* (1876), p. 264 ; Sennholz, *op. cit.* (1889), p. 321.

Icon. : Reichb., *l. c.*, pl. 31, CCCLXXXIII, f. I, 2-8 ; M. Schulze, *l. c.*, t. 12 ; Correvon, *Alb. Orch. Eur.*, pl. LII ; G. Cam. Berg. A. Cam., *l. c.*, pl. 19, f. 578-581 ; *Ic. n.*, pl. 32, f. 1-6.

Exsicc. :Dörfler, *H. n.*, no 3198 ; *Austr.-Hung.*, no 677 ; Fiori, Beguinot et Pampan., *Fl. ital.*, no 422.

Tubercules ord. allongés, rarement subglobuleux. Tige de 2-3,5 dm., nue et violacée au sommet, dressée, arrondie, entourée à la base de gaines blanchâtres. *Feuilles* d'un vert clair, assez luisantes, souvent comme vernissées, non maculées, peu nombreuses (4-6), courtes, les *inf. ord. obovales-oblongues, atténuées insensiblement à la base*, brusquement atténuées, obtusiuscules et cucullées au sommet, les plus grandes atteignant 2,5-3 cm. de largeur et 8 cm. de longueur, ord. 1-2 feuilles sup. enroulées, étroitement engainantes. Bractées étroitement lancéolées-aiguës ou linéaires-lancéolées, aiguës, enroulées, dressées ou un peu incurvées, plus courtes que l'ovaire, l'égalant ou les inf. le dépassant un peu, violacées, les sup. uninervées, les inf. obscurément trinervées. Fl. assez peu nombreuses (rarement plus de 20, parfois 30 ou 40), purpurines ou violacées, un peu verdâtres en dedans du casque, disposées en épi lâche, cylindrique ou presque ovale. *Div. sup. du périanthe* libres, formant un casque un peu ouvert et subglobuleux, les ext. lancéolées ou ovales-lancéolées, obtuses ou subobtuses, pourpres ou d'un rouge livide en dehors, verdâtres en dedans et, vers la base, munies de ponctuations d'un pourpre foncé, 3-nervées ou obscurément 5-nervées, subconniventes, les *lat.* concaves intérieurement, *devenant un peu étalées, mais jamais réfléchies*, la méd. très concave, les lat. int. un peu plus courtes que les ext., plus étroites, conniventes avec la méd. ext., linéaires-oblongues, obtuses, tronquées ou arrondies au sommet, élargies inférieurement, 2-3-nervées. *Labelle* un peu plus long que les div. ext., dirigé en avant, *brièvement rétréci à la base* vers l'éperon, puis dilaté, trilobé plus ou moins profondément, pourpre assez foncé vers les bords, plus pâle à la base ou presque également coloré, à macules pourpre foncé, à lobes lat. assez courts, réfléchis, arrondis, irrégulièrement denticulés, à lobe méd. plus large et plus long que les lat., arrondi et souvent un peu émarginé au sommet. *Eperon épais, conique, obtus*, peu arqué, descendant, *presque vertical, faisant un angle aigu avec la ligne méd. du labelle*, égalant env. 2/3-1/2 *de l'ovaire*, violacé vers l'extrémité, pourvu, en dedans, de taches d'un pourpre assez foncé. Gynostème obtus. Masses polliniques vert foncé. Fruit fusiforme contourné, vert lavé de pourpre, fertile. L'*O. Spitzelii* n'est certainement pas hybride (cf. A. Camus, *l. c.*).

Morphologie interne.

Tige. — Section presque arrondie. 5-6 assises de parenchyme chlorophyllien. Anneau lignifié formé de 5-6 assises de cellules à parois minces et contigu au liber des faisceaux. Pas de lacune centrale dans la jeune tige.

Feuille. — Ep. = 500 μ près du milieu de la feuille. Epiderme sup. haut de 160-200 μ, à paroi ext. épaisse de 8 μ env. et bombée. Epiderme inf. haut de 50-60 μ, à paroi ext. épaisse de 7-9 μ et légèrement bombée; stomates nombreux. Paroi ext. des cellules formant le bord du limbe à paroi ext. à peine bombée, épaisse (pl. 115, f. 116). Parenchyme comprenant 6-8 assises de cellules riches en chlorophylle et quelques cellules à raphides. Bords insensiblement amincis, chlorophylliens. Nervures à section concave-convexe, la médiane munie de collenchyme vers la face inf. ; épiderme sup. moins haut vis-à-vis des nervures que vis-à-vis du tissu chlorophyllien.

Fleur. — *Divisions externes et latérales internes du périanthe.* Epidermes ext. et int. dépourvus de papilles caractérisées, contenant de l'huile essentielle à l'état de traces, surtout l'épiderme ext. — *Labelle.* Epiderme int. à papilles nombreuses, longues de 40-80 μ, contenant, surtout vers les bords, de l'huile essentielle en plus grande quantité que l'épiderme ext.—*Eperon.* Epiderme int. muni de papilles nombreuses atteignant 150 μ (pl. 121, f. 369-370) et contenant un peu d'essence. Epiderme ext. légèrement papilleux. — *Anthère* Bandes et anneaux lignifiés assez nombreux. — *Pollen.* Grains à exine légèrement ruguleuse à la surface des massules. L. = 30-32 μ. — *Ovaire.* Nervure des valves placentifères à peine saillante à l'extérieur, contenant un faisceau libéroligneux à bois int. Placenta à divisions peu divergentes. Valves non placentifères assez développées, proéminentes à l'extérieur, renfermant un faisceau libéroligneux à bois int. — *Graines.* Arrondies au sommet ; cellules du tégument presque rectilignes.

Var. β **Sendtneri** Reichb. F., *Icon.*, XIII-XIV, p. 31, t. CCCLXXXIII, f. II, 7, 8, p. 41 (1851) ; Aschers. et Graebn., *Syn.*, III, p. 699 ; G. Cam. Berg. A. Cam., *l. c.*, p. 141. — *Exsicc.* : Sendtn., *Pl. Bosn.*, nº 172. — Plante plus gracile, à fleurs plus petites que dans le type. Labelle plan, à lobes étalés, ponctué de pourpre à la base. Eperon acuminé. — Bosnie [Vlassic et Gladiske (Sendtner)].

V. v. — 15 mai, fin juin, juillet dans les localités élevées. — *Habitat* : clairières des bois, prairies des Alpes, surtout sur le calcaire. — *Répart. géogr.* : France, T. R. [Alpes-Marit. : forêt du Funeiret, versant N. du Cheiron, alt. 1.300-1.400 m. (Huet, Marcilly, de Nanteuil), Thorenc (Burnat A. Cam.) (1), Moulin du Pin près Séranon (Burnat, Briquet, Fehlmann et Cavillier)] ; Allemagne [rég. mérid. Wurtemberg : Schlossberg à Nagold alt. 500 m. (Oeffinger, 1845)]; Italie [Vénétie, Baldo au-dessus Malcesine (Dalla Torre et Sarnth.)] ; Autriche [env. de Salzbourg à Saalfelden (v. Spitzel, 1835), Windisch-Garsten (Niedereder) Schneeberg, etc., relativement peu rare dans le Tyrol où il monte jusqu'à 2000 m. d'alt. (Dalla Torre et Sarnth.) ; Dalmatie : île Curzola (Fleischmann)] ; Bosnie [Klekovaca (Beck), Vlasic, Gradiske (Sendtner)]; Serbie, Bulgarie (Vitosa, Sliven d'ap. Velen.).

L'*O. Mrkvickana* Velenovsky et Hayek, *Reliq. Mrkvickanæ*, p. 29 (1922), est une espèce très peu connue, proche de l'*O. Spitzelii*, à éperon égalant env. la moitié de l'ovaire. Il a été trouvé à Nidze-Planina, en Macédoine.

L'*O. viridi-fusca* Alboff, *Prodr fl. Colchicæ*, p. 229 (1895), est une espèce peu connue des montagnes du Caucase et de Crimée montant jusqu'à 2000 m. d'alt., proche de l'*O. Spitzelii* et de l'*O. patens*, mais à lobes du labelle moins étalés, un peu plus courts relativement au lobe médian.

24. — O. PATENS.

O. patens Desfont., *Fl. atlant.*, II, p. 318 (1800) ; Willd., *Spec.*, IV, p. 19 ; Richter, *Pl. Eur.*, I, p. 268 ; Lindl., *Gen. and spec.*, p. 265 ; Reichb. F., *Icon.*, XIII-XIV, p. 38, p. p. ; Boiss., *Fl. orient.*, V, p. 67 ; Cosson. *Note sur pl. midi Espagne*, p. 181 (1852) ; Munby, *Cat.* p. 34 ; Lacroix, *Cat. Kabylie* ; Battand. et Trab., *Fl, Alg.* (1884), p. 194 ; (1895), p. 28 ; (1904), p. 322 ; Bonnet et Barr.,*Cat. Tunisie*, p. 402 ; Deb., *Fl. Kabyl. Djurdjura*, p. 340 ; Willk. et Lange, *Prodr. hisp.*, I, p. 168 ; Arcang., *Comp.,* éd. 2, p. 169 ; Kraenzl., *Gen. et spec.* p. 136 ; Fiori et Paol., *Icon. fl. ital.*, nº 832 ; Aschers. et Graebn., *Syn.*, III, p. 696, p. p. ; G. Cam. Berg. A. Cam., *Monogr. Orch. Eur.*, p. 141 ; Battand., Maire et Trabut in *Bull. Soc. bot. Fr.*

---

1. En 1916-1917, cette plante était très localisée, mais abondante, du Bas-Thorenc à Thorenc-station, de 1.120-1.250 m. (A. Camus).

(1914), p. LXXXV. — **0. brevicornis** Viv. in *Ann. bot.*, I, 2, p. 184 (1804) et *Fl. ital.*, éd. 2, p. 12, p. p. ; Lindl., *Gen. and spec.* p. 264 ; de Notar., *Report. fl. ligust.*, p. 385 ; Bertol., *Fl. ital.*, IX, p. 529 ; Ces Pass. Gib., *Comp.*, p. 190 ; Parlat., *Fl. ital.*, III, p. 505 ; Willk. et Lange, *Prodr. hisp. suppl.*, n° 733 *bis* ; de Nanteuil in *Bull. Soc. bot. Fr.* (1887), p. 71. — **0. brevicornu minor** Viv., *Fragm. bot.*, p. 12 (1808). — **0. panormitana** Tin. in Guss., *Syn.*, III, p. 875 (1844). — **0. patens a. Fontanesii** Reichb. F., *Icon.*, XIII-XIV, p. 38 (1851), t. 32.

Icon. : Reichb. F., *l. c.*, t. CCCLXXXIV, f. I ; t. CCCLXXXV, f. I ; t. DIX ? ; Viv.,*l. c.*, t. 12, f. 2 ; G. Cam. Berg. A. Cam., *l. c.*, pl. 19, f. 569-572 ; *Ic. n.*, pl. 34, f. 1-5.

Exsicc. : Manissadj., *Pl. orient.*, n° 102.

Tubercules ovoïdes-oblongs. Tige médiocre ou élevée (10-55 cent. env.),pourvue de feuilles bractéiformes, souvent jusque près de l'épi. *Feuilles inf. lancéolées ou linéaires-lancéolées, aiguës, atténuées à la base, 5-12, larges de 2 cent. env., longues de 15 cent.* env., vertes, souvent glaucescentes et maculées de brun, les sup. 2-4, étroites, presque linéaires, souvent bractéiformes, engainantes. *Bractées* lancéolées ou linéaires-lancéolées, *aiguës ou acuminées, mucronées, à une seule nervure,* un peu plus courtes que l'ovaire ou les inf. un peu plus longues que lui. Fleurs roses ou purpurines, nombreuses, 35-40, disposées en épi lâche, allongé, atteignant jusqu'à 20 cent. de longueur. Divisions ext. du périanthe libres, roses, lilas clair ou purpurines, lavées de vert intérieurement vers le milieu qui est ponctué de rougeâtre, ovales-obtuses ou oblongues, obtuses ou aiguës, tronquées-apiculées ou tronquées-tridentées, *les lat. ext. non concaves interieurement, étalées obliquement ou un peu réfléchies,* la médiane un peu plus courte que les lat., connivente avec les lat. int., les lat. int. plus étroites et plus courtes, allongées, ligulées, ovales-oblongues, peu élargies inférieurement, obtuses, conniventes, tronquées, tronquées-émarginées ou tronquées et terminées par une petite dent obtuse, purpurines, un peu verdâtres à la face int. *Labelle* un peu plus long que les divisions ext., tantôt large et arrondi à la base, tantôt atténué, *non brusquement rétréci à son insertion sur l'éperon,* pourpre ou lilas, maculé de pourpre foncé, 3-fide ou profondément 3-lobé, les lobes lat. subrhomboïdaux, d'un pourpre foncé, défléchis, le médian un peu plus long et un peu plus large que les lat., largement ovale ou subquadrangulaire, un peu dilaté en avant, émarginé, subbilobé, à lobules parfois denticulés et souvent séparés par une dent. *Eperon court, un peu gros, blanchâtre à la base, conique-obtus, subémarginé au sommet, presque horizontal ou un peu descendant, formant un angle presque droit ou obtus avec la ligne méd. du labelle, égalant à peine la moitié de la longueur de l'ovaire.* Gynostème court, obtusément apiculé au sommet. Masses polliniques verdâtres. Caudicules allongés jaunâtres. Rétinacles petits, blanchâtres.

Morphologie interne.

Tubercule. Grains d'amidon la plupart arrondis, de forme assez régulière, atteignant env. 8-15 μ de diam. — *Fibres radicales.* Assise pilifère subérisée. Endoderme à plis marqués. Quelques vaisseaux de métaxylème entourant, avec les lames de bois primaire, un parenchyme non différencié abondant.

Tige. Stomates peu nombreux. 3-5 assises de parenchyme chlorophyllien assez lâche entre l'épiderme et l'anneau lignifié. Anneau lignifié formé de 4-7 assises de cellules à parois minces. Faisceaux libéroligneux assez peu développés, entourés de tissus lignifiés à l'extérieur seulement.

Feuille. Ep. = 500-560 μ. Epiderme sup. recticurviligne, haut de 120-220 μ, à paroi ext. épaisse de 10-12 μ et non un peu bombée, sans stomates au moins dans les feuilles inf. Epiderme inf. recticurviligne, haut de 40-50 μ env., à paroi ext. épaisse de 5-7 μ, muni de stomates nombreux. Paroi ext. des cellules épidermiques formant le bord du limbe très bombée à l'extérieur comme dans l'O. mascula. Mésophylle formé de 8-10 assises et contenant quelques paquets de raphides

Fleur. — *Divisions externes du périanthe.* Epidermes ext. et int. striés, prolongés en papilles assez nettes vers les bords. — *Divisions latérales internes.* Epidermes munis de papilles caractérisées vers les bords. — *Labelle.* Epiderme int. prolongé, vers le milieu du labelle, en papilles atteignant 60-120 μ env. de long, coniques nombreuses. Papilles très obtuses à l'extrémité sur les parties lat. du labelle. Epiderme ext. strié, à papilles courtes et rares. — *Eperon.* Epiderme int. à papilles extrêmement nombreuses, atteignant 150-250 μ au fond de l'éperon, moins longues vers la gorge, mais abondantes. Epiderme ext. à peine papilleux. Substances sucrées accumulées entre les épidermes. — *Anthère.* Bandes d'épaississement relativement assez abondantes dans les parois. - - *Pollen.* Vert clair. Exine non ou à peine ruguleuse à la surface des massules. L. = 30-40 μ. — *Ovaire.* Epiderme strié. Nervure des valves placentifères non saillantes extérieurement, contenant un faisceau libéroligneux à bois int. Placenta dépourvu de faisceau, assez long, à 2 divisions développées. Valves non placentifères proéminentes à l'extérieur, renfermant un faisceau libéroligneux int. — *Graines.*

Cellules du tégument à parois presque rectilignes, non striées. Graines arrondies à l'extrémité, 2 `.-2 f. 1/2 env. plus longues que larges.

A cette espèce se rattachent les variétés ou sous-espèces suivantes :

Var. β **brevicornis** REICHB. F.,*Icon.*,XIII-XIV, p. 38, t. 32, CCCLXXXIV (1851). — *O. brevicornis* VIV. in *Ann. bot.*, I, 2, p. 184, ex VIV., *Fragm. bot.*(1804), p. p. ; G. CAM. BERG. A. CAM., *l. c.* — *O. brevicornu* VIV. *Fragm. bot.*, 12, f. 2 (1808). — *Icon.* : *Ic. n.*, pl. 34, f. 6-7. — *Exsicc.* : SCHULTZ, *H. n.*, nᵒ 2692 ; BOURGEAU, *Pl. Esp.*, nᵒ 1490, c. — Rattaché directement au type, dont il diffère peu, par plusieurs auteurs. Plante grêle, relativement élevée. Fleurs peu nombreuses, distantes, plus grandes. Labelle à lobe moyen étroit ; éperon gros, presque en forme de sac. — Espagne, Baléares, Italie (Ligurie, rég. des oliviers).

Var. γ **canariensis** REICHB. F., *Icon.*, XIII-XIV, p. 38, t. 33, CCCLXXXV, f. 1 (1851). — *O. canariensis* LINDL. *Gen. and spec.*, p. 263 (1835) ; WEEB et BERTH., *Hist. nat. îles Canaries*, III, II, *Phyt.* III, p. 220. — Plante plus robuste que le type. Tubercules entiers. Feuilles dressées, oblongues-aiguës. Bractées membraneuses plus courtes que les fleurs, subulées au sommet. Fleurs plus grandes. Labelle légèrement 3-lobé, pubescent au centre, à lobe moyen très large, tronqué, un peu crispé, dépassant les lat. petits, dentés. Eperon gros. Mars. — Canaries : roches élevées (WEEB et BERTHELOT).

Var. δ **canariensis** b. **orientalis** REICHB. F., *Icon.*, XIII-XIV, p. 38 (1851) ; BOISS., *Fl. orient.*, V, p. 67 ; RICHTER, *Pl. Eur.*, I, p. 269 ; G. CAM. BERG. A. CAM., *l. c.* — *O. patens* VIS., *Fl. dalm.*, p. 168 (1842). — *O. patens* var. *atlantica* BATTAND. et TRAB., *Fl. Alg.* (1884), p. 194 ; (1904), p. 322. — *Icon.* : REICHB., *l. c.*, t. 33, CCCLXXXV, f. 2 ; *Ic. n.*, pl. 34, f. 8-11. — *Exsicc.* : BALANSA, *Pl. d'Orient* (1857). — Plante robuste. Epi floral plus court, plus dense. Fleurs de coloration plus foncée, noirâtre. Labelle presque entier, arrondi, à sinus peu profonds et peu visibles, lobes lat. souvent ovales, la moitié aussi grands que le médian. — Mai. — Dalmatie (île Lesina), Balkans, Asie Mineure, Algérie. [R. Zaccar di Miliana (BATTAND. et TRABUT)].

V. v. — Mai, juin. — *Habitat* : collines herbeuses. — *Répart. géogr.* : Espagne (R.), Baléares, Italie (Ligurie, M. de Portofino), Sicile (env. de Palerme), Dalmatie, Balkans, Turquie, Asie Mineure, Tunisie septentr., Algérie. — Canaries.

× ? **O. fallax.**

O. fallax DE NOT. ap. WILLK. et LANGE, *Prodr. hisp.*, I, p. 168 (1870) ; G. CAM. BERG. A. CAM., *Monogr. Orch. Eur.*, p. 143. — **O. brevicornis** b. **fallax** DE NOTAR., *Repert. fl. lig.*, p. 385. — **O. brevicornu** b. **fallax** REICHB. F., *Icon.*, XIII-XIV, p. 38, t. 157, DIX (1851).

Icon. : G. CAM. BERG. A. CAM., *l. c.*, pl. 19, f. 582-584 ; *Ic. n.*, pl. 32, f. 7-10.

Diffère de l'*O. patens* par la tige plus élevée, robuste, les feuilles plus courtes, oblongues-lancéolées, presque toutes basilaires. Fl. disposées en épi lâche et allongé, plus grandes, d'un pourpre intense, à lobes du labelle subégaux, assez profonds, denticulés ; éperon cylindrique, égalant env. le labelle ou plus long que lui.

V. v. — Avril, mai. — Espagne (Catalogne ap. WILLK. et LANGE), Italie (Ligurie).

× ? **O natalis.**

O. natalis TIN., *Pl. rar. Sic. min. cogn.*, f. 1, p. 8 (1817) ; REICHB. F., *Icon.*, XIII-XIV,p. 69 ; PARLAT., *Fl. ital.*, III, p. 525 ; RICHTER, *Pl. Eur.*, I, p. 272 ; G. CAM. BERG. A. CAM., *Monogr. Orch. Eur.*, p. 144 ; LOJACONO, *Fl. Sicula*, III, p. 26, t. III, f. 22. — Considéré par KLINGE comme hybride de l'*O. siciliensis* ejus = *O. sicula* TIN., *Pl. rar. sic.*, fasc. 1, p. 9.

Cette plante, comme la précédente, est assez douteuse. — Tubercules cylindriques, presque entiers ou subbilobés. Tige grêle, munie de 4-6 feuilles. Feuilles fasciculées à la base, dressées, étroitement linéaires-lancéolées, acutiuscules, presque égales. Epi lâche, court, pauciflore (4-6-fl.), subglobuleux. Bractées longuement acuminées, linéaires-lancéolées, les inf. 2 fois plus longues que l'ovaire. Div. ext. du périanthe étalées. Labelle trilobé, à lobes entiers, les lat. 2 fois plus larges, le méd. lancéolé, plus allongé. Eperon descendant ou presque horizontal, cylindro-conique, aigu, plus court que l'ovaire.

N. v. — Montagnes de Sicile, Etna (TINEO).

25. — O. MASCULA

O. mascula L., *Fl. succ.*, éd. 2, p. 310 (1755) ; WILLD., *Spec.*, IV, p. 18 ; LINDL., *Gen. and spec.*, p. 264 ; POIRET, *Encycl.*, IV, p. 590 ; RICH. in *Mém. Mus.*,IV, p. 55 ; REICHB.F.,*Icon.*,XIII-XIV,p.41 ; RICHTER, *Pl.*

Eur., I, p. 269 ; Kraenz., *Gen. et spec.*, p. 137 ; Blytt, *Hand. Norg. Fl.*, éd. Ove Dahl, p. 226 ; Babingt. *Man. Br. Bot.*, éd. 8, p. 343 ; Benth., *Brit. Flora*, p. 148 ; Oudem., *Fl. Nederl.*, III, p. 144 ; Lej., *Fl. Spa*, II, p. 188 : *Revue fl. Spa.*, p. 185 ; Hocq., *Fl. Jemm.*, p. 233 ; Dumort., *Pr. fl. Belg.*, p. 132 ; Lej. et Court., *Comp.*, III, p. 185 ; Tinant, *Fl. luxemb.*, p. 457 ; Bellynck, *Fl. Namur*, p 261 ; Michot, *Fl. Hainaut*, p. 277 ; Crépin, *Man. Fl. Belg.*, éd. I, p. 177 ; éd. 2, p. 263 ; Thielens, *Orch. Belg. et Luxemb.*, p. 75 ; *Fl. méd.*, p. 306 ; J. Mey., *Orch. Luxemb.*, p. 10 ; Dumoul., *Fl. Maestr.*, p. 75 ; Vill., *Hist. Dauph.*, II, p. 28 ; DC., *Fl. fr.*, III, p. 247, n° 210 ; Duby, *Bot.*, p. 444 ; Loisel., *Fl. gall.*, II, p. 264 ; Mutel, *Fl. fr.*, III, p. 292 ; *Fl. Dauph.*, éd. 2, p. 592 ; Lapeyr., *Abr. Pyr.*, p. 546 ; Lec. et Lam., *Cat. pl. centr.*, p. 148 ; Gr. et Godr., *Fl. Fr.*, III, p. 292 ; Boreau, *Fl. cent.*, éd. 3, p. 644 ; Godet, *Fl. Jura*, p. 683 ; Gren., *Fl. ch. jurass.*, p. 748 ; Michalet, *Hist. nat. Jura*, p. 295 ; Martr.-Donos, *Fl. Tarn*, p. 702 ; Dupuy, *Fl. Gers*, p. 229 ; Graves, *Cat. Oise*, p. 121 ; Coss. et Germ., *Fl. Paris*, éd. 2, p. 682 ; Godr., *Fl. Lorr.*, II, p. 288 ; Barla, *Iconogr.*, p. 57 ; Dulac, *Fl. H.-Pyr.*, p. 426 ; Poirault, *Cat. Vienne*, p. 96 ; Loret et Barr., *Fl. Montp.*, p. 661 ; Jeanb. et Timb.-Lagr., *Mas. Llaur.*, p. 289 ; Franchet, *Cat. L.-et-Ch.*, p. 572 ; Masclef, *Cat. P.-d.-C.*, p. 154 ; Magnin et Hétier, *Obs. fl. Jura*, p. 140 ; G. Cam., *Monogr. Orch. Fr.*, p. 39 ; in *Journ. bot.*, VII, p. 148 ; G. Cam. Berg. A. Cam., *Monogr. Orch. Eur.*, p. 151 ; Car. et Saint-Lag., *Fl. des cr.*, éd. 8, p. 802 ; Coste, *Fl. Fr.*, III, p. 402 ; Briquet, *Prodr. fl. Corse*, p. 361 ; Alb. et Jahand., *Cat. Var*, p. 489 (1) ; Reichb., *Fl. exc.*, p. 123 ; Koch, *Syn.*, éd. 2, p. 791 ; éd. 3, p. 595 ; éd. Hall. et Wohlf., p. 2427 ; Foerster, *Fl. Aach.*, p. 346 ; Oborny, *Fl. Moehr.-Œst. Schl.*, p. 246 ; Seubert, *Exc. Fl. Bad.*, p. 126 ; Cafl., *Exc. Fl. S. D.*, p. 295 ; Reichb. F., *Icon.*, XIII-XIV, p. 41 ; Garcke, *Fl. Deutschl.*, éd. 14, p. 377 ; M. Schulze, *Die Orch.*, n° 13 ; Aschers. et Graeb., *Syn.*, III, p. 699 (**O. masculus**) ; Zimmerm., *Neue Beob. Orch. Bad.*, p. 45 (1911) ; Krause in Fedde, *Rep. sp. nov.* (1926), p. 298 ; Gaud., *Fl. helv.*, V, p. 430 ; Morth., *Fl. Suisse*, p. 361 ; Rhiner, *Prodr. Waldst.*, p. 126 ; Fischer, *Fl. Bern.*, p. 76 ; Gremli, *Fl. Suisse*, éd. Vetter, p. 481 ; Schinz et Keller, *Fl. Schweiz*, p. 121 ; All., *Fl. pedem.*, II, p. 146 ; Savi, *Fl. Pis.*, II, p. 299 ; Nocc. et Balb., *Fl. ticin.*, II, p. 148 ; Sebast. et Mauri, *Fl. Roman. prodr.*, p. 303 ; Bertol., *Amoen. ital.*, p. 415 ; Moric., *Fl. venet.*, I, p. 370 ; Pollin., *Fl. veron.*, III, p. 9 ; Tenore, *Fl. nap.*, II, p. 285 ; Ten., *Syll.*, p. 453 ; de Notar., *Repert. fl. ligust.*, p. 386 ; Pucc., *Syn. fl. luc.*, p. 475 ; Bertol., *Fl. ital.*, IX, p. 527 ; Parlat., *Fl. ital.*, III, p. 527 ; Cortesi in *Ann. bot. Pirotta*, I, p. 42, p. p. ; W. Barbey, *Fl. Sard. comp.*, n° 1313 ; Fiori et Paol., *Iconogr. fl. ital.*, n° 833 ; Boiss., *Voy. Esp.*, p. 592 ; Marès et Vigineix, *Cat. Baléar.*, p. 281 ; Herm. Knoche, *Fl. balear.*, I, p. 401 ; Willk. et Lange, *Prodr. hisp.*, I, p. 167 ; Guimar., *Orch. port.*, p. 60 ; Ambr., *Fl. Tir. austr.*, p. 690 ; Hausm., *Tirol.*, p. 835 ; Suffren, *Fl. du Frioul*, p. 184 ; Sibth. et Sm., *Prodr. fl. gr.*, II, p. 212 ; Chaub. et Bory, *Expéd. Morée*, p. 261 ; *Fl. Pélop.*, p. 61 ; Friedr., *Reise*, p. 269 ; Boiss., *Fl. orient.*, V, p. 68 ; Heldr., *Fl. Egine* in *Bull. Herb. Boiss.* (1898), p. 390 ; Gries, *Spic. fl. rum. et bith.*, II, p. 259 ; Gilibert, *Exerc. phyt.*, II, p. 476 ; Steph., *Fl. Moq.*, n° 64 ; Georgi, *Beschr. Ross. R.*, III, V, p. 1268 ; Marsch. Bieb., *Fl. Taur.-Cauc.*, II, p. 364 ; Bess., *Enum.*, p. 35, n° 1159 ; Eichw., *Skisse*, p. 126 ; Hohenack., *Enum. Tal.*, p. 24 ; Ledeb., *Fl. Rossica*, p. 57 ; Desfont., *Fl. atl.*, II, p. 315 ; Debeaux, *Fl. Kabyl. Djurdjura*, p. 340 ; Lacroix, *Cat. Kab.*, p. 194 ; Battand. et Trab., *Fl. Alg.* (1884), p. 194 ; (1904), p. 322 ; Ball, *Spic. Mar.*, p. 672. — **O. Morio** var. δ **mascula** et ε L., *Spec.*, éd. 1, p. 941 (1753). — **O. ovalis** Schm. in May., *Phys. Aufs.*, I, p. 224 (1791). — **O. coriophora** Geners., *Elench. scep.*, p. 840 (1798). — **O. Parreissii** Presl, *Bot. Bem.*, p. 112 (1844) ; Trautv., *Increm. Fl. Ross.*, p. 749, n° 5022. — **O. glaucophylla** A. Kern. in *Œst. bot. Zeit.*, XIV, p. 101 (1864). — **O. vernalis** Salisb., *Prodr.*, p. 46, n° 4, sec. Bubani, *Fl. pyr.*, p. 36 (1901). — *O. radicibus subrotundis, petalis lateralibus reflexis, labello trifido, segmento medio longiori bifido* Hall., *Helv.*, n° 1283 ; *Enum.*, 265, n° 10. — *O. labio quadrifido crenato ; cornu obtuso, laevi, germinum longitudine* Scopoli, *Fl. carn.*, I, p. 248. — *Palmata major* Rivin., *Hex.*, t. 10. — *O. foliis sessilibus non maculatis* Bauh., *Pin.*, p. 82. — *Satyrium mas* Blackw., t. 53.

Noms vulg. : Orchis mâle, Satirion, Soupe à vin, Pentecote, Pain de couleuvre (Est). — Portug. : Salepeira maior, Satyriao macho, Orchide macho. — Angl. : Early purple Orchis, Regals (Dorset). — Allem. : Männliches Knabenkraut, Salep-Ragwurz. — Holl. : Mannetjes Orchis.

Icon. : Vaill., *Bot. par.*, t. XXXI, f. 11, 12 ; Sw. *Bot.*, IV, t. 220 ; *Engl. Bot.*, t. 631 ; Curt., *Fl. Lond.*, éd. Grav., II, t. 124 ; Fitch et Smith, *Illustr. Brit. Fl.*, n° 996 ; *Fl. dan.*, t. 547 ; Jacq., *Ic. rar.*, t. 180 ; Hall., *l. c.*, t. 33 ; Seg., *Pl. ver.*, II, p. 121, t. 15, f. 5-6 ; Schkuhr., *Handb.*, 3, t. 271 ; Nees Esenb., *Pl. off.*, t. 71 ; Mutel, *Flore franç. Atl.*, t. 65, f. 490 ; Turpin, *Fl. med.*, V, t. 256 ; Barla, *l. c.*, pl. 44 ; G. Cam., *l. c.*, pl. 11 ; M. Schulze, *l. c.*, t. 13 ; Correvon, *Alb. Orch. Eur.*, pl. XLIV ; Bonnier, *Alb. N. Fl.*, p. 147 ; G. Cam. Berg. A. Cam., *l. c.*, pl. 19, f. 555-568 ; *Ic. n.*, pl. 37, f. 1-16.

---

1. Guill. *Fl. de Bord. et du S.-O.*, p. 170, réunit l'*O. mascula*, l'*O. palustris*, l'*O. laxiflora* et l'*XO. alata*.

Exsicc. : Billot, n° 346 et n° 346 *bis* ; *Soc. Rochel.*, n° 2245 ; Bourgeau, *Pl. Espagne*, n° 2493, n° 1490 ; Fiori, Beguin. Pampan., *Fl. ital.*, n° 421 ; Siehe's *Bot. Reise nach Cil.* (1896), n° 267 ; Krause, n°ˢ 1089, 1123

Tubercules entiers, ovoïdes ou subglobuleux, assez gros. Tige de 2 à 5, rarement 6 décim., cylindrique, un peu anguleuse au sommet, d'un vert clair, souvent lavée de violet à la partie sup. et maculée,à la base, de taches d'un pourpre foncé, plus rarement sans macules, munie, à la partie inf., de quelques gaines jaunâtres. *Feuilles* oblongues-lancéolées,obtuses ou acutiuscules,élargies au sommet,*atténuées à la partie inf.*,nervées, d'un beau vert, ordt pourvues à leur base, et parfois sur les deux faces,de taches d'un pourpre foncé, plus rarement sans macules (b. *foliis immaculatis* DC., *Fl. fr.*, III, p. 247 ; Vaillant, *Bot.*, t. 31, f. 12), les inf. rapprochées, allongées, les caulinaires embrassantes, aiguës, parfois violettes ou rougeâtres au sommet, souvent rapprochées de l'inflorescence. *Bractées* lancéolées-aiguës ou longuement acuminées, presque membraneuses, lavées de pourpre au sommet, 1 *ou 3-nervées, les sup. plus courtes que l'ovaire, les inf. l'égalant ou le dépassant.* *Fleurs violacées, purpurines*, roses ou lilacées, accidentellement blanches,et dans ce cas plus petites, peu nombreuses (var. *flore albo* Villars et auct. pl.) (1), ordt à peu près dépourvues de parfum, *souvent assez nombreuses, disposées en épi dense*, ovale, puis allongé, assez lâche. Périanthe à divisions ext. libres, dressées-étalées, retournées en dehors ou réfléchies au sommet, ovales-lancéolées, obtusiuscules ou aiguës, acuminées, la médiane un peu plus courte, 3-nervées, les lat. int. ovales, aiguës ou obtuses, élargies à la base, 1/3 plus courtes que les ext., plus ou moins conniventes avec la médiane ext., concaves, indistinctement 3-nervées. *Labelle* plus long que les divisions ext., convexe, d'un pourpre rosé, plus pâle vers le centre, marqué de houppes purpurines formant des lignes ou des taches, velouté à la base, *3-lobé*, à lobes lat. arrondis en arrière, à bords ordt dentés, rarement presque entiers, parfois entièrement rabattus (surtout dans la var. *speciosa*), à *lobe médian* plus long et ordt plus large que les lat., élargi et *divisé en 2 lobes secondaires* crénelés ou entiers, souvent muni d'une dent à l'angle de bifidité. *Eperon subcylindrique ou subclaviforme, horizontal ou ascendant, égalant environ l'ovaire*, d'un pourpre rosé clair. Gynostème court, brièvement apiculé. Anthère violacée. Masses polliniques d'un vert foncé. Caudicules et rétinacles blanchâtres (2). Ovaire sessile, subcylindrique, con ourné, recourbé au sommet, lavé de teintes violettes. Capsule oblongue à côtes saillantes.

Morphologie interne

Tubercule. — Grains d'amidon arrondis, de forme peu régulière, atteignant 8-15 μ de diam. env. — *Fibres radicales.* Assise pilifère se subérisant parfois entièrement. Assise subéreuse à parois ext. et lat. subérisées. Quelques vaisseaux de métaxylème entourant, avec les lames de bois primaire, un parenchyme non différencié peu abondant.

Tige. Epiderme à paroi ext. mince ; stomates assez nombreux. 3-8 assises de parenchyme chlorophyllien. 7-10 assises lignifiées extra-libériennes, à parois restant toujours assez minces. Faisceaux libéroligneux à liber développé, entourés, sauf à l'intérieur du bois, de tissu lignifié. Grande lacune occupant la partie centrale de la tige.

Feuille (pl. 117, f. 160). Ep. = 350-410 μ env. Epiderme sup. recticurviligne, strié, haut de 90-180 μ, à paroi ext. épaisse de 7-12 μ et bombée, portant quelques rares poils unicellulaires et hyalins,muni de stomates seulement dans les feuilles sup. et ayant quelques plages de cellules à contenu violacé. Epiderme inf. recticurviligne, haut de 35-60 μ, pourvu de nombreux stomates et de quelques plages de cellules à contenu violacé, à paroi ext. épaisse de 4-8 μ et bombée. Paroi ext. des cellules épidermiques formant le bord du limbe très nettement bombée

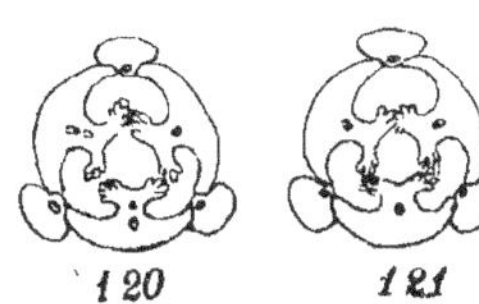

Orchis mascula. — Fig. 120 et 121 : sections transv. schématiques de l'ovaire.

(pl . 115, f. 115). Parenchyme formé de 6-10 assises d'un tissu lacuneux, surtout à la partie inf. du limbe, et renfermant quelques cellules à raphides. Bord du limbe muni de quelques (1-3 env.) cellules de collenchyme à parois peu épaisses.

Fleur. — *Divisions externes et latérales internes du périanthe.* Epidermes ext. et int. striés. Bords non sensiblement papilleux dans les div. ext., à peine papilleux au bord des divisions int. — *Labelle.* Epiderme int.

1. Très rarement le périanthe est jaunâtre (f. *flavescens* Kneucker).
2. L'*O. mascula* serait fécondé par l'intermédiaire de : *Bombus agrorum* F., *B. confusus* Sch., *B. hortorum* L., *B. lapidarius* L., *B. pratorum* L., *B. terrester* L., *Psithyrus campestris* Pz. (Darwin et H. Muller).

prolongé en papilles striées, celles de la partie médiane du labelle atteignant 150-180 µ de long., grosses à la base et atténuées à l'extrémité, celles des parties latérales, très courtes. Epiderme ext. à peine papilleux. — *Eperon*. Epiderme int. pourvu de grosses papilles, courtes, striées, nombreuses, atteignant rarement 100-120 µ de long. Epiderme ext. légèrement papilleux. Produits sucrés s'accumulant entre les épidermes. Pas d'émission de nectar à l'intérieur de l'éperon. Les épidermes et le parenchyme des div. du périanthe renferment des traces d'essence. — *Anthère*. Epiderme ne se prolongeant pas en papilles. Parois dépourvues de bandes et d'anneaux d'épaississement. — *Staminode*. Cellules contenant de très abondants paquets de raphides. — *Pollen*. Vert foncé ; exine non ou à peine rugueuse à la périphérie des massules. L. = .35-40 µ. — *Ovaire* (f. 120, 121 et pl. 122, f. 488-491). Stomates peu nombreux. Nervure des valves placentifères sans proéminence marquée sur le limbe (saillante seulement dans les ovaires désséchés), contenant un faisceau libéroligneux ext. à bois int. et parfois aussi un faisceau placentaire libérien. Placenta assez long, à 2 div. développées. Valves non placentifères proéminentes en dehors, renfermant un faisceau libéroligneux à bois int. — *Graines*. Suspenseur développé. Graines adultes arrondies au sommet, à cellules du tégument striées, 1 f. 1/2 à 2 f. 1/4 plus longues que larges. L. = 250-300 µ env. (1).

Var. α **acutiflora** KOCH, *Syn.*, éd. 1, p. 686 (1837) ; ZIMMERM., *l. c.*, — *O. mascula* A *genuina* REICHB. F. *Icon.*, XIII-XIV, p. 42 (1851). — *O. masculus* A *genuinus* 1 *acutiflorus* ASCHERS. et GRAEBN., *l. c.*, p. 701. — Divisions du périanthe aiguës ou brièvement acuminées ; lobules du labelle arrondis ou acutiuscules. — Une des formes les plus répandues.

S.-var. **brevibracteata** (v. *brevibracteatus* LUERSSEN ap. BUCHENAU, *N. V. Bremen*, I, p. 37 (1868). — Bractées sup. égalant la moitié ou à peine la moitié de l'ovaire.

La var. **Chenevardii** ASCHERS. et GRAEBN., *l. c.*, à labelle rappelant celui de l'*O. maculata*, à division médiane aiguë, est une forme très douteuse. — Valais : sommet de Tannay, alt. 1.200 m. (CHENEVARD).

Var. β **obtusiflora** KOCH, *Syn.*, éd. 2, p. 595 (1843) ; GODR., *l. c.* et auct. mult. ; REICHB. F., *Icon.*, XIII-XIV, p. 38, t CCCXC, I et II ; ZIMMERM., *l. c.* — *O. masculus* A *genuinus* II *obtusiflorus* ASCHERS. et GRAEBN., *l. c.*, p. 702. — Périanthe à divisions ext. obtuses ou subobtuses ; labelle ordt large et court. Cette var. est une des plus répandues en France et en Allemagne. Existe en Espagne, aux Baléares, etc.

S.-var. **albiflora** TOUSSAINT et HOSCHEDÉ, *Fl. de Vernon*, p. 257 ; (*flore lacteo*) VILLARS et auct. plur. — Fleurs blanches. Se rattache aux var. α ou β. Peu commune. Signalée en France, en Allemagne, en Autriche, en Hongrie, en Suisse, en Italie, etc.

Var. ou s.-var. **brevicalcarata** G. CAM. et LAMBERT in G. CAM. BERG. A. CAM., *l.c.*, p. 154. — Eperon bien plus court que l'ovaire et renflé au sommet. — Cher (LAMBERT).

Var. γ **Stabiana** REICHB. F., *Icon.*, XIII-XIV, p. 42 (1851) ; M. SCHULZE, *l. c.* ; HALL. et WOHLF., *l. c.* ; KRAENZ., *l. c.*, p. 138 ; G. CAM. BERG. A. CAM., *l. c.* ; FIORI et PAOL., *Fl. Ital.*, App. IV, p. 55 ; ZIMMERM., *l. c.* — *O. Stabiana* TEN., *Fl. nap.*, p. 23, t. 196 ; *Syll.*, p. 453 (1833); LINDL., *Gen. and spec.*, p.265. — *O. masculus* A *genuinus* b. *Stabianus* ASCHERS et GRAEBN., *l. c.*, p. 702. — *Ic. n.*, pl. 38, f. 16-18. — Feuilles ordt dépourvues de macules. Fleurs pâles, parfois blanchâtres ; périanthe à divisions aiguës ; labelle ordt court. — Assez répandue.

Var. δ **speciosa** (2) MUTEL, *Fl. fr.*, III, p. 239 ; *Atl.*, t. 65, f. 491 ; KOCH, *Syn.*, éd. 1, p. 686 ; éd. 2, p. 791 ; éd. 3, p. 595 ; éd. HALLIER et WOHLF., p. 2427 ; GR.et GODR., *Fl. Fr.*, III, p. 292 ; G. CAM. BERG. A. CAM., *l. c.*, p. 154 ; A. CAM. in *Riviera scientif.* (1918), p. 7 ; GODET, *Fl. Jura*, p. 684 ; M. SCHULZE, *l.c.*, t. 13, b ; ZIMMERM., *l. c.* ; BRIQUET, *l. c.*, p. 362 ; FIORI et PAOL., *l. c.*, p. 55. — *O. masculus* B. *speciosus* ASCHERS. et GRAEBN., *l. c.*, p. 703 (1907). — *O. speciosa* HOST, *Fl. Austr.*, II, p. 527 (1831) ; LINDL., *Gen. and spec.*, p. 265 ; SCHUR, *Pl. Trans.*, p. 499 ; REICHB. F., *l. c.*, p. 42, t. CCCXCI ; GRECESCU, *Consp. Fl. Rom.*, p. 444 ; *Suppl. Consp. Fl. Rom.*, p. 154 ; PANTU, *Contr. Fl. Bucegilor*, p. 6 et *Orch. d. Rom.*, p. 64 ; GRINTESCU in *Bull. géogr. bot.* (1918), p. 56. — *O. mascula* var. *Hostii* auct. plur. — *O. mascula* NEILR., *Fl. N.-Œst.* — *Ic. n.*, pl 37, f. 11-14. — *Exsicc.* : REVERCHON, an. 1878 (s. n. *O. mascula*) ; SCHULTZ, n° 1245 ; *Fl. Austr.-Hung.*, n° 1854. — Tige assez robuste, épi dense. Fleurs d'un violet clair ; périanthe à divisions ext. très longuement acuminées, les ext. bien plus longues que les lat. int., non conniventes avec la médiane

1. L'*O. mascula* contient du loroglossoside (cf. DELAUNEY, *Nouv. rech. relat. à la présence de la loroglossine dans les Orchidées indigènes* in *C. R.* (1923), 176, p. 598).

2. Malgré la note de M. ROUY, *Fl. Fr.*, XIII, p. 147, nous ne pouvons que maintenir la synonymie que nous avions donnée précédemment en identifiant la var. *speciosa* MUTEL avec l'*O. speciosa* HOST. Quant à la pl. 13 b. de M. SCHULZE, l'une des moins heureuses de cet ouvrage, elle représente une forme individuelle et est bien moins exacte que la pl. 44 de BARLA.

dressée ; labelle à div. lat. courtes et div. moyenne allongée ; éperon renflé au sommet. — Cette forme est la plus répandue dans la rég. méditerranéenne et dans l'Europe orientale. A été signalée dans le Tessin (Chenev.).

La var. *speciosa* peut avoir des fleurs à périanthe blanc (*alba* Goir.) ou rose chair (f. *incarnata* Bogenh.).

S.-var. **glaucophylla** (*O. masculus* B *speciosus* II *glaucophyllus*) Aschers. et Graebn., *l. c.*, p. 703 (1907) ; G. Cam. Berg. A. Cam., *l. c.* — *O. glaucophylla* Kerner in *O. B. Z.*, XIV (1864), p. 101. — Feuilles glauques, non maculées ; bractées supér. dépassant les fleurs. — Hongrie, Tyrol; monte à 1.300 m. dans le Tyrol.

Var. ε **fallax** G. Cam. in *Bull. Soc. bot. Fr.* (1889), p. 341 ; Reichb. F., *l. c.*, t. 391 ; G. Cam. Berg. A. Cam., *l. c.*, p. 154 ; an var. *obtusiflora* Reichb. ? C'est la seule forme citée par Willk. et Lg. dans le *Prodr. hisp.*, I, p. 167. — Port d'un *O. mascula* robuste. Divisions ext. du casque moins acuminées ; labelle dépourvu de macules purpurines. Feuilles peu ou non maculées. — Très distincte de la var. précédente par les divisions du périanthe qui ne sont pas longuement acuminées mais presque obtuses. — Disséminé, Espagne, France.

Var. ζ **stenoloba** Rosb., *Fl. v. Trier*, I, p. 180 (1880) ; II, p. 134 ; *Verh. Nat. Ver. d. Preuss. Rh. u. Westfal.*, XXXIII (1876), p. 431 ; M. Schulze, *l. c.*, f. 13 ; G. Cam. Berg. A. Cam., *l. c.*, p. 154 ; Zimmerm., *l. c.* — *O. masculus* A *genuinus* 2 *stenolobus* Aschers. et Graebn., *l. c.*, p. 702. — Labelle petit, à 3 lobes très distincts, les lat. ovales-allongés ou lancéolés, le médian quadrangulaire, émarginé, dépourvu de dent à l'angle de bifidité. — Allemagne.

Var. η **Marizi** Guim., *Orch. Port.*, p. 60, est. VI, f. 47 et 48 ; G. Cam. Berg., A. Cam., *l. c.* — Bractées toutes ou au moins les inf. 3-nervées ; fleurs grandes ; éperon assez court. — Plante d'origine peut-être hybride. — Portugal.

Var. θ **platyloba** (*platylobus*) Zimmerm. in *A. B. Z.*, 7-8 (1910) ; *Neue Beob. Orch. Bad.*, p. 45 (1911). — Labelle presque entier ou bords des lobes se recouvrant, les lobes lat. env. 2 fois plus étroits que le méd. — Allemagne : Bade à Schönberg près Fribourg, Schaffhausen, Steinberg près Kukusbad, Kienberg (Zimmerm.)

? F. **cochleata** M. Schulze in *Thür. B. V. N. F.*, XVII, p. 46 (1902) ; *O. cochleata* Fleischm. — Labelle entier, rhomboïdal, aigu ; éperon court, aigu ; staminodes assez développés. — *Lusus ?* — Autriche.

Var. **foetens** Rosb., *l. c.* ; M. Schulze, *l. c.*, n° 13 (4) ; G. Cam. Berg. A. Cam., *l. c.* — Fl. dont l'odeur rappelle celle de la punaise ou de l'urine de chat (1). — Cette variation, assez répandue en Allemagne, et que nous avons observée en France, a été constatée pour les trois var. admises par Koch. Elle constitue, pour nous, trois sous-var. *foetens* des var. *obtusiflora*, *acutiflora* et *speciosa*.

Presque toutes les var. présentent aussi une sous-var. *incarnata*, à fl. rose chair, plus rarement une sous-var. *albiflora*, à fl. blanches, et une sous-var. *flavescens*, à fl. jaunâtres (lus. *flavescens* Kneucker, Zimmerm. in *Allg. Bot. Zeitschr.* (1910), 7-8, p. 19.

Lus. *rhenana*, *rhenanus* Ruppert in *Verh. Nat. Ver. preuss. Rheinl. u. Westf.* (1924), p. 175 ; in Fedde, *Rep. sp. nov.* (1926), p. 325 ; Zimmerm. in *Neue Beob. Orch. Bad.*, p. 46. — Feuilles maculées de brun et non de rouge. — Bade, rég. du Rhin.

Lus. *variegata* (*variegatus* Ruppert., *l. c.*, p. 175). — Div. du périanthe blanches ; labelle rose pâle, gorge jaunâtre. — Bade, env. de Sarrebruck (Ruppert) ; France, Est, Centre.

Tabourdin, *Native Orchids of Britain* et *Orch. Rev.* (1925), p. 230, a observé des fl. cléistogames d'*O. mascula*.

Monstruosités. —Pélorie régulière, f. *monstroso regularis* Boreau, *Fl. Cent.*, p. 644. — Fl. à 2-4 div. lat. int., éperon nul. Observé dans l'Allier. — M. Legrand nous a envoyé un individu provenant des env. de Bourges, dont tous les labelles étaient de même forme que les autres div. int. du périanthe, mais pourtant munis d'un éperon.

Pélorie irrégulière : transformation des div. lat. int. du périanthe en labelles (cf. A. Camus in *Riviera scientif.*, 1918, p. 7). Thorenc (Alp. -Marit.). — Aschers. et Graebn. mentionnent une transformation analogue trouvée dans les Grisons (Brunnies).

Transformation partielle des div. du périanthe en étamines (cf. Callay, *Cat. Ardennes*).

Dimérie : fl. formée de 2 div. lat. ext. et de 2 div. lat. int. du périanthe(cf. Zimmerm. in *Allg. Bot. Zeitschr.*, 1910, 7-8, p. 15).

Fausse-dimérie : div. lat. ext. du périanthe rapprochées et soudées, labelle manquant (cf. Zimmerm. in *Allg. Bot. Zeitschr.*, 1912, p. 41).

---

1. Les fleurs de l'*O. mascula* émettent ordinairement une odeur assez agréable, plus forte le soir que pendant le jour. En 1852, Diard, *Catalogue raisonné des pl. de Saint-Calais*, p 118, signalait l'existence, dans la Sarthe, de l'*O. mascula* à fleurs sentant l'urine de chat. Hampton a observé que cette fétidité s'altérait quand les fleurs se fanaient (Cf. Hampton, *The scent of flowers and leaves* (1925) ; A. Camus in *Riv. scientif.* (1918), p. 7 ; P. Senay in *Bull. Soc. Linn. Seine maritime* (1927), p. 55).

Soudure des div. sup. du périanthe ; div. int. pouvant manquer ; soudure du labelle et de l'éperon, etc. (cf. Zimmerm., *l. c.*).

Labelle entier (cf. Lambert in *Bull. géogr. bot.*, 1912, p. 159).

Transformation d'un des staminodes en étamine (cf. Wolf in *Pringsh. Jahrb. f. Wiss. Bot.* Bd. IV).

Soudure de deux fl. en une seule (cf. Zimmerm. in *Bericht. Versamml. Bot. u. d. Zool. Ver. Rheinl. Westf.* 1911 et in *Allg. Bot. Zeitschr.*, 1910, 7-8.)

Fl. à pièces du périanthe dédoublées (cf. Masters in *Journ. of the Linn. Soc.*, VIII, p. 207 ; IX, p. 349).

Fl. donnant naissance, à l'aisselle des lobes du périanthe, à des fl. secondaires et celles-ci à des boutons floraux de troisième ordre (cf. Moore de Glasnevin in *Journ. of the Linn. Soc.*, IX; p. 349 ; Masters, *Veg. teratology*, 1868).

Fleurs attachées à la base de l'ovaire (Tabourdin).

Cf. Masters, *On a double-flowered Variety of « Orchis mascula »* (*Journ. Linn. Soc.*, IX, p. 349, 1867).

V. v. — Mai, juin. — *Habitat* : prairies humides, bosquets, clairières des bois montueux, coteaux ensoleillés, aux env. de Paris, paraît rechercher la silice ; dans beaucoup de régions, vit sur le calcaire ; monte à 2.650 m. (Heutal, Braun). — *Répart. géogr.* : Portugal, Espagne, Baléares, France (disséminé, partie montagneuse de la rég. méditerr., R, aux env. de Paris), Belgique, Hollande, Danemark, Scandinavie mérid., Iles Britanniques (répandu), Allemagne (R. dans le N., manque dans le N.-O.), Suisse (répandu, monte à 2.000 m. dans le Valais (Jaccard), Italie (rég. montagn. et subalpine, assez rare dans la Péninsule), Sardaigne, Autriche, Hongrie (monte à 1.900 m. dans le Tyrol), Dalmatie, Bosnie, Herzégovine, Balkans, Russie centr. et mérid., Crimée, Caucase, Transcaucasie, Asie Mineure, Oural, Afrique septentrionale.

<h2 style="text-align:center">Sous-esp. O. olbiensis.</h2>

O. olbiensis Reuter in Gren., *Rech. sur quelques Orch. env. Toulon*, p. 14 (1859) et in Barla, *Iconogr. Orch.*, p. 58 ; G. Cam., *Monogr. Orch. Fr.*, p. 40 (1892) ; in *Journ. de Bot.*, VI, p. 150 (1860) ; G. Cam. Berg. A. Cam., *Monogr. Orch. Eur.*, p. 155 ; Rouy, *Illustr.*, p. 57, t. CLXII ; G. et A. Cam., *Florule St-Tropez*, p. 32 (1912) ; Alb. et Jahand., *Cat. Var*, p. 489 ; Jahand. in *Mém. Soc. Sc. nat. Maroc* (1923), p. 108 ; Gaut., *Cat. Corb.*, p. 287. — **O. masculus** subsp. **olbiensis** Aschers. et Graebn., *Syn.*, III, p. 703 (1907). — **O. mascula** β **olivetorum** Gren. *Rech. Orch. env. Toulon*, p. 14 (1859) ; Ardoino, *Fl. Alp.-Mar.*, 2ᵉ éd., p. 355 ; Briquet, *Prodr. fl. Corse*, p. 302. — **O olivetorum** Dörfler, *Sched. herb. Eur.*, XXXII, p. 71 (1897). — **O picta** Mogbrid., *Contr. fl. Ment.*, pl. 18, f. 1-18. — **O. mascula** var. **olbiensis** Chodat in *Bull. Soc. bot. Genève*, XV, p. 199 (1923).

Icon. : Barla, *l. c.*, pl. 45, f. 1-23 ; G. Cam., *l. c.*, pl. XVI ; G. Cam. Berg. A. Cam., *l. c.*, pl. 19, f. 549-554 ; *Ic. n.*, pl. 38, f. 1-15.

Exsicc. : Dörfler, nᵒ 3199 ; Magnier, *Fl. sel. exsicc.*, nᵒ 2848 ; Soc. Rochel., nᵒ 3989 ; *Soc. ét. fl. franco-helv.* nᵒ 1351.

Port grêle. Tubercules ovoïdes ou subglobuleux. Tige de 1 à 2, rarement 3 décim., grêle, le plus souvent flexueuse, surtout à la base, luisante, lavée de pourpre carminé au sommet. Feuilles d'un vert clair, maculées ou non de pourpre à la base, les inf. oblongues-lancéolées, obtuses ou subobtuses, les sup. aiguës. *Bractées un peu plus courtes que l'ovaire*, rosées ou violacées, à bords un peu transparents, à 3 nervures plus ou moins marquées. *Fleurs peu nombreuses*, 5-10, petites, *disposées en épi lâche*, court, ovale, *de couleur carnée ou d'un rose pâle lavé de violet*. Divisions du périanthe ovales-allongées, obtuses ou subaiguës, les lat. dressées-étalées au sommet, les 2 lat. int. un peu plus courtes, conniventes en voûte avec la moyenne ext. Labelle un un peu plus long que les autres divisions du périanthe, plié en deux dans le sens de la longueur, d'un rose carné ou légèrement violacé, blanc ou blanchâtre au centre, maculé de pourpre, 3-lobé, à lobes lat. réfléchis, arrondis en arrière, crénelés ou non, *à lobe moyen plus long que les lat., divisé en 2 lobes secondaires* crénelés ou entiers, et souvent muni d'une dent à l'angle de bifidité. *Eperon égalant ou dépassant l'ovaire, ascendant*, plus ou moins recourbé, un peu renflé au sommet, comprimé et quelquefois subbilobé. Gynostème court.

<h2 style="text-align:center">Morphologie interne</h2>

Ne diffère guère de l'*O. mascula* que par son labelle et son éperon à papilles plus courtes, n'atteignant que 80-100 μ env. au milieu du labelle (pl. 121, f. 373) et 50-80 μ à l'intérieur de l'éperon, par la présence d'épaississements en anneaux incomplets, plus ou moins rares, dans les parois de l'anthère et ord. par l'absence de faisceaux placentaires.

V. v. — Mars, mai. — Collines de la rég. méditerr., s'éloigne peu du littoral. -- France : Alpes-Marit. : St-Agnès, Mont-Aiguille, Mulacier (Moggridge), Drap, Falicon, St-André, Vinaigrier, Contes, Pessicart (Barla, Bergon, etc.) ; Var : Carqueiranne (Jahand., Raine), Cavalière (G. Camus), Méounes (Huet), Solliès-Toucas, Solliès-Ville, la Farlède, la Garde, la Valette (Albert), Hyères (Raine), Toulon (Cavalier, Huet, Jacq.) ; Bouches-du-Rhône : Vallon d'Evêque (Roux), Marseille (de Laramb.), Martigues (Anthem.); Aude : montagne d'Alaric (Gautier) ; Corse : chapelle de S. Angelo-sur-Caporalino, alt. 900-1.000 m. (Briquet); Espagne : Castille, Miranda et Obarenes (Sennen et Elias) ; Majorque (Chodat, Bianor) ; Italie ; Ligurie ; Algérie : assez répandu entre 600-1.200 m., Tlemcen (A. Pignon) ; env. d'Alger (Durando in herb. Barla) ; montagnes entre Berrouaghia et Teniet-el-Haad (Battandier) ; Maroc : Moyen-Atlas, Azrou au Djebel Hebri, alt. 1.950 m. (Jahandiez).

Sous-esp. O. pinetorum.

O. pinetorum Boissier et Kotschy, *Sched. Cil.* (1859) ; Boissier, *Fl. orient.*, V, p. 68 ; G. Cam. Berg. A. Cam., *Monogr. Orch. Eur.*, p. 156.

Tubercules oblongs, entiers. Tige élancée, élevée. Feuilles ressemblant à celles de l'*O. mascula*. Bractées pourprées, membraneuses, lancéolées-cuspidées, *environ de moitié plus courtes que l'ovaire. Fleurs roses*, ressemblant à celles de l'*O. mascula*, mais plus petites, à labelle de même forme, à *éperon de moitié plus court que l'ovaire*, étroit à la base et renflé en sac au sommet, *horizontal ou ascendant*.

Mai. — Montagnes de la Cilicie orientale.

26. — O. ANATOLICA.

O. anatolica Boiss., *Diagn.*, sér. 1, V, p. 56 ; *Fl. orient.*, V, p. 70 ; Stefani, Fors. Major et W. Barbey, *Cat. Samos*, p. 61 ; Fors. Major in *Insulis Archip.*, n° 580 (1887) ; in *Bull. Herb. Boiss.* (1895) ; *Etude Telandos*, p. 176 ; *Etude Kos*, p. 414 ; Reichb. F., *Icon.*, XIII-XIV, p. 47, t. 37, CCCLXXIX, f. 1, f. II, var. *Kochii* (*rariflora*) ; Kraenz., *Gen. et spec.*, p. 141 ; G. Cam. Berg. A. Cam., *Monogr. Orch. Eur.*, p. 163 ; Krause in Fedde, *Repert. sp. nov.* (1926), p. 297.

Icon. : G. Cam. Berg. A. Cam., *l. c.*, pl. 21, f. 656-659 ; *Ic. n.*, pl. 40, f. 1-6, pl. 132, f. 7 ; Schl. in Kell. et Schl. *Ic.*, pl. 20, f. 80.

Exsicc. : *Iter Cil.-Kurd.* (1859), n° 159 ; Balansa, *Pl. d'Orient* (1855), n° 824 ; Aucher-Eloy, n° 2236 ; Sintenis et Rigo, *Iter cypr.* (1880) ; Krause, n° 1092.

Tubercules obovales ou ovales, non incisés. *Tige grêle*, non feuillée au sommet. *Feuilles oblongues ou oblongues-lancéolées*, les supér. linéaires-lancéolées, acuminées. *Epi lâche, pauciflore. Bractées* colorées, étroitement lancéolées ou lancéolées-linéaires, *un peu plus courtes que l'ovaire. Fleurs purpurines.* Divisions lat. ext. du périanthe étalées, oblongues-linéaires, obtuses. *Labelle* cunéiforme à la base, plus long que les autres divisions du périanthe, 3-*lobé, rarement presque entier, à lobes lat. obtus, le moyen rétus. Eperon* atténué au sommet renflé à la base, *cylindro-conique*, ou étroitement cylindrique, ou filiforme, *horizontal ou ascendant, plus long que l'ovaire.*

Morphologie interne

Nous avons pu analyser quelques fragments d'un individu bien conservé en tant qu'échantillon d'herbier, mais dont le mode de dessication avait rendu peu favorable l'étude anatomique.

Feuille. Epiderme sup. recticurviligne, à paroi ext. épaisse de 8-12 μ env. Epiderme inf. recticurviligne, à paroi ext. épaisse de 7-10 μ env., à stomates nombreux. Cellules épidermiques des bords du limbe à paroi ext. très nettement bombée, formant des dents peu hautes, arrondies, symétriques.

Fleur. — *Labelle.* Epiderme int. prolongé, vers la partie médiane du labelle, en papilles coniques, très grosses à la base, atténuées à l'extrémité, atteignant 120-150 μ de long env. —. *Graines.* Cellules du tégument à parois recticurvilignes, non striées. Graines arrondies ou légèrement atténuées au sommet, 2 f.-2 f. 1/2 plus longues que larges. L. = 270-350 μ env.

Var. β **Kochii** Boiss., *l. c.* ; G. Cam. Berg. A. Cam., *l. c.* —- *O. rariflora* C. Koch in Linn., XX, p. 15. — G. Cam. Berg. A. Cam., *l. c.*, pl. 20, f. 627-628. — Plante plus petite. Labelle à lobes lat. un peu plus étroits ou à peine marqués (s.-var. *taurica*).

V. s. — Iles de l'Archipel, Samos, Chio, Carie, Lycie, Cilicie, Chypre, Arménie, Syrie, Palestine. — Mésopotamie.

27. — O. PROVINCIALIS

O. provincialis Balbis, *Misc.*, p. 20, t. 2 (1806) ; Lindl., *Gen. and spec.*, p. 263 ; C. Koch, *Beitr. fl. orient.* in *Linn.*, XXII (1849), p. 281 ; Reichb. F., *Icon.*, XIII-XIV, p. 44, a ; Kraenz., *Gen. et spec.*, p. 138 ; Richter, *Pl. Eur.*, I, p. 269 ; Seb. et Mauri, *Fl. Rom. prodr.*, p. 303 ; Savi, *Bot. etrusc.*, III, p. 166 ; Bertol., *Rar. ital. pl.* dec. 3, p. 40 ; *Pl. gen.* in *Amoen. ital.*, p. 198 ; *Fl. ital.*, IX, p. 546 ; Ten., *Syll. neap.*, p. 456 ; Sal.-Marsch. *Aufz. in Kors.* in *Fl. Bot. Zeit.* (1833) ; Tod., *Orch. sic.*, p. 42 ; Guss., *Enum. pl. inar.*, p. 317 ; *Fl. sic. syn.*, II, p. 536 ; Moris, *Stirp. Sard.*, I, p. 44 ; Moris et Notar., *Fl. capr.*, p. 123 ; de Notar., *Repert. fl. lig.*, p. 385; Puccin., *Syn. fl. luc.*, p. 476 ; Bertol., *Fl. ital.*, IX, p. 546 ; Parlat., *Fl. ital.*, III, p. 491 ; Ces. Gib. Pass., *Comp.*, p. 189 ; W. Barbey, Asch. et Levier, *Comp. et suppl.*, nº 1316 ; Martelli, *Monocot. sard.* ; Cocconi, *Fl. Bolog.*, p. 484 ; Cortesi in *Ann. bot. Pirotta*, I, p. 34 ; Macchiati, *Orch. sard.* in *N. g. bot. ital.* (1881), p. 313 ; Fiori et Paol., *Iconogr. fl. ital.*, nº 835 ; *Fl. Italia*, I, p. 245 ; Lojacono, *Fl. Sicul.*, III, p. 20 ; D C., *Fl. fr.*, III, p. 329 ; nº 2008 ; Duby, *Bot.*, p. 444 ; Loisel., *Fl. gall.*, II, p. 264 ; Mutel, *Fl. fr.*, III, p. 239 ; Gr. et Godr., *Fl. Fr.*, III, p. 293 ; Cast., *Cat. B.-d.-Rh.*, p. 157 ; Ardoino, *Fl. Alp.-Mar.*, p. 353 ; Moggrid., *Contr. fl. Ment.*, t. 42 ; Barla, *Icon.*, p. 53 ; G. Cam., *Monogr. Orch. Fr.*, p. 40 ; in *Journ. de Bot.* VI, p. 151 ; G. Cam. Berg. A. Cam., *Monogr. Orch. Eur.*, p. 159 ; Car. et S.-Lag., *Fl. descr.*, éd. 8, p. 803 ; Magn. et Hétier, *Obs. fl. Jura*, p. 140 ; Gaut., *Pyr.-Orient.*, p. 398; *Catal. Corb.*, p 286; Bubani, *Fl. pyr.*, p. 36; Briquet in *Arch. fl. jurass.*, p. 32 (1902) ; Coste, *Fl. Fr.*, III, p. 401, nº 3604, *cum icone* ; Rouy, *Fl. Fr.*, XIII, p. 144 ; G. et A. Camus, *Fl. de St Tropez*, p. 32 (1912) ; Briquet, *Prodr. fl. corse*, p. 365 ; Alb. et Jahand., *Cat. Var*, p. 489 ; Colmeiro, *Enum. pl. hisp.-lus.*, V, p. 32 ; Willk. et Lange, *Prodr. hisp.*, I, p. 168 ; *Suppl.*, p. 42 ; Guimar., *Orch. port.*, p. 61 ; Reichb., *Fl. exc.*, I, p. 122 ; Koch, *Syn.*, éd. 2, p. 791 ; éd. 3, p. 595; éd. Hall. et Woulf., p. 2426 ; M. Schulze, *Die Orchid.*, nº 15; Aschers. et Graebn., *Syn.*, III, p. 707 ; Zimmerm., *Die Form. d. Orchid.*, p. 26, p. p. ; Berger in *Allg. bot. Zeitschr.* (1914), p. 12 ; Fleischm. in *Annal. K. K. naturh. Hofmus.*, XXVII, p. 117 (1914) ; Ruppert in *Allg. bot. Zeitschr.* (1912), 8-9 ; Schinz et Keller, *Fl. Schweiz*, p. 121 ; Rad. Riv., *Coll. bot. alb.* (1896), p. 93 ; Halacsy, *Consp. fl. gr.*, p. 171 ; Boiss., *Fl. orient.*, V, p. 69 ; Stef. F. Major et Barbey, *Samos*, p. 61 ; Fried. *Reise*, p. 277 ; *Ung. Reise*, p. 120 ; Batt. et Trab., *Fl. Alg.* (1884), p. 195 ; (1895), p. 29 ; (1904), p. 322 ; O. Debeaux, *Fl. Kabyl. Djurdj.*, p. 340. — **O. pallens** Savi, *Fl. pis.*, II, p. 298 (1798) ; Chaub. et Bory, *Expéd. Morée*, p. 260 ; *N. fl. Péloponèse*, p. 261 ; Bertol., *Pl. gen.*, I, p. 120, b. ; *Rar. ital.*, pl. 2, p. 20. — **O. Cyrilli** Ten., *Fl. nap.*, II, p. 287 (1820). — **O. Morio var. provincialis** Poll., *Fl. ver.*, III, p. 9 (1824). — **O. mascula** Als., *Fl. Jadr.*, p. 210 (1832) ; non L. — **O. leucostachys** Grisen., *Spic.*, II, p. 359 (1844). — *Orchis ornithophora, candido-lutescens, Palmæ Christi pratensis maculatæ foliis* Cup., *H. cath.*, p. 157.

Noms vulg. : Orchis de Provence. — Allem. : Provencer Knabenkraut.

Icon. : Hall., *Helv.*, t. 30 ; Balb., *Misc. bot. alt.*, t. 2 ; Tenore, *Fl. nap.*, t. 87 ; *Ann. Sc. nat.*, s. 2, IX, pl. 7, f. 17-20 ; Seg., *Pl. ver. suppl.*, p. 247, nº 5, t. 8, f. 3 ; Bonan., *Pamph. sic.*, t. 34 ; *Bot. Mag.*, t. 2569 ; Rupp., *Fl. jen.*, éd. 1, p. 281 ; t. 2, f. 2 ; Reichb., *Pl. crit.*, IX, t. 80, f. 109 ; Reichb. F., *Ic.*, XIII-XIV, t. CCCLXXXVI 1, f. I-III ; Mutel, *Fl. fr.*, III, t. 495 ; Moggr., *Pl. Ment.*, t. 42 ; Barla, *l. c.*, pl. 38, f. 1-15 ; M. Schulze, *l. c.*, t. 15 ; Guimar., est. VII, f. 49 ; G. Cam. Berg. A. Cam., *l. c.*, pl. 20, f. 606-609 ; *Ic. n.*, pl. 39, f. 10-22 ; Schlecht. in Kell. et Schlecht., *Ic.*, pl. 21 f. 82.

Exsicc. : Billot, nº 2550 ; Soc. Rochel., nº 2017 ; Balansa, *Pl. d'Orient*, nº 155 ; Orphan., *Fl. gr.*, nº 147 ; Bald., *It. alb. epir.*, IV, nº 146 ; Sint., *Thessal.*, nº 493 ; Heldreich, *H. Græc.*, nº 71 ; Cesati, *Ital.*, nº 565 ; Soc. Dauph., nºs 209 et 592 ; Mabille, *Pl. Corse*, nº 390 ; Reverchon (1879), nºs 176-179 ; Soc. étude fl. franco-helv., nº 1992.

Tubercules ovoïdes ou oblongs, assez gros, le plus jeune plus ou moins pédicellé. Tige de 1-4 décim., droite ou un peu flexueuse, d'un vert jaunâtre, anguleuse et nue au sommet. *Feuilles oblongues-lancéolées ou lancéolées-aiguës*, mucronées, non élargies au-dessous de leur sommet, *atténuées à la base*, d'un vert glaucescent, plus pâle à la face infér., finement nervées, *souvent maculées de violet noirâtre*, les caulinaires lancéolées-aiguës, embrassant la tige, les supér. bractéiformes. *Bractées* jaunâtres, blanchâtres vers les bords, parfois rougeâtres (ap. Chabert), linéaires-lancéolées, acuminées, membraneuses, égalant environ l'ovaire ou un peu plus courtes que lui, les sup. 1-nervées, les *inf.* 3-*nervées. Fleurs* peu nombreuses (*jusqu'à* 14), *d'un jaune très pâle, parfois jaune verdâtre, blanchâtres ou rosées,* exhalant une légère odeur de sureau, disposées en épi lâche, d'abord ovale, ensuite allongé. Divisions du périanthe libres, jaunes ou d'un blanc jaunâtre, les ext. ovales-allongées, 3-nervées, les lat. réfléchies au sommet, la médiane dressée ; les lat. int. un peu plus courtes, ovales-obtuses, élargies obliquement en dehors vers la base, entières ou subémarginées,1-nervées ou obscurément 3-nervées, conniventes, se recouvrant en voûte au-dessus du gynostème. *Labelle égalant presque les autres divisions du périanthe,* un peu convexe, d'un jaune soufre pâle, *marqué de points purpurins,* velouté, à 3 *lobes profonds,* les latér. arrondis en arrière, obtus, réfléchis, un peu crénelés en avant, le médian tronqué, émarginé ou bilobé au sommet, accidentellement plus long que les lat. *Eperon d'un blanc jaunâtre, presque aussi long que l'ovaire, cylindrique, claviforme, arqué, ascendant, un peu renflé et tronqué ou subbilobé au sommet.* Gynostème court, n'atteignant pas la moitié de la longueur des divisions lat. int. du périanthe, obtus, d'un jaune pâle. Anthère et masses polliniques jaunâtres. Caudicules et rétinacles d'un blanc jaunâtre. Stigmate cordiforme. Ovaire sessile, linéaire ou subfusiforme, contourné, dressé, puis légèrement recourbé en S, d'un vert pâle. Capsule ovale-allongé, subtriquètre à côtes saillantes.

Morphologie interne.

Tubercule. — Cylindres centraux peu nombreux, relativement assez développés, contenant ordt 2 petites lames vasculaires et parfois quelques vaisseaux de métaxylème (pl. 111, f. 5). — *Fibres radicales.* Endoderme à plissements subérisés très marqués. Métaxylème souvent assez abondant, entourant, avec les lames vasculaires primaires, un parenchyme non différencié développé.

Tige. Stomates peu nombreux. 2-5 assises parenchymateuses chlorophylliennes entre l'épiderme et l'anneau lignifié, parfois ce parenchyme ext. manquant complètement. 7-9 assises lignifiées formant l'anneau, formées de cellules à parois peu épaisses. Faisceaux libéroligneux souvent complètement entourés de sclérenchyme. Lacune plus ou moins grande occupant la partie centrale de la tige.

Feuille. Ep. $=$ 300-370 μ. Epiderme sup. haut de 80-150 μ, à paroi ext. assez épaisse, non bombée, muni de stomates dans les feuilles sup. seulement. Epiderme inf. haut de 40-60 μ, à paroi ext. assez épaisse, bombée, pourvu de nombreux stomates. Paroi ext. des cellules épidermiques formant le bord des feuilles bombée. Parenchyme formé de 6-10 assises riches en chlorophylle et presque homogènes. Nervure médiane à section concave-convexe, à faisceau libéroligneux entouré de tissu peu chlorophyllien.

Fleur. — *Divisions externes du périanthe.* Epiderme ext. strié. Epidermes ext. et int. à peine papilleux vers les bords, contenant une quantité notable d'huile essentielle. — *Divisions latérales internes.* Epidermes ext. et int. riches en huile essentielle. Bords munis de papilles assez nombreuses. — *Labelle.* Epiderme int. prolongé en papilles atteignant 100-120 μ env., très nombreuses, très grosses à la base, atténuées à l'extrémité (pl. 121, f. 363-365). Epiderme ext. muni seulement de quelques papilles. — *Eperon.* Epiderme int. à papilles courtes, obtuses, striées (pl. 121,f. 365'). Epiderme ext. peu papilleux. L'huile essentielle existe ord. en quantité notable dans l'épiderme int. du labelle et de l'éperon, dans l'épiderme ext. de l'éperon, dans certaines cellules parenchymateuses du labelle et aussi, à l'état de traces, dans l'épiderme inf. du labelle. — *Anthère* (pl. 122, f. 445). Epaississements en anneaux incomplets relativement assez nombreux dans les parois. — *Pollen.* Exine très délicatement rugueuse à la surface des massules. L. $=$ 28-38 μ env. — *Ovaire.* Epiderme à cuticule striée. Nervure des valves placentifères non ou à peine saillante à l'extérieur, contenant un faisceau libéroligneux ext. à bois int. et un faisceau libéroligneux int. à bois ext. Placenta à longues divisions. Valves non placentifères très développées, proéminentes à l'extérieur, renfermant un faisceau libéroligneux à bois int. — *Graines.* Cellules du tégument à parois plus ou moins ondulées, non striées. Graines très arrondies à la partie sup., 2 f. 1/2-3 f. 1/2 plus longues que larges. L. $=$ 300-370 μ env.

Var. **Capraria** Somm. ; Fiori et Paol., *Fl. Ital., App.,* IV, p. 55.—Bractée plus courte que l'ovaire. Divisions lat. int. du périanthe étalées. Labelle à lobes entiers, les lat. divergents, séparés du médian par un sinus arrondi et ouvert ; éperon subhorizontal, à peine courbé. — Italie : île de Capraja, St-Rocco (Somm.).

M. Chabert a publié une importante note, sur l'*Orchis provincialis,* dans le *Bulletin de la Société botanique de France,* 1881, p. lili. Séparant, à titre spécifique, l'*O. provincialis* de l'*O. pauciflora,* il donne pour la répartition des conclusions absolument contraires à ce que nous avons vu souvent dans les Maures Nous avons toujours, dans cette région, récolté l'*O. provincialis,* de 15 à 250 m. d'altitude. Cette répartition dans les zones aussi basses est admise, par Tenore, dans le *Sylloge*. Nous connaissions la note de M. Chabert mais cette notion sur la répartition était tellement différente de ce que nous avions vu que nous avions hésité dans nos travaux précédents, à nous prononcer sur l'ensemble de la note. Pour les variations dans les colorations des fleurs, peut-être avions-nous eu le tort de ne pas les signaler, mais dans la région des Maures, il nous a été impossible de préciser les limites de ces variations qui nous ont paru de peu d'importance.

Nous citerons les variétés et sous-variétés suivantes dont il est impossible de préciser actuellement la distribution.

Var. **typica** (s.-var.) Briquet, *l. c.* — Fleurs médiocres, 7-20 ; hampe laxiuscule ; divisions du périanthe oblongues, étroites, les ext. acutiuscules ou subobtuses au sommet, les lat. int. obtusiuscules, longues de 8-10 mm. environ ; labelle de même longueur, trilobé, à lobe moyen souvent émarginé, muni ou non d'une petite dent, à lobes lat. médiocres, rhomboïdaux-arrondis, à bords entiers ou presque entiers.

l. *immaculata* [*immaculatus* Ruppert in *Deutsche Bot. Monatsschr.* (1912), 8-9].

F. *luteola* Briquet, *l. c.* — Fleurs jaunes.

F. *variegata* Briquet, *l. c.* — Fleurs bigarrées. — Corse.

F. *rubra* Briquet, *l. c.* — Fleurs rouges. — Corse.

Var. **cyrnæa** (s.-var.) Briquet, *l. c.* — *O. pauciflora* Mabille, Debeaux, G. Camus, p. p., non Ten. — Fleurs 7-12, plus grandes. Divisions du périanthe largement ovales-obtuses, les ext. obtuses, les lat. int. arrondies, longues de 1 cm. environ. Labelle de même longueur que dans la var. *typica*, de forme semblable. — Corse.

F. *luteola* (var.) Chabert, *l. c.* — Fleurs jaunes, pâles, à labelle blanchâtre, ponctué de rouge ou de rose ; bractées jaune pâle.

F. *rubra* (var.) Chabert, *l. c.* — Fleurs rouges ou roses sauf au centre du labelle qui est jaune ponctué de rouge ou de brun ; bractées, axe floral et pédoncule lavés de pourpre ou de rouge. — Corse.

F. *variegata* (var.) Chabert, *l. c.* — Fleurs très bigarrées, jaunâtres, lavées de rose ou rosées lavées de jaune ; bractées et axe floral plus ou moins lavé de pourpre. — Corse.

× ?Var. **Yvesii** (s.-var.) Briquet, *l. c.* — Fleurs plus grandes, 7-12, en épi dense. Divisions du périanthe largement ovales, les ext. très obtuses, les lat. int. arrondies. Labelle à lobe moyen tronqué-émarginé, muni d'une dent forte ; lobes lat. crénelés-denticulés. — Corse (1).

F. *luteola* Briquet, *l. c.*

Var. **leucostachys** Aschers. et Graebn., *Syn.*, III, p. 707 (1907). — *O. leucostachys* Griseb., *Spic. fl. Rum. Bith.*, II, p. 359 (1844). — *O. provincialis* subsp. *leucostachys* Ruppert in *Deutsche Bot. Monatsschr.* (1912), nos 8-9. — Feuilles larges, maculées ; infl. dense. — Istrie, entre Rovigno et Pisino près Canfanaro (Freyn ap. M. Sch., *Die Orch., Nachtr.*, 2) ; nord de la péninsule des Balkans.

V. v. — Avril, mai, dans les rég. mérid. ; mai, juin, en Suisse et dans l'Italie septentr. — *Habitat* : bois, clairières, collines, prés ombragés, vallons et montagnes ; en Corse, surtout dans les châtaigneraies, de 800-1.000 m. sur les pentes rocheuses et les gazons, d'après Chabert. — *Répart. géogr.* : Portugal [rare, Beira central : Serra da Estrella, Soutos de Vallezun (Fonseca) ; arredores da Louza (Ferreira)] ; Espagne [rare, S. Llorens del Mont, Coll de Malrem, Garrinada, Bilbao, Somorrostro (Willk.)] ; France [Pyrénées-Orientales à Prades et Collioure, Aude, Aveyron, Drôme, Gard, Isère, Savoie, rég. méditerran., Var, Alpes-Maritimes), Corse (le type est répandu dans la rég. inf., les formes à fleurs rouges prédominent dans les rég. sup.)] ; Suisse [Tessin, Aldesago au Monte Bré (M. Schulze in *Thür. B. V. N. F.*, XVII, p. 48 ; Schinz et Keller, *Exc. fl. Aufl.* p. 121)] ; Italie [assez abondant dans les parties montagneuses et submontagneuses, rare dans la rég. septentr., Capraja, Ischia, Sardaigne (abondant), Sicile (abondant)] ; Autriche [Tyrol mérid., monte à 1.300 m. d'alt. (Dalla Torre et Sarnt.), Croatie, Istrie (littor. et îles), Dalmatie (Monte S. Sergio près Gravosa, d'ap. Bergen, Dinara à la frontière de Bosnie) ; île Curzola (d'apr. Fleischm.)] Herzégovine, Monténégro, péninsule des Balkans, Samos (Major), Smyrne, Crète, Asie Mineure, Afrique septentr., Tunisie septentr., Algérie.

Sous-esp. O. pauciflora.

O. pauciflora Tenore, *Prodr. fl. nap.*, LII (1811) ; *Fl. nap.*, II, p. 288, t. 88 (1820) ; *Syll. fl. nap.*, p. 456 ; Bertol., *Fl. ital.*, IX, p. 518 ; Parlat., *Fl. ital.*, III, p. 494 ; Ces. Pass. Gib., *Comp.*, p. 188 ; Ar-

---

1. D'après M. Ruppert, la var. *Yvesii* serait peut-être issue du croisement de l'*O. pauciflora* et de l'*O. provincialis*. Ce botaniste a, d'après les notes qu'il a eu l'obligeance de nous communiquer, trouvé, en Corse, près de Bastia, au-dessous de Cardo, des hybrides bien caractérisés de l'*O. pauciflora* et de l'*O. provincialis*.

CANG., *Comp.*, éd. 2, p. 168 ; G. CAM., *Monogr. Orch. Fr.*, p. 42 ; in *Journ. de Bot.*, VI, p. 152 ; RICHTER, *Pl. eur.*, I, p. 42 ; RAUL., *Cret.*, p. 861 ; HALACSY, *Consp. fl. gr.*, p. 171 ; G. CAM. BERG. A. CAM., *Monogr. Orch. Eur.*, p. 160 ; ROUY, *Fl. Fr.*, XIII, p. 145 ; COSTE, *Fl. Fr.*, III, p. 402, n° 3605. — **O. provincialis a humilior** PUCC., *Syn. fl. Luc.*, p. 478 (1830-1840). — **O. provincialis β pauciflora** (vel *pauciflorus*) LINDL., *Gen. and spec.*, p. 263 (1835) ; REICHB. F., *Icon.*, XIII-XIV, p. 44, t. 365, CCCLXXXVIII ; HELDREICH, *Fl. Cephal.*, p. 68 ; BOISS., *Fl. orient.*, V, p. 89 ; FIORI et PAOL., *Fl. ital.*, p. 265 ; UNG., *Reise*, p. 120 ; M. SCHULZE, *Die Orchid.*, n° 15 ; ASCHERS. et GRAEBN., *Syn.*, III, p. 707 ; FLEISCHM. in *Œst. bot. Zeitschr.* (1925), p. 192. — **O. læta** STEINHEIL in *Ann. Sc. nat.*, 2e sér., IX, p. 209 (1838). — **O. provincialis** VIS., *Fl. Dalm.*, I. p. 167, p. p. (1842) ; non BALB. — **O. pseudopallens** TOD., *Orchid. sic.*, p. 58 (1842) ; GANDOGER in *Bull. Soc. bot. Fr.* (1917), p. 121 ; non KOCH. — **O. provincialis** subsp. **pauciflorus** RUPPERT in *Deutsche Bot. Monatsschr.* (1912), n°s 8-9.

Exsicc. : HELDR., *Herb. n.*, n°s 480 et 1285 ; *Herb. Græc.*, n° 72 ; ORPH., *Fl. Græca*, n° 147 ; DÖRFLER, *Pl. Cret.*, n° 113.

Icon. : M. SCHULZE, *l. c.*, n° 15 ; G. CAM. BERG. A. CAM., *l. c.*, pl. 20, f. 610-613 ; *Ic. n.*, pl. 39, f. 23-27

Diffère de l'*O. provincialis* par les caractères suivants : *plante basse* (1-2 décim.), robuste, *trapue* ; *feuilles plus larges, obtuses, maculées ou non maculées* ; *fl. peu nombreuses* (2-8, souvent 2 et 3), *plus grandes, en épi plus court* ; *div. ext. grandes* (larges de 8 mm. env.), *les lat. int. env. moitié plus courtes* ; *labelle plus long que les autres div.*, plus pâle vers les bords qu'au centre, jaune aux bords, orangé au centre, muni de petites macules rouge brun ; lobe méd. émarginé, muni d'une courte dent dans l'échancrure ; lobes lat. à bords ext. denticulés-crénelés ; *éperon plus long, plus ascendant.* En séchant, les fleurs deviennent jaune foncé et non brun sale.

Morphologie interne.

Ne présente pas de différences notables avec l'*O. provincialis*.

Var. **calabra** TEN., ap. ARCANG., *l. c.* — Fleurs plus grandes, d'un jaune intense. — Calabre env. de Castrovillari et M. Pollino (TERR.).

Var. **rubra** CHABERT in *Bull. Soc. bot. Fr.*, XXIX, p. LVI (1882). — Fleurs rouges. La var. *carnei-purpurea* BECK [in *Glasnik*, XV, p. 223 (1903) et in *Wiss. Mit. Bosn. Herc.*, IX, p. 509 (1904)] est analogue à cette var. *rubra.* — Corse, Dalmatie, Monténégro.

V. v. — 15 mars-15 avril. — *Habitat* : rochers, maquis et collines herbeuses, monte à 400 m. d'alt. (CHABERT) et au-dessus en Italie. — *Répart. géogr.* : France (Corse, très rare, vallée du Fango, au-dessous de Cardo et au-dessus de Mandriale (CHABERT), vallée inf. de la Solenzara (BURNAT et BRIQUET), Italie (assez répandu dans les rég. centr. et mérid. de la péninsule), Sicile, Istrie mérid. (île Veglia, île Lesina, env. de Pola, de Veruda (TOMMASINI), entre Porto et le Canale di Veruda, Monte Rupe, Monte Ilrisi, entre Altura et le Canale Bado, île Bisse, Monte Maggiore, Rovigno), Dalmatie, Bosnie, Herzégovine, Monténégro, Crète, Grèce, Cephalonie Smyrne, Asie Mineure.

28. — O. PALLENS

O. pallens L., *Mant.*, II, p. 292 (1771) ; WILLD., *Spec.*, IV, p. 27 ; LINDL., *Gen. and spec.*, p. 268 ; REICHB. F., *Icon.*, XIII-XIV, p. 43 ; KRAENZ., *Gen. et spec.*, p. 138 ; RICHTER, *Pl. Eur.*, I, p. 269 ; HOCQ., *Fl. Jemm.*, p. 234 ; DUMORT., *Prodr. fl. Belg.*, p. 132 ; TINANT, *Fl. luxemb.*, p. 439 ; MICHOT, *Fl. Hain.*, p. 276 ; LÖHR, *Fl. Tr.*, p. 246 ; THIELENS, *Orch. Belg. et G.-D. Luxemb.*, p. 276 ; DC., *Fl. fr.*, III, p. 250 ; DUBY, *Bot.*, p. 444 ; VILL., *Hist. Dauph.*, II, p. 30 ; LOISEL., *Fl. gall.*, II, p. 264 ; MUTEL, *Fl. fr.*, III, p. 239 ; BOISDUVAL, *Fl. fr.*, III, p. 45 ; GR. et GODR., *Fl. Fr.*, III, p. 293 ; ARDOINO, *Fl. Alp.-Marit.*, p. 353 ; BARLA, *Iconogr.*, p. 57 ; G. CAM., *Monogr. Orch. Fr.*, p. 41 ; in *Journ. Bot.*, VI, p. 150 ; G. CAM. BERG. A. CAM., *Monogr. Orch. Eur.*, p. 161 ; DULAC, *Fl. H.-Pyr.*, p. 126 ; CAR. et S.-LAG., *Fl. descr.*, éd. 8, p. 803 ; GAUTIER, *Pyr.-Orient.*, p. 399 ; MAGNIN, *Arch. fl. jurass.*, n° 11 ; BRIQUET, *op. cit.*, n° 25 ; COSTE, *Fl. Fr.*, III, p. 401, n° 3603, *cum icone* ; ROUY, *Fl. Fr.*, XIII, p. 143 ; BRIQUET, *Prodr. Fl. Corse*, I, p. 362 ; ALB. et JAHAND., *Cat. Var*, p. 489 ; GAUDIN, *Fl. helv.*, V, n° 2063, p. 439 ; MORTHIER, *Fl. Suisse*, p. 362 ; BOUVIER, *Fl. Alp.*, éd. 2, p. 640 ; GREMLI, *Fl. Suisse*, éd. Vetter, p. 480 ; RHINER, *Prodr. Waldst.*, p. 126 ; LENTICCHIA, *Flore-Géologie-Minéral.*, p. 97 ; SCHINZ et KELLER, *Fl. Schweiz*, p. 121 ; ROTH, *Germ.* I, p. 377 ; II, p. 386 ; DIETR., *Fl. Boruss.*, XI, n° 722 ; HOFFM., *Germ.*, 514 ; REICHB., *Fl. excurs.*, p. 122 ; BLUFF et FINGERH., *Comp.*, II, p. 420 ; OBORNY, *Fl. Moehr.*

Oest. Schl., p. 246 ; Koch, *Syn.*, éd. 2, p. 791 ; éd. 3, p. 595 ; éd. Hall. et Wohlf., p. 2426 ; M. Schulze, *Die Orchid.*, n° 14; Garcke, *Fl. Deutschl.*, éd. 14, p.377; Caflisch, *Ex. Fl. S. D.*, p. 295 ; Kraenzl., *Orchid.*, p. 23; Zimmerm., *Die Form. Orchid.*, p. 26 ; *Neue Beob. Orchid. Bad.* (1911), p. 46; Kuntze, *Tasch. Fl. Leipzig*, p. 65 ; All., *Fl. pedem.*, n° 1829; Nocc. et Balb., *Fl. ticin.*, II, p. 151 ; Pollin., *Fl. veron.*, III, p. 15; Tenore, *Fl. nap.*, II, p. 280, p. p. ; Ces. Pass. Gib., *Comp.*, p. 189 ; Bertol., *Fl. ital.*, IX, p.545 ; Parlat., *Fl. ital.*,III, p. 500 ; Cocconi, *Fl. Bologn.*, p. 485 ; Arcang., *Comp.*, éd. 2, p. 168 ; Fiori et Paoletti, *Iconogr. ital.*, n° 836 ; *Fl. Italia*, I, p. 245 ; Ambros., *Fl. Tir. austr.*, I, p. 689 ; Asch. et Graebn., *Syn.*, III, p. 704 ; Beck, *Fl. N.-Oest.*, p. 203 ; Schur, *Enum. Trans.*, p. 640, n° 3404 ; Simk., *Enum. Trans.*, p. 499 ; Zapalow, *Consp. Fl. Gall.*, p. 205 ; Willk. et Lange, *Prodr. hisp.*, I, p. 168 ; Ledeb., *Fl. Ross.*, IV, p. 66 ; Fried., *Reise*, p. 279 ; Boiss., *Fl. orient.*, V, p. 68 ; Bald., *Riv. coll. bot. alb.* (1896), p. 93 ; Halacsy, *Consp. fl. gr.*, p. 171 ; Velenov., *Fl. Bulg.*, p. 523. — **0. sulphurea** Sims in *Bot. Mag.*, t. 2569 (1825). — *Orchis radicibus subrotundis, petalis galex lineatis, labello trifido, integerrimo* Hall., *Helv.*, n° 1281, t. 30, f. 1. — *Orchis pannonica* VII, Clus., *Hist.*, I, p. 269 ? — *Orchis foetida sylvatica praecox, flore albo barba luteola* Rupp., *Jen.*, II, p. 297 ; éd. 1, p. 282, t. 2, f. 2. — *Orchis bulbosa, floribus flavescentibus* Seg., *Pl. veron.*, III, p. 247.
Noms vulg. : Orchis pâle. — Allem. : Blasses Knabenkraut, Bleiche Ragwurz.
Icon. : Haller, *l. c.*; Jacq., *Austr.*, I, t. 45 ; Seg., *Pl. ver.*, t. 8, f. 3, Suppl.; Schlecht., Lang. *Deutschl.*,IV, f. 335 ; *Bot. Mag.*, t. 2569 ; Reichb., *Pl. crit.*, t. DCCCVIII, f. 1093 ; Reichb. F., *Icon.*, XIII-XIV, t. 34, CCCLXXXVI, f. 1-16, t. DXI, f. I, 1 ; Mutel, *Atl.*, pl. LXV, f. 493 ; Barla, *l. c.*, pl. 43, f. 1-17 ; M.Schulze, *l. c.*, t. 14 ; Correvon, *Alb. Orch. Eur.*, pl. XLVIII ; G. Cam. Berg. A. Cam., *l. c.*, pl. 18, f. 546-548 ; *Ic.n.*, pl. 39, f. 1-9.
Exsicc. : Hohenack., *Pl. Cauc.* ; Fiori, Béguin. Pamp., *Fl. ital.* (1905), n° 24 ; Bald., *It. alban.* (1896), n° 97 ; Magnier, *Fl. sel.*, n° 4085; Dörfler, *Herb. n.*, n° 54087 ; Sendt., *Bosnie*, n° 167 ; Soc. Dauph., n° 1385.
Tubercules assez gros, ovoïdes ou oblongs, rarement arrondis. Fibres radicales grosses. Tige de 2-4 décim., arrondie ou un peu anguleuse au sommet, d'un vert clair, entourée à la base de gaines courtes, nue supérieurement. *Feuilles larges, oblongues-lancéolées, ou oblongues-obovales, dilatées un peu au-dessous de leur sommet,* subobtuses, mucronées, *non maculées*, assez épaisses, d'un beau vert, plus ou moins luisantes en dessus, obscurément nervées, la supér. brièvement engaînante, ordt éloignée de l'épi floral. *Bractées* jaunâtres, blanchâtres et membraneuses vers les bords, linéaires-lancéolées ou lancéolées, aiguës ou acuminées, 1-*nervées* (rarement 3-*nervées*), aussi longues ou plus longues que l'ovaire. *Fleurs* assez grandes, ordt *d'un jaune pâle* (M. Schulze, *l. c.*, a observé un individu à fleurs rouges provenant d'Iéna e Zenker in *Fl. Thüringens* a signalé un cas d'albinisme), exhalant, surtout le soir et la nuit, une odeur analogue à celle du sureau (1), disposées en épi assez dense, ovoïde ou subcylindrique ; divisions ext. du périanthe libres, ovales-allongées, obtuses, 1-3-nervées, d'un jaune pâle ou d'un blanc jaunâtre, les lat. étalées ou réfléchies, les latérales int. un peu plus courtes que les externes, ovales-lancéolées, obtusiuscules, obliquement élargies à la base, conniventes avec la médiane ext. *Labelle* large, plus long que les divisions sup., d'un jaune plus vif, *non maculé*, un peu convexe, velouté vers la base, dirigé en avant et en bas, 3-*lobé vers la partie inf.*,à lobes lat. arrondis, entiers ou un peu crénelés, développés ou assez rudimentaires ; lobe moyen plus grand que les latéraux, entier, émarginé ou subbilobé. *Eperon cylindrique, obtus, horizontal ou ascendant,* d'un blanc jaunâtre, *égalant presque l'ovaire.* Gynostème court, obtus ou mucronulé, d'un jaune pâle. Stigmate cordiforme. Anthère et masses polliniques jaunes. Caudicules et rétinacles blanchâtres. Ovaire sessile, linéaire, tordu, recourbé au sommet et d'un vert clair. Capsule linéaire-allongée, subtriquètre, à côtes saillantes.

Morphologie interne

Les plantes étudiées étaient des échantillons d'herbier.
Feuille. Epiderme sup. dépourvu de stomates, au moins dans les feuilles inf., formé de cellules à parois recticurvilignes, à paroi ext. assez mince, non bombée. Epiderme inf. recticurviligne, muni de stomates nombreux, à paroi ext. mince. Paroi ext. des cellules épidermiques du bord du limbe légèrement bombée.
Fleur. — *Périanthe. Labelle.* Epiderme int. prolongé en papilles coniques, assez nombreuses, atteignant 50-100 µ de long env. Epiderme ext. à papilles rares. — *Eperon.* Epiderme int. muni de papilles très nombreuses, coniques, obtuses, striées, atteignant 40-60 µ de long env. Epiderme ext. légèrement papilleux. —

1. Fleischmann a observé, chez certaines fleurs, l'émission d'un parfum analogue à celui du *Convallaria maialis*

Graines. Cellules du tégument dépourvues de stries, à parois recticurvilignes. Graines arrondies au sommet.
F. *rubra* G. Cam. ; *l. ruber* Zimm., *l. c.* — Cf. M. Schulze, *l. c.* — Fl. rouges. Disséminé.
F. *albiflora* G. Cam. — Fl. blanches. — Disséminé.

Var. β **pseudopallens** Reichb. F., *Icon.*, XIII-XIV, p. 43, t. 159, DXI (1851) ; Boiss., *Fl. orient.*, V, p. 69 ;
Kraenz., *Gen. et Spec.*, p. 139 ; M. Schulze, *Die Orchid.*, n° 14, 2 ; Aschers. et Graebn., *l. c.* ; G. Cam. Berg.
A. Cam., *l. c.*, p. 163. — *O. pseudopallens* K. Koch in *Linn.*, XIX, p. 13 (1847) ; non Todaro. — Plante
plus grêle. Bractées longues, atteignant presque la longueur des fl. Labelle entier ou presque. — Alsace :Osen-
bach (Marzolf, Issler) ; Haute-Autriche (Niedereder ap. M. Schulze),

Monstruosités. — On a signalé des fleurs à labelle semblable aux autres divisions du périanthe, des fleurs
doubles, des coalescences de la bractée et de l'ovaire et des fleurs avec 2 labelles et 2 gynostèmes (M. Schulze
n *Thür. B. V. N. F.*, XVII, p. 48).

V. v. — Mai, juin. — *Habitat* : prés et bois des montagnes des régions alpine et subalpine, principalement endroits ensoleillés et sur le calcaire, isolé ou en colonies ; monte à 1.700 m. dans le Valais (Jaccard).
— *Répart. géogr.* : Europe centr., mérid. et orientale ; Espagne (T. R., Pyrénées), France (Pyrénées, Alpes
de la Savoie aux Alpes-Marit., Var où il est très rare, Cantal, Jura, Alsace à Osenbach (Mantz), les localités
de Montmorency (Thuillier) et de Folleville près d'Orléans (Duby) sont erronées ; a été signalé, à tort, en
Corse, d'après Briquet) (1), Belgique, Luxembourg (n'a y pas été retrouvé récemment), Allemagne (T. R. dans
les régions mérid. et centr., manque dans le Nord ; disséminé en Thuringe, Bade, Silésie, Wurtemberg, Bavière);
Suisse (peu répandu, manque dans les cant. de Neuchâtel, Berne, Soleure, Bâle) ; Italie (peu commun, Alpes
du Mont Cenis, Monti di Giaveno dans la pr.de Novare, Monti Corni di Canzo dans la pr. de Côme,jusque dans
les montagnes de Calabre, aux env. de Corigliano), Autriche, manque dans le Tyrol mérid., env. de Salzbourg,
Küstenland, Galicie, Hongrie, Banat, Dalmatie, Transylvanie, Herzégovine, Bosnie, péninsule balkanique,
Caucase (Ougrinski), Transcaucasie, Asie Mineure.

29. — O. QUADRIPUNCTATA

O. quadripunctata Cyr. in Ten., *Prodr. fl. neap.*, p. LIII(1811); *Fl. nap.*, II, p. 291 (excl. syn. *O. Brancifortii* Biv.); Cup., *Syll.*, p. 452 ; Reichb. F., *Icon.*, XIII-XIV, p. 45, p.p.; Kraenz.,*Gen. et spec.*,p. 140 ; Parlat., *Fl. ital.*, III, p. 508 ; Ces. Pass. Gib., *Comp.*, p. 190 ; Arcang.,*Comp.*, éd. 2, p. 169 ; Fiori et Paoletti,
Iconogr. italia, n° 834 ; *Fl. It.*, I, p. 245; App. IV, p. 55 ; Lojacono, *Fl. Sicula*, III, p. 27 ; M. Schulze,
Die Orchid., n° 16 ; Aschers. et Graebn., *Syn.*, III, p. 709 (*O. quadripunctatus*) ; Speitz in *Zool. bot. Ge.*
(1877), p. 731 ; Nyman, *Consp.*, p. 694 ; Richter, *Pl. Eur.*, I, p. 269 G. Cam. Berg. A. Cam., *Monogr. Orch.
Eur.*, p. 156 ; Heldr., *Fl. Cephal.*, p. 68 ; Boiss., *Fl. orient.*, V, p. 69 ; Gelmi in *Boll. Soc. bot. ital.*, p.452,
(1889) ; Hausskn., *Symb. ad. fl. gr.*,p. 24 ; Halacsy, *Beitr. fl. Ach.*, p. 32 ; in *Oest. bot. Zeitschr.* (1898), p. 98 ;
Zimmerm., *Die Form. d. Orchid.*, p. 27 (*O. quadripunctatus*) ; Martelli, *Monocotyl. Sard.*, p. 57 ; Gandoger
in *Bull. Soc. bot. Fr.* (1917), p. 115 ; Fleischm. in *Oest. bot. Zeitschr.* (1925), p. 192 ; Berger in *Allg. Bot
Zeitschr.* (1914), p. 12. — **O. Hostii** Tratt., *Obs.*, p. 107 (1811-12); *Arch.*, II, p. 122 (1813) ; Reichb., *Fl. germ.
excurs.*, I, p. 123 ; Vis., *Fl. dalm.*, I, p. 168, an ex parte? — **O.trichocera** Brongn., ap. Bory, *Exp. sc. Morée*,
t. XXXII, p. 2 (1832). — **Anacamptis quadripunctata** Lindl., *Gen. and spec.*, p. 275 (1835). — **Gymnadenia
humilis** Lindl., *l. c.*, p. 276 (1835).

Noms vulg. : Orchis à quatre ponctuations. — Allem. : Vierpunktiges Knabenkraut.

Icon. : Tratt., *l. c.*, t. 122 ; Biv. Bern. *Stirp.*, t. 1 ; Tenore, *l. c.*, t. 89 ; Ch. et Bory, *Exp. Morée*,
t. XXXII, 2; Reichb. F., *l. c.*, t. 156, DVIII, f. I-IV, 1-21; M. Schulze, *l. c.*, t. 16 ; G. Cam. Berg. A. Cam.,
l. c., pl. 20, f. 623-626 ; *Ic. n.*, pl. 40, f. 7-12 ; Schl. in Kell. et Schl., *Ic.*, pl. 20, f. 79.

Exsicc. : Heldr., *Herb. n.*, n° 1581 ; *Fl. dalm.*, n° 264 ; Porta et Rigo, *Iter ital.*, n° 314 .

Port d'un *Gymnadenia.* Tubercules entiers, ovales ou subglobuleux ; fibres radicales courtes. Tige atteignant 1,5-2,5 décim., élancée, arrondie, vers le sommet, violacée et ordt dépourvue de feuilles, entourée,à la
base,de gaines courtes. *Feuilles* oblongues ou oblongues-lancéolées, aiguës, *atténuées à la base*, d'un vert bleuâtre, les infér. rapprochées, la supér. engainante. *Bractées* lancéolées, ou oblongues-lancéolées, ou oblongues-
aiguës, d'un violet pourpré, un peu plus courtes que l'ovaire, les *infér.* 3-*nervées*, les *supér.* 1-*nervées*. *Epi cylin-*

---

1. Signalé en Grande-Bretagne à Liss. East Hill, par M. Cardew (Cf. *Journ. of Bot.* (1911), p. 324).Y est-il spontané ?

drique allongé, lâche et pauciflore (8-20 fl.), rarement multiflore. *Fleurs très petites, d'un pourpre lavé de violet.* Divisions du périanthe libres, les ext. ovales-oblongues ou oblongues-obtuses, obscurément 3-nervées, la médiane dressée, les lat. étalées-dressées ou étalées ; *divisions lat. int. un peu plus courtes,* asymétriques, conniventes, rapprochées du gynostème, ovales-obtuses, 1-nervées ou obscurément 3-nervées. Labelle égalant environ les autres divisions du périanthe, 3-4 fois plus court que l'ovaire, presque convexe, largement cunéiforme, 3-lobé, d'un beau violet pourpre vers les bords, blanc ou rosé vers le milieu, muni, à la base, de 2-4 macules d'un violet pourpre foncé ; lobes lat. quadrangulaires ou rhomboïdaux, arrondis, à bords entiers ou denticulés ; lobe médian égalant les lat. ou les dépassant un peu, quadrangulaire, très rarement obcurément triangulaire, à bord émarginé au milieu, rarement denticulé tout autour. *Eperon filiforme,* à peine dilaté à la base, *descendant,* droit ou arqué, *à peine plus court que l'ovaire ou l'égalant.* Gynostème court, obtus, ou subobtus. Anthère purpurine à loges contiguës, parallèles. Stigmate obcordiforme.

S.-var. **albiflora** G. CAM. BERG. A. CAM., *l. c.* - Var. *albiflora* RAUL., *Cret.,* p. 861. — Fl. blanches. — Très rare.

Var. β **macrochila** HALACSY, *Consp. fl. gr.,* III, p. 172 ; FLEISCHM., *l. c.,* p. 192. — *O. anatolica* var. *macrocheila* FLEISCHM. in *Annal. K. K. naturhistorisch. Hofmus.,* XXVII, p. 118 (1914), pl. X, f. 6. — *Icon. : Ic. n.* pl. 132, f. 9. — *Exsicc* :. DÖRFLER, *Pl. cret.,* n° 121.— Labelle bien plus long que les autres div. du périanthe, la moyenne dépassant les lat. Probablement hybride de l'*O. provincialis* et de l'*O. quadripunctata.* — Crète : Christos (LÉON).

Var. γ **obscura** (K. MALY *in Z. B. G. Wien,* LIV, p. 184 (1904) ; var. *obscurus* ASCHERS. et GRAEBN., *l. c.* ; ZIMMERM., *l. c.* — Labelle plus foncé vers la base. — Herzégovine.

Avril, mai. — *Habitat* : collines des rég. peu élevées et subalpines, collines calcaires, lieux pierreux, pâturages des montagnes. — *Répart. géogr.* : partie orientale de la rég. méditerr., Sardaigne, Italie orientale et mérid. (rég. montagn. et submontagn.), Sicile, Sardaigne, Istrie, littoral de la Croatie, Dalmatie, Herzégovine, Monténégro, Balkans, Grèce, Crète, Chypre, Asie Mineure, Syrie, Palestine, Mésopotamie.

Sous-esp. O. CUPANI

O. Cupani TOD., *Orch. sic.,* p. 56 (1842) ; RICHTER, *Pl. Eur., I,* p. 272 ; PARLAT., *Fl. ital.,* III, p. 522 ; G. CAM. BERG. A. CAM., *Monogr. Orch. Eur.,* p. 157. — **O. quadripunctata** var. **Cupani** REICHB. F., *Icon.,* XIII-XIV, p. 47, t. DXII, f. I, 1, 2 (1851).

Tubercules ovales. Tige grêle, peu feuillée, dressée ou un peu sinueuse. Feuilles linéaires-lancéolées, décroissant graduellement de taille, les caulinaires moyennes engainantes. Bractées plus courtes que l'ovaire. Fleurs très petites, en épi allongé, assez lâche. Divisions sup. et lat. du périanthe plus courtes et plus tronquées. Eperon plus court, plus conique que dans l'*O. quadripunctata* ; labelle à lobes peu prononcés, à ponctuations purpurines nombreuses.

Sicile : env. de Palerme, Piano della Suppa (GERV.).

Sous-esp. O. BRANCIFORTII

O. Brancifortii BIV., *Stirp. rar. sic. pl. Man.,* I, t. 3, f. 1 (1813) ; PARLAT., *Fl. ital.,* III, p. 509 ; CES. PASS. GIB., *Comp.,* p. 190 ; W. BARBEY, *Fl. Sard. Comp.,* p. 57, n° 1320 ; ARCANG., *Comp.,* éd. 2, p. 170 ; RICHTER, *Pl. Eur., I,* p. 269 ; MARTELLI, *Monocotyl. Sard.,* p. 57 ; G. CAM. BERG. A. CAM., *Monogr. Orch. Eu·.,* p. 157 ; LOJACONO, *Fl. Sicula,* III, p. 27. - - **O. bipunctata** RAFIN., *Précis des découv.,* p. 43 (1814), in *Journ. Bot.,* IV, p. 272 (1814). — **Anacamptis Brancifortii** LINDL., *Gen. and spec.,* p. 275 (1835). — *O. perpusilla flore purpureo* CUP., *H. cath.,* p. 157. — *O. parva maculata purpureo flore culicis effigie* CUP., *Pamph. sic.,* II, t. 118 ; *Bon.,* t. 40. — Var. b. *labello impunctato* TIN. in GUSS., *l. c.*

Icon. : BIV., *l. c.,* t. I, f. 1 (optima sec. PARLAT.) ; REICHB. F., *Icon.,* XIII-XIV, t. 508, f. 1 (non bona sec. PARLAT.).

Exsicc. : PETER, *Fl. dalmat.,* n° 264.

Plante gracile souvent petite. Tige de 1 à 2 décim. Feuilles d'un vert gai, toutes radicales, oblongues ou oblongues-linéaires. Bractées oblongues, cuspidées, lavées de pourpre, les infér. à 3 nervures, les supér. à 1 nervure, plus courtes que l'ovaire. *Fleurs petites,* parfois nombreuses, rarement 3-6, *d'un rose clair, disposées en*

épi cylindrique, laxiflore. Divisions ext. du périanthe elliptiques obtuses, 3-nervées, les *lat. int. égalant la* 1/2
de la longueur des ext., ovales-obtuses, conniventes. Labelle égalant environ les divisions ext. du périanthe et
environ 1/3 de l'ovaire, planiuscule, ordt biponctué à la base, trifide, à divisions lat. linéaires, presque
horizontales, divergentes, ovales ou obtusiuscules, à lobe médian plus large et à peine plus long, obtusiuscule
ou obtus, subémarginé. *Eperon filiforme*, presque droit, *descendant, un peu plus court que l'ovaire.* Gynostème court, obtus.

Var. *labello impunctato* TIN. ap. LOJACONO, *l. c.* — Labelle non ponctué. — Sicile: Bosco de Rebottone
entre Palerme et Piana dei Greci.

V. s. — Avril, mai. — *Habitat* : lieux herbeux des collines et des montagnes. — *Répart. géogr.* : Sicile
(assez abondant), Sardaigne.

Sous-esp. ou hybride ? **O. Boryi.**

× ? **O. Boryi** REICHB. F., *Icon.*, XIII-XIV, p. 19, t. DIII, f. 1-10 (1851) ; BOISSIER, *Fl. orient.*, V,
p. 73 ; G. CAM. BERG. A. CAM., *Monogr. Orch. Eur.*, p. 158.
Tubercules obovales. Tige peu élevée, nue au sommet. Feuilles oblongues-lancéolées, les sup. réduites à
l'état de gaines. Bractées membraneuses, toutes ovales, acutiuscules, égalant la moitié de l'ovaire. Fleurs petites, peu nombreuses, en épi lâche. Divisions du périanthe conniventes en casque, oblongues-obtuses. Labelle
un peu plus long que les divisions du périanthe, un peu plus large que long, 3-lobé, à lobes presque égaux,
obtus ou tronqués, crénelés, à lobe moyen un peu saillant, souvent émarginé. Eperon filiforme, très long, souvent un peu renflé au sommet, mais non excavé, égalant presque l'ovaire qui est long. — Forme ou peut-être
hybride de l'*O. quadripunctata* et de l'*O. picta.*
Corfou, Grèce (Messeniâ pr. Phigaleam et in Monte Ithonie cum *O. quadripunctatâ* (DESPREAUX).

Sous-genre II. — **Dactylorchis.**

Dactylorchis J. KLINGE, *l. c.* ; G. CAM. BERG. A. CAM., *Monogr. Orch. Eur.*, p. 164.
Tubercules plus ou moins palmés ou incisés, parfois entiers, mais atténués-fusiformes et non subglobuleux.
Sous-sect. A. **CONNIVENTES** G. CAM. BERG. A. CAM., *l. c.* - - Tubercules atténués au sommet, entiers ou
brièvement lobés. Divisions du périanthe conniventes en casque.

30. — **O. IBERICA**

O. iberica MARSCH. BIEB. in WILLD., *Spec.*, IV, p. 25 (1805) ; LINDL., *Gen. and spec.*, p. 260 ; HOHE-
NACK., *Enum. Talüsch*, p. 27 ; C. KOCH in LINN., XXII, p. 284 ; LEDEB., *Fl. Ross.*, IV, p. 53 ; HAUSSKN.,
Symb. fl. gr., p. 21 ; HALACSY, *Consp. fl. gr.*, III, p. 169 ; KLINGE, *Dactylorchidis* (1898), p. 13 ; RICHTER, *Pl.
Eur.*, I, p. 268 ; G. CAM. BERG. A. CAM., *Monogr. Orch. Eur.*, p. 164 ; FEDTSCHENKO in *Bull. Herb. Boiss.*
(1904), 4, p. 1191. — **O. angustifolia** MARSCH. BIEB., *Fl. Taur.-Cauc.*, II, p. 368 (1808) ; BOISS., *Fl. orient.*,
V, p. 65. — **Gymnadenia angustifolia** SPRENG. ap. LINK, *Handb.*, I, p. 242 (1829). — **Orchis leptophylla** K.
KOCH in *Linn.*, XXII, p. 282 (1849) ; LEDEB., *Fl. Ross.*, IV, p. 54. — **O. natolica** FISCH. et MEY. in *Ann.
Sc. nat.* (1854), p. 30, sec. BOISSIER, *l. c.*
Icon. : REICHB. F., *Icon.*, XIII-XIV, t. 154, DVI, f. I-IV ; G. CAM. BERG. A CAM., *l. c.*, pl. 21, f. 655 ;
Ic. n. pl. 40, f. 13-19 ; SCHL. in KELL. et SCHL., *Ic.*, pl. 14, f. 53.
Exsicc. : HELDR., *It. gr.* (1879) ; *It. thess.*, IV (1885) ; *Reliq. Orph.* (1886) ; SIEHE's *Reise nach Cilic.* (1895),
n° 386 ; MANISSADJ., *Pl. or.*, n° 141 ; BORNMULL., *Pl. an. orient.*, n° 2628 ; SINTENIS, *Iter orient.* (1890),
n° 3138 ; SINT. et RIGO (1880), n° 870 ; KOTSCHY, *Iter syr.* (1855) n° 220, n° 277 ; BOURGEAU, *Pl. Arme-
niacæ* (1862), s. n°.
Tubercules gros, allongés, plus ou moins palmés ou entiers, mais fusiformes. Port d'un *Gymnadenia conopea.*
Tige grêle, de 15-55 cent., stolonifère à la base, Feuilles ordt 4-5, linéaires-lancéolées ou linéaires, plus ou moins
espacées, ou les inf. rapprochées, dressées-ascendantes ou dressées-étalées, parfois légèrement arquées ou
incurvées, dépourvues de macules, ordt plus larges vers le sommet, parfois vers le milieu, les inférieures obtuses
ou aiguës au sommet, souvent à base plus étroite, les moyennes étroitement engainantes, plus courtes, les

supér. linéaires, acuminées, subulées, dressées ou étalées-dressées, insensiblement transformées en bractées, n'atteignant pas ordt la base de l'inflorescence. *Epi floral un peu lâche, étroitement oblong ou étroitement cylindrique.* Bractées lancéolées-aiguës, ou lancéolées, ou linéaires-lancéolées, souvent un peu dilatées à la base, subulées acuminées ou cuspidées au sommet, plus courtes que les fleurs, dépassant ordt l'ovaire. Fleurs moyennes. *Divisions du périanthe* d'un pourpre pâle ou roses, *les ext.* d'un pourpre plus foncé, *connivantes avec les lat. int.,* ovales-oblongues ou oblongues, obtuses, aiguës ou acutiuscules, les lat. int. plus petites, oblongues, obtuses ou subaiguës. *Labelle* un peu plus long que les autres divisions du périanthe, *un peu plus long que large*, à base étroitement cunéiforme, insensiblement élargi, ponctué de pourpre, trilobé, à lobes lat. rectangulaires, subtriangulaires ou subarrondis, parfois crénelés, à lobe médian petit, aigu, triangulaire ou dentiforme. *Eperon grêle*, étroitement cylindrique, *subulé*, recourbé, descendant, un peu plus court que le labelle, *plus court que l'ovaire*. Gynostème aigu. Etamine à loges parallèles et presque contiguës.

Morphologie interne.

Les quelques observations suivantes ont été faites sur un échantillon d'herbier.

Tige. Stomates assez nombreux. 2-4 assises chlorophylliennes entre l'épiderme et l'anneau lignifié. Anneau lignifié formé de 7-9 assises de cellules à parois peu épaisses. Faisceaux libéroligneux entourés extérieurement et latéralement de tissu lignifié. Lacune occupant la partie centrale de la tige jusqu'aux faisceaux.

Feuille. Epiderme sup. à paroi ext. un peu épaisse, légèrement bombée, muni de stomates même dans les feuilles inf. Epiderme inf. à paroi ext. peu bombée, pourvu de nombreux stomates. Cellules épidermiques formant le bord du limbe à paroi ext. bombée, chaque cellule ayant une petite dent asymétrique.

Var. β **longifolia** Reichb. F., *l. c.*, t. 154, f. IV ; G. Cam. Berg. A. Cam., *l. c.*, p. 165. — Feuilles très longues et très étroites.

Var. γ **Fraasii** Reichb. F., *l. c.*, p. 34 ; t. 156, f. III ; G. Cam. Berg. A. Cam., *l. c.* — Tige grêle. Feuilles et bractées courtes. Divisions lat. du périanthe dilatées à la base, acuminées au sommet.

Var. δ **Steveni** (*O. angustifolia* var.) Reichb. F., *l. c.*, p. 34, t. 155-156, DVII, f. VIII. — Labelle entier, étroit à la base, puis dilaté, crénelé et acuminé au sommet.

Var. ε **leptophylla** G. Cam. Berg. A. Cam., *l. c.* — *O. leptophylla* K. Koch, *l. c.* — Labelle à lobes peu marqués, à divisions lat. moins étalées.

V. s. — Mai-septembre. — *Habitat* : prés humides et marécageux; bords des eaux, des lacs ou des torrents, dans les régions montagneuse, alpestre et subalpine. — *Répart. géogr.* : bassin méditerr. oriental, Grèce, Thessalie, Turquie, Tauride, Transcaucasie, Arménie, Cilicie, Liban, Chypre. — Mésopotamie, Perse.

Sous-sect. B. **Sambucinæ** G. Cam. Berg. A. Cam., *Monogr. Orch. Eur.*, p. 165. — Tubercules presque entiers ou brièvement lobés. Divisions lat. ext. du périanthe étalées ou réfléchies. Labelle plus large que long, à 3 lobes plus ou moins marqués.

31. — O. SAMBUCINA

O. sambucina L., *Fl. suec.*, éd. 2, p. 312 (1755) ; Willd., *Spec.*, IV, p. 30 ; Lindl., *Gen. and spec.*, p. 258 ; Reichb. F., *Icon.*, XIII, p. 64 ; Richter, *Pl. Eur.*, p. 271 ; Klinge, *Dactylorch.*, p. 15 ; Kraenz., *Gen. et spec.*, p. 149 ; Correvon, *Alb. Orch. Eur.*, pl. L ; Poiret, *Encycl.*, IV, p. 596 ; DC., *Fl. fr.*, III, p. 251 ; Duby, *Bot.*, p. 251 ; Lapeyr., *Abr. Pyr.*, p. 548 ; Loisel., *Fl. gall.*, II, p. 267 ; Boisduval, *Fl. fr.*, III, p. 46 ; Mutel, *Fl. fr.*, III, p. 241 ; *Fl. Dauph.*, éd. 2, p. 593 ; Gr. et Godr., *Fl. Fr.*, III, p. 295 ; Boreau, *Fl. Centre*, éd. 3, p. 645 ; Lec. et Lam., *Cat. pl. centr.*, p. 348 ; Godet, *Fl. Jura*, p. 685 ; Gren., *Fl. ch. jurass.*, p. 749 ; Godr., *Fl. Lorr.*, II, p. 288 ; III, p. 29 ; Martr.-Donos, *Pl. Tarn*, p. 704 ; Barla, *Iconogr.*, p. 60 ; Ardoino, *Fl. Alp.-Marit.* p. 354 ; Jeanb. et Timb.-Lagr., *Massif du Laurenti*, p. 290 ; G. Cam., *Monogr. Orch. Fr.*, p. 45 ; in *Journ. de Bot.*, VI, p. 155 ; in de Fourcy, *Herb. paris.*, éd. 6, Add., p. 325 ; G. Cam. Berg. A. Cam., *Monogr. Orch. Eur.*, p. 165 ; Alb. et Jahand., *Cat. Var*, p. 491 ; Gust. et Hérib., *Fl. Auverg.*, p. 43 ; Magn. et Hétier, *Obs. fl. Jura*, p. 141 ; Michalet, *Hist. nat. Jura*, p. 296 ; Briquet in *Arch. fl. ch. jurass.*, n° 25 (1902) ; Bonnet, *Pet. fl. paris.*, p. 382 ; Legrand, *Stat. bot. Forez*, p. 222 ; Car. et S.-Lag., *Fl. descr.*, éd. 8, p. 806 ; Bubani, *Fl. pyr.*, p. 37 ; Coste, *Fl. Fr.*, III, p. 403, n° 3612, *cum ic.* ; Rouy, *Fl. Fr.*, XIII, p. 154 ; Godfrin et Petitmengin, *Fl. Lorr.*, p. 72 ; Kirschl., *Prodr.*, p. 160 ; *Fl. als.*, p. 132 ; *Fl. Vog.-Rhen.*, p. 81 ; Dumort., *Prodr. Fl. Belg.*,

p. 132 ; Tinant, *Fl. luxemb.*, p. 440 ; Crépin, *Man. fl. Belg.*, éd. 2, en obs., p. 293 ; Meyer, *Orch. G.-D. Luxemb.* p. 11 ; Reichb., *Fl. exc.*, I, p. 126 ; Poll., *Palat.*, p. 848 ; Gmel., *Fl. Bad.*, III, p. 547 ; Schultz, *Palat.*, p. 441 ; Bluff. et Fingh., *Comp.*, II, p. 421 ; Koch, *Syn.*, éd. 2, p. 792 ; éd. 3, p. 596 ; éd. Hall. et Wohlf., p. 2428 ; Oborny, *Fl. Moehr. Œst. Schles.*, p. 248 ; Bach, *Rheinpr. Fl.*, p. 370 ; Caflisch, *Exc. Fl. S. D.*, p. 296 ; Garcke, *Fl. Deuts.*, éd. 14, p. 378 ; M. Schulze, *Die Orchid.*, n° 22 ; Kuntze, *Tasch. Fl.*, p. 66 ; (*sambucinus*) Asch. et Graebn., *Syn.*, III, p. 753 ; W. Zimmerm., *Die Form. d. Orchid.*, p. 38 ; Kraenzlin, *Orchid.*, p. 26 ; Gaud., *Fl. helv.*, V, p. 441, n° 2064 ; Morthier, *Fl. Suisse*, p. 363 ; Reuter, *Cat. Genève*, éd. 1, p. 99 ; éd. 2, p. 203 ; Gremli, *Fl. Suisse*, éd. Vetter, p. 481 ; Schinz et Keller, *Fl. Schweiz*, p. 123 ; Bouvier, *Fl. Alpes*, éd. 2, p. 640 ; All., *Fl. pedem*, II, p. 149 ; Bertol., *Pl. gen.*, p. 121 ; Biv., *Sic. pl. cent.*, II, p. 42 ; Nocc. et Balb., *Fl. tic.*, II, p. 152 ; Bertol., *Amoen. ital.*, p. 155 ; Poll., *Fl. veron.*, III, p. 16 ; Ten., *Fl. nap.*, II, p. 298 ; *Syll.*, p. 457 ; Vis., *Fl. dalm.*, I, p. 171 ; Tod., *Orch. sic.*, p. 50 ; Guss., *Syn. fl. sic.*, II, p. 528 ; de Notar., *Repert. fl. lig.*, p. 386 ; Bertol., *Fl. ital.*, IX, p. 556 ; Parlat., *Fl. ital.*, III, p. 512 ; Pucc., *Syn. fl. luc.*, p. 477 ; Comoll, *Fl. com.*, VI, p. 356 ; Arcang., *Comp.*, éd. 2, p. 170 ; Cocconi, *Fl. Bologn.*, p. 485 ; Fiori et Paol., *Icon. fl. ital.*, III, n° 837 ; Lojacono, *Fl. Sicula*, III, p. 23 ; Ambr., *Fl. Tirol austr.*, p. 691 ; Hausm., *Fl. Tirol*, p. 836 ; Hinterhuber et Pichl., *Fl. Salzb.*, p. 192 ; Beck, *Fl. Nied.-Œst.*, p. 203 ; Schur, *Enum. pl. Trans.*, p. 641, n° 3410 ; Simk., *Enum. Trans.*, p. 500 ; Zapalow. *Consp. Fl. Galic.*, p. 206 ; Willk. et Lange, *Prodr. hisp.*, I, p. 169 ; *Suppl.*, p. 42, n° 741 ; Guimar., *Orch. port.*, p. 63 ; Gries, *Spic. fl. rum. et bith.*, II, p. 360 ; Boiss., *Fl. orient.*, V, p. 472 ; Grecescu, *Consp. fl. Roman.*, p. 544 et *Suppl. Consp. Fl. Rom.*, p. 155 ; Pantu, *Contr. Fl. Bucegilor*, p. 6 ; Marsch. Bieb., *Fl. Taur.-Cauc.*, II et III, n° 1844 ; Besser, *Enum.*, p. 35, n° 1158 ; Lucé, *Fl. osil.*, p. 295 ; Ledeb., *Fl. Ross.*, IV, p. 55 ; Georgi, *Beschr. Russ.*, III, 5, p. 1269 ; Eichw., *Skizze*, p. 124 ; *Casp. Cauc.*, p. 23 ; Sibth. et Sm. *Prodr.*, II, p. 14 ; Chaub. et Bory, *Expéd. Morée*, p. 259 ; *Fl. Pélop.*, p. 61 ; Halacsy, *Consp. fl. gr.*, III, p. 174 ; Duclos in *Bull. Ass. nat. Vallée Loing*, VIII, p. 175 (1924). — O. **latifolia** v. 1 et 2 Scopoli, *Fl. carn.*, éd. 2, II, p. 197 (1772). — O. **mixta** β **sambucina** Retz. *Prodr. Fl. Sc.*, p. 167 (1779). — O. **Schleicheri** Sweet, *Brit. Gard. Fl.*, II, p. 199 (1823-1829). — O. **saccata** Reichb., *Fl. Germ. exc.*, p. 123 (1830), non Tenore. — O. **pallens** Mor., *Fl. Schw.*, p. 508 (1832) ; Puccin., *Syll. fl. luc.*, p. 476, sec. Parlat., non L. — O. **salina** Fronius in *Verh. Sieb.*, VIII, p. 102 (1857), non Turcz. — O. **lutea** Dulac, *Fl. H.-Pyr.*, p. 125 (1867). — O. **bipalmata** Pourret sec. Bubani, *l. c.* — O. **incarnata** var. **sambucina** Lapeyr., *Herb. sec. Bubani.* — O. **pannonica** VIII Clus., *Hist.*, I, p. 269. — O. *palmata, sambuci odore* Bauh., *Pinax*, p. 86 ; Rudb., *Elys.*, II, p. 213, f. 9. — O. *palmata lutea, labio floris maculato* Seg., *Pl. ver.*, p. 349, t. 8, f. 5.

Noms vulg. : Orchis à fleurs de sureau. — Allem. : Hollunderduftendes Knabenkraut, Hollunder-Knabenkraut.

Icon. : Seg., *l. c.* ; Clus., t. 269, f. 2 ; Jacq., *Austr.*, t. 108 ; Sw., *Bot.*, VI, t. 362 ; Sw., *Fl. Gard.*, II, t. 199 ; III, t. 299 ; *Fl. Dan.*, t. 1232 et 2737 ; Baumg., *Fl. lips.*, p. 14, n° 37, t. 2 ; Reichb. F., *Icon.*, XIII-XIV, t. 60, CCCCXII, f. I-II, 1-14 ; Barla, *l. c.*, pl. 46 ; G. Cam., *Iconogr. Orch. Paris*, pl. 14 ; M. Schulze, *l. c.*, n° 22 ; Hegi, *Fl. Mittel-Europa*, t. 73, f. 2 et 2 a ; Vayreda, *Ap. fl. Catal.*, p. 160, f. 5 ; Flahault, *Fl. Alp. et Pyr.*, p. 130 ; Guimar., *l. c.*, est. VII, f. 51 ; G. Cam. Berc. A. Cam., *l. c.*, pl. 21, f. 632-642 ; *Ic. n.*, pl. 41, f. 1-16 ; Schl. in Kell. et Schl., *Ic.*, pl. 19, f. 75.

Exsicc. : Fries, 14, n° 65 ; F. Schultz, n° 752 ; *Reliq. Maill.*, n° 1735 ; Billot, n° 1332 ; *Soc. Dauph.*, nos 5491 et *bis* ; *Soc. Rochel.*, n° 853 ; Bourgeau, *Pl. Savoie*, n° 261 ; *Pl. Alp.-Marit.*, n° 353 ; Baenitz, *H. E.* ; Reverchon, *Pl. Esp.* (1895), n° 1043 ; Sint., *It. thess.*, n° 849 ; Todaro, *Pl. Sic.*, n° 966 ; Sennen, *Pl. Esp.*, n° 144.

Tubercules assez épais, aplatis, *oblongs-fusiformes*, 2-4-*lobés, atténués en fibres arrondies, parfois entiers, mais toujours atténués en fuseau et non ovoïdes.* Tige de 1-5 décim., rarement plus, souvent robuste, cylindrique, un peu anguleuse, droite, d'un vert assez jaunâtre, très manifestement fistuleuse, munie, à la base, de gaines aiguës, feuillée jusqu'au-dessus du milieu. *Feuilles* d'un beau vert, nervées, non maculées, dressées-étalées ou étalées, *les inf. oblongues-lancéolées*, largement spatulées, aiguës ou obtuses, les sup. décroissantes, lancéolées ou linéaires-lancéolées, plus aiguës, engainantes à la base et atteignant ordt la base de l'épi. Bractées grandes, lancéolées, aiguës ou acuminées, à nervures anastomosées, d'un vert jaunâtre, ordt un peu pourprées dans la var. à fl. rouges, les inf. dépassant les fleurs. Fleurs grandes, jaunes ou jaunâtres dans le type, souvent d'un pourpre terne, ou roses, ou carnées (v. *incarnata*), disposées en *épi brièvement ovoïde, devenant ovoïde-cylindrique*, un peu dense, exhalant ordt une odeur de sureau. *Divisions du périanthe* libres, d'un jaune pâle, les ext. ovales-lancéolées, obtuses, subobtuses ou acutiuscules, 3-nervées, la médiane dressée, *les lat. ext.* élargies à la base, *étalées-réfléchies au sommet* ; les lat. int. plus courtes, conniventes, ovales-obtuses, subtrinervées. *Labelle plus large que long*, presque aussi long que les divisions ext. du périanthe, presque plan, arrondi, ovale ou subcordé, un peu velouté à la base, dans le type d'un jaune assez foncé et muni de ponctuations ou de linéoles purpurines, dans la var. *incarnata* rose ou pourpre, jaunâtre à la base et souvent ponctué de jaune, obscurément, rarement manifestement, 3-lobé, parfois obscurément 5-lobé ou entier, à lobes lat. arrondis, irrégulièrement crénelés, parfois à bords presque entiers, plus ou moins réfléchis, à lobe médian bien plus étroit que les lat., court, triangulaire, aigu ou obtus, entier ou un peu émarginé. *Eperon* d'un blanc jaunâtre, *descendant, gros, cylindro-conique, obtus,* un peu arqué, *égalant ou dépassant l'ovaire.* Gynostème obtus. Anthère à loges parallèles, d'un blanc rosé ou lilas. Masses polliniques verdâtres. Staminodes grands. Caudicules et rétinacles blanchâtres (1). Ovaire sessile, subcylindrique, contourné, vert pâle. Capsule épaisse, dressée, hexagonale, à côtes marquées.

Morphologie interne.

Tubercule. — Grains d'amidon de forme irrégulière, ovales, elliptiques, atteignant env. 18-30 μ de long. — *Fibres radicales.* Assise subéreuse à parois plus ou moins subérisées. Endoderme à cadres plissés peu marqués. Métaxylème souvent abondant.

Tige (f. 122).— Section nettement polygonale, sans ailes marquées. Epiderme à cuticule légèrement striée, 3-5 assises de parenchyme chlorophyllien à cellules plus ou moins arrondies. Anneau lignifié formé de 7-9 assises, les ext. à parois assez épaisses. Dans certains individus, tissu lignifié extra-libérien manquant ou fort réduit. Faisceaux libéro-ligneux inégalement développés, à parenchyme ligneux non lignifié abondant, entourés de tissu lignifié, sauf ordt à la partie int. du bois. Parenchyme central très abondant, se résorbant graduellement jusqu'aux faisceaux.

Feuille. — Ep. = 280-300 μ. Epiderme sup. recticurviligne, haut de 60-90 μ, parfois 120 μ au milieu de la feuille, à paroi ext. épaisse de 4-7 μ env. et bombée, pourvu de stomates nombreux dans toutes les feuilles, même dans les inf. Epiderme inf. recticurviligne, haut de 40-60 μ, à paroi ext. épaisse de 4-8 μ env. et bombée, pourvu d'abondants stomates. Cellules épidermiques du bord du limbe nettement prolongées extérieurement en pointes symétriques (pl. 116, f. 118). Parenchyme formé de 7-9 assises de cellules arrondies sur une section transversale et de quelques cellules à raphides. Nervure médiane à section concave-convexe ; faisceau muni d'un peu de collenchyme à la partie inf.

Fleur. — *Divisions externes et laté·ales internes du périanthe.* Epidermes ext. et int. légèrement striés, papilleux vers les bords. — *Labelle.* Epiderme int. prolongé en très nombreuses papilles coniques, atteignant 100-120 μ de long. vers la partie médiane du labelle, assez grosses à la base, atténuées à l'extrémité et striées (pl. 121, f. 380). Epiderme ext. à peine papilleux, muni de stomates assez abondants. — *Eperon.* Epiderme int. prolongé en papilles extrêmement nombreuses, assez développées, longues de 20-100 μ. Epiderme ext. à papilles rares et courtes. Nectar s'accumulant entre les épidermes ; pas d'émission à l'intérieur de l'éperon. Les épidermes des divisions du périanthe et les cellules du parenchyme renferment de l'huile essentielle. — *Anthère.* Parois ordt dépourvues de cellules fibreuses, rarement quelques cellules prenant un anneau ou une bande d'épaississement. — *Pollen.* Vert. Exine légèrement rugueuse. L. = 25-35 μ. — *Ovaire* (f. 123). Nervure des valves placentifères saillante à l'extérieur, contenant un faisceau libéroligneux à bois int. et un faisceau placentaire libérien. Placenta gros, long, à peine lobé à l'extrémité. Valves non placentifères très développées, très saillantes extérieurement, contenant un faisceau libéroligneux peu développé, à bois int. — *Graines.* Cellules du tégument à parois recticurvilignes, réticulées, à mailles polygonales. Graines 2 f.-2 f. 1/2 plus longues que larges. L. = 400-500 μ env.

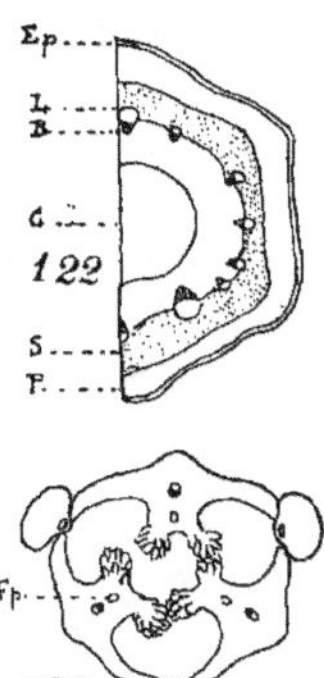

Orchis sambucina. — Fig. 122 : section transv. schématique de la tige ; B, bois ; C, lacune centrale ; Ep, épiderme ; L, liber ; P, parenchyme : S, sclérenchyme. — Fig. 123 : section transv. schématique de l'ovaire ; Fp. faisceau placentaire.

F. *lanceolata* (*lanceolatus* Zimmerm. in *Allg. Bot. Zeitschr.* (1916), p. 129). — Feuilles basilaires lancéolées-spatulées, obtuses jusqu'à lancéolées-aiguës

F. *obovata* (*obovatus* Zimmerm., *l. c.*). Feuilles basilaires largement spatulées-arrondies jusqu'à ovales-aiguës.

1. D'après Hoffen, les fleurs seraient visitées par le *Bombus mastrucatus* Gerst. ♀.

Var. α **lutea** (1) Auct. plur. ; var. *typica* Auct. — *Ic. n.*, pl. 41, f. 13-16. — Fleurs jaunes à labelle marqué de points et de linéoles pourprés.

Var. β **incarnata** Gaud., *Fl. helv.*, V, p. 441 (1829) ; Reuter, *Catal. Genève*, éd. 1, p. 99 (1832) ; éd. 2, p. 203 ; Barla, *l. c.* ; Gautier, *Pyr.-Or.*, p. 398 ; G. Cam. Berg. A. Cam., *l. c.*, p. 168 ; A. Camus in *Riviera scientif.* (1918), p. 7. — Var. *purpurea* (*purpureus*) Koch, *Syn.*, éd. 2, p. 792 (1843) ; éd. 3, p. 593 ; éd. Hall. et Wohlf., p. 2428 ; Weinm. in *Bull. Soc. Nat. Mosc.* (1850) ; Boreau, *Fl. Cent.*, éd. 3, p. 645 ; Hausm., *Fl. Tirol*, p. 836 ; Grecescu, *l. c.* ; Cocconi, *l. c.* et auct. mult. — Var. *rubriflorus* St-Lag., *l. c.* — Var. *purpurascens* Hinterhub. et Pichlm., *Fl. Salzb.*, p. 192. — b. *Floribus rubris* Lapeyr., *Abr. Pyr.*, p. 549 (1818). — *Floribus purpureis* Lindl., *l. c.* (1835) ; Jeanb. et Timb.-Lagr., *Massif du Laurenti*, p. 290. — *O. incarnata* Hall., *Fl. helv.*, éd. 2, p. 36. — *Ic. n.*, p. 41, f. 1-12. — Fleurs pourpre violacé ou rose carminé ; labelle blanchâtre ou jaunâtre à la base ; éperon rosé ou violet clair. Ovaire et bractée lavés de violet. — Avec le type.

Sous-var. **candida** (*candidus*) St-Lager, *l. c.* ; G. Cam. Berg. A. Cam., *l. c.*, pl. 168. — Fleurs blanches, à labelle maculé de jaune. — R.

Var. γ **bracteata** M. Schulze in *Ver. Ges. Thür.* (1889), p. 26 ; *Die Orchid.*, n° 22 ; Aschers. et Graebn., *Syn.*, III, p. 754 (*O. sambucinus* B. *bracteatus*); G. Cam. Berg. A. Cam., *l. c.* ; Zimmerm.,*l. c.* ; Grintescu in *Bull. géogr. bot.* (1918), p. 60. — Bractées subfoliacées atteignant 3,5 cm. de long et 7 mm. de large, les sup. même dépassant les fl. — Allemagne (Iéna ap. M. Schulze) ; Suisse (Valais à Gueroz-sur-Vernayaz), Bohême (Beraun et Babina ap. M. Schulze) ; Roumanie (Arges, sur le mont Cozia à la Curmatura mare, d'ap. Grintescu).

Var. (an hybr. ?) **sambucino-Lingua** Barla, *l. c.*, p. 60 (1872) ; var. *Barlæ* Rouy, *l. c.*, p. 155 (1912) ; var. *incarnato-Lingua* Barla ap. Rouy (citation erronée). — *Icon.* : Barla, pl. 46, f. 20 ; *Ic. n.*, pl. 41, f. 17, d'ap. Barla. — Fleurs d'un rouge violacé ; labelle un peu allongé, acuminé comme dans les *Serapias*. — Alpes-Marit. : bois de la Mairis, juillet 1843 (Barla).

Var. δ **Laurentina** A. Camus. — *O. Laurentina* Vayreda, *Pl. not.*, p. 16, t. V et ap. Willk et Lange, *Suppl.*, p. 42, n° 741 ; G. Cam. Berg. A. Cam., *Monogr. Orch. Eur.*, p. 168. — *O. Laurantiana* Bolos, *Herb. c.* ic. ap. Willk., *l. c.* — *O. sambucinus* f. *Laurentinus* Soó in Fedde, *Rep.* (1927), p. 29. — Fl. jaunes, toutes dépassées par les bractées ; labelle large, entier, allongé, ponctué de pourpre ; éperon large, dépassant l'ovaire. — Espagne : Pyrénées, Catalogne ; France : Pyr.-Or. à Mont-Louis, Cambre d'Aze ; Ariège à l'Hospitalet, alt. 1.700 m. (A. Camus) ; Val d'Andorre (A. Camus).

Var. ε **hungarica** A. Camus. — *O. sambucinus* f. *hungaricus* Soó in Fedde, *Rep.* (1927), p. 29. — Feuilles basilaires étroitement lancéolées, très étalées ; port de l'*O. romana*. — Transylvanie : Várbükk, Czohárd (Kümmerle) ; Banat : Domogled (Richter) ; Croatie : Ostaria, Muhamedovac (Kümmerle).

Var. **Zimmermannii** A. Camus. — *O. sambucina* var. *incarnata* × *O. sambuc.* var. *lutea* Nobis. — *O. sambuc. lutea* × *sambuc. purpurea* Cortesi in *Ann. Bot.* Pirotta, V, p. 542. — *Ic. n.*, pl. 130, f. 22. — Métis issu du croisement des deux var., à périanthe rose jaunâtre ou couleur brique lavé de jaunâtre et de rosé ; bractées ord. striées de pourpre.— A été trouvé plusieurs fois en France (Ariège : l'Hospitalet, alt. 1.700 m. (A. Camus); dans le Val d'Andorre (A. Camus) ; en Suisse, en Italie (Mont Terminillo, alt. 1.000-1.600 m. d'ap. Cortesi), en Allemagne, etc. Il est assez commun dans le Valais et la Haute-Savoie, d'ap. M. Beauverd ; on le trouve abondant dans le massif de la Fillière-aux-Collets (cf. Beauverd in *Bullet. Soc. bot. Genève*, nᵒˢ 1 et 2, tir-part, p. 56 (1911).

Zimmermann in *Allg. bot. Zeitschr.* (1916), p. 129, a distingué, plusieurs formes, dans les produits issus de ce croisement :

O. samb. perpurpureus × *luteus* Zimmerm., *l. c.* — Div. du périanthe rose saumon ; labelle *rouge sale pâle* ; éperon *rouge pâle* ; gynostème *rouge* ; bractées pourprées.

O. samb. perluteus × *purpureus* Zimmerm., *l. c.*— Div. du périanthe rose saumon ; labelle *rouge sale pâle* ; éperon *jaunâtre* ; gynostème *jaunâtre* ; bractées *vert jaunâtre*.

O. samb. purpureus × *luteus* Zimmerm., *l. c.* — Div. du périanthe lilacées, rouge jaunâtre pâle au sommet ; labelle et éperon jaune plus ou moins pâle ; gynostème jaune ou lilas, bractées violettes au sommet.

Monstruosités. — M. Schulze in *Thur. B. N. F.*, XVII, p. 53, a décrit une fleur double ayant 7 div. au périanthe, 3 labelles, 2 gynostèmes, et une autre fl. avec 10 div. au périanthe, 2 labelles éperonnés et 2 gynostèmes. M. L. Keller in *Z. B. G. Wien.*, XLVII (1897), a décrit un individu ayant 6 fl. sans labelle, ni éperon et 4 div. du périanthe semblables. Clos in *Mém. Ac. Toulouse,* 5° s., III, a signalé un cas de division en deux segments de la feuille terminale et de la première bractée.

---

1. La couleur des fleurs est souvent difficile à déterminer sur le sec.

V. v. — Avril, juillet, ordt mai. — *Habitat* : pentes arides boisées, clairières, taillis, pâturages, parfois lieux ensoleillés, ordt dans les rég. montagneuse et subalpine, rarement en plaine, presque toujours en petites colonies. — *Répart. géogr.* : Europe centrale et mérid., Portugal (R. Serra de Montejuncto), Espagne (rég. montagn. et subalpine, Asturies, Castille, Aragon, Catalogne, Burgos : Sierra Obarenes (SENNEN), etc.),France (rég. montagn. et subalpine, plus rare dans les plaines ; Alpes de la Haute-Savoie aux Alpes-Maritimes, Var à Ampus et Comps, Pyrénées, Corbières, Cévennes, Tarn, Ardèche, Haute-Loire, Loire, Auvergne, Centre, Rhône, Saône-et-Loire, Ain, Jura et Vosges, Alsace, env. de Paris seulement près de Nemours et à Villemer dans la Seine-et-Marne, Sarthe, Maine-et-Loire, Corse), Luxembourg (T. R.), n'existe plus en Belgique, Danemark, île Féroé, Scandinavie centr. et mérid., Aland, Œsel,Abo,Allemagne (T. R. dans le nord, disséminé dans le centre et le sud, T. R. dans le Wurtemberg, la Bavière, douteux en Westphalie), Suisse (Alpes,Jura, peu fréquent, manque dans les cantons d'Uri, Schwyz, Unterwald, Appenzell, Saint-Gall et Glaris) ; Italie (rég. montagn. subalpine et alpine des Alpes et Apennins jusqu'en Pouille et en Calabre, Sicile dans la rég. septentr., dans les parties élevées), Sardaigne, Autriche, Bohême, Moravie, Tyrol, Carinthie, Salzbourg, Galicie, Transylvanie, manque dans les plaines de Hongrie, Dalmatie, Bosnie, Herzégovine, Balkans, Macédoine, Thrace, Russie septentr. et centr., provinces baltiques, Pologne, Volhynie, Caucase.

<h3 style="text-align:center">× ? O. fasciculata.</h3>

O. fasciculata TIN. ap. GUSS., *Fl. sic. syn.*, II, p. 875 ; in add. et emend. (1844) ; REICHB. F., *Icon.*, XIII-XIV, p. 64, t. 167 ; PARL., *Fl. ital.*, III, p. 524 ; LOJACONO, *Fl. Sicula*, III, p. 23; KLINGE, *Dactylorchidis*, p. 20 ; G. CAM. BERG. A. CAM., *Monogr. Orch. Eur.*, p. 168. — *O. palmata Asphodeli radice, foliis angustioribus radice crassa* CUP., *Pamph.*, I, t. 153 et *Bon.*, t. 30.

Tubercules palmés. Tige fistuleuse, anguleuse au sommet. Feuilles infér. subfasciculées, allongées, étroitement linéaires-lancéolées, non engainantes, longuement atténuées à la base. Bractées grandes, lancéolées, étalées, les infér. dépassant longuement les fleurs. Fleurs petites, en épi lâche, ovoïde-lancéolé. Divisions lat. ext. du périanthe lancéolées, réfléchies. Labelle 3-lobé, à lobes presque égaux en longueur, denticulés, les lat. plus larges ; éperon descendant, en sac émarginé à la base, ne dépassant pas l'ovaire. Capsule grosse, anguleuse. — Proche de l'*O. sambucina* et de l'*O. romana.*

Var. α obtusifolia TIN., *l. c.* — *O. romanus* f. *obtusifolius* Soó in FEDDE, *Rep.* (1927), p. 30. — Feuilles infér. obtusiuscules.

Var. β acutifolia TIN., *l. c.* — *O. romanus* f. *acutifolius* Soó, *l. c.* (1927), p. 30. — Feuilles toutes aiguës.

N. v. — Mai, juin. — Var. α, en Sicile, montagnes aux env. de Mistretta, bois Amedda et de la Cerasa. — Var. β, en Sicile au Mont Etna.

<h3 style="text-align:center">32. — O. ROMANA</h3>

O. romana SEBAST., *Pl. rom.*, I, p. 12 (1813) ; SEB. et MAURI, *Fl. Rom. Pr.*, IX, p. 308 (1818) ; F. CORTESI in *Ann. bot.* PIROTTA, I, p. 45-47 ; HALACSY in *Oest. bot. Zeit.* (1897) ; *Consp. fl. Gr.*, III, p. 174 ; G. CAM. BERG. A. CAM., *Monogr. Orch. Eur.*, p. 169 ; (*romanus*) ASCHERS. et GRAEBN., *Syn.*, III, p. 755. — O. sambucina BROT., *Fl. lus.*, I, p. 21 (1804) ; non L. — O. bracteata TEN., *Fl. neap. prodr.*, p. 411 (1811) ; non WILLD. — O. pseudo-sambucina TEN., *Syn.*, éd. 1, p. 72 (1815); éd. 2, p. 64 (1819) ; *Fl. nap.*, II, p. 284 ; *Syll.*, p. 456 ; LINDL., *Gen. and spec.*, p. 263 ; REICHB. F., *Icon.*, XIII, p. 62 ; RICHTER, *Pl. eur.*, I, p. 271 ; TOD., *Orch. sic.*, p. 23 ; GUSS., *Syn. fl. sic.*, II, p. 523 ; *Fl. rom. prodr. alt.*, p. 730 ; BERTOL., *Fl. ital.*, IX, p. 559 ; PARLAT., *Fl. ital.*, III, p. 514 ; GUIMAR., *Orch. port.*, p. 63 ; WILLK. et LANGE, *Prodr. Fl. Hisp.*, I, p. 169 ; W. BARBEY, ASCHERS. et LEV., *Fl. Sard. comp. et suppl.*, n° 1321 ; ARCANG., *Comp.*, éd. 2, p. 170; FIORI et PAOL. *Fl. ital.*, I, p. 246 ; *Iconogr.*, n° 838 ; LOJACONO, *Fl. Sicula*, III, p. 23 ; FRIED., *Reise*, p. 282 ; BOISS., *Fl. orient.*, V, p. 72 ; KRAENZL., *Gen. et spec.*, p. 149 ; FEDTSCHENKO in *Bull. Herb. Boiss.* (1904), p. 1191 ; FLEISCHM. in *Annal. K. K. naturh. Mus.*, XXVIII, p. 115 (1914) ; KRAUSE in FEDDE, *Repert. sp. nov.* (1926), p. 298. — O. lucana SPRENG., *Pugil.*, II, p. 79 (1815). — O. sulphurea SPRENG., *Syst.*, III, p. 688 (1826). — O. mediterranea KLINGE sous-esp. O. pseudosambucina KLINGE in *Dactylorchidis*, p. 18 (1898) (1).

Icon. : SEB., *Rom.*, t. III ; SEB. et MAURI, *l. c.*, f. II, t. IX ; TEN., *Fl. nap.*, t. LXXXVI ; REICHB. F.

---

1. KLINGE, *Dactylorchidis*, p. 17, réunit sous le nom d'*O. mediterranea* KL. : 1° l'*O. pseudo-sambucina* KL.; 2° l'*O. siciliensis* KL. (*O. sicula* TIN. p. p.) et 3° l'*O. georgica* KL.

Icon., XIII-XIV, t. 61, CCCCXIII, f. I-II ; Paol. et Fiori,*l. c.* ; Guimar., *l. c.*, pl. VII, f. 52 ; G. Cam. Berg. A. Cam., *l. c.*, pl. 21, f. 643-648 ; *Ic. n.*, pl. 33, f. 1-6, 14-15.

    Exsicc. : Orphan., *Fl. gr.*, n° 149 ; W. Siehe's *Bot. Reise nach Cilic.* (1895-1896) ; Kotschy, *It. Cilic.-Kurdic.* (1859) ; *Syll.*, n⁰ˢ 415, 416 ; Todaro, *Fl. sic.*, n° 965 ; Porta et Rigo, *It. ital.*, n° 8 ; Krause, n⁰ˢ 862 et 889.

    Tubercules plus ou moins incisés ou lobés. Port de l'*O. sambucina*, mais plante plus grêle, haute de 15-35 cent. *Feuilles*, comme dans cette espèce, mais plus étroites et moins obtuses, *linéaires-lancéolées*, longuement atténuées à la base, les inf. rapprochées, subspatulées. Bractées subfoliacées, oblongues-lancéolées, acutiuscules, nervées, réticulées, vertes, ou devenant brunâtres, toutes ou les inf. dépassant les fl., dressées-étalées. Fleurs ressemblant à celles de l'*O. sambucina*, jaunes, blanches, d'un pourpre clair ou violacé, disposées en *épi* lâche, *ovoïde-oblong*. *Divisions du périanthe* ovales-oblongues, obtuses, *les lat. ext. réfléchies*, la méd. dressée, les deux int. lat. égales aux ext. ou un peu plus courtes et plus larges, obliquement ovales, obtuses, semicordées à la base, conniventes. *Labelle* convexiuscule, suborbiculaire, subquadrangulaire, plus ou moins cunéiforme à la base, 3-*lobé*, à lobes presque égaux en largeur, crénelés, les lat. arrondis ou subovales, *le moyen subquadrangulaire*, émarginé, un peu plus long. *Eperon subcylindrique ou filiforme, obtus*, souvent émarginé, un peu *ascendant*, égalant ou dépassant l'ovaire, de 13-25 mm. Le reste comme dans l'*O. sambucina.*

Morphologie interne

    Tubercule. Grains d'amidon arrondis, de forme assez régulière, atteignant 15-20 µ de diam. env. (pl. 112, f. 28). — *Fibres radicales.* Assise pilifère à parois subérisées. Endoderme à cadres latéraux plissés, peu marqués. Métaxylème assez abondant, entourant, avec les lames vasculaires primaires, un parenchyme central non différencié développé.

    Tige. Stomates peu abondants. Dans les parties non ailées, 3-4 assises chlorophylliennes entre l'épiderme et l'anneau lignifié ; dans les régions ailées, assises plus nombreuses. Anneau lignifié formé de 7-9 assises de cellules à parois peu épaisses. Faisceaux libéroligneux développés, entourés de tissu lignifié, sauf à la partie int. du bois, disposés en un cercle régulier au-dessus des feuilles principales, mais ceux allant aux feuilles bractéales restant souvent longtemps en dehors du cercle régulier. Parenchyme ne se résorbant pas ou se résorbant à peine au centre de la tige.

    Feuille. Ep. = 400-550 µ env. Epiderme sup. recticurviligne, haut de 150-200 µ, à paroi ext. épaisse de 7-9 µ env., légèrement bombée, pourvu de stomates abondants, même dans les feuilles inf. (surtout vers l'extrémité de la feuille) et, vers la base du limbe, de poils unicellulaires, hyalins. Epiderme inf. haut de 40-55 µ, à paroi ext. épaisse de 5-7 µ env., bombée, muni de stomates très nombreux. Parenchyme formé de 8-11 assises de cellules chlorophylliennes. Cellules épidermiques formant le bord du limbe à paroi ext. prolongée en dents arrondies (pl. 116, f. 119).

124

Orchis romana. — Fig. 124 : section transv. schématique de l'ovaire.

    Fleur. — *Divisions externes et latérales internes du périanthe.* Epidermes ext. et int. légèrement papilleux vers les bords. — *Labelle.* Epiderme int. prolongé au milieu du labelle en papilles coniques, nombreuses, grosses à la base, atténuées à l'extrémité ; vers les bords, cellules épidermiques seulement légèrement saillantes à l'extérieur. Epiderme ext. pourvu de quelques papilles et de stomates. — *Eperon.* Epiderme int. à papilles striées, nombreuses, peu développées, arrondies à l'extrémité, atteignant 15-40 µ de long., même à l'extrémité de l'éperon. Epiderme ext. légèrement papilleux. — *Pollen.* Jaune pâle. Exine très délicatement rugueuse. L.=35-40 µ. —*Anthère.* Parois ne paraissant ord. pas différencier d'épaississements en anneaux ou en bandes. — *Ovaire* (f. 124). Epiderme strié, à stomates assez nombreux. Nervure des valves placentifères très saillante-ailée, à saillie égalant environ celle des valves stériles, contenant un faisceau libéroligneux ext. à bois int. et parfois un faisceau libérien placentaire. Placenta à peine divisé au sommet. Valves non placentifères très saillantes extérieurement, renfermant un faisceau libéroligneux à bois int. — Nous n'avons pu observer de graines complètement mûres.

    M. Cortesi, *l. c.* p. 46 (1903), a signalé deux variétés analogues à celles de l'*O. sambucina.*

    Var. *a* incarnata Nobis. — Fleurs roses ou rouges. — Heldr., *Exsicc.*, n° 2202.

    Var. *b* lutea Nobis. — Fleurs jaunes ou jaunâtres.

    Il n'est pas rare d'observer des fleurs roses panachées de jaune et des fleurs jaunes marquées de rose.

Vár. β **ochroleuca** Schur, *Sert.*, n° 2697 ; G. Cam. Berg. A. Cam., *l. c.*, p. 171. — *O. ochroleuca* Schur, *En. Transv.*, p. 641, n° 3412 (1866) p. p. ?; non Reichb., *Fl. excurs.* — Tige robuste, un peu fistuleuse, légèrement flexueuse. Feuilles oblongues-lancéolées, acuminées, dressées-étalées, maculées. Epi ovale à fleurs jaunâtres, à bractées linéaires-lancéolées, insensiblement acuminées, à 3-5 nervures, les inf. 2 fois plus longues que les fleurs, à bords serrulés-scabres. — Transylvanie.

Var. γ **Markusii** W. Barbey, Asch. et Levier, *Fl. Sard. comp.* et *Suppl.*, p. 185 ; Richter, *Pl. Eur.*, I, p. 271 ; G. Cam. Berg. A. Cam., *l. c.*, p. 171. — *O. Markusii* Tineo, *Pl. rar. Sic.*, f. 1, p. 9 (1817); Bert., *Fl. ital.*, IX, p. 558 ; Parlat., *Fl. ital.*, III, p. 513 ; Ces. Pass. Gib., *Comp.*, p. 199 ; Lojacono, *Fl. Sicula*, III, p. 24, t. III, f. 21 ; Batt. et Trab., *Fl. Alg.* (1895), p. 31 ; Arcang., *Comp.*, p. 659 ; Debeaux, *Fl. Kabylie Djurdj.*, p. 341 ; Rouy, *Illustr.*, p. 49, t. CXLVII ; Jahand. in *Mém. Soc. Sc. nat. Maroc* (1923), p. 109. — *O. pseudosambucina* Batt. et Trab., *Fl. Alg.* (1884), p. 196 ; Arcang., *Comp.*, éd. 2, p. 170 ; Richter, *Pl. Eur.*, I, p. 271. — *O. mediterr.* subsp. *siciliensis* J. Klinge, *Dactylorchidis*, p. 19 (1898) p. p. — *O. romanus* f. *Markusii* Soó in Fedde, *Rep.* (1927), p. 30. — *Icon.* : Rouy, *l. c.*; *Ic. n.*, pl. 33, f. 11-13. Plante petite, gracile. Tubercules palmés, plus rarement incisés ou presque entiers. Tige de 3-4 décim. Feuilles d'un vert clair, étroitement lancéolées ou linéaires-lancéolées, atténuées très longuement à la base. Bractées largement lancéolées, obtuses, foliacées, réticulées, les inf. 2 fois env. plus longues que les fleurs, les sup. les égalant ou à peu près. Fleurs d'un jaune pâle ou presque blanches. Divisions du périanthe étalées, réflé-chies, les ext. lat. étalées et réfléchies ; les lat. int. un peu plus courtes et plus étroites, obtuses, dressées, con-niventes en voûte avec la médiane ext. Labelle non ponctué, convexe, 3-lobé, plus large que long, à lobes lat. arrondis, réfléchis, courts, presque entiers, dépassés par le lobe moyen plus étroit ; base du labelle munie sou-vent de 2 stries rougeâtres. Eperon ascendant, un peu arqué, conique, en sac, obtus, un peu plus court que l'ovaire. — Sicile : monte Gibibrossa près Palerme (Tineo, Todaro) ; Sardaigne (W. Barbey) ; Algérie : forêts de Teniet-el-Haad, Taourirt-Iril, Guerrouch (Battandier) ; Maroc : Moyen-Atlas, Azrou, alt. 1.600-1.700 m. (Jahandiez).

Var. δ **sicula** W. Barbey, *Fl. Sard. comp. Suppl.* Aschers. et Lev., n° 1321 ; Richter, *Pl. Eur.*, I, p. 271 ; G. Cam. Berg. A. Cam., *Monogr. Orch. Eur.*, p. 171. — *O. sicula* Tineo, *Pl. rar. Sic.*, I, p. 8 (1817); Ces. Pass. Gib., *Comp.*, p. 190 ; Bertol., *Fl. ital.*, IX, p. 560 ; Parlat., *Fl. ital.*, III, p. 515 ; Arcang., *Comp.*, éd. 2, p. 170. — *O. mediterr.* subsp. *siciliensis* Klinge, *Dactylorchidis*, p. 19 (1898), p. p. (1). — *Icon.* : *Ic. n.*, pl. 33, f. 7-10. — Tubercules plus profondément palmés que dans l'*O. romana.* Feuilles lar-gement lancéolées, un peu aiguës au sommet, longuement atténuées à la base. Bractées inf. dépassant les fleurs. Fleurs jaunes, plus petites que dans l'*O. romana*, disposées en épi ovale. Divisions ext. du périanthe ovales-oblongues, obtusiuscules, les lat. int. moins obtuses que dans l'*O. romana*. Labelle 3-lobé, à lobes lat. arrondis, presque entiers, à lobe médian presque aussi large que les lat., un peu plus long et émarginé au sommet. Eperon un peu plus court que l'ovaire, cylindrique, acutiuscule, grêle, plus délicat que dans l'*O. ro-mana*, un peu arqué. — Cette var. a été rattachée à l'*O. Markusii*, par Klinge. — Avril, mai. — Sicile (Valdemone, Caronia, Pizzu d'Ursu).

Var. ε **insularis** G. Cam. Berg. A. Cam., *Monogr. Orch. Eur.*, p. 172 (1908). — *O. sambucina* var. *insu-laris* Moris, *Stirp. Sard.*, p. 44, f. 1 ; Macchiati, *Orch. Sard.* in *N. giorn. bot. ital.* (1881), p. 314 ; Fiori et Paol., *Fl. anal. Ital.*, I, p. 245 ; App., IV, p. 55. — *O. insularis* Sommier, *Nuovo Orch. d. Gigl.* in *Boll. Soc. bot. ital.* (1895), p. 247 (*nomen tantum*) ; Martelli, *Monoc. Sard.*, p. 58 (1896) ; Briquet, *Prodr. fl. Corse*, p. 371 (*pro subsp.*) ; de Litardière in *Bull. géogr. bot.* (1914), p. 95. — *O. pseudo-sambucina* Moris Mss. ap. Macchiati, *l. c.*; Barbey, *Fl. Sard. Comp., Suppl.* Asch. et Lev., p. 57, 185. — *Icon.* : Martelli, *l. c.*, t. 2, f. 1-4. — *Exsicc.*: Reverchon (1878), n° 96. -- Tige assez robuste, fistuleuse, haute de 30-50 cm. Feuilles dres-sées-étalées, acutiuscules, atténuées à la base, non engainantes. Bractées inf. dépassant les fl. Fl. d'un jaune pâle ou rosées, disposées en épi lâche. Div. du périanthe presque égales, les ext. ovales-atténuées ou ovales-oblongues, obtuses, arrondies à la base, un peu asymétriques, réfléchies, la sup. oblongue, dressée, un peu cucullée au sommet ; les int. plus courtes mais un peu plus larges, dressées-conniventes, obtuses, asymétri-ques. Labelle ovale-oblong, crénelé, convexe, à partie moyenne sup. pubérulente (2), muni à la base de 2-4 ponctuations rosées, 3-lobé, à lobes lat. arrondis ou arrondis-tronqués, un peu réfléchis ; lobe moyen dépas-sant les lat., mais moins large, obtus, entier ou émarginé. Eperon ascendant ou horizontal, cylindrique, ob-tus, égalant l'ovaire. Gynostème court, apiculé. Ovaire courbé, linéaire, fusiforme. Capsule oblongue, à ner-

---

1. Klinge, *l. c.*, p. 20 considère les *Orchis natalis* Tineo, *fasciculata* Tineo et *Cupani* Todaro comme hybrides de l'*O. siciliensis* et de l'*O. sambucina.*
2. Moris a signalé, en Sardaigne, des variations à fl. lavées de rose.

vures saillantes. — Lieux ombragés des rég. montagn. et subalp. parfois même au-dessous. — Corse : Monte Querciolo (Chabert), Rogliano ? (Revel), col entre la vallée du Fango et S. Martino, Ste-Lucie de Bastia (Salis), Orezza (Legrand), Corté (Requien), forêt d'Aitone, Evisa, Monte d'Oro (Lutz), Ghisoni (Totgès), Pozzo di Borgo (Coste), col de St-Georges (Mars), Bastelica (Reverch.) ; env. de Bonifacio (Lutz), Vivario (Briquet), Ogliastro (de Litardière) ; Elbe (Sommier), île de Giglio ; Sardaigne, Tempio, S. Lussurgiu (Moris), Desulo, Belvi (Martelli).

Var. ζ **Guimaraesii** G. Cam.. — *Ic. n.*, pl. 33, f. 14-15, d'ap. Guimaraes, *Orch. Port. est.*, VII, f. 52. — Tige manifestement fistuleuse. Bractée égalant env. la fl. Labelle non maculé, trilobé ; lobes lat. réfléchis, un peu sinués aux bords, plus courts que le méd. qui est arrondi ou tronqué et étroit. Eperon dirigé un peu vers le haut. — Portugal, montagnes arides (cf. Guimaraes, *l. c.*).

V. v. — Mars, avril ; mai et juin dans les loc. élevées. — *Habitat* : lieux arides, collines rocheuses, éboulis des montagnes, monte à 1.800 m. en Asie Mineure. — *Répart. géogr.* : Portugal (peu rare), Espagne (rare), Italie (Ligurie, env. de Spoleto, Lazio, env. de Rome, Apenn. mérid., env. de Naples, Calabre, Ischia, Sicile septentr. où il est peu rare, Sardaigne), île Curzola (d'ap. Fleischm.), Serbie, Grèce, Macédoine, Turquie (peu rare aux env. de Constantinople, d'ap. Krause), île Antigone dans la mer de Marmara (Krause), Tauride, Caucase, Asie Mineure, Syrie, Chypre, Afrique septentr.

Sous-esp. **O. georgica**.

O. georgica (**O. mediterr.** subsp.) J. Klinge, *Dactylorchidis*, p. 20 (1898) ; (**O. rom.** subsp.) G. Cam. Berg. A. Cam., *Monogr. Orch. Eur.*, p. 172 ; Czerniakowska in *Not. syst. Herb. Petr.* (1922), p. 146. — **O. pseudosambucina** var. **caucasica** Klinge olim. — **O. sambucina** Marsch. Bieb., *Fl. Taur. Cauc.* (1808) ; non L. — **O. tenuifolia** Koch in *Linn.*, XXII, n° 17, p. 281 (1849). — **O. flavescens** Koch in *Linn., l. c.*, p. 281 (1849). — **O. romana** var. **georgica** Schl. in Kell. et Schl., *Ic.*, pl. 187 (1927).

Icon. : Reichb. F., *Icon.*, XIII-XIV, t. 61, CCCCXIII, f. III (*s. n. O. pseudo-sambucina*) ; t. 62, CCCCXIV, f. I (*s. n. O. flavescens*) et II (*s. n. O. tenuifolia* Koch) ; *Ic. n.*, pl. 32, f. 11-12.

Exsicc. : Tchihatchef, Asie Mineure (1858), n° 501.

Tubercules ord. palmatilobés, rarement presque entiers. Feuilles inf. subspatulées, rapprochées, rarement espacées. Fl. petites, jaunes, purpurines ou blanches. Epi dense. Div. ext. du périanthe un peu cucullées. Labelle trilobé ; lobes lat. arrondis, denticulés ; *lobe méd. étroit, oblong, émarginé. Eperon long de 8-12 mm., filiforme, cylindrique, droit ou arqué.*

Avril-juin. — Prairies montagneuses ou alpines, bois ombragés, pelouses sèches. — Caucase, Transcaucasie, Asie Mineure, rég. transcaspienne, distr. Krasnovodsk. — Perse.

Sous-sect. **G. LATIFOLIÆ**. — Tubercules profondément divisés. Tige ordt fistuleuse. Divisions lat. ext du périanthe ordt étalées ou dressées.

33. — O. CORDIGERA

O. cordigera Fries, *Nov. suec.*, III, p. 130 (1842) ; M. Schulze, *Die Orchid.*, n° 21,9, t. 21, b ; Schur, *Enum. Trans.*, p. 642 ; Hinterhuber et Pichlm., *Fl. Salzb.*, p. 192 ; Nyman, *Consp.*, p. 692, *Suppl.*, p. 291 ; Richter, *Pl. Eur.*, I, p. 271 ; Klinge, *Revis. O. cordigera u. ang.* (1893), p. 11 ; G. Cam. Berg. A. Cam., *Monogr. Orch. Eur.*, p. 173 ; (*O. cordiger*) Schinz et Keller, *Fl. d. Schweiz*, p. 120 ; Aschers. et Graebn., *Syn.*, III, p. 739 ; Zimmerm., *Die Form. d. Orchid.*, p. 36 (1912) ; Grintescu in *Bull. géogr. bot.* (1918), p. 58 ; Fuchs in *Bay. Bot. Ges. z. Erf. d. heim. Fl.* (1919), p. 495. - · **O. cruenta** Willd., *Spec.*, IV, I, p. 29 (1809), p. p. ; Rochel., *Pl. Banat. rar.*, p. 31, t. I, f. 1 (1828). — **O. angustifolia** Fuss. in Baumgart., *Enum. Stirp. Transs. mant.*, I, p. 78 (1846). — **O. monticola** subsp. **cordigera** Klinge, *Dactylorchid.*, p. 33 (1898) (1).

Icon. : Rochel., *l. c.*; M. Schulze, *l. c.* ; G. Cam. Berg. A. Cam., *l. c*, pl. 21, f. 660-661 ; *Ic. n.*, pl. 44, f. 17-19 ; Schl. in Kell. et Schl., *Ic.*, pl. 15, f. 60.

Exsicc. : *Fl. Austr.-Hung.*, n° 1851, alt. 1.200-1.400 m. ; Schultz, n° 2592 ; Lagerh. et G. Sjogren ; Zettersted (1853) ; Oenicke (1849).

---

1. Klinge, *Dactylorchidis* (1898), p. 32, réunit, sous le nom d'*O. monticola*, les *O. cordigera, bosniaca* et *caucasica.*

Tubercules palmés, 2-4-*fides* ; fibres radicales allongées. *Tige fistuleuse*, grêle, dressée, *haute de 10-25 centim.* env. *Feuilles* 3-5, rarement 6, les 2 (rarement 1) basilaires courtes, lâchemert engainantes en forme d'écailles, les infér. écartées, lancéolées plus ou moins largement ou obovales-elliptiques, subspatulées, *ordt plus larges au-dessus du milieu vers l'extrémité, atténuées vers la base*, obtuses-arrondies ou acutiuscules au sommet, dressées-étalées ou un peu récurvées, souvent canaliculées-pliées, les supér. dressées, linéaires-lancéolées ou oblongues, plus étroites et plus aiguës, souvent bractéiformes, atteignant ou dépassant la base de l'épi, ordt maculées, parfois dépourvues de macules. Bractées linéaires-lancéolées ou lancéolées-aiguës ou brièvement acuminées, plurinervées, d'un pourpre parfois foncé vers le sommet, rarement vertes, égalant ou dépassant les fleurs. Fleurs grandes, ordt d'un pourpre foncé, parfois d'un pourpre noirâtre, rarement lilacées, disposées en épi lâche, pauciflore ou un peu dense, cylindrique ou cylindrique-ovale, de 2-5 cent. Divisions lat. ext. du périanthe largement lancéolées, à base large, aiguës au sommet, étalées-dressées, ou un peu réfléchies, les lat. int. obcordiformes, obliquement ovales ou lancéolées-oblongues, aiguës ou presque obtuses, conniventes. *Labelle* brièvement cunéiforme à la base, cordé, subcordé ou arrondi, dilaté en limbe élargi vers la base, à nervures plus ou moins foncées, plus fortes que dans l'*O. latifolia*, rart muni de dessins faibles formés de taches ou de points, ordt plus large que long, indivis ou 3-lobé, à bords finement crénelés. *Eperon* brièvement conique, en forme de sac large, obtusiuscule, *à base large, court* (5-8 mm. env. ; espèce ayant l'éperon le plus court et le plus large à sa base du groupe), égalant ordt la moitié de la longueur de l'ovaire.

Cette espèce comprend plusieurs variétés ou formes locales peu connues, dont nous donnons ci-après la description. Leur répartition, incomplètement connue, ne peut être donnée qu'à titre d'indications sommaires.

Var. α **Rocheliana genuina** J. KLINGE, *Révis.*, *l. c.*, p. 19, 20 (1893) ; G. CAM. BERG. A. CAM., *l. c.* — *O. cruenta* RETZ., *Prodr. fl. scand.*, n° 1084 ? sec. ROCHEL., *Pl. Banat. rar.*, p. 31, t. 1, f. 1 (1828) ; WILLD., *Spec.* IV, p. 29 ; SCHULT. *Oest. Fl.*, 1, p. 49. — *O. cordiger* 1 *rivularis* 1 *Banaticus* ASCHERS. et GRAEBN., *l. c.*, p. 741. — *Icon.* : ROCHEL., *l. c.* ; REICHB. F., *Icon.*, XIII-XIV, t. 59, CCCCXI, f. 2 ; *Fl. dan.*, t. 876 ? ; M. SCHULZE, *Die Orchid.*, t. 21, b. — Tige de 1,5-2 décim. *Feuilles* étroites, ordt 10-nerv., maculées de brun pourpre, *les infér.* lancéolées-obtuses, les supér. linéaires-lancéolées. *Fleurs* (10 env.) *en épi lâche.* Bractées ovales-aiguës, rougeâtres, les infér. dépassant longuement les fleurs. Divisions sup, du périanthe dressées, les lat. ext. étalées, un peu réfléchies. *Labelle* pourpré, *entier*, ovale-acutiuscule, *subcordé, subréniforme*, étroitement canaliculé, réfléchi latéralement. Eperon conique, obtusiuscule, env. d'un tiers plus court que l'ovaire. — Rare, Banat, Scandinavie ?

Var. β **Blyttii** N. BLYTT, *Norg. Fl.*, I, p. 342 (1861); RICHTER, *Pl. eur.*, I, p. 271 ; J. KLINGE, *l. c.*, p. 21 ; G. CAM. BERG. A. CAM., *l. c.*, p. 174 ; GRINTESCU in *Bull. géogr. bot.* (1918), p. 59. — *O. latifolia* L. 3 *subsambucinæ* b. *conica* b. b. *Blyttii* REICHB. F., *Icon.*, XIII-XIV, p. 60, t. 59, CCCCXI, f. 3 (1851). — *O. cruenta* BLYTT, *Nyl. Mag. f. Natur.*, I, p. 324. — *O. cordigera* FRIES, *Nov. mant.*, III, p. 130 ; BLYTT, *Handb. Norg. Fl.*, éd. OVE DAHL, p. 227. — *O. incarnata cruenta* HARTM., *Scand. fl.*, p. p. — *O. pseudocordigera* NEUM. in *Bot. Not.* (1909), p. 236. — *O. Blyttii* Soó in *Notizbl. Berlin* (1926), p. 910. — *O. cruentus* MÜLL. ssp. *Blyttii* Soó in FEDDE, *Rep.* (1927), p. 30. — *Feuilles* toutes maculées, *les inf. lancéolées* ou subarrondies. *Fleurs disposées en épi lâche.* Bractées inf. dépassant les fl. Div. lat. ext. du périanthe étalées. *Labelle arrondi, entier ou obscurément trilobé*, à dessins pourpre foncé. Eperon conique-cylindrique, arqué, descendant, robuste, dépassant peu la moitié de la longueur de l'ovaire. — Juillet. — Marais de basses montagnes, 500-600 m. d'alt. env. — Peut-être esp. distincte. — Norvège : Dovrefjeld, env. de Tofte, de Rutsgaardene, Harbakken, etc.

Var. γ **rivularis** J. KLINGE, *Rev. O. cord.*, p. 23 (1893) ; G. CAM. BERG. A. CAM., *l. c.*, p. 174 ; GRINTESCU, *l. c.* — *O. rivularis* HEUFF., *Pl. exsicc.* in *Sched. ap. Schur, En. pl. Trans.*, p. 642 (1866) ; TRAUTV., *Increm. Fl. Ross.* — *O. cordiger* I *rivularis* a *typicus* ASCHERS. et GRAEBN., *l. c.*, p. 740. — *O. latifolia* a. *alpina gracilis fol. angustis vix maculatis* SCHUR, *Sert. fl. Trans. in Verh. u. Mitth. d. Sieb. V. f. Nat.*, IV, p. 71 (1853). — *O. latifolia* L. b. *conica* a a *genuina* REICHB. F., *Icon.*, XIII-XIV, p. 60. — *O. cruenta* ROCH., *Banat*, t. I, p. 34 (1828) ; non RETZ. — Diffère de la var. précédente par les feuilles peu ou non maculées (v. *immaculata* KLINGE), le *labelle* large, cordiforme, *franchement trilobé*, à lobe méd. triangulaire-ovale et lobes lat. obtus. — Juin, août. — Marais des rég. alpines et subalpines. — Banat, Transylvanie, Roumanie (ap. GRINTESCU).

Var. δ **bosniaca** J. KLINGE, *Rev. O. cord.*, p. 19, 28 (1893). — *O. bosniaca* GUNTER et BECK, *Fl. Südbosn. u. Herzeg.* in *An. K. K. nat. Hofmus. Wien*, II, p. 53, t. I, f. 1-3 et n° 2, t. 2 (1887) ; *Suppl.*, V, p. 574 (1890) ; SCHL. in KELL. et SCHL., *l. c.* p. 171, t. 15, f. 59. — *O. cordigera* FRIES sec. VAND. *Beitr. u. Herceg.* in *Sitzb. d. K. böhm. d. Wiss. Prag.*, p. 281. (1890), — *O. monticola* subsp. *bosniaca* KLINGE *Dactylorchidis*, p. 34 (1898). — *Icon. : Ic. n.*, pl. 44, f. 17-19. — Plante robuste, peu élevée. Tige de 1,5-4 décim. de hauteur, fistuleuse. *Feuilles inf. larges, arrondies-obtuses,* les moyennes elliptiques-arrondies, la sup. acuminée, 10-16-nervées, ordt maculées. Fleurs disposées en épi dense, ovale, arrondi au sommet, long de 5-7 cent. *Bractées inf. égalant ou dépassant les fleurs,* lilacées. Labelle très large brièvement cunéiforme à la base, subquadrangulaire, arrondi, entier ou obscurément trilobé, violacé, plus pâle à la base, muni de stries et de macules plus foncées. Eperon large, brièvement conique, plus court que l'ovaire. — Juin. — Prairies alpines humides. — Istrie, Transylvanie, Bosnie (peu rare), Herzégovine, Monténégro, Serbie, Bulgarie, Roumanie, Macédoine.

Var. ε **Klingei** G. Cam. Berg. A. Cam., *l. c.,* p. 174. — *O. cordigera* var. *bosniaca* f. *Rochelii* J. Klinge, *Rev. O. cord.,* p. 33 (1893). — *O. latifolia* var. *Rochelii* Grised. et Sch.,*Iter hung. in* Wiegmann's *Arch. Natur.* XVI, I, p. 355 (sec. Fuss. *Zur Fl. Sieb.*) ; in *Verh. u. Mitth. d. Ver. Nat.,* V, p. 14 (1854) ; Grised.,*It. Hung.,* p. 286 (1852). — *O. rivularis* Heuf., sec. Fuss., *l. c.* — *O. cordigera* Grecescu, *Consp. Fl. Roman.,* p. 545. — Diffère de la variété précédente par les feuilles plus largement ovales, le labelle plus élargi, arrondi, enfin par l'éperon plus court. — Bosnie, Balkans.

Var. ζ **Grisebachii** J. Klinge, *Rev. O. cord., l. c.,* p. 19, 33. — *O. Grisebachii* Pantocs. in *Verh. Nat.Presb. N. F.,* II (1871-1872), et p. 27 (1874) ; Richter, *Pl. Eur.,* I, p. 270. — *Icon. :* Visiani, *Fl. Dalmat. Suppl. alt.* (1876), t. 1, f. 2. — Tubercules oblongs, fusiformes, bifides. Tige fistuleuse, anguleuse au sommet. *Feuilles infér. largement ovales-lancéolées,* souvent maculées de pourpre violacé, les supér. bractéiformes, aiguës, pourprées. *Bractées égalant les fleurs ou les infér. les dépassant un peu.* Fleurs en épi assez dense, les infér. espacées. Fleurs pourprées. Divisions ext. du périanthe oblongues-aiguës, les lat. int. obtusiuscules. *Labelle entier, suborbiculaire,* cunéiforme à la base, pourpré, muni de stries et de lignes plus foncées. Eperon épais, court. — Prairies humides. Monténégro (Virusa Dol sous le mont Crna Planina, vallée Perucica Dol sous Kom.) ; Bosnie (ap. Beck, *Glasnik,* XV, p. 224 (88) et *Wiss. Mitth.,* IX, p. 511 (105).

Var. η **caucasica** J. Klinge ap. Lipsky, *Flora Cauc. impr. Colchicæ novit.,* (1898) p. 306. — *O. monticola* sous-esp. *O. caucasica* J. Klinge, *Dactylorchidis,* p. 35. — *O. sambucina* auct. *Fl. cauc. ex* J. Klinge. — *O. caucasica* Schl. in Keller et Schl., *l. c.,* p. 173 (1927). — Tige robuste. Feuilles inf. largement lancéolées ou ovales-subarrondies, les moyennes plus larges vers leur milieu, étalées-dressées ou très dressées, rarement maculées. Bractées inf. bien plus longues que les fleurs, celles-ci d'un lilas pourpré. Labelle à 3 lobes marqués, à bords irrégulièrement fimbriés. Eperon conique, en sac, égalant la moitié de l'ovaire. Gynostème apiculé. Stigmate subarrondi. — Juin. Prés, pâturages alpins, marais des montagnes. — Caucase, Transcaucasie, Asie Mineure.

Schlechter in Kell. et Schlecht., *Ic.,* p. 173 (1927) distingue une var. *alpina,* de l'*O. caucasica,* ainsi caractérisée : plante basse, dépassant rarement 7 cm. de hauteur ; feuilles rapprochées ; épi court, dense. — Caucase.

V. s. — Juillet, parfois août. — *Habitat :* marais, prairies humides des Alpes, souvent avec les *Sphagnum,* toujours en colonies. — *Répart. géogr. :* Norvège (Dovrefjeld), Suisse [Oberland bernois (Triftthal)]?, Autriche, Tyrol (Kreuzjoch), Salzbourg (Türchelwanden près Hofgastein), Istrie (Monte Maggiore), Banat, Hongrie (R.), Transylvanie, Galicie, Bukovine, Herzégovine, Bosnie, Monténégro, Serbie, Roumanie, Macédoine, Bulgarie, Caucase, Transcaucasie, Asie Mineure(dans ces trois dernières régions, il n'existe que la var. *caucasica*).

34. — O. PRÆTERMISSA (1)

O. prætermissa Druce in *Report. Bot. Soc. Exch. Club. Brit. Isl.* III (1913), p. 341 ; (1914), p. 149 ; (1915), p. 99 ; (1923), p. 64 ; in *Proceed. of the Ashmolean Nat. Hist. Soc. of Oxfordshire* (1914), p. 30-33 et in *Journ. of Bot.* (1915), p. 176 ; Godfery in *Journ. of Bot.* (1919), p. 137 ; T. et T. A. Stephenson in *Journ. of Bot.* (1920), p. 257, t. 556,f. 5-8; (1923), p. 65, pl. 566; Godfery, T. Steph. et T. A. Steph. in *Journ. of Bot.* (1924), p. 175 ; Sipkes in *De Levende Natuur,* juin 1921; Schl. in Kell. et Schl. *Ic.,* p. 176.

---

1. D'après M. Druce (*Rep.,* 1917, *Bot. Soc. et Exch. Club*) et M. Rolfe (*Orch. Rev.,* XXVI, p. 186), l'*O. latifolia* des botanistes anglais est l'*O. prætermissa* Druce et M. Druce considère même l'*O. præterm.* comme correspondant à l'*O. latifolia* L. Pour MM. Rolfe et Mc Kechnie, l'*O. latif.* à feuilles munies de macules en anneaux, tel qu'il existe ord. sur le continent, est un hybride de l'*O. præterm.* et de l'*O. maculata.* D'après Mc Kechnie, l'hybridation d'une espèce à feuilles maculées de points par une autre à feuilles non maculées donnerait une plante à feuilles maculées en anneaux. Dans des hybrides à antécédents analogues, nous avons souvent observé des feuilles seulement faiblement et irrégulièrement maculées. Pourquoi l'*O. latif.* à grandes macules en anneaux existerait-il si souvent seul ? M. Godfery, dans une très intéressante étude, a d'ailleurs discuté cette hypothèse sur l'origine de l'*O. latif.* (Cf. Godfery in *Journ. of Bot.* (1919), p. 137).

Icon. : STEPH., *l. c.* ; *Ic. n.*, pl. 42, f. 2 ; 125, f. 1 ; pl. 128, f. 11-13. SCHL., *l. c.* pl. 17, f. 65.

Port robuste. *Tubercules palmés*, à segments profonds, mais moins longuement atténués que dans l'*O. incarnata* ; fibres radicales allongées, nombreuses. Tige fistuleuse, ord. moins que dans l'*O. inc.*, rarement pleine, haute de 20-70 cent. *Feuilles* fermes, oblongues-lancéolées, ord. *plus larges vers le milieu ou au-dessus, très rarement atténuées de la base*, plus étalées que dans l'*O. inc.*, moins charnues, moins carénées, *toujours sans macules*, atteignant souvent la base de l'épi et le dépassant rarement. *Bractées* larges ou étroites, moins dressées que dans l'*O. inc.*, souvent colorées, *aussi ou plus longues que les fl. Fleurs* violet magenta, pourpres ou d'un lilacé pâle, très rarement blanches, *d'un rose violacé, mais non jaunâtre*, souvent de la couleur des fl. de l'*O. palustris*, paraissant grandes vues de face, *plus grandes que dans l'O. inc.*, en épi ord. cylindrique ou conique allongé. Division sup. ext. du périanthe un peu étalée, les lat. ext. dressées ou horizontales, non réfléchies, *non tournées comme dans l'O. inc.*, les lat. int. rapprochées en capuchon. *Labelle aussi ou plus large que long, plan*, plus ou moins trilobé, à lobe méd. distinct, arrondi ou obtus, parfois atténué, plus petit et à peine plus long que les lat. ou les dépassant un peu, à côtés non réfléchis, *muni de lignes ou de points plus foncés disposés en éventail, sans symétrie. Éperon* cylindrique, *plus court que l'ovaire*, variable, *un peu moins long et moins robuste que dans l'O. inc.*, ord. presque droit.

Morphologie interne.

Les cellules épidermiques marginales des feuilles sont à paroi ext. légèrement bombée, plus que dans l'*O. incarnata*, moins que dans l'*O. maculata*.

D'après GODFERY, les graines sont très allongées, env. 4 fois plus longues que larges, arrondies au sommet, longuement atténuées à la base ; le noyau est assez gros, presque aussi large que le testa.

S.-Var. *albiflora* DRUCE in *Rep. B. E. C.* (1919), p. 53. — Fleurs blanches. — Rare.

Var. β **pulchella** DRUCE in *Rep. B. E. C.* (1919), p. 577 ; *Journ. of Bot.* (1923), p. 66 ; GODFERY et STEPH. in *Journ. of Bot.* (1924), p. 176. — Fleurs pourpre foncé, pourpre brillant, comme dans l'*O. purpurella*, rarement roses ou blanches, à labelle et div. ext. du périanthe munis de fortes lignes brisées et de taches pourpres ; lobe médian du labelle petit, arrondi, les lat. souvent très crénelés ou anguleux. — Angleterre, Irlande, surtout Ecosse (N.-E. principal.).

Var. γ **macrantha** SIPKES, *De Levende Natuur*, juin 1921 ; GODFERY et STEPH., *l. c.* — Labelle à lobe médian allongé. — Hollande (SIPKES), Grande-Bretagne (GODFERY et STEPH.).

Monstruosités. — DRUCE (*Rep. B. E. C.*, 1917, p. 53 et 159) a signalé un lusus *ecalcarata* et un lusus *reversa* à ovaire non tordu.

Fleurit env. 10 à 15 jours après l'*O. inc.* — *Habitat* : prairies humides. — *Répart. géogr.* : Grande-Bretagne (répandu), Ecosse, Irlande, îles Shetland ; Hollande (SIPKES) ; France : Pas-de-Calais à Berck (E. G. et A. CAMUS), env. de Paris (STEPH.), aux Essarts-le-Roi, à Vieux-Moulin, Pierrefonds, Jouy-le-Comte, Arronville, jusqu'à Souppes dans le sud de Seine-et-Marne (G. et A. CAMUS) ; Cher au bois de Charron (LE GRAND)? (1) ; Belgique ? (Cf. HOUZEAU DE LEHAIE in *Bull. Soc. Roy. Bot. Belg.*, LIX, f. 1 (1926).

Sous-esp. **O integrata.**

O. integrata G. CAM., *Monogr. Orch. Fr.*, p. 48; in *Journ. de Bot.*, VI, p. 147 (1892); G. CAM. BERG. A. CAM., *Monogr. Orch. Eur.*, p. 178. — O. incarnata var. **integrata** G. CAM. in DE FOURCY, *Vade-mecum herb. paris.*, éd. 6, p. 325 (1891).

Icon. ; G. CAM., *Atlas*, pl. XVIII ; *Ic. n.*, pl. 43, f. 13-17.

Tige élancée, peu fistuleuse. *Feuilles* moins dressées que dans l'*O. inc.*, les sup. étroites, mais les inf. assez larges, *à plus grande largeur au-dessus de la base, non maculées*. Fleurs assez grandes, d'un pourpre violacé assez foncé, disposées en épi cylindrique, allongé. *Div. lat. ext. du périanthe* dressées, mais *non tournées comme dans l'O. inc. Labelle plan*, suborbiculaire, *indivis*, à peine marqué de lignes d'un violet foncé et peu nombreuses, blanchâtre à la base. *Éperon* cylindrique, dirigé vers le bas, *un peu plus court que l'ovaire*.

France : Souppes près Château-Landon (G. CAMUS, abbé CHEVALLIER, JEANPERT, LUIZET).

---

1. La plante du bois de Charron, de même que certains échantillons provenant des env. de Bourges (Cher), nous paraissent être de l'*O. præterm.*, mais la dessiccation un peu défectueuse des plantes laisse un léger doute à ce sujet (A. CAM).

35. — O. SESQUIPEDALIS

O. sesquipedalis Willd., *Spec.*, IV, p. 30 (1805) ; Lindl. *Gen. and spec.*, p. 262 ; Loret et Barr., *Fl. Montp*, p. 662 ; G. Cam., *Monogr. Orch. Fr.*, p. 47 ; in *Journ. de Bot.*, VI, p. 156 (1892) ; Atlas, pl. XVIII; G. Cam. Berg. A. Cam., *Monogr. Orch. Eur.*, p. 179. — **O. lusitanica** Steud., *Nomencl.*, II, p. 224 (1841)? — **O. incarnata** var. **sesquipedalis** Reichb. F., *Icon.*, XIII, p. 53 et t. CCCC (1851) ; Willk. et Lange, *Prodr. hisp.*, I, p. 170 ; Guimar., *Orch. port.*, p. 65 et est. VII, f. 55, b. — **O. ambigua** Martr.-Donos, *Fl. Tarn*, p. 705 ! (1864). — **O. orientalis** Kl. subsp. **africana** Kl., *Dactylorchid.*, p. 40 (1898), p. p. (1). — **O. sesquipedalis** (race) α **genuinus** et δ **ambiguus** Rouy, *Fl. Fr.*, XIII, p. 151 (1912). — **O. elata** var. **sesquipedalis** et **ambigua** Schl. in Kell. et Schl., *Mon.*, p. 180, 181, pl. 18, f. 70 (1927). — **O. elatus** subsp. **sesquipedalis** et **ambiguus** Soó in Fedde, *Rep.* (1927), p. 31.

Icon. : *Ic. n.*, pl. 43, f. 1-7 ; pl. 132, f. 4-6.

Tubercules palmés, assez gros. Tige élevée, de 5-8 décim., *robuste, fistuleuse,* dressée ou un peu courbée. *Feuilles* assez étroitement lancéolées, *dressées,* les sup. acuminées, presque bractéiformes, les inf. développées, mais moins longues par rapport à la hauteur de la plante que celles de l'*O. incarnata,* subobtuses, non cucullées au sommet, sans macules. *Bractées très grandes, dépassant les fl., les inf. longuement. Fleurs très grandes* (14-17 mm. de haut), nombreuses, d'un rose carminé, en épi dense ou un peu lâche, très allongé, souvent courbé. Divisions ext. du périanthe libres, les lat. dressées ou étalées, réfléchies au sommet, maculées de taches purpurines. *Labelle plus large que long,* subétalé, entier ou trilobé, à lobes plus ou moins marqués, les 2 lat. bien plus larges que le méd., souvent réfléchis, munis de raies et de ponctuations symétriques ; lobe méd. court, ovale. *Eperon* conique-cylindrique, épais, *très développé,* atteignant parfois 6-9 mm. de long et très large, un peu courbé, *égalant env. l'ovaire.*

Var. **corsica** Briquet, *Prodr. fl. Corse,* p. 369 (1910). — *O. lat.* var. *corsica* G. Cam., *Monogr. Orch. Fr.*, p. 49 (1892). — *O. elatus* subsp. *sesquipedalis* var. *corsicus* Soó, *l. c.*, p. 32 (1927). — *Exsicc.* : Reverchon, *Pl. Corse* (1885), n° 459. — Feuilles largement oblongues, allongées, obtuses. Bractées assez courtes, égalant env. les fl., 3-nervées. Fl. grandes, en épi lâche ou un peu dense ; labelle trilobé, à lobe méd. étroit, oblong, subarrondi ou obtus au sommet, à bords entiers ; lobes lat. plus grands, crénelés, denticulés. Eperon cylindrique ou un peu renflé au sommet, long de 6-7 mm. — Corse : Evisa (Reverchon) ; Sicile (cf. Lojacono).

V. v. — Juin, juillet. — Prairies tourbeuses. — Portugal (Coimbra, Penedo da Meditaçao, Quinta de S. Jorge, Lagoa de Obidos, Cintra, Serra da Arrabida, etc.); Espagne (Aragon, Catalogne, Léon, Burgos, Grenade, S. de Alfacar, S. de Gredos, etc.), France [rég. mérid., Tarn, Aveyron, Hérault, Charente-Inf., Cerdagne (Sennen)] ; Espagne.

36. — O. ELATA

O. elata Poiret, *Voy. Barb.*, II, p. 248 (1786) ; Schl. in Kell. et Schl., *Ic.*, p. 180, t. 18, f. 70. — **O. Durandii** Boiss. et Reut., *Pug.*, p. 111 (1852) ; Rouy, *Illustr.*, p. 57, t. CLXXII ; Richter, *Pl. Eur.*, I, p. 270 ; G. Cam. Berg. A. Cam., *Monogr. Orch. Eur.*, p. 219. — **O. incarnata** var. **Durandii** Willk. in Willk. et Lange, *Prodr. hisp.*, I, p. 170 (1870) ; J. Hervier in *Bull. Acad. int. géogr. bot.* (1907), p. 77. — **O. latifolia** var. **Durandii** Ball, *Spic. Maroc.*, p. 672 (1878). — **O. orientalis** Kl. subsp. **africana** Kl., *Dactylorchid.*, p. 40 (1898), p. p. (1). — **O. sesquipedalis** var. **Durandii** Briquet, *Prodr. Fl. Corse,* p. 369 (1910). — **O. elatus** subsp. **Durandii** Soó in Fedde, *Repert.* (1927), p. 32.

Exsicc. : Reverchon, n° 1296.

Tubercules palmés. *Tige robuste, très fistuleuse,* feuillée à la base et dans la partie moyenne, *nue ou munie de feuilles bractéiformes au sommet.* Feuilles dressées-étalées, lancéolées-aiguës, un peu atténuées vers la base, non maculées. Epi long, dressé, cylindrique, atteignant 18 cm. de long. et 3-4 cm. de diam., laxiflore. *Bractées* dressées-étalées, étroitement lancéolées, aiguës, herbacées, *les inf. dépassant beaucoup les fl.,* les sup. décroissantes. *Fleurs relativement petites* par rapport à la grandeur de la plante. Divisions du périanthe subobtuses, 3-nervées, la méd. dressée, concave, les lat. dressées-réfléchies, obliques, les lat. int. non conniventes, dressées, obliquement et étroitement lancéolées, obtusiuscules, un peu dilatées antérieurement et arrondies à la base. *Labelle largement ovale,* à 3 lobes peu nets, le médian plus étroit, les lat. obtus, non réfléchis, denticulés. Eperon égalant l'ovaire, long de 1.2-1.4 cm., obtus, subdressé ou un peu incurvé.

1. Sous le nom d'*O. orientalis* Kl. subsp. *africana*, J. Klinge réunit les *O. elata* Poir., *sesquipedalis* Willd. *Durandii* B. et R. et *Munbyana* B. et R.

Juin, juillet. — Espagne : S. de Alcaraz (BOURG.), S. Nevada (REUTER), S. de Ronda, vallée de Jorez ; C. dans les Asturies, etc.; Portugal ; Maroc septentr. et mérid., Algérie.

Sous-esp. **O. Munbyana**

O. **Munbyana** BOISS. et REUT., *Pugil.*, p. 112 (1852) ; MUNBY, *Catal.* ; O. DEBEAUX, *Fl. Kabylie Djurd. jura*, p. 341 ; G. CAM. BERG. A. CAM., *Monogr. Orch. Eur.*, p. 178 ; LOJACONO, *Fl. Sicula*, III, p. 25 ; SCHL. in KELL. et SCHL. *Ic.*, p. 181, pl. 18, f. 41. — **O. incarnata** var. **algerica** DESFONT., *Fl. atlant.* (1800). — **O. latifolia** MUNBY, *Fl. Alg.*, p. 99 (1847). — **O. latifolia** var. **Munbyana** COSS. in LACROIX, *Catal. Kabylie* ; BATTAND. et TRAB. *Fl. Alger.* (1884), p. 196 ; DURAND et SCHINZ, *Consp. fl. Afr.*, V, p. 6. — **O. orientalis** KL. subsp. **africana** KL., *Dactylorchid.*, p. 40 (1898), p. p. — **O. sesquipedalis** var. **algerica** BRIQUET, *Prodr. fl. Corse*, p. 369 (1910). — **O. laxiflora** TOD., *Herb.* ap. LOJACONO *l. c.* — **O. elatus** subsp. **typus** f. **Munbyanus** SOÓ in FEDDE, *Repert.* (1927). p. 32.

Icon. : REICHB. F., *Ic.*, XIII-XIV, t. 163, DXV, f. 1.

Tubercules profondément palmés. Tige très grosse, fistuleuse, haute de 3-10 dm. Feuilles brillantes, d'un vert franc, très allongées, lancéolées, *dressées ou dressées-étalées,* parfois assez réunies à la base, engainantes, la sup. atteignant parfois la base de l'épi, *les inf. plus larges au-dessus du milieu. Bractées* plurinervées, foliacées, lancéolées, *dépassant les fl. et donnant à l'épi floral jeune un aspect chevelu. Epi* conique ou ovoïde, *très long* (10-22 cm.). Fl. roses, lilacées ou violacées, plus petites que dans l'*O. sesquipedalis,* ord. munies de macules et de lignes plus foncées. *Labelle* obové, plus large que long, nettement trilobé, à lobe méd. étroit, triangulaire-obtus, *à lobes lat. non réfléchis. Eperon allongé* (10-17 mm.), *plus long que le labelle,* cylindrique ou subconique, gros ou ténu, descendant, presque droit ou un peu courbé, obtus, long de 1 cm.

Morphologie interne.

Caractères différenciant l'*O. Munbyana* de l'*O. incarnata* :

Tubercule. Grains d'amidon ord. plus gros, souvent allongés, atteignant 20-23 μ de longueur env. (pl. 112, f. 29).

Feuille (pl. 116, f. 122). Epidermes plus hauts, le sup. atteignant 90-120 μ, à paroi ext. épaisse de 8-10 μ, l'inf. haut de 50-70 μ, à paroi ext épaisse de 10-12 μ.

Fleur. Périanthe moins papilleux. — Parois de l'anthère différenciant quelques épaississements en anneaux incomplets. — Nervure des valves placentifères saillante-ailée, à un faisceau libéroligneux, ordt dépourvue de faisceau placentaire. Valves placentifères nettement trilobées. — Nous n'avons pu observer de graines mûres.

V. v. — Mars, mai. — Sicile : Palerme (ap. LOJACONO) ; Tunisie; Algérie : env. d'Alger, Teniet-el-Haad (BATTANDIER), Constantine (HÉMET). — Monte à 1.200 et 1.500 m. d'alt.

37. — O. FOLIOSA

O. foliosa SOLANDER ap. LOWE, *Primitiæ Fl. Maderæ*, p. 13 (1831) ; G. CAM., *Monogr. Orch. Fr.*, p. 49. — **O. latifolia** var. **foliosa** REICHB. F., *Icon. Fl. Germ.*, XIII-XIV, p. 69 (1851). — **O. orient.** subsp. **foliosa** KLINGE, *Dactylorchid.*, p. 43 (1898).

Icon. : LINDLEY, *Sertum Orchid.*, 1838, pl. XLIV ; *Bot. Reg.*, tab. 1701 (1835) ; REICHB. F., *l. c.*, pl. 49, CCCI, f. I, II, 1-6 ; SCHL. in KELL. et SCHL., *Ic.*, pl. 19, f. 73.

Tubercules palmés, à 3 ou 5 lobes allongés à l'extrémité. Tige haute de 35-40 cm., ord. fistuleuse (pleine d'ap. LOWE). *Feuilles* 8-10, parfois plus, les sup. bractéiformes, oblongues-lancéolées ou lancéolées-ovales, les inf. souvent ovales, longues de 10-20 cm., très larges, atteignant 6 cm. et plus, parfois à moitié aussi larges que longues, *à plus grande largeur vers le milieu,* dressées-étalées ou étalées, ord. récurvées, *non maculées.* Bractées foliacées égalant les fl. ou les dépassant. Epi très dense, gros, long de 5-13 cm.,large de 3-4 cm. *Fleurs plus grandes que dans l'O. sesquipedalis,* pourpre lilacé. Div. ext. du périanthe oblongues-lancéolées, 3-nervées, ponctuées, les lat. dressées-étalées ou un peu réfléchies, aiguës, à base très large, la sup. dressée, obtuse ou cucullée, plus large vers le milieu, les lat. int. rapprochées au sommet, subdressées, acutiuscules ou obtusiuscules. *Labelle plus large que long,* à base largement cunéiforme, large de 2 cm. sur 1,7 cm., presque plat, à lobe cen-

tral proéminent, un peu plus étroit que les lat., obtus ou tronqué, entier, les lat. subarrondis, irrégulièrement crénelés, à nerv. fines et petits dessins. *Eperon très court* (ord. de 6-8 mm.), 2 *fois plus court que le labelle*, étroit, conique-cylindrique, ténu, grêle, descendant un peu courbé.
Habitat : bois humides. — *Répart. géogr.* : Madère.

38. — O. CILICICA.

O. cilicica (O. orientalis subsp.) J. KLINGE, *Dactylorchidis*, p. 41 (1898) (1) ; G. CAM. BERG. A. CAM.,
Monogr. Orch. Eur., p. 179 ; SCHL. in KELL. et SCHL., *Ic.*, p. 178, t. 17, f. 8. — **O. incarnata** var. **olocheilos**
BOISS., *Fl. or.*, V, p. 71 (1884) ? (2).

Tubercules profondément palmés. Tige dressée, souvent grêle, *de 20-50 cent. de hauteur.* Feuilles largement
lancéolées ou ovales-oblongues, celles de la base obtuses ou subobtuses, toutes plus ou moins distantes ou les
inf. parfois rapprochées, sans macules. *Fleurs en épi* cylindrique ou ovale, *long de 6-11 cent.* Bractées dressées-étalées, les inf. dépassant longuement les fleurs. *Labelle un peu plus large que long*, légèrement cunéiforme
à la base, rhomboïdal-arrondi ou suborbiculaire, entier, arrondi au sommet ou subrétus, très rarement subtrilobé. *Eperon* pendant, *plus court que le labelle ou l'égalant presque*, conique-cylindrique, obtusiuscule, courbé,
long de 7-8 mm.
Mai, juillet. — Prairies humides des montagnes, lisière des forêts. — Cilicie, Pont, Asie Mineure. — Perse
septentr. (ap. KLINGE).

O. OSMANICA

O. osmanica (O. orientalis subsp.) J. KLINGE, *l. c.*, p. 42 (1898) ; G. CAM. BERG. A. CAM., *l. c.*, p. 179.
D'après les caractères assignés par KLINGE, cette plante se rapproche de l'*O. cilicica* et de l'*O. foliosa* So-
LANDER. Nous ne connaissons d'ailleurs l'*O. osmanica* et l'*O. cilicica* que par la description. — *Plante très robuste de* 50-90 *cent.* Feuilles oblongues-ovales, obtuses ou subarrondies dressées ou dressées-étalées. *Epi
allongé, de* 10-23 *cent.*, dense, conique-cylindrique ou ovale-cylindrique. *Labelle un peu plus large que long*,
arrondi-cordé ou triangulaire-arrondi, crénelé, denté, entier ou subtrilobé. *Eperon court* (7-10 *mm.*).

Mai, juillet. — Prairies humides des montagnes vers 1.300 m. — Caucase, Asie Mineure.

39. — O. TURCESTANICA.

O. turcestanica (O. orientalis subsp.) J. KLINGE, *l. c.*, p. 37 (1898) ; ap. FEDSCHENKO in *Journ. Bot.
Russ.* (1908), p. 191 ; SCHL. in KELL. et SCHL., *Ic.*, p. 173, pl. 16, f. 62.
Icones : REICHB. F., *Icon. Fl. Germ.*, XIII-XIV, t. 162, f. III (s. n. *O. incarnata* var. *Kotschyi* REICHB. F.).
Plante de robustesse variable, haute de 10-80 cent. *Feuilles* lancéolées ou linéaires-lancéolées, rarement
ovales-lancéolées, plus larges vers le milieu ou entre la base et le milieu, *étalées ou récurvées*, la sup. atteignant
souvent la base de l'épi. *Bractées* linéaires-lancéolées, acuminées, *bien plus longues que les fleurs*. Epi de longueur très variable, cylindrique-allongé ou ovale-oblong, à fleurs très visibles, pourprées ou lilacées, rarement
blanches. *Labelle* étroitement cunéiforme à la base, dilaté, obcordé, ord t *plus large que long, rarement plus long
que large*, souvent plus large vers l'extrémité, ord. entier, rarement subtrilobé ; *éperon plus long que le labelle*, cylindrique, descendant, légèrement courbé, obtus, long de 1.3 cm.
Juin-juillet. — Régions montagneuses humides. — Caucase, Transcaucasie (2.500-3.000 m. d'alt.). —
Perse, Afghanistan, Turkestan, Thibet, Pamir, Mongolie.

40. — O. INCARNATA

O. incarnata L., *Fl. suec.*, éd. 2, p. 312 (1755) ; WILLD., *Spec.*, IV, n° 49, p. 30 ; REICHB. F., *Icon.*, XIII.
p. 51, p. p. ; KRAENZ., *Gen. et spec.*, p. 144 ; CORREVON, *Alb. Orch. Eur.*, pl. XL ; RICHTER, *Pl. Eur.*, I, p. 271

---

1. Sous le nom d'*O. orientalis*, J. KLINGE. in *Dactylorchidis*, p. 36. réunit, comme sous-espèces, les *O. turcestanica*
KL., *O. salina* TURCZ., *O. africana* KL., *O. cilicica* KL., *O. osmanica* KL., *O. foliosa* SAI.
2. L'*O. Kotschyi* SCHL. in FEDDE. *Repert.* (1923). p. 48. 576. de la Perse mérid.. est proche de l'*O. cilicica* KL..
dont il diffère par le labelle obovale et non suborbiculaire et l'éperon formant une sorte d'hameçon au sommet.

Fries, *Mant.*, III, p. 130 ; Blytt, *Handb. N. Fl.*, éd. Ove Dahl, p. 226 ; Babingt., *Man. Brit. Bot.*, éd. 8,
p. 345 ; Dumort., *Prodr. fl. Belg.*, p. 132 ; Tinant, *Fl. luxemb.* ; Crépin, *Man. Fl. Belg.*, éd. 1, p. 177 ; éd. 2,
p. 293 ; Mey., *Orch. G.-D. Luxemb.*, p. 12 ; Thielens, *Orch. Belg. et Luxemb.*, p. 81 ; Henkels, *Schoolflora
v. Nederland*, p. 173 ; Lapeyr., *Abrégé Pyr.*, p. 549 ; Boisduval, *Fl. fr.*, III, p. 46 ; Lec. et Lamt., *Cat. pl.
cent.*, p. 349 ; Gr. et Godr., III, p. 296 ; Boreau, *Fl. cent.*, éd. 3, p. 645 ; Martr.-Donos, *Fl. Tarn*, p. 705,
Michalet, *Hist. nat. Jura*, p. 296 ; Bonnet, *Pet. fl. paris.*, p. 382 ; Dulac, *Fl. H.-Pyr.*, p. 38 ; Barla, *Iconogr.*, p. 62 ; G. Cam., *Monogr. Orch. Fr.*, p. 46 ; in *Journ. Bot.*, VI, p. 155 ; G. Cam. Berg. A. Cam., *Monogr.
Orch. Eur.*, p. 175 ; Godet, *Fl. Jura*, p. 686 ; Hariot et Guyot, *Contrib. fl. Aube*, p. 114 ; Charbonnel in
Bull. Soc. nat. Ain, II, p. 55 (1902) ; Magn. et Hétier, *Observ. fl. Jura*, p. 141 ; Corbière, *N. fl. Normand.*,
p. 557 ; Gautier, *Pyr.-Or.*, p. 398 ; Alb. et Jahand., *Cat. Var*, p. 490 ; Kirschl., *Fl. vog.-rhen.*, p. 81 ; Koch,
Syn., éd. 2, p. 793 ; éd. 3, p. 596 ; Oborny, *Fl. Möhr-Œst. Schles.*, p. 249 ; Kuntze, *Fl. Leip.*, p. 66 ; Foerst.,
Fl. Aachen, p. 346 ; Caflisch., *Exc. Fl. S. D.*, p. 296 ; Seubert, *Exc. Fl. Bad.*, p. 123 ; Garcke, *Fl. v. Deutschl.*
éd. 14, p. 378 ; M. Schulze, *Die Orchid.*, n° 19 ; Fischer, *Fl. Bern.*, p. 77 ; Rhiner, *Prodr. Waldst.*, p. 126 ;
Morthier, *Fl. Suisse*, p. 363 ; Reuter, *Cat. Genève*, éd. 2, p. 203 ; Bouvier, *Fl. Alpes*, éd. 2, p. 642 ; Gremli,
Fl. Suisse, éd. Vetter, p. 481 ; Schinz et Keller, *Fl. Schweiz*, p. 122 ; Parl., *Fl. ital.*, III, p. 520 ; Ces. Pass.
Gib., *Comp.*, p. 190 ; Arcang., *Comp.*, éd. 2, p. 170 ; Cocconi, *Fl. Bolog.*, p. 486 ; Willk. et Lange, *Prodr.
hisp.*, p. 744 ; Simk., *En. Trans.*, p. 501 ; Beck, *Fl. N.-Œst.*, p. 204 ; (*O. incarnatus*) Aschers. et Graebn.,
Syn., III, p. 716 ; Boiss., *Fl. orient.*, V, p. 71 ; Grecescu, *Consp. Fl. Roman.*, p. 545 ; Pantu, *Contr. Fl. Bucurest*, p. 85 et *Orchid. Rom.*, p. 73 ; Stephenson in *Journ. of Bot.* (1920), p. 257 ; (1923), p. 273 ; Maire in
Mém. Soc. Sc. nat. Maroc (1924), p. 153 ; Jahand. in *Mém. Soc. Sc. nat. Maroc* (1923), p. 108. -- **O. mixta**
a **incarnata** Retz., *Prodr.*, p. 167 (1779). — **O. divaricata** Rich. ap. Mérat, *Fl. paris.*, II, p. 94 (1812) et
auct. mult. ? — **O. strictifolia** Opiz, *Natural.*, X, p. 217 (1825). — **O. latifolia** Reichb., *Ic. crit.*, VI, p. 7
(1828) ; Mutel, *Fl. fr.*, III, p. 243 ; p. p., et auct. plur. — **O. angustifolia** Wimm. et Grab., *Fl. Sil.*, II, p. 252
(1829) p. p. ; et auct. plur. — **O. lanceata** Dietr., *Fl. Bor.*, t. 5 (1833). — **O. latifolia** β **angustifolia**
Babingt., *Man. Br. Bot.*, p. 291 (1843). — **O. latifolia** β **longibracteata** Neilr., *Fl. Wien*, p. 129 (1846). –
O. comosa β **angustifolia** Ambros., *Fl. Tir. austr.*, p. 794, *ex parte*. — **O. latifolia** var. **incarnata** Coss. et
Germ., *Fl. Par.*, éd. 2, p. 684 (1861) ; Loret et Barrand., *Fl. Montp.*, p. 663 ; Gust. et Hérib., *Fl. Auv.*,
p. 432 ; Neilr., *Fl. Nied.-Œst.* et plur. auct. — **O. serotinus** Schw., *Fl. Nürnb. u. Erl.*, p. 768 (1901).

Noms vulg. : Orchis incarnat, Orchis à fleurs carnées. — Portug. : Satyriao bastardo. — Allem. : Fleisfar-
biges Knabenkraut ; Bleischfarbone Ragwurz, Fleischrothes Knabenkraut. — Holl. : Vleeschkleurige Orchis.

Icon. : Seg., *Pl. ver.*, III, p. 249, t. 8, f. 5 ; Vaillant, *Bot.*, t. 30, f. 14, 15 ; *Fl. Dan.*, XIV, t. 2476 ;
Barla, *l. c.*, pl. 50, f. 1-17 ; Reichb., *Icon. pl. crit.*, IX, t. 810 (VI, f. 769) ; Reichb. F., *Icon.*, XIII-XIV,
t. 45, CCCXCVII ; 47, CCCXCIX ; Curtis, *Fl. Lond.*, III (1835) ; G. Cam., *Iconogr. Par.*, pl. 17 ;
M. Schulze, *l. c.*, t. 19 ; G. Cam. Berg. A. Cam., *l. c.*, pl. 22, t. 694-700 ; *Ic. n.*, pl. 42, f. 1, 4-13 ; pl. 128 ;
f. 7, 8, 9, 10 ; Schl. in Kell. et Schl., *Ic.*, pl. 14, f. 54.

Exsicc. : Fries, 7, n° 66 ; Billot, n° 1767 ; *Soc. ét. fl. fr.-helv.*, n°s 907, 1829.

Tubercules aplatis, profondément palmés, très rarement sublobés, à 2 ou 4 *div. divariquées, allongées* (surtout
dans les endroits marécageux), étroites, Fibres radicales assez nombreuses. *Tige très fistuleuse, compressible*, haute de 2,5-10 dm., dressée ou coudée à la base, assez robuste, un peu cannelée, feuillée, parfois légèrement pourprée vers le sommet, munie à la base de quelques gaines. *Feuilles* ord. 5-6, rarement 4-7, *très dressées*,
vert clair, souvent jaunâtre, *non maculées*, manifestement nervées, assez épaisses, *allongées-lancéolées, atténuées de la base*, aiguës ou acuminées, *carénées* (1), *cucullées au sommet*, les *inf. rapprochées*, la ou les sup. presque bractéiformes, plus courtes et plus petites, la sup. atteignant ou dépassant la base de l'épi. *Bractées* lancéolées, aiguës, parfois acuminées, plus ou moins manifestement 3-nervées, à nerv. réticulées, *plus longues
ou, les sup. seulement, aussi longues que les fl.*, avant l'anthèse dépassant toujours longuement le bouton floral,
d'où l'aspect chevelu de l'épi jeune, souvent rougeâtres ou pourprées vers les bords et au sommet, surtout dans
les individus à fl. colorées. *Fl. pâles, assez petites, de couleur carnée, jaunâtre ou plus rarement pourpre clair ou
presque blanche* [var. *albiflora* Lec. et Lam., *Cat. centre France* (1847)], disposées en épi assez dense, d'abord
oblong, puis cylindrique allongé. Div. sup. du périanthe libres, roses, carnées ou plus rarement pourpre clair,
les ext. ovales-lancéolées, rarement lancéolées, aiguës ou obtuses, 3-nervées, ord. maculées de carmin, les lat.
plus ou moins dressées, parfois à dos se touchant, un peu plus longues que la méd., celle-ci dressée et rapprochée des lat. int. et du gynostème, les lat. int. plus courtes que les lat. ext., oblongues-lancéolées, à base élar-

---

1. D'après M. Godfery, *Journ. of Bot.* (1924), p. 176, dans les endroits sablonneux, les feuilles sont souvent
moins carénées et plus étalées.

gie, aiguës ou obtusiuscules, obscurément trinervées, conniventes et se recouvrant au sommet. *Labelle aussi long que large ou un peu plus long que large*, souvent rhomboïdal-oblong et plus large vers la base, blanc ou pâle près de l'éperon, velouté en dessus et *marqué de dessins carminés, formant des boucles enfermant des lignes et des points*, parfois des points isolés (1), *presque entiers ou à 3 lobes peu profonds, les lat. plus larges que le méd., réfléchis*, subrhomboïdaux ou arrondis, entiers ou crénelés, le méd ovale, petit, aigu ou obtus, à bords ord. entiers. *Eperon un peu plus court que l'ovaire*, assez court et assez gros, robuste, cylindro-conique, obtus, à gorge élargie, droit ou un peu courbé, dirigé vers le bas, d'un blanc rosé. Gynostème court, apiculé. Stigmate quadrangulaire. Anthère d'un rouge ocracé. Masses polliniques vert bleuâtre foncé. Caudicules d'un jaune clair. Rétinacles violet pâle. Ovaire sessile, subcylindrique, tordu, vert lavé de violet. Capsule oblongue, à côtes saillantes

Morphologie interne.

Tubercule. Grains d'amidon la plupart petits, de 6-12 μ de diam. env. et de forme irrégulière, quelques-uns plus gros, plus allongés, atteignant 18-20 μ de long. env. (pl. 112, f. 30). — *Fibres radicales.* Assise pilifère ordt subérisée latéralement et extérieurement. Endoderme à cadres plissés très nets. Nombreux vaisseaux de métaxylème.

Tige. Epiderme à cuticule striée. Dans la partie sup. de la tige, petites ailes parenchymateuses dues à la décurrence du bord et de la nervure médiane des feuilles. 4-6 assises de parenchyme chlorophyllien, dans les régions non ailées. Anneau lignifié formé de 4-6 assises à parois peu lignifiées et très minces. Faisceaux libéroligneux inégalement développés, entourés seulement à l'extérieur de tissu lignifié, restant longtemps dans le parenchyme ext., après leur sortie des feuilles, avant de rentrer dans le cercle de faisceaux. Lacune très grande, occupant la partie centrale de la tige.

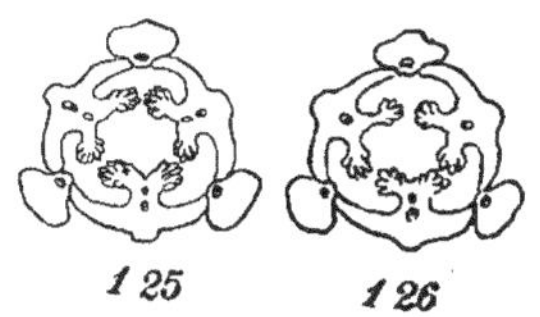

Orchis incarnata. — Fig. 125 et 126 : sections transv. schématiques de l'ovaire.

Feuille. Ep. = 350-420 μ. Epiderme sup. recticurviligne, haut de 60-90 μ, à paroi ext. légèrement striée perpendiculairement aux parois, épaisse de 6-9 μ et bombée, pourvu de stomates nombreux même dans les feuilles inf., portant, vers la base du limbe, quelques poils hyalins, unicellulaires, laissant une cicatrice brune après leur chute. Epiderme inf. recticurviligne, haut de 35-45 μ, à paroi ext. épaisse de 6-8 μ, et légèrement bombée, muni d'abondants stomates. Cellules épidermiques marginales du limbe dépourvues de contenu coloré, à paroi ext. légèrement bombée à l'extérieur, mais ne formant pas de dents dans le type très pur (pl. 116, f. 120). Parenchyme formé de 7-9 assises de cellules chlorophylliennes et renfermant d'assez nombreuses cellules à raphides.

Fleur. — *Divisions externes du périanthe.* Epidermes ext. et int. à cuticule délicatement striée, légèrement papilleux vers les bords. — *Divisions latérales internes.* Epiderme ext. peu strié. Bords nettement papilleux. — *Labelle.* Epiderme int. prolongé en nombreuses papilles atteignant vers le milieu du limbe 60-90 μ et atténuées à l'extrémité, extrêmement courtes et arrondies au sommet vers les bords du labelle. Epiderme ext. papilleux vers les bords. — *Eperon.* Epiderme int. prolongé en nombreuses papilles striées, courtes, atteignant 70-90 μ au fond de l'éperon et moins développées vers la gorge. Epiderme ext. dépourvu de papilles. Produits sucrés accumulés entre les épidermes ; pas d'émission de nectar à l'intérieur de l'éperon. — *Anthère.* Epaississements en anneaux incomplets ou en bandes manquant ou très rares. Quelques papilles à la face dorsale du gynostème. — *Pollen.* Vert, à réseau de bâtonnets délicat. L. = 30-40 μ env. — *Ovaire* (f. 125 et 126). Epiderme ext. strié. Nervure des valves placentifères peu saillante extérieurement, ayant un faisceau libéroligneux à bois int. et parfois un faisceau placentaire libérien. Placenta divisé très tôt, à lobes divergents. Valves non placentifères très proéminentes à l'extérieur, contenant un faisceau libéroligneux à bois int. — *Graines.* Suspenseur développé. Graines adultes courtes et larges, arrondies nettement au sommet, 2 f. 1/4-2 f. 3/4 plus longues que larges ; mailles du testa petites, striées ; noyau petit, entouré, de chaque côté, d'une bordure claire de cellules du testa.

Var. α **trifurca** Reichb. F., *Icon.*, XIII-XIV, p. 53, t. CCCXCIX, f. II, 3, 4 (1851). — Labelle à 3 lobes profonds, les lat. dentés sur leur bord ext., à lobe moyen, linguiforme, acuminé ; sinus interlobaux grands.

---

1. Les macules et les lignes du labelle et des div. du périanthe sont peu visibles dans les formes d'un rose carné très pâle, elles peuvent même manquer dans les formes à périanthe presque blanc. C'est ce que nous avons observé à Souppes et à Arronville (Seine-et-Oise).

Var. β **retusa** Reichb. F., *Icon.*, XIII-XIV, t. DXV, f. 5 (1851). — Var. **triloba retusa** Reichb. F., *l. c.*, p. 53. — Labelle cunéiforme à la base, à 3 lobes peu profonds, émoussés au sommet.

Var. γ **rhombeilabia** (*rhombeilabius*) Aschers. et Graebn., *l. c.*, p. 717 (1907). — Var. *rhombeilabia acroglossa* Reichb. F., *l. c.*, p. 53 (1851). — Labelle rhomboïdal, souvent presque entier ou légèrement 3-lobé.

Var. δ **brevicalcarata** Reichb. F., *l. c.*, p. 53, 56 (1851). — Eperon court, égalant environ la moitié de la longueur de l'ovaire, droit ou presque droit.

Var. ε **ambigua** Guimaraes, *Orchid. Portug.*, p. 65. — *Icon.* : Guimar., *l. c.*, est. VII, f. 55, c, d, e, f, h, l, m, n, p, q, s ; f. 56, h, i, o ; *Ic. n.*, pl. 43, f. 8-12. — Tubercules ordt à 2 divisions. Tige de 5-6 décim. Feuilles non maculées, lancéolées-aiguës. Fleurs en épi allongé (12-18 cm.), un peu dense (20-35). Bractées vertes, lavées de violacé, les inf. dépassant un peu les fleurs, les sup. égalant ordt l'ovaire. Labelle 3-lobé ; lobes lat. crénelés ; lobe médian aigu, lancéolé, étroit. Eperon conique, dirigé en bas, arqué, égalant l'ovaire dans les fleurs inf., un peu plus court dans les fleurs supér. — Portugal : Valladares (Johnston, Felgueiras), Granja (Johnston), entre Granja et Gulpilhares (Johnston).

Var. ζ **ochroleuca** Boll. in *Arch. Nat. Meckl.*, XIV, p. 307 (1860) (cf. Wüstnei in *Arch.*, VIII, p. 96 (1854), (*ochroleucus*) Aschers. et Graebn., *Syn.*, III, p. 719 ; Zapalow., *Consp. Fl. Galic.*, p. 207. — *O. ochroleuca* Schur, *En. pl. Trans.*, p. 641 (1866). — Plante robuste, atteignant jusqu'à 5 dm. Tige assez forte. Feuilles sup. égalant le sommet de l'épi. Fl. à div. du périanthe blanc jaunâtre et labelle jaune plus vif au centre. — Suède, Allemagne orient. [Rügen (Marsson), Mecklembourg (Boll), Brandebourg à Belzig (Keilhack), Bavière (peu rare)], Autriche [Vorarlberg à Frastanzer Au (Richen), Moosbrunn (Welwitsch), Semmering, (Schur), Tyrol à Nals près Meran (M. Schulze), Galicie (Zapalow.), Transylvanie], Suisse. — Il a été signalé en Angleterre, mais sa présence y est douteuse, d'ap. Stephenson.

Var. η **borealis** Neuman in *Bot. Not.* (1909), p. 229. — Tige grêle, à côtes peu marquées. Feuilles plus planes, étalées, plus étroites, plus petites, espacées ; fl. souvent d'un violet pourpré. — Répandu en Suède.

Var. θ **polesica** Zapalow., *Consp. Galiciæ*, p. 208. — Plante basse, grêle ; feuilles étroitement lancéolées, les méd. ayant à peine 8 mm. de large ; fl. petites ; labelle long de 6,5 mm. env., obscurément trilobé, à lobe méd. développé, rostré, long de 1 mm. env. — Galicie.

Var. ι **dunensis** Druce in *Rep. Bot. Exch. Club* (1915), p. 212. — Plante souvent naine ; feuilles récurvées ; fl. couleur marron ; lobes lat. du labelle non entièrement réfléchis ; lobe méd. distinct. — Dunes. — Angleterre.

Var. χ **pulchella** Druce in *Rep. Bot. Exch. Club* (1917), p. 167. — Plante grêle ; labelle moins réfléchi, pourpre, à lignes foncées, interrompues. — Angleterre et Ecosse, dans les marais avec les *Sphagnum*. — Serait différent de l'*O. praetermissa* var. *pulchella* Druce, d'après Stephenson. — Douteux.

Var. λ **serotina** Hausskn. in *Mitt. B. V. G. Th.* (1884), p. 220 ; M. Schulze, *Die Orchid.*, n° 19, 7 (*serotinus*) Aschers. et Graebn., *Syn.*, III, p. 718 (1907). — *O. angustif.* var. *Haussknechtii* J. Klinge, *Rev.* « *Orchis cordigera* » *u.* « *O. angustif.* », p. 70 (1893). — Tige assez grêle. Feuilles linéaires-lancéolées, étroites, atténuées de la base au sommet, dressées, les sup. appliquées. Epi pauciflore. Périanthe à div. ord. aiguës. Labelle à lobe méd. dépassant les lat., mais parfois peu distinct. — Fleurit un peu tard et est parfois confondu avec l'*O. Traunsteineri*. — Marécages, landes, bruyères, avec les mousses et les *Carex*. — Danemark, Péninsule scandinave, France, Allemagne (Bade, Bavière, Franconie, Thuringe, etc.), Autriche, Tyrol, Bohème, Russie.

Var. μ **extensa** Hartm. ap. Reichb., *Ic.*, p. 51, t. 46, f. II (1851). — Var *angustata* Harz ap. Schl. Lang., *Fl. Deutschl.* IV, éd., 5, p. 225 (1896). — *O. subextensa* Neum. in *Bot. Not.* (1909), p 159. — Feuilles étroitement lancéolées (1,5 cm. env.) ; épi grêle — Allemagne.

La var. **sublatifolia** (*sublatifolius*) Aschers. et Graebn., *l. c.*, p. 720. — *O. incarnata* β *sublatifoliatæ* Reichb. F., *Icon.*, XIII-XIV, p. 51, 53 (1851) — est une forme robuste, à feuilles courtes, presque étalées, à épi allongé, à fleurs foncées, peut-être hybride de l'*O. incarnata* et de l'*O. latifolia*. — Allemagne. Ordt marécages de la plaine, parfois aussi des montagnes (1).

V. v. — Fleurit au moins 20 jours après l'*O. latifolia*. — Mai-juin. — Habitat : Prairies humides, marais tourbeux, marécages des bois, broussailles. Dans les limites de la flore parisienne, l'*O. latifolia* semble se trouver surtout dans les terrains siliceux, l'*O. incarnata* souvent dans les marais tourbeux à fond calcaire ou arrosés par un cours d'eau calcaire ; en Grande-Bretagne. paraîtrait manquer sur le calcaire (Godfery in *Journ. of*

---

1. L'*O. incarnata lanceata* §§ *hæmatodes* M. Schulze ap. Aschers. et Graebn., *Syn.* III, p. 717, ne peut être assimilé à l'*O. incarnata* en raison de ses feuilles fortement maculées et doit être considéré comme hybride de l'*O. incarnata* et de l'*O. latifolia*.

Bot. (1918), p. 49) ; monte à 2.400 m. dans le Caucase (d'ap. Schl.). — *Répart. géogr.* : presque toute l'Europe, Portugal ?, Espagne ?, France (env. de Paris, Nord, Est, Centre, Ouest, rég. mérid.), Îles Britanniques, Belgique, Grand-Duché de Luxembourg, Hollande, Scandinavie, Danemark, Allemagne, Suisse (assez abondant), Italie (Ligurie, Ombrie, Alpes, Apennins septentr., descend vers Mantoue et Venise). Autriche, Hongrie, Bosnie, Herzégovine, Balkans, Caucase, Crimée, Maroc, Asie centr.-occident.

Sous-esp. O. lanceata.

O. lanceata Dietr. ap. Blytt, *Norg. Fl.*, éd. Ove Dahl, p. 227 ; Trautv., *Increm. Fl. Ross.*, p. 748, n° 5019 ; G. Cam. Berg. A. Cam., *Monogr. Orch. Eur.*, p. 177. — **O. incarnata** v. **lanceata** Reichb. F., *Icon.*, XIII-XIV, p 54 (1851) ; M. Schulze, *Die Orchid.*, 19, 6. — **O. incarnata** aa. **lanceata Fraasii** Reichb. F. *Icon.*, XIII-XIV, p. 52 (1851) ; Richter, *Pl. Eur.*, 1, p. 270.

Plante assez robuste atteignant souvent 5 dm. Feuilles largement linéaires-lancéolées, acuminées. Epi laxiflore, à fleurs nombreuses. Labelle à lobes lat. subaigus, à bords denticulés, le lobe moyen aigu-lancéolé, dépassant les latéraux ; sinus interlobaux grands ; éperon égalant presque l'ovaire, aigu au sommet.

Europe centrale, répandu.

41. — O. CRUENTA

O. cruenta O. F. Mueller, *Fl. Dan.*, t. 876 (1782) ; Willd., *Spec.*, IV, p. 29 ; J. Klinge, *Dactylorch.*, p. 51 ; Richter, *Pl. Eur.*, I, p. 270 ; G. Cam. Berg. A. Cam., *Monogr. Orch. Eur.*, p. 180 ; Herbert Goss in *Journ. of Bot.* (1899), p. 37 ; Zimmerm., *Die Form d. Orchid.*, p. 30 (1912) ; Schl. in Kell. et Sch., *Ic.*, p 168 (1927). — **O. cruentus** Aschers. et Graeb., *Syn.*, III, p. 720 (1907). — **O. latifolia** γ **cruenta** Lindley, *Gen' land sp. Orch.*, p. 260 (1830-40). — **O. incarnata** b b. **rhombeilabia cruenta** Reichb. F., *Icon.*, XIII-XIV, p. 53 (1851) (excl. *O. cruenta* Roch. et Retz. = *O. cordigera* Fr.)

Icon. : *Fl. Dan.*, t. 876 ; Reichb. F., *l. c.*, t. 43, f. I ; *Ic. n.*, pl. 126, f. 12-13 : Schl. in Kell. et Schl., *l. c.*, pl. 14, f. 55.

Tubercules profondément divisés. Tige haute de 2-3 décim. env., *fistuleuse*, ord. maculée de pourpre vers le haut. *Feuilles* 4-5 env., courtes, longues de 6-8 cent., larges de 1-1,5 cent., *largement lancéolées ou linéaires-lancéolées, plus larges vers la base*, lavées de violet pourpré au sommet et *ponctuées de rouge sur les deux faces*, rarement sans macules, parfois dressées et incurvées au sommet ou dressées-étalées ou étalées-réfléchies, les sup. bractéiformes, souvent cucullées au sommet et *atteignant ord. la base de l'épi*. Bractées linéaires-lancéolées, acuminées, étalées horizontalement, souvent maculées de pourpre, les inf. dépassant les fl. Epi long de 3-6 cent., cylindrique, obtus ou tronqué au sommet. Fl. assez petites, pourpre violacé ou rouge noir, rarement blanches. Divisions du périanthe subégales, ovales, largement lancéolées ou lancéolées, obtusiuscules, parfois cucullées, maculées, les lat dressées-réfléchies. *Labelle toujours plus large que long*, obcordé-arrondi ou rhomboïdal-arrondi, *ord. plus large vers le sommet*, légèrement défléchi, marqué de stries et de macules d'un pourpre noirâtre, entier, crénelé ou obscurément denté. Eperon cylindrique, conique, acutiuscule, légèrement arqué, long de 3.5 mm. env., un peu plus court que le labelle, bien plus court que l'ovaire. Gynostème apiculé.

Var. β **Seemenii** Aschers. et Graebn., *l. c.*, p. 721 (1907). — Plante peu élevée, de 9-12 cent. Feuilles cucullées au sommet, souvent arquées en dehors. Fl. en épi dense, rosées ou rose rompu, petites ; labelle petit, maculé de verdâtre. — Île Borkum, dans la mer du Nord, à Kievitsdelle (Seemen ap. Klinge, *l. c.*, p. 53 ; Winkler ap. M. Schulze).

V. s. — Juin, juillet. — Marais à Sphaignes, marécages salés, saulaies marécageuses, prairies alpines et subalpines, toujours en colonies. — Islande ? Grande-Bretagne ? (rég. septentr. et centrale) (1), Scandinavie, Gottland, Laponie, Danemark, Finlande, prov. baltiques, Russie centrale et septentr. (abondant près de la mer Baltique), île d'Œsel, Borkum. — Sibérie occidentale.

42.   (× ?) O ANGUSTIFOLIA (2)

O. angustifolia Lois. ap. Reichb., *Icon. pl. crit.*, IX (1831), p. 17, et auct. mult.; Fries, *Sum. Veg. scand.*, I, p. 61 (1846) ; Wimm. et Grab., *Fl. v. Schles.*, II, p. 252 (1829)? ; Nyland., *Coll. fl. Kar.* (1852), II, p. 153 ; Blytt,

---

1. L'*O. cruenta* manquerait probablement en Angleterre, d'ap. Stephenson (in *Journ. of Bot.* (1922) p. 35), où il aurait été confondu avec l'*O. purpurella* Steph.

2. D'après les études récentes de Fuchs et Ziegenspeck, l'*O. Traunsteineri* ou *angustifolia* ne devrait plus être considéré comme une bonne espèce, mais comme une réunion d'hybrides. Ces botanistes ont examiné un grand

Norg. Fl., p. 342 (1861) ; Nyman, *Consp.*, p. 692 ; *Suppl.*, p. 291 ; Richter, *Pl. eur.*, I, p. 270 ; Le Jolis, *Notes à propos des Pl. Eur. de K. Richter*, p. 320 (1891) ; Meinshausen, *Fl. ingr.*, p. 336 (1878); Kanitz, *Pl. Roman.* (1879-81), p. 118 ; Ivanitzky, *Fl. Wologda* ; Celakowsky, *Durchf. Böhm.* (1888), p. 183 ; Koch, *Syn.*, éd. Hallier et Wohlf , p. 2429 ; Klinge, *Rev. O. cord. u. O. angustif.*, p. 35 ; Zimmerm., *Die Form. Orchid.*, p. 31 ; G. Cam. Berg. A. Cam., *Monogr. Orch. Eur.*, p. 181 ; A. Cam. in *Riviera scientif.* (1918), p. 6 ; et auct. plur.
— **O. latifolia** var. **angustifolia** Lindl., *Gen. and spec.*, p. 260 (1835) ; F. Nyland., *Spic. pl. fenn. cent.*, II, p. 12 (1844) ; Babingt., *Man.*, éd. 3, p. 308 ; Oudemans, *Fl. Niederl.*, p. 144 ; Fiori et Paol., *Fl. It.*, I, p. 246.

Icon. : Reichb., *Ic. pl. crit.*, IX, t. DCCCXLVIII, 1140 ; Reichb. F., *Icon.*, XIII-XIV, t. 42, CCCXCIV · *Ic. n.*, pl. 44, f. 1-13.

Exsicc. : Fries, *Herb. n.*, f. VII, n° 68 ; Reichb., *Fl. Germ. exsicc.*, n° 949 ; A. Bunge, *Fl. baltica exsicc.*, n° 756 b.

Tubercules palmés, assez petits, ordt 2-fides, rarement 3-fides, parfois entiers, tous deux sessiles ou l'un sessile et l'autre longuement ou brièvement pédonculé. Fibres radicales assez nombreuses, allongées. *Tige* élancée, grêle, haute de 12-45 centim., munie de côtes et rougeâtre au sommet, *plus ou moins fistuleuse*, mais bien moins que dans l'*O. latifolia*, entourée à la base de 1-3 gaines aiguës, la sup. ordt terminée en un limbe vert parfois foliacé, maculé. *Feuilles* 3-4, rarement 5-7, *étroitement linéaires-lancéolées ou linéaires*, l'inf. étroitement lancéolée, plus large, la sup. ordt linéaire, les inf. acutiuscules ou obtusiuscules, les sup. longuement acuminées, *à partie la plus large située vers la base, rarement vers le milieu de la feuille, dressées-étalées ou récurvées*, planes au sommet ou légèrement cucullées, souvent pliées, *avec macules ou sans macules*, d'un vert bleu, le *sommet de la sup. n'atteignant ordt pas la base de l'inflorescence*. Bractées linéaires-lancéolées, aiguës, 3-nervées, rarement obscurément 3-5-nervées, souvent réticulées, d'un pourpre-brun, les inf. dépassant plus ou moins les fleurs, les sup. plus longues ou aussi longues, rarement plus courtes que les fleurs. Fleurs grandes, purpurines, très rarement blanches, en épi cylindrique ou ovale, conique avant la floraison, le plus souvent laxiflore, rarement densiflore (8-12—, rarement 25-fl.), long de 3-10 centim. Divisions lat. du périanthe libres, assez semblables, les ext. oblongues-lancéolées ou lancéolées, obtusiuscules, 3-4 fois aussi longues que larges, 3-nervées, les lat. presque aussi longues que la médiane, étroitement lancéolées, souvent subaiguës, relevées, à la fin réfléchies, à macules foncées, les lat. int. presque aussi longues que la médiane ext., élargies vers la base, conniventes, rapprochées de la médiane autour du gynostème, 2-3 - nervées. *Labelle* presque aussi long que les divisions lat. ext., cordiforme, réniforme, rarement presque arrondi, plus large que long, *à plus grande largeur vers le milieu*, plus clair près de l'éperon, à taches, lignes ou ponctuations plus foncées, *trilobé ou rarement à lobe médian nul ou presque nul*, lorsqu'il est manifeste, obtus, rarement aigu, à bords presque entiers, à lobes lat. très larges, crénelés. *Éperon* conique-cylindrique, souvent en sac, obtus, ordt *bien plus court que l'ovaire*, pourpré comme les divisions du périanthe, taché de pourpre plus foncé à l'intérieur. Gynostème obtus, mucronulé. Stigmate quadrangulaire. Anthère à loges rougeâtres. Pollinies d'un vert bleu. Caudicules jaunâtres. Rétinacles violacés. Ovaire tordu, cylindrique, brun-pourpré ou vert lavé de pourpre au sommet. — L'*O. angustifolia* a souvent un port se rapprochant de celui de l'*O. incarnata*, mais plus grêle, sa tige est moins haute, ses feuilles sont moins longues et moins larges, les sup. atteignant au plus la base de l'inflorescence, les bractées d'un pourpre brun et non verdâtres, les fleurs pourpre clair et non roses, le labelle plus large que long et non rhomboïdal-oblong, souvent manifestement trilobé, à lobes lat. très développés.

L'*O. angustifolia*, très polymorphe, comprend les variétés ou sous-espèces suivantes (1) :

Var. α **angustifolia** (typica) (Reichb. F., *Icon.* XIII-XIV, p. 52 (1851) ; *O. incarnata* var., Bouvier, *Fl. Alpes*, p. 642 ; G. Cam. Berg. A. Cam., *Monogr. Orch. Eur.*, p. 182. — *O. angustifolia* Reichb., *Pl. crit.*, IX, p. 17 (1831) ; Fries, *Nov. fl. suec.*, p. 127 ; *Mant.*, III, p. 130 ; G. Cam., *Monogr. Orch. Fr.*, p. 47 ; Car. et Saint-Lag., *Fl. descr.*, éd. 8, p. 805. — *O. incarnata* Fries, *Mant.*, II, p. 54 ; et plur. auct. gall. — *O. latif. e. angus-*

nombre de formes, surtout au point de vue séro-diagnostique et sont arrivés à conclure que l'*O. Traunsteineri* ou *angustifolia* était composé d'un essaim de formes hybrides variables, appartenant au groupe *Dactylorchis*, ne représentant pas pour la majeure partie des croisements primaires. Il est impossible de distinguer, dans la nature, les hybrides récents de leurs générations successives et l'examen cytologique n'a donné aucun résultat certain. Ces essaims isolés des différentes localités, privés de contact réciproque, forment, à la longue, des endémismes qui, par la suite, diffèrent notablement les uns des autres, mais tous ces essaims sont d'origine hybride. Fuchs et Ziegenspeck indiquent, comme parents, les *O. incarnata, latifolia, maculata* et, éventuellement, l'*O. sambucina*. D'après ces travaux, il est préférable de considérer l'*O. angustifolia* comme une espèce collective, composée d'hybrides, de mutations, d'endémismes, de formes gigantesques, tous issus des *O. latifolia, incarnata, maculata*. Cette pseudo-espèce, comprenant des variétés assez différentes, sera toujours d'une étude difficile [Cf. Fuchs et Ziegenspeck, *Aus der Monographie der Orchis Traunsteineri* Sauter (*Bot. Archiv.*, 1924, p. 120, 193] ; *Orchis Traunsteineri* Sauter (Fedde, *Rep.*, 1925, p. 102, 680).

tifolia LINDL., *Orch.*, p. 260 (1835). — *O. Traunsteineri* SAUTER in *Flora* (1837), I, *Bieb.*, p 36 ; et ap. KOCH, *Syn.*, éd. 2, p. 793 ; éd. 3, p. 597 ; GREMLI, *Beitr. z. Fl. Schweiz*, (1887) ; REUTER, *Cat. Genève*, éd. 2, p. 203 ; BOREAU, *Fl. cent.*, éd. 3, p. 646 ; SCHULTZ bip., *Fl. d. Pfalz* (1857), p. 121 ; RUSSOW, *Fl. c. Reval* (1862), p. 29 ; GRUNER, *Fl. Allent.* (1864), p. 143 ; RHINER, *Prodr. Waldst.*, p. 126 ; SCHUR, *Enum. Trans.*, p. 641 ; HAUSM., *Fl. Tirol*, p. 838 ; CHENEVARD in *Bull. herb. Boiss* (1902), p. 1022. — *O. divaricata* BOREAU, *Fl. centre*, éd. 2, p. 522 (1849). — *O. incarnata* var. *angustifolia* GR. et GODR., *Fl. Fl.*, III, p. 296 (1856); GREN., *Fl. ch. jurass.*, p. 750 ; et plur. auct. — *O. incarnata* b. *Traunsteineri* PARLAT., *Fl. ital.*, III. p. 521 (1858) ; ASCHERS., *Fl. Brand.*, I, p. 685. — *O. angustifolia* v. *recurva* J. KLINGE, *Revision*, p. 68, 82 ; f. *Fichtenbergii* s. f. *maculata* et s. f. *immaculata*, f. *Schmidtii* et f. *Schurii* J. KLINGE, *l. c.* — *O. Traunsteineri* var. *recurvus* ASCHERS. et GRAEBN., *l. c.*, p. 728. — *Icon.* : REICHB. F., *Icon.*, t. 394. — *Exsicc.* : DÖRFLER, *H. n.*, n⁰ 3197.

    Tige fistuleuse, munie de 4-5 feuilles. Feuilles ordt non maculées, récurvées, subcanaliculées, les inf. linéaires ou lancéolées-linéaires, à partie la plus large vers le milieu ou un peu au-dessous. Bractées nervées, les inf. dépassant les fleurs, les sup. les égalant. Fleurs purpurines disposées en épi laxiflore. Divisions lat. ext. du périanthe étalées, puis à la fin défléchies. Labelle 3-5-lobé, à lobe médian saillant. Eperon conique-cylindrique, plus court que l'ovaire. — France, péninsule scandinave, Allemagne, Autriche, Hongrie, Suisse, Russie. Les formes suivantes, de peu d'importance, ont été ainsi caractérisées par KLINGE : F. *Fichtenbergii* KLINGE, *l. c.* Labelle 3-lobé ; feuilles légèrement récurvées, maculées (subf. *maculata* KLINGE, *l. c.*) ou plus rarement sans macules (subf. *immaculata* KLINGE, *l. c.*) ; tubercules 2-lobés ; tige de 2-3 décim., bractées sup. égalant les fleurs ou les dépassant peu. — F. *Schmidtii* KLINGE, *l. c.* Labelle 3-lobé ; feuilles fortement récurvées ; plante naine ; bractées sup. ne dépassant pas beaucoup les fleurs. — F. *Schurii* KLINGE, *l. c.* Labelle 3-lobé ; feuilles fortement récurvées ; tubercules souvent entiers ; plante atteignant 2,5 décim. ; bractées sup. dépassant beaucoup les fleurs.

    La forme suivante mériterait probablement d'être considérée comme variété :

    F. *filiformis* J. KLINGE, *l. c.*, p. 68 et 84 ; G. CAM. BERG. A. CAM., *l. c.*, p. 134. — Labelle profondément 5-denté ; feuilles très étroites (6 mm. larg. env.) ; plante très grêle. — Courlande.

    D'après FUCHS et ZIEGENSPECK, in FEDDE, *Rep. sp. nov.*, XXI, p. 680 (1925), l'*O. Traunsteineri* serait formé de nombreux hybrides différents, surtout *O. incarnata* × *maculata*, *O. inc.* × *latifolia*, *O. latif.* × *inc.* × *macul.*

    Var. β **Traunsteineri** J. KLINGE, *l. c.*, p. 73 ; p. p. (excl. f. *Sauteri*) ; G. CAM. BERG. A. CAM., *l. c.*, p. 181 SAUTER, p. p. — *O. angustifolia* LOISEL. in REICHB., *Herb. Fl. germ. exs.*, p. 949 (1830). — *O. Traunsteineri* KOCH, *Syn.*, éd. 2, p. 793 (1843) ; éd. 3, p. 597 ; p. p. ; SCHUR, *Enum. Trans.*, p. 641, n⁰ 3413 ; M. SCHULZE, *Die Orchid.* t. 20 b ; GREMLI, *Fl. an. Suisse*, éd. VETTER, p. 482. — *O. latifolia* var. *Traunsteineri* GODR., *Fl. Lorr.*, II, p. 290 (1857). — *O. angustifolia* subsp. *Traunsteinerii* KLINGE in *Act. Hort. Petrop.*, XVII, f. 1, p. 29 (1898). — *O. Traunsteineri* eu-*Traunsteineri* ASCHERS. et GRAEBN., *l. c.*, p. 724 (1907). — *Icon.* : M. SCHULZE, *l. c.*, t. 20 b ; REICHB., *Icon. pl. crit.*, IX (1831), t. 1140 ; t. DCCCXLVIII ; REICHB. F., *l. c.*, t. 42. — *Exsicc.* : FIORI, BEGUINOT et PAMP. *Fl. ital.*, n⁰ 423. — Tubercules 1-3, bilobés, parfois entiers. Tige fistuleuse, gracile, haute de 12-30 cent. Feuilles petites, longues de 7-10 cent., larges de 0,5 cent., dressées-étalées, linéaires-lancéolées, toutes aiguës, rarement obtusiuscules, ordt sans macules, les inf. à partie la plus large vers le tiers inf., canaliculées, les sup. planes, acuminées. Bractées égalant presque les fleurs ou les inf. les dépassant. Fleurs peu nombreuses (10 env.), purpurines, disposées en épi lâche, cylindrique-allongé. Labelle large, ovale transversalement, subcordé, trilobé, à lobe moyen évident, obtus, parfois court, dentiforme ; lobes lat. entiers ou crénelés, plus ou moins réfléchis latéralement. Eperon cylindro-conique, obtus, plus court que l'ovaire. — Juillet. — France, Ecosse ?, Allemagne, Suisse, Autriche, Hongrie, Italie.

    F. *Reichenbachii* J. KLINGE, *l. c.* ; REICHB., *Ic. pl. crit.*, cent. IX, p. 17 et f. 1140, t. DCCCXLVIII, caractérisée par la tige fistuleuse, les feuilles non maculées, le lobe médian du labelle petit, l'éperon égalant l'ovaire.

    HARIOT et GUYOT, *Contrib. à la fl. Aube*, p. 114, décrivent une var. *alba* à fleurs d'un blanc pur.

    Var. γ **Nylandrii** J. KLINGE, *Revision*, *l. c.*, p. 67 et 76 ; f. *genuina*, f. *Friesii* et f. *Lehnertii* KLINGE, *l. c.* — *O. angustifolia* REICHB., *Fl. crit.*, f. 1140, sec. Nyl. ; BNGE, *Reliq. Lehmanni*, p. 504, n⁰ 1336, sec. REGEL et HERDER, *En. pl. in reg. cis. et transsil.*, p. 106 (1869). — *O. latifolia* var. *angustifolia* F. NYLAND., *Spicil. fl. fenn. Cent.*, II, p. 12 (1844). — *O. latifolia* L. β vel γ *angustifolia* NYL. sec. LEDEB., *Fl. Ross.*, IV, p. 54 (1853). — *O. Traunsteineri Nylanderi* (excl. var. *Sanionis* et *Blyttii*) ASCHERS. et GRAEBN., *l. c.*, p. 726. — Tubercules 3-lobés, parfois 4-lobés. Feuilles dressées, planes ou canaliculées, maculées ou non maculées, les inf. plus larges vers la partie moyenne ou au-dessus, souvent aiguës. Fleurs nombreuses, d'un pourpre assez clair, en épi dense ; bractées de longueur variable ; labelle subcordiforme, à lobe médian distinct ou non ; éperon souvent conique. — KLINGE a distingué les formes locales suivantes : F. *genuina* KLINGE, *l. c.* Feuilles non maculées. Russie

(Oural, Kosina près de la mer Noire), Asie. — F. *Friesii* KLINGE, *l. c.* Feuilles maculées ; labelle non incisé, trilobé. Allemagne. — F. *Lehnertii* KLINGE, *l. c.* Feuilles maculées, labelle incisé, trilobé. Courlande.

Var. δ **Sanionis** J. KLINGE, *Revision*. p. 67, 79 (1893) ; G. CAM. BERG. A. CAM., *l. c.* ; ZIMMERM. in *A. B.Z* (1910), 7-8.— *O. latifolia* v. *Traunsteineri* SAUTER ex SANIO, *Nachtr. Fl. Lyccens.* in *Verh. Bot. Brand.,* XXIII, p. 17 (1881). — *O. Traunsteineri* 2 *Nylanderi* § § *Sanionis* ASCHERS. et GRAEBN., *l. c.*, p. 727. — Diffère de la var. précédente par ses tubercules 2-lobés, ses feuilles dressées-étalées, maculées, son labelle très large, à lobe médian distinct, son éperon obtus, conico-cylindrique. — Prusse orientale, Bade (FELDBERG), Polnisch-Livland à Rositten (KLINGE).

Var. ε **Blyttii** J. KLINGE, *Revision*, p. 67, 79 ; f. *genuina, latissima* × ?, *spatulata, remota* KLINGE, *l. c.* — *O. Traunsteineri Nylanderi Blyttii* ASCHERS. et GRAEBN., *l. c.*, p. 728. — Feuilles étalées ou dressées, parfois apprimées, maculées, lancéolées ou ovales-lancéolées, obtuses, plus larges et plus courtes ; les inf. arrondies au sommet. — KLINGE a distingué les formes suivantes : F. *genuina* KLINGE, *l. c.* Feuilles lancéolées, dressées-étalées, un peu comprimées. Norvège. Christiania. — F. *latissima* KLINGE, *l. c.* (× ?). Feuilles très larges, ovales-lancéolées. — F. *spatulata* KLINGE, *l. c.* Feuilles inf. spatulées, Norvège à Mjösen-See (BLYTT), île Œsel. — F. *remota* KLINGE, *l. c.* Feuilles très courtes (4 cm.), distantes ; fleurs petites. Ile Œsel (SCHMIDT).

Var. ζ **Russowii** J. KLINGE, *l. c.*, p. 84 ; G. CAM. BERG. A. CAM., *l. c.* — *O. Russowii* J. KLINGE (sous-esp.) *Dactylorchidis*, p. 31 (1898) ; SCHL. in KELL. et SCHL., *Ic.*, p. 170, pl. 15, f. 57. — *O. Traunsteineri* A. II *Russowii* ASCHERS. et GRAEBN., *l. c.* — Plante grande, élevée (4-6 décim.), robuste, à tige fistuleuse très droite. Feuilles assez grandes, allongées ; linéaires ou linéaires-lancéolées, à partie la plus large vers le milieu ou au-dessus, celles de la base courbées, arquées ou récurvées, obtusiuscules. ordt maculées. Epi de 3-9 cent. court, dense. Fleurs d'un pourpre intense. Bractées ordt plus courtes que les fleurs, rarement les égalant. Divisions ext. du périanthe longues de 8-10 mm., les lat. int. longues de 6 mm. Labelle large, 3-lobé, à lobes distincts, rarement presque entier. Eperon conico-cylindrique, atteignant 0,8-1 cm. — Juin, juillet. — D'apr. FUCHS et ZIEGENSPECK in *Rep. spec. nov.*, XXI, p. 680 (1925), cette var. *Russowii* est en partie composée d'hybrides : *O. incarnata* × *maculata* et d'hybrides *O. incarnata* × *maculata* × *latifolia.* — Scandinavie (cf. KLINGE, *Zur Geogr.-Verbreit. u. Entst. d. Dactylorchis-Arten* in *Act. H. Petr.,* XVII, f. 11, n° 7), de la Lithuanie à la Finlande, nord de la Russie jusqu'à l'Oural, Allemagne septentr., Bavière (v. *subcurva* ASCHERS. et GRAEBN.) — KLINGE a distingué dans cette var. plusieurs formes : F. *vulgaris.* Fruit à côtes non ailées ; feuilles dressées-étalées, les inf. courbées, maculées, l'inf. rapprochée du tubercule ; tige de 4 dm. env., assez grêle. — S.-f. *concolor.* Mêmes caractères, mais feuilles et fl. pourpre noirâtre. — F. *elongata.* Mêmes caractères que f. *vulgaris,* mais feuille inf. éloignée du tubercule (parfois à 10 cm.). — F. *patens* (*O. latif.* × *incarn.*) × *macul.* d'ap. FUCHS et ZIEGENSPECK, *l. c.*) avec s.-f. *immaculata* et *stricta,* à peine distinctes l'une de l'autre, plus robustes et à tige plus droite que les formes précédentes. — F. *subcurva.* Fruit à côtes non ailées ; feuilles étroites, toutes ou les inf. seules fortement récurvées, à macules petites ou nulles ; infl. pauciflore. — S.-f. *immaculata,* à feuilles sans macules. — F. *curvata.* Mêmes caractères que f. *subcurva,* mais plante plus robuste ; feuilles larges, à fortes macules ; infl. plus développée (*O. incarn.* × *latifol.,* d'apr. FUCHS et ZIEGENSPECK, *l. c.*). — F. *arcuata.* Fruit à côtes non ailées ; feuilles toutes arquées-récurvées (*O. incarnat.* × *macul.,* d'apr. FUCHS et ZIEGENSPECK, *l. c.*). — F. *intermedia* et f. *Gruneri.* Fruits à côtes légèrement ailées ; feuilles moins arquées-récurvées dans f. *interm.* que dans f. *Gruneri.*

Monstruosités. — M. SCHULZE in *Mitth. Thür. B. V. N. F.,* X, p. 73 (1897) et in *O. B. Z.,* XLVIII (1898), a décrit des fleurs anomales avec 4 étamines et sans labelle et des fl. dont les div. ext. du périanthe étaient transformées en labelles munis chacun d'un éperon rudimentaire.

V. v. — 15 juin à août. — *Habitat* : prairies humides marécageuses ou tourbeuses, souvent entre les mousses, ord. dans la rég. montagneuse, parfois à peine au-dessus du niveau de la mer. — *Répart. géogr.* : France (Est, etc.), Iles Britanniques ? (sa présence y est douteuse, d'apr. STEPHENSON), Danemark, Suède, Norvège, Œland, Gottland. Allemagne (très disséminé, Schlewig-Holstein, Hambourg, Prusse, Brandebourg, Silésie, Hanovre, Thuringe, Darmstadt, Bade, Wurtemberg, Forêt-Noire, Bavière, etc.), Suisse (rare, cant. de Neuchâtel, de Vaud, de Zurich, de St-Gall, des Grisons, de Zug), Autriche, Tyrol où il monte à 1.600 m. d'alt., d'apr. DALLA TORRE et SARNTH., Salzbourg, Bohême, Galicie, Hongrie, Banat, Transylvanie, Italie (rég. montagn.), Trentin, Illyrie, Istrie (à Gabrovizza), Roumanie, Russie septentr., Finlande, Laponie, prov. baltiques, Pologne, Oural. — Sibérie.

Sous-esp. **O. curvifolia.**

O. curvifolia F. NYLAND., *Spicil. fl. fenn. Cent.*, II (1844), p. 12, n° 25 ; FRIES, *Summ. veg. Scand.*, I, p. 61 (1846) ; LEDEB., *Fl. Ross.*, IV, p. 55 (1853) ; ALCENIUS, *Finl. Kärlvext.* (1863), p. 53 ; HERDER, *Fl. eur.*

Russ. (1892), p. 128 ; Schmalhausen, *Fl. Nowoladoschsk*, p. 132 (1872) ; Meinshausen, *Fl. ingr.*, p. 337 (1878) ; Kusnezow, *Fl. Schenkur.* et *Cholmogory*, p. 140 (1888) ; G. Cam. Berg. A. Cam., *Monogr. Orch. Eur.*, p. 194. — **O. comosa** Schm. in May., *Phys. Aufs.* (1791), p. 233 ? — **O. maculata** var. **sudetica** Pöch ap. Reichb. F., *Icon.*, XIII-XIV, p. 66 (1851) ; Maus in *Mitt. d. Bad. bot. Ver.* (1892), p. 9 ; Richter, *Pl. Eur.*, I, p. 272 ; Blytt, *Norg. Fl.*, p. 343 (1861). — **O. maculata** var. **recurva** Rupr. ap. Schmidt, *Fl. Silur.*, p. 96 (1855) et N. Nyl. sec. Nym., *Consp. fl. eur.*, p. 692 (1878).— **O. recurva** N. Nylander *Spicil.*,II, p. 12, n° 25 ; W. Nylander, *Coll. in flor. Karelicam* in *Notiser ur. Sällsk, pro fauna et fl. fen.* (1852), II, p. 153 ; *Bot. Notis.* (1844), p. 44-53. — **O. maculata** var. **curvifolia** Nyl., sec. Rupr. — **O. Traunsteineri** var. **curvifolia** Nyl. sec. Norrlin, *Fl. Karl.* in *Notis. pro fauna et fl. fen.* (1871-74), p. 171 ; Günther, *Fl. Oboneshsk*, p. 37 (1880) ; Elfving, *Veg. Kring. fluv. Svir* (1876), p. 152 ; Brenner, *Rosa i Kajana*, p. 72 (1880) ; *Herb. Mus. Fenn.*, p. 30 (1889) ; Aschers. et Graebn., *Syn.*, III, p. 732. — **O. angustifolia** var. **curvifolia** J. Klinge, *Rev. d. «Orch. cordigera » u. « O. angustifolia »* Reichb. (Jurjew, 1893), p. 94.

Icon. : Reichb. F., *l. c.*, t. 54, CCCCVI, f. I, 1-3.

Tubercules palmés. Tige arrondie, un peu fistuleuse, haute de 30 centim. env. Feuilles étroitement lancéolées, carénées, canaliculées, récurvées, non maculées. Bractées inf. et moyennes dépassant les fleurs. Fleurs purpurines disposées en épi lâche. Périanthe à divisions ext. lat. réfléchies, la sup. dressée-étalée. Labelle crénelé, légèrement trilobé. Eperon conique-cylindrique, plus court que l'ovaire. Ovaire à côtes saillantes-membraneuses, caractère plus accentué après la dessiccation. — Plante presque intermédiaire entre les *O. angustifolia* Reichb. et *cruenta* Müll.

V. s. — Juin, juilllet. — Marais, au milieu des *Sphagnum.* — Péninsule scandinave. Russie septentr.

O. PONTICA

O. pontica Fleischm. et Handel-Mazzetti, *Neues aus d. Pontisch. in Sandschak Trapezunt* in *Ann. naturh. Hof. Wien*, XXIII, p. 141-209 (1909) ; et in Fedde, *Repert. spec.*, X, p. 401 (1911-12). — **O. maculatus** var. **ponticus** (an *lancibracteatus* × *caucasicus* ?) Soó in Fedde, *Repert. sp.* (1927), p. 32.

Icon. : Fleischm. et Hand.-Mazz. in *Ann. Naturh. Hof. Wien*, XXII, f. 6, tab. VIII, f. 4 a et b.

Tubercules palmés, divisés en 3 ou 4 lobules subaigus ; racines filiformes. *Tiges grêles*, dressées, *fistuleuses*, munies à la base de une à deux gaines courtes. *Feuilles 4-8*, obliquement étalées, planes, les 3 inf. lancéolées, *à partie la plus large vers le milieu*, les sup. bractéiformes, *celle du sommet n'atteignant pas l'inflorescence.* Epi assez dense, cylindrique, long de 10-15 cm., ord. large de 2,5 cm. Bractées herbacées, étroitement lancéolées, à 3 ou 5 nervures, égalant les fl. ou les dépassant un peu. Div. lat. ext. du périanthe étalées, obliquement ovales, acuminées, à 3 nerv. ; div. méd. ext. ovale, dépassant les lat. int. et conniventes avec elles, les lat. int. libres. *Labelle* étalé, un peu large et arrondi à la base, *trilobé au sommet*, à lobes lat. crénelés-arrondis, *le méd. triangulaire, à peine plus étroit que les lat. et presque de même longueur. Eperon égalant l'ovaire ou le dépassant un peu*, épais, cylindrique, droit, dirigé obliquement vers le bas. Gynostème subaigu. Ovaire tordu, arqué. — Plante peu connue.

Répart. géogr. : Sandschak Trapezunt, plusieurs loc. de 600-1.200 et même 1.700 m. d'alt. (H.-Mazzetti, n°s 400, 440, 464).

O. CATAONICA

O. cataonica Fleischm. in *Annalen K. K. naturhistor. Hofmuseums*, XXVIII, p. 34 (1914). — **O. caucasicus** var **cataonicus** Soó in *Notizbl. Berlin* (1926), p. 910.

Icon. : Fleischm., *l. c.*, f. 6, pl. II, f. I ; *Ic. n.*, pl. 129, f. 8.

Tubercules palmés. Tige dressée, fistuleuse, haute de 20-25 cm., feuillée jusqu'au sommet, munie à la base de 2-3 gaines blanchâtres, verdâtres au sommet. *Feuilles 4-6*, les basilaires bien plus petites, la 2e et la 3e allongées, lancéolées-subelliptiques, *un peu atténuées à la base*, les autres insensiblement décroissantes, oblongues-lancéolées. Bractées oblongues-lancéolées, aiguës, les inf. dépassant les fleurs ou les égalant. Epi dense, pyramidal. *Fleurs petites*, rose pâle avec dessins plus foncés. Divisions lat. ext. du périanthe obovales-rhomboïdales, longues de 6-7 mm. sur 3, la méd. elliptique, un peu plus petite, longue de 5-6 mm., large de 2,5 mm. ; div. lat. int. un peu plus petites, oblongues-linéaires, arrondies au sommet, à base oblique, longues de 6 mm., large de 2 mm. Labelle de forme orbiculaire, obscurément tripartit ; lobe méd. triangulaire, subobtus ; eperon cylindrique-conique, à base ample, long de 6 mm., de 3 mm. de diam. Etamine courte, arrondie ; connectif non proéminent. Ovaire long de 8-10 mm. — Appartient au groupe de l'*O. latifolia*, d'ap. Fleischm. — Plante peu connue.

Asie Mineure : Ak Dagh, entre Kjachta et Malatja, calc., alt. 2.400 m. (*Exp. Mésop. et Kurdist.*, 1910, n⁰ 2367.

O. SANASUNITENSIS

O. sanasunitensis Fleischmann in *Annalen K. K. naturhistor. Hofmuseums*, XXVIII, p. 35, t. 7, pl. II, f. 2 (1914). — **O. cilicicus** var. **sanasunitensis** Soó in Fedde, *Rep.* (1927), p. 30.

Icon. : Fleischmann. *l. c.* ; *Ic. n.*, pl. 132, f. 10.

Tubercules palmés jusque vers la base, ord. bipartits. Tige dressée, haute de 25 cent. env., munie, à la base, de 2-3 gaines blanchâtres et amples. *Feuilles* ord. 4, *toutes plus larges vers le milieu*, les deux inf. brièvement ovales-elliptiques, à base plus ou moins engainante, arrondies au sommet, les sup. allongées, lancéolées, la sup. env. deux fois plus longue que la bractée inf., atteignant la base de l'épi ou la dépassant un peu. Bractées foliacées, lancéolées, dépassant les fl., vers le sommet insensiblement plus courtes, à nerv. réticulées. *Fl. médiocres*, roses, à dessins obscurs. Divisions lat. ext. longues de 9,5 mm. sur 3,5 mm., dressées, égalant presque es div. lat. int., la méd. symétrique, oblongue-elliptique, aiguë, les lat. asymétriques ; div. lat. int. étroites, presque linéaires, arrondies au sommet, à base suboblique, trinervées. *Labelle* suborbiculaire, *ord. plus long que large*, très obscurément trilobé, long de 9 mm., large de 8 mm. *Eperon* cylindrique, long de 10 mm., obtus au sommet, un peu courbé, à base subdilatée, *égalant à peine l'ovaire*. Etamine courte ; connectif un peu apiculé. — Plante peu connue.

Asie Mineure : Taurus arménien, cime principale du Meleto Dagh, Sassun, Bitlis, alt. 2.500 m.(*Explor. Mésopot. et Kurdistan*, 1910, n° 2817).

43. — O LATIFOLIA

O. latifolia L., *Spec.*, éd. 1, p. 941 (1753) ; *Fl. suec.*, éd. 2, p. 312 ; Willd., *Spec.*, IV, p. 28 ; Rich. in *Mém. Mus.*, IV, p. 55 ; Lindl., *Gen. and Spec.*, p. 260 ; Kraenz., *Gen. et spec.*, p. 146 ; Richter, *Pl. Eur.*, I, p. 270 ; Correvon, *All. Orch. Eur.*, pl. XLI ; Sm., *Brit.*, p. 924 ; Oudemans, *Fl. Nederland.*, III, p. 14 ; Lej *Fl. Spa* ; Lej. et Court., *Comp.*, III, p. 185 ; Tinant, *Fl. luxemb.*, p. 440 ; Crépin, *Man. Fl. Belg.*, éd. 1, p. 177 ; éd. 2, p. 293 ; Kops, *Fl. Bat.*, t. 20 ; Mey., *Orchid. G.-D. Luxemb.*, p. 11 ; Thielens. *Orch. Belg. et Luxemb.*, p. 80 ; Poiret, *Encycl.*, IV, p. 596 ; Vill., *Fl. Dauph.*, II, p. 35 ; D C., *Fl. fr.*, III, p. 251, n° 2021 ; Duby, *Bot.*, p. 443 ; Loisel., *Fl. gall.*, II, p. 267 ; Boisduval, *Fl. fr.*, III, p. 46 ; Mutel, *Fl. fr.*, III, p. 240 ; *Fl. Dauph.*, éd. 2, p. 593 ; Lapeyr., *Abr. Pyrén.*, p. 548 ; Le Turq. Delon., *Fl. Rouen*, p. 439 ; Gren. et God., *Fl. Fr.*, III, p. 295 ; Boreau, *Fl. Centre*, éd. 3, p. 645 ; Lec. et Lamt., *Cat. Pl. Centr.*, p. 349 ; Godet, *Fl. Jura*, p. 685 ; Gren., *Fl. ch. juras.*, p. 749 ; Michalet, *Hist. nat. Jura*, p. 296 ; Godr., *Fl. Lorr.*, II, p. 289 ; Martr.-Donos, *Fl. Tarn*, p. 704 ; Dupuy, *Fl. Gers*, p. 229 ; Castag., *Cat. B.-d.-Rh.*, p. 157 ; Ardoino, *Fl. Alp.-Marit.*, p. 354 ; Barla, *Iconogr.*, p. 61 ; Dulac, *Fl. H.-Pyr.*, p. 125 ; Loret et Barrandon, *Fl. Montpel.*, p. 662, Renault, *Ap. H.-Saône*, p. 243 ; Contejean, *Rev. Montbél.*, p. 222 ; Gust. et Hérib., *Fl. Auv.*, p. 431 ; Lloyd et Fouc., *Fl. Ouest*, p. 334 ; Car. et S.-Lag., *Fl. descr.*, éd. 8, p. 805 ; Franch., *Fl. L.-et-Ch.*, p. 574 ; Coss. et Germ., *Fl. env. Paris*, éd. 2, p. 683 ; Bonnet, *P. fl. paris.*, p. 382 ; Brébisson, *Fl. Normand.*, éd. pl. ; G. Cam., *Monogr. Orch. Fr.*, p. 48 ; in *Journ. bot.*, VI, p. 157 ; G. Cam. Berg. A. Cam., *Monogr. Orch. Eur.*, p. 184 ; Briquet, *Prodr. Fl. Corse*, p. 368 ; Alb. et Jahand., *Cat. Var*, p. 494 ; Gautier, *Fl. pyr.*, p. 38 ; Charbonnel in *Bull. Soc. nat. Ain* (1902), p. 55 ; Koch, *Syn.*, éd. 2, p. 792 ; éd. 3, p. 596 ; éd. Hallier et Wohlf., p. 2429 ; Oborny, *Fl. Moehr. Oest. Schles.*, p. 248 ; Rhiner, *Prodr. Waldst.*, p. 126 ; Foerster, *Fl. Aachen*, p. 345 ; Bach, *Rheinpr. Fl.*, p. 370 ; Seubert, *Excurs. Bad.*, p. 123 ; Garcke, *Fl. Deuts.*, éd. 14, p. 378 ; M. Schulze, *Die Orchid.*, n° 21 ; Aschers. et Graeb., *Syn.*, III, p. 733 (*O. latifolius*) ; Gaud., *Fl. helv.*, V, p. 442, n° 2065 ; Morthier, *Fl. Suisse*, p. 363 ; Reuter, *Cat. Genève*, éd. 2, p. 203 ; Bouvier, *Fl. Alpes*, éd. 2, p. 641 ; Fischer *Fl. Bern.*, p. 76 ; Gremli, *Fl. Suisse*, éd. Vetter, p. 481 ; Schinz et Keller, *Fl. d. Schweiz*, p. 123 ; All., *Fl. pedem.*, II, p. 149 ; Ten., *Fl. nap.*, II, p. 297 ; Pollin., *Fl. veron.*, III, p. 17 ; Bertol., *Fl. ital.*, IX, p. 551 ; Parlat., *Fl. ital.*, III, p. 519 ; de Notar., *Repert. fl. ligust.*, p. 386 ; Arcangeli, *Compend.*, éd. 2, p. 170 ; Cocconi, *Fl. Bolog.*, p. 486 ; Guimar., *Orch. port.*, p. 88 ; Hausm., *Fl. Tirol*, p. 837 ; Beck, *Fl. Nied.-Oester.*, p. 205 ; Schur, *Enum. Trans.*, p. 642, n° 3416 ; Griseb., *Spic. fl. rum. et bith.*, p. 792 ; Boiss., *Fl. orient.*, V, p. 71 ; Smith et Sm., *Prodr. fl. gr.*, II, p. 214 ; Chaub. et Bor., *Exp. Morée*, p. 254 ; *Fl. Pélop.*, p. 61 ; Ball, *Spic. Mar.*, p. 672 ; et auct. mult. pro et ex parte. — **O. comosa** Scop., *Fl. carn.*, éd. 2, II, p. 198 (1772).

— **O. fistulosa** Moench, *Meth.*, p. 713 (1794). — **O. majalis** Reichb., *Pl. crit.*, VI, p. 7 (1828) ; Blytt, *Handb. Norg., Fl.*, éd. Ove Dahl, p. 228 ; et *auct. plur.* — **O. incarnata** var. **major** Boiss. et Kotschy, *Cilic. exsicc.* — **O. triphylla** et **O. affinis** K. Koch in Linn., XXII, p. 283 (1849), sec. Boiss., *Fl. orient.*, V, p. 71. — *O. radicibus palmatis, caule fistuloso, bracteis maximis, labello trifido serrato, medio segmento obtuso* Hall., *Helv.*, n° 1279, t. 32 ; *Enum.*, 271, n° 26. — *O. palmata pratensis latifolia, longis calcaribus* Bauh., *Pinax*, p. 85 ; Vaill., *Bot. paris.*, p. 152. — *O. palmata pratensis maculata* et *O. palmata palustris tota rubra* Bauh., *Pinax*, p. 85, 86. — *O. palmata palustris altera et tertia* Rivin., *Hexap.*, t. 19. — *Satyrium femina* Blackw., t. 405.

Noms vulg. : Orchis à feuilles larges, O. palmé des marais, Soupe à vin, Satirion (Est). — Angl. : Marsh-Orchis. — Italie : Concordia. — Allem. : Bleitblättriges Knabenkraut, Knabenkraut-Weiblein, Christihändl, Gotteshand, Göli, Roter Guckguck, Handleinwurz, Gluckshandl, Hans und Talk, Herrgottsfleich und Blut, Herrgotthränchen, Himmelsschlüssel, Kuckucksblume, Ständleinwurz, Teufelshändl, Teufelsklaue, Wasser-händlwurz, Wurmkraut, Hohlstielige Ragwurz. — Holl. : Breedbladige Orchis.

Icon. : Haller, *Helv.*, t. 31 ; Vaill., *l. c.*, t. 31, f. 1-5 ; Schk. *Handb.*, t. 271 ; *Fl. Dan.*, t. 266 ; Reichb. F., t. 50, CCCCII ; Barla, *l. c.*, pl. 48, f. 1-6 ; pl. 49 ; la f. 2 représ. plutôt l'O. *latif.* × *maculata* ; Paol. et Fiori, *l. c.*, p. 830 ; Cortesi, *l. c.*, p. 54, f. 1-5 ; Guimar., *l. c.*, est. VII, f. 55 ; Bonnier, *N. Fl. Alb.*, p. 146 ; Fitch et Smith, *Illustr. Brit. Fl.*, n° 999 ; G. Cam. Berg. A.Cam., *l. c.*, pl. 22, f. 705-712 ; *Ic. n.*, pl. 46 f. 1-29 ; pl. 128, f. 1-3.

Exsicc. : Billot, n°ˢ 657 et 657 *bis* ; *Soc. Rochel.*, n° 2247 ; Fries, *Herb. n.*, 7, n° 67 ; *Soc. Dauph.*, n° 4657.

D'après les auteurs anglais, on aurait confondu deux plantes sous le nom d'O. *latifolia* : l'O. *latifolia* à feuilles maculées, de l'Europe continentale, et l'O. *prætermissa*, à feuilles non maculées. En France, ce dernier a plutôt été confondu avec l'O. *incarnata*, les deux espèces présentant beaucoup d'affinités.

Tubercules 2, palmés-digités, aplatis, les jeunes souvent seulement bilobés, les vieux 3- ou 4-fides, à divisions très allongées (surtout dans les endroits très humides) et non divariquées, rarement entiers et napiformes (fait déjà signalé par Villars). Fibres radicales assez épaisses. *Tige très robuste, très fistuleuse*, peu élevée en raison de son diamètre, haute de 20-30 (rarement 10-45) centim., anguleuse au sommet, d'un vert clair, parfois lavé de violet à la partie sup., entourée, à la base, de grandes gaines blanchâtres, verdâtres au sommet. *Feuilles 4-7*, d'un vert foncé, *à face sup. ord. pourvue de macules brunâtres souvent en anneaux*, les inf. un peu rapprochées, lâchement et brièvement engainantes, légèrement carénées, puis planes, étalées, *ovales-oblongues ou lancéolées, élargies vers le milieu*, obtuses, très rarement aiguës, ord. étalées, les sup. largement lancéolées, acuminées, l'ultime sublinéaire, bractéiforme, atteignant ou dépassant la base de l'épi, ord. teintée de violet pourpre. Bractées vertes, souvent lavées de pourpre, lancéolées, acuminées, atténuées dès la base, trinervées ou plurinervées et réticulées, ord. les inf. plus longues que l'ovaire et même que la fl. Fleurs moyennes ou grandes, d'un pourpre un peu violacé, rarement pâles ou blanches, disposées en épi dense, d'abord pyramidal, puis subcylindrique, peu ou non atténué au sommet, souvent très allongé. Périanthe à div. libres, les ext. ovales-lancéolées, atténuées à la base, obtuses ou subaiguës, 3-nervées, les lat. horizontales ou obliquement dressées, un peu étalées et un peu réfléchies au sommet, non maculées, rarement maculées en dedans, la méd. un peu plus courte, dressée et rapprochée du gynostème ; les lat. int. un peu plus courtes et plus étroites que les ext., oblongues-lancéolées, ord. non maculées, conniventes, rapprochées de la méd. ext., obscurément 3-nervées. *Labelle* trilobé, *plus large que long*, à base cunéiforme, ord. d'un violet pourpré ou rose plus pâle, souvent presque blanc à la base, muni de lignes presque symétriques d'un pourpre foncé, continues ou brisées, formant des boucles avec des ponctuations ; lobes lat. subrhomboïdaux ou arrondis, entiers ou dentés, rejetés un peu en arrière ; *lobe méd. plus ou moins allongé*, obtus, arrondi, rarement aigu, à bords ord. entiers. *Eperon* cylindro-conique, dirigé en bas, peu arqué, *un peu plus court que l'ovaire*, violacé, souvent maculé de violet en dedans. Gynostème court, subobtus ou apiculé. Anthère rougeâtre ou purpurine. Masses polliniques vert foncé. Caudicules jaunâtres. Rétinacles blanchâtres ou violacés (1). Ovaire dressé, subcylindrique, légèrement courbé au sommet, vert, souvent très lavé de violet. Capsule oblongue, à côtes saillantes, plus ou moins lavée de violet ou de pourpre.

---

1. La fécondation est opérée par l'intermédiaire d'Hyménoptères : *Apis mellifica* L. ♀, *Bombus agrorum* F., *B. confusus* Sch., *B. distinguendus* Mor., *B. hortorum*, L. ♀, *B. lapidarius* L. ♀, *B. muscorum* F., *B. terrester* L., *Eucera longicornis* L., *Halictus leucozonius* Sch. ♀, *Nomada sexfasciata* Pz., ♀, *Osmia fusca* Chr. = *O. bicolor* Schrk. ♀ (Cf. Muller, *Befrucht. der Blumen*, p. 85). Darwin a aussi observé des Diptères, H. Muller, dans les Alpes, des Bourdons.

Morphologie interne.

Tubercule. Grains d'amidon ordt arrondis, de 6-9 μ de diam.,quelquefois de forme irrégulière et atteignant 14-18 μ de long. env. — *Fibres radicales.* Assise pilifère et assise subéreuse plus ou moins complètement subérisées. Vaisseaux de métaxylème souvent assez nombreux, entourant, avec les lames vasculaires primaires, un parenchyme non différencié abondant.

Tige. (f. 128) Section polygonale. Cuticule à peine striée, stomates nombreux. Petites ailes parenchymateuses de la partie sup. de la tige dues au prolongement de la nervure médiane et du bord des feuilles. Tissu lignifié extralibérien manquant parfois ou formé de cellules à parois légèrement lignifiées. Faisceaux libéroligneux très développés tangentiellement, les petits complètement entourés par le tissu lignifié, les gros contigus à l'anneau lignifié et munis d'un arc int. lignifié. Lacune occupant le centre de la tige extrêmement grande, même dans la jeunesse ; parenchyme interne très abondant se résorbant presque jusqu'aux faisceaux. — *Base de la tige* (f. 127). Anneau lignifié souvent différencié. Faisceaux libéroligneux des gaines dépourvus de tissu mécanique.

Feuille. Ep. = 300-520 μ. Epiderme sup. recticurviligne, strié, contenant de la chlorophylle, ordt à macules d'un violet noir formées par des cellules à pigment violet, haut de 70-90 μ, à paroi ext. épaisse de 7-10 μ et légèrement bombée,pourvu de stomates, même dans les feuilles inf. (nombreux vers l'extrémité du limbe), portant quelques rares poils unicellulaires laissant, après leur chute, leur partie basilaire plus ou moins déchirée et brunâtre. Epiderme inf. recticurviligne, haut de 40-60 μ, à paroi ext. épaisse de 5-8 μ, bombée, à stomates nombreux [1]. Cellules épidermiques formant le bord du limbe à contenu violacé, à paroi ext. un peu et irrégulièrement bombée (pl. 116, f. 121). Parenchyme formé de 9-10 assises, les 2 assises sup. serrées, les autres constituant un tissu assez lâche de cellules arrondies ou rameuses, peu chlorophyllien, surtout au milieu du limbe, et renfermant des raphides. Bord aminci, parfois dépourvu de chlorophylle.

Fleur. — *Divisions externes du périanthe.* Epidermes dépourvus de papilles caractérisées. — *Divisions latérales internes.* Bords légèrement papilleux. — *Labelle.* Epiderme int. prolongé en papilles coniques, striées ou non, atteignant 90-100 μ vers le milieu du labelle, bien plus courtes dans les parties lat. Epiderme ext. légèrement papilleux vers les bords. — La fleur ne renferme que des traces d'essence, l'épiderme int. de la partie sup. blanche du labelle en contient un peu (éch. provenant de la rég. montagn. des Alpes-Marit.). — *Eperon.* Epiderme int. muni de papilles nombreuses, cylindriques, assez étroites, striées, atteignant 80-100 μ, 100-120 μ à la gorge (pl. 121, f. 379). Epiderme ext. à papilles peu nombreuses. — *Anthère.* Epiderme non ou à peine papilleux. Epaississements en anneaux incomplets peu abondants. — *Pollen.* Jaune verdâtre, tétrades de la périphérie des massules à exine très délicatement ruguleuse. L. = 35-40 μ env. — *Ovaire* (f. 129). Epiderme strié, Nervure médiane des valves placentifères peu saillante extérieurement, contenant un faisceau libéroligneux à bois int. et souvent un faisceau placentaire libérien. Placentas allongés, se divisant au sommet en lobes divergents.

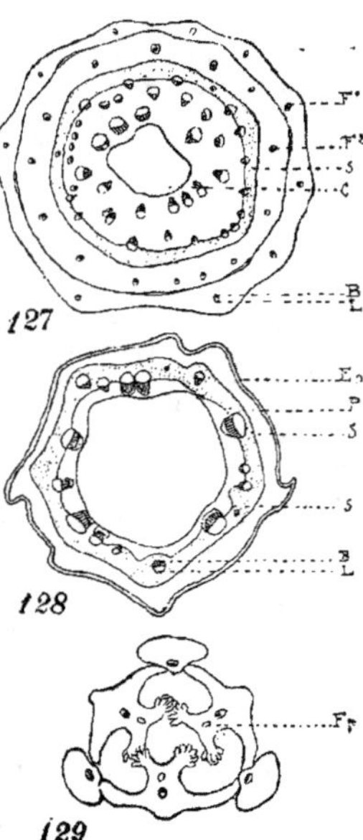

Orchis latifolia — Fig. 127 : section transv, schématique de la base de la tige entourée de gaines brunâtres: B, bois ; C, lacune centrale ; F¹, faisceau libéroligneux de la première feuille ; F², faisceau libéroligneux de la deuxième feuille : L, liber ; S, sclérenchyme. — Fig. 128 : section transv. schématique passant par le milieu de la tige. — Fig. 129 : section transv. schématique de l'ovaire ; Fp, faisceau placentaire.

Valves non placentifères très développées, proéminentes, contenant un faisceau libéroligneux à bois int. — *Graines.* Suspenseur développé, à processus réduits. Cellules du tégument des graines adultes à parois rectilignes, non trésiés dans les individus vivant isolés, ayant parfois quelques stries dans les plantes croissant dans le voisinage des *O. incarnata* et *maculata* et probablement issues de croisements. Graines légèrement

1. Cf. *Zirkle, Structure of chloroplast* in *American Journ. of Bot.* 1926, p. 309.

atténuées à l'extrémité supérieure et très déprimées à la base, 2 f. 1/2-3 f. plus longues que larges. L. = 650-750 µ (1).

Var. β **affinis** G. Cam. Berg. A. Cam., *l. c.*, p. 187. — *O. latifolius* var. *submaculatus* Aschers. et Graebn., *l. c.*, p. 735. — *O. affinis* Koch, *Beitr. z. Fl. d. Or. in Linnæa*, XXII, p. 284 (1849) ; Reichb. F., *Icon.*, XIII, t. CCCCVIII, f. II, 1. 2 ; Bunge, *Pl. Abich.*, p. 19 ; Trautv., *Incr. Fl. Ross.*, p. 747, n° 5013. — *O. triphylla* K. Koch, *l. c.* — *O. maculata* var. *major* Boiss. in Kotschy, *Cilic. exsicc.*, p. p. — *O. latifolia forma* Boissier, *Fl. orient.*, V, p. 71 (1884) ; Ledeb., *Fl. Ross.*, IV, p. 54. — *Latifoliæ submaculatæ* Reichb. F., *Icon.*, XIII, 57, 61 (1851) et in Walpers, *Ann.*, III, p. 578. — Plante grêle, peu élevée, fistuleuse. Feuilles inf. comme dans l'*O. maculata*. Bractées égalant l'ovaire. Fleurs comme dans les petites formes de l'*O. latifolia* ou de l'*O. incarnata*. Labelle à 3 lobes dentés, très prononcés. — Probablement forme locale du Caucase.

Var. γ **Tharandina** Reichb. F., *Abg. Ikon.* Taf. 51 ; *Ic.*, XIII-XIV, p. 58, t. CCCCIII, f. 5, 6 (1851) ; M. Schulze, *Die Orchid.*, n° 21 (3). — Labelle orné de 3 rangs de ponctuations dont l'ext. bordant les divisions lat. Eperon mince, subfiliforme. — Allemagne : Waldwiesé, Tharandt, env. de Dresde (Reichb.).

Var. δ **impudica** (*impudicus*) Aschers. et Graebn., *l. c.*, p. 736 (1907). — *O. impudica* Crantz, *Stirp. Austr.*, VI, p. 497 (1769) ; Beck, *Fl. Nied.-Oesterr.*, I, p. 205 (1890). — ? *O. comosa* Scopoli, *Fl. Carn.*, II, p. 198 (1772). — *O. latif.* subsp. *impudicus* Soó in Fedde, *Rep.* (1927), p. 30. — Plante assez haute. Tige épaisse. Feuilles inf. larges, presque charnues. Bractées très grandes, souvent les sup. dépassant les fleurs. Fleurs atteignant 2 cm., colorées. Labelle grand, souvent long de 1 cm. 5, entier, rarement 3-lobé. — Forme des hautes montagnes. — Alpes de Suisse, Carpathes.

Var. ε **pumila** Freyn ap. M. Schulze in *Thür. B. V. N. F.*, XIX, p. 111 ; Zimmerm., *Die Form. d. Orchid.*, p. 36 (1912) ; Schl. in Kell. et Schl., *Ic.*, p. 177. — Plante peu élevée ; feuilles étroites, très maculées ; épi 5-12-fl. petites, colorées. — Forme alpine. — Tyrol, Salzbourg (Fleissner, Freyn), Allemagne : Forêt-Noire (Zimmerm.).

Var. ζ **Barlæ** G. Cam. — *Ic. n.*, pl. 46, f. 25-28. — Plante robuste. Bractées allongées, les inf. dépassant souvent longuement les fleurs. Epi dense. Fleurs très colorées, d'un violet pourpré, la base du labelle pâle ou blanche ; labelle 3-lobé ; lobe médian petit, dépassant peu les lat., beaucoup moins large que ceux-ci. — Alpes dép. des Alpes-Maritimes.

Var. η **brevifolia** Reichb. F., *Icon.*, XIII-XIV, p. 58, t. CCCCIII, f. 1, 1, 2 (1851) ; M. Schulze, *Die Orchid.* n° 21 (3). — *O. latifolius* var. *brevifolius* Aschers. et Graebn., *l. c.* — Plante élancée, haute de 30 cm. env., à port rappelant celui de l'*O. Traunsteineri*. Feuilles étroitement lancéolées (ne dépassant pas 1,5 cm. de large), assez courtes (10-20 cm. de long), espacées, sans macules ou légèrement maculées. Epi court, lâche, pauciflore. — Suisse (Chenevard ap. M. Schulze in *Mitth. Thür. B. V. N. F.*, X, p. 74 (1897), Allemagne.

La v. *gracilis* Warnstorf ap. M. Schulze in *Deutsche bot. Monat.* (1883), p. 109 et *Die Orchid.*, n° 21 (4) est une variation de peu d'importance, à éperon allongé. — Brandebourg (Warnstorf).

Var. θ **lapponica** Reichb. F., *Icon.*, XIII-XIV, p. 58 (1851). — *O. lapponica* Laestad. ap. Reichb. F., *l. c.*, p. 59 ; Montell in *Medd. pr. faun. et fl. fennica* (1921), p. 55 ; Schl. in Kell. et Schl., *Ic.*, p. 175 (1927) — *O. maculata* var. *lapponica* Nyland. et Sael, *Herb. mus. fenn.*, p. 20 (1859). — *O. latif.* subsp. *lapponicus* Soó in Fedde, *Rep.* (1927), p. 30. — Icon. : Reichb. F., *l. c.*, t. CCCCV, f. I, II, 1, 2 (1851). — Tubercules palmés, allongés-filiformes aux extrémités. Plante peu élevée. Feuilles peu nombreuses, lancéolées, fortement maculées. Fl. ressemblant à celles de l'*O. latif.* Labelle aussi long que large, à 3 lobes, le moyen petit, subdentiforme. Eperon conique, long, peu ou non arqué. Souvent avec *Ledum palustre*, *Andromeda polifolia*, *Carex dioica*. Europe septentr. — D'apr. Fuchs et Ziegenspeck, in *Rep. sp. nov.*, XXI, p. 691 (1925), serait hybride de l'*O. incarnata* × *latifolia*. — Suède.

Var. ι **dunensis** Reichb. F., *l. c.*, p. 59, t. DXVI (1851) ; Richter, *Pl. Eur.*, I, p. 271, Aschers. et Graebn., *l. c.*, p. 738 (1907). — *O. lat.* subsp. *O. baltica* Kl. in Lehm., *Fl. Poln. Livl.*, p. 188 (1895)? — *O. lat.*, subsp. *dunensis* Soó in Fedde, *Rep.* (1927), p. 30. — Ressemble à la var. *lapponica*, mais feuilles plus longues, dressées, atténuées vers la base, élargies vers le milieu, ord. maculées ; fl. plus grandes (div. ext. du périanthe souvent longues de 1 centim.) — Vit surtout près de la mer, taillis humides, vallons des dunes. — Hollande (Wassenaar ap. Reichb.), Prusse orientale (ap. Aschers.).

Beaucoup de var. présentent une forme à périanthe blanc (cf. *Orch. Rev.* (1899), p. 136).

Zapalowicz, *Conspect. Fl. Galiciæ*, p. 209, signale une var. *albiflora*, à fleurs complètement blanches et à feuilles étroites.

____

1. Delaunay *in C. R.* 1923, 176, p. 598, a signalé la présence de la loroglossine dans l'*O. latifolia*.

Monstruosités. — F. *caule distachyo* GRAVES, *Catal. Oise*, p. 120. Tige portant 2 épis. — Falaise du Bray à la Neuville d'Auneuil.

Synanthie. Soudure de deux fleurs (Cf. ZIMMERM. in *Allg. bot. Zeitschr.* (1910), 7-8, p. 19).

F. *ecalcarata* PETERM., *Anal. Pfl.*, p. 440 (1846) ; M. SCHULZE, *Die Orchid.*, nᵒ 21, 4. — Eperon nul. — Signalé à Wallendorf en Thuringe et à Leipzig.

Pélorie régulière. Périanthe à divisions semblables, sans éperon, à 1-3 étamines fertiles (Cf. MUTEL, *Fl. franç.*, III, p. 242).

Fleurs à divisions découpées en lanières capillaires.

J.. *conosus* ERDNER in FEDDE, *Repert. spec. nov.* (1916), p. 418. — Bractées allongées, les sup. sans fl. — Bavière : Neuburg (ERDNER).

V. v. — Mai, juin, juillet, dans les montagnes. — *Habitat* : marais tourbeux, prairies humides, plaines et montagnes, jusqu'à 2.400 m. et plus, rarement dans des endroits secs. — *Répart. géogr.* : presque toute l'Europe, Portugal, Espagne, France, Corse, Grande-Bretagne, Belgique, Hollande, Grand-Duché de Luxembourg, Danemark, Scandinavie mérid., Suisse, Allemagne, Italie (répandu dans la rég. septentr., plus rare dans la rég. mérid., Alpes, Apennins), Autriche Hongrie, Balkans, Russie, Caucase, Transcaucasie. — Perse septentr·

L'*O. longifolia* NEUMAN in *Bot. Not.* (1909), p. 241, d'après la description de l'auteur, se rapprocherait de l'*O. latifolia* dont il différerait par la tige plus robuste, les feuilles longues de 10-15 cent., larges de 1,5-2,5 cm., ovales, ou elliptiques, ou oblongues, l'épi lâche, le labelle bien plus large que long (7-8-9 × 11 mm.). — Suède.

Sous-esp. O. baltica.

O. baltica J. KLINGE, et ap. Ed. LEHMANN, *Fl. v. Polnisch-Livland*, p. 188 (1895) ; et ap. N. PURING, *Fl. d. Westl. Th. Gouv. Pleskau* (1898), p. 193 ; *Dactylorchidis*, p. 24 (1898) ; G. CAM. BERG. A. CAM., *l. c.*, p. 187. — *O. latif.* var. *baltica* SCHL. in KELL. et SCHL., *Ic.*, p. 177 (1927). — *O. latif.* var. *dunensis* REICHB., *Icon.*, p. 59 ?

Tubercules profondément palmés. Tige élevée, de 25-70 centim. de hauteur, grêle, souvent flexueuse. *Feuilles 4-7, étroites*, lancéolées, plus larges vers le milieu ou au-dessus, dressées-étalées, ordt *maculées de brun*, rarement non maculées. Epi ovale-oblong, souvent dépassé par les bractées. Bractées inf. étalées, dépassant les fleurs. Fleurs ordt d'un lilas pourpre. Périanthe à divisions ovales ou lancéolées, obtusiuscules ou acutiuscules. Labelle plus large que long, à lobes lat. plus ou moins crénelés, à lobe médian variable, plus ou moins largement ligulé, rarement émarginé ou encore obtus-subtriangulaire. Eperon de 6 à 9 *mm.* de long.

Mai, juin. — Croît ordt en colonies dans les lieux humides et aussi en lieux assez secs. — Europe centrale : Prusse orientale, Lithuanie, Curonie, Livonie, Esthonie, Ingrie, Finlande, Russie centr., — Sibérie tempérée, Transcaucasie. — S'hybride avec l'*O. incarnata, maculata, cruenta, Russowii*, d'ap. KLINGE.

44. — O. PURPURELLA

O. purpurella STEPHENSON in *Journ. of Bot.* (1920), p. 164 et 260, f. 9 et 10 (1921) ; SPIKES in *De Levende-Natuur* (juin 1921) ; GODFERY et STEPH. in *Journ. of Bot.* (1924), p. 176 ; SCHL. in KELL. et SCHL., *Ic.*, p. 174, pl. 16, f. 63.

Icon. : *Ic. n.*, pl. 128, f. 14-15.

Plante robuste, presque naine, haute de 12-15, rarement 25 cent. *Tubercules palmés, à div. souvent très divergentes*, longuement atténuées. Tige presque pleine. *Feuilles* oblongues-lancéolées, ord. plus larges vers le milieu, légèrement carénées, obtuses au sommet, longuement engainantes, *munies, surtout vers le sommet, de macules très petites*, jamais en anneaux, également distribuées ou localisées et rapprochées au sommet de la feuille. Bractées pourpres, les inf. plutôt grandes, dépassant les fl. Epi court, de 3-5 cent. env. Fleurs d'un pourpre vif ; div. ext. du périanthe larges, dressées, assez rigides ; *labelle* rhomboïdal, plan, entier ou obscurément trilobé, plus large que long, légèrement crénelé, de texture assez épaisse, à bords souvent incurvés, à lobe méd. petit, quand il est distinct, *muni de dessins irréguliers ord. assez visibles*, plus foncés, situés vers la ligne méd. ; *lobes lat.* crénelés, souvent réfléchis ; *éperon assez épais*, à gorge large, conique, *plus court que l'ovaire*. Graines atténuées au sommet ; testa foncé, muni d'un léger réseau (d'ap. GODFERY).

Grande-Bretagne : Ambleside et Aberystwyth (d'ap. STEPHENSON) ; Hollande (d'ap. SPIKES) ; Belgique ? (cf. HOUZEAU DE LEHAIE, in *Bull. Soc. Roy. Bot. Belg.*, LIX, p. 1 (1926).

D'après M. Godfery (ap. Steph. in *Journ. of Bot.*, 1920, p. 166), serait peut-être issu du croisement des *O. incarnata* et *latifolia* ; pour M. Stephenson, se comporte comme une espèce véritable, mais pourrait provenir du croisement de l'*O. incarnata* ou de l'*O. praetermissa* avec l'*O. latifolia* ou l'*O. incarnata.*

O. SERBICA

O. serbica H. Fleischmann in *Mitt. Naturw. Ver. Steiermark*, LV (1908), p. 179 ; Fedde, *Repert. Nov Spec.*, VII, p. 287 (1).

Tubercules... *Tige* haute de 45 cm., *fistuleuse*, munie à la base de 2 gaines brunes. *Feuilles* caulinaires 5. oblongues-lancéolées, aiguës, *plus larges au milieu* ; feuilles infér. penchées, très longues (13 cm. de long, 2-2,5 cm. de large), les autres promptement décroissantes, les supér. bractéiformes, dépourvues de macules. Bractées inf. plus longues que les fleurs, les sup. plus courtes, étroitement lancéolées, herbacées, 3-nervées et réticulées-veinées. *Fleurs petites,* d'un pourpre saturé, disposées en *épi étroitement cylindrique,* long de 12 cm., large de 2 cm. Divisions du périanthe libres, les ext. ovales-aiguës, 3-nervées et réticulées-veinées, longues de 7 mm., larges de 3,5 mm., les lat. presque étalées, la sup. connivente avec les lat. int.; divisions lat. int. un peu plus courtes, obliquement ovales, arrondies au sommet, 2-nervées, à nervures rameuses. *Labelle* transversalement elliptique, large de 8 mm., long de 6 mm., *arrondi à la base,* brièvement papilleux, légèrement *trilobé* dans son tiers antérieur, à lobes entiers, obtus, le médian large. *Eperon* cylindrique-conique, *plus court que l'ovaire.* Ovaire dressé, tordu. *Gynostème court, obtus.* — Se rapproche de l'*O. saccifera* Brongn. par son inflorescence étroite et ses fleurs pourprées.

Serbie : Vlasina (Dimitrijevic).

Sous-sect. D. **Maculatæ** (emend.). — Tubercules profondément divisés. Tige très peu ou non fistuleuse. Divisions latérales externes du périanthe étalées ou un peu réfléchies.

45. — O. MACULATA

O. maculata L., *Spec.*, éd. 1, p. 942 (1753) ; Richard in *Mém. Mus. Par.*, IV, p. 55 ; Lindl., *Gen. and Spec.*, p. 266 ; Reichb. F., *Icon.*, XIII-XIV, p. 65, t. CCCCVII ; Kraenz., *Gen. et spec.*, p. 150 ; Richter, *Pl. Eur.*, I, p. 271 ; Blytt, *Norg. Fl.*, éd. Ove Dahl, p. 228 ; Babingt., *Man. Brit. Bot.*, éd. 8, p. 344 ; Benth., *Brit. Flora*, p. 464 ; Oudemans, *Fl. Nederl.*, p. 144 ; Crépin, *Man. Fl. Belg.*, éd 2, p. 293 ; de Vos, *Fl. Belg.*, p. 554 ; DC., *Fl. fr.*, III, p. 252 ; Duby, *Bot.*, p. 443 ; Loisel., *Fl. gall.*, II, p. 267 ; Mutel, *Fl. fr.*, III, p. 243 ; *Fl. dauph.*, éd. 2, p. 594 ; Boisduval, *Fl. fr.*, III, p. 46 ; Vill., *Hist. Dauph.*, II, p. 37 ; Lapeyr., *Abr. Pyr.*, p. 548 ; Le Turq. Delon., *Fl. Rouen*, p. 39 ; Lec. et Lamt., *Cat. Cent.*, p. 318 ; Gr. et God., *Fl. Fr.* III, p. 296 ; Boreau, *Fl. Cent.*, éd.1, éd. 2, éd. 3 ; Coss. et Germ., *Fl. Par.*, éd. 2, p. 683 ; Godr., *Fl. Lorr.*, II, p. 289 ; Martr.-Donos, *Fl. Tarn*, p. 706 ; Godet, *Fl. Jura*, p. 686 ; Michalet, *Hist. nat. Jura*, p. 296 ; Gren., *Fl. ch. jurass.*, p. 750 ; Ardoino, *Fl. Alp.-Mar.*, p. 354 ; Barla, *Iconogr.*, p. 60 ; Poirault, *Cat. Vienne*, p. 96 ; Dulac, *Fl. H.-Pyr.*, p. 125 ; Gust. et Hérib., *Fl. Auv.*, p. 431 ; Bonnet, *P. fl. paris.*, p. 382 ; Franchet, *Fl. L.-et-Ch.*, p. 574 ; G. Cam., *Monogr. Orch. Fr.*, p. 49 ; in *Journ. de Bot.*, VI, p. 158 ; G. Cam. Berg. A. Cam., *Monogr. Orch. Eur.*, p. 188 ; Lloyd et Foug., *Fl. Ouest*, p. 334 ; Car. et Saint-Lag., *Fl. descr.*, éd. 8, p. 805; Bubani, *Fl. pyr.*, p. 38 ; Briquet; *Prodr. fl. Corse*, p. 369 ; Rouy, *Fl. Fr.*, XIII, p. 153 (*O. maculatus*) ; Alb. et Jahand., *Cat. Var*, p. 490 ; Kirschl., *Fl. Alsace*, p. 133 ; Reichb. *Fl. excurs.*, p. 126 ; Oborny, *Fl. Möhr. Oest. Schl.*, p. 249 ; Koch, *Syn.*, éd. 2, p. 792 ; éd. 3, p. 596 ; éd. Hallier et Wohlf., p. 2428 ; Rihner, *Prodr. Waldst.*, p. 126 ; Foerster, *Fl. Aachen*, p. 345 ; Bach, *Rheinpreuss.*, p. 370 ; Caflisch, *Exc. S. D.*, p. 296 ; Garcke, *Fl. Deutsch.*, éd. 14, p. 378 ; Hallier, *Fl. v. Deutschl.*, IV, p. 128, t. 340 ; Fiek, *Fl. v. Schl.*, p. 432 ; Kraenzl., *Orchid.*, p. 29 ; Seubert, *Ex. Bad.*, p. 123 ; M. Schulze, *Die Orchid.*, n° 23 ; Aschers. et Graeb., *Syn.*, III, p. 744 ; Gaud., *Fl. helv.*, V, n° 2066 ; Morthier, *Fl. Suisse*, p. 363 ; Bouvier, *Fl. Alp.*, éd. 2, p. 641 ; Reuter, *Cat. Genève*, éd. 2, p. 204 ; Fischer, *Fl. Bern*, p. 76 ; Gremli, *Fl. Suisse*, éd. Vetter, p. 481 ; Schinz et Keller, *Fl. Schweiz*, p. 122 ; All., *Fl. pedem.*, II, p. 150 ; Ucria, *H. r. pan.*, p. 383 ; Savi, *D. cent.*, p. 196 ; Noc. et Balb., *Fl. tic.*, p. 1152 ; Seb. et Mauri, *Fl. Rom. prodr.*, p. 307 ; Ten., *Fl. nap.*, II, p. 298 ; Savi, *Bot. etrus.*, III, p. 168 ; Bertol., *Amoen. ital.*, p. 416 ; Pollin., *Fl. ver.*, III, p. 18 ; Guss., *Syn. fl. sic.*, II, p. 527 ; et in *Add. et em.*, p. 875, p. p. ; de Not., *Repert. fl. lig.*, p. 386 ; Pucc., *Syn. fl. luc.*, p. 477 ;

---

1. D'après Schlechter in Kell. et Schl., *Ic.*, p. 184, l'*O. serbica* Fl. ne se distinguerait pas de l'*O. saccifera* Brongn.

Comoll., *Fl. comens.*, VI, p. 358 ; Bertol., *Fl. ital.*, V, p. 555 ; Parlat., *Fl. ital.*, III, p. 516 ; Cortesi in *Ann. bot.* Pirotta, I. p. 51 ; Fiori et Paol., *Iconogr.*, n° 139 ; Cocconi, *Fl. Bolog.*, p. 486 ; Lojacono, *Fl. Sicula*, III, p. 26 ; Willk. et Lange. *Prodr. hisp.*, p. 170 ; Barcelo, *Apunt. Bai.* ; Marès et Vigineix, *Catal. Baléar.*, p. 281 ; Herm. Knoche, *Fl. balear.*, I, p. 402 (1921) ; Guimar., *Orch. port.*, p. 66 ; Ambros., *Fl. Tir. austr.*, p. 692 ; Suffren, *Pl. Frioul*, p. 184 ; Hausm., *Fl. Tirol*, p. 837 ; Boiss., *Fl. orient.*, V, p. 73 ; Sibth. et Sm., *Prodr. fl. Gr.*, II, p. 214 ; Form. in *Deutsch. bot. Monat.* (1890), p. 10 ; Halacsy, *Consp. fl. gr.*, p. 175 ; Grecescu, *Consp. fl. Roman.*, p. 545 ; *Plant. România*, I, p. 12 et II, p. 41 ; Pantu, *Contrib. Fl. Bucegilor*, p. 6 ; *Contrib. Fl. Bucurest*, p. 87 et *Orch. d. Rom.*, p. 85 ; Simk., *Enum. Transs.*, p. 500 ; Kalm., *Fl. fenn.*, n° 500 ; Fellm., *Ind. Kola*, n° 325 ; Eichw., *Skizze*, p. 124 ; Ledeb., *Fl. alt.*, IV, p. 168 ; *Fl. ross.*, V, p. 58 ; Gorter, *Fl. ingr.*, p. 144 ; Ruprecht, *Fl. Sam. cisural.*, n° 273 ; Fellm., *Ind. Lapp.*, n° 309 ; Georgi, *It.*, I, p. 232 ; Beischr., *Russ. R.*, III, V, p. 1269 ; Besser, *Enum.*, p. 35, n° 1160 ; Battand. et Trabut, *Fl. Alg. et Tunis.* (1904), p. 322. — **O. longibracteata** Schmidt in May. *Phys. Aufs.* (1791), p. 233. — **O. solida** Moench, *Meth.*, p. 713 (1794). — **O. mixta** Swartz in *Vet. Akad. Handl.* (1800), p. 207. — **O. Gervasiana** Todaro, *Orch. sic.*, p. 57 (1842) ; Guss., *Syn. fl. sic.*, p. 540 ; Parlat., *Fl. ital.*, III, p. 525? — **O. Bonanniana** Todaro, *l. c.* — **O. basilica** L. subsp. **maculata** Klinge. *Dactyl.*, p. 46 (1898) (1). — **O. Fuchsii** Druce in *Rep. Bot. Soc. Ex. Cl. of B.* (1914), v. IV, I, p. 99-105 ; (1923), p. 322 (2). — *Orchis radicibus palmatis, caule polido, labello 3-fido, serrato, medio segmento acuminato* Hall., *Helv.*, n° 1278. — *Orchis palmata, montana, purpureo flore, folio maculato, radice bifida* Cup., *Pamph. sic.*, I, t. 153 ; et II, t. 173 ; Bonann., t. 30. — *Orchis palmata pratensis maculata* Cup., *Hort. cath.*, p. 157 ; *Suppl. alt.*, p. 68 ; Bauh., *Pinax*, p. 85. — *Orchis palmata montana maculata* Seg., *Pl. ver.*, II, p. 132, t. 15, f. 16 ; Bauh., *Pinax*, p. 86 ; Vaillant, *Bot. paris.*, p. 153, t. 31, f. 9, 10.— *Palmata maculata, non maculata et angustifolia maculata* Riv., *Hexap.*, t. 8 et 11. — *Satyrium basilicum femina* Dod. *Pempt.*, 240.

Noms vulg. : Orchis à feuilles maculées, Orchis maculé. — Angl. : Spotted Hand-Orchis, Spotted palmate Orchis. — Ital. : Concordia. — Allem. : Geflecktes Knabenkraut, Gefleckte Ragwurz. — Holl. : Geolekte Orchis. — Suisse : Göli, Herrgotts Fleisch u. Bluat, Himmelsschlüssel (St-Gall) ; Handlwurz, Kukuksblume.

Icon. : Hall., *l. c.*, t. 32 ; Vaillant, *l. c.* ; Seg., *l. c.* ; Lobel, *Obs.*, p. 91, f. sin. sup. 189, f. I ; Schnk, *Fl. Monac.*, t. 112 ; Riv., *l. c.* ; Schlectd. Lang. *Deuts.*, IV, f. 340 ; *Fl. Dan.*, t. 933 ; Curt., *Fl. Lond.* (1835), III, t. 112 ; éd. Grav., IV, t. 93 ; Sw., *Bot.*, VI, t. 413 ; Fitch et Smith, *Illustr. Brit. Fl.*, n° 998 ; *Engl. Bot.*, IX, t. 632 ; Reichb., *Icon. crit.*, VI (1826), t. 566 ; Reichb. F., *Icon.*, XIII-XIV, t. 54 ; CCCCVI (p. p.) ; 55, CCCCVII ; Mutel, *Atl.*, f. 499 ; Cortesi, *l. c.* ; Paol. et Fiori, *Fl. ital.*, f. 839 ; Barla, *l. c.*, pl. 47 (excl. f. 6 et 8 repr. ×) ; G. Cam., *Icon. Orch. Par.*, pl. 15 ; Correvon, *Alb. Orch. Eur.*, pl. XLIII ; M. Schulze, *l. c.*, t. 23 ; Guimar., *l. c.*, est. VIII, f. 57 ; Bonnier, *Alb. N. Fl.*, p. 146 ; G. Cam. Berg. A. Cam., *l. c.*, pl. 22, f. 671-687 ; *Ic. n.*, pl. 45, f. 1-37 ; pl. 128, f. 4-6 ; Schl. in Kell. et Schl., *Ic.*, pl. 18, f. 72.

Exsicc. : Billot, n° 2379 ; Bourg., *Pl. Alp. Sav.*, n° 259 ; *Pl. Pyr. esp.*, n° 441 ; *Soc. Dauph.*, n° 4290 ; *Soc. rochel.*, n° 2489 ; Forman, *Pl. Thessal.*, 1895 ; Reverch. (1879) ; Burnat (1904), n° 574.

Tubercules aplatis, profondément digités-palmés, à 3 ou 4 divisions (2 dans les formes grêles), plus ou moins divergentes (3). Fibres radicales grosses, cylindriques. *Tige non ou à peine fistuleuse*, haute de 2-4 décim. (rarement 1,5-6 décim.), assez grêle, dressée, souvent un peu flexueuse, lég. anguleuse au sommet, d'un vert jaune parfois lavé de rougeâtre à la partie sup., entourée à la base de gaines aiguës, les sup. plus allongées et lâches. *Feuilles* assez nombreuses (6-10, rarement 4-5), espacées, souvent planes, *atténuées à la base, plus larges au-dessus*, étalées ou dressées, en dessus d'un vert foncé et *maculées de taches brunâtres* disparaissant presque par la dessiccation, de forme assez variable suivant l'habitat, l'inf. plus courte que les moyennes, plus large, ovale, brusquement obtuse, les suivantes oblongues-obovales, les moyennes ovales-oblongues, obtuses, ou lancéolées, atténuées au sommet, les sup. plus étroites que les moyennes, longuement acuminées, bractéiformes. *Bractées* linéaires-lancéolées, acuminées, 3-nervées, réticulées, plus longues que l'ovaire, *toutes, sauf parfois les inf., plus courtes que les fl.*, souvent teintées de pourpre au sommet et aux bords. *Fleurs* nombreuses, d'un

---

1. Sous le nom d'*O. basilica* (L. Oel., *Innehald.*, p. 17), J. Klinge, *Dactylorchidis*, p. 11, 44, réunit, à titre de sous-espèces, les *O. maculata, succifera* et *Cartaliniæ* J. Klinge.

2. Pour M. Druce, l'*O. maculata* de Linné serait l'*O. ericetorum* de Linton ; aussi a-t-il cru utile de changer le nom d'*O. maculata* en *O. Fuchsii*, le nom d'*O. maculata* devant être donné à l'*O. ericetorum*.

L'*O. maculata* est intermédiaire, comme port, entre l'*O. latifolia* et l'*O. elodes*. Il est plus grêle que l'*O. latifolia*, avec des épis plus pyramidaux, les div. ext. du périanthe plus dressées; l'éperon est plus robuste que celui de l'*O. elodes*, les feuilles sont plus larges et plus plates, le labelle à lobe méd. plus grand et les lobes lat. très écartés du méd. et très entiers (cf. Steph. in *Journ. of Bot.* (1921), p. 121).

3. Accidentellement, les tubercules peuvent être entiers, fusiformes.

violet plus ou moins pâle (1), rosées, plus rarement purpurines (surtout dans les Alpes), blanchâtres ou jaunâtres, disposées *en épi dense, conique, pyramidal ou ovoïde*, allongé, obtus. *Périanthe à div.* libres ; les ext. ord. maculées de rose ou de pourpre, 3-nervées, ovales-lancéolées, obtuses au aiguës, la méd. dressée, rapprochée du gynostème et des div. lat. int., les *lat. dressées, parfois étalées, non pendantes*, les 2 lat. int. un peu plus courtes et plus étroites que les ext., oblongues-lancéolées ou ovales-lancéolées, obtusiuscules, conniventes, 1-ou obscurément 3-nervées, obliquement étalées ou un peu dressées. *Labelle* suborbiculaire, à base cunéiforme, ord. violet pâle, parfois rosé, pourpré ou blanchâtre, pâle à la base, *muni de points ou de lignes pourprées formant des dessins souvent symétriques et en forme de boucles de chaque côté du labelle*, suborbiculaire, à 3 lobes *souvent profonds* ; lobes lat. larges, arrondis ou subrhomboïdaux, à bords crénelés-denticulés, peu réfléchis après l'anthèse ; lobe méd. plus étroit, obtus, et court ou allongé et aigu ou acuminé, entier, très rarement un peu lobé. *Eperon* grêle, cylindro-conique, dirigé en bas, droit ou un peu arqué, un peu *plus court que l'ovaire*, violacé. Gynostème obtus, apiculé, à bec sillonné en avant. Anthère rougeâtre ou lavée de rose. Masses polliniques d'un vert foncé ; caudicules jaune pâle ; rétinacles blanchâtres (2). Ovaire allongé, vert lavé de violet. Capsule subtriquètre, à côtes saillantes.

Morphologie interne.

Tubercule (pl. 111, f. 7). — Dans les divisions du tubercule, les stèles disposées en cercle sont réduites et n'occupent pas la partie centrale. Grains d'amidon arrondis ou peu allongés, atteignant 5-20 µ de diam. env. — *Fibres radicales.* Parois de l'assise pilifère et parfois de l'assise subéreuse complètement subérisées. Vaisseaux de métaxylème assez abondants.

Tige. — Ailes moins développées que dans l'*O. latif.* Parenchyme ext. situé entre l'épiderme et l'anneau lignifié formé de 2-4 assises dans les parties non ailées et d'assises plus nombreuses dans les parties ailées. 5-6 assises lignifiées à parois très minces, parfois séparées du liber des faisceaux par 1-2 assises non lignifiées. Faisceaux libéroligneux de grandeur très inégale, à bois abondant. Parenchyme int. relativement peu développé, non ou à peine résorbé au centre de la tige, contenant quelques cellules à raphides.

Feuille. — Ep. 400-500 µ près de la nerv. méd., décroissant rapidement en allant vers les bords. Epiderme sup. haut de 100-160 µ, pourvu de plages de cellules à pigment violet et, même dans les feuilles inf., de quelques stomates, plus abondants vers la pointe, portant de rares poils unicellulaires, très caducs et laissant après leur chute, une cellule déchirée et brunâtre ; paroi ext. épaisse de 6-9 µ, bombée, striée, à stries perpendiculaires aux parois et convergeant vers le centre de chaque cellule. Epiderme inf. recticurviligne, renfermant de la chlorophylle, muni de nombreux stomates, haut de 40-60 µ, à paroi ext. épaisse de 5-9 µ et légèrement bombée. Cellules épidermiques marginales du limbe renfermant un pigment violet, à paroi ext. formant presque toujours une dent assez inclinée (pl. 116, f. 123) (3). Parenchyme formé de 6-9 assises de cellules plus serrées, plus riches en chlorophylle que dans l'*O. latifolia* et contenant des cellules à raphides peu abondantes. Nervures à faisceau libéro-ligneux assez réduit entouré de tissu chlorophyllien, sauf parfois à la partie inf. de la nervure médiane où la chlorophylle manque.

Fleur. — *Divisions externes du périanthe.* Epidermes ext. et int. striés. Bords légèrement papilleux. — *Divisions latérales internes.* Epiderme ext. nettement strié. Cellules épidermiques des bords prolongées en papilles courtes. — *Labelle.* Epiderme int. muni de papilles coniques, striées, courtes, dépassant rart 50-70 µ, parfois 100-120 µ vers le milieu du labelle, encore plus réduites vers les bords. — Dans des échantillons provenant des Alpes-Marit., à 1.000 m. d'alt., l'épiderme int. des divisions int. et du labelle renfermaient des traces d'huile essentielle. — *Eperon* (pl. 121, f. 375). Epiderme int. pourvu de papilles assez nombreuses, attei-

---

1. L'intensité de la coloration des fl. est très variable ; les individus qui viennent dans les endroits peu éclairés ont des fl. souvent presque blanches. On en trouve aussi de semblables, assez rarement il est vrai, dans les endroits éclairés. Nous avons, pendant plusieurs années, conservé, en pots, des pieds de cette espèce et nous avons vu que, peut-être lorsque l'éclairage est moins intense, les fl. se décolorent souvent. Un individu peut avoir des fl. pâles après avoir porté, l'année précédente, des fl. assez colorées. La décoloration s'opère dans l'ordre suivant : l'ensemble pâlit un peu, puis les points s'effacent, les lignes s'atténuent et disparaissent. Les formes du labelle sont beaucoup plus stables, même dans les individus issus d'un même pied.

2. Les fleurs de l'*O. maculata* sont visitées par des Coléoptères : *Strangalia atra* LAICH ; des Diptères : *Empis livida* L. (fréq.), *E. pennipes* L., *Eristalis horticola* MGN., *Volucella bombylans* L. ; des Hyménoptères : *Bombus pratorum* L. (Cf. MÜLLER, *Die Befruchtung der Blumen*, p. 85). Dans les Alpes, MÜLLER a observé surtout des Bourdons ; ALFKEN, près de Brême, le *Bombus agrorum* F. ; MAC LEOD (*Bot. Jaar*, V, p. 316), des Coléoptères : *Leptura melanura* L. ; des Diptères : *Empis decora* MEIG., *Lucilia*, des Hyménoptères.

3. C'est de cette disposition que provient l'apparence dentelée, visible à un faible grossissement, des bords des feuilles et des bractées de cette espèce. Ce caractère est très atténué chez l'*O. latifolia*.

gnant 50-60 μ env. de long (pl. 121, f. 374). Epiderme ext. légèrement papilleux. Produits sucrés s'accumulant entre les épidermes. Pas d'émission de nectar à l'intérieur de l'éperon. — *Anthère* (pl. 122, f. 448). Parois à épaississements en anneaux incomplets peu nombreux, mais ne manquant pas. Epiderme du dos du gynostème un peu papilleux. — *Staminodes*. Cellules contenant de nombreux petits paquets de raphides. — *Pollen*. Vert, à exine légèrement ruguleuse à la surface des massules. L. = 30-40 μ. — *Ovaire*. Nervure médiane des valves placentifères saillante-ailée, à peine moins proéminente que les valves placentifères, contenant un faisceau libéroligneux à bois int. Placenta se divisant presque dès la base. Valves non placentifères proéminentes renfermant, vers l'extérieur, un faisceau libéroligneux à bois int.— *Graines* (1). Suspenseur développé. Graines adultes atténuées aux extrémités, courbées au sommet, 3-4 fois plus longues que larges. L. = 600-700 μ Cellules du tégument à épaississements rayés, à parois recticurvilignes (pl. 122, f. 497) (2).

Var. α **genuina** REICHB., *Icon.*, XIII-XIV, p. 65 (1851). — Plante de 1,5-5 déc. Tige assez raide. Feuilles ordt oblongues ou ovales-obtuses. Epi dense allongé, subcylindrique. Labelle faiblement 3-lobé à divisions égalant env. 1/3 de sa longueur, lobe médian plus petit que les lat.

Les deux formes suivantes sont des variations peu importantes du type :

F. *obtusifolia* (*obtusifolius*) ASCHERS. et GRAEBN., *l. c.*, p. 745. — *O. maculata obtusifolia* SCHUR, *Enum. pl. Transs.*, p. 64 (1866). — Feuilles très larges obovales-arrondies.

F. *ovalifolia* (var.) BECK, *Fl. Nied.-Oester.*, I, p. 204 (1890). — Feuilles inf. oblongues-obovales, obtuses.

F. *brevicornis* JUNGE in *Verh. Nat. Ver. Hamburg*, XVII, p. 36 (1909). — Eperon très court, égalant au plus la moitié du fruit. — Schlewig-Holstein.

F. *Biermanni* ASCHERS. et GRAEBN., *l. c.*, p. 745. — *O. Biermanni* ORTM. in *Mannl Führer Karlsb. Umg.*, V, p. 332 (1850) ; *Bot. Zeit.* (1850), p. 738. — Fleurs blanches, labelle tacheté ou rayé de pourpre. — Rare.

Les v. *immaculata* et *pseudomaculata* SCHUR in *Oest. Bot. Zeit.*, XX, p. 366 (1870), à feuilles non maculées, ne méritent pas d'être maintenues.

F. *purpurea* (*purpureus*) ASCHERS. et GRAEBN., *l. c.*, p. 745. — Fleurs d'un pourpre vif. — Surtout dans les Alpes.

Var. β **trilobata** BRÉBISS., *Fl. Normand.*, éd. 5, p. 387 (1879) ; CORBIÈRE, *Fl. Norm.*, p. 557 ; A. CAM. in *Riviera scientif.* (1918), p. 7. — *Icon.* : *Ic. n.*, pl. 45, f. 8-15 ; CORTESI, *l. c.*, f. 1-6. — Epi grêle, d'abord conique, puis allongé. Fleurs petites ou moyennes ; labelle à 3 lobes profonds, le médian dépassant longuement les lat., aigu ou obtus, rarement acuminé. Feuilles inf. ovales-suborbiculaires. — Forme des coteaux arides, siliceux ou calcaires.

Var. γ **truncata** G. CAMUS. — *Icon.* : M. SCHULZE, *l. c.*, pl. 23, f. 3 ; *Ic. n.*, pl. 45, f. 27-29. — Labelle à lobe médian dépassant les latéraux, tronqué au sommet, émarginé ou subbilobé, souvent finement denticulé.

Var. δ **brachystachys** A. CAMUS. — *Ic. n.*, pl. 45, f. 16-17. — Plante élancée, assez grêle. Epi court, longtemps conique, puis brièvement cylindrique (2-4, rarement 5 cm. de longueur). Fleurs moyennes, d'un pourpre violet très vif ; labelle large, à 3 lobes profonds ; le médian égalant souvent la moitié de la longueur totale du labelle, dépassant très nettement les latéraux ; lobes latéraux à nervures se terminant souvent en denticule ; éperon un peu gros, subconique, plus court que l'ovaire (7 mm.). — Juin. France : Alpes-Marit., abondant dans les prairies humides des env. de St-Martin-Vésubie (800-1.400 m. alt. env.).

Var. ε **media** auct., G. CAM., *Monogr. Orch. Fr.*, p. 50 ; G. CAM. BERG. A. CAM., *l. c.*, p. 191 ; CORTESI, *l. c.*, f. 7-9 ; A. CAM., *l. c.*— *Ic. n.*, pl. 45, f. 1-7, 18-20. — Epi cylindro-conique, assez allongé. Fleurs assez grandes ; labelle à 3 lobes peu profonds, le médian obtus ne dépassant pas les lat. Feuilles inf. ovales.— Forme des prairies.

Var. ζ **palustris** G. CAM., *l. c.*, p. 50 ; G. CAM. BERG. A. CAM., *l. c.* ; CORTESI, *l. c.* — Var. *elongata* GADE, CEAU, *Orchid. Loire-Inf.* in *Bull. Soc. sc. nat. Ouest France* (1892), extr. p.10, pl. I, f. 2, 2 a, 2 b.— *Ic. n.*, pl. 45- f. 21-26. — Tige très élancée. Feuilles inf. acuminées ou ovales-lancéolées, acuminées. Epi cylindro-conique, assez allongé, à fleurs sup. s'épanouissant bien plus tardivement queles inf. Fleurs ordt d'un rose assez intense. Labelle brusquement élargi dès la base, à 3 lobes, le médian acuminé, dépassant les lat., à bords redressés, ce qui rend le labelle un peu concave, les lat. amples, ondulés-crénelés. Eperon cylindro-conique, renflé à la base, plus court et moins grêle que dans le type.— Forme des marais tourbeux, taillis, surtout dans l'ouest de la France.

Var. η **alpina** SCHUR, *Enum. Trans.*, p. 642, n° 3417 (1866). — Plante grêle, à fl. pâles, peu ou non maculées de rose. Feuilles étroites, allongées, peu ou non maculées. — Forme des lieux ombragés et des marais des zones alpines et subalpines. — Proche de l'*O. elodes*.

---

1. La var. à fl. blanches donne autant de capsules fertiles que les autres var. (CONINGSBY in *Orchid Review* (1921), p. 98.

2. DELAUNAY in *C. R.*, 1923, 176, p. 598, a signalé la présence de la loroglossine dans l'*O. maculata*.

Var. θ **O'Kellyi** Druce, *Irish Naturalist*, oct. 1909, p. 211, et in *Journ. of Bot.* (1910), p. 22 ; Ullman et Hall in *Winch. Coll. Nat. Hist. Soc.* (1913), p. 9.— *O. O' Kellyi* Druce *in Rep. Bot. Exch. Cl. Brit. Isles* (1912), p. 217 (1913), p. 108 (1914). — Feuilles allongées, carénées, très étroites, non maculées. Fl. en épi cylindrique-oblong. Bractées plus courtes que les fl. Fl. petites, d'un blanc pur. Labelle à lobes étroits, oblongs, subaigus, le méd. plus long et aussi ou plus large que les lat. — Juillet. — Sol calcaire bien drainé. — Irlande, Ecosse Angleterre sept. (1).

Var. ι **Calvellii** Arcang., *Comp.*, éd. 2, p. 170.— *O. Calvellii* Terr. in *Ann. Ist Bot. Rom.*, IV, p. 47 (1889). — Bractées égalant les fl. Périanthe blanc. Eperon égalant environ l'ovaire. — Italie.

Var. ϰ **lusitanica** Guimar., *l. c.*, p. 68 ; G. Cam. Berg. A. Cam., *l. c.*, p. 191.— *Icon.*: Guimar., *l. c.*, est. VIII, f. 57, h, i, j, k, l, m, n, o, p ; *Ic. n..* pl. 45, f. 30-37. — Tubercules entiers ou bifides. Tige grêle, peu rigide, atteignant rarement 3 dm. Feuilles inf. obtuses. Epi un peu dense, d'abord conique, puis ovoïde. Eperon étroit, subfiliforme, large de moins de 1 mm. — Cette var. est surtout caractérisée par ses tubercules peu divisés et son éperon filiforme. Les différentes formes de labelle dessinées par l'auteur indiquent qu'il a réuni de simples variations de plantes grêles qui peuvent être observées en Portugal, en Espagne, en France, en Italie, etc.

Var. λ **orophila** Briq., *Prodr. fl. Corse*, I, p. 370. — Tige grêle de 1,5-2,5 dm. Feuilles inf. étroitement oblongues-obtuses. Bractées plus courtes que la fl. Fl. assez petites, disposées en épi grêle, dense, cylindrique. Div. du périanthe oblongues ou oblongues-lancéolées, de 5 mm. ; labelle trilobé jusqu'au 1/3 ; lobe méd. plus petit que les lat., ceux-ci denticulés ; éperon grêle, court, de 5 mm. — Corse : pelouses rocheuses en allant de Marmano à Vizzavona par la forêt de Ghisoni ; pentes en montant des bergeries de Grotello au lac Cavaccioli (Briquet), alt. 1.800-1.900 m.

Var. μ **nesogenes** Briq., *l. c.*, p. 371. — *Exsicc.*: Burnat (1900), n° 340. — Caract. de la var. précédente mais épi plus lâche ; div. du périanthe plus étroites, plus acuminées ; labelle profondément divisé en 3 lobes étroits ; éperon très court (5 mm.). Port rappelant celui de l'O. *iberica*. — Corse : entre le col de Serba et Ghisoni, alt. 1.000 m. (Burnat et Briquet).

Var. ν **pumila** Neuman in *Bot. Not.* (1909), p. 245. — Tige de 1,2-2,5 dm. Feuilles adultes 2-3. Fl. d'un rose saturé, relativement grandes. Labelle ovale transversalement, moins lobé, à lobe méd. plus court et plus obtus que dans le type. — Prés humides calcaires. Répandu en Suède.

Var. ξ **ochrantha** Pancié in *Verh. Z. B. G. Wien.*, VI, p. 575 (1856) ; Zimmerm., *l. c.* — *O. transsilvanica* Schur, *En. Trans.*, p. 643 (1866). — *O. ochrantha* Fleischm. in *Mitt. Naturw. Ver. Steiermark*, LV (1908), p. 176.— *O. maculatus* subsp. *transsilvan.* Soó in *Notizbl. Berlin* (1926), p. 911. — Port raide, dressé. Feuilles caulinaires bractéiformes, nombreuses, sans macules, fl. blanc jaunâtre, sans dessins, odorantes, en épi 3 fois aussi long que large ; labelle elliptique transversalement (12-13 mm. de large, seulement 7-8 mm. de long.), à base large, trilobé ; lobes lat. aigus, le méd. petit, triangulaire ; éperon cylindrique, étroit, égalant env. la longueur du labelle. — Bosnie.

La var. **Wettsteinii** Fleischmann, *l. c.*, p. 178, est proche de la précédente dont elle serait peut-être hybride (*O. ochrantha* × *O. cordigera* ?), d'ap. Fleischmann. Elle diffère du type par les fl. plus grandes, à labelle large de 14 mm., long de 10 mm., à éperon court (7 mm.) et div. lat. int. du périanthe plus larges que les ext. — Bosnie orientale : Berg Udri près Drinjaca (Wettstein.)

Var. ο **Brotheri** Sommier et Levier, *En. plant. in Cauc. A. Horti Petrop.*, XVI (1900), p. 419. — Plante robuste, à tige fistuleuse, striée. Feuilles caulinaires dressées-étalées, les inf. longuement engainantes, elliptiques-aiguës. Epi d'abord densiflore. Bractées étroitement lancéolées, toutes dépassant les fleurs, plurinervées, les inf. à 7 nervures. Fleurs purpurines. Divisions du périanthe libres, les ext. étalées. Labelle à circonscription suborbiculaire, à lobes lat. larges, arrondis, crénelés-lobulés ; le médian aigu, dépassant les lat. Eperon cylindrique, droit, descendant, dirigé en bas, égalant presque l'ovaire. — Nous n'avons pas vu cette plante qui, par sa description, paraît peut-être plus se rapprocher de l'O. *latifolia* que de l'O. *maculata*. — « Tschwichi ad flumen Rion, in Imeretia (Brotherus). »

La var. *comosa* Schur in Sert., *Fl. Transs.* in *Verh. Sieben. V. Nat,.* IV, p. 72 (1853) a un labelle trilobé et des bractées dépassant toutes les fleurs. Cette plante est très douteuse. La var. *longibracteata* Schur in *O. B. Z.*, XX (1870), p. 296, qui présente le même allongement des bractées, a les feuilles sans macules (× ?)

Harz, in Schlechtd. Lang. Sch., *Fl. Deutschl.* 5, Aufl., IV, p. 258 (1896), a signalé une forme à fleurs très odorantes (β *fragrans*).

---

1. Le Dʳ O'Kelly a nommé × *O. lilacina* un métis probable de la var. *O'Kellyi* et de la sous-esp. *elodes* (= var. *ericetorum*).

Monstruosités. — F. *reversa* G. CAM. BERG. A. CAM., *l. c.* — Var. *reversa* PERRIER ap. BRÉBISS., *Fl. Norm.*, éd. 3, p. 387. — Fleur à labelle sup. large, crénelé, à peine 3-lobé ; éperon très court, obtus. — France : Normandie.

F. *elabiata* G. CAM. BERG. A. CAM., *l. c.* — Var. *elabiata* R. KELLER in *Bull. Herb. Boissier*, III, p. 379 et in *Ber. Schweiz Bot. Ges. Bern*, XIV (1904), p. 116. — Fleur actinomorphe. Divisions ext. du périanthe dépassant peu les int. ; divisions int. toutes semblables, rendant le périanthe régulier. — Suisse : Tessin, Alpe di Croce, Lukmanier, 2.100 m. (KELLER) ; France ; Ligurie : col del Bracca près Sestri Levante (BERGON).

ZIMMERM. in *A. B. Z.* (1910), 7-8, p. 19, a décrit un cas de dichotomie de la tige.

COLOMBA a signalé un cas de cléistogamie (cf. COLOMBA, *Su di un caso di cleistogamia dell' « Orchis maculata »* L. in *Boll. Soc. Natural.*, Napoli, XXXV, p. 9-12 (1923).

V. v. — Mai, juin, parfois juillet, dans les montagnes. — *Habitat* : prairies humides, marais, bois secs, souvent sur le calcaire. D'après Schroüter, monte à 2.000 m. — *Répart. géogr.* : presque toute l'Europe, de la Laponie, l'Islande, les îles Féroé, à la Sicile et aux Balkans, Sibérie, Algérie (R. prairies des Babors d'ap. BATTAND. et TRABUT).

Sous-esp. **O. elodes.**

O. elodes GRISEB. in *Gott. Stud.*, p. 65 ; *Ueber Bild. d. Torfes Ems.*, p. 25 (1846) ; GREMLI, *Fl. Suisse*, éd. Vetter, p. 481 ; G. CAM., *Monogr. Orch. Fr.*, p. 50 ; G. CAM. BERG. A. CAM., *Monogr. Orch. Eur.*, p. 192 ; GODFERY in *Journ. of Bot.* (1923), p. 306 ; GODFERY, T. STEPHENSON, T. A. STEPHENSON in *Journ. of Bot.* (1924), p. 175. — **O. maculata** d. **elodes** REICHB. F., *Icon.*, XIII-XIV, p. 67 (1851); NYMAN, *Consp.*, p. 695 ; *Suppl.*, p. 291 ; RICHTER, *Pl. Eur.*, I, p. 272 ; (*helodes*) M. SCHULZE, *Die Orchid.*, 21, 4 ; ASCHERS. et GRAEBN., *Syn.*, III, p. 747 ; ZIMMERM., in *Mitt. Bad. Landesv. f. Nat.* (1911), p. 48. — **O. maculata** var. **minor** BRÉBISS., *Fl. Norm.*, éd. 5, p. 389? — **O. maculata** s. sp. **ericetorum** LINTON, *Fl. Bournemouth*, p. 208 (1900) ; in *Journ. of Bot.*, XLVI, p. 344 (1907) ; in *Ann. Scott. Nat. Hist.* (1903), p. 56. — **O. maculata** var. **praecox** WEBSTER, *British Orchid.* p. 54 (1886). — **O. maculata** L. **sensu stricto** d'apr. LINTON, *Rep. Bot. Soc. Ex. Cl. of B. I.* (1914), p. 99. — **O. ericetorum** STEPH. in *Journ. of Bot.* (1921), p. 123, pl. 529, 1-6.

Icon. : REICHB. F., *l. c.*, t. 54, CCCCVI, f. II, III, 4-7 ; G. CAM., *l. c.*, pl. XX ; G. CAM. BERG. A. CAM., *l. c.*, pl. 22, f. 701-704 ; *Ic. n.*, pl. 44, f. 14-16 ; pl. 128, f. 18.

Tubercules palmés, non divariqués. Port ord. élancé. *Tige* grêle, de 2-4 dm., *non fistuleuse. Feuilles* inf. ord. étroites, aiguës, carénées, l'inf. non brusquement obtuse comme dans l'*O. maculata* (1), les sup. plus étroites, *à macules peu visibles ou sans macules.* Bractées étroites, assez petites. Fleurs moyennes ou petites, rosées, pourpre pâle ou parfois blanches. *Div. ext. lat. du périanthe* étroites, *étalées ou pendantes.* Labelle ord. plus large que long, variable, à 3 lobes, les lat. larges, un peu ondulés, le médian souvent petit, plus court, subtriangulaire, muni de lignes fines et de points pourprés formant des dessins variés, parfois nuls dans les fleurs très pâles. *Eperon ord. long, grêle, étroit,* plus large à la gorge, rarement très court.

Graines à noyau bien plus gros que dans l'*O. maculata* et les esp. voisines.

Les var. suivantes ont été distinguées par DRUCE :

Var. *leucantha* [DRUCE in *Rep. Bot. Ex. Cl. Br. Isles* (1915)]; *O. candidissima* KNOCKER, *Fl. Silesia*, III, p. 16 (1814).

Var. *macroglossa* [DRUCE in *Rep. Bot. Ex. Cl. Br. Isles*, V, 578 (1919), 1920].

Var. *subintegrifolia* [DRUCE in *Rep. Bot. Ex. Cl. Br. Isles* p. 316 (1921), 1922].

V. v. — Mai-juin, un peu plus tôt que l'*O. maculata.* — *Habitat*: marais tourbeux, landes, bruyères, souvent avec les *Sphagnum*, l'*Erica tetralix ;* aime les sols acides, siliceux. — *Répart. géogr.* France (Normandie, env. de Paris, etc.), Iles Britanniques, Islande, Hollande, Suède, Norvège, Allemagne, Suisse, Russie septentrionale.

Sous-esp. **O. Meyeri.**

O. Meyeri REICHB. F., *Icon.*, XIII-XIV, p. 67, 68 (1851) ; G. CAM. BERG. A. CAM., *Monogr. Orch. Eur.*, p. 193. — **O. maculata** b. C. A. MEY., *Beitr.*, p. 3 (1850). — **O. maculata** c. Meyeri RICHTER, *Pl. Eur.*, I,

---

1. Au soleil, les feuilles sont épaisses et carénées ; à l'ombre, elles deviennent presque planes et de texture plus délicate, tout en restant étroites.

p. 272 (1890) ; M SCHULZE, *Die Orchid.*, n⁰ 23, 4 ; ASCHERS. et GRAEBN., *Syn.*, III, p. 746 ; GUIMARAES, *Orch. Portug.*, p. 89 : FIORI et PAOL., *Fl. Ital.*, App. IV, p. 55 ; ZIMMERM., *Form. d. Orchid.*, p. 39.

Exsicc. : REICHB., *l. c.*, t. DXVI, f. II, t. CCCCVI, f. 8-9 (1851) ; GUIMARAES, *l. c.*, est. VIII, f. 57, 9, r ; *Ic. n.*, pl. 45, f. 38, 39.

Plante élancée, grande, peu rigide. Tige de 4-7 déc., souvent un peu fistuleuse. Feuilles moyennes et sup. nombreuses, les sup. bractéiformes, les inf. plus longues, larges de 15-25 mm., obtuses. Fleurs petites, ou médiocres, en épi long et lâche. Labelle à lobes assez marqués. Eperon grêle.

Portugal (rare), Europe septentr., Allemagne, Suisse, Tessin.

Sous-esp. **O. saccifera.**

O. saccifera BRONGN. in BORY ST. VINC., *Expéd. scientif. Morée* (1832), III, II, p. 259, pl. XXX, f. 1 et in BORY et CHAUB., *Fl. Pélopon.*, p. 60 (1838) ; FORM. *in Ver. Brünn* (1897), p. 25 ; C. KOCH in LINN. XXII, p. 283 ; LEDEB., *Fl. Ross.*, IV, p. 58 ; KLINGE, *Dactylorchidis*, p. 48 ; G. CAM. BERG. A. CAM., *Monogr. Orch. Eur.*, p. 193 ; LOJACONO, *Fl. Sicula*, III, p. 26 (*pro sp.*). - - **O. macrostachys** TEN., *Pl. rar. sic.*, I, p. 7 (1817). — **O. macedonica** GRISEB., *Reise Rumel.*, II, p. 219, 302 (1840) ; *Spic., Fl. Rum. et Bith.*, p. 361. — **O. lancibracteata** KOCH in LINN., XXII, p. 284 (1849) ? SCHUR, *Enum. Trans.*, p. 643, n⁰ 3418 ? — **O. maculata 5, saccigera** REICHB. F., *Icon.*, XIII-XIV, p. 67, 68 (1851); ARCANG., *Comp.*, éd. 2, p. 170 ; BOISS., *Fl. orient.*, V, p. 73 ; HELDR., *Chlor. parn.*, p. 27 ; GUIMARAES, *Orchid. Portug.*, p. 67 ; WILLK. et LANGE, *Prodr. Fl. Hisp.*, p. 170. — **O. maculata β saccifera** PARLAT., *Fl. ital.*, III, p. 517 (b.) (1858) ; RICHTER, *Pl. Eur.*, I, p. 272 ; FIORI et BÉGUIN., *Fl. It.*, I, p. 246 ; App. IV, p. 55. — **O. basilica** L. subsp. **saccifera** KLINGE, *Dactylorchid.*, p. 48 (1898); KELL. in KELL. et SCHL. *Ic.*, p. 184 (1927). — **O. maculatus macrostachys** ASCHERS. et GRAEBN. *Syn.*, III, p. 748 (1907); GRINTESCU in *Bull. géogr. bot.*, p. 61 (1918). — **O. maculatus subsp. macrostachys** SOÓ in FEDDE, *Rep.* (1927), p, 32.

Icon. : BRONGN. *l. c.*, t. 32, f. 1 ; REICHB. F., *l. c.*, t. 67, CCCCIX, f. I-II, 1-8 (1851) ; GUIMARAES, *l. c.*, est. VIII, f. 57, s, t ; G. CAM. BERG. A. CAM., *l. c.*, pl. 22, f. 687 ; *Ic. n.*, pl. 45, f. 40-41.

Exsicc. : HELDR., *Pl. fl. hell.* (1898) ; BAENITZ (1896) leg. ADAMOVIC ; J. WAGNER, *It. orient. sec.*, n⁰ 157.

Tubercules palmés, 3-5-fides à lobes longuement atténués. Plante assez robuste, haute de 3-7 décim. *Tige élevée, fistuleuse.Feuilles ordt sans macules, les inf. largement obovales ou oblongues* (15-24 mm. de large), les sup. ovales-lancéolées ou lancéolées-linéaires, longuement atténuées. Bractées linéaires-lancéolées, acuminées ou subulées, dressées ou plutôt étalées-dressées, les inf. souvent un peu étalées ou réfléchies, dépassant les fleurs. Fleurs assez grandes, violacées, *en épi allongé-conique, rarement cylindrique ou fusiforme*, atteignant 10-20 cm., *assez dense.* Divisions du périanthe oblongues-lancéolées, parfois ovales-aiguës, les lat. ext. étalées ou réfléchies, atteignant parfois 1 cm. de long. *Labelle plus large que long, cunéiforme à la base, puis brusquement dilaté*, muni de dessins pourprés, *trilobé, à lobes profonds, presque égaux*, les lat. divergents, subquadrangulaires, crénelés ou dentés, le moyen plus ou moins long, linguiforme ou un peu arrondi au sommet. *Eperon* descendant, de 8-15 mm. de longueur, en sac, renflé-cylindrique, obtus, *égalant presque l'ovaire.* Gynostème obtus ou peu apiculé.

Var. **incisa** LOJACONO, *l. c.* — Lobes lat. du labelle manifestement incisés. — Sicile.

V. s. — Juillet, août. — *Habitat* : pâturages humides, prairies, broussailles, bois des régions alpine et subalpine, souvent sous les châtaigniers, les pins ou les sapins. — *Répart géogr.* . Portugal (Bragança (FERREIRA), Almeida, Prado dos Salgueiros (DE CUNHA), etc.), Espagne mérid. et austr. (Sierra Nevada ap. WILLK. rare), Norvège ? ; Italie (Calabre) ; Sicile ; Suisse dans le Tessin (CHENEV.), Hongrie, Bohême, Banat, Dalmatie à Cattaro (NEUMAYER), Transilvanie, Bosnie, Herzégovine (BECK), Grèce, Balkans, Caucase, Asie Mineure, Afrique septentrionale.

Sous-esp. **O. Cartaliniæ.**

O. Cartaliniæ (O. basilica *subsp.*) J. KLINGE, *Dactylorch.*, p. 12, 50 ; G. CAM. BERG. A. CAM., *Monogr. Orch. Eur.*, p. 194. — **O. maculatus var. Cartaliniæ** SOÓ in *Notizbl. Berlin* (1927), p. 32. — **O. lancibracteata** KOCH in *Linnæa*, XXII, p. 282 (1849) ? SCHL. in KELL. et SCHL., *Ic.*, p. 179, pl. 18, f. 69 (1927). — *Icon.* : REICHB. F., *Icon.*, XIII-XIV, t. 5, f. II.

KLINGE distingue cette sous-espèce de l'*O. saccifera* par les caractères suivants :

— 243 —

0. saccifera. — *Tous les lobes du labelle presque égaux.* Epi allongé, fusiforme, un peu dense. — Cellules du testa munies de lignes spiralées-réticulées.

0. Cartaliniæ. — *Lobes latéraux du labelle plus grands que le lobe médian.* Epi largement ou longuement ovale, cylindrique, sublâche. — Cellules du testa hyalines.

Mai-juillet. — Forêts des montagnes, rég. subalpine, prés marécageux, souvent près de l'eau. — Caucase, Caucasie et Transcaucasie, Arménie. · Perse septentr.

Espèce insuffisamment connue.

0. Cyrenaica DURAND et BARATTE, *Floræ Libycæ Prodr.*, p. 226 (1910), TAUBERT, n° 545. — « Les hampes hautes de 15-25 cm. sont feuillées dans toute leur longueur ; les feuilles sont oblongues, mucronulées, les bractées sont amples, oblongues, membraneuses, appliquées sur le fruit et le plus souvent aussi longues que lui ; l'éperon est descendant, très long, étroit, aigu, à peine plus court que le fruit ; le labelle d'un brun foncé est obovale, aussi large que haut, trilobé au bord supérieur, à lobes larges mais peu distincts. »

Plante signalée seulement en Cyrénaïque : Ouadi Sarak près Koubba, dans les bois, mai 1887 (TAUBERT, n° 545).

HYBRIDES

§ I. O. papilionacea. — § II. O. Morio, O. picta et O. Champagneuxii. — § III. O. purpurea, O. militaris, O. Simia et O. tridentata. — § IV. O. coriophora et O. fragrans. — § V. O. mascula et O. provincialis. — § VI. O. palustris et O. laxiflora. — § VII. O. sambucina. — § VIII. O. latifolia, O. incarnata et O. maculata.

§ 1. — Hybrides de l'O. papilionacea.

0. LONGICORNU × PAPILIONACEA

0. longicornu < papilionacea

× **0. Bornemanniæ** (perpapilionacea × longicornu) ASCHERS. ap. W. BARBEY, *Fl. Sard. Comp. Suppl.*, p. 183, t. VII, f. 2 et 2 *bis* (1885) ; ASCHERS. et GRAEBN., *Syn.*, III, p. 693 ; G. CAM. BERG. A. CAM., *Monogr. Orch. Eur.*, p. 204 (1908). — 0. longicornu × papilionacea NOBIS. — 0. papilionaceus × longicornu A. Bornemanniæ ASCHERS. et GRAEBN., *l. c.* — 0. Bornemanni β Bornemanniæ ROUY, *Fl. Fr.*, XIII, p. 159 (1912).

Icon. : G. CAM. BERG. A. CAM., p. 13, f. 367-368 ; *Ic. n.*, pl. 24, f. 12-13.

Tubercules subglobuleux. Feuilles oblongues-lancéolées, plus ou moins rapprochées à la base de la tige, les caulinaires engainantes les inf. étalées. Bractées plus courtes que dans l'*O. papilion*, membraneuses, pourprées, uninervées. Fl. ressemblant à celles de l'*O. papilion.*, mais un peu plus petites, 5-9 disposées en épi lâche. Div. sup. du périanthe en casque obtus, plus court que dans l'*O. papilion.* Labelle large, un peu émarginé au sommet ou presque entier, blanc près de l'ouverture du style, violet brillant vers les bords, à nerv. violacées disposées comme les plis d'un éventail, muni, dans le milieu, de ponctuations violacées. Eperon conique, obtus, non renflé, horizontal, plus long que dans l'*O. papilion.*, égalant à peu près le labelle et plus court que l'ovaire.

Morphologie interne

La plante que nous avons étudiée se rapprochait surtout de l'*O. papilionacea*, dont elle différait par la paroi ext. des cellules épidermiques du bord du limbe à peine bombée et ne s'arrondissant pas en dents, l'épiderme int. de l'éperon muni de papilles plus ou moins caractérisées.

V. v. — *Sardaigne* : Casargiu près d'Ingurtosu (Dr BORNEMANN). — *Algérie* : forêts de Teniet el Haad, El Affroun (BATTANDIER).

O. longicornu > papilionacea.

× **O. Bornemanni** (papilionacea × perlongicornu) Aschers. in *O. B. Z.*, XV, p. 70 (1865) ; in *Atti Soc. ital. sc. nat.*, VIII, p. 184 (1865) ; Aschers. ap. W. Barbey, *Fl. Sard. Comp. Suppl.*, p. 184, t. VII, f. 3 ; Ces. Pass. Gib., *Comp.*, p. 188 , Martelli, *Monoc. Sard.*, p. 42 : Kraenz., *Gen. et spec.*, p. 120 ; G. Cam. Berg. A. Cam., *Monogr. Orch. Eur.*, p. 204 ; Briquet, *Prodr. Fl. Corse*, p. 356. — **O. papilionaceus × longicornu B. Bornemanni** Aschers. et Graebn., *l. c.* — O. perlongicornu × papilionaceus Fiori et Paol., *Fl. ital.*, I, p. 241 (1908).

Icon. : G. Cam. Berg. A. Cam., *l. c.*, pl. 13, f. 369-370 ; *Ic. n.*, pl. 24, f. 9-11.

Port de l'*O. longicornu* dont il diffère par les fl. plus grandes, l'éperon arqué-ascendant, brusquement tronqué et muni d'une dépression au sommet. Bractées entièrement membraneuses, plus grandes et plus colorées que dans l'*O. longic.* ; labelle à sinus séparant les lobes lat. moins grand.

Diagnose de Barbey, *Floræ Sardoæ Compen'.* : « *Tubera subglobosa vel ovali-globosa ; folia frondosa inferiora 2-5 caulis basin versus plus minus approximata, lanceolata-lanceolato-oblonga ; superiora ca. 3 diminuta abbreviata, caulem involventia ; spica laxiuscula vel densiuscula, 4-15 flora ; bracteæ mediocres, ovario breviores, purpurascentes, inferne subherbaceæ tri-(superiores uni-)nerves ; flores mediocres ; galea oblongo-ovata, obtusa, rosea ; labellum late obovatum vel transverse latius, basi late cuneatum, trilobum, lobo intermedio (lateralibus multo vel subbreviore) usque ad labelli basin albido, plerumque violaceo-velutino-maculato, lateralibus atroviolaceis, radiali-substriatis, crenulato-reticulatis ; calcar ascendens vel porrectum, cylindraceum, apice subinflatum, labello subduplo longius, ovario subbrevius.* »

Il faut reconnaître que les figures du *Compendium* permettent, dans l'hypothèse fort probable de l'hybridité, d'admettre l'ancestralité de l'*O. longicornu*. Pour le deuxième parent, le doute subsiste.

Corse : Bonifacio (ap. de Litardière, Stefani), sous les oliviers de Corquonous près Bonifacio (Stefani, 1911 in herb. G. Camus). — *Sardaigne* : Flumini-maggiore (Bornemann), entre Flumini et Gennamari (Genn.). — *Algérie* : El Affroun (Battandier).

O. MORIO × PAPILIONACEA

O. Morio × papilionacea.

× **O. Gennarii** Reichb. F., *Icon.*, *Supp.*, p. 172 (1851) ; Barla, *Iconogr.*, p. 44 ; G. Cam., *Monogr. Orch. Fr.*, p. 52 ; in *Journ. de Bot.*, VI, p. 350 ; G. Cam. Berg. A. Cam., *Monogr. Orch. Eur.*, p. 205 ; Kraenz., *Gen. et spec.*, p. 118 ; F. Cortesi, *Orch. Rom.* in *Ann. bot.* Pirotta, I, p. 7 ; Briquet, *Prodr. Fl. Corse*, p. 355 ; Koch, *Syn.*, éd. Hall. et Wohlf., *l. c.* — **O. Morio + papilionacea** Timb.-Lagr., *Mém. hybr. Orch.*, p. 94 (1854) ; Barla, *l. c.* ; Debeaux in *Rev. botanique* (1891), p. 275 ; Koch, *Syn.*, éd. Hallier et Wohlf., *l. c.* — × **O. Gennarii var. Timbali** Rouy, *Fl. Fr.*, XIII, p. 158 (1912). — O. perpapilionacea × Morio Fiori et Paol., *Fl. It.*, I, p. 240 (1908).

Icon. : Timb.-Lagr., *l. c.*, pl. 21, f. 3, A et B ; Reichb., *l. c.*, t. DXX, f. 1 ; M. Schulze, pl. 2, f. 3 ; Cortesi, *l. c.*, pl. 2, f. 1, 2, 3, 4, 5 ; G. Cam. Berg. A. Cam., *l. c.*, pl. 14, t. 382-385 ; *Ic. n.*, pl. 22, f. 15-20.

Tubercules ovoïdes, subsessiles. Tige de 2-5 décim., cylindrique, lavée de violet au sommet. Feuilles ovales-oblongues, d'un vert foncé, les inf. obtuses, les sup. aiguës, longuement engainantes, la sup. souvent violacée. Bractées plus longues que l'ovaire, ovales-lancéolées, presque obtuses ou aiguës, assez larges, nervées, lavées souvent de rose violacé. Fleurs 4-15, un peu plus petites que dans l'*O. papilionacea*, disposées en épi court. Divisions du périanthe libres, conniventes en casque subglobuleux pourpré, les ext. libres, conniventes, un peu étalées à l'extrémité, ovales, obtusiuscules ou presque aiguës, les int. lat. obtuses, plus étroites et plus courtes. Labelle étalé, plus long que les autres divisions du périanthe, plus large que long, en forme d'éventail subtrilobé et très légèrement émarginé au sommet, rarement entier ou bilobé, à bords presque entiers ou dentelés, d'un violet clair, parfois plus pâle à la base, marqué de nervures d'un violet foncé, pourvu de taches de même couleur. Eperon un peu plus court que l'ovaire, subcylindrique, élargi au sommet, obtus ou subaigu, descendant, de même couleur que le casque.

M. Cortesi, *l. c.*, a signalé une forme, à labelle blanc et casque rose, issue du croisement de l'*O. Morio* à fleurs blanches avec l'*O. papilionacea*.

Morphologie interne.

Diffère très nettement de l'*O. Morio* par les cellules épidermiques du bord du limbe à paroi ext. très bombée, l'épiderme sup. de la feuille à paroi ext. plus épaisse (6-8 μ env.), l'éperon à papilles moins nombreuses, peu développées. Se distingue de l'*O. papilionacea* par l'épiderme sup. du limbe à paroi ext. moins épaisse ; la présence de quelques papilles à l'épiderme int. de l'éperon, le développement moindre des papilles du labelle (100-150 μ de long env.).

V. v. — Mars, mai. — Lieux herbeux, des bords de la mer à la région submontagneuse. — *France* : Haute-Garonne au Portet près de Toulouse (TIMB.-LAGR.), Var à Roquebrune (BERTRAND) ; Alpes-Marit. à Bendejeun, Contes, Luceram (BARLA), aux env. de Nice (MELLERIO, BERGON), Corse au cap Corse, aux env. de Bastia et de Bonifacio (plus local. ap. BRIQUET). — *Italie* : env. de Gênes (BERGON), env. de Pise à Castagnolo (BERGON), env. de Rome (CORTESI, GRAMPINI), env. de Bologne (FIORI et BÉGUIN.), Monte Pisano, Valle della Freddana (ap. PARLAT.), Toscane, Otrante (FIORI et BÉGUIN.), Elbe (ap. FIORI et BÉGUIN.), Sicile aux env. de Palerme (LOJACONO). — *Istrie* : entre Eltern et la Batterie Corniele, Pola, Monte Castion près Pomer, Monte Becino vers Santa Pietra (FREYN), Vetlin, Sondrio, S. Anna et Triasso (BROCKMANN), Goritzia (KRAZAN, cf. KERNER in *O. B. Z.*, XIX (1869), p. 224). — *Roumanie* : Vârciorova (PANTU).

O. Morio > papilionacea.

×O. **Debeauxii** G. CAM., *Monogr. Orch. Fr.*, p. 53 ; in *Journ. Bot.*, VI, p. 350 ; G. CAM. BERG. A. CAM., *Monogr. Orch. Eur.*, p. 207. — O. Morio × papilionacea G. CAM., *l. c.* — O. **papilionaceus × Morio** DEBEAUX, *Note sur pl. nouv. ou peu connues de la rég. méditerr.* p. 10. Paris (1891). — O. **papilionaceo-Morio** TIMB.-LAGR. et MARÇAIS in *Bull. soc. sc. phys. et nat. Toul.*, VII, p. 457 (1888), cum ic. ; G. CAM., *l. c.* ; KRAENZL., *Gen. et spec.*, p. 117 — O. **permorio** × papilionacea FIORI et PAOL., *Fl. It.*, I, p. 240 (1900-02). — O. **Gennarii** var. **Debeauxii** ROUY, *Fl. Fr.*, XIII, p. 158 (1912).

Icon . : *Ic. n.*, pl. 47, f. 6.

Port d'un *O. Morio* à sommet de la tige, bractées et fleurs d'un pourpre carminé, à fleurs élargies, dirigées en haut, à divisions ext. du périanthe obtusiuscules, munies de nervures verdâtres, à labelle grand, un peu échancré, pourvu d'une petite dent au milieu du sommet. Eperon descendant, gros.

France · Haute-Garonne à Avignonet (TIMB.-LAGR. et MARÇAIS) ; Corse aux env. de Bastia (DEBEAUX).

O. papilionacea var. rubra > picta.

× O. **pseudo-rubra** FREYN ap. ROUY, *Illustr. pl. Eur. rar*, XI, p. 90, t. 273 (1899) ; G. CAM. BERG. A. CAM., *. c.*, p. 260. — O. **Gennarii** var. pseudoruber FREYN in *O. B. Z.*, p. 52-55 (1877). — O. **subpicta** × rubra FREYN, *l. c.* — O. **Gennarii** b. pseudorubra M. SCHULZE, *Die Orch.*, n°ˢ 2,3 (1894). — O. **papilionacea** × picta auct. plur. — O. **papilionaceus pictus** B. pseudoruber ASCHERS. et GRAEBN., *Syn.*, *l. c.* p. 692 (1907).

Icon. : ROUY, *l. c.*

Port plus grêle que celui de l'*O. Gennarii*. Bractées inf. 5-nervées, les sup. ord. 3-nervées. Fl. 3-12, assez rapprochées, de grandeur moyenne, plus petites que dans l'*O. Gennarii* ; div. du périanthe obtuses ; labelle peu ou non ponctué, non émarginé, à lobes moins marqués que dans l'*O. Gennarii* ; éperon presque aussi long que l'ovaire, atténué-obtus au sommet.

France : Alpes-Marit. aux env. de Nice (MELLERIO). — *Istrie* : env. de Pola, Batterie Corniale (FREYN, HELLWEGER).

O. papilionacea var. rubra < picta.

× O. **Yvesii** VERGUIN in *Bull. Soc. bot. Fr.*, (1907), p. 600 ; G. CAM. BERG. A. CAM., *l. c.*, p. 206 ; ALB. et JAHAND., *Cat. Var.*, p. 491. — O. **papilionacea** × picta VERGUIN, *l. c.* — O. **Gennarii** REICHB. γ pseudopictus ROUY, *Fl. Fr.*, XIII, p. 158 (1912).

Icon. : VERGUIN, *l. c.*, pl. XIV, f. A ; G. CAM. BERG. A. CAM., pl. 13, f. 361 ; *Ic. n.*, pl. 22, f. 21 ; pl. 47, f. 9.

Proche de l'× *O. pseudo-rubra*, peut-être même identique à lui. Bractées dépassant l'ovaire, 7-nervées.

Fl. grandes, en épi lâche et cylindrique, comme dans l'*O. picta*, s'épanouissant presque simultanément, presque de même couleur que les fl. de l'*O. Gennarii* ; labelle strié, non concave comme dans l'*O. papilionacea*, mais convexe au centre, à bords un peu relevés en dessus ou légèrement réfléchis, à macules ord. nettes. — Ressemble à l'*O. Gennarii*, mais à fl. plus petites, bractées uniformément violettes et non vertes à la base, div. du périanthe rouge violacé et non vertes à la partie inf.

V. v. — *France* : Var au nord de Cavalière (VERGUIN) ; à Roquebrune (BERTRAND).
Ce n'est que sur place qu'il est possible de distinguer les hybrides de l'*O. Morio* et de l'*O. picta* avec l'*O. papilionacea* ou avec l'*O. rubra*.

× O. pseudopicta G. CAM. BERG. A. CAM., *Monogr. Orch. Eur.*, p. 207. — O. papilionaceus × pictus C. pseudopictus ASCHERS. et GRAEBN., *l. c.*, p. 692 (1907). — O. Gennarii v. pseudopicta [O. superpicta × rubra (papilionacea)] FREYN in *O. B. Z.* (1877), p. 52 ; M. SCHULZE, *l. c.*

Plante plus grêle que l'*O. Gennarii*. Port de l:*O. picta*, mais bractées rougeâtres, dépassant souvent le fruit ; fl. plus grandes, à labelle presque concave, pourvu de macules purpurines faibles ; casque à div. ext. munies de nerv. vertes, visibles par transparence.

Avril, mai. — *Italie, Istrie* : Pola (FREYN), Rovigno (UNTCHJ).
Monstruosité. — FREYN a observé une fl. munie d'un labelle normal et de 7 div. au périanthe au lieu de 5 (FLEISCHMANN ap. M. SCHULZE in *Th. V. N. F.*, XVII, p. 39).

O. LAXIFLORA × PAPILIONACEA

× O. Nicodemi CYR. in TEN., *Fl. neap. prodr.*, p. LIII (1811) ; *Fl. nap.*, II, p. 291, t. 90 ; *Syll.*, p. 453 ; et *Ad. fl. neap. Syll.*, app. IV, p. 42 ; TEN., *Icon. Fl. nap.*, t. 90 ; PARLAT., *Fl. ital.*, III, p. 522 ; ARCANG., *Comp.*, éd. 2, p. 169 ; KRAENZ., *Gen. et spec.*, p. 119 ; G. CAM. BERG. A. CAM., *Monogr. Orch. Eur.*, p. 207. — O. papilionacea × laxiflora ASCHERS. ex. CES. PASS. et GIB., *Comp.*, p. 189 ; ARCANG., *l. c.*—O. papilionaceo × laxiflora FIORI et PAOL., *Fl. anal. It.*, p. 244 (1900-02). — O. papilionaceus × ensifolius ASCHERS. et GRAEBN., *Syn.*, III, p. 766 (1907). — O. Nicodemi α Aschersoni ROUY, *Fl. Fr.*, XIII, p. 160 (1912).
Icon. : REICHB. F., *Icon.*, XIII, p. 37, t. 365, f. IV, 11.
Tige dressée, sinueuse, haute de 1-3 décim. Feuilles lancéolées obtuses. Fleurs purpurines, disposées en épi lâche. Bractées colorées, plus longues que l'ovaire, 5-7-nervées. Divisions lat. ext. du périanthe étalées, subaiguës. Labelle ample, environ 3 fois plus large que long, ponctué, muni de nervures radiales plus foncées, à 3 lobes subégaux, crénelés, le médian émarginé. Eperon ascendant, presque aussi long que l'ovaire.

| Avril. — *Italie* : Monte Santangelo di Castellammare, Picinisco (TENORE), Assise (MORROI), Puglie et Naples (d'ap. FIORI et PAOL).
D'après GRANDE in *Nuovo Giorn. bot. ital.*, XXVII, p. 234 (1920), la fig. de l'*O. Nicodemi* par CYRILLO représente l'*O. Morio* et la plante de l'*Herbier* TENORE ne serait que ce dernier. L'*O. Nicodemi* ne serait donc pas un *O. papilionacea × laxiflora*, mais l'*O. Morio*. L'*O. laxiflora* manquerait, d'après cet auteur, à Conversana, Balvano et au Monte Sant' Angelo.

× O. Caccabaria VERGUIN in *Bull. Soc. bot. Fr.*, p. 603 (1907) *cum icone* ; G. CAM. BERG. A. CAM., *Monogr. Orch. Eur.*, p. 208 ; ALB. et JAHAND., *Cat. Var*, p. 49. — O. laxiflora × papilionacea (rubra) G. et A. CAMUS. — O. laxiflora × papilionacea VERGUIN, *l. c.* — O. Nicodemi β Caccabarius ROUY, *Fl. Fr.*, XIII, p. 160 (1912).
Icon. : VERGUIN, *l. c.*, pl. XIV, f. C ; G. CAM. BERG. A. CAM., *l. c.*, pl. 13, f. 359 ; *Ic. n.*, pl. 47, f. 8.
Tubercules obovales, sessiles. Tige de 2-5 décim. env., verte, cylindrique, dressée, assez feuillée. Feuilles linéaires-lancéolées, aiguës, dressées, les sup. engainantes. Fleurs peu nombreuses, 3-4, en épi très lâche, régulier, très court, s'épanouissant simultanément. Bractées purpurines, égalant l'ovaire ou le dépassant un peu, lancéolées-aiguës, à 7 nervures. Divisions ext. du périanthe dressées, non conniventes, ovales-elliptiques, d'un violet foncé, marquées de nervures purpurines. Divisions int. un peu plus petites, de même couleur que les divisions ext. Labelle grand, obscurément pentagonal, plus large que long, large de 14 mm., long de 9 mm., un peu plié en dessous, d'un violet pourpre, de même couleur que les divisions ext. du périanthe, marqué de stries divergentes, à bords irrégulièrement crénelés. Eperon descendant, en massue, de moitié plus court que l'ovaire.— Proche de l'*O. laxiflora*, dont il diffère par les fleurs peu nombreuses, les divisions lat. ext. du pé-

rianthe dressées et le labelle presque étalé. Diffère de l'*O. papilionacea* (*rubra*) par les divisions ext. du périanthe plus petites et par le labelle non replié en dessus.

V. v. — *France* : Var, massif des Maures au-dessus de Cavalière, alt. 415 m. (VERGUIN) ; Roquebrune (BERTRAND).

O. PROVINCIALIS × RUBRA ?

× **O. neo-Gennarii** G. CAM. BERG. A. CAM., *Monogr. Orch. Eur.*, p. 207 (1908). — **O**... n° 2845 W. BARBEY in *Fl. Sard. Comp. suppl.* ASCHERS. et LEVIER, p. 238 (**O. rubra×provincialis**)? (GENN., *Spec.*) ap. W. BARBEY, *Fl. Sard. suppl., l. c.*

Plante ayant la stature 2 fois plus grande que l'*O. rubra*. Feuilles analogues à celles de l'*O. provincialis*. Fleurs 8-10, un peu plus petites que dans cette espèce. Labelle plus court, à bords presque entiers, non denticulés ; à nervures plus rameuses et moins en éventail que dans l'*O. rubra*.

Sardaigne : Aritzo.

§ II. — Hybrides des O. Morio, picta et Champagneuxii.

O. LONGICORNU × O. MORIO

× **O. Cortesii** G. et A. CAMUS, *Iconogr. Orch. Eur.*, p. 4 (1921). — **O. longicornu** × **Morio** G. et A. CAMUS, *l. c.*

Icon. : *Ic. n.*, pl. 124, f. 4.

Plante de 15-20 cent. env., à tubercules subglobuleux, à tige munie de 1-2 feuilles dressées, engainantes. Feuilles infér. oblongues-lancéolées, obtuses. Bractées assez minces, d'un pourpre violacé, oblongues-lancéolées, égalant presque l'ovaire. Fleurs peu nombreuses, disposées en épi lâche, relativement assez grandes, rappelant celles de l'*O. longicornu*, mais à ailes du labelle moins foncées et à éperon plus court. Divisions ext. du périanthe striées de vert, conniventes en un casque obtus. Labelle large, trilobé, à lobe médian plus court que les lat., tronqué, pâle, muni de grosses macules pourpres, à lobes lat. d'un violet assez intense, rhomboïdaux, arrondis ; éperon gros, ascendant, cylindrique-subclaviforme, tronqué et obscurément subbilobé à l'extrémité, égalant environ l'ovaire. — Cette plante, de port intermédiaire entre celui des deux parents, diffère de l'*O. longicornu* par les lobes lat. du labelle moins foncés, moins rhomboïdaux, plus arrondis, par les bractées plus allongées et par l'éperon égalant env. l'ovaire. Elle se distingue de l'*O. Morio* par le labelle à lobe médian plus court que les lat., à lobes lat. un peu plus foncés, un peu moins arrondis et par l'éperon brusquement tronqué, subbilobé au sommet et égalant env. l'ovaire.

Corse : env. de Bonifacio (STEFANI, mars 1911, in *herb.* G. CAMUS).

O. CHAMPAGNEUXII × PICTA

× **O. Albertii** (1) A. CAMUS in *Riv. scientif.* (1926), p. 72, in *Bull. Mus. Par.*, déc. 1927.— **O. Champagneuxii** × **picta** A. CAMUS *l. c.*

Icon. : *Ic. n.*, pl. 124, f. 1-2.

Tubercules plus longuement pédonculés que dans l'*O. picta* et moins longuement que dans l'*O. Champagn.* Feuilles légèrement mucronées. Epi assez grêle, moins long et moins atténué que chez l'*O. picta* ; labelle légèrement ou fortement plié, un peu maculé ; éperon plus allongé que dans l'*O. picta* et moins long que dans l'*O. Champagn.*, renflé et tronqué à l'extrémité (2).

France : Var à St-Tropez (avril 1926). — *Espagne* : Catalogne, massif de Tibidabo (SENNEN).

---

1. Cette espèce est dédiée à ALBERT, l'un des auteurs de la *Flore du Var*.
2. *Tubera subglobosa, pedunculata. Folia lanceolata, mucronata. Inflorescentia laxa. Bracteæ membranaceæ. Labellum plicatum, trilobum, lobis lateralibus rotundatis, maculis vix conspicuis, marginibus crenulatis. Calcar elongatum, subcylindricum, apice truncatum, subclavatum.*

O. LAXIFLORA × MORIO

O. laxiflora > Morio.

×**O. alata** Fleury, *Orchid. env. Rennes*, p. 17 (1819) (pr. spec.); Boreau, *Fl. centre*, ed. 3, II, p. 644 ; Le Gall, *Fl. Morbih.*, p. 585; Lloyd, *Fl. Ouest*, éd. 2, p. 439 ; Lloyd et Fouc., *Fl. Ouest*, p. 337; Gadeceau in; *Bull. sc. nat. Ouest*, II, p. 3 ; Gillot in *Bull. Ass. fr. Bot.* (1898), p. 68 ; in *Bull. Soc. bot. Fr.* (1887), p. 325 ; Bonnet, *P. fl. paris.*, p. 381 ; Franchet, *Fl. Loir-et-Cher*, p. 573; Lassimonne in *Revue scient. Bourb.* (1893), p. 56 ; G. Cam. in de Fourcy, *Vade-mec. herb. paris.*, éd. 6, add. p. 324 ; *Monogr.Orch.Fr.*, p. 59 ; in *Journ. bot.*, VI, p. 407 ; de Kersers in *Bull. Soc. bot. Fr.* (1905), p. 530 ; Car. et Saint-Lag., *Fl. descr.*, éd. 8, p. 204; Martin, *Cat. Romor.*, éd. 2, p. 387 ; Legué, *Cat. Mondoubl.*, p. 80 ; Richter, *Pl. Eur.*, I, p. 272 ; Courtesi in *Ann. bot.* Pirotta, p. 40 ; G. Cam. Berg. A. Cam., *Monogr. Orch. Eur.*, p. 208 ; Lambert in *Bull. Deux-Sèvres* (1908-1909), p. 97 ; Souché, *Fl. Haut-Poitou*, p. 258 ; 2ᵉ partie, p. 216 ; Castagne in *Bull. Soc. bot. Fr.* (1913), p. XLIV ; Godfery in *Orchid. Rev.* (1926), p. 7. — **O. laxiflora** × **Morio** M. Schulze, *Die Orchid.*, 18, 2. — **O. laxifloro-Morio** Schur, *Enum. Trans.*, p. 640 (1866). — **O. Morio** × **laxiflora** Fiori et Paol., *Fl. Ital.*, I, p. 244; *App.* IV, p. 54. — **O. Morio-laxiflora** Reuter ap. Reichb. F., *Icon.*, XIII-XIV, p. 50, t. 41, f. 2 ; *Catal. Genève*, éd. 2, p. 202 ; Boreau, *l. c.* ; Franchet, *l. c.* ; Bonnet, *l. c.* ; Debeaux, *l. c.* ; Gadeceau, *l. c.* ; Gillot, *l. c.* ; Lloyd, *l. c.* - **O. Morio-laxiflora** f. **superlaxiflora** Schmidely in *Bull. trav. Soc. bot. Genève* (1881-83), p. 141. — **O. Morio** × **ensifolius** B. **superensifolius** Aschers. et Graebn., *Syn.*, III, p. 766. — **O. Morio** b. **sublaxiflora** Schur, *l. c.*

Icon. : Reichb. F., *l. c.*, 41, DXIV, f. 2 ; Gadeceau, *l. c.*, pl. 1, f. 4 a et b ; G. Cam., *Icon. Orch. Par.*, pl. 12, B ; *Orch. Fr.*, pl. XXV ; G. Cam. Berg. A. Cam., *l. c.*, pl. 21, f. 662-663 ; *Ic. n.*, pl. 47, f. 1-4.

Exsicc. : *Soc. Rochel.*, nᵒˢ 4164, 4164²; *Soc. ét. fl. franco-helv.*, nᵒ 339.

Tubercules entiers, subsphériques. Tige haute de 2-4 décim. Feuilles lancéolées-linéaires, aiguës, peu canaliculées. Epi assez serré, assez allongé, à fleurs grandes, violacées et non d'un rouge pourpre. Bractées plus ou moins violacées, égalant ou dépassant un peu l'ovaire. Divisions ext. du périanthe non conniventes en casque, mais étalées et toutes sur une même plan, munies ordt de nervures vertes visibles seulement par transparence. Labelle large, de teinte plus pâle à la gorge et marqué de taches ou de stries, à 3 lobes profonds et presque égaux, les lat. étalés, non réfléchis. Eperon renflé au sommet. — Se distingue de l'*O. Morio* par son épi plus allongé, les divisions lat. ext. du périanthe étalées. Plus proche de l'*O. laxiflora*, s'en différencie par ses feuilles plus courtes, moins canaliculées, ses fleurs à casque nervé de vert, à divisions ext. du périanthe étalées horizontalement sur un même plan, à labelle étalé, plus ou moins taché et par la forme de l'éperon.

D'après les nombreux individus que nous avons observés, soit vivants, soit dans les herbiers, nous avons pu constater que la forme que nous venons de décrire est la plus fréquente. Une deuxième forme, que nous avons figurée, est plus proche de l'*O. Morio* et nous paraît être le terme extrême du même croisement, c'est la forme suivante :

O. laxiflora < Morio.

× **O. subalata** G. Cam., *Atl. Orch. Fr.*, pl. XXVI ; G. Cam. Berg. A. Cam., *Monogr. Orch. Eur.*, p. 209. — **O. Morio** × **laxiflora** f. **super-Morio** Schmidely, *l. c.* — **O. laxiflora** var. **ambigua** Gillot, Le Gr., *Fl. Berry*, éd. 2, p. 291.

Icon. : G. Cam. Berg. A. Cam., *l. c.*, pl. 21, f. 664 ; *Ic. n.*, pl. 47, f. 5.

Tige de 2 à 3 décim. Feuilles lancéolées-linéaires, aiguës, peu canaliculées. Divisions ext. du périanthe non conniventes en casque, étalées toutes sur un même plan, munies de nervures vertes, visibles surtout par transparence. Epi court, comme dans l'*O. Morio*, fleurs moins grandes que dans l'*O. alata*, d'un rouge carminé foncé. Bractées ordt égales à l'ovaire ou plus courtes que lui. Labelle à 3 lobes presque égaux, étalés ou peu repliés. Quelques individus de cette forme se rapprochent tellement de l'*O. Morio*, que les divisions ext. étalées constituent le seul caractère qui les distingue de cette espèce. — Cette forme est probablement celle indiquée par Brisson, *Catal. Marne*, p. 249. ; elle est plus rare que l'*O. alata*.

Morphologie interne.

Les *O. alata* et *subalata* ont ordt la paroi ext. des épidermes foliaires plus épaisse que l'*O. Morio*, les cellules épidermiques du bord du limbe présentent parfois des dents assez marquées (même dans le f. *subalata*) et n'ont jamais leur paroi ext. aussi mince et aussi peu bombée que l'*O. Morio*. La forme de ces cellules varie, d'un individu à l'autre, dans ces hybrides, en présentant tous les intermédiaires allant de l'*O. Morio* à l'*O. laxiflora*.

V. v. — Mai, juin.— Dans les prairies, l'*O. Morio* occupe les parties un peu sèches, l'*O. laxiflora* les fonds humides et les hybrides (× *O. alata* et *subalata*) croissent ensemble et sont parfois abondants. — *France* : env. de Paris(G. Camus, Belèze, etc.), Calvados à Beuvillers (Dur.-Duq.) et aux env. de Bayeux(Bertot), répandu dans la Loire-Inf., l'Ille-et-Vilaine, les Côtes-du-Nord, le Finistère, la Vendée, Sarthe dans la vallée d'Anille près Saint-Calais (Leguė), Maine-et-Loire, Loir-et-Cher (assez abondant), Allier à Avermes (Lassimonne), Cher à Neuvy-sur-Barangeou (G. Camus), St-Symphorien, Raymond (Lambert), Saône-et-Loire à Givry, près-l'Orbize (Ozanon, Gillot), Puy-de-Dôme aux Gilberts près Thiers (Arbost), à Lezoux, Bort, Orléat (Dr Chassagne), Dordogne à Saint-Martin-du-Pin près Nontron (Hoscnedė), Deux-Sèvres à La Mothe, St-Heray (Sauzé), Vienne (Souché), Charente-Inf., Gironde aux Quatre-Pavillons près Bordeaux (peu rare, Bergon) et à St-Médard-de-Guizières (Merlet); Aveyron à Monteclar (Coste).—*Suisse* : Challex (Schmidely), Sionet près Genève (Reuter). — *Italie* : Castagnolo près Pise (Bergon), env. de Pise (Godfery et Keller), Lazio, Ostia, Fiumicino (Sanguinetti). — *Illyrie* : Mossa et Medana (d'après Fiori et Paol.).

<h3 style="text-align:center">O. LAXIFLORA × PICTA</h3>

× **O. heraclea** Verguin in *Bull. Soc. Fr.*, 1907, p. 602, t. 14, f. B ; G. Cam. Berg. A. Cam., *Monogr. Orch. Eur.*, p. 210 ; Alb. et Jahand., *Cat. Var*, p. 491. — **O. laxiflora × picta** Verguin, *l. c.*

Icon. : G. Cam. Berg. A. Cam., *l. c.*, pl. 13. f. 360 : *Ic. n.*, pl. 47, f. 7.

Tubercules 2, ovoïdes, sessiles ou l'un d'eux brièvement pédonculé. Tige de 30-45 centim., verte, violacée dans l'épi. Feuilles lancéolées-aiguës, pliées en gouttières, les inf. étalées-réfléchies, les moyennes et sup. dressées, engainantes. Fleurs 8-20, en épi lâche, s'épanouissant simultanément. Bractées violettes, lancéolées-obtuses, trinervées, égalant l'ovaire ou un peu plus courtes que lui. Périanthe à divisions ext. libres, ovales-obtuses, non conniventes, étalées dans un plan perpendiculaire au plan supérieur du labelle et de l'éperon, violettes, à nervures plus foncées ; divisions lat. int. un peu conniventes, petites, obtuses, nervées. Labelle convexe, plus large (15 mm.) que long (7 mm.), d'un pourpre violet, plus pâle au centre, présentant ordt des taches linéaires, plus foncées ; lobes lat. crénelés, obliques, subrectangulaires, un peu réfléchis, mais ne se touchant pas par les bords ; lobe médian bidenté. Eperon plus court que l'ovaire, cylindrique, arqué, ascendant ou horizontal, arrondi ou sublobé au sommet. — Voisin de l'*O. alata*, mais à fleurs plus petites et à inflorescence plus lâche.

V. v. — Mai. — *France* : à Cavalière dans le massif des Maures, alt. 450 m. (Verguin) ; env. de Roquebrune (Bertrand).

<h3 style="text-align:center">O. MORIO × PALUSTRIS</h3>

× **O. genevensis** Chenevard in *Bull. trav. Soc. Bot. Genève*, IX (1898), p. 119 ; G. Cam. Berg. A. Cam., *Monogr. Orch. Eur.*, p. 210. — **O. Morio × palustris** (*paluster*) Gremli, *Exc. Fl. Schweiz*, p. 387 (1893) ; M. Schulze, *Die Orch.*, 3, 3 ; in *Mitth. Thür. B. V. N. F.*, X, p. 67 (1897) ; in *O. B. Z.*, XLIX (1899), p. 165 ; Aschers. et Graebn., *Syn.*, III, p. 767 ; Vollmann in *Berichte d. bayerischen bot. Gesel. z. Erf. d. heimischen Flora*, Munich. XIV, p. 109 (1914).

Port assez élancé de l'*O. mascula*. Tige haute de 3 déc. env. Feuilles plus larges que dans l'*O. palustris*, un peu recourbées, les sup. dressées. Bractées linéaires-lancéolées, presque aussi longues que l'ovaire, un peu membraneuses, violacées. Divisions sup. du périanthe assez conniventes, plus aiguës que dans l'*O. Morio*, les ext. ordt avec 3, rarement 4-5 nervures, manifestement plus longues que les int. lat. Labelle presque aussi long que les divisions ext., atteignant 1 cent. de long env., trilobé ou presque entier ; lobes latéraux arrondis souvent dentés, lobe moyen plus long, presque plan. Eperon plus court que l'ovaire, presque aussi long que le labelle, claviforme. — Plante voisine de l'*O. alata*, à déterminer sur les échantillons vivants et surtout sur place. Diffère de l'*O. alata* par son inflorescence lâche, les bractées égalant l'ovaire, les fleurs plus grandes, d'un violet plus intense, plus pur, les divisions sup. du périanthe presque conniventes en casque, le labelle à lobes latéraux peu déjetés en arrière, à lobe médian presque plan, plus allongé, l'éperon un peu plus gros. A peine distinct de l'hybride suivant.

Alsace: prairies à Herbsheim (Mantz). — *Suisse* à Lossy près Genève (Chenevard).— *Bavière*: (Vollmann), vallée d'Augsbourg (Fuchs, Gerstlauer).

× **O. alata** forma **alatiflora** Lassimonne ap. G. Cam., *Monogr. Orch. Fr.*, p. 61 ; in *Journ. bot.*, VII, p. 408 (1892); G. Cam. Berg. A. Cam., *Monogr. Orch. Eur.*, p. 210. — × **O. alatiflora** Lassimonne in *Revue sc. du Bourbonn.* (1893), p. 57. — **O. Morio** × ... ? mascula, palustris, laxiflora vel latifolia G. Cam. in G. Cam. Berg. A. Cam., *l. c.*

Port de l'*O. Morio.* Tubercules ovoïdes ou subglobuleux. Tige de 1 à 2 décim., fistuleuse, dressée, cylindrique, striée au sommet. Feuilles non maculées, les infér. oblongues-obtuses, non canaliculées, les supér. aiguës, engainantes, n'atteignant pas l'épi. Bractées colorées, minces, les sup. à 1 nervure, égalant environ la longueur de l'ovaire. Epi court, formé de 3-8 fleurs, d'un rouge violacé, parfois roses. Divisions lat. ext. du périanthe plutôt colorées que verdâtres, élargies au sommet, plus ou moins sinuées-crénelées, vues par leur face int. elles sont concaves du côté de la division médiane ext. avec laquelle elles sont peu ou ne sont pas conniventes, étalées ou déjetées par leur bord int. et marquées parfois de ponctuations semblables à celles du labelle ; à mesure que la floraison s'avance elles s'étalent et deviennent à la fin convexes et plus ou moins renversées. Labelle large, à 3 lobes, le médian bien prononcé et échancré, les lat. crénelés et plus ou moins déjetés, à coloration plus claire vers la gorge et le milieu, maculé de lignes et de points foncés. Eperon à peu près cylindrique, obtus, parfois un peu élargi et échancré au sommet, égalant env. l'ovaire ou un peu plus court que lui. Ovaire tordu, plus court que dans l'*O. laxiflora.*

V. v. — *France* : Allier dans les prairies de Labrosse près d'Yzeure (Lassimonne).

O. CORIOPHORA × LAXIFLORA × MORIO

× **O. alatoides** Gadeceau in *Bull. Soc. bot. Fr.*, XXXIV, p. 162 (1887) : in *Soc. Sc. nat. Ouest* (1892), pl. 2, f. 3a, 3b ; G. Cam., *Monogr. Orchid. Fr.*, p. 59 ; in *Journ. Bot.*, VI, p. 406 ; G. Cam. Berg. A. Cam., *Monogr. Orch. Eur.*, p. 211. — **O. coriophora** × **alata** Lajonchère ex Gadeceau in *Bull. Soc. Sc. nat. Ouest* (1892).

Icon. : G. Cam. in *Journ. Bot.*, IV, pl. 1 ; *Atlas Orch. Fr.*, pl. XXIV : Gadeceau, *l. c.* ; G. Cam. Berg. A. Cam., *l. c.*, pl. 20, f. 620-621 ; *Ic. n.*, pl. 48, f. 18-20.

Tubercules entiers. Feuilles linéaires-lancéolées, aiguës, en gouttière, engainantes. Bractées lancéolées-linéaires, égalant ou dépassant l'ovaire, 3-5-nervées. Fleurs d'un rouge violacé, en épi assez compact. Divisions ext. du périanthe lancéolées-subaiguës, soudées à la base, puis libres dans les 2/3 sup., d'abord étalées horizontalement toutes trois sur un même plan comme dans l'*O. alata*, à pointe en capuchon à la fin un peu redressée, munies de nervures vertes visibles par transparence ; divisions lat. int. étroites, réunies en voûte et entrecroisées au sommet. Labelle d'un rouge violacé un peu plus clair à la base qui est ponctuée de pourpre violacé, à 3 lobes, les lat. rhomboïdaux, obscurément crénelés, un peu réfléchis sur les bords, le moyen aigu, entier, non échancré, en gouttière en dessous, plus étroit et un peu plus long que les lat., lancéolé, plus rarement labelle non lobé, crénelé-denté. Eperon cylindrique, conique, obtus, plus court que l'ovaire. Odeur douce, très faible, rappelant un peu celle de l'*O. coriophora.*

V. v. — *France* : Loire-Inf. à Bourgneuf-en-Retz (Lajonchère). — Il n'a été trouvé qu'un individu de cet hybride qui s'est multiplié par tubercules.

O. CORIOPHORA × MORIO

× **O. olida** Brébiss., *Fl. Norm.*, éd. 2, p. 296 (1849) ; Brébiss. et Morière, *Fl. Norm.*, éd. 5, p. 391 ; Corbière, *N. fl. Norm.*, p. 556 ; Franchet, *Fl. L.-et-Ch.*, p. 569 ; G. Cam., *Monogr. Fr.*, p. 55; in *Journ. de Bot.* (1892), p. 53 ; G. Cam. Berg. A. Cam., *Monogr. Orch. Eur.*, p. 202 ; de Kersers in *Bull. Soc. bot Fr.* (1905), p. 530 ; Lambert in *Bull. Deux-Sèvres* (1908-09), p. 96 ; A. Cam. in *Riviera scientif.* (1918), p. 7. — **O. coriophora** × **Morio** G. Cam., *l. c.* — **O. Morio** × **coriophorus** Ascher. et Graebn., *Syn.*, III, p. 689 ; Zimmerm. in *Allg. Bot. Zeitschr.*, n° 10 (1909). — **O. cimicina** Brébiss., *Fl. Norm.*, éd. 1, p. 259 (1836) ; non Crantz (1769). — **O. badensis** Zimmerm., *l. c.* (1909).

Icon. : Reichb. F., *Icon.*, XIII-XIV, t. DIV, f. 1, 1-10 (1851) ; G. Cam. Berg. A. Cam., *l. c.*, pl. 16, f. 451 ; *Ic. n.*, pl. 51, f. 1-2.

Tubercules ovoïdes ou subglobuleux. Tige de 1-2 décim , arrondie, un peu crénelée, feuillée jusque vers le haut. Feuilles lancéolées-linéaires, aiguës, les infér. obtuses, étalées et rapprochées en rosette, un peu canaliculées au sommet, les sup. dressées. Bractées blanchâtres, un peu membraneuses, lancéolées, 1-3 nervées, plus courtes que les fleurs, égalant environ l'ovaire. Fleurs exhalant une odeur faible de punaise ou encore une odeur agréable, disposées en épi lâche, allongé, plus grandes que dans l'*O. coriophora*, plus petites que dans l'*O. Morio*, d'un pourpre violacé foncé lavé de vert. Divisions sup. du périanthe elliptiques-lancéolées, acuminées, conniventes en casque moins arrondi que dans l'*O. Morio*, un peu séparées au sommet. Labelle un peu pâle, verdâtre et ponctué de rouge, un peu moins large que dans l'*O. Morio*, bien plus large que dans l'*O. coriophora*, à 3 lobes presque égaux, tronqués, inégalement dentés, le moyen un peu échancré, les lat. rejetés en arrière, ces 3 lobes plus larges au sommet qu'à la base. Eperon un peu plus court que l'ovaire, horizontal ou peu incliné, conique et lavé de pourpre. — Cet hybride a le port de l'*O. coriophora* mais s'en distingue par ses fleurs plus grandes, plus colorées, à casque moins aigu, par son labelle plus large à divisions érodées-denticulées au sommet et à lobe médian émarginé plus large.

Morphologie interne

Les échantillons que nous avons étudiés différaient de l'*O. Morio* par les cellules épidermiques du bord du limbe à paroi ext. irrégulièrement bombée, la paroi ext. des cellules épidermiques du limbe foliaire plus épaisse et la présence d'épaississements en anneaux incomplets dans les parois de l'anthère. Il se distinguait de l'*O. coriophora* par les cellules épidermiques du bord du limbe dépourvues de dents allongées, le labelle et l'éperon à papilles moins développées, les parois de l'anthère à épaississements moins nombreux. Il y a ordt émission faible de nectar à l'intérieur de l'éperon, caractère atténué de l'*O. coriophora*, manquant dans l'*O. Morio*.

V. v. — Mai, juin. — *France* : Calvados : Falaise (Brébiss.) ; Loir-et-Cher : Cheverny, **route de Contres,** Cheméry (Franchet) ; Cher : Saint-Symphorien (Lambert) : Alpes-Maritimes, Thorenc au Château des Quatre-Tours, alt. 1.170 m. (Aimée Camus). — *Allemagne* : Wildtal, env. de Fribourg-en-Brisgau (Zimmern.). — *Suisse* : Valais à Martigny.

C'est à dessein que nous avons omis dans la synonymie de l'*O. olida*, l'*O. Morio + coriophora* de Pommaret et Timb.-Lagr., *Mém. hybr. Orchid.*, p. 40, pl. 24, f. 1-2 ; *Ic. n.*, pl. 51, f. 3-4 (ap. Timb.-Lagr.). Cette plante diffère de l'*O. olida* par son casque plus ouvert et par les div. du périanthe plus allongées et plus aiguës. Elle a été récoltée, en 1856, dans la prairie de Lacombe, près d'Agen, par de Pommaret.

Voici la description donnée par les auteurs : fleurs en épi allongé (9 centim.), lâche, d'un rouge foncé ; bractées blanchâtres, lancéolées, scarieuses, uninervées, plus courtes que les fleurs, égalant l'ovaire ; divisions sup. du périanthe courtes, elliptiques, acuminées, conniventes en casque jusqu'au milieu, séparées au sommet. Labelle à trois divisions, les deux supérieures étalées ; fortement émarginées aux bords. Le lobe moyen de même longueur et à peu près de même forme que les latéraux ; tous les trois plus larges au sommet qu'à la base et parcouru par de grosses veines simples sans ramifications. Le labelle présente à sa surface une pubescence blanchâtre, soyeuse, sur un fond pourpre foncé. Les deux lobes latéraux sont repliés en dessous : le moyen par le milieu, comme on l'observe dans l'*O. coriophora* : éperon en sac court, horizontal ou un peu incliné, plus court que l'ovaire. Feuilles lancéolées, acuminées : tige de 2 décim. env. Fleurit en mai. — Environs d'Agen, Lot-et-Garonne (1856) (de Pommaret).

L'*O. tectulum* Des Moulins (*Catalogue raisonné des plantes qui croissent spontanément dans le départ. de la Dordogne*, 1840) est une plante voisine de l'*O. Morio-coriophora* de Pommar. et Timb.-Lagr. Il est caractérisé par ses bractées infér. plus longues que l'ovaire et 3-nervées : le lobe médian du labelle est entier et non émarginé, l'odeur est nulle, les autres caractères sont ceux de l'*O. olida*. — *France, Dordogne, Lanquais, juin* (1837) (Ch. Des Moulins).

Il n'est pas possible de se prononcer sur l'origine précise de ces deux plantes : *O. Morio-coriophora* de Pomm. et Timb.-Lagr. et *O. tectulum* Des Moulins. Elles sont peu distinctes de l'*O. olida* et les différences signalées peuvent être attribuées, soit à la substitution de l'*O fragrans* à l'*O. coriophora* type, soit à la production de simples variations comme il y en a dans les hybrides.

O. FRAGRANS vel MARTRINI × MORIO

× **O. Pauliana** Malvd in *Bull. Soc. bot. Fr. Congr. Bot.* (1889), p. CCLXVII, pl. 1 ; G. Cam., *Monogr. Orch. Fr.*, p. 56 ; in *Journ. bot.*, VI, p. 354 ; G. Cam. Berg. A. Cam., *Monogr. Orch. Eur.*, p. 213. — **O. Morio × coriophora var. fragrans** Malvd., *l. c.*

Icon. : G. Cam. Berg. A. Cam., *l. c.*, pl. 16, f. 452 ; *Ic. n.*, pl. 51, f. 5-8.

Tubercules ovoïdes, entiers. Tige de 30 centim., assez robuste, feuillée jusqu'à la base de l'inflorescence. Feuilles 8, rapprochées, oblongues-lancéolées, larges, les moyennes et les sup. engainantes et recouvrant entièrement la tige. Epi de 10 centim., composé de 26 fleurs env., sensiblement plus grandes que celles de l'*O. coriophora*. Bractées lancéolées, d'un pourpre foncé avec une nervure médiane verdâtre ; les inf. dépassant l'ovaire, les sup. l'égalant ou plus courtes que lui. Divisions du périanthe conniventes en casque subglobuleux, un peu entr'ouvert au sommet, d'un pourpre foncé veiné de vert. Labelle plus large que long, verdâtre, livide, plus ou moins teinté et ponctué de pourpre sur quelques fleurs, à 3 lobes peu profonds, denticulés ou crénelés, presque égaux, élargis au sommet, le moyen émarginé, les latéraux souvent repliés en arrière. Eperon horizontal ou ascendant, cylindrique, presque droit, à sommet obtus, égalant à peu près le labelle et de moitié plus court que l'ovaire. Odeur fade, presque nulle. — Cette plante diffère de l'*O. olida* par ses feuilles oblongues-lancéolées, ses bractées membraneuses roses et ses fleurs plus étalées. Le lobe moyen du labelle est fortement denté et à ces dents correspondent les extrémités des nervures. L'éperon est notablement plus court.

V. v. — *France* : Lot au Mas de Lafont près Thémines (MALINVAUD).

× **O. Camusi** DUFFORT, *Nov. hybr.* in *litt.* 1er mai (1896), ap. G. CAM. et DUFFORT in *Bull. Soc. bot. Fr.* (1898), p. 434 ; G. CAM. BERG. A. CAM., *Monogr. Orch. Eur.*, p. 214. — **O. Martrini var. apricorum × Morio** A. CAMUS. — **O. fragrans var. apricorum** (DUFFORT) × **Morio** DUFFORT, *l. c.*

Icon. : G. CAM. BERG. A. CAM., *l. c.*, pl. 16, f. 448-450 ; *Ic. n.*, pl. 51, f. 9-11.

Plante ne pouvant être identifiée avec aucune des formes issues du croisement de l'*O. Morio* avec l'une des var. de l'*O. coriophora*. Port de l'*O. coriophora*. Tubercules 2, entiers, ovoïdes, ou subarrondis. Tige assez grêle, élancée, de 2-4 décim., violacée au sommet. Feuilles lancéolées-linéaires, dressées, pliées en gouttière, les moyennes et les sup. engainantes. Bractées membraneuses, lavées de violet ou de pourpre, les inf. 3-nervées, égalant env. l'ovaire, les sup. 1-nervées, ordt plus courtes que lui. Fleurs petites, d'un rouge violacé, à odeur de vanille très prononcée, disposées en épi étroit assez lâche, long de 5-10 centim. Divisions sup. du périanthe conniventes en casque acuminé, ouvert au sommet, d'un rouge vineux, les lat. ext. à sommet légèrement déjeté en arrière. Labelle muni de houppes d'un pourpre foncé, 3-lobé, à lobes étalés presque sur un même plan, le médian allongé, subtriangulaire ni tronqué, ni émarginé, dépassant les lat., mucroné, les lat. plus larges que le médian, peu repliés latéralement, munis de dents correspondant aux extrémités des nervures. Eperon cylindro-conique, obtus, horizontal ou ascendant, égalant au moins le labelle, plus court que l'ovaire. — Diffère 1° de l'*O. olida* par le labelle moins large, à lobe médian non quadrangulaire, non émarginé, plus long, plus étroit, à lobes lat. peu repliés ; 2° de l'*O. tectulum* par l'odeur de vanille des fleurs, le port grêle, la coloration générale violette du sommet de la plante, par la forme du labelle ; 3° de l'*O. Pauliana* par le port grêle, la tige presque nue au sommet, les fleurs plus rougeâtres, à odeur plus manifeste, le casque plus acuminé, le lobe médian du labelle ni tronqué ni émarginé mais subtriangulaire, plus profondément découpé.

V. s. — Mai, juin. — *France* : Gers à Masseube (DUFFORT, mai 1896) ; Lot à Saint-Denis près Martel (LAMOTTE, juin 1902, in *herb.* G. CAMUS).

FOUCAUD et SIMON ont trouvé, en Corse, un hybride proche de l'**O. Camusi** Duff. mais dont l'un des parents était non l'**O. Martrini var. apricorum**, mais l'**O. fragrans**.

O. FRAGRANS × PICTA

× **O. Darcisii** MURR in DALLA TORRE et SARNTH., *Fl. Tir. Voralb. und Liecht.*, VI, I, p. 505 (1906). — **O. coriophora var. fragrans × picta** MURR in *A. B. Z.*, IX (1903), p. 144. — **O. pictus × coriophorus** ASCHERS. et GRAEBN., *Syn.*, III, p. 690 (1907).

Diffère peu de l'*O. olida* et cependant, outre l'odeur plus agréable des fleurs, se rapproche de l'*O. picta* par le casque violet pourpré. Labelle 3-lobé, vert jaunâtre, à bords violet rompu, ponctué de pourpre foncé. Eperon et bractées violacées ou roses comme dans l'*O. picta*.

France : champ de courses de Nice (BERGON). — *Tyrol mérid.*, Trentin, Vigolo-Vattaro (MURR, 1903). — *Italie :* Viareggio (GODFERY).

O. MASCULA × MORIO

× **O. morioides** BRAND ap. KOCH, *Syn.*, éd. Hall. et Wohlf., p. 2427 (1904) ; G. CAM. BERG. A. CAM., *Monogr. Orch. Eur.*, p. 215. — **O. Vilmsii** G. CAM., *Monogr. Orch. Fr.*, p. 57 (1892) ; non RICHTER. — **O. mascula × Morio** WILMS in *Jahresb. Bot. Westf. Prov. Ver.*, XXV (1879), p. 5 ; CORNOZ in *Arch. fl. jurass.*, n° 8 ; M. SCHULZE, *Die Orchid.*, n° 13 ; ZIMMERM. in *Mitt. Bad. f. Nat.* (1911), p. 46. — **O. Morio + mascula** KLINGE in *Act. Hort. Petrop.* XVII, f. 2, n° 5, p. 51 (1899). — **O. Morio-mascula** LEGUÉ, *Cat. Mondoubleau*, p. 79. — **O. Morio × masculus** ASCHERS. et GRAEBN., *Syn.*, III, p. 766 (1907).

Icon. : G. CAM., *Atl.*, pl. XXIII ; *Ic. n.*, pl. 50, f. 1-2.

Tubercules ovoïdes ou subglobuleux. Tige de 3 à 5 décim., dressée, lavée de pourpre et un peu anguleuse au sommet. Feuilles dressées, les inf. allongées, oblongues-lancéolées, les moyennes engainantes, les sup. bractéiformes. Fleurs en épi lâche, peu nombreuses. Divisions du périanthe presque de même forme que dans l'*O. Morio*, mais un peu plus longues et plus étroites, les lat. ext. parfois étalées, toutes munies de nervures vertes visibles et lavées de vert à la base. Labelle presque de même forme que dans l'*O. Morio*, mais à lobe moyen plus long ou labelle se rapprochant de celui de l'*O. mascula*. Eperon long et épais, subclaviforme. Les fleurs desséchées sont violettes et non roses comme dans l'*O. mascula*. — L'influence de l'*O. mascula* est marquée par la forme des feuilles et surtout par les divisions lat. ext. du périanthe en partie étalées et non toutes connivéntes en casque.

F. *alba* Zimmerm., *l. c.*, p. 46. — Bade : Schönberg.

V. v. — Mai, juin. — *France* : Seine-et-Oise à Monftort-l'Amaury (Belèze) ; Loir-et-Cher à Saint-Loup, rive gauche du Cher aux Bourdiers (Segret, mai 1907, in herb. G. Cam.), à Baillon (Legué). — *Suisse* : Aclens (Corboz) ; côte de Rosières, canton de Neufchâtel (Graber). — *Allemagne* : Thuringe près Gotha (Hausskn.), Westphalie entre Munster et Nienberge (Wilms) ; Bade à Hallingen (Sandoz), à Schönberg (Zimmerm.).

O. MORIO × TRIDENTATA

× **O. Huteri** M. Schulze in *Thür. B. V. N. F.*, XVII, p. 39 (1902) ; G. Cam. Berg. A. Cam., *Monogr. Orch. Eur.*, p. 216. — **O. Morio × tridentata** M. Schulze, *l. c.* — **O. Morio × tridentatus** Aschers. et Graebn., *Syn.*, III, p. 690 (1907).

Port d'un *O. tridentata* très développé ; divisions ext. du périanthe élargies à la base, aiguës ou brièvement acuminées, à 3-4 nervures développées, plus courtes que le labelle ; labelle grand ; éperon presque comme dans l'*O. tridentata*.

Tyrol : env. de Sterzing (Huter).

O. MORIO × USTULATA

O. Morio × ustulata (ustulatus) Schinz et Keller, *Fl. Schw.*, 2, Auf. II, *Krit. Fl.*, p. 50 (1905) ; Aschers. et Graebn., *Syn.*, III. p. 690. — **O. ustulata × Morio** Fiori et Paol., *Fl. ital.*, app. IV, p. 54 (1907-08).

Tessin : Schloss Landenberg près Bellinzona (Meyer-Darcis). — *Italie* : Lac de Côme à Tremezzina (Christ).

O. MORIO × PURPUREA

× **O. Perretii** Richter, *Pl. Eur.*, I, p. 272 (1890) ; G. Cam., *Monogr. Orch. Fr.*, p. 53 ; in *Journ. Bot.*, VI, p. 351 ; G. Cam. Berg. A. Cam., *Monogr. Orch. Eur.*, p. 216. — **O. Morio × purpurea (purpureus)** Aschers. et Graeb., *Syn.*, III, p. 691 (1907). — **O. purpureo-Morio** Perret in *Bull. Soc. bot. Lyon*, I, p. 38 (1872) ; G. Cam., *l. c.*

Tubercules ovoïdes. Tige robuste, de 5-8 décim. Feuilles grandes, oblongues, d'un beau vert, luisantes. Bractées 4-5 fois plus courtes que l'ovaire, membraneuses-pellucides, fortement colorées. Fleurs s'épanouissant successivement, disposées en épi court, un peu lâche, ovoïde. Périanthe à divisions ext. brièvement aiguës, connivéntes en casque ovoïde ou subglobuleux, d'un pourpre carminé, veinées, ponctuées ; divisions lat. int. sublinéaires. Labelle de l'*O. Morio*, à 3 lobes élargis, presque égaux, le moyen pourpre aux bords, plus pâle au centre et muni de taches purpurines. Eperon courbé, égalant au plus la moitié de la longueur de l'ovaire. — Cette plante a le port de l'*O. purpurea*, elle s'en éloigne par son labelle, par ses fleurs très colorées et par les feuilles semblables à celles de l'*O. Morio*.

France : Couzon, Rhône (Perret, 1872).

O. MILITARIS × PICTA

× **O. Ladurneri** Murr in *Allg. bot. Zeit.*, p. 105 (1905) ; G. Cam. Berg. A. Cam., *Monogr. Orch. Eur.*, p. 217. — **O. militaris × Morio** s. sp. picta Murr, *l. c.* — **O. pictus × militaris** Aschers. et Graeb., *Syn.*, III, p. 691 (1907).

Port d'un *O. militaris* grêle. Feuilles et bractées rappelant cette espèce. Epi assez lâche. Divisions du périanthe en casque presque de même forme et de même couleur que dans l'*O. milit.*, mais div. ext. plus courtes, obtuses ou presque arrondies, 4-nervées, les lat. int. linéaires. Labelle un peu plus long que le casque, rétréci à la base, obcordiforme, entier, pourpre intense, plus pâle au centre, à touffes de poils pourpres disposées sur deux rangs. Eperon presque comme dans l'*O. militaris.*

Tyrol : entre Meran et Nals (Ladurner, 1905).

O. CHAMPAGNEUXII × SACCATA

O. Champagneuxii > saccata.

× **O. semi-Champagneuxii** G. Cam. ap. G. Cam. Berg. A. Cam., *Monogr. Orch. Eur.*, p. 217 (1908) ; Jahandiez, *Add. Fl. Var*, p. 16. — **O. Champagneuxii** × **saccata** F. Raine ap. G. Cam. Berg. A. Cam., *l. c.*

Port de l'*O. Champagneuxii.* Bractées lavées de violet, plus courtes que l'ovaire. Fleurs nombreuses, en épi plus ou moins lâche, d'un violet foncé. Périanthe ressemblant à celui de l'*O. Champ.*, à div. conniventes, obtuses. Labelle très coloré, plus long que les autres div. du périanthe, à 3 lobes peu profonds Eperon allongé, horizontal ou descendant, arrondi, un peu renflé au sommet.

V. s. — *France* : Var sur la colline du Vieux-Château d'Hyères (Raine, Godfery).

O. Champagneuxii < saccata.

× **O. semi-saccata** G. Cam. ap. G. Cam. Berg. A. Cam., *Monogr. Orch. Eur.*, p. 217 ; Jahandiez, *Add Fl. Var*, p. 16. — **O. saccata** × **Champagneuxii** Raine ap. G. Cam. Berg. A. Cam., *l. c.*

Port de l'*O. saccata.* Fleurs purpurines, en épi lâche. Div. du périanthe comme dans l'*O. Champagneuxii.* Labelle étalé, dirigé en avant, à 3 lobes très peu marqués, le médian tronqué-émarginé. Eperon plus court que dans la forme précédente.

V. s. — *France* : Var, au château d'Hyères (G. Hardy, Raine).

Les deux formes précédentes, manifestement distinctes, ont été réunies par M. Rouy, qui ne les a pas vues, sous le nom d'*O. Rainei* Rouy in *Fl. Fr.*, XIII, p. 164.

O. LATIFOLIA × MORIO

× **O. Boudieri** G. Cam. in *Bull. Soc. bot. Fr.*, XXXVIII, p. 285 (1891) ; in de Fourcy, *Vade-mecum herb. par.*, éd. 6, Add. ; *Monogr. Orch. Fr.*, p. 54 ; in *Journ. bot.*, VI, p. 352 ; Koch, *Syn.*, éd. Hall. et Wohlf., p. 2429 ; Hariot et Guyot, *Contr. Fl. Aube*, p. 114 ; M. Belèze, *Cat. Montf.-l'Am.*, p. 33 ; G. Cam. Berg. A. Cam., *Monogr. Orch. Eur.*, p. 214 ; A. Cam. in *Riviera scientif.* (1918), p. 8 ; Chassagne in *Bull. Soc. bot. Fr.*, (1913), p. XLIV ; Fourn., *Brév.* p. 502. — **O. Latifolia** × **Morio** G. Cam., *l. c.* ; Hariot, *l. c.* ; M. Schulze, *Die Orchid.*, n° 21, 6 ; Hall. et Wohlf., *l. c.* ; Chassagne, *l. c.* — **O. Morio** × **latifolius** Aschers. et Graebn., *Syn*, III, p. 768 (1907).

Icon. : G. Cam., *Atl.*, pl. XXII ; Reichb. F., *Icon.*, XIII-XIV, t. 150 ; DII, f. 1 ; G. Cam. Berg. A. Cam., *l. c.*, pl. 20, f. 622, 622' ; *Ic. n.*, pl. 49, f. 7-8.

Exsicc. : *Soc. ét. fl. fr.-helvét.*, n° 88.

Tubercules oblongs ou subglobuleux, 2 ou plus. Plante formant souvent des touffes. Tige de 2-3 décim., fistuleuse. Feuilles oblongues-lancéolées, plus larges vers le milieu, non maculées, d'un vert foncé. Bractées 3-nervées, d'un pourpre violacé, les sup. égalant environ l'ovaire, les inf. un peu plus longues. Fleurs en épi assez lâche, d'un pourpre violacé ou violettes, à casque veiné de vert, à labelle muni de ponctuations d'un violet foncé ou pourpré. Périanthe à divisions d'abord non conniventes, puis toutes sur un même plan (1). La-

---

1. Dans les individus provenant de Thorenc, les div. lat. ext. du périanthe restaient étalées et même réfléchies, bien que par d'autres caractères ces hybrides fussent plus proches de l'*O. Morio* que de l'*O. latifolia.* Ils présentaient les caractères suivants : tige grosse, fistuleuse, feuilles sans macules, bien moins larges que dans l'*O. latifolia* et la supér. n'atteignant ordt pas l'épi, bractées d'un violet sombre, plus longues que chez l'*O. Morio*, inflorescence plus lâche et plus pauciflore que dans l'*O. latifolia*, labelle rappelant celui de l'*O. Morio* ou à lobe médian subtriangulaire, éperon différant peu de celui de l'*O. Morio* (Aimée Camus).

belle à 3 lobes larges, obtus, le moyen émarginé, les lat. repliés en arrière. Eperon oblong, tronqué à son extrémité, un peu plus court que l'ovaire. — Diffère de l'*O. Morio* par sa tige fistuleuse, ses bractées plus développées et herbacées, ses divisions du périanthe non conniventes après l'anthèse. L' × *O. alata* lui ressemble, mais sa grappe florale est plus longue, plus fournie, sa tige n'est pas fistuleuse et ses divisions du périanthe sont plus étalées. — Voisin de l' × *O. Arbostii* qui s'en distingue par sa tige plus fistuleuse, ses fleurs de couleur carnée.

Ascherson et Graebner, *l. c.*, distinguent une forme *O. Morio* × *latifolius* B. *per-Morio*, plus rapprochée de l'*O. Morio*, mais à tubercules lobés.

Morphologie interne.

Diffère de l'*O. latifolia* par l'absence de stomates sur la face sup. de la feuille et l'éperon à papilles plus courtes. Se distingue de l'*O. Morio* par les cellules épidermiques du bord du limbe à paroi ext. formant quelques dents, l'éperon à papilles plus allongées, la présence de quelques rares cellules à épaississements dans les parois de l'anthère.

V. v. — Mai, juin. — *France* : Seine-et-Oise entre Domont et Bouffémont (Boudier), Montfort-l'Amaury (Belèze), tourbière du Maupas, Saint-Léger (G. Camus, Jeanpert) ; Aube à Éclancé (Simon) ; Saône-et-Loire : Guignebet près Chalmoux (A. Camus) ; Puy-de-Dôme entre le château de Croptes et la route de Ravel, Mondeviolle (Dr Chassagne) ; Alpes-Maritimes à Thorenc au-dessous des Barraques et entre Thorenc et le Haut-Thorenc, entre 1.100-1.180 m. d'alt. (Aimée Camus). — *Allemagne* : Hengster près Offenbach (Hausskn.), Saxe à Erbke près Neuhaldensleben.

O. INCARNATA × MORIO

× **O. Arbostii** G. Cam. in *Bull. Soc. bot. Fr.*, XXXVIII, p. 53 (1891) ; *Monogr. Orch. Fr.*, p. 54 ; in *Journ. de bot.*, VI, p. 351 ; G. Cam. Berg. A. Cam., *Monogr. Orch. Eur.*, p. 215 ; Fourn., *Brév.*, p. 501. — **O. incarnata** × **Morio** G. Cam. Berg. A. Cam., *l. c.* — **O. Morio-incarnata** G. Cam., *l. c.* — **O. Morio** × **incarnatus** Aschers. et Graebn., *Syn.*, III, p. 768.

Icon. : G. Cam., *Atlas*, pl. XXI ; G. Cam. Berg. A. Cam., *l. c.*, pl. 20, f. 629-631 ; *Ic.*, n pl. 49, f. 1-6.

Tubercules entiers ou presque, subglobuleux. Tige de 3 décim. env., très fistuleuse. Feuilles oblongues-lancéolées, un peu canaliculées, non maculées. Bractées inf. dépassant l'ovaire, d'un vert lavé de violet. Fl. peu nombreuses, d'un rose violacé, en épi lâche. Div. ext. du périanthe libres jusqu'à la base, conniventes en casque, munies de nervures manifestement vertes. Labelle large, à 3 lobes, le moyen émarginé. Eperon conique-obtus, mais non tronqué, horizontal ou descendant. — Le port de la plante est celui de l'*O. Morio*. L'influence de l'*O. incarnata* se manifeste par la longueur des bractées, la tige très fistuleuse, l'absence de troncature à l'éperon, enfin par les fl. un peu épaisses comme dans certaines formes de l'*O. incarnata*.

V. v. — Mai. — Tr. — *France* : Puy-de-Dôme, prairie des Giliberts, commune d'Escoutoux (Arbost).

O. MACULATA × MORIO

× **O. neustriaca** Aschers. et Graebn., *Syn.*, III, p. 768 (1907) ; G. Cam. Berg. A. Cam., *Monogr. Orch. Eur.*, p. 218 ; A. Cam. in *Riviera scientif.* (1918), p. 8. — **O. Timbaliana** G. Cam. in *Journ. Bot.*, II (1888), p. 349 ; (1892) p. 352 ; *Monogr. Orch. Fr.*, p. 55. — **O. maculata** × **Morio** G. Cam. Berg. A. Cam., *l. c.* — **O. Morio** + **maculata** Klinge in *Acta Horti Petrop.*, XVII, II, f. 5, p. 48. — **O. Morio-maculata** G. Cam., *l. c.* — **O. Morio** × **maculatus** Aschers. et Graebn., *l. c.* — **O. maculata-Morio** Bubani, *Fl. pyr.*, IV, p. 38 (1901).

Icon. : G. Cam. in *Journ. Bot.* (1888), pl. IX ; *Atl. Orch. Fr.*, pl. XLVIII ; *Ic. n.*, pl. 50, f. 4-7.

Plante de 20-25 centim. de hauteur. Tubercules palmés. Feuilles lancéolées, canaliculées, portant à la face sup. des macules brunâtres faiblement marquées. Bractées herbacées, la plupart plus longues que l'ovaire. Fleurs d'un rose violacé, en épi oblong, conique. Périanthe à divisions sup. conniventes, les lat. ext. un peu écartées, mais non étalées (1). Labelle à 3 lobes, les lat. un peu réfléchis en arrière, le médian au plus de la longueur

---

1. La plante de Pourville se rapproche de l'*O. maculata*, tandis que celle de Thorenc rappelle davantage l'*O. Morio*. Cette dernière tout en ayant le port de l'*O. Morio* s'en distingue nettement par les divisions lat. ext. du périanthe très étalées-dressées, non conniventes et par l'éperon plus court et plus conique. Le tubercule est entier comme dans l'*O. Morio* (Aimée Camus).

des lat. , un peu moins large et émarginé au sommet. Labelle et divisions lat. ext. du périanthe maculés de pourpre comme dans l'*O. maculata*.

France : Seine-Inférieure, Pourville près de Dieppe (G. CAMUS) ; Alpes-Maritimes : Bas-Thorenc, alt 1.170 m. (A. CAMUS). — *Espagne* : Pyrénées à Montory (d'apr. BUBANI).

O. MORIO × SAMBUCINA

× **O. Luciæ** ROYER in *Bullet. Soc. sc. nat. Haute-Marne* (1907), p. 101 ; ROUY, *Fl. Fr.*, XIII, p. 164. — **O. Morio × sambucina** ROYER, *l. c.*

Port de l'*O. sambucina*. Odeur franche de sureau. Bulbes subglobuleux, entiers. Feuilles semblables à celles de l'*O. Morio*. Fleurs de grandeur moyenne, en épi ovoïde, assez dense, d'un rose pâle lavé de violet. Bractées un peu plus courtes que l'ovaire, hyalines, lavées de rose, les infér. à 3 nervures, les supér. à 1 nervure. Divisions lat. ext. du périanthe étalées et subaiguës. Labelle non lobé, seulement crénelé, long de 10 mm., large de 12 mm., à troncature postérieure rectiligne du labelle de l'*O. Morio*. Eperon égalant l'ovaire, horizontal ou ascendant, plus gros et plus allongé que celui de l'*O. Morio*, plus grêle et plus court que celui de l'*O. sambucina*.

France : Rhône, col de Saint-Bonnet-sur-Montmelas (ROYER).

§ III. — Hybrides des O. purpurea, militaris, Simia, italica, tridentata.

O. MILITARIS < PURPUREA

O. militaris × purpurea (ASCHERS. et GRAEBN., *Syn.*, III, p. 686) ; G. CAM. BERG. A. CAM., *Monogr. Orch. Eur.*, p. 218.

O. militaris > purpurea.

× **O. dubia** G. CAM. in *Bull. Soc. bot. Fr.*, XXXII (1885), p. 257, *Iconogr. Orch. env. Paris*, pl. 6, f. C ; *Monogr. Orch. Fr.*, p. 63 ; in *Journ. bot.*, VI, p. 401 ; in DE FOURCY, *Vade-mec. herb. paris.*, éd. 6, Add., p. 325; LAMBERT in *Bull. Deux-Sèvr.* (1908-09), p 97; DE KERSERS in *Bull. Soc. bot. Fr.* (1905), p. 530 ; FOURN. *Brév.*, p. 499. — **O. militaris × purpurea** M. SCHULZE, *Die Orchid.*, 9, 4, t. 9 b., p. p. et auct, plur. — **O. Rivino + fusca** TIMB.-LAGR., *Mém. hybr. Orchid.*, I, p. 12 (1854). — × **O. hybrida** BOENNINGH. ap. REICHB., *Fl. exc.*, p. 125 (1830) ; MARTR.-DON., *Fl. Tarn*, p. 698 ; KERNER ; KIRSCHL. ; E. BONNET, etc. auct. mult. p. .p. (1) : — **O. purpureo-militaris** GR. et GODR., *Fl. Fr.*, III, p. 290 ; REUTER, *Cat. Genève*, éd. 2, p. 202 ; KERNER in *Abhandl. K. K. zool. bot Ges.* (1865), p. 210 ; KRAENZ., *Gen. et spec.*, p. 127. — **O. fusco-cinerea** KIRSCHL., *Fl. Alsace*, II, p. 127 (1857).

Icon. : G. CAM. in *Bull. Soc. bot. Fr.*, XXXII, pl. VIII, f. 14-16 ; *Icon. Orch. Par.*, pl. 6, f. C ; G. CAM. BERG. A. CAM., *l. c.*, pl. 18, f. 520-522 ; *Ic. n.*, pl. 52, f. 12-15.

Exsicc. : *Soc. Rochel.*, n° 2722 ; *Soc. ét. fl. fr.-helv.*, n° 556.

Port d'un *O militaris* robuste. Fleurs grandes, d'un pourpre violacé lie de vin, nombreuses, d'abord en épi conique, puis globuleux au sommet et un peu allongé. Périanthe à div. conniventes en casque plus long que dans l'*O. Jacquini*, presque aussi long que dans l'*O. militaris*, mais d'un pourpre vineux. Labelle à médiastin plus court que les lobes lat., mais dépassant la moitié de leur longueur ; lobes secondaires du lobe méd. plus larges que dans l'*O. militaris* et moins larges que dans l'*O. Jacquini*.

Comprend deux formes principales :

1° F. *spathulata* G. CAM., *l. c.* — **O. Rivino + fusca** (*O. militari-purpurea*) TIMB.-LAGR., *l. c.* — Lobes lat. allongés, rétrécis à la base ; médiastin moyen ; dent courte ; lobes second. arrondis, spatulés.

2° F. *rotundiloba* G. CAM., *l. c.* — Lobe méd. obcordiforme, incisé au sommet, à lobules ovales-arrondis.

V. v. — Mai, juin. — *Espagne* : env. de Malaga (MELLERIO in *herb.* G. CAMUS). — *France*: Oise à Gouvieux près La Chaussée (G. et A. CAMUS), bois du Tremblay (G. CAM.), Chantilly (G. et A. CAM.), Seine-et-Oise à Champagne, Jouy-le-Comte, l'Isle-Adam, Viarmes (G. CAM.), Beauchamp (JEANPERT), Bouray (G. CAM.),

1. Nous n'avons pu conserver le nom d'*O. hybrida* BOENN. qui a pour lui l'antériorité, mais qui a été appliqué, par la plupart des auteurs, à toutes les formes hybrides de l'*O. purpurea*.

Seine-et-Marne à Fontainebleau, à Tachy (G. CAM.), Seine-Inf. à Dieppedalle (DE BERGEVIN) ; Eure à Vernon (TOUSSAINT), Deux-Sèvres à Javarzay, env. de Chef-Boutonne (BOUTEILLER), Cher à St-Symphorien (LAMBERT), Gers à Masseube (DUFFORT), Tarn, rég. mérid., Lorraine, Alsace à Haesingen (STEIGER), Dreispitz près Mutzig (PÉTRY, WALTER), Mont National près Obernai (HAUSSER, WALTER), Faisanderie près Saverne (PÉTRY, WALTER), Plaine rhénane : bois d'Illkirch (KIRSCHLEGER), env. de Fort-Louis (E. WALTER, 1922). — *Allemagne* : peu rare (Thuringe, Pade, Bavière, bords du Rhin). — *Suisse.* — *Italie* (disséminé, Bassanese, Faentino, env. de Rome, etc.). — *Autriche.* — *Hongrie.* — Peu rare. — A rechercher.

O. militaris < purpurea

⤫ **O. Jacquini** GODR., *Fl. Lorr.*, III, p. 33 (1843) ; G. CAM. in *Bull. Soc. bot. Fr.*, XXXII, p. 274 ; in DE FOURCY, *Vade-mec. herb. par.*, Add., p. 323 ; *Monogr. Orch. Fr.*, p. 62 ; in *Journ. de Bot.*, VI, p. 409 ; HARIOT et GUYOT, *Contr. fl. Aube*, p. 114 ; G. CAM. BERG. A. CAM., *Monogr. Orch. Eur.*, p. 219 ; HOUDARD et THOMAS, *Cat. Hte-Marne*, p. 136; FOURN., *Cat.*, p. 499. — **O. hybrida** *auct. plur.*, p. p. — **O. militaris** γ **hybrida** LINDL., *Gen. and spec.*, p. 271 (1830-40). — **O. fusca** β **stenoloba** COSS. et GERM., *Fl. env. Par.*, éd. 1, p. 550 (1845). — **O. fusco-Rivini** TIMB.-LAGR., *l. c.*, p. 11 (1854). — **O. fusca** var. **triangularis** WIRTG., *Fl. d. preuss. Rheinpr.*, p. 441 (1857).— **O. purpurea** var. **Jacquini** COSS. et GERM., *Fl. env. Paris*, éd. 2, p. 768 (1861) ; BUISSON, *Cat. Marne*, p. 115.

Icon. : REICHB. F., *Icon.*, XIII-XIV, p. 31, t. 377 ; TIMB.-LAGR., *l. c.*, pl. 21, f. 8 ; COSS. et GERM., *Atlas*, pl. XXXII, f. 3 ; G. CAM., *Icon. Orch. Paris*, pl. 6, f. B ; in *Bull. Soc. bot. Fr.*, XXXII, pl. VIII, f. 11-13 ; G. CAM. BERG. A. CAM., *l. c.*, pl. 18, f. 523-524 ; *Ic. n.*, pl. 53, f. 9-12.

Plante ayant le port d'un *O. militaris* robuste. Casque de même forme que celui de l'*O. purpurea*, mais de coloration rouge violacé, strié et ponctué en dehors et en dedans ; taches vertes existant à la base du casque de l'*O. purpurea* faisant ici défaut. Divisions secondaires du lobe médian du labelle moins larges que dans l'*O. purpurea* ; médiastin atteignant au plus la longueur de la moitié des lobes lat. C'est donc, avec une légère modification, le labelle de l'*O. purpurea*, mais plus étroit, et le casque de l'*O. militaris*, mais un peu moins acuminé.

Nous avons observé 3 formes principales reliées par des intermédiaires :

1° F. *spathulata* G. CAM., *l. c.*, f. 11. — Lobes lat. rétrécis à la base, longs ; médiastin moyen ; lobes secondaires arrondis, spatulés, munis d'une dent courte à l'angle de bifidité.

2° F. *parallela* G. CAM., *l. c.*, f. 12. — *O. fusco-Rivini (purpurea-militaris)* TIMB.-LAGR., *l. c.* — *O. stenoloba* COSS. et GERM., *Atlas*, pl. XXXII, f. 3. — Lobes lat. du labelle un peu longs et rétrécis à la base ; lignes lat. des lobes secondaires parallèles ; dent de l'angle de bifidité courte.

3° F. *convergens* G. CAM., *l. c.*, f. 13. — *O. super-fusco* + *Rivini* TIMB.-LAGR., *l. c.* — Lobes lat. du labelle rétrécis à la base ; médiastin moyen ; lignes lat. des lobes secondaires convergentes ; dent de l'angle de bifidité courte.

Monstruosités. — Nous avons souvent constaté, chez ces hybrides, des fl. doubles, des pélories régulières et irrégulières, etc.

V. v. — Mai, juin. — *France* : Seine-et-Oise à l'Isle-Adam, Champagne, Vaux, Jouy-le-Comte (G. CAMUS), la Ferté-Alais, Bouray (G. CAMUS) ; Vétheuil (TOUSS. ET HOSCH.) ; Seine-et-Marne : Fontainebleau ; Normandie ; Aube ; Haute-Marne : Centre ; rég. mérid ; Alsace : etc.— *Allemagne* (disséminé).— *Italie* (disséminé, Bassanese, Faentino, env. de Rome, etc.).

Morphologie interne.

Nous avons pu étudier quelques individus appartenant à l'*O. dubia* et à l'*O. Jacquini*. Les échantillons que nous avons examinés se distinguaient de l'*O. purpurea* par : les faisceaux libéroligneux de la tige presque ou entièrement dépourvus de tissu lignifié à l'intérieur du bois ; les feuilles plus épaisses, à épiderme sup. plus développé, la présence de papilles plus ou moins longues sur l'épiderme int. des divisions ext. et lat. int. du périanthe, la nervure des valves placentifères un peu moins saillante. Ils différaient de l'*O. militaris* par : le développement moindre (30-70 µ env.) des papilles de l'épiderme int. des divisions ext. et lat. int. du périanthe, l'éperon à épiderme int. plus papilleux. Le nombre des tétrades de pollen paraissant bien conformées était

17

relativement assez grand. Quelques capsules avaient donné des graines d'apparence normale, un peu moins allongées que dans l'*O. purpurea*.

O. MILITARIS × SIMIA

O. militaris × Simia G. Cam. Berg. A. Cam., *Monogr. Orch. Eur.*, p. 220 (1908). — O. Simia × militaris Aschers. et Graebn., *Syn.*, III, p. 682 (1907).

× O. BEYRICHII

× **O. Beyrichii** Kerner in *Abh. K. K. z. b. Ges.*, XV. p. 208 (1865) et auct. mult. — Cet hybride, intermé_ diaire entre les deux parents, comprend quatre formes distinctes :

O militaris > Simia

× **O. Grenieri** G. Cam., *Monogr. Orch. Fr.*, p. 63 ; in *Journ. de Bot.*, VI, p. 410 ; G. Cam. Berg. A. Cam., *Monogr. Orch. Eur.*, p. 220 ; Fourn., *Brév.*, p. 498. — O. Simiæ-Rivini Timb.-Lagr. in *Mém. hybr. Orch.*, p. 18. — O. Simio militaris Gr. et God., *Fl. Fr.*, III, p. 291 ; G. Cam. in *Bull. Soc. bot. Fr.*, XXXII, p. 217 ; in de Fourcy, *Vade-mec. herb. par.*, éd. 6, Add. p. 223 ; Kraenz., *Gen. et spec.*, p. 130.

Icon. : Timb.-Lagr., *l. c.*, pl. 22, f. 9 ; G. Cam., *Icon. Orch. Par.*, pl. 7, f. E, D et *Bull. Soc. bot. Fr.*, XXXII, pl. VIII, f. 21, 22 ; G. Cam. Berg. A. Cam., *l. c.*, pl. 18, f. 519 ; *Ic. n.*, pl. 52, f. 1-4.

Port de l'*O. militaris*. Feuilles comme dans cette esp. Fleurs en épi oblong assez dense. Périanthe d'un rose cendré pâle, presque uniforme en dehors, ponctué de pourpre en dedans. Labelle trilobé ; lobes lat. étroits, linéaires ; lobe méd. divisé en 2 lobes secondaires divergents, deux ou trois fois plus larges que les lobes. lat., ces lobes lat. et secondaires un peu arqués en avant ord. d'un pourpre lavé de violet. — Plante intermédiaire entre l'*O. militaris* et l'*O. Chatini*. Diffère du premier par les lobes lat. du labelle plus longs que le médiastin (caractère commun avec l'*O. dubia*) et non d'égale grandeur, par les lobes secondaires plus longs et à peine une fois plus larges que les latéraux. Se distingue de l'*O. Chatini* par le labelle à segments inégaux comme largeur et par le casque un peu moins acuminé, à divisions int. égalant presque les ext. en longueur. Le casque est presque celui de l'*O. militaris*.

F. *albiflora* G. Cam. — Fleurs blanches. R.

France : env. de Toulouse (Timb.-Lagr.), Seine-et-Oise, Seine-et-Marne, Oise (G. Camus), Cher, Gers (Duffort) ; *Suisse* : Valais à Charrat (Chenevard) ; *Allemagne ; Italie ; Autriche* ; *Hongrie*.

× **O. propinqua** G. Cam. Berg. A. Cam., *Monogr. Orch. Eur.*, Add. et corrig., p. 459 ; Fourn., *Brév.*, p. 498. — × **O. decipiens** G. Cam. in *Bull. Soc. bot. Fr.*, XXXII, p. 217 ; *Monogr. Orch. Fr.*, p. 64 ; in *Journ. de bot.*, VI, p. 413 ; Chenevard in *Bull. Soc. bot. Genève* (1899) ; non Bianca. — **O. Rivino × Simia** (O. militari-Simia) Timb.-Lagr., *l. c.*, p. 13 (1899) ; Martr.-Donos, *Fl. Tarn*, p. 700. — **O. subsimio-militaris** Gr. et Godr., *Fl. Fr.*, III, p. 291.

Icon. : Timb.-Lagr., *l. c.*, pl. 22, f. 10 ; G. Cam. in *Bull. Soc. bot. Fr.*, XXXII, pl. VIII ; *Ic. n.*, pl. 52, f. 11.

Diffère de l'*O. Chatini* par son épi court, son périanthe pâle et verdâtre, les lobes secondaires du lobe méd. du labelle un peu plus larges que les lat. et non arqués. Ce labelle se rapproche de celui figuré par Cosson et Germain, *Fl. env. Paris, Atlas.* sous le nom d'*O. Jacquini*, mais à lobes plus étroits.

T. R. — *France* : env. de Toulouse (Timb.-Lagr.) ; Champagne (Seine-et-Oise (G. Camus) ; Jura, près Genève (Chenevard).

O. militaris < Simia.

× **O. Chatini** G. Cam., *Icon. Orch. env. Par.*, pl. 8, f. C ; in *Bull. Soc. bot. Fr.*, XXXII, p. 273 (1885) et XXXVI, p. 341 (1889) ; in de Fourcy, *Vade-mec. herd. paris.*, éd. 6, Add., p. 324 ; *Monogr. Orch., Fr.*, p. 66 ; in *Journ. de Bot.*, VI, p. 413 ; G. Cam. Berg. A. Cam., *Monogr. Orch. Eur.*, p. 231; Fourn., *Brév.*, p. 498.

Icon. : G. Cam., *l. c.* ; *Bull. Soc. bot. Fr.*, XXXIII, pl. VIII, f. 23-23', D-F ; G. Cam. Berg. A. Cam., *l. c.*, pl. 18, f. 516-517 ; *Ic. n.*, pl. 52, f. 5-7.

. Plante ayant le port de l'*O. Simia*, avec lequel elle a été confondue, mais plus robuste, à épis plus longs et plus denses. Labelle à lobes tous arqués en avant, les lat. semblables aux lobes secondaires du lobe méd., mais spatulés et aussi larges que le médjastin, la dent qui sépare les lobes moyens un peu moins longue ; la section des lobes est une ellipse à foyers éloignés, le sommet des lobes est lavé de pourpre violacé. Le casque ressemble beaucoup à celui de l'*O. Simia*.

F. *albiflora* G. Cam. — Fleurs à périanthe blanc. R.

V. v. — Mai, juin. — *Espagne* : env. de Malaga (Mellerio in *herb.* G. Camus). — *France* : Somme à Wailly (Gonse), Oise à Gouvieux, Creil (G. Camus) ; Seine-et-Oise à Champagne, l'Isle-Adam, Jouy-le-Comte, Nesles-la-Vallée, Viarmes (G. Camus), Mantes ; Seine-et-Marne à Fontainebleau, Maisse (G. Camus), Loiret à Orléans (Renard) ; Normandie (disséminé) ; Gers à Masseube (Duffort). — *Suisse* : cant. de Genève (M. Schulze). — *Italie* : Trentin. — *Autriche.*

× **O. Beyrichii** Kern. in *Abh. K. K. z. b. Ges.*, XV, p. 208 (1865) (1) ; G. Cam. in *Bull. Soc. bot. Fr.*, XXXII, p. 275 (1885); in de Fourcy, *Vade-mecum herb. par.*, éd. 6, Add., p. 223 ; *Monogr. Orch. Fr.*, p. 65; in *Journ. de Bot.*, IV, p. 414 (1892); Corbière, *N. Fl. Normand.*, p. 551 ; Le Grand, *Suppl. Fl. Berry*, p. 57; Hoschedé in *Bull. Soc. bot. Fr.* (1901), p. 225 ; M. Schulze, *Die Orchid.*, n° 9, em.; G. Cam. Berg. A. Cam., *Monogr. Orch. Eur.*, p. 222 ; Dr Guetrot, *Plantes hybr. France*, II, p. 61 (1927), c. ic. — **O. Simia** var. **Beyrichii** Reichb. F., *Icon.*, XIII-XIV, p. 28. — **O. Simio-militaris** Gr et God., *Fl. Fr.*, III, p. 291 ; et auct. plur. p. p. — **O. Simio-militaris** × **Simia** G. Cam., *l. c.*

Icon. : Kern., *l. c.*, t. II, f. IV ; t. III, f. 1 et 11 ; M. Schulze, reprod. pl. Kern. ; G. Cam., *Orch. env. Paris*, pl. 8, f. 6 ; G. Cam. Berg. A. Cam., *l. c.*, pl. 18, f. 525-527 ; Dr Guétrot, *l. c.* ; *Ic. n.*, pl. 52 f. 8-10.

Exsicc. : Dörfler, *H. n.*, n° 408 ; *Fl. Austr.-Hung.*, n° 1849, p. p. ; Porta, *Pl. Lombard* ; *Soc. Dauph.*, n° 5489.

Port de l'*O. Chatini*. S'en distingue ainsi :

× *O. Chatini.*	× *O. Beyrichii.*
Segments du labelle notablement rétrécis à la base (spatulés).	Segments du labelle non spatulés.
Segments lat. du labelle arqués en avant, dépassant la pointe de la dent qui est longue.	Segments lat. du labelle peu ou non arqués en avant, atteignant à peine ou dépassant peu la pointe de la dent qui est courte.
Épi floral dense, long comme dans l'*O. MILITARIS*.	Épi floral plus court, laxiuscule comme dans l'*O. SIMIA*.

Morphologie interne.

Nous avons pu observer quelques échantillons hybrides provenant du croisement de l'*O. militaris* avec l'*O. Simia*. Ils différaient de l'*O. militaris* par : la paroi ext. des cellules épidermiques marginales du limbe plus bombée, les papilles des divisions ext. et lat. int. du périanthe moins développées, la présence de papilles plus longues à l'intérieur de l'éperon, le pollen à réseau épaissi plus marqué. Ils se distinguaient de l'*O. Simia* par la paroi ext. des cellules épidermiques du bord du limbe un peu moins bombée, présentant toutes les formes intermédiaires entre celles des parents ; les papilles de l'éperon un peu moins longues et les papilles assez développées des divisions ext. et lat. int. du périanthe (atteignant parfois 50-70 μ de long).

V. v — Mai, juin. — Mêmes stations que l'*O. Chatini*, mais moins rare.

O. PURPUREA × SIMIA

× **O. Weddellii** G. Cam. in *Bull. Soc. bot. Fr.*, XXXIV, p. 242 (1887); *Monogr. Orch. Fr.*, p. 65 ; in *Journ. de Bot.*, VI, p. 414 (1892); in de Fourcy, *Vade-mec. herb. paris.*, éd. 6, p. 325 ; Legué, *Cat. Mondoubl.*, p. 80 ; Corbière, *N. Fl. Normand.*, p. 555 ; Hoschedé in *Bull. Soc. bot. Fr.* (1901), p. 225 ; G. Cam. Berg. A. Cam. *Monogr. Orch. Eur.*, p. 222 ; Despaty in *Bull. Soc. bot. Fr.* (1922), p. 21 ; Lemée in *Bull. vulg. des Sc. bot. et entomolog. du Gers*, VI, p. 3 (1922); Fourn., *Brév.*, p. 499. — **O. purpurea** × **Simia** G. Cam. Berg. A. Cam., *l. c.* — **O. Weddeli** Richter, *Pl. Eur.*, I, p. 273, p. p. — **O. angusticruris** Franchet ap. Humnicki, *Catal. pl. Orléans*, p. 27 ; *Fl. Loir-et-Cher*, p. 571 ; p. p. — **O. Simio-purpurea** Weddell ap. Gr. et God., *Fl. Fr.*,

1. Beaucoup d'auteurs désignent, sous ce nom, les différentes formes issues du croisement de l'*O. Simia* avec l'*O. militaris.*

III, p. 290 (1856) ; MARTR.-DONOS, *Fl. Tarn*, p. 70 ; LEGUÉ, *Cat. Mondoubleau*, p. 80 ; CORBIÈRE, *l. c* ; REUTER, *Catal. Genève*, éd. 2, p. 201 ; KOCH, *Syn.*, éd. Hallier et Wohlf., p. 2424 ; KRAENZLIN, *Orchid. gen. et spec.*, p. 128. — **O. purpurea × tephrosanthos** BEAUVERD in *Archiv. fl. jurass.*, n° 9 (1900). — **O. cercopithecus** BOREAU, *Fl. centre*, éd. 2, ap. DEBEAUX, *Rév. fl. agen*, non LAMK. — × **O. hybrida** BOREAU, *Fl. centre*, éd. 3, II, p. 643 (1857) ; MARTIN, *Catal. Romorantin*, éd. 2, p. 386. — × **O. hybridus** DEBEAUX, *Rév. fl. agen.*, p. 518.

Icon. : G. CAM. BERG. A. CAM., *l. c.*, pl. 18, f. 518 ; *Ic. n.*, pl. 53, f. 6-8.

Tubercules ovoïdes ou subglobuleux. Tige élancée de 2 à 4 décim. Feuilles luisantes, grandes, oblongues-lancéolées. Bractée très courte, rosée. Fleurs nombreuses, en épi allongé. Casque de l'*O. purpurea*, à divisions d'un pourpre foncé, souvent tachées de vert à la base. Labelle blanc, maculé de taches purpurines, 3-lobé ; lobes lat. linéaires, à direction sensiblement parallèle ; médiastin peu distinct ; lobe médian bifide, à lobes secondaires convergents, environ une fois plus larges que les latéraux.

Une monstruosité de cet hybride a été observée par M. LEGUÉ. Dans plusieurs fleurs les divisions ext. du périanthe étaient étalées et parfois prolongées en éperon court.

V. v. — Mai, juin. — *France* : Oise à Verneuil près Creil (G. CAMUS) ; Seine-et-Oise : Champagne, Jouy-le-Comte, Grainval, Hédouville, Hodent, Mantes, Bouray-Lardy (G. CAMUS), Boutigny (assez abondant parfois, Dr GUÉTROT), Champceuil, Soisy, route de la Ferté-Alais, Moigny, pentes sous le chemin de Videlles (DESPATY) ; Loir-et-Cher à Mondoubleau, Baillon (LEGUÉ) ; Sarthe : Eure à Becdal, Saint-Didier (GUTTIN), Sainte-Geneviève-les-Gasny (HOSCHEDÉ) ; Deux-Sèvres, Vienne (DURET) ; Gers à Masseube ; Alsace aux env. de Colmar ; Heiteren (WALTER, ISSLER), Sigolsheim (ISSLER) (1). — *Suisse* : cant. de Vaud et de Genève où il est assez répandu (REUTER et RAPIN). — *Trentin* : Tyrol entre Ravina et Margone (GELMI).

× **O. Franchetii** G. CAM. in *Bull. Soc. bot. Fr.*, XXXIV, p. 242 (1887) ; in DE FOURCY, *Vade-mec. herb. paris.*, Add., éd. 6, p. 323 ; *Monogr. Orch. Fr.*, p. 66 ; in *Journ. de Bot.*, VI, p. 415 (1892) ; LEGUÉ, *Cat. Mondoubl.*, p. 80 ; LE GRAND, *Suppl. Fl. Berry*, p. 57 ; LAMBERT in *Bull. Deux-Sèvres* (1908-09), p. 98 ; HOSCHEDÉ in *Bull. Soc. bot. Fr.* (1901), p. 225 ; DESPATY in *Bull. Soc. bot. Fr.* (1922), p. 29; FOURNIER, *Brév.*, p. 498. — **O. angusticruris** FRANCHET ap. HUMNICKI, *Cat. pl. nouv. Orl.*, p. 27 (1876) ; FRANCHET, *Fl. Loir-et-Cher*, p. 571, p. p. ; non REICHB. — **O. purpurea × Simia** FOCKE, *Pfl. misc.*, p. 376 (1881) ; G. CAM., *l. c.* ; CORTESI in *Ann. bot.* PIROTTA, I, p. 19.

Icon. : G. CAM., *Atl.*, pl. III ; M. SCHULZE, t. 10, f. 7, labelle ; G. CAM. BERG. A. CAM., *l. c.*, pl. 18, f. 516-517 ; *Ic. n.*, pl. 53, f. 1-5.

Tubercules ovoïdes ou subglobuleux. Tige élancée de 2 à 4 décim. Feuilles luisantes, grandes, oblongues-lancéolées. Bractée très courte, rosée. Fleurs nombreuses, en épi court, subglobuleux. Casque de l'*O. purpurea*, à divisions d'un pourpre foncé un peu violacé, souvent tachées de vert à la base. Labelle blanc, à macules purpurines, 3-lobé ; lobes lat. à direction un peu divergente ; médiastin distinct, mais plus court que les lobes lat. ; lobe médian bifide, à lobes secondaires au moins une fois plus larges que les lobes lat., linéaires-spatulés, à direction franchement divergente. Fleurs plus grandes que dans l'*O. Weddellii*.

V. v. — Mai, juin. — *France* : Seine-et-Oise à Champagne, Hodent, Jouy-le-Comte, Hédouville, Mantes (G. CAMUS), Soisy-sur-Ecole (Dr GUÉTROT), Bouray-Lardy ; Eure à Sainte-Geneviève-les-Gasny (HOSCHEDÉ) ; Cher à Sancerre (LE GRAND) ; Loir-et-Cher à Pruniers, Gièvres, Noyers, Belleroche, Cheverny, Russy, Mer, Herbilly, Fréchines, Mondoubleau (FRANCHET), Baillon (LEGUÉ), Indre-et-Loire à Vernou-sur Brenne (Ct SAINT-YVES et SIMON); Ain à Martin (RODIÉ; Gers à Masseube (DUFFORT). — *Allemagne*. — *Italie*.

× **O. pseudo-militaris** HY in *Act. Congrès de Botanique* (1900), p. 362. — Plante ressemblant à l'*O. militaris*, paraissant avoir une origine hybride. L'*O. militaris* espèce, n'existe pas dans la contrée où M. HY a distingué la plante litigieuse. Cette forme, probablement hybride, à peut-être les mêmes parents que l'*O. Weddellii* dont elle diffère par le labelle à divisions secondaires du lobe méd. plus larges et pourvues de taches purpurines. — *France* : env. d'Angers (HY).

O. INCARNATA × MILITARIS

× **O. Jeanperti** G. CAM. et LUIZET in DE FOURCY, *Vade-mec. herb. paris.*, éd. 6, Add., p. 323 (1890) ; *Monogr. Orch. Fr.*, p. 67 ; in *Journ. de Bot.* (1892), p. 416 ; *Atlas*, pl. XXVII ; G. CAM. BERG. A. CAM., *Monogr. Orch. Eur.*, p. 224; ROUY, *Fl. Fr.*, XIII, p. 171; FOURN. *Brév.*, p. 499. — **O. incarnata × militaris** NOBIS. — **O. militaris × incarnata** G. CAM. et LUIZET, *l. c.*

1. Ces localités nous ont été communiquées par M. WALTER, de Saverne

Icon. : G. Cam., *Atlas*, pl. XXVII ; *Ic. n.*, pl. 50, f. 3.

Tubercules entiers, ovoïdes ou subglobuleux. Tige de 3-6 décim., assez robuste, compressible, mais non manifestement fistuleuse. Feuilles oblongues. Bractées égalant la moitié de l'ovaire. Fleurs en épi dense, à casque rosé en dehors et ponctué en dedans : labelle blanc rosé au milieu, violacé dans les lobes, muni de taches purpurines formées de poils semblables à ceux du labelle de l'*O. milit.*, mais plus courts. Périanthe à div. ext. soudées à leur partie inf. et conniventes, recourbées en dehors, étalées dans leur partie sup. Labelle et éperon de l'*O. militaris*.— Cette plante ressemble à un *O. milit.* dont les fl. seraient de coloration plus foncée, les bractées env. 2 fois plus longues et enfin dont les div. ext. du périanthe seraient étalées-dressées au sommet.

V. v. -- Juin. — *France* : T. R. Seine-et-Marne, tourbière de Maisse (Luizet et Jeanpert).

O. MILITARIS × PALUSTRIS

× **O. Bonnieriana** G. Cam. in de Fourcy, *Vade-mec. herb. Paris.*, éd. 6, Add., p. 324 (1890) ; *Monogr. Orch. Fr.*, p. 67 ; in *Journ. Bot.*, VI (1892), p. 416 ; G. Cam. Berg. A. Cam., *Monogr. Orch. Eur.*, p. 263 ; Fournier, *Brev.*, p. 504.— **O. militaris × palustris** G. Cam. Berg. A. Cam., *l. c.* — **O. palustri-militaris** G. Cam., *l. c.* — **O. palustris + militaris** Klinge in *Acta Horti Petrop.*, XVII, f. 2, n° 5, p. 51 (1899).

Icon. : G. Cam., *Atl.*, pl. XXIX, XXIX *bis* ; G. Cam. Berg. A. Cam., *l. c.*, pl. 14, f. 388-389 ; *Ic. n.*, pl. 55, f. 1-5.

Tubercules entiers, ovoïdes ou subglobuleux. Tige de 3-5 décim., feuillée. Feuilles lancéolées-linéaires, aiguës, canaliculées. Bractées herbacées, colorées en rouge violacé ainsi que la partie sup. de la tige et égalant environ la moitié de la longueur de l'ovaire. Fleurs en épi lâche, d'un pourpre foncé. Périanthe à divisions ext. oblongues-obtuses, les 2 lat. ascendantes. Labelle large et presque plan, à 3 lobes, le médian dépassant les lat. Éperon assez court, courbé en bas, un peu renflé à son extrémité. — Ressemble à un *O. palustris* à labelle presque plan et à éperon d'*O. militaris*.

Les stations favorables pour la recherche de cette plante sont celles où les deux parents ont la floraison contemporaine, par conséquent de préférence les tourbières où l'*O. militaris* fleurit tard, c'est-à-dire en même temps que l'*O. palustris*.

V. v. — *France* : vallée du Loing près de Souppes (G. Camus).

O. MASCULA × PURPUREA

× **O. Wilmsii** Richter, *Pl. Eur.*, I, p. 273 (1890) ; Koch, *Syn.*, éd. Hallier et Wohlf., p. 2427 ; G. Cam. Berg. A. Cam., *Monogr. Orch. Eur.*, p. 225. — **O. mascula × purpurea** F. Schultz, *Pollichia*, p. 293 (1863) ; Wilms in *Verh. nat. Ver. Rheinl. Westf.*, XXV, p. 72 (1868) ; M. Schulze, *Die Orch.*, 13, 7. — **O. purpureus × masculus** Aschers. et Graeb., *Syn.*, III, p. 772 (1907).

Tubercules oblongs, gros, arrondis. Tige de 30-35 cent. de haut. Feuilles ordt 6, non maculées, oblongues, arrondies et plus larges vers le sommet. Inflorescence assez dense, de 10 cent. de long. Bractées lancéolées, rougeâtres aux bords, la plupart moins longues que la moitié de l'ovaire. Divisions ext. et lat. int. du périanthe aiguës, 3-nervées, presque de même longueur, les 2 lat. ext. étalées, mais non réfléchies. Labelle 3-lobé, à lobe médian divisé au sommet et portant une petite dent dans l'échancrure, parsemé de petites nervures délicates bifurquées ou trifurquées, d'un rose rougeâtre brillant, avec des macules plus foncées. Éperon un peu épaissi vers l'extrémité et plus court que l'ovaire.

Allemagne : Westphalie à Nienberge près Munster (Wilms); Palatinat bavarois à Zweibrücken (F. Schultz).

O. LATIFOLIA × PURPUREA

× **O. guestphalica** Richter, *Pl. eur.*, I, p. 273 (1890) ; Koch, *Syn.*, éd. Hall. et Wohlf., p. 2429 ; G. Cam. Berg. A. Cam., *Monogr. Orch. Eur.*, p. 225. — **O. latifolia × purpurea** Wilms in *Verh. nat. Ver. Rheinl. Westf.*, XXV, *Corr.*, p. 72 (1868) ; M. Schulze, *Die Orchid.*, n° 21, 7 ; Koch, *l. c.* — **O. purpureus × latifolius** Aschers. et Graebn., *Syn.*, III, p. 772 (1907).

Tubercules palmés. Tige de 15 cm. env., non fistuleuse. Feuilles ord. 6, les sup. et les inf. plus petites, toutes non maculées et acuminées, les moyennes ayant jusqu'à 4 centim. de largeur, munies de 13 nerv. dont

3 plus fortes. A la base de la tige, 3 bractées foliacées. Inflorescence dense, de 8 cent. de longueur env. Bractées à 3 nerv., larges, lancéolées, dépassant les fl. Div. du périanthe égales, conniventes en casque, d'un rose grisâtre, parfois les deux ext. lat. un peu étalées. Labelle plan, arrondi, irrégulièrement denté, blanchâtre à la base, rouge au sommet, muni de stries irrégulières formant des lignes courbes. Eperon subconique, n'atteignant pas la moitié de l'ovaire. Extrémité du gynostème formant un appendice ovale en forme de cuiller.

Allemagne : Westphalie, entre Oelde et Stromberg (WILMS).

O. SIMIA × USTULATA

× **O. Dollii** ZIMMERM. in *Allg. Bot. Zeitschr.* (1916), p. 49. — **O. Simia × ustulata** A. CAMUS. — **O. ustulatus × Simia** ZIMMERM., *l. c.* — **O. ustulata** var. **tephroides** DOLL, *Kaisertuhl*, V, 1839, leg. DOLL. — **O. mascula × palustris** H. MAUS in *Mitth. bad. bot. Ver.* (1892), p. 9 -- **O. masculus × paluster** ASCHERS. t GRAEBN., *Syn.*, III, p. 714 (1907). — **O. palustris** var. **dolicheilos** DOLL sec. H. MAUS ex M. SCHULZE, *Die Orchid.*, 17, 2 (1894).

Icon. : ZIMMERM., *l. c.* ; *Ic. n.*, pl. 128, f. 45-46.

Plante de 11-12 cent. Feuilles 2, lancéolées-obtuses, très brièvement aiguës. Bractées lancéolées, égalant la moitié du fruit. Inflorescence longue de 4-5 cent., lâche à la base, dense au sommet ; fl. petites, rappelant celles de l'*O. ustulata*, mais un peu plus pâles. Div. ext. du périanthe plus longues et plus aiguës que dans l'*O. ustulata*, formant un casque moins arrondi, plus acuminé au sommet, les lat. int. presque aussi longues que les ext., en alène, mais à base large. Labelle ressemblant un peu à celui de l'*O. Simia*, mais plus petit, un peu moins large que le casque, profondément 3-lobé ; lobes lat. étroitement linéaires, aussi longs jusqu'à presque plus longs que la div. médiane, arqués, obtusiuscules ; div. médiane étroite ou aussi large que les lat., divisée en deux lobes linéaires, arqués, séparés par un denticule. Eperon égalant la moitié de l'ovaire. — Rappelle l'*O. ustulata*, par le port général, la grosseur des fl. et un peu par la couleur. Se rapproche plutôt de l'*O. Simia* par les feuilles, la tige nue au sommet, la forme du labelle, la grandeur des div. lat. int. et l'éperon.

Allemagne : Palatinat bavarois, Muxdorf (DÖLL).

O. TRIDENTATA × USTULATA

× **O. Dietrichiana** BOGENH., *Tasch. Fl. Jena*, p. 351 (1850) ; A. KERNER in *Abhand. K. K. z. b. Ges.* (1865), p. 4 ; RICHTER, *Pl. eur.*, I, p. 272 ; BECK, *Fl. Nied.-Oest.*, p. 201 ; G. CAM., *Monogr. Orch. Fr.*, p. 52 ; in *Journ. de Bot.*, VI, p. 439 (1892) ; M. SCHULZE in *Thür. B. V. N. F.*, XVII, p. 42, XIX, p. 103 ; G. CAM. BERG. A. CAM., *Monogr. Orch. Eur.*, p. 226 ; JAHAND., *Addit. Fl. Var*, p. 16. — **O. tridentata × ustulata** M. SCHULZE, *Die Orchid.*, n° 7, 3 (1894) ; CHENEVARD in *An. Conserv. Jard. bot. Genève* (1914), p. 140 ; FRITSCH in *O. B. Z.* (1925), p. 232. — **O. ustulato-tridentata** CANUT in BARLA, *Iconogr.*, p. 48 (1868) ; FIORI et PAOL., *Fl. Ital.*, I, p. 242 ; *App.*, p. 54. — **O. ustulatus × tridentatus** ASCHERS. et GRAEBN., *Syn.*, III, p. 677 (1907). — **O. ustulata × variegata** KERNER, *l. c.* ; HALACSY et BRAUN, *Nachtr., Fl. Nied.-Oest.*, I, p. 201. — **O. ustulata × variegata** KERNER in *O. B. Z.*, XIV, p. 139 (1864). — **O. austriaca** A. KERN., *l. c.* (1864).

Icon. : KERNER, *l. c.*, t. IV, f. I-III ; M. SCHULZE, *l. c.*, t. 7, b ; BARLA, *l. c.*, pl. 23, f. 16, 23 ; G. CAM. BERG. A. CAM., *l. c.*, pl. 18, f. 542 ; *Ic. n.*, pl. 54, f. 6-17.

Exsicc. : DÖRFLER, *H. n.*, n° 3196 ; *Austr.-Hung.*, n° 672 ; SCHULTZ, n° 616 ; HUTER (1881).

Tubercules ovoïdes ou subglobuleux. Fibres radicales peu nombreuses, assez grosses. Tige cylindrique, de 2-4 décim., vert pâle, nue au sommet. Feuilles d'un vert glaucescent, oblongues-lancéolées ou ovales, les inf. subobtuses, celles de la base réduites à l'état de gaines brunâtres. Bractées ovales-lancéolées, aiguës ou acuminées, égalant env. l'ovaire, 1-nervées, membraneuses, rosées ou violacées. Fl. odorantes, nombreuses, disposées en épi souvent dense, ovoïde ou oblong. Div. du périanthe conniventes en casque aigu, les ext. soudées à la base, d'un pourpre violet souvent assez foncé en dehors, plus pâle en dedans ; les lat. ext. oblongues-lancéolées, aiguës, apiculées, réfléchies au sommet, munies de 3 nerv. obscures, la méd. plus courte, aiguë, 1-nervée, les lat. int. plus courtes et plus étroites que la méd. ext., d'un violet clair, linéaires ou linéaires-lancéolées, obtuses, spatulées. Labelle tripartit, un peu plus long que les div. ext., d'un rose violacé ou blanchâtre, rétréci à la base, marqué de taches purpurines espacées, comme dans l'*O. ustulata*, étalé, dirigé en avant ; lobes lat. cunéiformes à la base, linéaires-oblongs, obliquement arrondis ou falciformes, parfois plus ou moins dentés-ondulés au sommet ; lobe méd. dépassant les lat., flabelliforme ou allongé obcordiforme et divisé en deux lobules assez courts, arrondis, sinués-dentés et séparés par un court denticule. Eperon dirigé en bas, un peu recourbé en avant, subcylindrique, obtus ou claviforme, égalant la moitié de la longueur de l'ovaire, lilas ou blanc lavé de violet. Gynostème obtus ou brièvement mucronulé, blanchâtre. Anthère d'un violet pourpre ou jaune rougeâtre. Masses polliniques verdâtres. Caudicule assez long, jaunâtre. Rétinacle blanchâtre. Stigmate ord. comme dans l'*O. ustulata*. — Rappelle surtout l'*O. tridentata* par son port, son labelle, son éperon assez développé, ses masses polliniques verdâtres ; l'*O. ustulata*, par ses fl. bicolores, à casque bien plus foncé que le labelle.

Morphologie interne

Les hybrides se distinguent surtout de l'*O. tridentata* par la réduction des papilles du labelle et de l'*O. ustulata* par leur pollen verdâtre, en tétrades un peu plus grosses et par la nervure des valves placentifères un peu saillante. Nous n'avons pu observer de graines. Les cellules épidermiques du bord du limbe ont plutôt la forme de celles de l'*O. tridentata*, avec les stries nombreuses des cellules marginales de l'*O. ustulata*.

V. v. — Mai, juin. — *France* : Var à Montrieux près de Toulon (PHILIPPE) ; Alpes-Marit. à Cipières dans les Gorges du Loup, alt. 800 m. (ARBOST, juin 1915), Vence (GODFERY), dans la vallée de la Vésubie près du pont du Suchet et dans la vallée de Clans (CANUT). — *Allemagne* : Loberschütz près d'Iéna (BOGENHARD) et Frankenhausen (LUTZE). — *Suisse* : Tessin, env. de Bellinzona (BRÜGG.), Monte Salvatore (JAGGI et SCHREATER) (cf. SCHINZ et KELLER, *Fl. Schw.*, p. 114). — *Italie* : Ligurie aux env. de Taggia (BICKNELL), env. de Gênes (PENZIG), Sestri Levante près du col del Bracco (BERGON, mai 1906 in *herb*. G. CAMUS), chemin entre Appariziona et le Monte Fasce près Gênes (BERGON, juin 1907 in *herb*. G. CAMUS), route de la Spezia à Sestri Levante (BERGON, mai 1906 in *herb*. G. CAMUS), Cisano près Bergame (CHENEVARD) ; Vénétie près Vittorio, sur les collines de Mondragon (PAMPANINI), Verone, Castel d'Azan (GOIRAN), Pavie, sous le Mont Oramala (FARNETI),; *Tyrol* où il monte à 1.100 m. au Telferberge près Sterzig (HUTER, KERNER, DALLA TORRE et SARNTE.), — *Autriche* et *Hongrie* [cf. KERNER in *Verh. Z. B. G. Wien.*, XV, p. 208 (1865) ; DICHTL in *D. B. M.*, I, p. 148 (1883) ; BECK. *Fl. Nied.-Oest.*, I, p. 201 ; DÜRRNBERGER ap. VIERHAPPER in *Ber. D. B. G.*, X, p. 109 (1892)]. — *Styrie*, Murauen près Puntigam (TONCOURT). — Caucase ap. ASCHERS. et GRAEBN.

O. LONGICRURIS × TRIDENTATA

× **O. attica** HAUSSKN., *Symb. ad fl. gr.* in *Mitt. Thür. B. V. N. F.*, XIII-XIV, p. 24 (1899) ; G. CAM. BERG. A. CAM., *Monogr. Orch. Eur.*, p. 227 (1908). — **O. longicruris** × **tridentata** HAUSSKN., *l. c.* — **O. tridentatus** × **longicruris** ASCHERS. et GRAEBN., *Syn.*, III, p. 689 (1907). — **O. longicruris** × **commutata** HALACSY, *Consp. fl. gr.*, III, p. 166.

Diffère de l'*O. longicr.* par les bractées plus longues, le labelle à ponctuations foncées, à div. plus larges et plus courtes. — Se distingue de l'*O. tridentata* par la tige plus robuste, les feuilles un peu ondulées, les bractées de moitié plus courtes, plus acuminées, à nerv. plus foncées, le labelle plus large et plus allongé, à div. plus étroites et plus longues, les lat. dentées, la méd. à lobules arrondis, séparés par une petite dent.

Grèce : Attique, Eleusis (HAUSSKN.).

O. MILITARIS × TRIDENTATA

× **O. Canuti** RICHTER, *Pl. Eur.*, I, p. 272 (1890) ; G. CAM., *Monogr. Orch. Fr.*, p. 31 ; in *Journ. de Bot.*, VI, p. 349 (1892) ; G. CAM. BERG. A. CAM., *Monogr. Orchid. Eur.*, p. 227 ; ROUY, *Fl. Fr.*, XIII, p. 165. — **O. militaris** × **tridentata** M. SCHULZE, *Die Orchid.*, n° 9 (7). — **O. galeata** REICHB., *Fl. exc.*, p. 125 (1830) ; KERN. in *Verh. K. K. z. b. Ges.* (1865), sep. p. 10 ; non LAMK. — **O. tridentato-militaris** CANUT ap. BARLA, *Iconogr.*, p. 50 (1868) ; G. CAM., *l. c.* ; KRAENZ., *Gen. et spec.*, p. 124. — **O. tridentatus** × **militaris** ASCHERS. et GRAEBN., *Syn.*, III, p. 688 (1907).

Icon. : BARLA, *l. c.*, pl. 34, f. 19-26 : G. CAM. BERG. A. CAM., *l. c.*, pl. 18, f. 543-545 ; *Ic. n.*, pl. 54, f. 1-5, 18-24.

Tubercules ovoïdes ou subglobuleux. Tige assez forte, élancée, de 30 cm. env. Feuilles ovales-lancéolées, aiguës, nombreuses. Bractées courtes. Fl. d'un rose violacé, à casque parfois violet grisâtre, disposées en épi court, dense, ovoïde ; div. sup. du périanthe allongées, très aiguës, conniventes en casque ; labelle dirigé un peu en avant ou vers le haut, trilobé, à taches purpurines, à lobes lat. courbés, linéaires ou subrhomboïdaux, tronqués au sommet, à lobe méd. ovale, subbilobé, formé de lobules écartés séparés par une petite dent. Eperon presque comme dans l'*O. tridentata*.

Mai, juin — *France* : Alpes-Marit. à Bonvillars, vallée de Loude (CANUT). — *Italie* : env. de Gênes (BER-CON), Veronese (GOIRAN). — *Suisse* : Tessin au Monte S. Salvatore (CHENEVARD). — *Autriche* : Kahlenberg, près Vienne (HEYNOL).

    × ? **O. taurica** LINDLEY, *Gen. and spec. Orch.*, p. 271. — **O. variegato-militaris** SCHUR, *Enum. pl. Trans.*, p. 639 (1866).

    Port de l'*O. tridentata*, mais plus robuste. Feuilles deux fois plus longues que larges, embrassant la tige. Epi à fl. nombreuses, grandes. Labelle à lobe méd. inégalement denté, plus petit que les lat. ; lobes lat. acutiuscules. — Transilvanie.

O. PURPUREA var. MORAVICA × O. TRIDENTATA var. COMMUTATA

    × **O. Fuchsii** M. SCHULZE ap. FUCHS in *Sond. Mitt. Bayer. Bot. Ges. Erfors. d. heim. Flora* (1916), p. 345. — **O. Alfredi-Fuchsii** Soó in *Notizbl. Berlin* (1926), p. 903 (1927).—O. **purpureus** var. **moravicus** × O. **tridentatus** var. **commutatus** FUCHS, *l. c.*

    Tubercules... Tige haute de 40 cent., arrondie. Feuilles inf. intermédiaires entre celles des parents, ressemblant à celles de l'*O. tridentata*, mais plus grandes et plus larges, la sup. embrassant la tige. Epi long de 8,5 cent., pyramidal-oblong jusqu'à largement cylindrique. Bractées 1/3-1/2 plus courtes que l'ovaire, à base large, écailleuses, engainantes, puis linéaires-lancéolées, acuminées, légèrement nervées. Fleurs grandes, rose pâle ou blanches, exhalant, sur le sec, un délicat parfum de Coumarine. Divisions du périanthe moins acuminées que dans l'*O. tridentata* var. *commutata*, la méd. ext. 1/3-1/4 plus longue que les int., plus large vers la base. Labelle égalant les div. ext. ,blanc rosé ; lobes lat. ovales-oblongs jusqu'à oblongs, denticulés ; lobe méd. élargi au sommet, à 2 lobes cunéiformes subobtus, denticulés, séparés par un denticule. Eperon cylindrique, dépassant la moitié de l'ovaire. Ovaire vert, subcylindrique.

    Istrie : Reczina-Tale aux env. de Fiume (FUCHS).

O. MASCULA × TRIDENTATA

    × **O. Untchjii** M. SCHULZE in ASCHERS. et GRAEB., *Syn.*, III, p. 770 (1907) ; G. CAM. BERG. A. CAM. *Monogr. Orch. Eur.*, p. 228. — **O. mascula** × **tridentata** G. CAM. BERG. A. CAM., *l. c.* — **O. tridentatus** × **masculus** M. SCHULZE ap. ASCHERS. et GRAEB., *l. c.*

    Plante élevée de 50 centim. Feuilles inf. rapprochées, grandes, oblongues-lancéolées, atténuées à la base. Epi cylindrique allongé, à fleurs assez nombreuses, assez espacées dans la partie inf. Fleurs intermédiaires comme taille entre celles des parents. Bractées lancéolées, sétacées, les inf. plus longues que l'ovaire, les sup. de même longueur. Divisions du périanthe libres, les ext. ovales-lancéolées, 1-3 nervées, les lat. ext. dressées-étalées, les lat. int. linéaires-lancéolées, 1-2 nervées, 2/3 aussi longues que les ext. Labelle largement cunéiforme à la base; divisions lat. rhomboïdales, environ 1 fois 1/2 aussi longues que larges, dentées, à division médiane rétrécie à la base et brusquement dilatée, divisée en 2 lobules étroits, presque à angle droit, à bords dentés séparés parfois par un denticule. Eperon presque de la longueur de l'ovaire, assez fort, assez épais, légèrement ascendant.

    Istrie : environs de Brest au pied du Monte Maggiore (UNTCHJ).

§ IV. — Hybrides de l'O. coriophora.

O. CORIOPHORA × PALUSTRIS

    × **O. Timbali** VELEN. in *Sitzb. Böhm. Ges. Wiss.* (1882), p. 254 ; RICHTER, *Pl. Eur.*, 1, p. 273 ; G. CAM., *Monogr. Orch. Fr.*, p. 58 ; in *Journ. de Bot.*, VI, (1892), p. 405 ; KOCH, *Syn.*, éd. Hall. et Wohlf., p. 2428 ; G. CAM. BERG. A. CAM., *Monogr. Orch. Eur.*, p. 228. — **O. coriophora × palustris** M. SCHULZE, *Die Orchid.*, nº 5, 4. — **O. coriophoro-palustris** TIMB.-LAGR. in *Bull. Soc. bot. Fr.*, IX, p. 587 et 612 (1862) ; HALL. et WOHLF., *l. c.* ; BARLA, *Monogr.*, p. 56 et pl. 42, f. 1-18. — **O. laxifloro + coriophora** DE POMMAR. et TIMB.-LAGR., *Mém. hybr. Orch.*, p. 41, pl. 23, f. 3 et 4 (1887) ; *Mém. Acad. Toulouse*, II, 4, p. 59. — **O. coriophorus × paluster** ASCHERS. et GRAEB., *Syn.*, III, p. 769 (1907).

    Icon. : BARLA, *l. c.* ; G. CAM. BERG. A. CAM., *l. c.*, pl. 20, f. 618-619 ; *Ic. n.*, pl. 48, f. 6-17.

Tubercules ovoïdes. Tige élancée, de 3-4 décim., feuillée, violacée au sommet. Feuilles linéaires-lancéolées ou étroitement lancéolées-aiguës, atténuées de la base, dressées-étalées, les infér. pliées en gouttière, très arquées, à bords scabriuscules, d'un beau vert ; les sup. bractéiformes. Bractées lancéolées-aiguës, arquées, carénées, vertes, lavées de pourpre, parfois blanchâtres et subscarieuses sur les bords, 1-nervées ou obscurément 3-nervées, presque aussi longues ou parfois plus longues que la fleur. Fleurs disposées en épi de longueur très variable, lâche comme dans l'*O. palustris*, d'un violet pourpré plus ou moins foncé, odorantes, plus grandes que dans l'*O. coriophora*. Divisions sup. du périanthe conniventes en casque moins fermé que dans cette espèce ou les lat. ext. un peu étalées, les ext. ovales-lancéolées, élargies obliquement à la base, atténuées mais non acuminées au sommet, soudées inférieurement, d'un violet pourpré en dehors, plus clair, en dedans, les lat. carénées, la médiane un peu plus courte, obtuse ; les lat. int. plus étroites et plus courtes que les ext., ovales-acuminées, obliquement élargies à la base, subtrinervées, souvent verdâtres vers la base. Labelle égalant ou dépassant le casque, presque entier ou trilobé, d'un pourpre violet, souvent nervé de vert, pointillé de pourpre au centre et à la base, à lobe médian plus long et plus étroit que les lat., souvent tronqué ou émarginé, rarement aigu, à lobes lat. subrhomboïdaux plus larges que le médian et denticulés, à dents correspondant à l'extrémité des nervures. Eperon horizontal ou descendant, obtus, égalant env. la moitié de la longueur de l'ovaire. Gynostème court, apiculé, verdâtre ou violacé. Anthère purpurine. Masses polliniques d'un vert jaunâtre. Caudicules allongés, jaune-pâle. Rétinacles blanchâtres. Ovaire sessile, subcylindrique, contourné, vert lavé de violet.

F. *triloba* G. Cam. — Barla, *l. c.*, pl. 42, f. 1-8 ; *Ic. n.*, pl. 48, f. 8, 10, 11. — Labelle 3-lobé, denté.

F. *subintegrata* G. Cam. — Barla, *l. c.*, pl. 42, f. 13-14 ; *Ic. n.*, pl. 48, f. 14, 16. — Labelle entier, denté.

Mai, juin. — T. R. — *France* : Lot-et-Garonne près d'Agen (DE POMMARET), Hérault, Alpes-Maritimes : bois du Var près de la Digue (CANUT et FOSSAT), prairies de Caras (SABATO). — *Italie* : Ligurie. — *Bohême* aux env. de Vsetat. (VELENOVSKY).

O. CORIOPHORA × PALUSTRIS var. ELEGANS

Les formes hybrides suivantes sont à peine distinctes de l'*O. Timbali* VELEN. :

L' × **O. pseudoparviflora** (O. coriophora × elegans) UGRINSKY in *Act. Soc. Univ. Charcoviensis*, XLVI, (1913) et *Diagn. spec. trium generis Orchis nondum vel imperf. descript.*, p. 5, f. 2, diffère de l'*O. Timbali* par la couleur un peu plus brunâtre des fleurs, et de l'*O. Barlæ*, par son casque à divisions presque conniventes et par le lobe médian du labelle un peu plus court. — C'est une forme proche de l'*O. coriophora*, à petites fleurs.

L' × **O. Reinhardii** UGRINSKY ap. G. Cam. BERG. A. Cam., *l. c.*, p. 230 et UGRINSKY, *Quelques plantes rares de la flore de Kharcoff* (1910) et *Diagn. spec. trium gen. Orchis nondum vel imperf. descript.*, p. 5, f. 3 et 3 a, issu du même croisement, est intermédiaire entre les deux parents. Les fl. sont petites, les divisions ext. du périanthe sont étalées.

L' × **O. Kelleriana** (O. coriophora × elegans) UGRINSKY in *Act. Soc. Univ. Charcov.*, XLVI (1913) et *Diagn. spec. trium gen. Orchis nondum vel imperf. descript.*, p. 5, f. 4, est une forme de l'*O. Timbali*, à grandes fleurs, se rapprochant de l'*O. palustris* var. *elegans*. — *Ic. n.*, pl. 128, f. 25 et 26. — La figure d'UGRINSKI présente beaucoup d'analogie avec celle de la f. 11, pl. 42 de BARLA.

Ces formes hybrides ont été signalées par UGRINSKI, en Russie mérid., province de Kharkow.

L'*O. pseudoparviflora* aurait été aussi récolté en Tauride près de Jalta.

O. FRAGRANS × PALUSTRIS

× **O. Barlæ** G. Cam., *Monogr. Orch. Fr.*, p. 58 ; in *Journ. de Bot.*, VI, p. 406 (1892) ; G. Cam. BERG. A. Cam., *Monogr. Orch. Eur.*, p. 229. — O. palustri-coriophora BARLA, *Iconogr. Orch.*, p. 56 et pl. 41, f. 11-15 ; G. Cam., *l. c.* ; KRAENZL., *Gen. et spec.*, p. 123, p. p. — O. palustri-coriophora (fragrans) G. Cam. BERG. A. Cam., *l. c.*

Icon. : BARLA, *l. c.* ; G. Cam. BERG. A. Cam., *l. c.*, pl. 20, f. 614-617 ; *Ic. n.*, pl. 48, f. 1-5.

Tubercules entiers. Feuilles linéaires-lancéolées, aiguës, en gouttière, engainantes. Bractées lancéolées, égalant env. l'ovaire. Fl. exhalant une forte odeur de vanille, plus petites que dans l'*O. Timbali*, disposées en épi assez lâche, 15-20 env. Div. ext. du périanthe non soudées à la base, disposées comme dans l'*O. palustris* ; div. int. conniventes. Labelle trilobé, d'un pourpre violacé, jaunâtre au centre et marqué de taches purpurines ; lobes lat. rejetés en arrière, rhomboïdaux, crénelés-denticulés ; lobe méd. plus long que les lat., lancéolé, un peu recourbé au sommet. Eperon horizontal ou un peu descendant, subconique, un peu plus court que l'ovaire.

Morphologie interne.

Nous avons pu étudier une feuille et une fleur de cet hybride. Cette plante différait de l'*O. coriophora* par les cellules épidermiques du bord du limbe à paroi ext. bombée, mais ne formant pas de dents développées ; la rareté des épaississements dans les parois anthérales et les papilles de l'éperon plus courtes. Elle se distinguait nettement de l'*O. palustris* par la paroi ext. des cellules épidermiques du bord du limbe bombée et la présence d'épaississements aux parois de l'anthère.

V. v. — Juin. — *France* : Alpes-Marit. dans les bois du Var près de la Digue (Canut et Fossat), à Caras (Sarato), dans le champ de courses de Nice près de l'embouchure du Var (Bergon, juin 1906). — A rechercher en Ligurie.

O. CORIOPHORA × LAXIFLORA

× **O. parvifolia** Chaub. ap. St-Amans, *Fl. agen.*, p. 369 (1821) ; Gr. et God., *Fl. Fr.*, III, p. 292 ; G. Cam., *Monogr. Orch. Fr.*, p. 58 ; in *Journ. Bot.*, VI, p. 405 (1912) ; Kraenz., *Gen. et spec.*, p. 143 ; Debeaux, *Révis. fl. agen.*, p. 519, G. Cam. Berg. A. Cam., *Monogr. Orch. Eur.*, p. 229. — **O. coriophora × laxiflora** G. Cam. Berg. A. Cam., *l. c.* — **O. coriophora + laxiflora** Laramberg. et Timb.-Lagr., *Mém. hybr. Orchid.*, p. 42 ; G. Cam., *l. c.* — **O. coriophora × palustris** Rouy ap. Debeaux, *l. c.* — **O. masculo-laxiflorus** Gr. et God., *Fl. Fr.*, III, p. 366 (pour la plante d'Agen) (1855).

Icon. : Chaubard, *l. c.*, pl. 7 ; Timb.-Lagr., *Mém. hybr.*, pl. 24, f. 5 ; Reichb. F., *Icon.*, XIII-XIV, t. 160, DXII ; *Ic. n.*, pl. 49, f. 9-11.

Tubercules ovoïdes ou subglobuleux. Plante de 5 à 7 décim. environ. Feuilles très étroites, linéaires, très aiguës, canaliculées. Fleurs petites, à odeur faible de punaise, en épi plus ou moins lâche, d'un pourpre violacé foncé. Divisions supér. du périanthe elliptiques, courtes, non conniventes, les trois ext. réunies, les 2 lat. relevées et rejetées en arrière ; labelle à 3 lobes, ressemblant à un grand labelle d'*O. coriophora*, d'un pourpre violacé. Eperon horizontal, conique, un peu atténué au sommet, souvent plus court que l'ovaire. - - Cette plante diffère de l'*O. Timbali* par ses fleurs plus grandes, moins nombreuses, exhalant une forte odeur de punaise.

Dans sa *Fl. de Fr.*, XIII, p. 165, Rouy distingue deux formes différenciées seulement par des caractères individuels et l'inflorescence assez dense dans f. α *Chaubardi*, un peu lâche dans f. β *Laramberguei*.

Morphologie interne.

La plante que nous avons étudiée différait de l'*O. coriophora* par l'épiderme sup. de la feuille à paroi ext. moins épaisse, ne formant pas de pointes vis-à-vis des nervures, ne se prolongeant pas en dents développées au bord du limbe et par l'éperon à papilles moins longues, à produits sucrés s'accumulant entre les épidermes (nous n'avons pas observé d'émission de nectar à l'intérieur de l'éperon). Elle se distinguait de l'*O. laxiflora* par la tige à lacune centrale moins grande, la présence d'épaississements en anneaux incomplets assez nombreux dans les parois de l'anthère, le pollen jaune et l'éperon à épiderme int. plus papilleux. Le pollen était relativement assez bien développé pour le pollen d'une plante hybride et quelques ovules, déjà assez gros, semblaient normalement constitués.

France : Haute-Garonne, Tarn-et-Garonne, Tarn aux env. de Castres (de Larambergue), Lot-et-Garonne aux env. d'Agen, Landes (Chaubard) ; Indre-et-Loire à Saint-Martin près de Tours (Noulet).

O. FRAGRANS × LAXIFLORA

× **O. Bicknelli** G. Cam. Berg. A. Cam., *Monogr. Orch. Eur.*, p. 230. — **O. laxifloro-fragrans** Bicknell in *Catal. pl. Herb. Fac. Montp.*, p. 5 (1896). — **O. laxifloro × coriophora α fragrans** Bicknell in Fiori et Paol., *Fl. Ital.*, App., p. 54 (1907-08).

Icon. : *Ic. n.*, pl. 49, f. 12-14. — La plante représentée est remarquable par le lobe moyen du labelle très court.

Diffère de l' × *O. parvifolia* et de l' × *O. Timbali* par les fleurs exhalant une égère odeur de vanille, le lobe moyen du labelle ordinairement plus long. — Ne peut être déterminé que sur place.

France : Gironde, prairies entre Arcachon et la Teste et aux env. de Lamothe (mai 1909, BERGON in *herb.* G. CAMUS). — *Italie* : Ligurie, bouches de la Nervia, près Bordighera, Diano Marina (BICKNELL). — *Grèce* : Corfou près Potamos (BERGON).

O. CORIOPHORA × INCARNATA

× **O. Drudei** FUCHS et ZIEGENSPECK in FEDDE, *Repert. spec. nov.*, XXI, p. 680 (1925). — **O. coriophora** × **incarnata** FUCHS et ZIEGENSPECK, *l. c.* — **O. incarnata** var. **Drudei** M. SCHULZE *Die Orchid.*, n° 17 (8) ; ASCHERS. et GRAEBN., *Syn.*, III, p. 719 (1907).

Tubercules 2-3-lobés. Tige de 1-2 décim., peu fistuleuse. Feuilles petites et courtes, longues de 4-5 centim., larges de 4 mm., atteignant la base de l'épi ou plus courtes. Épi assez dense. Fleurs petites. Labelle trilobé. Div. lat. ext. du périanthe larges, rhomboïdales, la méd. triangulaire. Eperon conique, courbé, à base très dilatée. — M. SCHULZE a d'abord regardé, avec doute, cette plante comme hybride. FUCHS et ZIEGENSPECK ont confirmé l'hypothèse de l'hybridité.

Allemagne : Souabe, Essendorfer Ried près Biberach (DRUDE).

O. CORIOPHORA × LATIFOLIA

O. coriophora > latifolia

× **O. Schulzei** HAUSSKN. in *Irmischia*, p. 32 (1882). — **O. coriophora** × **latifolia** HAUSSKN. ap. M. SCHULZE, *Die Orchid.*, n° 5, 3. — **O. coriophorus** × **latifolius** ASCHERS. et GRAEBN., *Syn.*, III, p. 770 (1907).
Icon. : M. SCHULZE, *l. c.*, n° 5, f. 6 ; *Ic. n.*, pl. 56, f. 8-9.

Tubercules palmés. Tige haute de 20 centim., un peu creuse, assez sillonnée. Feuilles linéaires-lancéolées, aiguës, dressées, brièvement engainantes à la base, à bords un peu papilleux. Bractées lancéolées, acuminées, les sup. plus courtes, les autres aussi longues ou plus longues que l'ovaire, membraneuses, lavées de rouge vers les bords, les inf. trinervées, les sup. uninervées ou trinervées, parfois à anastomoses. Epi long de 7 cm., cylindrique, très lâche. Fl. médiocres, pourprées. Div. du périanthe ord. libres, rarement soudées à la base, conni- ventes en casque ouvert, les ext. un peu dressées, ovales-obtuses, rarement aiguës, presque de même taille, 3-nervées, les lat. int. oblongues-lancéolées, un peu plus étroites et plus courtes que les ext., 1-nervées. La- belle trilobé, dépassant plutôt les autres div. ; lobes lat. rhomboïdaux-aigus, plus ou moins dentés aux bords ; div. méd. un peu plus grande et plus large que les lat., ord. plus longue, arrondie, à bords entiers. Eperon co- nique-cylindrique, obtus, courbé, pourpre clair, égalant 1/2-3/4 du fruit et dépassant le labelle. Gynostème aigu, plus court que les div. int. du périanthe. Ovaire lavé de rouge. — Cet hybride se rapproche surtout de l'*O. coriophora*.

Allemagne : env. de Scharzfeld (HAUSSKNECHT).

Var. **percoriophora** A. CAMUS. — *O. coriophora* × *latifolia* A. CAMUS (1).
Icon. : *Ic. n.*, pl. 127, f. 2. — Se rapproche encore davantage de l'*O. coriophora*, mais en diffère par ses tubercules lobés, ses feuilles maculées, ses bractées plus allongées, les div. lat. ext. du périanthe dressées, non conniventes libres (1). — Diffère de l'*O. Schulzei* par ses fl. aussi petites que celles de l'*O. coriophora*, en épi court (4 centim.), dense, le labelle à div. méd. assez petite, plus longue que les lat., l'éperon atténué à l'extré- mité. — Pyrénées-Orientales : Nohèdes (SENNEN).

O. coriophora < latifolia.

× **O. Sanzaiana** G. CAM., *Monogr. Orchid. Fr.*, p. 70 ; in *Journ. de Bot.*, VI, p. 419 (1892). — **O. corio- phora** × **latifolia** G. CAMUS in *Bull. Soc. bot. Fr.*, XXVII, p. 217.
Icon. : G. CAM., *Atlas*, pl. XXXII ; *Ic. n.*, pl. 56, f. 5-7.

Hybride se rapprochant davantage de l'*O. latif.* Bulbes palmés. Tige robuste, fistuleuse, haute de 3 décim.

1. *Tuber palmatum. Folia oblongo-lanceolata, maculata. Bracteæ elongatæ, ovato-lanceolatæ, acutæ. Spica densa. Sepala libera, lateralia suberecta. Petala conniventia. Labellum parvum, trilobum, pictum. Calcar subconicum, curvatum.*

Feuilles largement lancéolées, non maculées. Fl. à odeur faible, désagréable, disposées en épi cylindrique, allongé, dense. Bractées rougeâtres, allongées, les inf. égalant presque les fl. Fl. grandes, à div. libres, les lat. ext. non maculées, dressées, violacées. Labelle un peu rejeté en arrière, à 3 lobes, le méd. entier, oblong, dépassant un peu les lat. et verdâtre, les lat. rhomboïdaux, inégalement dentés. Eperon conique, peu courbé, dirigé en bas, plus court que l'ovaire et le labelle.

France : Cher à Neuvy-sur-Barangeon (G. Camus).

O. CORIOPHORA × USTULATA

× **O. Franzonii** M. Schulze in *Thür. B. V. N. F.*, XIX, p. 102 (1904) et ap. Aschers. et Graebn., *Syn.*, III, p. 678 (1907) ; G. Cam. Berg. A. Cam., *Monogr. Orch., Eur.* p. 230. — **O. coriophora × ustulata** G. Cam. Berg. A. Cam., *l. c.* - - **O. coriophorus × ustulatus** M. Schulze, *l. c.*

Epi plus gros que dans l'*O. ustulata*. Casque pourpre foncé, plus longuement acuminé que dans l'*O. ustulata*. Div. lat. nat. du périanthe comme dans l'*O. ustulata*, plutôt spatulées. Lobes lat. du labelle linéaires-oblongs, env. moitié moins larges que le méd., celui-ci ord. arrondi, rarement bilobé. Eperon conique, en sac plus allongé que celui de l'*O. ustulata*, plus court que celui de l'*O. coriophora*.

Tessin : Val Maggia. Ai Galbisi (A. Franzoni in *herb.* Chenevard ap. M. Schulze, *l. c.*).

§ V. — Hybrides des O. mascula et provincialis.

Nous réunissons les hybrides de l'*O. mascula* type avec ceux de l'*O. speciosa*. difficiles à distinguer, si ce n'est sur place. Les hybrides dont l'un des parents est l'*O. speciosa* ont cependant les div. ext. du périanthe plus acuminées.

O. MASCULA × PALLENS

× **O. Loreziana** Brügger, *Beitr. z. Kennt. Umg. Chur.*, p. 58 (1874) ; *Fl. Cur.*, p. 58 ; *Mitth. in Jahresb. Ber. Naturf. Ges. Graub.*, XXIX, p. 118 (1884) ; Richter, *Pl. Eur.*, I, p. 273 ; G. Cam. Berg. A. Cam., *Monogr. Orch. Eur.*, p. 231. — × **O. Haussknechtii** M. Schulze in *Botanisch. Verein. f. Gesam.*. p. 17 (1884) ; n *Mitt. geogr. Ges. Jena*, II, p. 228 (1885) ; Koch, *Syn.*, éd. Hall. et Wohlf., p. 2427 ; M. Schulze. *Die Orch.*, n° 13, 5. — **O. mascula** (*masculus*) × **pallens** Brügger. *l. c.* ; Hausskn. in *Verh. Ges. Thür.* (1884), p. 225 ; Aschers. et Graebn., *Syn.*, III, p. 707 ; Zimmerm, in *Mitt. Bad. Land. f. Naturk.* (1911), p. 46.

Tubercules allongés, assez gros. Tige atteignant 4-5 décim., assez robuste. Feuilles oblongues, atténuées vers la base, aiguës, assez larges, souvent aussi larges que dans l'*O. pallens*, à largeur la plus grande se trouvant presque vers le milieu, d'un beau vert, brillantes, les infér. rapprochées, plus grandes. Bractées herbacées ou presque membraneuses, lancéolées, 1-nervées, rarement rougeâtres. Fl. assez grosses, nombreuses, ayant le parfum des fleurs de l'*O. pallens*, souvent carnées, à dessins rose violacé ou pourpres, disposées en épi cylindrique, rarement ovoïde, allongé, assez dense. Divisions du périanthe libres, rose chair, les ext. ovales-lancéolées, obtuses ou aiguës, 3-nervées, les lat. élargies à la base vers le bord ext. et arrondies, à la fin réfléchies ; les lat. int. plutôt plus courtes que les ext., conniventes avec la médiane ext. Labelle ordt largement cunéiforme, dépassant le casque, légèrement convexe, plus ou moins 3-lobé, parfois presque entier, à bords entiers ou dentés, marqué de lignes ou de ponctuations pourprées. Eperon cylindrique, obtus, horizontal ou ascendant, ordt aussi long que l'ovaire, de la couleur du périanthe. Gynostème court, obtus, mucronulé. Masses polliniques ordt vertes.

Allemagne : Thuringe à Iena, Erfurt (M. Schulze), Rossbach et Kösen (Ruppert) ; Bade : Schaffhouse (Zimmerm.). — *Suisse* : canton de Vaud, Bex (Vetter, Chenevard et Anex-Rey). — *Autriche* et *Hongrie* : Wiener Walu (Sennholz), Königsbach près Rabenstein (Beck), Peilstein près Weissenbach (Wolfert), etc.

M. Beck v. Mann., *Fl. Nied.-Oest.*, I, p. 201, décrit les 2 formes suivantes :

× **O. Kisslingii** Beck in *Abh. z. B. Ges. Wien.*, XXXVIII, p. 768 (1888) ; *Fl. N. O.*, p. 203 (1890) ; Koch, *Syn.*, éd. Hall. et Wohlf., p. 2427. **O. mascula** (speciosa) × **pallens** Beck, *l. c.* — **O. masculus** × **pallens** C. **Kisslingii** Aschers. et Graebn., *l. c.*, p. 708 (1907).

Tubercules oblongs. Tige de 20-25 cm. de hauteur. Feuilles oblongues, larges de 14-17 mm., pourvues de macules pourpres à leur base. Bractées aussi longues ou presque aussi longues que la fleur. Fleurs roses ou d'un rouge pâle, jaune verdâtre dans le bouton, en épi assez compact. Divisions sup. du périanthe obtuses ou les ext. aiguës, assez semblables, à peu près de même longueur. Labelle 3-lobé, peu ou non maculé, à divisions non dentées.

Autriche.

× **O. erythrantha** BECK in *Fl. Nied.-Oester.*, *l. c.*, p. 201 (1890) ; M. SCHULZE, *Die Orch.*, 13, 6. — **O. masculus × pallens** B. **erythranthus** ASCHERS. et GRAEB., *l. c.*, p. 708 (1907).

Tige feuillée. Feuilles pointillées de rouge, les supér. non engainantes. Fleurs rose-lilas même dans le bouton. Divisions ext. du périanthe brièvement acuminées, les lat. int. plus courtes, subobtuses. Labelle plan, à 3 lobes peu profonds, d'un rose lilas, ou blanc au centre et muni de taches pourpres, à lobes arrondis, non dentés, le moyen moitié moins large que les lat.

Autriche.

O. MACULATA × MASCULA

× **O. Kromayeri** M. SCHULZE in *Thür. B. F. N. F.*, XIX, p. 112 (1904) ; G. CAM. BERG. A. CAM., *Monogr. Orch. Eur.*, p. 232. — **O. maculata × mascula** M. SCHULZE, *l. c.* — **O. masculus × maculatus** ASCHERS. et GRAEBN., *Syn.*, III, p. 761, p. p. (1907).

Port et organes végétatifs rappelant l'*O. mascula.* Fleurs ressemblant à celles de l'*O. maculata.* Feuilles non maculées, vert foncé, brillantes. Bractées vertes, non réticulées. Fleurs lilas. Périanthe à divisions ext. oblongues-lancéolées, aiguës, les lat. un peu moins réfléchies que dans l'*O. mascula*, les lat. int. obtuses. Labelle profondément trilobé ; lobes lat. obtus, lobe médian allongé. Eperon plus court que le fruit, cylindrique, assez grêle, descendant, souvent courbé comme dans l'*O. maculata.*

Allemagne : Thuringe à Ewertswiese près Tambach, avec l'*O. mascula acutiflora* (KROMAYER) ; Alpes bavar. : Allgäu, Schliersee, etc. (d'apr. RUPPERT).

MACULATA × MASCULA (SPECIOSA)

× **O. pentecostalis** WETTST. et SENNHOLZ in *O. B. Z.*, XXXIX (1889), p. 319 ; RICHTER, *Pl. Eur.*, I, p. 273 ; KOCH, *Syn.*, éd. Hall. et Wohlf., p. 2429 ; BECK, *Fl. N.-Oest.*, p. 204 ; G. CAM. BERG. A. CAM., *Monogr. Orch. Eur.*, p. 232. — **O. maculata × mascula (speciosa)** WETTST. et SENNHOLZ, *l. c.* ; RICHTER, *l. c.* ; M. SCHULZE, *Die Orch.*, 23,4 ; HALL. et WOHLF, *l. c.* ; BECK, *l. c.*, non HALACSY. — **O. masculus × maculatus** B. **pentecostalis** ASCHERS. et GRAEB., *Syn.*, III, p. 762 (1907).

Tubercules palmés, mais peu lobés. Tige feuillée, rigide, droite, un peu anguleuse, vert pâle et maculée de pourpre au sommet. Feuilles largement lancéolées, obtuses, maculées de pourpre en dessus, les caulinaires sup. lancéolées, aiguës. Fleurs d'un violet pourpre pâle disposées en épi dense. Bractées acuminées, les inf. égalant environ les fleurs, les sup. plus courtes qu'elles. Divisions ext. du périanthe presque pourpre saturé, lancéolées-acuminées, les lat. dressées plus longues que la médiane, les lat. int. ovales-lancéolées obtuses, obscurément 3-nervées. Labelle ponctué, large, cunéiforme à la base, 3-lobé ; lobes lat. courts, aigus ; lobe médian court, 3-lobé. Eperon cylindrique, presque aussi long que l'ovaire, horizontal ou un peu descendant. · Diffère de l'*O. mascula (speciosa)* par les tubercules presque entiers, les feuilles plus étroites, relativement plus longues, plus fortement maculées, l'épi plus court et plus dense, les divisions du périanthe plus courtes et plus obtuses, la forme du labelle, la coloration des fleurs, la direction de l'éperon. Se distingue de l'*O. maculata* par les feuilles plus courtes, l'épi plus étroit, plus allongé et un peu plus dense, les divisions ext. du périanthe plus aiguës, le lobe médian du labelle 2-3-lobé et denté, l'éperon horizontal ou peu descendant.

Juin. — *Autriche* : entre Brennalpe et la cime de Reisalpe (SENNHOLZ).

O. MASCULA v. SPECIOSA × SAMBUCINA

× **O. speciosissima (speciosissimus)** WETTST. et SENNH. in *O. B. Z.*, XXXIX, p. 319 (1889) ; BECK, *Fl. Nied.-Oest.*, p. 203 ; KOCH, *Syn.*, éd. Hall. et Wohlf., p. 2428 ; RICHTER, *Pl. Eur.*, p. 273 ; G. CAM. BERG. A, CAM., *Monogr. Orch. Eur.*, p. 223. — **O. mascula f. speciosa × sambucina** WETTST. et SENNH., *l. c.* ; KOCH, *Syn.*, éd. Hall. et Wohlf., *l. c.* ; M. SCHULZE, *Die Orch.*, n° 13, 7 ; RICHTER, *l. c.* ; KLINGE in *Acta Horti Petrop.*, XVII, f. 2, n° 5, p. 49. — **O. masculus × sambucinus** ASCHERS. et GRAEBN., *Syn.*, III, p. 763 (1907).

Tubercules obscurément palmés. Tige robuste, un peu anguleuse au sommet, feuillée à la base et dans la partie supérieure. Feuilles inf. obovales-lancéolées, les sup. lancéolées-cunéiformes, aiguës, toutes luisantes, maculées de pourpre vers la base. Inflorescence assez dense, ovale-allongée. Bractées lancéolées, longuement acuminées, larges de 3-4 mm. à la base, vertes ou lavées de pourpre au sommet, 3-5-nervées, les inf. dépassant les fleurs, les sup. les égalant. Divisions ext. du périanthe allongées, longuement acuminées, 3-nervées, les lat. dressées, les lat. int. plus courtes, ovales-lancéolées, obtuses, obscurément 2-3-nervées. Labelle court, trilobé, à lobes lat. courts, acuminés, un peu denticulés ; lobe médian denticulé. Eperon cylindrique-obtus, horizontal, aussi long que l'ovaire. Diffère de l'*O. sambucina* par les tubercules moins lobés, les feuilles tachées de rouge, plus larges vers la base, l'inflorescence plus allongée, plus étroite, les bractées plus courtes, par la couleur et la forme des fleurs, la direction de l'éperon. Se distingue de l'*O. mascula* var. *speciosa* par les tubercules légèrement lobés, la tige plus feuillée, peu maculée, les feuilles étroites, courtes, l'inflorescence moins allongée, les bractées plus longues, les divisions du périanthe aiguës, la forme du labelle ainsi que la forme et la direction de l'éperon.

Mai. — *Autriche* : entre le Brennalpe et le sommet de Reisalpe (SENNHOLZ) ; Kleinzell (WETTSTEIN).

O. MASCULA × PROVINCIALIS

× **O. Penzigiana** A. CAMUS. — **O. mascula × provincialis** FIORI et PAOL., *Fl. Ital.*, I, p. 246 (1908).
Icon. : GODFERY, *Nat. Orch. hybr.* in *Overdruk uit Genetica*, IX, pl. 1, f. 15 (1927).
Tubercules entiers. Feuilles oblongues, un peu maculées. Fl. en épi assez dense, subcylindrique, plus long que dans l'*O. Colemannii*, d'un jaune lavé de rougeâtre rompu ou roses, lavées de jaune au centre du labelle. Div. ext. du périanthe subaiguës ou subobtuses, les lat. ext. étalées, les lat. int. obtuses, à peine plus courtes que les ext. Labelle dépassant peu les div. du périanthe, maculé de pourpre, trilobé, à lobe méd. plus ou moins lobé, denticulé au milieu. Eperon subcylindrique, presque horizontal ou un peu ascendant.
Italie : env. de Gênes (BERGON, PENZIG).

O. MASCULA var. ROSEA × PROVINCIALIS subsp. PAUCIFLORA

× **O. Colemanii** CORTESI in *Ann. bot.* PIROTTA, V, p. 540 (1907) ; G. CAM. BERG. A. CAM., *Monogr. Orch. Eur.*, p. 233. — **O. provincialis pauciflora × mascula rosea** CORTESI, *l. c.*
Tubercules 2, entiers. Tige de 4 dm. env. Feuilles oblongues-lancéolées, obtuses ou obtusiuscules, mucronulées. Epi un peu lâche. Bractées égalant l'ovaire ou le dépassant. Fleurs jaunes, lavées de rose, à labelle maculé de pourpre. Div. du périanthe non soudées, les lat. ext. arrondies, étalées-réfléchies, comme dans l'*O. pauciflora*, les lat. int. ovales-obtuses, conniventes, plus courtes que les ext. Labelle plus long que les div. ext. du périanthe, trilobé, à lobes lat. arrondis ou denticulés, le méd. entier ou tridenté. Eperon claviforme, obtus, horizontal, non ascendant, égalant l'ovaire ou le dépassant.
Italie : lieux herbeux du mont Terminillo, alt. 800-1,400 m. (CORTESI).

O. PROVINCIALIS × QUADRIPUNCTATA

× **O. pseudoanatolica** FLEISCHMANN in *Annalen d. K. K. naturhist. Hofmus.* (1914), p. 116, pl. X, f. 5. — **O. provincialis × quadripunctata** FLEISCHM., *l. c.*
Icon. : FLEISCHM., *l. c.* ; *Ic. n.*, pl. 132, f. 8.
Tige dressée, fistuleuse, haute de 17 cent. env. Feuilles basilaires en rosette, étroitement obovales-lancéolées, longues de 6 cent., larges de 1, les deux caulinaires enroulées autour de la tige, la sup. bractéiforme, courte, membraneuse, n'égalant pas l'épi. Bractées membraneuses, 1-nervées, plus courtes que l'ovaire. Epi très court, très lâche, pauciflore. Fleurs espacées, médiocres, pourprées. Div. lat. ext. du périanthe obliquement ovales, subacuminées, longues de 8 mm., larges de 3,5, la médiane symétrique, ovale, subacuminée, longue de 6,5 mm., large de 4, toutes 3-nervées ; div. lat. int. triangulaires-ovales, longues de 5,5 mm., large de 4. Labelle transversalement elliptique long de 8 mm., large de 11, 3-lobé, muni d'un petit denticule au milieu ; éperon très grêle, filiforme, presque deux fois plus long que le labelle, long de 14-16 mm., de moins de 1 mm. de diam., un peu dilaté à la base, dépassant l'ovaire, horizontal, un peu courbé à l'extrémité. Ovaire ténu, filiforme, un peu courbé, tordu. — Se distingue de l'*O. quadripunctata* par les fl. bien plus grandes, la div. sup. du périanthe aiguë et non arrondie. Diffère de l'*O. provincialis* par la couleur pourprée des fl. et l'éperon très

grêle. Ce caractère de l'éperon filiforme distingue cet hybride des *O. picta* et *laxiflora*, peu rares en Dalmatie. L'éperon aussi mince ne se trouve que dans l'*Orchis quadripunctata* et l'*Anacamptis*.

Dalmatie : île Curzola (FRIEDRICH MORTON).

L' × *O. Celakowskyi* (*O. pauciflorus* × *quadripunctatus*) ROHLENA in *Preslia*. II, p. 98 (1922), est un hybride très proche de l' × *O. pseudoanatolica* FL. et qui ne peut être distingué de lui qu'au milieu des parents.

O. LAXIFLORA × MASCULA

× **O. Langei** RICHTER, *Pl. Eur.*, I, p. 273 (1890) ; ASCHERS. et GRAEBN., *Syn.*, III, p. 714. — **O. laxiflora × mascula** G. CAMUS. — **O. masculo-laxiflora** LANGE, *Naturh. For. Kiob.* 2 Aart., II, p. 78 (1861) ; in WILLK. et LANGE, *Prodr. Hisp.*, I, p. 169. — **O. masculus × ensifolius** ASCHERS. et GRAEBN., *l. c.* (1907).

Tige haute de 45 centim. Epi lâche. Bractées 3-nervées. Div. ext. du périanthe obtuses ; éperon plus court que l'ovaire. — Hybride se rapprochant ainsi de l'*O. laxiflora* et ayant les autres caractères de l'*O. mascula*.

Espagne : près de l'Escurial (LANGE).

O. PATENS × PROVINCIALIS

× **O. subpatens** G. CAMUS. — **O. patens × provincialis** G. CAMUS ; BERGON, in litt.

Cet hybride à fl. d'un rose sale, plus nombreuses que dans l'*O. provincialis*, et à éperon bien plus court, a été trouvé, par M. BERGON, aux env. de Gênes. — A rechercher.

§ VI. — Hybrides des O. palustris et laxiflora

O. LAXIFLORA × PALUSTRIS

× **O. intermedia** GADECEAU in *Bull. Soc. sc. nat. Ouest* (1892), p. 4, pl. 1, f. 6 a, 6 b ; G. CAM., *Monogr. Orch. Fr.*, p. 61 ; in *Journ. Bot.*, VI, p. 408 (1892) ; LAMBERT ap. DE KERSERS in *Bull. Soc. bot. Fr.* (1905), p. 530 ; KOCH, *Syn.*, éd. Hall. et Wohlf., p. 2428 ; G. CAM. BERG. A. CAM., *Monogr. Orch. Eur.*, p. 234 ; LAMBERT in *Bull. Deux-Sèvres* (1908-09), p. 97 ; GODFERY in *Orch. Rev.* (1926), p. 7. — **O. laxiflora** var. **intermedia** LLOYD, *Herbor.* (1887-1890), p. 11 ; *Fl. Ouest*, éd. 5, p. 336. — **O. laxiflorus** var. **intermedius** W. ZIMMERM. in *Allg. Bot. Zeitschr.*, 7-8 (1910). — **O. laxiflora × palustris** SCHMIDELY in *Bull. Soc. bot. Genève* (1881-1883), p. 141 ; GADECEAU, *l. c.* ; G. CAM., *l. c* ; M. SCHULZE, *Die Orchid.*, 18, 2. — **O. ensifolius × paluster** ASCHERS. et GRAEBN., *Syn.*, III, p. 713 (1907). — × **O. Lloydianus** ROUY, *Fl. Fr.*, XIII, p. 171 (1912).

Icon. : G. CAM. BERG. A. CAM., *l. c.*, pl. 20, f. 602-605 ; *Ic. n.*, pl. 35, f. 14-16.

Exsicc. : DUFFOUR, *Soc. Franç.*, n° 3170.

Plante robuste. Tige flexueuse. Fleurs d'un rouge violacé, disposées en épi plus dense que dans l'*O. laxiflora*, mais ressemblant pourtant aux fleurs de cette espèce, d'un rouge-violacé, à labelle un peu plus large que long, lobe moyen très échancré, manifestement distinct, égalant ou dépassant les lat. Eperon long, cylindrique obtus.

ZIMMERMANN, *l. c.*, décrit deux formes : *longibracteata* (*longibracteatus*) à bractées dépassant l'ovaire et *brevibracteata* (*brevibracteatus*) à bractées plus courtes que l'ovaire. La longueur de la bractée, comme celle de l'éperon, est très variable.

Morphologie interne.

Nous avons pu étudier une feuille de cet hybride. Les cellules épidermiques du bord du limbe ont une forme intermédiaire entre celle que l'on observe chez les parents, la paroi ext. de ces cellules est légèrement bombée.

Monstruosité. — Pélorie irrégulière. Chaque fleur est munie de 3 labelles et de 3 éperons plus ou moins développés, les 3 divisions du périanthe sont presque semblables. — Charente-Inf.: St-Laurent-la-Prée (FOUCAUD in *herb*. G. CAM.).

V. v. — Mai, juin.— *France* : rare, les parents croissant peu souvent dans les mêmes stations, Loire-Inf., aux env. de Nantes, à La Salle près Fresnay, à St-Joachim (GADECEAU), Charente-Inf. à Aulnay dans les marais de Virollet, à St-Laurent-la-Prée (FOUCAUD), Jarnac (STEPHENSON), etc., Vendée, Cher à Fontmorigny près Raymond (LAMBERT), Alpes-Marit. à St-Cassieu près Cannes (PONS), aux env. de Nice (P. BERGON). — *Allemagne* : Bade (ap. ZIMMERM.). — *Suisse* : entre Rollebot et Sionnet près Genève. — *Italie* : env. de Pise à Asciano et Castagnolo (BERGON in *herb.* G. CAMUS).

O. LATIFOLIA × PALUSTRIS

× **O. Rouyana** G. CAM. in DE FOURCY, *Vade-mec. herb. paris.*, Add. éd. 6, p. 323 (1890) ; *Monogr. Orch. Fr.*, p. 67 ; in *Journ. de Bot.*, VI, p. 416 (1912) ; G. CAM. BERG. A. CAM., *Monogr. Orch. Eur.*, p. 235 ; (*O. Rouyanus*] ASCHERS. et GRAEBN., *Syn.*, III, p. 765 ; FOURN., *Brév.*, p. 507. — **O. latifolia × palustris** M. SCHULZE, *Die Orchid.*, nº 21,7 ; KLINGE in *Act. H. Petrop.*, XVII, f. 1, p. 24 (1898), f. 2, nᵒˢ 5, p. 48, 54, 55 (1899). — **O. palustri-latifolia** G. CAM., *l. c.* — **O. palustris × latifolia** KOCH, *Syn.*, éd. Hall. et Wohlf., p. 2429. — **O. paluster × latifolius** ASCHERS. et GRAEBN., *Syn.*, III, p. 765. — **O. latifolius × paluster** VOLLMANN in *Berichte d. Bayerisch. Bot. Ges. z. Erf. d. heim. Fl. Munchen* (1907), p. 176.

Icon. : G. CAM., *Atl.*, pl. XXVIII ; *Ic. n.*, pl. 55, f. 6-7.

Plante ayant le port de l'*O. latif.* Tubercules lobés à l'extrémité. Tige sillonnée, fistuleuse, lavée de violet au sommet ainsi que les bractées. Feuilles dressées, pliées, lancéolées, aiguës, moins larges que dans l'*O. latif.*, plus larges et plus courtes que dans l'*O. palustris*, non maculées. Bractées linéaires-lancéolées, aiguës, 3-nervées, les inf. souvent 5-nervées, réticulées, égalant ord. les fl. Fl. d'un pourpre violacé ou violettes, dépourvues de macules et de stries, disposées en épi allongé, cylindrique, un peu lâche. Périanthe à div. sup. libres, les ext. ovales-lancéolées, aiguës, élargies à la base, les lat. dressées, à la fin réfléchies ; les lat. int. obtuses, un peu plus courtes, conniventes avec la méd. ext. Labelle large, obovale, à 3 lobes peu profonds ; lobes lat. dentés, arrondis ; lobe méd. moins large égalant ou dépassant un peu les lat. Eperon conique-allongé, obtus, égalant l'ovaire ou plus court que lui, horizontal ou dirigé en bas. Gynostème assez grêle, mucronulé.

V. v. — Juin. — *France* : Seine-et-Marne à Souppes (CHEVALLIER, JEANPERT, LUIZET, G. CAMUS). — *Allemagne* : Bavière à Haselbacher Moor près de Rain (ZINSMEISTER ap. M. SCHULZE, VOLLMANN), etc. — *Suisse* : Valais à Aigle (HAUSSKN.).

O. INCARNATA × PALUSTRIS

× **O. Uechtritziana** HAUSSKN. in *Mitth. géogr. Ges. Thür.*, II, p. 225 (1884) ; G. CAM., *Monogr. Orch. Fr.*, p. 69 ; in *Journ. de Bot.*, VI, p. 418 ; RICHTER, *Pl. Eur.*, 1, p. 273 ; M. SCHULZE, *Die Orchid.*, nº 19, 11 ; KOCH, *Syn.*, éd. Hall. et Wohlf., p. 2430 ; G. CAM. BERG. A. CAM., *Monogr. Orch. Eur.*, p. 235. — **O. incarnata × palustris** HAUSSKN., *l. c.* ; G. CAM., *l. c.* ; M. SCHULZE, *l. c.* ; KOCH, *Syn.*, éd. Hall. et Wohlf., p. 2430 ; KLINGE in *Act. Hort. Petrop.*, XVII, f. 2, nº 5, p. 48, 54, 55 (1899) (*O. incarnatus × paluster*) ; VOLLMANN in *Berichte d. Bayer. bot. Ges. z. Erf. d. heimisch. Flora Munch.*, XIV, p. 109 (1914). — **O. paluster × incarnatus** ASCHERS. et GRAEBN., *Syn.*, III, p. 764 (1907).

Icon. : G. CAM., *Atlas*, pl. XXX ; G. CAM. BERG. A. CAM., *l. c.*, pl. 17, f. 487, 488 ; *Ic. n.*, pl. 58, f. 4-6.

Tubercules palmés. Tige non fistuleuse, grêle, élancée, dressée, parfois un peu coudée à la base, atteignant 5 dm. Feuilles linéaires-lancéolées, allongées, un peu pliées, non maculées, la sup. atteignant parfois la base de l'épi. Bractées étroitement lancéolées, les inf. dépassant longuement les fl., les sup. plus courtes. Fl. carnées ou rougeâtres, disposées en épi lâche comme dans l'*O. laxifl.*, rarement plus dense. Périanthe à div. dressées, les lat. ext. un peu rejetées en arrière au sommet, les lat. int. conniventes. Labelle rhomboïdal, trilobé, à lobes lat. peu marqués, à lobe méd. formant à lui seul les 3/4 de la largeur du labelle, tronqué-émarginé, muni au centre d'une dent triangulaire, obtuse ; stries du labelle concentriques, rappelant celles du labelle de l'*O. incarnata*. Eperon cylindro-conique, un peu plus court que l'ovaire, dirigé vers le bas.

Mai. — *France* : Charente-Inf. à Violet (FOUCAUD). — *Suisse* : Valais dans la vallée du Rhône près d'Aigle (HAUSSKNECHT). — *Allemagne* : Thuringe entre Stotternheim et Nöda près Erfurt ; Bavière (VOLLMANN), env. de Plattling (d'ap. RUPPERT). — *Autriche* : env. de Laxenburg (EICHENFELD).

× **O. Eichenfeldii** BECK, *Fl. Nied.-Oest.*, p. 202 (1890) ; G. CAM. BERG. A. CAM., *Monogr. Orch. Eur.*, p. 235. — **O. Uechtritziana** EICHENFELD in *Verh. Z. B. G., Wien*, XL p. 42 (1890). — **O. paluster × incarnatus** B. **Eichenfeldii** ASCHERS. et GRAEBN., *Syn.*, III, p. 764 (1907). — Tubercules non divisés ; fl. plus petites ; le reste comme dans la forme précédente. — *Autriche.*

O. PALUSTRIS × PRÆTERMISSA

× **O. Luizetiana** G. Cam. in *Journ. de Bot.*, III, p. 97 (1889), *cum icone* ; in De Fourcy, *Vade-mec. herb. par.*, éd. 6, p. 224 ; *Monogr. Orch. Fr.*, p. 66 ; in *Journ. de Bot.*, VI, p. 415 (1892) ; G. Cam. Berg. A. Cam., *Monogr. Orch. Eur.*, p. 236. — **O. palustris × prætermissa** Nobis. — **O. angustifolia × palustris** G. Cam. Berg. A. Cam., *l. c.* — **O. palustris × angustifolia** G. Cam., *Monogr. Orch. Fr.*, p. 66 ; in *Journ. de Bot.*, VI, p. 415 (1892). — **O. paluster × Traunsteineri** Aschers. et Graebn., *Syn.*, III, p. 764 (1907). — **O. incarnata × laxiflora** G. Cam. in *Journ. de Bot.*, III, p. 97 (1889).

Icon. : G. Cam., *l. c.* ; *Ic. n.*, pl. 57, f. 5-8.

Tubercules comprimés, digités-palmés. Tige médiocre, haute de 50 centim. env., cylindrique, dressée, un peu flexueuse, striée et violacée au sommet. Feuilles dressées, légèrement canaliculées, les sup. linéaires-aiguës, les inf. semblables à celles de l'*O. prætermissa*, plus larges au-dessus du milieu. Bractées inf. dépassant les fl. Fleurs moins nombreuses que dans l'*O. præterm.* et plus nombreuses que dans l'*O. palustris*, d'un pourpre violacé, en épi dense ou un peu lâche. Divisions du périanthe libres, les ext. allongées, obtuses, les lat. int plus courtes, conniventes. Labelle trilobé, à lobes lat. larges, arrondis, subcrénclés ; lobe méd. entier, plus long que les lat. Eperon conico-cylindrique, descendant, un peu plus court que l'ovaire.

V. v. — Juin. — *France* : Souppes, vallée du Loing (Luizet, juin 1890).

O. INCARNATA × LAXIFLORA

× **O. Leguei** G. Cam., *Monogr. Orch. Fr.*, p. 71 ; in *Journ. de Bot.*, VI, p. 420 (1892) ; G. Cam. Berg. A. Cam., *Monogr. Orch. Eur.*, p. 236. — **O. incarnata vel angustifolia × laxiflora** G. Cam., *l. c.* - - **O. ensifolius × incarnatus** Aschers. et Graebn., *Syn.*, III, p. 764 (1907).

Icon. : G. Cam., *Atlas*, pl. IL ; G. Cam. Berg. A. Cam., *l. c.*, pl. 21, f. 652-654 ; *Ic. n.*, pl. 57, f. 1-4.

Tubercules ? Tige assez grêle, de 3-5 décim. Feuilles canaliculées, linéaires ou lancéolées-linéaires. Fleurs d'un rose foncé, disposées en épi lâche. Périanthe à div. ext. libres, les deux lat. dressées ; labelle plus foncé vers les bords, sans macules, ni dessins, à 3 lobes, le moyen étroit, égalant env. les 2 lat. qui sont arrondis et repliés en arrière, mais moins nettement que dans l'*O. laxifl.* Eperon un peu plus court que l'ovaire, descendant, cylindrique, atténué à l'extrémité. — Cette plante, par ses fl., se rapproche de l'*O. inc.*, elle s'en distingue nettement par ses feuilles étroites, linéaires et canaliculées, enfin par son épi lâche, son labelle sans dessins et son éperon un peu plus long.

Morphologie interne

Nous avons étudié une feuille de cet hybride provenant d'un échantillon d'herbier. Il différait de l'*O. inc.* par les cellules épidermiques du bord du limbe à paroi ext. à peine moins bombée que chez l'*O. laxifl.* Il se distinguait de l'*O. laxifl.* par la présence de stomates sur l'épiderme sup. de toutes les feuilles.

V. v. — Juin. — *France* : Sarthe à Thorée près de la Flèche (Legué) ; Cher à St-Symphorien (Lambert) (1). — *Suisse* ? — *Allemagne* ?

O. MACULATA × PALUSTRIS

× **O. neglecta** G. Cam. in De Fourcy, *Vade-mec. herb. par.*, éd. 6, Add., p. 324 (1891) ; *Monogr. Orch. Fr.*, p. 70 ; in *Journ. Bot.*, VI (1892), p. 419 ; Klinge in *Acta Hort. Petrop.*, XVII, f. 2, n° 5, 48, 54, 55 (1899) ; G. Cam. Berg. A. Cam., *Monogr. Orch. Eur.*, p. 237. — **O. maculata × palustris** G. Cam., *l. c.* — **O. paluster- × maculatus** Aschers. et Graeb., *Syn.*, III, p. 765 (1907).

Icon. : G. Cam., *l. c.*, *Atlas*, pl. XXXI ; *Ic. n.*, pl. 58, f. 1-3.

Tubercules oblongs, 2-3-lobés. Tige de 6 décim. environ, non fistuleuse, feuillée. Feuilles oblongues-lancéolées ou lancéolées-linéaires, non atténuées à la base, pourvues de macules brunes peu marquées. Bractées égalant environ les fleurs. Fleurs en épi lâche, d'un violet pourpre. Périanthe à divisions ext. libres, lancéo-

___

1. La plante récoltée par M. Lambert se rapproche davantage de l'*O. laxifl.*, son éperon est presque horizontal, égalant la moitié de l'ovaire et le lobe méd. du labelle est un peu plus court que les lat.

lées, les deux lat. dressées-étalées, non maculées. Labelle muni de stries symétriques d'un violet foncé, large, à 3 lobes, le médian plus étroit et plus long que les lat. Eperon conique-allongé, horizontal ou un peu incliné vers le bas, égalant l'ovaire. — Se distingue de l'*O. maculata* par sa tige fistuleuse, ses feuilles inf. non atténuées, son épi lâche, les bords lat. du périanthe non maculés, enfin par son éperon allongé égalant environ la longueur de l'ovaire

V. v. — Juin. — *France* : Seine-et-Marne à Souppes (G. CAMUS).

× **O. Valoni** G. CAM. BERG. A. CAM., *Monogr. Orch. Eur.*, p. 237 (1908) ; ROUY, *Fl. Fr.*, XIII, p. 176, (1912). — **O. laxiflora** ! × **maculata vel incarnata** E. DE VALON in *Bull. Soc. bot. Fr.* (1868), p. 18. — An **O. laxiflora** × **maculata** KLINGE in *Acta Horti Petrop.*, XVII, f. 2, nº 5, p. 48, 54, 55 (1899) ? — « J'ai rencontré en juin 1866, dans un pré gras et humide du village de la Mostonie (Lot), quelques échantillons d'un *Orchis* qui paraît être le produit hybride de l'*O. laxiflora* LAMK. d'une part et de l'autre des *O. maculata* ou *incarnata*, ces trois plantes sont abondantes dans la localité. Mes échantillons se rapprochent de l'*O. laxiflora* par des fleurs presque semblables caractérisées par un labelle très grand qui présente deux lobes latéraux larges et déjetés, tandis que le lobe central est très petit, mais ils s'en éloignent tout à fait par leurs bractées à veines très évidemment anastomosées et par leurs feuilles très larges et non linéaires-lancéolées. Ces derniers caractères rapprochent au contraire, singulièrement mon *Orchis* des *O. maculata* et *incarnata*. Par rapport à l'épi de l'*O. laxiflora* cet épi est étroit, à fleurs très nombreuses, assez grandes et relativement serrées. Par rapport à celui des *O. maculata* et *incarnata* il est lâche, à fleurs assez nombreuses et très grandes. Je me borne pour le moment à ces indications. » VALON, *l. c.*

§ VII. — Hybrides de l'O. sambucina

O. PALLENS × SAMBUCINA

× **O. Chenevardii** M. SCHULZE in *Oest. Bot. Zeit.*, XLVIII, p. 53 (1898); G. CAM. BERG. A. CAM., *Monogr. Orch. Eur.*, p. 237. — **O. pallens** × **sambucina** CHENEVARD ap. M. SCHULZE, *l. c.* ; KLINGE, in *Acta Horti Petrop.*, XVII, II, nº 5, p. 48 (1899). — **O. pallens** × **sambucinus** ASCHERS. et GRAEBN., *Syn.*, III, p. 763 (1907).

Tubercules (?). Tige de 20 cent. env., assez épaisse à la partie inf. Feuilles presque toutes à la base de la tige comme dans l'*O. pallens*, 5-6 atteignant jusqu'à 13 cm. de long et 5 cm. de large, ayant leur grande largeur au milieu ou peu au-dessus, les infér. obtuses, les supér. aiguës. Fleurs en épi ovoïde, dense, rappelant celui de l'*O. sambucina*, mais plus allongé. Bractées infér. plus longues que les fleurs, à plusieurs nervures anastomosées, les supér. dépassant l'ovaire. Fleurs jaunes. Divisions ext. du périanthe ovales-obtuses, arrondies, 3-nervées, les lat. int. plus courtes, à nervures marquées. Labelle égalant environ les divisions sup. du périanthe, à 3 lobes peu profonds, ressemblant à celui de l'*O. pallens*. Eperon égalant environ l'ovaire, cylindro-conique, horizontal ou dressé, ou descendant dans les fleurs inf. En résumé : forme et largeur des fleurs de l'*O. pallens*, bractées foliacées de l'*O. sambucina*.

Suisse : Valais, Joux-Brûlée (CHENEVARD).

O. MACULATA × SAMBUCINA

× **O. influenza** SENNHÖLZ in *Verh. K. K. zool. bot. Ges.* (1891), p. 40 ; KOCH, *Syn.*, éd. Hall. et Wohlf., p. 2429 ; G. CAM. BERG. A. CAM., *Monogr. Orch. Eur.*, p. 238. — **O. maculata** × **sambucina** SENNH., *l. c.* ; M. SCHULZE, *Die Orchid.*, 23, 5 ; KOCH, *Syn.*, éd. Hall. et Wohlf., p. 2429 ; KLINGE in *Acta Horti Petrop.*, XVII, 1, p. 48 (1898). — **O. maculatus** × **sambucinus** ASCHERS. et GRAEBN., *Syn.*, III, p. 757 (1907).

Port de l'*O. maculata*. Tubercules moins profondément divisés que dans l'*O. maculata*. Tige robuste, haute de 20-40 cm., feuillée presque jusqu'au sommet. Feuilles 6-7, les inf. obovales-lancéolées, obtuses, longues de 5-7 cm., larges de 1,5-2 cm., les sup. lancéolées-acuminées, presque toutes légèrement maculées. Bractées inf. plus longues que l'ovaire, mais plus courtes que les fleurs, les sup. égalant seulement l'ovaire. Fleurs d'un blanc jaunâtre, panachées et ponctuées de pourpre pâle, jaunes à la base du labelle, en épi dense, long de 5-6 cm., large de 3 cm. Labelle court, large, à 3 lobes peu profonds, le médian petit. Eperon cylindrique, descendant, égalant environ l'ovaire.

V. s. — Juin. — *Autriche* : Semmering, Myrthengraben (SENNHOLZ), Erzherzog Johann (RECHINGER). — *Allemagne* : Bavière aux env. de Deggendorf (GERSTLAUER d'apr. RUPPERT).

× **O. altobracensis** COSTE in *Bull. Soc. bot. Fr.*, Sess. extr. (1897). p. CXVII. — **O. sambucina** × **maculata** COSTE, *l. c.* — *Ic. n.*, pl. 127, f. 3-5. — Forme hybride très proche de l'*O. influenza*, en différant par : ses feuilles presque toujours maculées de noir comme celles de l'*O. maculata* ; ses bractées plus grandes, rosées, les inf. égalant ou dépassant les fl., ses fl. rose violacé un peu foncé (d'apr. COSTE), rarement blanches, inodores, en épi ovale-oblong.

France : Aveyron, prairies marécageuses entre 800-1.200 m. ; Prades, Crouzets, Born Viourals (COSTE et SOULIÉ) : Ariège, l'Hospitalet (A. CAMUS).

O. LATIFOLIA × SAMBUCINA

× **O. Ruppertii** M. SCHULZE in *O. B. Z.*, XLIX, p. 264 (1899) ; FUCHS et ZIEGENSPECK in FEDDE, *Repert. sp. nov.*, XXI, p. 684 (1925). — **O. latifolia** × **sambucina** M. SCHULZE, *Die Orchid.*, 21, 7 (1894) ; et in *O. B. Z.* (1899), p. 263-264 ; G. CAM. BERG. A. CAM., *Monogr. Orch. Eur.*, p. 238. — **O. latifolius** × **sambucinus** ASCHERS. et GRAEBN., *Syn.*, III, p. 755 (1907).

Tubercules plus profondément divisés que dans l'*O. sambucina*. Tige grosse, fistuleuse. Feuilles maculées ou sans macules, les inf. subspatulées. Bractées 3-nervées ou plurinervées, égalant ou dépassant les fl. Fl. assez grandes, d'un jaune plus ou moins lavé de rouge, disposées en épi ovoïde ou oblong. Labelle trilobé, à lobe méd. dépassant ord. les lat., rarement à lobes semblables, nettement maculé. Éperon développé, courbé, aussi long que l'ovaire. — Comprend deux formes, l'une proche de l'*O. latifolia*, décrite sous le nom d'× *O. monticola* RICHTER in *Verh. Z. B. Ges. Wien*, XXXVIII, p. 220 (1888), l'autre plus rapprochée de l'*O. sambucina*.

France : Pyrénées-Orientales, Mont-Louis, Cambre d'Aze, alt. 1800 m. (A. CAMUS) ; Ariège, l'Hospitalet, route d'Andorre (A. CAMUS). — *Allemagne* : Thuringe (RUPPERT, M. SCHULZE), Franconie à Hassfurt, Ludwigsfeld dans le Dachauer Moor (EIGNER), Reichenhall (FERCHL) ; Bavière à Wiessee près Tegernsee (HOFMANN). — *Autriche* : sommet des Hofwaldes (RICHTER) ; Tyrol : Duxer Joch (FLEISSNER). — *Bohême* : Kundratitz (DOMIN). — *Suisse* : Tessin au-dessus d'Airolo (CHENEVARD).

§ VIII. — Hybrides des O. latifolia, incarnata, maculata.

O. INCARNATA × LATIFOLIA

× **O. Aschersoniana** HAUSSKN. in *Mitth. geogr. Ges. Jena*, II, p. 221 (1884) ; RICHTER, *Pl. Eur.*, p. 274 ; CHENEVARD in *Bull. Herb. Boiss.*, II (1902), p. 1022 ; BRIQUET in *Archio. fl. jurass.*, n° 1905, p. 164 ; KOCH, *Syn.*, éd. Hall. et Wohlf., p. 2430 ; G. CAM. BERG: A. CAM.; *Monogr. Orch. Eur.*, p. 240 ; CHASSAGNE in *Bull. Soc. bot. Fr.* (1913), p. XLIV ; (*O. Aschersonianus*) ASCHERS. et GRAEBN., *Syn.*, III, p. 759 ; ROLFE in *Orch. Rev.* (1919), p. 169. - **O. angustata** ARVET-TOUVET, *Diagn. spec. nov.* (1871). — **O. matodes** (haematodes REICHB. err. typ.) G. CAM., *Monogr. Orch. Fr.*, p. 69. — **O. incarnata** × **latifolia** F. SCHULTZ in *Pollichia* (1863), p. 234 ; M. SCHULZE, *Die Orchid.*, 19, 8, t. 19 b ; cf. KLINGE in *Acta Horti Petrop.*, XVII, fasc. I, p. 54 ; fasc. II, n° 5, p. 54, 55 ; ZIMMERM. in *Mitt. Bad. Land. f. Naturkunde* (1911), p. 47 ; JUNGE in *Allg. Bot. Zeitschr.* (1916), p. 28. — **O. incarnata** + **majalis** J. KLINGE in *Acta Horti Petrop.*, XVII, f. 2, p. 59.

Icon. : M. SCHULZE, *l. c.* ; *Ic. n.*, pl. 42, f. 14-20.

Tubercules palmés. Tige grêle, élancée, peu fistuleuse. Feuilles dressées, assez larges, ordt à plus grande largeur vers la base, parfois vers le milieu, lancéolées-linéaires, allongées, sans macules ou à macules peu marquées. Bractées inf. plus longues que les fleurs. Fleurs assez nombreuses, de couleur variant du rose pâle au rose foncé, disposées en épi serré. Divisions lat. du périanthe à macules peu intenses, plus rarement non maculées. Labelle se rapprochant tantôt de l'un des parents tantôt de l'autre. — Cette plante a le port d'un *O. latifolia* à feuilles étroites, dressées, à bractées inf. dépassant seules les fleurs. Elle se distingue de l'*O. incarnata* par les macules des divisions lat. du périanthe, par les fleurs un peu plus grandes et plus colorées.

ZINSMEISTER a signalé, un cas d'anomalie florale chez cet hybride, les fleurs étaient sans éperon et le labelle indivis.

V. v. — Juin. — *France* : R., vallée du Loing, Oise à Vieux-Moulin, près Pierrefonds (G. CAMUS), Cher à Neuvy-sur-Barangeon (G. Camus), Puy-de-Dôme à Lezoux (Dr Chassagne), Alsace, Lorraine (d'apr. Walter, existe à peu près partout où les parents poussent ensemble dans les endroits humides de la plaine rhénane et des Vosges gréseuses septentr.). — *Grande-Bretagne* : Schrewsbury (Stephenson), Winchester (Ullmann), West Drayton (Rolfe), etc. — *Scandinavie*. — *Allemagne* : assez répandu, Prusse, Silésie, Thuringe, Hesse, Bade, Bavière, etc. — *Suisse* : Salève (Chenevard), Ratz (Briquet), Zurich (Brügger), Heinzenberg, etc. — *Autriche*. — *Bohème* : Velenka (Domin). — *Hongrie*. — *Russie*.

D'après A. Fuchs et Ziegenspeck (*Rep. sp. nov.*, XXI, p. 680 (1925), les *O. Pseudo-Traunsteineri Gemachiensis, suecicus* et *bavaricus* seraient hybrides d'*O. incarnata* × *latifolia*, et l'*O. Pseudo-Traunsteineri Gabretanus* A. F. serait hybride de l'*O. latifolia* × *sambucina* × *maculata*.

O. INCARNATA × ELODES

× **O. carnea** G. Cam. in de Fourcy, *Vade-mec. herb. par.*, éd. 6, Add., p. 325 (1890) ; *Monogr. Orch. Fr.* p. 70 ; in *Journ. de Bot.*, VI, p. 419 (1892) ; G. Cam. Berg. A. Cam.; *Monogr. Orch. Eur.*, p. 239. — **O. incarnata** × **elodes** G. Cam., *l. c.*

Icon. : G. Cam., *Atl.*, pl. XXXIII ; G. Cam. Berg. A. Cam., *l. c.*, pl. 23, f. 746-747 ; *Ic. n.*, pl. 56, f. 1-4

Plante ayant le port de l'*O. incarnata*. Tige fistuleuse, striée au sommet, haute de 4-6 déc. Feuilles oblongues-lancéolées, vert clair, non maculées. Fleurs assez grandes, en épi allongé, de couleur carnée, sans stries, ni macules ou légèrement maculées. Eperon conique, arqué, dirigé en bas.

V. v. — Juin. — T. R. — *France* : Seine-et-Marne à Souppes (G. Camus). — Ullman a trouvé, aux env. de Winchester (Angleterre), un *O. incarnata* × *maculata* var. *ericetorum* qui est probablement l'× *O. carnea* (cf. *Winch. Coll. Nat. Hist. Soc. Rep.*, 1912-13, p. 11).

O. ANGUSTIFOLIA (1) × INCARNATA

O. incarnata × **Trausteineri** M. Schulze in *O. B. Z.* ; cf. *Die Orchid.*, 20, 9 ; G. Cam. Berg. A. Cam. *Monogr. Orch. Eur.*, p. 240. — **O. incarnatus** × **Traunsteineri** Aschers. et Graeb., *Syn.*, III, p. 758. (1907).

Port de l'*O. Traunsteineri*. Tige assez fistuleuse. Feuilles étroites, lancéolées, aiguës, souvent plus larges vers la base, dressées, maculées, la sup. dépassant ordt la base de l'épi. Bractées allongées. Fleurs grandes, d'un rose un peu foncé, en épi assez dense. Labelle aussi large ou presque aussi large que long, la plus grande largeur étant vers le milieu, obscurément 3-lobé ou entier, marqué de dessins ressemblant souvent à ceux de l'*O. incarnata*. — A distinguer sur le vif.

B. **Lehmannii** Aschers. et Graebn., *Syn.*, III, p. 758 (1907). — *O. Lehmannii* (*O. angustif.* var. *Russowii.* × *incarnata* var. *longibracteata*) Klinge, *Rev. Orch. cordig. angust.*, p. 102 (1893) ; Junge in *Allg. Bot. Zeitschr.* (1916), p. 28. — Plante robuste. Feuilles cucullées, légèrement maculées, atteignant 2 cent. de largeur, la sup. atteignant la base de l'épi. Bractées inf. longues de 3 cent., lavées de violet brun foncé. Fleurs de forme peu constante, assez grandes, certains labelles rappelant l'*O. angustifolia*, d'autres l'*O. incarnata*. Eperon égalant env. l'ovaire. — *Russie* : Livland à Rosenhof.

France : Alsace à Ohnenheim, Schlettstadt (Petry). — *Allemagne* : assez répandu, Prusse à Liebenthal, Marienwerder (Scholz), Rominter Heide, Forstrevier Nassawen (Lettau), île Usedom (Ruthe), ; Bavière à Steuthcimer, Haselbacher Moor (Zinsmeister), etc. — *France*. — *Suisse* : cant. de Zurich, Jura, vallée de Joux (Chenevard), cant. de Thurgovie à Fruthweiler (Naegeli). -- *Autriche* : à Salzbourg (ap. Aschers. et Graebn.), etc.

Observ. — Il existe au Muséum de Paris (*Herb.* Grenier), une plante désignée sous le nom d'*O. masculo-incarnata* Grenier, recueillie par cet auteur à Pringy (Haute-Savoie). Cet échantillon, en très bon état de conservation, ne nous paraît être autre chose que l'*O. angustifolia* Reichb. Grenier ne distinguait pas cette plante.

O. ANGUSTIFOLIA (2) × MACULATA

× **O. Jenensis** Brand ap Koch, *Syn.*, éd. Hall. et Wohlf., p. 2430 (1904) ; G. Cam. Berg. A. Cam., *Monogr. Orch. Eur.*, p. 240.— × **O. Schulzei** Richter, *Pl. Eur.*, 1, p. 274 (1890) ; non Haussкн. — **O. angusti-**

---

1. Si l'on admet, avec Fuchs et Ziegenspeck, que l'*O. angustifolia* est hybride, l'*O. angustifolia* × *incarnata* est au moins un hybride ternaire.

2. Avec la conception nouvelle de l'*O. angustifolia* et de l'*O. Traunsteineri* cet hybride serait un hybride ternaire,

folia × **maculata** RICHTER, *l. c.* — **0. maculata** × **Traunsteineri** M. SCHULZE, in *Bot. Ver. Ges. Thür.* (1889), p. 26 ; *Die Orchid.*, n° 23, 6. — **0. Traunsteineri** × **maculata** RUTHE in *D. B. M.*, XIII, p. 66, 106, 115 (1895) ; (*O. maculatus* × *Traunst.*) ASCHERS. et GRAEBN., *Syn.*, III, p. 750 ; VOLLMANN in *Berichte d. bayer. bot. Ges. z. Erf. d. heim. Flora*, Munich, XIV, p. 109-144 (1914) ; JUNGE, in *Allg. Bot. Zeitschr.* (1916), p. 28.

Tubercules palmés. Tige peu fistuleuse, haute de 35 cent. env. Feuilles espacées, dressées, oblongues-lancéolées, un peu atténuées à l'extrémité, obtuses, les sup. plus petites, ordt toutes maculées. Bractées lancéolées, acuminées, plus longues que la fleur, parfois presque aussi longues que le fruit, vertes et marquées de pourpre comme l'ovaire, à 4-5 nervures. Fleurs de grandeur moyenne, d'un pourpre clair ou foncé, en épi court, brièvement cylindrique, assez lâche. Périanthe rappelant celui de l'*O. maculata* ou de l'*O. Traunsteineri*. Labelle trilobé, à lobes lat. larges, arrondis ; lobe médian court, triangulaire, aigu. Eperon peu conique ou presque cylindrique, un peu plus court que l'ovaire.

Juin, juillet. — *Allemagne* : Prusse occid. (LETTAU), Usedom (RUTHE), Saxe-Weimar à Schillerthal, près Jena (M. SCHULZE), Bavière (VOLLMANN) ; Schliersee (d'apr. RUPPERT) ; All. occid. : Flön (CHRIST. KIEL). — *Suisse* : cant. de Zurich et de Zug (NAEGELI); Grisons au Monte Lavassa (BRÜGGER) ; Tessin au Ponte Brolla près Locarno (CHENEVARD).

<h3 style="text-align:center">0. INCARNATA × MACULATA</h3>

× **0. ambigua** A. KERNER in *Verh. K. K. bot. Ges. Wien*, XV, p. 205 (1865) ; *Sep.*, p. 3 ; G. CAM. in *Vade-mec. herb. paris.*, éd. 6, Add., p. 325 ; in *Bull. Soc. bot. Fr.* (1889), p. 341 ; *Monogr. Orch. Fr.*, p. 69 ; in *Journ. de Bot.*, VI, p. 418 (1892) ; M. SCHULZE, *Die Orchid.*, 19, 10 ; KRAENZ., *Gen. et spec.*, I, p. 146 ; G. CAM. BERG. A. CAM., *Monogr. Orch. Eur.*, p. 240 ; ROLFE in *Orch. Rev.* (1918), p. 169. — **0. incarnata** × **maculata** KERNER, *l. c.* ; KOCH, éd. Hall. et Wohlf., *l. c.* ; (*O. incarnatus* × *maculatus*) ASCHERS. et GRAEBN., *Syn.*, III, p. 759 ; ZIMMERM. in *Mitt. Badisch. Land. f. Nat.* (1911), p. 47 ; MARSHALL in *Journ. of Bot.* (1919), p. 178 ; CHASSAGNE in *Bull. Soc. bot. Fr.* (1913), p. XLIV. — **0. maculata** × **incarnata** ULLMAN et HALL in *Winch. Coll. Nat. Hist. Soc.* (1913), p. 9. — × **0. Kerneriorum** Soó in *Notizbl.* Berlin (1926), p. 904. — **0. prætermissa** × **incarn.** ROLFE, *l. c.*, p. 162 (1918).

Icon. : KERNER, *l. c.*, t. II, f. 1-114 ; M. SCHULZE, *l. c.*, t. 19, cf. reprod. de l'excellente planche de KERNER ; G. CAM. BERG. A. CAM., *l. c.*, pl. 21, f. 668-670 ; *Ic. n.*, pl. 42, f. 21-28.

Tubercules palmés, comprimés, plus ou moins allongés. Tige robuste, dressée, anguleuse, ordt fistuleuse à la base et au milieu. Feuilles élargies vers le milieu, atténuées à la base, oblongues-ovales, obtusiuscules ou acutiuscules, non maculées ou à macules obscures, les sup. bractéiformes, lancéolées, toutes dressées, l'ultime n'atteignant souvent pas la base de l'épi. Bractées lancéolées-acuminées, les inf. égalant les fl. ou les dépassant peu, les sup. plus courtes. Fleurs nombreuses, carnées, parfois pâles, ou pourprées, nombreuses, en épi dense, ordt d'abord conique, puis cylindrique. Périanthe à div. ext. oblongues, obtusiuscules ou acutiuscules, les lat. int. plus courtes et conniventes. Labelle un peu plus large que long, rhomboïdal-suborbiculaire, 3-lobé, à lobes presque égaux ; lobe moyen subtriangulaire ; lobes lat. rhomboïdaux, obtus, ordt un peu crénelés ; macules du labelle obscures, formant les mêmes dessins que dans l'*O. maculata*. Eperon cylindrique, descendant, égalant l'ovaire.

Morphologie interne

La plante que nous avons étudiée se différenciait de l'*O. maculata* par : sa tige à lacune centrale bien plus grande, l'absence presque totale d'épaississements en bandes dans les parois de l'anthère. Elle se distinguait nettement de l'*O. incarnata* par : le développement en hauteur des épidermes du limbe, la présence, dans l'épiderme sup., de plages cellulaires à contenu violet, les cellules épidermiques formant le bord du limbe à paroi ext. formant des dents très nettes, la nervure des valves placentifères un peu plus saillante à l'extérieur. Beaucoup de grains de pollen étaient mal conformés.

Var. **claudiopolitana** SIMK., *Enum. fl. Trans.*, p. 500 (1887). — *O. maculatus* var. *sudeticus* × *incarnatus* Soó in FEDDE, *Repert.* (1927), p. 36. — Tige peu fistuleuse. Feuilles étroites comme dans l'*O. maculata*. Bractées souvent rougeâtres, dépassant les fleurs inf. Fl. ressemblant à celles de l'*O. incarnata*. — Transilvanie.

V. v. — Juin, juillet. — *France* : Oise aux env. de Compiègne à Vieux-Moulin (E. G. et A. CAMUS), dans les marais de Liancourt-Saint-Pierre, près de Tourly (E. G. CAMUS) ; Seine-et-Oise dans les marais de Rhus

(E. G. et A. Camus), dans les marais du Sausseron, près de Vallangoujard (E. G. Camus), à Meudon (E. G. Camus), à Monfort-l'Amaury (Belèze) ; à Presles (Delacroix) ; Ain à Divonne (Chenevard) ; Charente-Inf. à Cadeuil (Fouillade) ; Puy-de-Dôme à Lezoux et aux env. de Cunlhat (Chassagne) ; Alsace à Straukaule près Strasbourg (Wirtgen). — *Grande-Bretagne* : Somerset, Widcombe (Marshall), Oxfordshire (Druce), env. de Winchester (Lowndes, Godfery, Ullm.). etc. — *Allemagne* : Prusse rhénane à Pützchen près Bonn (M. Schulze) ; Alpes bavaroises : Allgäu, sup. Hochebene, Spitzingoee (d'apr. Ruppert) ; Wurtemberg à Waldhausen près Pfullingen (A. Mayer) ; Palatinat à Mähring, Poppenreuter Berg (Naegeli) ; Bade à Cottenheimer Ried (Zimmerm.), env. de Maxdorf et Sinzheim (Doll) ; Holstein à Uglei-See (Vanhoffen) ; Poméranie à Stettin, Alt-Lienken et Daber (C. Muller), Prusse occid. à Hohenstein près Baldenburg (Römer) ; Riesenburger Forst (Abromeit) ; Lobau ; Prusse orientale à Labiau, Forstr. Kl. Nanjock (Abromeit) ; Mingeufer près Klumben (Lettau) ; Roggen et Pachallowen (Hermann) ; Allgäu à Schlappoltalpe (Vollmann) ; Ober-Ammergau (Vollmann), Beuerberg (Fleissner), Oberaudorf (Eigner), St-Ulrich (Schnabl), Wels près Vorderstoder (Niedereder). — *Autriche* : env. d'Obendorf près Jauerling (Kerner) ; Tyrol à Innthal Afling (Kerner). — *Transilvanie*. — *Suisse* : canton de Zurich, loc. assez nombr. (Naegeli, Schröter), Valais au Pas du Lens (F. O. Wolf), cant. de Genève à Lossy (Chenevard), etc.

MM. Ullman et Hall ont trouvé, près de Winchester (Angleterre), l'*O. incarnata* × *maculata* var. *ericetorum*.

D'après Fuchs et Ziegenspeck in *Rep. sp. nov.*, XXI, p. 680 (1925), les *O. Pseudo-Traunsteineri* subsp. *Hoppneri* Fuchs in *B. N. V. Schwaben* (1919), p. 149, in Fedde, *Repert.* (1925), p. 105 et *O. Pseudo-Traunst.* subsp. *koningwenianus* A. Fuchs, l. c. p. 150 seraient hybrides d'*O. incarnata* × *maculata*.

O. LATIFOLIA × TRAUNSTEINERI

× **O. Dufftii** Haussku. in *Mitth. geog. Ges. Jena*, II, p. 221 (1885) ; Richter, *Pl. eur.*, I, p. 274 ; Chenevard et Briq. in *Arch. fl. jurass.*, n° 60, p. 165 ; Koch, *Syn.*, éd. Hall. et Wohlf., p. 2430 ; G. Cam. Berg. A. Cam., *Monogr. Orch. Eur.*, p. 244. — **O. Dufftiana** M. Schulze, *Die Orchid.*, n° 21, 8, p. p. — **O. latifolia × Traunsteineri** M. Schulze, *l. c.* — **O. Traunsteineri × latifolius** Aschers. et Graebn., *Syn.*, III, p. 743. — **O majalis × Traunsteineri** J. Klinge in *Act. Hort. Petrop.*, XVII, II, n° 5, 53 54, 55 (1899). — **O. latifolius × perangustifolius** Zimmerm. in *Mitt. Bad. Land. f. Nat.* (1911), p. 48.

Port de l'*O. Traunsteineri*. Tige souvent plus fistuleuse, un peu plus grosse. Feuilles plus larges, à plus grande largeur souvent vers le milieu, elliptiques-lancéolées, plus ou moins carénées, obtusiuscules ou aiguës au sommet, étalées, légèrement maculées. Epi plus lâche que dans l'*O. lat.* Forme du labelle rappelant l'un ou l'autre parent. Floraison presque aussi précoce que dans l'*O. Traunsteineri*.

France : Haute-Savoie à Archamps au pied du Salève (Chenevard). — *Allemagne* : Poméranie à Ahlbeck près Swinemünde (Ruthe), Prusse occident. à Zdroino, Prusse orient. à Johannisburg, Lekarthsee (Lettau) ; Thuringe à Schillerthal près Iéna (M. Schulze), Bavière à Fletzen (Vollmann), Kreuth (Kraenzle), Hintersteiner See (Meyer), Moos (Eigner), Saxe, Bade près Hinterzarten (Zimmerm.). — *Tyrol* aux env. de Kitzbühel (M. Schulze). — *Suisse* : cant. de Zurich, de Genève et de Zug, assez répandu (Naegeli, Brunies Amann, Schinz), Stanz (Gremli) ; Engadine à Paznaun (Fleissner).

O. LATIFOLIA × MACULATA

× **O. Braunii** Halacsy in *O. B. Z.*, XXXI, p. 137 (1881) ; G. Cam., *Monogr. Orch. Fr.*, p. 68 ; in *Journ. de Bot.*, VI, p. 417 (1892) ; Hal. et Braun, *Nachtr. Fl. N.-Oest.*, p. 59 ; J. Klinge in *Act. Hort. Petr.*, XVII, I, p. 48 ; Richter, *Pl. Eur.*, I, p. 274 ; Hariot et Guyot, *Contrib. fl. Aube*, p. 114 ; M. Schulze, *Die Orchid.*, n° 21, 5 ; Koch, *Syn.*, éd. Hall. et Wohlf., p. 2429 ; A. Camus in *Riviera scientif.* (1918), p. 8 ; Ullman et Hall in *Winchester Coll. Naturf. Hist. Soc.* (1913), p. 11 ; Rolfe in *Orch. Rev.* (1913), p. 202 ; (1918), p. 164 ; Chassagne in *Bull. Soc. bot. Fr.* (1913), p. XLIV; Jung in *Allg. Bot. Zeitschr.* (1916), p. 28 ; *Orch. Rev.* (1945), p. 368, f. 45. — **O. latifolia × maculata** Halacsy, *l. c.* ; G. Cam., *l. c.* ; Koch, *Syn.*, éd. Hall. et Wohlf., *l. c.* ; R. A. R. in *Orchid. Rev.* (1920), p. 125 ; *Orch. Rev.* (1905), p. 31. — **O. latifolius × maculatus** Aschers. et Graebn., *Syn.*, III, p. 751. — **O. latifolia-maculata** Rolfe in *Orch. Rev.* (1919), p. 169 ; (1920), p. 112 ; Linton, *Fl. of Bornem.*, p. 208.

Tubercules palmés. Tige robuste, un peu fistuleuse, dressée, de 3-5 décim. env., moins grosse et moins creuse que celle de l'*O. latifolia*. Feuilles oblongues ou lancéolées-oblongues, larges, à partie la plus large vers le milieu, pourvues de macules assez grandes, les caulinaires sup. plus longues que dans l'*O. maculata*, mais l'ultime n'atteignant ord. pas l'épi. Bractées inf. plus longues que les fl., mais plus courtes que dans l'*O. latifolia*. Epi plus long et plus cylindrique que dans l'*O. maculata*. Fleurs violettes ou roses. Div. du périanthe rappelant plutôt celles de l'*O. maculata*. Labelle très large, à 3 lobes, les lat. arrondis, larges, plus ou moins étalés, le médian ord. moins large, les égalant ou à peine plus long qu'eux ; stries symétriques, foncées, plus ou moins marquées. Eperon cylindro-conique, dirigé en bas, plus court que l'ovaire. — L'hybride a souvent les caractères végétatifs de l'*O. maculata* et les fl. de l'*O. latifolia*. Il donne souvent des graines fertiles.

Var. β **Townsendiana** Rouy, *Fl. Fr.*, XIII, p. 173. — *O. latifolio-maculata* Towns., *Flora of Hampshire*, éd. 1, p. 341 ; éd. 2, p. 409. — Tige presque pleine ; feuilles non maculées. — France, Grande-Bretagne.

Var. γ **alpina** A. Camus. — *O. latifolia* × *maculata* v. *brachystachys* A. Cam. — *Ic. n.*, pl. 87, f. 7-11. — Plante développée, robuste ; tige creuse ou parfois presque pleine à la floraison ; feuilles maculées, moins larges que dans l'*O. latifolia* ; fleurs très colorées, violacées ; épi relativement assez court ; labelle profondément trilobé, parfois jusque vers le milieu, à lobe médian assez développé, large, allongé, nettement plus long que les latéraux plus ou moins rejetés en arrière ou plans. — *France* : Alpes-Marit., aux env. de St-Martin-Vésubie, prairies au-dessous du village, peu rare, alt. 900 m. *Inter parentes* (juin 1916, Aimée Camus).

V. v. — Juin. — Probablement peu rare. — *France* : Seine-et-Oise à Rambouillet (Belèze), Aube à Sacey (Des Etangs), Cher à Neuvy-sur-Barangeon (G. Camus), Puy-de-Dôme à Lezoux, aux env. de Cunlhat (Chassagne), Alpes-Marit. à Thorenc, alt. 1.200 m. (A. Camus), Alsace au Kohneck, à Soultzeren (Issler), tourbière du Champ-du-Feu (Walter, 1925) ; Pyrénées-Orientales à Odeillo et Egat, alt. 1600 m. (A. Camus) ; Ariège à l'Hospitalet, base du Pic de Carrouch, route du Val d'Andorre, vallée de Mérens (A. Camus) ; Haute-Garonne à Luchon (A. Camus) ; Hautes-Pyrénées à Gavarnie, route de Gèdre (A. Camus) ; etc. — Va d'Andorre (A. Camus). — *Grande-Bretagne* : env. de Winchester (Ullman), Oxfordshire à Headington Wick Bog (Druce), Egg Buckland près Plymouth (Briggs) ; Hampshire, env. de Lily Wood, Shuril Heath, Trewedna Valley, Cornwall (Davey), Gibbons Brook, Kent (Cryer), Edmonsham (Linton et Sherring), etc. — *Allemagne* : Borkum (Seemen), Lauenburg (Junge), Plon, Behler Bruch (Christiansen-Kiel), Prusse orient. à Kranz (Sutkus), Poppeln (Abromeit), Wernigerode à Zilliger Bach (Müller), Prusse occid. dans Riesenburger Forst (Abromeit), Poméranie à Stettin, Alt-Lienken, Daber, Weimar à Utzberger Holz (Torges), Iéna à Fröhliche Wiederkunft, Leuchtenburg (M. Schulze), Bavière à Fletzen (Vollmann), Neureut près Gmund (Fleissner), Palatinat à Mahring (Naegeli), Bade à St-Peter (Neuberger), Fribourg-en-Brisgau (Neumann), etc. — *Suisse* : cant. de Zurich, plus. loc. ; cant. de Berne ; près de Thoune à Falkenfluh (v. Tavel), Interlaken (Keller) ; cant. de Genève à Lossy ; Jura vaudois à St-Cergues, Gingins (Chenevard) ; Tessin, au-dessus de Losone, d'Acrolo, Val Sambuco, (Chenevard, Winkler), etc. — *Bohême* dans Erzgebirge Keilberg et Gottesgab (Domin). — *Pologne* : Kotschna (Fleissner). — *Autriche* : Damberg (Petersdorfer), Wienerwald entre Hainbach et Steinbach (Halacsy) ; env. de Tumeltsham (Vierhapper), Linz (Dürrnberger), Brünnstein (Eigner), Kaltenbrunner Alp (M. Schulze) ; St-Pölten, Brail, Bernez et Böheimkirchen (Kuek) ; Styrie aux env. de Neuberg (Hayek).

MM. Ullman et Hall, in *Winchester Coll. Nat. Hist. Soc.* (1913), signalent l'*O. latifolia* × *maculata* var. *ericetorum*, en Angleterre, aux env. de Winchester.

O. FOLIOSA × MACULATA

× **O. Scampstonii** Druce in *Rep. Bot. Exch. Cl. of Br. Isl.*, V (1917), p. 53 (1918). — *O. foliosa* × *maculata* A. Camus. — *O. maculata* × *foliosa* Druce, *l. c.*
Plante robuste, très proche de l' × *O. Hepburnii* Druce, à épi floral allongé.
Hybride spontané apparaissant dans les parcs où l'*O. foliosa* est cultivé et où croît l'*O. maculata*.
Angleterre : Scampston Park, château de M. Saint-Quentin (d'après Druce).

O. ELODES × MACULATA

× **O. transiens** Druce in *Rep. Bot. Exch. Brit. Isles* (1915), p. 213 (1916). — *O. elodes* × *maculata* A. Camus. — *O. Fuchsii* × *maculata* Druce, *l. c.*
Caractères intermédiaires entre ceux des parents.
Angleterre. — *France*.

O. LATIFOLIA × PURPURELLA

× **O. insignis** T. et A. Stephenson in *Journ. of Bot.* (1922), p. 33. — **O. purpurella** × **latifolia** T. et A. Stephenson in *Journ. of Bot.* (1920), p. 261, f. 11 et (1922), p. 33.

Icon. : Stephen., *l. c.* ; *Ic. n.*, pl. 128, f. 16.

Plante robuste, parfois naine, bien proche de l'*O. latif.* Feuilles munies de larges taches, parfois en anneaux, ou petites comme celles de l'*O. purpurella.* Fleurs d'un pourpre saturé, intermédiaires entre celles des parents.

Angleterre : Aberystwyth, Arran (Stephenson) (1).

O. ELODES × PURPURELLA

× **O. formosa** T. et A. Stephenson in *Journ. of Bot.* (1922), p. 33. — **O. purpurella** × **ericetorum** Linton ; T. et A. Stephenson in *Journ. of Bot.* (1920), p. 169, 261 (1921), f. 12 ; et (1922), p. 33.

Icon. : Steph., *l. c.* ; *Ic. n.*, pl. 128, f. 17.

Feuilles maculées ou non. Epi plutôt dense ; fl. parfois pourpre plus foncé, plus rouge, mais moins vif de ton que dans l'*O. purpurella* ; div. ext. du périanthe plus raides que dans l'*O. elodes*; labelle à lobes lat. crénelés, comme dans ce dernier, munis de points plutôt que de lignes ou de lignes faibles ; éperon plus robuste que dans l'*O. elodes.*

Angleterre : Ambleside (Linton), Arran, Hawkshead (d'apr. Stephenson).

O. PURPURELLA × MACULATA

× **O. venusta** T. et A. Stephenson in *Journ. of Bot.* (1922), p. 34. — **O. purpurella** × **Fuchsii** (Druce) T. et A. Stephenson, *l. c.*

Feuilles plus ou moins maculées. Labelle à lobes lat. presque toujours étroits, le méd. très large et bien distinct, muni de lignes plus ou moins brisées ne formant pas de dessins aussi réguliers que dans l'*O. mac.*

Angleterre : Aberystwyth, Arran (Druce).

O. MACULATA × PRÆTERMISSA

× **O. mortonensis** Druce in *Rep. Bot. Soc. Exch. Cl. Br. Isles* (1923), p. 214 (1924). — **O. maculata** × **prætermissa** A. Camus. — **O. prætermissa** × **Fuchsii** Mc Dowall in *Rep. Winch. Coll. Nat. Hist. Soc.* (1917), p. 15. — **O. Fuchsii** × **prætermissa** Druce *l. c.* (1914), p. 107 (1915).

Icon. : *Ic. n.*, pl. 125, f. 2.

Feuilles de l'*O. prætermissa* type mais munies de très petites taches et plutôt obtuses, l'inf. plus courte. Fleurs à labelle profondément lobé ; lobe méd. allongé.

Angleterre. — France : Seine-et-Oise, dans le marais de Vaux, près Champagne (**A. Camus**).

O. ELODES × PRÆTERMISSA

× **O. Hallii** Druce in *Rep. B. E. C.* (1914), p. 24 et 106 (1915) ; (1917), p. 157 ; *Orch. Rev.* (1915), p. 251 ; *Rep. B. E. Cl. Br. Isl.* (1923), p. 214 (1924) ; Rolfe in *Orch. Rev.* (1919), p. 170. — **O. elodes** × **prætermissa** A. Camus. — **O. ericetorum** × **prætermissa** Mc Kechnie in *Rep. Winch. Coll. Nat. Hist. Soc.* (1917), p. 14.

Feuilles faiblement maculées au sommet, carénées, pliées, très étroites, dressées. Div. du périanthe violacées, maculées de pourpre, les ext. étalées. Labelle large, à peine trilobé. Eperon grêle, à peine courbé.

Angleterre : Otterbourne.

1. Stephenson a trouvé, dans les Asturies, l'*O. Durandii* × *elodes* (Cf. *Journ. of Bot.*, 1927, p. 72).

O. INCARNATA × PRÆTERMISSA

× **O. Wintoni** Druce in *Rep. B. E. C.* (1914), p. 25 ; **O. incarnata × prætermissa** Thomas in *Rep. Winch. Coll. Nat. Hist. Soc.* (1919), p. 10. — **O. prætermissa × incarnata** Mac Dowall in *Rep. Winch. Coll. Nat. Hist. Soc.* (1917), p. 14. — D'après Rolfe in *Orch. Rev.* (1918), p. 162, l'*O. hæmatodes* Reichb., *Fl. exc.*, p. 126, serait probablement l'*O. incarnata × prætermissa*.

Feuilles de l'*O. præterm.* ou plus étroites, plutôt plus larges sous le milieu, non ponctuées. Fl. petites d'un pourpre pâle. Labelle étroit de l'*O. incarnata* type, mais lobe méd. triangulaire et muni de points à peine marqués ; lobes lat. non réfléchis, même en se fanant, à bords moins plats et incurvés en avant comme dans l'*O. præterm.* Eperon rose, à peu près égal à l'ovaire.

Angleterre : Winchester (Godfery), Compton (Thomas). — D'après Rolfe, *l. c.*, l'hybride de West Drayton et celui de Hambledon seraient l'*O. incar. × præterm.*

O. LATIFOLIA × PRÆTERMISSA

O. latifolia × prætermissa Nobis. — **O. prætermissa × latifolia** Mac Dowall in *Rep. Winch. Coll. Nat. Hist. Soc.* (1917), p. 14 ; Thomas in *Rep. Winch. Coll. Nat. Hist. Soc.* (1919), p. 11.

Plante robuste et molle. Feuilles de l'*O. præterm.*, mais ord. faiblement maculées en anneaux. Bractées allongées, pourprées. Fl. de l'*O. præterm.*, mais munies de lignes ; lobe méd. plutôt plus allongé ; les lat. très réfléchis. Eperon court, plutôt épais.

Angleterre : Winchester (Godfery) ; Compton (Thomas).

O. FOLIOSA × LATIFOLIA × MACULATA

× × **O. Hepburnii** Druce in *Rep. Bot. Exch. Club Br. Isl.* (1915), p. 211 ; R. A. R. in *Orch. Rev.* (1918), p. 151. — **O. foliosa-maculata** R. A. R. in *Orch. Rev.* (1918), p. 125. — **O. foliosa × latifolio-maculata** Druce, *l. c.* ; *Orch. Rev.* (1920), p. 114. — Cf. *Orch. Rev.*, VIII, p. 251.

Plante robuste. Caractères intermédiaires entre ceux des parents. Feuilles maculées ou non. Epi allongé. Fleurs de la couleur et de la taille de celles de l'*O. foliosa*. Parfois la forme de l'épi, celle des fl. et leur couleur sont de l'*O. maculata*, bien que l'hybride soit intermédiaire sous les autres rapports.

En Angleterre, apparu spontanément dans les jardins (terres de Smeaton Hepburn, château de Sir Archibald Buchan Hepburn), au milieu des parents. Wolley Dod le signala dès 1899 (*Gard. Chron.*, 1899, p. 179). Abondant à Kew, avec l' × *O. Braunii*, provenant de la collect. St-Quentin de Scarborough, L' × *O. Hepburnii* donne des hybrides fertiles (*Orch. Rev.*, 1920, p. 136).

Hybrides ternaires

Avec l'*O. Traunsteineri* et l'*O. angustifolia* qu'on peut, avec Fuchs et Ziegenspeck, considérer comme hybrides ternaires on a signalé d'autres hybrides analogues.

L' × *O. Ruthei* M. Schulze in *Deutsche bot. Mon.*, XV, p. 237 (1897) ; Koch, *Syn.*, éd. Hall. et Wohlf., p. 2430, serait, d'après Fuchs et Ziegenspeck in *Rep. spec. nov.*, XXI, p. 681, l'*O. incarnata × latifolia × maculata*.

M. Schulze in *Oest. Bot. Zeits.*, XLVIII, p. 109 (1898), a signalé l'*O. latifolia × Ruthei*.

M. Schulze in *Thur. B. V. N. F.*, XVII, p. 49 (1902), a décrit un *O. incarnata × (latifolia × maculata)* = *O. genevensis* Klinge in *herb.* Chenevard, très proche de l'*O. incarnata × latifolia*, mais se rapprochant de l'*O. maculata* par la forme du labelle. — *Allemagne :* île Usedom (Muller ap. M. Schulze in *Thür. B. V. N. F.*, XIX, p. 110), Bavière (Vollmann) ? Radstadter Tauern (Fleissner). — *Suisse :* cant. de Genève, plus. loc. (Chenevard).

Höppner a aussi décrit un *O. incarnata × latifolia × maculata* sous le nom d' × *O. Beckerianus.* Cf. Höppner in *Sitz. Ber. Bot. u. Zool. Ver. Rheinl. u. Westf.* (1926), p. 1-26.

Il est certain que la combinaison *O. incarnata × latifolia × maculata* n'est pas très rare. Il doit exister aussi des hybrides ternaires avec l'*O. prætermissa* remplaçant l'*O. incarnata*.

Cf. KLINGE, *Formenkreise der Dactylorchis Arten* in *Acta Horti Petrop.*, XVII, f. II, n° 6 (1899) et in *Dactylorchidis, Orchidis subgeneris, Monographiae prodromus*, in *Acta Horti Petrop.*, XVII (1898) et in *Zur Orientierung der « Orchis »*. *Bastarte* in *Act. Hort. Petrop.*, XVII, f. 11 (1899) pour les croisements suivants :

O. iberica × *pseudosambucina*, × *saccifera*, × *orientalis*, *O. sambucina* × *pseudosambucina*, × *majalis*, × *siciliensis*. *O. pseudosambucina* × *pallens*, *O. majalis* × *Aceras anthropophora*, *O. baltica* × *incarnata*, × *maculata*, × *cruenta*, × *Russowii*, *O. Traunsteineri* × *mascula*, *O. Russowii* × *maculata*, × *incarnata*, × *baltica*, × *cruenta*, *O. cordigera* × *incarnata*, × *maculata*, × *saccifera*, *O. bosniaca* × *incarnata*, × *saccifera*, × *maculata*, *O. caucasica* × *saccifera*, × *incarnata*, *O. africana (Munbyana)* × *saccifera*, *O. cilicica* × *saccifera*,	*O. cilicica* × *osmanica*, *O. saccifera* × *cordigera*, × *orientalis*, × *incarnata*, × *iberica*, × *maculata*, *O. maculata* × *cruenta*, × *palustris*, × *laxiflora*, *O. Cartaliniæ* × *caucasica*, × *turcestanica*, × *georgica*, *O. cruenta* × *incarnata*, × *baltica*, × *Russowii*, × *salina*, *O. incarnata* × *baltica*, × *Russowii*, × *salina*, × *Cartaliniæ*, × *georgica*, × *cordigera*, × *bosniaca*, × *caucasica*. *O. osmanica* × *iberica*, *O. majalis* × *maculata*, × *incarnata*.

Gen. IX. — STEVENIELLA Schlechter.

Steveniella SCHLECHTER in FEDDE, *Repert. nov. spec.* (1918), p. 292 ; *Icon.*, p. 155.
Périanthe à divisions ext. soudées, jusque sous le sommet, en casque trilobé ou tridenté, les int. petites, tout à fait indépendantes des ext. et apprimées à l'anthère. Labelle 3-lobé : éperon défléchi, au sommet, subdidyme et lobé. Anthère développée ; masses polliniques à caudicule court, ligulé ; rétinacles 2, arrondis, renfermés dans une bursicule grande, réniforme ; rostellum cucullé, incurvé au sommet. Ovaire légèrement tordu.

S. SATYRIOIDES

S. satyrioides SCHLECHTER, *l. c.* — **Orchis satyrioides** STEVEN in *Soc. nat. cur. Mosc.*, II, p. 176 (1809). — **Himantoglossum satyrioides** SPRENG., *Syst.*, III, p. 694 (1826). — **Peristylus satyrioides** REICHB. F. in *Bot. Zeit.*, VII, p. 868 (1849) ; — **Platanthera satyrioides** REICHB. F., *Icon.*, XIII-XIV, p. 166 (1851), t. CCCCXXXVII, f. 1-7. — **Cœloglossum satyrioides** NYM., *Syll.*, p. 359 (1855) ; RICHTER, *Pl. Eur.*, I, p. 278.
Icon. : SCHLECHT., *Ic.*, pl. 13, f. 52 ; *Ic. n.*, pl. 124, f. 6-7
Tubercules 2, obovoïdes-oblongs ou ovoïdes. Tige arrondie, un peu épaisse, striée, de 30 cm. env. Feuilles, celle située au-dessus de la base seule bien développée, dressée-étalée, elliptique-obtuse, ligulée, les caulinaires subaiguës au acuminées, longuement engainantes. Epi laxiflore, 7-20-flore. Bractées scarieuses, très courtes, les inf. obtuses, les sup. aiguës. Fleurs ressemblant à celles de l'*Orchis coriophora*, mais plus grandes, à périanthe d'un vert sordide, lavé de pourpre. Divisions ext. du périanthe oblongues-aiguës, conniventes en casque ovoïde, tridenté ou trilobé au sommet, les lat. int. plus étroites, obliquement linéaires-ligulées, uninervées et incluses dans le casque. Labelle papilleux en dessus, pendant, 3-lobé, à bords denticulés, à lobes lat. étalés, presque courbés, obliquement rhomboïdaux ou obliquement quadrangulaires, le médian défléchi, ligulé, un peu dilaté et légèrement épaissi au sommet, très obtus, bien plus long que les lat. Eperon défléchi, court, obliquement conique, au sommet subdidyme et excisé. Anthère dressée, obtuse, à loges presque parallèles. Pollinies obliquement obovoïdes-claviformes ; caudicules courts. Bursicules grandes, arrondies. Staminodes petits.

F. *longibracteata* Soó in FEDDE, *Repert.* (1927), p. 33. — *Orchis satyrioides* var. *longibracteata* WANKOW in *Acta Bot. Jorjew* (1914), p. 292. — Bractées allongées.

Mai, juin. — Tauride, Caucase, Asie Mineure. — Perse.

Gen. X. — NEOTINEA Reichb. F.

Neotinea REICHB. F. in *De pollin. Orchid. gen. ac struct.*, p. 29 (1852) ; PFITZER in ENGL. et PRANTL, *Pflanz.*, II, 6, p. 95 ; KRAENZ., *Gen. et spec.*, p. 173 ; G. CAM. BERG. A. CAM., *Monogr. Orch. Eur.*, p. 244. — **Satyrii species** DESFONT., *Fl. atl.*, II, p. 319 (1800). — **Orchidis species** WILLD., *Spec.*, IV, p. 42 (1805). — **Ophrydis species** DESFONT. in *Ann. Muséum*, X, p. 228. — **Aceratis species** LINDL. in *Bot. rég.*, t. 1525 (1815). — **Himantoglossi species** REICHB., *Fl. excurs.*, I, p. 120 (1830). — **Tinea** BIV. in *Gior. di scienz. lett. arti per la Sicilia* (1833), p. 149. — **Peristyli species** LINDL., *Orchid.*, p. 298, 300 (1835) ; DE NOTAR., *Rep. fl. ligust.*, p. 389. — **Tinæa** VIS., *Fl. Dalmat.*, III, p. 354 (1852) : BOISS., *Fl. orient.*, V, p. 58 (1884). — **Hemiperis** FRAPPIER in CORDEMOY, *Fl. Réunion*, p. 235 (1895).

Divisions du périanthe conniventes en casque, les ext. soudées inférieurement, les lat. int. un peu plus étroites et légèrement prolongées-en forme de sac à la base, comme les lat. ext. Labelle dirigé en avant, plan, trilobé, muni d'un éperon très court en forme de sac. Gynostème très court. Anthère à loges presque parallèles, rapprochées de la base et séparées par un petit bec. Masses polliniques 2, lobulées, à caudicules très courts, à rétinacles contigus mais distincts, renfermés dans une bursicule biloculaire. Ovaire sessile, à peine contourné.

Labelle dépourvu de papilles caractérisées. Faisceaux libéro-ligneux de la tige assez régulièrement disposés en cercle au-dessus des feuilles principales.

1. — N. INTACTA

N. intacta REICHB. F., *De pollin. Orchid. gen. ac struct.*, p. 29 (1852) et in *Journ. Bot.*, II, 1, t. 25 (1865) ; BABINGT., *Man. Brit. Bot.*, éd. 8, p. 346 ; KRAENZ., *Gen. et sp.*, I, p. 172 ; K. RICHTER, *Pl. Eur.*, I, p. 281 ; HALACSY, *Consp. fl. Gr.*, III, p. 163 ; CORTESI in *Ann. Bot. Pirotta*, II, p. 130 ; G. CAM. BERG. A. CAM., *Monogr. Orch. Eur.*, p. 244. — **Orchis intacta** LINK ap. SCHRAD., *Journ. f. d. botan.*, II, p. 322 (1799) ; WILLD., *Sp.*, IV, p. 21 ; LINDL., *Gen. and spec.*, p. 274 ; BENTH., *Brit. Flora*, p. 463 ; ARDOINO, *Fl. Alp.-Mar.*, p. 352 ; FIORI et PAOL., *Fl. analyt. ital.*, I, p. 241 ; MARTELLI, *Monoc. Sard.*, p. 46 ; COSTE, *Fl. Fr.*, III, p. 397, n° 3586, *cum icone* ; GANDOGER in *Bull. Soc. bot. Fr.* (1916), p. 241 ; ALB. et JAHAND., *Cat. Var*, p. 485 ; HERM., KNOCHE, *Fl. balear.*, I, p. 398. — **Satyrium maculatum** DESF., *Fl. atl.* II, p. 319 (1800) ; TENORE, *Fl. nap.*, II, p. 301. — **S. densiflorum** BROT., *Fl. lusit.*, I, p. 22 (1804). — **Orchis atlantica** WILLD., *Spec.* IV, p. 922, (1805) ; BATTAND. et TRAB., *Fl. Alg.* (1896), p. 26 ; (1904) p. 321 ; CES. PASS. GIB., *Comp.* p. 189 ; ARCANG. *Comp.*, éd. 2, p. 168 ; BICKNELL, *Fl. Riviera*, t. 61, f. B ; MACCHIATTI, *Orch. sard.* in *N. g bot. it.* (1881), p. 313 ; MAIRE in *Bull. Soc. hist. nat. Afriq. du Nord* (1923), p. 299. — **O. secundiflora** BERTOL. *Rar. ital. pl.*, dec. II, p. 42 (1806) ; *Amœn. ital.*, p. 82 ; *Fl. ital.*, IX, p. 534 ; DUBY, *Bot.*, p. 446 ; MUTEL, *Fl. fr.*, III, p. 246 ; LOISEL., *Fl. gall.*, II, p. 265 ; SANG., *Cent. fl. rom.*, p. 125 ; *Fl. rom. prodr. alt.*, p. 725; SAVI, *Bot. Etr.*, III, p. 167 ; MORIS et DE NOTAR., *Fl. capr.*, p. 123 ; TEN., *Syll.*, p. 452 ; PUCCIN., *Syn. fl. luc.*, p. 473 ; CAMB. *Enum. Balear.*, p. 347. — **Ophrys densiflora** DESF., *Cor.*, p. 11, t. 6 (1808) ; in *Ann. Mus.*, X, p. 228 ; COLMEIRO, *Enum. pl. hisp.-lusit.*, V, p. 22. — **Aceras secundiflora** LINDL. in *Bot. reg.* t. 1525 (1815) ; *Gen. and spec.*, p. 283 (1835). — **Gymnadenia Linkii** PRESL, *Fl. sic.*, p. XLI (1826). — **Himantoglossum secundiflorum** REICHB., *Fl. excurs.* I, p. 120 (1830). — **Tinea cylindrica** (1) BIV., *Orch. n. gen.* in *Gior. di scienz. lett. arti per la Sicilia*, p. 149 (1833) ; et *Enum. pl. inar.*, p. 320 ; PARLAT., *Fl. ital.*, III, p. 454 ; BARLA, *Iconogr.*, p. 41 ; G. CAM., *Monogr. Orch. Fr.*, p. 27 ; in *Journ. de Bot.*, VI, p. 111 (1892) ; GAUTIER, *Pyr.-Or.*, p. 400 ; TODARO, *Orchid sic.*, p. 7; GUSS., *Fl. sic. syn.*, II, p. 540 ; et *Enum. pl. inar.*, p. 320 ; LOJACONO, *Fl. Sic.*, p. 9 ; W. BARBEY, *Fl. Sard. comp.*, ASCHERS. et LEV., *Suppl.*, n° 1307 ; VACCARI, *Fl. arcip. Maddal* in *Malpighia*, VIII, p. 266 ; HAUSSKN., *Symb. ad fl gr.*, p. 26 ; SPREITZ in *Zool. bot. Ges.* (1887), p. 669. — **Peristylus maculatus** LINDL., *Gen. and spec.*, p. 300 (1835). — **P. densiflorus** LINDL., *l. c.*, p. 298. — **P. atlanticus**

---

1. Les auteurs dont les noms suivent ont admis les uns *Tinea cylindrica*, les autres *Tinæa cylindracea* ou *Tinæa cylindracea* ou *Tinæa cylindrica*.

Lindl., *l. c.*, p. 300 — **Ophrys secundiflora** Steud., *Nomencl.* I, p. 768 (1841). — **Peristylus secundiflorus** de Notar., *Repert. fl. lig.*, p. 389 (1844). — **Aceras densiflora** Boiss., *Voy. Esp.*, II, p. 595 (1845) ; Gr. et God.,*Fl. Fr.*,III. p. 282 ; Willk. et Lange, *Prodr. hisp.*, I, p. 164 ; Guimar., *Orch. port.*, p. 44 ; Castagne, *Cat. B.-d.-Rh.*, p. 156 ; Debeaux, *Fl. Kab. Djurdjura*, p. 343. — **Ophrys sagittata** Munby, *Fl. Alg.*, p. 100 (1847). — **Aceras intacta** Reichb., F. *Icon.*, XIII, p. 2 (1851) ; Ball, *Spic. fl. mar.*, p. 672 ; Marès et Vig., *Cat. Baléar.*, p. 279 ; Cosson in *Bull. Soc. bot. Fr.*, XXXII, p. 321. — **Tinea maculata** Vis. *Fl. Dalmat.*, III, p. 353 (1852). — **Cœloglossum densiflorum** Nyman, *Syll.*, p. 359 (1855). — **Orchis ecalcarata** Costa et Vayreda in *Ann. hist. nat. Madrid*, X. p. 98 (1880). — **Habenaria intacta** Benth. in *Journ. Linn. Soc.* (1881), p. 354. — **Tinæa intacta** Boiss., *Fl. Orient.*, V., p. 58 (1882). — **Orchis imbecilla** Soland. ap. Britt. in *Journ. of Bot.* (1904), p. 181. — *Orchidis species capsellis orbiculatis per longum irretitis* Cup., *H. cath.*, p. 66. — *Orchis orientalis anthropophora, flore minimo albo, umbilico subrubente* Tourn., *Coroll.*, p. 31. — *Orchis anthropophoros, foliis maculis paucissimis notatis, flore albo, exiguo, punctis rubris asperso* Mich. in Till., *Cat. h. pis.*, p. 125. — *Orchis Orchidi Leodiensi affinis idest culicem referens purpurea et confertior* Cup., *Pamph.* II, t. 221 ; *Bon.* t. 32 .

Icon. : Desf. in *Ann. Mus.*, X, t. 16 ; Lindl., *Bot. reg.*, t. 1525 ; Reichb. F., *Icon.*, XIII, t. 148, D. f. 1, 3 ; Fitch et Sm., *Illustr. Brit. Fl.*, n° 995 ; Barla, *l. c.*, pl. 27, f. 1-16 ; Bicknell, *l. c.* ; Fiori et Paol., *l. c.* I, f. 820 ; Schlecht., *Iconogr.* pl. XIII, f. 51 ; G. Cam. Berg. A. Cam., *l. c.*, pl. 15, f. 396-403 ; *Ic. n.*, pl. 83, f. 1-19.

Exsicc. : Soleirol, n° 41 ; Billot, n° 2549 ; Debeaux, *Corse* (1868) ; Heldr. et Hal., *Fl. spor.* (1896) ; Huter, Porta et Rigo, *It. ital.*, III, n° 211 ; Huet, *Pl. Sicul.*, n° 463 ; Ces., *Ital.*, n° 564 ; Magn., *Pl. Gall. et Belg.*, n° 494 ; *Soc. ét. fl. fr.-helv.*, n°s 1989 et 1989 *bis* ; Burnat, *Corse* (1904), n°s 572, 573 ; Sennen, *Fl. Esp.*, n° 2146.

Tubercules entiers, ovoïdes ou ellipsoïdes, sessiles ou l'un sessile et l'autre brièvement pédicellé. Fibres radicales assez épaisses. Tige cylindrique assez grêle, de 1-4 décim., parfois plus, dressée, souvent flexueuse, vert pâle. Feuilles glaucescentes, les inf. elliptiques ou ovales-oblongues, obtusiuscules, souvent mucronées, à bords souvent ondulés, peu nombreuses (2-3), les sup. plus étroites, lancéolées ou oblongues-aiguës, un peu engaînantes, l'ultime souvent bractéiforme, ord. toutes maculées de taches pourprées ou noirâtres, parfois presque en lignes. Bractées lancéolées, acuminées, membraneuses, 1-nervées, plus courtes que l'ovaire. Fleurs assez nombreuses, blanches ou rosées, très petites, en épi dense, subcylindrique, subunilatéral, acutiuscule au sommet. Divisions sup. du périanthe conniventes en casque, d'un blanc rosé ou verdâtre, les ext. soudées inférieurement, oblongues-lancéolées ou ovales-lancéolées, aiguës, munies d'une nerv. pourprée, les lat. un peu en sac à la base ; les lat. int. un peu plus courtes, linéaires-aiguës, libres, un peu gibbeuses, à la base souvent marquées d'une nerv. purpurine. Labelle dirigé en avant, étalé, égalant presque le reste du périanthe, mais plus court que l'ovaire, blanc ou rosé, marqué de lignes purpurines, parfois entièrement blanc, trifide ; lobes lat. linéaires, étroits, acuminés, réfléchis en arrière ; lobe méd. plus large et plus long, rarement presque entier ord. 2-3-lobulé au sommet, parfois bifide et muni d'une dent à l'angle de bifidité. Eperon en forme de sac obtus, et conique, très court (2 mm. env..), égalant env. 1/5 de l'ovaire, dirigé en bas. Gynostème très court, obtus muni d'un petit bec. Anthère à loges séparées à la base par un petit bec. Masses polliniques jaunes (1). Caudicules très courts. Rétinacles distincts. Bursicule biloculaire. Appendices stigmatiques divergents. Ovaire sessile, linéaire, légèrement tordu, infléchi au sommet, d'un vert un peu glaucescent. Capsule dressée contre l'axe, allongée, elliptique, à 3 côtes saillantes.

Morphologie interne

Tubercule. Grains d'amidon arrondis ou peu allongés, dépassant rarement 12-22 μ de long. — *Fibres radicales* (pl. 111, f. 4). Pelotons mycéliens nombreux dans l'écorce. Cylindre central réduit. Vaisseaux de métaxylème manquant parfois.

Tige. 4-6 assises de parenchyme chlorophyllien à méats entre l'épiderme et l'anneau lignifié. Tissu lignifié extra-libérien formé seulement de 2-4 assises à parois très minces, avant la floraison, plus développé après la floraison. Faisceaux libéroligneux peu développés, assez régulièrement disposés en un cercle au-dessus des feuilles principales, revenant dans le cercle après leur sortie des feuilles, mais lentement et sans pénétrer dans les régions profondes.

1. La fécondation directe a ord. lieu. Le pollen, peu cohérent, tombe sur le stigmate (Cf. Darwin, *Annals and Mag. of Nat. Hist.*, 1869).

Feuille. Ep. = 300-450 μ vers la nerv. méd. Epiderme sup. haut de 60-120 μ, à paroi ext. épaisse de 5-9 μ, formé de très grandes cellules vers le milieu de la feuille (pl. 116, f. 148), bien plus petites vers les bords et plus nettement papilleuses (pl. 116, f. 147), muni de quelques stomates seulement dans les feuilles sup. Epiderme inf. haut de 30-70 μ, à paroi ext. épaisse de 5-8 μ, légèrement bombée, à stomates très nombreux. Cellules épidermiques du bord du limbe à paroi ext. prolongée en dents arrondies, très développées (pl. 116, f. 130). Parenchyme formé de 5-8 assises chlorophylliennes, 2-3 seulement au bord du limbe et contenant des cellules à raphides peu abondantes. Parenchyme du bord du limbe chlorophyllien. — Nervures principales munies de collenchyme à parois épaisses à la partie inf. du faisceau libéroligneux, dépourvues de sclérenchyme. Petites nervures dépourvues de sclérenchyme et de collenchyme ; faisceau libéroligneux allongé, à bois réduit. — Vers la base de la feuille, le parenchyme est à peine chlorophyllien, la nervure médiane, bien plus développée que es autres, est saillante à la face inf., les cellules de l'épiderme sup. sont moins papilleuses.

Fleur. Divisions externes et latérales internes du périanthe. — Epidermes légèrement striés, sans papilles caractérisées. — *Labelle.* Epidermes dépourvus de papilles, l'inf. à stries légères. Les épidermes des divisions du périanthe contiennent des traces d'essence et, surtout vers la base du labelle, du sucre. — *Anthère.* Parois à épaississements fibreux assez abondants. — *Pollen.* Massules très peu nombreuses. Caudicules très courts, longs de 150 μ env. Exine délicatement ponctuée à la périphérie des massules. L = 30-35 μ env. — *Ovaire* (f. 130). Nervure des valves placentifères non saillante extérieurement, contenant un faisceau libéroligneux très réduit. Placenta court, peu divisé ou indivis. Valves non placentifères proéminentes, contenant un faisceau libéroligneux assez réduit. — *Graines.* Suspenseur développé. Graines adultes atténuées à la base, légèrement arrondies ou atténuées au sommet, 2 f. 1/2-3 f. 1/2 plus longues que larges. L. = 400-600 μ (pl. 122, f. 496). Cellules du tégument à parois recticurvilignes, munies d'épaississements striés-anastomosés, à anastomoses peu nombreuses.

On peut distinguer les deux formes suivantes :

F. α *tridentata* G. Cam. Berg. A. Cam., *l. c.* — Var. *tridentata* Guim., *l. c.*, est.,IV, f. 32, a, b, c, d, e, — Lobe moyen du labelle tridenté.

F. β *bifida* G. Cam. Berg. A. Cam., *l. c.* — Var. *bifida* Guim., *l. c.*, est. IV, f. 32, f.-g. - - Lobe moyen du labelle profondément bifide, à dent intercalaire nulle ou rudimentaire.

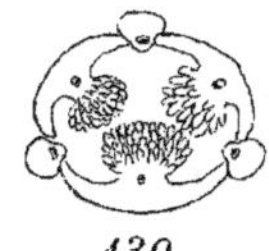

Neotinea intacta. — Fig. 130 : section transversale schématique de l'ovaire.

V. v. — Mars, mai. — *Habitat* : collines, broussailles, coteaux, clairières des bois, bois sablonneux, souvent sous les pins, pelouses, sur le calcaire ou les schistes, souvent sporadique; littoral méditerranéen de la mer à 900 m. d'alt, et même jusqu'à 1170 m. à Majorque, d'apr. Barc. — *Répart. géogr.* : Portugal (abondant), Espagne (assez rare, montagnes de Castille, Sierra de Estepona, Valence, Catalogne, etc.), Baléares (C. à Majorque, dans la rég. montagn., entre 500-1.170 m.), France [litt. méditerr. des Pyrénées-Orientales aux Alpes-Marit., Tarn (Coste, Rodié), Aveyron, Corse (répandu)], Italie (zones méditerr. et submontagn., rég. occid., centr. et mérid. de la péninsule ; Sicile (assez abondant), Sardaigne (rég. montagn.), Capraja (Moris), Gorgone, île d'Elbe, Giglio, Ischia, Lipari), Istrie, Dalmatie (Raguse et Lesina), Balkans, Grèce, Macédoine, Chypre, Crète, Asie Mineure, Syrie, Palestine, Tunisie, Algérie, Maroc, Canaries. — Madère. A aussi été signalé en Irlande mérid., où il serait très rare (Miss More ap. Bentham).

C. Masses polliniques terminées par des caudicules à rétinacles distincts renfermés dans deux bursicules distinctes.

Gen. XI. — **OPHRYS** Swartz.

Ophrys [L., *Gen. pl.*, éd. 1, p. 272, éd. 5, p. 406 (emend)] Swartz in *Act. holm.* (1800), p. 22, t. 3, f. D. ; Willd., *Spec.*, IV, p. 61, n° 1595 ; R. Br. in Ait. *Hort. Kew.*, éd. 2, pl. 5, p. 195 ; Rich. in *Mém. Muséum*, IV, p. 48 (1818) ; Lindl., *Gen. and spec.*, p. 372 ; Endl., *Gen.*, p. 212 ; Reiche. F., *Icon.*, XIII-XIV, p. 69 ; Benth. et Hook., *Gen.*, III, p. 621 ; Pfitzer in Engl., *Nat. Pfl.*, II, VI Abt., p. 86, 87 ; Parlat., *Fl. ital.*, III, p. 529 ; Kraenz., *Gen. et spec.*, p. 89 ; M. Schulze, *Die Orchid.*, n° 24 ; Aschers. et Graebn. *Syn.*, III,p. 621 ; G. Cam. Berg. A. Cam., *Monogr. Orch. Eur.*, p. 247. — **Ophris** Tournef., *Inst.*, 437, t. 250. — **Orchidis spec.** All., *Fl. Pedem.*, II, p. 145 (1785) (Tournef., *Inst.*, II, t. 247, f. C, D). — **Arachnites** Schmidt, *Fl. Boëm.*, I, p. 74 (1794), p. p. — **Myodium** Salisb. in *Trans. Hort. Soc.*, I, p. 289 (1812).

Noms vulg. : Les différentes espèces sont souvent confondues et désignées sous les noms suivants s'appliquant,sinon à toutes,au moins à une grande partie des espèces: Ophrys insectes. — Holland. : Oogenbruiu. —

Danois : Flueblomst. — Allem. : Ragwurz, Frauenthräne. — Ital. : Vesparia, Fior mosca, Calabrone. — Polon. : Mucha. — Croate : Kukuljec. — Bohem. : Toric. — Hongr. : Bangó. — Arabe : Haiya ou Miyita.

Périanthe à divisions libres, les ext. presque égales, la médiane dressée, les lat. int. plus ou moins étalées ou réfléchies, plus courtes que les ext. et plus ou moins étroites. Labelle dépourvu d'éperon, dirigé en avant, entier ou lobé, convexe ou presque plan, à texture charnue, épais, souvent muni d'un appendice. Gynostème souvent terminé par un appendice en forme de bec. Stigmate assez grand, oblique. Anthère dressée, soudée, à loges parallèles, non contiguës. Masses polliniques à caudicules pourvus de rétinacles libres, renfermés dans deux bursicules distinctes (1). Ovaire sessile, non tordu. Capsule oblongue, triquètre, à 6 côtes. — Tubercules entiers, les jeunes ordt pédicellés. Feuilles inf. ord. rapprochées en rosette. Inflorescence lâche.

Labelle muni de longs poils unicellulaires, souvent ondulés, non pourvus de ramuscules. Faisceaux libéro-ligneux de la tige disposés en un cercle à peu près régulier au-dessus des feuilles principales. Nervure médiane des feuilles à section concave-convexe, les autres à section à peu près plane. Faisceaux libéroligneux des nervures souvent entourés de parenchyme chlorophyllien, parfois de parenchyme incolore, rarement de collenchyme. Cellules épidermiques du bord du limbe à paroi ext. non prolongée en dents.

Tableau des espèces

1.
- Labelle avec cavité basilaire marquée, sans petites protubérances basilaires brillantes, souvent muni de dessins formant deux boucles contiguës ; pollinies transportées par des Hyménoptères sur le segment terminal de leur abdomen, d'après Godfery (Pseud-ophrys) 2
- Labelle sans cavité basilaire, muni de deux petites protubérances basilaires brillantes (staminodes de quelques auteurs) et de dessins souvent géométriques ; pollinies transportées sur la tête de certains Hyménoptères, d'apr. Godfery, ou auto-fécondation (Eu-ophrys) 9

2.
- Labelle presque plan, cunéiforme à la base, sans gibbosités marquées, sans appendice ou seulement muni d'un mucron 3
- Labelle presque plan, non cunéiforme à la base, à gibbosités latérales hautes de 3 mm., sans mucron ni appendice . . . . **O. galilæa**

3.
- Lobes lat. du labelle profonds, naissant vers le milieu du labelle; sinus les séparant des div. du lobe méd. très larges . . . . **O. omegaifera**
- Lobes lat. naissant sous le milieu du labelle, peu profonds ; sinus les séparant des div. du lobe méd. très étroits 4

4.
- Labelle contracté brusquement à la base, à large bordure jaune . . . . **O. lutea**
- Labelle atténué à la base, non bordé ou à bordure jaune très étroite 5

5.
- Div. lat. int. du périanthe égalant env. les ext. ; fl. très grandes . . . . **O. atlantica**
- Div. lat. int. du périanthe plus courtes que les ext. ; fl. petites, médiocres ou assez grandes . . 6

6.
- Labelle genouillé, à bords assez longuement parallèles dans la partie méd. rétrécie . . **O. pallida**
- Labelle plan, brusquement rétréci vers l'extrémité 7

7.
- Pubescence du labelle allongée, rappelant celle de l'O. Speculum ; div. lat. int. du périanthe munies de longs poils . . . . **O. Fleischmannii**
- Pubescence du labelle courte, veloutée ; div. lat. int. du périanthe à bords seulement brièvement papilleux 8

8.
- Fl. assez grandes ; div. lat. ext. du périanthe ovales-elliptiques ; labelle grand, à lobe méd. ord. bilobé ; loges de l'anthère non parallèles, plus distantes vers le milieu que vers la base et le sommet ; staminodes nuls . . . . **O. fusca**
- Fl. plus petites ; div. lat. ext. du périanthe elliptiques ; labelle plus étroit, souvent bordé de jaunâtre, à lobe méd. entier ou obscurément lobé ; loges de l'anthère parallèles, presque contiguës ; staminodes plus manifestes . . . . **O. funerea**

---

1. Sauf chez l'*O. apifera*, il doit y avoir bien rarement auto-fécondation, dans les *Ophrys*. Si l'on cultive des pieds en pots, à l'abri des insectes, les pollinies se dessèchent et les capsules restent stériles Les fleurs sans nectar, peu visibles ont peu d'attraits. Pourtant l'odeur, souvent putride, à tort ordinairement regardée comme nulle, mais que nous trouvons manifeste chez presque toutes les espèces, surtout la nuit, doit attirer certains insectes. La ressemblance des fleurs avec ces derniers est assez nette. Ce mimétisme est fort probablement en rapport avec la fécondation des fleurs. A part l'*O. apifera*, qui se féconde lui-même, beaucoup d'*Ophrys* restent stériles, c'est ainsi que dans les *O. araniferа* et *muscifera*, 4 à 10 p. % seulement des ovaires donnent des graines. On a constaté que certaines espèces d'*Ophrys* étaient fécondées seulement par les mâles de certains Hyménoptères, fort probablement attirés par la ressemblance du labelle avec leurs femelles, à une époque où celles-ci ne sont pas encore sorties de leur cocon et dans les endroits où ils guettent leur apparition. Nous verrons, plus loin, comment s'opère la fécondation des *O. fusca, lutea, Speculum, arachnitiformis*. Ces *Ophrys* vivent dans les endroits où se trouvent les larves des insectes dont les mâles transportent le pollen. Il est à noter que les *Ophrys* fleurissent tous très tôt, au printemps, sauf l'*O. apifera*. Les Hyménoptères fouisseurs mâles servant au transport du pollen sortent du cocon à cette époque, avant les femelles.

<table>
<tr><td>9</td><td>Labelle presque plan, cunéiforme à la base, sans gibbosité marquée sans appendice ou seulement muni d'un mucron (Muscifeæ) 10
Labelle convexe, ord. non cunéiforme à la base, souvent bigibbeux à la base et muni d'un mucron ou appendice. . . . . 11</td></tr>
<tr><td>10</td><td>Labelle allongé, très finement pubescent ; tache située entre le sommet et le milieu du labelle ; lobe méd. elliptique, bilobé ; anthère rougeâtre. . . . . O. muscifera
Labelle large, entouré par une bande longuement pubescente circonscrivant une grande tache bleuâtre occupant le reste du labelle ; lobe méd. obcordiforme, émarginé ; anthère jaunâtre. O. Speculum</td></tr>
<tr><td>11</td><td>Appendice du labelle ord. développé ; div. lat. int. du périanthe atteignant rarement la moitié des ext. 12
Appendice du labelle souvent nul ou rudimentaire ; div. lat. int. du périanthe atteignant ou dépassant la moitié des ext . . . . . 25</td></tr>
<tr><td>12</td><td>Appendice du labelle dirigé en avant (Tenthrediniferæ) 13
Appendice du labelle dirigé en arrière . . . . 22</td></tr>
<tr><td>13</td><td>Labelle entier ou subtrilobé, à gibbosités lat. souvent arrondies, obtuses, parfois nulles 14
Labelle profondément trilobé, à gibbosités lat. coniques, très marquées. . . . . 17</td></tr>
<tr><td>14</td><td>Labelle non gibbeux ; faisceau de poils allongés situé près de l'appendice du labelle 15
Labelle ord. gibbeux ; pas de faisceau de poils distinct près de l'appendice du labelle. . . . 16</td></tr>
<tr><td>15</td><td>Div. ext. du périanthe arrondies, obtuses, les lat. int. 3-4 fois plus courtes que les ext. ; labelle plus long que les div. ext., à lobe méd. émarginé. . . . . O. tenthredinifera
Div. ext. du périanthe obtuses, les lat. int. moitié plus courtes que les ext. ; labelle égalant env. les div. ext., à lobe méd. bilobé. . . . . O. neglecta</td></tr>
<tr><td>16</td><td>Appendice du labelle large, ord. tridenté, dirigé en avant, médiocre. . . . . O. fuciflora
Appendice du labelle subulé, relevé en avant, très long . . . . . O. fucifl. var. oxyrhynchos</td></tr>
<tr><td>17</td><td>Labelle auriculé à la base ; appendice du labelle allongé. 18
Labelle non auriculé à la base ; appendice du labelle peu développé, ord. entier ou obscurément denté. . . . . 21</td></tr>
<tr><td>18</td><td>Appendice du labelle entier ou peu lobé ; labelle à lobe méd. plus large que long, sessile ou brusquement rétréci. 19
Appendice du labelle trilobé ou trifide ; labelle à lobe méd. aussi ou plus long que large, très rétréci à la base . . . . 20</td></tr>
<tr><td>19</td><td>Tache du labelle en H ; gibbosités coniques, obtuses. . . . . O. Dinsmorei
Tache du labelle non en H ; gibbosités coniques, subaiguës . . . . O. Heldreichii</td></tr>
<tr><td>20</td><td>Gibbosités du labelle développées, coniques, arquées en avant ; appendice long ; gynostème égalant presque les div. lat. int. du périanthe. . . . . O. Scolopax
Gibbosités du labelle ascendantes, filiformes ; appendice moins développé ; gynostème dépassant les div. lat. int. du périanthe . . . . O. cornuta</td></tr>
<tr><td>21</td><td>Fl. grandes ; div. ext. du périanthe roses ; appendice subcylindrique souvent en hameçon ; dessins du labelle formant ord. un écusson ; gibbosités courtes ou médiocres. . . . . . . O. œstrifera
Fl. plus petites ; div. ext. du périanthe d'un blanc rosé ; appendice aigu, petit ; dessins du labelle formant une macule ; gibbosités courtes . . . . O. cilicica</td></tr>
<tr><td>22</td><td>Gynostème très développé, à bec très allongé formant ordt. une double courbure en S ; anthère jaunâtre ; div. ext. du périanthe roses ; les lat. int. vertes ; bractées allongées, dépassant l'ovaire (Apiferæ) 23
Gynostème assez court, à bec presque nul . . . . 24</td></tr>
<tr><td>23</td><td>Appendice du labelle long, dirigé en arrière ; labelle à 3 lobes ; div. lat. int. du périanthe vertes, courtes. . . . . O. apifera
Appendice du labelle court, souvent dirigé en avant ; labelle souvent à 5 lobes ; div. lat. int. du périanthe roses, allongées . . . . O. Botteroni</td></tr>
<tr><td>24</td><td>Appendice du labelle développé ; labelle petit ; anthère rouge ; div. ext. du périanthe vertes, les lat. int. brunâtres à la base, dépassant la moitié des ext. ; bractées inf. ord. plus courtes que l'ovaire (Bombylifloræ) . . . . O. bombyliflora
Appendice du labelle court ; labelle large . . . . O. cilicica</td></tr>
<tr><td>25</td><td>Labelle à direction oblique ou presque horizontale, muni d'un appendice court dirigé en avant ou d'un mucron. Gynostème ord. courbé sur le labelle (Speculiferæ) 26
Labelle à direction verticale ou un peu oblique, dépourvu de mucron ou à mucron court (Araniferæ) . . . . 28</td></tr>
<tr><td>26</td><td>Divisions ext. du périanthe vertes . . . . O. Sprunneri
Divisions ext. du périanthe roses. . . . . 27</td></tr>
<tr><td>27</td><td>Labelle un peu convexe dans la partie méd., muni, vers le centre, d'une tache en fer-à-cheval ou de 2 taches semi-lunaires . . . . O. Ferrum-equinum
Labelle aplati dans la partie méd., muni, vers le sommet, d'une (parfois 2) taches en écusson. . . . . O. Bertolonii</td></tr>
</table>

28 {
Labelle sans mucron ; div. ext. du périanthe blanchâtres. . . . . **O. Ruppertii**
Labelle muni d'un petit mucron relevé en avant ; div. ext. du périanthe ord. roses ou d'un blanc
rosé 29
Labelle sans appendice, parfois mucronulé, ord. muni de deux lignes glabres ou d'une tache en H ;
div. ext. du périanthe ord. vertes, parfois lavées de pourpre ou jaunâtres 31

29 {
Fl. très grandes ; div. lat. int. du périanthe roses ou blanchâtres, à bords plans ; bractées inf. foliacées,
les inf. égalant presque deux fois la longueur de l'ovaire ; labelle muni d'une tache en H et d'un
appendice développé, dirigé en avant ; plante robuste de 30-50 cm. . . . . **O. exaltata**
Fl. moins grandes ; div. lat. int. du périanthe roses ou verdâtres, à bractées inf. dépassant un peu
l'ovaire ; plantes de 20-30 cm 30

30 {
Div. lat. ext. du périanthe non rapprochées du labelle ; les lat. int. à bords ondulés-crispés ; labelle
plutôt large, non lobé ou à lobes ne se touchant pas au sommet, muni souvent d'une tache en écusson ou en H, à mucron plus ou moins développé . . . . **O. arachnitiformis**
Div. lat. ext. du périanthe défléchies, rapprochées du labelle ; les lat. int. à bords ondulés-crispés, planes,
étroites, ligulées ; labelle obovale, allongé, à lobes lat. se touchant au sommet, muni d'une tache en
demi-lune et d'un appendice dirigé en avant. . . . . **O. lunulata**

31 {
Plantes ord. robustes ; fl. grandes ; labelle brun très foncé, à gibbosités souvent très marquées ; div.
lat. int. du périanthe souvent lavées de rouge 32
Plante robuste ; fl. grandes, labelle d'un pourpre intense, à gibbosités marquées ; div. lat. int. brunâtres . . . . **O. transhyrcana**
Plantes moins robustes ; fl. moyennes ou petites, brunâtres ou jaunâtres ; gibbosités plus ou moins
marquées, parfois nulles. 33

32 {
Div. lat. int. du périanthe bien moins longues que les ext., peu larges . . . . **O. atrata**
Div. lat. int. du périanthe égalant presque les ext., très larges, plus larges que les ext., surtout vers
l'extrémité . . . . **O. Fuchsii**

33 {
Gynostème à bec relativement long 34
Gynostème à bec court. 35

34 {
Labelle muni de gibbosités pleines ; macule petite, unique ; div. ext. du périanthe vertes, les lat.
int. poilues. . . . . **O. Doerfleri**
Labelle non gibbeux ; macule formée de lignes réunies au sommet ; div. ext. du périanthe vert lavé
de rose, les lat. int. glabres. . . . . **O. Sintenisii**

35 {
Labelle atténué à l'extrémité, non gibbeux, à macules formant deux lignes ondulées ; div. ext. du
périanthe vert pourpré, les lat. int. glabres. . . . . **O. sphaciotica**
Labelle arrondi à l'extrémité 36

36 {
Div. lat. int. du périanthe oblongues ou ovales-oblongues ; tomentum du labelle plus allongé vers
les bords ; labelle non gibbeux ; fl. petites. . . . . **O. Tommasinii**
Div. lat. int. du périanthe linéaires, obtuses, arrondies ou tronquées ; tomentum du labelle n'étant
pas sensiblement plus long vers les bords 37

37 {
Fl. moyennes (9-10 mm., sur 7-9), peu nombreuses, ord. 2-6 : div. ext. et lat. int. du périanthe
vertes ; labelle brun plus ou moins foncé, bords verdâtres ; plante plus robuste. . **O. aranifera**
Fl. de moitié plus petites (5-5,5 mm. sur 5), plus nombreuses, 5-10 ; div. ext. et lat. int. du périanthe jaunes ou jaune verdâtre ; labelle brun clair ou verdâtre, à bords jaunes ; plante assez
grêle . . . . **O. litigiosa**

Morphologie interne (1).

1 {
Div. lat. int. du périanthe dépourvues de papilles étroites et allongées ; cellules épidermiques marginales de ces div. à paroi ext. seulement plus ou moins bombée, arrondie ou à papilles très réduites
et peu nombreuses (pl. 121, f. 381-382). Tache luisante centrale du labelle à épiderme papilleux
(pl. 121, f. 385-387). 2
Div. lat. int. du périanthe munies, vers les bords, de papilles les unes très nombreuses, les autres
peu abondantes, atténuées à l'extrémité et atteignant 100-200 μ de long env. Tache luisante centrale du labelle à épiderme non papilleux (pl. 121, f. 414) . . . . **O. Bertolonii**
Div. lat. int. du périanthe munies de papilles étroites, allongées, toujours assez nombreuses (pl. 121,
f. 391, 394', 399, 400, 404-407, 416) 3

2 {
Poils à contenu jaune très nombreux tout autour du bord du labelle . . . . **O. lutea**
Poils à contenu jaune peu abondants, existant au bord du labelle. . . . . **O. funerea**
Poils à contenu jaune très peu nombreux, existant seulement au bord de la partie sup. du labelle
. . . . **O. fusca**

1. On voit, d'après ce tableau, que certaines espèces bien distinctes, à l'examen externe, sont très peu caractérisées au point de vue anatomique. Nous n'avons fait figurer, dans ce tableau, que les espèces ou sous-espèces étudiées d'après les plantes vivantes. Lorsque ces espèces ou sous-espèces nous ont paru ne présenter que des différences minimes et probablement peu stables nous avons cru préférable de ne pas noter ces caractères distinctifs.

3 { Div. lat. int. du périanthe à papilles ne dépassant pas 50-160 μ de long 4
{ Div. lat. int. du périanthe à papilles atteignant 250-350 μ de long env. 5

4 { Poils du labelle atteignant 50-120 μ de long (pl. 121, f. 392-393). Exine non ou à peine granuleuse à la périphérie des massules . . . . **O. muscifera**
{ Poils du labelle atteignant 250-1000 μ de long (pl. 121, f. 397). Exine à réseau de bâtonnets assez net à la périphérie des massules . **O. aranifera, O. atrata, O. arachniformis, O. litigiosa**

5 { Tache centrale luisante du labelle absolument dépourvue de papilles. . . . . **O. Speculum**
{ Tache luisante ayant toujours des cellules épidermiques munies de papilles 6

6 { Div. ext. du périanthe à cellules épidermiques papilleuses vers les bords 7
{ Div. ext. du périanthe dépourvues de papilles 9

7 { Div. lat. int. du périanthe munies de poils renflés à l'extrémité (pl. 121, f. 404-407). Exine des tétrades de la périphérie des massules munies d'un réseau de bâtonnets marqué . . . **O. apifera**
{ Div. lat. int. du périanthe munies de poils atténués à l'extrémité (pl. 121, f. 399-400). Exine des tétrades de la périphérie des massules à peine granuleuse. 8

8 { Grains d'amidon des tubercules atteignant 20-40 μ de long env. Graines adultes longues de 350-450 μ env. . . . . **O. fuciflora**
{ Grains d'amidon des tubercules atteignant 12-30 μ de diam. env. Graines adultes longues de 250-300 μ env. . . . . **O. Scolopax**

9 { Poils du labelle atteignant 500-1000 μ de long. Grains d'amidon des tubercules atteignant 25-35μ de long . . . . **O. tenthredinifera**
{ Poils du labelle atteignant 350-500 μ de long. Grains d'amidon des tubercules atteignant 25-45 μ de long. . . . . **O. bombyliflora**

Sect. A. **Pseud-ophrys** GODFERY in *Journ. of Bot.* (1928), p. 36. — *Musciferæ* PARLAT., *Fl. Ital.* III, p. 552, p. p. — *Myodes* SCHLECHT., *Iconogr.*, p. 90 (1926), p. p. — Labelle à cavité basillaire, plan, dépourvu de gibbosités, sans petites protubérances basilaires brillantes (staminodes de certains auteurs), trilobé, à lobes lat. subarrondis, à lobe méd. plus large que les lat., bilobé ou émarginé, sans appendice ; souvent dessins du labelle formant deux boucles contiguës ; pollinies transportées par des Hyménoptères, sur le segment terminal de leur abdomen, d'apr. GODFERY.

1. — O. FUSCA

O. fusca LINK in SCHRAD., *Journ.* I, p. 324 (1799) ; WILLD., *Spec.*, IV, p. 69 ; LINDL., *Gen. and spec.*, p. 373 ; REICHB. F., *Icon.*, XIII-XIV, p. 73 ; RICHTER, *Pl. Eur.* I, p. 261 ; KRAENZ., *Gen. et spec.*, I, p. 96 ; LOISEL., *Fl. gall.*, éd. 2, t. 2, p. 270, n° 9 ; MUTEL, *Fl. fr.*, III, p. 249 ; S.-AM., *Fl. agen.*, p. 375, f. 1 ; NOUL., *Fl. Bass. s.-pyr.*, p. 617, n° 3 ; MARTR.-DONOS, *Fl. Tarn*, p. 708 ; LAGR. FOSSAT, *Fl. Tarn*, p. 1 ; GR. et GODR., *Fl. Fr.*, III, p. 305 ; CASTAGNE, *Cat. B.-d.-Rh.*, p. 157 ; ARDOINO, *Fl. Alp.-Mar.*, p. 357 ; BARLA, *Iconogr.*, p. 75 ; MOGGR., *Contr. fl. Menton*, t. 46 ; p. p. ; G. CAM., *Monogr. Orch. Fr.*, p. 95 ; in *Journ. bot.*, VII, p. 138 ; G. CAM. BERG. A. CAM., *Monogr. Orch. Eur.*, p. 248 ; LLOYD et FOUC., *Fl. Ouest*, p. 339 ; DEBEAUX, *Révis. fl. agen.*, p. 521 ; DULAC, *Fl. H.-Pyr.*, p. 127 ; GAUTIER, *Fl. Pyr.-Orient.*, p. 401 ; GUILL., *Fl. Bord. et S.-O.*, p. 171 ; COSTE, *Fl. Fr.*, III, p. 389, n° 3570, *cum icone* ; ROUY, *Fl. Fr.*, XIII, p. 108 ; BRIQUET, *Prodr. Fl. Corse*, p. 348 ; ALB. et JAHAND., *Cat. Var*, p. 481 ; GUSS., *Fl. sic.*, II, p. 550 ; TEN., *Fl. nap.*, II, p. 303 ; et *Syll.*, p. 460 ; DE NOTAR., *Repert. fl. lig.*, n° 1175 ; VACCARI, *Fl. arcip. Maddal.* in *Malp.*, VIII, p. 267 ; CES. PASS. GIB., *Comp.*, p. 193 ; W. BARBEY, *Fl. Sard. comp.*, n° 1329 ; ARCANG., *Comp.*, éd. 2, p. 173 ; FIORI et PAOL., *Iconogr. ital.*, n° 807 ; ROSS, *Beitr. z. fl. Sicil.* in *Bull. Herb. Boiss.*, p. 294 (1899) ; COCCONI, *Fl. Bologn.*, p. 488 ; BOISS., *Voy. Esp.*, p. 597 ; WILLK. et LANGE, *Prodr. hisp.*, I, p. 174 ; COLMEIRO, *Enum. pl. hisp. lusit.*, V, p. 44 ; H. KNOCHE, *Fl. balear.*, I, p. 408 ; GUIMAR., *Orch. port.*, p. 33 ; BERTOL., *Fl. ital.*, IX, p. 595 ; PARLAT., *Fl. ital.*, III, p. 559 ; RISSO, *Fl. Nice*, p. 432 ; M. SCHULZE, *Die Orchid.*, n° 24 ; ASCHERS. et GRAEBN., *Syn.*, III, p. 626 ; ZIMMERM., *Die Form. d. Orchid.*, p. 41 ; GRISEB., *Spic. fl. rum. et bith.*, p. 366 ; PANTU in *Bull. Sect. scient. Ac. roum.*, III, p. 253 (1915) ; SIBTH. et SM., *Fl. gr. prodr.*, II, p. 218 ; *Fl. gr.*, X, p. 22, t. 930 ; CHAUB. et BOR., *Expéd. Morée*, p. 263, t. 32, f. 1 ; *Fl. Pélop.*, p. 61, t. 34, f. 1 ; MARG. et R., *Fl. Zante*, p. 86 ; FRIEDR., *Reise*, p. 268, 269 ; UNG., *Reise*, p. 120 ; WEISS. *in Z. b. Ges.* (1869), p. 754 ; RAULIN, *Crète*, p. 862 ; SPREITZ in *Z. b. Ges* (1877), p. 731 ; HELDR., *Fl. Cephal.*, p. 65 ; *Fl. Aeg.*, in *Bull. Herb. Boissier*, p. 391 (1898) ; HAUSSKN., *Symb. fl. gr.*, p. 25 ; BOISS., *Fl. orient.*, V, p. 75 ; BARBEY, *Et. Kasos, op. cit.* (1894) ; *Etude Syra* (1895) ; MUNBY, *Catal.*, p. 101; LACROIX, *Catal. Kabylie* ; BATTAND. et TRAB., *Fl. Alg.* (1884), p. 200 ; (1895), p. 23 ; (1904), p. 320 ; *Atl.*, pl. I, f. 5-7 ; BONNET et BARR., *Catal. Tunisie*, p. 404 ; DEBEAUX, *Fl. Kabyl. Djurdjura*, p. 343 ;

Durand et Barratte, *Fl. Libycæ Prodr.*, p. 227 ; Gandoger in *Bull. Soc. bot. Fr.* (1917), p. 114 ; Fleischmann in *Oesterr. bot. Zeitschr.* (1925),p. 180. ; Schlecht., *Monogr.*, p. 94, pl. 11, f. 7. — **O. insectifera** γ et x L., *Spec.* éd. I, p. 949 (1753). — **O. myodes** ζ Lamk., *Encycl.*, IV, p. 572 (1797). — **O. lutea** Biv., *Cent. Sic. dec.* II, p. 41 (1807) ; non Cavan. — **Arachnites fusca** Tod., *Orch. Sic.*, p. 98 (1842). — *O. myodes fusca lusitanica* Breyn., *Cent.*, p. 101.

Noms vulg. : Ophrys brun. — Portug. : Moscardo fusco. — Allem. : Braune Ragwurz.

Icon. : Reichb., *Pl. crit.*, t. DCCCLV ; Reichb. F., *Icon.*, t. 92, CCCCXLIV, f. 1-2 ; Ten., *Fl. nap.*, t. 92 ; Brotero, *Fl. lusit.*, II, t. 93, f. 1 ; Tod., *l. c.*, t. 2, f. 11-12 ; Mutel, *Atlas*, pl. LXVI, f. 508 a ; S.-Am., *Bouq.*, t. 8, f. 1 ; Sibth. et Sm., *Fl. gr.*, t. 930 ; Bory et Chaub., *Exp. Morée*, n° 1231, t. 32, f. 1 ; *Fl. Pélop.*, t. 34, f. I ; Guimar., *l. c.*, pl. III, f. 23 ; Barla, *l. c.*, pl. 62, f. 1-13 ; M. Schulze, *l. c.*, t. 24 et 25 ; G. Cam. Berg. A. Cam., *l. c.*, pl. 24, f. 840-843 ; *Ic. n.*, pl. 59, f. 1-8.

Exsicc. : Billot, n° 858 ; F. Schultz, *H. n.*, n° 146 ; Orphanides, *Fl. gr.*, n° 153 ; Heldr., *Herb. gr.*, n° 69 ; W. Siehe's, *Bot. Reise nach Cilicien* (1895) ; Welw., *Cont.*, n° 345 ; Magnier, *Fl. sel.*, n°s 3864, 1810 ; Tribout, *Fr. fl. Alg.*, n° 385 ; Bourgeau, *Pl. Pyr. esp.*, n° 436 ; Sennen, *Pl. Esp.*, n° 141, 382, 5633 ; *Dauph.*, n° 1859 ; Sint. et Rigo, *Iter. cypr.*, n° 158.

Tubercules ordt subglobuleux, parfois oblongs, l'un souvent pédicellé. Fibres radicales assez grêles. Tige de 1-3, parfois 6 décim. (1), d'un vert jaunâtre, sinueuse, grêle, nue et un peu anguleuse au sommet, entourée à la base de 1-2 gaines brunâtres. Feuilles d'un vert bleu, à nervures nombreuses, les 3-4 inf. rapprochées à la base, relativement petites, oblongues ou oblongues-lancéolées, atténuées à la base, obtuses, mucronées, à mucron recourbé, les caulinaires 1-2, petites, lancéolées, un peu aiguës, engainantes, renflées. Bractées ovales, allongées, obtuses, concaves, plurinervées, vert pâle, égalant l'ovaire ou le dépassant un peu, les inf. ordt aussi longues que la fleur. *Fleurs assez grandes*, 2-6, disposées en épi lâche,dégageant un très léger parfum (2). Divisions ext. du périanthe d'un vert jaunâtre (très rarement roses ?) à 3 nervures un peu plus vertes, à bords réfléchis, les lat. ovales-elliptiques, obtuses, étalées, la médiane obtuse ou tronquée au sommet, recourbée en avant et recouvrant en partie le gynostème ; *divisions lat. int. un peu plus courtes que les ext.*, sublinéaires-obtuses au sommet, *à peine papilleuses vers les bords*, à bords souvent ondulés, d'un vert jaunâtre plus ou moins foncé. *Labelle* plus long que les divisions ext., pendant, *peu convexe*, non gibbeux, mais un peu concave à la base, obovale-oblong, insensiblement atténué en coin à la base, *3-lobé au sommet*, à lobes lat. un peu défléchis, plus courts et plus étroits que le lobe moyen, arrondis ou obtus, *à lobe moyen large et subdivisé en 2 lobules égalant presque les lobes lat.*, ce qui rend le labelle 4-lobé, *sans appendice*, d'un brun pourpre, brièvement pubescent, velouté, marqué, depuis la base jusque vers le milieu ou un peu au-dessous, de deux taches oblongues, contiguës, séparées en avant, un peu luisantes, d'un gris de plomb, entourées d'une marge étroite jaunâtre. Gynostème court, assez gros, courbé en avant, à bec obtus, émarginé. *Anthère* jaune-verdâtre, *à loges non contiguës, séparées par un intervalle plus grand vers le milieu que dans les parties sup. et inf.* Masses polliniques jaunes. Caudicules jaune pâle. Rétinacles blanchâtres. Ovaire sessile, allongé, linéaire, d'un vert clair. Fruit allongé, non tordu, à 6 côtes (3).

Morphologie interne

Tubercule. Grains d'amidon très gros, plus ou moins réguliers, atteignant 30 μ de long ; 1-2 pôles ligneux par cylindre central. — *Fibres radicales.* Vaisseaux de métaxylème ordt différenciés.

Tige (f. 131). Stomates assez nombreux. 2-4 assises de parenchyme chlorophyllien entre l'épiderme et l'anneau lignifié. 3-6 assises lignifiées composées de cellules à parois minces et de forme plus ou moins régulière.

1. Cette espèce a un développement très variable.
2. Cf. A. Camus in *Bull. bi-mens. Soc. Linn. Lyon* (1926), p. 125.
3. L'O. *fusca* est fécondé par l'intermédiaire de l'*Andrena trimmerana* ♂ et de l'*A. nigroaenea* ♂, de couleur sombre, comme le labelle de la fleur, alors que les insectes qui fécondent l'*O. lutea* et l'*O. Speculum* sont plus clairs, comme les fleurs qu'ils visitent. Dans l'*O. fusca*, les insectes se placent, sur le labelle, dans la position renversée et transportent le pollen sur l'extrémité de leur abdomen,non sur leur tête,comme dans l'*O. Speculum*. M. Godfery les vit entrer dans le casque, la tête la première, puis tourner en rond, s'efforçant de saisir les côtés du labelle avec leurs pattes et s'y attachant fortement, entrant avec l'extrémité de l'abdomen dans la cavité basilaire du labelle en s'agitant beaucoup pendant une ou deux minutes. Les mâles seuls visitent les fl. et agissent absolument comme si les taches du labelle étaient une femelle de la même espèce qu'ils voulussent féconder. En sortant de la gorge de la fl., ils on tord. deux pollinies attachées à l'extrémité de l'abdomen. La fécondation de l'*O. fusca* pourrait aussi être directe, peut-être par l'intermédiaire des insectes. Le trajet du pollen dans l'ovaire mettrait 18-20 jours. La proportion des ovaires qui restent stériles est env. de 80 % (Cf. Pouyanne in *Bull. Soc. Hst. nat. Afr. du Nord* (1917), p. 7 ; Godfery in *Journ. of Bot.* (1925), p. 33 ; (1297), p. 350 ; in *Orchid Review* (1925), p. 195 ; Houzeau de Lehaie in *Bull. Nat. Mons et Borinage*, VII, p. 78 (1925) ; Rotschild in *Orchid Review* (1925), p. 99).

Faisceaux libéroligneux touchant au tissu lignifié ou séparés de celui-ci par un peu de parenchyme.Liber très développé. Parenchyme central abondant, non lignifié, contenant quelques cellules à raphides, lacuneux au centre.

Feuille (f. 132). Ep. = 250-480 μ env. Epiderme sup. strié, à parfois à peine recticurvilignes, haut de 60-70 μ, à paroi ext. épaisse de 8-10 μ env. et légèrement bombée, parfois dépourvu de stomates dans les feuilles inf. Epiderme inf. à parois recticurvilignes, haut de 40-60 μ, à paroi ext. légèrement bombée, épaisse de 6-9 μ env., à stomates abondants. Parenchyme formé de 6-9 assises de cellules, les 2-3 assises sup. constituant un tissu serré assez chlorophyllien, les inf. formant un tissu lâche peu chlorophyllien : cellules à raphides. Nervure médiane (f. 132) à section concave-convexe, à faisceau muni à la partie infér. de tissu presque sans chlorophylle et collenchymateux sous l'épiderme et, à la partie sup., de tissu chlorophyllien ; autres nervures sans modification du parenchyme entourant le faisceau.

Fleur. Divisions externes du périanthe. Epidermes ext. et int. striés, un peu papilleux vers les bords seulement. — *Divisions latérales internes* Epidermes ext. et int. non ou à peine striés. Epiderme int. muni, vers le milieu des div. lat. int. (f. 133), de quelques rares papilles étroites, atteignant 30-40 μ (pl. 121, f. 382), se soulevant seulement légèrement vers les bords en grosses papilles courtes et obtuses (pl. 121, f. 381). Les épidermes des div. ext. et lat. int. contiennent parfois des traces d'huile essentielle, surtout vers les bords. — *Labelle.*Sect. de la partie sup. du labelle présentant deux gibbosités (f. 134) dont la partie int. porte des poils. Epiderme int. de la tache centrale bleuâtre muni de papilles étroites, allongées, atteignant 20-70 μ de long, à contenu d'un bleu intense (pl. 121, f. 385-387). Sect. du milieu du labelle en croissant, peu sinueuse (f. 135).Partie périphérique violacée du labelle prolongée en poils longs de 250-370 μ (pl. 121, f. 383-384), coniques, striés, parfois légèrement entortillés à l'extrémité, non ou peu ondulés. Partie jaune marginale pourvue, vers l'extérieur, de poils peu nombreux, assez longs, et, vers l'intérieur, de cellules papilliformes. Epiderme inf. du labelle dépourvu de papilles caractérisées et de stomates. — *Anthère.* Epiderme de la partie dorsale du gynostème papilleux. Epiderme des loges non papilleux. Assise mécanique à anneaux épaissis peu nombreux. — *Pollen.* Exine des tétrades périphériques des massules légèrement ruguleuse. L. = 32-42 μ env. — *Ovaire.* Epiderme strié (pl. 122, f. 486). Nervure des valves placentifères plus saillante que les valves non placentifères, à carène très brusque, contenant un faisceau libéroligneux à bois int. et un faisceau int. placentaire tendant à se diviser et entièrement libérien ou ayant 1-3 vaisseaux à l'extérieur. Placenta très long, nettement divisé au sommet. Valves non placentifères très proéminentes extérieurement, trilobées, contenant un faisceau libéroligneux à bois int. — *Graines.* Cellules du tégument à parois recticurvilignes, munies d'épaississements striés, à anastomoses rares. Graines allongées, arrondies au sommet, 1 f. 1/2-1 f. 1/4 plus longues que larges. L. = 400-500 μ env.

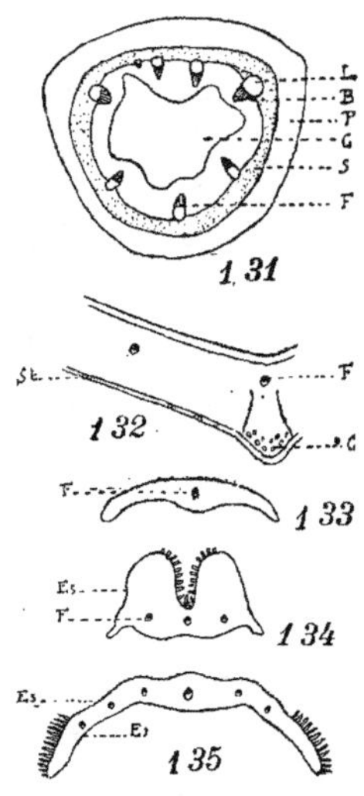

Ophrys fusca. — Fig. 131 : section transv. schématique de la tige ; B, bois ; C, lacune centrale ; E, épiderme ; F, faisceau libéroligneux ; L, liber ; P, parenchyme ; S, sclérenchyme. — Fig. 132 : section transv. schématique du milieu de la feuille. — Fig. 133 : section transv. schématique d'une division lat. int. du périanthe. — Fig. 134 : section de la partie sup. du labelle. — Fig. 135 : section de la partie médiane du labelle ; Ei, épiderme inf. ; Es, épiderme sup.

Var. β **Forestieri** Reichb. F., *Icon.*, XIII-XIV, t. CCCCLXIV, f. 12 (1851) ; Fleischmann, *l. c.* — O. *Forestieri* Lojacono, *Fl. Sicula*, III, p. 44 (1909). — Labelle à lobes lat. presque verticaux et à lobe médian subquadrangulaire, un peu rétus. — Nous paraît très proche de la var. *iricolor.* — France : Alpes-Marit. : L'Escalieu (de Forestier) ; Sicile, Crète (d'apr. Fleischmann).

Var. γ **iricolor** Br. ap. Chaub. et Bory, *Expéd. sc. Morée*, t. 32, f. 1 (1832) ; Mutel, *Ophr. bon.* in *Ann. sc. nat. Strasbourg* (1835), f. 2 ; *Fl. Fr.*, III, p. 250 ; *Atlas*, t. LXVI, f. 508 ; Reichb., *Cent.*, IX, f. 148 ; Reichb. F., *Icon.*, XIII-XIV, p. 73 (1851) ; Heldr., *Fl. Egine*, p. 391 ; Richter, *Pl. Eur.*, I, p. 261 ; Boiss., *Fl. orient.*, V, p. 75 ; G. Cam., *Monogr. Orch. Fr.*, p. 96 ; in *Journ. bot.*, VII, p. 139 ; M. Schulze, *Die Orchid.*, n° 25 ; G. Cam. Berg. A. Cam., *l. c.*, p. 250 ; Maire in *Bull. Soc. Hist. nat. Afr. Nord.* (1921), p. 51 ; Fleischmann, *l. c.* ; Blanc in *Le Monde des pl.* (1925), p. 7. — O. *iricolor* Desf., *Ch. Pl. Coroll. Inst. Tourn.*, p. 56, t. 3 (1808). — *Icon.* : Desf. *l. c.* ; Reichb., *Pl. crit.*, t. DCCCLVI ; Reichb. F., *Icon.*, XIII-XIV, t. 92,

CCCCXLIV, f. IV, t. 93, CCCCXLV, (1851) ; M. Schulze, *l. c.*, t. 25 ; G. Cam. Berg. A. Cam., *l. c.*, pl. 25, f. 847. *Ic. n.*, pl. 59, f. 9. — *Exsicc.* : Orph. *Herb.* (1853) ; *Fl. Pélop.*. (1889) ; Dörfler, *Pl. Crète*, nᵒ 122. — Fleurs plus grandes que dans le type. Div. du périanthe plus étroites, les lat. int. brusquement arrondies et mucronées. Labelle grand, allongé, étroit, violet noirâtre, à taches gris bleu acier ou brunâtres, souvent bordées de jaune ; lobes lat. allongés, recourbés en dessus, subquadrangulaires ; lobe médian bilobé, rétus : pas de taches brunes sous le stigmate ou taches linéaires. — Espagne, France méridionale, Corse (alt. 100-200 m. d'apr.Briquet),Italie,Sardaigne, Istrie, Dalmatie, Macédoine, Grèce, Balkans, Crète, Rhodes, Palestine (d'apr. Fleischmann), Algérie.

Var. δ **sicula** Tin. *Pl. rar. Sic.*, p. 13 (1817) ; Lojacono, *Fl. Sicula*, III, p. 44 (1909). — *Arachnites lutea* var. *minor* Tod., *Orch. Sic.*, p. 94 (1842). — *Ophrys lutea* var. *minor* Guss., *Syn. Fl. Sic.*, II, p. 550. — *O. lutea* f. *sicula* Soó in Fedde. *Repert* (1927), p. 25. — *Icon.* : Lojacono, *l. c.*, t. I, f. 37, a, g. — Fl. bien plus petites que dans le type ; labelle un peu plus court que dans les autres variétés. — Sicile.

Var. ε **maxima** Terracciano in *Bull. Soc. Bot. Ital.* (1910), p. 22 ; Fedde, *Repert.*, VIII, p. 493 (1910).— Tige robuste, atteignant 30 cm. Fl. grandes ; labelle étalé, indivis. — Sardaigne.

V. v.— Janvier,février, en Afrique ; mars-mai,en Europe.— *Habitat* : collines arides sèches,talus,surtout sur les terrains calcaires et argileux de la rég. méditerranéenne ; monte à 930 m. aux Baléares (H. Knoche). — *Répart. geogr.* : Portugal (répandu) ; Espagne (répandu, sauf dans la rég. septentr., Burgos, plaine de Miranda de Ebro, Gérone, coteaux de l'Ampourdan, Barcelone, massif du Tibidabo, Castelldefils, Tarragone (Sennen), Baléares (Minorque, Ibiza) ; France (sud-ouest, monte jusque dans la Charente-Inf. où il est très rare, rég. mérid. et méditerr.; rare dans les Pyr.-Orientales, remonte jusque dans la Corrèze, la Dordogne ; Corse, monte à 900 et 1.000 m., chapelle de S. Angelo) ; Italie (rég. litt. et submontagn.,côte occid., Ligurie, Emilie, Toscane,Marches,parties centr.et mérid.de la péninsule) ; Sardaigne (env. de Sassari (Mor.) ; Sicile ; Malte ; Istrie ; Dalmatie ; Monténégro (Rohlena) ; Roumanie (Pantu) ; Turquie ; Grèce : Macédoine ; Chypre ; Crète ; Asie Mineure ; Syrie ; Palestine ; Cyrénaïque ; Tunisie ; Algérie (C.).

Sous-esp. **O. atlantica**

O. atlantica Munby in *Bull. Soc. bot. Fr.*, III, p. 108 (1856) ; Battand. in *Bull. Soc. bot. Fr.* (1886), p. 298 ; Battand. et Trab., *Fl. Alg.* (1884), p. 200 ; (1904), p. 320 ; G. Cam. Berg. A. Cam., *Monogr. Orch. Eur.*, p. 250 ; Lojacono ,*Fl. Sicula*, III, p. 45. — *O. fusca* var. *atlantica* Lacroix, *Catal. Kabylie.* — *O. fusca* var. *Duriei* Reichb. F., *Icon.*, XIII-XIV, p. 73 et 74 (1851). — *O. fusca* ssp. *Duriei* Soó in Fedde, *Repert.* (1927), p. 26.

Icon. : Reichb. F., *l. c.*, t. 110, CCCCLXII, f. I ; Batt. et Trab., *Atl. Fl. Alger.*, t. I, f. 1-4 ; *Ic. n.*, pl. 59, f. 19-22 (exempl. de Teniet el Haad, alt. 1.200-1.500 m.).

Exsicc. : Tribout, *Fragm. fl. Alg.*, nᵒ 385 (s. n. *O. fusca* var. *Duriæi* Link).

Epi grêle, 1-2-rarement 3-flore. Fleurs très grandes (2,5-3 cm.), à gorge presque fermée. Div. ext. du périanthe à bords révolutés ; les lat. int. égalant presque les ext., longuement linéaires, renversées en arrière, à bords ondulés et munis d'une marge noirâtre. Labelle très grand, à base étroite et convexe ; tache centrale aussi large que longue, homochrome, d'un bleu métallique brillant ; lobes lat. naissant très bas, érodés-dentés ; lobe méd. bilobé. Anthère linéaire, droite, mais un peu arquée au sommet.

Morph. int. — Paraît différer surtout de l'*O. fusca* par le développement plus grand de presque tous les tissus. Les papilles des div. lat. int. sont un peu moins courtes, les poils du labelle atteignent 450-500 μ de long et l'épiderme sup. du limbe est haut de 100-110 μ.

V. v. — Hautes montagnes de l'Algérie. Rare.

Sous-esp. ou × **O. subfusca.**

Sous-esp. ou × **O. subfusca** Mürbeck, *Contr. fl. N.-O. de l'Afr. et de la Tunisie*, p. 21, t. XII,f. 4 (1899) ; Battand. et Trab., *Fl. Alg.* (1904), p. 320 ; G. Cam. Berg. A. Cam., *Monogr. Orch. Eur.*, p. 307 ; Hayek in *Rep. sp. nov.* (1926) p. 388. — **O. lutea** var. **subfusca** Reichb. F., *Icon.*, XIII-XIV, p. 76, t. 165, f. 1-2 (1851) (1) ; Battand. et Trab., *Fl. Alg.* (1884),p. 201, p. p. — **O. Murbeckii** Fleischmann in *Oesterr. bot. Zeitschr.* (1925), p. 183.

1. Décrit par cet auteur sur une fleur isolée.

Icon. : Mürbeck, *l. c.* ; G. Cam. Berg. A. Cam., *l. c.*, pl. 25, f. 864 ; *Ic. n.*, pl. 74, f. 11-12.

Exsicc. : ap. Mürbeck : Jamin, *Pl. Alg.* (1850), n° 90 (H. Cosson, mixt. c. *O. lut.*) ; Choulette, *Fragm. fl. Alg.*, s. 2, n° 86 (Cosson).

Très voisin de l'*O. fusca*, mais rappelant l'*O. lutea* par ses couleurs, son labelle à bordure jaunâtre, large de 1-2 mm., mais à lobes lat. plus larges et non repliés en dessous.

Monstruosités. — Une anomalie florale de l'*O. subfusca*, constituée par la présence de 2-3 étamines, a été signalée par M. Nicolas (*Bull. Soc. Hist. nat. Afr. du Nord* (1918), p. 169 et (1919), p. 87). Cette anomalie s'est maintenue par multiplication des tubercules.

V. v. — Sicile : Montagna longa di Carini (Riccob) ; hautes montagnes de l'Algérie où il est toujours très rare (Zaccas, Atlas de Blida, Zaccar di Milianah, Akbon, etc.), Numidie (Taleb, Attafi, d'apr. Maire), Tunisie, Maroc (Munby.)

Sous-esp. **O. pallida.**

O. pallida Rafinesque, *Car. n. gen.*, p. 207 (1810) ; Guss., *Syn. fl. sic.*, II, p. 550 ; Ces. Pass. Gib., *Comp.*, p. 193 ; Battand. et Trab., *Fl. Alg.*, p. 201 (1884); Arcang.,*Comp.*, éd. 2, p. 173 ; Richter, *Fl. Eur.*, I, p. 261 ; G. Cam. Berg. A. Cam., *Monogr. Orch. Eur.*, p. 251 ; Schlecht., *Monogr.*, p. 96, pl. 2, f. 8. — **O. pectus** Mutel in *Mém. Soc. hist. nat. Strasb.* (1835), in *Ann. Sc. nat.*, s. 2, III, (1835), p. 243, t. 8, f. 3. — **O. fusca 2 pallida** Reichb. F., *Icon.*,XIII-XIV, p. 73 (1851), t. 91, CCCCXLIII, f. II, III. - **Arachnites pallida** Tod., *Orchid. sic.*, p. 100 (1842), t. 1, f. 11, 12. — **Oph. fusca β pallida** Fiori et Paoletti, *Fl. It.*, I, p. 236. - *Orchis myodes minor seu minori macriorique flore cinereo* Cup., *H. cath. suppl.*, p. 249. — *Orchis myodes seu minor macriorique flore cinereo-atropurpureo* Cup., *H. cath. suppl. alt.*, p. 67.

Icon. : Todaro, *Orch. sic.*, t. I, f. 11-12. ; Reichb., *l. c.* ; Mutel, *l. c.* ; Cup., *Pamph.*, 2, t. 16 3 ; Bonan., t. 29 ; Lojacono, *l. c.*, t. LI, f. 9 ; *Ic. n.*, pl. 60, f. 17.

Exsicc. : Todaro, *Fl. sic.*, n° 903.

Plante grêle. Tubercules subglobuleux, à l'extrémité de rhizomes allongés. Feuilles basilaires 3-5, oblongues, obtuses ou acuminées, longues de 3-5 centim., larges de 1,5 cent. : feuille caulinaire 1, engainante. Bractées ovales-oblongues, obtuses, concaves, un peu cucullées, les inf. dépassant peu les fleurs. Fleurs peu nombreuses, 2-4, rarement 5-6, à gorge presque fermée. Divisions du périanthe les ext. ovales-elliptiques, à bords révolutés ; les lat. ext. étalées, obtuses, la médian infléchie très cucullée, très obtuse ; *les lat. int. sublinéaires, tronquées, obtuses ou submucronulées*, glabres, à bords non ondulés, *un peu plus courtes que les ext.* Labelle d'un blanc jaunâtre à la base, allongé, *genouillé, brusquement recourbé sous la gorge*, dans la partie rétrécie, à bords assez longuement parallèles, muni de deux petites gibbosités arrondies, à macule unique, brillante ou à 2 macules oblongues et contiguës, 3-lobé, à lobes lat. presque nuls,oblongs-obtus, recourbés en dessous, *à lobe médian plus large et plus long que les lat.*, très recourbé, arrondi, *entier ou à peine émarginé.* Gynostème très court, obtus.

V. s. — Mars, mai. — Montagnes et collines dans la zone du Chêne et du Châtaignier. — Sicile : env. de Palerme au Monte Pizzuta, Monte Renda, Monte Occhio, Pianodella Stuppa près Misilmeri, Marineo, Bosco del Capollière, Monte Busambra, Prizzi, etc., Algérie.

Sous-esp. ? **O. obæsa.**

O. obæsa Lojacono, *Fl sicula.* III, p. 46 (1909) ; *Ic.*, t. I, f. 8, a-b.

Icon. : *Ic. n.*, pl. 60, f. 15-16.

Diffère de l'*O. pallida* par sa *taille plus robuste*, ses fleurs plus nombreuses, environ 2 fois plus grandes, à bractées larges, minces, jaunâtres, à divisions ext. plus grandes, à labelle subquadrangulaire, 3-lobé, à bords réfléchis, densément poilus.

Sicile.

Sous-esp. **O. funerea.**

O. funerea Viv., *Fl. cors.*, p. 15 (1824) ; Lindley, *Gen. and spec.*, p. 372 ; de Notar., *Rep. fl. lig.*, p. 392 ; Bertol., *Fl. ital.*, IX, p. 599 ; Parlat., *Fl. ital.*, III, p. 651 ; Ces. Pass. Gib., *Comp.*, p. 193 ; G. Cam., *Monogr. Orchid. Fr.*, p. 96 ; in *Journ. Bot.*, VII, p. 139 ; G. Cam. Berg. A. Cam., *Monogr. Orch. Eur.*, p. 251 (subspec.) ; Lojacono, *Fl. Sicula*, III, p. 45. — **O. fusca** var. **funerea** Barla, *Iconogr.*, p. 75

(1872); Arcang., *Comp.*, éd. 2, p. 173 ; Bicknell, *Fl. of Bordighera*, p. 270 (1894); Aschers. et Graebn., *Syn.*, III, p. 628 ; Rouy, *Fl. Fr.*, XIII, p. 109 ; Fleischmann in *Oesterr. bot. Zeitschr.*, (1925), p. 182. — **O. fusca** f. **funerea** Briquet, *Prodr. fl. corse*, p. 348.

Icon. : Barla, *l. c.*, pl. 62, f. 14-27 ; Ces. Pass. Gib., *l. c.*, t. XXIV, f. 4, a et b ; G. Cam. Berg. A. Cam., *l. c.*, pl. 25, f. 844 ; *Ic. n.*, pl. 59, f. 10-18.

Exsicc. : Soc. Rochel., n° 4334 ; Soc. ét. fl. fr.-helv., n° 1830 ; Choulette, *Fl. Alg.*, n° 482.

Tubercules ovoïdes, subglobuleux. Tige de 1 à 3 décim., grêle, cylindrique, sinueuse, nue au sommet. Feuilles glaucescentes, oblongues ou oblongues-lancéolées ; les infér. obtuses, mucronées, les caulinaires lancéolées, un peu aiguës. Bractées ovales-oblongues, obtuses, concaves, les infér. dépassant peu l'ovaire ou l'égalant, 5-7 nervées. *Fleurs 3-7, plus petites que dans l'O. fusca*, disposées en épi lâche. *Divisions ext. du périanthe* d'un vert jaunâtre, à 3 nervures dont 2 lat. peu marquées, *elliptiques*-obtuses, à bords réfléchis, les lat. étalées, la médiane tronquée au sommet et recouvrant en partie le gynostème, *les lat. int. un peu plus courtes*, sublinéaires, obtuses, à bords souvent ondulés, d'un jaune plus ou moins lavé d'orangé ou de brun rouge. *Labelle plus étroit que dans l'O. fusca*, un peu plus long que les divisions ext. du périanthe, oblong, insensiblement atténué-cunéiforme à la base, d'un pourpre brunâtre. *entouré d'une marge étroite, jaunâtre*, glabre seulement à la base, muni de 2 taches oblongues, contiguës, lisses, un peu luisantes, gris de plomb ou parfois noirâtres, 3-lobé au sommet, à lobes lat. un peu réfléchis, plus courts que le lobe moyen et obtus, *à lobe moyen* un peu plus large que les lat., rhomboïdal, *entier ou un peu émarginé* (parfois muni d'un petit appendice, d'après Barla). Gynostème, dressé, verdâtre, à bec obtus, plus droit et plus long que dans l'O. fusca. *Anthère à loges parallèles et presque contiguës dans toute la longueur de la loge. Staminodes plus manifestes que dans l'O. fusca*. Rétinacles aplatis, grands, blanchâtres.

Morph. int. — Très proche des O. fusca et lutea. Ne diffère guère de l'O. fusca que par la présence de longs poils à contenu jaune tout autour du labelle, et de l'O. lutea, par l'abondance bien moindre de ces poils (pl. 121, f. 388).

V. v.— Avril-mai. — France [T. R. Gironde à Cornemps près Libourne (Merlet), aux env. de Bordeaux (Bergon), Var aux env. d'Hyères (Comar), Alpes-Marit. aux env. de la Gaude et de Saint-Jeannet (A. Camus), aux env. de Nice (Barla, Bergon), à Drap, à Contes, à Bendejeun (Barla), au cap Ferrat (Arbost) ; Corse (ap. Briquet, *l. c.*)] ; Italie [Ligurie aux env. de San Remo, de Gênes, de Florence, massif du mont Argentan entre Orbetello et San Stefano (Bergon), Sicile (T. R.), env. de Castelbuono (d'ap. Lojacono); Istrie (Pola)].

Sous-esp. **O. Hayekii**.

O. Hayekii Fleischm. et Soó in Fedde, *Repert.* (1927), p. 26.

Port de l'O. fusca, mais fleurs comme dans la var. *iricolor*, grandes, à div. ext. du périanthe presque égales, de 10 mm. env., à div. lat. int. oblongues, crispées aux bords ; labelle profondément trilobé, plié au milieu et glabre, le reste longuement velu, d'un noir pourpré ; bords crispés et glabres ; lobes lat. obtus, étalés, très séparés ; lobe méd. obcordé, émarginé, denticulé au milieu.

Tunisie : Dj. Bou Koumin pr. Hamman (Hayek, n° 18.238).

Sous-esp. ? **O. Fleischmannii**.

O. Fleischmannii Hayek in *Rep. sp. nov.* (1926), p. 388 ; Soó in *Notizbl. Berlin* (1926), p. 905. — **O. Heldreichii** Fleischmann in *Oesterr. bot. Zeitschr.* (1925), p. 182, f. 6 ; non Schlechter (1923).

Icon. : *Ic. n.*, pl. 129, f. 7.

Très proche de l'O. fusca ; s'en distingue, d'apr. Fleischmann, par les div. lat. int. du périanthe longuement poilues sur les bords et par la pubescence du labelle qui ne serait ni courte, ni veloutée, mais rappellerait plutôt celle du labelle de l'O. Speculum. (× ?). — A quelques rapports avec l'× O. Eliasii Sennen mais s'en distingue bien comme le montrent les figures.

Crète : Distr. Khania, Akrotiri, Karstboden près Hagia Triadha (Dörfler, n° 154, mars 1904).

2. — O. LUTEA

O. lutea Cavan., *Icon. et descr.*, II, p. 46, t. 160 (1793) ; Willd., *Spec.*, IV, p. 70 ; Lindl., *Gen. and spec.*, p. 372 ; Reichb. F., *Icon.*, XIII-XIV, p. 75 ; Richter, *Pl. eur.*, I, p. 264 ; Kraenzl., *Gen. et spec.*, I, p. 97 ; DC., *Fl. fr.*, V, p. 331, n° 2030 a ; Duby, *Bot.*, p. 447 ; Loisel., *Fl. gall.*, p. 269 ; Mutel, *Fl. fr.*, III, p. 248 ; Gr. et God., *Fl. Fr.*, III, p. 305 ; Rouy, *Fl. Fr.*, XIII, p. 109 ; Coste, *Fl. Fr.*, III, p. 389, n° 3571, *cum. ic.* ; Sal. -Marsch. in *Fl. Bot. Zeit.* (1833), p. 492 ; Noulet, *Fl. bass. s.-pyr.*, Add., p. 33 ; Castagne, *Cat. B.-d.-Rh*, p. 157 ; Ardoino, *Fl. Alp.-Mar.*, p. 356 ; Moggridge, *Contr. Fl. Menton*, t. 46, p. p. ; Barla, *Iconogr.*, p. 74 ; Martr.-Don., *Fl. Tarn*, p 708 ; Dulac, *Fl. H.-Pyr.*, p. 127 ; G. Cam., *Monogr. Orch. Fr.*, p. 97 ; in *Journ. de Bot.*, VII, p. 140 ; G. Cam. Berg. A. Cam., *Monogr. Orch. Eur.*, p. 252 ; Alb. et Jahand., *Cat. Var*, p. 481 ; Lloyd et Foucaud, *Fl. Ouest*, p. 339 ; Gautier, *Pyr.-Or.*, p. 401 ; Debeaux, *Rév. fl. agen.*, p. 521 ; Guill., *Fl. Bord. et S.-O.*, p. 171 ; Briquet, *Prodr. fl. corse*, p. 349 ; Viv. in *Ann. d. bot.*, I, II, p. 185 ; Biv., *Sic. pl. cent.*, II, p. 40, *excl. ic.* ; Ten., *Fl. nap.*, II, p. 311 ; Guss., *Sic.*, II, p. 550 ; Strobl, *Fl. nebr.*, p. 140 ; *Fl. aetn.*, p. 62 ; De Notar., *Rep. fl. ligust.*, p. 396 ; Bertol., *Fl. ital.*, IX, p. 595 ; Lojacono, *Fl. Sic.*, III, p. 43 ; Moris, *Fl. Sard.*, I, p. 44 ; W. Barbey, *Fl. Sard., comp. et suppl.*, n° 1328 ; Martelli, *Monoc. Sard.*, p 72 ; Ces. Pass. Gib., *Comp.*, p. 193 ; Parlat., *Fl. ital.*, III, p. 557 ; Arcang., *Comp.*, éd. 2, p. 173 ; Fiori et Paol., *Icon. fl. ital.*, n° 806 ; Brotero, *Phyt. lusit.*, I, p. 6 ; Rodrig., *Cat. Menorca*, p. 88 ; Barcelo, *Apunt. Balear.*, p. 45, n° 115 ; H. Knoche, *Fl. balear.*, I, p. 409 ; Willk. et Lange, *Prodr. hisp.*, I, p. 174 ; Guimar., *Orch. port.*, p. 35 ; Debeaux et Dauter, *Syn. fl. Gibr.*, p. 202 ; Aschers. et Graebn. *Syn.*, III, p. 628 ; Ross, *Beitr. Sicil.* in *Bull. Herb. Boiss.* (1899), p. 294 ; Reichb., *Fl. excurs.*, I, p. 128 ; Vis., *Fl. Dalm.*, I, p. 179 ; Griseb., *Spic. fl. Rum. et Bith.*, II, p. 366 ; Boiss., *Fl. orient.*, V, p. 75 ; *Voy. en Esp.*, p. 598 ; Chaub. et Bory, *Exp. sc. Morée*, p. 263, n° 1232, t. 32, f. 2 ; *N. fl. Pélop.*, n° 1515, p. 61, t. 34, f. 2 ; Krause in Fedde, *Rep. sp. nov.* (1926), p. 297 ; Marg. et R., *Fl. Zant.*, p. 82 ; Ung. *Reise*, p. 119 ; Weiss. in *Zool. bot. Ges.* (1869), p. 754 ; Raulin, *Crète*, p. 862 ; Spreitz in *Zool. bot. Ges* (1877), p. 731 ; Heldr., *Fl. Cephal.*, p. 68 ; *Fl. Egine* in *Bull. Herb. Boiss.* (1898) p. 301 (f minor et parvifl.) ; Germi in *Bull. Soc bot. ital.* (1889), p. 452 ; Hausskn., *Symb. fl. gr.*, p. 25 ; Halacsy, *Consp. fl. gr.*, III, p. 180 ; Munby, *Catul.*, p. 101 ; Lacroix, *Cat. Kabylie* ; Mutel. in *Ann. sc. nat. Strasb.* (1835) ; Battand. et Trab., *Fl. Alg.* (1884), p. 201 ; (1904), p. 320 ; *Atl.*, p. 1, f. 8 ; Ball, *Spic. Maroc.*, p. 673 ; Debeaux, *Fl. Kabyl. Djurdj.*, p. 344 ; Fleischmann in *Oest. bot. Zeitschr.* (1925), p. 183 ; Schlecht. *Monogr.*, p. 93, pl. II, f. 6. — **O. insectifera** ε L., *Spec.*, éd. 1, p. 949 (1753). — **O. myodes** γ **lutea** Gouan, *Fl. monsp.*, p. 299 (1765). — **O. insectifera d. glaberrima** Desf., *Fl. atl.*, II, p. 321 (1800). — **O. vespifera** Willd., *Spec.*, IV, p 65 ! (1805) ; Brot., *Phyt. lus.*, I, f. 2, p. 3 ; *Fl. lus.*, I. p. 24. — **O. myodes** γ DC., *Fl. fr.*, II, n° 2031. — **O. bilunulata** Risso, *Fl. Nice*, p. 462, ex De Notar. (1842) — **Arachnites lutea** Tod., *Orch. sic.*, p. 95, n° 10 (1842). — **Ophrys sicula** Tod., *Fl. sic.*, I, p. 13 (1845) ; exsicc. n° 509. — **Oph. episcopalis** Poiret, *Dict. suppl.* IV, p. 170 (1816) ? — **Oph. corsica** Sol. ap. Bertol., *Fl. ital.*, IX, p. 595 (1853). — *Orchis myodes lutea lusitanica* Breyn., *Cent.* 75 ; Moris, *Hist.*, III, p. 495, t. 12, t. 13, f. 15. — *Orchis muscam referens lutea* Cup., *H. cath.*, p 158.

Noms vulg. : Ophrys jaune. — Angl. : Yellow Ophrys. — Portug. : Herva vespa.

Icon. : Cavan., *l. c.* ; Sweet, *Brit. fl. Gard.*, III, t. 206 ; Tod., *l. c.*, t. 2, f. 9, 10 ; *Bot. Mag.*, t. 193 ; Moore. *Orch. pl.*, t. 1 ; Brot., *l. c.*, t. 3 ; Tin., *Pl. rar. sic.*, f. 1. p. 13 ; Brongn. ap. Ch. et Bory, *l. c.*, t. 32, 34 ; Reichb., *Pl. crit*, DCCCLVII ; Reichb. F., *Icon.*, XIII-XIV, t. 192, CCCCXLVI, f. I-III ; Mutel, *Atlas*, t. LXVI, f. 506 et *Ann. Sc. nat. Strasb.* (1835) t. 1, f. 1 ; Risso, *Fl. Nice*, t. 15 ; Barla, *l. c.*, p. 61, f. 7-23 ; Moggr., *l. c.* ; Guimar., *l. c.*, t. III, f. 24 ; G. Cam. Berg. A. Cam., *l. c.*, pl. 25, f. 829-833 ; *Ic. n.*, pl. 60, f. 1-11.

Exsicc. : Billot, n°s 1799, 3249 ; F. Schultz, *Herb. n.*, n° 754 ; Heldr., *Pl. fl. hell.* (1879) ; Dörfler. n° 120 ; *Soc. Dauph.*, n° 1860 ; Bourgeau, *Pl. Espag.*, n°s 450 et 450 b ; Todaro, *Fl. sic.*, n° 411 ; Rigo, *It. ital.*, n° 103 ; Welw., *Cont.*, n° 344 ; Willk., *It. hisp.*, n° 599 ; Porta et Rigo, *It.*, II, n° 190 ; Soleirol, n° 4023 ; Reverchon, ann. 1880, n° 313 ; Balansa, *Pl. Alg.* (1852), n° 246 ; G. Paris, *It. bor.-afric.*, n° 185 ; Jamin, *Pl. Alg.*, n° 90 ; Krause, *Lydie*, n° 924 ; Sennen, *Fl. Esp.*, n° 3206.

Tubercules subglobuleux. Tige de 1-3,5 décim., subcylindrique, nue au sommet, d'un vert jaunâtre. Feuilles 3-5, d'un vert jaunâtre, non glaucescentes, elliptiques-oblongues ou ovales-oblongues, mucronulées, souvent à bords ondulés, les inf. ne formant pas une rosette bien nette, obovées, obtuses, mucronulées ; ord. une seule feuille caulinaire sup. lancéolée-aiguë, lâchement engainante. Bractées allongées, lancéolées, obtuses, nervées, d'un vert jaunâtre, les inf. égalant ou dépassant l'ovaire. Fleurs peu nombreuses, 2-5, rarement 7, exhalant une odeur rappelant celle du citron, disposées en épi court, lâche. *Divisions* ext. du périanthe jaune verdâtre, larges, ovales-elliptiques, obtuses, un peu concaves, subtrinervées, à bords réfléchis, la méd. un peu cucullée au sommet, en voûte sur le gynostème, les lat. un peu étalées : les *lat. int.* largement linéaires ou oblongues-linéaires, *tronquées au sommet*, un peu plus courtes que les ext., *glabrescentes, pâles, jaune verdâtre*, à bords souvent ondulés. *Labelle* plus long que les div. ext., largement obovale, *contracté à la base*, dirigé en avant, *dépourvu de gibbosités*, mais assez concave à la base, *trilobé vers le sommet*, un peu convexe, velouté, grenat ou brun foncé, *entouré d'une large marge* glabrescente, *d'un jaune brillant*, muni vers le sommet de deux taches glabrescentes, bleuâtres, contiguës ou un peu séparées en avant ; lobes lat. courts, arrondis en arrière, parfois à bords ondulés ; lobe méd. un peu plus long et plus large que les lat., émarginé ou obscurément bilobé, à lobules divergents, *sans appendice*. Gynostème à bec court, très obtus, subémarginé. Anthère et masses polliniques d'un jaune pâle (1). Rétinacles elliptiques, jaunâtres. Ovaire sessile, linéaire, d'un vert clair.

Morphologie interne.

Tubercule. Grains d'amidon très allongés, de forme plus ou moins régulière, isolés, atteignant 25-38 μ de longueur env. (pl. 112, f. 39). — *Fibres radicales.* Assise pilifère fortement subérisée. Endoderme peu différencié. Vaisseaux de métaxylème manquant souvent.

Tige. Epiderme muni de stomates assez nombreux. 2-5 assises chlorophylliennes entre l'épiderme et l'anneau lignifié. 4-8 assises lignifiées extra-libériennes. Parenchyme central contenant des raphides, plus ou moins résorbé.

Feuille. Ep. = 250-350 μ. Epiderme sup. presque rectiligne, haut de 60-100 μ, à paroi ext. épaisse de 7-10 μ env., légèrement bombée, striée perpendiculairement aux parois latérales, muni de stomates, même à l'extrémité des feuilles infér. Epiderme inf. recticurviligne ou ondulé, haut de 40-60 μ, à paroi ext. épaisse de 6-9 μ, bombée, pourvu de nombreux stomates. Parenchyme formé de 6-9 assises et contenant de rares raphides.

Fleur. — *Périanthe. Divisions externes.* Epidermes ext. et int. à stries délicates, perpendiculaires aux parois lat. et convergeant vers le centre de la cellule. Bords légèrement papilleux. — *Divisions latérales internes.* Epiderme ext. dépourvu de papilles. Epiderme int. muni, vers les bords, de papilles très courtes et très arrondies. — *Labelle.* Partie sup. luisante à épiderme int. muni de papilles étroites, longues de 50-120 μ env. et striées. Longs poils striés, à contenu brun, atteignant 250-350 μ de long, fortement et insensiblement élargis à la base, quelquefois un peu recourbés à l'extrémité (pl. 121, f. 389-390). Partie jaune marginale à poils semblables aux précédents, mais à contenu jaune, décroissant de grandeur vers le bord. Epiderme inf. dépourvu de papilles. — *Anthère.* Assise mécanique ayant des cellules à épaississements (pl. 122, f. 452). — *Pollen.* Jaune. Exine légèrement ruguleuse à la périphérie des massules. L. = 32-42 μ env. — *Ovaire.* Epiderme très strié. Nervure des valves placentifères moins proéminente que les valves non placentifères, contenant un faisceau libéroligneux ext. et un faisceau libérien int. ce dernier tendant à se diviser radialement et ayant parfois 1-2 vaisseaux vers l'extérieur. Masse placentaire développée, longue, divisée au sommet. Valves non placentifères saillantes à l'extérieur, trilobées, à un faisceau libéroligneux. — *Graines.* Cellules du tégument munies d'épaississements striés, à anastomoses assez rares. Graines arrondies au sommet. 1 f. 1/2-2 f. 1/2 plus longues que larges. L. = 300-400 μ env.

Var β minor Guss., *Fl. sic. syn.*, II, p. 550 et 877 ; Parlat., *Fl. ital.*, III, p. 558 ; G. Cam. Berg. A. Cam., *l. c.*, p. 254 ; non Lojacono. — *Arachnites lutea* β *minor* Tod., *Orch. sic.*, p. 97. — *Ophrys sicula* Tin., *Pl. rar. Sic.*, fasc., I, p. 13 ; Lojacono, *l. c.*, p. 44. — *Exsicc.* : Porta et Rigo, *It.*, II, n° 190. — Plante

1. Les fl. de l'*O. lutea* sont fécondées par l'intermédiaire de petits Hyménoptères (*Andrena nigro-olivacea* ♂ et *A. senecionis* ♂ probablement attirés, d'après M. Pouyanne, par la ressemblance des taches irisées du labelle avec les ailes d'une femelle de leur espèce posée, la tête en bas, sur une fleur jaune plus large. Les insectes mâles, dont la taille ne dépasse pas la moitié de celle d'une abeille, se placent sur la tache du labelle dans la position renversée, la tête dirigée vers le dehors, l'extrémité de l'abdomen plongeant dans la cavité basilaire du labelle, sous les pollinies. Là, ils restent un certain temps, en se secouant beaucoup. Ils amènent ainsi l'ouverture des bursicules et les rétinacles se fixent un peu au-dessus de l'extrémité de l'abdomen, la base du caudicule reposant sur le dernier segment de l'abdomen et les pollinies se projetant un peu au delà de la pointe. L'enlèvement des pollinies a lieu, comme dans l'*O. fusca*. Lorsque l'*Andrena* est attiré par une autre fl., il se pose sur elle, l'abdomen dans la gorge de la fl. et, par ses mouvements, opère la fécondation du stigmate. Les *Andrena* sont parfois assez rares pour que les capsules stériles soient nombreuses, 75 % env.). On a aussi trouvé un *Halictus* sur les fl. de cet *Ophrys* (Cf. Pouyanne in *Bull. Soc. Hist. nat. Afr. du Nord* (1917), p. 6 ; Pouyanne et Correvon in *Bull. Soc. Hort. Fr.* (1923), p. 373 ; Godfery in *Journ. de Bot.* (1925), p. 36 ; in *Orchid Review* (1925), p. 195 ; Rostchild in *Orchid Review* (1925), p. 99). D'après Ponzo, la fécondation directe pourrait avoir lieu (Cf. Ponzo, *L'autogamia nel piante fanerogame* in *Nuovo Giorn. bot. Ital.* (1925).

Dans l'*O. lutea* var. *minor*, le labelle porte deux traits foncés, incurvés, près de sa pointe, qui font penser aux pattes antérieures d'un insecte et ajoutent peut-être à l'illusion que l'insecte femelle est placé la tête en bas (Cf. Houzeau de Lehaie in *Bull. Nat. Mons et Borinage*, VII, p. 78 (1925).

plus petite ; fl. plus petites ; labelle plus étroit, moins obovale. — Italie : Ligurie, env. de Gênes (Bucco), de Port-Maurice ; Toscane aux env. de Porto Ercole, Monte Argentario, env. de Porto San Stefano ; Sicile (assez répandu), Corse : env. de Bonifacio (Req. ap. Parlat.) ; Sardaigne (Moris).

Var. γ **grandiflora** Terracciano in *Boll. Soc. bot. Ital.* (1910), p. 29 ; Fedde, *Repert.*, VIII, p. 493. — Tige robuste : fl. très grandes, nombreuses. — Sardaigne.

V. v. — Février, avril. — *Habitat* : collines chaudes et sèches, garrigues du littoral méditerranéen, sur le calcaire. — *Répart. géogr.* : Portugal (répandu) ; Espagne (répandu dans la rég. mérid., plus rare dans la rég. septentr., Burgos, Bugedo, plaine de Miranda ; Gerone, Ampourdan ; Barcelone, massif de Tibidabo et coll. du litt., Tarragone, Ameyugo (Sennen), Coloma de Cervello (Sennen, Luis Pascal), etc.) ; Baléares (Majorque, Minorque, Ibiza) ; France (rég. méditerr., Aveyron, Cantal, Gers, Lot-et-Garonne, Haute-Garonne, Landes, Corse aux env. de Bonifacio) ; Italie (assez répandu, s'éloigne peu de la mer), Sicile (C.), Sardaigne (C.), Dalmatie, Grèce, Turquie, Crète, Chypre, Malte, Lampeduse, Asie Mineure, Syrie, Palestine, Tunisie septentr. (répandu), Algérie (répandu), Maroc. — Perse.

Sous-esp. O. omegaifera.

O. omegaifera Fleischmann in *Oester. bot. Zeitschr.* (1925), p. 184, pl. II, f. 1 ; Soó in *Notizbl. Berlin* (1926), p. 906.

Icon. : *Ic. n.*, pl. 129, f. 1.

Tubercules 2-3, arrondis, l'un pédonculé. Feuilles basilaires en rosette, largement ovales, les caulinaires dressées, embrassantes. Infl. uniflore, plus rarement 2-3-flore, lâche. Bractées égalant l'ovaire, lancéolées. Div. ext. et lat. int. du périanthe conniventes en casque, les premières vertes, sur le sec, à 3 nerv. ; nerv. lat., ord. divisées au sommet, la sup. insensiblement dilatée de la base au sommet, arrondie, les lat. obliques, arrondies ; div. lat. int. un peu plus courtes que les ext., linéaires, un peu dilatées au sommet, émarginées, uninervées, glabres. Labelle bien plus long que les div. ext., porrigé, à base étroite, profondément 3-lobé, à lobe médian d'abord largement linéaire, puis dilaté, arrondi, profondément lobé au milieu, à lobes décurvés ; face sup. du labelle couverte de poils pourpre brun, munie d'une macule glabre transversale et de deux macules en forme de lunules dont l'ensemble rappelle la lettre omega ou le chiffre 3. Gynostème court. Etamine courte, arrondie ; connectif non proéminent. — Diffère de l'*O. lutea* Cav. par la forme du labelle, le dessin de la macule et la nature de la pubescence.

Crète orientale : Distr. Viano, près Christos (Leonis, n° 122, avril 1900).

Sous-esp. O. galilæa

O. galilæa Fleischm. et Bornm. in *Annal. d. Naturhist. Mus. Wien*, XXXVI, p. 12 (1923) ; Soó in *Notizbl. Berlin* (1926), p. 906.

Tige haute de 20 cent. env., dressée. Feuilles basilaires ord. 2, largement lancéolées-aiguës, les caulinaires peu nombreuses, dressées-amplexicaules. Epi à fl. peu nombreuses, espacées. Bractées plus courtes que le fruit. Div. ext. du périanthe étalées, largement ovales-oblongues, obtuses, 3-nervées, les lat. un peu obliques, probablement vertes ou blanches, les lat. int. à peine plus courtes que les ext., mais presque deux fois plus étroites, oblongues, un peu dilatées au milieu, arrondies au sommet, glabres, 1-nervées. Labelle un peu plus long que les div. ext., subarrondi, à peine cunéiforme à la base, bigibbeux, à gibbosités longues de 3 mm., convergentes en avant, de chaque côté et vers l'extrémité brièvement lobulé, à lobules trois fois plus larges que longs, dépourvu d'appendice, muni, sous le milieu, d'une macule glabre entourée d'une partie veloutée en forme d'urne; bords du labelle larges, glabres, clairs. Gynostème droit, obtus ; étamine dressée ; connectif non proéminent. Ouverture du style petite, étroite.

Palestine : Hunin, alt. 990 m. (Bornmüller, *Iter Syriacum*, 1897, n° 1489).

Sect. B. **Eu-ophrys** Godfery in *Journ. of Bot.* (1928), p. 36. — Labelle sans cavité basilaire, muni, à la base, de deux petites protubérances très brillantes (staminodes de certains auteurs) et à dessins souvent géométriques jaunes ou à reflets métalliques ; pollinies transportées sur la tête des certains Hyménoptères, d'apr. Godfery, ou auto-fécondation.

Sous-sect. α. **Musciferæ** Parlat. *Fl. ital.* III, p. 552 p. p. ; G. Cam. Berg. A. Cam., *Monogr., Orch.*, p. 247 p. p. — Divisions du périanthe étalées, la médiane rapprochée du gynostème, les deux lat. int. sublinéaires ou filiformes et plus courtes que les ext. Labelle plan, dépourvu de gibbosités latérales coniques, trilobé ; à lobes lat. subarrondis ou sublinéaires, à lobe médian plus grand que les lat., bilobé ou émarginé, sans appendice.

3. O. MUSCIFERA

O. muscifera Huds., *Fl. angl.*, éd. 1, p. 340 (1762) ; éd. 2, p. 391 ; Smith, *Brit.*, III, p. 937 ; Reichb. F., *Icon.*, XIII-XIV, p. 78 ; Correvon, *Alb. Orch. Eur.*, pl. XXXVI ; *Orch. rust.*, p. 128 ; Kraenz., *Gen. et spec.*, I, p. 92 ; Babingt., *Man. Brit. Bot.*, p. 348 ; Benth., *Brit. Flora*, p. 468 ; Oudemans, *Fl. Nederl.*, pl. LXX, n° 367 ; Lej., *Fl. Spa*, p. 186 ; Crépin, *Man. Fl. Belg.*, éd. 1, p. 178 ; éd. 2, p. 293 ; Meyer, *Orch. Lux.*, p. 12 ; de Vos, *Fl. Belg.*, p. 556 ; Gr. et God., *Fl. Fr.*, III, p. 304 ; Coss et Germ., *Fl. env. Paris*, éd. 2, p. 684 ; Godet, *Fl. Jura*, p. 689 ; Gren., *Fl. ch. jurass.*, p. 756 ; Ardoino, *Fl. Alp.-Marit.*, p. 357 ; Barla, *Iconogr.*, p. 73 ; Boreau, *Fl. cent.*, éd. 3, p. 648 ; Brébis., *Fl. Norm.*, pl. éd. ; Dulac, *Fl. H.-Pyr.*, p. 127 ; Poirault, *Cat. Vienne*, p. 96 ; Franchet, *Fl. L.-et-Ch.*, p. 577 ; Martin, *Cat. Romor.*, p. 270 ; Hérib., *Fl. Auv.*, p. 433 ; G. Cam., *Monogr. Orch. Fr.*, p. 95 ; in *Journ. bot.*, VII, p. 138 ; G. Cam. Berg. A. Cam., *Monogr. Orch. Eur.*, p. 254 ; Car. et S.-Lag., *Fl. descr.*, éd. 8, p. 809 ; Magn. et Hétier, *Obs. fl. Jura*, p. 141 ; Bonnet, *Fl. paris*, p. 385 ; Masclef, *Cat. P.-d.-C.*, p. 155 ; Debeaux, *Rev. fl. agen.*, p. 520 ; Gautier, *Pyr.-Or.*, p. 401 ; Corbière, *N. Fl. Norm.*, p. 563 ; Guill., *Fl. Bord. et S.-O.*, p. 171 ; Coste, *Fl. Fr.*, III, p. 389, n° 3572, *cum ic.* ; Rouy, *Fl. Fr.* XIII, p. 107 ; Kirschl., *Fl. Als.*, II, p. 134 ; Schultz, *Palat.*, p. 447 ; Döll., *Rhein.*, p. 228 ; Fleisch et Lind., *Fl. Ostseepr.*, p. 307 ; Seubert, *Ex. Bad.*, p. 124 ; Koch, *Syn.*, éd. 2, p. 796 ; éd. 3, p. 529 ; éd. Hall. et Wohlf., p. 2436 ; Foerst., *Fl. Aachen*, p. 348 ; Garcke, *Fl. c. Deutschl.*, éd. 14, p. 384 ; Caflisch, *Ex. S.-D.*, p. 298 ; M. Schulze, *Die Orchid.*, n° 26 ; Aschers. et Graeb., *Syn.*, III, p. 624 ; Zimmerm., *Die Form. Orchid.*, p. 42 ; Kraenzlin, *Orchid.*, p. 10 ; Willk. et Lange, *Prodr. hisp.*, I, p. 173 ; *Suppl.*, p. 43 ; Bouvier, *Fl. Alp.*, éd. 2, p. 445 ; Gremli, *Fl. Suisse*, éd. Vetter, p. 484 ; Schinz et Keller, *Fl. Schweiz*, p. 124 ; Comoll., *Fl. com.*, VI, p. 372 ; Parlat., *Fl. ital.*, III, p. 552 ; Ces. Pass. Gib., *Comp.*, p. 193 ; Cocconi, *Fl. Bologn.*, p. 488 ; Ambr., *Fl. Tirol austr.*, I, p. 713 ; Hausm., *Fl. Tirol*, p. 843 ; Rhiner, *Prodr. Waldst.*, p. 127 ; Hinterhuber et Pichlm., *Fl. Salz.*, p. 194 ; Boiss., *Fl. orient.*, V, p. 76 ; Sibth. et Sm., *Prodr.*, II, p. 216 ; Chaub. et Bory, *Fl. Pelopon.*, p. 61 ; Grintescu in *Bull. Acad. Roum.*, (1913), p. 47 ; in *Bull. Géogr. bot.*, 1918, p. 47 ; Berger in *Allg. bot. Zeitschr.*, (1914), p. 20 ; Tahourdin, *Native Orchids of Britain* in *Orchid Review* (1925), p. 230. — **O. insectifera α myodes** L., *Spec.*, éd. 1, p. 948 (1753) ; Vill., *Hist. Dauph.*, II, p. 49. — **O. insectifera** Crantz, *Austr.*, p. 481 (1769) ; Pallas et auct. pl. — **Orchis Muscaria** Scop., *Fl. carn.*, éd. 2, II, p. 193 (1772) ; Allioni, *Fl. pedem.*, II, p. 147, n° 1830 ; Roug., *Fl. Nord*, p. 295 ; *Fl. rar.*, n° 107. — **Ophrys myodes** Jacq., *Icon. rar.*, 1, t. 184 (1784-86) ; *Miscel.*, II, p. 373 ; Willd., *Spec.*, IV, p. 64 ; Lindley, *Gen. and spec.*, p. 373 ; Richter, *Pl. eur.* I, p. 262 ; Blytt, *Handb. Norg. Fl.*, éd. Ove Dahl (1906), p. 224 ; Kichx, *Fl. brax.*, p. 60 ; Hocq., *Fl. Jemm.*, p. 235 ; Dumort., *Prodr. fl. Belg.*, p. 132 ; Lej. et Court., *Comp.*, III, p. 188 ; Tinant, *Fl. luxemb.*, p. 443 ; Michot, *Fl. Hain.*, p. 279 ; Bellynck, *Fl. Nam.*, p. 264 ; Piré et Muller, *Fl. Belg.*, p. 193 ; Dumort., *Fl. Maestr.*, p. 103 ; DC., *Fl. fr.*, III, p. 255 ; Lapeyr., *Fl. Pyr.*, p. 551 ; Boisduval, *Fl. fr.*, III, p. 49 ; Mutel, *Fl. fr.*, III, p. 256 ; Dupuy, *Fl. Gers*, p. 231 ; Godr., *Fl. Lorr.*, II, p. 97 ; Lefr., *Catal.* p. 50 ; Coss. et Germ., *Fl. env. Paris*, éd. 1, p. 557 ; Kirschl., *Fl. Als.*, p. 161 ; Reichb., *Fl. excurs.*, I, p. 128 ; Hoffm., *Germ.*, p. 328 ; Roth, *Germ.*, I, p. 382 ; Gmel., *Fl. bad.* III, p. 565 ; Bach, *Rheinpr. Fl.*, p. 374 ; Zimmerm., *Die Form. d. Orchid.*, p. 42 ; Spenner, *Fl. frib.*, p. 241 ; Nocc. et Balb., *Fl. ticin.*, II, p. 155 ; Poll., *Fl. veron.*, III, p. 25 ; Ten., *Syll.*, p. 458 ; *Fl. nap.*, V, p. 241 ; Bertol., *Fl. ital.*, IX, p. 581 ; Arcang., *Comp.*, éd. 2, p. 173 ; Fiori et Paol., *Icon. fl. ital.*, n° 808 ; Gaud. *Fl. helv.*, V, p. 496, n° 2077 ; Weinm., *Fl. petrop.*, p. 85 ; Ledeb., *Fl. Ross.*, V, p. 75 ; Ledé, *Fl. osil.*, p. 300 ; Fried, *Reise*, p. 269-279 ; Heldr., *Fl. Egine*, p. 391 ; Halacsy, *Consp. fl. gr.*, II, p. 181. — **O. musciflora** Schrank, *Baier Fl.*, p. 75 (1789) ; Bub., *Fl. pyr.*, p. 50. — **Epipactis myodes** Schmidt in May., *Phys. Aufs.* p. 248 (1791). — **Aráchnites musciflora** Schmidt, *Fl. Boëm.*, p. 75 (1794) ; Baumgt., *Fl. Trans.*, III, n° 1926 ; Sm., *Brit. Fl.*, p. 937. — **Orchis muscifera** Haller, *Ic. pl. Helv.*, t. 24 (1795). — **Malaxis myodes** Bernh., *Syst. Verz. Erf.*, p. 315 (1800). — **Orchis myodes** Bernh. *l. c.* (1800). — **Oph. Muscaria** Steff., *Pl. Frioul*, p. 185 (1802) ; Lamk, *Fl. fr.*, III, p. 515 ; Gilib., *Exerc. phyt.*, II, p. 491 ; Trautv., *Increm. Fl. Ross.*, p. 752, n° 5039. — **Ophrys insectifera** Karsch, *Phan. Fl. Westf.*, p. 554 (1853). — *Orchis vespam referens* Riv., *Hex.*, t. 13, 19. — *O. Muscæ corpus referens, minor et galea et alis herbidis* Bauh., *Pinax*, p. 83 ; Vaillant, *Paris.*, p. 147, t. 13, f. 17, 18. — *O. myodes prima, floribus muscam exprimens* Lobel, *Icon.*, p. 181.

Noms vulg. : Mouche, Ophrys-mouche, Ophrys porte-mouche. — Angl. : Fly, Fly-Ophrys. — Allem. : Fliege, Fliegen-Mücken-Blumen, Hängender Jesuit (Thuringe), Fliegentragende-Ragwurz. — Holl. : Vliegen Oogenbruiu. — Ital. : Pecchie. — Suisse : Affengsichtli, Kaputzinerli, Jüngferli, Samtschindli, Sammetschühli, Teufelsaugli. — Roumanie : Albina, Musculita.

Icon. : Jacq., *Rar.*, I, t. 184 ; Gunn., *Norv.*, II, t. 5, f. 1, 2 ; Nees Esenb. *Gen.*, V, t. 5 ; *Fl. Dan.*, VIII, t. 1398 ; Sw. *Bot.*, V, t. 23 ; Haller, *Icon. Helv.*, t 24 ; Vaillant, *l. c.* ; Dietr., *Fl. Bor.*, I, t. 169 ; *Engl. Bot.*, t. 64 ; Curt., *Fl. lond.*, éd. Grav., IV, t. 101 ; Fitch et Smith, *Illustr. Brit. Fl.*, n° 1010 ; Sturm, *Deutschl. Fl.*, X, t. 40 ; Turpin, *Fl. méd.*, VII, f. 20 ; Regel, *Gartenfl.*, V, t. 147 ; Andr.. *Repos.*, VII, t. 47 ; Reichb., *Pl. crit.*, IX, t. DCCCLIV ; Reichb. F., *Icon.*, XIII-XIV, t. 95, CCCCXLVII, f. I-II ; Garcke, *Fl. Deutschl.*, f. 600 ; Beck, *Fl. Nied.-Œsterr.*, p. 206, f. 1 ; Mutel, *Fl. fr. Atlas*, pl. LXVI, f. 409 (err. 509) ; Coss. et Germ., *Atl.*, t. XXXII ; Barla, *l. c.*, pl. 60, f. 14-20 ; G. Cam., *Icon. Orch. Par.*, pl. 18 ; M. Schulze, *l. c.*, t. 26 ; Correvon, *l. c.* ; Bonnier, *Alb. N. Fl.*, p. 147 ; G. Cam. Berg. A. Cam., *l. c.*, pl. 25, f. 810-821 ; Schlecht., *Icon.*, pl. 1, f. 4 ; *Ic. n.*, pl. 61, f. 1-12.

Exsicc. : Fries, 15, n° 67 : Billot, n° 2380 ; *Soc. Dauph.*, n° 4780 ; Schultz, n° 932 ; Reichb., n°ˢ 173 et 937 ; *Soc. Rochel.*, n° 1798 ; Magnier, *Fl. sel. exs.*, n° 3863 ; Duffour, *Soc. fr.*, n° 1430.

Tubercules petits, ovoïdes ou subglobuleux. Tige de 2-4, parfois 6 décim., flexueuse, grêle, subcylindrique, lisse, d'un vert jaunâtre, nue au sommet. Feuilles d'un vert glaucescent, noircissant par la dessication, 3-5, presque brillantes, délicatement nervées, oblongues ou oblongues-lancéolées, les inf. obtusiuscules, rapprochées, mais non en rosette, les sup. 1-2, aiguës, engainant la tige et éloignées de l'inflorescence. Bractées herbacées, allongées, lancéolées. obtusiuscules. subcucullées, nervées, égalant ou dépassant l'ovaire, les inf. dépassant la fleur. Fleurs 2-10, rarement plus, de moyenne grosseur, ressemblant un peu au corps d'une mouche, disposées en épi lâche. allongé. Divisions ext. du périanthe étalées. ovales-oblongues, obtuses, presque concaves, à bords réfléchis. d'un vert clair ou jaunâtre, marquées de 3 nervures, celle du milieu plus apparente, les divisions lat. atténuées vers le sommet, la médiane cunéiforme à la base et subcucullée au sommet. *Divisions lat. int.* plus courtes que les ext.. dressées-étalées, *très étroites, linéaires, presque filiformes.* à bords révolutés, *brunâtres ou d'un pourpre violacé foncé* (parfois verdâtres), *veloutées sur la face int. Labelle planiuscule, plus long que large,* dépassant les divisions ext. du périanthe, dirigé en avant, oblong, *très brièvement pubescent,* d'un brun rougeâtre ou d'un pourpre foncé lorsque la fleur s'épanouit, s'éclaircissant et devenant roussâtre après l'anthèse (1), *marqué, à sa partie moyenne ou sup., d'une large tache quadrangulaire glabre,* d'un gris bleuâtre ou d'un blanc bleuâtre, muni à la base de 2 petites protubérances noirâtres luisantes, 3-lobé dans la moitié sup., *à lobes lat. situés entre le sommet et le milieu du labelle, courts, étroits,* sublinéaires ou étroitement lancéolés, obtus, atténués assez brusquement vers le sommet, d'un violet pourpré, à lobe moyen bien plus large et plus long. elliptique ou presque cordiforme, plan, élargi au sommet, *bilobé,* à lobules obtus, parfois arrondis (f. *rotunda* Ruppert) entiers ou légèrement crénelés et *dépourvus d'appendice à l'angle de bifidité,* très rarement munis d'une petite dent à l'angle de bifidité (f. *apiculata* M. Sch. in *Mitth. B. V. Ges. Thür.*, t. 26, f. 12 (1894). Gynostème plus court que les divisions lat. int. du périanthe, à bec très obtus, non rostré. Stigmate, quadrangulaire, à angles arrondis. *Loges de l'anthère rougeâtres,* blanchâtres sur les bords. Masses polliniques et caudicules jaunâtres. Rétinacles et bursicules blanchâtres (2). Ovaire sessile, linéaire, allongé, subtriquètre, d'un vert pâle.

Morphologie interne.

Tubercule. Grains d'amidon très irréguliers, atteignant 30-45 μ env. de long., très gros (pl. 112, f. 42). — *Fibres radicales.* Assise pilifère subérisée extérieurement et latéralement. Endoderme à plissements marqués. Vaisseaux de métaxylème ordt différenciés. Grains d'amidon atteignant 10-20 μ de diam., de forme irrégulière.

Tige. Stomates nombreux. 2-4 assises chlorophylliennes à méats et canaux aérifères entre l'épiderme et l'anneau lignifié. 6-8 assises de cellules lignifiées, les assises ext. à parois bien plus épaisses. Faisceaux libéroligneux bordés de tissu lignifié seulement à l'extérieur. Parenchyme ligneux non lignifié abondant entre les vaisseaux. Lacune plus ou moins grande au centre de la tige. — A la base de la tige, les faisceaux libéroligneux sont en cercles, plus ou moins distincts, l'anneau lignifié est caractérisé et les faisceaux libéroligneux sont dépourvus de tissu mécanique à la base des feuilles (f. 136).

Feuille. Ep. = 230-350 μ. Epiderme sup. recticurviligne, haut de 70-100 μ, à paroi ext. épaisse de 4-7 μ, bombée. Epiderme inf. recticurviligne, haut de 40-60 μ, à paroi ext. épaisse de 4-7 μ, et peu bombée, muni d'abon-

1. L'intensité de coloration est très variable. On a signalé des individus à labelle presque blanc muni de dessins jaunâtres, d'autres à labelle olivâtre, d'autres dont la tache quadrangulaire était blanche. Ces variations sont parallèles à celles signalées chez l'*O. aranifera.*
2. La fécondation a lieu par l'intermédiaire des insectes. D'après H. Muller, la fleur est visitée par des *Goryles,* mais les insectes sont peu attirés par elle, aussi beaucoup d'ovaires sont-ils stériles. Le caudicule présente une double courbure qui remplace probablement le mouvement ordinaire d'abaissement qui fait défaut.

dants stomates. Mésophylle formé de 6-8 assises de cellules chlorophylliennes et de cellules à raphides peu nombreuses.

Fleur. — Divisions externes du périanthe. Epidermes ext. et int. peu striés, non papilleux. — *Divisions latérales internes.* Forme de la section très caractéristique (f. 137). Epiderme ext. pourvu de papilles seulement vers les bords. Epiderme int. muni de papilles nombreuses, étroites, allongées, atteignant vers les bords 50-60, rarement 100 μ (pl. 121, f. 391). — *Labelle.* Section de la partie médiane ayant la forme indiquée, f. 138. Tache médiane à papilles très étroites, longues de 20-30 μ env., non ou peu striées. Parties les plus longuement pubescentes munies de poils atteignant seulement 50-100 μ de long, rarement 120 μ, gros à la base et très effilés au sommet (pl. 121, f. 392-393), Epiderme inf. pourvu vers les bords du labelle de papilles nombreuses et courtes, arrondies, longues de 20-30 μ env. (pl. 121, f. 394). — *Anthère.* Epiderme des loges d'anthère à cellules légèrement prolongées en papilles. Epiderme de la partie dorsale du gynostème muni de papilles atteignant 50-60 μ de long. Assise fibreuse ne contenant que peu de cellules à bandes épaissies. — *Pollen.* Jaune or. Exine non ou à peine granuleuse. L. = 30-40 μ. — *Ovaire* (f. 139). Nervure des valves placentifères saillante à l'extérieur, contenant un faisceau libéroligneux à bois int. et parfois un faisceau placentaire libérien très réduit. Placenta profondément divisé, assez long. Valves non placentifères saillantes extérieurement, à un faisceau libéroligneux int. — *Graines.* Suspenseur développé. Cellules du tégument pourvues d'épaississements striés. Graines arrondies au sommet, 2 f. 1/2-2 f. 2/3 plus longues que larges. L. = 350-450 μ env. (1).

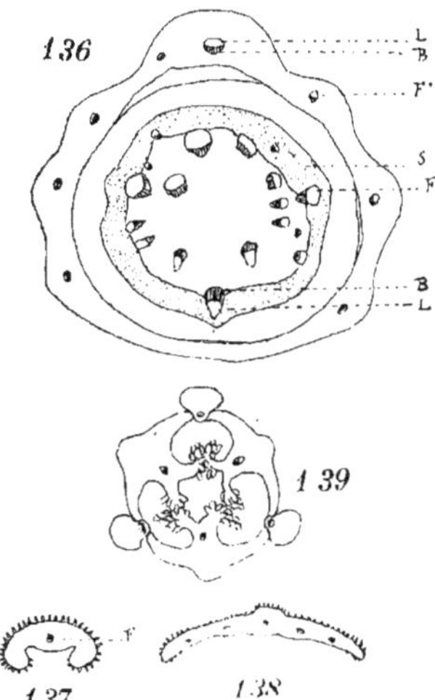

Ophrys muscifera. — Fig. 136 : section transv. schématique basilaire de la tige entourée d'une feuille ; B, bois : E, épiderme ; F1, faisceau libéroligneux de la feuille : F2, faisceau libéroligneux de la tige ; L, liber : S, sclérenchyme. — Fig 137 : section passant par la base des divisions lat. int. du périanthe : F, faisceau libéroligneux. — Fig. 138 : section schématique du milieu du labelle. — Fig. 139 : section transv. schématique de l'ovaire.

F. **apiculata** M. Schulze, *l. c.* — Labelle à lobe médian muni, au milieu, d'une dent. — Allemagne.

F. **rotundata** Ruppert ; Zimmerm., *Die Formen der Orchid.*, p. 43 (1912). — Div. lat. du labelle très courtes, presque dentiformes. — Allemagne.

F. **dubia** Ruppert ; Zimmerm., *l. c.* — Div. lat. du labelle très longues et étroites. — Allemagne.

F. **ochroleuca** G. Cam. Berg. A. Cam., *l. c.*, p. 257. — Fleurs petites, d'un blanc jaunâtre. — France : Seine-et-Oise à Lardy (Bergon). — Allemagne à Kissingen (Bertram ap. Aschers. et Graebn., *l. c.*).

Un cas d'albinisme des fl., signalé en Angleterre (R. A. R., in *Orch. Rev.*, 1907, p. 216), est à rapprocher du cas précédent.

F. **viridiflora** A. Cam. — Fleurs vertes. — Cf. Hegetschw., *Fl. Schweiz*, p. 784. — Suisse, France.

Var. β **bombifera** Brébiss., *Fl. Norm.*, éd. 3, p. 299 ; Reichb. F., *Icon.*, XIII-XIV, t. CCCCXLVII, f. III ; Koch, *Syn.* éd. Hall. et Wohlf., p. 2436 ; M. Schulze, *Die Orchid.*, t. 26, f. 13 ; in *Mitth. Thür. B. V. N. F.*, X, p. 78 (1897) : in *O. B. Z.*, XLIX (1899), p. 266 ; G. Cam. Berg. A. Cam., *l. c.*, p. 257. — *Icon.* : G. Cam. Berg. A. Cam. , *l. c.*, pl. 25, f. 281 ; *Ic. n.*, pl. 61, f. 9. — Fl. plus grandes que dans le type ; div. lat. int. du périanthe plus larges ; labelle large, court, à lobe médian arrondi, émarginé, muni d'une courte dent à l'échancrure. — Nous n'avons pas vu cette plante, mais la fig. de Reichb. et la description nous la font rapprocher de l'*O. aranif.* × *muscifera.* — France (Normandie : Falaise, rare) ; Allemagne (Thuringe ap. M. Schulze).

Var. γ **parviflora** M. Schulze in *Mitt. d bot. Ver. Ges. Thür.*, VIII, p. 27 (1889) ; M. Schulze, *Die Orchid.*, n° 26, 5. — *Icon.* : M. Schulze, *l. c.*, t. 26, f. 14 ; *Ic. n.*, pl. 61, f. 8. — Forme naine, à labelle court (7-8 mm. env.) ; lobe méd. un peu large. — Thuringe (env. d'Iéna ap. M. Schulze).

Var. δ **longibracteata** Ruppert in *Verh. Nat. Ver. preuss. Rheinl. u. Westf.* (1924), p. 178 et in Fedde, *Rep. sp. nov.* (1926), p. 325. — Bractées allongées. — Bade : Zweibrücken (Ruppert).

1. Cf. Senianinova, *Etudes embryologiques de l'Ophr. myodes* in *Zeitschr. Russ. Bot. Ges.*, 1924, p. 10-14 (1925) et Delauney, C. R. (1923), 176, p. 598

Monstruosites. — M. Zimmermann in *Allg. bot. Zeitschr.* (1910), 7-8, p. 16, signale, un cas de tétramérie, in *Ber. Versamml. Bot. Zool. Ver. Rheinl.-Westf.* (1911), il a décrit et figuré (f. 5, p. 20) un *O. muscifera* dont 2 fleurs étaient soudées, le périanthe ayant 4 divisions ext. développées, 4 int. lat. petites et 2 labelles. — Maus in *Mitth. Bad. B. V.*, (1892), 8, 9, a aussi signalé des cas de soudure de 2 fleurs.

F. peloria. — Divisions lat. int du périanthe transformées en labelles. Cette monstruosité n'est relativement pas très rare. — France (env. de Paris [G. Cam.]) ; Allemagne (Thuringe à Iéna [Grauel ap. M. Schulze]); Suisse (Zurich [Lasius et Jaggi]), Angleterre (Tahourdin, 1920).

Karsch, *Phan. Fl. Westf*, p. 555 décrit un individu récolté, près de Münster, dont chaque fleur avait 5 labelles. Cet individu cultivé n'a pas varié. — M. Schulze, *l. c.*, *Die Orchid. Nachtr. Ber.* (2) signale une pélorie analogue trouvée près d'Echternach, par Geisenheyner.

Daniel a récolté, à Stadtilm (Allemagne), un individu à fleurs actinomorphes ayant 3 divisions ext. du périanthe semblables, 3 divisions int. semblables aux divisions lat. int. d'une fleur normale et 3 gynostèmes normaux situés devant les divisions ext.

J. Ruppert a observé des cas de dimérie dans plusieurs fleurs de la même inflorescence. Ces fleurs avaient un périanthe à 4 divisions sans labelle caractérisé et 2 gynostèmes. Cf. Zimmermann in *All. Bot. Zeitschr.*, 1912.

Ogden in *Orch. Review* (1920), p. 100, a signalé un cas de transformation des div. lat. int. du périanthe en étamines adnées au gynostème et contenant chacune une paire de pollinies.

L'*O. ambusta* K. Picard in *Zeitschr. f. Naturw.*, LXXVII (1905), p. 363, t. IV ; Fedde, *Repert.*, III, p. 31, est un lusus à bractées allongées (4 centim.), à lobes lat. du labelle réduits, dentiformes, à lobe moyen aigu, sans tache subquadrangulaire, à bords noirâtres, à mucron entier. — Thuringe : Sonderhausen.

V. v. — Mars, juin, jusqu'en juillet dans les Alpes. — *Habitat* : pâturages, clairières des bois, parfois à l'ombre, coteaux arides calcaires, argileux, très rarement dans les prairies marécageuses ou les tourbières, souvent peu abondant ; a été récolté à 1550 m. dans le Valais (Jaccard), à 1.400 m. dans le Tyrol (Dalla Torre et Sarnth.). Dans la rég. méditerr., n'habite guère que la partie montagneuse. — *Répart. géorg.* : Espagne (R., Aragon, rég. septentr.), France (assez répandu, mais rare, dans le Centre, le Jura et surtout la rég. mérid.; signalé en Corse, près de Bonifacio, par M. Boyer, *Fl. Sud Corse*, p. 65 ; n'y a jamais été retrouvé ; M. Briquet croit à la possibilité d'une erreur), Iles Britanniques (abondant dans le Kent, le Surrey, le Suffolk, le Norfolk), Belgique (très rare), Hollande, Danemark, Seeland, Suède et Norvège (rég. mérid. et centr.), Allemagne (disséminé dans le sud et le centre, rare dans le nord, manque en Silésie, en Saxe, douteux en Poméranie, dans la Prusse occident.), douteux en Pologne ; Suisse (répandu) ; Italie (assez répandu dans la rég. septentr., plus rare dans les rég. centr. et mérid. où il habite les zones montagn. et subalp.) ; Autriche (Salzbourg), Tyrol, Bohème (rare), Carinthie (rare), Istrie, manque probablement en Moravie, Dalmatie, Hongrie, Bosnie, nord de la péninsule des Balkans, Roumanie (nord), Russie centr. et mérid. (monte au nord dans la rég de l'Onéga).

4. — O. SPECULUM

O. Speculum Link ap. Schrad., *Journ. fur die Bot.*, II, p. 324 (1799) ; Lindl., *Gen. and spec.*, p. 379 ; Reichb. F., *Icon.*, XIII-XIV, p. 80 ; Richter, *Pl. Eur.*, I, p. 262 ; Kraenz., *Gen. et spec.*, p. 95 ; Ardoino, *Fl. Alp.-Mar.*, p. 357; Barla, *Iconogr.*, p. 73 ; Moggridge, *Contr. fl. Menton*, t. 72; G. Cam. *Monogr. Orch. Fr.*, p. 94 ; in *Journ. de Bot.*, VII, p. 137 ; G. Cam. Berg. A. Cam., *Monogr. Orch. Eur.*, p. 257 ; Coste, *Fl. Fr.*, III, p. 390, n° 3573 ; Rouy, *Fl. Fr.*, XIII, p. 107 ; Ten., *Fl. nap.*, II, p. 309 ; Guss., *Fl. sic. syn.*, II, p. 549 ; Bertol., *Fl. ital.*, IX, p. 592 ; Parlat., *Fl. ital.*, III, p. 555, n° 946 ; Ces. Pass. Gib., *Comp.*, p. 193 ; Macchiati in *N. g. bot. ital.* (1881), p. 316 ; Moretti, *Déc.*, 6, p. 8 ; W. Barbey, *Fl. Sard. comp.*, n° 1327 ; Arcang., *Comp.*, éd. 2, p. 662 ; Fiori et Paoletti, *Iconogr. fl. ital.*, n° 809 ; *Fl. It.* I, p. 237 ; Lojacono, *Fl. Sicula*, III, p. 47 ; Boiss., *Voy. Esp.*, II, p. 598 ; Rodrig., *Cat. Menorca*, p. 88 ; Marès et Vigin., *Cat., Baléar.*, p. 283 ; H. Knoche, *Fl. balear.*, I, p. 407 ; Willk. et Lange, *Prodr. hisp.*, I, p. 173 ; Guimar, *Orch. port.*, p. 32 ; Debeaux et Daut., *Syn. fl. Gibralt.*, p. 201 ; Boiss., *Fl. orient.*, V, p. 75 ; Bory et Chaub., *Fl. Pélopon.*, n° 1517 ; Ross, *Beitr. fl. Sicil.* in *Bull. Herb. Boiss.* (1899), p. 294 ; Aschers. et Graebn., *Syn*, III, p. 626 ; Griseb., *Spicil. fl. Rum. et Bith.*, II, p. 366 ; Krause in Fedde, *Repert. sp. nov.* (1926), p. 297, Battand. et Trab., *Fl. Alg.* (1884), p. 201 ; (1895), p. 24 ; (1904), p. 320 ; Battand. et Jahand. in *Bull. Hist. nat. Afr. Nord* (1921), p. 167 ; Ball, *Spic. Maroc.*, p. 873 ; Bonnet et Barr., *Cat. Tunisie*, p. 404 ; Murbeck, *Contr. fl Nord-Ouest de l'Afr. et Tunisie*, p. 70 ; Durand et Barratte, *Fl. Libycæ Prodr.*, p. 227 ; Rodié in

Bull. Soc. bot. Fr. (1921), p. 81. — **O. insectifera** δ L., *Spec.*, éd. I, p. 949 (1753, p. p. — **O. vernixia** Brot., *Fl. lusit.*, 1 p. 24 (1804) ; Cambes. *Enum. pl. Baléar.*, n° 550. — **O. Scolopax** Willd., *Spec.*, IV, p. 69 (1805) ; non Cavan. (1793). — **O. ciliata** Biv., *Pl. sic. cent.*, 1, p. 60 (1806) ; Tenore, *Fl. nap.*, II, p. 300 ; *Syll. fl. nap.*, p. 460 ; Moris, *Stirp. Sard.*, I. p. 44. — **Arachnites Speculum** Tod. *Orch. sic.*, p. 93 (1842) ; Bubani. *Fl. pyr.*, p. 48 (1901). — **Oph. hirsuta** Dufour, *Herb. Knuth*, sec. Kraenz. — **O. muscifera** Biva. *Orchid Sard.*, p. 12. — *Orchis ricinum villosum referens* Cup., *H. cath.*, p. 158 et *Suppl. alt.*, p. 68 ; Bonan., t. 28 — *Orchis muscam cæruleam majorem representans* Breyn., *Cent.*, I, p. 100, t. 44.

Noms vulg. : Ophrys miroir. — Portug. : Herva abelha, Abelheira, Abelhas, Abelhinha.

Icon. : Cup., *Pamph. Sic.*, I, t. 175 ; II, t. 146 ; Breyn., *l. c.*; Bonan., *l. c.*; Brot., *l. c.*, I, t. 3 : Todaro, t. 2, f. 5, 6 ; Reichb., *Pl. crit.*, t. DCCCLIX ; Reichb. F.. *Icon.*. XIII-XIV, t. CCCCXLVIII, f. I-III, 1-19 ; Barla, *l. c.*, pl. 61, t. 1-6 ; Mutel, *Atlas*, t. 66, f. 511, a-e : Ten., *l. c.*, t. 95 : Moggridge, *l. c.*, t. 72, f. 1, A ; *Bot. reg.*, t. 370 : Guimaraes, *l. c.*, est. II, f. 20. a. b : est. III, f. 21. a-c : Schlecht., *Ic.*, pl. II, f. 5 ; G. Cam. Berg. A. Cam., *l. c.*, pl. 25, f. 848-853; *Ic. n.*, pl. 62, f. 1-11.

Exsicc. : Choulette, *Fragm. fl. alg.*, n° 87, 383 ; Tod., *Orch. sic.*, n° 510 ; Bourgeau, *Pl. Esp.* (1849), n° 459 (1852) ; *Pl. Esp. et Port.* (1853) ; Willk., *It. hisp.*, n° 639 ; Forsyth major, *Sardaigne*, n°ˢ 165, 166 ; Welwitsch, *Iter. lusit.*, n° 343 ; Soc. Dauph., n° 5061 : Bové, *Un. itiner*, n° 1832 ; Schimper ; Durando, *Fl. atlant.* (1851) ; Jamin, *Pl. Alg.*, n° 87 ; Balansa, *Pl. Alg.*, n° 245 ; Sennen, *Fl. Esp.*, n°ˢ 1485, 3205 ; Heldreich, *Pl. fl. hellen.* (1889) ; Krause, n° 916.

Tubercules ordt subglobuleux. Tige de 1-4 décim., un peu anguleuse au sommet, d'un vert clair. Feuilles d'un vert glaucescent, oblongues, les infér. presque obtuses, les supér. lancéolées-aiguës. Bractées concaves, lancéolées, allongées, subobtuses ou aiguës, nervées, d'un vert jaunâtre, égalant l'ovaire, les infér. le dépassant. Fleurs grandes, peu nombreuses, 2-6 rart 8, assez rapprochées. Périanthe à divisions ext. à bords réfléchis, les lat. étalées, ovales-oblongues, obtusiuscules, concaves, verdâtres, munies d'une ou de deux nervures d'un pourpre foncé, souvent l'une médiane, l'autre proche du bord, la division médiane concave, rapprochée du gynostème, oblongue-obtuse, allongée, subspatulée, verdâtre en dedans, un peu roussâtre en dehors ; *les lat. int.* égalant env. la moitié de la longueur des ext. et plus étroites qu'elles, *ovales-lancéolées, subulées et recourbées à l'extrémité, pubescentes à la face int., d'un pourpre violacé ou d'un brun violacé. Labelle* largement obovale, contracté à la base, 3-*lobé vers la partie moyenne, à peine convexe*, plus long que les divisions ext. du périanthe, *entouré par une bande de longs poils fauves, marqué d'une tache large, luisante, d'un bleu violacé, d'aspect métallique*, à reflets d'acier, partant de la base et allant presque jusqu'au sommet du labelle, et entourée d'une ligne jaunâtre en avant et latéralement, muni à la base de deux petites protubérances luisantes, noirâtres, éloignées l'une de l'autre, à lobes lat. dirigés obliquement en dehors et un peu en avant, courts, arrondis, marqués de 2-3 raies parallèles d'un brun foncé, à bords ciliés ; *lobe moyen obcordiforme, émarginé*, à bords d'un brun foncé ou d'un pourpre sombre, pubescents, réfléchis, *sans appendice.* Gynostème à bec très court, obtus. Anthère d'un vert jaunâtre. *Masses polliniques jaunes.* Caudicules d'un jaune pâle. Rétinacles blancs ou blanc jaunâtre (1). Ovaire sessile, linéaire, d'un vert clair.

1. D'après Correvon, Pouyanne et Houzeau de Lehaie, la fécondation de l'*O. Speculum* s'effectue par l'intermédiaire d'un Hyménoptère, le *Dielis ciliata (Colpa aurea)* ♂, mouche presque de la taille d'une Abeille, mais un peu plus longue et couverte de longs poils roussâtres. Bien que la ressemblance ne nous paraisse que très lointaine entre les fl. d'*Op. Speculum*, à labelle bleuâtre entouré de poils fauves et le *Dielis* ♀ roux, à poils roussâtres, tout se passe pourtant comme si l'insecte était attiré par une ressemblance. Les mâles seuls visitent les fl. que les femelles ne paraissent pas remarquer. Ces insectes mâles viennent parfois de très loin, se posent même sur les inflorescences que l'on a dans la main et délaissent les fl. d'*Ophrys* appartenant à d'autres espèces. Ils délaissent aussi les fl. d'*O. Speculum* dont le labelle a été enlevé. Des fl. détachées, placées sur la terre, la face sup. en dessus, sont encore visitées par le *Dielis*, mais celui-ci trouve moins rapidement les fl. quand leur face sup. est placée contre la terre. Si l'on cache des épis dans du papier, les insectes perçoivent leur présence, peut-être à cause du parfum délicat que les fl. émettent. Cette espèce ne paraît visitée que par le *Dielis*. L'insecte se pose sur la fl. de manière à ce que sa tête soit près du stigmate, sous les pollinies et que son abdomen plonge à l'extrémité dans les longs poils du labelle. « Le bout de l'abdomen est alors agité contre les poils, de mouvements désordonnés, presque convulsifs, et l'insecte tout entier se trémousse : ses mouvements, son attitude paraissent tout à fait semblables à ceux des insectes qui pratiquent des tentatives de copulation » (Correv. et Pouyanne). Dans les mouvements brusques qu'il exécute, l'insecte abaisse les bursicules et en relevant la tête, enlève les pollinies qui se posent entre ses deux yeux, comme de petites cornes. Après les mouvements d'abaissement habituels, les pollinies se projettent horizontalement en avant. L'insecte les transporte sur le stigmate d'une autre fl. sur laquelle il va s'abattre et effectue ainsi la fécondation. Les *Dielis* ♂ apparaissent env. un mois avant les ♀, au moment où s'épanouissent les premières fl. d'*O. Speculum.*

Près d'Alger, M. Pouyanne a évalué le nombre des capsules fertiles à env. 40 %. Pour cet auteur, le *Dielis* ♂ est attiré par la ressemblance que présente la fl. d'*O. Speculum* avec sa femelle. La frange dense de poils roussâtres du labelle rappelle les poils roussâtres de l'abdomen du *Dielis*, la base du labelle, son thorax et sa tête, les lobes lat. du labelle, les ailes, enfin les div. lat. int. du périanthe foncés, les antennes. La tache en forme de miroir du labelle aurait une ressemblance avec le reflet des ailes et contribuerait à attirer les mâles dans les endroits où les femelles se trouvent, mais à une époque où elles ne sont pas encore sorties du cocon (Pouyanne in *Bull. Hist. nat. Afr. du Nord*, 1917, p. 6 et

Morphologie interne.

Tubercule. Grains d'amidon de forme très irrégulière, plus ou moins allongés, très gros, atteignant 40-60 µ de long env. (p. 112, f. 43). — *Fibres radicales.* Assise pilifère subérisée surtout extérieurement. Endoderme à plis assez marqués. Vaisseaux de métaxylème ordinairement différenciés.

Tige. Stomates peu nombreux. 2-4 assises de parenchyme chlorophyllien entre l'épiderme et l'anneau lignifié. Anneau lignifié formé de 5-9 assises de cellules à parois minces et à section de forme irrégulière, ordt séparé du liber des faisceaux par 1-3 assises non lignifiées. Parenchyme central résorbé.

Feuille. Ep. = 260-320 µ. Epiderme sup. strié, à peine recticurviligne, haut de 60-100 µ, à paroi ext. bombée et épaisse de 5-7 µ, dépourvu de stomates au moins dans les feuilles inf. Epiderme inf. recticurviligne, haut de 30-60 µ, à paroi ext. légèrement bombée et épaisse de 5-8 µ, à stomates abondants. Parenchyme formé de 6-8 assises de cellules chlorophylliennes et renfermant des cellules à raphides peu nombreuses.

Fleur. — *Divisions externes du périanthe.* Epidermes ext. et int. striés, sans papilles même vers les bords. — *Divisions latérales internes.* Epiderme ext. dépourvu de papilles. Epiderme int. prolongé en papilles croissant de grandeur en approchant de la base des divisions, allongées, étroites, atteignant 120-200 µ de long, à contenu violacé. — *Labelle.* Epiderme inf. de la partie centrale lisse et brillante dépourvu de papilles, formé de cellules polygonales semblables à celles de l'*O. Bertolonii.* Poils existant seulement au bord du labelle, très fortement ondulés, tortillés, atteignant 800-2300 µ de long, très striés, à contenu jaune pâle vers leur base et violacé vers leur extrémité. Epiderme inf. dépourvu de papilles, vers les bords seulement muni de quelques poils ressemblant à ceux de l'épiderme int. — *Anthère.* Epiderme de la partie dorsale du gynostème prolongé en papilles. Epiderme des loges non sensiblement papilleux. Assise fibreuse à épaississements relativement nombreux (pl. 122, f. 453). — *Pollen.* Tétrades de la périphérie des massules à exine très fortement granuleuse. L. = 34-42 µ env. — *Ovaire.* Nervure des valves placentifères très saillante extérieurement, contenant un faisceau libéroligneux à bois int. et à un faisceau placentaire libérien très rudimentaire. Placenta très long, se divisant tardivement en deux parties divergentes. Valves non placentifères très proéminentes à l'extérieur, renfermant un faisceau libéroligneux à bois int. — *Graines.* Cellules du tégument striées. Graines arrondies au sommet, 2-3 f. env. plus longues que larges. L. = 250-300 µ env.

V. v. — Mars-avril. - *Habitat* : coteaux ensoleillés, garrigues du littoral, prairies, lieux herbeux maritimes, parfois dans les fentes des rochers près de la mer, talus, parfois sables maritimes ; ord. sur le calcaire ; monte à 850 m., à Minorque. — *Répart. géogr.* : Portugal (répandu), Espagne (Burgos, Ameyugo ; Tarragone, entre Hospitalet et Atmella (SENNEN) ; assez répandu dans la rég. mérid.), Baléares, France [T. R., Alpes-Marit. à Menton près Garavan (MOGGRIDGE ap. ARDOINO) (1), Var à Hyères (FRARION), aux Vieux-Salins d'Hyères (RAINE) et à Costebelle (COMAR in *herb.* G. CAMUS), Hérault à Balaruc-les-Bains (RODIÉ), Corse près Bonifacio, vers le Cap Pertusato (RIPPERT)] ; Italie (surtout dans les rég. centr. et mérid.), Sicile (répandu), Sardaigne, Malte, Lampéduse (ap. BRIQUET), Macédoine, Grèce, Turquie, Crète, Rhodes, Smyrne, Asie Mineure, Syrie, Tripolitaine, Tunisie, Algérie (dép. d'Oran, d'Alger, de Constantine), Maroc.

Sous-sect. B. **TENTHREDINIFERÆ** (PARLAT., *Fl. ital.*, III, p. 545) G. CAM. BERG. A. CAM., *Monogr. Orch. Eur.*, p. 259. — Divisions du périanthe étalées, les deux lat. int. très courtes, en cœur à la base ou subonguiculées. Labelle convexe, à bords non repliés brusquement, pourvu ou non à la base de 2 gibbosités, trilobé, à lobes lat. plus ou moins apparents, à lobe médian plus grand que les lat., émarginé ou nul, muni d'un appendice développé au sommet ou dans le sinus de la partie émarginée.

5. — O. TENTHREDINIFERA

O. tenthredinifera WILLD., *Spec.*, IV, I, p. 67 (1805) ; LINDL., *Gen. and sp.*, p. 376; REICHB. F., *Icon.*, XIII-XIV, p. 81 ; KRAENZ., *Gen. et spec.*, p. 98 ; RICHTER, *Pl. Eur.*, I, p. 262 ; COSSON, *Notes sur qq. pl. Fr.*, p. 63 ; GR. et GODR., *Fl. Fr.*, III, p. 302 ; LORET et BARR., *Fl. Montp.*, p. 665 ; ARDOINO, *Fl. Alp.-Mar.*, p. 357 ; BARLA, *Iconogr.*, p. 72 ; G. CAM., *Monogr. Orch. Fr.*, p. 89 ; in *Journ. bot.*, VII, p. 132 ; G. CAM. BERG. A. CAM.,

CORREVON et POUYANNE in *Journ. d'Hort. de France*, 1916, p. 1 et 1923, p. 1 ; HOUZEAU de LEHAIE in *Journ. Soc. Nat. Hort. Fr.*, févr. et mars 1916 et *Bull. Nat. Mons et du Borinage*, VII, p. 69, (1926) ; GODFERY in *Orchid Review* (1925), p. 195 ; *Journ. of. Bot.*, (1928). p. 35 ; ROTSCHILD in *Orchid Review* (1925), p. 99.

1. Cette espèce, signalée par Trouvé, entre Tourrettes-sur-Loup et les Courmettes, dans les Alpes-Marit. (Cf. *Bull. Nat. Nice et Alp.-Marit.*), n'y a pas, croyons-nous, été revue.

Monogr. Orch. Eur., p. 260 ; Debeaux in *Rev. de bot.* (1891), p. 280 ; Gautier, *Pyr.-Or.*, p. 401 ; Coste, *Fl. Fr.*, III, p. 391, n° 3578, *cum ic.* ; Rouy, *Fl. Fr.*, XIII, p. 112 ; Briquet, *Prodr. Fl. Corse*, p. 350 ; Cambes., *Enum. pl. Baléar.*, p. 548 ; Rodriguez, *Cat. Men.*, p. 88, n° 603 ; Marès et Vigineix, *Cat. Baléar.*, p. 282 ; H. Knoche, *Fl. balear.*, I, p. 402 ; Willk. et Lange, *Prodr. hisp.*, I, p. 172 ; Debeaux et Daut., *Syn. Gibralt.*, p. 201 ; Brot., *Phyt. lus.*, II, t. 87 ; Guimar., *Orch. port.*, p. 25 ; Aschers. et Graeb., *Syn.*,III, p. 635 ; Biv., *Sic. pl. cent.*, II, p. 39 ; Guss., *Fl. sic. syn.*, p. 546 ; Bertol., *Fl. ital.*, IX, p. 589 ; Parl., *Fl. ital.*, III, p. 550 ; Ces. Pass. Gib., *Comp.*, p. 193 ; W. Barbey. *Fl. Sard. comp. et suppl.*, n° 1326 ; Martelli, *Monoc. Sard.*, p. 66 ; Arcang., *Comp.*, éd.II, p. 172 ; Fiori et Paol., *Iconogr. fl. ital.*, n° 805 ; Lojacono, *Fl. Sicula*, III, p. 37 ; Sibth. et Sm., *Prodr.*, II, p. 217 ; *Fl. gr.*, X, p. 22 ; Chaub. et Bor., *Exp. sc. Morée*, p. 263, t. 32, f. 3 ; *N. fl. Pélop.*, p. 61, t. 34, f. 3 ; Fried., *Reise*, p. 269 ; Weiss. in *Z. bot. Ges.* (1869), p. 754 ; Raul., *Crèt.*, p. 862 ; Boiss., *Fl. orient.*, V, p. 76 ; Gelmi in *Bull. Soc. bot. ital.* (1889), p. 452 ; de Boissieu in *Bull. Soc. bot. Fr.* (1896), p. 288 ; Heldr., *Fl. Egine* ; in *Bull. Herb. Boiss.* (1898) p. 391 ; Aznav. in *Mag. bot. Lap.*, I, p. 196 ; Ball, *Spicil. Mar.*, p. 674 ; Battand. et Trab., *Fl. Alg.* (1884), p. 203 ; (1904) p. 320 ; Munby, *Cat.*, p. 101 ; Lacroix, *Cat. Kabyl.* ; Mutel, *Oph. Bon.* in *Ann. Soc. Strasb.* (1835) et *Fl. Fr.*, III, p. 25 ; Bonnet et Barr., *Cat. Tunisie*, p. 404 ; Debeaux, *Fl. Kabylie Djurdjura*, p. 345 ; G. Cam. in *Act. Congr. Bot.* (1900), p. 342 ; Durand et Barratte, *Fl. Libycæ prodr.*, p. 227 ; Maire in *Bull. Soc. Hist. nat. Afr. du Nord* (1921), p. 50 ; Gandoger in *Bull. Soc. bot. Fr.* (1917), p. 118 ; Sennen in *Bull. Soc. bot. Fr.* (1921), p. 407 ; Jahand. in *Mém. Soc. Sc. nat. Maroc* (1923), p. 108 ; Fleischm. in *Oest. bot. Zeitschr.*(1925), p. 189 ; Lacaita, *Cat. Citra*, p. 136.— **O. Arachnites** Link in Schrader, *Journ. f. Bot.*, I, p. 325 (1799) non Rich.—**O. insectifera** A. rosea Desf., *Fl. Atl.*, II, p. 321 (1800). — **O. villosa** Desf., *Ch. pl.*, p. 8, t. 4 ; in *Ann. Mus.*, X, p. 225 (1807). — **O. episcopalis** Poiret, *Encycl. Suppl.*, IV, p. 170 (1816) ? — **O. grandiflora** Ten., *Fl. nap.*, II, p. 309 (1820) ; *Syll. fl. neap.*, p. 459. — **O. Tenoreana** Lindl., *Bot. reg.*, t. 1093 (1827). — **O. limbata** Link, *Handb.*, I, p. 247 (1829).— **Arachnites tenthredinifera** Tod., *Orch. Sic.*, p. 85 (1842). — **Oph. flavicans** Vis., *Fl. Dalm.*, p. 178 (1842) ? — **O. rosea** Grande in *Nuovo Giorn. bot. ital.*, XXVII, p. 238 (1920). — *Orchis orniciflora, genata, rubiginosa, ambitu viridi* Cup., *Pamph. sic.*, I,t. 175 ; II, t. 146 ; Bon., t. 28. — *Orchis orniflora, amplo labello, gemmato, rubigineo, ambitu viridi larvulum fictitante et eadem torqueta gemmosa* Cup., *H. cath.*, p. 158.

Icon. : Ten., *l. c.*, t. 93 ; Sibth. et Sm., *l. c.*, t. 929 ; *Bot. reg.*, t. 205 ; Biv., *l. c.* t. 4 ; Brotero, *l. c.* ; Chaub. et Bor., *l. c.* ; Mutel, *Fl. fr. Atl.*, t. 67, f. 514 ; *Ann. soc. Strasb.*, t. I, f. A ; *Bot. Mag.*, t. 1930 ; Reichb., *Pl. crit.*, t. DCCCLXXIV et DCCCLXXVI ; Reichb. F., *Icon.*, XIII-XIV, t. 111, CCCCLXIII ; Barla, *l. c.*, pl. 60, f. 12-13 ; Guimaraes, *l. c.*, est. 1, f. 8-9 ; Schlecht., *Ic.*, pl. III, f. 12 ; G. Cam. Berg. A. Cam., *l. c.*, pl. 24, f. 775-777 ; *Ic. n.*, pl. 63, f. 1-15.

Exsicc. : Heldr., *H. n.* n° 264 ; Orphan., *Fl. gr.*, n° 264 ; Salzm. ; Balansa, n° 248 ; Jamin, *Pl. Alg.*, n° 88 ; Tod., *Pl. sic.*, n° 511 ; Bové, *Pl. Maurit.* ; Soc. Dauph., n° 5062 ; Billot, n° 3920 ; Welw., *Contr.*, n° 341 ; Reverchon, *Pl. Corse*, 1880, n° 314 ; Porta et Rigo, n° 357 ; Forsyth major, n° 166 b ; Schimper, *Un. itin.* (1832) ; Sennen, *Fl. Esp.*, n°ˢ 383 et 5631.

Tubercules gros, ovoïdes ou subglobuleux. Tige de 1-3 décim., rarement plus, droite ou presque, un peu anguleuse au sommet, robuste, d'un vert clair. Feuilles d'un vert glaucescent, ovales, ovales-oblongues ou lancéolées, allongées, les inf. aiguës ou subobtuses, la sup. aiguë, embrassante. Bractées dépassant l'ovaire, ovales-allongées, subobtuses, vertes, souvent lavées de rose au sommet, parfois complètement roses. Fleurs 3-9, grandes, disposées en épi lâche allongé. *Divisions ext. du périanthe très étalées*, larges, ovales-oblongues, ovales ou elliptiques, *très arrondies au sommet, concaves*, la méd. rétrécie à la base, roses ou parfois blanchâtres ou jaunâtres, munies de 3 nerv. vertes, la méd. souvent seule apparente ; *div. lat. int. 3-4 fois plus courtes que les ext.*, ovales-obtuses ou subcordiformes, pubescentes en dedans, à bords ciliés, plus colorées que les ext., rose vif, souvent purpurin. *Labelle* grand, plus long que les div. ext., subquadrangulaire, obcordé ou obovale, élargi en avant, *convexe, subtrilobé*, d'un brun foncé ou rougeâtre, plus rarement jaune pâle, marqué d'une tache rhomboïdale ou subtriangulaire, glabre, brunâtre ou violacée,bordée par une ligne jaune ou blanchâtre, muni à la base de deux petites proéminences noirâtres et brillantes ; lobes lat. arrondis, courts, un peu réfléchis, peu veloutés, *formant deux gibbosités à la base ; lobe méd. émarginé*, à face int. très pubescente, sauf vers la gorge, à villosité plus pâle vers les bords, *muni près du sinus de longs poils verdâtres en pinceau et terminé par un appendice glabre* entier, *large, obtus,*d'une jaune verdâtre, *recourbé en dessus. Gynostème* verdâtre, *obtus,* sans bec ou très brièvement apiculé. Anthère et masses polliniques d'un jaune pâle (1). Ovaire sessile, linéaire, tordu à la base. Capsule oblongue, à côtes saillantes.

1. D'après Ponzo, *L'Autogamia nelle piante fanerog.*, l'autofécondation a ord. lieu dans cette espèce.

Morphologie interne.

Tubercule. Grains d'amidon atteignant 20-30 μ de long, allongés, de forme peu régulière (pl. 112, f. 40). — *Fibres radicales.* Assise pilifère très subérisée à l'extérieur. Endoderme à peine différencié. Vaisseaux de métaxylème assez nombreux.

Tige. Stomates peu abondants. 3-5 assises de parenchyme lâche entre l'épiderme et l'anneau lignifié. 6-8 assises lignifiées extra-libériennes formées de cellules à section assez irrégulière. Parenchyme se résorbant dans la partie centrale de la tige.

Feuille. Ep. = 250-350 μ. Epiderme sup. strié, recticurviligne, haut de 70-100 μ, à paroi ext. légèrement bombée et épaisse de 9-10 μ, muni de stomates seulement dans les feuilles moyennes et supér. Epiderme inf. recticurviligne, haut de 40-60 μ, à paroi ext. bombée et épaisse de 7-10 μ, à stomates abondants. Parenchyme comprenant 7-9 assises chlorophylliennes et de peu nombreuses cellules à raphides.

Fleur. — *Divisions externes du périanthe.* Epidermes ext. et int. striés, à stries convergeant vers le centre de chaque cellule, dépourvus de papilles même vers les bords et à l'extrémité de ces pièces du périanthe. — *Divisions latérales internes.* Epiderme ext. muni de papilles nombreuses, courtes dans la partie centrale, atteignant 200-250 μ dans les parties marginales. Epiderme int. entièrement couvert de papilles très nombreuses, atteignant 200-250 μ de long et très minces. — *Labelle.* Epiderme int. de la partie médiane luisante prolongé en courtes papilles ondulées, atteignant 50 μ de long, très striées. Région voisine de l'ouverture du style sans papilles caractérisées. Parties longuement pubescentes pourvues de poils plus ou moins ondulés, striés, atteignant 500-1000 μ de long et env. 20 μ de diam. à la base. Epiderme inf. du labelle sans papilles caractérisées. — *Anthère.* Epiderme de la partie dorsale du gynostème à cellules nettement prolongées en papilles. Assise fibreuse différenciant quelques épaississements. — *Pollen.* Jaune or. Exine non ou à peine ruguleuse à la périphérie des massules. L. = 28-35 μ. — *Ovaire.* Nervure des valves placentifères très brusquement saillante, contenant 2 faisceaux libéroligneux, l'ext. à bois int., l'int. placentaire à bois ext. Placenta très gros, divisé au sommet. Valves non placentifères très proéminentes à l'extérieur, contenant un faisceau libéroligneux à bois int. — *Graines.* Cellules du tégument à parois recticurvilignes, pourvues de nombreux épaississements striés. Graines arrondies au sommet, atténuées à la base, 2-3 fois plus longues que larges. L. = 300-400 μ env.

Var. α **genuina** Guimar., *l. c.*, p. 26 et 79. — Labelle obovale, peu large, à gibbosités assez saillantes.

S.-var. *præcox* Guimar., *l. c.* est. 1, f. 8, d. — Var. *præcox* Reichb., *l. c.* — Fleurs 1-3, petites. Floraison en février et mars. — Portugal : Serra de Monsanto (ap. Guimaraes).

S.-var. *serotina* Guimar., *l. c.*, est. 1, f. 8, a, b, c ; est. II, f. 11 ; *Ic. n.*, pl. 63, f. 14. — Fleurs 3-5, grandes. Floraison en avril, mai. — Portugal, assez répandu.

Var. β **Ficalhaena** Guimar., *l. c.* — Labelle subquadrangulaire, très large surtout vers le sommet, à gibbosités moins saillantes.

S.-var. *Davei* Guimar., *l. c.*, cum. ic. ; *Ic. n.*, pl. 63, f. 10-13. — Divisions du périanthe rosées ; labelle subquadrangulaire, muni d'une tache rouge, subquadrangulaire, entourant la tache glabre de la base. — Portugal : Centro littoral, Alemtejo littoral (ap. Guimaraes).

S.-var. *Choffati* Guimar., *l. c.*, est. II, f. 13 ; *Ic. n.*, pl. 63, f. 15. — Bractées et divisions du périanthe d'un blanc jaunâtre ; labelle presque de même forme que dans la s.-var. *Davei*, mais jaunâtre et à macule centrale carminée, semilunaire ou subtriangulaire, petite. — Proche de la var. *lutescens* Battand. — Portugal : Alemtejo littoral : S. Thiago de Cacem, Santo André (Choffat).

Var. γ **lutescens** Battand. in *Bull. Soc. bot. Fr.* (1904), p. 353 ; G. Cam. Berg. A. Cam., *Monogr. Orch. Eur.*, p. 262. — Périanthe à divisions ext. jaunâtres ; labelle court. — Algérie : Djebel Tenouchfi, Mazer.

Var. δ **Di Stefanii** G. Cam., *Ic.*, p. 31 (1921). — *O. Di Stefani* Lojacono, *Fl. Sicula*, III, p. 38 (1909). — *Icon.* : Lojacono, *l. c.*, tab. 1, f. 7 ; *Ic. n.*, pl. 62, f. 16 (repr. fig. Lojacono). — Fleurs plus petites, discolores ; divisions ext. du périanthe un peu plus courtes que le labelle, elliptiques, subobtuses ; les lat. int. finement velues, grisâtres, le labelle, de même forme que celui de l'*O. oxyrhynchos*, à base étroite, bigibbeuse, convexe, à bords repliés, d'ensemble flabelliforme, profondément émarginé au sommet et subbilobé. Paraît proche de l'*O. neglecta,* mais à divisions lat. int. n'atteignant pas, d'après la figure, la moitié des divisions ext. — Sicile, Palerme, collines calcaires de Pezzente près Giaco.

Monstruosités. — M. Maige in *Rev. gén. bot.* (1909), p. 316, a signalé des anomalies florales dans lesquelles les deux verticilles d'étamines étaient plus ou moins complètement représentés.

V. v. — Février-avril en Afrique ; avril-juin en Europe. — *Habitat* : endroits herbeux, prairies et coteaux arides calcaires, garrigues de la rég. méditerr. — *Répart. géogr.* : Portugal (répandu), Espagne (Catalogne, Castille ; peu rare dans la rég. mérid.), Baléares, (Majorque où il est C., Minorque), France mérid. [R., Pyr.-Orient : Consolation près Collioure (Gautier) ; Hérault : Villeroi près Cette (Loret), Vendres (Neyra et in herb. Rodié) ; Alpes-Marit. : Cannes, cap Croisette (Heilmann 1874-1875, ap. Aschers. et Graebn.), St.-Laurent d'Eze et La Turbie (Risso) (?), entre Bordighera et Vintimille (Barla), Corse (rare, env. de Bonifacio (Kralik) Aleria (Maire)] : Italie (Ligurie, Toscane, partie mérid. de la péninsule, Naples, Pouille, Otrante), Elbe, Sicile (disséminé, assez abondant), Sardaigne [env. de Sassari (Moris)] ; Grèce ; Crète Malte ; Rhodes; Asie Mineure, Syrie, Palestine, Tripolitaine, Tunisie, Algérie (C.), Maroc.

Sous-esp. O. neglecta.

O. neglecta Parlat., *Fl. ital.*, III, p. 548 (1858) ; W. Barbey, *Fl. Sard. Suppl.*, Aschers. et Lev.,n° 2585 ; Ces. Pass. Gib., *Comp.*, p. 192 ; Arcang., *Comp.*, éd. 2, p. 172 ; Richter, *Pl. Eur.*, I, p. 262 ; G. Cam., *Monogr. Orch. Fr.*, p. 89 ; in *Journ. bot.*, VII, p. 132 ; G. Cam. Berg. A. Cam., *Monogr. Orch. Eur.*, p. 262 ; Rouy, *Fl. Fr.*, XIII, p. 112 ; Alb. et Jahand., *Cat. Var*, p. 483. — **O. grandiflora** Ten., *Fl. nap.*, t. 94 (mala), non *Fl. nap.*, II, p. 308. — **O. tenthredinifera** Ten., *Fl. nap.*, II, p. 308, p. p. ; non l. 93 ; Seb. et Mauri, *Fl. rom. prodr.*, p. 309, p. p., excl. syn.

Diffère de l'*O. tenthredinifera* par la gracilité de toutes ses parties, son épi court, à fleurs petites, 2-5, très rapprochées, le périanthe à divisions ext. moins concaves, ovales-obtuses et non très obtuses ou arrondies, à *divisions lat. int. atteignant la moitié des divisions ext.*, le *labelle plus petit*, un peu court, égalant à peine les divisions ext. du périanthe, glabre vers les bords, à petites proéminences luisantes plus rapprochées, parfois 3-lobé, à *lobe médian* très émarginé, *subbilobé*, ce qui donne un aspect 4-lobé à l'ensemble du labelle, et muni d'un petit appendice au milieu du sinus séparant les deux lobules du lobe moyen.

Var. **gracilescens** Terraciano in *Bull. Soc. Bot. Ital.* (1910), p. 21 ; Fedde, *Repert.*, VIII p. 492. — Fleurs 1-2, munies de 2 bractéoles ; divisions ext. du périanthe grandes, oblongues-lancéolées, très étalées. — Sardaigne.

V. s. — Avril, mai. — *Habitat* : Prés et collines, lieux incultes. — *Répart. géogr.* : France; Pyrénées, prairie de Ler (de Franqueville ap. Parlatore), Var à Solliès-Ville (Albert)] ; Espagne : littoral de Barcelone et Tarragone (d'apr. Sennen) ; Italie (rég. centr. et mérid., Maremmes à Rugginosa près Grosseto, à Badiola, Rome au Monte Testaccio, à la Villa Borghese, env. d'Otrante, de Brindisi (Webb), Pouille, île de Capri (Tenore), Sardaigne.

Sous-esp. ou hybr. O. Benoitiana.

O. Benoitiana Tin. in *Herb. H. Panorm.* (ined.) ; Lojacono, *Fl. Sicula*, III, p. 42 ; *Icon.*, t. 1, f. 11 a-b. Plante assez robuste. Fleurs grandes, espacées. Divisions ext. du périanthe étalées, oblongues, arrondies, les lat. int. largement linéaires, liguliformes, obtuses, presque tronquées, ondulées, obscurément ciliolées. Labelle obovale, trilobé, à lobes lat. repliés, munis à la base de deux proéminences, à lobe médian convexe, largement obovale, à base resserrée, à bords sinueux, presque flabelliforme, brillant du centre à la base, muni de 2 lignes longitudinales parallèles étroites, linéaires, confluentes à la base ; tomentum formé vers les gibbosités de poils longs denses et jaunâtres ; appendice petit, noirâtre. Gynostème aigu, petit, ascendant. — Forme locale de l'*O. tenthredinifera*, peut-être hybride de cette espèce avec l'*O. aranifera*. D'après Schlechter, *Iconogr.*, p. 109, serait peut-être une forme de l'*O. atrata* Ldl.

Sicile : lieux calcaires élevés (ap. Lojacono).

Sous-esp. ou hybr. O. Sorrentini.

O. Sorrentini Tin. ined. in *Herb. H. Pan.* ; Lojacono, *Fl. Sicula*, p. 41. — **Arachn. Inzengæ** Tod., *N. gen. sp.* p. 12 (1858). — **O. flavicans** Vis., *l. c.* ?. — **O. Bertolonii** var. **Inzengæ** Nym., *Syll.*, p. 61 (1865) ? *Icon.* : Lojacono, *l. c.*, t. 1, f. 10, a, b, c ; *Ic. n.*, pl. 69, f. 13-16 (repr. f. Lojacono).

Cette plante est très douteuse, la fig. de Lojacono, qui la représente et que nous reproduisons, est très défectueuse. — Epi lâche, robuste, pauciflore. Div. ext. du périanthe roses, ovales-elliptiques, à 3 nerv. vertes, les lat. int. purpurines, planes, lancéolées, très aiguës, ciliées en dedans, égalant le bec du gynostème. Labelle

largement obcordé, quadrangulaire, étroit à la base, puis brusquement dilaté, plus large que long, bilobé vers
le milieu, à lobe méd. émarginé, subbilobé et muni d'un petit mucron infléchi en avant ; macule glabre, linéaire, semicirculaire. A des affinités avec l'*O. tenthredinifera*, l'*O fucifl.* var. *oxyrhynchos* et l'*O. Bertolonii*.

Sicile : Mont Catalfano (TIN.), la Favorite (INSENG.). — Calabre (TERR.).

6. — O. FUCIFLORA

O. fuciflora HALLER, *Icon. pl. Helv.*, t. 24, f. 2,3 (1795); REICHB., *Fl. Germ. excurs.*, t., 1 p. 128 (1830);
REICHB. F., *Icon.*, XIII-XIV, p. 85 ; GUSS., *Enum. pl. inar.*, p. 321 ; GREN., *Fl. ch. jurass.*, p. 756 ; FRANCHET,
Fl. L.-et-Ch., p. 577; BONNET, *Pet. fl. par.*, p. 185 ; MAGN. et HÉTIER (*O. fucifera*), *Obs. fl. Jura*, p. 141 ; MAS-
CLEF, *Cat. P.-d.-C.*, p. 155 ; S.-LAGER, *Fl. descr.*, éd. 8, p. 818 ; DE VOS, *Fl. Belg.*, p. 556 ; GREMLI, *Fl. Suisse*,
éd. Vetter, p. 484 ; KOCH, *Syn.*, éd. Hall. et Wohlf., p. 2437 ; GARCKE, *Fl. Deut.*, éd. 14, p. 381 ; BACH, *Rheinpr.
Fl.* ,p. 372 ; CAFLISCH, *Ex. Fl. S.-D.*, p. 298 ; GODET, *Fl. Jura*, II, p. 690 ; M. SCHULZE, *Die Orchid.*, n° 27 ;
ASCHERS. et GRAEBN., *Syn.*, III, p. 629 ; G. CAM. BERG. A. CAM., *Monogr. Orch. Eur.*, p. 263 ; H. KNOCHE,
Fl. balear., I, p. 405 ; RUPPERT in *Verh. d. preuss. Rheinl. u. Westf.* (1924), p. 179 ; in FEDDE, *Repert. sp. nov.*
(1926), p. 325. — **O. insectifera** η **Adrachnites** L., *Spec.*, éd. 1, p. 949 (1753) p. p. — **Orchis fuciflora.**
CRANTZ, *Stirp. austr.*, éd. 2, VI, p. 483 (1769). — **O. Arachnites** SCOP., *Fl. Carn.*, éd. 2, II, p. 194 (1772) ; ALL.,
Fl. pedem., II, p. 147. — **Ophrys Arachnites** RICHARD, *Fl. moen.-franc.*, II, p. 89 (1772) ; LAMK., *Fl. Franç.*,
III, p. 515 (1778) ; WILLD., *Spec.*, IV, p. 67 ; LINDL., *Gen. and spec.*, p. 376 ; RICHTER, *Pl. Eur.*, I, p. 262 ;
CORREVON, *Alb. Orch. Eur.*, pl. XXXIV ; BABINGT., *Man. Brit. Bot.*, éd. 8, p. 347 ; HOCQ., *Fl. Jenun.*, p. 236 ;
TINANT, *Fl. luxemb.*, p. 444 ; BELLYNCK, *Fl. Namur*, p. 264 ; CRÉPIN, *Man. fl. Belg.*, éd. 1, p. 178 ; LÖHR,
Fl. Tr., p.249; MEYER, *Orch. Luxemb.* p. 13 ; DC., *Fl. fr.*, V, p. 332, non III, p.255; DUBY, *Bot.* p. 447 LOISEL,
Fl. gall., II, p. 270 ; MUTEL, *Fl. fr.*, III, p. 252 ; *Fl. Dauph.*, éd. 2, p. 597 ; BOISDUVAL, *Fl. fr.*, III, p. 49 ;
LAPEYR., *Abr. Pyr.*, p. 561 ; DUPUY, *Fl. Gers*, p. 233 ; GREN. et GOD., *Fl. Fr.*, III, p. 302 ; BOREAU, *Fl. centre*,
éd. 3, p. 649 ; COSS. et GERM., *Fl. env. Paris*, éd. 2, p. 687 ; GOD., *Fl. Lorr.*, II, p. 298 (1857) ; BRÉBIS., *Fl.
Norm.*, pl. éd. ; CASTAGNE, *Catal. B.-d.-Rh.*, p. 157 ; LORET et BARR., *Fl. Montp.*, p. 665 ; RAVIN, *Fl. Yonne*,
éd. 3, p. 362 ; LLYOD et FOUC., *Fl. Ouest*, p. 338, p. p. ; ARDOINO, *Fl. Alp.-Mar.*, p. 545 ; BARLA, *Iconogr.*,
p.71 ; G. CAM., *Monogr. Orch. Fr.*, p. 92 ; in *Journ. de Bot.*, VII, p. 135 ; GUILL., *Fl. Bord. et S.-O.*, p. 171 ; COR-
BIÈRE, *N. fl. Norm.*, p. 562 ; GAUTIER, *Pyr.-Or.*, p. 401 ; *Hort. Vilmorin.* in *Bull. Soc. bot. Fr.*, 1904 ; COSTE,
Fl. Fr., III, p. 391, n° 3579, *cum ic.* ; ROUY, *Fl. Fr.*, XIII, p. 110 ; JAHAND., *Cat. Var*, p.483; KIRSCHL., *Fl. Als.
prodr.*, p. 161 ; GAUD., *Fl. helv.*, V, p. 490, n° 2079 ; SPENN., *Fl. frib.*, p. 242 ; SCHINZ et KELL., *Fl. Schweiz*,
p. 133 ; FISCH., *Fl. Bern.*, p. 78 ; REICHB., *Fl. exc.*, p. 129 ; HOST, *Syn.*, p. 492 (1797) ; HOFFM., *Deuts. Fl.*,
p. 318 ; ROTH, *Tent. germ.*, I, p. 382, II, p. 405 ; KOCH, *Syn.*, éd. 2, p. 797 ; éd. 3, p. 600 ; RHINER, *Prodr.
Waldst.*, p. 128 ; FOERSTER, *Fl. Aachen*, p. 348 ; ZIMMERM., *Die Form. d. Orchid.*, p. 43 ; KRAENZLIN, *Orchid.*,
p. 8 ; BALBIS, *Fl. taur.*, p. 149 ; SEB. et MAURI, *Prodr. Rom.*, p. 310 ; MORIC., *Fl. venet.*, I, p. 372 ; POLLIN. *Fl.
veron.*, III, p. 27 ; TEN., *Fl. nap.*, II, p. 304 ; *Syll.*, p. 459 ; DE NOTARIS, *Rep. fl. lig.*, p. 391 ; BERTOL., *Fl. ital.*,
IX, p. 584 ; MORIS, *Stirp. Sard.*, f. 1, p. 44 ; PARLAT., *Fl. ital.*, III, p. 545 ; CES. PASS. GIB., *Comp.*, p. 192 ;
W. BARBEY, *Fl. Sard. comp. et suppl.*, n° 1324 ; ARCANG., *Comp.*, éd. 2, p. 173 ; MARTELLI, *Monoc. Sard.*,
p. 65 ; COCCONI, *Fl. Bolog.*, p. 486 ; FIORI et PAOL., *Iconogr. fl. ital.*, n° 804 ; SUFFREN, *Pl. du Frioul*, p. 185;
VIS., *Fl. Dalm.*, I, p. 175 ; AMBR., *Fl. Tir. austr.*, I, p. 715 ; W. BARBEY in *Bull. Herb. Boiss.* (1894-95) ; *Etude
bot. Kos* ; *Et. bot. Kasos* ; *Et. bot. Telandos* ; *Et. bot. Syra* ; HAUSM., *Fl. Tirol*, p. 844 ; BECK, *Fl. N.-Oest.*,
p. 197 ; SCHUR, *Enum. Trans.*, p. 647, n° 3438 ? ; SIBTH. et SM., *Fl. gr. prodr.*, II, p. 216 ; PIERI, *Corc. fl.*
p. 126 ; MARG. et R., *Fl. Zante*, p. 86 ; BOISS., *Fl. orient.*, V, p. 77 ; FORS in *Bull. Herb. Boiss.*, III, p. 88,
HALACSY, *Consp. fl. gr.*, III, p. 177 ; ASSO, *Syn. Arag.*, p. 130 ; BARCELO, *Ap. Balear.*, p. 45, n° 413 ; WILLK.
et LANGE, *Prodr. hisp.*, I, p. 172 ; MARÈS et VIGIN., *Cat. Baléar.*, p. 282 ; COLM., *En. pl. hisp.-lusit.* V, p. 44 ;
GUIMAR., *Orch. port.*, p.28; DURAND et BARRATTE, *Fl. Libycæ Prodr.*, p.227; GRINTESCU in *Bull. Geogr. bot.* (1918),
p. 47. — **Epipactis Arachnites** SCHMIDT in MAYER, *Phys. Aufs.*, I, p. 249 (1791). — **Arachnites fuciflora**
SCHMIDT, *Fl. Boëm.*, p. 76 (1794). — **Ophrys insectifera Arachnites** a) HALL., *Ic. pl. helv.*, p. 26 (1795).
— **O. Adrachnites** BERT., *Fl. Gen.*, p. 123 (1804) et *Amoen. it.*, p. 200 ; non MILL. — **O. œstrifera** REICHB.,
Fl. excurs., p. 128 (1830) ; non MARSCH.-BIEB. — **O. discors** BIANCA in TOD., *Orch. sic.*, p. 84 (1842) ;
Pl. nov., pl. 5 et pl. exsicc. — **Arachn. Biancæ** TOD., *Orch. sic.*, p. 83 (1842). — **Oph. truncata** DULAC, *Fl.
H.-Pyr.*, p. 128 (1867). — *Orchis araneam referens* VAILL., *Bot. paris.*, t. 30, f. 10-13 ; SEG., *Pl. veron.*,
p. 244, t. 8, f. 1.

Icon. : VAILL., *Bot. par.*, t. 30, f. 10-13. ; HALLER, *l. c.*, t. 24, f. 1, 2, 3 ; SEG., *l. c.* ; SPACH, *S. à Buf-*

fon, *Atl.*, t. 123, f. 2 ; Bisch., *Hdb.*, t. 31, f. 1004 ; Brongn. ap. Chaub. et Bory, *Pélop.*, t. 34, f. 5 ; *Bot. Mag.*, t. 2516 ; Séb. et Mauri, *l. c.*, t. 2, f. 2 ; Reichb., *Pl. crit.*, t. DCCCLVIII, DCCCLIX ; Reichb. F., *Icon.*, XIII-XIV, t. 109, CCCCLXI ; Coss. et Germ., *Atlas*, pl. 32, f. D ; Barla, *l. c.*, pl. 60, f. 1-11 ; G. Cam., *Iconogr., Orch. env. Paris*, pl. 20 ; M. Schulze, *l. c.*, t. 27 ; Guimar., *Orch. Port.*, est. II, f. 14. ; Bonnier, *Atl. N. Fl.*, p. 147 ; Schlecht., *Iconogr.*, pl. III ; G. Cam. Berg. A. Cam., *l. c.*, pl. 24, f. 791-800 ; *Ic. n.*, pl. 67, f. 1-17.

Exsicc. : Reichb., n° 174 ; Todaro, *Fl. sic.*, n° 108 ; *Reliq. Maill.*, n° 1734 ; F. Schultz, n° 79 ; *Soc. Rochel.*, n° 2943 ; Dörfler, *Pl. cr.*, n° 122 a ; Bourgeau, *Pl. Toulon*, n° 376 ; *Soc. fl. fr.-helv.*, n° 1449.

Noms vulg. : Ophrys frelon, Ophrys araignée, Frelon, Bourdon. — Angl. : Late spider-orchid, Hornet Ophrys. — Allem. : Herre Hummelblüme, Hummelblütige Ragwurz, Spinneleblümli, Samtrage, Samthögge, Spinnenblüme, Tüfelsangesicht (Suisse). — Ital. : Fior-Mosca, Formicone.

Tubercules entiers, subglobuleux, assez gros. Tige de 2 à 4 décim., d'un vert clair, cylindrique, sinueuse, lisse. Feuilles ovales-oblongues, souvent un peu ondulées, glaucescentes, nervées, les inf. rapprochées à la base de la tige, étalées, obtuses ou subaiguës, les sup. (1-2), dressées, engainantes, aiguës ou subaiguës, l'ultime assez distante de l'épi. Bractées herbacées, concaves, oblongues-obtuses, nervées, d'un vert clair, dépassant l'ovaire, parfois l'inf. foliacée, dépassant la fleur. Fleurs grandes, peu nombreuses (2-10, rarement 1), en épi lâche. *Divisions ext. du périanthe* étalées, ovales-oblongues ou ovales-elliptiques, *obtuses ou arrondies au sommet*, à bords récurvés, d'un rose violacé plus ou moins vif, s'atténuant après l'anthèse (très rarement vertes), munies d'une nervure verte très marquée, les *lat. int. égalant env.* 1/3 *des ext.*, oblongues-lancéolées ou subhastées, à base cordiforme brusquement dilatée, parfois subonguiculée, obtuses ou subaiguës au sommet, 3-nervées, veloutées, roses ou pourprées, parfois verdâtres, à bords récurvés. *Labelle entier* ou à peine lobulé, *large*, un peu plus long que les divisions ext. du périanthe, subquadrangulaire ou suborbiculaire, *convexe au centre*, presque plan sur les bords, *non recourbé en dessous*, velouté, d'un brun foncé ou brun pourpré, présentant à la base une tache glabre, large, de forme irrégulière ou subquadrangulaire circonscrite par des lignes jaunâtres ou verdâtres disposées avec symétrie, arquées, anastomosées et formant des îlots arrondis ou ovales, jaunâtre ou verdâtre vers les bords, *muni* à la base de deux petites proéminences lisses et brillantes et *de deux gibbosités plus ou moins marquées*, éloignées l'une de l'autre, dirigées en avant et semblant, par un repli, former deux lobes lat. qui ne sont pas séparés, *terminé au sommet par un appendice* glabre, d'un jaune verdâtre, presque carré, *assez large, trilobulé et fortement arqué en avant*. Gynostème plus long que les divisions lat. int. du périanthe, *terminé par un bec droit*, court, *acutiuscule*, d'un vert clair. Anthère et masses polliniques jaunes. Caudicules jaunâtres. Rétinacles aplatis, ovales, blanchâtres (1). Ovaire sessile, linéaire, allongé, un peu tordu. Capsule subtriquètre, un peu plus grosse vers le sommet, à 3 côtes proéminentes.

Morphologie interne

Tubercule. — Zone périphérique corticale riche en gros paquets de raphides très développée. Dans les petits cylindres centraux, péricycle quelquefois interrompu par un vaisseau, souvent un seul pôle ligneux et bois très réduit. Grains d'amidon de forme très irrégulière, plus ou moins allongés ou arrondis, atteignant 20-40 μ de long, ordt non groupés (pl. 112, f. 36). — *Fibres radicales.* Assise pilifère subérisée. Endoderme à cadres plissés marqués. Vaisseaux de métaxylème souvent nombreux. Parenchyme central développé.

Tige. Epiderme délicatement strié, à stomates assez abondants. 2-4 assises parenchymateuses, à méats et canaux aérifères, entre l'épiderme et l'anneau lignifié. 5-10 assises lignifiées à parois peu épaisses, touchant au liber des faisceaux ou séparées de lui par 1-2 assises non lignifiées. Faisceaux libéroligneux ordt entourés de tissu lignifié à l'extérieur et latéralement. Liber développé. Parenchyme int. très abondant, non ou à peine résorbé.

Feuille. Ep. = 250-400 μ. Epiderme sup. recticurviligne, haut de 60-120 μ, à paroi ext. épaisse de 6-10 μ et non ou peu bombée, dépourvu de stomates au moins dans les feuilles inf. Epiderme inf. recticurviligne, haut de 40-70 μ, à paroi ext. épaisse de 6-10 μ (plus épaisse vis-à-vis des nervures) et bombée, à stomates nombreux. Dans les feuilles développées, les épidermes n'adhèrent parfois plus au parenchyme chlorophyllien que vis-à-vis des nervures. Parenchyme chlorophyllien formé de 4-7 assises de cellules à section allongée, les sup. plus riches en chlorophylle. Bord aminci, récurvé.

---

1. Cromans (in *Bot.Jb.* (1884), p. 682) et Eckstein (in *Bot. Jb.* (1887), p. 427) ont signalé, les premiers, l'auto-fécondation de cette espèce.

Fleur. — *Divisions externes du périanthe.* Epidermes ext. et int. munis de quelques papilles courtes, surtout dans les parties marginales. — *Divisions latérales internes* (f. 141. 142). Epiderme ext. à papilles développées vers les bords seulement. Epiderme int. pourvu de papilles très nombreuses, courtes vers la partie médiane, atteignant 100-250 μ de long vers les parties marginales, striées, grosses à la base, amincies à l'extrémité (pl. 121, f. 399, 400). — *Labelle* (f. 140). Epiderme de la tache bordée de vert prolongé en papilles très courtes et striées. Partie brunâtre surmontant cette tache munie de papilles assez courtes. légèrement striées. Dessins verts à épiderme pourvu de papilles semblables à celles des parties brunâtres, mais un peu plus longues. Régions les plus longuement pubescentes de la partie sup. lat. du labelle portant des poils atteignant 250-500 μ, non ou à peine ondulés, cylindriques, très gros à l'extrémité, rarement quelques-uns atténués à l'extrémité et plus ou moins recourbés (pl. 121, f. 401). Epiderme ext. à peine papilleux vers les bords. Toutes les divisions du périanthe renferment beaucoup de sucre, surtout la face sup. du labelle . — *Gynostème.* Epiderme muni de papilles nombreuses (pl. 122, f. 469). Pas de faisceaux stylaires latéraux. Bec du gynostème muni de quelques papilles sur la face inférieure (pl. 122, f. 470). — *Anthère.* Epiderme des loges à paroi ext. très bombée. Assise fibreuse relativement assez caractérisée ; cellules à épaississements assez nombreuses. — *Pollen.* Jaune or. Tétrades de la périphérie des massules à exine délicatement rugueuse. L. = 30-40 μ. — *Ovaire* (f. 143). Section nettement triangulaire. Nervure des valves placentifères très saillante extérieurement, contenant un faisceau libéroligneux ext. et un faisceau int. libérien ou libéroligneux à bois ext. Placenta long, très divisé au sommet, à divisions divergentes. Valves non placentifères très proéminentes à l'extérieur, trilobées, renfermant un faisceau libéroligneux. int. — *Graines.* Cellules du tégument munies d'épaississements striés. Graines arrondies ou légèrement déprimées au sommet, très atténuées à la base, 2 f. 1/4-2 f. 3/4 plus longues que larges. L. = 350-470 μ.

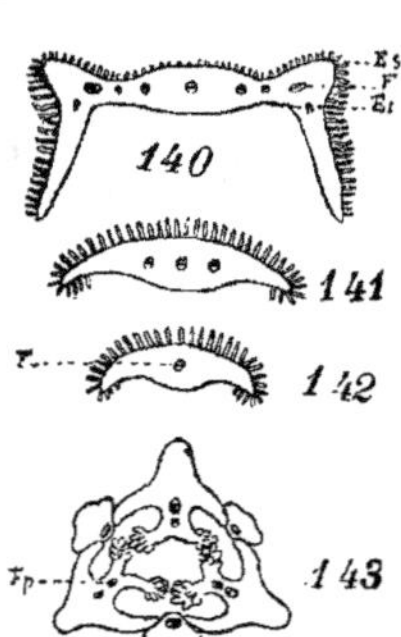

Ophrys fuciflora. — Fig. 140 : section transv. schématique du milieu du labelle. — Fig. 141 : section transv. schématique passant par la base des divisions lat. int. du périanthe ; Ei, épiderme inf. ; Es, épiderme sup. ; F, faisceau libéroligneux. — Fig. 142 : section passant par le sommet des mêmes divisions. — Fig. 143 : section de l'ovaire ; Fp, faisceau placentaire.

F. *longebracteata* Terracciano in *Bull. Soc. Bot. Ital.* (1910), p. 20. — Plante robuste, à épi dens , multiflore, parfois un peu penché ; bractées dépassant ou égalant le double de la longueur de la fleur. — Sardaigne.

F. *crenata* Ruppert, in *Verh. Nat. Ver. d. preuss. Rheinl. u. Westf.* (1924), p. 179 (1925) et in *Fedde, Rep. sp. nov.* (1926) p. 325. — Bords du labelle assez grossièrement ondulés. — Bade : Zweibrücken ; France : Bas-Rhin (Walt. et Rupp.)

F. *fimbriata* (Fuchs in *Sond. aus Berichte,* XVI, d. *Bay. Bot. Ges. z. Erf. d. heim. Flora* (1917), p. 82. — Labelle à bords munis de dents nombreuses et profondes. — Allemagne.

F. *immaculata* Ludwig ; Ruppert, *l. c.,* p. 179 (1925). — Labelle brun, à macule presque glabre, mais sans dessin. — Bade : Forbach (Ludwig) ; France : Bas-Rhin, env. de Romanswiller (Walt. et Rupp.)

F. *bifida* Ludwig ; Ruppert, *l. c.,* p. 179 (1925). — Div. lat. int. du périanthe brièvement bifides au sommet. — Bade : env. de Forbach (Ludwig).

Var. β **viridiflora** G. Cam. in *Bull. Soc. bot. Fr.,* XXXVIII, p. 42 (1891) ; *Monogr. Orch. Fr.,* p. 93 ; *Atl.,* pl. XLII, f. A ; Houdard et Thomas, *Cat. pl. vasc. Hte-Marne,* p. 135 (1911). — F. *viridissima* Hayek in *Rep. spec. nov.* (1926), p. 388 ? — *Ic. n.,* pl. 73, f. 26-27. — Divisions ext. du périanthe blanches, à nerv. méd. verte et marquée, les div. lat. int. pâles, ord. rosées ou jaunâtres ; labelle verdâtre à dessins jaune brunâtre. — T. R. France : env. de Paris (G. Camus); Hte-Marne (Royer) ; Italie : Ligurie (Bernon) ; Tyrol ; Yougoslavie (Hayek et Kraskovits).

Var. γ **flavescens** Rosb., *Fl. v. Trier.* I, p. 182 ; II, p. 187 ; M. Schulze, *Die Orchid., l. c.,* n° 27, 3 ; G. Cam. Berg. A. Cam., *l. c.* — Divisions ext. du périanthe blanches, les lat. int. jaunes ; labelle jaune muni de lignes brunâtres, parfois blanchâtres. — France, Allemagne.

La var. δ **albescens** (de Brébiss., *Fl. Norm.,* éd. 3, 4, 5) ; s.-var. *albescens* Lambert, *Add. fl. Berry* in *Bull. Deux-Sèvres* (1908-09) p. 100, est une simple variation dont les divisions du périanthe sont blanches et non rosées. Sur les coteaux calcaires arides, cette forme est souvent abondante et reliée au type par des individus à périanthe de teinte intermédiaire. De plus, dans les formes à périanthe peu coloré, les divisions du périanthe pâlissent et deviennent blanchâtres après l'anthèse. Ayant cultivé, en pot et à l'ombre, des individus à divisions ext. et lat. int. d'un beau rose, nous avons observé, pendant plusieurs années, que les fleurs des hampes étaient devenues à périanthe blanc.

Var. ε **virescens** Rupp. in M. Sch., *Orch. Nachtr.* III (1899) ; Fiori et Paol., *Fl. ital.*, IV (1907-1908). — Div. ext. du périanthe vert clair, les autres d'un vert livide. — Italie : île de Giglio. — France : Salève (Chenev.)

Var. ζ **viridis** (*O. Arachn.* var. *viridis*) Palanza in *N. Giorn. bot. ital.* n. s., IV, p. 282 (1897) ; Rupp. et Walt. in *Bull. Ass. Als. et Lorr.* (1927), p. 133. — Div. du périanthe vertes ; labelle brun, à gibbosités vertes. — Italie : Ruvo di Puglia (Palanza) ; France : Bas-Rhin, env. de Saverne (Walter) : Carinthie (Fraiberg).

Var. η **Walteri** Ruppert, *l. c.* (1927). — Div. du périanthe d'un rose sale, lavé de vert. Métis entre la var. précédente et le type. — France : Bas-Rhin à Romanswiller aux env. de Saverne ; au Stephansberg (Walt. et Rupp.), au Dreispilz (Loyson).

Var. θ **Lamberti** Le Grand ap. Lambert, *l. c.* ; Barla, *Iconogr. Orch.*, pl. 60, f. 6 ; *Ic. n.*, pl. 67, f. 15. — Labelle dépourvu de gibbosités. — Cher à St-Symphorien, Baugy, la Garenne ; Alp.-Marit.

Var. ι **attica** (Boiss. et Orphan., *Diagn. pl. or. nov. ser.*, II, IV, p. 91 (1859) ; Boiss., *Fl. orient.*, V, p. 77 ; Halacsy, *Consp. fl. gr.*, III, p. 177 ; Richter, *Pl. Eur.*, I, p. 262) G. Cam. Berg. A. Cam., *l. c.*, p. 265. — *O. attica* Schlecht., *l. c.*, p. 116, t. IV, f. 22 (1926) ; Soó in *Notizbl.* Berlin, XI, p. 909 (1926). — *O. umbilicata* Hayek in Fedde, *Repert.* (1926), p. 389 ? — *Exsicc.* : Heldr., *Reliq. Orph.* (1886). — Plante naine, à fleurs petites, verdâtres ; labelle d'un jaune verdâtre, brièvement atténué à la base, maculé de taches brunes, à div. lat. étalées, à div. méd. subonguiculée à la base, ovale transversalement. — D'après Schlechter, serait plus proche de l'*O. Scolopax* et de l'*O. cornuta* que de l'*O. fuciflora*. — Grèce : Attique, près de Stadium (Orphanides).

Var. κ **latissima** (Mutel, *Fl. fr.*, III, p. 252 (1836) ; *Fl. Dauph.*, éd. 2, p. 597) ; G. Cam. Berg. A. Cam., *l. c.*, p. 266. — Var. *grandiflora* Löhr in *Jahr. bot. Ver. Mitt.-u. Nied.* (1839) p. 84 ; Ascers. et Graebn., *Syn.*, III, p. 631. — Var. *platycheila* Rosbach in *Verh. nat. Ver. d. preuss. Rheinl.*, XXXIII, p. 433 (1876) ; M. Schulze, *Die Orchid.*, t. 27, 3. — *Icon.* : Mutel, *Atlas*, pl. LXVII, f. 518, a et b ; M. Schulze, *l. c.*, f. 6 et 7 ; *Ic. n.*, pl. 67, f. 12. — *Exsicc.* : *Soc. ét. fl. fr.-helv.*, n° 1449. — Plante robuste ; fl. grandes ; div. ext. médiane du périanthe souvent réfléchie sur le gynostème ; labelle très large, à section semicirculaire, assez fortement échancré, subtrapézoïde ; gibbosités peu saillantes, appendice trilobé. — France : Alpes, Dauphiné. Var à Hyères (Raine) et Toulon (Cavalier) ; Alsace, Lorraine : Allemagne : prov. du Rhin (Ruppert) ; Tyrol ; Suisse.

Var. λ **subplatycheila** Keller, *Fl. c. Winterthur Nachtr.*, I, t. 71 (1896). — Labelle un peu moins large que dans la var. précédente, à appendice entier. Peut-être un lusus. — Suisse : Reitplatz près Winterthur Diener) ; France : Bas-Rhin à Romanswiller (Rupp. et Walt.)

Var. μ **pseudapifera** Rosbach in *Verh. naturh. Ver. Preuss. Rheinl.*, XXXIII, p. 433 (1876) ; M. Schulze, *l. c.*, *cum ic.*, t. 27, f. 8 ; G. Cam. Berg. A. Cam., *l. c.* ; Zimmerm., *l. c.*, p. 44 ; *Ic. n.*, pl. 67, f. 17 ; pl. 128, f. 55-56. — Fleurs de grandeur moyenne ; labelle à sect. semicirculaire, paraissant trilobé, à lobe méd. peu allongé, un peu rétus, muni au sommet d'un appendice dirigé en avant ; les deux gibbosités lat. obscurément confondues avec les deux lobes lat., ceux-ci non séparés, mais indiqués par un repli très accentué, comme dans l'*O. apifera.* — Allemagne : Euren près Trier ; Igeler Kalkbrücke près Trier (Ruppert) ; Autriche : Bisamberge près Vienne.

Var. ν **coronifera** Beck in *Oest. bot. Zeit.*, XXIX (1879), p. 356 ; *Fl. Niederöster.*, I, p. 197 ; M. Schulze *l. c.* ; G. Cam. Berg. A. Cam., *l. c.*, p. 266. — Divisions lat. int. du périanthe subquadrangulaires, de 4 mm. de long sur 5-6 mm. de large, obtuses au sommet et 3-lobées. — Bade (Zimmermann), Alsace à Dreispitz près Mutzig (Petry ap. M. Schulze), Zinnköpfle près Sulzmatt (Issler) ; Lorraine : Königsmachern (Petry ap. M. Schulze) ; Autriche : Nussberg près Nussdorf dans le Kahlenberger Dorfl.

Var. ξ **subcoronifera** Ruppert ; Fuchs, *l. c.* p. 82 (1917). — Divisions lat. int. du périanthe obtusément dentées. — Allemagne.

Var. ο **panormitana** G. Cam. Berg. A. Cam., *l. c.* — *Arachnites fuciflora* var. *panormitana* Tod., *Hortus bot. pan.*, II, t. XXVIII, t. dextra. — Labelle oblong-obovale ou arrondi, à lobes lat. faisant presque défaut, muni à la base de 2 gibbosités lat., à dessins formés par des lignes parallèles, glabres, distinctes. — Sicile.

Var. π **brachyotus** G. Cam. Berg. A. Cam., *l. c.* — *O. brachyotus* Reichb., *Fl. excurs.*, p. 128 (1830). — Lusus ou hybride ? — Labelle triangulaire, subtrilobé, muni au sommet d'un appendice développé. — Diffère de l'*O. apifera* par le labelle subindivis-denté et le bec du gynostème court.

Var. ρ **oxyrhynchos** (b.), *gibbis labelli obsoletis* Parlat., *Fl. ital.*, III, p. 546 (1858) ; Richter, *Pl. Eur.*, I, p. 262 ; G. Cam. Berg. A. Cam., *l. c.* — *O. oxyrhynchos* Todaro, *Nell' Imparziale giorn. scien. Sic.* (1840), p. 74 ; Guss., *Syn. fl. sic.*, II, p. 545 ; Reichb. F. *Icon.*, XIII-XIV, p. 82, t. 110, CCCCLXII, f. III, IV ; Kraenz., *Gen. et spec.*, p. 99 ; Lojacono, *Fl. Sicula*, III, p. 39 ; Lacaita, *Cat. piante Citra.*, p. 136 (1918). —

Arachnites oxyrhynchos Todaro, *Orch. sic.*, p. 81, t. 1, f. 7, 8 (1842). — *Ophrys Tenoreana* Bertol., *Fl. ital.*
IX, p. 591 (1851) ; non Lindley. — *O. Arachnites* β *oxyrhynchos* Fiori et Paol., *Fl. It.*, I, p. 235, *App.*,
p. 53. Icon. : Reichb., *l. c.* ; Todaro, *l. c.* ; *Ic. n.*, pl. 62, f. 12-15 ; pl. 76, f. 10-14. — Tubercules petits,
ovoïdes ou subglobuleux. Tige souvent assez basse. Feuilles basilaires oblongues-lancéolées, les caulinaires
1-2, engainantes. Bractées longuement lancéolées, dépassant beaucoup les fleurs. Fleurs 4-5, de moyenne
grandeur. Divisions ext. du périanthe rosées ou verdâtres, ovales-oblongues, subaiguës, les lat. int. plus
courtes, subtriangulaires, un peu pubescentes. Labelle brunâtre, un peu pourpré, muni de macules obscures,
peu convexe, entier, relevé en avant et très émarginé, subquadrangulaire, à gibbosités peu marquées ou
absentes, muni d'une dent subulée située au milieu du sinus. Gynostème aigu (1). V. v. — Italie mérid. :
Calabre ; Sicile aux env. de Palerme, Elbe (Bolzon).

Var. σ **Lacaitæ** G. Cam. *Ic.* p. 31 (1921). — *O. Lacaitæ* Lojacono, *l. c.*, p. 41 (1909) ; *Ic.*, t. II, f. 2, a-f,
faux t. 1, f. 35, a et b. — *O. fucifl.* f. *Lacaitæ* Soó in Fedde, *Repert.* (1927), p 26. — *O. oxyrhynchos* var.
lutea Tin. ap. Guss., *Syn.*, II, p. 547, ap. Lojacono. — *Ic. n.*, pl. 62, f. 18. — Plante grêle, tige flexueuse,
pauciflore : fleurs un peu moins grandes que dans la var. *oxyrhynchos* dont elle diffère par : la couleur jaune de
presque toutes les parties de la fleur, les divisions lat. int. seules rosées, lobées vers la base, le labelle excavé,
flabelliforme, glabrescent, à macule en forme de lettre H, à bords érodés-dentés, à appendice charnu, denté, à
gynostème obtus. — Lieux montagneux herbeux calcaires de la Sicile.

Var. τ **Nicotræ** G. Cam. — *O. Nicotræ* Zodda, *Nova Orchidac. species* in *Malp.*, XIV (1900), p. 183-185,
pl. VIII. — An *O. oxyrhynchos* var. *aterrima* Lojacono, *Fl. Sicula*, III, p. 40 (1909) ? — *O. fucifl.* f. *Nicotræ*
Soó in Fedde, *Repert.* (1927), p. 26 — Divisions ext. du périanthe étalées ou réfléchies, elliptiques-concaves,
arrondies ou émarginées au sommet, subcucullées, vertes ; les lat. int. petites, triangulaires subhastées ;
labelle largement subquadrangulaire, à base étroite, 2-lobé, sans gibbosités, à pubescence dorée, à bords un
peu érodés, subinvolutés ; appendice épais, 3-denté ou 3-fide, à dent médiane plus développée (entier et
aigu, d'ap. Lojacono) ; gynostème obtusément et brièvement rostré (aigu et long, d'ap. Lojacono). — Lieux
herbeux montueux, un peu humides. Sicile : env. de Barcellona, Colle Lozzeria près S. Lucia del Mela, Rocca
Corvo (Zodda).

Var. (?) **O. Biancæ** Macchiati in *Nuovo giorn. bot. it.*, XIII, p. 315 (1881). — *Arachnites Biancæ* Todaro,
Orchid. sic., p. 83 (1842). — *O. bombyliflora* Reichb., *Icon.*, IX, p. 24, f. 1160, ex Guss., non Link. —*O. Scolopax* Cav., *Icon.*, II, p. 46, t. 161, sec. Reichb. F., *Icon.*, XIII-XIV, p. 84. — Diffère de l'*O. oxyrhynchos* par
l'appendice du lobe médian obscurément triangulaire et infléchi et le labelle subtrilobé. — Avril, mai. — Sicile :
Sassari (ap. Macchiati).

Var. υ **orgyifera** M. Schulze in *O. B. Z.*, XLIX, p. 267, (1899) ; G. Cam. Berg. A. Cam., *l. c.*, p. 267.
— Divisions ext. du périanthe 3-lobées, la médiane projetée en avant ne recouvrant pas le gynostème.
Labelle d'un pourpre brun, à appendice long. — Avec Aschers. et Graeb., *Syn.*, III, p. 634, nous considérons
plutôt cette plante comme une monstruosité. — Autriche : Irnharting (Pfeiffer).

Var. φ **cornigera** Aschers. et Graebn., *l. c.*, p. 634 ; G. Cam. Berg. A. Cam., *l. c.*, p. 267 ; Ruppert,
l. c., p. 179. — *O. Arachnites* var. *cornigera* Beck, *Glasnik*, XV, p. 221 (85) (1903) ; in *Wiss. Mitth.*, IX, p. 506
(100) (1904). — Forme se rapprochant de l'*O. cornuta*, à labelle entier, petit, à protubérances en forme de cornes
allongées, à divisions ext. du périanthe lilacées. — Bosnie : Masic brdo près Novi ; Allemagne : rég. de la Sarre,
Zweibrücken (Freiberg) ; France : Bas-Rhin : Romanswiller (Rupp. et Walter).

Var. ου lusus **ecorniculata** Ruppert. *l. c.*, p. 179 (1925) et p. 325 (1926). — Gibbosités du labelle manquant. — Allemagne : Augsbourg, Birnberg (Ruppert).

Var. ου lus. **exapicelata** Fuchs, *l. c.* — Appendice du labelle manquant. — Allemagne.

Var. χ **Untchjii** M. Schulze in Aschers. et Graebn., *l. c.*, p. 631 ; G. Cam. Berg. A. Cam., *l. c.*, p. 267.
— *O. fuciflora* × *Tommasinii* M. Schulze ap. Aschers. et Graebn., *l. c.* — Fleurs petites, à peine plus
grosses que celles de l'*O. Tommasinii* ; divisions du périanthe vertes : labelle à dessins blanchâtres. Floraison
coïncidant avec celle de l'*O. Tommasinii*, mais structure de la fleur ne rappelant pas cette espèce, d'après
Ascherson. — Istrie : env. de Pola.

Var. ψ **linearis** Moggr. in *Verh. Leop. Car. Acad. Nat.*, XXXV, 12, t. III, f. 21 (1870) ; G. Cam. Berg.
A. Cam., *l. c.*, p. 267 ; Briquet, *Prodr. fl. Corse*, p. 350 ; Zimmerm. in *Mitth. d. Bad. Land. f. Nat.* (1911)
p. 49 ; Ruppert in *Verh. d. Nat. Ver. pr. Rheinl. u. Westf.* (1925), p. 179. — *Arachnites fuciflora* var. *exaltata*
Todaro, *Orch. Sic.*, p. 72 (1842) ; Fiori et Paol., *Fl. anal. Ital.*, I, p. 245 ; non *O. exaltata* Tenore. — Labelle

---

1. Le gynostème aigu et l'absence de fascicule de poils au sommet du labelle éloignent cette plante de l'*O lenthredinifera* auquel elle a été rattachée par certains auteurs.

grand, entier ; divisions lat. int. du périanthe allongées, linéaires-oblongues. — Corse (rare ou peu observée) ; Lorraine : env. Konigsmachern, St-Quentin près Metz (PÉTRY) ; Bas-Rhin : Dreispitz près Mutzig (PÉTRY) ; Bade à Schonberg, Forbach, Eimersdorf (RUPPERT, ZIMMERM.) ; Italie. — A rechercher avec le type.

Var. (lusus ?) **quinqueloba** RUPP., *Herb. ap. M.* SCH. in *O. B. Z.*, XLIX (1899), p. 266. — Labelle court, quinquélobé. — Allemagne rhénane.

Var. ω **maxima** FLEISCHMANN in *Oesterr. bot. Zeitschr.* (1925), p. 188, pl. II, f. 4 ; HAYEK in FEDDE *Rep. sp. nov.* (1926), p. 388. — *Orchis cretica maxima, flore palii Episcopalis forma* TOURNEF., *Voy. du Levant*, I, p. 12 (1718). — Labelle de forme plus quadrangulaire, rappelant celui de l'*O. Bornmulleri* M. SCH., à macule unique, à nerv. lat. allant dans l'appendice. — Crète : Distr. Sphakia, Ile Gaudos, Karstboden (DÖRFLER, n° 1152) ; Distr. Rethymno, Karstboden, près Rettimo (DÖRFLER, n° 1025) ; Crète orient. : Distr. Viano, près Christos (DÖRFLER, n° 122).

Lus. *guttata* RUPPERT, ap. FEDDE in *Nat. Ver. pr. Rh. u. Westf.* (1925), p. 179 et (1926), p. 325. — Div. ext. et lat. int. avec taches pourpres ovales ou arrondies. — Lorraine à Dieulouard et Bade à Zweibrücken.

Lus. *crucimaculata* RUPPERT, *l. c.*, p. 179 (1925) et p. 325 (1926). — Dessins du labelle formant une croix. — Bade à Zweibrücken.

Lus. *anastomosans* RUPPERT, *l. c.*, p. 179 (1925) et p. 325 (1926). — Dessins d'une grande partie du labelle formant un réseau. — Bade à Zweibrücken.

Lus. *caput mortuum* RUPPERT, *l. c.*, (1925) p. 179, pl. V, f. 6. — *Ic. n.*, pl. 128, f. 52. — Dessins du labelle ressemblant au dessin d'un crâne. — Allemagne.

Lus. *Bombyx* FUCHS, *l. c.* (1917). — Dessins du labelle rappelant la forme d'un Bombyx. — Allemagne.

Lus. *scolopacigraphida* (FUCHS, *l. c.*, 1917). — Labelle brun-clair, à dessins rappelant ceux de l'*O. Scolopax*. — Allemagne.

Monstruosités. — MUTEL, *Fl. fr.*, III, p. 253, décrit une forme à labelle bifide, muni de 2 appendices, et la figure dans son *Atlas*, pl. LXVII, f. 518, a', b'. Une monstruosité analogue a été iconographiée par M. SCHULZE, dans son ouvrage *Die Orchid.*, t. 27, f. 2, 3. Dans ce cas, les deux fl. soudées sont faciles à distinguer. Nous avons trouvé une forme semblable à Champagne (Seine-et-Oise). Les deux ovaires soudés étaient inégalement développés.

WORSDELL, *Principles of pl. teratology*, p. 249, note la soudure fréquente des div. lat. ext. du périanthe.

Cf. aussi BUXBAUM, *Eine eigenartige Monstrosität von « Ophrys fuciflora » Rchb.* in *Verh. zool.-bot. Ges. Wien*, LXXIII, p. 223 (1924) et RUPPERT en *Allg. Bot. Zeitschr.* 7-8 (1909).

V. v. — Avril, dans l'Europe mérid., mai-juin dans l'Europe centr. — *Habitat* : pelouses, talus, prairies, clairières ensoleillées, surtout sur les coteaux arides calcaires, le gypse ; signalé à 1350 m. d'alt. dans le Valais (JACCARD), 1.280 m. dans les Alpes-Marit. (A. CAMUS in *Riviera scientif.*, 1918, p. 9). — *Répart. géogr.* : Portugal (très douteux, cf. GUIMARAES, *l. c.*, p. 28), Espagne (mont. de l'Espagne orient., Aragon, Catalogne ap. WILLK.), Baléares, France (répandu), Angleterre (très rare ; existe dans le Kent, seulement), Belgique, Luxembourg, Allemagne (répandu dans les rég. occid. et mérid.), Suisse (assez répandu) ; Italie (rég. litt. et submont., rarement dans la plaine, moins abondant dans la partie mérid.) Sicile, Autriche, Tyrol, Hongrie, Moravie, Bosnie, Herzégovine, Roumanie (d'apr. BRANDZA et GRINTESCU), Bulgarie, Monténégro (d'après SCHLECHT.), manque en Grèce, d'apr. FLEISCHMANN, Crète, Asie Mineure (?), Macédoine (d'après SCHLECHT.), Syrie ? Cyrénaïque, Lampeduse.

7. — O. SCOLOPAX

O. Scolopax CAV., *Icon. et descript.*, II, p. 46, t. 161 (1799) ; LINDL., *Gen. and spec.*, p. 374 ; REICHB. F., *Icon.*, XIII-XIV, p. 98 ; RICHTER, *Pl. eur.*, I, p. 264 ; KRAENZL., *Gen. et spec.*, p. 108 ; MUTEL, *Fl. fr.*, III, p. 252 ; GREN. et GOD., *Fl. Fr.*, III, p. 304 ; ARDOINO, *Fl. Alp.-Mar.*, p. 356 ; BARLA, *Iconogr.*, p. 70 ; LORET et BARR., *Fl. Montp.*, p. 665 ; GUST. et HÉRIB., *Fl. Auverg.*, p. 433 ; G. CAM., *Monogr. Orch. Fr.*, p. 93 ; in *Journ. de Bot.*, VII, p. 136 ; GAUTIER, *Pyr.-Or.*, p. 401 ; COSTE, *Fl. Fr.*, III, p. 391, n° 3580 ; GALLÉ in *Act. Congr. bot.*, 1900, p. 112 ; LLYOD, *Fl. Ouest*, éd. 5, p. 338 ; WILLK. et LANGE, *Prodr. hisp.*, I, p. 173 ; DEBEAUX et DAUT., *Syn. Gibr.*, p. 201 ; MUTEL, *Oph. bon.* in *Ann. Soc. Strasb.* (1835), t. I, f. 3 ; in *Ann. sc. nat.* (1835), t. 8, B, f. I ; G. CAM. BERG. A. CAM., *Monogr. Orch. Eur.*, p. 267 ; A. CAM. in *Riviera scientif.* (1919), p. 10 ; ALBERT et JAHAND, *Cat. Var*, p. 483 ; BATTAND. et TRAB., *Fl. Alg.* (1884), p. 202 ; (1905), p. 320 ; BALL, *Spic. Mar.*, p. 673 ; BONNET et BARR., *Cat. Tunis.*, p. 403 ; GANDOGER in *Bull. Soc. bot. Fr.* (1917), p. 118 ; FAURE in *Bull. Soc. Hist. nat. Afrique du Nord* (1923), p. 298 ; M. SCHULZE, *Die Orchid.*, n° 32 ; ASCHERS.

et GRAEBN., *Syn.*, III, p. 652 ; ZIMMERM., *Die Form. d. Orchid.*, p. 52 ; GUIMAR., *Orch. port.*, p. 30. — **O. picta**
LINK ap. SCHRAD. in *Journ. Bot.* II, **p.** 325 (1799) ; BOISS., *Voy.*, II, **p.** 596. — **O. insectifera** var. **apiformis**
DESP., *Fl. atl.*, II, **p.** 321 (1800). — **O. sphegifera** WILLD., *Spec.*, IV, **p.** 65 (1805) ; LINDL., *Gen. and spec.*,
p. 374. — **O. corniculata** BROT., *Phyt. lus.*, I, p. 93 (1816). — **O. bombyliflora** REICHB., *Pl. crit.*, IX, p. 24'
(1831) ; non LINK. — **O. Arachnites** LLOYD, *Fl. Ouest*, pl. éd. ; et auct. gall. occ. p. max. parte.

Noms vulg. : Ophrys oiseau, Ophrys bécasse. — Portug. : Flor dos passarinhos. — Allem.: Schnepfen-
Ragwurz.

Icon. : CAV., *l. c.* ; MUTEL, *l. c.* ; REICHB. F., *Icon.* XIII-XIV, t. 106, CCCCLVIII, f. I-IV ; BARLA, *l. c.*,
pl. 59, f. 1-17 ; SCHLECHT., *Iconogr.*, pl. VI, f. 23. G. CAM. BERG. A. CAM., *l. c.*, pl. 24, f. 801-809 ; *Ic. n.*, pl.
65, f. 1-6 ; pl. 66, f. 1-3.

Exsicc. : BILLOT, nᵒˢ 1334 et 1334 *bis* ; REICHB., nᵒ 174 ; WELW., *Cont.*, nᵒ 351 ; KOTSCHY, *Iter.Cil.-kurd.*,
nᵒ 268 ; *Soc. rochel.*, nᵒ 3542 ; SENNEN, *Pl. Esp.*, nᵒˢ 1025, 5549.

Tubercules subarrondis dont un parfois fixé à l'extrémité d'un long rhizome. Tige grêle, de 2-4 décim.,
sinueuse, subcylindrique, d'un vert pâle. Feuilles glaucescentes, de largeur très variable, oblongues-lancéolées,
les inf. obtusiuscules, les caulinaires aiguës. Bractées lancéolées, aiguës, concaves, nervées, d'un vert pâle, les
inf. plus longues que l'ovaire et même que la fleur, les sup. égalant env. l'ovaire. Fleurs peu nombreuses, 3-8,
rarement plus, assez grandes, disposées en épi lâche. Divisions ext. du périanthe ordt assez colorées, d'un
rose plus ou moins violacé, rarement blanchâtres, très rarement verdâtres, ovales-oblongues, allongées, obtuses,
concaves, à 3 nervures, la moyenne verte, assez forte ; *divisions lat. int. égalant env.* 1/2 *des ext.*, ordt purpurines ou violacées, très rarement vertes, linéaires-allongées, aiguës ou étroitement triangulaires, à bords récurvés, pubérulentes à la face int., à nervure ordt marquée. *Labelle* égalant env. les divisions ext. du périanthe,
ovale-oblong, *très convexe, profondément 3-lobé, à bords réfléchis et contournés en dessous*, velouté, soyeux,
d'un pourpre foncé ou brunâtre, jaune-verdâtre vers la base, marqué ordt de 5 taches anguleuses, arrondies,
disposées symétriquement et bordées de lignes jaunâtres ou grisâtres, muni à la partie sup. de deux petites
proéminences brillantes ; *lobes lat.* verticaux, obscurément triangulaires, aigus, *roulés en dessous, formant
deux gibbosités prononcées, coniques*, arquées en avant ; lobe médian très convexe, oblong ou ovale, très rétréci
au sommet, **brièvement** velouté jusque vers les bords, à bords roulés en dessous, muni d'un *appendice développé*, largement lancéolé, aigu, rarement obtus, glabre, d'un vert jaunâtre, *recourbé en dessus*, ordt 3-denté.
Gynostème égalant presque les divisions lat. int. du périanthe, à bec court, verdâtre ou jaunâtre (1). Anthère
et masses polliniques jaunes. Caudicules et rétinacles blanchâtres. Ovaire subtriquètre, vert clair, peu tordu.
Capsule oblongue, assez grosse, à côtes saillantes.

Morphologie interne.

Tubercule. Grains d'amidon ordt arrondis, rarement un peu allongés, de 12-20 µ, parfois 30 µ de diam.
(pl. 112, f. 37). — *Fibres radicales.* Assise pilifère subérisée. Endoderme à cadres de plissements peu marqués. Vaisseaux de métaxylème alternant avec les lames de bois primaire et souvent en nombre égal.

Tige. Epiderme strié. 2-4 assises de parenchyme chlorophyllien. Anneau lignifié formé de 3-6 assises,
séparé du liber des faisceaux par quelques cellules à parois non lignifiées. Parenchyme se résorbant souvent
au centre de la tige.

Feuille. Ep. = 250-600 µ. Epiderme sup. recticurviligne, haut de 60-120 µ, à paroi ext légèrement bombée et épaisse de 4-6 µ, dépourvu de stomates. Epiderme inf. recticurviligne, haut de 30-70 µ, à paroi ext.
épaisse de 5-8 µ et bombée, à stomates nombreux. Parenchyme formé de 6-8 assises de cellules assez pauvres
en chlorophylle, plus ou moins arrondies sur une section transversale.

Fleur. — *Divisions ext. du périanthe.* Epiderme ext. strié. Epiderme int. papilleux surtout vers les bords.
— *Divisions latérales internes* (f. 144, 145). Epiderme ext. portant des papilles. Epiderme int. prolongé en poils
nombreux, amincis à l'extrémité, recourbés, atteignant 150-370 µ de long. env. — *Labelle* (f. 146). Partie voisine de l'ouverture du style dépourvue de papilles. Tache médiane luisante à papilles étroites. Parties nettement pubescentes munies de poils les uns coniques, légèrement ondulés, atteignant 150 µ de long. env., **gros**
à la base, atténués à l'extrémité, à contenu jaune ; d'autres, sur les gibbosités, à peine ondulés ou légèrement

---

1. J'ai observé l'*O. Scolopax*, dans le Midi, et provenant d'autres régions (S.-O., Centre). Je l'ai toujours vu disposé
pour la fécondation croisée. MOGGRIDGE (*Journ. Linn. Soc*, 1864, p. 265) a pourtant remarqué que cet *Ophrys* se
fécondait parfois lui-même, comme l'*O. apifera*. Il s'agissait peut-être, dans ce cas, d'hybrides entre l'*O. apifera* et l'*O.
Scolopax*.

recourbés au sommet, de 450-550 μ de long, à contenu violacé. Épiderme inf. portant quelques papilles. — *Anthère*. Épiderme des loges et de la partie dorsale du gynostème muni de papilles assez longues. Cellules à épaississements assez nombreuses. — *Pollen*. Exine légèrement rugueuse. L. = 27-37 μ. — *Ovaire* (f. 147). Nervure des valves placentifères très saillante à l'extérieur, contenant, profondément situés, un faisceau libéroligneux à bois int. et un faisceau libérien ou libéroligneux à bois réduit. Placenta très long, à divisions divergentes.

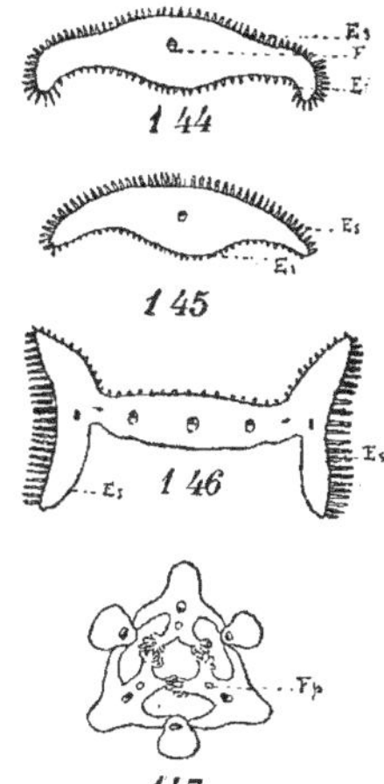

Ophrys Scolopax. — Fig. 144 : section passant par la base des divisions lat. int. du périanthe ; Ei, épiderme inf. : Es, épiderme sup. : F, faisceau libéroligneux. — Fig. 115 : section transv. schématique d'une division lat. int. du périanthe. — Fig. 146 : section du labelle passant par le milieu des gibbosités du labelle. — Fig. 147 : section transv. schématique de l'ovaire : Fp, faisceau placentaire.

Valves non placentifères saillantes, mais moins que les nervures des valves placentifères, renfermant un faisceau libéroligneux situé intérieurement. Les faisceaux placentaires manquent souvent, bien que les placentas soient développés. — *Graines*. Cellules du tégument à épaississements striés. Graines arrondies au sommet, 2 f. 1/2-3 f. 1/4 plus longues que larges. L. = 250-300 μ env.

F. *chlorosepala* THELL. in *Allg. bot. Zeitschr.*, XX, p. 61 (1914). — Divisions ext. du périanthe d'un blanc verdâtre ; divisions lat. int. ovales-triangulaires élargies fortement à la base. — Corse : Bastia (THELLUNG).

F. *viridiflora* A. CAMUS, *Atlas Icon. Orch. Eur.*, p. 5 (1921). — *Ic. n.*, pl. 79, f. 5-8. — Divisions ext. et lat. int. du périanthe complètement vertes. — France : Var aux env. de Roquebrune (BERTRAND, 1916). — Cette plante n'était assurément pas hybride. Lusus ?

Var. β **cornuta** BARLA, *l. c.*, p. 71 (1872) : G. CAM., *l. c.* ; REICHB. F., *Icon.*, XIII, p. 460 ; G. CAM. BERG. A. CAM., *l. c.*, p. 269. — Tige grêle. Feuilles petites, glaucescentes, lancéolées-aiguës. Bractées plus longues que l'ovaire, assez aiguës. Fleurs peu nombreuses. Divisions ext. du périanthe oblongues-obtuses, étalées, concaves ; divisions lat. int. de moitié plus courtes que les ext., linéaires, étroites, obtuses, ciliées. Labelle ovale très allongé, convexe, à bords roulés en dessous, rétréci à la base, arrondi au sommet, d'un brun clair, velouté, marqué de 3 taches d'un brun violacé, bordées d'une ligne fine d'un jaune clair, 3-lobé, à lobes lat. formant 2 gibbosités acuminées, arquées et ciliées ; lobe médian muni d'un appendice long., recourbé en avant. — France : Alpes-Marit. (île Ste-Marguerite (BARLA), env. de Nice).

Var. γ **honckensis** G. CAM. in *Actes du Congrès bot.*, 1900, p. 342 ; G. CAM. BERG. A. CAM., *l. c.*, p. 269. — *Ic. n.*, pl. 66, f. 1-3. — Fleurs de même forme que dans le type mais plus grandes. Divisions ext. du périanthe d'un blanc jaunâtre, munies de nervures vertes. Labelle à lobe médian brunâtre, bordé près de l'appendice d'une zone jaunâtre, muni à sa base d'un écusson rectangulaire à angles arrondis, limité par 2 lignes d'un jaune citron, deux anses symétriques formées par une ligne de même couleur ornant la partie moyenne du labelle. — Maroc : la Honcke (MELLERIO).

Var. δ **atropos** BARLA, *l. c.*, p. 71, f. 18-19 ; G. CAM. *Monogr. Orch. Fr.*, p. 93 ; G. CAM. BERG. A. CAM., *l. c.*, p. 269. — *O. vetula* RISSO, *Fl. de Nice*, p. 464. — *O. picta* LINK f. *atropos* SOÓ in FEDDE, *Repert.* (1927), p. 27. — *Ic. n.*, pl. 65, f. 7-9. — Port de l'*O. Scolopax.* Fleurs 4-6, en épi subunilatéral. Labelle 3-lobé, d'un brun velouté, marqué de 3 taches brunes entourées d'une ligne jaune ; lobes lat. formant 2 gibbosités prononcées, acuminées, arquées ; lobe médian émarginé, muni d'un appendice bitrifide, à divisions filiformes, aiguës, recourbées en avant, d'un jaune verdâtre. — France, T. R. (Alpes-Marit. : env. de Nice et de Levens) (BARLA).

Monstruosités. — A Vence (Alp.-Marit.), où cette espèce est très abondante, j'ai observé plusieurs individus présentant les anomalies suivantes (cf. A. CAM. in *Riviera scientif.*, 1919, p. 11) : 1° absence d'une ou de deux divisions lat. int. du périanthe, sans autre modification ; 2° soudure complète des deux divisions lat. ext. avec un labelle très étroit ; 3° division ext. médiane semblable aux divisions lat. int. normales et transformation des divisions lat. int. en étamines plus ou moins développées (Aimée CAMUS).

V. v. — Mars, avril en Afrique ; avril, mai, parfois juin en Europe. — *Habitat* : prairies, bois, coteaux, pelouses sèches, de la mer jusqu'aux montagnes ; paraît préférer le calcaire, rare en dehors de la région méditer. — *Répart. géogr.* : Portugal (répandu), Espagne (moins abondant), France (Charente-Inf., Deux-Sèvres, Gironde,

Dordogne, Landes, Cantal, Corrèze, Tarn, Tarn-et-Garonne, Aveyron, Haute-Garonne, Ariège (Guilhot), rég.
méditerr., assez abondant dans les Alp.-Marit., le Var; rare ou peu observé en Corse); Italie, Sicile, Istrie (Pola,
Valle lunga (Untchj, 1905, ap. M. Sch.), Serbie, Crète, Tunisie, Algérie (rare), Maroc — Signalé par plusieurs
auteurs, très probablement par confusion, en Suisse, en Allemagne et même en Angleterre et en Irlande (1).

Sous-esp. O. Dinsmorei.

O. Dinsmorei Schlechter in Fedde, *Rep. sp. nov.*, XIX, p. 574 (1923) ; *Icon.*, p. 121, pl. VII, f. 28.
Port d'un *O. Scolopax* robuste. Tige munie, vers le milieu ou au-dessus, d'une gaine embrassante ; bractées
égalant les fl. ou un peu plus courtes. Fl. ressemblant beaucoup à celles de l'*O. Scolopax* ; labelle largement
obovoïde-trapéziforme, trilobé, prolongé latéralement, de chaque côté, en oreillette semioblongue, triangulaire,
obtuse : lobes lat. obliquement semioblongs, défléchis, densément veloutés, formant des gibbosités coniques,
obtuses ; lobe médian largement trapéziforme-cunéiforme, à angles obtus, muni, au sommet, d'un écusson
en H ; appendice glabre, subquadrangulaire, incurvé, assez grand ; bec du gynostème conique, court.
Palestine : endroits rocheux, Jerusalem (Fred S. Meyers et Dinsmore, nᵒ 8844, mars 1913) ; endroits
rocheux du Mont Carmel, alt. 280 m. (Meyers et Dinsmore, nᵒ 8930, mars 1912).

Esp. ou sous-esp. O. Heldreichii.

O. Heldreichii Schlechter in Fedde, *Rep. sp. nov.*, XIX, p. 574 (1923) ; *Icon.*, p. 122, pl. VII, f. 29. —
O. Reinholdii Sprun. ap. Reichb., *Icon.* XIII-XIV, p. 127, p. p. — **O. Scolopax** Bory et Chaub., *Fl. Pelop.*,
p. 62 (1838).
Fleurs bien plus grandes que dans l'*O. Scolopax*. Div. ext. du périanthe la moyenne dressée, les lat. réfléchies en arrière ; div. lat. int. dressées-étalées ; labelle auriculé à la base, de forme quadrangulaire-ovale, à
lobe méd. plus large que haut, obtusément tridenté, à lobes lat. défléchis, obliquement lancéolés-triangulaires,
obtus, brièvement poilus et prolongés, au sommet, en gibbosités obliquement coniques, subaiguës ; écusson
de forme variable ; appendice dressé-incurvé, obtusément triangulaire ; bec du gynostème court, obtusiuscule.
Grèce : Mont Pentélique, Attique, alt. 300 m. (Heldreich, avril 1857). — Crète : env. du Canée (Heldreich, mars 1846) ?
D'après Hayek in Fedde, *Rep. sp. nov.* (1926), p. 389, il est à présumer que l'*O. Heldreichii* Schlechter est
synonyme de l'*O. umbilicata* Desf., *Choix d. pl.* p. 10, t. 5. qu'on a pendant longtemps regardé comme
synonyme de l'*O. bombyliflora.* Comme localités, pour l'*O. umbilicata* Desf., Hayek donne : Elis, Katokolon
(Hayek), Attique, pied du Mont Pentélique, près Hephissia (Hayek), Pentelique (Spruner), Egine (Spruner).

O. PHRYGIA

O. phrygia Fleischm. et Bornm. in *Annal. d. Naturh. Mus. Wien*, XXXVI, p. 9 (1923).
Tige haute de 23 cent. env., entourée à la base de deux gaines membraneuses. Feuilles les inf. (4-5) rapprochées en rosette, oblongues-lancéolées, engainantes, les caulinaires dressées. Epi pauciflore (env. 4), lâche,
à fl. médiocres. Bractées égalant presque les fl. Div. ext. du périanthe oblongues-elliptiques, longues de
9 mm., obtuses ou arrondies au sommet, 5-nervées, probablement roses, à nerv. vertes visibles ; les lat. int.
petites, longues de 3 mm., larges de 2 mm., oblongues-elliptiques, arrondies au sommet, 3-nervées, densément
poilues. Labelle aplati, subarrondi, long et large de 9 mm., dans le 1/3 inf. brièvement incisé, à lobes lat. très
petits, triangulaires, obtusiuscules au sommet, densément poilus, à lobe méd. plus large que long, transversalement ovale, très brièvement poilu, terminé non brusquement en appendice, muni latéralement, dans le
lobe méd., et non dans les lobes lat., de deux petites gibbosités, **pourvu**, vers la base, d'une macule brune largement bordée de jaune. Gynostème très court, très brièvement rostré. Caudicules courts, jaunâtres.
Phrygie : Sultandagh, endroits pierreux au-dessus d'Akscheher, alt. 1.100 m. (Bornmüller, 1899, nᵒ 5574).
Espèce très peu connue, présentant des affinités avec les *O. Scolopax* et *fuciflora.*

---

1. L'*O. Schulzei* Bornm. et Fleischm. in *Mitt. Thür. Bot. Ver.*, XXVIII, p. 60 (1911), est une espèce du
Kourdistan, proche de l'*O. Scolopax* Cav. et de l'*O. oestrifera* M. B. Il a de petites fleurs, un labelle à base non
atténuée, quadrangulaire et muni, au sommet, d'une touffe de poils caractéristique.

O. CARMELI

O. Carmeli Fleischm. et Bornmüller in *Annal. Naturh. Museums Wien*, XXXVI, p. 7 (1923).

Tubercules...Tige haute de 37 cent. env., droite, assez robuste, munie à la base de feuilles espacées. Feuilles linéaires-lancéolées, dressées, à base longuement engainante. Epi lâche, env. 9-fl. Bractées égalant presque l'ovaire. Div. ext. du périanthe longues de 9 mm., blanches ou roses, à 3 nerv. vertes visibles ; les div. lat. int. env. 3 fois plus courtes, largement triangulaires-lancéolées, subauriculées de chaque côté vers la base, hirsutes. Labelle long de 10 mm. et large de 12, trilobé ; lobes à base large, bigibbeux et hirsutes, ovales-oblongs ou triangulaires, arrondis au sommet, très poilus ; lobe méd. dilaté vers le sommet, légèrement émarginé et portant un petit appendice épais, subarrondi, muni de 3 macules basilaires veloutées, entourées de jaunâtre, la macule méd. basilaire grande, presque quadrangulaire, les lat. ovales ou oblongues, la centrale petite, arrondie, largement marginée de jaune. Gynostème terminé en bec ténu, courbé vers le sommet. Caudicules fortement coudés.

Palestine : Mont Carmel (Bornmüller, *Iter Syriacum*, 1897, n° 1490).

Cette espèce, peu connue, est proche de l'*O. Scolopax* et de l'*O. œstrifera*.

8. — O. CORNUTA

O. cornuta Steven in *Mém. soc. nat. Moscou*, II, p. 175 (1809) ; Lindl., *Gen. and spec. Orch.*, p. 375 ; Marsch. Bieb., II, p. 370 (en note) ; Ledeb., *Fl. Ross.*, IV, p. 75 ; Heldreich, *Fl. de l'île d'Egine*, p. 391, in *Bull. Herb. Boiss.* (1898) ; M. Schulze, *Die Orch.*, n° 33 ; Koch, *Syn.* éd. Hall. et Wohlf., p. 2438 ; G. Cam. Berg. A. Cam., *Monogr. Orch. Eur.*, p. 270 ; Fedtschenko in *Bull. Herb. Boiss.* (1904), p. 1191 ; Grintescu in *Bull. géogr. bot.* (1918), p. 49 ; Gandoger in *Bull. Soc. bot. Fr.* (1917), p. 114 ; Berger in *Allg. bot. Zeitschr.* (1914), p. 12. — **O. œstrifera** var. **cornuta** Marsch. Bieb., *Fl. Taur.-Cauc.*, III, p. 605 (1819) ; Gelmi in *Bull. Soc. bot. ital.* (1899), p. 452 ; Hall., *Beitr. fl. Ach.*, p. 32 ; in *Oest. bot. Zeit.* (1897), p. 98 ; Heldr., *Fl. Egine*, p. 391 ; Boiss., *Fl. orient.*, V, p. 80 ; Barbey, *Herb. au Levant*, p. 157 ; Richter, *Pl. Eur.*, I, p. 264. — **O. Scolopax** Host, *Fl. austr.*, II, p. 541 (1831). — **O. œstrifera** Alsch., *Jadr.*, p. 213 (1832) ; Chaub. et Bor., *Exp. sc. Morée*, p. 265., t. 31, f. I ; t. 32, f. 8 ; Marg. et R., *Fl. Zante*, p. 86 ; non M. B. — **O. bicornis** Sadl. ap. Nendtvich, *Pl. quinque eccl.*, p. 35 (1836) ; Hausskn., *Symb. ad fl. gr.*, p. 25 ; Trautv., *Incr. fl. Ross.*, p. 751. — **O. Scolopax 2 œstrifera α cornuta** Reichb. F., *Icon.*, XIII-XIV, p. 99 (1851).

Icon. : Reichb., *Pl. crit.*, t. DCCCLXX ; Reichb. F., *Icon.*, XIII-XIV, t. 108, CCCCLX, f. I-III, 1-6 ; Moore, *Orch.* pl. II ; M. Schulze, *l. c.* ; Kerner, *Pflanzenleben*, p. 223, f. 2 (1901) ; Chaub. et Bory, *l. c.* ; Schlecht., *Ic.*, pl. VI, f. 24. G. Cam. Berg. A. Cam., *l. c.*, pl. 24, f. 808-809 ; *Ic. n.*, pl. 66, f. 4-8.

Exsicc. : Sintenis et Born., *It. turc.* (1891), n° 670 ; A. Baldac., *It. alban.*, IV, n°. 146.

Noms vulg. : Ophrys cornu. — Allem. : Gehörnte Ragwurz.

Port de l'*O. Scolopax*. Tige de 15-25 cent. et plus. Feuilles assez petites, lancéolées ou elliptiques. Bractées oblongues, dépassant les fl. Fl. 2-7, petites, en épi lâche. Div. ext. *du périanthe* ovales-subobtuses, roses, à nerv. vertes, les *lat. int. courtes*, égalant moins de 1/3 des ext., brièvement velues, rose pâle. *Labelle* un peu plus court que dans l'*O. Scolopax*, obovale ou ovale un peu allongé, profondément trilobé, brunâtre, muni ord. de taches arrondies entourées de dessins jaunâtres, glabrescent aux bords : *lobes lat. courts, réfléchis, terminés par deux cornes ascendantes* (1) *filiformes*, atteignant env. la moitié de la longueur du lobe moyen ; lobe moyen arrondi, muni d'un appendice court, large, jaune-verdâtre ou jaunâtre, tridenté, dirigé en avant. *Gynostème dépassant ord. les div. lat. int. du périanthe*, à bec court. — Cette esp. est intermédiaire entre l'*O. œstrifera* et l'*O. Scolopax* et paraît propre à la rég. orientale.

V. s. — Mai. — *Habitat* : pentes des coteaux, souvent sous les oliviers, broussailles, ord. sur sol argileux. — *Répart. géogr.* : Hongrie, Fünfkirchen, Istrie mérid., env. de Pola (Weiss), Aguzzo (Weiss) ; île Lussin, Banat, près Oravica (Neilreich), Bosnie, Herzégovine, Dalmatie, Albanie, Monténégro, Roumanie, Serbie, Grèce, Corfou (abondant. d'ap. Bergon), Crète (Gandoger), Russie mérid., Asie Mineure, Transcaucasie.

L'*Ophrys Holubyana* Andras., in *M. B. L.* (1917), p. 110 ; *O. fucifl.* var. *Holubyana* Soó in *Notizbl.-Berlin* (1926), p. 906, peut-être hybride de l'*O. fucifl.* et de l'*O. cornuta*, signalé en Hongrie, est très proche du précédent, mais son labelle est plus large et à cornes plus courtes.

Hongrie septentr. : Koueiti-Tal près Nemes-Podhagy (Andras.).

---

1. D'après Kerner, les deux cornes du labelle servent de plate-forme aux insectes.

O. asilifera Vayreda in *Ann. hist. nat. Madrid*, X, p. 98 (1886) ; Willk., *Suppl. Prodr. hisp.*, I, p. 43.
Richter, *Pl. Eur.*, I. p. 261. — **O. Monorchis** Bol. (hb. c. ic.) sec. Willk.. *l. c.* — D'après sa description,
cette plante doit être placée entre l'*O. apifera*, dont elle a le gynostème longuement rostré, et l'*O. Scolopax*,
dont elle a le labelle profondément trilobé. — Catalogne, TR. — D'après Willk., on n'a observé que trois
échantillons de cette plante qui serait peut-être une monstruosité de l'*O. Scolopax* ou plutôt, de l'*O. apifera*,
en raison de la longueur du bec du gynostème.

9 — O. ŒSTRIFERA

O. œstrifera Marsch. Bieb., *Fl. Taur.-Cauc.*, II, p. 369, nº 1848 (1808) ; Stev. in *Mém. Soc. Nat. Mos-
cou*, II, p. 176, t. II, f. 4-5 ; Hohenack., *Enum. Talüsch*, p. 27 ; Koch in *Linn.*, XXII, p. 288 : Ledeb., *Fl.
Ross.*, IV, p. 75 ; Boiss., *Fl. orient.*, V. p. 80 ; Hausskn., *Symb. ad fl. gr.*, p. 25 ; Kraenz., *Gen. et spec.*, p. 109 ;
Richter, *Pl. Eur.*, I. p. 264 ; Arcang., *Comp.*, éd. 2, p. 172 ; W. Barbey, *Herb. au Levant*, p. 157 ; G. Cam.
Berg. A. Cam., *Monogr. Orch. Eur.*, p. 270 ; Fleischm. in *Oest. bot. Zeitschr.* (1925), p. 188. — **O. insectifera**
Güldenst., *It.*, I, p. 422 (1787) ; Georgi, *Beschr. Russ.*, R., III, V, p. 1273. — **Orchis** (*lapsus*) **œstrifera**
Marsch. Bieb., *Fl. Taur.-Cauc.*, III, p. 605, nº 1848 (1819). — **Oph. Scolopax** Bory et Chaub., *N. fl. Pélop.*,
p. 62, t. 34, f. 7 ; Fried. *Reise*, p. 279 ; Trautv., *Increm. fl. Ross.*, p. 752. nº 5040. — **O. Scolopax 2 œstrifera** Reichb. F., *l. c.*, p. 101 ; Heldr., *Fl. Cephal.*, p. 68. — **O. picta** Bory et Chaub., *Fl. Pélop.*, p. 62,
t. 33, f. 1 ; t. 34, f. 8.

Icon. : Stev., *l. c.* ; Bory et Chaub., *l. c.* : Fleischm. in *O. B. Z.* (1907), pl. III, f. 5, 7 et 9 ;
Schlecht., *Icon.*, pl. VI, t. 24 ; *Ic. n.*, pl. 66, f. 9-11 ; pl. 130, f. 10-11.

Exsicc. : Orphanid., *Fl. gr.*, nº 152 ; Heldreich, *Herb. gr.*, nº 70.

Tubercules ovoïdes ou obovoïdes. Tige feuillée. Feuilles lancéolées ou étroitement lancéolées. Bractées
lancéolées, subulées, plus longues que l'ovaire. Epi lâche, souvent 5-flore. Fl. de même grandeur que dans l'*O.
fuciflora. Div. ext. du périanthe grandes, subelliptiques, obtuses ou arrondies à l'extrémité*, comme mucronées
par la nerv. méd., presque égales, étalées, *roses*, nervées de vert ; *les lat. int. extrêmement courtes*, subtriangulaires,
un peu auriculées, à la base, obtusiuscules au sommet, brièvement velues. Labelle ample, velouté, trilobé,
convexe en dessus ; lobes lat. profonds, petits, d'un brun pâle, formant au sommet une corne assez marquée ;
lobe méd. bien plus long que les lat., émarginé près de l'appendice ; *dessins du labelle formant une sorte d'écusson ; appendice assez gros, subcylindrique, réfléchi en hameçon.*

Var. **bremifera** Reichb. F., *Icon.*, XIII-XIV, p. 99, t. 107, CCCLIX, f. 1 (1851) ; Marsch. Bieb., *l. c.*,
II, p. 369 ; Richter, *Pl. Eur.*, I, p. 264 ; G. Cam. Berg. A. Cam., *l. c.*, p. 271. — *O. bremifera* Stev. in *Mém.
Soc. Nat. Mosc.*, II, p. 174, t. II, f. 2 (1809) ; Lindl., *Gen. and spec.*, p. 375 ; C. Koch in *Linn.*, XXII, p. 288.
— *O. Scolopax var. œstrifera* s.-var. *bremifera* Battand. et Trab., *Fl. Alg.* (1884), p. 202 ? — *Ic. n.*, pl. 66,
f. 10, 10, 11'. — Div. lat. int. du périanthe courtes ; labelle à gibbosités basilaires peu marquées, à lobe méd.
émarginé et muni d'un appendice court. Serait peut-être hybride de l'*O. Scolopax* et de l'*O. tenthredinifera*,
d'apr. Battandier et Trabut. — Caucase, Algérie ?

Mai. — Sardaigne, Dalmatie, Crète, Corfou, Grèce, Balkans, Crimée, Tauride mérid.

Sous-sect. C. **SPECULIFERÆ** (Bertol., *l. c.*, p. 343) ; G. Cam. Berg. A. Cam., *Monogr. Orch. Eur.*, p. 271.
— Divisions sup. du périanthe étalées, les deux lat. int. allongées, mais plus courtes que les ext., sublinéaires.
Labelle convexe, à direction très oblique, parfois presque horizontale, à bords lat. repliés, dépourvu de gibbosités coniques à la base, 3-lobé ou non, à lobes lat. obtus, à lobe médian plus grand que les lat. et muni d'un
appendice court, recourbé en dessus ou d'un mucron.

10. — O. BERTOLONII

O. Bertolonii Moretti, *Pl. Ital.*, dec. VI, p. 9 (1823) ; Lindl., *Gen. and spec.*, p. 374 ; Reichb. F., *Icon.*,
XIII-XIV, p. 94 ; Kraenz., *Gen. et spec.*, p. 102 ; Richter, *Pl. Eur.*, I, p. 263 ; Gr. et Godr., *Fl. Fr.*, III, p. 302 ;
Castagne, *Cat. B.-d.-Rh.*, p. 102 ; Ardoino, *Fl. Alp.-Mar.*, p. 356 ; Barla, *Fl. Alp.-Mar.*, p. 69 ; G. Cam.,
Monogr. Orch. Fr., p. 88 ; in *Journ. de Bot.*, VII, p. 131 ; G. Cam. Berg. A. Cam., *Monogr. Orch. Eur.*, p. 271 ;
A. Cam. in *Riviera scientif.* (1919), p. 11 ; Gautier, *Pyr.-Or.*, p. 401 ; Coste, *Fl. Fr.*, III, p. 390, nº 3756, *cum
ic.* ; Rouy, *Fl. Fr.*, XIII, p. 117 ; Briquet, *Fl. Corse*, I, p. 352 ; Alb. et Jahand., *Cat. Var*, p. 482 ; Ten.,
Syll., p. 460 ; Guss., *Syn. fl. sic.*, II, p. 245 ; de Notaris, *Rep. fl. ligust.*, p. 391 ; Com., *Fl. comens.*, VI, p. 374;

Bertol., *Fl. ital.*, IX, p. 593 ; Parlat., *Fl. ital.*, III, p. 543 ; Ces. Pass. Gib., *Comp.*, p. 192 ; Cocconi, *Fl. Bologn.*, p. 488 ; Gelmi in *Bull. Soc. bot. ital.* (1889), p. 452 : Fiori et Paol., *Fl. ital.*, I, p. 235 (1908) ; Ross, *Beitr z. fl. Sic.* in *Bull. Herb. Boiss.* (1899), p. 294 ; Lojacono, *Fl. Sicula*, III, p. 36 ; Reichb. *Fl. exc.*, I, p. 128 ; Koch, *Syn.*, éd. 2, p. 797 ; éd. 3, p. 599 ; éd. Hall. et Wohlf., p. 2437 ; M. Schulze, *Die Orchid.*, n° 30 ; Aschers. et Graebn., *Syn.*, III, p. 643 ; W. Zimmerm., *Die Form. d. Orchid.*, p. 49 ; Barcelo, *Apunt. Balear.*, p. 45, n° 412 ; Rodrig., *Cat. Suppl.*, p. 55 ; Marès et Vigin., *Cat. Baléar.*, p. 282 ; H. Knoche, *Fl. balear.*, I, p. 403 ; Heldr., *Fl. Cephal.*, p. 68 ; Halacsy, *Consp. fl. gr.*, III, p. 180 : Arènes in *Bull. Soc. bot. Fr.*, (1923), p. 517 ; Berg. in *Allg. bot. Zeitschr.* (1914), p. 12. — **O. Speculum** Bertol., *Pl. gen.*, p. 124 (1804) ; *Rar. pl.* dec. 3, p. 41 ; Biv., *Sic. pl. cent.*, 1, p. 61 : Bertol., *Amœn. ital.*, p. 201 ; Mauri, *Roman. pl. cent.* 13, p. 42 : Ten., *Fl. nap.*, II, p. 310 ; non Link. — **O. Scolopax** Alschinger, *Fl. Jadr.*, p. 213 (1832). — **O. grassensis** Jauvy ap. Steudel, *Nomencl.*, éd. 2, II, p. 219 (1841). — **Arachnites Bertolonii** Todaro, *Orch. sic.*, p. 79 (1842). — *Orchis ornifuciflora fuliginea, cluniculo depilata* Cup., *H. cath.*, p. 158 et *Suppl. alt.*, p. 68 ; Pamph., *Sic.* 1, t. 146 ; Bonan., t. 28.

Noms vulg. : Ophrys de Bertoloni, Miroir des oiseaux. — Ital. : Oxeletti che se spegian. — Allem. : Bertolonis. Ragwurz.

Icon. : Biv., *l. c.* ; Cup., *l. c.* ; Bonan., *l. c.* ; Todaro, *l. c.* ; Mutel, *Fl. fr.*, *Atlas*, n° 510, a et b ; Reichb., *Pl. crit.*, DCCCLXV ; Reichb. F., *Icon.*, XIII-XIV, t. 103, CCCCLV, f. 1-4 ; Ces. Pass. Gib., t. XXIV, f. 4, e-i ; Barla, *l. c.*, pl. 58, f. 1-15 ; M. Schulze, *l. c.*, t. 30 ; G. Cam. Berg. A. Cam., *l. c.*, pl. 25, f. 870-878 ; *Ic. n.*, pl. 64, f. 1-22.

Exsicc. : Schultz, *Herb. n.*, n°ˢ 949, 2495 ; Reichb., n° 212 ; *Reliq. Maill.*, n° 393 ; Bourgeau, *Pl. Toulon*, n° 375 : Tod., *Fl. sic.*, n° 410 ; Schultz, *H. s.*, n° 2495 ; *Fl. Aust.-Hung.*, n° 1473 ; *Soc. ét. fl. fr.-helv.*, n° 1648 ; Sennen, *Pl. Espagne*, n° 5548 (en mélange avec l'*O. arachnitif.* et des hybrides de l'*O. arachnitif.* et de l'*O. Bertol.*).

Tubercules ovoïdes ou subglobuleux, assez petits, l'un à l'extrémité d'un rhizome. Tige de 1-3 décim., rarement plus, d'un vert assez pâle, nue au sommet. Feuilles assez petites, oblongues-lancéolées, obtuses, mucronulées, nervées, rapprochées à la base de la tige, sauf 1-2 feuilles caulinaires engainantes. Bractées ovales-lancéolées, presque obtuses, plus longues que l'ovaire, nervées, d'un vert clair. Fleurs grandes, 3-6, ordt 3-4, de coloration assez vive, disposées en épi lâche et exhalant une odeur de fourmi assez nette, surtout vers le soir (1). *Divisions du périanthe* étalées, *les ext.* courbées, concaves, ovales-lancéolées ou elliptiques-obtuses, *d'un rose violacé souvent intense*, rarement presque blanches, à bords réfléchis, à 3 nervures, les 2 nervures lat. peu visibles, la médiane plus apparente, verdâtre, la division médiane concave souvent appliquée sur le gynostème, les lat. asymétriques ; *divisions lat. int. égalant env. les 2/3 de la longueur des ext.*, linéaires, acutiuscules, d'un violet intense ou d'un rose violacé intense, plus colorées que les ext., 1-nervées, à bords subondulés, ciliés et réfléchis. *Labelle* trilobé ou obscurément trilobé vers le sommet, dirigé en avant, *à direction oblique, parfois presque horizontale*, plus long que les divisions ext., ovale-arrondi, obovale ou ovale-elliptique, plus ou moins allongé, *convexe, un peu déprimé ou plan en avant*, d'un pourpre foncé presque noirâtre, velouté en dessus, verdâtre et à nervures disposées en éventail en dessous, dépourvu de gibbosités, à pubescence assez uniforme, *marqué vers le sommet* (très rarement vers le milieu) *d'une tache glabre bleuâtre ou blanchâtre, miroitante, concave, en forme d'écusson subquadrangulaire, ordt échancrée en avant et tridentée en arrière* et souvent ornée au centre d'un point arrondi et velouté, muni à la base de 2 petites proéminences noires, glabres, luisantes, un peu éloignées l'une de l'autre ; lobes lat. arrondis, à bords réfléchis ; lobe moyen bien plus long et plus large que les lat., émarginé au sommet et *muni d'un appendice entier, court*, glabre et jaunâtre, recourbé en dessus. *Gynostème souvent penché sur le labelle*, à bec court, aigu, verdâtre. Anthère d'un jaune rougeâtre. Masses polliniques jaunes (2). Caudicules et rétinacles blanchâtres. Ovaire sessile, subtriquètre, à peine épaissi sous le sommet, assez long, d'un vert clair. Capsule à côtes saillantes.

Morphologie interne

Tubercule. Grains d'amidon arrondis, souvent groupés, atteignant 3-10 µ de diam., rarement plus. — *Fibres radicales.* Assise pilifère subérisée. Endoderme à cadres marqués. Quelques vaisseaux de métaxylème différenciés autour d'un parenchyme à parois minces.

1. Cf. A. Camus in *Bull. Assoc. Nat. Nice et Alpes-Marit.* (1919), p. 9 et *Bull. bi-mens. Soc. Linn. Lyon* (1926), p. 125.
2. Les fleurs peuvent se féconder directement grâce à l'intervention du labelle (cf. Ponzo, *l. c.*).

Tige. Stomates peu abondants. 2-4 assises de parenchyme chlorophyllien entre l'épiderme et l'anneau lignifié. 6-9 assises lignifiées à parois très minces, touchant au liber des faisceaux ou séparées de lui par quelques cellules de parenchyme non lignifié. Parenchyme central ordt. résorbé.

Feuille. Ep. = 200-300 µ. Epiderme sup. recticurviligne, dépourvu de stomates, au moins dans les feuilles inf., haut de 100-120 µ, à cuticule légèrement striée, à paroi ext. non bombée et épaisse de 4-6 µ Epiderme inf. recticurviligne, haut de 40-50 µ env., à paroi ext. bombée et épaisse de 4-7 µ, muni de stomates abondants. Parenchyme comprenant 5-7 assises de cellules chlorophylliennes allongées sur une section transversale et quelques cellules à raphides.

Fleur. — *Divisions externes du périanthe.* Epiderme ext. strié. Epiderme int. non strié. Bords seulement un peu papilleux. — *Divisions latérales internes.* Epiderme ext. muni de quelques courtes papilles. Epiderme int. pourvu, vers les bords, de papilles les unes très obtuses, très nombreuses, les autres très atténuées à l'extrémité, un peu abondantes et atteignant 100-120 µ de long env. — *Labelle.* Tache médiane luisante entièrement dépourvue de papilles (pl. 121, f. 414). Parties longuement velues (f. 148, B) munies de poils très ondulés, atteignant 500-700 µ de long, non ou peu striés, effilés à l'extrémité (pl. 121, f. 415). Vers cette tache glabre médiane, poils peu longs et non ondulés. Epiderme inf. pourvu de rares papilles. — *Anthère.* Epiderme de la base du gynostème portant quelques papilles atteignant

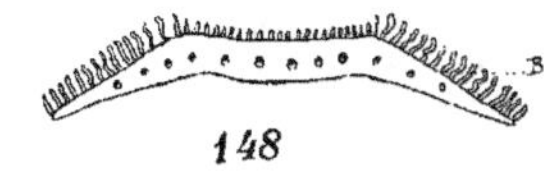

Ophrys Bertolonii. — Fig. 148 : section transv. schématique du milieu du labelle.

30-50 µ de long. Epiderme du connectif et des loges non sensiblement papilleux. Assise fibreuse à bandes d'épaississement peu nombreuses. — *Pollen.* Tétrades de la périphérie des massules à exine non ou à peine granuleuse. L. = 30-40 µ. — *Ovaire.* Nervure des valves placentifères très saillante extérieurement, plus proéminente que les valves non placentifères, pourvue d'un faisceau libéroligneux ext. à bois int. et d'un faisceau libéroligneux int. assez réduit, à bois ext. Placenta long, à 2 divisions divergentes. Valves placentifères très saillantes à un faisceau libéroligneux tendant parfois à se diviser. — *Graines.* Cellules du tégument munies d'épaississements en stries. Graines très allongées, atténuées aux extrémités, 3-4 fois plus longues que larges. L. = 250-350 µ.

Var. β **parviflora** G. Cam., *Monogr. Orch. Fr.*, p. 89 ; G. Cam. Berg. A. Cam., *l. c.* — Fleurs env. moitié plus petites que dans la type.

Var. γ **Inzengæ** Nym., *Syll. suppl.*, p. 64 (1865) ; Arcang., *Comp.*, éd. 2, p. 173 ; Richter, *Pl. Eur.*, I, p. 263 ; G. Cam. Berg. A. Cam., *l. c.* ; Fiori et Paol., *l. c.* — *Arachnites Inzengæ* Todaro, *Nuovo gen.*, p. 12 (1858). — *Oph. Inzengæ* Ces. Pass. Gib., *Comp.*, p. 193 (1867). — Divisions lat. int. du périanthe velues. Labelle à bords jaunâtres, muni d'une tache glabre brillante entourée de lignes circulaires de couleur brunâtre. — Calabre, Sicile.

La var. *flava* Lojacono, *l. c.*, paraît voisine de la précédente. — Labelle jaune, glabre au centre, à bords densément poilus ; callosités ponctiformes de la base jaunâtres. — Env. de Palerme.

Var. δ **flavicans** Richt., *Pl. Eur.*, I, p. 263 (1890). — *O. flavicans* Vis., *Fl. Dalm.*, I, p. 178 (1842) ? — Fleurs jaunâtres. Cette var., selon Reichb., appartient probablement à l'*O. tenthredinifera*, d'après la description incomplète de l'auteur. — Dalmatie : env. de Trau.

Var. ε **Landaueri** Appel in *A. B. Z.*, IV (1898), p. 187 ; M. Schulze in *O. B. Z.*, XLIX (1899), p. 269. — Divisions du périanthe blanches ; labelle jaune. — Lusus ? — Tyrol mérid. : Monte Brione près Riva (Appel et Landauer).

Var. ζ **dalmatica** Murr. in *D. B. M.*, XIX (1901) p. 72. — Labelle petit, à peine plus grand que les divisions du périanthe, à pubescence jaunâtre plus manifeste sur les bords, à dessins relativement plus petits occupant la partie large et rapprochée du sommet du labelle ; divisions ext. du périanthe d'un rose brillant. — Dalmatie : Zara (Hellweger).

Var. η **explanata** Lojacono, *l. c.* — Labelle étalé, largement obovale, non ascendant, concave ; macule centrale, argentée, plus ou moins quadrangulaire ; appendice ascendant. — Sicile : env. de Palerme (Lojacono).

L'*O. penedensis* Kalkhoff in *Allg. bot. Zeitschr.*, XX, p. 81 (1914) ; *Ic. n.*, pl. 131, f. 2, dont il n'a été récolté qu'un exemplaire, est probablement une forme tératologique de l'*O. Bertolonii*, parallèle à celles observées chez l'*O. apifera*. Les fleurs sont étoilées. Les div. ext. du périanthe sont rose pâle, à nerv. méd. verte, longues de 1,5 cm., les lat. int. rose plus foncé, longues de 1 cm. ; le labelle long de 1,3 cm., linguiforme, aigu, pourpré, glabre, sauf à la partie sup., tend à ressembler aux autres div. lat. int. Le gynostème est épais, à bec court, rouge brun.

Les deux individus ont été trouvés par Dietrich Kalkhoff, dans le Tyrol mérid., à Torbole, à 280 m. d'alt., au milieu de nombreux pieds d'*O. Bertolonii* normaux.

Monstruosités. — Moggridge in *Journ. Linn. Soc.*, XI, p. 490 (1871) et t. 3, a signalé et figuré le cas d'une fl. sans labelle ayant 2 div. ext. du périanthe opposées, l'inf. formée des 2 div. lat. ext. soudées, 2 div. lat. int. et un long gynostème à bec court.

Penzig, *Pflanzenteratologie*, II, p. 364 (1896), a décrit des div. lat. int. du périanthe ressemblant à des labelles.

J'ai trouvé, à Gattières (Alpes.-Marit.), un pied dont une fleur était normale et l'autre dont les div. lat. int. du périanthe étaient très allongées, le labelle était très étroit ; la fleur montrait une tendance à être régulière (Cf. A. Camus in *Bull. Soc. bot. Fr.* (1927), p. 580) (Aimée Camus).

Cf. aussi Cengia-Sambo, *Un caso teratologico di Ophrys Bertolonii* Mor. in *Bull. Soc. Bot. Ital.* (1922), p. 83, qui décrit une fleur avec 3 gynostèmes.

M. Denis a trouvé, à Port-de-Bouc (Bouches-du-Rh.), un *O. Bertolonii* à trois bulbes (cf. Rolfe in *Orch. Rev.* (1918), p. 103).

V. v. — Mars-mai. — *Habitat* : coteaux pierreux, bosquets, lieux herbeux des collines de la rég. méditerr. ; calcicole. — *Répart. géogr.* : Espagne [Barcelone à Manlieu Torello, Granollers de la Plana, alt. 450-500 m. (Gonzalo)] ; Baléares (rare, Majorque, Minorque, Ibiza), France mérid. (Pyrénées-Orient., Bouches-du-Rh., Var, Alpes-Marit., rare en Corse) ; Italie (rég. litt. et submontagneuse, abondant dans la partie mérid. de la péninsule, Sicile, Sardaigne ?), Tyrol mérid., île Veglia, Istrie, Dalmatie, Herzégovine, Monténégro, Grèce (rare).

11. — O. FERRUM-EQUINUM

O. Ferrum-equinum Desf., *Ch. pl. des Coroll. Inst. Tourn.*, p. 9 (1808) ; in *Ann. Mus. Par.* (1807). p. 126, t. 15 ; *Bot. Reg.* (1847), p. 33, t. 46 ; Lindl., *Gen. and spec.*, p. 377 ; Reichb. F., *Icon.*, XIII-XIV, p. 92, t. 99, CCCCLI, f. I, II ; Richter, *Pl. Eur.*, I, p. 263 ; Kraenz., *Gen. et spec.*, p. 104 ; C. A. Mey., *Ind. Caus.*, p. 39 ; Ledeb., *Fl. Ross.*, IV, p. 76 ; Chaub. et Bory, *Exp. sc. Morée*, p. 264, t. 32, f. 6 ; Marg. et R., *Fl. Zante*, p. 86 ; Ung. *Reise*, p. 119 ; Raul., *Crèt.*, p. 862 ; Spreitz in *Zool. bot. Ges.* (1877), p. 731 ; Boiss., *Fl. orient.*, V, p. 78 ; Halacsy, *Consp. fl. gr.*, III, p. 178 ; G. Cam. Berg. A. Cam., *Monogr. Orch. Eur.*, p. 274 ; Gandoger in *Bull. Soc. bot. Fr.* (1917), p. 118. — **O. andrachnites** Bory et Chaub., *Nouv. Fl. Pelop.*, p. 62 (1858).

Icon. : Desf., *l. c.* ; Brongn. ap. Chaub. et Bory, *l. c.* ; Reichb. F., *l. c.* ; Schlecht., *Icon.*, pl. IV, f. 15 ; G. Cam. Berg. A. Cam., *l. c.*, pl. 25, f. 869 ; *Ic. n.*, pl. 73, f. 28-33.

Exsicc. : Spreitz, *It. ion.* (1877 et 1878).

Tubercules 2, ovoïdes ou oblongs. Tige de 1-2 dm., rarement plus, nue au sommet. Feuilles oblongues-lancéolées, rapprochées à la base de la tige, sauf 1-2 caulinaires, engainantes. Bractées grandes, foliacées, ovales-lancéolées, subaiguës, les inf. atteignant presque l'ovaire ou le dépassant. Fleurs grandes, 2-6, en épi lâche. *Div. ext. du périanthe roses*, ovales-lancéolées ou elliptiques-obtuses, 3-nervées, les lat. étalées, la méd. souvent courbée au-dessus du gynostème, *les lat. int. deux fois plus courtes*, étroitement linéaires, élargies à la base, pubescentes en dedans. *Labelle presque entier ou entier*, dirigé en avant, *à direction oblique, parfois subhorizontale*, grand, un peu plus long que les div. ext., obovale, plus ou moins allongé, convexe, velu, pourpre violacé, *muni au centre de deux lignes glabres bleuâtres, divergentes, souvent réunies à la base et simulant un fer à cheval, dépourvu de gibbosités*, muni à la partie sup. de deux petites proéminences luisantes, échancré, *brièvement apiculé au sommet* ; *mucron court, dirigé en avant. Gynostème souvent incliné sur le labelle, plus court que les div. lat. int. du périanthe*, à bec court, aigu, verdâtre. Anthère jaunâtre. Masses polliniques jaunes. Ovaire un peu épaissi vers le sommet, vert pâle. Capsule à côtes saillantes.

F. subtrilobum Hayek in *Rep. sp. nov.* (1926), p. 390. — Labelle de forme suborbiculaire, lobé peu profondément dans le tiers supérieur, à lobes lat. triangulaires, réfléchis, le méd. suborbiculaire, plus large que haut, terminé par un mucron court ; pubescence courte, d'un violet noir ; macule en forme de virgule. — Corfou : env. de Govino (Wettstein).

V. v. — Mars, avril. — Grèce, Corfou (Bergon), Crète, îles de l'Archipel, Asie occidentale ? Transcaucasie ?

<u>Prix des 2 tomes de texte : 400 fr.</u>

ICONOGRAPHIE

DES

ORCHIDÉES D'EUROPE

ET DU

BASSIN MÉDITERRANÉEN

PAR

E.-G. CAMUS

Lauréat de l'Institut (Académie des Sciences)

Avec la collaboration, pour l'Anatomie et la Biologie, de

A. CAMUS

Lauréate de l'Institut (Académie des Sciences)

TEXTE

Tome II

PAUL LECHEVALIER

ÉDITEUR

12, Rue de Tournon, 12

PARIS (VIᵉ)

1929

ICONOGRAPHIE

DES

ORCHIDÉES D'EUROPE

ET DU

BASSIN MÉDITERRANÉEN

PAR

E. G. CAMUS

Lauréat de l'Institut (Académie des Sciences)

Avec la collaboration, pour l'Anatomie et la Biologie, de

A. CAMUS

Lauréate de l'Institut (Académie des Sciences)

TEXTE

Tome II

(Pages 321 à 560 et planches 123 à 133)

PAUL LECHEVALIER

ÉDITEUR

12, Rue de Tournon, 12

PARIS (VIᵉ)

1929

Sous-esp. **O. Sprunneri**.

O. Sprunneri Nym., *Consp.*, p. 698 (1882) ; Halacsy, *Consp. fl. gr.*, p. 181 ; G. Cam. Berg. A. Cam., *l. c.*
— **O. hiulca** Sprunner ap. Reichb. F., *Icon.*, XIII-XIV, p. 93 (1851), non Mauri (1828) ; Boiss., *Fl. orient.*
V, p. 79 ; *Plantæ Postianæ* in *Bull. Herb. Boiss.* (1900), p. 100. — **O. galactostictos** Heldreich ap. Boiss.,
l. c. ; non Seb. et Mauri. — **O. ferrum-equinum** var. **æginensis** Reichb. F., *l. c.*, p. 92 (1851); Heldreich,
Fl. Eg. in *Bull. Herb. Boiss.* (1898), p. 391. — **O. Reinholdi** Sprun. ap. Boiss., *Fl. orient.*, V. p. 79 (1884), p. p.
Icon. : Reichb. F., *l. c.*, t. 101, f. 2, CCCCLIII ; t. 169, DXXI (s. *exaltata*) ; Schlecht., *Icon.*, pl. V, f. 20.
Exsicc. : Sprunner, *Pl. gr.* (1840).
Feuilles oblongues-lancéolées, linéaires. Epi pauciflore. Divisions ext. du périanthe oblongues, verdâtres,
les lat. int. plus courtes, velues. Labelle non **gibbeux**, largement obovale, d'un pourpre noirâtre, velu, pourvu de
2 macules blanches ou bleuâtres, glabres, parallèles, réunies par une ligne au-dessus de leur milieu, 3-lobé, à lobes
lat. ovales-obtus, le médian plus grand, ovale, terminé par un appendice court, ascendant. Gynostème subobtus.
Mars, avril. — Collines herbeuses de l'Attique, Chypre, Crète (Gandoger), Syrie, Palestine.

Sous-sect. D. **APIFERÆ** (Parlat., *l. c.*, p. 538, emend., *p. p.*) ; G. Cam. Berg. A. Cam., *l. c.*, p. 275 ;
Godfery *in Journ. of Bot.* (1928), p. 36. — Divisions du périanthe étalées ou réfléchies, les 2 int. lat. ord.
très courtes, en cœur et subonguiculées. Labelle convexe, à bords repliés, muni à la base de 2 gibbosités coniques, profondément 3-lobé, à lobes lat. pendants, à lobe médian constitué par 3 lobules, le moyen terminé en
appendice, développé, recourbé en dessous. Gynostème long, à bec long et flexueux.

12. — O. APIFERA

O. apifera Huds., *Fl. angl.*, éd. 1, p. 340 (1762) ; éd. 2, p. 391 ; Willd., *Spec.*, IV, p. 66 ; Lindl., *Gen.
and spec.*, p. 375| ; Reichb. F., *Icon.*, XIII-XIV, p. 96 ; Richter, *Pl. Eur.*, I, p. 264 ; Kraenz., *Gen. et spec.*, p. 107 ;
Correvon, *Alb. Orch. Eur.*, pl. XXXIII ; Babingt., *Man. Brit. Bot.*, éd. 8, p. 347 ; Benth., *Brit. Flora*, p. 466 ;
Lej., *Fl. Spa*, II, p. 193 ; *Revue*, p. 187 ; Lej. et Court., *Comp.*, III, p. 188 ; Tinant, *Fl. luxemb.*, p. 444 ;
Mich., *Fl. Hain.*, p. 79 ; Bellynck, *Fl. Namur*, p. 264 ; Crépin, *Man. Fl. Belg.*, éd. 1, p. 178 ; éd. 2, p. 293 ;
Löhr, *Fl. Tr.*, p. 249 ; Meyer, *Orch. G.-D. Luxemb.*, p. 13 ; Dumoul., *Fl. Maestr.*, p. 103 ; Lamk., *Fl. fr.*, III,
p. 519 ; DC., *Fl. fr.*, V, p. 33, n° 2032, a ; Duby, *Bot.*, p. 447 ; Loisel., *Fl. gall.*, 2, p. 271 ; Mutel, *Fl. fr.*,
III, p. 251 ; Boisduval, *Fl. fr.*, III, p. 49 ; Godr., *Fl. Lorr.*, II, p. 298 (1857) ; Gren. et God., *Fl. Fr.*, III,
p. 303 ; Boreau, *Fl. cent.*, éd. 3, II, p. 649 ; Coss. et Germ., *Fl. env. Paris*, éd. 2, p. 686 ; Godet, *Fl. Jura*,
II, p. 690 ; Gren., *Fl. ch. jurass.*, p. 756 ; Lapeyr., *Abr.*, p. 551 ; Dupuy, *Fl. Gers*, p. 233 ; Castagne, *Cat.
B.-d.-Rh.*, p. 157 ; Martr.-Donos, *Fl. Tarn.*, p. 709 ; Dulac, *Fl. H.-Pyr.*, p. 128 ; Ardoino, *Fl. Alp.-Marit.*,
p. 356 ; Barla, *Iconogr.*, p. 67 ; Poirault, *Cat. Vienne*, p. 96 ; Lefrou, *Cat.*, p. 24 ; Martin, *Cat. Romor.*,
p. 270 ; Franchet, *Fl. L.-et-Ch.*, p. 577 ; Legué, *Cat. Mondoubl.*, p. 81 ; Gust. et Hérib., *Fl. Auv.*, p. 433 ;
Car. et S.-Lag., *Fl. descr.*, éd. 8, p. 809 ; Magnin et Hétier, *Observ.*, II, *Jura*, p. 141 ; G. Cam. *Monogr. Orch.
Fr.*, p. 91 ; in *Journ. de Bot.*, VII, p. 134 ; G. Cam. Berg. A. Cam., *Monogr. Orch. Eur.*, p. 327 ; A. Cam. in
Riviera scientif. (1919), p. 11 ; in *Bull. Soc. bot. Fr.* (1924), p. 86 ; Brébiss, *Fl. Norm.*, pl. éd. ; Masclef, *Cat.
P.-d.-C.*, p. 155 ; Debeaux, *Rec. fl. agen.*, p. 520 ; Corbière, *N. fl. Norm.*, p. 562 ; Gautier, *Pyr.-Or.*, p. 401 ;
Guill., *Fl. Bord. et S.-O.*, p. 171 ; Coste, *Fl. Fr.*, III, p. 390, n° 3575, *cum ic.* ; Rouy, *Fl. Fr.*, XIII, p. 118 ;
Briquet, *Prodr. fl. corse*, p. 352 ; Alb. et Jahand., *Cat. Var*, p. 482 ; Kirschl., *Prodr. fl. Als.*, p. 161 ; *Fl.
Alsace*, p. 135 ; Döll, *Rhein.*, p. 229 ; Koch, *Syn.*, éd. 2, p. 797 ; éd. 3, p. 600 ; éd. Hall. et Wohlf., p. 2437 ;
Rühner, *Prodr. Waldst.*, p. 128 ; Caflisch, *Exc. Fl.*, p. 398 ; Foerster, *Fl. v. Aachen*, p. 348 ; M. Schulze,
Die Orchid., n° 31 ; Garcke, *Fl. v. Deutsch.*, éd. 14, p. 381 ; W. Zimmerm., *Die Form. d. Orchid.*, p. 49 ; Ruppert
in *Nat. Ver. der preuss. Rheinl. u. Westf.* (1924), p. 180 ; Kraenzlin, *Orchid.*, p. 7 ; Gaud., *Fl. helv.*, V, p. 459,
n° 2078 ; Morthier, *Fl. anal. Suisse*, p. 364 ; Gremli, *Fl. Suisse*, éd. Vetter, p. 484 ; Schinz et Kell., *Fl.
Schweiz*, p. 122 ; Barcelo, *Apunt. Balear.*, p. 45 ; Marès et Vigin., *Cat. Balear.*, p. 282 ; H. Knoche, *Fl.
balear.*, I, p. 405 ; Debeaux et Dauter, *Syn. Gibr.*, p. 201 ; Boiss., *Voy. Esp.*, p. 596 ; Willk. et Lange,
Prodr. hisp., I, p. 172 ; Colmeiro, *Enum. pl. hisp.-lusit.*, V, p. 41 ; Guimar, *Orch. port.*, p. 29 ; Bertol., *Pl.
gen.*, p. 122 ; *Amoenit. ital.*, p. 200 ; *Fl. ital.*, IX, p. 582 ; Aschers. et Graeb., *Syn.*, III, p. 647 ; Biv., *Sic.
pl. cent.*, I, p. 62 ; Nocc. et Balb., *Fl. ticin.*, II, p. 157 ; Sebast. et Mauri, *Fl. rom. prodr.*, p. 311 ; Tenore,
Fl. nap., V, p. 441 ; Puccin., *Syn. pl. luc.*, p. 480 ; de Notar., *Rep. fl. ligust.*, n° 1172 ; Guss., *Fl. sic. syn.*,
II, p. 548 ; n° 8 ; Parl., *Fl. ital.*, III, p. 538 ; Ces. Pass. Gib., *Comp.*, p. 262 ; Lojacono, *Fl. Sicula*, III, p. 47 ;

W. Barbey, *Fl. Sard. comp. suppl.*, n° 2584 ; Cocconi, *Fl. Bologn.*, p. 486 ; Fiori et Paol., *Iconogr. fl. ital.*, n° 802 ; Krause in Fedde, *Rep. sp. nov.* (1925), p. 299 ; Vis., *Fl. dalm.*, 1, p. 177 ; Ambros., *Fl. Tirol austr.*, I, p. 716 ; Beck, *Fl. N.-Oester.*, p. 198 ; Boissier, *Fl. orient.*, V. p. 79 ; Sibth. et Smith. *Prodr. fl. gr.*, p. 216 ; Chaubard et Bory, *Expéd. Morée.* p. 264. t. 32 ; *N. fl. Pélopon.*, p. 62, t. 34, f. 5 ; Ung. *Reise.* p. 120 ; Heldr., *Fl. Egine,* in **Bull. Herb. Boiss.** (1898), p. 391 ; Grintesck in *Bull. géogr. bot.* (1918). p. 48 ; Battand. et Trab. *Fl. Alg.* (1884), p. 202 ; (1905), p. 320 ; Ball, *Spicil. Mar.*, p. 673 ; Bonnet et Barr., *Cat. Tunis.*, p. 403 ; Debeaux, *Fl. Kabyl. Djurdj.*, p. 345 ; Jahandu. in *Mém. Soc. Sc. nat. Maroc* (1923), p. 108. — **O. insectifera** var. **Adrachnites** L., *Sp.*, éd. I. p. 949 (1753), p. p. — **O. Adrachnites** Mill., *Gard. Dict.*, éd. 8, n° 7 (1768). — **Orchis holosericea** Burm., *Fl. cors.*, p. 237 (1770). — **Ophrys insectifera Arachnites** β Hall., *Ic. pl. Helv.*, p. 26. t. 24. f. 45 (1795). — **O. Arachnites** α Savi, *Fl. Pis.*, II, p. 303 (1798) ; DC., *Fl. fr.*, II, n° 2032. — **O. insectifera** var. **apifera** Dumort., *Prodr. fl. Belg.*, p. 132 (1827). — **O. apifera subterrostrunca** Brot., *Phyt. lusit.*, p. 32 (1827). — **O. rostrata** Ten., *Ind. sem. h. r.*, n° 1830, p. 15 (1830) et *Syll.*, p. 458 ; *Fl. nap.*, V, p. 242. — **Arachnites apifera** Todaro, *Orchid. sic.*, p. 88. t. 2, f. 1, 2 (1842) ; Bubani, *Fl. pyr.*, IV, p. 47. — **Ophr. pseudo-apifera** Cald., in *N. g. bot. ital.*, XII, p. 258 (1880), sec. Aschers. et Graebn., *l. c. ?* — *O. fucum referens, major, foliolis superioribus candidis et purpurascentibus* Bauh., *Pinax.* p. 83 ; Vaill., *Bot. paris.*, p. 146. t. 30, f. 9 ; Cup., *H. cath.*, p. 157. — *O. fuciflora, galea et alis purpurascentibus* Raj., *Syn.*, p. 391 ; Bauh., *Hist.*, II, p. 766. — *O. araneam referens, rostro recurvo* Seg., *Pl. ver.*, III, p. 246, t. 8, f. 2.

Noms vulg. : Abeille, Ophrys porte-abeille ; Provenç. : Pouarto Abeyo. — Portug. : Herva abelha, Herva aranha, Alipivre, Nigella, Nangella. — Esp. : Abejera, Flor de la abeja. — Ital. : Vesparia, Spegin (Ligur.). — Angl. : Bee Ophrys. — Allem. : Bienenblume, Bienentragende Ragwurz, Biene (Thuringe). — Holl. : Bijen Oogenbruin. — Suisse. : Wäschpeli, Wespe.

Icon. : Vaill., *l. c.* ; Haller, *l. c.* ; Seg., *l. c.* ; Brot., *Phyt. lus.*, t. 90, f. 2 ; Tod., *l. c.*, t. 2, f. 1-2 ; Ten., *Nap.*, V, t. 265 ; Barla, *l. c.*, pl. 56, f. 1-15 ; Curtis, *Fl. lond.*, éd. Gr., V, t. 126 ; *Engl. Bot.*, t. 383 ; Fitch et Smith, *Illustr. Brit. Fl.*, n° 1008 ; Schrank, *Fl. Monac.*, t. 4 ; Reichb., *Pl. crit.*, t. DCCCLXVI ; Reichb. F., *Icon.*, XIII-XIV, 105, CCCCLVII, f. 1-14 ; Coss. et Germ., *Atl.*, pl. 32, f. C ; G. Cam., *Iconogr. Orch. Paris*, pl. 21 ; M. Schulze, *Die Orchid.*, t. 31 ; Guimar., *Orch. port.*, est. II, f. 15, a, b, c, d ; Bonnier, *Alb. N. Fl.*, p. 29 ; G. Cam. Berg. A. Cam., *l. c.*, pl. 25, f. 781-788 ; *Ic. n.*, pl. 68, f. 1-13.

Exsicc. : Billot, n° 3447 ; *Soc. Rochel.*, n° 1797 ; *Soc. Dauph.*, s. 1, n° 979 ; s. 2, n° 211 ; Lejeune et Courtois, *Choix*, n° 555 ; Heldr., *Pl. hell.* (1894, 1895) ; Bourgeau, *Pl. Esp. et Portug.* (1853) ; *Pl. Esp.* (1851). n° 1490 ; *Pyr. esp.*, n° 437 ; *Toulon*, n° 377 ; Krause, n°ˢ 1223 et 1339.

Plante souvent robuste. Tubercules ovoïdes ou subglobuleux, l'un plus ou moins pédonculé. Tige sinueuse, de 2-6 décim., cylindrique, feuillée. Feuilles allongées, lancéolées, ovales ou oblongues-obovales, un peu sinueuses-ondulées, espacées sur la tige, les infér. obtuses, non en rosette à l'époque de la floraison, les supér. aiguës, toutes d'un vert un peu cendré. *Bractées grandes, herbacées, dépassant la longueur de l'ovaire,* les infér. plus longues que les fleurs, larges, ovales-lancéolées, obtuses. Fleurs grandes, 6-9, en épi lâche et allongé. *Divisions ext. du périanthe* d'abord étalées, puis réfléchies, ovales-oblongues, obtuses, cucullées au sommet, *d'un rose violacé plus ou moins vif,* pâlissant après l'anthèse, rarement presque blanches, munies d'une nervure médiane verte assez marquée et de 4 nervures latérales vertes anastomosées ; *divisions lat int. extrêmement courtes,* dirigées en avant, linéaires-lancéolées, élargies à la base, subhastées, puis rétrécies en un très court onglet, pubescentes veloutées à la face int., verdâtres, parfois lavées de pourpre. *Labelle* très convexe, plus court que les divisions ext., 3-lobé, velouté, d'un brun foncé, muni à la base latéralement de 2 petites proéminences obscures et luisantes et au milieu d'une tache glabre brun orangé, entourée de lignes jaunes d'où partent d'autres lignes jaunes symétriques entourant deux taches grisâtres et formant ainsi un écusson bilobé relié aux bords du labelle par une ligne jaune ; partie inf. du labelle ordt munie de 2 points ou d'une ligne jaune ; lobes lat. courts, très veloutés, à poils allongés, *formant en avant 2 gibbosités coniques* disposées presque verticalement, plus pâles ou jaunâtres à leur sommet ; lobe moyen presque arrondi, plus grand que les lat., *très convexe vers les bords,* qui sont rejetés en dessous et d'un jaune verdâtre rompu, trilobulé au sommet, à lobe médian, terminé en *appendice glabre, verdâtre, sinueux et recourbé en dessous. Gynostème très développé,* égalant presque la longueur du labelle, terminé en bec long (1,5-2 mm.) et *flexueux, à double courbure en S.* Anthère jaune pâle ; masses polliniques jaunes ; caudicules très longs, jaunâtres, sortant facilement des loges de l'anthère ; rétinacles blanchâtres (1). Ovaire linéaire, assez développé même avant l'anthèse, subtriquètre, vert pâle. Capsule grosse, oblongue, allongée, à côtes marquées.

1. L'*O. apifera* se féconde souvent lui-même. L'auto fécondation est assurée par les caudicules longs, minces, courbés, flexibles, bien différents de ceux des autres *Ophrys.* Les loges de l'anthère s'ouvrent dès que la fleur est épa-

Morphologie interne

Tubercule. Nombreuses cellules de l'écorce ext. renfermant de gros paquets de raphides et à peine plus grosses que les cellules voisines. Grains d'amidon le plus souvent arrondis, groupés, petits, atteignant 8-12 μ de diam., rarement allongés, longs de 40-50 μ (pl. 122, 141). — *Fibres radicales*. Lames vasculaires formées de vaisseaux peu abondants. Vaisseaux de métaxylème ordt différenciés.

Tige. Epiderme pourvu de stomates peu nombreux. 2-5 assises de parenchyme très lâche entre l'épiderme et l'anneau lignifié. 5-10 assises lignifiées, les ext. formées de cellules assez grandes et ne touchant ordt pas aux faisceaux libéroligneux. Parfois quelques cellules lignifient leurs parois à l'extérieur du liber sans que la lignification rejoigne l'anneau sclérifié. Parenchyme central contenant des cellules à raphides, plus ou moins résorbé au milieu de la tige.

Feuille (pl. 117, f. 161). Ep. = 300-370 μ. Epiderme sup. à peine recticurviligne, haut de 60-100 μ. à paroi ext. non ou peu bombée et épaisse de 8-10 μ, muni souvent d'un peu de cire et pourvu de stomates seulement dans les feuilles bractéiformes sup. Epiderme inf. recticurviligne, haut de 50-80 μ, à paroi ext. bombée, épaisse de 5-8 μ et striée ou non, recouvert parfois d'un peu de cire, à stomates abondants. Parenchyme formé de 3-4 assises sup., tissu serré, très riche en chlorophylle et d'un tissu lâche à cellules rameuses, pauvre en chlorophylle ; assez nombreuses cellules à raphides.

Fleur. — *Divisions externes du périanthe*. Epiderme ext. strié, à stries convergeant vers le centre de chaque cellule, légèrement papilleux vers les bords, contenant des traces d'huile essentielle (pl. 121, f. 402) Epiderme int. muni de papilles courtes, obtuses, assez nombreuses (pl. 121, f. 403). — *Divisions latérales internes* (f. 149-150). Epiderme ext. à peine papilleux vers la partie médiane, prolongé en assez nombreuses papilles caractérisées vers les bords. Epiderme int. muni dans les parties marginales de poils ondulés, striés, semblables à ceux des parties pubescentes du labelle, mais moins ondulés, atteignant 250-300 μ de long (pl. 121, f. 404-407), souvent nettement renflés au sommet aux bords où ils atteignent leur maximum de longueur. — *Labelle* (f. 151). Les deux petits points brillants situés à la base du labelle près de l'ouverture du style et dépourvus de papilles sont très réduits, comme si ces proéminences, très visibles chez certaines espèces dont la fécondation ne s'opère que par l'intervention des insectes, étaient ici inutiles. Tache centrale brillante paraissant lisse et dessins gris et verts pourvus de papilles striées, coniques, aiguës, atteignant 15-50 μ de long (pl. 121, f. 408). Partie recourbée du labelle voisine de l'ouverture du style et parfois quelques dessins verts latéraux dépourvus de papilles. Lobes latér. munis de très longs poils striés, très ondulés, dilatés à la base, amincis au sommet, longs de 500-900 μ (pl. 121, f. 409-410). Parties brièvement pubescentes de la région brune infér. portant des poils courts, atteignant 30-50 μ de diam. et 100-150 μ de long, atténués à l'extrémité, coniques (pl 121, f. 411-413.) Epiderme inf. pourvu de quelques courtes papilles. Appendice du labelle formé d'un tissu légèrement chlorophyllien, à faisceaux libéroligneux très nombreux, situés vers la face sup. (f. 152), au-dessous d'eux se trouve une rangée de cellules à raphides ; épiderme sup. muni de quelques papilles vers la partie médiane. — *Gynostème*. La trace des faisceaux stylaires latéraux ne se prolonge pas, elle disparaît rapidement ; épiderme de la partie dorsale muni de papilles (pl. 122, f. 472-473). — *Anthère*. Partie dorsale de l'anthère munie de papilles nombreuses, longues de 60-120 μ. Epiderme des parois seulement papilleux. Epaississements assez abondants dans les parois. — *Pollen*. Jaune or. Exine à bâtonnets nombreux dans les tétrades de la périphérie des massules. L. = 32-42 μ. — *Ovaire*. (f. 153). Nervure des valves placentifères très saillante extérieurement contenant un faisceau libéroligneux, à bois int. et à liber développé, et un faisceau placentaire, à bois ext. réduit ou entièrement

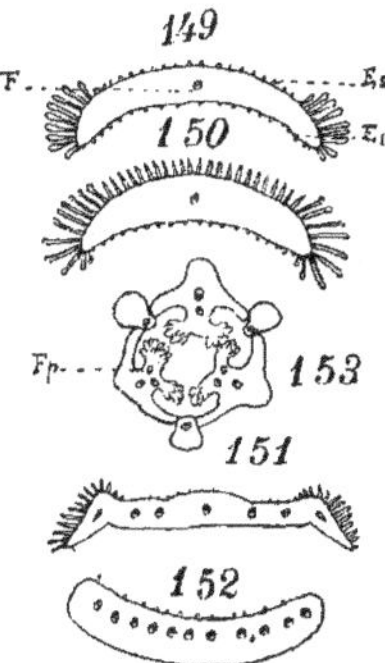

Ophrys apifera. — Fig. 149 et 150 : sections transv. schématiques des divisions lat. int. du périanthe ; Ei, épiderme inf. ; Es, épiderme sup. ; F, faisceau libéroligneux. — Fig. 151 : section transv. schématique du labelle ; partie lat. longuement velue ; partie médiane à peine papilleuse. — Fig. 152 : section schématique de l'appendice du labelle. — Fig. 153 : section transv. schématique de l'ovaire ; Fp, faisceau placentaire.

nouie. Les rétinacles restent dans les bursicules et les pollinies se dégagent de l'anthère, oscillant vers le bas, au-dessus du stigmate ; un souffle léger les met en contact avec celui-ci et le pollen y adhère (cf. R. Brown in *Trans. Linn. Soc.*, XVI, 1878, p. 96). Les ovaires fertiles sont nombreux. Bien que la structure de la fleur soit surtout adaptée à l'autofécondation, les insectes transportent souvent les pollinies d'une fleur à l'autre et la fécondation croisée n'est pas aussi rare qu'on pourrait le croire. On constate d'ailleurs des cas d'hybridité entre l'*O. apifera* et les espèces voisines. L'*O. apifera* est une plante organisée pour la fécondation croisée qui a acquis, non en remplacement, mais en supplément, la capacité de se féconder elle-même (cf. Godfery in *Journ. of Bot.*, 1921, p. 285 et 1922, p. 360).

libérien, souvent divisé. Il existe ordt quelques vaisseaux allant des faisceaux placentaires aux placentas. Placenta divisé, à divisions écartées, divergentes. Valves non placentifères comprimées,relativement assez peu développées, un peu moins proéminentes que les nervures des valves placentifères, contenant un faisceau libéroligneux int. tendant parfois à se diviser. — *Graines*. Cellules du tégument munies d'épaississements striés. Graines insensiblement atténuées aux extrémités, 3-4 fois plus longues que larges. l. = 450-550 µ env. (1).

Var. β **chlorantha** Richter, *Pl. Eur.*, I, p. 264 (1890) ; Arcang., *Comp.*, éd. 2, p. 173 (1894) ; G. Cam., *Monogr. Orch. Fr.*, p. 91 ; in *Journ. de Bot.*, VII, p. 135 ; *Atl.*, pl. XLI, A ; M. Schulze, *Die Orchid.*, n° 31, t. 31 b ; Koch, *Syn.* éd. Hall. et Wohlf., p. 2437 ; Alb. et Jahand., *l. c.* ; G. Cam. Berg. A. Cam., *l. c.*, p. 278 ; A. Cam. in *Riviera scientif.* (1919), p. 11 ; Lambert in *Bull. Deux-Sèvres* (1908-1909) p. 100.— *O. chlorantha* Hegetschw. in Hegetschw. et Heer, *Fl. Schweiz*, p. 876 (1840).—*Ic. n.*, pl. 68, f. 12. — Fleurs plus petites que dans le type, de même forme ; divisions ext. du périanthe blanches, munies d'une nervure médiane verte, très marquée ; labelle d'un jaune verdâtre, pâle, muni de poils d'un roux clair ; écusson de la base limité par des lignes concentriques circonscrivant une tache glabre, ces lignes peu marquées disparaissant peu à peu après l'anthèse. — Coteaux calcaires arides. France : disséminé, Suisse. Bavière.

La var. *albiflora* R. A. R. in *Orch. Rev.* (1910), p. 248, signalée comme rare en Angleterre, et qui serait l'*O. albiflora* Sprux. ne paraît pas sensiblement différente de la var. *chlorantha*.

La var. *immaculata* Brebiss., *Fl. Norm.*, éd. 3, p. 299, à labelle d'un vert jaunâtre dépourvu d'écusson et de taches. Se distingue à peine de la précédente.

La var. *flavescens* Rosb., *Fl. Tr.*, I. p. 182 (1880), II, p. 137 ; Ruppert in *Bull. Ass. Phil. Als. et Lorr.* (1927), p. 138 est une forme de passage du type à la var. *chlorantha* Richter. **Div.** du périanthe d'un jaune verdâtre, allongées; labelle parfois jaune citron passant au vert. — France [rare, Romanswiller (Ruppert, Walter)], Allemagne, Suisse, Autriche.

Var. γ **intermedia** G. Cam. in *Bull. Soc. bot. Fr.*, XXXVIII, p. 42 ; *Monogr. Orch. Fr.*, p. 91 ; in *Journ. de Bot.*, VII, p. 135 ; *Atl.*, pl. XLI, B ; G. Cam. Berg. A. Cam., *l. c.* — *Ic. n.*, pl. 68, f. 13 ; A. Cam. in *Riviera scientif.* (1919), p. 11. — Fleurs plus petites, mais de même forme que dans le type ; divisions ext. du périanthe blanches, munies d'une nervure médiane verte très marquée. Labelle d'un pourpre brun, muni de lignes vertes symétriques formant l'écusson de la base. — France : env. de Paris, Alpes-Marit. : Vence (Aimée Camus), etc.

La var. *Muteliæ* Mutel in *Ann. Sc. nat.*, III, (1835), p. 243 ; *Atlas*, f. 515, a, b, nous paraît être simplement une forme développée du type, à divisions lat. int. du périanthe assez grandes.

Var. δ **austriaca** Richter, *Pl. Eur.*, I, p. 264 (1890) ; M. Schulze, *l. c.*, 31, 3. — *O. austriaca* Wiesb., *Fl. Regensb.* (1883), p. 10 et *D. B. M.* I, p. 148 (1883). — Ecusson de la base du labelle ovale-arrondi, jaunâtre, bordé d'un liséré vert bleu; vers le milieu de la surface plane se trouvent deux taches brunes, et, entre ces dernières et le bord ext. du labelle, deux autres d'un vert bleu. — Autriche (Kalksburg, près Rodaun, près Baden et Gainfern).

Var. **cordipetala** Chodat ; Ruppert, *l. c.* — Divisions lat. int. du périanthe très petites cordées. — Allemagne, Suisse, avec le type.

La var. **purpurata** Reichb. F., *Icon.*, XIII-XIV, p. 97, t. CCCCLXV, f. 4 (1851). — *O. purpurata* Tausch., *Flora*, XIV, p. 221 (1831), est une forme douteuse, hybride ou lusus, à labelle triangulaire, obtus, court, avec lobes lat. peu marquées et presque rouge pourpre. — Tyrol mérid., Italie.

Lus. **purpuripetala** Naegeli in *Ruppert*, *l. c.*, p. 181. — Div. ext. du périanthe d'un pourpre violet foncé ; fl. grandes, à div. du périanthe larges et bords ondulés. — Çà et là avec le type, surtout en Alsace et en Allemagne.

Var. ε **Trollii** Reichb. F., *Icon.*, XIII-XIV, p. 97, t. 105, CCCCLVII, II et t. 113, CCCCLXV, f. V (1851) ; M. Schulze, *l. c.*, n° 31, 3 ; Aschers. et Graebn., *Syn.*, III, p. 650. — *O. Trollii* Hegetschw. in Hegetschw. et Heer, *Fl. Schweiz*, p. 874 (1840) ; in M. Schulze, *l. c.*, n° 31, 3 ; Reuter, *Cat. Genève*, éd. 2, p. 205 ; Duffort, *Orch. Gers* in *Bull. vulg. sc. nat. Org. Soc. bot. et entom. du Gers*, p. 18 (1902) ; G. Cam. Berg. A. Cam., *l. c.*, p. 278 ; Rouy, *Fl. Fr.*, XIII, p. 119 ; *O. fuciflora × muscifera* Regel, *Gartenfl.*, V, p. 26 ; Gremli, *Fl. anal. Suisse*, éd. Vetter, p. 484.

Icon. : Hegetschw. et Heer, *l. c.*, t. VIII ; Reichb. F., *l. c.* ; M. Schulze, *l. c.* ; G. Cam. Berg. A. Cam., *l. c.*, pl. 26, f. 956 ; *Ic. n.*, pl. 82, f. 1-2.

Port de l'*O. apifera*. Divisions ext. du périanthe grandes, plus ou moins acuminées, roses, à nervures

1. L'*O. apifera* contient du loroglossoside (cf. Delauney in *C. R.* (1921), 172, p. 471 et (1923), 176, p. 598.

vertes, les lat. int. souvent brunâtres ou rougeâtres, plus allongées que dans l'*O. apifera*, assez variables. Labelle subtriangulaire ou étroitement ovale-lancéolé, longuement atténué, non recourbé en dessous, à lobes lat. plus ou moins avortés, vert roussâtre, lavé de rose ou jaunâtre. Bec du gynostème très court ou à 2 courbures. — Plante qui, à notre avis, est probablement une monstruosité avec retour partiel à un type régulier de la fleur. L'hypothèse d'hybridité émise par GREMLI n'est en rien justifiée (cf. A. CAMUS in *Riviera scientifique* (1919), p. 12 et *Bull. Soc. bot. Fr.* (1924), p. 88 (1).

V. v. — R., *France* [Seine-et-Oise à Nesles-la-Vallée (G. CAMUS), Vosges à Contrexéville (RAINE), Dordogne à Forgeneuve (HOSCHEDÉ), Gers à Condom, Gondrin (DESCOMPS), Masseube (DUFFORT), Lot à St-Denis près Martel (LAMOTHE), Lot-et-Garonne, Alp.-Marit. à Vence (A. CAMUS), Bas-Rhin à Romanswiller (RUPPERT)]. — *Angleterre* [Oxfordshire, Somerset, Leigh, Avon Valley, Clifton Down (WHITE)]. — *Suisse* [env. de Winterthur, Bex (CHARPENTIER)]. — *Italie* (env. d'Ascoli).

Var. ζ **aurita** MOGGRIDGE in *Verh. Leop.-Carol. Acad. Naturf.*, XXXV, p. 13 (1870) ; BECK, *Fl. N.-Oest.*, p. 19 ; M. SCHULZE, *l. c.*, 31, 4 ; RUPPERT, *l. c.*, p. 180 (1924) ; in *Bull. Assoc. philom. Als. et Lorr.* (1927), p. 138. — *Icon.* : M. SCHULZE, *l. c.*, pl. 31, d. 1 ; ZIMMERM. in *Allg. Bot. Zeitschr.* (1911), p. 4 ; *Ic. n.*, pl. 68, f. 15. — Divisions lat. int. du périanthe un peu allongées, linéaires-lancéolées parfois de 7-9 mm. (WALTER), mais toujours étroites et aiguës au sommet, vertes ou parfois rosées sur les bords. Gynostème à bec bien plus court que dans l'*O. apifera*. — Stade net de passage à l'*O. Botteroni*, et d'après RUPPERT, parfois au moins aussi fréquent que l'*O. apifera* type avec lequel on observe toutes les transitions. Alsace à Kirschberg (HAUSSER), dans la partie mérid. des Birnbergs (RUPPERT), Dreispitz (PETRY), Zinnkopfle (ISSLER), Lorraine à Konigsmachern (PETRY) ; Alsace : fréquent, d'ap. WALTER, sur le calc. sous-vosgien ; Bavière à Partenkirchen (NAUMANN) ; Thuringe à Mordthal (RUPPERT) et Iéna (M. SCHULZE), Suisse: Corsier et Chancy près Genève (CHENEVARD) ; St-Luzi-Halde (DAVATZ) ; Autriche.

Anomalies florales. — TAHOURDIN a observé une fl. d'*O. apifera* à labelle pétaloïde.

Un cas très curieux a été figuré par moi (*Ic. n.*, pl. 131, f. 3-4). Les trois divisions ext. du périanthe sont normales, les trois div. int. à peine plus petites, roses, un peu jaunâtre à l'extrémité et semblables entre elles. Le gynostème est normal. Non seulement le périanthe est actinomorphe, mais les div. int. tendent à ressembler aux div. ext., elles sont plus longues que ne le sont normalement les div. lat. int.

Il a été décrit un gynostème triandre avec anthère surnuméraire appartenant au verticille interne (cf. MASTERS, *Vegetable teratol.*, p. 383 (1869).

J'ai récolté à Vence (Alp.-Mar.) plusieurs individus présentant des anomalies florales (cf. A. CAMUS in *Riviera scientif.* 1915, p. 11 et *Bull. Soc. bot. Fr.* (1924), p. 85) ; 1° oligomérie par soudure des deux divisions lat. ext. du périanthe en une pièce située à la face ext. du labelle (*Ic. n.*, pl. 82, f. 8 et 9) ; 2° dimérie, fleurs formées d'un périanthe à 2 divisions ext. de structure normale et 2 divisions int. opposées, semblables aux divisions lat. int. des fleurs normales (*Ic. n.*, pl. 82, f. 4, 5, 6, 7), d'un gynostème développé, unique, avec l'ouverture du style très petite située immédiatement sous les rétinacles et au sommet d'un long prolongement basilaire du gynostème, d'un ovaire formé de 2 valves placentifères et de 2 valves non placentifères ; 3° transformation d'une des divisions lat. int. du périanthe en un gynostème un peu moins développé que le gynostème normal avec lequel il est contigu, mais non soudé. Ce gynostème latéral est muni d'un bec allongé, courbé, à une seule loge d'anthère et une seule masse pollinique (Aimée CAMUS).

V. v. — Mars, avril dans la rég. mérid. ; mai-juillet dans le reste de l'Europe. — *Habitat.* : coteaux arides, prairies et pelouses montueuses, surtout sur le calcaire, se trouve parfois dans les terrains frais, sablonneux, ou dans les marais, aux env. de Paris, en Provence, etc. ; a été signalé à 950 m. d'alt. en Tunisie (MURBECK). — *Répart. géogr.* : Portugal (répandu), Espagne (répandu), Baléares (très rare), France (disséminé, rare en Bretagne), Corse (rare ou peu observé), Iles Britanniques (disséminé), Belgique (rare), Grand-Duché du Luxembourg, Allemagne (disséminé dans les rég. centr. et mérid.), Suisse (peu abondant), Italie (rég. litt., submontagn., plus rarement montagn.), Sicile, Sardaigne, Autriche, Hongrie, Dalmatie, Bosnie, Grèce, Roumanie, Lydie, Carie (KRAUSE), Tunisie, Algérie, Maroc.

1. J'ai récolté, à Vence (Alp.-Marit.), alt. 320 m., deux pieds d'*O. Trollii* très bien caractérisés, dans des prés couverts d'*O. apifera* et avec quelques individus à fleurs anomales. Une autre hampe portait une fleur très bien caractérisée d'*O. apifera* alors que les autres fleurs présentaient les mêmes variations que l'*O. Trollii*. Dans la loc. lité, l'*O. muscifera* manque complètement. L'*O. Trollii* peut être regardé comme une monstruosité de l'*O. apifera* (Cf. AIMÉE CAMUS in *Riviera scientif.*, 1919, p. 2) ou comme une mutation.

Sous.-esp. **O. Olympiadæ**.

O. Olympiadæ Ougrinski ap. G. Cam. *Atlas Icon. Orchid. Eur.* p. 5 (1921).

M. Ougrinski nous a envoyé de Russie, sous le nom d'**O. Olympiadæ**, une forme curieuse de l'*O. apifera*, très développée, pauciflore, à fleurs petites et rapprochées, à gynostème un peu moins long et moins recourbé. — *Ic. n.*, pl. 68, f. 14. — Transcaucasie : Sotchy (C. et O. Ougrinski, mai 1911).

Sous-esp. **O. Botteroni**.

O. Botteroni Chodat, *Nota* in *Notice sur Polyg. d'Eur. et d'Or.*, Thèse Doctorat Genève (1887) ; *Un nouv. Ophrys* in *Bull. Soc. bot. Genève*, V, p. 187 (1889) et 2° sér., V, p. 13 (1913) (esp.) ; M. Schulze, *Die Orchid.*, n° 31, 4 ; Schinz et Keller, *Fl. Schweiz*, p. 124 ; G. Cam. Berg. A. Cam., *Monogr. Orch. Eur.*, p. 304 ; Zimmerm. in *All. Bot. Zeitschr.*, XVII, p. 2 (1911) ; A. Camus in *Bull. Soc. bot. Fr.* (1924), p. 88. — **O. apifera** e) **Botteroni** Koch, *Syn.* ed Hall. et Wohlf., p. 2438. — **O. fuciflora** (arachnites) × **apifera** M. Schulze, *l. c.* — **O. apifera** subsp. **jurana** Ruppert in Fedde, *Repert.* (1926), p. 325 ; in *Bull. Ass. Phil. Als. et Lorr.* (1927), p. 136 ; Zimmerm., *Die Form d. Orchid.*, p. 50 (1912) (M. Ruppert a réuni l'*O. Botteronii* type et les var. s'y rattachant sous le nom d'*O. jurana*).

Icon. : *Ic. n.*, pl. 129, f. 9-11, pl. 130, f. 2-4.

Var. α **typica** A. Camus. — *O. Botteroni* Chodat, *l. c.*, s. str. — *O. apifera* subsp. *jurana* var. *Botteroni* Ruppert in *Bull. Ass. Phil. Als. et Lorr.* (1927), p. 136.

Tubercules assez petites, subglobuleux. Tige arrondie, portant plusieurs feuilles ressemblant à celles de l'*O. apifera*. Bractées grandes, les inf. 2 fois plus longues que l'ovaire. Périanthe à div. ext. lancéolées, acuminées, roses, à nerv. méd. verte, les lat. int. roses, bien plus grandes que dans l'*O. apifera*, env. 1/3 plus courtes que les ext., ressemblant aux ext., de même texture, glabres à l'œil nu et à nerv. verte. Labelle presque plan, souvent subquinquélobé, brunâtre, muni de dessins jaunes irréguliers, formés de lignes et de points limitant parfois, en haut du labelle, une tache en forme d'écusson ; bords ord. révolutés, sinués-dentés ; gibbosités basilaires assez marquées ou presque nulles ; lobe méd. large ; lobes lat. réduits ; sommet du labelle peu recourbé en dessous ; appendice nul ou réduit à un mucron, ou à un petit lobe brunâtre dirigé en avant. Gynostème rappelant celui de l'*O. apifera*, à deux courbures. — Comme l'*O. apifera*, la plante paraît disposée pour la fécondation directe (1). Fleurit du 10 juin au début de juillet, 15 jours plus tard que l'*O. apifera*, d'ap. Ruppert et Walter.

F. *typica* A. Camus. — *Ic. n.*, pl. 130, f. 4. — Labelle presque aussi large que long. — Suisse (Chodat).

F. *alsatica* Walter in litt. — *Ic. n.*, pl. 129, f. 9-11, pl. 130, f. 2. — Labelle bien plus long que large, très atténué à l'extrémité. — Alsace.

Répart. géogr. : France : Haute-Savoie, aux env. de Genève, près Lossy et bois des Frères (Chodat) ; env. de Taverges et de Montmin, dans les Alpes d'Annecy (de Palezieux) ; peu rare dans le bassin d'Annecy (d'apr. Beauverd) ; Savoie aux env. de Chambéry, abondant (Beauverd) ; Haute-Alsace à Ferrette entre Rodersdorf et Leimen ; Bas-Rhin à Romanswiller, près Saverne (Walter) ; Sonnerkoepfle près Soultzmatt (Issler, juin 1907) ; Dinsheim près Mutzig (Walter) ; Sundgau : entre Roedersdorff et Leymen (Issler et Mantz) ; bords du Rhin : en face du château de Limbourg (Issler) (2) ; — Suisse : Chancy, Bienne, env. d'Annemasse (Botteron, Chodat) ; Hauterive sur St-Blaise (Graber), cant. de Neuchâtel à la Côte des Rosières (Strigiotti) et à Travers (Mérat). — Bade à Fribourg-en-Brisgau (Zimmerm.). — L'*O. Botteroni* a été signalé en Angleterre, par suite de confusion avec les hybrides de l'*O. apifera* avec l'*O. fuciflora*, et près du golfe du Quarnero (cf. *Ann. di Bot.* (1927), p. 112, où sa présence est très douteuse.

Var. β **friburgensis** (*O. apif.* var. *friburgensis*) Freyhold in *Tagebl. Naturf. Vers. Baden-Baden* (1879), p. 220 et in *Bot. Zeit.*, XXXVIII, p. 142 (1880) ; M. Schulze, *l. c.*, n° 31, 4 ; Schinz et Keller, *Kritische Flora*, p. 51 ; Zimmerm. in *Allg. Bot. Zeitschr.* (1911), p. 4, f. b. ; Fourn., *Brév.*, p. 516. — *O. apif.* subsp. *jurana* var. *friburgensis* Ruppert in *Fedde, Repert.* (1926), p. 325 ; in *Bull. Ass. phil. Als. et Lorr.* (1927),

---

1. Kirchner, *Uber Selbsbestäubung bei den Orchideen* in *Flora* (1922), p. 103.

2. La localité indiquée dans la Haute-Alsace, aux env. de Ferrette (entre Rodersdorf et Leimen), est située encore dans le Jura, de même que les localités indiquées pour le Wurtemberg. Nous avons par conséquent, en Alsace, deux localités de l'*Ophrys Botteroni* en dehors du Jura : Romanswiller et Sonnenkoepfle près Soultzmatt (Issler). Les localités de Fribourg (Bade) sont également en dehors de la chaîne jurassique (*sensu lato*), mais dans des terrains jurassiques qui ne sont pas bien éloignés de cette chaîne.

p. 136, c. ic. — *Icon. n.*, pl. 130, f. 7-9. — Div. ext. et lat. int. du périanthe allongées, les lat. int. nettement papilleuses. Labelle convexe, presque entier ; dessins comme dans l'*O. apif.*, ; écusson net ; appendice développé, un peu recourbé en dessous. — France : Alsace à Romanswiller (WALTER, 1923), bords du Rhin, en face du Spohneck (ISSLER, 1921) ; Haute-Marne : Saint-Dizier (abbé FOURNIER). — *Allemagne* à Fribourg-en- Brisgau, Ehringer Kapelle, Schonberg, Faulen Wag, Kaiserstuhl (NEUMANN et ZIMMERM.). — *Suisse* : à Chancy (CHENEVARD).

Var. γ **saræpontana** A. CAM. (*O. saræpontana* RUPPERT in *Sond.-Abd. Verh. Nat. Ver. pr. Rheinl. u. Westf.* (1927), p. 181 ; FEDDE, *Rep. sp. nov.* (1926), p. 325) ; *O. ap.* var. FOURN., *Brév.*, p. 516. — *O. apif.* subsp. *jurana* var. *saræpontana* RUPPERT in FEDDE, *Repert.* (1926), p. 325 ; in *Bull. Ass. phil. Als. et Lorr.* (1927), p. 136, c. ic. ; *Icon. n.*, pl. 129, f. 12, pl. 130, f. 5-6. — Div. ext. du périanthe rose rougeâtre, avec 3 nerv. principales ; les lat. int. égalant les 2/3 des ext., ord. papilleuses aux bords, à 3 nerv. vertes ; labelle plan ou peu convexe, à dessins très irréguliers, sans écusson méd., brun jaune, plus ou moins, brièvement 3-lobé, à lobes peu retournés en dessous, les lat. marquées ; appendice médiocre, jaune verdâtre, dirigé en avant à angle droit, comme dans la var. *friburgensis*. — Rég. de la Sarre (RUPPERT) ; France en Alsace à Romanswiller (RUPPERT, WALTER).

Var. δ **Chodati** WILCZEK in *Bull. Herb. Boiss.*, s. 2, VI, p. 325 (1906). — *O. apif.* subsp. *jurana* var. *Botteroni* f *Chodati* RUPPERT in FEDDE, *Repet,* 1926), p. 225 ; in *Bull. Ass. Phil. Als. et Lorr.* (1927), p. 136, c. ic. — Div. lat. int. du périanthe pétaloïdes, ciliées aux bords ; labelle trilobé, à lobes révolutés, la méd. prolongé en un petit appendice aigu — Suisse : embouchure de la Dranse, près d'Amphion. — France : Alsace à Romanswiller, mais rare (RUPPERT, WALTER). — Dans la station suisse de la var. *Chodati*, comme dans la station classique de l'*O. Botteroni*, de CHODAT (Bienne), ces plantes sont, paraît-il, mélangées aux *O. faciflora* et *apifera*. M. WILCZEK croit à l'origine hybride de la var. *Chodati*. M. CHODAT [in *Bull. Soc. bot. Genève* V, p. 13-28) (1913)] ne partage pas cette opinion, pour lui, l'*O. Botteroni*, l'*O. friburgensis* NAEG. et l'*O. Trollii* HEG. sont des espèces en voie de formation (1).

De toutes ces formes, l'*O. Botteroni* var. *typica*, à div. lat. int. du périanthe glabres, labelle plan ou presque, muni de lobes lat. réduits et à dessins irréguliers, est la plus éloignée de l'*O. apifera*, puis viennent : la var. *Chodati*, à div. lat. int. du périanthe ciliées aux bords, labelle brièvement appendiculé ; la var. *saræpontana*, à labelle plus convexe, muni de div. lat. marquées, d'un appendice médiocre, dirigé en avant ; enfin la var. *friburgensis*, la plus proche de l'*O. apif.* var. *aurita*, à labelle très convexe, muni de dessins et d'un écusson, comme dans l'*O. apifera* et d'un appendice développé, dirigé en arrière.

Il existe de nombreuses transitions entre ces variétés, si curieuses, surtout très bien étudiées par MM. RUPPERT et WALTER.

Sous-esp. E. **BOMBYLIFLORÆ** G. CAM. BERG. A. CAM., *Monogr. Orch. Eur.*, p. 279 ; GODFERY in *Journ. of Bot.* (1928), p. 36.— *Bombylodes* SCHLECHT., *Icon.*, p. 124 (1926), p. p. — Div. du périanthe étalées ou réfléchies. Labelle convexe, subglobuleux, à 3 lobes, les lat. pendants, munis de gibbosités ; lobe méd. formé par 3 lobules, le moyen ord. terminé en appendice recourbé en dessous. Gynostème très court, obtus.

13. — O. BOMBYLIFLORA

O. bombyliflora LINK. ap. SCHRAD., *Journ. bot.*, II, p. 325 (1799) (2) ; WILLD., *Spec.*, IV, p. 68 (1805) ; REICHB. F., *Icon.*, XIII-XIV, p. 95 ; KRAENZ., *Gen. et spec.*, p. 106 ; RICHTER, *Pl. Eur.*, I, p. 264 ; GREN. et GOD., *Fl. Fr.*, III, p. 303 ; ARDOINO, *Fl. Alp.-Marit.*, p. 357 ; MOGGRIDGE, *Contr. fl. Ment.* pl. LXXII ; BARLA, *Iconogr.*, p. 68 ; BERTOL., *Fl. ital.*, IX, p. 597, n° 13 ; PARLAT., *Fl. ital.*, III, p. 540. G. CAM., *Monogr. Orch. Fr.*, p. 90 ; in *Journ. de Bot.*, VII, p. 133 ; et in *Act. Congr. bot.* (1900), p. 342 ; G. CAM. BERG. A. CAM., *Monogr. Orch. Eur.*, p. 279 ; COSTE, *Fl. Fr.*, III, p. 390, n° 3574, *cum ic.* ; ROUY, *Fl. Fr.*, XIII, p. 120 ; BRIQUET, *Prodr. fl. Corse*, p. 353 ; ALB. et JAHAND., *Cat. Var*, p. 481 ; GUSS., *Fl. sic. syn.*, II, p. 549 ; n° 10 ; BINA, *Orchid. sard.*, p. 12 ; CES. PASS. GIB., *Comp.*, p. 192 ; W. BARBEY, *Fl. Sard. comp.*, n° 1525 ; ARCANG., *Comp.*, éd. 2, p. 172 ; MAR-

---

1. J'ai reçu, de M. WALTER, des échantillons d'*O. Botteroni*, provenant de Romanswiller, près Saverne. Ils ne paraissaient en rien hybrides. Quelques-uns présentaient une tendance analogue à celle de l'*O. Trollii* (pl. 129, f. 13). Le labelle un peu moins allongé que dans ce dernier, était moins large et plus atténué à l'extrémité que dans la plante de CHODAT. MM. RUPPERT et WALTER, qui ont beaucoup étudié ces formes, sur place, ne croient pas à leur origine hybride. (A. CAMUS).

2. Le nom donné par LINK a été plus ou moins modifié par les divers auteurs cités qui ont admis : *O bombiliflora O. bombylifera,* ou *O. bombyliifera.*

TELLI, *Monoc. Sard.*, p. 68 ; FIORI et PAOL., *Fl. It.*, I, p. 334 ; LOJACONO, *Fl Sic.*, III, p. 49 ; RODRIG., *Cat. Menor.*, p. 88, n° 604 ; MARÈS et VIGIN., *Cat. Baléar.*, p. 282 ; H. KNOCHE, *Fl. baléar.*, I, p. 406 ; WILLK. et LANGE, *Prodr. hisp.*, I, p. 173 ; Coss., *Pl. crit.*, p. 64 ; COLMEIRO, *Enum. pl. hisp.-lusit.*, V, p. 43 ; GUIMAR.. *Orch. port.*, p. 31 ; DEBEAUX et DAUTER, *Syn. fl. Gibralt.*, p. 201 ; ASCHERS et GRAEBN., *Syn.*, III, p. 654 ; RAUL., *Crèt.*, p. 163 ; SPREITZ in *Zool. Bot. Ges.* (1877), p. 731 ; CHAUB. et BORY, *Fl. Pelop.*, p. 63, t. 33, f. 2 ; BOISS., *Fl. orient.*, V, p. 80 ; HELDR., *Fl. Egine* in *Bull. Herb. Boiss.* (1898), p. 391 ; HALACSY, *Consp. fl. gr.*, III, p. 183 ; BALL, *Spicil. fl. Maroc.*, p. 673 ; BATTAND. et TRABUT, *Fl. Alg.* (1884), p. 201 ; (1904), p. 320 ; DEBEAUX, *Fl. Kabyl. Djurdj.*, p. 344 ; DE LITARD. et SIMON in *Bull. Soc. bot. Fr.* (1921), p. 32 ; RODIÉ in *Bull. Soc. bot. Fr.* (1921), p. 81 ; GANDOGER in *Bull. Soc. bot. Fr.* (1917), p. 114 ; FLEISCHMANN in *Œsterr. bot. Zeitschr.* (1925), p. 189. — **O. insectifera** b. **biflora** DESF., *Fl. Atl.*, II, p. 320 (1800). — **O. tabanifera** WILLD., *Spec.*, IV, p. 68 (1805) ; CAMBES., *Enum. Balear.*, p. 549 ; LINDL., *Gen. and spec.*, p. 375 ; MORIS, *Stirp. Sard.*, I, p. 44 ; BOISS., *Voy. Esp.*, p. 597 ; VIS., *Fl. Dalm.*, IV, p. 178 ; BRONGN. in CH. et BORY, *Exp. sc. Morée*, p. 264 ; MARC. et R., *Fl. Zante*, p. 86 ; UNG., *Reise*, p. 119. — **O. distoma** BIV., *Sic. pl. cent.*, I, p. 59 (1806) ; BERTOL., *Lucubr.*, p. 2 ; TEN., *Syll.*, p. 460. — **O. pulla** CYR. ap. TENORE, *Fl. nap.*, II, p. 311, t. 97 (1820). — **O. hiulca** MAURI, *Rom. pl. cent.*, XIII, p. 43 (1828) ; PUCCIN., *Syn. pl. Luc.*, p. 481 ; non SPRENNER ap. REICHB. — **O. canaliculata** VIV., *App., fl. cors. prodr.*, p. 7 (1825) ; MUTEL, *Fl. fr.*, III p. 254. — **O. labrofossa** BROT., *Phyt. lus.*, II, p. 29, t. 88, f. 2 (1827). — **O. Myodes** ALSCH., *Fl. Jadr.*, p. 213 (1832). — **Arachnites bombylifera** TOD., *Orch. sic.*, p. 91 (1842). — *Orchis aranca, moschata* CUP., *Panph.*, 3, t. 135.

Noms. vulg. : Ophrys bombilifère. — Portug. : Herva mosca.

Icon. : CUP., *l. c.* ; MAURI, *l. c.*, t. 2, f. dextra bona ! ; BROTERO, *l. c.* ; TENORE, *l. c.* ; BRONGN., *l. c.* ; TODARO, *l. c.*, II, 3, 4 ; REICHB., *Pl. crit.*, t. DCCCLXXIII : REICHB. F., *Icon.* XIII, t. 104, CCCCLVI, f. I-V, 1-25 ; BARLA, *l. c.*, pl. 57, f. 1-17 ; MOGGRIDGE, *l. c.* pl. LXXII, B ; GUIMARAES, *l. c.*, est. II, f. 19 ; est. III, f. 22 ; G. CAM. BERG. A. CAM., *l. c.*, pl. 25, f. 854-860 ; *Ic. n.*, pl. 69, f. 1-12.

Exsicc. : KRALIK, *Pl. cors.*, n° 792 ; MABILLE, *Pl. Corse*, n° 391 ; REVERCHON, *Pl. Corse*, n° 312 (1880) ; HELDR., n° 559 ; ORPHAN., n° 150 ; PORTA et RIGO n°s 189 et 226 ; SCHULTZ, *Herb. norm.*, n° 346 ; WELWITSCH, *Fl. lusit.*, n° 342 ; REVERCHON, *Pl. Esp.*, n° 1044 ; *Pl. Sard.* (1882), n° 286 ; BILLOT, n° 3248 ; SCHOUSB., *Pl. Maroc.* ; BALANSA, *Pl. Alg.*, n° 247 ; BORNM., *Pl. canar.*, n° 2878 ; JAMIN, *Pl. Alg.*, n° 89 (1850) ; PARIS, *It. Bor.-Afric.*, n° 289 ; TODARO, *Fl. Sicula*, n° 902 ; *Soc. Dauph.*, n° 2637 ; *Soc. ét. fl. franco-helv.*, n° 1647.

Tubercules 2-3, parfois 5, subglobuleux, gros, ceux de l'année suivante à l'extrémité d'un long rhizome. Tige de 1-2, rarement 3 décim., grêle, cylindrique, dressée, souvent flexueuse, nue au sommet. Feuilles oblongues-lancéolées, presque obtuses, nervées, glaucescentes, les inf. étalées, les sup. un peu engainantes. *Bractées ovales-lancéolées*, aiguës, concaves, nervées, d'un vert clair, *toutes plus courtes que l'ovaire.* Fleurs 1-4, rarement plus, en épi lâche. *Périanthe à divisions ext.* étalées ou dirigées en arrière, ovales-elliptiques, obtuses ou arrondies, *d'un vert pâle*, la médiane 3-nervée, les lat. asymétriques, 4-nervées, toutes à bords réfléchis ; *divisions lat. int. égalant la 1/2 ou les 2/3 des divisions ext.*, ovales-hastées, à base obscurément cordée et brièvement onguiculée, obtuses au sommet, asymétriques, concaves, vers la base pubescentes en dedans et même un peu en dehors vers les bords, *vertes, lavées de pourpre noir ou de violet foncé à la base.* Labelle petit, un peu plus court que les divisions ext. du périanthe, 3-lobé à la base, *très convexe-arrondi*, ovale-arrondi, brun, velouté, marqué de 2 lignes glabres, convergentes en avant, muni à la base près de l'ouverture du style de 2 petites protubérances lamelliformes luisantes ; lobes lat. repliés, disposés verticalement, formant 2 gibbosités glabres, luisantes, verdâtres à l'extrémité ; lobe médian convexe ou subglobuleux, subtrilobé, à lobules lat. arrondis, réfléchis ou recourbés en dessous, à lobule médian tronqué, parfois presque nul, muni au sommet d'un appendice charnu, triangulaire, glabre, courbé en S, réfléchi en dessous. *Gynostème à bec très court et très obtus, parfois presque nul. Anthère rougeâtre.* Masses polliniques jaunes. Caudicules jaune clair. Rétinacles blanchâtres. Ovaire sessile, linéaire-allongé, d'un vert jaunâtre (1)

Morphologie interne.

Bulbe. Grains d'amidon irréguliers de forme, souvent allongés, très gros, atteignant 25-45 µ de long, non groupés (pl. 112, f. 38). — *Fibres radicales.* Assise pilifère subérisée. Endoderme à plis peu marqués. Quelques vaisseaux de métaxylème différenciés autour d'un parenchyme abondant.

Tige. Epiderme à stomates peu nombreux. 2-5 assises de parenchyme entre l'épiderme et l'anneau lignifié. 4-6 assises lignifiées touchant au cercle de faisceaux ou séparées de lui par 2-3 assises non lignifiées. Parenchyme

1. Dans cette espèce, il y a autofécondation grâce à l'intervention du labelle (cf. PONZO, *l. c.*)

central abondant, contenant de nombreuses cellules à raphides, souvent non résorbé vers le milieu de la tige et résorbé vers la partie basilaire.

Feuille. Ép. = 200-300 μ. Épiderme sup. légèrement strié, ondulé dans les feuilles inf., recticurviligne dans les sup., haut de 60-100 μ, à paroi ext. bombée et épaisse de 8-10 μ, dépourvu de stomates au moins dans les feuilles inf., souvent couvert d'un peu de cire. Épiderme inf. ondulé, haut de 40-60 μ, à paroi ext. épaisse de 7-9 μ et légèrement bombée, muni de nombreux stomates et de granulations de cire. Parenchyme formé de 5-8 assises de cellules plus ou moins arrondies sur une section transversale et contenant de rares paquets de raphides.

Fleur. — *Divisions externes du périanthe.* Épiderme ext. très strié, à stries convergeant vers le centre de chaque cellule, dépourvu de papilles. Épiderme int. parfois strié, sans papilles même vers les bords. — *Divisions latérales internes.* Vers la base, les poils n'occupent que les parties lat. de la face int. (f. 154); plus haut, ils existent sur la face int. et latéralement sur la face ext. (f. 155). Dans les régions dépourvues de poils, épiderme ext. légèrement papilleux. Longs poils bruns, striés, très nombreux, atteignant 250 μ de long (pl. 121, f. 416). — *Labelle.* Gibbosités latérales sup. et partie avoisinant l'ouverture stylaire dépourvues de papilles. Tache centrale munie seulement de quelques papilles courtes. Régions longuement velues des deux parties sup. réfléchies du labelle portant des poils longs de 350-500 μ env., striés, ondulés (pl. 121, f. 417). Parties à pubescence courte munies de poils raides, atteignant 50-200 μ de long env. — *Anthère* (pl. 122, f. 451). Épiderme de la partie dorsale du gynostème prolongé en papilles atteignant 50-60 μ de long. Épiderme des loges assez nettement papilleux. Épaississements en anneaux incomplets assez nombreux dans l'assise mécanique. — *Pollen.* Tétrades de la périphérie des massules à exine délicatement ponctuée. L. = 35-42 μ. — *Ovaire* (f. 156). Nervure des valves placentifères très saillante extérieurement, à un faisceau libéroligneux ext. et un faisceau placentaire libérien. Placenta long, se divisant au sommet. Valves non placentifères très proéminentes à l'extérieur et un peu à l'intérieur, parcourues par un faisceau libéroligneux. — *Graines.* Cellules du tégument à paroi recticurvilignes, munies d'épaississements striés. Graines à peine atténuées au sommet, 2 f. 1/2-3 f. 1/2 plus longues que larges. L. = 350-450 μ.

Monstruosité. — NICOLAS in *Bull. Soc. Hist. Nat. Afr. Nord* (1918), p. 168, signale et décrit une anomalie florale de l'*O. bombylifl.*, attribuable probablement à la soudure de 2 fl. L'entre-nœud au sommet duquel se trouve la fl. est aplati et comme fascié. Cette fl. comprend : 4 div. ext. du périanthe, dont 2 lat. normales et 2 postér. petites, vertes, sauf à la base des bords ext. au contact des div. lat. où elles portent chacune une ligne brune et poilue, comme les lobes lat. du labelle (cette partie répond à la div. lat. int. absente); un seul labelle, semblable à celui des fl. normales.

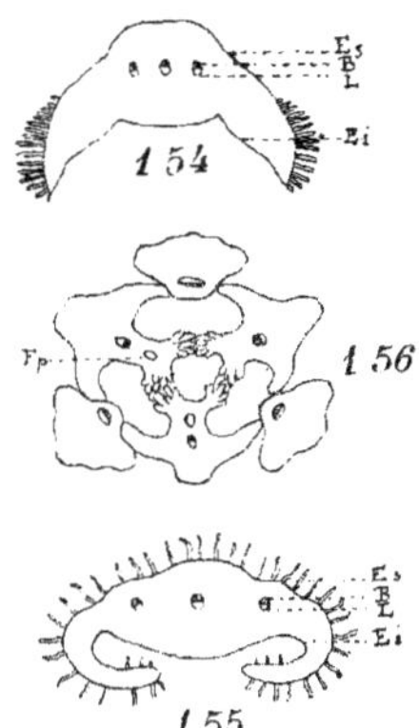

Ophrys bombyliflora. — Fig. 154 : section transv. schématique passant par la base d'une division lat. int. du périanthe ; B, bois : Ei, épiderme inf. ; Es, épiderme sup. ; L, liber. — Fig. 155 : section passant vers le sommet de la même division. — Fig. 156 : section transv. schématique de l'ovaire.

V. v. — Mars-mai. — *Habitat* : garrigues, lieux herbeux ou marécageux, sablonneux, argileux ou calcaires de la région littorale ou des basses montagnes de la rég. méditerranéenne. — *Répart. géogr.* : Portugal (répandu), Espagne (moins abondant), Baléares, France mérid. [R., Var à Toulon, Hyères, Alpes-Marit. à l'embouchure de la Brague, près Antibes (BORNET et THURET), env. de Nice (BERGON), Val de Gorbio (MOGGRIDGE et HAWKER), Hérault, route de Cette à Issanka, Clapiers, Balaruc, Castelnau-le-Lez (DEVIS, ROUIÉ), Corse au Cap Corse où il monte à 500 m., au col de Teghime (MABILLE), à Bonifacio (REQUIEN), aux env. de Corte, (VERGUIN), de Crocci-Vecchia (DE LITARDIÈRE et SIMON)], Italie (assez répandu, Capri, Sardaigne, Sicile, dans une grande partie de l'île), Malte (GRECH DELICATA), Dalmatie [Lesina, Cattaro, Mula (NEUMAYER)], Balkans, Crète, Tunisie, Algérie, (C.), Maroc (C.). — Canaries.

O. cilicica.

L'**O. cilicica** SCHLECHTER in FEDDE, *Rep. sp. nov.*, XIX, p. 573 (1923), ne paraît différer de l'*O. bombyliflora* que par son labelle brièvement apiculé et large.

Asie Mineure : Syrie, vers le golfe d'Alexandrette (KOTSCHY, n° 268, avril 1859) ; Cilicie : Kagiraki (SIEHE, n° 194).

Sous-sect. F. **ARANIFERÆ** Parlat., *l. c.*, p. 529 ; G. Cam. Berg. A. Cam., *Monogr. Orch. Eur.*, p. 281.
— Divisitions du périanthe étalées, les 2 lat. int. un peu plus courtes que les ext., linéaires ou ligulées. Labelle convexe, souvent muni de deux gibbosités coniques, subtrilobé, à lobes latéraux, repliés, pendants, plus ou moins marqués ; lobe médian plus grand que les latéraux, mutique ou muni d'un appendice.

14. — O. ARANIFERA

O. aranifera Huds., *Fl. angl.*, éd. 2, p. 392 (1778) ; Willd., *Spec.*, IV, p. 66 (1805) ; Lindl., *Gen. and spec.*, p. 374 ; Reichb. F., *Icon.*, XIII-XIV, p. 88 ; Richter, *Pl. Eur.*, I, p. 263, p. p. ; Kraenz., *Gen. et spec.*, p. 104 ; Babingt., *Man. Brit. Bot.*, éd. 8, p. 347 ; Benth., *Brit. Flora*, p. 468 ; Lej., *Fl. Spa*, p. 187 ; Lej. et Court., *Comp.*, III, p. 189 ; Tinant, *Fl. luxemb.*, p. 443 ; de Vos, *Fl. Belg.*, p. 556 ; Löhr, *Fl. Tr.*, p. 250 ; Meyer, *Orch. G.-D. Luxemb.*, p. 132 ; Correvon, *Alb. Orch. Eur.*, pl. XXXV ; DC., *Fl. fr.*, V, p. 322, n° 2031, p. p. ; Duby, *Bot.*, p. 447 ; Loisel., *Fl. gall.*, II, p. 270 ; Mutel, *Fl. fr.*, III, p. 252 ; *Fl. Dauph.*, éd. 2, p. 598 ; Boisduval, *Fl. fr.*, III, p. 49 ; Gr. et God., *Fl. Fr.*, III, p. 301, p. p. ; Godr., *Fl. Lorr.*, II, p. 297 ; III, p. 39 ; Boreau, *Fl. centre*, éd. 2, p. 529 ; éd. 3, p. 648 ; Coss. et Germ., *Fl. Paris*, éd. 2, p. 685, p. p. ; Martr.-Donos. *Fl Tarn*, p. 707 ; Michalet, *Hist. nat. Jura*, p. 298 ; Godet, *Fl. Jura*, p. 689 ; Gren., *Fl. ch. jurass.*, p. 754 ; Renault, *Ap. H.-Saône*, p. 226 ; Contejean, *Rev. Montbél.*, p. 223 ; Ard., *Fl. Alp.-Mar.*, p. 356 ; Barla, *Iconogr.*, p. 64 ; Poiravet, *Cat. Vienne*, p. 96 ; Ravin, *Fl. Yonne*, II, p. 362 ; Lloyd et Foucc., *Fl. Ouest*, p. 337 ; Lloyd, *Fl. Ouest*, pl. éd. ; Martin, *Cat. Rouior.*, p. 269 ; Franchet, *Fl. Loir-et-Cher*, p. 577 ; Brébiss., *Fl. Norm.*, pl. éd. ; Corbière, *N. Fl. Norm.*, p. 563 ; G. Cam., *Monogr. Orch. Fr.*, p. 84 ; in *Journ. de Bot.*, VII, p. 112 ; G. Cam. Berg. A. Cam., *Monogr. Orch. Eur.*, p. 281 ; A. Cam. in *Riviera scientif.* (1919), p. 13 ; Alb. et Jahand., *Cat. Var*, p. 480 ; Gautier, *Pyr.-Or.*, p. 401 ; Debeaux, *Rév. fl. agen.*, p. 520 ; Guill., *Fl. Bord. et S.-O.*, p. 171 ; Coste, *Fl. Fr.*, III, p. 388, n° 3567 ; Rouy, *Fl. Fr.*, XIII, p. 114 ; Kirschl., *Pr. fl. Als.*, p. 161 ; *Fl. Als.*, p. 134 ; *Vog.-Rhen.*, p. 82 ; Reichb., *Fl. excurs.*, p. 129. Döll, *Rh.*, p. 229 ; Gmel., *Bad.*, III, p. 567 ; Bach, *Rh. pr. Fl.*, p. 371 ; Koch, *Syn.*, éd. 2, p. 796 ; éd. 3, p. 599, p. p. ; éd. Hall. et Wohlf., p. 2436 ; Caflisch, *Exc. S. D.*, p. 298 ; Gaud., *Fl. helv.*, V, p. 462 ; Reuter, *Cat. Genève*, éd. 2, p. 205 ; Bouvier, *Fl. Alp.*, éd. 2, p. 641 ; Gremli, *Fl. Suisse*, éd. Vetter, p. 484 ; Schinz et Keller, *Fl. Schweiz*, p. 124 ; Séb. et Mauri, *Fl. Rom. pr.*, p. 310 ; Sang., *Fl. rom. pr. all.*, p. 734 ; Biv., *Sic. cent.*, 2, p. 40 ; Guss., *Syn.*, II, p. 544, p. p. ; Poll., *Fl. veron.*, III, p. 26, p. p. ; Pucc., *Fl. luc.*, p. 481 ; Vis., *Fl. Dalm.*, p. 176 ; Ten., *Fl. nap.*, II, p. 305 ; *Syll.*, p. 450 ; de Notar., *Rep. fl. lig.*, p. 392 ; Bertol. *Fl. ital.*, IX, p. 586 ; *Pl. gen.*, p. 123 ; *Amoen. ital.*, p. 201 ; *Lucubr.*, p. 13 ; Parlat., *Fl. ital.*, III, p. 531 ; Ces. Pass. Gib., *Comp.*, p. 192 ; W. Barbey, *Fl. Sard. comp.*, p. 58 ; Macchiati, *N. G. bot. ital.*, XIII, p. 314 ; Arcang., *Comp.*, éd. 2, p. 171 ; Fiori et Paol., *Iconogr. ital.*, n° 80 ; *Fl. ital.*, p. 233 (1908) ; Cocconi, *Fl. Bologn.*, p. 487 ; Cortesi in *Ann. bot. Pirotta*, V, p. 560 ; Lojacono, *Fl. Sicula*, III, p. 34 ; Beck, *Fl. N.-Oest.*, p. 198 ; Schur, *Enum. Trans.*, p. 647, n° 3437 ; Simk., *Enum. Trans.*, p. 503 ; Ambr., *Fl. Tir. austr.*, p. 314 ; Marès et Vigineix, *Cat. Baléar.*, p. 282 ; Colmeiro, *Enum. pl. hisp.-lusit.*, V, p. 39 ; Willk. et Lange, *Prodr. hisp.*, 1, p. 172, p. p. ; Debeaux et Dauter, *Syn. Gibralt.*, p. 200 ; Boiss., *Fl. orient.*, V, p. 78 ; Heldr., *Fl. Cephal.*, p. 68 ; Berger in *Allg. bot. Zeitschr.* (1914), p. 20. — **O. insectifera δ** l.., *Spec.*, éd. 1, p. 3949 (1753), p. p. ; (*O. insectif.* c) Maratti, *Fl. rom. post.*, II, p. 304. — **O. apifera** var. β Hudson, *Fl. angl.*, éd. 1 (1762), p. 340. — **O. sphegodes** (1) Mill., *Gard. dict.*, éd. 8, n° 8 (1768) ; Britt. et Rendle in *Journ. of Bot.*, XLV, p. 104 ; Schinz et Thell. in *Bull. Herb. Boiss.*, 2° sér., VII, p. 401 ; Briquet, *Prodr. fl. corse*, p. 351 ; H. Knoche, *Fl. balear.*, I, p. 402. — **O. arachnites** β Savi, *Fl. Pis.*, II, p. 303 (1798) ; DC., *Fl. fr.*, II, n° 2032. — **Myodium araniferum** Salisb. in *Trans. Hort. Soc.* I, p. 289 (1812). — **Oph. aranifera** a **major** Reichb., *Cent.*, IX, f. 1155. — **Arachnites fuciflora** Tod., *Orch. sic.*, p. 72 (1842), excl. var. β γ δ. — **A. aranifera** Burani, *Fl. Pyr.*, IV, p. 48 (1901). — **Ophrys araneifera** Aschers. et Graebn. *Syn.*, III, p. 636 (1907). — **O. spheogodes** Schinz et Keller, *Fl. Suisse*, éd. fr., I. p. 144 (1909). — *Orchis fucum referens, colore rubiginoso* Vaill., *Bot. par.*, p. 146 ; Rudb., *Elys.*, 2, 205, f. 25. — *Orchis fucum referens, flore subvirente* Cup., *H. cath.*, p. 156.

Noms vulg. : Ophrys porte-araignée, Provence : Pouarto-aragno. — Angl. : Spider-Ophrys. — Allem. : Spinnentragende Ragwurz, Spinnenrage, Hummel (Thuringe). — Ital. : Calabrone.

Icon. : Vaill., *l. c.*, t. 31, f. 15-16 ; Seg., *Pl. veron.*, II, p. 134, n° 19, t. 15, f. 13 ; Fiori et Paol., *Icon.*, I, f. 800 ; Tod., *Or. sic.* ; Curt., *Fl. lond.*, t. 188 ; Fitch et Smith, *Illustr. Brit. Fl.*, n° 1009 ; Dietr., *Fl. reg. bor.*, I, t. 60 ; Reichb. F., *Icon.*, XIII-XIV, p. 88, t. 97, CCCCXLIX ; M. Schulze, *l. c.*, t. 28 ; Barla, *l. c.*,

---

1. Les prioritaires intransigeants adopteront le nom d'*O. sphegodes* Mill.

pl. 51, f. 1-9 ; *Engl. Bot.*, t. 65 ; Mutel, *Atlas*, III, p. 253, p. LXVII ; Moggridge, *Contr. fl. Ment.*, t. 43 ; Cortesi, *l. c.*, p. 561 (fig. schem.); Bonnier, *Alb. N. Fl.*, p. 147; Schlecht. in Kell. et Schlecht., *Ic.*, pl. IV, f. 16 ; G. Cam. Berg. A. Cam., *l. c.*, pl. 24, f. 757-765 ; *Ic. n.*, pl. 70, f. 1-26.

Exsicc. : Reichb., n° 555 ; *Soc. Dauph.*, n° 979 ; Billot, n° 1339 ; Schultz, n° 729 ; Van Heurck et Martinis, n° 339 ; Kralik, *Pl. corses*, n° 793.

Tubercules assez gros, ovoïdes ou subglobuleux. Tige de 1-3, rarement 4-6 décim.; flexueuse, cylindrique, d'un vert jaunâtre, nue au sommet, entourée à la base de quelques gaines jaunâtres. Feuilles ovales-lancéolées ou oblongues, presque obtuses, souvent mucronulées, les inf. développées, étalées en rosette sur la terre, souvent courbées en dehors, d'un vert cendré, les sup. plus jaunâtres, dressées, engainantes, l'ultime bractéiforme. Bractées linéaires-lancéolées, obtuses ou subobtuses au sommet, concaves, presque caniculées, les inf. égalant ou dépassant l'ovaire, les sup. plus courtes que lui. *Fleurs* 2-6, rarement plus, *de moyenne grandeur*, souvent odorantes (1), en épi très lâche. *Divisions ext. du périanthe* dressées ou étalées-dressées, ovales-oblongues, obtuses, concaves, à bords réfléchis, *d'un jaune verdâtre*, à 3 nervures (rarement la médiane à 1 nervure), la nerv. méd. très apparente en dehors ; *divisions lat. int. égalant* 1/2-2/3 *des ext., linéaires*, à base large, *obtuses, arrondies ou tronquées* au sommet, un peu réfléchies en arrière, à bords ondulés ou crénelés, paraissant glabres à un faible grossissement, *verdâtres ou d'un vert brunâtre*, à 1 nervure marquée. *Labelle* convexe, à bords réfléchis ou plans, et étalés, égalant env. les divisions ext., de forme variable, arrondi, obovale-oblong, ovale-allongé ou ovale-triangulaire, émarginé ou bilobé, rarement entier ou quadrilobé, velouté, *d'un brun foncé* (2), *à bords jaunâtres*, membraneux et glabrescents, *muni au centre de 2-4 raies symétriques, glabres*, luisantes, de couleur bleuâtre *et souvent réunies par une ligne transversale donnant à l'ensemble la forme de la lettre H*, pourvu à la base de 2 petites protubérances éloignées l'une de l'autre, luisantes et séparées par une partie glabrescente d'un vert jaunâtre, *sans gibbosités ou pourvu à la base de 2 gibbosités peu marquées*, dirigées en avant ; lobes lat. plus ou moins apparents, réfléchis, finement denticulés sur les bords ; lobe médian dépassant les lat., émarginé ou bilobé, finement denticulé, *parfois mucronulé, sans appendice caractérisé*. Gynostème un peu plus court que les divisions lat. int. du périanthe, à angle droit avec le labelle, à bec court, droit, aigu, obtus ou subobtus. Loges de l'anthère d'un jaune orangé. Masses polliniques jaunes. Caudicules et rétinacles blanchâtres (3). Stigmate large. Ovaire sessile, cylindrique, dressé, légèrement contourné, d'un vert clair. Capsule oblongue à côtes saillantes.

Morphologie interne

Tubercule. Grains d'amidon plus ou moins régulièrement arrondis, non allongés, atteignant 10-12 µ de diam., rarement 20-24 µ (pl. 112, f. 35). — *Fibres radicales.* Quelques vaisseaux de métaxylème se différencient ord¹.

Tige (pl. 115, f. 97). Stomates peu nombreux. Épiderme strié, 2-4 assises parenchymateuses contenant un peu de chlorophylle. Anneau lignifié formé de 4-5 assises. Parenchyme int. abondant, se résorbant parfois.

Feuille. Ep. = 150-270 µ. Épiderme sup. à parois recticurvilignes, haut de 80-90 µ, à paroi ext. à peine bombée et épaisse de 6-8 µ, portant souvent un peu de cire, muni de stomates dans les feuilles sup. seulement. Épiderme inf. recticurviligne, haut de 60-75 µ, à paroi ext. bombée et épaisse de 5-9 µ, à stomates abondants, souvent couvert d'un peu de cire. Parenchyme formé de 3-6 assises de cellules chlorophylliennes ; cellules à raphides rares ou manquant (4).

Fleur. Divisions externes du périanthe. Épiderme ext. légèrement strié. Épidermes ext. et int. légèrement papilleux seulement vers les bords. — *Divisions latérales internes* (f. 157). Épiderme ext. à papilles plus ou moins caractérisées. Épiderme int. muni de papilles peu développées même vers les bords, atteignant 20-100 µ de long (pl. 121, f. 394) (5). Les épidermes des divisions sup. du périanthe renferment des traces d'huile essentielle. — *Labelle.* Partie lisse en H et partie sup. brune à papilles très courtes et très étroites (pl. 121, f. 395). Poils du

---

1. Les fl. sont odorantes, surtout dans les basses montagnes sèches et chaudes du Midi et vers le soir (Cf. A. Camus in *Bull. bi-mens. Soc. Linn. Lyon* (1926), p. 125).

2. Les fleurs de cette espèce se décolorent beaucoup après l'anthèse, elles deviennent de couleur terreuse ou jaunâtre. Il n'est pas rare de voir dans les individus à fleurs relativement nombreuses, 6-8, des fleurs infér. dont la floraison est passée, de couleur jaunâtre ou d'un brun clair et des fleurs du sommet récemment épanouies d'un brun foncé.

3. La fécondation n'a lieu que grâce à l'intervention des insectes aussi beaucoup d'ovaires restent-ils stériles. Le caudicule est peu courbé, les pollinies s'abaissent de 90° dès qu'elles sont exposées à l'air (cf. Darwin, *l. c.*, p. 59 ; Knuth, *l. c.*, p. 442.

4. Cf. Delauney, *Extraction des glucosides de deux Orchid. indigènes, identific. de ces glucosides avec la loroglossine* in *C. R. Ac. Sc.* (1920), 171, p. 435 ; et *Nouv. rech. relatives à la présence de la loroglossine dans les Orch. indigènes* in *C. R. Ac. Sc.* (1923), 176, p. 598.

5. C'est absolument à tort que certains auteurs ont décrit les divisions lat. int. du périanthe comme complètement glabres. Elles sont papilleuses, parfois très brièvement pubescentes.

reste du labelle les uns très longs, atteignant 250-750 μ, striés, peu ondulés, dilatés à la base, amincis à l'extrémité, les autres coniques, aigus. — *Gynostème* (pl. 122, f. 468). Papilles abondantes. Faisceaux stylaires lat. manquant. — *Anthère*. Epiderme de la partie dorsale du gynostème muni de papilles étroites, très nombreuses, striées, atteignant 60-120 μ de long. Epiderme des parois à peine papilleux. Cellules à épaississements peu nombreuses. — *Pollen*. Jaune. Réseau de bâtonnets assez net sur les tétrades de la périphérie des massules. L. = 30-40 μ. — *Ovaire* (f. 158). Section nettement hexagonale. Nervure des valves placentifères très saillante extérieurement, contenant 2 faisceaux libéroligneux : l'ext. à bois int., l'int. à bois ext., très réduit. Placenta assez long, à divisions développées. Valves non placentifères très proéminentes, à section triangulaire ou trilobée, renfermant 1-2 faisceaux libéroligneux. — *Graines*. Cellules du tégument à parois ondulées, à épaississements striés, abondants, sans anastomoses ou à anastomoses rares. Graines arrondies au sommet, 2-3 fois plus longues que larges. L. = 300-500 μ.

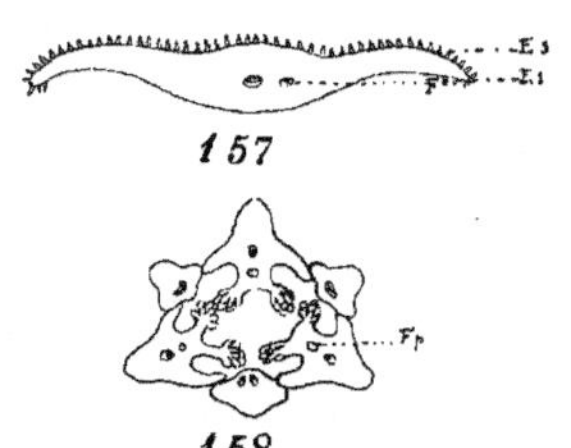

Ophrys aranifera. — Fig. 157 : section transv. schématique d'une division lat. int. du périanthe: Ei, épiderme inf. ; Es, épiderme sup. ; F, faisceau libéroligneux. — Fig. 158 : section transv. schématique de l'ovaire.

Var. α **genuina** Reichb. F., *Icon.*, XIII-XIV, p. 88, 91, t. CCCCXLIX, f. 13, t. CCCCLXV, f. II,-III, t. CCCCLXIV, f. 1-2 (1851). — Fleurs médiocres ; labelle grand, dépourvu de gibbosités. — Fleurit ordt d'avril au milieu de mai. Répandu et disséminé.

Var. β **fucifera** Reichb. F., *Icon.*, XIII-XIV, p. 89, t. CCCCXLIX, f. IV (1851) ; *O. fucifera* Curt., *Fl. Lond.*, IV, t. 67. — Fl. grandes ; labelle ordt entier, muni de deux gibbosités. — Relié au type par des intermédiaires. — Fleurit ord. plus tard que la précédente, de mai au 10 juin. — Répandu et disséminé.

La var. **rotulata** Beck, *Fl. Nied.-Oest.*, I, p. 198 ; M. Schulze, *l. c.*, à labelle muni de deux taches réunies deux fois par le milieu. ressemblant à un H, est peu distinct de la var. *fucifera* Reichb. F.

Aux var. *genuina* et *fucifera* Reichb., les plus répandues, se rattachent les sous-var. suivantes :

Sous-var. a. *cruciata* (Ruppert ; Fuchs in *Sond. Ber. XVI d. Bayer. Bot. Ges. z. Erf. d. heim. Flora* (1917), p. 78).— Macule en forme de croix. — Forme provenant de ce que les macules ord. longitudinales sont convergentes vers le milieu, puis divergentes. — Allemagne : Lechfeld aux env. d'Augsbourg (Ruppert, Fuchs).

S.-var. b. *lineata* (Rupp., Fuchs, *l. c.*). — Macule formée de deux lignes très courtes, non réunies, presque divergentes. — Allemagne : env. de Lechtal (d'ap. Fuchs et Ruppert). — France : disséminé.

S.-var. c. *elliptica* (Ruppert ; Fuchs, *l. c.*). — Labelle plus large que long. — Avec le type. Allemagne, France.

S.-var. d. *brevipetala* (Ruppert ap. Fuchs, *l. c.*). — Div. lat. int. du périanthe égalant 1/3 ou un peu plus des ext. — Allemagne (d'ap. Ruppert et Fuchs). — France.

S.-var. e. *longipetala* (Ruppert ap. Fuchs, *l. c.*). Div. lat. int. du périanthe dépassant les 2/3 des ext. — Allemagne : env. de Lechtal (d'ap. Ruppert et Fuchs).

S.-var. f. *laciniata* (Ruppert ap. Fuchs, *l. c.*). — Div. lat. int. du périanthe laciniées. — Allemagne : env. de Lechtal (Ruppert).

S.-var. g. *dentata* (Fuchs et Ruppert, *l. c.*). — Div. lat. int. du périanthe un peu dentées, à bords ord. ondulés. — Allemagne : env. de Lechtal (d'ap. Fuchs et Ruppert).

S.-var. h. *sinuato-lobata* (Ruppert ap. Fuchs, *l. c.*). — Div. lat. int. du périanthe sinuées-lobées. — Allemagne (Ruppert).

S.-var. i. *appendiculata* (Ruppert, Fuchs, *l. c.*). — Labelle brièvement mucroné. — Répandu.

S.-var. j. *bavarica* Soó in Fedde, *Rep. sp. nov.* (1927), p. 27 ; var. *elongata* Fuchs et Ruppert in *Sond. Berichte XVI Bay. Bot. Ges. Erf. Fl.* (1917), p. 81. — Bractées plus longues que les fl. ; div. lat. int. du périanthe rougeâtres ; labelle allongé. — Bavière (Fuchs et Ruppert).

Var. γ **subfucifera** (*O. aranif. fucifera* bb *subfuciflora*) Reichb. F., *Icon.*, XIII-XIV, p. 90, t. 112, CCCCLXIV f. 11 (1851) ; Barla, *Iconogr. Orchid.*, p. 65, pl. 52, f. 6-8 ; G. Cam., *Monogr., Orch. Fr.*, p. 85 ; G. Cam. Berg. A. Cam., *l. c.*; A. Cam., in *Bull. Soc. bot. Fr.* (1927), p. 580. — *Ic. n.*, pl. 73, f. 13-14. — Div. lat. int. du périanthe un peu ligulées. Labelles à gibbosités très saillantes, trilobé jusque vers le milieu, velouté, à bords jaunes ou vert jaunâtre et presque glabres, muni au centre de deux taches glabres réunies au sommet par une ligne transv. — Allemagne, France (Alpes-Marit., etc.).

Var. δ **pseudo-muscifera** Ruppert, Fuchs, *l. c.* — Labelle recourbé des deux côtés, mais non lobé, rappelant la forme de celui de l'*O. muscifera*, sinué aussi à l'extrémité. — Bois des Trois-Frères, près Genève, (Reuppert) et Lechtal (Allemagne).

Var. ε **elongata** (*O. insectifera* L. var.) Mogger., in *Verh. Leop. Car. Ac.*, XXXV, p. 13, t. IV, p. 32 (1870) ; M. Schulze, *Die Orchid.*, n° 28, 2 ; G. Cam. Berg. A. Cam., *l. c.* — Bractées dépassant longuement les fl. Div. ext. du périanthe allongées, vertes, les lat. int. verdâtres ; labelle oblong, muni de 2 petites gibbosités et bilobé sous les gibbosités. — Disséminé.

Var. ζ **fissa** (Mogger.. *l. c.*) ; M. Schulze, *l. c.* : G. Cam. Berg. A. Cam., *l. c.* — Labelle plus ou moins tri-lobé, à gibbosités masquant les lobes lat. ; div. lat. int. du périanthe velues.—France (d'ap. Rouy), Allemagne : Thuringe à Iéna, Bade à Fribourg (Reuppert) : Autriche, Hongrie.

Var. η **tripartita** Fucus. *l. c.* — Labelle trilobé, mais à gibbosités ne masquant pas les lobes, ceux-ci séparés. étroits. un peu comme dans l'*O. aranifera* × *muscifera*, pourtant plante non hybr., d'ap. Fucus. — Allemagne : env. de Lechtal (d'ap. Fucus).

Var. θ **valdecornuta** Fucus, *l. c.* — Gibbosités du labelle très grandes, cunéiformes, égalant 1-3-1/4 de la longueur du labelle. — Allemagne.

Var. ι **parallela** Reichb.. *Pl. crit.*, IX. p. 23, t. DCCCLII. f. 1154 ; Mutel, *Atlas*, t. LXVII, f. 520 ; *Fl. fr.*. III, p. 253 : *Fl. Dauph.*, éd. 2, p. 598. — Labelle d'un brun roussâtre, petit, dépourvu de gibbosités lat., muni de deux taches cendrées glabres. un peu plus longues que larges. — France. Allemagne.

Var. x **latipetala** Chaub. ap. Saint-Am., *Fl. agen.*, p. 376 (1820) ; Debeaux, *Rév. fl. agen.*, p. 520. — Var. *limbata* Reichb.. *Pl. crit.*, t. DCCCLII, f. 1156 ; Mutel, *Atlas*, t. LXVII, f. 521 : *Fl. fr.*. III, p. 253 ; *Fl. Dauph.*, éd. 2. p. 598. — Labelle plus long que les div. du périanthe, un peu plus long que large, muni au centre de deux taches cendrées, glabres, linéaires. un peu sinueuses. — Allemagne, France.

Var. λ **Morisii** Martelli ap. Fiori et Paol.. *Fl. Ital.*. I, p. 232 (1908). — Div. ext. du périanthe roses. Labelle muni de 3 lignes parallèles et d'une macule glabre et cunéiforme, velouté, émarginé, bilobé au sommet, à mucron assez long ; gibbosités basilaires nulles ou petites. — Sardaigne.

Var. μ **ambigua** Gren., *Fl. Jurass.*. p. 755 (1875) ; excl. syn. ; Aschers et Graebn., *l. c.*, p. 638 ; M Schulze in *O. B. Z.*, XLIX (1899). — Div. ext. du périanthe roses, grandes, à large nerv. verte. — France, Jura (rare), Bas-Rhin à Rippberg, près Dolsheim (Loyson), etc. ; Suisse, Allemagne, Autriche.

Var. ν **viridiflora** Gren., *Fl. ch. jurass.*, p. 258 ; Barla, *Iconogr.*, p. 65, pl. 51, f. 10-13 ; G. Cam., *Monogr. Orch. Fr.*, p. 84 ; Toussaint et Hoscheté, *Fl. Vernon*, p. 258 ; G. Cam. Berg. A. Cam., *l. c.* ; Houdard et Thomas, *Cat. pl. Haute-Marne*. p. 135 (1911) ; A. Cam. in *Ric. scientif.* (1919), p. 13 ; in *Bull. Soc. bot. Fr.* (1927), p. 580. — *Ic. n.*, pl. 71, f. 15-16. - Plante souvent un peu grêle. Div. ext. du périanthe vert clair. Labelle souvent gibbeux, vert jaunâtre. — France (Seine-et-Oise, Jura. Haute-Marne, Var, Alpes-Marit., etc.), Allemagne, Italie.

La var. *flavescens* M. Schulze. *l. c.. Nachtr. Bericht.* 3, (1894) ; *Mitth. Thür. Bot.. V. N. F.*, X, p. 78 (1897) ; *O. B. Z.*, XLIX (1899), p. 268 ; *Mitth. Thür. Bot., V. N. F.* XIX, p. 114 (1904), à div. du périanthe vert jaunâtre, labelle jaune verdâtre jusqu'à brun clair, diffère à peine de la var. précédente. Elle a été signalée à Fribourg-en-Brisgau (Reuppert).

La var. *semiflavescens* Fucus et Reppert. *l. c.*, a la pubescence de son labelle brun clair verdâtre, un peu moins pâle que la var. précédente. — Allemagne : Lechtal (Fucus).

Var. ξ **oleaginea** Fucus, *l. c.* — Fl. grandes. Div. lat. int. du périanthe de forme un peu variable. Labelle vert olive, légèrement mucroné ; macule gris clair verdâtre, formant deux lignes parallèles plus ou moins reliées. Floraison tardive. — Allemagne : env. de Lechtal (Fucus).

Les formes suivantes doivent plutôt être considérées comme lusus ou variations individuelles :

F. *purpurea* A. Camus. — Divisions lat. int. du labelle d'un rouge vineux, rappelant celles de l'*O. atrata* mais paraissant glabres. — France : Alpes-Maritimes (A. Camus), Alsace (Walter).

F. *peralba* Keller et Reppert in Zimmerm., *Die Form. d. Orchid.* (1912), p. 47. — Labelle jaune verdâtre à dessins blancs ; div. du périanthe blanches. — Disséminé, avec les autres var.

F. *euchlora*. — *O. aranif.* var. *euchlora* Murr in *Allg. bot. Zeitschr.*. XI, p. 50 (1905). - Div. ext. du périanthe vertes, les lat. int. jaunâtres. Labelle gibbeux, vert, en partie glabre ; dessin en II court, d'un blanc verdâtre ; gynostème pourpré des deux côtés. — Tyrol : Arco (Diettrich-Kalkhoff).

Nous avons figuré, pl. 73, f. 11-12, une forme voisine de la précédente, provenant des coteaux calcaires de Vence (Alp.-Marit.), ainsi caractérisée : labelle gibbeux, à partie antérieure glabre, sans dessins, complètement blanche, à bords verts ; gynostème vert. Deux ou trois individus présentaient cette variation. Ces individus et les précédents sont de simples lusus (A. Camus).

Var. ou sous-esp. **O. taurica** Aggjeenko in *Schrift. S. Petersb. Naturf Ges.* (1886), p. 291-292. — *O. aranif.*

Var. *taurica* Czerniakowska in *Not. syst. Herb. Hort. Bot. Petr.* (1923), p. 2. — Div. lat. du périanthe a peine bicolores, à macule bleuâtre ; labelle entier ou presque, non trilobé. — Tauride mérid.

Monstruosités. — Il a été signalé un cas monstrueux de l'*O. aranif.* var. *fucifera* provenant de Bisamberg près Vienne (cf. Abel in *Verh. Z. B. Wien.*, XLVII, p. 416 (1897) et M. Schulze in *O. B. Z.*, XLVIII, p. 112 (1898)), d'autres anomalies florales avec 2 gynostèmes dont l'un rudimentaire, provenant d'Iéna (Thuringe) et du Mont Salève [cf. M. Schulze in *O. B. Z.*, XLIX, p. 267 (1899)], un gynostème contenant 3 étamines (cf. Smith, *Cat. Pl. South Kent*, p. 56, t. VI, f. 16), une fleur contenant 1 étamine du rang ext. et 2 du rang int. (cf. Rydler in *Arch. Bot.*, II, p. 300, t. XVI, f. 11), des anomalies du gynostème (cf. Zimmerm. in *Allg. Bot. Zeitschr.* (1910), 7-8, p. 16), une soudure des étamines avec les divisions du périanthe [Masters, *Vegetable teratology*, p. 35 (1869)],des soudures de 2 fleurs (Masters, *l. c.*,p. 49 et 384 ; Moggridge in Seemann's *Journ. of Bot.*, V, p. 318, t. LXXII, f. A. 4, 4 a]. une pélorie (Masters in *Journ. Linn. Soc.*, VIII, p. 207), une absence des divisions int. du périanthe (Masters, *Veget. térat.*, p. 391), un cas de tétramérie florale avec fl. à 4 div. ext., 4 div. lat. int. du périanthe et fruit tétramère (cf Nicotra in *Boll. della Soc. Ital. Firenze* (1897), p. 163. — Cf. Kalkhoff, *Eine merkwurdige Missbildung bei O. aranif.* in *Verh. d. Zool. Bot. Ges. in Wien.*, LVI, p. 434 (1906).

V. v. — Mars, avril dans la rég. mérid., mai, juin dans l'Europe centrale. — *Habitat* : pentes ensoleillées, coteaux, lieux, herbeux, sur le calcaire, la marne. — *Répart. géogr.* : Espagne (assez rare), Majorque (Mar. et Vig.) ? France (très répandu, rare en Bretagne, monte à 1.300 m. dans les Alpes-Marit.), Corse, Belgique, Angleterre, Suisse (répandu), Allemagne (assez abondant dans la rég. mérid., plus rare dans le centre), Italie [commun dans toute la péninsule, Sicile, Capri (Tenore), Ischia (Gussone), Sardaigne (Moris)], Autriche [monte à 760 m. dans le Tyrol(Dalla Torre et Sarnth.)], Hongrie, Dalmatie, Bosnie, Herzégovine, Monténégro, Serbie, Grèce, Malte, Turquie, Crète, Pont (d'ap. Aschers. et Graebn.).

Sous-esp. **O. litigiosa**.

O. litigiosa G. Cam. in *Journ. de Bot.*, n° 1, p. 1 (1896) ; Duffort in *Bull. Soc. bot. Fr.* (1898), p. 435 ; Coste, *Fl. Fr.*, III, p. 388, n° 3568, *cum ic.* ; Saint-Ange Savouré in *Bull. Soc. Linn. Norm.* (1905) ; G. Cam. Berg., A. Cam., *Monogr. Orch. Eur.* p. 285 ; Rouy, *Fl. Fr.*, XIII, p. 115 ; A. Cam. in *Riviera scientif.* (1918), p. 9 ; (1919), p. 13 ; (1925), p. 73 ; Albert et Jahand., *Cat. Var*, p. 418 ; Blanc in *Monde des pl.* (1925), p. 7. — **O. pseudo-speculum** Holandre, ap. Reichb. F., *Icon.*, XIII, p. 89 ! non p. 74 ! ; Godr.,*Fl. Lorr.*,III, p. 39 ; Coss., *Not. pl. crit.* ; Boreau, *Fl. cent.*, éd. 3, p. 648 ; Lec. et Lamt., *Cat. pl. centr.*, p. 351 ; Bonnet, *P. fl. paris.*, p. 385 ; Kirschl., *Fl. Alsace*, II, p. 135 ; *App.*, p. 66 ; Magn., *Arch. fl. jurass.*, n° 33 (1903) ; Corbière, *N. fl. Norm.*, p. 563 ; et auct. plur. non D. C. (1). — **O. aranifera** var. **pseudo-Speculum** Coss. et Germ., *Fl. env. Paris*, éd. 2, p. 685 ; Barla, *Iconogr.*, p. 65, pl. 52, f. 1-5 ; Bréris., *Fl. Norm.* éd. Morière, p. 394 ; Le Grand, *Fl. Berry*, éd. 1, p. 250 ; Gust. et Hérib., *Fl. Auv.*, p. 433 ; Koch, *Syn.* éd. Hall. et Wohlf. p. 2434 ; M. Schulze, *l. c.*, n° 282. — **O. aranifera** var. **flavescens** Car. et St.-Lag., *Fl. descr.*, éd. 8, p. 808.

Icon. : Reichb., *Pl. crit.*, IX, t. 860, f. 1152 ; Barla, *l. c.* ; G. Cam., *Iconogr. Orch. Paris.*, pl. 19, f. B. ; G. Cam. Berg. A. Cam., *l. c.* pl. 24, f. 766-770 ; *Ic. n.*, pl. 70, f. 27-31.

Exsicc. : *Soc. Dauph.*, n°s 1861 et *bis* ; Billot, *Fl. Gall. et Germ.*, n° 1333 (s. n. *O. pseudospeculum* DC.) ; *Soc. Rochel.*, n°s 4333 (s. n. *O. pseudo-speculum*) et 4659 (s. n. *O. aranifera*) ; *Soc. ét. fl. fr.-helv.*, n° 1549.

Plante souvent grêle. Tubercules ovoïdes ou subglobuleux. Tige de 1-3 décim., flexueuse, cylindrique, lisse, d'un vert jaunâtre. Feuilles oblongues, presque obtuses, souvent mucronulées, les inf. étalées, les sup. dressées, engainantes. Bractées lancéolées, linéaires, subobtuses au sommet, concaves, les inf. plus longues que les fleurs. *Fleurs* souvent odorantes, *de moitié plus petites que dans l'O. aranifera*, disposées en épi très lâche, plus

1. En 1891, le 12 juin, M. Copineau faisait à la *Société botanique de France* une communication sur l'*O. Pseudo-Speculum* des auteurs français et démontrait qu'on s'était mépris sur la plante décrite dans le t. V, p. 332, de la *Flore française*. Burnat, Buser, et Gremli qui avaient examiné les huit échantillons, objets de la *Flore*, étaient d'avis qu'ils étaient voisins de l'*O. lutea*, mais un peu dissemblables les uns des autres. Nous devons à M. C. de Candolle d'avoir pu voir les plantes litigieuses. L'hybridité, d'ailleurs soupçonnée par l'auteur, ne nous paraît pas douteuse. Les variations que nous avons constatées ne dépassant pas ce que l'on voit ordinairement dans les hybrides. En recherchant l'origine de l'erreur qui a fait donner le nom d'*O. Pseudo-Speculum* à la plante que nous décrivons,comme sous-esp. de l'*O. aranifera*,nous avons vu qu'elle peut être établie ainsi : Reichb. f.,*Icon.Orch.*p.75,fait de l'*O. Pseudo-Speculum* DC. un simple synonyme de l'*O. lutea*, suivi de deux points d'affirmation (!!), indiquant qu'il a vu les échantillons de l'auteur. Puis dans le même ouvrage, p. 89, il décrit le groupement ci-après : *Ophrys aranifera* ; II *Fucifera* : b. *Fucifera*, a.a. *O. Pseudo-Speculum* DC. — Par suite d'un lapsus, comme il s'en glisse dans les ouvrages considérables, à quinze pages de distance, le même auteur désigne sous le même nom : 1° les plantes qu'il considère comme à peine distinctes et synonymes de l'*O. lutea* et 2° l'espèce ou sous-esp. qui croît dans des régions où l'*O. lutea* n'existe pas.

nombreuses (6-10). *Périanthe à divisions ext. d'un jaune légèrement verdâtre,* ovales-oblongues, obtuses, arrondies, à peine plus larges à la base ; *les lat. int.* ligulées, obtuses, *jaunes ou d'un jaune-brunâtre,* à bords entiers, souvent ondulés. *Labelle petit,* suborbiculaire, *d'un brun verdâtre, pâle au centre, brièvement velouté,* muni au centre d'un dessin glabre en forme de lettre H, *à bords jaunâtres,* un peu convexe, *à gibbosités lat. peu ou non marquées,* muni souvent d'une dent courte au sommet. Gynostème à bec court, obtus.

Morphologie interne

Ne diffère pas sensiblement de l'*O. aranifera.* Poils du labelle ne dépassant pas 300-450 μ. Les épidermes des divisions ext. et lat. int. du périanthe renferment un peu d'huile essentielle.

Var. β **virescens** (G. Cam., *Monogr. Orch. Fr.,* p. 87) ; in *Bull. Soc. ét. fl.-fr.-helv.,* n° 1028 (exsicc. an. 1899). in *Mém. Herb. Boiss.* (1900), p. 49 ; G. Cam. Berg. A. Cam., *l. c.,* p. 286 ; A. Cam. in *Riviera scientif.* (1919), p. 13 ; in *Bull. Soc. bot. Fr.* (1927), p. 580. — *O. aranifera* var. *virescens* Gren. in *Rech. sur quelques Orch. des. env. Toulon,* p. 6 ; Gren., *Fl. ch. jurass.,* p. 755 (1875) ; G. Cam. *Monogr. Orch. Fr.,* p. 87 ; Moggridge in *Verh. Leop. Car. Ac.,* XXXV, 13, t. IV, p. 32 ; *Orch. Rec.* (1912). p. 255. — *Ic. n.,* pl. 70, f. 32. — *Exsicc.* : *Soc. fl. fr.-helv.,* n° 1024. — Tige grêle. élancée. Fleurs assez petites, presque entièrement vertes. Labelle pâle, dépourvu de gibbosités à la base ou à gibbosités peu marquées, arrondi, plus petit que les divisions ext. du périanthe. Floraison de 3 semaines plus tardives que dans l'*O. aranifera type* et de 6 semaines plus tardives que dans l'*O. litigiosa.* — *France.* R. Deux-Sèvres à Chantemerle (Grelet), Jura (Gren.), Hérault à Baraluc-les-Bains (Denis). Var aux env. de Toulon (Gren.), à la Valette, au Coudon (Philippe), au Revest (Reynier), à Ollioules (Raine) ; Bouches-du-Rhône : les Alpilles près Saint-Rémy (A. Camus) ; Alp.-Mar. à Vence, à Gattières (A. Camus), aux env. de Nice (Thuret, Bergon) ; Alsace à St-Quentin, près Metz (Ruppert) ; collines calcaires au pied des Vosges (Walter). — Très probablement en Ligurie.

Var. γ **araneola** (*O. pseudospecul.* var. *araneola*) Mutel, *Fl. fr.,* III, p. 255, *Atlas,* pl. LXXII, f. 523 B ; *O. araneola* Reichb., *Ic. crit.,* IX, p. 22 (1831) ; *O. aranif.* v. *araneola* Reichb. F. Icon., XIII-XIV, p. 89 (1851). — *Icon.,* XIII-XIV, p. 89, t. CCCCL, f. II (1851) ; *Ic. n.,* pl. 65, f. 10-11. — Forme grêle, à fleurs petites ; labelle suborbiculaire, aigu en avant, dépassé par les autres divisions du périanthe, presque entier, jaune en dessous et sur les bords souvent déjetés, muni au centre de 2 taches très glabres bordées d'un filet jaune et réunies par un demi-cercle embrassant la base. — France, Suisse : Bex (Charpentier).

Var. δ **lobata** A. Camus in *Bull. Soc. bot. Fr.* (1927), p. 580 ; in *Bull. Muséum Paris* (1927), p. 535. — *Ic. n.,* pl. 130, f. 19. — Labelle assez large, nettement trilobé, non gibbeux. — France ; Alpes-Maritimes à Gattières, Carros (A. Camus).

Monstruosités. — M. Schulze in *Mitth. Th. B. V. N. F.,* XIX, p. 144 (1904) a signalé un cas de division du labelle observé à Francfort-sur-Mein par Müller-Knatz.

V. v. — Dans le nord de la France fleurit plus tôt que les sous-esp. et var. de l'*O. aranifera,* en avril. Monte à 1.250 m. dans les Alpes-Marit. (A. Camus). C'est une plante plus méridionale que l'*O aranifera.* — France : R., disséminé, env. de Paris au bois du Tremblay (G. Camus), à Champagne (G. Camus), à Lardy Bouray (G. Camus), à Mantes, à Jeufosse (de Schoenefeld) à Port-Villez, à Vétheuil (Beaut.-Beaupré), Seine-Inf., Eure, Calvados, Orne, Maine-et-Loire, Charente à Charmant (Guillon), Ch.-Inf. à St. Christophe (Lloyd), Gironde à Queroy (Merlet), Berry (Legrand), Meuse à St-Mihiel (Breton), Alsace : coll. calc. sous-vosgiennes depuis Guebwiller jusqu'au Scharrach près de Molsheim d'ap. Walter, vallée de la Moselle de Nancy à Metz, Lorraine, Doubs à Besançon (Bavoux), Côte d'Or à Plombières-lès-Dijon (Gérard), Yonne à Epineuil, près Tonnerre (Chouard), Cantal à Montmurat (Jouve), St-Santin-de-Maurs (Héribaud), Gironde à Queroy, (Merlet), Gers à Masseube (Duffort), à Condom (Lavigne), Hérault aux env. de Montpellier et de Béziers (Sennen), Ariège à Tardibail (Guilhot), aux env. de Pamiers (Giraudias), Dauphiné, Bouches-du-Rhône aux env. de St-Rémy, dans les Alpilles (A. Camus) ; Gardanne (Blanc) ; Var à Solliès-Toucas (Albert), Hyères (Raine) Draguignan (A. Camus), Alpes-Marit. à Thorenc, Vence St-Jeannet, la Gaude (A. Camus), etc. — Espagne (herb. A. de Coincy). — Allemagne : Bade, Hesse-Nassau, Thuringe, Francfort-sur-Mein, etc. (1).

1. Ne se trouverait que sur la lisière orientale des Vosges, d'après Walter. « L'*O. litigiosa* G. Camus est une plante méditerranéo-pontique. Elle a pénétré dans la vallée du Rhin par la Trouée de Belfort et s'est installée en Alsace, sur les collines calcaires sous-vosgiennes, depuis Guebwiller jusqu'au Scharrach, près de Molsheim. C'est une

— Suisse : Wufflens et Monnaz (Dutoit-Haller), Erlisbach, Küttingen. Biberstein (Keller). — Autriche, — Italie septentr. et centrale.

Sous-esp. O. atrata.

O. atrata Lindl. in *Bot. Regensb.*, t. 1087 (1827) : *Gen. and spec.*, p. 376 ; Ces. Pass. Gib., *Comp.*, p. 192 ; Parlat., *Fl. ital.*, III, p. 533 ; Barbey, *Fl. Sard. comp. et suppl.*, n° 1323 ; G. Cam., *Monogr. Orch. Fr.*, p. 86 ; in *Journ. de Bot.*, VII, p. 114 ; G. Cam. Berg. A. Cam., *Monogr. Orch. Eur.*, p. 286 ; A. Cam. in *Riviera scientif.* (1918), p. 9 ; (1919) p. 13 ; Albert et Jahand., *Cat. Var*, p. 481 ; Coste, *Fl. Fr.*, III, p. 389, n° 3569, *cum ic.* ; Rouy, *Fl. Fr.*, XIII, p. 115 ; Guimar., *Orch. port.*, p. 25 ; Richter, *Pl. Eur.*, I, p. 263 : Chaub. et Bory, *Expéd. Morée*, p. 264, t. 32, f. 4 ; *Fl. Pélop.*, p. 62, t. 4, f. 4 ; Marg. et R., *Fl. Zante*, p. 86 ; Ung. *Reise*, p. 120 ; Weiss., *Zool. bot. Ges.* (1877), p. 731 ; Boiss., *Fl. orient.*, V, p. 78 : Heldr., *Fl. Egine.* in *Bull. Herb. Boiss.* (1898) p. 391 ; Halacsy, *Consp. fl. gr.*, III, p. 178 ; Cortesi in *Ann. bot.* Pirotta, V, p. 563 ; Fleischmann in *Oesterr. bot. Zeitschr.* (1925), p. 185 ; Berger in *Allg. bot. Zeitschr.* (1914), p. 12. — **O. crucigera** Jacq., *Icon. rar.*, I, p. 185 (1781-86) forma. — **O. mammosa** Desf., *Cor. Tournf.*, t. 2 (1808) ; Krause in Fedde, *Rep. sp. nov.* (1926), p. 299. — **O. incubacea** Bianca in Tod., *Orch. sic.*, p. 75 (1842) ? — **Arachnites fuciflora** ẟ ambigua Tod., *l. c.* (1842). — **Ophr. aranifera** β Bertol., *Fl. ital.*, IX, p. 586 (1851). — **O. aranif.** var. **atrata** Reichb. F., *Icon.*, XIII-XIV, p. 91 (1851) ; Sang., *Fl. rom. prodr. alt.*, p. 734 ; Barla, *Iconogr.*, p. 66 ; Willk. et Lange, *Prodr. hisp.*, I, p. 172 ; Marès et Vigineix, *Cat. Baléar.*, p. 282 ; Gren., *Fl. ch. jurass.*, p. 755 ; St-Lager, *Fl. descr.*, éd. 8, p. 809 ; Arcang., *Comp.*, éd. 2, p. 171 ; Kraenz., *Gen. et spec.*, p. 105 ; Koch. *Syn.*, éd. Hall. et Wohlf., p. 2436 ; Fiori et Paol., *Fl. ital.*, p. 233 ; Zimmerm., *Die Form. d. Orchid.*, p. 47. — **Arachnites atrata** Bubani, *Fl. pyr.*, p. 49 (1901). — **Ophr. caucasica** Woronow, *Trud. Bot. Gart. Tiflis* (1908), p. 70. — **Ophr. sphegodes** β var. **atrata** Briquet, *l. c.*, p. 351 (1910) ; Herman Knoche, *Fl. balear.*, I, p. 402 (1921).

Icon. : Lindl., *l. c.* ; Reichb. F., *Icon.*, XIII-XIV, t. 100, CCCCLII, 101, CCCCLIII, f. 1 ; Barla, *l. c.*, pl. 53, 1-20 et pl. 54, 1-11 ; Cortesi, *l. c.*, pl. VI, f. II ; Schlecht. in Kell. et Schlecht., *Ic.*, pl. IV, f. 18 ; G. Cam., *Icon. Orch. Paris*, pl. 19, f. A ; G. Cam. Berg. A. Cam., *l. c.*, pl. 24, f. 768-769 ; *Ic. n.*, pl. 71, f. 1-14 ; pl. 77, f. 11-14.

Exsicc. : Reverch., ann. 1880, n° 315 (s. n. *O. fusca*) ; ann. 1895, n° 450 (s. n. *O. fusca*) ; Heldr., *herb. Græc.*, n° 68 ; Orphanides, *Fl. gr.*, nos 151 et 2216 ; Huet, *Sic.*, 1856, n° 193 ; Krause, nos 976 et 1026 ; Sennen, *Pl. Esp.*, n° 381.

Plante ordt robuste. Tubercules ovoïdes ou subglobuleux. Tige de 2-4 décim. (parfois même 5-6 décim. dans la rég. mérid.), flexueuse, cylindrique, lisse, d'un vert jaunâtre. Feuilles oblongues, subobtuses, souvent mucronulées, d'un vert cendré, les inf. étalées, souvent arquées en dehors, les sup. engainantes. Bractées lancéolées-linéaires, subobtuses, concaves, d'un vert pâle, les inf. plus longues que les fleurs. *Fleurs* 2-6, rarement 10-12, odorantes (1), *grandes*, en épi lâche. Divisions ext. du périanthe oblongues-obtuses, la médiane ordt tronquée au sommet, peu concaves, d'un vert jaunâtre, à 3 nervures vertes, la médiane très apparente en dehors, la division médiane dressée, les lat. étalées, assez larges à la base, à côtés très asymétriques ; *divisions lat. int. égalant env. 1/2 des ext.*, linéaires ou linéaires-oblongues, tronquées, subémarginées ou bilobées au sommet, un peu réfléchies, glabrescentes, vues à un faible grossissement, à bords ondulés-crispés, *d'un vert plus foncé que les divisions ext., souvent brunâtres, rougeâtres ou rosées sur les bords* (2). Labelle égalant ou dépassant peu les divisions ext., obovale, oblong-obovale ou subarrondi, *très convexe*, obscurément 3-lobé, à lobe médian entier, émarginé ou émarginé-subbilobé au sommet *et souvent muni d'un petit appendice dentiforme, velouté, à pubescence allongée, d'un brun foncé noirâtre*, parfois jaunâtre vers les bords, muni à la base de deux petites proéminences noires, luisantes, très nettes (plus nettes que dans les autres sous-esp. se rattachant à l'*O. ara-*

espèce qui ne se trouve que sur la lisière orientale des Vosges, tandis que plus à l'est on ne trouve que l'*O. aranifera* et ses formes.

L'*O. aranifera*, par contre, est une espèce méditéranéo-pontique dont la présence dans la vallée du Rhin doit être considérée comme irradiation pontique ; par la voie danubienne, elle a dû gagner le Mein, pour remonter ensuite le Rhin, jusqu'aux environs de Brisach et de Fribourg-en-Bade.

Dans la vallée de la Moselle, de Nancy à Metz, nous rencontrons aussi bien l'*O. litigiosa* que l'*O. aranifera*. Ces espèces y sont probablement parvenues par la voie rhodanienne, en remontant la Saône » (Walter)

1. Les fl. sont manifestement odorantes vers le soir, dans les basses montagnes sèches et chaudes du Midi (Cf. A. Camus in *Bull. bi-mensuel Soc. Linn. Lyon* (1926), p. 125.

2. Certains individus vivant dans des endroits assez ensoleillés et fleurissant tardivement (fin avril dans la région méridionale) ont leurs divisions ext. et lat. int. du périanthe verdâtres, lavées de rougeâtre (*Ic. n.*, pl. 77, f. 13). Nous avons observé souvent cette coloration, chez des individus très robustes, aux env. de Vence, Alp. Marit. Grenier, *Fl. ch. jur.*, p. 755, a créé la var. *squalida* pour des formes analogues (Aimée Camus).

nifera), *pourvu au centre de 2 raies symétriques glabres*, miroitantes, bleuâtres ou violacées, *parfois réunies à la base, muni de 2 gibbosités souvent très accentuées, dirigées en avant*, parfois sans gibbosités. Gynostème à bec obtusiuscule un peu moins court que dans l'*O. aranifera* type, l'*O. litigiosa* et l'*O. arachnitiformis*. Anthère à loges rougeâtres. Masses polliniques jaunes.

Morphol. int. — Se distingue surtout de l'*O. aranifera* type par les poils plus allongés et plus gros du labelle (pl. 121, f. 397).

S.-var. b *Hymetti* Soó in Fedde, *Rep. sp. nov.* (1927), p. 27. — Div. du périanthe vert pâle ; labelle d'un vert noirâtre. — Grèce : mont Hymette (Spruner).

S.-var. c *cruenta* Grelet in *Bull. Ac. géogr. bot.* (1900), p. 20. — Div. lat. int. du périanthe entièrement brunes ; taches du labelle rougeâtres. — France : Deux-Sèvres (Grelet).

S.-var. d *subtriloba* Grelet, *l. c.*, p. 20 (1900). — Labelle obscurément trilobé. — Disséminé.

Var. β **scutellata** A. Camus. — Barla. *Iconogr.*, pl. 53, f. 17 : *Ic. n.*, pl. 71. f. 11, 12, 13, 14. — Labelle muni d'un écusson. — Nous avons récolté d'assez nombreux spécimens de cette forme à Thorenc où toute hypothèse de croisement avec l'*O. arachnitiformis* doit être repoussée. (cf. A. Camus, *l. c.*). — Alpes-Marit. : Thorenc. Vence, La Gaude, St-Jeannet (A. Cam.), Bouches-du-Rhône : les Alpilles (A. Camus).

Var. γ **ocellata** Lojacono, *Fl. Sicula*, III, p. 37 ; A. Cam., in *Riv. scientif.* (1919), p. 13 ; *Icon.* : Barla, *l. c.*, pl. 53, f. 14. — Gibbosités du labelle coniques, petites, glabres, ocelliformes au milieu du tomentum abondant : division ext. médiane du périanthe manifestement révolutée et défléchie. — Alpes-Marit. : env. de Nice (Barla), de Vence (A. Cam.) ; Bouches-du-Rhône : St-Rémy-de-Provence (A. Cam.) ; Sicile (Lojacono).

Lusus et monstruosités. — Nous avons récolté, à Vence (Alpes-Marit.), un individu dont les fleurs avaient le labelle brun et muni d'un écusson complètement blanc (A. Camus). Nous figurons. pl. 77, f. 14, une fleur d'*O. atrata* type dont une des divisions lat. int. du périanthe est transformée en gynostème bien développé. Cette anomalie a été récoltée à Vence. Cf. A. Camus in *Riviera scientifique* (1919), p. 13.

V. v. — Fin févr.-mars, dans la rég. mérid. ; avril, mai dans la rég. septentr. ; collines calcaires.— Portugal, Espagne, Majorque, France (surtout rég. mérid., sud-est, sud-ouest, est. midi, env. de Paris (R.) ; monte à 1.250 m. à Thorenc, dans les Alp.-Marit. (Cf. A. Camus in *Riv. scientif.*, 1918, p. 9), Corse (A. R.), Sardaigne, Italie (surtout près du littoral), Elbe, Capri, Sicile, Autriche, env. de Vienne (Abel) ?, Hongrie, Tyrol mérid., Istrie, Dalmatie, Balkans, Crimée, Caucase, Syrie, Crète (Parlat., Fleischm.), Rhodes, Asie-Mineure.

Sous-esp. ou var. ? **O. incubacea**

O. incubacea Bianca, *Nov. sp., pl.* p. 8 ; Lojacono, *Fl. Sicula*, III, p. 36, tab. II, f. 1, a, b, c. — **O. aranifera** c **ambigua** Guss., *Syn.*, II, p. 544. — *Ic. n.*, pl. 77. f. 11-12 (reprod. f. Lojac.). — Labelle grand, étalé, au sommet à 3 lobes, les latér. apprimés très peu distincts. Gynostème un peu aigu. Cette forme, proche de l'*O. atrata*, est très douteuse, peut-être d'origine hybride.

L'*O. aranif.* subsp. **Moesziana** Soó in Fedde, *Rep. sp. nov.* (1927), p. 35, est peut-être à rattacher à l'*O. atrata*. Diffère de l'*O. aranif.* par ses fleurs nombreuses, médiocres, en épi court, ses div. ext. du périanthe d'un jaune verdâtre, longues de 10 mm., son labelle long de 9-10 mm., rouge noirâtre, muni, à la base, d'un écusson glabre, subquadrangulaire. — Algérie : Petit Atlas, près d'Alger (Jamin, 1890).

Sous-esp. **O. arachnitiformis**

O. arachnitiformis Gren. et Philippe, *Rech. sur quelques Orchid. env. Toulon*, p. 9 (1859) ; G. Cam. *Monogr. Orch. Fr.*, p. 87 ; Coste, *Fl. Fr.*, III, p. 391, n° 3577 ; G. Cam. Berg. A. Cam., *Monogr. Orch. Eur.*, p. 287 ; Rolfe in *Orch. Rev.* (1918), p. 103 ; A. Cam. in *Riviera scientif.* (1919), p. 14 ; Albert et Jahand. *Cat. Var*, p. 482 ; Blanc in *Le Monde des pl.*, août 1925, p. 7; Schlecht. in Kell. et Schlecht., p. 105. — **O. aranifera** a **fuciferæ** C **atrata** bb **specularia** Reichb. F., *Icon.*, XIII-XIV, p. 90, t. 112, CCCCLXIV, f. 3-7 (1851) ; G. Cam. Berg. A. Cam., *l. c.* (1). — **O. aranif.** var. **nicæensis** Barla, *Orch. Nice*, p. 66, p. p. — **O. specularia** Lojacono, *Fl. Sicula*, III, p. 35 (1909).

1. Il résulte des études que nous avons faites sur place que tous les passages, à Vence, existent entre l'*O. arachnitiformis* et l'*O. aranif.* var. *specularia* Reichb. (= var. *nicæensis* Barla). L'*O. arachnitiformis*, des env. de Toulon, est un peu plus robuste que la plante des env. de Nice, mais il paraît souvent difficile de les séparer (A. Camus).

Icon. : Reichb. F., *l. c.* ; **Barla**, *l. c.*, pl. 55, p. p. (mél. avec des hybrides) ; G. Camus, *l. c.*, pl. XXXIX et XL ; G. Cam. Berg. A. Cam., *l. c.*, pl. 24, f. 772-780 ; *Ic. n.*, pl. 72, f. 1-32 ; pl. 73, f. 17-24.

Exsicc. : *Soc. Rochel.*, n° 4165 ; Magnier, *Fl. sel. exsicc.*, n° 1304 ; *Soc. ét. fl. fr. helv.*, n°ˢ 1350 et 1450 ; Sennen, *Pl. Esp.*, n° 5548 (en mél. avec *O. Bertolonii* et hybr.).

Plante ordt assez grêle. Tubercules ovoïdes ou subglobuleux. *Tige dressée, sinueuse, assez gracile, haute de 1,5-3,5 décim.* Feuilles ovales-lancéolées, subobtuses, étalées, les caulinaires engaînantes, les sup. bractéiformes. *Bractées un peu plus longues que l'ovaire* ou l'égalant. Fleurs moyennes, 2-6, en épi lâche, émettant un parfum sensible, surtout le soir (1). *Divisions ext. du périanthe* obtuses, étalées, à bords un peu réfléchis en dehors, concaves, *rose plus ou moins pâle,* nervées de vert ; *divisions lat. int.* nettement plus courtes que les ext., épaisses, presque planes, à bords ondulés, crispés, *d'un rose parfois brunâtre,* paraissant glabres à un faible grossisement. *Labelle* légt 3-lobé, un peu plus long que les autres divisions du périanthe, à bords réfléchis, à face sup. d'un brun ordt foncé, *pourvue de taches glabres circonscrivant ordt un écusson de forme très variable ou, la ligne glabre inf. manquant, à dessin glabre en forme de lettre H* ; lobes lat. plans ou formant 2 gibbosités parfois assez marquées ; lobe médian plus long que les lat., émarginé, *muni ordt d'un petit appendice dentiforme un peu recourbéen avant.* Gynostème terminé en bec subobtus (2). Cette plante, que nous avons étudiée sur place, n'est assurément pas hybride, bien que présentant une certaine ressemblance avec l'*O. aranifera* × *fuciflora.*

S.-var. **specularia** A. Cam. — *O. aranif.* C. *atrata* bb. *specularia* Reichb., *l. c.*, pl. 112, CCCCLXIV, f. 3-5 (les fig. 6 et 7 sont très proches du type). — *O. nicæensis* Barla, *l. c.*, p. p. — *Ic. n.*, pl. 73, f. 1-5. — C'est la petite forme, à labelle souvent assez comprimé latéralement, à peine mucroné, muni d'une tache en H ou presque ; assez distincte à Nice, mais très reliée au type par des intermédiaires à Vence et Grasse. — France : Alpes-Marit. surtout aux env. de Nice et de Gattières (Barla, Bergon, Camus) ; Italie : Ligurie (Bergon).

F. α **cornuta** Gren., *l. c.*, p. 9 ; G. Cam. Berg. A. Cam., *l. c.* — *Ic. n.*, pl. 72, f. 15-23. — Labelle à gibbosités très marquées.

F. β **mammosa** Gren., *l. c.*, p. 10 ; G. Cam. Berg. A. Cam., *l. c.* — *Ic. n.*, pl. 72, f. 8-14. — Labelle à gibbosités courtes et arrondies.

F. γ **explanata** Gren., *l. c.*, p. 10 ; G. Cam. Berg. A. Cam., *l. c.* — *Ic. n.*, pl. 72, f. 1-7. — Labelle à gibbosités nulles.

L'*O. arachnitiformis* diffère de l'*O. fuciflora* par : les dimensions réduites de la plante et des fleurs, la floraison plus précoce, les divisions lat. int. du périanthe non ou à peine papilleuses, égalant près de la moitié des divisions ext., la variabilité des gibbosités qui peuvent manquer, l'extrême brièveté de l'appendice du labelle, la forme de cet appendice non étranglé à la base et non fortement recourbé en dessus.

Dans la pl. 73, f. 9-10 nous avons figuré une forme à partie antérieure du labelle complètement blanche, sans dessins, les bords étant roussâtres ou verdâtres (cf. A. Camus in *Riviera scientif.* (1919), p. 14). — Alpes-Marit. : Vence, coteaux calcaires arides, plusieurs individus au milieu d'autres normaux.

Monstruosités. — M. Mellerio a récolté aux environs de Nice, en 1907, un individu dont plusieurs fleurs présentaient des cas de soudure et un cas de pélorie régulière, les divisions lat. int. du périanthe étant allongées, toutes les divisions int. étant rose pâle, presque semblables ou l'inf. un peu plus large et plus allongée. Dans les *Ic. n.*, la f. 13, pl. 73 représente un cas de dédoublement de la division sup. du périanthe, avec soudure des deux pièces, observé à Vence, Alpes-Marit. (Cf. A. Camus, *l. c.*).

F. *triandra* G. Camus in G. Cam. Berg. A. Cam., *l. c.*, p. 459 ; in *Actes Congrès Soc. Nat. Hortic.* (1908). — *Ic. n.*, pl. 73, f. 19. — Périanthe normal. Fleur à gynostème portant 3 étamines fertiles. Var : Hyères (Raine). M. Mellerio a récolté en avril 1917, aux env. de Nice, un cas monstrueux presque semblable. Les étamines lat. étaient irrégulièrement développées.

V. v. — Mars, début de mai. — Collines de la rég. méditerr., sur le calcaire ; monte à 500-600 m. — Espagne : Catalogne, massif du Tibidabo (Sennen), Barcelone, Manlleu, Granollers de la Plana (Gonzalo), Ruimors (A. Guiry) ; France mérid. : Gard : Pont-du-Gard (Rodriguez) ; Bouches-du-Rh. : les Martigues (Denis, d'ap. Rolfe), env. de Marseille, Arles, Montmajour, Cazeneuve (Blanc), Mazargues (Legré), St-Rémy-en-Provence (A. Camus) ; Var et Alpes-Marit. où il est abondant sur le calcaire ; Italie : Ligurie (Bergon), Sicile, Sardaigne, etc.

1. Cf. A. Camus in *Bull. bi-mens. Soc. Linn. Lyon* (1926), p. 125.
2. D'après les observations faites par M. Godfery, dans le Midi de la France, la pollinisation est opérée par l'intermédiaire de l'*Andrena Trimmerana* ♂ et du *Colletes cunicularius* ♂, attirés fort probablement par une ressemblance de la fl. d'*Ophrys* avec leurs femelles. Ces insectes emportent les pollinies attachées à leur tête (Cf. Godfery in *Journ. of Bot.*, LX, p. 359 (1922). La plupart des fl., sauf la fl. terminale de chaque infl., sont fertiles.

Sous-esp. **O. exaltata**

O. exaltata Tenore in *Cat. hort. neap. appendix prima*, p. 83 (1819) (pr. sp.) ; *Fl. nap.*, II, p. 306 ; Guss., *Enum. pl. inar.*, p. 321 ; Parlat., *Fl. ital.*, III, p. 534 ; Ces. Pass. Gib., *Comp.*, p. 192 ; Arcang., *Comp.*, éd. 2, p. 171 ; Cortesi in *Ann. bot.* Pirotta, V, p. 544 ; Jahand., *Add. Fl. Var*, p. 34. — **O. crabronifera** Mauri, *Rom. pl. cent.*, XIII, p. 42, t. II (1820). — **O. aranifera** var. **exaltata** G. Cam.. *Monogr. Orch. Fr.*, p. 85 ; in *Journ. de Bot.*, VII. p. 113 (1893). — **O. Arachnites** var. **exaltata** Ten., ap. Fiori et Paol., *Fl. Ital.*, I, p. 235 (1908) ; *App.*. p. 53. — **Arachnites fuciflora β exaltata** Tod., *Orch. sic.*, p. 73 (1842) ?

Icon. : Mauri. *l. c.*, pl. II (*sinistra bona*) ; Ten., *Fl. nap.*, t. 96 ; *Ic. n.*, pl. 73, f. 15-16.

Exsicc. : Todaro, *Sic.*, n° 108.

Plante très robuste. Tubercules ovoïdes-allongés. *Tige dressée, de 3-5 dm., robuste.* Feuilles basilaires lancéolées, acuminées, vert cendré. *Bractées amples, très concaves, acutiuscules, les inf. d'aspect foliacé, égalant presque 2 fois la longueur de l'ovaire,* les supér. égalant l'ovaire. *Fleurs très grandes, 4-6, en épi lâche. Divisions ext. du périanthe* étalées, ovales-lancéolées, à bords réfléchis. *rosées ou blanchâtres, avec une nervure médiane verte ; divisions lat. int.* très étalées, égalant env. la moitié des ext.,assez larges à la base, insensiblement atténuées, aculiuscules ou obtuses. veloutées à la face int. surtout vers les bords, *roses ou blanchâtres, presque lilas à la base, à bords ordt plans. Labelle obovale-arrondi, grand, développé,* convexe, *velouté, brun, à bords glabrescents, membraneux, jaunâtres ou verdâtres, et marqué au centre d'une tache glabre,* brillante *formant deux lignes parallèles ou un peu divergentes ou la lettre H,* à gibbosités plus ou moins développées ou manquant, *entier, bilobé, ou trilobé ;* lobes lat. à peine marqués, lobe médian grand, *émarginé au sommet et muni, dans l'échancrure, d'un appendice dirigé en avant, assez gros,* triangulaire, entier, aigu ou obtus. Gynostème aigu, court. — Se rapproche de l'*O. fuciflora* par son port et ses colorations et de l'*O. aranif.* par la brièveté du gynostème, l'appendice entier et la tache glabre en forme de lettre H du labelle. C'est une plante bien plus robuste que l'*O. arachnitiformis*, à bractées plus développées ; gynostème et appendice du labelle plus longs.

Mars, avril. — Lieux herbeux des coteaux et basses montagnes. — France : Corse aux env. d'Ajaccio (d'ap. Requien) ; Italie [surtout dans les rég. centr. et mérid. de la péninsule ; env. de Pise, d'Orbetello, Monte Argentario, route de Rome à la Macchia di Marino et à San Polo (Mauri, Sang., Rolli, Cortesi)] ; env. de Naples à Castellammare, Pesto, Licola, Fusaro, Caserta (Ten.), etc., Elbe, Capri (Ten.), Ischia (Guss.), Sicile (très répandu).

Sous-esp. ou × **O. Ruppertii**

O. Ruppertii Fuchs in *Sond. aus Berichte XVI Bayer. Bot. Ges. z. Erf. d. heim. Flora* (1917), p. 76. — **O. aranif.** var. **Ruppertii** Soó in Fedde, *Rep. sp. nov.* (1927), p. 27.

Icon. : *Ic. n.*, pl. 131, f. 5-6.

Plante haute de 20 cm., élancée. Feuilles et bractées comme celles de l'*O. aranifera.* Épi env. 5-flore.Div. ext. du périanthe plus étroites et plus allongées que dans l'*O. aranif.*, blanches, rarement blanc verdâtre, parfois teintées de rose, à 3 nerv. principales vertes, les lat. int. vert olive, lavées de rouge brun sur les bords. La belle grand, large de 10 mm., long de 12 mm., brun foncé, rarement muni d'un appendice court ; macules formées de deux lignes souvent réunies à la base, rarement réunies une seconde fois plus bas ; gibbosités plus ou moins développées ou nulles. — Diffère de l'*O. aranif.* par la couleur de ses div. ext. du périanthe, son labelle plutôt plus gros. Se rapproche de l'*O. aranif.* var. *ambigua* Gren. — D'apr. M. Ruppert, serait un hybride fixé de l'*O. aranifera* × *fuciflora* se rapprochant de la première espèce (cf. *Lechtaler Ophrys in Berichte der Bayerisch. bot. Gesellsch.* Bd XVI (1917).

Allemagne : env. d'Augsbourg.

Sous-esp. **O. Fuchsii**

O. Fuchsii Zimmerm. in *Mitt. d. Bayer. Bot. Ges.*, III, n° 13, p. 388 (1917); Fuchs in *Sonder aus Berichte Bayer.* XVI *Bot. Ges. z. Erforsch. d. heim. Flora* (1917), p. 82, f. 3-9. — **O. araneifera** var. **Fuchsii** Schlecht. in Kell. et Schlecht., *Icon.* p. 108 (1926) ; Fourn., *Brév.*, p 519. — **S. sphecodes** var. **gigantea** Fuchs.

Icon. : *Ic. n.*, pl. 128, f. 53, 54.

Fl. grandes, de 2,5 cm. de diam. env. Div. ext. du périanthe à peu près comme celles de l'*O. aranif.*,les lat.

int. assez dressées, parfois de même longueur que les ext., longues de 10 mm. env., larges de 6 mm. à la base,
de 5 mm. vers l'extrémité, auriculées à la base, parfois légèrement trilobées, vert plus foncé que les ext. allant
jusqu'au vert olive, rougeâtres ou brun rougeâtre vers les bords, à la base densément pubescentes, épaisses,
cartilagineuses comme le labelle. Labelle avec tache en H, comme dans l'*O. aranif.*, plus ou moins gibbeux,
sans appendice. — L'*O. Fuchsii* est une plante très curieuse dont on retrouve très bien l'influence dans les
individus issus de croisement, quand il est l'un des procréateurs.

Allemagne : env. d'Augsbourg.

Sous-esp. O. Tommasinii

O. Tommasinii Vis., *Fl. dalm.*, III, p. 354 (1852) ; Richter, *Pl. Eur.*, I, p. 263 ; M. Schulze, *Die Orchid.*,
n° 29, c. tab. ; Koch, *Syn.*, éd. Hall. et Wohlf., p. 2437 ; Aschers. et Graeb., *Syn.*, III, p. 642 ; G. Cam. Berg.
A. Cam., *Monogr. Orch. Eur.*, p. 289 ; Schlecht. in Kell. et Schlecht., *Icon.*, p. 108. — O. aranifera e.
Tommasinii Reichb. F., *Icon.*, XIII-XIV, p. 178 (1851), t. 165, DXVII, f. IV (1851).

Icon. : G. Cam. Berg. A. Cam., *l. c.*, pl. 27, f. 955 ; Schlecht., *l. c.*, pl. 5, f. 17.

Exsicc. : Dörfler, *H. n.*, n° 4959.

Port de l'*O. aranifera*. Tige de 12-30 cm., feuillée jusque vers le milieu. Feuilles infér.-elliptiques ou presque lancéolées, longues de 5 cm., larges de 1,5 cm. *Bractées à base large, lancéolées, aiguës ou subaiguës, aussi longues ou plus longues que les fleurs. Fleurs 3-5, petites comme dans l'O. litigiosa* (longues de 1 cm. sans l'ovaire). *Périanthe à divisions d'un jaune verdâtre, à nervures vertes, les ext. ovales-oblongues, obtuses ; les lat. int. égalant env. la moitié des ext., oblongues ou presque ovales-lancéolées* parfois subdenticulées. *Labelle* suborbiculaire ou elliptique, convexe, à bords entiers, non gibbeux, plus court ou presque aussi long que les divisions ext. du périanthe, *brièvement pubescent, à tomentum jaune, parfois jaune citron, ou jaune brunâtre, et plus allongé vers les bords, muni à la base d'une tache glabre, d'un blanc bleuâtre en forme de lettre H, à lignes plus distantes au sommet du labelle qu'à la base.* Gynostème à peine plus court que les divisions lat. int. du périanthe, à bec court.

V. s. — Avril, mai. — Istrie : Lossino, Parenzo, Monte Rupe, Batterie Corniale près Pola (Freyn), Bosco Siana, entre Punta Monumenti et Punta Cross (Wolfert), entre Veruda et Cacoje, Lusinamore (Untchj), Parenzo ; Lussin : Lussin piccolo (Müllner et Fleischmann), entre Cigale et Val di Sol (Wolfert), San Pietro di Nembi (Tommasini), etc.

× ? **O. Muellneri (Müllneri)** H. Fleischmann in *Z. B. G. Wien*, LIV, p. 471, t. 1, f. 7 *bis*, 10 (1904) ;
Aschers. et Graebn., *Syn.*, III, p. 642. — O. Tommas. var. **Muellneri** Schlecht. in Kell. et Schlecht., *Ic.*,
p. 109 — Fleurs de moyenne grosseur. Divisions ext. du périanthe ovales, blanches avec nervure médiane
verte, les lat. int. beaucoup plus courtes, largement linéaires, roses au milieu, vert jaunâtre sur les bords.
Labelle arrondi, profondément 3-lobé, muni de gibbosités, brunâtre plus clair vers les bords, pourvu d'un
dessin glabre en forme de lettre H et de taches brillantes ; lobes lat. munis de longs poils bruns ; lobe
médian large, arrondi, sans appendice, Gynostème aussi long que les divisions lat. int. du périanthe, à bec
court. — Rappelle beaucoup l'*O. Tommasinii* par son port, mais en diffère par la couleur du périanthe, le
labelle profondément 3-lobé et gibbeux. Ces caractères rappellent l'*O. cornuta.* — Plante incomplètement
étudiée, qui mériterait d'être revue sur place.

Ile Lussin près Lussinpiccolo.

15. — O. LUNULATA

O. lunulata Parlat. in *Giorn. sc. let. per la Sic.*, LXII, p. 4 (1838) ; *Pl. rar. Sic.*, fasc. I, p. 13 ; *Pl. nov.*,
p. 23 ; Guss., *Syn. fl. sic.*, II, p. 545 ; Bert., *Fl. ital.*, IX, p. 589 ; Bianca, *Nov. pl. sp. sic.*, p. 11 ; Ces. Pass.
Gib., *Comp.*, p. 192 ; Richter, *Pl. eur.*, I, p. 263 ; G. Cam. Berg. A. Cam., *Monogr. Orch. Eur.*, p. 289 ; Loja-
cono, *Fl. Sicula*, III, p. 36 ; Schlecht. in Kell. et Schlecht., *Ic.*, p. 110. · Arachnites lunulata Tod.,
Orch. sic., I, p. 77 (1842) ; *Ic.*, t. 1. f. 3-4. — Oph. aranifera b. lunulata Reichb. F., *Icon.*, XIII-XVI, p. 88, t. 98,
CCCCL, f. 1 (d'ap. Parlat.), 2, 3 (d'apr. Todaro) (1851) ; Fiori et Paol., *Fl. ital.*, I, p. 233 ; *App.*, p. 52

Icon. : Reichb. F., *l. c.* ; Parlat., *Rar. pl. sic.*, t. 2, f. 3-4 ; Todaro, *l. c.*, t. 1, f. 3-4.

Exsicc. : Todaro, *Fl. sic.*, n° 509.

Port de l'*O. aranifera.* Tige cylindrique, droite, anguleuse, nue au sommet. Feuilles inf. allongées, les sup.
oblongues-lancéolées ou lancéolées, glaucescentes. Bractées ovales-oblongues ou ovales-lancéolées obtuses,

concaves, dépassant l'ovaire. Fleurs 4-5, rarement plus, en épi lâche. Divisions ext. du périanthe oblongues-lancéolées, obtuses, les lat. ord. défléchies, rapprochées du labelle, d'un rose violacé ; les lat. int. un peu plus courtes, linéaires, obtusiuscules, planes, glabres, d'un rose violacé plutôt pâle, un peu verdâtres. Labelle dépassant un peu les div. ext., obovale, semblant allongé à cause des bords récurvés, très convexe, velouté-soyeux, brun foncé, muni vers le milieu d'une tache glabre, brillante, en forme de demi-lune, à concavité dirigée en avant, à convexité subémarginée d'où partent quelquefois deux lignes droites rejoignant la base du labelle, pourvu vers la base de deux gibbosités courtes, coniques, et, près du stigmate, de deux proéminences luisantes, 3-lobé, à lobes lat. longuement velus, pâles au bord, repliés en dessous, à sommets infléchis se touchant ; lobe médian bien plus large, à bords verdâtres et subcrénelés, émarginé au sommet et appendiculé ; *appendice court, entier, dirigé en avant.* Anthère, masses polliniques et caudicules jaunes. Rétinacles ovales, blanchâtres. Gymnostème acuminé, verdâtre. — Diffère de l'*O. aranifera* et des sous-esp. s'y rattachant par les divisions lat. ext. du périanthe rapprochées du labelle, le labelle allongé, très convexe, à lobes lat. prolongés se touchant au sommet, à tache luisante en forme de demi-lune, enfin par l'appendice du labelle révoluté en avant.

Var. **longipetala** Macchiati, *Orch. d. Sass. flor.* (1880) p. 6. — Variété ou monstruosité que nous ne connaissons que par la description ci-après : « Questa varietà differisce dall'*O. lunulata* perchè nell'apice del labello invece dell'appendice vivolto all'insu, ha una specie di linguetta pressochè orizontale della lunghezza di circa un centimetro », Monte Fiocca, Sardaigne (Macchiati).

V. s. — Mars, mai. — Prairies, lieux herbeux des collines et montagnes jusqu'à l'alt. de 1.000 m., par fois plaines à peu de distance du littoral. — Ile d'Elbe (Bolzon), Sicile [env. de Palerme au monte Pizzuta, au monte Occhio, au monte Gallo, au monte Pellegrino (Inzenga), env. de San Martino (apr. Guss.), Ciaculli, Gibilrossa (Todaro), env. d'Avola (Bianca), Inici, Sferracavallo, Madonie, S. Martino (Nym.)] ; Sardaigne (Macch.) ; Italie mérid. (d'apr. Schlechter) ; Attique (Heldr.).

16. — O. SINTENISII

O. Sintenisii Fleischm. et Bornmüller in *Annal. d. naturhist. Mus. Wien* (1923), p. 10. — **O. Spruneri** var. **orientalis** Schlecht. in Kell. et Schlecht., *Icon.* p. 112.

Plante haute de 50 cent. ou plus. Tubercules petits, globuleux, subsessiles. Tige munie à la base de deux gaines subcariteuses. Feuilles 4-5, les basilaires en rosette, oblongues-lancéolées, les 1-2 sup. longuement engainantes, à partie libre embrassant la tige. Bractées à peine plus courtes que les fl. Epi formé de 3-6 fl. assez grandes. Div. ext. du périanthe oblongues-elliptiques, longues de 12 mm., 3-nervées, paraissant vert pâle et lavées de rouge. Div. lat. int. linéaires-lancéolées, longues de 7 mm., glabres, à nerv. méd. visible, les 2 lat. obscures et courtes. Labelle aplati, de forme orbiculaire, large et long de 12-13 mm., plus ou moins trilobé, muni de chaque côté de la partie méd. de deux lobes lat. plans un peu plus longuement poilus ; lobe méd. brièvement velouté, maculé, terminé au sommet en une petite dent triangulaire glabre, non brusquement terminé en appendice épais ; macule centrale formée de lignes parallèles réunies entre elles à la base. Gynostème court ; étamine courte ; connectif allongé ; caudicules très courts.

Palestine : Mont Carmel (Bornmüller, *Iter Syr.*, 1897, n° 1490, s. n. *O. oestrifera* M. B.) ; Galilée septentr. vers Hunin et entre Hunin-Mimecs (*Iter Syr.*, 1897, n°s 1492 et 1492 b). — Perse.

Espèce peu connue ayant de grandes affinités avec le groupe de l'*O. aranifera*, mais s'en distingue par son labelle trilobé et son gynostème à bec plus long. Se différencie surtout de l'*O. oestrifera* par l'appendice du labelle réduit à l'état de petite dent.

17. — O. DOERFLERI

O. Doerfleri Fleischmann in *Oesterr. bot. Zeitschr.* (1925), p. 185, pl. II, f. 2.
Icon. : Fleischm., *l. c.* ; *Ic. n.*, pl. 129, f. 3-4.

Tubercules sphériques, subsessiles. Tige atteignant 24 cent. Feuilles basilaires en rosette (3-5), les caulinaires (ord. 2), embrassantes. Epi lâche, 2-4-flore. Bractées égalant plus ou moins les fleurs. Div. ext. du périanthe vertes, étalées ou un peu récurvées, longuement ovales, la méd. symétrique, les lat. obliques, toutes 3-nervées. Div. lat. int. plus courtes, étalées, lancéolées, triangulaires-acuminées, poilues. Labelle inséré à angle droit sur l'ovaire, d'abord droit, puis convexe, de forme largement ovale, trilobé, avant les lobes lat. formant deux gibbosités triangulaires, assez grandes ; lobe médian grand, largement cordé, au sommet tronqué, protracté à face sup. brun-pourpre, veloutée, sauf la marge assez large et la macule glabres; macule pet te, unique. Gynostème court. Étamine dressée, courte; connectif presque en bec et un peu courbé au sommet. Ovaire courbé, court.

Crète : Distr. Sphakia, île Gaudos, Karstfelsen, cap Kamarela (Dörfler, n° 474).

D'après Fleischmann, appartient au groupe de l'*O. aranifera*, par la large bordure glabre de son labelle, les div. ext. du périanthe vertes, les gibbosités du labelle pleines et non creuses, mais la forme du lobe méd. du labelle le rapproche de l'*O. oestrifera* M. B. et son connectif allongé, de l'*O. Sintenisii* Fl. et Bornm.

18. — O. SPHACIOTICA

O. sphaciotica Fleischmann in *Oesterr. bot. Zeitschr.* (1925), p. 186, pl. 11, f. 3 ; Hayek in Fedde *Rep. sp. nov.* (1926), p. 388. — **O. mammosa** f. **parnassica** Vierhapper in *Verh. zool. bot. Ges. Wien* (1919), p. 294, d'apr. Hayek. — **O. araneif.** subsp. **parnassica** Soó in Fedde, *Rep. sp. nov.* (1927), p. 26.

Icon. : Fleischm., *l. c.* ; *Ic. n.*, pl. 129, f. 5-6.

Tubercules sphériques, à racines allongées, filiformes. Tige munie, à la base, de gaines brunes, membraneuses. Feuilles basilaires en rosette, elliptiques, plus larges vers le milieu ou le sommet, une seule caulinaire, largement ventrue, embrassante, atteignant presque la base de la première fleur. Épi lâche, 1-6-fl. Bractées égalant ou dépassant les fl. Fleurs grandes ; div. ext. du périanthe étalées ou récurvées, d'un vert pourpré, ovales, les lat. un peu obliques ; div. lat. int. étalées, épaisses, plus courtes que les ext., sublinéaires, un peu dilatées, glabres, arrondies au sommet. Labelle porrigé, grand, épais, transversalement rhomboïdal, à bords subconvexes, à partie la plus large légèrement incisée, sans gibbosités, à bordure à peine plus pâle, dilatée vers le milieu et très rétrécie au sommet ; macules glabres formant deux lignes légèrement ondulées, courbées. Gynostème médiocre, droit. Connectif court, rostré, récurvé ; caudicules un peu courbés.

Crète : Distr. Sphakia, Karstboden, entre Aradena et Anopolis (Dörfler, n° 1183, avril 1904) ; *Grèce* : Delphes (d'apr. Hayek).

Par les div. lat. int. du périanthe glabres, la forme des macules, l'absence d'appendice, l'*O. sphaciotica* se rattache au groupe de l'*O. aranifera*, tandis que par la forme du labelle et ses lobes lat., il rappelle le groupe de l'*O. oestrifera*.

19. — O. TRANSHYRCANA

O. transhyrcana Czerniakowska in *Not. syst. Herb. Hort. Bot. Petrop.* (1923), p. 1 ; Schlecht. in Kell. et Schlecht., *Icon.*, p. 111.

Tubercules 2, globuleux, sessiles, de 1,5-2 cm. de diam. Tige haute de 25-45 cm., cylindrique, sillonnée, feuillée à la base. Feuilles inf. 5, rapprochées, oblongues-elliptiques, obtusiuscules, longues de 5-6 cm., larges de 1,5-2 cm., atténuées à la base, les sup. caulinaires oblongues-lancéolées, aiguës. Épi allongé, pauciflore (2-6 fl.), lâche. Bractées herbacées, lancéolées, aiguës, longues de 1,7-2,2 cm., 5-7 nervées, dépassant l'ovaire non mûr. Fl. de 2,5-3 cm., très espacées. Div. ext. du périanthe étalées, oblongues-obtuses, cucullées, à bords réfléchis, longues de 1-1,5 cm., 3-nervées, jaune verdâtre ; div. lat. int. étroitement linéaires, aiguës, 1-nervées, à bords ciliés, longues de 6-8 mm., brunâtres, presque 2 fois plus courtes que les ext. Labelle largement obovale, de 1,3-1,4 cm. de diam., profondément ou peu trilobé, convexe au milieu, à base bigibbeuse, d'un rouge intense, velouté, à bords brun roussâtre, un peu révolutés ou plans ; macule bleu grisâtre en forme de lignes subparallèles, rétrécies à la base et réunies au milieu par une ligne transversale ; lobe méd. arrondi, convexe, à base étroite, cordé au sommet, brièvement apiculé ; lobes lat. triangulaires, acuminés, grands ou obscurs, très densément et longuement velus ; gibbosités grandes, obtuses, densément veloutées-velues. Gynostème rostré, à bec droit, long de 2 mm., verdâtre.

Habitat : déclivité herbeuses et ombragés. — *Répart. géogr.* : rég. transcaspienne ; distr. Krasnowodsk, promont. Kopet-dag, près Karakala.

Espèces douteuses et incomplètement connues.

O. RIPAENSIS

O. ripaensis Porta in *Atti Acc. Sc. Lett. Arti Agrati Rovereto*, sér. 3, XI, fasc. 2 (1905), p. 4-8 ; Fedde, *Repert. sp. nov.*, VIII, p. 485 (1910).

Tubercules ovoïdes. Tige peu élevée. Feuilles ovales-oblongues, lancéolées. Fleurs 1-5, disposées en épi lâche. *Divisions ext. du périanthe étalées en croix, roses, les int.* très courtes, velues, *verdâtres*, tronquées au sommet. *Labelle* ovale, *plan, sans gibbosités*, à bords un peu réfléchis, muni vers le sommet de 2 très petits lobes, à ligne médiane rose, glabre, en massue au sommet, à bords jaune-verdâtre, veloutés. Gynostème jaune, arqué, longuement flexueux, rostré.

Juin. — Tyrol austral : Mont Brione, rare, alt. 100-200 m. (PORTA).

O. REINHOLDII

O. Reinholdii H. FLEISCHMANN in *O. B. Z.* (1907), p. 5, t. III, f. 1-4, 6-8 ; non REICHB. F (1).

Icon. : FLEISCHM., *l. c.* ; *Ic. n.*, pl. 130, f. 12, 13.

Tubercules ovoïdes ou subglobuleux, assez petits, brièvement stipités ; racines lat. filiformes. Tige dressée, grêle, haute de 7-22 cm. Feuilles basilaires en rosette, ord. 4, ovales-oblongues, aiguës, engainantes à la base, longues de 2-4 cm., larges de 1 cm., les caulinaires 1-2, dressées, embrassantes. Fl. 1-3, l'inf. distante de la feuille sup. de 3-4 cm. Fl. médiocres. Bractées oblongues, aiguës, naviculaires, égalant presque l'ovaire, nervées. *Div. ext. du périanthe* étalées ou réfléchies, longues de 10 mm., larges de 4,5 mm., elliptiques, à bords réfléchis, *blanches ou d'un blanc peu verdâtre*, à nerv. méd. verte ; *div. lat. int.* bien plus petites, longues de 5 mm., larges de 2,5 mm., assez épaisses, oblongues, presque triangulaires, des deux côtés subauriculées, à la base, uninervées, brièvement poilues, *d'un rose lilacé ou lilas clair*. Labelle médiocre, presque aussi long que large, suborbiculaire, convexe en dessus, distinctement trilobé, brun velouté en dessus, glabre et distinctement nervé en dessous ; lobes lat. arrondis, réfléchis, gibbeux et brièvement poilu; à lobe méd. bien plus grand, suborbiculaire, brièvement velouté, glabre vers les bords, muni, de chaque côté, entre les lobes lat. et le lobe méd., d'une macule polymorphe glabre, blanche, jaunâtre ou pourprée, parfois pourvu d'une macule secondaire brillante ou macules lat. confluentes au milieu ; appendice court, petit, aigu, dirigé vers le haut, jaune verdâtre. Gynostème court, brièvement rostré ; anthère très incurvée. Pollinies orangées. Rostellum court, porrigé. — Proche de l'*O. œstrifera* dont il diffère surtout par ses fl. plus petites, l'appendice du labelle réduit et aigu, la coloration différente des div. du périanthe et du labelle, enfin par les deux macules.

Avril. — Corfou entre Govino et Ipso (KRASKOVITS).

O. BORNMUELLERI

O. Bornmuelleri M. SCHULZE in *Mitt. Thür. Bot. Ver.*, XIII, p. 127 (1899) ; SCHLECHT. in KELL. et SCHLECHT., *Icon.*, p. 104, pl. IV, f. 13.

Plante haute de 30-35 cm. Tubercules ovoïdes, brièvement stipités. Tige dressée ou presque. Feuilles dressées-étalées, oblongues-ligulées, aiguës ou subaiguës, insensiblement rétrécies vers la base, les inf, en rosette, les sup. dressées, embrassantes. Inflorescence dressée, subflexueuse, longue de 15 cm. env., à 4-7 fleurs. Bractées dressées-étalées ou subdressées, herbacées ou presque, lancéolées, aiguës, les inf. dépassant presque la fleur. Fleurs dressées-étalées, ressemblant à celles de l'*O. tenthredinifera*, mais plus petites. Division méd. ext. du périanthe dressée-récurvée, obovale-oblongue, très obtuse, 5-nervée, longue de 1 cm., les lat. étalées-réfléchies, obliquement oblongues-elliptiques, obtuses, 5-nervées ; div. lat. int· dressées-étalées, largement et obliquement deltoïdes-ovales, obtuses, densément poilues-papilleuses, obscurément 3-nervées, longues de 2,5 mm. env. Labelle légèrement décurvé, convexe, très large vers l'appendice, celui-ci large, rhomboïdal-suborbiculaire, très obtus, ascendant, muni à la base de 2 gibbosités coniques, courtes, muni d'une tache en H à bras très étalés, couvert d'un tomentum velouté ; gynostème court, à bec obtusiuscule ; stigmate semiovale, concave. — A des affinités douteuses avec les esp. des sect. *Tenthrediniferæ* et *araniferæ*.

Palestine, Syrie.

F. *grandiflora* FLEISCHM. et Soó in FEDDE, *Rep. sp. nov.* (1927), p. 26. — Fleurs plus grandes ; labelle long de 1 cm., large de 1,5 cm. Avec le type, en Syrie (KOTSCHY) ; Jérusalem (DINSMORE).

---

1. Sous ce nom, d'après SCHLECHTER, *l. c.*, p. 125, plusieurs plantes auraient été confondues. REICHENBACH aurait d'abord employé le nom d'*O. Reinholdii* pour l'*O. oestrifera* (REICHB. F., *Icon.*, XIII-XIV, p. 427) ; puis ce même nom aurait été appliqué à l'*O. Heldreichii* SCHL. et à la plante de Corfou. La plante de Corfou paraît assez distincte, autant qu'on peut en juger par la description et l'excellente figure de FLEISCHMANN. S'il en est ainsi, elle devra recevoir un nom nouveau.

HYBRIDES

§ I. — MÉTIS ET HYBRIDES DE L'OPHRYS ARANIFERA

O. ARANIFERA × LITIGIOSA

× **O. Jeanperti** G. Cam. in *Bull. Soc. bot. Fr.*, XXXVIII, p. LI (1891); *Monogr. Orch. Fr.*, p. 98; in *Journ. de Bot.*, VII, p. 156 ; DE KERSERS in *Bull. Soc. bot. Fr.* (1905), p. 531 ; G. Cam. Berg. A. Cam., *Monogr. Orch. Eur.*, p. 296 ; A. Camus in *Bull. scientif.* (1914), p. 58; *Bull. Soc. bot. Fr.* (1927), p. 580 ; Fourn., *Brev.*, p. 518. — **O. aranifera × litigiosa (Pseudo-Speculum** auct. plur.) G. Cam., *l. c.*

Icon. : *Ic. n.*, pl. 81, f. 4.

Plante ayant le port de l'*O. litigiosa*. Fleurs petites ou médiocres, plus nombreuses que dans l'*O aranifera*, en épi plus allongé, à labelle suborbiculaire, souvent dépourvu de gibbosités latérales et d'appendice terminal, muni de 2-4 taches parallèles, symétriques ; pubescence plus brune que dans l'*O. litigiosa*.

V. v. — Mai. — France : Seine-et-Oise à Lardy (JEANPERT, LOIZET, G. Cam., BERGON), à Champagne G. Cam.) ; Seine-et-Marne à Maisse (G. Cam.), Alpes-Maritimes : Gattières, Carros, Rimiez au-dessus de Nice (A. Camus), Cher, Baugy à la Garenne (LAMBERT) ; Yonne : Épineuil, près de Tonnerre (CHOUARD); Bas-Rhin : Scharrach près Molsheim (WALTER).

O ARANIFERA × ATRATA

× **O. Todaroana** Maccn. in *Nuovo giorn. bot. ital.*, XIII, p. 314 (1881) ; G. Cam., *Monogr. Orch. Er.*, p. 48 in *Journ. de Bot.*, VII, p. 156 ; RICHTER, *Fl. Eur.*, I, p. 265 ; G. Cam. Berg. A. Cam., *Monogr. Orch. Eur.*, p. 296 ; A. Cam. in *Riviera scientif.* (1919), p. 14 ; (1924), p. 58 ; (1925), p. 73 ; in *Bull. Soc. bot. Fr.* (1927), p. 580 ; Fourn., *Brév.*, p. 519. — **O. aranifera × atrata** Maccn., *l. c.* ; G. Cam., *l. c.*

Icon. : *Ic. n.*, pl. 81, f. 1-3.

Fleurs de grandeur intermédiaire. Labelle assez convexe, brun, ord. bordé de vert, à bordure étroite, parfois sans bordure, à gibbosités marquées, entier, mais un peu émarginé au sommet, muni de deux taches parallèles bleuâtres.

V. v. — Mai, juin. — *France* : Seine-et-Oise à Champagne (G. Camus) ; Bouches-du-Rhône aux env. de St-Rémy (A. Camus) ; Alpes-Marit. aux env. de Nice (BERGON), de Vence (A. Camus), de St-Jeannet, de Carros, de Gattières (A. Camus) ; Var entre Draguignan et Châteaudouble (A. Camus). — *Italie* : Ligurie (BERGON), Sardaigne.

O. ARANIFERA × EXALTATA

× **O. Camusii** Cortesi in *Ann. bot.* PIROTTA, V, p. 541 ; G. Cam. Berg. A. Cam., *Monogr. Orch. Eur.*, p. 296. — **O. aranifera × exaltata** Cortesi, *l. c.*, p. 540 et 565.

Plante ayant le port de l'*O. aranifera*, haute de 2-4 décim. Fleurs 3-6, en épi lâche, plus grandes que dans l'*O. aranifera typica*, plus petites que dans l'*O. exaltata*. Bractées vertes, herbacées, les inf. égalant 1 fois 1/2 la longueur de l'ovaire, fortement nervées. Divisions ext. du périanthe grandes, ovales-lancéolées, à bords réfléchis, d'un blanc rosé, lavées de vert, 3-nervées, les lat. int. lancéolées, à bords ondulés, aiguës, veloutées, égalant ou dépassant un peu la 1/2 des divisions ext., d'un brun rougeâtre. Labelle ovale, convexe comme dans l'*O. aranifera*, velouté, 2-3-lobé, à lobe moyen émarginé, muni d'un appendice triangulaire-lancéolé, un peu charnu, relevé en avant, à lobes lat. réfléchis, souvent bigibbeux, brunâtre, avec 2 macules linéaires d'un jaune brunâtre, de forme variable. Gynostème à bec court, aigu ou obtus.

M. Cortesi, *l. c.*, distingue 2 formes : a) *gibbosa*, labelle à gibbosités lat. proéminentes ; b) *agibba*, labelle sans gibbosités lat.

Italie : Maccarese (CORTESI).

O. ARACHNITIFORMIS × ARANIFERA

× **O. Godferyana** A. Camus in *Riviera scientifique* (1924), p. 59 ; in *Bull. Soc. bot. Fr.* (1927), p. 580. — O. arachnitiformis × aranifera G. et A. Camus.

Icon. : *Ic. n.*, pl. 131, f. 13-14.

Plante souvent moins robuste que l'*O. aranifera*, à périanthe plus ou moins rose teinté de vert ; labelle convexe, variable, souvent entier, à peine mucroné ou sans mucron, souvent non bordé de vert, parfois gibbeux, muni de dessins variables, de macules longitudinales ou d'un écusson.

France : aux env. d'Hyères (Bergon) ; Alp.-Marit. aux env. de Nice, entre St-Laurent-du-Var et St-Jeannet (Bergon) ; Gattières, Carros (**A. Camus**). — *Italie* : Ligurie à Santa-Margarita (Bergon).

O. ARACHNITIFORMIS × LITIGIOSA

× **O. Broeckii** A. Camus in *Riviera scientifique* (1924), p. 60 ; in *Bull. Soc. bot. Fr.* (1927), p. 580. — **O. arachnitiformis** × **litigiosa** A. Camus, *l. c.*

Icon. : *Ic. n.*, pl. 131, f. 9.

Hybride proche du précédent et ne pouvant être distingué que sur place, à fl. plus petites, plus nombreuses, en épi plus allongé, à div. ext. du périanthe ord. d'un vert teinté de rose, à labelle convexe, non ou à peine bordé de vert, muni de dessins variables.

France : Var aux env. d'Hyères (Bergon) ; Alpes-Marit. aux env. de Nice (Bergon), de Vence, de Gattières (**A. Camus**).

O. ARACHNITIFORMIS × ATRATA

× **O. Kelleri** Godfery in *Journ. of Bot.*, LIII, p. 121 (1915) ; A. Camus in *Riviera scientif.* (1919), p. 15 ; (1924), p. 59 ; Jahandiez, *Add. Fl. Var*, p. 6. — **O. arachnitiformis** × **atrata** Godfery, *l. c.*

Icon. : *Ic. n.*, pl. 73, f. 34-35 ; pl. 128, f. 51.

Port intermédiaire entre celui des parents ou plus robuste. Feuilles ovales-lancéolées, d'un vert cendré. Fleurs plus grandes que dans l'*O. arachn.*, parfois plus petites que dans l'*O. atrata*. Divisions ext. du périanthe étalées en croix, ovales-oblongues ou linéaires-oblongues, pâles, rosées au sommet, parfois lavées de vert, les lat. int. brièvement pubérulentes, à bords ondulés, pâles, rougeâtres, d'un rose sale lavé de vert ou verdâtres. Labelle obovale-oblong, convexe, noirâtre en dessus, à pubescence plus courte que dans l'*O. atrata*, 3-lobé, plus ou moins gibbeux, à dessin glabre bleuâtre, formant ord. deux lignes parallèles, parfois réunies transversalement ; lobe médian à appendice très court, réduit à un mucron dirigé en avant. Gynostème à bec court.

Mars, mai. — *France* : Alpes-Marit. à l'embouchure de la Brague, sur la route de Saint-Laurent-du-Var à Saint-Jeannet (Bergon), à Vence, aux ruines des Templiers, à Saint-Jeannet, à Tourrettes-sur-Loup (**A. Camus**) ; Var à Hyères, Carqueiranne (Godfery). — *Italie* : Ligurie à Santa Margarita (Bergon).

O. ATRATA × LITIGIOSA

× **O. Cortesii** A. Camus ap. E. G. Camus, *Iconogr. Orch. Eur.*, p. 5 (1921) ; in *Riviera scientifique* (1924), p. 59 ; (1925), p. 73 ; *Bull. Soc. bot. Fr.* (1927), p. 580 ; Fourn. *Brév.*, p. 518. — **O. atrata** × **litigiosa** A. Camus in *Riviera scientifique* (1919), p. 15.

Icon. : *Ic. n.*, pl. 131, f. 10.

Plante robuste. Tige presque nue. Feuilles moins allongées que dans l'*O. atrata*, les basilaires oblongues, assez glauques, étalées. Fleurs plus grandes que dans l'*O. litigiosa*, moins nombreuses, en épi lâche. Divisions ext. du périanthe grandes, étalées en croix, assez pâles, d'un vert jaunâtre comme dans l'*O. litigiosa*, mais la sup. tronquée comme dans l'*O. atrata*, les lat. ext. à côtés très asymétriques et élargies à la base, moins arrondies au sommet que dans l'*O. litigiosa*, les lat. int. vert pâle ou lavées de rougeâtre. Labelle subarrondi, moins convexe que celui de l'*O. atrata* et plus pâle, variant du verdâtre au brun, étroitement bordé de jaune verdâtre ou à peine plus pâle vers les bords, à tomentum intermédiaire entre celui des parents, entier ou légèrement émarginé à la base, sans appendice, à gibbosités faibles ou peu marquées, à macules longitudinales glabres, pâles, grisâtres ou bleuâtres. Gynostème brièvement rostré.

Mars-avril. — *France* : Alpes-Maritimes à Vence (A. Camus, avril 1916) ; Gattières, Rimiez au-dessus de Nice (A. Camus, 1927) ; Bouches-du-Rhône, les Alpilles à Saint-Rémy (A. Camus, avril 1925) ; Seine-et-Oise à Champagne (**A. Camus**).

M. Bergon a récolté, près de Nice et en Ligurie, les métis suivants entre les différentes autres formes de l'*O. aranifera* ; *O. aranifera* type × *litigiosa* var. *virescens*, *O. arachnitiformis* × *aranifera* var. *viridiflora*, *O. arachnitiformis* × *litigiosa* var. *virescens*. Ces métis sont faciles à reconnaître, mais sur place seulement.

O. ARANIFERA var. FUCIFERA × RUPPERTII

× **O. licana** Fuchs in *Sond. Berichte XVI d. Bayer. Bot. Ges. z. Erjorsch. d. heim. Flora*, p. 83, f. 12 (1917). — **O. Ruppertii** × **O. sphecodes** race **fucifera** Fuchs, *l. c.* **O. aranifera** var. **fucifera** × **Ruppertii** A. Camus.

L'influence de l'*O. Ruppertii* se manifeste par la couleur blanche des div. ext. du périanthe et le développement du labelle.

Allemagne : bords du Lech, à Lechfeld, aux env. d'Augsbourg (d'ap. Fuchs et Ruppert).

O. ARANIFERA × FUCHSII

× **O. vindelica** Zimmerm. in *Mitt. der Bayer. Bot. Ges.*, III, p. 392 (1917). — **O. aranifera** × **Fuchsii** A. Camus. — **O. Fuchsii** × **sphecodes** Fuchs in *Sond. Berichte XVI d. Bayer. Bot. Ges. z. Erjorsch. d. heim. Flora*, p. 83 (1917).

La forme très caractéristique des div. lat. int. du périanthe de l'*O. Fuchsii* se retrouve plus ou moins atténuée dans l'hybride.

Allemagne : bords du Lech, à Lechfeld, aux env. d'Augsbourg (d'ap. Fuchs et Ruppert).

O. FUCHSII × RUPPERTII

× **O. Augustæ** Fuchs in *Sond. Berichte XVI d. Bayer. Bot. Ges. z. Erforsch. d. heim. Flora*, p. 83, f. 13 (1917). — **O. Fuchsii** × **Ruppertii** Fuchs, *l. c.*

Div. ext. du périanthe blanchâtres, les lat. int. intermédiaires entre celles des parents, très légèrement rosées. Labelle rappelant surtout celui de l'*O. Ruppertii* avec les ondulations caractéristiques de l'*O. Fuchsii* ; appendice rudimentaire de l'*O. Ruppertii*. Gynostème rappelant celui de l'*O. Ruppertii*, mais ord. plus allongé et plus aigu.

Allemagne : bords du Lech, à Lechfeld, aux env. d'Augsbourg (d'apr. Fuchs et Ruppert).

O. ARANIFERA × TOMMASINII

× **O. Neoschulzei** A. Camus. — **O. aranifera** × **Tommasinii** A. Camus. — **O. sphecodes** × **Thomassini** Fuchs in *Sonder. aus Mitteil. Bd. 14 d. Bayer. Bot. Ges. zur Erf. der heim. Flora* (1916), p. 315.

A distinguer sur place. — Istrie (d'ap. Fuchs).

O. ATRATA × TOMMASINII

× **O. Mansfeldiana** Soó in *Notizbl. Berlin.* (1927), p. 902. — **O. atrata** × **Tommasinii** Soó, *l. c.* — **O. sphecodes** race **atrata** × **Thomassini** Fuchs in *Sonder. aus Mitteil. Bd. XIV d. Bayer. Bot. Ges. zur Erf. der heim. Flora* (1916), p. 315.

A distinguer sur place. — *Istrie* (d'ap. Fuchs).

O. ATRATA × CORNUTA

× **O. subcornuta** A. Camus. — **O. atrata** × **cornuta** A. Camus. — **O. cornuta** × **sphecodes** race **atrata** Fuchs in *Sonder. aus Mitteil. Bd. XIV d. Bayer. Bot. Ges. zur Erf. der heim. Flora* (1916), p. 315.

A distinguer sur place. — *Istrie* (d'ap. Fuchs).

O. ARANIFERA × FUSCA

× **O. pseudofusca** Albert et G. Cam. in *Bull. Soc. bot. Fr.*, XXXVIII, p. 392 (1891) ; G. Cam., *Monogr. Orch. Fr.*, p. 101 ; in *Journ. Bot.*, VII, p. 158 (1891) ; G. Cam. Berg. A. Cam., *Monogr. Orch. Eur.*, p. 294 ;

A. Cam., in *Riviera scientif.* (1919), p. 15 ; Alb. et Jahand., *Cat. Var*, p. 489. — **O. aranifera × fusca** Albert et G. Cam., *l. c.* et **O. aranifera × fusca** var. **funerea** A. Cam. in *Riviera scientif.* (1919), p. 15. — **O. fusca × araneifera** Aschers. et Graebn., *Syn.*, III, p. 658 (1907).

Icon. : G. Cam., *l. c.*, pl. XLVI ; *Ic. n.*, pl. 80, f. 1-3.

Exsicc. : Kralik, n° 793, p. p. (ap. Briquet).

Tubercules ovoïdes ou subglobuleux. Tige de 1-3 décim., sinueuse, nue au sommet. Feuilles ovales-lancéolées ; les inf. étalées, obtuses, mucronées ; les sup. aiguës, engainantes. Bractées plus longues que l'ovaire. Périanthe à divisions verdâtres, les ext. ovales-elliptiques, obtuses, 3-nervées, les lat. étalées, la sup. recouvrant en partie le gynostème. Divisions lat. int. linéaires-obtuses, à bords ondulés. Labelle ovale, allongé, plus long que les divisions ext.,convexe, à bords légèrement réfléchis,muni de 2 lobes lat. un peu réfléchis et gibbeux à la base, à lobe moyen occupant la partie antérieure et égalant la largeur totale du labelle, bifide au sommet, ce qui rend le labelle 4-lobé, mais à lobes peu profonds, dépourvu de dent à l'angle de bifidité. Labelle velouté, d'un brun foncé, un peu roux, bordé d'une zone étroite, jaune verdâtre, orné de deux lignes bleuâtres, luisantes, parallèles, dirigées en avant et réunies à la base. Gynostème court, très obtus, dirigé en avant.

V. v. — Avril, mai. — *France* : T. R. Var à Solliès-Toucas, bois entre Valaury et la Mort-de-Gautier (Albert), Carqueiranne (Raine) ; Alp.-Marit. sur les coteaux entre la rive droite de la Cagne et la vieille route de Vence à St-Jeannet, alt. 270 m. env. (dans cette localité, l'un des parents était l'*O. fusca* var. *funerea* A. Camus ; mars 1916).

L'× *O. pseudofusca* a été obtenu artificiellement par M. Denis (*Orch. Review*, 1922, p. 147).

O. ATRATA × FUSCA

× **O. corinthiaca** Hausskn., *Symb. fl. gr.*, p. 25 ; in *Mitth. d. Thur. bot. Ver.*, XIII-XIV, p. 25 (1899) ; G. Cam. Berg. A. Cam., *Monogr. Orch. Eur.*, p. 295. — **O. atrata × fusca** Hausskn., *l. c.* — **O. mammosa × fusca** Halacsy, *Consp. fl. gr.*, III, p. 180. — **O. pseudofusca** B **corinthiaca** Aschers. et Graebn., *Syn.*, III, p. 659 (1907) ; Rouy, *Fl. Fr.*, XIII, p. 122. — **O. pseudofusca (O. fusca × sphegodes)** Briquet, *Prodr. Fl. Corse*, p. 348.

Diffère de l'*O. atrata* par le labelle presque plan, plus ou moins lobé, plus glabre à la base. Se distingue de l'*O. fusca* par le labelle moins profondément lobé, légèrement apiculé au sommet.

Corse : Cap Corse au Mont St Angelo de St Florent, alt. 1.200 m. (Briquet). — *Grèce* : env. de Corinthe (Hausskn.).

O. ARACHNITIFORMIS × FUSCA

× **O. carqueirannensis** G. Cam. in G. Cam. Berg. A. Cam., *Monogr. Orch. Eur.*, p. 295 (1908). — **O. arachnitiformis × fusca** Raine in G. Cam. Berg. A. Cam., *l. c.*

Plante grêle, à port d'*O. arachnitiformis*. Périanthe à divisions ext. vertes plus ou moins lavées de rose ou rosées ; les lat. int. brunâtres, obtuses. Labelle ressemblant à celui de l'*O. fusca*, mais un peu convexe,oblong ou obovale, cunéiforme, 3-lobé, bordé de poils courts, peu nombreux, à lobes lat. naissant au-dessus de la moitié du labelle, subobtus, un peu réfléchis, formant 2 gibbosités basilaires courtes, munis de poils nombreux, roussâtres ; lobe moyen grand, étalé, large, échancré au milieu et pourvu, dans cette échancrure, d'une petite dent, muni au centre de 2 taches glabres, luisantes, presque contiguës.

Mars. — *France* : Var à Carqueiranne (Raine).

O. ARANIFERA × LUTEA

× **O. quadriloba** G. Cam. Berg. A. Cam., *Monogr. Orch. Eur.*, p. 295 (1908) ; Rouy, *Fl. Fr.*, XIII, p. 122 ; Rolfe in *Orch. Rev.* (1918), p. 83. — **O. aranifera × lutea** G. Cam., *Monogr. Orch. Fr.*, p. 101 ; in *Journ. de Bot.*, VII, p. 159 (1893). — **O. aranifera** var. **quadriloba** Reichb. F., *Icon.*, XIII-XIV, p. 89, t. 102, f. 2 (1851) ; Barla, *Iconogr.*, p. 65.

Icon. : Reichb., *l. c.* ; Barla, *l. c.*, f. 9-10 ; *Ic. n.*, pl. 73, f. 36-37.

Port de l'*O. aranifera*. Divisions ext. du périanthe ovales-oblongues, d'un jaune verdâtre, les lat. int. d'un jaune orangé ou rougeâtre. Labelle non gibbeux, convexe, fortement 3-lobé, à lobe moyen très divisé comme dans l'*O. lutea*, velouté de brun, bordé largement de jaune, marqué d'une tache jaunâtre ou un peu bleuâtre ayant la forme de la lettre II ; lobules du lobe médian planiuscules munis d'une dent à l'angle de bifidité. — M. Denis a obtenu artificiellement cet hybride (cf. Rolfe in *Orch. Rev.* (1918), p. 83).

France : Alp.-Marit. à Saint-André près de Nice (Barla).

O. ARANIFERA × LUTEA var. MAJOR

Le nom d'× **O. balarucensis** (**O. lutea major** × **aranifera**) n. nud. in *Orch. Rev.* (1922), p. 146, a été donné à un hybride obtenu artificiellement par M. Denis, à Balaruc.

O. ARANIFERA × MUSCIFERA

O. aranifera × **muscifera** M. Schulze, *Die Orchid.*, n° 28, 4 ; G. Cam. Berg. A. Cam., *Monogr. Orch. Eur.*, p. 297. — **O. muscifera** × **aranifera** Aschers. et Graebn., *Syn.*, III, p. 657 (1907) ; Tahourdin in *Orch. Rev.* XXXV, p. 207. — **O. myodes** × **araneifera** Richter, *Pl. Eur.*, 1, p. 265 (1890). — **O. aranifero-myodes** Neilr., *Fl. Nied. Oest.*, p. 199 (1859).

Comprend les trois formes principales suivantes :

I × **O. hybrida** Pokorny in *Oest. bot. Wochenbl.* (1851), p. 167 ; Kerner, *Die hybr. Orch. Oest. Fl. Alb. d. K. K. zool. bot. Ges.*, XV (1865), p. 33 ; Reichb. F., *Icon.*, XIII-XIV, p. 79, t. 113, CCCCLXV, f. 1, 1 ; Nyman, *Consp.*, p. 698 ; M. Schulze, *Die Orchid.*, n° 28, 5, t. 28, c, I, A, B ; Kraenzl., *Gen. et spec.*, p. 93 ; A. B. R. in *Journ. of Bot.*, XLIV (1906), p. 347, 349, cum ic. ; Koch, *Syn.*, éd. Hall. et Wohlf., p. 2437 ; G. Cam. Berg. A. Cam., *l. c.* ; Jeffrey in *Transact. and Proceed. of the Bot. Soc. of Edinburgh*, XXIII, III, p. 282 (1907) ; Rolfe in *Orch. Rev.* (1905), p. 234 ; (1919), p. 143 ; *Orch. Rev.* (1906), p. 35 ; *Orch. Rev.* (1919), p. 172 ; Fourn., *Brév.*, p, 518. — **O. muscifera** × **araneifera** A. **hybrida** Aschers. et Graebn., *l. c.* (1907). — × **O. Pokornyi** Guétrot, *Pl. hybr. de France*, II, p. 60 (1927).

Icon. : M. Schulze, *l. c.* ; *Orch. Rev.* (1905), f. 56 ; Smith et Sowerb., *Engl. bot.*, t. 2469, f. a (s. n. var. *O. fucifera*) ; *Orch. Rev.*, XIII, p. 233, f. 56 ; G. Cam. Berg. A. Cam., *l. c.*, pl. 25, f. 827, 828 ; *Ic. n.*, pl. 61, f. 13-16 *bis*.

Forme se rapprochant de l'*O. muscifera*. Tubercules ovoïdes ou subglobuleux. Feuilles de l'*O. aranifera*. Div. ext. du périanthe comme dans l'*O. muscifera*, mais plus larges, les lat. int. étroites, plus ou moins porrigées, munies de poils développés. Labelle oblong, peu convexe, manifestement 3-lobé, étroit à la base, subitement dilaté, non ou à peine gibbeux, à bords brièvement tomenteux ; macule bleuâtre assez grande, formée de 2 lignes réunies au sommet, le reste du labelle d'un brun rougeâtre en dessus, verdâtre en dessous ; lobes lat. petits, à bords repliés ; lobe médian grand, émarginé, dépourvu de dent ou à dent large, rudimentaire. Gynostème à bec très court.

Morphologie interne

Nous avons pu analyser une fleur d'un individu provenant de Lardy. Elle se rapprochait plutôt de la fleur de l'*O. muscifera* dont elle ne différait guère que par les poils du labelle un peu plus longs, atteignant 150-200 μ environ, l'épiderme inf. du labelle n'ayant que quelques papilles vers les bords, la présence dans l'ovaire de faisceaux placentaires libériens. Cette plante se distinguait de l'*O. aranifera* par les poils du labelle bien plus courts, atteignant au plus 150-200 μ de long et de forme à peu près identique à celle des poils du labelle de de l'*O. muscifera*, par le gynostème portant des papilles ne dépassant guère 60-70 μ de long et par l'absence de vaisseaux dans les faisceaux placentaires. — Les tétrades normalement conformées étaient relativement assez nombreuses, leur exine était granuleuse.

Var. **gibbosa** Beck in *O. B. Z.*, XXIX (1879), p. 355 ; Aschers. et Graebn., *l. c.* ; G. Cam. Berg. A. Cam., *l. c.* — *O. hybrida* s.-f. *gibbosa* M. Schulze, *l. c.* — *O. gibbosa* Beck, *Fl. Nied-Oest.*, p. 198 (1900). — Labelle muni de gibbosités marquées. — *France* : Seine-et-Oise à Lardy (Bergon) ; *Allemagne* à Iéna ; *Autriche*.

V. v. — Mai, juin. — *France* : Seine à Vincennes, coteau de Beauté (Cintract, 29 mai 1847); Seine-et-Oise à Lardy, où les indiv. hybr. sont relativement abondants (Bergon); Maine-et-Loire aux env. d'Angers (Hy) ; Meurthe-et-Moselle à Maron (Gauzinotty), Lot-et-Garonne, rive droite de la Garonne à Clermont-

Dessous, alt. 45 m. (VERGUIN). — *Angleterre* : Wye Downs (WALTER et HARRIS). — *Allemagne* : en Thuringe, à Iéna. — *Suisse* à Irchel et Küttingen près Aarau (JÄGGI ap. M. SCHULZE, n° 28, 6). — *Autriche* à Bisamberg près Vienne (POKORNY), Gahns (KEMPF) — *Trentin* : Vigolo-Vattaro (GELMI).

II × **O. apicula** J. C. SCHMIDT, *Verg. Aarg.Pfl.M.* ap. REICHB. F., *Icon.*, XIII-XIV, p. 79, t. 102, CCCCLIV f. 5-9 (1851) ; GODET, *Fl. Jura*, II, p. 689 ; GREMLI, *Fl. Suisse*, éd. Vetter, p. 484 ; M. SCHULZE, *Die Orchid.*, n° 28, 5, t. 28, c, f. 3, 4 ; G. CAM. BERG. A. CAM., *l. c.* — **O. aranifera × muscifera** G. CAM. BERG. A. CAM., *l. c.* (1908). — *O. muscifera × aranifera B apicula* ASCHERS. et GRAEBN., *l. c.*, p. 658 (1907).
Icon. : G. CAM. BERG. A. CAM., *l. c.*, pl. 25, f. 834 ; *Ic. n.*, pl. 61, f. 17-18.
Cette forme est intermédiaire entre le deux parents, elle se distingue de l'*O. aranifera* par les deux lobes rudimentaires du labelle et la tache moyenne bleuâtre formée de lignes contiguës.

V. v. — *France* : Seine-et-Oise à Lardy (BERGON in *herb.* G. CAMUS). — *Grande-Bretagne* : Kent (JEFFREY). — *Allemagne* : Iéna (M. SCHULZE). — *Suisse* : Holderbank près Aarau (SCHMIDT), Irchel (GREMLI), Küttingen près Aarau (BUSER et GREMLI). — *Trentin* : Vigolo-Vattaro (GREMLI).

III × **O. Reichenbachiana** M. SCHULZE in *Verh. d. bot. Ver. f. Ges. Thür.*, VII, p. 29 ; *Die Orchid.*, n° 28, 5, t. 28, f. 6, I-II, 7 ; G. CAM. BERG. A. CAM., *l. c.* — *O. muscifera × aranifera C Reichenbachiana* ASCHERS. et GRAEBN., *l. c.*, p. 658 (1907).
Icon. : G. CAM. BERG. A. CAM., *l. c.*, pl. 25, f. 835-839 : *Ic. n.*, pl. 61, f. 19-20.
Forme se rapprochant de l'*O. aranifera*, à fleurs assez petites, à labelle entier, bombé, suborbiculaire, un peu émarginé au sommet, muni de 2 macules bleuâtres, contiguës. Rappelle l'*O. litigiosa*, mais divisions lat. int. du périanthe courtes et poilues.

V. v. — *France* : Seine-et-Oise à Lardy (BERGON). — *Allemagne* : à Iéna. — *Suisse* (HARZ in SCHLECHT. LANG. et SCHENK., *Fl. Deutsch.*, 5, IV, p. 155 ; M. SCHULZE in *Mitth. Thür. B. V. N. F.* (1897), p. 79). — *Autriche* : Bisamberg près Vienne (ABEL).

O. FUCHSII × MUSCIFERA

× **O. Zimmermanniana** FUCHS in *Sonder. aus Ber. XVI d. Bayer. Bot. Ges. zur Erf. d. heim. Fl.* (1917) ; p. 82, f. 10 ; FUCHS et HERM. ZIEGENSPECK in *Sonder. aus. dem 44 Ber. d. Naturwiss. Ver. Augsb.* (1926), pl. II, f. 5-7. — **O. Fuchsii × muscifera** FUCHS, *l. c.*
Icon. : FUCHS, *l. c.* ; *Ic. n.*, pl. 133, f. 6-7.
Plante haute de 15 cent. Inflorescence pauciflore. Fl. petites. Div. ext. du périanthe longues de 6-9 mm., dépassant à peine les lat. int., lancéolées, presque spatulées, arrondies au sommet, vertes, à bords un peu ondulés, à 3 nerv. principales ; les lat. int. relativement grandes (5-6 mm. sur 3), très élargies à la base, atténuées plus haut, tronquées à angle droit au sommet et souvent rétuses (caract. de l'*O. Fuchsii*), brun foncé, munies de la même pubescence que celles de l'*O. muscifera*. Labelle brun foncé, trilobé, muni d'un dessin en écusson rappelant celui de l'*O. muscifera* ou en H ; lobes courts, larges, obtus ; bords légèrement ondulés, bruns et veloutés.
Allemagne : env. d'Augsbourg (d'ap. FUCHS).

O. ARANIFERA VEL ATRATA × BERTOLONII

× **O. Barlæ** G. CAM., *Monogr. Orch. Fr.*, p. 101 ; in *Journ. de Bot.*, VII, p. 159 (1893) ; G. CAM. BERG. A. CAM. in *Riviera scientif.* (1918), p. 16 ; JAHAND., *Add. Fl. Var*, p. 16. — **O. Bertoloni** hybr. c. **bilineata** BARLA, *Iconogr.*, p. 70, pl. 58, f. 19-23. — **O. aranifera vel atrata × Bertolonii** G. CAM., *l. c.* — **O. aranifera × Bertoloni** BARLA, *l. c.* — × **O. Barlai** GUÉTROT, *Pl. hybr. de Fr.*, II, p. 59, c. ic. (1927).
Icon. : G. CAM. BERG. A. CAM., pl. 25, f. 883, 883' ; *Ic. n.*, pl. 64, f. 23-24 ; pl. 79, f. 9-18.
Plante ayant le port un peu grêle de l'*O. Bertolonii*. Fleurs 3-4, moins grandes que dans cette espèce, odorantes (1). Divisions ext. du périanthe ovales allongées, obtuses, concaves, à bords repliés en dehors, d'un rose violacé ou un peu verdâtres, la médiane relevée et étalée en arrière, les lat. étalées ; les lat. int. linéaires, subobtuses, d'un rose violacé assez vif, lavé de vert au sommet. Labelle un peu plus long que les divisions

1. Cf. A. CAMUS in *Bull. Ass. Nat. Nice et Alp.-Marit.* (1919), p. 9 et *Bull. bi-mens. Soc. Linn. Lyon* (1926), p. 125.

ext., 3-lobé, ovale, convexe, à bords un peu réfléchis, d'un pourpre foncé, velouté, à tache luisante bleuâtre, anguleuse, émarginée en avant, souvent munie au centre d'un point velouté et prolongée en 2 lignes luisantes bleuâtres, un peu divergentes en arrière jusqu'à la base du labelle ; lobes lat. formant ordt, vers la base, 2 gibbosités coniques (1) ; lobe moyen bien plus long que les lat., à bords crénelés, verdâtres et légèrement veloutés, émarginé au sommet et muni d'un petit appendice entier, obtus, relevé en avant.

F. *sordida* RUPPERT in litt. — *O. atrata* > *Bertolonii* RUPPERT. — *Icon.* : RUPPERT in *Sond.-Abd. Verh. Nat. Ver. pr. Rh. u. Westf.* (1926), pl. V (s. n. *O. sordida* CAM. err. pour *O. Barlæ* G. CAM. f. *sordida* RUPPERT), pl. VI (s. n. *O. Barlæ* CAM. (*sordida*). — Fleurs de même taille que celles de l'*O. atrata*, à div. ext. du périanthe d'un vert sale, à div. lat. int. linéaires-lancéolées, d'un rose pourpre, à labelle peu relevé, brun pourpre, densément poilu, convexe, à bord entier, enroulé, à macule rappelant beaucoup celle de l'*O. Bertolonii*, plus large que longue. — Var : col du Serre (RUPPERT) ; Alpes-Maritimes : Vence (A. CAMUS).

V. v. — Avril-juin. — T. R. *France* : Alpes-Marit. à Montgros (SARATO ap. BARLA) au col des Quatre-chemins près Nice (*O. atrata* × *Bertolonii* !, BERGON), la Gaude, Vence et Tourrettes-sur-Loup près de la route de Vence à Tourrettes (Aimée CAMUS) ; Var : Carqueiranne, au col du Serre, Hyères à Costebelle (JAHANDIEZ). — *Istrie* : env. de Pola (MOOSBRUGER). — *Tyrol mérid.*

× **0. Saratoi** G. CAM., *Monogr. Orch. Fr.*, p. 101 ; in *Journ. Bot.*, VII, p. 159 (1893) ; G. CAM. BERG. A. CAM., *l. c.*, p. 298 ; ALB. et JAHAND., *Cat. Var*, p. 484 ; A. CAM. in *Riviera scientif.* (1919), p. 16. — **0. aranifera vel atrata** × **Bertolonii** G. CAM. BERG. A. CAM., *l. c.* — **0. pseudo-aranifera** MURR in *D. B. M.*, XVI, p. 217 (1898) ? — **0. aranifero-Bertoloni** BARLA et SARATO in BARLA, *Iconogr.*, p. 70 (1868) ; G. CAM., *l. c.* *Icon.* : BARLA, *l. c.*, pl. 58, f. 16-18 ; G. CAM. BERG. A. CAM., *l. c.*, pl. 25, f. 879-882 ; *Ic. n.*, pl. 79, f. 19-25.

Port de l'*O. Bertolonii*. Fleurs 3-5, espacées. Divisions ext. du périanthe parfois étroites, roses, rose pâle, blanches lavées de vert ou vertes lavées de mauve ; les lat. int. linéaires, rose pâle ou violacées. Labelle égalant env. les divisions ext. du périanthe, assez variable, un peu convexe ou un peu déprimé en avant, ordt plus dirigé vers le gynostème que dans l'*O. aranifera*, à lobes lat. rudimentaires ou nuls, velouté, d'un grenat foncé, muni, ordt au centre et assez loin du sommet, d'un écusson d'un blanc bleuâtre (rappelant plus ou moins celui de l'*O. Bertolonii*), parfois marqué d'un point grenat velouté, pourvu ou non de gibbosités à la base. Gynostème à bec obtus. — Dans l'*O. Saratoi*, comme dans l'*O. Barlæ*, les fleurs sont ordt plus petites que dans l'*O. Bertolonii*; cependant elles sont aussi grandes chez certaines formes hybrides très proches de l'*O. Bertolonii* et dégagent, comme celles de cette espèce, une odeur très nette de fourmi, le labelle est aussi le même, mais les divisions du périanthe sont vertes lavées de violet et se rapprochant de celles de l'*O. aranifera* ou *atrata*.

V. v. — Avril-mai. — Les hybrides se rapprochant beaucoup de l'*O. Bertolonii* fleurissent plus tard (fin mai) que ceux se rapprochant des *O. aranifera*, *atrata* (dès avril). — *France :* Alpes-Marit. : env. de Cannes (BERGON), Tourrettes-sur-Loup (A. CAMUS), Vence sur le Baou des Blancs aux ruines des Templiers et sur la route de Vence à Courségoules (A. CAMUS), la Gaude (A. CAMUS), route de St-Laurent-du-Var à St-Jeannet (assez abondant, BERGON), col des Quatre-chemins, route de la Grande Corniche près de Nice (BERGON), cap Ferrat (BERGON), col de Villefranche (SARATO ap. BARLA); Var : Carqueiranne, coteau de la Martine (RAINE et JAHANDIEZ) ; Châteaudouble (A. CAMUS).. — *Ligurie* (BERGON). — *Tyrol méridional.*

Les différentes variétés et sous-espèces de l'*O. aranifera* s'hybrident avec l'*O. Bertolonii*, aussi les formes intermédiaires sont-elles nombreuses. Dans certaines localités presque tous les individus diffèrent entre eux. Ces hybrides ne peuvent être étudiés avec fruit que sur place.

Dans les croisements entre l'*O. aranif.* et l'*O. Bertol.* on a décrit les formes suivantes que nous croyons préférable de ne pas maintenir :

× *O. araneiferiformis* (*O. super-aranifera* × *Bertolonii*) DALLA TORRE et SARNTH., *Fl. Tir. u. Vorarlb.*, VI, I, p. 522 (1906). -- Très proche de l'*O. aranifera*.

× *O. aranifera* × *Bertolonii* c. *Gelmii* MURR, *l. c.* ; ASCHERS. et GRAEBN., *l. c.* — Forme intermédiaire entre les parents.

× *O. aranifera* × *Bertolonii* b. *pseudo-Bertolonii* MURR in *D. B. M.* (1898). — Proche de l'*O. Bertolonii*.

× *O. disiecta* MURR, in *D. B. M.*, XIX, p. 114 (1901) ; *O. aranifera* × *Bertolonii* D. *disiecta* ASCHERS. et GRAEBN., *l. c.*, p. 646 (1907). — Se rapproche encore davantage de l'*O. Bertolonii*.

1. Plusieurs échantillons récoltés à Tourrettes-sur-Loup avaient leur labelle dépourvu de gibbosités (A. CAMUS).

× *O. lyrata* (*O. Bertolonii* × *atrata*) H. Fleischmann in *Zool. Bot. Ges.*, *Wien*, LIV, t. II, f. 4-7 (1904)
— *O. araneifera* × *Bertolonii* E. *lyrata* Aschers. et Graebn., *l. c.*, p. 646, (1907). — Proche de l'*O. atrata*.
D'après Soó, *Notizbl. Berlin* (1927), p. 902, l'*O. Bertolonii* var. *dalmatica* Murr in *D. B. M.* (1901),
p 72, est un hybride de l'*O. Bertolonii* × *Tommasinii*. Il l'a nommé × *O. dalmatica*, Soó, *l. c.*

O. ARACHNITIFORMIS × BERTOLONII

× **O. Neocamusii** Godfery in *Journ. of Bot.*, LX, p. 58 (1922) ; Jahand.,*Add. Fl. Var*, p. 7.— × **O. olbiensis**
Godfery in *Journ. of Bot.*, LII, p. 271 (1914).— **O. arachnitiformis** × **Bertolonii** G. Cam. Berg. A. Cam., *l. c.*
Icon. : *Ic. n.*, pl. 132, f. 3.
Plante peu élevée. Fleurs odorantes,plus petites que dans l'*O.aranifera* × *Bertolonii*. Div. ext. du périanthe
roses ou rose violacé, nervées de vert, mais non lavées de vert. Labelle assez petit, ord. muni de deux gibbosités, brun pourpre foncé avec macule en forme d'écusson, irisée, un peu rapprochée du sommet. Appendice
du labelle plus ou moins développé.

Var. *rosea* (*O. Saratoi*) G. Cam. Berg, A. Cam., *Monogr. Orch. Eur.*, p. 299. — *O. arachnitiformis* var.
specularia × *Bertolonii* G. Cam. — *Ic. n.*, pl. 130, f. 18. — Plante plus grêle, fl. plus petites, à labelle à
peine mucroné. — Alpes-Maritimes : env. de Nice (Bergon), Gattières, Vence (A. Camus).
Avril. mai. — *France* : Var à Carqueiranne (Jahandiez, Raine), Hyères (Godfery) ; Alp.-Marit. :
route de St-Laurent-du-Var à St-Jeannet (Bergon), Tourrettes-sur-Loup à Vence (A. Camus), Vence, aux
ruines des Templiers, alt. 450 m. (A. Camus), la Gaude (A. Camus). — *Espagne* : Barcelone, Manlleu, Torelló
(Gonzalo). — *Ligurie* (Bergon).
L' × *O. Neocamusii* a été obtenu artificiellement par Denis (*Orch. Review*, 1922, p. 146).
D'après M. Denis, l'*O. arachnitif.* × *Bertolonii* fleurit une quinzaine de jours avant les parents.

O. BERTOLONII × LITIGIOSA

× **O. Neowalteri** A. Camus in *Bull. Soc. bot. Fr.* (1927), p. 581 ; in *Bull. Muséum Paris* (1927), p. 536.
— **O. Bertolonii** × **litigiosa** A. Camus, *l. c.*
Icon. : *Ic. n.*, pl. 130, f. 15.
Bractées lancéolées, dépassant un peu l'ovaire. Fl. assez petites. Div. ext. du périanthe d'un rose
pâle lavé de vert, un peu étalées, les lat. int. d'un rose teinté de vert. Labelle peu convexe, un peu dirigé
en avant, mais moins que dans l'*O. Bertolonii*, brièvement velouté, apiculé, entier, sans gibbosités, à
bords un peu verdâtres, muni, vers l'extrémité, d'un écusson rappelant celui du labelle de l'*O. Bertolonii*,
mais plus petit ; mucron médiocre, entier. Gynostème court.
France : Alpes-Maritimes : Gattières (A. Camus, 1927).

O. ARACHNITIFORMIS × BOMBYLIFLORA

× **O. semibombyliflora** Bergon et G. Cam. in G. Cam. Berg. A. Cam., *Monogr. Orch. Eur.*, p. 299. — **O.
aranif.** var. **nicæensis** × **bombyliflora** Bergon et G. Cam., *l. c.*
Icon. : G. Cam. Berg. A. Cam., *l. c.*, pl. 25, f. 861-862 ; *Ic. n.*, pl. 75, f. 1-6.
Port de l'*O. bomyliflora*, mais un peu plus élevé et plus robuste. Tubercules arrondis, l'un à l'extrémité
d'un rhizome allongé comme dans l'*O. bombyliflora*. Tige moins grêle que dans cette espèce. Feuilles peu allongées, presque toutes basilaires. Bractées lancéolées, nettement plus étroites que dans l'*O. bombyliflora* et plus
courtes que dans l'*O. arachnitiformis*. Fleurs 3-4, un peu plus petites que dans l'*O. arachnitiformis*, en épi lâche.
Divisions ext. du périanthe comme dans l'*O. arachnitiformis*, roses, lavées de vert ou vertes,très concaves,les lat.
int. courtes, ovales-lancéolées, munies seulement de quelques poils, à tomentum moins développé que dans l'*O.
bombyliflora*, roses ou verdâtres et plus foncées à la base. Labelle égalant env. les divisions ext. du périanthe,
ovale-arrondi, obscurément 3-lobé, d'un brun très foncé ou d'un pourpre noirâtre, muni vers la base d'une
macule de forme un peu variable ; lobes lat. très velus, repliés en dessous ; lobe médian bien plus grand, échancré au sommet, muni à l'angle de bifidité d'une dent rudimentaire. Gynostème à bec court, obtus. Anthère
d'un jaune rougeâtre.

V. v. — *France* : Alp.-Marit. aux env. d'Antibes, dans les prairies de la rive gauche de la Brague, près de son embouchure (Bergon, avril 1905, 1906 in *herb.* G. Cam.).

O. ARANIFERA × SPECULUM

× **O. Macchiatii** G. Cam. Berg. A. Cam., *Monogr. Orch. Eur.*, p. 300 (1908). — **O. aranifera × Speculum** Macchiati in *N. g. bot. ital.*, XIII, p. 316 (1881) ; W. Barbey, *Fl. Sard. comp.* add., p. 239 ; Arcang. *Comp.*, éd. 2, p. 171 ; Fiori et Paol., *Fl. Ital.*, 1, p. 237 (1908).

Tige de 12-20 centim., cylindrique à la base, anguleuse au sommet. Feuilles basilaires ovales-lancéolées. Bractées ovales-lancéolées, égalant env. l'ovaire. Fleurs 3-5, en épi lâche. Divisions ext. du périanthe étalées-dressées, ovales-oblongues, obtuses au sommet, d'un blanc rosé, munies d'une nervure moyenne verdâtre : divisions lat. int. d'un rose plus vif sur les bords, plus étroites et de moitié plus courtes que les ext. Labelle très convexe, à bords largement réfléchis, de forme ovale-arrondie, muni à la base de 2 petites gibbosités, un peu émarginé au sommet et muni d'un petit appendice à l'angle de la partie émarginée, à face sup. d'un violet intense, pourvue à la base d'une tache luisante, bifide en avant. Anthère roussâtre. Masses polliniques jaunes.

Mars-avril. — *Sardaigne* : Sassarese à Baddimanna (Macchiati) (1).

O. APIFERA × ARANIFERA

O. apifera > aranifera

× **O. epeirophora** Peter in *Regensb. Fl.* (1883), p. 10 ; Richter. *Pl. Eur.*, I, p. 265 ; M. Schulze, *Die Orchid.*, 31 (5) ; Koch, *Syn.*, éd. Hall. et Wohlf., p. 2438 ; G. Cam. Berg. A. Cam., *Monogr. Orch. Eur.*, p. 300 (1908) ; Rolfe in *Orch. Rev.* (1919), p. 143. — **O. apifera × aranifera** G. Cam. Berg. A. Cam., *l. c.* (1908). — **O. aranifera × apifera** Peter, *l. c.* ; Richter, *l. c.* ; Rolfe, *l. c.* ; Abzac de Ladouze in *Bull. Soc. bot. Fr.* (1890), p. 228 ; M. Schulze, *l. c.* — **O. araneifera × apifera** Aschers. et Graebn., *Syn.*, III, p. 655 (1907). — Cf. Hanb. et Marsh., *Fl. Kent*, p. 334.

Icon. : *Ic. n.*, pl. 75, f. 7-10.

Tige allongée et feuillée comme dans l'*O. apifera*, ou plus courte et peu feuillée. Bractées plus étroites que dans l'*O. apifera*. Divisions ext. du périanthe égalant env. le labelle, grandes, roses, ovales, cucullées au sommet, à 3 nervures ; les divisions lat. int. plus courtes, linéaires, verdâtres. Labelle oblong ou oblong-obovale, plus étroit à la base, muni de 2 gibbosités basilaires, brièvement incisé latéralement des 2 côtés, muni de dessins brunâtres ou jaunâtres et dépourvu d'appendice au sommet. Gynostème à bec plus développé que dans l'*O. aranifera* et moins allongé que dans l'*O. apifera*.

V. s. — Mai, juin. — *France* : Aude à la Nouvelle (Sennen in *herb.* G. Camus) ; Dordogne à Vigneras près Champcevinel (d'Abzac de Ladouze in *herb.* G. Cam.).— *Bavière* : Feldafing près du lac Starnbarger (de Rougemont). — *Angleterre* : Magpie Bottom, près Shoreham Kent (Brige, 1898). — Cf. Smith, *Cat. Pl. Kent*, p. 58.

O. apifera < aranifera

× **O. pseudoapifera** Caldesio in *Nuovo Giorn. bot. Ital.*, XII, p. 258 (1880).

Se rapproche davantage de l'*O. aranifera* que le précédent. Div. ext. du périanthe vertes ; gynostème assez long, aigu. Très douteux.

Italie.

O. APIFERA var. CHLORANTHA × LITIGIOSA

× **O. Luizetii** G. Cam. in *Bull. Soc. bot. Fr.*, XXXVIII, p. 41 (1891) ; *Monogr. Orch. Fr.*, p. 98 ; in de Fourcy, *Vade-mecum herb. par.*, éd. 6, p. 327 ; Fourn., *Brév.*, p. 516.— **O. apifera var. chlorantha × litigiosa** G. Cam. Berg. A. Cam., *Monogr. Orch. Eur.*, p. 301.

Icon. : G. Cam., *Monogr. Orch. Fr.*, p. XLIV ; G. Cam. Berg. A. Cam., *l. c.*, pl. 25, f. 868 ; *Ic. n.*, pl. 76, f. 7-9.

----

1. M. Bouchard a obtenu, en 1918, la floraison d'hybrides *O. aranifera × Speculum*, provenant de semis faits par lui, en 1914, par un procédé depuis longtemps employé pour les Orchidées de serres qui consiste à semer les graines des hybrides sur les racines des espèces procréatrices, de préférence dans un endroit bien peuplé. M. Denis, de Balaruc, a aussi obtenu artificiellement l'× *O. Macchiatii*.

Plante grêle, ayant le port de l'*O. apifera* var. *chlorantha*. Bractées plus étroites que dans l'*O. apifera*. Fleurs petites, à div. ext. blanches, munies d'une forte nervure verte,égalant le labelle ou le dépassant un peu, étalées ou réfléchies ; div. lat. int. verdâtres, très courtes ; labelle d'un vert jaunâtre, muni au centre de deux taches allongées, légèrement trilobé ; lobes lat. peu marqués, lobe méd. muni d'un appendice recourbé en dessous. Gynostème à bec bien plus long que dans l'*O. litigiosa*, mais moins courbé que dans l'*O. apifera*. — Diffère de l'*O.apifera* var. *chlorantha* par le lobe méd.du labelle presque de même forme que dans l'*O. litigiosa* G. CAM., *l. c.* et orné de dessins analogues, par les lobes lat. presque nuls et par la forme du gynostème.

France : Seine-et-Oise à Etréchy (LUIZET et JEANPERT).

O. ARANIFERA × TENTHREDINIFERA

O. aranifera > tenthredinifera

× **O. Grampinii** F. CORTESI ap. PIROTTA in *Ann. di bot.*, I, p. 359 ; G. CAM. BERG. A. CAM., *Monogr. Orch. Eur.*, p. 301 ; ROLFE in *Orch. Rev.* (1918), p. 82. — **O. aranifera × tenthredinifera** CORTESI, *l. c.*, cum ic. — **O. tenthredinifera × aranifera** SOMMIER in *Bull. Soc. bot. ital.* (1892), p. 352.

Port de l'*O. aranifera*. Tige de 4-5 dm. Feuilles oblongues-lancéolées, mucronulées, luisantes en dessus. Bractées herbacées, à nerv. visibles, les inf. 1 fois 1/2 env. plus longues que l'ovaire, les sup. l'égalant. Fl.peu nombreuses, 4-7. Div. ext. du périanthe ovales-obtuses, roses ou verdâtres, 3-nervées, les lat. int. ovales-aiguës, d'un vert brunâtre, égalant env. 1/3 de la longueur des ext., un peu plus courtes que dans l'*O. aranifera*. Labelle comme dans l'*O. aranifera*, gibbeux, à la base, bilobé, muni d'un mucron dirigé en avant, à partie moyenne brunâtre, à bords un peu membraneux, glabrescents, d'un jaune verdâtre, à macule glabre ayant la forme de la lettre H. Gynostème terminé en bec très court, aigu.

Italie : env. de Rome, Via Appia antica (GRAMPINI) ; Monte Testaccio (CORTESI).

O. aranifera < tenthredinifera

× **O. etrusca** ASCHERS. et GRAEBN., *Syn.*, III, p. 661 ; G. CAM. BERG. A. CAM., *Monogr. Orch. Eur.*, p. 301. — **O. tenthredinifera × aranifera** SOMMIER in *Bull. Soc. bot. ital.* (1892), p. 352. — **O. tenthredinifera × aranifera** FIORI et PAOL., *Fl. It.*, p. 236 (1908).

Forme plus proche de l'*O. tenthredinifera*. Divisions du périanthe roses, lavées de vert, les lat. int. brunâtres, plus longues que dans l'*O. tenthredinifera*. Labelle un peu plus large que dans cette espèce ; dessins du labelle ayant un peu la forme de la lettre H ; houppe de poils du sommet du labelle souvent manifeste.

Italie : Toscane à Orbetello (SOMMIER).

Fécondation artificielle. Cf. G. CAMUS in *Revue horticole*, 84e ann. (1912), 16 mai. M. DENIS, de Balaruc-les-Bains, amateur distingué d'Horticulture, nous a fait un envoi de plantes vivantes particulièrement intéressant. Après plusieurs tentatives infructueuses de croisements artificiels, M. DENIS a obtenu des résultats en hybridant l'*O. aranifera* et l'*O. tenthredinifera*. Les produits que nous avons reçus proviennent d'une seule hybridation dans laquelle l'*O. tenthredinifera* a été la plante-mère. Il n'y a donc pas lieu d'envisager l'inversion des rôles des espèces génératrices. Les graines sont tombées seules des capsules après la maturité. Les produits ne sont pas semblables tout en restant intermédiaires comme forme et couleurs entre les parents. Certains exemplaires se rapportent à l'*O. Grampinii*, d'autres à l'*O. etrusca*. C'est la démonstration de l'origine ancestrale commune des deux plantes. Les produits sont fertiles.

Description des produits d'hybridation artificielle.

A. *Ic.n.*, pl. 80, f. 4-10 : Même port que les petits exemplaires d'*O. aranifera*. Tiges de 15-25 cm.Feuilles oblongues, lancéolées, mucronulées, brillantes en dessus.Bractées verdâtres, herbacées,à nervures visibles,les infér. dépassant longuement l'ovaire, les supér. l'égalant à peu près. Fleurs peu nombreuses. Divisions ext. du périanthe manifestement lavées de rose plus ou moins intense, munies de 3 nervures vertes ; les lat. int. courtes, étroites, à bords un peu ondulés, d'un vert lavé de brun. Labelle comme dans l'*O. aranifera*, gibbeux à la base, à lobes latéraux assez marqués, révolutés, à lobe médian subbilobé, plus ou moins émarginé et muni d'une petite dent jaunâtre, glabre, un peu dirigée en avant. Le labelle dans son ensemble est franchement et fortement convexe dans la fleur jeune, puis s'étale peu à peu, surtout vers le sommet,comme dans l'*O. tenthredinifera*. A la base,se trouve un petit écusson glabre auquel se rattachent deux lignes symétriques rappelant un peu le dessin glabre et luisant du labelle de l'*O. aranifera*. Dans un spécimen, les deux taches symétriques sont à peine sensibles. La partie moyenne du labelle est très hirsute et d'un brun violacé. Le sommet et les bords sont d'un jaune pâle très légèrement verdâtre, glabrescents, à poils peu nombreux et très courts.

Au-dessus de la dent arquée en avant on remarque une houppe de poils un peu longs, comme dans l'*O. tenthredinifera*. Gynostème très court, à bec subobtus. Masses polliniques jaunâtres paraissant bien conformées.

B. *Ic. n.*, pl. 80, f. 11-17.— Forme plus rapprochée, par son labelle, de l'*O. tenthredinifera*, mais à divisions ext. du périanthe vertes ou légèrement lavées de rose. La houppe de poils, proche de la dent du labelle, est bien plus manifeste. Les masses polliniques paraissent bien conformées.

O. ARANIFERA × FUCIFLORA

O. aranifera < fuciflora

× **O. Aschersoni** DE NANTEUIL in *Bull. Soc. bot. Fr.*, XXXIV, p. 423 (1887) ; G. CAM. in DE FOURCY, *l'ademec. herb. par.*, éd. 6, Add., p. 327 ; *Monogr. Orch. Fr.*, p. 99 ; in *Journ. de Bot.*, VI, p. 156 (1892) ; HARIOT et GUYOT, *Contrib. Fl. Aube*, p. 116 ; G. CAM. BERG. A. CAM., *Monogr. Orch. Eur.*, p. 301 ; ROLFE in *Orch. Rev.* (1914), p. 142 ; (1918), p. 103 ; FOURN. *Brév.* p. 517.—O. aranifera × fuciflora ASCH. in *Verh. B. V. Brand.*, XIX, p. 9 (1877) et in *Mon. d. Ver. zur Bef. d. Gart. preuss. Staat.*, p. 21 (1878), p. 459, t. 6 (excl. syn. *O. arachnitiformis* GR. et PHIL.) ; M. SCHULZE, *l. c.*, nº 28, 3 ; G. CAM. BERG. A. CAM., *l. c.* ; CHATENIER in *Bull. Soc. bot. Fr.*, LVIII, p. 346 (1911).— **O. aranifero-Arachnites** DE NANTEUIL, *l. c.* — **O. fuciflora × araneifera** ASCHERS. et GRAEBN., *Syn.*, III, p. 659 (excl. syn.) (1907). — **O. aranifera × Arachnites** DE NANTEUIL, *l. c.* ; G. CAM. *l. c.* — **O. fucifloro-aranifera** ou **arachniti-aranifera** CHATENIER, *Obs. bot.*, p. 22, 23. — **O. Arachnites × sphecodes** FUCHS in *Sonder. Ber.*, XVI, *Bay. Bot. Ges. z. Erf. heim. Flora* (1917), p. 84, pl. II, f. 1-4 ; *Sonder. d. 44 Ber. d. Nat. Ver. Augsb.* (1926). — **O. Arachnites × aranifera** ROLFE. *l. c.* (1914), p. 142. — × **O. Chatenieri** ROUY, *Fl. Fr.*, X, p. 124 (1912).

Icon. : G. CAM., *Atlas*, pl. XLV ; M. SCHULZE, *l. c.*, t. 38, b ; ASCHERS. in *Berl. Monats.* (1878), p. 457, t. 6 (comme *O. arachnitiformis*) ; FUCHS. *l. c.* ; G. CAM. BERG. A. CAM., *l. c.*, pl. 25, f. 823 ; *Ic. n.*, pl. 75, f. 5-6'.

Forme se rapprochant de l'*O. fucifora* dont elle diffère par ses teintes moins vives, les div. ext. du pér. parfois vertes lavées de rose, les lat. int. moins veloutées, un peu plus allongées, par le labelle à gibbosités lat. peu marquées, rarement à dessin en II, par son appendice plus réduit, le gynostème un peu plus court et plus droit. Se distingue de l'*O. aranifera* par les div. ext. du périanthe souvent rose vif dans la fl. jeune, puis s'atténuant après l'anthèse, munies d'une nerv. verte marquée, les lat. int. plus courtes, le labelle plus large, entier, pourpre brunâtre, muni à la base d'une tache en écusson, plus rarement à dessin brun en forme d'II et à taches lat. jaunes, muni au sommet d'un appendice glabre, jaune verdâtre, peu saillant, dirigé en avant ou un peu plus développé et trilobulé.

Cet hybride pourrait être confondu avec l'*O. arachnitiformis* GR., de la rég. méridionale. Celui-ci, que nous avons étudié sur place, n'est assurément pas hybride. Les différences doivent être constatées sur le vif et ne peuvent être saisies que difficilement sur des plantes d'herbier. Le labelle de l'*O. arachnitiformis* n'est pas muni de dessins jaunes ou jaunâtres comme l'est souvent celui de l'× *O. Aschersoni*.

V. v. — Juin. — *France* : Seine-et-Oise à Champagne (BERGON, 1887 ; G. CAMUS, 1890) ; Vaux près Champagne (A. CAMUS, 1926) ; Viarmes (BOUDIER et G. CAMUS) ; Aube à Méry-sur-Seine (HARIOT), Droupt-St-Basle (HARIOT et GUYOT) ; Gers à Masseube (DUFFORT in *herb.* G. CAMUS) ; Drôme à Miribel (CHATENIER)[1], Bouches-du-Rhône aux Martigues (DENIS). — *Grande-Bretagne* : entre Newington et Lyminge (LEE ; cf. SMITH *Cat. Pl. Kent*, p. 57). — *Suisse* : Erlisbach près Aarau (KELLER). — *Allemagne* : Baden à Schönberg (ZIMMERM.), à Iéna, aux env. d'Augsbourg (FUCHS), etc. — *Autriche* : Bisamberg près Vienne (BECK), Thalheim près Wels (PFEIFFER) ; Mt Valentino (SMIRNOW).

O. aranifera > fuciflora

× **O. obscura** BECK in *O. B. Z.*, XXIX, p. 353 (1879) ; RICHTER, *Pl. Eur.*, I, p. 263 ; M. SCHULZE, *Die Orchid.*, nº 28, 4 ; G. CAM. BERG. A. CAM., *Monogr. Orch. Eur.*, p. 302.—O. aranifera ×... ASCH. in *Verh. d. bot. Prov. Brand.* (1877), p. IX ; et *Monat. Ver. z. Bef. d. Gart. Konigl. pr. Staat.* (oct. 1878) ; M. SCHULZE, *Die Orchid.*, nº 28 b. — **O. aranifera genuina × fuciflora** BECK, *Fl. N.-Oest.*, I, p. 197 (1890). — **O. fuciflora × araneifera B. obscura** ASCHERS. et GRAEBN., *Syn.*, III, p. 661 (1907). — **O. fuciflora var. obscura** SOÓ in FEDDE, *Rep. sp. nov.* (1927), p. 26.

Icon. : M. SCHULZE, *l. c.*, pl. 28 b (f. 1-3 schématisées) ; *Ic. n.*, pl. 76, f. 6.

1. Nous ne pouvons qu'identifier la plante récoltée à Miribel (Drôme) à l'× *O. Aschersoni*.

Port d'un *O. aranifera* robuste. Fl. un peu nombreuses, assez grandes. Périanthe à div. à peu près semblables à celles de cette esp., les 3 ext. blanc verdâtre, les lat. int. jaunâtres, lavées de brun. Labelle obovale, non émarginé, pourvu d'un petit appendice dirigé en avant ; gibbosités lat. peu marquées ou nulles ; tache bleuâtre basilaire ayant obscurément la forme de la lettre H, le reste du labelle brun violacé avec macules roux pâle. — Les f. 1 et 3 de M. Schulze représentent, croyons-nous, deux formes ayant la même origine ancestrale, mais se rapprochant plus de l'× O. *Aschersoni* de Nant. Il est d'ailleurs compréhensible que l'*O. aranifera* et l'*O. juciflora* donnent des hybrides de formes bien distinctes.

Autriche : Bisamberg près Vienne (Beck). — *Tyrol mérid.* à Vigolo-Vattaro (Murr).

O. FUCIFLORA × LITIGIOSA

× **O. pulchra** G. Cam. in *Bull. Soc. bot. Fr.*, XXXVIII, p. 43 (1891) ; in de Fourcy, *Vade-mec. herb. par.*, éd. 6, Add., p. 327 ; *Monogr. Orch. Fr.*, p. 99 ; in *Journ. de Bot.*, VII, p. 157 (1893) ; G. Cam. Berg. A. Cam., *Monogr. Orch. Eur.*, p. 303. — **O. fuciflora × litigiosa** G. Cam. Berg. A. Cam., *l. c.* (1908). — **O. Arachnites × litigiosa (Pseudo-Speculum** auct. pl.) G. Cam., *l. c.* (1891).

Icon. : G. Cam., *Monogr. Orch. Fr.*, *Atlas*, pl. XLII, f. B : *Ic. n.*, pl. 73, f. 9-10.

Cette plante ressemble à l'*O. fuciflora*. Div. ext. du périanthe comme dans ce dernier. Labelle entier, très velouté, ovale-oblong, à bords enroulés en dessous ; gibbosités lat. manquant, ce qui donne au labelle une forme ovoïde ; à la base du labelle, tache brunâtre très foncée, entourée d'une ligne blanche ; appendice terminal recourbé en avant, jaunâtre.

V. v. — *France* : Seine-et-Oise, Champagne au Montrognon (G. Camus).

O. ARANIFERA × SCOLOPAX

O. aranifera > Scolopax

× **O. Nouletii** G. Cam., *Monogr. Orch. Fr.*, p. 100 ; in *Journ. de Bot.*, VII, p. 158 (1893) ; G. Cam. Berg. A. Cam., *Monogr. Orch. Eur.*, p. 303. — **O. aranifera × Scolopax** G. Cam. Berg. A. Cam., *l. c.* — **O. araneifera × Scopolax** Aschers. et Graebn., *Syn.*, III, p. 656, p. p. (1907). — **O. Scopolax × aranifera** Noulet in *Herb. Mus. Paris* ap. G. Cam., *l. c.*

Icon. : G. Cam. Berg. A. Cam., *l. c.*, pl. 25, f. 866.

Plante se rapprochant plus de l'*O. aranifera* que de l'*O. Scolopax*, envoyée par Noulet à Grenier qui la définit ainsi : plante ayant le périanthe peu coloré de l'*O. aranifera* et le labelle dépourvu de tache glabre de l'*O. Scolopax*.

T. R. — *France* : Haute-Garonne au Vernet, près Toulouse, rives de l'Ariège, mai 1854 (Noulet).

O. aranifera < Scolopax

× **O. Philippi** Gren., *Rech. sur quelques Orchid. Toulon.* p. 11 (1859) ; G. Cam., *Monogr. Orch. Fr.*, p. 100 ; in *Journ. de Bot.*, VII, p. 158 (1893) ; G. Cam. Berg. A. Cam., *l. c.* ; Albert et Jahand., *Cat. Var*, p. 483 ; A. Camus in *Riviera scientif.* (1919), p. 15 ; R. A. R. in *Orchid. Rev.* (1920), p. 123. — **O. aranifera × Scolopax** G. Cam. Berg. A. Cam., *l. c.* — **O. araneifera × Scolopax** Aschers. et Graebn., *l. c.*, p. 656, p. p. — **O. Scolopax × aranifera** G. Cam., *l. c.*

Icon. : *Ic. n.*, pl. 77, f. 1-10 ; pl. 78, f. 1-11 ; pl. 79, f. 14.

Plante se rapprochant plus de l'*O. Scolopax* que de l'*O. aranifera*, mais à tache du labelle rappelant souvent celle du labelle de l'*O. aranif.* Port de l'*O. Scolopax*. Bractées lancéolées-aiguës ou subaiguës, les inf. dépassant l'ovaire. Fl. 4-8, en épi lâche. Div. ext. du périanthe ovales-lancéolées ou suboblongues, un peu plus longues que dans l'*O. Scolopax*, obtuses, verdâtres, blanches ou rosées, nervées de vert, les lat. int. verdâtres, roses ou rougeâtres, lancéolées-linéaires, obtuses, veloutées. Labelle trilobé, bigibbeux à la base, à lobes lat. triangulaires, contournés, longuement soyeux-veloutés, appliqués contre le lobe méd. et surmontés chacun d'une corne ord. porrigée ; ces lobes sont situés vers le tiers sup. du labelle et non près de sa base, comme dans l'*O. Scolopax*, de sorte, qu'entre les lobes lat. et la base du gynostème, le labelle se prolonge en un quadrilatère libre qui lui sert de large support ; lobe méd. oblong, récurvé latéralement par les bords de manière à former presque un cylindre, brun velouté surtout près du sommet, marqué au centre d'une tache brunâtre qui de la base du gynostème ne s'étend que jusqu'à la naissance des lobes lat. et ne se prolonge point au delà de leur insertion comme dans l'*O. Scolopax* ; appendice du sommet du labelle gros, épais, vert et relevé en dessus. Gynostème terminé par un bec court ou simplement apiculé.

V. v. — Avril, mai. — *France* : Gers aux env. de Masseube (Duffort) ; Var aux env. de Toulon (Philippe), à Gavaudan, près Belgentier et à l'hubac de Valbelle (Albert), entre Montrieux-le-Jeune et Montrieux le-Vieux (Huet), entre Belgentier et Montrieux (Guillemot) ; Alpes-Maritimes aux env. de Cannes (Bergon), Vence (A. Camus), route de St-Laurent-du-Var à St-Jeannet, dans la partie dominant le Var (Bergon). — *Italie* : Ligurie (Bergon in *herb.* G. Camus).

O. ATRATA × SCOLOPAX

× **O. Llenasii** Sennen in *Bol. Soc. arag. C. N.* (1912), p. 244. — **O. atrata × Scolopax** Sennen *l. c.*
Plante ord. robuste. Feuilles rappelant celles de l'*O. atrata*. Fl. assez grandes. Div. ext. du périanthe assez grandes, rose rompu lavé de vert, les lat. int. étroites, d'un rose plus ou moins brunâtre. Labelle brun foncé, trilobé, à lobes lat. plus ou moins distincts, le méd. bombé, velouté, marqué de deux lignes parallèles brillantes, réunies au sommet, plus rarement dessins rappelant ceux de l'*O. Scolopax*. Appendice nul ou assez petit, dirigé en avant.

Var. *breviappendiculata* (Duffort in G. Cam. Berg. A. Cam., *Monogr. Orch. Eur.*, p. 304).— *C. Scolopax* × *atrata* Duffort, *l. c.* — *Ic. n.*, pl. 78, f. 8. — Appendice du labelle très court. — Gers : Masseube (Duffort).

Espagne : Catalogne à Cabanas (Sennen). — *France* : Alpes-Marit. à Vence (A. Camus) ; sur la route de St-Laurent-du-Var à St-Jeannet (Bergon).

O. ARACHNITIFORMIS × SCOLOPAX

× **O. Cranbrookeana** Godfery in *Journ. of Bot.* (1921), p. 59 ; Jahand., *Add. Fl. Var*, p. 5 ; Ruppert *Sonder-Abd. aus den Verh. d. Nat. Ver. d pr. Rheinl. u. Westf.* (1926), p. 314. — **O. arachnitiformis × Scolopax** Godfery, *l. c.*
Plante moins robuste. Feuilles ressemblant à celles de l'*O. arachnitiformis*. Bractées dépassant l'ovaire, dressées, enroulées. Fleurs plus petites que dans les hybrides précédents. Div. ext. du périanthe d'un blanc teinté de rose ou roses, les lat. int. ligulées, étroites, vert jaunâtre pâle. Labelle trilobé, muni, à la base, de deux gibbosités coniques, saillantes ; lobes lat. très veloutés, projetés en avant ; lobe méd. très bombé, brun, moins foncé que dans le précédent, muni de deux lignes parallèles irrégulières, réunies au sommet, ou d'un écusson, ou de dessins jaunâtres. Appendice petit, dirigé en avant.

F. *nicæensis* A. Camus in *Bull. Soc. bot. Fr.* (1927), p. 580. — *O. arachnitiformis × Scolopax* A. Camus, *l. c.* — *Ic. n.*, pl. 130, f. 14. — Labelle muni d'une tache grisâtre en H. — Alpes-Marit. : route de St-Laurent-du-Var à St-Jeannet (Bergon) ; Gattières (A. Camus).

France : Var à Hyères, à la Maunière (Godfery) ; Alpes-Maritimes à Peymeinade (A. Camus), Vence (A. Camus). — *Ligurie* (Bergon).

§ II. — HYBRIDES DE L'O. FUCIFLORA ET DE l'O. SCOLOPAX

O. FUCIFLORA × MUSCIFERA

× **O. devenensis** Reichb. F,. *Icon.*, XIII-XIV, p. 87 (1851) ; Gremli, *Fl. Suisse*, éd. Vetter, p. 84 ; Richter, *Pl. Eur.*, I, p. 265 ; G. Cam. et Legrand in *Bull. Soc. bot. Fr.* (1903), p. 113 ; de Kersers in *Bull. Soc. bot. Fr.*, (1905) p. 530 ; Koch, *Syn.*, éd. Hall. et Wohlf., p. 2437 ; G. Cam. Berg. A. Cam., *Monogr. Orch. Eur.*, p. 304 ; Godfrin et Petitmengin, *Fl. Lorraine*, p. 73. — **O. fuciflora × muscifera** M. Schulze, *Die Orchid.*, n° 27 (4) ; in *O. B. Z.*, XLIX, p. 267 (1899) ; G. Cam. Berg. A. Cam., *l. c.* ; Ruppert in *Bot. Archiv.* (1923), p. 405 et in *Verhandl. d. Naturh. Ver. preuss. Rheinl. u. Westf.* (1925), p. 180. — **O. muscifera × fuciflora** Gremli, *l. c.* ; Aschers. et Graebn., *Syn.*, III, p. 636. — **O. muscifera × Arachnites** G. Cam. et Legrand, *l. c.* — **O. fuciflora × myodes** Reichb. F., *l. c.* — **O. myodes × Arachnites** ? Richter, *Pl. Eur.*, I, p. 265 (1890). — **O. apiculata** Reichb. f., *Icon.*, XIII-XIV, t. CCCCLIV, f. 1-4 (1851) ; non *O. apicula* J.-C. Schmidt.

Icon. : Reichb., *l. c.* ; *Ic. n.*, pl. 81, f. 5-7.

Port se rapprochant de l'un ou l'autre parent. Fl. assez petites ou de taille intermédiaire, en épi pauciflore. Div. ext. du périanthe roses ou vertes, oblongues, atténuées au sommet, les lat. int. étroites, parfois sub-filiformes, étroitement ligulées, velues en dedans. Labelle entier ou trilobé, oblong, quadrangulaire ou sub-triangulaire, d'un brun foncé ou noirâtre, avec la pubescence de l'*O. muscifera*, pourvu souvent de deux lignes luisantes, bleuâtres, ou d'un écusson, muni ou non de gibbosités basilaires et d'appendice. Gynostème ord. un peu plus court que les div. lat. int. du périanthe, étroit, allongé.

Var. **perfuciflora** Fuchs et Herm. Ziegenspeck in *Sonder. aus d. 44 Berichte des Naturwiss. Ver. Augsb.* (1926). — *Icon.* : Fuchs et Ziegenspeck,/*l. c.*, pl. 1, f. f. 1-2 ; *Ic. n.*, pl. 133, f. 2. — Port de l'*O. fuciflora*. Tige élancée, assez grêle. Div. ext. du périanthe oblongues, rétrécies au sommet, plus étroites et plus allongées que dans l'*O. fucifl.*, les lat. int. lancéolées, brunes, très étroites, dépassant le gynostème. Labelle large et ovale, plutôt triangulaire que quadrangulaire, noirâtre, velouté, muni au milieu d'une large macule blanchâtre, terminée par deux stries parallèles souvent inégales ; appendice vert, glabre, étroitement aigu, dirigé en avant. — Allemagne : Heiden près Oberottmarshausen (Aumühle).

Var. **intermedia** Rupp. ; Fuchs et H. Ziegenspeck, *l. c.*, pl. 1, f. 8-9. —*Ic. n.*, pl. 133, f. 3.—Port intermédiaire entre celui des parents. Div. du périanthe assez petites, étalées, les ext. oblongues, les lat. int. triangulaires, courtes. Labelle à peine lobé latéralement, velouté, muni au milieu d'une tache en H reliée par deux lignes transv. ; appendice court, dirigé en avant. — Allemagne : etc., disséminé.

Var. **permuscifera** Ruppert ; Fuchs et Herm. Ziegenspeck, *l. c.* – *Icon.* : Fuchs et Herm. Ziegenspeck, *l. c.*, pl. 1, f. 3-4 ; *Ic. n.*, pl. 133, f. 4-5. — Div. ext. du périanthe blanc verdâtre ou vert clair, à nerv. délicates, les lat. int. brun foncé, linéaires, plutôt plus épaisses que dans l'*O. muscifera*, poilues. Labelle ondulé, souvent un peu plat sur les bords, rouge brun foncé, entier et sans gibbosités, à dessins glabres circonscrivant un petit carré brun ; appendice très réduit, brun verdâtre.— Allemagne : Kagering (Landwirt, Lechner).

V. v. — Juillet. — *France* : Cher à la Chapelle St-Ursin (Le Grand), Meuse aux env. de St-Mihiel (Breton). — *Suisse* : cant. de Vaud aux Devens près Bex (Reichenbach, von Fellenberg) ; Alpes de Souabe à Pfullingen (Vöchting et Winkler). — *Allemagne* : assez répandu : Bade, env. de Sarrebrück (Ruppert) ; Palatinat près de Zweibrücken ; Augsbourg, Wurtemberg (d'apr. Ruppert), etc.

O. CORNUTA × FUCIFLORA

× **O. Neozimmermannii** A. Camus. — **O. cornuta × fuciflora** A. Camus. — **O. Arachnites × cornuta** Fuchs in *Sonder. aus Mitt. Bd.* XIV, *Bay. Bot. Ges. z. Erf. d. heim. Flora* (1916), p. 35.

O. APIFERA × FUCIFLORA

O. apifera < fuciflora

× **O. Albertiana** G. Cam. in *Bull. Soc. bot. Fr.*, XXXVIII, p. 41 (1891) ; in de Fourcy, *Vade-mec. herb. par.*, add., éd. 6, p. 327 ; *Monogr. Orch. Fr.*, p. 97 ; in *Journ. de Bot.*, VII, p. 155 ; de Kersers in *Bull. Soc. bot. Fr.*, t. 52, p. 530 (1905) ; G. Cam. Berg. A. Cam., *Monogr. Orch. Eur.*, p. 305 ; Houdard et Thomas, *Cat. Hte-Marne*, p. 135 ; Lambert in *Bull. Deux-Sèvres* (1908-09), p. 100 ; Ruppert in *Verh. Naturh. Ver. preuss. Rheinlande und Westf.* (1924), p. 183. — **O. apifera × fuciflora** M. Schulze in *O. B. Z.* (1899), p. 270. — **O. apifera + Arachnites** G. Cam., *l. c.* — **O. fuciflora × apifera** Aschers. et Graebn., *Syn.*, III, p. 661 (1907). *Icon.* : G. Cam., *Atlas*, pl. XLIII ; G. Cam. Berg. A. Cam., *l. c.*, pl. 25, f. 867 ; *Ic. n.*, pl. 76, f. 1-4.

Forme proche de l'*O. fuciflora*. Tubercules ovoïdes, assez gros. Tige de 1-3 décim., un peu anguleuse au sommet. Feuilles larges, oblongues-lancéolées, subobtuses. Périanthe à divisions ext. d'un rose plus ou moins vif. Labelle déprimé vers le milieu de son lobe moyen, puis recourbé en dessous près de l'appendice, celui-ci restant dirigé en avant ; gibbosités formées par les lobes lat. non ou peu séparées du lobe moyen. Bec du gynostème assez court, en S moins marqué que dans l'*O. apifera*.

Nous figurons pl. 74, f. 1, une autre forme (f. *proxima* G. Cam.) se rapprochant de l'*O. apifera*, comme port, mais à bec du gynostème plus court et appendice du labelle peu développé.

V. v. — Juin .— *France* : Seine-et-Oise à Champagne (G. Camus), Viarmes (G. Camus), Cher à la Garenne près Beaugy (Lambert) ; Hte-Marne à Aprey (Royer) ; Meuse au coteau Ste-Julie près St-Mihiel (Breton n *herb.* G. Camus) ; Bas-Rhin à Dreispitz près Mutzig (Petry), à Romanswiller (Walter et Ruppert) (1) : Moselle au Hunneberg près Forbach (Ludwig). — *Allemagne.*

× **O. Fassbenderi** Ruppert in *Deutsch. Bot. Monatssch.* (1911), n° 1. — **O. fuciflora** × **apifera** Ruppert, *l. c.*

Icon. : Ruppert, *l. c.* ; *Ic. n.,* pl. 131, f. 11, 12.

Forme très proche de l'*O. apifera*, mais div. lat. int. du périanthe d'un rose verdâtre, très poilues ; labelle très convexe, à lobes lat. moins divisés, formant deux gibbosités plus dressées en avant ; appendice dirigé en avant mais partant de dessous le labelle, les bords étant recourbés ; gynostème courbé, mais non en S.

France : Moselle au Hunneberg, près Forbach (Ruppert). — *Allemagne* : Echternacherbrück (Fassbender).

O. apifera > fuciflora

× **O. insidiosa** Duffort, *Orch. du Gers,* p. 27 ; *Extr. Bull. vulg. sc. nat. Soc. bot. et ent. Gers,* p. 11 (1902) ; G. Cam. Berg. A. Cam., *Monogr. Orch. Eur.,* p. 305. — **O. apifera** × **fuciflora** G. Cam. Berg. A. Cam., *l. c.* — **O. Arachnites** × **apifera** Duffort, *l. c.*

Icon. : *Ic. n.,* pl. 74, f. 2-4.

Forme proche de l'*O. apifera,* mais divisions ext. du périanthe elliptiques ; labelle suborbiculaire, moins nettement trilobé, à lobes lat. elliptiques, le médian un peu plus court. Diffère de l'*O. fuciflora* par le développement des bractées, par le labelle plus ou moins profondément trilobé, à bords rejetés en dessous, à lobes lat. éloignés de la base ; appendice large, épaissi, relevé en avant ! plus rarement labelle indivis, mais alors à côtés très repliés en dessous et se touchant presque par les bords. Gynostème à bec long et flexueux.

V. v. — Juin. — *France* : Gers, env. de Masseube (Duffort in *herb.* G. Camus) (2) :

Rolfe in *Orchid Review* (1919), p. 142 et (1920), p. 101, signale un hybride *O. apifera* × *Arachnites,* trouvé en Angleterre, entre Dover et Folkestone, qu'il nomme *O. Botteroni* Chodat, et qui a le labelle très récurvé de l'*O. apifera,* avec petits lobes lat. moins longuement poilus.

O. APIFERA × SCOLOPAX

× **O. minuticauda** Duffort, *Orch. Gers,* p. 27 (1902) ; G. Cam. Berg. A. Cam., *Monogr. Orch. Eur.,* p. 306 ; A. Camus in *Riviera scientif.* (1919), p. 16. — **O. Scolopax** × **apifera** Duffort, *l. c.*

Icon. : Godfery, *Nat. Orch. hybr.* in *Overdruk uit. Genetica* IX (1927) f. 14 ; *Ic. n.* pl. 74, f. 5-8.

Feuilles ressemblant à celles de l'*O. Scolopax,* mais plus nombreuses. Bractées un peu plus grandes. Div. ext. du périanthe grandes, allongées, un peu cucullées, rose pâle. Labelle se rapprochant de celui de l'*O. Scopolax,* mais à lobes lat. rappelant un peu la forme de ceux de l'*O. apifera* ; sommet du lobe méd. un peu réfléchi, entier, terminé par une languette subtriangulaire, peu épaisse, plus longue que large, brusquement dirigée en avant. Bec du gynostème long et flexueux comme dans l'*O. apifera* (3).

Mai, juin. — *France* : Gers aux env. de Masseube (Duffort) ; Alpes-Marit. : Vence au Claou, alt. 330 m. (A. Camus).

1. D'après Walter et Ruppert qui ont observé, à Romanswiller, un assez grand nombre d'échantillons d'× O. *Albertiana,* l'hybride a toujours le labelle plus grand et plus foncé que l'*O. apifera,* le bec du gynostème n'est jamais aussi allongé, ni aussi flexueux, mais beaucoup plus court et à peine courbé, l'appendice n'est jamais caché derrière le labelle, mais suspendu à ce dernier d'une façon visible et recourbé en avant en forme de virgule.
L'hybride diffère de l'*O. fuciflora* par le dessin moins compliqué du labelle, par le bec plus allongé et plus pointu, par l'appendice plus étroit, par le labelle plus ou moins trilobé et plus bombé en forme de ballon.
En posant une fl. d'*O. apifera* verticalement sur un objet, le labelle semble être à genoux, alors que *fuciflora,* dans la même position, semble assis sur le large appendice courbé en avant et que le labelle de l'hybride paraît debout sur la pointe de l'étroit appendice, dans l'axe vertical du labelle (cf. Walter et Ruppert in *Bull. Ass. philom. d'Alsace et de Lorraine,* VII, f. 2, p. 135 (1927).
2. Humbert in *Rev. Gen. Bot.* (1910), signalé avoir trouvé un *O. apifera* × *Arachnites,* en Seine-et-Oise, au Coteau de la Carrière Arnoux, près Bazemont, sans que soit spécifiée la forme à laquelle il appartient.
3. M. Godfery in *Over uit. Gen.,* IX (1927) p. 37, arrive aux mêmes conclusions que moi, au sujet de l'origine hybride de l'*O. Scolopax* à caudicules longs et se fécondant lui-même, figuré par Moggridge. Ces échantillons, trouvés, en assez grande quantité, à Cannes, proviennent fort probablement de croisement avec l'*O. apifera,* seule espèce ayant des caudicules analogues (A. Camus).

O. FUCIFLORA × SCOLOPAX

× **O. vicina** Duffort, *Orch. Gers*, p. 26 ; *Extr. Bull. vulg. sc. nat. Soc. bot. et ent. Gers*, II (1902) ; G. Cam. Berg. A. Cam., *Monogr. Orch. Eur.*, p. 305. — **O. fuciflora** × **Scolopax** G. Cam. Berg. A. Cam., *l. c.* — **O. Arachnites** × **Scolopax** Duffort, *l. c.*

Icon. : *Ic. n.*, pl. 75, f. 11-13.

Div. ext. du périanthe moins arrondies à l'extrémité que dans l'*O. fuciflora*, les lat. int. plus étroites. Labelle à 3 lobes plus ou moins profonds et à bords plus ou moins recourbés en dessous, ce qui différencie cette plante de l'*O. fuciflora*,à lobes lat. éloignés de la base et arrondis, ce qui éloigne cet hybride de l'*O. Scolopax*,à lobe méd. atténué ou subtronqué au sommet, rarement labelle indivis à côtés repliés en dessous ; dessins du labelle très variables. Appendice du labelle large, épaissi, relevé en avant, manifestement trilobulé. Bec du gynostème court, droit.

France : Gers, aux env. de Masseube (Duffort).

O. BOMBYLIFLORA × SCOLOPAX

× **O. olbiensis** G. Cam. in G. Cam. Berg. A. Cam., *Monogr. Orch. Eur.*, p. 306 (1908). — **O. bombyliflora** × **Scolopax** F. Raine ; G. Hardy in *litt.* — × **O. Rainei** Albert et Jahand., *Cat. Var*, p. 484 (1908) ? — **O. Arachnites** × **bombyliflora** ? Alb. et Jahand., *l. c.*

Port de l'*O. Scolopax*. Fleurs de même taille que dans cette espèce ou plus petites. Périanthe à divisions ext. grandes, rosées, lavées de vert ; div. lat. int. très petites, obscurément triangulaires, d'un brun pourpré, brièvement velues. Labelle ovale-oblong, rappelant celui de l'*O. Scolopax*, plus long que les div. ext. du périanthe, à lobes lat. plus ou moins séparés, contournés, très velus à la base et formant deux gibbosités coniques ; écusson de l'*O. bombyl.* ; appendice du lobe médian petit, dirigé en avant ou droit. Gynostème brièvement apiculé.

France : Var, aux env. d'Hyères (Raine).

O. LUTEA × SCOLOPAX

× **O. Pseudo-Speculum** DC., *Fl. Fr.*, V, p. 332, n° 2030 b. (1815) ; G. Cam. Berg. A. Cam., *Monogr. Orch. Eur.*, p. 306. — **O. lutea** × **Scolopax** ? DC., *l. c.* — **O. Speculum** DC, *Rapp.*, II, p. 81. — Cf. G. Camus in Monor, *Journ. de Bot.* (1896), p. 1-3, la note sur l'*O. litigiosa*.

Port et feuilles de l'*O. lutea*. Fl. 2-4. Div. ext. du périanthe très obtuses, presque tronquées, étalées, jaune pâle, les lat. int. plus planes, plus étroites et plus courtes. Labelle concave à la base, muni de deux callosités lisses et noirâtres, ovale-arrondi, presque carré, à bords réfléchis, à partie antérieure munie de 3 petites dents obtuses ; face sup. brune, jaunâtre sur les bords, velue avec une tache pâle vers le milieu, munie au centre d'un point hérissé de poils. Gynostème allongé, terminé en petite pointe aiguë, plus courte que dans l'*O. Scolopax*.

France : Hérault, collines de Fontfroide près Montpellier (1er mai 1807, DC.).

O. SCOLOPAX × TENTHREDINIFERA

× **O. Peltieri** R. Maire in *Bull. Soc. Hist. nat. Afrique du Nord*, XV, p. 90 (1924). — **O. Scolopax** × **tenthredinifera** R. Maire, *l. c.*

Fleurs grandes, égalant ou dépassant celles de l'*O. tenthredinifera*. Divisions ext. et lat. int. du périanthe pourpre vif ou roses. Labelle large ; lobe médian à bords non révolutés, mais verticalement défléchis, non ou peu émarginés au sommet ; appendice court, large, plus ou moins trilobé, involuté ; lobes lat. comme dans l'*O. Scolopax*, mais largement triangulaires. Gynostème de l'*O. Scolopax*, aigu, brièvement rostré, mais en avant très incurvé.

Algérie : env. d'Igilgili (Djidjelli) (Peltier).

O. BERTOLONII × SCOLOPAX

O. Bertolonii > Scolopax

× **O. Bergonii** A. Camus in *Bull. Soc. bot. Fr.* (1927), p. 581 ; in *Bull. Muséum Paris* (1927), p. 536. — **O. Bertolonii × Scolopax** A. Camus (1).

Icon. : *Ic. n.*, pl. 131, f. 1.

Plante ayant plutôt le port de l'*O. Bertolonii*, mais à fleurs plus petites. Fleurs médiocres, ayant un peu l'odeur de celles de l'*O. Bertolonii* (2). Divisions ext. du périanthe roses, moins grandes que dans l'*O. Bertolonii* ; divisions lat. int. petites, veloutées, plus foncées. Labelle assez allongé, mais moins que dans l'*O. Bertolonii*, moins dirigé en avant, mais légèrement convexe ou presque plan, lobé latéralement, à lobes plus ou moins marqués, formant au sommet une gibbosité courte, muni d'une tache bleuâtre, comme dans l'*O. Bertolonii* à pubescence un peu violâtre et à appendice assez marqué, dirigé en avant et en haut. Gynostème rappelant beaucoup celui de l'*O. Scolopax*, à bec court.

France : Alpes-Maritimes, entre St-Laurent-du-Var et St-Jeannet (Bergon (3), A. Camus) ; Gattières (**A. Camus**).

O. Bertolonii < Scolopax

× **O. Neoruppertii** A. Camus ap. Ruppert in *Beitr. zur Kenntnis der Orchideenflora der Riviera in Sonder-Abdr. aus den Verhandl. d. Vat. Ver. der pr. Rheinl. u. Westf.* (1926), p. 315. — **O. Bertolonii × Scolopax** A. Camus, *l. c.*

Icon. : Ruppert, *l. c.*, pl. V, VI ; *Ic. n.*, pl. 130, f. 16 et 17.

Plante haute de 25 cm. env. Tige grêle, portant deux feuilles. Feuilles oblongues, aiguës. Bractées presque aussi longues que le fruit. Div. ext. du périanthe aussi longues que le fruit, oblongues, plutôt étroites, obtuses ou rétuses, violettes, avec 2 ou 3 nerv. lat. et une nerv. méd. verte. Div. lat. int du périanthe env. 1/2 aussi longues que les ext. oblongues-linéaires, aiguës, violettes, avec une nerv. méd. verte, brièvement papilleuses en dedans. Labelle trilobé, un peu plus court que les div. ext. du périanthe, convexe, mais assez relevé en avant, brun foncé, densément velouté, muni de dessins jaunâtres rappelant assez ceux de l'*O. Scolopax* ; lobes lat. presque triangulaires, manifestement découpés, formant deux gibbosités fortement poilues. Gynostème aussi long que les div. lat. int., grêle, à angle droit sur le labelle ; connectif aigu, de longueur moyenne ; étamine rougeâtre ; pollinies jaunes.

France : Var, au col du Serre près Hyères (Ruppert, 1926).

§ III. — AUTRES HYBRIDES D'OPHRYS

O. BOMBYLIFLORA × TENTHREDINIFERA

× **O. Sommieri** G. Camus ap. F. Cortesi in *Ann. bot.* Pirotta, I, p. 360 (1904) ; G. Cam. Berg. A. Cam., *Monogr. Orch. Eur.*, p. 307. — **O. bombyliflora × tenthredinifera** Sommier in *N. G. bot. ital. n. s.* (1896), p. 254. - **O. tenthredinifera × bombyliflora** Aschers. et Graebn., *Syn.*, III, p. 662 (1907). — × **O. Humbertii** R. Maire in *Bull. Soc. Hist. nat. Afrique du Nord*, XV, p. 91 (1924).

Se rapproche plutôt de l'*O. tenthr.* Périanthe à div. ext. rosées, comme dans ce dernier, mais d'un rose moins franc, parfois verdâtres, plus larges et moins étalées ou réfléchies que dans l'*O. bombyliflora*. Div. lat. int. à bords moins enroulés que dans l'*O. bombyl.*, de forme intermédiaire entre celles des deux parents, d'un vert brunâtre. Labelle bombé, plus petit et à bords moins récurvés que dans l'*O. tenthr.*, à deux lobes gibbeux soudés au médian presque jusqu'au sommet ; macule centrale plus ou moins distincte rappelant, comme l'appendice, l'*O. tenthr.* ; faisceau de poils allongés plus ou moins marqué. Fossette stigmatifère de taille intermédiaire.

---

1. *Folia oblongo-lanceolata, rigida. Bracteæ oblongæ, pallidæ. Spica laxiflora. Sepala ovata, obtusiuscula, rosea. Petala rosea, velutina. Labellum elongatum, trilobum, subgibbosum, apiculatum.*
2. Cf. A. Camus in *Bull. bi-mens. Soc. Linn. Lyon* (1926), p. 125.
3. Cette localité a été récemment retrouvée, par moi, d'après une indication contenue dans une lettre de Bergon, (A. Camus).

Gynostème comme celui de l'*O. tenthr.*, mais plus court, lavé de brun en arrière, muni de deux ponctuations brunes, saillantes au-dessus de la fossette stigmatique, près des rétinacles.

Italie : Monte Argentario (SOMMIER). — *Algérie* : env. d'Igilgili (Djidjelli) (PELTIER).

O. FUSCA × LUTEA

× **O. Battandieri** G. CAM. BERG. A. CAM., *Monogr. Orch. Eur.*, p. 307 (1908) ; BATTAND. et JAHAND. in *Bull. Soc. Hist. nat. Afriq. du Nord* (1921), p. 167. — **O. fusca × lutea** G. CAM., *l. c.* — **O. lutea** var. **subfusca** BATTAND. et TRAB., *Fl. Alg.*, p. 201 (1884), p. p. ; LOJACONO, *Fl. Sicula*, III, p. 43. — × **O. Gauthieri** L. LIÈVRE in *Bull. Soc. d'Hist. nat. Afrique du Nord*, XIII, p. 196 (1922).

Port rappelant plutôt celui de l'*O. lutea*. Hampe florale forte. Divisions ext. du périanthe étalées, vert jaunâtre, étroites, la médiane plus large et recourbée en casque ou div. ext. toutes larges et obtuses, comme dans l'*O. lutea*. Div. lat. int. allongées, linéaires, vert jaunâtre teinté de brun, un peu ondulées. Labelle grand, assez large, bombé, largement bordé de jaune, rappelant celui de l'*O. lutea* ; lobes lat. et méd. larges, le dernier échancré ; partie médiane brun foncé, veloutée, munie de deux taches bleuâtres avec macules brun noir de l'*O. fusca* ; lobes lat. jaune lavé de brun ou de rougeâtre. Gynostème rappelant celui de l'*O. lutea*.

Terrains sablonneux. Assez répandu en Algérie et en Tunisie. — *Algérie* : env. d'Alger, entre les anciennes carrières de Birmandreis et le Sanatorium (BATTANDIER) ; pentes du Nador de Médéa, au-dessus de Lodi (GAUTHIER). — *Maroc* : Souk el Arba du Gharb (BATTANDIER et JAHAND.). — *Ligurie* (BERGON). — *Sicile* : Militello (LOJACONO).

L' × *O. Battandieri* a été obtenu artificiellement par M. DENIS (*Orch. Review*, 1922, p. 147).

O. ATLANTICA × FUSCA

× **O. Joannæ** R. MAIRE in *Bull. Soc. Hist. nat. Afr. du Nord*, XII, p. 49 (1921). — **O. atlantica × fusca** A. CAMUS. — **O. fusca × atlantica** R. MAIRE, *l. c.*

Organes végétatifs des parents. Fleurs un peu plus petites que celles de l'*O. atlantica* (2-2,5 cm. de long), ressemblant aux grandes fleurs de l'*O. fusca*, avec divisions lat. int. de l'*O. atlantica* ; les ext. moins révolutées, les lat. ext. moins étalées, moins écartées de la méd. ; les lat. int. linéaires, à bords ondulés-crispés, comme dans l'*O. atlantica*, n'atteignant que les 3/4 des ext. lat. Labelle plus petit, plus profondément trilobé que celui de l'*O. atlantica*, à ensellure peu marquée ou nulle, moins révoluté, parfois unicolore, souvent velouté, brun fauve ; partie moyenne portant deux taches bleuâtres, parfois confluentes, allongées, séparées au milieu, comme dans l'*O. fusca* ; lobe méd. un peu émarginé ; lobes lat. chevauchés par le médian ; deux petits lobules, en arrière des lobes lat., rappelant, en moins marqués, ceux de l'*O. atlantica*.

Algérie : Tlemcen (MARC), forêt de Zarifet, forêt d'Hafir (BATTANDIER, MAIRE).

O. ATLANTICA × LUTEA ?

L' × **O. Migoutiana** GAY, récolté à Médéah, est proche du précédent, il a les divisions du périanthe de l'*O. atlantica* et est peut-être issu du croisement de cette plante et de l'*O. lutea*.

O. FUSCA var. IRICOLOR × TENTHREDINIFERA

× **O. Lievreæ** MAIRE in *Bull. Soc. Hist. nat. Afrique du Nord* (1921), p. 50. — **O. fusca** var. **iricolor × tenthredinifera** MAIRE, *l. c.*

Organes végétatifs des parents. Divisions ext. du périanthe larges, obtuses, vert jaunâtre teinté de rose, surtout sur les bords, à nerv. vertes peu marquées, la div. médiane arrondie et peu rétrécie à la base. Divisions lat. int. peu allongées, assez larges, atténués au sommet en pointe obtuse, atteignant les 2/3-3/4 des lat. ext. , olivâtres, pubescentes en dedans. Labelle assez large, à lobes lat. courts, étalés ; lobe méd. peu échancré, jaune ocracé ou olivâtre et velu sur les marges, au milieu brun velouté avec deux taches confluentes assez courtes, bleuâtres plus ou moins maculées de brun rouge ; gorge canaliculée, sans bosses ; larges macules brunes sous le stigmate ; face ext. olivâtre, lavée de rose ; appendice très court, à peine relevé en dessus. Rostre en capuchon échancré. Pollen mal développé.

Algérie : Zéralda, forêt de *Pinus halepensis*, dunes (LIÈVRE).

O. LUTEA × TENTHREDINIFERA

× **O. Personei** Contesi in *Ann. di Bot.*, Roma, XIII, p. 247 (1915). — **O. lutea × tenthredinifera** G. Cam. — **O. tenthredinifera × lutea** Contesi, *l. c.*

Div. ext. du périanthe vert rosé. Labelle subquadrangulaire, allongé, trilobé ; lobe méd. bilobé, égalant presque les lat. paraissant quadrilobé, à lobules un peu divergents ; dessins semblables à ceux de l'*O. tenthredinifera*, mais bords du labelle larges, glabrescents et jaunes comme dans l'*O. lutea*.

Italie.

O. BOMBYLIFLORA × SPECULUM

× **O. Fernandii** Rolfe in *Orch. Rev.* (1918), p. 102. — **O. bombyliflora × Speculum** A. Cam's. — **O. Speculum × bombyliflora** Rolfe, *l. c.* (1918).

Port de l'*O. bombylifl.* Labelle se rapprochant de celui de cette esp., mais de structure et de couleur différentes. M. Denis a obtenu deux formes de cet hybride ; dans l'une, les div. ext. du périanthe sont vertes lavées de pourpre à la base, le labelle est trilobé, la plus grande partie est brune, plus pâle au bord, avec quelques lignes irrégulières blanchâtres et une petite tache jaunâtre sur les bords lat. Dans l'autre forme, les div. ext. sont plus pourprées, le labelle plus entier, les lignes blanchâtres plus courtes.

Ces hybrides ont été obtenus artificiellement par M. Denis.

Vers la même époque, M. Bouchard, avait pu avoir, à Nice, cet hybride par semis de graines obtenues artificiellement et faits au contact des racines de l'un des parents.

O. FUSCA × SPECULUM

× **O. Eliasii** Sennen. — **O. fusca × Speculum** Sennen.

Icon. : *Ic. n.*, pl. 133, f. 1.

Tubercules subglobuleux. Feuilles assez petites, comme dans l'*O. Speculum*. Épi biflore. Bractées égalant env. les fl. Div. ext. du périanthe vertes, ressemblant à celles de l'*O. fusca*, mais les lat. int. plus étroites et moins longues. Labelle un peu dirigé en avant, comme dans l'*O. fusca*, non bordé de jaune, comme celui de l'*O. fusca*, mais bordé de longs poils bruns un peu moins longs que dans l'*O. Speculum*, 3-lobé, à lobes lat. situés au-dessous du milieu, plus petits que dans l'*O. fusca* ; lobe méd. entier, non lobé comme dans l'*O. fusca* ; tache unique descendant plus bas que dans l'*O. fusca*, plus petite que dans l'*O. Speculum*, — Cet hybride, par ses div. ext. et lat. int. du périanthe, se rapproche surtout de l'*O. fusca* et, par son labelle, de l'*O. Speculum*.

Espagne : Burgos, Ameyugo (Elias).

× ? **O. integra** Saccardo in *Nuovo Giorn. bot. ital.*, III, p. 165 ; *Estratto d. Bull. della Soc. Veneto-Trentina di Scienze nat.*, III, n° 4, Padova (1886) ; Arcang., *Compend.*, éd. 2, p. 172 ; Fiori et Paol., *Fl. It.* p. 234 ; M. Schulze, *Die Orchid.*, n° 31, 5 ; pl. 31, 5 d, f. 2 ; G. Cam. Berg. A. Cam., *Monogr. Orch. Eur.*, p. 308. — **O. apifera × Epipactis (Cephalanthera) rubra ??** M. Schulze, *l. c.*

Port de l'*O. fuciflora*. Tige subcylindrique, haute de 3-4 décim. Feuilles oblongues-lancéolées. Divisions ext. du périanthe rosées, les lat. int. étroitement lancéolées, velues, verdâtres. Labelle ovale, entier, brièvement acuminé, dépourvu de gibbosités à la base, muni au centre de 2 macules linéaires, glabres, rosées, sans appendice. Gynostème de l'*O. fuciflora*. — Probablement cas tératologique.

Italie : la Tombola près Colfosco et Trevigiano (Saccardo) ; Trentin (Gelmi).

M. Denis a obtenu artificiellement les hybrides suivants (cf. *Orch. Review*, 1922, p. 146) :

× *O. Grampini* (*aranifera × tenthredinifera*) × *O. lutea major* = × *O. Denisii* Keller (nom. nud.) (in *Orch. Rev.* (1918), p. 127. — Cf. aussi Rolfe in *Orch. Rev.* (1918), p. 83. — Labelle large, à bordure jaune verdâtre, muni au centre de dessins marqués.

× *O. Grampini* (*aranifera × tenthredinifera*) × *O. aranifera* = × *O. fallax* nom. nud.

× *O. Grampini* (*aranifera × tenthredinifera*) × *Macchiati* (*aranifera × Speculum*) = × *O. quadruplospuria* nom. nud.

O. Bertolonii × Macchiati (*aranifera × Speculum*) — × *O. dubia* nom. nud. — Div. ext. et lat. int. du périanthe roses ; labelle velouté, à poils foncés.

O. tenthredinifera × Macchiati (*aranifera × Speculum*) — × *O. artefacta* nom. nud.

Sous-tribu II. — **GYMNADENINÆ**

Gymnadeninæ G. Cam. Berg. A. Cam., *Monogr. Orch. Eur.*, p. 308 (1908). — **Gymnadenidæ** Lindl., *Veget. Kingd.*, p. 182 (1847). — **Ebursiculatæ** Reichb. F., *Icon.*, XIII-XIV, p. 105 (1851).— **Gymnadenieæ** Parlat., *Fl. ital.*, III, p. 393 (1858) ; Pfitzer, *Entw. Anord. Orch.*, p. 96 (1887) ; *Nat. Pfl.*, II, 6, p. 90. — **Gymnadeniinæ** Engl., *Syllab.*, 90 (1892) ; Aschers. et Graebn., *Syn.*, III, p. 800.

Glandes distinctes, nues ou n'ayant à la base qu'un léger repli, rudiment de bursicule.

Gen. IX. — **HERMINIUM** R. Br.

Herminium R. Brown in Ait., *Hort. Kew.*, éd. 2, V, p. 191 (1813) ; C. L. Rich. in *Mém. Mus. Paris*, IV, p. 49 (1818) ; Endl., *Gen.*, p. 210 ; Pfitzer in Engl. et Prantl, *Pfl.*, II, 6, p. 91 ; Kraenz., *Gen. et spec.*, p. 351 ; G. Cam. Berg. A. Cam., *Monogr. Orch. Eur.*, p. 308. — **Ophrydis species** L., *Sp.*, p. 1342 (1753). — **Monorchis** Mich., *Nov. pl. gen.*, p. 30, t. 26 (1729). — **Orchidis species** All., *Fl. pedem.*, II, p. 148 (1785). — **Epipactidis species** Schmidt in May., *Phys. Aufs.*, p. 246 (1791). — **Arachnitidis species** Hoffm., *Deutschl. Fl.*, éd. 2, II, p. 79 (1804). — **Satyrii species** Pers., *Synops.*, II, p. 507 (1807). — **Herminiorchis** Foerster, *Fl. Aachen*, p. 348. — **Aopla** Lindl., *Bot. Reg.*, t. 1701 (1835). — **Aspla** Reichb., *Nomencl.*, p. 59 (1841)? — **Thisbe** Falcon. in Lindl., *Veget. Kingd.*, p. 143 (1847).

Divisions du périanthe libres, conniventes, campanulées, oblongues, subobtuses : les int. lat. plus longues et plus étroites. Labelle dirigé en avant, à 3 lobes entiers, concave à la base. Gynostème très court. Stigmate subarrondi, transversal. Anthère dressée à loges divergentes à la base, à pointes libres au-dessus des lobes lat. du rostellum soutenant les rétinacles. Masses polliniques à caudicules courts, à rétinacles gros, éloignés à la base ; bursicule nul ou très rudimentaire. Staminodes squamiformes (1). Ovaire sessile, contourné. Graines petites, atténuées aux extrémités.

Labelle à papilles dépourvues de ramuscules. Faisceaux libéro-ligneux de la tige disposés en cercle peu régulier au-dessus des feuilles principales.

1. — H. MONORCHIS

H. Monorchis R. Br. in Ait. *Hort. Kew.*, éd. 2, V, p. 191 (1813) ; Rich. in *Mém. Mus.*, IV, p. 57 ; Lindl., *Gen. and spec.*, p. 30 ; Reichb. F., *Icon.*, XIII-XIV, p. 105 ; Kraenz., *Gen. et spec.*, p. 531 ; Correv., *Alb. Orch. Eur.*, pl. XXII ; *Orchid. rust.*, p. 97 ; Richter, *Pl. Eur.*, I, p. 277 ; Blytt, *Haandl. Norg. Fl.*, éd. Ove Dahl ; p. 230 ; Babingt., *Man. Brit. Bot.*, p. 348 ; Oudemans, *Fl. Nederl.*, III, p. 340 ; Dumort., *Pr. fl. Belg.*, p. 133 ; Crépin, *Man. fl. Belg.*, éd. 1, p. 178 ; éd. 2, p. 294 ; Löhr, *Fl. Tr.*, p. 250 ; J. Mey., *Orch. G.-D. Luxemb.*, p. 14 ; Dumoul., *Fl. Maestr.*, p. 72 ; Cogniaux, *Fl. Belg.*, p. 251 ; Boreau, *Fl. cent.*, éd. 3, p. 647 ; Coss. et Germ., *Fl. Par.*, éd. 2, p. 687 ; Michal., *Hist. nat. Jura*, p. 298 ; Ard., *Fl. Alp.-Mar.*, p. 356 ; Barla, *Iconogr.*, p. 22 ; Bonnet, *Pet. fl. paris.*, p. 384 ; Brébis., *Fl. Norm.*, éd. 5, p. 393 ; G. Cam., *Monogr. Orch. Fr.*, p. 81 ; in *Journ. Bot.*, VI, p. 482 ; G. Cam. Berg. A. Cam., *Monogr. Orch. Eur.*, p. 309 ; Corrière, *N. fl. Norm.*, p. 564 ;

1. Les fleurs, très peu visibles et très petites, de l'*Herminium* attirent beaucoup les insectes par leur nectar et le parfum de miel qu'elles exhalent, surtout la nuit. Des insectes extrêmement petits transportent le pollen. Darwin a observé 27 espèces différentes sur les fleurs : des Hyménoptères (*Tetrastichus diaphanthus* Walk., *Pteromalini*), des Diptères et des Coléoptères (*Malthodes brevicollis* Payk.).

La fleur de l'*Herminium* est presque en tube, son labelle est dressé et, à sa base se trouve un très court nectaire. Les rétinacles sont relativement assez distants l'un de l'autre, gros, visqueux à la partie inférieure, subtriangulaires, en forme de casque, recouverts d'un bursicule rudimentaire qui s'ouvre très facilement. Le caudicule est court et élastique. Il est fixé au rétinacle, non pas au sommet du casque, mais à sa partie postérieure. Si le caudicule était situé au sommet du casque, il serait exposé à l'air à son point d'attache et ne pourrait se contracter pour produire l'abaissement nécessaire des pollinies. Les deux surfaces stigmatiques se touchent au centre par leurs extrémités, mais la partie développée de chacune d'elles s'étend au-dessous des rétinacles.

La partie moyenne du labelle se trouve si rapprochée du gynostème que les insectes sont obligés d'entrer dans la fleur par le même endroit, entre le labelle et l'une des div. lat. int. du périanthe et avancent avec le dos tourné du côté du labelle ; leur tête et leurs pattes antérieures pénètrent alors dans le court nectaire situé entre les rétinacles distants. L'insecte boit le nectar pendant 2 ou 3 minutes, l'articulation de la patte se trouve sous le gros rétinacle qui adhère à la jointure de la patte et reste fixé à l'insecte lorsque celui-ci quitte la fleur. Le caudicule s'abaisse alors, la masse pollinique tombe en dehors de la patte, et l'insecte, lorsqu'il entre dans une autre fleur, manque rarement de fertiliser le stigmate (Cf. Ch. Darwin, *De la fécondation des Orchidées par les insectes et des bons résultats du croisement*, trad. Rérolle, 1870, p. 72 et suiv. H. Müll., *l. c.*, p. 72 ; Kerner, *l. c.*, p. 257 ; Knuth, *l. c.*, II, 2, p. 413).

Masclef, *Cat. P.-d.-C.*, p. 155 ; Coste, *Fl. Fr.*, III, p. 406, n° 3618, *cum ic.* ; Rouy, *Fl. Fr.*, XIII, p. 95 ; Kirschl., *Fl. Als.*, II, p. 139 ; Koch, *Syn.*, éd. 2, p. 798 ; éd. 3, p. 600 ; éd. Hall. et Wohlf., p. 2439 ; Garcke, *Fl. Deutsch.*, éd. 14, p. 381 ; Seubert, *Fl. Bad.*, p. 125 ; Bach, *Rheinpreus.*, p. 373 ; Caflisch, *Ex. Fl. S. D.* p. 298 ; M. Schulze, *Die Orchid.*, n° 41 ; Aschers. et Graebn., *Syn.*, III, p. 804 ; Spenn., *Fl. frib.*, p. 240 ; W. Zimmermann, *Die Form. d. Orchid.*, p. 60 ; Kirchner, *Fl. v. Stuttgard*, p. 173 ; Kraenzlin, *Orchid.*, p. 5 ; Fischer, *Fl. Bern*, p. 78 ; Rhiner, *Pr. Waldst.*, p. 128 ; Reuter, *Cat. Genève*, éd. 2, p. 206 ; Bouvier, *Fl. Alp.*, éd. 2, p. 645 ; Morthier, *Fl. Suisse*, p. 363 ; Gremli, *Fl. Suisse*, éd. Vetter, p. 485 ; Schinz et Keller, *Fl. Schweiz*, p. 125 ; Bertol., *Fl. ital.*, IX, p. 578 ; Parlat., *Fl. ital.*, III, p. 394 ; Ces. Pass. Gib., *Comp.*, p. 182 ; Fiori et Paol., *Iconogr. fl. ital.*, n° 849 ; Ambr., *Fl. tir. aust.*, p. 719 ; Hausm., *Fl. Tirol*, p. 846 ; Hinterhuber et Pichlm., *Fl. Salzb.*, p. 194 ; Schur, *Enum. Trans.*, p. 647 ; n° 3441 ; Simk., *Enum. Trans.*, p. 504 ; Beck, *Fl. N.-Oest.*, p. 207 ; Besser, *Enum.*, p. 35, n° 1163 ; Leder., *Fl. alt.*, IV, p. 171 ; *Fl. Ross.*, IV, p. 73 ; Fellm., *Ind. Kola*, p. 330 ; Lessing in *Linn.*, IX, p. 156, 205 ; Wienm., *Fl. Petrop.*, p. 85 ; Eichw., *Prodr. Roman.*, p. 546 ; Grecescu, *Consp. Fl. Rom.*, p. 546 ; *Supp.*, p. 156 ; Pantu, *Orch. d. Rom.*, p. 104 ; *Bull. Soc. bot. Fr.* (1919), p. XL. — **Ophrys Monorchis** L., *Spec.*, éd. 1, p. 947 (1753) ; Willd., *Spec.*, IV, p. 61 ; Poiret, *Encycl.*, IV, p. 571 ; Lej., *Rev. fl. Spa*, p. 187 ; Lej. et Court., *Comp.*, III, p. 190 ; Tinant, *Fl. luxemb.*, p. 422 ; Gorter, *Fl. VII Prov.*, p. 238 ; Kops, *Fl. Batav.*, IV, n° 274 ; Hall. *Fl. Belg. sept.*, p. 626 ; DC., *Fl. fr.*, III, p. 254, n° 2028 ; Duby, *Bot.*, p. 447 ; Loisel., *Fl. gall.*, II, p. 269 ; Villars (*Ophris*), *Hist. Dauph.*, II, p. 48 ; Mutel, *Fl. fr.*, III, p. 247 ; *Fl. Dauph.*, éd. 2, p. 596 ; Boisduval, *Fl. fr.*, III, p. 50 ; Lapeyr., *Abr. Pyr.*, p. 550 ; Le Turq.-Delon., *Fl. Rouen*, p. 464 ; de Jouffroy, in *Mém. Soc. ém. Doubs*, p. 119 (1853) ; Guill., *Fl. Bord. et S.-O.*, p. 171 ; Gaudin, *Fl. helv.*, V, p. 451 ; Reuter, *Cat. Genève*, éd. 1, p. 100 ; Poll., *Fl. veron.*, III, p. 23 ; Ten., *Syll. fl. neap.*, p. 458 ; *Fl. neap.*, V, p. 241 ; Suffr., *Pl. Frioul*, p. 185 ; Kalm, *Fl. fenn.*, n° 507 ; Gorter, *Fl. ingr.*, p. 146 ; Pall., *It.*, I, p. 9 ; Georgi, *It.*, I, p. 232 ; *Beschr. Russ. R.*, III, V, p. 1273 ; Falk., *Beitr.*, II, p. 248 ; Gilib., *Exerc. phyt.*, II, p. 490, *cum ic.* ; Steph., *Fl. Mos.*, n° 615 ; Lucé, *Fl. osil.*, p. 299. — **Orchis Monorchis** All., *Fl. pedem.*, II, p. 148, n° 1832 (1785) ; Crantz, *Austr.*, p. 478 ; Scop., *Fl. carn.*, n° 1446 ; Marsch. Bieb., *Fl. Taur.-Cauc.*, III, p. 604, n° 1847". — **Epipactis Monorchis** Schmidt in May., *Phys. Aufs.*, p. 246 (1791). — **Arachnites Monorchis** Hoffm., *Deutschl. Fl.*, éd. 2, II, p. 59 (1804) sec. Reichb., *Icon.*, XIII-XIV, p. 106. — **Satyrium Monorchis** Pers., *Syn.*, II, p. 507 (1807) ; Jundz., *Fl. Lith.*, p. 266 ; Mart., *Fl. Mosq.*, p. 156. — **Herminiorchis Monorchis** Foerst., *Fl. Aachen*, p. 347. — **Herminium clandestinum** Gr. et God., *Fl. Fr.*, III, p. 299 (1856) ; Godr., *Fl. Lorr.*, II, p. 295 ; Gr., *Fl. ch. jurass.*, p. 577 ; Bl. et Malbr., *Cat. Seine-Inf.*, p. 95. — **Orchis triorchis** Car. et Saint-Lag., *Fl. descr.*, éd. 8, p. 809 (1897). — *Monorchis montana, minima, flore obsoleto, vix conspicuo* Mich., *Nov. pl. gen.*, p. 30, t. 26 ; Seg., *Pl. Veron.*, III, p. 251. — *Orchis trifolia, floribus spicatis, herbaceis* Seg., *Pl. veron.*, II, p. 131. — *Orchis bulbo unico, subrotundo, labello cruciformi* Hall., *Helv.*, n° 1262. — β *Orchis lutea, hirsuto folio* et γ *Triorchis lutea, folio glabro* et δ *Triorchis lutea altera* Baun., *Pinax*, p. 84. — *Orchis odorata moschata s. Monorchis* Baun., *l. c.*

Noms vulg. : Herminie à un bulbe. — Angl. : Musk Orchis, Green Musk-Orchis. — Allem. : Einknollige Herminie, Einknollige Ragwurz, Hängli, Höbira. — Suisse : Heubirle. — Danois : Pukkellaebe. — Hongr. : Minka. — Holl. : Rechtlip.

Icon. : Hall., *l. c.*, t. 22, f. 2 ; Seg., *l. c.*, t. 16, f. 15 ; Mich., *l. c.*, t. 26 ; Schleg., Lang. et Schk. *Deut.*, IV, f. 365 ; Gmel., *Sib.*, I, p. 18, n° 15, t. 4, f. 1 ; Loesel, *Fl. pruss.*, p. 184, n° 61 ; *Fl. dan.*, I, t. 102 ; *Engl. Bot.*, t. 711 ; Fitch et Smith, *Illustr. Brit. Fl.*, n° 1007 ; Dietr., *Fl. r. bor.*, 9 : Nees Esenb., *Gen.*, 5, 9 ; Reichb. F., *Icon.*, XIII-XIV, t. 63, CCCCXV ; Ces. Pass. Gib., *l. c.*, t. XXII, f. 7, a-g ; Oudemans, *l. c.*, pl. LXXI, f. 369 ; Correvon, *l. c.* ; Barla, *l. c.*, pl. 11, f. 17-27 ; G. Cam., *Icon. Orch. Paris*, pl. 22 ; M. Schulze, *l. c.*, t. 41 ; Hall., *Orch. Deutschl.*, f. 365 ; Garcke, *Fl. v. Deutschl.*, f. 591 ; Beck, *Fl. Nieder-Oest.*, p. 206, f. 10 ; Hegi, *Fl. v. Mittel-Eur.*, t. 74 ; Flahault, *N. fl. Alp. et Pyr.*, p. 136, *cum ic.* ; Bonnier, *Alb. N. Fl.*, p. 148 ; G. Cam. Berg. A. Cam., *l. c.*, pl. 28, f. 997-1005 ; *Ic. n.*, pl. 83, f. 20-29.

Exsicc. : Fries, 11, n° 66 ; Schultz, n° 1152 ; *Herb. n.*, n° 558 ; Reichb., n° 166 ; Billot, n° 658 ; *Fl. Austr.-Hung.*, n° 185 ; Magnier, *Fl. sel. exs.*, n° 2069 ; Bourg., *Pl. Alp. Sav.*, n° 266 ; Charmont, *Pl. alpestr.* ; Rostan, *Pedem.*, n° 33 ; *Soc. Dauph.*, n° 3064 ; *Soc. ét. fl. fr.-helv.*, n° 209 ; *Soc. Rochel.*, n°s 4332 et 4332².

Tubercules petits, subglobuleux, entiers, ord. 1 sessile et 2-3, parfois 4-5, longuement stipités (le tubercule sessile reste seul attaché à la plante lorsqu'on arrache la plante avec peu de précaution, d'où le nom d'*Herm. Monorchis* qui n'est pas justifié) (1). Tige grêle, haute de 10-40 centim., naissant du tubercule sessile, dressée, arrondie, vert clair, légèrement striée, entourée à la base de gaines courtes, aiguës, rapprochées. Feuilles inf.

---

1. Dans la rég. des plaines, l'*H. Monorchis* donne rarement des graines : sa propagation a lieu grâce aux tubercules supplémentaires.

2, rarement 3-4, ovales ou ovales-lancéolées, aiguës, rapprochées à la base de la tige, vertes un peu pliées, carénées en dessous, la sup. souvent bractéiforme et située vers le milieu de la tige, Bractées vert clair, herbacées, lancéolées ou linéaires-lancéolées, égalant env. la longueur de l'ovaire, dans les formes européennes (plus longues dans les formes asiatiques). Fleurs petites, verdâtres ou d'un jaune verdâtre, exhalant une odeur de fourmi, en épi grêle, allongé, étroit, cylindrique, subunilatéral. Périanthe à div. libres, conniventes en cloche réfléchie, les ext. lat. ovales-allongées ou ovales-lancéolées, subobtuses, 3-nervées, la méd. plus large et émarginée au sommet, les lat. int. asymétriques, plus ou moins obscurément 3-dentées vers le milieu, un peu plus étroites et plus longues que les ext., 3-nervées, à sommet obtus et réfléchi. Labelle un peu plus court que les div. ext., dirigé en haut, en forme de sac à la base, 3-fide, à lobes lat. linéaires-obtus, rarement courts et dentiformes, divergents, recourbés en faux, à lobe méd. allongé, obtus, dépassant beaucoup les lat. Gynostème court. Anthère petite, large, obtuse, dressée, d'un brun rougeâtre, à loges divergentes à la base. Stigmate subquadrangulaire ou subtriangulaire. Rostellum large et trilobé. Masses polliniques grosses, elliptiques, lobulées, blanchâtres. Caudicules très courts, distants à la base. Rétinacles grands, distincts, blancs ou légèrement rougeâtres. Ovaire sessile, linéaire-allongé, contourné, vert pâle. Capsule lancéolée-oblongue, atténuée à la base, à 6 côtes. Graines très petites, courtes, sublinéaires..

Morphologie interne

Tubercule. Grains d'amidon atteignant 30-50 μ de long env., de forme très irrégulière, plus ou moins allongés. — *Fibres radicales*. Endoderme à cadres plissés marqués. Vaisseaux de métaxylème très peu nombreux.

Tige. Stomates abondants. Dans les parties non ailées, 1-3 assises de parenchyme chlorophyllien entre l'épiderme et l'anneau lignifié. Faisceaux libéroligneux plus ou moins régulièrement disposés en cercle, parfois quelques petits faisceaux plus externes. Liber très développé. Petits faisceaux libéroligneux complètement entourés de fibres lignifiées, gros faisceaux entourés de sclérenchyme, sauf à l'intérieur du bois. Lacune occupant la partie centrale de la tige.

Feuille. Ep. — 150-270 μ env. Epiderme sup. haut de 22-35 μ, à paroi ext. peu épaisse et non bombée, muni de quelques stomates dans les feuilles sup. seulement. Epiderme inf. haut de 22-30 μ env. à paroi ext. peu épaisse et légèrement bombée, à stomates nombreux. Cellules épidermiques des bords du limbe à paroi ext. prolongée en petites pointes. Parenchyme formé de 4-6 assises chlorophylliennes. Nervures dépourvues de sclérenchyme et de collenchyme, les principales à faisceaux libéroligneux entourés de parenchyme incolore.

Fleur. — *Divisions externes du périanthe*. Epidermes ext. et int. striés, à stries ondulées. — *Labelle*. Epiderme int. prolongé en papilles obtuses, nombreuses, courtes, atteignant 40-60 μ de long. env. — Pas d'émission de nectar à l'intérieur de l'éperon (DARWIN). — *Ovaire*. Nervure des valves placentifères à peine saillante à l'extérieur. Placenta bilobé. Valves non placentifères proéminentes extérieurement. — *Graines*. Suspenseur se développant souvent beaucoup, formant des sinuosités et des gibbosités nombreuses. Graines adultes à peine striées, atténuées au sommet, 2 f.-2 f. 1/2 env. plus longues que larges. L = 450-530 μ env. (1).

V. v. — Juin, août. — *Habitat* : prairies humides, collines herbeuses, pelouses des montagnes, pâturages humides et argileux ; dunes, plaines, marais de la rég. subalpine, etc., de préférence sur le calcaire. De la plaine, monte à 1.700 m. d'alt. dans les prairies du Valais, à 2.400 m. dans la Caucase (d'apr. SCHLECHTER). — *Répart. géogr.* : presque toute l'Europe. France (surtout dans la rég. montagn. : Pyrénées, Alpes de la Haute-Savoie aux Alpes-Marit., Jura, Nord, où il est parfois dans les dunes, Est, assez abondant en Alsace-Lorraine, Ouest, parc d'Halincourt, St-Clair-sur-Epte, la Roche-Guyon, vallée de Bézou, forêt de Vernon à la fontaine de Tilly, env. de Paris à une très faible alt.), Belgique (Flandre, Luxembourg), Hollande (rare), Danemark, Suède, Norvège, Angleterre (rare, existe surtout dans l'Est et le Sud-Est), Allemagne (disséminé, très rare dans le Nord), Suisse (abondant, rég. montagn. et subalp.), Italie (zones submontagn., montagn. et alpine, rég. sept. et centr.), Autriche, assez abondant dans la Carinthie, le Tyrol, le Vorarlberg, aux env. de Salzbourg ; manque en Moravie, dans la plaine hongroise, dans la rég. de l'Adriatique, sauf en Croatie (SCHLOSS et VUK., *Fl. Croat.*, p. 1094) ; nord de la péninsule des Balkans, Russie centr. et mérid., Caucase. — Sibérie, Himalaya, Yunnan, Mongolie orientale.

1. Cf. BARANOW, *Contr. à l'embryogénie des Orchid. Hermin. Monorchis* in *Zeitschr. Russ. Bot. Ges.*, 1924; p. 5 (1925) et KIRCHNER, *Über Selbstbestäubung bei den Orchideen* in *Flora* (1922), p. 103.

HYBRIDES INTERGÉNÉRIQUES

BICCHIA × HERMINIUM = HERMIBICCHIA

× × **Hermibicchia** G. Cam. Berg. A. Cam., *Monogr. Orch. Eur.*, p. 312.

BICCHIA ALBIDA × HERMINIUM MONORCHIS

× × **Hermibicchia Aschersonii** G. Cam. Berg. A. Cam.. *Monogr. Orch. Eur.*, p. 312 (1908). — **Gymnadenia Aschersoniana** Brügg. et Killias in *Jahresb. Nat. Ges. Graub. Chur* (1887-1888), p. 175. — **Bicchia albida × Herminium Monorchis** G. Cam. Berg. A. Cam., *l. c.* (1908). — **Gymnadenia albida × Herminium Monorchis** Brügg. et Kill., *l. c.*: M. Schulze. *Die Orchid.*, 46. 5. — **Herminium Monorchis × Gymnadenia albida** Aschers. et Graebn., *Syn.*, III, p. 837 (1907).

Tubercules plus ou moins lobés. Tige de 16-18 cent., feuillée,comme dans le *Bicchia albida*, mais à feuilles plus étroites. Fleurs rappelant,comme grosseur, forme et couleur,l'*Herminium*. Labelle 3-fide, à divisions presque égales, la médiane un peu plus longue ; éperon égalant environ 1/3 de la longueur de l'ovaire. Ovaire peu contourné.

Engadine : Fina-Alp (Brügger).

ACERAS × HERMINIUM = ACERAHERMINIUM

× × **Aceras-Herminium** Gremli, *Neue Beitr.*. III, p. 35 (1883).

ACERAS ANTHROPOPHORA × HERMINIUM MONORCHIS ?

Aceras anthropophora × Herminium Monorchis ? Gremli, *Neue Beitr.*, III, p. 35 (1883) ; Aschers. et Graebn., *Syn.*, III, p. 854. — Plante très douteuse.
Suisse : Tour de Gourze, au-dessus de Chexbres (Dutoit).

Gen. XII. — BICCHIA Parlat.

Bicchia Parlat., *Fl. ital.*, III, p. 396 (1858) ; Barla, *Icon. Nice*, p. 23 ; G. Cam. Berg. A. Cam., *Monogr. Orch. Eur.*,p. 315.— **Satyrii species** L., *Spec.*, éd. 1, p. 1338 (1753).— **Orchidis species** Scop., *Fl. carn.*, éd. 2, II, p. 201 (1772). — **Habenariæ species** R. Br. in Ait., *Hort. Kew.*, éd. 2, V, p. 193 (1813) ; Swartz, *Sum. Veg. Scand.*, p. 32 (1814). — **Gymnadeniæ species** Rich. in *Mém. Mus.*, IV, p. 57 (1818). — **Platantheræ species** Lindl., *Synops.*, p. 261 (1829). — **Peristyli species** Lindl., *Gen. and spec.*, p. 299 (1835). — **Leucorchis** Meyer, *Preuss. Pfl.*, p. 50 (1839). — **(Pseudo-Orchis** Mich., *Nov. pl. gen.*, p. 30 (1729).

Divisions du périanthe non soudées, campanulées, toutes presque égales et conniventes. Labelle dirigé en avant, étalé et trilobé, muni d'un éperon brièvement cylindrique. Gynostème court. Anthère dressée, ovale, incurvée au sommet, à loges divergentes à la base et séparées par un petit bec papilleux. Staminodes courts, petits, presque plans. Rostellum petit, dressé, comprimé latéralement, à face profondément sillonnée, un peu auriculé. Ovaire tordu. Graines très petites, courtes, linéaires-oblongues (1).

Labelle peu papilleux. Faisceaux libéroligneux de la tige disposés en cercle plus ou moins régulier au-dessus des feuilles principales.

I. — B. ALBIDA

B. albida Parlat., *Fl. ital.*, III, p. 397 (1858) ; Barla, *Iconogr.*, p. 23 ; Ces. Pass. Gib., *Comp.*, p. 471 ; Cocconi, *Fl. Bologn.*, p. 486 ; Rouy, *Fl. Fr.*, XIII, p. 103 ; G. Cam. Berg. A. Cam., *Monogr. Orch. Eur.*, p. 313.

1. Les fleurs, nectarifères et parfumées, ont un éperon si court, à gorge si étroite, que seule la trompe des petits Lépidoptères peut y pénétrer pour puiser le nectar. La couleur blanche des fleurs attire les Papillons nocturnes (Darwin, H. Müller).

— **Satyrium albidum** L., *Spec.*, éd. 1, p. 944, n° 1338 (1753) ; Poiret, *Encycl.*, IV, p. 578 ; Sm., *Brit.*, p. 929 ; Vill., *Hist. Dauph.*, II, p. 42 ; Boisduval, *Fl. fr.*, III, p. 48 ; Le Turq. Delon., *Fl. Rouen*, p. 461 ; Lejeune, *Fl. Spa*, II, p. 192 ; *Revue Fl. Spa*, p. 186 ; Kalm., *Fl. jenn.*, n° 503 ; Pall... *It.*, II, p. 124, 172 ; Falk., *Beitr.* II, p. 248 ; Gilib., *Exerc. phyt.*, II. p. 484, *cum icone* ; Georgi, *Beschr. Russ.*, III, V, p. 1271. — **Orchis alpina** Crantz, *Stirp. austr.*. p. 486 (1769). — **O. albida** Scop., *Fl. carn.*, éd. 2, II, p. 104 (1772) ; Willd., *Spec.*, IV, p. 38 ; All., *Fl. pedem.*. II. p. 149 ; DC., *Fl. Fr.*, n° 2027 ; Swartz in *Act. holm.* (1800), p. 207 ; Duby, *Bot.* p. 443 ; Loisel., *Fl. gall.*. II, p. 269 ; Gr. et Godr., *Fl. Fr.*, III, p. 299; Coste, *Fl. Fr.*, III, p. 397 ; Boreau, *Fl. centre*, II, éd. 3, p. 646 ; Ardoino, *Fl. Alp.-Mar.*, p. 359 ; de Brébis., *Fl. Norm.*, pl. éd. : Blanche et Malbr., *Cat. S.-Inf.*, p. 95 ; Gren., *Fl. ch. jurass.*, p. 752 ; Michalet, *Hist. nat. Jura*, p. 296 ; Renault, *Aper. H.-Saône*, p. 246 ; Legr., *Stat. bot. Forez*, p. 223 ; Lapeyr., *Abr. Pyr.*. p. 550 ; Dulac, *Fl. H.-Pyr.*, p. 124 ; Car. et S.-Lager, *Fl. descr.*. éd. 8, p. 798 ; Magnin et Hétier, *Observ. fl. Jura*, p. 140 ; Gust. et Hérie., *Fl. Auv.*, p. 428 ; Guillaud, *Fl. Bord. et S.-O.*, p. 169 ; Godfrin et Petitmengin, *Fl. Lorraine*, p. 71 ; Poll.., *Fl. veron.*. III. p. 21 ; Ten.. *Syll. neap.*, p. 458 ; Nocc. et Balb., *Fl. ticin.*, II, p. 154 ; Lejeune et Court., *Comp.*, III, p. 188 ; Smith. *Engl. Fl.*. IV. p. 18 ; Spenn.. *Fl. frib.*, p. 238 ; Gaud., *Fl. helv.*. V. n° 2073, p. 452; Morthier, *Fl. Suisse*, p. 362 ; Seubert. *Ex. flora*, p. 123 ; Willk. et Lang., *Prodr. hisp.*, I. p. 42 ; Fellmann, *Ind. Kola*, n° 328. — **Satyrium trifidum** Vill.. *Hist. Pl. Dauph.*, II. p. 42 (1787). — **Orchis parviflora** Poir. in Lamk., *Encycl.*. IV, p. 599 (1797). — **Habenaria albida** Sw., *Summ. veget. Scand.*, p. 32 (1814). — **Sieberia albida** Spr.. *Anleit.*. II. p. 282 (1817). — **Gymnadenia albida** C. L. Rich.. in *Mém. Mus. Paris*, IV, p. 57 (1818) ; Reichb. F., *Icon.*, XIII-XIV, p. 110 ; Richter, *Pl. Eur.*, I, p. 280 ; Kraenz., *Gen. et spec.*. p. 554 ; Blytt. *Norg. Fl.*, éd. Ove Dahl, p. 232 ; Babingt., *Man. Brit. Bot.*, p. 346 ; Benth., *Brit. Flora*, p. 466 ; Oudemans. *Fl. Nederl.*, III, p. 146 ; Crépin, *Man. fl. Belg.*, éd. 1, p. 178 ; éd. 2, p. 319 ; Thielens, *Acq. fl. belg.*, p. 35 ; *Orchid. Belg. et G.-D. Luxemb.*. p. 16 ; Lec. et Lamt., *Cat. pl. centr.*, p. 349 ; Jeanb. et Timb.-Lagr., *Massif Laurenti*, p. 290 ; Corbière, *N. fl. Norm.*, p. 560 ; Correvon, *Alb. Orchid. Eur.*, pl. XVIII. Godet, *Fl. Jura*, p. 692 ; Bouvier. *Fl. Alp.*, éd. 2, p. 643 ; Schinz et Keller, *Fl. Schweiz*, p. 126 ; Hausm., *Fl. Tirol*, p. 840 ; Ambr., *Fl. Tir. austr.*, I, n° 83 ; Fiori et Paol., *Icon. fl. ital.*, n° 841 ; Rhiner, *Prodr. Waldst.* p. 127 ; Bach, *Rheinpreuss.*, p. 372 ; Foerster, *Fl. ex. Aachen*, p. 347 ; Odorny, *Fl. Moehr. Oest. Schl.*, p. 251 ; Garcke, *Fl. Deutschl.*. éd. 14, p. 379 ; Koch, *Syn.*, éd. 2, p. 794 ; éd. 3, p. 597 ; éd. Hall. et Wohlf., p. 2432 ; M. Schulze, *Die Orchid.*, n° 16 ; Zimmerm., *Die Form. d. Orchid.*, p. 65 ; Aschers. et Graeb., *Syn.*, III, p. 821 ; Simk., *Enum. pl. Trans.*, p. 502 ; Beck, *Fl. Nied.-Oest.*, p. 209 ; Hinterhuber et Pichlm., *Pr. Gl. Herz. Salzb.*, p. 196 ; Grecescu, *Consp. Fl. Roman.*, p. 546 ; Kanitz, *Pl. Rom.*, p. 118 ; Pantu, *Contr. Fl. Bucegilor*, p. 6 et *Orch. d. Rom.*, p. 127 ; de Litardière in *Bull. Soc. bot. Fr.* (1923), p. 819. — **Entaticus albidus** Gray, *Nat. Arr. Brit. Pl.*, II, p. 205 (1821). — **Chamorchis albida** Dumort., *Fl. Belg.*, p. 133 (1827). — **Peristylus albidus** Lindley, *Syn. Br. Fl.*, éd. 2, p. 261 (1829) ; *Gen. and spec.*, p. 299 (1835) ; Bertol., *Fl. ital.*, IX, p. 572 ; Leder., *Fl. Ross.*, IV, p. 73. — **Platanthera albida** Lindl., *Syn. Br. Fl.*, éd. 2, p. 261 (1829). — **Cœloglossum albidum** Hartm., *Handb. Scand. Fl.*, III, p. 205 (1838) ; Gmel., *Fl. bad.*, III, p. 552 ; Kirschl., *Fl. Als.*, II, p. 138 ; Gremli, *Fl. Suisse*, éd. Vetter, p. 483 ; G. Cam., *Monogr. Orch. Fr.*, p. 79 ; in *Journ. Bot.*, VI, p. 481 ; Bubani, *Fl. pyr.*, p. 41. — **Blephariglottis albiflora** Rafin., *Fl. ital.*, III. p. 397 (1858) ; — **Gymnadenia lucida** Fuss in *Osterr. Bot. Zeit.*, VIII, p. 22 (1858). — **Leucorchis albida** Meyer ap. Schur. *Enum. Pl. Transs.*, p. 645 (1866); Schlechter in Fedde, *Repert. sp. nov.* (1920), p. 289; in Kell. et Schl., *Ic.* p. 239. — **Habenaria densiflora** Schur, *Enum. pl. Transs.*, p. 645 (1866). — **Orchis ecalcarata** Vayr. et Cost. in *Ann. hist. nat. Madr.*, X, p. 98 (1880). — *Orchis palmata alpina, spica densa albo-viridi* Hall., *Opu.* p. 149. — *Orchis radicibus confertis teretibus, calcare brevissimo, labello trifido* Hall., *Helv.*, n° 1270. — *Helleborine Broccenbergensis* Riv., *Hex.*, t. 3. — *Pseudo-Orchis alpina, flore herbaceo* Mich., *Gen.*, 30, t. 26. — *Limodorum montanum, flore albo dilute virescente* Chom., *Act. paris.*, p. 517 (1705).

Noms vulg. : Orchis blanchâtre. — Angl. : Small white Habenaria. — Allem. : Weiss-Zügel, Weissblütige Höswurz, Weissliche Ragwurz, Weisse Nachdrüsenständel, Weissliche Hohlzunge. — Holl. : Witachtige Naaktklierbloem.

Icon. : Hall., *Ic. helv.*, t. 26, f. 1 ; *Fl. Dan.*, t. 115 ; Curtis, *Fl. Lond.*, éd. Grav., IV, t. 99 ; Sw., *Bot.*, VIII, t. 507, f. 1 ; Sm., *Engl. Bot.*, t. 505 ; Hook., *Fl. Lond.*, V, t. 107 ; Fitch et Smith, *Illustr. Brit. Fl.*, n° 1004 ; Michel., *Gen.*, p. 30, t. 26, f. A, B, C ; Nees Esenb., *Gen.*, V, 6, 13-20 ; Dietr., *Preuss. Fl.*, 1, 67 ; Schl. Lang. Schk., *l. c.*, f. 348 ; Reichb. F., *Icon.*, XIII-XIV, t. 67, CCCCXIX, f. I-III, 1-26 ; Hallier, *Fl. v. Deutschl.*, f. 348 ; Hegi, *Fl. v. Mitteleuropa*, t. 74 ; Barla, *l. c.*, pl. 11, f. 1-16 ; Ces. Pass. Gib., *Comp.*, t. XXIV, f. 5, a-f ; M. Schulze, *l. c.*, t. 16 ; *Ic. n.*, pl. 82, f. 10-16.

Exsicc. : Billot, n° 466 ; Reichb., n° 1845 ; Bourg., *Pl. Alp. Savoie*, n° 257 ; *Pl. Alp.-Marit.*, n° 352 ; Soc. Dauphin., n°s 2636 et *bis* ; Soc. Rochel., n° 4658.

Tubercules profondément incisés, à divisions cylindriques, atténuées insensiblement, accompagnés de fibres radicales épaisses, longues, blanchâtres, charnues, papilleuses. Tige de 2-4 dm., cylindrique, d'un vert clair, entourée à la base de 2-3 gaines. Feuilles 4-5, rarement 6, assez rapprochées, d'un beau vert, nervées, les infér. oblongues, ovales, obtuses ou brièvement aiguës, souvent un peu plus larges vers le haut, étalées ou un peu dressées, les supér. lancéolées, aiguës, mucronulées. Bractées lancéolées, acuminées ou ovales-lancéolées, aiguës, d'un vert clair, égalant ou dépassant l'ovaire. Fleurs odorantes, nombreuses, petites, blanchâtres ou jaunâtres, très rapprochées, en épi dense, subunilatéral, étroitement cylindrique, long de 2-6 centim. Périanthe (à l'exception du labelle) à divisions conniventes en casque, campanulées, les externes ovales, obtuses, concaves, carénées, presque cucullées, 3-nervées, blanches, verdâtres sur la carène, la moyenne plutôt plus courte que les lat., les divisions lat. int. égalant env. la moyenne ext., un peu charnues, ovales, atténuées en un court onglet à la base, subtrilobées, presque verdâtres ou d'un blanc jaunâtre. Labelle égalant environ les divisions ext. du périanthe, d'un blanc jaunâtre ou verdâtre, dirigé presque horizontalement, à base large, à 3 lobes, les lat. linéaires, aigus ou presque obtus ou dentiformes, le médian une fois plus large et ordt plus long que les lat. Éperon jaunâtre, dirigé en bas, obtus, court, égalant le tiers ou au plus la moitié de la longueur de l'ovaire. Gynostème court, obtus ou aigu. Stigmate transversal, subréniforme ou subquadrangulaire. Anthère dressée, à loges divergentes à la base, d'un blanc verdâtre. Masses polliniques lobulées, jaunâtres. Caudicules très courts, blanchâtres. Rétinacles nus, petits, blanchâtres. Staminodes planiuscules, courts. Ovaire sessile, allongé, fusiforme, atténué au sommet, subtriquètre, verdâtre. Capsule allongée, obtuse, à 6 côtes dont 3 saillantes.

Morphologie interne

Tubercule fusiforme. Structure semblable à celle des bulbes des *Orchis* appartenant au sous-genre *Dactylorchis*. Plusieurs cylindres centraux. Endoderme à cadres subérisés peu marqués. Vaisseaux de métaxylème manquant souvent. Grains d'amidon très abondants dans l'écorce, souvent groupés, atteignant 5-10 μ de diam.

Tige. Cuticule striée. 3-6 assises de parenchyme chlorophyllien, à méats et canaux aérifères, entre l'épiderme et l'anneau lignifié. 9-12 assises sclérifiées à parois très épaisses, englobant souvent les petits faisceaux libéroligneux ext. Faisceaux libéroligneux en cercle plus ou moins régulier, au-dessus des feuilles principales, ne pénétrant pas profondément dans la tige, tous entourés de tissu lignifié, au moins en dehors du liber. Parenchyme ordt résorbé au centre de la tige.

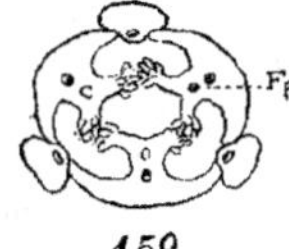

Biochia albida. — Fig. 159 : section transv. schématique de l'ovaire ; Fp, faisceau placentaire.

Feuille. Ep. = 400-500 μ. Epiderme sup. recticurviligne (pl. 116, f.146), strié, haut de 60-100 μ, à paroi ext. légèrement bombée et épaisse de 10-15 μ, n uni de stomates même dans les feuilles inf. Epiderme inf. recticurviligne, haut de 30-60 μ, à paroi ext. légèrement bombée et épaisse de 8-10 μ, à stomates très nombreux. Paroi ext. des cellules épidermiques des bords du limbe prolongée en pointes nettes, symétriques, un peu arrondies. Mésophylle formé de 7-10 assises de cellules, les assises sup. contenant beaucoup plus de chlorophylle que les assises inf. Nervures principales munies de collenchyme à parois très épaisses à la partie inf. du faisceau, de parenchyme incolore et de parenchyme chlorophyllien au-dessus et au-dessous du faisceau libéroligneux ; la nerv. médiane à section concave-convexe, les autres à section plane.

Fleur. — *Divisions externes du périanthe.* Cuticule striée perpendiculairement aux parois latérales de l'épiderme. Bords non sensiblement papilleux. — *Divisions latérales internes.* Cuticule non ou peu striée. Bords à papilles courtes. — *Labelle.* Epidermes sup. et inf. à peine papilleux. — *Eperon.* Epidermes pourvus de papilles très rudimentaires. 4-6 assises de cellules entre les épidermes. Emission très nette de liquide sucré à l'intérieur de l'éperon. L'abondance de nectar attire beaucoup d'insectes (1). — *Anthère.* Epaississements en anneaux incomplets peu abondants dans l'assise mécanique. — *Pollen.* Cellules gélifiées du caudicule peu nombreuses. Exine légèrement rugueuse à la périphérie des massules. L. = 20-30 μ env. — *Ovaire* (f. 159). Valves placentifères à nervure non saillante extérieurement et contenant un faisceau libéroligneux ext. à bois int. et un faisceau int. libérien placentaire. Placenta long, divisé à l'extrémité, à divisions divergentes. Valves non placentifères assez développées, proéminentes à l'extérieur, renfermant un faisceau libéroligneux. — *Graines.* Cellules du tégument à parois rectilignes, non ou à peine striées. Graines arrondies au sommet, 1 f. 1/2-2 f. 1/4 plus longues que larges. L = 340-430 μ env.

1. O. v. Lippmann a constaté que les fl. élaborent de la vanilline (Cf. Lippmann in *D. chem. G.*, XLV, p 3432).

Var. β **tricuspis** Beck, *Fl. Nied.-Oest.*, p. 209 (1890) ; M. Schulze, *Die Orchid.*, n° 46, 2 ; in *O. B. Z.*, XLIX, p. 12 (1899) ; in *Mitth. B. V. N. F.*, XVII. p. 69 (1902) ; XIX, p. 118 (1904) ; G. Cam. Berg. A. Cam., *l. c.*, p. 315 ; Zimmerm. in *Mitt. Bad. Land. Nat.*, (1911), p. 51 ; *Die Form. d. Orchid.*, p. 65 ; Zapalow., *Consp. Fl. Galic.*, p. 216. — Labelle à lobes lat. étroits, aigus, égalant env. le lobe méd. — Allemagne (Bade, Thuringe ap. Zimmerm.), Autriche, Galicie, Tyrol, Italie septentr., Suisse (Tessin au M. Generoso).

Var. *ochroleuca* Murr. — Fl. jaune brillant. — Arlberg.

La var. *borensis* (*Gymn. albida* var.) Zapalow., *l. c.* — *Leucorchis lucida* Fuss in *O. B. Z.* (1858), p. 22. — *Gymn. lucida* Schur in *S. V. Nat.* (1859), p. 216. — *Habenaria densiflora* Schur, *En. Pl. Transs.*, p. 645 (1866). — *Leucorch. albida* f. *lucida* Soó in Fedde, *Rep. sp. nov.* (1927), p. 32, ne paraît différer du type que par sa robustesse.

La var. *breviloba* Schlecht. in Fedde, *Repert.*, XVI, p. 289 (1919), se distingue par les lobes du labelle courts et obtus. — Europe septentrionale.

V. v. — Mai-juillet : dans les Alpes. juillet-août. — *Habitat* : pelouses rases et prés des montagnes, landes, bruyères et clairières alpestres, rarement sur sol tourbeux ; grès, souvent sur la silice, descend dans les plaines, monte à 2.250 m. dans le Valais, à 2.370 m. dans le Tyrol (Kerner), à 2.400 m. dans les Pyrénées et à 2.700 m. en Italie (Parlat.). — *Répart. géogr.* : Europe arctique, septentr. et centrale, Espagne (R., Pyrénées, Monte Serrato. Val de Culaous), France [Pyrénées, Cévennes, Forez, Auvergne, Centre, Alpes, haut Jura, Vosges, Ardennes. env. de Paris, Normandie, Corse à Pozzines, au bord du lac de Melo, alt. 1.800 m. (R. de Litardière)] ; Iles Britanniques (peu rare dans les montagnes), Islande, Belgique (T. R., rég. des Ardennes), Luxembourg, Hollande, Danemark, Suède, Norvège, Laponie, Allemagne (disséminé, mais rare dans les plaines du N.), Suisse (Alpes, Jura, rég. subalpine), Italie (rég. alpine et subalpine, rarement montagneuse. de 1.600-2.700 m. d'alt., dans les Alpes, les Apennins jusqu'aux Abruzzes). Tyrol, Autriche, Salzbourg, Carinthie, Bohême, Hongrie, partie sept. de la péninsule des Balkans, Russie centr. — Groënland.

HYBRIDES INTERGÉNÉRIQUES

BICCHIA × GYMNADENIA = GYMNABICCHIA

× × **Gymnabicchia** G. Cam. Berg. A. Cam.. *Monogr. Orch. Eur.*, p. 315 (1908). — **Leucadenia** Schlechter in Fedde, *Rep. nov. sp.*, XVI, p. 290 (1920).

BICCHIA ALBIDA × GYMNADENIA CONOPEA

× × **Gymnabicchia Schweinfurthii** G. Cam. Berg. A. Cam., *Monogr. Orch. Eur.*, p. 315 (1908) ; Rolfe in *Orch. Rev.* (1919), p. 171. — **Gymnadenia Schweinfurthii** Hegelmaier ap. Kern. in *Verh. K. K. zool. bot. Ges. Wien*, XV, p. 213 (sep. p. 11) (1865) ; Oborny, *Fl. Moehr. Oest. Schles.*, p. 251 ; Koch, *Syn.*, éd. Hall. et Wohlf., p. 2432 ; Kraenzl., *Gen. et spec.*, p. 563. — G. **Aschersonii** Brügger, *Herb.* ap. M. Schulze, in *Mitt. Th. B. V. N. F.* (1904). — × **Leucadenia Schweinfurthii** Schlechter in Fedde, *Rep. nov sp.*, XVI, p. 290 (1920). — **Bicchia albida × Gymnadenia conopea** G. Cam. Berg. A. Cam., *l. c.* — **Gymnadenia albida × conopea** Selander, *Svensk. Bot. Tidschr.*, IV (1910), p. 36 ; M. Schulze, *Die Orchid.*, n° 46, 2. — G. **conopea × albida** Hegelm. in *Oest. bot. Zeit.*, XIV, p. 102 (1864) ; Oborny, *l. c.* ; Hall. et Wohlf., *l. c.* ; Wolley-Dod in *Journ. of Bot.* (1918), p. 352. — G. **conopseo-albida** Rolfe in *Orchid. Rev.* (1898), p. 238. — G. **conopea × B. albida** Rolfe, *l. c.* (1919).

Icon. : A. Kern., *l. c.*, t. V, f. XV-XVI ; M. Schulze (reprod. pl. Kern.), t. 46 b ; f. 3, 4 ; *Ic. n.*, pl. 96, f. 19-20.

Tubercules 2, comprimés, profondément incisés-digités, étroitement cylindracés comme dans le *B. albida*, mais à divisions plus courtes. Tige de 25 centim. env., dressée. Feuilles 5, les infér. ovales-oblongues, obtuses, les supér. ovales-lancéolées, aiguës. Bractées plutôt plus longues que l'ovaire. Epi cylindrique, presque unilatéral. Fleurs d'un rose blanchâtre, plus grandes que dans le *B. albida*, plus petites que dans le *G. conopea*. Divisions ext. du périanthe courtes, obtuses, larges à leur base, étalées ou subcampanulées, les lat. non ou peu rejetées en arrière ; les lat. int. larges, obtuses. Labelle un peu plus dilaté au sommet qu'à la base, un peu étalé, pendant, à 3 lobes accentués, subobtus, presque égaux en longueur et en largeur. Eperon dirigé en bas, assez long, dépassant le labelle, mais ordt plus court que l'ovaire, plus gros et moins allongé que dans le *G. conopea*.

T. R. *Suède septentr.* (SELANDER). — *Écosse* : env. d'Arisaig, Inverness-shire (WOLLEY-DOD d'apr. ROLFE). — *Allemagne* : Thuringe entre Ober-Weissbach et Neuhaus (HAUSSKNECHT). — *Autriche* : Moravie entre Altvater et Peterstein (HEGELMAIER). — *Suisse* : Albula au Val de Cloter (KRÄTTLI ap. M. SCHULZE).

F. **Muellneri** G. CAM. — **B. albida** × **G. conopea** G. CAM. — **G. conopea** f. **viridiflora** L. KELLER et H. FLEISCHMANN in *Verh. Zool. Bot. Ges. Wien* (1907), p. 457 ; FEDDE, *Repert.*, VI, p. 32.

Tubercules profondément divisés. Tige de 35 centim. de haut, feuillée jusqu'à l'épi. Feuilles décroissantes de bas en haut, linéaires, les infér. larges de 15 mm. Inflorescence oblongue, petite, étroite. Bractées 3-nervées, presque aussi longues ou un peu plus courtes que les ovaires. Périanthe petit, 3 fois plus court que le fruit, à divisions vertes, les lat. int. et le labelle bordés de violet brillant. Casque obtus, long de 2 mm. Division ext. moyenne en capuchon. Labelle 3-lobé, à lobe moyen égalant les lat. Eperon dirigé vers le bas, arqué en avant à l'extrémité, égalant au plus la longueur de l'ovaire. Fruit long de 7-8 mm., presque dressé. — MM. KELLER et FLEISCHMANN déclarent que cette plante correspond à la forme de croisement du *G. conopea* × *G. albida* mais en diffère par des caractères qui, selon nous, ne dépassent aucunement les limites de variations des hybrides. Nous n'hésitons pas à rattacher cette plante intéressante au *Gymnabicchia Schweinfurthii* G. CAM. BERG. A. CAM.

Autriche : « Kalkalpen, Krummbachgraben des Schneeberges » (KARL MÜLLNER).

BICCHIA ALBIDA × GYMNADENIA ODORATISSIMA

× × **Gymnabicchia Strampffii** G. CAM. BERG. A. CAM., *Monogr. Orch. Eur.*, p. 316 (1908). — × **Gymnadenia Strampffii** ASCHERS. et in *Oest. bot. Zeit.*, XV, p. 179 (1865) ; ASCHERS. et GRAEB., *Syn.*, III, p. 825 ; RICHTER, *Pl. Eur.*, I, p. 280 ; KOCH, *Syn.*, éd. Hall. et Wohlf., p. 2432. — **Leucadenia Strampfii** SCHLECHTER in FEDDE, *Rep. nov. sp.*, XVI, p. 290 (1920). — Bicchia albida × Gymnadenia odoratissima G. CAM. BERG. A. CAM., *l. c.* — G. odoratissima × albida ASCHERS., *l. c.* ; KOCH, *Syn.*, éd. Hall. et Wohlf., p. 2432 ; GREMLI, *Fl. Suisse*, p. 446. — G. albida × odoratissima M. SCHULZE, *Die Orchid.*, n° 46, 4 ; *Mitth.Th.B.V.N.F.*, X, p. 82 (1897) ; XIX, p. 119 (1904). — G. odoratissima × Coeloglossum albidum GREMLI, *Fl. Suisse* éd. Vetter, p. 483. — G. odoratissima × Leucorchis albida SCHLECHTER, *l. c.*

Tubercules palmés, se rapprochant plutôt de ceux du *G. odorat.* Tige de 20 cm. env. Feuilles lancéolées, obtuses, les sup. plus étroites, aiguës ou acuminées. Fleurs nombreuses, plus grandes que dans le *Bicchia*, à parfum rappelant celui des fl. de *G. odorat.*, jaunes ou rose pourpré ou d'un jaune teinté de rouge, ou de rose, disposées en épi de 3-5 cm., parfois, mais rarement, unilatéral. Bractées vertes, les inf. dépassant presque les fl. Divisions lat. ext. du périanthe lancéolées, étalées et non ovales, conniventes en cas que comme dans le *B. albida*. Labelle jaune brillant, plus ou moins 3-lobé, ovale, plus large à la base. Eperon cylindrique, assez obtus, comme dans le *Bicchia*, un peu recourbé en avant, égalant presque la moitié de l'ovaire.

Suisse : Engadine, env. de Samaden (STRAMPFF), Alp Ozerra, Poschiavo (POZZI). — *Autriche* : Krummbachsattel des Schneeberges (ABEL in *Verh. Z. Bot. Ges. Wien.*, XLII p. 614 (1897).

BICCHIA ALBIDA × ORCHIS MACULATA

× × **Orchis Bruniana** BRÜGG. in *Jahr. nat. Ges. Graub.*, XXIII-XXIV, p. 118 (1880) ; G. CAM. BERG. A. CAM., *Monogr. Orch. Eur.*, p. 316. — **Gymnadenia albida × Orchis maculata** BRÜGG., *l. c.* ; M. SCHULZE, *Die Orchid.*, n° 46, 6. — **Orchis maculata × Leucorchis albida** SCHLECHTER in FEDDE, *Rep. nov. sp.*, X VI, p. 290 (1920).

Cette plante n'a pas été décrite jusqu'à présent et nous n'avons pu en voir aucun échantillon.

Suisse : Schimberg près Entlebuch.

Gen. XIII. — **CŒLOGLOSSUM** Hartm.

Cœloglossum HARTM., *Handb. Scand. Fl.*, éd. 1, p. 329 (1820) ; PFITZER ap. ENGL. et PR., *Pfl.*, II, 6, p. 91 ; G. CAM. BERG. A. CAM., *Monogr. Orch. Eur.*, p. 316. — **Satyrii species** L., SPEC., éd. 1, p. 1337 (1753). — **Orchidis species** CRANTZ, *Stirp. austr.*, VI, p. 491 (1769). — **Habenariæ species** R. BROWN in AIT. *Hort.*

Kew., éd. 2, V, p. 192 (1813). — **Gymnadeniæ species** Rich. in *Mém. Mus. Paris*, IV, p. 57 (1818).— **Himantoglossi species** Reichb., *Fl. excurs.*, I. p. 119 (1830). — **Peristyli species** Lindl., *Gen. and spec.*, p. 299 (1835) ; Endl., *Gen.*, p. 209 ; Benth. et Hook., *Gen.*, III, p. 625 (1883).- - **Cæloglossum** Steudel, *Nomencl.*, éd. 2. I. p. 247 (1840). — **Platanthera 2 crassicornes** Reichb. F., *Icon.*, XIII-XIV, p. 129 (1851). Périanthe à divisions libres, conniventes, les ext. ovales, les lat. int. étroites, linéaires, presque aussi longues que les ext. Labelle dirigé en avant, ordt plus long que les autres divisions du périanthe, enroulé pendant la préfloraison, sublinéaire ou bilobé au sommet, à lobes séparés par une dent ou 3-lobé. Eperon court, obtus, recourbé. Gynostème étroit. Anthère dressée, à loges divergentes à la base. Masses polliniques 2, à caudicules courts ; rétinacles renfermés dans une bursicule très rudimentaire. Pointes de l'anthère situées au-dessus des lobes lat. du rostellum (1). Staminodes grands, obtus. Ovaire oblong, sessile, contourné. Graines très petites, courtes, sublinéaires.

Labelle peu papilleux, à papilles dépourvues de ramuscules. Faisceaux libéroligneux de la tige disposés en cercle assez régulier au-dessus des feuilles principales.

1. — C. VIRIDE

C. viride Hartm., *Handb. Skand. Fl.*, éd. 1. p. 329 (1820) ; Babingt., *Man. Brit. Bot.*, éd. 8, p. 546 ; Oudemans, *Fl. Nederl.*, LXX, nº 365 ; Richter, *Pl. Eur.*, 1, p. 277 ; Parlat., *Fl. ital.*, III, p. 407 ; Visiani et Saccardo, *Cat. Ven.*, p. 56 ; Ces. Pass. Gib., *Comp.*, p. 183 ; Arcang., *Comp.*, éd. 2, p. 163 ; Fiori et Paol., *Fl. ital.*, I. p. 248 ; *Iconogr.*, nº 848 ; Cortesi in *Ann. bot.* Pirotta. II, p. 184 ; Lec. et Lamt., *Cat. Pl. cent.*, p. 350 ; Barla, *Iconogr.*, p. 26 ; G. Cam., *Monogr. Orch. Fr.*, p. 78 ; in *Journ. de Bot.*, VI, p. 480 ; G. Cam. Berg. A. Cam., *Monogr. Orch. Eur.*, p. 317 ; Bubani, *Fl. pyr.*, p. 42 ; Gautier, *Pyr.-Or.*, p. 400 ; Correvon, *Alb. Orch. Eur.*, pl. VIII ; *Orch. rust.*, p. 61 ; f. 11 ; Rouy, *Fl. Fr.*, XIII, p. 94 ; Rhiner, *Prodr. Waldst.*, p. 127 ; Gremli, *Fl. Suisse*, éd. Vetter, p. 483 ; Schinz et Keller, *Fl. d. Schweiz*, p. 125 ; Keller in *Bull. Herb. Boiss.*, III, p. 379 ; Fischer, *Fl. Bern.*, p. 77 ; Blytt, *Norg. Fl.*, éd. Ove Dahl, p. 230 ; Schultz, *Palat.*, p. 445 ; Koch, *Syn.*, éd. 2, p. 795 ; éd. 3, p. 598 ; éd. Hall. et Wohlf., p. 2434 ; Caflisch, *Ex. Fl. S. D.*, p. 297 ; Foerster, *Fl. Aachen*, p. 347 ; M. Schulze. *Die Orchid.*, nº 42 ; Sturm et Schinz, *Vez. Nurnb.*, Erl. p. 95 ; Aschers. et Graeb., *Syn.*, III, p. 805 ; Zimmerm., *Die Form. d. Orchid.*, p. 61 ; Ambr., *Fl. Tirol. austr.*, I, p. 703 ; Hausm., *Fl. Tirol*, p. 841 ; Hinterhuber et Pichlm., *Fl. Salzb.*, p. 193 ; Beck, *Fl. N.-Oest.*, p. 208 ; Simk., *Enum. Trans.*, p. 303 ; Grintescu in *Bull. géogr. bot.*, p. 65. — **Satyrium viride** L., *Spec.*, éd. 1, p. 944 (1753) ; Lamk, *Illustr.*, Poiret, *Encycl.*, VI, p. 576 ; Villars, *Hist. Dauph.*, II, p. 41 ; Le Turq.Delon., *Fl. Rouen*, p. 461 ; Smith, *Brit.*, p. 923 ; Boisduval, *Fl. fr.*, III, p. 48 ; Bonnet, *Pet. fl. paris.*, p. 383 ; Séb. et Mauri, *Fl. rom. pr.*, p. 308 ; Ten., *Fl. nap.*, II, p. 301 ; Lej., *Fl. Spa*, II, p. 191 ; *Rév. fl. Spa*, p. 186 ; Hocq., *Fl. Jemm.*, p. 255 ; Gorter, *Fl.*, VII, *Proo.*, p. 236. — **S. fuscum** Huds., *Fl. angl.*, p. 337 (1762). — **Orchis viridis** Crantz, *Stirp.austr.*, VI, p. 491 (1769) ; Willd., *Spec.*, IV, p. 33 ; Lej. et Court., *Comp.*, III, p. 185 ; Tinant, *Fl. luxemb.*, p. 442 ; Hall, *Fl. Belg. sept.*, p. 626 ; de Vos, *Fl. Belg.*, p. 555 ; DC., *Fl. fr.*, III, p. 253 ; Duby, *Bot.*, p. 442 ; Loisel., *Fl. gall.*, II, p. 268 ; Mutel, *Fl. fr.*, III, p. 245 ; *Fl. Dauph.*, éd. 2, p. 595 ; Lapeyr. *Abr. Pyr.*, p. 549 ; Boreau, *Fl. cent.*, éd. 3, p. 645 ; Castag., *Cat. B.-de-Rh.*, p. 152 ; Ard., *Fl. Alp.-Mar.*, p. 355 ; Gr. et God., *Fl. Fr.*, III, p. 298 ; Godr., *Fl. Lorr.*, II, p. 292 ; Gr., *Fl. ch. jurass.*, p. 752 ; Michal., *Hist. nat. Jura*, p. 296 ; Renault, *Ap. H.-Saône*, p. 246 ; Martin, *Cat. Romor.*, éd. 1, p. 269 ; éd. 2, p. 389 ; Gust. et Hérib., *Fl. Auv.*, p. 428 ; Vallot, *Guide Cauter.*, p. 279 ; Dulac, *Fl. H.-Pyr.*, p. 124 ; Cab. et S.-Lag., *Fl. descr.*, éd. 8, p. 798 ; Debeaux, *Rév. fl. agen.*, p. 516 ; Guill., *Fl. Bord. et S.-O.*, p. 169 ; Lloyd, *Fl. Ouest*, 5e éd., p. 333 ; Flahault, *N. Fl. Alp. et Pyr.*, p. 139, cum ic. ; Coste, *Fl. Fr.*, III, p. 396, nº 3584, cum ic. ; Alb. et Jahand., *Cat. Var.*, p. 485 ; Spenn., *Fl. frib.*, p. 237 ; Gaud., *Fl. helv.*, V, p. 449 ; All., *Fl. pedem.*, nº 1846, p. 160 ; Nocc. et Balb., *Fl. ticin.*, II, p. 153 ; Poll., *Fl. veron.*, III, p. 20 ; Ten., *Syll.*, p. 457 ; Marsch. Bieb., *Fl. Taur.-Cauc.*, II, nº 1847.— **O. virens** Scop., *Fl. carn.*, éd. 2, II, p. 199 (1772).— **Satyrium lingulatum** Vill., *Hist. Fl. Dauph.*, II, p. 42 (1787).— **Orch. batrachites** Schrank, *Baier. Reise*, p. 86 (1788). — **Satyrium ferrugineum** Schmidt in May., *Phys. Aufs.*, p. 238 (1791). — **Orch. ferruginea** Schmidt in May.

---

1. Le nectar est émis en assez grande abondance chez cette espèce. Le labelle forme une dépression en avant du stigmate et cette fosse donne accès à un nectaire bilobé, court et rempli de nectar. En outre de ce nectaire, il y a deux fosses circonscrites par les bords saillants de la base du labelle et qui sont nectarifères. Cette disposition remplace la double courbure du caudicule ou la faculté qu'ont, chez les autres Orchidées, les pollinies de se mouvoir. Si l'insecte puise d'abord à la source plus riche du nectaire central et ne vient qu'ensuite boire les gouttelettes des bords du labelle, les pollinies ne s'attachent à sa tête qu'à ce moment et, volant sur une autre fleur, il opère la fécondation. Hermann Müller attribue le transport du pollen à de petits Papillons nocturnes attirés par le léger parfum que les fleurs émettent pendant la nuit. Cf. Darwin, *De la féc. des Orch. par les insectes*, tr. Rérolle, p. 75 ; Müller, *Alpenbl.*, p. 72 ; Knuth, *Blütenbiol.*, II, 2, p. 444.

l. c. (1791). — **S. alpinum** Schmidt, *Fl. Boëm.*, p. 63 (1794). — **Habenaria viridis** R. Brown in Ait. *Hort. Kew.*, éd. 2, V, p. 192 (1813); Babingt., *Man. Brit. Bot.*, éd. 8, p. 348 ; Graves. *Cat. Oise*, p. 120 ; Godr., *Fl. Lorr.*, III, p. 55 ; Franch., *Fl. L.-et-Ch.*, p. 579 ; Bouvier, *Fl. Alp.*, éd. 2, p. 644 ; Tod., *Orch. sic.*, p. 161 ; Guss., *Fl. sic.*, II, p. 542 ; Pucc., *Syn. fl. luc.*, p. 479 ; Kirschl., *Fl. Als.*, II, p. 137 ; Gmel., *Fl. bad.*, III p., 550 ; *Palat.*, n° 852 ; Löhr., *Fl. Tr.*, p. 248. — **Sieberia viridis** Spr. *Anleit.* II, p. 282 (1827). — **Gymnadenia viridis** C. L. Rich. in *Mém. Mus.*, IV, p. 57 (1818) ; Lindl., *Syn.*, p. 261 (1829) ; Bellynck, *Fl. Nam.*, p. 263 ; Crép., *Man. fl. Belg.*, éd. 1, p. 178 ; éd. 2, p. 294 ; Piré et Mull., *Fl. analyt. Belg.*, p. 193 ; Dum., *Fl. Maestr.*, p. 104 : Coss. et Germ., *Fl. Paris*, éd. 2, p. 689 ; Poirault, *Cat. Vienne*, p. 96 ; de Vicq. *Fl. Somme*, p. 429 ; Jeanb. et Timb.-Lacr., *Massif Laurenti*, p. 290 ; Godet, *Fl. Jura*, p. 92 ; Garcke. *Deutschl. Fl.*, éd. 14. p. 380 ; Finet, *Orch. Asie or.* in *Rev. génér. bot.*, XIII, p. 518. — **Entaticus viridis** Gray in *Nat. Arr. Brit. Fl. Pl.*, II, p. 206 (1821). — **Chamorchis viridis** Dumort. *Prodr. fl. Belg.*, p. 133 (1827). — **Platanthera viridis** Lindl., *Gen. and spec.*, 1, p. 619 (1835) ; Reichb. F., *Icon.*, XIII-XIV, p. 129, var. a ; Bertol., *Fl. ital.*, IX, p. 570 ; Reuter, *Cat. Genève*, éd. 2, p. 205 : Boissier, *Fl. orient.*, V, p. 83 ; Bach. *Rheinpr.*, p. 373 ; Seubert. *Ex. Fl. Bad.*, p. 124 ; Kraenz., *Gen. et spec.*, p. 616 ; *Orchid.*, p. 36. — **Peristylus viridis** Lindl., *Syn. Brit. Fl.*, éd. 2, p. 261 (1835) ; Sang., *Fl. rom. prodr., alt.*, p. 731 ; Bertol., *Fl. ital.*, IX, p. 570 ; de Not., *Repert. fl. ligust.*, p. 389 ; Blytt. *Norg. Fl.* p. 343 ; Schur, *Enum. Transs.*, p. 645, n° 3429. — **Himantoglossum viride** Reichb., *Fl. exc.*, I, p. 119 (1830). — **Peristylus montanus** Schur, *Enum. pl. Transs.*, p. 645 (1866). — **Cœlogl. Vaillantii** Schur, *l. c.* — *Orchis radicibus palmatis, foliis, oblongis, obtusis, nectarii labio lineari trifido, calcare brevissimo* Hall., *Helv.*, n° 1269. t. 26. — *Satyrium foliis oblongis caulinis* L. *Fl. lapp.*, n° 313. — *Orchis palmata, odore gravi, ligula bifariam divisa flore viridi* Seg., *Pl. veron.*, II, p. 133, t. 16, f. 18. — *O. palmata flore viridi* Bauh., *Pin.*, p. 86 ; *Prodr.*, 30. — *O. palmata batrachites* Bauh., *Pin.*, p. 86 ; Vaill., *Bot. paris.* p. 53. — *O. palmata, flore galericulato dilute viridi* Loes., *Pruss.*, p. 182, t. 59.

Noms vulg. : Coeloglosse vert, Orchis vert. — Angl. : Frog Orchis. Green Habenaria. — Danois : Poselaebe. — Allem. : Grüne Hohlzunge, Grüne Ragwurz, Grün-Zügel, Grünstendel. — Polon. : Trzylistnik.

Icon. : Hall., *Helv.*, t. 26, f. 2 ; *Fl. Dan.*, t. 77 ; Lamk, *Illustr.*, t. 726, f. 2 ; Vaillant, *Bot. paris.*, p. 53, n° 25, t. 31, f. 6, 78 ; Seg., *l. c.*, t. 15, f. 18 ; t. 16, f. 18 ; Besch., *Handb.*, t. 3, f. 106 ; Curtis, *Fl. lond.*, éd. Grav., IV, t. 98 ; Sw. *Bot.*, VIII, t. 507 ; *Engl. Bot.*, II, p. 94 ; Fitch et Smith, *Illustr. Brit. Fl.*, n° 1005 ; Mutel, *Atlas.* p. 66, f. 505 ; Schlecht., Lang. et Sch. *Deutschl.*, IV, 546 ; Reichb. F., *Icon.*, XIII-XIV, t. 82, CCCCXXXIV, f. I-III, 1-22 ; Ces. Pass. Gib., *l. c.*, t. XXIII, f. 2, a-g ; Barla, *l. c.*, pl. 13, f. 16-29 ; G. Cam., *Iconogr. Orch. Paris*, pl. 25 ; Fiori et Paol., *l. c.*, t. 846 ; Bonnier, *Alb. N. Fl.*, p. 146 ; M. Schulze, *l. c.*, t. 42 ; Hegi, *Fl. v. Mittel-Europa*, t. 74 ; Beck, *l. c.*, f. 11 ; Schlecht., *Ic.*, pl. XXX, f. 117 ; G. Cam. Berg. A. Cam., *l. c.*, pl. 23, f. 748-756 ; *Ic. n.*, pl. 97, f. 1-17.

Exsicc. : Schultz, n° 78 ; Reichb., n° 467 ; Fries, 15, n° 66 ; Billot, n° 2936 ; *Soc. Dauph.*, n° 3900 ; *Soc. Rochel.*, n° 2611 ; *Fl. Austr.-Hung.*, n° 3085 ; Lej. et Court., *Choix pl.*, n° 617 ; Fiori, Bég. et Pamp., *Fl. ital.*, n° 25 ; Bourg., *Pl. Alp. Savoie*, n° 256 ; Magn., *Fl. sel.*, n° 980 ; Duffour, *Soc. Franç.*, n° 3264.

Tubercules petits, allongés, ordt bifides, parfois trifides, à divisions allongées. Fibres radicales peu nombreuses. Tige de 0,5-2,5 dm., rarement 4-5 dm., d'un vert jaunâtre clair, un peu anguleuse au sommet, feuillée, entourée à la base de 3-4 gaines brunâtres. Feuilles peu nombreuses, ordt 3-5, nervées, d'un vert bleu, les inf. ovales-elliptiques ou lancéolées-elliptiques, subobtuses, les moyennes parfois très atténuées à la base, les sup. ovales-lancéolées ou lancéolées-aiguës. plus courtes, presque dressées. Bractées lancéolées ou oblongues-lancéolées, un peu obtuses, herbacées, vertes, de longueur variable, munies de 3 nervures longitudinales anastomosées. Fleurs verdâtres, parfois d'un vert lavé de brun pourpré, plus ou moins nombreuses, émettant un léger parfum pendant la nuit, disposées en épi ordt lâche, cylindrique, long de 2-9 centim. Périanthe à divisions sup. libres, conniventes en casque obtus, subglobuleux, les ext. ovales-triangulaires ou ovales-oblongues, obtuses, verdâtres ou d'un pourpre brunâtre vers les bords, 3-5-nervées, les lat. asymétriques, les deux lat. int. égalant presque les ext., plus étroites, linéaires-aiguës, 1 nervée, d'un vert parfois jaunâtre, entre-croisées après l'anthèse. Labelle roulé en spirale avant l'anthèse, bien plus long que les autres divisions du périanthe, épais, plan, sillonné longitudinalement à la base, largement linéaire, un peu élargi au delà de sa partie moyenne, vert-jaunâtre, à bords souvent rougeâtres ou brunâtres, muni au sommet de 3 dents, la moyenne ordt bien plus courte que les lat. et obtuse, les lat. obtusiuscules, convergentes, rarement linéaires, allongées, aiguës ou acuminées. Eperon obtus, renflé en forme de sac, assez gros, recourbé en avant, d'un vert pâle, 4-5 fois plus court que l'ovaire. Gynostème court, petit, obtus. Stigmate subtriangulaire ou réniforme. Anthère d'un jaune rougeâtre, obtuse, à loges divergentes à la base et séparées par un petit bec verdâtre. Pollinies jaune verdâtre pâle. Caudicules courts. Rétinacles arrondis ; bursicules rudimentaires. Staminodes manifestes. Ovaire cylindrique ou fusiforme, tordu, atténué au sommet. Capsule allongée, d'un vert clair, à côtes peu marquées.

Dans les montagnes du Jura, dans les Alpes, nous avons vu très souvent cette plante prendre un faciès particulier dû à la coloration brun rouge du casque et d'une partie du labelle. Cette coloration se manifeste surtout dans les lieux très arides où les Orchidées dépassent en hauteur les autres plantes et sont alors plus facilement exposées à l'action de la radiation solaire. M. Schulze, *Die Orchid.*, t. 42, donne une planche représentant assez bien cette forme ordt montagnarde qui se retrouve aussi, mais plus rarement, dans les plaines. M. Debeaux, dans sa *Revue de la flore agenaise*, lui a donné le nom de var. *ferrugineum*.

Morphologie interne.

Tubercule. A l'extrémité des divisions du tubercule, écorce très envahie par les endophytes ; cylindres centraux (pl. 111, f. 8) peu nombreux, souvent 3-4, situés profondément dans l'écorce. Un peu plus haut, cylindres centraux plus périphériques, quelques vaisseaux de métaxylème (pl. 111, f. 9), écorce ne contenant que quelques pelotons d'endophytes. Grains d'amidon petits, arrondis, la plupart groupés, les plus gros isolés, arrondis, atteignant 7-10 μ de diam. env. — *Fibres radicales*. Assise pilifère très subérisée. Cadres plissés de l'endoderme assez marqués. Pôles ligneux et libériens assez nombreux. Quelques vaisseaux de métaxylème ordt différenciés.

Tige. Stomates peu nombreux. Epiderme strié. Parenchyme inégalement développé entre l'épiderme et l'anneau lignifié, à canaux aérifères assez nombreux. Petites ailes dues à la décurrence des feuilles formées par du parenchyme. Anneau lignifié comprenant 5-9 assises à parois assez épaisses. Faisceaux libéroligneux régulièrement disposés en cercle, développés tangentiellement, souvent complètement entourés de tissu lignifié (pl. 115, f. 99). Parenchyme se résorbant au centre de la tige.

Feuille (pl. 117, f. 162). Ep. = 250 μ. Epiderme sup. recticurviligne, haut de 40-60 μ, à paroi ext. épaisse de 4-7 μ et bombée très fortement, surtout à une certaine distance du milieu de la feuille, chaque cellule se prolongeant en une sorte de pointe, muni de stomates dans les feuilles sup. seulement. Epiderme inf. recticurviligne, haut de 30-40 μ, à paroi ext. épaisse de 3-6 μ et bien moins bombée que celle de l'épiderme sup., à très nombreux stomates. Paroi ext. des cellules épidermiques des bords du limbe très épaisse, formant de petites dents nettes, légèrement inclinées (pl. 116, f. 131). Parenchyme comprenant 5-7 assises de tissu assez lâche et quelques cellules à raphides. Bord du limbe aminci. Nervure médiane à section concave-convexe, les autres à section presque plane, toutes dépourvues de tissu lignifié ; les assises ext. du parenchyme chlorophyllien à parois parfois un peu épaisses, mais formées de cellules laissant entre elles des méats.

Fleur. — *Divisions externes du périanthe.* Epiderme ext. strié. Epidermes ext. et int. dépourvus de papilles. — *Divisions latérales internes.* Epidermes ext. et int. dépourvus de papilles. — *Labelle* (f. 160-161). Fossettes situées sous les rétinacles, de chaque côté de l'éperon, et circonscrites par les bords saillants du labelle secrétant du nectar (f. 160). Dans le fond des fossettes, à la base du labelle, épiderme formé de petites cellules à cuticule striée, à stries s'anastomosant vers le centre de chaque cellule. Epiderme inf. non papilleux. — *Eperon*. Epiderme ext. et int. dépourvus de papilles caractérisées. 3-4 assises de cellules entre les deux épidermes. Epaisseur des parois de l'éperon = 120-140 μ env. Emission assez abondante de nectar à l'intérieur de l'éperon. — *Anthère*. Epaississements en anneaux incomplets de l'assise fibreuse assez peu nombreux. — *Pollen*. Exine très fortement réticulée à la périphérie des massules, réseau à grosses mailles. L. = 32-42 μ env. — *Ovaire*. (f. 162 et pl. 122, f. 494). Stomates peu nombreux. Nervure des valves placentifères peu et brusquement saillante à l'extérieur, contenant un faisceau libéroligneux ext. à bois int. et un faisceau placentaire libérien. Valves non placentifères très proéminentes, à un faisceau libéroligneux. — *Graines*. Cellules du tégument non réticulées, ni striées. Graines légèrement atténuées à l'extrémité, env. 2 f.-2 f. 2/3 plus longues que larges. L. = 400-500 μ env.

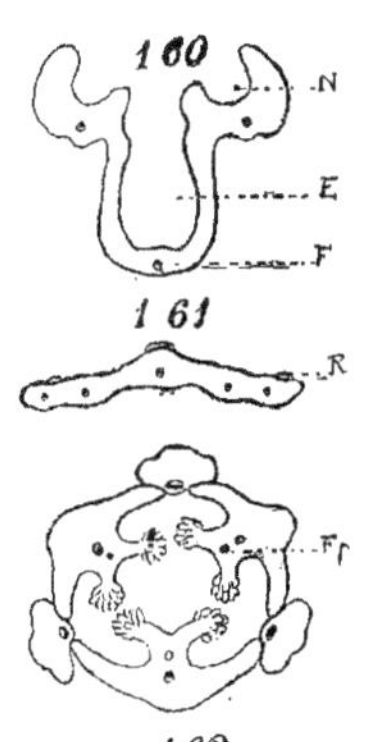

Cœloglossum viride. -- Fig. 160 : section transv. schématique passant par l'éperon et les deux fossettes nectarifères ; E, éperon ; F, faisceau libéroligneux ; N, fossette nectarifère. — Fig. 161 : section du sommet du labelle au-dessous des fossettes nectarifères ; R, extrême base de la fossette nectarifère. — Fig. 162 : section transv. schématique de l'ovaire ; Fp, faisceau lacentaire.

Var. β **bracteatum** Richter. *Pl. Eur.*, I, p. 278 (1890) ; M. Schulze, *Die Orch.*, n° 42, 2 ; var. *bracteata* (*Plat. viridis*) Reichb. F., *Icon.*, XIII-XIV, p. 130 (1851); Cortesi, *l. c.* — *Orchis bracteata* Willd., *Spec.*, IV,

p. 34 (1805); Koch, *Syn.*, éd. Hall. et Wohlf, p. 24, 34. — *Satyrium bracteale* Salisb. in *Trans. Hort. Soc.*, I, p. 290 (1812). — *Habenaria bracteata* R. Br. in Ait., *Hort. Kew.*, V, p. 192 (1813). — Var. *Vaillantii* (*Orch. viridis*) Ten., *Syll. add.*, p. 629 (1831). — Var. *major* (*O. viridis*) Tinant *Fl. Luxemb.*, p. 442. — *Peristylus bracteatus* Lindl., *Orchid.*, p. 298 (1835). — *Peristylus viridis* b. var. *macrobracteatus* Schur, *Enum. Trans.*, p. 645 (1866). — *P. montanus* Schur, *l. c.* (1866). — *Cœlogl. Vaillantii* Schur, *Sert.*, n° 2706. — *Icon.* : Reichb. F., *l. c.*, t. 83, CCCCXXXV, f. I, 1-3 (1851) ; *Ic. n.*, pl. 97, f. 11-12. — Plante plus robuste. Bractées grandes, foliacées, les inf. dépassant les fleurs. Il serait peut-être préférable de conserver cette variété comme forme, car elle est souvent reliée au type par de nombreux intermédiaires ; elle est pourtant très caractérisée dans certains cas. Les var. *longibracteatum* Asch. et Gr., *l. c.*, p. 807 et *macrobracteatum* Schur, in *O. B. Z.*, XX, p. 294 (1870), qui sont simplement les formes les plus développées de la var. *bracteatum*, sont reliées aux formes moyennes par des passages. — France, Italie, Suisse, Allemagne, Autriche, etc.

La var. **brevibracteatum** (de Brebiss., *Fl. Normand.*, éd. 5, p. 388) Aschers. et Graebn., *l. c.*, p. 807 ; var. *microbracteatum* Schur in *O. B. Z.*, XX, p. 294 (1870) est la forme extrême inverse. Sa valeur comme variété est peut-être encore moins justifiée que celle de la var. précédente.

Var. γ **labellifidum** Costa, *Suppl.*, p. 78 ; Vayreda, *Plant. not.*, p. 162 ; Willk., *Suppl. Prodr. hisp.*, p. 43. — *O. alata* Bolos sec. Vayreda. — Feuilles caulinaires lancéolées, les radicales subovales, toutes amplexicaules. Bractées inf. 2 fois plus longues que l'ovaire. Fleurs d'un vert lavé de pourpre, labelle d'un verjaunâtre, bordé de pourpre, 3-fide, à division moyenne très réduite. Eperon subarrondi, très court. — R. Espagne, Catalogne (Bolos, Tremols). — A peine distincte de la var. *bracteatum*.

Var. δ **Thuringiacum** Ruppert ; Zimmerm., *Die Form. d. Orchid.*, p. 62 (1912). — Labelle à dent méd. égale aux lat. — Thuringe.

Var. ε **gracillimum** Schur, *Enum. pl. Trans.*, p. 645 (1866). — Plante grêle, laxiflore ; bractées 2 fois plus longues que les fl. — Transilvanie.

Var. **purpureum** Aschers. et Graebn., *l. c.* — *C. purpureum* Schur, *Enum. pl. Trans.*, p. 646. — Bractées et fl. lavées de rouge. — C. dans les montagnes.

Dans la var. *subalpinum* Ruppert ; Zimmerm., *Die Form. Orchid.*, p. 62, le labelle et le casque sont brun rouge. — Montagnes des Vosges, de Thuringe, de Suisse.

La var. *grandiflorum* Zapalow., *Consp. Fl. Galic.*, p. 214, ne paraît être qu'une forme robuste du type.

Monstruosités. — Nous avons figuré, pl. 97, f. 15-17, un exemplaire récolté à St-Symphorien (Cher), par M. Lambert, dont les 2 div. lat. int. du périanthe sont transformées en labelles (cf. Lambert in *Bull. géogr. bot.* (1912), p. 159) et pl. 97, f. 13-14, un spécimen de *C. viride* f. *ecalcaratum* dont toutes les fleurs sont dépourvues d'éperon.

V. v. — Mai, juin dans les plaines ; juin-août dans les montagnes. — *Habitat* : prés des plaines, lieux herbeux humides, pâturages des montagnes ; de la plaine à 2.600 m. dans le Tyrol, jusqu'à 2.700 m. dans le Caucase, jusqu'à 2.600-3.000 m. d'alt. en Italie (ap. Parlat.). — *Répart. géogr.* : presque toute l'Europe, Espagne (disséminé dans la rég. montagn., Castille, Aragon, Catalogne), France (assez disséminé, souvent dans la plaine, plus rare dans la rég. méditerr. où il est presque localisé dans la partie montagneuse, manque en Corse), Iles Britanniques, Islande, Belgique, Danemark, péninsule scandinave, Laponie, Allemagne (disséminé dans la rég. centr. et mérid., rare dans le Nord), Suisse (Alpes, Jura, rég. subalpine et même montagn.), Italie (Alpes, Apennins jusqu'aux Abruzzes au sud, zones alpine et subalpine, dans le Nord, descend parfois jusque dans la rég. montagn.), Autriche (surtout dans les zones alpine et subalpine, Tyrol, etc.), Hongrie, Bosnie, partie septentr. de la péninsule des Balkans, Russie centr. et mérid., Crimée, Caucase, Asie Mineure. — Sibérie, Chine, Amérique boréale.

Sous-esp. — C. islandicum.

C. islandicum Nym., *Syll.*, p. 359 (1855) ; G. Cam. Berg. A. Cam., *Monogr. Orch. Eur.*, p. 321. — **Peristylus islandicus** Lindl., *Orchid.*, p. 297 (1830-40). — *Cœlogl. viride* b. **islandicum** M. Schulze in *O. B. Z.*, XLVIII (1898), p. 113 ; Aschers. et Graebn., *l. c.*, p. 807 ; Zimmerm., *Die Form. d. Orchid.*, p. 61. — Cf. Reichb. F., *Icon.*, XIII-XIV, p. 131.

Tige haute de 4-10 cent., munie de 2 feuilles. Feuilles oblongues. Bractées grandes, foliacées, les inf. dépassant les fleurs. Fleurs peu nombreuses, 2-5, en cloche ; divisions ext. du périanthe ovales-lancéolées, les lat. int. 3 fois plus petites. Labelle lancéolé, entier.

Europe arctique, Islande, Suisse (cant. de Vaud à Feegletscher) ?

HYBRIDES INTERGÉNÉRIQUES

ORCHIS × CŒLOGLOSSUM = ORCHICŒLOGLOSSUM

Orchicœloglossum Aschers. et Graebn., *Syn.*, III, p. 849 (1907); G. Cam. Berg. A. Cam., *Monogr. Orch. Eur.*, p. 321.

CŒLOGLOSSUM VIRIDE × ORCHIS SAMBUCINA

× × **Orchicœlogl. Erdingeri** Aschers. et Graebn., *Syn.*, III, p. 848 (1907) ; G. Cam. Berg. A. Cam. *Monogr. Orch. Eur.*, p. 321. — **Cœlogl. viride × Orch. sambucina** var. **incarnata** Nobis. — **Cœlogl. Erdingeri** Kerner in *Oest. bot. Zeit.*, XIV, p. 140 (1864) ; Richter, *Pl. Eur.*, I, p. 278 ; M. Schulze, *Die Orchid.*, 42, 3. — **Platanthera Erdingeri** Kerner in *Verh. K. K. Zool. Bot. Ges.*, XV, p. 229 (1865). — **Orchis Erdingeri** Sennholz in *Bot. Ges. Wien.*, XLI, p. 41 (1891). — **Cœlogl. viride × Orchis sambucina** Kern. in *O. B. Z.*, XIV, p. 140 (1864). — **Platanth. viridis × Orchis sambucina** var. **purpurea** Kerner in *Verh. K. K. Zool. Bot. Ges.*, XV, p. 229 (1865).— **Orchis sambucinus × Cœlogl. viride** Aschers. et Graebn., *l. c.*, p. 848 (1907). — **Cœlogl. viridi × sambucinum** Neilr., *Nachtr. Fl. Nied.-Oest.*, p. 18 (1866). — **Cœloglossorchis Erdingeri** Guétrot, *Pl. hybr. de France*, II (1926), p. 57 (1927).

Icon. : A. Kerner, *l. c.*, t. IV, f. IV-IX ; M. Schulze, *l. c.*, t. 42, b (reprod. pl. Kerner) ; G. Cam. Berg. A. Cam., *l. c.*, pl. 14, f. 381 ; *Ic. n.*, pl. 86, f. 6-13.

Tubercules palmés, comprimés, à divisions courtes ou allongées. Tige dressée, feuillée, cylindrique, haute de 1,7-2 décim. Feuilles de la base réduites à l'état de gaines, les moyennes espacées, elliptiques ou oblongues, vertes, acutiuscules, engainantes à la base, la sup. subsessile, lancéolée, atteignant la base de l'inflorescence ou la dépassant. Fleurs en épi court, un peu lâche, souvent à peine plus long que large. Bractées vertes en dedans, purpurines en dehors, lancéolées-acuminées, les inf. dépassant les fleurs, les sup. les égalant, 3-4-nervées, les inf. à nervures longit. anastomosées par de petites nervures transv. Fleurs nettement plus grandes que dans le *C. viride*, d'un jaune verdâtre lavé de pourpre ; divisions ext. étalées, élargies à leur base, ovales-lancéolées, aiguës, 3-5-nervées, les lat. int. plus courtes, lancéolées-aiguës, 3-nervées. Labelle pendant, obscurément triangulaire, cunéiforme à la base, dilaté vers le sommet, à nervures en éventail, obscurément 3-lobé ou 3-denté au sommet, le lobe moyen triangulaire, égalant les lat. ou plus court qu'eux, les 2 lat. rhomboïdaux. Eperon dirigé en bas, un peu arqué et renflé au sommet, égalant à peu près la 1/2 de la longueur de l'ovaire. Anthère dressée, obovale, à loges parallèles. Caudicules égalant presque les masses polliniques. Rétinacles nus; pas de bursicule.

Autriche : Klauswaldes près St Anton en Erlafthale, alt. 1.100 m. (Erdinger).

Var. elongatum Nobis. — **Cœloglossum viride × Orchis sambucina** var. **lutea** Nobis. — Cf. Sennholz in *Verh. Z. B. G., Wien*, XLI, p. 41 (1891).

Forme se rapprochant du *C. viride*. Diffère de l'*Orchicœl. Erdingeri* par : l'inflorescence plus allongée et plus étroite, les divisions ext. et lat. int. du périanthe jaune-verdâtre, lavées de teintes rougeâtres, le labelle jaune citrin strié de rouge, s'élargissant moins vers le sommet, à lobe médian plutôt plus court que les lat.

Autriche : Semmering (Sennholz).

CŒLOGLOSSUM VIRIDE × ORCHIS INCARNATA ?

× × **Orchicœloglossum Guilhoti** G. Cam. Berg. A. Cam., *Monogr. Orch. Eur.*, p. 321. — **Orchis Guilhoti** G. Cam. Berg. A. Cam., *l. c.* — **Cœloglossum viride × Orchis incarnata** G. Cam. Berg. A. Cam., *l. c.* — **O. viridi-incarnata** Guilhot in *herb.* G. Cam.

Icon. : *Ic. n.*, pl. 87, f. 1-4.

Plante élevée, robuste. Tubercules plus ou moins lobés. Tige robuste, manifestement fistuleuse, haute de 20-25 centim., très feuillée. Feuilles de la base elliptiques-ovales, subobtuses ou obtuses, larges, engainantes, les sup. lancéolées diminuant insensiblement de longueur vers le sommet de la tige et ressemblant à de grandes bractées. Bractées inf. plus longues que les fleurs, celles du sommet les égalant environ. Fleurs d'un jaune-verdâtre, disposées en épi lâche atteignant 10-12 centim. Divisions ext. et lat. int. du périanthe en casque comme dans le *C. viride* ; labelle plus large que dans cette espèce ; éperon plus court que l'ovaire et que le labelle. — L'influence de l'*O. incarnata* se manifeste surtout par la grandeur des feuilles, la grosseur de la tige et sa grande fistulosité.

V. v. — *France* : Ariège à Saint-Jean-du-Falgo, 24 juin 1899 (GUILHOT in *herb*. G. CAMUS).

Cette plante est probablement à identifier avec *Orchis incarnatus* × *Cœloglossum viride* ASCHERS. et GRAEBN., *Syn.*, III, p. 846 (1907). — *Cœloglossum viride* × *Orch. incarnata* M. SCHULZE in *Mitt. Thür. B. V. N. F.*, XIX, p. 117 (1904). — Bavière sup. : Rosstein près Tegernsee (SCHIERLINGEN).

× × *Orchicœl. Guilhoti* var. *latibracteatum* G. CAM. BERG. A. CAM., *l. c.* — *Cœlogl. viride* × *Orch. incarnata* G. CAM. BERG. A. CAM., *l. c.* — *Orch. incarnata-viridis* ? GUILHOT in *herb*. G. CAM.

Icon. : *Ic. n.*, pl. 87, f. 5-6.

Forme se rapprochant plus de l'*O. incarnata* que la précédente et ayant fort probablement les mêmes parents. Tige plus fistuleuse, plus robuste ; feuilles très larges et très grandes, de forme intermédiaire entre celle des feuilles des parents présumés, plus larges que dans l'*O. incarnata* et un peu plus courtes, elliptiques, subobtuses, à nervures longitudinales très anastomosées transversalement, les sup. lancéolées, atteignant ou dépassant un peu la base de l'épi. Fleurs roses, plus grandes que dans la forme précédente, en épi plus ramassé, cachées par les bractées. Bractées lancéolées, larges, longues et foliacées, toutes dépassant longuement les fleurs, nervées-réticulées. Divisions ext. et lat. int. du périanthe conniventes en casque bien moins arrondi que dans le *C. viride*, subobtus, ressemblant à celui de l'*O. incarnata*, mais à divisions lat. ext. conniventes comme dans le *C. viride*. Labelle à peine 3-lobé au sommet, rosé, muni d'un éperon descendant, cylindro-conique, plus court que le labelle.

V. s. — *France* : Ariège, Emblaous à Causson, 29 mai 1900 (GUILHOT).

CŒLOGLOSSUM VIRIDE × ORCHIS MACULATA

× × **Orchicœl. Dominianum** G. CAM. BERG. A. CAM., *Monogr. Orch. Eur.*, p. 322. — **Orchicœl. mixtum** ASCHERS. et GRAEBN., *Syn.*, III, p. 847 ; non *O. mixtum* SW.. — **Orchi-Cœlogl. cornigerum** NORM. in *Kristiana Vidensk. Selesk. Forhandl.*, n° 13. — **Orchis Dominiana** G. CAM. BERG. A. CAM., *l. c.* — **O. mixta** DOMIN in *Sitzungsb. d. Kön. Böhm. Ges. Wiss. Prag.* (1902), p. 7 ; non SW., *Vet. Ak. Hand.* (1800), p. 207. — **Cœloglossum** (? *Gymnadenia, Peristylis*) **cornigerum** f. **rubricinctum** JORG. in *Bergens Museums Aarbog* (1908), n° 8, 13, p. 5. — **Cœloglossum viride** × **Orchis maculata** DOMIN, *l. c.* ; GODFERY in *Journ. of Bot.* (1919), p. 140. — **O. maculatus** × **C. viride** ASCHERS. et GRAEBN., *l. c.* ; JORGENSEN, *l. c.* — **Orch. Fuchsii** × **Haben. viridis** Mc KECHNIE in *Rep. of the Winch. Coll. Nat. Hist. Soc.* (1917). p. 12, *cum ic.* — **Hab. viridis** × **Orch. maculata** ROLFE in *Orch. Rev.* (1919), p. 144. — Cf. BEDFORD in *Linn. Soc.*, 6 mai 1920 ; *Orch. Rev.* (1893), p. 34 et *Ann. of Bot.*, VI, p. 325.

Icon. : Mc KECHNIE in *Annals of Bot.*, VI, t. 18 ; GODF. in *Overdr. Gen.*, IX, pl. I, f. 12 ; *Ic. n.*, pl. 125, f. 4-5.

Tige robuste, élevée, haute de 35 cm. env. Feuilles maculées ou non, mais sans macules en anneaux, les inf. ovales-oblongues ou étroitement linéaires, à base cunéiforme, brièvement aiguës au sommet, carénées, longues de 5-6 cm., larges de 1,5-2 cm. env. dans la partie la plus large vers le 1/3 sup., les sup. petites, bractéiformes, l'ultime un peu plus courte que l'épi. Fleurs peu nombreuses, en épi allongé, lâche. Bractées lancéolées, minces, à peine teintées de pourpre, fortement nervées (les inf. 6-nervées), égalant les fleurs ou plus longues qu'elles. Boutons violets teintés de vert. Fleurs d'un rose violacé rompu, offrant un curieux mélange de rose et de violet. Divisions ext. du périanthe oblongues ou oblongues-lancéolées, les lat. ext. parfois munies de 1-2 points, les lat. int. linéaires, toutes conniventes en casque subglobuleux ou les ext. un peu étalées, rarement les ext. réfléchies, les lat. int. étalées ; labelle souvent verdâtre au centre, pourpré vers le bord, muni de lignes et de points violets, 3-lobé, à lobes obscurément carrés, crénelés, le lobe moyen plus long que les lobes lat. réfléchis. Éperon cylindrique, égalant presque l'ovaire ou plus court, assez épais, souvent courbé en avant. Gynostème étroit, brièvement acuminé. Ovaire tordu. — Se rapproche du *Coel. viride* par l'inflorescence lâche, à bractées plurinervées, à fl. inclinées, le labelle allongé, les divisions du périanthe souvent conniventes en casque.

Angleterre : Winchester (GODFERY, PHILIPSON-STOW, COMBER), Northumberland à Longwitton (SPENCEL PERCEVAL), Irlande : Levally (STEELE) ? — *Allemagne* : Riesengebirge, Kleinen Teiches (A. KASPAR in *herb*. SCHULZE). — *Norvège arctique* (JORG).

CŒLOGLOSSUM VIRIDE × ORCHIS LATIFOLIA

M. Godfery a observé cet hybride, à feuilles maculées en anneaux, comme celles de l'*O. latifolia*, à Winchester, en Grande-Bretagne (Cf. Godfery in *Journ. of Bot.* (1919), p. 140 et in *Overdr. uit. Gen.* IX, pl. I, f. 11.

CŒL. VIRIDE × (ORCHIS INCARNATA × O. MACULATA)

M. Quirk a décrit deux hybrides qui, d'ap. M. Druce, seraient issus de la combinaison *O. maculata* × *incarnata* × *C. viride* et, auraient été trouvés, près de Winchester, en Angleterre (Cf. Hall in *Winch. Coll. Nat. Hist. Soc.* (1913), p. 6). Cette combinaison est l' × × *Orchicœlogl. Drucei* A. Camus.

× × **Orchicœl. Drucei** A. Camus. — **(O. maculata × incarnata) × Cœloglossum viride** Hall in *Winch. Coll. Nat. Hist. Soc.* (1913), p. 6, forme B, c. ic.

Icon. : Hall, *l. c.* ; *Ic. n.*, pl. 125, f. 6-7.

Plante de 14-15 cm. Feuilles ord. maculées. Bractées vertes ou pourprées. Fleurs pourprées, mais verdâtres à la gorge de l'éperon ; casque à div. lat. ext. étalées, les div. lat. int. teintées de pourpre et de jaune pâle ; labelle trilobé, à div. lat. plus courtes , éperon plus court que le labelle et que l'ovaire, pendant ; gynostème pourpré ; rétinacles contigus ou presque.

Var. *parviride* A. Camus. — Hall, *l. c.*, p. 6, forme A (1913). — Fleurs d'un jaune verdâtre, à labelle maculé de pourpre ; div. lat. ext. assez dressées ; labelle trilobé, à div. lat. plus longues que la méd., courbées vers le dehors.

Angleterre : Winchester (d'après Hall).

CŒLOGLOSSUM × GYMNADENIA = CŒLOGLOSSOGYMNADENIA

× × **Cœloglossogymnadenia** A. Camus. — × × **Gymnaglossum** Rolfe in *Orch. Rev.* (1919), p. 174

CŒLOGLOSSUM VIRIDE × GYMNADENIA CONOPEA

Cœloglossum viride < Gymnadenia conopea

× × **Cœloglossogymnadenia Jacksonii** A. Camus. × × **Gymnaglossum Jacksonii** Rolfe in *Orch. Rev.* (1919), p. 117. — **Cœloglossum viride × Gymnadenia conopea** G. Camus. — **Gymplatanthera Jacksonii (Habenaria viridis × H. conopsea)** Quirk, in *Rep. Winch. Coll. Nat. Hist. Soc.* (1911), p. 5 ; Ullmann et Hall in *Rep. Winch. Coll. Hist. Nat. Soc.* (1913), p. 12 ; Mc Dowall in *Rep. Winch. Coll. Nat. Hist. Soc.* (1915), p. 9, *cum ic.* — **Haben. Jacksonii** Druce in *Rep. Bot. Exch. Club* (1911), p. 33. — **Haben. viridis × Gymn. conopsea** Mc Kechnie in *Report of the Winch. Coll. Nat. Hist. Soc.* (1917), p. 12. — **Haben. conopsea × viridis** Thomas in *Report of the Winch. Coll. Nat. Hist. Soc.* (1919), p. 8. — **Gymnadenia conopsea × Cœloglossum viride** Rolfe, *l. c.*

Icon. : Mc Dowall, *l. c.* ; *Orch. Rev.*, 5 avril 1922, f. 5; *Ic. n.*, pl. 128, f. 38-39.

Port et inflorescence rappelant le *Gymn. conopea*. Bractées obtuses. Fl. d'un rose teinté de vert ou rouge livide ou roses sur le dos, jaunâtres sur la face int. Div. ext. et lat. int. du périanthe non en casque, mais assez étalées, ne cachant pas le gynostème. Labelle très large, trilobé, rappelant celui du *Gymn. conopea*. Eperon courbé, très long comme dans le *Gymn. conopea*.

Angleterre : Downs, env. de Winchester (Jackson).

Cœloglossum viride > Gymnadenia conopea

× × **Cœloglossogymnadenia Quirkii** A. Camus. — **Cœloglossum viride × Gymnadenia conopea** A. Camus. — **Habenaria conopea × H. viridis** Mc Dowall in *Rep. Winch. Coll. Nat. Hist. Soc.* (1915), p. 11, *cum. ic.* — **Gympl. Jacksonii** new form Mc Dowall, *l. c.*

Icon. : Mc Dowall, *l. c.* ; *Orch. Rev.*, avril 1922, f. 5. *Ic. n.*, pl. 128, f. 40-41.

Très proche de *Cœl. viride*. Epi et casque rappelant beaucoup ce dernier. Labelle du *C. viride*, mais lobes lat. rose pourpre dès que la fl. s'ouvre, le reste du labelle d'abord rose verdâtre, puis devenant peu à peu rose pourpre. Labelle étroit, allongé, trilobé à l'extrémité, à dent méd. env. aussi longue que les lat. Eperon égalant presque le labelle, long de 5-6 mm. dans la fl. développée, courbé.

Angleterre (QUIRK).

Var. **biloba** A. CAMUS. — *Coel. viride* × *Gymn. conopea* STEPH. et STEPH. in *Orch. Rev.* (1922), p. 101, c. ic. — Proche de *Coel. viride*, mais labelle large, bilobé et div. lat. int. du périanthe étalées horizontalement, comme dans *Gymn. conopea*. Fl. odorantes. Div. ext. du périanthe vertes, les lat. étalées horizontalement ; les lat. int. et le labelle pourpres ou roses, ce dernier très large comme dans le *Gymn.*, dilaté brusquement et bilobé, mais sans lobe méd. ; éperon très court. — Cette forme à labelle bilobé, et non trilobé, est très curieuse. — *Angleterre* : Longner Hall, Salop (d'apr. STEPHENSON).

Gen. XIV. — **GYMNADENIA** R. Br.

Gymnadenia R. BR. in AIT., *Hort. Kew.*, éd. 2, V, p. 191 (1813) ; RICH. in *Mém. Mus. Paris*, IV, p. 48 (1818) ; LINDL., *Gen. and spec.*, p. 275 ; ENDL., *Gen.*, p. 208 ; MEISN., *Gen.*, p. 381 ; REICHB. F., *Icon.*, XIII-XIV, p. 108 ; PFITZER in ENGL. et PRANTL, *Nat. Pfl.*, II, 6, p. 92 ; G. CAM. BERG. A. CAM., *Monogr. Orch. Eur.*, p. 323. — **Orchidis species** L., *Species*, p. 942 (1753). — **Sieberia** SPRENG., *Anleit.*, éd. 2, II, I, p. 282 (1817). — **Himantoglossi species** REICHB., *Fl. excurs.* (*G. cucullata*) p. 120 (1830). — **Habenaria** sect. **Gymnadenia** BENTH. et HOOK., *Gen.*, III, p. 625 (1883). — **Habenaria** BENTH. in *Journ. Linn. Soc.*, XVIII, p. 534 (1880) ; FRANCHET, *Fl. L.-et-Ch.*, p. 578 (1885).

Périanthe à divisions libres, les ext. lat. très étalées, la médiane connivente en casque avec les deux int. Labelle dirigé en avant, cunéiforme, ordinairement 3-lobé, muni d'un éperon filiforme, pendant. Gynostème court. Anthère dressée, obtuse ou rétuse, un peu plus étroite vers la base, à loges contiguës, parallèles et séparées par un petit bec oblong. Masses polliniques claviformes, lobulées, à caudicules courts ou moyens, à rétinacles libres, assez gros, non renfermés dans une bursicule. Staminodes petits, arrondis, verruqueux. Rostellum trilobé, à lobe moyen, petit, dressé, oblong ou triangulaire, concave, à bords incurvés, les lobes lat. basilaires parallèles, verticaux ou en forme de V, lamelliformes. Stigmate concave, transversal, subréniforme. Ovaire sessile, tordu (1).

Labelle à papilles très courtes, non munies de ramuscules. Faisceaux libéroligneux de la tige assez régulièrement disposés en cercle au-dessus des feuilles principales.

Tableau dichotomique des espèces

1. Rétinacles perpendiculaires au diamètre longitudinal du processus du rostellum. Tubercules plus ou moins incisés-digités. Casque arrondi ou oblong (S.-g. *Eugymnadenia*). 2
   Rétinacles parallèles au diamètre longitudinal du processus du rostellum. Tubercules ovoïdes ou subglobuleux, parfois obscurément lobés. Casque lancéolé, aigu (S.-g. *Neottianthe*). . . **G. cucullata**

2. Divisions lat. ext. du périanthe étalées. Eperon dépassant 1/2 de l'ovaire. Feuilles linéaires ou linéaires-lancéolées 3
   Divisions lat. ext. du périanthe conniventes. Eperon égalant 1/2 de l'ovaire. Feuilles oblongues-lancéolées . . . . **G. Frivaldii**

3. Eperon filiforme, aigu, 1 fois 1/2-2 fois plus long que le fruit. Labelle ordt plus large que long, à divisions presque égales, parfois la médiane plus longue. Epi subcylindrique allongé, assez dense . . . . **G. conopea**
   Eperon filiforme, un peu renflé au sommet, à peine aussi long que le fruit. Labelle ordt un peu plus long que large, à division médiane plus longue. Epi grêle . . . . **G. odoratissima**

§ 1. — **Eugymnadenia** (sous-genre) REICHB. F., *Icon.*, XIII-XIV, p. 108 (1851) ; G. CAM. BERG. A. CAM., *Monogr. Orch. Eur.*, p. 323. — Rétinacles perpendiculaires au diamètre longitudinal du processus du rostellum. — Tubercules plus ou moins incisés ou digités.

1. La fécondation est opérée par l'intermédiaire des Papillons, très attirés par le nectar contenu dans l'éperon et par le parfum des fleurs. L'insecte plonge sa trompe dans l'éperon allongé, très étroit, et heurte aux rétinacles nus. Ceux-ci s'attachent facilement au Papillon qui les emporte dans une autre fleur avec leur caudicule et leur pollinie. Ces rétinacles ne durcissent pas à l'air, mais le caudicule s'abaisse rapidement. Les fils élastiques reliant les massules étant très faibles, l'insecte muni de la pollinie fixée à sa trompe peut visiter plusieurs fleurs sans que sa provision de pollen soit épuisée. Les formes à fl. foncées de *G. conopea* sont ordinairement visitées par des Papillons diurnes, alors que celles à fleurs blanches sont visitées par des Papillons nocturnes. DARWIN a observé, sur les fl. du *G. conopea*, le *Plusia chrysitis*, l'*Anaitis plagiata*, le *Triphaena pronuba*, LŒW, en Silésie, a vu le *Cantharis albomarginata* MARK.
Le *G. odoratissima*, à fleurs pâles, très odorantes, éperon plus court, moins riche en nectar, est fécondé par l'intermédiaire de Papillons nocturnes (H. MÜLLER). Cf. DARWIN, *De la féc. des Orch. par les insect.*, p. 79 ; MÜLLER, *Alpenblumen*, p. 63 ; KIRCHNER, *Flora*, p. 170 ; KNUTH, *Blütenbiol.*, II, 2, p. 437

1. — G. CONOPEA

G. conopea (conopsea) R. Br. in Ait. *Hort. Kew.*, éd. 2, V, p. 191 (1813) ; Rich. in *Mém. Mus.*, IV, p. 57 ; Lindl., *Gen. and spec.*, p. 275 ; Reichb. F., *Icon.*, XIII-XIV, p. 113 ; Kraenz., *Gen. et spec.*, p. 557 ; Correv., *Alb. Orch. Eur.*, pl. XIX ; *Orchid. rustiq.*, p. 90 ; Richter, *Pl. Eur.*,I, p. 279 ; Blytt, *Handb. Norg. Fl.*, éd. Ove Dahl, p. 232 ; Nyland., *Parœc. Paj.*, nº 322 ; Babingt., *Man. Brit. Bot.*, éd. 8, p. 346 ; Benth., *Brit. Flora*, p. 465 ; Oudemans, *Fl. Nederl.*, III, p. 146, nº 364 ; Dumort., *Pr. fl. Belg.*, p. 133 ; Mich., *Fl. Hainaut*, p. 279 ; Bellynck, *Fl. Namur*, p. 263 ; Crépin, *Man. fl. Belg.*, éd. 1, p. 178 : éd. 2, p. 294 ; Mey., *Orch. G.-D. Luxemb.*, p. 15 ; Thielens, *Orch. Belg. et Luxemb.*, p. 87 ; Lec. et Lamt., *Cat. pl. cent.*, p. 348 ; Martr.-Donos, *Fl. Tarn*, p. 710 ; Jeanb. et Timb.-Lagr., *Mass. Laurenti*, p. 290 ; Godet, *Fl. Jura*, p. 692 : Dupuy, *Fl. Gers*, p. 229 ; Barla, *Iconogr.*, p. 24 ; Coss. et Germ., *Fl. Paris*, éd. 2, p. 687 ; Bonnet, *Petite fl. paris.*, p. 383 ; Poirault, *Cat. Vienne*,p. 96; G. Cam.,*Monogr. Orch. Fr.*, p. 73 ; in *Journ. Bot.*,VI, p. 475 ; G. Cam. Berg. A. Cam.,*Monogr. Orch. Eur.*, p. 323 ; A. Camus in *Riviera scientif.* (1918), p. 9 ; Rouy, *Fl. Fr.*, XIII, p. 98 ; Corbière, *N. fl. Norm.*, p. 559 : Masclef, *Cat. P.-d.-C.*, p. 154 ; Gautier, *Pyr.-Or.*, p. 400 ; Bubani, *Fl. pyr.*, p. 40 ; Kirschl., *Fl. Als.*, II, p. 138 ; *Fl. vog.-rhén.*,p. 85 : Ruiner, *Prodr. Waldst.*, p. 125 ; Fischer, *Fl. Bern*, p. 77 ; Bonvier, *Fl. Alp.*, éd. 2, p. 643 ; Gremli, *Fl. Suisse*, éd. Vetter, p. 482 ; Schinz et Keller, *Fl. Schweiz*, p. 126 ; Koch, *Syn.*, éd. 2, p. 794 ; éd. 3, p. 597 ; éd. Hall. et Wohlf., p. 2431 ; Foerster, *Fl. Aachen*, p. 347 ; Bach, *Rheinpreuss.*, p. 372 ; Caflisch, *Ex. Fl. S. D.*, p. 297 ; Garcke, *Fl. Deutsch.*, éd. 14, p. 379 ; M. Schulze, *Die Orchid.*, nº 48 ; in *O. B. Z.*, XLIX, p. 297 (1899) ; Aschers. et Graebn., *Syn.*, III, p. 812 ; Kraenzl.,*Orchid.*, p. 32 ; Zimmerm., *Die Form. d. Orchid.*, p. 67 ; *Neue Beobacht. üb. Orch. Bad.* (1911), p. 51 ; Kirchner, *Fl. v. Stuttgard*, p. 170 ; Todaro, *Orchid. sic.*, p. 59 ; Guss., *Syn. fl. sic.*, II, p. 541 ; de Notar., *Repert. fl. lig.*, p. 387 ; Pucc., *Fl. luc., syn.*, p. 478 : Parlat., *Fl. ital.*, III, p. 400 ; Ces. Pass. Gib., *Comp.*, p. 184 ; Cocconi, *Fl. Bolog.*, p. 479 ; Arcang., *Comp.*, éd. 2, p. 164 ; Fiori et Paol., *Iconogr. fl. ital.*, nº 843 ; *Fl. ital.*, p. 247 ; Cortesi in *Ann. bot. Pirotta*, II, p. 127 ; Ambros., *Fl. Tir. austr.*,II, p. 699 ; Hausm.,*Fl. Tirol*, p. 838 ; Hinterhuber et Pichlm., *Fl. Salzb.*, p. 193 ; Beck, *Fl. Nied.-Oest.*, p. 209 ; Schur, *Enum. Trans.*, nº 3422 ; Simk., *Enum. Trans.*, p. 502 ; Besser, *Enum. pl. Volh.*, p. 35, nº 1162 ; C. A. Mey., *Ind. Cauc.*, p. 39 ; Leder., *Fl. Ross.*, IV, p. 64 ; *Fl. alt.*, IV, p. 169 ; Sibth. et Sm., *Prodr.*, II, p. 214 ; Chaub. et Bor., *Expéd. Morée*, p. 260 ; *Fl. Pélop.*, p. 61 ; Grecescu, *Consp. Roman.*, p. 546 ; *Suppl. Consp. Fl. Rom.*, p. 155 ; Kanitz, *Fl. Rom.*, p. 118 ; Pantu, *Contr. Fl. Ceahlaului.* II, p. 20 (1902) et *Contrib. Fl. Bucegilor*, p. 6. — **Orchis conopsea** L., *Spec.*, éd. 1, p. 942, 1335 (1753) ; Willd., *Spec.*, IV, p. 32 ; Smith, *Brit.*,p. 926 ; Lejeune, *Fl. Spa*, II, p. 190 ; *Rév. fl. Spa*, p. 196 ; Lej. et Court., *Comp.*, III, p. 186 ; Tinant, *Fl. luxemb.*, p. 442 ; de Vos, *Fl. Belg.*, p. 555 ; Lamk, *Encycl.*, IV, p. 598 ; DC., *Fl. fr.*, III, p. 252, nº 2024 ; Duby, *Bot.*, p. 443 ; Loisel.,*Fl. gall.*, II,p. 268 ; Mutel, *Fl. fr.*, III, p. 245 ; *Fl. Dauph.*, éd. 2, p. 594 ; Vill., *Hist. Dauph.*, II, p. 39 ; Boisduval, *Fl. fr.*, III, p. 47 ; Gr. et God., *Fl. Fr.*, III, p. 298 ; Lapeyr., *Abr. Pyr.*, p. 349 ; Le Turq. Delon., *Fl. Rouen*, p. 460 ; Godr., *Fl. Lorr.*, II, p. 291 ; Boreau, *Fl. centre*, éd. 3, p. 646 ; Gren.,*Fl. ch. jurass.*, p. 751 ; Michal., *Hist. nat. Jura*, p. 296 ; Castagne, *Cat. B.-d.-Rh.*, p. 155 ; Gust. et Hérib., *Fl. Auv.*, p. 431 ; Ard., *Fl. Alp.-Mar.*, p. 350 ; Lor. et Barrand., *Fl. Montp.*, p. 663 ; Dulac, *Fl. H.-Pyr.*, p. 125 ; Ravin, *Fl. Yonne*, p. 361 ; Lloyd et Fouc., *Fl. Ouest*, p. 334 ; Vallot, *Guide Cauter.*, p. 279 ; Legué, *Cat. Mondoubl.*, p. 81 ; Léveillé, *Fl. Mayenne*, p. 200 ; Gentil, *Fl. mancelle*, p. 173 ; Car. et S.-Lag., *Fl. descr.*, éd. 8, p. 804 ; Martin, *Cat. Romorantin*, éd. 2, p. 389 ; Debeaux, *Rév. fl. agen.*, p. 516 ; Coste, *Fl. Fr.*, III, p. 403, nº 3610, *cum icone* ; Alb. et Jahand., *Cat. Var*, p. 490 ; Gaud., *Fl. helv.*, V, p. 446, nº 2069 ; All., *Fl. pedem.*,II, p. 150 ; Suffren, *Pl. Frioul*, p. 184 ; Bertol., *Pl. gen.*, p. 124 ; *Amœn. it.*, p. 199 ; Balbis, *Fl. taur.*, p. 143 ; Noc. et Balb., *Fl. tic.*, II, p. 153 ; Ten., *Fl. nap.*, II, p. 299 ; *Syll.*, p. 457 ; Seubert, *Ex. Fl. Bad.*, p. 123 ; Gmel., *Fl. sib.*,II, p. 22, nº 19 ; Marsch. Bied., *Fl. Taur. Cauc.*, II, p. 368 ; *Georgi, It.*, I, p. 232 ; *Beschr. Russ. R.*, III, V, p. 1270 ; Jundz., *Fl. lith.*, p. 265 ; Willk. et Lange, *Prodr. hisp.*, I, p. 170 ; Marès et Vigin., *Cat. Baléar.*, p. 281 ; Guimar., *Orchid. Portug.*, p. 70 ; Boiss., *Fl. orient.*, V, p. 81 ; Heldr.,*Chlor. Parn.*, p. 27 ; Hausskn., *Symb. fl. gr.*, p. 25. — **O. ornithis** Jacq., *Fl. austr.*, II, p. 23 (1774). — **O. setacea** Gilib., *Exerc. phyt.*, III, p. 482 (1792). — **O. suaveolens** Salisb., *Prodr.*, p. 7 (1796). — **O. peloria** Poir., *Encycl.*, *Suppl.*, IX, p. 179 (1816). — **Gymnadenia ornithis** Rich. in *Mém. Mus. Par.*, IV, p. 57 (1818) ; Nyman, *Consp.*, p. 695. — **G. sibirica** Turcz., *Pl. ex.* ; Lindl., *Gen. and spec.*, p. 65. — **Satyrium conopseum** Wahlbg., *Fl. suec.*, p. 557 (1824-26). — **Gymnadenia ornithia** Spr., *Syst.* III, p. 693 (1826) ; Schur in *Verh. Sieb. Ver.*, II,p. 644 (1851). — **G. transsilvanica** Schur, *Enum. trans.*, p. 644 (1866). — **G. odoratissima** Gouan ap. Lorr. et Barr., *l. c.* — **Habenaria conopsea** Benth. in *Journ. Linn. Soc.*, XVIII, p. 534 (1880). — **H. conopea** Franchet, *Fl. L.-et-Ch.*, p. 578 (1885). — **Platanthera conopsea** Schlecht. in *Engl. Jahrb.*, XXXI, p. 196 (1901). — *Orchis radicibus palmatis, calcare longissimo, labello unicolore, trifido, obtuso* Haller, *Helv.*, nº 1287, t. 29 ;

L., *Mant.*, p. 487 ; *Syst.*, IV, p. 14. — *O. angustifolia non maculata* Riv., *Hex.*, t. 29.—*O. palmata minor, calcaribus oblongis* Bauh., *Pinax*, p. 85 ; Vaill., *Bot. paris.*, t. 30, f. 8 ; Rudb. *Elys.*, II, p. 212, f. 5. — *O. palmata augustifolia minor* Bauh., *Pinax.* p. 85. — *O. palmata pratensis maxima* Bauh., *Pinax*, p. 85 ; Poll., *Pal.*, n° 850 b.— *Satyrium basilicum mas* Fuchs, *Hist.*, p. 712. — *O. longicalcarata* L. *Oländska och Gothländska* sub. *Gynandra*, p. 17.

Noms vulg. : Gymnadénie Cousin, Gymnadénie à long éperon, Gymnadénie Moucheron. — Angl. : Fragrant Gymnadenia, Fragrant Orchis. — Allem. : Mücken-Hoswurz, Hergottshändchen, Fliegenhändel, Fliegenartige Ragwurz, Todtenhändchen, Todtenmannshand, Kreuzkuckuck, Höswurz, Fliegenähnliche Höswurz, Fliegenblütige Höswurz. — Holl. : Groote Naaktklierbloem. — Dan. : Traadspore.

Icon. : Haller, *l. c.* ; Rivin., *l. c.* ; Dalech., *Hist.*, t. 66, f. 500 ; Jacq., *Austr.*, II, t. 138 ; Vaill., *Bot. paris.*, t. 30, f. 8 ; *Fl. dan.*, II, t. 224 ; Sm., *Engl. Bot.*, t. 10 ; Fitch et Smith, *Illustr. Brit. Fl.*, n° 1002 ; Schn., *Fl. Mon.*, t. 268 ; Schlectd. Lang et Sch., *Deuts.*, IV, f. 346 ; Seg., *Pl. ver. suppl.*, 251, n° 9, t. 8, f. 7 ; Zann., *Ven.*, p. 98 ; Reichb., *Pl. crit.*, t. DXCVI ; Reichb. F., *Icon.*, XIII-XIV, t. 70, CCCCXXII, f. I-III, t. DXVIII, f. III, t. 73, CCCCXXV ; Mutel, *Atlas*, t. 66, f. 500 ; Ces. Pass. Gib., *l. c.* t. XXII, f. 8 a-d ; Correv., *Orch. rust.*, f. 20 ; *Alb.*, pl. XIX ; Barla, *l. c.*, pl. 12, f. 1-26 ; Grimar., *l. c.*, est. VIII, f. 56, a-c ; G. Cam., *Iconogr. Par.*, pl. 23 ; M. Schulze, *l. c.*, t. 48 ; Flahault, *N. fl. Alp. et Pyr.*, p. 137 ; *cum ic.* ; Schlecht., *Ic.*, pl. 29, f. 113 ; G. Cam. Berg. A. Cam., *l. c.*, pl. 26, f. 918-932 : *Ic. n.*, pl. 94, f. 1-18.

Exsicc. : Reichb., n° 1317 ; *Soc. Dauph.*, n° 4676 ; Billot, n° 2378 ; Fries, *H. n.*, n° 66, 67 ; Heldr., *It.*, IV ; Thess. (1895) ; *Reliq. Maill.*, n° 1740 ; *Austr.-Hung.*, n° 670 ; Bourgeau, *Pl. Pyr. esp.*, n° 443 ; *Pl. Alp.-Marit.*, n° 351 ; *Pl. Savoie*, n° 258 ; *Soc. Rochel.*, n° 3826 ; Dörfler, *H. n.*, n° 5177 (forma *lapponica*) (Zetterst.)

Tubercules assez gros, comprimés, bifides à divisions 3-4-lobées. Fibres radicales assez épaisses. Tige élancée, de 2-5 décim., rarement plus, dressée, cylindrique, d'un vert jaunâtre pâle, feuillée, entourée, à la base, de gaines membraneuses, brunes. Feuilles d'un vert pâle ou d'un vert glaucescent, *linéaires-lancéolées*, allongées, canaliculées en dessus, carénées en dessous, à bords subdenticulés (vus à un faible grossissement), les inf. 3-5, rapprochées, engainantes à la base, les sup. bractéiformes. Bractées herbacées, souvent violacées vers le sommet, ovales-lancéolées ou lancéolées, acuminées, 3-nervées, égalant ou dépassant la longueur de l'ovaire, parfois même dépassant un peu la fleur. Fleurs nombreuses, d'un rose violacé intense ou pâle, plus rarement d'un rose chair ou très rarement entièrement blanches, assez petites, de 8-10 mm. env., à éperon contenant du nectar, exhalant, surtout le soir, une odeur agréable, en *épi allongé*, subcylindrique, *assez dense*. Divisions du périanthe libres, les lat. ext. ovales-obtuses, rarement aiguës, très étalées, la médiane ext. ovale-obtuse, dressée, connivente avec les lat. int., les lat. int. plus larges et un peu plus courtes, asymétriques, à bord inf. souvent un peu anguleux ; *casque obtus*. Labelle dépassant peu les autres divisions du périanthe, *plus large que long*, largement obové, cunéiforme, rétréci à la base, à 3 *lobes* courts, ovales, obtus, *presque égaux*, parfois lobe médian allongé et plus ou moins réfléchi. *Eperon grêle, subulé ou filiforme, aigu*, arqué, dirigé en bas, *environ 1 fois 1/2-2 fois aussi long que l'ovaire* qui est long lui-même. Gynostème très court, obtus. Stigmate transversal, subréniforme. Anthère dressée, petite, d'un blanc jaunâtre, à loges parallèles, séparées par un petit bec. Masses polliniques verdâtres. Caudicules jaunâtres. Rétinacles nus, linéaires-lancéolés, blanchâtres. Staminodes, arrondis, courts, en forme de protubérances obtuses. Ovaire sessile, subcylindrique, allongé, fortement tordu, vert ou vert lavé de teintes violacées. Capsule allongée, obtuse, dressée, à 6 côtes dont 3 plus saillantes.

Morphologie interne.

Tubercule. Grains d'amidon plus ou moins arrondis, atteignant 5-12 μ de diam. env., ordt isolés. — *Fibres radicales* (pl. 111, f. 1 et 2). Cellules à raphides nombreuses dans l'écorce. Vaisseaux de métaxylème abondants. Lames vasculaires relativement assez écartées les unes des autres.

Tige (f. 163). Epiderme à cuticule délicatement striée. Stomates assez nombreux. 3-6 assises de parenchyme chlorophyllien à grands méats entre l'épiderme et l'anneau lignifié. 6-9 assises lignifiées extra-libériennes à parois minces. Faisceaux libéroligneux développés tangentiellement sur une section transversale, les plus petits immergés dans l'anneau lignifié, les plus gros munis d'un arc lignifié ext. et parfois aussi d'un arc int. Parenchyme ligneux non lignifié assez abondant. Parenchyme plus ou moins résorbé au centre de la tige.

Feuille. Ep. = 202-250 μ vers les bords, 400-500 μ au milieu du limbe. Epiderme sup. à parois recticurvilignes, délicatement strié, à stries perpendiculaires aux parois latérales, haut de 60-120 μ, à paroi ext. épaisse de 7-10 μ et légèrement bombée, muni de stomates, même dans les feuilles inf., mais à stomates plus rares dans les feuilles inf. que dans les feuilles sup. Epiderme inf. à parois recticurvilignes, strié, haut de 30-60 μ, à paroi ext. épaisse de 4-7 μ env. et légèrement bombée, muni de stomates nombreux. Paroi ext. des cellules épidermiques marginales du limbe bombée extérieurement (pl. 116, f. 124). Parenchyme formé de 6-9 assises d'un tissu assez lâche, peu riche en chlorophylle même dans la var. *alpina*, contenant des cellules à raphides, surtout dans la deuxième assise sup. Nervure médiane à section concave-convexe, les autres nombreuses, à section plane ou biconvexe, toutes dépourvues de sclérenchyme, la médiane munie de collenchyme à la partie inf. du faisceau, les petites nervures n'ayant autour du faisceau libéroligneux que du tissu chlorophyllien (1).

Fleur. — *Divisions externes du périanthe.* Epiderme ext. strié. Epidermes ext. et int. papilleux vers les bords, contenant de l'huile essentielle surtout dans les stomates et près des bords. — *Divisions latérales internes.* Cellules épidermiques légèrement prolongées en papilles vers les bords. Huile essentielle en petite quantité dans l'épiderme ext. et en assez grande quantité dans l'épiderme int. — *Labelle* Epiderme sup. muni de papilles courtes, même vers la partie médiane du labelle, et contenant beaucoup d'huile essentielle. Epiderme inf. dépourvu de papilles caractérisées. — *Eperon.* Epiderme int. prolongé en papilles peu nombreuses, arrondies à l'extrémité, atteignant 10-40 μ de long. Epiderme ext. non papilleux, à paroi ext. assez épaisse. Epiderme ext. et int. contenant de l'huile essentielle. Entre les épidermes se trouvent plusieurs assises de parenchyme et des faisceaux libéroligneux formant des nervures saillantes. Emission abondante de nectar à l'intérieur de l'éperon. — *Anthère.* Epaississements peu abondants dans l'assise fibreuse. — *Staminodes.* Cellules renfermant d'abondants paquets de raphides. — *Pollen.* Jaune verdâtre. Exine très légèrement rugueuse à la périphérie des massules. L = 30-40 μ. — *Ovaire* (f. 164). Nervure des valves placentifères non saillante à l'extérieur, parfois à section concave, contenant un faisceau libéroligneux ext. à bois int. et parfois un faisceau placentaire libérien. Placenta relativement assez long, à 2 divisions assez développées. Valves non placentifères peu développées, peu proéminentes à l'extérieur, contenant un faisceau libéroligneux à bois int. — *Graines.* Cellules du tégument à parois recticurvilignes, presque ondulées, non striées (pl. 122, f. 502). Graines non ou à peine atténuées au sommet, arrondies, 3-4 fois plus longues que larges. L. = 450-350 μ env.

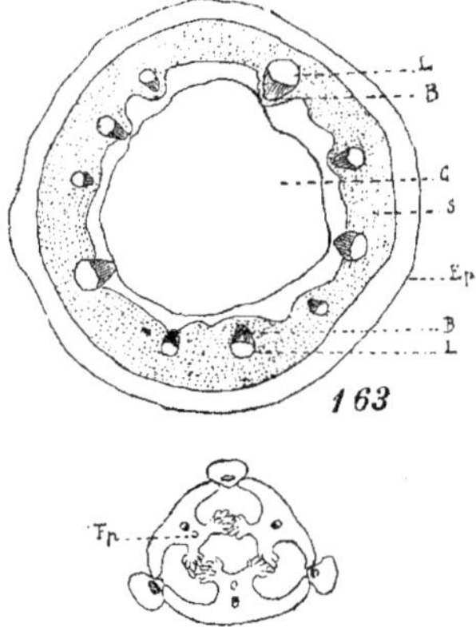

Gymnadenia conopea. — Fig. 163 : section transv. schématique de la tige ; B, bois ; C, lacune centrale ; Ep, épiderme ; L, liber ; S, sclérenchyme. — Fig. 164 : section transv. schématique de l'ovaire ; Fp, faisceau placentaire.

Var. β crenulata BECK, *Fl. Nied.-Oesterr.*, I, p. 209 (1890) ; M. SCHULZE, *Die Orchid.*, 48, 2 ; G. CAM. BERG. A. CAM., *l. c.* ; A. CAM. in *Riviera scientif.* (1918), p. 9. — *Ic. n.*, pl. 94, f. 13. — Lobes du labelle très marqués, égaux ou inégaux, le médian subtriangulaire, dépassant souvent les latéraux ; ceux-ci plus larges et denticulés. — Avec le type. France, Allemagne, Autriche, etc. — Une forme à périanthe blanc a été observée au Salève (CHENEVARD ap. M. SCHULZE in *Mitth. Thür. B. V. N. F.*, X, p. 83 (1897).

Var. γ sibirica REICHB. F., *Icon.*, XIII-XIV, p. 114, t. 73, CCCCXXV, f. II, 2 (1851) ; M. SCHULZE, *l. c.*, 48, 2 ; G. CAM. BERG. A. CAM., *l. c.* — *G. sibirica* TURCZ. ap. LINDL., *l. c.*, p. 277 (1830-40). — *Icon.* : M. SCHULZE, *l. c.*, t. 48, f. 11 ; *Ic. n.*, pl. 94, f. 14. — Plante assez forte, ramassée ; feuilles assez larges ; fl. grandes ; labelle allongé, cunéiforme, plus petit que dans le type, à 3 lobes obtus, le médian dépassant les lat., ceux-ci ondulés sur leur bord ext. — Sibérie.

La var. *lapponica* ZETTERS. in *Dörfler Herb. norm.* (1908), n° 5177, de Laponie, a un épi court, des fl. de couleur foncée et les div. lat. du labelle petites, les feuilles peu nombreuses, assez étalées. — Suède, Laponie.

Var. δ borealis Soó in FEDDE, *Repert.* (1927), p. 34. — Plante basse, haute de 15 cm. env., à feuilles étroitement linéaires, larges de 5 mm., à fl. env. 2 fois plus petites que dans le type et à éperon égalant l'ovaire. — Europe septentrionale.

1. Le *G. conopea* contient du loroglossoside (cf. DELAUNEY, *Nouv. rech. relatives à la présence de la loroglossine dans les Orchidées indigènes* in *C. R. Ac. Sc.* (1923), 176, p. 598.)

Var. ε **inodora** Reichb. F., *Icon.*, XIII-XIV, p. 114, t. 71, CCCCXXIII, f. I, 1-3 (1851) ; M. Schulze, *l. c.*, t. 48, f. 10 : Arcang.. *l. c.*, p. 164 : G. Cam. Berg. A. Cam., *l. c.* ; Zimmerm., *l. c.* — *G. Wahlenbergii* P. C. Afzelius ap. Reichb., *l. c.*— Plante grêle ; tige peu ou non feuillée au sommet ; bractées inf. rapprochées, à fleurs non développées ; fleurs peu odorantes ou inodores ; labelle plus court. — Avec le type.

Var. ζ **clavata** Reichb. F., *l. c.*, p. 115, t. 166, DXVIII, f. III, 1 ; M. Schulze, *l. c.* ; Aschers. et Graebn.. *l. c.* ; G. Cam. Berg. A. Cam., *l. c.* — Divisions du périanthe, un peu courtes ; éperon claviforme. — Peu commun. Allemagne. — Ruppert a trouvé, dans les montagnes de Thuringe, une forme à éperon court égalant env. l'ovaire dans les fleurs sup. et la moitié de l'ovaire dans les fleurs inf. [cf. M. Schulze in *O. B. Z.*. XLIX. p. 13 (1899)].

Var. η **ornithis** G. Cam. Berg. A. Cam., *l. c* ; A. Cam. in *Riviera scientif.* (1918), p. 9. — *Orchis ornithis* Jacq., *Fl. austr.*. II, p. 23 (1754), t. 138 ; Murr. *Syst.*. éd. 14, p. 808 ; Host, *Syn.*, p. 483.— *Gymnad. ornithis* Rich. in *Mém. Mus. Paris*, IV, p. 57 (1818) ; Spr. in Bluff. et Fingerh.. *Comp. Fl. Germ.*, II, p. 426 (1825). — G. *conopea* var. *leucantha* Schur, *Enum. Transs.*, p. 644 (1866). — *G. conopea* var. *alba* pl. auct. — Fleurs d'un beau blanc ou jaunâtres. très odorantes. — Plus ou moins disséminée.

Var. ? θ **angustifolia** Aschers. et Graebn., *l. c.* — *Gymnadenia angustifolia* Ilse. *Flora. e. Mittel-Thüring.*, p. 272 (1866). — Feuilles presque linéaires, très allongées ; bractées allongées : port du G. *odoratissima*. Très probablement à identifier au × G. *intermedia*. — Thuringe.

Var. ι **alpina** Reichb. F., *Icon.*, XIII-XIV, p. 115, t. 73, CCCCXXV, f. III (1851) : Beck, *Fl. Nied.-Oest.*, p. 209 ; Schur, *Enum. pl. Trans.* (1866), p. 644 ; M. Schulze, *Die Orchid.*, 48. 3 ; G. Cam. Berg. A. Cam., *l. c.*, p. 326 ; A. Cam. in *Riviera scientif.* (1918), p. 9 ; Grintescu in *Bull. géogr. bot.* (1918), p. 671. — G. *alpina* (race) Rouy, *l. c.* (1912). — Plante plus petite dans toutes ses parties : tige haute de 10-20 cm., grêle ; feuilles très courtes ; épi brièvement cylindrique, lâche, pauciflore, à fleurs de couleur foncée ; labelle à lobes peu profonds, parfois maculé ; port rappelant celui du G. *odoratissima*. — Au point de vue anatomique, diffère du type par les caractères suivants : épidermes foliaires plus striés, paroi ext. des cellules épidermiques marginales du limbe formant des dents inclinées très marquées (pl. 116, f. 125). — Montagnes, rég. alpestre et alpine. — France : Alpes, Pyrénées (Sennen), Autriche, etc.

Soó in Fedde *Repert.* (1927), p. 34, rattache à la var. *alpina* Reichb. f., le G. *transsilvanica* Schur, *Enum. pl. Transs.*, p. 644, dont il fait le f. *transsilvanica* Soó. Cette plante a le jeune épi chevelu, l'éperon plus de 3 fois plus long que l'ovaire.

Soó distingue aussi dans la var. *alpina*, le f. *Schurii* [Soó, *l. c.*, p. 34 (1927)], à lobes du labelle crénelés. de Transilvanie.

Var. ϰ **monticola** Schur in *O. B. Z.*, XX, p. 368 (1870) ; M. Schulze, *l. c.*, 48, 3 ; Aschers. et Graebn., *l. c.*, p. 816 : G. Cam. Berg. A. Cam., *l. c.* — Très proche de la var. précédente. Divisions sup. du périanthe plus courtes, labelle presque entier. Landes à *Sphagnum*, à *Erica tetralix*, parfois à *Calluna*.

Nous avons observé, sur nos collines arides calcaires, peu élevées, une forme voisine de la précédente, à épi très lâche, à fleurs peu nombreuses (12-15) et peu odorantes, qui constitue la var. *montana* Dumort., *Prodr. fl. Belg.*, p. 132.

Var. λ **caucasica** Schlecht. in Fedde, *Repert.*, XVI, p. 278 (1919). — *Gymn. comigera* Koch in *Linnæa*, XXII, p. 286 (1849). — Plante plus courte, à épis plus denses, fleurs plus petites. Rappelle la var. *alpina*. mais à fl. encore plus petites. — Caucase, Perse.

Var. μ **comigera** Reichb. f., *Icon.*, XIII-XIV, p. 115, pl. 71, CCCCXXIII, f. II, 4-6. — *Gymn. comigera* Reichb., *Fl. excurs.*, p. 121 (1830). — Plante robuste, à fl. petites ; bractées allongées, égalant env. l'ovaire ; éperon aussi long que l'ovaire. — Thuringe. — Certains auteurs, comme Rouy, ont fait du G. *comigera* un hybride de G. *conopea* × O. *latifolia*; il est toujours bien différent de l'*Orchigymn. Lebrunii*. Rouy donne comme caractères du G. *comigera* : feuilles toutes plus ou moins, mais nettement maculées ; labelle portant les stries de l'O. *latifolia*, or ces caractères s'appliquent bien à l'*Orchigymn. Lebrunii*, mais font absolument défaut à la plante de Reichenbach. Celle-ci a des fleurs rose foncé, sans stries, ni lignes et des feuilles dépourvues de macules.

La var. *bieczensis* Zapalow., *Consp. Fl. Galic.*, p. 218, est une forme robuste, atteignant 80 cm. de hauteur, à épi long de 16-18 cm., mais à bractées inf. stériles, à feuilles atteignant 15 mm. de largeur, à fleurs plus grandes, à labelle long de 7 mm., large de 6,5 mm., à lobes presque de même longueur, le médian plus étroit que les latéraux. Cette variété est très proche de la sous-esp. G. *densiflora* Dietr.

Monstruosités. — Dans cette espèce, les monstruosités et lusus sont assez fréquents.

Nous avons récolté, au Mont Suchet (Jura helvétique), un échantillon à hampe bifurquée, portant ainsi deux épis floraux (G. Camus et Meylan).

Le sommet de l'épi ou tout l'épi peut ne porter que des bractées très développées.

Les fl. peuvent être à peine formées et les bractées très allongées.

F. **oxyglossa** A. Camus. — *Ic. n.*, pl. 89, f. 16. — Labelle rose ou plus souvent blanc, entier, linguiforme, ressemblant à un très petit labelle de *Platanthera*. Variation parallèle à la var. *oxyglossa* Beck du *G. odoratissima*. Les deux individus à périanthe blanc présentant cette conformation du labelle, et que j'ai récoltés à St-Martin-Vésubie (Alp.-Marit.), n'étaient assurément pas hybrides. Cf. A. Camus in *Riviera scientif.* (1918), p. 9, in *Bull. Soc. bot. Fr.* (1924), p. 90 et Léveillé in *Bull. géogr. bot.*, XXI. p. 156 (1911) ; M. Schulze, *l. c.*, a signalé une forme analogue provenant d'Iéna. Il ne paraît y avoir là que de simples lusus, peut-être des retours à une forme ancestrale à labelle entier et allongé. Les individus présentant cette anomalie vivent isolés ou en très petits groupes issus d'un même tubercule (A. Camus).

Il peut y avoir actinomorphisme de la fl., toutes les div. int. du périanthe étant semblables, avec tendance à la simplification (f. *ecalcarata*), ou avec tendance à la complication, toutes les div. int., et parfois aussi les ext., étant transformées en labelles.

F. **ecalcarata** Reichb. F., *Icon.*, XIII-XIV, p. 115 (1851) ; M. Schulze, *Die Orchid.*, 48, 3 ; Rolfe in *Orchid. Rev.*, XV, p. 203 (1907). — *Orchis peloria* Poiret, *Encycl. Suppl.*, IV, p. 179 (1816). — *Gym. conopsea e peloria* Richter, *Pl. eur.*, I, p. 279 (1890). — Labelle dépourvu d'éperon. — Sign. en France, en Allemagne, en Angleterre. Les fleurs peuvent être roses, comme dans la plante envoyée à Lamarck, de Villers-Cotterets, et ayant servi de type à l'*Orch. peloria*, ou blanches comme dans l'individu signalé par Rolfe.

F. **bicalcarata** G. Camus in *Journ. de Bot.*, III, p. 97, pl. II, f. 1 (1889) ; G. Cam. Berg. A. Cam., *l. c.* — *Ic. n.*, pl. 94, f. 10. — Fl. simples, à un seul labelle trilobé, muni à la base de deux éperons de même forme. — Seine-et-Marne : La Genevraie près d'Episy (Luizet et G. Camus); Seine-et-Oise : Champagne (G. Camus).

M. Schulze, in *Mitth. Thür. B. V. N. F.*, XIX, p. 119 (1904), a signalé une monstruosité dans laquelle l'éperon était accompagné de 2 (parfois 1) éperons lat., l'ovaire était pédicellé, les div. lat. int. du périanthe plus larges, le gynostème absent, l'étamine remplacée par des pièces ressemblant à des div. du périanthe.

Gadeceau, in *Bull. Soc. sc. nat. Ouest France*, I (1891), signale avoir recueilli, dans la Loire-Inf., un individu à ovaire droit, labelle dirigé vers le haut, éperon bifurqué, enfin, analogie avec les Cypripèdes, le gynostème est muni de deux mamelons représentant les étamines stériles et une lame ovale, pétaloïde, repliée en gouttière, tient la place de l'étamine ord. fertile. L'éperon n'est pas bifurqué dans toutes les fl.

Zimmerm. in *Allg. Bot. Zeitschr.* (1910), 7-8, p. 17, décrit des pélories.

Dans certains cas, la fl. manque de gynostème. L'ovaire peut aussi être coalescent avec l'axe.

Kirschleger, *Fl. Alsace*, II, p. 139, décrit une monstruosité à 5 étamines rudimentaires et à labelle à peu près semblable aux div. lat. int. du périanthe.

Kratzmann a observé des fl. doubles (cf. Kratzmann in *Oest. bot. Zeit.*, LXIII, sept. 1913).

Cf. aussi Soó in Fedde, *Repert.* (1927), p. 34, *monstr. spiralis* (= *Haben. Gymnad. spiralis* Druce).

V. v. — Mai, juin dans la rég. mérid., juin, août dans les autres rég. — *Habitat* : prairies, coteaux herbeux, friches arides, clairières des bois, des plaines, jusque dans les hautes montagnes ; monte à 2.400 m. dans le Tyrol et le Caucase, à 2.500 m. en Asie-Mineure d'apr. Kotschy, ordt., mais pas exclusivement sur le calcaire. — *Répart. géogr.* : presque toute l'Europe, Portugal [R., zones montagn. et alpine Serra do Gerez, pr. Borrageiro (Tait)], Espagne (rég. montagn., Navarre, Castille, Aragon, Catalogne), France (disséminé dans les plaines et les montagnes ; dans la rég. mérid. presque exclusivement dans les montagnes), Iles Britanniques (surtout, en Ecosse), Belgique, Danemark, Suède, Norvège, Allemagne (assez abondant dans les rég. centr. et mérid.), Suisse (répandu), Italie (rég. alpine et subalpine, descend parfois dans la plaine) jusqu'à Naples, Otrante, Sicile, Autriche, Hongrie (répandu), Bosnie, Herzégovine, Balkans, Russie centr. et mérid., Caucase, Transcaucasie, Asie Mineure. — Sibérie, jusqu'au Japon.

Sous-esp. — G. densiflora.

G. densiflora Dietr., *Allg. Gart.*, VII, p. 170 (1839) ; G. Cam., *Monogr. Orch. Fr.*, p. 74 ; in *Journ. de Bot.*, VI, p. 476 ; G. Cam. Berg. A. Cam., *Monogr. Orch. Eur.*, p. 327 ; A. Cam. in *Riviera scientif.* (1918), p. 10. — **Orchis densiflora** Wahlbg. in *Act. Holm.* (1806), p. 68 (race) ; Lambert in *Bull. Deux-Sèvres* (1908-09). p. 96. — **Gymn. odoratissima** Wahlbg. in *Act. Holm.* (1806), p. 68 ; Dietr., *Fl. Boruss.*, I, p. 65 (1853). — **Satyrium conopseum** var. β **densiflorum** Wahlbg., *Fl. suec.*, p. 558 (1824-26). — **Gymn. conopsea** var.

paludosa D**UMORT**., *Prodr. fl. Belg.*, p. 132 (1827). — **G. conopsea** b. **densiflora** L**INDL**.,*Gen. and spec.*, p. 275 (1835) ; R**EICHB**. F.,*Icon.*, XIII-XIV, p. 114 ; K**OCH**,*Syn.*,éd. Hall. et Wohlf., p. 2431. —**G. anisoloba** P**ETERM**. *Deutschl. Fl.*, II, p. 548 (1846-49). — **Orchis conopea** var. b. **intermedia** G**REN**., *Fl. ch. juras.*, p. 751 (1855) ; non *G. intermedia* P**ETERM**. — **O. pseudo-conopea** G**REN**., *l. c.* (1). — **O. conopea** var. **latifolia** G**AVE** in *Liste des contrib. Fl. Savoie*, p. 33 (1906) ; ex *Comp. rend.*, XIII, *Congr. Sav. Aix-les-Bains* (1905). — **G. conopea** d. **densiflora** Z**APALOW**., *Consp. Fl. Galic.*, p. 218. — **G. conopsea** var. **densiflora** G**RABER**, *Fl. Gorges Areuse et Creux-du-Van*, p. 171 (1924).

Exsicc. : F**RIES**, *H. n.*. 9, n° 68.

Icon. : D**IETR**., *Fl. boruss.*, t. 65 ; P**ETERM**., *l. c.*, t. 85, 669, 6 ; R**EICH**. F., *Icon.*, XIII-XIV, t. 72, CCCCXXIV, f. 1-11 ; G. C**AM**. B**ERG**. A. C**AM**., *l. c.*, pl. 26, f. 913-917 : *Ic. n.*, pl. 94, f. 19-20.

Plante robuste, développée. Feuilles très larges, semblant souvent disposées sur deux rangs. Epi très dense et très allongé, atteignant parfois 20 cent. Fleurs grandes.d'un beau rose, exhalant, surtout le soir, une odeur suave, mais distincte de celle du *G. conopea* type ; labelle plus large. Eperon relativement un peu plus court que dans le type, mais bien plus long que dans le *G. odoratissima*.

S**CHÖNHEIT**, *Taschenb. Fl. Thur.*, p. 432 (1850), distingue les deux formes suivantes :

a) **praecox**. — Plante robuste, à floraison précoce, inflorescence dense.

b) **serotina**. — Plante grêle, à floraison tardive, inflorescence lâche, feuilles étroites.

Var. **anisoloba** A**SCHERS**. et G**RAEBN**., *Syn.*, III, p. 817 ; G. C**AM**. B**ERG**. A. C**AM**., *l. c.* — *G. anisoloba* P**ETERM**., *Deutschl. Fl.*, II, p. 548 (1846-49). — *Icon.* : R**EICHB**. F., *Icon.*, XIII-XIV, p. 115, t. DXVIII, f. 2 (1851). — Labelle à 3 div. inégales, la moyenne petite, presque dentiforme, triangulaire, obtuse, les lat. plus grandes, ovales-obtuses. — Var. reliée au type par de nombreuses formes de passage.

On a signalé des formes à périanthe blanc (Cf. M. S**CHULZE**, *Die Orchid.*, n° 48, 3) à Iéna (Thuringe), et (cf. G**RABER**, *l. c.*), à la Côte Lambercier, Travers (Suisse).

Monstruosités. — Un individu à hampe bifurquée a été récolté par S**CHERFEL**, à Tatra.

G**RABER**, *l. c.*, a décrit un f. *abortiva*, à fl. toutes avortées et bractées persistantes, qui est plutôt un lusus. — Suisse : cant. de Neufchâtel à Clusette et à la Côte Lambercier.

V. v. — Juillet, août, fleurit env. un mois plus tard que le *G. conop.* — Souvent dans les marais, les tourbières profondes. — France [env. de Paris, Est, Jura, Bourgogne, Centre, Lot à Gourdon (M**ALVD**.)], Alpes-Marit. : Haut-Thorenc (A. C**AM**.), Dauphiné, Alsace à Mutzy (L**OYSON** et W**ALTER**), Danemark, Scandinavie, Allemagne, Suisse, Italie sept., Autriche, Galicie, Balkans, Russie, Caucase, Asie Mineure.

Sous-esp. — G. pyrenaica.

G. pyrenaica G**IRAUDIAS**, *Notes Fl. Ariège*, p. 58. — **Orchis pyrenaica** P**HILIPPE**, *Fl. Pyr.*, II, p. 354 (1860). — **Gymn. conopea** var. **pyrenaica** R**ICHTER**, *Pl. Eur.*, I, p. 279 (1890) ; G**AUTIER**, *Pyr.-Orient.*, p. 400.

Icon. : *Ic. n.* pl. 89, f. 13-15. — *Exsicc.* : *Soc. ét. fl. fr.-helv.*, n° 90.

Plante plutôt grêle. Feuilles linéaires, les radicales obtuses, un peu canaliculées, les caulinaires rapprochées. Bractées lancéolées, acuminées, ne dépassant guère 1 cm. de longueur. Fl. purpurines ; périanthe à div. méd. ext. et lat. int. en casque vouté, les lat. ext. très étalées, linéaires ; labelle à lobe méd. plus grand ; éperon env. 1/3 plus long que l'ovaire.

Var. **longibracteata** A. C**AMUS**. — Epi floral d'abord très chevelu, souven brièvement conique, puis très allongé ; bractées très longues, même les sup., les inf. atteignant 1, 5-2 cm. et plus. — N'est assurément pas hybride.— Pyrénées-Orientales : env. de Mont-Louis, Cambre d'Aze (A. C**AMUS**), Angoustine (S**ENNEN**) ; Ariège : l'Hospitalet et Val d'Andorre (A. C**AMUS**) ; Hautes Pyrénées : Gavarnie et env. de Cauterets (A. C**AMUS**).

F. *albiflora* A. C**AMUS**. — Fl. à périanthe blanc. Hautes-Pyrénées : entre Gavarnie et Gèdre (A. C**AMUS**). Chaîne des Pyrénées : Pyr.-Orient., Ariège, Val d'Andorre, Hautes-Pyrénées (P**HILIPPE**, G**IRAUDIAS**. A. C**AMUS**).

2. — G. ODORATISSIMA

G. odoratissima R**ICH**. in *Mém. Mus.*, IV, p. 57 (1818) ; L**INDL**.,*Gen. and spec.*, p. 277 ; R**EICHB**. F., *Icon.*,

1. Nous avons souvent récolté, dans le Jura, la plante de G**RENIER** et nous n'hésitons pas à l'identifier avec celle de D**IETRICH**.

XIII-XIV, p. 112 ; KRAENZ., *Gen. et spec.*, p. 556 ; RICHTER, *Pl. Eur.*, I, p. 279 ; MICHOT, *Fl. Hain.*, p. 279 ;
CRÉPIN, *Man. Fl. Belg.*, éd. 2, obs. ; LÖHR, *Fl. Tr.*, p. 247 ; COGNIAUX, *Fl. Belg.*, p. 251 ; GODET, *Fl. Jura*,
p. 692 ; MICHALET, *Hist. nat. Jura*, p. 296 ; BARLA, *Iconogr.*, p. 25 ; COSS. et GERM., *Fl. Paris*, éd. 2, p. 688 ;
POIRAULT, *Cat. Vienne*, p. 97 ; BONNET, *P. fl. paris.*, p. 383 ; DE FOURCY, *Vade-mec. herb. paris.*, éd. 6, Add.
p. 325 ; G. CAM., *Monogr. Orch. Fr.*, p. 74 ; in *Journ. bot.*, VI, p. 47 ; G. CAM. BERG. A. CAM., *Monogr. Orch.
Eur.*, p. 329 ; DEBEAUX, *Rév. fl. agen.*, p. 516 ; HARIOT et GUYOT, *Contrib. fl. Aube*, p. 115 ; CORBIÈRE, *N.
fl. Norm.*, p. 559 ; FLAHAULT, *N. fl. Alp. et Pyr.*, p. 137, *cum icone* ; COSTE, *Fl. Fr.*, III, p. 403, n° 3611, *cum
icone* ; ROUY, *Fl. Fr.*, XIII, p. 100 ; KIRSCHL., *Fl. Als.*, II, p. 139 ; *Fl. vog.-rhen.*, p. 85 ; KOCH, *Syn.*, éd. 2,
p. 794 ; éd. 3, p. 597 ; éd. Hall. et Wohlf., p. 243 ; GMEL., *Fl. bad.*, III, p. 550 ; CAFLISCH, *Ex. Fl.*, p. 297 ;
BACH, *Rheinpreuss.*, p. 372 ; W. ZIMMERM., *Die Form. d. Orchid.*, p. 66 ; KIRCHNER, *Fl. v. Stuttgard*, p. 170 ;
KRAENZLIN, *Orchid.*, p. 33 ; GARCKE, *Fl. Deutschl.*, éd. 14, p. 379 ; M. SCHULZE, *Die Orchid.*, n° 47 ; BOUVIER,
Fl. Alpes, éd. 2, p. 643 ; RHINER, *Prodr. Waldst.*, p. 126 ; GREMLI, *Fl. Suisse*, éd. Vetter, p. 483 ; SCHINZ et
KELLER, *Fl. Schweiz*, p. 126 ; FLEISCH et LIND., *Fl. Ost. scepr.*, p. 306 ; ASCHERS. et GRAEB., *Syn.*, III, p. 818 ;
AMBROS., *Fl. Tir. austr.*, I, p. 701 ; HAUSM., *Fl. Tirol*, p. 839 ; BECK, *Fl. N.-Oest.*, p. 210 ; HINTERHUBER et
PICHLM., *Fl. Salz.*, p. 193 ; BERTOL., *Fl. ital.*, IX, p. 561 ; PARLAT., *Fl. ital.*, III, p. 402 ; CES. PASS. GIB., *Comp.*,
p. 184 ; ARCANG., *Comp.*, éd. 2, p. 164 ; FIORI et PAOL., *Iconogr. fl. ital.*, n° 842 ; SIMK., *Enum. Trans.*, p. 502 ;
EICHW., *Skizze*, p. 124 ; LEDEB., *Fl. Ross.*, IV, p. 65 ; COMOLL, *Fl. comens.*, VI, p. 364 ; GRECESCU, *Pr. fl.
Roman.*, p. 546. - - **Orchis odoratissima** L., *Syst.*, éd. 10, p. 1243 (1759) ; VILL., *Hist. pl. Dauphin.*, II, p. 38 ;
WILLD., *Spec.*, IV, p. 32 ; LEJ., *Fl. Spa*, II, p. 90 ; DUMORT., *Prodr. fl. Belg.*, p. 132 ; POIRET, *Encycl.*, IV,
p. 597 ; DC., *Fl. fr.*, III, p. 252 ; n° 2023 ; DUBY, *Bot.*, p. 443 ; LOISEL., *Fl. gall.*, II, p. 268 ; MUTEL, *Fl. fr.*, III,
p. 245 ; *Fl. Dauph.*, éd. 2, p. 594 ; LAPEYR., *Abr. Pyr.*, p. 549 ; GODR., *Fl. Lorr.*, II, p. 291 ; III, p. 31 ; GR.
et GODR., *Fl. Fr.*, III, p. 298 ; COSTE, *Fl. Fr.*, III, p. 403, n° 3611 ; GREN., *Fl. ch. jurass.*, p. 752 ; BOREAU,
Fl. cent., éd. 2, p. 521 ; éd. 3, p. 647 ; COSS. et GERM., *Fl. Par.*, éd. 1, p. 554 ; LEGRAND, *Stat. bot. Forez*, p. 223 ;
RAVIN, *Fl. Yonne*, p. 361 ; CAR. et S.-LAG., *Fl. descr.*, éd. 8, p. 805 ; BRISSON, *Cat. Marne*, p. 249 ; LLOYD et
FOUC., *Fl. Ouest*, p. 334 ; MARTIN, *Cat. Romor.*, éd. 2, p. 389 ; ARD., *Fl. Alp.-Mar.*, p. 355 ; ALL., *Fl. pedem.*,
II, p. 150 ; SUFFREN, *Pl. Frioul*, p. 184 ; BERTOL., *Amoenit. ital.*, p. 416 ; POLL., *Fl. veron.*, III, p. 19 ; SEUBERT,
Ex. Fl. Bad., p. 123 ; LEPECH., *It.*, I, p. 29 ; FALK, *Beitr.*, II, p. 248 ; GULDST., *It.*, I, p. 113 ; GEORGI *Beschr.
Russ.*, R. III, V, p. 1270 ; BESS., *Enum. Volhyn.*, p. 35. — **O. conopsea** ASSO, *Syn. stirp. Arag.*, p. 130, sec.
WILLK. et LANGE. — **Satyrium odoratissimum** WAHLENB., *Fl. Succ.*, p. 557 (1824-26). -- **Orchis erubescens**
ZUCC. in *Moessl. Handb.*, II, p. 1565 (1828). - - **Gymn. erubescens** ZUCC. ap. LINDL., *Gen. et spec.*, p. 277
(1835). — **Gymnadenia suaveolens** REICHB., *Fl. Germ. exc.*, p. 121 (1840) excl. syn. — **Habenaria odoratissima** FRANCH., *Fl. L.-et-Ch.*, p. 578 (1885). — **Gymn. rhodopea** FORM. in *Verh. Nat. Ver. Br.*, XXXVI,
p. 42 (1898). — *Orchis radicibus palmatis, labello obtuso trifido, concolore, calcare germine breviori*
HALL., *Helv.*, n° 1274, t. 28. — *Orchis conopseæ varietas* JACQ., *Vindb.*, 293. — *Orchis palmata angustifolia,
minor, odoratissima* BAUH., *Pinax*, p. 86 ; *Prodr.*, p. 30, t. 30 ; RAJ., *Hist.*, 1225 ; SEG., *Pl. ver.*, III,
p. 250.

Noms vulg. : Gymnadénie très odorante, Orchis très odorant. — Allem. : Wohlriechende Höswurz, Wohlriechende Ragwurz, Dürthändl.

Icon. : HALL., *l. c.*, t. 28 ; SEG., *l. c.*, t. 8, f. 6 ; JACQ., *Austr.*, t. 264 ; REICHB. F., *Icon.*, XIII-XIV, t. 69,
CCCCXXI, f. I-IV, 1-11, t. DXVIII, f. I, 1 ; REICHB., *Pl. crit.*, DXCV ; MUTEL, *Atlas*, t. 66, f. 501 ; SCHLECHT.
LANG., *Deutschl.*, IV, f. 347 ; BARLA, *l. c.*, pl. 13, f. 1-15 ; G. CAM., *Orch. Par.*, pl. 24 ; CORREVON, *Alb.
Orch. Eur.*, pl. XXI ; BONNIER, *Alb. N. Fl.*, p. 140 ; M. SCHULZE, *l. c.*, t. 47 ; SCHLECHT. in KELL. et
SCHLECHT., *Icon.*, pl. XXVIII, f. 112 ; G. CAM. BERG. A. CAM., *l. c.*, pl. 26, f. 905-912 ; *Ic. n.*, pl. 95,
f. 1-13.

Exsicc. : F. SCHULTZ, *Herb. n.*, n°s 77 et 753 ; REICHB., n° 1316 ; *Soc. Dauph.*, n° 1858 ; *Soc. Rochel.*,
n° 2490 ; FRIES, *H. n.*, VI, n° 59 ; *Fl. Austr.-Hung.*, n° 669 ; BAENITZ, *H. Eur.*; *Soc. ét. fl. fr.-helv.*, n° 89, 109 ;
Soc. Dauph., n° 1858 ; DUFFOUR, *Soc. franç.*, n° 2545.

Port d'un *Gymnadenia conopea* grêle, plus petit dans toutes ses proportions. Tubercules bifides, à divisions
digitées-palmées. Tige grêle, élancée, de 2-3, rarement 4-5 décim., d'un vert clair, raide, cylindrique à la base,
anguleuse ou presque triangulaire au sommet, entourée à la base de gaines brunâtres. *Feuilles* d'un vert glauque, dressées, dressées-étalées ou arquées, *linéaires* ou *linéaires-lancéolées*, aiguës ou subaiguës, plus étroites
que dans le *G. conopea*, un peu luisantes en dessus, carénées en dessous, à nervures peu marquées, à bords subdenticulés, les infér. assez épaisses, rapprochées, pliées en gouttière, les sup. plus étroites, bractéiformes. Bractées d'un vert clair, minces, lancéolées, acuminées, trinervées, égalant ordinairement l'ovaire ou le dépassant peu.
Fleurs très petites (5-8 mm. env.), d'un lilas clair, très pâles dans les hautes montagnes, plus rarement pourpres

parfois blanches, exhalant une odeur analogue à celle de la vanille (1), disposées en *épi* subcylindrique, *assez court,*dense, mais assez lâche à la base. Divisions du périanthe libres,les ext. ovales-obtusiuscules, les lat. asymétriques, étalées, les lat. int.à peine plus courtes que les ext.,obovales, obtusiuscules, concaves, conniventes avec la médiane ext. *Labelle un peu plus long que large,* dépassant les autres divisions du périanthe, 3-lobé à lobes lat. arrondis, le *lobe médian plus long,* ordt plus large,obtus,rarement aigu ; *éperon* filiforme,grêle, courbe, *un peu renflé au sommet, pendant, presque de même longueur que l'ovaire.* Gynostème très court. Anthère dressée, rougeâtre, à loges parallèles séparées par un petit bec. Masses polliniques d'un jaune verdâtre. Caudicules blancs. Rétinacles elliptiques, nus. Staminodes manifestes. Stigmate transversal, subréniforme. Ovaire sessile, vert clair, linéaire, allongé, subcylindrique, contourné. Capsule oblongue, dressée, à 6 côtes.

Morphologie interne.

Fibres radicales. Endoderme à cadres subérisés nets. Vaisseaux de métaxylème se différenciant souvent.

Tige. Stomates nombreux. 3-6 assises parenchymateuses chlorophylliennes entre l'épiderme et l'anneau lignifié. Anneau lignifié formé de 5-8 assises à parois très minces. Faisceaux libéroligneux entourés de tissu lignifié à l'extérieur, très développés tangentiellement sur une section transversale, à vaisseaux peu nombreux et à parenchyme non lignifié assez abondant. Lacune occupant la partie centrale de la tige.

Feuille (pl. 116, f. 159). Ep. = 250-350 μ. Epiderme sup. haut de 80-100 μ, à paroi ext. striée, épaisse de 9-12 μ et très bombée, muni de stomates très nombreux vers l'extrémité des feuilles. Epiderme inf. haut de 25-50 μ, à paroi ext. épaisse de 8-10 μ et bombée, à stomates très nombreux. Cellules épidermiques du bord du limbe prolongées en dents effilées de forme caractéristique, souvent un peu renflées en spatule à l'extrémité, atteignant 30-100 μ de long (pl. 116, f. 126). Parenchyme formé de 8-10 assises de tissu lacuneux assez lâche et contenant de nombreuses cellules à raphides. Bord du limbe collenchymateux. Nervures principales munies de collenchyme, à parois peu épaisses, à la partie inf. du faisceau libéroligneux,les autres nervures entourées de tissu chlorophyllien ou incolore.

Fleur. — *Divisions externes du périanthe.* Epiderme ext. à cuticule striée. Bords légèrement papilleux. — *Divisions latérales internes.* Epidermes ext. et int. à peine prolongés en papilles vers les bords. — *Labelle.* Epiderme sup. muni de papilles très courtes. Epiderme inf. dépourvu de papilles caractérisées. — *Eperon.* Epiderme int. à papilles peu nombreuses et courtes. Epiderme ext. à peine papilleux. Emission de nectar à l'intérieur de l'éperon. Les épidermes des divisions sup. du périanthe, du labelle et de l'éperon renferment de l'huile essentielle. — *Anthère.* Epaississements en anneaux incomplets peu nombreux. — *Pollen.* Exine rugueuse à la périphérie des massules. L. = 30-35 μ env. — *Ovaire.* Nervure des valves placentifères à peine saillante extérieurement, contenant un faisceau libéroligneux, à bois int. Valves non placentifères proéminentes à l'extérieur, renfermant un faisceau libéroligneux. —*Graines.* Suspenseur développé. Cellules du tégument dépourvues d'épaississements striés ou réticulés, à parois latérales ondulées. Graines arrondies ou à peine atténuées au sommet, 2-3 fois plus longues que larges. L. = 400-500 μ env.

F. *albiflora* Nobis. — c. *floribus albis* Parlat., *l. c.* — Fleurs d'un beau blanc. — Surtout dans les Alpes. — France, Allemagne (Thuringe, Bade), Suisse (Engadine, Mont Pilate), Italie.

Var. β **oxyglossa** Beck, *Fl. Nied.-Oest.,* I, p. 210 (1890) ; M. Schulze, *Die Orchid.,* n° 47, 2, t. 47, f. 8, 9, 10 ; Aschers. et Graebn., *Syn.,* III, p. 819 ; G. Cam. Berg. A. Cam., *l. c.,* p. 331 ; Zapalow., *Consp. Fl. Galic.,* p. 219 ; Fiori et Paol., *Fl. Ital.,* App., p. 56. — *G. albida* × *odoratissima* Halacsy et Braun, *Nachtr. z. fl. Nied. Oest.,* p. 61 (1882) ; Beck, *olim.* —*Icon.* : G. Cam. Berg. A. Cam., *l. c.,* pl. 26, f. 908-910 ; *Ic. n.,* pl. 95, f. 8-10. — Labelle linguiforme, 2-3 fois plus long que large, entier, atténué ou crénelé au sommet. — Çà et là, avec le type ; paraît être un lusus.Très rarement à périanthe blanc.— N'est pas hybride. Var. parallèle au f. *oxyglossa* A. Camus du *G. conopea.* — T. R. Autriche, Allemagne, Suisse, Trentin.

Var. γ **borealis** Reichb. F., *Icon.,* XIII-XIV, p. 113, pl. CCCCXXI, f. III (1851) ; M. Schulze, *l. c.* ; Aschers. et Graebn., *l. c.* ; G. Cam. Berg. A. Cam., *l. c.* — *G. borealis* Fries, *Novit. Fl. Suec.,* p. 131 (1842). — Plante réduite dans toutes ses parties ; feuilles plus étroites ; fl. plus petites, presque blanches. Forme des rég. élevées. — Suède.

Var. δ **Retzdorffii** Aschers. et Graebn., *l. c.,* p. 819 (1907) ; G. Cam. Berg. A. Cam., *l. c.* — Feuilles

---

1. Une odeur très prononcée se dégage aussi des feuilles lorsqu'on les fait sécher au fer. Il en est de même du *G. densiflora.*

allongées, non rigides. Fl. espacées, les inf. distantes de 2 centim. env. Bractées grandes, les inf. bien plus longues que les fl., les sup. dépassant les fl. non épanouies. Div. lat. ext. du périanthe non étalées, conniventes en cloche avec les lat. int. — Serait peut-être à identifier avec le *Gymnabicch. Strampffii* (*Bicchia albida* × *Gym. odorat.*). — Tyrol mérid. : entre Bad Ratzes et Ruine Hauenstein (Retzdorff ap. M. Schulze in *Mitt. Th. B. V. N. F.*, XVII, p. 69 (1902).

Var. ε **carpatica** Simk., *Enum. Trans.*, p. 502 (1886) ; Aschers. et Graebn., *Syn.*, III, p. 820 ; G. Cam. Berg. A. Cam., *l. c.* — Plante très développée, à **feuilles larges**, à inflorescence large, **dense**, mais courte. — Carpathes, Transilvanie.

Var. ζ **Idae** Aschers. et Graebn., *l. c.*, p. 819 (1907) ; Goiran in *Nuov. Giorn. bot. It.*, XV, p. 26 (1883) ; Fiori et Paol., *Fl. Ital.*, App. IV, p. 56. — Plante haute de 10-12 cm., à inflorescence courte, lâche ; bractées aussi ou plus longues que les fl. — Forme alpine.

Var. η **stenostachya** Schlecht. in Fedde, *Repert.*, XVI, p. 277 (1917) ; in Kell. et Schlecht., *Ic.*, p. 235. — Epi floral lâche, allongé, très étroit. — Suisse.

Monstruosités. — Zimmerm. in *Allg. Bot. Zeitschr.* (1910), 7-8, p. 18, signale un cas de tige bifurquée.

F. **ecalcarata** Reichb. F., *Icon.*, XIII-XIV, p. 112, 113, t. 166, f. I ; M. Schulze, *Die Orchid.*, [n° 47, 2. — Fl. toutes dépourvues d'éperon. — Rare, Thuringe, Tyrol.

Une fl. avec un labelle, 6 autres div. au périanthe, 2 gynostèmes, a été observée à Iéna (Thuringe), sec., M. Schulze, *Die Orchid.*, n° 47, 2.

Juin, juillet ; mai et juin dans la partie mérid. de l'aire. — *Habitat* : coteaux calcaires humides et herbeux, clairières des bois, prairies tourbeuses, prés humides, marais, très rarement endroits secs ; de la plaine à la zone alpine ; monte à 2.000 m. dans le Valais (Jaccard), à 2.100 m. dans le Tyrol (Dalla Torre et Sarnth.), à 2.700 m. dans les Alpes italiennes (Parlatore). — *Répart. géogr.* : Europe moyenne de la Suède mérid. au nord de l'Espagne : Espagne [T. R. Aragon à Villarluengo (Asso)] ; France (env. de Paris,Ouest, Nord-Ouest,Est. Centre,Alpes jusqu'à la rég. septentr. des Alpes-Marit., Pyrénées), Luxembourg, Suède, mérid., Gotland, Allemagne [disséminé dans les rég. centr. et mérid., Thuringe, Saxe, Palatinat, Bade,Wurtemberg, Bavière, Prusse orient. (T. R.), etc.]; Suisse (surtout dans les rég. montagn. et subalp.) ; Italie (Alpes, Apennins, rég. septentr., Piémont, Mont Tambura et de Sagro) ; Autriche, Tyrol, Carinthie, Moravie ? Hongrie, rare en Bohême ; Istrie ; Balkans septentr., Russie moyenne et occidentale.

<h3 align="center">3. — G. FRIVALDII</h3>

G. **Frivaldii** Hampe ap. Griseb., *Spicil. Fl. Rum. Bith.*, II, p. 363 (1844) ; Reichb. F., *Icon.*, XIII-XIV, p. 111, t. CCCCXX, f. I-III, 1-8 ; Boiss., *Fl. orient.*, V, p. 81 ; G. Cam. Berg. A. Cam., *Monogr. Orch. Eur.*, p. 328. — G. **Frivaldskyana** Hampe in *Flora*, XX, p. 230 (1837), *nomen nudum* ; Richter, *Pl. Eur.*, I, p. 280 ; Nyman, *Consp.*, p. 695 ; *Suppl.*, p. 292 ; Kraenzl., *Gen. et spec.*, p. 555 ; Velenov., *Fl. bulg.*, p. 530. — **Leucorchis Friwaldskyana** Fuss, *Fl. Transs.*, p. 625 (1866). — **Leucorchis Frivaldii** Schlechter in Fedde, *Rep. nov. sp.* (1920), p. 289 ; in Kell. et Schlecht., *Ic.*, p. 240.

Icon. : G. Cam. Berg. A. Cam., *l. c.*, pl. 26, f. 897-898 ; Reichb., F. *l. c.* ; Schlecht. in Kell. et Schlecht., *Ic.*, pl. XXIX, f. 115.

Tubercules comprimés, 2-3-lobés, à divisions allongées ; fibres radicales minces. Tige grêle, presque arrondie, cannelée, entourée de gaines à la base. *Feuilles oblongues-lancéolées*, subobtuses, souvent 3-4, rapprochées, la sup. réduite ou bractéiforme. Bractées lancéolées-aiguës, 1-nervées, lavées de pourpre, plus longues que l'ovaire, égalant env. la fleur. Epi densiflore, court, subcylindrique ou presque conique, grêle. Fleurs petites, blanches ou rosées.Div. ext. et lat. int. du périanthe conniventes en casque oblong, les ext. ovales-oblongues, obtuses, *les lat. int. oblongues*, obtuses, **un peu plus courtes** que les ext. et plus étroites, à bord inf. souvent muni, à la base, d'une dent obtuse. *Labelle largement rhomboïdal à base cunéiforme, ovale-obtus*, un peu plus court que les autres divisions, entier ou 3-lobé ; lobes lat. arrondis ; lobe médian obscurément triangulaire, obtus, plus long ou un peu plus court que les lat. Eperon filiforme, aigu **ou obtusiuscule**, arqué, égalant à peine la moitié de l'ovaire. Gynostème étroit,allongé. Fossette du stigmate obscurément triangulaire.

V. s. — Juin, août. — *Habitat* : prairies des hautes montagnes, monte à 1 800 m. au Monténégro (d'apr. Rohlena). — *Répart. géogr.* : Hongrie [Banat ; Sarko et Riu Sest (Wanner)] ; Transilvanie : Monts Retyczát ; Roumélie, Monténégro [rég. alpine près Andrijevica, 1.000-1.800 m. d'alt. (Rohlena)] ; Macédoine, rég. sept. de la péninsule des Balkans.

Le *G. Richteri* Gyorffy, *J. A. magyarfoldi Flora cy Gymnadenia faja* in *Annales historico-naturales Musei*

Nat. Hungarici, II, p. 237, 252 (1904), ne serait qu'une forme, à labelle entier, du *G. Frivaldii*. Il a été signalé en Hongrie et dans le Banat.

§ II. — **Neottianthe** (sous-genre) Reichb., *Pl. crit.*, VI, p. 26, t. DXCVII (1828) ; Aschers. et Graebn., *Syn.*, III, p. 826 ; G. Cam. Berg. A. Cam., *Monogr. Orch. Eur.*, p. 331. — Genre **Neottianthe** Schlechter in Fedde, *Rep. nov. sp.*, XVI, p. 290 (1920). — Rétinacles parallèles au diamètre longitudinal du processus du rostellum. — Tubercules ovoïdes ou subglobuleux, parfois obscurément lobés.

<h3 align="center">4. — G. CUCULLATA</h3>

G. cucullata Rich. in *Mém. Mus. Paris*, IV, p. 57 (1818) ; Lindl., *Gen. and spec.*, p. 279 ; Reichb. F. *Icon.*, XIII-XIV, p. 109 ; Kraenzl., *Gen. et spec.*, p. 553 ; Richter, *Pl. eur.*, I, p. 280 ; Garcke, *Fl. Deutschl.*, éd. 14, p. 380 ; Koch, *Syn.*, éd. Hall. et Wohlf., p. 2432 ; M. Schulze, *Die Orchid.*, n° 45 ; Aschers. et Graebn., *Syn.*, III, p. 826 ; Turcz., *Cat. Baical.*, n° 1101 ; Ledeb., *Fl. alt.*, IV, p. 170 ; *Fl. ross.*, IV, p. 66 ; Finet, *Orch.*, *Asie or.* in *Rev. génér. bot.*, XIII, p. 516 ; G. Cam. Berg. A. Cam., *Monogr. Orch. Eur.*, p. 331 ; Zapalow., *Consp. Fl. Galic.*, p. 219 . — **Orchis cucullata** L., *Spec.*, éd. 1, p. 939 (1753) ; Gilib., *Ex. phyt.*, II, p. 475 ; Georgi, *Beschr. Russ. R.*, III, V, p. 1267 ; Jundz., *Fl. lith.*, p. 263 ; Bess., *Enum. Volhyn.*, p. 35, n° 1152 ; Ledeb., *Fl. Ross.*, IV, p. 66. — **Habenaria cucullata** Hofft, *Cat. Kursk*, p. 56 (1826). — **Himantoglossum cucullatum** Reichb., *Fl. excurs.*, p. 120 (1830). — **Ophrys bifolia** Pallas in Willd. sec. Ledeb. — **Neottianthe cucullata** Schlechter in Fedde, *Repert. nov. spec.*, XVI, p. 292 (1920). — *Orchis radice rotunda, cucullo iridentato* Gmel., *Fl. sib.*, I, p. 16, t. 3, f. 2.

Icon. : Reichb., *Pl. crit.*, I, t. 816 ; *Icon.*, XIII-XIV, t. CCCCXVIII, f. I-III, 1-21 ; M. Schulze, *l. c.*, t. 45 ; Correvon, *Alb. Orch. Eur.*, pl. XX ; Schlecht. in Keil. et Schlecht., *Ic.*, pl. XXIX, p. 116 ; G. Cam. Berg. A. Cam., *l. c.*, pl. 26, f. 894, 896, 899, 900 ; *Ic. n.*, pl. 96, f. 11-18.

Port d'un *Herminium Monorchis* développé et à fl. roses. Tubercules ord. plus larges que hauts, arrondis, entiers ou obscurément bilobés, très papilleux. Fibres radicales courtes. Tige grêle, de 10-30 cent., sillonnée, d'un vert clair, souvent coudée, entourée, à la base, de gaines brunâtres lancéolées-aiguës. Feuilles développées 2, situées à la base de la tige, rapprochées, oblongues ou largement elliptiques, rarement subarrondies, cunéiformes à la base, aiguës ou subaiguës, brillantes sur les deux faces, munies de nombreuses nerv. longit. et transv. et de courtes papilles sur les bords, l'inf. plutôt plus grande que la sup. ; 1-2 feuilles bractéiformes, très réduites vers la partie sup. de la tige, linéaires ou linéaires-lancéolées, aiguës, ord. 3-nervées. Bractées lancéolées, plus ou moins aiguës, foliacées, assez épaisses, 1-nervées, à bords papilleux, plus courtes que le fruit ou les inf. aussi ou plus longues que les fl. Fl. médiocres, roses, purpurines ou carnées, 8-24, en épi court, lâche, souvent unilatéral et penché. Périanthe à div. ext. et lat. int. conniventes en casque lancéolé-aigu, les ext. oblongues-lancéolées, aiguës, 1-3-nervées, les lat. int. linéaires, 1-nervées. Labelle presque horizontal par rapport au casque, étroit, profondément 3-lobé, papilleux, blanchâtre ou rose, à div. lat. linéaires-lancéolées ou subfiliformes, la méd. entière, subtriangulaire ou linguiforme, plus longue et un peu plus large que les lat., aiguë ou subobtuse. Eperon étroitement cylindrique, élargi à la base, arqué, dirigé en bas, plus court que l'ovaire. Gynostème court, aigu. Anthère à loges parallèles. *Rétinacles oblongs ou presque spatulés, presque parallèles au grand diamètre de l'appendice du gynostème* ; caudicules très courts. Ovaire court, recourbé en avant.

V. s. — Juillet, août. — *Habitat* : dans la mousse et les aiguilles de Conifères, souvent avec le *Goodyera repens* et le *Vaccinium Myrtillus*. — *Répart. géogr.* : Allemagne [Prusse orient. : Johannisburg près Samordey (Kalkreuth), Neidenburg dans la forêt de Kaltenborn, Belauf Eichwerder, Goldap à Rominter Heide, forêt de Warnau près Iszlaudszen (Lettau), Fischhausen à Lochstädt (Hagen), Kurische Nehrung et Sarkau ; Posen, Bromberg, forêt de Jagdschützer près Hoheneice (Lewy) ; Autriche, Galicie (cf. Zapalow., *l. c.*), Stawki Lelechowka près Janow (Besser) etc., Hongrie, Pologne (assez abondant en Pologne orientale), Russie, Dahourie, Sibérie, Chine, Japon.

<h3 align="center">Sous-esp. — G. purpurea.</h3>

G. purpurea G. Cam. Berg. A. Cam., *Monogr. Orch. Eur.*, p. 332. — **Peristylus purpureus** Schur, *Enum. Trans.*, p. 646 (1866). — **Cœloglossum purpureum** Schur, *Sert.*, p. 72, n° 2706, var. c. — **C. alpinum** Schur, *Herb. Trans.*

Plante assez robuste. Feuilles épaisses, d'un vert saturé, brillantes, elliptiques, obtuses, les radicales sublinéaires, de forme variable, les caulinaires parfois bien plus étroites. Epi multiflore. Bractées inf. plus longues que les fleurs, les sup. les égalant. Fl. petites, d'un pourpre sordide, à divisions ext. rouges, cucullées, connivontes ; labelle pourpré, à lobe médian très court, à lobes lat. 2 fois plus larges que longs. Ovaire égalant environ le labelle. — Peu éloigné du *G. cucullata*.

Août. — Transilvanie.

HYBRIDE

G. CONOPEA × ODORATISSIMA

≍ **G. intermedia** Peterm., *Fl. Bienitz*, p. 30 (1841) ; A. Kerner in *Verh. K. K. zool. bot. Ges. Wien*, XV, p. 21 (1865) ; Sep. p. 13 ; G. Cam., *Monogr. Orch. Fr.*, p. 75 ; in *Journ. Bot.*, VI, p. 477 ; O. Kuntze, *Tasch. Fl. Leipzig*, p. 67 ; Beck, *Fl. Nied.-Oest.*, p. 210 ; Kraenz., *Gen. et spec.*, p. 558 ; Hariot et Guyot, *Contrib. fl. Aube*, p. 115 ; G. Cam. Berg. A. Cam., *Monogr. Orch. Eur.*, p. 332. — **G. conopea (conopsea) × odoratissima** Peterm., *l. c.* ; A. Kerner, *l. c.* ; Reichb. F., *Icon.*, XIII-XIV, p. 115 ; G. Cam., *l. c.* ; G. Cam. Berg. A. Cam., *l. c.* ; O. Kintze, *l. c.* ; M. Schulze, *Die Orchid.*, n° 48, 3 ; Koch, *Syn.*, éd. Hall. et Wohlf., p. 2432 ; Aschers. et Graebn., *Syn.*, III, p. 821 ; Zimmerm. *Neue Beobacht. üb. Orchid. Bad.* in *Mitt. Bad. Land. Nat.* (1911), p. 51 ; Ruppert in *Verh. Naturh. Ver. preuss. Rheinl. u. Westf.* (1924), p. 186 ; Graber, *Fl. Gorges Areuse et Creux-du-Van*, p. 171 (1924). — **G. conopseo-odoratissima** Schur, *l. c.* ; Fiori et Paol., *Fl. Ital., App.*, p. 56. — **G. conopsea d. brachycentra** Peterm., *Anal. Pflzschl.*, p. 442 (1846). — **G. conopea b. ambigua** Beck, *Fl. Nied.-Oesterr.*, p. 210 (1890) (1). — **G. erubescens** Zuccar. et **G. conopea var. odorata** H. Maus sec. M. Schulze, *l. c.* — **G. hybrida** Schur, *Enum. Trans.*, p. 645 (1866) ; Rouy, *Fl. Fr.*, XIII, p. 101 (1912) ; Jeanjean in *Act. Soc. Linn. Bord.* (1926), p. 110. — **G. gracillima** Schur in *Oest. bot. Zeit.* (1871), p. 44. — **G. conopea var. intermedia** Zimmerm., *Form. d. Orchid.*, p. 68 (1912).

Icon. : Kerner, *l. c.*, pl. III, f. III-V ; M. Schulze, *l. c.*, t. 48 d ; G. Cam. Berg. A. Cam., *l. c.*, pl. 26, f. 901-904 ; *Ic. n.*, pl. 95, f. 14-21.

Tubercules comprimés, à 2-5 divisions allongées. Port du *G. conopea* ou intermédiaire entre celui des parents. Tige élancée ou robuste, de 20-40 cent. de haut, un peu anguleuse au sommet. Feuilles 3-5, assez rapprochées à la base de la tige, linéaires ou linéaires-lancéolées, aiguës ou les inf. obtusiuscules, canaliculées, un peu arquées, les sup. décroissantes, bractéiformes, linéaires-lancéolées, aiguës. Bractées ovales-lancéolées, acuminées, les inf. dépassant un peu les fleurs, les sup. plus courtes qu'elles. Fleurs d'un violacé pâle, plus petites que celles du *G. conopea*, plus grandes que celles du *G. odoratissima*, de 6-8 mm. env., à odeur de vanille très prononcée, disposées en épi cylindrique multiflore, plus ou moins dense. Divisions ext. du périanthe oblongues obtuses, les lat. int. plus larges et plutôt plus courtes, ovales-oblongues, à bord ext. obscurément anguleux. Labelle env. aussi long que large, cunéiforme à la base, plus large que dans le *G odoratissima*, 3-lobé, à lobe médian plus long que les lat., ovale-obtus ou aigu ; lobes lat. obtus. Eperon filiforme, arqué, moins long que dans le *G. conopea*, plus allongé que dans le *G. odoratissima*, égalant environ l'ovaire ou un peu plus long que lui.

Morphologie interne.

Nous avons étudié cet hybride sur un échantillon d'herbier. Il se distinguait très nettement du *G. conopea* par la forme des cellules épidermiques marginales du limbe, par leurs dents effilées et spatulées rappelant celles du *G. odoratissima*. La paroi ext. des épidermes du limbe était un peu moins épaisse que dans cette dernière espèce.

V. v. — Juin, juillet. — Plante toujours peu abondante dans ses stations. — *France* (T. R., Seine-et-Oise à Nesles-la-Vallée (G. Cam.), Seine-et-Marne à la Genevraie (G. Cam.), Loiret à Malesherbes (G. Cam.); Gironde, abondant au Thil, près Léognan (Jeanjean) ; Aube à Jaucourt (Hariot et Guyot), Alsace : Rippberg près Dolisheim (Loyson, Ruppert et Walter, 1926). — *Allemagne* (Thuringe, Saxe, Bade, Bavière, etc.). — *Autriche* (Tyrol, Bohême). — *Suisse* [cant. d'Unterwalden, au-dessus du chemin reliant le sommet du Pilate au Tomlishorn (Bergon in *herb.* G. Cam.), Creux-du-Van (Graber)]. — *Trentin* à Kalisberg (Kurr).

---

1 Richter, *Pl. Eur.*, I, p. 279, a signalé cet hybride comme var. *intermedia* du *G. conopsea* et lui a donné, comme synonyme inexact, le *G. pseudoconopea* Gren.

HYBRIDES INTERGÉNÉRIQUES

ORCHIS × GYMNADENIA = ORCHIGYMNADENIA (1)

× × **Orchigymnadenia** G. Cam., *Monogr. Orch. Fr.*, p. 76 ; in *Journ. de Bot.*, VI, p. 477 (1892).

GYMNADENIA CONOPEA × ORCHIS MACULATA

Gymnadenia conopea < Orchis maculata

× × **Orchigymnadenia Heinzeliana** G. Cam., *Monogr. Orch. Fr.*, p. 77 ; in *Journ. de Bot.*, VI, p. 479 (1892) ; G. Cam. Berg. A. Cam., *Monogr. Eur.*, p. 333 ; Rolfe in *Orch. Rev.* (1919), p. 170. - **Orchis Heinzeliana** Reichardt in *Verh. K. K. zool. bot. Ges.*, XXVI, p. 464 (1876) ; Richter, *Pl. Eur.*, I, p. 274 ; M. Schulze, *Die Orchid.*, 48. 10 ; Koch, *Syn.*, éd. Hall. et Wohlf., p. 2431 ; Kraenz., *Gen. et spec.*, p. 565. — -**O. maculata** × **G. conopea** Reichardt, *l. c.* ; Richter, *l. c* ; Arnell in *Bot. Not. Lund* (1911), p. 135. — **O. maculatus** × **G. conopea** Aschers. et Graeb., *Syn.*, III, p. 852, p. p. — **Habenaria conopsea** × **Orchis maculata** Ullman et Hall in *Winch. Coll. Nat. Hist. Soc.* (1913), p. 12. — **G. conopea** × **O. Fuchsii** Steph. in *Orch. Rev.* (1926), p. 51.

Forme se rapprochant de l'*Orch. maculata*. Tige de 30-40 centim., anguleuse au sommet. Feuilles plus larges et plus courtes que dans le *G. conopea*, aiguës, les sup. bractéiformes, parfois toutes maculées. Epi compact, conique, puis cylindrique. Fleurs d'un violet pourpré. Bractées linéaires-lancéolées, acuminées, les inf. plus longues que les fl., vertes, les sup. plus courtes, lavées de violet. Divisions du périanthe plus grandes que dans le *G. conopea*, les ext. allongées, ord. obtuses, non maculées ; les lat. int. ovales, allongées, subaiguës, à bord inf. anguleux, bien plus courtes que les ext. et munies de 2-3 taches pourpre clair. Labelle presque cunéiforme à la base, trilobé, un peu plus large que long. maculé comme dans l'*O. maculata* ; lobes lat. obliques et tronqués, quadrangulaires, à bords plus ou moins échancrés ; lobe moyen plus petit que les lat., ovale-elliptique, tronqué. Eperon long de 10-12 mm., plus grêle que dans l'*O. maculata*, courbé, en pointe, égalant ou dépassant l'ovaire. Gynostème de l'*O. maculata*.

T. R. — *France* : Hte-Savoie à Mégève (L. Morot in herb. G. Camus) ; Pyrénées-Orient. : env d'Estavar alt. 1.250 m. (Sennen, juillet 1926) : **Ariège : l'Hospitalet, base du Pic de Carrouch** (A. Camus) (2) ; **Hautes-Pyrénées : entre Gavarnie et Gèdre** (A. Camus). — *Angleterre* : env. de Sevenoaks (Peirson, cf. *Journ. of Bot.*, 1899, p. 360), de Dorking (Muirhead in *Orch. Rev.*, VII, p. 274 ; XII, p. 221) ; Yorkshire aux env. de Winchester (Soames). — *Suède* : Dalécarlie, Kirschspiel Leksand (Arnell).— *Autriche* : Schneeberg (Reichardt), Riesengsbirge à Krummhubel (J. Scholtz).

Var. permaculata A. Camus.— *Gymn. conopea* × *Orch. maculata* A. Camus.— *Ic. n.*, pl. 128, f. 1-3.— Tige feuillée. Feuilles assez étroites, plus ou moins maculées. Epi court. Fleurs rose pâle, mais à dessins foncés, plus grandes que dans le *Gymn. conopea* ; div. ext. et lat. int. du périanthe subobtuses, les lat. un peu maculées. Labelle plus large que long ; lobe méd. à peu près aussi long que les lat., mais plus étroit ; macules symétriques. Eperon subcylindrique, un peu plus large que dans les autres formes, presque droit, un peu plus court que l'ovaire. Rétinacles munis de bursicules. — France : Pyrénées-Orient., Villeneuve les Escaldes, près Estavar, alt. 1.350 m. (Sennen, juin 1926) ; env. d'Estavar alt. 1.250 m. (Sennen, juillet 1926).

Var. gracilis A. Camus, *Atlas*, p. 4 (1921). - *Gymn. conopea* × *Orchis maculata* var. *brachystachys* A. Camus, *l. c.* — *Ic. n.*, pl. 85, f. 7-12. — Port du *G. conopea*, mais gynostème d'un *Orchis*. Plante grêle, intermédiaire entre les deux parents. Tige nue ou presque nue au sommet. Feuilles étroitement oblongues, à macules légères. Bractées inf. égalant les fl. Epi bien plus court que celui du *Gymn. conopea* (4 cent.), mais devenant brièvement cylindrique. Fleurs de couleur rose lilacé, un peu plus foncées et un peu plus grandes

1. La nomenclature que nous avons adoptée pour les hybrides intergénériques montre ici une fois de plus sa supériorité. En rattachant ces hybrides « à celui des deux genres qui précède l'autre dans l'ordre alphabétique » ainsi que le prescrivent les Règles de la Nomenclature, on est entraîné à admettre, dans le genre *Gymnadenia*, des plantes munies de bursicules et à gynostème d'*Orchis*, ce qui est inadmissible.

2. L'échantillon que j'ai récolté à l'Hospitalet avait des feuilles étroites, pliées, sans macules, des fleurs légèrement odorantes et un labelle à dessins peu marqués (A. Camus).

que dans le *Gymn. conopea*, à parfum très peu développé ; labelle à dessins peu marqués, à 3 lobes nets, le médian développé, triangulaire, égalant les lat. ; éperon à peine plus court que l'ovaire, subcylindrique, incurvé, intermédiaire, comme forme, entre les éperons des parents. Rétinacles munis de bursicules. Appendice manquant entre les loges de l'anthère. — Se distingue de l'*Orchigymn. Heinzeliana* par son épi plus court, son labelle à lobe médian développé, dépassant les lat. (caractères de l'*O. maculata* var. *brachystachys*). — Se différencie nettement de l'*Orchigymn. Legrandiana* par la présence de bursicules.

France : Alpes-Marit. à Saint-Martin-Vésubie, au-dessus du Vallon de Fenestre, alt. 1.400 m. (Aimée Camus, 20 juin 1916).

Gymnadenia conopea > Orchis maculata.

× × **Orchigymnadenia Legrandiana** G. Cam., *Monogr. Orch. Fr.*, p. 76 ; in *Journ. Bot.*, VI, p. 478 ; G. Cam. Berg. A. Cam., *Monogr. Orch. Eur.*, p. 334 ; Peirson in *Orchid. Rev.* (1899), p. 274 ; Rolfe in *Orch. Rev.* (1904), p. 221 ; Fourn. *Brév.*, p. 495.- - **Gymnadenia Legrandiana** G. Cam. in *Bull. Soc. bot. Fr.*, XXXVII, p. 217 ; Peirson in *Journ. oj Bot.*, XLV, p. 278 (1907). — × **Orchis Legrandiana** de Kersers in *Bull. Soc. bot. Fr.* (1905), p. 530. — **Gymnadenia conopea** × **Orchis maculata** G. Cam., *l. c.*[1]

Icon. : G. Cam., *l. c.*, *Atlas*, pl. XXXVI ; G. Cam. Berg. A. Cam., *l. c.*, pl. 26, f. 884-887 ; *Ic. n.*, pl. 85, f. 4-6.

Port d'un *G. conopea* grêle. Tubercules bilobés. Tige grêle, feuillée, non fistuleuse, de 2 décim. env. Feuilles lancéolées-linéaires, un peu canaliculées en dessus, pourvues ou non, seulement au sommet, de macules obscures. Bractées rosées, égalant env. l'ovaire ou les inf. le dépassant un peu, à 1 nervure. Fleurs de couleur lilas, peu nombreuses, exhalant une odeur très faible de vanille, disposées en épi court. Périanthe à divisions sup. égales, lancéolées, acuminées, les 2 lat. étalées, ascendantes, non maculées.Labelle oblong, à 3 lobes, le médian entier, un peu plus long que les lat., mais moins large, à stries et macules disposées avec symétrie et rappelant le labelle de l'*O. maculata*. Eperon filiforme, dirigé en bas, égalant ou dépassant peu l'ovaire. Masses polliniques à *rétinacles libres* et *non renfermés dans une bursicule.*

V. v. Mai, juillet,— T. R. *France* : Cher à Neuvy-sur-Barangeon (G. Camus) ; Allier à Yseure (Lassimonne) ; **Ariége : l'Hospitalet, route du Val d'Andorre (A. Camus)** ; **Hautes-Pyrénées ; entre Gavarnie et Gèdre (A. Camus)** ; Basses-Pyrénées à Orthez (Loret in *Herb. Muséum Paris* s. n. *O. maculata* ?).— *Grande-Bretagne* : Kent et Ecosse septentr. (Peirson), env. de Dorking (Marshead).

M Godfery et Lloyd ont trouvé, près de Winchester et de Guildford, des hybrides *Gymn. conopea* × *Orchis maculata* (cf. Godfery in *Journ. of Bot.*, 1919, p. 140 et *Winchest. Coll. Nat. Hist. Soc.* (1915), p. 7 (1)).

G. CONOPEA × O. ELODES

× × **Orchigymnadenia souppensis** G. Cam., *Monogr. Orch. Fr.*, p. 76 ; in *Journ. de Bot.*, VI, p. 477 (1892) ; G. Cam. Berg. A. Cam., *Monogr. Orch. Eur.*, p. 334. — × **Gymnadenia souppensis** G. Cam. in *Bull. Soc. bot. Fr.*, XXXVIII, p. 157 (1891) ; *Monogr. Orch. Fr.*, *l. c.* — × **Orchis Evansii** Druce in *Report Bot. Exch. Club* (1906), p. 199. - - **Orchigymnadenia Evansii** T. et T. A. Stephenson in *Journ. of Bot.* (1922), p. 35 (2). — **Gymnadenia conopea** × **Orchis elodes** G. Camus, *l. c.* —- **Gymnad. conopsea** × **Orch. maculata** var. **ericetorum** Linton ; T. et T. A. Stephenson *Orchid. Review* (1921), p. 131. — **O. maculata** var. **ericetorum** × **Gymn. conopea** Druce in *Ann. Scott. Nat. Hist. Edinburgh* (1907), p. 96.

Icon. : G. Cam., *Atlas*, pl. XXXV ; Steph. in *Journ. of Bot.* (1921), pl. 559, f. 24 ; *Ic. n.*, pl. 85, f. 13-15.

Plante ayant le port du *G. conopea* ou un port intermédiaire. Tubercules palmés. Tige de 4-6 décim. Feuilles sup. lancéolées-linéaires, les inf. ovales-lancéolées. Fleurs en épi compact, cylindrique, roses ou lilacées ou presque blanches, à odeur agréable et faible. Périanthe à divisions ext. lat. étalées ; labelle à 3 lobes, le moyen dépassant les lat. Eperon un peu conique, souvent plus court que l'ovaire, courbé vers le bas. — Diffère de *G. conopea* par son éperon plus court, ses bursicules souvent rudimentaires.

V. v. --- *France* : Seine-et-Marne, prairies du Loing à Souppes (G. Camus, Chevallier, Jeanpert et

---

1. Bien que les *Gymnad.* ne soient pas fécondés par les mêmes insectes que les *Orch. macul.* et *latif.*, il doit arriver que les mêmes insectes visitent parfois successivement ces Orchidées puisque l'hybridation est possible.
2. L'*Orchigymn. Evansii* Steph. = *Gymnad. conopsea* × *Orch. macul.* subsp. *ericetorum* Linton = *O. macul.* var. *ericetorum* × *G. conopea* Druce = *Orch. Evansii* Druce, signalé dans le Pays de Galles, ne paraît guère différer de l'*Orchig. souppensis.*

Luizet). — Pays de Galles (Linton, Druce, Stephenson), Ecosse, Berwickshire (Druce in *Journ. of Bot.*, (1907), p. 299), Forfanshire, Sunderland (Marshall).

G. ODORATISSIMA × O. MACULATA

× × **Orchigymnadenia Regeliana (Regelii)** G. Cam., *Monogr. Orch. Fr.*, p. 77 ; in *Journ. Bot.*, VI, p. 478 (1892) ; G. Cam. Berg. A. Cam., *Monogr. Orch. Eur.*, p. 335.— **G. odoratissima × O. maculata** Brügg. in *Jahr. Nat. Ges. Graub.*, XXIII-XXIV, p. 118 (1880) ; Kraenzl., *Gen. et spec.*, p. 565 ; M. Schulze, *Die Orchid.*, n° 47, 3. — **O. maculatus × G. odoratissima** Aschers. et Graebn., *Syn.*,III, p. 853. — × **Orchis Regeliana** Brügg., *l. c.* ; Koch, *Syn.*, éd. Hall. et Wohlf., p. 2432.- -× **O. Regelii** G. Cam. in *Journ. Bot.*, IV, pl. 1 (1889). — × **O. intuta** Beck, *Fl. Nied.-Oest.*, p. 205 (1890-93).— **Gymnadenia Regeliana** Rouy, *Fl. Fr.*, XIII, p. 102 (1912).

Icon. : Regel, *Gard. Fl.*, V, p. 26, t. 140, f. 3, 4 (1856) ; G. Cam. in *Journ. Bot.*, IV (1889), pl. 1 ; *Atlas*, pl. XXXVII ; G. Cam. Berg. A. Cam., *l. c.*, pl. 26, f. 888-890 ; *Ic. n.*, pl. 84, f. 16-18.

Port du *G. odoratissima*. Tubercules palmés. Tige haute de 2-4 décim., assez grêle, feuillée, non fistuleuse. Feuilles lancéolées-linéaires ou obovales-oblongues, rappelant la forme de celles de l'*O. maculata*, mais plus longues, à macules obscures. Bractées dépassant l'ovaire. Fleurs petites, assez nombreuses, d'un rose clair, exhalant une odeur assez agréable, disposées en épi cylindrique assez compact. Périanthe à div. ext. libres, les 2 lat. étalées, maculées de taches d'un violet assez intense. Labelle rappelant celui du *G. odorat.*, à 3 lobes profonds, le moyen entier égalant au moins les lat., sans macules ou à macules analogues à celles du labelle de l'*O. maculata*. Eperon conique, grêle, dirigé en bas, plus court que l'ovaire. Bursicules incomplètement développées, très rudimentaires.

V. v. — Juillet. — T. R. *France* : Seine-et-Marne à Episy près Moret (G. Camus, Metman). — *Suisse* : Uto près Zurich (Regel). — *Allemagne* : Bavière à Lechfeld (Harz). - *Autriche* : Josephsberg près Mitterbach (Beck).

G. CONOPEA × O. LATIFOLIA

× × **Orchigymnadenia Lebrunii** G. Cam. in *Bull. Soc. bot. Fr.* (1891), p. 351 ; *Monogr. Orch. Fr.*, p. 77 ; in *Journ. Bot.*, VI, p. 479 (1892) ; G. Cam. Berg. A. Cam., *Monogr. Orch. Eur.*, p. 335. — **Gymnad conopea × Orchis latifolia** G. Cam., *l. c.* ; Lassimonne in *Revue scientif. du Bourbonnais* (1893), p. 59. — × **Orchis Lebrunii** G. Cam., *l. c.* ; Lassimonne, *l. c.* (1).

Icon. : G. Cam., *Atlas*, pl. XXXVIII ; G. Cam. Berg. A. Cam., *l. c.*, pl. 26, f. 891-893 ; *Ic. n.*, pl. 84, f. 22-25.

Tubercules palmés. Tige haute de 2-3 décim., assez fistuleuse, grêle, élancée, cylindrique à la base, striée et cannelée au sommet. Feuilles les inf. engainantes à la base, dressées, canaliculées, linéaires-lancéolées, souvent plus larges vers le milieu, plus étroites et plus allongées que dans l'*O. latifolia*, obtuses au sommet, les moyennes acuminées et les sup. bractéiformes, toutes pourvues de macules obscures, mais nettes, ou bien non maculées. Bractées inf. violacées, dépassant ordt les fleurs. Fleurs d'un rose violacé, petites comme dans le *G. conopea*,disposées en épi plus ou moins allongé, dense,aigu au sommet. Périanthe de l'*O. latifolia*, mais réduit et maculé sur le labelle et les ailes. Labelle ayant la forme et les stries symétriques de celui de l'*O. latifolia* ; éperon filiforme, descendant, égalant l'ovaire ou le dépassant un peu, plus court que dans le *G. conopea*. — Cette plante curieuse a l'aspect d'un *G. conopea*, à fleurs d'*O. latifolia* munies d'un éperon filiforme.

V. v. — Juin. — *France* : T. R. Hautes-Pyrénées aux env. de Cauterets (Lebrun) ; Allier à Trévol (Lassimonne). — *Suisse*. — *Allemagne*. — *Trentin*.

M. Sennen a récolté, en Espagne, en Catalogne, dans les Pyrénées, entre Montgrony et Mayaus,à 1.500 m. d'alt., un hybride de *Gymn. conopea* et d'*O. latifolia* qui se rapproche de l'*Orchigymn. Lebrunii*.

Orchigymnadenia Lebrunii var. **Sennenii** A. Camus. — **Gymn. conopea × Orchis latifolia**. — *Icon.* : *Ic. n.*, pl. 128, f. 4 et 5. — Tubercules palmés. Tige haute de 20-25 cent., bien plus grêle que dans l'*O. lat.*, un peu fistuleuse au centre. Feuilles l'inf. courte, les autres oblongues-lancéolées, à peine plus larges vers le milieu,

---

1. Pour M. Schulze, cette plante est le *G. comigera* Reichb. Il n'en est assurément rien. Nos planches représentant l'*Orchigymn. Lebrunii* et la pl. CCCCXXIII de Reichb.,figurant le *G. comigera* (s. n. *G.conopsea* f. *comigera*) sont suffisamment distinctes pour montrer que cette identification ne peut être maintenue. Le *G. comigera* a des feuilles sans macules, un labelle sans aucun dessin, un éperon bien plus long. Il ne paraît pas hybride.

moins larges que dans l'*O. lat.*, pliées, très légèrement maculées à la face sup., cucullées au sommet, les sup. courtes, parfois comme dans la plante représentée pl. 128, f. 4 et 5, feuilles sup. dépassant la base de l'épi. Epi dense, ovale ou cylindrique. Bractées inf. égalant ou dépassant les fl. Fl. plus grandes que dans l'*Orchigymn. Lebrunii*. Div. lat. ext. du périanthe étalées ou dressées. Labelle trilobé, ressemblant à celui de l'*O. lat.*, muni de dessins assez symétriques. Eperon un peu plus long que dans l'*O. lat.*, égalant ou dépassant un peu l'ovaire, plus gros que dans l'*Orchigymn. Lebrunii*. — Diffère de ce dernier, en se rapprochant davantage de l'*O. lat.*, surtout par son inflorescence, ses fl. plus grandes, son éperon plus gros, plutôt plus court.

France. — Pyrénées-Orient. : Angoustrine, vallée de St-Martin, pâturages entre 1.500-1.600 m. (SENNEN) ; prairies d'Estavar, alt. 1.250 m., 8 juillet 1926 (SENNEN) ; Cambre d'Aze près Mont-Louis (A. CAMUS).

× × **Orchigymnadenia rosea** G. CAM. BERG. A. CAM., *Monogr. Orch. Eur.*, p. 336. — **O. rosea** ARVET-TOUVET, *Diagn. spec. nov. vel dubio praedit.* (1871), p. 63.-- D'après ARVET-TOUVET, *l. c.*, cette plante a les mêmes parents, fort probablement, que l'*Orchigymn. Lebrunii*, mais l'éperon et le périanthe ressemblent davantage au *Gymn. conopea* dont elle a les fleurs rosées. Les bractées sont allongées. L'auteur n'a pas indiqué si les fleurs étaient maculées.

France : Hautes-Alpes au Lautaret (FAURE).

G. CONOPEA × O. PURPURELLA

× **Orchigymnadenia varia** T. et A. STEPHENSON in *Journ. of Bot.* (1922), p. 34, pl. 561, A. — **Gymnadenia conopea** × **Orchis purpurella** T. et A. STEPHENSON, *l. c.* et *Orchid. Review* (1921), p. 132.

Icon. : *Ic. n.*, pl. 126, f. 7.

Feuilles plutôt courtes, robustes, non ponctuées. Fleurs fortement odorantes ; labelle petit, bien plus grand que dans le *G. conopea*, trilobé, pourpré, muni de points et de lignes brisées ; éperon allongé, gros, un peu plus foncé que le labelle. — Diffère surtout des hybrides *G. conop.* × *Orch. latifolia* par l'éperon plus gros et plus foncé.

Angleterre : Arran (STEPHENSON).

G. CONOPEA × O. PRÆTERMISSA

× × **Orchigymn. Wintoni** A. CAMUS. — **G. conopea** × **O. prætermissa** A. CAMUS. — **Habenaria Gymnadenia** × **Orchis praetermissa** DRUCE in *Report. Winchester College Nat. Hist. Soc.* (1915), p. 12. — **Hab. Wintoni** QUIRK in *Report. Bot. Exchange Club* (1911), p. 33 ; DRUCE ap. HAY., *Bot. pock. book*, p. 287 (1926). — **G. conopea** × **O. latifolia** QUIRK, *l. c.*

Icon. : *Ic. n.*, pl. 126, f. 6.

Port du *Gymn. conopea*. Tige assez épaisse, teintée de rouge. Feuilles dressées, cucullées et non ponctuées. Bractées foliacées, plus longues et plus larges que dans *Gymn. conop.* Epi gros, à fl. peu odorantes, un peu plus grandes que dans *Gymn.* et plus foncées. Labelle plus grand, plus foncé, faiblement marqué de stries, plus lobé et à bords plus irréguliers. Eperon allongé, étroit, courbé. — Très proche de l'hybride précédent et à distinguer sur place.

Angleterre : Downs près Winchester (Mc DOWALL).

G. ODORATISSIMA × O. LAXIFLORA

× × **Orchigymn. Evequei** LAMBERT, *Notes sur quelques Orchidées hybrides du Cher*, p. 8 (1907) ; G. CAM. BERG. A. CAM., *Monogr. Orch. Eur.*, p. 336. – **G. odoratissima** × **O. laxiflora** NOBIS. — × × **Orchis Evequei** LAMBERT in *Bull. Soc. bot. Deux-Sèvres* (1908-09), p. 98 et ap. de KERSERS in *Bull. Soc. bot. Fr.* (1905), p. 530. — × × **Gymnadenia Evequei** ROUY, *Fl. Fr.*, XIII, p. 103 (1912). — **Gymn. odoratissima** × **Orch. laxiflora** LAMBERT, *l. c.*

Icon. : *Ic. n.*, pl. 86, f. 1-2.

Port de l'*O. laxiflora* surtout pour la tige et les feuilles. Tubercules un peu atténués. Tige dressée, haute de 40-50 cent., cylindrique, un peu anguleuse et rougeâtre au sommet. Feuilles linéaires-lancéolées, atténuées de la base, carénées, à peu près semblables à celles de l'*O. laxiflora*. Bractées plus ou moins violacées, égalant environ l'ovaire. Fleurs d'un pourpre violacé, plus petites que dans l'*O. laxiflora*, mais plus grandes que dans le **G.** *odoratissima*, disposées en épi long, étroit, laxiflore. Divisions du périanthe libres, les lat. ext. étalées, la médiane ext. et les lat. int. conniventes. Labelle presque aussi long que large, atténué à la base, à 3 lobes presque égaux en largeur et en longueur, à sinus larges mais plus profonds, ressemblant au labelle du *G. odoratissima* mais 2-3 fois plus grand et se rétrécissant plus longuement à la base. Eperon court, égalant environ la moitié de la longueur de l'ovaire, horizontal ou un peu descendant, obtus au sommet, un peu arqué. La forme du labelle et celle de l'éperon sont les caractères donnés par le *G. odoratissima*. Cet hybride rappelle davantage l'*O. laxiflora* par tous les autres caractères,

V. s. — Mai. — *France* : Cher au Triant près St-Symphorien (Lambert).

Si l'on considère l'*O. Traunsteineri* comme hybride, ce qui paraît vraisemblable, les deux hybrides suivants sont probablement des hybrides ternaires ou quaternaires.

G. CONOPEA × O. TRAUNSTEINERI

Gymn. conopea × **Orch. Traunsteineri** Fucus in *Sond. aus Mitteil. Bd. XXX Bayer Bot. Ges. zur Erforsch. d. heim. Flora* (1921), p. 529.

Plante haute de 30 cm. env. Tubercules lobés, à extrémités minces et allongées. Tige fistuleuse, arrondie. Feuilles 4, non maculées, l'inf. large de 1 cm., à plus grande largeur vers le milieu, la 2e allongée (14 cm.), large de 1-2 cm., à plus grande largeur vers le milieu, arquée, la 3e moins longue et large seulement de 0,5 cm., récurvée au sommet, la 4e longue de 4 cm. et large de 0,3 cm. Epi cylindrique, ord. à 20 fl. **env.**, long de 8 cm., d'un rose brillant, à bractées vertes, allongées, 3-nervées. Div. du périanthe 3-nervées, un peu réticulées, les ext. largement lancéolées, conniventes, les int. plus étroites. Labelle rétréci à la base, trilobé, à div. méd. un peu plus allongée, plus large vers l'extrémité. Eperon allongé, mince, peu arqué, droit dans beaucoup de fl. Bursicules manifestes. Ovaire à côtes manifestement ailées-blanchâtres.

Allemagne ; env. de Tutzing (Fuchs).

G. CONOPEA × O. ANGUSTIFOLIA var. RUSSOWII

× × **Orchigymna. Klingeana** Aschers. et Graebn., *Syn.*, III, p. 851 (1907) ; G. Cam. Berg. A. Cam., *Monogr. Orch. Eur.*, p. 336; Fourn. *Brév.*, p. 494. — **G. conopea** × **O. Russowii** Klinge in *Act. Horti Petrop.*, XVII, *l. c.*, t. V et VI (1899). — **O. Traunsteineri** × **G. conopea** Aschers. et Graebn., *l. c.*

Icon. : Klinge, *l. c.* ; *Ic. n.*, pl. 85, f. 19-22.

Port intermédiaire entre un *Orchis* et un *Gymnadenia*. Feuilles étroitement oblongues-lancéolées, dressées-étalées, les inf. récurvées, à partie la plus large vers le milieu, les sup. bractéiformes, n'atteignant ord. pas l'épi. Bractées plus longues ou plus courtes que les fl. Fl. pourprées, de taille moyenne, rappelant celles du *G. conop.*, mais plus foncées. Div. du périanthe comme dans le *G. conop.*, mais moins obtuses. Labelle obcordiforme, plus large vers le milieu, à 3 lobes plus ou moins marqués. Eperon intermédiaire entre celui des deux parents, plus allongé que dans l'*O. Russowii*, plus gros et plus court que dans le *G. conop.* Gynostème se rapprochant beaucoup de celui de ce dernier.

Russie : Livland, pâturages marécageux de Schwarzbachthales (Klinge).

G. CONOPEA × O. INCARNATA

× × **Orchigymn. Vollmanni** M. Schulze ap. Aschers. et Graebn., *Syn.*, III, p. 850 (1907) ; G. Cam. Berg. A. Cam., *Monogr. Orch. Eur.*, p. 337 ; Fourn. *Brév.*, p. 495. — **Gymn. conopea** × **Orch. incarnata** Vollmann ap. M. Schulze in *Mitth. Th. B. V. N. F.*, XIX, p. 12 (1904). — **O. incarnatus** × **G. conopea** Aschers. et Graebn., *l. c.*

Organes végétatifs de l'*O. incarnata* ; fleur du *G. conopea*. Tige fistuleuse, forte à la base, haute de 3 décim. env. Feuilles inf. larges, celles du milieu de la tige engainantes, plus étroites, dépassant les fleurs inf., celles du sommet bractéiformes. Périanthe comme dans le *G. conopea*, à divisions ext. étalées ou non. Labelle maculé.

Allemagne : Bavière, env. de Aumühle dans l'Isarthal près de Schäftlarn (Vollmann, 1901).

Ullman et Hall signalent un *Gymn.* (*Hab.*) *conopsea* × *Orchis incarnata* var. *nana* trouvé en Angleterre, aux env. de Winchester, par R. Quirk.

Mlle BELÈZE, *Cat. pl. des env. de Montfort-l'Amaury*, p. 33 (1905), signale, sans le décrire, un **Gymnadenia conopsea × Orchis mascula**, trouvé près de l'Etang-Neuf (Seine-et-Oise) = × × *Orchigymn. Belezei* FOURN. *Brév.*, p. 495 (1927).

GYMNADENIA × PLATANTHERA = GYMNPLATANTHERA

× × **Gymnplatanthera** G. CAM. BERG. A. CAM., *Monogr. Orch. Eur.*, p. 337 (1908).

G. CONOPEA × P. BIFOLIA

× × **Gymnplatanthera Chodati** G. CAM. BERG. A. CAM., *Monogr. Orch. Eur.*, p. 337 (1908) ; FOURN., *Brév*. p. 495. — × **Gymnad. Chodati** LENDNER in *Bull. Herb. Boissier*, II, 2e sér., p. 648 (1902). — **Gymn. conopea ×** **Plat. bifolia** LENDNER, *l. c.*

Port d'un *Gymnadenia*. Feuilles étroites, Bractées plus longues que l'ovaire. Fl. rose clair. Div. du périanthe ovales-lancéolées, l'ext. sup. recourbée. Labelle trilobé, à lobe méd. plus long que dans le *Gymn.* Eperon long de 17 mm. env. Etamine absente.

Suisse : cant. de Genève, bois de Peney près de Genève (LENDNER).

G. ODORATISSIMA × P. MONTANA

× × **Gymnplatanthera Borelii** LAMBERT, *Notes sur quelques Orchidées hybrides du Cher*, avril 1907, p. 9 ; DE KERSERS in *Bull. Soc. bot. Fr.* (1905), p. 530 (nomen nudum) ; G. CAM. BERG. A. CAM., *Monogr. Orch. Eur.*, p. 337.— × × **Orchis Borelii** LAMBERT in *Bull. Deux-Sèvres* (1908-09). p. 99. — × **Gymnadenia Borelii** ROUY, *Fl. Fr.*, XIII, p. 103 (1912). — G. odoratissima × Pl. montana G. CAM. BERG. A. CAM., *l. c.*— O. odoratissima × G. montana LAMBERT, *l. c.*

Tubercules palmés. Tige assez robuste, de 3-4 décim. Feuilles lancéolées-linéaires, dressées. Fl. assez petites, rose carminé, exhalant une odeur agréable, disposées en épi cylindrique, compact. Labelle aussi long que large, divisé en 3 lobes courts, obtus, le méd. dépassant un peu les lat. Eperon 1 f. 1/2 plus long que l'ovaire, non filiforme, renflé et élargi à l'extrémité. — Hybride ayant le port et la taille du *G. odoratissima*, avec un éperon assez semblable à celui du *P. montana*, 1 fois 1/2 plus long que l'ovaire et élargi à l'extrémité.

France : Cher à Saint-Symphorien (LAMBERT).

× ? **Gymnadenia heteroglossa** G. CAM. BERG. A. CAM., *Monogr. Orch. Eur.*, p. 336 (1908). — **G. odoratissima var. ? heteroglossa** REICHB. F., *Icon.*, XIII-XIV, p. 112, t. CCCCXXI, 69, IV, f. 9, 10, 11 ; A. KERNER, *Hybr. Orch. d. öster. Fl.* in *Verh. K. K. zool. bot. Ges.* (1865), Sep., p. 14 (216) ; M. SCHULZE, *Die Orchid.*, n° 47, 3. — **Herminium (Chamæorchis) alpinum × G. odoratissima ?** REICHB. F., *l. c.* — **Gymn. odoratissima × Chamæorchis alpina = Gymn. odoratissima × ...** KERN., *l. c.*

Port du *Gymn. odoratissima*. Périanthe à div. toutes étroites. Labelle étroit, à lobes lat. oblitérés, comme dans le *G. odor. var. oxyglossa* BECK. Gynostème large, terminé en appendice triangulaire. — *Autriche* : Hallstatt.

Gen. XV. — GENNARIA Parlat.

Gennaria PARLAT., *Fl. ital.*, III, p. 404 (1858) ; G. CAM. BERG. A. CAM., *Monogr. Orch. Eur.*, p. 338. — **Satyrii species** LINK in *Schrad. Journ.*, II, p. 323 (1799). — **Orchidis species** WILLD., *Spec.*, IV, p. 27, p. p. (1805). — **Habenariæ species** R. BR., *Prodr.*, p. 312, in obs. (1809) ; BENTH. et HOOK., *Gen.*, III, p. 625 (s. gen. Peristylis). — **Gymnadeniæ species** LINK, *Handb.*, I, p. 242 (1829). — **Herminii species** LINDL. in *Bot. Reg.*, t. 1499 (1832). — **Peristyli species** LINDL., *Gen. et spec.*, p. 298 (1835). — **Platantheræ species** REICHB. F., *Icon.*, XIII-XIV, p. 128 (1851) ; PFITZER in ENGL. et PRANTL, *Pfl.*, II, VI, p. 92 (1888).

Périanthe subcampanulé, à divisions ext. un peu soudées à la base ; les deux lat. int. un peu plus grandes, rhomboïdales. Labelle muni d'un éperon en sac à la base, 3-lobé, à lobes lat. dressés-étalés, égalant environ le lobe médian. Gynostème très court, Anthère dressée, à loges contiguës, un peu divergentes à la base. Rostellum triangulaire. Masses polliniques sans caudicules. Deux rétinacles distincts, nus et latéraux. Staminodes largement linéaires, subclaviformes, égalant ou dépassant l'anthère. Ovaire contourné. Capsule fusiforme, atténuée à la base, subpédicellée. Graines très petites, linéaires.

Labelle dépourvu de papilles caractérisées. Faisceaux libéroligneux de la tige assez régulièrement disposés en cercle au-dessus des feuilles principales.

1. — G. DIPHYLLA

G. diphylla PARLAT., *Fl. ital.*, III, p. 405 (1858) ; CES. PASS. GIB., *Comp.*, p. 182 ; MACCHIATI, *Orch. Sard.* in *N. Giorn. bot. ital.* (1881), p. 310 ; ARCANG., *Comp.*, éd. 2, p. 163 ; W. BARBEY, *Fl. Sard. Comp.*, p. 58 ; VACCARI, *Fl. arc. Maddalena* in *Malp.*, VIII, p. 266 ; BATTAND. et TRAB., *Fl. Alg.* (1895), p. 32 ; (1904), p. 322 ; MARTELLI, *Monocot. Sard.*, p. 23 ; ROUY, *Illustr.*, p. 7, t. XXI ; G. CAM. BERG. A. CAM., *Monogr. Orch. Eur.*, p. 338 ; FAURE in *Bull. Soc. Hist. nat. Afr. du Nord* (1923), p. 299. — **Satyrium diphyllum** LINK in SCHRAD., *Journ. f. Bot.*, p. 323 (1799). — **Orchis cordata** WILLD., *Spec.*, IV, p. 27 (1805) ; BATTAND. et TRAB., *Fl. Alg.* (1884), p. 197 ; WILLK. et LANGE, *Prodr. hisp.*, I, p. 171 ; COLM., *Enum. pl. hisp. lus.*, V, p. 38 ; GUIMAR., *Orch. port.*, p. 69 ; WOLLEY-DOD in *Journ. of Bot.* (1914), p. 100. — **Habenaria cordata** R. BR., *Prodr.*, p. 312 (1809). — **Gymnadenia diphylla** LINK, *Handb.*, I, p. 243 (1829).— **Herminium cordatum** LINDL. in *Bot. Reg.*, XVIII, t. 1499 (1832).— **Peristylus cordatus** LINDL., *Gen. et sp.*, p. 298 (1835) ; BOISS., *Voy. Esp.*, II, p. 596 ; REICHB. F. in WEBB et BERTH., *Phyt. canar.*, III, p. 308. — **Digomphotis cordata** RAFIN., *Flor. Telfur.*, II, p. 37 (1836). — **Platanthera diphylla** REICHR. F., *Icon.*, XIII-XIV, p. 128 ; BALL, *Spic. Maroc.*, p. 673 ; KRAENZ. *Gen. et spec.*, p. 616 ; RICHTER, *Pl. Eur.*, I. p. 281. — **Orchis cordifolia** MUNBY in *Bull. Soc. bot. Fr.*, II, p. 148 (1855). — **Cœloglossum cordatum** NYM., *Syll.*, p. 359 (1865). — **Habenaria diphylla** DUR. et SCHINZ, *Consp. Fl. Afr.*, V, p. 1892 (1895). — **Cœloglossum diphyllum** FIORI et PAOL., *Fl. ital.*, I, p. 248 (1898).

Icon. : LINDL., *Bot. Reg.*, t. 1499 ; *Bot. Mag.*, t. 3164 ; HOOK. in *Bot. Misc.*, I, t. 56 ; REICHB. F., *Icon.*, XIII-XIV, t. 84, CCCCXXXVI, 1-19 ; CES. PASS. GIB., *l. c.*, t. XXIII, a-c ; MARTELLI, *Monoc. Sard.*, pl. I, f. 678 ; BROT., *l. c.*, t. 90, f. I ; GUIMAR., *l. c.*, est. VIII, f. 58 ; G. CAM. BERG. A. CAM., *l. c.*, pl. 14, f. 392-395 ; *Ic. n.*, pl. 96, f. 1-10.

Exsicc. : REVERCHON (1882), n° 249 ; FIORI, BEGUIN. et PAMP.; WILLK., *It. hisp.*, n° 1077 ; MAGNIER, n° 695 ; DUFFOUR, *Soc. franc.*, n° 3562.

Un seul gros tubercule pédicellé, allongé, obtus. Fibres radicales cylindriques, fasciculées. Tige de 15-30 centim., dressée, cylindrique, charnue, souvent entourée à la base par 1-2 gaines brunâtres. Feuilles 2, engaînantes, brusquement dilatées, cordées-triangulaires ou cordées-elliptiques, acuminées, à nerv. longitudinales réunies par des nerv. obliques et transv. formant, sur la feuille sèche, un réseau très marqué, l'inf. plus grande, située à la partie moyenne de la tige, la sup. située un peu plus haut. Bractées petites, vertes, ovales-lancéolées, acuminées, un peu plus courtes que la fl., l'égalant ou la dépassant à peine. Fl. très brièvement pédicellées, d'un jaune verdâtre, petites, très odorantes surtout la nuit, en épi étroit, allongé, penché, subunilatéral. Divisions du périanthe conniventes ou à peine divergentes, campanulées, les 3 ext. oblongues-obtuses, un peu concaves, les lat. un peu obliques, de même longueur, soudées à la base, verdâtres, les lat. int. un peu plus longues et plus larges, allongées, rhomboïdales-obtuses, un peu charnues au sommet, jaunâtres. Labelle vert, ovale-oblong, concave, cannelé, égalant env. le casque, 3-fide ; lobes linéaires-lancéolés, obtus, les lat. dirigés en haut et en avant, le médian un peu plus large et un peu plus long, dirigé en bas. Eperon en forme de sac, court, obtus, un peu comprimé dorsalement, 4-5 fois plus court que l'ovaire. Gynostème très court. Anthère dressée, à loges contiguës, divergentes à la base. Pollinies pyriformes, jaunâtres ; caudicules nuls. Rétinacles petits, suborbiculaires, latéraux. Staminodes largement linéaires, subclaviformes, blancs, égalant ou dépassant l'anthère. Rostellum triangulaire, petit, cucullé au sommet. Processus stigmatifères courts, mais distincts, porrigés, connés jusque sous le sommet. Ovaire fusiforme, tordu. Capsule membraneuse, elliptique, atténuée à la base, subpédicellée, à 6 côtes. Graines très petites, pâles.

Morphologie interne.

Tubercule. Grains d'amidon plus ou moins arrondis, ayant ordt 6-12 µ de long env. — *Fibres radicales.* Endoderme à cadres subérisés non ou peu marqués. Vaisseaux à très petite section.

Tige. 2-5 assises de parenchyme chlorophyllien entre l'épiderme et l'anneau lignifié ; 3-7 assises formant l'anneau lignifié extra-fasciculaire. Faisceaux libéroligneux très inégalement développés, à peu près régulièrement disposés en cercle au-dessus des feuilles principales, très disséminés vers la base de la tige, pénétrant même dans la partie int. de la tige.

Feuille. Ep. = 250-320 μ env. Epiderme sup. dépourvu de stomates, haut de 80-100 μ à paroi ext. épaisse de 4-7 μ et légèrement bombée. Epiderme inf. haut de 50-70 μ, à paroi ext. épaisse de 4-7 μ, et peu bombée, à stomates abondants. Cellules épidermiques non sensiblement prolongées à l'extérieur au bord des feuilles. Parenchyme formé de 5-6 assises de cellules irrégulièrement allongées ou légèrement rameuses et pourvu de quelques cellules à raphides. Nervures manquant de collenchyme et de sclérenchyme.

Fleur. — *Divisions externes du périanthe.* Epidermes ext. et int. très délicatement striés. — *Divisions latérales internes.* Bords légèrement papilleux. — *Labelle.* Epidermes ext. et int. dépourvus de papilles caractérisées. — *Eperon* (pl 121, f. 420). Epiderme int. pourvu de papilles très nombreuses, peu longues, obtuses. Epiderme ext. à peine papilleux. Plusieurs assises entre les épidermes. Nectar probablement émis à l'intérieur de l'éperon, comme dans le genre *Platanthera.* — *Anthère.* Cellules fibreuses relativement assez abondantes. — *Pollen.* Exine ruguleuse à la périphérie des massules. Massules du sommet des loges bien plus développées que celles de la partie infér. Pollen se développant dans toute la loge de l'anthère ; pas de caudicule.— *Ovaire* (f. 165). Nervure des valves placentifères très légèrement saillante extérieurement, contenant un faisceau libéroligneux à bois int. réduit à quelques vaisseaux et un faisceau placentaire libérien ou libéroligneux à bois ext. Placenta non ou à peine divisé. Valves non placentifères proéminentes à l'extérieur, renfermant un faisceau libéroligneux peu développé à bois int. — *Graines.* Suspenseur développé, souvent 5-6-cellul. Graines adultes atténuées aux extrémités, 3 f 1/2-4 fois plus longues que larges. Cellules du tégument striées-réticulées, à réseau d'épaississement peu épais (pl. 122, f. 499). L. = 500-550 μ env

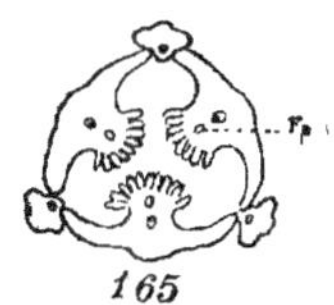

Gennaria diphylla. — Fig. 165 : coupe transv. schématique de l'ovaire ; Fp, faisceau placentaire.

V. v. — Février, mai. — *Habitat* : broussailles, maquis, souvent sous les lauriers, les lentisques, les pins, les jujubiers ; lieux ombragés et herbeux : fissures des rochers. - - *Répart. géogr.* : Portugal [R., Baixo. Alemtejo litt., Quintas de Collegio, Serra da Arrabida, Setubal, Azeitâo (LINK, BROTERO)] ; Espagne mérid. [R., rég. mérid., Sierra Bermeja, mont. de Gibraltar (WILLK., WOLLEY-DOD), Estepona, Sierra di Palma (REVERCH.)], Isola della Maddalena entre la Corse et la Sardaigne (MORIS), Isola di Caprera (GENNARI), Sardaigne (REVERCH., FRITZE) ; Algérie (Oran, Guyotville, Sidi-Ferruch, etc.), Maroc : Tanger (WEBB), Djebel Kebir près Tanger (BALL), etc. — Madère, Canaries.

Gen. XIV. — **PLATANTHERA** Rich.

Platanthera L. C. RICH. in *Mém. Mus. Paris,* IV, p. 48 (1818) ; LINDL., *Gen. and spec.,* p. 284 ; ENDLICHER, *Gen.,* p. 20 ; REICHB. F., *Icon.,* XIII-XIV, p. 117 ; MEISNER, *Gen.,* p. 380 ; *Comment.,* p. 284 ; PFITZER in ENGL. et PRANTL., *Pfl.,* II, 6, p. 92 ; G. CAM. BERG. A. CAM., *Monogr. Orch. Eur.,* p. 340. — **Orchidis species** L., *Spec.,* éd. 1, p. 1331 (1753). — **Lysias** SALISB. in *Trans. Hort. Soc.,* I (1812), p. 288. — **Habenariæ species** R. BR. in AIT., *Hort. Kew.,* éd. 2, V, p. 193 (1813) ; BENTH. et HOOK., *Gen.,* III, p. 626 (s. g. *Platanthera*) — **Gymnadeniæ species** MEYER, *Chl. hanov.,* p. 540 (1836). — **Conopsidium** WALLR., *Beitr.,* I, 1, p. 103 (1842) p. p. - D'après ASCHERS. et GRAEBN., *Syn.,* III, p. 828, il faut ajouter les synonymes suivants : **Benthamia** A. RICH. in *Mém. Soc. hist. nat. Par.,* IV, p. 37 (1828) ; non LINDL. — **Centrochilus** SCHAUER in *Nov. Act. nat. cur.,* XIX, *Suppl.,* 1, p. 435, f. 12 (1843). — **Lindblomia** FRIES, *Bot. Not.,* I (1843), p. 134. — **Cybele** FALC., ap. LINDL., *Veg. Kingd.,* p. 183 (1847).

Périanthe à divisions libres, les lat. ext. étalées, la moyenne connivente avec les lat. int., celles-ci un peu plus courtes. Labelle entier, linguiforme, dirigé en avant, terminé en éperon allongé, nectarifère. Gynostème large, concave. Anthère dressée, **très obtuse,** à loges non contiguës, séparées par un bec plan. Masses polliniques 2, lobulées, à caudicules courts, à rétinacles latéraux, non renfermés dans une bursicule. Staminodes oblongs, obtus, bien plus courts que l'anthère. Ovaire contourné, sessile.

Labelle à peine papilleux, à papilles dépourvues de ramuscules. Faisceaux libéro-ligneux de la tige assez régulièrement disposés en cercle au-dessus des feuilles principales.

Tableau des espèces.

<pre>
    (2 très rarement 3-4 feuilles très développées situées à la base de la tige, bien plus grandes que les
1 {   autres feuilles caulinaires 2
    (Feuilles inf. à peine plus grandes que les caulinaires, celles-ci passant insensiblement à l'état de
       bractées 5
</pre>

<table>
<tr><td rowspan="2">2</td><td>Eperon dépassant beaucoup l'ovaire . . . . 3</td></tr>
<tr><td>Eperon égalant environ l'ovaire . . . . 4</td></tr>
<tr><td rowspan="2">3</td><td>Loges de l'anthère rapprochées, presque parallèles ; éperon filiforme ; labelle dépassant les divisions ext. du périanthe ; fleurs très odorantes ; feuilles longuement atténuées . . . . . . **P. bifolia**</td></tr>
<tr><td>Loges de l'anthère écartées, divergentes à la base ; éperon plus ou moins renflé vers le sommet ; labelle égalant env. les divisions ext. du périanthe : fleurs moins odorantes, plus grandes ; feuilles brusquement atténuées. . . . . **P. chlorantha**</td></tr>
<tr><td rowspan="2">4</td><td>Fleurs jaune verdâtre, très nombreuses, en épi très dense ; 2, rarement 3 grandes feuilles développées ; bractées grandes, dépassant la fleur. . . . . **P. algeriensis**</td></tr>
<tr><td>Fleurs blanches, peu nombreuses, en épi lâche ; 1 feuille développée ; bractées sup. plus courtes que la fleur . . . . **P. parvula**</td></tr>
<tr><td rowspan="2">5</td><td>Feuilles graminiformes . . . . **P. dilatata**</td></tr>
<tr><td>Feuilles non graminiformes . . . . 6</td></tr>
<tr><td rowspan="2">6</td><td>Bractée égalant la fleur. . . . . **P. hyberborea**</td></tr>
<tr><td>Bractée plus courte que la fleur. . . . . **P. tipuloides**</td></tr>
</table>

1. — P. BIFOLIA

P. bifolia RICH. in *Mém. Mus. Paris*, IV, p. 57 (1818) p. p. ; REICHB., *Fl. Germ. exc.*, p. 120 (1830) ; LINDL., *Gen. and spec.*, p. 285 ; KRAENZ., *Gen. et spec.*, p. 625 ; CORREV., *Alb. Orch. Eur.*, pl. LV ; *Orchid. rust.*, p. 164, f. 31 ; RICHTER, *Pl. Eur.*, 1, p. 280 ; NYLAND., *Par. Pojo*, n° 326 ; BLYTT, *Handb. Norg. Fl.* éd. Ove Dahl, p. 238 ; OUDEMANS, *Fl. Nederl.*, III, p. 147 ; CRÉPIN, *Man. fl. Belg.*, éd. 1, p. 179 ; éd. 2, p. 294 ; J. MEYER, *Orchid. G.-D. Luxemb.*, p. 17 ; DUMOUL, *Fl. Maestr.*, p. 114 ; THIEL., *Orch. Belg. et Luxemb.*, p. 84 ; COGNIAUX, *Fl. Belg.*, p. 252 ; Coss. et GERM.,*Fl. Par.*, éd. 2, p. 689 ; MARTR.-DONOS, *Fl. Tarn*, p. 711 ; BARLA, *Iconogr.*, p. 27 ; LORET et BARRAND., *Fl. Montp.*, p. 662 ; BONNET, *Fl. par.*, p. 382 ; G. CAM., *Monogr. Orch. Fr.*, p. 71 ; in *Journ. Bot.*, VI, p. 473 ; G. CAM. BERG. A. CAM., *Monogr. Orch. Eur.*, p. 340 ; MASCLEF, *Cat. P.-d.-C.*, p. 156 ; CORBIÈRE, *N. fl. Norm.*, p. 561 ; DEBEAUX, *Révis. fl. agen.*, p. 517 ; KIRSCHL., *Fl. Alsace*, II, p. 156 ; REICHB., *Fl. excurs.*, p. 120 (1830) ; KOCH, *Syn.*, éd. 2, p. 795 ; éd. 3, p. 598 ; éd. Hall. et Wohlf., p. 2434 ; HALLIER, *Fl. v. Deutschl.*, IV, p. 142, t. 350 ; OBORNY, *Fl. Moehr. Oest. Schles.*, p. 252 ; BACH, *Rheinpr.*, p. 373, p. p. ; CAFLISCH., *Ex- Fl. S.-D.*, p. 297 ; FOERSTER, *Fl. Aachen*, p. 347 ; GARCKE, *Fl. Deutschl.*, éd. 14, p. 380 ; SEUBERT, *Ex. Fl. Bad.*, p. 124 ; RHINER, *Prodr. Waldst.*, p. 127 ; ASCHERS. et GRAEB., *Syn.*,III, p. 829 ; REUTER, *Cat. Genève*, éd. 2, p. 204 ; GODET, *Fl. Jura*, p. 693 ; GREMLI, *Fl. anal.*, éd. Vetter, p. 483 ; SCHINZ et KELLER, *Fl. Schweiz*, p. 126 ; H. KNOCHE, *Fl. balear*, I, p. 415 ; TEN., *Fl. nap.*, II, p. 282, p. p. ; BINA, *Orch. Sard.*, p. 7 ; TOD., *Orch. Sic.*, p. 63 ; TIN.,*Rar. pl. sic.*, I, p. 11 ; DE NOTAR., *Repert. fl. ligust.*, p. 388 ; MORIS, *St. sard.*, I, p. 44 ; BERTOL., *Fl. ital.*, IX, p. 564, p. p. ; PARLAT., *Fl. ital.*, III, p. 411 ; W. BARBEY, *Fl. Sard. Comp.*, p. 58 ; CES. PASS. GIB., *Comp.*, p. 183 ; COCCONI, *Fl. Bologn.*, p. 479 ; VIS., *Fl. Dalmat.*, p. 165 ; LOJACONO, *Fl. Sicula*, III, p. 28 ; HAUSM., *Fl. Tirol*, p. 842 ; HINTERHUBER et PICHLM., *Fl. Salzb.*, p. 193 ; BECK, *Fl. N.-Oest.*, p. 211 ; SCHUR, *Enum. Trans.*, p. 646, n° 3431 ; C. A. MEY., *Ind. Cauc.*, p. 39 ; Eichw. *Skizze*, p. 125 ; HOHENACK., *Enum. Elisabet.*, p. 258 ; *Enum. Taliisch*, p. 27 ; RUPRECHT in *Beitr. z. Pfl. Russ. R.*, IV, p. 83 ; KOCH in **Linn.**, XII, p. 288 ; BOISS., *Fl. orient.*, V, p. 82 ; HAUSSKN., *Symb. fl. gr.*, p. 25 ; HALACSY, *Consp. fl. gr.*, III, p. 162 ; GRECESCU, *Consp. fl. Roman.*, p. 545 ; BRANDZA, *Prodr. fl. române*, p. 456 et *Flora Dobrogei*, p. 403 ; PANTU, *Contrib. Fl. Bucurest*, p. 87 et *Orch. d. Rom.*, p. 131 ; GRINTESCU in *Bull. géogr. bot.* (1918), p. 68 ; BOISS., *Voy. Esp.*, p. 596 ; BONN. et BARR., *Cat. Tunisie*, p. 405 ; FINET, *Orch. Asie or.* in *Rev. gén. bot.*, XIII, p. 15, 512. - **Orchis bifolia (vel bifolius)** L., *Spec.*, éd. 1, n° 1331 (1753) ; WILLD., *Spec.*, IV, p. 10 ; DC., *Fl. fr.*,III, p. 245, p.p. ; et auct. plur. ; DUBY, *Bot.*, p. 446 ; LOISEL., *Fl. gall.*, II, p. 262 ; MUTEL, *Fl. fr.*, III, p. 232 ; *Fl. Dauph.*, éd. 2, p. 589 ; GODR., *Fl. Lorr.*, II, p. 291 ; GR. et GODR., *Fl. Fr.*, III, p. 297 ; GREN., *Fl. ch. jurass.*, p. 750 ; MICHALET, *Hist. nat. Jura*, p. 297 ; BOREAU, *Fl. cent.*, éd. 3, p. 647 ; RAVIN, *Fl. Yonne*, éd. 3, p. 362 ; LLOYD. et FOUC., *Fl. Ouest*, p. 334 ; DULAC, *Fl. H.-Pyr.*, p. 125 ; CASTAG., *Cat. B.-d.-Rh.*, p. 155 ; VALLOT, *Guide Cauterets*, p. 278 ; LÉVEILLÉ, *Fl. Mayenne*, p. 199 ; LEGUÉ, *Cat. Mondoubl.*, p. 81 ; GUST. et HÉRIB., *Fl. Auv.*, p. 432 ; GENTIL, *Fl. Mancelle*, p. 174 ; MAGNIN et HÉTIER, *Observ. fl. Jura*, p. 140 ; CAR. et S.-LAG., *Fl. descr.*, éd. 8, p. 799 ; COSTE, *Fl. Fr.*, III, p. 404, n° 3601, *cum icone* ; ALB. et JAHAND., *Cat. Var*, p. 488 ; GAUDIN, *Fl. helv.*, V, p. 251 et App. p. 498 ; DE VOS, *Fl. Belg.*, p. 553 ; WILLK. et LANGE, *Prodr. hisp.*, I, p. 170 ; COLMEIRO, *Enum. pl. hisp.-lusit.*, V, p. 36 ; GUIMARAES, *Orch. Portug.*, p. 68 ; BARCELO, *Apunt. Balear.*, p. 45 ; MAR. et VICIN., *Cat. Balear.*, p. 281 ; SEB. et MAURI, *Fl. Rom. prodr.*, p. 302 ; ALL., *Fl. pedem.*, II, p. 148 ; MARSCH. BIEB., *Fl. Taur.-Cauc.*, II, p. 362 ; GMELIN, *Fl. sib.*, I, p. 16, n° 13 ; PALL., *It.*, I, p. 10 ; *It.* II, p. 124 ; GILIB., *Ex. phyt.*, II, p. 472 ; LEDEB., *Fl. Ross.*, IV, p. 69 ; KALM., *Fl. fenn.*, n° 478.

— **O. alba** Lamk., *Fl. fr.*, III, p. 502. — **Lysias bifolia** Salisb. in *Trans. Hort. Soc.*, I, p. 288 (1812). — **Habenaria bifolia** R. Br. **in** Ait. *Hort. Kew*. éd. 2, **V, p. 193** (1813); Swartz, *Summa veg. Scand.*, p. 31 (1814) ; Babingt., *Man. Brit. Bot.*, éd. 8, p. 347 ; Benth., *Brit. Flora*, p. 465 ; Bouvier, *Fl. Alp.*, éd. 2, p. 644. — **Sieberia bifolia** Spr., *Anleit.* II. p. 282 (1817). — **Satyrium bifolium** Wahlbenr., *Fl. suec.*, p. 558 (1824-26). — **S. Rivini** Endt., *Vir. Warsaw.*, p. 109. — **Platanthera solstitialis** Bönningh. ap. Reichb., *Fl. germ. excurs.*, p. 120 (1830) ; Gautier, *Pyr.-Or.*, p. 400 ; M. Schulze, *Die Orchid.*, n° 49 ; Nyman, *Consp.* p. 696 ;*Suppl.*, p. 293 ; Müller-Kraenzlin, *Abbil. d. Orchid. Arten*, p. 37 ; Zimmerm., *Die Formen d. Orchideen*, p. 69 et in *Mitt. Bad. Land. f. Nat.* (1911), p. 52. — **Gymnadenia bifolia** Mey., *Chl. hanov.*, p. 540 (1836) ; Ambr., *Fl Tir. aust.*, p. 704. — **Habenaria fornicata** Babingt. in *Trans. Linn. Soc.*, XVII, 3, p. 463 (1837). — **Conopsidium stenantherum** Wallr., *Beitr.*, I, 1, p. 103 (1842). — **Plat. Schuriana** Fuss. **in** *Verh. d. Sieb. Ver.*, XIX, p. 206 (1868). — *Orchis radicibus oblongis, labello lineari* Hall., *Helv.*, n° 1285, t. 35. — *Orchis labio lanceolato simplici, cornu setaceo, longissimo, subangulato* Scop., *Fl. carn.*, I, p. 244, éd. 2, n° 1102. — *Orchis alba, bifolia, calcare oblongo* Zannich., *Istor. del. pi. venet.*, p. 196, t. 42, f. 2. — *Satyrium flore albo* Riv., t. 12.

Noms vulg. : Platanthère à deux feuilles, Orchis à deux feuilles, **Papillon**. — Esp. : Satirion officinal. — Ital. : Bisorchis, Foglie d'uovo, Cipolla da due foglie. — Bohême : Vemenuik. — Pologne : Parlist, Dvojlist. — Allem. : Zweiblättriges Breitkolbchen, Nachtschatten, Zweiblättrige Kuckuksblume, Nachtlilie, Mergen-Threin, Weisser Guckguck, Wald-Hyacinthe, Orant, Zweiblatt, Kleine-Stendelwurz. — Suisse : Waldrüsli. — Dan. : Gjogelilie. — Holl. : Breedknop, Weide-Breedknop. — Angl. : Butterfly Habenaria, Butterfly Orchis. — Roum. : Poroinic-alb, Stupinata. Presque tous ces noms désignent aussi le *P. chlorantha.*

Icon. : Haller, *l. c.* ; Zannich., *l. c.* ; Seg., *l. c.* ; Rivin., *l. c.* ; Lob., *Ic.*, t. 179, f. I ; *Fl. Dan.*, t. 230, 230, 231 ; Curtis, *Fl. lond.* ed. Gr., I, t. 125 ; Reichb. F. *Icon.*, XIII-XIV, t. CCCCXXVII, f. III, 5-19, t. CCCCXXVIII, f. II, 3-13, t. CCCCXXIX, f. I-IV, 1-17, t. DXVII, f. 4-6 ; Mutel, *Atl.*, t. LXVII, f. 474-475 ; Coss. et Germ., *Atl.*, t. 32, f. E ; Schnk, *Fl. Monac.*, t. 136 ; *Fl. Bat.*, III, t. 225 ; Barla, *l. c.*, pl. 14, 15, f. 1-3 (var. b. *laxiflora*) ; Ces. Pass. et Gib., *l. c.*, t. XXIII ; G. Cam., *Icon. Orch. Paris*, pl. 26, f. A ; M. Schulze, *l. c.*, t. 49 ; G. Cam. Berg. A. Cam., *l. c.*, pl. 23, f. 714-720 ; Hallier, *Orch. Deutschl.*, t. 350 ; Garcke, *Fl. Deutschl.*, f. 598 ; Hegi, *Fl. Mittel-Europa*, t. 74 ; Bonnier, *Alb. N. Fl.*, p. 147 ; Schleich. **in** Kell. et Schleich., *Ic.*, XXX, f. 118 ; *Ic. n.*, pl. 91, **f. 1-14.**

Exsicc. : Billot, n° 2746 ; F. Schultz, *Herb. n.*, n° 152 ; Fries, *Herb. n.*, n°s 6 et 161 ; Reichb., n° 948 ; *Soc. Dauph.*, n° 2261 ; *Soc. Rochel.*, n° 1796 ; Burnat, *Corse* (1904), n°s 575 et 576.

Tubercules 2, assez gros, allongés-fusiformes, atténués en racine allongée. Fibres radicales courtes, cylindriques. Tige de 2-5 décim., raide ou un peu flexueuse, plus ou moins sillonnée, anguleuse au sommet, vert pâle jaunâtre, entourée à la base de 2-3 gaines brunâtres, oblongues-lancéolées, aiguës. *Feuilles* développées 2, très rapprochées (rarement 3-4), situées vers la partie inf. de la tige, vertes, luisantes, *grandes*, ovales-oblongues, obtuses ou oblongues-obcordiformes, atténuées en une sorte de pétiole ailé, à bords souvent ondulés, à nerv. longitudinales nombreuses, réunies par des nerv. transv., les *feuilles sup.* (1-3) *réduites*, bractéiformes, lancéolées-aiguës. Bractées herbacées, lancéolées ou ovales-lancéolées, obtusiuscules, 5-plurinervées, à nerv. méd. marquée, égalant l'ovaire ou plus courtes que lui. *Fleurs assez grandes* (12-25 env.), blanches, *très odorantes*, exhalant vers le soir une odeur agréable, plus sensible encore après la pluie, rappelant un peu celle de l'œillet ou du chèvrefeuille, disposées en épi assez dense ou un peu lâche, subcylindrique. Périanthe à div. libres, les ext. blanches, la méd. ext. largement ovale-triangulaire ou ovale-cordée, obtuse au sommet, rapprochée du gynostème, les lat. ext. oblongues, presque lancéolées, obtuses, étalées, dépassant la méd., les lat. int. blanches, parfois jaunâtres ou verdâtres, lancéolées-obtuses, falciformes, légèrement conniventes, un peu plus courtes et plus étroites que les ext., deux fois plus longues que le gynostème. *Labelle* blanc, verdâtre au sommet, linguiforme, linéaire ou linéaire-oblong, atténué au sommet, entier, dirigé en bas, *un peu plus long que les autres div. du périanthe. Eperon filiforme*, subulé, peu renflé et comprimé au-dessous du sommet, arqué, presque horizontal ou recourbé vers le bas, blanc verdâtre au sommet et rempli en partie de nectar, *égalant 1 fois 1/2-2 fois la longueur de l'ovaire*. Gynostème très obtus, subtronqué, émarginé, aussi long que large, aussi large en haut qu'en bas, blanc verdâtre au sommet. Fossette stigmatique à bords épais. *Anthère à loges rapprochées et parallèles*, jaunâtres. Masses polliniques jaune clair, à caudicules courts, jaunâtres. Rétinacles plans, d'un jaune clair (1). Staminodes subpapilleux, 2-3 fois plus courts que l'anthère. Ovaire subsessile, linéaire, tordu et contourné en S. Capsule oblongue, très allongée, à 6 côtes.

---

1. Les Papillons nocturnes sont attirés par la couleur blanche des fl., l'abondance de leur nectar et le parfum qu'elles dégagent. L'appendice en pédicelle du rostellum est presque nul, réduit à une crête longitudinale sur laquelle s'attache le caudicule. Les pollinies exécutent les mêmes mouvements que dans le P. *chlorantha*, mais elles s'insèrent

Morphologie interne.

Tubercule. — Cylindres centraux peu nombreux, relativement assez développés, à 4-5 pôles ligneux, parfois quelques vaisseaux de métaxylème. Grandes cellules à petits paquets de raphides très nombreux. Grains d'amidon plus ou moins arrondis ou un peu allongés, atteignant 12-25 µ de long.— *Fibres radicales.* Endoderme muni de cadres légèrement subérisés. Vaisseaux de métaxylème parfois assez nombreux.

Tige. Stomates abondants. 2-5 assises de parenchyme à méats entre l'épiderme et l'anneau lignifié. Ailes dues à la décurrence des feuilles constituées par du parenchyme chlorophyllien. Anneau lignifié formé de 7-9 assises à parois relativement assez épaisses. Faisceaux libéroligneux très développés tangentiellement, se détachant tôt du cercle pour aller aux feuilles. entourés extérieurement par l'anneau lignifié, munis à l'intérieur de quelques fibres lignifiées à parois peu épaisses. Parenchyme ligneux non lignifié abondant. Parenchyme central contenant quelques paquets de raphides, résorbé dans la partie interne.

Feuille. Ep.= 240-360 µ env. Epiderme sup. contenant un peu de chlorophylle, haut de 60-80 µ, à paroi ext. striée, épaisse de 5-8 µ et bombée, dépourvu de stomates dans les grandes feuilles ou muni de quelques stomates vers leur extrémité seulement. Epiderme inf. recticurviligne, haut de 30-50 µ, à paroi ext. épaisse de 5-8 µ et légèrement bombée, à stomates très nombreux. Cellules épidermiques du bord du limbe à paroi ext. nettement et symétriquement bombée. Parenchyme formé de 6-10 assises de cellules chlorophylliennes allongées sur une section transversale et contenant quelques paquets de raphides. **Nervures** dépourvues de sclérenchyme et de collenchyme, la médiane à section concave-convexe et à faisceau libéroligneux entouré de parenchyme incolore à parois un peu épaisses.

Fleur. — *Divisions externes et latérales internes du périanthe.* Bords non ou à peine papilleux. Huile essentielle dans les cellules de l'épiderme et dans quelques cellules du parenchyme. — *Labelle* (pl. 121, f. 419, 419'). Cellules épidermiques dépourvues de papilles caractérisées. Parenchyme contenant de nombreux grains d'amidon. Huile essentielle abondante dans les épidermes et dans les cellules du parenchyme. — *Eperon.* Epiderme int. muni de grosses papilles assez nombreuses. atténuées à l'extrémité, de longueur très inégale, atteignant 120-150 µ de long env. Epiderme ext. non prolongé en papilles.Plusieurs assises de cellules entre les épidermes ; nervures à bois réduit et à parenchyme abondant. Emission considérable de nectar à l'intérieur de l'éperon. Epidermes et parenchyme renfermant de l'huile essentielle. — *Anthère.* Bandes épaissies assez nombreuses dans les parois de l'anthère. — *Pollen.* Jaune pâle. Exine à peine granuleuse à la périphérie des massules. L = 30-37 µ env. — *Ovaire.* Epiderme ext. à cuticule striée, à stomates abondants. Nervure des valves placentifères très développée, saillante extérieurement, contenant un faisceau libéroligneux à bois int. Valves non placentifères très développées, très proéminentes à l'extérieur, contenant un faisceau libéroligneux à bois int. Placenta long, non divisé ; ovules se développant sur toute l'extrémité du placenta. — *Graines.* Suspenseur développé, à processus souvent nombreux. Cellules du tégument munies d'épaississements striés nombreux, à stries anastomosées. Graines déprimées aux extrémités (1).

F. *nudicaulis* G. Cam. Berg. A. Cam., *l. c.* — Var. *nudicaulis* Beck, *Fl. Nied.-Oest.*, p. 211 (1890) ; M. Schulze in *Mitth. Thür. B. V. N. F.*, X, p. 84 (1897). — Feuilles 2, basilaires ; tige nue.— Forme montagnarde. — Autriche, Hongrie (Schneeberge, Raxalpe), Allemagne (Bavière, Bade).

F. *major* Zapalow., *Consp. Fl. Galic.*, p. 220. — Plante très développée. — Peu rare, reliée au type par beaucoup d'intermédiaires.

F. *trifolia* G. Cam. Berg. A. Cam., *l. c.*, p. 343. — Var. *trifolia* Gaud., *Fl. helv.*, V, p. 425 ; (Fuchs, *Hist.* p. 740) ; Graves, *Cat. Oise*, p. 122. — Var. *trifoliata* Thielens ap. M. Schulze, *Die Orchid.*, 49, 1 ;Grintescu, *l. c.* — *Orchis trifolia major et minor* Bach., *Pinax*, p. 83. — Tige pourvue de 3 feuilles. — Rare.

F. *quadrifolia* G. Cam. Berg. A. Cam., *l. c.* - Var. *quadrifolia* Peterm., *Analyt. Pflanz.*, p. 442 (1846). — Tige munie de 4 feuilles. — Rare.

Var. β **laxiflora** (*P. solstitialis* var. *latiflora*) Drej. in Kröjers *Tidsskr.*, IV, p. 46 (1842) ; Reichb. F., *Icon.*, XIII-XIV, p.121, t. CCCCXXVIII, f. II; t. CCCCXXIX, f. IV ; Barla, *l. c.* ; G. Cam., *l. c.* ; M. Schulze, *l. c.* — *Gymnad. bifolia tenuiflora* Meyer, *Chloris Hanov.*, p. 540 (1836). — *Habenaria fornicata* Babingt. in

à la base de la trompe des Papillons. Le stigmate est proéminent à l'entrée de l'éperon. D'après Darwin, la plante serait visitée par : *Sphinx pinastri* L. En Hollande, Heinsius a observé sur les fl. : *Hadena monoglypha* Hfn. ♂♀ et *Plusia gamma* L. D'après A. de Bonis (in *R. ital. sc. nat.*, XIII, 1893), la fécondation pourrait avoir lieu, accidentellement, par le vent. Cf. Darwin, *De la fécondation des Orchidées par les insectes*, trad. Rerolle, p. 87 ; H. Müller, *Alpenblumen*, p. 70 ; Kirchner, *Flora*, p. 171 ; Mac Leod in *Bot. Jaarb.*. V, p. 323 ; Knuth, *Blütenbiologie*, II, p. 439.
1. Ce *Platanthera* contient du loroglossoside. Cf. Delauney in *C. R. Ac. Sc.* (1920), p. 435 ; (1921), p. 471.

Trans. Linn. Soc., XVII, 3, p. 463 (1837) ; in *Ann. nat. Hist.* (1838), p. 374. — *P. bifolia* var. a *laxa* Peterm., *Analyt. Pflanz. schlűss.*, p. 443 (1846). — *Icon.* : Seg., *Pl. Ver.*, II, XV, t. X ; **Sv**. *Bot.*, t. 314 ; Reichb., *Pl. crit.*, t. DCCCLI ; Nees Esenb., *Gen.*, V, t. 7 ; *Pl. Dan.*, t. MMCCCXI ; *Ic. n., l. c.*, pl. 91, f. 12-14. — Plante plutôt peu robuste. Feuilles obovales-oblongues. Epi grêle, lâche ; éperon allongé, effilé, ordt aminci au sommet ; bords de la fossette stigmatique renflés-gibbeux. — Abondant, disséminé.

Var. γ **densiflora** (*P. solstitialis* var.) Drej., *l. c.* ; Reichb. F., *l. c.*, t. 76, CCCCXXVIII, f. 10, 11, t. CCCCXXIX, f. I-III, f. 1-17 ; G. Cam. Berg. A. Cam., *l. c.* — *P. brachyglossa* Reichb., *Pl. crit.*, IX, p. 19 (1831) f. 1144 ; C. A. Mey., *Beitr. Pfl. Russ.*, V, n° 66. — *Habenaria bifolia* Babingt. in *Trans. Linn. Soc.*, XVII, 3, t. 463 (1837). - *Plat. bifolia* c. *conferta* Peterm., *l. c.* (1864) ; Sm., *Engl. Bot.*, t. 22 ; *Fl. Dan.*, t. MMCCCXI, CCXXXV ; Reichb., *Fl. crit.*, t. DCCCLII ; Grintescu, *l. c.* — *Orchis bifolia* b. *brachyglossa* Wallr., *Sched. crit.*, p. 486 (1822) (1) ; Mutel, *Fl. fr.*, III, p. 232 ; *Atlas*, t. LXIV, f. 475. — Plante robuste. Epi plus gros, assez dense. Eperon plus court, environ 1 fois 1/2 plus long que l'ovaire, souvent renflé au sommet. — Abondant.

A cette variété, Aschers et Graebner, *l. c.*, rattachent le *Pl. Schuriana* Fuss in *Verh. Sieb. Ver.*, XIX, p. 206 (1868) se différenciant seulement par une floraison plus tardive.

M. Wilms, in *Jahresb. Westf. Prov.,V. Bot.* (1878), p. 8 (1879), admet les deux espèces suivantes qu'on pourrait, au plus, distinguer comme variétés :

P. Reichenbachiana, **lus**. *Reichenbachianus* Zimm., *l. c.* — Fleurs d'un blanc de lait, à odeur suave ; loges de l'anthère assez éloignées.

P. Boenninghausiana, **lus**. *Boenninghausianus* Zimm., *l. c.* — Fleurs d'un blanc verdâtre, assez fortement odorantes ; loges de l'anthère rapprochées.

Var. δ **Bergonii** G. Camus. — *Ic. n.*, pl. 130, f. 24. — Fleurs bien plus petites ; div. lat. ext. du périanthe longues de 5 mm. ; labelle long de 5-6 mm. ; éperon long de 12-15 mm. — Italie : env. de Sestri Levante, (Bergon).

Var. ε **patula** (Drejer in *Kröy. Tiddskr.*, IV, p. 46 (1842) ; *Fl. Dan.*, t. MMCCCLXI ; Reichb. F., *l. c.*, p. 121, t. 165, DXVII, f. 4-6 ; M. Schulze, *l. c.*) ; G. Cam. Berg. A. Cam., *l. c.* — *P. bifolia* var. *grandiflora* Hartm. ap. Reichb. F. — Plante robuste. Fl. grandes, peu nombreuses, à div. lat. int. étalées. Eperon claviforme. Bords de la fossette du stigmate assez gibbeux. — Suède, Danemark, Suisse, Allemagne (Thuringe, Bade).

Var. ζ **pervia** Aschers. et Graebn., *l. c.*, p. 832 (1907) ; G. Cam. Berg. A. Cam., *l. c.* ; Rouy, *l. c.* — *P. pervia* Peterm., *l. c.*, p. 591 (1846) ; *Deutschl. Fl.*, t. 85, 672. — *P. solstitialis* d. *pervia* Reichb. F., *l. c.*, p. 121, t. 76, CCCCXXVII, f. III, 5-19, CCCCXXVIII, f. 12-13. — Plante très robuste. Fl. nombreuses, grandes, serrées. Eperon claviforme. Bords de la fossette stigmatique non gibbeux. — Rare. Allemagne (env. de Leipzig, Thuringe, Bade), France.

Var. η **robusta** O. Seemen in *O. B. Z.*, XLIV, p. 448 (1894) ; G. Cam. Berg. A. Cam., *l. c.* — *P. solstitialis* γ *robusta* M. Schulze in *Mitth. Th. B. V. N. F.*, X, p. 85 (1897) ; XVII, p. 72 (1902), — Plante robuste, peu élevée, atteignant seulement env. 2 dm. Feuilles assez larges à la base, non atténuées ; feuilles sup. bractéales nulles. Bractées égalant ou dépassant les fl. Fl. nombreuses, en épi dense. Labelle largement linéaire. Eperon distinctement renflé au sommet. Ovaire court. — Dunes. Rare. Ile Borkum (O. von Seemen). — Juillet, août.

Var. θ **subalpina** Brügg. in *Jahr. Nat. Ges. Graub.*, XXIX, p. 165 (1884) ; *Pl. Eur.*, I, p. 58 ; G. Cam. Berg. A. Cam., *l. c.* — *P. solst.* f. *subalpina* M. Schulze, *Die Orchid.*, n° 49, 3 ; Grintescu, *l. c.* — *P. montana* × (*per*) *bifolia* ? Harz in Schlechtd. Lang. Schenk., *Fl. Deutschl.*, 5, IV, p. 322. — Plante souvent assez forte et peu élevée (15-25 cm.). Feuilles basilaires oblongues-lancéolées, env. 3-4 fois aussi longues que larges. Epi pauciflore. Div. lat. **ext**. du **périanthe plus larges, ovales-obtuses**. Eperon 2 fois 1/2 aussi long que le fruit. Loges de l'anthère un peu divergentes. — Suisse (Grisons, entre 1.300-2.300 m. d'alt., etc.), Autriche (Voralberg) ; Allemagne (Bade, Hanovre) ; Roumanie (ap. Grintescu).

Var. ι **Carducciana** Koch, *Syn.* éd. Hall. et Wohlf., **p. 2434** ; G. Cam. Berg. A. Cam., *l. c.* — *P. Carducciana* Goiran in *N. Giorn. bot. ital.*, XV, p. 332 (1883) ; Arcang., *Comp.*, éd. 2, p. 163 ; Richter, *Pl. Eur.*, I, p. 281. — Feuilles inf. largement elliptiques (13 × 8 cm.). Fl. en épi dense. Eperon et bractée deux fois plus longs que l'ovaire. — Tyrol mérid. : Valle freda, alt. 1.200-1.300 m. ; confins du Trentin près Vérone (Goiran). — Peut-être seulement une forme robuste.

Var. x **Simonkaiana** Soó in Fedde, *Repert.* (1927), p. 34. — Plante trapue, haute de 10 cm. env., à port de *P. chlorantha* ; feuilles petites, ovales, obtuses, épaisses. — Transilvànie.

1. Les caractères distinctifs assignés à cette forme sont purement individuels.

Monstruosités.—1° **F.** *Monstroso regularis* Mutel, *Fl. fr.*, III, p. 232. Fleurs actinomorphes avec simplification. Divisions int. du périanthe semblables, dépourvues d'éperon. Assez rare. La F. *ecalcarata* Heinricher in *O. B. Z.* (1894), p. 165 ne paraît pas différer sensiblement de la plante signalée par Mutel. Cf. aussi M. Schulze in *Mitth. Thur. B. V. N. F.*, XVII, p. 72 (1902), et Cornaz in *Arch. Sc. Phys. Genève*, II (1896), p. 175. — Les formes sans éperon seraient dépourvues de parfum.

2° F. *tricalcarata.* Fleurs actinomorphes avec complication. Divisions int. du périanthe transformées en labelles munis d'éperon. Cf. Sommier in *Firenze B. Soc. bot. ital.*, 1898, p. 186. — Assez rare.

Aschers. et Graebn.,*l. c.*, p. 831, signalent des cas monstrueux de fleurs munies de 2 labelles, 2 gynostèmes. 2 ovaires, 2 bractées.

Cornaz in *Ber. Schweiz. B. G.* (1896),p. 86 décrit un cas de fleurs doubles trouvé près Neuchatel (Suisse). Plusieurs autres cas ont été signalés. Cf. Zimmermann in *Allg. Bot. Zeitsch. f. Syst.*, 7-8 (1910), p. 17 ; Stenzel, *Alw. Blüt. Orch.*, p. 36 (1902) ; M. Schulze in *Mitth. Thür. B. V. N. F.*, XVII, p. 72 (1902); XIX, p. 121 (1904).

V. v. — Mai-juillet. — *Habitat* : clairières des bois, coteaux arides et montueux, prairies humides, endroits secs ou humides ; de la plaine jusqu'à 2.200 m. d'alt. en Suisse et dans le Tyrol. — *Répart. géogr.* : presque toute l'Europe, Portugal (peu abondant, Alemdouro litt. et transmont.), Espagne (disséminé dans la rég. montagn.), Majorque (rare d'apr. Knoche), France (assez abondant dans toute la France, R. en Corse sec. Briquet), Iles Britanniques (répandu), Belgique, Hollande, Danemark, Suède, Norvège, Allemagne (disséminé), Suisse (abondant), Italie (commun dans les rég. septentr. et centr., plus rare dans la rég. mérid.), Sicile (rare), Sardaigne (rare), Autriche, Hongrie, Bosnie, Herzégovine, Grèce (rare), Balkans, Russie mérid. et centr., Chypre, Tauride, Caucase, Pont, Asie Mineure, Afrique septentr. — Sibérie, Chine.

2. — P. CHLORANTHA

P. chlorantha (1) Reichb. ap. *Mössl. Handb.*, éd. 2,II, p. 1565(1828) ; *Fl. germ. excurs.*, I, p. 120 ; Lindl., *Gen. and spec.*, p. 285 ; Oudemans, *Fl. Nederl.*, III, p. 147 ; Crépin, *Man. fl. Belg.*, éd. 1, p. 179 ; Löhr, *Fl. Tr.*, p. 248 ; Thielens, *Orch. Belg. et Luxemb.*, p. 8 ; Mutel, *Fl. fr.*, III, p. 232 ; *Fl. Dauph.*, éd. 2, p. 589 ; Coss. et Germ., *Fl. Par.*, éd. 1, p. 555 ; Parlat., *Fl. ital.*, III, p. 413 ; Barla, *Iconogr.*, p. 28 ; Gautier, *Pyr.-Or.*, p. 400 ; Bubani, *Fl. pyr.*, p. 43 ; Correvon, *Alb. Orch. Eur.*, pl. LVI ; Godet, *Fl. Jura*, p. 693 ; Briquet, *Prodr. fl. corse*, p. 383 ; Koch, *Syn.*, éd. 2, p. 795 ; éd. 3, p. 508 ; éd. Hall. et Wohlf., p. 2434 ; Oborny, *Fl. Moehr. Oest., Schles.*, p. 253 ; M. Schulze, *Die Orchid.*, n° 50 ; Aschers. et Graeb., *Syn.*, III, p. 834 ; Rhiner, *Prodr. Waldst.*, p. 127 ; Schinz et Keller, *Fl. Schweiz*, p. 127 ; Tin., *Pl. rar. sic.*, I, p. 11 ; Guss., *Enum. pl. inarim.*, p. 319 ; Ces. Pass. Gib., *Comp.*, p. 183 ; Cocconi, *Fl. Bologn.*, p. 479 ; Lojacono, *Fl. Sicula*, III, p. 29 ; Hausm., *Fl. Tirol*, p. 892 ; Hinterhuber et Pichlm., *Fl. Salz.*, p. 193 ; Müller, *Orchid.*, p. 38 ; Beck, *Fl. Nied.-Oester.*, p. 211 ; Brandza, *Fl. Dobrogei*, p. 403 ; Pantu, *Contrib. Fl. Bucurest*, p. 87 et *Orch. d. Rom.*, p. 136 ; Haussk., *Symb. fl. gr.*, p. 25 ; Halacsy, *Consp. fl. gr.*, III, p. 163 ; Finet, *Orch. Asie or. in Rev. gén. bot.*, XIII, p. 15, 512. — **Orchis bifolia** γ L., *Spec.*, éd. 1, p. 939 (1753) ; Willd., *Spec.*, IV, p. 10. — **O. montana** (*montanus*) Schmidt, *Fl. boem.*, p. 35 (1794) ? ; Boreau, *Fl. cent.*, éd. 3, II, p. 647 ; Gr. et God., *Fl. Fr.*, III, p. 297 ; Gren., *Fl. ch. jurass.*, p. 751 ; Michal., *Hist. nat. Jura*, p. 297 ; Lor. et Barrand., *Fl. Montpel.*, p. 662 ; Gentil, *Fl. mancelle*, p. 174 ; Ravin, *Fl. Yonne*, éd. 3, p. 362 ; Legué, *Cat. Mondoubl.*, p. 81 ; Lloyd, *Fl. Ouest*, **pl. ed.** ; Lloyd. et Fouc., *Fl. Ouest*, p. 334 ; Léveillé, *Fl. Mayenne*, p. 199 ; Coste, *Fl. Fr.*, III, p. 401, n° 3602 ; Alb. et Jahand., *Cat. Var*, p. 488 ; Crépin, *Man. Fl. Belg.*, II, p. 294 ; Willk. et Lange, *Prodr. hisp.*, I, p. 171. — **O. bifolia** Crantz, *Stirp. austr.*, p. 504 (1769) ; Marsch. Bieb., *Fl. Taur.-Cauc.*, III, p. 599 ; Ledeb., *Fl. alt.*, IV, p. 171. — **O. bifolia β major** Bess., *Fl. Galic.*, p. 43 (1809). — **Platanth. bifolia** Rich. in *Mém. Mus. Paris*, IV, p. 57 (1818), p. p. et auct. mult. — **Orchis bifolia var. macroglossa** Wallr., *Sched. crit.*, p. 486 (1822). — **O. chlorantha** Custer ! *Neue Alp.*, II, p. 401 (1827) ; Car. et S.-Lag., *Fl. descr.*, éd. 8, p. 792 ; Dulac, *Fl. H.-Pyr.*, p. 125 ; Lej. et Court., *Comp.*, III, p. 178 ; de Vos, *Fl. Belg.*, p. 553. — **O. virescens** Zollik. ap. Gaudin, *Fl. helv.*, V, p. 497 (1829) ; Godr., *Fl. Lorr.*, II, p. 291 ; III, p. 26. — **O. bifolia β elatior** Gaudin, *l. c.*, p. 425. — **Habenaria bifolia β** Hook. *Brit. Fl.*, p. 369 (1830). — **H. chlorantha** Baringt. in *Trans. of Linn. Soc.*, XVII, III, p. 463 (1837) ; *Man. Brit. Bot.*, éd. 8, p. 347 ; Bouvier, *Fl. Alp.*, éd. 2, p. 644 ; Franch., *Fl. L.-et-Ch.*, p. 579. — **Conop**

---

1. Pour cette espèce, nous devrons nous abstenir de citer un grand nombre d'auteurs anciens qui ont négligé de distinguer le *P. bifolia* du *P. chlorantha*.

sidium platantherum WALLR., *Beitr.*, II, 1, p. 107 (1842). — Plat. **Wankelii** REICHB., *Fl. sax.*, p. 89 (1842).— **Orchis chlorantha** var. α GUSS., *Syn. Fl. Sic.*, II, p. 529 (1844). — Plat. **virescens** C. KOCH in *Linn.*, XXII, p. 283 (1849). — Plat. **montana** REICHB. F. *Icon.*, XIII-XIV, p. 123 **(1851)** ; RICHTER, *Pl. Eur.*, I, p. 281 ; BLYTT, *Handb. Norg. Fl.*, éd. Ove Dahl, p. 234 ; COGNIAUX, *Fl. Belg.*, p. 252 ; Coss. et GERM., *Fl. Par.*, éd. 2, p. 689 ; BONNET, *P. fl. paris.*, p. 383 ; MARTR.-DON., *Fl. Tarn.*, p. 712 ; HÉRIBAUD, *Fl. Auv.*, p. 432 ; G. CAM., *Monogr. Orch. Fr.*, p. 72 ; in *Journ. bot.*, VI, p. 474 ; DE VICQ, *Fl. Somme*, p. 430 ; MASCLEF, *Cat. P.-d.-C.*, p. 156 ; GREMLI, *Fl. Suisse*, éd. Vetter, p. 483 ; KIRSCHL., *Fl. Als.*, p. 137 ; SEUBERT, *Ex. Fl. Bad.*, p. 124 ; FOERSTER, *Fl. Aachen*, p. 347 ; FISCHER, *Fl. Bern.*, p. 77 ; CAFLISCH, *Ex. Fl. S. D.*, p. 297 ; ARCANG., *Comp.*, éd. 2, p. 163 ; BOISS., *Fl. orient.*, V, p. 83 ; ASCHERS. et LEVIER, *Fl. Sard. Comp. Suppl.*, p. 240 et auct. plur. — **Gymnadenia chlorantha** AMBR.. *Fl. Tir. austr.*, I, p. 705 (1854). — Plat. **bifolia** var. **montana** auct. plur. ; BACH, *Rheinpreuss.*, p. 373 (1879).— *Orchis bifolia altera* et *O. bifolia latissima* BAUH., *Pinax*, **p. 82.**

Noms vulg. : Platanthère à fleurs jaune verdâtre, Platanthère de montagne, Orchis de montagne. — Angl. : Yellow butterfly Habenaria, **Greater Butterfly Orchis.** — Allem. : Grünliche Kuckuksblume, Grün Threin, Bergstendel, Berg-Kuckuksblume, Grosse Stendelwurz. — Holl. : Berg Breedknop.

Icon. : HALL., *l. c.*, t. 35, f. 2 ; VAILL., *Bot. paris.*, 151, t. 30, f. 7 ; LOBEL, *Ic.*, t. 178, f. 1 ; *Fl. Dan.*, t. 2352 ; CURTIS, *Fl. Lond.*, II, t. 186 ; MUTEL, *Atl.*, t. 64, f. 476 ; WALLR., *Beitr.*, I, t. II, f. 9-10 ; REICHB., *Pl. crit.*, IX, t. DCCCLII, f. 1145 ; REICHB. F., *Icon.*, XIII-XIV, t. 78, CCCCXXX f. I-II, 1-13 ; Coss. et GERM., *Atl.*, pl. 32, f. F ; CES. PASS. GIB., *Comp.*, t. XXIII, f. 3 a-f; BARLA, *l. c.*, pl. 15, f. 4-17 ; G. CAM., *Icon. Orch. Par.*, pl. 26, f. B ; M. SCHULZE, *l. c.*, t. 50 HALLIER, *Fl. Deutschl.*, t. 351 ; HEGI, *Fl. v. Mittel-Europa*, f. 439 ; BONNIER, *Alb. N. Fl.*, p. 147 ; G. CAM. BERG. A. CAM., pl. 23, f. 721-726 ; SCHL. in KELL. et SCHL., *Ic.* pl. XXX, f. 10 ; *Ic. n.*, pl. 92, f. 1-16.

Exsic. : *Soc. Dauph.*, nº 2262 ; SCHULTZ, *Herb. n.*, nº 153 ; BAENITZ, *H. Eur.* ; BILLOT, nº 2747 ; FRIES, *Herb. n.*, nº 61 ; REICHB., nº 948 ; *Soc. Rochel.*, nº 2942.

Plante plus robuste que le *P. bifolia.* Tubercules fusiformes, allongés, plutôt moins gros. Tige de 2-6 décim., anguleuse au sommet, d'un vert clair, munie à la base de 1 à 3 gaines membraneuses, d'un brun rougeâtre. *Feuilles développées* 2 (rarement 3, f. *trifolia* ZAPALOW, ou 4), rapprochées, *grandes*, oblongues, ou ovales-oblongues, obtuses ou subobtuses, brusquement contractées à la base, lisses et comme luisantes, d'un vert clair, à nervures longitudinales unies entre elles par de petites veines obliques en réseau ; *les supér.* (2-5), *bractéiformes*, lancéolées-aiguës. Bractées herbacées, ovales-lancéolées ou lancéolées, obtuses, à plusieurs nervures, égalant l'ovaire ou un peu plus courtes, rarement les infér. un peu plus longues que lui. *Fleurs grandes* (plutôt plus grandes que dans le *Pl. bifolia*), blanches ou d'un blanc jaunâtre ou verdâtre, *presque inodores dans la journée*, exhalant, vers le soir, une légère odeur de cire, en épi oblong ordt assez lâche. Périanthe à divisions libres, les ext. plus larges que dans le *P. bifolia*, les lat. ext. ovales-lancéolées, subtriangulaires ou lancéolées-aiguës, obtusiuscules, étalées, blanches ou jaunâtres vers le sommet, la médiane ext. très largement ovale-triangulaire, ou subcordiforme, ou presque deltoïde, obtuse ou subobtuse, plus large et plus courte que les 2 lat., 3-nervée, d'un vert jaunâtre très pâle, les lat. int. plus courtes, seulement un peu plus longues que le gynostème et bien plus étroites que les ext., obliquement lancéolées-linéaires ou oblongues, semi-lunaires, aiguës ou obtusiuscules, d'un blanc verdâtre vers la base, presque conniventes avec la médiane ext. *Labelle égalant presque les divisions lat. ext.* (plus court que dans le *P. bifolia*), entier, sublinéaire, obtus, un peu atténué au sommet, dirigé en bas, d'un vert jaunâtre clair. *Eperon* filiforme, *un peu renflé vers le sommet*, presque horizontal ou un peu descendant, un peu courbé en S, *ordt 2 fois plus long que l'ovaire*, d'un blanc jaunâtre et verdâtre à l'extrémité. Gynostème large, tronqué, concave en avant, d'un vert clair. Fossette stigmatique à bords étroits. Connectif séparant les loges d'anthère très large. *Anthère à loges distantes*, courbées, *divergentes inférieurement*, séparées, à la base, par un petit bec plan élargi, obtus. Masses polliniques d'un jaune clair ou verdâtre ; caudicules blancs. Rétinacles jaunâtres, munis d'un appendice articulé obliquement (1). Staminodes blancs ou grisâtres, un peu allongés, obtus, subpapilleux, égalant environ la moitié de l'anthère. Ovaire linéaire, étroit, vert clair, subsessile, contourné en S. Capsule allongée oblongue, à 6 côtes.

---

1. Les rétinacles ne sèchent pas rapidement, leur partie supér. est munie d'un appendice en forme de tambour auquel est attaché transversalement le caudicule. Ce pédicelle rend le rétinacle plus proéminent, son pouvoir de contraction change la position des polliuies et aide à la fécondation. La pollinisation est opérée par de grands Papillons nocturnes attirés par l'odeur de miel que la fleur dégage, surtout pendant la nuit. Les pollinies s'attachent aux côtés de la tête de l'insecte. DARWIN a observé sur les fleurs : *Plusia* et *Mamestra dentina* ESP. (Cf. DARWIN, *De la fécondation des Orchidées par les insectes*, trad. REROLLE, p. 84 ; MÜLLER, *Alpenblumen*, p. 72 ; MAC LEOD in *B. Jaarb.*, V, p. 323 ; KNUTH, *Blütenbiologie*, II, p. 441 ; KIRCHNER, *Flora*, p. 171.

Morphologie interne.

Tubercule. Grains d'amidon de forme très irrégulière, les petits ordt isolés, les plus gros atteignant 18-20 µ de long et plus ou moins allongés.— *Fibres radicales*. Endoderme à cadres légèrement subérisés. Vaisseaux de métaxylème très nombreux dans un parenchyme central abondant.

Tige (f. 167). Stomates nombreux. 2-6 assises de parenchyme chlorophyllien à méats entre l'épiderme et l'anneau lignifié. Petites ailes dues à la décurrence de la nervure médiane et à celle du bord des feuilles formées par du parenchyme chlorophyllien. 9-10 assises lignifiées extra-libériennes à parois assez épaisses. Faisceaux libéroligneux très développés tangentiellement sur une section transversale, quelquefois entourés de tissu lignifié, seulement à l'extérieur du liber, parfois les petits faisceaux entièrement plongés dans le tissu lignifié ou certains faisceaux séparés par 1-2 assises parenchymateuses de l'anneau lignifié mais avec un petit arc de cellules lignifiées extra-libériennes. Parenchyme ligneux non lignifié abondant. Liber très développé. Faisceaux allant aux feuilles se séparant tôt du cercle. Parenchyme int. plus ou moins résorbé au centre de la tige vers la fin de l'été (C), formé de cellules laissant entre elles des méats et des canaux aérifères, renfermant quelques paquets de raphides. — *Base de la tige* (f. 166). Tige entourée d'une gaine jaunâtre à nervures peu nombreuses, dépourvues de fibres (F^2). Dans la tige, le parenchyme contient de gros paquets de raphides, à l'extérieur de l'anneau lignifié se trouvent quelques faisceaux entourés de fibres, destinés à une grande feuille verte (F^1), les autres, assez nombreux, immergés dans l'anneau lignifié ou disséminés à l'intérieur de celui-ci, sont dépourvus de fibres.

Feuille. Ep. = 350-500 µ. Epiderme sup. recticurviligne, haut de 80-100 µ, muni de quelques stomates à l'extrémité des grandes feuilles basilaires, à paroi ext. épaisse de 4-6 µ et non ou peu bombée. Epiderme inf. recticurviligne ou ondulé, haut de 40-50 µ, à stomates abondants, à paroi ext. épaisse de 3-6 µ env. et légèrement bombée. Cellules épidermiques **marginales** du limbe à paroi ext. bombée. Parenchyme formé de 6-10 assises de cellules ovales sur une section transversale du limbe, les assises sup. contenant une assez grande quantité de chlorophylle, les inf. formées de cellules laissant entre elles des lacunes assez grandes et contenant de très grandes cellules à raphides, les aiguilles

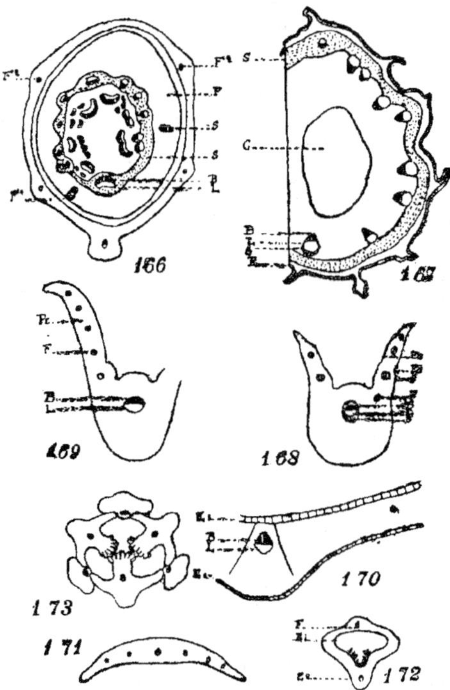

Platanthera chlorantha. — Fig. 166 : section transv. schématique passant par la base de la tige, par une feuille réduite jaunâtre et au-dessous de deux grandes feuilles vertes ; B, bois ; F, faisceau libéroligneux dépourvu de fibres, en dedans de l'anneau scérifié ; F^1, faisceau libéroligneux sorti de l'anneau sclérifié et muni de fibres lignifiées ; F^2, faisceau libéroligneux de la feuille jaunâtre ; L, liber ; P, parenchyme ; S, sclérenchyme. — Fig. 167 : section de la tige passant au-dessus des grandes feuilles vertes ; C, lacune centrale ; E, épiderme. — Fig. 168 : section schématique passant par l'extrême base d'une grande feuille verte ; pas de parenchyme chlorophyllien ; Ei, épiderme inf. ; Es, épiderme sup. ; F, faisceau libéroligneux muni d'arcs scérifiés. — Fig. 169 : section passant un peu au-dessus du niveau précédent ; le parenchyme chlorophyllien (Pc) est différencié : les faisceaux libéroligneux sont à ce niveau dépourvus de sclérenchyme. — Fig. 170 : section de la nervure médiane, vers le milieu du limbe. — Fig. 171 : section transv. schématique passant par le milieu du labelle. — Fig. 172 : section transv. de l'éperon vers la gorge ; Ee, épiderme ext. ; Ei, épiderme int. — Fig. 173 : section transv. schématique de l'ovaire.

d'oxalate de calcium atteignant parfois 200-250 µ de long. Nervures dépourvues de sclérenchyme et de collen-

— 405 —

chyme, la médiane (f. 170), à section concave-convexe, à faisceau libéroligneux entouré de parenchyme incolore, surtout à la partie infér., les autres, très réduites, à section plane. — A l'extrême base de la feuille (f. 168),
la nervure médiane est très développée, il n'y a pas de chlorophylle, les faisceaux libéro ligneux sont munis
d'arcs sclérifiés (F). - · A un niveau un peu plus élevé (f. 169) la chlorophylle existe dans le parenchyme de
la feuille (Pc), les arcs sclérifiés ont disparu, la nervure médiane est toujours bien plus développée que les
latérales.

Fleurs. — *Divisions externes du périanthe.* Epidermes dépourvus de papilles caractérisées. — *Divisions
latérales internes.* Epidermes à peine papilleux vers les bords. Huile essentielle dans les épidermes et les cellules du parenchyme dans les div. ext. et lat. int.— *Labelle.* Cellules de l'épiderme int. à paroi ext. à peine bombée. Epiderme ext. dépourvu de papilles. Vers la partie médiane du labelle, l'huile essentielle est abondante
dans les épidermes et le parenchyme (f. 171), les grandes cellules à raphides sont nombreuses. Vers le sommet,
les cellules à essence existent surtout vers les bords. — *Eperon* (f. 172 et pl. 121, f. 418). Epiderme int. muni
de papilles cylindriques, un peu renflées à l'extrémité, atteignant 120-150 µ de long sur la grosse nerv. de chaque
face, très réduites ou presque nulles sur les faces. Epiderme ext. dépourvu de papilles. Epaisseur de la paroi
de l'éperon = 120-160 µ env. Entre les épidermes, 4-6 assises de cellules parenchymateuses. Emission très abondante de nectar à l'intérieur de l'éperon. Globules d'essence nombreux dans l'épiderme int. et les longues papilles, moins abondants dans le parenchyme et l'épiderme ext. — *Anthère.* Epiderme dépourvu de papilles.
Cellules à bandes d'épaississement relativement assez nombreuses. — *Pollen.* Jaune. Non ou à peine ruguleux.
L. = 25-35 µ env. — *Staminodes.* Cellules renfermant chacune un très gros paquet de raphides (pl. 122, f. 464).
— *Ovaire.* (F. 173). Stomates peu nombreux. Nervure des valves placentifères très saillante-ailée à l'extérieur,
renfermant un faisceau libéroligneux peu développé, à vaisseaux peu abondants et bois int. Placenta assez
long, épais, non divisé ; ovules se développant sur toute son extrémité et non en deux régions, comme chez
la plupart des Orchidées. Valves non placentifères très développées, souvent trilobées, proéminentes, renfermant un faisceau libéroligneux int. développé, à bois int.. — *Graines.* Cellules du tégument striées. Graines
très atténuées au sommet, 6-8 fois plus longues que larges. L. = 650-750 µ env.

Var. β **Schulzei** Aschers. et Graebn., *Syn.*, III, p. 835 (1907) ; G. Cam. Berg. A. Cam., *l. c.* — Plante
robuste. Feuilles basilaires très grandes. Bractées très grandes, dépassant les fl. Inflorescence dense. Eperon
un peu plus long que l'ovaire, peu renflé au sommet. — Allemagne : Thuringe à Leutra près Iéna (M. Schulze,
Die Orchid., n° 50, 3).

Var. γ **Wankelii** M. Schulze in *Mitth. Th. B. V. N. F.*, XIX, p. 73 (1904) ; G. Cam. Berg. A. Cam.,
l. c. — *P. Wankelii* Reichb. F. in Reichb., *Fl. sax.*, p. 89 (1842) ; *Ic.*, XIII-XIV, p. 124. — Fl. blanches ; div.
sup. ext. du périanthe allongée. Gynostème grêle. — Allemagne centrale.

Var. δ **grandiflora** M. Schulze in Aschers. et Graebn., *l. c.*, p. 836 ; G. Cam. Berg. A. Cam., *l. c.* —
Fl. très grandes, à div. lat. ext. dépassant 1 cent. de long, labelle long de 1-5 cent., large de 5 mm. — Autriche : env. de Vienne (Wolfert, Fleischmann ap. M. Schulze in *Mitth. Thür. B. V. N. F.*, XVII, p. 73
(1902).

Var. ε **lancifolia** (Rohlena in *Sitzb. Kön. Böhm. Ges. Wiss. Prag.* (1902), nᵒˢ XXXII et XXXIX ;
(1903), nᵒ XVII ; (1904), nᵒ XXXVIII et in *Mag. Bot. Lap.*, III (1904), p. 321 ; G. Cam. Berg. A. Cam., *l.
c.* — Feuilles étroites, larges de 12-20 mm., oblongues-lancéolées. — Rare. Bohême, Monténégro aux env. d'Andrijevica, 1.000 m. d'alt. (Rohlena).

Var. ζ **auriculata** Zimmerm. in *Allg. Bot. Zeitschr.* (1916), p. 40. — *Ic. n.*, pl. 128, f. 43-44. — Base du
labelle munie, de chaque côté, d'une oreillette arrondie ou obliquement triangulaire. — Allemagne : Feldbergge-
biet entre Silberberg et Raimartihof.

Var. η **glanduliformis** Zimmerm., *l. c.* — *Ic. n.*, pl. 128, f. 42. — Labelle muni, de chaque côté, à sa
base, d'un lobe linéaire-acuminé, souvent recourbé un peu obliquement ou à angle droit. — Allemagne : Feld-
berggebiet entre Silberberg et Raimartihof.

Monstruosités. — Div. int. du périanthe toutes semblables. Actinomorphisme avec simplification du périanthe, absence d'éperon (cf. Zimmerm. in *Allg. bot. Zeitschr.*, (1910), 7-8, p. 20. Dans un cas, signalé par
Ortmann, en Thuringe, près Iéna (*Jahr. Ber. Nat. Ges. Gr.*, XXV (1882), les fl. sont sans éperon et les étamines
au nombre de 2-3.

Tendance à l'actinomorphisme avec simplification :

a) Labelle sans éperon. F. *ecalcarata.* Cf. Fr. Seydler in *Schr. d. K. phys.-ökon. Ges. zu Königsb.*, XI, p. 114
(1870) ; Heinricher in *Oest. bot. Zeit.*, p. 166 (1894) ; Halacsy et Braun, *Nachtr. Fl. Nied. Oesterr.* (1882),
p. 61, signalent cette forme en Autriche, près de Muhling.

b) Labelle muni d'un éperon très réduit (cf W. Zimmerm. in *Allg. Bot. Zeitschr.* (1910) 7/8, p. 17). Dans l'échantillon décrit par Zimmerm., beaucoup de fleurs avaient le labelle court et les div. du périanthe étroites. Tahourdin, *Native Orchids of Britain* et *Orchid Review* (1925), p. 230, a observé une forme analogue à labelle large, court et éperon rudimentaire.

Actinomorphisme avec complication. F. *tricalcarata* Murr ap. M. Schulze, *l. c.*, à fl. munies de 3 labelles et de 3 éperons (cf. Sommier in *Bull. Soc. bot. ital.* (1908), p. 21 et F. *tricalcarata* Hemsley in *Journ. Linn. Soc.*, XXXVIII, p. 3, t. I (1907), à fl. non résupinées, div. ext. du périanthe toutes munies d'éperon.

Tendance à l'actinomorphisme avec complication. F. *bicalcarata*. — Fl. munies de deux labelles et de deux éperons [M. Schulze in *Mitt. Thur. B. V. N. F.* (1904)].

Pétalisation de l'étamine et du stigmate (cf. Zimmerm., *l. c.*).

Soudure d'une div. ext. du périanthe avec une div. lat. int. Deux étamines développées appartenant au verticille int., l'étamine ord. développée avortant (cf. Henslow, *On a monstrous Development in « Haben. chlorantha »* in *Journ. Linn. Soc.*, II, p. 104, t. I, f. B (1858).

V. v. — Mai-juin ; fleurit env. 20 jours avant le *P. bifolia*. - *Habitat* ; bois, bruyères, collines arides, lieux herbeux et humides ; de la plaine jusqu'à 1.200 m. d'alt. dans le Tyrol, et même au-dessus en Italie. — *Répart. géogr.* : Espagne (TR.), France (disséminé, dans la rég. sept. plus abondant que le *P. bifolia*, rare en Provence et en Corse), Iles Britanniques, Belgique, Hollande, Danemark, Suède et Norvège centr. et mérid., Allemagne (disséminé), Suisse (abondant), Italie [disséminé dans les montagnes, plus rare dans la rég. de l'Olivier, Ischia (Gussone), Elbe, Sicile, Sardaigne (?)], Autriche, Hongrie, **Istrie**, rég. sept. de la péninsule des Balkans, Russie septentr., centr. et mérid., Crimée, Caucase, Transcaucasie, Chypre, **Algérie**, **Tunisie**. — Sibérie, Chine, Japon.

3. — P. ALGERIENSIS

P. algeriensis Battand. et Trab. in *Bull. Soc. bot. Fr.* (1892), p. 75 ; *Fl. Alg.* (1904), p. 322 ; G. Cam. Berg. A. Cam., *Monogr. Orch. Eur.*, p. 348 ; Maire in *Mém. Soc. Sc. nat. Maroc* (1919), p. 154 ; Schlecht. in Kell. et Schlecht., *Icon.*, p. 252.

Icon. : Batt. et Trab., *Atl. Fl. Alg.*, pl. 19 ; G. Cam. Berg. A. Cam., *l. c.*, pl. 23, f. 729, 730, 748, 749 (pl. de M. Trabut en partie reproduite) ; Schlecht., *l. c.*, pl. XXX, f. 120 ; *Ic. n.*, pl. 93, f. 1-5.

Tige de 6 à 8 décim., dressée, robuste, un peu anguleuse. *Feuilles 2, rarement 3, basilaires, grandes,* oblongues-lancéolées, subaiguës, épaisses, canaliculées, longues de 2-3 décim., dressées. *Bractées* foliacées, larges, à plusieurs nervures, *dépassant les fleurs. Fl.* très nombreuses, *d'un jaune verdâtre,* appliquées près de la tige ; *épi* droit, long et *très dense,* dépassé au sommet par les bractées. Divisions du périanthe jaunes, les ext. à 5-7 nervures, ovales-obtuses, les lat. int. de même forme que le labelle mais plus étroites et un peu plus courtes, dressées, conniventes au-dessus du gynostème. Labelle entier, oblong-linéaire, obtus, 4-5 fois plus long que large, épais. *Éperon* claviforme, presque droit, atténué à la base, obtus au sommet, *égalant environ l'ovaire.* Gynostème large ; anthère à 2 loges éloignées, divergentes à la base. Ovaire presque droit, épais, le plus court du genre. — Espèce très bien caractérisée.

Morphologie interne.

Tige. — Cuticule très légèrement striée ; stomates nombreux. 2-4 assises de parenchyme chlorophyllien à canaux aérifères et à méats entre l'épiderme et l'anneau lignifié. Ailes dues à la décurrence des feuilles bractéales formées par du parenchyme. Anneau lignifié comprenant 7-9 assises, les ext. à parois épaisses et à ponctuations nombreuses. Faisceaux libéroligneux développés tangentiellement, à liber abondant, contenant des cellules de parenchyme ligneux non lignifié en assez grande quantité, touchant extérieurement à l'anneau lignifié, parfois munis de quelques fibres lignifiées latéralement et à l'intérieur du bois. Partie centrale occupée par une lacune dans la partie sup. de la tige.

Feuille. Ep. = 400-500 μ env. Epiderme sup. à peine recticurviligne, haut de 140-150 μ env., à paroi ext. striée, non bombée et épaisse de 10-12 μ env., muni de stomates dans les feuilles bractéiformes de la partie sup. de la tige, dépourvu de stomates dans les 2 grandes feuilles. Epiderme inf. recticurviligne, haut de 45-55 μ, à paroi ext. striée, peu bombée et épaisse de 8-10 μ env., muni de quelques granulations de cire; de stomates très nombreux et à ostiole souvent non dirigée suivant la longueur de la feuille. Cellules épidermiques **marginales** ,du limbe à paroi ext. non sensiblement bombée (pl. 116, f. 129). Parenchyme comprenant 8-10 assises, lacuneux,

surtout vers la face inf. Nervures dépourvues de sclérenchyme, la médiane à section concave-convexe, à parenchyme incolore très abondant à la partie inf. du faisceau, à assises inf. légèrement collenchymateuses ; les autres
nervures à section plane, n'ayant autour de leur faisceau libéroligneux que du parenchyme plus ou moins
chlorophyllien. Faisceau libéroligneux très développé ; parenchyme ligneux non lignifié abondant.

Fleur. — Divisions externes du périanthe. Epidermes ext. et int. à paroi ext. striée, légèrement papilleux
vers les bords. — *Divisions latérales internes.* Cellules épidermiques papilleuses vers les bords. — *Labelle.* Epidermes int. et ext. à peine papilleux, dépourvus de papilles caractérisées. — *Eperon.* Epiderme int. à paroi
ext. très mince, prolongé en papilles peu nombreuses, atteignant 60-90 μ de long, vers la gorge de l'éperon. Epiderme ext. à paroi ext. épaisse, dépourvu de papilles. 4-6 assises de cellules entre les épidermes. — *Anthère.*
Bandes épaissies assez nombreuses dans l'assise mécanique.— *Pollen.* Jaune ; exine non ou à peine ruguleuse.
L = 25-35 μ env. — *Staminodes.* Cellules contenant chacune un paquet de raphides. — *Ovaire.* Epiderme ext.
strié, à stomates nombreux. Nervure des valves placentifères ailée-saillante, contenant un faisceau libéroligneux à bois int. Placenta très gros, portant des ovules sur toute sa surface int. et non en deux régions comme
dans la plupart des Orchidées. Valves non placentifères développées, renfermant un faisceau libéroligneux.

V. v. — *Habitat* : lieux humides, marais. — *Répart. géogr.* : Algérie, env. d'Alger (BATTANDIER et TRABUT).
— Maroc : Azrou, ravin de Tioumliline, alt. 1.400-1.500 m., Moyen-Atlas, bord du ruisseau de Ras-el-Ma
(MAIRE), alt. 1.550-1.600 m. ; **Anoceur** (JAHANDIEZ).

4. — P. OBTUSATA

P. obtusata LINDL., *Gen. and spec.*, p. 284 (1835) ; PURSH, *Fl. Am. bor.*, II, p. 588. — **Orchis obtusata**
PURSH, *Fl. Amer. sept.*, II, p. 588 (1814). — **Habenaria obtusata** RICHARDS. in *Frankl. Journ.*, p. 750 (1823) ;
HOOK. et ARN. in BEECH., *Voy.*, p. 130.

Tubercules fusiformes, entiers ou digités. Tige grêle, haute de 10-25 cm., quadrangulaire, portant, à la
base, 2 ou 3 feuilles réduites à l'état de gaines membraneuses courtes et obtuses et *une feuille unique développée*,
grande, obovale. *Bractées* lancéolées-aiguës, les *sup. plus courtes que les fleurs. Fleurs* d'un jaune verdâtre,
en épi lâche. Périanthe à div. ext. souvent recourbées en arrière au sommet, la moyenne très large, dressée,
3-nervée, ovale-arrondie, verte, à bords blanchâtres, les lat. ext. étalées, oblongues ou obtuses ; les lat. int. plus
courtes, dilatées ou obscurément 2-lobées à la base, connées avec la **partie inf.** du gynostème, subtriangulaires.
Labelle défléchi, élargi à la base, subobtus ou aigu au sommet. *Eperon* conique, arqué, aigu ou subobtus,
égalant env. l'ovaire et le labelle. Gynostème petit, couché. Anthère à loges arquées, divergentes à la base ;
rétinacles petits.

V. s. — Juin, juillet. — *Habitat* : lieux humides et marais tourbeux ; souvent en compagnie de l'*Andromeda tetragona. — Répart. géogr.* : à **rechercher** en **Europe** septentrionale. — Asie boréale, Amérique boréale
et septentrionale.

Cette espèce n'existerait pas en Europe, d'après SCHLECHTER, elle y aurait été signalée par suite de
confusion avec le *P. parvula.* Nous donnons cependant sa description parce qu'elle pourrait exister vers les
régions arctiques.

5. — P. DILATATA

P. dilatata LINDL. in BECK, *Bot. of North and Middle Amer.*, p. 347 (1833) ; *Gen. and spec.*, p. 287 ;
LEDEB., *Fl. Ross.*, IV, p. 70 ; G. CAM. BERG. A. CAM., *Monogr. Orch. Eur.*, p. 340. — Orchis dilatata PURSH,
Fl. Am. sept., II, p. 588 (1814). — **O. acuta** BANKS ex PURSH, *l. c.* — **Habenaria dilatata** HOOK., *Fl. Exot.*,
II, t. 95 (1825). — **H. borealis** CHAMISSO in *Linn.*, III, p. 28 ; BONJ., *Veget. ins. Sitcha*, p. 165. — Orchis
agastachys FISCH. ex LINDL., *l. c.* (1835). — **Plat. hyperborea var. dilatata** REICHB. F. *Icon.*, XIII-XIV,
p. 126, t. 81, CCCXXXIII, 1, 2, 3 (1851) ; RICHTER, *Pl. Eur.*, I, p. 281.

Tubercules palmés. Tige souvent peu élevée, grêle, feuillée. *Feuilles assez étroites*, lancéolées, obtuses ou
aiguës, les caulinaires dépassant les entre-nœuds. Fleurs petites, blanches ou verdâtres, en épi lâche. Bractées
linéaires ou lancéolées, acuminées, les inf. égalant ou dépassant les fleurs, les sup. plus courtes. Périanthe à
div. ext. ovales-obtuses, la médiane plus large et plus obtuse, les int. plus petites, membraneuses. Labelle non
tombant, linguiforme, presque rhomboïdal ou linéaire-lancéolé, obtus, égalant l'éperon qui est plus court que

l'ovaire et dirigé en bas. Gynostème apiculé ou émarginé. **Stigmate** prolongé en bec entre les bases des loges d'anthère. Anthères presque parallèles. Ovaire plus ou moins tordu (1).

Lieux marécageux. — Islande. — Amérique boréale.

6. — P. PARVULA

P. parvula Schlechter in Fedde, *Repert. nov. spec.* (1918), p. 301 ; Alm in *Svensk Bot. Tidskr.* (1923), p. 224 ; Schlecht. in Kell. et Schlecht., *Icon.*, p. 253, pl. XXI, f. 121. — P. obtusata Reichb. F., *Icon.*, XIII-XIV, p. 118 ; non Lindl.

Plante grêle, haute de 7-8 cm. Tubercules allongés-fusiformes. Tige dressée, presque droite, arrondie ou un peu anguleuse, nue sauf la gaine basilaire. *Feuille basilaire unique*, dressée-étalée, obovale-obtuse, longue de 4-5,5 cm., au-dessus du milieu large de 1 cm., insensiblement atténuée, subpétiolée. Inflorescence assez lâche, dépassant à peine 1 cm., 3-5-flore. Fleurs très petites, dressées-étalées. Division ext. méd. dressée, orbiculaire, très obtuse, concave, longue et large de 2 mm., les lat. ext. défléchies, obliquement oblongues-obtuses, dépassant à peine la médiane ; les lat. int. dressées, plus courtes que les ext., obliquement lancéolées-obtuses, de texture un peu plus épaisse, à bord ant. un peu dilaté à la base. *Labelle* un peu décurvé, rhomboïdal-lancéolé, obtusiuscule, ascendant au sommet, à bords légèrement ondulés, *muni, au-dessus de la base, de deux gibbosités petites et obtuses* 1-nervé, égalant les div. ext. Eperon long de 2,5 mm., rétréci au sommet, obtusiuscule, un peu incurvé. Anthère subrétuse au sommet, à loges divergentes. Rostellum très petit, ténu.

Finmark : Stroemnaesset, près Kaafjord (Blytt d'après Reichb.), Kaafjord près Alten (Fries) ; **Finlande d'ap.** Schl.

Espèce très proche de *P. obtusata* Lindl. En diffère, d'après Schlechter, par ses feuilles moins larges, ses fleurs plus petites, la div. ext. méd. du périanthe arrondie, 1-nervée et non 3-nervée, les div. lat. int. bien plus courtes que les ext. et non à peine plus courtes, le labelle un peu plus large, à bords un peu ondulés, plus minces, l'anthère plus large, le rostellum plus petit.

7. — P. HYPERBOREA

P. hyperborea Lindl., *Gen. and spec.*, p. 287 (1835) ; Reichb. F., *Icon.*, XIII-XIV, p. 125, p. p. (var. *genuina*) ; Richter, *Pl. Eur.*, I, p. 281 ; G. Cam. Berg. A. Cam., *Monogr. Orch. Eur.*, p. 349 ; Schlecht. in Kell. et Schlecht., *Icon.*, p. 256, pl. XXI, f. 124. — Orchis hyperborea L., *Mant.*, I, p. 121 (1767). — O. Koenigii Gunn., *Fl. Norv.*, II, p. 103 (1772) ; Retz., *Fl. scand.*, I, p. 168 (1779) ; Leden., *Fl. Ross.*, IV, p. 70. — Habenaria hyperborea R. Br. in Ait., *Hort. Kew.*, éd. 2, V, p. 193 (1813). — Gymnadenia hyperborea Link, *Handb.*, I, p. 242 (1829). — Plat. Koenigii α Lindl., *Gen. and spec.*, p. 286 (1835). — Orchis dolichorhiza Fisch ex. Lindl., *l. c.* — Limnorchis hyperborea Rydb. in *Mém. N. Y. Bot. Gard.*, I, p. 104 (1900).

Icon. : *Fl. Dan.*, t. CCCXXIII ; Retz., *Fasc.* IV, t. III ; Reichb., *l. c.*, t. 80, CCCCXXXII.

Tubercules palmés allongés-fusiformes (2). Tige feuillée, robuste, de 15-20 cm. *Feuilles inf. oblongues-lancéolées, obtuses* ou émarginées, *les plus proches de l'épi linéaires*, dépassant les entre-nœuds. *Bractées égalant les fleurs.* Fleurs petites, d'un blanc verdâtre ou d'un vert jaunâtre, en épi cylindrique dense, long de 6-8 cent., de 1,2 cm. de diam. env. Div. du périanthe presque de même longueur, les ext. plus larges, toutes ovales-obtuses, l'ext. sup. légèrement crénelée au sommet, les **lat. dressées-étalées**, oblongues ou étroitement ovales, obtuses, 3-nervées, les **lat. int.** dressées, obliquement **ovales-oblongues**, obtuses, subfalciformes. Labelle subrhomboïdal, lancéolé-obtus, linguiforme, presque horizontal. Eperon descendant, légèrement incurvé, obtus, parfois claviforme, égalant env. le labelle, plus court que l'ovaire. Gynostème petit. Anthère à loges parallèles, divergentes à la base. Rétinacles petits. Fossette du stigmate obscurément quadrangulaire. Ovaire plus ou moins tordu (3) :

V. s. — Juin, juillet. — *Habitat* : pâturages humides, marais tourbeux siliceux. — *Répart. géogr.* : Islande. — Amérique arctique.

---

1. La fécondation a lieu par l'intermédiaire des insectes. Cf. Knuth, *Blütenbiologie*, III, 1, p. 193 : et Asa Gray, *Amer. Journ. Sc.*, XXXIV. p. 259 et 425 (1862).
2. Les tubercules auraient, à la base, une stèle unique qui se diviserait ensuite en se rapprochant de la pointe.
3. D'après Darwin, il y aurait autofécondation (Cf. Asa Gray in *Americ. Journ. of Sc.*, XXXIV (1862), p. 259, et 425)

8. — P. TIPULOIDES

P. tipuloides Lindl., *Gen. and spec.*, p. 285 (1830-40); Reichb. F., *Icon.*, XIII-XIV, p. 119 : G. Cam. Berg. A. Cam., *Monogr. Orch. Eur.*, p. 350. — **Orchis tipuloides** L., *Suppl.*, p. 401.

Icon. : Reichb., *l. c.*, pl. 76, CCCCXXVIII ; et non 96 comme il est indiqué dans le texte ; G. Cam. Berg. A. Cam., pl. 23, f. 731, 732 ; *Ic. n.*, pl. 92, f. 17-20.

Tige grêle, presque arrondie ou anguleuse comme dans le *P. bifolia* ; gaines supér. allongées, obtusiuscules au sommet. *Feuilles étroites, lancéolées-oblongues,* acutiuscules, en coin à la base, les moyennes subsessiles. Epi 5-11-fl. *Bractées* foliacées lancéolées-aiguës, *égalant ou dépassant l'ovaire* lors de l'anthèse. Périanthe blanc, à divisions lat. int. linéaires. Labelle subobtus, épais, à éperon filiforme, épaissi en massue à l'extrémité, incurvé et 2-3 fois plus long que le labelle. Gynostème court. Anthère à loges contiguës au sommet, à base divergente ; rostellum subquadrilobé ; lobe médian grand, profondément émarginé. Ovaire fusiforme.

Russie ap. Reichb. — Kamtschatka (1).

HYBRIDE

P. BIFOLIA × CHLORANTHA

× **P. hybrida** Brügg. in *Jahr. Nat. Ges. Graub.*, XXV, p. 107 (1882) ; in *Mitt. d. bot. Ver. f. Ges. Th.*, III, p. 225 (1885) ; Kraenzl., *Gen. et spec.*, p. 628 ; G. Cam. Berg. A. Cam., *Monogr. Orch. Eur.*, p. 352 ; Fournier, *Brév.*, p. 492.— **P. bifolia × chlorantha** Aschers. et Graeb., *Fl. Nord. Flachl.*, p. 214 (1898) ; *Syn.*, III, p. 836 ; Vollmann in *Berichte d. bayer. bot. Ges. z. Erf. d. heimisch. Fl. Munich*, XIV, p. 109 (1914). — **P. bifolia × montana** Graeb., *Schr. Naturf. Ges. Danzig. N. F.*, IX, p. 355, t. VIII. f. 2-4 b (1895) ; Eriksson in *Bot. Notiser* (1918), p. 59. — **P. chlorantha × solstitialis** M. Schulze, *Die Orchid.*, 50, 3 (1894) ; *Mitth. Th. B. V. N. F.*, X, p. 85 (1897) ; XVII, p. 73 (1902) : XIX, p. 122 (1904). — **P. chlorantha × bifolia** Graber, *Fl. Gorges Areuse et Creux-du-Van*, p. 172 (1924).

Icon. : G. Cam. Berg. A. Cam., *l. c.*, pl. 23, f. 727, 728 ; *Ic. n.*, pl. 93, f. 6-10.

Port du *P. bifolia*. Tige de 3-4 décim. Feuilles grandes, de 10-16 cent. de longueur, de 2,5-4,5 cent. de

1. Un peu en dehors de la région méditerranéenne, dans les Açores, il existe deux espèces de *Platanthera*, reliques de l'ancienne flore atlantique, pour lesquelles Schlechter a créé la sect. *Azorina*, caractérisée par ses deux feuilles caulinaires et non basilaires et ses petites fleurs. Ces deux espèces sont les suivantes :

P. micrantha Schlecht. in Fedde, *Repert.*, XVI, p. 378 (1920); in Kell. et Schlecht., p. 254, t. XXXI, f.122. — *Habenaria micrantha* Hochst. ap. Seub., *Fl. Azor.*, p. 25, t. V (1844).— Plante dressée, haute de 17-33 cm. Tubercules ovoïdes, sessiles, subaigus. Tige dressée ou subdressée. Feuilles dressées-étalées, caulinaires, toutes deux rapprochées à la base de la tige, et embrassantes, oblongues ou ovales-oblongues, obtusiuscules, à bases insensiblement atténuées, longues de 6-11 cm., larges de 1,8-2,5 cm., les autres à l'état de gaines, ord. 3, espacées, petites, lancéolées, aiguës. Epi floral dressé, plus ou moins dense, multiflore, étroitement cylindrique, long de 5-10 cm., de 1 cm. de diam. Bractées dressées-étalées, lancéolées, acuminées, herbacées, les inf. dépassant un peu l'ovaire ou la fl. Fleurs petites, verdâtres, dressées-étalées *Div. ext. méd. du périanthe* dressée, largement ovale, très obtuse, à base arrondie, concave, *longue de 2 mm.*, les lat. défléchies, obliquement elliptiques, obtusiuscules, égalant presque la méd.; div. lat. int. dressées, obliquement ovales, très obtuses, un peu plus courtes que la div. ext. méd., 3-nervées, un peu charnues ; labelle entier, oblong, obtus, un peu charnu, 3 nervé, égalant presque les div. ext. ; *éperon* défléchi, cylindrique, obtus, plus de 2 fois plus court, que l'ovaire, long de 2 mm. Anthère petite, brièvement excisée au sommet ; rostellum très petit, large, semiorbiculaire-triangulaire, très obtus. Ovaire cylindrique, fusiforme, tordu, atténué au sommet, long de 5 mm., env. deux fois plus long que l'éperon. — Açores.

P. azorica Schlecht. in Fedde, *Repert.*, XVI, p. 378 (1920) ; in Kell. et Schlecht. *Icon.*, p. 255, t. XXXI, f. 123.— *Habenaria longibracteata* Hochst. ap. Seub., *Fl. Azor.*, p. 25 (1844). — Plante haute de 35 cm. env. Tige subdressée ou un peu flexueuse, entourée, à la base, par des gaines. Feuilles 2, situées au-dessous du milieu de la tige, rapprochées ou peu distantes, dressées-étalées, oblancéolées-oblongues, subaiguës ou obtusiuscules, insensiblement atténuées à la base, embrassant étroitement la tige, longues de 15-17 cm., larges de 3-4 cm. au-dessus du milieu ; au-dessus du milieu de la tige, 1-2 gaines lancéolées, acuminées, herbacées, atteignant jusqu'à 3,5 cm. Epi multiflore, presque dense, cylindrique, long de 8-10 cm., de 2 cm. de diam. Bractées dressées-étalées, lancéolées, aiguës ou acuminées, les inf. dépassant un peu la fl. ou l'ovaire. Fl. petites, dressées-étalées, verdâtres. *Div. ext. méd. du périanthe* dressée, concave, ovale, très obtuse, à base arrondie, *longue de 3 mm.*, les lat. ascendantes, obliquement elliptiques-oblongues, obtuses, un peu plus longues que la méd., atteignant à peine 4 mm. ; div. lat. int. dressées, égalant env. la div. méd. ext., obliquement lancéolées, obliquement obtuses au sommet, à bord antérieur un peu dilaté à la base, uninervées, un peu charnues ; labelle sublancéolé, ligulé, obtus, un peu dilaté au-dessus du milieu, long de 3,25 mm., un peu charnu, uninervé ; *éperon* étroitement cylindrique, obtus, un peu plus court que l'ovaire, long de 7,5-8 mm. Gynostème dressé, petit ; anthère subquadrangulaire, un peu rétuse au sommet, à loges légèrement divergentes à la base ; rostellum très petit, transversalement et largement triangulaire, obtus, égalant à peine 1/3 de la hauteur des loges. Ovaire cylindrique-fusiforme, vers le sommet subrostré-atténué, tordu, long de 1 cm. env. — Açores.

largeur. Epi plus lâche que dans le *P. bifolia* et à fleurs plus nombreuses que dans le *P. chlorantha*. Périanthe à divisions ext. ovales-arrondies à leur base, les lat. int. à bords verdâtres. Labelle verdâtre. Eperon horizontal, arqué, comprimé, en massue vers le sommet, long de 20 mm. env. Loges de l'anthère éloignées mais presque parallèles, droites ou à peine courbées. — Rappelle le *P. chlorantha* par ses fleurs peu odorantes, ses divisions du périanthe larges et son gros éperon.

B. Var. **Graebneri** M. Schulze in *O. B. Z.* (1898), p. 115 ; Aschers. et Graebn., *l. c.* — *P. bifolia* v. *patula* × *chlorantha* Nobis — Plante robuste ; divisions ext. et lat. int. du périanthe étalées. — *Allemagne* : Prusse occident. à Strandwald près Karwenbruch (Graebn.), Thuringe à Taupadeler Holze près Iéna (M. Schulze), *l. c.* (1902).

V. v. — *France* : Seine-et-Marne à Esbly (Jeanpert in *herb.* G. Camus) ; Bas-Rhin : Wasselonne, au Girstein (Walter, 1913, 1926), Rippberg près Dorlisheim (Loyson, 1924) ; Haut-Rhin : Huningue (d'apr. P. Fournier). — *Suisse* : Lürbi-Bad près Coire (Brügger) ; env. de Noiraigue (Pulver) et de Travers (Graber). — *Allemagne* (disséminé, Prusse, Thuringe, Bavière, etc.). — *Suède* : Blekinge (Eriksson).

HYBRIDES BIGÉNÉRIQUES

ORCHIS × PLATANTHERA = ORCHIPLATANTHERA

× × **Orchiplatanthera** G. Cam., *Monogr. Orch. Fr.*, p. 73 ; in *Journ. Bot.*, VI, p. 474 (1892) ; G. Cam. Berg. A. Cam., *Monogr. Orch. Eur.*, p. 352.

ORCHIS ELODES × PLATANTHERA BIFOLIA

Orchis elodes > Platanthera bifolia

× × **Orchiplatanthera Chevallieriana** G. Cam., *Monogr. Orch. Fr.*, p. 73 ; in *Journ. de Bot.*, VI, p. 474 (1892) ; G. Cam. Berg. A. Cam., *Monogr. Orch. Eur.*, p. 352 ; Rolfe in *Orch. Rev.* (1919), p. 170 ; R. A. R. in *Orch. Rev.* (1913), p. 235. — Orchis maculata elodes × Plat. bifolia G. Cam., *l. c.* — × **Orchis Chevallieriana** G. Cam. in *Bull. Soc. bot. Fr.*, XXXVIII, p. 156.

Icon. : G. Cam., *Atlas*, pl. XXXIV ; G. Cam. Berg. A. Cam., *l. c.*, pl. 23, f. 743-745 ; *Ic. n.*, pl. 86, f. 3-5.

Port de l'*O. elodes*. Tubercules palmés. Tige haute de 2-5 décim. Feuilles dépourvues de macules, les 2 ou 3 inf. ovales ou ovales-oblongues, obtuses, les moyennes lancéolées, les sup. étroites, bractéiformes. Bractées plus courtes que l'ovaire. Fleurs assez nombreuses, plus petites et en épi plus dense que dans le *P. bifolia*. Périanthe de l'*O. elodes* ; labelle à 3 lobes, le médian plus étroit et presque aussi long que les lat., mais éperon cylindrique, plus long que le labelle et plus court que l'ovaire, horizontal, arqué, un peu renflé au sommet et légèrement comprimé sous le sommet. — Diffère de l'*O. elodes* par la forme de ses feuilles, par l'éperon presque horizontal, plus allongé. Se distingue du *P. bifolia* par son bulbe palmé, ses feuilles inf. un peu moins larges, son épi plus dense, à fleurs moins grandes, les divisions ext. et lat. int. du périanthe plus étroites, le labelle ovale, plus large, 3-lobé, orné de quelques dessins roses peu marqués, à éperon plus court.

V. v. — *France* : Seine-et-Marne à Souppes, prairies tourbeuses du Loing (G. Camus, Chevallier, Jeanpert et Luizet). — *Grande-Bretagne* : env. de Perth (A. Reid).

ORCHIS MACULATA × PLATANTHERA BIFOLIA

Orchis maculata < Platanthera bifolia

× × **Orchiplat. somersetensis** A. Camus. — Orch maculata × Plat. bifolia A. Camus. — × × Orchiplat. **Chevallieriana** cf. R. A. R. in *Orch. Rev.* (1913), p. 235.

Epi rappelant comme forme celui de l'*O. maculata* ; fl. blanches, sans dessins ; labelle trilobé ; lobes lat. arrondis, le méd. allongé ; éperon à peine plus long que dans l'*O. maculata*. — Se rapproche plus du *Plat bifolia* que l'× × *Orchipl. Chevallieriana*.

Angleterre : Somerset, env. de Shepton Mallett (Harry Stacy).

ORCHIS SAMBUCINA × PLATANTHERA BIFOLIA

× × **Orchiplat. Fournieri** G. Cam. in *Riv. scientif.* (1924), p. 62. — **Orchi-Platanthera-bifolia** E. Royer in *Bull. Soc. nat. Haute-Marne* (1906), p. 157. — **Orchis sambucina** × **Plat. bifolia** G. Cam. — **Orchis Fournieri** E. Royer, *l. c.*

Port de l'*O. sambucina*, mais tubercules l'un ovoïde, bilobé, l'autre presque napiforme, entier et brièvement pédicellé ; fleurs à labelle largement linéaire à sommet obtus, arrondi, recourbé en dessous et enroulé en spirale après l'épanouissement, ponctué vers la gorge de 4 petites macules purpurines disposées en losanges ; éperon plus épais, plus comprimé et sillonné latéralement. Odeur de prune et non de sureau.

France : Rhône au col de St-Bonnet-sur-Montmelas (E. Royer).

ANACAMPTIS × PLATANTHERA = ANACAMPTIPLATANTHERA

× × **Anacamptiplatanthera** Fournier, *Brév.*, p. 512 (1927).

ANACAMPTIS PYRAMIDALIS × PLATANTHERA BIFOLIA

× × **Anacamptiplatanthera Payoti** Fournier, *Brév.*, p. 512 (1927), nomen nud. — **Anacamptis pyramidalis** × **Platanthera bifolia** Payot.

Haute-Savoie : Chamonix (Payot).

CŒLOGLOSSUM VIRIDE × PLATANTHERA CHLORANTHA (MONTANA)

Cœloglossum viride-Platanthera montana Gremli, *Neue Beitr.*, III, p. 35 (1883) **nomen nud.**

L'hybride correspondant à cette formule a été signalé, dans les Grisons, par M. Brügger, in *Jahr.Nat.Ges. Graub.* (1878-80), p. 121. — Plante d'origine **très** douteuse.

Gen. XVII. — **NIGRITELLA** Rich.

Nigritella Rich. in *Mém. Mus. Paris.*, IV, p. 48 (1818) ; Lindl., *Gen. and spec.*, p. 281 ; Endl., *Gen.*, p. 208 ; Meisner, *Gen.*. p. 381 ; Reichb. F., *Icon.*, XIII-XIV, p. 101 ; Pfitzer in Engl. **et** Prantl, *Pfl.*, p. 92 ; G. Cam. Berg. A. Cam., *Monogr. Orch. Eur.*, p. 353. — **Satyrii species** L., *Spec.*, éd. 1, **p.** 944 (1753). **Orchidis species** Crantz, *Stirp. austr.*, p. 488 (1769) ; Scopoli, *Fl. carn.*, éd. 2, p. 220. — **Habenaria** R. Brown in Ait. *Hort. Kew.*, éd. 2, V, p. 192 (1813). — **Gymnadeniæ species** Reichb. F. in *Bonplandiana*, p. 320 (1856). — **Haben.** sect. **Gymnadenia** Benth. et Hook., *Gen.*. III, p. 325 (p. p.) (1883).

Périanthe à divisions presque de même longueur, étalées, les lat. int. plus étroites. Labelle dirigé vers le haut, entier ou 3-lobé, un peu concave à la base et muni d'un éperon court, pendant, obtus, droit. Gynostème court, rapproché du labelle. Anthère dressée, oblongue-obtuse, à loges parallèles, contiguës. Masses polliniques 2, claviformes, lobulées, à caudicules un peu courts, à rétinacles distincts, presque nus. Staminodes petits, arrondis, verruqueux. Rostellum petit, à partie sup. latéralement comprimée, sillonnée en avant. Stigmate concave, réniforme, auriculé de chaque côté, à bords élevés, embrassant presque la base de l'anthère. Ovaire non tordu, sessile, trigone, ovoïde-subglobuleux.

Labelle à papilles très courtes, dépourvues de ramuscules. Faisceaux libéroligneux de la tige disposés en cercle peu régulier au-dessus des feuilles principales.

1. — N. angustifolia.

N. augustifolia C. L. Rich. in *Mém. Mus. Paris*, IV, p. 56 (1818) ; Lindl., *Gen. and spec.*, p. 281 ; Gr. et God., *Fl. Fr.*, III, p. 300 ; Lec. et Lamt., *Prodr. Pl. cent.*, p. 350 ; Boreau, *Fl. cent.*, éd. 3, p. 647 ; Michal., *Hist. nat. Jura*, p. 297 ; Ardoino, *Fl. Alp.-Mar.*, p. 355 ; Barla, *Iconogr.*, p. 63 ; Dulac, *Fl. H.-Pyr.*, p. 123 ; G. Cam., *Monogr. Orch. Fr.*, p. 82 ; in *Journ. bot.*, VI, p. 483 ; Jeanb. et Timb.-Lagr., *Mass. Laurenti*, p. 290 ; Gautier, *Pyr.-Or.*, p. 400 ; Bubani, *Fl. pyr.*, p. 44 ; Rouy, *Fl. Fr.*, XIII, p. 96 ; Kirschl., *Prodr. Als.*, p. 159 ;

Fl. Als.. p. 159 ; Koch, *Syn.*, éd. 2, p. 796 ; éd. 3, p. 599 ; Caflisch, *Ex. Fl. S. D.*, p. 297 ; Garcke, *Fl. Deutschl.*, éd. 14, p. 381 ; Kraenzl.,*Orch.*, p. 39 ; Lessing in *Linn.* IX, p. 156, 206 ; Bouvier, *Fl.Alpes*, éd. 2, p. 646 ; Godet, *Fl. Jura*, p. 691 ; Rhiner, *Prodr. Waldst.*. p. 127 ; Gremli, *Fl. Suisse*, éd. Vetter, p. 482 ; Visiani et Saccardo, *Catal. Ven.*, p. 57 ; Bertol., *Fl. ital.*, IX, p. 578 ; Parlat., *Fl. ital.*, III, p. 527 ; Ces. Pass. Gib., *Comp.*, p. 184 ; Willk. et Lange, *Prodr. hisp.*, I, p. 171 ; Hausm., *Fl. Tirol*, p. 842 ; Hinterhuber et Pichlm., *Fl. Salzb.*, p. 193 ; Beck, *Fl. Nied.-Oest.*, p. 208 : Schur, *En. Trans.*, p. 646, n° 3434 ; Boiss., *Fl. orient.*, V, p. 74.—**Satyrium nigrum** L., *Spec.*, éd. 1,1338, p. 944 (17:3) ; *Mantis'.*,p. 488 ; *Act.Ups.* (1740), p. 19 ; *Fl. succ.*, 731, 805 ; Jacq., *Vind.*, 293 ; *Austr.*, IV, p. 35, t. 368 ; Gmel., *Fl. bad.*, III, p. 551 ; Lamk, *Illustr.*, III ; Fisch., *Livl.*, p. 292 ; Gilib., *Exerc. phyt.*, II, p. 483, *cum icone* ; Georgi, *Beschr. Russ. R.*, III. V, p. 1271 ; Jundz., *Fl. lith.*, p. 266. — **Orchis miniata** Crantz. *Stirp. austr.*, p. 488 (1769). — **Orchis nigra** Scop., *Fl. Carn.*. éd. 2, II, p. 200 (1772) ; All., *Fl. pedem.*, n° 1845 ; Willd., *Spec.*, IV, p. 35 ; DC., *Fl. fr.*, III, p. 253, n° 2026 ; Duby, *Bot.*, p. 442 ; Loisel., *Fl. gall.*, II, p. 268 ; Mutel, *Fl. fr.*, III, p. 245 ; *Fl. Dauph.*, éd. 2, p. 595 ; Lapeyr., *Abr. Pyr.*, p. 550 ; Gust. et Hérib., *Fl. Auv.*, p. 431 ; Car. et S.-Lag., *Fl. descr.*, éd. 8, p. 806 ; Gaudin, *Fl. helv.*, V, p. 451 ; Sibth. et Sm., *Prodr.*, II, p. 215 ; Chaub. et Bory, *Exped. Morée*, p. 259 ; *Nouv. fl. Pélopon.*, p. 60 ; Swartz in *Act. holm.* (1800). p. 207. — **Habenaria nigra** R. Br., in Ait., *Hort. Kew.*, éd. 2, V, p. 192 (1813). — **Sieberia nigra** Spr., *Anleit.*, II, p. 282 (1817). — **Orchis suaveolens** Steud. et Hochstett., *Enum.*, p. 127 (1826).—**O. atropurpurea** Tausch in *Flora*, XIV, p. 223 (1831) ? — **Gymnadenia nigra** Reichb. F. in *Bonplandia* IV (1856), p. 321 : Wettst. in *Ber. Deuts. bot. Ges.* (1889), p. 307 : M. Schulze, *Die Orchid.*, n° 43 ; Kraenz.,*Gen. et spec.*, p. 559. — **Nigr. nigra** Reichb., *Fl. Germ. exc.* p. 124 (1830) ; Reichb. F., *Icon.*, XIII-XIV p. 102 ; Blytt, *Norg. Fl.*, éd. Ove Dahl, p. 231 : Grex., *Fl. ch. Jurass.*, p. 758 ; Briq. in *Arch. fl. jurass.*, n° 60, p. 165 (1905) ; Coste, *Fl. Fr.*, III, p. 405, n° 3616, *cum. ic.*; Flahault, *N. fl. Alp. et Pyr.*, p. 136 ; Seubert, *Ex. Fl. Bad.*, p. 123 ; Richter, *Pl. Eur.*, I, p. 278 ; Koch, *Syn.*, éd. Hall. et Wohlf., p. 2434 ; Aschers. et Graebn., *Syn.*, III, p. 809 ; Schinz et Keller, *Fl. Schweiz*, p. 126 ; Arcang. *Comp.*, éd. 2, p. 164 ; Fiori et Paol., *Icon. ital.*. n° 844 : Simk., *Enum. Trans.*, p. 503 ; Grecescu, *Consp. Roman.*, p. 547 ; Schl. in Kell. et Schl., *Ic.*, p. 231. — *Satyrium foliis linearibus* Roy.. *Lugd.*, p. 14. — *Orchis radicibus palmatis, spica densissima, flore resupinato, calcare brevissimo* Haller, *Helv.*, n° 1271, t. 27 ; *Enum.*, p. 270, n° 23, *Opusc.*, p. 228. — *Orchis palmata angustifolia alpina, nigro flore* Bauhin, *Pinax*, p. 86 ; Seg., *Pl. veron.*, II, p. 133 t. 15, f. 17 ; Tournef., *Inst.* p. 436 ; Mapp., *Als.*, p. 222. — *Palma christi minor* Cam., *Epit.*, p. 627 ; Dodon., *Pempt.*, p. 241 ; *Tab. Ic.*, p. 681 ; *Lugd.*, 1569, éd. fr., II, p. 440. — *Palmata augustifolia, flore supinato, calcare brevissimo* Haller, *Opusc.*, p. 228.

Noms vulg. : Nigritelle à feuilles étroites, Nigritelle noire, Nigr. ou Orchis Vanille, Orchis noir, Brunette, Manette ; en Savoie : Jalousie, Main du diable (le tubercule flétri), Main de gloire,Main du bon Dieu (le tubercule plein qui fournira les réserves au bourgeon de l'année suivante), Herbe à la main (d'après Marret). — Angl. : Black Nigritella. — Ital. : Morettina, Palmacristi. — Allem. : Blutblümlein, Blutrösl, Blutsröpflein, Bluttröpfl, Brändle, Braendlein, Bränderli, Braunelle, Braütli, Brenali, Brutroeschen, Bubenkraut, Chamblüemli, Chokoladablümli, Glückshaendchen, Kammblümle, Kohlrösl, Kuhbrändli, Mohrenkopflein, Maennertreu, Nase blüter, Russkölble, Schwabanägeln, Schwarze Ragwurz, Schwarze Höswurz, Schwarzblütiger, Schwœrzlein, Schwarzständel, Schwoerzlein, Schokoladenblume, Schweissblüml, Storaxerdbeere, Vanillenblümli, Schwarzstendel, Schwärzling, Mardaukterlen. — Suisse allem. : Braenderli, Kuhbraendli, Moehrli, Schokoladeblümli, Kopfwehblümli Bergchoelbli, Shabachoelbli, Lüschoelbli, Bergstengelwürz, Mannstreu, Russkölbe, Schabanägele, Vanillenblümchen. — Autr. : Sunnawendschöberl, Fünffingerkraut, Kölmlan, Kohlrösl, Steinröslein. — Tyrol : Schweissblüml, Storaxerdbeere, Bluttröpfl, Braunelli, Bubenkraut, Handlkraut, Kölbel.

Icon. : Haller, *Icon. pl. Helv.*, t. 26, f. 2. ; Bauh., *l. c.* ; Lamk., *Illustr.*, t. 726, f. 3 ; Jacq., *Austr.* t. 368 ; *Fl. Dan.*, t. 998 ; *Ann. Mus.*, IV, t. 5, f. 4 ; Sv., *Bot.*, VII, t. 500 ; Seg., *l. c.* ; Nees Esenb., *Gen.* X, VIII ; Schlecht. Lang. et Sch., *Deuts.*, IV, f. 353 ; Mutel, *All.*, pl. 66, f. 504 ; Reichb. F., *Icon.*, XIII-XIV, t. 115, CCCCLXVII, f. I-II, 1-28 ; Reichb., *Pl. crit.*, t. DCCLXII, DLXVIII ; Barla, *l. c.*, pl. 27, f. 17-30 ; Correvon, *Alb. Orch. Eur.*, pl. XXXI ; M. Schulze, *l. c.*, t. 43 ; Schl., *l. c.*, pl. XXVIII, f. 110 ; G. Cam. Berg. A. Cam., *l. c.*, f. 933-945 ; *Ic. n.*, pl. 84, f. 1-13 ; pl. 129, f. 26.

Exsicc. : Billot, n° 857 ; Fries, 11, n° 67 ; *Soc. Dauph.*, n° 3470 ; Reichb., n° 168 ; *Soc. Rochel.*, n° 339 ; Magnier, *Fl. sel.*, n° 1809 ; Sennen, *Pl. Esp.*, n° 2060.

Tubercules palmés-digités, à 2-3-5 divisions épaisses. Fibres radicales grêles. Tige grêle, de 5-30 cent., dressée, rendue un peu anguleuse par la décurrence du bord des feuilles et de leur nervure médiane, munie à la base de 2 ou 3 gaines brunâtres courtes.Feuilles nombreuses, assez épaisses, linéaires,aiguës ou obtusiuscules, canaliculées, en dessus, carénées en dessous, d'un vert foncé à la face sup., d'un vert plus pâle à la face inf.

paraissant finement denticulées sur les bords,même à un faible grossissement, les sup. moins longues, bractéiformes, disposées sur toute la tige, parfois lavées de rouge ou de pourpre foncé au sommet. Bractées lancéolées-acuminées, les inf. égalant environ les fleurs, les sup• plus courtes, vertes, lavées de pourpre ou de violet au sommet, munies de 2 nervures violettes latérales (1). Fleurs petites, paraissant résupinées, exhalant un parfum analogue à celui de la vanille,ordinairement d'un pourpre noirâtre, plus rarement rouges ou roses,très rarement blanches ou jaunes, disposées en épi très compact, d'abord conique, puis ovale. Divisions du périanthe étalées en étoile, libres,ordt d'un pourpre foncé, les ext. lancéolées,aiguës, parfois lancéolées, sublinéaires, munies à la base d'un léger renflement plus pâle, 1-nervées, parfois la médiane plus courte que les lat., les lat. int. aussi longues ou un peu plus courtes que les ext., souvent la moitié moins larges qu'elles, étroitement lancéolées. Labelle environ aussi long que les autres divisions du périanthe, dirigé en haut, par absence de torsion de l'ovaire, ovale-acuminé, ou subtriangulaire, ou subrhomboïdal, entier ou rarement 3-lobé, à lobes courts, subdentiformes, à bords entiers ou crénelés, un peu concave à la base, à nervures nombreuses, rapprochées, divergentes vers les bords. Eperon court, égalant environ 1/3-1/4 de l'ovaire, en forme de sac, obtus, renflé, d'un rose purpurin ou blanchâtre. Gynostème court, obtus. Stigmate réniforme. Anthère purpurine, à loges contiguës. Masses polliniques grosses,d'un jaune verdâtre. Caudicules très courts et rétinacles blanchâtres (2). Ovaire non contourné,sessile, ovoïde-subglobuleux ou ovoïde-oblong, subtrigone, vert pâle, souvent lavé de violet noirâtre. Capsule sessile, ovoïde-oblongue, subtriquètre, parfois subglobuleuse, à côtes assez saillantes à torsion plus ou moins marquée dans les fl. du même épi. Graines roussâtres, très petites, très courtes. — Cette plante noircit ordt beaucoup par la dessication.

Morphologie interne.

Tubercule. — Dans les divisions du tubercule, les cylindres centraux, peu nombreux (souvent 3), ont 3-4 pôles ligneux ; dans le même cylindre central,le péricycle peut être continu ou interrompu (pl. 111, f. 10). Grains d'amidon arrondis, longs de 10-15 μ (pl. 111, f. 11). — *Fibres radicales*. Endoderme muni de cadres subérisés assez marqués. Quelques vaisseaux de métaxylème. Nous avons observé des endophytes dans l'écorce de certaines fibres radicales formées de deux racines soudées, contenant deux cylindres centraux.

Tige (f. 174). Epiderme à cuticule striée ou dépourvue de stries (pl. 114, f. 87), à stomates assez nombreux. Petites ailes dues à la décurrence de la nervure médiane et à celle du bord des feuilles formées par du parenchyme. 3-5 assises de parenchyme chlorophyllien à parois minces, à méats et à canaux aérifères, entre l'épiderme et l'anneau lignifié. Anneau lignifié formé de 7-8 assises de cellules, à parois peu épaisses. Faisceaux libéroligneux peu régulièrement disposés en cercle, faisceaux des feuilles bractéiformes sortant très tôt du cercle et restant assez longtemps plongés dans l'anneau lignifié, les autres faisceaux entourés de tissu lignifié à l'extérieur et latéralement. Pas de faisceaux libéroligneux au centre de la tige. Liber très développé. Lacune occupant la partie centrale de la tige (C).

Feuille (f. 175). Ep. = 250-320 μ au milieu du limbe, décroissant rapidement vers les bords. Epiderme sup. recticurviligne, haut de 50-100 μ, à paroi ext. peu bombée, épaisse de 8-15 μ env. et souvent légèrement striée perpendiculairement aux parois lat., surtout vers l'extrémité de la feuille, portant, vers la base de la feuille,des poils de forme variable, cylindriques-oblongs, subsphériques ou bilobés au sommet, longs de 60-80 μ (pl. 118, f. 183-186') (plus nombreux dans les feuilles sup.),muni, vers les bords et à l'extrémité des feuilles, de stomates assez nombreux (f. 175 et pl. 116, f. 150) (rares ou manquant à la base des feuilles inf.(pl. 116, f. 151). Epiderme inf. recticurviligne, haut de 20-35 μ, à paroi ext. striée, épaisse de 7-12 μ (devenant très épaisse devant la nervure médiane) et légèrement bombée, muni de très abondants stomates. Cellules épidermiques du bord du limbe à paroi ext. très épaisse prolongées en dents effilées ou spatulées, très striées, très développées (pl. 116, f. 127-128). Parenchyme formé de 5-8 assises de cellules peu riches en chlorophylle (Pc) et laissant des lacunes assez grandes entre les nervures principales (C) ; cellules à raphides très nombreuses. Nervures

1. Dans les bractées florales, l'épiderme sup. porte aussi quelques poils, les bords sont munis des mêmes dents que les feuilles.

2. Les fleurs petites, mais très visibles, très odorantes, très nectarifères, attirent beaucoup d'insectes qui transportent les pollens d'une fleur à l'autre. L'orientation de la fleur, par absence de torsion de l'ovaire, est ici inverse de ce qu'elle est dans presque toutes les Ophrydées, le labelle dressé occupe la partie sup. de la fl. et la petite ouverture de l'éperon est située au-dessus des rétinacles et entre eux. Le Papillon, en venant butiner le nectar, touche au rétinacle qui s'attache à la face inférieure de sa trompe. La pollinie s'incline en avant et en dehors et se trouve au contact du stigmate dans une autre fleur. Loew a observé, en Suisse, les Lépidoptères suivants sur les fl. de Nigritelle : *Argynis pales* S. V., *Melitaea parthenie* Bkh. (cf. KNUTH, *Blütenbiologie*, II, p. 439; MÜLLER, *Alpenblumen*, p. 66-69)

dépourvues de sclérenchyme et de collenchyme, à faisceau libéroligneux entouré de tissu chlorophyllien dans la médiane, parfois de parenchyme sans chlorophylle, à parois un peu épaisses dans les assises inf. Nervures secondaires à section plane, la médiane à section concave-convexe.

Fleur. - *Divisions externes et latérales internes du périanthe.* Epiderme des parties marginales légèrement papilleux. Epidermes et parenchyme contenant un peu d'essence. — *Labelle.* Epiderme int. à cellules prolongées en papilles très courtes. Epiderme ext. dépourvu de papilles caractérisées. Huile essentielle dans les épidermes et le parenchyme, surtout vers les bords du labelle. — *Eperon* (F. 176). Epiderme int. (Ei), muni de papilles courtes, très nombreuses vers l'extrémité de l'éperon (pl. 121, f. 421). Epiderme ext. (E) à peine papilleux. Epaiss. de l'éperon = 140-170 μ env. 3-5 assises de parenchyme entre les épidermes. Emission très notable de nectar à l'intérieur de l'éperon. Huile essentielle abondante dans l'épiderme int. et les assises de parenchyme int., plus rare vers l'extérieur, à l'état de trace dans l'épiderme ext. — *Anthère.* Assise fibreuse à anneaux incomplets peu nombreux. — *Pollen.* Jaune. Exine nettement rugueuse. L = 32-42 μ env. — *Ovaire* (f. 177). Stomates assez abondants. Nervure des valves placentifères non saillantes extérieurement, plutôt déprimée, contenant un faisceau libéroligneux réduit à bois int. Lame placentaire développée, se divisant presque dès la base. Valves non placentifères très peu développées, filiformes, renfermant un faisceau libéroligneux à bois int. — *Graines.* Suspenseur développé. Cellules du tégument à parois rectilignes ou légèrement recticurvilignes, non striées. Graines adultes arrondies au sommet, courtes, 1-2 fois plus longues que larges. L. = 250-350 μ env.

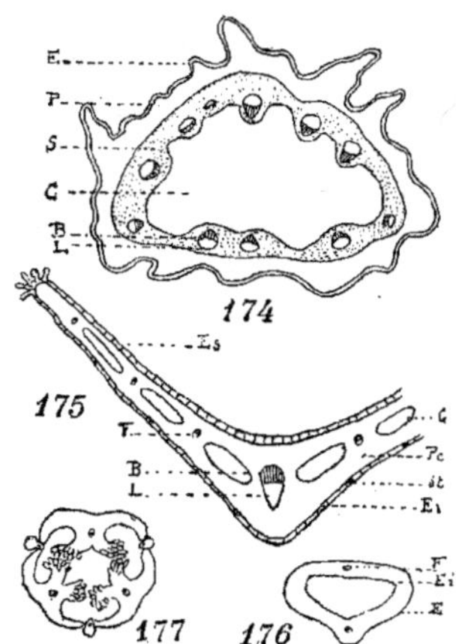

Nigritella angustifolia. — Fig. 174 : section transv. schématique de la tige passant au-dessus des feuilles principales ; B, bois ; C, lacune ; E, épiderme ; L, liber ; P, parenchyme ; S, sclérenchyme. — Fig. 175 : section transv. schématique passant par le milieu de la feuille ; Ei, épiderme inf. ; Es, épiderme sup. ; Pc, parenchyme chlorophyllien ; St, stomate. — Fig. 176 : section transv. schématique de l'éperon. E, épiderme ext. ; Ei, épiderme int. ; F, faisceau libéroligneux. — Fig. 177 : section transv. schématique de l'ovaire.

S.-var. **rosea** G. CAM. BERG. A. CAM., *Monogr. Orch. Eur.*, p. 356 (1908) ; ROUY, *Fl. Fr.*, XIII, p. 96 (1912) — Var. *rosea* VISIANI et SACCARDO, *Catal. Ven.*, p. 57 ; *Atti Ist. Ven.*, XIV, p. 320 ; GOIR. in *N. Giorn. bot. it.*, XV (1883), p. 38. — *Gymn. nigra* var. *rosea* WETTST. in *D. B. G.*, VII (1889), p. 309. — *Ic. n.*, pl. 84, f. 12. — Forme peu rare, à fleurs rosées, à bractées rougeâtres. — Çà et là avec le type.

S.-var. **pallida** (f.) R. KELLER ap. M. SCHULZE, *Die Orchid.*, 43 (1894) ; SCHINZ et KELLER, *Fl. Schweiz*, p. 52 (1905) ; G. CAM. BERG. A. CAM., *l. c.* — Fleurs blanches, lavées de rose au sommet. — Suisse : cant. d'Uri ; Göschenen Alp (R. KELLER), Lenzerheide, Maladers, Bozen ; Autriche sup., Tyrol, Italie, France, etc. ; à rechercher.

S.-var. *alba* (*albus* RUPPERT in ZIMM., *Die Form. d. Orch.* (1912), p. 63), *Ic. n.*, pl. 84, f. 13, diffère à peine de la s.-var. *pallida* par ses fleurs entièrement blanches. Elle est plus rare que cette dernière.

S.-var. **variegata** VOLLM., ZIMMERM., *l. c.* — Fleurs panachées, blanches et rouges. Çà et là.

S.-var. **flava** JACCARD, *Cat. Valais*, p. 338 (1895) ; ASCHERS. et GRAEBN., *Syn.*, III, p. 810. — Fleurs d'un jaune brillant. — France, Suisse : Valais et St-Gall.

S.-var. **subcarnea** A. CAMUS. — *Ic. n.*, pl. 130, f. 25. — Fleurs d'un orangé pâle ; bractées d'un vert pâle. — T. R. Ariège : l'Hospitalet (A. CAMUS).

Var. β **Corneliana** A. CAMUS. — *Nigr. nigra* ssp. *Corneliana* BEAUVERD in *Bull. Soc. bot. Genève*, 2e sér., XVII, p. 338 (1925). — *Ic. n.*, pl. 129, f. 27. — Feuilles basilaires 12-18, au lieu de 7-10 ; feuilles caulinaires 2-4 et non ord. 5. Périanthe blanc en dedans (d'apr. BEAUVERD), rose en dehors ; div. lat. int. un peu plus étroites que les ext. ; labelle entier, moins largement ovale, à 3 nerv. méd. rectilignes, accompagnées de chaque côté, d'une nerv. lat. subramifiée en éventail vers le bord. — France : Alpes du Lautaret (Mlle RUDIO).

Var. γ **longibracteata** G. CAM. BERG. A. CAM., *l. c.* (1908). — *N. nigra* f. *longibracteata* BECK in *Ann. Hofm. Wien*, V, p. 577 (1890). — *Gymn. nigra* var. *longibracteata* WETTST., *Beitr. Fl. Al.*, p. 92 (1892). —

Nigr. nigra var. *longibracteata* ASCHERS. et GRAEBN., *l. c.* (1907). — Fl. dépassées par les longues bractées. — Tyrol, Bosnie.

Var. δ pyrenaica SCHLECHT. in FEDDE, *Repert.*, XVI, p. 271 (1919) ; in KELLER et SCHLECHT., *Ic.*, p. 232. — Div. lat. int. du périanthe plus étroites, sublinéaires ; labelle plus longuement aigu. — Pyrénées.

V. v. — Juin-août, parfois sept. — *Habitat* : pàturages, prairies maigres, pàturages rocailleux ensoleillés des rég. alpestre et alpine, entre 800-2.200 m.;atteint son altitude maxima de 2.780 m. au Piz Forum, dans les Grisons ; plutôt sur le calcaire. — *Répart. géogr.* : Espagne (Pyrénées, assez rare, Nuria, Serra de Montgrony (SENNEN, etc.) ; France (Pyrénées, assez rare dans les Pyr.-Orient., Cévennes, Aubrac, le Mézenc. Auvergne, Haute-Loire, Alpes jusqu'à 2.550 m., Jura, Bugey) ; Ecosse ; Scandinavie, Finlande, Allemagne (R., Bade dans le Jura badois à Kohlhalden, près Bonndorf, Bavière sup. ap. M. SCHULZE) ; Suisse (Alpes, Jura, rég. alpestre et alpine ; abonde sur certains plateaux du Jura, vers 1.000 m.) ; Italie (abondant entre 1.900-3.000 m. dans les Alpes, les Apennins jusqu'aux Abruzzes) ; Autriche, Tyrol (entre 900-2.700 m. ap. DALLA TORRE et SARNTH.) ; Hongrie, Carinthie, Herzégovie, Serbie, Bosnie, Roumanie, Bulgarie, Monténégro, Grèce septent., Oural ?

Sous-esp. — N. rubra.

N. rubra RICHTER, *Pl. Eur.*, I, p. 278 (1890) ; SCHINZ et KELLER, *Fl. Schweiz*, p. 126 ; G. CAM. BERG. A. CAM., *Monogr. Orch. Eur.*, p. 356 ; ASCHERS. et GRAEBN., *Syn.*, III, p. 810 ; PANTU, *Contrib. Fl. Ceahlaului*, p. 40 ; GRINTESCU in *Bull. géogr. bot.* (1918), p. 66. - - **N. suaveolens** DÖLLIN., *Enum.*, p. 127 (1842) ; non VILL. — **N. fragrans** FLEISCHM., *Fl. Krains*, p. 27 (1844) ; ZIMMERM., *Die Form d. Orchid.*, p. 64 ; non SAUTER. — **N. nigra** var. **rubra** KOCH, *Syn.*, éd. 2 (1843) ; éd. Hall. et Wohlf., p. 2434. — **Gymn. rubra** WETTST. in *D. B. G.*, VII, p. 312 (1889) ; M. SCHULZE, *Die Orchid.*, n° 44. — **Nigrit. purpurea** et **angustiolia** var. **carmina** HUTER, Herb. ap. M. SCHULZE, *l. c.* (1894). — **Gymn. nigra** var. **rubra** KRAENZ., *Gen. et spec.*, p. 559 (1897). — **Orchis miniata** CRANTZ, *Stirp. austr.*, p. 488 (1769), p. p. ? — *O. palmata angustifolia alpina, flore roseo* TOURNEF., *Inst.*, 436.

Icon. : M. SCHULZE, *l. c.*, t. 44, f. 1-6 ap. WETTST. ; HEGI, *Fl. von Mittel-Europa*, f. 437 ; SCHL. in KELL. et SCHL., *Ic.*, t. XXVIII, f. 111 ; G. CAM. BERG. A. CAM., *l. c.*, pl. 27, f. 946-948 ; *Ic. n.*, pl. 85, f. 1-3.

Port et feuilles du *N. angustifolia*. Epi floral plus allongé, ellipsoïde en oblong, à fleurs d'un pourpre bien moins foncé ; périanthe à divisions plus courtes et plus larges, l'ext. moyenne linguiforme, les lat. int. presque de même largeur que les lat. ext. ; labelle ovale aigu, plus large et moins acuminé que dans le *N. angustifolia*, à bords relevés à la base en forme de tube ; ovaire plus long.

F. *stiriaca* NOBIS. — *G. rubra* var. *stiriaca* RECHINGER in *Mitt. Naturw. Ver. Steiermark*, XLII, p. 148 (1905). --- Fleurs pourpres à la base, blanches à l'extrémité. — Autriche.

V. s. — Mai-août, environ 2 semaines avant le *N. angustifolia*. — Prairies, pàturages des Alpes, souvent sous les sapins. — Suisse (Grisons ; Alpe Darlux près Bergün, Albula, Avers, Davos), Autriche (Salzbourg, Haute Autriche, Basse Autriche, Styrie, Carinthie), Tyrol, Hongrie (Carpathes) Transylvanie, Roumanie (distr. Neamt : ravins de Stànilele, sur le mont Ceahlàu, distr. Muscel et Prahova).

HYBRIDE

N. ANGUSTIFOLIA × RUBRA

× × **N. Wettsteiniana** ASCHERS et GRAEBN., *Syn.*, III, p. 811 ; G. CAM. BERG. A. CAM., *Monogr. Orch. Eur.*, p. 356 ; SCHLECHTER in FEDDE, *Rep. nov. spec.* (1920), p. 271. — **N. angustifolia** × **rubra** G. CAM. BERG. A. CAM., *l. c.* — **N. nigra** × **rubra** ASCHERS. et GRAEBN., *l. c.* — **Gymn. nigra** × **rubra** ABEL in *Verh. Zool. bot. Ges. Wien*, XLVII, p. 60 (1897). — **Gymn. Wettsteiniana** ABEL, *l. c.* — **G. Bornmulleri** DALLA TORRE et SARNTH., *Fl. Tir.*, VI, 1, p. 531 (1906).

Se rapproche tantôt du *N. angustifolia*, tantôt du *N. rubra*, ne peut être distingué que sur place.

V. s. — Juin, juillet. — *Autriche* [Tyrol mérid. : Rosengarten entre 2.000-2.100 m. d'alt. (BORNMÜLLER)] ; Basse Autriche : Schneeberg (ABEL).

HYBRIDES INTERGÉNÉRIQUES

GYMNADENIA × NIGRITELLA = GYMNIGRITELLA

× × **Gymnigritella** G. Cam., *Monogr. Orch. Fr.*, p. 82 et in *Journ. de Bot.*, VI, p. 484 (1892) ; Schlechter in Fedde, *Rep. nov. spec.*, XVI, p. 271 (1920).

GYMNADENIA CONOPEA × NIGRITELLA ANGUSTIFOLIA

Gymnadenia conopea > Nigritella angustifolia

× × **Gymnigritella suaveolens** G. Cam., *Monogr. Orch. Fr.*, p. 82 et in *Journ. de Bot.*, VI, p. 484 (1892) ; G. Cam. Berg. A. Cam., *Monogr. Orch. Eur.*, p. 357 ; Schlechter in Fedde, *l. c.* ; Godfery in *Journ. of Bot.* (1925), p. 314, pl. 573, III c. — **Gymnadenia conopea × Nigritella angustifolia** G. Cam., *l. c.* ; G. Cam. Berg. A. Cam., *l. c.* — **Nigritella suaveolens** Koch, *Syn.*, éd. 1, p. 796 (1837) ; éd. 3, p. 599 ; éd. Hall. et Wohlf., p. 2435 ; A. Kerner, *Die Hybr. Orch. Oest. Fl.* in *Abh. K. K. z.-bot. Gesell.* (1865) ; *Separ.*, p. 14 ; Gren., *Fl. ch. jurass.*, p. 758 ; Reuter, *Cat. Genève*, éd. 2, p. 206 ; Magnin et Hétier, *Obs. fl. Jura*, p. 297 : Rhiner, *Prodr. Waldst.*, p. 127 ; Caflisch, *Ex. Fl.*, p. 297 ; Michal., *Hist. nat. Jura*, p. 297 ; Godet, *Fl. Jura*, p. 691 ; Reichb. F.,*Icon.*,XIII-XIV, p. 103, p. p.; Hausm., *Fl. Tirol*, p. 843 ; Hinterhuber et Pichlm., *Fl. Salzb.*, p. 193 ; Visiani et Saccardo, *Cat. Ven.*, p. 57 ; Ces. Pass. Gib., *Comp.*, p. 184 ; Arcang., *Comp.*, éd. 2, p. 164 ; Schur, *Enum. Trans.*, p. 647, n° 3435 ? ; Kraenz., *Gen. et spec.*, p. 559 ; *Orchid.*, p. 40 ; Chenev. in *An. Consp. Jard. bot. Genève* (1914), p. 140. — **Orchis suaveolens** Vill., *Hist. Dauph.*, II, p. 38, t. 1 (1787) ; DC., *Fl. fr.*, V, p. 330 ; Mutel, *Fl. fr.*, III, p. 244. — **O. Reichenbachii** Mutel, *Fl. fr.*, III, p. 245 et *Atl.*, pl. 66, f. 503. — **O. atropurpurea** Tausch, *Flora*, XIV, p. 223 (1831) ? — **O. Moritziana** Brügg., *Fl. Cur.*, p. 58 (1874) ; Nym., *Consp. Suppl.*, p. 292. — **Nigritella fragrans** Saut. in Reichb., *Fl. Germ. exs.*, p. 121 (1830) ; Lindl., *Gen. et spec.*, p. 281 ; Beck, *Fl. Nied. Oest.*, p. 209. — **Gymnadenia conopea × rubra** M. Schulze, *Die Orchid.*, n° 48, 3 (1895). — **N. angustifolia × G. conopsea (conopea)** Kerner, *l. c.* ; G. Cam., *Monogr., l. c.* ; Kell. in *Bull. Herb. Boiss.*, III, p. 380. — **Nigr. nigra × Gymn. conopsea** Richter, *Pl. Eur.*, I, p. 278 (1890) ; *(N. nigra × G. conopea)* Aschers. et Graebn., *Syn.*, III, p. 837. — **N. nigro-conopea** Reichb. F., *Icon.*, XIII-XIV, t. 114 (1851) ; Reuter, *Catal. Genève*, éd. 2, p. 206. — **O. nigra × conopsea** Moritzi, *Fl. Graub.*, p. 25 (1839). — **O. conopsea × Satyr. nigrum** Facch., *Fl. Tir.* in *D. Zeit. Ferdin. Inns.* (1855), p. 114. — **O. nigro-odoratissima** Cariot et S.-Lag., *Fl. descr.*, éd. 8, p. 807 : p. p. ?

Icon. : Kerner, *l. c.*, t. 6, f. IV; t. 5, f VI-X ; Villars, *l. c.*; Mutel, *Atlas, l. c.* ; M. Schulze,*l. c.*, t. 48. b (repr. pl. de Kerner); Reichb., *Pl. crit.*, t. DCCLIII ; Reichb. F.,*Icon.*, XIII-XIV, p. 103,t. CCCCLXVI ; Correvon, *Alb. Orch. Eur.*, pl XXXII ; G. Cam. Berg. A. Cam., *l. c.*. pl. 27, f. 965-971 ; *Ic. n.*, pl. 88. f. 1-6 ; pl. 89, f. 1-3.

Exsicc. : *Fl. Austr.-Hung.*, n° 668 (Kals, Tyrol).

Tubercules 2, comprimés, palmés. Tige dressée, de 2 à 3 décim., un peu anguleuse au sommet par la décurrence des bords des feuilles et de leurs nervures, munie de 2-3 gaines à la base. Feuilles inf carénées, engaînantes à la partie inf., linéaires ou linéaires-lancéolées, un peu acuminées, les sup. peu nombreuses, bractéiformes. Epi multiflore, compact, d'abord conique, puis cylindro-conique ou cylindrique, 1 f. 1/2 plus long que large. Bractées vertes, lavées de pourpre au sommet, lancéolées ou linéaires-lancéolées, acuminées, les inf. égalant les fleurs ou plus rarement les dépassant un peu. Avant le complet développement des fleurs,les bractées,qui les dépassent longuement, donnent, à l'épi, un aspect chevelu. Fleurs purpurines. Divisions du périanthe subcampanulées, les ext. presque de même longueur, oblongues ou oblongues-lancéolées, subobtuses ; les lat. int. un peu plus courtes et un peu plus étroites. Labelle dirigé en haut, ovale-triangulaire, trilobé, concave, crénelé-ondulé ; lobes lat. arrondis, rarement subaigus ; lobe médian tantôt arrondi et à peine plus long que les lat., tantôt lancéolé et plus long que les lat. Eperon cylindrique, droit, obtus, égalant l'ovaire ou un peu plus court que lui. Gynostème obtus. Loges de l'anthère parallèles. Ovaire non contourné, subtrigone.

V. v. — Mai, août. — *France* : Ain au Colombier (Michalet), à la Dôle (Monnard et Bridel), au Reculet, au vallon d'Ardran (Brid., Monnard., Gaud., Top.) ; Haute-Savoie au Méry (Morel), vallée de Chamonix (Godfery), au Vergy, au mont Leschaux **à Sallanches, au lac Benit** (Gave), à Brizon, à Mégève, aux Aravis

(BEAUVERD), au Salève; Savoie aux env. de Pralognan (GODFERY), etc. ; Isère au col de la Ruchère,aux env. de Grenoble (VILLARS) : Hautes-Alpes : Valmeinier à la Chenalette, où il est abondant et le *Nigrit.* rare (P. DE LA BATH.) : Ariège : l'Hospitalet, au-dessus d la route du Val d'Andorre,rive gauche de l'Ariège, alt. 1650 m., un seul pied (A. CAMUS) ; Pyrénées-Orientales : Cambre d'Aze, près Mont-Louis (alt. 1.700 m., un seul pied (A. CAMUS).— *Suisse* : Chasseron ? (1); Alpes vaudoises, massif du Pilate, cant. d'Unterwalden au-dessous de la route qui va de l'Hôtel du sommet du Pilate au Tomlishorn,alt. 1.900 m., assez abondant(BERGON in *herb.* G. CAMUS); Tessin ; Valais : Alpes de Chandolin (FAVRE, 1887) (2). — *Italie* : Zuccone dei Campelli, v. di Bobbio, alt. 2.200 m., Pizzo della Presolana, alt. 2.300 m. (CHENEVARD), Vénétie, Trentin (Alpes), très abondant dans le Tyrol (d'apr. KERNER). — *Autriche*, assez abondant dans la Haute-Autriche. la Carinthie, la Styrie.

× × **Gymnigr. brachystachya** G. CAM. BERG. A. CAM., *l. c.*, p. 358. — **Nigritella brachystachya** KERNER, *l. c.*, p. 224 (Sep., p. 22) (1865). — **Sub-Gymn. conopsea** × **Nigrit. angustifolia** *vel* **Nigrit. angustifolia** × **suaveolens** KERNER, *l. c.* — **Nigrit. nigra** × **Gymn. conopea A. brachystachya** ASCHERS. et GRAEBN., *l. c.*, p. 839.— **G. conopea** × **nigra** f. **G. brachystachya** WETTST. in *Ber. D. B. G.*, VII. p. 317 (1889) ; M. SCHULZE, *Die Orchid.*, n° 48 (6). - **N. angustifolia** b. **brachystachys** BECK, *Fl. Nied.-Oest.*, p. 208 (1890).

Icon. : KERNER, *l. c.*, t. VI, f. 1 ; t. V, f. IV-V : M. SCHULZE, *l. c.*, t. 48, c. B : G. CAM. BERG. A. CAM., *l. c.*, pl. 27, f. 962-964 (repr. fig. de KERNER) ; *Ic. n.*, pl. 90, f. 1-4.

Port du *N. angustifolia*. Epi floral dense, assez compact, d'abord conique, puis ovale-conique et enfin cylindro-conique. Bractées longuement acuminées, dépassant les fleurs avant l'anthèse. Fleurs pourpres. Périanthe à divisions étalées, subcampanulées, presque égales ; labelle dirigé en haut, un peu plus grand que les autres divisions du périanthe, en forme de losange, crénelé dans sa partie sup. Eperon cylindro-conique, égalant au plus la moitié de la longueur de l'ovaire, obtus, horizontal. Gynostème obtus. Ovaire droit.

Morphologie interne

Les plantes provenant de Suisse et récoltées par M. BERGON différaient du *Nigritella angustifolia* par les faisceaux libéroligneux de la tige un peu plus régulièrement disposés en cercle, la feuille un peu plus épaisse, la paroi ext. des épidermes foliaires moins développée (6-10 μ env.), le pollen à exine moins rugueuse, les masses placentaires moins divisées. — Ces plantes se distinguaient du *Gymn. conopea* par la feuille moins épaisse, la paroi ext. des épidermes foliaires un peu plus développée, les cellules épidermiques des bords du limbe pourvues de dents spatulées, striées.

V. v. — Juillet, août : — *Suisse* : cant. d'Unterwalden, massif du Pilate au-dessous de la route reliant l'Hôtel du sommet du Pilate au Tomlishorn, alt. 1.900 m. (P. BERGON in *herb.* G. CAM.), Albula (KERNER, SCHINZ).— *Italie* : pr. de Bergame au Monte Campione, alt. 1.900 m. (WILCZEK et CHENEV.).— *Autriche* : Tyrol à Pfonserjoch dans l'Achenthal septentr. (A. KERNER), aux env. d'Innsbruck (FLEISCHMANN) ; Carinthie à Schatzbüchel près Oberdrauburg (L. KELLER) ; Basse-Autriche à Oetscher (BECK).

Gymnadenia conopea > Nigritella angustifolia.

× × **Gymnigr. Girodi** GILLOT in *Bull. Assoc. franç. de Bot.* (1898), p. 63 ; G. CAM. BERG. A. CAM., *Monogr. Orch. Eur.*, p. 358. — **Nigrit. angustifolia** × **Gymnad. conopea** GILLOT, *l. c.* (3).

Icon. : *Ic. n.*, pl. 88, f. 7-12.

Bulbes palmés, gros, atteignant 3-4 cm. de long, à peine 2 fois plus longs que larges. Tige de 25 cm., grêle, lavée de rouge au sommet, non fistuleuse. Feuilles inf. engainantes à la base, dressées, canaliculées, subaiguës, les moyennes acuminées, les sup. bractéiformes. Epi gros, très brièvement cylindrique, à fleurs serrées, mais non compact. Bractées 3-nervées, lavées de pourpre aux bords et au sommet, plus courtes que les fleurs ou les égalant, ne les dépassant pas. Fleurs à labelle dressé, pourpres, petites, exhalant une odeur rappelant celle

1. Cette plante paraît avoir disparu du Chasseron. Malgré des recherches suivies, sur les plateaux du Jura, vers 1.000 m., je n'ai pu trouver cet hybride bien que les parents soient abondants dans cette région. Il est probable que les insectes favorisant les croisements y sont rares.
2. La plante récoltée, par FAVRE, dans les Alpes de Chandolin, et citée par JACCARD (*Cat. Valais*, p. 337, 1895), sans description, devrait, d'après le D\u1d63 KELLER, être rapportée au *Gymnigritella suaveolens* G. CAMUS.
3. M. ROUY identifie le *Gymn. Girodi* au *G. megastachya* et indique, dans sa diagnose « bractées ne dépassant pas les fleurs ». Or, la figure de KERNER représentant le *G. megastachya*, représente, d'accord avec la diagnose originale, des bractées foliacées dépassant longuement les fleurs. L'identification doit donc être rejetée.

27

du *G. conopea*. Périanthe à divisions ext. étalées, les lat. int. un peu plus courtes, conniventes. Labelle largement obové, court, à 3 lobes obovés, crénelés, le médian d'un pourpre uniforme, égalant les lat., ceux-ci presque aussi larges que longs, étalés, puis repliés. Eperon grêle, arqué, non renflé, un peu plus long que l'ovaire. — Diffère du *Gymnigr. suaveolens* par son épi moins compact, ses bractées plus courtes, ses fleurs plus grandes, à labelle divisé en 3 lobes égaux. Se distingue du *Gymnigr. Heufleri* par les mêmes caractères et par la longueur de l'éperon grêle et arqué. Se rapproche du *Gymnigr. megastachya* par son éperon long et arqué, mais a un épi plus dense, bien moins allongé, plus gros, des bractées plus courtes que les fl.

V. v. — Juin, juillet. — *France* : Hautes-Alpes, prairies sèches du col Bayard près Gap, alt. 1.250 m. env. (GIROD) — *Suisse* : cant. d'Unterwalden au Mont Pilate (BERGON in *Herb*. G. CAMUS).

× × **Gymnigr. megastachya** G. CAM. BERG. A. CAM.. *Monogr. Orch. Eur.*, p. 359. — **Nigritella megastachya** KERNER in *Verh. K. K. z. b. Ges.*, XV, p. 224 (sep. p. 20) (1865). — **Super-Gymnadenia conopea** × **Nigritella angustifolia** *vel* **Gymn. conopsea** × **Nigrit. suaveolens** KERNER, *l. c.* — **G. megastachya** WETTST. in *Ber. D. B. G.*, VII (1889), p. 315, 317 ; M. SCHULZE, *Die Orchid.*, n° 48, 5, t. 48, c A ; KRAENZ., *Gen. et spec.*, p. 563. — **Nigra. nigra × Gymn. conopea C. megastachya** ASCHERS. et GRAEB., *Syn.*, III, p. 840 (1907). — **Gymn. conopea × nigra f. megastachya** M. SCHULZE in *Mitth. Th. B. V. N. F.*, XIX, p. 120 (1904). — **G. supernigra × odoratissima** SCHRÖTER (de Zurich).

Icon. : KERNER, *l. c.*, t. V, f. I-III ; M. SCHULZE, *l. c.* ; G. CAM. BERG. A. CAM., *l. c.*, pl. 27, f. 959-961 ; *Ic. n.*, pl. 90, f. 5-13.

Forme proche du *Gymn. conopea*. Tige feuillée, arrondie. Feuilles oblongues-linéaires, aiguës, engainantes à la base, les sup. linéaires-lancéolées, planes, passant insensiblement à l'état de bractées vers le sommet de la tige. Bractées linéaires ou linéaires-lancéolées, foliacées, grandes, dépassant longuement les fl. avant l'anthèse. Fleurs roses ou carnées, en épi multiflore, cylindrique-allongé, laxiuscule, 4-6 fois plus long que large. Div. du périanthe étalées-subcampanulées, les ext. égales, oblongues ou ovales-lancéolées, acutiuscules, les lat. int. un peu plus courtes, ovales, très obtuses ; labelle dirigé en haut, moyen, rhomboïdal ; éperon filiforme, aigu, droit ou arqué, un peu plus long que les div. du périanthe, égalant env. l'ovaire. Gynostème obtus. Ovaire droit.

V. v.— *Suisse* : cant. de Saint-Gall à Palfris (HANHART) ; cant. des Grisons à Avers [KÄSER ap. M. SCHULZE in *Mitth. Th. B. V. N. F.*,XIX, p. 120 (1904)] ; cant. d'Unterwalden : massif du Pilate au-dessous de la route qui relie l'Hôtel du sommet du Pilate au Tomlishorn, alt. 1.900 m. (P. BERGON in *herb*. G. CAMUS). — *Tyrol* : Zirler Mähdern dans le Solsteinkette près Innsbruck, alt. 1.720 m.

GYMNADENIA ODORATISSIMA × NIGRITELLA ANGUSTIFOLIA

× × **Gymnigr. Heufleri** G. CAM., *Monogr. Orch. Fr.*, p. 83 ; in *Journ. de Bot.*, VI, p. 484 (1892) ; G. CAM. BERG. A. CAM., *Monogr. Orch. Eur.*, p. 359. — **Nigritella Heufleri** KERNER in *Verh. Z. B. G. Wien*, XV, p. 225 (1865), Sep. p. 23 ; HINTERHUBER et PICHLM., *Fl. Salzb.*, p. 194 ; KOCH, *Syn.*, éd. Hall. et Wohlf., p. 2435 ; ROUY, *Fl. Fr.*, XIII, p. 98 ; FIORI et PAOL., *Fl. ital.*, I, p. 247. — **Gymnad. odoratissima × Nigrit. angustifolia** G. CAM. BERG. A. CAM., *l. c.* — **N. angustifolia × G. odoratissima** A. KERNER, *l. c.* — **N. nigra × G. odoratissima** RICHTER, *Pl. eur.*, I, p. 279 (1890) ; ASCHERS. et GRAEBN., *Syn.*, III, p. 841 ; FIORI et PAOL., *Fl. ital. App.*, p. 56. — **G. nigra × odoratissima** WETTST. in *Ber. D. B. G.*, VII, p. 317 (1889) ; M. SCHULZE, *Die Orchid.*, n° 43, 3. — **G. Heufleri** WETTST., *l. c.* ; KRAENZ., *Gen. et spec.*, p. 564. — **Orchis odoratissimo-niger** CAR. et S.-LAG., *Fl. descr.*, éd. 8, p. 807, p. p.

Icon. : KERNER, *l. c.*, t. 5, f. XI-XII, t. 6, f. III ; M. SCHULZE, *l. c.*, t. 43 b (repr. pl. KERNER) ; G. CAM. BERG. A. CAM., *l. c.*, pl. 27, f. 959-961 ; *Ic. n.*, pl. 89, f. 4-6.

Exsicc . : *Fl. Aust.-Hung.*, n° 667.

Tubercules palmés, comprimés, à 2-5 divisions assez courtes, rarement allongées, presque arrondies. Tige de 1-2 décim., dressée, un peu anguleuse au sommet, par la décurrence des nervures et des bords des feuilles, munie,à la base,de 2-3 feuilles réduites à l'état de gaines. Feuilles inf. rapprochées, étroitement linéaires, subaiguës, légèrement carénées, engainantes à la base, les sup. lancéolées, acuminées, bractéiformes. Epi compact, multiflore, d'abord conique, puis cylindro-conique, devenant environ 1 f. 1/2 plus long que large. Bractées vertes, 1-3-nervées, lavées de pourpre au sommet et vers les bords, lancéolées, acuminées ; les inf. dépassant un peu les fleurs. Avant le complet développement des fleurs, les bractées qui les dépassent assez longuement donnent à l'épi un aspect chevelu. Fleurs purpurines. Divisions du périanthe subcampanulées, étalées, de même forme que dans le *Gymnigr. suaveolens*,mais plus petites et plus pâles, ordt oblongues et obtuses, les ext. dépassant un peu les lat. int., obscurément 3-nervées. Labelle dirigé en haut, rhomboïdal-obovale, concave, ondulé-crénelé, 3-lobé, rarement entier et obscurément rhomboïdal-anguleux : lobe moyen subtriangulaire, un peu aigu ou subobtus ; lobes lat. subarrondis, un peu plus courts que le lobe médian. Eperon court, droit, obtus, un peu renflé au sommet (formes de l'Albula, du Tyrol) ou non renflé (formes obs. par Saint-Lager),égalant à peine la moitié de l'ovaire. Gynostème obtus. Loges de l'anthère parallèles. Ovaire cylindrique, trigone, non tordu.

On peut distinguer les 2 formes suivantes :

(Per-) **Orchis odoratissima** × **Nigritella angustifolia** CALLONI in *Bull. trav. Soc. bot. Gen.*, 1881-1883, III, p. 49 (1884).— **G. conopea × nigra** f. **brachystachya** WETTST.,*l. c.*— Se rapproche du *G. odoratissima* par l'inflorescence assez allongée, souvent un peu lâche,la forme de l'éperon, le labelle dirigé en bas, la couleur des fleurs. — Jura : Reculet : Suisse : Albula (SCHINZ) ; Autriche à Innsbruck. — La forme avec périanthe blanc a été observée près d'Innsbruck, Höttinger Alp (MURR in *D. B. M.*, p. 44).

(Per-) **Nigritella angustifolia** × **Orchis odoratissima** CALLONI, *l. c.* — **Gymn. super-nigra × odoratissima** SCHRÖTER in M. SCHULZE, *Die Orchid.*, 43 (4) (1894). — Se rapproche du *N. angustifolia* par son inflorescence assez dense, son éperon, son labelle dirigé en haut, la couleur foncée des fleurs. — Forme plus répandue que la précédente.

V. v. — Juin, août, ordt plus précoce que le *N. angustifolia*. — *France* : Jura, Alpes de Savoie et du Dauphiné. — *Suisse* : cant. d'Unterwalden dans le massif du Pilate, alt. 1.900 m. env. (BERGON in *herb.* G. CAM.), Valais près de Bourg-St-Pierre (CORREVON) ; Churwalden, Arosa, Albula, Bernina. — *Allemagne* (Alpes de Bavière ap. M. SCHULZE). — *Autriche* (Vorarlberg, Salzbourg, Tyrol où il monte jusqu'à 2.300 m.). — Trentin [Mt Codeno et Comasco ? (ARTARIA)]. — *Italie* : Mt Baldo, Sengie di Valfredda (GOIRAN).

GYMNADENIA ODORATISSIMA × NIGRITELLA RUBRA

× × **Gymnigr. Abelii** ASCHERS. et GRAEBN., *Syn.*, III, p. 843 (1907) ; G. CAM. BERG. A. CAM., *Monogr. Orch. Eur.*, p. 360. — **Gymnadenia odoratissima × Nigritella rubra** ASCHERS. et GRAEBN., *l. c.* — **Gymnad. odoratissima × rubra** HAYEK in *O. B. Z.* (1899), p. 296 ; M. SCHULZE in *O. B. Z.*, XLIX (1899), p. 296 et in *Mitth. Th. B. V. N. F.*, XVII, p. 70 (1902).

Forme voisine du *Gymnigrit. Heufleri* dont elle ne peut être distinguée avec certitude que sur place, au milieu des parents. Les divisions lat. int. du périanthe sont plus larges, presque aussi larges que les lat. ext., et le labelle est insensiblement atténué à la base.

Suisse : cant. de St Gall à Azmoos (HANHART), Albula (SCHINZ). — *Tyrol* à Monte Roën (PFAFF ap. MURR), Dürrnstein (O. GROSSER) ; *Autriche* : Salzbourg (FLEISCHMANN), Carinthie à Rudnig près Oberdrauburg, alt. 2.100 m. (L. KELLER).

BICCHIA · × NIGRITELLA = NIGRIBICCHIA

× × **Nigribicchia** G. CAM. BERG. A. CAM., *Monogr. Orch. Eur.*, p. 360 (1908)

BICCHIA ALBIDA × NIGRITELLA ANGUSTIFOLIA

× × **Nigribicchia micrantha** G. CAM. BERG. A. CAM., *Monogr. Orch. Eur.*, p. 360. — **Gymnigritella micrantha** ASCHERS. et GRAEBN., *Syn.*, III, p. 843 (1907) ; GODFERY in *Journ. of Bot.*, p. 313 (1925). — **Nigritella micrantha** A. KERNER in *Verh. Z. B. G. Wien*, XV, p. 227 (1865), sep., p. 25 ; KOCH, *Syn.*, éd. Hall. et Wohlf., p. 2435. — **Gymnadenia micrantha** WETTST. in *Ber. D. B. G.*, VII, p. 317 (1889) ; KRAENZ., *Gen. et spec.*, p. 565 ; M. SCHULZE, *Die Orchid.*, 46, 4. — **Leucotella micrantha** SCHLECHT. in FEDDE, *Rep. sp. nov.*, XVI, p. 272 (1920). — **Bicchia albida × Nigritella angustifolia** G. CAM. BERG. A. CAM., *l. c.*— **Nigrit. nigra × Gymn. albida** RICHTER, *Pl. Eur.*, I, p. 279 (1890) ; ASCHERS. et GRAEBN., *Syn.*, III, p. 842. — **Gymn. albida × nigra** WETTST. in *Ber. D. B. G.*, VII, p. 317 (1889) ; M. SCHULZE, *l. c.* — **Nigrit. nigra × Leucorchis albida** SCHLECHTER, *l. c.*

Icon. : KERNER, *l. c.*, t. 5, f. XIII-XIV, t. 6, f. 1 ; M. SCHULZE (repr. pl. KERNER) 46 b. ; G. CAM. BERG. A. CAM., *l. c.*, pl. 27, f. 950-954 ; GODFERY, *l. c.*, pl. 573, II ; *Ic. n.*, pl. 89, f. 7-12.

Tubercules 2, divisés presque jusqu'à la base comme dans le *Bicchia* et à divisions longuement atténuées ; racines filiformes peu nombreuses. Tige dressée, feuillée, un peu anguleuse. Feuilles inf. assez larges, plutôt spatulées, comme celles du *Bicchia*, les moyennes rapprochées, oblongues-linéaires ou linéaires-lancéolées, aiguës, un peu plus larges que dans le *Nigrit.* et un peu plus étroites que dans le *Bicchia*, engainantes à la base, les sup. bractéiformes. Bractées vertes, lavées de pourpre au sommet, égalant ou dépassant un peu les fl., semblables aux feuilles sup. Fleurs purpurines, en épi compact, cylindrique, s'allongeant après l'anthèse, 2 f. 1/2-3 fois plus long que large. Périanthe à div. subcampanulées, un peu étalées, courtes, plutôt larges, les ext. obtuses, subégales, les lat. int. un peu plus petites. Labelle dirigé en haut, comme dans le genre *Nigrit.*. largement obovale, rhomboïdal, ondulé, crénelé ; lobes lat. ord. obtus ou peu aigus. Eperon horizontal, très court, ovoïde-obtus, en forme de bourse, égalant le tiers de l'ovaire. Ovaire droit, non contourné, subtrigone.

T. R. — *France* : Col de Balme (GODFERY). — *Tyrol* : Blaser, alt. 1.900 m. (SAUTER ap. KERNER in *O. B. Z.*, XXI, p. 353) ; Bergwiesen près Kals dans le Pusterthal (HUTER, cf. DALLA TORRE et SARNTH., VI, I, p. 532) et Alkuser Schober près Lienz, alt. 2.000 m. (SAUTER in *O. B. Z.*, XLIX, p. 355). — *Suisse* : Mont Pilate (AMBEY) ;Fenthal, dans l'Engadine (HALLER).

NIGRITELLA × ORCHIS = NIGRORCHIS

× × **Nigrorchis** GODFERY in *Journ. of Bot.* (1925), p. 313.

NIGRITELLA ANGUSTIFOLIA × ORCHIS MACULATA

× × **Nigrorchis tourensis** GODFERY in *Journ. of. Bot.* (1925), p. 313, pl. 573.— **Nigritella nigra** × **Orchis maculata** GODFERY, *l. c.*
Icon. : GODFERY, *l. c.* ; *Ic. n.*, pl. 128, f. 47-48.
Tubercules palmés, à divisions allongées, fastigiées, Tige pleine, anguleuse, haute de 30 cm. env. Feuilles linéaires-aiguës, maculées, larges de 1 cm. Epi ovale, dense, long de 4,5 cm. Bractées étroites, aiguës, à bords pourprés, les inf. plus longues que les fl. Fleurs d'un rouge saturé, à fort parfum de vanille. Divisions ext. du périanthe lancéolées-aiguës, de même couleur que le labelle, les lat. int. ovales-lancéolées, lâchement conniventes. Labelle obliquement ascendant, petit, ovale, légèrement crénelé, à lobes lat. presque nuls. Eperon plus long que dans *Nigritella*, à gorge petite.
France : Haute-Savoie, au glacier de Tours, près Chamonix (GODFERY). — Aurait aussi été trouvé, en Autriche, près de Vienne, par HANDEL-MAZZETTI (1).

ORCHIS SAMBUCINA × BICCHIA ALBIDA ?

Orchis sambucina × **Gymnadenia albida** ? DALLA TORRE et SARNTH., *Fl. Tirol*, VI, p. 532 (1906). — **Orchis sambucina** × **Leucorchis albida** SCHLECHTER in FEDDE, *Rep. sp. nov.*, XVI, p. 290 (1920). — An **Cœloglossum viride** (f. naine, alpine) MURR in *A. B. Z.*, XIII, p. 44 (1907) ? — Port d'un *Chamæorchis alpina* peu élevé. Tubercules, inflorescence et bractées comme dans l'*O. sambucina* ; feuilles et fleurs comme dans le *Bicchia albida*, mais plus grandes. — Tyrol mérid. : Val di Non, Monte Peller, alt. 2.300 m., Val da Lièvre, 12 août 1863 (cf. *O. B. Z.*, XV, p. 183 (1863).

Tribu II. — EPIPOGONEÆ Parlat.

Epipogoneæ PARLAT., *Fl. ital.*, III, p. 388 (1858) ; BARLA, *Iconogr.*, p. 20 ; G. CAM. BERG. A. CAM., *Monogr. Orch. Eur.*, p. 362. — **Orchideæ** sect. IV, R. BR., *Prodr.*, p. 330. — **Gastrodieæ** LINDL., *Scelet.*, p. 7 ; ENDL., *Gen.*, p. 212. — **Arethuseæ** Div. I. **Gastrodieæ** LINDL., *Gen. and spec.*, p. 383 (1835). — **Arethuseæ** REICHB. F., *Icon.* XIII-XIV, p. 156 (p. p.).
Une seule étamine. Anthère libre, mobile. Masses polliniques compactes, composées de lobules gros, cohé-

1. La plante trouvée par FABRE, dans le Valais, et rapportée, par JACCARD (*Cat. Valais*, p. 337, 1895),à l'*O. maculata-nigra*, serait,d'après M. GODFERY, un hybride de *Gymn. conopea* par *Nigritella angustifolia* (cf.GODFERY in *Journ. of Bot.*, 1925, p. 313).

rents, à caudicules naissant à leur partie sup. et fixés à un rétinacle commun (voir p. 70). Stigmate placé à la parti antérieure et basilaire du gynostème.

Papilles et poils unicellulaires sur le périanthe. Masses polliniques ne se divisant pas en massules, attachées à une bandelette de cellules différenciées. Parois de l'anthère à ornements fibreux très développés et très abondants. Racine manquant. Rhizome coralliforme muni de poils ; faisceau axile à éléments ligneux à peine différenciés.

<h2 style="text-align:center">Gen. XVIII. — EPIPOGON Gmel.</h2>

Epipogon Gmel., *Fl. Sibir.*, I, t. 272 (1747) (**Epipogum**) ; L. C. Richard in *Mém. Mus. Paris*, IV, p. 50 (1818) ; Lindl., *Gen. and spec.*, p. 383 (**Epipogium**) ; Koch, *Syn.*, éd. 2, p. 799 (**Epipogium**) ; Endlich., *Gen.*, p, 212 ; Meisner, *Gen.*, p. 382 ; *Comment.*, p. 286 ; Pfitzer in Engl. et Pr., *Pfl.*, p. 111 ; Ascher. et Graebn., *Syn.*, III, p. 881. — **Satyrii species** L., *Spec.*, éd. 1, 1338 (1753). — **Epipactidis species** Crantz, *Stirp. austr.*, p. 477 (1769). — **Limodori species** Swartz in *Act. soc. Ups.* (1879), p. 80. — **Epipogion** Saint-Lager in *Ann. Soc. bot. Lyon*, VII, p. 144 (1880).

Divisions ext. du périanthe libres, lancéolées, un peu étalées, les lat. int. un peu plus larges et de même forme que les ext., un peu conniventes. Labelle dressé, dirigé en haut, 3-lobé, à lobes lat. petits, étalés ; lobe médian entier, concave, renflé à la base en éperon ascendant. Gynostème court, épais, arrondi. Anthère en partie incluse dans la sommité concave du gynostème, biloculaire, à loges contiguës. Masses polliniques 2, à caudicules allongés, élastiques, naissant au sommet des masses polliniques, passant derrière elles pour s'attacher aux 2 rétinacles soudés et situés dans l'échancrure du bec du gynostème. Ovaire droit, pédicellé, subtriquètre, ovale-globuleux. Capsule turbinée, dressée.

Labelle à poils développés, dépourvus de ramuscules. Réservoir aquifère formé, non par différenciation d'un grand nombre de trachéides, mais par une cavité énorme occupant le centre du renflement bulbiforme basilaire de la tige. Eléments du bois à peine différenciés dans la tige et le rhizome.

<h3 style="text-align:center">1. — E. APHYLLUM</h3>

E. aphyllum (*vel* **aphyllus**) Swartz, *Summ. veg. scand.*, p. 32 (1814) [**Epipogium**] ; Wahlbg., *Fl. suec.*, p. 565 ; Reichb. F., *Icon.*, XIII-XIV, p. 156 ; Richter, *Pl. Eur.*, I, p. 285 ; Blytt, *Norg. Fl.*, éd. Ove Dahl., p. 235, *cum icone* ; Correv., *Alb. Orch. Eur.*, pl. XII ; Babingt., *Man. Brit. Bot.*, éd. 8, p. 351 ; Gr. et God., *Fl. Fr.*, III, p. 274 ; Gren., *Fl. ch. jurass.*, p. 764 ; Godet, *Fl. Jura*, p. 696 ; Contejean, *Rev. Montbél.*, p. 225 ; Mutel, *Fl. fr.*, III, p. 262 ; *Fl. Dauph.*, éd. 2, p. 602 ; Bouvier, *Fl. Alp.*, p. 650 ; Legrand, *Stat. bot. Forez*, p. 221 ; G. Cam., *Monogr. Orch. Fr.*, p. 102 ; in *Journ. Bot.*, VII, p. 201 ; G. Cam. Berg. A. Cam., *Monogr. Orch. Eur.*, p. 363 ; Coste, *Fl. Fr.*, III, p. 409, n° 3625, *cum icone* ; Correv., *Orchid. rust.*, p. 86, f. 18 ; Morthier, *Fl. Suisse*, p. 358 ; Reichb., *Fl. excurs.*, p. 135 ; Oborny, *Fl. Moehr. Oest. Schles.*, p. 253 ; Caflisch, *Ex. Fl.*, p. 299 ; Bach, *Rheinpr.*, p. 373 ; Seubert, *Ex. Fl. Bad.*, p. 125 ; Schinz et Keller, *Fl. Schweiz*, p. 129 ; Garcke, *Fl. Deutschl.*, éd. 14, p. 382 ; M. Schulze, *Die Orchid.*, n° 60 ; Hall. et Wohlf., *Syn.*, p. 2442 ; éd. 2, pl. 168 ; Kraenzl., *Orch.*, p. 41 ; Ces. Pass. Gib., *Comp.*, p. 181 ; Fiori et Paol., *Iconogr. ital.*, n° 859 ; Arcang., *Comp.*, éd. 2, Beck, *Fl. N.-Oest.*, p. 215 ; Bluff et Fingh., *Compend.*, éd. 1, II, p. 432 ; Simk., *Enum. fl. Trans.*, p. 504 ; Grintescu in *Bull. géogr. bot.* (1918), p. 82. — **Satyrium Epipogium** L., *Spec.*, éd. 1, 1338, p. 945 (1753) ; Crantz, *Stirp. austr.*, p. 477, n° 10 ; Jacq., *Austr.*, p. 164, t. 84 ; Sut., *Fl. helv.*, II, p. 225 ; Vill., *Hist. Dauph.*, II, p. 44 ; Poiret, *Encycl.*, VI, p. 581 ; Gmel., *Fl. Bad.*, III, p. 553 ; Georgi, *Beschr. Russ. R.*, III, V, p. 1271 ; *Nachtr.*, p. 307 ; Jundz., *Fl. lith.*, p. 266 ; Luce, *Fl. osil.*, p. 422. — **Epipactis Epipogium** Crantz, *Stirp. austr.*, p. 477 (1769) ; All., *Auct.*, p. 32. — **Orchis aphylla** Schmidt in May., *Phys. Aufs.*, p. 240 (1791). — **Limodorum Epipogium** Swartz in *Nov. Act. Soc. Ups.*, p. 80 (1799) ; Willd., *Spec.*, IV, p. 129 ; Marsch. Bieb., *Fl. Taur.-Cauc.*, II, p. 374 ; III, p. 607 ; Besser, *Enum.*, p. 84, n° 1630 ; DC., *Fl. fr.*, III, p. 263, n° 2049 ; Boisduval, *Fl. fr.*, III, p. 55. — **Epipogon** (**Epipogum** *vel* **Epipogium**) **Gmelini** Rich. in *Mém. Mus. Paris*, IV, p. 58 (1818) ; Lindl., *Gen. and spec.*, p. 383 ; Duby, *Bot.*, p. 450 ; God., *Fl. Lorr.*, II, p. 307 ; III, p. 49 ; Ard., *Fl. Alp.-Mar.*, p. 361 ; Michalet, *Hist. nat. Jura*, p. 300 ; Barla, *Iconogr.*, p. 20 ; Kirschl., *Prodr. fl. Alsace*, p. 164 ; *Fl. Als.*, p. 142 ; *Fl. voges.-rhen.*, p. 88 ; Godfrin et Petitmengin, *Fl. Lorr.*, p. 74 ; Döll, *Rheinpr.*, p. 218 ; Koch, *Syn.*, éd. 2, p. 799 ; éd. 3, p. 601 ; Kraenz., *Fl. München*, p. 73 ; Gaudin, *Fl. helv.*, V, p. 488 ; Reuter, *Catal. Genève*, éd. 2, p. 207 ; Ambr., *Fl. Tirol aust.*, p. 60 ; *App. Ofr.*, p. 759 ; Hausm., *Fl. Tirol*, p. 847 ; Bertol., *Fl. ital.*, IX, p. 634 ; Parlat., *Fl. ital.*, III, n° 883 ; Hinterhuber et Pichlm., *Fl. Salzb.*, p. 194 ; Gmel., *Fl. sib.*, I, p. 12, t. 2, f. 2 ; Ledeb., *Fl. Ross.*, p. 488 Eichw., *Skizze*, p. 125 ; Weinm., *Fl. petrop.*, p. 86 ; Turcz., *Catal. Baïkal*, n° 1104. — **E. Epipogium** Karsten, *Deutschl. Fl.*, p. 455 (1883) ; Aschers. et Graebn., *Fl. Nord. Flachl.*, p. 216 ; *Syn.*, III, p. 881 ; *Orch. Rev.* (1910), p. 271. — **Epipogon Epipogon** Zimmerm. in *Mitt. Bad. Land. f. Nat.* (1911), p. 54. — *Neottia Epipogium* Clair., *Man.*, p; 264. — *Epipactis caule aphyllo, flore supinato, labello ovato-lanceolato, calcare ovato turgido* Hall., *Hist.*, n° 1289 ; *Emend.*, V, n° 18 ; *Act. bern.*, V, p. 309. — *Epipogium* Gmel., *Fl. sib.*, I, p. 11, 12.

Noms vulg. : Epipogon sans feuilles, Epipogon de Gmelin. — Dan. : Kraelaebe. — Allem. : Bananen-orchis, Blattloser Widerbart, Oberkinn, Widerbart ; Ohnblatt. — Polon. : Storzava. — Boh. : Skelenobyl.

Icon. : Gmelin, *l. c.*, t. 2, f. 2 ; Vill., *l. c.*, t. 1 ; Jacq., *Austr.*, t. 84 ; *Fl. Dan.*, t. 1233,1339 ; Hoffm., *Phyt.*, pl. 1, t. 1 ; Ces. Pass. Gib., *l. c.*, t. XXII, f. 6, a-g ; Sturm, *Deuts.*, I, f. 18, t. 16 ; Dietr., *Fl. r. boruss.* VII, t. 438 ; Reichb. F., *Icon.*, XIII-XIV, t. 116, CCCCLXVIII, f. I-IV, 1-21 ; Schlecht. Lang. Sch., *Deutschl.*, IV, f. 366 ; Barla, *l. c.*, pl. 11, f. 28-33 ; Fitch et Smith, *Illustr. Brit. Fl.*, n° 987 ; Garcke, *Fl. Deutschl.*, f. 588 ; Correvon, *l. c.*, f. 18 ; M. Schulze, *l. c.*, t. 60 ; Flahault, *N. Fl. Alpes et Pyrén.*, p. 140, *cum icone* ; G. Cam. Berg. A. Cam., *l. c.*, pl. 28, f. 990-996 ; *Ic. n.*, pl. 108, f. 11-17.

Plante saprophyte. Rhizome gros, charnu, coralliforme, à rameaux portant de petites écailles. Stolons grêles servant à multiplier la plante. Tige de 1-2 dm., cylindrique, fistuleuse, renflée au-dessus de la base, d'un blanc jaunâtre, portant quelques feuilles réduites à l'état de gaines tronquées, parfois aiguës, assez distantes, jaunâtres ou brunâtres, embrassantes, les sup. un peu lâches. Bractées membraneuses, minces, ovales, concaves, embrassant d'abord la fl. sauf l'éperon, 3-nervées. Fl. 2-4 (parfois 1-8), assez grandes, espacées, pédicellées, parfois en grappe subunilatérale, émettant un parfum de Banane. Div. du périanthe libres, peu inégales, jaunâtres, canaliculées, les ext. linéaires ou étroitement lancéolées, toutes dirigées vers le bas, obtusiuscules ou acutiuscules, les lat. int. un peu plus courtes, à peine plus larges. Labelle gros, aussi long et plus large que les autres div., dirigé en haut, trilobé ; lobes lat. petits, très courts, arrondis, parallèles au gynostème, d'un blanc jaunâtre ; lobe méd. grand, concave, dressé, ovale-subcordiforme, à bords crénelés, muni de chaque côté de 2-3 rangs de crêtes longitudinales, papilleuses et purpurines, renflé à la base en éperon épais, ascendant, en forme de sac, un peu courbé, obtus, égalant le labelle, lavé de pourpre, muni en dedans de trois lignes purpurines ; entre l'ovaire et l'éperon, à la base de l'hypochile, ligne jaunâtre à contenu très riche en sucre. Gynostème égalant la moitié des div. du périanthe, assez droit, assez mince vers le milieu, renflé au sommet. Anthère grosse, obtuse, épaisse. Masses polliniques jaune pâle ; caudicules allongés, courbés, filiformes, élastiques. Rétinacle unique, cordiforme. Stigmate large, subarrondi, émarginé ou bilobé au sommet (1). Ovaire non tordu, à côtes peu marquées. Capsule turbinée, lavée de pourpre.

Morphologie interne.

Racine manquant. — *Rhizome.* Epiderme à paroi ext. subérisée, portant des poils remplissant le rôle de poils absorbants et quelques stomates. Parenchyme ext. très développé, infesté par les mycorhizes, formé de 6-9 assises de cellules à méats, à parois souvent ponctuées, les assises ext. et int. souvent amylifères, les moyennes contenant beaucoup de mucilages. Faisceau axile à bois non différencié, absolument dépourvu d'éléments lignifiés, représenté par des cellules un peu allongées, à parois minces et terminées plus ou moins obliquement. Les écailles du rhizome ne renferment pas trace de faisceau libéroligneux. — *Renflement bulbiforme basilaire de la tige.* Parenchyme ext. peu développé. Partie centrale occupée par une énorme lacune servant de réservoir aquifère. Comme dans le rhizome, absence complète d'éléments lignifiés. — *Partie médiane de la tige.* Parenchyme ext. assez développé. Absence complète de tissu lignifié extralibérien. Le faisceau axile s'est divisé et a donné, vers le milieu de la tige, de nombreux faisceaux qui se sont plus ou moins écartés les uns des autres.

1. La fécondation ne peut avoir lieu que par l'intermédiaire des insectes. Ceux-ci sont attirés par la couleur de la plante, l'odeur des fl. et leur nectar. P. Rohrbach, *Uber die Blüthenbau und die Befruchtung von « Epipogium Gmelini»* (1866) a étudié la fécondation de cette espèce. D'après cet auteur, le *Bombus lucorum*, le *B. terrestris* et le *Vespa saxonica* visitent les fl. d'*Epipogon*. Chez la plupart des Orchidées, l'insecte va d'abord se poser sur la face supér. du labelle qui lui sert de plate-forme. Dans l'*Epipogon*, il va d'abord sur l'éperon et la partie sup. et dorsale du labelle. Il se glisse ensuite latéralement, arrive à la base de l'épichile et aspire, avec sa trompe, le nectar contenu dans les parois de l'éperon. Dans la fl. ouverte, les masses polliniques sont horizontales et le rétinacle, situé en avant de la cavité stigmatique, sous les caudicules très courbés et élastiques. L'insecte en sortant de la fl. emporte, attachées à sa tête, les masses polliniques comme une paire d'antennes cunéiformes. Lorsque l'insecte visite une autre fl., une partie des masses polliniques sectiles adhère au stigmate gluant et féconde la fl. Ce transport des masses polliniques a souvent lieu vers midi. Dans beaucoup de fl., les masses polliniques ne sont pas enlevées. Le rhizome souterrain, en multipliant la plante avec ses bourgeons et ses stolons, supplée à l'insuffisance de la reproduction par graines. Cf. Knuth, *Blütenbiologie*, II, 2, p. 444 ; Kerner, *Pflanzenleben*, II, p. 257 et 284. — Voir Développement de l'*Epipogon*, p. 42.

Faisceaux libéroligneux disposés en un cercle, peu développés. Bois dépourvu d'éléments lignifiés, ayant même souvent disparu complètement ou partiellement et laissant une lacune à sa place. Parenchyme int. très développé, résorbé lorsque la plante est adulte. — *Pédoncule floral*. Faisceaux libéroligneux petits, nombreux, disséminés, à bois se différenciant de plus en plus au fur et à mesure qu'on s'éloigne de la partie inf. de la tige. Partie centrale toujours lacuneuse.

Fleur. — *Divisions externes et latérales internes du périanthe.* Epidermes int. et ext. dépourvus de papilles caractérisées. — *Labelle* (f. 178). Epiderme int. à cellules légèrement papilleuses, celles des crêtes (C) prolongées en papilles unicellulaires, très grosses, rétrécies à la base, renflées à l'extrémité, atteignant 100-180 μ de long env. (pl. 121, f. 422). Epiderme ext. à peu près dépourvu de papilles. — *Eperon*. Epiderme int. prolongé en petites papilles. Epiderme ext. manquant de papilles. Pas d'émission de nectar à l'intérieur de l'éperon. Les sucres s'accumulent dans l'éperon et dans une expansion de l'éperon située à l'endroit où le labelle se réunit à l'ovaire. Sous la moindre pression, l'épiderme int. de ce renflement jaunâtre laisse échapper un liquide sucré. — *Anthère.* Parois à tissu fibreux très développé (voir p. 70).

Pollen. Masses polliniques compactes, ne se séparant pas en massules. Structure cellulaire du caudicule très apparente, cellules hexagonales. — *Ovaire* (f. 179) dont les lignes de déhiscence des valves occupent la partie médiane des 6 proéminences externes. Nervure des valves placentifères renfermant 1 faisceau parfois 2 superposés, à éléments ligneux peu caractérisés. Masse placentaire extrêmement courte, à divisions très longues, divergentes, plus ou moins lobées. Valves non placentifères à peu près aussi développées que les valves placentifères, ayant la même forme ext., à nervure déprimée en dehors et contenant un faisceau. Partie de limbe assez grande de chaque côté de cette nervure.

M. Zimmermann, in *Allg. Bot. Zeitschr.* (1910), 7-8, a décrit un lusus f. *pallidum* (*pallidus*), à éperon et labelle blancs, div. du périanthe jaunâtres, récolté en Bade.

Monstruosités. — P. Rohrbach, *l. c.*, a observé un individu dont les fleurs étaient dépourvues d'éperon, dont l'hypochile n'était pas développé et les lobes latéraux du labelle étaient réduits à l'état de dents, l'épichile presque normal était membraneux. La grosse tache jaune du nectaire, située à la base du labelle, était

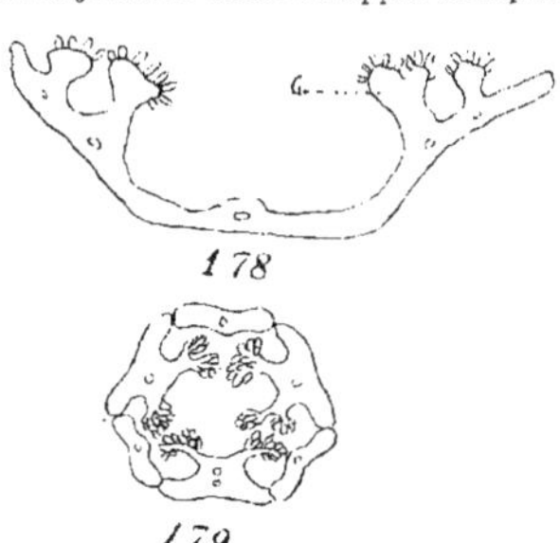

Epipogon aphyllum. — Fig. 178 : section transv. schématique du labelle ; C, crête portant de très grosses papilles ; F, faisceau à éléments ligneux très peu caractérisés. — Fig. 79 : section transv. schématique de l'ovaire.

fortement développée et de même structure que dans la fleur normale. M. Zimmermann, *l. c.*, p. 19, a décrit un cas de soudure de deux tiges et, *l. c.*, p. 18, un cas de coalescence de deux fleurs.

V. v. — Juillet, septembre. — *Habitat* : saprophyte dans les bois de Hêtres et de Sapins, parfois avec le *Vaccinium Myrtillus* ; vit dans les clairières des bois, souvent sur les pentes, parmi les aiguilles de Conifères, aussi près des sources ou des ruisseaux, ou dans les places à charbon ; isolé ou en colonies. Espèce peu stable dans ses stations, (1) ordt peu abondante ; monte à 1.500-1.600 m. — *Répart. géogr.* : Europe moyenne et septentr., France [T. R., Alpes, Pyrénées, Jura, Vosges ; Ain : Colonnaz-sur-Bellegarde (Briquet), Haute-Savoie : Brizon, Vergy, Mt Saxonnet, Mt Méry (Beauverd), le Reposoir, Magland, Colone, bois Magnin sous le col de Balme, massif du Mont-Blanc ; Aravis au-dessus de St-Roch, Recourbe ; Savoie : au-dessus des Granges, près Hauteluce ; Hautes-Alpes : Durbon, Bertaud près de Chaudun, Combe-Chaude près Guillestre ; Alp. Marit. : Entraigues (Allioni), St-Dalmas-le-Sauvage (Risso), forêt de Villars-du-Var (Verguin, août 1918) ; Isère : Lans, la Grande-Chartreuse, Chalais, Corençon ; Drôme : Lus-la-Croix-Haute ; Ardèche : la Sapette ; Loire : Pierre-sur-Haute (Peyron) ; Haute-Garonne : env. de Luchon à la cascade du Lys (Garroute), à la cascade d'Enfer (de Pommaret, Garroute) ; chaîne du Jura : les Gras près Morteau (Gorget), la Dôle, cluse de la Brise près Delémont, Roches de Châtillon (Thurmann), bois de la Faucille (Michalet) ; chaîne des Vosges :

1. Cette espèce paraît souvent disparaître de ses stations pendant plusieurs années. Elle vit alors sous terre sans que rien ne révèle sa présence (Cf. Kerner von Marilauen, *Pflanzenleben*, I, p. 105 (1913).
Dans une station, le nombre des individus fleuris varie beaucoup chaque année. D'après M. Beauverd, qui a beaucoup étudié l'*Epipogon*, ces phénomènes d'abondance annuelle inégale dépendraient non seulement des conditions de climat, mais du temps nécessaire, pour que les organes souterrains d'une colonie d'*Epipogon* puissent accumuler les réserves nécessaires pour fleurir. Les pseudo-bulbes de l'*Epipogon* donnent à celui-ci l'allure d'une Orchidée tropicale (Cf. Beauverd in *Bull. Soc. bot. Genève*, 1923, p. 8).

Hohneck, vallon de Frankenthal (Billot), Schlucht (Blind), ballon de Guebwiller (Schkumberger), Gerbamont (Flichk), cascade du Triberg (Thiess), Soultzbach au ballon de Soultz, Noirgoutte, Walbach, Allondrelle près Buré-la-Forge (Cardot), bois de Vezin [Pierrot et Cardot)] ; Iles Britanniques aux env. de Tedstone (Anderton Smith, in *Orch. Rev.*, 1910, p. 271) ; Belgique [Louette-St-Pierre, Namur (Crépin)], Luxembourg (?), Danemark, Suède, Norvège, Allemagne (disséminé), Suisse (assez rare), Italie (très rare dans les Alpes et les Apennins, Piémont, Boscolungo), Tyrol, Autriche (Salzbourg, Styrie, Carinthie), Bohême, Moravie, Galicie, Hongrie, Transilvanie, Dalmatie, Serbie, Roumanie, Russie centr. et mérid., Caucase. — Sibérie.

Tribu III. — **MALAXIDEÆ** Lindl.

Malaxideæ Lindl., *Gen. and spec.*, p. 3 (1835) ; Reichb. F., *Icon.*, XIII-XIV, p. 159 ; Aschers. et Graebn., *Syn.*, III, p. 899 ; G. Cam. Berg. A. Cam., *Monogr. Orch. Eur.*, p. 366. — **Orchideæ** subordo l **Malaxideæ** Endl., *Gen. pl.*, p. 186 (1838). — **Malassideæ** Parlat., *Fl. ital.*, III, p. 379 (1858). — **Liparidinæ** Pfitz., *Entw. Anord. Orch.*, p. 100 (1887). — **Liparideæ** Engl., *Syll.*, p. 91 (1892). — **Sturmiinæ** Pfitz., *Nat. Pfl. Nachtr.*, p. 97, 102 (1897), in Engl., *Bot. Jahrb.*, XXV, p. 533 (1898) ; Dalla Torre et Harms, *Gen. Siph.*, p. 98.

Etamine centrale fertile. Anthère libre, caduque. Masses polliniques céracées, compactes, bipartites, non atténuées en caudicules. Bulbes constitués par un renflement de la tige entouré d'une ou de plusieurs tuniques, ou rhizome tortueux coralliforme. Ovaire à pédicelle ordt contourné.

Papilles très réduites ou longs poils unicellulaires sur le périanthe. Dans le genre *Calypso* seul, poils pluricellulaires à tête sécrétrice sur les organes végétatifs. Masses polliniques ne se divisant pas en massules. Parois de l'anthère à assise mécanique très différenciée (voir p. 68).

Conspectus des sous-tribus et des genres.

A. Racines grêles. Bulbe constitué par un renflement de la tige entouré d'épaisses tuniques. Pas de rhizome coralliforme charnu. Feuilles vertes. . . . . (**EUMALAXIDINÆ**)
  a. Gynostème allongé. Etamine inclinée, munie au sommet d'un appendice membraneux. Bulbes tuniqués gros. . . . . **Liparis**
  b. Gynostème court. Etamine dressée, dépourvue d'appendice.
    1 Masses polliniques à lobes collatéraux, devenant libres non par contraction des parois de l'anthère, tombant sur le rostellum. Bulbes tuniqués gros, contigus. . . . . **Microstylis**
    2 Masses polliniques à lobes superposés, devenant libres par contraction des parois de l'anthère. Bulbes tuniqués petits, espacés. . . . . **Malaxis**
B. Racines grêles. Bulbe constitué par un renflement de la tige entouré de tuniques minces. Rhizome coralliforme ne se développant que dans de rares cas). Feuille verte (**CALYPSOINÆ**) . . . . **Calypso**
C. Pas de racine. Rhizome charnu, rameux, coralliforme. Pas de bulbe tuniqué. Feuilles réduites à l'état d'écailles bractéiformes (**CORALLORHIZINÆ**). . . . . **Corallorhiza**

Sous-tribu I. — **EUMALAXIDINÆ**

Eumalaxidinæ G. Cam. Berg. A. Cam., *Monogr. Orch. Eur.*, p. 366

Racines grêles. Bulbes constitués par un renflement de la tige entouré d'une ou plusieurs épaisses tuniques. Pas de rhizome charnu coralliforme. Feuilles vertes.

Pas de poils pluricellulaires sécréteurs. Racine réduite. Racine, feuilles inf. et renflement bulbiforme différenciant un grand nombre de leurs cellules en trachéides servant à l'absorption et à la mise en réserve de l'eau. Feuilles et renflement bulbiforme de la tige émettant des rhizoïdes.

Gen. XIX. — **MALAXIS** Sol.

Malaxis Solander ap. Swartz, *Prodr. veg. Ind. occ.*, p. 119 (1778) et in *Vetensk. Akad. Nya Handl. Stock.*, XXI, p. 233 (1800) ; Swartz in *Act. holm.* (1800), p. 233, t. 3, P ; Lindl., *Gen. and spec.*, p. 23 ; Endl., *Gen.*, p. 189 ; Rich. in *Mém. Mus. Paris*, IV, p. 53 (1818) ; Benth. et Hook., *Gen.*, III, p. 493 ; Meisn., *Gen.*, p. 189 ; *Comm.*, p. 277 ; Reichb. F., *Icon.*, XIII-XIV, p. 165 ; Ridley in *Journ. Linn. Soc.*, XXIV, p. 308, 347 ;

Pfitzer in Engl. et Prantl, *Pfl.*, II, 6, p. 129 ; G. Cam. Berg. A. Cam.,*Monogr. Orch. Eur.*, p. 366 ; Ridley in *Journ. of the Linn. Soc. Bot.* (1888), p. 348.— **Ophrydis species** L.,*Spec.*, éd. 1, p. 947 (1753). — **Orchidis species** Pallas *It.*, III, p. 320 (1776).— **Epipactidis** Schmidt in May., *Phys. Aufs.*, p. 245 (1791).— **Sturmia** Reichb. in Moessl., *Handb.*, éd. 2, t. II, p. 1576 (1828), p. p.— **Hammarbya** O. Kuntze,*Rev. Gen.*,II,p. 665 (1891).

Divisions ext. du périanthe libres, étalées ; les lat. int. plus petites que les ext., mais de même forme. Labelle entier, dirigé en haut, plus court que les divisions ext., concave, dépourvu d'éperon. Gynostème court, denté de chaque côté vers le sommet. Anthère persistante,dépourvue d'appendice. Masses polliniques bipartites, devenant libres par contraction des parois de l'anthère, à lobes superposés, non atténuées en caudicule adhérant à une masse visqueuse unique. Pollen d'apparence cireuse ; grains anguleux ne se séparant jamais. Ovaire non contourné ou peu tordu à la base, atténué en un pédicelle contourné.— Racine grêle. Bulbes tuniqués distants, petits. Feuilles vertes.

Périanthe à peine papilleux. Feuilles entourant le bulbe contenant des trachéides en abondance, formées de cellules munies d'épaississements spiralés plus ou moins anastomosés. Faisceaux libéroligneux de la tige à peu près régulièrement disposés en cercle au-dessus des feuilles principales.

1. — M. PALUDOSA

M. paludosa Swartz in *Act. holm.* (1800), p. 235 ; Willd., *Spec.*, IV, p. 91 ; Lindl., *Gen. and spec.*, p. 351 ; Richter, *Pl. Eur.*,I, p. 286 ; Reichb. F.,*Icon.*,XIII-XIV, p. 165 ; Correv.,*Alb. Orch. Eur.*,pl. XXIX ; Blytt, *Handb. Norg. Fl.*, éd. Ove Dahl, p. 243, *cum icone* ; Babingt., *Man. Brit. Bot.*, éd. 8, p. 351 ; Dumort., *Prodr. fl. Belg.*, p. 134 ; in *Bull. Soc. r. Belg.* (1866) ; Bellynck, *Fl. Nam.*, p. 260 ; Crépin, *Man. Fl. Belg.*, p. 180 · éd. 2, p. 297 ; Löhr, *Fl. Tr.*, p. 253 ; Hall, *Fl. Belg. sept.*, p. 630 ; J. Meyer, *Orch. G.-D. Luxemb.*, p. 31 ; Dumoulin, *Fl. Maestr.* p. 105 ; Cogniaux, *Fl. Belg.*, p. 253 ; de Vos, *Fl. Belg.*,p. 599 ; Benth.,*Brit. Flora*,p 456 ; Mutel, *Fl. fr.*, III, p. 261 ; Gr. et God , *Fl. Fr.*, III, p. 275 ; Godr., *Fl. Lorr.*, II, p. 309 ; III, p. 47 ; Boreau, *Fl. Cent.*, éd. 3, p. 654 ; Lloyd, *Fl. Ouest*, éd. 2, p. 447 ; et plur. ed. ; Lloyd et Foug., *Fl. Ouest*, p. 344 ; Coss. et Germ., *Fl. env. Par.*, éd. 2, p. 698 ; Bonnet, *Pet. fl. par.*, p. 388 ; de Brébiss., *Fl. Norm.*, p. 548 ; G. Cam., *Monogr. Orch. Fr.*, p. 105 ; in *Journ. de Bot.*, VII, p. 204 ; G. Cam. Berg. A. Cam., *Monogr. Orch. Eur.*, p. 367 ; Léveillé, *Fl. Mayenne*, p. 202 ; Coste, *Fl. Fr.*, III, p. 406, n° 3619, *cum icone* ; Rouy, *Fl. Fr.*, XIII, p. 220 ; Kirschl., *Prodr. fl. Als.*, p. 162 ; *Fl. Als.*, p. 149 ; Godfrin et Petitmengin, *Fl. Lorraine*, p. 75 ; Poll., *Palat.*, p. 856 ; Gmel., *Fl. Bad.*, III, p. 562 ; Koch, *Syn.*, éd. 2, p. 803 ; éd. 3, p. 604 ; éd. Hall. et Wohlf., p. 2448 ; Garcke, *Fl. v. Deutschl.*, éd. 14, p. 386 ; Morthier, *Fl. Suisse*, p. 359 ; Bouvier, *Fl. Alp.*, p. 651 ; Gremli, *Fl. Suisse*, éd. Vetter, p. 487 ; Bach, *Rheinpr.*, p. 376 ; Rhiner, *Prodr. Waldst.*, p. 131 ; Schinz et Keller, *Fl. Schweiz*, p. 130 ; Caflisch, *Ex. S. D.*, p. 301 ; Beck, *Fl. N.-Oest.*, p. 219 ; Hausm., *Fl. Tirol*, p. 855 ; Fellm., *Ind. Lapp.*, n° 315 ; Ruprecht in *Beitr. z. Pfl. Russ. R.*, IV, p. 84 ; Ivanitzky in *Mond. des pl.* (1895), p. 100 ; Hinterhuber e^t Pichlm., *Fl. Salz.*, p. 196 ; Zapalow.,*Consp. Fl. Galic.*, p. 233 ; Ledeb., *Fl. Ross.*, p. 51 ; M. Schulze, *Die Orchid.*, n° 68 ; Asch., *Fl. Prov. Brand.*, I, p. 699 ; Aschers. et Graebn., *Syn.*, III, p. 907. — **Ophrys paludosa** , *Spec.*, éd. 1, 1341, p. 947 (1753) ; *Fl. Dan.*, t. 1234 ; Poll., *Pal.* n° 856 ; *Act. pal.*, II, p. 460 ; Pall., *It.*, III, p. 265 ; Hoffm., *Germ.*,p. 317 ; Roth, *Germ.*, I, p. 381 ; II, p. 401; Gorter, *Fl. ingr.*, p. 203 ; Georgi, *It.*, p. 232 ; *It.*, II, p. 887 ; *Beischr. Russ. R.*, III, V, p. 1272 ; Falk., *Beitr.* II, 248, p. p. ; Eichw., *Skizze*, p. 125 ; Lej., *Fl. Spa*, II, p. 193 ; *Rév. Fl. Spa*, p. 188. — **Orchis paludosa** Pallas, *It.*, III, p. 320 (1776). — **Epipactis paludosa** Schmidt in May., *Phys. Aufs.*, p. 245 (1791). — **Sturmia paludosa** Reichb. in Mössl., *Handb. II* b. p. 1576 (1828) ; Lej. et Court., *Comp.*, III, p. 197. — **Limnas paludosa** Ehrh., *Phytogr.*, 16, *Beitr.*, IV, p. 146 (1789). — **Malaxis palustris** Rich., *De Orch. Eur. Annot.*, p. 38. — **Hammarbya paludosa** O. Kuntze, *Rev. Gen.*, II, p. 665 (1891). — *Malaxis scapo pentagono, foliis spathulatis apice scabris* Swartz in *Act. holm.* (1789), p. 127, t. 6, f. 2. — *M. caule pentagono, foliis pluribus spathulatis apice scabris, racemo multifloro* Smith, *Brit.*, III, p. 940. — *Ophrys (paludosa) bulbo subrotundo, scapo subnudo pentagono, foliorum apicibus scabris, nectario labio integro* L., *Sp. pl.*, 1341 ; *Fl. suec.*, p. 813 ; *Fl. Dan.*, t. 1234 ; Poll., *Pal.*, n° 856. — *Orchis minima bulbosa* Raj., *Suppl.*, p. 587. — *Orchis bifolia minor palustris* Pluk., *Alm.*, p. 270, t. 247, f. 2. — *Bifolium palustre* Raj. *Angl.*, III, p. 385.·

Noms vulg. : Malaxis des marais. — Angl. : Bog Malaxis. — Holland. : Weekkruid, Zartwortel.— Dan. : Hjertelaebe. — Polon. : Waslik. — Allem. : Sumpf-Weichkraut.

Icon. : Sm., *Engl. Bot.*, t. 72 ; *Fl. Dan.*, t. MCCXXXIII ; Hook., *Lond.*, t. 197 ; Pluk. *Alm.*, t. 247 ; Swartz in *Act. holm.* (1789), t. 6, f. 2 ; Dietr., *Fl. r. boruss.*, I, 13 ; Nees v. Es., *l. c.*, V, t. 16 ; M. Schulze, *l. c.*, t. 68 ; Reichb. F.,*Icon.*,XIII-XIV, t. 142, CCCCXCIV, f. I-11, 1-12 ; G. Cam., *Iconogr. Orch. Par.*,pl. 40 ;

SMITH, *Engl. Bot.*, t. 72 ; FITCH et SMITH, *Illustr. Brit. Fl.*, n⁰ 976 ; G. CAM. BERG. A. CAM., *l. c.*, pl. 28, f. 978-982 ; *Ic. n.*, pl. 100, f. 5-10.

Exsicc. : Reliq. Maill., n⁰ 450 ; SCHULTZ, n⁰ 81 ; FRIES, *Herb. n.*, n⁰ 148 ; REICHB., n⁰ 2015 ; BILLOT, n⁰ 78 ; *Kickxia belg.*, I, n⁰ 82 : *Soc. Rochel.*, n⁰ 2723 ; MAGNIER, *Pl. Gall. et Belg.*, n⁰ 630 ; *Soc. ét. fl. fr.-helv.*, n⁰ 558 ; KARO, *Pl. dahur.*, n⁰ 333 ; BECKM., *Fl. pl. Germ. bor. occ.* (1886) ; *Soc. Rochel.*, n⁰ 2723.

Racine très grêle. Rhizome grêle, subcylindrique, ascendant, reliant le bulbe tuniqué de l'année à celui assez espacé de l'année précédente. Bulbe tuniqué ovoïde, presque tétragone, petit.Tige de 5-12 centim.,rarement plus, ascendante, puis dressée, jaunâtre et longuement nue à la base, très grêle, anguleuse, à angles peu marqués, renflée à la base en un petit bulbe entouré par la partie engainante de la feuille sup., ce petit bulbe entoure la jeune plante qui se développera l'année suivante ; il est assez distant du bulbe de l'année et situé au-dessus de lui. Feuilles ord. 3 (-4), inégales, l'inf. rudimentaire, les autres vertes ou vert jaunâtre,ovales ou ovales-lancéolées, obtuses ou la sup. aiguë, minces, 3-7-nervées, émettant parfois à leur sommet et vers les bords de petits bourgeons adventifs (1). Bractées petites, lancéolées-aiguës ou acuminées, à base cunéiforme, égalant env. la longueur du pédicelle. Fleurs petites, nombreuses, d'un jaune verdâtre, 7-35, résupinées, brièvement pédicellées, disposées en grappe grêle, allongée, assez lâche, égalant presque le reste de la longueur de la tige. Divisions du périanthe libres, d'un vert jaunâtre, étalées, les ext. ovales-triangulaires, subobtuses, 1-nervées, les lat. ext. dressées sous le labelle, la médiane dirigée en bas, souvent plus grande que les lat. ; les lat. int. oblongues, bien plus étroites et plus courtes que les ext., linéaires-oblongues, étalées et réfléchies à l'extrémité. Labelle plus court que les div. lat. ext. du périanthe, dirigé en haut (le pédicelle et la base de l'ovaire subissent une torsion de 360⁰ env.), ovale, aigu ou subaigu, entier, plus dur et plus foncé que les autres div. du périanthe, concave par inflexion des bords. Gynostème très court, un peu oblique, presque parallèle au labelle, épais, non élargi-ailé, denté latéralement vers le haut. Rostellum très large, presque entièrement visqueux. Loges de l'anthère cordiformes ou réniformes (2). Masses polliniques devenant libres par **contraction** des parois de l'anthère, obovales-oblongues, pyriformes, à lobes superposés. Ovaire pyriforme, à côtes marquées. Capsule petite, dressée, pyriforme, atténuée à la base en pédicelle tordu à peine plus court qu'elle (3).

Morphologie interne

Racine. Assise pilifère prolongée en poils absorbants assez nombreux. Cellules corticales à épaississements spiralés nombreux. Endophytes pénétrant jusque dans l'écorce int. Cylindre ligneux axile, développé, à vaisseaux rayés et réticulés abondants. La structure de la racine permet, malgré la grande réduction de cet organe, l'absorption très rapide de l'eau.

Bulbe. Cellules du parenchyme très envahies par l'endophyte. La région habitée par les champignons est très reconnaissable, surtout dans les matériaux alcooliques, par sa coloration blanche. Les assises corticales int. renferment des pelotons serrés de mycélium et des traces d'amidon alors que les assises ext. sont très amylifères et ne contiennent que peu d'endophytes. Trachéides en grande abondance, servant de réservoirs aquifères, en contact immédiat avec les faisceaux de l'axe. Bulbe émettant beaucoup de rhizoïdes. — *Tige* Stomates assez nombreux. 3-4 assises de parenchyme ext. chlorophyllien dans les régions ailées. Dans les parties non ailées, anneau lignifié touchant à l'épiderme ou séparé de lui par 1-2 assises parenchymateuses. Anneau lignifié formé de 4-6 assises à parois peu épaisses. Faisceaux libéroligneux très allongés radialement, réduits, à peu près régulièrement disposés en un cercle au-dessus des feuilles principales, entourés de tissu lignifié. Parenchyme non résorbé au centre de la tige, formé de cellules à parois très minces et à petits méats.

Feuilles entourant le bulbe. Ep. = 400-750 μ. Epidermes munis d'épaississements lignifiés, rayés, avec des

1.Les bourgeons apparaissent sur les feuilles quand elles sont encore sur la plante-mère et ils donnent des individus nouveaux quand les feuilles se sont desséchées (cf. HENSLOW, *Sur les feuilles du « Malaxis paludosa »* in *Ann. Sc. nat.* XIX,p. 103 (1830) ; HORNSCHUCH in *Flora*, 1838,p. 257, t. 3 ; DICKIE, *On the production of buds on the leaves* in *Journ. Linn. Soc. Bot.*, XIV, p. 1), parfois le développement de ces bourgeons est rapide et ils sont encore sur les feuilles qu'ils ont déjà 2 ou 3 feuilles rudimentaires (R. A. R. in *Orch. Rev.* (1920), p. 27). Les racines peuvent aussi donner des bourgeons adventifs (BEYERINCK in *K. Ak. Wiss. zu Amst.* (1886), p. 25).

2. La fleur est fécondée par l'intermédiaire des insectes. Dans le bouton, l'anthère s'ouvre. Le rostellum,en forme de longue saillie membraneuse, blanchâtre, a sur sa crête une masse visqueuse qui,exposée à l'air,garde sa fluidité pendant plusieurs jours. Les pollinies sont bifides, placées sur le dos du rostellum, reposant à leur extrémité inf. dans deux petites cupules formées par les loges desséchées de l'anthère et englobées, par leur face postérieure, dans la masse visqueuse du rostellum, leur extrémité sup. atteint la crête du bec. Quand un insecte pénètre avec sa tête ou sa trompe entre le labelle dressé et le bec,il touche inévitablement à la masse visqueuse et l'emporte en sortant. En allant butiner dans une autre fleur, l'insecte, ayant toujours les pollinies fixées à sa tête ou à sa trompe, déposera l'extrémité élargie des masses polliniques dans la poche stigmatique. Les graines sont ord. très nombreuses. Cf. DARWIN, *De la fécondat. des Orchid. par les insectes*, trad. REROLLE, p. 130 ; KNUTH, *Blütenbiologie* II, 2, p. 457.

3. Voir **Développement du Malaxidées**, p. 41.

anastomoses assez rares (pl. 117, f. 168). Parenchyme formé de cellules semblables à celles des épidermes, mais à anastomoses plus nombreuses. Nervures très rapprochées de l'épiderme sup., à faisceau très réduit, entouré de quelques cellules plus petites que les autres, à parois peu épaisses, lignifiées ; liber détruit, remplacé par une lacune. — *Feuilles vertes*. Ep. — 150-250 μ. Epiderme sup. formé de cellules non allongées et à parois lat. recticurvilignes, haut de 30-35 μ env., à paroi ext. très mince et à peine bombée, muni de quelques stomates à l'extrémité des feuilles seulement. Epiderme inf. à parois plus ou moins ondulées, contenant un peu de chlorophylle, haut de 20-30 μ. à paroi ext. mince et non bombée, muni de nombreux stomates non régulièrement orientés, émettant des rhizoïdes. Parenchyme formé de 6-8 assises de cellules chlorophylliennes et contenant quelques raphides. Nervures principales munies de parenchyme incolore abondant, les autres à faisceau libéroligneux entouré de cellules chlorophylliennes, toutes dépourvues de sclérenchyme et de collenchyme

Fleur. — *Divisions externes et latérales internes du périanthe*. Epidermes ext. et int. dépourvus de papilles. — *Labelle*. Epiderme int. légèrement papilleux. Epiderme ext. non papilleux. — *Gynostème*. Faisceaux des étamines lat. parcourant le clinandre. — *Anthère*. Cellules fibreuses en griffe très nombreuses et très développées (pl. 122, f. 454-455). — *Ovaire* (pl. 122, f. 495). Schéma de la coupe transversale ressemblant beaucoup à celui du *Microstylis monophyllos*. Nervure des valves placentifères déprimée extérieurement, contenant un faisceau libéroligneux. Lame placentaire se divisant vers la base. Valves non placentifères peu développées, situées dans une dépression et saillantes extérieurement, contenant un faisceau libéroligneux à bois int. — *Graines*. Cellules du tégument non sensiblement striées. Graines renflées au sommet à peine 1-1 f. 1/2 plus longues que larges. L. = 200-250 μ env.

V. v. — Juin-août. — *Habitat* : marais tourbeux, souvent parmi les Sphaignes, sur la silice. — *Répart. géogr.* : Europe occid., centr. et septentr. ; France (rare et disséminé, Somme, Orne, Manche, Morbihan, Finistère, Mayenne, Indre-et-Loire, Loire-Inférieure, n'existe plus aux env. de Paris (1), Vosges, Alsace, Lorraine, Cantal, Aveyron, Lozère, Landes), Iles Britanniques (disséminé, Ecosse, rare dans le Pays de Galles), Belgique (T. R., Campine anversoise et limbourgeoise), Hollande (Utrecht et Brabant, d'apr. Bosch), Danemark, Péninsule scandinave, Finlande, Allemagne (disséminé dans la rég. septentr., R. dans la rég. centr. et mérid.), Suisse (T. R. Schwyz où la plante tend à disparaître (Bergon, 1906), marais entre Biberbrücke et Einsiedeln, alt. 884 m.), Autriche, R. dans le Tyrol, T. R. près de Salzbourg, Styrie, Bohème, Hongrie (Degen), Galicie, Russie. — Sibérie, Daourie.

Gen. XX. — **MICROSTYLIS** Nuttal.

Microstylis Nuttal, *Gen. Amer.*, II, p. 196 (1818) (comme sect.) ; Eaton, *Man.*, éd. 3, p. 353 (1822) (comme genre) ; Lindl., *Gen. and spec.*, p. 19 ; Endl., *Gen.*, p. 189 ; Meisn., *Gen.*, p. 369 ; *Comment.*, p. 379 ; Reichb. F., *Icon.*, XIII-XIV, p. 163 ; G. Cam. Berg. A. Cam., *Monogr. Orch. Eur.*, p. 369 ; Ridley in *Journ. of the Linn. Soc. Bot.* (1888), p. 318. — **Ophrydis species** L., *Spec.*, éd. 1, p. 947(1753). — **Monorchidis species** Mentzel, *Pug.*, t. 6, f. 1, 2. — **Malaxidis species** Swartz in *Act. holm.* (1800), p. 234 ; p. p. — **Achroanthes** Rafin., *Med. Repos. New-York*, V, p. 352 (1808) ; Greene, *Pittonia*, II, p. 183 (1891). — **Acroanthes** Rafin. in *Journ. of Phys.*, LXXXIX, p. 261 (1819). - - **Dienia** Lindl. in *Bot. Reg.* (1824), t. 825. — **Diena** Reichb., *Consp.*, p. 69 (1828). — **Pterochilus** Hook. et Arn., *Bot. of Beech. Voy.*, XVII (1832). — **Microstylis** Sect. I. **Rhachidibulbon** Ridley ap. Pfitzer, *Nat. Pfl.*, II, 6, p. 130 (1889). — **Achroanthus** Pfitz., *Nat. Pfl.*, *Nachtr.*, p. 103 (1897) ; Aschers. et Graebn., *Syn.*, III, p. 904.

Divisions ext. du périanthe libres, étalées, les lat. un peu plus courtes que la médiane et de même forme, les lat. int. linéaires ou filiformes. Labelle dirigé en haut, formant un angle droit avec le gynostème, très étalé, excavé à la base, sagitté ou auriculé, entier ou denté, dépourvu d'éperon. Gynostème plus ou moins court, denté de chaque côté vers le sommet. Anthère biloculaire, persistante, dépourvue d'appendice. Masses polliniques bipartites, à lobes collatéraux se recouvrant l'un l'autre, non atténuées en caudicule, devenant libres non par contraction des anthères. Ovaire non contourné, atténué en un pédicelle contourné. — Racines grêles. Bulbes tuniqués, gros, contigus. Feuilles vertes.

Labelle à peine papilleux. Feuilles entourant le bulbe contenant des trachéides en abondance, cellules munies d'épaississements réticulés, à mailles polygonales. Faisceaux libéroligneux de la tige disséminés au-dessus des feuilles principales.

____

1. Cette plante existait autrefois à l'étang du Serisaye près Rambouillet.

1. — M. MONOPHYLLOS

M. monophyllos (*vel* **monophylla**) Lindl., *Bot. Reg.* p. 1290 (1829) ; *Gen. and spec.*, p. 19 (1830) ; Reichb. F., *Icon.*, XIII-XIV, p. 163 ; Gray, *Manual Bot.*, éd. 5, p. 509 ; Richter, *Pl. Eur.*, I, p. 287 ; Ledeb. *Fl. Ross.*, IV, p. 50 ; Blytt, *Handb. Norg. Fl.*, éd. Ove Dahl, p. 242, *cum icone* ; Oborny, *Fl. Moehr. Oest. Schl.*, p. 260 ; Garcke, *Fl. Deutschl.*, éd. 14, p. 386 ; Gremli, *Fl. Suisse*, éd. Vetter, p. 487 ; Parlat., *Fl. ital.*, III, p. 380 ; Fiori et Paol., *Icon. fl. ital.*, n° 850 ; Kraenz., *Orchid.*, p. 4 ; *Fl. v. München*, p. 74 ; Aschers. *Fl. Prov. Brand.*, I, p. 698 ; Aschers. et Graebn., *Fl. Nord. Flachl.*, p. 221 ; M. Schulze, *Die Orchid.*, 69 ; Beck, *Fl. Nied.-Oest.*, p. 220 ; G. Cam. Berg. A. Cam., *Monogr. Orch. Eur.*, p. 370 ; Ivanitzky in *Monde des plantes* (1895), p. 100 : Sagorski et Schn., *Fl. d. Centralkarp.*, II, p. 479, Jantre, *Contrib. Flora Ceah.*, p. 45. — **Ophrys monophyllos** L., *Spec.*, éd. 1, p. 947 (1753) ; Sut., *Fl. helv.*, II, p. 227 ; Poiret, *Encycl.*, IV, p. 570 ; Hoffm., *Germ.*, I, p. 318, n° 9 ; Kalm. *Fl. fenn.*, n° 508 ; Gilib., *Exerc. phyt.*, II, p. 490, *cum icone*. — **O. lilifolia** Ehrh., fid. Ruprecht, *Beitr.* — **Epipactis monophyllos** Schmidt in May., *Phys. Aufs.* (1791), p. 25. — **E. unifolia** Hall., *Icon.*, 38 (1795). — **Malaxis monophyllos** Swartz in *Act. holm.* (1800), p. 234 ; Willd., *Spec.*, IV, p. 90 ; Rich. in *Mém. Mus.*, IV, p. 60 ; Correv., *Alb. Orch. Eur.*, pl. XXVIII ; Reichb., *Fl. excurs.*, I, p. 135 ; Bluff et Fingh., *Comp.*, II, p. 441 ; Koch, *Syn.*, éd. 2, p. 803 ; éd. 3, p. 604 ; Nyman, *Consp.*, p. 686, *Suppl.*, p. 289 ; Caflisch, *Ex. Fl. S.-D.*, p. 301 ; Gaudin, *Fl. helv.*, V, p. 481 : Morthier, *Fl. Suisse*, p. 359 ; Bouvier, *Fl. Alp.*, éd. 2, p. 65 ; Rhiner, *Prodr. Waldst.*, p. 130 ; Schinz et Keller, *Fl. d. Schweiz*, p. 130 ; Ambros., *Fl. Tir. aust.*, I, p. 739 ; Hausm., *Fl. Tirol*, p. 855 ; Hinterhuber et Pichlm., *Fl. Salzb.*, p. 196 ; Schur, *Enum. Trans.*, p. 651 ; Simk., *Enum. Trans.*, p. 508 ; Jundz., *Fl. Lith.*, p. 269 ; Bess., *Enum.*, p. 36, n° 1173 ; Eichw., *Skizze*, p. 125 ; Lessing in *Linn.*, IX, p. 156, 158, 205 ; Turcz., *Catal. Baikal*, n° 1112 ; Fleisch. et Lindl., *Fl. Ostseepr.*, p. 310 ; Ledeb., *Fl. alt.*, IV, p. 173 ; *Fl. ross.*, IV, p. 50.— **M. monophylla** Ces. Pass. Gib., *Comp.*, p. 180 ; Arcang., *Comp.*, éd. 2, p. 162 ; Fiori et Paol., *Fl. Ital.*, I, p. 249. — **Mal. diphyllos** Cham. in *Linn.*, III, p. 34 (1828). -- **Micr. diphyllos** Lindl., *l. c.* (1830). — **Mal. brachypoda** Asa Gray in *Ann. Lyc. New-York*, III, p. 228. -- **Achroanthus monophyllos** Greene, *Pittonia*, II, p. 183 (1891) ; Aschers. et Graebn., *Syn.*, III, p. 905. — **Monorchis monophyllos** Mentz., *Pug.*, t. 5, f. 1-2. — *Epipactis folio unico amplexicauli, spica prolixa multiflora* Hall., *Helv.*, n° 1293, t. 36. — *Ophrys monophyllos bulbosa* Loes., *Pruss.*, p. 180, t. 57. — *Pseudo-Orchis monophyllos* Clus., *Hist.*, I, p. 269. — *Ophrys (monophyllos) bulbo rotundo, scapo nudo, folio ovato, nectarii labio integro* L., *Sp. plant.*, p. 947 ; Wulfen in Jacq., *Collect.*, 4, p. 340, t. 13, f. 2.

Noms vulg. : Microstylis à une feuille. — Allem. : Einblättriger Kleingriffel, Fleischblume. — Hongr : Bibaprod. — Boh. : Kukuinik.

Icon. : Haller, *l. c.* ; Jacq., *l. c.* ; *Fl. Dan.*, n° 1525 ; Mentz, *l. c.* ; Loes. *Pruss.*, 18, t. 57 ; Reichb. F., *Icon.*, XIII-XIV, t. 141, CCCCXCIII, f. I-III, 1-26 ; Ces. Pass. Gib., *l. c.*, t. XXII, 5, a-d ; Mon., *Hist.*, III, s. 12, t. 15, f. 10 ; M. Schulze, *l. c.*, t. 69 ; Kraenzl., *Orch.*, t. 4 ; G. Cam. Berg. A. Cam., *l. c.*, pl. 28, f. 983-998 ; *Ic. n.*, pl. 100, f. 11-16.

Exsicc. : Thomas ; Schleich. ; Hoppe, Cent. 2.

Pseudobulbes renflés, celui de l'année touchant presque à celui de l'année précédente, et recouverts par des débris de feuilles (1). Rhizome grêle du *Liparis* (2). Tige arrondie, grêle, haute de 15-25 cm., trigone ou subpentagone et nue au sommet. Feuille sup. étroitement engainante, réduite, à limbe très rudimentaire ; feuilles développées ord. uniques, rarement 2 (dans des formes individuelles se trouvant mélangées avec le type) (3), délicates, minces, presque pellucides, vert pâle, ovales, ou ovales-elliptiques, ou oblongues, acutiuscules ou obtuses, très engainantes à la base, à nerv. méd. seule visible, gemmifères. Grappe distante de la feuille sup., multiflore, lâche. Bractées pellucides, lancéolées, acuminées, plus courtes que le pédicelle. Pédicelle grêle, contourné. Fl. petites, jaune verdâtre, résupinées par torsion du pédicelle et de la base de l'ovaire. Div. du périanthe assez écartées les unes des autres, les ext. lancéolées, aiguës, les lat. int. linéaires, aiguës. Labelle concave, ovale de la base jusqu'au milieu, puis brusquement acuminé au sommet et à bords dentés, à 5 nerv. épaisses à la base et très proéminentes, très calleux aux bords vers la base, plus court mais plus large que les div. lat. int. Gynostème épais, court, droit, à angle droit avec le labelle. Anthère dressée, dépassant le rostellum, blioculaire, transversalement ovale. Pollinies 4, collatérales, cunéiformes, accombantes par paires.

---

1. Voir p. 41. 46, 52, 57.
2. Il naît souvent des bourgeons adventifs sur les racines (Beyerinck, *Beob. und Betracht. über Wurzelknospen und Nebenwurzeln* in *K. Ak. d. Wiss.* Amsterdam (1886), p. 25).
3. Cette forme a reçu les noms de *M. diphyllos* Cham., *M. monophyllos* Lindl. var. *diphyllos* Schur.

Rostellum triangulaire, dressé. Ouverture du style rhomboïdale. Ovaire turbiné, droit, plus court que le pédicelle.

Morphologie interne.

Racine. Poils absorbants très abondants. Assise pilifère dépourvue d'épaississements spiralés (1). Cellules de l'écorce à parois très nettement réticulées. Endophytes pénétrant même dans l'écorce int. Cylindre ligneux formé d'éléments à parois extrêmement minces.

Bulbe. Cellules du parenchyme ext. et int. à parois réticulées. Endophytes très abondants surtout dans le parenchyme int. A la base du bulbe, ces cellules s'allongent beaucoup, se terminent obliquement et forment le passage entre les cellules de parenchyme et les vaisseaux des faisceaux libéroligneux avec lesquels elles sont en contact (pl. 117, f. 170). Production abondante de rhizoïdes. — *Tige.* Stomates assez nombreux. Dans les parties ailées, 3-5 assises parenchymateuses entre l'épiderme et l'anneau lignifié, dans les autres régions épiderme touchant le plus souvent à l'anneau lignifié. Anneau lignifié formé de 3-5 assises. Faisceaux libéroligneux entourés de tissu lignifié, formant un cercle à peu près régulier à l'intérieur duquel sont disséminés quelques faisceaux. Parenchyme int. non résorbé, formé de cellules à parois minces, parfois un peu lignifiées, laissant entre elles de petits méats et des canaux aérifères.

Feuilles entourant le bulbe (pl. 117, f. 169). Ep. = 250-500 μ. Epidermes sup. et inf. formés de cellules à parois munies d'épaississements réticulés semblables à ceux du *Liparis Lœselii*. Près des nervures ces épaississements s'allongent un peu. Parenchyme formé, comme les épidermes, de cellules à parois réticulées et sans contenu protoplasmique vivant (dans les bulbes adultes), se remplissant très rapidement d'eau et la conservant longtemps. Nervures très rapprochées de l'épiderme sup., à faisceau entouré de quelques petites cellules à parois un peu épaisses et lignifiées. Liber remplacé par une lacune. — *Feuilles vertes.* Ep. = 120-200 μ env. Epiderme sup. formé de cellules non ou à peine allongées, à parois lat. recticurvilignes, haut de 25-35 μ env., à paroi ext. mince et non ou peu bombée, muni de quelques stomates seulement à l'extrémité du limbe. Epiderme inf. recticurviligne, haut de 15-25 μ. à paroi ext. mince et légèrement bombée, pourvu de stomates nombreux,émettant quelques rhizoïdes vis-à-vis des nervures,ces rhizoïdes disposées ord¹ en 3 lignes rapprochées du milieu de la feuille et souvent en bouquets, analogues aux poils absorbants des racines. Parenchyme formé de 5-7 assises chlorophylliennes. Nervures dépourvues de collenchyme et de sclérenchyme ; faisceau libéroligneux rapproché de l'épiderme inf. et entouré de tissus incolore et chlorophyllien.

Fleur. — *Divisions externes et latérales internes du périanthe.* Epidermes ext. et int. dépourvus de papilles. — *Labelle.* Epiderme int. à peine papilleux. — *Ovaire* (f. 181). Nervure des valves placentifères située au fond d'une dépression et renfermant un faisceau libéroligneux ; limbe de ces valves formant une forte saillie de chaque côté de la nervure. Placenta court, à divisions longues. Valves non placentifères peu développées, légèrement saillantes à l'extérieur au fond d'un profond sillon, renfermant un faisceau libéroligneux. — *Graines.* Cellules du tégument à parois rectilignes, non sensiblement striées. Graines légèrement renflées au sommet, 2-3 fois plus longues que larges. L. = 250-320 μ env.

V. v. — Juillet-août. — *Habitat* : tourbières, marais des montagnes, aulnaies, bords des ruisseaux, parfois pentes assez proches de la mer ; monte à 1.660 m. en Bavière, à 1.400 m. dans le Tyrol (DALLA TORRE et SARNTH.]. — *Répart. géogr.* : Europe boréale et moyenne ; Suède et Norvège centr. et mérid., Finlande, Allemagne (Brandebourg à Eberswalde, Posnanie, Rügen, Usedom, Wollin, rare en Prusse orient. et occid., Allemagne centr., Silésie, Bavière, Wurtemberg près de Lorch et de Tuttlingen) ; Suisse (assez rare, Alpes de la Suisse centr., Unterwalden, Berne, Oberland), Italie (Taval-Larèse di Forno dans la Valle di Fiemme [FACCHINI ap. PARLAT.), Trentin, Illyrie (près de Wippach (POSP.), Autriche, Tyrol, Salzbourg, Carinthie, Styrie, Basse-Autriche, Hongrie, Sudètes orient. à Grafschaft, Glatz, Gesenke, Silésie à Kosel et Beuthen, Carpathes septentr. et mérid., Galicie, Pologne, Russie occid., centr. et mérid., Roumanie (PANTÙ). — Sibérie, nord de l'Amérique.

Gen. XXI. — **LIPARIS**.

Liparis L.-C. RICH. in *Mém. Mus. Paris*, IV, p. 43, 53 (1818) ; LINDL., *Gen. and spec.*, p. 26 ; ENDL., *Gen.*, p. 189 ; MEISN., *Gen.*, p. 369 ; PARLAT., *Fl. ital.*, III, p. 382 ; ASCHERS. et GRAEBN., *Syn.*, III, p. 900 ; G. CAM.

___
1. Voir p. 125.

Berg. A. Cam., *Monogr. Orch. Eur.*, p. 372. — **Ophrydis species** L., *Spec.*, éd. 1, p. 947 (1753). — **Cymbidii species** Swartz in *N. Act. Ups.*, VI, p. 76 (1799). — **Malaxidis species** Swartz in *Act. holm.* (1800), p. 235. — **Serapiadis species** Hoffm.. *Deutschl. Fl.*, II, 1, 2, p. 181 (1804). — **Leptorkis** Thouars in *Nouv. Bull. Soc. philom. Paris*, I (1809), p. 319 ; *Hist. pl. Orchid.* (1822). — **Pseudorchis** S. F. Gray, *Nat. Arr. Brit.*, pl. II, p. 213 (1821). — **Sturmia** Reichb., *Pl. crit.*, IV, p. 39 (1826) et ap. Mössl., *Handb.*, éd. 2, v. 2, p. 1576 (1828) : Koch, *Syn.*, éd. 2, p. 803 ; Reichb. F., *Icon.*, XIII-XIV, p. 161 ; Pfitzer in Engl. et Prantl, *Pfl.* II, 6, p. 128 ; *Nachtr.*, p. 103. — **Paliris** Dumort., *Prodr. fl. Belg.*, p. 134 (1827). — **Antholiparis** Foerster, *Fl. ex. Aachen*, p. 351 (1878). — **Leptorchis** Mac Metasp., *Minn.*, p. 173 (1892).

Périanthe à divisions étalées, étroites, les ext. lat. rapprochées du labelle. Labelle dirigé en haut, aussi long que les autres divisions du périanthe, dépourvu d'éperon, indivis,concave, canaliculé, ordt crénelé, à bords parfois sinueux. Masses polliniques bipartites, à lobes collatéraux. Pas de caudicules. Gynostème allongé, légèrement infléchi, élargi en aile de chaque côté, les ailes formant la continuation du bord des loges staminales. Anthère biloculaire, caduque, terminée par un appendice membraneux. Ovaire non contourné ou un peu contourné à la base, atténué en un pédicelle tordu. — Racines grêles. Pas de rhizome charnu, coralliforme. Bulbes tuniqués, gros, non espacés. Feuilles vertes.

Labelle à peine papilleux. Feuilles spongieuses entourant le bulbe contenant des trachéides en abondance : épaississements en forme de réseaux à mailles polygonales. Faisceaux libéroligneux de la tige disséminés.

I. — L. LŒSELII

L. Lœselii C.-L. Rich. in *Mém. Mus. Paris*, IV, p. 60 (1818) ; Lindl., *Gen. and spec.*, p. 28 ; *Syn.*, *Brit. Fl.*, I, p. 263 ; Benth., *Brit. Flora*, p. 455 ; Correv., *Alb. Orchid. Eur.*, pl. XXV ; Blytt, *Handb. Norg. Fl.*, éd. Ove Dahl, p. 242 ; Dumort, in *Bull. Soc. r. Belg.* (1866) ; Crépin, *Manuel Fl. Belg.*, éd. 1, p. 188 ; éd. 2, p. 297 ; Thielens, *Acq. fl. belg.* (1870), p. 35 ; de Vos, *Fl. Belg.*, p. 559 ; Cogniaux, *Fl. Belg.*, p. 253 ; Desv., *Observ. fl. Anj.*, p. 92 ; Gr. et God., *Fl. Fr.*, III, p. 275 ; Bor., *Fl. Cent.*, éd. 3, II, p. 654 ; Godet, *Fl. Jura*, p. 701 ; Gren., *Fl. ch. jurass.*, p. 765 ; Michal., *Hist. nat. Jura*, p. 300 ; Coss. et Germ., *Fl. Par.*, éd. 2, p. 698 ; Bonnet, *Fl. paris.*, p. 388 ; Franch., *Fl. L.-et-Ch.*, p. 567 ; Lloyd et Fouc., *Fl. Ouest*, p. 177 ; Brébiss., *Fl. Norm.*, éd. 5, p. 399 ; de Vicq, *Fl. Somme*, p. 435 ; G. Cam., *Monogr. Orch. Fr.*, p. 104 ; in *Journ. bot.*, VII, p. 203 ; G. Cam. Berg. A. Cam., *Monogr. Orch. Eur.*, p. 373 ; Magnin, *Arch. fl. jurass.*, n° 13 ; Masclef, *Cat. P.-de-C.*, p. 158 ; Gentil, *Fl. manc.*, p. 177 ; Guill., *Fl. Bord. et S.-O.*, p. 173 ; Hariot et Guyot, *Contr. fl. Aube*, p. 106 ; Rouy, *Fl. Fr.*, XIII, p. 219 ; Bluff et Fing., *Comp.*, II, p. 440 ; Koch, *Syn.*, éd. Hall. et Wohlf., p. 2448 ; Garcke, *Fl. Deutschl.*, éd. 14, p. 386 ; Aschers. et Graeb., *Fl. Nordost. Flachl.*, p. 221 ; *Syn*, III, p. 901 ; Kraenzlin, *Orch.*, p. 2 ; Morthier, *Fl. Suisse*, p. 359 ; Reuter, *Catal. Genève*, éd. 2, p. 209 ; Bouvier, *Fl. Alpes*, éd. 2, p. 650 ; Schinz et Keller, *Fl. Schweiz*, p. 130 ; Bertol., *Fl. ital.*, IX, p. 639 ; Parlat., *Fl. ital.*, III, p. 383 ; Ces. Pass. Gib., *Comp.*, p. 181 ; Arcang., *Comp.*, éd. 2, p. 162 ; Fiori et Paol., *Icon. fl. ital.*, n° 851 ; Ledeb., *Fl. ross.*, IV, p. 52 ; Ridley in *Journ. Linn. Soc.*, XXII, p. 272 (1887); Perr. de la Bath., *Cat. Savoie*, II, p. 291.— **Ophrys Lœselii** L., *Spec.*, éd. 1, p. 947 (1753) ; *Engl. Bot.*, t. 47 ; Smith, *Brit.*, p. 935 ; Hoffm., *Fl. germ.*, I, p. 317 ; Lej., *Rév. fl. Spa*, p. 188 ; Georgi, *Beschr. Russ. R.*, III, 5, p. 1272.— **O. liliifolia** Huds., *Fl. angl.*, p. 389 ; Lamk, *Dict. IV*, p. 569; Vill., *Hist. Dauph.*, II, p. 47 ; Georgi, *l. c.*, III, V, p. 1272 ; Gorter, *Fl. ingr.*, p. 146; *Fl. VII, Prov.*, p. 257. — **O. latifolia** L., *Fl. suec.*, éd. 2, p. 316 (1755). — **O. lilifolia** β L., *Syst.*, éd. 12, II, p. 192 (1767). — **O. lilifolia β Lœselii** Huds., *Fl. Angl.*, éd. 2, p. 390 (1778). — **O. paludosa** Muell., *Fl. Dan.*, t. 877 (1782) ; non L. — **O. trigona** Gilib., *Exerc. phyt.*, II, p. 488 (1792), *cum icone.* — **Cymbidium Lœselii** Swartz in *N. Act. Ups.*, VI, p. 76 (1799). — **Malaxis Lœselii** Swartz in *Act. holm.*, p. 235 (1800) ; Willd., *Spec.*, IV, p. 92 ; DC., *Fl. fr.*, III, p. 262, n° 2046 ; Duby, *Bot.*, p. 450 ; Loisel., *Fl. gall.*, II, p. 274 ; Boisduval, *Fl. fr.*, III, p. 54 ; Jundz., *Fl. lith.*, p. 270 ; Gaud., *Fl. helv.*, V, p. 483 ; Hall, *Fl. Belg. sept.*, p. 632 ; Graves, *Catal. Oise*, p. 120 ; Coste, *Fl. Fr.*, III, p. 407, n° 3620. — **M. liliifolia** Willd., *Sp.*, IV, p. 92 (1805) quoad syn. Gronov. — **Serapias Lœselii** Hoffm., *Deutschl. Fl.*, 2, I, 2, p. 181 (1804). — **Malaxis uliginosa** Clair., *Man.*, p. 265 (1811). — **Paliris Lœselii** Dumort., *Prodr. fl. Belg.*, p. 134 (1827). — **Sturmia Lœselii** Reichb., *Pl. crit.*, IV, p. 39, t. 956, f. 1286, 1287 (1828) ; *Icon.*, XIII-XIV, 161, t. CCCCXCII, f. I-IX, 1-27 ; Cafl., *Ex. Fl.*, p. 301 ; Seubert, *Ex. Fl.*, p. 128 ; Bach, *Rheinpreuss.*, p. 376 ; Nyman, *Consp.*, p. 686 ; Richter, *Pl. Eur.*, I, p. 286 ; Rhiner, *Prodr. Waldst.*, p. 130 ; Hausm., *Fl. Tirol*, p. 854 ; Hinterhuber et Pichlm., *Prodr. Salzb.*, p. 196 ; Döll, *Rhein.*, p. 214 ; Koch, *Syn.*, éd. 2, p. 803 ; éd. 3, p. 604 ; M. Schulze, *Die Orchid.*, n° 67 ; Kirschl., *Prodr.*, p. 164 ; *Fl. Alsace*, p. 148 ; Babingt., *Man. Brit. Bot.*, éd. 8, p. 352 ; Oudemans, *Fl. Nederl.*, III, p. 153 ; Lej. et Court., *Comp.*, III,

p. 198 ; LÖHR, *Fl. Tr.*, p. 253 ; AMBR., *Fl. Tir. austr.*, I, p. 741 ; MUTEL, *Fl. Fr.*, III, p. 261 ; *Fl. Dauph.*,
éd. 2, p. 601 ; CORDIÈRE, *N. fl. Norm.*, p. 548 ; GREMLI, *Fl. Suisse*, éd. Vetter, p. 487 ; OBORNY, *Fl. Mæhr.
Oest. Schl.*, p. 260 ; FLEISCH. et LIND., *Fl. Ostseeprov.*, p. 303 ; SCHUR, *Enum. pl. Trans.*, p. 651, n° 3460 ;
SIMK., *Enum. fl. Trans.*, p. 507 ; EICHW., *Skizze*, p. 125 ; BESSER in *Flora*, II, p. 12. — **Antholiparis Lœselii**
FOERSTER, *Fl. ex. Aachen* (1878), p. 351. — **Leptorchis Lœselii** MAC METASP. *Min.*, p. 173 (1893) ;
PIPER, *Fl. of the St. Washington*, p. 208 ; (RYDBERG) in *Contrib. the U.-S. Herb.*, III, VI *Alabama*, p. 180. —
Liparis bifolia CAR. et SAINT-LAG., *Fl. descr.*, éd. 8, p. 814 (1897). — **L. viridiflora** SAINT-LAG., *Catal.*,
p. 728. — *Ophris (Lœselii) bulbo subrotundo, scapo nudo trigono, nectario labello ovato* L... *Sp.* p. 947 ;
HOFFM., *Germ.*, p. 317. — *Ophrys diphyllos bulbosa* LOES., *Pruss.*, p. 180, t. 58. — *Orchis liliifolius minor
sabuletorum Zelandiae et Batuviae* BAUH., *Hist.*, II, p. 770, f. 1. — *Pseudo-Orchis bifolia palustris* RAJ., *Syn.*,
p. 382. — *Bifolium bulbosum* DODON., *Pempt.*, p. 292.

Noms vulg. : Liparis de Loesel. — Angl. : Two-leaved Liparis. — Allem. : Loesels Glanzkraut, Glanzkraut, Glattkraut. — Holl. : Glanswortel. — Dan. : Mygblomst. — Bohême : Hliznik.

Icon. : LOES., *l. c.*, t. 58 : *Engl. Bot.*, t. 47 ; *Fl. Dan.*, t. DCCCLXXVII ; TATT., *Fl. Oest.*, t. 57 ; REICHB.,
Crit., t. CMLVI ; REICHB. F., *Icon.*, XIII-XIV, t. CCCCXCII, f. I-IX, 1-27 ; NEES ESENB., *l. c.*, X, t. 13 : DIETR.,
Fl. r. borus., 1, t. 15 : MUTEL, *Fl. fr. Atlas*, t. LXVII, f. 526 ; OUDEMANS, *l. c.*, t. LXXII, f. 375, 376 ; G. CAM.,
Icon. Orch. Paris, pl. 39 : CES. PASS. GIB., *l. c.*, t. XII, f. 4, a-g ; M. SCHULZE, *l. c.*, t. 67 ; FITCH et SMITH,
Ill. Brit. Fl., n° 977 ; BONNIER, *Alb. N. Fl.*, p. 148 ; G. CAM. BERG. A. CAM., *l. c.*, pl. 28, f 974-977 ; *Ic. n.*,
pl. 100, f. 1-4.

Exsicc. : THOMAS ; *Reliq. Maill.*, n° 1726 : BILLOT, n° 3238 : REICHB., n° 1626 : PUEL et MAIL, *Fl.
loc.*, n° 146 ; SCHULZE, n° 160 ; MICHALET *Pl. Jura*, n° 36 : *Kichxia Belg.*, 1, n° 42 : LEJ. et COURT.,
Choix de pl., n° 957 ; *Soc. Dauph.*, n° 764 et 3058 ; *Soc. Rochel.*, n° 2492 ; MAGNIER, n°s 2067 et 2067 *bis*;
DÖRFLER, *H. n.*, n° 4082 ; FRIES, 6, n° 63.

Plante d'un vert jaunâtre. Rhizome épais, persistant peu, horizontal ou ascendant, muni de 2 pseudobulbes tuniqués, assez gros, contigus, elliptiques, le nouveau placé à la base de la tige de l'année et renfermant
le jeune bulbe de l'année suivante, le bulbe de l'année précédente persistant entourant encore parfois la tige
desséchée, tous revêtus de feuilles spongieuses jaunâtres qui forment une enveloppe réticulée absorbant rapidement et conservant l'eau (1) ; sous les bulbes, des fibres radicales perforent cette enveloppe (2). Tige de 1-2 décim., grêle, un peu flexueuse, longuement nue au sommet, ord. munie de feuilles vers la base, triquètre-subai-
lée à la partie sup. Feuilles basilaires réduites à l'état de gaines verdâtres, les sup. ord. 2, développées, munies
de limbe, rapprochées, elliptiques, ovales-lancéolées ou oblongues, aiguës, un peu pliées longitudinalement,
d'un vert foncé ou jaunâtre, brillantes, molles, n'atteignant pas la base de l'épi, à nerv. réticulées assez visibles. Bractées triangulaires, petites, squamiformes, 1-nervées, plus courtes que les pédicelles, rarement les
inf. les égalant, souvent dentées vers la base. Fleurs petites, verdâtres, disposées par 2-14 en épi lâche,
(rarement une seule), résupinées par torsion du pédicelle ; pédicelle court, tordu. Divisions du périanthe libres,
étalées en étoile, les ext. linéaires ou très rarement linéaires-lancéolées, aiguës, rarement obtuses, presque
roulées, la médiane souvent un peu plus longue, les lat. int. plus courtes et un peu plus étroites, de même
forme. Labelle dirigé en haut, égalant presque les divisions ext. du périanthe et bien plus large, obovale-
oblong, obtus, entier ou 3-lobé, ord. crénelé et à bords sinueux, concave-canaliculé par enroulement des bords.
Gynostème un peu allongé, subarrondi, presque plan en avant, ailé brièvement de chaque côté du stigmate,
émarginé au sommet, dressé, un peu courbé en avant. Anthère formant une sorte de calotte allongée, caduque, jaune pâle, surmontée d'un appendice membraneux. Masses polliniques bipartites, à lobes collatéraux
comprimés latéralement. Stigmate transversalement oblong. Ovaire non tordu ou contourné seulement à la
base, fusiforme-cylindrique. Capsule dressée, obovoïde, atténuée à la base, tronquée au sommet, jaune paille,
munie de côtes nombreuses, surmontée par les débris du périanthe persistants. Graines très petites, très nombreuses, linéaires-allongées.

Morphologie interne

Racine. Assise pilifère munie de poils absorbants très abondants et dépourvue d'épaississements spiralés.
Écorce réduite à 3-5 assises contenant des hyphes jusque dans la rég. int. (3). Cellules de l'écorce formées

---

1. Ces bulbes tuniqués donnent parfois des bulbes adventifs. Il se forme aussi des bourgeons adventifs sur les
racines (Cf. IRMISCH, *Morph. d. Knollen und Zwiebelgew.* in *Bot. Zeit* (1847), p. 156.
2. Voir p. 41, 46, 57.
3. Voir p. 52.

toutes de trachéides à parois transversales et longitudinales réticulées et ponctuées (pl. 112, f. 45) longitudinalement (1). Cylindre ligneux axile, formé de faisceaux réunis au centre par des trachéides à parois minces,
plus ou moins lignifiées, réticulées (pl. 112, f. 46).

Bulbe. Bulbe de l'année constitué par un renflement de la tige entouré de feuilles à structure très différenciée, englobant le bourgeon de l'année suivante. Parenchyme ext. très abondant, formé de cellules à parois munies
d'épaississements réticulés et lignifiés. Ecorce renfermant des endophytes surtout dans la région int. (2). Faisceaux libéroligneux assez réduits. Au voisinage des faisceaux, cellules du parenchyme se différenciant en trachéides à épaississements spiralés, intermédiaires entre les cellules du parenchyme ext. et les véritables trachées des faisceaux. Bulbe émettant beaucoup de rhizoïdes de nature épidermique ressemblant à de longs poils,
unicellulaires, atteignant souvent une grande longueur, à parois parfois munies d'aspérités, se laissant pénétrer par les endophytes. — *Tige.* Stomates assez nombreux. 1-3 assises de parenchyme dans les régions non
ailées ; assises plus nombreuses dans les parties ailées. Anneau lignifié formé de 3-5
assises à parois épaisses. Quelques faisceaux libéroligneux formant un cercle à peu
près régulier entouré par l'anneau sclérifié ; en dedans de ce cercle, petits faisceaux
libéroligneux disséminés. Faisceaux libéroligneux entourés de fibres lignifiées. Parenchyme intra-fasciculaire contenant quelques cellules à raphides, non résorbé.

Feuilles entourant le bulbe (pl. 117, f. 167). Epidermes sup. et inf. à épaississements réticulés, lignifiés, très caractéristiques ; réseau à mailles polygonales (pl. 117,
f. 166). Mésophylle formé de cellules semblables à celles des épidermes, sans protoplasma vivant (dans les bulbes adultes), à épaississements nombreux, paraissant ne
pas renfermer de raphides. Mycorhizes pénétrant jusque dans la partie centrale du
limbe (G. Camus, Bergon, A. Camus). Faisceau des nervures réduit à quelques vaisseaux et à une lacune occupant la place du liber, entouré de fibres plus petites et à
parois plus épaisses que les cellules voisines. — *Feuilles vertes.* Ep. = 120-170 μ env.
Epiderme sup. formé de cellules non allongées, haut de 20-30 μ, à paroi ext. striée,
mince et non ou peu bombée, dépourvu de stomates. Epiderme inf. contenant un peu
de chlorophylle, haut de 15-25 μ, à paroi ext. mince et légèrement bombée, muni de
stomates nombreux. Cellules épidermiques du bord du limbe à paroi ext. non sensiblement bombée. Parenchyme formé de 4-6 assises de cellules chlorophylliennes et
contenant quelques cellules à raphides. Nervures dépourvues de collenchyme et de
sclérenchyme. Rhizoïdes naissant à la base de la partie inf. des feuilles, sur les nervures médiane et lat. du limbe.

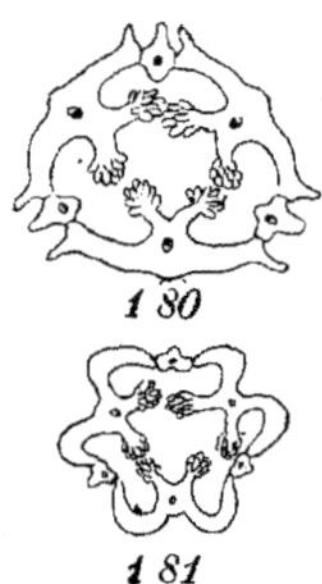

Liparis Lœselii. —
Fig. 180 : section transv.
schématique de l'ovaire.
— **Microstylis mono-
phyllos.** — Fig. 181 :
section transv. schéma-
tique de l'ovaire.

Fleur. — Divisions externes et latérales internes du périanthe. Cellules épidermiques
à peu près entièrement dépourvues de papilles. — *Labelle.* Epiderme int. à peine papilleux. — *Gynostème.* Clinandre parcouru par les 2 faisceaux lat. des étamines avortées. — *Ovaire.* (f. 180).
Stomates peu nombreux. Cellules de l'épiderme ext. polygonales, non allongées. Valves placentifères émettant
une aile à chaque extrémité du limbe. Nervure des valves placentifères légèrement saillante à l'extérieur, ord t
parcourue par un faisceau libéroligneux à bois int. Placenta court, à divisions longues. Valves non placentifères
émettant à l'extérieur une aile vis-à-vis du faisceau libéroligneux à bois int. — *Graines.* Suspenseur réduit
(unicellul.). Tégument formé de cellules à parois recticurvilignes, non striées. Graines arrondies au sommet,
1 f. 1/2-2 f. plus longues que larges. L. = 270-320 μ env.

Les var. *trigona* et *pentagona* Dumort., ne sont que des états différents d'âge et de robustesse.

Gaudin *Fl. helv.*, V, p. 483 a décrit une var. b. *bracteis foliaceis lanceolatis longissimis* = *M. lutosa*
Clairv., *Man.*, p. 265 ; à bractée très longue, lancéolée ; tige portant 2 feuilles ovales-lancéolées.

V. v. — Fin mai-juillet, parfois août. Ne se développe parfois pas lorsque les conditions sont défavorables.

1. Le *Liparis*, le *Microstylis*, le *Malaxis*, avec leurs trachéides abondantes, leurs mycorhizes nombreuses, leurs
racines ténues, en contact avec le Sphaignes, leurs grandes réserves aquifères, absorbent l'eau rapidement et la gardent
(voir p. 57). Ils supportent ainsi des périodes de sécheresse passagère. Un *Liparis* sorti de la terre et de l'eau vit longtemps sur ses réserves. On peut voir un certain parallélisme entre le mode de vie des Orchidées épiphytes et celui des
Orchidées vivant dans les Sphaignes.
2. L'infection a lieu par les poils absorbants des jeunes racines du pseudo-bulbe et s'opère par l'axe ancien dans
lequel il a poussé. A la fin de l'automne, l'endophyte est en partie digéré. La nouvelle infection a lieu par les hyphes
survivants et les spores. En cultivant ce *Liparis* par boutures, pour l'obtenir sans champignons, M. Huber a constaté
qu'il ne fleurissait pas et finissait par mourir. Dans les plantes affranchies de mycorhizes, les cellules corticales du
rhizome seraient gorgées d'amidon.

— *Habitat* : marais tourbeux, ordt au milieu des *Sphagnum* et souvent des *Scirpus, Eriophorum, Menyanthès, Epip. palustris* ; friches humides et marécageuses, parfois dunes. — *Répart. géogr.* : Europe septentr. et centr. ; France (assez rare, Nord, Pas-de-Calais, Somme, Oise, Seine-et-Oise, Seine-et-Marne, Aisne, Normandie, Sarthe, Maine-et-Loire, Loir-et-Cher, Charente-Inf., Gironde, Rhône, Marne, Haute-Marne, Ain, Jura, Haute-Savoie, Isère, etc., manque dans la rég. méditer.), Iles Britanniques (Norfolk, Suffolk, Cambridge, Hunts, Kent, Lincolnshire, cf. *Journ. of Bot.* (1905),p. 274), Belgique (T. R.), Hollande, Danemark, Suède et Norvège mérid., Allemagne (disséminé, assez fréquent dans le Nord, rare en Westphalie, monte à 640 m. d'alt. en Bavière). Suisse (peu fréquent, manque dans les Grisons et le Tessin), Italie (rég. septentr. et centr., env. de Mantoue (MORETTI FOGGIA), marais de Pavie (ROTA), Piémont (ZUM.), Brentina en Toscane), Trentin, Autriche, Salzbourg, Tyrol, très rare en Carinthie, Moravie, Galicie, très rare en Hongrie, Transilvanie, manque dans la rég. méditerr., Bosnie (JAJCE ap. WETSCHKY, in *Mag. B. L.*, IV, p. 336 (1905), Russie centr et mérid. — Amérique septentr.

Sous-tribu II. — CALYPSOINÆ

Calypsoinæ G. CAM. BERG. A. CAM., *Monogr. Orch. Eur.*, p. 376.

Souche coralliforme ne se développant pas à l'état normal. Racines grêles. Bulbe constitué par le renflement de la tige, entouré de tuniques minces. Feuilles développées.

Poils pluricellulaires à tête sécrétrice sur les organes végétatifs. Racine réduite. Racine et feuilles entourant le renflement bulbiforme de la tige ne différenciant pas la plupart de leurs cellules en trachéides. Base dilatée de la tige et feuilles émettant des rhizoïdes.

Gen. XXII. — CALYPSO Salisb.

Calypso SALISB., *Parad. Londin.*, t. 89 (1806) ; LINDL., *Gen. and spec.*, p. 179 ; ENDL., *Gen.*, p. 200 ; MEISN., *Gen.*, p. 376 ; *Comment.*, p. 282 ; RICHARD in *Mém. Mus. Paris*, IV, p. 53 (1818) ; PFITZER in ENGL. et PRANTL, *Nat. Pfl.*, p. 131 ; G. CAM. BERG. A. CAM., *Monogr. Orch. Eur.*, p. 376. — **Cypripedii species** L. *Spec.*, éd. 1, p. 945 (1753). — **Cymbidii species** SWARTZ in *Nov. act. Ups.*, p. 76 (1799). — **Limodori species** WILLD. *Spec.*, IV, p. 122 (1805). — **Cytherea** SALISB. in *Trans. Hort. Soc. Lond.*, I, p. 301 (1812). —**Orchidium** SWARTZ, *Summa veg. Sc.*, p. 22 (1814). — **Norna** WAHLEND., *Fl. suec.*, p. 561 (1824-26). — **Calypsodium** LINK *Handb.*, I, p. 252 (1829).

Périanthe à divisions étalées, les ext. et les lat. int. presque égales. Labelle trilobé, à partie antérieure concave-vésiculeuse rappelant la forme du labelle des *Cypripedium* ; lobes latéraux connés. Gynostème dressé, pétaloïde. Anthère biloculaire. Masses polliniques 2. Pas de caudicules. Rétinacle subquadrangulaire (1).

Labelle muni de poils unicellulaires, extrêmement développés. Faisceaux libéro-ligneux de la tige disposés en cercle au-dessus de la feuille principale. Nervures à faisceau dépourvu de gaine sclérifiée.

1. — C. BOREALIS

C. borealis (vel **boreale**) SALISB. et HOOK., *Parad. Lond.*, t. 89 (1806) ; RICH. in *Mém. Mus. Paris*, IV, p. 60 (1818) ; LINDL., *Gen. and spec.*, p. 179 ; CHAM. et SCHLECHT. in *Linn.*, III, p. 34 ; TURCZ., *Catal. Baïkal*, n° 1110 ; NYLAND., *Spicil. pl. fenn.*, n° 89 ; RUPRECHT in *Beitr. Pfl. Russ. R.*, IV, p. 84 ; LEDEB., *Fl. ross.*, IV, p. 52 ; ROUY, *Illustr.*, p. 7, t. XX ; CORREVON, *Alb. Orch. Eur.*, pl. III ; G. CAM. BERG. A. CAM., *Monogr. Orch. Eur.*, p. 376 ; IVANITZKY in *Monde des plantes* (1895), p. 100. — **Cypripedium bulbosum** L., *Spec.*, éd. 1. p. 945 (1753) ; PALLAS, *It.*, III, p. 244 ; GEORGI, *It.*, I, p. 41 ; *Beschr. Russ.*, R. III, V, p. 274 ; — **Cymbidium boreale** SWARTZ in *Nov. act. Ups.*, p. 76 (1799). — **Limodorum boreale** SWARTZ ap. WILLD., *Spec.*, IV, p. 122 (1805) ; LIBOSCH et TRIN., *Fl. env. S.-Petesb. et Mosc.*— **Cytherea bulbosa** SALISB. in *Trans. Hort.*,

---

1. La fécondation du *Calypso* ne peut avoir lieu que par l'intermédiaire des insectes (BLANCHARD in *Bot. Mag.* XVI, p. 241). Les fleurs exhalent un assez fort parfum de Vanille et sont nectarifères. Les fruits mûrs sont pourtant assez rares. LÜNDSTROM (in *Bot. Centr.*, XXXVIII, p. 699) pensait que la fécondation était opérée par les Bourdons. D'après PIPER (in *Bot. Gazette*, XVI, p. 206), les fourmis recherchent le nectar et sont les intermédiaires de la pollinisation.

28

soc. *Lond.*, I, p. 301 (1812) ; Horse in *Bull. Trans. Club*, p. 32, 382 (1905) ; Piper, *Flora of the st. of Washington*, p. 207. — **Orchidium boreale** Swartz, *Bot.*, VIII, p. 518 (1819), t. 518. — **Norna borealis** Wahlenb., *Fl. suec.*, p. 651 (1824-26) ; Fell., *Ind. Lapp.*, n° 316. — **Calypso bulbosa** Oakes, *Catal. Vermont*, pl. 28(1842) ; Reichb. F., *Icon.*, XIII-XIV, p. 158 ; Richter, *Pl. Eur.*, I, p. 287. — *Serapias scapo unifloro* Gmel., *Sib.*, I, p. 7, t. 2, f. 5. — *Cypripedium folio subrotundo* L., *Fl. lapp.*, p. 319. — *Orchis lapponensis monofolia* Rudb., *Elys.*, 2, p. 209. — *Cypripedium flore pentapetalo, nectarii labio superior ovali indiviso stylo adnato genitalia vix superante* Smith, *Spicil. bot.*, p. 10, t. 11.

Icon. : Gmelin, *l. c.*, t. 2, f. 5 ; *Fl. lapp.*, t. 12, f. 5 ; Rudb., *l. c.*, f. 10 ; *Bot. Mag.*, t. 2763 ; Smith, *l. c.*, t. 11 ; Hook., *Exot.*, t. 12 ; Reichb. F., *Icon.*, XIII-XIV, t. 137. CCCCLXXXIX, f. I-IV, 10-12 ; Correv., *Orch. rust.*, f. 11 ; G. Cam. Berg. A. Cam., *l. c.*, pl. 28, f. 972-973 ; *Ic. n.*, pl. 99, f. 16.

Exsicc. : Dörfler, *H. n.*, n° 3195 ; Sacs. *Pl. ural.* (1898).

Pseudo-bulbe blanc, subglobuleux, de la taille d'une noisette, formé par la base renflée de la tige de l'année et le bourgeon de l'année suivante, ord. entouré de feuilles très minces, hyalines et caché dans les Sphaignes. Racines assez épaisses, munies de nombreuses papilles, traversant les feuilles écailleuses, un peu visqueuses. très adhérentes à l'humus. Tige peu élevée, haute de 12-20 centim., arrondie, nue au sommet, munie à la partie inf., de 2-3 gaines subfoliacées et d'une feuille normale développée, unique. Feuille développée presque basilaire, vert foncé, plissée, ovale, arrondie ou subcordée à la base. subobtuse ou subaiguë au sommet, pétiolée ou subsessile, à bords un peu ondulés, à nerv. peu saillantes, visiblement réticulées sur le sec. Pétiole blanc verdâtre, parfois égalant presque le limbe. Bractées lancéolées, à base engainante. égalant presque le pédicelle de l'ovaire. Pédicelle à peine plus long que l'ovaire. Fleurs solitaires, rarement 2, belles, relativement grandes, exhalant un parfum de vanille. Divisions du périanthe presque égales, oblongues-lancéolées, aiguës, les lat. à base obtuse, ascendantes-étalées, toutes blanc rosé ou rose lilas, à 3 nerv. Labelle grand, dépassant les autres div., d'un beau rose, en sac au sommet, à lobes lat. soudés au lobe moyen, rappelant un peu le labelle d'un *Cypripedium*, muni en avant de deux lamelles subpanduriformes et, à la gorge, d'un faisceau de longues papilles jaunes, velouté en dedans et souvent taché de linéoles pourpre noir, comme à l'extérieur vers la base. Gynostème arqué, muni, de chaque côté, d'une aile large en forme de demi-lune pétaloïde, blanc rosé. Stigmate ovale ou réniforme ; processus du rostellum rétus, denticulé. Masses polliniques oblongues, entières, en forme de disque, d'un jaune intense. Rétinacle quadrangulaire. Ovaire non tordu, plus ou moins conique ou subcylindrique.

Morphologie interne

Fibres radicales. Assises pilifère et subéreuse formées de cellules à parois subérisées, un peu épaissies dans l'assise subéreuse. Poils absorbants souvent traversés par des filaments mycéliens. Ecorce très développée, à méats larges, renfermant des mycorhizes. Endoderme formé de cellules à parois minces munies de cadres subérisés. Cylindre central petit. Péricycle continu, à parois minces. 2-3 pôles ligneux, rarement plus ; vaisseaux très peu nombreux. Parenchyme central plus ou moins développé, formé de cellules à parois minces (1).

Bulbe. Bulbe formé par la base de la tige de l'année et le bourgeon de l'année suivante. Epiderme brunâtre. Parenchyme ext. formé de grandes cellules contenant les unes des paquets de raphides et les autres de très petits grains d'amidon ordt groupés. Faisceaux libéroligneux très nombreux, plus ou moins régulièrement orientés, pénétrant jusqu'au centre de la tige, dépourvus de gaine sclérifiée. Base de la tige émettant des rhizoïdes atteignant 100-600 µ de long. Feuilles entourant le bulbe dépourvues de cellules à épaississements lignifiés, réticulés ou spiralés analogues aux trachéides des *Eumalaxidinæ*. — *Tige.* Epiderme portant des poils assez nombreux (pl. 118, f. 187, 188), 2-3-cellul. ; cellule terminale renflée, à contenu jaune brun ; dans les poils 3-cellul. l'avant-dernière cellule contient aussi le produit sécrété. Epiderme à paroi ext. extrêmement mince. 3-6 assises de parenchyme ext. Absence complète de tissu lignifié extra-libérien. Faisceaux libéroligneux disposés en un cercle au-dessus de l'unique feuille développée. Parenchyme int. très abondant, se résorbant presque jusqu'aux faisceaux.

1. Cette espèce, bien que décrite par certains systématiciens comme munie de racines coralloïdes, ne possède que très rarement une griffe. Lündstrom, in *Bot. Centralbl.*, XXXVIII (1889), p. 697,a décrit cette griffe. Elle apparaît sur beaucoup de vieux bulbes dont les tiges florales se sont développées précédemment. Elle est formée d'un rhizome densément rameux, à rameaux sur un plan, à feuilles rudimentaires, rappelant beaucoup celui du *Corallorhiza* et de l'*Epipogon*. L'écorce de ce rhizome est largement infestée. Le bois et le liber ne sont pas caractérisés (Cf. Mac Dougal in *Annals of Botany* (1899), p. 1). Ce vestige, indice d'une relation phylogénétique entre les genres *Calypso* et *Corallorhiza*, montre un effort fait par la plante en vue d'absorber les produits de l'humus, la nourriture fournie par les vieux bulbes devenant insuffisante (voir p. 47).

Feuille. Ep. = 260-350 μ. Épiderme sup. recticurviligne, haut de 40-60 μ, à paroi ext. épaisse de 4-7 μ et à peine bombée, muni de quelques stomates et de poils assez abondants, ordt bicellulaires, à tête seule saillante en dehors du limbe, arrondie et à contenu brun (pl. 118, f. 189). Épiderme inf. ondulé, haut de 25-30 μ, à paroi ext. épaisse de 4-6 μ env. et légèrement bombée, pourvu de stomates relativement peu nombreux et de poils sécréteurs 2-3 cellul., abondants, à tête arrondie et plus ou moins renflée (pl. 118, f. 190).Épiderme inf. du pétiole produisant quelques rhizoïdes et de nombreux poils. Cellules épidermiques du bord du limbe à paroi ext. légèrement bombée. Parenchyme comprenant 5-6 assises de cellules laissant entre elles des méats, contenant quelques paquets de raphides. Bord du limbe très aminci, dépourvu de collenchyme sous-épidermique. Nervures dépourvues de collenchyme et de sclérenchyme ; la médiane à section légèrement concave-convexe, à faisceau libéroligneux assez réduit et entouré à la partie sup. de tissu très riche en chlorophylle et à la partie inf. de cellules pauvres en chlorophylle. Nervures latérales non saillantes, à faisceau libéroligneux situé dans la rég. inf. du limbe.

Fleur. – *Divisions externes et latérales internes du périanthe*. Epidermes ext. et int. dépourvus de papilles — *Labelle*. Partie centrale proéminente en avant, à épiderme int. muni de très grosses papilles cylindriques, unicellulaires, arrondies au sommet, un peu plus grosses à la base, atteignant 200-1.000 μ de long. env. et 120-170 μ de diamètre (pl. 121, f. 422, à contenu hyalin. Au fond de la gibbosité du labelle, épiderme int. à nombreux îlots de cellules à contenu rose. Epiderme inf. dépourvu de papilles caractérisées.— *Gynostème*. Gynostème parcouru par 5 faisceaux libéroligneux: 2 antérieurs allant aux stigmates, 1 postérieur allant à l'étamine fertile et duquel se détache, peut-être tardivement, le faisceau du rostellum, et 2 faisceaux latéraux, rudiments des étamines latérales avortées. —*Anthère*. Cellules à épaississements très abondants dans les parois ; quelques cellules en griffe. — *Pollen*. Pas de massules. — *Ovaire*. Nervure des valves placentifères insensiblement saillante à l'extérieur, contenant un faisceau libéroligneux à bois int. et souvent un faisceau int. libérien. Placenta profondément divisé. Valves non placentifères très saillantes extérieurement, parcourues par un faisceau libéro-ligneux à bois int.

V. v. — Mai. — *Habitat* : ombrages de forêts en terre nue, ou marais froids, parmi les Sphaignes, ou encore bois humides, au milieu des débris de feuilles, dans les forêts de Conifères. — *Répart. géogr.* : Ecosse (y existait autrefois mais n'y a pas été retrouvé récemment), Laponie de Scandinavie et de Russie. rare. — Sibérie, île de Sakhaline.

Sous-tribu III. — CORALLORHIZINÆ

Corallorhizinæ G. Cam. Berg. A. Cam., *Monogr. Orch. Eur.*, p. 378.

Rhizome rameux, coralliforme, semblable à celui de l'*Epipogon*. Racines et bulbe manquant. Feuilles réduites à l'état de courtes écailles.

Pas de poils sécréteurs. Racine manquant. Rhizome coralliforme, muni de poils jouant un rôle d'absorption ; faisceau axile à éléments vasculaires peu différenciés. Feuilles toutes bractéiformes, sans organes spéciaux pour la réserve d'eau.

Gen. XXIII. — CORALLORHIZA

Corallorhiza (Hall., *Erum. stirp. Helv.* 1, p. 278 (1748) ; Scop., *Fl. Carn.*, éd. 2, II, p. 207 (1772) ; R. Br. in Ait. *Hort. Kew.*, éd. 2, V, p. 209 (1813) ; Endl., *Gen.*, p. 189 ; Meisn., *Gen.*, p. 369 ; *Comment.*, p. 277 ; Reichb. F., *Icon.*, XIII-XIV, p. 159 ; Pfitzer in Engl. et Prantl, *Pfl.*, II, 6, p. 131 ; G. Cam. Berg. A. Cam., *Monogr. Orch. Eur.*, p. 450. — Rhizocorallon Hall. et Rupp., *Fl. Jen.*, éd. 3, p. 301 (1745). — Ophrydis species L., *Spec.*, éd. 1, p. 945 (1753). — Epipactidis species Crantz, *Stirp. austr.*, p. 464 (1769). — Helleborine Schmidt, *Fl. Boëm.*, p. 79 (1798) p. p.. — Cymbidii species Swartz in *Act. holm.* (1800), p. 738. — Corallorrhiza Asch., *Fl. Prov. Brand.*, I, p. 697 (1864) ; Blytt, *N. Fl.*, éd. Ove-Dahl, p. 240 ; Saint-Lag. in Car. et Saint-Lag., *Flore descr.*, éd. 8, p. 814 ; Oborny ; Beck, auct. plur.

Périanthe à divisions libres, conniventes, les ext. linéaires-oblongues, les lat. int. presque de même forme que les ext. Labelle dirigé en bas, étalé, trilobé, à lobes lat. petits, muni d'un éperon très réduit en forme de sac et de deux gibbosités basilaires. Masses polliniques subglobuleuses, bipartites, libres. Gynostème droit, subcylindrique, non ailé. Stigmate triangulaire. Anthère caduque, biloculaire, dépourvue d'appendice et de rostellum. Ovaire pendant, subsessile, contourné à la base; pédicelle tordu.

Eléments du bois peu caractérisés. Feuilles bractéiformes ne différenciant pas spécialement leurs tissus en trachéides. Faisceaux libéroligneux de la tige disposés en 2 cercles peu distincts.

I. — C. INNATA.

C. innata R. Br. in Ait. *Hort. Kew.*, éd. 2, V, p. 208 (1813) ; Lindl., *Gen. and spec.*, p. 533 ; Reichb. F., *Icon.*, XIII-XIV, p. 159 ; Correv., *Alb. Orch. Eur.*, pl. IX ; Richter, *Pl. Eur.*, I, p. 28 ; Blytt, *Hand. N. Fl.*, éd. Ove-Dahl, p. 241, *cum icone* ; Babingt., *Man. Brit. Bot.*, éd. 8, p. 351 ; Benth., *Brit. Flora*, p. 456 ; Thielens, *Orch. Belg. et Luxemb.*, p. 54 ; de Vos, *Fl. Belg.*, p. 560 ; Mutel, *Fl. fr.*, III, p. 261 ; *Fl. Dauph.*. éd. 2, p. 601 ; Gr. et God., *Fl. fr.*, III, p. 275 ; Gren., *Fl. ch. juras.*, p. 765 ; Michalet, *Hist. nat. Jura*, p. 300 ; Barla, *Iconogr.*, p. 19 ; G. Cam., *Monogr. Orch. Fr.*, p. 103 ; in *Journ. Bot.*, VII, p. 202 ; G. Cam. Berg. A. Cam., *Monogr. Orch. Eur.*, p. 379 ; Car. et S.-Lag., *Fl. descrip.*, éd. 8, p. 815 ; Coste, *Fl. Fr.*, III, p. 408, n° 3624, *cum icone* ; Kirschl., *Fl. Als.*, p. 150 ; Morthier, *Fl. Suisse*, p. 359 ; Bouv., *Fl. Alpes.* éd. 2, p. 650 ; Godet, *Fl. Jura*, p. 702 ; Bubani, *Fl. pyr.*, p. 60 ; Rhiner, *Prodr. Waldst.*, p. 130 ; Gremli, *Fl. Suisse*, éd. Vetter, p. 487 ; Bluff et Fing., *Comp.*, II, p. 442 ; Koch, *Syn.*, éd. 2, p. 803 ; éd. 3, p. 604 ; éd. Hall. et Wohlf., p. 2448 ; Oborny, *Fl. Moehr. Oest. Schl.*, p. 259 ; Fischer, *Fl. Bern.*, p. 80 ; Garcke, *Fl. Deutschl.*, éd. 14, p. 385 ; Seubert, *Ex. Fl. Bad.*, p. 127 ; Foerster, *Fl. Aachen*, p. 349 ; Caflisch, *Ex. Fl. S. D.*, p. 300 ; Bach, *Rheinpr.*, p. 376 ; M. Schulze, *Die Orchid.*, n° 70 ; Kraenzlin, *Orchid.*, p. 1 ; de Notar., *Report. ligust.*, p. 395 ; Bertol., *Fl. ital.*, IX, p. 635 ; Parlat, *Fl. ital.*, III, p. 385 ; Ces. Pass. Gib., *Comp.*, p. 181 ; Arcang., *Comp.*, éd. 2, p. 162 ; Cocconi, *Fl. Bolog.*, p. 478 ; Fiori et Paol., *Fl. ital.*, I, p. 250 ; Ambr., *Fl. Tir. aust.*, I, p. 738 ; Hausm., *Fl. Tirol*, p. 854 ; Beck, *Fl. N.-Oest.*, p. 220 ; Hinterhuber et Pichlm., *Fl. Salz.*, p. 196 ; Schur, *Enum. Trans.*, p. 650 ; n° 3459 ; Simk., *Enum. Trans.*, p. 507 ; Grecescu, *Consp. Roman.*, p. 550 ; Besser, *Enum.*, p. 36, 77, n° 1174 ; Hook. et Arn. *Beech. Voy.*, p. 130 ; Fellm., *Ind. Kola*, n° 333 ; Weinm., *Fl. petrop.* p. 86 ; Turcz., *Catal. Baïkal*, n° 111 ; Fleisch. et Lindl., *Fl. Osts.*, p. 309 ; A. Nyland., *Par. Pojo*, n° 321 ; Trautvet. in *Middend. It.*, 1, 2, p. 7, 146, 151 ; Ledeb., *Fl. ross.*, IV, p. 49 (1). — **Ophrys Corallorhiza** L., *Spec.*, éd. 1, p. 945 (1753) ; Sut., *Fl. helv.*, II, p. 225 ; *Fl. Dan.*, t. 451 ; Poiret, *Encycl.*, IV, p. 567 ; Smith, *Brit.*, p. 932 ; Vill., *Hist. Dauph.*, II, p. 45 ; Kalm, *Fl. fenn.*, n° 510 ; Georgi, *It.*, I, p. 232 ; Ferber in Fisch. *L. Zus.*, p. 158 ; Gilib., *Ex. phyt.*, II, p. 485 ; Georgi, *Beschr. Russ. R.*, III, p. 1252 ; Gmel., *Fl. bad.*, III, p. 557. — **Epipactis Corallorhiza** Crantz, *Stirp. austr.*, p. 464 (1769). — **Corall. Neottia** Scopoli, *Fl. Carn.*, éd. 2, II, p. 207 (1772) ; Allioni, *Auct.*, p. 33 ; Ard., *Fl. Alp.-Mar.*, p. 340 ; Fiori et Paol., *Iconogr. fl. it.*, n° 852 ; Grintescu in *Bull. géogr.. bot.* (1918), p. 82 ; Perrier de la Bâth., *Cat. Sav.* II, p. 291. — **Helleborine Corallorhiza** Schmidt, *Fl. Boëm.*, p. 79 (1794). — **Cymbidium Corallorhiza (Corallorhizon)** Swartz in *Act. Holm.*, p. 738 (1800) ; Clairv. *Man.*, p. 265 ; Gmel., *Fl. sib.*, p. 26, n° 26 ; Lisb. et Trin., *Fl. Petersb. et Mosc.* ; Jundz., *Fl. lith.*, p. 270 ; Willd., *Spec.*, IV, p. 109 ; Marsch. Bieb., *Fl. Taur.-Cauc.*, II, p. 373 ; DC., *Fl. fr.*, III, p. 263 ; Loisel., *Fl. gall.*, II, p. 275 ; Boisduval, *Fl. fr.*, III, p. 55 ; Lapeyr., *Abr. Pyr.*, p. 554 ; Poll., *Fl. veron.*, III, p. 38. — **Corall. nemoralis** Swartz, *Summa veg. Scand.*, p. 32 (1814). — **C. Halleri** Richard in *Mém. Mus. Paris*, IV, p. 61 (1818) ; Duby, *Bot.*, p. 450 ; Mutel, *Fl. Dauph.*, éd. 1 ; Kirschl., *Fl. Als.*, II, p. 150 ; Contej., *Rev. Montb.*, p. 225 ; Godr., *Fl. Lorr.*, II, p. 308 ; Thielens in *Bull. Soc. r. bot. Belg.*, III, p. 372 (1864) ; *Acquis. fl. Belg.*, p. 48 (1870) ; Crépin, *Note*, V, p. 99 ; et in *Bull. Soc. r. Belg.*. p. 220 ; *Man. fl. Belg.*, éd. 2, p. 297 ; Godfrin et Petitmengin, *Fl. Lorraine*, p. 75. — **C. verna** Nuttal in *Journ. Acad. Philad.*, p. 135 (1823). — **C. intacta** Cham. et Schlechtd. in *Linn.*, III, p. 35 (1828). — **C. dentata** Host, *Fl. austr.*, II, p. 547 (1831). — **C. virescens** Drej., *Fl. Dan.*, XL, p. 7 (1843). — **C. Corallorrhiza** Karsten, *Deutschl. Fl.*, p. 448 (1880-83) ; Piper in *Contrib. U.-S. Nat. Herb.*, Washington IV, p. 252 (Holzinger) ; Aschers. et Graebn., *Syn.*, III, p. 902. — **Corallorhiza** Gmel., *Fl. sib.*, I, p. 26 ; Gunn., *Norv.*, II, t. 6, f. 3 ; Hall., *Helv.*, n° 1301. t. 44. — *Orobanche radice coralloide* Bauh., *Pin.*, p. 88. — *Orobanche spuria sive Corallorhiza* Rupp., *Gen.*, 284, t. 2. — *Orobanche radice coralloide ruberrima* Mentz., *Pug.*. t. 9, f. 3. — *Dentaria aphyllos minor* Tab., *Icon.*, 848 ; Bauh. l.c., II, 785. — *Dentaria coralloides radice III* Clus., *Pann.*, p. 450. — *Oboranche verna et autumnalis virginiana radice dentata* Plkn., *Phyt.*, CCXI, f. 1-2. — *Neottia bulbis reticulatis, nectarii labio trifido* L., *Act. Ups.* (1740), p. 34 ; *Fl. suec.*, n° 743. — *Neottia radice reticulata* L., *Fl. lapp.*, p. 315. — *Ophrys (Corallorhiza) bulbis ramosis flexuoso-divaricatis, caule vaginato aphyllo, nectarii labio indiviso* Smith, *Brit.*, III, p. 932. — *Ophrys (Corallorhiza) bulbis ramosis flexuosis, caule vaginato aphyllo, nectarii labio trifido* L., *Sp. pl.*, 1349 ; Crantz, *Stirp. austr.*, p. 464 ; *Fl. Dan.*, t. 451.

Noms vulg. : Corail, Coralline. — Angl. : Coralroot. — Allem. : Eingewachsene Korallenwurzel.

---

1. Par abréviation, nous avons cité ces différents auteurs à la suite les uns des autres bien que certains aient admis la graphie *Coralliorrhiza.*

— Dan. : Koralrod. — Polon. : Zlobik. — Boh. : Korálice. — Hongr. : Koraligyök. — Roum. : Burkos.

Icon. : Haller, *l. c.*, t. 44 ; *Fl. Dan.*, t. CCCCLI ; MMCCCLXIII ; Gunn., *l. c.*, ; Sw., *Bot.*, t. 554 ; Reichb. F., *Icon.*, t. 138, XD ; Dietr., *Fl. borus.*, t. 23 ; Sm., *Engl. Bot.*, XXII, t. 1547 ; Barla, *l. c.*, pl. 10, f. 19-23 ; Schlecht. Lang. Sch., *Deutschl.*, IV, f. 381 ; Fitch et Smith, *Illustr. Brit. Fl.*, nº 978 ; Ces. Pass. Gib., *l. c.*, t. XXII, 3, f. a-g ; M. Schulze, *l. c.*, t. 70 ; Flahault, *N. fl. Alp. et Pyr.*, p. 140, *cum icone* ; G. Cam. Berg. A. Cam.. *l. c.*, pl. 31, f. 1098-1101 ; *Ic. n.*, pl. 108, f. 1-10.

Exsicc. : Schultz, nº 1156 ; Fries, 13, nº 74 ; Bourg., *Coll.* Chenivesse ; Michalet, *Pl. Jura*, nº 123 ; Billot, nº 289 et 289 *bis* ; *Soc. Rochel.*, nº 4660 ; *Soc. Dauph.*, nº 981 ; Schultz et Winter, nº 158 ; Reisteiner d'Appenzel.

Plante saprophyte, dépourvue de racine (1). Rhizome coralliforme, jaunâtre, presque horizontal, très charnu, large, aplati, à rameaux distiques, ramuleux, à ramules épaissis au sommet, obtus. Tige de 1-2 décim., rarement plus, ascendante ou dressée, assez grêle, verte, anguleuse et nue au sommet, verdâtre, munie jusque vers le milieu de 2-7 (ordt 3) gaines, souvent disposées sur 2 rangs, remplaçant les feuilles, obtuses, presque ventrues, d'autant plus larges qu'elles sont situées plus près du sommet, la sup. dilatée, spathiforme, entourant l'épi avant l'anthèse, verdâtre, les inf. souvent brunâtres. Bractées très courtes, membraneuses, triangulaires, aiguës, subdenticulées, jaunes ou ocracées, nervées. Fleurs 4-10, rarement 12, petites, étalées ou un peu pendantes, d'un blanc verdâtre, disposées en épi grêle, court, lâche, à pédicelle très court, tordu. Divisions du périanthe libres, conniventes, les ext. oblongues-linéaires ou linéaires-lancéolées, aiguës, jaunes ou d'un jaune verdâtre, à bords réfléchis, souvent bruns ou rouge-pourpré, les lat. ext. dirigées vers le bas, un peu plus longues que la médiane, légèrement calleuses à la base ; les lat. int. un peu plus courtes que les ext., oblongues-lancéolées, plus larges vers le sommet, conniventes et rapprochées du gynostème, jaunâtres et pointillées de rougeâtre en dedans, un peu pourpres en dehors. Labelle un peu plus court que les divisions, ext., étalé, oblong-obtus, à base cunéiforme, brièvement adné à la base du gynostème, un peu en sac à la base, sans éperon caractérisé et pourvu de deux callosités parallèles, linéaires et assez distantes, entier ou 3-lobé, blanchâtre et strié ou pointillé de pourpre ; lobes lat. petits, dressés ; lobe médian largement ovale, acutiuscule ou arrondi au sommet, planiuscule, entier ou subtrilobé. Eperon très court, en forme de sac. Gynostème assez long, presque arrondi, non ailé, arqué en avant, souvent marqué à la base et en avant de points rougeâtres. Anthère terminale, mutique, réniforme, 2-loculaire, à loges subtransversales, jaunes. Masses polliniques jaunes, bipartites, subglobuleuses ou obscurément trigones. Ouverture du style triangulaire. Ovaire verdâtre, fusiforme, à base étroite et légèrement tordue, muni d'un pédicelle court, tordu. Capsule assez grosse, pendante, lavée de rougeâtre, oblongue, à base étroite, surmontée des divisions persistantes du périanthe. Graines très petites, blanches, allongées, subclaviformes (2).

Morphologie interne.

Racine manquant. — *Rhizome.* Epiderme à paroi ext. plus épaisse que la paroi int., mais non ou peu cuticularisée, couvrant des proéminences garnies de poils en bouquets, souvent plus longs qu'elles. Ces poils, à paroi mince et gros noyau, contiennent peu de filaments mycéliens, remplacent les poils absorbants radicaux absents, multiplient beaucoup la surface absorbante du rhizome et, d'après Thomas (3), sécrètent probablement un ferment rendant solubles les substances contenues dans l'humus. Ecorce extrêmement développée, comprenant 12-16 assises env., formée de cellules à parois assez épaisses, devenant de plus en plus grosses au fur et à mesure qu'elles se rapprochent de l'intérieur, divisée en trois régions : la zone ext. et la zone int. riches en amidon avant la floraison et, après le développement des ovules, ces deux régions reliées çà et là par des séries radiales de cellules amylifères, la zone moyenne renfermant de très abondantes cellules à mucilage. L'abondance de celles-ci paraît nécessitée par la rapidité avec laquelle doivent s'effectuer la croissance et la floraison étant donné le développement assez médiocre de la surface absorbante du rhizome en comparaison du système radiculaire des autres plantes. Les cellules à mucilage doivent entretenir et augmenter la turgescence de la plante et aider à l'ascension de l'eau. A la floraison, le rhizome perd presque tout son contenu amylacé, mais

---

1. Voir Développement du *Corallorhiza*, p. 42 ; Saprophytisme, p. 46.
2. Le transport du pollen est effectué par de petits insectes qui vont butiner un peu de nectar vers la base du labelle (cf. H. Müller *Alpenblumen*, p. 77 : Knuth, *Blüthenbiol.*, II, p. 456).
3. Ce rhizome jouant un rôle analogue à celui des racines, sa structure se rapproche beaucoup de celle d'un de ces organes, par son épiderme muni de poils et ressemblant à une assise pilifère, par le développement de l'écorce, la disposition du bois et la tendance que montrent les pôles ligneux à ne plus être diamétralement opposés aux pôles libériens.

les mucilages ne diminuent pas notablement. Après la floraison, lorsque les embryons commencent à se former, l'amidon réapparaît. Dans la zone corticale ext. se trouvent des champignons, dans la zone moyenne, des masses mycéliennes jaunes. Endoderme très caractérisé, à cadres de plissements subérisés très nets. Cordon libéroligneux axile. Bois peu caractérisé (1), formé de trachéides à parois réticulées, d'éléments à parois minces à peine lignifiées et de quelques trachées. Cordon ligneux montrant, au milieu d'un entre-nœud, deux groupes de vaisseaux diamétralement opposés, plus ou moins soudés, correspondant aux deux lignes de feuilles rudimentaires. Il se détache un seul faisceau pour chaque feuille bractéale. Liber en 3-5 groupes opposés ou alternes avec les groupes ligneux, à parois assez épaisses, séparé de l'endoderme par des cellules à parois minces. Faisceaux ligneux commençant, vers la tige aérienne, à s'écarter un peu, en laissant au centre des cellules de parenchyme.

Ecailles du rhizome. Chaque écaille est parcourue par un seul faisceau formé de vaisseaux et de liber.

Tige aérienne (f. 182). Epiderme dépourvu de poils et de stomates (d'ap. Jonow). Anneau sclérifié touchant à l'épiderme ou séparé de lui par 1-3 assises de parenchyme très lacuneux. Parenchyme ext. contenant de l'amidon. Anneau sclérifié formé de 7-8 assises à parois épaisses (S). Faisceaux libéroligneux de taille assez différente, disposés en deux cercles peu distincts, entourés de fibres lignifiées, sauf parfois à la partie int. du bois. Bois assez développé. Parenchyme ligneux peu abondant. Parenchyme plus ou moins résorbé au centre de la tige (C).

Ecailles foliaires aériennes. Ep. = 60-90 μ env. Epiderme sup. haut de 20-25 μ env., à paroi ext. mince et non bombée. Epiderme inf. haut de 20-25 μ env., dépourvu de stomates, à paroi ext. mince et bombée. Mésophylle formé de 2-4 assises d'un tissu à peu près homogène. Nervures à sect. à peu près plane, dépourvues de collenchyme.

Ovaire (f. 183). Nervure des valves placentifères assez saillante à l'extérieur, contenant un faisceau libéro-ligneux à bois int. Masses placentaires courtes, à div. développées. Valves non placentifères assez développées, très proéminentes, renfermant un faisceau libéroligneux à bois int. — *Graines.* Suspenseur peu développé (souvent 2-cellul.). Cellules du tégument nettement réticulées. Graines adultes renflées au sommet, 3-4 fois plus longues que larges. L. = 500-650 μ env.

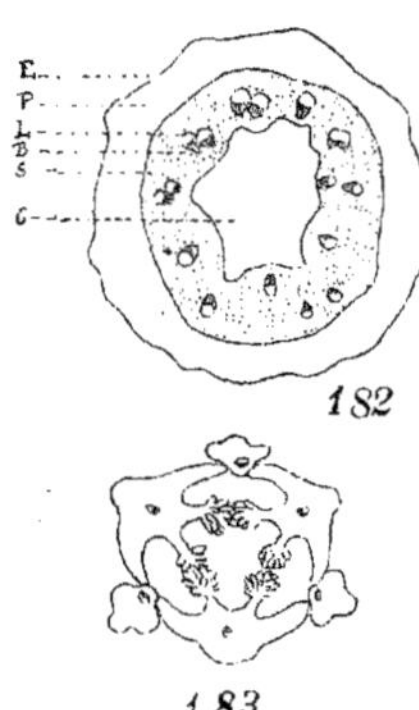

182

183

Corallorhiza innata. — Fig. 182 : section transv. schématique vers le milieu de la tige ; B, bois ; C, lacune centrale ; E, épiderme ; L, liber ; P, parenchyme ; S, sclérenchyme. - Fig. 183 : section transv. schématique de l'ovaire.

Var. β **ericetorum** Reichb. F., *Icon.*, XIII-XIV, p. 161, t. IXD, f. 1, II, 1-5 (1851) ; M. Schulze, *Die Orchid.*, 70, 2 ; Aschers. et Graebn., *Syn.*, III, p. 903 ; G. Cam. Berg. A. Cam., *l. c.*, p. 382. — *C. innata* b. ericetorum Richter, *Pl. Eur.*, I, p. 287 (1890). — *C. ericetorum* Drej. in *Kröj. Tidsskr.*, II, p. 429 (1842) ; Nyman, *Consp.*, p. 686. — *Icon.* : Reichb., *l. c.* ; *Fl. Dan.*, f. IX, p. 7 et t. MMCCCLXIV. — Plante naine, à tige souvent sinueuse, subtriquètre. Fleurs très petites, jaunes ou verdâtres. Ovaire à 3 côtes fortement ondulées, crénelées. — Danemark.

Monstruosités. — F. *anomala*. M. Schulze in *O. B. Z.* (1899), p. 300, signale une monstruosité à fleurs dont le périanthe a 8 divisions et qui a été récoltée au Furnachgrat (Ruppert).

Greville, *Flora edinensis*, p, 87, a signalé un cas de pélorie régulière.

Une forme à inflorescence bifurquée, récoltée dans le nord du Tyrol, à St-Magdalena été signalée par Handel-Mazzetti in *O. B. Z.* (1903), p. 340,

V. v. — Mai, juillet. — *Habitat* : étages subalpin et alpin, bois humides des montagnes, ordt en petites colonies au pied des vieux arbres dans les forêts de Hêtres et de Sapins ; croît dans les feuilles tombées, rarement dans la mousse, entre les aulnes ; monte à 1.900 m. dans le Valais et le Tyrol. — *Répart. géogr.* : Europe septentr., centr. et même mérid., France (Pyrénées, Aude, Gard, Auvergne, Cévennes, Alpes, Bugey, Jura, Vosges, Ardennes à Hargnies, Alsace, Lorraine), Ecosse (R.), Islande, Belgique (rég. des Ardennes), Danemark, Suède, Norvège, Laponie, Finlande, Allemagne (disséminé, Schlewig, Lübeck, Mecklembourg, Poméranie, Rügen, Prusse, Brandebourg, Harz, Thuringe, roy. de Saxe, Silésie, Bade, prov. du Rhin (R.),

1. Voir p. 53,

Wurtemberg, Bavière), Suisse (abondant dans le Jura neuchâtelois, rég. montagn. et subalpine, ordt peu répandu, manque dans le Tessin et le cant. de Schaffhouse), Italie (Alpes, Apennins et Abruzzes) ; Tyrol, Autriche, Carinthie, Salzbourg, Bohême, Moravie, Galicie, Hongrie, Transilvanie, Dalmatie, Bosnie, Roumanie, Russie centr. et mérid. — Sibérie, Amérique septentr. et boréale.

Tribu IV. — NEOTTIEÆ Lindl.

Neottieæ Lindl., *Gen. and spec.*, p. 441 (1835) ; Barla, *Iconogr.*, p. 9 ; G. Cam. Berg. A. Cam., *Monogr. Orch. Eur.*, p. 383. — **Orchideæ** subordo V. **Neottieæ** Endl., *Gen.*, p. 212 (1838). — **Ophrydineæ** Tod., *Orchid. sic.*, p. 115 (1842). - **Neottiaceæ** Reichb. F., *Icon.*, XIII-XIV, p. 133 (1851). — **Neozieæ** Parlat., *Fl. ital.*, III, p. 354 (1858).

Etamine centrale fertile ; anthère terminale, libre ou continue avec la base du gynostème ; masses polliniques non atténuées en caudicule. Pas de tubercules, parfois de grosses racines tubérisées ; souche à fibres radicales cylindriques, plus ou moins épaisses.

Papilles ou poils unicellulaires sur le labelle (pl. 121, f. 423). Poils pluricellulaires sécréteurs sur la tige, les feuilles, les ovaires, les divisions ext. et lat. int. du périanthe (pl. 118, f. 191-220 ; pl. 119,f. 221-254).Grains de pollen se développant dans toute l'anthère, s'isolant par tétrades ou par massules (*Goodyera*) (voir p. 68). Parois de l'anthère ayant ordt plusieurs assises de cellules fibreuses très différenciées (pl. 122, f. 456-457). Racines monostéliques (voir p. 48).

Conspectus des genres.

Morphologie externe.

A. Divisions du périanthe conniventes, plus ou moins soudées à la base. Fleurs en épi unilatéral spiralé. . . . . **SPIRANTHINÆ**
   a) Pollen se séparant en tétrades. Racines très fortement tubérisées, ovales ou fusiformes. Ovaire plus ou moins contourné, sessile. . . . . **Spiranthes**
   b) Pollen se séparant en massules. Fibres radicales très grêles. Ovaire droit, atténué en un pédicelle très court, contourné. . . . . **Goodyera**
B. Divisions du périanthe plus ou moins étalées. Fleurs disposées sur tous les côtés de l'axe. Ovaire non tordu, pédicellé . . . . **LISTERINÆ**
   a) Labelle non articulé, non contracté vers le milieu.
     1. Gynostème court. Plante verte, à feuilles développées . . . . **Listera**
     2. Gynostème assez long. Plante brune, à tige munie de feuilles réduites à l'état d'écailles. . . **Neottia**
   b) Labelle articulé, contracté vers le milieu. . . . . **Epipactis**

Morphologie interne.

A. Lames vasculaires non confluentes au centre de la racine . . . . **SPIRANTHINÆ**
   a) Grains de pollen se séparant en massules. Assise pilifère dépourvue d'épaississements spiralés. Cylindre central de la racine très réduit ; lames vasculaires peu nombreuses, entourant un parenchyme central très réduit. . . . . **Goodyera**
   b) Grains de pollen se séparant en tétrades. Assise pilifère munie d'épaississements spiralés. Cylindre central de la racine très développé ; lames vasculaires nombreuses et réduites, entourant un parenchyme central très développé. . . . . **Spiranthes**
B. Lames vasculaires ordt confluentes au centre de la racine. Grains de pollen se séparant en tétrades. . . . . **LISTERINÆ**
   a) Faisceaux libéroligneux disposés en un cercle assez régulier vers le milieu de la tige, ceux des feuilles dépourvus d'arcs lignifiés. Poils ordt non rameux.
     1. Plante à chlorophylle, sans leucites bruns. Ecorce int. de la racine souvent infestée ; poils absorbants nombreux ; endoderme à parois épaisses. . . . . **Listera**
     2. Plante contenant des leucites bruns. Ecorce int. de la racine ne s'infestant pas ; poils absorbants paraissant manquer ; endoderme à parois ordt minces . . . . **Neottia**
   b) Faisceaux libéroligneux épars vers le milieu de la tige,ceux des feuilles munis d'arcs sclérifiés ; poils ordt rameux et coudés. . . . . **Epipactis**

Sous-tribu 1. — **SPIRANTHINÆ**

Spiranthinæ G. Cam. Berg. A. Cam., *Monogr. Orch. Eur.*, p. 383. — **Spiranthidæ** Lindl., *Gen. and spec.*, p. 441 (1835), p. p. ? — **Spirantheæ** Endl., *Gen. Suppl.*, III, p. 62 (1843) ; Pfitzer in *Nat. Pfl.*, II, 6, p. 78, 112 (1).

Fleurs en épi unilatéral spiralé. Périanthe à divisions serrées, plus ou moins conniventes ou soudées ; labelle à direction parallèle à celle du gynostème, en sac à la base ou prolongé en éperon. Gynostème arrondi, charnu.

Lames vasculaires ordt non confluentes au centre de la racine.

Gen. XXIV. — **SPIRANTHES** Rich.

Spiranthes L. C. Richard in *Mém. Mus. Paris*, IV, p. 50 (1818) ; Lindl., *Gen. and spec.*, p. 463 ; Endl., *Gen.*, p. 212, nº 1547 ; Reichb. F., *Icon.*, XIII-XIV, p. 150 ; Benth. et Hook., *Gen.*, III, p. 596 ; Pfitzer in Engl. et Prantl, *Nat. Pfl.*, II, 6, p. 113 ; Aschers. et Graebn., *Syn.*, III, p. 884 ; G. Cam. Berg. A. Cam., *Monogr. Orch. Eur.*, p. 383.— **Orchiastrum** Mich., *Nov. pl. gen.*, p. 30 (1729).— **Ophrydis species** L.,*Spec.*, éd. 1, p. 946 (1753). — **Epipactidis species** Crantz, *Stirp. austr.*, p. 470 (1769); All., *Fl. pedem.*, II, p. 152. — **Serapiadis species** Scop., *Fl. carn.*, éd. 2, II, p. 201 (1772). — **Aristotelea** Lour., *Fl. cochinch.*, p. 522 (1790). — **Helleborine** Bernh., *Syst. Verz. Erf.*, p. 309, 310 (1800) p. p.. — **Neottiæ species** Willd., *Spec.*, IV, p. 74 (1805). — **Gyrostachis** Pers., *Syn.*, II, p. 511 (1807). — **Ibidium** Salisb. in *Trans. Hort. Soc.*, I, p. 291 (1812). — **Tussacia** Desvaux, *Obs. fl. Anj.*, p. 91 (1827). — **Gyrostachys** Dumort., *Anal. famil.*, p. 56 (1829). — **Cyclopogon** C. Presl, *Rel. Haenk.*, I, p. 93 (1830). — **Cycloptera** Endl., *Enchir.*, p. 113 (1841). — **Speiranthes** Hassk., *Cat. pl. Hort. Bogor. alt.*, p. 47 (1844) ap. Aschers. et Graebn., *l. c.* — **Spiranthos** Saint-Lag. in *Ann. Soc. bot. Lyon*, VII, p. 56 (1880).

Divisions du périanthe soudées en tube dans leur partie inf., formant un angle presque droit avec l'ovaire, la méd. ext. horizontale, appliquée sur les deux ext. auxquelles elle adhère plus ou moins. Labelle entier, crénelé ou frangé sur les bords, canaliculé, embrassant le gynostème, en forme de sac à la base, sans éperon caractérisé. Gynostème court, terminé en une lame bifide sur laquelle l'anthère s'appuie. Anthère sessile, mobile aiguë, biloculaire. Masses polliniques 2, claviformes, réunies par un rétinacle commun. Staminodes lamelliformes, courts, aigus. Stigmate ovale. Ovaire souvent non contourné, à dos gibbeux vers le sommet, subsessile. — Racines tubérisées 2-5, renflées, charnues, fusiformes. Fleurs disposées en épi spiralé.

Tubercules monostéliques, contenant des endophytes (2), à lames vasculaires réduites, isolées les unes des autres, non réunies en étoile et entourant un parenchyme très abondant (pl. 112, f. 47) ; assise pilifère munie d'épaississements spiralés (pl. 112, f. 49-50). Poils sécréteurs ne tendant pas à se ramifier. Nervures dépourvues de collenchyme et de sclérenchyme. Grains de pollen se séparant en tétrades. Dans le gynostème, pas de faisceaux lat., rudiments des étamines avortées.

1. — S. ÆSTIVALIS

S. æstivalis C.-L. Rich. in *Mém. Mus. Paris*, IV, p.58 (1818) ; Lindl., *Gen. and sp. Orch.*, p. 464 ; Reichb. F., *Icon.*, XIII-XIV, p. 151 ; Richter, *Pl. eur.*, I, p. 285 ; Correv., *Alb. Orchid. Eur.*, pl. LVIII ; Babingt., *Man. Brit. Bot.*, éd. 3, p. 349 ; Benth., *Brit. Fl.*, p. 460 ; Lej. et Court., *Comp.*, III, p. 191 ; Crép., *Man. fl. Belg.*, éd. 1, p. 180 ; éd. 2, p. 296 ; Thielens, *Orch. Belg. et Luxemb.*, p.35 ; de Vos, *Fl. Belg.*, p. 559 ; Mutel, *Fl. fr.*, III, p. 260 ; *Fl. Dauph.*, éd. 2, p. 600 ; Gr. et God., *Fl. Fr.*, III, p. 267 ; Lec. et Lamt., *Cat. Pl. Cent.*, p. 354 ; Bor., *Fl. Cent.*, éd. 3, p. 654 ; Gren., *Fl. ch. jurass.*, p. 762 ; Michalet, *Hist. nat. Jura*, p. 300 ; Castag., *Cat. B.-d.-Rh.*, p. 155 ; Coss. et Germ., *Fl. env. Paris*, éd. 2, p. 695 ; Mart.-Don., *Fl. Tarn*, p. 717 ; Ardoino, *Fl. Alp.-Mar.*, p. 360 ; Barla, *Iconogr.*, p. 16 ; Poirault, *Cat. Vienne*, p. 98 ; Loret et Barr. *Fl. Montp.*, p. 653 ; Gust. et Hérib., *Fl. Auv.*, p. 423 ; Franchet, *Fl. L.-et-Ch.*, p. 652 ; Martin, *Cat.*

---

1. Dans la sous-tribu des Néottiées, comme dans les tribus des Arétusées et des Cypripédiées, chaque genre répond à un ensemble de caractères internes. L'étude anatomique vient confirmer les groupements indiqués par la morphologie externe.

2. Voir p. 39, Structure des tubercules de *Spiranthes*

Romor., éd. 2, p. 376 ; G. Cam., *Monogr. Orch. Fr.*, p. 113 ; in *Journ. bot.*, VII, p. 274 ; G. Cam. Berg. A. Cam., *Monogr. Orch. Eur.*, p. 384 ; Alb. et Jahand., *Cat. Var*, p. 492 ; Lloyd et Fouc., *Fl. Ouest*, p. 343 ; Car. et S.-Lag., *Fl. descr.*, éd. 8, p. 813 ; Masclef, *Cat. P.-d.-C.*, p. 158 ; Debeaux, *Rév. fl. agen.*, p. 514 ; Léveillé, *Fl. May.*, p. 202 ; Corbière, *N. fl. Norm.*, p. 552 ; Gautier, *Fl. Pyr.-Orient.*, p. 396 ; Bubani, *Fl. pyr.*, p. 33; Coste, *Fl. Fr.*, III, p. 407, n° 3621. *cum icone* ; Rouy, *Fl. Fr.*, XIII, p. 210 ; Briquet, *Prodr. Fl. Corse*, p. 393 ; Guill., *Fl. Bord. S.-O.*, p. 172 ; Kirschl., *Fl. Alsace Prodr.*, p. 162 ; *Fl. Als.*, p. 144 ; Bl. et Finch., *Comp.* II, p. 433 ; Foerster, *Fl. Aach.*, p. 351 ; Caflisch, *Ex. Fl. S. D.*, p. 300 ; Seubert, *Ex. Fl. Bad.*, p. 127 ; Koch, *Syn.*, éd. 2, p. 803 ; éd. 3, p. 603 ; éd. Hall. et Wohlf., p. 2447 ; Garcke, *Fl. Deutschl.*, éd. 14, p. 385 ; M. Schulze, *Die Orchid.*, n° 62 ; Aschers. et Graebn., *Syn.*, III, p. 886 ; Kirchner, *Fl. v. Stuttgart*, p. 181 ; Kraenzl.,*Orchid.*,p. 53 ; Gaudin, *Fl. helv.*,V, p. 477 ; Morthier, *Fl. Suisse*, p. 357 ; Bouvier, *Fl. Alpes*, éd. 2, p. 647 ; Reuter, *Cat. Genève*, éd. 2, p. 208 ; Godet, *Fl. Jura*, p. 699 ; Gremli, *Fl. Suisse*, éd. Vetter, p. 487 ; Fischer, *Fl. Bern*, p. 82 ; Rhiner, *Prodr. Waldst.*, p. 130 ; Beck, *Fl. N. Oest.*, p. 216 ; Hinterhuber et Pichlm., *Fl. Salzb.*, p. 196 ; de Not., *Repert. fl. lig.*, p. 393 ; Moris, *St. Sard.*, 1, p. 45 ; Puccin., *Syn. fl. luc.*, p. 486 ; Comolli, *Fl. comens.*, VI, p. 392 ; Bertol., *Fl. ital.*, IX, p. 612 ; Parlat., *Fl. ital.*, III, p. 372 ; Ces. Pass. Gib., *Comp.*, p. 179 ; W. Barbey, *Fl. sard. comp.*, n° 1339 ; Arcang., *Comp.*, éd. 2, p. 162 ; Macchiatti in *N. G. bot. ital.* (1881), p. 309 ; Fiori et Paol., *Iconogr. fl. ital.*, n° 854 ; Caruel, *Pl. Mont.*, p. 32; Willk. et Lange, *Prodr. hisp.*, I, p. 175 ; Colmeiro, *Enum. pl. hisp.-lus.*, V, p. 46 ; Guimar., *Orch. port.*, p. 21 ; Ambr., *Fl. Tirol*, I, p. 735 ; Boiss., *Fl. orient.*, V, p. 91 ; Halacsy, *Consp. fl. gr.*,III, p. 157 ; Battand. et Trab., *Fl. Alg.*, (1884), p. 188 ; (1895), p. 35 ; (1904), p. 323 ; Perrier de la Bâth., *Cat. Sav.*, p. 289.— **Ophrys spiralis** γ L., *Spec.*, éd. 1, p. 946 (1753). — **O. æstivalis** Poiret, *Encycl.*, IV, p. 567 (1797) ; Le Turq. Delon., *Fl. Rouen*, p. 463.— **O. æstiva** Balb., *Elench. in Add. fl. pedem.*, p. 96 (1801) ; *Misc. Bot.*, I, p. 40 ; et in Roem., *Arch.*, III, p. 1, 136, n° 48. — **Neottia æstivalis** DC., *Fl. fr.*, III, p. 258 (1805) ; Duby, *Bot.*, p. 448 ; Sal. Marsch. in *Fl. B. Z.*, p. 492 (1833) ; Pers., *Syn.*, II, p. 511 ; Brongn. in *Exp. Morée*, p. 266 ; Boisduval, *Fl. fr.*, III, p. 50 ; Reuter, *Cat. Genève*, éd. 1, p. 101 ; Bory et Chaub., *Fl. Pélop.*, p. 62 ; Poll., *Fl. veron.*, III, p. 32 ; Lefrou, *Cat. L.-et-Ch.*, p. 24 ; Martin, *Cat. Romor.*, p. 261 ; Magnin et Hétier, *Observ. fl. Jura*, p. 142. — **N. spiralis** γ Willd., *Spec.*, IV, p. 74 (1805). — **Epipactis spiralis** Clairv., *Man.*, p. 264 (1811). — **Tussacia æstivalis** Desvaux, *Fl. Anjou*, p. 90 (1827). — **Gyrostachys æstivalis** Dumort., *Prodr. fl. Belg.*, p. 134 (1827). — *Orchiastrum æstivum palustre, album, odoratum* Mich., *Gen.*, 30, n° 1, t. 26, f. D. — *Orchis spiralis, alba, odorata* Zannich., *Ist. d. piante venet.*, p. 199 ; p. p. — *Orchis spiralis odorata* Zannich., *l. c.*, t. 86, f. 1-3.

Noms vulg. : Spiranthe d'été. — Angl. : Summer Spiranth. — Allem. : Sommer-Wendelorchis, Sommer-Schraubenblume, Sommer Blütenschraube, Mariendrehen, Standhart, Herumtrat. — Holl. : Draaiaar, Zomer Draaiaar.

Icon. : Mich., *l. c.*, Hall., *Ic. Helv.*, t. 48, 41 ; *Engl. bot.*, t. 2817 ; Fitch et Smith, *Illustr. Brit. Fl.* n° 989 ; Zannich., *l. c.* ; Dalech., *Hist. Ludg.*, II, p. 1560, f. 4 ; Reichb., *Crit.*, II, t. 196, f. 337 ; Reichb. f., *Icon.*, XIII-XIV, t. CCCCLXXV, f. I-II, 1-6 ; Barla, *l. c.*, pl. 10, f. 1-6 ; Paol. et Fior., *l. c.* ; G. Cam., *Iconogr. Orch. Par.*, pl. 36 ; M. Schulze, *l. c.*, t. 62 ; Guimar., *l. c.*, est. I, f. 6 ; Bonnier, *Alb. N. Fl.*, p. 148 ; G. Cam. Berg. A. Cam., *l. c.*, pl. 31, f. 1087-1090 ; *Ic. n.*, pl. 99, f. 1-6.

Exsicc. : Reichenb., n° 941 ; Billot, n° 467 ; *Relig. Maill.*, n° 172 (Indre-et-Loire),172 a (Pas-de-Cal.) ; Schultz, n° 1155 ; Reichb., n° 951 ; *Soc. Rochel.*, n° 852 ; *Soc. Dauph.*, n° 3898, Bourgeau, *Pl. Esp. et Port.* (1853), n° 2036 ; Kralik, *Pl. Corse*, n° 795 ; Reverchon, *Corse* (1879), n° 184 ; Burnat (1904), n° 238.

Tubercules épais, charnus, allongés, fusiformes, 3-4,d'un blanc sale ; pas de fibres grêles comme dans les Ophrydées (1). Tige de 2-3, rarement 4 décim., grêle, subcylindrique, souvent un peu flexueuse, feuillée, d'un jaune verdâtre pâle, munie au sommet de poils glanduleux, entourée à la base de 1-2 gaines brunâtres. Feuilles engainantes, linéaires-lancéolées ou linéaires, subobtuses ou aiguës, concaves en dessus, carénées en dessous, dressées, assez rapprochées vers la moitié inf. de la tige, d'un vert jaunâtre, ordt 5-7-nervées et réticulées, les sup. bractéiformes ; pas de rosette latérale comme dans le *S. autumnalis*.Bractées lancéolées ou oblongues-lancéolées, aiguës, d'un vert clair, concaves, canaliculées, 3-5-nervées, à peine plus longues que l'ovaire. Fleurs petites, blanches, peu odorantes et souvent seulement après le coucher du soleil, assez rapprochées les unes des autres, par suite de la torsion de l'axe, disposées en épi spiralé étroit, très dense, munies de poils glanduleux peu nombreux. Divisions du périanthe conniventes en tube un peu campanulé au sommet, à la fin les lat. ext. plus ou moins étalées, les ext. lancéolées ou linéaires-lancéolées, subobtuses, concaves et un peu

1. Peut se multiplier par bourgeonnement des racines (Beyerinck, *Beob. und Betracht. über Wurzelknospen und Nebenwurzeln* in *K. Ak. d. Wiss. zu Amsterdam* (1886), p. 25).

en sac à la base, pubérulentes, 3-nervées, d'un blanc verdâtre, égales ou la moyenne plus large et plus courte ; les lat. int. obtuses-spatulées, un peu courbées, subfalciformes, 1-nervées. Labelle ovale-oblong, subonguiculé à la base, arrondi à l'extrémité, concave, blanchâtre, vert dans la partie médiane, et dans cette région à bords frangés ou crénelés, muni vers la base de 2 callosités. Gynostème court, verdâtre, incliné en avant. Stigmate subelliptique ou oblong, vert clair. Anthère obtuse, triangulaire ou subcordiforme, d'un rouge brique. Masses polliniques allongées, d'un jaune clair (1). Ovaire dressé, subsessile, allongé, linéaire, un peu contourné, à 6 côtes, vert, muni de poils glanduleux peu nombreux. Capsule obovoïde-oblongue, d'un vert clair, puis brunâtre, parfois rougeâtre à la maturité.

Morphologie interne.

Racines tubérisées. Poils absorbants relativement peu nombreux, bien moins abondants que dans le *S. autumnalis.* Assise pilifère formée de cellules à parois munies d'épaississements spiralés délicats, à stries anastomosées, à épaississements un peu moins développés que dans le *S. autumnalis,* mais pourtant très apparents sur un lambeau d'assise pilifère ou sur une section transversale de la racine. Ecorce très développée, contenant des paquets de raphides assez nombreux et des cellules à mucilages. Ecorce ext. formée de plusieurs assises de petites cellules renfermant quelques endophytes (en assez petite quantité et sur une seule partie de la section). Ecorce moyenne formée de cellules insensiblement plus grandes, amylifères. Ecorce int. composée de cellules plutôt allongées radialement (moins allongées que dans le *S. autumnalis*), très amylifères à certaines époques. Endoderme muni de plissements subérisés très marqués. Cylindre central très grand. Lames vasculaires formées de vaisseaux peu abondants, ne se fusionnant pas en étoile, mais entourant un parenchyme très abondant à parois minces. Tissu de soutien manquant dans le cylindre central. La structure de la racine permet à la plante de résister à une sécheresse momentanée.

Tige. Epiderme strié ou non (pl. 114, f. 89), portant, surtout vers le sommet de la tige, des poils 3-5-cellulaires non ramifiés, à tête arrondie, longs de 90-180 μ, ordt droits (pl. 118, f. 200-202). Anneau lignifié reliant l'épiderme aux faisceaux libéroligneux ext., formé de 5-8 assises de sclérenchyme à parois très épaisses. Faisceaux libéroligneux assez nombreux, disséminés, les uns très petits touchant à l'anneau lignifié, les autres plus développés, internes, totalement dépourvus de gaine sclérifiée, plongeant dans un parenchyme à parois très minces et à méats. Parenchyme central non résorbé au début de la période végétative, se détruisant ensuite plus ou moins.

Feuille. Ep. = 130-220 μ. Epiderme sup. formé de cellules à parois recticurvilignes, haut de 20-30 μ, à paroi ext. peu épaisse et légèrement bombée (pl. 116, f. 154), muni de stomates très nombreux, très petits, existant même sur les feuilles inf. Epiderme inf. formé de cellules à parois recticurvilignes (pl. 116, f. 136), haut de 20-30 μ, à paroi ext. peu épaisse et bombée, pourvu de stomates abondants. Cellules épidermiques marginales du limbe à paroi ext. non ou à peine bombée. Parenchyme formé de 6-8 assises chlorophylliennes et contenant quelques cellules à raphides. Nervures dépourvues de sclérenchyme et de collenchyme, à faisceau libéroligneux entouré de parenchyme incolore et de cellules à chlorophylle.

Fleur. Divisions externes et latérales internes du périanthe. Epiderme ext. portant quelques poils glanduleux assez gros, 2-4-cellul., à tête renflée, à contenu jaunâtre. Epiderme int. ne portant que quelques rares poils. Gouttelettes d'huile essentielle dans les épidermes et leurs poils et dans quelques cellules du parenchyme. — *Anthère.* Cellules fibreuses nombreuses dans les parois. — *Pollen.* Tétrades à exine nettement réticulée ; réseau à mailles assez fines. L. = 32-42 μ env. — *Ovaire.* Epiderme portant quelques poils glanduleux. Nervure des valves placentifères non saillante extérieurement. Valves non placentifères saillantes extérieurement. Placenta divisé presque dès la base. — *Graines.* Cellules du tégument recticurvilignes, à épaississements striés-anastomosés. Graines allongées, arrondies ou légèrement atténuées au sommet, 2-3 fois plus longues que larges. L. = 400-450 env.

V. v. — Mai, juin dans le Midi, juillet, août dans le Nord. — *Habitat :* prairies humides, landes, marécages, petits torrents desséchés ; monte à 1.300 m. d'alt. dans le Tyrol, d'ap. DALLA TORRE et SARNTH. ; à 1.400 m. en Espagne, dans le Val de l'Estchuja (SENNEN). — *Répart. géogr. :* Portugal (peu rare), Espagne (disséminé), France (Seine-et-Oise, Seine-et-Marne, Pas-de-Calais, Loire, Haute-Savoie, Savoie, Isère, Drôme Alpes-Marit., Var, Alsace, a disparu dans la plupart de ses localités des bords du Rhin, d'ap. WALTER, Corse, etc.),

---

1. COUTAGNE, *Note sur la fécondation des « Spiranthes æstivalis »* in *Bull. Soc. études sc. Lyon,* n° 1, juillet 1874, p. 3-5.

Iles Britanniques, Belgique (rare, Campine, Limbourg), Luxembourg ? Hollande (env. de Weert), Allemagne (rég. mérid. et occid., Darmstadt, Bade, Wurtemberg, Bavière, etc.), Suisse (surtout dans la rég. septentr., peu fréquent), Italie [de la mer à la rég. submontagn. de la partie septentr. et centr. de la péninsule, Sardaigne (assez rare), île de Giglio], Tyrol, Haute et Basse-Autriche, Salzbourg, Carinthie, Istrie, Croatie, Hongrie, Balkans, Grèce (très rare, Messénie), Asie Mineure, Algérie (rare).

2. — S. AUTUMNALIS

S. autumnalis C.-L. Rich. in *Mém. Mus. Par.*, IV, p. 59 (1818) ; Lindl., *Gen. and spec.*, p. 469 ; Reichb. F., *Icon.*,XIII-XIV, p. 150 ; Richter, *Pl. Eur.*,I, p. 285 ; Correvon, *Alb. Orch. Eur.*,pl. LIX ; Babingt.,*Man. Brit. Bot.*, éd. 8, p. 348 ; Benth., *Brit. Fl.*, p. 460 ; Oudemans, *Fl. Nederl.*, p. 153 ; Lej. et Court., *Comp.*, III, p. 192 ; Crépin, *Man. fl. Belg.*, éd. 1, p. 180 ; éd. 2, p. 296 ; Thielens, *Acquis. fl. Belg.*, p. 48 ; *Orch. Belg. et Luxemb.*, p. 36 ; Löhr, *Fl. Tr.*, p. 252 ; Dumocl., *Fl. Maest.*, p. 147 ; Cogn., *Fl. Belg.*, p. 253 ; de Vos, *Fl. Belg.*, p. 559 ; Mutel, *Fl. fr.*, III, p. 260 ; *Fl. Dauph.*, éd. 2, p. 600 ; Lec. et Lamt., *Cat. Pl. Cent.*, p. 354 ; Gr. et God., *Fl. Fr.*, III, p. 267 ; Boreau, *Fl. Cent.*, éd. 3, p. 654 ; God., *Fl. Lorr.*, II, p. 299 ; Gren., *Fl. ch. jurass.*, p. 763 ; Michal. *Hist. nat. Jura*, p. 30 ; Coss. et Germ., *Fl. Par.*, éd. 2, p. 696 ; Martr.-Don., *Fl. Tarn*, p. 77 ; Ardoino, *Fl. Alp.-Mar.*, p. 360 ; Barla, *Iconogr. Orchid.*, p. 17 ; Dulac, *Fl. H.-Pyr.*, p. 122 ; Castag., *Cat. B.-d.-Rh.*, p. 155 ; Poiraclt, *Cat. Vienne*, p. 98 ; Loret et Barrand., *Fl. Montp.*, p. 653 ; Martin. *Cat. Romorant.*, éd. 2, p. 377 ; Gust. et Hérib., *Fl. Auv.*, p. 423 ; Car. et S.-Lag., *Fl. descr.*, éd. 8, p. 813 ; Lloyd et Foug., *Fl. Ouest*, p. 343 ; G. Cam., *Monogr. Orchid. Fr.*, p. 114 ; in *Journ. bot.*, VII, p. 274 ; G. Cam. Berg. A, Cam., *Monogr. Orch. Eur.*, p. 387 ; Alb. et Jahand., *Cat. Var*, p. 492 ; Deb., *Révis. fl. agen.*, p. 514 ; Gautier, *Pyr.-Or.*, p. 396 ; Corbière, *N. Fl. Norm.*, p. 553 ; Masclef, *Cat. P.-d.-C.*, p. 158 ; Léveillé, *Fl. Mayenne*, p. 202 ; Gentil, *Fl. manc.*, p. 176 ; Guill., *Fl. Bord. et S.-O.*, p. 172 ; Coste, *Fl. Fr.*, III, p. 408, nº 3622, *cum icone* ; Roux, *Fl. Fr.*, XIII, p. 211 ; Kirschl., *Prodr.*, p. 162 ; *Fl. Als.*, p. 144 ; Reichb., *Fl. excurs.*, p. 127 ; Bl. et Fing., *Comp.*,II, p. 434 ; Oborny, *Fl. Moehr. Oest. Schl.*, p. 269 ; Koch, *Syn.*, éd. 2, p. 802 ; éd. 3, p. 694 ; éd. Hall. et Wohlf., p. 2447 ; Caflisch, *Ex. Fl. S. D.*, p. 300 ; Bach, *Rheinpr.*, p. 375 ; Foerster, *Fl. Aachen*, p. 351 ; Garcke, *Fl. Deutschl.*, éd. 14, p. 385 ; M. Schulze, *Die Orchid.*, nº 61 ; Kirchner, *Fl. v. Stuttgart*, p. 180 ; Kraenzl.,*Orchid.*, p. 52 ; Morthier, *Fl. Suisse*, p. 357 ; Reuter, *Catal. Genève*, éd. 2, p. 208 ; Godet, *Fl. Jura*, p. 700 ; Gremli, *Fl. Suisse*, éd. Vetter, p. 487 ; Fischer, *Fl. Bern.*, p. 81 ; Ruiner, *Prodr. Waldst.*, p. 130 ; Hausm., *Fl. Tirol*, p. 853 ; Hinterhuber et Pichlm., *Fl. Salzb.*, p. 196 ; Beck, *Fl. N.-Oest.*, p. 216 ; Schur, *Enum. Trans.*, p. 650, nº 3458 ; Simk., *Enum. Trans.*, p. 507 ; Vis., *Fl. Dalm.*, p. 175 ; Ambr., *Fl. Tirol austr.*, p. 736 ; Moris, *Stirp. Sard.*, I, p. 45 ; Tod., *Orch. sic.*, p. 132 ; Guss., *Fl. sic. syn.*, II, p. 559 ; Puccin., *Syn. pl. luc.*, p. 486 ; Comoll., *Fl. comens.*, VI, p. 393 ; Bertol., *Fl. ital.*, IX, p. 610 ; Guss., *Enum. pl. inar.*, p. 325 ; de Notaris, *Repert. fl. lig.*, p. 393 ; Lojacono, *Fl. Sicula*, III, p. 49 ; Stefani, F. Maj. W. Barbey. *Cat. Samos*, p. 61 ; W. Barbey, *Fl. Sard. Comp.*, nº 1340 ; Ces. Pass. Gib., *Comp.*, p. 179 ; Parlat., *Fl. ital.*, III, p. 374 ; Arcang., *Comp.*, éd. 2, p. 162 ; Cocconi, *Fl. Bolog.*, p. 478 ; Martelli, *Monoc. sard.*, p. 49 ; Macchiatti in *N. G. bot. ital.* (1881), p. 310 ; Fiori et Paol., *Iconogr. fl. it.*, nº 855 ; Rodrig., *Cat. Men.*, nº 594 ; Barcelo, *Ap. Balear.*, p. 45, nº 400 ; Marès et Vigin., *Cat. Baléar.* p. 277 ; H. Knoche, *Fl. balearica*, I, p. 415 ; Willk. et Lange, *Prodr. hisp.*, I, p. 175 ; Guimar., *Orch. port.*, p. 23 ; Gris., *Spic. fl. rum. et bith.*, II, p. 368 ; Boiss., *Fl. orient.*, V, p. 90 ; Raulin, *Cret.*, p. 863 ; Bald., *Riv. Coll. alb.* (1895), p. 71 ; Grecescu, *Consp. fl. Roman.*, p. 547 ; *Suppl. Consp. Fl. Rom.*, p. 157 ; Pantu, *Contr. Fl. Bucurest.*, p. 91 et *Orch. d. Rom.*, p. 181 ; Battand. et Trab., *Fl. Alg.*,éd. 1, p. 188 ; éd. 2, p. 35 ; Bonnet et Barr., *Cat. Tunis.*, p. 406 ; Debeaux, *Fl. Kabylie Djurdj.*, p. 338. — **Ophrys spiralis** L., *Spec.*, éd. 1, p. 946 (1753) ; et *Mant.*, p. 489 ; Poiret, *Encycl.*, IV, p. 567 ; Smith, *Brit.*, p.934 ; Bertol., *Pl. gen.*, p. 121 ; Savi, *Fl. pis.*, II, p. 302 ; Suffren, *Pl. Frioul*, p. 175 ; Vill., *Hist. Dauph.*, II, p. 46 ; Le Turq. Delon.,*Fl. Rouen*, p. 463 ; Gmelin, *Fl. bad.*, III, p. 558 ; Poll., *Pal.*, p.855. — **Epipactis spiralis** Crantz, *Stirp. austr.*, éd. 2, VI, p. 470 (1769) ; All., *Fl. pedem.*, II, nº 1852. — **Serapias spiralis** Scop., *Fl. carn.*, éd. 2, II, p. 201 (1772). — **Helleborine spiralis** Bernh., *Syst. Verz. Erf.*, p. 316 (1800) ; Asch., *Fl. Pr. Brandb.*, p. 940 (1864). — **Neottia spiralis** Swartz in *Act. holm.*, p. 226 (1800) ; Willd., *Spec.*, IV, p. 74 (1805) p. p. ; DC., *Fl. fr.*, III, p. 257, nº 2035 ; Duby, *Bot.*, p. 448 ; Boisduval, *Fl. fr.*, III, p. 51 ; Magnin et Hétier, *Observ. fl. Jura*, p. 142 ; Spenn., *Fl. frib.*, p. 244 ; Reuter, *Cat. Genève*, éd. 1, p. 101 ; Biv., *Sic. pl. cent.*, I, p. 57 ; Bertol., *Amoen. ital.*, p. 203 ; Seb. et Mauri, *Fl. rom. pr.*, p. 313 ; Pers., *Syn.*, II, p. 510 ; Zerap., *Fl. melit. thes.*, p. 55 ; Chaub. et Bory, *N. fl. Pélopon.*, p. 62. — **Ophrys autumnalis** Balb., *Misc.* 40 et *Add. fl. pedem.*, p. 96 (1801). — **Satyrium spirale** Hoffm., *Bot. Tasch.*, I, 2, p. 177 (1804). — **Ibidium spirale** Salisb. in *Trans. Hort. Soc.*, I, p. 291 (1812). — **Tussacia autumnalis** Desv., *Fl. Anjou*, p. 90 (1827). — **Gyrostachys**

autumnalis Dumort., *Prodr. fl. Belg.*, p. 134 (1827). — **Neottia autumnalis** Ten., *Fl. neap. syll.*, p. 461 (1831) ; et var. **australis** Ten., *Syll., App.*, IV, p. 42. — **Spiranthes spiralis** C. Koch in *Linn.*, XIII, p. 290 (1839) ; Halacsy, *Consp. fl. gr.*, III, p. 157 ; Aschers. et Graebn., *Fl. Nordostd. Flachl.*, p. 220 ; *Syn.*, III, p. 886 ; Richt., *Pl. Eur.*, I, p. 285 ; Briquet, *Prodr. fl. corse*, p. 390. — *Orchis spiralis, alba, odorata* Vaillant, *Bot. paris.*, p. 147, n° 7 ; Cup., *H. cath.*, p. 158.— *Orchiastrum autumnale, pratense, spirale, album odoratum* Mich., *Nov. pl. gen.*, p. 30.

Noms vulg. : Spiranthe d'automne. — Angl. : Common spiranth, Ladies' tresses, Lady's traces.— Allem. : Herbst-Wendelorchis, Herumdrahl, Mariendrehen, Standhart, Herbst-Schraubenblume. — Holl. : Herfst Draaiaar.

Icon. : Rivin., *Hex.*, t. 14 ; Dalech., *Hist.*, 1555, f. 3 ; Dodon., *Pempt.*, 239, f. 2 ; Vaillant, *Bot. paris.*, t. 30, f. 17 ; Zannich., *Ist. pi. Venet.*, p. 199, t. 86, f. 3 ; Seg., *Pl. ven. suppl.*, p. 252, t. 8, f. 9 ; Curtis, *Fl. lond.*, éd. Grav., I, t. 127 ; *Fl. Dan.*, t. 387 ; *Engl. Bot.*, t. 541 ; Fitch et Smith, *Illustr. Brit. Fl.*, n° 988 ; Oudem., *Fl. Nederl.*, t. LXXII, f. 374 ; Sturm, *Deutschl. Fl.*, 12, t. 16 ; Dietr., *Fl. boruss.*, I, t. 16 ; Schlecht. Lang. Sch., *Deutschl.*, IV, f. 37 ; Reichb. F., *Icon.*, XIII-XIV, t. 122, CCCCLXXIV, f. 1-20 ; Hallier, *Orch. Deutschl.*, t. 380 ; Garcke, *Fl. Deutschl.*, f. 574 ; Hegi, *Fl. Mittel-Eur.*, f. 446 ; Barla, *l. c.*, t. 10, f. 7-12 ; G. Cam., *Iconogr. Paris*, pl. 37 ; Ces. Pass. Gib., *Comp.*, t. XXII, 1, a-i ; Guimar., *l. c.*, est. I, f. 5 ; M. Schulze, *l. c.*, t. 61 ; Bonnier, *Alb. N. Fl.*, p. 148 ; G. Cam. Berg. A. Cam., pl. 31, f. 1091-1095, 1097 ; *Ic. n.*, pl. 99, f. 7-14.

Exsicc. : Billot, n°ˢ 1966 et 1966 *bis* ; *Reliq. Maill.*, n°ˢ 1728 et 1728 a ; Schleich. ; Thomas ; Schultz, n° 80 ; Reichb., n° 172 ; Lej. et Court., *Ch. pl.*, n° 503 ; *Soc. Rochel.*, n° 2016 ; *Soc. Dauph.*, n° 2631 ; Heldreich, *Herb.* (1875) ; Baldacci ; *It. alban.* (epir.) quartum (1896) ; Balansa, *Pl. d'Orient* (1866) ; *Austr.-Hung.*, n° 1024 ; Magn., *Fl. sel.*, n°ˢ 69, 69 *bis*, 693.

Tubercules charnus, fusiformes, épais, 2-3-4, d'autant plus nombreux et plus épais que le sol dans lequel ils poussent est plus sec (1). Tige de 1-3 dm. env., cylindrique, assez grêle, ferme, un peu flexueuse, pubescente au sommet, d'un vert glauque, paraissant nue, mais couverte, en partie, de feuilles bractéiformes, courtes, étroitement engainantes, minces, à bords membraneux, munies de quelques poils, d'un vert assez pâle. Feuilles de la rosette latérale, entourant le bourgeon de la hampe florale de l'année suivante, étalées, ovales ou ovales-oblongues, aiguës, assez fermes, rigides, d'un vert foncé, atténuées en un pétiole court, large et blanc. Bractées plus longues que l'ovaire, ovales-acuminées ou lancéolées, concaves, entourant étroitement l'ovaire, plurinervées, pubescentes en dehors, à bords membraneux, blanchâtres. Fl. petites, nombreuses, blanches, exhalant un parfum rappelant celui de la Vanille, disposées en épi spiralé étroit, très dense. Div. du périanthe dirigées presque horizontalement, un peu concaves et conniventes à la base, blanches à l'intérieur, verdâtres à l'extérieur, les ext. lancéolées-linéaires, subobtuses, 3-nervées, pubescentes-glanduleuses en dehors, les lat. int. plus courtes et plus étroites, ligulées, 1-nervées. Labelle presque aussi long que les div. ext., un peu en forme de sac à la base, obové, émarginé à l'extrémité, canaliculé, muni à la base de deux gibbosités blanchâtres nectarifères, à bords frangés-crénelés, verdâtre à la base, blanchâtre à l'extrémité. Gynostème court, penché en avant, presque parallèle au labelle, subcylindrique, épaissi au sommet, à face antérieure sillonnée et pubescente, d'un vert clair. Stigmate ovale-arrondi, à partie inf. munie d'une ligne de papilles. Rétinacle linéaire, blanchâtre, pourvu d'une ligne longitudinale brune et retenu par les deux petites dents apicales du bec de l'anthère, situé au-dessus du stigmate. Anthère placée au-dessus du rostellum, dans une fossette creusée en arrière et vers le sommet du gynostème. Masses polliniques allongées, claviformes, bifides, jaune pâle (2). Ovaire subsessile, droit ou à peine tordu, ovale, coudé au sommet, pubescent-glanduleux, d'un vert

---

1. Cf. Rôle des tubercules, p. 52. — Il peut se former des bourgeons sur les racines (cf. Beyerinck in *K. Ak. d. Wiss. z. Amsterdam* (1886), p. 25.
Les racines tubérisées des *Spiranthes* qui apparaissent, à la base du bourgeon, plus ou moins simultanément, sont l'équivalent des racines des *Epipactis* et non des tubercules des Ophrydées.
2. Les insectes, très attirés par le parfum de la fleur et le nectar abondant qu'elle contient, effectuent le transport du pollen.
Par la courbure du sommet de l'ovaire, la fleur a une situation horizontale.
Le rostellum semble placé en avant pour défendre l'accès du stigmate. Il est terminé par une sorte de bec dans lequel se différencie le rétinacle, disque visqueux caractéristique, en forme de nacelle. Ce disque, dressé verticalement, à peine pointu au sommet, arrondi à la base, est plein d'un liquide épais, très adhésif, se coagulant à l'air, durcissant et brunissant en une minute environ. Avant l'anthèse, ce disque est maintenu à l'abri de l'air par une membrane qui le recouvre. A l'anthèse, le rostellum est un peu sillonné au milieu, sur sa face antérieure, et le moindre contact ou choc amène sa rupture longitudinale dans toute sa longueur, depuis le stigmate jusqu'au sommet. A cet endroit, la fente se dirige sur la face postérieure du rostellum, de chaque côté du disque naviculaire. Celui-ci, devenu libre, n'est plus maintenu sur le rostellum que par les branches de la fourche et le liquide qu'il renferme sortant au dehors, il adhère facile-

pâle, formant un angle presque droit avec le périanthe. Capsule obovale, à dos gibbeux vers le sommet, pubescente-glanduleuse, d'un vert glauque devenant lavé de brun, à 3 nervures saillantes (1).

Morphologie interne.

Racines tubérisées (pl. 112, f. 47-50). Assise pilifère munie de très nombreux poils absorbants par lesquels
se fait l'infestation, formée de petites cellules, à parois munies d'abondants épaississements spiralés à anastomoses, servant à protéger la plante contre l'absence d'eau pendant les périodes de sécheresse (pl. 112, f. 49
et 50). Il y a une certaine analogie entre ces cellules et les trachéides des feuilles spongieuses des *Malaxis*.
Assise subéreuse formée de cellules à parois subérisées et à cellules de passage pour le mycélium. Ecorce ext.
composée de cellules presque régulièrement polygonales, les 1-2 assises ext. peu développées (pl. 112, f. 49),
toute l'écorce ext. contenant des cellules à raphides et mucilages et des champignons. Ces endophytes existaient
dans toutes les racines tubérisées développées examinées mais paraissaient localisés à la face ext. et semblaient
manquer dans toute la partie voisine des autres racines. Ecorce int. formée de cellules bien plus grandes que
celles de l'écorce ext., allongées radialement et parfois extrêmement riches en amidon. Endoderme formé de
cellules à cadres de plissements très marqués. Cylindre central très grand, complètement dépourvu de tissu
de soutien. Lames vasculaires très réduites, souvent formées de 2-3 vaisseaux. Moelle extrêmement développée, contenant beaucoup d'amidon à certaines époques.

Tige (f. 184). Epiderme (pl. 114, f. 88) pourvu de stomates très nombreux, de poils très abondants, non
rameux, mais souvent un peu recourbés, longs de 250-450 μ, 2-5-cellulaires, à cellule terminale assez grande,
arrondie ou ovale, faiblement sécrétrice, reposant sur une cellule allongée (pl. 118, f. 203-207), 2-3 assises de
parenchyme chlorophyllien (P) entre l'épiderme et l'anneau lignifié. Anneau lignifié formé de 5-7 assises de
cellules à parois d'abord minces, puis épaisses (S). Faisceaux libéroligneux plus ou moins disséminés, pénétrant même vers la partie centrale de la tige, les ext. touchant à l'anneau lignifié, les autres isolés dans le
parenchyme. Parenchyme ligneux non lignifié très abondant. Il n'existe ordt pas de lacune au centre de la tige.

Feuilles de la rosette (pl. 117, f. 171-172). Ep. = 170-300 μ. Epiderme sup. recticurviligne, pourvu de nombreux stomates, haut de 20-26 μ, à paroi ext. peu bombée et épaisse de 4-7 μ env. Epiderme inf. recticurviligne, haut de 20-25 μ env., muni de stomates abondants, à paroi ext. légèrement bombée et épaisse de 4-6 μ.
Cellules épidermiques marginales du limbe à paroi ext. légèrement bombée. Mésophylle formé de 5-9 assises

ment à l'objet qui a provoqué la rupture. La fourche, vestige du sommet du rostellum, se flétrit vite. La rupture paraît
ne jamais se produire spontanément.

Au-dessous du rostellum, se trouve le stigmate qui se termine obliquement et dont le bord inférieur est poilu.

L'anthère est placée au-dessus du rostellum, presque horizontalement, et, avant l'épanouissement de la fleur, ses
loges, pressées contre le dos du rostellum, s'ouvrent au sommet. Les masses polliniques entrent ainsi en contact avec
la partie dorsale du rétinacle en nacelle Les fils élastiques et visqueux qui sortent des masses polliniques s'attachent
au dos du disque, un peu au-dessus du milieu et les masses restent pendantes et un peu protégées par le clinandre.

Ensuite, les loges de l'anthère s'ouvrent plus bas et leurs parois brunissent et se flétrissent. La fleur est alors tout
à fait épanouie, la partie supérieure des masses polliniques est à nu, leur partie inférieure se trouve placée dans la petite
coupe formée par la paroi desséchée de la loge. Les masses libres sont facilement enlevées avec le rétinacle naviculaire
auquel elles adhèrent.

Le labelle est sillonné au milieu et porte, à la base, deux nectaires gibbeux, arrondis, développés. Le nectar abondant
s'accumule dans le sac basilaire court du labelle. La lèvre un peu pendante du labelle sert de plate-forme aux Abeilles.

Par suite du développement des nectaires latéraux et de la proéminence du stigmate, l'orifice conduisant au réservoir nectarifère est très étroit.

Quand la fleur s'ouvre, le nectar est déjà assez abondant pour attirer les insectes. Dans un épi, l'insecte visite
d'abord les fleurs inférieures, puis les supérieures. Dans celles-ci, plus jeunes, la partie antérieure du rostellum est rapprochée du labelle, la gorge est trop fermée pour que l'insecte puisse ordinairement arriver au sac basilaire du labelle,
il se contente souvent de récolter les gouttelettes sécrétées par la partie supérieure du labelle. Il est presque impossible
à un insecte de butiner la fleur sans provoquer la rupture du rostellum. Le disque adhère à l'insecte et lorsque celui-ci
reprend son vol, il emporte le rétinacle avec les pollinies, attachées parallèlement à lui et fixées parallèlement à sa
trompe, sur une fleur plus âgée d'un autre épi. Le labelle est, dans cette fleur, plus réfléchi et plus distant du rostellum
que dans la première. Un ou deux jours après l'épanouissement de la fleur, le labelle s'éloigne du rostellum et l'accès du
stigmate proéminent devient facile. L'espace est assez grand, pour que les pollinies ne soient gênées en rien avant
d'arriver au stigmate. Les masses polliniques sont ainsi déposées sur le stigmate plus visqueux que dans les plus jeunes
fleurs. Dans le cas où le stigmate a déjà été fécondé, il est sec et retient peu le pollen.

En général, les fleurs sont fécondées par le pollen de fleurs plus jeunes, provenant d'une autre plante, l'insecte commençant à visiter les épis par la base et emportant les masses polliniques de la partie supérieure d'un épi sur les fleurs
inférieures plus âgées d'un autre épi.

Lorsqu'une fleur n'a pas reçu la visite des insectes dans la première période de son épanouissement, ceux-ci peuvent encore emporter le rétinacle, après rupture du rostellum, en venant chercher le nectar.

Il y a très peu de fleurs stériles, dans cette espèce (Cf. Ch. DARWIN, *De la fécondation des Orchidées par les insectes
et des bons résultats du croisement*, trad. Rerolle, 1870, p. 117 et suiv.).

1. Voir *Germination et développement*, p. 36, 39.

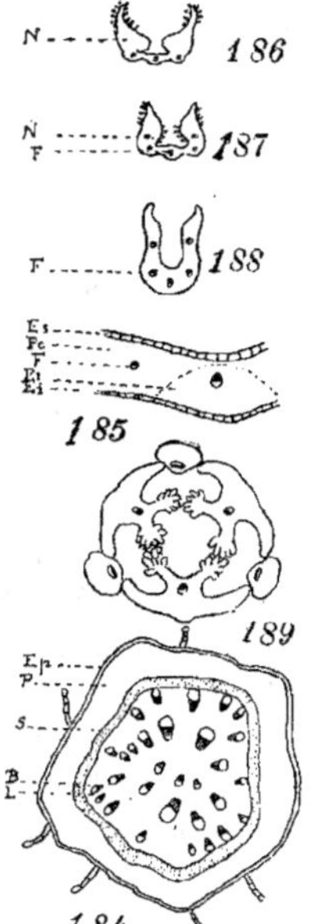

Spiranthes autumnalis. — Fig. 184 : section transv. schématique vers le milieu de la tige ; B, bois ; Ep, épiderme ; L, liber ; P, parenchyme ; S, sclérenchyme. — Fig. 185 : section transv. schématique de la nervure médiane d'une feuille de la rosette ; Ei, épiderme inf. ; Es, épiderme sup. ; F, faisceau libéroligneux ; Pc, parenchyme chlorophyllien ; Pi, parenchyme incolore. — Fig. 186 : section transversale schématique passant par la base du labelle, très près de l'ouverture du style ; N, gibbosité nectarifère. — Fig. 187 : section passant par la base du labelle, un peu plus loin de l'ouverture du style ; les papilles ont disparu au sommet des gibbosités. — Fig. 188 : section passant par le milieu du labelle ; pas de papilles caractérisées. — Fig. 189 : section transv. schématique de l'ovaire.

(parfois 12 assises près de la nervure médiane) de tissu assez riche en chlorophylle et assez serré surtout vers la face sup., renfermant quelques paquets de raphides. Bord du limbe très aminci. Nervures dépourvues de collenchyme et de sclérenchyme, les principales (f. 185) à faisceau muni, à la partie inf., de parenchyme incolore ou de tissu peu chlorophyllien (Pi) et, à la partie sup., de parenchyme contenant de la chlorophylle ; les autres totalement dépourvues de tissu incolore. Toute la partie médiane basilaire de la feuille est occupée par des faisceaux libéroligneux presque parallèles à bois très réduit. — *Feuilles caulinaires bractéales*. Epaisseur bien moindre que celle des feuilles de la rosette. Epiderme sup. dépourvu de stomates. Epiderme inf. muni de nombreux stomates, de poils courts, unicellulaires, développés, en forme de doigt de gant, ressemblant à des poils tecteurs et de poils pluricellulaires longs de 200-250 μ, non rameux, mais de forme gibbeuse, surtout vers les bords de la feuille (pl. 118, f. 208-216). Bords munis de poils souvent unicellulaires (pl. 116, f. 134-135).

Fleur. — *Divisions externes du périanthe*. Papilles arrondies au sommet et vers les bords. Epidermes ext. et int. munis, surtout vers la base, de poils assez nombreux semblables à ceux de la tige (pl. 118, f. 217-220). Cellules de l'épiderme ext. contenant un peu d'essence ; poils donnant une réaction plus forte que ceux de la tige dans les cellules terminales et subterminales ; parfois quelques globules d'essence dans les autres cellules du poil. Cellules de l'épiderme int. renfermant un peu plus d'essence que celles de l'épiderme ext., les poils moins nombreux en contiennent dans presque toutes leurs cellules (pl. 118, f. 218-220). — *Divisions latérales internes*. Semblables aux divisions ext., mais à poils moins abondants. Epidermes contenant de l'essence. — *Labelle*. Près de la base du gynostème, à la partie sup. du labelle (f. 186, 187), sur les bords des 2 gibbosités, épiderme int. prolongé en longues papilles arrondies et parfois renflées au sommet, atteignant 100-150 μ, parfois 180 μ, ces papilles montent plus haut et sont plus développées sur le bord int. des gibbosités que sur le bord ext. La partie sup. de ces proéminences est dépourvue de papilles. Ces nectaires émettent un liquide sucré qui s'accumule dans une petite cavité située sous elles. Vers le milieu du labelle, il n'y a pas de papilles caractérisées (f. 188). Epiderme ext. à peine papilleux, sauf vers la partie sup. du labelle et latéralement. Huile essentielle assez abondante dans les épidermes et les cellules du parenchyme, vers les bords et sous la nervure médiane. — *Gynostème*. Faisceaux des étamines lat. avortées manquant. — *Anthère*. Parois à cellules fibreuses nombreuses. — *Pollen*. Tétrades à exine munie d'un réseau réticulé à mailles assez grandes. L. = 32-42 μ env. — *Ovaire* (f. 189). Epiderme ext. muni de poils semblables à ceux de la tige. Nervure des valves placentifères légèrement et insensiblement saillante à l'extérieur, renfermant un faisceau libéroligneux situé plutôt vers l'intérieur et à bois int. Placenta très divisé. Valves non placentifères légèrement proéminentes en dehors, contenant un faisceau libéroligneux à bois int. — *Graines*. Suspenseur à peu près nul. Cellules du tégument à épaississements striés. Graines très allongées, très atténuées au sommet, env. 4 fois plus longues que larges (1).

F. b *bracteata* G. Cam. Berg. A. Cam., *l. c.*, p. 390. — Epi floral relativement court et à bractées dépassant presque toutes les fl. — Ille-et-Vilaine : St-Malo (Jeanpert).

La var. *major* Rouy ne peut être maintenue. Il n'existe pas, dans la rég. mérid., de station où l'on ne puisse trouver cette forme, purement individuelle, mêlée au type avec tous les intermédiaires.

Monstruosités. — Cf. Zimmerm. in *Allg. Bot. Zeitschr.* (1910), 7-8, p. 19.

1. Le *S. autumnalis* contient du loroglossoside (cf. Delauney, *Sur les glucosides de plusieurs espèces d'Orchidées indigènes* in *C. R.* (1925), 180, p. 224.

V. v. — Fin août au début de sept. en Grande-Bretagne ; sept. à octobre, dans le Midi de la France, en Italie, etc. (1). — *Habitat* : pelouses rases, lieux herbeux arides, talus, dunes. — *Répart. géogr.* : Europe centr. et mérid., Portugal, Espagne (rég. litt., basse et submontagn.), Majorque, Minorque, France (disséminé, rare ou peu observé en Corse) ; Iles Britanniques, Belgique, Danemark, Allemagne [disséminé, rare dans le Nord-Ouest, monte à 850 m. en Bavière (PRANTL)] ,Suisse (répandu), Italie (de la rég. litt. à la rég. submontagn.,assez abondant, Ischia), Sardaigne, Malte, Autriche, Hongrie (disséminé), Galicie, Bosnie, Herzégovine, Balkans, rare en Grèce, Russie centr. et mérid., Caucase, Transcaucasie, Asie Mineure, Tunisie, Algérie (C.).

3. — S. ROMANZOWIANA (2)

S. Romanzowiana CHAM. in *Linn.*, III, p. 27 (1828) ; REICHB. F., *Icon.*. XIII-XIV, p. 153 : CORREV., *Alb. Orch. Eur.*, pl. LX ; *Orch. rust.*. p. 192 ; RICHTER, *Pl. Eur.*, I, p. 285 ; G. CAM. BERG. A. CAM., *Monogr. Orch. Eur.*, p. 391 ; GODFERY in *Orch. Rev.* (1922), p. 261 ; (1924), p. 357 ; KNOWLES in *Irish Nat.*, XXXIII, p. 75, (1924) : MOUSLEY in *Orch. Rev.* (1922), p.261 ; (1924), p. 71.— **Gyrostachys Romanzoffiana** MAC MET., *Minn.*, p. 171 (1892) ; VERNON COVILLE in *Contr. U.-S. Nat. Herb.*, IV (1893). — **Ibidium Romanzoffiana** HOUSE, *Muhlenbergia*, I, p. 129 (1906) : PIPER, *Flora of the state of Washingt.*, p. 211.

Icon. : REICHB. F. *l. c.*. t. 125. CCCCLXXVII, f. I. II. III. IV ; FITCH et SMITH, *Brit. Fl.*, no 990 ; CORREV. *Orch. rust.*, f. 34 : G. CAM. BERG. A. CAM., *l. c.*, pl. 31, f. 1096 : *Ic. n.*, pl. 99, f. 15.

Exsicc. : *Fl. Sequoia gig. Reg.*, no 1817, 1855 (HANSEN) : *Eastern Oregon Plants*, no 2337 (CUSICK. 1899) : *Fl. south-east. Calif.*, no 5266 ; *Rock. Mount. Fl. lat.*. 39°41', n. 539 (1862) ; MAINE. *Fl. Aroost.*, no 103.

Tubercules épais, charnus, fusiformes, 2-12. Tige arrondie ou presque, souvent fistuleuse, un peu poilue au sommet. Feuilles de largeur variable, lancéolées, aiguës, nervées, persistant lors de la floraison, les sup. bractéiformes, les inf. allongées. Bractées lancéolées, acuminées, les inf. dépassant les fleurs. Epi très compact, allongé, atteignant 20 cm. env. Fleurs d'un blanc pur, exhalant une odeur agréable. Div. ext. et lat. int. du périanthe conniventes, puis recourbées-dressées, pubescentes en dehors. Labelle pendant, élargi à la base, linguiforme, subaigu, recourbé à l'extrémité, à bords crénelés-ondulés, plus grand que chez les autres *Spiranthes*. Gynostème petit ; ouverture stigmatique petite (3).

Morphologie interne.

Racines tubérisées. Poils absorbants assez nombreux. Assise pilifère munie d'épaississements spiralés nombreux. Ecorce très développée, très amylifère. Endoderme à cadres de plissements subérisés marqués. Stèle

1. Dans le Midi, l'été étant très sec, la floraison n'a lieu qu'après les premières pluies d'automne.
2. D'après les travaux récents de WILMOTT, *The Irish Spiranthes Romanzoffiana*, in *Journ. of Bot.* (1927), p. 145, on confondrait, en Europe, sous le nom de *Spiranthes Romanzoffiana*, le *S. gemmipara* LINDL. et le *S. stricta* (RYD-BERG) ; la première espèce habiterait l'Irlande méridionale et la seconde, l'Irlande septentrionale.
Nous donnerons la description de ces deux plantes, d'après WILMOTT :
S. gemmipara LINDLEY, *Syn. Brit. Fl.*, éd. 1, p. 257 (1829) ; WILMOTT, *l. c.*
Plante plus basse, haute de 9-12 cm. Feuilles plus larges, planes ou pliées le long de la nervure médiane, les caulinaires engainant étroitement la tige. Bractées aiguës, non longuement acuminées. Inflorescence dense. Fleurs petites, plus courtes, d'un beau blanc brillant ; labelle touchant presque ou tout à fait à celui de la fleur située en dessous, plus court et plus large, brusquement rétréci vers le milieu ; attache du disque de la pollinie plus petite, plus étroite ; surface stigmatique plus grande —Irlande méridionale : Cork (cf. ALLIN in *Journ. of Bot.*, XI, p. 308 ; *Flower Pl. Cork*, p. 77 ; *Journ. of Bot.* (1892), p. 274) ; Kerry près Waterville (cf. *Irish Nat.*, XXX, p. 79). — La localité de Berehaven, Comté de Cork (DRUMMOND) a disparu.
S. stricta (RYDBERG) WILMOTT, *l. c.* — *Gyrostachys stricta* RYDBERG in BRITTON, *Man. Fl. N. U. S.*, p. 300.
Plante élevée, grêle, haute de 15-30 cm. Feuilles bien plus longues, bien plus étroites, ordinairement pliées sur la nervure médiane, paraissant plus ou moins tubuleuses, les caulinaires plus nombreuses, étroitement engainantes, les sup. très étroites et, comme les bractées, longuement acuminées. Inflorescence allongée et lâche ; fleurs ne se touchant pas, d'un blanc verdâtre, sur le frais, de couleur distincte de celles de l'esp. précédente, plus longues, plus grêles, plus étroites, à labelle plus étroit et plus récurvé, insensiblement rétréci vers le milieu. — Irlande septentrionale : Armagh (Lloyd PRAEGER) ; cf. *Journ of Bot.*, XXX, p. 127. — Amérique septentrionale.
D'après WILMOTT, *l. c.*, p. 149, le système radiculaire aurait été bien décrit par MOUSLEY (*Orch. Rev.* (1924), p. 357) et par GODFERY (*Orch. Rev.* (1921), p. 261). D'après WILMOTT, il n'y aurait aucune différence entre les deux espèces d'Irlande, le *S. gemmipara* aurait pourtant des racines plus grêles, comme le reste de la plante.
3. La fécondation a lieu par l'intermédiaire du *Chloralictus smilacinæ* ROB., de l'*Halictes provancheri* ♂ et du *Bombus vagans* (MOUSLEY in *Orchid Review* (1924), p. 326 ; (1926), p. 353). Quand la fleur s'ouvre, le gynostème ferme l'entrée de l'ouverture du style et les extrémités des pollinies, placées sur la face sup. du rostellum, ainsi que la face brune de l'anthère, sont seulement visibles. Plus tard, le gynostème se relève, s'éloigne du labelle. Si à ce moment, on introduit dans la fleur un crayon portant une pollinie, celle-ci adhère au stigmate (Cf. GODFERY, *l. c.*, p. 264). L'*Halictes* emporte sur sa tête le disque en nacelle. D'après RIDLEY, cette espèce pourrait aussi se féconder elle-même (Cf. RIDLEY in *Journ. Linn. Soc.*, XXIV, p. 392).

très grande. Péricycle souvent interrompu vis-à-vis des pôles ligneux. Lames vasculaires 12-20, très réduites, très isolées les unes des autres. Moelle très grande, formée de parenchyme à parois minces (1).

Tige. Epiderme de la partie sup. de la tige muni de poils relativement peu nombreux, souvent 3-cellul., à cellule terminale plus ou moins arrondie, assez peu sinueux, atteignant 120-150 μ de longueur env. (pl. 118, f. 198-199). Stomates nombreux. Anneau lignifié séparé de l'épiderme par 2-3 assises parenchymateuses, comprenant 5-7 assises à parois peu épaisses. L'échantillon d'herbier que nous avons étudié ne nous a pas permis de voir la disposition des faisceaux libéroligneux.

Fleur. — Labelle. Epiderme int. prolongé en grosses papilles. — *Pollen.* Exine très réticulée. — *Ovaire.* Nervure des valves placentifères insensiblement et peu saillante à l'extérieur. Valves non placentifères très proéminentes extérieurement. — *Graines.* Cellules du tégument munies d'épaississements rayés. Graines atténuées au sommet, 2 f. 1/2-3 f. plus longues que larges.

V. s. — Juillet, août. — Irlande (Kilrea, Country Derry, leg. Miss M. C. Knowless, comm. Prof. Vaughan Jurmings, 1896, in *herb.* G. Camus) ; Irlande septentr. (d'apr. Godfery), Armagh : signalé autrefois dans le sud de l'Irlande, en 1810, par Drummond, dans les prairies autour de la baie de Bantry, près Castletown, d'où il a disparu ; Kerry. — Ounalaska, de l'Amérique septentr. à la Californie.

Asa Gray considérait le *S. Romanzowiana* comme une espèce autrefois très répandue, ayant appartenu à l'ancienne flore du continent qui, à une époque reculée, reliait l'Europe occidento-septentrionale à l'Amérique. Cette espèce fait partie d'un groupe dont les représentants habitent la région occidentale de l'Amérique septentrionale.

S. AUSTRALIS

Marsch. Bieb., *Fl. Taur.-Cauc.*, III, p. 606, sans indication précise de localité, indique dans notre circonscription le *Neottia amœna* qui a pour synonymes :

S. australis Lindl. in *Bot. Reg.*, t. 823 ; Reichb. F., *Icon.*, XIII-XIV, p. 152. — **S. Wightiana** Lindl., Wall. *Cat.*, 7378. — **S. flexuosa** Lindl., *Bot. Reg.*, ad. 823. — **S. parviflora** Lindl., *l. c.* — **S. amœna** Marsch. Bieb., *En. pl. ch.*, p. 63. — **Neottia australis** R. Br., *Prodr.*, p. 319. — **N. pudica** Lindl., *Coll. Bot.* — **N. flexuosa** Smith in Rees, sec. Lindl., *Orch.*, p. 465. — **N. parviflora** Smith, *l. c.*, sec. Lindl. — **N. crispata** Bl. *Bijdr.*, p. 406.

Icon. : Gmel., *Sib.*, I, III, 1 ; Lindl., *Coll. Bot.*, t. 30 ; *Bot. Reg.*, VII, p. 823 ; Reichb., *l. c.*, pl. 124, CCCCLXXVI.

Tubercules charnus fusiformes, épais, parfois nombreux. Tiges subarrondies, sillonnées, parfois pubescentes. Gaines de la base courtes. Feuilles linéaires-lancéolées, longuement atténuées à la base, celles de la tige engainantes. Fleurs rosées, petites, nombreuses ou non. Divisions du périanthe peu glanduleuses. Labelle blanc, oblong, orné de pourpre, élargi à la base, subauriculé, arrondi et ondulé-crénelé subelliptique. Gynostème gros, court ; cavité du stigmate large, subquadrangulaire.

1. Sur des individus vivant en Amérique, Mousley a pu voir jusqu'à 12 tubercules. Cet auteur n'a pourtant pu constater ce nombre que deux fois.

Ces 12 tubercules n'étaient pas en un seul verticille, mais comme séparés par un entre-nœud. Dans le verticille sup., Mousley a compté 7 tubercules avec le petit bourgeon de l'année suivante et, dans le verticille inf., 5 tubercules plus foncés. Le même botaniste a observé un individu avec 3 verticilles superposés, l'inf. avec 6 tubercules, le méd. avec 3 tubercules, le sup. avec 2 tubercules nouveaux pour l'année.

Mousley a montré, avec d'excellentes planches à l'appui, que, dès l'automne, dans les plantes âgées, comme dans les jeunes plants, les jeunes tubercules sont déjà formés, ainsi que les bourgeons destinés à fleurir l'année suivante. Ce bourgeon apparaît vers août et non au printemps, comme on l'a cru. Au Canada, les nouvelles pousses ouvrent leurs feuilles plus tôt et ne passent pas l'hiver dans un bourgeon vert et dur. D'après St.-Quintin, dans le nord de l'Irlande, les feuilles restent protégées dans le bourgeon, jusqu'au printemps. Des différences dans les conditions de vie en sont cause. Peut-être, comme le pense Wilmott, y a-t-il deux espèces différentes.

En avril, les tubercules ont pris plus de développement. Au printemps, chaque bourgeon accompagné de ses tubercules devient une plante distincte.

En sol sec, les tubercules sont bien plus robustes et plus nombreux, ordinairement 5-9, et les feuilles plus larges. En sol humide ou frais, ils sont grêles, moins nombreux (2-3 env.), et souvent dirigés horizontalement, ce qui tient non seulement à la nature molle du sol, mais à la présence d'eau à la surface. La plante du Canada paraît donner plus de racines tubérisées et des feuilles un peu moins larges.

Cette espèce n'est pas gemmipare. Mousley a souvent vu 5-6 plantes en touffes dont les racines étaient mélangées.

Il y a parfois deux hampes fleuries sur le même pied. Une même plante peut avoir deux bourgeons au lieu d'un, munis chacun de plusieurs tubercules (cf. Mousley, *Further notes on the underground development of « Spiranthes Romanzoffiana » and « cernua »* in Orch. *Review* (1924), p. 296 ; *Spiranthes Romanzoffiana* in Orch. *Review* (1924), p. 71 ; Godfery *« Spiranthes Romanzoffiana »* in Orch. *Review* (1922), p. 261 ; (1924), p. 357.

Morphologie interne.

Racines tubérisées. — Assise pilifère munie de nombreux poils absorbants traversés par des filaments de mycélium ; parois des cellules de cette assise pourvues d'épaississements spiralés plus ou moins anastomosés. Assise subéreuse à parois minces et subérisées, à cellules de passage. Écorce formée de 10 assises env. de cellules amylifères sauf les cellules à raphides ou les cellules infestées. Cylindre central très grand. Péricycle interrompu. Lames vasculaires formées de vaisseaux peu nombreux, ne se rejoignant pas en étoile au centre de la racine.

Tige. Épiderme muni de stomates abondants et, vers le sommet, de quelques poils glanduleux atteignant 200-250 μ de long. et non ramifiés. Anneau de sclérenchyme à parois très épaisses touchant à l'épiderme ou séparé de lui par 1-2 assises parenchymateuses. Faisceaux libéroligneux assez disséminés, les ext. touchant à l'anneau lignifié, les autres complètement dépourvus de gaine sclérifiée.

V. v. — Caucase, Tauride. — Himalaya ? Australie, Tasmanie, Nouvelle-Zélande. — Il est probable que plusieurs espèces ont été confondues.

HYBRIDE

S. ÆSTIVALIS × AUTUMNALIS

× **S. Zahlbruckneri** Fleischm. in *Oest. Bot. Zeitschr.*, LX, p. 451 (1910). — **S. æstivalis × autumnalis** Fleischm., *l. c.*

Tubercules 2-4, obliquement descendants, napiformes, longs de 4.5-6 cm., de 0,6-1,2 cm. de diam., blanchâtres, disposés à la base de la rosette foliaire radicale. Tige vert cendré, naissant de cette rosette, haute de 22 cm., pubescente même à la base, munie au sommet de feuilles bractéiformes apprimées, espacées, verdâtres, linéaires-lancéolées, pubérulentes. Feuilles de la rosette longues de 4-6 cm. sur 0,9-1,2 cm., longuement ovales ou largement lancéolées, acuminées. Inflorescence unilatérale, spiralée. Fl. blanchâtres, à odeur de miel. Div. ext. du périanthe et labelle verdâtres à la base ; gibbosités basilaires du labelle arrondies, blanches. Gynostème court. Ovaire d'un vert glaucescent, pubescent.

Tyrol : env. d'Hochfilzen (d'apr. Fleischm.).

Gen. XXV. — **GOODYERA** R. Br.

Goodyera R. Br. in Ait. *Hort. Kew.*, éd. 2, V, p. 197 (1813) ; Rich. in *Mém. Mus. Paris*, IV, p. 49, 58 (1818) ; Lindl…*Gen. and spec.*, p. 492 ; Endl…*Gen.*, p. 214 (1837) ; Reichb. F..*Icon*..XIII-XIV,p. 154 ; Benth. et Hook. F., *Gen. Pl.* III, p. 602 (1883) ; Nyman, *Consp. Fl. Eur.*, p. 689 (1882) ; Pfitzer in Engl. et Prantl. *Pfl.*, II, 6, p. 117, (1889) ; Dalla Torre et Harms, *Gen. Siphon.*, p. 96 (1900) ; Aschers. et Graebn., *Syn.*, III, p. 894 (1907) ; G. Cam., *Monogr. Orch. Fr.*, p. 114 ; G. Cam. Berg. A. Cam., *Monogr. Orch. Eur.*, p. 392 ; Schinz et Thell.. in *Vierteljahrsschr. Nat. Ges. Zurich*, LX, p. 348 (1915), et in Schinz et Keller, *Fl. Schweiz*, éd. 4, I, p. 170 (1923) (1). — **Orchioides** Trew. in *Act. Acad. nat. cur.*, III, p. 409, t. 6, f. 7 (1736). — **Satyrii spec.** L.. *Sp.*, p. 1339 (1753).—**Epipactis** Boehm. in Ludw. Def.,*Gen. Pl.*,éd.3, p. 357 (1760) p. p. ; Crantz, *Stirp. austr.*, p. 473 (1769) ; Eaton in *Proc. Biol. Soc. Wash.*, XXI, p. 63 (1908) ; Ames, *Orch.*, II, p. 261 (1908); Britten in *Journ. Bot.* (1909), p. 31, in obs. (1). — **Serapiadis spec.** Vill., *Hist. Dauph.*, II, p. 52 (1787). — **Neottiæ spec.** Swartz in *N. act. holm.* (1800), p. 226. — **Ophrydis spec.** Thore, *Chl. Land.*, p. 36 (1803). — **Erporkis** Thou. in *Nouv. Bull. Soc. philom. Paris*, I, p. 317 (1809). — **Peramium** Salisb. in *Trans. Hort. Soc.*, I, p. 301 (1812), sine descr. ; Schinz et Thell.. in *Vierteljahrsschr. Nat. Ges. Zurich*, LIII, p. 587 (1909) ; Britt. et Brown, *Ill. Fl.*, éd. 2, I, p. 569 (1913) ; Abrams, *Ill. Fl.*, I, p. 481 (1923). — **Tussaca** Rafin. in *Journ. bot.*, IV, p. 271 (1814). — **Gonogona** Link, *Enum.*, II, p. 369 (1822). — **Cionisaccus** Breda, Kuhl et Haas, *Gen. et spec. Orch.* (1827). — **Erporchis** Thou., *Hist. pl. Orch. Tabl. esp.*, I, t. 28 (1829). — **Georchis** Lindl., in Wall., *Num. List.*, nᵒ 7379 (1832) ; *Bot. Reg.*, XIX, t. 1618 (1833). — **Geobina** Rafin., *Fl. Tell.*, IV, p. 49 (1836). — **Cordylestylis** Falc. in Hook., *Journ. of Bot.*, IV, p. 74 (1842). — **Goodiera** Koch, *Syn.*,

1. Pour Sprague (in *Journ. of Bot.* (1926), p. 112), *Goodyera* devrait être placé dans les *nomina conservanda*.

éd. 2, p. 802 (1844) ; Cariot et Saint-Lager, *Fl. Rh. et Loire*, II, p. 813. — **Coenorchis** Blume, *Fl. Jav.*, sér. 1, *Orch.*, p. 31 (1858). — **Elasmatium** Dulac, *Fl. H.-Pyr.*, p. 121 (1867). — **Goodyeara** Rouy. *Consp. Fl. Fr* p. 259 (1927).

Divisions du périanthe conniventes en tube dans leur partie inf., formant un angle presque droit avec l'ovaire ; division ext. sup. horizontale, appliquée sur les lat. int. auxquelles elle adhère souvent. Labelle dressé, puis recourbé, non rétréci à sa partie moyenne, indivis, fortement concave, gibbeux dans sa partie moyenne qui embrasse le gynostème dans sa concavité, mais sans éperon, à limbe brièvement terminé en lame canaliculée dirigée en bas. Masses polliniques lobulées, réunies par un rétinacle commun subquadrangulaire. Anthère libre, penchée, persistante, non ou très brièvement apiculée sur le prolongement lamelleux du gynostème. Gynostème court, presque tridenté, à bec droit, cuspidé (1). Ovaire droit, atténué en un pédicelle contourné très court. — Souche grêle, rameuse, stolonifère. Fleurs petites, en épi unilatéral.

Racines non tubérisées, non concrescentes, à cylindre central très petit, à lames vasculaires isolées, non réunies en étoile, entourant un parenchyme peu abondant (cylindre central bien plus petit et parenchyme int. non vascularisé bien plus réduit que dans le genre *Spiranthes*) ; assise pilifère dépourvue d'épaississements spiralés semblables à ceux des *Spiranthes*. Poils sécréteurs ne tendant pas à se ramifier. Nervures dépourvues de sclérenchyme. Grains de pollen se séparant en massules. Dans le gynostème, pas de faisceaux libéro-ligneux lat., rudiments des étamines avortées.

I. — **G. REPENS** R. Br.

Goodyera (Goòdiera) repens R. Br. in Ait. *Hort. Kew.*, éd. 2, V, p. 198 (1813) ; Rich. in *Mém. Mus. Paris*, IV, p. 58 (1818) ; Lindl., *Gen. and spec.*, p. 492 ; Reichb. F., *Icon.*, XIII-XIV, p. 155 ; Correv.. *Alb. Orchid. Eur.*, pl. XVII ; Richter, *Pl. Eur.*, I, p. 286 ; Babingt., *Man. Brit. Bot.*, éd. 8, p. 348 ; Benth., *Brit. Flora*, p. 461 ; Thielens, *Orch. Belg. et Luxemb.*, p. 37 ; Blytt, *Norg. Fl.*, éd. Ov. Dahl, p. 240 ; Mutel, *Fl. fr.*, III, p. 260 ; *Fl. Dauph.*, éd. 2, p. 601 ; Gr. et God., *Fl. Fr.*, III, p. 268 ; Boreau, *Fl. Cent.*, éd. 3, p. 654 ; Coss. et Germ., *Fl. Paris*, éd. 2, p. 697 ; Godr., *Fl. Lorr.*, II, p. 300 ; Michal., *Hist. nat. Jura*, p. 300 ; Gren.. *Fl. ch. jurass.*, p. 764 ; Ard., *Fl. Alp.-Mar.*, p. 360 ; Barla, *Iconogr.*, p. 18 ; Bonnet, *Fl. paris.*, p. 386 ; Gust. et Hérib., *Fl. Auv.*, p. 428 ; G. Cam., *Monogr. Orch. Fr.*, p. 114 ; in *Journ. de Bot.*, VII, p. 275 ; G. Cam. Berg. A. Cam., *Monogr. Orch. Eur.*, p. 393 ; A. Cam. in *Riviera scientif.* (1918), p. 10 ; Cam. et S.-Lag., *Fl. descr.*, éd. 8, p. 814 ; Magnin, *Arch. fl. jurass.*, n° 5 ; Bubani, *Fl. pyr.*, p. 54 ; Coste, *Fl. Fr.*, III, p. 408, n° 3623, *cum icone* ; Rouy, *Fl. Fr.*, XIII, p. 209 ; Spurrell in *Journ. of Bot.* (1902), p. 325 ; *Orch. Rev.* (1906), p. 326 ; Kirschl.. *Prodr.*, p. 163 ; *Fl. Alsace*, p. 145 ; *Fl. cog.-rhen.*, p. 90 ; Gmel., *Fl. bad.*, III, p. 554 ; Reichb., *Fl. exc.*, I, p. 131 ; Bluff et Fing., *Comp.*, II, p. 430 ; Döll, *Rhen.*, p. 215 ; Koch, *Syn.*, éd. 2, p. 802 ; éd. 3, p. 603 ; éd. Hall. et Wohlf., p. 2446 ; Oborny, *Fl. v. Maehr. Oest. Schl.*, p. 258 ; Bach, *Rheinpr.*, p. 375 ; Caflisch, *Ex. Fl. S. D.*, p. 300 ; Garcke, *Fl. Deutschl.*, éd. 14, p. 385 ; M. Schulze, *Die Orchid.*, n° 66 ; Aschers. et Graeb., *Fl. Nord. Flachl.*, p. 219 ; *Syn.*, III, p. 896 ; Kirchner, *Fl. v. Stuttgart*, p. 179 ; Kraenzl., *Orch.*, p. 54 ; Gaudin, *Fl. helv.*, V, p. 486, n° 2096 ; Morthier, *Fl. Suisse*, p. 357 ; Reuter, *Catal. Genève*, éd. 2, p. 208 ; Bouvier. *Fl. Alpes*, p. 649 ; Fischer, *Fl. Bern*, p. 81 ; Gremli, *Fl. Suisse*, éd. Vetter, p. 486 ; Schinz et Keller, *Fl. Schweiz*, p. 130 ; Bertol., *Fl. ital.*, IX, p. 668 ; Ces. Pass. Gib., *Comp.*, p. 180 ; Arcang., *Comp.*, éd. 2, p. 162 ; Fiori et Paol., *Iconogr. fl. ital.*, n° 853 ; Amb., *Fl. Tir. austr.*, p. 734 ; Hausm., *Fl. Tirol*, p. 852 ; Beck, *Fl. N.-Oest.*, p. 218 ; Hinterhuber et Pichlm., *Fl. Salz.*, p. 195 ; Schur, *Enum. Trans.*, p. 650, n° 3457 ; Simk., *Enum. Trans.*, p. 507 ; Boiss., *Fl. orient.*, V, p. 90 ; Pantu in *Analele Academiei Române*, sér. II, t. XXVII (1904) ; Zapalow., *Consp. Fl. Galic.*, p. 231 ; Lemée in *Bull. Soc. bot. Fr.* (1912), p. 586.

— **Satyrium repens** L., *Spec.*, éd. 1, p. 945 (1753) ; *Fl. dan.*, t. 812 ; Jacq., *Austr.*, IV, t. 393 ; *Engl. bot.*, t. 289 ; Poiret, *Encycl.*, VI, p. 581 ; Gmel., *Fl. Bad.*, III, p. 544. — **Epipactis repens** Crantz, *Stirp. austr.*, IV, p. 473 (1769) ; Allioni, *Fl. pedem.*, II, p. 152. — **Serapias repens** Vill., *Hist. Dauph.*, II, p. 53 (1787). — **Satyrium hirsutum** Gilib., *Exerc. phyt.*, II, p. 484 (1792). — **Neottia repens** Swartz in *Act. holm.* (1800),

---

1. Darwin et H. Müller surtout, ont étudié les phénomènes de la fécondation. Les fl. du *Goodyera* sont nombreuses et presque horizontales. Le rétinacle en forme d'écusson est subquadrangulaire et avance au-dessus du stigmate. La face sup. de la partie débordante est délicate et, par le moindre choc, forme une masse visqueuse. Dans le bouton, les loges d'anthère s'ouvrent, le rétinacle se fixe au bec. Au début de la floraison, l'entrée de la fleur est étroite. La partie postérieure du labelle est en forme de godet plein de nectar, la partie antérieure, en forme de gouttière, est courbée vers le bas. Les insectes viennent puiser le nectar amassé dans un godet situé à la base du labelle, sous le rostellum, et le grand rapprochement du labelle et du bec force l'insecte à se frotter contre les pollinies qui s'attachent à lui. Dans les fl. plus âgées, le gynostème est plus éloigné du labelle. Lorsque l'insecte va d'une fl. jeune à une fl. plus âgée, il dépose les masses polliniques sur le stigmate. Certains bourdons (*Bombus pratorum* L., *B. mastrucatus* Gerst.) opèrent la fécondation. Les poils nombreux que porte la fl. empêchent les petits insectes d'y pénétrer.

p. 226 ; Willd., *Spec.*, IV, p. 75 ; DC., *Fl. fr.*, III, p. 2037, n° 258 ; Duby, *Bot.*, p. 448 ; Loisel., *Fl. gall.* I., p. 274 ; Lapeyr., *Abr. Pyr.*, p. 552 ; Guill., *Fl. Bord. et S.-O.*, p. 173 ; Pers., *Syn.*, II, p. 11 ; Spenn., *Fl. frib.*, p. 245 ; Reuter, *Cat. Genève*, éd. 1, p. 101 ; Marsch. Bieb., *Fl. Taur.-Cauc.*, III, suppl., p. 245 ; Poll. *Fl. veron.*, III, p. 32. — **Ophrys cernua** Thoré, *Fl. Land.*, p. 361 (1803). — **Peramium repens** Salisb. in *Trans. Hort. Soc.*, I, p. 301 (1812). — **Tussaca repens** Rafin. in *Journ. bot.*, IV, p. 270 (1814). — **T. secunda** Rafin., *Pr. découv.*, p. 42, 270 (1814). — **Gonogona repens** Link. *Enum.*, II, p. 369 (1822). — **Elasmatium repens** Dulac, *Fl. H.-Pyr.*, p. 121 (1867). — **Goodyeara repens** Rouy, *Consp. Fl. Fr.*, p. 259. — *Epipactis foliis petiolatis ovato-lanceolatis, floribus tetrapetalis hirsutis* Hall., *Helv.*, n° 1295, t. 22 ; *Enum.*, 277, n° 1 ; *Act. helv.*, IV, p. 114. — *Orchioides* Trew., *Comm. Noric.*, 1736, t. 6, f. 7. — *Satyrium foliis ovatis radicalibus* L., *Fl. lapp.*, 314. — *Orchis minor flosculis albis sive radice repente* Camer., *Hort.*, III, p. 35. — *Pseudo-Orchis* Bauh., *Pinn.*, p. 84. — *Pyrola angustifolia polyanthos, radice geniculata* Loes., *Pruss.*, p. 210, t. 68. — *Epipactis foliis ovatis radicalibus* Gmel., *Fl. sib.*, I, p. 13. — *Satyrium (repens) bulbis fibrosis, foliis ovatis radicalibus, floribus secundis* L., *Sp., pl.* p. 945 ; *Act. Ups.*, 1740, p. 20 ; *Fl. suec.*, 732, 807 ; Dalib., *Paris.* p. 278.

Noms vulg. : Goodyère rampante. — Angl. : Creeping Goodyera. — Holl. : Dennenorchis. — Dan. : Knærod. — Hongr. : Tokafék. — Polon. : Tajeza. — Allem. : Kriechende Goodyere, Spaltorche, Netzblattorchis.

Icon. : Camer., *Hist.*, t. 35 ; Hall., *l. c.*, t. XXII, f. 2 ; Loes., *Pruss.*, n° 579, t. 68 ; Trew., *l. c.*, t. 6, f. 7 ; *Fl. dan.*, t. 812 ; Jacq., *Austr.*, p. 36, t. 369 ; Sm., *Engl. Bot.*, t. 289 ; Fitch et Smith, *Illustr. Brit. Fl.*, n° 991 ; Gunn., *Fl. Norv.*, II, n° 321, t. 6, f. 1 ; Dietr., *Fl. r. boruss.*, I, t. 17 ; Seg., *Pl. ver. suppl.*, t. 8, f. 10 ; Ces. Pass. Gib., *l. c.*, t. XX, f. 2, a-i ; Light., *Fl. Scot.*, I, p. 520, n° 3, t. 22 ; *Fl. dan.*, t. 812 ; Curt., *Fl. lond.*, éd. Grav., IV, t. 102 ; Reichb. F., *Icon.*, XIII-XIV, t. CCCCLXXXII, f. 1-111, 1-18 ; Schkuhr, *Handb.*, III, p. 272 ; M. Schulze, *l. c.*, t. 66 ; Barla, *l. c.*, pl. 10, f. 13-18 ; G. Cam., *Icon. Orch. Paris.* pl. 38 ; Bonnier, *Alb. N. Fl.*, p. 148 ; G. Cam. Berg. A. Cam., *l. c.*, pl. 31, f. 1076-1082 ; *Ic. n.*, pl. 84, f. 14-21.

Exsicc. : *Reliq. Maill.*, n° 1730 ; Schultz, n° 1154 ; Reichb., n° 175 ; Billot, n° 1549 ; *Soc. Rochel.*, n° 2248 ; *Soc. Dauph.*, n°ˢ 234 et bis ; Achard, *Pl. Suède*, 1839 ; Bourgeau, *Pl. Alp. Savoie*, n° 267 ; Magn., *Fl. sel.*, n°ˢ 412 et 412 bis ; *Pl. Gall. et Belg.*, n° 493 ; *Fl. Austr.-Hung.*, n° 267 ; Balansa, *Pl. orient* (1886) ; *Herb. Ind. orient.* Hook. F. et Thomson ; Pantling's *Orchids Sikk. Himalaya*, n° 277 ; de la Pilaye, *Pl. Terre-Neuve* ; *Soc. ét. fl. fr.-helv.*, n° 2337.

Racines grêles. Rhizome un peu charnu, cassant, rameux, stolonifère, muni d'écailles, puis marqué par les cicatrices circulaires des écailles tombées, peu profondément enfoncé dans l'humus où il vit en partie en saprophyte, non en parasite, et émettant des rejets feuillés. Tige de 1-2,5 décim., cylindrique, vert pâle, ascendante, un peu flexueuse, pubescente-glanduleuse au sommet. Feuilles inf. rapprochées, étalées, ovales-oblongues, assez aiguës, brusquement contractées en pétiole engainant, vertes, à nervures réticulées, souvent jaunâtres ou brunâtres, les caulinaires petites, courtes, étroites, linéaires ou lancéolées, acuminées, subbractéiformes, engainantes. Bractées d'un vert pâle, ovales-lancéolées ou lancéolées-linéaires, longuement acuminées, égalant ou dépassant l'ovaire, glabres intérieurement, glabrescentes extérieurement, munies d'une nervure longitudinale manifeste. Fleurs petites, blanches, rapprochées, disposées en épi spiralé subunilatéral, court, serré, pubescent-glanduleux. Périanthe à divisions formant un angle presque droit avec l'ovaire, les externes ovales-oblongues, obtuses, concaves à la base, pubescentes en dehors, les lat. ext. asymétriques, la moyenne horizontale appliquée sur les divisions lat. int. auxquelles elle adhère souvent, les lat. int. un peu étalées, oblongues-lancéolées ou lancéolées, obtusiuscules, conniventes, aussi longues ou un peu plus courtes que la médiane, mais moins larges. Labelle un peu plus court que les divisions ext., indivis, fortement concave, gibbeux et nectarifère à la base, mais sans éperon, terminé en lame courte, acuminée, canaliculée, recourbée et dirigée en bas. Gynostème court, subbifide, courbé en dedans. Stigmate subarrondi. Anthère mutique ou subapiculée, libre, persistante, stipitée, inclinée en avant. Masses polliniques jaunes, lobulées, insérées sur une glande commune arrondie ou subquadrangulaire et soutenues par les dents du bec du gynostème. Ovaire droit, allongé-sphérique, atténué à la base, triquètre, subsessile, pubescent-glanduleux ; pédicelle très court, contourné. Capsule obovée presque arrondie, dressée, brunâtre ou rougeâtre, entourée en partie par la bractée. Graines très petites, linéaires (1).

Morphologie interne.

Racine (pl. 112, f. 51) (2). Poils absorbants très nombreux, persistants, contenant des filaments mycéliens. Assise subéreuse dépourvue d'épaississements spiralés semblables à ceux des *Spiranthes*, traversée de

1. Voir Développement du *Goodyera repens*, p. 41.
2. Lorsque la racine est arrachée du sol, elle entraîne toujours avec elle une forte enveloppe d'humus renfermant de nombreux filaments de Champignons.

loin en loin par l'endophyte. Ecorce formée de 8-11 assises de cellules assez lâchement unies, presque homogène, contenant des pelotons mycéliens, parfois jusque dans l'écorce int., ou des grains d'amidon très petits, de 5-10 μ de diam. ; parois des cellules à épaississements réticulés et ponctués (1). Endoderme formé de petites cellules à parois minces, les parois lat. munies de cadres subérisés. Cylindre central très petit. Péricycle parenchymateux ; 3-5 lames vasculaires, rarement plus, composées de très petits vaisseaux entourant un parenchyme réduit, non lignifié, formé de très petites cellules riches en amidon.

Rhizome (pl. 114, f. 81-83). Dans les parties non recouvertes par des écailles foliaires, épiderme muni de touffes de poils unicellulaires analogues à ceux du *Corallorhiza*. Ecorce très développée, formée de 13-28 assises de cellules lâchement unies et renfermant soit beaucoup d'amidon dans les très gros rhizomes, soit des endophytes, cas le plus fréquent (f. 190 ; pl.114,f.83). Grains d'amidon de 4-12 μ de diam. Endoderme à cadres de plissements subérisés (End.). Pas de tissu lignifié extra-libérien. Cylindre central assez réduit. Faisceaux libéroligneux nombreux dans les parties développées du rhizome (f. 190), réduits parfois à 2 dans les divisions, dans ce dernier cas, la moelle peut être presque nulle. — *Base de la tige.* Ecorce rarement envahie, développée, formée de cellules laissant entre elles d'assez grands méats et renfermant de l'amidon. Pas de tissu lignifié extralibérien. Faisceaux libéroligneux assez rapprochés (f. 191). — *Tige au-dessus des feuilles.* Stomates assez rares. Epiderme portant des poils sécréteurs, 4-7-cellulaires, non ramifiés, de forme assez constante sur toute la plante, atteignant 350-750 μ de long ; les 2-3 cellules terminales plus petites, l'ultime très courte, souvent aplatie, ni arrondie ni rétrécie à la base comme dans les *Spiranthes*, à cellule inf. manifestement plus grande, les cellules terminales et souvent aussi celles de la base contenant des globules d'huile essentielle (pl. 118, f. 195-197) ; poils tecteurs peu nombreux, 3-5-cellulaires, droits ou un peu coudés, atteignant 600-650 μ de long, à cellule terminale allongée et atténuée au sommet (pl. 118, f. 191-194), parfois gros et unicellulaires. Entre l'épiderme et l'anneau lignifié, 5-8 assises chlorophylliennes formant un tissu lâche renfermant des raphides. Anneau lignifié formé de 5-7 assises à parois devenant assez épaisses. Faisceaux libéroligneux plus ou moins disséminés, les ext. touchant à l'anneau lignifié.

Feuille basilaire. Ep. = 250-500 μ. Epiderme sup. à peine recticurviligne, haut de 50-70 μ, à paroi ext. épaisse de 7-10 μ et bombée, dépourvu de stomates. Epiderme inf. recticurviligne, haut de 30-40 μ, à paroi ext. striée, épaisse de 7-10 μ et bombée, muni de nombreux stomates. Cellules épidermiques du bord du limbe à paroi ext. nettement bombée. Parenchyme formé de 6-10 assises de cellules, la sup. ordinairement allongée en palissadiques (f. 193, P) et bien plus riche en chlorophylle que les autres. Nervures dépourvues de sclérenchyme, la médiane seule munie à la partie inf. de parenchyme incolore parfois collenchymateux (f. 193, C), les autres à faisceau libéroligneux situé dans la partie sup. de la feuille, à bois très réduit, entouré seulement de parenchyme chlorophyllien. A la base de la feuille (f. 192), le parenchyme, formé de cellules arrondies, est à peine chlorophyllien. *Feuilles sup. bractéiformes.* Poils sur la face inf. ; stomates sur les deux faces. Huile essentielle abondante dans les poils (2).

Fleur. — *Divisions externes et latérales internes du périanthe.* Epiderme ext. pourvu de poils pluricellulaires abondants. Huile essentielle abondante dans les épidermes ext. et int., dans les poils et dans les cellules du parenchyme, surtout vers les bords. — *Labelle.* Epiderme int. formé de petites cellules prolongées en pa-

Goodyera repens. — Fig. 190 : section transv. schématique d'un rhizome relativement gros ; la région envahie par les endophytes est indiquée par des points ; B, bois ; End, endoderme ; L, liber. — Fig. 191 : section transv. schématique du cylindre central à la base de la tige. — Fig. 192 : section transv. schém. basilaire d'une grande feuille de la rosette ; F, faisceau libéroligneux ; Ei, épiderme inférieur. — Fig. 193 : section transv. de la nervure médiane d'une feuille de la rosette. B, bois ; Ei, épiderme inf. ; L, liber ; P, parenchyme palissadique. — Fig. 194 : section transv. schématique de l'ovaire.

---

1. Les échantillons provenant des Alpes-Marit. (alt. 1.200 m.) ne présentaient pas ces ornements.
2. D'après GRIFFON, in *Ann. Sc. nat.* (1899), p. 71, cette plante, bien que d'un saprophytisme partiel manifeste, décompose l'acide carbonique avec une activité assez grande.

pilles courtes dans la rég. sup. où a lieu l'émission du nectar (pl. 121, f. 423). Epiderme ext. à peu près dépourvu de papilles. Huile essentielle peu abondante. Tissus contenant une grande quantité de sucre. — *Gynostème*. Epiderme portant des poils pluricellulaires. Faisceaux des étamines lat. avortées semblant manquer. — *Anthère*. Cellules fibreuses abondantes, plutôt un peu moins développées que dans les genres *Epipactis* et *Neottia*. — *Pollen*. Grains de pollen se séparant en massules. Exine finement mais nettement alvéolée, surtout à la périphérie des massules. L = 30-40 μ env. — *Ovaire* (f. 194). Epiderme portant des poils semblables à ceux de la tige. Nervure des valves placentifères située dans une dépression, non saillante à l'extérieur, contenant un faisceau libéroligneux réduit, à bois int., et quelquefois aussi 1-2 faisceaux placentaires libériens peu développés. Placenta divisé au sommet en deux parties assez développées. Valves non placentifères peu développées, proéminentes extérieurement et intérieurement, renfermant un faisceau libéroligneux à bois int. — *Graines*. Suspenseur paraissant ne pas se développer, réduit à une courte cellule. Cellules du tégument non striées. Graines adultes insensiblement atténuées aux extrémités, 3 f. 1/2-4 f. 1/2 plus longues que larges. L = 350-500 μ (2).

Monstruosités. — ZIMMERMANN in *Allg. Bot. Zeits.*, 7-8 (1910), p. 19, décrit un individu à épi dichotome et sommet de l'inflorescence élargi.

STENZEL, *Mittheil. über zweizählige Orchidenblüthen* in *Jahresb. d. Schles. Ges. f. vaterl. Cultur. Bot.*, 27 nov. 1890, a signalé plusieurs anomalies florales, concernant l'absence du labelle et la torsion de l'ovaire.

V. v. — Juillet, septembre. — *Habitat* : bois ombragés, croît dans la mousse et l'humus, souvent au milieu des aiguilles de Conifères, parfois au bord des ruisseaux, dans les montagnes, fréquemment en partie caché par les feuilles tombées, souvent avec *Pirola*, presque isolé ou plutôt en petites colonies ; a été signalé à 1.800 m. d'alt. dans le Tyrol, par DALLA TORRE et SARNTH. et à 1.600 m. dans le Valais, par JACCARD. — *Répart. géogr.* : Europe septentr. et centr. : Espagne [Pyrénées], France (Pyrénées, Cévennes, Aveyron (RODIÉ), Auvergne, Loire, Alpes de Savoie jusqu'aux Alpes-Marit. à Thorenc et à St-Martin-Vésubie (A. CAM.)], Pyrénées-Orientales (Cerdagne, SENNEN), Jura, Vosges, commence à s'installer dans les basses Vosges, d'apr. WALTER (Vosges gréseuses septentr.). à Saverne, Neuwiller-lès-Saverne, aux env. de Bitche, à Lützelhardt (WALTER) et Eguelshardt (KIEFFER) ; env. de Paris, Normandie, Loiret, Marne, Aube, Sarthe, etc. ; Grande-Bretagne (Norfolk à Beeston Common, Bodham (SPURRELL), env. d'Holt (BARN., Guy HOLLIDAY), Westwick (SOUTHWELL), Yorkshire, Cumberland), Ecosse ; Belgique, Hollande, Danemark (R.), Suède, Norvège, Laponie ; Allemagne (disséminé, R. dans le Nord, l'Ouest, le Nord-Ouest, manque dans le Hanovre, TR dans le Schleswig-Holstein, en Westphalie), Suisse (répandu, mais peu fréquent), Autriche, Tyrol, Carinthie, R. aux env. de Salzbourg, Galicie, Hongrie, mais manque dans la plaine et la rég. méditerr. litt., en Croatie et en Dalmatie ; Italie (peu abondant, rég. montagn. et subalpine), Serbie, Transilvanie, Roumanie, Russie centr. et mérid., Crimée, Caucase, Asie Mineure. — Afghanistan, Sibérie, Japon, Amérique septentrionale.

Sous-tribu II. — LISTERINÆ

Listerinæ G. CAM. BERG. A. CAM., *Monogr. Orch. Eur.*, p. 396 (1908). — Listeridæ LINDL., *Gen. and spec.*, p. 441 (1835). — Listereæ PARLAT., *Fl. ital.*, III, p. 354 (1858).

Divisions du périanthe plus ou moins étalées ou réfléchies. Labelle étalé, dépourvu d'éperon, continu ou interrompu. Gynostème dressé, subarrondi, charnu. — Fleurs disposées sur tous les côtés de l'axe. Ovaire non tordu.

Lames vasculaires ordinairement confluentes au centre de la racine. Grains de pollen se séparant en tétrades.

Gen. XXVI. — NEOTTIA L.

Neottia L. in *Act. Ups.* (1740), p. 33 ; p. p. ; SWARTZ, *Vetensk. Akad. Nya Handl. Stockh.*, XXI, p. 224 (1800) ; RICH. in *Mém. Mus. Paris*, IV, p. 51, f. 7 et p. 59 (1818), p. p. ; LINDL., *Gen. and spec.*, p. 457 ; ENDL., *Gen.*, n° 1551, p. 213 ; MEISN., *Gen.*, I, p. 288 ; II, p. 385 ; BENTH. et HOOK., *Gen.*, p. 593 ; PFITZER in ENGL. et PRANTL, *Pfl.*, II, 6, p. 113 ; ASCHERS. et GRAEBN., *Syn.*, III, p. 892 ; G. CAM. BERG. A. CAM., *Monogr. Orch. Eur.*, p. 396. — Nidus RIV., *Icon. pl. fl. irreg. hexapt.*, t. 7 (1716). — Ophrydis species L.,

1. Le *Goodyera repens* contient du loroglossoside (cf. DELAUNEY, *Sur les glucosides de plusieurs esp. d'Orchid. indigènes* (C. R. (1925), 180, p. 224).

Spec., p. 945 (1753). — **Epipactidis species** ALL., *Fl. pedem.*, II, p. 151 (1785). — **Helleborine** SCHM., *Fl. boëm.*, p. 78 (1794); p. p. — **Listeræ species** HOOKER, *Fl. scot.*, p. 253 (1821). — **Neottidium** SCHLECHTD., *Fl. berol.*, I, p. 454 (1823).— **Distomaea** SPENN., *Fl. friburg.*, I, p. 246, 247 (1826). — **Neottiæ aphyllæ (Euneottia)** REICHB. F., *Icon.*, XIII-XIV, p. 145 (1851).

Périanthe à divisions sup. libres, presque toutes conformes, conniventes en voûte. Labelle plus long que les autres divisions du périanthe, pendant, étalé, dirigé en avant, en forme de sac à la base, mais sans éperon, 3-lobé, à lobes lat. réduits ; lobe médian divisé en 2 lanières élargies au sommet et divergentes. Gynostème subarrondi, acuminé. Stigmate transversal. Anthère terminale, libre, persistante, biloculaire, à loges parallèles et contiguës, inséré sur le bord postérieur du gynostème. Masses polliniques 2, bipartites, fixées à une masse visqueuse commune (1). Staminodes nuls. Ovaire ovale-oblong, non contourné, stipité, à pédicelle contourné. Capsule coriace, à 6 côtes, comme tronquée et denticulée à la base durcie du gynostème et du périanthe. — Souche à fibres radicales charnues, courtes, fasciculées, rapprochées.

Racines à lames vasculaires plus ou moins confluentes, à endoderme muni de cadres latéraux subérisés (pl. 112, f. 55). Poils sécréteurs ne tendant pas à se ramifier (pl. 119, f. 227-232). Faisceaux libéroligneux de la tige régulièrement disposés en cercle au-dessus des feuilles principales. Nervures dépourvues de fibres lignifiées. Grains de pollen se séparant en tétrades. Pas de faisceaux stamin. lat. dans le gynostème. — Rostellum ressemblant beaucoup à celui des *Listera*, présentant des loges de même forme à contenu analogue. Embryon n'ayant pas de suspenseur développé.

1. — N. NIDUS-AVIS Rich.

N. Nidus-avis C. L. RICH. in *Mém. Mus. Paris*, IV, p. 59, f.7 (1818) ; LINDL., *Gen. and sp.*, p. 458 ; REICHB. F., *Icon.*, XIII-XIV, p. 145 ; CORREVON, *Alb. Orch. Eur.*, pl. XXX ; RICHTER, *Pl. Eur.*, I, p. 286 ; NYMAN, *Consp.*, p. 688 ; *Suppl.*, p. 290 ; MUELLER-KRAENZLIN, *Abbild. d. Orchid.-Arten.* p. 43 ; OUDEMANS, *Fl. Nederl.*, III, p. 152 ; BABINGT., *Man. Brit. Bot.*, éd. 8, p. 349 ; BENTH., *Brit. Flora*, p. 459 ; DUMORT., *Prodr. fl. Belg.*, p. 123 ; LEJ. et COURT., *Comp.*, III, p. 192 ; MICHOT, *Fl. Hain.*, p. 281 ; CRÉPIN, *Man. fl. Belg.*, éd. 1, p. 179 ; éd. 2, p. 296 ; LÖHR, *Fl. Tr.*, p. 252 ; THIELENS, *Orch. Belg. et Luxemb.*, p. 51 ; DE VOS, *Fl. Belg.*, p. 558 ; GR. et GOD., *Fl. Fr.*, III, p. 273 ; GODR., *Fl. Lorr.*, II, p. 301 ; BOREAU, *Fl. Cent.*, éd. 3, p. 653 ; BRÉBIS., *Fl. Norm.*, p. 397 ; LEC. et LAMT., *Catal. Pl. Cent.*, p. 354 ; COSS. et GERM., *Fl. env. Paris*, éd. 2, p. 694 ; MICHAL., *Hist. nat. Jura*, p. 299 ; ARDOINO, *Fl. Alp.-Marit.*, p. 361 ; BARLA, *Iconogr.*, p. 13 ; FRANCHET, *Fl. L.-et-Ch.*, p. 563 ; MARTIN, *Cat. Romorant.*, p. 264 ; G. CAM., *Monogr. Orch. Fr.*, p. 110 ; in *Journ. de Bot.*, VII, p. 271 ; G. CAM. BERG. A. CAM., *Monogr. Orch. Eur.*, p. 397 ; A. CAM. in *Riviera scientif.* (1918), p. 10 ; LLOYD et FOUC., *Fl. Ouest.* p. 246 ; DEBEAUX, *Réc. fl. agen.*, p. 514 ; GUST. et HÉRIB., *Fl. Auv.*, p. 426 ; BONNET, *Fl. paris.*, p. 386 ; DE VICQ, *Fl. Somme*, p. 433 ; MASCLEF, *Cat. P.-d.-C.*, p. 158 ; GUILL., *Fl. Bord. et S.-O.*, p. 172 ; COSTE, *Fl. Fr.*, III, p. 410, n° 3627, *cum icone* ; BRIQUET, *Prodr. fl. corse*, p. 391 ; ROUY, *Fl. Fr.*, XIII, p. 212 ; ALB. et JAHAND., *Cat. Var*, p. 492 ; KIRSCHL., *Fl. Als.*, II, p. 141 ; FIEK, *Fl. e. Schlesien*, p. 438 ; CAFLISCH, *Exc. Fl. S. D.*, p. 300 ; BACH, *Rheinpr.*, p. 375 ; OBORNY, *Fl. Mæhr. Oest. Schles.*, p. 257 ; KOCH, *Syn.*, éd. 2, p. 802 ; éd. 3, p. 603 ; éd. Hall. et Wohlf., p. 2446 ; FOERSTER, *Fl. Aachen*, p. 349 ; ASCHERS. et GRAEB., *Syn.*, III, p. 892 ; GARCKE, *Fl. Deutschl.*, éd. 14, p. 385 ; M. SCHULZE, *Die Orchid.*, n° 65 ; KRAENZL., p. 43 ; GAUDIN, *Fl. helv.*, V, p. 472, n° 2087 ; RHINER, *Prodr. Waldst.*, p. 129 ; FISCHER, *Fl. Bern*, p. 79 ; REUTER, *Catal. Genève*, éd. 2, p. 208 ; BOUVIER, *Fl. Alp.*, éd. 2, p. 648 ; GODET, *Fl. Jura*, p. 697 ; GREMLI, *Fl. Suisse*, éd. Vetter, p. 486 ; SCHINZ et KELLER, *Fl. Schw.*, p. 129 ; TEN., *Syll. fl. neap.*, p. 461 ; GUSS., *Fl. sic. syn.*, II, p. 558 ; LOJACONO, *Fl. Sicula*, III, p. 50 ; MORIS, *Stirp. Sard.*, I, p. 44 ; DE NOTAR., *Repert. fl. lig.*, p. 393 ; VIS., *Fl. Dalm.*, I, p. 182 ; BERTOL., *Fl. ital.*, IX, p. 614 ; PARLAT., *Fl. ital.*, III, p. 364 ; BARBEY, *Fl. sard. comp.*, p. 58 ; MACCHIATI, *Orch. sard.* in *N. G. bot. ital.* (1881), p. 309 ; COCCONI, *Fl. Bolog.*, p. 477 ; CES. PASS. GIB., *Comp.*, p. 178 ; ARCANG., *Comp*, éd. 2, p. 649 ; FIORI et PAOL., *Icon. fl. ital.*, n° 858 ; COLMEIRO, *Enum. pl. hisp.-lus.*, V, p. 51 ; WILLK. et LANGE, *Prodr. hisp.*, I, p. 177 ; GUIMAR., *Orch. portug.*, p. 16 ; AMBR., *Fl. tir. aust.*, I, p. 730 ; HAUSM., *Fl. Tirol.* p. 852 ; BECK, *Fl. Nied.-Oest.*, p. 217 ; SCHUR, *Enum. Trans.*, n° 3456, p. 650 ; SIMK., *Enum. Trans.*, p. 506 ; GRECESCU, *Consp. Roman.*, p. 549 ; et *Plant. România*, I, p. 12 ; BRANDZA, *Fl. română*, p. 459 ;

1. Le gynostème rappelle beaucoup celui du *Listera* et la fécondation s'opère à peu près comme dans ce genre, grâce à l'intervention des insectes et à l'explosion du rostellum. Bien que les fl. soient peu visibles, les insectes sont attirés par l'odeur et le nectar sécrété assez abondamment à la base du labelle. H. MÜLLER a trouvé le *Spilogaster semicinereus* WIED. et l'*Helomyza affinis* MG., sur les fl. L'autofécondation n'est pas rare, le pollen se séparant facilement en tétrades qui tombent directement sur le stigmate (Cf. DARWIN, l. c.; H. MÜLLER, *Befruchtung der Blumen*, p. 80 ; KIRCHNER, *Flora*, p. 179 ; KERNER, *Pflanzenleben*, II, p. 190 ; LOEW, *Bl. Flor.*, p. 344).

et *Fl. Dobrogei*, p. 406 ; Pantu, *Consp. Fl. Bucarest.*, p. 92 et *Orch. d. Rom.*, p. 189 ; Form. in *Verh. Br.*, VI, p. 475 ; Boiss., *Fl. orient.*, V, p. 91 ; Gr., *Spic. rum. et bith.*, II, p. 368 ; Bory et Chaub., *Exp. Morée*, p. 266 ; *N. fl. Pélopon.*, p. 62 ; Halacsy, *Consp. fl. gr.*, III, p. 153 ; Ougrinsky, *Quelques plantes rares de la fl. de Kharcoff*, p. 10 (1910) ; Zapalow., *Consp. fl. Galic.*, p. 231. — **Ophrys Nidus-avis** L., *Spec.*, éd. 1, p. 945 (1753) ; *Mantis. all.*, p. 488 ; Poiret, *Encycl.*, IV, p. 566 ; Smith, *Brit.*, p. 931 ; *Fl. dan.*, t. 181 ; Vill., *Hist. Dauph.*, II, p. 45 ; Le Turq. Delon., *Fl. Rouen*, p. 462 ; Suffren, *Pl. Frioul*, p. 185 ; Balbis, *Fl. taur.*, p. 149 ; Lej., *Fl. Spa*, II, p. 195 ; *Rev.*, p. 189 ; Hocq., *Fl. Jemm.*, p. 235. — **Satyrium novum** Tragus, *Stirp. hist.*, p. 758. — **Epipactis Nidus-avis** Crantz, *Stirp. austr.*, VI, p. 475 (1769) ; All., *Fl. pedem.*, II, p. 151 ; Swartz in *Act. holm.* (1800), p. 232 ; Willd., *Spec.*, IV, p. 87 ; Pers., *Syn.*, II, p. 513 ; Nocc. et Balb., *Fl. ticin.*, II, p. 158 ; DC., *Fl. fr.*, III, p. 260, n° 2043 ; Lapeyr., *Abr. Pyr.*, p. 353 ; Lefrou, *Catal.*, n° 24 ; Sebast. et Mauri, *Fl. Rom. prodr.*, p. 315 ; Bertol., *Amoen. it.*, p. 418 ; Ten., *Fl. nap.*, II, p. 322 ; Pollin., *Fl. veron.*, III, p. 36 ; Gmel., *Fl. sib.*, I, p. 25, n° 24 ; Marsch. Bieb., *Fl. Taur.-Cauc.*, II, p. 372. — **Helleborine Nidus-avis et succulenta** Schmidt, *Fl. Boëm.*, p. 78 (1794). — **Listera Nidus-avis** Hook., *Fl. Scot.*, p. 253 (1821) ; Smith, *Engl. Fl.*, IV, p. 39 ; Sowerb., *Engl. bot.*, VII, t. 1215. — **Neottidium Nidus-avis** Schlechtd., *Fl. berol.*, p. 454 (1824). — **Distomæa Nidus-avis** Spenn., *Fl. Frib.*, p. 246 (1825-29). — **Neottia macrostelis** Peterm. in *Flora* (1844), p. 369. — **Neottia vulgaris** Kolbenheyer in *Z. B. G. Wien*, XII, p. 1198 (1862). — **N. squamosa** Dulac, *Fl. H.-Pyr.*, n° 338, p. 120 (1867) ; Buban, *Fl. pyr.*, p. 55 (1901). — *Satirio abortivo del Lobelio* Pona, *Mont. Bald.*, p. 238. — *Neottia bulbis fasciculatis, nectarii labio bifido* L., *Act. Ups.* (1740), p. 33 ; *Fl. suec.*, n° 815 ; Dalib., *Bot. paris.*, p. 277. — *Epipactis aphylla, flore inermi, labello bicorni* Haller, *Helv.*, n° 1290, t. XL. — *Orchis abortiva fusca* Bauh., *Pinax*, p. 86 ; Cup., *H. cath.*, p. 158 — *Nidus-avis* Lobel, *Icon.*, p. 195 ; Rivin., *Hex.*, t. 7 ; Tournef., *Inst.*, p. 437.

Noms vulg. : Nid d'oiseau, Neottie Nid d'oiseau. — Espagn. : Nido de pajaro. — Ital. : Nido d'uccello. — Angl. : Birds-nest Neottia, Common Bird's-nest. — Holl. : Vogelnest. — Dan. : Fuglerede. — Allem. : Gemeine Nestwurz, Vogelnest, Gemeines Vogelnest, Nestwurz, Wurmwurz, Margendrehen, Morgendrehen. — Polon. : Ptasie gniazdo, Gnieznik. — Boh. : Hlistnik. — Hongr. : Madártészek. — Roum. : Tránji, Cuibusor.

Icon. : Moris., *Pl. hist. Oxon.*, III, p. 12, 503, t. 16, f. 1, n° 18 ; Lobel, *l. c.* ; Hall., *l. c.* ; Rivin., *l. c.* ; *Engl. Bot.*, t. 48 ; *Fl. dan.*, t. CLXXXI ; Curtis, *Fl. lond.*, éd. Grav., IV, t. 103 ; Fitch et Smith, *Illustr. Brit. Fl.*, n° 916 ; Dietr., *Fl. boruss.*, I, t. 21 ; Oudemans, *l. c.*, pl. LXXII, f. 373 ; Correvon, *l. c.* ; Schlecht., Langh. *Deutschl.*, IV, f. 377 ; Barla, *l. c.*, pl. 9 ; Reichb. F., *l. c.*, t. 145, CCCCLXXIII, I-II, 1-25 ; G. Cam., *Icon. Orch. Paris*, pl. 34 ; M. Schulze, *l. c.*, t. 65 et 65 *bis* ; Garcke, *Fl. Deutschl.*, f. 597 ; Hegi, *Fl. Mittel-Eur.*, t. 76 ; Guimaraes, *Orch. Portug.*, est. I, f. 1 ; G. Bonnier, *Alb. N. Fl.*, p. 149 ; G. Cam. Berg. A. Cam., *l. c.*, pl. 29, f. 1033-1038 ; *Ic. n.*, pl. 109, f. 1-9.

Exsicc. : Soc. Rochel., n° 4986 ; Reliq. Maill., n° 1732 ; Bourgeau, *Pl. Savoie*, n° 269 ; Soc. Dauph., n° 5488.

Plante saprophyte (1) ayant le port d'une Orobanche d'un brunâtre terreux, devenant brun foncé après la maturité des graines. Souche verticale, munie de fibres charnues très nombreuses, cylindriques, jaunâtres, obtuses à l'extrémité, disposées horizontalement, insensiblement plus courtes de bas en haut, étroitement fasciculées, simulant obscurément un nid d'oiseau latéral au pied de la hampe (2). Tige de 2-4 décim. (3), rarement 1 ou 6 décim., droite, ordt robuste, cylindrique, d'un blanc jaunâtre, munie au sommet de poils glanduleux, entourée de 4-5, rarement 6 écailles engainantes. Feuilles réduites à l'état d'écailles engainantes, brunâtres, les sup. un peu plus longues que les inf. et un peu plus renflées vers leur sommet. Bractées linéaires-lancéolées, aiguës, de la couleur des fleurs, aussi longues ou plus courtes que les fruits. Fleurs assez nombreuses, émettant du nectar, disposées en épi allongé, assez gros, dense surtout au sommet. Divisions du périanthe libres, obovales-oblongues, concaves, conniventes, d'un jaune terreux roussâtre, les lat. ext. souvent dentées,

1. Certains auteurs: Parlatore (*Fl. ital.*, III, p. 363), Bertoloni (*Fl. it.*, IX, p. 613) ont regardé, à tort, cette plante comme parasite.

2. Comme nous l'avons vu p. 75, cette plante se multiplie souvent par des bourgeons adventifs naissant sur les côtés du rhizome ou à l'extrémité des racines.

Il existe des pousses radicales terminales, chez le *Neottia* (Vaucher, *Hist. physiol. des pl. d'Europe*, IV, p. 251, (1841) ; Prillieux, *De la structure anat. et du mode de végétat. du « Neottia Nidus-Avis »* in *Ann. Sc. nat.*, ser. 4, LV, p. 267 (1856) ; Reichenbach et Irmisch, in *Bot. Zeit.* (1857), p. 472 ; Hofmeister, *Allg. Morph.* p. 428, firent des observations sur le même sujet. Irmisch appela l'attention sur le fait que les pousses radicales ne semblent pas sortir des racines, mais que la racine paraît se transformer en un axe court sur lequel se développent les premières feuilles (Cf. Warming, *Om Rödderne hos « Neottia Nidus-avis »* in *Vidensk. Medd. naturh. For. Kjøbenh.*, 1874-1875, p. 26 ; Beyer. *Over Wortelkn.* in *Nederl. kruidk. Archief.*, 2e s. 4 Deel, p. 162-186 et Holm, *On the development of Buds upon Roots and leaves* in *Annals of Botany* (1925), p. 873, Loew, *Bl. Fl.*, p. 341).

3. Dans certains endroits, la tige ne dépasse pas 10-15 cent. de hauteur, mais elle reste conforme au type.

les lat. int. un peu cunéiformes à la base, égalant les ext., de même forme qu'elles, mais plus étroites. Labelle 2 fois plus long que les autres divisions du périanthe, étalé, dirigé en avant, d'un brun roussâtre, gibbeux, en sac à la base, puis planiuscule, 3-lobé ; lobes lat. petits, dentiformes ; lobe moyen bien plus grand que les lat., insensiblement dilaté vers le sommet qui est divisé en deux lobules ovales, arqués, divergents. Gynostème assez long, subcylindrique, atténué au sommet, d'un blanc sale, presque à angle droit avec le labelle. Stigmate transversal, étroit, réniforme. Anthère terminale, libre, persistante, oblongue-cordiforme, 2-loculaire, à loges parallèles, contiguës, insérées au sommet du gynostème vers son bord postérieur, un peu en arrière du stigmate. Masses polliniques d'un jaune clair, 2, bipartites, linéaires-oblongues, fixées à une glande commune. Staminodes nuls. Ovaire ovale-oblong, subtriquètre, droit, parfois muni de quelques poils glanduleux, légèrement atténué à la base, à pédicelle contourné court, un peu plus long dans les fleurs inf. Capsule très coriace, brunâtre, ovale-oblongue, à 6 côtes, étalée, souvent presque horizontale, subtronquée et denticulée à la partie sup., surmontée de la base durcie du gynostème et des divisions du périanthe. Graines très petites, sublinéaires (1).

Morphologie interne.

Racine (pl. 112, f. 55). — Poils absorbants paraissant manquer. Petites cellules de l'assise subéreuse non ou à peine caractérisées. Écorce développée, formée de cellules à parois extrêmement minces, assez petites et isodiamétriques dans l'assise ext., plus grandes et allongées radialement dans les suivantes ; les 2-3 assises ext. contenant des endophytes en pelotes serrées, les autres assises renfermant de rares paquets de raphides et des grains d'amidon arrondis, atteignant 12-20 μ de diam., rarement plus (pl. 112, f. 44), très nombreux avant le développement de la hampe, et de rares paquets de raphides. Endoderme formé de cellules assez grandes, à parois non lignifiées ou lignifiées latéralement et extérieurement ou seulement à cadres latéraux de plissements subérisés. Cylindre central réduit. Péricycle à parois minces, non lignifiées. Lames vasculaires 3-5, tendant à s'unir, se fusionnant même au centre dans les petites fibres.

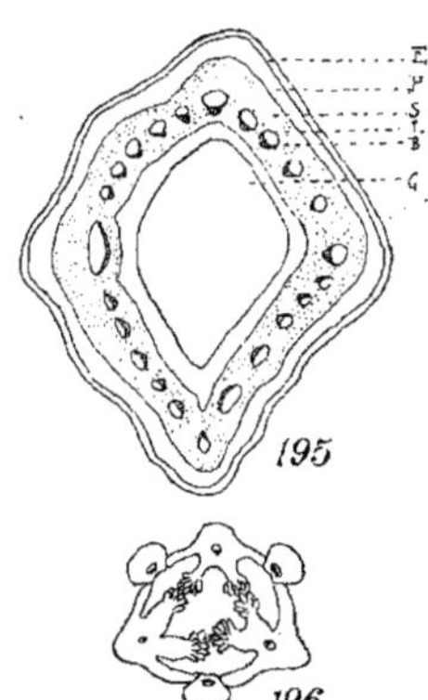

Neottia Nidus-avis. — Fig. 195 : section transv. schématique de la tige ; B, bois ; C, lacune centrale ; E, épiderme ; L, liber ; P, parenchyme ; S, sclérenchyme. — Fig. 196 : section transversale schématique de l'ovaire.

Rhizome. Écorce développée et contenant des endophytes. Écorce int. formée de 10-15 assises de cellules plus petites que celles des assises ext. et amylifères. Dans la partie antérieure du rhizome, après la floraison, le parenchyme central contient peu d'amidon mais les cellules sont presque toujours amylifères dans l'écorce du rhizome au contact de la zone infestée, comme d'ailleurs dans les racines. Les racines naissent si serrées sur le rhizome qu'il est difficile de faire une section de celui-ci qui ne passe par 3 ou 4 racines. Tissu lignifié extra-libérien manquant parfois. Faisceaux libéroligneux nombreux, irrégulièrement disposés, à liber très développé et bois extrêmement réduit. — *Base de la tige.* A l'extrême base de la tige, l'écorce est moins développée et contient quelques pelotons de champignons qui manquent complètement à un niveau un peu plus élevé. Anneau lignifié développé, à parois très épaisses, ponctuées. Faisceaux libéroligneux développés, disposés en cercles plus ou moins réguliers, entourés de fibres. Parenchyme central très abondant.

Tige (f. 195). Épiderme à cuticule très légèrement striée. Poils pluricellulaires, atteignant 250-400 μ de long, à cellule terminale plus grande que les autres et à contenu granuleux jaunâtre (pl. 119, f. 227-232), parfois unicellulaires par réduction. 4-6 assises parenchymateuses entre l'épiderme et l'anneau lignifié, renfermant des leucites bruns allongés, ayant l'apparence de paillettes cristallines, à contour ovale rhomboïdal ou triangulaire, à angles plus ou moins aigus, souvent accolés deux à deux et ne dépassant pas 10-15 μ. Dans les assises int., ces leucites renferment de l'amidon (2). Assises sclérifiées extra-libériennes, 4-6, à parois d'épaisseur variable (S). Faisceaux libéroligneux parfois complètement entourés de sclérenchyme

1. Cf. *Développement du Neottia Nidus-avis*, p. 42 et *Saprophytisme*, p. 46.
2. Cf. Prillieux, in *Bull. Soc. bot. Fr.* (1873), p. 182 et *C. R. Ac. S.*, (1873), p. 1530 et Schimper in *Bot. Zeit.*, (1883), p. 105.

disposés en un cercle, très développés tangentiellement (pl. 115, f. 95). Liber abondant (L). Parenchyme interne plus ou moins lignifié à la périphérie, très abondant, à la fin lacuneux au centre (C). Pas de faisceaux libéroligneux dans la partie int. de la tige.

Feuille. Ep. = 450-520 μ. Epiderme sup. haut de 30-40 μ, à paroi ext. mince et légèrement bombée. Epiderme inf. haut de 40-70 μ, à paroi ext. mince et peu bombée. Parenchyme formé de 8-9 assises de cellules à parois minces, non arrondies, formant de petits méats à leurs points de contact. Raphides rares ou paraissant manquer. Nervures dépourvues de sclérenchyme et de collenchyme ; faisceau libéroligneux à section bien plus large que haute.

Fleur. — *Divisions externes et latérales internes du périanthe.* Epiderme ext. portant des poils semblables à ceux de la tige. — *Labelle.* Epiderme int. papilleux. Epiderme ext. dépourvu de papilles. Toutes les divisions du périanthe renferment des leucites bruns semblables à ceux de la tige. — *Gynostème.* Faisceaux latéraux, rud ments des étamines avortées, manquant. — *Anthère.* 1-2 assises de cellules fibreuses bien développées (pl. 122, f. 456). — *Pollen.* Exine très fortement réticulée à la surface des tétrades. L=30-40 μ env. — *Ovaire* (f. 196). Nervure des valves placentifères à peu près aussi saillante extérieurement que les valves non placentifères, renfermant un faisceau libéroligneux réduit. Placenta divisé dès la base en 2 lobes divergents. Valves non placentifères proéminentes à l'extérieur, contenant un faisceau libéroligneux. — *Graines.* Suspenseur extrêmement réduit, unicellulaire. Cellules du tégument non striées, à parois presque rectilignes. Graines atténuées à la base, arrondies au sommet, 2 1/2-3 fois plus longues que larges. L = 750-1.000 μ env.

Cette plante ne contient pas de chlorophylle d'une manière apparente, mais dans certaines conditions (sous l'action de la chaleur, des acides, des alcalis, etc.), la présence de ce corps devient sensible. Engelmann (1) a montré que les leucites bruns renfermant le pigment vert dégagent de l'oxygène, mais l'action chlorophyllienne est si faible que le *Neottia* peut être considéré comme une plante holosaprophyte (2) (voir p. 46).

Le *Neottia*, comme toutes les plantes phanérogames holosaprophytes, descend d'ancêtres à chlorophylle. Le principal facteur de dégénérescence a été le développement des mycorhizes. La plante a d'abord obtenu de l'eau de ces champignons, puis elle a compté sur eux pour toute sa nourriture et c'est alors que les feuilles se sont réduites et que la chlorophylle, devenue inutile, a disparu. La lumière n'est donc pas nécessaire au *Neottia* qui vit à l'ombre épaisse des forêts et mène une existence en grande partie souterraine. Cette plante vit normalement plusieurs années sous terre avant de donner, à la lumière atténuée du sous-bois, une hampe jaunâtre, rapidement desséchée. Comme nous l'avons déjà dit, dans certains cas, cette espèce peut même fleurir et mûrir ses fruits sous terre (Cf. A. Camus. in *Riviera scientifique* (1918), p. 10).

F. b. **brachystelis** Peterm., *Anal. Pflanz. Schlüss.*, p. 447 (1846) ; G. Cam. Berg. A. Cam., *l. c.* — Partie stylaire du gynostème courte. — Assez rare.

F. c. **macrostelis** Peterm., *l. c.* ; G. Cam. Berg. A. Cam., *l. c.* — Partie stylaire du gynostème longue et large. — Moins rare.

F. d. **glandulosa** Beck, *Fl. Nied.-Oest.*, p. 217 (1890) ; G. Cam. Berg. A. Cam., *l. c.* — Plante à pubescence glanduleuse accentuée. — Assez disséminé. France, Allemagne, Autriche, Galicie (ap. Zapalow.), Roumanie (Pante).

F. e. **pallida** Wirtg., *Fl. Pr. Rheinpr.*, p. 450 (1857) ; G. Cam. Berg. A. Cam., *l. c.* — Plante blanc jaunâtre. — Assez rare, env. de Paris (G. Cam.), Thuringe.

F. f. **sulphurea** Weiss in *A. B. Z.* (1895), p. 30 ; G. Cam. Berg. A. Cam., *l. c.* — Plante d'un jaune soufre. — Bavière.

F. g. **nivea** P. Magnus in M. Schulze, *Die Orchid.*, 65, 2 ; *Deutsch. bot. Mon.*, VIII, p. 97 (1890) ; IX, p. 49 (1891) ; in *Mitth. Th. B. V. N. F.*, X, p. 87 (1897) ; G. Cam. Berg. A. Cam., *l. c.* — Plante d'un blanc pur. — R. Signalée en France (G. Camus), en Thuringe, en Franconie, en Transilvanie.

Var. β **micrantha** Zapalow., *Consp. Fl. Galic.*, p. 231. — Plante basse, ord. très glabre ; infl. lâche ; fl. petites. — Galicie (Cf. Zapalow., *l. c.*).

Monstruosités. — Zimmerm. in *Allg. Bot. Zeitschr.* (1910), 7-8, p. 17, a décrit un cas tendant à l'actinomorphisme de la fl., une div. lat. int. du périanthe étant presque transformée en labelle, puis une fl. monstrueuse à éperon réduit et enfin (*l. c.*, 1912), des fl. tétramères.

1. Engelmann, *Farbe und Assimilation* (*Bot. Zeit.*, 1883).
2. Bonnier et Mangin, *Respir. des tissus sans chlorophylle* (*Ann. Sc. Nat. Bot.*, s. 6, t. XVIII p. 293 (1884).

Wydler ap. Guillemin in *Archiv. Bot.* II, p. 313 (1833) et *in Flora*, XL, p. 30 (1857), signale une fleur dimère zygomorphe et une fleur trimère avec 3 étamines fertiles.

Buchenau, *Drehung der Orchideenblüthen* in *Abh. d. Naturw. Ver. zu Bremen*, VIII (1883) et Koriba, *On the torsion of Spiranthes spike* in *The bot. Magaz.* XXVI, n° 308 (1912), étudient la torsion de l'ovaire.

V. v. — Mai, juin ; parfois juillet, août dans les montagnes. — *Habitat* : bois ombreux, montueux, souvent humides, dans les montagnes, souvent dans les forêts de Hêtres, de Pins, parfois de Sapins, de Chênes ou Noisetiers, isolé ou en colonies, adapté d'une façon particulière à la vie dans l'humus des hautes futaies où le sol s'exhausse par la chute des feuilles annuelles. — *Répart. géogr.* : Portugal (local. au Beira littoral ap. Guimar.), Espagne (R., rég. montagn., Catalogne, Monte Serrato, Pyrénées, Nouvelle-Castille), France (assez répandu, mais R. dans la rég méditer. où il est localisé à la zone montagn., monte à 1.400 m. env. dans les Alpes-Marit.), Corse (R.), Iles Britanniques (disséminé, peu rare), Islande, Belgique, Hollande, Danemerk, Suède, Norvège, Allemagne (disséminé, monte jusqu'à 1.330 m. en Bavière (Prantl), Suisse (disséminé), Autriche, Galicie, Hongrie (disséminé, manque ou très rare dans la rég. méditerr., rare dans la plaine de Hongrie, Dalmatie (ap. Parlat.), monte jusqu'à 1.700 m. dans le Tyrol (Dalla Torre et Sarnth.) ; Italie (peu fréquent, rég. montagn., descend jusqu'à la rég. du Châtaignier dans le péninsule, la Sicile et la Sardaigne (Moris), Bosnie, Herzégovine, Roumanie, Turquie, Grèce (T. R.), Russie centr. et mérid., Crimée, Caucase, Transcaucasie, Oural.

Gen. XXVII. — LISTERA R. Br.

Listera R. Br. in Ait. *Hort. Kew.*, éd. 2, V, p. 201 (1813) ; Lindl., *Gen. and spec.*. p. 455 ; Nees, *Gen.*, n° 19 ; Endl., *Gen.*, n° 1552, p. 213 ; Meisn., *Gen.*, I, p. 281 ; II, p. 385 ; Benth. et Hook., *Gen.*, III, p. 595 ; Pfitzer in Engl. et Prantl. *Pfl.*, II, 6, p. 113 ; Aschers. et Graebn., *Syn.*, III, p. 887 ; G. Cam. Berg. A. Cam., *Monogr. Orch. Eur.*, p. 400 — **Ophrydis** species All., *Fl. pedem.*, p. 151, 152 (1785). — **Diphryllum** Raf. in *Med. Repos. New-York*, V, p. 356 (1808). — **Listeria** Spreng., *Anleit.*, éd. 2, II, 1, p. 293 (1817). — **Neottiæ** species Rich. in *Mém. Mus. Paris*, IV, p. 59 (1818). — **Distomæa** Spenn., *Fl. frib.*, I, p. 245 (1825-29). — **Neottiæ B foliosæ (Listera)** Reichb. F., *Icon.*, XIII-XIV, p. 147 (1851). — **Dipbyllum** Wittstein, *Etym. bot. Handw.*, p. 287 (1852). — **Pollinirhiza** Dulac, *Fl. Haut.-Pyr.*, p. 120 (1867).

Périanthe à divisions sup. presque égales, libres, un peu conniventes. Labelle pendant, muni latéralement de 2 lobes dentiformes, dépourvu d'éperon, à lobes lat. courts, à lobe médian bifide au sommet. Gynostème très court, acuminé. Anthère biloculaire, libre, sessile, persistante. Masses polliniques 2, pulvérulentes, bipartites, fixées à une masse visqueuse commune. Rostellum transversal. Ovaire globuleux, non tordu, à pédicelle contourné. Capsule submembraneuse, elliptique-globuleuse ou subglobuleuse. Graines très petites, linéaires, subincurvées. — Souche à fibres radicales plus ou moins charnues et assez nombreuses.

Racine à lames vasculaires confluentes ; endoderme à parois épaisses, parfois lignifiées, au moins vis-à-vis des pôles libériens (pl. 112, f. 52-54). Poils sécréteurs ne tendant pas à se ramifier (pl. 119, f. 221-226). Faisceaux libéroligneux de la tige disposés en cercle au-dessus des feuilles principales. Nervures dépourvues de fibres lignifiées. Grains de pollen se séparant en tétrades. Pas de faisceaux staminaux lat. dans le gynostème. Rostellum de structure caractéristique (voir p. 69). Suspenseur ne se développant pas.

1. — L. OVATA R. Br.

L. ovata R. Br. in Ait. *Hort. Kew.*, éd. 2, V, p. 201 (1813) ; Lindl., *Gen. and spec.*, p. 455 ; Nyman, *Consp.*, p. 688 ; *Suppl.*, p. 290 ; Richter, *Pl. Eur.*, I, p. 285 ; Müller-Krænzlin. *Abbil. d. Orchid. Art.*, p. 44 ; Babingt., *Man. Brit. Bot.*, éd. 8, p. 349 ; Benth., *Brit. Flora*, p. 458 ; Oudemans, *Fl. v. Nederl.*, III, p. 154 ; Correvon, *Alb. Orch. Eur.*, pl. XXVII ; Dumort., *Prodr. fl. Belg.*, p. 183 ; Piré et Mull., *Fl. Belg.*, p. 194 ; Löhr, *Fl. Tr.*, p. 252 ; Meyer, *Orch. G.-D. Luxemb.*, p. 20 ; Gr. et Godr., *Fl. Fr.*, III, p. 272 ; Godr., *Fl. Lorr.*, II, p. 302 ; Gren., *Fl. ch. jurass.*, p. 762 ; Michalet, *Hist. nat. Jura*, p. 299 ; Lec. et Lamt., *Cat. Pl. Cent.*, p. 353 ; Martr.-Donos, *Fl. Tarn*, p. 716 ; Ardoino, *Fl. Alp.-Mar.*, p. 360 ; Barla, *Iconogr.*, p. 15 ; Lorr. et Barr., *Fl. Montp.*, p. 655 ; Martin, *Catal. Romor.*, p. 263 ; G. Cam., *Monogr. Orch. Fr.*, p. 111 ; in *Journ. Bot.*, VII, p. 272 ; G. Cam. Berg. A. Cam., *Monogr. Orch. Eur.*, p. 401 ; Debeaux, *Rév. fl. agen.*, p. 514 ; Gautier, *Pyr.-Or.*, p. 396 ; Coste, *Fl. Fr.*, III, p. 410, n° 3628, *cum icone* ; Rouy, *Fl. Fr.*, XIII, p. 214 ; Briquet, *Prodr. Fl. Corse*, p. 391 ; Alb. et Jahand., *Cat. Var*, p. 492 ; Reichb., *Fl. excurs.*, p. 133 ; Kirschl.,

Fl. Als., II, p. 143 ; GARCKE, *Fl. Deutschl.*, éd. 14, p. 384 ; KOCH, *Syn.*, éd. 2, p. 801 ; éd. 3, p. 603 ; HALL. et WOHLF., p. 2446 ; FIEK, *Fl. Schlesien*, p. 438 ; OBORNY, *Fl. Moehr. Oest. Schl.*, p. 257 ; RICHT., *Pl. Eur.*, I, p. 285 : CAFLISCH, *Ex. Fl. Deutschl.*, p. 30 ; BACH, *Rheinpreuss. Fl.*, p. 114 ; SEUBERT, *Ex. Fl. Bad.*, p. 127 ; M. SCHULZE, *Die Orchid.*, n° 63 ; ASCHERS. et GRAEB., *Syn.*, III, p. 888 ; KRAENZL., *Orchid.*, p. 44 ; REUTER, *Cat. Genève*, éd. 2, p. 208 ; BOUVIER, *Fl. Alpes*, éd. 2, p. 640 ; GREMLI, *Fl. Suisse*, éd. Vetter, p. 486 ; SCHINZ et KELLER, *Fl. Schweiz*, I, p. 129 ; FISCHER, *Fl. Bern*, p. 81 ; GUSS., *Fl. sic. syn.*, II, p. 557 ; RHINER, *Pr. Waldst.*, p. 129 : DE NOTAR., *Repert. fl. lig.*, p. 392 ; PUCC., *Syn. fl. luc.*, p. 485 ; BERTÖL.., *Fl. ital.*, IX, p. 616 ; PARLAT., *Fl. ital.*, III, p. 367 ; CES. PASS. GIB., *Comp.*, p. 179 ; W. BARBEY, *Fl. Sard.*, p. 58 ; ARCANG., *Comp.*, éd. 2, p. 161 : COCCONI, *Fl. bolog.*, p. 477 ; FIORI et PAOL.., *Icon. fl. ital.*, n° 876 ; CORTESI in *Ann. Pirotta*, II, p. 125 ; AMBR., *Fl. Tir. austr.*, I, p. 732 ; HAUSM., *Fl. Tirol*, p. 851 ; HINTERHUBER et PICHLM., *Fl. Salz.*, p. 195 ; BECK, *Fl. Nied.-Oest.*, p. 217 ; BUISS., *Voy. Esp.*, p. 599 ; WILLK. et LANGE, *Prodr. hisp.*, I, p. 176 ; COLM., *Enum. pl. hisp.-lus.*, V, p. 50 ; SCHUR, *Enum. Trans.*, p. 650, n° 3454 ; SIMK., *Enum. Trans.*, p. 506 ; BRANDZA, *Prodr. fl. române*, p. 459 et *Fl. Dobrogei*, p. 405 ; GRECESCU. *Consp. fl. României*, p. 549 et *Plant. Românix*. II, p. 41 ; III, p. 24 : PANTU, *Contrib. Bucures.*, p. 91 et *Orch. d. Rom.*, p. 181 ; SIBTH. et SM., *Fl. gr. prodr.*, II, p. 219 ; RAUL., *Cret.*, p. 863 ; BOISS., *Fl. orient.*, V, p. 92 ; HALACSY, *Consp. fl. gr.*, p. 157. — **Ophrys ovata** L., *Spec.*, éd. 1, p. 946 (1753) ; POIRET, *Encycl.*, IV, p. 568 ; VILL., *Hist. Dauph.*, II, p. 46 ; SMITH, *Brit.*, p. 932 ; CURTIS. *Fl. lond.*, éd. Gr., III, p. 200 ; POLL., *Palat.*, n° 855 ; ROTH, *Tent. germ.*, t. 381, II, 400 ; PALL., *Ind. Taur.*: UCRIA, *H. r. pan.*, p. 38 ; SAVI, *Fl. pis.*, II, p. 301 ; TODARO. *Orchid. sic.*, p. 130 ; LEJ., *Fl. Spa*, II, p. 194 ; *Rev. fl. Spa*, p. 188 ; HOCQ., *Fl. Jemm.*, p. 325 ; KOPS, *Fl. Bat.*, p. 79. — — **Epipactis ovata** CRANTZ, *Stirp. austr.*, p. 473 (1769) ; SWARTZ in *Act. holm.* (1800), p. 232 ; WILLD., *Spec.*, IV, p. 87 ; DC., *Fl. fr.*, III, p. 261, n° 2044 ; DUBY, *Bot.*, p. 449 ; LOISEL., *Fl. gall.*, éd. 2, p. 273 ; LAPEYR., *Abr. Pyr.*, p. 554 ; LEFROU, *Catal.*, p. 24 ; ALL., *Fl. pedem.*, n° 1850, p. 151 ; SEB. et MAURI, *Fl. Rom. prodr.*, p. 316 ; NOC. et BALB., *Fl. tic.*, II, p. 159 ; POLL., *Fl. veron.*, I, p. 37 ; TEN., *Fl. nap.*, II, p. 322 ; REUTER, *Catal. Genève*, éd. 1, p. 101 ; MARSCH. BIEB., *Fl. Taur.-Cauc.*, II, p. 372 ; GMEL., *Fl. sib.*, I, p. 25, n° 22. — **Helleborine ovata** SCHMIDT, *Fl. Boëm.*, p. 80 (1794). — **Neottia latifolia** RICH. in *Mém. Mus. Paris*, IV, p. 59 (1818) ; DIETR., *Borus.* ; TEN., *Syll.*, p. 461 ; MORIS, *St. sard.*, I, p. 44. — **N. ovata** BLUFF et FING., *Comp. fl. Germ.*, 2, p. 453 (1825) ; LEJ. et COURT., *Comp.*, III, p. 193 ; MICH., *Fl. Hain.*, p. 281 ; BELLYNCK, *Fl. Nam.*, p. 265 ; CRÉP., *Man. Belg.*, éd. 1, p. 179 ; éd. 2, p. 296 ; COSS. et GERM., *Fl. Par.*, éd. 2, p. 694 ; BOREAU, *Fl. Cent.*, éd. 3, II, p. 652 ; FRANCHET, *Fl. L.-et-Ch.*, p. 653 ; GILLOT et HÉRIB., *Fl. Auc.*, p. 426 ; CAR. et S.-LAG., *Fl. descr.*, p. 810 : RAVIN, *Fl. Yonne*, éd. 3, p. 365 ; GUILL., *Fl. Bord. et S.-O.*, p. 172 ; MASCLEF, *Cat. P.-d.-C.*, p. 158 ; GODR., *Fl. Lorr.*, éd. 1 ; REICHB. F., *Icon.*, XIII-XIV, p. 147 ; GODET, *Fl. Jura*, II, p. 699 ; FOERSTER, *Fl. Aachen*, p. 350 ; GAUD., *Fl. helv.*, V, p. 474. — **Distomæa ovata** SPENN., *Fl. frib.*, p. 246, (1825-29). — **List. multinervis** PETERM. in *Flora* (1844), p. 369. — **Pollinirhiza ovata** DULAC, *Fl. H.-Pyr.*, p. 121 (1867). — **Diphryllum ovatum** BECK, *Glasn.*, IX, p. 227 (1903). — *Ophrys foliis ovatis Hort. Cliff.*, 429 ; L in *Act. Ups.* (1740), p. 28 ; *Fl. suec.*, n° 738 ; ROY, *Lugd.*, 15 ; GMEL., *Fl. sib.*, I, p. 25 ; DALIB., *Paris.* p. 278. — *Epipactis foliis binis ovatis, labello bifido* HALL., *Helv.*, II, p. 150, t. XXXIX ; *Enum.*, p. 277. — *Ophrys* COESALP., *De plant. lib.*, 10, cap. 48, p. 430 et *herb.*, fol. 226, n° 631. — *Orchis faso o Bifolio del Dodoneo da alcuni Ophrys Pliniano creduto* PONA, *Mont. Bald.*, p. 189. — *Ophris bifolia* SEG., *Pl. veron.*, II, p. 138 ; BAUH., *Pinax*, p. 87 ; ZANNICH., *Opus. posth.*, p. 73. — *Bifolium* RIV., *Hex.*, t. 7.

Noms vulg. : Listera ovale, Listera à feuilles ovales. — Angl. : Twayblade Listera, Common Twayblade, Two blades, Twain blade. — Allem. : Eiblattriges Zweiblatt, Zweiblatt, Eiformiges Zweiblatt, Gross Zweiblatt, Ragwurz, Rattenschwanz, Wilder Durchwachs, Lang Vöglein. — Holland. : Tweeblad. — Dan. : Fliglaebe. — Polon. : Dwalistnik, Parlist. — Boh. : Bradáček.

Icon. : TOURNEF. *Inst.*, t. 250 ; MORIS., *Pl. hist.*, f. 12, t. 11, f. 1 ; HALLER, *l. c.* ; *Engl. Bot.*, t. 1548 ; CURTIS, *l. c.* ; FITCH et SMITH, *Illustr. Brit. Fl.*, n° 984 ; *Fl. dan.*, t. CXXXVII ; ROTH, *l. c* ; SCHK., *Handb.*, III, t. 273 ; REICHB. F., *Icon.*, XIII-XIV, t. 127, CCCCLXXIX, f. 1-11, 1-23 ; OUDEMANS, *l. c.*, t. LXXI, f. 372 ; CES. PASS. GIB., *l. c.*, t. XXI, 7, a-f ; BARLA, *l. c.*, pl. 9, f. 13-16 ; SCHLECHT., LANG. SCH. *Deutschl.*, IV, f. 375 ; GARCKE, *Fl. Deutschl.*, f. 577 ; HEGI, *Fl. Mittel-Eur.*, t. 45, f. 7 ; G. CAM., *Icon. Orch. Paris*, pl. 35 ; M. SCHULZE, *l. c.*, t. 63 ; G. CAM. BERG. A. CAM., *l. c.*, pl. 29, f. 1006-1013 ; *Ic. n.*, p. 98, f. 1-10.

Exsicc. : BILLOT, n° 177 ; SCHULTZ ; REICHB., n° 177 ; *Soc. Dauph.*, n° 4287 ; LEJ. et COURT., *Choix pl.*, n° 208 ; *Austr.-Hung.*, n° 1846 ; *Soc. Rochel.*, n°s 1846 et 2249 ; REVERCHON (1878 et 1885).

Rhizome court, cylindrique, presque horizontal ; fibres radicales nombreuses, assez grosses, contournées. Tige de 2-3 décim., dressée, au-dessus des feuilles grêle, vert clair, cylindrique, assez ferme, munie de bractées et de poils glanduleux : au-dessous des feuilles robuste, vert pâle ou blanchâtre, un peu anguleuse, assez molle, pourvue à la base de 2 à 3 gaines blanchâtres, un peu brunes au sommet. Feuilles ordt 2, grandes, situées un peu au-dessous du milieu de la tige, rapprochées et paraissant opposées, rarement un peu distantes (var. *alternifolia* Peterm., *l. c.*), sessiles, semi-embrassantes, étalées, pliées, assez épaisses, largement ovales-obtuses ou ovales-elliptiques, mucronulées, glabres, souvent à 5 paires de nervures principales saillantes en dessous. Bractées très courtes (3 mm. env.), plus courtes que le pédicelle de la fleur, ovales, acuminées, vertes. Fleurs pédicellées, dressées ou étalées-dressées, d'un vert jaunâtre, moyennes, nombreuses, exhalant une odeur rappelant celle du musc, disposées en grappe allongée, un peu lâche ; pédicelle pubescent-glanduleux. Divisions sup. du périanthe libres, conniventes en casque, vertes, à bords parfois violacés, les ext. concaves, ovales, obtusiuscules, les lat. int. étroites, linéaires, obtusiuscules ou acutiuscules, à peine plus courtes et bien plus étroites que les ext. Labelle pendant, allongé, dépourvu d'éperon, plan, sillonné dans sa partie médiane, muni vers la base de deux lobes latéraux dentiformes, dressés ; lobe moyen 2-3 fois plus long que les autres divisions du périanthe, linéaire ou oblong, un peu rétréci à la base, divisé au sommet en 2 lobes secondaires linéaires, obtus et peu divergents. Gynostème très court, épais, voûté à sa partie dorsale, sup. Anthère oblongue, libre, sessile, persistante. Masses polliniques bipartites, subclaviformes, à extrémité effilée reposant sur la crête du rostellum et se trouvant englobée dans la goutte visqueuse qui jaillit du rostellum au moindre choc (voir p. 70). Stigmate épais, horizontal. Rostellum grand, mince, convexe en avant, concave en arrière (1). Ovaire ovoïde ou subglobuleux, non contourné, à pédicelle contourné, pubescent-glanduleux, plus long que l'ovaire. Capsule membraneuse, globuleuse ou subglobuleuse, vert parfois lavé de violet, à 6 côtes peu saillantes. Graines très petites, linéaires, un peu courtes, blanchâtres (2).

Morphologie interne.

Racine (pl. 112, f. 52, 53). Poils absorbants nombreux. Assise tubéreuse non caractérisée. Écorce non différenciée en zones ext. moyenne et int., contenant des cellules à mucilage et raphides assez abondantes et assez grandes et des cellules amylifères. Grains d'amidon de 3-8 μ de diam. env., arrondis, souvent groupés, rarement isolés. Endophytes plus ou moins abondants (3) parfois nombreux ; dans certaines racines âgées, j'ai observé des pelotons de dégénérescence dans l'assise sus-endodermique. Endoderme formé de cellules à parois épaissies et lignifiées sur toutes leurs faces vis-à-vis des pôles libériens. Péricycle formé de cellules à parois minces. Liber réduit. 4-6 lames vasculaires développées, réunies en forme d'étoile. Fibres à parois peu épaisses.

Partie du rhizome portant des racines (f. 197). Parenchyme ext. très développé (P) contenant de l'amidon et des cellules à raphides et mucilages assez grandes, à paquet de raphides développé. Endoderme et péricycle à parois minces. Faisceaux libéroligneux peu nombreux, en partie fusionnés. Parenchyme int. peu abondant. Racines très rapprochées les unes des autres. — *Base de la tige un peu au-dessus des gaines blanchâtres* (f. 199). Faisceaux libéroligneux obscurément disposés en 2 cercles, sans tissu lignifié extra-libérien. Plus haut, un peu au-dessous des feuilles vertes, le cercle int. est bien distinct du cercle ext. (f. 200). L'anneau lignifié apparaît seulement au-dessus des feuilles principales (f. 201). — *Milieu de la tige*. Stomates peu nombreux. Épiderme pourvu, du sommet de la tige aux feuilles principales, de poils très abondants, sans tendance à la ramification, 3-6-cellul., à cellule terminale ovale-arrondie, à cellule inf. plus développée, ayant un contenu dense, granuleux et jaune pâle (pl. 119, f. 221-226). 3-4 assises de parenchyme ext. formées de cellules laissant entre elles des méats et des canaux aérifères. 3-8 assises de fibres à parois assez épaisses, à lumen de forme irrégulière, touchant au liber des faisceaux ou séparées de lui par quelques assises de parenchyme, dans ce dernier cas parfois, à l'extérieur des faisceaux, quelques cellules lignifient leurs parois. Fais-

---

1. Les fleurs sont manifestement protandres. L'intervention des insectes est nécessaire à la fécondation. L'anthère s'ouvre dans le bouton. Dans la fleur ouverte, les masses polliniques sont libres, appliquées en avant contre le rostellum, dépourvues de rétinacle, le pollen étant faiblement aggloméré par des fils élastiques. Les insectes sont attirés en grand nombre par le nectar sécrété par les bords du sillon médian du labelle et contenu dans une fossette. Les pollinies très sèches n'adhéreraient pas à l'insecte si au moment où celui-ci, attiré par le nectar, remontant le long du labelle et arrivant à la voûte du rostellum, ne provoquait, par le choc léger de sa tête, la projection de la gouttelette visqueuse du rostellum (voir p. 70). Cette gouttelette unit les pollinies l'une à l'autre et les attache solidement à l'insecte. Elle durcit en deux ou trois secondes et de blanche devient brun-pourpré. L'insecte s'envole, emportant les pollinies attachées à sa tête, il ira ensuite sur une autre fleur et abandonnera quelques tétrades du pollen, peu cohérent, à la surface visqueuse du stigmate. Un assez grand nombre d'insectes servent au transport du pollen. Sprengel signale un petit Scarabée et le *Grammoptera lævis* F., Kaltenbach des *Alysia*, des *Campoplex*, des *Cryptus*, l'*Amblyteles uniguttatus* Grav., le *Microgaster rufipes* Nees, des *Phygadeuon*, des *Tryphon* : Mac Leod, en Belgique, un *Anthrena* : Plateau le *Melanostoma mellina* L., dans les Pyrénées le *Rhagonycha fulva* Scop. ; Darwin, un *Hemiteles* et un *Cryptus*.

2. Cf. *Développement du Listera ovata*, p 41.

3. L'envahissement par les endophytes est très variable dans cette espèce. J'ai observé des individus dont l'écorce de presque toutes les racines était gorgée d'amidon et dépourvue d'endophytes.

ceaux libéroligneux à section transversale de forme arrondie, ou triangulaire, disposés en un cercle régulier à liber développé et à bois assez réduit. Cellules du parenchyme int. de forme irrégulière, à parois minces.

Feuille. Ep. = 250-450 µ. Epiderme sup. recticurviligne, haut de 40-65 µ, à paroi ext. épaisse de 3-6 µ, peu bombée, ayant quelques stomates dans les deux grandes feuilles. Epiderme inf. ondulé, haut de 40-50 µ, à paroi ext. de 3-6 µ et légèrement bombée, à stomates nombreux. Cellules épidermiques margin. du limbe à paroi ext. légèrement bombée. Parenchyme formé de 5-8 assises env., à assises sup. formant un tissu assez serré et à assises inf. constituées par de très grandes cellules un peu rameuses ; paquets de raphides assez rares. Bord du limbe très aminci. Nervures dépourvues de collenchyme et de sclérenchyme, assez peu nombreuses, à faisceau libéroligneux réduit, un peu plus haut que large sur une section transversale, entouré de parenchyme incolore et chlorophyllien. Nervures principales à section concave-convexe, les autres à section plane.

Fleur. — *Divisions externes et latérales internes du périanthe.* Epidermes ext. et int. à stomates nombreux, renfermant un peu d'huile essentielle. — *Labelle.* Base du labelle à section très haute (f. 202) ; faisceaux libéroligneux situés vers la face inf. ; cellules parenchymateuses toutes chlorophylliennes. Plus loin de la base, il existe, à la face sup., une saillie creusée d'un sillon médian (f. 203) dans lequel s'accumule le nectar émis en assez grande quantité. Epidermes ext. et int. dépourvus de papilles (pl. 121, f. 424). — *Gynostème.* Pas de trace de faisceaux staminaux lat. — *Anthère.* Cellules fibreuses développées, abondantes. — *Pollen.* Réseau d'épaississement de l'exine très fort, à grandes mailles. L = 35-45 µ. — *Ovaire* (f. 204). Stomates non orientés dans le sens de la longueur de l'ovaire, assez nombreux. Nervure des valves placentifères peu ou non saillante à l'extérieur, renfermant un faisceau libéroligneux à bois int. Placenta peu long, à deux divisions développées, plus ou moins bilobées. Valves non placentifères proéminentes, contenant un faisceau libéroligneux à bois int. — *Graines.* Suspenseur très réduit, unicellul. Cellules du tégument à parois recticurvilignes, non striées. Graines très atténuées aux extrémités, 3-4 fois plus longues que larges. L = 600-700 µ env. (1).

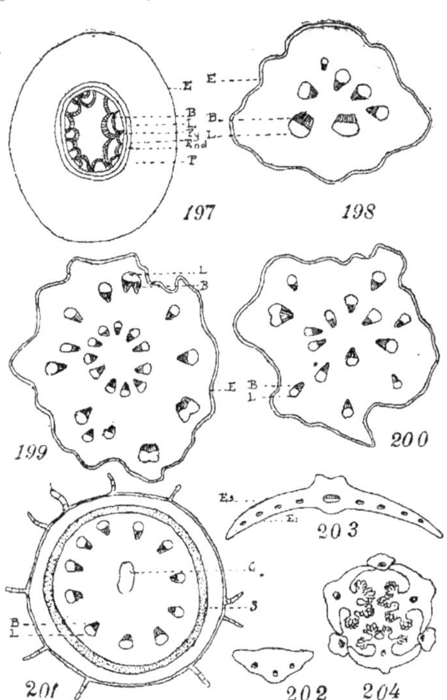

Listera ovata. — Fig. 197 : section transv. schématique du rhizome ; pas de tissu lignifié à l'extérieur des faisceaux libéroligneux ; B, bois : E, épiderme : End, endoderme ; L, liber : P, parenchyme : Py, péricycle. — Fig. 198 : section à l'extrême base de la tige, au-dessus des racines. — Fig. 199 : section à la base de la tige au-dessus des gaines blanchâtres. — Fig. 200 : section de la tige un peu au-dessous des grandes feuilles vertes. — Fig. 201 : section de la tige au-dessus des feuilles ; S, sclérenchyme. — Fig. 202 et 203 : sections transv. vers la base et le milieu du labelle. — Fig. 204 : section transv. schématique de l'ovaire.

Var. α **typica** Beauverd in *Bull. Soc. bot. Genève*, XVII, p. 340 (1925). — Fl. vert jaunâtre ; div. lat. int. lavées de pourpre au sommet ; labelle profondément échancré ; feuilles caulinaires elliptiques-arrondies, presque aussi larges que longues.

F. a **stenoglossa** Peterm., *Anal. Pfl. Zschliiss.*, p. 446 (1846) ; M. Schulze, *l. c.* ; G. Cam. Berg. A. Cam. c. — Labelle étroit, allongé ; feuilles à 11 nervures env. Forme très répandue.

1. Le *Listera ovata* contient du loroglossoside (cf. Chéraux et Delauney, in *C. R. Ac. Sc.* (1925), 180, p. 177 0).

F. b **multinervia** Peterm., *l. c.* ; M. Schulze, *l. c.* ; G. Cam. Berg. A. Cam., *l. c.* — Labelle de la f. précédente ; feuilles arrondies, à nerv. nombreuses, 17-18. — Rare, avec le type.

F. c **platyglossa** Peterm., *l. c.* : M. Schulze, *l. c.* ; G. Cam. Berg. A. Cam., *l. c.* — Labelle très court, obcordiforme-triangulaire.

F. d **parvifolia** Ascherss. et Graebn., *l. c.* ; Sennen, *Pl. Esp.*, n° 2846 *bis.* — Labelle de a ; feuilles très petites, ne dépassant ord. pas 5 cent. de long. — Surtout dans les montagnes, rare.

Lusus **trifoliata** Ascherss. et Graebn., *l. c.*, p. 889 ; G. Cam. Berg. A. Cam., *l. c.* ; Zimmermann in *Mitt. Bad. Land. Naturk.*, (1911 , p. 55. — *L. trifoliata* Car. et S.-Lager, *Fl. descr.*, éd. 8, p. 811. — b. *caule trifolio* Gaud., *l. c.*, p. 474 ; Tabern., *Icon.*, p. 275, f. I.— *Ophris trifolia* Bauh., *Pinax*, p. 87.— Plante grêle, à fl. petites ; 3 feuilles dont une plus petite sup., les 2 inf. subopposées, la sup. distante de la seconde de 1-2 cm. env. — Forme accidentelle rare. — *France* : Seine-et-Oise, vallée du Sausseron (G. Camus) ; Alp.-Marit. : Thorenc (A. Camus), etc. ; Allemagne à Bredower Forst près Nauen (Brade), Bade à Wasenweiler, Lilienthal, Kienberg, Schomberg (Zimmerm.), Suisse, Italie, Espagne.

Ascherson et Graebner, *l. c.*, ont signalé un cas où la tige portait quatre feuilles subopposées par paires.

Lusus **alternifolia** Peterm., *l. c.* — Les deux feuilles ord'nairement subopposées sont séparées par un assez long entr.-nœud. — Rare.

Var. β **longifolia** Beauverd in *Bull. Soc. bot. Genève*, XVII, p. 340 (1925). — Diffère de la var. α par ses feuilles caulinaires plus de deux fois plus longues que larges ; infl. pauciflore (20 fl. env.). — Suisse : Valais, Mayens de Chamoson, alt. 1.500 m.

Var. γ **eburneo-rosea** Beauverd in *Bull. Soc. bot. Genève*, XV, p. 28 (1923). — *L. ovata* ssp. *eburneo-rosea* Beauverd in *Bull. Soc. bot. Genève*, XVII, p. 340 (1925). — *Icon.* : *Ic. n.*, pl. 128, f. 34. — Inflorescence d'un blanc d'ivoire lavé de rose avant l'anthèse. Pédicelles plus courts que les bractées ; fl. et bractées d'un blanc d'ivoire ; div. ext. blanc rosé, à nervures jaunâtres ; les lat. int. pourpre foncé ; labelle à lobes apicaux divariqués en croissant, à sillon médian jaune. — France : Haute-Savoie, au Mont Ballojoux, au-dessus de St-Laurent (Beauverd et Lendner).

Monstruosités. — J'ai observé, à St-Martin-Vésubie (Alp.-Marit.), deux individus dont quelques fl. étaient soudées deux à deux par les ovaires. Toutes les div. du périanthe étaient présentes, mais les deux div. lat. ext. étaient plus ou moins soudées, ces fl. paraissaient avoir 11 div. au périanthe. Les gynostèmes étaient distincts (A. Camus). M. Schulze in *M tth. Th. B. V. N. F.*, (1902), p. 75, a signalé des anomalies dans la direction du labelle et la disposition des feuilles ; Hildebrand, in *Bot. Zeit.*, XXI, p. 341 (1863), t. XII, f. 12, une fleur pentamère avec deux labelles et deux étamines fertiles ; Masters, *Veget. teratology*, p. 348, des fleurs privées de labelle.

V. v. — Mai, juillet. — *Habitat* : lieux ombragés et humides (1), clairières des bois, prairies. — *Répart. géogr.* : Espagne (rég. montagn.), France (disséminé, moins abondant dans la rég. méditerr.), Corse (A. R.), Iles Britanniques (répandu, abondant), Islande ? Belgique, Hollande, Danemark, Suède, Norvège, Allemagne, Suisse (répandu, monte à 2.000 m. dans le Valais (Jaccard)], Italie (rég. montagn., souvent entre 1.600-1.700 m., descend rarement dans la rég. de l'Olivier, plus abondant dans le Nord et le Centre que dans le Midi), Sicile (T. R), Sardaigne (Moris), Autriche, Hongrie (R. dans la rég. mérid.), Dalmatie, Bosnie, Herzégovine, péninsule des Balkans, Grèce (T. R.), Russie centr. et mérid., Tauride, Caucase, Oural, Cilicie. — Sibérie, Amérique septentrionale.

2. — L. CORDATA

L. cordata R. Br. in Ait. *Hort. Kew.*, éd. 2, V, p. 201 (1813) ; Lindl., *Gen. and spec.*, p. 456 ; Reichb. *Fl. excurs.*, p. 133 ; Richter, *Pl. Eur.*, I, p. 285 ; Corrév., *Alb. Orch. Eur.*, pl. XXVI ; Babingt., *Man. Brit. Bot.*, éd. 8, p. 349 ; Benth., *Brit. Fl.*, p. 458 ; Oudemans, *Fl. Nederl.*, III, p. 152 ; Dumort., *Prodr. fl. Belg.*, p. 132 ; Thielens, *Orch. Belg. et Luxemb.*, p. 50 ; Lec. et Lamt., *Catal. Pl. Cent.*, p. 353 ; Gr. et God., *Fl. Fr.*, III, p. 270 ; Godr., *Fl. Lorr.*, III, p. 43 ; II, p. 304 ; Michal., *Hist. nat. Jura*, p. 299 ; Renault, *Ap. Fl.-Saône*, p. 243 ; Ardoino, *Fl. Alp.-Mar.*, p. 360 ; Barla, *Iconogr.*, p. 15 ; Vallot, *Guide Cauterets*, p. 278 ; G. Cam., *Monogr. Orch. Fr.*, p. 112 ; in *Journ. bot.*, VII, p. 273 ; G. Cam. Berg. A. Cam., *Monogr. Orch. Eur.*, p. 404 ; Gautier, *Pyr.-Or.*, p. 396 ; Bubani, *Fl. pyr.*, p. 56 ; Coste, *Fl. Fr.*, III, p. 411, n° 3629, *cum icone* ; Rouy, *Fl. Fr.*, XIII, p. 215 ; Flahault, *N. fl. Alp. et Pyr.*, p. 140, *cum icone* ; Kirschl., *Prodr. fl. Als.*, p. 163 ; *Fl. Als.*, II, p. 143 ; *Fl. vog.-rhen.*, p. 89 (1870) ; Gmel., *Fl. bad.*, III, p. 560 ; Koch, *Syn.*, éd. 2, p. 801 ;

---

1. Lorsqu'on transplante le *Listera* dans un endroit sec, il meurt rapidement.

éd. 3, p. 603 ; éd. Hall. et Wohlf., p. 2446 ; Garcke, *Fl. Deutschl.*, éd. 14, p. 384 ; Ororxy, *Fl. v. Moehr. Oest. Schl.*, p. 258 ; Seubert, *Ex. Fl. Bad.*, p. 127 ; Caflisch, *Ex. Fl. S. Deutschl.*, p. 300 ; M. Schulze, *Die Orchid.*, n° 64 ; Kraenzl., *Orchid.*, p. 451 ; Spenn., *Fl. frib*, p. 27 ; Aschers. et Graeb., *Syn.*, III, p. 890 ; Morthier, *Fl. Suisse*, p. 359 ; Reuter, *Catal. Genève*, éd. 2, p. 200 ; Gremli, *Fl. Suisse*, éd. Vetter, p. 200 ; Rhiner, *Prodr. Waldst.*, p. 129 ; Schinz et Kell., *Fl. Schweiz*, p. 129 ; Boiss., *Voy. Esp.*, p. 599 ; Willk. et Lange, *Prodr. hisp. suppl.*, p. 44, n° 770 *bis* ; Comol., *Fl. comens.*, VI, p. 391 ; Guss., *Fl. sic. syn.*, II, p. 557 ; Pucc., *Fl. luc.*, p. 485 ; de Not., *Rep. fl. lig.*, p. 393 ; Bertol., *Fl. ital.*, IX, p. 618 ; Parlat., *Fl. ital.*, III, p. 369 ; Arcang., *Comp.*, éd. 2, p. 179 ; Fiori et Paol., *Icon. fl. ital.*, n° 857 ; Hinterhuber et Pichlm., *Fl. Salzb.*, p. 195 ; Hausm., *Fl. Tirol*, p. 851 ; Beck, *Fl. N.-Oest.*, p. 217 ; Boissier, *Fl. orient.*, V, p. 92 ; Evrard et Chermezon in *Bull. Soc. bot. Fr.* (1917), p. 193. — **Ophrys cordata** L., *Spec.*, éd. 1, p. 946 (1753) ; Vill., *Hist. Dauph.*, II, p. 47 ; Poiret, *Encycl.*, IV, p. 568 ; Smith, *Brit.*, p. 933 ; Scopoli, *Fl. carn.*, n° 1135 ; Piper, *Fl. of the st. Wash.*, p. 207. — **Epipactis cordata** All., *Fl. pedem.*, II, p. 152 (1785) ; Willd., *Spec.*, IV, p. 88 ; DC., *Fl. fr.*, III, p. 261, n° 2045 ; Duby, *Bot.*, p. 449 ; Loisel., *Fl. gall.*, II, p. 273 ; Boisduval, *Fl. fr.*, III, p. 53 ; Lapeyr., *Abr. Pyr.*, p. 554 ; Reuter, *Cat. Genève*, éd. 1, p. 101 ; Car. et S.-Lag., *Fl. descr.*, éd. 8, p. 811. — **Helleborine cordata** Schmidt, *Fl. boëm*, p. 81 (1794). — **Cymbidium cordatum** Loud. in *Mém. Mosc.*, I, p. 282 (1806). — **Neottia cordata** Rich. in *Mém. Mus. Paris*, IV, p. 59 (1818) ; Bluff et Fingh., *Comp.*, II, p. 435 ; Reichb. F., *Icon.*, XIII-XIV, p. 149 ; Mutel, *Fl. Fr.*, III, p. 258 ; *Fl. Dauph.*, éd. 2, p. 600 ; Boreau, *Fl. Cent.*, éd. 3, II, p. 653 ; Grst. et Hérib., *Fl. Auv.*, p. 246 ; Gren., *Fl. ch. jurass.*, p. 762 ; Legrand, *Stat. bot. Forez*, p. 221 ; Gaud., *Fl. helv.*, V, p. 475 ; Bouv., *Fl. Alp.*, éd. 2, p. 649 ; Godet, *Fl. Jura*, II, p. 699 ; Kichx, *Fl. Brux.*, p. 60 ; Gorter, *Fl. VII prov. Belg.*, p. 257. — **Listomæa cordata** Spenn., *Frib.*, p. 246 (1825-29). — **Pollinirhiza cordata** Dulac, *Fl. H.-Pyr.*, p. 120 (1867). — **Listera nephrophylla** Lyndberg, *Mém. N.-Y. Bot. Gard.*, I, p. 108 (1900). — **Diphryllum cordatum** Beck, *Glasn.*, IX, p. 229 (1903) — *Ophrys minima* Bauh., *Pinax*, p. 87 ; *Prodr.*, p. 31. — *Bifolium minimum* Bauhin, *Hist.*, III, p. 534. — *Ophrys foliis cordatis* L., *Fl. lapp.*, p. 247 ; *Fl. suec.*, p. 739, 809 ; *Act. Ups.* (1740), p. 29 ; Gmel., *Fl. sibir.*, I, p. 25. — *Epipactis foliis binis cordatis, labello bifido postice bidentato* Hall., *Helv.*, n° 1292, t. 22, f. 4. — B. *Ophrys min'ma, floribus purpureo-croceis* Mentz., *Pug.*, t. 9, f. 2.

Noms vulg. : Listera cordé, Listera à feuilles cordées. — Angl. : Heart-leaved Listera, Heart-leaved Twayblade. — Allem. : Herzblättriges Zweiblatt, Kurz-Vöglein.

Icon. : Haller, *l. c.* ; Gag., *Act. helv.*, II (1755), p. 56-75, t. 6 ; J. Bauhin, *Hist.*, pl. 3, 31, p. 534, f. 2 ; Gunn., *Fl. norveg.*, p. 2, t. III, f. 6, 7, 8 ; *Fl. dan.*, t. 1278 ; Sm., *Engl. Bot.*, V, t. 358 ; Sw., *Bot.*, VII, t. 472 ; Curt., *Fl. lond.*, éd. Grav., IV, t. 104 ; Fitch et Smith, *Illustr. Brit. Fl.*, n° 985 ; Dietr., *Fl. r. boruss.*, I, t. 22 ; Reichb. F., *Icon.*, 149, t. CCCCLXXX, f. I-V, 1-15 ; Barla, *l. c.*, pl. 9, f. 17-26 ; M. Schulze, *l. c.*, t. 64 ; Bonnier, *Alb. N. Fl.*, p. 148 ; G. Cam. Berg. A. Cam., *l. c.*, pl. 29, f. 1014-1018 ; *Ic. n.*, pl. 98, f. 11-18.

Exsicc. : Thomas ; Schleigh. ; Ser., *Alp. cent.*, 3, n° 249 ; *Soc. Dauph.*, n° 5058 ; Billot, n° 174 ; Schultz, n° 1153 ; Reichb., n° 401 ; *Soc. Rochel.*, n° 3157 ; *Soc. fr.-helv.*, n° 797 ; Sennen, *Pl. Esp.*, n° 2846 ; Balansa, *Pl. d'Or.* (1866) ; Warming og Th. Holm., *Dansk geol. geog. Und. Groenl. Fyllas* (1884) ; *Fl. Newfoundland*, n° 168 ; Howell's *Pacific coast plants Oregon*.

Plante beaucoup plus grêle que la précédente. Rhizome court, grêle, rampant, à fibres radicales presque capillaires, peu nombreuses (1). Tige grêle, haute de 1-2, rarement 3 décim., dressée, au sommet anguleuse, subquadrangulaire, glabrescente et lavée de rouge, un peu épaissie sous les feuilles par le bord et les nervures de celles-ci, munie à la base de 2 gaines lancéolées, brunâtre et nue au-dessus des 2 feuilles subopposées. Feuilles 2, situées vers le milieu de la tige, très rapprochées et paraissant presque opposées, sessiles, cordiformes-deltoïdes, atténuées de la base au sommet, à base large, obtuses, mucronulées, étalées horizontalement, vertes, luisantes en dessus, d'un vert bleuâtre en dessous, à bords subondulés, incurvés, glabres, obscurément 5-nervées, réticulées. Bractées, ovales-aiguës, acuminées, vertes, obscurément 1-nervées, plus courtes que le pédicelle. Fleurs très petites, 6-12, rarement 15, verdâtres, souvent panachées de violet, odorantes la nuit, à odeur musquée, disposées en grappe courte, grêle, un peu lâche, pauciflore, à pédicelle court, tordu. Divisions du périanthe étalées, les ext. ovales-obtuses ou oblongues-obtuses, vertes, les lat. int. presque aussi longues, un peu plus étroites et de même forme que les ext., vertes à l'extérieur, d'un pourpre violacé à l'intérieur. Labelle plus long que les divisions ext. du périanthe, pendant, oblong, linguiforme, d'un violet pourpré, plan, 3-lobé ;

---

1. D'après Brundin (*Ueber Wurzelsprosse der « Listera cordata »* in *Bihang. K. Sv. Vet. Akad. Halgr.*, XXI. Stockholm, 1895), les racines allongées se terminent souvent en une pousse et la première racine secondaire née de cette pousse se dirige en ligne droite, exactement dans la même direction que la racine porte-pousse, et continue le développement de celle-ci.

lobes latéraux petits, linéaires ou lancéolés, acuminés, dressés, plus ou moins divergents ; lobe médian grand, bifide au sommet, à lobes secondaires linéaires-acuminés, écartés, puis convergents, souvent séparés par une petite dent intermédiaire. Gynostème court et épais, muni d'un petit appendice dentiforme. Stigmate subréniforme. Anthère oblongue. Masses polliniques en massue. Ovaire largement ovoïde, droit, à pédicelle court, contourné. Capsule subglobuleuse, pâle, blanchâtre, à côtes vertes ou rougeâtres, un peu plus longue que le pédicelle (1).

Morphologie interne.

Racine (pl. 112, f. 54). Poils absorbants nombreux, renfermant des filaments mycéliens. Ecorce très différente de celle du *L. ovata*, très développée, à méats étroits, comprenant 4-7 assises env., divisée en 3 zones nettes : l'ext. et l'int. formées de petites cellules, la moyenne dont les cellules sont étirées radialement. Les endophytes n'existent que dans les zones ext. et moyenne formant dans cette dernière région des masses de dégénérescence allongées radialement. L'écorce int. est ordt très amylifère. Les racines jeunes et déjà grosses ne sont souvent pas infestées, l'écorce est alors presque complètement gorgée d'amidon. Cellules de l'endoderme à parois épaissies, mais non lignifiées vis-à-vis des pôles libériens. Péricycle continu formé de cellules à parois minces. Lames vasculaires ordt 4-5 plus ou moins fusionnées en croix, plus ou moins continues, très peu développées ; vaisseaux à petite ou moyenne section. Pas de fibres à parois épaisses. Amas libériens petits.

Tige. Stomates peu nombreux. Poils peu abondants, pluricellulaires, souvent 3-4-cellul., ni coudés, ni ramifiés, de 100-140 μ de long env. 4-6 assises de parenchyme ext. à parois minces et très sinueuses. Pas d'anneau lignifié, seulement quelques cellules à parois lignifiées à l'extérieur du liber de chaque faisceau. Bois développé, parenchyme ligneux non lignifié abondant. Faisceaux libéroligneux disposés en cercle au-dessus des feuilles principales, entourant un parenchyme formé de cellules à parois minces et sinueuses, non résorbé.

Feuille. Ep. = 150-200 μ env. Epiderme sup. recticurviligne, haut de 35-40 μ env., à paroi ext. épaisse de 3-6 μ et non bombée, contenant un peu de chlorophylle. Epiderme inf. recticurviligne, haut de 20-30 μ, à paroi ext. épaisse de 3-4 μ et peu bombée, à stomates nombreux. Cellules épidermiques du bord du limbe à paroi ext. nettement bombée. Mésophylle formé de 5-7 assises chlorophylliennes et contenant de rares paquets de raphides. Nervures dépourvues de sclérenchyme, les principales munies de parenchyme incolore à parois un peu épaisses. Bois à parenchyme ligneux non lignifié abondant.

Fleur. Divisions externes et latérales internes du périanthe. Epidermes ext. et int. pourvus de stomates. — *Ovaire.* Nervure des valves placentifères peu saillante à l'extérieur. Valves non placentifères peu proéminentes extérieurement. — *Graines.* Pas de suspenseur. Cellules du tégument à parois rectilignes, non striées. Graines atténuées aux extrémités, 3-3 f. 1/2 env. plus longues que larges. L = 600-650 μ env.

F. β **trifolia** Aschers. et Graeb., *Syn.*, III, p. 894 ; M. Schulze in *O. B. Z.* (1898), p. 115 ; G. Cam Berg. A. Cam., *l. c.* — F. *trifoliatus* Zimmerm. in *Mitt. Bad. Land. f. Naturk.* (1911), p. 55. — Forme accidentelle munie de 3 feuilles. — Signalée en Allemagne, à Kreis Lötzen en Prusse orientale (Phoedovius in *Jahr. Preuss. B. V.*, 1896-97, p. 43), à Notschrei en Bade (Zimmerm.), dans le Fichtelgebirge (Reinicke).

Monstruosités. — Zimmerm. in *Allg. Bot. Zeitschr.*, 7-8 (1910), p. 18, a signalé un cas de dimérie imparfaite. La fleur avait son périanthe composé de 2 divisions ext., l'une étant formée de la soudure de 2 pièces, et de 2 divisions lat. int., le labelle était absent.

Ross, *Bifur. Blüthenstandes von Listera ovata* in *Schriften der Phys. œcon. Ges. Kœnigsberg* (1878), p. 74, étudie un cas d'inflorescence bifurquée.

V. v. — Mai, juillet, rarement août. — *Habitat* : bois humides ombragés, clairières des montagnes de la rég. alpine, souvent entre les aiguilles de pins et de sapins, dans la mousse humide, parfois dans les tourbières, ordt sur le calcaire, plus rarement sur le feldspath, souvent isolé, parfois en colonies. — *Répart. géogr.* : Espagne (Pyrénées, R.), France [Pyrénées, Le Capsir, vallée de Golba (Sennen), etc., Auvergne, Loire au Pilat, à Noiretable, Pierre-sur-Haute, hautes Vosges, Jura, Alpes de la Haute-Savoie aux Alpes-Marit., monte à 1.800-2.000 m. au Méri, en Hte-Savoie (Charmont)], Iles Britanniques (principalement dans le nord de l'Angleterre et de l'Ecosse), Islande, n'a pas été retrouvé récemment en Belgique et dans le Luxembourg, Danemark, Suède, Norvège, Allemagne (rare et disséminé dans le Nord, plus abondant dans le Midi ; manque dans la Hesse, la Westphalie, les prov. rhénanes, le Schleswig-Holstein, le Mecklembourg, les îles de la Mer du Nord), Suisse

---

1. Le transport du pollen et la pollinisation s'effectuent à peu près comme dans le *L. ovata*. Les insectes sont, d'après Darwin, *l. c.*, p. 150, de petits Diptères et Hyménoptères.

(Alpes et rég. montagn., peu fréquent ; manque dans les cant. du Tessin, de Zurich, d'Argovie, de Thurgovie, de Schaffhouse). Autriche (rég. montagn.),Tyrol, Carinthie, Salzbourg, etc.,Galicie, Hongrie, manque dans la plaine hongroise, et en Dalmatie, Italie (rare, Alpes et Apennins, Piémont, Novare, Monte Baldo, etc., jusqu'aux Apennini Pistojesi), Sicile (PARLATORE), Bosnie, Russie centr., Pont, Caucase, Transcaucasie. — Sibérie, Japon, Amérique boréale et septentrionale.

Gen. XXVIII. — **EPIPACTIS**

Epipactis [ZINN.,*Cat. Pl. Gott.*, p. 85 (1757), p. p. ; SWARTZ in *Vet.-Akad. Handl. Stockholm*, XXI, p. 232 (1800), p. p. ; *Adans. Fam.*, II, p. 70, 554 (1763), p. p.]; R. BR. in AITON, *Hort. Kew.*, éd. 2, V, p. 201 (1813), p. p. ; RICH. in *Mém. Mus. Par.*,IV, p. 43, 51 et 60 (1818) ; LINDLEY, *Gen. and spec.*, p. 460 ; NEES, *Gen.*, III, n° 20 ; ENDL. *Gen.*, p. 213 (1837) ; MEISN., *Gen.*, I, p. 288 ; IRMISCH, *Epip.-Art. Deutsch.* in *Linn.*, XVI, p. 417, t. 17 ; BENTH. et HOOK. F., *Gen. Pl.*, III, p. 619 (1883) ; PFITZER in ENGL. et PRANTL, *Pfl.*, II, 6, p. 114 (1889) ; DALLA TORRE et HARMS, *Gen. Siphon.*, p. 94 (1900) ; ASCHERS. et GRAEBN., *Syn. Mitteleur. Fl.*, III, p. 857 (1907) ; WILMOTT in BAB. *Man.*, éd. 10, p. 405 (1922) ; G. CAM., *Monogr. Orch. Fr.*, p. 6 ; G. CAM. BERG. A. CAM., *Monogr. Eur.*, p. 407 (1908) ; RENDLE et BRITTEN, *List. Brit. Seed-Pl.*, p. 29 (1907) ; LOND., *Cat.*, éd. II, p. 42 (1925) ; GODFERY in *Journ. of Bot.* (1920), p. 69. — **Helleborine** MILLER, *Gard. Dict. Abr.* (1754), p. p. ; HILL, *Brit. Herb.*, p. 477 (1756) ; SCHINZ et THELL. in SCHINZ et KELLER, *Fl. Schweiz*, éd. 4, I, p. 166 (1923) ; DRUCE, *List. Brit. Pl.* p. 67 (1908) ; LOND., *Cat. Brit. Pl.*, éd. 10, p. 37 (1908). — **Serapias** L., [*Gen. Pl.*, éd. 1, p. 271 (1737) ; *Hort. Cliff.*, p. 429 (1738)] ; *Sp. Pl.*, éd. 1, p. 949 (1753) p. p. ; *Gen. Pl.*, éd. 5, p. 406 (1754), p. p. ; KUNTZE, *Rev. Gen.*, III, II, I, p. 141 (1898) ; EATON in *Proc. Biol. Soc. Wash.*, XXI, p. 66 (1908) ; BRIT. et BROWN, *Ill. Fl.*, éd. 2, p. 563 (1913) ; ABRAMS, *Ill. Fl.*, I, p. 478 (1923) (1). — **Limonias** EHRH., *Beitr.*, IV, p. 147 (1789). — **Cymbidium** SWARTZ in *Schrad. Journ.*, I, p. 225 (1799). — **Epipactum** RITG., *Marburg. Schrift.*, II, p. 125 (1831). — **Calliphyllon** BUBANI, *Fl. Pyr.*, p. 56 (1901).

Div. du périanthe libres, subcampanulées, conniventes ou étalées ; les ext. et les deux lat. int. presque semblables. Labelle sans éperon, étalé, brusquement rétréci et subarticulé au milieu ; hypochile (partie basilaire) concave, nectarifère, muni de deux saillies lat. obtuses ; épichile (partie terminale) entier, souvent en cœur, bigibbeux à la base. Gynostème de longueur variable, plutôt court, dressé, trifide au sommet. Rostellum apiculaire, brièvement obtus, rudimentaire ou nul. Anthère terminale, libre, obtuse, à loges parallèles et contiguës. Masses polliniques 2, pulvérulentes, oblongues, profondément bifides, réunies par une masse visqueuse commune. rarement nulle. Stigmate quadrangulaire (2). Ovaire étalé, non contourné, atténué en un pédicelle contourné. Capsule étalée ou pendante, membraneuse, oblongue-obovée ou elliptique-subglobuleuse, à 6 côtes. Graines très petites, fusiformes ou sublinéaires. — Rhizome assez court, rarement stolonifère, à fibres radicales un peu charnues. Feuilles coriaces, réduites ou assez larges et embrassantes. Fleurs assez grandes, étalées ou pendantes, en grappes assez lâches. Tiges et ovaires poilus.

Racine à lames vasculaires se rejoignant au centre (pl. 112, f. 56-62), à parois des cellules endodermiques plus ou moins épaissies et parfois lignifiées vis-à-vis des pôles libériens, à cylindre central entièrement lignifié, sauf quelques cellules péricycliques et les amas libériens, à tissu de soutien développé ; fibres à parois épaisses. Poils sécréteurs pluricellulaires tendant à se couder et à se ramifier (pl. 119, f. 233-254). Faisceaux libéroligneux de la tige disséminés (f. 206, 210, 211), pénétrant dans la profondeur du cylindre central (voir p. 55). Nervures munies de fibres lignifiées. Grains de pollen se séparant en tétrades (voir p. 68). Gynostème ne contenant pas les faisceaux libéroligneux des étamines lat. avortées. Cellules du rostellum se transformant en une masse visqueuse, blanchâtre, revêtue seulement par une membrane mince (voir p. 69). Embryon ne développant pas de suspenseur.

---

1. Cf. SPRAGUE in *Journ. of Bot.* (1926), p. 111.
2. Les fl. sont adaptées à la fécondation croisée, sauf chez l'*E. Muelleri* GODF. qui manque de rostellum. Les fl., sécrétant du nectar et émettant ord. un parfum, attirent les insectes. L'épichile forme une sorte de plate-forme sur laquelle se pose l'insecte. La charnière reliant l'épichile à l'hypochile est flexible et s'abaisse, permettant ainsi à l'insecte d'introduire sa tête dans le fond de la fl., pour aller puiser le nectar dans la coupe de l'hypochile. L'épichile se relève ord. enfermant l'insecte, qui, pour sortir, doit faire un mouvement de bas en haut entraînant la déchirure du rostellum. Il emporte alors, sur une autre fl., les pollinies attachées à la masse visqueuse devenue libre.

Tableau des espèces.

$\left.\begin{array}{l}\end{array}\right.$

1 — Labelle à épichile suborbiculaire non lobé, tronqué ou arrondi au sommet, presque plan, mobile, détaché de l'hypochile par un rétrécissement profond, plus long que les div. lat., à hypochile membraneux, muni de 2 lobes lat. très développés . . . . **E. palustris**
Labelle à épichile subtrilobé au sommet, à hypochile épais, non lobé . . . . **E. veratrifolia**
Labelle à épichile acuminé, à pointe plus ou moins recourbée, non lobé au sommet, non mobile, peu détaché de l'hypochile, largement fixé à la base, plus court que les div. lat., à hypochile épais, non lobé 2

2 — Rostellum nul . . . . **E. Muelleri**
Rostellum rudimentaire, disparaissant tôt 3
Rostellum bien développé 4

3 — Racines très développées, épaisses ; labelle à 2 gibbosités . . . . **E. leptochila**
Racines grêles ; labelle à callus ord. peu développé . . . . **E. dunensis**

4 — Plante assez grêle. Feuilles petites (dépassant rarement 3 cent.), plus courtes que les entre-nœuds, peu nombreuses. Fleurs petites, peu nombreuses ; épichile à bords et à lames gibbeuses, crépues . . . . **E. microphylla**
Plante robuste. Feuilles ord. assez courtes, plus courtes, rarement plus longues que les entre-nœuds, peu nombreuses. Fleurs grandes et nombreuses ; épichile à bords ondulés et à gibbosités crispées-dentées . . . . **E. varians**
Plante robuste. Feuilles plus longues que les entre-nœuds, nombreuses. Fleurs grandes ou médiocres ; épichile entier ou crénelé, à gibbosités lisses ou tuberculeuses 5

5 — Bractées presque toutes plus courtes que les fleurs. Fleurs médiocres, rouges ou d'un brun rouge ; épichile suborbiculaire-cordé, ondulé-subdenticulé, muni à la base de deux lamelles plissées-tuberculeuses. Feuilles très raides ; gaines inf. courtes, lâches, évasées . . . . . . **E. atrorubens**
Bractées presque toutes plus longues que les fleurs. Fleurs grandes, rouges, roses ou verdâtres ; épichile ovale-cordé, entier, muni à la base de 2 lamelles saillantes presque lisses. Feuilles moins raides ; gaines inf. allongées, étroites 6

6 — Plante robuste. Feuilles largement ovales. Fleurs roses, violacées ou d'un vert lavé de violet ; épichile à gibbosités marquées presque lisses . . . . **E. latifolia**
Plante plus grêle. Feuilles ovales-lancéolées, plus petites. Fleurs d'un vert jaunâtre ; épichile à gibbosités peu marquées ou nulles . . . . **E. viridiflora**

Sect. **Arthrochilium** [IRMISCH in *Linn.*, XVI, p. 451 (1842), XIX, p. 121 (1846)] ; G. CAM. BERG. A. CAM., *Monogr. Orch. Eur.*, p. 407 ; genre *Arthrochilium* HALACSY, *Fl. Nied.-Oest.*, p. 212. Labelle à épichile suborbiculaire, parfois tronqué au sommet, presque plan, à hypochile muni de deux lobes lat. développés, très rétréci à l'articulation.

I. — E. PALUSTRIS

E. palustris CRANTZ, *Stirp. austr.*, p. 462 (1769), t. I, f. 5 ; SWARTZ in *Act. Holm.*, p. 232 (1800) ; WILLD *Spec.*, IV, p. 84 ; RICH. in *Mém. Mus. Paris*, IV, p. 60 ; LINDL., *Gen. and spec.*, p. 460 ; REICHB. F., *Icon.*, XIII-XIV, p. 139 ; CORREVON, *Alb. Orch. Eur.*, pl. XIV ; RICHTER, *Pl. eur.*, I, p. 283 ; BLYTT, *Hndb. Norg. Fl.*, éd. Ove Dahl, p. 236 ; OUDEMANS, *Fl. Nederl.*, III, p. 151 ; BABINGT., *Man. Brit. Bot.*, éd. 8, p. 350 ; BENTH., *Brit. Flora*, p. 457 ; DUMORT., *Prodr.*, p. 134 ; LEJ. et COURT., *Comp.*, p. 196 ; TINANT, *Fl. luxemb.*, p. 445 ; MICHOT, *Fl. Hain.*, p. 382 ; CRÉPIN, *Manuel fl. Belg.*, éd. 1, p. 179 ; éd. 2, p. 295 ; PIRÉ et MULL., *Fl. cent. Belg.*, p. 194 ; LÖHR, *Fl. Tr.*, p. 251 ; KOPS, *Fl. Bat.*, p. 210 ; HALL, *Fl. Belg. sept.* ; J. MEY., *Orch. G.-D. Luxemb.*, p. 20 ; THIELENS, *Orch. Belg. et Luxemb.*, p. 44 ; DC., *Fl. fr.*, III, p. 259, n° 2038 ; DUBY, *Bot.*, p. 430 ; LOISEL., *Fl. gall.*, II, p. 272 ; BOISDUV., *Fl. fr.*, III, p. 53 ; LAPEYR., *Abr. Pyr.*, p. 553 ; GR. et GOD., *Fl. Fr.*, III, p. 271 ; LEC. et LAMT., *Cat. Pl. Cent.*, p. 253 ; BOR., *Fl. Cent.*, éd. 3, II, p. 652 ; CASTAGNE, *Catal. B.-d.-Rh.*, p. 155 ; MARTR.-DON., *Fl. Tarn*, p. 714 ; COSS. et GERM., *Fl. Par.*, éd. 2, p. 693 ; GREN., *Fl. ch. jurass.*, p. 761 ; GODET, *Fl. Jura*, p. 697 ; CONTEJ., *Rev. fl. Montbél.*, p. 224 ; LEFROU, *Catal.*, p. 24 ; RAVIN, *Fl. Yonne*, p. 365 ; MARTIN, *Catal. Romor.*, éd. 1, p. 263 ; éd. 2, p. 380 ; ARDOINO, *Fl. Alp.-Mar.*, p. 359 ; POIRAULT, *Cat. Vienne*, p. 92 ; LOR. et BARRAND., *Fl. Montp.*, p. 655 ; BARLA, *Iconogr.*, p. 10 ; GODR., *Fl. Lorr.*, II, p. 303 ; G. CAM., *Monogr. Orch. Fr.*, p. 109 ; in *Journ. de Bot.*, VII, p. 270 ; G. CAM. BERG. A. CAM., *Monogr. Orch. Eur.*, p. 408 ; A. CAM. in *Riviera scientif.* (1918), p. 10 ; ALB. et JAHAND., *Cat. Var*, p. 493 ; CAR. et S.-LAG., *Fl. descr.*, éd. 8, p. 812 ; LLYOD et FOUC., *Fl. Ouest*, p. 342 ; DEBR., *Réc. fl. agen.*, p. 515 ; CORBIÈRE, *N. fl. Norm.*, p. 550 ; GAUT., *Pyr.-Or.*, p. 395 ; MASCLEF, *Cat. P.-d.-C.*, p. 158 ; COSTE, *Fl. Fr.*, III, p. 413, n° 3633, *cum icone* ; ROUY, *Fl. Fr.*, XIII, p. 203 ; GUILL., *Fl. Bord. et S.-O.*, p. 172 ; KIRSCHL., *Fl. Als.*, II, p. 145 ; BLUFF et FINGH., *Comp.*, II, p. 439 ; REICHB., *Fl. excurs.*, I, p. 153 ; KOCH, *Syn.*, éd. 2, p. 801 ; éd. 3, p. 603 ; éd. Hall. et Wohlf., p. 2445 ; OBORNY, *Fl. Moeh. Oest. Schles.*, p. 256 ; FOERSTER, *Fl. Aachen*, p. 350 ; BACH,

Rheinpr., p. 375 ; Seubert, *Ex. Fl. Bad.*, p. 126 ; Caflisch, *Fl. S. D.*, p. 299 ; Garcke, *Fl. Deutschl.*, éd. 14, p. 384 ; M. Schulze, *Die Orchid.*, n° 55 ; Aschers. et Graeb., *Fl. Nord. Flachl.*, p. 218 ; *Syn.*, III, p. 871 ; Zimmerm., *Die Orchid.*, p. 78 ; Kraenzl.,*Orchid.*, p. 46 ; Gaud., *Fl. helv.*, V, p. 467 ; Reuter, *Catal. Genève*, éd. 2, p. 207 ; Bouvier, *Fl. Alp.*, éd. 2, p. 648 ; Gremli, *Fl. Suisse*, éd. Vetter, p. 485 ; Schinz et Keller, *Fl. Schweiz.* p. 127 ; Ambr., *Fl. Tir. aust.*, p. 726 ; Hausm., *Fl. Tirol*, p. 850 ; Scop., *Fl. carn.*, n° 1129 ; Hinterhuber et Pichlm., *Fl. Salzb.*, p. 195 ; Scheer, *Enum. Trans.*, p. 649, n° 3453 ; Simk., *Enum. Trans.*, p. 506 ; Bertol., *Amoenit. ital.*, p. 417 ; *Fl. ital.*, IX, p. 623 ; Moric., *Fl. venet.*, I, p. 376 ; Poll., *Fl. veron.*, III, p. 34, p. p. ; Vis., *Fl. dalm.*, I, p. 183 ; Sang., *Prodr. fl. rom. alt.*, p. 740 ; Ten., *Syll.*, p. 460 ; Tod., *Orch. sic.*, p. 128 ; Guss., *Fl. sic.*, II, p. 557 ; de Notar., *Repert. fl. lig.*, p. 394 ; Puccin., *Synops. fl. luc.*, p. 484 ; Bert.,*Fl. ital.*, IX, p. 620 ; Parlat., *Fl. ital.*, III, p. 355 ; Arcang., *Comp.*, éd. 2, p. 661 ; Fiori et Paol., *Fl. anal. ital.*, I, p. 258 ; *App.*, IV, p. 56 ; *Iconogr.*, n° 864 ; Cocconi, *Bolog.*, p. 476 ; Guimaraes, *Orch. Portug.*, p. 69 ; Willk. et Lange, *Prodr. hisp.*, I, p. 176 ; Marsch. Bieb., *Fl. Taur.-Cauc. Suppl.*, p. 607, n° 1850 ; Boiss., *Fl. orient.*, V, p. 87 ; Haussknn., *Symb. fl. gr.*, p. 23 ; *Plantæ Postianæ* in *Bull. Herb. Boiss.* (1900), p. 100 ; Form. in *Deut. bot. Monat.* (1890), p. 10 ; Halacsy, *Consp. fl. gr.*, p. 155 ; Grecescu, *Consp. Roman.*, p. 549 ; *Suppl. Consp. Fl. Rom.*, p. 157 ; Kanitz, *Pl. Rom.*, p. 119 ; Pantu, *Contr. Fl. Ceahlăului*, p. 21 (1902) ; Grintescu in *Bull. géogr. bot.* (1918), p. 77. — **Serapias Helleborine** η **palustris** L., *Spec.*, éd. I, p. 950 (1753). — **Helleborine palustris** Hill, *Brit. Herb.*, p. 478 (1753) ; Druce in *Rep. Bot. Exch. Brit. Isles*, III, p. 439 (1913) ; Graber, *Fl. Gorges Areuse et Creux-du-Van*, p. 174. — **Serapias longifolia** β et γ L., *Spec.*, éd. 2, 1345 (1763). — **Helleborine latifolia** *Fl. Dan.*, t. 267 (1766). — **Serap. longifolia** L., *Syst.*, éd. XIII, II, p. 593 (1767) ; Sturm, *Deutschl.*, I, f. XIII, t. 16 ; Schkuhr, *Handb.*, t. 273 ; Poll., *Palat.*, n° 860 ; Gmel., *Fl. Bad.*, III, p. 571 ; Lej., *Fl. Spa*, II, p. 197 ; Hocq., *Fl. Jemm.*, p. 236. — **S. palustris** Mill., *Gard. Dict.*, éd. 8, n° 3 (1768) ; Scop., *Fl. carn.*, éd. 2, II, p. 204 (1772) ; *Engl. Bot.*, IV, t. 270 ; Lamk., *Encycl.*,II, p. 350 ; Smith, *Brit.*, p. 943 ; Vill., *Dauph.*,II, p. 51 ; Suffren, *Pl. du Frioul*,p. 185 ; Ten.,*Fl. nap.*,II,p. 319 ; Sang.,*Cent.*,3 ; *Prodr. fl. rom. add.*, p. 126. — **S. latifolia** γ **palustris** Huds., *Fl. angl.*, éd. 2, p. 393 (1778). — **S. longiflora** Asso, *Syn. Arag.*, p. 131 (1779). — **Epipactis longifolia** All., *Fl. pedem.*, II, p. 152 (1785); Reichb. F.,*Icon.* XIII-XIV, t. IXD, f. IV. — **Limonias** Ehrh., *Phytogr.*, p. 47, *Beitr.*, IV, p. 147 (1789). — **Cymbidium palustre** Swartz in Schrad., *Journ. f. Bot.* (1799) I, p. 225. — **Arthrochilium palustre** Beck, *Fl. Nied.-Oest.*, p. 212 (1890). — **Calliphyllon palustre** Bebani, *Fl. pyr.*, p. 57 (1901). — *Helleborine palustris, nostras* Zannich., *Ist. d. p. venet.*, p. 137, t. 58, f. 2. — *Epipactis fo'iis ensiformibus, caulinis, floribus pendulis, labello obtuso, per oras plicato* Hall., *Helv.*, n° 1296, t. 39 ; *Act. helv.*, IV, p. 111. — *Helleborine angustifolia palustris s. pratensis* Bauh., *Pin.*, p. 87. — *Serapias bulbis fibrosis, nectarii labio obtuso longitudine petaloru* Ger., *Prov.*, p. 132.

Noms vulg. : Epipactis des marais. — Angl. : Marsh epipactis, Bog-orchis. — Allem. : Sumpf Dingel, Sumpfwurz, Gemeine Sumpwurz, Wiesendingel. — Holl. : Echte Moeraswortel. — Ital. : Mughetti pendolini.

Icon. : Zannich., *l. c.* ; Haller, *l. c.*, t. 42 ; Baeh., III, p. 516, f. 2 ; *Fl. Dan.*, t. 267 ; Chabr. *Sc.*, 502, f. 2 ; Crantz, *l. c.*, t. 1, f. 5 ; Curtis, *Fl. lond.*, éd. Grav., IV, t. 10 ; Fitch et Smith, *Illustr. Brit. Fl.*, n° 980 ; Sturm,*l. c.* ; Schkuhr, *l. c.*, t. 100 ; Dietr., *Fl. borus.*, I, f. 11 ; *Engl. Bot.*, IV, t. 270 ; Schr., *Fl. Mon.*, t. 190 ; *Fl. Bat.*, III, t. 210 ; Reichb. F., *Icon.*, XIII-XIV, t. CCCCLXXXIII, f. I-II, 1-26 ; IXD, f. IV ; Ces. Pass. Gib., *l. c.*, t. XXI, 4, a-f ; Barla, *l. c.*,pl. 5, f. 1-17 ; Fiori et Paol., *Icon. fl. ital.*, 1, f. 864 ; Schlecht. Lang. Sch. *Deutschl.*, IV, f. 379 ; G. Cam., *Iconogr., Orch. Paris*, pl. 33 ; Guimaraes *l. c.*, est. IV, f. 30 ; Correv., *Orch. rust.*, f. 17 ; M. Schulze, *l. c.*,t. 55 ; Haller, *Orch. Deutsch.*, t. 374 ; Garcke, *Fl. Deutschl.*, f. 584 ; Hegi, *Fl. Mittel-Eur.*, t. 75, f. 2 ; Bonnier, *Alb. N. Fl.*, p. 148 ; G. Cam. Berg. A. Cam., *l. c.*, pl. 30, f. 1052-1058 ; *Ic. n.*, pl. 102, f. 1-9.

Exsicc. : Fries, 14, n° 68 ; Billot, n° 1551 ; Magn., *Fl. sel.*, n° 3600 (2846) ; *Pl. Gal. et Belg.*, n° 628 ; Bourg., *Fl. Alp. H.-Sav.* ; *Pl. Pyr. espagn.*, n° 440 ; Broter., *Pl. caucas.*, n° 858 ; *Iter alban. sept.* (1900) n° 258 ; Fratri Perin., *Fl. Trid.* ; Sintenis, *Iter or.* (1892), n° 4731 ; *Soc. Rochel.*, n° 1107 ; *Soc. Dauph.*, n° 3057 ; Sennen, *Pl. Esp.*, n° 1798 et 2845.

Rhizome cylindrique, souvent horizontal, stolonifère, muni de fibres radicales filiformes assez longues. Tige de 3-6 décim., dressée, subcannelée, d'un vert jaunâtre lavé de violet vers la partie sup., pubescente au sommet, glabrescente à la base et entourée de 2-3 gaines aiguës, obtuses ou tronquées, brunâtres et lavées de violet, feuillée jusqu'au-dessus de la moitié. Feuilles subamplexicaules, dressées, les inf. ovales-oblongues ou ovales-lancéolées, souvent obtuses, les moyennes lancéolées ou lancéolées aiguës, brièvement engainantes comme les inf., les sup. lancéolées acuminées, souvent courtes et bractéiformes, toutes dressées ou dressées-étalées, plus longues que les entre-nœuds ou les sup. plus courtes, plus ou moins ondulées, non luisantes, à peu près glabres, fortement nervées longitudinalement, à nervures principales carénées en dessous. Bractées lancéolées ou ovales-lancéolées, acuminées, plurinervées, à bords scabriuscules, les sup. plus courtes que l'ovaire les inf. l'égalant ou plus souvent le dépassant un peu. Fleurs peu nombreuses, 4-18, assez grandes, pendantes, disposées en grappe lâche, souvent allongée, subunilatérale, penchée avant la floraison. Divisions du périanthe libres, un peu concaves, les ext. ovales-lancéolées, obtuses ou aiguës, carénées, pubescentes extérieurement, d'un vert cendré lavé de pourpre extérieurement, roses intérieurement, d'abord conniventes, puis étalées ; les lat. verdâtres vers le bord, toutes à nervures manifestes, la médiane formant une carène marquée ; les lat. asymétriques souvent un peu plus longues, les lat. int. plus courtes que les ext., ovales-oblongues ou oblongues-obtuses, glabres, blanches, lavées de rose ou roses, ordt 5-nervées. Labelle égalant environ les divisions ext. du périanthe ; *épichile* membraneux, *presque plan, suborbiculaire, parfois tronqué au sommet* (1), crénelé, veiné, blanc ou lavé et veiné de rose, muni vers l'articulation très fragile de deux lames charnues, crépues, jaunes ; *hypochile* concave, *membraneux*, plus épais vers la ligne médiane, et là un peu nectarifère, veiné, blanc ou rosé, à base jaune ou jaune-orangé, *à lobes lat. développés, ovales, subtriangulaires*, obtus, dressés ou un peu connivents. Gynostème court, aminci à la base, dilaté au sommet, d'un vert jaunâtre. Stigmate presque ovale. Anthère ovale-subtriangulaire ou arrondie, d'un blanc jaunâtre, ainsi que les masses polliniques (2). *Ovaire* pubescent, *oblong ou fusiforme, atténué à la base, env. 2 fois aussi long que large*, d'un vert glaucescent, à côtes violacées, coudé vers le bas, à pédicelle pubescent, violacé, l'égalant ou un peu plus court que lui. Capsule grosse, pendante, oblongue, un peu rétrécie à la base, hexagonale, à côtes obtuses (3).

Morphologie interne.

Racine (pl. 112, f. 59). Poils absorbants nombreux. Assises pilifère et subéreuse formées de cellules à parois plus ou moins subérisées. Écorce irrégulièrement et souvent peu infestée ; cellules à parois transversales fortement ponctuées, contenant des grains d'amidon petits, très nombreux, de forme irrégulière. Cellules endodermiques à parois légèrement épaissies vis-à-vis des pôles libériens, parfois certaines cellules à parois ext. et lat. lignifiées, ou seulement à parois lat. subérisées. Péricycle ni épaissi, ni lignifié. Lames ligneuses peu nombreuses. Liber assez développé. Fibres ligneuses à parois épaissies que dans les autres espèces du genre *Epipactis*.

Rhizome (f. 205). Écorce ext. très développée (Ec.), assez lacuneuse, très amylifère, non infestée. Endoderme à cadres de plissements subérisés (End.). Faisceaux libéroligneux développés, très rapprochés, irrégulièrement disposés. Parenchyme int. réduit. — *Tige* (f. 206). Stomates assez abondants. Poils coudés moins brusquement que chez les autres espèces du genre, ordt non ramifiés, nombreux à la partie sup. de la tige, longs de 200-400 μ env. (pl. 119, f. 236-240). Parenchyme ext., formé de 4-7 assises de cellules laissant entre elles des méats et des canaux aérifères ; l'ext. à parois un peu plus épaisses que les autres assises. Assises sclérifiées 4-8 (8), à parois assez épaisses, englobant les petits faisceaux libéroligneux ext. Faisceaux libéroligneux très nombreux, disséminés, les int. munis d'un arc fibreux en dehors du liber et parfois dépourvus de fibres lignifiées en dedans du bois ; bois développé. Parenchyme int. à canaux aérifères abondants, contenant de rares paquets de raphides, se résorbant vers la base de la tige.

Feuille. Ep. = 120-220 μ env. Épiderme sup. à peine recticurviligne, formé de cellules allongées perpendiculairement à la nervure médiane de la feuille, haut de 35-45 μ, à paroi ext. épaisse de 4-8 μ, bombée et parfois un peu striée, portant quelques rares poils pluricellulaires, muni de quelques stomates vers l'extrémité de toutes les feuilles. Épiderme inf. recticurviligne, haut de 25-35 μ, à paroi ext. épaisse de 4-7 μ et très bombée, portant quelques poils pluricellulaires et à stomates abondants. Cellules épidermiques marginales du limbe à paroi ext. formant une légère saillie asymétrique, dépourvue de dents (pl. 116, f. 143). Parenchyme formé de 5-7 assises de cellules allongées, à grand axe horizontal. Nervures dépourvues de collenchyme, à sclérenchyme muni de parois assez épaisses, à parenchyme incolore (abondant dans les principales nervures), à épidermes légèrement papilleux (bien moins que dans les *E. atrorubens* et *latifolia*). — *Bractées aériennes basilaires de la tige*. Ep. = 200-260 μ

1. M. Keller a trouvé, dans le cant. de Lucerne, une forme à labelle muni d'un épichile étroit et aigu et à fleurs fortement colorées en rouge (cf. M. Schulze in *Mitth Thür. B. V. N. F.*, XVII, p. 74 (1902).

2. Darwin a observé que le transport du pollen était ordinairement fait par les Abeilles, le *Sarcophaga carnaria*, le *Coelopa frigida* et le *Crabro brevis*.

Les fleurs sont disposées presque horizontalement. L'épichile, qui dépasse les autres divisions du périanthe, forme, pour les insectes, une plate-forme reliée à l'hypochile par une charnière flexible, très mobile. L'hypochile est creusé en écuelle pleine de nectar. La petite masse visqueuse du rostellum est subarrondie et dépasse presque le stigmate par son bord antérieur. L'anthère s'ouvre avant l'épanouissement de la fleur. Les grains de pollen des deux masses polliniques forment de petits paquets unis par des filaments élastiques qui les relient à la masse visqueuse. Les insectes visiteurs se posent sur l'épichile et vont puiser le nectar dans l'hypochile, grâce à l'élasticité de la charnière. L'épichile se relève alors un peu. Pour sortir, l'Insecte fait un mouvement de bas en haut, il déchire le rostellum, emporte les masses polliniques sur son dos et, lorsqu'il va butiner dans une autre fleur, les dépose en partie sur le stigmate. Cf. Darwin, *Fécondat. des Orchid. par les insectes*, trad. Rebolle, p. 94 ; Mac Leod in *Bot. Jaarb.* V, p. 324 ; Kirchner, *Flora*, p. 176 ; Knuth, *Bluthenbiol.*, II, p. 449.

3. Cf. *Développement dans le genre Epipactis*, p. 44.

env. Epiderme sup. dépourvu de stomates ou n'en ayant que quelques-uns vers l'extrémité de la bractée. Epiderme inf. haut de 60-70 μ, à stomates peu nombreux. Mésophylle formé de 3-5 assises de grandes cellules laissant entre elles de petits méats. Epidermes non papilleux devant les nervures. Nervures dépourvues de sclérenchyme ; faisceau libéro-ligneux réduit, vaisseaux à section très petite.

Fleur. — *Divisions externes du périanthe.* Epiderme ext. portant de très nombreux poils. — *Divisions latérales internes.* Epidermes dépourvus de poils. Dans les divisions ext. et lat. int., les épidermes et quelques cellules de parenchyme renferment parfois de l'huile essentielle. — *Labelle.* Hypochile émettant du nectar qui se réunit dans le sillon médian. Epiderme sup. de la partie épaisse, médiane et jaune, de l'hypochile, formé de petites cellules à parois assez rectilignes, à cuticule striée longitudinalement. Epiderme sup. des parties latérales blanches nervées de rose de l'hypochile formé de cellules à parois très ondulées et à cuticule non striée. Epiderme sup. du renflement de l'épichile formé de petites cellules à parois ondulées et à cuticule striée. Epiderme sup. de la partie terminale de l'épichile formé de cellules assez grandes, à cuticule non striée. Le labelle renferme parfois de l'huile essentielle dans ses épidermes et certaines cellules du parenchyme. — *Gynostème.* Coupe transversale montrant 4 faisceaux libéroligneux (pl. 122, f. 474) : 3 faisceaux stylaires et un seul faisceau staminal. — *Anthère.* Epiderme à peine papilleux sur la partie dorsale du gynostème, non papilleux sur les parois. Cellules fibreuses très caractérisées. — *Pollen.* Jaune. Exine réticulée à la surface des tétrades, réseau à mailles assez grosses. L. = 32-40 μ env. — *Ovaire* (f. 207). Epiderme pourvu de poils très nombreux, assez persistants, 2-8-cellul., atteignant 200-700 μ de longueur. Nervure des valves placentifères saillante à l'extérieur, contenant 4-5 faisceaux plus ou moins distincts. Placenta divisé presque dès la base. Valves non placentifères proéminentes à l'extérieur, contenant 3 faisceaux plus ou moins distincts, le médian légèrement ext., à bois int., les lat. à orientation moins nette, mais à bois plutôt dirigé vers l'intérieur. — *Graines.* Cellules du tégument à parois rectilignes ou légèrement recticurvilignes, non striées. Graines très atténuées aux deux extrémités, 4-5 f. 1/2 plus longues que larges. L. = 1.400-2.000 μ env. (1).

S.-var. *albiflora* Nobis. — Fleurs entièrement blanches. Çà et là, avec le type.

Var. β ochroleuca Barla, *Iconogr.*, p. 10, pl. 18-24 (1868) ; M. Schulze, *l. c.* ; G. Cam. Berg. A. Cam., *l. c.*, p. 411 ; (Graber, *l. c.*). — *Ic. n.*, pl. 102, f. 10-12. — Fleurs d'un blanc jaunâtre ; divisions ext. du périanthe jaunes, les lat. int. blanches ; labelle blanc, épichile lavé de jaune à la base ; ovaire d'un jaune verdâtre ; épi plus dense que dans le type. — France : env. de Nice au Var (Barla) ; Allemagne : env. de Berlin, Brandebourg, Bavière (M. Schulze, *l. c.*). — Suisse : Flossmatt, Megen (cf. Graber).

Var. γ salina Richter, *Pl. Eur.*, I, p. 283 (1890) ; G. Cam. Berg. A. Cam., *l. c.* (Graber, *l. c.*). — *E. salina* Schur, *Enum. Trans.*, p. 650 (1866). — Var. δ *parvifolia* Aschers et Graebn., *Syn.*, III, p. 872 (1905-1907). — *F. parvifolia* Soó in Fedde, *Rep.* (1927), p. 34. — Forme pauvre ; tige munie vers le milieu de feuilles courtes ; épi lâche, très penché. — Marais salants. — Transilvanie.

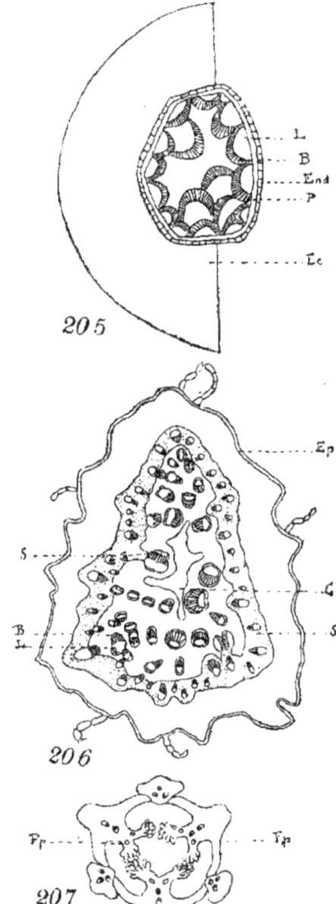

Epipactis palustris. — Fig. 205 : section transv. schématique de la partie du rhizome portant des racines ; B, bois ; Ec, écorce ; Ep, épiderme ; End, endoderme ; L, liber ; P, péricycle. — Fig. 206 : section transv. schématique passant par le milieu de la tige, sous l'inflorescence ; C, lacune centrale ; S, sclérenchyme. — Fig. 207 : section transv. schématique de l'ovaire ; Fp, faisceau placentaire.

1. L'*E. palustris* contient du loroglossoside (Chéraux et Delauney in *C. R.* (1925), 180, p. 1770).

Var. δ **ericetorum** M. Schulze in *O. B. Z.*, XLIX, p. 299 (1899); Aschers. et Graebn., *Syn.*, III, p. 871 ; G. Cam. Berg. A. Cam., *l. c.* — Plante peu élevée, de 1 dm. env. ; feuilles petites, presque lancéolées, épaisses ; inflorescence pauciflore (4-6-fl.); fl. souvent rouge foncé. — Dunes. — France : dunes de la Manche (ap. Rouy) ; Allemagne, Suisse.

Var. ε **robusta** Zapalow., *Consp. Floræ Galic.*, p. 224 (1906). — Var. *elatior* Pantu in *Bull. Sect. scient. Ac. Roum.*, III, p. 253 (1915). — Plante robuste, haute de 0,60-1 m. ; feuilles moyennes, atteignant jusqu'à 20 cm. de long et 3,5-4,5 cm. de large. — Roumanie, Galicie.

Var. ζ **silvatica** M. Schulze, *l. c.* (1895) ; Aschers. et Graebn., *Syn.*, III, p. 871 ; G. Cam. Berg. A. Cam., *l. c.*, p. 411 (Graber, *l. c.*).—Plante peu rigide, élancée, à tige grêle ; feuilles larges, minces ; inflorescence, allongée, lâche, penchée même pendant la floraison ; fl. verdâtres avant l'anthèse. — Bois ombragés humides. — France, Allemagne, Suisse (rare, Bôle d'ap. Graber), etc.

Anomalies. — Fermond, *Es ai de phytomorphie*, I, p. 378 (1884), signale une inflorescence munie d'une pousse latérale fleurie.

V. v. — Juin, juillet, parfois août, sept. — *Habita'* : prairies humides et marais tourbeux, dunes, rarement clairières des bois ; de la plaine jusque dans les marais du Jura et des Alpes. Souvent en colonies. - *Répart. géogr.* : Portugal (très rare, signalé par Guimaraes, *l. c.*, à Mattosinhos dans l'Alemdouro littoral (Johnston), Espagne (peu abondant, Galice, Aragon, Catalogne, etc.), France (disséminé), Iles Britanniques, Belgique, Hollande, Danemark, Suède, Norvège, Allemagne (disséminé, plus rare dans le Nord),Suisse [répandu, monte à 1.250 m. dans les Alpes du Valais (Jaccard)], Italie (assez rare dans les rég. centr. et mérid., surtout dans la partie montagneuse, descend rarement dans la plaine de la péninsule et des îles), Autriche, Hongrie, monte à 1.500 m. dans le Tyrol (Hausmann), Bosnie, Herzégovine, Balkans septentr., Russie centr. et mérid. Crimée, Caucase, Transcaucasie, Asie Mineure, Afrique septentr. — (Perse septentr., Sibérie jusqu'au Japon, Himalaya).

Sect. **Euepipactis** (Irmisch in *Linnæa*, XVI, p. 459 (1842); XIX, p. 113 (1846) ; G. Cam. Berg. A. Cam. *Monogr. Orch. Eur.*, p. 411. — Labelle à épichile concave, acuminé ; hypochile dépourvu de lobes latéraux.

2. — E. LATIFOLIA

E. latifolia All., *Fl. pedem.*, II, p. 151 (1785) ; Willd., *Spec.*, IV, p. 83 : Swartz in *Act. holm.* (1900), VI, p. 232 ; Rich. in *Mém. Mus. Paris*, IV, p. 60 (1818) ; Lindl.,*Gen. and spec.*, p. 461 ; Nyman, *Conspect.*, p. 688, *Suppl.*, p. 290; Reichb. F., *Icon.*, XIII-XIV, p. 143 ; Richter, *Pl. Eur.*, I, p. 284 ; Correv., *Alb. Orch. Eur.*, pl. XII ; *Orch. rust.*, p. 83 ; Babington, *Man. Brit. Bot.*, éd. 8, p. 349 ; Benth., *Brit. Flora*, p. 456 ; Oudemans, *Fl. Nederl.*, III, p. 151 ; Dumort., *Prodr. fl. Belg.*, p. 134 ; Lej. et Court., *Prodr. fl. Belg.*, III, p. 195 ; Tinant, *Fl. Luxemb.*, p. 445 ; Mich., *Fl. H.-in.*, p. 281 ; Crép., *Man. fl. Belg.*, éd. 1, p. 179 ; éd. 2, p. 295 ; Piré et Mull., *Fl. cent. Belg.*, p. 195 ; Löhr, *Fl. Tr.*, p. 251 ; J. Mey., *Orch. G.-D. Luxemb.*, p. 49 ; Dumoul., *Fl. Maestr.*, p. 56 ; Thielens, *Orchid. Belg. Luxemb.*, p. 42 ; Cogniaux, *Fl. Belg.*, p. 253 ; DC., *Fl. fr.*, III, p. 259, n° 2039 ; Duby, *Bot.*, p. 449, p. p. ; Boisduval, *Fl. fr.*, III, p. 54 ; Mutel, *Fl. fr.*, III, p. 257, p. p. ; Lapeyr., *Abr. Pyr.*, p. 552 ; Gr. et God., *Fl. Fr.*, III, p. 270 ; Lec. et Lamt., *Cat. pl. Cent.*, p. 351 ; Boreau, *Fl. Cent.*, éd. 3, II, p. 651 ; Gren., *Fl. ch. jurass.*, p. 760 : Coss. et Germ., *Fl. Paris*, éd. 1 (v. *vulgaris*), p. 581 ; éd. 2 (v. *latifolia*), p. 692 ; Castag., *Cat. B.-d.-Rh.*, p. 155 ; Ardoino, *Fl. Alp.-Mar.*, p. 359 ; Martr.-Don., *Fl. Tarn*, p. 75 ; Barla, *Iconogr.*, p. 11 ; Godr., *Fl. Lorr.*, II, p. 303 ; Lorr. et Barb., *Fl. Montp.*, p. 655 ; Martin, *Catal. Romor.*, p. 379, éd. 2 ; Franchet, *Fl. L.-et-Ch.*, p. 564 (excl. var.) ; Ravin, *Fl. Yonne*, p. 364 ; Vallot, *Guide Cauter*, p. 278 ; G. Cam., *Monogr. Orch. Fr.*, p. 107 ; in *Journ. de Bot.*, VII, p. 268 ; G. Cam. Berg. A. Cam., *Monogr. Orch. Eur.*, p. 411 ; Lloyd et Fouc., *Fl. Ouest*, p. 342 ; Deb. *Rév. fl. agen.*, p. 515 ; Gar. et St.-Lager,*Fl. descr.*, éd. 8, p. 812, p. p. ; Masclef, *Cat. P.-d.-C.*, p. 457 ; Corbière, *N. fl. Norm.*,p. 551 ; Gaut., *Pyr.-Or.*, p. 396 ; Gvill.,*Fl. Bord. et S.-O.*,p.172; Coste,*Fl. Fr.*,III,p. 414,n° 3636; Charbonnel in *Bull. Soc. Ain* (1901), p. 47 ; Rouy, *Fl. Fr.*, XIII, p. 204 ; Alb. et Jahand., *Cat. Var*, p. 494 ; Kirschl., *Fl. Als.*, p. 146, p. p. ; Koch, *Syn.*, éd. 2, p. 801 ; éd. 3, p. 602 ; éd. Hall. et Wohlf., p. 2444 (var. α *viridans*) ; Hallier, *Fl. Deutschl.*, IV, p. 165, t. 271 ; Oborny, *Fl. Mochr. Oest. Schles.*, p. 252 ; Garcke, *Deutschl. Fl.*, éd. 14, p. 383 ; Foerster, *Fl. Aachen*, p. 350 ; Bach, *Rheinpr.*, p. 374 ; Caflisch, *Ex. Fl. S. D.*, p. 299 ; Seubert, *Ex. Fl. Baden*, p. 126 ; M. Schulze, *Die Orchid.*, n° 52 ; Aschers. et Graebn., *Syn.*, III, p. 858, p. p. ; Kraenzl., *Orch.*, p. 47 ; Gaud., *Fl. helv.*, V, p. 465 ; Spenn., *Fl. friburg.*,p. 251 ; Reuter, *Cat. Genève*, éd. 2, p. 207 ; Gremli, *Fl. Suisse*, éd. Vetter, p. 486 ; Fisch., *Fl. Bern.*, p. 80 ; Schinz et Keller, *Fl.*

Schweiz, p. 129 ; Sang., *Fl. rom. Pr. alt.*, p. 741 ; Nocc., *Fl. ver.*, IV, p. 146 ; Nocc. et Balb., *Fl. tic.*, II, p. 157 ; Moric., *Fl. ven.*, I, p. 376 ; Pull., *Fl. veron.*, III, p. 34, p. p. ; Ten. *Syll.*, p. 460 ; *Orchid. sic.*, p. 128 ; de Notar., *Repert. fl. lig.*, p. 394 ; Pucc., *Syn. pl. luc.*, p. 484 ; Bertol., *Amoen. ital.*, p. 417 ; *Fl. ital.*, IX, p. 623 ; Parlat., *Fl. ital.*, III, p. 354 ; Ces. Pass. Gib., *Comp. Fl. it.*, p. 178 ; Arcang., *Comp.*, éd. 2, p. 161 ; Martelli, *Monoc. sard.*, p. 13 ; Cortesi in *Ann. bot.* Pirotta, II, p. 108 ; Fiori et Paol., *Icon. fl. ital.*, n° 865 ; Cocconi, *Fl. Bologn.*, p. 447 ; Lojacono, *Fl. Sicula*, III, p. 49 ; Marès et Vigin., *Cat. Baléar.*, p. 278 ; H. Knoche, *Fl. balear.*, I, p. 413 ; Vis., *Fl. Dalm.*, I, p. 183 ; Ambr., *Fl. Tirol aust.*, I, p. 728 (var. *a*) ; Hausm. *Fl. Tirol*, p. 849 ; Schur, *Enum. pl. Trans.*, n° 3448, p. 649 ; Simk., *Enum. pl. Trans.*, p. 505 ; Brandza, *Prodr. fl. romăne*, p. 458 ; Grecescu, *Consp. fl. Romániei*, p. 548 et *Pl. Romănia*, II, p. 41 ; III, p. 24; Pantu, *Contr. Fl. Bucurest.*, p. 88 et *Orch. d. Rom.*, p. 184 ; Grintescu in *Bull. géogr. bot.* (1918), p. 74 ; Scop., *Fl. carn.*, éd. 2, n° 1228 ; Marsch. Bieb., *Fl. Taur.-Cauc.*, n° 1850 ; Sibth. et Sm., *Fl. gr. prodr.*, II, p. 220; Boiss., *Fl. orient.*, V, p. 87 ; Bory et Chaub., *Exp. sc. Morée*, p. 267 ; *N. fl. Pélop.*, p. 62 ; Heldr., *Chlor. Parn.*, p. 27 ; Bald., *Riv. Coll. Bot.* (1895) ; Halacsy, *Consp. fl. gr.*, p. 156 ; Grecescu, *Consp. fl. Roman.*, p. 548 ; Debeaux, *Fl. Kabyl. Djurdj.*, p. 338 ; Trab. et Battand., *Fl. Alg. et Tun.* (1904), p. 323 ; Jahand. in *Mém. Soc. Sc. nat. Maroc* (1923), p. 108. — **Serapias Helleborine** a. **latifolia** L., *Spec.*, éd. I, p. 949 (1753). — **S. latifolia** L., *Syst. nat.*, éd. 12, II, p. 193 ; *Mant.*, p. 498 ; Lamk, *Encycl.*, II, p. 350 ; Scop., *Fl. carn.*, éd. 1, n° 1128 ; Vill., *Hist. Dauph.*, II, p. 50 ; Smith, *Brit.*, p. 942 ; Seb. et Mauri, *Fl. rom. prodr.*, p. 314 ; Suffren, *Pl. du Frioul.* p. 185 ; Ten., *Fl. nap.*, II, p. 318 ; W. Barbey, *Fl. Sard. Comp.*, n° 1336 ; Les., *Fl. Spa*, II, p. 199 ; *Rév. fl. Spa*, p. 189. — **Epip. Helleborine** γ **viridans** Crantz, *Stirp. austr.*, p. 467 et 470 (1769) ; Reichb. F., *Icon.*, XIII-XIV, p. 143 ; Willk. et Lange, *Prodr. hisp.*, I, p. 176 ; Bonnet, *Pet. fl. paris.*, p. 387. — **Cymbidium latifolium** Sw. in Schrad., *Journ.* (1799), I, p. 225. — **Epipactis Helleborine latifolia** Blytt, *Handb. Norg. Fl.*, éd. Ove Dahl, p. 237 ; Godet, *Fl. Jura*, p. 696. — **E. Helleborine** α **pallens** Gaud., *Fl. helv.*, V, p. 465 (1829). — **E. latif.** α **platyphylla** Irmisch in *Linn.*, XVI, p. 451 (1842) ; XIX, p. 120 (1846). — **E. latif.** α **vulgaris** Coss. et Germ., *Fl. Par.*, p. 561 (1845). — **E. latif.** β **pycnostachys** Koch in *Linn.*, XIX, p. 120 (1846). — **E. viridans** Beck, *Fl. N.-O.*, p. 214 (1890). — **Helleborine latifolia** Druce, Dillen., *Herb.*, p. 115 (1907) ; Schinz et Thell. in *Vierteljahrs. naturf. Ges. Zürich*, LIII, p. 588 ; Briquet, *Prodr. fl. Corse*, p. 385 ; Maire in *Mém. Soc. sc. nat. Maroc* (1924), p. 154. — **Calliphyllon latifolium** Bubani, *Fl. pyr.*, p. 56 (1901), p. p. — **Epip. viridans** Zapalow., *Consp. Fl. Gall.*, p. 225. — *Damasonium flore mixto* Rivin., *Hex.*, t. 6. — *Helleborine prima* Tabern., *Kr.*, p. 100. — *Helleborine latifolia montana* Clus., *H. cath. suppl.*, p. 244, et *Suppl. alt.*, p. 35 ; Seg., *Pl. ver.*, II, p. 135 ; Zaanich., *Ist. piante venet.*, p. 136, t. 86, f. 2. — *Epipactis foliis amplexicaulibus ovato-lanceolatis, labello lanceolato* Hall., *Icon. pl. Helv.*, t. 464, n° 1297 ; *Act. helv.*, IV, p. 109. — *Elleborine ovvero Epipattide* del Pena, del Lobelio e del Dononeo Pona. *Mont. Bald.*, p. 241 et 213. — *Helleborine recentiorum* genus II Clus., *Pann.*, p. 275 et III, p. 276.

Noms vulg. : Epipactis à larges feuilles. — Portug. : Helleborinha. — Angl. : Broad Epipactis, Braodleaved Epipactis. — Allem. : Breitblättriger Dingel, Breitblättrige Sumpwurz, Wild Niesswurz, Wiesendingel, Zywbel, Cymbelblume. — Holl. : Breedbladige Moeraswortel. — Ces noms s'appliquent aussi aux espèces voisines.

Icon. : Haller, *l. c.* ; Rivin., *Hex.*, t. VI, XXI ; Dalech., *Hist.*, 1312, f. 2 ; J. Bauh., *Hist.*, III, p. 516, f. 1 ; *Fl. dan.*, t. 811 ; Crantz, *l. c.*, t. I, f. 6, c ; Schlecht. Lang. Sch. *Deutschl.*, IV, 371 ; Ces. Pass. Gib., *l. c.*, t. 21, n° 6, f. 6 ; Fiori et Paol., *l. c.*, f. 865 ; Fitch et Smith, *Illustr. Brit. Fl.*, n° 979 ; M. Schulze, *l. c.*, t. 52 ; Hallier, *Fl. Deutschl.*, t. 371 ; Hegi, *Fl. Mittel-Eur.*, f. 440 ; Barla, *l. c.*, pl. 6, f. I-II ; Bonnier, *Alb. N. Fl.*, p. 148 ; G. Cam., *Icon. Paris*, pl. 31 ; G. Cam. Berg. A. Cam., *l. c.*, pl. 30, f. 1039-1046 ; *Ic. n.*, pl. 104, f. 1-7 ; pl. 129, f. 21, 22, 23.

Exsicc. : Billot, n° 173 ; Fries, 16, n° 67 ; Schultz, n° 173; Bourgeau, *Pl. Savoie*, n° 271 ; *Soc. Dauph.*, n° 5056 ; *Soc. Rochel.*, n° 2491 ; Heldr., *It. gr.*, 11 (1893) ; Letourneux, *Pl. orient.*, var. n° 357 ; Balansa, *Pl. Algérie* (1853).

Rhizome assez épais, muni de fibres radicales charnues, assez grosses, blanchâtres, parfois pubescentes, naissant au même niveau, à la base de la tige. Tige de 2-6 décim. et plus, robuste, parfois un peu flexueuse, légèrement anguleuse, pubescente au sommet, verte et souvent lavée de violet rougeâtre (surtout dans les endroits ensoleillés), souvent entièrement feuillée, entourée à la base, de quelques gaines allongées et appliquées, la sup. souvent verte, d'un blanc jaunâtre ou brunâtre. *Feuilles largement ovales-aiguës ou obtusiuscules, dépassant ord. les entre-nœuds*, engainantes à la base, vertes, étalées, carénées, à bords ondulés, à nerv. nombreuses, finement scabres aux bords, les sup. lancéolées et même bractéiformes. *Bractées vertes, largement linéaires ou lancéolées*, acuminées, étalées ou dirigées en bas, multinervées, *les inf. dépassant la fl.* (parfois 2-3 fois plus longues), *les sup. égalant ou dépassant l'ovaire*, parfois vers la base ou le milieu de la grappe, quelques bractées dépourvues de fl. *Fleurs* de grandeur médiocre, étalées ou inclinées, dégageant une odeur rappelant celle de la Valériane, *souvent très nombreuses*, disposées en grappe allongée, penchée, dense, unilatérale ou subunilatérale. Div. du périanthe d'abord campanulées, puis étalées, ovales ou lancéolées, les ext. acuminées, réfléchies au sommet, ord. glabres ou munies de quelques poils en dehors, verdâtres à l'extérieur, roses ou d'un vert lavé de violet à l'intérieur, 3-5-nervées, carénées par la nerv. méd., à nerv. lat. vertes et marquées en dehors, les lat. int. un peu plus larges et plus courtes que les ext., aiguës, carénées, lavées de rose, 5-7-nervées. Labelle un peu plus court que les div. ext. du périanthe, plus large que long ; *épichile* violacé ou rose violacé, lavé de vert, *largement ovale, brièvement acuminé*, à peine plus large que long, *recourbé au sommet, bigibbeux à la base*, à gibbosités presque lisses ; *hypochile dépourvu de lobes lat., subarrondi, épais*, concave, nectarifère, brun foncé en dedans. *Gynostème* court et épais, jaune verdâtre. *Anthère sessile*, large, *obtuse*, subtriangulaire, ne se terminant pas au-dessus du stigmate. Masses polliniques jaune pâle. Masse visqueuse blanchâtre. Stigmate presque carré (1). *Ovaire obovoïde*, allongé, atténué à la base, vert, d'abord pubescent, non contourné, *à pédicelle court* et tordu. Capsule penchée, oblongue-obovale, glabre ou glabrescente à la maturité, à 6 côtes marquées, à pédicelle env. 4 fois plus court qu'elle. Graines linéaires, blanchâtres (2).

Morphologie interne.

Racine (pl. 112, f. 60-62). Poils absorbants relativement nombreux sur les jeunes racines. Écorce formée de grandes cellules à parois transv. munies de ponctuations abondantes (rares dans les échantillons du Midi) et contenant souvent des réserves amylacées. Grains d'amidon parfois groupés, arrondis, atteignant 8-15 µ de diam. Vers la base d'une jeune racine, l'écorce est ord. dépourvue d'endophyte (pl. 112, f. 60). A l'extrémité de la même racine (pl. 112, f. 61), l'écorce plus développée, plus tubérisée, contient beaucoup d'amidon et, dans la partie ext. seulement, des endophytes et quelques pelotons de dégénérescence. La racine est peu envahie. Cellules de l'endoderme souvent lignifiées, à parois épaisses vis-à-vis du liber. Péricycle non lignifié, parfois formé de cellules à parois épaisses et lignifiées vis-à-vis du liber. Pôles libériens 10-11 vers le haut de la racine et souvent 4 vers l'extrémité. Liber assez réduit.

Rhizome (f. 208). Epiderme persistant assez longtemps (Ep.). Parenchyme ext. développé, formé de cellules à parois assez épaisses, surtout aux angles, ponctuées et laissant entre elles des méats. Anneau lignifié manquant ou à parois peu épaisses. Faisceaux libéroligneux très rapprochés les uns des autres, à bois développé (B), tendant à entourer le liber. Gaines sclérifiées se touchant parfois à cause du rapprochement des faisceaux. Parenchyme int. non résorbé, très réduit, ord. formé de cellules à parois minces, non lignifiées. — *Base de la tige* (f. 209). A la base de la tige, au-dessus des racines, l'épiderme contient souvent de l'anthocyane, le parenchyme ext. est développé, l'anneau lignifié à parois minces. — *Milieu de la tige* (f. 210). Partie sup. de la tige portant des poils rameux, coudés, pluricellulaires, à contenu plus ou moins brunâtre, très polymorphes (pl. 119, f. 241-249), parfois unicellulaires par réduction. Epiderme à stomates peu rares et cuticule striée. 4-7 assises de parenchyme ext. chlorophyllien. 3-5 assises de sclérenchyme formées de fibres à parois épaisses (surtout à l'extérieur des faisceaux libéroligneux), à lumen très étroit et à peu près arrondi. Faisceaux libéroligneux disséminés, les ext. ord. petits, touchant à l'anneau lignifié, les int. irrégulièrement disposés, entourés de fibres, au moins dans la région extra-libérienne. Parenchyme int. non résorbé, formé de cellules à parois minces, non lignifiées et renfermant quelques paquets de raphides.

Feuille. Ep. = 90-180 µ. Epiderme sup. formé de cellules allongées perpendiculairement à la nerv. méd., à parois recticurvilignes, haut de 20-40 µ, paroi ext. épaisse de 3-5 µ, non ou peu bombée et légèrement striée perpendiculairement aux nerv., portant quelques poils pluricellul. (relativement nombreux à la base du limbe), muni de stomates même vers l'extrémité des feuilles inf. Epiderme inf. formé de cellules allongées perpendicu-

---

1. Cf. *Développement dans le genre Epipactis*, p. 14.
2. Cette espèce ne peut se féconder sans l'intermédiaire des insectes. La situation horizontale de la paroi de l'anthère empêche normalement la pollinisation directe. Le transport du pollen est opéré par des Guêpes (*Vespa vulgaris* L., *V. silvestris* Scop., *V. austriaca* Pz., *V. rufa* L.) et des Bourdons. La fécondation s'opère à peu près comme dans l'*E. palustris*. L'épichile est plus petit, l'articulation avec l'hypochile moins flexible. La masse visqueuse se dresse plus largement en avant du stigmate, adhère aux masses polliniques non friables et est emportée facilement par les insectes qui viennent chercher le nectar dans l'hypochile. Les masses polliniques, attachées à la tête des insectes, sont transportées par eux sur d'autres fleurs et arrivent au contact du stigmate visqueux, qu'elles fécondent (Cf. Darwin, *l. c.* ; Kirchner, *Flora v. Stuttgard*, p. 177 ; Mac Leod in *B. Jaarb.*, V, p. 325 ; Kerner, *Pflanzenleben*, II, p. 235, f. 1-7 ; Webster in *Bot. Jahrb.*, 1887, p. 425 ; Knuth, *Handb. Blütenbiol.*, p. 450 ; Martens, in *Bull. Soc. Bot. Belg.*, LIX, p. 69 (1926),

lairement à la longueur de la feuille (pl. 116, f. 156), à parois lat. ondulées ou recticurvilignes, haut de 15-25 µ, à paroi ext. épaisse de 2-4 µ et non ou peu bombée, muni de quelques poils pluricell. et de nombreux stomates. Paroi ext. des cellules épidermiques du bord du limbe prolongée en pointes arquées, assez fortes, de longueur variable, 50-180 µ env. (pl. 116, f. 142). Parenchyme formé de 4-6 assises chlorophylliennes de cellules allongées parallèlement à la surface de la feuille ; cellules à raphides nombreuses. Nervures à épid. prolongés en papilles fortes et poils pluricellulaires. Faisceau entouré d'une gaine de sclérenchyme, de parenchyme incolore, et dans les principales nervures, souvent de collenchyme. Nervure méd. (f. 212) à sect. plan-convexe ; anneau sclérifié (S) très développé à la partie sup., formé de grosses fibres à parois minces, peu lignifiées (pl. 118, f. 177) ; arc moins développé à la partie inf. et formé de fibres plus petites, à parois très épaisses, très lignifiées (pl. 118, t. 178) ; faisceau libéroligneux situé vers la face inf. de la feuille. Petites nerv. à sect. biconvexe ; faisceau entouré seulement d'une gaine sclérifiée et de parenchyme chlorophyllien (pl. 118, f. 176). — *Bractées aériennes basilaires de la tige.* Cellules épidermiques se prolongeant peu en pointes devant les nerv. Pas de gaine sclérifiée.

Fleur. — *Divisions externes du périanthe.* Epiderme ext. portant des poils pluricell. plus ou moins coudés. — *Divisions latérales internes.* Epiderme à peu près dépourvu de poils. — *Labelle.* Section de l'hypochile en forme de godet (f. 213). Epiderme int. de l'hypochile formé de cellules à parois presque rectilignes, laissant exsuder le nectar. Epiderme int. de l'épichile à parois recticurvilignes. — *Gynostème.* Section transv. montrant 3 faisc., le faisc. dorsal se divisant assez tardivement en deux pour envoyer une branche au rostellum. — *Anthère.* Tissu fibreux développé. — *Pollen.* Jaune pâle. Exine à réticulations très marquées ; mailles assez grosses. L. = 40-50 µ. — *Ovaire* (f. 114 et pl. 122, f. 493). Poils longs de 200-300 µ, très caducs. Nerv. des valves placentifères très saillante, contenant plusieurs faisc. : 1-3 ext. et 1 faisc. int. plus ou moins divisé. Placenta peu long, divisé. Valves non placentifères très proéminentes extérieurement, contenant 2-3 faisceaux libéroligneux à bois int., le méd. toujours situé un peu plus en dehors. — *Graines.* Suspenseur presque nul, 1-cellul. Cellules du tégument non sensiblement striées. Graines adultes très atténuées au sommet, 4-6 fois plus longues que larges. L. = 800-1.100 µ (1).

Plante polymorphe dont les différentes formes n'ont pas toujours l'importance qu'on leur a attribuée.

Var. α **platyphylla** Irm. in *Linn.*, XVI, p. 451 (1842) ; XIX, p. 12 (1846) : Aschers. et Graebn., *Syn.*, III, p. 860, *emend.* — *E. Helleborine* γ *viridans* Crantz, *Stirp. Austr.*, VI, p. 467 (1769) ; Reichb. F., *Icon.*, XIII, t. CCCCLXXXVIII, f. 1-7 ; Guimaraes, *l. c.*, f. 10 C. — *E. latif.* β *pycnostachys* K. Koch in *Linn.*, XIX, p. 120 (1846). — *E. pycnostachys* K. Koch, *op. cit.*, XXII, p. 289 (1849). — *E. latif.* α *viridans* Aschers., *Fl. Prov. Brand.*, I, p. 693 (1864). — *Helleborine latifolia* var. *platyphylla* Briquet, *l. c.* — *H. latif. s. sp. pla-*

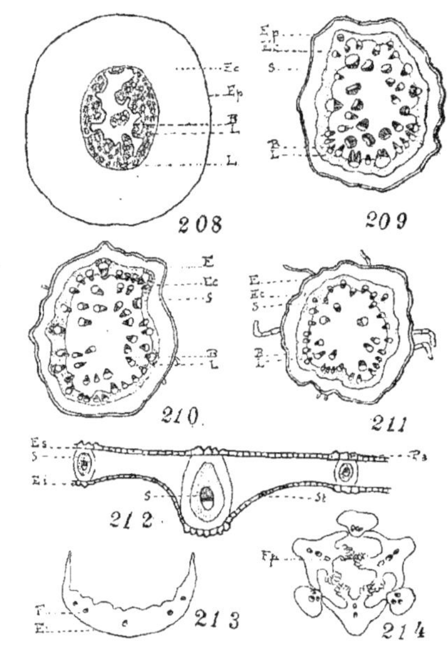

Epipactis latifolia. — Fig. 208 : section transv. schématique de la partie du rhizome portant des racines : le liber est complètement entouré de tissus lignifiés ; B, bois ; Ec, écorce ; Ep, épiderme : L, liber. — Fig. 209 : section basilaire de la tige : S, sclérenchyme. Le bois tend toujours à entourer le liber. — Fig. 210 : section du milieu de la tige, au-dessous de 2 ou 3 feuilles : le bois n'entoure plus le liber. — Fig. 211 : coupe de la tige sous l'inflorescence, au-dessus des feuilles. — Fig. 212 : section transv. schématique de la nervure médiane de la feuille ; Ei, épiderme inf. ; Es, épiderme sup. : Pa, épiderme papilleux ; S, péridesme. — Fig. 213 : section transv. de l'hypochile du labelle ; F, faisceau libéroligneux. — Fig. 214 : section transv. schématique de l'ovaire ; Fp, faisceau placentaire.

1. L'*E. latifolia* renferme du loroglossoside (cf. Delaunay in *C. R.* (1920), p. 435 ; (1921), p. 471 ; (1923), p. 598.

typhylla GRABER, *Fl. Gorges Areuse et Creux-du-Van*, p. 185 (1924). — Plante de 2,5-6 dm. et plus, souvent robuste ; souche émettant souvent des tiges stériles à côté des tiges fleuries ; feuilles larges, ovales ; inflorescence dense ; fl. assez grandes, à odeur faible de Valériane ; div. ext. du périanthe vertes, lavées de rouge ; labelle à hypochile très concave, presque semi-cylindrique, rouge foncé, plus clair en dehors ; épichile largement obcordiforme, brièvement aigu, à gibbosités lisses. Répandu. — Dans les marécages ombragés, il existe souvent, avec cette variété, la forme à fleurs vertes en dehors établissant le passage à l'*E. viridiflora*.

F. albiflora NOBIS.— Périanthe blanc.— Rare, signalé, en Thuringe, à Kesselberg près Bankenburg (DUFFT).

Var. β **orbicularis** K. RICHTER, *Pl. Eur.*, I. p. 284 (1890) ; G. CAM. BERG. A. CAM., *l. c.*, p. 415. — *E. orbicularis* K. RICHTER in *Verh. z. b. Ges.*, XXXVII, p. 190 (1887). — *E. viridens* γ *brevifolia* BECK ap. M-SCHULZE, *l. c.* — *Helleborine orbicularis* DRUCE in *Bull. Torr. Bot. Club* (1909), p. 28. — Feuilles inf. et moyennes ovales ou suborbiculaires, courtes, env. aussi larges que longues, égalant les entre-nœuds, brièvement aiguës. Bractées inf. grandes, presque 2 fois plus longues que les fl. Inflorescence dense. Fl. parfois verdâtres. — Disséminé. Basse-Autriche à Semmering, Schneeberg (ABEL ap. M. SCHULZE in *Mitth. Thür. B. V. N. F.*, X, p. 86 (1897) ; Bade (ZIMMERM., *l. c.*, p. 76) ; Suisse : cant. de Neuchâtel : Vaumarcus, Chez-la-Bart (GRABER).

Var. γ **dilatata** ASCHERS. et GRAEBN., *l. c.*, p. 561 (1907). — Plante à feuilles largement ovales. Bractées ord. très larges, presque ovales ; grappe pauciflore, rarement serrée. — Allemagne, Suisse (répandu), France.

Var. δ **decipiens** G. CAM. BERG. A. CAM., *l. c.*, p. 415. — Tige grêle ; feuilles ressemblant à celles de l'*O. lat.* type, mais larges, peu épaisses, presque transparentes, peu nombreuses. Fl. 3-8, peu colorées, petites, espacées, la plupart avortant.— Cette forme a été récoltée, par JEANPERT, dans la forêt de Villers-Cotterêts (Aisne) et, par nous, à Vilaines, à Vernouillet, près de la Viosne, à Montgeroult (Seine-et-Oise).

Var. ε **acutiloba** HUTER ap. M. SCHULZE in *Mitth. Thür. B. V. N. F.*, XVII, p. 74 (1904) ; G. CAM. BERG. A. CAM., *l. c.* — Epichile plus étroit que long, acuminé. · Lusus ? — Mont Cimolais en Vénétie (HUTER).

Var. ζ **rectilinguis** MURBECK in *Lund Univ. Arsskr.*, XXVII, p. 37 (1891) ; G. CAM. BERG. A. CAM., *l. c.* — Fl. dressées-étalées ; épichile aigu, droit ou à peine recourbé en arrière. — Herzégovine.

Var. η **dentata** ZAPALOW., *Consp. Fl. Galic.*, p. 226. — Plante haute de 40-55 cm. ; feuilles sinuées-dentées, parfois brièvement lobées à la base. — Galicie (ap. ZAPALOW.).

Var. θ **condensata** G. et A. CAMUS, *Florule de Saint-Tropez*, p. 32 (1912). — Tige courte, mais plante robuste, plutôt trapue. Fl. souvent verdâtres, disposées horizontalement ou étalées en épi très dense. — Var : St-Aygulf, St-Tropez (G. et A. CAMUS).

Var. ι **purpurea** CELAK., *Prodr. Fl. Bohm. Nachtr.*, p. 765 ; ASCHERS. et GRAEBN., *l. c.*, p. 862. — Feuilles ovales-lancéolées, les sup. lancéolées, à nerv. épaisses, blanchâtres. Périanthe pourpre sale. Gibbosités basilaires du labelle en cônes lisses, sans pli entre elles. Bords de l'ouverture stigmatique à angles arrondis obtus. — Abondant en Bohême, dans les Monts Sudètes, en Suisse (C. à Grindelwald, Oberland bernois), en Allemagne (Bade).

Une forme naine de cette var. existe près de Grindelwald, dans l'Oberland bernois (ap. ASCHERS. et GRAEBN.).

L'*E. Tremolsii* PAU in *Bol. Soc. Arag.* (1914), p. 43, que nous ne connaissons que par sa description « *Folia latissima orbiculata, suprema ovato-lanceolata* », trouvé en Espagne, à Moncada près Cerdañola (TREMOLS, 1875 et PAU, 1882), est probablement à rattacher à l'*E. latifolia* ou à l'*E. atrorubens*.

Monstruosités. — ZIMMERMANN in *Allg. Bot. Zeitschr.* (1910), 7-8, p. 18, signale un cas de soudure de fleurs. Il a récolté, près de Baden, un exemplaire à fl. sans labelle et un autre à feuilles opposées, soudées à la base ; bractées allongées ; fl. atrophiées (M. SCHULZE, ap. ASCHERS. et GRAEBN., *l. c.*, p. 861).

FRASER, in *Orchid Review* (1922), p. 321, décrit un *E. lat.* dont l'inflorescence comprend au moins 50 fl., dont les fl. ont un pédicelle très allongé, de 2,5 cm. env., certains pédicelles étant géminés, et munis d'une ou de deux bractées. Quatorze pédicelles portent deux fl., certains trois, parfois chaque fl. est munie d'une bractée. Dans presque toutes les fl., div. du périanthe et labelle sont dédoublés.

FREYHOLD (*Ueber metaschematische Orchideenblüthen* in *Sitz. d. Bot. Ver. d. Prov. Brand.* (1876), p. 60) a observé un cas de pélorie tétramère et IRMISCH [in *Linnæa*, XVI, p. 426 (1842)], une pélorie, la paire de div. lat. int. étant transformée en labelles.

On observe souvent des inflorescences à fl. avortées. Dans le *f. interrupta* BECK, *Fl. Nied-Oest.* (1890), p. 214, au milieu d'une grappe normale, se trouve une série de bractées sans fl. On observe des formes analogues, çà et là, dans les années sèches.

V. v. — Fin août, parfois septembre ; fleurit un mois après l'*E. atrorubens*. · *Habitat* : bois secs et pierreux, coteaux arides, ensoleillés, bords des sentiers, plus rarement sous les Conifères ou dans les prairies :

monte à 1550 m. dans le Tyrol, à 1.600 m. dans les Alpes-Marit. (A. Camus), à 1.700 m. au Maroc (Maire). — *Répart. géogr.* : toute l'Europe à l'exclusion de la Laponie, Sibérie, Altaï, Asie Mineure, Asie jusqu'au Japon, Afrique septentrionale.

Sous-esp. — **E. viridiflora**.

E. viridiflora Reichb., *Fl. excurs.*, p. 134 (1830) ; Boreau, *Fl. Cent.*, éd. 2, p. 533 ; éd. 3, p. 651 ; G. Cam., *Monogr. Orch. Fr.*, p. 107 ; G. Cam. Berg. A. Cam., *Monogr. Orch. Eur.*, p. 415 ; A. Cam. in *Riviera scientif.* (1918), p. 10 ; Gonse in *Bull. Soc. Linn. Nord Fr.* (1899), p. 296 ; Lloyd, *Fl. Ouest*, éd. 5, p. 342 ; Poirault, *Cat. Vienne*, p. 98 ; Schur, *Enum. pl. Trans.*, p. 649, n° 3449 ; Houdard et Thomas, *Cat. pl. Haute-Marne*, p. 137 ; Rouy, *Fl. Fr.*, XIII, p. 204 (race) ; Godfery in *Journ. of Bot.* (1920), p. 33. — **E. Helleborine** A. Gray, *Man.*, éd. 6, p. 504 (1890), non Crantz. — **Serapias viridiflora** Hoffm., *Deutschl. Fl.*, I, II, p. 182 (1804). — **S. latif. b. silvestris** Pers., *Syn.*, I, p. 512 (1805). — **Ep. macropodia β viridiflora** Peterm., *Fl. d. Bien.*, p. 31 (1841). — **E. latif** var. **viridiflora** Irm. in *Linnæa*, XVI, p. 451 (1842) ; Gren., *Fl. ch. jurass.*, p. 760 ; Barla. *Iconogr.*, p. 11 ; Franchet, *Fl. L.-et-Ch.*, p. 564 ; Hariot et Guyot, *Contrib. fl. Aube*, p. 116 ; Corbière, *N. fl. Norm.*, p. 551 ; Charbonnel in *Bull. nat. Ain* (1901) ; Lambert in *Bull. Deux-Sèvres* (1808-1809), p. 101 ; Grintesco in *Bull. géogr. bot.* (1918), p. 75. — **E. Helleborine b. varians** Reichb. F. *Icon.*, XIII-XIV, 142, t. CCCCLXXXVII, f. 1 ; t. CCCCLXXXVIII (1851) ; non Crantz. — **E. latif. b. varians** Aschers , *Fl. Prov. Brand.*, I, p. 693 (1864) ; M. Schulze, *Die Orchid.*, n° 52, 2 ; Richter, *Pl. Eur.*, I, p. 284 ; Oborny, *Fl. Moehr. Oest.*, p. 31 (1841). — **Helleborine latif.** var. **viridiflora** Briquet, *Prodr. fl. Corse*, p. 386 (1910). — **H. viridiflora** Whelden et Travis in *Journ. of Bot.*, LI, (1913), p. 307. — **H. latif. ssp. viridiflora** Graber, *Flore Gorges de l'Areuse et Creux-du-Van*, p. 190 (1923).

Icon. : *Fl. dan.*, t. 811 ; Sm., *Engl. Bot.*, t. 2775 ; Dietr., *Fl. borus.*, VIII, t. 509 ; Reichb., *Pl. crit.*, t. DCCCL ; Reichb. F., *Icon.*, t. 136, CCCCLXXXVIII ; Barla, *l. c.*, pl. 7, f. 1-4 ; G. Cam. Berg. A. Cam. *Orch. Eur.*, pl. 29, f. 1028-1032 ; *Ic. n.*, pl. 102, f. 13-17.

Exsicc. : *Soc. Rochel.*, n° 3155.

Plante ordt profondément enracinée, d'un vert jaunâtre ou d'un vert grisâtre. Racines solitaires à chaque nœud. Rhizome épais. Tige élancée, souvent courbée aux entre-nœuds, pubescente au sommet, à base lavée de pourpre ou de violet. Feuilles subdistiques, assez embrassantes, arquées, les *inf. ovales, lancéolées ou elliptiques, plus étroites que dans l'E. latifolia*, assez courtes, épaisses, à nerv. méd. saillante en dessous et plissant la feuille en gouttière, à bords souvent ondulés, les sup. linéaires-lancéolées, acuminées, souvent très courtes. *Fleurs* peu ou non penchées, en grappe assez lâche, *d'un vert jaunâtre* parfois faiblement teinté de violet. Labelle souvent court ou égalant presque les autres divisions du périanthe; hypochile peu concave, peu nectarifère, subelliptique, blanc ou blanc verdâtre et à l'intérieur rouge ou brun ; *épichile* assez long et étroit, *droit ou peu récurvé à l'extrémité, presque plan, aigu, à gibbosités peu marquées, séparées par un sillon médian, ou nulles,* rougeâtre ou blanchâtre, parfois blanc et jaunâtre dans la partie centrale. Gynostème assez divisé ; *rostellum* rudimentaire (1) ; *anthère pédicellée, grêle, aiguë, prolongée bien au-dessus du bord ext. du stigmate.* Pollinies situées au-dessus du stigmate, celui-ci oblique, dirigé vers le haut. Fruits gros relativement à la taille de la fleur, élargi vers le milieu, glabre ou muni de poils décidus.

Morphologie interne.

Diffère surtout de l'*E. latif.* par la réduction du tomentum sur toutes les parties de la plante; les poils plus courts ont moins de tendance à se ramifier.

F. acutiflora Kräusche in Fedde, *Repert* (1928), p. 308, à labelle assez ténu, à épichile plus long que large (6 mm. sur 4), cordé, non ou un peu récurvé au sommet ; à peine distinct du type. — Brunswick : Stadtoldendorf.

Var. **foliosa** Graber, *Fl. Gorges de l'Areuse et Creux-du-Van*, p. 192. — Feuilles très nombreuses ; bractées inf. jusqu'à 4-5 fois plus longues que les fl. — Suisse, France, Allemagne.

Var. **dilatata** Graber, *l. c.*, p. 193. — Tige grêle, flexueuse ; feuilles 3-5, ovales-acuminées, égalant les entre-nœuds. — Suisse, France.

---

1. La fécondation a lieu par l'intermédiaire des insectes. Les fleurs sont assez fréquemment visitées. C'est par suite d'une longue confusion avec l'*E. Muelleri* que l'on a attribué, à cette forme, des fl. dépourvues de rostellum et disposées pour l'autofécondation.

Monstruosités. — Comme dans les autres *Epipactis*, on a signalé des cas peu rares d'avortement partiel ou total des fl. de la grappe (f. *interrupta* GRABER, *l. c.*, à fl. du milieu de l'infl. avortées et f. *abortiva* GRABER, *l. c.* (1924), à fl. toutes avortées et bractées développées). On trouve ces formes disséminées, en Suisse, dans le cant. de Neuchâtel et certainement ailleurs.

M. SCHULZE, *Die Orchid.*, n° 52,2, a signalé un cas de soudure de deux tiges. Cf. *Irmischia* (1885), p. 19.

V. v. — Juin, juillet ; fleurit ord. plus tôt que l'*E. latifolia*. — Bois ombragés souvent humides, dunes marécages, parfois dans les aiguilles de Conifères. — Même répartit. que l'*E. latifolia*.

Sous-esp. — E. dunensis

E. dunensis (sp.) GODFERY in *Journ. of Bot.* (1926), p. 68 ; pl. 574 : MESLIN in *Bull. Soc. Agr., Arch. et Hist. nat. du dép. de la Manche.* XXXIX, p. 210 (1927) et in *Journ. of Bot.* (1928), p. 217, pl. 586. - **Hell. viridifl. f. dunensis** STEPHENSON in *Journ. of Bot.* (1918) p. 2.— **H. leptochila var. dunensis** STEPHENSON in *Journ. of Bot.* (1921), p. 205. — **H. latif. ssp. leptochila var. dunensis** Soó in FEDDE, *Repert.* (1927), p. 35.
Icon. : GODFERY, *l. c.* ; *Ic. n.*, pl. 129, f. 24-25.

Racines peu nombreuses (2-3, rarement 10), courtes, ténues, rigides. Tige souvent solitaire, haute de 2-5 déc., descendant profondément dans le sable, entourée de gaines basilaires lâches. Feuilles vert jaunâtre, distiques, oblongues-lancéolées, les inf. elliptiques-lancéolées, rigides, souvent pliées, arquées. Bractées linéaires-lancéolées, acuminées, les inf. dépassant les fl. Inflorescence lâche, à fl. peu nombreuses, petites, vert jaunâtre, peu ouvertes. Div. ext. du périanthe semblables aux int., les dernières translucides. Labelle plus court que les div. ext. ; hypochile très ventru, vert, maculé de rose en dedans : épichile cordé-triangulaire, aussi large que long, blanc ou teinté de rose, ord. récurvé au sommet ; callosités 2, petites, lisses, manquant parfois. Stigmate oblong ; rostellum manquant ou disparaissant tôt. Pollinies fragiles, pulvérulentes (1).

Fl. fin juin-fin juillet. — *Habitat* : dunes sablonneuses, avec le *Salix repens.* — *Répart. géogr.* : Angleterre, côtes du Lancashire et d'Anglesey ; France à Coutainville (Manche) ; à rechercher sur le litt. de la Manche ; Belgique ? [cf. HOUZEAU DE LEHAIE in *Bull. Soc. Roy. Bot. Belg.*, LIX, f. 1 (1926)].

Sous-esp. — E. leptochila

E. leptochila (sp.) GODFERY in *Journ. of Bot.* (1921), p. 146. — **E. viridiflora var. leptochila** GODFERY in *Journ. of. Bot.* (1919), p. 38 : (1920), p. 36. — **Helleb. latif. ssp. leptochila** Soó in FEDDE, *Repert.* (1927), p. 35.
Icon. : GODFERY in *Journ. of Bot.* (1926), p. 575 ; *Ic. n.*, pl. 129, f. 14-17.

Racines très développées, épaisses, charnues, naissant des nœuds du rhizome à différents niveaux. Tiges souvent rapprochées, de 2-7 déc., à nœuds courts ; feuilles inf. ovales. Bractées inf. 2 fois aussi longues que les fl. Inflorescence lâche, plus longue et plus grêle que dans l'*E. dunensis* ; div. ext. du périanthe plus longues et plus acuminées ; labelle projeté en avant ; hypochile de 3-4 mm. de profondeur ; épichile cordé, acuminé, à pointe allongée, aiguë, projetée en avant, très étroit, plus long que large, vert bordé de blanc ; gibbosités 3, irrégulièrement rugueuses, blanches ou rosées ; rostellum présent à l'ouverture de la fl., mais disparaissant rapidement en laissant une marque brune (2).

Grande-Bretagne : Guildford (GODFERY). — Belgique ? (cf. HOUZEAU DE LEHAIE in *Bull. Soc. Roy. Bot. Belg.*, LIX, f. 1 (1926). A rechercher en France, sur le litt. de la Manche.

Var. **vectensis** STEPHENSON in *Journ. of Bot.* (1921), p. 205. — *Helleborine viridiflora* f. *vectensis* STEPH.

---

1. Les pollinies sont très friables et, même avant l'ouverture de la fl., de nombreuses tétrades tombent sur le labelle, dans l'hypochile et arrivent probablement ainsi sur le stigmate (Cf. GODFERY in *Journ. of Bot.*, 1919, p. 361).
2. La fleur est disposée pour l'autofécondation. Dans le bouton, les pollinies ont leur base sur la surface du stigmate. La masse visqueuse existe bien dans les fl. récemment ouvertes, mais n'adhère que difficilement aux objets avec lesquels elle est en contact et ne peut servir à l'enlèvement des pollinies. Celles-ci tombent des loges sur le bord incliné du stigmate et donnent des tubes polliniques. Accidentellement seulement la fécondation peut être opérée par les insectes (Cf. GODFERY in *Journ. of Bot.*, 1919, p. 36).
Quand les pollinies sont enlevées, elles laissent du pollen sur le stigmate. La fécondation est souvent directe, le pollen, non ou peu cohérent de la base des pollinies, émet, parfois, lorsqu'il se trouve encore dans les loges de l'anthère, des tubes polliniques qui pénètrent dans le tissu stigmatique (Cf. H. MÜLLER, *Die Befrucht. d. Blumen durch Insekten*, p. 81 in *Verh. d. nat. Ver. f. pr. Rh. u. West.*, 1868, p. 7, et GODFERY in *Journ. of Bot.*, 1921, p. 101).

in *Journ. of Bot.* (1918), p. 2. — *Hell. latif.* ssp. *leptochila* var. *voctensis* Soó, *l. c.*, p. 35 (1927). — *Hell. leptoch.* var. *voctensis* Druce. — Tige solitaire, grêle, glabrescente à la base, un peu pubescente au sommet ; feuilles gris vert, petites, ondulées ou tordues, à nerv. peu proéminentes, lisses ou peu ciliées, les inf. lancéolées ou elliptiques-lancéolées, les sup. linéaires-lancéolées ou linéaires-aiguës. Bractées inf. dépassant les fl. Inflorescence lâche, pauciflore ; fl. petites, très inclinées ; div. du périanthe plus allongées, plus étroites, plus acuminées que dans la var. précédente ; hypochile moins ventru ; rostellum avorté. — Flor. tardive ; fin juillet-fin août. — Calcaire, lieux ombragés. — Grande-Bretagne : île de Wight (Hunnybun).

3. — E. MUELLERI

E. Muelleri Godfery in *Journ. of Bot.*, LIX, p. 106 (1921). — **E. viridiflora** H. Müller in *Verh. N. Vereines der preuss. Rheinl. und Westf.* (1868), p. 2. — **E. latifolia** II **viridiflora** Aschers. et Graebn., *Syn.*, III, p. 862, p. p. — **Parapactis epipactoides** Zimmermann in *Mitt. d. Bad. Landesver. f. Naturk. u. Naturschutz N. F.* Bd. I, p. 232 (1922) ; in *Rep. spec. nov.* (1922), p. 283 ; Godfery, in *The Orchid Review*, XXXI (1923), p. 259. — **Helleb. latif.** ssp. **Muelleri** Soó in Fedde, *Repert.* (1927), p. 35.

Port rappelant l'*E. atrorubens* et l'*E. latifolia*. Rhizome noueux, descendant, à nœuds sup. souvent gemmipares ; racines grêles. Tige de 20-45 cm., dure à la base, pubérulente surtout au sommet, couverte de gaines basilaires brunes. Feuilles rigides, lancéolées, ovales-lancéolées, souvent courbées, carénées, plus longues que les entre-nœuds. Épi lâche, à fleurs de la grandeur de celles de l'*Epip. latif.* Bractées lancéolées, les sup. un peu plus courtes que l'ovaire. Divisions du périanthe vertes ou jaune verdâtre, les lat. ovales-lancéolées, subobtuses, carénées, 3-5-nervées, la sup. lancéolée, plus étroite, les lat. int. lancéolées-obtuses, 5-7-nervées, vert pâle. Labelle plus court que les autres divisions, moins gibbeux à la base et à gorge plus grande que dans l'*E. latif.* ; hypochile large, 5-nervé, vert pâle, à bords roses ; épichile dirigé en avant, parfois réfléchi, triangulaire-obtus, blanchâtre, faiblement teinté de rose, à centre vert, sans callus cordiforme confluent vers la partie sup. de l'épichile, mais callus médian obscur, rose. Stigmate quadrangulaire, horizontal, à angle droit de la fleur, la partie sup. placée sous la base de l'anthère, l'inf. courbée vers le labelle. Rostellum rudimentaire, caché sous l'anthère ou nul. Clinandre nul. Anthère conique, à base semicirculaire, saillante sous le stigmate, l'apex obtusément tourné et courbé en avant. Pollinies petites, pyramidales, dressées sur le stigmate visqueux, à base circulaire, à côtés courbés, divisées à la base. Ovaire pyriforme, grêle, pédicellé, poilu-glanduleux.

Bois chauds, souvent sous les pins. Parfois avec l'*E. latif.*, mais sans intermédiaires, d'apr. M. Godfery. — France mérid. : Thorenc (Godfery), rég. du Rhin (Müller, 1868), Haute Savoie : Sallanches (Godfery), Pyr.-Orientales (Sennen) ? Wurtemberg (d'apr. Zimmerm.), Hanovre : Hildesheim (Schmidt, Behrens) ; Suisse, Autriche (Beck).

4. — E. VARIANS

E. varians Fleischm. et Rechinger in *O. B. Z.*, LV, p. 267 (1905) ; Aschers. et Graebn., *l. c.* ; Rouy *l. c* ; Zimmerm., *Die Form. d. Orchid.*, p. 78. — **E. Helleborine** c. **E. varians** Crantz, *Stirp. Austr.*, VI, p. 171 (1769). — **Serapias latifolia** γ **parvifolia** Pers., *Syn.*, I, p. 512 (1805). — **Epipactis purpurata** Sm., *Engl. Fl.*, IV, p. 41 (1828) ? ; Boreau, *Notes* (1846), p. 23. — **E. latif.** var. **brevifolia** Irmisch in *Linnæa*, XVI, p. 451 (1842). — **E. sessilifolia** Peterm. in *Flora*, XXVII, p. 370 (1844) ; M. Schulze, *Die Orchid.*, nᵒ 54, t. 54 ; Luscher in *Arch. fl. jurass.*, nᵒ 27 (1902) ; Correvon, *Alb. Orch. Eur.*, pl. XV ; Koch, *Syn.* éd. Hall. et Wohlf., p. 2444 ; Zimmerm. in *Allg. Bot. Zeitschr.* (1910) 7-8 ; Ruppert in *Verh. Nat. Ver. preuss. Rheinl. u. Westf.* (1924), p. 188 ; Pantu, *Contr. Fl. Bucur.*, p. 88 et *Orch. d. Rom.*, p. 161 ; Grintescu in *Bull. géogr. bot.* (1918), p. 76. — **E. latif.** var. **violacea** Durand-Duquesnay, *Catal. pl. Lisieux*, p. 102 (1846) ; Corbière, *N. Fl. Normand.*, p. 551 ; Aschers., *Fl. Brand.*, I, p. 693 (1864) ; Franchet, *Fl. L.-et-Ch.*, p. 564. — **E. Helleborine** 5 **violacea** Reichb. F., *Icon.*, XIII-XIV, p. 143, t. CCCCLXXXVI, f. II (1851). — **E. violacea** Boreau, *Fl. Cent.*, éd. 3, II, p. 651 (1857) ; Barneut, *Man. Brit. Bot.*, éd. 8, p. 350 ; Kraenzl., *Orchid.*, p. 49 ; Schinz et Keller, *Fl. Schweiz*, p. 127 ; Pierrot, Gand. et Vuill., *Cat. Montmédy*, p. 430. — **E. latif.** var. **parvifolia** Richter, *Pl. Eur.*, I, p. 284 (1890); G. Cam., *Monogr. Orch. Fr.*, p. 107. — **E. latifolia × microphylla** Richter, *l. c.* (1890). — **Helleborine sessilifolia** Druce in *Ann. Scott. Nat. Hist.* (1905), p. 48. — **H. violacea** Druce, *Dillen. Herb.*, p. 115 (1907). — **Serapias sessilifolia** Eaton in *Proc. Biol. Soc. Washingt.*, XXI, p. 67 (1908). — **Helleborine purpurata** Druce in *Journ. of Bot.* (1909), p. 28. — **H. latifolia** II **varians** Graber, *Fl. Gorges Areuse et Creux-du-Van*, p. 194 (1924). — **H. latif.** ssp. **varians** Soó in *Bot. Közl* (1926), p. 156.

— 478 —

Exsicc. : *Soc. ét. fl. fr.-helv.*, n° 911 ; *Soc. Rochel.*, n° 3156.

Icon. : *E. B.*, pl. 2775 ; M. Schulze, *l. c.* ; G. Cam. Berg. A. Cam., *l. c.*, pl. 30, f. 1047-1051 ; *Ic. n.*, pl. 103, f. 12-16 ; pl. 124, f. 18-20.

Plante saprophyte, robuste, atteignant 4-6 décim., parfois 1 m. (d'ap. Zimmerm.). Souche épaisse, à fibres radicales peu nombreuses, plus grosses que dans l'*E. latifolia*, disposées par deux à différents niveaux. Tiges souvent par faisceaux de 2-15, robustes, arrondies ou peu cannelées, gris verdâtre, *teintées, surtout vers la base, de violet brillant presque métallique*, plus ou moins pubescentes-grisâtres au sommet. *Feuilles assez petites*, réduites, un peu papilleuses sur les bords, d'un vert gris parfois teinté de violet, à nerv. très saillantes, papilleuses et souvent violettes, les inf. toutes de même forme, *non ovales, ovales-oblongues ou ovales-lancéolées*, ord. aiguës, très brièvement engainantes, égalant ou dépassant peu les entre-nœuds, insensiblement décroissantes vers le sommet de la tige, non embrassantes, presque dressées. *Bractées plus longues que les fleurs* (sauf les sup.), lancéolées, aiguës, à 3 nerv. principales, horizontales ou pendantes, vert grisâtre teinté de violet, formant avec les feuilles une pyramide décroissante régulière. *Fleurs grandes* (20 mm. de diam.), *ord. nombreuses, rapprochées, lavées de rouge violacé*, devenant bronzées après l'anthèse, à peine odorantes, pendantes seulement après l'anthèse et se refermant alors à moitié, disposées en grappe, longue de 20-30 cent. Div. du périanthe un peu étalées, plus grandes, plus larges et moins acuminées que dans l'*E. lat.*, glabres, les ext. verdâtres, teintées de violet à l'extérieur ou complètement violettes, plus pâles en dedans ou même blanc vert sale, ovales-lancéolés, obtuses, parfois aiguës, la sup. plus étroite que les lat., les lat. int. plus courtes, blanches ou vert grisâtre, parfois délicatement lavées de rouge ou de violet ou violettes, à nerv. obscures. Labelle court (env. 8 mm.), atteignant à peine les div. lat. int. ; hypochile très concave, subhémisphérique, violet foncé ou violet rougeâtre en dedans, blanc verdâtre en dehors, à ouverture assez étroite ; *épichile* défléchi, *plus large ou aussi large que long*, largement cordé triangulaire, à pointe très recourbée en arrière, violet clair ou rosé, sur les bords ondulés blanc puis rose et enfin brun, *à gibbosités basilaires assez fortes, plus ou moins confluentes, crispées-dentées, manquant parfois*. Gynostème court et épais, formant un angle obtus avec le labelle, jaune ou jaune-verdâtre, à paroi sup. continue, ondulée, et plane du milieu du dos aux staminodes. Anthère sessile, non projetée sur le bord du stigmate ; masse visqueuse développée, attachée aux masses polliniques sous leur sommet. Pollinies blanc jaune. Rostellum développé. Stigmate carré. Ovaire pubescent ou glabrescent, gris vert, assez allongé, trigone. Capsule grande, de 17-20 mm. sur 8-11, trigone, plus large sous le sommet, rouge violet rompu, à pédicelle long de 3 mm. (parfois 5 mm.). — La pollinisation est opérée par les Guêpes. L'*E. varians*, comme l'*E. microphylla*, est plus saprophyte que les autres esp. ou sous-esp. du genre. — Se différencie de l'*E. atrorubens* par ses feuilles moins raides, son inflorescence dense, ses fl. plus grandes, à hypochile plus oblong.

Morphologie interne.

Structure adaptée à la vie saprophytique. Diffère encore de l'*E. lat.* par la rareté des cellules à raphides dans les feuilles, la rareté des poils sur les div. ext. du périanthe et sur l'ovaire jeune, la réduction des faisceaux libéroligneux de l'ovaire et le peu de tendance qu'ils ont à se diviser.

Bien moins variable que les sous-esp. du groupe *latif.* Varie un peu quant à la longueur des feuilles et surtout par la taille, le port et la couleur.

F. gracilis Graber, *l. c.*, p. 196 (1924). - Tige grêle et mince, haute de 20-30 centim. ; feuilles lancéolées ; grappe pauciflore, fl. de 13-15 mm. de diam. Port de l'*E. microphylla*. - Suisse : cant. de Zurich : Unter-Albis, alt. 700 m. ; forêt dense de Hêtres (Käser).

L. rosea (Endner ap. Aschers. et Graebn., *l. c.*, p. 864 (1907). — Plante entièrement rose. — Bavière : env. de Neubourg (Endner).

Monstruosités. — Des individus à tige bifurquée ont été signalés en Thuringe, en Bade et en Prusse. (Cf. Zimmerm. in *Allg. Bot. Zeitschr.* (1910), 7-8, p. 19 et Aschers., *l. c.*)

On a aussi signalé des individus à fl. soudées par les ovaires et les pédicelles (Graber, *l. c.*).

V. v. — Floraison tardive, le plus tardif des *Epipactis* ; fin juillet ou plutôt août à septembre ; croît en groupes, sans tiges stériles ; souvent avec le *Neottia* et le *Monotropa*. — *Habitat* : broussailles, bois ombragés et humides ; sol riche en humus ; bords des forêts ; souvent sous les Hêtres. — *Répartition géograph.* : France (env. de Paris, Orne, Calvados, Cher, Loir-et-Cher, Dordogne, Haute-Marne, Meusa, Alsace, Lorraine, etc.) ; Iles Britanniques ; Allemagne (Bavière, Wurtemberg, Jura de Souabe, Bade, Palatinat, Hohenzollern, Eichsfeld, Thuringe, Harz, Hanovre, Poméranie, Silésie, Prusse, etc.) ; Belgique ? (cf. Holzeau de Lehaie in *Bull. Soc. Roy. Bot. Belg.*, LIX, f. 1 (1926) ; Suisse (R., Valais, cant. de Zurich, de Berne, d'Argovie, de Neuchâtel, Jura bâlois et soleurois) ; Tyrol, Bohême, Moravie, Basse-Autriche, Salzbourg, Hongrie, Roumanie (Pantu, assez fréquent) ; Russie.

5. — E. ATRORUBENS

E. atrorubens Schultes, *Oesterr. Fl.*, II, 1, p. 538 (1814) ; Reichb., *Fl. excurs.*, n° 889, p. 133 ; Correv., *Alb. Orch. Eur.*, pl. XI ; Lej. et Court., *Comp.*, III, p. 196 ; Crép., *Man. fl. Belg.*, éd. 1, p. 179 ; éd. 2, p. 295 ; Thiel., *Orch. Belg. et G.-D. Luxemb.*, p. 43 ; Cogn., *Fl. Belg.*, p. 253 ; Gr. et Godr., *Fl. Fr.*, III, p. 270 ; Bor., *Fl. Cent.*, éd. 3, p. 652 ; Lor. et Barr., *Fl. Montp.*, p. 655 ; Mich., *Hist. nat. Jura*, p. 298 ; Ardoino, *Fl. Alp.-Mar.*, p. 359 ; Barla, *Iconogr.*, p. 12 ; Franchet, *Fl. L.-et-Ch.*, p. 584 ; Le Grand, *Fl. Ber.*, p. 252 ; G. Cam., *Monogr. Orch. Fr.*, p. 108 ; in *Journ. de Bot.*, VII, p. 269 ; G. Cam. Berg. A. Cam., *Monogr. Orch. Eur.*, p. 417 ; Alb. et Jahand., *Cat. Var*, p. 494 ; Llyod et Foug., *Fl. Ouest*, p. 342 ; Rav., *Fl. Yonne*, p. 364 ; Touss. et Hosch., *Fl. Vernon*, p. 254 ; Corbière, *N. fl. Norm.*, p. 551 ; Coste, *Fl. Fr.*, III, p. 413, n° 3635, *cum icone* ; Charbonnel in *Bull. Soc. nat. Ain* (1901), p. 47 ; Morthier, *Fl. Suisse*, p. 358 ; Gremli, *Fl. Suisse*, éd. Vetter, p. 486 ; Parlat., *Fl. ital.*, III, p. 359 ; Arcang., *Comp.*, éd. 2, p. 161 ; Cortesi in *Ann. di Bot.*, II, p. 109 ; Bach, *Rheinpr.*, p. 375 ; Caflisch, *Ex. Fl. S. D.*, p. 300 ; Seubert, *Ex. Fl. Bad.*, p. 126 ; Boiss., *Fl. orient.*, V, p. 88 ; W. Barbey, *Lydie, Lycie, Carie*, p. 82 ; Heldr., *Chl. Parn.*, p. 27 ; Haussky., *Symb. fl. gr.*, p. 23. — **E. Helleborine** a **E. rubiginosa** Crantz, *Stirp. austr.*, VI, p. 467 (1769) ; Godet, *Fl. Jura*, p. 697 ; Car. et St-Lager, *Fl. descr.*, éd. 8, p. 812 ; Reichb. F., *Icon.*, XIII-XIV, p. 141. — **Serapias latifolia** Scop., *Fl. Carn.*, éd. 2, II, p. 203 (1772) ; non Willd. — **S. latifolia S. atrorubens** Hoffm., *Deutschl. Fl.*, éd. 2, II, p. 182 (1804). — **Epipact. atropurpurea** Raf., *Caratteri*, p. 87 (1810) ; Rouy, *Fl. Fr.*, XIII, p. 205 ; Grintesco in *Bull. géogr. bot.* (1918), p. 79. — **Serap. latif.** var. **silvestris** Lej., *Fl. Spa*, II, p. 197 (1811-1813) ; *Rec. fl. Spa*, p. 189. — **S. microphylla** Mérat, *Fl. enc. Paris*, p. 127 (1812) ; non Ehrh. — **Ep. purpurea** Holandre, *Fl. Moselle*, p. 474 (1829). — **E. lat.** b. **rubiginosa** Gaud., *Fl. helv.*, V, p. 465 (1829) ; Kirsch., *Fl. Alsace*, II, p. 146 ; Fiori et Paol., *Fl. ital.*, I, p. 253. — **E. lat.** β **silvatica** Ten., *Fl. nap. syll.*, p. 460 (1831). — **E. media** Fries, *Nov. Mant.*, II, p. 254 (1832-1842). — **E. macropodia** α **rubiginosa** Peterm., *Fl. d. Bien.*, p. 31 (1841). — **E. ovalis** Babingt., *Man. Brit. Bot.*, p. 295 (1843). — **E. rubiginosa** Koch, *Syn.*, éd. 2, p. 801 (1844) ; éd. 3, p. 603 ; éd. Hall. et Wohlf., p. 2444 ; Richter, *Pl. Eur.*, I, p. 283 ; Zimmerm., *Die Form. Orchid.*, p. 73 ; Lec. et Lamt., *Cat. Pl. Cent.*, p. 353 ; Schinz et Keller, *Fl. Schweiz*, p. 127 ; Garcke, *Fl. Deutschl.*, éd. 14, p. 384 ; Fischer, *Fl. Bern.*, p. 80 ; Rhiner, *Prodr. Waldst.*, p. 129 ; Foerster, *Fl. v. Aachen*, p. 350 ; M. Schulze, *Die Orchid.*, n° 51 ; Kraenzl., *Orchid.*, p. 48 ; Neilr., *Fl. Nied.-Oest.*, p. 203 ; Beck, *Fl. Nied.-Oest.*, p. 214 ; Simk., *Enum. Trans.*, p. 506 ; Heldr., *Fl. Cephal.*, p. 69 ; Halacsy, *Consp. fl. Gr.*, p. 156 ; *Consp. Rom.*, p. 549. — **E. latif.** var. **atrorubens** Coss. et Germ., *Fl. Par.*, éd. 2, p. 693 (1861) ; Gren., *Fl. ch. jurass.*, p. 760 ; De Vicq, *Fl. Somme*, p. 433 ; Ambr., *Fl. Tir. aust.*, p. 729 ; Ces. Pass. Gib., *Comp.*, p. 178 ; Guill., *Fl. Bord. et S.-O.*, p. 172 ; Cocconi, *Fl. Bolog.*, p. 477. — **E. latif.** var. **atropurpurea** Neilr., *Fl. Croat.*, p. 48 (1868) — **E. atripurpurea** Aschers. et Graebn., *Syn.*, III, p. 866 (1905-1907). — **Helleborine atrorubens** Druce, *Dillen. Herb.*, p. 115 (1907). — **H. atropurpurea** Schinz et Thell. in *Vierteljahr. Nat. Ges. Zürich.*, LIII, p. 588 (1908) ; Druce in *Bull. Torr. Bot. Club.* (1909), p. 547 ; Graber, *Fl. Gorges Areuse et Creux-du-Van*, p. 177 (1924).

Noms. vulg.: Epipactis rouge foncé, Epipactis pourpre foncé. — Angl.: Purple-leaved Helleborine. — Portug. : Helleborina, Epipactis vermelha. — Allem. : Dunkelroter Dingel, Strandvanille, Finkenkraut, Vanillen-Orchis (Thuringe). — Holl. : Bruinroode Moeraswortel.

Icon. : Gunn., *Fl. nore.*, t. 5, f. 3, 4 ; Dietr., *Fl. r. borus.*, VII, p. 435 ; Mutel, *Fl. fr. Atlas*, t. LXVII, f. 523 ; Reichb., *Pl. crit.*, DCCCXLIX ; Reichb. F., *Icon., l. c.*, t. CCCCLXXXIV, f. III, et t. CCCCLXXXV, f. I, II, 1-15 ; Barla, *l. c.*, pl. 7, f. 5-12 ; Fiori et Paoletti, *Icon. Fl. it.*, I, f. 865 ; Guimaraes, *l. c.*, est. I, f. 3 ; est. VII, f. 60 ; G. Cam., *Icon. Orch. Par.*, pl. 32 ; M. Schulze, *l. c.*, t. 51 ; Hegi, *Fl. Mittel-Europa*, t. 75, f. 3 ; G. Cam. Berg. A. Cam., *l. c.*, pl. 29, f. 1024-1027 ; *Ic. n.*, pl. 104, f. 8-12.

Exsicc. : Puel et Maille ; Fries 8, n° 65 ; Reichenbach, n° 178 ; Billot, n° 1073 ; Magnier, *Fl. sel.*, n° 3369 ; *Pl. Gall. et Belg.*, n° 627 ; Soc. Rochel., n° 1326 ; Bourgeau, *Pl. de Savoie*, n° 270 ; *Austr.-Hung.*, n° 1845 ; Baenitz ; Abbé Farges, Chine (f. *laxiflora*) ; Duffour, *Soc. franç.*, n° 253 bis.

Rhizome assez épais ; fibres radicales grêles, charnues, nombreuses. Tige de 3-6 décim., parfois plus (1),

---

1. D'après Wellmann in *Ver. d. bot. Pr. Brandenburg* (1869), p. 159, certains pieds atteignent 1 m. de haut dans les dunes, à Rügen. Quelques formes des hauteurs, par contre, ne dépassent pas 10 cent.

cylindrique, dressée, raide, rougeâtre, violacée ou pourprée, très rarement verte (1), munie au sommet d'une pubescence molle, entourée à la base de 1-3 *gaines courtes, lâches, évasées*. *Feuilles* raides, étalées, souvent subfalciformes, les moyennes et les inf. brièvement et assez lâchement engainantes, arrondies, ovales ou ovales-oblongues, aiguës, *dépassant les entre-nœuds*, d'un vert foncé, parfois teinté de rouge violacé à la face inf., multinervées, plissées, à nervure médiane saillante, carénée, à nervures (surtout sur la face inf.) et bords munis d'aspérités qui les rendent scabres, les feuilles sup. lancéolées ou étroitement lancéolées, passant insensiblement à l'état de bractées. *Bractées* lancéolées, acuminées, plurinervées, assez petites, *les inf. dépassant un peu les fl. ou les égalant, les sup. plus courtes qu'elles* (dans les endroits ombragés, les bractées sup. dépassent parfois les fleurs). *Fleurs assez petites ou médiocres, nombreuses, d'un pourpre foncé, d'un rouge foncé ou d'un brun rouge,* rarement rosées, étalées horizontalement ou peu inclinées, exhalant d'abord un parfum de Vanille et ensuite de clous de Girofle (2), disposées en grappe assez lâche ou un peu dense, subunilatérale, et un peu penchée. Périanthe à divisions campanulées, étalées et réfléchies au sommet, trinervées ou plurinervées, les ext. pubérulentes sur le dos, d'un pourpre lavé de vert à la base, la médiane souvent un peu plus large et plus courte que que les lat., ovale-acuminée, les lat. ovales-lancéolées, aiguës, les lat. int. un peu plus courtes que les lat. ext., égalant la médiane, ovales-aiguës, glabres ou munies de rares poils à l'extérieur, d'un pourpre foncé, rarement roses. Labelle un peu plus court que les div. ext., plus long que large, étalé ; hypochile concave, ovale ou ovale-oblong, entièrement nectarifère, d'un pourpre violacé foncé, rapproché du gynostème, large à l'articulation ; *épichile* plus large que long, bien plus large et moins foncé que l'hypochile, *suborbiculaire-cordé, acuminé,* très rarement obtus, *à sommet récurvé, à bords ondulés, denticulés, muni, à la base, de 2 lames crépues, tuberculeuses* et souvent coalescentes. Gynostème assez court, d'un blanc jaunâtre lavé de rouge. Anthère courte, large, triangulaire, blanc jaunâtre. Masses polliniques d'un jaune clair. Rétinacle blanc jaunâtre. Ovaire à pubescence molle, dense et bien plus persistante que dans l'*E. latifolia*, brun-verdâtre ou vert lavé de violet, à 6 côtes, non contourné, un peu atténué à la base et muni d'un pédicelle pubescent, tordu, *égalant env. la moitié de la longueur de l'ovaire.* Capsule assez petite, elliptique ou subarrondie, à peine atténuée à la base, pubescente, penchée. Graines petites, allongées (3).

Morphologie interne.

Racine (pl. 112, f. 56). Assises pilifère et subéreuse formées de cellules à parois plus ou moins subérisées. Poils absorbants nombreux. Cellules corticales à parois ponctuées, contenant des endophytes (voir p. 44), de l'amidon, des mucilages et des raphides. Grains d'amidon de forme irrégulière, très petits, atteignant 5-12 μ de diam. env. Parois des cellules endodermiques très épaisses devant les pôles libériens, mais ordt non ou peu lignifiées. Péricycle formé de cellules à parois non lignifiées et très ponctuées. 5-6 lames vasculaires.

Rhizome. Au-dessus des racines, la section est symétrique par rapport à un plan. Parenchyme ext. développé. Faisceaux libéroligneux bien moins nombreux que dans l'*E. latifolia* (8 env.), rapprochés, disposés sur un seul cercle et munis à l'extérieur d'un arc de quelques fibres. Vaisseaux à section plus grande que dans la tige. Au centre, parenchyme non lignifié abondant. — *Tige.* Stomates nombreux. Poils brusquement coudés, ramifiés, nombreux, moins polymorphes que dans l'*E. latifolia*, à contenu rose violacé semblable à celui des cellules épidermiques (pl. 119, f. 250-254). Parenchyme ext. chlorophyllien formé de 4-6 assises de cellules laissant entre elles de petits méats. 3-5 assises sclérifiées à parois très épaisses, englobant les petits faisceaux libéroligneux ext. (pl. 115, f. 96). Faisceaux libéroligneux disséminés, les ext. en cercle plus ou moins régulier, plongeant dans l'anneau lignifié ; les int. irrégulièrement disposés, munis au moins d'un arc sclérifié ext. au liber. Parenchyme int. formé de cellules laissant entre elles des méats.

Feuille. Ep. = 270-350 μ. Epiderme sup. recticurviligne, haut de 40-50 μ, à paroi ext. épaisse de 3-6 μ et bombée, muni de quelques poils pluricellulaires (plus abondants à la base des feuilles qu'à leur extrémité) et de stomates assez nombreux, même dans les feuilles inf. Epiderme inf. recticurviligne, haut de 30-45 μ, à paroi ext. striée, épaisse de 3-5 μ env. et peu bombée, muni de rares poils et d'abondants stomates. Cellules épidermiques marginales du limbe à contenu ordt violet, à paroi ext. prolongée en pointes à peu près droites, de

---

1. La coloration est plus violette dans les endroits secs et ensoleillés. Cette coloration est vraisemblablement une protection contre l'intensité de l'insolation.
2. Par temps froid et pluvieux, l'odeur disparaît presque complètement. MAILLARD a extrait, des fleurs de cette espèce, de la vanilline pure, alors qu'il n'en a pas trouvé dans celles de l'*E. latifolia* (Cf. MAILLARD, *Réflexions biologiques sur la présence de la vanilline chez une Orchidée indigène* in *Bull. Soc. Sciences et Réun. biologiq. de Nancy* (1901), p. 140-146).
3. Voir Développement dans le genre *Epipactis*, p. 44.

longueur inégale, dépassant rarement 90-100 µ de long, à peine striées (pl. 116, f. 141). Parenchyme formé de 7-9 assises chlorophylliennes et de quelques cellules à raphides. Bord du limbe dépourvu de collenchyme. Nervures à section légèrement biconvexe ; les principales munies de parenchyme incolore et de quelques fibres à la partie inf. du liber et à la partie sup. du bois (sclérenchyme moins abondant que dans l'*E. latifolia*) ; les petites nervures à faisceau libéro-ligneux relié aux épidermes par du sclérenchyme, parfois aussi par des fibres lignifiées et du parenchyme chlorophyllien. Epiderme formant de petites pointes vis-à-vis des nervures. — *Ecailles aériennes de la partie infér. de la tige.* Epiderme sup. pourvu de stomates peu abondants. Paroi ext. des épidermes très mince, celle de l'épiderme inf. un peu plus épaisse que celle de l'épiderme sup. Cellules épidermiques non ou à peine prolongées devant les nervures. Cellules du mésophylle très grandes, à parois sinueuses. Nervures (pl. 118, f. 180) très abondantes, dépourvues de sclérenchyme. Vaisseaux à très petite section.

Fleur. — *Divisions externes et latérales internes du périanthe.* Epiderme ext. pourvu de poils semblables à ceux de la tige, mais plus courts, très nombreux sur les divisions ext., peu abondants sur les divisions int. Trace d'huile essentielle dans les cellules épidermiques. Poils des divisions du périanthe plus riches en essence que ceux de la tige, nombreux. Hypochile à section très concave, contenant du nectar, muni de verrues à la face int. Epiderme int. formé de très petites cellules polygonales et dépourvu de papilles. Dans toute la partie en coupe de l'hypochile, le parenchyme un peu chlorophyllien, surtout vers la face sup., renferme de nombreuses cellules à raphides et un peu d'essence dans les épidermes et le parenchyme ; les faisc. des nervures peu nombreux sont situés vers la face inf. Epiderme sup. de l'épichile à parois lat. recticurvilignes, à papilles extrêmement courtes. Epiderme inf. pourvu, vers la partie centrale de l'épichile, de papilles très courtes, obtuses. — *Gynostème.* Gynostème parcouru par 4 faisceaux : 3 stylaires et 1 staminal. Le faisceau du rostellum, séparé assez tard du faisceau staminal, tend parfois à se diviser. — *Anthère.* Epiderme des parois non papilleux ; papilles courtes sur la partie dorsale du gynostème. Assises de cellules fibreuses développées, à épaississements abondants (pl. 122, f. 457). — *Pollen.* Jaune. Grains de pollen tendant parfois à s'isoler. Exine à grosses réticulations ; réseau lâche marqué. L = 40-50 µ. — *Ovaire.* Epiderme portant des poils assez persistants, très nombreux, semblables à ceux de la tige. Nervure des valves placentifères saillante à l'extérieur, contenant ordt 2 faisceaux libéroligneux superposés, l'ext. à bois int., l'int. à bois ext., et un faisceau int. libérien. Placenta bilobé. Valves non placentifères saillantes à l'extérieur, contenant un faisceau libéroligneux tendant à se segmenter en 3. — *Graines.* Suspenseur non développé, unicellulaire. Cellules du tégument non striées. Graines atténuées au sommet, 4 f. 1/2-6 fois plus longues que larges. L. = 850-1.000 µ (1).

Les caractères de cette esp. sont assez stables, en comparaison de son adaptation possible à des conditions assez différentes. Accidentellement la couleur du périanthe varie, d'où les formes suivantes :
Sous-var. **viridiflora** Sanio in *Verh. B. V. Brandenb.*, XXIII, p. 47 (1881) ; Aschers. et Graebn. *l. c.* ; G. Cam. Berg. A. Cam., *l. c.* — L. *viridiflorus* Zimmerm. in *Mitt. Bad. Land. f. Nat.* (1911), p. 52. — S.-var. *virescens* Rouy, *l. c.* — Périanthe vert ou verdâtre ; tige et feuilles ord. vertes. — France (Somme, Seine-et-Oise, Oise (G. Camus), Normandie, etc.) ; Allemagne (Prusse orient., env. de Weimar, d'Iéna, de Liliental) ; Suisse [cant. d'Unterwalden (Bergon)] ; Haute-Autriche [Stadlmann ap. Murr in *D. B. M.*, XVIII, p. 116 (1900)] ; Hongrie.
Sous-var. ou l. **pallens** Beckhaus, *Fl. Westf.*, p. 855 (1893) ; G. Cam. Berg. A. Cam., *l. c.* — Plante d'un vert clair. Fl. pâles, verdâtres lavées de rouge. — Disséminé.
Sous-var. **lutescens** (*E. lat.* v. *atrorubens* s.-v.) Coss. et Germ., *Fl. env. Paris*, éd. 2, p. 693 ; de Vicq, *Fl. Somme*, p. 432 ; G. Cam. Berg. A. Cam., *l. c.* — Var. b. *flavo-virens* Corbière ap. Touss. et Hoschedé, *Fl. Vernon*, p. 255. — *E. lat.* var. *lutescens* Charbonnel, *l. c.* — L. *lutescens* Zimmerm., *l. c.* — Fl. jaune pâle. — France : Somme, Seine-et-Oise à Mantes (Cintract) ; Eure à Vernon (Coss. et Germ.) ; Allemagne : Thuringe [M. Schulze, *l. c.* et in *O. B. Z.*, XLIX, p. 299 (1899)], Bade (Zimmerm. in *Mitt. Bad. Land. f. Nat.* (1911), p. 52).
Sous-var. **albiflora** Nobis. — Fl. complètement blanches. — TR. France : Seine-et-Oise à Mantes (Cintract).
Souvent, surtout dans les endroits très arides et rocailleux, les bractées se développent normalement, les fl. avortent dans toute la grappe (var. *abortiva* Graber, *Fl. Gorges Areuse et Creux-du-Van*, p. 180) ou en partie (var. *interrupta* Graber, *l. c.*, p. 181). — Suisse : cant. de Neuchâtel (Graber).
Sous-var. **suboppositifolia** (*Hell. atropurpur.* f. *subopp.*) Froehlich in *Sched.* ; Scó, in Fedde, *Repert.* (1927), p. 54. — Feuilles paraissant presque opposées.

1. L'*E. atrorubens* renferme du loroglossoside (cf. Delauney, *C. R. Ac. Sc.* (1923), 176, p. 598.

Sous-var. **Borbasii** (*Hell. atropurpur.* f. *Borbasii*) Soó, *l. c.*, p. 34 (1927). — Plante élevée, grêle; feuilles ovales ou ovales-lancéolées, acuminées. — Hongrie : Alföld, Bärsbedeg, Pest, etc.

Sous-var. **radnensis** (*Hell. atropurpur.* f. *radnensis*) Soó, *l. c.*, p. 34 (1927). — Plante basse, feuilles étroitement lancéolées, larges de 1,5 cm.; inflorescence pauciflore. — Transilvanie : Alpes de Radna, Korongyis (Porcius, Degen, Kümmerle).

Var. β **stenopetala** Zimmerm., *l. c.*, p. 74 (1912). — Div. du périanthe étroites, longuement acuminées. — Allemagne.

Monstruosités. — Jacobasch in *Mitth. Thür. B. V. N. F.*, XV, p. 10 (1900), a signalé une forme à fl. contiguës et soudées par deux ainsi que les bractées.

M. Schulze, *Die Orchid.*, n° 51 et in *O. B. Z.*, XLVIII, p. 115 (1898) et in *Mitth. Th. B. V. N. F.*, XVII, p. 74 (1902) a décrit plusieurs cas de monstruosités, surtout de div. de tige et d'inflorescence spiralée. Leimbach in *Irmischia* (1885), p. 19, a signalé un autre cas de division de tige.

V. v. — Mai juin, parfois juillet. — *Habitat* : bois ensoleillés secs, arides, souvent sous les Conifères, clairières des coteaux calcaires, éboulis, parfois dans les dunes ; depuis la plaine jusque dans le Jura et les Alpes ; monte à 1.800 m. dans le Valais (Jaccard), à 2.000 m. dans le Tyrol (Dalla Torre et Sarnth.) et à plus de 2.200 m. au Val Cluoza (Schroeter) ; souvent en colonies. — *Répart. géogr.* : presque toute l'Europe, plus rare dans le Nord ; Portugal, Espagne, France (presque toute la France, mais manque en Bretagne, assez rare dans le Midi où il habite plutôt les rég. montagn. et subalpine), Iles Britanniques (peu répandu), Belgique (R.), Luxembourg, Hollande (dunes), Danemark, Suède, Norvège, Allemagne (assez abondant dans les rég. centr. et mérid., plus rare dans le Nord), Suisse (disséminé et répandu), Italie (rég. montagn. et subalpine, plus abondant dans les Alpes que dans les Apennins, île d'Elbe, manque dans la plupart des îles), Autriche, Hongrie, Tyrol, Bohême, Moravie, etc., Bosnie, Herzégovine, péninsule des Balkans, Grèce, Russie centr. et mérid., Caucase. — Perse septentrionale.

6. — E. MICROPHYLLA

E. microphylla Swartz in *Act. holm.* (1800), p. 232 ; Willd., *Spec.*, IV, p. 84 ; Rich. in *Mém. Mus. Paris*, IV, p. 60 ; Lindl., *Gen. and spec.*, p. 460 ; Correvon, *Alb. Orch. Eur.*, pl. XIII ; Richter, *Pl. Eur.* I, p. 283 ; Oudemans, *Fl. Nederl.*, III, p. 151 ; Thielens, *Orch. Belg. et G.-D. Luxemb.*, p. 43 ; Boisduv., *Fl. fr.*, III, p. 54 ; Castagne, *Cat. B.-d.-Rh.*, p. 155 ; Gr. et God., *Fl. Fr.*, III, p. 273 ; Gren., *Fl. ch. jurass.*, p. 761 ; Bor., *Fl. Cent.*, éd. 2, p. 533 ; éd. 3, p. 652 ; Martr.-Don., *Fl. Tarn*, p. 716 ; Lor. et Bar., *Fl. Montp.*, p. 655 ; Le Grand, *Fl. Berry*, p. 252 ; Ardoino, *Fl. Alp.-Mar.*, p. 360 ; Barla, *Iconogr.*, p. 12 ; Poiraclt, *Catal. Vienne*, p. 98 ; Franchet, *Fl. L.-et-Ch.*, p. 565 ; Martin, *Catal. Romoran.*, éd. 2, p. 380 ; G. Cam., *Monogr. Orch. Fr.*, p. 109 ; in *Journ. de Bot.*, VII, p. 270 ; G. Cam. Berg. A. Cam., *Monogr. Orch. Eur.*, p. 420 ; Deb., *Rév. fl. agen.*, p. 515 ; Gaut., *Pyr.-Or.*, p. 396 ; Charbonnel in *Bull. Soc. nat. Ain* (1901), p. 47 ; Coste, *Fl. Fr.*, III, p. 413, n° 3634, *cum icone* ; Rouy. *Fl. Fr.*, XIII, p. 200 ; A. Cam. in *Riviera scientif.* (1918), p. 10 ; Alb. et Jahand., *Cat. Var.* p. 494 ; Reichb., *Fl. excurs.*, p. 133 ; Reichb. f. *Icon.*, XIII-XIV, p. 141 ; Koch, *Syn.*, éd. 2, p. 801 ; éd. 3, p. 602 ; éd. Hall. et Wohlf., p. 2445 ; Aschers. et Graebn., *Fl. Nord. Flachl.*, p. 218 ; *Syn.*, III, p. 869 ; M. Schulze, *Die Orchid.*, p. 53 ; Foerster, *Fl. Aachen*, p. 350 ; Seubert. *Ex. Fl. Bad.*, p. 126 ; Caflisch, *Ex. Fl. S. D.*, p. 300 ; Bach, *Rheinpr.*, p. 375 ; Garcke, *Fl. Deutschl.*, éd. 14, p. 384 ; Kraenzl., p. 50-51 ; Reuter, *Catal. Genève*, éd. 2, p. 207 ; Gremli, *Fl. Suisse*, éd. Vetter, p. 486 ; Schinz et Keller, *Fl. Schweiz*, p. 128 ; Guss., *Fl. sic. syn.*, II, p. 556 ; Sang., *Fl. rom. prodr. alt.*, p. 740 ; Ten., *Fl. nap. syll.*, p. 461 ; *Fl. nap.*, V, p. 242 ; De Notar., *Repert. fl. ligust.*, p. 394 ; Bertol., *Fl. ital.*, IX, p. 361 ; Parlat., *Fl. ital.*, III, p. 361 ; Vis., *Fl. dalm.*, p. 183 ; W. Barbey, *Fl. Sard. comp.*, n° 1335, p. 58 ; Pucci., *Syn. fl. luc.*, p. 484 ; Arcang., *Comp.*, éd. 1, p. 649 ; éd. 2, p. 161 ; Cocconi, *Fl. Bolog.*, p. 477 ; Cortesi in *Ann. bot.* Pirotta, III, p. 111 ; Lojacono, *Fl. Sicula*, III, p. 49 ; Macchiati, *Orchid. Sard.* in *N. giorn. bot. ital.*, p. 309 ; Martelli, *Monoc. Sard.*, p. 14 ; Manès et Vigin., *Cat. Balear.*, p. 278 ; H. Knoche, *Fl. balear.*, I, p. 413 ; Beck, *Fl. Nied.-Oest.*, p. 214 ; Schur, *Enum. Trans.*, p. 649 ; Simk., *Enum. Trans.*, p. 506 ; Boiss., *Fl. orient.*, V, p. 88 ; Halacsy, *Beitr. Fl. Epir.*, p. 41 ; *Consp. fl. gr.*, III, p. 156 ; Hausskn., *Symb. fl. gr.*, p. 13 ; Grecescu, *Consp. Roman.*, p. 549 ; Fedtschenko in *Bull. Herb. Boissier* (1904) p. 1192 ; Jeanpert in *Bull. Soc. bot. Fr.* (1916), p. 250 ; Offner in *Bull. Soc. bot. Fr.* (1923), p. 475 ; Berger in *Allg. bot. Zeitschr.* (1914), p. 20. — **Serapias microphylla** Ehrh., *Beitr.*, IV, p. 42 (1791) ; Hoffm., *Deuts.*, p. 319 ; Sang. *Cent. 3, prodr. fl. rom.* add., p. 125 ; non Mérat. — **E. latifolia** β **microphylla** DC., *Fl. fr.*, VI, p. 334 (1815) ; Duby, *Bot.*, p. 449 ; Ces. Pass. Gib., *Comp.*, p. 178 ; Paol. et Fiori, *Fl. anal. it.*, I, p. 253 ; Car. et

Saint-Lag., *Fl. descr.*, éd. 8, p. 812. — **E. latifolia** var. C. Ten., *Fl. nap.*, II. p. 319 (1820). — **E. Helleborine** ! **microphylla** Reichb. F., *Icon.*, XIII-XIV, p. 141 (1851) ; Godet, *Fl. Jura*, p. 697 ; Willk. et Lange, *Prodr. hisp.*, I. p. 176. - **Helleborine microphylla** Schinz et Thell. in *Vierteljahrsschr. naturf. Ges. Zürich*, LIII, p. 589 (1908) : Druce in *Bull. Torr. Bot. Cl.* (1909), p. 547 ; Briquet. *Prodr. fl. Corse*, p. 386. — *Serapias latifolia var. foliis brevibus, spica minori, floribus albis* Seb. et Mauri. *Fl. rom. prodr.*, p. 314.

Noms vulg. : Epipactis à petites feuilles. — Allem. : Kleinblättriger Dingel, Kleinblättrige Sumpfwurz. — Holl. : Kleinbladige Moeraswortel.

Icon. : Waldst. et Kit., *Pl. rar. hung.*, III, t. 270 ; Schlecht. Lang. Sch. *Deutschl.*, IV, f. 378 ; Reichb. F., *Icon.*, XIII-XIV. t. 132. CCCCLXXXIV, f. I-II, 1-8 ; Barla. *l. c.*, pl. 8. f. 1-16 ; M. Schulze, *l. c.*, t. 53 ; G. Cam. Berg. A. Cam., *l. c.*, pl. 29, f. 1019-1023 ; *Ic. n.*, pl. 103. f. 1-11.

Exsicc. : Reichenb., n° 2406 ; Bourgeau, *Pl. Pyr. esp.*, n° 297 ; *Soc. ét. fl. fr.-helv.*, n⁰ˢ 798, 798 *bis* ; Heldr., *Pl. fl. hell.* (1890) : *Austr.-Hung.*, n° 1472 ; Baenitz. *H. E.* ; *Soc. Dauph.*, n° 236.

Rhizome court, à fibres peu nombreuses, assez épaisses, blanches, ne donnant pas de pousses feuillées avant la tige florale, par conséquent pas de tiges stériles (1). Tige de 2-4 décim., rarement 5 décim., très grêle, dressée, arrondie, peu sinueuse ou presque droite, parfois déviée aux entre-nœuds, d'un vert glauque grisâtre, souvent lavé de violet ou de rouge, densément pubescente au sommet, à tomentum grisâtre et mou, glabre ou glabrescente à la partie inf., peu feuillée, entourée à la base de 2-3 gaines ovales, évasées au sommet. *Feuilles peu nombreuses, très petites, toutes plus courtes que les entre-nœuds ou rarement les moyennes les égalant*, les moyennes les plus longues, dépassant rarement 3 centim. de long., ovales-lancéolées ou lancéolées, aiguës ou acuminées, à peine embrassantes, les sup. étroitement lancéolées-linéaires, sessiles, toutes d'un vert grisâtre, parfois lavé de violet rougeâtre, assez fermes, à bords scabriuscules, à nerv. nombreuses, presque lisses. *Bractées* étroitement lancéolées-acuminées, d'un vert grisâtre parfois lavé de rouge ou de violet, 3-nervées ou les inf. plurinervées, *les sup. plus courtes que les fl., les inf. les égalant ou rarement les dépassant un peu. Fleurs petites, souvent peu nombreuses* (6-15), exhalant un léger parfum de Girofle ou d'Œillet, assez espacées, penchées ou pendantes, disposées en grappe subunilatérale lâche. Périanthe à div. campanulées, un peu étalées, réfléchies au sommet, se fermant surtout après la floraison, ovales ou ovales-lancéolées, aiguës ou acuminées, souvent légèrement dentées, 3-nervées, à nerv. lat. obscures, carénées. les ext. pubérulentes et vert pâle lavé de rose ou de violet en dehors, d'un jaune verdâtre ou rougeâtre en dedans (2), la méd. souvent un peu plus large et plus courte que les lat., les lat. int. de même forme, mais un peu plus courtes, blanc verdâtre, parfois lavé de rose sur les deux faces. Labelle plus court que les div. ext. du périanthe ; hypochile en forme de sac allongé, nectarifère, d'un vert lavé de violet ou de rose, à bords touchant le gynostème et à ouverture large ; épichile ovale-cordiforme ou suborbiculaire, cordé-aigu ou strbobtus, à bords crépus et laciniés, muni, vers l'articulation, de deux lames développées, très crépues, blanc et un peu verdâtre au centre, parfois rose sur les lames gibbeuses. Gynostème blanchâtre, large et épais, peu atténué à la partie inf. Stigmate blanchâtre (3). Anthère subtriangulaire, blanchâtre ou jaunâtre, ainsi que les masses polliniques. Masse visqueuse blanchâtre. Ovaire pubescent, vert grisâtre lavé de violet, turbiné, subtrigone à angles obtus, insensiblement atténué à la base, pendant, à pédicelle contourné, pubescent, plus court que lui. Capsule allongée, un peu atténuée à la base, assez brusquement pédicellée, pendante, pubescente. Graines linéaires, blanchâtres (4).

Morphologie interne.

Racine (pl. 112, f. 58). Poils absorbants peu abondants. Ecorce formée de cellules à parois transversales ponctuées (pl. 112, f. 57). Ecorce développée et plus envahie par les endophytes que dans l'*E. latifolia* et l'*E. atrorubens* (voir p. 44). Cellules endodermiques à parois très épaisses et non ou peu lignifiées vis-à-vis des pôles libériens, à parois minces et à cadres subérisés lat. en face des pôles ligneux. Péricycle à parois s'épaississant parfois un peu.

Rhizome. Parenchyme ext. développé. Faisceaux libéro-ligneux rapprochés, entourés à l'extérieur seulement de quelques fibres ou parfois anneau de sclérenchyme existant, mais très réduit. — *Base de la tige.* Faisceaux libéroligneux en un cercle, munis de quelques fibres extra-libériennes. — *Milieu de la tige.* Epiderme

---

1 Les racines peuvent porter des bourgeons adventifs (Hofmeister, *Handb. d. Physiol. Bot.*, I, 2, p. 423.)

2. Les fl. sont peu foncées lorsqu'elles sont fraîches, mais elles se fanent vite et brunissent alors plus ou moins.

3. Il peut y avoir autofécondation ou fécondation croisée due à l'intermédiaire des insectes. Ceux-ci peuvent transporter les pollinies ou une partie des pollinies attachées au rostellum (Cf. Müller, *Befruchtung der Blumen*, p. 81.

4. Voir Développement dans le genre *Epipactis*, p. 44.

contenant de l'anthocyane. Stomates assez nombreux. Poils très abondants, rameux, polymorphes, ne dépassant guère 150-250 μ de long (pl. 119, f. 233-235). 4-6 assises de parenchyme ext. serré, chlorophyllien. Anneau sclérifié formé de 4-8 assises de fibres à parois très épaisses, englobant ordt les petits faisceaux libéroligneux ext. Faisceaux ext. irrégulièrement disposés en cercle, les int. disséminés en dedans de ce cercle et entourés d'une gaine fibreuse moins forte à l'intérieur du bois qu'à l'extérieur du liber.

Feuille. Ep. = 130-250 μ. Epiderme sup. recticurviligne, formé de cellules non ou à peine allongées parallèlement aux nervures, haut de 20-30 μ, à paroi ext. striée, épaisse de 5-7 μ et légèrement bombée, portant quelques poils analogues à ceux de la tige, muni de stomates assez nombreux même dans les feuilles inf. Epiderme inf. formé de cellules non ou à peine allongées parallèlement aux nervures, haut de 15-20 μ, à paroi ext. bombée et épaisse de 4-6 μ, portant quelques poils pluricellulaires et d'abondants stomates. Cellules épidermiques du bord du limbe prolongées en pointes raides, droites, courtes, à parois épaisses (pl. 116, f. 140). Parenchyme formé de 4-7 assises de cellules plus ou moins allongées. Nervures à épidermes insensiblement papilleux, dépourvues de collenchyme, mais fibres sclérifiées abondantes, à parois souvent peu épaisses. — *Bractées aériennes de la base de la tige.* Faisceau des nervures dépourvu de gaine sclérifiée.

Fleur. — *Divisions externes et latérales internes du périanthe.* Epiderme ext. muni de poils pluricellulaires abondants et contenant des traces d'huile essentielle. Epiderme int. dépourvu de poils, renfermant des traces d'huile essentielle. — *Pollen.* Exine à réseau d'épaississement marqué à la surface des tétrades. — *Ovaire.* Epiderme à poils très nombreux, analogues à ceux de la tige. Nervure des valves placentifères saillante à l'extérieur, contenant seulement un faisceau libéroligneux à bois int. ou 2 faisceaux à bois int. rapprochés, non superposés et un faisceau placentaire à bois ext. Valves non placentifères développées, très proéminentes à l'extérieur, contenant un faisceau libéroligneux à bois int., tendant à se diviser en trois. Placenta à divisions allongées. — *Graines.* Cellules du tégument non striées. Graines atténuées aux extrémités, 3 f. 1/4-4 f. 1/4 plus longues que larges. L. = 850-1.000 μ.

F. a **canescens** Irmisch in *Linn.*, XIX, p. 120 (1846) ; Aschers. et Graebn., *l. c.* ; G. Cam. Berg. A. Cam., *l. c.* ; (Zimmerm., *l. c.*). — Partie sup. des tiges et fruits munis de poils. C'est la forme la plus commune.

F. b **nuda** Irmisch, *l. c.* ; Aschers. et Graebn., *l. c.* ; G. Cam. Berg. A. Cam., *l. c.* ; Zimmerm., *l. c.* — Plante glabre (?) — Sonderhausen en Thuringe (Irmisch).

Schur, *Sert.*, n° 2726, et *Enum. Trans.*, p. 649 (1866), cite un *E. microphylla* a *intermedia*, un *E. microphylla* b. *firmior* à feuilles plus grandes, à fleurs et fruits dressés ; × ? — Transylvanie.

Monstruosité. — M. Schulze, ap. *Irmischia* (1885), p. 19, signale un cas de tige bifurquée.

V. v. — Juin, août. — *Habitat* : bois ombragés, parfois clairières ensoleillées, dans l'humus, collines, vallées, montagnes, souvent, mais pas exclusivement sur le calcaire ; forêts surtout de Hêtres ou de Pins ; monte à 1.250 m. dans les Alpes-Maritimes (A. Camus in *Riviera scient.*, 1918, p. 10), à 700 mètres en Hongrie (Kerner in *O. B. Z.*, XXVII, p. 202). — *Répart. géogr.* : Europe centr. et mérid. : Espagne (disséminé), Majorque (commun d'apr. H. Knoche, *l. c.*), France (disséminé, mais assez rare. Nord, env. de Paris, Aisne, Alsace, Jura au dessus de Gingins (d'après Reuter), Centre Ouest, Auvergne, Cévennes, Sud-Ouest, Sud-Est, Savoie, Dauphiné, région mérid., Corse, etc.), manquerait en Angleterre, Belgique ? Luxembourg (rare), Allemagne (disséminé et rare, Mecklembourg, Brandebourg, Silésie, Hanovre, Brunswick, Westphalie, Hesse-Nassau, Cassel, Harz, Thuringe, Eichsfeld, Saxe, Bavière, Bade), Suisse (rare, presque exclusivement Suisse occid. jusqu'en Argovie, manque dans le cant. de Zurich où il a été signalé par erreur), Italie (assez rare sur la côte occident. des rég. centr. et mérid., rare dans le Nord, Apennins, Ischia, mont. de la Sicile, Sardaigne), Basse-Autriche, Styrie, Carinthie, Hongrie, Transylvanie, Bosnie, Dalmatie, Serbie, Roumanie (rare), Grèce (très rare, Epire, Thessalie), Turquie (ap. Parlatore), Crimée, Caucase, Asie Mineure jusqu'en Daghestan, Bithynie, Cilicie.

6. — E. VERATRIFOLIA

E. veratrifolia Boiss. et Hoh. in Kotschy, *Pers. bor. exs.* (1847) ; Boiss., *Diagn. ser.*, 1, 13, p. 11 ; *Fl. orient.*, V, p. 87 ; G. Cam. Berg. A. Cam., *Monogr. Orch. Eur.*, p. 423. — **E. consimilis** Wallich ?

Exsicc. : Hausskn., *It. orient.* (1868) ; Kotschy, *It. syriac.* (1855), n° 253 ; Boissier, Kotschy, *l. c.* ; Hohenak., n° 406, n° 632 ; Auch. Eloy, *Herb. d'Or.*, n° 3538 ; Pantling's *Orch. of the Sikk. Himalayo*, n° 125 ; *Herb. of the late East India Comp.*, n° 1076.

Souche rampante, rameuse, à fibres longues, épaisses, charnues. Tige dressée, élevée, munie de feuilles nombreuses, à nervures fortes, les inf. réduites à des gaines un peu renflées, les suivantes ovales-oblongues au-dessus de la gaine, souvent subcordées, à nervures et bords lisses, les sup. passant insensiblement à l'état de bractées. Epi souvent lâche, allongé. Bractées inf. bien plus longues que les fleurs, les sup. égalant l'ovaire. Axe floral et pédicelles floraux très pubescents. *Fleurs 2 fois plus grandes que dans l'E. latifolia*, penchées, vertes, lavées de pourpre. Divisions du périanthe subcampanulées, les ext. lat. semi-ovales, incurvées, pubérulentes, la moyenne ovale-oblongue, les int. plus courtes. Labelle à hypochile concave, incurvé, plus court que les divisions du périanthe ; *épichile* tronqué, subcordé à la base, *subtrilobé au sommet*, à divisions lat. petites, obtuses, *à division médiane lancéolée-aiguë*, 2 fois plus grande que dans l'*E. latifolia*.

Morphologie interne.

Nous avons étudié cette espèce sur un échantillon d'herbier.

Racine. Ecorce formée de cellules à parois transversales ponctuées, contenant des grains d'amidon nombreux, de 4-10 μ de diam. env. Cellules de l'endoderme à parois épaissies et plus ou moins lignifiées vis-à-vis du liber et parfois du bois. Péricycle à parois un peu épaisses, plus ou moins lignifiées, ponctuées. Vaisseaux à section atteignant 100-130 μ de diam. env. Pôles ligneux souvent nombreux (10-12). Liber très réduit.

Tige. Poils nombreux, coudés, rameux, atteignant 500-600 μ de long. Stomates peu abondants. 5-7 assises de parenchyme chlorophyllien à méats entre l'épiderme et l'anneau lignifié. Anneau lignifié formé de 4-7 assises de fibres à parois très épaisses. Faisceaux libéroligneux disséminés, plus ou moins entourés de fibres sclérifiées. Parenchyme int. non résorbé, à petits méats.

Feuille. Ep. = 120-180 μ. Epiderme sup. à parois presque rectilignes, haut de 20-30 μ, à paroi ext. mince et non ou peu bombée, muni de stomates. Epiderme inf. à peine recticurviligne, haut de 25-30 μ, à paroi ext. très mince et peu bombée, à stomates très nombreux. Cellules épidermiques du bord du limbe à paroi ext. à peine bombée extérieurement, ne formant pas de dents marquées. Parenchyme comprenant 5-7 assises. Nervures à épidermes non ou à peine papilleux, à faisceaux libéroligneux entourés d'une gaine sclérifiée, les principales munies de quelques cellules de parenchyme incolore à parois minces.

Fleur. — *Pollen.* Réseau d'épaississements très marqué. L. = 30-40 μ. — *Ovaire.* Stomates peu nombreux. Poils pluricellulaires atteignant 400-500 μ de long. Nervure des valves placentifères très saillante à l'extérieur. Valves non placentifères très développées, très proéminentes, contenant 3 faisceaux libéroligneux à bois int., le médian un peu plus ext. que les latéraux.

V. v. — Syrie, Liban, Cilicie, Arménie, — Perse, Afghanistan (1).

Espèces incomplètement connues.

E. Todari Tenore, *Pl. rar. Sic.* ; Walpers, *Ann.*, t. 1, p. 45 (1849). — Plante très douteuse, non signalée par les auteurs récents. M. Correvon, *Orchid. rust.*, p. 84, la décrit ainsi : tige de 25-30 centim., grêle, pauciflore, garnie de feuilles étroites, linéaires-lancéolées ; bractées nervées, égalant les fleurs ; divisions externes du périanthe conniventes en casque, les deux internes linéaires-subulées ; labelle pubescent, lacinié. Fleurs distantes, d'un rose carné brunâtre. — Lieux herbeux. — Sicile.

E. athensis Mich., *Fl. Hainaut*, p. 281 (1845). — **Helleborine athensis** Hocq., *Fl. Jemm.*, p. 236 (1814). — **Serapias athensis** Lej., *Fl. Spa*, II, p. 196 ; *Revue*, p. 188 ; Reichb. F., *Icon.*, XIII-XIV, p. 14. — **Orchis athensis** Dumort., *Fl. Belg.*, p. 132 (1827). — **O. Morio c athensis** Richter, *Pl. Eur.*, I, p. 266 (1890). — Cette plante est probablement une variation d'un *Epipactis*. Elle ne peut être classée dans le genre *Serapias* tel que nous le comprenons actuellement ; elle a d'ailleurs été citée entre les *Serapias atrorubens* et *palustris* qui sont

---

1. L'espèce suivante n'a pas encore été trouvée dans le bassin méditerranéen, elle n'a été observée qu'en Perse, mais pourrait exister en Asie Mineure, c'est pourquoi nous donnons sa description :

E. persica Haussкn, in *Sched.* — Helleborine persica Soó in Fedde, *Repert.* (1927), p. 36. — Port grêle. Tige presque glabre, engainée à la base. Feuilles elliptiques-lancéolées, longues de 6 cm., larges de 2 cm., acutiuscules, dépassant un peu les entre-nœuds, un peu embrassantes. Bractées-lancéolées, les inf. plus longues que les fleurs. Epi lâche, pauciflore, à fl. env. deux fois plus petites que celles de l'E. latifolia. Div. ext. et lat. int. du périanthe elliptiques-lancéolées ou largement lancéolées, glabrescentes, subtrinervées, assez étroites. Labelle à hypochile concave, épichile triangulaire, de 3 mm. sur 3, acuminé, à base manifestement bigibbeuse. Gynostème court, épais, comme dans l'E latifolia ; rostellum présent. Ovaire glabrescent. Capsule oblongue-obovale. — Perse : Sultanabad (Strauss) ; Elbrus pr. Derbent (Kotschy (1843), n° 921).

des *Epipactis*. Nous ne pouvons comprendre comment RICHTER a pu rattacher cette plante à l'*O. Morio*, à titre de variété — Belgique : Hainaut, prairie près d'Ath.

HYBRIDES

E. LATIFOLIA × VARIANS

× **E. Schulzei** FOURNIER, *Brée.*, p. 514 (1927). — **E. latifolia** × **E. lat.** sous-esp. **varians** (M. SCHULZE in ASCHERS. et GRAEB., *Syn.*, III, p. 865 ; G. CAMUS, BERG. A. CAMUS, *Monogr. Orch. Eur.*, p. 442). — **Helleborine latif.** × **varians** GRABER, *Flore des Gorges de l'Areuse et du Creux-du-Van*, p. 193 (1924).

Feuilles ovales, plus grandes que les entre-nœuds, ressemblant à celles de l'*E. lat.* Grappe assez serrée, plus lâche inférieurement. Bractées lancéolées, les inf. dépassant les fl. Périanthe à peine plus grand que chez l'*E. lat.*, mais se refermant comme chez *E. varians.* Labelle aussi long que les div. int. Epichile plus large que long, muni de deux grosses gibbosités crépues.

Allemagne : env. d'Iéna, Vollradisroda (SWART).

Var. **Wolfii** A. CAMUS. — *E. latifolia* var. *platyphylla* × *E. latif.* sous-esp. *varians.* - *Helleb. latif. platyphylla-varians* GRABER, *Fl. Gorges Areuse et Creux-du-Van*, p. 193 (1924). — Cet hybride a conservé du type *platyphylla* les feuilles ovales ou ovales-lancéolées, planes, mais les sup. ne sont jamais embrassantes, elles forment, avec les bractées, une pyramide régulière et ne présentent pas, comme dans l'*E. lat.*, le passage brusque des feuilles aux bractées. — *Suisse* : env. d'Eptinger (BINZ), Neuhausheim, cant. de Soleure (BERNOUILLI) ; Niouc, Valais (WOLF).

E. VARIANS × VIRIDIFLORA

× **E. liestalensis** A. CAMUS. — **E. lat.** sous-esp. **varians** × **E. lat.** sous-esp. **viridiflora.** **Helleborine latifolia viridiflora** × **varians** GRABER, *Flore des gorges de l'Areuse et du Creux-du-Van*, p. 194 (1924).

Feuilles toutes plus longues que les entre-nœuds, falciformes, plissées en gouttière, les sup. non embrassantes, de même longueur que la bractée inf., celle-ci deux fois plus longue que la fleur. Grappe serrée, à fl. nombreuses.

Suisse : env. d'Olten (BINZ) ; env. de Liestal (CHRIST).

E. LATIFOLIA × MICROPHYLLA

× **E. Barlæ** A. CAMUS. — **E. latifolia** × **microphylla** ASCHERS. et GRAEB., *Syn.*, III, p. 870. — **Helleborine latifolia** × **microphylla** GRABER, *Flore des Gorges de l'Areuse et du Creux-du-Van*, p. 196. (1924).

Plante de 25-35 cm., rappelant l'*E. microphylla* dont elle a la grappe pauciflore et la pubescence grise, un peu moins forte. Feuilles ovales-lancéolées, planes, vertes, bien plus longues que les entre-nœuds. Fleurs verdâtres, à peine teintées de rouge, plus grandes. Div. du pér. lancéolées, acuminées, à moitié fermées. Labelle acuminé, presque aussi long que les div. du périanthe, muni, à la base de l'épichile, de deux gibbosités à peine crépues.

Suisse : Côte Lambercier et Les Oeillons, Travers, alt. 800 m., canton de Neuchâtel (GRABER). — A rechercher en France.

E. ATRORUBENS × LATIFOLIA

× **E. Schmalhausenii** RICHTER, *Pl. Eur.*, I, p. 284 (1890) ; KOCH, *Syn.*, éd. Hall. et Wohlf., p. 2445 ; G. CAM. BERG. A. CAM., *Monogr. Orch. Eur.*, p. 324 ; A. CAM. in *Riviera scientif.* (1918), p. 10 ; ROLFE in *Orch. Rev.* (1919), p. 142. — **E. atrorubens** × **latifolia** TRAUTV., *Incr. fl. ross.*, p. 74, nº 3024 ; ROLFE, *l. c.* — **E. latifolia** × **rubiginosa** SCHMALHAUSEN in *Arb. St-Petersb. Ges. Naturf.*, V, p. 1 (1874) ; in *Oest. bot. Zeitschr.*, XXXIII, p. 574 (1875) ; RICHTER, *l. c.* — **E. latifolia** × **atropurpurea** ASCHERS. et GRAEBN., *Syn.*, III, p. 867 (1907). — **E. atropurpurea** × **latifolia** STEPHENSON in *Journ. of Bot.* (1920), p. 211. — **Helleborine latifolia** × **atropurpurea** GRABER, *Fl. Gorges Areuse et Creux-du-Van*, p. 182 (1924). — × **H. Schmalhausenii** VOLLM., *Fl. Bayern*, p. 169 (1914).

Icon. : *Ic. n.*, pl. 102, f. 18-19.

Port de l'*E. latif.*, mais partie sup. de la tige plus tomenteuse ; feuilles ord. plus étroites et plus fermes, parfois à peine moins larges (éch. Bergon et A. Camus), mais lavées de violet en dessous et à gaines inf. un peu plus lâches ; bractées plus courtes ; pédoncules floraux et fructifères plus longs, lavés de rouge ou de violet. Fleurs verdâtres, parfois pourpre rompu ou rouge brun (éch. Bergon et A. Camus), mais de couleur moins vive que dans l'*E. atrorub.*, à odeur de Vanille moins prononcée, plus grandes que dans cette esp. et à div. ext. un peu plus étalées ; labelle un peu plus court que les div. ext. ; épichile à gibbosités basilaires épaisses, souvent lisses, mais parfois nettement plissées-tuberculeuses, crénelées (éch. Bergon et A. Camus) ; hypochile à ouverture étroite à l'articulation. Ovaire brun roussâtre, plus longuement pédicellé que dans l'*E. latif.* et un peu moins pubescent que dans l'*E. atrorub.* — Cet hybride n'est probablement pas très rare.

Fleurit un peu plus tard que l'*E. atrorub.* et un peu plus tôt que l'*E. latif.*, dans les mêmes stations. — *France* : Alpes-Marit., bois de pins, près Thorenc-station, alt. 1.270 m. (A. Camus) ; Pyrénées-Orient. : Le Canigou (Sennen). — *Grande-Bretagne* : Tongue, Sutherland (Marshall), Grassington (Stephenson). — *Suisse* : cant. du Tessin au Monte Piottino près Faido (Chenevard) ; cant. de Schwyz, le long de la route qui relie Schwyz à Auf-Iberg (P. Bergon in *herb.* G. Cam.) ; Pont de Napoléon, sur Brigue (Wolf), Schaffhouse (Mertens) ; env. de Fleurier, de Travers et de Bôle (Graber). — *Allemagne* : env. d'Iéna (M. Schulze). — *Autriche* : Tyrol, Haller Salzberg (Murr), Innsbruck au Kellenburg (Eggensteiner). — *Russie* : Ingrie (Schmalhausen).

× **E. Fleischmanni** Heimerl., *Flora von Brixen*, p. 56 (1911). — **E. rubiginosa** × **orbicularis** Heimerl., *l. c.*

Se distingue de l'*E. Schmalhausenii* par les feuilles inf. et méd. suborbiculaires ou largement elliptiques, souvent plus courtes que les entre-nœuds, arrondies ou obtuses, les div. ext. du périanthe vertes ou jaune verdâtre, nettement carénées à l'extérieur, les div. lat. int. d'abord verdâtres, puis rosées, les gibbosités de l'épichile petites, à peine crénelées.

Tyrol : Brixen, pentes granitiques entre Franzensfeste et Spinges, alt. 850 m.

E. ATRORUBENS × MICROPHYLLA

× **E. Graberi** A. Camus. — **E. atrorubens** × **microphylla**. — Helleborine atropurpurea × microphylla Graber, *Flore Gorges Areuse et du Creux-du-Van*, p. 182 (1924). — E. microphylla × intermedia Schur, *Enum. pl. Transs.*, p. 649 (1866) ?

Plante de 20-30 cent., à port rappelant celui de l'*E. atrorub.* Tige moins anguleuse, plus pubescente au sommet, mais pourtant moins que dans l'*E. microphylla*, lavée de violet. Feuilles très réduites, les sup. non engainantes, les moyennes ovales-lancéolées, à peine plus longues que l'entre-nœud, papilleuses au bord et à peine sur les nerv., peu saillantes et légèrement violettes. Grappe allongée, de 10-20 fleurs, moins rouges que dans l'*E. atrorub.*, à odeur faible de vanille. Ovaire pubescent, atténué brusquement en pédicelle.

Suisse : Côte Lambercier, près Travers, alt. 800 m., cant. de Neuchâtel (Graber). — Les parents de cet hybride se trouvent rarement dans les mêmes stations.

HYBRIDE INTERGÉNÉRIQUE

CEPHALANTHERA × EPIPACTIS = CEPHALOPACTIS

× × **Cephaopalctis** Aschers. et Graebn., *Syn.*, III, p. 883 (1907).

CEPHALANTHERA PALLENS × EPIPACTIS ATRORUBENS

× × **Cephalopactis speciosa** Aschers. et Graebn., *Syn.*, III, p. 883 (1907). — **Cephalepipactis speciosa** G. Cam. Berg. A. Cam., *Monogr. Orch. Eur.*, p. 424 (1908). — **Epip. speciosa** Wettst. in *Oest. bot. Zeitschr.*, XXXVIII, p. 396 (1889) ; Beck, *Fl. N.-Oest.*, p. 214 ; Richter, *Pl. Eur.*, I, p. 284 ; Koch, *Syn.*, éd. Hall. et Wohlf., p. 2445. — **Ceph. pallens** × **Epip. rubiginosa** Beck, *l. c.* — C. pallens × E. atrorubens G. Cam. Berg. A. Cam., *l. c.* — Ep. rubiginosa × Ceph. grandiflora Hall. et Wohlf., *l. c.* — E. alba × rubiginosa Wettst., *l. c.* ; M. Schulze, *Die Orchid.*, n° 56, 3, t. 56, b. — E. atripurpurea × C. alba Aschers. et

Graebn., *l. c.* — **Helleborine atropurpurea** × **Cephalanthera alba** Graber, *Flore Gorges Areuse et Creux-du-Van*, p. 181 (1924).

Icon. — Wettstein, *l. c.* ; M. Schulze, *l. c.*, reproduction de la planche de Wettstein ; G. Cam. Berg. A. Cam., pl. 30, f. 1059-1062 ; *Ic. n.*, pl. 107, f. 14-15.

Port d'un *E. atrorubens* pauciflore, mais à fleurs plus grandes, plus glabres. Souche cylindrique, rampante, donnant quelques stolons ; fibres radicales nombreuses. Tige dressée, courte, arrondie à la partie inf., cannelée au sommet, glabre ou glabrescente, haute de 3-4 décim. Feuilles engainantes, les sup. brièvement dressées, toutes ovales ou ovales-lancéolées, obtuses ou subaiguës, les inf. plus larges et plus courtes, assez épaisses, brillantes sur les deux faces et à bords légèrement papilleux. Bractées lancéolées aiguës, dressées-étalées, les inf. un peu plus longues que l'ovaire, mais bien moins développées que dans le *C. pallens*. Fleurs étalées, presque horizontales, peu nombreuses (3-7), disposées en grappe subunilatérale. Divisions ext. du périanthe presque étalées, mais moins conniventes que dans le *C. pallens*, vertes ou rougeâtres, les lat. asymétriques, largement ovales, brièvement aiguës, atteignant 10 mm. env. ; les lat. int. ovales-obtuses, conniventes, d'un rouge brillant, fortement nervées ; labelle subdressé, un peu plus long que les divisions ext. du périanthe, nettement divisé en hypochile et épichile ; hypochile développé, renflé, rouge clair, strié de pourpre ; épichile petit, contracté, à base ovale, à bords récurvés, brièvement aigu, rouge, lavé de jaune au milieu. Gynostème allongé. Ovaire fusiforme-allongé, obscurément hexagonal, brièvement tomenteux, à pédicelle court. Fruit étalé-dressé ou disposé horizontalement, hexagonal à 3 côtes aiguës, étroites et 3 côtes obtuses et larges.

Milieu de juin-début de juillet. — *Basse-Autriche.* : env. de Scheibbs (Obrist). - L'exemplaire unique, récolté par Obrist, a fleuri plusieurs fois au Jardin Botanique de Vienne.

Tribu V. — ARETUSEÆ Parlat.

Aretuseæ Parlat., *Fl. ital.*, III, p. 343 (1858) ; G. Cam. Berg. A. Cam., *Monogr. Orch. Eur.*, p. 426. **Aretuseæ** Div. 2. **Euaretuseæ** Lindl., *Gen. and spec.*, p. 385 (1835). — **Aretuseæ** (p. p.) Endl., *Gen.*, p. 220 (1838). — **Neottiaceæ** Reichb. F., *Icon.*, XIII-XIV, p. 133 (1851), p. p.

Étamine centrale seule fertile. Anthère terminale, libre, operculée. Masses polliniques pulvérulentes ou granuleuses, non atténuées en caudicule. — Pas de bulbe, souche à fibres radicales plus ou moins épaisses. Graines atténuées aux deux extrémités.

Papilles ou poils unicellulaires sur le labelle (pl. 121, f. 426-428). Poils pluricellulaires sécréteurs sur la tige, les feuilles, les ovaires, les divisions ext. et lat. int. du périanthe (pl. 119, f. 255-274). Grains de pollen se développant dans toute l'anthère, s'isolant complètement les uns des autres (voir p. 68). Parois de l'anthère à cellules fibreuses abondantes (pl. 122, f. 458-463). Racines non concrescentes, ne présentant qu'un cylindre central (pl. 113, f. 63-73) ; lames vasculaires confluentes ou non (voir p. 47) (1).

A. Masses polliniques bilobées, dépourvues de rétinacle ; labelle ordt dépourvu d'éperon ; ovaire contourné à la base, sessile ; feuilles vertes, développées. . . . . **Cephalanthera**

B. Masses polliniques entières, réunies par un rétinacle ; labelle muni d'un éperon allongé ; ovaire non contourné, à pédicelle tordu ; feuilles réduites à l'état d'écailles engainantes. . . . . **Limodorum**

Gen. XXIX. — CEPHALANTHERA Rich.

Cephalanthera L.-C. Rich. in *Mém. Mus. Paris*, IV, p. 51 (1818) ; Lindl., *Gen. and spec.*, p. 411 ; Nees, *Gen.*, III, 21 ; Endl., *Gen.*, n° 1608, p. 219 ; Reichb. F., *Icon.*, XIII-XIV, p. 133 ; Benth. et Hook., *Gen.*, III, p. 619 ; Pfitzer in Engl. et Prantl, *Pfl.*, II, 6, p. 140 ; G. Cam. Berg. A. Cam., *Monogr. Orch. Eur.*, p. 426 ; Godfery in *Journ. of Bot.* (1920), p. 69. — [**Damasonium** Hall. in Rupp., *Fl. Jen.*, éd. 3, p. 293 (1745)]. — **Serapiadis species** L., *Spec.*, éd. 1, 2, p. 949. — **Epipactidis species** All., *Pedem.*, II, p. 153 (1785) ; Swartz, Willd. — **Dorycheile** Reichb., *Nomencl.*, p. 56 (1841). — **Epipactis** sect. **Cephalanthera** Wettst. in *Œsterr. Bot. Zeitschr.* (1889), p. 425.

Divisions du périanthe conniventes, recouvrant un peu le labelle, dressées, libres ; les externes à peu près égales entre elles, les internes un peu plus courtes. Labelle ord. dépourvu d'éperon, resserré vers le milieu, subarticulé, muni de crêtes dentées, glabres ou papilleuses ; hypochile (partie voisine du gynostème) concave,

---

1. Voir Racine, p. 47-48, Développement des Arétusées, p. 45, Saprophytisme, p. 46.

parallèle au gynostème, à dos gibbeux, parfois à éperon court ; épichile (partie éloignée du gynostème) recourbé au sommet. Gynostème allongé, subcylindrique, portant au sommet un stigmate subarrondi. Rostellum manquant. Anthère terminale, stipitée, mobile, à loges biloculaires, operculée, persistante. Masses polliniques bilobées, dépourvues de rétinacles. Pollen pulvérulent (1). Ovaire dressé, linéaire, plus ou moins allongé, sessile, non contourné. Capsule dressée, subtriquètre. — Souche horizontale, à fibres radicales nombreuses, peu épaisses et souvent fasciculées. Feuilles vertes assez développées, à nervures saillantes. Fleurs assez grandes, dressées, en épi lâche.

Racine à lames vasculaires se fusionnant, à cylindre central lignifié, sauf le liber et quelques cellules péricycliques, à endoderme formé de cellules à parois épaisses et plus ou moins lignifiées vis-à-vis des pôles libériens (pl. 113, f. 72). Poils sécréteurs pluricellulaires ne tendant pas à se ramifier (pl. 119, f. 255-266). Faisceaux libéroligneux de la tige disséminés, pénétrant jusque vers la partie centrale. Nervures munies de fibres lignifiées (pl. 117, f. 175). Grains de pollen s'isolant (pl. 122, f. 436-439). Gynostème ne contenant pas de faisceaux latéraux (pl. 122, f. 475-476.) — Suspenseur ne se développant pas. Limbe peu épais (100-200 μ env.). Nervures presque toutes à sect. biconvexe, les principales munies de sclérenchyme et de parenchyme incolore très peu abondant ; faisceau libéroligneux à sect. allongée perpendiculairement à la surface du limbe, à liber développé ; petites nerv. à faisceau entouré de sclérenchyme et de tissu chlorophyllien.

Tableau des espèces.

$1\begin{cases}\end{cases}$ Labelle dépourvu d'éperon, seulement un peu bossu à la base. 2
Labelle muni d'un éperon très court. . . . . **C. cucullata**

$2\begin{cases}\end{cases}$ Divisions du périanthe acuminées ; labelle égalant presque les autres divisions du périanthe ; épichile plus long que large ; fleurs pourprées ; plante pubescente-glanduleuse. . . . . **C. rubra**
Divisions du périanthe toutes, ou au moins les lat. int., obtuses ; labelle plus court que les autres divisions du périanthe ; épichile plus large que long, fleurs blanches ou jaunâtres ; plan'es glabrescentes 3

$3\begin{cases}\end{cases}$ Divisions du périanthe toutes obtuses ; bractées foliacées, développées, les infér. souvent bien plus longues que les fleurs ; feuilles ovales-oblongues ou ovales-lancéolées, étalées, égalant env. 2 fois la longueur des entre-nœuds . . . . **C. pallens**
Divisions ext. du périanthe aiguës, les lat. int. obtuses ; bractées plus courtes que les fleurs, parfois les infér. aussi longues qu'elles ; feuilles linéaires-lancéolées ou étroitement lancéolées, dressées, égalant 3-5 fois la longueur des entre-nœuds . . . . **C. ensifolia**

1. — C. RUBRA

C. rubra C.-L. Rich. in *Mém. Mus. Paris.*, IV. p. 60 (1818) ; Lindl., *Gen. and spec.*, p. 412 ; Reichb. F., *Icon.*, XIII-XIV, p. 133 ; Correv., *Alb. Orch. Eur.*, pl. VI ; *Orch. rust.*, p. 56, f. 12 ; Nyman, *Consp.*, p. 687 ; *Suppl.*, p. 290 ; Richter, *Pl. Eur.*, I, p. 282 ; Blytt, *Handb. Norg.*, *Fl.*, éd. Ove Dahl, p. 236, *cum icone* ; Babingt., *Man. Brit. Bot.*, éd. 8, p. 351 ; Benth., *Brit. Flora*, p. 458 ; Oudemans, *Fl. Nederl.*, p. 50 ; Dumort., *Prodr. Belg.*, p. 134 ; Lej. et Court., *Comp.*, III, p. 134 ; Mich., *Fl. Hain.*, p. 282 ; Löhr, *Fl. Tr.*, p. 251 ; J. Mey., *Orch. G.-D. Luxemb.*, p. 19 ; Thielens, *Orch. Belg. G.-D. Luxemb.*, p. 19 ; Le Turq. Delon., *Fl. Rouen.* p. 469 ; Lec. et Lamt., *Catal. Pl. Cent.*, p. 353 ; Gr. et Godr., *Fl. Fr.*, III, p. 269 ; Bor., *Fl. Cent.*,

---

1. Dans les fleurs de *Cephalanthera*, l'émission de nectar est nulle ou très faible. Dans ce genre, il peut y avoir autofécondation ou fécondation due à l'intermédiaire des insectes, malgré l'absence de rostellum. Le transport du pollen s'effectue, dans le second cas, grâce à la matière visqueuse du stigmate (Cf. Delpino, *Ull. osserv. sulla dicog.*, II, p. 149 (1875) et Godfery in *Journ. Linn. Soc.* (1922), p. 512).

Avant l'anthèse, l'extrémité du labelle empêche l'accès du fond de la fl., aux insectes. À l'époque où la fl. peut être fécondée, l'extrémité du labelle s'abaisse et les insectes peuvent arriver jusqu'aux organes reproducteurs, se frotter au stigmate assez glutineux, et, grâce à la matière glutineuse, enlever les masses polliniques qui adhèrent à lui par leur centre convexe, dirigeant leur pointe en avant. Celle-ci se trouve en contact du stigmate de la prochaine fl. visitée par l'insecte. La fécondation croisée est ainsi opérée. Cet acte accompli, l'épichile se relève de nouveau, empêchant l'accès de la fl. Dans le cas où l'insecte fait défaut, il peut y avoir autofécondation.

La fécondation a souvent lieu 5 ou 6 semaines après la pollinisation.

Le genre *Cephalanthera* est vraisemblablement l'un des genres européens, les plus anciens, vivant actuellement. Le pollen est encore en grains séparés et il n'y a pas de rétinacle. Par ce genre, on se rend compte de la manière dont s'opérait la fécondation croisée avant l'apparition des rétinacles, grâce à la viscosité du stigmate. L'accroissement de sécrétion du stigmate sup. a été un avantage pour la plante, probablement accru, dans le cours des temps, par la sélection naturelle, jusqu'à ce que le stigmate arrivât à former une masse visqueuse distincte (rétinacle rudimentaire), entourée ensuite d'une membrane, pour former un rostellum, tel qu'on le trouve chez la plupart des *Epipactis*.

Les grains de pollen, d'abord séparés chez les *Cephalanthera*, se sont réunis en tétrades, puis plus tard, les tétrades, en masses polliniques et le caudicule s'est différencié pour arriver à la disposition qu'on observe chez les Ophrydées.

éd. 3, p. 650 ; Gonr., *Fl. Lorr.*. II, p. 306 ; Castag., *Cat. B.-d.-Rh.*, p. 155 ; Michal., *Hist. nat. Jura*, p. 298 ; Gren., *Fl. ch. jurass.*, p. 760 ; Marter.-Don., *Fl. Tarn*, p. 714 ; Renault, *Ap. H.-Saône*. p. 242 ; Ard., *Fl. Alp.-Mar.*, p. 35 ; Barla, *Iconogr.*, p. 8 ; Dulac, *Fl. H.-Pyr.*, p. 59 ; Loret et Barr., *Fl. Montp.*, p. 654 ; Jeanb. et Timb.-Lagr., *Massif Laurenti*, p. 291 ; Ravin, *Fl. Yonne*, p. 364 ; G. Cam., *Monogr. Orch. Fr.*, p. 117 ; in *Journ. Bot.*, VI, p. 279 ; G. Cam. Berg. A. Cam., *Monogr. Orch. Eur.*, p. 427 ; A. Cam. in *Riviera scientif.* (1918), p. 11 ; Deb., *Révis. fl. agen.*, p. 515 ; Gautier, *Pyr.-Or.*, p. 395 ; Coste, *Fl. Fr.*, III, p. 411, n° 3630, *cum icone* ; Rouy, *Fl. Fr.*, XIII, p. 201 ; Briquet, *Prodr. Fl. Corse*, p. 388 ; Alb. et Jahand., *Cat. Var*, p. 43 ; Kirschl., *Fl. Als.*, p. 147 ; Reichb., *Fl. exc.*, p. 132 ; Koch, *Syn.*, éd. 2, p. 800 ; éd. 3, p. 603 ; éd. Hall. et Wohlf., p. 2443 ; Garcke, *Fl. v. Deuts.*, éd. 14, p. 283 ; Oborny, *Fl. Mæhr. Oest. Schles.*, p. 253 ; Foerster, *Fl. Aachen*, p. 350 ; Caflisch, *Ex. Fl. S. D.*, p. 299 ; Bach, *Rheinpr.*, p. 374 ; Aschers. et Graeb., *Syn.*, III, p. 878 ; Seubert, *Ex. Fl. Bad.*, p. 126 ; Spenn., *Fl. frib.*, p. 250 ; Kraenzl., *Orchid.*, p. 55 ; Morth., *Fl. Suisse*, p. 357 ; Reuter, *Cat. Genève*, éd. 2, p. 208 ; Bouvier, *Fl. Alp.*, éd. 2, p. 647 ; Gremli, *Fl. Suisse*, éd. Vetter, p. 485 ; Schinz et Keller. *Fl. Schweiz*, p. 128 ; Fischer, *Fl. Bern*, p. 80 ; Tod., *Orch. sic.*, p. 119 ; Comoll., *Fl. comens.*, VI, p. 385 ; Sang., *Fl. rom. prodr. alt.*, p. 742 ; Guss., *Syn. fl. sic.*, II, p. 555 ; de Notar., *Repert. fl. lig.*, p. 394 ; Pucc., *Syn. fl. luc.*, p. 483 ; Bertol., *Fl. ital.*, IX, p. 629 ; Parlat., *Fl. ital.*, IX, p. 350 ; Ces. Pass. Gib., *Comp.*, p. 178 ; Stef. Fors. Maj., *Cat. Samos*, p. 6 ; Arcang., *Comp.*, éd. 2, p. 160 ; Cocconi, *Fl. Bolog.*, p. 476 ; Fiori et Paol., *Fl. ital.*, I, p. 252 ; *Iconogr.*, n° 861 ; Lojacono, *Fl. Sicula*, III, p. 51 ; Boiss., *Voy. Esp.*, p. 599 ; Barcelo, *Ap. Balear.*, p. 45, n° 401 ; Marès et Vigin., *Cat. Baléar.*, p. 278 ; H. Knoche, *Fl. balear.*, I, p. 412 ; Willk. et Lange, *Prodr. hisp.*, I, p. 175 ; Ambros., *Fl. Tir. austr.*, I, p. 725 ; Hausm., *Fl. Tirol.*, p. 849 ; Vis., *Fl. Dalm.*, p. 181 ; Rhiner, *Prodr. Waldst.*, p. 129 ; Neilr., *Fl. N.-Oest.*, p. 202 ; Beck. *Fl. Nied.-Oest.*, p. 212 ; Schur, *Enum. Trans.*, p. 648, n° 3444 ; Simk., *Enum. fl. Trans.*, p. 505 ; Berger in *Allg. bot. Zeitschr.* (1914), p. 20 ; Grecescu, *Consp. Roman.*, p. 548 ; *Plantele România*, II, p. 41 ; Panţu, *Contrib. Bucurest.*, p. 90 et *Orch. Rom.*, p. 147 ; Helder., *Fl. Cephal.*, p. 81 ; Boiss., *Fl. orient.*, V, p. 84 ; Hall. in *K. K. zool. bot. Ges.* (1899) ; Haussky., *Symb. fl. gr.*, p. 23 ; Halacsy, *Consp. fl. gr.*, III, p. 154 ; Grincescu in *Bull. géogr. bot.* (1918), p. 74 ; Maire in *Bull. Soc. hist. nat. Afrique du Nord* (1921), p. 185 ; (1924), p. 90 ; in *Mém. Soc. Sc. nat. Maroc* (1924), p. 154. — **Serapias Helleborine** L., *Spec.*, éd. 1, p. 949 (1753). — **S. longifolia** Huds.. *Fl. angl.*, éd. 1, p. 341 (1762), p. p. — **S. rubra** L., *Syst. nat.*, éd. 12, II, p. 594 (1766) ; Hall., *Icon. Helv.*, p. 52 ; Sut., *Fl. helv.*, II, p. 23 ; Clairv., *Man.*, p. 264 ; Mur. *Bot. Valais*, p. 96 ; Lamk. *Fl. fr.*, III, p. 520 ; Vill., *Hist. Dauph.*, II, p. 53 ; Hoffm., *Deuts.*, p. 320 ; Roth, *Germ.*, I, p. 383 ; II, p. 410 ; Smith, *Brit.*, p. 946 ; Lej., *Rev. fl. Spa*, p. 190 ; Suffren, *Pl. du Frioul*, p. 185 ; Ten., *Fl. nap.*, II, p. 321 ; Sebast. et Mauri, *Fl. rom. prodr.*, p. 315 ; Pall., *Ind. Taur.* — **Epipactis purpurea** Crantz, *Stirp. austr.*, VI, p. 457 (1769). — **Epipactis rubra** All., *Fl. pedem.*, II, p. 153 (1785) ; Willd., *Spec.*, IV, p. 86 ; Swartz in *Act. holm.* (1800), p. 232 ; DC., *Fl. fr.*, III, p. 260 ; Duby, *Bot.*, p. 449 ; Loisel., *Fl. gall.*, p. 273 ; Mutel., *Fl. fr.*, III, p. 257 ; *Fl. dauph.*, éd. 2, p. 598 ; Boisduval, *Fl. fr.*, III, p. 54 ; Lapeyr., *Abr. Pyr.*, p. 553 ; Contej., *Rev. Montbél.*, p. 244 ; Lloyd et Foro., *Fl. Ouest.*, p. 341 ; Cah. et St-Lag., *Fl. descr.*, éd. 8, p. 812 ; Guill., *Fl. Bord. et S.-O.*, p. 172 ; de Vos, *Fl. Belg.*, p. 558 ; Nocc. et Balb., *Fl. tic.*, II, p. 158 ; Poll., *Fl. veron.*, III, p. 260 ; Ten., *Syll. fl. neap.*, p. 461 ; Gaud., *Fl. helv.*, V, n° 2086 ; Reuter, *Cat. Genève*, éd. 1, p. 101 ; Sirth. et Sm., *Prodr. Fl. Graec.*, II, p° 221 ; *Fl. gr.*, X, p. 25, t. 933 ; Wettstein in *Œsterr. bot. Zeitschr.*, XXXIX, p. 395 (1889) ; M. Schulze, *Die Orchid.*, n° 58 ; Zimmerm., *Die Form. d. Orchid.*, p. 82. — **Callithronum** Ehrh., *Phytogr.*, p. 97 ; *Beitr.*, IV, p. 149 (1789). — **Serapias grandiflora** Schmidt, *Fl. Boëm.* 83 (1794), non Scop. — *Epipactis caule pauciflo*ro lineis acuti labelli undulatis Hall., *Helv.*, n° 1299, t. 42. — *Helleborine flore carneo* Bauh., *Pin.*, p. 187. — *H. montana angustifolia purpurascens* Bauh., *Phyt.*, p. 332 ; *Pinax*, p. 187 ; Bas, p. 55 ; Tournef., *Inst.*, p. 436 ; Seg., *Pl. ver.*, II, p. 136. — *H. angustifolia* Taber. Kraeut., p. 1100. — *H. tenella tribus in caule foliis praedita* Cup., *Pamph. sic.*, II, t. 107 ex Todaro. — *H. montana angustifolia, purpurascens brevioribus rarioribusque foliolis lanceolatis acutis* Cup., *H. cath. suppl.*, p. 244. — *Elleborines genus 5* Clus., *Pann.*, 575. — *Epipactis longifolia paucis purpureis floribus* Zinn., *Gott.*, p. 86. — *Damasonium flore roseo* Riv., *Hex.*, t. 6.

Noms vulg. : Céphalanthère rouge. — Angl. : Red Cephalanthera. — Allem. : Rotes Waldvöglein, Rot-Orant, Roter Kopfbeutel, Rotes Zymbelkraut, Rothe Kopforche. — Holl. : Rood Boschvogeltje. — Ital. : Elleborine rosea.

Icon. : Labr., *Veg. Helv.*, 2, t. 5 ; Hall., *Ic. helv.*, t. 46 et éd. 1768, t. 42 ; Clus., *Hist.*, I, p. 272, f. 2 ; Moris., *l. c.*, II, t. 4, f. 21 ; Gilib., *Comp.*, t. XXI, f. a ; *Engl. Bot.*, t. 437 ; *Fl. dan.*, t. CCCXLV ; Sib. et Sm., *Fl. gr.*, t. 933 ; Crantz. *Stirp. austr.*, VI, p. 457, t. 4, f. 2 b et f. 3 ; Smith, *Brit.*, t. 946 ; Fitch et Smith, *Illustr. Brit. Fl.*, n° 983 ; Moris, *Hist. pl. Oxon.*, III, 12, p. 487, t. 11, f. 5 ; Reichb. F., *Icon.*, XIII-XIV, t. 117, CCCCLXIX, f. 1-11, 1-29 ; Schrk., *Fl. Monac.*, t. 119 ; Oudemans, *l. c.*, pl. LXXI, f. 370 ; Schlecht

Lang. *Deutsch.*, IV, p. 370 ; Barla. *l. c.*, pl. 4, f. 1-18 ; G. Cam., *Iconogr. Orch. Per.*, pl. 30 ; Fiori et Paol., *l. c.*, f. 861 ; Hegi, *Fl. Mittel-Europa*, l. 68, f. 10 ; M. Schulze. *l. c.* : Bonnier, *Alb. N. Fl.*, p. 149 ; G. Cam. Berg. A. Cam., *l. c.*, pl. 32, f. 1123-1128 ; *Ic. n.*, pl. 107, f. 1-13.

Exsicc. : Todaro. *Fl. sic.*, n⁰ 911 ; Fries, 8, n⁰ 66 ; Reichb., n⁰ 176 ; Schultz, n⁰ 2271 ; *Soc. Rochel.*, n⁰ 1791 ; Magn.. *Fl. sel.*, n⁰ 2584 ; Lej. et Court., *Choix pl.*, n⁰ 958 ; Billot, n⁰ 3237 ; Bourg., *Pl. Savoie*, n⁰ 28 ; Todaro, *Sic.*, n⁰ 911 ; Callier, *It. Taur.* (1900). n⁰ 738 ; *Austr.-Hung.*, n⁰ 1844 ; *It. alban.*, 5 (1897), n⁰ 96 ; A. Baldacci ;Siehe's *bot. Reise nach Cilic.* 1895-1896, n⁰ 633 ; Balansa, *Pl. d'Orient* (1853) ; Kotschy, *It. Cil.-Kurdic.* (1859), n⁰ 155 ; *Herb. East. Ind. Comp.*, n⁰ 5323-5324 ; *Soc. Dauph.*, n⁰ 2259 ; Reverchon (1885).

Rhizome presque cylindrique, allongé, un peu oblique, à fibres radicales nombreuses, subcylindriques (1). *Tige* de 2-6 décim., dressée, sinueuse. sillonnée, feuillée sauf au sommet, vert clair, rougeâtre et *pubescente-glanduleuse à la partie sup.* Feuilles étalées. un peu distiques, étroitement lancéolées ou ovales-lancéolées, aiguës ou acuminées, assez fermes, plus longues que les entre-nœuds, d'un vert foncé, à nervures inégalement saillantes. souvent violacées, les inf. réduites à l'état de gaines. Bractées herbacées. vertes, lancéolées, aiguës, nervées. pubescentes-glanduleuses, à bords ciliés, les inf. égalant ou dépassant l'ovaire ou même parfois la fleur, les sup. plus courtes. à nervures longitudinales. *Fleurs assez grandes*, peu nombreuses (5-9), *d'un pourpre violacé ou d'un mauve pourpré*, dressées ou un peu étalées. disposées en épi lâche. *Divisions du périanthe toutes acuminées*, rapprochées, légèrement réfléchies au sommet, les ext. lancéolées, acuminées, munies de quelques poils à l'extérieur, la médiane rapprochée du gynostème. les lat. ext. un peu étalées ; les lat. int. ovales-lancéolées, plus larges, un peu moins acuminées, légèrement plus courtes que les ext. *Labelle égalant presque les autres divisions du périanthe* ; hypochile blanc, *un peu en sac à la base*, pourvu de deux oreillettes dressées, arrondies. minces, parfois d'un rose très pâle, muni de nervures ordt un peu saillantes, jaunâtres disposées en éventail de la base vers les bords ; *épichile cordiforme*, acuminé, *plus long que large*. blanc, à bords relevés et violacés, canaliculé. muni de crêtes longitudinales dentées, d'un jaune ocracé au sommet. Gynostème allongé, mais plus court que les divisions du périanthe, obtus, subcylindrique, plan en avant, convexe en arrière. d'un pourpre souvent plus intense que les divisions du périanthe. Stigmate pourpré, subarrondi. Anthère pourprée. papilleuse. Masses polliniques allongées, recourbées, blanchâtres ou cendrées. Ovaire grêle. linéaire, subsessile, un peu rétréci et contourné vers la base, pubescent-glanduleux, d'un vert jaunâtre à côtes rougeâtres (2).

Morphologie interne.

Racine (pl. 113, f. 72). — Poils absorbants assez nombreux. Assise pilifère subérisée. Assise subéreuse peu haute, assez aplatie, à parois ext. et lat. subérisées. Ecorce contenant des raphides et des grains d'amidon de forme irrégulière, longs de 5-12 μ env. C'est dans les racines d'âge moyen, et surtout vers leur partie supér., que se trouvent les endophytes. Il existe parfois de nombreux pelotons d'endophytes qui pénètrent jusqu'à l'assise sus-endodermique. Dans les racines âgées. on ne trouve plus que des pelotons de dégénérescence. Endoderme formé de cellules à parois plus ou moins épaisses. parfois entièrement lignifiées ou lignifiées devant le liber et à cadres subérisés vis-à-vis du bois. Péricycle souvent lignifié et à parois épaissies vis-à-vis des pôles libériens. Cylindre central. sauf le liber et parfois quelques cellules péricycliques. entièrement lignifié ; fibres à parois extrêmement épaissies. Liber très peu développé (3).

Partie du rhizome portant des racines (f. 215). Péricycle (P) et endoderme (End) à parois légèrement épaissies. Faisceaux libéro-ligneux très rapprochés autour d'un parenchyme int. à parois un peu lignifiées (S) ; bois tendant à enclaver le liber. — *Partie du rhizome située immédiatement au-dessus des racines* (f. 216). Faisceaux libéro-ligneux peu nombreux, disposés en un cercle plus ou moins régulier, entourés de 2 arcs ou d'une gaine de fibres sclérifiées (s). — *Milieu de la tige* (f. 217). Epiderme à paroi ext. mince, renfermant de l'anthocyane vers le sommet de la tige ; stomates nombreux (pl. 114, f. 90). Poils sécréteurs 2-6-cellulaires, longs de

---

1. Les racines peuvent porter des bourgeons adventifs. voir p. 75 (cf. Irmisch, *Beitr. zur Biol. und Morph. d. Orchid.*, p. 31 ; Warming, *On some Knopdannelse paa rodder* in *Bot. Tidsskrift.* III, 2, p. 53-63 (1877).

2. L'épichile forme une plate-forme plus développée que dans le *C. pallens.* La fécondation a lieu fort probablement exclusivement par l'intermédiaire des insectes (Kirchner, *Neue Beob.*. p. 12 ; *Beitr.*, p. 12 ; *Flora*, p. 173 ; Knuth, *Blütenbiol.*, II, 2, p. 419). Le pollen est retenu par la sécrétion visqueuse du stigmate. Si les fleurs ne sont pas visitées par les insectes, elles ne donnent pas de graines. C'est pourquoi cette espèce fructifie peu. Dans le Midi, M. Godfery a observé que le *Florabus agrorum* visitait les fleurs de *C. rubra* (Cf. Godfery in *Journ. of Bot.* (1922), p. 360).

3. Voir p. 18.

100-300 μ, abondants sur la partie sup. de la tige ; cellule terminale arrondie ou peu allongée, à contenu jaune d'or (pl. 119, f. 255-258). Parenchyme ext. chlorophyllien formé de 2-4 assises dans les dépressions, plus développé dans les petites protubérances. Anneau sclérifié formé de 5-9 assises de fibres (s), à parois très épaisses, enclavant les petits faisceaux libéroligneux ext. Faisceaux libéroligneux ext. disposés plus ou moins irrégulièrement en cercle, les int. plus développés, disséminés, entourés d'une gaine sclérifiée, parfois complète, épaisse surtout à l'extérieur du liber et manquant souvent à l'intérieur du bois. Tout le parenchyme situé entre les faisceaux peut se sclérifier ; la région ext. de l'anneau et les arcs extra-libériens des faisceaux libéroligneux int. étant formés de fibres à section plus petite et à parois plus épaisses que les autres. Bois tendant à entourer le liber. Parenchyme int. renfermant de rares paquets de raphides, plus ou moins résorbé au centre de la tige.

Feuille (f. 218). Ep. = 150-200 μ. Epiderme sup. recticurviligne ou ondulé, contenant un peu de chlorophylle, haut de 20-40 μ, à paroi ext. épaisse de 4-6 μ et bombée, portant quelques poils semblables à ceux de la tige, muni de stomates assez nombreux, même dans les feuilles infér. Epiderme inf. à parois lat. assez épaisses, recticurvilignes, haut de 12-25 μ, à paroi ext. épaisse de 4-8 μ et bombée, renfermant un peu de chlorophylle, muni de très nombreux stomates, portant quelques poils semblables à ceux de la tige. Paroi ext. des cellules épidermiques marginales du limbe assez épaisse et formant des dents arrondies et inclinées, atteignant 30-45 μ de long (pl. 116, f. 137). Parenchyme (Pc) comprenant 5-7 assises de cellules un peu allongées horizontalement, riches en chlorophylle, et çà et là quelques cellules à raphides. Bord brusquement aminci. Nervure médiane très saillante à la face inf. de la feuille, peu saillante à la face sup. (f. 218) ; faisceau libéroligneux entouré de parenchyme chlorophyllien et de 2 forts arcs sclérifiés réunis latéralement par quelques fibres (pl. 117, f. 173, 175) ; fibres peu nombreuses et à parois très épaisses sous le liber, très abondantes au-dessus du bois, les ext. très épaissies, les int. un peu moins épaisses. Nervures secondaires à section biconvexe ; faisceau libéroligneux entouré de tissu chlorophyllien et d'un anneau sclérifié à peu près également développé au-dessus du bois et au-dessous du liber (pl. 117, f. 175). — *Ecailles foliaires aériennes de la base de la tige.* Paroi ext. des épidermes très mince. Nervures pourvues de sclérenchyme.

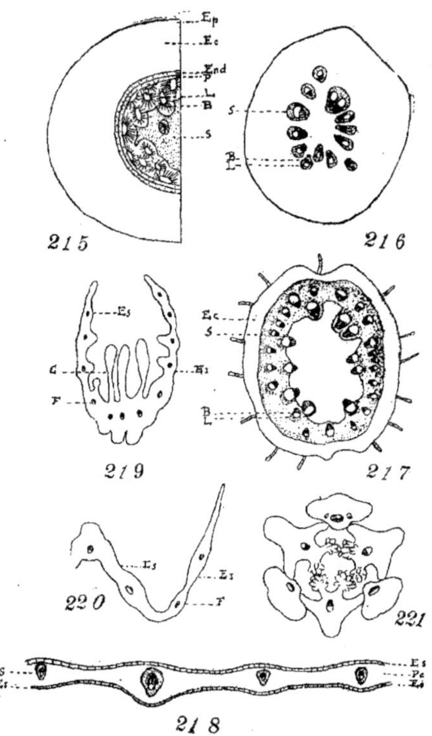

Cephalanthera rubra. — Fig. 215 : section transv. schématique de la partie du rhizome portant des racines ; B, bois ; Ec, écorce ; End, endoderme ; Ep, épiderme ; L, liber ; P, péricycle ; S, tissu sclérifié. — Fig. 216 : section du rhizome au-dessus de la région portant des racines ; les faisceaux libéroligneux sont entourés d'une gaine de fibres. — Fig. 217 : section de la tige. — Fig. 218 : section transv. schématique de la feuille ; Ei, épiderme inf. ; Es, épiderme sup. ; Pc, parenchyme chlorophyllien. — Fig. 219 : section de l'épichile du labelle ; C, crête ; F, faisceau libéroligneux. — Fig. 220 : section de l'hypochile. — Fig. 221 : section transv. schématique de l'ovaire.

Fleur. — *Divisions externes et latérales internes du périanthe.* Epiderme ext. des divisions ext. muni de poils pluricellulaires analogues à ceux de la tige. Epiderme int. dépourvu de poils. Traces d'huile essentielle dans les cellules épidermiques. Cellules terminales et parfois subterminales des poils renfermant ord. une petite quantité d'huile essentielle. — *Labelle.* Epiderme int. de l'épichile et de l'hypochile formé de cellules à parois ondulées, à papilles peu nombreuses et courtes. Epiderme ext. sans papilles caractérisées. Hypochile à faisceaux libéroligneux peu nombreux ; parenchyme un peu plus développé vis-à-vis des faisceaux (f. 220). Epichile à section semi-lunaire (f. 219) ; faisceaux libéroligneux plus abondants que dans l'hypochile ; crêtes (C) très marquées sur la face int., dues à l'hypertrophie du parenchyme des nervures, les plus longues situées vers la partie médiane, atteignant 500 µ de long env. Labelle très aminci à l'articulation entre l'épichile et l'hypochile, n'ayant guère que 100-120 µ d'épaisseur à cet endroit, à parenchyme non hypertrophié vis-à-vis des faisceaux des nervures et formé de cellules arrondies, constituant un tissu très lâche, d'où la fragilité de cette région. Il existe parfois quelques rares globules d'essence dans les épidermes ext. et int. et vers les bords de l'épichile et de l'hypochile. — *Gynostème* (pl. 122, f. 476). Il contient 3 faisceaux stylaires et 1 faisceau staminal ; coupe du canal stylaire non ou peu incurvée. — *Anthère* (pl. 122, f. 458). Tissu fibreux très développé, comprenant 2-3 assises. Epiderme dépourvu de papilles caractérisées. — *Pollen* (pl. 122, f. 440-441). Blanc plombé. Grains s'isolant, observés à sec de forme assez irrégulière, plus ou moins allongée. Exine alvéolée à la surface de chaque grain. L. (1) — 28-34 µ. — *Ovaire* (f. 221). Poils pluricellulaires très nombreux, semblables à ceux de la tige (pl. 119, f. 259). Nervure des valves placentifères très saillante, ayant un faisceau libéroligneux ext. et parfois un faisceau placentaire libérien ou libéroligneux réduit. Placenta divisé presque dès la base, à divisions longues. Valves non placentifères très développées, très proéminentes, à faisceau libéroligneux tendant à se diviser.

S.-var. α albifl)ra G. CAM. BERG. A. CAM., *l. c.*, p. 430. — Var. *albiflora* TOUSS. et HOSCH., *Fl. Vernon*, p. 254 (1898) ; A. DE LA DOUZE in *Bull. Soc. bot. Fr.*, 1895, p. 230. — *Lusus alba* RUPP. in *Verh. Nat. Ver. preuss. Rheinl. u. Westf.*, (1924), p. 191 ; ZIMMERM., *l. c.* — Cf. M. SCHULZE in *Mitth. Thür. B. V. N. F*, X, p. 86 (1897) et *O. B. Z.* (1899), p. 299. — Fleurs complètement blanches. — Rare.

S.-var. β parviflora G. CAM. BERG. A. CAM., *l. c.*; p. 430. — Var. *parviflora* ASCHERS. et GRAEBN., *l. c.*, p. 879 ; ZIMMERM., *l. c.* — *Epipactis rubra* b. *parviflora* HARZ in SCHLECHT. LANG. SCHENK, *Fl. Deutschl.*, 5, IV, p. 327 (1896). — Feuilles et fl. notablement plus petites que dans le type. — Endroits secs. — Allemagne, Autriche, Istrie.

Monstruosités. — RUTHE in *Verh. d. Bot. Ver. d. Prov. Brand.*, XXIII, p. 5 (1891), a décrit une inflorescence dont les fleurs avaient le labelle bifurqué ou trifurqué.

V. v. — Fin mai-juillet ; avril-mai en Espagne. — *Habitat* : forêts sèches, clairières ensoleillées, bois montueux, parfois sous les Conifères, paraît préférer le calcaire ; monte à 1.800 m. d'alt. dans le Tyrol (DALLA TORRE et SARNTH.). — *Répart. géogr.* : manque en Portugal où il a été signalé par REICHENBACH (cf. GUIMARAES, *Orchid. Portug.*, p. 21), Espagne (disséminé dans les rég. montagn. et litt.), manque à Majorque, d'ap. KNOCHE, bien qu'y ayant été signalé par BARC., France (disséminé, rare dans les plaines, plus abondant dans la rég. montagneuse, manque en Bretagne, Corse entre 600 et 1.500 m. d'alt.), Angleterre (assez rare, Costwold Hills), Belgique [env. de Namur (BODARD et LEGRAND)], Danemark, Gotland, péninsule Scandinave, Allemagne (disséminé, rare dans le nord), Suisse (peu répandu), Italie (assez abondant dans les montagnes, plus rare dans la rég. litt. et les marais, rare en Sicile, manque en Sardaigne, d'ap. KNOCHE), Autriche, Hongrie, Bosnie, Herzégovine, péninsule des Balkans, Grèce, Russie centr. et mérid., Crimée, rég. de l'Oural, Caucase, Transcaucasie. Asie Mineure, Algérie : Moyen Atlas à Azrou, ravin de Tioumliline, alt. 1.500 m. (MAIRE). — Perse, Sibérie.

2. — C. ENSIFOLIA

C. ensifolia C.-L. RICH. in *Mém. Mus. Paris*, IV, p. 60 (1818) ; LINDL., *Gen. and sp.*, p. 412 ; CORREVON, *Alb. Orch. Eur.*, pl. IV ; BLYTT, *Norg. Fl.* p. 227 ; BABINGT., *Man. Brit. Bot.*, éd. 8, p. 351 ; BENTH., *Brit. Flora*, p. 458 ; DUMORT., *Prodr. fl. Belg.*, p. 134 ; LEJ. et COURT., *Comp.*, III, p. 194 ; MICH., *Fl. Hain.*, p. 282 ; CRÉPIN, *Man. fl. Belg.*, éd. 1, p. 179 ; LÖHR, *Fl. Tr.*, p. 251 ; DUMOUL., *Fl. Maestr.*, p. 39 ; THIELENS, *Orch. Belg. et G.-D. Lux.*, p. 38 ; LEC. et LAMT., *Cat. Pl. Cent.*, p. 352 ; GR. et GOD., *Fl. Fr.*, III, p. 268 ; BOREAU, *Fl. Cent.*, éd. 3, II, p. 650 ; CASTAGNE, *Cat. B.-d.-Rh.*, p. 155 ; MARTR.-DONOS, *Fl. Tarn*, p. 713 ; MICHAL., *Hist. nat. Jura*, p. 298 ; ARDOINO, *Fl. Alp.-Mar.*, p. 359 ; DULAC, *Fl. H.-Pyr.*, p. 120 ; POIRAULT, *Cat. Vienne*, p. 96 ; LORET et BARR., *Fl. Montp.*, p. 651 ; MARTIN, *Cat. Romorant.*, éd. 1, p. 262 ; éd. 2, p. 378 ; FRANCH., *Fl. L.-et-Ch.*, p. 566 ; GODR., *Fl. Lorr.*, II, p. 305 ; RAVIN, *Fl. Yonne*, p. 363 ; BARLA, *Iconogr.*, p. 6 ; G. CAM., *Monogr. Orch. Fr.*, p. 117 ; in *Journ. bot.*, VI, p. 278 ; G. CAM. BERG. A. CAM., *Monogr. Orch. Eur.*, p. 430 ; DEB., *Rév. fl. agen.*, p. 514 ; BUBANI, *Fl. pyr.*, p. 59 ; COSTE, *Fl. Fr.*, III, p. 412, n° 3631, *cum icone* ; ROUY, *Fl. Fr.*

1. Pour toutes les espèces de *Cephalanthera*, *Limodorum* et *Cypripedium*, dont les grains de pollen s'isolent complètement, L. = longueur des grains de pollen (et non des tétrades) observés à sec.

XIII, p. 200 ; Aub. et Jahand., *Cat. Var*, p. 493 ; Kirschl., *Fl. Als.*, II, p. 147 ; Reichb., *Fl. excurs.*, I, p. 132 ; Koch, *Syn.*, éd. 2, p. 800 ; éd. 3, p. 602 ; Oborny, *Fl. v. Moehr. Oest. Schl.*, p. 254 ; Spenn., *Fl. frib.*, p. 249 ; Kraenzl., *Orchid.*, p. 56 ; Reuter, *Cat. Genève*, éd. 2, p. 208 ; Bouvier, *Fl. Alp.*, éd. 2, p. 647 ; Fischer, *Fl. Bern.*, p. 80 ; Tod., *Orch. sic.*, p. 121 ; Comoll, *Fl. comens.*, VI, p. 384 ; Guss., *Fl. sic. syn.*, II, p. 556 ; de Notar., *Repert. fl. lig.*, p. 394 ; Pucc., *Syn. fl. luc.*, p. 483 ; Bertol., *Fl. ital.*, IX, p. 628 ; Guss., *Enum. pl. inar.* p. 324 ; Moris, *Stirp. Sard.*, p. 43 ; Parlat., *Fl. ital.*, III, p. 345 ; Sang., *Fl. rom. prodr. alt.*, p. 724 ; Ces. Pass. Gib., *Comp.*, p. 177 ; W. Barbey, *Fl. sard. comp. et suppl.*, n° 1333 ; Martelli, *Monoc. Sard.*, p. 9 ; F. Cortesi in *Ann. bot.* Pirotta, II, p. 115 ; Fiori et Paol., *Fl. ital.*, p. 252 ; Cocconi, *Fl. Bolog.*, p. 476 ; Lojacono, *Fl. Sicula*, III, p. 51 ; Arcang., *Comp.*, éd. 2, p. 160 ; Ambr., *Fl. Tir. austr.*, I, p. 724 ; Hausm., *Fl. Tirol*, p. 848 ; Hinterhuber et Pichlm., *Fl. Salz.*, p. 195 ; Neilr., *Fl. N.-Oest.*, p. 202 ; Beck, *Fl. N.-Oest.*, p. 282 ; Schur, *Enum. Trans.*, p. 648, n° 3445 ; Boiss., *Fl. orient.*, V, p. 85 ; Heldr., *Parn.* p. 27 ; Hausskn., *Symb. fl. gr.*, p. 13 ; Grecescu, *Prodr. Roman.*, p. 548 ; *Suppl.*, *Consp. Fl. Rom.*, p. 157 ; Pantu, *Orch. d. Rom.*, p. 144 ; Grintescu in *Bull. géogr. bot.* (1918), p. 73 ; Colm., *Enum. pl. hisp.-lus.*, V, p. 47 ; Mares et Vigin., *Cat. Bal.*, p. 278 ; Willk. et Lange, *Prodr. Hisp.* p., 175 ; Guim., *Orch. port.*, p. 20 ; Battand et Jahand. in *Bull. Soc. Hist. nat. Afr. du Nord* (1921), p. 168 ; Jahand. in *Mém. Soc. Sc. nat. Maroc* (1923), p. 108. — **Serapias Helleborine β longifolia** L., *Spec.*, éd. 1, p. 950 (1753). — **S. longifolia** Huds., *Fl. Angl.*, éd. 1, p. 341 (1762), p. p. ; Scop. *Fl. carn.*, éd. 2, II, p. 202 (1772). — **S. Damasonium** Mill., *Gard. Dict.*, éd. 8, p. 2 (1768), p. p. — **S. grandiflora** L., *Syst.*, éd. 13, p. 679 (1775). — **S. xiphophyllum** Ehrh. ap. L. F. *Suppl.*, p. 404 (1781) ; *Fl. dan.*, p. 506 ; Hoffm., *Deuts.*, p. 319 ; Roth, *Germ.*, 1, p. 383 ; II, p. 408. — **S. ensifolia** Murr, *Syst. veg.*, éd. 14, p. 813 (1784) ; Sut., *Fl. helv.*, II, p. 230 ; Clairv., *Man.*, p. 264 ; Ten., *Fl. nap.*, II, p. 320 ; Seb. et Mauri, *Fl. rom. prodr.*, p. 315 ; Roth, *Tent.*, I, p. 383 (1788) ; Le Turq. Del., *Fl. Rouen*, p. 469 ; Smith, *Brit.*, p. 945 ; Lej., *Fl. Spa*, II, p. 198 ; *Rév. fl. Spa*, p. 189 ; Munby, *Cat.* — **Epip. grandiflora** All., *Fl. pedem.*, II, p. 152 (1785). — **Serapias grandiflora** Poir., *Voy. Barbar.*, II, p. 204 (1789) ; non Scopoli. — **Epipactis ensifolia** Schm. in Mayer, *Phys. Aufs.*, I, p. 251 (1791) ; Swartz in *Act. holm.* (1800), p. 232 ; Willd., *Spec.*, IV, p. 85 ; DC., *Fl. fr.*, III, p. 299 ; Duby, *Bot.* p. 449 ; Loisel., *Fl. Gall.*, II, p. 272 ; Lapeyr., *Abr. Pyrén.*, p. 553 ; Contejean, *Rev. Montb.*, p. 224 ; Lloyd et Fouc., *Fl. Ouest*, p. 341 ; Car. et S.-Lag., *Fl. descr.*, éd. 8, p. 811 ; Guill., *Fl. Bord. et S.-O.*, p. 172 ; Gaudin, *Fl. helv.*, V, p. 470 ; n° 2085 ; Reuter, *Cat. Genève*, éd. 1, p. 101 ; de Vos, *Fl. Belg.*, p. 558 ; Nocc. et Balb., *Fl. tic.*, II, p. 150 ; Savi, *Bot. étr.*, III, p. 112 ; Moric., *Fl. venet.*, I, p. 375 ; Poll., *Fl. veron.*, III, p. 35 ; Tenore, *Syll. fl. neap.*, p. 461 ; Sibth. et Sm., *Fl. gr.*, II, p. 220 ; Bron
gn., *Expéd. Morée*, p. 267 ; Bory et Chaub. *Fl. Pélop.*, p. 62. — **Serap. nivea** Desf., *Fl. atl.*, II, p. 321 (1800) ; Vill., *Hist. Dauph.*, II, p. 52, p. p. ; Murith, *Bot. Valais*, p. 96. — **Cephalanth. xiphophyllum** Reichb. F., *Icon.*, XIII-XIV, p. 135 (1851) ; Blytt, *Norg. Fl.*, éd. Ove Dahl, p. 230 ; Crépin, *Man. fl. Belg.*, éd. 2, p. 295 ; Coss. et Germ., *Fl. env. Par.*, éd. 2, p. 691 ; Gren., *Fl. ch. jurass.*, p. 759 ; Jeanb. et Timb.-Lagr., *Mass. Laurenti*, p. 294 ; Briss., *Cat. Marne*, p. 117 ; Morth., *Fl. Suis.*, p. 357 ; Gremli, *Fl. Suisse*, éd. Velter, p. 485 ; Foerster, *Fl. Aachen*, p. 349 ; Seubert, *Ex. Fl. Bad.*, p. 26 ; Bach, *Rheinpr.*, p. 379 ; Caflisch, *Ex. Fl. S. D.*, p. 259 ; Garcke, *Fl. Deut.*, éd. 14, p. 383 ; Ball, *Spic. Mar.*, p. 675 ; Batt. et Trab., *Fl. Alg.* (1884), p. 34 ; (1895), p. 188 ; (1904), p. 323 ; Bonnet et Barr., *Cat. Tunisie*, p. 406 ; Debeaux, *Fl. Kabyl. Djurdj.*, p. 338. — **C. angustifolia** Simk., *Enum. Transs.* p. 505 (1886). — **C. longifolia** Fritsch in *O. B. Z.*, XXXVIII, p. 81 (1888) ; Halacsy, *Consp. fl. gr.* in *O. B. Z.* (1897), p. 98 ; Koch, *Syn.*, éd. Hall. et Wohlf., p. 2443 ; Richter, *Pl. Eur.*, I, p. 282 ; Aschers. et Graebn., *Syn.*, III, p. 875 ; Maire in *Mém. Soc. sc. nat. Maroc* (1924), p. 154 ; Berger in *A. B. Z.* (1914), p. 20 ; Krause in Fedde, *Rep. sp. nov.* (1926), p. 299 ; Zimmerm., *Die Form. d. Orchid.*, p. 81. — **Epip. longifolia** Wettst. in *O. B. Z.*, XXXIX, p. 428 (1889) ; M. Schulze, *Die Orchid.*, n° 57. — *Helleborine montana angustifolia spicata* Bauh., *Pin.*, p. 187. — *Helleborine montana, angustifolia, alba, foliis Palmæ Chr.*, *Pamph. sic.*, I, t. 18 ; Raf., *l. c.* t. 18. — *Helleborine fore albo vel Damasonium latifolium Chr.*, *H. cath. suppl.*, p. 244. — *Damasonium flore albo* Riv., *Hex.*, t. 5.

Noms vulg. : Céphalanthère à feuilles en glaive, Céph. à feuilles allongées. — Angl. : Narrow-leaved white Cephalanthere. — Allem. : Langblättriges Waldvöglein, Schwertblättrige Kopforche, Schwert-Orant, Schwertblättriges Zymbelkraut. — Holl. : Zwaard Boschvogeltje. — Ital. : Elleborina bianca.

Icon. : Tournef., *Inst.*, t. 249, f. H. B. ; Cupani, *l. c.* ; Raf., *l. c.* ; Hook., *Fl. lond.*, 77 ; Schkuhr, *Handb.*, t. CCLXXIII ; *Fl. dan.*, t. 506 ; *Engl. Bot.*, VII, t. 494 ; Schlecht., Lang. Sch. *Deut.*, IV, f. 369 ; Dietr., *Fl. Borus.*, 1, 19 ; Ces. Pass. Gib., t. XXI, f. b.-g. ; Fiori et Paol., *l. c.* ; Reichb. F., *Icon.*, XIII-XIV, t. 118, CCCCLXX, f. I, II, 1-13 ; Guimaraes, *l. c.*, est. I, f. 4, a-f ; Barla, *l. c.*, pl. 2 ; G. Cam., *Icon. Orch. Paris*, pl. 29 ; M. Schulze, *l. c.*, t. 57 ; Fitch et Smith, *Illustr. Brit. Fl.*, n° 982 ; Bonnier, *Alb. N. Fl.*, p. 149 ; G. Cam. Berg. A. Cam., *l. c.*, pl. 32, f. 1114-1122 ; *Ic. n.*, pl. 106, f. 1-11.

Exsicc. : THOMAS ; SCHLEICH. ; FRIES, 14, n° 69 ; BILLOT, n° 2377 ; REVERCH., *Corse* (1878-1879) ; BOURG., *Pl. Pyr. esp.*, n° 704 ; HELDR., *Herb. norm.*, n° 1376 ; *Soc. Dauph.*,n° 235 et *bis* ; *Fl. trident. Fr.* PERIN. ; *Herb. of the East Ind. Comp.*, n° 5315 ; BROT., *Pl. cauc.*, n° 859 ; *Soc. Rochel.*, n°s 1106, 4967 ; BURNAT (1904), n° 578 ; KRAUSE, n° 1090.

Rhizome subhorizontal portant des racines brunes assez nombreuses, parfois bifurquées au sommet. *Tige de 2-6 dm., dressée, grêle, sinueuse, un peu anguleuse,* feuillée dans toute sa longueur, *munie au sommet de rares poils.* entourée à la base de gaines aiguës. *Feuilles* dressées, allongées, *étroitement lancéolées ou linéaires-lancéolées,* acuminées, :es inf. souvent plus larges et obtuses, toutes rapprochées, distiques, vert clair, glabres, à nerv. longitudinales marquées, 3-4 *fois env. plus longues que les entre-nœuds,* la sup. dépassant parfois l'épi floral. *Bractées moyennes et sup. très petites, membraneuses,* lancéolées-linéaires, glabres, 1-nervées, *bien plus courtes que l'ovaire. les 1-2 inf. foliacées, grandes, dépassant parfois la fl. Fleurs* souvent peu nombreuses (3-15, rarement plus), *grandes, blanches,* dressées, disposées en épi lâche. *Périanthe à div. ext.* ovales-lancéolées, *aiguës,* les *lat. int.* plus courtes. rarement presque aussi longues, *elliptiques-obtuses,* rarement aiguës. *Labelle env. moitié moins long que les div. ext.,* papilleux sur la face int. ; *hypochile* blanchâtre, *un peu en sac à la base,* entourant le gynostème, nervé ; *épichile concave, plus large que long,* cordiforme, obtusiuscule ou aigu, récurvé et jaunâtre à l'extrémité. à face int. canaliculée et munie de crêtes d'un jaune orangé. Gynostème blanc, allongé, obtus, égalant presque le labelle. Stigmate largement réniforme. Masses polliniques recourbées, jaunâtres. Ovaire cylindrique. droit ou un peu courbé, dressé, glabre ou muni de rares poils glanduleux, tordu, sessile ou subsessile. Capsule à 6 côtes saillantes (1).

Morphologie interne.

Racine. Jeunes racines portant des poils absorbants assez nombreux. Cellules corticales à parois transversales ponctuées (2). Infestation très variable. Sur un même rhizome âgé, j'ai observé deux racines anciennes très rapprochées, l'une avait son écorce gorgée d'amidon et ne renfermait que quelques cellules infestées, l'autre contenait, dans chaque cellule de son écorce, un gros peloton plus ou moins digéré, l'endoderme seul n'était pas atteint. Amidon très abondant dans l'écorce des racines non infestées. Endoderme formé de cellules à parois épaisses et ordt lignifiées devant les pôles libériens, à parois minces et à cadres lat. subérisés devant les pôles ligneux. Péricycle formé de cellules à parois parfois épaissies et lignifiées devant le liber. Liber très réduit. Cylindre central complètement lignifié, sauf les amas libériens ; fibres à parois très épaisses.

Partie du rhizome portant des racines. Parenchyme ext. très abondant. Faisceaux libéroligneux à peu près disposés en un cercle, très rapprochés les uns des autres et arrivant à se toucher ; bois entourant presque complètement le liber ; liber développé. Parenchyme int. contenant souvent des raphides. — *Base de la tige immédiatement au-dessus des racines* (f. 222). Faisceaux libéroligneux peu nombreux, bois (B) tendant à enclaver le liber (L). Périphérie du cylindre central plus ou moins lignifiée (S), fibres à parois minces réunissant les faisceaux libéroligneux, quelques-unes à parois un peu plus épaisses en dehors du liber. — *Milieu de la tige.* Stomates peu nombreux. Poils ordinairement 2-3-cellulaires, ne tendant pas à se ramifier, peu nombreux, bien moins abondants que dans le *C. rubra,* atteignant env. 80-300 µ de long, à cellule terminale. oblongue (pl. 119, f. 260-262). 3-7 assises de parenchyme ext. chlorophyllien. Anneau sclérifié formé de 4-6 assises de fibres lignifiées à parois moins épaisses que dans le *C. pallens,* englobant les faisceaux ext. Faisceaux libéroligneux assez nombreux, les ext. plus ou moins régulièrement disposés à l'intérieur de l'anneau sclérifié, les int. disséminés, très gros, plus ou moins régulièrement orientés, munis d'un arc sclérifié ext. et parfois d'un arc sclérifié int. Gros faisceaux foliaires se fusionnant dans la région int. de la tige et petits faisceaux s'unissant plus extérieurement aux autres traces foliaires l'arenchyme non résorbé au centre de la tige.

Feuille (f. 223, pl. 117, f. 174). Ep. = 100-130 µ. Épidermes sup. et inf. à parois lat. très ondulées (pl. 116, f. 155), hauts de 15-25 µ, à paroi ext. épaisse de 4-7 µ et bombée. surtout vis-à-vis des nervures principales et

---

1. Cette espèce est fécondée avec le concours des insectes. La matière visqueuse du stigmate supplée à l'absence de rostellum, pour le transport du pollen. Le gynostème est penché et situé vers le bas, dans la gorge de la fleur, de sorte que l'insecte visiteur, quand il se retire pour s'envoler, se frotte contre le stigmate et s'enduit de matière visqueuse. Quand l'anthère presse contre le dos du stigmate, le pollen est projeté sur l'insecte. Lorsqu'on touche à une anthère. les pollinies sont expulsées très violemment. Les pollinies projetées s'attachent donc à la matière visqueuse et adhèrent à elle par la partie centrale convexe, les extrémités dirigées en avant. Ces extrémités arrivent ainsi en contact du stigmate de la fleur que l'insecte visite ensuite (Cf. KIRCHNER, *Beitr.*, p. 10 ; DELPINO, *Ul. Osserv. sulla dicog.*, II, p. 149 (1875) : GODFERY in *Journ. Linn. Soc.* (1922), p. 512).

2. Voir Développement des Arétusées, p. 45.

à la face infér., portant, surtout vers la base du limbe, quelques poils pluricellulaires. Epiderme sup. dépourvu de stomates, l'inf. muni de stomates nombreux et parfois de granulations de cire. Paroi externe des cellules marginales du limbe prolongée en pointes courtes et penchées, à peine striées (pl. 116, f. 138). Parenchyme formé de 4-7 assises de tissu assez homogène ; cellules allongées parallèlement à la surface du limbe, contenant de rares raphides. Section des nervures à peine biconvexe ; faisceaux libéroligneux peu développés. Faisceau libéro-ligneux des nervures principales (f. 223) entouré d'un très fort anneau sclérifié touchant à l'épiderme. Anneau sclérifié des petites nervures peu développé et séparé des épidermes par du parenchyme chlorophyllien. — *Bractées aériennes de la base de la tige.* Sclérenchyme réduit ou manquant dans les nervures. Cellules du mésophylle grandes, à petits méats. Epiderme sup. dépourvu de stomates, l'inf. à stomates relativement assez abondants.

Fleur. — *Divisions externes et latérales internes du périanthe.* Epiderme ext. des divisions ext. portant quelques poils 2-3-cellul. Cellules épidermiques légèrement papilleuses au bord des divisions ext. et lat. int. A l'anthèse, il existe parfois un peu d'huile essentielle dans les épidermes des divisions ext. et lat. int. — *Labelle.* Epiderme sup. de l'épichile muni de poils très nombreux, unicellulaires, atteignant 200-250 μ de long, striés, arrondis ou un peu renflés à l'extrémité (pl. 121, f. 426-428). Epiderme sup. de l'hypochile formé de cellules légèrement papilleuses, n'ayant que peu de poils analogues à ceux de l'épichile. Labelle contenant parfois des traces d'huile essentielle dans l'épiderme sup. et ses papilles. Sucre abondant surtout vers le sommet du labelle et dans les crêtes. Epiderme inf. du labelle à peu près dépourvu de papilles. — *Gynostème* (pl. 122, f. 475). Section transversale montrant 4 faisceaux : 3 stylaires et 1 staminal ; pas de faisceaux staminaux lat. — *Anthère* (pl. 122, f. 459-460). Epiderme dépourvu de papilles caractérisées; 2-3 assises de cellules fibreuses. — *Pollen* (pl. 122, f. 439). Jaunâtre. Grains observés à sec plus ou moins allongés ; exine très fortement alvéolée. L. = 20-30 μ. — *Ovaire* (f. 224). Poils 2-3-cellul., assez rares, semblables à ceux de la tige. Nervure des valves placentifères très saillante à l'extérieur, contenant un faisceau libéroligneux à bois int., ordt dépourvue de faisceau placentaire. Placenta divisé presque dès la base, à divisions divergentes. Valves non placentifères très proéminentes à l'extérieur (plus brusquement que dans le *C. pallens*), contenant 3 faisceaux libéroligneux plus ou moins distincts, à bois int., l'ext. situé plus à l'extérieur que les autres. — *Graines.* Cellules du tégument non sensiblement striées. Graines atténuées aux extrémités, 4-5 fois plus longues que larges. L. = 750-1000 μ.

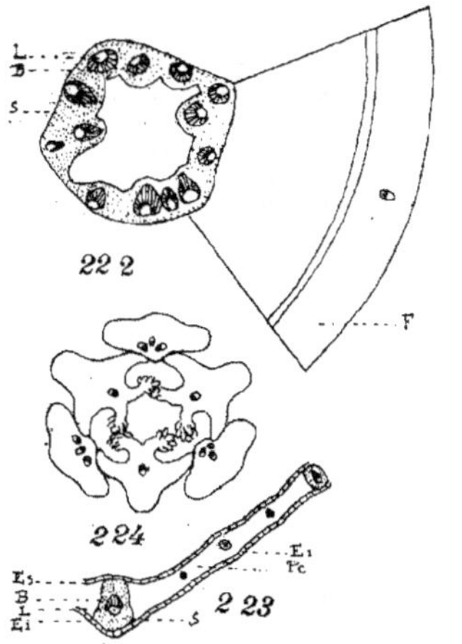

Cephalanthera ensifolia. — Fig. 222 : section transv. schématique de la base de la tige, au-dessus des racines ; B, bois ; E, épiderme ; F, feuille basilaire ; L, liber ; S, sclérenchyme. — Fig. 223 : section transv. schématique d'une nervure principale et des nervures secondaires d'une feuille ; Ei, épiderme inf. ; Es, épiderme sup. ; Pc, parenchyme chlorophyllien. — Fig. 224 : section transv. schématique de l'ovaire.

Var. β **pumila** G. Cam. Berg. A. Cam., *l. c.*, p. 433. — *Cephal. longif.* b. *pumila* Aschers. et Graebn., *Syn.*, III, p. 876 (1907).— Plante peu élevée, de 20 centim. env., à tige grêle et souvent sinueuse ; feuilles courtes.

Var. γ **longibracteata** G. Cam. Berg. A. Cam., *l. c.*, p. 433. — *Epip. longif.* b. *longibracteata* Harz ap. Schlecht. Lang. Schenk., *Deutschl.*, V, IV, p. 330 (1896). — *C. longif.* b. *longibracteata* Aschers. et Graebn. *l. c.* — Bractées inf. (2-3) atteignant 5-7 cm. de long., les sup. plus longues que le fruit, atteignant 1 cm. env. — Allemagne : C. dans les terrains granitiques, les gneiss, les sables vosgiens (d'ap. Hallier, *Fl. v. Deutschl.*, V, 4, p. 163).

Var. δ **citrina** G. Cam. Berg. A. Cam., *l. c.*, p. 433. — *C. xiphophyl. citrina* M. Schulze ap. Aschers. et Graebn., *Fl. Nord. Flachl.*, p. 217 (1898). — *C. longif.* 1 *citrina* Aschers. et Graebn., *Syn.*, III, p. 877 (1905-1907). — Fleurs à div. du périanthe jaune intense ; labelle muni à la face int. d'une tache orange (cf. M. Schulze, *Die Orchid.*, 57, 1 et *Nachtr.* 3. — Allemagne : Bruhl, Driesen.

Le lus. *ochroleuca* Rupp., in *Verh. Nat. Ver. pr. Rheinl. u. Westf.* (1924), p. 190 et in Fedde, *Repert. sp. nov.* (1926), p. 326, à div. du périanthe jaune pâle et lignes du labelle jaune orangé, doit être très proche de la var. précédente. Il a été trouvé dans la rég. de la Sarre.

Le lus. *paradoxa* Rupp., *l. c.*, p. 190 (1924) et p. 326 (1926), à div. du périanthe jaune citron pâle et labelle blanc de neige, a été trouvé aussi dans la rég. de la Sarre.

Var. ε **luxurians** Lojacono, *l. c.* — Plante robuste. Feuilles nombreuses, longuement acuminées, cuspidées. Fleurs assez grandes, nombreuses, jusqu'à 40. — Sicile.

Var. ζ **gibbosa** Boissier, *Fl. orient.*, V, p. 85 (1884) ; G. Cam. Berg. A. Cam., *l. c.* — Labelle manifestement gibbeux à la base. — Asie Mineure.

Observ.— Le *Ser.* (*Ceph.*) *nivea* Desfont., *Fl. atl.*, II, p. 32, a été créé pour une forme à fleurs deux fois plus petites que dans le type et à épi plus dense.

V. v. — Avril, mai, parfois juin. — *Habitat* : forêts, lieux herbeux et ombragés, taillis frais ou humides ; sous-bois de Chênes ou de Hêtres, souvent sur le calcaire et en colonies. De la plaine jusqu'à 1.200 et 1.400 m. d'alt. — *Répart. géogr.* : presque toute l'Europe, Portugal (disséminé et abondant), Espagne [rég. montagn., assez rare, Barcelone : Tibidabo (Sennen), etc.], France (env. de Paris où il est rare, Normandie, rég. méditerr. où il est assez abondant, Jura, Est, Centre, Sud-Ouest, Languedoc, manque en Bretagne, répandu en Corse, etc.), Iles Britanniques (assez disséminé), Belgique (rare), Luxembourg, Danemark, péninsule scandinave, Gotland, manque en Laponie, Allemagne (très disséminé, rare dans le Brandebourg, la Saxe, le Brunswick, douteux dans le Schlewig-Holstein), Suisse (assez répandu), Italie (abondant et disséminé dans la péninsule, de la rég. litt. à la rég. mont., la Sicile, les îles d'Elbe, d'Ischia et la Sardaigne, un peu plus rare en Sicile), Autriche [env. de Stadlau, dans la Basse-Autriche où il est rare (Berger)], disséminé en Hongrie, manque dans la plaine de Hongrie, très rare en Istrie mérid., Bosnie, Herzégovine, péninsule des Balkans, Grèce, Russie (centrale et mérid.), Crimée, Caucase, Transcaucasie, Oural. Asie Mineure, Syrie, Tunisie, Algérie, Maroc. — Perse, Afghanistan, Sibérie, Japon.

3. — C. PALLENS

C. pallens Rich. in *Mém. Mus. Paris*, IV, p. 60 (1817) ; Lindl., *Gen. and spec.*, p. 41 ; Correv., *Alb. Orch. Eur.*, pl. V ; Nyman, *Consp.*, p. 687 ; *Suppl.*, p. 290 ; Lej. et Court., *Comp.*, III, p. 194 ; Mich., *Fl. Hain.*, p. 282 ; Crépin, *Man. fl. Belg.*, éd. 1, p. 179 ; Löhr, *Fl. Tr.*, p. 251 ; J. Mey., *Orch. G.-D. Luxemb.*, p. 18 ; Thielens, *Orch. Belg. et Luxemb.*, p. 39 ; Godr., *Fl. Lorr.*, II, p. 30 ; III, p. 41 ; Lec. et Lamt., *Cat. Pl. Cent.*, p. 352 ; Michal., *Hist. nat. Jura*, p. 298 ; Ard., *Fl. Alp.-Mar.*, p. 359 ; Barla, *Iconogr.*, p. 7 ; G. Cam. *Monogr. Orch. Fr.*, p. 118 ; in *Journ. Bot.*, VII, p. 280 ; G. Cam. Berg. A. Cam., *Monogr. Orch. Eur.*, p. 434 ; Gautier, *Pyr.-Orient.*, p. 59 ; Coste, *Fl. Fr.*, III, p. 412, n° 3632, *cum icone* ; Rouy, *Fl. Fr.*, XIII, p. 199 ; Alb. et Jahand., *Cat. Var*, p. 493 ; Spenn., *Fl. frib.*, p. 249 ; Reuter, *Cat. Genève*, éd. 2, p. 207 ; Kirschl., *Fl. Als.*, II, p. 147 ; *Prodr.*, p. 164 ; Koch, *Syn.*, éd. 2, p. 800 ; éd. 3, p. 602 ; Hallier, *Fl. Deutschl.*, IV, p. 162, t. 368 ; Kraenzl., *Orchid.*, p. 57 ; Foerster, *Fl. Aachen*, p. 349 ; Guss., *Fl. sic. prodr.*, II, p. 555 ; de Notar. *Rep. fl. lig.*, p. 394 ; Bertol., *Fl. ital.*, IX, p. 626 ; Parlat., *Fl. ital.*, III, p. 349 ; Moris, *Fl. Sard.*, I. p. 44 ; Ces. Pass. Gib., *Comp.*, p. 177 ; W. Barbey, *Fl. sard. comp. et suppl.*, n° 1334 ; Arcang., *Comp.* éd. 2, p. 160 ; Macchiati in *N. G. bot. ital.* (1881), p. 309 ; *Monoc. Sard.*, p. 8 ; Cortesi in *Ann. bot.* Pirotta, II, p. 114 ; Cocconi, *Fl. Bolog.*, p. 476 ; Com., *Fl. comens.*, VI, p. 382 ; Lojacono, *Fl. Sicula*, III, p. 57 ; Vis., *Fl. dalm.*, I, p. 180 ; Ambr., *Fl. Tir. austr.*, I, p. 722 ; Hausm., *Fl. Tirol*, p. 848 ; Hinterhuber et Pichl., *Fl. Salz.* p. 195 ; Neilr., *Fl. Nied.-Oest.*, p. 201 ; Beck, *Fl. Nied.-Oest.*, p. 212 ; Grecescu, *Consp. fl. Rom.*, p. 548 et *Plant. Romania*, II, p. 41 ; Brandza, *Prodr. fl. romàne*, p. 458 ; *Fl. Dobrog.*, p. 404 ; Grintescu in *Bull. géogr. bot.* (1918), p. 72. — **Epipactis ochroleuca** Huds., *Fl. angl.*, éd. 1, p. 341 (1762) ; Baumgt., *Enum. Trans.*, III, p. 174, n° 1934 (1846). — **Serap. grandiflora** L., *Syst.*, éd. 12, p. 594 (1767), p. p. ; *Mant.*, p. 491 (1771) ; Scop., *Fl. carn.*, éd. 2, II, p. 203 (1772) ; Seb. et Mauri, *Fl. rom. prodr.*, p. 314 ; Ten., *Fl. nap.*, II, p. 320. — **Serap. Damasonium** Mill., *Gard. Dict.*, éd. 8, n° 2 (1768), p. p. — **S. latifolia** Mill., *l. c.*, n° 4 (1768). — **Epipactis alba** Crantz, *Stirp. austr.*, éd. 2, VI, p. 460 (1769), p. p. ; Wettstein in *O. B. Z.*, XXXIX, p. 398 et 428 (1889) ; Pantu, *Contrib. Fl. Bucurest*, p. 89 ; M. Schulze, *Die Orchid.*, n° 56. — **Serap. lonchophyllum** Ehrh. vel **S. grandiflora lancifolia** L. F., *Suppl.*, p. 405 (1781). — **S. nivea** Vill., *Hist. Dauph.*, II, p. 52 (1787), p. p. — **S. pallens** Jundz., *Fl. Lithuan.*, p. 268 (1791). — **Epip. lancifolia** Schmidt in May. *Phys. Aufs.*, p. 252 (1791) ; de Vos, *Fl. Belg.*, p. 558. — **Serap. lancifolia** Schmidt, *Fl. boëm.*, p. 84 (1794) ; Gmel., *Fl. bad.*, III, p. 572. — **S. pallida** Swartz in *Act. holm.* (1800), p. 232. — **Epip. pallida** Swartz, *l. c.* — **E. pallens** Willd., *Spec.*, IV, p. 85 (1805) ; Swartz in *Act. holm.* (1800), p. 232 ; Marsch. Bieb., *Fl. Taur.-Cauc.*, p. 371 ; Duby, *Bot.*, p. 449 ; Lapeyr., *Abr. Pyr.*, p. 553 ; Car. et S.-Lag., *Fl. descr.*, éd. 8, p. 811 ; Poll., *Fl. veron.*, III, p. 35 ; Heldr., *Chl. Parn.*, p. 27 ; Boiss., *Fl. or.*, V, p. 85 ;

Bald., *Riv. coll. bot. Alb.* (1895), p. 71 ; (1896), p. 93 ; Hausskn., *Symb. fl. gr.*, p. 13; Guill., *Fl. Bord. et S.-O.*
p. 72. — **Cephal. grandiflora** F. Gray, *Nat. arr. Brit.*, pl. II, p. 210 (1821); Babingt., *Man. Brit. Bot.*, p. 296
(1843) ; éd. 8, p. 351 ; Benth., *Brit. Flora*, p. 457 ; Reichb. F., *Icon.*, XIII-XIV, p. 136 ; Dum., *Fl. Maestr.*,
p. 39 ; Gr. et God., *Fl. Fr.*, III, p. 269 ; Gr., *Fl. ch. jurass.*, p. 759 ; Coss. et Germ., *Fl. Paris*, éd. 2, p. 691 ;
Boreau, *Fl. Cent.*, éd. 3, II, p. 650 ; Poirault, *Cat. Vienne*, p. 97 ; Martr.-Donos, *Fl. Tarn*, p. 713 ; Castagne, *Cat. B.-d.-Rh.*, p. 155 ; Renault, *Aper. H.-Saône*, p. 242 ; Brisson, *Cat. Marne*, p. 251 ; Dulac, *Fl.
H.-Pyr.*, p. 120 ; Ravin, *Fl. Yonne*, p. 363 ; Franchet, *Fl. L.-et-Ch.*, p. 566 ; Martin, *Cat. Romor.*, éd. 1, p. 262;
éd. 2, p. 373 ; Masclef, *Cat. P.-d.-C.*, p. 157 ; Debeaux, *Rév. fl. agen.*, p. 515 ; Morthier, *Fl. Suisse*, p. 357 ;
Bouvier, *Fl. Alp.*, éd. 2, p. 647 ; Gremli, *Fl. Suisse*, éd. Vetter, p. 485 ; Schinz et Kell.., *Fl. Schweiz*, p. 128 ;
Caflisch, *Ex. Fl. S. D.*, p. 299 ; Bach, *Rheinpr.*, p. 374 ; Seubert, *Ex. Fl. bad.*, p. 126 ; Koch, *Syn.*, éd. Hall.
et Wohlf., p. 2443 ; Garcke, *Fl. Deuts.*, éd. 14, p. 384 ; Marès et Vigin., *Cat. Baléar.*, p. 278 ; Colmeiro,
Enum. pl. hisp.-lus., p. 175 ; Batt. et Trab., *Fl. Alg.*, éd. 2, p. 34 (1904), p. 323. — **Epip. grandiflora** Gaud.,
Fl. helv., V, p. 469 (1829) ; DC., *Fl. fr.*, III, p. 260, n° 2041 ; Loisel., *Fl. gall.*, II, p. 272. — **Cephal. ochro-
leuca** Reichb., *Fl. excurs.*, p. 140²⁰ (1830). — **C. lonchophylla** Reichb., *Germ.*, t. 119. — **C. acuminata**
Ledeb., *Fl. ross.*, IV, p. 78 ; non Lindl. — **C. lancifolia** Tod., *Orch. sic.*, p. 123 (1842) ; Coss. et Germ.,
Fl. Par., éd. 1, p. 562 ; Lor. et Barr., *Fl. Montp.*, p. 655 ; Dumort, *Prodr. fl. Belg.*, p. 134. — **C. alba** Simk.,
Enum. fl. Trans., p. 504 (1886) ; Richter, *Pl. Eur.*, I, p. 282 ; Aschers. et Graebn., *Syn.*, III, p. 873 ; Halacsy,
Beitr. fl. Ach., p. 32 ; Schinz et Thell. in *Viertelj. naturf. Ges. Zürich*, LIII, p. 527 ; Briquet, *Prodr. fl. corse*,
p. 387. — **C. Damasonium** Druce in *Ann. Scott. Nat. hist.*, (1906), p. 225. — **C. latifolia** Janchen in *Mitt.
nat. Ver. Univ. Wien*, V, p. 11 (1907) et ap. Schinz et Thell. in *Bull. Herb. Boiss.*, s. 2, VII, p. 560 ; Schinz
et Keller, *Fl. Suisse*, éd. fr., p. 149. — *Scrapias bulbis fibrosis, caule paucifloro, floribus distantibus nectarii
labio petalis breviore* Ger., *Prov.*, p. 132. — *Epipactis caule pauciflora, lineis obtusi labelli laevibus* Hall., *Ic.
Helv.*, t. 41, n° 1298 ; *Enum.*, 275, n° 4. — *Helleborine flore albo vel Damasonium montanum, latifolium* Seg.,
Pl. veron., II, p. 136; Bauh., *Pin.*, p. 187; Tournef., *Inst.*, p. 436; Zannich., *Ist. piant. venet.*, p. 137.— *Helleborine Polygonati vulgaris folio, flore albo* Cup., *Pamph. sic.*, II, t. 213. — *Helleborine flore albo* Tabern.,
Kraent., p. 1100. — *Helleborine alba barba luteola* Riv., *Hex.*, t. 4. — *Helleborine latifolia, montana, foliis
oblongis acutis seu Polygonati vulgaris folio, flore albo* Cup., *Hort. cath. suppl. alt.*, p. 35.

Noms vulg. : Céphalanthère pâle, Céphal. à grandes fleurs. — Angl. : Large Cephalanthera. — Allem. :
Weisses Waldvöglein, Bleich-Orant, Weisser Kopfbeutel, Grossblütiges Zymbelkraut.

Icon. : Moris., *Hist. pl. Oxon.*, 3, 12, p. 488, t. 11, n° 12 ; Haller, *l. c.* ; Crantz, *l. c.*, VI, f. 4 ; Dietr., *Fl.
borus.*, I, t. 18 ; *Fl. dan.*, t. 1400 ; Curtis, *Fl. lond.*, éd. Grav., IV, t. 107 ; Sw., *Bot.*, VII, t. 465 ; *Engl. Bot.*,
VII, t. 1248 ; Fitch et Smith, *Illustr. Brit. Fl.*, n° 981 ; Schlecht. Lang. Sch. *Deut.*, IV, f. 638 ; Barla, *l. c.*,
pl. 3, f. 1-21 (var. *ochroleuca*); G. Cam., *Icon. Orch. Par.*, pl. 28 ; Reichb. F. *Icon.*, XIII-XIV, pl. 119, CCCCLXXI,
f. I, II, 1-12 (*C. lonchophyll.* Reichb. F.) ; t. 120, CCCCLXXII, f. I (*C. ochroleuca* Reichb. F.) ; M. Schulze,
l. c., t. 56 ; Bonnier, *Alb. N. Fl.*, p. 149 ; G. Cam. Berg. A. Cam., *l. c.*, pl. 32, f. 1129-1136 ; *Ic. n.*, pl. 105,
f. 1-13.

Exsicc. : Lejeune et Court., *Choix de pl.*, n° 809 ; Reichb., n° 2014 ; Billot, n° 3236 ; Baenitz, *H. E.* ;
Fries, 14, n° 1870 ; Halacsy, *It. gr. sec.* (a. 1893) ; Kotschy, *It. Cil.-Kurd.* (1859) n° 139; Sieue's *Bot. Reise
nach Cilic.* (1895-1896), n° 274 ; *Soc. Dauph.*, n° 5059.

Plante glabrescente (1). Rhizome presque horizontal, à fibres radicales brunes, parfois bifurquées. Tige
de 2-6 décim., dressée, striée, subcylindrique, souvent un peu flexueuse, ordt munie au sommet de quelques
poils courts, feuillée dans toute sa longueur, entourée à la base de gaines lâches. *Feuilles étalées*, amplexicaules,
ovales ou ovales-lancéolées, acuminées, *égalant à peine 2 fois la longueur des entre-nœuds*, vertes, plus ou moins
ondulées sur les bords, à nervures longitudinales marquées. *Bractées herbacées, les inf.* foliacées, ovales-lancéolées, *ordt plus longues que l'ovaire et même que la fleur*, les sup. seules linéaires, plus courtes que l'ovaire. *Fleurs
dressées ou presque dressées, grandes, blanches ou d'un blanc jaunâtre*, souvent peu nombreuses, 3-12, rarement
1-2, disposées en épi lâche. *Périanthe à divisions* connivent*es, toutes obtu*ses, ordt 5-nervées, les ext. oblongues-
obtuses, les lat. int. obovales-oblongues, arrondies au sommet, un peu plus courtes et plus obtuses que les ext.
Labelle égalant les 2/3 des divisions ext. du périanthe ; *hypochile* blanchâtre, *un peu en sac à la base* et lavé de
jaune doré un peu rompu, à 2 lobes lat. triangulaires, blancs, dressés, subconvergents ; *épichile* ovale-cordé,
arrondi, mucroné, à bords denticulés, *plus large que long*, canaliculé, jaune citrin ou orangé vers la base et muni
de 3-5 crêtes longitudinales parallèles, d'un jaune orangé, dirigées en avant. Gynostème obtus, subcylindrique,

___

1. Cette plante n'est pas absolument glabre. Il existe presque toujours quelques poils à la partie supér. de la tige,
à la face ext. des divisions du périanthe et sur l'ovaire.

un peu plus court que le labelle, à face dorsale arrondie, à face ventrale presque plane. Stigmate largement elliptique, plus grand que dans le *C. ensifolia*, blanc verdâtre. Anthère et masses polliniques d'un blanc jaunâtre. Ovaire sessile ou parfois subsessile, dressé, fusiforme, glabre ou, dans la jeunesse, muni de quelques poils. Capsule grosse, dressée, devenant brunâtre, à 6 côtes marquées. Graines linéaires (1).

Morphologie interne.

Racine (pl. 113, f. 73). Poils absorbants assez nombreux. Assise pilifère à parois transversales souvent réticulées. Cellules corticales à peu près isodiamétriques, celles des assises moyennes plus grandes que celles des assises ext. et int., à parois transversales ponctuées, contenant des raphides et, surtout dans les régions ext. et moyennes, des grains d'amidon nombreux, de forme irrégulière, atteignant 7-12 µ de long. Ecorce ext. contenant souvent des endophytes. Cellules endodermiques à parois très épaissies et lignifiées vis-à-vis des pôles libériens, ordt à parois minces en face des pôles ligneux, ou complètement subérisées, ou seulement à cadres lat. plissés et subérisés. Souvent quelques cellules corticales sus-endodermiques épaississent et lignifient leurs parois qui peuvent même être réticulées (pl. 113, f. 71). Péricycle lignifié, à parois fréquemment ponctuées, souvent épaissies surtout en face des amas libériens. Liber assez peu abondant.

Partie du rhizome portant des racines. Parenchyme ext. formé de cellules à parois assez épaissies, surtout aux angles, munies de nombreuses ponctuations sur les parois transversales et longitudinales. Faisceaux libéroligneux nombreux, se touchant. Cylindre central, sauf le liber, à parois à peu près entièrement lignifiées. Fibres à parois épaisses, munies de ponctuations nombreuses. — *Base de la tige immédiatement au-dessus des racines* (f. 225). Faisceaux libéroligneux, les uns disposés en un cercle touchant à l'anneau lignifié, les autres, situés à l'intérieur du cercle, à liber se trouvant entouré par le bois et par quelques fibres extra-libériennes. Parenchyme int. non lignifié. — *Milieu de la tige.* Epiderme à paroi ext. très mince. Poils sécréteurs peu nombreux, 2-3-cellul., ni ramifiés, ni coudés (pl. 119, f. 263-264). Assises de parenchyme chlorophyllien se développant un peu plus dans les ailes. Assises sclérifiées 4-6, formées de fibres à parois épaisses et à lumen étroit, englobant les petits faisceaux libéroligneux ext. Faisceaux libéroligneux situés à l'intérieur du cercle ext. de petits faisceaux, très gros, très développés, à bois abondant, munis de 2 arcs lignifiés ou d'une gaine complète de fibres.

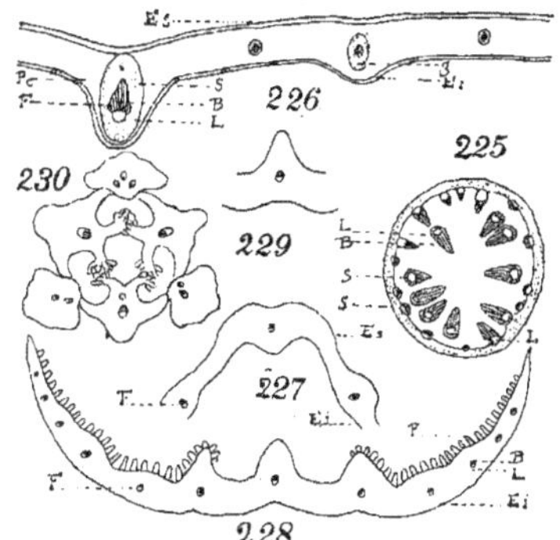

Cephalanthera pallens. — Fig. 225 : section transv. schématique du cylindre central, à la base de la tige ; B, bois ; L, liber ; S, sclérenchyme. — Fig. 226 : section transv. schématique d'une nervure principale et de nervures secondaires ; Ei, épiderme inf. ; Es, épiderme sup. ; F, faisceau libéroligneux ; Pc, parenchyme chlorophyllien. — Fig. 227 : section transv. schématique de l'hypochile du labelle, fragment de la partie centrale. — Fig. 228 et 229 : sections transv. schématiques de l'épichile. — Fig. 230 : section transv. schématique de l'ovaire.

Faisceaux foliaires se rendant peu à peu vers l'axe des tiges où ils se fusionnent avec ceux des feuilles plus âgées. Fusion des petits faisceaux foliaires latéraux s'opérant dans des régions moins profondes. Faisceaux pénétrant rapidement dans la partie int. de la tige. Anastomoses entre les traces foliaires peu nombreuses mais existant dans les entre-nœuds. Parenchyme int. non résorbé, renfermant de rares paquets de raphides.

Feuille. Ep. = 120-240 µ. Epiderme sup. recticurviligne, haut de 20-35 µ, à paroi ext. bombée et épaisse de 4-6 µ, dépourvu de stomates dans les feuilles inf., muni de quelques rares stomates vers la pointe des feuilles sup. Epiderme inf. recticurviligne, haut de 15-30 µ, à paroi ext. épaisse de 4-6 µ et légèrement bombée, à

1. D'après DARWIN, *l. c.*, KIRCHNER (*Flora*, p. 174), RIDLEY (*Bot. Jarhb.*, 1888, p. 562), cette plante se féconde elle-même, son pollen est très friable. Si toutefois la fleur est visitée par un insecte avant que la pollinie ne soit fixée au bord du stigmate, celle-ci peut très bien être emportée en entier, mais si elle est déjà fixée, c'est seulement sa partie supérieure qui est enlevée (cf. GODFERY in *Journ. Linn. Soc.*, XLV, p. 513 (1922). C'est ainsi que M. GODFERY vit, en Angleterre (Surrey), une fleur de *C. grandiflora* visitée par le *Bombus lucorum*. L'insecte se frotte d'abord contre la matière visqueuse du stigmate et ensuite contre la pollinie qui adhère à lui, grâce à la matière visqueuse qu'il a prise au stigmate. Le pollen n'adhère pas à une soie sèche, mais à une soie visqueuse. Néanmoins, dans le Nord, comme dans le Midi, l'autofécondation existe presque toujours chez cette espèce.

stomates abondants. Paroi ext. des cellules épidermiques marginales du limbe bombée, formant de petites dents arrondies, légèrement inclinées (pl. 116, f. 139). Parenchyme comprenant 5-8 assises d'un tissu chlorophyllien serré, homogène, riche en chlorophylle et renfermant de nombreux paquets de raphides. Nervures (f. 226) à faisceau libéroligneux assez réduit, les principales à anneau sclérifié (S) touchant aux épidermes, formé de fibres à parois très épaisses au-dessous du liber et même au-dessus du bois; les petites nervures à anneau lignifié entouré de parenchyme chlorophyllien (Pc).— *Ecailles aériennes de la partie inférieure de la tige.* Cellules épidermiques assez grandes, à paroi ext. très mince. Nervures à peu près dépourvues de sclérenchyme. Vaisseaux peu abondants.

Fleur. — *Divisions externes et latérales internes du périanthe.* Epiderme ext. portant quelques poils 2-3-cellul. formés de 2-3 cellules, atteignant 100-150 µ (pl. 119, f. 265-266). Epiderme int. dépourvu de poils. La fleur contient parfois un peu d'essence ; les divisions ext. et lat. int. en renferment ord. dans les épidermes ext. et surtout int. et dans quelques cellules du parenchyme, surtout à la base et vers les bords. — *Labelle.* Epiderme sup. de l'hypochile légèrement papilleux, la plupart des cellules à contenu jaune. Hypochile à parenchyme à peine plus développé vis-à-vis de certaines nervures (f. 227). Crêtes de l'épichile peu hautes (f. 228, 229). Papilles (P), occupant ord. les deux régions lat., les crêtes médianes en étant dépourvues. Epiderme sup. de l'épichile prolongé en poils unicellulaires très gros, obtus à l'extrémité, atteignant 200 µ de long env., à contenu jaune or. Epiderme inf. du labelle dépourvu de papilles caractérisées. Huile essentielle dans les épidermes ext. et int. de l'hypochile et de l'épichile, souvent à l'état de trace, ainsi que dans les cellules du parenchyme vers les bords. — *Gynostème.* Pas de faisceaux représentant les étamines lat. avortées. Faisceau de l'étamine fertile opposé au casque. — *Anthère.* Cellules fibreuses très abondantes. Epiderme dépourvu de papilles. Pollen (pl. 122, f. 436-438). Jaune pâle. Grains de pollen vus secs de forme peu régulière, plus ou moins allongés. Exine fortement alvéolée. L. = 25-32 µ. *Ovaire* (f. 230). Epiderme ext. portant des poils assez rares, 2-3-cellul. Nervure des valves placentifères très saillante à l'extérieur, contenant un faisceau libéroligneux à bois int. et parfois un faisceau placentaire libérien ou libéroligneux à bois int. Placenta assez mince, à divisions nettes. Valves non placentifères développées, souvent très proéminentes à l'extérieur, contenant 2-3 faisceaux libéroligneux à bois int., le médian, plus ext. que les latéraux (1).

Var. α alba vel lonchophylla G. Cam. Berg. A. Cam., *l. c.*, p. 437. — *C. lonchophylla* Reichb., *l. c.* — *Ic. n.*, pl. 105, f. 1-3. Fleurs d'un beau blanc à l'extérieur. — Var. des plaines.

Var. β ochroleuca G. Cam. Berg. A. Cam., *l. c.*, p. 437. — *C. ochroleuca* Reichb., *Fl. excurs.*, n° 884, b., p. 140[20] (1830). — *Ep. ochroleuca* Baumg., *Enum. Pl. Trans.*, III, p. 174 (1846). — *Ep. pallens* var. *ochroleuca* Reichb. f., *Icon.*, XIII-XIV, t. 120, CCCCLXXII, f. I (1851) ; Schur, *Enum. Transs.*, p. 648, n° 3447 ; Griseb. et Sch., *Iter hung. in Wieg. Arch.* (1852), p. 356. — *Ceph. pallens* var. *lutescens* G. Cam. in *Mém. Herb. Boiss.*, n° 20, p. 14 (1900). — *C. pallens brachyphylla* Schur, *Herb. Trans.* — Icon. : Barla, *l. c.*, pl. 3, f. 1-21 ; *Ic. n.*, pl. 105, f. 10-11. — *Exsicc.* : *Soc. ét. fl. franco-helv.*, n° 1029. — Plante robuste, plus développée que la var. *alba.* Fleurs très grandes, d'un jaune pâle rompu. C'est la plante assez exactement figurée par Barla. Cette variété nous paraît plus particulière aux régions montagneuses. Nous n'avons vu qu'elle dans le Jura neuchâtelois et en Provence où elle n'est pas rare. — France, Allemagne, Autriche, Hongrie, etc.

Ces deux variétés ne sont pas des accidents de coloration, elles existent à l'exclusion l'une de l'autre dans les contrées où on les rencontre.

La var. *adenophora* R. Keller ap. Schinz et Keller, *Kristische Flora*, p. 53, a pour caractère : fleurs plus ou moins glanduleuses. Il est à noter qu'il n'existe pas de fleurs dépourvues entièrement de poils si on les observe avant l'anthèse.

Monstruosités. — Nous avons figuré dans le *Journal de Botanique*, III, (1889), pl. II, f. 2, et dans les *Ic. n.*, pl. 105, f. 12-13, un *C. pallens* anomal récolté, par nous, à Esches (Oise). Les fleurs étaient géminées, les 2 ovaires soudés et chaque fleur composée avait un labelle formé de deux labelles soudés. — Une forme analogue a été récoltée près de Rügen (cf. Weisse in *Verh. B. V. Brandenb.*, XLII (1901).

Forma Duffortii G. Cam. in *Bull. Soc. bot. Fr.*, XXXVII. p. XCVI (1890) ; G. Cam. Berg. et Cam., *l. c.* p. 437. — Fleurs un peu plus petites que dans le type ; labelle non articulé, ayant à peu près la forme des deux autres divisions int. du périanthe. Ce retour à une forme régulière n'est pas très rare dans la famille, mais, dans le cas observé par M. Duffort, il y a ceci de particulier que cette forme existe seule dans la localité,

---

1. Le *C. pallens* contient du loroglossoside (cf. Bourquelot et Bridel in *Journ. Pharm. et Chim.*, 7ᵉ s., XX, p. 81 (1919) ; Delauney in *C. R.* (1920), p. 435 ; (1921), p. 471 et (1923), p. 598.

à l'exclusion du type. La plante paraît se multiplier par ses organes végétatifs souterrains. — Gers : Marseube (Duffort).

Warner, in *Journ of Bot.*, XI, p. 236 (1873), a observé une fleur dont une paire d'étamines du rang ext. était labelliforme.

Ruppert, ap. M. Schulze, in *O. B. Z.*, XLIX (1899), p. 299, a décrit une fleur avec 6 divisions du périanthe et 2 labelles.

Zimmerm., in *Allg. Bot. Zeitschr.*, 1910, 7-8, a signalé un cas de tétramérie (1).

Un cas de fleur double a été observé par Weisse in *Verh. Brandenb.*, XLII (1901).

On a trouvé plusieurs fois des individus à épi bifurqué ou trifurqué.

V. v. — Mai ,juin ; floraison un peu plus tardive que celle du *C. ensifolia*. — *Habitat* : collines herbeuses, lisières des bois, montagnes, bois ensoleillés et ombragés, buissons, souvent sur le calcaire, parfois sur la marne, souvent dans les forêts de Chênes, parfois de Hêtres ; individus isolés peu rares. Monte à 1250 m. dans le Tyrol (Dalla Torre et Sarnth.). - *Répart. géogr.* : Espagne (rég. montagn., Aragon, Catalogne), Baléares, France [disséminé et souvent assez rare, Nord, env. de Paris, Est, Vosges, Jura, Alpes, Pyrénées, Centre, rég. médit., S.-O., très rare en Corse (Briquet)], Iles Britanniques, Belgique, Danemark, Suède mérid., Allemagne (disséminé dans les rég. centr. et mérid., rare dans le Nord, Kiel, Lübeck, Rügen, Brandebourg, Brunswick, etc.), Suisse (disséminé), Italie (rég. montagn.), Sicile, Sardaigne, Autriche, Hongrie, Bosnie, Herzégovine, péninsule des Balkans, Russie centr. et mérid., Crimée, Caucase, Transcaucasie, Asie Mineure, Algérie, Maroc (Mellerio).

4. — C. CUCULLATA

C. cucullata Boiss. et Heldr., *Diagn. pl. Or.*, sér. I, XIII, p. 12 (1853) ; Richter, *Pl. Eur.*, I, p. 283 ; Boiss., *Fl. orient.*, V, p. 86 ; Raul., *Crèt.*, p. 863 ; Stefani, Fors. Maj. W. Barbey, *Cat. Samos*, p. 61 ; de Halacsy, *Consp. fl. gr.*, III, p. 155 ; Reichb. F., *Icon.*, XIII-XIV, p. 137, t. 120, CCCCLXXII, f. II ; G. Cam. Berg. A. Cam., *Monogr. Orch. Eur.*, p. 438 ; Fleischm. in *Oest. bot. Zeitschr.* (1925), p. 193. — **C. epipactoides** Fisch. et Mey. in *Ann. sc. nat.*, IV, I, p. 30 (1854) ; Krause in Fedde, *Repert. sp. nov.* (1926), p. 299. — **Epipactis cucullata** Wettst. in *Oest. bot. Zeit.*, XXXIX, II, p. 429 (1889). — **Serapias cucullata** A. Eaton in *Proc. Biol. Soc. Washington*, XXI, p. 63-68 (1908).

Icon. : Reichb., *l. c.* ; *Ic. n.*, pl. 132, f. 2.

Exsicc. : Heldr., *Pl. cret.*, n° 1482 ; Siehe's *bot. Reise Cil.* (1896), n° 173 ; Krause, n° 1086.

Rhizome vertical, parfois divisé, portant des racines pendantes, grêles, poilues, traversant les gaines foliaires sèches. Plante glabrescente. Tige dressée, aussi grêle à la partie inf. que plus haut, sillonnée-anguleuse, portant, de la base jusque vers le milieu, env. 4 gaines blanches, plus larges que la tige, espacées, épaisses, à ouverture souvent oblique, à bords dentés ou divisés, à nerv. marquées sur la face inf., les sup. passant insensiblement à l'état de feuilles. Feuilles (ord. seulement 2), à peine plus grandes que les gaines, à la base également tubuleuses-engainantes, oblongues-lancéolées, aiguës, cucullées, dressées, nervées. Bractées inf. égalant ou dépassant les fl., les autres plus courtes, lancéolées, aiguës. Fleurs assez petites, blanches ou rosées, en épi assez dense. Divisions ext. du périanthe oblongues-lancéolées, aiguës, longues de 17 mm., larges de 6 mm., 3-nervées, à nerv. second. divisées de la base ; div. lat. int. ovales-oblongues, subobtuses ou aiguës, de 14 mm. sur 5 mm., 3-5-nervées, les nerv. second. d'abord non divisées, puis divisées et anastomosées. Labelle long de 13 mm. ; hypochile large de 9.5 mm. ; épichile ovale-oblong, subaigu, large de 7.5 mm. Eperon conique, très court, atteignant 2 mm. Gynostème grêle, 3 fois aussi long que large, aplati en avant ; étamine très courte, subsphérique, presque aussi large que le gynostème ; anthère biloculaire. Ovaire ovale-oblong, glabre, brièvement atténué à la base en pédicelle court, tordu à l'anthèse.

Pour M. Godfery, le *C. cucullata* serait peut-être hybride d'un *Cephalanthera* avec le *Limodorum abortivum.* Les feuilles du *C. cucullata* rappellent celles du *Limodorum* modifiées par le croisement avec un *Cephalanthera*. L'éperon court (aucun autre *Cephalanthera* n'a d'éperon) est ce qu'il pourrait-être dans le résultat

1. J'ai observé, à Thorenc (Alpes-Marit.), un cas d'albinisme complet. La tige, les feuilles, les fleurs étaient d'un blanc de lait. Les feuilles étaient notablement moins larges que dans les individus normaux. Les racines étaient plus infestées par les Champignons, ainsi que pouvait le faire présumer l'absence de chlorophylle dans la plante. C'est un cas assez rare de passage accidentel de saprophytisme partiel au saprophytisme total. Voir p. 46, Saprophytisme et fonction chlorophyllienne (Cf. A. Camus in *Riviera scientif.* (1918), p. 11 et *Bull. Soc. bot. Fr.* (1924), p. 91.

du croisement d'une plante à éperon long, comme le *Limodorum*, avec une plante sans éperon, comme un *Cephalanthera* (cf. GODFERY in *Journ. of Bot.* (1920), p. 72).

Morphologie interne.

Racine. Écorce formée de cellules à parois transversales ponctuées, contenant des paquets de raphides assez abondants. Cellules endodermiques et péricycliques à parois lignifiées, mais peu épaisses, les cellules endodermiques situées vis-à-vis des pôles libériens seules à parois très épaisses. Liber extrêmement réduit.

Tige. Anneau sclérifié développé, formé de 5-7 assises de fibres à parois épaisses. Faisceaux libéroligneux nombreux, les ext. plus ou moins régulièrement disposés en cercle, englobés dans l'anneau lignifié ; les int. disséminés, entourés d'une gaîne sclérifiée.

Feuille. — Ep. = 170-200 μ. Epiderme sup. haut de 20-25 μ, à paroi ext. mince et non bombée, à stomates rares. Epiderme inf. recticurviligne, haut de 15-20 μ, à paroi ext. très mince, peu ou non bombée, à stomates nombreux. Cellules épidermiques du bord du limbe à paroi ext. épaisse, formant des pointes développées et très arrondies. Parenchyme comprenant 5-8 assises de cellules chlorophylliennes.

V. s. — Mai, juin. — Broussailles et forêts des montagnes. — Samos, Crète, Asie Mineure, Lydie, Cilicie, Arménie, Perse (1).

Espèces douteuses.

C. comosa TIN. in GUSS., *Fl. sic. prodr.*, II, p. 877 ; in *Add. et emend.* ; PARLAT.,*Fl. ital.*, III,p. 353 ; REICHB. F., *Icon.*, XIII-XIV, p. 135. — Plante douteuse dont nous ne pouvons que donner la diagnose originale : C. foliis ovatis lanceolatisque reflexis, bracteis linearibus ciliolatis flore subsextuplo longioribus, labelli lamina cordata integra, petala exteriora ovata subæquante. — Caules graciles, 1 1/2-2 palmares, flexuosi, superne scabri : folia inferiora remota, superiora 1-2 pollicaria, nervosa, glabra : bracteæ 1 1/4-2 pollicares, spicam sub-15 floram cylindraceam multo excedentes ; flores parvi, rubentes (TIN.). — Juin, juillet. — In nemoribus montosis. — Isnello nel bosco del feudo di Chiusa per andare alla scaletta del Monaco (TIN.).

C. Maravignæ TIN. in GUSS., *Fl. sic. syn.*, II, p. 877 : in *Add. et emend.* : PARLAT., *Fl. ital.*, III, p. 353 : REICHB. F., *Icon.*, XIII-XIV, p. 135. — Diagnose originale : C. foliis lanceolatis, summis lineari-elongatis, spicam cylindraceam multifloram densiusculam multo excedentibus, bracteis lanceolatis, inferioribus ovarium subæquantibus, labelli lamina ovata, acuta, subtriloba, petalis exterioribus patulis lineari-acuminatis breviore. — Caules palmares et ultra, superne flexuosi puberuli : folia numerosa, suprema ciliolata, 2-2 1/2 pollicaria ; spica sub- 20-flora. Flores parvi, rubentes, petala bina interiora elliptica, obtusiuscula (TIN.). — Mai, juin. — In nemoribus montosis. Etna alla Cerrita sopra la Cubania (TIN.).

HYBRIDES

C. ENSIFOLIA × PALLENS

× **C. Schulzei** G. CAM. BERG. A. CAM., *Monogr. Orch. Eur.*, p. 439 (1908) ; A. CAM. in *Riviera scient.* (1919), p. 19 ; in *Bull. Soc. bot. Fr.* (1923), p. 451, *cum. ic.* ; FOURNIER, *Brév.*,p. 512.— × **C. salævensis** ROUY, *Fl. Fr.*, XIII, p. 201 (1912). — **C. ensifolia × pallens** G. CAM. BERG. A. CAM., *l. c.* — **C. alba × longifolia** ASCHERS. et GRAEB., *Syn.*, III, p. 877 (1905). — **Epipactis alba × longifolia** M. SCHULZE in *O. B. Z.*, XLIX, p. 299 (1899).

Icon. : A CAMUS, *l. c.* ; *Ic. n.*, pl. 132, f. 1.

Plante intermédiaire entre les parents, bien plus robuste que *C. ensifolia*. Feuilles à peine plus courtes, mais plus larges que dans cette esp., plus rapprochées que dans *C. pallens*, les inf. ayant tendance à se récurver, les sup. un peu dressées. Bractées lancéolées ou ovales-lancéolées, les inf. très longues, les autres assez courtes. Fleurs plus petites que dans *C. pallens* ou aussi grandes, en épi lâche ou dense ; div. du périanthe de forme bien intermédiaire, moins connivents, les ext. oblongues, plus obtuses que dans *C. ensifolia* et plus aiguës que dans *C. pallens*, les lat. int. ovales-oblongues, plus courtes et plus obtuses que les ext. Labelle bien plus court que les autres div., non entouré par elles. Ovaire portant quelques poils très courts.

Très rare. — *France* : Alpes-Maritimes à Vence, bois de Chênes sur le Baou-des-Blancs (A. CAMUS) ; Var : dans un bois de Chênes, à gauche,en sortant de Grimaud et en allant vers la Garde-Freinet (A. CAMUS) ;

_____
1. Le *C. Kurdica* BORNM., du Kourdistan, est proche du *C. cucullata* BOISS., mais ses fleurs sont roses et son éperon courbé est bien plus long.

entre Ampus et Châteaudouble (A. Camus) ; Haute-Savoie : au Salève (Dutoit-Haller), Haut-Rhin : Colmar (d'ap. P. Fournier). — *Allemagne* : Thuringe aux env. d'Eisenberg (Ludewig ap. M. Schulze in *O. B. Z.*, XLIX (1899), p. 299).

C. PALLENS × RUBRA

× C. **Mayeri** A. Camus.— C. pallens × rubra A. Camus. — **Epipactis Mayeri** Mayer et Zimmermann in *Mitt. bayer. bot. Ges.*, III, p. 463 (1918). — **Epipactis alba × rubra** Mayer et Zimmermann, *l. c.*

Tige dressée, non en zigzag, pubescente au sommet. Feuilles radicales peu acuminées, les médianes ovales-oblongues, acuminées, la supérieure lancéolée-acuminée. Bractées égalant à peine l'ovaire. Fleurs assez petites, roses. Divisions du périanthe convergentes, acuminées ; épichile blanc, à bords rouges, brièvement acuminé (moins longuement que dans le *C. rubra*).

Haute-Bavière : entre le Würm Sec et la vallée de l'Isar, alt. 700 m. (Mayer). — A rechercher en France.

Gen. XXX. — LIMODORUM Tournef.

Limodorum (Tournef., *Inst.*, I, p. 497, t. 250) ; Swartz in *N. Act. Holm.*, VI, p. 78 (1799), t. 5, f. 4 ; Rich. in *Mém. Mus. Paris*, IV, p. 50 (1818) ; Lindl., *Gen. and spec.*, p. 398 ; Nees, *Gen.*, III, n° 22 ; Endl., *Gen.*, p. 219 ; Benth. et Hook., *Gen.*, III, p. 618 ; Pfitzer in Engl. et Prantl, *Pfl.*, II, 6, p. 111 ; Reichb. F., *Icon.*, XIII-XIV, p. 138. — **Orchidis species** L., *Spec.*, p. 943 (1753). — **Serapiadis species** Scop., *Fl. carn.* éd. 2, II, p. 205 (1772). — **Centrosis** Swartz, *Adnot. bot.*, p. 52 (1829). — **Limodoron** St-Lager in *Ann. Soc. bot. Lyon*, VII, p. 129 (1880). — **Jonorchis** Beck, *Fl. Nied. -Oest.*, p. 215 (1890). — **Lequeetia** Bubani, *Fl. pyr.*, p. 57 (1901).

Périanthe à divisions libres, dirigées en avant, dressées, subconniventes, presque étalées, les ext. presque égales entre elles, la médiane en voûte ; les lat. int. plus étroites et plus courtes que les ext. Labelle éperonné, dirigé en avant, entier, genouillé, rétréci à la base, rapproché du gynostème et parallèle à lui, sauf dans la partie terminale (épichile) pliée, concave, canaliculée. Gynostème allongé, trigone, non prolongé en lamelle au-dessus de l'anthère, portant vers le sommet un stigmate large (1). Anthère terminale, mobile, subsessile, obtuse, persistante. Masses polliniques 2, indivises, réunies par un rétinacle unique, bilobé. Pollen pulvérulent, à granules subglobuleux ou ovoïdes. Ovaire non contourné, atténué à la base en un pédicelle court, contourné. Capsule oblongue, très grande, grosse, pédicellée, à 6 côtes saillantes. — Souche à fibres radicales grosses, napiformes. Feuilles réduites à des écailles colorées et engainantes.

Racine à vaisseaux de protoxylème peu nombreux et à lames vasculaires isolées ou plus ou moins unies par quelques vaisseaux de métaxylème ; tissu de soutien réduit ou manquant (pl. 113, f. 63-70). Cellules endodermiques et péricycliques de la racine à parois presque toutes minces et plus ou moins lignifiées. Poils pluricellulaires non ramifiés (pl. 119, f. 267-273). Faisceaux libéro-ligneux de la tige disséminés, ne pénétrant pas tout à fait au centre de la tige (f. 231) (voir p. 55). Nervures des écailles foliaires dépourvues de fibres lignifiées (f. 232). Grains de pollen s'isolant complètement les uns des autres (pl. 122, f. 442-444). Gynostème contenant les faisceaux développés des étamines latérales avortées (pl. 122, f. 477-480)(voir p. 61). — Suspenseur non développé.

1. — L. ABORTIVUM

L. **abortivum** Swartz in *Nov. Act. Holm.*, VI, p. 80 (1799) ; Willd., *Spec.*, IV, p. 129 ; Rich. in *Mém. Mus. Paris*, IV, p. 58 (1818) ; Lindl., *Gen. and spec.*, p. 398 ; Reichb. F., *Icon.*, XIII-XIV, p. 138; Correvon, *Alb. Orch. Eur.*, pl. XXIV ; Nyman, *Consp.* p. 687 ; *Suppl.*, p. 289 ; Richter, *Pl. Eur.*, I, p. 284 ; Dumort.,

---

1. Le *Limodorum* peut se féconder lui-même. Nous avons observé que,bien avant l'ouverture de la fleur, les loges de l'anthère s'ouvrent au-dessus du rostellum qui n'est pas encore visqueux et qui forme, sous elles, une petite masse triangulaire. Le stigmate est déjà gluant. Un peu plus tard, mais avant l'épanouissement, le rétinacle est visqueux et les deux masses polliniques sont sorties des loges et déposées sur le rétinacle, au-dessus et en avant de la grande ouverture stigmatique très gluante. Le pollen pulvérulent peut tomber sur le stigmate bien que la partie supérieure du gynostème étant recourbée, la plus grande partie du pollen se trouve en dehors de lui. La fécondation n'a lieu que 25 jours env. après la pollinisation. Certaines fleurs dont l'épanouissement ne se produit pas peuvent donner des graines (Cf. Pedicino in *Ann. d. Sc. d. Napoli* (1874) et Freyitold, *Bot. V. Brand.* (1877).

Les insectes, attirés par l'abondance du nectar sécrété par l'éperon, servent aussi au transport du pollen. M. Godfery a vu l'*Anthidium septemdentatum* Lat. et le *Bombus agrorum* var. *pascuorum* Scop. transporter des pollinies de *Limodorum* (Cf. Godfery in *Journ. of Bot.* (1922), p. 361).

Prodr. fl. Belg., p. 134 ; LEJ. et COURT., *Comp.*, III, p. 191 ; TINANT, *Fl. luxemb.*, p. 448 ; LÖHR, *Pl. Tr.*, p. 250 ; MEY., *Orch. G.-D. Luxemb.*, p. 18 ; THIELENS, *Orch. Belg. et Luxemb.*, p. 47 ; DC., *Fl. fr.*, III, p. 263 ; DUBY, *Bot.*, p. 450 ; LOISEL., *Fl. gall.*, II, p. 274 ; MUTEL, *Fl. fr.*, III, p. 261 ; *Fl. Dauph.*, éd. 2, p. 601 ; BOISDUV., *Fl. Fr.*, III. p. 55; LAPEYR., *Abr. Pyr.*, p. 554 ; GODR., *Fl. Lorr.*, II, p. 316; III, p. 48; GR. et GOD., *Fl. Fr.*, III, p. 273 ; LEC. et LAMT., *Cat. Pl. Cent.*, p. 352 ; BOR., *Fl. Cent.*, éd. 3, p. 649 ; GODET, *Fl. Jura*, p. 695 ; GREN., *Fl. ch. jurass.*, p. 759 ; RAVIN, *Fl. Yonne*, p. 363 ; COSS. et GERM., *Fl. Par.*, éd. 2, p. 690 ; MARTR.-DONOS, *Fl. Tarn*, p. 712 ; ARDOINO, *Fl. Alp.-Mar.*, p. 361 ; BARLA, *Iconogr.*, p. 5 ; LORET et BARR., *Fl. Montp.*, p. 656 ; MART., *Cat. Romor.*, p. 264 ; FRANCH., *Fl. L.-et-Ch.*, p. 567 ; GUST. et HÉRIB., *Fl. Auv.*, p. 426 ; G. CAM., *Monogr. Orch. Fr.*, p. 115 ; in *Journ. bot.*, VII, p. 277; G. CAM. BERG. A. CAM., *Monogr. Orch. Eur.*, p. 441 ; DEBEAUX, *Rév. fl. agen.*, p. 514 ; CAR. et ST-LAG., *Fl. descr.*, éd. 8, p. 816 ; COSTE, *Fl. Fr.*, III, p. 409, n° 3626, *cum icone* ; ROUY, *Fl. Fr.*, XIII, p. 208 ; BRIQUET, *Prodr. Fl. Corse*, p. 389 ; ALB. et JAHAND., *Cat. Var*, p. 492; KIRSCHL., *Pr. fl. Als.*, p. 141 ; KOCH, *Syn.*, éd. 2, p. 800 ; éd. 3, p. 602 ; éd. Hall. et Wohlf., p. 2442 ; REICHB., *Fl. exc.*, I, p. 131 ; GARCKE, *Fl. v. Deutschl.*, éd. 14, p. 383 ; BACH, *Rheinpr.*, p. 374 ; ASCHERS. et GRÄEB., *Syn.*, III, p. 879 ; SEUBERT, *Ex. Fl. Bad.*, p. 125 ; KRAENZL., *Orchid.*, p. 42 ; SPENN., *Fl. Frib.*, p. 248 ; GAUD., *Fl. helv.*, V, p. 480 ; MORTH., *Fl. Suisse*, p. 358 ; FISCHER, *Fl. Bern*, p. 79 ; BOUV., *Fl. Alp.*, éd. 2, p. 647 ; SCHINZ et KELL., *Fl. Schweiz*, p. 126 ; HINTERHUB. et PICH., *Fl. Salz.*, p. 194 ; VIS. *Fl. Dalm.*, I, p. 181 ; AMBR., *Fl. Tir. austr.*, p. 721 ; HAUSM., *Fl. Tirol*, p. 847 ; BOISS., *Voy. Esp.*, p. 558 ; RODR., *Cat. pl. Menorca*, p. 86 ; BARCELO, *Apunt. Bal.*, p. 45 ; MARÈS et VIGIN., *Cat. Baléar.*, p. 278 ; H. KNOCHE, *Fl. baléar.*, I, p. 414 ; WILLK. et LANGE. *Pr. hisp.*, I, p. 177 ; *Suppl.*, p. 44 ; GUIMAR., *Orch. port.*, p. 17 ; DEB. et DAUT. *Syn. Gibr.*, p. 202 ; NOC. et BALB., *Fl. tic.*, II. p. 159 ; SEB. et MAURI, *Fl. rom. pr.*, p. 316 ; POLL., *Fl. veron.*, III, p. 22 ; TEN., *Fl. nap.*, II, p. 323 ; *Syll.*, p. 132 et 461 ; TOD., *Orch. sic.*, p. 116 ; GUSS., *Fl. sic. syn.*, p. 554 ; DE NOTAR., *Repert. fl. lig.*, p. 395 ; PUCC. *Syn. pl. luc.*, p. 480 ; BERTOL., *Fl. ital.*, IX, p. 631 ; GUSS., *En. inar.*, p. 324 ; SANG., *Fl. rom. pr. alt.*, p. 742 ; PARLAT., *Fl. ital.*, III, p. 344 ; CES. PASS. GIB., *Comp.*, p. 117 ; W. BARBEY, *Fl. Sard. comp. et suppl.*, n° 1338 ; ARCANG., *Comp.*, éd. 2, p. 161 ; CORTESI in *Ann. bot.* PIROTTA, II, p. 121 ; FIORI et PAOL., *Fl. ital.*, I. p. 252 ; *Iconogr.*, n° 860 ; COCCONI, *Fl. Bolog.*, p. 475 ; LOJACONO, *Fl. Sicula*, III, p. 58 ; SCHUR, *Enum. Trans.*, p. 648, n° 3443; SIMK., *Enum. Trans.*, p. 504 ; GRIES., *Spic. fl. rum. et bith.*, II, p. 368 ; BRANDZA, *Contrib. fl. Române*, p. 24 ; *Flora Dobrogei*, p. 405 ; PANTU, *Contrib. Bucur.*, p. 91 ; KRAUSE in FEDDE, *Rep. sp. nov.* (1926), p. 299 ; GMEL., *Fl. sib.*, I, p. 12, n° 8, t. 2, f. 2 ; BORY et CHAUB., *Expéd. Morée*, p. 265 ; N. fl. Pélop., p. 62 ; RAUL., *Cret.*, p. 863 ; HAUSSKN., *Symb. fl. gr.*, p. 43 ; HELDR., *Fl. Égine*, p. 390 ; MARS. BIEB., *Fl. Taur.-Cauc.*, III, p. 373 ; BOISS., *Fl. orient.*, V. p. 89 ; HALACSY, *Consp. fl. Gr.*, III, p. 153 ; BATTAND. et TRAB. *Fl. Alg.* (1884), p. 32 ; (1895), p. 189 ; (1904), p. 323 ; BONNET et BARR., *Cat. Tunisie*, p. 405 ; DEBEAUX, *Fl. Kabylie Djurdj.*, p. 338. — **L. austriacum** SEG., *Pl. veron.*, II, p. 137 (1745) ; TOURNEF., *Inst.* 437. — **Orchis abortiva** L., *Spec.*, éd. 1, p. 943 (1753) ; *Mant. alt.*, p. 477 ; UCRIA, *H. r. panorm.*, p. 383 ; SUFFREN, *Pl. Frioul*, p. 184 ; BALB., *Fl. taur.*, p. 148 ; SUT., *Fl. helv.*, II, p. 221 ; MUR., *Bot. Val.*, p. 81 ; LAMB., *Dict.*, III, p. 599 ; MAR., *Fl. rom.*, p. 300 ; JACQ., *Austr.*, II, t. 19 ; PALL., *Ind. Taur.* ; GOUAN, *Fl. monsp.*, p. 471 : SCOP., *Fl. Carn.*, éd. 1, n° 1130 ; VILL., *Hist. Dauph.*, II, p. 40 ; GUILL., *Fl. Bord. et S.-O.*, p. 169. — **Serapias abortiva** SCOP., *Fl. Carn.*, éd. 2, II, p. 205 (1772) ; PERS., *Syn.*, II, p. 513. — **Epipactis abortiva** ALL., *Fl. Pedem.*, II, p. 151 (1785) ; WETTST. in *Oest. bot. Zeit.*, XXXIX, p. 395 (1889) ; M. SCHULZE, *Die Orchid.*, n° 59 ; ZIMMERM. in *Allg. Bot. Zeitschr.* (1910) 7-8, p. 20. — **Jonorchis abortiva** BECK, *Fl. Nied.-Oest.*, (1890) p. 215. — **Neottia abortiva** CLAIRV., *Mant.*, p. 264 (1811). — **Centrosis abortiva** SWARTZ, *Summ. veg. sc.*, p. 32 (1814). — **Lequeetia abortiva** BUBANI, *Fl. pyr.*, p. 58 (1901). — *Orchis radicibus cylindricis, bracteis flore brevioribus, labello trifido obtuso, seta genitalibus breviore* SAUV., *Monsp.*, p. 23. — *Epipactis aphylla, calcare longo, labello ovato, lanceolato* HALL., *Ic. Helv.*, t. 36, n° 1288. — *Pseudo-Limodorum austriacum* CLUS., *Hist.*, I, p. 270. — *Orchis abortiva violacea* BAUH., *Pinax*, p. 86. — *Limodorum* HALL., *Enum.*, p. 278 ; *Opusc.*, p. 212. — *Orchis cognata, ferrugineo flore, Muscam simulante, thyrso e fusco-cœrulescente, Asparagi, radicibus* CUP., *H. cath.*, p. 157. — *Orchidi flore similis planta, thyrsoides, Asparagi radice* CUP., *Pamph.*, II, t. 39.

Noms vulg. : Limodore à feuilles avortées, Asperge violette vulgaire. — Ital. : Fiammone, Fior di legna, Limodoro. — Allem. : Unechter Dingel, Schmuziger Dingel.

Icon. : HALL., *l. c.*, t. 36, f. 2 ; JACQ., *Austr.*, II. t. 193 ; GMEL., *l. c.* ; DIETR., *Fl. Borus.*, I, t. 72 ; REICHB. F., *Icon.*, XIII-XIV, t. CCCCLXXXI, f. 1-27 ; LXD, f. III ; CES. PASS. GIB., *l. c.*, t. XXI, f. 3, a-g ; BARLA, *l. c.*, pl. 1, f. 1-21 ; NEES ESENB., *Gen.*, V, II ; G. CAM., *Icon. Orch. Par.*, pl. 27 ; CORREV., *Orch. rust.*, f. 23 ; *Album Orch. Eur.*, pl. XXIV ; FIORI et PAOL., *l. c.*, f. 860 ; M. SCHULZE, *l. c.*, t. 59 ; GARCKE, *Fl. Deutschl.*, f. 589 ; HEGI, *Fl. Mittel-Europa*, t. 75, f. 4 ; GUIMARAES, *l. c.*, est. I, t. 2 ; BONNIER, *Alb. N. Fl.*, p. 149 ; G. CAM. BERG. A. CAM., *l. c.*, pl. 31. f. 1068-1075, 1083-1086 ; *Ic. n.*, pl. 104, f. 1-15.

Exsicc. : THOMAS ; REICHB., n° 1625 ; *Soc. Dauph.*, n° 5057 ; SINTENIS, *It. thessal.*, n° 1548 ; SINT. et RIGO, *It. cypr.* (1880) ; KOTSCHY, *It. Cil.-Kurd.*, n° 120 ; BOURGEAU, *Pl. Toulon*, n° 385 ; *Pl. Pyren. esp.*, n° 444 ; TODARO, *Sic.*, n° 954 ; BURNAT (1904), n° 577 ; KRAUSE, n° 204.

Rhizome très profondément enfoncé dans le sol, parfois jusqu'à 60 cm. (1), gros, court, presque horizontal muni de fibres radicales nombreuses, tortueuses, charnues, grosses, fasciculées, brun jaune, souvent bifurquées ou divisées, renflées à leur extrémité. Tige robuste, plus grosse vers la base, dressée, ferme, un peu cannelée, flexueuse, de 2-6 dm., d'un vert glauque, presque entièrement lavée de violet. Feuilles réduites à l'état d'écailles engainantes, dressées, lancéolées-aiguës, à bords un peu sinueux et très amincis, les sup. assez appliquées, un peu dilatées et plus lâches vers le sommet, vertes, lavées de violet ou de bleu gris, les inf. brunâtres. Bractées semblables aux feuilles réduites de la tige, embrassantes, ovales-lancéolées, aiguës ou acuminées. 5-7-nervées, un peu plus longues que l'ovaire, les sup. souvent stériles. Fl. grandes, dressées et rapprochées de l'axe, violettes, un peu lavées de jaune, disposées en épi lâche et allongé, de 4 à 20 fl. Div. ext. du périanthe presque de même longueur, dressées-étalées, d'un violet clair, à nerv. plus foncées, les lat. ext. oblongues-lancéolées ou lancéolées, très obtuses, la méd. plus large, ovale-allongée, obtuse, très concave à l'extrémité et embrassant le gynostème ; div. lat. int. un peu plus courtes et plus étroites que les ext., presque de même couleur, linéaires, aiguës. Labelle dressé, ovale-allongé ou subelliptique, ord. plus ou moins longuement onguiculé, rétréci et subarticulé vers la base, concave et plus large vers le sommet, parfois un peu aigu, canaliculé, un peu plus court que les div. ext. du périanthe, à face int. jaune, lavée de violet, munie de veines d'un violet foncé, disposées en éventail, à bords ondulés, crispés et relevés. Eperon d'un violet pâle presque blanc, aminci au sommet, dirigé en bas, courbé ou presque droit, égalant env. l'ovaire ou le dépassant. Gynostème allongé, épais, égalant presque les div. lat. int. du périanthe et le labelle, suivant presque la direction de l'ovaire qu'il surmonte, violet, lavé de jaune, plan en avant, convexe en arrière, un peu élargi vers le haut, portant un stigmate large, obovale ou subtriangulaire et une anthère terminale, subsessile, ovale ou obcordiforme, arrondie au sommet, persistante, dirigée en bas et un peu en avant, vers le stigmate, à parois épaisses, à loges contiguës et subparallèles. Masses polliniques 2, entières, oblongues, jaune clair. Ovaire oblong, atténué à la base en un pédicelle tordu. Capsule oblongue, grosse, d'un vert glauque, à 6 côtes violettes. Graines très nombreuses, oblongues-linéaires. — Nous avons, plusieurs fois, conservé des pieds de *L. abortivum* dans l'eau pour les observer jusqu'à la maturité. Progressivement la couleur verte révélant la présence de la chlorophylle s'est toujours accentuée au point de devenir dominante vers le quinzième jour. La modification si importante de coloration tient à la nourriture très différente absorbée ainsi par la plante et à la nécessité où se trouve celle-ci d'augmenter sa fonction chlorophyllienne. — PARLATORE, CESATI et GIBELLI, ARCANGELI, CORTESI, LOJACONO ont regardé cette plante comme parasite, alors que KERNER (2) et ENGLER (3), la considéraient comme saprophyte. D'après CORTESI, on a trouvé des racines de *Limodorum* soudées à des racines de Châtaignier, du Hêtre et de Ciste. LOJACONO signale cette plante comme parasite du *Quercus Ilex.*

Morphologie interne.

Racine (pl. 113, f. 63-70). Contrairement à ce qui a été écrit jusqu'ici, l'assise pilifère développe quelques poils absorbants. Assise subéreuse non épaisse, non différenciée. Les jeunes racines, jusqu'à un état de développement assez avancé, ont une écorce assez homogène, gorgée d'amidon et ne paraissant pas renfermer de champignons. Dans les racines adultes, l'écorce, extrêmement développée, formée de cellules à parois ordt. munies de ponctuations (à peu près dépourvues de ponctuations dans certains individus du Midi), comprend trois régions assez distinctes : 1° l'ext. peu développée, formée de 5-7 assises de cellules ordt allongées tangentiellement, contenant souvent de l'amidon ou des raphides, les cellules à raphides sont ordt plus grandes que les autres cellules et le paquet de raphides est gros ; cette zone est traversée et habitée par les champignons en filaments (4) ; 2° la zone moyenne, plus développée que l'externe, formée de 10-12 assises de grandes cellules allongées radialement et contenant des champignons en pelotes jaunes serrées ; 3° la zone interne, à peu près aussi développée que la moyenne, formée de 12 assises environ de cellules plus petites que celles de l'écorce

1. Le *Limodorum* paraît, dans quelques cas, développer des fl. sous terre, comme le *Neottia Nidus-avis*. N. BERNARD, in *Th. Fac. Sc. Paris* (1901), p. 56, signale avoir vu des fl. épanouies à plus de 30 cm. sous terre, dans un sol caillouteux.
2. KERNER, *La Vita delle Piante*. Torino, Un. Tip. Ed., vol. I, p. 103.
3. ENGLER, *Syllabus der Pflanzenfamilien*, 3e éd., p. 104.
4. Dans certaines racines âgées, j'ai encore observé des filaments mycéliens vivants. Voir Développement des Arétusées, p. 45.

moyenne, dépourvues d'endophytes, et contenant beaucoup d'amidon. Grains d'amidon de forme irrégulière, groupés, petits, atteignant 4-12 μ de diam. Endoderme soit formé de petites cellules à cadres subérisés, soit lignifié dans ses parois lat. et ext. (pl. 113, f. 64) et péricycle non lignifié ou parfois endoderme et péricycle à parois minces, mais presque toutes lignifiées et réticulées. Lames vasculaires assez réduites, isolées les unes des autres ou plus ou moins unies par quelques vaisseaux de métaxylème autour d'un parenchyme non lignifié dans lequel se différencient très rarement quelques fibres. Dans certaines racines, surtout vers le sommet, se lignifient quelques fibres qui parfois tendent à s'unir au centre ou au contraire laissent une partie centrale non lignifiée (pl. 113, f. 67). La rareté des tissus lignifiés, l'absence ou la réduction des tissus de soutien expliquent la grande fragilité des racines. Dans la même racine, nous avons observé les différences de structure suivantes : A l'extrémité (pl. 113, f. 68), les faisceaux de bois primaire réduits à 1-6 vaisseaux et épars dans le conjonctif, quelques vaisseaux de métaxylème, tout le cylindre central non lignifié à l'exception de ces vaisseaux, l'endoderme à parois latérales seulement subérisées. Vers le sommet (pl. 113, f. 67), les faisceaux tendent à se réunir latéralement par des éléments lignifiés, au centre la moelle parenchymateuse ; le péricycle lignifié près des pôles ligneux, l'endoderme complètement subérisé ou lignifié. Sur la même section, le péricycle peut être interrompu ou continu.

Rhizome, partie un peu horizontale (pl. 114, f. 78-80). Epiderme formé de petites cellules, muni de poils extrêmement abondants. Ecorce formée de 8-10 assises contenant des pelotes de mycélium vivant et des pelotons de dégénérescence. J'ai observé des champignons jusque au voisinage des faisceaux libéroligneux externes. Il n'y a ordt ni endoderme ni péricycle différencié, le parenchyme cortical passant insensiblement au parenchyme médullaire. Faisceaux libéroligneux nombreux, à anastomoses transverses assez abondantes, dépourvus de fibres lignifiées ou munis de quelques fibres dans la partie extra-libérienne ; bois ne tendant pas à entourer le liber. La base des feuilles du rhizome est infestée, l'épiderme inférieur de ces feuilles est muni de poils. — A un niveau un peu plus élevé, il n'y a plus de filaments mycéliens et les poils sont peu abondante.

Tige (f. 231 et pl. 115, f. 92). Stomates assez nombreux, de forme simple, sans saillie de la membrane, à chambre sous-stomatique petite (1). Epiderme contenant un peu d'anthocyane, formé de cellules à paroi ext. mince. 3-5 assises de parenchyme ext. contenant quelques raphides et des grains de chlorophylle (pl. 115, f. 98) (2). Anneau sclérifié formé de 7-9 assises de fibres à parois assez épaisses. Faisceaux libéroligneux disséminés, ne formant pas de cercle régulier, mais ne pénétrant pas au centre de la tige, entourés à l'extérieur ou presque complètement de fibres lignifiées, séjournant assez longtemps dans le parenchyme ext. avant d'aller dans les écailles foliaires. Faisceaux libéroligneux disséminés, ne formant pas de cercles réguliers, mais ne pénétrant pas au centre de la tige, entourés d'un arc ext. ou d'une gaine de fibres lignifiées, restant assez longtemps dans le parenchyme ext. avant d'aller dans les écailles foliaires. Parenchyme int. ne se résorbant pas au centre de la tige, renfermant, ainsi que le parenchyme des faisceaux libéroligneux, quelques chloroleucites. Toutes les cellules du parenchyme ext. et du parenchyme int. de la tige renferment, dans les matériaux alcooliques, des sphéro-cristaux aiguillés (voir p. 56) (pl. 115, f. 93, 94).

Feuilles rudimentaires (f. 232) Ep.= 200-750 μ. Epid. sup. (Es) contenant un peu d'anthocyane, recti-curviligne, haut de 30-40 μ, à paroi ext. très mince et bombée, ordt dépourvu de stomates dans les feuilles inf., à stomates de forme simple dans les feuilles sup. Epiderme inf. (Ei) contenant beaucoup d'anthocyane (pl. 116, f. 157), haut de 40-100 μ, à paroi ext. très mince et très bombée, formé de cellules semblant presque papilleuses tant elles sont allongées perpendiculairement à la surface du limbe et tant la paroi ext. est bombée, à stomates (3) à peu près aussi hauts que les autres cellules épidermiques et situés à leur niveau. Paroi ext. des cellules épidermiques marginales du limbe prolongée en pointes raides et développées. Parenchyme (Pc) formé de 4-8 assises de très grandes cellules peu chlorophylliennes, plus pauvre en chlorophylle vers la face sup. appliquée contre la tige que vers la face inf. exposée à la lumière et contenant quelques rares cellules à raphides. Bord du limbe très aminci (f. 233) ; parenchyme réduit à 2 assises. Nervures très nombreuses, à section biconvexe, dépourvues de collenchyme et de sclérenchyme, à faisceau libéroligneux développé, situé dans la région sup. du limbe (f. 232).

---

1. Cette réduction des stomates provient de la médiocre activité assimilatrice de cette espèce.
2. Les chloroleucites sont épars dans chaque cellule, aussi leur rôle assimilateur est-il presque nul. Le *Limodorum*, malgré sa chlorophylle, est presque entièrement saprophyte (voir Saprophytisme et fonction chlorophyllienne, p. 46).
3. D'après Johow, les stomates n'existent que dans les régions vertes et manquent dans celles où l'épiderme, contient de l'anthocyane. Il n'en est rien. Les stomates sont très fréquemment entourés de cellules à anthocyane, l'écorce sous-jacente étant chlorophyllienne.

Fleur. — *Divisions externes et latérales internes du périanthe.* Epiderme ext. portant des poils 2-4-rarement 6-cellulaires, atteignant 120-300 μ de long, à cellule terminale aussi ou plus développée que les autres, contenant très peu d'huile essentielle (pl. 119, f. 267-273). L'huile essentielle est ord. moins rare dans les divisions int. que dans les divisions ext., et dans les cellules de l'épiderme int. que dans celles de l'épiderme ext., elle existe parfois aussi dans les cellules du parenchyme, près des bords et des nervures. — *Labelle.* Epiderme int. prolongé en papilles unicellulaires, légèrement coniques, obtuses, striées, atteignant parfois 100 μ de long. Dessins violets du labelle formés par des cellules à anthocyane. Epiderme ext. portant des papilles nettes. Cellules de l'épiderme int. et quelques cellules parenchymateuses, surtout vers les bords, contenant ord. de l'huile essentielle. — *Éperon.* (pl. 121, f. 425) Epidermes ext. et int. dépourvus de papilles caractérisées. Ep. — 250-290 μ. Epiderme ext. haut de 35-45 μ, à paroi ext. très mince, bombée et cuticularisée. Epiderme int. haut de 20-35 μ, à paroi ext. très mince, peu bombée et non à peine cuticularisée. 5-10 assises intermédiaires formées de cellules polygonales irrégulières. Nervures très développées, très nombreuses, saillantes vers la gorge de l'éperon, non saillantes vers l'extrémité. Parfois globules d'essence dans les épidermes et le parenchyme. Tous les tissus de l'éperon, et à un degré moindre ceux des autres pièces du périanthe, donnent la réaction des sucres. Emission abondante de nectar à l'intérieur de l'éperon. — *Gynostème* (pl. 122, f. 477-480). Epiderme de la partie dorsale du gynostème seul papilleux, contenant des traces d'huile essentielle. Section transversale du gynostème montrant 6 faisceaux : 3 stylaires, 1 faisceau allant à l'étamine fertile et 2 faisceaux latéraux occupant la place des 2 étamines inf. avortées du cercle int. et semblant être le rudiment de ces organes. Ces faisceaux staminaux parcourent les 2 petites ailes latérales dans toute la longueur du gynostème, jusqu'à l'anthère, et se divisent parfois vers le sommet du gynostème, comme l'indique la fig. 480. La présence constante des faisceaux staminaux lat. explique la fréquence des cas où les étamines lat. apparaissent dans cette espèce. — *Anthère* (pl. 122, f. 461, 462). 5 assises revêtent ordinairement les loges polliniques, les 3 ext. deviennent fibreuses (pl. 122, f. 463). — *Pollen.* Jaune. Grains de pollen s'isolant complètement les uns des autres. Exine très fortement alvéolée à la surface de chaque grain. Grains de pollen secs de forme un peu irrégulière, légèrement allongés. L. = 26-37 μ (pl. 122, f. 442-444). — *Ovaire* (f. 234). Epiderme du jeune ovaire portant quelques poils sur la face postérieure. Nervure des valves placentifères saillante à l'extérieur, contenant un faisceau libéroligneux ext., à bois int., et souvent aussi un faisceau int. libéroligneux à bois ext. ou un faisceau entièrement libérien. Parenchyme ligneux non lignifié très abondant. Placenta divisé dès la base. Valves non placentifères proéminentes à l'extérieur, mais plutôt moins que la nervure des autres valves, renfermant un faisceau libéroligneux à bois int., à parenchyme ligneux non lignifié abondant. — *Graines.* Suspenseur non développé, réduit à une cellule peu distincte de l'embryon. Cellules du tégument non striées, à parois rectilignes (pl. 122, f. 504). Graines légèrement atténuées aux extrémités, 2-3 fois plus longues que larges. L = 750-1.000 μ (2).

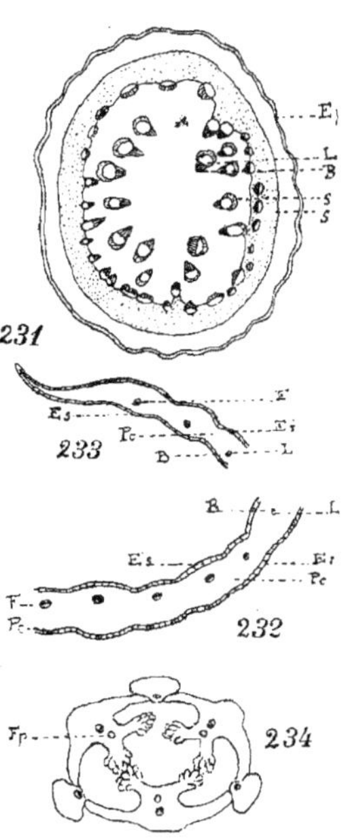

Limodorum abortivum.— Fig. 231 : section transversale schématique de la tige ; B, bois ; Ep, épiderme ; L, liber ; P, parenchyme ; S, sclérenchyme. — Fig. 232 : section transv. schématique d'une feuille caulinaire ; Ei, épiderme inf. ; Es, épiderme sup.; F, faisceau libéroligneux ; Pc, parenchyme chlorophyllien. — Fig. 233 : section du bord de la feuille. — Fig. 234 : section transv. schématique de l'ovaire ; Fp, faisceau placentaire.

Var. β **abbreviatum** Gr. et God., *Fl. Fr.*, III, p. 273 (1856) ; G. Cam., *Monogr.*, *l. c.*, p. 106 ; G. Cam. Berg. A. Cam., *l. c.*, p. 444. — **L. sphærolabium** Viv., *App. Fl. Cors.*, p. 6 (1825) ; Mutel, *Fl. fr.*, III, p. 262.

---

1. Dans un jeune bouton le gynostème est encore très court alors que l'anthère a acquis un assez grand développement. Entre les deux loges se trouve le rostellum à sommet jaunâtre. Un peu plus tard, on observe la gélification de la partie du rostellum contiguë à l'anthère. Cette gélification se propage de plus en plus et, à l'ouverture des loges de l'anthère, le pollen est retenu par la masse du rostellum.

2. Le *Limodorum* contient du loroglossoside (cf. Delaunay in *C. R.* (1925), 180, p. 224).

— **L. sphærocephalum** Boullu in *Ann. Soc. bot. Lyon*, XXIV (1899), p. 4. — *Ic. n.*, pl. 104, f. 13-14. — Labelle arrondi presque circulaire. — Corse.

Var. γ **brevicornu** Rohlena in Aschers. et Graeb., *Syn.*, III, p. 880 (1907). — G. Cam. Berg. A. Cam., *l. c.*, p. 444. — Divisions du périanthe plus larges, obtuses. Labelle oblong. Eperon conique, droit, égalant environ la moitié de la longueur de l'ovaire. — Monténégro : Mont Lovcen (Rohlena).

Ces deux variétés, représentées par des échantillons peu nombreux, sont peut-être des *lusus*.

F. viridi-lutescens Nobis ; cf. G. et A. Camus, *Florule de Saint-Tropez*, p. 32 (1912) ; A. Camus in *Bull. Soc. bot. Fr.* (1924), p. 91. — *Ic. n.*, pl. 104, f. 15 — Nous avons récolté, à Saint-Tropez (Var), 3 exemplaires d'une forme curieuse. La matière colorante violette manquait complètement et la plante était de couleur jaune pâle un peu verdâtre.

Monstruosité. - Cosson et Germain ont décrit une monstruosité, sorte de pélorie, dans laquelle les 2 divisions lat. int. étaient prolongées en éperon.

Nous avons observé un individu dans lequel chaque fleur était munie de 2 labelles et de 2 éperons (voir p. 63, fig. 32).

On constate, relativement assez souvent, dans cette espèce, le développement plus ou moins complet des étamines latérales (Zimmerm. in *Neue Beobacht. Orchid. Bad.* (1910), p. 20). Freyhold, in *Sitz. d. Bot. Ver. d. pr. Brand.* (1877), p. XXV-XXVI; Clos, in *Ac. Toulouse*, s. 5, III ; Pfitzer, in *Vers. Deutsch. Naturf.* in *Wiesbaden* (1887), ont décrit des fleurs renfermant 3 et 4 étamines. La présence constante des faisceaux de ces étamines, dans le gynostème du *Limodorum*, explique la fréquence relative du fait (cf. G. Cam. Berg. A. Cam., *l. c.*, p. 443 ; A. Camus in *Riviera scientif.* (1919) p. 11 et *Bull. Soc. bot. Fr.* (1924), p. 89.

V. v. ---- Mai, juillet ; avril, mai dans la rég. mérid. — *Habitat* : bois secs. clairières des bois sablonneux, bois montueux, coteaux ensoleillés (1) incultes, pentes herbeuses ; dans le Nord, souvent sur le calcaire, parfois sur le sable ou l'argile ; de la plaine monte à 1.300 m., en Corse. — *Répart. géogr.* : Europe mérid., Portugal, Espagne (rég. montagneuse, A. R.), Baléares (R.) France (disséminé, plus abondant dans la rég. mérid., répandu en Corse), Belgique (R., Nismes-sur-Dourbes, pr. de Namur ; cf. Determe in *Bull. Soc. Bot. Belg.*, XXV, 2, p. 100), Grand-Duché de Luxembourg, Allemagne (peu répandu, env. de Trier, Linz, Bade, pr. du Rhin), Suisse (rég. mérid., Jura, etc., manque dans les cant. d'Uri, Schwyz, Unterwald, Schaffhouse, Appenzell, St-Gall et Glaris), Italie (disséminé dans la péninsule, rég. litt. et submontagn., Sicile, Sardaigne, Capraja, Elbe, Ischia), Autriche, Basse-Autriche, Moravie orient., Styrie, Carinthie, Tyrol mérid., Hongrie septentr. près Trencin et Tokaj, Transilvanie, Pologne au Wald Cyranowski (Kluk ap. Rostafinski), Bosnie, Herzégovine, péninsule des Balkans, rare en Roumanie (Pantu), Russie, Crimée, Transcaucasie, Asie Mineure, Afrique septentrionale.

2. — L. TRABUTIANUM

L. Trabutianum Battand. in *Bull. Soc. bot. Fr.* (1886), p. 297 ; (1889), p. CCXXIV-CCXXV ; Batt. et Trab., *Fl. Alg.* (1904). p. 323 ; G. Cam. Berg. A. Cam., *Monogr. Orch. Eur.*, p. 444.

Plante relativement grande, élancée. Inflorescence assez dense, Fleurs d'un jaune pâle. Eperon très rudimentaire, de 2 mm. de longueur, non muni à l'orifice de deux petites dents. Labelle spatulé, non articulé, non genouillé à la base. Gynostème entouré par un verticille très apparent formé par 3 staminodes soudés à la base et libres au sommet, l'écaille pétaloïde du lobe médian masque le stigmate.

Algérie : Zaccar de Milianah.

SOUS-FAMILLE II

PLEONANDRÆ

Pleonandræ (Pfitz., *Pflz. reich. Orch.-Pleon.*, I (1903) ; Aschers. et Graeb., *Syn.*, III, p. 613 ; G. Cam. Berg. A. Cam., *Monogr. Orch. Eur.*, p. 445. — **Diandræ** Salisb., *Prodr. stirp. hort. Chap. vig.* (1796) ; Pfitz., *Entw. nat. Anord. Orch.*, p. 95 (1887) ; *Nat. Pfl.*, II, 6, p. 76, 80 ; Engl., *Syll.*, II, Aufl. 97 (1896) ; Dalla

---

1. Plante ne persistant pas dans ses stations lorsque les bois arrivent à donner trop d'ombrage.

Torre et Harms, *Gen. siph.*, p· 88. — **Cypripedieæ** Benth. in *Journ. Linn. Soc.*, XVIII, p. 358 (1881) ; Benth. et Hook., *Gen.*, III, p. 464, 487, 634. — **Pleiandræ** Engl., *Syll.*, III, p. 103 (1903). Etamines latérales fertiles ; étamine centrale stérile, pétaloïde.

Tribu VI. — CYPRIPEDIEÆ Lindl.

Cypripedieæ Lindl., *Orchid. scelet.*,1, p. 18 (1826) ; G. Cam. Berg. A. Cam., *Monogr. Orch. Eur.*, p. 445.— **Cypripedia** Spreng., *Anl.*, II, 1, p. 298 (1817). — **Cypripedilinæ** Pfitz., *Morph. Stud. Orch.*, p. 108 (1886) ; *Nat. Pfl.*, II, 6, p. 76, 82 ; *Pflz. reich. Orch.-Pleon.* 9 ; Dalla Torre et Harms, *Gen. Siph.*, p. 89. — **Cypripedileæ** Engl., *Syll.*, 1, Aufl. p. 90 (1892) ; Aschers. et Graebn., *Fl. Nord. Flachl.*, p. 204 ; *Syn.*, III, p. 614 ;

Fleurs très nettement zygomorphes. Etamines latérales fertiles ; étamine centrale pétaloïde et stérile. Stigmate sec. Pollen visqueux, granuleux.

Poils pluricellulaires tecteurs et sécréteurs sur les organes végétatifs et le périanthe. Grains de pollen se développant dans toute l'anthère, s'isolant complètement les uns des autres. Parois de l'anthère à cellules fibreuses abondantes. Racines ne présentant qu'un cylindre central à lames vasculaires confluentes.

Gen. XXXI. — CYPRIPEDIUM L.

Cypripedium L., *Gen. pl.* (éd. 1, p. 272), éd. 5, p. 408 (1754) ; Swartz in *Act. holm.* (1800) p. 250 ; Rich. in *Mém. Mus.*, IV, p. 53 (1818) ; Lindl., *Gen. and spec.*, p. 525 (1840) ; Endl., *Gen.*, n° 1618, p. 221 ; Meisn., *Gen.* p. 387 (1842) ; Reichb. F., *Icon.*, XIII-XIV, p. 166 ; G. Cam. Berg. A. Cam., *Monogr. Orch. Eur.*, p. 445 ; et auct. plur.—**Calceolus** Adans., *Fam.*, II, 70 (1763) ; Crantz, *Stirp. austr.*, p. 454.— **Criosanthes** Rafin. in *Journ. phys.*, LXXXIX, 2 (1819). — **Arietinum** Beck, *Bot. of North. Mid. Stat.*, p. 352 (1833). — **Corisanthes** Steud., *Nom.*, éd. 2, 1, p. 474 (1840). — **Hypodema** Reichb. *Nomencl.*, p. 56 (1841). — **Cypripedilum** Aschers., *Fl. Prov. Brand.*, I, p. 700 (1864) ; Pfitzer in Engl. et Prantl, *Pfl.*, II, 6, p. 82 ; Aschers. et Graebn., *Syn.*, III, p. 614.

Divisions ext. du périanthe étalées en croix, les lat. ext. soudées par les bords int. et dirigées en bas, la médiane dressée, les deux int. lat. un peu pendantes. Labelle très grand. renflé, ovoïde, en forme de sac ou de sabot, de texture assez dure, dépourvu d'éperon. Gynostème court, épais. Anthères fertiles 2, univalves, à loges confluentes, chacune d'elles étant fixée à un filet large, aplati, soudé au filet de l'étamine médiane stérile (staminode) et, à la base, au style, pour former un gynostème 3-fide. Filet ordinairement appendiculé dans sa partie libre au-dessus de l'anthère. La partie libre est de forme stable pour chaque espèce. Pollen granuleux, visqueux. Stigmate non visqueux (1). Rostellum nul. Ovaire non contourné.

Racine à lames vasculaires confluentes, à cylindre central sclérifié, sauf le liber et parfois le péricycle ;

1. La fécondation ne peut avoir lieu sans intervention des insectes. Les anthères sont, en effet, situées au-dessus et un peu en arrière de la surface convexe du stigmate. A l'intérieur du labelle en sabot qui entoure les organes reproducteurs se trouvent des poils abondants sécrétant un nectar visqueux qui s'amasse en globule à leur extrémité. Les insectes, attirés par ce liquide, par l'odeur et la couleur de la fleur, cherchent à pénétrer dans le labelle et entrent par la grande ouverture située à la partie antérieure de la fleur, sous le staminode qui forme un grand bouclier. L'insecte récolte le nectar des poils situés surtout le long de la partie médiane et postérieure du sabot. Il monte avec peine sur le labelle, gêné par la forme de celui-ci et par ses plissements. Pour sortir, il se presse contre les petites ouvertures latérales, du côté des anthères bien développées, sa trompe touche ordinairement au pollen qui s'y attache facilement grâce à sa viscosité. Si l'insecte visite ensuite une autre fleur, il introduit sa trompe vers le milieu de la fleur, au dessous du staminode et au-dessus des stigmates, il y laisse une partie du pollen récolté précédemment. Le stigmate n'est pas gluant, il est sec, souvent un peu convexe, muni ou non de papilles rigides, rudes, qui retiennent facilement le pollen visqueux. Tout le pollen ne se détache pas à la fois et l'insecte peut encore fertiliser une autre fleur. Les fleurs, de texture très ferme, ont ord. une longue durée ; quand la pollinisation n'a pas lieu, elles se conservent parfois plus de deux mois. Dans le genre *Cypripedium*, le temps nécessaire à la fécondation est souvent de 3 à 4 mois, il est seulement de 5 semaines chez le *C. Calceolus* dont le développement est rapide.

Comme insectes servant d'intermédiaires, H. Müller a signalé cinq espèces d'*Andrena* : *A. albicans* K. ♀, *A. atriceps* K. ♀, *A. fulvicrus* K. ♀, *A. nigroaenea* K. ♀, *A. pratensis* Nyl. ♀. Parfois de petites Abeilles ou des Mouches se trouvent prises dans le labelle, sans pouvoir en sortir et y meurent. Müller a ainsi observé : *Andrena parvula* K. ♀, *Empis punctata* F., *Spilogaster semicinerea* Wied. (Cf. H. Müller, *Befruchtung der Blumen*, p. 76, in *Verhandl. d. naturh. Ver. f. d. pr. Rh. u. Westf.*, 1868, p. 1 et 1869, et in *Bot. Zeit.*, 1870, p. 434 ; 1873, p. 76 ; Darwin, *Fertil. of Orchids* (1862) ; *Fertilis. des Orchid.*, trad. Rerolle (1870), p. 264 ; Asa Gray in *Amer. Journ. of Sc.*, XXXIV, p. 247, 1867 ; Hildebrand, *Fruchtbildung d. Orchid.* in *Bot. Zeit.*, 1863, p. 329 ; Bulter, *Fertil. of « Cyprip. Calc. »* in *Pharmac. Journ. and Transact.*, s. 3, XX, 1889-1890, p. 412 ; Webster, *On the growth and fertility of « Cyprip. Calc. »* in *Transact. and Proc. of the Bot. Soc. Edinburgh*, XVI, III ; Kerner, *Pflanzenleben*, II, p. 246 ; Grandmann, *Flora d. Schwabischen Alp.*, I, p. 145, 1898 ; Pfitzer, *Pflanzenreich, Orchidaceæ-Pleonandræ*, IV, p. 50, 1903 ; Masters, *Fl. conformat. of Cypriped.* in *Journ. of Linn. Soc.*, XXII, p. 102, 1887 ; Capeder, *Entw. d. Orchid. Blute* in *Flora*, 1898, p. 368 ; Porsch, *Beitr. zur histolog. Blutenbiologie* in *Oest. bot. Zeitschr.*, LVI, 1906, p. 176 ; Page Lula, *Fertilization in Cypripedium* in *Bot. Gaz.*, XLIV, p. 35 (1907).

à parois endodermiques souvent épaisses et plus ou moins lignifiées devant les pôles libériens et à plis latéraux subérisés devant les pôles ligneux. Poils sécréteurs pluricellulaires ramifiés ou non, rappelant presque toutes les formes de poils des *Neottieæ* et des *Aretuseæ*. Faisceaux libéroligneux de la tige disséminés, pénétrant plus ou moins profond ément (voir p. 55). Nervures des feuilles munies d'arcs ou de gaines sclérifiées. Grains de pollen s'isolant les uns des autres (voir p. 68). Gynostème contenant les faisceaux développés des étamines latérales (vo'r p. 61).

Tableau des espèces.

1. { Staminode non ou à peine cor lé à la base, rétus ou obtus au sommet, plus court que le stigmate ou le dépas ant à peine, muni de carènes ou de crêtes longitudinales. 2
{ Staminode très for ement cord à la base, aigu au sommet, dépassant nettement le stigmat ; div. lat. int. du périanthe assez larges et div. lat. ext. égalant env. le labelle.   **C. macranthos**

2. { Staminode subse si'e, plan en dessus, muni, en dessous, de deux crêtes parallèles ; appendice du filet dépassant l'anthère : div. du périanthe pourpre brun ; labelle à gorge contractée, jaune ; div. lat. ext. soudées et lat. int étroites, allongées, dépassant le labelle ; rhizome court.   **C. Calceolus**
{ Staminode sess le, muni en-dessous de 5-6 crêtes un peu ondulées ; appendice du filet égalant l'anthère : div. du périanthe blanches ; labelle largem nt ouvert, pourpre et blanc ; div. lat. ext. et int. du périanthe plus courtes que le labelle ; rhizome longuem nt rampant.   **C. guttatum**

1. — C. CALCEOLUS

C. Calceolus L., *Spec.*, éd. 1, 1346, p. 951 (1753) ; WILLD., *Spec.*, IV, p. 142 ; POIR., *Encycl.*, VI, p. 381 ; RICH., in *Mém. Mus. Paris*, IV, p. 60 (1818) ; LINDL., *Gen. and sp.*, p. 527 ; REICHB. F., *Icon.*, XIII-XIV, p. 167 ; BARBEY, *C. Calc.* × *macranth.*, p. 5 ; KRAENZ., *Gen. et spec.*, p. 16., CORREV., *Orch. rust.*, p. 73 ; *Alb. Orch. Eur.*, pl. X ; KALM, *Fl. fenn.*, n° 5212 ; F. NYLAND., *Spic. pl. fenn.*, I, p. 90 ; BLYTT, *Handb. Norg. Fl.* éd. Ove-Dahl, p. 223 ; GORTER, *Fl. ingr.*, p. 146 ; PALL., *It.*, I, p. 181 ; II, p. 82 ; III, p. 246, 253, 320 ; GEORGI, *It.*, II, p. 594, 719 ; LEP., *It.*, I, p. 197 ; III, p. 71 ; BESS., *Enum. pl. Vohl.*, p. 30 ; JUNDZ., *Fl. lith.*, p. 270 ; CLAUS., *Ind. d. Gob. It.*, II, p. 309 ; HOHENACK., *Enum. Elisab.*, p. 258 ; TURCZ., *Cat. Baïk.*, n° 1113 ; FLEISCH. et LIND., *Fl. Osts.*, p. 311 ; LEDEB., *Fl. ross.*, IV, p. 86 ; PALL., *Ind. Taur.* ; MARSCH. BIEB., *Fl. Taur.-Cauc.*, p. 374, n° 451 ; SCHUR, *Enum. Trans.*, p. 651, n° 3463 ; BECK, *Fl. N.-O.*, p. 196, *cum icone* ; OBORNY, *Fl. Moehr. Schl.*, p. 261 ; KOCH, *Syn.*, éd. 2, p. 804 ; éd. 3, p. 605 ; éd. Hall. et Wohlf., p. 2449 ; RHINER, *Prodr. Waldst.*, p. 131 ; BACH, *Rheinpr.*, p. 376 ; CAFL., *Ex. Fl. S. D.*, p. 301 ; SEUBERT, *Ex. Bad.*, p. 128 ; M. SCHULZE, *Die Orchid.*, n° 1 ; GARCKE, *Deutschl. Fl.*, éd. 14, p. 386 ; ASCHERS., *Fl. Brand.*, I, p. 700 ; ASCHERS. et GRAEB., *Syn.*, III, p. 616 ; KRAENZL., *Orchid.*, p. 58 ; HUDS., *Fl. angl.*, p. 392 ; SM. *Brit.*, p. 941 ; BABINGT. *Man. Brit. Bot.*, éd. 8, p. 352 ; BENTH., *Brit. Flora*, p. 468 ; LEJ., *Rév. fl. Spa*, p. 190 ; DUMORT., *Prodr. Belg.*, p. 134 ; LEJ. et COURT., *Comp.*, III, p. 192 ; TIN., *Fl. luxemb.*, p. 448 ; CRÉPIN, *Man. Belg.*, éd. 1, p. 198 ; éd. 2, p. 297 ; LÖHR, *Fl. Tr.*, p. 253 ; J. MEY., *Orch. G.-D. Luxemb.*, p. 21 ; DE VOS, *Fl. Belg.*, p. 560 ; THIEL., *Orch. Belg. Luxemb.*, p. 33 ; VILL., *Hist. Dauph.*, II, p. 54 ; LAMK, *Fl. fr.*, III, p. 522 ; DC., *Fl. fr.*, III, p. 624, n° 2050 ; DUBY, *Bot.*, p. 451 ; LOIS., *Fl. gall.*, II, p. 275 ; MUT., *Fl. Fr.*, III, p. 263 ; *Fl. Dauph.*, éd. 2, p. 602 ; LAPEYR., *Abr. Pyr.*, p. 554 ; GR. et GOD., *Fl. Fr.*, III, p. 266 ; GREN., *Fl. ch. jurass.*, p. 744 ; MICH., *Hist. nat. Jura*, p. 301 ; BOISDUV., *Fl. fr.*, III, p. 56 ; GODR., *Fl. Lorr.*, II, p. 309 ; GODFRIN et PETITMENGIN, *Fl. Lorr.*, p. 70 ; CASTAG., *Cat. B.-d.-Rh.*, p. 155 ; BARLA, *Iconogr. Orch.*, p. 77 ; G. CAM., *Monogr. Orch. Fr.*, p. 120 ; in *Journ. de Bot.*, VII, p. 281 ; G. CAM. BERG. A. CAM., *Monogr. Orch. Eur.*, p. 446 ; COSTE, *Fl. Fr.*, III, p. 414, n° 1637 c. ic. ; KIRSCHL., *Fl. Als.*, n° 150, p. 483 ; SPEN., *Fl. frib.*, p. 252 ; GAUD., *Fl. helv.*, V, p. 490 ; MORTH., *Fl. Suisse*, p. 356 ; FISCHER, *Fl. Bern.*, p. 82 ; BOUV., *Fl. Alp.*, éd. 2, p. 651 ; SCHINZ et KELLER, *Fl. Schw.*, p. 119 ; HAUSM., *Fl. Tirol.*, p. 855 ; HINTERHUBER et PICHLM., *Fl. Salzb.*, p. 197 ; ZAPALOW., *Consp. Fl. Galic*, p. 198 ; ALL., *Fl. pedem.*, n° 1847 ; BERT., *Fl. ital.*, IX, p. 639 ; CES. PASS. GIB., *Comp.*, p. 193 ; ARCANG., *Comp.*, éd. 2, p. 173 ; FIORI et PAOL., *Fl. It.*, p. 232 ; WILLK. et LANGE, *Pr. hisp.*, I, p. 177 ; HALACSY, *Consp. fl. gr.*, III, p. 153 ; BOISS., *Fl. or.*, V, p. 94 ; FRANCH., *Cypr. As. cent. et or.*, p. 5 ; FINET, *Orch. As. or.* in *Rév. gén. bot.*, XIII, p. 498 ; COSTE et SOULIÉ in *Bull. Soc. bot. Fr.* (1919), p. XV ; PONS in *Bull. Soc. bot. Fr.* (1922), p. 479 ; RODIÉ in *Bull. Soc. bot. Fr.* (1921), p. 82 ; OFFNER in *Bull. Soc. bot. Fr.* (1923), p. 475 ; BRANDZA, *Prodr. Fl. Rom.*, p. 460 ; GRECESCU, *Consp. Fl. Rom.*, p. 550 et *Suppl. Consp. Fl. Rom.*, p. 157 ; KANITZ, *Pl. Rom.*, p. 120 ; PANTU, *Contr. Fl. Ceahlăului*, p. 46 ; GRINTESCU in *Bull. géogr. bot.* (1918), p. 46 ; IVANITZKY in *Monde des pl.* (1895), p. 100 ; OFFNER in *Bull. Soc. bot. Fr.* (1927), p. 293 ; PERR. DE LA BATH., *Cat. Sav.* II, p. 272. — **Calceolus Marianus** CRANTZ, *Stirp. austr.*, VI, p. 454 (1767), (LOBEL., DOD. *Pempt.*, 180, f. 1 ; BAUH., TOURNEF.). — **Cypripedium boreale** SALISB., *Prodr.* p. 10 (1796). — **C. ferrugineum** GAY in *Nat. Arr. Brit. Pl.*, II, p. 203 (1821). — **C. alternifolium** SAINT-LAGER in *Ann.*

Soc. Bot. Lyon, VII, p. 62, 124 (1840). — **Cypripedilum Calceolus** Aschers., *Fl. Pr. Brand.*, p. 700 (1864) ; Aschers. et Graebn., *Syn.*, III, p. 617 ; Richter, *Pl. Eur.*, I, p. 261 ; Rouy, *Fl. Fr.*, XIII, p. 89 ; Zimmerm., *Die Form. Orchid. Deutschl.*, p. 12 ; *Neue Beobacht. Orch. Bad.* (1911), p. 48 ; Schlecht. in Kell. et Schlecht., *Icon.*, p. 85. — **Cypripedium cruciatum** Dulac, *Fl. H.-Pyr.*, p. 128 (1867). — **Calceolus alternifolius** St.-Lag., in Cariot *Fl. descr.*, éd. 8, p. 816 (1889). — **Cypripedilon (Cypripedilum) Marianus** Rouy ap. Morot, *Journ. de Bot.* (1894), p. 58. — *Elleborine ferruginea* Dalech., *Lugd.*, éd. fr. 1146, 6. — *Elleborine recentiorum prima* Clus., *Hist.*, I, p. 272. — *Helleborine flore rotundo s. Calceolus* Bauh., *Pin.*, p. 187. — *Damasonium species s. Calceolus Mariæ* J. Bauh., *Hist.*, III, p. 518. — *Calceolus radicibus fibrosis, foliis caulinis ovato-lanceolatis*, Hall. *Hist.*, n° 1300.

Noms vulg. : Cypripède Sabot, Sabot des Alpes, Sabot de Vénus, Sabot. — Esp. : Zueco, Chapin. — Ital. : Farfallone, Pianella della Madonna. — Angl. : Lady's slipper. — Dan. : Fruesko. — Allem. : Gemeiner, Frauenschuh, Marien-, Pfaffen-, Venus-, Hergotts-, Holz-, Jungfern-, Gaggers-Schuh, Ankenbälli, Butterballen, Frauschuckelblume, Gäl Schöke (gelber Schuh), Hosenlatz, Jungfernschön, Maienschellen, Pantoffeln, Schafsäcka, Schlotterhosa, unser lieben Frauen Schuchlein, Ochsenbüdel, Guggehörli. — Suisse : Anhenbälli, (Oberl. Bern.), Badholsche, Holzchüali, Pfaffaschüchli, Schlotterhosa (St-Gall), Hergottaschüali (St-Gall, Berne), Frauaschücli (Schw.), Holzschuh (Lucerne), Hosenlatz, Jungfernschön, Jungfernschuh, Pantoffel (Argov.). — Pol. : Trzewiczek. — Hongr. : Cipöcim. — Roum. : Papucul-Doamnei, Papuc, Pantoful-Doamnei, Blabornie.

Icon. : Tournef., *Inst.* p. 249 ; Gmel., *Sib.* 1, d. b. ; Moris., *Hist.*, III, 12, t. II, f. 14 ; Garid., *Aix*, 74, t. 17 ; Lab. et Heg., *Icon. helv.*, f. 5, t. 6 ; Haller, *Icon. Helv.*, t. 48 ; Mill., *Dict.*, n° 1, 242 ; Lamk, *Illustr.*, t. 729, f. 1 ; Red., *Liliac.*, 1, n° 19, t. 9 ; Salisb. in *Act. Soc. Linn. Lond.*, t. 2, f. 1 ; Paxton, *Bot. mag.*, t. 247 ; Sw., *Bot.*, VIII, t. 524 ; Sm., *Engl. Bot.*, t. 1 ; Loddiges, *Bot.*, t. 363 ; Fitch et Smith, *Illustr. Brit. Fl.* n° 1011 ; Roem., *Fl. Eur.*, IV, t. 5, Sturm, *Fl.*, f. VIII, t. 15 ; Nees v. Esenb., *Gen.*, III, t. 4 ; Schkuhr, *Handb.*, t. CCLXXV ; Schlecht. Lang. Sch. *Deutsch.*, IV, f. 385 ; *Fl. dan.*, t. 99 ; Dietr., *Fl. boruss.*, I, t. 24 ; Regel, *Gartenfl.*, V, t. 147, *Fl. d. Serres*, XV, t. 1563 ; Reichb. F., *Icon.*, XIII-XIV, t. 144, CCCCXCVI ; Barla *l. c.*, pl. 68, f. 1-14 ; Ces. Pass. Gib., *l. c.*, t. XXIV, f. 6, a-g ; M. Schulze, *l. c.*, t. 1 ; Garcke, *Fl. Deutschl.*, f. 569 ; Beck, *Fl. Nied.-Oest.*, p. 196, f. 1-3 ; Finet, *l. c.*, pl. 12, f. 22-23 ; Flahault, *N. Fl. Alp. et Pyr.*, p. 138, *cum icone* ; Schlecht., *l. c.* pl. I, f. 3 ; G. Cam. Berg. A. Cam., *l. c.*, pl. 32, f. 1102-1110 ; *Ic. n.*, pl. 109, f. 10-13 ; pl. 110, f. 1-7 ; Pantu, *Orch. Rom.*, t. I.

Exsicc. : Ser., *Alp. cent.* 4, n° 353 ; Reichb., n° 179 ; Schultz, *Herb.*, n° 951 ; Fries, 4, n° 65 ; Thomas ; Schleich.; *Soc. Rochel.*, n° 1790 ; *Soc. Dauph.*, n° 976 ; *Fl. Austr.-Hung.*, n° 1023 ; Billot, n° 2376 ; *Soc. et. fl. fr.-helv.*, n° 557 ; Bourgeau, Coll. Chenivesse ; Karo, *Pl. Amur. et Zeaensae*, n° 386.

Rhizome assez épais, court, horizontal, rampant, muni de fibres radicales assez grosses. Tige de 2-6 dm., cylindrique ,flexueuse, pubescente ou pubérulente, à poils tecteurs et sécréteurs (1), munie à la base de gaines obtuses plus ou moins colorées en brun. Feuilles 4-5, amplexicaules, grandes, étalées ou subdressées, atteignant 12-18 cm. de long et 7-9 cm. de large, ovales-lancéolées ou oblongues-lancéolées, aiguës, assez distantes, surtout les sup., carénées, à nerv. saillantes, un peu plissées, d'un vert pâle, munies, surtout en dessous, d'un tomentum épars, ciliées et ondulées sur les bords, à poils tecteurs et sécréteurs. Bractées ovales-lancéolées, vertes, foliacées, dépassant la fl. ou, dans les individus biflores, la sup. égalant parfois seulement l'ovaire. Fl. grande, ordt. unique (rarement 2, plus rarement 3-4), penchée au sommet d'un pédoncule muni d'une grande bractée foliacée, exhalant un léger parfum d'Orange. Bractée ovale-lancéolée, acuminée. Epi unilatéral dans les individus 2-ou-3-flores. *Périanthe*, sans le labelle, paraissant à 4 div., en réalité à 5 div., les 2 lat. ext. étant soudées plus ou moins complètement et formant une pièce ext. au labelle, étalées en croix. Div. ext. grandes, atteignant 3-4 cm. env., d'épaisseur moyenne, *ord. pourpre brun*, à plusieurs nerv , pubescentes à la base ; les lat. ext. lancéolées-linéaires, dirigées en bas, longuement acuminées et soudées jusque vers le sommet, plus longues que le labelle, la sup. dressée, plus largement ovale-elliptique ou ovale-lancéolée, acuminée, multinervée, un peu pubescente en dehors ; *div. lat. int. d'un pourpre brun, étalées, subhorizontales, plus longues que les ext. et le labelle* et bien plus étroites, lancéolées-linéaires, ou obliquement linéaires-ligulées, longuement acuminées, souvent tordues, à bords ondulés-crispés, pubescentes vers la base et sur la nerv. méd. *Labelle* plus court que les autres div. du périanthe, ou égalant la div. méd. sup., grand,

---

1. C'est à tort que M. Grintescu (in *Bull. géogr. bot.* (1918), p. 46) nous a reproché, comme a beaucoup d'autres botanistes descripteurs, d'avoir oublié de dire que cette espèces portait des poils glanduleux. Dans la *Monographie des Orchidées* que nous avons publiée en 1908, nous avons décrit en détail (p. 13, 448 et 449) et figuré (pl. 4, f. 89, 90, 93, 94) les poils sécréteurs qui existent, mélangés aux poils tecteurs, sur la tige, les feuilles, l'ovaire et le périanthe.

renflé, ovoïde, vésiculeux, en forme de sabot, *d'un jaune doré ou citrin*, muni de poils vers la base, abondants en dedans, à face int. et paroi ext. striée ou ponctuée de pourpre, à bords infléchis en dedans et formant un orifice arrondi, se terminant à la base en onglet court, à *gorge contractée*, oblongue. Gynostème court, épais, vert jaunâtre, à 3 lobes, le méd. se terminant par le staminode et les lat. un peu divergents, surmontés par les anthères fertiles. *Staminode* (anthère stérile) pétaloïde, à filet peu distinct du gynostème, brièvement stipité, dépassant à peine le stigmate, largement oblong, obtus, ou obové, subcordé à la base, à bords dressés presque parallèles, sans nerv. apparentes en dessus, *muni en dessous de deux carènes parallèles*, contiguës, s'avançant presque jusqu'au sommet, marqué de quelques taches purpurines. Anthères 2, introrses, en forme de trapèze fixé par la grande base, la petite échancrée. *Appendice du filet dépassant l'anthère*, triangulaire, acuminé, oblique. Stigmate grand, situé au-dessous des anthères, à contour pentagonal, allongé, à peine concave, se retroussant en avant comme le pommeau d'une selle. Ovaire allongé, un peu courbé, pédicellé, pubescent, d'un vert pâle, muni de poils tecteurs et sécréteurs.

Morphologie interne.

Racine. (pl. 114, f. 75-77). Assise pilifère et parois lat. et ext. de l'assise subéreuse subérisées. Écorce formée de cellules à parois ponctuées, très amylifères. Cellules de l'endoderme à parois épaissies sur toutes leurs faces et ordt non lignifiées vis-à-vis des pôles libériens, à parois minces et à cadres de plissements subérisés nets vis-à-vis des pôles ligneux ou à parois ext. et lat. subérisées. Cylindre central à ligne externe de forme ondulée. Péricycle non épaissi, ou cellules à parois épaisses peu nombreuses. Vaisseaux abondants, à section atteignant 50-80 μ de diam.

Rhizome. Parenchyme ext. très abondant. Faisceaux libéroligneux très rapprochés, à bois enclavant le liber.

Tige. Stomates peu nombreux. Poils très abondants, 2-3-4-cellul., rarement unicellul. par réduction, tecteurs (pl. 119, f. 276) ou sécréteurs (pl. 119, f. 274) ; les premiers atteignant 250-350 μ de long, à cellule terminale atténuée, souvent un peu oblique ; les seconds atteignant 150-230 μ de long, à cellule terminale renflée, à fonction sécrétrice parfois faible. 4-8 assises de parenchyme ext. plus ou moins chlorophyllien, formé de cellules à parois assez épaisses, laissant entre elles de petits méats. Près des nœuds, saillies constituées par le même parenchyme. Anneau lignifié formé de 1-4 assises de fibres à parois plus ou moins épaisses. Faisceaux libéroligneux ext. seuls à peu près disposés en cercle et plus ou moins plongés dans la sclérose de l'anneau, les int. disséminés, entourés de fibres lignifiées, au moins à l'extérieur du liber. Fusion des faisceaux ayant lieu rapidement. Bois bien plus développé que le liber. Parenchyme int. formé de cellules à parois extrêmement délicates, non résorbé.

Feuille. Ep. = 150-250 μ. Cellules des épidermes sup. et inf. à parois de direction parallèle aux nervures, formant des zigzags à peu près parallèles, les deux autres parois étant presque rectilignes (pl. 116, f. 158). Épidermes sup. et inf. hauts de 20-35 μ (cellules de hauteur assez différente sur une même section), à paroi ext. épaisse de 2-4 μ et peu bombée, portant, surtout sur les nervures, des poils analogues à ceux de la tige (pl. 4, f. 92). Épiderme sup. muni de quelques stomates, seulement à l'extrémité du limbe, et épiderme inf. à stomates nombreux. Bord du limbe garni de très nombreux poils 1-2-3-cellul. (pl. 116, f. 144), atteignant souvent 200-300 μ, très robustes, tecteurs, rarement quelques-uns à tête arrondie et légèrement sécrétrice. Parenchyme comprenant 4-6 assises de petites cellules allongées sur une section transversale et plus ou moins renflées, étranglées et ramifiées sur une section parallèle à la surface de la feuille, formant néanmoins un tissu assez serré. Nervures principales à section concave-convexe (f. 234), les autres à section plane ou plan convexe. Faisceaux libéroligneux placés dans la partie inf. du limbe, à section allongée, à bois très développé, à liber réduit, à parenchyme ligneux assez abondant (pl. 118, f. 179). Dans les grosses nervures, fibres supra-ligneuses nombreuses, mais à parois minces, sclérenchyme à parois plus épaisses à la partie inf. du faisceau. Dans les petites nervures, cette différence d'épaisseur dans les parois est à peine sensible. Principales nervures munies de 1-2 assises de collenchyme ; petites nervures dépourvues de collenchyme et n'ayant que du parenchyme entre l'anneau sclérifié et l'épiderme. Corps siliceux existant dans les tissus situés entre l'épiderme et les fibres de sclérenchyme et aussi dans le parenchyme latéralement aux faisceaux libéroligneux (voir p. 58).

Fleur. — *Divisions externes du périanthe.* Épiderme ext. muni, vers la base des divisions, de poils pluricellulaires (pl. 119, f. 278-280) nombreux, à tête plus ou moins arrondie et légèrement renflée, atteignant 200-250 μ, rarement unicellulaires par réduction. — *Divisions latérales internes.* Épiderme ext. semblable à celui des divisions ext. Épiderme int. pourvu de poils abondants atteignant 1000-1400 μ, pluricellulaires, le plus souvent non rameux, à cellule terminale ordt non arrondie. — *Labelle.* Epiderme int. muni de poils plus ou moins droits, plus ou moins ramifiés, atteignant env. 600-1600 μ de long. et nectarifères (pl. 121, f. 429-432). Epiderme ext. ordt dépourvu de poils. — *Gynostème* (1). Section transversale montrant 6 faisceaux : 3 stylaires, 3 staminaux, 2 pour les étamines fertiles et 1 pour le staminode (pl. 122, f. 481). - - *Anthère.* Cellules fibreuses extrêmement abondantes, envahissant le parenchyme de la nervure. — *Pollen.* Exine à peu près dépourvue d'ornements. Grains de pollen secs allongés, munis de 2 plis. L = 22-30 μ. — *Ovaire* (f. 235). Poils tecteurs et sécréteurs semblables à ceux de la tige, mais moins longs. Nervure des valves placentifères légèrement saillante à l'extérieur, contenant 1 faisceau libéro-ligneux ext. à bois int. et 2 ou plusieurs faisceaux libériens ou libéroligneux à bois dirigé vers la partie centrale du placenta, à vaisseaux rares, l'int. souvent libérien. Valves non placentifères peu développées, renfermant 2 faisceaux libéroligneux superposés à bois int. — *Graines.* Atténuées aux extrémités, peu ou non striées, 4-5 fois plus longues que larges. L = 1.000-1.300 μ (2).

Cypripedium Calceolus. — Fig. 235 : section transv. schématique de l'ovaire.

Sous-var. **variegatum** (RUPPERT ; ZIMMERM., *l. c.*, p. 12). — Bractées ponctuées de brun. — Thuringe.

Sous-var. **fulvum.** — Var. *fulvum* CHRIST ap. M. SCHULZE in *Mitth. Th. B. V. N. F.*, XIII, XIV, p. 120, 127 (1899) ; ASCHERS. et GRAEBN., *Syn.*, III, p. 617. — Fl. d'un jaune lavé de rouille. — Suisse (peu rare dans le Valais) ; Allemagne (Thuringe, Engelberg, Iéna) ; Autriche.

Sous-var. **flavum.** - - Var. *flavum* RION, *Guide bot. Valais*, p. 201 (1872) ; ASCHERS. et GRAEBN., *l. c.*, p. 617 ; BEAUVERD in *Bull. Soc. bot. Genève*, 2e sér., I, p. 400 (1912) ; PERRIER DE LA BÂTH., *Cat. Sav.*, II, p. 272. — Var. *citrina* HENCT in *Mitth. Th. B. V. N. F.*, p. 120, 127 (1899). — *Ic. n.*, pl. 109, f. 10. — Fl. à périanthe jaune. — France : Haute-Savoie, massif de la Tournette à la combe de Montaubert (BEAUVERD) ; Allemagne (Thuringe) ; Suisse (Valais) ; Tyrol mérid.

Sous-var. **viridiflorum** G. CAM. BERG. A. CAM., *l. c.*, p. 449 (1908) ; var. *viridiflorum* M. SCHULZE, *op. cit.* X, p. 67 (1897). — Var. *viridiflorus* ZIMMERM. in *Mitth. Bad. Land. f. Nat.* (1911), p. 43 ; *Die Form. Orch.*, p. 12. — Div. du périanthe vertes ou verdâtres ; labelle jaune vert. - - Allemagne (Thuringe, près d'Iéna, Bade à Dögginger Wald (ZIMMERM.).

Sous-var. **album** G. CAM. BERG. A. CAM., *l. c.*, p. 449 (1908). - Var. *album* PFITZ., *Pfl. reich. Orch. Pleon.* p. 37 (1903), *pr. lus.* — Fl. entièrement blanches. - - Bohème, Suisse.

Nous avons récolté, en Suisse, dans plusieurs localités, des tiges biflores et triflores. Dans ces deux cas, il n'y a, à notre avis, que des anomalies, de simples formes individuelles et non des variétés. Les var. *biflorum* et *triflorum* ROUY ne peuvent être maintenues. — On observe, çà et là, des fl. dont les div. lat. ext. sont incomplètement soudées.

Monstruosités. — Une fleur, dont le périanthe avait 8 div., a été récoltée, par MEYER-DARCIS, près Tarasp, dans les Grisons (cf. M. SCHULZE, *l. c.*) WORSDELL, *Principles of pl. teratology*, signale, chez le *Cyp. Calceolus*, la formation d'un extra-labelle dû à la transformation de l'étamine a³. Cf. HEINRICHER, *Eine Blüthe von* « *Cypr. Calceolus* » *mit Rückschlagserscheinungen* (*Oest. bot. Zeitschr.* (1891), p. 41-45), et FREYHOLD, *Abweichende Blüthen einheimisch. Orchideen*, p. 73.

CHRIST ap. PENZIG, *Pflanzen-Teratol.*, II, p. 367, a observé des fleurs où les div. lat. ext. du périanthe étaient libres et complètement distinctes. M. SCHULZE, ap. ASCH. et GRAEBN., *l. c.*, p. 617, a signalé des cas analogues.

WILMS, *Ueber Cypripedium Calceolus mit verkümmertem Labellum* in *Verh. des Naturw. Ver. d. preuss. Rheinl. und Wes.* (1874), décrivit une anomalie du labelle.

M. SCHULZE in *Mitth. Thür. B. V. N. F.*, XVII, p. 39 (1902), a vu, près d'Erfurt, une fleur anormale dont une des div. lat. int. du périanthe portait, à son bord inf., un deuxième petit labelle.

V. v. — Mai, juillet. — *Habitat* : pentes arides, buissons, surtout sur le calcaire, de préférence

---

1. D'après MASTERS in *Journ. of Linn. Soc.*, XXII (1887), p. 402, le gynostème est bien formé de 3 styles et de 3 étamines, mais quant aux stigmates, le supér. ou médian avorte, pendant que les 2 lat. se réunissent en un seul, se fusionnant comme le font les 2 divisions ext. du périanthe. Les 3 faisceaux des styles existent ordt alternant avec les 3 masses lobées de tissu conducteur. La masse du lobe stigmatique est formée de cellules polygonales à parois épaisses, la partie infér. consiste en plusieurs rangs de cellules différentes, allongées ou en forme de massue, disposées plus ou moins horizontalement, à parois minces et bordées à la face infér. par un rang de cellules papilleuses.

2. Voir p. 45, Développement dans le genre *Cypripedium*.

étage subalpin, monte à 1.700 m. dans le Tyrol (1). — *Répart. géogr.* : Espagne (rég. montagn., R., Aragon, Catalogne, Vieille-Castille), France (Est, Haute-Marne, Côte d'Or, Jura (R.), Alpes, assez abondant dans les montagnes proches de Grenoble et dans les Hautes-Alpes (OFFNER), dans la Haute-Savoie (l'ERB. DE LA BÂTIE.), Lozère au Causse Méjean, vallée du Tarn, entre les Vignes et la Malène (COSTE et SOULIÉ), Aveyron au Causse Noir (COSTE, RODIÉ), signalé dans le Puy-de-Dôme et les Pyrénées, mais n'y a pas été retrouvé), Angleterre (presque disparu, Durham, Castle Eden Dene, Yorkshire ; cf. *Orch. Rev.* (1906), p. 306), Belgique, (Freilange, Grevenmacher) ?, péninsule scandinave, Allemagne (disséminé dans les rég. centr. et mérid., R. dans le Nord), Suisse (répandu, mais peu fréquent), Italie (peu abondant, rare dans la rég. montagn., disséminé surtout dans la rég. subalpine, Alpes, Piémont, Lombardie, Vénétie, Tyrol), Autriche, Hongrie (disséminé, manque dans la rég. méditerr.), Croatie, Dalmatie, Grèce (T. R.), Herzégovine, Bosnie, Roumanie (R.), Monténégro, Grèce sept. (Etolie), Russie, peu rare dans la rég. d'Arkhangel (IVANITZKY), Tauride, Caucase. — Sibérie, Chine, etc.

2. — C. GUTTATUM

C. guttatum (vel *Cypripedilum guttatum*) SWARTZ in *Act. holm.*, p. 251 (1800) ; WILLD., *Spec.*, IV, I, p. 145 ; REICHB. F., *Icon.*, XIII-XIV, p. 166 ; LINDL., *Gen. and spec.*, p. 529 ; PALLAS, *It.*, II, p. 124 ; III, p. 246, 316, 320 ; SEVERS ap. PALL., *N. Beitr.*, VII, p. 153 ; GEORGI, *Beschr. d. Russ.*, III, 5, p. 1274 ; MART., *Fl. mosq.*, p. 158 ; CHAMIS. in *Linn.*, II, p. 34 ; LEDER., *Fl. alt.*, IV, p. 174 ; *Fl. ross.*, IV, p. 88 ; CLAUS., *Ind. des.* in *Göbel It.*, II, p. 309 ; PFITZ., *Pflanz. reich. Orch.-Pleon.*, p. 32 ; ASCHERS. et GRAEB., *Syn.*, III, p. 616 ; TURCZ., *Cat. Baik.*, n° 1115 ; C. A. MEY., *Beitr. Pfl. Russ. R. V.*, n° 71 ; ROUY, *Illustr.*, p. 74, t. XXIII ; RICHTER, *Pl. Eur.*, I, p. 261 ; FINET, *Orch. Japon* in *Bull. Soc. bot. Fr.* (1900), p. 285 ; *Orch. Asie orient.* in *Rev. gén. bot.*, XIII, p. 500 ; G. CAM. BERG. A. CAM., *Monogr. Orch. Eur.*, p. 450 ; IVANITZKY in *Le Monde des pl.* (1895), p. 101 ; SCHLECHT. in KELL. et SCHLECHT., *Icon.*, p. 82. — **C. Calceolus** var. δ L., *Spec.*, éd. 1, p. 951 (1753) et éd. RICHTER, *Codex*, 6875 d. — **C. variegatum** GEORGI, *It.*, I, p. 232 (1775) ; *It.*, II, p. 719 ; *Beschr. d. Russ. R.*, V, p. 1274 ? — **C. Calceolus variegatum** FALK., *Beitr.*, II, t. 17 (1786). — **C. orientale** SPR., *Syst.*, III, p. 746 (1826). — *Calceolus foliis ovatis binis caulinis* GMEL., *Sib.*, I, p. 5. — *Calceolus minor flore vario* AMMAN, *Ruth.*, p. 133, n° 177, t. 22.

Icon. : AMMAN, *l. c.*, t. 22 ; REICHB., *Pl. crit.*, t. CCX ; REICHB. F., *Icon.*, XIII-XIV, t. 143, CCCCXCV ; *Bot. Mag.*, t. 7746 ; FINET, *l. c.*, pl. 12, f. 26, 27 ; ROUY, *Illustr. pl. Eur.*, t. CCXXIII ; SCHLECHT., *l. c.*, pl. I, f. I ; *Ic. n.*, pl. 133, f. 8-12.

Exsicc. : KARO, *Pl. Amur. et Zeaensæ*, n° 424 ; *Pl. Dahuricæ*, n° 105 ; DÖRFLER, *Herb. norm.*, n° 3194.

Plante entièrement pubérulente, grêle, à rhizome longuement rampant, flexueux, de 2-4 mm. de diam. Tige haute de 15-30 centim., flexueuse, glanduleuse, glabre et entourée, à la base, de quelques gaines brunes, longuement nue au sommet. Feuilles 2, situées vers le milieu de la tige, elliptiques ou ovales-elliptiques, aiguës ou acuminées, très rapprochées, paraissant parfois subopposées, pouvant presque masquer la tige courte, pliées, noircissant sur le sec. Bractée foliacée, lancéolée ou oblongue, aiguë, dépassant l'ovaire. *Fl.* unique, terminale, grande, penchée, *blanche, plus ou moins marquée de macules pourprées*, parfois verte à la base, à bords des lobes poilus-glanduleux, noircissant ord. en séchant. Div. sup. du périanthe largement ovale ou suborbiculaire, aiguë ; div. inf. bien plus courte et plus étroite que la sup., oblongue-lancéolée, 2-dentée à l'extrémité, plus courte que le labelle ; div. lat. int. ligulées, rétrécies vers le milieu puis dilatées, rétuses, émarginées au sommet, un peu plus courtes que le labelle. *Labelle* étroit à la base, brusquement dilaté, vésiculeux, *à gorge ample*, ouverte, à bords de l'orifice peu ou non réfléchis, rouge maculé de blanc, poilu en dedans. Staminode sessile, oblong-quadrangulaire, cordé à la base, allongé, échancré ou rétus au sommet, 2-nervé en dessous, jaune maculé de pourpre, un peu plus court que le processus stigmatifère, *à bords dressés, muni de 5-6 crêtes parallèles longitudinales, un peu ondulées* sur chaque face, partant du sommet et atteignant les 2/3 de la longueur, inclinées vers l'intérieur du limbe et se recouvrant en partie. Anthères fertiles introrses, réniformes, subsessiles, attachées sur la marge int. du filet ; appendice du filet dressé, courbé en faux vers le haut, épaissi sur le côté convexe, aigu, de même longueur que l'anthère. Stigmate irrégulièrement rhomboïdal, peu concave. Ovaire subcylindrique, poilu-glanduleux ; pédicelle court, glanduleux. — Odeur rappelant celle de la Pyrole.

1. D'après van VOLXEM (*Semaine horticole* (1897), p. 359), le *Cypripedium* fleurit très bien après l'abatage des taillis, mais quand l'ombrage devient trop touffu, il disparaît et ne reprend sa vie aérienne que lorsqu'une nouvelle taille des bois lui rend de la lumière. Cette Orchidée pourrait ainsi avoir une vie entièrement souterraine pendant seize ou dix-sept ans.

Morphologie interne.

Racine. — Assise pilifère subérisée, à paroi ext. épaisse ; poils absorbants abondants. Assise subéreuse formé de cellules à parois un peu épaisses. Cellules corticales très envahies, à parois ponctuées. Endoderme formé de cellules à parois non ou peu épaissies en dehors du liber, souvent épaissies en U en dehors du bois. Péricycle non lignifié. Liber en amas assez petits. Vaisseaux atteignant 40-45 μ de grand axe.

Rhizome. Epiderme remplacé par du liège. Cellules du liège allongées. Ecorce développée, formée de cellules à parois épaisses et ponctuées. Faisceaux libéroligneux très rapprochés, à bois entourant le liber. — *Tige.* Epiderme muni de poils 3-4-cellul., atteignant 250-350 μ de long env., à cellule terminale un peu arrondie et sécrétrice. Côtes formées par un développement plus grand du sclérenchyme vis-à-vis des faisceaux libéroligneux. Anneau lignifié touchant à l'épiderme, formé de 3-7 assises à parois peu épaisses. Faisceaux libéroligneux paraissant situés assez extérieurement, n'occupant pas la partie int. de la tige. Parenchyme int. formé de cellules à parois très minces se résorbant.

Feuille. Epiderme sup. formé de cellules à parois ondulées, muni de quelques stomates. Epiderme inf. à parois plus ou moins ondulées, pourvu de poils tecteurs atténués à l'extrémité, pluricellulaires, et à stomates assez nombreux. Bord du limbe muni de poils. Faisceaux des nervures munis de fibres à parois peu épaisses.

La var. b. *latifolium* Rouy, *l. c.*, est simplement constituée par des individus grands et robustes.

La var. *Redowskii* Reichb. F., *Icon.*, XIII-XIV, p. 207, pl. 168, ne serait, d'apr. Schlechter, qu'une forme individuelle à périanthe blanc.

V. s. — Mai, juillet. — *Habitat* : sol argileux, forêts, souvent dans les forêts de Bouleaux ou sur les pelouses humides. — *Répart. géogr.* : Russie centrale et mérid., Oural (Ost-Wologda, Wiatka, Perm, Kostrowa, Jaroslaw, Moskau, Kalysch. Orlof, Tschernigow, Mohilew, Tula, Wladimirow, Nischni Nowgorod, Simbirsk, Kasan, Ufa, Orenburg, d'apr. Schmalhausen, *Flora von Mittel-und Sud-Russland*). — Sibérie, Asie boréale, Chine.

3. — C. MACRANTHOS

C. macranthos (vel *Cypripedilum*) (1) Swartz in *Act. Holm.* (1800), p. 250 ; *Orchid. sldg. art. Kongl. Vet. A. h. Hand.*, XXI ; Willd., *Spec.*, IV, p. 145, n° 8 ; Sprengel (*macranthon*) *Syst.*, III, p. 745 ; Hook., *Bot. Mag.*, t. 2938 ; Lindl., *Bot. Reg.*, t. 1534 ; *Gen. and spec.*, p. 528 ; Ledeb., *Fl. alt.*, IV, p. 174 ; *Fl. ross.*, I, p. 87 ; Spach, *Hist. nat.*, XII, p. 194 ; Reichb. F., *Icon.*, XIII-XIV, p. 169 ; *Fl. exot.*, p. 11 ; Dietr., *Syn.*, V, p. 189 ; Hook., *Fl. Brit. Ind.*, IV, p. 170 ; Chavis. in *Linn.*, XIII, p. 34 ; Lessing in *Linn.*, IX, p. 154, 158 ; Turcz., *Catal. Baïk.*, n° 1114 ; W. Barbey, *Cypr. Calc. × macranth.*, p. 5 ; Finet, *Orch. Japon* in *Bull. Soc. bot. Fr.* (1900), p. 285 ; *Orch. Asie orient.* in *Rev. gén. bot.*, XIII, p. 502, p. p. ; Richter, *Pl. eur.*, I, p. 251 ; G. Cam. Berg. A. Cam., *Monogr. Orch. Eur.*, p. 451 ; Mandl, *Uber Cypripedilum macranthos* in *Œsterr. Bot. Zeitschr.*, LXXIII, p. 267 (1924) ; Schlecht. in Kell. et Schlecht., *Icon.*, p. 83. — **C. Calceolus γ rubrum** Georgi, *Reise*, 1, p. 232 (1775). — **Sacodon macranthum** Rafin., *Flor. Tellur.*, IV, p. 45 (1836). — *Calceolus petalis nectario aequalibus aut minoribus* Gmel., *Sib.*, I, p. 2, t. I. f. γ. — *Calceolus purpureus speciosus* Amman, *Ruth.*, p. 132, n° 176, t. 21.

Icon. : *Fl. Serres*, t. 1118 ; *Illustr. hort.*, VII, p. 358, t. 61 ; *Gartenfl.* (1868), t. 409 ; *Trans. Russ. hort. Soc.* (1863), t. 135 ; *Orchidoph.* (1887), t. 751 ; Gmelin, *Sibir.*, I, p. 2, t. I, f. g ; Barbey, *l. c., f.* 7, 8, 9 ; Finet, *l. c.*, p. 12, f. 83 ; Reichb., *Exot.*, t. XVI ; Reichb. F., *Icon.*, XIII-XIV, t. CCCCXCVIII ; Rouy, *Illustr. pl. Eur.*, t. CCXXII ; Schlecht., *l. c.*, pl. I, f. 2 ; G. Cam. Berg. A. Cam., pl. 32, f. 1111-1113 ; *Ic. n.*, pl. 110, f. 8.

Souche horizontale ; rhizome court. Plante robuste. Tige haute de 20-40 cent., droite ou presque, munie de quelques feuilles, nue au sommet. Feuilles largement elliptiques, ou ovales, aiguës, très amplexicaules, longues de 8-15 cm., larges de 4-7 cm., plissées, à nerv. très marquées, poilues. *Fl.* ord. 1, rarement 2, *d'un rose vif ou pourpre un peu brun*, grandes, de 8-10 cent. de diam., à *div.* munies de quelques poils à la base, les ext. inégales, la sup. dorsale ovale ou ovale-lancéolée, aiguë, l'inf. moins longue et moins large, elliptique ou largement oblongue, bidentée, les *lat. int.* ovales-oblongues ou ovales-lancéolées, *plutôt relativement larges*, aiguës, ou acuminées, *égalant env. le labelle*. Labelle très grand (4,5-6 cm. de long), porrigé, obo-

<hr>

1. Nous avons cité, à la suite les uns des autres, ces différents auteurs, par abréviation, bien que certains aient admis les noms de *macranthum* ou de *macranthon*.

voïde, parallèle au gynostème, renflé-vésiculeux, à bords infléchis, à gorge contractée et arrondie-elliptique, ou oblongue-panduriforme, à côtés légèrement subcrénelé-carénés ou crénelés, poilu en dedans, glabre en dehors, à onglet court. Gynostème court, grand. *Staminode* dépassant le stigmate, ovale, acuminé, cordé à la base, sessile, un peu enroulé en dessus, *sans lames longitudinales*, les 3 nerv. méd. un peu carénées en dessous. Anthère réniforme ; filet subulé. Ovaire glabre ou pubescent, subsessile.

Morphologie interne.

Nous avons pu étudier un échantillon vivant cultivé par Bergon.

Racine (pl. 114, f. 74). Poils absorbants nombreux. Assise pilifère fortement subérisée. Assise subéreuse formée de cellules subérisées sur toutes leurs faces ou seulement extérieurement et latéralement. Cellules corticales à parois ponctuées, à peu près isodiamétriques, celles des assises ext., des assises endodermique et sus-endodermique plus petites. Endophytes abondants dans l'écorce ext. et moyenne. Cellules endodermiques à parois épaissies sur toutes leurs faces et parfois lignifiées vis-à-vis des pôles libériens, à parois plus minces et à cadres latéraux subérisés ou subérisées sur toutes leurs faces vis-à-vis des pôles ligneux. Cylindre central sinueux. Péricycle non ou à peine épaissi, peu lignifié. Vaisseaux atteignant 30-50 μ de diam. environ.

Tige. Poils tecteurs 3-4-cellul., atteignant 200-500 μ de long, à cellule terminale plus ou moins atténuée. 5-8 assises de parenchyme chlorophyllien entre l'épiderme et l'anneau lignifié. Anneau lignifié peu développé, à parois peu épaisses. Faisceaux libéroligneux les ext. à peu près disposés en cercle, les int. disséminés, munis d'un arc sclérifié extra-libérien. Parenchyme ligneux non lignifié entre les vaisseaux. Parenchyme int. non résorbé.

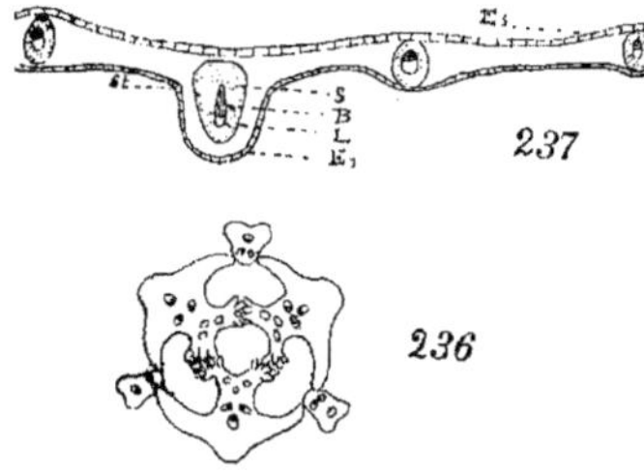

Cypripedium macranthos.— Fig. 236 : section transv. schématique de l'ovaire. — Fig. 237 : section transv. schématique d'une nervure principale et de nervures secondaires d'une feuille ; Ei, épiderme inf. ; Es, épiderme sup. ; B, bois ; L, liber ; S, sclérenchyme ; St, stomate.

Feuille. Ep. = 180-230 μ. Epiderme sup. haut de 20-30 μ, à parois lat. parallèles aux nervures peu ondulées, à parois perpendiculaires à la direction des nervures à peu près rectilignes, à paroi ext. épaisse de 2-4 μ et bombée, muni de stomates assez nombreux et, surtout sur les nervures, pourvu de poils tecteurs 2-3-cellul., robustes et légèrement inclinés (pl. 119, f. 281). Epiderme inf. vu à plat à parois parallèles aux nervures formant des zigzags, haut de 20-30 μ, à paroi ext. épaisse de 2-4 μ et bombée, muni d'abondants stomates et, à peu près exclusivement sur les nervures, de poils pluricellulaires nombreux (pl. 119, f. 282-284). Bord du limbe portant des poils (pl. 116, f. 145). Parenchyme comprenant 4-7 assises de cellules assez grandes et des cellules à raphides abondantes et se touchant parfois. Nervures principales (f. 237) à section concave-convexe, les autres à section légèrement biconvexe ou plane. Nervures à collenchyme manquant ou à parois très minces. Faisceau libéroligneux entouré d'une gaine ou de 2 arcs sclérifiés ; fibres à parois un peu plus épaisses dans la partie infra-ligneuse que dans la partie supra-libérienne, surtout dans les nervures principales. Au voisinage des plus gros faisceaux, il existe des files de cellules contenant de la silice.

Fleur. — *Divisions externes du périanthe.* Epidermes ext. et int. à peu près dépourvus de poils. — *Divisions latérales internes.* Epiderme int. muni de poils nombreux, surtout à la base de ces pièces du périanthe, pluricellulaires, coudés, gros, atteignant 100-140 μ de diam. à la base, et 650-1000 μ de long, à cellule terminale atténuée. — *Labelle.* Epiderme int. portant de très nombreux poils pluricellulaires, atteignant 1300-1800 μ de long, plus ou moins coudés, atténués à l'extrémité. Epiderme ext. glabre. — *Gynostème.* Section transversale du gynostème montrant les 2 faisceaux des étamines fertiles, le faisceau du staminode, les 2 faisceaux des stigmates sup. et le faisceau plus ou moins divisé en deux du stigmate inf. Ces faisceaux stigmatiques tendent beaucoup à se diviser dans la partie sup. du gynostème, les vaisseaux peu nombreux sont épars dans le parenchyme. — *Anthère.* Cellules fibreuses extrêmement abondantes.— *Pollen.* Grains s'isolant les uns des autres, plus ou moins allongés. L. = 24-30 μ env. — *Ovaire* (f. 236). Nervure des valves placentifères saillante à l'extérieur, contenant : un faisceau libéro-ligneux ext. à bois int., 2 faisceaux libéroligneux à bois dirigé vers la partie int. du placenta, 2-3 faisceaux libériens situés à l'intérieur du placenta. Placenta peu divisé. Valves non placentifères proéminentes, peu développées, contenant ordt 2-3 faisceaux libéroligneux, l'ext. ou parfois les ext. à bois int., le ou les autres à bois dirigé vers la partie int. des valves.

V. v. — Juin, juillet. — *Habitat* : souvent dans les forêts de Bouleaux, en association avec *C. guttatum.* — *Repart. géogr.*: Russie centrale et mérid. (gouv. de Mohilew, Tschernigow, West-Orlow, Kasan, Perm, Ufa et Orenburg.) – Sibérie, Chine sept., Altaï, Corée, Sakhaline.

(× ?) C. VENTRICOSUM

(× ?) **C. ventricosum** SWARTZ in *Acad. Holm.* (1800), p. 251 ; WILLD., *Spec.*, IV, p. 145 ; WIENM. in *Bull. Soc. N. Mosc.* (1850), n⁰ 11, p. 555 ; LEDEB., *Fl. ross.*, p. 88 ; HOOK., *Fl. Brit. Ind.*, VI, p. 170 ; LINDL., *Gen. and spec.*, p. 528 ; RICHTER, *Pl. Eur.*, I, p. 261 ; REICHB. F., *Icon.*, XIII-XIV, p. 169, pl. CCCCXCVII. — **Sacodon ventricosum** RAFIN. *Flor. Tellur.*, IV, p. 45 (1836). — **Cyp. macranthos var. ventricosum** REICHB. F., *Icon.*, *l. c.*, p. 210 (1851); KRAENZL., *Gen. et spec.*, p. 26 ; G. CAM. BERG. A. CAM., *Monogr. Orch. Eur.*, p. 453 ; (var. *ventricosa*) CARRIÈRE in *Rev. hort.* (1877), p. 310 ; SCHLECHTER in KELL. et SCHLECHT. *Ic.*, p. 84. — **C. Calceolus × macranthos** MANDL in *Oest. Bot. Zeitschr.* (1924), p. 271. — *Calceolus petalis nectario longioribus* GMEL., *Sib.*, I. p. 3, I, f. D.

Icon. : REICHB. F., *l. c.* ; MORRE, *Orchid. pl.*, pl. V ; *Ic. n.*, pl. 133, f. 13-15.

Fleurs solitaires, rarement deux, grandes, pourpres. Div. ext. et lat. int. du périanthe rose pâle, un peu verdâtres à la base, inégales, la sup. ext. ovale-elliptique, acuminée,l'inf. un peu plus courte, plus étroite, bidentée au sommet ; les lat. int. un peu pendantes, étroites, oblongues ou subovales-lancéolées, acuminées, allongées, dépassant les autres div., comme dans le *C. Calceolus.* Labelle plus court que les div. lat. int.,ventru, divisé au sommet, pourpre foncé sur le dos, plus pâle vers les bords. Gynostème rose pâle. Staminode concave, cordé, sagitté. — D'après ROLFE, in *Orch. Rev.*, XII, p. 185 (1904), et XVIII, p. 215 (1910), MANDL, in *Oest. Bot. Zeitschr.* (1924), p. 271, le *C. ventricosum* serait un hybride du *C. Calceolus* et du *C. macranthos.* Il est certain que le *C. ventricosum* présente quelques caractères intermédiaires entre les parents présumés en se rapprochant plus du *C. macranthos* que le × *C. Barbeyi*, mais la couleur des fleurs n'est pas en faveur de l'hypothèse de l'hybridité

Russie centrale. — Sibérie, Oural, Baïkal, Sakhaline, etc.

HYBRIDE

C. CALCEOLUS × MACRANTHOS

× **C. Barbeyi** G. CAM. BERG. A. CAM., *Monogr. Orch. Eur.*, p. 453 (1908). — **C. Calceolus × macranthos** W. BARBEY, *Cyprip. Calc. × macranth.* Lausanne, juin 1891, *cum icone.*

Tige uniflore, rarement biflore. Feuilles elliptiques-ovales, aiguës, amplexicaules. Divisions ext. du périanthe oblongues-acuminées, aiguës, presque égales, rougeâtres, la sup. dressée, acuminée, jaunâtre à la base, l'inf. bidentée, les lat. int. oblongues-linéaires, arquées-tordues, rouge vineux, à base jaunâtre. Labelle rouge vineux, dépassé par les autres lobes du périanthe.

Né spontanément dans les cultures de W. BARBEY, à Valleyres (Suisse). — A rechercher en Russie, au milieu des parents.

D'après ROLFE, in *Orchid Rev.* (1904), p. 185, le *C. Calceolus × macranthos* serait abondant en Russie, au milieu des parents.

ÉVOLUTION DES ORCHIDÉES

Nous ne pouvons terminer ce travail sans dire quelques mots sur l'évolution de la famille.

Dans les Orchidées, les groupes sont absolument naturels et leurs caractères indiquent les progrès de l'évolution dont les divers stades sont si bien marqués qu'il est facile de les suivre peu à peu.

Les *Pleonandræ* ou *Diandræ* présentent, dans leurs fleurs, une disposition se rapprochant de la structure typique des Monocotylédones et leur apparition a certainement eu lieu avant celle des *Monandræ*.

Parmi les Orchidées vivant actuellement, le groupe le plus ancien paraît être, dans les *Pleonandræ*, le genre *Neuwiedia* qui n'est d'ailleurs pas européen. Nous serons entraînés à en dire quelques mots, ainsi que de certains genres exotiques affines, à cause de l'importance qu'ils ont dans l'évolution de la famille.

Le genre *Neuwiedia* rappelle beaucoup les Amaryllidacées. Le *N. Lindleyi*, de Malaisie, est peut-être la plus ancienne Orchidée existant actuellement et, lorsqu'on le compare aux autres plantes de la même famille, il faut une certaine attention pour voir qu'il appartient au même groupe.

Le périanthe de ce *Neuwiedia* est presque régulier, mais un peu tourné d'un côté, il comprend 3 divisions externes (sépales) et 3 divisions internes (pétales). L'androcée est formé de 3 étamines libres, à filet court et anthère linéaire, versatile comme dans les Liliacées, mais les étamines sont situées d'un même côté et n'appartiennent pas au même verticille, deux sont du verticille interne et la médiane du verticille externe. Le pollen est sec. Les deux étamines latérales du genre *Neuwiedia* représentent les étamines parfaites des *Cypripedieæ*, la médiane, le staminode des *Cypripedieæ*, et l'étamine fertile des *Monandræ*. Les filets sont grêles et à peine soudés au style en un gynostème rudimentaire très court.

Il ne manque que 3 étamines à l'androcée du *Neuwiedia* pour avoir la structure typique des Monocotylédones : 5 verticilles de 3 pièces chacun. Cette addition ferait, du *Neuwiedia*, une Amaryllidacée.

Avec le genre *Neuwiedia*, les genres *Apostasia* et *Adactylus* forment la tribu des *Apostasiæ*. Dans le premier genre, le périanthe est régulier, mais il n'existe plus que deux étamines, la médiane est réduite à l'état de staminode linéaire en partie uni au style ; il y a un gynostème rudimentaire. Dans le genre *Adactylus*, l'anthère médiane est nulle.

Les *Apostasiæ* ont donc un périanthe presque régulier, à lobes subégaux, 2-3 étamines, un pollen sec en grains isolés, non cohérent, un ovaire triloculaire, un style grêle et un stigmate trilobé. Les trois lobes stigmatiques sont plus ou moins confluents.

Des *Apostasiæ*, on passe aux *Cypripedieæ* à périanthe très irrégulier, formé de lobes inégaux. Les deux étamines latérales du verticille interne sont fertiles et leur filet est plus soudé avec le gynostème que dans les groupes précédents, plus anciens. L'étamine dorsale du verticille externe est stérile. Le pollen est cohérent en masse. L'ovaire est triloculaire ou parfois uniloculaire. Le stigmate est dilaté, non plus trilobé, mais formé seulement des deux stigmates latéraux, et situé au-dessous d'un organe très développé, le staminode. Le troisième stigmate supérieur est supprimé.

Les *Cypripedieæ* montrent certainement un degré de spécialisation plus élevé que les *Apostasiæ*, mais le plan des deux fleurs rappelle celui des *Apostasiæ*.

Dans les *Cypripedieæ*, le genre *Selenipedium* garde le caractère ancestral de l'ovaire triloculaire à placentation axile. Il établit la transition avec le genre *Cypripedium*, dont l'ovaire uniloculaire, à placentation pariétale, est semblable à celui des *Monandræ*.

Dans le genre *Cypripedium*, le labelle s'est transformé en un organe ressemblant à un sabot, les deux divisions latérales externes du périanthe se sont soudées en une seule située sous le labelle. Les deux étamines du verticille interne sont fertiles, comme dans les *Apostasiæ*, et naissent d'un gynostème bien développé. Le pollen est glutineux. L'étamine du verticille externe forme un staminode en écusson, analogue à celui des *Apostasiæ*, sec, à surface granuleuse, placé à l'ouverture du labelle et le stigmate est situé à la partie inférieure du gynostème.

Comme nous l'avons vu, les insectes, à la recherche de nectar, opèrent la fécondation de cette fleur. Ils entrent par la gorge du sabot, sous le staminode, en sortent avec difficulté, sous les anthères, latéralement, où leur trompe touche forcément au pollen qui s'y attache grâce à sa viscosité. Ces insectes emportent ainsi le pollen visqueux qu'ils déposent sur le stigmate rude et sec d'une autre fleur en pénétrant d'abord sous le staminode, au-dessus du stigmate.

Les fleurs, très visibles, à labelle muni intérieurement de poils, laissant exsuder un liquide sucré, attirent les insectes et restent longtemps avant de se flétrir. Les ovules n'ont souvent qu'un tégument développé dans le genre *Cypripedium*.

La sous-famille des *Monandræ* est caractérisée par son étamine unique, la médiane du verticille externe.

Le pollen, simple chez les *Pleonandræ*, est ici cohérent en tétrades ou, à un degré plus élevé, les grains de pollen sont cohérents en massules plus ou moins réunies en pollinies. En même temps, le troisième lobe stigmatique des Orchidées ancestrales se modifie en un nouvel organe de plus en plus parfait, le rostellum, qui se trouve soudé à la base des masses polliniques et a pour fonction de sécréter un liquide visqueux à l'aide duquel le pollen s'attache au corps de l'insecte ce qui l'empêche de fertiliser le stigmate de la même fleur. D'abord ce rostellum est bien distinct de l'anthère et son origine stigmatique est apparente, mais dans les genres les plus évolués, il est intimement lié à la pollinie et son origine est moins nette.

L'étamine fertile et le style sont coalescents en un gynostème central, les deux étamines latérales, réduites à l'état de staminodes, constituent les flancs du gynostème et se terminent souvent, chez les *Neottieæ*, par une lame membraneuse qui forme, au sommet du gynostème, une sorte de petite cupule nommée clinandre dans laquelle se trouve logée l'anthère. L'origine staminale des bords du clinandre est très nette chez beaucoup d'anomalies, dans lesquelles on peut voir un retour à un type ancestral régulier. Le trajet des faisceaux, dans le gynostème de quelques genres, indique aussi cette origine (*Limodorum, Malaxideæ*).

Dans les *Cypripedieæ*, le pollen était visqueux et le stigmate sec et rude. Dans les *Monandræ*, le pollen est moins visqueux et le stigmate gluant. Ces caractères, la transformation du stigmate supérieur en rostellum, sa fonction de sécrétion, sont des caractères d'adaptation à la fécondation croisée par les insectes.

Dans les types primitifs de *Monandræ*, nous trouvons les *Arethuseæ*, avec les genres européens *Limodorum* et *Cephalanthera*. L'anthère est terminale. Les grains de pollen s'isolent complètement les uns des autres et sont secs.

Le genre *Limodorum* montre, dans la structure de son gynostème, de grandes affinités avec les genres plus anciens à trois étamines. Seul parmi les *Monandræ*, à part quelques *Malaxideæ*, le genre *Limodorum* a un gynostème parcouru jusqu'au sommet par les faisceaux libéroligneux des étamines latérales (1), aussi les anthères latérales apparaissent-elles ici plus souvent que dans les autres genres.

Dans le genre *Cephalanthera*, au moins dans les espèces européennes, les faisceaux des étamines latérales n'existent pas dans le gynostème et, comme dans les *Ophrydeæ*, n'apparaissent plus que dans les anomalies montrant un retour vers les types ancestraux.

Le genre *Cephalanthera* est l'un des plus anciens genres de *Monandræ*, vivant actuellement. Il manque de rétinacle. La fécondation peut être directe ou avoir lieu par l'intermédiaire des insectes. L'insecte, comme nous l'avons vu, est forcé pour arriver au fond de la fleur de se frotter au stigmate très visqueux, puis aux masses polliniques qui adhèrent facilement à cette substance gluante collée à lui. En visitant une autre fleur, il frotte la masse pollinique sur le stigmate dont il opère la fécondation.

A un état plus avancé de spécialisation, nous trouvons les *Neottieæ*.

Dans presque tous les genres européens, le pollen est en tétrades, mais dans le genre *Goodyera*, plus récent, les tétrades ne se séparent pas et forment des massules plus ou moins sectiles.

Les espèces du genre *Epipactis* sont presque toutes pourvues de rostellum. Ce rostellum est dressé ou couché en avant, terminal, l'anthère est située au-dessus de lui et les masses polliniques, après déhiscence des loges, se trouvent suspendues ou attachées à lui ou parfois à un caudicule très rudimentaire.

Les genres *Listera, Neottia, Spiranthes* ont un rostellum très parfait, bien adapté à la fécondation par les insectes, ainsi que nous l'avons vu dans le cours du travail.

Comme les *Cypripedieæ*, les *Neottieæ* produisent chaque année plusieurs racines (rarement une dans certains *Epipactis*), plus ou moins envahies par les champignons endophytes. Si les grosses racines tubérisées des *Spiranthes* rappellent plutôt, par leur forme, leur taille, les tubercules des *Ophrydeæ*, elles ont plus d'analogies avec les fibres des *Neottieæ* (voir p. 48). Il s'en développe plusieurs chaque année et non une seule ;

1. G. CAMUS, BERGON et A. CAMUS, *Monogr. Orch. Eur.*, p. 23 (1908).

leur structure est monostélique, comme dans les *Neottieæ*, et non polystélique, comme celle des tubercules des *Ophrydeæ*. C'est ce que nous avions déjà signalé en 1908.

Ces tubercules des *Spiranthes* sont aussi atteints par les champignons endophytes, comme les racines des *Neottieæ*, et non indemnes, comme les tubercules des *Ophrydeæ* (1).

Dans le genre *Spiranthes*, l'assise pilifère présente des épaississements spiralés qui rappellent le voile des Orchidées épiphytes. Ces tubercules, comme ceux des *Ophrydeæ*, sont admirablement adaptés pour résister à la sécheresse et il est manifeste qu'ils se développent plus dans les endroits secs que dans les lieux humides.

Il existe, dans les *Neottieæ*, quelques curieux types de saprophytes, comme le *Neottia Nidus-avis*.

Dans les *Malaxideæ*, les quatre masses polliniques sont posées ensemble sur une petite masse visqueuse ; il n'y a pas de caudicule. Le gynostème contient les faisceaux staminaux latéraux. Dans ce groupe, quelques genres exotiques sont épiphytes.

Le pseudo-bulbe des *Malaxideæ* est extrêmement différent du tubercule des *Ophrydeæ* (voir p. 41) puisqu'il est formé de feuilles et de bourgeons. Il est admirablement organisé pour résister à la sécheresse.

Dans les *Epipogoneæ*, les grains de pollen sont assez cohérents entre eux et les masses polliniques s'atténuent à la base en caudicule grêle qui s'attache à un petit rétinacle. La racine manque dans le genre *Epipogon*. Il y a là une adaptation à la vie saprophytique.

Il ne semble y avoir aucun intermédiaire entre les *Ophrydeæ* et les autres tribus. C'est le groupe le plus hautement évolué des Orchidées européennes. Il est composé de plantes terrestres dont la fleur montre un grand degré de complexité, surtout dans ses organes de reproduction. Bien que PFITZER ait placé les *Ophrydeæ* immédiatement après les *Pleonandræ* et avant les *Neottieæ*, à cause de leur anthère non operculée, elles montrent pourtant un plus grand degré de spécialisation.

Nous avons vu, dans la première partie de ce travail, qu'au point de vue de la symbiose, les *Ophrydeæ* sont aussi hautement évoluées.

L'anthère des *Ophrydeæ* est soudée au gynostème et dressée au-dessus du rostellum Les loges sont parallèles ou divergentes, parfois assez distantes pour que certains auteurs aient vu, dans chacune d'elle, une des étamines latérales du verticille interne. Le pollen de chaque loge se différencie dans la partie basilaire de l'anthère formant un filet élastique (caudicule) soudé au rétinacle.

Il y a donc soudure d'un organe mâle, la pollinie atténuée en caudicule, avec le rétinacle, qui est d'origine stigmatique, par conséquent femelle. Il est assez curieux de voir un organe femelle perdant sa propre fonction pour en assurer une autre en produisant une partie séparable qui s'adjoint à un organe mâle, en devient partie essentielle, de sorte que la fleur, en apparence hermaphrodite, ne se féconde pas elle-même et que l'organe mâle est facilement emporté sur une autre fleur.

Dans les genres *Serapias, Loroglossum, Barlia, Anacamptis, Chamæorchis, Ophrys, Neotinea*, les rétinacles sont enfermés dans une bursicule membraneuse qui protège la matière visqueuse en l'empêchant de sécher à l'air. Cette bursicule est très fragile et, à un moment donné, s'ouvre au moindre contact.

La présence d'un éperon à nectar, dans la plupart de ces genres, a une grande importance. Comme cet éperon, la couleur et l'odeur des fleurs exercent un attrait sur les insectes.

Nous avons décrit comment l'insecte, en insérant sa trompe dans l'éperon, touche au rostellum, produit sa rupture, et la sortie du rétinacle qui adhère à lui. Au contact de l'air, la matière visqueuse sèche en quelques minutes, de sorte que la pollinie se fixe à l'insecte. Le caudicule hygrométrique se contracte au contact de l'air dans une position définie et amène, en quelques secondes, la courbure des pollinies à 90°, de sorte qu'elles vont s'appliquer sur le stigmate visqueux lorsque l'insecte va visiter une autre fleur. L'adaptation est parfaite. Comme le stigmate est visqueux et que les massules ne sont retenues entre elles que par des fils élastiques, il ne se détache qu'une partie de la pollinie et les autres massules peuvent ensuite être transportées sur d'autres fleurs et les féconder.

Dans le genre *Ophrys*, il y a deux bursicules distinctes. Les fleurs ne contiennent pas de nectar et, à part l'*O. apifera* et l'*O. Botteroni* qui se fécondent eux-mêmes, la fécondation a lieu avec l'intermédiaire des insectes. Nous avons vu plus haut (p. 286, 290), comment certains insectes mâles paraissent attirés sur les fleurs par la ressemblance de celles-ci avec les femelles de leur espèce dont ils attendent la sortie du cocon.

Dans la sous-tribu des *Gymnadeninæ*, les rétinacles sont dépourvus de bursicules. La matière visqueuse du rétinacle ne sèche pas à l'air, comme dans les *Angiadeninæ*. A part ce caractère, le genre *Gymnadenia* ressemble beaucoup au genre *Orchis*.

Dans le genre *Platanthera*, le rostellum est trilobé. Nous avons vu, plus haut, le détail du mécanisme de la fertilisation, dans ce genre.

Les *Ophrydeæ* ont aussi un suspenseur plus développé que les *Neottieæ*.

Nous n'avons, dans ce travail, étudié qu'une partie de la famille et avons dû négliger des groupes impoi-
tants et hautement évolués,comme ceux des Orchidées épiphytes tropicales et subtropicales, parce qu'ils étaient
en dehors de notre cadre. Nous pouvons cependant conclure, d'après les groupes étudiés, que les Orchidées,
par leur très large répartition, leurs nombreux représentants, la grande complexité de leur structure occupent
un rang très élevé parmi les Monocotylédones. Elles ont atteint ce haut degré de complexité par le développement irrégulier de leur fleur, la disposition et la forme de leur périanthe, la suppression ou les modifications
profondes de certaines parties, et la coalescence de plusieurs organes. A la base de l'évolution de cette famille
se trouvent l'adaptation de la fleur à la fécondation par l'intermédiaire des insectes et aussi l'adaptation de
toute la plante à la vie symbiotique, comme nous l'avons vu dans la première partie du travail.

ADDITIONS ET CORRECTIONS

P. 33, ligne 11, au lieu de : Ph, lire : pH.

P. 37, ligne 19, au lieu de Neotiées, lire : Neottiées.

P. 84. Ajouter à la légende : Fig. 47 : section un peu plus éloignée de la base du labelle. — Fig. 48 : section
bien plus éloignée de la base du labelle. — Fig. 19 : section transversale de l'ovaire.

P. 93. Ajouter après l'habitat du *Serapias Lingua* : monte à 850 m., dans les Pyrénées, à Ax-les-Thermes
(A. Camus).

P. 95, avant *Serapias Todari* Tin., ajouter : le *S. azorica* Schlechter in Fedde, Repert., XIX, p. 44 (1923) et ap.
Kell. et Schlechter, Icon. I, p. 138 (1928), pl. XI, f. 41, est une espèce peu connue des Açores, d'après sa description, très proche du *S. cordigera* et du *S. neglecta*, mais dont l'épichile est nettement plus large que l'hypochile.

P. 100, ligne 10, après *Serapias Olbia*, ajouter : Schlechter in Keller et Schlechter, Icon.,p. 136, réunit, à tort,
le *S. gregaria* Godfery au *S. Olbia* Verguin (*S. vomeracea* var. *Olbia* Schlechter, l. c.), d'ailleurs bien distinct du
S. vomeracea.

P. 108, ligne 12, ajouter : × × *Orchiser. Leroyi* A. Camus et Sennen (*O. Morio* × *S. pseudocordigera* Leroy).—
Labellum obtusum. Espagne, Santander, Vereda, Palanco (Leroy).

P. 111. Aux synonymes d'*Aceras anthropophora*, ajouter : *Ophrys anthropomorpha* Willd., Spec., IV, p. 63 (1805).

P. 113. Aux localités de F. a *flavescens* G. Camus (Zimmerm.), ajouter : Alpes-Marit. : Grasse à Saint-Jean (Rodié).

P. 116. Après les localités de l'× *Orchiaceras Bergoni* G. Camus, ajouter : rég. planitiaire de la Savoie, Saint-Alban
à Lovettaz, Saint-Jeoire-Prieuré (Denarié).

P. 120. Ajouter : voir p. 58, pour la présence du loroglossoside dans le *Loroglossum* (cf. Delauney in C. R.,
1925, 180, p. 224).

P. 122. Après *f. comosum* Wathr., ajouter : *f. laxiflorum* A. Camus (*Himantogl. hircinum* var. *laxiflora* Zimm. in
Allg. bot. Zeitschr., XXIII, p. 11 (1917) : var. *laxa* Schlecht. in Fedde, Repert., XV, p. 286 (1918). — Inflorescence
assez lâche, rappelant un peu celle du *L. caprinum*. — France, Allemagne.

P. 122. Après *L. caprinum* var. *calcaratum* Beck, ajouter : in Ann. Hofm. Wien, V, p. 576 (1890).

P. 123, ligne 3, au lieu de labelle long de 8-20 mm., lire : labelle long de 8-12 cm.

P. 123, ligne 5, ajouter à la synonymie de la var. *Heldreichii* : Bornmüller in Engl., Bot. Jahrb. (1928), p. 123
et à la répart. géogr. : Macédoine.

P. 123, ligne 8, à la répart. géogr. de *L. capr.* var. *calcaratum* Beck, ajouter : Roumanie, Bulgarie, Macédoine,
d'apr. Schlechter.

P. 123. Après la var. *calcaratum*, ajouter s.-var. *macedonicum* (*Him. calcar.* var. *macedonicum* Bornmüller in
Engler, Bot. Jahrb. (1928), p. 123). — Fleurs grandes ; div. méd. du labelle longue de 10 cm. ; div. lat. de 2 cm., subfalciformes ; éperon long de 5 mm. — Macédoine (Bornmüller).

P. 123. A la description du *Loroglossum Bolleanum* ajouter : lobes lat. du labelle triangulaires, courts, longs de
2 mm. env. et lobe méd. bilobé.

P. 134. Après les *Anacamptorchis* ajouter : × × *Orchidanacamptis Guetroti* (*Orchis Morio* × *Anacamptis pyramidalis*) Labrie in Guétrot, Plantes hybrides de France, II (1926), p. 51 (1927). — Port de l'*Orchis Morio*. Tige haute de
20-30 cm., assez épaisse. Feuilles vertes, dressées, lancéolées-aiguës, les caulinaires bractéiformes, aiguës, engaînantes
ou réduites à l'état de gaines et atteignant le tiers sup. de la tige, les inf. oblongues, un peu obtuses au sommet,
étalées, non mucronées. Bractées égalant environ l'ovaire. Inflorescence assez lâche, moins pyramidale et moins dense

que dans l'*Anacamptis* ; fleurs s'épanouissant presque en même temps, dans la même inflorescence, comme dans l'*Orchis Morio*, non successivement comme dans l'*Anacamptis*, d'un beau pourpre intermédiaire entre le rose de l'*Anacamptis* et le pourpre violacé de l'*O. Morio*, d'abord dressées comme dans l'*Anacamptis*, inodores ; casque d'un pourpre vif, strié de vert, subconique, dressé, puis étalé, à divisions libres, conniventes, ovales-aiguës, plurinervées ; labelle d'abord étalé, muni à la base de deux lignes saillantes, presque également trilobé, à lobe méd. plus étroit, aussi long que les lat., ceux-ci crénelés sur le bord ext. et légèrement réfléchis ; éperon égalant l'ovaire ou à peine plus long, long de 15 mm., épais de 2 mm., obtus, souvent ascendant comme dans l'*Anacamptis*, à peine arqué. Gynostème à 2 rétinacles libres comme dans l'*O. Morio*, à bursicule uniloculaire comme dans l'*Anacamptis*, mais bilobée. Pollinies arquées ou conniventes au sommet, d'un violet foncé, à pollen violâtre comme dans l'*O. Morio*, souvent avorté, et non gris ardoise. — Gironde : Frontenac, Philibert (LABRIE).

P. 137. Aux synonymes de *Traunsteinera globosa*, ajouter : *Orchites globosa* SCHUR, *Enum. Pl. Trans.*, p. 912 (1866).

P. 139. Aux synonymes de la var. *sphærica* ajouter : *Traunsteinera sphærica* SCHLECHTER in KELL. et SCHLECHTER, *Icon.*, I, p. 227 et, à la répart. géogr., ajouter : Asie Mineure, d'après SCHLECHTER.

P. 139. A la répart. géogr. de *Traunsteinera globosa* ajouter : Russie et Asie Mineure, d'apr. SCHLECHTER.

P. 147. A la répart. géogr. de l'*Orchis papillonacea* var. *major* ajouter : Maroc : entre El Hajeb et Ito, alt. 1160 m. (GUMAR DE FRENCHEL).

P. 148. Après la répart. géogr. de la var. *rubra* LINDL., ligne 18, ajouter : s-var. *albiflora* A. CAMUS. — Périanthe blanc. — Alpes-Marit. : bois des Clausonnes entre Valbonne et Golfe-Juan (RODIÉ).

P. 150. Ajouter aux synonymes de l'*O. Morio* : *O. intermedia* MEIGENS et WERNIGER, *Syst. Pflanz. Rhein*, p. 106 (1819) : *O. officinalis* SALISB., *Prodr.*, p. 6 (1796).

P. 152, ligne 20, après Fecamp, ajouter : par SENAY et ligne 21, après *Fl. fr.* supprimer : par SENAY.

P. 153, ligne 11, aux synonymes de l'*O. picta*, ajouter, après *O. Morio* var. *picta* REICHB.: SCHLECHTER in KELL. et SCHLECHT., *Icon.*, I, p. 208, p. p. ; excl. syn. — C'est tout à fait à tort que SCHLECHTER a réuni l'*O. Champagneuxii* à l'*O. picta*.

P. 156. A la distribution géogr. de l'*O. longicornu*, ajouter : Herzégovine, Grèce, Macédoine.

P. 167. A la répart. géogr. de l'*O. Simia*, ajouter : Hongrie.

P. 181. Ajouter à l'*O. saccata* Tenore : fleurs inodores, labelle blanc à la base, à face sup. d'un rouge un peu violacé, à bords teintés de brun verdâtre, à face inf. verdâtre ou mordorée ; éperon descendant, blanc, vert à l'extrémité, à ligne méd. inf. verte ou pourprée, d'apr. le Dr BERTON (BERTON, Pl. Syrie, n° 311; E.-N.-E. de Rachaya, monte à 1230 m.; Ahiré dans le Ledja, alt. 800 m.).

P. 192. Ajouter à la répart. géogr. de la var. *Sendtneri* REICHB. F. : Bulgarie, d'apr. SCHLECHTER in KELL. et SCHLECHT., *Ic.*, I, p. 200 (1928).

P. 194. Aux synonymes de l'*O. patens* var. *canariensis* b. *orientalis* ajouter : *O. patens* DESF. s. sp. *orientalis* Soó in FEDDE, *Repert.* (1927), p. 36.

P. 194. Après la descript. de l'*O. fallax*, ajouter : SCHLECHT., *l. c.*, p. 199, envisage l'hypothèse de l'hybridité de cette plante (*O. mascula × patens*).

P. 198. Après les var. de l'*O. mascula*, ajouter : f. *Reichenbachiana* Soó in FEDDE, *Repert.* (1927), p. 29. — REICHB. F., *Icon.*, XIII-XIV, t. 157, f. 4. — Labelle à lobes grossièrement dentés.

P. 200. Après la bibliographie de l'*O. pinetorum* Boiss. et KOTSCHY, ajouter : *O. mascula* var. *pinetorum* SCHLECHT. *l. c.*, p. 198 (1928).

P. 200. A la description de l'*O. anatolica* Boiss., ajouter : feuilles souvent tachetées de noir ; fleurs inodores, d'après le Dr BERTON ; monte à 1230 m., E.-N.-E. de Rachaya (Dr BERTON, Pl. de Syrie, n° 301).

P. 206. Après la répart. géogr. de la var. *pseudopallens* REICHB. F., ajouter : Caucase.

P. 206. Ajouter aux synonymes de l'*O. quadripunctata* : *Anacamptis trichocera* Koch in *Linnæa*, XXII, p. 286 (1849).

P. 207, ligne 12, après *O. quadripunctata* s.-var. *albiflora* G. CAM. BERG. A. CAM., ajouter : cf. GUIOL in *Monde des Plantes*, mai-juin 1928, p. 4. — Grèce.

P. 220. L'*O. sesquipedalis* est représenté, dans l'*Iconographie*, pl. 43, avec feuilles sans macules et c'est tout à fait à tort que STEPHENSON les dit maculées. — Ligne 19, après court, ajouter : ou proéminent. — D'après une série d'études publiées très récemment, à Kœnigsberg, dans les *Botan. Archiv.*, l'*O. sesquipedalis* de Jarnac serait une race d'origine hybride, issue du croisement de l'*O. incarnata* avec une espèce à tubercules entiers, comme l'*O. palustris*. Cependant dans beaucoup de localités où vit l'*O. sesquipedalis*, il n'existe ni *O. palustris*, ni *O. laxiflora*. Cette hypothèse, étendue à l'*O. elata*, pourrait expliquer la présence de tubercules entiers dans la plante d'après laquelle a été faite la description princeps. Après la description de l'*O. sesquip.* ajouter : S.-var. *albiflora* A. CAMUS. — Fleurs blanches. Très rare.

P. 220. Après la var. *corsica*, ajouter : la var. *ambigua*, *O. ambigua* MARTR.-DONOS, distinguée par certains auteurs, est reliée au type par des intermédiaires. Son épi est un peu plus long que dans le type, souvent plus étroit, ses bractées plus ou moins étalées, son labelle ord. étalé et non réfléchi, l'éperon un peu plus court, moins épais et souvent recourbé. Ne peut pas être confondu avec l'*O. ambigua* KERNER.

P. 225. A. l'*O. incarnata* var. *ambigua* GUIMAR., ajouter : serait probablement à rattacher à l'*O. sesquipedalis*, comme l'a fait STEPHENSON, qui l'a nommé *O. sesquip.* var. *iberica* STEPH. in *Bull. Soc. bot. Fr.* (1928), p. 400. — Espagne (STEPHENSON).

P. 226. ligne 2. ajouter : Espagne sept., rare, Asturies, d'apr. Stephenson.

P. 235. A l'avant-dernière ligne, à la répart. géogr. de l'*O. purpurella*, ajouter : nord de l'Angleterre, ouest du Pays de Galles, Ecosse, île Orkney et Shetland, d'apr. Stephenson. — A rechercher en Bretagne.

P. 241. Ajouter à la répart. géogr. de l'*O. elodes* : Espagne septentr. (d'apr. Stephenson).

P. 243. Aux espèces insuffisamment connues, ajouter : *O. cordig.* ssp. *siculorum* Soó in Fedde, *Repert.* (1927), p. 31. Port robuste ; feuilles largement lancéolées, longues de 12 cm. sur 1,5-2, 5 ; épi dense, multiflore, de 4-7 cm. sur 2 à 3 ; bractées lancéolées, les inf. de 2 cm., dépassant un peu les fl. ; fl. longues de 1,5 cm. ; labelle obcordé, profondément trilobé au sommet ou presque entier, à lobe méd. plus étroit que les lat., plus aigu, de 6-10 mm. sur 7-11 ; éperon conique-cylindrique, allongé, plus large au milieu, atténué au sommet, un peu plus court que l'ovaire. — Transilvanie.

F. *Simonkaiana* Soó in Fedde, *Rep.* (1927), p. 31. — Feuilles inf. obovales ou elliptiques, larges de 2, 5-5 cm. ; épi dense. Proche de f. *Rochelii* Gars. et Sch., mais labelle entier. — Transilvanie.

P. 248, ligne 12. après la bibliographie de l' × *O. alata* Fl. ajouter : Perrier de la Bâthie, *Cat. Savoie*, II, p. 277 (1928), et p. 249, ligne 13, après Coste, ajouter : chaîne jurass. de Savoie, Chindrieux aux Coriennes (abbé Pilloud).

P. 257. Après la bibliographie de l' × *O. Jacquini* Godr., ajouter : Perrier de la Bâthie, *l. c.*, p. 283 et après les localités : Hautecourt sur le Lac de Saint-Marcel.

P. 259. Après la bibliographie de l' × *O. Weddellii* G. Cam. ajouter : Perrier de la Bâthie, *l. c.*, p. 277.

P. 259. Après la bibliographie de l' × *O. Begrichii* Kern., ajouter : Perrier de la Bâthie, *l. c.*, p. 284, et après les indications géographiques : rég. des chaînes jurass. de Savoie.

P. 275. Après la bibliographie de l' × *O. Aschersoniana* Hausskn., ajouter : Perrier de la Bâthie, *Cat. Savoie*, II, p. 284. et p. 276, ligne 3, ajouter : Haute-Savoie (Chenevard), mont Clergeon (Briquet).

P. 279. Après *O. elodes* × *maculata* ajouter : × *O. Csatoi* [*O. cordiger* (ssp. *siculorum* ?) × *maculatus*] Soó in Fedde, *Repert.* (1927). p. 36. — Tubercules palmés. Tige haute de 30-40 cm., pleine, dressée. Feuilles ovales-lancéolées, plus larges au milieu, dressées-étalées. la sup. plus petite. Bractées lancéolées, égalant presque les fl. Epi dense, à fl. nombreuses, médiocres, longues de 1,5 cm. Labelle trilobé, à lobes lat. subquadrangulaires, incisés-dentés, le méd. protracté, bien plus long, oblong-triangulaire, aigu : éperon en sac, conique, aigu, égalant 2/3-3/4 de l'ovaire.— Transilvanie : Csik, Balanbántva (Csató).

Var. *Szaboiana* (*Szaboianus*) Soó, *l. c.*, p. 36 (1927). — *O. cordiger* (f. *Rochelii* ?) × *O. maculatus* var. *sudeticus* Soó, *l. c.*, p. 36 (1927). — Port grêle ; plante haute de 25 cm. : feuilles étroitement lancéolées, à peine courbées : fl. petites, en épi lâche, pauciflore : labelle à lobes subégaux, à lobe méd. à peine distinct, obtus ; éperon cylindrique. — Transilvanie : coll. Kolozs, alpes de Gyalu (Györffy, Péterfi, Bogsch).

P. 281. Après les hybrides de l'*O. incarnata*, ajouter : d'après Stephenson (*B. E. C. Report for* 1927, p. 494 (1928), le Dr Keller a nommé × *O. Delamainii*, l'*O. incarnata* × *sesquipedalis*, trouvé dans la Charente, par Stephenson.

P. 290. A l'avant-dernière ligne, ajouter : Godfery, *The fertilisation of Ophrys fusca* in *Journ. of Bot.* (1927). p. 350.

P. 313. En bas, après le renvoi 1, ajouter : Moggridge a nommé la forme d'*Ophrys Scolopax* se fécondant elle-même, qu'il a observée, *O. insectifera* (*pseudo-scolopacis*) s.-v. *sese-fecundans* Moggridge in *Nov. Act. Acad. Cur.*, XXXV. pl. IV, f. 27 (nov. 1868). Cette forme est probablement hybride, voir p. 313.

P. 319. Ajouter, après la description de l'*Oph. Bertolonii* : s.-var. *viridiflora* A. Camus. — Div. ext. et lat. int. du périanthe d'un beau vert. — Var : Châteaudouble (A. Camus).

P. 325. Après les var. de l'*O. apifera* ajouter : f. *pseudoestrifera* Soó in Fedde, *Repert.* (1927), p. 36. — Labelle trilobé, long de 15 mm., à lobe méd. long de 9 mm. (avec l'appendice), large de 10 mm. — Autriche : Perchtoldsdorf (Fleischmann).

P. 327, ligne 19. au lieu de Suisse, lire : France, embouchure de la Drance, près d'Amphion.

P. 343. Après les espèces douteuses ou incomplètement connues, ajouter : *Ophrys macedonica* Fleischm. ap. Soó, *Notizbl. Berlin* (1926), p. 907, peut-être hybride de l'*O. aranifera* et de l'*O. atrata*, et *O. argolica* Fleischm. in *Vierh. Z. B. G. Wien* (1919), p. 295 = *O. ferrum-equinum* Desf. s. sp. *argolica* Soó in *Notizbl. Berlin* (1926). p. 907, très proche de l'*O. ferrum-equinum* Desf.

P. 358. Après les localités signalées pour l' × *Oph. minuticauda* ajouter : Stephenson aurait trouvé l'*O. apifera* × *Scolopax*, dans la Charente, aux env. de Jarnac (Steph. in *Rep. Bot. Exch. Cl.*, 1927, p. 494).

P. 359. Après l'*O. Scolopax* × *lenthredinifera* ajouter : Trabut a observé, chez cet hybride, la transformation des divisions latérales du périanthe en étamines.

P. 406. Après la bibliographie du *Platanthera algeriensis* ajouter : Maire in *Mém. Soc. sc. nat. Maroc* (1926), p. 52.

P. 413. Renvoi 2, ligne 2, au lieu de pollens, lire : pollinies.

P. 420, ligne 14, ajouter : Engadine : Soil Maria (G. Keller).

P. 420, après les localités du × × *Nigribicchia micrantha* G. Cam. Berg. et A. Cam. ajouter : *Nigritella bernardensis* (*Gymn. albida* × *Nigritella nigra* ?) Zender in *Bull. Soc. bot. Genève* (1927), p. 273 f. 1-4 (1928). Plante haute de 10 cm. env. Tubercules ressemblant beaucoup à ceux du × × *Nigribicchia micrantha*, mais plus allongés, renflés, puis longuement bifides, à divisions très allongées, atteignant 5-7 cm. ; au collet, plusieurs racines grêles et courtes. Feuilles ord. basilaires. formant, autour de la tige, un bouquet en entonnoir, plus régulièrement linéaires que dans le × × *Nigribicchia micrantha*, plus longuement atténuées au sommet, les inf. courtes, légèrement engainantes, appliquées, ténues, blanchâtres, les autres distinctement pliées-canaliculées, glauques sur les deux faces, ascendantes dressées, brièvement aiguës, obtusiuscules au sommet, longues de 7, 5-8 cm., larges de 6, 5 mm. glaucescentes, épaisses et décurrentes à la base ; les caulinaires plus petites, 1-2, insensiblement atténuées à la base, la sup. très étroite, atteignant la base de l'inflorescence. Bractées inf. subfoliacées (plus foliacées que chez les parents présumés), ovales à la base, longuement atténuées, apiculées, les inf. 2 fois au moins plus longues que les fleurs, les autres égalant les fl. ou un peu plus courtes qu'elles, apiculées, donnant au sommet de l'épi un aspect chevelu. Epi long de 4,5-5,5 cm., à fl. espacées, distantes, un peu plus lâche que dans le × × *Nigribicchia micrantha*. Fleurs un peu plus grandes, non résupinées ou tardivement et incomplètement résupinées, d'un violet pourpre comme dans le *Gymn. conopea* ou un peu plus violacé. Div. ext. du périanthe ovales-lancéolées, les lat. int. ovales, env. 1/3 plus courtes, brièvement aiguës. Labelle triangulaire, presque entier ou muni d'un lobe court, vers le tiers ou la moitié, à 3 nervures, les ext. bifides ; éperon variable, tantôt très court, comme celui du *Bicchia*, tantôt cylindrique et plus ou moins allongé, même parfois un peu courbé. Ovaire à peine tordu, assez épais, à la fin plus long que la fl. Bursicules très minces, enveloppant les rétinacles. D'après sa description et les planches l'accompagnant, cette plante a beaucoup d'affinités avec le × × *Nigribicchia micrantha* et paraît issue du même croisement, mais son épi est plus lâche, ses bractées sont nettement plus longues, ses fleurs un peu plus grandes et ses feuilles plus glauques (A. Camus). — Suisse : Valais, Tzisetta, au pied du mont Bec-Rond, combe de Lâ, alt. 2.000 m. (Zender).

P. 427. Après Habitat du *Malaxis paludosa*, ajouter : cf. Simon in *Bull. Soc. bot. Deux-Sèvres* (1927), p. 83, pour l'étude des conditions biologiques de croissance du *Malaxis* en vue de la recherche de cette plante.

P. 457. A *Neottia Nidus-avis* f. g. *nivea* ajouter : Pyrénées (A. Camus).

P. 462, ligne 12, ajouter : Pyrénées-Or., Vernet-les-Bains (A. Camus).

TABLE DES MATIÈRES

LE BON A TIRER a été donné :

en 1927 pour les feuilles 1-10 ou pages 1-160;

en 1928 pour les feuilles 10-30 ou pages 161-480;

de janvier à avril 1929   —   30-35 ou pages 481-559

ICONOGRAPHIE

DES

ORCHIDÉES D'EUROPE

ET DU

BASSIN MÉDITERRANÉEN

ATLAS

2e partie

PLANCHES Nos 123 à 133

1928

PLANCHE 123.

1. × **Serapias Kelleri** A. Camus. — S. cordigera × **pseudocordigera**. — Petit individu, **gr. nat.**
2. Labelle d'un individu plus développé, gr. nat.
3. × **Serapias Godferyi** A. Camus. — S. cordigera × neglecta. — Plante entière, gr. nat.
4. Labelle étalé, gr. nat.
5. × × **Orchiserapias Bevilacquæ** Penzig. — Orchis Morio × Serapias neglecta. — Inflorescence gr. nat., d'apr. Penzig.
6. Labelle du même hybride.
7. Divisions externes et latérales internes du périanthe, gr. nat.
8. **Serapias gregaria** Godfery. — Labelle.
9. Division latérale interne du périanthe, gr. nat.
10. × × **Serapicamptis Forbesii** Godfery. — **Anacamptis pyramidalis** × **Serapias Lingua.** — Fleur gr. nat., d'apr. Godfery.

× *Serapias Kelleri* A. Cam. ; × *S. Godfergi* A. Cam. ; × × *Orchiserapias Bevilacquæ* Penzig ;
Serapias gregaria Godf. ; × × *Serapicamptis Forbesii* Godf.

PLANCHE 124.

1. × **Orchis Albertii** A. Camus. — **O. Champagneuxii** × **pic.** ι A. Camus. — Plante entière, gr. nat.
2. **Fleur, gr. nat.**
3. **O. tlemcenensis** G. Cam. Berg. A. Cam. — Fleur de profil, gr. nat.
4. × **O. Cortesii** G. et A. Camus. — **O. longicornu** × **Morio** G. et A. Camus. — Plante presque entière, gr. nat.
5. **Traunsteinera globosa** Reichb. var. **sphærica** G. Cam. Berg. A. Cam. — Fleur très grossie.
6. **Steveniella satyrioides** Schlechter. — Plante presque entière, gr. nat.
7. **Fleur grossie, vue de face.**
8. **Loroglossum formosum** G. Camus. — Divisions du périanthe, gr. nat.
9. **Fleur vue de profil, gr. nat.**
10. **L. caprinum** Beck. — Sommet d'une inflorescence, gr. nat.
11. **Divisions externes et latérales internes du périanthe, gr. nat.**
12. **Labelle, gr. nat.**
13. **Loroglossum hircinum** f. **latescens** Ruppert. — Fleur env. 2/3 gr. nat., d'apr. Ruppert.

✕ *Orchis Albertii* A. Cam.; ✕ *O. Cortesii* G. et A. Cam.; *Traunsteinera globosa* var. *sphærica* G. Cam. Berg. A. Cam.;
Steveniella satyroides Schl.; *Loroglossum formosum* G. Cam.; *L. caprinum* Beck; *L. hircinum* Rich. f,

PLANCHE 125.

1. **Orchis prætermissa** DRUCE. — Plante presque entière, gr. nat.
2. × **O. mortonensis** DRUCE.— 0. maculata × prætermissa A. CAMUS. — Hampe florale, gr. nat.
3. **Orchis Champagneuxii** BARN. — Plante entière, gr. nat.
4. × × **Orchicœloglossum Dominianum** G. CAM. BERG. A. CAM. — Cœloglossum viride × Orchis maculata. —
   Fleur vue de face, grossie.
5. Fleur vue de profil, grossie.
6 × × **Orchicœlogl. Drucei** A. CAMUS. — Cœloglossum viride× (Orchis incarnata × maculata). — Fleur vue
   de face, grossie, d'apr. HALL.
7. Fleur vue de profil, grossie, d'apr. HALL.

Orchis prætermissa Druce et hybrides ; *O. Champagneuxii* Barn. ; hybrides de *Cœloglossum viride* avec des *Orchis*.

PLANCHE 126.

1. × × **Orchigymnadenia Heinzeliana** G. Camus var. **permaculata** A. Camus. — **Gymn.** conopea × **Orchis maculata.** — Plante entière, gr. nat.
2. Labelle très grossi.
3. Divisions externes et latérales internes du périanthe très grossies.
4. × × **Orchigymn. Lebrunii** G. Camus var. **Sennenii** A. Camus. — **Gymn.** conopea × **Orchis latifolia.** — Plante entière, gr. nat.
5. Labelle vu de face, grossi.
6. × × **Orchigymn. Wintoni** A. Camus. — **Gymn.** conopea × **Orchis prætermissa** A. Camus. — Fleur d'apr. Corfe.
7. × × **Orchigymn varia** Steph. — **Gymn.** conopea × **Orchis purpurella.** — Fleur d'apr. Stephenson.
8. **Orchis coriophora** L. subsp. **Martrini** (Gaut.) var. **Sennenii** A. Camus. — Forme à long éperon provenant des Pyrénées. Plante presque entière, gr. nat.
9. Fleur vue de profil, un peu grossie.
10. **O. coriophora** L. subsp. **Martrini** (Gaut.) var. **typica** A. Camus. — Une fleur de l'échantillon récolté par Martrin-Donos et provenant d'Urbania.
11. × × **Orchiaceras spuria** G. Camus f. **Zimmermannii** Rupp. — **Aceras** anthrop × **Orchis militaris.** — Inflorescence d'ap. Ruppert.
12. **Orchis cruenta** Müller. Labelle grossi.
13. Fleur vue de profil.

Hybrides de *Gymnadenia conopea* et d'*Orchis* ; *Orchis coriophora* subsp. *Martrini* (Gaut) ;
× × *Orchiaceras spuria* G. Cam. I. ; *Orchis cruenta* Müller.

PLANCHE 127.

1. **Orchis coriophora × Gymnadenia conopea ? A. Camus.** — Plante presque entière, d'après l'échantillon récolté par M. le Fr. Sennen, à Filhols, Pyrénées-Orientales. Gr. nat.
2. **× O. Schulzei Hausskn. var. percoriophora A. Camus.** — O. coriophora × latifolia. — Individu récolté par M. le Fr. Sennen, dans les Pyrénées-Orientales. Gr. nat.
3. **× O altobracensis Coste.** — O. maculata × sambucina. — Plante entière, d'apr. un individu récolté par Coste. Gr. nat.
4. **Divisions du périanthe étalées.** Gr. nat.
5. **Labelle étalé.** Gr. nat.

Hydrides de l'*Orchis coriophora* ; × *O. allobracensis* Coste.

PLANCHE 128.

1-3. **Orchis latifolia** L. — Fleurs vues de face, grossies.
4-6. **O. maculata** L. — Fleurs vues de face, grossies.
7-10. **O. incarnata** L. — Fleurs vues de face, grossies.
11-13. **O. prætermissa** DRUCE. — Fleurs vues de face, grossies.
14,15. **O. purpurella** STEPH. — Fleurs vues de face, grossies, d'apr. STEPHENSON.
16. × **O. insignis** STEPH.— O. latifolia × purpurella.—Fleur grossie d'une forme provenant d'Aberystwyth, d'apr. STEPHENSON.
17. × **O. formosa** STEPH. — O. elodes × purpurella. — Fleur grossie, d'apr. STEPHENSON.
18. **O. elodes** GRISEB. — Fleur grossie, vue de face.
19. **O. militaris** L. f. revoluta (RUPPERT). — Fleur 2/3 gr. nat., d'apr. RUPPERT.
20. **O. purpurea** HUDS. f. acutilobata (RUPPERT). Fleur 2/3 gr. nat., d'apr. RUPPERT.
21. **O. purpurea** f. Neoruppertiana A. CAMUS. — Fleur 2/3 gr. nat., d'apr. RUPPERT.
22. **O. Morio** L. f. crispa (RUPPERT). — Labelle et éperon vus de face, 2/3 gr. nat., d'apr. RUPPERT.
23. Fleur vue de profil, 2/3 gr. nat.
24. **O. palustris** var. elegans BECK. — Labelle d'apr. UGRINSKY.
25. × **O. Kelleriana** UGR. — O. coriophora × palustris var. elegans.— Fleur vue de face, d'apr. UGRINSKY.
26. Fleur vue de profil.
27. ×× **Orchiaceras spuria** G. CAM. var. alsatica RUPPERT. — **Aceras anthropophora** × **Orchis militaris.**— Fleur vue de face, d'apr. RUPPERT.
28. Fleur vue de profil.
29. **Orchis ustulata** var. daphneolens BEAUVERD. — Fleur vue de face, grossie, d'apr. BEAUVERD.
30. **O. Schelkownikowii** WORONOW. — Divisions du périanthe séparées, gr. nat.
31. **Aceras anthrop.** var. flavescens ZIMMERM. — Fleur.
32. **A. anthrop.** var. nana RUPPERT. — Fleur d'ap. RUPPERT.
33. **A. anthrop.** f. præmorsa RUPPERT. — Fleur 2/3 gr. nat., d'apr. RUPPERT.
34. **Listera ovata** R. BR. var. eburneo-rosea BEAUVERD. — Fleur très grossie, d'apr. une aquarelle de BEAUVERD.
5, 36. ×× **Orchiaceras Bergoni** G. CAM. var. Pagei (LENDNER). — **Ac. anthrop.** × **Orchis Simia.** — Fleurs grossies, d'apr. LENDNER.
37. ×× **Orchiac. Bergoni**-G. CAM. var. Weberi (CHODAT). — **Ac. anthrop.** × **Orch. Simia.** — Fleur grossie, d'apr. LENDNER.
38. ×× **Cœloglossogymnadenia Jacksonii** A. CAMUS. — **Cœloglossum viride** × **Gymn. conopea.** — Fleur vue de face, grossie, d'apr. Miss CORFE.
39. La même, vue de profil.
40. ×× **Cœloglossogymnadenia Quirkii** A. CAMUS. — **Cœloglossum viride** × **Gymn. conopea.** — Fleur vue de face, d'apr. Miss CORFE.
41. La même, vue de profil.
42. **Platanthera chlorantha** REICHB. var. glanduliformis ZIMMERM. — Labelle grossi, d'apr. ZIMMERM.
43, 44. **P. chlorantha** REICHB. var. auriculata ZIMMERM. — Labelles grossis, d'apr. ZIMMERM.
45. × **Orchis Dollii** ZIMMERM. — O. Simia × ustulata. — Divisions du périanthe détachées et grossies, d'apr. ZIMMERM.
46. Fleur grossie.
47. ×× **Nigrorchis tourensis** GODFERY. — **Nigritella angustif.** × **Orchis maculata.** — Fleur vue de profil et grossie, d'apr. GODFERY.
48. La même, vue de face.
49. **Orchis Steveni** REICHB. f. — Fleur vue de profil.
50. Labelle grossi.
51. × **Ophrys Kelleri** GODFERY. — O. arachnitiformis × atrata.— Fleur vue de face, gr. nat., d'ap. GODFERY.
52. **O. fuciflora** HALLER f. caput mortuum RUPPERT. — Fleur vue de face, d'apr. RUPPERT.
53. **O. Fuchsii** ZIMMERM. — Fleur vue de profil, gr. nat.
54. La même vue de face.
55. **O. fuciflora** var. pseudapifera ROSB. — Fleur vue de profil, gr. nat., d'apr. RUPPERT.
56. Fleur vue de face, gr. nat.

Orchis latifolia L. ; O. maculata L.; O. incarnata L.; O. prætermissa Dr. ; O. purpurella St. ; × O. insignis St. ; × O. formosa St. ; O. elodes Gr. ; O. militaris L. purpurea Huds. et Morio L. for. ; O palustris var. elegans (Heuff.) ; × O. Kelleriana Ugr. ; × × Orchiaceras spuria G. Cam. var. ; Orchis ustulata L. var. ; O. Schelkownikowii Wor. ; Ac. anthropophora R. Br. var. ; List. ovata R. Br. var. ; × × Orchiac. Bergoni G. Cam. var. ; × × Gymnaglossum Jacksonii et Quirkii Rolfe ; Platanth. chlorantha Rchb var. ; × Orchis Dallii Zimm. ; × × Nigrorchis tourensis Godf. ; Orchis Stereni Rchb. ; × Ophr. Kelleri Godf. ; O. fuciflora Hal. var. ; O. Fuchsii Zimm.

PLANCHE 129.

1. **Ophrys omegaifera** Fleischm. — Divisions externes et latérales internes du périanthe grossies, d'apr. Fleischmann.
2. Labelle grossi.
3. **Ophrys Doerfleri** Fleischm. — Divisions externes et latérales internes du périanthe grossies, d'apr. Fleischmann.
4. Labelle grossi.
5. **Ophrys sphaciotica** Fleischm. — Divisions externes et latérales internes du périanthe grossies, d'après Fleischmann.
6. Labelle grossi.
7. **Ophrys Fleischmannii** Hayek. — Labelle grossi, d'apr. Fleischmann.
8. **Orchis cataonica** Fleischm. — Divisions du périanthe étalées, d'apr. Fleischmann.
9. **Ophrys Botteroni** Chodat f. **alsatica** Walter. — Fleur et bractée vues de face, grossies, × 2. Plante provenant de Romanswiller.
10. Fleur et bractée vues de profil (× 2).
11. Labelle et gynostème grossis (× 2.)
12. **O. Botteroni** Ch. var. **saræpontana** Ruppert. — Labelle aplati, vu de face, × 2, d'une forme allant vers la var. *friburgensis* (Freyh.).
13. **O. Botteroni** Chodat. — Forme anomale, à labelle allongé, atténué à l'extrémité, rappelant celui de l'*O. apif.* var. *Trollii*, grossi, × 2.
14. **Epipactis leptochila** Godfery. — Gynostème, labelle et ovaire très grossis, vus de profil, d'apr. Godfery.
15. Gynostème grossi, vu de dos.
16. Gynostème grossi, vu de face.
17. **Epipactis varians** Fl. et Rech. (**E. sessilifolia** Peter.). — Gynostème, labelle et ovaire très grossis, vus de profil, d'apr. Godfery.
18. Fleur grossie, d'apr. Godfery.
19. Gynostème très grossi, vu de dos.
20. Gynostème très grossi, vu de face.
21. **Epipactis latifolia** All. — Gynostème, labelle et ovaire, très grossis, vus de profil, d'apr. Godfery.
22. Gynostème très grossi, vu de dos.
23. Gynostème très grossi, vu de face.
24. **Epipactis dunensis** Godfery. — Fleur, gr. nat., d'apr. Godfery.
25. Gynostème vu de dos et très grossi.
26. **Nigritella angustifolia** Rich. — Labelle très grossi, d'apr. Beauverd.
27. **N. angustif.** var. **Corneliana** (Beauverd). — Labelle très grossi, d'apr. Beauverd.

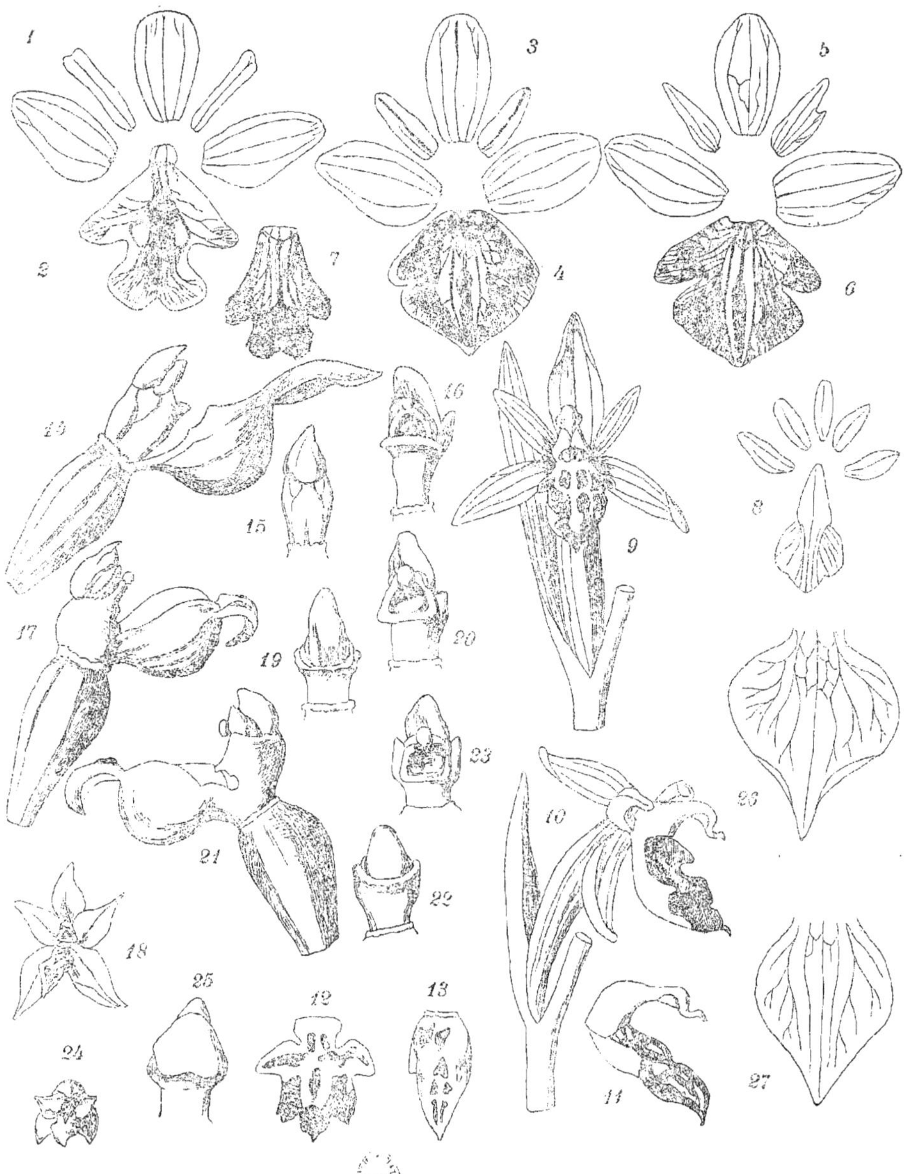

Ophrys omegaifera Fl ; *O. Doerfleri* Fl.; *O. sphaciotica* Fl.; *O. Fleischmannii* Hay. ; *Orchis cataonica* Fl. ; *Ophrys Batteroni* Ch. et var. *saracpontena* Rupp. ; *Epipactis latif.* subsp. *leptochila* (Godf.) ; *E. varians* Fl. et Rech.; *E. latifolia* All. ; *E latif.* subsp *dunensis* Godf., *Nigritella angustifolia* Rich. et var. *Corneliana* (Beauverd).

PLANCHE 130.

1. × × **Orchiaceras Bergoni** var. **Guetrotii** A. Camus. — **Aceras anthropophora** × **Orchis Simia**. — Sommet d'une inflorescence, d'après une photographie de M. le Dʳ Guétrot ; plante récoltée à Boutigny.
2. **Ophrys Botteroni** Chodat. — Fleur d'un échantillon provenant d'Alsace, d'après un dessin de M. Ruppert.
3. Labelle.
4. **O. Botteroni** Ch. var. **typica** A. Camus. — Fleur d'un échantillon provenant de Fribourg, d'après un dessin de M. Ruppert.
5. **O. Botteroni** Ch. var. **saræpontana** (Rupp.). — Fleur d'un échantillon provenant de Sarrebruck, d'apr. un dessin de M. Ruppert.
6. Labelle du même.
7. **O. Botteroni** Ch. var. **friburgensis** (Freyh.). — Fleur d'un échantillon provenant de Fribourg, d'apr. un dessin de M. Ruppert.
8. Labelle.
9. Fleur, du même individu, vue de profil, d'apr. un dessin de M. Ruppert.
10. **O. œstrifera** M. B. — Fleur d'apr. Fleischmann.
11. Divisions du périanthe étalées et biactée.
12. **O. Reinholdii** Fleischm. — Inflorescence, d'apr. Fleischmann.
13. Divisions du périanthe.
14. × **O. Cranbrookeana** Godf. f. nicæensis. — **O. arachnitiformis** s.-v. specularia × **Scolopax**. — Fleur d'un échantillon provenant de Gattières. (Alp.-Marit.)
15. × **O. Neowalteri** A. Camus. — **O. Bertolonii** × **litigiosa**. — Inflorescence d'un échantillon provenant de Gattières (Alp.-Marit.).
16. × **O Neoruppertii** A. Camus. — **O. Bertolonii** × **Scolopax** . — Fleur vue de face, d'apr. Ruppert.
17. La même, vue de profil.
18. × **O. Neocamusii** Godfery. — **O. arachnitiformis** s.-v. **specularia** × **Bertolonii**. — Fleur d'un échantillon provenant des Alpes-Marit.
19. **O. litigiosa** var. **lobata** A. Camus. — Fleur d'un échantillon provenant de Carros (Alp.-Marit.), type.
20. **Orchis militaris** L. — Fleur anomale d'un échantillon récolté, aux environs de Soissons, par M. l'abbé de Larminat. Les deux divisions externes du périanthe sont semilabelliformes et munies chacune d'un éperon.
21. × **O. Ruppertii** M. Sch. — **O. latifolia** × **sambucina**. — Fleur d'un échantillon provenant de l'Hospitalet (Ariège).
22. **O. sambucina** var. **Zimmermannii** A. Camus (**O. sambuc.** var. **incarnata** × **sambuc.** var. **lutea**). — Fleur d'un échantillon provenant de l'Hospitalet (Ariège).
23. **Serapias Wettsteinii** Fleischm. — Divisions du périanthe étalées, d'apr. Fleischmann.
24. **Platanthera bifolia** var. **Bergonii** G. Camus. — Inflorescence d'un échantillon récolté, par Bergon, près de Sestri Levante (Italie).
25. **Nigritella angustifolia** var. **subcarnea** A. Camus. — Inflorescence d'un individu recueilli, par A. Camus, à l'Hospitalet (Ariège).

× × *Orchiaceras Bergoni* G. Cam. var. ; *Ophrys Botteroni* Ch. et var. ; *O. saraepontana* Rupp. ; *O. œstrifera* M. B. ; *O. Reynoldii* Fl. ; × *O. Crambrookeana* Godf. × *O. Neowalteri* A. Cam. ; × *O. Neoruppertii* A. Cam. ; × *O. Neocamusii* Godf. ; *O. litigiosa* G. Cam. var. ; *Orchis militaris* L., anomalie ; × *O. Ruppertii* M. Sch. ; *O. sambucina* L. et hybr. ; *Serapias Wettsteinii* Fl. ; *Platanthera bifolia* Rich. var. ; *Nigritella angustifolia* Rich. var.

PLANCHE 131.

1. × **Ophrys Bergonii** A. Camus. — **O. Bertolonii** × **Scolopax**. — Plante entière provenant des Alpes-Marit., gr. nat.
2. **O. Bertolonii** Mor. — Inflorescence réduite d'un individu dont les divisions du périanthe tendent à être régulières et décrit, comme espèce, par Kalkhoff, sous le nom d'**O. penedensis**. D'apr. Kalkhoff.
3. **O. apifera** Hudson. — Individu gr. nat. provenant des environs de Paris. Variation parallèle à la précédente.
4. Fleur vue de face, gr. nat.
5, 6. **O. Rupperti** Fuchs. — Inflorescences gr. nat., d'apr. des photographies de M. Ruppert.
7, 8. **O. aranifera** × **muscifera**.— Fleurs détachées de plantes récoltées à Lardy, à divisions latérales internes du périanthe larges.
9. × **O. Broeckii** A. Camus. — **O. arachnitiformis** × **litigiosa**. — Fleur, vue de face, d'un individu provenant des environs d'Hyères (Var).
10. × **O. Cortesii** A. Camus. — **O. atrata** × **litigiosa**. — Fleur, vue de face, d'un individu provenant de Vence (Alp.-Marit.).
11. × **O. Fassbenderi** Ruppert. — **O. apifera** × **fuciflora**. — Fleur, vue de profil, d'apr. Ruppert.
12. Fleur vue de face.
13, 14. × **O. Godferyana** A. Camus. — **O. arachnitiformis** × **aranifera**. — Fleurs d'individus provenant des environs d'Hyères, gr. nat.

× *Ophrys Neoruppertii* A. Cam. ; *O. Bertolonii* Mor. anom. ; *O. apifera* Huds. anom. ; *O. Ruppertii* Fuchs ; hybrides d'*Ophrys aranifera* ; × *O. Broeckii* A. Cam. ; × *O. Cortesii* G. et A. Cam. ; × *O. Fassbenderi* Rupp. ; × *O. Godferyi* A. Cam.

PLANCHE 132.

1. × **Cephalanthera Schulzei** G. CAM. BERG. A. CAM. — C. ensifolia × pallens . — Plante presque entière
1/2 gr. nat., provenant du Var.
2. **Cephalanthera cucullata** B. et H. — Plante presque entière.
3. × **Ophrys Neocamusii** GODFERY. — O. arachnitiformis × **Bertolonii.** — Epi floral, gr. nat., d'apr.
GODFERY.
4. **Orchis sesquipedalis** WILLD. — Epi floral d'un individu provenant de la Charente, gr. nat.
5, 6. Labelles, gr. nat.
7. **Orchis anatolica** BOISS. — Labelle et éperon d'un individu provenant de Cilicie, un peu grossis, d'apr.
FLEISCHM.
8. × **Orchis pseudoanatolica** FLEISCHM. — O. provincialis × quadripunctata. — Divisions du périanthe,
détachées, vues de face, grossies, de la plante de Curzola, d'apr. FLEISCHM.
9. **Orchis quadripunctata** var. **macrochila** HALACSY.— Divisions du périanthe détachées, vues de face, grossies, d'apr. FLEISCHM.
10. **Orchis sanasunitensis** FLEISCHM. — Divisions du périanthe détachées, vues de face, grossies, d'apr.
FLEISCHM.

× *Cephalanthera Schulzei* G. Cam. Berg. A. Cam. ; *C. cucullata* B. et H. ; × *Ophrys Neocamusii* Godf. ; *Orchis sesquipedalis* Willd. ; *O. anatolica* Boiss. ; × *O. pseudoanatolica* Fl. ; *O. quadripunctata* var. *macrochila* Hal. ; *O. sanasunitensis* Fl.

PLANCHE 133.

1. × **Ophrys Eliasii** Sennen. — **O. fusca** × **Speculum.** — Plante entière, d'apr. l'échantillon type récolté par Elias. Gr. nat.
2. × **Ophrys devenensis** Reichb. f. f. **perfuciflora** Ruppert. — **O. fuciflora** × **muscifera.** — Partie d'inflorescence, d'apr. Fuchs et Ziegenspeck.
3. × **O. devenensis** Reichb. f. f. **intermedia** Ruppert. — **O. fuciflora** × **muscifera.** — Partie d'inflorescence, d'apr. Fuchs et Ziegenspeck.
4. × **O. devenensis** Reichb. f. f. **permuscifera** Ruppert.— **O. fuciflora** × **muscifera.** — Partie d'inflorescence, d'apr. Fuchs et Ziegenspeck.
5. Une fleur très grossie.
6. × **Ophrys Zimmermanniana** Fuchs. — **O. Fuchsii** × **muscifera.** — Partie d'inflorescence, d'apr. Fuchs et Ziegenspeck.
7. Fleur du même hybride.
8. **Cypripedium guttatum** Sw. — Plante presque entière.
9. Labelle vu de face.
10. Division externe supérieure et latérale interne du périanthe étalées.
11. Gynostème vu de profil.
12. Bractée étalée.
13. **Cypripedium ventricosum** Sw. — Fleur et bractée.
14, 15. Gynostème vu de face et de dos.

× *Ophrys Eliasii* Senn. : × *O. devenensis* Reichb. f. *perfuciflora* Rup., f. *intermedia* Rup. et f. *permuscifera* Rup. ;
× *O. Zimmermanniana* Fuchs ; *Cypripedium guttatum* Sw. ; *C. ventricosum* Sw.